건축기사

필기 7개년 기출문제집

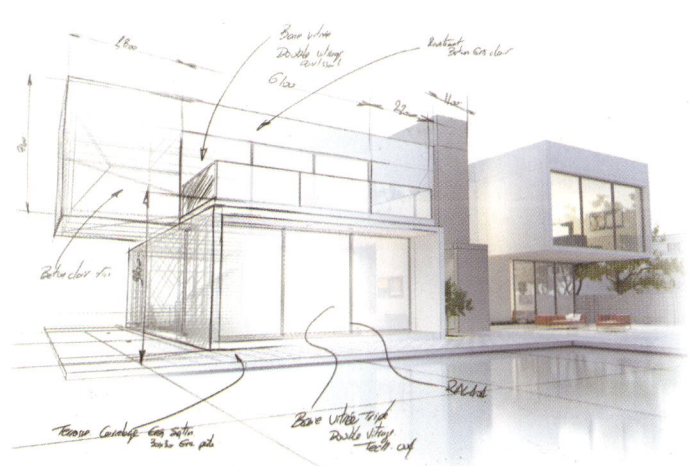

시대에듀

2026 시대에듀
건축기사 필기 7개년 기출문제집

편·저·자·약·력

이문호

[학력]
서울시립대학교 건축공학과 졸업
국립 인천대학교 안전공학과 박사

[경력]
현) 드토(DTO)컨설턴트 재직 중

[취득 자격]
건축시공기술사
건설안전기술사
건축품질시험기술사
직업능력개발훈련교사 2급
산업안전지도사

끝까지 책임진다! 시대에듀!
QR코드를 통해 도서 출간 이후 발견된 오류나 개정법령, 변경된 시험 정보, 최신기출문제, 도서 업데이트 자료 등이 있는지 확인해 보세요! 시대에듀 합격 스마트 앱을 통해서도 알려 드리고 있으니 구글 플레이나 앱 스토어에서 다운받아 사용하세요.
또한, 파본 도서인 경우에는 구입하신 곳에서 교환해 드립니다.

편집진행 윤진영 · 김달해 · 권기윤 | **표지디자인** 권은경 · 길전홍선 | **본문디자인** 정경일 · 이현진

머리말

건축기사 자격시험의 길에 용기 있게 첫발을 내딛거나, 혹은 재도전을 통해 합격의 문을 두드리고 계신 모든 분들께 깊은 응원과 격려의 말을 전합니다. 이 책이 여러분의 손에 놓인 순간, 여러분은 이미 건축 전문가로서의 여정을 시작하신 것입니다. 건축기사 자격시험은 건축의 전 분야, 즉 건축계획, 건축시공, 건축구조, 건축설비, 건축관계법규라는 광활한 지식의 바다를 항해하는 것과 같습니다. 이 방대한 내용을 짧은 시간 안에 정리하고, 시험이라는 압박감 속에서 정확하게 답을 찾아내는 것은 결코 쉬운 일이 아닙니다. 수험생들이 가장 큰 어려움을 느끼는 부분이 바로 이 '이론의 방대함'과 '실제 문제 유형과의 괴리'입니다. 본서는 단순한 문제와 답의 나열을 넘어, 여러분이 합격에 필요한 핵심 역량을 단기간에 완성할 수 있도록 다음과 같이 구성하였습니다.

첫째, 최신 출제경향을 분석하여 완벽하게 반영하였습니다. 최근 개정된 건축 관련 법규와, 구조 기준(KDS), 그리고 시대의 흐름을 반영하는 신기술 및 시공 트렌드까지 빠짐없이 담아냈습니다. 매년 변화하는 출제자의 의도를 정확히 파악하여, '이 문제 다음에는 어떤 문제가 나올까'를 예측하며 학습할 수 있도록 유도합니다.

둘째, 원리와 기준에 입각한 명쾌한 해설을 수록하였습니다. 막연한 암기를 요구하는 해설을 지양하였으며 복잡한 계산문제일수록 물리적·공학적 원리를 기초부터 차근차근 설명하여, 유사한 문제가 변형되어 출제되더라도 스스로 해결할 수 있도록 하였습니다. 특히 혼동하기 쉬운 법규와 시공의 기준들은 비교 분석표로 정리했습니다.

셋째, 실무와의 유기적 연계를 강조했습니다. 자격증 취득은 끝이 아닌 시작입니다. 이 책의 해설 곳곳에는 해당 이론이나 기준이 실제 건설현장에서 어떤 의미를 가지는지, 어떤 중요성을 갖는지에 대한 실무적 관점을 추가했습니다. 이는 여러분이 취업 후에도 훌륭한 건축 전문가로 빠르게 자리 잡을 수 있는 밑거름이 될 것입니다.

합격이라는 목표는 결코 쉽게 주어지지 않습니다. 하지만 효율적인 학습 전략과 끈기만 있다면 충분히 달성할 수 있습니다. 여러분의 열정과 도전이 반드시 빛을 발하여, 안전하고 아름다운 건축물을 창조하는 주역이 되기를 간절히 기원합니다.

저자 이문호 올림

자격증·공무원·금융/보험·면허증·언어/외국어·검정고시/독학사·기업체/취업
이 시대의 모든 합격! 시대에듀에서 합격하세요!

건축기사 시험의 모든 것

개요

건축물의 계획 및 설계에서 시공에 이르기까지 전 과정에 관한 공학적 지식과 기술을 갖춘 기술인력으로 하여금 건축업무를 수행하게 함으로써 안전한 건축물 창조를 위하여 자격제도가 제정되었다.

수행직무

건축시공에 관한 공학적 기술이론을 활용하여, 건축물 공사의 공정, 품질, 안전, 환경, 공무관리 등을 통해 건축 프로젝트를 전체적으로 관리하고 공종별 공사를 진행하며 시공에 필요한 기술적 지원을 하는 등의 업무를 수행한다.

시험일정

구분	필기원서접수 (인터넷)	필기시험	필기합격 (예정자)발표	실기원서접수	실기시험	최종 합격자 발표일
제1회	1월 중순	2월 초순	3월 중순	3월 하순	4월 중순	6월 중순
제2회	4월 중순	5월 초순	6월 중순	6월 하순	7월 중순	9월 중순
제3회	7월 하순	8월 초순	9월 초순	9월 하순	11월 초순	12월 하순

※ 상기 시험일정은 시행처의 사정에 따라 변경될 수 있으니, www.q-net.or.kr에서 확인하시기 바랍니다.

시험요강

❶ 시행처 : 한국산업인력공단
❷ 관련 학과 : 대학이나 전문대학의 건축, 건축공학, 건축설비, 실내건축 관련 학과
❸ 시험과목
  ㉠ 필기 : 1. 건축계획 2. 건축시공 3. 건축구조 4. 건축설비 5. 건축관계법규
  ㉡ 실기 : 건축시공 실무
❹ 검정방법
  ㉠ 필기 : 객관식 4지 택일형, 과목당 20문항(과목당 30분)
  ㉡ 실기 : 필답형(3시간)
❺ 합격기준
  ㉠ 필기 : 100점을 만점으로 하여 과목당 40점 이상, 전 과목 평균 60점 이상
  ㉡ 실기 : 100점을 만점으로 하여 60점 이상

연도별 합격자 현황

합격의 공식 Formula of pass | 시대에듀 www.sdedu.co.kr

검정현황

구분		2018	2019	2020	2021	2022	2023	2024
필기	응시자	18,070	19,351	17,706	21,186	20,262	21,986	21,802
	합격자	5,583	6,275	7,028	7,165	7,409	8,274	8,841
실기	응시자	9,971	10,891	12,689	12,973	13,208	14,516	18,293
	합격자	3,861	4,340	4,707	5,444	4,098	4,556	5,280

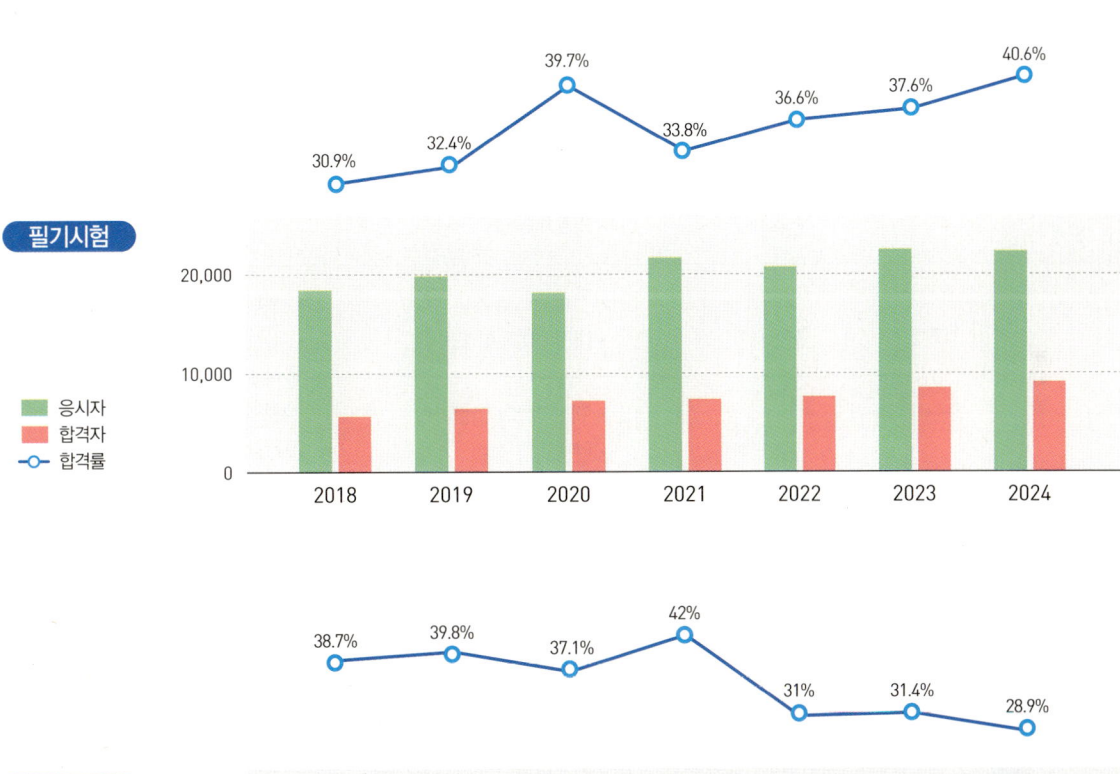

건축기사 필기 출제기준

필기과목명	주요항목	세부항목	
건축계획	건축계획 원론	• 건축계획 일반 • 건축설계 이해	• 건축사
	각종 건축물의 건축계획	• 주거 건축계획 • 공공문화 건축계획	• 상업 건축계획 • 기타 건축물계획
건축시공	건설경영	• 건설업과 건설경영 • 건축적산 • 공정관리 및 기타	• 건설계약 및 공사관리 • 안전관리
	건축시공기술 및 건축재료	• 착공 및 기초공사 • 건축재료	• 구조체공사 및 마감공사
건축구조	건축구조의 일반사항	• 건축구조의 개념 • 내진·내풍설계	• 건축물 기초설계 • 사용성 설계
	구조역학	• 구조역학의 일반사항 • 탄성체의 성질 • 구조물의 변형	• 정정 구조물의 해석 • 부재의 설계 • 부정정 구조물의 해석
	철근콘크리트구조	• 철근콘크리트구조의 일반사항 • 철근의 이음·정착	• 철근콘크리트구조 설계 • 철근콘크리트구조의 사용성
	철골구조	• 철골구조의 일반사항 • 접합부설계	• 철골구조설계 • 제작 및 품질

필기과목명	주요항목	세부항목	
건축설비	환경계획원론	• 건축과 환경 • 공기환경 • 음환경	• 열환경 • 빛환경
	전기설비	• 기초적인 사항 • 전원 및 배전, 배선설비 • 통신 및 신호설비	• 조명설비 • 피뢰침설비 • 방재설비
	위생설비	• 기초적인 사항 • 배수 및 통기설비 • 소방시설	• 급수 및 급탕설비 • 오수정화 설비 • 가스설비
	공기조화설비	• 기초적인 사항 • 난방설비 • 공기조화방식	• 환기 및 배연설비 • 공기조화용 기기
	승강설비	• 엘리베이터설비 • 기타 수송설비	• 에스컬레이터설비
건축관계법규	건축법·시행령·시행규칙	• 건축법 • 건축법 시행규칙 • 건축물의 설비기준 등에 관한 규칙 및 건축물의 피난·방화구조 등의 기준에 관한 규칙	• 건축법 시행령
	주차장법·시행령·시행규칙	• 주차장법 • 주차장법 시행규칙	• 주차장법 시행령
	국토의 계획 및 이용에 관한 법·시행령·시행규칙	• 국토의 계획 및 이용에 관한 법률 • 국토의 계획 및 이용에 관한 법률 시행령 • 국토의 계획 및 이용에 관한 법률 시행규칙	

이 책의 구성과 특징

❶ 핵심이론

출제기준에 맞게 과목을 CHAPTER를 구성하였고, 세부적으로 SECTION과 CORE로 분류하여 핵심이론을 체계적으로 정리했습니다.

❷ 본문 구성

본문 마지막에는 앞서 정리한 이론 중 시험에 자주 출제되는 내용을 추가적으로 정리하여 박스로 구성하였습니다.

❸ 더 알아보기

이론의 심화학습을 위해 더 알아보기를 구성하였습니다. 학습 내용을 쉽게 이해할 수 있도록 그림과 함께 꼼꼼하게 정리하였습니다.

❹ 기출 확인

이론과 관련된 기출문제를 함께 수록하였습니다. 문제를 풀어보며 중요 개념을 확실히 짚고 넘어갈 수 있습니다.

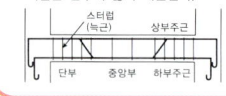

CHAPTER 3 건축구조 / SECTION 2 철근콘크리트구조

보

❶ 보

① 개요
- 기둥, 벽 등 수직 구조재를 연결하여 일체화시키는 수평 구조재이다.
- 부재의 길이 방향의 축에 직각으로 작용하는 횡하중, 모멘트를 지지한다

② 보의 배근

인장 측에만 철근을 넣은 보를 단근보, 압축 측에도 배근한 보를 복근보라

주근(인장철근)		인장력에 저항하는 재축 방향의 철근이 주근이다.
전단 보강근	스터럽 (늑근)	• 주근 주위에 직각 또는 직각에 가깝게 둘러 감은 철근이다. • 전단력에 저항하여 균열을 방지하고, 주철근을 고정시키며, 철 조립을 용이하게 한다.
	굽힘철근	주철근을 30° 이상의 경사로 구부려 내리거나 올린 철근이다.

보의 주근 배치
인장력이 작용하는 위치에 인장력에 저항하는 주근을 배치한다.

단순보	연속보	캔틸레버보

③ 보의 파괴
- 인장철근이 설계기준항복강도 f_y에 도달하는 동시에 압축콘크리트가 극한변에 도달하는 균형변형률 상태인 보를 평형보(균형보)라 한다.
- 콘크리트가 철근보다 먼저 항복하는 취성파괴는 급작스러운 부재의 파괴를 초래

구분	과소철근보	평형보(균형보)	과다철근보
철근비	$\rho < \rho_b$	$\rho = \rho_b$	$\rho > \rho_b$
항복	철근이 먼저 항복	동시에 항복	콘크리트가 먼저 항
중립축	압축 측으로 이동(상승)	–	인장 측으로 이동(하
파괴	연성파괴	평형파괴	취성파괴, 압축파

철근비 · 복근비	
철근비	• 철근콘크리트 부재의 단면에서 철근과 콘크리트 단면적의 비율이다. • ρ = 철근량(철근의 단면적, A_s) ÷ (보의 유효폭(b) × 보의 유효춤(d))
복근비	• 압축철근을 배근한 복근보에서 압축철근과 인장철근 단면적의 비율이다. • 복근비 = 압축철근면적 ÷ 인장철근면적

3 더 알아보기

보의 배근
스터럽은 단부에 많이 배근한다.

더 알아보기

보의 치수

여기서, D : 보의 춤
d : 보의 유효춤
b : 보의 폭

4 기출 확인

보의 파괴현상을 설명하는 것으로 인장 철근이 상대적으로 작을 경우와 관계가 있는 파괴현상은?
① 전단파괴 ② 휨 파괴
❸ 연성파괴 ④ 취성파괴

2025년 제3회
최근 기출복원문제

과목 건축계획

어느 학교의 1주간의 평균수업시간이 40시간인데 제□실이 사용되는 시간은 20시간이다. 그중 4시간을 다른 □를 위해 사용된다. 제도교실의 이용률과 순수율은 각각 □인가?

① 용률 50%, 순수율 20%
② 용률 50%, 순수율 80%
③ 용률 20%, 순수율 50%
④ 용률 80%, 순수율 50%

해설
$용률(\%) = \dfrac{\text{교실이 사용되는 시간}}{\text{1주간의 평균 수업시간}} \times 100 = \dfrac{20}{40} \times 100 = 50\%$

$순수율(\%) = \dfrac{\text{특정 교과를 위해 사용되는 시간}}{\text{해당 교실이 사용되는 시간}} \times 100 = \dfrac{16}{20} \times 100 = 85\%$

해설
고정식 레이아웃은 선박, 조선 등의 제품 이동이 불가한 경우에 적용하는 방식이다.

공장의 레이아웃 형식

제품 중심 레이아웃	• 제품의 흐름에 따라 모든 공정, 기계·기구를 배치하는 방식이다. • 대량생산에 유리하며 생산성이 높다. • 공정 간에 시간적·수량적 밸런스가 좋다. • 중화학공업 등 장치공업, 가정용 전기제품 공장 등에 적합하다.
공정 중심 레이아웃	• 동일하거나 기능이 유사한 기계설비를 집합시키는 방식이다. • 다품종 소량생산, 예상생산이 불가능한 경우, 표준화가 이루어지기 어려운 주문생산품 공장에 적합하며, 생산성이 낮다.
고정식 레이아웃	• 재료나 조립부품을 고정된 장소에 두고, 사람이나 기계가 그 장소로 이동해 가서 작업을 행하는 방식이다. • 제품이 크고 수량이 적은 조선소, 건축 등에 적합하다.

공장의 레이아웃 계획에 관한 사항 중 틀린 것은?
□품 중심 레이아웃은 대량생산에 유리하다.
□정 중심 레이아웃은 기계설비를 중심으로 한 배치계획□
□정식 레이아웃은 작업자가 고정된 위치에서 작업하는 방□이다.
□장규모 변화에 따른 고려사항을 반영하여야 한다.

03 다음 중 AIDMA 법칙에 속하지 않는 것은?
① Interest
② Action
③ Memory
④ Design

해설
상점 광고 5요소(AIDMA법칙)
• Attention(주의)
• Interest(흥미, 주목)
• Desire(욕망, 공감, 욕구)
• Memory(기억, 인상)
• Action(행동, 출입)

01 ② 02 ③ 03 ④

이 책의 목차

PART 01　핵심이론

CHAPTER 01　건축계획

건축사
- CORE 001　서양건축사　004
- CORE 002　한국건축사　013

주거·사무·상업건축
- CORE 003　총론·주택　017
- CORE 004　주택단지·공동주택　026
- CORE 005　사무소·은행　034
- CORE 006　상점·쇼핑센터·백화점　041

공공·문화·기타 건축
- CORE 007　학교·도서관　049
- CORE 008　미술관·극장　055
- CORE 009　공장·창고　059
- CORE 010　병원　063
- CORE 011　호텔　066

CHAPTER 02　건축시공

총론
- CORE 001　건설업·건설계약　070
- CORE 002　건설원가·적산　078
- CORE 003　공사계획·공정·품질관리　084

건축시공
- CORE 004　가설공사　088
- CORE 005　지반조사·토공사　090
- CORE 006　기초공사　097
- CORE 007　철근콘크리트공사　101
- CORE 008　철골공사　111
- CORE 009　조적공사　117
- CORE 010　목공사　125
- CORE 011　방수·도장공사　131
- CORE 012　지붕·창호공사　137
- CORE 013　미장·타일공사　143

건축재료
- CORE 014　시멘트·골재　149
- CORE 015　콘크리트　155
- CORE 016　철강·비철금속·목재　166
- CORE 017　석재·세라믹·유리　173
- CORE 018　아스팔트·합성수지·도료　179

CHAPTER 03 건축구조

건축구조역학
- CORE 001 재료의 성질 · 186
- CORE 002 단면의 성질 · 188
- CORE 003 구조물의 판별 · 193
- CORE 004 정정보의 반력 · 196
- CORE 005 정정보의 단면력 · 응력 · 200
- CORE 006 정정라멘 · 아치 · 트러스 · 204
- CORE 007 기둥 · 기초 · 207
- CORE 008 부정정 구조물 · 211

철근콘크리트구조
- CORE 009 강도설계법 · 213
- CORE 010 보 · 218
- CORE 011 슬래브 · 222
- CORE 012 기둥 · 벽체 · 기타 · 225
- CORE 013 철근 · 227

철골·일반구조
- CORE 014 철골구조 · 232
- CORE 015 지반 · 기초구조 · 내진설계 · 240
- CORE 016 건축구조의 형식 · 246

CHAPTER 04 건축설비

위생설비
- CORE 001 급수 · 급탕설비 · 252
- CORE 002 급수 · 급탕배관 · 257
- CORE 003 배수 · 통기설비 · 위생기구 · 263

공기조화설비
- CORE 004 난방설비 · 270
- CORE 005 공기조화 · 냉방 · 환기설비 · 275
- CORE 006 건축환경 · 282

전기·가스·소방설비
- CORE 007 전기설비 · 288
- CORE 008 조명설비 · 298
- CORE 009 정보 · 승강설비 · 302
- CORE 010 가스 · 소방설비 · 308

이 책의 목차

CHAPTER 05 건축관계법규

총칙·대지·건축
- CORE 001 총칙 · 용어 ... 316
- CORE 002 국토 · 도시의 계획 ... 320
- CORE 003 국토 · 건축물의 분류 ... 325
- CORE 004 대지 · 도로 · 건축선 ... 333
- CORE 005 면적 · 높이 · 층고 ... 338
- CORE 006 건축허가 · 용도변경 ... 342

구조·피난·설비
- CORE 007 구조 · 구획 ... 350
- CORE 008 피난 · 방화구조 ... 356
- CORE 009 설비기준 ... 364

주차장
- CORE 010 총칙 · 노상 · 노외주차장 ... 370
- CORE 011 부설 · 기계식 주차장 ... 376

PART 02 기출(복원)문제

- 2019년 과년도 기출문제 ... 382
- 2020년 과년도 기출문제 ... 460
- 2021년 과년도 기출문제 ... 538
- 2022년 과년도 기출문제 ... 613
- 2023년 과년도 기출복원문제 ... 690
- 2024년 과년도 기출복원문제 ... 765
- 2025년 최근 기출복원문제 ... 840

PART 01

핵심이론

CHAPTER 01 건축계획
CHAPTER 02 건축시공
CHAPTER 03 건축구조
CHAPTER 04 건축설비
CHAPTER 05 건축관계법규

CHAPTER 1

건축기사 필기
7개년 기출문제집

건축계획

SECTION 1 건축사
CORE 01 서양건축사
CORE 02 한국건축사

SECTION 2 주거·사무·상업건축
CORE 03 총론·주택
CORE 04 주택단지·공동주택
CORE 05 사무소·은행
CORE 06 상점·쇼핑센터·백화점

SECTION 3 공공·문화·기타 건축
CORE 07 학교·도서관
CORE 08 미술관·극장
CORE 09 공장·창고
CORE 10 병원
CORE 11 호텔

CORE 01 서양건축사

CHAPTER 1 건축계획 / SECTION 1 건축사

📋 기출 확인

서양 건축양식의 시대 순서로 옳은 것은?

❶ 로마 → 로마네스크 → 고딕 → 르네상스 → 바로크
② 로마 → 로마네스크 → 고딕 → 바로크 → 르네상스
③ 로마네스크 → 로마 → 고딕 → 르네상스 → 바로크
④ 로마네스크 → 로마 → 고딕 → 바로크 → 르네상스

📋 기출 확인

다음의 건축물과 양식의 연결이 옳지 않은 것은?

① 판테온 – 로마 양식
② 파르테논 신전 – 그리스 양식
③ 성 소피아 성당 – 비잔틴 양식
❹ 노트르담 성당 – 로마네스크 양식

❶ 서양의 건축양식

① 발달 순서

이집트 → 서아시아(메소포타미아) → 그리스 → 로마 → 초기 기독교 → 비잔틴 → 이슬람(사라센) → 로마네스크 → 고딕 → 르네상스 → 바로크 → 로코코

② 건축양식별 주요 건축물과 특징

구분		특징	주요 건축물
고대	이집트	분묘(Tomb) 건축	마스타바, 피라미드, 암굴분묘
	서아시아	신전(Temple) 건축	지구라트
	그리스	오더(Order), 신전, 착시교정기법	파르테논, 아고라
	로마	오더, 아치, 볼트(Vault)	판테온, 바실리카, 포럼
중세	초기 기독교	네이브, 아일, 앱스, 나르텍스	카타콤, 바실리카식 교회당
	비잔틴	부주두(Dosseret), 펜덴티브	성 소피아 성당
	사라센	스퀸치, 미나렛	모스크(Mosque)
	로마네스크	반원아치, 교차볼트	피사의 대성당
	고딕	첨두아치, 리브 볼트, 장미창, 플라잉 버트레스, 수직성 강조	노트르담 성당, 샤르트르 성당, 밀라노 성당, 퀼른 대성당
근세	르네상스	로마 건축, 인간 중심, 수평성 강조	플로렌스 성당, 성 베드로 성당(착공)
	바로크	권력과 권위, 역동적, 곡선 평면	성 베드로 성당(완공), 베르사유 궁전
	로코코	우아하고 섬세한 장식, 개인적	베르사유 궁전 예배당

❷ 이집트·메소포타미아 건축

① 이집트 건축

고대 이집트 건축의 주된 유형은 분묘(Tomb)이다.

구분	마스타바	피라미드	암굴분묘
분묘의 유형	평탄한 탁상이라는 뜻을 가진 왕족, 귀족의 분묘	거대한 사각뿔 형태를 가진 왕의 분묘	협곡지대의 산허리나 절벽을 파서 건설한 분묘

📋 기출 확인

고대 이집트의 분묘 건축 형태에 속하지 않는 것은?

❶ 인술라
② 피라미드
③ 암굴분묘
④ 마스터바

인술라 : 로마의 평민용 집합주거

② 서아시아(메소포타미아) 건축

고대 서아시아 건축의 주된 유형은 신전(Temple)이다.

구분		내용
지구라트 (Ziggurat)	개요	메소포타미아 지역에서 발견되는 계단식 테라스 형태의 신전이다.
	특징	• 평면은 정사각형에 기초한 중앙집중식 배치이다. • 곡절형 진입방식으로 이루어져 있다. • 이집트 건축보다 수직축을 더 강조하였다. • 주된 형태 요소는 점이다.

+ 더 알아보기

지구라트(Ziggurat)

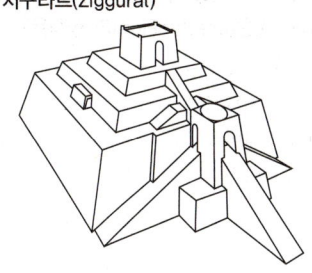

❸ 그리스 · 로마 · 초기 기독교 건축

① 오더(Order)

주신(Shaft)과 주초(Base), 주두(Capital) 등의 형태, 조합 등에 따른 정형화된 양식으로, 신전의 열주(다수의 기둥 배치) 등에 사용되었다.

구분	주두	특징
도리아 (도릭)		• 그리스 본토에서 발생한 최초의 오더이다. • 다른 오더와 달리 주초(Base)가 없다. • 단순하고 장중한 느낌을 주는 양식이다.
이오니아 (이오닉)		• 에게해의 섬 및 소아시아에서 발달한 양식이다. • 주두(Capital)에 회오리 형태의 문양(볼류트, Volute)이 있다. • 섬세하고 우아한 느낌을 주는 양식이다.
코린티안 (코린트)		• 그리스의 오더 양식 중 가장 후기의 오더이다. • 주두(Capital)에 나뭇잎 형상의 장식이 있다. • 장식이 많고 화려한 느낌을 주는 양식이다.
컴포지트 (Composite)		• 이오니아와 코린티안 오더가 결합된 형태이다. • 주두의 문양 등을 다양하게 변형, 복합시켜 사용하였다. • 가장 장식성이 크고 화려한 느낌의 오더이다.
토스카나 (터스칸)		• 주두(Capital)가 도리아 오더보다 단순화된 형태이다. • 주신(Shaft)에 플루팅(수직홈)이 없다. • 단순하여 소박, 간소한 느낌을 주는 양식이다.

그리스 · 로마 건축의 오더(Order)
로마 건축은 그리스의 3가지 오더를 계승하고 2가지의 오더를 추가하였다.

그리스의 오더(3종)	로마의 오더(5종)
도리아, 이오니아, 코린티안	도리아, 이오니아, 코린티안, 컴포지트, 토스카나

오더 기둥의 시공방법
분리된 석재를 쌓아올리고 수직으로 연속된 홈(플루팅)을 새겨 만든 것이다.

+ 더 알아보기

도리아 오더의 구성요소

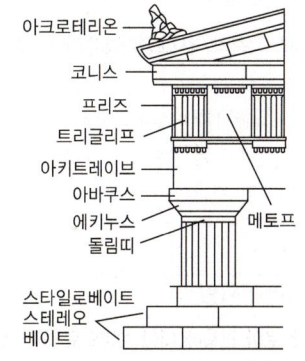

📋 기출 확인

고대 그리스에서 사용되던 오더(Order)로 가장 단순하고 장중한 느낌을 주며, 다른 오더와 달리 주초가 없는 것은?

❶ 도릭 오더 ② 이오닉 오더
③ 코린티안 오더 ④ 터스칸 오더

📋 기출 확인

고대 그리스의 기둥 양식에 속하지 않는 것은?

① 도리아식 ② 코린트식
❸ 컴포지트식 ④ 이오니아식

> 📋 **기출 확인**
>
> 그리스 아테네의 아크로폴리스에 위치한 에렉테이온(Erechtheion)의 형식은?
>
> ① 코린트식
> ② 컴포지트식
> ❸ 이오니아식
> ④ 도리아식

② 그리스 건축

고대 그리스의 도시는 언덕 위의 높은 부분과 낮은 부분으로 구분된다.

아테네의 아크로폴리스 (Acropolis)	개요		아테네의 중심지에 위치한 신전 등이 세워져 있는 언덕을 말한다.
	주요 건축물	프로필레아 (프로필리어)	외부는 도릭, 내부는 이오닉 기둥으로 구성된 아크로폴리스의 관문이다.
		아테나-니케	• 최초의 이오닉 양식의 신전이다. • 페르시아 전쟁에서의 승리를 기념하기 위해 세워졌다.
		에렉테이온	• 대표적인 이오닉 양식의 신전이다. • 부정형 평면으로 구성되어 있다.
		파르테논	• 대표적인 도릭 양식의 신전이다. • 그리스 고전건축을 대표하는 건물이다.
아고라 (Agora)	개요		• 시민들이 거주하는 언덕 아래 부분의 중심에 설치된 시민광장이다. • 정치, 상업, 행사 등을 위한 집회시설의 기능을 하였다.

> **그리스 건축의 착시교정기법**
> 그리스 건축은 다양한 착시교정기법을 사용하여 시각적인 안정감을 부여하였다.
>
> | 배흘림 | 기둥은 중앙부(상부로부터 2/3 지점)가 가장 굵다. |
> |---|---|
> | 안쏠림 | 기둥은 올라가면서 약간 안쪽으로 기울인다. |
> | 모서리 | 모서리에 위치한 기둥은 굵고 간격이 좁다. |
> | 수평선 | 수평부재의 수평선은 위쪽으로 볼록하게 처리한다. |

> 📋 **기출 확인**
>
> 그리스 건축의 착시교정기법이 아닌 것은?
>
> ① 기둥의 배흘림(Entasis)
> ② 긴 수평선을 위쪽으로 볼록하게 처리
> ③ 모서리 쪽의 기둥 간격을 좁게 처리
> ❹ 모서리 기둥의 솟음

③ 로마 건축

고대 로마의 건축물은 규모가 크고 화려하며 다양한 것이 특징이다.

판테온	개요	거대한 돔을 얹은 로툰다와 대형 열주 현관으로 구성된 신전이다.
	특징	• 로툰다 내부는 드럼(Drum)과 돔(Dome)으로 구성된다. • 드럼 하부는 7개의 니치(Niche, 조각상 등을 배치하는 움푹 들어간 공간)와 독립한 코린트식 기둥들로 정적인 공간을 구현한다. • 직사각형의 입구 공간은 외부와 내부 사이의 전이공간으로 사용된다.
콜로세움	개요	석재, 콘크리트, 볼트 등으로 구성된 원형 투기장이다.
	특징	1층은 도릭, 2층은 이오닉, 3층은 코린트 오더를 수직으로 중첩시키는 방식을 사용하였다. → 오더의 장식화
카라칼라 욕장	개요	고대 로마의 가장 대표적인 목욕시설이다.
	특징	평면은 정사각형 안에 직사각형 욕장 등이 배치된 형태이다.
포럼 (Forum)	개요	로마의 신전 및 공공건축이 모여 있었던 옥외 집회소 및 시장이다.
	특징	그리스의 아고라(Agora)와 유사한 기능을 하였다.
바실리카 (공회당)	개요	재판 및 집회에 사용된 시장 건물이다.
	특징	바실리카 울피아는 로마식의 광대한 내부 공간을 보여주며, 초기 기독교 교회당의 규준이 된 건축물이다.
도무스	개요	부유층을 위한 고급주택이다.
인술라	개요	다층의 평민용 집합주거 건물이다.

> 📋 **기출 확인**
>
> 고대 로마 건축에 대한 설명으로 옳지 않은 것은?
>
> ① 카라칼라 황제 욕장은 정사각형 안에 직사각형을 담은 배치를 취하였다.
> ❷ 바실리카 울피아는 신전 건축물로서 로마식의 광대한 내부 공간을 전형적으로 보여준다.
> ③ 콜로세움의 외벽은 도리아-이오니아-코린트 오더를 수직으로 중첩시키는 방식을 사용하였다.
> ④ 판테온은 거대한 돔을 얹은 로툰다와 대형 열주 현관이라는 두 주된 구성 요소로 이루어진다.

> **로마 건축의 특징**
> • 아치(Arch)와 볼트(Vault)가 적극적으로 이용되었다.
> • 콘크리트를 사용하여 대공간을 실현하였다(판테온의 돔).
> • 그리스의 오더를 계승하여 단순화(터스칸 오더)하거나 장식화(컴포지트 오더)하였다.

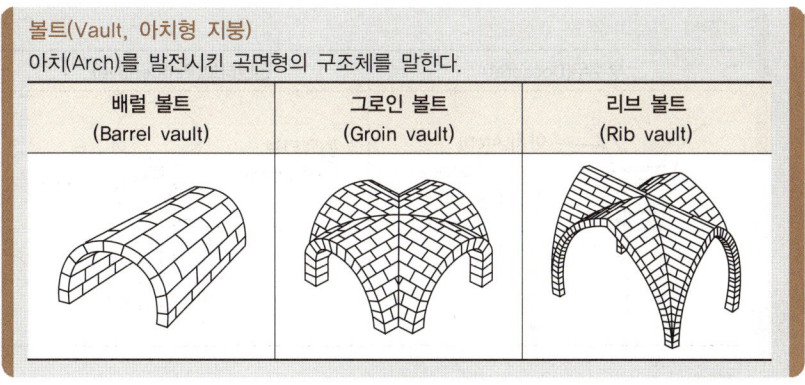

④ 초기 기독교 건축

로마의 기독교에 대한 박해·승인에 따라 기독교 건축양식이 성립되었다.

카타콤 (Catacomb)	개요	• 로마의 박해를 피해 예배장소·피난처로 사용된 지하무덤이다. • 지하동굴과 다수의 묘실로 구성된 최초의 기독교 건축이다.
바실리카식 교회당	개요	고대 로마 건축의 바실리카(재판소·공회당) 형식을 따라 건축한 초기 기독교의 교회당이다.
	특징	넓은 공간에 모인 사람들을 향해 연단에서 연설을 할 수 있는 형태로, 기독교 예배에 가장 적합한 형태이다.

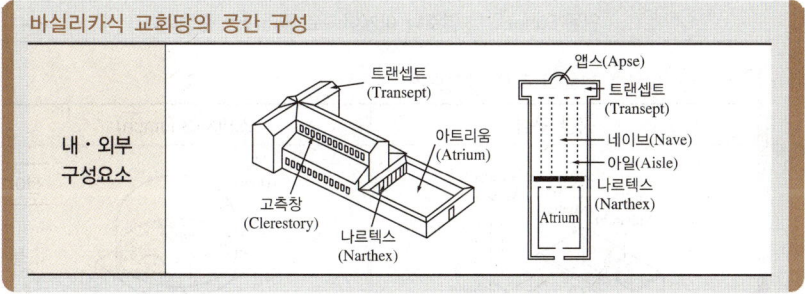

> **+ 더 알아보기**
>
> 건축양식별 볼트(Vault)구조
> • 로마 건축에서는 배럴 볼트가 적극적으로 이용되었다.
> • 그로인 볼트와 리브 볼트는 로마네스크, 고딕 건축에서 많이 이용되었다.

> **🗐 기출 확인**
>
> 초기 기독교 건축양식의 기원이 된 건물의 형태는?
> ① 카타콤 ② 판테온
> ③ 마스타바 ❹ 바실리카

> **🗐 기출 확인**
>
> 바실리카식 교회당의 구성에 속하지 않는 것은?
> ① 아일(Aisle)
> ❷ 파일론(Pylon)
> ③ 트랜셉트(Transept)
> ④ 나르텍스(Narthex)
>
> 파일론 : 고대 이집트 신전의 탑문

❹ 비잔틴·이슬람(사라센) 건축

① 비잔틴 건축

동로마제국(비잔틴)에서 이슬람(사라센) 문화의 영향을 받아 발생한 건축양식이다.

개요		동로마제국에서 발생한 건축양식을 말한다.
특징		• 이슬람(사라센) 문화의 영향을 받아 동양적 요소가 가미되었다. • 부주두(Dosseret)와 펜덴티브 돔(Pendentive dome)이 사용되었다. • 모자이크 등을 사용해 내부를 화려하게 장식하였다.
주요 구성요소	부주두 (Dosseret)	기둥 상부의 아치를 지지하기 위하여 주두(Capital) 위에 설치한 부재이다.
	펜덴티브 (Pendentive)	사각형 또는 다각형 평면 상부에 원형의 돔을 설치하기 위해 설치한 부재이다.
주요 건축물		성 소피아 성당이 대표적인 건축물이다.

> **🗐 기출 확인**
>
> 다음 중 비잔틴 건축에 해당하는 것은?
> ❶ 성 소피아 성당
> ② 피사 사원
> ③ 노트르담 성당
> ④ 성 베드로 성당

📋 기출 확인

비잔틴 건축의 구성요소에 해당하지 않는 것은?

① 아치(Arch)
② 부주두(Dosseret)
③ 펜덴티브(Pendentive)
❹ 도릭 오더(Doric order)

📋 기출 확인

이슬람(사라센) 건축양식에서 "미나렛(Minaret)"이 의미하는 것은?

① 이슬람교의 신학원 시설
❷ 모스크의 상징인 높은 탑
③ 메카 방향으로 설치된 실내 제단
④ 열주나 아케이드로 둘러싸인 중정

➕ 더 알아보기

아케이드(Arcade)
아치군과 열주로 조성한 개방된 통로 공간을 말한다.

아라베스크(Arabesque)
이슬람교의 영향을 받은 건축물에서 볼 수 있는 연속적인 기하학적 문양, 식물문양, 당초문양 등을 의미한다.

📋 기출 확인

서양 건축에 대한 설명 중 옳지 않은 것은?

① 로마 건축의 기둥에는 그리스 건축의 오더 이외에 터스칸 오더, 컴포지트 오더가 사용되었다.
② 고딕 건축은 수직적인 요소가 특히 강조되었다.
③ 비잔틴 건축은 사라센 문화의 영향을 받았으며 동양적 요소가 가미되었다.
❹ 로마네스크 건축은 내부보다는 외부의 장식에 치중하였으며, 바실리카에 비하면 단순하고 간소하다.

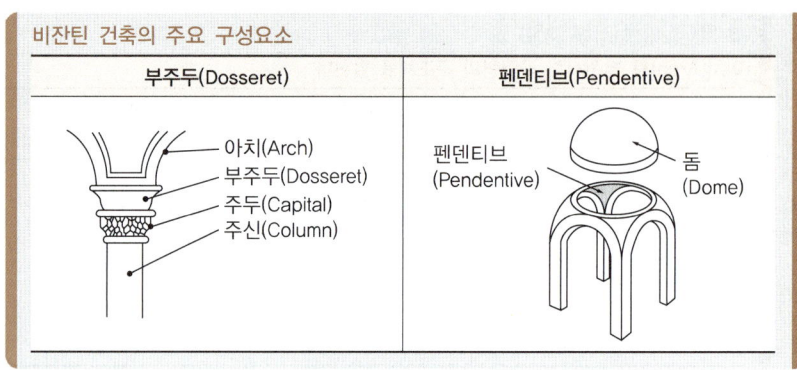

② 이슬람(사라센) 건축

이슬람(사라센) 건축의 주된 유형은 모스크(Mosque)이다.

개요	사라센제국에서 발생한 이슬람 모스크 중심의 건축양식을 말한다.
특징	미나렛(첨탑)과 스퀸치(Squinch)가 사용되었다.
주요 구성요소	스퀸치(Squinch) : 사각형 평면 상부에 원형의 돔을 설치하기 위한 부재이다.
	미나렛(Minaret) : 모스크의 상징인 높은 탑(첨탑)이다.
	미하랍(Miharab) : 메카 방향으로 설치된 실내 제단이다.
	민바르(Minbar) : 모스크 예배당 내부의 설교단이다.
	안뜰(Sahn) : 열주나 아케이드로 둘러싸인 중정이다.

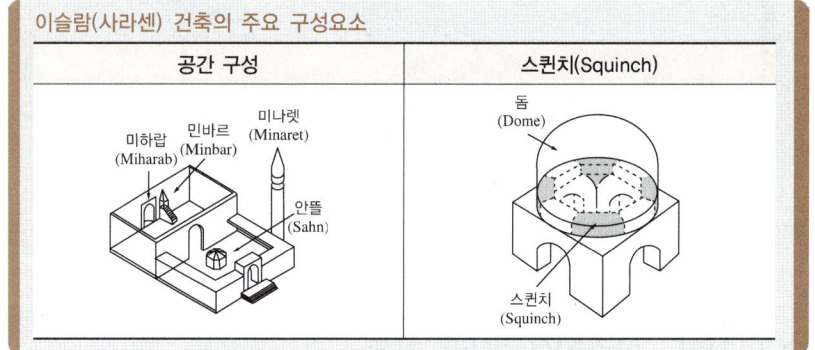

❺ 로마네스크 · 고딕 건축

① 로마네스크 건축

로마네스크 건축은 고딕 건축의 모태가 된 과도기적 건축양식이다.

개요	로마의 건축을 계승한 중세 유럽의 건축양식을 말한다.
특징	• 외부는 비교적 소박하나 내부는 화려하다. • 내부를 반원아치와 교차 볼트(Vault) 등으로 구성하였다. • 내부 공간이 기둥 간격의 단위(Bay unit)로 구성되었다. • 대형 탑, 스테인드 글라스가 사용되기 시작하였다.
주요 건축물	피사의 대성당, 슈파이어 성당 등

② 고딕 건축

고딕 건축은 중세 유럽에서 발전한 기독교 건축양식의 절정이라 할 수 있다.

개요	중세 말 유럽에서 발전한 기독교 중심의 건축양식이다.
특징	• 건축 형태에서 수직성을 강하게 강조하였다. • 수평 방향으로 통일되고 연속적인 공간을 만들었다. • 수직적으로 높고 창이 많아 상승감과 개방감이 크다. • 다양한 건축요소들이 발전된 형태로 결합되었다.
주요 구성요소	첨두형 아치 (Pointed arch)	뾰족한 원호를 갖는 아치로, 반원형 아치보다 횡축력이 작고 높이 조절이 자유롭다.
	리브 볼트 (Rib vault)	교차볼트를 리브(뼈대)로 구성하고, 리브 사이에 얇은 패널을 설치하여 천장을 구성해 경량화한 구조이다.
	플라잉 버트레스 (Flying buttress)	건물 상부와 건물 하부 버트레스(부축벽)를 연결하여 지붕, 아치, 볼트의 횡축력을 지면으로 전달하는 구조체이다.
	첨탑 (Spire)	• 신에 대한 희생, 봉사를 상징한다. • 수직성을 강조하는 요소로 사용되었다.
	장미창 (Rose window)	스테인드 글라스와 장식용 격자로 구성한 원형창으로, 크고 화려한 것이 특징이다.
주요 건축물	노트르담 성당, 밀라노 성당, 퀼른 대성당, 랭스 성당, 샤르트르 성당, 아미앵 성당 등이 있다.

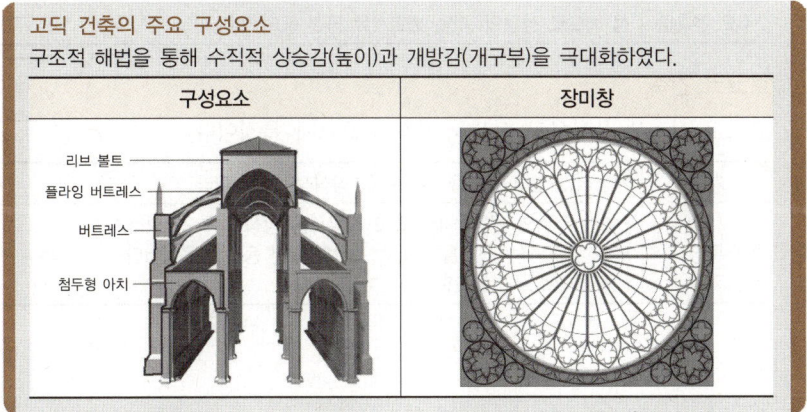

고딕 건축의 주요 구성요소
구조적 해법을 통해 수직적 상승감(높이)과 개방감(개구부)을 극대화하였다.

➕ 더 알아보기

기독교 건축의 평면 배치

중앙집중형 (그릭 크로스)	직선·장축형 (라틴 크로스)
비잔틴	초기 기독교 로마네스크, 고딕

📋 기출 확인

고딕 성당에 관한 설명으로 틀린 것은?

❶ 중앙집중식 배치를 지배적으로 사용하였다.
② 건축 형태에서 수직성을 강하게 강조하였다.
③ 수평 방향으로 통일되고 연속적인 공간을 만들었다.
④ 고딕 성당으로는 랭스 성당, 아미앵 성당 등이 있다.

📋 기출 확인

다음 중 고딕 건축의 특성을 표현하는 용어와 가장 관계가 먼 것은?

① 플라잉 버트레스(Flying buttress)
② 리브 볼트(Rib vault)
③ 첨두형 아치(Pointed arch)
❹ 미나렛(Minaret)

❻ 르네상스·바로크·로코코 건축

① 르네상스 건축

르네상스 건축은 기독교 중심주의에서 탈피한 인본주의, 고전주의적 건축양식이다.

개요	시민사회가 성립된 이탈리아에서 발전한 고전주의적 건축양식이다.
특징	• 오더, 아치 등 로마 건축기법의 전통을 계승한 건축양식이다. • 기독교 건축을 탈피하여 궁전, 주택 등으로 확대된 인간 중심의 건축이다. • 건축 비례와 미적 대칭 등을 중시하였다. • 수평성을 강조하며 정사각형, 원 등으로 공간을 구성하였다. • 리브 볼트 등 복잡한 구조 대신 로마식 구조로 회귀하였다. • 프레스코화, 모자이크, 금속장식 등이 사용되었다. • 석재 외벽 표면을 거칠게 마감하는 러스티케이션(Rustication)이 활용되었다.

➕ 더 알아보기

고딕과 르네상스의 비교

고딕	르네상스
신 중심 수직성 강조	인간 중심 수평·비례 강조

> **기출 확인**
>
> 다음의 르네상스 건축물에 대한 설명 중 옳지 않은 것은?
>
> ❶ 성 스피리토 성당의 형태는 인간 중심적 세계관에서 신 중심적 세계관으로 변화했음을 보인다.
> ② 루첼라이 궁전은 각 층마다 다른 오더를 사용하는 로마 방식을 채택하였다.
> ③ 브라만테가 설계한 성 베드로 성당의 주제는 중심성이다.
> ④ 메디치–리카르디 궁전의 1층은 러스티케이션 처리를 하여 강인한 면을 강조하였다.

르네상스 건축의 건축물별 주요 특징		
대표적인 건축가로는 브루넬레스키, 미켈란젤로, 알베르티, 팔라디오 등이 있다.		
플로렌스 성당 (피렌체 성당)	르네상스 건축양식을 정립한 브루넬레스키가 계획한 플로렌스 성당의 돔은 르네상스 건축의 출발점이다.
성 스피리토 성당	• 브루넬레스키가 계획한 바실리카식 교회당이다. • 수학적인 평면 구성을 통해 신 중심적 세계관에서 인간 중심적인 세계관으로 변화했음을 보여주는 건축물이다.
성 베드로 성당 (바티칸 대성당)	• 브라만테, 미켈란젤로, 마데르나, 베르니니가 계획하였다. • 돔을 활용한 중앙집중식 평면으로 중심성을 강조하였다. • 르네상스와 바로크 건축이 결합되어 있다.
루첼라이 궁전	각 층마다 다른 오더를 사용하는 로마 방식을 채택하였다.
메디치–리카르디 궁전	1층 외벽에 러스티케이션 처리를 하여 강인한 면을 강조하였다.

② 바로크 건축

바로크 건축은 르네상스 건축보다 역동적이며 감각적, 장식적인 것이 특징이다.

개요	권력과 권위 등을 상징하는 공적 기능을 강조한 건축양식이다.
특징	• 풍부한 장식, 공간의 해방, 유동하는 벽체를 갖는다. • 타원형 등 곡선평면을 사용하여 동적이고 극적인 공간을 연출하였다. • 절대적 권력과 종교적 권위 등을 상징하는 표현양식을 갖는다.
주요 건축물	성 베드로 성당의 광장, 베르사유 궁전 등이 있다.

> **기출 확인**
>
> 바로크 시대의 건축적 특징과 가장 거리가 먼 것은?
>
> ① 풍부한 장식
> ② 공간의 해방
> ❸ 고전 건축의 복원
> ④ 유동하는 벽체

③ 로코코 건축

로코코 건축은 우아하고 섬세한 장식적 요소가 특징이다.

개요	개인적인 실내 공간을 위주로 한 장식적인 양식이다.
특징	• 고전 건축의 법칙을 배제하고 자유로운 장식을 추구하였다. • 직선, 수평선, 직각을 피하고 곡선과 곡면 등을 사용하였다. • 종교 건축물의 규모도 크게 축소되었다.

❼ 서양의 근대·현대 건축

① 발전 흐름

신고전주의 → 낭만주의 → 절충주의 → 수공예운동 → 시카고파 → 아르누보 → 세제션운동 → 독일공작연맹 → 데스틸 → 순수주의 → 구성주의 → 바우하우스 → 국제주의(CIAM) → 레이트모던·포스트모던

> **기출 확인**
>
> 다음 중 시기적으로 가장 최근인 것은?
>
> ① 아르누보(Art nouveau)
> ② 세제션(Secession)
> ❸ 포스트모더니즘(Postmodernism)
> ④ 바우하우스(Bauhaus)

② 과도기 건축

구분		특징	주요 건축가와 건축물	
과도기	신고전주의	고전(그리스, 로마) 건축 재현	샬그랑	파리 개선문
	낭만주의	고딕 건축 재현	찰스 배리	영국 국회의사당
	절충주의	각종 양식을 선택 또는 종합	샤를 가르니에	파리 오페라 하우스
※ 산업혁명		공업화·대량생산 철, 유리, 시멘트 개발	구스타브 에펠	파리 에펠탑
			조셉 팍스턴	수정궁

③ 근대 건축(모더니즘)

구분		특징	주요 건축가와 건축물	
근대	수공예운동	대량생산 및 장식의 부정	윌리엄 모리스	붉은 집
	시카고파	합리주의 · 기능주의 철골 고층빌딩의 예술화	루이스 설리번	오디토리움 빌딩
			프랭크 로이드 라이트	존슨 왁스 빌딩
	아르누보	수공예운동의 영향 철의 곡선미 · 조형미 추구 과거 양식에서의 탈피 모색	안토니오 가우디	사그라다 파밀리아 카사 밀라
			빅터 오르타	타셀 주택
			헥토르 기마르	파리 지하철역 입구
	세제션운동	과거 양식에서의 분리 · 해방	오토 바그너	빈 우체국
		장식의 배제(원합리주의)	아돌프 로스	슈타이너 저택
	독일공작연맹	건축과 근대공업의 결합	피터 베렌스	터빈 공장
	데스틸	신조형주의, 추상적인 형태	게리트 리트벨트	슈뢰더 주택
	순수주의	기능 위주 · 간결한 건축미	르 코르뷔지에	사보아 주택
	구성주의	소련의 전위적인 운동 기계적 · 기하학적인 형태	블라디미르 타틀린	제3인터내셔널 기념탑
	바우하우스	예술과 공업의 통합 표준화 · 공장 · 대량생산	발터 그로피우스	바우하우스 교사
			미스 반데어로에	투겐하트 주택
※ 국제주의 건축		근대건축국제회의(CIAM)	근대 건축가의 국제 조직	

근대건축국제회의(CIAM ; Congress International Architecture Modern)
르 코르뷔지에를 중심으로 각국의 근대 건축가로 구성된 국제 건축 협의체이다.

주요 건축가		르 코르뷔지에, 발터 그로피우스, 게리트 리트벨트 등
주요 활동 · 의제	라 사라 선언	CIAM의 결성
	프랑크푸르트 회의	최소한의 주거
	브뤼셀 회의	합리적인 건축
	아테네 헌장	현대도시계획의 원칙

근대 건축의 4대 거장과 주요 건축물

르 코르뷔지에	주택	빌라 사보아, 빌라 라 로슈 등
	기타	롱샹 성당, 마르세유 주거단지, 동경 국립 서양 미술관 등
프랭크 로이드 라이트	주택	낙수장(카프만 저택), 로비 하우스 등
	기타	구겐하임 미술관, 존슨 왁스 빌딩 등
발터 그로피우스	주택	그로피우스 주택 등
	기타	데사우 바우하우스 교사, 아테네 미국대사관 등
미스 반데어로에	주택	투겐하트 주택 등
	기타	바르셀로나 세계박람회의 독일관, 시그램 빌딩 등

기출 확인

다음 근대 건축의 작가와 작품 중 아르누보(Art nourveau)의 영역 이외의 것은?

❶ 윌리엄 모리스 – 붉은 집
② 안토니오 가우디 – 사그라다 파밀리아
③ 헥토르 기마르 – 파리의 지하철역 입구
④ 빅터 오르타 – 타셀 주택

더 알아보기

오토 바그너 – 근대 건축의 설계지침
- 경제적인 구조
- 시공재료의 적당한 선택
- 목적을 정확히 파악하고 완전히 충족시킬 것

기출 확인

다음 중 CIAM과 가장 밀접한 관계가 있는 것은?

❶ 아테네 헌장
② 브루탈리즘
③ 로버트 벤투리
④ 메타볼리즘

더 알아보기

르 코르뷔지에 – 근대 건축의 5원칙
- 필로티
- 자유로운 평면(골조 · 벽의 기능적 독립)
- 자유로운 파사드(입면)
- 수평으로 긴 창
- 옥상정원

➕ 더 알아보기

로버트 벤투리
- 포스트모던의 대표적인 대중주의 건축가이다.
- 저서로 "건축의 복합성과 대립성"이 있다.

📋 기출 확인

건축가와 작품의 연결이 옳지 않은 것은?

① 렌조 피아노 – 로마 오디토리엄
❷ 아이 엠 페이 – 파리 아랍 문화원
③ 루이스 칸 – 리차드 의학연구소
④ 안토니오 가우디 – 카사 밀라

④ 현대 건축

구분		특징	주요 건축가·건축물	
현대	레이트모던	공업기술·기계의 미학 유리·금속 등 표피의 강조	리처드 로저스	로이즈 빌딩
			아이 엠 페이	루브르 피라미드
			노먼 포스터	상하이 뱅크
	포스트모던 (고전주의)	지역문화와 전통 장소성·대중성·상징성	로버트 벤투리	길드 하우스
			찰스 무어	이탈리아 광장

주요 현대 건축가와 건축물	
루이스 칸	킴벨 미술관, 리차드 의학연구소 등
알바 알토	MIT 기숙사(베이커 하우스), 핀란디아 홀, 파이미오 요양소 등
필립 존슨	글라스 하우스, 펜조일 빌딩 등
피터 아이젠만	웩스너 센터, 아로노프 디자인 센터 등
렌조 피아노	퐁피두 센터(리처드 로저스와 공동 설계), 로마 오디토리엄 등
장 누벨	파리 아랍 문화원, 아부다비 루브르 박물관 등
오스카 니마이어	브라질 국회의사당, 브라질 대통령 관저 등

CHAPTER 1 건축계획 / SECTION 1 건축사

CORE 02 한국건축사

❶ 한국의 건축양식

① 지붕의 양식

모임지붕	• 꼭짓점에서 지붕의 골이 만나는 지붕이다. • 추녀마루로만 구성되며 용마루는 없다. • 목탑, 정자 등의 장방형, 다각형 평면의 지붕으로 사용되었다.
맞배지붕	• 지붕면이 앞뒤에는 있고 측면에는 없으며, 측면 벽이 삼각형인 형태이다. • 용마루와 내림마루가 있고 추녀마루는 없다.
우진각지붕	• 네 면에 모두 지붕면이 있다. • 전후 지붕면은 사다리꼴이고 양측 지붕면은 삼각형인 형태이다. • 용마루, 추녀마루로 구성되며, 내림마루는 없다.
팔작지붕 (합각지붕)	• 맞배지붕과 우진각지붕이 합쳐진 가장 화려하고 장식적인 지붕이다. • 우물천장을 가설하며, 다포식에서 많이 사용한다. • 용마루, 내림마루, 추녀마루로 구성된다.

한국 전통건축의 지붕양식

모임지붕	맞배지붕	우진각지붕	팔작지붕

📋 기출 확인

한국 전통건축의 지붕양식에 대한 설명으로 옳은 것은?

① 맞배지붕은 용마루와 추녀마루로만 구성된 지붕으로 주로 주심포 건물에 많이 사용되었다.
❷ 우진각지붕은 네 면에 모두 지붕면이 있으며 전후 지붕면은 사다리꼴이고 양측 지붕면은 삼각형이다.
③ 팔작지붕은 원초적인 지붕형태로 원시집에서부터 사용되었다.
④ 모임지붕은 용마루와 내림마루가 있고 추녀마루만 없는 형태이다.

② 공포(栱包)

공포의 형식은 전통 목조건축의 양식을 구분 짓는 중요한 의장적 표현이다.

개요		• 지붕의 하중을 지지하기 위해 기둥머리에 설치하는 부재이다. • 시각적으로 무거운 지붕의 압박감을 덜어주는 역할을 한다.
주심포식	개요	공포를 기둥 상부에만 배열한 방식이다.
	특징	• 부재가 정연하게 가공되고 조각이 많아 인공성이 강하다. • 맞배지붕이 대부분이며, 천장을 가설하지 않아 서까래가 노출된다. • 우미량을 사용하여 단차가 있는 도리를 계단형식으로 연결한다. • 평방은 설치하지 않으며, 소로는 비교적 자유롭게 배치한다.
다포식	개요	공포를 기둥 상부와 기둥 사이에 배열한 방식이다.
	특징	• 지붕의 하중을 등분포로 전달할 수 있는 합리적인 구조법이다. • 다른 방식에 비해 외형이 정비되고 장중한 외관을 갖는다. • 2출목 이상으로 전개되며, 내부 천장구조는 대부분 우물천장이다. • 기둥 사이의 공포(간포)를 받치기 위해 창방 위에 평방을 둔다. • 소로를 상하 동일선상에 배치하며, 주로 팔작지붕이 많다. • 주로 궁궐이나 사찰 등의 주요 정전에 사용되었다.

📋 기출 확인

다포식(多包式) 건축양식에 관한 설명으로 옳지 않은 것은?

❶ 기둥 상부에만 공포를 배열한 건축양식이다.
② 주로 궁궐이나 사찰 등의 주요 정전에 사용되었다.
③ 주심포형식에 비해서 지붕하중을 등분포로 전달할 수 있는 합리적 구조법이다.
④ 간포를 받치기 위해 창방 외에 평방이라는 부재가 추가되었으며 주로 팔작지붕이 많다.

기출 확인

고려시대 주심포 양식에 관한 설명으로 옳지 않은 것은?

① 우미량을 사용하였다.
② 기둥 위에만 공포가 배치되었다.
③ 소로는 비교적 자유스럽게 배치되었다.
❹ 기둥 위에 창방과 평방을 놓고 그 위에 공포를 배치하였다.

기출 확인

다음의 건축물 중 주심포식 건축양식에 속하지 않는 것은?

① 강릉 객사문　❷ 석왕사 응진전
③ 봉정사 극락전　④ 부석사 무량수전

	개요	공포가 새의 날개 모양을 한 방식이다.
익공식	특징	• 공포의 형식 중에서 가장 간결하다. • 궁궐의 정전이나 사찰의 대웅전 등에 사용되었다.
절충식	개요	다포식을 주로 하고 주심포식의 세부수법을 절충한 형식이다.

공포의 주요 형식

주심포식	다포식	익공식
삼국시대 – 고려시대	고려 후기 – 조선 중기	조선 초기 – 조선 후기

건축물과 공포의 형식

주심포식	봉정사(극락전), 관음사(원통전), 부석사(무량수전, 조사당), 수덕사(대웅전), 무위사(극락전), 강릉 객사문 등
다포식	창경궁(명정전), 남대문, 동대문, 심원사(보광전), 불국사(극락전), 전등사(대웅전), 화암사(극락전), 위봉사(보광명전), 석왕사(응진전), 봉정사(대웅전) 등 ※ 가장 오래된 건축물은 심원사(보광전)이다.
익공식	강릉 오죽헌 등
절충식	경복궁(항원정) 등

③ 가구법

지붕을 형성하는 도리의 개수에 따라 건축물의 구조를 구분하였다.

삼량가	오량가
작은 건물, 부속채 등	사찰, 살림집 안채
〈삼량가〉	〈무고주 5량가〉

칠량가	구량가
궁궐, 사찰	궁궐, 사찰
〈2고주 7량가〉	〈2고주 9량가〉

주요 건축물의 가구 구조
오량가 이상의 구조는 궁궐, 사찰 등에 주로 사용되었다.

오량가	봉정사(대웅전), 칠장사(대웅전) 등
칠량가	무위사(극락전), 봉정사(극락전), 지림사(대적광전), 금산사(대적광전) 등
구량가	부석사(무량수전), 수덕사(대웅전) 등
십일량가	경복궁(경회루) 등

기출 확인

한국 건축의 가구법에 관련하여 칠량가에 속하지 않는 것은?

① 지림사 대적광전
❷ 수덕사 대웅전
③ 무위사 극락전
④ 금산사 대적광전

❷ 한국 전통건축의 배치

① 배치의 원칙

경복궁	개요		왕이 정사를 돌보고 거처하던 조선의 궁궐이다.
	배치 원칙	좌묘우사	좌측(동쪽)에 종묘, 우측(서쪽)에 사직단
		전조후시	앞쪽(남쪽)에 관청, 뒤쪽(북쪽)에 시장
		전조후침	앞쪽에 조정, 뒤쪽에 침전
	공간 구성	전조공간	정전(근정전), 편전(사정전, 만춘전, 천추전)
		후침공간	강녕전(왕의 침전), 교태전(왕비의 침전)
성균관·문묘	개요		교학시설과 유학자들의 사당인 문묘시설로 구성된다.
	공간 구성	교학시설	명륜당, 동재, 서재, 존경각, 비천당, 일양재 등
		문묘시설	대성전, 동무, 서무, 제기고 등
향교	개요		성균관의 하급 관학인 지방교육기관이다.
	배치 원칙	전묘후학	위치가 평지일 경우 앞쪽에 대성전, 뒤쪽에 명륜당
		전학후묘	위치가 경사지일 경우 낮은 쪽에 명륜당, 높은 쪽에 대성전
사찰	개요		금당(본당)과 탑, 부속건물 등으로 구성된 불사건축이다.
	가람 배치		사찰 내 금당과 탑 등 건물의 배치 관계를 말한다.
		1탑 3금당 (고구려)	• 탑(중심), 금당(동, 서, 북쪽), 중문(남쪽) • 청암리사지(금강사지), 정릉사지 등이 있다.
		1탑 1금당 (백제)	• 축(남북 또는 동서)상에 중문, 탑, 금당을 나란히 배치한다. • 정림사지, 미륵사지(확장형태, 3탑 3금당) 등이 있다.
		쌍탑식 (통일신라)	• 축(남북)상에 배치한 중문, 금당 사이에 두개의 탑을 축(동서)상에 나란히 배치한다. • 불국사, 감은사지, 보문사지 등이 있다.

주요 사찰의 가람배치		
평지가람		• 평지에 위치한 사찰로, 질서 있게 직교식으로 건물을 배치한다. • 정림사지, 황룡사지 등이 있다.
산지가람		산지에 위치한 사찰로, 축대로 터를 다지거나 산세에 따라 건물을 배치한다.
	화엄사	경사지형을 단으로 나누어서 정지하여 건물을 배치하였다.
	부석사	누하진입 형식을 취하고 있다.
	봉정사	대지가 3단으로 나누어져 있으며 상단 부분에 대웅전과 극락전 등 중요한 건물들이 배치되어 있다.
구릉가람		산지도 평지도 아닌 경사지에 위치한 사찰로, 과도기적 형태를 보인다.
	통도사	진입(동서)축과 3개의 보조(남북)축이 직교하는 형태이다.

❸ 한국 전통건축의 평면

① 한국 전통 주택의 평면
- 특히 기후의 영향으로 지방마다 평면 구성이 다르다.
- 함경도 → 평안도 → 중부 → 서울 → 남부 순으로 기온이 높다.

📋 **기출 확인**

경복궁의 궁궐 배치는 전조공간과 후침공간으로 이루어져 있다. 다음 중 전조공간의 구성에 속하지 않는 것은?

① 근정전 ② 만춘전
③ 천추전 ❹ 강녕전

📋 **기출 확인**

교학 건축 건축물인 성균관의 구성에 속하지 않는 것은?

① 동재 ② 존경각
❸ 천추전 ④ 명륜당

📋 **기출 확인**

관학인 향교의 배치방법 중 평지에 지어지고 대성전을 앞에 배치한 것은?

① 전조후침 ② 전조후시
❸ 전묘후학 ④ 전학후묘

➕ **더 알아보기**

누하진입
- 누각 아랫부분의 누문·계단을 통해 사찰 앞마당으로 진입하는 형식이다.
- 지형차가 큰 산지가람 사찰에 사용되며, 공간의 극적인 효과가 연출된다.
- 부석사, 봉정사, 해인사 등이 있다.

📋 **기출 확인**

불사건축의 진입방법에서 누하진입 형식을 취한 것은?

❶ 부석사
② 통도사
③ 화엄사
④ 범어사

📋 기출 확인

조선시대에 田자형 주택으로 대별되는 서민주택의 지방 유형은?

① 서울 지방형
② 남부 지방형
③ 중부 지방형
❹ 함경도 지방형

➕ 더 알아보기

전통 한식주택의 문꼴(개구부)
전통 한식주택은 하절기의 고온다습한 기후를 견디기 위하여 문꼴부분의 면적이 크다.

구분	기본 평면형	특징	툇마루(건물 전면)	대청(건물 중심)
함경도형	田자형	겹집 구조	×	×
평안도형	ㅡ자형	측면이 단칸	△	×
중부(개성)형	ㄱ자형	안방이 남향	○	○
서울형	ㄱ자형	안방이 동서향	○	○
남부형	ㅡ자형	넓은 대청	○	○

한국 건축의 주요 특징

인간적 척도	대부분의 한국 건축은 인간적 척도 개념을 나타낸다.	
공간의 위계	각 공간의 관계가 주(主)와 종(從)의 관계를 갖는다.	
시지각적 안정감	안쏠림	기둥머리를 올라가면서 약간 안쪽으로 기울인다.
	귀솟음	입면상 중앙부 기둥의 높이가 낮고 바깥쪽이 높다.
	민흘림 기둥	기둥뿌리의 직경이 기둥머리보다 큰 기둥이다.
	배흘림 기둥	중앙부(상부로부터 2/3 지점)가 가장 굵은 기둥이다.
건물의 정면	서양 건축과 달리 지붕면이 정면, 박공면이 측면이다.	

❹ 한국의 주요 건축물

① 시대별 주요 건축물

구분	주요 건축물	주요 석탑	주요 목탑
삼국시대	황룡사, 화엄사	미륵사지 석탑	황룡사 9층 목탑
통일신라시대	불국사, 사천왕사	불국사 다보탑	-
고려시대	봉정사 극락전, 부석사 무량수전	무량사 5층 석탑, 경천사지 10층 석탑	-
조선시대	경복궁 근정전, 서울 사대문	원각사지 10층 석탑	법주사 팔상전

📋 기출 확인

다음 중 현존하는 한국 고대 석탑으로 가장 오래된 것은?

❶ 미륵사지 석탑
② 경천사지 석탑
③ 원각사지 석탑
④ 불국사 다보탑

봉정사 극락전
- 창건 당시 형태로 현존하는 가장 오래된 목조 건축물이다.
- 공포를 주상에만 짜놓은 주심포 양식의 건축물로서 비교적 규모가 작은 불전이다.
- 정면 3칸·측면 4칸·단층이며, 서남향으로 배치된 맞배지붕 구조이다.

한국의 주요 근대 건축물의 양식

고딕	로마네스크	르네상스
명동성당, 정동교회	서울 성공회 성당, 덕수궁 정관헌	한국은행 본점(구관)

📋 기출 확인

다음의 한국 근대 건축 중 고딕양식을 취하고 있는 것은?

❶ 명동성당
② 덕수궁 정관헌
③ 서울 성공회 성당
④ 한국은행

한국의 주요 현대 건축가와 건축물

김수근	경동교회, 자유센터, 타워호텔 등
김중업	명보극장, 삼일로빌딩 등
박동진	고려대학교 본관, 조선일보(구관) 등
박길룡	화신백화점, 문예진흥원 등

CORE 03 총론·주택

CHAPTER 1 건축계획 / SECTION 2 주거·사무·상업건축

❶ 건축의 프로세스

① 건축물의 생산과정

기획 → 조건파악 → 기본설계 → 실시설계 → 시공완료 → 인도접수 순이다.

기획		• 건축주 또는 이용자의 의도와 요구사항을 파악, 분석한다. • 설계자의 제안사항을 발의한다.
계획	조건파악	• 대지조사를 통해 대지조건을 파악한다. • 건축주, 이용상의 요구 등 내부적 요구조건을 파악한다. • 건축의 용도, 규모, 예산, 기후, 법적 규제 등을 파악한다.
	기본계획	• 기획 시의 의도를 구체적인 형태로 발전시킨다. • 형태 및 규모를 구성하고 계획설계도서를 작성한다.
설계	기본설계	도면 작성기준을 결정하고 기본설계도서를 작성한다.
	실시설계	• 세부결정도면, 부분별 시공실시도면을 작성한다. • 시방서, 견적서, 세부상세도 등을 작성한다.
시공		실시설계도면에 준하여 건축물을 시공한다.

건축계획의 프로세스
• 목표설정 → 정보자료수집 → 조건설정 → 모델화평가 → 계획결정 순으로 진행된다.
• 건축설비계획은 기본계획을 좌우하기도 하므로, 건축설계 초기부터 일체화하여 진행한다.

건축계획 단계에서의 조사수법

설문조사	건물의 이용자 등을 대상으로 설문을 작성하여 생활과 공간의 대응관계를 분석한다.
기존 자료를 통한 조사	이용 상황이 명확하게 기록되어 있는 시설의 자료 등을 활용하여 조사한다.
생활행동 행위의 관찰	직접 관찰을 통해 생활과 공간 간의 대응관계를 규명하고 행동 특성을 조사한다.

❷ 건축공간의 치수계획

① 건축공간의 치수

구분	물리적 스케일	생리적 스케일	심리적 스케일
개요	인간의 물리적 크기에 의해 결정되는 치수	인간의 생리적 필요에 의해 결정되는 치수	인간의 감정적 반응에 의해 결정되는 치수
예시	출입문, 개구부, 계단 등의 크기	필요환기량에 의한 소요 실내 창문의 크기	압박감을 느끼지 않을 만큼의 천장 높이 결정

➕ 더 알아보기

거주 후 평가(POE)
• 건축물을 준공 후에 실제로 사용해보고 평가하는 것을 말한다.
• 의도한 본래의 계획 의도, 기능 등에 대해 조사하고 평가한다.
• 기술적, 기능적, 행태적 항목 등으로 분류하여 평가한다.
• 향후 유사 건축물의 계획에 활용되는 순환성이 있다.
• 인터뷰, 설문조사, 관찰 등의 기법이 이용된다.

📋 기출 확인

건축계획 단계에서의 조사수법에 대한 설명으로 옳지 않은 것은?

① 이용 상황이 명확하게 기록되어 있는 시설의 자료 등을 활용하는 것은 기존 자료를 통한 조사에 해당된다.
② 직접 관찰을 통하여 생활과 공간 간의 대응관계를 규명하는 것은 생활행동 행위의 관찰에 해당한다.
③ 건물의 이용자를 대상으로 설문을 작성하여 조사하는 방식은 생활과 공간의 대응관계 분석에 유효하다.
❹ 주거단지에서 어린이들의 행동 특성을 조사하기 위해서는 설문조사가 일반적으로 가장 적절한 방법이다.

📋 기출 확인

건축공간의 치수계획에서 "압박감을 느끼지 않을 만큼의 천장 높이 결정"은 다음 중 어디에 해당하는가?

① 물리적 스케일 ② 생리적 스케일
❸ 심리적 스케일 ④ 입면적 스케일

📋 기출 확인

건축 모듈(Module)에 대한 설명으로 옳지 않은 것은?

① 양산의 목적과 공업화를 위해 사용된다.
❷ 모든 치수의 수직과 수평이 황금비를 이루도록 하는 것이다.
③ 복합모듈은 기본모듈의 배수로 정한다.
④ 모듈 설정 시 설계 작업이 단순화된다.

📋 기출 확인

주택의 평면과 각 부위의 치수 및 기준척도에 관한 설명으로 옳지 않은 것은?

① 치수 및 기준척도는 안목치수를 원칙으로 한다.
❷ 거실 및 침실의 평면 각 변의 길이는 10cm를 단위로 한 것을 기준척도로 한다.
③ 거실 및 침실의 층높이는 2.4m 이상으로 하되, 5cm를 단위로 한 것을 기준척도로 한다.
④ 계단 및 계단참의 평면 각 변의 길이 또는 너비는 5cm를 단위로 한 것을 기준척도로 한다.

📋 기출 확인

국제주거회의의 평균주거면적을 기준으로 할 때 5인 가족에 필요한 주거면적은?

① 50m²   ② 65m²
③ 70m²   ❹ 75m²

15m²/인 × 5인 = 75m²

📋 기출 확인

숑바르 드 로브의 주거면적 기준으로 옳은 것은?

① 병리기준 : 6m², 한계기준 : 12m²
② 병리기준 : 6m², 한계기준 : 14m²
③ 병리기준 : 8m², 한계기준 : 12m²
❹ 병리기준 : 8m², 한계기준 : 14m²

---

② 모듈·건축척도(치수) 조정(MC ; Modular Coordination)

건축 구성재를 규격화하여 합리적 사용을 도모하는 치수의 조정을 말한다.

개요		구조물 각부의 비례관계를 위한 기준 단위와 그 조합에 의한 척도이다.
특징	목적	양산의 목적과 공업화를 위해 사용된다.
	비례·배수	• 모든 치수의 수직과 수평이 비례(배수 관계)를 이루도록 한다. • 복합모듈은 기본모듈의 배수로서 정한다.
	인체척도	• 모든 모듈은 인체척도에 맞추어 채택된다. • 르 코르뷔지에는 공간구성에 있어 모듈을 인체척도와 관련시켰다.

건축 모듈(Module)의 장단점
모듈화에 의해 비례·호환성·동일 패턴을 갖는 구성재·건축물이 생산된다.

장점	• 설계작업이 단순하고 간편하며, 미적 질서를 가질 수 있다. • 건축재료의 낭비가 적어지고 취급 및 수송이 용이해진다. • 건축 구성재의 대량생산이 용이하고 생산비용이 절감된다. • 현장작업이 단순하여 공사기간이 단축된다.
단점	• 표준화로 인해 개성, 창조성이 결여된다. • 동일한 패턴을 이루어 획일적인 외관, 형태를 이룰 수가 있다.

주택의 치수 및 기준척도(주택건설기준규칙 제3조)

원칙	• 치수 및 기준척도는 안목치수를 원칙으로 한다. • 단, 한국산업규격에 따라 필요한 경우 중심선치수로 할 수 있다.
기준척도 5cm	• 평면 각 변의 길이(거실 및 침실) • 평면 각 변의 길이 또는 너비(부엌·식당·욕실·화장실·복도·계단 및 계단참 등) • 반자높이 및 층높이(거실 및 침실)
기타	• 거실과 침실의 반자높이는 2.2m 이상, 층높이는 2.4m 이상이다. • 창호설치용 개구부의 치수는 한국산업규격의 표준모듈호칭치수에 의한다.

❸ 주택

① 개요

한 가구가 장기간 독립된 주택생활을 영위할 수 있는 건축물을 말한다.

② 주거면적의 기준

주생활의 기준인 1인당 최소 주거면적은 10m²이다.

국제주거회의	세계가족단체협회 콜로뉴(Cologne)기준	숑바르 드 로브		
		병리기준	한계기준	표준기준
15m²/인	평균 16m²/인	8m²/인	14m²/인	16m²/인

주거면적의 계산

주택면적	주거면적	생활지원면적
주거면적 + 생활지원면적	평균 55% (대략 50~60%)	평균 45%(대략 40~50%) 현관, 부엌, 복도 등의 면적

③ 한식주택과 양식주택의 비교

난방법의 차이에 의해 한식주택은 좌식, 양식주택은 입식의 특징을 갖고 있다.

특징	한식주택	양식주택
구조	목조 가구식	벽돌조 조적식 등
담장, 울타리	높다.	낮거나 거의 없다.
생활양식	좌식생활	입식생활
바닥의 높이	높다.	낮다.
공간의 기능	융통성이 높다.	독립성이 높다.
각 실의 관계	실의 조합식	실의 분화식
평면구성	폐쇄적·분산식	개방적·집중식
실의 구분, 호칭	위치별	용도·기능별
가구	부차적 존재	주요한 내용물
실의 용도	다용도, 복합용도	단일용도
난방방식	바닥난방	대류난방

기출 확인

한식주택과 양식주택에 관한 설명으로 옳지 않은 것은?

① 양식주택은 입식생활이며, 한식주택은 좌식생활이다.
② 양식주택의 실은 단일용도이며, 한식주택의 실은 혼용도이다.
❸ 양식주택은 실의 위치별 분화이며, 한식주택은 실의 기능별 분화이다.
④ 양식주택의 가구는 주요한 내용물이며, 한식주택의 가구는 부차적 존재이다.

❹ 주택설계

① 주택설계의 방향

목표	방안
생활의 쾌적감 증대	형식적이고 외적인 요인 제거
가족, 주부의 생활 중심	가장(家長) 중심의 공간 지양
주부의 가사노동 경감, 동선 단축	주거면적의 적정화, 단순화
가족 본위의 생활 추구	개인적인 프라이버시를 위한 공간계획
생활습관과 경제성 고려	좌식과 입식(의자식)의 적절한 혼용
에너지 절약	효과적인 설비계획

가사노동의 경감을 위한 방법
• 주거면적의 적정화 → 평면상 주부의 동선 단축
• 효과적인 기계화 설비계획 → 능률적인 부엌시설과 가사실

주거공간의 효율을 높이고 데드스페이스(Dead space)를 줄이는 방법
데드스페이스는 이용할 수 없거나 이용가치가 없는 공간을 말하며, 불합리한 평면 배치 등으로 인하여 발생한다.

모듈화 (Module)	• 유닛 가구를 활용한다. • 가구와 공간의 치수 체계를 통합한다.
복합용도	• 기능과 목적에 따라 다용도·복합용도의 실로 계획한다. • 거실과 식당, 침실과 서재, 거실과 응접실 등이 1실 겸용에 적합하다.
공간활용	침대, 계단 밑 등을 수납공간으로 활용한다.

기출 확인

주택설계의 방향에 대한 설명 중 부적당한 것은?

① 생활의 쾌적함이 증대되도록 한다.
② 가사노동이 경감되도록 한다.
❸ 집안의 가장이 중심이 되도록 한다.
④ 좌식과 의자식이 혼용되도록 한다.

기출 확인

다음 중 주거공간의 효율을 높이고, 데드스페이스(Dead space)를 줄이는 방법과 가장 거리가 먼 것은?

① 유닛 가구를 활용한다.
② 가구와 공간의 치수 체계를 통합한다.
❸ 기능과 목적에 따라 독립된 실로 계획한다.
④ 침대, 계단 밑 등을 수납공간으로 활용한다.

❺ 평면계획

① 개요
- 건물 내 활동의 종류, 규모 및 상호관계를 합리적으로 평면상에 배치하는 것이다.
- 주택의 설계 시 가장 기본이 되는 계획이다.

② 부지 선정

자연적 고려사항	대지의 위치	자연환경이 좋고 소음, 공해, 재해 등의 염려가 없어야 한다.
	대지의 방위	• 건물의 일조와 관계가 깊고, 남향으로 열린 것이 가장 좋다. • 동지 때 최소한 4시간 이상의 일조가 가능해야 한다.
	대지의 형태	• 대지는 직사각형, 정사각형에 가까운 것이 좋다. • 건물은 남향 일조를 위해 대지의 북측에 배치되는 것이 좋으며, 가능한 한 동서로 긴 형태가 좋다.
	지형과 지반상태	• 경사지 주택은 평지 주택에 비해 통풍, 조망, 프라이버시 확보 등이 유리하나, 접근성이 떨어진다. • 부동침하 등이 우려되지 않는 견고한 지반이 좋다.
사회적 고려사항	도로와의 관계	건물의 평면·현관의 위치와 관계가 깊다.
	기타	인접 대지에 기존 건물이 없더라도 개발 가능성을 고려한다.

③ 각 실의 방위

구분	용도	특성
동측 방향	침실, 식당(식사실), 부엌(동쪽 또는 남동쪽) 등	• 아침 햇살이 깊게 들어온다. • 겨울철에 아침은 따뜻하나 오후에는 한랭하다.
서측 방향	욕실, 건조실, 탈의실, 세면실 등	오후에 깊은 일조를 받고 여름에 매우 덥다.
남측 방향	거실, 식당(식사실), 아동실 등	일조 조건이 가장 양호하다.
북측 방향	아틀리에, 계단, 냉장고, 저장실, 창고, 화장실 등	• 햇빛이 들지 않으나 조도가 균일하다. • 겨울에 북풍으로 춥다.

④ 지대별 계획(Zoning)

구분	특징	예시
접근	구성 본위, 시간, 행위가 유사한 것	거실-현관, 거실-식당, 식당-주방
격리	상호 간 요소가 다른 것	주방-화장실, 침실-다용도실
공용	유사한 요소의 것	부엌, 욕실, 화장실 배관의 공용

> **주택 공간의 조닝방법**
> 가족 전체와 개인에 의한 조닝, 정적 공간과 동적 공간에 의한 조닝, 주간과 야간의 사용시간에 의한 조닝 등이 있다.
>
> **주생활에 따른 공간의 구분**
>
> | 개인공간 | 사회(공동생활)공간 | 가사노동(작업)공간 | 보건위생공간 |
> |---|---|---|---|
> | 침실, 서재, 작업실 등 | 거실, 응접실, 식당(식사실), 현관 등 | 부엌, 가사실, 다용도실 등 | 욕실, 변소 등 |

기출 확인

단독주택계획에 대한 설명 중 옳지 않은 것은?
① 건물은 가능한 한 동서로 긴 형태가 좋다.
② 동지 때 최소한 4시간 이상의 햇빛이 들어와야 한다.
③ 인접 대지에 기존 건물이 없더라도 개발 가능성을 고려하도록 한다.
❹ 건물이 대지의 남측에 배치되도록 한다.

기출 확인

다음 중 방위에 따른 주택의 실 배치가 가장 부적절한 것은?
① 남 – 식당, 아동실, 가족 거실
❷ 서 – 부엌, 화장실, 가사실
③ 동 – 침실, 식당
④ 북 – 냉장고, 저장실, 아틀리에

➕ 더 알아보기

직상하층 계획
각 실의 구성 본위, 시간, 요소에 따라 합리적으로 단면상에 접근·격리시킨다.

구분	하층	상층
양호	거실	침실
	주방	욕실
불량	기계실	침실
	침실	욕실

❻ 동선계획

① 개요
- 동선의 3요소는 속도(길이), 빈도(이용도), 하중(공간적 두께)이다.
- 공간의 레이아웃(Layout)과 가장 밀접한 관계가 있다.
- 외부 조건과 배실(실의 배치) 설계에 따른 출입 형태에 따라 1차적으로 결정된다.

② 계획방법

공간	동선에는 공간이 필요하며, 가구 등을 두지 않는다.
형태, 길이	동선의 형(形)은 단순하게 하며 길이는 짧게 한다.
교통량, 빈도	교통량, 사용빈도가 많은 공간은 서로 인접시키고 동선은 짧게 한다.
분리	개인, 사회, 가사노동권의 3개 동선은 서로 분리하여 간섭이 없어야 한다.
가사노동	가사노동의 동선은 남쪽에 오도록 하고 짧게 한다.
거실	거실은 통로로서 사용되지 않도록 하는 것이 좋다.

> **더 알아보기**
>
> **공간의 레이아웃**
> 공간을 형성하는 부분과 설치되는 물체의 평면상 배치계획을 말한다.

> **기출 확인**
>
> 주택의 동선계획에 관한 설명 중 틀린 것은?
> ① 동선의 형은 가능한 한 단순하게 한다.
> ❷ 개인, 사회, 가사노동권의 3개 동선을 일치시킨다.
> ③ 동선은 가능한 한 굵고 짧게 한다.
> ④ 동선에는 공간이 필요하고 가구를 두지 않는다.

❼ 각 실 세부계획

① 현관
주택의 주출입구이며, 내외부의 연결기능을 갖는다.

위치	• 주택의 중앙부나 전면에 배치하는 것이 바람직하다. • 도로와의 관계(주된 요소), 대지의 형태, 방위 등을 고려한다.
크기	• 간단한 접객의 용무를 겸하는 이외의 불필요한 공간을 두지 않는다. • 주택의 규모, 가족 수, 방문객의 예상 출입량 등을 고려한다.
색채	벽체는 밝은색, 바닥은 저명도·저채도로 계획한다.
현관문	여닫이로 하는 것이 좋다.
단의 높이	10~20cm 정도로 한다.

② 복도
주택 내부의 통로이며 방을 시선과 소음으로부터 차단하는 역할을 한다.

적용	면적 50m² 이하의 소규모 주택에는 비경제적이다.
면적	전체 면적의 10% 정도이다.
폭	90~120cm 정도(2인 이상 보행 시 105~120cm)이다.
개구부	복도의 폭이 좁을 경우 안여닫이, 미서기, 미닫이 등으로 계획한다.
중복도	면적효율이 좋으나 프라이버시, 채광, 통풍에 불리하다.

③ 화장실, 세면실, 욕실
제한된 작은 공간에서 편리하게 기능을 수행할 수 있는 방안이 요구되는 공간이다.

위치	침실 전용이 이상적이며, 거실 또는 침실과 되도록 가깝게 배치한다.
배관	부엌 등과 집결시키는 것이 유리하다.
규격	면적은 4m² 정도, 세면기의 높이는 750mm 정도가 적당하다.

> **기출 확인**
>
> 다음 중 단독주택의 현관 위치 결정에 가장 주된 영향을 끼치는 것은?
> ① 방위
> ② 주택의 층수
> ③ 거실의 위치
> ❹ 도로와의 관계

> **기출 확인**
>
> 주택의 현관에 대한 설명 중 옳지 않은 것은?
> ① 현관의 위치는 대지의 형태, 방위, 도로와의 관계에 영향을 받는다.
> ❷ 현관의 위치는 주택의 북측이 가장 좋으며 주택의 남측이나 중앙부분에는 위치하지 않도록 한다.
> ③ 현관의 크기는 현관에서 간단한 접객의 용무를 겸하는 이외의 불필요한 공간을 두지 않는 것이 좋다.
> ④ 현관의 크기는 주택의 규모와 가족의 수, 방문객의 예상 수 등을 고려한 출입량에 중점을 두어 계획하는 것이 바람직하다.

📋 **기출 확인**

다음 중 주택의 거실 규모 결정 시 고려하여야 할 사항과 가장 관계가 먼 것은?

① 가족 수　② 주택의 규모
③ 가족 구성　❹ 현관의 위치

📋 **기출 확인**

주택의 거실계획에 관한 설명으로 옳지 않은 것은?

① 거실에서 문이 열린 침실의 내부가 보이지 않게 한다.
② 거실이 다른 공간들을 연결하는 단순한 통로의 역할이 되지 않도록 한다.
③ 거실의 출입구에서 의자나 소파에 앉을 경우 동선이 차단되지 않도록 한다.
❹ 일반적으로 전체 연면적의 10~15% 정도의 규모로 계획하는 것이 바람직하다.

📋 **기출 확인**

주택의 평면계획에 관한 기술 중 옳지 않은 것은?

① 거실이 통로나 Hall로서 사용되는 방법의 평면배치는 적극적으로 피하도록 한다.
② 침실 출입문은 침대가 직접 보이지 않도록 안여닫이로 하는 것이 좋다.
③ 식당의 최소 면적은 식탁의 크기와 모양, 의자의 배치상태, 주변통로와의 여유공간 등에 의해 결정된다.
❹ 침대 배치는 창가에 머리 쪽이 오도록 두는 것이 가장 바람직하다.

④ 거실

가족의 휴식, 대화, 단란한 공동생활의 중심이 되는 공간이다.

방위	일조 및 채광을 위해 동측이나 남측에 배치한다.
크기	• 주택의 규모, 가족 수, 가족 구성 등을 고려한다. • 일반적으로 전체 연면적의 30% 정도의 규모로 계획하는 것이 좋다.
배치	• 거실에서 분화된 식당, 계단, 현관 등 다른 공간과의 연계를 고려한다. • 각 실의 중심적 위치가 좋으며, 침실과는 가급적 대칭적인 위치에 둔다. • 정원과의 사이에 테라스를 두어 시각적으로 연결한다.
독립성	• 통로나 홀(Hall)로서 사용되지 않도록 한다. • 한쪽 벽만을 가급적 타실과 접속시킨다. • 벽면의 기술적인 활용, 자유로운 가구의 배치로 독립성을 유지한다.

거실의 가구배치
• 거실의 형태, 개구부의 위치, 거주자의 취향 등에 의해 결정된다.
• 의자나 소파에 앉을 경우 동선이 차단되지 않아야 한다.

대면형	• 중앙 테이블을 중심으로 좌석이 마주 보도록 배치하는 형식이다. • 가구의 점유면적이 커서 실내가 협소해 보일 수 있다.
코너형	• 가구를 두 벽면에 배치하는 형식이다. • 가구의 점유면적이 적어 공간 활용이 높다.
직선형	• 가구를 직선으로 배치하는 형식이다. • 가구의 점유면적이 적어 거실의 폭이 좁은 경우에 적합하다. • 3인 이상이 대화를 나누기에 무리가 따른다.

⑤ 침실

가장 정적이며, 프라이버시 확보가 잘 이루어져야 하는 폐쇄적인 공간이다.

위치		• 현관에서 멀리 떨어진 조용한 공지에 면하는 것이 좋다. • 정적이고 독립성이 있어야 하며, 침식공간을 분리한다.
크기		사용인원 수, 침구의 종류, 가구의 종류, 통로 등을 고려한다.
출입문		침대가 직접 보이지 않도록 안여닫이가 좋다.
침대의 배치		• 열린 문을 통해 침대가 직접 보이지 않도록 한다. • 침대의 상부는 벽에 면하도록 한다. • 침대 양쪽에 통로를 두며, 한쪽을 750mm 이상으로 한다. • 통풍의 흐름이 직접 침대 위를 통과하지 않도록 한다.
침실		주간에 이용되는 노인침실, 아동침실이 야간에 이용되는 부부침실보다 좋은 위치를 차지하는 것이 바람직하다.
	부부침실	• 야간에 주로 이용되며, 취침과 부부생활의 공간이다. • 2층이 좋고, 남측이나 남동측이 바람직하다. • 화장실, 욕실, 탈의실 등을 독립적으로 이용할 수 있도록 한다.
	아동침실	• 안전성 확보에 비중을 둔다. • 주간에는 공부를 할 수 있고 놀이공간을 겸하도록 한다. • 채광, 통풍, 환기가 잘 이루어져야 한다.
	노인침실	• 정신적 안정과 보건에 유의해야 한다. • 식당, 욕실 및 화장실에 가까운 곳이 좋다. • 일조가 충분하고 전망 좋은 조용한 곳에 면하도록 한다. • 가급적 바닥에 고저차가 없는 저층부가 좋다. • 공동생활영역과 외부로부터의 출입이 어렵지 않은 곳이 좋다.
	객용침실	소규모 주택에는 적용치 않으며, 소파베드 등으로 처리한다.

실내 환기량에 의한 침실면적 산정
- 침실면적(m^2) = 1인당 공기요구량(m^3/h) ÷ 환기횟수(회/h) ÷ 천장높이(m) × 사용인원 수
- 성인 1인당 공기요구량 : $50m^3$/h
- 아동 1인당 공기요구량 : $25m^3$/h

주택의 노인거주계획
- 계단 양쪽에 난간을 부착한다.
- 단차가 있는 바닥은 대비가 강한 색을 사용하는 것이 좋다.
- 침실이나 욕실 바닥재는 미끄럼이 없고 청소하기 쉬운 재료를 사용한다.
- 출입구에는 휠체어를 놓을 수 있는 공간을 확보하고 비를 맞지 않도록 계획한다.

📋 기출 확인
필요 공기량을 산정하여 침실의 규모를 산정하려고 한다. 성인 2인용 침실의 최소 바닥면적은?(단, 실내 자연환기 횟수 2회/h, 천장고 2.5m)
① $10m^2$ ② $15m^2$
❸ $20m^2$ ④ $25m^2$

$50m^3$/h ÷ 2회/h ÷ 2.5m × 2인 = $20m^2$

⑥ 부엌(주방)

부엌계획의 가장 중요한 요소는 작업동선이다.

위치	• 쾌적하며 일광에 의한 건조소독이 가능한 남측이나 동측이 좋다. • 부패가 쉬운 서측은 피하며, 밝고 관리가 용이한 곳에 위치시킨다. • 옥외 작업장, 다용도실 및 정원과 유기적으로 결합되게 한다.
크기	주작업인의 동작범위, 설비기구의 규모, 주택의 연면적, 가족 수, 평균 작업인의 수 등을 고려한다.
작업순서	• 요리재료의 반입 → 세척 → 조리 → 배선 • 냉장고 → 준비대 → 개수대(싱크대) → 작업대(조리대) → 가열대(레인지) → 배선대

부엌의 작업삼각형(Work triangle)
- 냉장고, 개수대(싱크대), 가열대(레인지)의 중간 지점을 연결한 삼각형이다.
- 길이의 합은 3.6~6.6m(통상 4~5m) 정도가 적당하며, 짧을수록 효과적이다.
- 싱크대와 조리대 사이 한 변의 길이는 1.2~1.8m 정도가 적당하다.
- 한 변의 길이가 너무 길어지면 동선이 길어져 기능상 좋지 않다.

부엌의 평면유형	일렬형	• 작업대를 일자로 배치한 형식이다. • 동선과 배치가 간단하다. • 설비기구가 많은 경우 동선이 길어진다. • 면적이 좁은 소규모 주택에 적합하다.
	병렬형	• 양쪽 벽면에 작업대가 마주 보도록 배치한 형식이다. • 일렬형에 비해 작업동선이 단축된다. • 외부로 통하는 출입구의 설치가 가능하다. • 작업 시 몸을 앞뒤로 바꾸어야 한다. • 부엌의 폭이 길이에 비해 넓은 부엌에 적합하다.
	ㄱ자형 (ㄴ자형)	• 양쪽 벽면에 인접한 작업대를 붙여서 배치한 형식이다. • 작업동선이 효율적이다. • 모서리 부분은 개수대, 레인지를 설치할 수 없고 활용도가 낮다. • 정방형 부엌, 식사실과 함께 이용하기에 적합하다.
	ㄷ자형 (U자형)	• 세 벽면에 작업대를 배치한 형식이다. • 동선의 길이를 가장 짧게 할 수 있다. • 작업면이 가장 넓고 작업효율이 좋다. • 외부로 통하는 출입구의 설치가 어렵다. • 비교적 규모가 큰 공간에 적합하다.
	아일랜드형	• 작업대를 중앙에 놓거나 벽면에 직각이 되도록 배치한 형식이다. • 개방된 공간의 오픈 시스템에 적합하다.
	키친네트	• 길이가 2m 정도인 소형 주방가구가 설치된 간이부엌의 형식이다. • 사무실이나 독신자 아파트에 적합하다.

📋 기출 확인
주택의 부엌에서 작업 순서에 맞는 작업대 배열로 알맞은 것은?
❶ 냉장고 – 개수대 – 조리대 – 가열대
② 개수대 – 조리대 – 가열대 – 냉장고
③ 냉장고 – 조리대 – 가열대 – 개수대
④ 개수대 – 냉장고 – 조리대 – 가열대

📋 기출 확인
주택 주방의 작업삼각형의 꼭짓점에 해당하지 않는 것은?
① 냉장고
② 개수대
③ 가열대
❹ 배선대

📋 기출 확인
부엌의 설비기구 배치 형식에 관한 설명으로 옳지 않은 것은?
① 일렬형은 소규모 주택에 적합하다.
❷ 병렬형은 작업동선이 가장 긴 형식이다.
③ ㄱ자형은 식사실과 함께 이용할 경우에 많이 사용된다.
④ ㄷ자형은 평면계획상 외부로 통하는 출입구의 설치가 곤란하다.

➕ 더 알아보기

부엌의 부속실

구분	용도
배선실	식품, 식기 등의 저장
가사실	세탁, 다림질, 재봉 등
다용도실 (유틸리티)	세탁, 걸레빨기 및 잡품 창고
옥외 작업장	연료 저장창고, 오물 처리시설 및 건조장 등의 옥외 작업

📋 기출 확인

부엌공간에서 배선실은 어떤 용도로 쓰이는가?

① 세탁, 걸레빨기 및 잡품 창고를 위한 공간
② 세탁, 다림질 및 재봉 등의 작업을 하는 공간
③ 연료 저장창고, 오물 처리시설 및 건조장 등의 옥외 작업공간
❹ 식품, 식기 등을 저장하는 공간

📋 기출 확인

거실, 식사실, 부엌을 한 공간에 꾸며 놓은 소위 리빙 다이닝 키친(Living dining kitchen)에 관한 기술 중 틀린 것은?

① 통로로 쓰이는 부분이 절약되어 다른 실의 면적이 넓어질 수 있다.
② 부엌 부분의 통풍과 채광이 좋아진다.
③ 주부의 동선이 단축된다.
❹ 중소형의 아파트나 주택에는 적합하지 않다.

부엌의 평면유형

일렬형	병렬형	ㄱ자형(ㄴ자형)
ㄷ자형(U자형)	아일랜드형	

⑦ **식당(식사실, Dining room)**

실내환경디자인에 유의하여 식사의 쾌적한 분위기를 살릴 수 있도록 한다.

위치	• 기본적으로 부엌, 거실에 근접시키거나 중간지점이 좋다. • 채광, 통풍, 전망 등을 고려하여 배치한다.
크기	가족 수, 식탁의 크기와 모양, 의자 배치, 통로와의 여유공간 등을 고려한다.
색채	난색 계열로 계획하는 것이 좋다.

⑧ **실의 구성형식**

거실(Living room), 식사실(Dining room), 부엌(Kitchen)의 구성에 따라 구분한다.

독립형 (D형)	• 별도의 식사실을 배치한 형식이다. • 식사실로서 완전한 기능을 갖추나 작업동선이 길어진다. • 대규모 주택, 식당을 중심으로 한 단란한 생활형에 적합하다.
리빙 다이닝 (LD형, 다이닝 알코브)	• 거실의 한 부분에 식탁을 설치한 형식이다. • 거실의 가구들을 공동으로 이용할 수 있다. • 식당의 분위기 조성에 유리하다. • 소규모 주택에 적합하다.
리빙 다이닝 키친 (LDK형)	• 거실 내에 부엌과 식사실을 설치한 형식이다. • 소규모 주택에 적합하다.
다이닝 키친 (DK형)	• 주방에 식탁을 설치하거나, 식사실과 주방을 하나로 구성한 형식이다. • 이상적인 식사 분위기 조성이 어렵다. • 소규모 주택에 적합하다.
리빙 키친 (LK형, 오픈 키친)	• 거실 내에 부엌을 설치한 형식이다. • 중·소규모 주택에 적합하다.
다이닝 테라스, 다이닝 포치	• 외부 테라스 또는 포치(베란다)에서 식사하는 형식이다. • 좋은 날씨에 외부공간에서의 식사에 적합하다.

다이닝 키친, 리빙 키친, 리빙 다이닝 키친의 채택 효과
• 가장 큰 이점은 주부의 동선 단축과 노동력의 절감이다.
• 조리, 식사, 정리작업이 능률화된다.
• 통로 부분이 절약되므로 면적활용도가 높아 실을 효율적으로 이용할 수 있다.
• 부엌 부분의 통풍과 채광이 좋아진다.
• 공사비, 실면적이 절약된다.

⑨ 계단(Stair case)

안전상 경사, 폭, 난간 및 마감방법에 중점을 두고 의장적인 고려를 한다.

위치	현관이나 거실에 가까이 근접하여 위치시키는 것이 좋다.
폭	90~140cm(보통 105~120cm) 정도가 적당하다.
종류	곧은계단, 꺾은계단, 돌음계단, 나선계단 등이 있다.

주택 계단의 고려사항
계단의 적절한 배치는 상·하층의 공간을 유기적으로 연결하는 효과가 있다.

개구부	• 계단 상부의 개구부는 면적, 열손실 등과 관련이 있다. • 계단을 거실에 설치하는 경우 열손실에 대한 고려가 필요하다.
경사·면적	• 경사도는 주택의 면적과 관련이 있으므로 규모에 적합하게 설정한다. • 경사를 낮게 할수록 하부공간이 많이 생겨 면적의 효율성은 감소한다. • 주택의 계단은 가능한 한 작은 면적을 갖는 것이 좋다. • 경사가 완만할수록 올라가기 편한 것은 아니다.
형식	• 직선형으로 긴 계단은 안전상 위험하므로 피한다. • 돌음계단과 나선계단은 차지하는 면적은 적으나 오르내리기가 원활하지 못하고, 긴 물건을 운반하기 곤란하다.

기출 확인

주택의 계단에 관한 설명으로 옳지 않은 것은?

❶ 주택의 계단은 가능한 한 큰 면적을 갖는 것이 좋다.
② 돌음계단은 일반적으로 긴 물건을 운반하기 곤란하다.
③ 계단은 경사가 완만할수록 올라가기가 편한 것은 아니다.
④ 계단을 거실에 설치하는 경우 열손실에 대한 고려가 필요하다.

주택단지 · 공동주택

CHAPTER 1 건축계획 / SECTION 2 주거 · 사무 · 상업건축

📋 기출 확인

페리(C. A. Perry)의 근린주구에 관한 설명으로 옳지 않은 것은?

① 경계 : 4면의 간선도로에 의해 구획
❷ 지구 내 상업시설 : 지구 중심에 집중하여 배치
③ 오픈스페이스 : 주민의 일상생활 요구를 충족시키기 위한 소공원과 위락공간체계
④ 지구 내 가로체계 : 내부 가로망은 단지 내의 교통량을 원활히 처리하고 통과교통을 방지

📋 기출 확인

페리(C. A. Perry)의 근린주구 이론에서 근린주구의 중심이 되는 시설은?

① 약국　　② 대학교
❸ 초등학교　④ 어린이놀이터

📋 기출 확인

다음은 래드번(Radburn) 주택단지계획에 관한 설명이다. 옳지 않은 것은?

① 보행자의 보도와 차도를 분리하여 계획하였다.
② 주거구는 슈퍼블록 단위로 계획하였다.
③ 중앙에는 대공원 설치를 계획하였다.
❹ 주거지 내의 통과교통으로 간선도로를 계획하였다.

❶ 주택단지

① 근린주구론

- 1924년 미국의 페리(Clarence Perry)가 제안한 주거단지계획의 개념이다.
- 어린이들이 도로를 건너지 않고 초등학교에 통학할 수 있는 주거구에 대한 계획단위이다.

중심시설	교회, 커뮤니티센터, 쇼핑센터, 도서관 등	
6가지 계획원칙	규모	• 초등학교 운영에 필요한 인구 규모가 필요하다. • 공간적 크기는 약 400m 정도가 적절하다.
	경계	주구 외곽을 4면의 간선도로로 구획한다.
	공공시설	학교 및 공공시설 등은 단지의 중심위치에 적절히 배치된다.
	상업시설	상업지구 1~2개소가 근린주구 주변, 교통의 결절점에 위치한다.
	가로체계	• 내부 가로망은 단지 내 교통을 원활히 처리한다. • 주구 내를 관통하는 통과교통은 방지한다.
	오픈스페이스	공원 및 위락공간을 위한 계획이 필요하다.

근린생활권 주택지의 단위
기초가 되는 시설은 초등학교, 가장 작은 단위는 인보구이다.

단위	규모	주택호수(호)	중심시설
근린주구	초등학교 중심이며, 근린분구 수 개의 집합	1,600~2,000	초등학교, 병원, 소방서, 우체국, 도서관, 어린이공원 등
근린분구	상업시설의 운영이 가능한 정도	400~500	약국, 유치원, 파출소, 상업시설 등
인보구	3, 4층 건물 1~2동, 반경 150m 정도	15~40	어린이놀이터, 쓰레기처리장 등

② 래드번(Radburn) 계획

- 1928년 래드번에 최초로 채택된 주거단지계획의 개념이다.
- 근린주구의 개념을 가장 잘 적용한 대표적 사례이다.

5가지 기본원리	주거구	자동차 통과교통의 배제를 위한 슈퍼블록의 구성
	도로체계	기능에 따른 4가지 종류의 도로 구분
	보차분리	보도와 차도의 입체적 분리(육교, 지하도 등)
	가로망	쿨데삭(Cul-de-sac) 시스템
	중앙공원	주택단지 어디로나 통할 수 있는 공동의 오픈스페이스 구성

래드번 계획의 슈퍼블록(Super block)	
\multicolumn{2}{l	}{래드번 계획의 핵심요소는 슈퍼블록의 구성과 보차분리이다.}
개요	통과교통을 차단한 12~20ha의 주택지구를 말한다.
효과	• 충분한 공동의 오픈스페이스의 확보가 가능하다. • 건물을 집약화함으로써 고층화·효율화가 가능하다. • 도로교통의 개선, 즉 보도와 차도의 완전한 분리가 가능하다. • 통과교통의 방지와 도로율의 감소가 가능하다.

③ 기타 도시계획 및 단지계획 이론

전원도시 (Garden city)	• 1898년 영국의 에베네저 하워드(Ebenezer Howard)가 제창한 이론이다. • 자연과의 공생, 도시의 자율성을 강조한 전원도시를 구상하였다. • 현대 도시계획 및 단지계획에 큰 영향을 미쳤다.		
도시의 이미지	\multicolumn{3}{l	}{• 1960년 케빈 린치(Kevin Lynch)가 저서를 통해 발표한 도시계획이론이다. • 도시의 이미지를 결정하는 5가지 요소에 대해 정의하였다.}
	도시의 5요소	도로(Path)	도시 내의 동선 네트워크를 말한다.
		경계(Edge)	지역을 분할하는 선형 요소를 말한다.
		지역(District)	경계로 분할된 단위를 말한다.
		결절점(Node)	교차로, 광장 등의 교점을 말한다.
		랜드마크(Landmark)	도시를 대표하는 상징물을 말한다.

📋 기출 확인

래드번(Radburn) 계획에서 슈퍼블록을 구성함으로써 얻어질 수 있는 효과로 옳지 않은 것은?

① 충분한 공동의 오픈스페이스의 확보가 가능
② 건물을 집약화함으로써 고층화·효율화 가능
③ 도로교통의 개선, 즉 보도와 차도의 완전한 분리가 가능
❹ 커뮤니티시설의 중심배치로 간선도로변의 활성화 가능

📋 기출 확인

케빈 린치(K. Lynch)가 주장한 도시이미지를 결정하는 도시구성요소에 해당하지 않는 것은?

❶ Lines ② Nodes
③ Edges ④ Landmarks

❷ 주택단지계획

① 배치계획

인동간격	• 건물 간의 간격을 의미한다. • 일반적으로 동지에 거실에서 4시간 이상의 일조가 얻어지도록 한다. • 일조, 채광, 통풍, 소음, 방재(방화, 피난), 먼지, 프라이버시, 건물의 높이 및 방위각, 대지의 지형, 경관, 시각적 개방감 등을 종합적으로 고려한다.
주동배치	• 단지 내 커뮤니티가 자연스럽게 형성되도록 한다. • 충분한 오픈스페이스의 확보를 위해 지하주차장 등을 계획한다. • 다양한 배치기법을 통하여 개성적인 옥외공간을 계획한다.

② 주민공동시설계획

공동주택 거주자가 공동으로 사용하거나 거주자의 생활을 지원하는 시설이다.

배치 시 고려사항	• 중심을 형성할 수 있게 하며, 이용빈도가 높은 곳은 이용거리를 짧게 한다. • 이용상, 기능상의 인접성, 토지이용의 효율성에 따라 인접하여 배치한다. • 확장 또는 증설을 위한 용지를 확보한다.
어린이놀이터	• 어린이의 안전한 접근을 위해 차량 통행이 빈번한 곳은 피한다. • 외부로부터의 시선이 확보되는 장소에 배치한다. • 평탄한 곳이 좋으며, 인접 주택에 대한 소음에 주의한다. • 시설은 튼튼해야 하며 놀이를 제한하거나 획일화하지 않는다.
관리사무소	관리업무의 효율성과 입주민의 접근성을 고려한다.
보안등	어린이놀이터 및 도로에는 보안등을 설치한다.

📋 기출 확인

아파트 단지 내 어린이놀이터 계획에 대한 설명 중 옳지 않은 것은?

① 어린이가 안전하게 접근할 수 있어야 한다.
❷ 어린이가 놀이에 열중할 수 있도록 외부로부터의 시선은 차단되어야 한다.
③ 차량통행이 빈번한 곳은 피하여 배치한다.
④ 이웃한 주거에 소음이 가지 않도록 한다.

➕ 더 알아보기

장애인 등의 통행이 가능한 접근로
휠체어 사용자가 통행할 수 있도록 접근로의 유효폭은 1.2m 이상으로 하여야 한다.

📋 기출 확인

아파트에 의무적으로 설치하여야 하는 장애인·노인·임산부 등의 편의시설에 속하지 않는 것은?

❶ 점자블록
② 장애인전용주차구역
③ 높이 차이가 제거된 건축물 출입구
④ 장애인 등의 통행이 가능한 접근로

📋 기출 확인

주거단지의 주진입로 계획 중 틀린 것은?

① 기준 도로와 직각 교차로 한다.
② 다른 교차로로부터 최소 60m 이상 떨어져 위치한다.
③ 운전자들의 시각에 방해물이 없어야 한다.
❹ 진입로 1개소당 100세대까지 서비스 할 수 있도록 한다.

📋 기출 확인

공동주택을 건설하는 주택단지는 기간도로와 접하거나 기간도로로부터 당해 단지에 이르는 진입도로가 있어야 한다. 주택단지의 총세대수가 400세대인 경우 기간도로와 접하는 폭 또는 진입도로의 폭은 최소 얼마 이상이어야 하는가?(단, 진입도로가 1개, 원룸형 주택이 아닌 경우)

① 4m ② 6m
❸ 8m ④ 12m

📋 기출 확인

공동주택 단지 안의 도로의 설계속도는 최대 얼마 이하가 되도록 하여야 하는가?

① 10km/h ② 15km/h
❸ 20km/h ④ 30km/h

공동주택 관리사무소의 설치(주택건설기준규정 제28조)
50세대 이상의 공동주택을 건설하는 주택단지에는 관리사무소와 경비원 등 공동주택 관리 업무에 종사하는 근로자를 위한 휴게시설을 모두 설치하되, 그 면적의 합계가 10m² 에 50세대를 넘는 매 세대마다 500cm²를 더한 면적 이상이 되도록 설치해야 한다. 다만, 그 면적의 합계가 100m²를 초과하는 경우에는 설치면적을 100m²로 할 수 있다.

장애인·노인·임산부 등을 위한 편의시설(장애인등편의법 시행령 별표 2)

구분	편의시설	아파트
매개시설	주출입구 접근로, 장애인전용주차구역, 주출입구 높이차이 제거	의무
내부시설	출입구(문), 복도, 계단 또는 승강기	의무
위생시설	화장실, 욕실, 샤워실, 탈의실	권장
안내시설	경보 및 피난설비	의무
안내시설	점자블록	권장
안내시설	유도 및 안내설비	–
기타 시설	객실·침실	권장

③ **교통계획**

진입도로		보행자 및 자동차의 통행이 가능한 도로로서 기간도로로부터 주택단지의 출입구에 이르는 도로를 말한다.
	주진입로	• 기준 도로와 직각 교차로 한다. • 다른 교차로로부터 최소 60m 이상 떨어져 위치한다. • 주진입로 1개소당 200세대 정도를 서비스한다. • 운전자들의 시각에 방해물이 없어야 한다.
	진입도로의 폭 (진입도로가 하나인 경우)	주택단지의 총세대수 / 기간도로와 접하는 폭 또는 진입도로의 폭
		300세대 미만 / 6m 이상
		300세대 이상 500세대 미만 / 8m 이상
		500세대 이상 1천세대 미만 / 12m 이상
		1천세대 이상 2천세대 미만 / 15m 이상
		2천세대 이상 / 20m 이상
주택단지 내 도로	주택단지 내 도로의 폭	• 7m 이상(폭 1.5m 이상의 보도를 포함) • 세대수가 100세대 미만이고 길이가 35m 미만인 막다른 도로는 폭을 4m 이상으로 할 수 있다.
	속도 제한	설계속도 20km 이하

주택단지 교통계획의 주요 착안사항
• 통행량이 많은 고속도로는 근린주구 단위를 분리시킨다.
• 근린주구 단위 내부로의 자동차 통과 진입을 극소화한다.
• 주요 차도와 보도의 입구는 명백히 특징지을 수 있어야 한다.
• 단지 내의 교통량을 줄이기 위해 고밀도지역은 진입구 주변에 배치한다.
• 2차 도로체계는 주도로와 연결되어 쿨데삭을 이루게 한다.

보차분리의 형태

평면적 분리	입체적 분리
쿨데삭, 루프형, T자형 도로 등	육교(오버브리지), 지하도(언더패스) 등

④ 국지도로의 유형

국지도로는 교통량이 적은 단지 내 2차 도로체계를 말한다.

선형도로 (Linear)	• 폭이 좁은 단지에 유리하다. • 한 측면 또는 양 측면의 단지에 서비스가 가능하다.
쿨데삭 (Cul-de-sac)	• 막다른 도로를 구성하여 통과교통을 배제한 형식이다. • 차량의 흐름을 주변으로 한정하여 서로 연결한다. • 통과교통이 없어 주거환경의 쾌적성, 안전성이 확보된다. • 사람과 차량의 분리가 가능하며, 보행로의 배치가 자유롭다. • 주택 배면에 보행자전용도로가 설치되어야 효과적이다. • 적정길이는 300m 이하이며, 우회도로가 없어 방재, 방범상 불리하다.
루프형 (Loop, 단지 순환로)	• 우회도로를 설치해 쿨데삭의 결점을 개량한 형식이다. • 통과교통이 없어 주거환경의 쾌적성, 안정성이 확보된다. • 사람과 차량의 동선이 교차되고 도로율이 높아진다. • 단지 주변에 위치할 경우 최소 4~5m 정도 완충지를 두고 식재한다.
격자형 (Grid)	• 격자형 패턴으로 구성된 형식으로, 교통처리에 유리하다. • 교통량을 분산시킬 수 있으나 통과교통이 발생한다. • 가로망 형태가 단순, 명료하고 택지의 이용효율이 높다. • 교차점은 40m 이상 떨어져 있어야 한다. • 업무 또는 주거지역으로 직접 연결되어서는 안 된다.
T자형	• 도로의 교차방식을 T자 교차로 한 형식이다. • 격자형에 비해 통과교통이 적고 주행속도가 낮다. • 방향성이 불분명하고 도로 간 교차가 많다. • 보행거리가 증가하므로 보행자전용도로가 설치되어야 효과적이다.

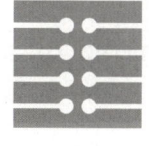
쿨데삭

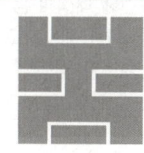
루프형

격자형

T자형

⑤ 보행자 도로 · 공간

보행자 도로	• 도로의 폭이 7m 이상일 경우, 최소 폭은 1.5m이다. • 최소 폭은 3인 보행 시 2.4m 이상 확보한다. • 안전성 확보를 위해 되도록 단지 내 보차분리를 유도한다. • 대규모 건축물의 입구가 직접 면하지 않도록 한다. • 블록 내에서 단절되거나 다른 시설로부터 방해를 받지 않아야 한다.

보행자를 위한 공간계획
• 광장 등을 보행자 공간에 포함시켜 다양성을 높인다.
• 커뮤니티의 중심부에는 유보로(공공 산책로)를 설치한다.
• 보행로에 흥미를 부여하여 질감, 밀도, 조경 및 스케일에 변화를 준다.
• 필로티, 스트리트 퍼니처, 도로의 텍스쳐 등의 배려를 한다.

주택단지의 보행자 동선계획
• 보행자가 차도를 걷거나 횡단하는 것이 용이하지 않도록 한다.
• 보행자전용도로의 폭은 충분히 넓게 확보하도록 계획하는 것이 좋다.
• 커뮤니티시설(생활편의시설, 놀이터, 공원 등)은 보행자 도로에 인접하여 설치한다.
• 주동선 · 목적동선은 최단거리로 하며, 생활편의시설을 집중 배치한다.
• 대지 주변부의 보행자전용도로와 연결되어야 한다.

📋 **기출 확인**

국지도로의 유형 중 쿨데삭(Cul-de-sac)형에 관한 설명으로 옳은 것은?

① 통과교통이 다수 발생한다.
② 우회로가 있어 방재, 방범상 유리하다.
③ 도로의 최대 길이는 30m 이하이어야 한다.
❹ 주택 배면에 보행자전용도로가 설치되어야 효과적이다.

📋 **기출 확인**

주거단지 교통계획 시 각 도로에 대한 설명으로 옳지 않은 것은?

① 격자형 도로는 교통을 균등 분산시키고 넓은 지역을 서비스할 수 있다.
❷ 선형도로는 폭이 넓은 단지에 유리하고 한쪽 측면의 단지만을 서비스할 수 있다.
③ 단지 순환로가 단지 주변에 분포하는 경우 최소한 4~5m 정도 완충지를 두고 식재하는 것이 좋다.
④ 쿨데삭(Cul-de-sac)은 차량의 흐름을 주변으로 한정하며 서로 연결하며 차량과 보행자를 분리할 수 있다.

📋 **기출 확인**

주거단지계획 시 보행자를 위한 공간계획에 관한 설명 중 옳지 않은 것은?

① 광장 등을 보행자 공간에 포함시켜 다양성을 높인다.
② 보행자가 차도를 걷거나 횡단하는 것이 용이하지 않도록 한다.
❸ 커뮤니티의 중심부에는 유보로(Promenade)를 설치하지 않는다.
④ 보행로에 흥미를 부여하여 질감, 밀도, 조경 및 스케일에 변화를 준다.

❸ 공동주택

① 개요
의도적으로 주택을 집합화하여 대지, 건물 및 설비 등을 여러 세대가 공동으로 사용하면서 각 세대의 독립된 주거생활이 가능한 주택을 말한다.

② 특징

장점	• 토지 이용의 효율을 높일 수 있다. • 세대당 건설비 및 유지관리비의 절감이 가능하다. • 상업적, 문화적 공동시설을 통해 생활협동체로서 주거환경의 질이 향상된다.
단점	• 프라이버시 확보가 불리하다. • 주거밀도에 대한 억제 기능이 필요하다. • 벽체를 공유하므로 일조, 통풍상 불리하다. • 공간의 다양화, 생활의 변화에 융통성 있는 대응이 어렵다. • 평면계획에 제약을 받으며, 단조로운 공간과 외관이 형성된다.

> **아파트 공동체 실현을 위한 방안**
> 거주자의 접점 공간 구성, 접근이 용이한 커뮤니티 공간 구성, 공동체 활동을 지원하는 시설공간 구성, 주민참여를 유도하는 공간 구성
>
> **장수명(Long-life) 주택**
> • 구조적으로 오랫동안 유지·관리될 수 있는 내구성을 갖추고, 입주자의 필요에 따라 내부 구조를 쉽게 변경할 수 있는 가변성과 수리 용이성 등이 우수한 주택을 말한다.
> • 가변성을 향상시키기 위해서는 세대 내부 공간에 내력벽 등의 가변성에 방해가 되는 구조요소가 적은 기둥을 중심으로 하는 구조방식을 채택하도록 한다.
> • 공간계획에서도 다양한 평면구성과 단면의 변화형이 생길 수 있도록 고려하며, 수용력이 큰 평면계획으로 한다.

❹ 아파트

① 개요
건축법 시행령 별표 1에 명시된 주택으로 쓰는 층수가 5개 층 이상인 주택을 말한다.

② 평면계획

유닛플랜 (단위평면)	개요	세대단위의 평면계획을 말한다.
	결정 조건	• 동선은 단순하고 명확해야 한다. • 각 실은 타실을 통해서 통행하지 않아야 한다. • 부엌은 유틸리티룸 및 식사실과 연결시킨다. • 거실은 가족구성의 다양성을 고려하여 독립성을 부여한다. • 소규모 주택은 면적을 절약하기 위해 복합용도의 실로 계획한다. • 부엌, 화장실 등은 근접시켜 배관을 공용하는 것이 유지관리에 유리하다.
블록플랜	개요	주거단위의 조합배치를 말한다.
	결정 조건	• 각 단위평면은 2면 이상 외기에 접하도록 한다. • 각 단위주거가 균등하게 일사면에 노출되어야 한다. • 각 단위평면의 중요한 실은 균등한 조건을 갖도록 한다. • 거실 등 중요한 실이 모서리나 구석 등에 배치되지 않도록 한다. • 모퉁이에서 다른 세대가 들여다보이지 않아야 한다. • 현관은 계단으로부터 최대 6m 이내로, 멀지 않아야 한다. • 설비공간의 배치는 규칙성에 준하며, 경제성이 있어야 한다.

📋 **기출 확인**

공동주택의 이점이 아닌 것은?

① 세대당 건설비, 유지비를 절감할 수 있다.
② 생활협동체를 구성할 수 있다.
③ 공동시설을 설치할 수 있다.
❹ 생활의 변화에 대해 자유롭게 대응할 수 있다.

📋 **기출 확인**

공동주택의 장점에 대한 설명으로 옳지 않은 것은?

① 토지 이용의 효율이 높다.
② 생활협동체로서 주거환경의 질을 높일 수 있다.
③ 어린이공원 등 공공공간의 확보가 쉽다.
❹ 벽식구조일 경우 공간의 융통성이 크다.

📋 **기출 확인**

공동주택의 세대별 주호의 생활공간계획에 대한 설명 중 옳지 않은 것은?

① 단위 평면의 길이는 채광에 지장이 없는 한 가급적 깊게 함으로써 외측면을 줄이는 것이 에너지 절약에 유리하다.
② 욕실, 화장실, 부엌 등의 배관설비는 한 곳으로 집중시키는 것이 유지관리에 용이하다.
❸ 규모가 작으면 면적을 절약하기 위해 거실, 침실, 식당 및 부엌은 분리하여 독립시키도록 한다.
④ 부엌은 유틸리티룸 및 식당과 직접 연결시키도록 한다.

건축물의 에너지절약을 위한 계획
- 공동주택은 인동간격을 넓게 하여 저층부의 일사수열량을 증대시킨다.
- 건축물의 체적에 대한 외피면적의 비 또는 연면적에 대한 외피면적의 비는 작게 한다.
- 거실의 층고 및 반자높이는 실의 용도와 기능에 지장을 주지 않는 범위 내에서 낮게 한다.
- 단위평면의 길이는 채광에 지장이 없는 한 가급적 깊게 함으로써 외측면을 줄이는 것이 에너지 절약에 유리하다.
- 건축물 배치 시 대지의 향, 일조·주풍량 등을 고려하며, 남향 또는 남동향 배치를 한다.

③ 주요 세부계획

계단	• 공동으로 사용하는 계단은 유효폭 120cm 이상, 단높이 18cm 이하이다. • 옥외계단은 유효폭 90cm 이상, 단높이 20cm 이하이다.	
계단실	• 각 층별로 층수를 표시한다. • 계단실 최상부에는 배연 등에 유효한 개구부를 설치한다. • 벽 및 반자의 마감은 불연재료 또는 준불연재료로 한다. • 계단실에 면하는 각 세대의 현관문은 계단의 통행에 지장이 되지 않게 한다.	
난간	• 높이는 바닥의 마감면으로부터 120cm(내부계단 등은 90cm) 이상이다. • 간살의 간격은 안목치수로 10cm 이하이다.	
필로티	• 건축물의 지상층을 띄워 개방한 구조를 말한다. • 개방감의 확보, 보행동선의 연결, 오픈스페이스의 활용 등의 효과가 있다.	
복도	• 양옆에 거실이 있는 경우(중복도) 유효너비는 1.8m 이상이다. • 기타(갓복도, 편복도)의 경우 유효너비는 1.2m 이상이다. • 외기에 개방된 복도에는 배수구를 설치하여 배수에 지장이 없게 한다. • 중복도에는 40m 이내마다 1개소 이상 외기에 면하는 개구부를 설치한다. • 복도의 벽 및 반자의 마감은 불연재료 또는 준불연재료로 한다.	
승강기	승용	• 6층 이상인 공동주택에 대당 6인승 이상으로 설치한다. • 10층 이상인 공동주택의 경우에는 승용승강기를 비상용승강기의 구조로 하여야 한다. • 화물용승강기 기준에 적합한 것은 화물용승강기로 겸용할 수 있다. • 복도형인 공동주택에는 1대에 100세대를 넘는 80세대마다 1대를 더한 대수 이상을 설치한다.
	화물용	• 10층 이상인 공동주택에 적재하중 0.9ton 이상으로 설치한다. • 계단실형인 공동주택의 경우에는 계단실마다 설치한다. • 승강기의 폭 또는 너비 중 한 변은 1.35m 이상, 다른 한 변은 1.6m 이상이어야 한다. • 복도형인 공동주택의 경우 100세대까지 1대, 100세대를 넘는 경우에는 100세대마다 1대를 추가로 설치한다.

④ 주동형식

판상형은 거주환경이 균등하며, 탑상형은 랜드마크적인 역할이 가능하다.

구분	형태	거주조건, 환경	조망	음영
판상형	일자형 배치	균등	차단	크다.
탑상형	입면성 강조	불균등	개방	적다.

초고층 아파트 계획 시 유의사항
구조적인 안정성, 피난계획, 바람의 영향 등을 고려해야 한다.

+ 더 알아보기

아파트 단위주호 평면계획에서 공간의 융통성을 부여하는 방법
- 복합용도의 실로 계획
- 가변성·확장성의 부여
- 거실공간의 분리
- 발코니 면적의 확대

기출 확인

주택단지 안의 건축물에 설치하는 계단의 유효폭은 최소 얼마 이상이어야 하는가?(단, 공동으로 사용하는 계단의 경우)

① 45cm ② 60cm
❸ 120cm ④ 150cm

기출 확인

공동주택의 2세대 이상이 공동으로 사용하는 복도의 유효폭은 최소 얼마 이상이어야 하는가?(단, 갓복도의 경우)

① 90cm ❷ 120cm
③ 150cm ④ 180cm

기출 확인

세대수가 250세대인 복도형 공동주택에 설치하여야 하는 승용승강기의 최소 대수는?(단, 승용승강기를 설치하여야 하는 공동주택이며, 6인승 승강기의 경우)

① 2대 ❷ 3대
③ 4대 ④ 5대

1대 + (250 − 100) ÷ 80 = 2.875대 ≒ 3대

📝 기출 확인

아파트의 평면형식에 따른 분류에 속하지 않는 것은?

① 홀형 ② 집중형
③ 복도형 ❹ 판상형

📝 기출 확인

공동주택의 평면형식에 관한 설명으로 옳지 않은 것은?

① 집중형은 각 세대별 조망이 다르다.
② 중복도형은 독신자 아파트에 많이 이용된다.
③ 편복도형은 각 호의 통풍 및 채광이 양호하다.
❹ 계단실형은 통행부 면적이 커서 대지의 이용률이 높다.

📝 기출 확인

다음 아파트의 형식 중 각 세대 간 독립성이 가장 높은 것은?

① 집중형 ② 중복도형
③ 편복도형 ❹ 계단실형

📝 기출 확인

다음은 공동주택의 단위주거 단면구성 형태에 관한 설명이다. 옳지 않은 것은?

① 복층형(메조넷형)은 엘리베이터의 정지 층수를 적게 할 수 있다.
② 플랫형은 주거단위가 동일 층에 한하여 구성되는 형식이다.
❸ 트리플렉스형은 듀플렉스형보다 프라이버시의 확보율이 낮고 통로면적이 많이 필요하다.
④ 스킵플로어형은 주거단위의 단면을 단층형과 복층형에서 동일 층으로 하지 않고 반 층씩 엇나게 하는 형식을 말한다.

⑤ 평면형식

계단실(홀)형	• 계단 또는 엘리베이터 홀에서 직접 주거단위로 연결된다. • 통행과 거주조건이 양호하고 프라이버시가 좋다. • 통행부 면적이 작아 건물의 이용도가 높고, 집약형 주거가 가능하다. • 양쪽으로 개구부를 계획할 수 있어 통풍·채광이 양호하나 공사비가 고가이다.
집중(코어)형	• 중앙에 엘리베이터나 계단실을 두고 많은 주호가 집중 배치된다. • 대지 이용률이 가장 높고, 건물 이용도가 높다. • 주호의 환경이 균등하지 않고 기계적 환경 조절이 필요하다.
편복도형	• 복도의 한쪽에 각 세대가 위치한다. • 개방형 복도로 주호의 환경이 균등하고 양호하나, 건물의 길이가 길다. • 거주자의 자연적 환경을 동일하게 만들고자 할 때 채용한다.
중복도형	• 복도 양측에 각 세대가 위치한다. • 방위에 따라 주호의 환경이 균등하지 않고 불량하다. • 구조적으로 유리하며, 대지의 이용률이 높아 독신자 아파트에 많이 이용된다.

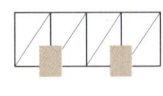 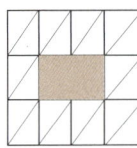 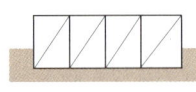 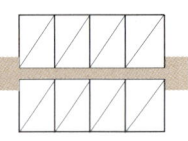

계단실(홀)형　　집중(코어)형　　편복도형　　중복도형

평면형식의 비교

구분	동선	통행부 면적	엘리베이터 효율	프라이버시 (독립성)	통풍 채광
계단실(홀)형	짧다.	작다.	가장 낮다.	가장 우수	가장 우수
집중(코어)형	짧다.	작다.	가장 높다.	가장 불량	가장 불량
편복도형	길다.	크다.	높다.	보통	양호
중복도형	길다.	크다.	높다.	불량	불량

⑥ 단면형식

단층(플랫)형	• 단위주거가 1층만으로 구성된 형식이다. • 평면계획과 구조가 단순하여 설계가 용이하고 경제적이다. • 평면구성의 제약이 적으며, 소규모의 평면계획도 가능하다. • 각 층마다 통로와 엘리베이터 홀이 설치되어야 한다. • 프라이버시가 일반적으로 나쁘다.
복층(메조넷)형	• 단위주거가 복층형식을 취하는 형식이다. • 2개 층에 걸쳐 있는 듀플렉스, 3개 층에 걸쳐 있는 트리플렉스가 있다. • 트리플렉스형은 프라이버시 확보율이 높고 공용 통로면적이 가장 작다.
스킵플로어형	• 단위주거의 단면을 동일 층으로 하지 않고 반 층씩 엇나게 하는 형식이다. • 동일한 주거동에서 각기 다른 모양의 세대 배치가 가능하다. • 대지가 경사지일 경우 경사지를 이용하여 층을 구분하는 방식에 적합하다.

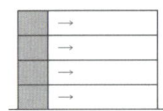 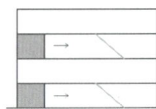 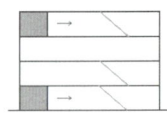 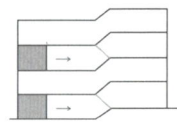

단층(플랫)형　복층(메조넷)형-듀플렉스　복층(메조넷)형-트리플렉스　스킵플로어형

복층(메조넷)형과 스킵플로어형의 장점
- 엘리베이터의 정지층수가 줄어 효율적이다.
- 유효면적, 전용면적, 임대면적이 증가하고 복도면적, 공용면적이 감소한다.
- 주, 야간별 생활공간을 층별로 나눌 수 있다.
- 복도가 없는 층은 남북으로 트여 통풍 및 채광, 프라이버시 확보가 용이하다.
- 각기 다른 세대의 평면계획으로 내부공간, 단면 및 입면상의 다양한 변화가 있다.

복층(메조넷)형과 스킵플로어형의 단점
- 주호 내에 계단이 필요하므로 소규모의 주거에는 비경제적이다.
- 엑세스 동선이 복잡하고 구조 및 설비계획이 어렵다.
- 복도가 없는 층에서의 피난계획이 어렵다.

기출 확인
아파트의 단면형식 중 메조넷형에 대한 설명으로 옳지 않은 것은?
① 주택 내부공간의 다양한 변화추구가 가능하다.
❷ 공용 및 서비스 면적이 증가한다.
③ 통로가 없는 층의 평면은 일조, 통풍 및 전망이 좋다.
④ 거주성, 특히 프라이버시의 확보가 용이하다.

❺ 연립주택

① 개요

건축법 시행령 별표 1에 명시된 주택으로 쓰는 1개 동의 바닥면적 합계가 660m²를 초과하고, 층수가 4개 층 이하인 주택이다.

② 분류

로우 하우스	• 단위주거가 벽을 공유하며, 홀을 거치지 않고 지면에서 직접 출입한다. • 지형 조건에 따라 다양한 배치 및 집약적인 공동설비의 배치가 가능하다.
타운 하우스	• 단위주거마다 전용 뜰과 공공의 오픈스페이스를 갖는 형식이다. • 토지 이용 및 건설비, 유지관리비의 효율성을 고려한 형식이다. • 1층은 생활공간, 2층은 수면공간으로 구성되며, 배치상의 다양성이 있다. • 프라이버시의 확보는 조경을 통하여서도 가능하다. • 각 주호의 주차가 용이하다.
파티오 하우스 (중정형 주택)	• 단위주거마다 전용 중정을 갖는 형식이다. • 더운 지방의 좁은 대지 조건에 적절한 형식이다. • 중정을 아트리움으로 구성하는 관계로 아트리움주택이라고도 한다.
테라스 하우스 (연속주택)	• 경사지를 이용하거나 상부층으로 갈수록 뒤로 후퇴하는 형식이다. • 경사가 심할수록 밀도가 높아지며, 평지보다 많은 인구를 수용할 수 있다. • 단위주거마다 전용 중정을 갖는다.

더 알아보기
테라스 하우스

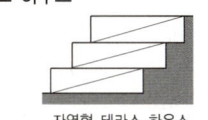
자연형 테라스 하우스

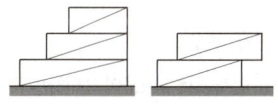
인공형 테라스 하우스

테라스 하우스(연속주택)의 분류

자연형	• 경사지를 이용하여 지형에 따라 테라스형으로 건립한 것이다. • 일반적으로 후면부에 창을 설치할 수 없으므로, 각 세대 깊이가 너무 깊지 않도록 한다(7.5m 이내). • 경사지 주택은 스플릿 레벨(반 층씩 어긋난 단면)이 가능하다. • 각 세대의 규모를 동일하게 계획할 수 있다.					
	구분	도로의 위치	주생활(거실)	침실	정원	차고
	상향식	하층	하층	상층	상층	하층
	하향식	상층	상층	하층	하층	상층
인공형	• 평지에 테라스형으로 건립한 것이다. • 지하실 설치가 어렵다.					
	시각적인 테라스 하우스	상층으로 갈수록 면적이 작아진다.				
	구조적인 테라스 하우스	면적이 같고 상층으로 갈수록 후퇴한다.				

기출 확인
자연형 테라스 하우스에 관한 설명으로 옳지 않은 것은?
① 각 세대마다 전용의 정원을 가질 수 있다.
② 하향식이나 상향식 모두 스플릿 레벨이 가능하다.
❸ 하향식의 경우 각 세대의 규모를 동일하게 할 수 없다.
④ 일반적으로 후면에 창을 설치할 수 없으므로 각 세대 깊이가 너무 깊지 않도록 한다.

CORE 05 사무소 · 은행

CHAPTER 1 건축계획 / SECTION 2 주거 · 사무 · 상업건축

❶ 사무소

① 개요
사무를 위해 조직 내 구성원들이 근무하는 업무시설을 말한다.

② 관리상 분류

전용 사무소	건물 전체를 자기 전용으로 사용한다.
준전용 사무소	복수의 회사가 하나의 사무소를 공동 소유한다.
대여 사무소	전부 또는 대부분을 대실한다.
준대여 사무소	주요부분은 자기 전용, 나머지는 대실한다.

> **+ 더 알아보기**
> **전용 사무소**
> 전용 사무소는 관공서를 포함한다.

③ 면적
사무실의 크기를 결정하는 가장 중요한 요소는 사무원의 수이다.

1인당 바닥면적	연면적 대비	$8 \sim 11m^2$/인, 대략 $10m^2$/인 정도
	임대면적 대비	$6 \sim 8m^2$/인 정도

렌터블비(Rentable ratio, 유효율)
- 연면적에 대한 임대면적의 비율을 말한다.
- 렌터블비가 높다는 것은 임대료 수입이 더 증가할 수 있다는 의미이다.

연면적 대비	기준층 대비	산정식
70~75% 정도	80% 정도	임대면적(m^2) ÷ 연면적(m^2) × 100(%)

> **📋 기출 확인**
> 사무소 건축에서 유효율이 의미하는 것은?
> ① 건축면적에 대한 대실면적
> ❷ 연면적에 대한 대실면적
> ③ 기준층면적에 대한 대실면적
> ④ 연면적에 대한 건축면적

❷ 코어 시스템

① 코어(Core)
건물 내 교통, 위생, 설비 등 서비스 부분의 공용시설이 집중되어 있는 부분이다.

	구조상	코어의 외곽이 내력적 구조체, 내진벽의 역할을 한다.
장점	사용상	• 공용부분의 집약으로 유효면적율 및 임대면적을 높인다. • 각 층별 서비스가 균등하고 업무공간의 융통성을 증가시킨다.
	설비상	설비요소의 집약으로 계통거리가 단축되고 효율성이 증대된다.
포함되는 공간	교통	계단실, 엘리베이터 등
	설비	공기조화실, 덕트 · 배관 샤프트, 굴뚝 등
	위생, 서비스	화장실, 급탕실, 잡용실, 메일슈트 등

> **+ 더 알아보기**
> **코어의 유형**
>
>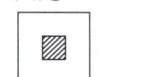
> 중앙(중심)코어 편단(편심)코어
>
>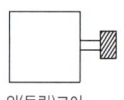
> 양단(양측)코어 외(독립)코어

코어의 유형		
	중앙(중심) 코어형	• 코어가 기준층의 중심에 위치하는 형태이다. • 내력벽 및 내진구조가 가능하여 구조적으로 바람직하다. • 내부공간과 외관이 획일적으로 되기 쉽다. • 유효율이 높아 임대 사무소로서 경제적이다. • 바닥면적이 큰 대규모 고층 건물에 적합하다.
	편단(편심) 코어형	• 코어가 기준층 평면의 한쪽에 치우친 형태이다. • 고층인 경우 구조상 불리하며, 바닥면적이 커지면 피난상 불리하다. • 바닥면적이 적은 소규모 사무소 건물에 적합하다.
	양단(양측, 분리) 코어형	• 코어가 기준층의 양측에 위치하는 형태이다. • 2방향 피난에 이상적이며 방재 및 피난상 유리하다. • 단일 용도의 대규모 전용 사무소 건물에 적합하다.
	외(독립) 코어형	• 코어가 건물과 별도로 설치된 형태이다. • 코어와 업무공간이 분리되어 업무공간의 융통성이 높다. • 설비 덕트나 배관을 업무공간으로 연결하는 데 제약이 많다. • 내진구조상 불리하며 방재상 대책이 요구된다.

② 엘리베이터

홀	• 엘리베이터 정원 합계의 50% 정도를 수용할 수 있어야 한다. • 1인당 점유면적은 0.5~0.8m² 정도이다.
대수의 산정	• 건축물의 종류, 규모, 용도 등을 고려한다. • 승객의 층별 대기시간은 평균 운전간격 이하가 되게 한다. • 출입층이 2개 층이 되는 경우는 각각의 교통 수요량 이상이 되도록 한다. • 5분간 총수송능력이 5분간 최대 교통 수요량(아침 출근시간)과 같거나 그 이상이 되도록 한다.
위치	• 주요 출입구나 홀에 직접 면해서 가능한 한 1개소에 배치한다. • 교통동선의 중심에 설치하여 보행거리가 짧도록 배치한다. • 출발층은 1개소로 한정하는 것이 운영면에서 효율적이다.
배치 형식	직선(일렬)형	4대 정도를 한도로 하며, 중심 간 거리는 8m 이하로 한다.
	알코브형	4대 이상, 8대 정도를 한도로 한다.
	대면형	• 4대 이상, 8대 정도를 한도로 한다. • 대면거리는 동일 군관리의 경우 3.5~4.5m 정도로 유지한다.
조닝계획	개요	• 초고층, 대규모 빌딩은 서비스 그룹을 분할(조닝)한다. • 다수 설치 시 그룹별 배치와 군관리운전방식으로 한다. • 군관리운전의 경우 동일 군 내의 서비스 층은 같게 한다.
	장점	• 일주시간을 단축하여 수송능력을 증가시킬 수 있다. • 승강로 면적이 최소화되고, 사무실의 유효면적이 증가한다. • 엘리베이터 설치비를 절약할 수 있다. • 고층부 엘리베이터를 고속화할 수 있다.
	단점	• 건물의 배치, 이용상 제약이 따른다. • 초기 이용자가 혼란에 빠질 우려가 있다.

엘리베이터 대수 산정의 가정 조건

대기시간	탑승인원	실제 주행속도	1인 승강시간	수송량, 시간
10초	정원의 80%	정규속도의 80%	문의 개폐시간 포함 6초	2층 이상 거주자의 30%를 15분간에 한쪽으로 수송

엘리베이터의 일주시간(RTT ; Round Trip Time)
엘리베이터가 출발 기준층에서 승객을 싣고 출발하여 각 층에 서비스한 후 출발 기준층으로 되돌아와 다음 서비스를 위해 대기할 때까지의 총시간이다.

기출 확인

사무소 건축의 코어(Core)형태에 관한 설명 중 옳지 않은 것은?
① 외코어형은 사무실 공간과 간섭이 적다.
② 편심코어형은 일반적으로 소규모 사무소 건물에 많이 쓰인다.
③ 중앙코어형은 기준층 바닥면적이 대규모인 경우에 적합하다.
❹ 양단코어형은 대여사무소에 주로 사용되며 방재 및 피난상 불리하다.

기출 확인

사무소 건축에서 엘리베이터 대수 산정 시 기준이 되는 것은?
❶ 출근시간대의 수송인원
② 퇴근시간대의 수송인원
③ 점심시간 직전의 수송인원
④ 점심시간 직후의 수송인원

더 알아보기

엘리베이터의 배치형식

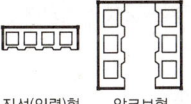 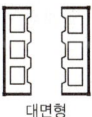

직선(일렬)형   알코브형   대면형

더 알아보기

엘리베이터의 대수 산정

• $N = \dfrac{5분간\ 운반해야\ 할\ 인원}{5분간\ 대당\ 운반\ 인원수(S)}$

• $S = \dfrac{5 \times 60 \times 정원}{일주시간}$

더 알아보기

고층 건축물의 방재계획
- 2방향 피난로의 확보
- 보행(계단)에 따른 피난
- 고정된 피난설비와 장비의 확보
- 피난경로를 따라 일정시간 안전한 피난구역을 설정할 것

스모크 타워(Smoke tower)
고층 건축물의 화재 시 연기를 배출시키기 위하여 설치하는 수직 배연설비를 말한다.

기출 확인

사무소 건축에서 코어계획에 관한 설명으로 옳지 않은 것은?

① 코어 부분에는 계단실도 포함시킨다.
② 코어 내의 각 공간은 각 층마다 공통의 위치에 두도록 한다.
③ 엘리베이터 홀이 출입구 문에 바짝 접근해 있지 않도록 한다.
❹ 코어 내에서 화장실은 외래자에게 잘 알려질 수 없는 곳에 위치시킨다.

더 알아보기

사무소 복도의 형식

복도가 없는 형

단일 지역 배치
(편복도식)

2중 지역 배치
(중복도식)

3중 지역 배치
(2중 복도식)

고층용 엘리베이터 계획
- 각 서비스 존은 10~15개 층으로 구분한다.
- 각 서비스 존별 엘리베이터 수량은 가능한 한 8대 이하로 한다.
- 출발 기준층은 1개층으로 하는 것이 바람직하다(초고층 빌딩은 2개 층으로 할 수 있다).
- 호텔의 경우는 엘리베이터의 불특정한 이용 승객의 인지성 등을 고려하여 40층 이하의 경우에는 1개 존으로 하는 것이 바람직하다.

③ 계단

배치	• 엘리베이터 홀에 가깝게 배치한다. • 동선은 간단명료한 최단거리의 위치에 놓는다. • 동선이 혼잡하지 않고 용이하게 이용할 수 있는 곳에 배치한다. • 주요 계단은 되도록 1층 주요 출입구 근처에 배치한다.
전실	• 전실의 일부가 가능한 한 외기에 면하는 것이 좋다. • 스모크 타워와 급기시설을 설치하고, 천장은 가급적 높게 한다. • 급기구를 계단실 가까이에 설치하여 연기를 배출하도록 한다.

코어 시스템에서 주요 공간의 위치 관계

원칙	• 코어와 각 공간의 위치는 시각적으로 명확하게 배치한다. • 각 공간의 위치는 각 층마다 공통의 위치에 있게 한다.
사무실	사무실과의 동선은 간단하고 길지 않게 한다.
피난	피난용 특별계단 상호 간의 거리는 법정거리 내에서 가급적 멀리한다.
교통, 서비스	• 계단실, 엘리베이터, 화장실은 가능한 한 근접시킨다. • 화장실은 외래자에게도 잘 알려질 수 있는 곳에 배치한다. • 잡용실과 급탕실은 가급적 접근시킨다. • 엘리베이터는 가급적 중앙에 집중시킨다. • 엘리베이터 홀이 출입구 문에 바짝 근접하지 않도록 한다.

❸ 오피스 레이아웃

① 복도의 형식

복도가 없는 형	개요	복도가 없이 바로 각 실로 진입하는 형식이다.
	적용	소규모의 사무실에 적합하다.
단일 지역 배치 (편복도식)	개요	• 복도의 한편에만 사무실을 배치한 형식이다. • 통풍, 채광에 유리하나 비교적 고가이다.
	적용	• 경제성보다는 쾌적한 환경이나 분위기 등이 필요한 곳에 적합하다. • 중규모 사무실에 사용한다.
2중 지역 배치 (중복도식)	개요	• 주계단, 부계단에서 각 실로 들어갈 수 있는 형식이다. • 동서로 노출되도록 방향을 정하는 것이 바람직하다. • 유틸리티 코어의 설계에 주의를 요한다.
	적용	중, 대규모 크기의 사무소 건물에 적당하다.
3중 지역 배치 (2중 복도식)	개요	• 교통 및 설비는 건물 내부에, 사무실은 외벽을 따라 배치하는 형식이다. • 경제적이며 미적, 구조적 견지에서 많은 이점이 있다. • 건물 내부에 조명 및 환기설비가 요구된다.
	적용	• 고층 전용 사무소의 전형적인 해결책으로 간주된다. • 중복도 방사형은 20층 이상 고층 사무실에 사용된다.

② 실의 단위계획

개실 시스템	개요	• 복도에서 각 공간으로 들어가는 형식이다. • 독립성 확보와 응접이 요구되는 최고경영자, 전문직 개실에 사용된다.
	장점	• 독립성과 쾌적감의 이점이 있다. • 자연채광 및 개인적인 실내 환경조절이 용이하다.
	단점	• 공사비가 비교적 높다. • 공간의 길이에는 변화를 줄 수 있으나, 깊이에는 변화를 줄 수 없다.
개방식 배치	개요	개방된 큰 실 내부에 분리된 공간을 두는 형식이다.
	장점	• 공간의 길이나 깊이에 변화를 줄 수 있다. • 공간을 절약할 수 있고, 전 면적을 이용할 수 있다. • 개실 배치보다 공사비가 저렴하다. • 경영자의 입장에서는 전체를 통제하기가 쉽다.
	단점	• 소음이 들리고 독립성이 떨어진다. • 자연채광에 보조채광으로서의 인공채광이 필요하다.
오피스 랜드스케이핑	개요	• 직위서열보다 의사전달과 작업의 흐름에 따라 배치하는 형식이다. • 작업장의 집단을 자유롭게 그룹핑하여 불규칙한 평면을 유도한다. • 개방식 배치에 속하며, 실내에 고정된 칸막이가 없다.
	장점	• 변화하는 작업의 패턴에 신속하고 경제적으로 대처할 수 있다. • 작업단위에 의한 그룹(Group) 배치가 가능하다. • 커뮤니케이션의 융통성이 있고 사무능률이 향상된다. • 공간이 절약되며, 시설비와 유지관리비가 절감된다.
	단점	• 독립성이 떨어지며, 소음에 대한 대책이 필요하다. • 대형가구 등 소리를 반향시키는 기재의 사용이 어렵다.

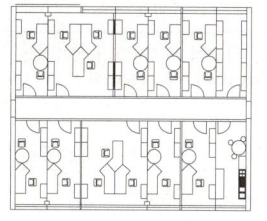
개실 시스템

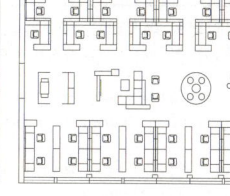
개방식 배치

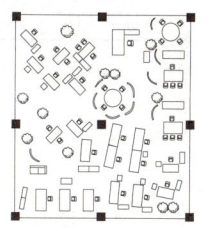
오피스 랜드스케이핑

📑 기출 확인

사무소 건축의 실내 집무공간의 개방형 배치계획에 대한 특징 중 맞는 것은?

① 방 길이에 변화를 줄 수 있으나, 방 깊이에 변화를 줄 수 없다.
② 공사비가 비교적 높다.
❸ 공간을 절약할 수 있다.
④ 프라이버시의 유지가 쉽다.

📑 기출 확인

사무소 건축에서 오피스 랜드스케이핑(Office landscaping)에 대한 설명으로 옳지 않은 것은?

① 공간을 절약할 수 있다.
② 커뮤니케이션의 융통성이 있다.
③ 일정한 기하학적 패턴에서 탈피할 수 있다.
❹ 실내에 고정된 칸막이가 있어 독립성이 우수하다.

➕ 더 알아보기

격자계획(Grid planning)
• 평면계획 시 관련 요소를 고려한 기본 치수(모듈)에 근거하여 정방형 격자를 설정하고 설계하는 방식이다.
• 사무소 건축은 격자계획의 적용에 있어 가장 효과적이다.

❹ 기준층 계획

① 기준층

• 사무실을 중심으로 하는 집무공간을 기준층으로 한다.
• 다른 계획에 우선하여 계획되어야 한다.

평면의 결정요소	구조	구조상 스팬의 한도
	동선	동선상의 거리
	설비	공기조화, 덕트, 배관, 배선 등 설비 시스템상의 한계
	피난	방화구획상 면적, 대피상 최대 피난거리
	채광	자연광에 의한 조명한계

📑 기출 확인

사무소 건축의 기준층 평면 형태 결정요소와 가장 거리가 먼 것은?

① 방화구획상 면적
② 구조상 스팬의 한도
❸ 대피상 최소 피난거리
④ 덕트, 배선, 배관 등 설비 시스템상의 한계

> **📋 기출 확인**
>
> 사무소 건축에 대한 설명 중 옳지 않은 것은?
>
> ① 오피스 랜드스케이핑은 개방식 배치의 한 형식이다.
> ② 아트리움은 공간적으로는 중간영역으로서 매개와 결절점의 기능을 수용한다.
> ③ 수용인원수에 의한 면적 산출 시 기준이 되는 1인당 소요바닥면적은 8~11m² 정도이다.
> ❹ 층고는 기준층에서는 330~400cm 정도로 하고 최상층에서는 기준층보다 30cm 정도 작게 한다.

> **📋 기출 확인**
>
> 사무소 건축의 기둥간격 결정요소와 가장 거리가 먼 것은?
>
> ① 책상배치의 단위
> ② 주차배치의 단위
> ❸ 엘리베이터의 설치 대수
> ④ 채광상 층높이에 의한 깊이

> **📋 기출 확인**
>
> 사무실 내의 책상 배치의 유형 중 좌우대향형에 대한 설명으로 옳은 것은?
>
> ❶ 대향형과 동향형의 양쪽 특성을 절충한 형태로 의사소통상 불리하다.
> ② 4개의 책상이 맞물려 십자를 이루도록 배치하는 형식으로 그룹작업을 요하는 업무에 적합하다.
> ③ 책상이 서로 마주보도록 하는 배치로 면적효율은 좋으나 대면시선에 의해 프라이버시가 침해당하기 쉽다.
> ④ 낮은 칸막이로 한 사람의 작업활동을 위한 공간이 주어지는 형태로 독립성을 요하는 전문직에 적합한 배치이다.

② 층고

층고의 결정에 있어 가장 큰 영향을 미치는 것은 천장 내 설비공간의 크기이다.

결정요소	사무실 깊이, 사용목적, 채광 조건, 공기조화시스템, 공사비, 보의 춤 등
깊이, 층고	깊이(L)/층고(H) = 2.0
층고	1층: 보통 4m 내외, 중2층 설치 시 6m 정도
	기준층: 3.3~3.5m(보통 4m, 중2층 설치 시 6m) 정도
	최상층: 기준층 층고 + 30cm(물매 및 단열 고려) 정도
	지하층: • 일반 3.5~3.8m 정도 • 기계실 4.0~4.5m(소규모), 5.0~6.5m(대규모) 정도

> **사무소 건축에서 층고를 낮게 하는 이유**
> • 건물의 높이 제한 내에서 가급적 많은 수의 층을 얻는다.
> • 층고가 낮을수록 건축비가 절감된다.
> • 체적을 줄여 에너지를 절약할 수 있다.
> • 실내 공기조화의 효율을 높일 수 있다.

③ 기둥간격

결정요소	사용목적, 구조상 스팬의 한도, 공법, 책상 및 지하주차장의 배치단위, 채광상 층높이에 의한 깊이, 실의 폭 등
기둥간격	• 철근콘크리트구조 : 5.0~6.0m 정도 • 철골철근콘크리트구조 : 6.0~7.0m 정도

책상의 배치 유형

동향형	• 같은 방향으로 배치하는 방식으로, 학교식 배치라고도 한다. • 위계질서가 명확하게 드러나며 프라이버시가 침해당하기 쉽다.
대향형	• 책상이 서로 마주보도록 하는 배치이다. • 면적효율은 좋으나 대면시선에 의해 프라이버시가 침해당하기 쉽다.
좌우대향형	• 대향형과 동향형의 양쪽 특성을 절충한 형태이다. • 커뮤니케이션의 형성에 불리하다.
십자형	• 4개의 책상이 맞물려 십자를 이루도록 배치하는 형식이다. • 그룹작업을 요하는 업무에 적합하다.
자유형	• 낮은 칸막이로 한 사람의 작업을 위한 공간이 주어지는 형태이다. • 독립성을 요하는 전문직에 적합한 배치이다.

❺ 편의시설

① 아트리움

개요	• 유리재료로 구성한 건물 내 공개공간을 말한다. • 공간적으로는 중간 영역으로서 매개와 결절점의 기능을 수용한다.
장점	• 건축물에 조형적, 상징적 독자성을 부여한다. • 실내 기후조절을 통한 에너지 절약 등의 효과가 있다. • 오피스와 가로 사이에서 휴식과 커뮤니케이션 장소로 활용된다.

② 저층 공용공간

개요	도심지에 위치한 대형 고층 사무소는 저층부에 판매시설, 문화시설 등의 공용공간을 계획하여 복합건축으로 기능하도록 하는 것이 좋다.
장점	• 대지의 효율적인 이용 • 사무실 이외의 복합기능 부여 • 고층동에 대한 스케일감의 완화 • 저층부 임대수익 및 경제성 • 옥상정원의 이용

> **초고층 건물의 저층부 활성화 방안**
> • 저층부에 판매시설, 문화시설 등의 복합건축을 계획하고 대중의 손쉬운 접근을 유도한다.
> • 장소적 이미지를 부각시키고, 다양한 조경적 요소를 도입한다.

📋 **기출 확인**

다음 중 초고층 사무소 건물의 저층부 활성화 방안과 관계가 가장 먼 것은?
① 대중의 손쉬운 접근을 유도한다.
❷ 사무소로서의 품위를 해치는 행위를 제한한다.
③ 장소적 이미지를 부각시킨다.
④ 다양한 조경적 요소를 도입한다.

③ 장애인등편의법에 따라 설치해야 하는 편의시설의 종류(장애인등편의법 시행령 별표 2)

매개시설	• 주출입구 접근로 • 주출입구 높이 차이 제거	• 장애인전용주차구역
내부시설	• 출입구(문) • 계단 또는 승강기	• 복도
위생시설	• 화장실(대변기, 소변기, 세면대) • 욕실	• 샤워실 · 탈의실
안내시설	• 점자블록 • 경보 및 피난설비	• 유도 및 안내설비
그 밖의 시설	• 객실 · 침실 • 접수대 · 작업대 • 임산부 등을 위한 휴게시설	• 관람석 · 열람석 • 매표소 · 판매기 · 음료대

📋 **기출 확인**

장애인·노인·임산부 등의 편의증진 보장에 관한 법령에 따른 편의시설 중 매개시설에 속하지 않는 것은?
① 주출입구 접근로
❷ 유도 및 안내설비
③ 장애인전용주차구역
④ 주출입구 높이 차이 제거

❻ 은행

① 개요

예금 수입, 대출, 증권 인수 등의 업무를 수행하는 금융기관을 말한다.

② 시설 규모의 결정요인
• 이용 고객 및 은행원의 수
• 고객서비스를 위한 시설규모
• 장래의 예비 스페이스 등

📋 기출 확인

은행 건축의 동선계획에 관한 설명으로 옳지 않은 것은?

① 은행의 경우 고객의 출입구는 되도록 1개소로 한다.
❷ 고객동선은 고객의 목적과 관계없이 1개로 처리하는 것이 좋다.
③ 직원의 동선계획 시 업무의 흐름을 고객이 알지 못하도록 계획하는 것이 좋다.
④ 고객이 지나는 동선은 가능한 한 빠른 시간 내에 일을 처리할 수 있도록 짧게 계획하는 것이 좋다.

📋 기출 확인

은행 건축에 관한 설명 중 가장 부적당한 것은?

① 일반적으로 주출입구는 도난 방지상 안여닫이로 한다.
② 영업장의 넓이는 은행 건축의 규모를 결정한다.
③ 영업대의 높이는 고객대기실에서 100~110cm가 적당하다.
❹ 어린이의 출입이 많은 곳에는 회전문을 설치하는 것이 좋다.

📋 기출 확인

은행의 건축계획에 대한 설명 중 옳지 않은 것은?

❶ 영업실의 면적은 은행원 1인당 $3m^2$를 기준으로 한다.
② 출입구에 전실을 둘 경우에 바깥문은 밖여닫이 또는 자재문으로 하기도 한다.
③ 은행실은 은행 건축의 주체를 이루는 곳으로 기둥 수가 적고 넓은 실이 요구된다.
④ 야간금고는 가능한 한 주출입문 근처에 위치하도록 하며 조명시설이 완비되도록 한다.

③ 동선계획

고객과 직원 간의 동선은 중복되지 않도록 하고, 출입구도 따로 설치하는 것이 좋다.

고객동선	• 고객의 출입구는 규모와 상관없이 되도록 1개소로 한다. • 고객이 지나는 동선은 빠른 시간 내에 일을 처리할 수 있도록 짧게 한다. • 목적별로 고객동선을 그룹핑하여 각기 적합한 동선을 유도한다. • 주로 창구의 위치에 따라 결정한다.
직원동선	• 고객의 동선과 교차하지 않도록 유의한다. • 업무의 흐름을 고객이 알지 못하도록 계획한다.

④ 세부계획

각 실의 배치는 은행실(객장·영업장)을 중심으로 계획한다.

출입문		• 전면도로의 보행인 동선을 고려하여 주현관의 위치를 결정한다. • 일반적으로 도난 방지상 안여닫이로 한다. • 주출입구는 보온을 위해 방풍실을 두는 것이 좋다. • 전실을 둘 경우에 바깥문은 밖여닫이 또는 자재문(양측개폐)으로 하기도 한다. • 아이들이 많은 지역에서는 회전문을 설치하지 않는 것이 좋다.
은행실		• 은행 건축의 주체를 이루는 곳으로, 객장과 영업장으로 나누어진다. • 고객의 공간과 업무공간 사이를 벽체나 기둥 등으로 구분하지 않는다. • 기둥 수가 적고 넓은 실이 요구된다. • 고객용 로비와 영업장의 면적비는 1 : 0.8~1.5 정도이다.
	객장	• 객장(고객대기실)은 가능한 한 넓은 면적을 확보한다. • 영업장에 편중된 계획이 되지 않도록 한다.
	영업장	• 영업장(영업실)의 면적은 은행 건축의 규모를 결정한다. • 면적은 은행원 1인당 4~5m^2 정도이다. • 영업대는 고객과 은행원의 업무기능이 함께 이루어지는 공간으로, 인간공학적인 배려가 요구된다. • 영업대(카운터)의 높이는 고객 방향 100~110cm, 은행원 방향 75cm 정도로 하며, 폭은 60~75cm 정도로 한다. • 고객을 직접 상대하는 업무 외에는 고객과의 직접적인 접촉을 피한다.
금고실		• 금고실은 고객대기실에서 떨어진 영업장의 구석, 저층에 둔다. • 야간금고는 가능한 한 주출입구 근처에 위치시키며, 조명시설을 완비한다.
자동화 서비스 공간		• 자동화기기를 통하여 서비스 이용이 가능한 공간이다. • 객장의 일반 고객 동선과 분리하여 설치한다.

드라이브 인 뱅크(Drive in bank)

개요	차량에 탑승한 채 은행 서비스를 이용할 수 있도록 한 형식이다.
특징	• 주차 및 대기에 소요되는 불편이 해소된다. • 창구는 운전석 방향으로 배치한다. • 영업장과의 연락을 위한 시설이 필요하다.

CORE 06 상점 · 쇼핑센터 · 백화점

CHAPTER 1 건축계획 / SECTION 2 주거 · 사무 · 상업건축

❶ 상점

① 개요
상품의 판매 또는 영업을 목적으로 사용되는 건물을 말한다.

② 공간의 구분

판매공간	부대공간
판매활동에 사용되는 부분 상품전시, 통로, 도입, 서비스공간 등	판매활동의 지원을 위한 관리부분 상품관리, 영업관리, 점원후생, 시설관리 등

③ 상점별 방위

음식점	여름용품점	양복점 · 가구점 · 서점	식료품점	부인용품점
도로의 남측(북향)	도로의 북측(남향)	도로의 남측(북향), 서측(동향)	석양을 피할 수 있는 방위(서향 지양)	오후에 그늘이 지지 않는 방위

> **+ 더 알아보기**
>
> **대지의 선정조건**
> - 사람의 통행이 많고 번화가일 것
> - 교통이 편리하고 눈에 잘 보일 것
> - 2면 이상 도로면에 많이 접할 것
> - 불규칙적이거나 구석지지 않을 것
> - 유사한 업종이 주위에 있을 것

❷ 외관계획

① 파사드(정면) · 숍프런트(점두)
쇼윈도, 간판, 입구, 광고 등을 포함하는 점포 전체의 얼굴이다.

파사드 · 숍프런트의 계획요소			
표현성	대중성	유인성	공공성
인상적인 디자인, 해당 업종의 표현	대중적인 호감	상점 내로 유도하는 효과	미관을 해치지 않는 간판, 셔터를 내렸을 때의 배려

② 외관의 형식
외부와의 관계에 따른 분류이다.

개방형	개요	전면유리로 전면이 개방되어 있는 형식이다.
	적용	서점, 제과점, 지물포 등 일반 상점가, 시장, 일용품점 등
폐쇄형	개요	• 출입구 외에는 벽, 장식창 등으로 외부와의 경계를 차단한 형식이다. • 고객이 비교적 오래 머물러 있거나, 출입이 많지 않은 상점에 적합하다. • 내부 분위기를 중시하여 계획한다.
	적용	미장원, 이발소, 카메라 상점, 보석상, 귀금속 상점 등
혼합형	개요	개방형과 폐쇄형을 혼합한 형식이다.

> **+ 더 알아보기**
>
> **5가지 광고요소(AIDMA 법칙)**
>
> | Attention | A | 주의 |
> |---|---|---|
> | Interest | I | 흥미 |
> | Desire | D | 욕망 |
> | Memory | M | 기억 |
> | Action | A | 행동 |

> **📋 기출 확인**
>
> 상점 정면(Facade) 구성에 요구되는 5가지 광고요소(AIDMA 법칙)에 속하지 않는 것은?
>
> ① Desire(욕구)
> ❷ Identity(개성)
> ③ Attention(주의)
> ④ Memory(기억)

📋 기출 확인

상점의 쇼윈도에 대한 설명 중 옳지 않은 것은?

① 평형은 일반적으로 많이 사용되는 기본형으로 상점 내의 면적을 넓게 사용할 수 있다.
❷ 경사형은 유리면을 경사지게 처리하여 단조로움이 적게 되지만 유리면의 눈부심이 크다.
③ 상점의 전면이 넓지 않을 경우 일반적으로 쇼윈도와 출입구는 비대칭적으로 처리하는 것이 좋다.
④ 곡면형은 곡면유리를 사용하여 쇼윈도의 구성에 변화를 주어 일단 형태감에서 통행인의 시선을 자연스럽게 유도할 수 있다.

③ 외관의 형태

숍프런트, 쇼윈도의 형태에 따른 분류이다.

평형	개요	점두가 도로에 평행한 형식이다.
	특징	• 채광이 용이하고 상점 내부를 넓게 사용할 수 있다. • 가장 일반적인 형식이다.
	세부 형태	경사형	• 쇼윈도 유리면을 경사지게 처리한 형식이다. • 쇼윈도의 길이가 연장되며 단조로움이 적어진다. • 눈부심이 감소하고, 고객의 동선을 유도할 수 있다.
		곡면형	• 곡면유리를 사용하여 쇼윈도의 구성에 변화를 준 형식이다. • 형태감에서 통행인의 시선을 자연스럽게 유도할 수 있다.
돌출형	개요	점두의 일부를 돌출시킨 형식이다.
	특징	종래에 많이 사용되고 있으며, 특수 도매상 등에 적합하다.
만입형	개요	점두의 일부가 상점 내로 후퇴한 형식이다.
	특징	• 진열면적 증대로 상점 외부에서 상품의 파악이 가능하다. • 혼잡한 도로에서 고객이 점두에 머무르며 상품을 볼 수 있다. • 상점 내부 면적이 작아지고 자연채광에 불리하다.
홀형	개요	만입부를 넓게 하고 그 주위에 진열장을 설치하여 홀을 형성한 형식이다.
	특징	특징은 만입형과 동일하다.
다층형	개요	점두가 2층 이상으로 된 형식이다.
	특징	큰 도로나 광장에 면한 경우에 적합하다.

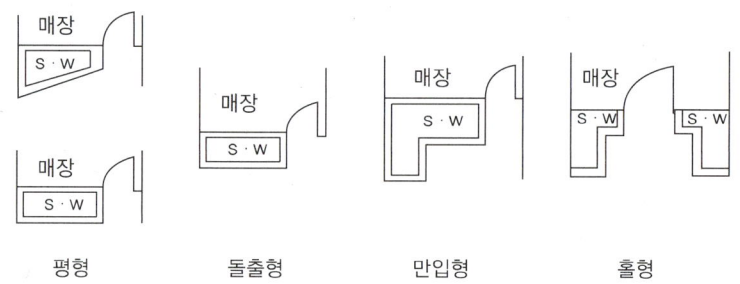

평형 　　 돌출형 　　 만입형 　　 홀형

쇼윈도의 눈부심(글레어·현휘), 반사 방지를 위한 방법
쇼윈도의 외부가 밝고 내부가 어두우면 유리면의 반사로 진열상품이 잘 보이지 않는다.

형태	쇼윈도 형태를 경사형, 곡면형, 만입형으로 계획한다.
차양	차양·캐노피를 설치하여 외부에 그늘을 준다.
밝기	• 쇼윈도 내부의 조도를 외부보다 높게 한다. • 눈에 입사하는 광속을 작게 한다.
조명	• 간접조명방식을 채택한다. • 젖빛 유리구를 사용하거나 광도가 낮은 배광기구를 이용한다.
반사면	반사면의 정반사율을 낮게 한다.

쇼윈도의 흐림 방지를 위한 방법
쇼윈도의 실내외에 온도 차이가 발생하면 결로로 인해 진열상품이 잘 보이지 않는다.

온도	난방장치 등을 이용해 실내외 온도 차이를 최소화한다.
유리	외부에 면하는 유리를 페어글라스(복층유리)로 사용한다.

📋 기출 확인

상점 건축에서 쇼윈도의 반사 방지를 위한 방법으로 옳지 않은 것은?

❶ 2중 유리를 사용한다.
② 쇼윈도를 경사지게 하거나 곡면유리로 처리한다.
③ 차양을 설치하여 쇼윈도 외부에 그늘을 조성한다.
④ 인공조명을 사용하여 쇼윈도 내부의 조도를 외부보다 높게 처리한다.

❸ 매장계획

① 동선계획

고객동선	• 가능한 한 길고 원활하게 처리하여 다수의 손님을 수용하도록 한다. • 직원동선, 상품동선과 명확하게 구분, 분리한다.
직원동선	• 되도록 짧게 하여 직원의 수, 보행 및 서비스 거리를 최대한 줄인다. • 카운터 케이스는 고객의 동선과 직원의 동선이 만나는 곳에 둔다.
피난동선	쉽게 인지가 가능하도록 위치를 설정하고 접근성을 고려한다.
상품동선	• 고객동선과 분리시키고 직원동선과 일부 교차시킨다. • 고객출입구와 상품 반출입구를 분리한다.

② 판매방식

대면 판매	개요	종업원이 고객과 쇼케이스를 사이에 두고 상담을 통해 판매한다.
	특징	쇼케이스가 중앙에 많이 배치되면 상점 분위기가 혼란해진다.
측면 판매	개요	종업원이 고객과 진열상품을 같은 방향으로 보며 판매한다.
	특징	고객이 상품에 직접 접촉하므로 충동구매와 선택이 용이하다.

판매방식의 비교

구분	진열면적	설명·포장·계산	점원의 정위치	적용
대면 판매	적다.	용이하다.	안정·고정	시계, 귀금속, 안경, 약국
측면 판매	넓다.	어렵다.	불안정·이동	식기, 서적, 침구, 운동용구

③ 가구·쇼케이스(진열장)의 배치

직렬배열형	개요	쇼케이스가 일직선 형태로 배치된 형식이다.
	특징	• 상품의 전달, 고객의 동선상 흐름이 가장 빠르다. • 부분별 상품 진열이 용이하고 대량판매가 가능하다. • 서점, 가정 전기코너, 협소한 매장에 적합하다.
굴절배열형	개요	쇼케이스가 곡선 또는 굴절된 형태로 배치된 형식이다.
	특징	• 대면 판매, 측면 판매가 조합된 형식이다. • 문방구, 안경점 등에 적합하다.
환상배열형	개요	쇼케이스가 매장 중앙에 환상(Loop)형태로 배치된 형식이다.
	특징	• 대면 판매, 측면 판매를 병행할 수 있다. • 수예점, 민예품점 등에 적합하다.
복합형	개요	직렬, 굴절, 환상배열형을 조합한 형식이다.
	특징	서점, 패션점, 악세서리점 등에 적합하다.

쇼케이스의 배치계획 시 고려사항

고려사항	고객의 동선, 종업원의 동선, 상품의 효과적인 진열 등이 있다.
배치계획	• 손님 쪽에서 상품이 효과적으로 보이게 한다. • 감시하기 쉽고 감시한다는 인상을 주지 않아야 한다. • 들어오는 손님과 종업원의 시선이 직접 마주치지 않아야 한다. • 소수의 종업원으로도 다수의 손님을 관리하기에 편리해야 한다.

📋 **기출 확인**

상점의 동선계획에 관한 설명으로 옳지 않은 것은?

① 직원동선은 되도록 짧게 한다.
❷ 상품동선과 직원동선은 교차해서는 안 된다.
③ 고객의 동선은 길고 원활하게 한다.
④ 피난에 관련된 동선은 고객이 쉽게 인지하도록 한다.

📋 **기출 확인**

상점의 판매방식에 관한 설명으로 옳지 않은 것은?

① 측면 판매형식은 직원동선의 이동성이 많다.
❷ 대면 판매형식은 측면 판매형식에 비해 상품 진열면적이 넓어진다.
③ 측면 판매형식은 고객이 직접 진열된 상품을 접촉할 수 있는 관계로 선택이 용이하다.
④ 대면 판매형식은 쇼케이스를 중심으로 판매원이 고정된 자리나 위치를 확보하는 것이 용이하다.

📋 **기출 확인**

상점 매장의 가구배치에 따른 평면 유형에 관한 설명으로 옳지 않은 것은?

① 직렬형은 부분별로 상품진열이 용이하다.
❷ 굴절형은 대면 판매방식만 가능한 유형이다.
③ 환상형은 대면 판매와 측면 판매방식을 병행할 수 있다.
④ 복합형은 서점, 패션점, 악세서리점 등의 상점에 적용이 가능하다.

📋 기출 확인

판매장의 조명방법에 대한 설명 중 틀린 것은?

❶ 직접조명은 조명효율이 좋고 조도가 낮아서 쾌적감을 준다.
② 간접조명은 그림자를 만들지 않아 좋지만 단독으로 사용할 경우 상품을 강조하는 데 효과적이지 못하다.
③ 반간접조명은 루버가 있는 형광등이 사용되며 광선의 부드러운 감이 좋다.
④ 국부조명은 상품전시를 대상으로 하여 스포트라이트가 사용된다.

➕ 더 알아보기

매장 바닥의 고려사항
- 보도로부터 평탄해야 고객의 자연스러운 유도가 가능하다.
- 바닥면에 고저차를 두지 않아야 동선의 흐름이 원활하다.
- 색채는 자극적이지 않도록 전체적인 조절이 필요하다.
- 요철, 미끄러짐, 소음 등이 없도록 한다.

📋 기출 확인

쇼핑센터에서 전체면적에 대한 중심상점(핵상점)의 일반적인 면적비는?

① 약 5%   ② 약 25%
❸ 약 50%   ④ 약 75%

---

❹ 세부계획

① 조명

고려사항		• 전반조명, 국부조명을 병용한다. • 기본조명, 상품조명, 환경조명 등으로 구분하여 적용한다.
조명방법	직접조명	광원을 직접 비추는 방식으로, 조명률이 좋고 조도가 높다.
	간접조명	• 광원을 반사시키는 방식으로, 그림자를 만들지 않는다. • 단독으로 사용할 경우 상품을 강조하는 데 효과적이지 않다.
	반간접조명	루버가 있는 형광등이 사용되며 광선이 부드럽다.
	국부조명	• 상품전시를 대상으로 하며, 스포트라이트 등이 사용된다. • 배열을 바꾸는 경우를 고려하여 자유롭게 수량, 방향, 위치를 변경할 수 있도록 한다.

> **조명기구 수 산정요소**
> - 실면적, 평균 조도, 램프 광속 등을 고려한다.
> - 바닥면 조도는 최소 150lx 이상으로 한다.

② 계단

개구부		• 계단의 뚫리는 부분은 면적과 관련시켜 고려한다. • 올라갈 때와 내려올 때 매장 전체를 볼 수 있게 한다.
경사		• 상점의 매장면적과 관련이 있으므로 규모에 적합한 경사도를 설정한다. • 지나치게 낮은 경우를 제외하고는 높은 경사보다 낮은 것이 올라가기 쉽다. • 경사를 낮게 할수록 매장면적의 효율성은 감소한다.
평면형식	중앙 위치	• 정방형 평면의 경우 동선 및 매장구성에 유리하다. • 동선을 자연스럽게 분할할 수 있다.
	벽면 위치	깊이가 깊은 직사각형 평면인 경우 시각적 및 공간적 측면에서 바람직하다.
	원형 나선	차지하는 면적은 적으나 오르내리기가 원활하지 못하다.

❺ 쇼핑센터

① 개요
상점 및 시설들의 효율을 극대화하기 위해 집단으로 계획된 복합 상점을 말한다.

② 구성
- 핵점포, 몰(Mall), 코트, 전문점, 주차장 등으로 구성된다.
- 2차적 고객유도를 위해 은행, 우체국, 미장원 등 소규모 편익시설을 포함시킨다.

핵점포 (중심상점)	• 고객을 쇼핑몰로 유인하는 핵심 기능을 한다. • 쇼핑센터 전체면적에 대한 면적비는 약 50% 정도이다. • 백화점, 대형 할인점, 전자제품 할인점, 슈퍼마켓 등이 있다.
몰(Mall)	• 쇼핑센터 내의 주보행동선으로, 핵점포·전문점에서의 출입이 이루어진다. • 페데스트리언 지대의 일부이며 고객의 휴식처로서의 기능을 한다. • 외기에 개방된 오픈몰, 격리된 엔클로즈드몰, 일부 개방된 세미오픈몰이 있다. • 공기조화로 쾌적한 실내기후를 유지할 수 있는 엔클로즈드몰이 선호된다.

코트	• 몰의 일부에 설치한 고객의 휴식처이다. • 인포메이션, 분수, 벤치 등을 제공한다.
전문점	음식점 및 단일 상품을 판매하는 상점 등으로 구성된다.
주차장	타 교통수단 및 도로상황 등을 고려하여 위치와 규모를 결정한다.

몰(Mall)의 계획 시 고려사항
- 확실한 방향성과 식별성이 요구된다.
- 전문점과 핵점포(중심상점)의 주출입구는 몰에 면하도록 한다.
- 다층으로 계획할 경우, 다층 및 각 층 간의 시야의 개방감이 고려되어야 한다.
- 자연광을 끌어들여 외부공간과 같은 성격을 갖게 한다.
- 몰에는 코트를 설치해 각종 연회, 이벤트 행사 등을 유치하기도 한다.
- 폭은 3~12m 정도, 핵점포 간의 거리는 240m를 초과하지 않는 것이 좋다.

페데스트리언 지대(Pedestrian area)
쇼핑센터 내부의 보행자 지역으로, 몰(Mall)을 포함한다.

특징	• 분수, 연못, 조경 등의 요소를 활용하여 휴식장소를 제공하며 자극과 흥미를 부여하는 특징적인 요소이다. • 넓은 면적을 점유하나, 고객의 유입으로 인한 구매력 증대의 효과가 있다.
고려사항	• 고객에게 변화감과 다채로움, 자극과 흥미를 제공한다. • 바닥면에 고저차를 두지 않는 것이 좋다. • 바닥면에 사용하는 재료는 주위 상황과 조화시켜 계획한다. • 고객의 동선이 방해되지 않는 범위에서 나무 및 관엽식물을 둔다.

기출 확인

쇼핑센터의 몰(Mall)의 계획에 대한 설명으로 옳지 않은 것은?
① 전문점들과 중심상점의 주출입구는 몰에 면하도록 한다.
❷ 중심상점들 사이의 몰의 길이는 150m를 초과하지 않아야 하며, 길이 40~50m마다 변화를 주는 것이 바람직하다.
③ 몰에는 자연광을 끌어들여 외부공간과 같은 성격을 갖게 한다.
④ 다층으로 계획할 경우, 다층 및 각 층 간의 시야의 개방감이 적극적으로 고려되어야 한다.

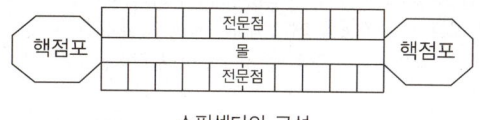

쇼핑센터의 구성

❻ 백화점

① 개요

한 건물 내에 상품을 부문별로 진열·판매하는 대규모 소매시설을 말한다.

② 배치계획

고객의 원활한 동선 유도를 위한 정면성이 일조, 방위 등의 요소보다 우선한다.

전면	• 정면성을 강조하여 다양한 고객의 동선을 용이하게 유도한다. • 광장과 같은 이벤트 행사 등을 위한 개방적 외부공간을 계획한다.
출입구	• 모퉁이를 피하며, 도로에 면하여 30m당 1개소 정도를 설치한다. • 2면 도로의 경우 주도로 측에 보행자 출입구, 부도로 측에는 차량 및 종업원 출입구를 계획한다.

기출 확인

다음 중 계획 시 자연채광이 주요한 고려사항이 되지 않는 것은?
① 사무소 사무실
② 학교 교실
③ 병원 병실
❹ 백화점 매장

③ 공간의 구분

구분	구성	관계
고객권	고객용 출입구, 통로, 계단, 휴게실 등	판매권과 결합
종업원권	종업원용 출입구, 통로, 계단, 사무실 등	상품권과 인접, 고객권과 독립계통
상품권	상품 반입, 보관, 배달, 보급 공간 등	판매권과 인접, 고객권과 분리
판매권	상품 전시, 판매 공간 등	상품권, 고객권과 인접

④ 매장계획

스팬·모듈의 결정요인		매장 진열장의 배치방식과 치수, 통로의 크기, 지하주차장의 주차방식과 주차 폭, 엘리베이터와 에스컬레이터의 유무 및 배치 등을 고려한다.
통로의 폭		• 고객통로의 폭은 1.8m 이상으로 한다. • 주통로의 폭은 2.7~3.0m 정도가 적당하다.
층별배치	1층	소형상품 등 손쉽게 구매할 수 있는 상품을 진열한다.
	3층	비교적 선택에 시간이 걸리는 상품을 진열한다.
	5층	침구, 카메라, 완구, 운동구 등 잡화류를 진열한다.
	최상층	식당, 카페테리아 등 휴식공간을 배치한다.

> **백화점 매장계획의 고려사항**
> • 일반적으로 기둥 간격이 클수록 매장배치가 용이하고 매장이 개방되어 보인다.
> • 고객동선을 너무 단순하거나 혼잡하지 않게 하여 고객을 분산시킨다.
> • 수평동선 계획 시 고객들을 매장 내부 구석까지 유도할 수 있도록 한다.
> • 색채계획은 중채도색을 위주로 한 배색으로 시각적인 혼란감을 억제하는 것이 좋다.

⑤ 가구·통로배치

직각배치	개요	• 가구와 가구를 직각으로 배치한 형식이다. • 가장 많이 사용되는 유형이다.
	장점	• 매장면적의 이용률을 최대로 확보할 수 있다. • 판매대의 규격화가 가능하고 설치가 간단하며 경제적이다.
	단점	• 통행량에 따른 통로 폭의 조절이 어렵다. • 경제적이나 단조로운 느낌을 줄 수 있다.
사행배치 (경사배치)	개요	주(Main)통로는 직각배치, 부(Sub)통로는 상하교통계를 향해 45°로 배치한 형식이다.
	장점	• 고객의 동선이 길고 매장의 구석까지 접근하기 쉽다. • 주통로에서 부통로의 상품이 잘 보인다.
	단점	다양한 크기 및 형태의 판매대가 필요하다.
방사배치	개요	판매장의 통로를 방사형으로 배치한 형식이다.
	장점	동선이 명확하고, 종업원과의 거리감이 적다.
	단점	적용이 어렵다.
자유유선배치	개요	곡선형 등으로 자유롭게 배치한 형식이다.
	장점	통로 폭의 조절이 용이하고, 매장의 특수성을 살릴 수 있다.
	단점	매장의 변경 및 이동이 어려우며, 시설비가 고가이다.

📋 **기출 확인**

다음 중 백화점 매장의 기둥간격 결정요소와 가장 거리가 먼 것은?

① 엘리베이터의 배치방법
② 진열장의 치수와 배치방법
③ 지하주차장 주차방식과 주차 폭
❹ 층별 매장 구성과 예상 이용 인원

📋 **기출 확인**

백화점의 진열대 배치방법에 관한 설명으로 옳지 않은 것은?

① 직각배치는 판매장이 단조로워지기 쉽다.
② 직각배치는 매장면적을 최대한으로 이용할 수 있다.
③ 사행배치는 많은 고객이 판매장 구석까지 가기 쉬운 이점이 있다.
❹ 자유유선배치는 매장의 변경 및 이동이 쉬우므로 계획에 있어 간단하다.

⑥ 엘리베이터

대수	• 유효면적 1,500~2,000m²당 1대 정도이다. • 계획 기준이 되는 승객 집중시간은 일요일 정오 전후이다.	
배치	중소규모	출입구 정면의 반대 측에 설치한다.
	대규모	중앙부에 설치한다.

> **기출 확인**
>
> 엘리베이터를 이용하는 서비스대상 건축물의 교통수요량과 승객의 집중시간 분석을 하려고 한다. 백화점의 경우 일반적으로 적용되는 승객 집중시간은?
>
> ① 일요일 개장 직후
> ❷ 일요일 정오 전후
> ③ 토요일 오후 3시 전후
> ④ 금요일 오후 6시 전후

⑦ 에스컬레이터

배치	• 매장을 바라보며 승강할 수 있게 배치한다. • 건축적 점유면적이 작게 배치한다. • 승객의 보행거리가 짧게 되도록 보행동선의 중심에 설치한다. • 출발 기준층에서 쉽게 눈에 띄도록 한다.	
특징	장점	• 엘리베이터에 비해 수송량이 10배 정도 크다. • 수송량에 비해 점유면적이 작다. • 건물에 걸리는 하중이 분산된다. • 승강 중 주위가 오픈되어 불안감이 적고 주변 광고효과가 크다. • 대기시간이 없고, 연속 운전되므로 전원설비에 부담이 적다.
	단점	• 설치 시 층고 및 보의 간격에 영향을 받는다. • 비상계단으로 사용할 수 없어 방재계획에 불리하다. • 설치비가 고가이다.

⑧ 에스컬레이터의 배치방식

대형 백화점에서 가장 많이 사용되는 형식은 병렬 연속식이다.

구분	점유면적	승객의 시야	연속적인 승강	승강장 식별
직렬식	가장 크다.	가장 좋다.	가능	쉬움
교차식	가장 작다.	나쁘다.	가능	어려움
단열 단속식(중복형)	작다.	좋다.	불가능	쉬움
병렬 단속식(중복형)	크다.	좋다.	불가능	쉬움
병렬 연속식(복렬형)	크다.	좋다.	가능	쉬움

직렬식   교차식   병렬 단속식   병렬 연속식

> **기출 확인**
>
> 점유면적이 다른 유형에 비해 작으며, 연속적으로 승강이 가능한 에스컬레이터 배치 유형은?
>
> ❶ 교차식 배치
> ② 직렬식 배치
> ③ 병렬 단속식 배치
> ④ 병렬 연속식 배치

백화점의 수직교통수단
• 주로 에스컬레이터가 사용되며, 엘리베이터는 최상층 급행 및 보조수단, 계단은 보조수단으로 사용된다.
• 대규모 매장(백화점, 쇼핑센터, 할인매장 등), 교통청사(공항, 철도역사 등)에서는 에스컬레이터가 승객수송의 70~80%를 분담하도록 계획한다.

엘리베이터와 에스컬레이터의 위치

엘리베이터	주출입구에서 먼 곳에 배치한다.
에스컬레이터	주출입구와 엘리베이터의 중간지점에 배치한다.

> **기출 확인**
>
> 백화점 매장에 에스컬레이터를 설치할 경우, 설치위치로 가장 알맞은 곳은?
>
> ① 매장의 한쪽 측면
> ② 매장의 가장 깊은 곳
> ③ 백화점의 계단실 근처
> ❹ 백화점의 주출입구와 엘리베이터 존의 중간

📋 기출 확인

백화점 계획에서 매장부분의 외관을 무창으로 하는 이유로 옳지 않은 것은?

① 실내의 조도를 일정하게 하기 위해서
② 벽면에 상품 전시공간을 확보하기 위해서
❸ 인접 건물의 화재 시 백화점으로의 인화를 방지하기 위해서
④ 창으로부터의 역광이 없도록 하여 디스플레이(Display)를 유리하게 하기 위해서

⑨ 입면계획

일반적으로 백화점의 입면은 무창으로 계획한다.

백화점의 무창 입면계획	
장점	• 실내의 조도가 일정하다. • 창으로부터의 역광이 없으므로 디스플레이 측면에서 유리하다. • 벽면에 상품 전시공간을 확보할 수 있다. • 내부공간의 배치 및 활용이 유리하다. • 매장 내 공기조화의 효율이 좋다.
단점	• 자연채광 및 통풍에 설비시설이 필요하다. • 화재나 정전 시에 대비한 피난계획이 요구된다.

❼ 슈퍼마켓

① 개요

식료품, 일용잡화 등을 판매하는 소매시설을 말한다.

② 매장계획

고려사항	• 상품 배열과 구성은 손님이 전 상품을 충분히 보고 다닐 수 있도록 고려한다. • 바닥은 고저차를 두지 않으며, 벽면에 요철을 두지 않는다.
동선계획	• 입구와 출구를 분리하며, 가급적 일방통행이 유리하다. • 입구는 고객이 많은 쪽으로 하며, 입구는 넓게 하고 출구는 좁게 한다. • 통로 폭은 가급적 1.5m 이상으로 한다.

CORE 07 학교 · 도서관

CHAPTER 1 건축계획 / SECTION 3 공공·문화·기타 건축

❶ 학교

① 개요
학생을 대상으로 한 교육에 목적을 둔 교육시설을 말한다.

② 고려사항

다목적 공간	융통성	• 교실의 융통성이 확보되어야 한다. • 교과내용의 변화에 적응할 수 있어야 한다. • 학교운영방식의 변화에 대응할 수 있어야 한다.
	확장성	학생 수의 증가에 대응하는 확장성이 있어야 한다.
지역사회		• 지역사회의 이용 및 지역인의 접근 가능성을 고려해야 한다. • 다양한 커뮤니티 시설로 활용되도록 계획한다.

❷ 학교의 배치계획

① 부지

고려사항	위치	• 통학권의 중심에 가까운 곳이 좋다. • 놀이터 및 공원에 가까운 곳이 좋다.
	환경	• 일조, 배수, 통풍 등 자연환경이 좋아야 한다. • 유해가스, 매연 등을 내는 공장이 부근에 없어야 한다. • 간선도로 및 상업 중심지 등의 소음으로부터 떨어진 곳이 좋다.
	면적	장래 확장 등을 고려하여 대지의 면적, 지형 등을 고려한다.

② 교사배치

폐쇄형	개요	교사를 부지 내에 ㄴ·ㅁ·ㄷ자형 등으로 배치하는 전통적인 형식이다.
	장점	부지를 효율적으로 활용하여 이용률을 높일 수 있다.
	단점	• 일조, 통풍 등 환경 조건이 불균등하다. • 운동장에서 교실로의 소음이 크다. • 교사 주변에 활용되지 않는 부분이 발생한다. • 화재 및 비상시 피난상 불리하다.
분산병렬형 (핑거플랜)	개요	교사를 부지 내에 분산시켜 병렬로 배치하는 형식이다.
	장점	• 일조, 통풍 등 환경 조건이 균등하다. • 구조계획이 간단하며, 시공·규격형의 이용이 용이하다. • 각 건물 사이에 놀이터와 정원이 생겨 생활환경이 좋다. • 화재 및 비상시 피난에 유리하다.
	단점	• 넓은 부지가 필요하다. • 편복도의 경우 복도면적이 크고 단조로워 유기적인 구성이 어렵다.

📋 **기출 확인**

학교 교사의 배치계획 중 폐쇄형에 대한 설명으로 옳지 않은 것은?
① 화재 및 비상시에 불리하다.
② 일조·통풍 등 환경조건이 불균등하다.
❸ 일종의 핑거플랜으로 구조계획이 간단하다.
④ 교사 주변에 활용되지 않는 부분이 많은 결점이 있다.

📋 **기출 확인**

학교 건축의 배치계획 중 분산병렬형에 관한 설명으로 옳지 않은 것은?
① 일종의 핑거플랜이다.
② 넓은 부지를 필요로 한다.
❸ 일조·통풍 등 교실의 환경 조건이 불균등하다.
④ 구조계획이 간단하고 규격형의 이용도 편리하다.

📋 기출 확인

학교의 배치형별 특징을 설명한 것 중 틀린 것은?

① 폐쇄형은 일조, 통풍 등 환경 조건이 불균등하다.
② 분산병렬형은 넓은 부지를 필요로 한다.
❸ 집합형은 물리적 환경이 나쁘다.
④ 분산병렬형은 구조계획이 간단하고 규격형의 이용도 편리하다.

집합형	개요	교육시설의 지역계획에 따라 부지의 한쪽에서부터 교사를 유기적으로 구성하는 형식이다.
	장점	• 교과내용의 변화에 대응할 수 있다. • 동선이 짧아 학생들의 이동에 유리하다. • 학교 시설물이 지역사회를 위해 활용될 수 있다. • 물리적 환경이 좋다.

교사의 배치계획 시 고려사항	
방위	• 동서 방향으로 긴 대지가 교사의 남향배치에 유리하다. • 상풍향을 고려하여 결정한다.
위치	평지가 아니더라도 운동장보다 약간 높은 곳에 위치시킨다.
시설	행정, 지원시설은 학생들 동선에 지장이 없는 중심부에 위치시킨다.

③ 층수

초등학교 및 중학교는 3층 이하로 계획하는 것이 가장 적절하다.

📋 기출 확인

학교 건축에서 단층교사에 관한 설명 중에서 옳지 않은 것은?

① 학습활동을 실외에 연장할 수 있다.
② 재해 시 피난이 유리하다.
❸ 부지의 이용률이 높으며 설비의 배선, 배관을 집약할 수 있다.
④ 개개의 교실에서 밖으로 직접 출입할 수 있으므로 복도가 혼잡하지 않다.

단층교사	장점	• 학습활동을 실외에 연장시킬 수 있다. • 채광 및 환기가 유리하다. • 재해 발생 시 피난상 유리하며, 복도가 혼잡하지 않다. • 구조계획이 단순하며, 내진 및 내풍구조가 용이하다.
	단점	부지 이용률이 낮다.
다층교사	장점	• 집약적인 평면계획으로 부지 이용률을 높일 수 있다. • 효율적인 공간의 이용이 가능하다. • 전기, 급배수, 난방 등의 배선·배관설비를 집약할 수 있다.
	단점	학년별 배치, 동선 등 계획에 신중함이 요구된다.

❸ 학교의 블록플랜(Block plan)

① 기본원칙

공통	공통	• 교사와 운동장은 지형, 수목 등으로 차단한다. • 관리부분의 배치는 전체의 중심이 되는 곳이 좋다.
	동학년	• 학급은 균일한 환경 조건으로 한다. • 학급은 동일한 층에 집약 배치한다.
초등학교	공통	학년단위로 배치한다.
	저학년	• 1, 2학년은 출입구를 별도로 만들어 주는 것이 좋다. • 1층에 배치하며, 교문에 근접시킨다. • 독립된 단층교사에 별도 배치하는 것이 좋다. • 일렬로 잇댄 평면보다 정원을 포함한 아기자기한 평면이 좋다.

📋 기출 확인

다음 중 학교의 계획에 관한 설명으로 옳지 않은 것은?

① 실내체육관의 배치는 학생이 이용하기 쉬운 곳에 배치하며 지역주민들의 이용도 고려한다.
② 초등학교 고학년의 경우 일반교실, 특별교실형(U+V형)의 운영방식이 일반적이다.
③ 동 학년의 학급은 될 수 있으면 균일한 조건으로 하여야 하기 때문에 동일한 층에 모으는 고려가 필요하다.
❹ 초등학교 저학년의 경우 될 수 있으면 2층 이상에 있게 하며 교문과 근접되지 않게 하여야 한다.

② 배치형식

엘보 액세스형 (엘보형)	개요	교실을 복도에서 이격시켜 배치하는 방식이다.
	장점	• 학습의 순수율이 높다. • 일조 및 통풍 조건이 균일하고 양호하다. • 분관별로 개성있는 계획이 가능하다.
	단점	• 복도면적이 증가하고 소음이 많이 발생한다. • 교실의 개성 표현이 어렵다.

클러스터형	개요	• 교실을 소규모(2~3개) 단위로 독립시켜 배치하는 방식이다. • 각 학급의 전용의 홀로 구성된다.
	장점	• 학습의 순수율이 높다. • 전체 배치에 융통성을 발휘할 수 있다. • 학년, 교실단위의 독립성이 크다.
	단점	• 넓은 부지가 필요하며 운영비가 높다. • 교실블록과 관리블록 간의 동선이 길어진다.

교실의 이용률과 순수율

이용률	교실이 사용되는 시간 ÷ 1주간의 평균 수업시간 × 100(%)
순수율	특정 교과를 위해 사용되는 시간 ÷ 해당 교실이 사용되는 시간 × 100(%)

❹ 학교의 운영방식

① 운영방식의 분류

종합교실형 (U형)	개요	• 하나의 교실에서 모든 교과수업을 행한다. • 교실의 수는 학급 수와 일치한다. • 보통 한 교실에 1~2개의 화장실을 가진다. • 초등학교 저학년에 가장 적합하다.
	장점	• 학생의 이동을 최소화하며, 학급의 분위기가 가정적이다. • 교실의 이용률이 높다.
	단점	• 교실의 순수율이 낮다. • 초등학교 고학년 이상에는 적용하기 어렵다.
교과교실형 (V형)	개요	일반교실은 없으며, 모든 교실은 특별교실로 구성된다.
	장점	각 교과 전문의 교실이 확보되어 시설의 질과 순수율이 높다.
	단점	• 동선계획과 시간표 작성이 어렵다. • 학생의 물품보관 장소가 별도로 요구된다.
일반교실, 특별교실형 (UV형)	개요	• 각 학급이 하나의 일반교실과 그 외 특별교실로 구성된다. • 초등학교 고학년 및 중, 고등학교에서 가장 많이 채택하는 방식이다.
	장점	• 교과교실형에 비해 학생의 이동이 적다. • 학생의 물품보관이 안정적이다.
	단점	특별교실이 많을수록 일반교실의 이용률이 떨어진다.
UV형과 V형의 중간형(E형)	개요	특별교실과 학급 수보다 적은 일반교실로 구성된다.
	장점	이용률을 높일 수 있어 경제적이다.
	단점	학생의 이동이 많고 안정적이지 않다.
플래툰형 (P형)	개요	• 각 학급을 2분단으로 나누어 운영한다. • 한 분단이 일반교실을 사용할 때 다른 편은 특별교실을 사용한다. • 교과 담임제와 학급 담임제가 병용된다.
	장점	• 모든 시설의 효율적인 이용이 가능하다. • 교과교실형보다 이동이 적다.
	단점	• 운영에 적당한 교사의 수와 시설이 필요하다. • 동선계획과 시간표 작성이 어렵다.
달톤형 (D형)	개요	• 학년과 학급의 구분을 없애고 학생들이 능력에 맞게 교과를 선택하며, 교과가 끝나면 졸업한다. • 학원 등에 주로 적용된다.
	단점	하나의 교과에 출석하는 학생 수가 정해져 있지 않아 다양한 크기의 교실이 필요하다.

📋 기출 확인

어느 학교의 1주간의 평균 수업시간이 40시간인데 제도교실이 사용되는 시간은 20시간이다. 그중 4시간은 다른 과목을 위해 사용된다. 제도교실의 이용률과 순수율은 각각 얼마인가?

① 이용률 20%, 순수율 50%
② 이용률 50%, 순수율 20%
❸ 이용률 50%, 순수율 80%
④ 이용률 80%, 순수율 50%

이용률(%) : 20h ÷ 40h × 100 = 50%
순수율(%) : 16h ÷ 20h × 100 = 80%

📋 기출 확인

학교 운영방식 중 종합교실형에 관한 설명으로 옳지 않은 것은?

① 교실의 이용률이 높다.
❷ 교실의 순수율이 높다.
③ 초등학교 저학년에 적합한 형식이다.
④ 학생의 이동을 최소한으로 할 수 있다.

📋 기출 확인

학교 운영방식 중 전 학급을 2분단으로 하고, 한 분단이 일반교실을 사용할 때 다른 분단은 특별교실을 사용하는 방식은?

① 달톤형
❷ 플래툰형
③ 종합교실형
④ 교과교실형

📋 기출 확인

학교의 운영방식에 관한 설명으로 옳지 않은 것은?

❶ 플래툰형은 교과교실형보다 학생의 이동이 많다.
② 종합교실형은 초등학교 저학년에 가장 권장할만한 형식이다.
③ 달톤형은 규모 및 시설이 다른 다양한 형태의 교실이 요구된다.
④ 일반 및 특별교실형은 우리나라 중학교에서 일반적으로 사용되는 방식이다.

📋 기출 확인

초등학교 건축의 교실환경계획에 관한 설명 중 옳지 않은 것은?

① 교실의 색채는 저학년의 경우 난색계통, 고학년은 대체로 사고력의 증진을 위해 중성색이나 한색계통의 배색이 좋다.
② 일반적으로 교실채광은 칠판을 향해 좌측채광을 원칙으로 한다.
③ 교실 채광은 일조시간이 긴 방위를 택하고 1방향 채광일 때는 깊은 곳까지 고른 조도가 얻어질 수 있도록 한다.
❹ 책상면의 조도는 교실의 칠판면의 조도보다 더 밝아야 한다.

➕ 더 알아보기

강당의 크기

초등학교	0.4m²/인
중학교	0.5m²/인
고등학교	0.6m²/인

📋 기출 확인

학교의 강당계획에 관한 사항 중 옳지 않은 것은?

① 강당 겸 체육관은 커뮤니티의 시설로서 자주 이용될 수 있도록 고려하여야 한다.
② 강당 및 체육관으로 겸용하게 될 경우 체육관 목적으로 치중하는 것이 좋다.
❸ 체육관의 크기는 배구코트의 크기를 표준으로 한다.
④ 강당은 반드시 전교생을 수용할 수 있도록 크기를 결정하지는 않는다.

❺ 학교의 세부계획

① 일반교실

크기	폭 7m, 길이 9m 정도의 장방형이 일반적이다.
면적	바닥면적은 1.4m²/인 정도, 채광창은 교실면적의 1/4 정도가 적당하다.
색채	저학년은 난색계통, 고학년은 한색계통·중성색이 좋다.
채광, 조명	• 칠판면의 조도를 책상면의 조도보다 높게 한다. • 교실에 비치는 빛은 칠판을 향해 있을 때 좌측에서 들어오도록 한다. • 일조시간이 긴 방위를 선택하며, 깊은 곳까지 고른 조도가 얻어지도록 한다. • 1방향 채광일 경우 직사광보다 반사광이 균일한 조도 확보에 유리하다.

② 특별교실

미술교실	• 채광은 고른 조도를 얻을 수 있도록 하며, 북측 또는 남북 2방향이 이상적이다. • 수업, 전시, 발표 등의 활동을 고려하여 계획한다.
음악교실	• 시청각 교실과 유기적으로 연결하고, 강당과 연락이 좋은 위치를 택한다. • 방음시설이 필요하며, 적당한 잔향시간을 갖도록 계획한다. • 실을 밝게 하는 것이 음악적으로 좋은 분위기가 될 수 있다.
자연과학교실	• 전기, 가스, 급배수 시설의 계획이 필요하다. • 화학교실은 실험에 따른 유독가스의 처리를 고려하여 설비·위치를 선정한다. • 생물교실은 남측의 1층이 좋으며, 직접 옥외로의 출입이 편리하도록 한다.
가사실습실	내수적이고 위생적인 재료로 마감하며, 후드 등 배기시설을 설치한다.
시청각교실	일반교실·특별교실 및 관리부분과 인접하여 배치한다.

③ 강당·체육관

공통		• 지역사회를 위한 커뮤니티 시설로 자주 이용될 수 있도록 고려한다. • 음향설비에 대한 고려가 매우 중요하다.
강당 겸 체육관		• 이용률에 따라 체육관의 목적에 치중하여 계획한다. • 건축비와 부지면적을 절약할 수 있다.
강당	배치	• 외부와의 연락이 좋은 곳에 배치한다. • 학교 외부로부터의 동선을 별도로 고려할 필요는 없다. • 인접하여 음악실, 미술실 등을 배치한다.
	크기	크기는 반드시 전교생을 수용할 수 있도록 할 필요는 없다.
	외관	폐쇄적인 성격을 띤다.
체육관	크기	• 표준적으로 농구코트를 둘 수 있는 크기가 필요하다(400~500m²). • 천장높이는 6m 이상, 징두리벽 높이는 2.5~2.7m 정도로 한다.
	채광	• 창문은 동, 서측과 천창을 이용하는 것이 좋다. • 벽면에 창문을 설치할 경우 실내 측에 철망을 붙인다.
	시설	탈의실, 화장실, 샤워실, 운동기구실 등 부속실을 배치한다.
	외관	개방적인 성격을 띤다.

출입구의 세부계획

교실	일반적으로 두 곳을 둔다.
비상구	운동장 또는 외부로 통하게 배치하는 것이 좋다.
강당·체육관	일반인의 이용을 고려하여 배치하며, 피난에 적합해야 한다.

❻ 도서관

① 개요
도서 및 기타 자료를 보관하고 이용자에게 제공하는 교육시설을 말한다.

② 출납시스템

자유개가식	절차	서가 접근 → 열람 후 선택 → 대출 수속 없음 → 열람석
	특징	• 서고와 열람실이 통합되어 있다. • 대출 수속이 간편하고 책의 내용 파악 및 선택이 자유롭다. • 도서의 유지관리가 어렵고, 서가의 정리가 잘 안 되면 혼란스럽다.
	적용	1실 10,000권 이하 및 소규모 아동 열람실에 적합하다.
안전개가식	절차	서가 접근 → 열람 후 선택 → 대출 수속 → 열람석
	특징	• 서고와 열람실이 분리되어 있다. • 서가 열람이 가능하여 도서를 직접 뽑을 수 있다. • 검열·기록·감시를 위한 관원이 필요하다.
	적용	1실 15,000권 이하의 소규모 도서관에 적합하다.
반개가식	절차	서가 접근 → 제목, 표지를 보고 선택 → 대출 수속 → 열람석
	특징	• 도서가 유리·철망 등으로 된 서가에 보관되어 있다. • 서가 열람이 불가능하며 출납시설이 필요하다.
	적용	새로 출간된 신간서적 안내에 주로 채용된다.
폐가식	절차	서가 접근 불가 → 목록카드로 선택 → 대출 수속 → 열람석
	특징	• 서고와 열람실이 분리되어 있다. • 도서의 유지관리가 좋아 책의 망실이 적다. • 서가에 접근이 불가하고 기록 후 대출하므로 감시가 불필요하다. • 대출 절차가 복잡하고 관원의 작업량이 많다. • 대출한 도서가 희망한 내용이 아닐 수가 있다.
	적용	규모가 큰 도서관의 독립된 서고에 주로 채용된다.

③ 세부계획

출입구	• 대지조건과 도서관 내부기능의 관계를 충분히 검토하여 결정한다. • 출입구의 배치장소에 따라 건물 내부의 공간배치가 좌우된다. • 이용자 측과 직원, 자료의 출입구를 별도로 계획한다.
열람실	• 면적은 성인 1인당 1.5~2m², 아동 1인당 1.2~1.5m² 정도의 규모로 계획한다. • 열람실은 다른 방으로의 통로가 되지 않도록 한다. • 어린이용 열람실은 가능한 한 1층에 배치하고, 출입구를 별도로 만든다. • 서고에 가깝게 위치하는 것이 바람직하다. • 바닥, 천장재는 흡음성이 높은 재료를 사용한다.
캐럴	• 열람실 내 개인 전용의 연구를 위한 소열람실을 말한다. • 이용자가 일정기간 자료를 점유·이용·연구할 수 있는 독립적인 개실이다. • 서고 내에 설치하여도 무관하다.
서고	• 면적 1m²당 능률적인 작업용량으로서 200권 정도를 수용 권수로 산정한다. • 도서관의 기둥간격 결정과 가장 밀접한 관계가 있는 공간이다. • 대부분 인공조명을 사용하며, 간접채광을 유도하는 것이 좋다. • 공기조화설비를 갖추는 것이 좋으며 개구부는 최소한으로 한다.
서가	열람실의 서가: 도서의 선택 및 열람의 용이성에 중점을 둔다. 서고의 서가: • 정리, 수납에 중점을 둔다. • 배열은 평행 직선식으로 하는 것이 일반적이다.

📋 기출 확인
도서관 출납시스템 중 자유개가식에 관한 설명으로 옳은 것은?
① 도서의 유지관리가 용이하다.
❷ 책의 내용 파악 및 선택이 자유롭다.
③ 대출 절차가 복잡하고 관원의 작업량이 많다.
④ 열람자는 직접 서가에 면하여 책의 표지 정도는 볼 수 있으나 내용은 볼 수 없다.

📋 기출 확인
도서관 출납 시스템에 관한 설명으로 옳지 않은 것은?
① 폐가식은 대출 절차가 복잡하다.
② 자유개가식은 대출 수속이 간편하다.
❸ 폐가식은 열람실에서 감시가 필요하다.
④ 자유개가식은 소규모 아동 열람에 편리하다.

📋 기출 확인
능률적인 작업용량으로서 10만 권을 수장할 도서관 서고의 면적으로 가장 알맞은 것은?
① 350m² ❷ 500m²
③ 800m² ④ 950m²

100,000권 ÷ 200권/m² = 500m²

📋 기출 확인
도서관 기둥간격 결정과 가장 밀접한 관계가 있는 공간은?
❶ 서고   ② 캐럴
③ 출납실 ④ 시청각자료실

기출 확인

도서관 건축계획에서 장래에 증축을 반드시 고려해야 할 부분은 다음 중 어느 것인가?

❶ 서고
② 대출실
③ 사무실
④ 휴게실

기출 확인

다음 중 도서관에 있어 모듈계획(Module plan)을 고려한 서고계획 시 결정 및 선행되어야 할 요소와 가장 거리가 먼 것은?

❶ 엘리베이터의 위치
② 서가 선반의 배열 깊이
③ 서고 내의 주요 통로 및 교차통로의 폭
④ 기둥의 크기와 방향에 따른 서가의 규모 및 배열의 길이

도서관의 증축
도서관은 장서와 열람자 수의 증가에 대비한 장래 증축을 반드시 고려해야 한다.

계획사항	• 도서관의 신축 시에는 대지선정과 배치단계에서부터 장래의 성장에 따른 증축 가능한 공간을 확보할 필요가 있다. • 증축 예정지는 기능적 긴밀성의 유지를 위해 도서관의 평면 및 단면구성을 고려하여 계획한다.
서고	• 서고는 특히 장래 증축을 반드시 고려해야 한다. • 서고를 평면의 중앙에 배치하는 형식은 장서 수의 증가에 대응하기 어렵다. • 서고식의 경우, 서고와 열람실은 제각기 독립된 방향의 확장을 고려한다.

도서관의 모듈계획
• 도서관의 모듈계획은 건물의 치수를 기둥간격의 배수가 되게 하는 방법이다.
• 모듈러 플랜을 적용할 경우 열람실과 서고를 융합할 수 있다.
• 계단, 승강기, 덕트, 파이프 등의 스페이스는 가능한 한 코어에 집중시켜 증축이나 개조가 용이하도록 한다.
• 도서관의 천장 높이는 가동 칸막이벽이나 서가의 호환성을 고려하여 일정하게 한다.

서고의 모듈계획 시 고려사항
• 기둥의 크기와 방향에 따른 서가의 규모 및 배열 길이
• 서고 내의 주요 통로 및 교차통로의 폭
• 서가 선반의 배열 깊이, 폐가식 및 개가식의 유형 등

CHAPTER 1 건축계획 / SECTION 3 공공·문화·기타 건축

CORE 08 미술관·극장

❶ 미술관

① 개요

회화, 조각 등 미술품을 진열하고 전시하는 시설을 말한다.

② 동선계획

미술관의 동선에는 사람동선(이용자, 직원)과 물건동선(전시자료 등)이 있다.

미술관의 동선계획	
결정조건	규모, 위치조건, 공간구성요소의 조건이나 배치에 따라 결정된다.
동선계획	• 이용자의 출입구는 직원 출입구와 구분한다. • 일방통행에 의한 일반관람이 원칙이다. • 승강이 어려운 장애인을 고려하여 바닥레벨이 자주 바뀌는 것은 피한다. • 단조롭지 않도록 독립전시와 벽면전시를 병행하여 변화를 준다. • 관람자가 가벼운 기분으로 전시경로를 따라 순회할 수 있도록 계획한다. • 적당한 위치에 간단한 휴식이나 기분전환을 위한 장소를 설치한다.

③ 전시실 순회형식

	개요	각 전시실이 연속적으로 동선을 형성하고 있는 형식이다.
연속순로 (연속순회) 형식	특징	• 전시 벽면이 최대화되고 공간절약 효과가 있다. • 단순함과 편리함의 이점이 있으며, 작은 부지에서 효율적이다. • 많은 실을 순서별로 통하여야 하는 불편이 있다. • 1실을 폐문시켰을 때는 전체 동선이 막히게 된다. • 비교적 소규모 전시실에 적합하다.
갤러리 및 코리더 형식	개요	연속된 전시실의 한쪽 복도에 각 실을 배치한 형식이다.
	특징	• 복도 자체 또는 일부를 전시장으로 사용할 수 있다. • 중앙에 중정을 두는 경우도 많다. • 각 실에 직접 들어갈 수 있으며, 필요시 자유롭게 독립적으로 폐쇄할 수 있고, 자유롭게 선택하여 관람할 수 있다.
중앙홀 형식	개요	중심부에 큰 홀을 두고 홀에 접하여 전시실을 배치한 형식이다.
	특징	• 각 실에 직접 들어갈 수 있고 전시실의 선택적 사용이 가능하다. • 중앙홀이 크면 동선에 혼란이 없으나 장래 확장이 어렵다. • 부지의 이용률이 높은 지점에 건립할 수 있다. • 프랭크 로이드 라이트의 뉴욕 구겐하임 미술관이 있다.

연속순로 형식

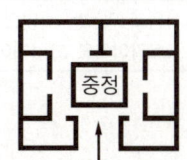
갤러리 및 코리더 형식

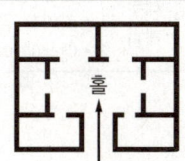
중앙홀 형식

➕ 더 알아보기

파리 퐁피두 센터
• 프랑스의 국립미술문화센터이다.
• 배관 등의 설비를 건물 외부에 노출시켜 전시장 내부를 최대한 활용할 수 있도록 계획되었다.
• 전시공간의 융통성을 주요 건축개념으로 한 대표적인 사례이다.

📋 기출 확인

전시실의 순회형식 중 많은 실을 순서별로 통하여야 하는 불편이 있어 대규모의 미술관 계획에 적용이 바람직하지 않은 것은?

① 복도 형식 ② 갤러리 형식
③ 중앙홀 형식 ❹ 연속순로 형식

📋 기출 확인

전시실 순회방식에 관한 설명으로 옳지 않은 것은?

① 연속순회 형식은 비교적 소규모 전시실에 적합하다.
❷ 중앙홀 형식은 홀의 크기가 크면 중앙부 동선의 혼란이 있다.
③ 갤러리 및 코리더 형식은 복도 자체도 전시공간으로 이용이 가능하다.
④ 갤러리 및 코리더 형식은 각 실에 직접 들어갈 수 있는 점이 유리하다.

기출 확인

전시공간의 특수기법 중 현장감을 가장 실감나게 표현하는 방법으로 하나의 사실 또는 주제의 시간상황을 고정시켜 연출하는 것으로 현장에 임한 느낌을 주는 것은?

① 파노라마 전시 ❷ 디오라마 전시
③ 아일랜드 전시 ④ 하모니카 전시

+ 더 알아보기

쇼룸(Showroom)
기업체가 자사제품의 홍보, 판매촉진 등을 위해 제품 및 기업에 관한 자료를 소비자들에게 직접 호소하여 제품의 우위성을 인식시키는 전시공간을 말한다.

기출 확인

대규모 미술관의 채광 방식으로 가장 적당치 않은 것은?

① 정측광창 방식(Top side light)
② 고측광창 방식(Clerestory)
③ 정광창 방식(Top light)
❹ 측광창 방식(Side light)

기출 확인

미술관 전시실의 조명 및 채광계획에 관한 설명으로 옳지 않은 것은?

❶ 인공조명을 주로 하고 자연채광은 전혀 고려하지 아니한다.
② 광원이 현휘를 주지 않도록 한다.
③ 관객의 그림자가 전시물상에 나타나지 않도록 한다.
④ 광색이 적당하고 변화가 없게 한다.

---

④ 전시공간의 특수전시기법

아일랜드 전시	개요	벽면이나 천장을 이용하지 않고 독립된 전시 케이스 등을 활용하여 전시물을 배치하는 기법이다.
	특징	• 관람자의 시거리를 짧게 할 수 있다. • 관람자의 동선이 자유롭다.
하모니카 전시	개요	일정한 형태의 평면을 반복시켜 전시공간을 구획하는 기법이다.
	특징	• 전시내용을 통일된 형식 속에서 규칙적으로 반복시켜 표현한다. • 동일 종류의 전시물을 반복 전시할 경우 유리하다. • 동선계획이 용이하고 전시효율이 높다.
파노라마 전시	개요	선형의 파노라마(전경)가 펼쳐지도록 연출하는 기법이다.
	특징	• 연속적인 주제를 선적으로 연관성 있게 표현한다. • 맥락이 중요시될 때 사용된다.
디오라마 전시	개요	특정 장면을 전시물, 영상, 음향, 조명 등으로 실제처럼 연출하는 기법이다.
	특징	• 하나의 사실 또는 주제의 시간상황을 고정시켜 연출한다. • 현장에 임한 느낌을 주며, 현장감을 가장 실감나게 표현한다.
영상 전시	개요	영상 매체를 사용하여 전시하는 기법이다.
	특징	실물을 직접 전시할 수 없거나 오브제 전시만의 한계를 극복하기 위해 사용된다.

⑤ 전시실의 자연채광 형식

측광창		• 벽면에 설치된 수직의 창으로 채광한다. • 소규모 전시 이외에는 불리하다.
	편측광창	• 한쪽 벽면에 설치된 수직 창으로 채광한다. • 조도분포가 불균일하고, 외부의 영향을 받으며 실 안쪽이 어둡다. • 투명 부분을 설치하면 해방감이 있다.
	양측광창	• 양쪽 벽면에 설치된 수직 창으로 채광한다. • 조도분포가 좋으나 그림자와 실의 분위기가 양분된다.
고측광창		• 천장에 가까운 높이의 벽면에 설치된 수직 창으로 채광한다. • 측광창과 정측광창을 절충한 방식이다.
정광창		• 천장면의 중앙 부분에 설치된 수평에 가까운 창으로 채광한다. • 전시실의 중앙부를 가장 밝게 하여 전시벽면의 조도를 균등하게 한다. • 채광량이 많아 유리 전시대를 활용한 전시에는 적합하지 않다.
정측광창		• 관람자 상부의 천장을 불투명하게 하고 측벽에 가깝게 설치된 창으로 채광한다. • 관람자가 서있는 위치와 중앙부는 어둡게 하고 전시벽면은 조도를 충분히 확보할 수 있는 이상적인 채광법이다.

전시실의 조명 및 채광계획
인공조명과 자연채광을 함께 고려하여 계획한다.

유의 사항	• 조명의 광원은 감추고 눈부심이 생기지 않는 방법으로 투사한다. • 광원이 현휘를 주지 않도록 한다. • 광색이 적당하고 밝기의 변화가 없게 한다. • 관람객의 그림자가 전시물상에 나타나지 않도록 한다.
세부 계획	• 광원의 위치는 수직벽면에 대하여 15~45° 범위 이내가 좋다. • 회화를 감상하는 시점의 위치는 화면의 대각선에서 1~1.5배 거리가 좋다. • 대상에 따라서 스포트라이트도 고려되어야 한다.

❷ 극장

① 개요
공연 또는 영화 상영 및 관람을 위한 무대와 객석이 설치된 시설을 말한다.

② 극장의 평면형식

아레나형 (Arena)	개요	객석이 무대를 360° 둘러싼 형태로, Central stage라고도 한다.
	특징	• 가까운 거리에서 관람하면서 많은 관객을 수용할 수 있다. • 무대의 배경을 만들지 않으므로 경제성이 있다. • 무대의 장치나 소품은 주로 낮은 기구들로 구성한다. • 객석과 무대가 하나의 공간에 있으므로 양자의 일체감을 높여 긴장감이 높은 연극공간을 형성한다.
오픈스테이지형 (Open stage)	개요	관객이 부분적으로 연기자를 둘러싸고 있는 형태이다.
	특징	• 배우는 관객석 사이나 무대 아래로부터 출입한다. • 관객이 연기자에게 좀 더 근접하여 관람할 수 있다. • 무대장치를 꾸미는 데 어려움이 있다.
프로시니엄형 (Proscenium)	개요	연기자와 관객의 접촉면이 한 면으로 한정된 가장 일반적인 형태로, Picture frame stage라고도 한다.
	특징	• 투시도법을 무대공간에 응용한 형식이다. • 연기는 한정된 액자 속에서 나타나는 구성화의 느낌을 준다. • 배경이 한 폭의 그림과 같은 느낌을 주므로 전체적인 통일의 효과를 얻는 데 가장 좋은 형태이다. • 객석 수용 능력에 제한이 있다. • 강연, 콘서트, 독주, 연극 공연 등에 적합하다.
가변형무대형 (Adaptable stage)	개요	필요에 따라서 무대와 객석을 변화시킬 수 있는 형태이다.
	특징	최소한의 비용으로 극장 표현에 대한 최대한의 선택 가능성을 부여한다.

③ 프로시니엄 극장의 무대

사이클로라마 (Cyclorama)		• 무대의 제일 뒤에 설치되는 무대 배경용의 벽이다. • 쿠펠 호리존트라고도 한다. • 높이는 프로시니엄 높이의 3배 정도로 한다.
무대 (Stage)		• 폭은 프로시니엄 아치 폭의 2배 이상이어야 한다. • 깊이는 프로시니엄 아치의 폭 이상이어야 한다.
플라이로프트 (Fly loft)		• 무대의 상부공간을 말한다. • 높이는 프로시니엄 높이의 4배 이상으로 한다.
	그리드아이언 (Grid iron)	• 배경·조명·연기자·음향 반사판 등을 매달기 위해 무대 천장 밑에 설치하는 격자형태의 철골 구조물이다. • 상부에 사람이 다닐만한 공간을 확보해야 한다.
	플라이갤러리 (Fly gallery)	• 무대 주위의 벽에 6~9m 높이로 설치되는 좁은 통로이다. • 캣워크(Cat walk)라고도 한다.
	록 레일	무대장치의 와이어로프를 조정하는 장소이다.
프로시니엄 아치 (Proscenium arch)		• 무대와 객석의 경계를 이루는 개구부를 말한다. • 액자와 같이 관객의 시선을 무대에 쏠리게 하는 시각적 효과가 있다. • 일반적으로 장방형이며, 종횡의 비율은 황금비가 많다.
	커튼라인	프로시니엄 아치의 바로 뒤에 쳐지는 막의 위치이다.
앞 무대 (Apron stage)		• 막을 경계로 하여 객석 쪽으로 나온 부분의 무대이다. • 에이프런 스테이지라고도 한다.
	프롬프터 박스	대사를 불러주는 장소이며, 객석 쪽에서 보이지 않게 설치된다.

🗐 기출 확인

극장의 평면형태 중 가까운 거리에서 관람하면서 가장 많은 관객을 수용할 수 있는 형으로 Central stage형이라고도 불리우는 것은?

❶ 아레나형
② 프로시니엄형
③ 오픈스테이지형
④ 가변형무대형

🗐 기출 확인

극장의 평면형 중 프로시니엄형에 관한 설명으로 옳은 것은?

① 무대의 배경을 만들지 않으므로 경제성이 있다.
② 센트럴 스테이지(Central stage)형이라고도 한다.
❸ 연기자가 일정한 방향으로만 관객을 대하게 된다.
④ 가까운 거리에서 관람하면서 가장 많은 관객을 수용할 수 있다.

➕ 더 알아보기

프로시니엄 극장

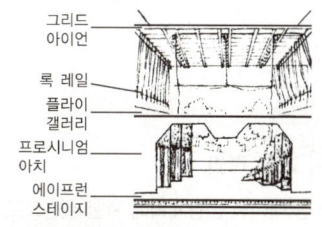

🗐 기출 확인

극장 건축에서 무대의 제일 뒤에 설치되는 무대 배경용의 벽을 나타내는 용어는?

① 프로시니엄
❷ 사이클로라마
③ 플라이로프트
④ 그리드아이언

기출 확인

극장 건축에서 그린룸(Green room)의 역할로 가장 알맞은 것은?

① 배경제작실
② 의상실
③ 관리관계실
❹ 출연대기실

극장의 주요 제실계획

그린룸 (Green room)	• 출연자 대기실을 말한다. • 주로 무대와 가까운 곳에 배치한다.
앤티룸 (Anti room)	• 출연자들이 출연 바로 직전에 기다리는 공간이다. • 무대와 그린룸(출연자 대기실) 사이에 배치한다.
의상실 (Dressing room)	• 연기자가 의상을 갈아입거나 분장 또는 화장을 하는 공간이다. • 실의 크기는 1인당 최소 4~5m^2 정도가 필요하다. • 그린룸이 있는 경우, 무대와 동일한 층에 배치할 필요는 없다.
배경제작실	• 위치는 무대에 가까울수록 편리하다. • 제작 중 소음을 고려하여 차음설비가 요구된다.

④ 극장의 객석

배열	• 무대의 중심 또는 스크린의 중심을 중심으로 한 원호의 배열이 이상적이다. • 세로통로는 무대를 중심으로 하는 방사선상이 좋다.
가시선	• 관객의 눈과 무대 위의 점을 연결하는 선을 말한다. • 쾌적한 관람을 위해 가시선을 가리지 않도록 객석의 단면 결정을 한다. • 관객이 객석에서 무대를 볼 때 적당한 수평시각의 허용한도는 60°이다. • 좌석을 엇갈리게 배열하는 방법은 객석의 바닥구배가 완만할 경우에 관객의 시야를 확보하기 위해 사용한다.

기출 확인

극장 관객석에서 잘 보여야 되는 동시에 많은 관객을 수용해야 하는 요건의 만족에 큰 무리가 없다고 보는 1차 허용거리는?

① 15m　　❷ 22m
③ 30m　　④ 38m

극장 객석의 세부계획

객석 간의 전후간격	객석의 크기(1인당 점유면적)	의자의 폭
80~85cm 이상	0.6m^2 정도	최소 45cm 이상

극장의 가시한계

상세한 감상의 가시한계	15m	• 연기자의 표정이나 동작을 상세히 감상할 수 있다. • 인형극, 아동극, 연극 등에 해당한다.
제1차 허용한도	22m	• 잘 보이는 동시에 많은 관객을 수용할 수 있다. • 국악, 실내악 등에 해당한다.
제2차 허용한도	35m	• 연기자의 일반적인 동작만 감상할 수 있다. • 뮤지컬, 발레, 오페라 등에 해당한다.

⑤ 극장의 음향계획

계획원칙	• 불필요한 음은 적당히 감쇠시켜 필요한 음의 청취에 방해가 되지 않게 한다. • 객석 내 소음은 30~35dB 이하로 하며, 반사음의 집중이 없도록 한다.
음의 전달계획	• 천장이나 벽은 경사면을 적절히 설계하여 무대에서 멀리 떨어진 객석에 적당한 반사음을 보내는 역할을 하여야 한다. • 돔(Dome)형, 원형, 타원형의 천장 및 평면은 잔향이 발생한다. • 음이 확산작용을 하도록 계획하면 음향조건이 크게 개선된다(부채꼴형 등).
재료	• 무대 근처에는 반사재, 객석 쪽으로 멀어짐에 따라서 흡음재를 배치한다. • 영사실 천장에는 반드시 흡음재를 사용한다.

기출 확인

극장 객석의 음향계획에 관한 설명으로 옳은 것은?

① 객석 내 소음은 40~50dB 이하로 한다.
② 발코니 객석의 길이는 하부층 객석 길이의 최대 1/2 이내로 한다.
❸ 객석부 공간의 앞면 경사천장은 객석 뒤쪽에 도달하는 음을 보강하도록 계획한다.
④ 무대에 가까운 벽은 흡음재로 하고 멀어짐에 따라서 반사재의 벽을 배치하는 것이 원칙이다.

극장의 발코니와 음향계획

• 음향계획에 있어서 발코니의 계획은 될 수 있는 한 피하는 것이 좋다.
• 발코니 후면 객석에서 홀 천장 면적이 1/2 정도가 보이도록 계획하면 좋다.

발코니의 깊이	발코니 객석의 길이
발코니 높이의 1.5배 이하	하부층 객석 길이의 최대 1/3 이내

CHAPTER 1 건축계획 / SECTION 3 공공·문화·기타 건축

CORE 09 공장·창고

❶ 공장

① 개요
제품을 생산하는 것을 주목적으로 하는 생산시설을 말한다.

② 고려사항

계획방침	운영상	• 장래의 확장, 증축계획, 견학자의 동선을 고려한다. • 평면형은 요철이 없는 것이 유리하다.
	공정상	• 원료 및 제품의 운반이 합리적이어야 한다. • 중요한 작업은 공정상 유리한 위치에 둔다.
	관리상	• 동력 계획이 우선 결정되어야 한다. • 각 부분별 시설을 분명하게 나누고, 유기적으로 결합시킨다.

> **➕ 더 알아보기**
>
> 공장에서 별도로 해야 하는 동선
> • 물품과 사람의 동선
> • 재료반입과 제품반출의 동선
> • 외부인과 작업원의 동선
> • 견학자와 생산의 동선

❷ 공장의 배치계획

① 부지

입지조건	지반	견고하고 습윤하지 않은 곳이 좋다.
	교통	교통이 편리한 곳이 좋다.
	노동력	노동력의 공급이 유리한 곳이 좋다.
	자재	자재의 취득이 편리한 곳이 좋다.
	동력	전력, 용수, 가스 등의 이용이 편리한 곳이 좋다.
	공단	유사한 종류의 공업이 집합하여 있는 곳이 좋다.

② 공장배치

	개요	공장 건물을 부지 내에 분산시켜 배치한 형식이다.
분관식 (파빌리온식, Pavilion type)	장점	• 건물마다 건축형식, 구조를 각기 다르게 할 수 있다. • 공장 건설을 병행할 수 있어 건설기간이 단축된다. • 공장의 신설, 확장계획에 따른 증축이 용이하다. • 통풍·채광이 좋고, 배수·물홈통 설치가 용이하다. • 고저차가 있거나 부정형인 대지에 유리하다.
	적용	중층 공장, 화학공장, 기계조립공장 등에 적합하다.
집중식 (Block type)	개요	공장을 근접시켜 블록화하거나 단일 건축물로 배치한 형식이다.
	장점	• 건축비가 저렴하다. • 자재나 제품의 운반이 용이하고 흐름이 단순하다. • 비교적 공간 효율이 높고, 내부 배치 변경에 탄력성이 있다.
	적용	단층 공장, 평지붕 무창공장, 기계조립공장 등에 적합하다.

> **📋 기출 확인**
>
> 공장 건축의 건축형식에 관한 설명으로 옳지 않은 것은?
>
> ① 분관식은 추후에 확장계획에 따른 증축이 용이한 형식이다.
> ❷ 집중식은 내부상의 배치를 변경할 경우 융통성 및 탄력성이 없다.
> ③ 분관식은 대지의 형태가 부정형이거나 지형상의 고저차가 있을 때 유리하다.
> ④ 집중식은 유사한 기능의 공장을 근접하여 블록화하거나 단일 건축물로 배치한 형식이다.

📑 기출 확인

공장 건축의 레이아웃 계획에 관한 설명으로 옳지 않은 것은?

① 플랜트 레이아웃은 공장 건축의 기본 설계와 병행하여 이루어진다.
② 고정식 레이아웃은 조선소와 같이 제품이 크고 수량이 적을 경우에 적용된다.
③ 다품종 소량생산이나 주문생산 위주의 공장에는 공정 중심의 레이아웃이 적합하다.
❹ 레이아웃 계획은 작업장 내의 기계설비 배치에 관한 것으로 공장규모 변화에 따른 융통성은 고려대상이 아니다.

📑 기출 확인

다품종 소량생산으로 예상 생산이 불가능한 경우, 표준화가 곤란한 경우에 알맞은 공장 건축의 레이아웃 방식은?

① 혼성식 레이아웃
② 고정식 레이아웃
③ 제품 중심 레이아웃
❹ 공정 중심 레이아웃

❸ 공장의 레이아웃(Layout)

① 개요

기계설비, 작업구역, 자재나 제품 두는 곳 등에 대한 상호 위치관계를 말한다.

> **공장의 레이아웃**
> - 넓은 의미로는 생산 작업뿐만 아니라 사무작업, 복리후생, 보건위생, 문화관리 등 공장의 전반적인 시설을 다룬다.
> - 레이아웃은 공장의 생산성에 큰 영향을 미친다. → 공장의 레이아웃은 기본설계와 병행하여 이루어지며, 배치계획·평면계획은 레이아웃에 부합되어야 한다.
> - 공장규모의 변화에 대응할 수 있도록 충분한 융통성을 부여하여야 한다.

② 레이아웃의 형식

제품 중심 (연속 작업식)	개요	제품의 흐름에 따라 모든 공정, 기계·기구를 배치하는 방식이다.
	특징	• 대량생산에 유리하며 생산성이 높다. • 공정 간에 시간적 및 수량적 밸런스가 좋다. • 중화학공업 등 장치공업, 가정용 전기제품 공장 등에 적합하다.
공정 중심 (기계설비 중심)	개요	동일하거나 기능이 유사한 기계설비를 집합시키는 방식이다.
	특징	다품종 소량생산, 예상 생산이 불가능한 경우, 표준화가 이루어지기 어려운 주문 생산품 공장에 적합하며, 생산성이 낮다.
고정식 레이아웃	개요	재료나 조립부품을 고정된 장소에 두고, 사람이나 기계가 그 장소로 이동해 가서 작업을 행하는 방식이다.
	특징	제품이 크고 수량이 적은 조선소, 건축 등에 적합하다.
혼성식 레이아웃	개요	제품 중심, 공정 중심, 고정식을 혼합한 방식이다.
	특징	가정용 전기 및 주문 생산품 공장 등에 적합하다.

> **장치공업**
> - 중화학공업과 시멘트공업 등의 대규모 시설을 갖춘 공업 분야를 말한다.
> - 레이아웃의 유연성이 작고 변경이 어려우므로, 신설 시 장래성을 고려해야 한다.

❹ 공장의 세부계획

① 지붕

평지붕		• 가장 단순한 형식이다. • 중층식 공장 건축물의 최상층에 사용된다.
뾰족지붕		• 일반적인 요철지붕이다. • 직사광선을 어느 정도 허용한다.
솟을지붕		• 채광 및 자연환기에 적합하다. • 채광창의 경사에 따라 채광이 조절된다. • 상부창의 개폐에 의해 환기량이 조절된다.
톱날지붕		• 공장 특유의 지붕형태이다. • 채광창을 북향으로 하면 하루 종일 균일한 조도가 제공된다. • 약한 광선의 유입으로 작업능률에 지장이 없다. • 기둥이 많아 바닥면적 및 기계배치의 융통성이 감소한다.
샤렌지붕		• 기둥이 적게 소요된다. • 채광 및 환기 등에 문제가 있다.

📑 기출 확인

공장 건축의 지붕형에 관한 설명 중 옳지 않은 것은?

① 뾰족지붕은 직사광선을 어느 정도 허용하는 결점이 있다.
❷ 샤렌지붕은 기둥이 많이 소요되는 단점이 있다.
③ 솟을지붕은 채광, 환기에 적합한 방법이다.
④ 톱날지붕은 북향의 채광창으로 하루 종일 변함없는 조도를 유지할 수 있다.

② 환기·채광·조명

자연채광과 인공조명을 적절히 혼용한다.

환기	• 자연환기와 기계환기가 있다. • 자연환기의 환기방법은 채광형식과 관련하여 건물의 형태를 결정한다. • 환기방법은 공장의 종류, 작업 조건 등에 따라 결정된다. • 1시간에 6회 내지 7회 정도가 좋다.
채광	• 공장의 형태, 냉난방, 환기계획과도 관련이 있다. • 자연광선을 주간조명으로 하는 것이 경제상, 보건상 유리하다.
조명	• 전반조명과 국부조명을 병용한다. • 적정 조도, 조도 분포도, 조도의 시간적 변동, 현휘 유무 등을 고려한다.

무창공장		
개요		• 균일한 내부환경을 위해 인공조명과 냉난방설비를 완비하여 창을 없앤 형식이다. • 방적공장 등에서 주로 사용된다.
장점	온, 습도	온, 습도의 조절이 유창공장에 비해 용이하다.
	조도	인공조명을 통해 공장 내 조도가 일정해진다.
	소음	실내 소음이 실외로 잘 배출되지 않는다.
	비용	• 창을 설치하지 않으므로 유창공장에 비하여 건설비가 낮다. • 공기조화 시 냉난방 부하가 적어 유지비가 적게 든다.
	배치	방위와 무관하게 배치계획을 할 수 있다.
단점	소음	실내 소음이 커진다.

③ 녹지

대지 전체에 대한 녹화계획은 쾌적한 환경 조성을 위한 중요한 요소이다.

효용성	생산 및 노동환경의 보전(피로 경감, 작업 의욕의 향상), 공해 및 재해 발생 시 완충작용, 상품의 이미지 제고, 지역사회의 환경개선 등이 있다.
녹화장소	대지 주변 및 정면, 사무동, 공장동 주변 등에 녹지계획이 필요하다.

④ 운반시설

운반계획 시 운반방식, 대상, 방향, 시간과 빈도 등을 고려한다.

컨베이어	• 연속적인 운반시설이다. • 벨트 컨베이어, 에이프런 컨베이어, 버킷 컨베이어 등이 있다.
크레인	중량물을 끌어올리거나 이동시키는 시설이다.
운반차	대차, 트럭, 포크리프트(지게차) 등이 있다.
윈치(권양기)	• 옥외에서 사용되는 주행 크레인이다. • 겐트리 크레인, 지브 크레인 등이 있다.

+ 더 알아보기

자연채광의 유입을 위한 고려사항
• 가능한 한 동일 패턴의 창을 반복한다.
• 젖빛유리나 프리즘유리를 사용한다.
• 색채계획 시 빛의 반사를 고려한다.
• 창의 유효면적을 크게 한다.
• 가능한 한 창을 크게 설치하는 것이 효율적이다.

기출 확인

다음 중 방적공장을 무창공장으로 설계하는 이유와 가장 거리가 먼 것은?
① 온, 습도 조정의 유지비가 싸다.
② 조도를 일정하게 하는 데 유리하다.
③ 유창공장에 비하여 건설비가 낮다.
❹ 공장 내의 소음 발생을 저하시킨다.

기출 확인

다음 중 공장 녹지 계획의 효용성과 가장 관계가 먼 것은?
① 생산 및 노동환경의 보전
② 공해 및 재해 파급의 완충
③ 상품 이미지의 향상과 선전
❹ 원료 수급 및 저장의 원활

📋 기출 확인

공장의 창고 건축에 대한 설명 중 가장 옳지 않은 것은?

① 단층 창고의 출입문은 보통 크게 내는 것이 좋으며, 통상적으로 기둥 사이의 전체 길이를 문으로 한다.
② 다층 창고에서 화물의 출입은 기계설비를 이용한다.
③ 단층 창고의 경우 구조, 재료가 허용하는 한 스팬을 넓게 하는 것이 좋다.
❹ 다층 창고는 지가가 높고, 협소한 부지의 경우에는 적용할 수 없다.

❺ 창고

① 개요

원·부자재 및 상품의 저장, 보관을 목적으로 하는 저장시설이다.

② 창고의 형식

단층 창고	적용	지가가 낮고 부지가 넓은 경우에 적합하다.
	출입	• 화물의 출입이 편리하다. • 출입문은 크게 내는 것이 좋다.
	구조	• 통상 기둥 사이의 전체 길이를 문으로 한다. • 구조, 재료가 허용하는 한 스팬을 넓게 한다. • 층의 높이는 대체로 4.25~5.5m 정도가 좋다.
다층 창고	적용	지가가 높고 부지가 좁은 경우에 적합하다.
	출입	화물의 출입 시 기계설비를 이용한다.
	구조	• 층의 높이는 대체로 3.65m 정도가 적당하다. • 2개 층을 하나의 공간으로 사용하기도 한다.

CHAPTER 1 건축계획 / SECTION 3 공공·문화·기타 건축

CORE 10 병원

❶ 병원

① 개요
환자를 진찰하고 치료하는 것을 주목적으로 하는 의료시설을 말한다.

② 종합병원의 구성

외래진료부	• 외래환자가 이용하는 곳이다. • 외과, 내과, 정형외과, 안과 등이 포함된다.
중앙(부속)진료부	• 외래환자 및 입원환자 모두가 이용하는 곳이다. • 구급동선은 중앙진료부에 연결되어야 한다. • 방사선부, 수술부, 분만부, 물리치료부 등이 포함된다.
병동부	• 입원환자가 이용하는 곳이다. • 병실, 의사실, 간호사 대기실 등이 포함된다.
서비스부	급식, 세탁 등의 서비스실 및 장례식장과 매점, 기계실 등이 포함된다.
관리부	병원의 관리, 운영 및 유지보수를 담당하는 곳이다.

병원의 출입구
출입구 계획 시 각부의 동선이 교차하지 않도록 주의해야 한다.

외래진료부 출입	병동부 출입	응급부 출입	서비스부 출입
외래환자(주출입구)	입원환자·방문객 등	구급차, 사체 등	급식, 세탁 등

병원 건축의 시설규모
• 입원환자의 병상 수에 의해 병원의 시설규모가 결정된다.
• 일반적으로 300bed(병상) 이상이면 대규모의 종합병원이라 할 수 있다.
• 병동부의 면적비는 병원 전체에서 가장 높은 25~35%(대략 40%) 정도이다.
• 전염병, 결핵, 정신병은 종합병원에서 제외하되, 만일 포함할 때는 별동으로 격리한다.

❷ 배치계획

① 병원 건축의 형식

분관식 (파빌리온식, Pavilion type)	개요	병동 건물을 부지 내에 분산시켜 배치한 형식이다.
	특징	• 저층 분산형이므로 관리가 어렵고 동선이 길어진다. • 보통 3층 이하의 저층 건물로 구성되며 넓은 대지가 필요하다. • 급수, 급탕, 난방 등의 배관 길이가 길어진다. • 각 병실의 일조, 통풍을 균일하게 할 수 있다. • 병원의 확장 등 성장변화에 대한 대응이 용이하다. • 환자는 주로 경사로를 이용한 보행 또는 들것으로 이동한다.

📋 **기출 확인**

병원의 평면계획에 있어 구급동선은 어디에 연결되어야 하는가?
① 병동부
② 외래부
❸ 중앙진료부
④ 서비스부

📋 **기출 확인**

병원 건축의 시설규모를 결정하는 기준이 되는 것은?
❶ 병상 수   ② 병실 수
③ 의사 수   ④ 간호사 수

📋 **기출 확인**

병원 건축형식 중 분관식(Pavilion type)에 관한 설명으로 옳은 것은?
① 급수, 난방 등의 배관 길이가 짧다.
② 대지가 협소할 경우 적용이 용이하다.
③ 관리상 편리한 점이 많고 동선이 짧다.
❹ 각 병실의 일조, 통풍 환경을 균일하게 할 수 있다.

📋 **기출 확인**

병원 건축의 병동배치 형식 중 집중식(Block type)에 관한 설명으로 옳지 않은 것은?

❶ 재난 시 환자의 피난이 용이하다.
② 병동에서의 조망을 확보할 수 있다.
③ 대지를 효과적으로 이용할 수 있다.
④ 공조설비가 필요하게 되어 설비비가 높다.

	개요	외래부·부속진료부는 저층부에, 병동은 고층부에 단일 건축물로 배치한 형식이다.
집중식 (Block type)	특징	• 고층 집약형이므로 관리가 편리하고 동선이 짧아진다. • 비교적 협소한 대지에도 건축할 수 있어 도심지 건축에 유리하다. • 병동에서의 조망을 확보할 수 있으나 재난 시 피난이 어렵다. • 일조, 통풍에 다소 불리하고, 공조설비가 필요하므로 설비비가 높다. • 환자의 이동은 주로 엘리베이터를 이용한다.

병원의 분관식(파빌리온식)과 집중식의 비교

구분	분관식(파빌리온식)	집중식
형식	저층 분산형	고층 집약형
일조·통풍	균일, 양호	불균일, 불량
환자의 이동	경사로 등	엘리베이터
피난	용이하다.	어렵다.

❸ 병원의 각부

① 외래진료부

외래환자가 이용하는 곳으로 외과, 내과, 정형외과, 안과 등이 포함된다.

외과	• 진찰실, 처치실 등을 설치한다. • 1실에서 여러 환자를 볼 수 있도록 실을 크게 한다.
소아과	부모가 동반하게 되므로 실을 크게 한다.
내과	• 진찰실, 검사실, 치료실 등을 설치한다. • 진료·검사에 시간이 걸리므로 소진료실을 다수 설치한다.
정형외과	• 보행이 편리하고, 방사선부와 인접한 곳에 배치한다. • 미끄러질 염려가 있는 바닥 마무리와 경사로를 피한다.
치과	진료실, 기공실, 휴게실 등을 설치하며 북쪽이 좋다.
안과	• 진료실, 처치실, 검사실, 암실 등을 설치한다. • 검안을 위해 실내에 5m 정도 거리를 확보한다.

📋 **기출 확인**

종합병원의 외래진료부에 관한 설명 중 옳지 않은 것은?

① 외과는 1실에서 여러 환자를 볼 수 있도록 대실로 한다.
② 내과는 진료검사에 시간이 걸리므로 소진료실을 다수 설치한다.
③ 정형외과는 보행이 편리한 곳에 두고 미끄러질 염려가 있는 바닥 마무리와 경사로를 피한다.
❹ 안과는 진료실, 기공실, 검사실, 암실을 설치하며, 검안을 위해 3m 정도 거리를 확보한다.

외래진료부의 운영 방식
외래진료부의 운영 방식에는 오픈 시스템과 클로즈드 시스템이 있다.

오픈 시스템 (Open system)	종합병원에 등록된 일반 개업 의사가 종합병원의 진찰실과 시설을 사용하는 미국·유럽식 운영방식이다.
클로즈드 시스템 (Closed system)	종합병원 내에 대규모의 각종 과(외과, 내과 등)를 설치하고 진료하는 한국·일본식 운영방식이다.

클로즈드 시스템의 외래진료부 계획 시 고려사항
• 환자의 이용이 편리하도록 2층 이하, 1층에 두는 것이 좋다.
• 약국, 회계, 중앙주사실 등은 정면 출입구 근처에 설치한다.
• 외과는 1실을 크게 하며, 내과는 소진료실을 다수 설치한다.
• 부속 진료시설을 인접하게 하여 이용이 편리하게 한다.
• 환자의 심리적 고통을 덜어줄 수 있는 환경심리적 요인을 반영시킨다.
• 전체병원에 대한 외래진료부의 면적비율은 10~15% 정도로 한다.

📋 **기출 확인**

종합병원의 외래진료부를 클로즈드 시스템(Closed system)으로 계획할 경우 고려할 사항으로 가장 부적절한 것은?

① 1층에 두는 것이 좋다.
② 부속 진료시설을 인접하게 한다.
❸ 외과계통은 소진료실을 다수 설치하도록 한다.
④ 약국, 회계 등은 정면 출입구 근처에 설치한다.

② 중앙(부속)진료부

외래환자 및 입원환자 모두가 이용하는 곳으로 방사선부, 수술부, 분만부, 물리치료부 등이 포함된다.

수술부	배치	• 외래진료부와 병동의 중간에 위치시킨다. • 타 부분의 통과교통이 없는 장소에 배치한다. • 수술실 앞에 통로, 홀 등을 설치하지 않는다.
	출입구	출입문 손잡이는 팔꿈치 조작식 또는 자동문으로 한다.
	설비	• 수술실은 병원의 공기조화 설계 시 가장 중요도가 높은 실이다. • 공기조화는 다른 병실과는 별도 계통으로 하여 수술실만을 독립하여 조정할 수 있게 한다. • 환자의 감염을 방지하기 위해 공기정화설비를 갖춘다. • 인공조명은 음영이 생기지 않는 조명(무영등)으로 한다.
	마감	• 바닥은 접지를 하며, 전기도체성 마감을 사용하는 것이 좋다. • 내벽은 녹색계통의 마감을 하여 적색의 식별이 용이하게 한다.

수술실의 동선
• 수술실의 부속실에는 탈의실, 세면실(세수실), 세척실, 마취실, 회복실 등이 있다.
• 의사·간호사는 탈의실 → 세면실 → 수술실 순으로 진입한다.

③ 병동부

입원환자가 이용하는 곳으로 병실, 의사실, 간호사 대기실 등이 포함된다.

간호사 대기실	간호단위	• 간호사의 보행거리는 24m 이내가 되도록 한다. • 간호사 대기실 1개에서 관리하는 병상 수는 30~40개 이하로 한다. • 간호단위마다 간호사 대기실, 처치실, 작업실, 배선실, 화장실 등을 설치한다.
	배치	• 각 간호단위 또는 각 층 및 동별로 병실군의 중앙에 설치한다. • 입원실 및 복도를 감시할 수 있도록 한다. • 계단이나 엘리베이터실 등에 인접하여 설치한다.
병실	출입구	• 침대가 통과할 수 있는 폭이어야 한다. • 외여닫이로 하되, 1.15m 이상으로 한다.
	크기	• 1인실, 2인실, 4인실, 6인실 등으로 다양하게 계획한다. • 병실의 기본모듈은 6.0m, 6.3m, 6.6m, 7.2m 등이 있다.
	창문	• 창문 면적은 바닥면적의 1/4~1/3 정도로 한다. • 창문 높이는 90cm 이하로 하여 환자가 병상에서 외부를 전망할 수 있게 하는 것이 좋다.
	마감	병실의 천장은 반사율이 큰 마감재료는 피한다.

ICU(Intensive Care Unit, 중환자실/집중치료실)
• 중증환자를 대상으로 집중 치료하는 간호단위를 말한다.
• 집중적인 간호력과 고도의 의료설비를 갖추도록 한다.

주요구분	CCU	RCU	NICT	PICU
대상	심근, 협심증	호흡기	신생아	소아

기출 확인

병원의 공조 설계 시 가장 중요도가 높은 곳은?
① 간호사 대기
② 병실
③ 환자 식당
❹ 수술실

기출 확인

병원의 간호사 대기소에 관한 설명이다. ( ) 안에 가장 알맞은 내용은?

1개의 간호사 대기소에서 관리할 수 있는 병상의 수는 (㉠)개 이하로 하며 간호사의 보행거리는 (㉡)m 이내가 되도록 한다.

① ㉠ 10~20, ㉡ 40
② ㉠ 20~30, ㉡ 40
❸ ㉠ 30~40, ㉡ 24
④ ㉠ 40~50, ㉡ 24

CHAPTER 1 건축계획 / SECTION 3 공공·문화·기타 건축

CORE 11 호텔

❶ 호텔

① 개요

숙박 및 식음료 등의 서비스를 제공하며 규모가 큰 숙박시설을 말한다.

② 시티 호텔과 리조트 호텔

시티 호텔	교통 및 상업의 중심지인 도시에 위치한 호텔이다.
리조트 호텔	조망 및 주변경관의 조건이 좋은 곳에 위치한 호텔이다.

시티 호텔과 리조트 호텔의 비교

구분	시티 호텔	리조트 호텔
위치	도시 내 교통 및 상업의 중심지	조망 및 주변경관이 좋은 관광지
건축형식	고밀도, 고층형	주변 조건에 따라 자유롭게 형성
이용대상	관광객 및 비즈니스 여행객	관광객 및 휴양객
분류	커머셜 호텔, 터미널 호텔, 레지덴셜 호텔, 아파트먼트 호텔	해변 호텔, 산장 호텔, 클럽 하우스 등

📋 **기출 확인**

다음 중 시티 호텔에 속하지 않는 것은?

① 터미널 호텔
② 커머셜 호텔
❸ 클럽 하우스
④ 아파트먼트 호텔

❷ 호텔의 분류

① 시티 호텔(City hotel)

교통 및 상업의 중심지인 도시에 위치한 고밀도·고층형의 호텔이다.

커머셜 호텔 (Commercial hotel)	• 비즈니스 관련 여행객을 대상으로 하는 호텔이다. • 호텔 경영내용의 주체를 객실로 하며, 부대시설은 최소화된다. • 연면적에 대한 숙박면적의 비가 가장 큰 호텔이다.
터미널 호텔 (Terminal hotel)	• 교통기관의 발착지점에 위치한 호텔이다. • 공항 호텔, 부두 호텔, 철도역 호텔 등이 있다.
레지덴셜 호텔 (Residential hotel)	• 여행자의 단기간 체재에 적합한 호텔이다. • 일반관광객 외에 각종 비즈니스를 위한 여행자를 대상으로 한다. • 호텔 경영내용의 주체를 식사료에 비중을 둔다.
아파트먼트 호텔 (Apartment hotel)	• 여행자의 장기간 체재에 적합한 호텔이다. • 각 객실에 주방설비를 갖추고 있다.

📋 **기출 확인**

다음 중 연면적에 대한 숙박 관계 부분의 비율이 가장 큰 호텔은?

① 리조트 호텔 ② 클럽 하우스
❸ 커머셜 호텔 ④ 레지덴셜 호텔

📋 **기출 확인**

다음 중 터미널 호텔의 종류에 속하지 않는 것은?

❶ 해변 호텔   ② 부두 호텔
③ 공항 호텔   ④ 철도역 호텔

② 리조트 호텔(Resort hotel)

조망 및 주변경관의 조건이 좋은 곳에 위치한 자유로운 형식의 호텔이다.

해변 호텔	피서객을 주 고객으로 하는 해변가에 위치한 호텔이다.
산장 호텔	산장 지대인 휴양지에 위치한 호텔이다.
스키 호텔	동절기 스키장 이용객을 대상으로 하는 호텔이다.
클럽 하우스	스포츠 시설을 위주로 이용되는 숙박시설을 갖추고 있는 호텔이다.

리조트 호텔의 특징
- 시티 호텔과 달리 자동차 교통의 접근성을 크게 고려하지 않는다.
- 계획 시 관광지의 성격을 충분히 고려해야 한다.
- 주변 경관의 조망을 위해 발코니를 적극적으로 고려한다.

📋 **기출 확인**

리조트 호텔의 입지조건 중 비교적 관계가 먼 것은?
① 수량이 풍부하고 수질이 좋을 것
② 조망 및 주변 경관조건 양호
❸ 자동차 교통의 접근 양호
④ 수해 및 풍설해의 위험이 없을 것

❸ 호텔의 평면계획

① 호텔의 기준층

호텔에서 기준층은 객실이 있는 대표적인 층을 말한다.

평면형	일자형(판상형) 평면이 일반적으로 가장 많이 사용된다.
기준층 소요실	동일 기준층에 필요한 것으로는 서비스실, 배선실 등이 있다.
객실의 수	기준층의 면적, 기둥간격의 구조적인 문제에 영향을 받는다.
객실의 크기	대지나 건물의 형태에 영향을 받는다.

호텔의 동선계획
- 고객동선과 서비스동선이 교차되지 않도록 한다.
- 숙박고객과 연회고객의 출입구는 별도로 분리하는 것이 좋다.
- 숙박고객이 프런트를 통하지 않고 직접 주차장으로 가는 동선은 피한다.
- 최상층 시설은 엘리베이터 계획에 영향을 미치므로 기본계획 시에 결정한다.

📋 **기출 확인**

호텔 건축의 기준층 계획에 관한 설명으로 옳지 않은 것은?
① 기준층은 호텔에서 객실이 있는 대표적인 층을 말한다.
② 동일 기준층에 필요한 것으로는 서비스실, 배선실 등이 있다.
③ 기준층의 객실 수는 기준층의 면적이나 기둥간격의 구조적인 문제에 영향을 받는다.
❹ H형 또는 ㅁ자형 평면은 거주성이 좋아 일반적으로 가장 많이 사용된다.

② 호텔의 기능적 분류

관리부분	호텔 경영 및 서비스 관리 등을 수행하는 부분이다.
공공부분	• 호텔 전체의 매개공간 역할을 한다. • 일반적으로 저층에 배치하는 것이 이용성이 좋다. • 수익성 부분은 일반적으로 1층과 지하층에 두는 경우가 많다.
숙박부분	• 객실과 관련된 기능을 수행하며, 호텔의 가장 중요한 부분이다. • 호텔 외관의 형태에 가장 큰 영향을 미친다.

호텔의 기능별 소요실

관리부분	프런트 오피스, 클로크 룸, 지배인실, 사무실 등
공공부분	로비, 홀, 라운지, 식당, 그릴, 연회장, 나이트클럽, 오락실, 상점 등
숙박부분	객실, 공동욕실, 보이실, 린넨실, 트렁크실 등
기타(요리·설비)	주방, 냉동실, 배선실, 식기실, 식품고, 세탁실, 기계실 등

📋 **기출 확인**

다음 중 호텔 외관의 형태에 가장 크게 영향을 미치는 부분은?
① 관리부분
② 공공부분
❸ 숙박부분
④ 설비부분

📋 기출 확인

호텔의 퍼블릭 스페이스(Public space) 계획에 관한 설명으로 옳지 않은 것은?

① 로비는 개방성과 다른 공간과의 연계성이 중요하다.
② 프런트 데스크 후방에 프런트 오피스를 연속시킨다.
③ 주식당은 외래객이 편리하게 이용할 수 있도록 출입구를 별도로 설치한다.
❹ 프런트 오피스는 기계화된 설비보다는 많은 사람을 고용함으로서 고객의 편의와 능률을 높여야 한다.

③ 호텔의 세부계획

관리부분	프런트 오피스 (Front office)	• 프런트 오피스는 프런트 데스크 후방에 연속시킨다. • 기계화된 설비로 고객의 편의와 능률을 높여야 한다.
	지배인실	자유롭게 출입할 수 있고 대화할 수 있는 위치에 둔다.
공공부분	로비·라운지 (Lobby·Lounge)	• 휴식, 면회, 담화, 독서 등 다목적으로 사용된다. • 로비는 수평동선이 수직동선으로 전이되는 공간이다. • 개방성과 다른 공간과의 연계성이 중요하다. • 퍼블릭 스페이스의 중심이 되도록 계획한다.
	주식당 (Main dining room)	• 숙박객 및 외래객을 대상으로 한다. • 외래객이 편리하게 이용할 수 있도록 출입구를 별도로 설치하는 것이 좋다.
숙박부분	객실 (Guest room)	침대 및 가구의 배치 시 욕실의 위치, 반침의 위치, 실 폭과 실 길이의 비를 고려한다.
	보이·서비스실	숙박시설이 있는 각 층의 코어에 인접시켜 배치한다.

퍼블릭 스페이스(Public space)
• 호텔 내 로비, 라운지, 식당, 그릴 등의 공공공간을 말한다.
• 리조트 호텔은 일반적으로 시티 호텔보다 넓은 퍼블릭 스페이스를 갖는다.
• 퍼블릭 스페이스 층에는 60m 이내마다 공동화장실을 설치한다.

린넨실(Linen room)
객실에 필요한 침구류, 세탁물 등을 보관하는 숙박부분의 소요실이다.

CHAPTER 2

건축기사 필기
7개년 기출문제집

건축시공

SECTION 1 총론

- CORE 01 건설업 · 건설계약
- CORE 02 건설원가 · 적산
- CORE 03 공사계획 · 공정 · 품질관리

SECTION 2 건축시공

- CORE 04 가설공사
- CORE 05 지반조사 · 토공사
- CORE 06 기초공사
- CORE 07 철근콘크리트공사
- CORE 08 철골공사
- CORE 09 조적공사
- CORE 10 목공사
- CORE 11 방수 · 도장공사
- CORE 12 지붕 · 창호공사
- CORE 13 미장 · 타일공사

SECTION 3 건축재료

- CORE 14 시멘트 · 골재
- CORE 15 콘크리트
- CORE 16 철강 · 비철금속 · 목재
- CORE 17 석재 · 세라믹 · 유리
- CORE 18 아스팔트 · 합성수지 · 도료

CORE 01 건설업 · 건설계약

CHAPTER 2 건축시공 / SECTION 1 총론

더 알아보기

건설업의 종합건설업(EC화)
종래의 단순한 시공업과 비교하여 건설사업의 발굴 및 기획, 설계, 시공, 유지관리에 이르기까지 사업 전반에 관한 것을 종합, 기획, 관리하는 업무영역의 확대를 말한다.

❶ 건설공사

① 개요

토목, 건축, 산업설비, 기계설비, 조경, 환경시설공사 등 시설물을 설치, 유지, 보수, 해체하는 공사 등을 말한다.

② 건설공사의 구분

종합공사	종합적인 계획, 관리 및 조정을 하면서 시설물을 시공하는 건설공사를 말한다.
전문공사	시설물의 일부 또는 전문 분야에 관한 건설공사를 말한다.

③ 시공방식의 구분

직영공사	건축주가 도급계약 없이 자력으로 공사를 하는 방식이다.
도급공사	입찰을 통해 건축주와 도급계약을 체결한 업자가 공사를 하는 방식이다.

건설노동자의 분류

직용노무자	원도급자에게 직접 고용되어 월급여를 받는 노무자(미숙련자)이다.
정용노무자	하도급자 또는 직종별 전문업자에게 고용되어 출역일수에 따라 임금을 받는 전문기능 노무자(숙련공)이다.
임시고용노무자	임금이 낮은 날품노무자이며, 보조노무자이다.

기출 확인

건설공사의 노무형태 중 원도급자에게 직접 고용되어 잡역 등의 미숙련 노무로 임금을 받는 고용형태를 무엇이라 하는가?

❶ 직용노무자
② 정용노무자
③ 임시고용노무자
④ 날품노무자

❷ 입찰(Bid)

① 개요

공사업자를 선정하여 도급계약을 체결하기 위해 실시하는 매매방식을 말한다.

② 순서

입찰공고·통지 → 참가등록 → 설계도서 열람 및 교부 → 현장설명 → 견적기간 → 입찰등록 → 입찰 → 개찰 → 낙찰 → 계약체결

③ 특명입찰방식

특명입찰 (수의계약)	개요	• 공사에 적정한 단일 업체를 선정하여 공사를 발주하는 방식이다. • 신용, 자산, 공사경력, 보유기자재 등을 고려하여 지명한다. • 긴급공사, 특수공사 또는 소규모 공사에 주로 이용된다.
	장점	• 입찰 수속이 간단하다. • 시공의 신뢰성이 높고 공사에 대한 기밀유지가 용이하다.
	단점	공사금액이 높아질 가능성이 있다.

기출 확인

건축주가 시공회사의 신용, 자산, 공사경력, 보유기자재 등을 고려하여 그 공사에 적격한 하나의 업체를 지명하여 입찰시키는 방법은?

① 공개경쟁입찰 ② 제한경쟁입찰
③ 지명경쟁입찰 ❹ 특명입찰

④ 경쟁입찰방식

지명경쟁 입찰	개요	해당 공사에 적정하다고 판단되는 소수의 업체를 지명하여 입찰을 실시하는 방식이다.
	기준	도급회사의 자본금, 과거실적, 보유 기자재 등이 있다.
	장점	양질의 시공결과가 기대된다.
	단점	담합이 형성될 우려가 있다.
제한경쟁 입찰	개요	• 해당 공사에 필요한 기술·시공경험을 가진 업체를 대상으로 입찰을 실시하는 방식이며, 고난도·일정 규모 이상의 공사에 이용된다. • 사전자격심사제도를 시행한다.
	장점	시공의 신뢰성이 높다.
공개경쟁 (일반경쟁) 입찰	개요	해당 공사에 필요한 최소한의 기본적인 자격을 갖춘 불특정 다수의 업체를 대상으로 입찰을 실시하는 방식이다.
	조건	공사내용, 공사기간, 공사비 지불 조건, 도급자 결정방법 등이 있다.
	장점	• 입찰 참가의 기회가 균등하고 담합이 방지된다. • 공정하고 자유로운 경쟁이 가능하다. • 경쟁을 통해 최저가로 공사 수행이 가능하다.
	단점	• 입찰 사무가 복잡하다. • 시공능력이 부족한 업체가 낙찰자로 선정될 수 있다. • 기회는 균등하지만 과다경쟁을 초래할 수 있다.

PQ제도(Pre-Qualification, 사전자격심사제도)
입찰 시 업체가 해당 공사에 참여할 자격이 있는지를 사전에 심사하는 방식이다.

평가방법	매 프로젝트마다 공사규모, 특성에 맞는 심사기준을 정하여 입찰 전에 응찰자에게 실적을 제출하도록 한다.
평가내용	참가자의 기술능력, 관리 및 경영상태 등을 종합적으로 평가한다.
특징	• 업체 간의 효과적 경쟁을 유발시키며, 부실공사를 방지할 수 있다. • 신규업체의 참여가 어렵다.
적용	댐, 지하철, 고속도로 등의 토목 대형공사에 주로 적용된다.

기술형 입찰제도(대형공사 입찰방법)

일괄입찰 (턴키방식)		발주기관이 제시하는 기본계획 및 지침에 따라 입찰 시 그 공사의 설계서 및 기타 시공에 필요한 도면·서류를 작성하여 입찰서와 함께 제출하는 설계·시공 일괄입찰(기본설계 + 시공일괄시행) 방식이다.
대안입찰		• 발주자의 당초안과 다른 별도의 대안을 제시하여 입찰하는 방식이다. • 통상 기본 방침의 변경 없이 공사비·공사기간·기능 측면에서 유리한 신공법·신기술을 제안하게 된다. • 설계·심의로 인해 입찰기간이 긴 편이며, 설계비 등의 입찰비용이 과다하여 중소기업에게는 불리한 제도이다.
기술제안 입찰		• 입찰자가 발주기관이 교부한 설계서를 검토한 후 기술제안서를 작성하여 입찰서와 함께 제출하는 입찰방식이다. • 기본설계 기술제안입찰과 실시설계 기술제안입찰방식이 있다. • 기술제안서 작성에 추가비용이 발생되며 제안된 기술의 지적재산권 인정이 미흡하다는 문제가 있다.
	기술제안서	공사비 절감방안, 생애주기비용 개선방안, 공기단축방안, 공사관리방안, 산출내역 등과 관련된 사항이 포함되어야 하며, 원안 설계에 대한 공법, 품질 확보 등이 핵심 제안 요소이다.

기출 확인

지명경쟁입찰을 택하는 이유 중 가장 중요한 것은?

❶ 양질의 시공결과 기대
② 공사비의 절감
③ 준공기일의 단축
④ 공사감리의 편리

+ 더 알아보기

총액입찰
입찰 시 입찰서만 제출하는 방식이다.

내역입찰
입찰 시 입찰서에 산출내역서를 함께 첨부하여 제출하는 방식이다.

부대입찰
• 입찰 시 하도급 공종, 금액, 계약서 등을 첨부하여 입찰하는 방식이다.
• 불공정 하도급거래를 예방하고 하도급 계열화를 촉진하기 위한 목적으로 시행된 제도이다.

기출 확인

발주자가 입찰자로 하여금 입찰내역서 상에 동 입찰금액을 구성하는 공사 중 하도급 공종, 하도급 금액, 하수급 예정자 등 하도급에 관한 사항을 기재하여 입찰서와 함께 제출하도록 하는 제도는?

❶ 부대입찰 ② 대안입찰
③ 내역입찰 ④ 사전자격심사

기출 확인

기술제안입찰제도의 특징에 관한 설명으로 옳지 않은 것은?

❶ 공사비 절감방안의 제안은 불가하다.
② 기술제안서 작성에 추가비용이 발생된다.
③ 제안된 기술의 지적재산권 인정이 미흡하다.
④ 원안 설계에 대한 공법, 품질 확보 등이 핵심 제안 요소이다.

📋 기출 확인

건축시공 계약제도 중 직영제도에 관한 사항 중 틀린 것은?

① 공사내용 및 시공과정이 단순할 때 많이 채용된다.
② 확실성 있는 공사를 할 수 있다.
③ 입찰 및 계약의 번잡한 수속을 피할 수 있다.
❹ 공사비의 절감과 공기단축이 용이한 제도이다.

📋 기출 확인

공동도급(Joint venture) 방식의 장점에 관한 설명으로 옳지 않은 것은?

① 2명 이상의 업자가 공동으로 도급하므로 자금 부담이 경감된다.
② 대규모 공사를 단독으로 도급하는 것보다 적자 등의 위험부담이 분담된다.
❸ 공동도급 구성원 상호 간의 이해충돌이 없고 현장관리가 용이하다.
④ 각 구성원이 공사에 대해서 연대책임을 지므로, 단독도급에 비해 발주자는 더 큰 안정성을 기대할 수 있다.

📋 기출 확인

대규모 공사에서 지역별로 공사를 분리하여 발주하며 중소업자에게 균등한 기회를 주는 발주방식은?

① 전문공종별 분할도급
② 공정별 분할도급
❸ 공구별 분할도급
④ 직종별·공종별 분할도급

❸ 도급(Contract system)

① 개요

원도급, 하도급, 위탁 등 명칭과 관계없이 건설공사를 완성할 것을 약정하고, 상대방이 그 공사의 결과에 대하여 대가를 지급할 것을 약정하는 계약을 말한다.

직영제도(Direct management system)
- 도급방식과 달리 건축주가 공사팀을 조직하여 직접 건설공사를 수행하는 방식이다.
- 공사내용 및 시공과정이 단순할 때 주로 채용한다.

장점	• 입찰 및 계약의 번잡한 수속을 피할 수 있다. • 확실성 있는 공사를 할 수 있다.
단점	공사비의 증대 및 공기지연이 발생할 수 있다.

② 공사 실시방식

일식도급	개요	공사 전체를 한 도급자에게 도급시키는 것을 말한다.
	장점	책임소재가 확실하여 공사관리가 용이하다.
	단점	공사가 조잡해지거나 공사비가 증대될 우려가 있다.
분할도급	개요	공사를 유형별로 구분하여 전문 도급자에게 도급시키는 것을 말한다.
	종류	전문공종별, 공구별, 공정별 분할도급 등이 있다.
	장점	유형별 전문 도급자에 의해 시공되므로 개별 공사의 질이 높다.
	단점	공사 전체에 대한 관리가 어렵다.
공동도급	개요	공사를 복수의 도급자가 구성한 공동체에 도급시키는 것을 말한다.
	특징	• 특정 공사를 목적으로 하며, 출자와 관리를 공동으로 한다. • 공사이윤은 각 회사의 출자 비율로 배당한다.
	장점	• 시공의 신뢰성, 기술의 증대, 공사도급의 경쟁 완화 등이 기대된다. • 손익 부담을 공동으로 계산하며 자본력, 융자력이 증대된다. • 단일 목적성을 가진 공동체로서 공사에 대한 위험이 분산된다.
	단점	• 한 회사가 일괄도급하는 것보다 경비가 증가한다. • 공동체 내부 구성원 간 의견 차이, 이해충돌이 발생할 수 있다.

분할도급의 종류

전문공종별	• 설비공사를 주체공사에서 분리하여 발주하는 방식이다. • 시공자와의 의사소통이 잘 되나, 공사 전체 관리가 어렵다.
공정별	• 정지, 구체, 마무리 공사 등 과정별로 나누어 발주하는 방식이다. • 예산배정이 편리하나 도급업자의 교체가 어렵다.
공구별	• 대규모 공사에서 지역별로 공사를 분리하여 발주하는 방식이다. • 중소업자에게 균등한 기회를 주는 방식이다.
직종별·공종별	• 직영제도에 가까운 것으로, 총괄도급의 하도급에 많이 적용된다. • 현장관리가 어렵고 경비가 증가한다.

컨소시엄(Consortium)
- 공사의 책임과 공사 클레임 등을 각각 독립된 회사의 계약 당사자가 부담하는 방식이다.
- 독립된 회사의 연합으로, 공동도급과 달리 법인을 설립하지 않는다.

③ 공사비 지불방식

단가도급	개요	• 단가만을 확정하고 공사 완료 후 실시수량에 따라 정산하는 방식이다. • 일반적으로 단순한 단일 공사에 적용된다.
	장점	• 설계변경에 의한 수량증감의 반영이 용이하다. • 긴급공사 시 신속한 착공을 기대할 수 있다.
	단점	• 자재, 장비, 노무비 등을 절감하려는 노력이 저하된다. • 공사 완공 시까지 총공사비를 예측하기 어렵다.
정액도급	개요	공사비의 총액을 확정하고 계약하는 방식이다.
	장점	• 공사 완공 시까지의 총공사비를 계약과 동시에 예측할 수 있다. • 공사, 자금계획이 명확하며 공사관리가 용이하다.
	단점	• 공사 중 설계변경이 발생할 경우 분쟁이 발생하기 쉽다. • 입찰 전에 도면, 시방서 등의 완비에 시간이 오래 걸린다. • 공사의 질에 대한 이해가 일치하지 않아 공사가 조악해질 우려가 있다.
실비청산 보수가산 도급	개요	• 실제 공사의 실비를 확인하여 청산하고, 미리 정한 보수율에 따라 건축주가 보수를 지불하는 방식이다. • 일반적으로 최대 보증한도 실비청산보수가산계약이 사용된다.
	장점	• 설계와 시공의 중첩이 가능한 단계별 시공이 가능하다. • 가장 정확하고 양심적인 공사를 할 수 있다. • 복잡한 변경이 예상되거나 긴급을 요하는 공사에 적합하다.
	단점	공사비 절감 노력이 저하되며 공기가 지연될 우려가 있다.

📋 기출 확인

실비청산보수가산계약제도의 특징이 아닌 것은?

① 설계와 시공의 중첩이 가능한 단계별 시공이 가능하다.
② 복잡한 변경이 예상되거나 긴급을 요하는 공사에 적합하다.
③ 계약체결 시 공사비용의 최댓값을 정하는 최대 보증한도 실비청산보수가산계약이 일반적으로 사용된다.
❹ 공사금액을 구성하는 물량 또는 단위공사 부분에 대한 단가만을 확정하고 공사 완료 시 실시수량의 확정에 따라 정산하는 방식이다.

❹ 업무범위에 따른 계약방식

① 공사 수행방식

턴키도급 (Turn-key)	• 도급자가 설계, 시공 등 공사에 필요한 사항을 일괄적으로 계약하는 방식이다. • 설계와 시공이 동일 조직에 의해 수행되므로 신공법, 신기술의 적용이 가능하다. • 설계·시공(Design-build) 및 설계·관리(Design-manage)방식이 있다.
공사관리 (CM)	기획, 설계, 시공까지의 전 과정에 대하여 건설산업을 보다 효율적이고 경제적으로 수행하기 위해서 각 부분의 전문가들로 구성된 집단의 통합된 관리기술을 건축주에게 서비스하는 계약방식이다.
프로젝트관리 (PM, PMC)	• 건설 프로젝트 관리자가 전체 프로젝트에 속하는 다수의 프로젝트를 관리하는 계약방식을 말한다. • 규모가 큰 초대형 공사에 적용된다.
파트너링 (Partnering)	발주자와 수급자가 상호신뢰를 바탕으로 팀을 구성하여 공동으로 공사를 수행하는 방식이다.
민간투자	사회간접자본(도로, 철도, 항만 등)의 건설 시 민간자본의 투자를 받는 방식이다.	
	BOT (Build-Operate-Transfer)	민간이 준공 후 시설을 운영하여 투자비를 회수하고 정부에 소유권을 이전한다.
	BTO (Build-Transfer-Operate)	민간이 준공 후 정부에 소유권을 이전하고, 민간이 시설을 운영하여 투자비를 회수한다.
	BTL (Build-Transfer-Lease)	민간이 준공 후 정부에 소유권을 이전하고, 정부로부터 임대료를 받아 투자비를 회수한다.
	BLT (Build-Lease-Transfer)	민간이 준공 후 정부로부터 임대료를 받아 투자비를 회수하고, 정부에 소유권을 이전한다.

➕ 더 알아보기

건설공사의 발주방식
• 설계·시공분리계약
• 설계·시공일괄계약(턴키도급)

성능발주방식
요구성능만을 시공자에게 제시하여 시공자가 자유로이 재료나 시공방법을 선택할 수 있는 방식이다.

📋 기출 확인

공사 계약방식에는 전통적인 계약방식과 업무범위에 따른 계약방식이 있는데 다음 중 업무범위에 따른 계약방식의 종류가 아닌 것은?

❶ 공동도급계약방식
② 턴키도급계약방식
③ 공사관리계약방식
④ 프로젝트관리계약방식

기출 확인

CM(Construction Management)의 주요업무가 아닌 것은?

① 부동산관리업무 및 설계부터 공사관리까지 전반적인 지도, 조언, 관리업무
② 입찰 및 계약관리업무와 원가관리업무
③ 현장조직관리업무와 공정관리업무
❹ 자재조달업무와 시공도 작성업무

CM의 주요업무

주요업무	• 기획, 설계부터 공사관리까지 전반적인 지도·조언·관리업무 • 입찰 및 계약관리, 원가관리업무, 현장조직관리, 공정관리업무
주요 검토사항	• 설계과정에서 설계가 시공에 미치는 영향 • 설계변경에 대한 효율적인 평가 • 공기 및 시공성에 대한 종합적인 평가 등
적용효과	• 발주자의 의사결정에 도움이 된다. • 공사를 효율적·경제적으로 수행할 수 있다. • 설계도서의 현실성을 향상시킬 수 있다. • 설계·시공기간을 단축시킬 수 있다.

CM의 주요 계약방식

사업관리형(대리인형) (CM for fee)	• CM이 발주자를 대신해 공사를 관리하는 형태의 계약이다. • CM은 공사결과에 대한 책임을 부담하지 않는다.
시공책임형(시공자형) (CM at risk)	• CM이 발주자를 대신해 책임지고 공사를 수행하는 형태이다. • CM이 시공에 대한 책임을 부담한다.

기출 확인

VE의 사고방식과 가장 거리가 먼 것은?

❶ 제도, 법규 위주의 사고
② 비용 절감
③ 발주자, 사용자 중심의 사고
④ 기능 중심의 사고

기출 확인

가치공학 기법에서 어떤 개선활동이나 계획을 세울 때 적용하는 것은?

① 기능설계 ② 원가절감
❸ 브레인스토밍 ④ 공기단축기법

가치공학(VE ; Value Engineering)

개요		설계, 시공, 유지관리에 이르기까지 동일 비용에 기능 증대 또는 동일 기능에 최소 비용을 추구하기 위해 실행하는 원가절감기법을 말한다.
VE의 사고방식		• 고정관념의 제거 • 발주자·사용자 중심의 사고 • 기능 중심의 사고 • 비용 절감의 사고 • 조직적 노력(Team design)
적용대상		• 원가절감 효과가 큰 것 • 공사의 개선 효과가 큰 것 • 수량이 많거나 하자가 빈번한 것
특징		• 개선활동이나 계획을 세울 때 브레인스토밍 기법을 적용한다. • 타 기업과의 경쟁 없이 이루어지며, 적은 투자로 큰 성과를 얻을 수 있다. • 최고경영자에서 생산현장에 이르기까지 폭 넓게 전개될 필요가 있다. • 80% 이상의 공사비가 결정되는 설계단계에서부터 비용의 분석 및 VE 기법이 도입되는 것이 가장 효과적이다.
수행계획 4단계	정보단계	해결하고자 하는 문제를 정의하고 연구 실행의 타당성을 평가하는 단계이다. 정보를 수집하고 자원과 팀을 할당한다.
	고안(탐색) 단계	대안을 탐색하고 개발하는 것을 목표로 하는 단계이다. 기능적 분석, 브레인스토밍을 통한 아이디어제안 등이 이루어진다.
	분석단계	비용 비교(생애주기비용 등) 등을 통해 이전 단계에서 창출된 아이디어 중 최적의 대안을 정의하는 단계이다.
	제안단계	연구 결과를 제시하고 승인을 얻거나 구체적으로 실행해나가는 단계이다.

+ 더 알아보기

생애주기비용(LCC ; Life Cycle Cost)
건축물의 초기투자, 설계, 시공, 유지 및 관리, 해체에 소요되는 비용을 말한다.

린건설(Lean construction)
• 낭비(비가치 창출작업)를 최소화하는 건설생산시스템이다.
• 최소 비용, 최소 기간, 무결점, 무재고 등을 목표로 한다.
• 대량생산으로 대표되는 기존의 밀어내기식 생산과 달리 변이관리를 통해 변이를 최소화하고 후속 공정을 고려하여 적시에 필요한 양을 생산하는 당김생산과 흐름생산을 지향한다.

기출 확인

린건설(Lean construction)에서의 관리방법으로 옳지 않은 것은?

① 변이관리 ② 당김생산
③ 흐름생산 ❹ 대량생산

❺ 건설공사의 진행

① 건설공사 계약서류

계약문서는 계약서(공사도급표준계약서), 설계도서, 유의서, 공사계약 일반조건, 공사계약 특수조건 및 산출내역서로 구성되며 상호보완의 효력을 가진다.

민간건설공사 표준도급계약서(국토교통부 고시)		
도급 계약서	기재사항	공사명, 공사장소, 착공·준공예정년월일, 계약금액, 계약보증금, 선금, 기성부분금, 지급자재의 품목 및 수량, 하자담보책임, 지체상금률, 대가지급 지연 이자율, 기타 사항 등
	붙임서류	민간건설공사 도급계약 일반조건, 공사계약특수조건, 설계서 및 산출내역서
도급계약 일반조건		계약보증금, 착공신고 및 공정보고, 공사기간, 불가항력에 의한 손해, 계약금액의 조정, 기성부분금, 손해의 부담, 손해배상책임, 분쟁의 해결 등 42개 사항
설계도서		
건축법령		건축물의 건축 등에 관한 공사용 도면, 구조 계산서, 시방서, 건축설비계산 관계서류, 토질 및 지질 관계서류, 기타 공사에 필요한 서류를 말한다.
건설기술 진흥법령		설계도면, 설계명세서, 공사시방서, 부대도면과 그 밖의 관련 서류를 말한다.
시방서(Specification)		
표준 시방서		시설물의 안전 및 공사시행의 적정성과 품질 확보 등을 위하여 시설물별로 정한 표준적인 시공기준으로서 공사시방서를 작성할 때 활용하기 위한 시공기준으로 한다.
전문 시방서		시설물별 표준시방서를 기본으로 모든 공종을 대상으로 하여 특정한 공사의 시공 또는 공사시방서의 작성에 활용하기 위한 종합적인 시공기준을 말한다.
공사 시방서		• 건설공사의 계약도서에 포함된 시공기준을 말한다. • 공사에 쓰이는 재료, 설비, 시공체계, 시공기준 및 시공기술에 대한 기술설명서와 이에 적용되는 행정명세서이다. • 표준시방서 및 전문시방서를 기본으로 하여 작성하되, 공사의 특수성, 지역여건, 공사방법 등을 고려하여 기본설계 및 실시설계 도면에 구체적으로 표시할 수 없는 내용과 공사 수행을 위한 시공방법, 자재의 성능·규격 및 공법, 품질시험 및 검사 등 품질관리, 안전관리, 환경관리 등에 관한 사항을 기술한다.

② 공사비 지불

착공금 → 중간불 → 준공불 → 하자보증금 순으로 지급한다.

착공금 (선수금)	착공 전에 공사 준비의 명목으로 선지급하는 금액이다.
중간불 (기성불)	• 공사의 진행에 따라 산정되는 기성률을 토대로 지급하는 금액이다. • 감리자의 승인에 의하여 공사 기성금액의 90% 한도 내에서 지불한다.
준공불 (완공불)	완공 후 대금을 청산하면서 지급하는 금액이다.
하자보증금	완공 후 발생할 수 있는 하자의 보수를 위해 예치하는 금액이다.

📋 **기출 확인**

건축공사의 도급계약서 내용에 기재하지 않아도 되는 항목은?
① 계약에 관한 분쟁 해결방법
② 공사의 착수시기
③ 천재 및 그 외의 불가항력에 의한 손해 부담
❹ 재료의 시험에 관한 내용

📋 **기출 확인**

건설공사에 사용되는 시방서에 관한 설명으로 옳지 않은 것은?
❶ 시방서는 계약서류에 포함되지 않는다.
② 시방서는 설계도서에 포함된다.
③ 시방서에는 공법의 일반사항, 유의사항 등이 기재된다.
④ 시방서에 재료메이커를 지정하지 않아도 좋다.

📋 **기출 확인**

다음 중 공사시방서에 기재하지 않아도 되는 사항은?
① 건물 전체의 개요
❷ 공사비 지급방법
③ 시공방법
④ 사용재료

📋 **기출 확인**

건축공사 감리자의 승인에 의하여 공사 기성금액의 90% 한도 내에서 지불하는 공사비 지급금의 명칭은?
① 착공금
❷ 중간불
③ 준공불
④ 하자보증금

기출 확인

건설 클레임과 분쟁에 관한 설명으로 옳지 않은 것은?

① 클레임의 예방대책으로는 프로젝트의 모든 단계에서 시공의 기술과 경험을 이용한 시공성 검토가 있다.
❷ 작업범위 관련 클레임은 주로 예상치 못했던 지하구조물의 출현이나 지반형태로 인해 시공자가 작업수행을 위해 입찰 시 책정된 예정가격을 초과 부담해야 할 경우에 발생한다.
③ 분쟁은 발주자와 계약자의 상호 이견 발생 시 조정, 중재, 소송의 개념으로 진행되는 것이다.
④ 클레임의 접근절차는 사전평가 단계, 근거자료 확보 단계, 자료분석 단계, 문서작성 단계, 청구금액 산출 단계, 문서제출 단계 등으로 진행된다.

기출 확인

건설 프로세스의 효율적인 운영을 위해 형성된 개념으로 건설생산에 초점을 맞추고 이에 관련된 계획관리, 엔지니어링, 설계, 구매, 계약, 시공, 유지 및 보수 등의 요소들을 주요대상으로 하는 것은?

❶ CIC   ② MIS
③ CIM   ④ CAM

기출 확인

건설사업지원 통합전산망으로 건설 생산활동 전 과정에서 건설 관련 주체가 전산망을 통해 신속히 교환·공유할 수 있도록 지원하는 통합정보시스템의 용어로써 옳은 것은?

① CIC   ❷ CALS
③ EC   ④ EVMS

③ 클레임(Claim)과 분쟁(Dispute)

클레임	• 발주자와 계약자의 상호 이견 발생 시 계약 자체 또는 계약과 관련된 권리를 일방 당사자가 요구, 주장하는 것을 말한다. • 분쟁 이전의 단계에 해당한다.
분쟁	발주자와 계약자의 상호 이견 발생 시 협의를 거쳐 조정, 중재 또는 소송으로 발전한 경우를 말한다.

건설공사 클레임

주요 종류	공기촉진 클레임	발주자가 시공자에게 계획공기보다 단축작업을 요구하거나 생산촉진을 위한 추가 자원을 요구할 때 발생한다.
	작업조건 클레임	예상치 못했던 지하구조물·지반형태로 인해 시공자가 예정가격을 초과 부담해야 할 경우에 발생한다.
	작업범위 클레임	공사계약 외의 작업 또는 불명확한 작업을 수행해야 할 경우에 발생한다.
접근절차		사전평가 → 근거자료 확보 → 자료분석 → 문서작성 → 청구금액 산출 → 문서제출
예방대책		계약서류의 표준화 및 국제화, 설계도서·시방서 검토, 시공성 검토, 발주자의 의식 향상, 계약자의 기술능력 향상 등

④ 주요 건설정보관리시스템

CIC (컴퓨터 통합건설)	개요	건설 프로세스의 효율적인 운영을 위해 형성된 개념이다.
	대상	계획관리, 엔지니어링, 설계, 구매, 계약, 시공, 유지 및 보수 등
	특징	컴퓨터, 정보통신 및 자동화 생산, 조립기술 등을 토대로 각 건설업체의 업무를 각 사의 특성에 맞게 최적화하는 개념이다.
CALS (종합건설 정보망체계)		건설공사 기획부터 설계, 입찰 및 구매, 시공, 유지관리의 전 단계에 있어 건설 관련 주체가 전산망을 통해 신속히 교환·공유할 수 있도록 지원하는 통합정보시스템을 말한다.

CIC와 CALS의 비교

구분	CIC	CALS
명칭	Computer Integrated Construction	Continuous Acquisition & Life cycle Support
정의	개념	통합전산망체계
대상	건설공사의 전 단계	건설공사의 전 단계
내용	컴퓨터, 정보통신 등을 통한 건설 업무의 최적화	전산망을 통한 건설 정보의 신속한 교환·공유

PMIS(Project Management Information System, 프로젝트관리정보시스템)

개요	• 프로젝트의 기획단계에서부터 유지관리까지 발주처, 사업관리자, 설계사, 시공사 및 감리사 사이의 각종 정보의 흐름을 원활하게 관리함으로써 원가절감 및 합리적인 의사결정을 할 수 있도록 하는 프로젝트 전반에 대한 체계적인 정보관리시스템이다. • 협업관리체계를 지원하며 정보의 공유와 축적을 지원한다.
관리항목	사업현황관리, 공정관리, 공사비관리, 품질관리, 설계관리, 구매관리, 시공관리, 안전·환경관리, 문서관리, 시스템관리 등 공사와 관련된 각종 제반사항을 망라한다.

BIM(Building Information Modeling, 건설정보모델링)

개요	초기 개념설계에서 유지관리 단계에까지 건물(프로젝트)의 전 수명주기 동안 다양한 분야에서 적용되는 모든 정보를 생산하고 관리하는 기술이라 할 수 있다.
특징	• 모든 객체들의 특성, 관계, 정보가 모델 데이터를 이용한 시뮬레이션 또는 계산에 의해 얻어질 수 있다. • 건설산업의 프로젝트 진행에 있어 신속한 의사결정을 돕기 위해 물량, 비용, 일정 및 자재 목록에 관한 정보를 제공할 뿐만 아니라, 구조 및 환경을 고려한 데이터 분석을 가능하게 한다.

SCM(Supply Chain Management, 공급망관리)

개요	• 원자재 공급에서부터 조달, 생산, 납품 및 최종 소비자가 사용하는 단계에 이르기까지의 전 과정을 통합적으로 운용·관리하여 공급망 전체의 이득을 극대화하고자 하는 것이다. • 참여주체들의 네트워크 구축을 통해 물류와 정보의 흐름을 통합적으로 관리하여 효율성을 제고하고자 하는 것으로, 제조업과 유통업에서 발전되어 온 개념이다.
적용	많은 공종의 협력업체가 참여하는 건설업의 경우, 특히 다수의 주체(시공업체, 제조업체, 자재업체, 운반업체, 협력업체 등)가 관여하고 생산과정과 공급망이 복잡한 공종에 적용될 경우 큰 효과를 기대할 수 있다.

기출 확인

개념설계에서 유지관리 단계에까지 건물의 전 수명주기 동안 다양한 분야에서 적용되는 모든 정보를 생산하고 관리하는 기술을 의미하는 용어는?

① ERP   ② SOA
❸ BIM   ④ CIC

더 알아보기

SOA
서비스 지향 아키텍쳐의 약칭으로, 다양한 주체들의 독립된 업무별 시스템을 네트워크상에 조합·연동·통합하여 연속적인 네트워크 시스템을 구축하는 것을 말한다.

CHAPTER 2 건축시공 / SECTION 1 총론

CORE 02 건설원가 · 적산

기출 확인

건축공사에서 공사원가를 구성하는 직접공사비에 포함되는 항목을 옳게 나열한 것은?

① 자재비, 노무비, 이윤, 일반관리비
② 자재비, 노무비, 이윤, 경비
❸ 자재비, 노무비, 외주비, 경비
④ 자재비, 노무비, 외주비, 일반관리비

기출 확인

건축공사비의 원가구성 항목이 아닌 것은?

① 재료비   ② 노무비
③ 경비   ❹ 도급공사비

도급공사비 = 총공사금액(낙찰금액)

+ 더 알아보기

도급내역서의 비목별 구성
- 재료비, 노무비, 경비
- 일반관리비 및 이윤
- 부가가치세
- 지급자재비(필요시)

실행예산서의 비목별 구성
- 직접공사비(재료비, 노무비, 경비, 외주비)
- 간접공사비(현장운영비, 안전관리비, 각종 보험료)
- 일반관리비
- 부가가치세

❶ 건설원가

① 구성

직접공사비	재료비	노무비	외주비	경비	–	–	–
공사원가	직접공사비				간접공사비	–	–
총원가	공사원가					일반관리비	–
공사비	총원가						이윤

② 비목

재료비 (자재비)	직접 재료비	• 공사목적물의 구성형태를 이루고 사용되는 재료의 가치이다. • [예] 철근, 레미콘, 시멘트, 석고보드, 각종 전기·기계설비 등
	간접 재료비	• 공사목적물의 실체를 형성하지 않으나 공사에 보조적으로 소비되는 재료의 가치이다. • [예] 각종 가설 재료비, 소모성 공구·기구 및 비품비 등
노무비	직접 노무비	공사목적물을 완성하기 위해 직접 작업에 종사하는 근로자에 제공되는 노동력의 대가(임금, 수당, 퇴직급여 충당금 등)를 말한다.
	간접 노무비	공사목적물을 형성하는 데 직접적으로 참여하지는 않지만 보조 작업에 종사하는 근로자, 공사 관리·감독자 등에 제공되는 노동력의 대가를 말한다. ※ 실행예산 작성 시에는 현장운영비 항목으로 계상한다.
경비		• 공사목적물을 완성하기 위해 필요한 재료비, 노무비 및 외주비에 계상되지 않는 비용이다. • [예] 장비사용료, 운반비, 폐기물처리비 등
외주비		• 공사목적물의 일부를 구성하는 공사재료, 반제품, 제품의 제작 및 설치공사 등을 전문업체에 위탁(하도급)하고 지급하는 공사비이다. • [예] 흙막이공사, 철골공사, 방수공사, 인테리어 공사 등의 하도급 공사금액
현장운영비 (현장관리비)		간접노무비(현장 직원의 급여), 기타 경비(복리후생비, 차량유지비, 도서인쇄비 등) 등 현장을 운영·관리하는 데 사용되는 비용이다.
안전관리비		안전관리를 위한 인건비(안전관리자, 안전감시단 및 기타 안전 관련 근로자), 장구비, 안전교육비, 안전시설비, 근로자의 건강진단비 등을 말하며, 산업안전보건법에서 정한 기준으로 산출·적용한다.
각종 보험료		산재보험료, 고용보험료, 국민연금보험료, 국민건강보험료, 노인 장기요양 보험료, 퇴직공제부금, 하도급대금 지급보증서 발급수수료, 건설공사 보험료 등 공사 수행 시 필요한 보험료를 적용한다.
일반관리비		본사에서 발생하는 직원의 급여, 경비 및 금융비용 등 일반관리에 필요한 비용으로 연도별 매출액을 기준으로 산정한 일반관리비 비율(%)을 적용하는 것이 일반적이다.

〈출처〉「실행예산 관리」, NCS, 2021

공사원가의 계산방법	
재료비·노무비·경비	소요량(재료량, 노무량 또는 소비량) × 단위당 가격
일반관리비	공사원가 × 일반관리비율(%)
이윤	(노무비 + 경비 + 일반관리비) × 이윤율(%)
고용보험료	(직접노무비 + 간접노무비) × 적용요율(%)
공사손해보험료	총공사원가 × 공사손해보험요율(%)

❷ 적산·견적

① 개요

공사량과 단위단가 및 기타 비용을 가산하여 공사비를 산출하는 과정을 말한다.

② 순서

설계도서 인수 → 적산조건 확인 → 적산(수량산출) → 표준품셈 적용 → 일위대가 적용 → 내역서 작성 순으로 진행된다.

③ 견적의 종류

명세견적	개요	설계도서, 시방서, 현장설명 등을 토대로 명확한 수량을 집계하여 정밀하게 공사비를 산출하는 방법이다.
	특징	가장 정확한 공사비의 산출이 가능한 견적방법이다.
개산견적	개요	수량을 상세하게 산출하지 않고 과거 실적, 통계자료, 물가지수, 견적자의 경험 등을 토대로 개략적으로 공사비를 추정하는 방법이다.
	특징	• 복잡한 건물이라도 짧은 시간에 쉽게 산출할 수 있는 이점이 있다. • 일반적으로 설계도서가 불완전하거나 산출할 시간이 부족한 경우, 설계 과정에서 경제성을 검토할 경우에 공사비를 예측하는 방법이다.
	종류	비용지수법, 비용용량법, 계수견적법, 변수견적법, 기본단가법 등이 있다.

개산견적과 공사비 단가	
공사비 단가는 물가변동 및 계절에 따라 영향을 받는다.	
단가 상승 요소	단가 하락 요소
• 작은 방·요철이 많을수록 • 층고가 높을수록 • 재료가 좋을수록	• 동일 구조가 반복될 경우 • 시공기계가 적절한 경우 • 재료의 운송조건이 좋을수록

④ 단가의 구분

건축비의 예측에는 재료단가, 노무단가, 복합단가, 합성단가가 사용된다.

재료단가	공사별 재료의 단위당(m^3, ton 또는 포 등) 단가
노무단가	공사별 1인 1일당 노임단가
복합단가	재료비, 노무비, 기자재의 손료, 도급경비 등을 포함한 단가
합성단가	여러 공사의 복합단가가 합성된 단가

🗐 기출 확인

건축공사의 공사원가 계산방법으로 옳지 않은 것은?

① 재료비 = 재료량 × 단위당 가격
② 경비 = 소요(소비)량 × 단위당 가격
❸ 고용보험료 = 재료비 × 고용보험요율(%)
④ 일반관리비 = 공사원가 × 일반관리비율(%)

➕ 더 알아보기

좁은 의미의 적산과 견적

적산	공사량 산출
견적	공사비 산출(공사량 × 단가)

🗐 기출 확인

건축공사에서 활용되는 견적방법 중 가장 정확한 공사비의 산출이 가능한 견적방법은?

❶ 명세견적 ② 개산견적
③ 입찰견적 ④ 실행견적

➕ 더 알아보기

실행예산

• 공사를 착공하기 전에 도급자가 시공계획과 손익의 목표를 합리적으로 표현한 금액적 계획서를 말한다.
• 공사내용과 공기를 가장 효과적으로 달성하면서 집행 가능한 최소의 투자를 전제한다.

🗐 기출 확인

건축비의 예측을 위한 형태에 의한 단가의 분류로서 바르게 구성된 것은?

① 재료단가, 노무단가, 복합단가, 공종단가
② 재료단가, 노무단가, 복합단가, 외주단가
❸ 재료단가, 노무단가, 복합단가, 합성단가
④ 재료단가, 노무단가, 부위단가, 외주단가

기출 확인

건축재료의 수량 산출 시 적용하는 할증률이 옳지 않은 것은?

① 유리 : 1%
❷ 단열재 : 5%
③ 붉은벽돌 : 3%
④ 이형철근 : 3%

건설공사표준품셈

공사의 예정가격을 산정하기 위한 기준으로, 공사별 단위(m, m² 등)당 소요되는 재료량, 노무량 및 기계경비 등이 일일 8시간 작업 기준으로 명시되어 있다.

건설공사표준품셈의 예시(도배)

(m²당)

구분	단위	합판·석고보드면	콘크리트·모르타르면
초배지	m²	0.8	1.2
정배지	m²	1.2	1.2
풀	kg	0.3	0.3
도배공	인	0.027	0.024
보통인부	인	0.006	0.006

할증률

재료의 운반, 가공, 시공과정 등에서 발생하는 손실량을 예측하여 적용하는 비율이다.

구분	%	내용
강재	3%	이형철근, 고장력볼트
	5%	원형철근, 일반볼트, 강관, 소형형강, 봉강, 평강대강, 각파이프
	6~7%	이형철근(교량, 지하철 및 복잡한 구조물의 주철근)
	7%	대형형강
	10%	강판
기타	1%	레디믹스트콘크리트구조물(철근, 철골), 유리
	2%	레디믹스트콘크리트구조물(무근), 현장혼합콘크리트구조물(철근), 아스팔트콘크리트포설, 도료
	3%	일반용 합판, 붉은벽돌, 내화벽돌, 타일(도기, 자기)
	4%	블록, 콘크리트포장혼합물의 포설
	5%	각재(목재), 수장용 합판, 시멘트벽돌, 텍스, 기와 등
	10%	판재(목재), 단열재, 조경용 수목, 정형돌(석재판 붙임용재)
	30%	부정형돌(석재판 붙임용재)

❸ 공종별 적산·표준품셈

① 공통·가설공사

운반	대수	시공량 ÷ 트럭의 대당 적재량						
	트럭의 적재량	종별	규격	단위	6ton	8ton	11ton	20ton
		시멘트	40kg	포/대	150	200	275	637
비계면적	외줄비계	• 벽체 마무리면에서 45cm 이격시켜 설치한다. • {건물의 벽체 길이 합계(m) + 3.6(= 0.45 × 2 × 4)m} × 건물의 높이(m)						
	쌍줄비계	• 벽체 마무리면에서 90cm 이격시켜 설치한다. • {건물의 벽체 길이 합계(m) + 7.2(= 0.9 × 2 × 4)m} × 건물의 높이(m)						
가설건물 필요면적	시멘트 창고	• 0.4(m²) × 시멘트 포대수(포) ÷ 쌓기단수(단수, 최대 13포대) • 공기가 길고 시멘트량이 600포 이상인 경우, 시멘트 포대수 × 1/3 적용						
	변전소	$\sqrt{전력용량(kWh)} \times 3.3(m^2)$						

기출 확인

8개월간 공사하는 어느 공사현장에 필요한 시멘트량이 2,397포이다. 이 공사현장에 필요한 시멘트 창고면적으로 적당한 것은?(단, 쌓기단수는 13단)

❶ 24.6m² ② 54.2m²
③ 73.8m² ④ 98.5m²

0.4 × 2,397 × 1/3 ÷ 13 ≒ 24.58m²

② 토공사

터파기 경사	흙막이가 없는 경우	깊이	1m 미만		1m 이상	
		경사	수직 터파기		1:2	
터파기 여유폭	흙막이가 없는 경우	깊이	1m 이하	2m 이하	4m 이하	5m 이하
		여유폭	20cm	30cm	50cm	60cm
	흙막이가 있는 경우	깊이	5m 이하		5m 이상	
		여유폭	60~90cm		90~120cm	

체적환산계수(f)
흙은 상태에 따라 밀도와 부피가 3가지의 변화된 형태로 존재한다.

자연상태	N	Natural	굴착하기 전의 상태이다.
흐트러진 상태	L	Loose	• 굴착하여 운반할 대상이 되는 상태이다. • 흐트러진 상태의 체적(m^3) ÷ 자연상태의 체적(m^3)
다져진 상태	C	Compact	• 성토 및 다짐 후 공사가 완료된 상태이다. • 다져진 상태의 체적(m^3) ÷ 자연상태의 체적(m^3)

기초파기의 토량
굴착한 체적에 토량의 부피변화를 가산한다.

줄기초	줄기초파기 단면적(m^2) × 줄기초 중심길이(m) × 부피변화(%)
독립기초	사각뿔대의 체적(m^3) × 부피변화(%)

사다리꼴 · 사각뿔대의 계산

사각뿔대의 체적(m^3)		사다리꼴의 면적(m^2)
	$h \div 3 \times (ab + AB + \sqrt{abAB})$	(윗변 + 아랫변) ÷ 2 × 높이
	독립기초 터파기의 체적, 독립기초 상부 등에 적용	줄기초의 단면 면적, 거푸집의 면적 등에 적용

③ 건설기계의 시간당 작업량(Q)

건설기계의 작업사이클과 효율, 체적환산계수로 구한다.

건설기계 시간당 작업량	시간당 작업사이클수(n) × 1회 작업사이클당 표준작업량(q) × 체적환산계수(f) × 작업효율(E)

시간당 작업사이클 수(n)
속도에 따라 불도저는 분(min), 굴삭기(셔블계)는 초(sec)로 계산한다.

불도저 · 굴삭기(셔블계)의 시간당 작업량

불도저	삽날의 용량(q) × 체적환산계수(f) × 작업효율(E) × 60 ÷ 1회 사이클시간(min)
굴삭기 (셔블계)	버킷의 용량(q) × 버킷계수(K) × 체적환산계수(f) × 작업효율(E) × 3,600 ÷ 1회 사이클시간(sec)

기출 확인

토공사 적산에 대한 설명 중 옳지 않은 것은?

① 흙막이가 있는 경우 터파기 깊이가 5m 이하일 때 터파기 여유폭은 60~90cm를 표준으로 한다.
② 흙막이가 없는 경우 터파기 깊이가 4m 이하일 때 터파기 여유폭은 50cm를 표준으로 한다.
❸ 깊이 3m 미만의 터파기는 수직 터파기량으로 산출한다.
④ 잔토처리 시 흙파기량을 전부 잔토처리할 때의 잔토처리량은 (흙파기체적) × (토량환산계수)로 한다.

기출 확인

다음 그림과 같은 줄기초파기의 파낸 토량은 얼마인가?(단, 토량환산계수 L = 1.2)

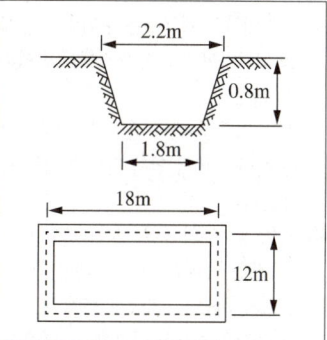

① 96m^3 ❷ 115.2m^3
③ 130.7m^3 ④ 145.9m^3

(2.2m + 1.8m) ÷ 2 × 0.8m = 1.6m^2
1.6m^2 × (12m × 2 + 18m × 2) × 1.2
= 115.2m^3

기출 확인

버킷용량 1.5m^3의 파워셔블을 이용하여 사이클타임 1분 작업효율 100%로 작업할 경우 체적변화계수 1.2인 흙의 시간당 작업량은?(단, 굴삭계수는 0.6)

① 38.88m^3 ❷ 64.8m^3
③ 108.3m^3 ④ 150.4m^3

1.5m^3 × 0.6 × 1.2 × 3,600 ÷ 60sec
= 64.8m^3

+ 더 알아보기

콘크리트공사의 단위중량

D10 철근	0.56kg/m
철근콘크리트	2,400kg/m³
무근콘크리트	2,300kg/m³

📋 기출 확인

각 부재에 대한 콘크리트량 산출방법으로서 틀린 것은?

❶ 기둥 : 기둥 단면적 × 슬래브 두께를 포함한 층높이
② 계단 : 길이 × 평균두께 × 계단폭
③ 보 : 보폭 × 바닥판 두께를 뺀 보의 춤 × 내부유효길이
④ 연속기초 : 단면적 × 중심 연장길이

📋 기출 확인

거푸집면적의 산출방법에 대한 기술이 잘못된 것은?

① 1m² 이하의 개구부는 주위의 사용재를 고려하여 거푸집 면적에서 공제하지 않는다.
② 기둥 거푸집 면적 산정 시 기둥높이는 상하층 바닥 안목 간의 높이를 적용한다.
❸ 기초 경사부의 경우 경사도 30° 미만인 경우 거푸집 면적을 계상한다.
④ 기초와 지중보, 기둥과 벽체의 접합부 면적은 거푸집 면적에서 공제하지 않는다.

📋 기출 확인

벽두께 1.5B, 벽면적 20m²쌓기에 소요되는 기본벽돌(190×90×57)의 정미량은?

① 2,240매   ② 3,360매
❸ 4,480매   ④ 6,720매

20m² × 224매/m² = 4,480매

+ 더 알아보기

정미량	순수하게 계산된 수량
소요량	정미량 + 할증량

④ 철근콘크리트공사

	기초	독립기초	사각기둥의 체적(m³) + 사각뿔대의 체적(m³)
		연속기초	줄기초단면(m²) × 줄기초 중심길이(m)
콘크리트 체적	기둥	• 높이에서 바닥판의 두께는 제외한다. • 기둥 단면적 × 바닥판 사이의 높이	
	벽	• 높이는 바닥판 또는 보 사이의 안목거리로 한다. • 면적에서 기둥과 보의 면적은 제외한다. • (벽면적 − 개구부 면적) × 벽두께	
	보	• 단면적 계산 시 보의 춤에서 바닥판 두께는 제외한다. • 보폭 × 바닥판 두께를 뺀 보의 춤 × 내부유효길이	
	바닥판	• 면적은 바닥 외곽선 전체로 하며, 개구부 면적은 제외한다. • 가로변 × 세로변 − 개구부 면적	
	계단	길이 × 평균두께 × 계단폭	
거푸집 면적	기초	• 비탈면 경사가 30° 미만인 경우에는 수직면 거푸집만 계상한다. • 비탈면 경사가 30° 이상인 경우에는 비탈면 거푸집도 계상한다.	
	기둥	기둥둘레길이 × 기둥높이(바닥 간 안목치수)	
	벽	• 면적에서 기둥과 보의 면적은 제외한다. • (벽면적 − 개구부 면적) × 2	
	보	기둥 사이의 안목거리 × (보의 옆 면적 − 바닥판 두께)	
	바닥판	바닥면적 − (외벽두께 + 개구부 면적)	
동바리 소요량		상층부 바닥면적 × 해당 층 안목높이 × 0.9	

거푸집의 개산면적
콘크리트 1m³당 평균 6~7m² 정도이다.

거푸집 면적에서 공제하지 않는 부분

접합부	개구부
지중보−기초, 지중보−기둥 기둥−벽, 기둥−보, 기둥−바닥판 보−벽, 큰 보−작은 보	면적 1m² 이하의 개구부

⑤ 조적·타일공사

	구분	단위	0.5B	1.0B	1.5B
벽돌쌓기	기본벽돌	m²당	75매	149매	224매
	모르타르	m²당	0.019m³	0.049m³	0.078m³

※ 기본벽돌(190 × 90 × 57mm) 기준이다.
※ 모르타르의 재료량은 할증이 포함된 것이며, 배합비는 1 : 3이다.

	구분	할증	단위	블록매수
블록쌓기	기본블록	포함(4%)	m²당	13매

※ 기본블록(390 × 190 × 190mm)의 쌓기모르타르 소요량은 m²당 0.01m³이다(할증 포함, 모르타르 배합 1 : 3, 줄눈 너비 10mm).

타일 시공	정미량(m²당) = {1m ÷ (타일 가로변 + 줄눈 폭)} × {1m ÷ (타일 세로변 + 줄눈 폭)}

⑥ 철골공사

철골량 (연면적당)	일반건물	단층 공장·창고
	0.1~0.15ton/m²	0.05~0.08ton/m²

⑦ 도장·방청공사

도장면적 환산	분류	구분	소요면적	비고
	철판· 형강류	작은 부재	55~66m²/ton	두께 4~4.5t의 철판·형강구조
		보통부재	33~50m²/ton	두께 5~8t의 철판·형강구조
		큰 부재	23~26.4m²/ton	두께 9~11t의 철판·형강구조

칠면적 배수표

구분	양면칠 소요면적	비고
철문	안목면적×(2.4~2.6배)	문틀, 문선 포함
철재새시	안목면적×(1.6~2배)	문틀, 창선반 포함
철재계단	경사면적×(3~5배)	-

📋 기출 확인

보통 철골구조인 경우 철골 1ton당 도장면적은?

① 20~33m² ❷ 33~50m²
③ 50~65m² ④ 65~72m²

📋 기출 확인

다음 중 스틸 새시를 양면칠을 할 경우 소요면적 계산으로 적절한 것은?(단, 문틀·창선반 포함)

① 안목면적의 1배
② 안목면적의 1.2~1.4배
❸ 안목면적의 1.6~2.0배
④ 안목면적의 2.1~2.5배

⑧ 목공사

먹매김의 품이 가장 많이 드는 건축물은 주택이다.

먹매김 (m²당)	구분	단위	거푸집 먹매김		구조부 먹매김	
			주택	일반	주택	일반
	건축목공	인	0.021	0.012	0.009	0.005
	※ 일반은 학교, 공장, 사무소 등으로 주택에 비해 공간, 벽이 적은 구조물이다.					

CORE 03 공사계획·공정·품질관리

CHAPTER 2 건축시공 / SECTION 1 총론

❶ 공사계획

① 공사의 진행순서

공사 착공 준비 → 가설공사 → 토공사 → 지정 및 기초공사 → 구조체공사 → 마감공사 순으로 진행된다.

준비기간(Lead time)	
• 공사계약일로부터 규준틀 설치, 기초파기 등의 직접공사가 착수될 때까지의 기간이다. • 현장직원의 조직편성계획, 예정 공정표, 실행예산, 하도급계획, 가설물 설치계획, 노무·자재·장비계획, 재해 방지대책 등이 작성·수립된다.	

주요 공정별 공사계획의 특성	
기초공사	시공 중 돌발적인 사태가 발생하는 경우가 많고, 지층이 예상과 달라 일정 계획상 차질을 빚을 수 있다.
구조체공사	전체 공사기간 중 차지하는 기간이 길고 긴급공사가 가능하다.
마감공사	방수, 미장, 타일, 도장 등 수많은 공종이 관련되고 설비공사와도 병행되므로 일정계획 시 여유를 두는 것이 좋다.

📋 기출 확인

착공을 위한 공사계획 시 우선 고려하지 않아도 되는 것은?

① 가설물의 설치계획 수립
② 현장직원의 조직편성계획 수립
③ 예정 공정표의 작성
❹ 시공도(Shop drawing)의 작성

② 공사계획

	주요 원칙	• 작업량의 최소화 및 장기간 균일한 작업량 할당 • 인건비를 절감할 수 있도록 기계설비의 적용 방안 모색 • 설비의 공비시간(비생산적으로 사용되는 시간) 최소화
시공계획	시공속도	• 공사속도를 빠르게 할수록 직접비는 증가하고 간접비는 감소한다. • 간접비와 직접비의 합계가 최소인 경우가 가장 경제적이다. • 급속공사를 강행할수록 공사의 질은 조잡해진다.
관리기법의 적용시기	공기단축	건축공사의 초반부에 시도하는 것이 중반 이후에 시도하는 것보다 비용상 효과적이다.
	VE기법	80% 이상의 공사비가 결정되는 설계단계에서부터 도입되는 것이 가장 효과적이다.

공사계획별 관리조직의 선택	
라인 (직계식) 조직	• 각 업무가 개별적으로 진행되는 형태이다. • 생산성이 높고 통제가 용이하나, 대규모 공사에는 부적합하다.
태스크포스 (전담반) 조직	• 각 분야의 전문가가 일시적으로 모인 형태이다. • 긴급한 공사나 중요한 공사에 적합하다.
라인스탭 (조합식) 조직	• 라인조직과 태스크포스조직이 결합된 형태이다. • 생산성이 높고 전문가의 지원을 받을 수 있다. • 공기단축을 위한 패스트트랙(설계·시공 병행) 공사에 적합하다.

📋 기출 확인

건축공사는 시공 전에 수립하는 시공계획이 공사의 성패를 좌우한다 할 수 있다. 다음 중 시공계획의 원칙이라 할 수 없는 항목은?

① 작업량을 최소화한다.
② 각 작업 또는 설비는 가능한 한 장기간 균일한 작업량을 할 수 있게 한다.
③ 기계설비에 다소 비용을 요해도 인건비를 절감하는 방안을 모색한다.
❹ 설비의 공비시간(空費時間)을 크게 한다.

❷ 공정(Schedule)

① 개요
인원, 장비, 자재, 비용 등의 동원계획이 포함되는 공사의 추진계획을 말한다.

② 공정계획

수순계획	필요한 단위작업, 공정의 순서 등을 결정하는 단계이다.
일정계획	수순계획을 토대로 공정도 작성, 시간계획, 공사기일 조정 등이 이루어진다.
공정계획의 순서	• 전체 공사기간과 각 공사별 공사량에 대한 개략적인 공정표를 작성한 후, 특정 기간 동안의 각 공정에 대한 세부적인 공정표를 작성한다. • 공사실행공정표는 공사 착수 직전에 작성한다.

> **중간관리일(Milestone)**
> • 전체 공사과정 중 관리상 특히 중요한 몇몇 작업의 시작과 종료를 의미하는 특정시점이다.
> • 계약상 명시되어 강제되기도 하며, 발주자가 설정하여 현장관리에 사용하기도 한다.

③ 주요 공정관리기법

바차트	개요	• 막대그림으로 작업의 시작, 작업기간, 작업완료점을 표시하는 기법이다. • 미국의 Gantt가 고안한 양식으로 간트차트라고도 한다.
	장점	작성과 이해가 쉽고 빠르며 개략적인 공정을 나타내기에 적합하다.
	단점	작업의 선후관계를 파악하기 어렵다.
그래프차트 (LOB)	개요	건물의 층수는 y축, 공기는 x축으로 하여 직선의 기울기로 생산성을 나타내는 기법이다.
	장점	• 계획과 실적의 시공속도 및 진도파악이 용이하다. • 아파트공사 등 반복되는 작업이 많은 공사의 표현이 용이하다.
	단점	세부사항의 파악이 어렵고 공정의 상호 조정이 불가능하다.
네트워크 공정표	개요	작업 간의 상호관계를 결합점(이벤트 또는 노드)과 화살표로 도식화하여 네트워크로 표현하는 기법이다.
	종류	PERT, CPM 방식 등이 있다.
	장점	• 개개의 관련 작업이 도시되어 있어 전체 흐름의 파악이 용이하다. • 작업순서, 시간의 관계가 명확하여 담당자 간의 정보 전달이 원활하다. • 공정이 원활하게 추진되며, 여유시간 관리가 편리하다. • 최저의 비용으로 공기단축이 가능한 요소의 발견이 용이하다. • 공사의 진척관리를 정확히 할 수 있고 쉽게 알려지게 된다. • 공사 착수 전에 문제점을 예측하고 수정할 수 있다.
	단점	• 표시상의 제약으로 작업의 세분화 정도에 한계가 있다. • 공정표의 작성 및 관리가 어렵고 특별한 기능이 요구된다. • 타 공정표에 비해 작성시간이 길다.

> **MCX(Minimum Cost Expediting)**
> • CPM 방식의 핵심적인 공사기간 단축 기법이다.
> • 주공정상의 작업 중 비용구배(공기단축 시 추가되는 비용)가 가장 작은 요소 작업부터 단위시간씩 단축시키고, 주공정이 변경되면 변경된 경로의 작업을 단축해나간다.
> • 아무리 비용을 투자해도 공기를 더 이상 단축할 수 없는 한계점을 포화점이라 한다.
>
> **EVMS(Earned Value Management System)**
> 건설 프로젝트의 비용 및 일정에 대한 계획 대비 실적을 통합된 기준으로 비교, 관리하는 통합공정관리시스템을 말한다.

➕ 더 알아보기

공정표 작성 시 주의사항
• 소요기간, 공사수량도 기입한다.
• 재료의 발주시기를 명기한다.
• 변동 가능성이 많은 공정(기초공사 등)에는 충분한 여유를 둔다.

📋 기출 확인

고층 건축물 공사의 반복작업에서 각 작업조의 생산성을 기울기로 하는 직선으로 각 반복작업의 진행을 표시하여 전체 공사를 도식화하는 기법은?

① CPM   ② PERT
③ PDM   ❹ LOB

📋 기출 확인

Network(네트워크) 공정표의 장점이라고 볼 수 없는 것은?

① 작업 상호 간의 관련성을 알기 쉽다.
❷ 공정계획의 초기 작성시간이 단축된다.
③ 공사의 진척관리를 정확히 할 수 있다.
④ 공기단축 가능요소의 발견이 용이하다.

📋 기출 확인

건축공사의 공기단축 기법 중에서 MCX에 의한 공기단축 방법에 관한 설명으로 옳지 않은 것은?

❶ 주공정선(Critical path) 이외의 작업을 선택한다.
② 각 작업의 비용구배를 구한다.
③ 비용구배가 최소인 작업부터 단축한다.
④ 보조 주공정선(Sub-Critical path)의 발생을 확인한다.

📋 **기출 확인**

낙관적 시간 a = 4, 개연적 시간 m = 7, 비관적 시간 b = 8이라고 할 때 PERT 기법에서 적용하는 예상시간은 얼마인가? (단, 단위는 주)

① 5.8주 ② 6.0주
③ 6.3주 ❹ 6.7주

$$\frac{4주 + (4 \times 7주) + 8주}{6} ≒ 6.67주$$

📋 **기출 확인**

네트워크 공정표에서 작업의 상호관계만을 도시하기 위하여 사용하는 화살선을 무엇이라 하는가?

① Event
❷ Dummy
③ Activity
④ Critical path

📋 **기출 확인**

공정표 작성 시 공정계산에 관한 설명 중 옳은 것은?

① 복수의 작업에 후속되는 작업의 EST는 복수의 선행작업 중 EFT의 최솟값으로 한다.
② 복수의 작업에 선행되는 작업의 LFT는 후속작업의 LST 중 최댓값으로 한다.
❸ 전체여유(TF)는 작업을 EST로 시작하고 LFT로 완료할 때 생기는 여유시간이다.
④ 종속여유(DF)는 후속작업의 EST에 영향을 주지 않는 범위 내에서 한 작업이 가질 수 있는 여유시간이다.

④ PERT · CPM 비교

구분	PERT	CPM
적용	명확하지 않은 상황, 신규사업	작업시간이 확립된 상황, 반복사업
목적	공기단축	공사비 절감
중심요소	단계(Event)	작업(Activity)
공기	3점 시간 추정(낙관, 비관, 가능)	1점 시간 추정
여유시간	Slack	Float

PERT 기법의 예상시간

예상시간(3점 시간 추정) = $\frac{낙관적\ 시간 + (4 \times 개연적\ 시간) + 비관적\ 시간}{6}$

⑤ 네트워크 용어

Project	공사	공정표가 나타내는 대상 공사이다.
Activity	작업	프로젝트를 구성하는 작업 단위이다.
Event, Node	결합점	작업을 결합하는 연결점 및 개시점, 종료점이다.
Duration	소요공기	작업을 수행하는 데 필요한 시간이다.
Path	패스	네트워크 중 둘 이상의 작업이 이어진 경로이다.
Dummy	더미	작업은 없으나 작업 상호 간의 관계를 표시하는 화살선이다.
Critical path	주공정선	공정상 가장 긴 경로이며 여유시간이 없는 공정선이다.
EST	조기시작시간	가장 빠른 작업 개시 시간(Earliest Start Time)이다.
EFT	조기종료시간	가장 빠른 작업 종료 시간(Earliest Finish Time)이다.
LST	만기시작시간	가장 늦은 작업 개시 시간(Latest Start Time)이다.
LFT	만기종료시간	가장 늦은 작업 종료 시간(Latest Finish Time)이다.
Float	여유	각 작업에 허용되는 시간적 여유이다.
TF	전체여유	EST에 개시하여 LFT에 종료 시 생기는 여유시간(Total Float)이다.
FF	자유여유	선행 EST, 후속 EST에 개시할 때 생기는 여유시간(Free Float)이다.
DF	종속여유	후속작업의 EST에 영향을 미치는 여유시간(Dependent Float)이다.

EST와 EFT의 계산
- 작업의 흐름에 따라 전진 계산한다.
- EFT = EST + Duration(소요공기)
- 선행작업이 없는 첫 작업의 EST는 프로젝트의 개시시간과 동일하다.
- 복수의 작업에 종속되는 작업의 EST는 선행작업 중 EFT의 최댓값으로 한다.

LST와 LFT의 계산
- 작업의 흐름과 반대로 역진 계산한다.
- LST = LFT − Duration(소요공기)
- 후행작업이 없는 마지막 작업의 LFT는 프로젝트의 종료시간과 동일하다.
- 복수의 작업에 선행되는 작업의 LFT는 후속작업 중 LST의 최솟값으로 한다.

⑥ 네트워크 작성(화살선형)

작성순서	• 선행, 후속, 병행작업을 구분한다. • 작업순서표를 작성하고 순차적으로 네트워크를 작성한다.	
작성방법	작업	• 화살표로 나타내며, 길이는 특정한 의미가 없다. • 좌측이 선행작업, 우측이 후속작업이다. • 상단에는 작업명, 하단에는 소요공기를 표시한다. • 원칙적으로 교차하지 않는다.
	결합점	○로 나타내며, 번호는 좌측에서 우측으로 부여한다.
	연결	• 시작점 및 완료점을 한 점으로 하며, 모두 연결되어야 한다. • 선행단계로 되돌아갈 수 없다. • 불필요한 더미를 두지 않는다.

📋 기출 확인

화살선형 네트워크의 화살표에 대한 설명 중 옳지 않은 것은?

① 화살표 밑에는 계획작업 일수를 숫자로 기재한다.
② 더미(Dummy)는 화살점선으로 표시한다.
❸ 화살표 위에는 결합점 번호를 기재한다.
④ 화살표의 길이는 특정한 의미가 없다.

❸ 품질관리(Quality Control)

① 개요

  소요의 규격과 품질을 만족시키기 위한 품질관리 및 품질개선의 전과정을 말한다.

② 단계

품질관리	품질계획 → 품질보증 → 품질제어
관리사이클	계획(Plan) → 실시(Do) → 검토(Check) → 조치(Action)

③ 통합품질관리(TQC)를 위한 7가지 도구

파레토도 (파레토그램)	• 층별 요인이나 특성에 대한 불량점유율을 나타낸 그림이다. • 가로축에는 층별 요인이나 특성을, 세로축에는 불량건수나 불량손실금액 등을 표시하여 그 점유율을 나타낸 불량해석도이다.
산포도 (산점도)	• 통계적 요인이나 특성에 대한 두 변량 간의 상관관계를 파악하기 위한 그림이다. • 두 변량을 각각 가로축과 세로축에 취하여 측정값을 타점하여 작성한다.
특성요인도 (생선뼈그림)	• 결과에 대한 원인이 어떻게 관계하는지를 알기 쉽게 작성한 그림이다. • 문제로 하고 있는 특성과 요인 간의 관계, 요인 간의 상호관계를 쉽게 이해할 수 있도록 화살표를 이용하여 나타낸다.
히스토그램	• 모집단에 대한 품질특성을 알기 위한 도수분포도이다. • 모집단의 분포상태, 분포의 중심위치, 분포의 산포 등을 쉽게 파악할 수 있도록 막대 그래프 형식으로 작성한다.
층별	품질의 분산이나 불량 원인에 대한 데이터를 몇 개의 그룹 또는 층으로 구분하여 해석 및 파악하는 기법이다.
체크시트	불량이나 결점 등 가산의 데이터가 항목별로 집중되어 있는 지점을 쉽게 알아보기 위해 나타내는 그림 또는 표이다.
관리도 (Control chart)	• 품질특성값의 변화를 파악하고, 공정의 안정성을 판단하는 그래프이다. • 중심선과 관리한계선(상한선, 하한선)을 가로축으로 설정하여 작성한다.

ISO 9000
• 국제적으로 인정되는 국제품질보증제도의 규격이다.
• 건설분야 ISO 9000은 설계, 시공, 관리 등 건설사업 전반에 대한 품질을 대상으로 한다.

📋 기출 확인

품질관리 사이클의 순서로 옳은 것은?

① 계획 – 검토 – 조치 – 실시
② 계획 – 검토 – 실시 – 조치
③ 계획 – 실시 – 조치 – 검토
❹ 계획 – 실시 – 검토 – 조치

📋 기출 확인

다음 중 QC 활동의 도구가 아닌 것은?

① 특성요인도 ② 파레토그램
③ 층별   ❹ 기능계통도

📋 기출 확인

TQC를 위한 7가지 도구 중 보기에서 설명하는 것은 무엇인가?

> 결과에 대한 원인이 어떻게 관계하는지를 알기 쉽게 작성한 것으로 생선뼈 그림이라고도 한다.

① 히스토그램 ❷ 특성요인도
③ 각종 그래프 ④ 체크시트

CORE 04 가설공사

CHAPTER 2 건축시공 / SECTION 2 건축시공

❶ 가설공사

① 개요

건축 공사기간 중에 설치하고 공사가 완료되면 해체, 철거하는 임시적인 공사이다.

② 구분

직접가설공사	개요	공사를 실시하는 데 직접적으로 필요한 가설공사이다.
	종류	비계, 흙막이, 규준틀, 보양, 양중 및 하역설비 등이 있다.
공통가설공사	개요	2공종 이상의 공사에 공통으로 필요한 가설공사이다.
	종류	가설도로, 가설울타리, 현장사무실, 현장시험실, 창고, 공사용수, 가설동력, 운반, 안전설비 등이 있다.

가설공사의 고려사항
- 공사의 규모, 시공정밀도 및 공사내용
- 운반 및 교통사항
- 가설물, 가설자재의 운영
- 공사 후 철거

❷ 가설공사계획

① 직접가설공사

줄쳐보기	개요	공사 착공 전에 건축물의 형태에 맞춰 줄을 띄우거나 석회 등으로 선을 그어 건축물의 건설위치를 표시하는 것이다.
기준점 (Bench mark)	개요	• 건물의 높이 및 위치의 기준이 되는 표식이다. • 주로 인접도로 경계석, 인근 건물의 벽 또는 담장 등에 설치한다.
	위치	• 공사에 지장이 없는 곳에 설정한다. • 건물의 위치 결정에 편리하고 잘 보이는 곳에 설치한다. • 이동 또는 소멸의 우려가 없는 곳에 설치한다.
	개소	건물 부근에 2개소 이상 설치한다.
	높이	G.L에서 0.5~1.0m 높이에 설치한다.
	시기	• 공사 착수 전에 설정하고, 완료 시까지 존치시킨다. • 공사가 완료된 후에도 건축물의 침하, 경사 등을 확인하기 위해 사용되는 경우가 있다.
규준틀	수평	• 수평규준틀은 주로 토공사에서 사용된다. • 건물의 각부 위치, 기초의 너비, 길이 등의 기준으로 사용된다.
	세로	세로규준틀은 조적공사에서 수직면의 기준으로 사용된다.
	귀	귀규준틀은 건물의 모서리 등에 사용된다.

기출 확인

가설공사에서 공통가설공사에 해당되지 않는 가설물은?
① 가설사무실
❷ 동바리
③ 가설울타리
④ 각종 실험실

기출 확인

다음 기준점(Bench mark)에 대한 설명에서 옳지 않은 것은?
① 공사 착수 전에 설정되어야 한다.
② 바라보기 좋고 공사에 지장이 없는 곳에 설치한다.
③ 이동의 우려가 없는 곳에 설치한다.
❹ 기준점은 가장 중요한 장소에 1개만 설치한다.

기출 확인

가설공사에서 건물의 각부 위치, 기초의 너비 또는 길이 등을 정확히 결정하기 위한 것은?
① 벤치마크
❷ 수평규준틀
③ 세로규준틀
④ 현상측량

비계	개요	공사용 통로 또는 작업용 발판의 설치를 위해 구조물의 주위에 조립, 설치되는 가설 구조물이다.
	주요 종류	달비계	건물의 외부 수리 등에 사용되는 줄에 매달린 비계이다.
		말비계	바닥에서 일정 높이의 발판을 설치한 이동이 용이한 비계로, 건축 실내공사에 주로 사용된다.
		외줄비계	저층, 중층의 조적공사, 차양막 설치 등에 사용한다.
		겹비계	외줄비계에 보강이 필요한 경우에 사용하는 비계이다.
		쌍줄비계	고층 건축물의 미장, 타일, 돌, 콘크리트공사 등에 사용한다.

강관비계의 설치

비계기둥	띠장 방향 간격	1.5m 이상 1.8m 이하
	장선 방향 간격	1.5m 이하
띠장	수직간격	1.5m 이하
	지상으로부터 첫 번째 띠장	2m 이내
장선	간격	1.5m 이하
가새	설치각도	수평면에 대해 40~60°
	배치간격	약 10m마다 교차
벽이음	배치간격	수직·수평 방향 5m 이하

② 공통가설공사

인화성재료저장소		벽, 지붕, 천장의 재료를 방화구조 또는 불연구조로 하며, 소화설비를 갖춘다.
현장사무실		기준면적은 3.3m²/인이며, 현장 전체를 관망할 수 있는 위치에 설치한다.
하도급자사무실		현장사무실과 가깝고 후속 공정에 지장이 없는 곳에 둔다.
변전소		• 가설울타리를 설치하고 위험표시를 한다. • 지붕, 벽, 바닥은 누수 방지 시공을 한다. • 비상시를 대비하여 현장사무실과 가까운 곳에 둔다.
시멘트창고	개구부	• 통풍이 되지 않도록 출입구 외에는 개구부 설치를 금한다. • 반입구와 반출구는 따로 두고 먼저 쌓은 것부터 사용한다.
	배수로	주변에 배수로를 두어 침수를 방지한다.
	시멘트	• 쌓기의 높이는 13포대를 한도로 한다. • 1m²에 약 50포대 정도를 적재하며, 30~35포대 정도가 좋다. • 3개월 이상 경과한 시멘트는 재시험을 거친 후 사용한다.
	바닥	• 지반은 바닥에서 30cm 이상 높인다. • 마루널깔기가 보통이며, 가능하면 그 위에 루핑을 깐다.
	마감	• 벽·천장·바닥을 방수, 방습처리한다. • 벽은 널판붙임으로 하고 장기간 사용하는 것은 함석붙이기로 한다.

공사현장 경계의 가설울타리의 시공
• 높이 1.8m 이상(지반면이 공사현장 주위의 지반면보다 낮은 경우에는 공사현장 주위의 지반면에서의 높이 기준)으로 설치한다.
• 야간에도 잘 보이도록 발광 시설을 설치하여야 한다.
• 차량과 사람이 출입하는 가설울타리 진입구에는 시건장치가 있는 문을 설치하여야 한다.
• 공사장 부지 경계선으로부터 50m 이내에 주거·상가건물이 집단으로 밀집되어 있는 경우에는 높이 3m 이상으로 설치하여야 한다.

+ 더 알아보기

비계의 분류

재료	통나무비계, 파이프비계(단관비계, 틀비계) 등
용도	외부비계, 내부비계, 수평비계, 달비계, 간이비계, 사다리비계 등
공법	외줄비계, 겹비계, 쌍줄비계

기출 확인

가설공사에서 강관비계 시공에 대한 내용으로 옳지 않은 것은?
① 가새는 수평면에 대하여 40~60°로 설치한다.
② 강관비계의 기둥간격은 띠장 방향 1.5~1.8m를 기준으로 한다.
❸ 띠장의 수직간격은 2.5m 이내로 한다.
④ 수직 및 수평 방향 5m 이내의 간격으로 구조체에 연결한다.

기출 확인

건축공사 시 가설건축물에 대한 설명으로 옳지 않은 것은?
① 시멘트창고는 통풍이 되지 않도록 출입구 외에는 개구부 설치를 금한다.
② 화기위험물인 유류·도료 등의 인화성 재료저장소는 벽, 지붕, 천장의 재료를 방화구조 또는 불연구조로 하고 소화설비를 갖춘다.
❸ 변전소의 위치는 안전을 고려하여 현장사무소에 최대한 멀리 떨어진 곳이 좋다.
④ 현장사무소의 경우 필요면적은 3.3m²/인 정도로 계획한다.

기출 확인

공사장 부지 경계선으로부터 50m 이내에 주거·상가건물이 있는 경우에 공사현장 주위에 가설울타리는 최소 얼마 이상의 높이로 설치하여야 하는가?
① 1.5m ② 1.8m
③ 2m   ❹ 3m

CORE 05 지반조사 · 토공사

CHAPTER 2 건축시공 / SECTION 2 건축시공

❶ 지반조사

① 개요

지반의 구성, 지질의 형태, 지하수위 등의 자료를 얻고자 실시한다.

② 분류 및 정의

지하탐사법	짚어보기, 터파보기, 물리적탐사법 등을 말한다.
보링	• 지반에 구멍을 뚫고 그 안에 있는 토사를 채취하여 조사한다. • 토질의 분포, 토층의 구성 등 주상도에 필요한 정보를 제공한다.
사운딩	로드 선단의 저항체를 지중에 넣어 토층의 강도, 밀도를 측정한다.
시료채취	시료에는 교란시료, 불교란시료가 있다.
토질시험	토질의 역학적, 물리적 성질을 측정하기 위한 실내시험이다.
지내력시험	실제의 하중을 가하여 지내력을 측정한다.

> 토질주상도(Soil boring log)
> • 지반조사 결과를 토대로 지하의 단면 상태를 예측하여 작성하는 자료이다.
> • N치, 토층의 두께·구성, 지하수위, 토질 및 색조, 보링 및 샘플링 방법 등이 표시된다.

❷ 지반조사의 종류

① 지하탐사법

짚어보기	탐사관을 인력으로 지중에 박아 넣으면서 측정한다.
터파보기	구멍을 파서 얕은 지층의 토질, 지하수위 등을 파악한다.
물리적 탐사법	• 탄성파식 지하탐사 : 낙하추·화약의 폭발로 발생시킨 지진파를 측정한다. • 전기저항식 지하탐사 : 지중에 전기를 흘려보내 저항값을 측정한다. • 방사능 지하탐사 : 방사성 원소가 방출하는 방사능 강도를 측정한다.

② 보링(Boring)

오거식	오거를 회전시켜 지중에 압입, 굴착시켜 교란시료를 채취한다.
수세식	지중에 내외관을 설치하고 내관으로 물을 분사해 천공한다.
충격식	지중에 강관을 설치하고 보링대를 상하로 회전시켜 굴착한 다음 관 속의 토사를 채취한다.
회전식	속이 빈 강철재의 절단기를 회전시켜 구멍을 뚫고 지층을 원통모양으로 채취한다.

📋 **기출 확인**

토질조사에 있어 중요한 것으로 지중 토질의 분포, 토층의 구성 등을 알 수 있고 주상도를 그릴 수 있는 정보를 제공할 수 있는 방법은 무엇인가?

① 터파보기
② 물리적 지하탐사법
③ 베인테스트
❹ 보링

📋 **기출 확인**

지반의 구성층을 파악하기 위하여 낙하추 또는 화약의 폭발로 지반을 조사하는 방법은?

① 충격식 보링 지하탐사
② 전기저항 지하탐사
③ 방사능 지하탐사
❹ 탄성파 지하탐사

➕ **더 알아보기**

보링의 일반사항
• 보링의 깊이는 지지층 이상으로 한다.
• 부지 내에서 3개소 이상 행한다.
• 보링공은 수직으로 굴착한다.

③ 사운딩(Sounding)

표준관입시험 (SPT)	• 질량 63.5±0.5kg의 드라이브 해머를 760±10mm 자유 낙하시키고, 보링로드 머리부에 부착한 노킹블록을 타격하여 보링로드 앞 끝에 부착한 표준관입시험용 샘플러를 지반에 300mm 박아 넣는 데 필요한 타격횟수(N)를 구한다. • 사질지반 모래의 밀도·전단력을 측정하는 데 가장 적합하다. • N값이 클수록 지내력이 크고 밀실한 토질이다. • 점토지반과 사질지반에 모두 적용이 가능하다.
베인테스트 (Vane test)	보링 후 십자형의 날개를 회전시켜 회전력으로 연약점토의 점착력과 전단강도를 판별하는 시험 방법이다.
스웨덴식 사운딩시험	로드의 선단에 붙은 스크루 포인트(Screw point)를 회전시키며 압입하여 흙의 관입저항을 측정하고, 흙의 경도나 다짐상태를 판정하는 시험 방법이다.
콘관입시험 (CPT)	원추 모양의 콘을 지중에 관입시키면서 저항을 측정한다.
	정적시험	• 유압장치 등을 이용해 일정한 속도로 관입시킨다. • 연질 점토지반 등에 사용한다.
	동적시험	• 해머를 자유낙하시켜 타격하여 관입시킨다. • 굳은 점토지반 등에 사용한다.

표준관입시험에 의한 사질토의 상대밀도

N치	지반의 상태(상대밀도)	
0~4	매우 느슨	Very loose
4~10	느슨	Loose
10~30	보통	Medium
30~50	조밀	Dense
50 이상	매우 조밀(다진 상태)	Very dense

④ 시료채취

교란시료	• 흐트러진 상태로 토질을 채취한다. • 입도, 밀도, 전단력 등의 역학적, 물리적 성질을 파악한다. • 터파보기, 베인테스트 등을 실시한다.
불교란시료	• 흐트러지지 않은 상태로 토질을 채취한다. • 흙의 역학적 성질을 파악한다. • 신월샘플링(Thin wall sampling) 등을 실시한다.

⑤ 토질시험

물리적시험	• 비중, 입도, 투수량, 액성한계, 소성한계 등을 파악한다. • 입도시험, 투수시험, 들밀도시험, 소성한계시험 등이 있다.
역학적시험	• 투수성, 침하량, 침하속도, 전단력 등을 파악한다. • 1축압축시험, 3축압축시험, 직접전단시험 등이 있다.

⑥ 지내력시험

평판재하시험	재하판에 하중을 가하여 지반의 지내력과 반발력을 측정한다.
말뚝재하시험	• 말뚝에 실하중을 가하여 지내력, 말뚝의 수량 등을 파악한다. • 정재하시험과 동재하시험이 있다.
말뚝박기시험	말뚝을 시항타하여 허용지지력을 파악한다.

기출 확인

표준관입시험의 기술 중 틀린 것은?
① 추의 무게는 63.5kg
❷ 추의 낙하높이는 100cm
③ N치는 30cm 관입하는 타격횟수
④ 토질시험의 일종임

기출 확인

다음 중에서 연약점토의 점착력을 판정하기 위한 지반조사방법에 가장 알맞은 것은?
① 샘플링 ❷ 베인테스트
③ 표준관입시험 ④ 탄성파탐사법

기출 확인

표준관입시험에서 상대밀도의 정도가 중간(Medium)에 해당될 때의 사질지반의 N값으로 옳은 것은?
① 0~4 ② 4~10
❸ 10~30 ④ 30~50

+ 더 알아보기

신월샘플링(Thin wall sampling)
연약점토의 시료를 두께가 얇은 샘플링 튜브를 사용하여 흐트러지지 않은 상태로 채취하는 방법이다.

기출 확인

다음 중 사운딩(Sounding)시험에 속하지 않는 시험법은?
① 표준관입시험 ② 콘관입시험
③ 베인전단시험 ❹ 평판재하시험

더 알아보기

지반의 장기응력에 대한 허용지내력

(단위 : kN/m²)

지반	허용지내력
경암반	4,000
연암반	1,000~2,000
자갈	300
자갈과 모래의 혼합물	200
모래 섞인 점토 또는 롬	150
모래 또는 점토	100

기출 확인

흙의 함수비에 관한 설명 중 틀린 것은?

① 함수비를 감소시키기 위해서는 Sand drain 공법이 사용된다.
② 함수비가 크면 전단강도가 작아진다.
③ 모래지반에서 함수비가 크면 내부마찰력이 감소된다.
❹ 점토지반에서 함수비가 크면 점착력이 증가한다.

기출 확인

사질 및 점토층 지반에 관한 기술 중 틀린 것은?

① 내부마찰각은 점토층보다 모래층이 크다.
② 일반적으로 투수성은 점토층보다 모래층이 좋다.
③ 모래층은 입도와 밀도에 따라 유동화현상을 일으킬 가능성이 크다.
❹ 압밀침하량은 점토층보다 모래층이 크다.

평판재하시험

개요	재하판에 하중을 가하여 지반의 지내력과 반발력을 측정한다.
위치	시험은 원칙적으로 기초저면에서 행한다.
계측기구	침하량을 측정하기 위해 다이얼게이지 지지대를 고정하고 좌우측에 2개의 다이얼게이지를 설치한다.
재하판	• 하중시험용 재하판은 정방형 또는 원형의 판을 사용한다. • 시험재하판은 실제 구조물의 기초면적에 비해 매우 작으므로 재하판 크기의 영향, 즉 스케일 이펙트(Scale effect)를 고려한다.

❸ 지반의 성질

① 흙의 성질

투수성	투수량이 클수록 침투량이 크며, 모래층이 점토층보다 투수성이 좋다.
함수비가 큰 경우	• 흙의 전단강도가 작아진다. • 사질지반은 내부마찰력이 감소하며, 점토지반은 점착력이 감소한다.
유동화현상	사질지반이 입도와 밀도에 따라 액체와 같이 거동하는 것을 말한다.
압밀침하	외력에 의하여 간극 내의 물이 밖으로 유출하여 입자의 간격이 좁아지며 침하하는 것을 말한다.

② 사질지반과 점토지반의 비교

구분	사질지반	점토지반
압밀속도	빠르다.	느리다.
압밀침하량	작다.	크다.
투수계수·투수성	크다.	작다.
함수율	작다.	크다.
가소성	작다.	크다.
내부마찰각	크다.	작다.
불교란시료의 채집	불리	용이
파낸 후 부피변화	상대적으로 작다.	크다.

❹ 지반개량

① 개요

지반을 안정된 상태로 만드는 공법으로 다짐, 배수, 탈수, 고결, 치환 등의 방법이 사용된다.

② 다짐 공법

컴팩션파일	나무·콘크리트 말뚝을 조밀하게 시공하여 지반을 압밀, 강화시키는 공법이다.
샌드 컴팩션파일	• 지반 중에 모래를 압입, 모래말뚝을 형성하는 공법이다. • 연약층을 다짐과 동시에 지지력을 증가시키는 효과가 있다. • 바이브로플로테이션(진동다짐+물), 바이브로컴포저(진동다짐) 공법 등이 있다.

재하 공법(프리로딩 공법, 여성토 공법)
- 구조물 하중보다 더 큰 하중을 연약지반(점성토) 표면에 프리로딩하여 압밀침하를 촉진시킨 뒤 하중을 제거하여 지반의 전단강도를 증대하는 공법이다.
- 연약층이 두껍고 공사기간이 짧은 경우에는 적용이 곤란하다.

③ 배수 · 탈수 공법

중력식	디프웰	지반 내에 깊은 우물을 시공하고 우물에 고인 물을 수중펌프로 배수하는 공법이다.
	집수정	지반 내에 집수정을 설치하고 집수정에 고인 물을 수중펌프로 배수하는 공법이다.
강제식	웰포인트	필터가 달린 흡수기를 설치하고 펌프로 지하수를 강제배수하는 공법이다.
	기타	전기삼투, 진공 디프웰 공법 등이 있다.
연직배수 (Vertical drain)	샌드드레인	적당한 간격으로 모래 말뚝을 형성하고 그 지반 위에 하중을 가하여 모래 말뚝을 통해 지반 중의 물을 유출시킨다.
	팩드레인	샌드드레인의 모래를 일종의 포대(Pack)로 보강한 공법이다.
	페이퍼드레인	적당한 간격으로 흡수지를 삽입하고 그 지반 위에 하중을 가하여 흡수지를 통해 지반의 물을 배수한다.
강제압밀	생석회말뚝	연약지반에 타설된 생석회말뚝이 물을 흡수하면서 팽창하여 지반을 강제압밀하는 공법이다.

웰포인트(Well point) 공법의 특징

적용	• 출수가 많은 깊은 터파기에 적합한 지하수 강제배수 공법이다. • 비교적 지하수위가 얕은 모래지반의 배수에 유리하다.
장점	• 지하수위를 낮추며 지내력이 증가하는 등 흙의 안전성을 대폭 향상시킨다. • 투수성이 비교적 낮은 사질실트층까지도 강제배수가 가능하다. • 흙막이의 토압이 줄어들고 흙파기 밑면의 토질 약화를 예방한다.
단점	지하수위가 저하되므로 우물 고갈 및 인접 지반 · 공동매설물 침하가 우려된다.

사질지반 · 점토질지반의 대표적인 지반개량 공법

사질지반	점토질지반
바이브로플로테이션, 바이브로컴포저, 디프웰, 웰포인트 공법 등	샌드드레인, 팩드레인, 페이퍼드레인, 생석회말뚝 공법 등

④ 고결 · 치환 공법

고결	약액주입, 그라우팅주입, 소결 · 동결 공법 등이 있다.
치환	굴착치환, 강제치환, 폭파치환 공법 등이 있다.

고결안정 공법
- 시멘트 등의 고화재를 슬러리 상태로 연약지반에 혼합하거나 시멘트, 약액을 가는 관을 통하여 지반 속에 압력으로 주입하는 공법이다.
- 흙입자 사이의 결합력을 증대시키고 지수성 및 강도를 증대시킨다.

기출 확인

다음 배수 공법 중 중력배수 공법에 해당하는 것은?

① 웰포인트 공법 ② 진공압밀 공법
③ 전기삼투 공법 ❹ 집수정 공법

기출 확인

지하수가 많은 지반을 탈수(脫水)하여 지내력을 갖춘 지반으로 만들기 위한 공법이 아닌 것은?

① 샌드드레인 공법
② 웰포인트 공법
③ 페이퍼드레인 공법
❹ 베노토 공법

기출 확인

웰포인트(Well point) 공법에 관한 설명 중 틀린 것은?

① 인접 대지에서 지하수위 저하로 우물 고갈의 우려가 있다.
② 투수성이 비교적 낮은 사질실트층까지도 강제배수가 가능하다.
❸ 압밀침하가 발생하지 않아 주변 대지, 도로 등의 균열발생 위험이 없다.
④ 흙의 안전성을 대폭 향상시킨다.

기출 확인

점토질 연약지반의 탈수 공법으로 적합하지 않은 것은?

① 샌드드레인(Sand drain) 공법
② 생석회말뚝(Chemico pile) 공법
③ 페이퍼드레인(Paper drain) 공법
❹ 웰포인트(Well point) 공법

> **더 알아보기**
>
> 수평버팀대의 설치작업순서
> 규준대 대기 → 흙파기 → 받침기둥 박기 → 띠장 및 버팀대 대기 → 중앙부 흙파기

> **기출 확인**
>
> 터파기공사 시 중앙부분을 먼저 파내고, 기초를 축조한 다음, 버팀대로 지지하여 주변 흙을 파내고, 지하구조물을 완성하는 터파기 공법명은?
>
> ① 오픈컷 공법 ❷ 아일랜드 공법
> ③ 트랜치컷 공법 ④ 케이슨 공법

> **기출 확인**
>
> Top down 공법(역타 공법)에 대한 설명 중 옳지 않은 것은?
>
> ① 지하와 지상작업을 동시에 한다.
> ② 주변 지반에 대한 영향이 적다.
> ③ 1층 슬래브의 형성으로 작업공간이 확보된다.
> ❹ 수직부재 이음부 처리에 유리한 공법이다.

> **기출 확인**
>
> 파이프 회전봉의 선단에 커터를 장치한 것으로 지중을 파고 다시 회전시켜 빼내면서 모르타르를 분출시켜 지중에 소일 콘크리트파일을 형성시킨 말뚝은?
>
> ① TLP파일 ② CIP파일
> ❸ MIP파일 ④ PIP파일

❺ 터파기·흙막이

① 터파기 공법

오픈컷	• 굴착 단면을 토질의 안정구배에 따른 사면으로 실시하는 공법이다. • 흙의 안식각(30~40°, 휴식각의 2배 정도)을 고려하여 굴착한다.
수평버팀대	굴착 외주에 흙막이벽을 설치하여 토압을 흙막이벽의 버팀대에 부담시키고 굴착하는 공법이다.
아일랜드	흙파기면을 따라 널말뚝을 항타한 뒤 중앙부의 흙을 먼저 파내고 중앙부의 구조물을 구축한 후 주위 부분의 흙을 파내는 공법이다.
트랜치컷	• 가장자리의 측벽이나 주열선 부분을 먼저 파내고 기초와 지하구조체를 구축한 후 중앙부의 흙을 파내는 공법이다. • 지반이 극히 연약하여 온통파기를 할 수 없는 경우에 적합하다.
어스앵커 (Tie rod)	• 흙막이벽의 배면부에 보링공을 굴착하고 고강도 강재를 모르타르재와 함께 시공하여 흙막이벽을 잡아맨 후 굴착하는 공법이다. • 토압이 불균등하거나 굴착부지 내에 작업공간이 필요한 경우에 적합하다.
역구축 (Top down)	지하 외벽 및 지하 내부 기둥을 선시공한 후 지상 및 지하구조물 공사와 터파기 공사를 동시에 실시하는 공법이다.

어스앵커 공법의 특징

장점	• 버팀대가 없어 굴착공간을 넓게 활용할 수 있다. • 대형기계의 반입·조립이 용이하다.
단점	• 인접 구조물의 기초나 매설물이 있는 경우 적용이 어렵다. • 시공 후 검사가 어렵다.

역구축(Top down) 공법의 특징

장점	• 흙막이로서 확실성이 보장된다. • 초기에 상부 구조물이 시공되어 공사기간이 단축된다. • 주변 지반 및 인접 건물에 미치는 영향이 적다. • 기시공된 지상층 바닥을 작업장이나 야적장 등으로 활용할 수 있다. • 소음과 진동이 적으며 기후에 관계없이 지하공사를 진행할 수 있다.
단점	• 이음부 등의 일체화 시공이 어렵다. • 작업공간 내 안전관리 및 공사 중 토압, 수압에 대한 계측관리가 필요하다.

② 흙막이 공법

수평흙막이널		H형강 등을 1~1.8m 간격으로 박고 H형강 사이에 흙막이널(토류판)을 수평으로 끼워 넣어 흙막이벽을 구성하는 공법이다.
스틸시트파일		스틸시트파일(철재널말뚝)을 서로 물려서 박아 구성한 흙막이벽이다.
주열식 지하연속벽		지중에 연속적으로 현장타설말뚝 또는 기성말뚝 등을 배치하여 연속적인 벽체를 구축하는 공법이다.
	CIP	Cast-In-Place 파일은 지반 굴착 후 공 내에 철근을 설치하고 모르타르 또는 콘크리트를 주입하는 공법이다.
	PIP	Packed-In-Place 파일은 지반 굴착 후 공 내에 모르타르나 콘크리트 주입 후에 철근을 압입하는 공법이다.
	MIP	Mixed-In-Place 파일은 지반을 굴착하고 빼내면서 시멘트용액을 주입하여 흙과 혼합한 후 철근을 압입하는 공법이다.
벽식 지하연속벽 (Slurry wall)		• 안정액(벤토나이트)을 사용하여 지반붕괴를 방지하면서 굴착하고, 굴착면에 철근망과 콘크리트로 연속적인 콘크리트 흙막이벽을 설치하는 공법이다. • 흙막이 자체가 지하 본구조물의 옹벽을 형성하는 공법이다.

지하연속벽(Slurry wall) 공법의 특징	
시공순서	가이드월 설치 → 굴착 및 안정액(벤토나이트) 투입 → 철근망 삽입 → 콘크리트 타설(트레미관 사용) 및 안정액 회수
장점	• 벽체의 강성이 크고 영구 구조물로 이용이 가능하다. • 차수성이 높고, 주변 지반에 대한 영향이 적다. • 인접 건물의 경계선까지 근접 시공이 가능하다. • 깊은 지층까지 조성할 수 있고 벽 길이에 제한이 없다. • 저진동, 저소음으로 공사가 가능하다.
단점	• 공사비가 비교적 고가이다. • 고도의 경험과 기술이 필요하다. • 굴착 중 안정액을 사용해도 공벽이 붕괴될 우려가 있다. • 벤토나이트 안정액의 처리가 어렵다.

지하연속벽의 시공상 일반사항(KCS 11 50 30)	
재료	물-시멘트비는 50% 이하, 슬럼프치는 180~210mm, 배합강도는 설계강도의 125% 이상으로 한다.
파내기	파내기 구멍은 수직으로 파며, 최대 허용차는 1.0% 이하로 한다.
최소 두께	구조물의 응력해석에 따라 0.6~1.5m 또는 그 이상으로 한다.
피복두께	• 콘크리트 타설 시 철근이나 보강재 등이 이동되지 않도록 처리한다. • 철근망과 도랑 측면 사이는 최소 100mm 정도의 콘크리트 피복을 유지한다.

📋 기출 확인

지하연속 흙막이공법인 슬러리월(Slurry Wall) 공법과의 관련성이 가장 적은 것은?

① 가이드월(Guide Wall)
② 벤토나이트(Bentonite) 용액
❸ 파워셔블(Power shovel)
④ 트레미관(Tremie Pipe)

📋 기출 확인

지하연속벽 공법 중 슬러리월(Slurry wall)에 대한 특징이 아닌 것은?

❶ 시공 시 소음·진동이 크다.
② 지반 굴착 시 안정액을 사용한다.
③ 주변 지반에 대한 영향이 적고 차수 효과가 확실하다.
④ 인접 건물의 경계선까지 시공이 가능하다.

③ 되메우기

개요	지하구조물의 주위 등 여분으로 굴착된 부분에 토사를 메우는 것을 말한다.	
적용	• 모든 지중구조물의 주위의 빈 공간은 모두 메워야 한다. • 지하층 외벽과 흙막이벽 사이의 공간에는 입도가 좋은 양질의 토사로 층다짐하여 침하요인을 배제한다.	
다짐	성토 후 다짐상태는 현장밀도시험을 실시하여 적합성을 판정한다.	
	모래	모래로 되메우기할 경우 충분한 물다짐을 실시한다.
	일반흙	일반흙으로 되메우기할 경우 두께 약 300mm마다 다짐밀도 95% 이상으로 다진다.

④ 흙막이벽 공사 시 주의해야 할 현상

구분	지반	원인	결과
히빙 (Heaving)	연질의 점토지반	흙막이 바깥 흙의 중량, 지표 위의 적재중량	저면의 흙이 흙막이 안으로 밀려 불룩하게 올라옴
보일링 (Boiling)	지하수위가 얕은 사질지반	지하수위와 흙막이벽 저면과의 수위차	흙막이 저면을 통해 물과 함께 모래가 부풀어 올라옴
파이핑 (Piping)	사질지반	수밀성이 불량한 흙막이	널말뚝의 틈새로 물과 토사가 유출되면서 주변 지반 함몰

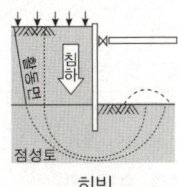
히빙

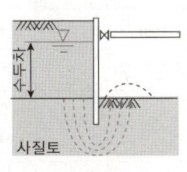
보일링

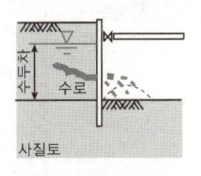
파이핑

📋 기출 확인

시공한 흙막이에 대한 수밀성이 불량하여 널말뚝의 틈새로 물과 미립토사가 유실되면서 지반 내에 파이프 모양의 수로가 형성되어 지반이 점차 파괴되는 현상은?

① 보일링   ② 히빙
③ 보링   ❹ 파이핑

➕ 더 알아보기

클램셸(Clam shell)
- 그래브 버킷을 크레인 선단에 매달아 수직으로 굴착하는 장비이다.
- 지하연속벽과 같이 좁고 깊은 곳, 케이슨 내의 굴착 등에 적합하다.

📋 기출 확인

다음 굴착기계 중 지반면보다 위에 있는 흙의 굴착에 가장 좋은 것은?

❶ 파워셔블(Power shovel)
② 드래그라인(Dragline)
③ 클램셸(Clamshell)
④ 백호(Back hoe)

📋 기출 확인

다음 중에서 토공사에서 활용되는 다짐용 기계장비가 아닌 것은?

① 탬핑롤러　② 머캐덤롤러
③ 래머　　　**❹ 파워셔블**

📋 기출 확인

다음 중 계측관리 항목 및 기기에 대한 설명으로 옳지 않은 것은?

① 흙막이벽의 응력은 Strain gauge(변형계)를 이용한다.
② 주변 건물의 경사는 Tilt meter(건물 경사계)를 이용한다.
❸ 지하수의 간극수압은 Water level meter(지하수위계)를 이용한다.
④ 버팀보, 앵커 등의 축하중 변화상태의 측정은 Load cell(하중계)을 이용한다.

❻ 토공사용 장비

① 정지·굴착장비

불도저계 (Dozer)	개요	배토판이나 삽날을 수평으로 끌거나 밀면서 정지하는 장비이다.
	종류	스트레이트도저, 앵글도저, 그레이더, 스크레이퍼 등이 있다.
셔블계 (Shovel)	개요	장비에 부착된 버킷이 상하운동을 하면서 흙을 굴착하는 장비이다.
	종류	백호(드래그셔블), 파워셔블, 클램셸, 드래그라인 등이 있다.

정지·굴착장비별 특징 및 주요 작업

구분		특징	주된 작업
정지	그레이더	장비 중앙부 배토판	정지, 고르기
	도저	장비 전면부 배토판	정지, 단거리 운반
굴착	파워셔블	장비 전면부 상향 셔블	지면·기계보다 높은 굴착
	백호	붐에 부착된 하향 셔블	지면·기계보다 낮은 굴착
	드래그라인	와이어에 달린 버킷을 끌어당기며 긁어서 굴착	지면·기계보다 낮은 굴착, 수중 굴착
	클램셸	와이어에 달린 버킷으로 굴착 후 수직 인양	수직, 수중, 연약지반, 깊은 굴착, 운반
공통	스크레이퍼	굴착기+운반기	굴착, 적재, 운반, 정지 연속 수행

② 다짐장비

전압식	개요	장비의 자체 중량으로 다짐하는 장비이다.
	종류	로드롤러(머캐덤롤러, 탠덤롤러), 탬핑롤러, 타이어롤러 등이 있다.
충격식	개요	장비에 의한 충격으로 다짐하는 장비이다.
	종류	탬퍼, 래머 등이 있다.
진동식	개요	장비의 진동과 자체 중량에 의해 다짐하는 장비이다.
	종류	소일컴팩터, 바이브로컴팩터롤러 등이 있다.

③ 계측장비

계측 위치	계측기	계측 항목
인접 구조물	Tilt meter(건물 경사계)	인접 구조물의 기울기
	Transit(트랜싯)	인접 구조물의 이동
	Crack gauge	인접 구조물의 균열
지중변위	Inclino meter(경사계)	지중의 수평변위
	Extension meter	지중의 수직변위
지하수	Piezometer	지하수의 간극수압
	Water level meter	지하수위의 변화
흙막이벽	Strain gauge(변형계)	흙막이벽의 응력 및 변형
	Load cell(하중계)	• 흙막이 배면의 측압 • 버팀보·어스앵커의 축하중
	Earth pressure cell(토압계)	흙막이벽의 측압, 수동토압
진동	Vibro meter	굴착 및 발파 시 진동
소음	Sound level meter	굴착 및 발파 시 소음

CHAPTER 2 건축시공 / SECTION 2 건축시공

CORE 06 기초공사

❶ 기초(Foundation)

① 개요

건물의 최하부에 놓여져 상부구조의 하중을 안전하게 지반에 전달하는 구조부이다.

② 지정형식의 분류

직접기초 (얕은기초)	• 상부구조의 하중을 기초 슬래브에서 지반으로 직접 전달하는 형식이다. • 구조물의 하중을 접지압으로 지지한다. • 푸팅기초, 전면기초 등이 있다.
간접기초 (깊은기초)	• 상부구조의 하중을 말뚝, 피어 등의 지정이 지반으로 전달하는 형식이다. • 구조물의 하중을 선단지지력과 주면마찰력으로 지지한다. • 말뚝(파일)기초, 피어기초, 케이슨기초 등이 있다.

> **➕ 더 알아보기**
>
> **지정**
>
> 기초를 지지하기 위해 지반내력 또는 기초를 보강하는 것으로 지반다짐, 잡석지정, 말뚝지정, 피어지정 등을 말한다.

③ 기초형식의 분류

푸팅기초	독립기초	기둥 1개의 하중을 1개의 기초판에 부담시킨 형식이다.
	복합기초	기둥 여러 개의 하중을 1개의 기초판에 부담시킨 형식이다.
	캔틸레버기초	독립기초 2개를 1개의 기초보로 연결한 형식이다.
	연속기초 (줄기초)	벽 또는 일련의 기둥으로부터의 응력을 띠모양으로 하여 지반 또는 지정에 전달하는 연속된 형태의 형식이다.
전면기초	매트기초 (온통기초)	• 건물의 하부 전체 또는 지하실 바닥 전체를 1개의 일체식 기초판으로 구성한 형식이다. • 지반이 연약하거나 기초판이 넓어야 할 때, 부동침하가 염려되는 건물에 적합하다.

> **➕ 더 알아보기**
>
> **기초 및 지정**
>
>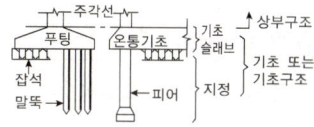

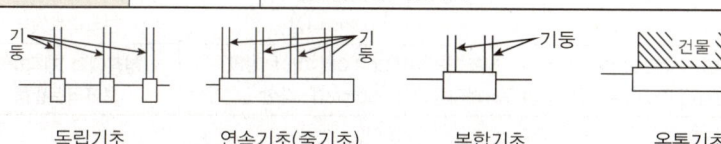

독립기초   연속기초(줄기초)   복합기초   온통기초

직접기초(얕은기초)의 특징	
장점	터파기 깊이가 얕아 시공이 간단하다.
단점	시공 중 부동침하, 전단파괴가 발생할 우려가 있다.
유의사항	• 푸팅(Footing)은 동결선 아래에 설치한다. • 풍화 등을 고려하여 지반보다 최소 1.2m 하부에 설치한다. • 지반의 지지력이 약할 경우 기초저면에 빈배합 콘크리트(버림콘크리트)를 타설하거나 모래, 쇄석 등으로 지정을 실시한다.

➕ 더 알아보기

말뚝박기의 일반사항
- 정확한 위치에 수직으로 박는다.
- 나무말뚝은 부패를 방지하기 위해 말뚝머리를 상수면 이하로 박는다.
- 지지력 증가를 위해 주위의 말뚝을 박고 중앙부의 말뚝을 박는다.
- 중단하지 않고 연속적으로 최종까지 계속해서 박는다.

📋 기출 확인

다음 말뚝시험에 관한 설명 중 옳지 않은 것은?
① 시험말뚝은 사용 말뚝과 똑같은 조건으로 한다.
② 말뚝은 연속적으로 박되 휴식시간을 두지 말아야 한다.
❸ 최종침하량은 최후 타격 시의 침하량을 말한다.
④ 시험말뚝은 3개 이상으로 한다.

➕ 더 알아보기

기성콘크리트말뚝의 주요 종류
- 원심력 철근콘크리트(RC)말뚝
- 프리스트레스트 콘크리트(PSC)말뚝
- 원심력 고강도 프리스트레스트콘크리트(PHC)말뚝

➕ 더 알아보기

말뚝의 이음 공법
밴드식, 충전식, 볼트식, 용접식 등

매입 공법의 장점
- 타입 공법에 비해 진동, 소음이 적다.
- 기성말뚝(PHC말뚝 등)을 사용하여 품질이 균일하다.

❷ 말뚝기초

① 말뚝의 분류

재료·제조		나무말뚝, 강재말뚝, 기성콘크리트말뚝, 현장타설콘크리트말뚝 등이 있다.
지지방식	지지말뚝	말뚝이 경질층 또는 암반에 도달하여 지지되는 상태를 말한다.
	마찰말뚝	말뚝이 경질층에 도달하지 못하고 말뚝 표면과 주변 흙의 마찰저항력으로 지지되는 상태를 말한다.

말뚝의 주요 허용지지력 산출방법

말뚝재하시험	개요	말뚝의 안정성을 검토하기 위해 실제로 말뚝에 하중을 가하여 지지력을 확인하는 시험이다.
	분류	동적, 정적재하시험 등이 있다.
	적용	지지말뚝, 마찰말뚝에 공통으로 적용된다.
말뚝박기시험 (시항타)	개요	시항타를 통해 말뚝의 길이, 지지력 등을 확인한다.
	조건	• 시험말뚝은 실제 말뚝과 동일한 조건으로 한다. • 시험말뚝은 3개 이상으로 한다.
	시험	• 수직으로 휴식시간 없이 연속적으로 박는다. • 소정의 침하량에 도달하면 무리하게 박지 않는다.
	판정	• 최종침하량은 5~10회 타격한 평균침하량으로 본다. • 최종침하량과 리바운드 측정량으로 지지력을 추정한다.
정역학적 공식		토질시험을 통해 Terzaghi 공식, Meyerhof 공식 등을 적용한다.
동역학적 공식		Hiley 공식, Sanders 공식, Engineering news 공식 등을 적용한다.
기타		지반의 허용응력도, 표준관입시험 등을 적용한다.

② 말뚝중심간격

구분	중심간격	비고
나무말뚝	말뚝머리지름의 2.5배 이상 또한 600mm 이상	육송 또는 낙엽송 등을 가공하여 만든 말뚝
강재말뚝	말뚝머리지름 또는 폭의 2.0배 이상 (폐단강관말뚝은 2.5배) 또한 750mm 이상	H형강말뚝, 강관말뚝, 나선말뚝 등
기성콘크리트말뚝 (PC말뚝)	말뚝머리지름의 2.5배 이상 또한 750mm 이상	공장에서 미리 제작된 콘크리트말뚝
현장타설콘크리트말뚝 (제자리콘크리트말뚝)	말뚝머리지름의 2.0배 이상 또한 말뚝머리지름에 1,000mm를 더한 값 이상	현장에서 제작하는 콘크리트말뚝

③ 설치공법

타입 공법	타격공법	말뚝의 두부를 타격하여 항타하는 일반적인 방식이다.
	진동공법	말뚝의 두부에 진동기의 자중과 진동을 가하여 시공한다.
매입 공법	압입공법	말뚝의 두부에 유압 또는 수압으로 압력을 가하여 시공한다.
	사수공법	말뚝 선단부에 분출구를 설치하고 물을 분사하여 시공한다.
	굴착공법 — 프리보링	오거 등으로 지반을 천공하고 기성말뚝을 매입한다.
	굴착공법 — 내부굴착	개방형 중공 기성말뚝 내부에 오거를 넣고 지반을 천공하면서 매입한다.

재래식 현장타설콘크리트말뚝의 분류	
컴프레솔파일 (Compressol pile)	원뿔형 추를 낙하시켜 지반에 구멍을 뚫고, 그 구멍에 콘크리트를 타설하면서 추로 다짐하여 시공하는 공법이다.
심플렉스파일 (Simplex pile)	선시공한 중공형 강관 내부에 콘크리트를 타설하고 무거운 추로 다져가며 강관을 뽑아내는 공법이다.
페데스탈파일 (Pedestal pile)	내관과 외관으로 구성된 이중강관을 선시공한 후 강관 내부에 콘크리트를 타설하고 내관으로 다짐하며 외관을 뽑아내는 공법이다.
레이먼드파일 (Raymond pile)	심대를 넣은 외관을 선시공한 후 강관 내부에 콘크리트를 타설하고 외관을 지중에 남겨둔 채 심대로 다지는 공법이다.
프랭키파일 (Franky pile)	심대 끝에 주철제 원추형의 마개가 달린 외관을 선시공한 후 내부의 마개를 제거하고 콘크리트를 타설하고 추로 다짐하는 공법이다.

+ 더 알아보기

트레미관(Tremie pipe)
- 상단부 머리 부분에 구멍이 있는 깔대기 형태의 콘크리트 타설용 관이다.
- 현장타설콘크리트말뚝이나 수중콘크리트공사 시 시공을 용이하게 하기 위해 하단부를 콘크리트 속에 2m 이상 관입하고 타설한다.

❸ 피어기초

① 개요

말뚝보다 지름이 큰 대구경 현장타설(제자리)콘크리트말뚝을 시공하는 기초이다.

② 설치공법

굴착 이후에는 철근망 삽입과 트레미관을 이용한 콘크리트의 타설이 이루어진다.

기계 굴착	베노토 공법 (올케이싱 공법)	개요	중공형의 케이싱을 압입시키면서 내부를 해머그래브로 굴착하고, 콘크리트 타설 후 케이싱을 뽑아내는 공법이다.
		특징	• 올케이싱 공법으로 주변 지반에 영향을 주지 않는다. • 굴착 후 배출되는 토사로 토질 및 지지층의 파악이 가능하다. • 50~60m 정도의 긴 말뚝도 시공이 가능하다. • 연약지반, 수상에서는 케이싱을 뽑아내는 반력이 크므로 적합하지 않다.
	어스드릴 공법	개요	안정액으로 공벽을 보호하면서 어스드릴로 굴착하는 공법이다.
		특징	• 연약점토층에서는 케이싱을 사용하기도 한다. • 굴착속도가 빠르고 진동과 소음이 가장 적다. • 암반층에는 시공이 어렵다.
	리버스 서큘레이션 공법 (RCD)	개요	굴착공 내에 지하수위보다 2m 이상 높게 물을 채워 정수압을 확보하여 공벽의 붕괴를 방지하면서 굴착하는 공법이다.
		특징	• 유연한 지반부터 암반까지 모두 굴착이 가능하다. • 시공 직경은 0.9~3m, 심도는 통상 70m까지 가능하다. • 수상시공 및 장대말뚝의 시공이 가능하다.
인력 굴착	심초 공법	개요	장비의 반입이 어려운 장소에서 인력으로 시공하는 공법이다.
		특징	산악지 급경사면, 기존 구조물 보수 및 보강(언더피닝) 등에 주로 적용된다.

언더피닝(Underpinning)
- 기존 건축물의 기초지정의 보강 또는 거기에 새로운 기초를 삽입하거나 지지면을 더 깊은 지반에 옮기는 공사의 통칭명이다.
- 갱·피어 공법, 그라우트 주입 공법, 잭파일 공법 등이 있다.

기출 확인

베노토(Benoto) 공법의 특징이 아닌 것은?
① All casing 공법이므로 주위 지반에 영향을 주지 않고 안전하게 시공이 된다.
❷ 긴말뚝(50~60m)의 시공에는 적합하지 않다.
③ 굴삭 후 배출되는 토사로서 토질을 알 수 있어 지지층에 도달됨을 판명할 수 있다.
④ 기계는 대형 중량이고 케이싱튜브를 뽑아내는 반력도 커서 심히 연약한 지반 또는 수상시공에는 적절치 않다.

기출 확인

굴착구멍 내 지하수위보다 2m 이상 높게 물을 채워 굴착함으로써 굴착 벽면에 $2t/m^2$ 이상의 정수압에 의해 벽면의 붕괴를 방지하면서 현장타설콘크리트말뚝을 형성하는 공법은?
① 베노토파일
② 프랭키파일
❸ 리버스서큘레이션파일
④ 프리팩트파일

❹ 케이슨기초

① 개요

지상에서 구축한 우물통 형식의 구조물을 내리 앉히고 저부에 콘크리트를 부어 시공하는 기초이다.

② 분류

오픈케이슨 (개방잠함기초)	개요	뚜껑이 없는 케이슨 내부를 굴착하여 내리 앉히는 공법이다.
	특징	• 침하의 깊이에 제한을 받지 않고 기계설비가 간단하다. • 히빙, 보일링 등의 우려가 있고 지지력 파악이 어렵다. • 공사비가 저렴하고 도심지 공사에 적합하다.
뉴메틱(공기) 케이슨 (잠함기초)	개요	케이슨 하부에 작업실을 구축하고 압축공기로 지하수의 유입을 막으며 굴착하여 내리 앉히는 공법이다.
	특징	• 히빙, 보일링이 방지되고 인접 구조물에 미치는 영향이 적다. • 고압의 작업환경으로 심도가 깊은 공사는 어렵다. • 공사비가 고가이고 소음·진동이 심해 도심지 공사에 부적합하다. • 기계설비가 고가이다.

> **+ 더 알아보기**
>
> **박스케이슨(Box caisson)**
> • 하부가 막힌 케이슨을 해상에 진수시키고 콘크리트, 모래 등을 채워 침하시키는 공법이다.
> • 방파제 건설 등에 사용된다.

CHAPTER 2 건축시공 / SECTION 2 건축시공

CORE 07 철근콘크리트공사

❶ 철근콘크리트구조

① 개요

시멘트, 골재, 물, 혼화재료 등을 혼합한 콘크리트와 철근을 습식으로 일체화시킨 구조이다.

② 원리

강도의 상호보완	콘크리트는 압축력에 강하고 인장력에 취약하므로 압축력은 콘크리트가 부담하고 인장력은 철근이 부담한다.
부착	• 철근과 콘크리트의 열팽창계수(선팽창계수)는 거의 같아 일체화에 유리하다. • 콘크리트와 철근이 강력히 부착되면 철근의 좌굴이 방지되며, 압축력에도 유효하게 된다.
피복	• 콘크리트는 알칼리성으로, 산성인 철근의 부식을 방지한다. • 내구성, 내화성이 우수한 콘크리트가 철근을 피복하여 보호한다. • 피복두께를 크게 하면 내구성은 증대된다.

> **더 알아보기**
>
> 콘크리트의 내화·내열성
> • 콘크리트는 내화성이 우수하다.
> • 골재의 품질에 영향을 받는다.
> • 충분한 피복두께는 내화성을 높인다.
> • 콘크리트는 화재 후 중성화가 촉진된다.

③ 특징

장점	단점
• 내구, 내화, 내풍적이고 내진성이 크다. • 설계가 비교적 자유롭고, 부재의 크기와 형상을 자유자재로 제작할 수 있다. • 공사비가 상대적으로 저렴하고 건물의 유지관리에도 유리하다.	• 자체 중량이 크고 인장강도가 낮다. • 시공이 복잡하고 정밀도가 요구된다. • 공기가 길고 균열이 발생하기 쉽다. • 형태의 변경이나 파괴, 철거가 어렵다. • 동절기 공사 시 기후의 영향을 많이 받는다.

❷ 철근공사

① 철근의 종류

원형철근	• 표면에 리브 또는 마디 등의 돌기가 없는 원형단면의 봉강이다. • 부착력이 약하며, 지름은 Ø로 표시한다.
이형철근	• 표면에 리브와 마디 등의 돌기가 있는 봉강이다. • 부착력이 강하며, 지름은 D, 단위는 mm로 나타낸다.
피아노선	고도의 인장강도를 가지는 고탄소강으로, PC강선으로 사용된다.
고강도철근	탄소강에 니켈, 망간, 규소 등을 소량 첨가하여 열간 및 냉간가공 과정을 거쳐 보통 철근보다 강도를 향상시킨 강재이다.

> **더 알아보기**
>
> 철근의 가공
> • 철근은 상온에서 냉간가공하는 것이 원칙이다.
> • 콘크리트에 매립되는 부분은 부착강도를 위해 녹막이칠을 하지 않는다.

📋 기출 확인

철근의 이음방식 중 철근단면을 맞대고 산소-아세틸렌염으로 가열하여 접합단면을 녹이지 않고 적열상태에서 부풀려 가압, 접합하는 형태로 전 이음 공법 중 접합강도가 큰 편에 속하는 것은?

① 겹침이음 ② 기계적이음
③ 아크용접이음 ❹ 가스압접이음

📋 기출 확인

철근 이음의 종류 중 원형강관 내에 이형철근을 삽입하고 이 강관을 상온에서 압착가공함으로써 이형철근의 마디와 밀착되게 하는 이음방법은?

① 용접이음
② 슬리브충전이음
❸ 슬리브압착이음
④ 가스압접이음

📋 기출 확인

철근의 이음에 대한 설명으로 옳지 않은 것은?

① 철근의 이음은 균열을 방지하기 위해 한 곳에 집중하지 않도록 해야 한다.
❷ 주근의 이음은 구조부재에 있어 인장력이 가장 큰 부분에 둔다.
③ 철근이음의 종류에는 겹침이음, 용접이음, 기계적 이음 등이 있다.
④ 동일한 개소에 철근 수의 반 이상을 이어서는 안 된다.

📋 기출 확인

이형철근이라도 단부에 반드시 갈고리(Hook)를 설치하여야 하는 경우가 있다. 다음 중 갈고리(Hook)를 설치하지 않아도 되는 경우는?

① 스터럽
② 띠철근
③ 굴뚝의 철근
❹ 지중보의 돌출부분의 철근

② 철근의 이음

개요		철근은 제작, 운반상 한정된 길이로 생산되므로 시공상 이음이 필요하다.
종류	겹침이음	이형철근을 서로 겹쳐 이어대는 전통적인 방식이다.
	용접이음	이형철근을 용접봉과 함께 열에너지로 녹여 접합하는 방식이다.
	가스압접이음	• 철근단면을 맞대고 산소-아세틸렌염으로 가열하여 접합단면을 녹이지 않고 적열상태에서 부풀려 가압(축방향 30MPa 이상)·접합하는 방식이다. • 모재와 동등한 기계적 강도를 가지며, 성분 변화가 적고 접합강도가 크다. • 철근의 재질, 항복점 또는 강도가 서로 다른 경우에는 사용하지 않는다.
	기계적 이음	• 슬리브압착이음 : 원형강관 내에 이형철근을 삽입하고 강관을 상온에서 압착가공하여 이형철근의 마디와 밀착시키는 방식이다. • 슬리브충전이음 : 슬리브 내에 이형철근을 삽입하고 모르타르, 용융금속 등을 충전시켜 접합하는 방식이다. • 커플러이음 : 강철제 커플러에 이형철근을 삽입하고 너트 등으로 고정시켜 접합하는 방식이다.

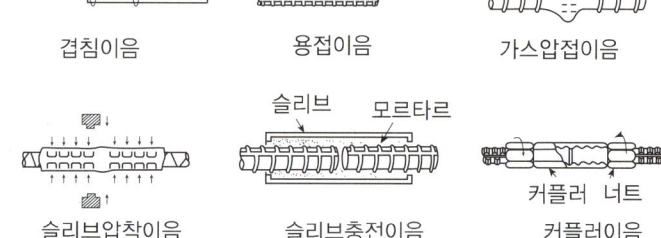

겹침이음   용접이음   가스압접이음

슬리브압착이음   슬리브충전이음   커플러이음

이음 길이의 결정요인
콘크리트의 강도, 철근의 항복강도, 철근의 지름·종류, 갈고리의 유무 등

철근의 이음 시 주의사항

위치	• 이음부는 구조상 취약한 부분이 되기 때문에 인장응력이 최대로 작용하는 곳에서는 이음을 하지 않는 것이 좋다. • 주근은 경미한 인장력이 생기는 곳 또는 압축 측에서 이음한다. • 동일 위치에서 1/2 이상 이음하지 않는다.
겹침이음 제한	• D35를 초과하는 철근은 겹침이음을 하지 않는다. • 다만, 서로 다른 크기의 철근을 압축부에서 겹침이음하는 경우 D35 이하의 철근과 D35를 초과하는 철근은 겹침이음을 할 수 있다.

③ 구부림

개요		• 철근의 단부를 구부려 만든 갈고리는 뽑힘에 대한 저항이 강하다. • 한 번 구부린 철근은 다시 펴서 사용해서는 안 된다.
갈고리(Hook)	개요	• 철근의 정착, 겹침이음 등을 위해 철근의 끝을 구부려 만든다. • 압축력이 작용하는 경우에는 유효하지 않다.
	표준 갈고리	• 주근은 180°, 90°이다. • 스터럽, 띠철근은 135°, 90°이다.

단부에 갈고리를 만들어야 하는 철근
• 원형철근   • 스터럽(늑근)   • 띠철근(대근)
• 굴뚝의 철근   • 기둥 및 보(지중보는 제외)의 돌출부분의 철근

철근의 정착길이 · 부착력	
정착길이	콘크리트에 묻힌 철근이 인장항복에 이르기까지 뽑히거나 미끄러지지 않고 저항할 수 있는 부착력을 확보하기 위한 최소의 묻힘길이이다.
부착력	일체화된 철근과 콘크리트의 활동에 대한 저항성을 말한다.

④ 피복두께

개요	콘크리트 표면과 그에 가장 가까이 배치된 철근 표면 사이의 콘크리트 두께이다.
목적	부착강도, 부식 방지, 내구성, 내화성, 타설 시의 유동성 등

⑤ 철근의 조립

철근의 조립은 기초 → 기둥 → 벽 → 보 → 바닥 → 계단 순으로 진행한다.

표면	• 철근의 표면에는 부착을 저해하는 흙, 기름 또는 이물질이 없어야 한다. • 경미한 황갈색의 녹이 발생한 철근은 일반적으로 콘크리트와의 부착을 해치지 않으므로 사용할 수 있다.
가공	• 철근은 상온에서 가공하는 것을 원칙으로 하며, 철근상세도에 표시된 형상과 치수가 일치하고 재질을 해치지 않는 방법으로 이루어져야 한다. • 철근상세도에 철근의 구부리는 내면 반지름이 표시되어 있지 않은 때에는 KDS에 규정된 구부림의 최소 내면 반지름 이상으로 철근을 구부려야 한다.
조립	• 철근을 견고하게 조립하기 위하여 필요에 따라서 조립용 강재를 사용할 수 있다. • 철근이 바른 위치를 확보할 수 있도록 결속선으로 결속하여야 한다.
고임재· 간격재	목적	피복두께를 정확하게 확보하기 위해 적절한 간격으로 배치한다.
	고려사항	사용개소의 조건, 고정방법, 철근중량, 작업하중 등을 고려한다.
	제품종류	• 모르타르, 콘크리트, 강, 플라스틱, 세라믹 제품 등이 있다. • 거푸집에 접하는 경우에는 콘크리트 또는 모르타르 제품을 사용한다. • 플라스틱은 콘크리트와의 열팽창률의 차이, 부착 및 강도 부족 등의 문제가 있으며, 스테인리스 등의 내식성 금속은 금속 간의 접촉부식 문제 등 불명확한 점이 있으므로 책임기술자의 승인을 얻어야 한다.

각 부재별 철근의 조립	
기초	거푸집 위치 먹줄치기 → 철근간격표시 → 직교철근배근 → 대각선철근배근 → 스페이서 설치 → 기둥주근 설치 → 띠철근배근 순으로 진행된다.
기둥	기둥 주근은 위층 층높이의 1/3 정도로 뽑아 올리고 이음은 2/3 하부에 둔다.
벽	• 한쪽 거푸집을 짜고 철근조립을 완료한 후 다른 편의 거푸집을 짠다. • 세로철근의 하부는 기초판·지중보·바닥판에, 상부는 보에 깊이 정착한다.
보	• 재축 방향의 철근이 주근이며, 이음하지 않는 것이 원칙이다. • 부득이하게 이음할 경우 단부 상부근과 중앙 하부근은 피한다.
슬래브	장변 방향보다 단변 방향 주열대(Column strip)에 가장 많이 배근한다.
계단	계단을 오르내리는 방향에 주근을 배치한다.

➕ 더 알아보기

부재별 피복두께의 기준

기둥	띠철근 - 콘크리트 표면
보	스터럽 - 콘크리트 표면

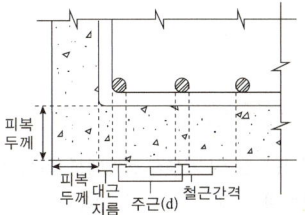

➕ 더 알아보기

철근의 정착위치

구분	정착위치
기둥의 주근	기초
보의 주근	기둥
작은 보의 주근	큰 보
지중보의 주근	기초 또는 기둥
직교하는 단부보 밑 (기둥이 없을 때)	보 상호 간
바닥 철근	보 또는 벽체
벽 철근	기둥, 보, 기초 또는 바닥판

📋 기출 확인

철근의 정착위치에 대한 설명 중 옳지 않은 것은?

① 기둥의 주근은 기초에 정착한다.
② 보의 주근은 기둥에 정착한다.
③ 작은 보의 주근은 큰 보에 정착한다.
❹ 지중보의 주근은 바닥판에 정착한다.

❸ 거푸집공사

① 개요

타설한 콘크리트가 소정의 형상, 치수를 유지하며 소요 강도에 도달하기까지 지지하는 가설구조물이다.

② 역할 및 요구성능

변형성	형상, 치수가 정확하고 콘크리트 타설 시 처짐, 배부름 등의 변형이 없어야 한다.
안전성	충격, 압력 등 외력에 대해 충분히 안전해야 한다.
시공성	운반, 조립, 제거가 용이하고 콘크리트의 표면 마감 정도를 만족시켜야 한다.
전용성	파손되거나 손상되지 않고 반복사용이 가능하여 경제성이 있어야 한다.
수밀성	시멘트페이스트 및 경화에 필요한 수분이 누출되지 않아야 한다.

📋 **기출 확인**

바닥판, 보 밑 거푸집 설계에서 고려하는 하중과 가장 거리가 먼 것은?

① 아직 굳지 않은 콘크리트의 중량
② 작업하중
③ 충격하중
❹ 측압

③ 거푸집의 설계

적용 하중	연직하중 (수직하중)	고정하중	철근콘크리트와 거푸집의 무게
		작업하중	시공하중(작업원, 장비, 자재, 공구 등)과 충격하중
	수평하중		풍하중 이외의 타설 시의 충격 또는 시공오차 등에 의한 하중
	편심하중		콘크리트를 비대칭으로 타설할 때의 하중
	측압·풍하중		콘크리트 타설 시의 측압과 풍하중
부재별 하중	보의 바닥·슬래브		고정하중, 충격하중, 작업하중 등을 고려한다.
	보의 측면·벽·기둥		콘크리트에 의한 측압만을 고려한다.

📋 **기출 확인**

굳지 않은 콘크리트 측압에 영향을 주는 요소 중 옳은 것은?

① 콘크리트 온도가 높을수록 측압은 크다.
② 타설속도가 빠를수록 측압이 작다.
③ 부배합일수록 측압은 작다.
❹ 물–시멘트비가 작을수록 측압이 작다.

콘크리트의 측압이 커지는 경우
측압은 유동성을 가진 콘크리트로부터 거푸집의 수직부재가 받는 수평 방향 압력이다.

슬럼프	클수록	외기온도	낮을수록	응결시간	느릴수록
거푸집	강성, 수밀, 평활	콘크리트온도	낮을수록	철근량	적을수록
타설속도	빠를수록	콘크리트비중	클수록(부배합)	단면	클수록
타설높이	높을수록	물–시멘트비	클수록(묽을수록)	진동다짐	충분할수록

콘크리트 헤드(Concrete head)
• 타설된 콘크리트 윗면으로부터 최대 측압면까지의 거리를 말한다.
• 거푸집의 최하단부에서 가장 크다.

④ 재료

거푸집널	콘크리트와 접하는 합판, 플라스틱 및 금속재 패널 등의 재료이다.
장선·멍에	거푸집널을 통하여 하중을 전달받아 동바리 또는 긴결재에 전달하는 재료이다.
동바리	거푸집을 받치는 수직 가설재로 파이프, 시스템, 강관틀, 강재 동바리 등이 있다.

📋 **기출 확인**

철근콘크리트공사에서 철근조립에 관한 설명 중 옳지 않은 것은?

① 철근과 철근의 순간격은 굵은 골재 최대 치수의 4/3배 이상으로 한다.
❷ 철근과 철근의 간격을 유지하기 위하여 세퍼레이터를 사용한다.
③ 철근의 교차부에서 겹친이음인 경우에는 2개소 이상을 결속하여야 한다.
④ 철근조립 전에 철근에 부착된 진흙, 기름 등의 유해물을 제거하는 것이 콘크리트와의 부착력 향상에 좋다.

부속재	박리제	• 거푸집의 탈형이 용이하도록 미리 거푸집면에 도포하는 약재이다. • 동식물유, 석유, 파라핀 등이 사용된다.
	긴장(긴결)재 (폼타이)	거푸집의 정확한 위치, 치수를 유지하고 변형을 방지하기 위해 연결시켜 고정하는 철물이다.
	격리재 (세퍼레이터)	거푸집 상호 간의 간격과 두께를 바르게 유지하고 변형을 방지하기 위한 철물이다.
	간격재 (스페이서)	철근과 거푸집의 간격을 바르게 유지하여 피복두께를 형성하기 위한 철물이다.

컬럼밴드
기둥 시공 시 거푸집이 벌어지는 것을 방지하기 위해 사용하는 철물이다.

드롭헤드
지주를 제거하지 않고 슬래브 거푸집만 제거할 수 있도록 한 철물로, 철재 또는 금속재 거푸집에 사용된다.

⑤ 재래식 거푸집

목재	합판거푸집	• 합판으로 제작한 거푸집으로, 규격이 자유롭다. • 전용성이 낮고 조립에 시간과 비용이 소요된다.
금속재	철제거푸집 (스틸폼)	• 강판이나 형강 등으로 제작한 거푸집이다. • 강성이 크고 전용성이 높으나 중량이 크고 비용이 높다.
	유로폼	• 철제 프레임에 패널을 부착시킨 거푸집이다. • 조립과 해체 속도가 빠르고 전용성이 비교적 높다.
	알루미늄 거푸집	• 알루미늄으로 제작한 거푸집이다. • 중량이 가벼우나 비용이 높고 부식의 우려가 있다.

⑥ 시스템 거푸집

벽체 전용	갱폼	• 대형화, 단순화하여 한 번에 설치하고 해체하는 벽체용 거푸집이다. • 공기가 절약되며 전용성, 안정성이 좋고 이음부위가 감소한다. • 중량이 커서 대형 양중장비가 필요하며 초기 세팅기간이 길다. • 전용횟수는 30~40회 정도이며, 초기 투자비가 높다. • 벽식구조인 아파트 건축물에 적용효과가 크다.
	클라이밍폼 (ACS)	• 갱폼에 마감공사를 위한 비계틀을 일체로 조립하여 한 번에 인양시켜 설치하는 벽체용 거푸집이다. • 갱폼에 비해 공기가 단축되고 품질이 우수하나 비용이 고가이다. • 거푸집 해체 시 콘크리트에 미치는 충격이 적다. • 비계 설치가 불필요하며 고소 작업 시 안전성이 높다.
수직연속	슬라이딩폼	• 단면형상에 변화가 없고 수직으로 연속된 사일로, 교각 등의 구조물의 연속타설에 사용되는 연속 이동식 벽체용 거푸집이다. • 거푸집을 요크(York)나 기타 장비로 끌어올리면서 연속적으로 타설하므로 콘크리트의 일체성이 확보된다. • 거푸집의 조립, 제거가 용이하여 공기가 단축(1/3 정도)된다. • 내외의 비계발판을 따로 가설할 필요가 없다. • 거푸집의 끌어올리기와 타설 속도는 1일(주야) 약 3~5m이다.
	슬립폼	단면형상에 변화가 있고 수직으로 연속된 전망탑, 급수탑 등의 연속타설에 사용되는 연속 이동식 벽체용 거푸집이다.
수평연속	트레블링폼	• 아치, 돔, 셸 등의 연속구조에 사용되는 수평 이동식 거푸집이다. • 거푸집을 이동시키면서 콘크리트를 연속적으로 타설한다. • 공기단축이 가능하며 시공 정밀도가 우수하다. • 초기 투자비가 높은 편이다.
바닥 전용	플라잉폼 (테이블폼)	거푸집판, 장선, 멍에, 서포트 등을 일체로 제작하여 수평·수직 방향으로 이동하는 바닥용 거푸집이다.
	와플폼	• 무량판구조 또는 평판구조에 사용되는 특수상자모양의 기성재 거푸집이다. • 우물반자의 형식이며, 2방향 장선 바닥판구조를 만들 수 있다.
	W식 거푸집	W식 트러스 위에 거푸집널을 설치하는 바닥용 거푸집이다.
벽체·바닥	터널폼	• 한 구획 전체의 벽체와 바닥 거푸집을 ㄱ자, ㄷ자형으로 견고하게 일체화한 거푸집이다. • 시공성이 좋고 공기가 단축되나 양중 및 안전관리가 필요하다.
무지주 공법	지주(받침기둥)를 사용하지 않고 보를 설치하여 거푸집널을 지지하는 공법이다.	
	보우빔	• 수평지지보를 설치하여 거푸집을 지지한다. • 스팬의 조정이 불가능하다.
	페코빔	• 철골트러스식 강재보를 설치하여 거푸집을 지지한다. • 내외부 빔을 조절하여 스팬의 조정이 가능하다.

기출 확인

사용할 때마다 부재의 조립, 분해를 반복하지 않아 벽식구조인 아파트 건축물에 적용효과가 큰 대형 벽체거푸집은?

❶ Gang form
② Sliding form
③ Air tube form
④ Traveling form

기출 확인

클라이밍폼의 특징에 대한 설명으로 옳지 않은 것은?

① 고소 작업 시 안전성이 높다.
② 거푸집 해체 시 콘크리트에 미치는 충격이 적다.
❸ 초기 투자비가 적은 편이다.
④ 비계 설치가 불필요하다.

기출 확인

높이 약 1.0~1.2m 정도로 콘크리트가 완료가 될 때까지 폼을 해체하지 않고 콘크리트를 부어가면서 콘크리트의 경화 상태에 따라 거푸집을 요크(York)나 기타 장비로 끌어올리면서 콘크리트 치기를 중단 없이 연속적으로 시공하는 거푸집 시스템은?

① Euro Form
② Tunnel Form
❸ Sliding Form
④ Table Form

📋 기출 확인

콘크리트 공사에서 콘크리트의 압축강도를 시험하지 않을 경우 거푸집널의 해체시기로 옳은 것은?(단, 조강포틀랜드 시멘트를 사용한 기둥으로서 평균기온이 20℃ 이상인 경우)

① 1일 이상 ❷ 2일 이상
③ 3일 이상 ④ 4일 이상

➕ 더 알아보기

콘크리트 펌프
- 피스톤식과 스퀴즈식이 있다.
- 압송 능력이 펌프에 걸리는 최대 압송 부하보다 큰 기종을 선정한다.
- 압송관의 지름 및 배관의 경로는 콘크리트의 종류 및 품질, 굵은 골재의 최대 치수, 콘크리트 펌프의 기종, 압송 조건, 압송작업의 용이성, 안전성 등을 고려하여 정하여야 한다.

---

⑦ 조립 및 해체(KCS 14 20 12)

순서	조립	• 기초 → 기둥 → 벽 → 보 → 바닥 → 계단 • 기초 → 기둥 → 내벽 → 큰 보 → 작은 보 → 바닥 → 외벽
	해체	기초 → 벽 → 보 옆 → 기둥 → 바닥 → 계단 → 보 밑

- 기초, 보, 기둥, 벽 등의 측면 거푸집의 경우 24시간 이상 양생한 후에 콘크리트 압축강도가 5MPa 이상 도달한 경우 거푸집널을 해체할 수 있다.
- 거푸집널 존치기간 중의 평균기온이 10℃ 이상인 경우는 콘크리트 재령이 다음 표에 주어진 재령 이상 경과하면 압축강도 시험을 하지 않고도 해체할 수 있다.

거푸집 존치기간	구분	조강 포틀랜드	보통포틀랜드 고로슬래그(1종) 포틀랜드포졸란(A종) 플라이 애시(1종)	고로슬래그(2종) 포틀랜드포졸란(B종) 플라이 애시(2종)
	20℃ 이상	2일	4일	5일
	20℃ 미만 10℃ 이상	3일	6일	8일

- 슬래브 및 보의 밑면, 아치 내면의 거푸집널 존치기간은 현장 양생한 공시체의 콘크리트의 압축강도 시험에 의하여 설계기준강도의 2/3 이상의 값에 도달한 경우 거푸집널을 해체할 수 있다. 다만, 14MPa 이상이어야 한다.

지주 바꾸어 세우기(되받침)
- 거푸집 해체 후 처짐이 예상되어 동바리를 다시 세우는 것을 말한다.
- 순서는 하중의 크기에 따라 큰 보 → 작은 보 → 바닥판 순으로 한다.

❹ 콘크리트공사

① 설비 및 장비

제조	배처 플랜트	• 콘크리트를 제조하는 자동설비이다. • 재료의 저장설비, 계량설비, 혼합설비 등으로 구성된다.
운반	덤프 트럭	슬럼프가 작은 도로포장 등의 콘크리트 운반에 사용된다.
	에지테이터 트럭	콘크리트를 운반 중에 교반할 수 있는 트럭이다.
	컨베이어	비교적 다량의 콘크리트를 특정 장소에 운반할 때 사용된다.
펌프	콘크리트 펌프	• 콘크리트에 압력을 가하여 특정 장소에 압송하는 펌프이다. • 10층 이상 고층에 주로 적용한다.
	콘크리트 펌프카	• 차량에 콘크리트 펌프를 탑재하여 이동이 가능한 장비이다. • 일반적으로 10층 이하의 높이에 주로 적용한다.
타설	주름관	• 주름관을 인력으로 이동시키며 타설하는 보편적인 방법이다. • 관의 무게로 작업효율이 떨어지고 배근이 흐트러질 수 있다.
	분배기	• 고정된 분배기를 설치, 조작하여 타설하는 방법이다. • 배근에 영향이 없으나 장비 이동에 크레인이 필요하다.
	CPB	• Concrete Placing Boom은 펌프에서 압송된 콘크리트를 붐을 이용하여 타설 위치에 포설하는 장비이다. • 초고층 건물에 주로 사용한다.
	슈트	• 경사진 홈통 형태의 타설장비이다. • 비교적 다량의 콘크리트를 특정 장소에 타설할 때 사용된다.
	버킷, 호퍼	• 하부에 배출구(호퍼)기 설치된 콘크리트 운반, 디설 용기이디. • 비교적 소량의 콘크리트를 크레인으로 타설할 때 사용된다.
다짐	진동기	콘크리트의 진동다짐에 사용하는 장비이다.

② 타설

배처 플랜트 → 운반 → 현장시험 → 압송 → 타설 → 양생 순으로 진행된다.

순서	• 운반거리가 먼 곳에서부터 가까운 쪽으로 타설한다. • 타설은 모멘트가 큰 곳부터 시작한다.
속도	• 워커빌리티, 타설 장소의 시공조건 등에 따라 타설속도를 정한다. • 콘크리트가 철근 사이의 공간으로 잘 흘러들어 갈 수 있는 속도로 한다. • 각 층을 충분히 다지기 할 수 있는 범위의 속도로 한다. • 거푸집의 측압이 과대하게 되지 않는 속도로 타설한다.
높이	• 콘크리트의 자유낙하 높이는 콘크리트가 분리되지 않는 범위로 한다. • 타설할 위치와 가까운 낮은 위치에서 수직으로 부어 넣는 것이 좋다. • 1개소에 타설하지 않고 표면을 수평으로 거의 같은 높이가 되도록 타설한다.
기타	• 각 층이 수평이 되도록 타설면을 고른다. • 콘크리트가 수평으로 흘러가지 않도록 한다. • 2층 이상으로 나누어 타설할 경우, 상층의 콘크리트는 하층의 콘크리트가 굳기 전에 타설하고, 일체화가 되도록 한다.

각 부재별 콘크리트 타설
타설 순서는 기둥 → 보 → 슬래브 순으로 한다.

기초	단면이 큰 경우 수평·수직 방향으로 분할하고 수직으로 타설한다.
기둥	윗면에서부터 타설할 경우 철근에 의해 골재분리가 발생하므로 철근 사이에 관을 삽입하여 아래부터 상향으로 뽑아 올리면서 타설한다.
벽	• 높고 얇은 부재인 벽은 타설이 어려우므로 콘크리트 주입구를 여러 곳에 설치하여 충분히 다지면서 수평으로 이동하면서 타설한다. • 콘크리트를 수평으로 횡류하거나 기둥을 통해 흘러보내면 재료가 분리될 우려가 있다.
보	• 밑바닥부터 윗면까지 동시에 부어 넣는다. • 양단에서 중앙 쪽으로 부어 넣는다.
슬래브	먼 곳에서 가까운 쪽으로 향하도록 타설한다.

③ 이어 붓기(이어 치기)

경화하거나 경화하기 시작한 콘크리트와 접속하여 타설하는 것을 말한다.

일반사항	• 콘크리트 표면은 철저히 청소하고 레이턴스는 제거한다. • 시공이음부는 습윤상태이어야 하며 고인물이 없어야 한다. • 이어 붓는 위치는 응력이 적은 곳을 택한다. • 이어 붓기 면은 가급적 짧게 하며, 콜드조인트가 발생하지 않도록 주의한다. • 염분 피해의 우려가 있는 구조물은 이어 붓기를 피하는 것이 좋다.

각 부재별 이어 붓기 위치

보·슬래브	• 전단력이 작은 스팬의 중앙부에서 수직으로 한다. • 스팬의 중앙부 : 스팬의 1/2~단부의 1/4
캔틸레버(보·슬래브)	이어 붓지 않는다.
기둥·벽	기초, 연결보 또는 바닥의 상단에서 수평으로 한다.
아치	아치 축에 직각으로 한다.

기출 확인

철근콘크리트공사에서 콘크리트 타설에 관한 설명으로 옳지 않은 것은?

① 한 구획의 부어넣기가 시작되면 콘크리트가 일체가 되도록 연속적으로 부어넣어 콜드조인트가 생기지 않도록 한다.
❷ 콘크리트의 자유낙하 높이는 콘크리트가 분리되지 않도록 가능한 한 높을수록 좋다.
③ 타설순서는 기둥 → 보 → 슬래브 순으로 한다.
④ 콘크리트를 부어넣는 속도는 각 층을 충분히 다지기 할 수 있는 범위의 속도로 한다.

기출 확인

철근콘크리트공사에서 콘크리트 이어 치기에 대한 설명으로 옳지 않은 것은?

❶ 콘크리트의 이어 치기는 원칙적으로 응력이 집중되는 곳에서 한다.
② 보는 스팬의 중앙 또는 단부의 1/4 부분에서 이어 친다.
③ 기둥 및 벽은 바닥슬래브 및 기초의 상단에서 이어 친다.
④ 캔틸레버보는 이어 치기를 하지 않고 한 번에 타설한다.

📋 기출 확인

계속 타설 중인 콘크리트에 있어 외기온도가 25℃ 이하일 때의 이어 붓기 시간간격의 한도로 옳은 것은?

① 60분 ② 90분
③ 120분 ❹ 150분

📋 기출 확인

장 Span의 구조물 시공 시 수축대(폭 1m 정도 남겨 놓음)만 설치하고, 콘크리트 타설 후 초기 수축(보통 6주 후)을 기다렸다가 그 부분을 콘크리트 타설하여 일체화하는 조인트는?

① Construction joint
❷ Delay joint
③ Cold joint
④ Expansion joint

허용 이어 치기 시간간격의 표준
계속적으로 타설 중인 콘크리트에 적용하는 이어 붓기 시간간격을 말한다.

외기온도 25℃ 초과	외기온도 25℃ 이하
2.0시간	2.5시간

콘크리트의 주요 이음(Joint)
콜드조인트(Cold joint)는 시공상 발생한 불연속적인 접합면으로, 계획된 줄눈이 아니다.

구분	내용
시공줄눈 (Construction joint)	시공과정상 경화가 완료된 콘크리트에 이어 붓기를 하면서 발생하는 계획된 줄눈을 말한다.
신축줄눈 (Expansion joint)	• 건축구조물의 온도변화에 따른 팽창, 수축 또는 부동침하에 의한 균열 발생 등이 예상되는 위치에 설치하는 계획된 줄눈이다. • 건축물을 평면적으로 증축하고자 할 때도 설치한다.
조절줄눈 (Control joint)	건조수축 등으로 인한 균열을 특정 부위에서만 발생하도록 유도, 제어 및 최소화하기 위해 설치하는 계획된 줄눈이다.
지연줄눈 (Delay joint)	콘크리트의 건조수축에 의한 균열을 극소화시키기 위해 건물의 일정 부위를 남겨 놓고 콘크리트 타설을 하고, 초기 수축 후 나머지 부분의 콘크리트를 타설할 때 발생하는 계획된 줄눈이다.
미끄럼줄눈 (Sliding joint)	단순지지방식의 슬래브 또는 보의 상부에서 하중이 발생할 경우 자유롭게 미끄러지도록 설치하는 계획된 줄눈이다.
콜드조인트 (Cold joint)	• 콘크리트 타설 중 경화가 시작된 콘크리트에 이어 붓기를 하면서 콘크리트가 일체화되지 않아 발생하는 불연속적인 접합면이다. • 내구성 및 수밀성 저하, 철근 부식, 중성화 등의 원인이 된다.

📋 기출 확인

콘크리트공사에서 진동기의 효과가 가장 잘 발휘될 수 있는 콘크리트는?

① 부배합 저슬럼프
② 부배합 고슬럼프
❸ 빈배합 저슬럼프
④ 빈배합 고슬럼프

④ 진동다짐

구분			내용
개요			콘크리트의 강도, 내구성 확보를 위해 진동기(바이브레이터)를 사용하여 다짐한다.
일반사항			• 타설 시 진동기를 사용하는 주목적은 콘크리트의 밀실화 유지이다. • 진동다짐의 콘크리트 거푸집은 일반 거푸집보다 20~30% 정도 견고히 한다. • 진동다짐은 부배합보다 빈배합 저슬럼프의 콘크리트에 유효하다. • 붓기를 끝낸 후 양생 시 콘크리트는 진동을 받지 않아야 한다.
진동기	내부	봉형진동기	• 직접 콘크리트 내부에 삽입하는 봉형의 장비이다. • 건축공사 시 콘크리트 다짐을 위해 가장 널리 사용된다. • 고강도 콘크리트는 고주파 내부진동기가 효과적이다.
	외부	표면진동기	콘크리트의 표면을 진동에 의해 다짐하는 장비로, 콘크리트 포장 등에 사용된다.
		거푸집진동기	거푸집 외부에 설치하고 진동을 주어 다짐하는 장비이다.

📋 기출 확인

콘크리트의 내부 진동기 사용법에 대한 설명으로 옳지 않은 것은?

① 진동기는 연직으로 찔러 넣는다.
❷ 1개소에 대한 진동시간은 1분 이상 사용하는 것이 좋다.
③ 진동기의 삽입간격을 일반적으로 50cm 이하로 하는 것이 좋다.
④ 진동기는 콘크리트로부터 천천히 빼내어 구멍이 남지 않도록 한다.

내부진동기 사용 시 유의사항

사용간격	진동효과가 중복되지 않도록 일반적으로 0.5m 이내로 한다.
삽입	콘크리트에 수직으로 세워 0.1m 정도 삽입한다.
진동시간	콘크리트 표면에 페이스트가 얇게 떠오르는 정도(1개소당 10~15초)가 적당하다.
인발	진동을 주면서 콘크리트로부터 천천히 빼내어 구멍이 남지 않도록 한다.
주의사항	• 진동을 가할 때 철근, 철골, 거푸집 등에 접촉을 피한다. • 진동기로 콘크리트를 횡방향으로 이동시키지 않는다.

⑤ 양생

개요		콘크리트의 경화와 품질확보에 필요한 적절한 환경을 조성해 주는 것이다.
분류	습윤양생	수중양생	수중에 수침시켜 양생하는 가장 이상적인 방식이다.
		살수양생	콘크리트 표면 또는 거푸집판에 살수하여 양생하는 방식이다.
	증기양생	고온의 증기로 양생하여 단시일에 소요강도를 내기 위한 방식이다.
	전기양생	전기저항의 열 또는 전열선으로 양생하는 방식이다.
	피막양생	콘크리트 표면에 피막형성용 약재를 도포하여 양생하는 방식이다.

양생 시 유의사항
- 콘크리트 양생에는 적당한 온도를 유지해야 한다.
- 콘크리트가 경화될 때까지 충격 및 하중을 가하지 않는 것이 좋다.
- 거푸집은 공사에 지장이 없는 한 오래 존치하는 것이 좋다.
- 직사광선이나 바람에 의해 수분이 증발되지 않도록 주의해야 한다.

⑥ 균열·보수

균열의 원인	경화 전 균열 (초기균열)	소성수축, 침하(블리딩, 재료분리, 수막 등), 거푸집 변형, 거푸집·동바리 침하, 진동, 충격 등
	경화 후 균열	건조수축, 온도응력(수화열, 외기), 화학반응 및 기후(중성화·탄산화, 알칼리골재반응, 염해, 동결융해 등), 시공불량(콜드조인트 등), 크리프에 의한 균열 등
보수·보강법	주입공법	구조물에 주입파이프를 5~30cm 간격으로 설치하고 에폭시 수지 또는 시멘트계 보수재를 저압저속으로 주입하는 공법이다.
	표면처리공법	균열 0.2mm 이하 부위를 수지로 충전하고 균열표면에 보수재료를 씌우는 공법이다.
	충전공법	균열 0.5mm 이상 부위를 부분 절단하여 보수재를 충전하는 공법이다.
	탄소섬유 접착공법	탄소섬유판을 에폭시수지 등으로 콘크리트 면에 부착시켜 탄소섬유판의 높은 인장 저항성으로 콘크리트를 보강하는 공법이다.

+ 더 알아보기

파이프쿨링(Pipe cooling)
콘크리트 타설 전에 파이프를 배관하고 냉각수를 순환시켜 콘크리트의 온도를 저하시키는 양생법이다.

기출 확인

콘크리트 균열을 발생 시기에 따라 구분할 때 콘크리트의 경화 전 균열의 원인이 아닌 것은?
❶ 건조수축
② 거푸집 변형
③ 진동 또는 충격
④ 소성수축, 침하

❺ 특수 콘크리트공법

① 프리플레이스트 콘크리트(Preplaced concrete)

개요	미리 거푸집 속에 적당한 입도배열을 가진 굵은 골재를 채워 넣은 후 모르타르를 펌프로 압입하여 굵은 골재의 공극을 충전시켜 만드는 콘크리트이다.
특징	• 내수성과 내구성이 우수하다. • 기초 말뚝, 지수벽, 차폐콘크리트, 수중콘크리트, 보수공사 등에 사용된다.
시공	• 주입은 하부로부터 상부로 순차적으로 한다. • 모르타르 윗면이 거의 수평면으로 유지되도록 천천히 행한다.

프리플레이스트 콘크리트의 시공상 일반사항

골재	굵은 골재의 최소 치수는 15mm 이상, 굵은 골재의 최대 치수는 부재단면 최소 치수의 1/4 이하, 철근콘크리트의 경우 철근 순간격의 2/3 이하로 한다.
재료분리	블리딩률의 설정값은 시험 시작 후 3시간에서의 값이 3% 이하가 되는 것으로 하고, 고강도 프리플레이스트 콘크리트의 경우에는 1% 이하로 한다.
비비기	믹서는 5분 이내에 소요 품질의 주입 모르타르를 비빌 수 있는 것으로 한다.

📋 기출 확인

프리스트레스트 콘크리트에 대한 설명 중 옳지 않은 것은?

① 프리텐션(Pre-tension)법은 강재에 인장력을 준 후에 콘크리트를 타설하는 방법이다.
② 구조물 자중을 경감할 수 있으며, 부재단면을 줄일 수 있다.
❸ 화재에 강하며, 내화피복이 필요하지 않다.
④ 항복점 이상에서 진동, 충격에 약하다.

➕ 더 알아보기

프리텐션 · 포스트텐션 공법

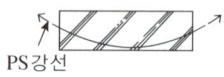
프리텐션

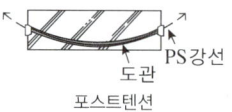
포스트텐션

📋 기출 확인

프리패브 콘크리트(Prefab concrete)에 관한 설명 중 잘못된 것은?

① 제품의 품질을 균일화 및 고품질화 할 수 있다.
② 작업의 기계화로 노무 절약을 기대할 수 있다.
❸ 공장생산으로 기계화하여 부재의 규격을 쉽게 변경할 수 있다.
④ 자재를 규격화하여 표준화 및 대량생산을 할 수 있다.

---

② 프리스트레스트 콘크리트(PSC, Prestressed concrete)

개요	부재 내에 고강도선인 피아노선을 매립하고 인장력을 가한 다음 제거시키는 방법으로 콘크리트에 프리스트레스를 도입하는 공법이다.
특징	• 인장응력이 발생하는 부분에 미리 압축력을 가하여 인장강도를 증진시키는 공법이다. • 고강도이면서 수축 · 크리프 등의 변형이 적은 고품질의 콘크리트가 요구된다.
장점	• 간 사이를 길게 할 수 있어서 넓은 공간을 설계할 수 있다. • 구조물의 자중을 경감할 수 있으며, 부재 단면을 줄일 수 있다. • 공기를 단축할 수 있고 기계화 시공이 가능하다. • 강도와 내구성이 큰 구조물을 만들 수 있다.
단점	• 진동이 많고 시공이 복잡하며, 화재 발생 시 위험도가 높다. • 항복점 이상에서 진동, 충격에 약하다.

프리스트레스트 콘크리트의 분류

구분	프리텐션(Pre-tension)	포스트텐션(Post-tension)
시공순서	PS강재 긴장 → 콘크리트 타설	시스 설치 → 콘크리트 타설 → PS강재 긴장
종류	단일몰드(단독형틀), 롱라인, 정착프리텐션 공법 등	매그넬, 프레시네, 디위대그 공법 등

PS강재의 시공상 일반사항
• PS강재의 부식 저항성은 일반적으로 비빌 때 그라우트 중에 함유되는 염화물의 총량으로 설정하며, KCI-PS102에 따라 측정한 전 염화물 함유량을 기준으로 사용되는 단위 시멘트량의 0.08% 이하로 한다.
• 심하게 구부러진 PS강재, 급격한 열의 영향을 받은 PS강재 및 높은 온도에 접한 PS강재는 사용할 수 없다.
• 프리텐션 방식의 시공에 사용되는 PS강재 및 프리스트레싱 후에 부착시키는 PS강재는 조립 전에 부착을 해칠 염려가 있는 들뜬 녹, 기름, 기타의 이물질을 제거하여야 한다.

③ 프리캐스트 · 프리패브 콘크리트

개요	공장에서 연속적으로 제조되는 기둥, 보, 슬래브 등의 기성 콘크리트 부재를 사용하는 조립식 공법이다.
장점	• 공장에서 대량생산과 규격화가 가능하고 정밀도가 높다. • 현장 콘크리트 타설에 비해 결과물의 품질이 우수하다. • 현장에서 물이 거의 쓰이지 않는 건식 공법이다. • 노무비가 절약되어 경제적이고 기계화 시공으로 공기가 짧다.
단점	• 부재의 규격을 쉽게 변경할 수 없고, 제품의 다양성을 확보하기 어렵다. • 각 부재와 접합부의 일체화가 어렵고, 복잡한 공사에 적용하기 어렵다.

④ 제(물)치장 콘크리트(노출콘크리트)

개요	노출되는 콘크리트면 자체를 마감으로 마무리하는 콘크리트이다.
특징	• 시멘트는 일반적으로 동일 회사, 동일 색을 사용한다. • 배합수로 사용하는 수질도 착색을 일으키는 원인이 될 수 있다. • 철근의 피복은 보통 때보다 두껍게 하는 것이 좋다. • 콘크리트는 된비빔을 사용하며 진동다짐을 한다. • 재시공 및 보수가 어려우므로 정밀하게 시공한다.

CHAPTER 2 건축시공 / SECTION 2 건축시공

CORE 08 철골공사

❶ 철골구조

① 개요
- 형강 및 강판 등을 용접, 볼트, 리벳 등으로 조립하여 골조를 구성하는 구조이다.
- 대규모·고층 건축물 및 큰 간 사이의 장스팬 구조에 적합하다.

② 특징

장점	단점
• 내구적이고 수평력에 강해 내진적이다. • 강도가 커서 부재를 경량화할 수 있다. • 동절기 기후의 영향을 거의 받지 않는다. • 해체 및 수리가 가능하다.	• 고열에 약하며, 내화피복이 필요하다. • 단면에 비해 부재가 세장하므로 좌굴하기 쉽다. • 정밀한 가공이 요구되며 비교적 고가이다. • 일반강재는 내식성이 약해 부식이 발생한다.

📋 **기출 확인**

철골조에 관한 설명으로 옳지 않은 것은?
① 대규모 건축이 가능하다.
❷ 내화성능이 우수하다.
③ 철근콘크리트에 비하여 가볍다.
④ 정밀 가공이 필요하다.

❷ 가공·조립

① 공장작업순서
원척도 작성 → 본뜨기 → 변형 바로잡기 → 금매김 → 절단 및 가공 → 구멍뚫기 → 가조립 → 본조립(리벳 또는 고력볼트치기) → 검사 → 녹막이칠 → 운반 순으로 진행된다.

② 절단·구멍뚫기

구분		내용
절단	기계절단	샤링기(절단), 톱(절삭) 등으로 절단한다.
	가스절단	• 산소·아세틸렌의 연소열과 고압 산소의 압력으로 절단한다. • 설비가 간단하여 작업공구를 가지고 다니기 편리하다. • 톱절단에 비해 작업이 빠르고 절단모양이 자유롭다. • 절단면이 거칠고 절단선에서 3mm 범위는 용융되면서 변질된다.
	전기절단	• 플라즈마(전기방전) 절단기, 아크절단기 등으로 절단한다. • 얇은 철판, 정밀부품 등을 절단하는 데 사용된다.
구멍뚫기		• 소정의 지름으로 정확히 뚫고 드릴 및 리머로 마무리해야 한다. • 판 두께 10mm 이하 강재는 눌러뚫기(Press punching)로 뚫을 수 있다.

철근 관통구멍의 구멍 직경

구분	D10	D13	D16	D19	D22	D25	D29	D32
이형철근	21mm	24mm	28mm	31mm	35mm	38mm	43mm	46mm
원형철근	철근 직경 + 10mm							

📋 **기출 확인**

철골부재의 공장제작 시 대략적인 작업 순서를 옳게 나열한 것은?
❶ 원척도 → 본뜨기 → 금매김 → 절단 및 가공 → 구멍뚫기 → 가조립 → 본조립 → 검사
② 본뜨기 → 원척도 → 금매김 → 절단 및 가공 → 구멍뚫기 → 가조립 → 본조립 → 검사
③ 원척도 → 금매김 → 본뜨기 → 절단 및 가공 → 구멍뚫기 → 가조립 → 본조립 → 검사
④ 원척도 → 본뜨기 → 금매김 → 구멍뚫기 → 절단 및 가공 → 가조립 → 본조립 → 검사

📋 **기출 확인**

철골의 구멍뚫기에서 이형철근 D22의 관통구멍의 구멍지름으로 옳은 것은?
① 24mm   ② 28mm
③ 31mm   ❹ 35mm

+ 더 알아보기

용접의 이음형식

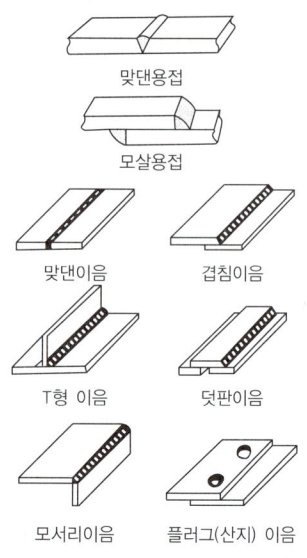

맞댄용접
모살용접
맞댄이음
겹침이음
T형 이음
덧판이음
모서리이음
플러그(산지) 이음

용접의 보강재

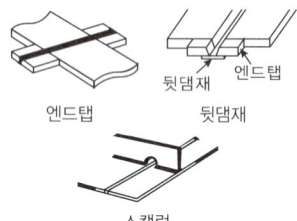

엔드탭
뒷댐재
뒷댐재
엔드탭
스캘럽

주요 용접결함

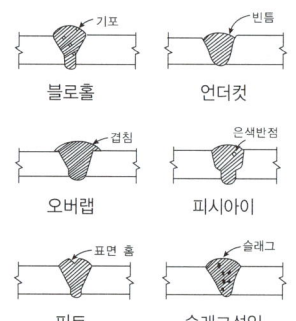

블로홀 / 기포
언더컷 / 빈틈
오버랩 / 겹침
피시아이 / 은색빈점
피트 / 표면 홈
슬래그섞임 / 슬래그

③ 용접(Welding)

동종·이질의 두 금속재료를 국부적으로 가열, 용융하여 일체로 만드는 접합방식이다.

주요 종류	아크용접	• 전기적인 아크 또는 아크열로 금속을 용착하는 방식이다. • 구조용으로 사용된다.
	가스용접	• 가스 불꽃의 열로 금속을 용착하는 방식이다. • 강도가 약하여 구조용으로 사용하지 않는다. • 철근의 용접으로 주로 사용된다.
	가스압접	• 가스 불꽃으로 가열하고 압력을 가하여 이음하는 방식이다. • 철근 등의 구조용으로 사용된다.
	플러시버트 용접	전기저항으로 열을 발생시키며 압력을 가하여 이음하는 방식으로 구조용으로 사용된다.
이음형식	맞댄용접	• 끝을 맞댄 두 부재가 거의 같은 면내에서 용접되는 방식이다. • 그루브 용접은 두 부재 간의 사이에 홈을 만들고 용착금속을 채워 용접하는 방식이다.
	모살(필릿) 용접	• 철판과 철판을 겹치거나 맞닿는 부분이 각을 이루도록 용접하는 방식이다. • 목두께의 방향이 모재의 면과 45° 또는 거의 45° 각을 이룬다. • 겹침이음, 모서리이음, T형 이음, 덧판이음 등에 사용된다.
	플러그용접	접합하는 부재의 한쪽에 구멍을 뚫고 용접·접합하는 방식이다.
용접자세	아래보기용접 F(Flat)	용접선이 수평인 이음을 위쪽에서 용접하는 자세이다.
	위보기용접 O(Overhead)	용접선이 수평인 이음을 아래쪽에서 용접하는 자세이다.
	수평용접 H(Horizontal)	용접선이 수평인 이음을 옆쪽에서 용접하는 자세이다.
	수직용접 V(Vertical)	용접선이 수직인 이음을 옆쪽에서 용접하는 자세이다.
보강재	엔드탭	용접의 시작과 끝에 발생하는 결함부를 처리하기 위한 임시 보조판으로, 용접 종료 후에 제거한다.
	뒷댐재	맞댄용접을 한 면으로 실시할 경우 충분한 용입을 확보하고 용융금속이 새어나가는 것을 방지할 목적으로 엔드탭 하부에 설치하는 보강재이다.
	스캘럽	용접선이 교차되어 응력이 집중되는 것을 막기 위해 모재에 부채꼴 모양으로 설치한 홈을 말한다.
주요 용접결함	블로홀	용접부분 안에 생기는 기포로, 금속이 녹아들 때 발생한다.
	언더컷	• 용접 가장자리가 파여 용착금속이 채워지지 않고 홈이 남아 있는 것이다. • 용접전류가 과대할 때, 용접속도가 빠를 때 발생한다.
	오버랩	• 용착금속이 모재와 완전히 융합하지 않고 겹쳐져 있는 상태이다. • 용접전류가 과소할 때, 용접속도가 느릴 때 발생한다.
	피시아이	• 용착금속 단면에 수소의 영향으로 생긴 은색의 점을 말한다. • 100°C로 가열하여 24시간 정도 방치하면 회복된다.
	피트	• 블로홀이 용접부분 표면에 부상하여 생긴 작은 구멍이다. • 도료, 녹, 밀 스케일, 모재의 수분 등에 의해 발생한다.
	크랙	용착금속과 모재 사이에 냉각 속도의 차이 또는 가스 등의 요인으로 인해 발생하는 균열이다.
	슬래그섞임 (슬래그 함입)	• 용접부분 안에 슬래그가 섞여 있는 것을 말한다. • 용융금속이 급속히 냉각된 경우에 발생한다.
	크레이터	• 용접부분 비드 종단부가 움푹 패인 것을 말한다. • 아크를 끊을 때 발생한다.

용접 관련 용어	
자동용접기	• 용접봉의 내밀기, 이동 등을 기계화한 용접기기이다. • 서브머지드 아크용접법에 사용되며, 피복재 대신 플럭스를 사용한다.
플럭스	자동용접기에서 용접봉의 피복재로 쓰이는 분말상의 재료를 말한다.
위핑	운봉을 용접 방향에 대하여 가로로 왔다갔다 움직여 용착금속을 녹여 붙이는 용접봉의 운봉조작을 말한다.
루트	맞댄용접에 있어 트임새 끝의 최소 간격을 말한다.
스패터	용접 중 용접불꽃으로 비산하는 슬래그 및 금속재의 알갱이를 말한다.
밀 스케일	금속을 800℃ 이상으로 가열하면 표면에 발생하는 산화 피막을 말한다.

기출 확인

강재 가공 및 용접에 있어 자동용접의 경우 용접봉의 피복재 역할로 쓰이는 분말상의 재료를 무엇이라 하는가?

❶ 플럭스(Flux)
② 슬래그(Slag)
③ 시스(Sheath)
④ 샤모테(Chamotte)

④ 용접시공

표면	• 용접 전에 용접 모재 표면의 기름 등 용접에 지장을 주는 불순물을 제거한다. • 눈이나 비로 모재 표면이 젖었을 때는 용접 작업을 금한다. • 현장용접 부재는 용접부위에 보일유(Boiled oil) 이외의 칠을 해서는 안 된다.
치수	용접에 의한 수축변형과 마무리 작업을 고려하여 치수에 여분을 둔다.
순서	• 용접부는 용접열에 의해 수축력이 발생하고 응력이 잔류하여 모재에 변형이 발생하므로 잔류응력의 경감에 유리한 순서로 용접한다. • 수축량이 가장 큰 부위를 먼저 용접한다. • 좌우 대칭으로 용접하며, 중앙에서 바깥 방향으로 용접한다.
안전	• 감전의 방지를 위해 안전홀더를 사용한다. • 전격방지장치가 부착된 용접기를 사용한다.
품질	용접 전, 용접 중, 용접 후 검사를 실시하여 품질을 확보해야 한다.

가우징(Gouging)
• 용접이 잘못된 부분을 수정하기 위해 사용되는 방법이다.
• 고온의 아크열로 모재를 순간적으로 녹이는 동시에 압축공기의 강한 바람으로 용해된 금속을 뿜어내어 용접부에 깊은 홈을 파내는 방식으로, 불완전 용접부 제거 및 밑면 파내기 등에 사용된다.

기출 확인

철골공사 접합 중 용접에 대한 주의사항으로 틀린 것은?

❶ 현장용접을 하는 부재는 그 용접부위에 얇은 에나멜 페인트 이외의 칠을 해서는 안 된다.
② 용접봉의 교환 또는 다층 용접일 때에는 먼저 슬래그를 제거하고 청소한 후 용접한다.
③ 용접할 소재는 용접에 의한 수축변형이 생기고, 또 마무리 작업도 고려해야 되므로 치수에 여분을 두어야 한다.
④ 용접이 완료되면 슬래그 및 스패터를 제거하고 청소한다.

⑤ 용접검사

용접 전 검사	• 재료 등의 적합성 여부를 확인하고 용접방식을 결정하기 위해 실시한다. • 모아대기법, 트임새 모양, 구속법, 자세의 적부 등이 있다.
용접 중 검사	• 재료 및 장비의 결함을 방지하기 위하여 실시한다. • 전류검사, 운봉검사, 용접봉검사 등이 있다.
용접 후 검사	• 용접부의 구조적인 내력을 확인한다. • 외관검사, 절단검사, 비파괴검사 등이 있다.

비파괴검사의 주요 종류	
초음파탐상검사	• 초음파를 이용하는 건축물의 주된 검사방식이다. • 비용이 저렴하고 속도가 빠르다.
자기탐상검사	• 전자석을 이용하는 검사방식이다. • 자기분말검사법, 탐색코일법 등이 있다.
액체침투탐상검사	• 화학약품을 이용하는 검사방식이다. • 비철금속재료에도 사용이 가능하다.
방사선검사	• 방사선을 이용하는 검사방식이다. • 조선, 파이프라인 등에 사용된다.

더 알아보기

용접검사
• 모든 용접은 전 길이에 대해 육안검사를 수행한다.
• 비파괴시험은 육안검사에 합격한 용접부에 실시한다.
• 균열검사는 자분탐상법 또는 침투탐상법으로 실시한다.

➕ 더 알아보기

배치 관련 용어

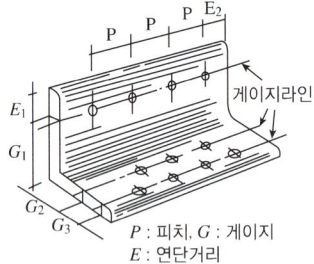

P : 피치, G : 게이지
E : 연단거리

➕ 더 알아보기

마찰접합

고력볼트로 체결된 모재와 커버플레이트의 마찰력으로 응력을 부담하는 방식이다.

📋 기출 확인

고력볼트 접합에 관한 설명으로 옳지 않은 것은?

① 현대건축물의 고층화, 대형화 추세에 따라 소음이 심한 리벳은 현재 거의 사용하지 않고 볼트접합과 용접접합이 대부분을 차지하고 있다.
② 토크세어형 고력볼트는 조여서 소정의 축력이 얻어지면 자동적으로 핀테일이 파단되는 구조로 되어 있다.
③ 고력볼트의 조임기구는 토크렌치와 임팩트렌치 등이 있다.
❹ 고력볼트의 접합형태는 모두 마찰접합이며, 마찰접합은 하중이나 응력을 볼트가 직접 부담하는 방식이다.

⑥ 리벳(Rivet)

리벳	개요	막대 모양의 연성이 큰 접합 부재를 가열한 후 구멍에 넣고 해머 등으로 변형시켜 강판을 접합시키는 방식이다.
	특징	시공이 간편하나 체결 시 소음이 심하다.

배치 관련 용어

클리어런스	리벳과 수직재면과의 거리로, 작업의 여유폭이다.
게이지라인	재축 방향의 리벳 중심선으로, 리벳 배치선이다.
게이지	각 게이지라인 간의 거리 또는 게이지라인과 재면의 거리이다.
피치	게이지라인상 리벳 상호 간의 중심 간격이다.
그립	리벳으로 연결하는 부재의 총두께이다.
연단거리	최외단에 설치한 리벳과 부재 끝의 거리이다.
기준선	부재의 응력 중심선에 해당하는 선이다.

⑦ 볼트(Bolt)

볼트, 너트, 와셔를 체결하여 접합하는 방식이다.

보통볼트	개요	보통 볼트에 너트를 체결하여 접합하는 방식이다.
	특징	• 접합부의 강성이 낮고 충격 및 반복하중에 의해 체결이 쉽게 풀린다. • 경미한 구조재나 가접합 및 가설건물 등에 사용된다.
고력볼트	개요	고강도강으로 제작한 볼트와 너트를 토크렌치, 임팩트렌치 등을 이용해 강한 힘으로 체결하여 접합하는 방식이다.
	특징	• 마찰력에 의해 접합부의 강성과 피로강도가 높다. • 현장시공이 간편하고 소음이 대체로 적다. • 정확한 계기공구로 죄어 일정하고 정확한 강도를 얻을 수 있다. • 마찰접합, 지압접합 등이 있다.

고력볼트의 조임

순서	• 1차 조임 → 금매김 → 본조임 순으로 한다. • 부재의 밀착에 주의하여 중앙부에서 단부의 순서로 조임을 한다.
조임	• 볼트의 머리 밑과 너트 밑에 와셔를 1장씩 끼우고, 너트를 회전시킨다. • 너트회전법은 본조임 완료 후 모든 볼트에 대해 1차 조임 후에 표시한 금매김에 의해 너트 회전량을 육안으로 검사한다. • 볼트 두부를 조이는 경우는 너트를 조이는 경우보다 토크를 크게 한다.

토크-전단형(토크셰어, T/S) 고장력볼트
• 장력관리를 용이하게 하기 위한 목적의 특수고장력볼트이다.
• 조임 후 소정의 축력이 얻어지면 자동적으로 핀테일이 파단되는 구조로 되어 있다.
• T/S볼트, 핀테일, 노치부, 너트, 와셔, 외부소켓, 내부소켓으로 구성된다.
• 온도변화에 의한 영향이 크므로 상온(10~30℃)에서 본조임하는 것을 원칙으로 한다.

접합의 병용
용접 > 고력볼트 = 리벳 > 보통볼트 순으로 응력을 분담한다.

리벳＋고력볼트 병용 시	리벳＋보통볼트 병용 시	리벳＋용접 병용 시
힘을 각각 분담	힘을 리벳이 부담	힘을 용접이 부담

⑧ 녹막이칠

공장에서 가공 또는 조립을 완료한 철골부재의 부식을 방지하기 위한 공정이다.

주요 녹막이 도료	광명단	안료로 가열한 납 또는 산화연을 사용한 대표적인 방청도료이다.
	역청질 도료	역청질 원료에 건성유 등을 조합한 도료이다.
	징크로메이트	• 안료는 크롬산아연, 전색료는 알키드 수지인 도료이다. • 알루미늄의 녹막이 초벌칠 등에 사용된다.
	그라파이트	흑연 소재로 녹막이 효과가 있으며, 정벌칠에 사용된다.

녹막이칠의 시공상 주의사항
기온이 5℃ 미만, 43℃ 이상이거나 상대습도가 85%를 초과할 때는 도장해서는 안 된다.

녹막이칠을 하지 않는 부분

접합·마찰	매립·밀폐
• 현장 용접을 하는 부위 • 고장력볼트 마찰접합부의 마찰면 • 조립에 의하여 면 맞춤 및 밀착되는 부분	• 콘크리트에 매립되는 부분 • 밀폐되는 내면

워시프라이머
• 금속재 바탕처리를 위해 인산을 활성제로 하여 비닐 부티랄수지, 알코올, 물, 징크로메이트 등을 배합, 금속면에 칠하여 인산과 비닐 부티랄 피막을 형성하는 방법이다.
• 녹막이 및 표면을 거칠게 처리하는 효과가 있다.

📋 **기출 확인**

철골공사에서 크롬산아연을 안료로 하고, 알키드수지를 전색료로 한 것으로서 알루미늄 녹막이 초벌칠에 적당한 것은?
① 그라파이트 도료
❷ 징크로메이트 도료
③ 광명단
④ 알루미늄 도료

📋 **기출 확인**

철골공사에 관한 사항 중 옳지 않은 것은?
❶ 볼트 접합부는 부식하기 쉬우므로 방청도장을 하여야 한다.
② 볼트죄기에는 임팩트렌치, 토크렌치 등을 사용한다.
③ 철골은 화재에 의한 강성저하가 심하므로 내화피복을 하여야 한다.
④ 용접 후 용접부의 안전성을 확인하기 위한 비파괴검사에는 침투탐상법, 초음파탐상법 등이 있다.

❸ 철골 세우기

① 시공순서

기초 주각부의 중심 먹매김 → 앵커볼트 매입 → 기초상부 고름질 → 철골 세우기 → 가조립(가조임) → 변형 바로잡기 → 정조립(본조임) → 접합부 검사 → 도장 순으로 진행된다.

② 장비

소형 양중기	진폴(폴데릭)	• 통나무, 강재 등을 세우고 상부에 체인을 걸어 양중하는 간단한 현장용 양중기이다. • 소규모 철골공사에 사용되며 자재 등의 양중이 편리하다.
	윈치	원통형의 드럼에 와이어로프를 감아 양중하는 장비이다.
	호이스트	윈치를 레일 하부에 설치하여 수평이동이 가능한 장비이다.
데릭 크레인		마스트 또는 붐에 윈치를 별도로 설치해 양중하는 장비이다.
	가이데릭	• 하단부의 볼휠로 붐의 360° 회전이 가능하며, 수평이동이 불가능하다. • 붐이 마스트보다 짧으며, 앵커와 와이어로프로 지지한다. • 일반적으로 가장 많이 사용되는 장비이다.
	스티프레그 데릭 (삼각데릭)	• 붐의 회전범위가 270°인 수평이동이 가능한 장비이다. • 와이어로프 없이 지주로 지지한다. • 층수가 낮고 긴 평면일 때 유리하다.
크레인	이동식	트럭크레인, 크롤러크레인 등
	정치식	타워크레인, 러핑크레인, 지브크레인 등

📋 **기출 확인**

가이데릭(Guy derrick)에 대한 설명 중 옳지 않은 것은?
① 기계대수는 평면높이의 가동범위·조립능력과 공기에 따라 결정한다.
❷ 붐(Boom)의 길이는 마스트의 길이보다 길다.
③ 볼휠(Ball wheel)은 가이데릭 하단부에 위치한다.
④ 붐(Boom)의 회전각은 360°이다.

+ 더 알아보기

앵커볼트 매입 공법

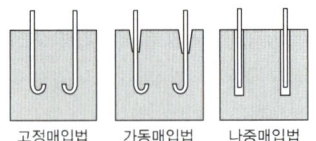

고정매입법　가동매입법　나중매입법

📋 기출 확인

철골공사의 기초상부 및 고름질 방법에 해당되지 않는 것은?

① 전면바름 마무리법
② 나중채워넣기 중심바름법
❸ 나중매입법
④ 나중채워넣기법

+ 더 알아보기

철골 세우기 각부의 접합방법

용접	기둥 + 보
고력볼트	기둥 + 기둥, 보 + 보
앵커볼트	기초 + 베이스플레이트

+ 더 알아보기

내화피복

철골조의 주요 부재를 피난에 필요한 일정시간 동안 온도가 상승하지 않도록 내화성능을 가진 재료로 감싸 내화구조로 하는 공법을 말한다.

철골공사용 기계·기구

타공·확장	체결·조임	리벳치기
드릴, 리머, 펀칭해머 등	토크렌치, 임팩트렌치 등	뉴메틱해머 등

드리프트핀(Drift pin)
철골부재의 조립 시 접합부의 구멍을 일치시키기 위해 구멍에 두드려 넣는 핀을 말한다.

③ 기초·주각

앵커볼트 매입 공법	고정매입법	• 앵커볼트를 정확한 위치에 고정 후 타설하는 공법이다. • 강도가 크지만 위치 조정이 불가능하며 대규모 공사에 사용된다.
	가동매입법	• 깔대기 형태의 철물에 앵커볼트를 고정 후 타설하는 공법이다. • 앵커볼트의 위치 조정이 가능하며 중규모 공사에 사용된다.
	나중매입법	• 앵커볼트의 자리를 만들어 두고 타설한 후, 앵커볼트를 매입하고 무수축 모르타르를 사용해 고정하는 공법이다. • 강도가 약하지만 위치 조정이 가능하며 앵커볼트의 지름이 작은 소규모 공사에 사용된다.
기초상부 고름방법	전면바름 마무리법	• 모르타르 바름을 모두 한 다음 베이스플레이트를 설치한다. • 시공이 간단하나 정밀도가 요구되며 소규모 공사에 사용된다.
	나중채워넣기 중심바름법	주각의 중심 일부분에 모르타르 바름을 한 다음 베이스플레이트를 설치하고 모르타르를 다져 넣는다.
	나중채워넣기 십자바름법	대각선으로 십자(+)형태의 모르타르 바름을 한 다음 베이스플레이트를 설치하고 모르타르를 다져 넣는다.
	나중채워 넣기법	주각에 베이스플레이트를 먼저 설치한 후 나중에 모르타르 바름을 한다.

철골 세우기의 주의사항
• 베이스플레이트는 기초콘크리트에 정확히 설치하고 앵커볼트로 완전히 조인다.
• 기둥은 독립되지 않도록 반드시 보로 연결한다.
• 크레인에서 먼 곳부터 시공을 시작한다.

❹ 내화피복

① 분류

분류	습식 공법	콘크리트를 타설하거나 모르타르 바름 등을 시공하는 공법이다.
	건식 공법	성형판 등 건식재료를 연결철물 등으로 부착하는 공법이다.
	합성 공법	각종 재료를 적층하거나 접합하여 시공하는 공법이다.
	복합 공법	복수의 기능을 갖는 복합내화재료를 시공하는 공법이다.
공법	타설	콘크리트, 경량 콘크리트 등을 철골 주위에 타설한다.
	뿜칠	• 암면, 락울 등 내화피복재를 철골에 뿜칠하여 시공한다. • 시공 시 두께, 밀도, 부착강도, 바탕상태 등에 유의한다.
	미장	바탕에 철망을 사용하여 모르타르 바름 등을 시공한다.
	조적	철골 주위에 콘크리트 블록, 벽돌 등을 시공한다.
	성형판붙임	ALC판, 석고보드 등 성형판을 철골에 부착한다.
	합성	복수의 재료를 각기 시공하거나 일체화하여 시공한다.

CORE 09 조적공사

CHAPTER 2 건축시공 / SECTION 2 건축시공

❶ 조적구조

① 개요
- 벽돌, 석재, 블록 등의 1차 가공된 단위재료를 쌓아 올려서 벽체 등 골조를 구성하는 구조이다.
- 벽돌구조, 석구조, 블록구조 등이 있다.

② 특징

장점	단점
• 시공성과 내구성, 내화성, 방화성이 우수하다. • 외관이 좋고 시공비가 비교적 저렴하다.	• 지진이나 풍압, 진동 등의 횡력에 약하다. • 개구부 설치에 많은 제약을 받는다. • 고층이나 대규모 건물에 적합하지 않다.

📋 기출 확인

벽돌구조에 대한 설명으로 틀린 것은?
① 석구조 및 블록구조와 함께 조적식 구조의 일종이다.
❷ 고층 건물이나 대규모 건물에 적합하다.
③ 내화, 내구적이다.
④ 풍압력, 지진력 등에 약하다.

❷ 벽돌공사

① 개요
벽돌을 모르타르 등으로 접착시키며 쌓아올려 건물의 벽체, 기초 등을 시공하는 공사이다.

② 마름질(Cutting)
벽돌쌓기에서 모서리 부분이나 특수한 부분에 사용할 목적으로 기존형태의 벽돌을 절단하는 것을 말한다.

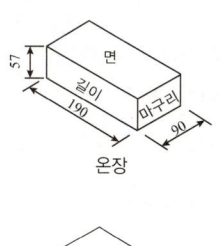
온장

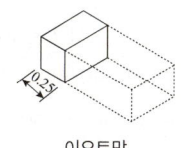
이오토막

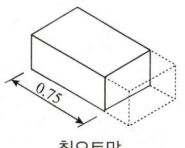
칠오토막

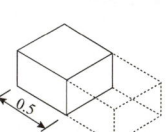
반토막

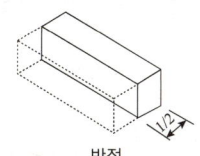
반절

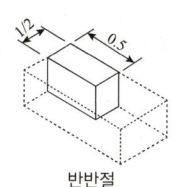
반반절

➕ 더 알아보기

벽돌조 벽체의 강도에 영향을 미치는 요소
- 벽돌의 강도, 결함
- 모르타르의 접착강도
- 시공 정밀도 등

조적구조의 벽체

내력벽	수직, 수평하중을 지지
대린벽	직각으로 교차되는 내력벽
장막벽	비내력벽
칸막이벽	공간 분할용 비내력벽
공간벽	벽체 중간에 공간을 둔 벽
부축벽	횡력을 보강하기 위한 벽

+ 더 알아보기

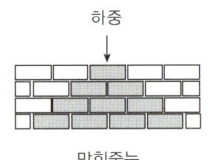

막힌줄눈

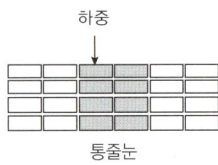

통줄눈

📋 기출 확인

일반적으로 가장 많이 사용되는 벽돌 중 조적조 벽체의 줄눈 모양은?

❶ 평줄눈   ② 민줄눈
③ 오목줄눈 ④ 내민줄눈

📋 기출 확인

표준형 벽돌을 사용하여 줄눈 10mm로 시공할 때 2.0B 벽돌벽의 두께는?(단, 공간쌓기 아님)

① 210mm   ❷ 390mm
③ 320mm   ④ 430mm

190mm + 10mm + 190mm = 390mm

📋 기출 확인

벽돌벽에 장식적으로 구멍을 내어 쌓는 벽돌쌓기 방식은?

① 불식쌓기   ❷ 영롱쌓기
③ 무늬쌓기   ④ 층단떼어쌓기

📋 기출 확인

벽돌벽 내쌓기에서 내쌓을 수 있는 총벽 길이의 한도는?

❶ 2.0B   ② 1.0B
③ 1/2B   ④ 1/4B

📋 기출 확인

외부 조적벽의 방습, 방열, 방한, 방서 등을 위해서 설치하는 쌓기법은?

① 내쌓기   ② 기초쌓기
❸ 공간쌓기 ④ 엇모쌓기

---

③ 줄눈(Masonry joint)

벽돌, 석재, 블록 등을 쌓을 때 접착시키는 이음 부분으로, 가로·세로줄눈이 있다.

막힌줄눈	상부의 하중이 균등하게 분포되어 집중하중에 대해 비교적 안전하다.
통줄눈	• 상부의 하중이 집중되어 구조적으로 취약한 방식이다. • 강도가 약하며 습기가 스며들 우려가 있다. • 외관이 보기 좋아 의장용으로 사용된다.

치장줄눈
• 벽면의 의장효과를 위해 쌓기가 끝난 후 바르는 줄눈을 말한다.
• 평줄눈이 일반적으로 가장 많이 사용된다.

민줄눈	평줄눈	둥근줄눈	빗줄눈
오목줄눈	볼록줄눈	내민줄눈	실줄눈

④ 벽체의 두께

벽돌의 표준치수	벽돌 한 장의 두께	벽돌 반 장의 두께	줄눈의 두께
190 × 90 × 57mm	1.0B(190mm)	0.5B(90mm)	10mm(표준)

두께의 계산

1.5B 벽체	2.5B 벽체	1.0B 공간쌓기	1.5B 공간쌓기
1.0B + 줄눈 + 0.5B	1.0B + 줄눈 + 1.0B + 줄눈 + 0.5B	0.5B + 공간 + 0.5B	1.0B + 공간 + 0.5B

⑤ 벽체쌓기

마구리쌓기		벽돌의 마구리가 보이도록 쌓는 방식이다.
길이쌓기		벽돌의 길이가 보이도록 쌓는 방식이다.
세워쌓기		창대 및 아치 등에 사용된다.
	길이세워쌓기	벽돌의 길이가 보이도록 세워 쌓는 방식이다.
	옆세워쌓기	벽돌의 마구리가 보이도록 세워 쌓는 방식이다.
영롱쌓기		• 벽돌 등에 장식적으로 사각형, 십자형 등의 구멍을 내어 쌓는 방식이다. • 담장에 많이 사용된다.
엇모쌓기		• 벽돌의 모서리가 45° 경사지게 나오도록 쌓는 방식이다. • 담장이나 처마부분에 사용된다.
내쌓기		• 벽돌을 벽체에서 내밀어 쌓는 방식이다. • 모두 마구리쌓기로 하는 것이 강도, 시공상 유리하다. • 내미는 한도는 2.0B이다. • 내미는 길이의 한도는 한 켜씩 내쌓을 경우 1/8B, 두 켜씩 내쌓을 경우 1/4B이다.
공간쌓기		• 방음, 단열, 방습을 위해 벽돌벽을 이중으로 하고 중간을 띄어 쌓는 방식이다. • 내부공간은 50~70mm 정도로 한다. • 연결재의 배치 및 간격은 수평거리 900mm 이하 수직거리 400mm 이하로 한다.

창대쌓기
- 방수상 가장 주의를 요하는 부분이다.
- 윗면은 15° 내외로 기울여 옆세워쌓기로 하며, 벽면에서 30~50mm 정도 내밀어 쌓는다.
- 창문틀 주위의 줄눈에는 방수를 위해 사춤 모르타르를 충분히 한다.

⑥ 벽돌쌓기법

영국식 (영식)쌓기	• 한 켜는 마구리쌓기, 다음 한 켜는 길이쌓기를 교대로 쌓는 방식이다. • 모서리나 끝에 반절이나 이오토막을 사용한다. • 통줄눈이 생기지 않는다. • 가장 튼튼한 쌓기법으로 내력벽을 만들 때 사용한다.
네덜란드식 (화란식)쌓기	• 한 켜는 마구리쌓기, 다음 한 켜는 길이쌓기를 교대로 쌓는 방식이다. • 모서리에 칠오토막을 사용한다. • 통줄눈이 생기지 않는다. • 모서리가 견고하고 가장 많이 사용된다.
프랑스식 (불식)쌓기	• 한 켜 안에 마구리쌓기와 길이쌓기를 병행하여 쌓는 방식이다. • 반토막과 이오토막이 사용된다. • 내부에 통줄눈이 생겨 구조벽체로는 부적합하다. • 외관이 좋아 의장벽체로 사용된다.
미국식 (미식)쌓기	• 뒷면은 영국식쌓기로 하고 표면은 치장벽돌로써 5켜 또는 6켜는 길이쌓기로 하며, 다음 1켜는 마구리쌓기로 하여 뒷벽돌에 물려서 쌓는 방식이다. • 통줄눈이 생기지 않는다. • 구조적으로 약해 치장용으로 사용된다.

벽돌쌓기법의 특징

구분	영국식쌓기	네덜란드식쌓기	프랑스식쌓기	미국식쌓기
쌓기	한 켜 마구리, 한 켜 길이	한 켜 마구리, 한 켜 길이	한 켜 안에 마구리, 길이 병행	5~6켜 길이, 1켜 마구리
토막	반절, 이오토막	칠오토막	반토막, 이오토막	반절
통줄눈	×	×	○	×
특징	가장 튼튼한 쌓기	가장 많이 사용	의장벽체	치장용

⑦ 아치쌓기

벽돌, 돌 등을 곡선형으로 쌓아 올려 개구부 상부의 하중을 지지하는 구조이다.

역학적 특성		상부에서 오는 수직하중이 아치의 축선에 따라 포물선의 형태로 좌우로 나뉘어져 밑으로 압축력만을 전달하므로, 하부에 인장력이 발생하지 않는다.
형태	반원아치	반원형태의 호를 갖는 아치이다.
	결원아치	반원보다 작은 형태의 호를 갖는 아치이다.
	평아치	• 아치돌이 수평으로 된 아치이다. • 창문의 너비가 1m 정도일 때 사용한다.
종류	본아치	아치벽돌을 사다리꼴 모양으로 특별히 제작한 아치이다.
	막만든아치	보통벽돌을 쐐기모양으로 다듬어 쌓는 아치이다.
	거친아치	• 보통벽돌을 쓰고 줄눈을 쐐기모양으로 하는 아치이다. • 외관이 중요시되지 않을 경우에 사용한다.
	층두리아치	아치너비가 클 때 아치를 여러 겹으로 둘러쌓아 만든 아치이다.
	숨은아치	• 인방보를 써서 쌓는 아치이다. • 문꼴의 너비가 2m 이상으로 집중하중이 예상될 때 사용한다.

기출 확인

벽돌공사 중 창대쌓기에서 창대 벽돌은 공사시방에 정한 바가 없을 때에는 그 윗면을 몇 도의 경사로 옆세워 쌓는가?

① 10°   ❷ 15°
③ 20°   ④ 25°

기출 확인

벽돌쌓기 방법에서 쌓기법에 관한 설명으로 올바르지 않은 것은?

① 프랑스식쌓기는 길이쌓기와 마구리쌓기를 번갈아 하고 모서리 부근에 이오토막을 사용한다.
② 네덜란드식쌓기는 한 켜에 길이 다음 켜에 마구리로 쌓고 모서리 부근에 칠오토막을 사용한다.
③ 영롱쌓기는 벽돌벽 등에 장식적으로 구멍을 내어 쌓는 것이다.
❹ 미국식쌓기는 전면은 치장벽돌로 전체를 길이쌓기하고 뒷면은 마구리쌓기로 한다.

기출 확인

벽돌쌓기에 대한 설명 중 옳지 않은 것은?

① 벽돌쌓기 하루 높이는 최대 1.5m 이내로 한다.
② 벽돌쌓기의 세로줄눈은 보통 막힌줄눈으로 쌓는다.
③ 모르타르는 벽돌 강도와 동등 이상의 것을 사용한다.
❹ 내화벽돌은 충분하게 물축임하여 표면의 물기가 빠진 뒤 쌓는다.

기출 확인

다음 중 벽돌공사에 대한 설명으로 옳지 않은 것은?

❶ 치장줄눈의 줄눈파기 깊이는 15mm 정도로 한다.
② 쌓기용 모르타르의 강도는 벽돌강도와 동등하거나 그 이상으로 한다.
③ 하루에 쌓는 높이는 1.2~1.5m를 표준으로 한다.
④ 모르타르에 사용되는 모래는 제염된 것을 사용한다.

기출 확인

돌 다듬기 종류를 시공순서와 같게 나열한 것은?

> ⊙ 정다듬, ⓒ 혹두기, ⓒ 도드락다듬,
> ⓔ 물갈기, ⓜ 잔다듬

① ⊙→ⓒ→ⓒ→ⓔ→ⓜ
❷ ⓒ→⊙→ⓒ→ⓜ→ⓔ
③ ⓒ→ⓒ→⊙→ⓜ→ⓔ
④ ⓒ→ⓒ→⊙→ⓜ→ⓔ

기출 확인

석재의 표면 마무리의 갈기 및 광내기에 사용하는 재료가 아닌 것은?

① 금강사   ❷ 황산
③ 숫돌   ④ 산화주석

⑧ 벽돌공사의 시공상 일반사항

순서	접착면 청소 → 규준쌓기 → 중간부 파기 → 줄눈누르기 → 줄눈파기 → 치장줄눈 → 보양 순으로 진행된다.	
벽돌	물축임	• 물축임은 벽돌이 모르타르의 수분을 흡수하는 것을 방지한다. • 붉은벽돌은 시공 하루 전에 충분히 젖게 하여 습도를 유지시킨다. • 콘크리트벽돌은 쌓기 직전에 물을 축이지 않는다. • 내화벽돌은 물을 축이지 않는다. • 붉은벽돌은 물축임 후 표면의 물기가 빠진 뒤(습도는 유지)에 쌓는다.
	품질	• 품질, 등급별로 정리하여 사용하는 순서별로 쌓아 둔다. • 잔토막 또는 부스러기 벽돌을 쓰지 않는다. • 불합격한 벽돌은 장외로 반출한다.
줄눈	두께	두께는 10mm를 표준으로 한다(지시사항이 없을 경우).
	세로줄눈	• 모르타르는 벽돌 마구리면에 충분히 발라 쌓는다. • 세로줄눈은 통줄눈이 되지 않도록 한다.
	치장줄눈	줄눈모르타르가 굳기 전에 6mm 정도 깊이로 줄눈파기를 한다.
	배합	• 모르타르 강도는 벽돌 강도와 비슷하거나 더 강해야 한다. • 모르타르는 정확한 배합으로 시멘트와 제염된 모래만을 잘 섞고, 사용 시 물을 부어 반죽하여 쓴다.
쌓기	쌓기높이	하루에 표준 1.2m(18켜 정도), 최대 1.5m(22켜 정도) 이하로 한다.
	쌓기법	• 영국식쌓기 또는 네덜란드식쌓기로 한다(지시사항이 없을 경우). • 내력벽은 영국식쌓기로 한다. • 연속되는 벽면의 일부를 트이게 하여 나중쌓기로 할 때에는 그 부분을 층단들여쌓기로 한다.
	주의사항	• 각부를 가급적 동일한 높이로 쌓아 올라간다. • 벽면의 일부 또는 국부적으로 높게 쌓지 않는다.

❸ 석공사

① 개요

석재를 쌓아올려 벽체를 구성하는 공사이다.

② 석재의 표면가공(인력가공)

메다듬(혹두기) → 정다듬 → 도드락다듬 → 잔다듬 → 물갈기 순으로 진행된다.

메다듬(혹두기)	쇠메나 망치로 돌의 표면을 쳐서 대강 보기 좋게 다듬는 마무리이다.
정다듬	• 정으로 쪼아 평평하게 다듬는 마무리이다. • 조밀의 정도에 따라 거친다듬, 중다듬, 고운다듬 등이 있다.
도드락다듬	돌출된 이로 구성된 도드락망치로 석재 표면을 평활하게 하는 마무리이다.
잔다듬	도드락 다듬면을 양날망치로 세밀한 평행선을 그리며 때려 매끈하게 다듬는 마무리이다.
물갈기	• 석재 물갈기 마감 공정의 종류에는 거친갈기, 물갈기, 본갈기, 정갈기(광내기)가 있다. • 물갈기는 카보런덤, 금강사 등을 뿌리고 연마기를 이용해 물과 함께 숫돌로 갈아내어 광택을 주는 마무리이다. • 거친갈기는 거친면으로 갈아낸 것, 본갈기는 무광택면으로 갈아내는 것이며, 정갈기는 산화주석 등을 이용하여 광을 내는 공정이다.

③ 돌쌓기

조적재에 따른 분류	다듬돌쌓기	• 돌의 맞댐면을 직각, 직선으로 다듬고 규칙적으로 쌓는 방식이다. • 튼튼하고 외관이 좋아 많이 사용된다.
	거친돌쌓기	• 돌의 맞댐면을 거칠게 다듬고 불규칙하게 쌓는 방식이다. • 치장용으로 전원건축물 등에 사용된다.
쌓기법에 따른 분류	바른층쌓기	돌쌓기의 1켜의 높이는 모두 동일한 것을 쓰고 수평줄눈이 일직선으로 통하게 쌓는 방식이다.
	허튼층쌓기	네모돌을 수평줄눈이 부분적으로만 연속되게 쌓고, 일부 상하 세로줄눈이 통하게 쌓는 방식이다.
	층지어쌓기	2~3켜 간격으로 수평줄눈이 일직선이 되도록 쌓고 그 사이는 허튼층쌓기로 쌓는 방식이다.
석축쌓기	메쌓기	석재 사이를 석재로 채우며 모르타르 없이 쌓는 방식이다.
	찰쌓기	석재 사이를 콘크리트로 채우며 다지는 방식이다.

석공사 공법의 비교
모르타르 또는 연결철물의 사용 여부에 따라 습식, 건식 공법 등으로 구분된다.

구분	습식 공법	건식 공법
고정방법	모르타르	연결철물(앵커볼트 등), 접착제
시공속도	느리다.	빠르다.
판재의 두께	얇은 두께 시공 가능	얇은 두께 채택 불가
동결·백화	있다.	없다.
적용	저층, 소형 건물	저층, 고층 건축물
특이사항	우천, 동절기 시공 불가	노동비 절감, 가공비 증가

패스너(Fastener)
석재의 상하 양단에 설치하여 1차 연결철물은 지지용으로, 2차 연결철물은 고정용으로 사용하는 건식 공법용 연결철물이다.

+ 더 알아보기

돌쌓기

다듬돌쌓기

거친돌쌓기

바른층쌓기

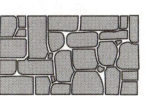
허튼층쌓기

기출 확인

모든 석재와 콘크리트가 잘 부착되도록 쌓고, 콘크리트가 앞면 접촉부까지 채워지도록 다지는 돌쌓기 방법은?
① 메쌓기 ❷ 찰쌓기
③ 막돌쌓기 ④ 건쌓기

❹ 블록공사

① 개요
- 콘크리트 블록을 모르타르 등으로 접착시키며 쌓아 벽체 등을 구성하는 공사이다.
- 보강철근을 사용하면 수평력에 견딜 수 있는 힘이 증가한다.

② 분류

조적식블록조	• 블록을 모르타르로 접착하여 벽체를 쌓아올리는 구조이다. • 2층 정도의 소규모 건물의 내력벽으로 사용된다.
장막벽블록조	• 뼈대를 철근콘크리트나 철골구조로 하고 칸막이벽으로 블록을 쌓는 구조이다. • 상부에서 오는 하중을 받지 않는 비내력벽이다.
보강블록조	• 블록의 빈 속(중공부)에 철근과 콘크리트를 부어 넣어 보강한 구조이다. • 수직하중과 수평하중에 견딜 수 있는 가장 이상적인 블록구조이다. • 5층 정도 규모의 건물에도 사용할 수 있다.
거푸집블록조	• 살 두께가 얇고 속이 비어 있는 ㄱ, ㄷ, ㅁ, T자형 등의 블록에 철근을 배근하고 콘크리트를 채워 벽체를 만드는 구조로, 조적식 블록조로도 사용할 수 있다.

+ 더 알아보기

기본블록의 규격
- 390×190×210mm
- 390×190×190mm
- 390×190×150mm
- 390×190×100mm

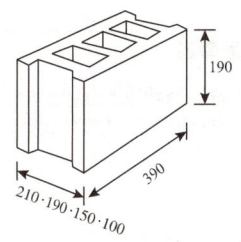
기본블록의 규격

📋 **기출 확인**

블록쌓기에 대한 설명으로 틀린 것은?

❶ 살두께가 큰 편을 아래로 하여 쌓는다.
② 특별한 지정이 없으면 줄눈은 10mm가 되게 한다.
③ 하루의 쌓기 높이는 1.5m 이내를 표준으로 한다.
④ 줄눈모르타르는 쌓은 후 줄눈누르기 및 줄눈파기를 한다.

📋 **기출 확인**

블록조 벽체에 와이어메시를 가로줄눈에 묻어 쌓기도 하는데 이에 관한 설명 중 옳지 않은 것은?

① 전단작용에 대한 보강이다.
② 수직하중을 분산시키는 데 유리하다.
❸ 블록과 모르타르의 부착성능의 증진을 위한 것이다.
④ 교차부의 균열을 방지하는 데 유리하다.

📋 **기출 확인**

블록구조에서 인방블록 설치 시 창문틀의 좌우 옆 턱에 최소 얼마 이상 물려야 하는가?

① 5cm
② 10cm
③ 15cm
❹ 20cm

📋 **기출 확인**

블록쌓기에서 벽량이란 단위면적(m^2)에 대한 그 면적 내에 있는 무엇의 비율인가?

❶ 내력벽의 길이
② 내력벽의 두께
③ 내력벽의 총면적
④ 내력벽의 총부피

③ **단순조적블록공사의 시공상 일반사항**

쌓기	• 살두께가 큰 편을 위로 하여 쌓는다. • 벽의 모서리, 중간 요소, 기타 기준이 되는 부분을 먼저 정확하게 쌓는다.
하루 쌓기 높이	1.5m(블록 7켜 정도) 이내를 표준으로 한다.
줄눈	• 두께는 10mm를 표준으로 한다(지시사항이 없을 경우). • 세로줄눈은 막힌줄눈으로 한다(지시사항이 없을 경우). • 쌓은 후 줄눈누르기 및 줄눈파기를 한다.
물축임	• 모르타르 접착면은 적당히 물축이기를 한다. • 블록은 깨끗한 건조상태로 저장되어야 하고, 담당원의 승인 없이는 물축임을 해서는 안 된다.

와이어메시(Wire mesh)
• 비교적 굵은 철선을 격자형으로 용접한 것으로, 콘크리트 보강용으로 사용된다.
• 블록조 벽체에서는 가로줄눈에 묻어서 쌓아 보강하는 용도로 사용된다.
• 횡력에 효과가 있으며, 수직하중을 분산시키는 데 유리하다.
• 전단작용에 대한 보강이 가능하고, 교차부의 균열을 방지한다.

④ **보강블록공사의 시공상 일반사항**

블록	콘크리트용 블록은 물축임하지 않는다.
쌓기	보강블록조와 라멘구조가 접하는 부분은 보강블록조를 먼저 쌓는다.
줄눈	배근 등이 용이하도록 원칙적으로 통줄눈으로 한다.
사춤	• 콘크리트 또는 모르타르 사춤은 세 켜 이내마다 한다. • 사춤콘크리트를 다져 넣을 때 철근이 이동하지 않게 한다.
철근 보강	철근은 굵은 것을 조금 넣는 것보다 가는 것을 많이 넣는 것이 좋다.
세로근	• 벽의 세로근은 구부리지 않고 항상 진동 없이 설치한다. • 기초판 철근 위의 정확한 위치에 고정시켜 배근한다. • 기초 및 테두리보에서 위층의 테두리보까지 잇지 않고 배근한다. • 정착길이는 철근직경의 40배 이상이다. • 그라우트 및 모르타르의 세로 피복두께는 20mm 이상으로 한다. • 세로근과 가로근의 교차부는 모두 결속선으로 결속한다.

테두리보(Wall girder)
• 벽체 상부를 일체화하여 강성을 증대시키고 상부의 하중을 내력벽에 고르게 분산시킨다.
• 횡력에 의한 수직균열, 수축균열을 최소화하는 부재이다.

인방보(Lintel)
• 출입구, 창 등 개구부 위에 얹어 상부의 하중을 분산시키는 부재이다.
• 폭이 1.8m를 넘는 개구부의 상부에는 철근콘크리트 윗인방을 설치하여야 한다.
• 인방보의 양끝을 창문틀의 좌우 옆 턱에 최소 200mm 이상 걸쳐야 한다.

보강블록구조 내력벽의 배근
• 12mm 이상의 철근을 끝부분과 벽 모서리부분에 세로로 배치한다.
• 9mm 이상의 철근을 가로 또는 세로 각각 800mm 이내의 간격으로 배치한다.

보강블록구조의 벽량
• 벽량 = 내력벽 총길이 ÷ 그 층 바닥면적
• $15cm/m^2$ 이상으로 한다.
• 벽량을 증가시키면 횡력에 대항하는 힘이 커진다.
• 큰 건물일수록 증가할 필요가 있다.

❺ 조적구조의 구조기준

① 구조기준(건축물의 구조기준 등에 관한 규칙)

구분		조적식 구조 (벽돌구조, 돌구조, 블록구조)	보강블록구조
기초판		철근콘크리트 또는 무근콘크리트	철근콘크리트
기초벽		두께는 250mm 이상	–
내력벽	길이	최대 10m 이하	길이의 합계가 그 층 바닥면적 $1m^2$에 대하여 0.15m 이상
	높이	2층 건축물의 2층 내력벽의 최대 높이는 4m	–
	바닥	내력벽으로 둘러싸인 부분의 바닥면적은 $80m^2$ 이하	
	두께	벽돌구조는 벽 높이의 1/20 이상, 블록구조는 벽 높이의 1/16 이상	150mm 이상, 구조내력에 주요한 지점 간의 수평거리의 1/50 이상
테두리보	구조	철골 또는 철근콘크리트구조	철근콘크리트구조
	예외	1층, 벽 두께가 벽 높이의 1/16 이상, 벽 길이 5m 이하인 경우는 목조	최상층, 벽 위에 철근콘크리트구조 옥상 바닥판이 있는 경우는 제외
	춤	벽 두께의 1.5배 이상	
개구부	너비	너비의 합계는 벽 길이의 1/2 이하	–
	수직거리	수직거리는 600mm 이상	–
	수평거리	개구부 상호 간 또는 개구부와 대린벽 중심의 수평거리는 벽 두께의 2배 이상	

📋 기출 확인

조적조 벽체에 관한 설명 중 옳지 않은 것은?

① 내력벽의 길이는 10m를 넘을 수 없다.
② 내력벽으로 둘러싸인 부분의 바닥면적은 $80m^2$를 넘을 수 없다.
❸ 하나의 층에 있어 개구부와 바로 위 층의 개구부까지의 수직거리는 90cm 이상으로 해야 한다.
④ 각 층의 대린벽으로 구획된 벽에서는 개구부의 너비의 합계는 그 벽길이의 1/2 이하로 한다.

📋 기출 확인

대린벽으로 구획된 조적조의 벽에서 벽 길이가 9m인 경우 이 벽체에 설치할 수 있는 개구부 폭의 합계는?

① 1.5m 이하   ② 3.0m 이하
❸ 4.5m 이하   ④ 6.0m 이하

너비의 합계 : 9m × 1/2 = 4.5m 이하

❻ 조적벽체의 하자·보강

① 균열

구분	계획·설계	시공
원인	• 기초의 부동침하 • 건물의 평면, 입면의 불균형 배치 • 집중하중, 횡력, 충격 • 벽체의 두께, 강도 부족 • 개구부 크기의 불합리 및 불균형 배치	• 조적재 및 모르타르의 강도 부족 • 이질기초, 이질지정 및 이질재료와의 접합부 • 사춤모르타르의 부족 • 조적재 및 사춤재료의 신축성
고려사항	구조 검토를 통한 세심하고 합리적인 설계 및 배치	• 적합한 재료 및 공법 선택 • 시공 품질 향상

조적벽체의 신축줄눈
조적벽체에 발생하는 균열에 대비하기 위해 설치한다.

개요	건축구조물의 온도변화에 따른 팽창, 수축 또는 부동침하에 의한 균열 발생 등이 예상되는 위치에 설치하는 계획된 줄눈이다.
설치위치	• 벽 높이, 벽 두께가 변하는 곳 • 창 및 출입구 등 개구부의 양측 • 경미한 하중이 작용하는 구조상 중요하지 않은 부분
주의사항	줄눈 부위를 통한 누수의 처리를 고려한다.

📋 기출 확인

벽돌벽의 균열 원인과 가장 관계가 먼 것은?

① 기초의 부동침하
② 내력벽의 불균형 배치
❸ 상하 개구부의 수직선상 배치
④ 벽돌 및 모르타르의 강도부족과 신축성

📋 기출 확인

조적조 건물의 벽체 균열에 대한 계획, 설계상 대책으로 틀린 것은?

① 건축물의 복잡한 평면구성을 피한다.
❷ 건축물의 자중을 크게 한다.
③ 테두리보를 설치한다.
④ 상하층의 창문 위치 및 너비를 일치시킨다.

기출 확인

백화현상에 대한 설명 중에서 옳지 않은 것은?

① 백화현상은 사용하는 미장 표면뿐만 아니라 벽돌벽체, 타일 및 착색시멘트제품 등의 표면에도 발생한다.
② 시멘트는 수산화칼슘의 주성분인 생석회(CaO)의 다량 공급원으로서 백화의 주된 요인이다.
③ 배합수 중에 용해되는 가용성분이 시멘트 경화체의 표면건조 후 나타나는 백화를 1차 백화라 한다.
❹ 겨울철보다 여름철의 높은 온도에서 백화발생 빈도가 높다.

기출 확인

다음은 벽돌벽에 발생하는 백화를 방지하는 방법이다. 옳지 않은 것은?

❶ 줄눈 모르타르에 석회를 넣어 사용한다.
② 파라핀 도료 등의 뿜칠로서 벽면에 방수처리를 한다.
③ 구조적으로 차양, 돌림띠 등의 비막이를 설치한다.
④ 흡수율이 적고 소성이 잘 된 벽돌을 사용한다.

② 하자

백화현상	벽체에 침투된 물이 모르타르 중의 석회분과 결합하여 탄산칼슘이 형성되면서 표면에 흰색 얼룩이 나타나는 현상이다.
녹물	내외부에 설치된 철물의 부식으로 녹물이 발생하는 현상이다.
누수	• 벽체에 발생한 균열을 통해 물이 스며드는 현상이다. • 조적재의 흡수율 과다, 사춤모르타르의 불량 등의 요인으로 발생한다.
동해	수분의 동결로 인해 균열 등의 피해가 발생하는 현상이다.

백화(Efflorescence)

구분	1차 백화	배합수 중에 용해되는 가용 성분이 시멘트 경화체의 표면건조 후 나타나는 현상이다.
	2차 백화	2차수(우수, 지하수 등)가 시멘트 경화체의 가용 성분을 용해시켜 표면건조 후 나타나는 현상이다.
주요 원인	시멘트	시멘트는 수산화칼슘의 주성분인 생석회(CaO)의 다량 공급원으로서 백화의 주요 요인이다.
	배합	물-시멘트비가 클 경우 잉여수가 증대되어 백화의 원인이 된다.
	흡수율	벽돌의 흡수율이 크면 백화의 원인이 된다.
	환경	저온다습하고 그늘진 환경에서는 백화가 발생하기 쉽다.
발생		미장 표면, 벽돌벽체, 타일 및 착색시멘트 제품 표면 등

백화를 방지하기 위한 방법

재료선정	• 10% 이하의 흡수율을 가진 양질의 벽돌을 사용한다. • 잘 소성된 벽돌을 사용한다.
양생준수	시멘트 재료는 충분한 양생 후에 사용하며, 보양을 철저히 한다.
방수처리	• 벽면에 실리콘방수를 하며, 줄눈 모르타르에 방수제를 넣는다. • 파라핀 도료를 벽면에 뿜칠하여 염류가 나오는 것을 방지한다.
우수차단	• 차양, 돌림띠 등의 비막이를 설치하여 벽에 직접 비가 맞지 않도록 한다. • 창대 기타 돌출부의 상부에 우수가 침투하지 않도록 한다.

CORE 10 목공사

CHAPTER 2 건축시공 / SECTION 2 건축시공

❶ 목구조

① 개요
목재를 조립하여 골조를 구성하는 가구식 구조이다.

② 특징

장점	단점
• 친화감이 있고 미려하다. • 열전도율이 낮아 방한, 방서성이 좋다. • 다른 구조재료보다 가볍다. • 중량에 비해 강도와 탄성이 크다. • 충격 및 진동을 잘 흡수한다. • 가공성이 좋고 운반이 쉽다.	• 큰 단면이나 긴 부재를 얻기 어렵다. • 재질, 강도 등이 균일하지 않다. • 흡수 및 흡습성이 크다. • 건습에 의한 신축변형이 심하다. • 내화성이 작아 불에 타기 쉽다. • 내구성이 낮고 부패 및 충해에 약하다.

> **＋ 더 알아보기**
>
> **목골구조**
> 건물의 뼈대는 목재로 구성하고, 벽에는 벽돌, 돌 등을 쌓아 막은 구조이다.
>
> **목재패널구조**
> 합판 또는 널재로 대형패널을 만들어 구조내력부재로 이용하는 목조건물의 구조법이다.

❷ 접합

① 이음
두 재가 재축의 길이 방향으로 이어지는 접합방식이다.

맞댄이음	• 두 부재를 서로 맞대고 덧판을 대어 못질 또는 볼트조임을 하는 방식이다. • 덧판에 의하여 부재의 응력을 모두 전달할 수 있다.		
겹침이음	두 부재를 단순히 겹쳐대고 못질 또는 볼트조임을 하는 방식이다.		
따냄이음	• 두 부재를 서로 물려지도록 따내고 맞추어 잇는 방식이다. • 단면의 감소가 발생하므로 부재의 응력을 전부 전달할 수는 없다.		
	주먹장이음	주먹모양으로 한 부재의 끝은 돌출시키고 다른 부재의 끝은 파낸 후 끼워서 연결시키는 이음이다.
	엇걸이이음	• 중간은 빗물리게 하고 이음 위치에 산지 등을 박은 이음이다. • 휨을 받는 가로재의 내이음에 가장 효과적이다.
	은장이음	• 접합부에 나비 모양의 은장을 넣은 이음이다. • 수장재 및 계단난간의 이음에 사용된다.
	빗이음	경사로 맞대어 잇는 이음이다.
	기타	메뚜기장이음, 턱솔이음, 반턱이음 등이 있다.

② 맞춤
두 재가 직각 또는 경사로 각을 지어 짜여지는 접합방식이다.

> **＋ 더 알아보기**
>
> **목재의 이음**
>
>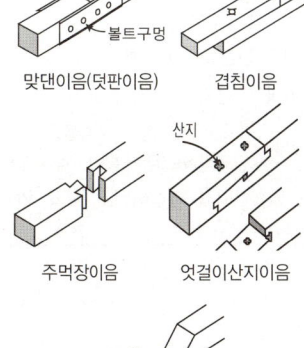
>
> 맞댄이음(덧판이음)   겹침이음
>
> 주먹장이음   엇걸이산지이음
>
>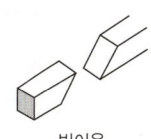
>
> 빗이음

> **+ 더 알아보기**
>
> 목재의 맞춤
>
>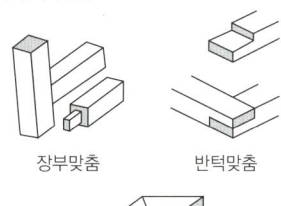
>
> 장부맞춤   반턱맞춤
>
>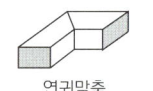
>
> 연귀맞춤

장부맞춤	• 한 부재에는 장부를 내고, 다른 부재에는 구멍을 파서 끼우는 맞춤이다. • 가장 일반적이고 튼튼한 맞춤이다.
반턱맞춤	부재를 반으로 턱지게 깎아 맞대는 맞춤이다.
연귀맞춤	• 두 부재의 귀를 45°로 빗잘라 직각으로 맞대어 마구리를 감추는 방식이다. • 창문 등의 마무리에 사용된다.
기타	빗턱맞춤, 턱솔맞춤, 걸침턱맞춤, 산지맞춤, 메뚜기장맞춤 등이 있다.

이음 및 맞춤 시공 시 일반사항

구조	• 공작이 간단한 방식을 사용하며 모양에 치중하지 않는다. • 응력의 종류 및 크기에 따라 적합한 방식을 선택한다.
단면	• 단면은 응력의 방향에 직각으로 한다. • 각 부재는 약한 단면이 없게 한다. • 재는 될 수 있는 한 적게 깎아내어 약하게 되지 않도록 한다. • 맞춤면은 정확히 가공하여 서로 밀착되어 빈틈이 없게 한다.
위치	• 위치는 응력이 작은 곳으로 한다. • 접합부분에 작용하는 응력이 균일하도록 배치한다.

③ 쪽매

판재를 수평 방향으로 붙여나가는 접합방식이다.

> **+ 더 알아보기**
>
> 목재의 쪽매
>
>
>
> 맞댄쪽매   반턱쪽매
>
>
>
> 제혀쪽매

맞댄쪽매	• 마루널을 단순히 옆으로 붙여대는 쪽매이다. • 건조수축으로 틈이 생기고, 진동에 의해 못이 솟아오르는 단점이 있다.
반턱쪽매	• 널을 반으로 턱지게 깎아 붙여대는 쪽매이다. • 얇은 널대기에 사용된다.
제혀쪽매	• 마루널 옆에 홈과 혀를 내어 서로 물려지게 하는 쪽매이다. • 진동에 의하여 못이 솟아오르지 않는 이상적인 방식이다.
기타	딴혀쪽매, 빗쪽매, 틈막이대쪽매, 오니쪽매 등이 있다.

❸ 보강재·긴결철물

① 목재 보강재

산지	원형 또는 각형의 가늘고 긴 일종의 나무못이다.
촉	목재의 접합면에 사각구멍을 파고 한편에 작은 나무토막을 반 정도 박아 넣어 포개는 보강재이다.
쐐기	길이가 짧은 나무토막을 사다리꼴로 납작하게 만든 보강재이다.

② 철물

못	• 못, 나사못 등이 사용된다. • 못의 길이는 널(재)두께의 2.5배 이상, 마구리 등에 박을 경우 3배 이상으로 한다.
듀벨 (Dowel)	• 목재와 목재 사이에 볼트로 체결하여 볼트접합을 보강하고, 전단력에 대한 저항작용을 하는 철물이다. • 볼트와 같이 사용하여 듀벨에는 전단력, 볼트에는 인장력을 분담시킨다.

> **+ 더 알아보기**
>
> 보강재·긴결철물의 종류
>
> | 목재 | 산지, 촉, 쐐기 |
> |---|---|
> | 철물 | 못, 듀벨, 볼트, 주걱볼트, 갈고리볼트(앵커볼트), 꺾쇠 |
> | 철물
(띠쇠류) | 띠쇠, 감잡이쇠, ㄱ자쇠, 안장쇠 |

볼트	특징	• 일반적으로 육각볼트가 사용된다. • 볼트 구멍은 볼트지름보다 3mm 이상 커서는 안 된다.
	접합	달대공-평보, 평보-ㅅ자보
주걱볼트	특징	철판에 볼트를 용접한 철물이다.
	접합	평보-깔도리-처마도리
갈고리볼트 (앵커볼트)	특징	하부가 일부 구부러져 있는 철물이다.
	접합	기초-토대, 처마도리-평보-깔도리
꺾쇠	특징	강봉 토막의 양끝을 뾰족하게 하고 ㄷ자형으로 구부린 철물이다.
	접합	ㅅ자보-중도리, 빗대공-왕대공

③ 철물(띠쇠류)

띠쇠	특징	일자형으로 된 철판에 가시못 또는 볼트 구멍이 있는 철물이다.
	접합	토대-기둥, 왕대공-ㅅ자보, 평기둥-층도리
감잡이쇠	특징	ㄷ자형으로 구부려 만든 띠쇠이다.
	접합	토대-기둥, 왕대공-평보, 평보-ㅅ자보의 밑
ㄱ자쇠	특징	ㄱ자형으로 구부려 만든 띠쇠이다.
	접합	모서리 기둥-층도리
안장쇠	특징	안장모양으로 구부려 만든 띠쇠이다.
	접합	큰 보-작은 보

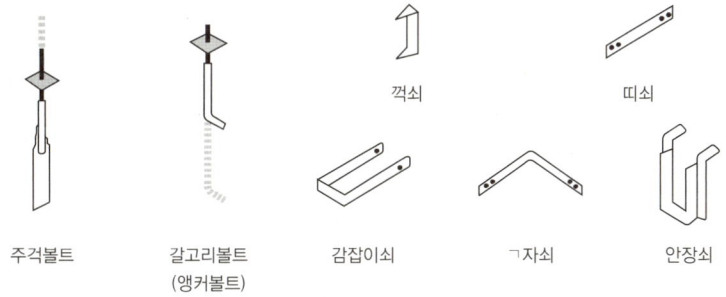

주걱볼트　갈고리볼트　감잡이쇠　ㄱ자쇠　안장쇠
　　　　　(앵커볼트)　　　　　꺾쇠　　띠쇠

❹ 목공사 각부

① 수직재

본기둥		• 모서리나 칸막이벽과의 교차부 또는 집중하중을 받는 위치에 설치한다. • 배치간격은 2m 정도가 적당하다.
	통재기둥	2층 이상의 중층 건물에서 아래층부터 위층까지의 기둥 전체를 하나의 단일재로 사용하는 기둥이다.
	평기둥	각 층별로 각 층의 높이에 맞게 배치되는 기둥이다.
샛기둥		• 본기둥 사이에 세워 벽체를 이루는 기둥이다. • 상부의 하중을 받지 않고 가새의 옆힘을 방지한다. • 간격은 40~60cm 정도가 적당하다.

기출 확인

목공사에 사용되는 철물에 대한 설명 중 옳지 않은 것은?

① 못의 길이는 박아 대는 재두께의 2.5배 이상이며, 마구리 등에 박는 것은 3.0배 이상으로 한다.
❷ 감잡이쇠는 큰 보에 걸쳐 작은 보를 받게 하고, 안장쇠는 평보를 대공에 달아매는 경우 또는 평보와 ㅅ자보의 밑에 쓰인다.
③ 볼트 구멍은 볼트지름보다 3mm 이상 커서는 안 된다.
④ 듀벨은 볼트와 같이 사용하여 듀벨에는 전단력, 볼트에는 인장력을 분담시킨다.

기출 확인

목조 지붕틀 구조에 있어서 중도리와 ㅅ자보를 연결할 때 가장 적합한 철물은?
① 띠쇠　　② 주걱볼트
③ 감잡이쇠　❹ 엇꺾쇠

기출 확인

목조 지붕틀 구조에 있어서 모서리 기둥과 층도리 맞춤에 사용되는 철물은?
① 띠쇠　　② 감잡이쇠
③ 주걱볼트　❹ ㄱ자쇠

+ 더 알아보기

목구조의 벽체

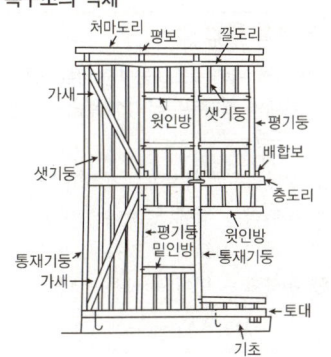

② 수평재

층도리	• 위층과 아래층의 중간에서 기둥을 연결하는 도리이다. • 통재기둥에 한편맞춤이 될 때 빗턱통을 넣고 내다지장부맞춤-벌림쐐기치기로 한다.
깔도리	• 기둥 맨 위 처마의 부분에 수평으로 거는 도리이다. • 크기는 기둥 단면과 같게 한다.
처마도리	외벽의 지붕머리를 연결하고 지붕보를 받아 하중을 기둥에 전달하는 도리이다.
인방	기둥과 기둥 사이를 연결한 벽체의 뼈대 또는 문틀이 되는 수평재이다.
꿸대	벽의 보강을 위하여 기둥을 꿰어 상호 연결하는 수평재이다.

③ 경사재

목구조에서 횡력에 대한 변형을 방지하는 역할을 한다.

가새	• 기둥 상부와 다른 기둥 하부를 대각선 방향으로 빗대는 경사재이다. • 버팀대보다 수평력에 강하며, 횡력을 보강하는 데 가장 유리한 부재이다.
귀잡이보	• 보, 도리 등의 가로재가 서로 수평 방향으로 만나는 귀부분을 안정된 삼각형 구조로 만드는 경사재이다. • 가새로 보강하기 어려운 곳에 사용된다. • 맞춤은 짧은장부빗턱맞춤, 볼트조임 등으로 한다.
버팀대	• 기둥, 보 등의 모서리를 고정시키기 위해 수직으로 빗대는 경사재이다. • 횡력에 대한 저항은 가새보다 약하다. • 가새가 들어가지 않는 곳에 설치할 수 있다. • 경사는 45°로 하는 것이 좋다.

> **목구조의 가새**
> • 벽체를 수평력에 견디게 하고 안정된 구조로 만든다.
> • 네모구조를 세모구조로 만들며, 각도는 45°에 가까울수록 유리하다.
> • 하중의 방향에 따라 압축응력과 인장응력이 번갈아 일어난다.
> • 가새를 결손시켜 내력상 지장을 주어서는 안 된다.
> • 압축력을 부담하는 압축가새의 단면적은 기둥의 크기와 같거나 1/3~1/2로 한다.
> • 목구조에서 기둥, 보의 접합은 보통 핀접합으로 보기 때문에 접합부 강성을 높이기 위해 가새를 쓰는 것이 바람직하다.

④ 마루

1층 마루		건물의 최하층 바닥에 사용되는 마루이다.
	동바리마루	• 마루 밑에 동바리돌을 놓고 그 위에 동바리를 수직으로 세운 마루이다. • 최하부부터 동바리 → 멍에 → 장선 → 마룻널 순으로 배치된다.
	납작마루	동바리 없이 마룻널, 장선, 멍에 등으로 구성되는 마루이다.
2층 마루		건물의 2층 이상에서 공간을 상하부로 구획하는 마루이다.
	홑마루 (장선마루)	• 보를 쓰지 않고 층도리와 칸막이도리에 직접 장선을 걸쳐대고 그 위에 마룻널을 설치한 마루이다. • 복도 또는 간 사이가 적을 때 사용한다.
	보마루	• 보를 걸어 장선을 받게 하고 그 위에 마룻널을 설치한 마루이다. • 간 사이는 2.5~6.4m, 보의 간격은 1.8m 정도이다.
	짠마루	큰 보 위에 작은 보를 걸고 그 위에 장선을 대어 마룻널을 설치한 마루이다.

📑 **기출 확인**

목구조에서 귀잡이보의 설치 이유로 가장 적당한 것은?

❶ 지붕틀과 도리가 네모구조로 된 것을 튼튼히 하기 위하여
② 대공 밑을 연결하여 지붕틀 상호 간의 연결을 튼튼히 하기 위하여
③ 창문틀 주위의 벽과의 마무림과 장식을 위하여
④ 기초 위에 가로놓아 상부에서 오는 하중을 기초에 전달하며 기둥 밑을 고정하기 위하여

📑 **기출 확인**

목조 벽체의 가새에 대한 기술 중 옳지 않은 것은?

① 가새의 경사는 45°에 가까울수록 유리하다.
② 가새는 불안정한 사각형구조를 안정한 삼각형구조로 만들기 위해 댄다.
❸ 가새와 샛기둥의 접합부는 가새를 조금 따내어 맞추는 것이 좋다.
④ 가새에는 하중의 방향에 따라 압축응력과 인장응력이 번갈아 일어난다.

📑 **기출 확인**

동바리돌 위에 축조하는 1층 마루구조에서 부재의 최하부부터의 배열순서가 옳은 것은?

① 동바리 - 밑동잡이 - 장선 - 마룻널
② 동바리 - 멍에 - 토대 - 마룻널
③ 동바리 - 토대 - 멍에 - 마룻널
❹ 동바리 - 멍에 - 장선 - 마룻널

⑤ 반자

지붕 밑 또는 위층 바닥 밑을 가려 장식적, 방온적으로 꾸민 구조부분이다.

분류	달반자	지붕틀이나 바닥판 밑에 매달은 반자이다.
	제물반자	바닥판 밑을 제물로 또는 직접 바르는 반자이다.
주요 종류	널반자	• 반자틀 밑에 널을 대어 구성하는 반자이다. • 우물반자, 치받이널반자, 살대반자 등이 있다.
	바름반자	반자틀 밑에 졸대를 대고 회반죽, 모르타르 등을 발라 구성한 반자이다.
	구성반자	• 층단으로 또는 주위 벽에서 띄어 구성하는 반자이다. • 응접실 등의 천장을 장식 겸 음향효과가 있게 구성하고, 전기조명장치도 간접조명으로 천장에 은폐하는 데 사용된다.

반자의 구성부재	
반자돌림대	벽의 상단에서 벽과 반자의 연결을 위해 대는 가로재이다.
반자틀받이	• 반자틀을 설치하기 위한 가로재이다. • 90cm 간격으로 설치한다.
달대	천장을 매달아 고정하기 위한 수직재이다.
달대받이	달대를 받는 가로재이다.

목조 2층 주택의 마루널과 반자널의 작업순서
2층 마루바닥 → 2층 반자 → 1층 마루바닥 → 1층 반자

+ 더 알아보기

반자의 구조

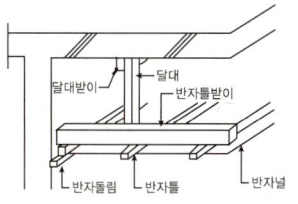

⑥ 지붕틀

절충식 지붕틀	개요	보 위에 동자기둥 또는 대공을 세우고 도리를 건너대어 지붕을 받는 형식이다.
	특징	• 한식구조와 구조상으로 비슷하다. • 구조가 간단하나 구조상 불리하여 소규모 지붕틀에 사용된다.
	부재	지붕보, 베개보, 중도리, 마룻대, 대공, 동자기둥, 지붕꿸대, 종보 등
왕대공 지붕틀	개요	왕대공(King post)을 세우고 부재를 삼각형으로 구성하여 지붕의 하중을 받는 구조이다.
	특징	양식 지붕틀 중에서 가장 많이 사용된다.
	부재	압축력·휨모멘트	ㅅ자보, 중도리(ㅅ자보의 절점 간에 설치할 경우)
		압축력	빗대공, 중도리
		인장력	왕대공, 평보
		보강재	귀잡이보, 보잡이, 대공가새, 버팀대 등
		기타	마룻대, 서까래, 지붕널 등
쌍대공 지붕틀	개요	두 개의 대공을 세워 만든 양식 지붕틀이다.
	특징	• 지붕 속에 네모꼴의 공간이 형성되어 다락방으로 사용이 가능하다. • 각 부재의 이음, 맞춤은 왕대공 지붕틀과 동일하다.

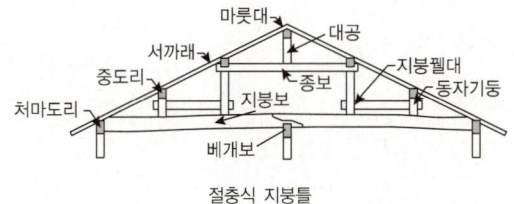

절충식 지붕틀

+ 더 알아보기

보잡이(옆휨막이, 대공밑둥잡이)
• 왕대공 지붕틀에서 지붕틀 상호 간의 연결을 튼튼히 하고 평보의 옆 휨을 막기 위하여 설치하는 부재이다.
• 평보와 평보 사이에 걸쳐댄다.

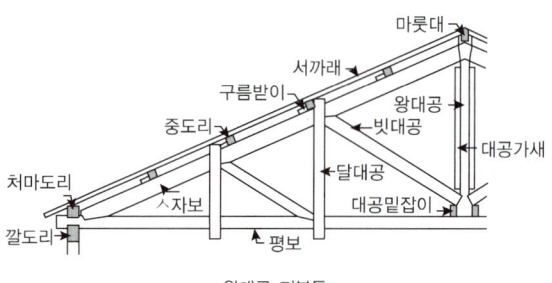

왕대공 지붕틀

쌍대공 지붕틀

더 알아보기

한식 지붕기와

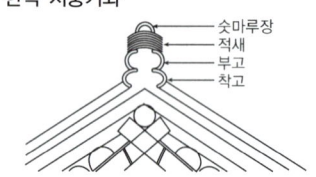

한옥 지붕기와	
착고	기왓골을 막는 기와를 말한다.
부고	착고 위에 얹는 기와를 말한다.
적새	착고, 부고 등을 덮는 암키와를 말한다.
숫마룻장	적새의 열을 따라 덮는 수키와를 말한다.
머거불	• 한식 기와지붕에서 지붕 용마루의 끝마구리에 수키와를 옆세워 댄 것이다. • 착고와 부고의 마구리면을 막아 댄 것이다.

CHAPTER 2 건축시공 / SECTION 2 건축시공

CORE 11 방수·도장공사

❶ 방수공사

① 개요
건물에 대한 수분 및 습기의 침입 또는 유출을 방지하기 위한 공사이다.

② 분류
멤브레인, 시멘트모르타르계 방수 공법 등이 있다.

멤브레인	• 연속적인 방수막을 형성하는 공법이다. • 아스팔트방수, 시트방수, 도막방수, 개량아스팔트시트방수, 합성고분자시트방수, 시트도막복합방수 등이 있다.
시멘트 모르타르계	• 방수성이 높은 모르타르를 이용해 방수층을 형성하는 공법이다. • 시멘트액체방수 등이 있다.
기타	콘크리트구체방수, 침투방수, 실링방수 등이 있다.

③ 방수층의 위치
방수층의 위치에 따라 안방수, 바깥방수, 구체방수, 이중벽 공법 등이 있다.

구분	안방수(내방수)	바깥방수(외방수)
특징	구조물의 내면을 방수	구조물의 겉면을 방수
방수층의 위치	바닥, 외벽 안쪽면	지하층 바닥 콘크리트 밑, 외벽 바깥면
방수효과	지하수압이 클 경우 방수층 파괴	우수, 확실
적용	수압이 작고 얕은 지하실	수압이 크고 깊은 지하실
공사시기	자유롭게 조정 가능	본공사에 선행
공사비	저렴하다.	비교적 고가이다.
보수공사	가능	불가능
보호누름	필수	권장
바탕만들기	따로 만들 필요 없다.	따로 만들어야 한다.
공사난이도	비교적 간단하다.	어렵다.
단점	실내 유효면적 감소	방수층의 연속적인 연결이 어려움
공법	시멘트액체방수 등	시트, 아스팔트, 벤토나이트방수 등

보호누름
방수층 파손을 방지하기 위해 방수층 위에 시공하는 누름콘크리트 또는 벽돌층을 말한다.

지하이중벽 공법
• 구조체에 이중벽을 만들어 내부공간에 발생한 이슬을 하부 트렌치를 통해 배수하는 공법이다.
• 지하주차장 등에 주로 사용된다.

📋 기출 확인

멤브레인방수 공법에 해당되지 않는 것은?
① 아스팔트방수
❷ 콘크리트구체방수
③ 도막방수
④ 합성고분자시트방수

📋 기출 확인

방수공사에서 안방수와 바깥방수를 비교한 설명으로 옳지 않은 것은?
① 바탕만들기에서 안방수는 따로 만들 필요가 없으나 바깥방수는 따로 만들어야 한다.
② 경제성(공사비)에서는 안방수는 비교적 저렴한 편인 반면 바깥방수는 고가인 편이다.
❸ 공사시기에서 안방수는 본공사에 선행해야 하나 바깥방수는 자유로이 선택할 수 있다.
④ 안방수는 바깥방수에 비해 시공이 간편하다.

📋 기출 확인

바깥방수와 비교한 안방수의 특징에 관한 설명으로 옳지 않은 것은?
① 공사가 간단하다.
② 공사비가 비교적 싸다.
❸ 보호누름이 없어도 무방하다.
④ 수압이 작은 곳에 이용된다.

❷ 방수 공법

① 아스팔트방수

개요	• 아스팔트 계열의 방수재를 이용하여 방수층을 형성하는 방식이다. • 옥상, 평지붕, 지하실 등에 많이 쓰인다.
장점	방수가 확실하고 보호처리를 잘하면 내구적이며, 모체의 신축에 대하여 유리하다.
단점	보수 시에 결함부를 발견하기 어렵고, 작업을 위해 가열할 경우 악취가 발생한다.

아스팔트방수의 시공상 일반사항

재료	• 지붕방수에는 침입도가 크고 연화점이 높은 것을 사용한다. • 한랭지에서는 침입도가 큰 아스팔트가 좋다. ※ 침입도 : 아스팔트의 경도, 연화점 : 아스팔트가 연해지는 온도
용융·취급	• 아스팔트 용융 솥은 가능한 한 시공 장소와 근접한 곳에 설치한다. • 방수층 위에 용융 솥을 두지 않는다. • 아스팔트 용융 중에는 최소한 30분에 1회 정도로 온도를 측정한다. • 접착력 저하 방지를 위하여 200℃ 이하가 되지 않도록 한다. ※ 방수공사용 아스팔트의 용융온도는 1종(220~230℃) < 2종(240~250℃) < 3·4종(260~270℃) 순이다.
시공	• 시공 시 콘크리트 등의 모체를 완전 건조시켜야 한다. • 바닥, 벽의 모든 부분에 방수층 보호누름을 해야 한다. • 보호층을 견실하게 해야 한다. • 아스팔트 펠트, 루핑은 바탕에 밀착시켜야 한다. • 선홈통과 낙수구 부근의 연결부분은 특별히 시공에 주의하여야 한다.

② 도막방수

개요		도료 상태의 방수재를 바탕면에 여러 번 칠하여 얇은 수지 피막을 만들어 방수효과를 얻는 방식이다.
공법의 분류	노출	방수층을 노출시키는 공법으로, 보수 등이 용이하다.
	비노출	방수층을 누름층으로 보호하는 공법으로, 수명이 길다.
분류	용제형	• 휘발성 용제를 사용하는 방수재로 네오프렌계 도막방수 등이 있다. • 인화성이 강하므로 화기를 엄금하며, 강풍이 불 경우 접착이 불량하다.
	유제형	• 용제를 사용하지 않는 방수재로 아크릴계 도막방수 등이 있다. • 핀홀(도막상의 구멍)의 발생에 주의해야 한다. • 우천 시 또는 동절기 시공은 피해야 한다.
	에폭시계	• 에폭시수지를 수회 도포하여 방수층을 형성한다. • 접착성, 내열성, 내마모성, 내약품성이 우수하다.
장점		• 시공 및 유지보수가 비교적 간편하다. • 연신율이 뛰어나며 경량이고, 방수층의 내수성, 내화성이 우수하다.
단점		균일한 두께를 확보하기 어렵고 두꺼운 층을 만들 수 없다.

도막방수의 시공상 일반사항

순서	치켜올림 부위를 도포한 다음, 평면 부위의 순서로 도포한다. ※ 치켜올림 : 바닥 방수층을 벽체(약 50cm 높이)까지 도포하는 것
시공	• 방수재는 핀홀이 생기지 않도록 솔 등으로 균일하게 도포한다. • 방수재의 겹쳐 바르기 또는 이어 바르기의 폭은 100mm 내외로 한다. • 도막두께는 원칙적으로 사용량을 중심으로 관리한다.
스프레이 시공	도막방수재를 스프레이 시공할 경우, 분사각도는 항상 바탕면과 수직이 되도록 하고, 바탕면과 300mm 이상 간격을 유지하도록 한다.

📋 **기출 확인**

아스팔트방수 공사에 관한 설명 중 옳지 않은 것은?

① 아스팔트 용융 중에는 최소한 30분에 1회 정도로 온도를 측정하며, 접착력 저하 방지를 위하여 200℃ 이하가 되지 않도록 한다.
❷ 한랭지에서 사용되는 아스팔트는 침입도 지수가 작은 것이 좋다.
③ 지붕방수에는 침입도가 크고 연화점(軟化点)이 높은 것을 사용한다.
④ 아스팔트 용융 솥은 가능한 한 시공 장소와 근접한 곳에 설치한다.

📋 **기출 확인**

도막방수에 관한 설명으로 옳지 않은 것은?

① 도막방수의 바탕처리는 시멘트액체방수에 준하여 실시한다.
② 도막방수에는 노출 공법과 비노출 공법이 있다.
❸ 아크릴계 도막방수는 인화성이 강하므로 시공 시 화기를 엄금한다.
④ 용제형 도막방수는 강풍이 불 경우 방수층 접착이 불량하다.

📋 **기출 확인**

도막방수에 관한 설명으로 옳지 않은 것은?

① 방수재의 도포 시 치켜올림 부위를 도포한 다음, 평면부위의 순서로 도포한다.
② 방수재의 겹쳐 바르기 폭은 100mm 내외로 한다.
③ 도막두께는 원칙적으로 사용량을 중심으로 관리한다.
❹ 우레아수지계 도막방수재를 스프레이 시공할 경우 바탕면과 200mm 이하로 간격을 유지하도록 한다.

③ 시트방수

개요	• 정형의 시트를 바탕에 붙여 방수층을 형성하는 방식이다. • 합성고무와 열가소성수지를 사용하여 1겹으로 방수효과를 낸다.
장점	• 지붕 방수의 경량화가 가능하다. • 접착제로 시공하여 공기가 짧고 상온에서 시공이 가능하다.
단점	직사광선 등에 의한 열화가 크고 균열이 생기기 쉽다.
공법	붙임 공법에는 온통접착, 줄접착, 점접착, 들뜬접착 등이 있다.

합성고분자계 시트방수의 시공상 일반사항

프라이머	• 균일하게 도포하며, 범위는 그날의 시트 붙임작업 범위 내로 한다. • 수용성의 프라이머는 저온 시 동결피해 발생에 주의한다.
접착제	프라이머의 건조를 확인한 후 바탕과 시트에 균일하게 도포한다.
시공	• 모서리부, 드레인 주변 등 특수한 부위를 먼저 세심하게 작업한다. • 시트의 접합부는 원칙적으로 물매 위쪽의 시트가 물매 아래쪽 시트의 위에 오도록 겹친다.

④ 시멘트액체방수

개요	• 시멘트방수제를 모체에 침투시키거나 방수제를 혼합한 모르타르를 바르는 방수공법이다. • 지하실의 내방수, 소규모 지붕, 건물 내부 부엌, 화장실 등의 경미한 방수공사에 사용된다.
장점	• 공사비가 비교적 저렴하고 시공 및 보수가 용이하다. • 결점부의 발견이 용이하다. • 바탕의 상태가 습하거나 수분이 함유되어 있더라도 시공할 수 있다.
단점	• 탄성이 없어 균열이 쉽게 발생한다. • 외기의 영향을 많이 받으며 내구성이 약하다. • 시공 시 바탕의 상태가 평탄하고 결함이 없어야 한다.

시멘트모르타르계 방수의 시공상 일반사항

순서	바탕처리 → 지수 → 혼합 → 바르기 → 마무리 순으로 진행한다.
바탕	• 바탕이 건조할 경우에는 바탕을 물로 적신다. • 평탄하고, 휨, 단차, 레이턴스 등의 결함이 없는 것을 표준으로 한다. • 방수모르타르는 보통모르타르보다 바탕과의 접착력이 작으므로, 바탕은 매회 깨끗하고 거칠게 하는 것이 모르타르와의 부착에 좋다. • 방수층 시공 전에 곰보나 콜드조인트와 같은 부위는 실링재 또는 폴리머 시멘트 모르타르 등으로 바탕처리를 한다.
시공	• 방수층은 흙손 및 뿜칠기 등을 사용하여 소정의 두께(부착강도 측정이 가능하도록 최소 4mm 두께 이상)가 될 때까지 균일하게 바른다. • 각 공정의 이어 바르기의 겹침폭은 100mm 정도로 하여 소정의 두께로 조정하고, 끝부분은 솔로 바탕과 잘 밀착시킨다.
두께	• 총두께는 12~25mm 정도로 한다. • 상당한 두께가 필요할 때에는 2~3회로 나누어 바른다.
양생	직사일광이나 바람, 고온 등에 의한 급속한 건조가 예상되는 경우에는 살수 또는 시트 등으로 보호하여 양생한다.

기출 확인

합성고무와 열가소성수지를 사용하여 1겹으로 방수효과를 내는 공법은?

① 도막방수
❷ 시트방수
③ 아스팔트방수
④ 표면도포방수

기출 확인

시멘트액체방수에 대한 설명으로 옳지 않은 것은?

① 값이 저렴하고 시공 및 보수가 용이한 편이다.
② 바탕의 상태가 습하거나 수분이 함유되어 있더라도 시공할 수 있다.
❸ 바탕콘크리트의 침하, 경화 후의 건조수축, 균열 등 구조적 변형이 심한 부분에도 사용할 수 있다.
④ 옥상 등 실외에서는 효력의 지속성을 기대할 수 없다.

기출 확인

시멘트액체방수에 대한 설명으로 옳지 않은 것은?

① 모체 표면에 시멘트방수제를 도포하고 방수모르타르를 덧발라 방수층을 형성하는 공법이다.
② 옥상 등 실외에서는 효력의 지속성을 기대할 수 없다.
③ 시공은 바탕처리 → 지수 → 혼합 → 바르기 → 마무리 순으로 진행한다.
❹ 시공 시 방수층의 부착력을 위하여 방수할 콘크리트 바탕면은 충분히 건조시키는 것이 좋다.

아스팔트방수와 시멘트액체방수의 비교

구분	아스팔트방수	시멘트액체방수
탄성	크다.	적다.
균열	거의 없다.	크다.
외기의 영향	적다.	크다.
시공기일	길다.	짧다.
공사비	비싸다.	저렴하다.
결함부 발견	어렵다.	쉽다.

⑤ 기타 방수 공법

침투방수	무기질 또는 무기유기질계가 혼합된 방수재를 솔·롤러 또는 저압력의 기구로 콘크리트 바탕에 분사·코팅하여 방수층을 형성하는 공법이다.
실링재방수	• 실(Seal)재를 접합부 등의 틈새 및 균열부에 충전하는 방수 공법이다. • 프리패브 건축, 커튼월 공법에 따른 건축물, 특히 스틸새시의 틈새 부위 및 균열부 보수 등에 많이 이용된다.
콘크리트 구체방수	콘크리트 타설 시 방수제를 혼입하여 콘크리트 구조체의 수밀성을 향상시키는 방수 공법이다.

> **완성 시의 검사 및 시험 항목**
> • 규정 수량이 확실하게 시공(사용)되어 있는지의 유무
> • 방수층의 부풀어 오름, 핀 홀, 루핑 이음매(겹침부)의 벗겨짐 유무
> • 방수층의 손상, 찢김(파단) 발생의 유무
> • 보호층 및 마감재의 상태
> • 담수시험 또는 기타 방법(수조시험 등)에 의한 담수 및 살수시험
>
> **담수시험**
> • 건축 방수공사의 성능확인을 위한 가장 일반적인 시험방법이다.
> • 배수구멍 폐쇄 → 물을 채우고 2일 정도 누수 여부 확인 → 배수상태 확인 순으로 진행된다.

📋 기출 확인

프리패브 건축, 커튼월 공법에 따른 건축물에서 각 부분의 접합부 특히 스틸새시의 틈새 및 균열부 보수 등에 많이 이용되는 방수 공법은?

① 아스팔트방수 ② 시트방수
③ 도막방수 ❹ 실링재방수

📋 기출 확인

건축 방수공사의 성능확인을 위한 가장 일반적인 시험방법은?

① 수압시험 ② 기밀시험
③ 실물시험 ❹ 담수시험

❸ 도장공사

① 개요

부식을 방지하고 색채와 미장을 부여하기 위해 표면에 피막을 형성하는 공사이다.

② 용도별 적용 도료

구분	종류	용도	희석제	비고
수성도료	수성페인트	모르타르, 콘크리트	물	내알칼리성 우수
유성도료	유성페인트	목재, 철재, 아연도금	희석제	내알칼리성 약함
	유성에나멜페인트		희석제	
합성수지 도료	합성수지에멀션페인트	모르타르, 콘크리트	물	내알칼리성 우수, 방화성 우수
	합성수지에나멜페인트	목재, 철재, 모르타르	희석제	
방청도료	광명단페인트	철재	희석제	철재면 방청용
래커도료	클리어래커	내부 목재	희석제	상도마감용
	에나멜래커	목재, 철재, 아연도금	희석제	–
	우드실러	클리어래커 바탕면	희석제	재벌칠 흡수 방지용
바니시	유성바니시	목재 투명 마무리	희석제	옥내사용, 건조 빠름

➕ 더 알아보기

래커(Laquer)
• 클리어래커, 에나멜래커, 우드실러 등의 셀룰로스도료를 말한다.
• 레커 계열은 뿜칠로 시공할 경우 효과가 가장 좋다.

③ 도장

붓도장	도료의 얼룩, 흘러내림, 거품, 붓자국 등이 생기지 않게 주의한다.
롤러도장	• 붓도장보다 도장속도가 빠르다. • 평활하고 넓은 면이나 뿜칠작업이 어려운 장소의 도장에 적합하다. • 붓도장에 비해 일정한 도막두께를 유지하기가 매우 어렵다.
스프레이도장 (뿜칠)	도장거리	스프레이 도장면에서 300mm를 표준으로 하며, 압력에 따라 가감한다(압력이 낮으면 거칠고, 높으면 유실이 많다).
	시공	• 스프레이건의 운행은 항상 평행하게 한다. • 운행의 한 줄마다 뿜칠 폭의 1/3 정도를 겹쳐 뿜는다. • 뿜칠의 각도는 칠바탕에 직각으로 한다. • 각회의 뿜도장 방향은 전회의 방향에 직각으로 한다. • 매회 붓도장과 동등한 정도의 두께로 한다. • 2회분의 도막 두께를 한 번에 도장하지 않는다.

목재면 바탕만들기 공정	
오염, 부착물의 제거	• 오염, 부착물의 제거 • 유류는 휘발유·시너 닦기
송진의 처리	송진의 긁어내기, 인두 지짐, 휘발유 닦기
연마지 닦기	대팻자국, 엇거스름, 찍힘 등을 P120~150 연마지로 닦기
옹이땜	옹이 및 그 주위는 2회 붓도장하기(각 회 1시간 이상)
구멍땜	갈림, 구멍, 틈서리, 우묵한 곳의 땜질하기(24시간 이상)

도장 시공 시 일반사항
- 칠은 일반적으로 초벌, 재벌, 정벌칠의 3공정으로 한다.
- 나중에 칠할수록 색을 진하게 하여 칠을 안 한 부분을 구별한다.
- 도료는 사용 전 잘 교반하여 균일하게 하며, 부착성을 고려하여 과도한 희석은 피한다.
- 소지조정, 표면처리의 방법에 따라 녹이나 기름기 제거, 표면의 거칠기 정도를 관리한다.
- 1회 바름두께는 얇게 여러 번 칠하고 급격한 건조는 피해야 한다.
- 도장 후 기름, 산, 수지 등의 유해물이 녹아 나올 때에는 재시공한다.

담당원이 승인할 때까지 도장 시공을 중지해야 하는 경우
- 도장하는 장소의 기온이 낮거나, 습도가 높고, 환기가 충분하지 못하여 도장건조가 부적당할 때, 주위의 기온이 5℃ 미만이거나 상대습도가 85%를 초과할 때, 눈·비가 올 때 및 안개가 끼었을 때
- 강설우, 강풍, 지나친 통풍, 도장할 장소의 더러움 등으로 인하여 물방울, 흙먼지 등이 도막에 부착되기 쉬울 때
- 주위의 다른 작업으로 인해 도장작업에 지장이 있거나 도막이 손상될 우려가 있을 때

도장 시공 시 주의사항
- 도료의 적부를 검토하여 양질의 도료를 선택한다.
- 바탕의 조정을 충분히 하고, 도료에 맞는 도장용구를 사용한다.
- 도료량은 표준량 이상으로 두껍게 바르지 않는다.
- 피막은 각 층마다 충분히 건조 경화한 후 다음 층을 바른다.
- 야간 또는 저온다습 시에는 작업을 피한다.
- 직사광선은 가능한 한 피하며 화재예방에 주의한다.
- 작업장 내는 청결하고 먼지가 없도록 한다.

기출 확인

도장공사에서의 뿜칠에 대한 설명으로 옳지 않은 것은?
① 큰 면적을 균등하게 도장할 수 있다.
② 뿜칠은 보통 30cm 거리로 칠면에 직각으로 일정속도로 행한다.
❸ 뿜칠은 도막두께를 일정하게 유지하기 위해 겹치지 않게 순차적으로 이행한다.
④ 뿜칠압력이 낮으면 거칠고, 높으면 칠의 유실이 많다.

기출 확인

페인트칠의 경우 초벌과 재벌 등을 도장할 때마다 색을 약간씩 다르게 하는 주된 이유는?
① 희망하는 색을 얻기 위하여
② 색이 진하게 되는 것을 방지하기 위하여
③ 착색안료를 낭비하지 않고 경제적으로 사용하기 위하여
❹ 초벌, 재벌 등 페인트칠 횟수를 구별하기 위하여

기출 확인

도장작업 시 주의사항으로 옳지 않은 것은?
① 도료의 적부를 검토하여 양질의 도료를 선택한다.
❷ 도료량을 표준량보다 두껍게 바르는 것이 좋다.
③ 저온다습 시에는 작업을 피한다.
④ 피막은 각 층마다 충분히 건조 경화한 후 다음 층을 바른다.

📋 기출 확인

다음은 어떤 도장 결함의 원인을 설명한 것인가?

> "초벌바름에 염료가 들어 있을 때, 바탕재 표면에 기름이 묻어 있을 때, 역청질 도료를 초벌바름한 위에 도장할 때"

❶ 번짐(브리트)　② 색분리
③ 주름　　　　　④ 리프팅

📋 기출 확인

도장공사에 필요한 가연성 도료를 보관하는 창고에 관한 설명으로 옳지 않은 것은?

① 독립한 단층 건물로서 주위 건물에서 1.5m 이상 떨어져 있게 한다.
② 건물 내의 일부를 도료의 저장장소로 이용할 때는 내화구조 또는 방화구조로 구획된 장소를 선택한다.
③ 바닥에는 침투성이 없는 재료를 깐다.
❹ 지붕은 불연재로 하고, 적정한 높이의 천장을 설치한다.

---

④ 도장 결함

주름	건조된 도막의 표면에 주름과 같은 무늬가 나타나는 현상이다.
리프팅	도막이 부풀어 올라 벗겨지는 등의 현상이다.
색분리	도료 내 안료가 비중차이로 인해 분리되면서 색이 달라지는 현상이다.
핀홀	건조된 도막의 표면에 바늘로 찌른 듯한 구멍이 나타나는 현상이다.
번짐(브리트)	초벌칠의 색상이 재벌칠의 표면에 떠올라 색이 번지는 현상이다. • 초벌바름에 염료가 들어 있을 때 • 바탕재 표면에 기름이 묻어 있을 때 • 역청질 도료를 초벌바름한 위에 도장할 때 발생한다.

도막의 균열 원인
• 건조제를 지나치게 많이 넣었을 때
• 도료와 희석제의 배합이 부적절할 때
• 초벌칠의 건조가 불충분한 때에 재벌칠을 했을 때
• 초벌칠의 피막이 약하고 재벌칠의 피막이 강할 때
• 탄성이 적은 도료를 사용하였을 때

⑤ 가연성 도료창고

특히 화재에 주의하고, 창고 내와 그 주변에서의 화기 사용을 엄금한다.

가연성 도료창고의 구비사항
• 독립한 단층 건물로서 주위 건물에서 1.5m 이상 떨어져 있게 한다.
• 건물 내의 일부를 도료의 저장장소로 이용할 때에는 내화구조 또는 방화구조로 된 구획된 장소를 선택한다.
• 지붕은 불연재료로 하고, 천장을 설치하지 않는다.
• 바닥에는 침투성이 없는 재료를 깐다.
• 희석제를 보관할 때에는 위험물 취급에 관한 법규에 준하고, 소화기 및 소화용 모래 등을 비치한다.

CORE 12 지붕·창호공사

CHAPTER 2 건축시공 / SECTION 2 건축시공

❶ 지붕공사

① 개요
건물의 최상부에서 외기를 차단하고 외관을 결정하는 지붕을 설치하는 공사이다.

② 주요 형태

모임지붕	사방으로 흐르는 지붕면에 처마를 갖춘 지붕이다.
박공지붕	지붕면이 양쪽 방향으로 경사진 지붕이다.
합각지붕	• 모임지붕 일부에 박공지붕을 같이 한 지붕이다. • 화려하고 격식이 높으며, 대규모 건물에 적합한 한식지붕구조이다.
꺾인지붕	지붕을 도중에서 꺾어 두 물매로 만든 지붕이다.
톱날지붕	톱날모양이 연속된 형태의 지붕으로, 공장에 주로 사용된다.

+ 더 알아보기

지붕의 형태를 결정하는 요소
• 건물의 크기, 종류, 용도
• 지역적 특성, 기후 등

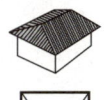

모임지붕

박공지붕

합각지붕

꺾인지붕

톱날지붕

지붕의 물매		
개요		• 지붕 경사면의 경사를 의미한다. • 수평거리 10cm에 대한 직각 3각형의 수직 높이이다.
표현		비교적 물매가 클 때 분모를 10으로 한 분수로 나타낸다.
결정요소	건물	건물의 용도, 간 사이 크기 등
	지붕	지붕의 종류, 형상, 지붕면의 크기 등
	재료	지붕재료의 성질, 크기, 모양 등
	기후	강수량, 풍우량, 적설량 등
분류	뜬물매	10cm 물매(45° 경사) 미만
	되물매	10cm 물매(45° 경사)
	된물매	10cm 물매(45° 경사) 초과

📋 기출 확인

다음 중 지붕의 물매를 결정짓는 요소와 가장 관계가 먼 것은?

① 지붕면의 크기
② 지붕재료의 성질, 크기, 모양
③ 풍우량, 적설량
❹ 지붕틀의 종류

기출 확인

지붕잇기 중 금속판 지붕 및 금속판잇기에 대한 설명으로 옳지 않은 것은?

① 금속판 지붕은 다른 재료에 비해 가볍고, 시공이 용이하다.
② 겹침의 두께가 작으며 물매를 완만하게 할 수 있다.
❸ 열전도가 크고 온도변화에 의한 신축이 작기 때문에 바탕재와의 연결이 용이하다.
④ 대기 중에 장기간 노출되면 산화하며, 염류나 가스에 부식되기 쉽다.

+ 더 알아보기

골판잇기의 시공
- 못이나 볼트는 골판의 파손을 막기 위해 골형의 볼록한 곳에 박는다.
- 직접 중도리 위에 이을 때가 많으며, 바탕판이 없어 단열대책이 필요하다.

③ 지붕잇기

기와잇기	개요	시멘트기와, 유약기와 등으로 지붕을 잇는 방식이다.
	장점	• 내구성, 내화성, 차음성, 단열성 등이 우수하다. • 비용이 저렴하고 시공 및 보수가 용이하다.
	단점	자중이 무겁고 강풍 등에 의해 탈락할 우려가 있다.
금속판잇기	개요	아연판, 동판, 아연도금철판, 알루미늄판 등으로 지붕을 잇는 방식이다.
	장점	• 무게가 가볍고 시공이 편리하다. • 가공성이 우수하여 급경사, 뾰족탑 등 모든 형태에 적용할 수 있다. • 겹침의 두께가 작으며, 지붕의 물매를 완만하게 할 수 있다.
	단점	• 온도의 변화에 따른 재료의 신축성이 크고 열전도성이 크다. • 내식성이 약해 염류나 가스에 쉽게 부식되고 흡음성이 작다.
골판잇기	개요	골슬레이트판으로 지붕을 잇는 방식으로 공장, 창고 등에 사용된다.
	장점	• 가볍고 시공이 간편하며 빗물처리에 유리하다. • 내화성, 내구성, 내수성이 뛰어나다.
	단점	강도가 약해 파손되기 쉽고 보온, 단열성이 떨어진다.
루핑잇기 (싱글)	개요	아스팔트 루핑, 싱글 등을 접착재와 못으로 시공하는 방식이다.
	장점	• 공사비가 저렴하고 가공이 용이하며 시공이 간편하다. • 경량으로 가벼우며 내후성이 좋다.
	단점	가연성이고 강풍에 의해 탈락할 우려가 있다.

거멀접기(돌출이음)
- 금속판과 금속판의 접합부를 함께 꺾어 돌출시켜서 접는 이음이다.
- 못으로 고정하는 방식에 비해 온도에 의한 영향을 방지할 수 있다.

지붕재료에 요구되는 성능
- 외관이 미려하고 건물과 조화를 이루어야 한다.
- 방화적이고 열전도율이 적어서 내한, 내열성이 커야 한다.
- 시공이 용이하고 보수가 편리하며 공사비용이 저렴해야 한다.
- 재료가 가볍고 방수, 방습, 내화, 내후, 내수성이 커야 한다.
- 온, 습도에 따른 신축팽창 및 화학반응에 의한 침식, 부식이 적어야 한다.
- 자중이나 적설, 풍하중에 대해 안전해야 한다.

④ 홈통

지붕에서 빗물을 받아 배출하는 통 또는 관을 말한다.

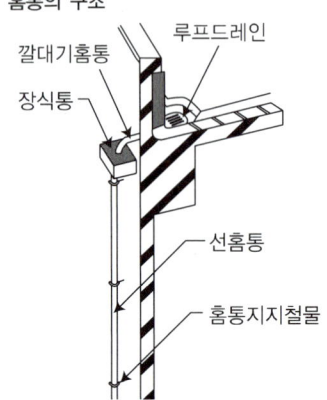

홈통의 구조
- 깔대기홈통
- 루프드레인
- 장식통
- 선홈통
- 홈통지지철물

처마홈통	개요	처마 끝에서 지붕의 빗물을 받는 홈통이다.
	시공	• 경사는 보통 1/50 정도로 하는 것이 좋다. • 양 갓은 둥글게 감되, 안감기를 원칙으로 한다.
선홈통	개요	지붕의 빗물을 지상으로 유도하기 위해 설치하는 홈통이다.
	시공	• 벽에서 30mm 정도 이격시키고 벽에 고정시킨다. • 선홈통의 맞붙임은 거멀접기로 하고, 수밀하게 눌러 붙인다. • 접합겹침 시 3cm 이상 꽂아 넣어 납땜한다. • 선홈통 홈걸이는 보통 0.9m마다 고정한다. • 보호관은 선홈통에 맞는 철관을 쓰고 높이는 1.5m 정도로 한다. • 보호관에 연결될 때에는 60mm 이상 꽂아 넣는다.
깔대기홈통	개요	돌출된 처마에서 처마홈통과 선홈통을 연결하는 홈통이다.
	시공	하부는 선홈통 지름의 1/2 내외를 선홈통 속에 꽂아 넣는다.
장식통		처마홈통의 낙수구 또는 깔대기홈통을 받아 선홈통에 연결하는 홈통이다.
루프드레인		평지붕의 빗물을 모아 선홈통으로 유도하는 배수구이다.

❷ 창호공사

① 개요
출입 및 채광, 통풍 등을 목적으로 개구부에 문, 창문 등을 설치하는 공사이다.

② 개폐형식

분류	명칭	설명
힌지	여닫이창호	• 경첩 등을 축으로 개폐되는 창호이다. • 여닫을 때 실내 유효면적을 감소시키는 단점이 있다. • 자재창호는 자유경첩을 사용하여 안팎으로 개폐되는 창호이다.
슬라이딩	미서기창호	• 문짝을 상하문틀에 홈을 파서 끼우고, 옆문에 겹쳐 세워 여닫는 창호이다. • 방풍을 목적으로 풍소란을 설치한다.
	미닫이창호	문짝을 상하문틀에 홈을 파서 끼우고, 옆벽에 문짝을 몰아붙이거나 이중벽 중간에 몰아넣는 창호이다.
	오르내리창	문짝을 수직문틀에 홈을 파서 끼우고, 상하로 개폐하는 창호이다.
리볼빙	회전문	원통형을 기준으로 3~4개의 문으로 구성되며, 축을 중심으로 회전시켜 개폐하는 창호이다.
	회전창	창문 중간에 축을 달아 회전시켜 개폐하는 창이다.
기타	접이식문	여러 장의 문을 경첩으로 연결하고 접어서 개폐하는 창호이다.
	아코디언문	아코디언의 주름과 같은 형태로 커튼처럼 접고 펼쳐서 개폐하는 문을 말한다.
	붙박이창	채광만을 목적으로 하고 환기를 할 수 없는 밀폐된 창호이다.

③ 창호철물

분류	철물	특징	적용
지지철물	경첩(힌지)	여닫이창호와 문틀을 연결하여 개폐할 수 있도록 하는 철물이다.	여닫이
	자유경첩	경첩 내 스프링의 탄성을 이용해 문을 안쪽이나 바깥쪽으로 여닫을 수 있는 철물이다.	여닫이 (자재창호)
	도어행거	• 레일에 설치하는 도르래가 달린 행거이다. • 무거운 창호를 가볍게 밀어 개폐할 수 있다.	미닫이, 미서기, 접이식
	플로어힌지	저절로 닫히거나 열린 상태로 고정할 수 있는 기능이 있는 바닥에 매립하는 힌지이다.	중량자재여닫이 (유리출입문)
	래버터리힌지	스프링힌지의 일종으로서, 저절로 닫히지만 15cm 정도는 열려 있게 되는 철물이다.	여닫이 (공중변소 등)
	피벗힌지	축이 있는 철물을 상하부에 설치하고 문을 끼워서 개폐하도록 하는 철물이다.	여닫이 (철재, 방화문)
개폐조절기	도어체크 (도어클로저)	열려진 여닫이문의 속도를 조절하면서 저절로 닫히게 하는 철물이다.	여닫이
	도어스톱	열려진 문을 제자리에 머물게 하거나 벽에 부딪히지 않도록 고정하는 철물이다.	여닫이
폐쇄장치	모노로크	원통형의 문 손잡이 내부에 실린더 자물쇠가 들어 있는 철물이다.	여닫이
	크레센트	초승달 모양의 철물을 회전시켜 캐치에 거는 방식으로 창을 잠그는 철물이다.	오르내리창, 미서기창 등
	나이트래치	외부에서 열쇠를 사용하고 내부에서는 손잡이를 돌려 잠금장치를 개폐하는 철물이다.	여닫이 (현관문)
	꽂이쇠	꽂이쇠를 상하로 움직여 바닥이나 문틀 등의 구멍에 넣고 잠그는 철물이다.	여닫이, 미닫이, 미서기 등

➕ 더 알아보기

풍소란
방풍을 목적으로 마중대(서로 접하는 부분)에 턱솔 또는 딴혀를 대어 방풍적으로 물려지게 한 바람막이를 말한다.

📋 기출 확인

창호철물과 창호의 연결로 옳지 않은 것은?

❶ 도어체크(Door check) - 미닫이문
② 플로어 힌지(Floor hinge) - 자재 여닫이문
③ 크레센트(Crescent) - 오르내리창
④ 레일(Rail) - 미서기창

➕ 더 알아보기

지지철물

경첩　　자유경첩　　도어행거

 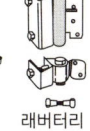 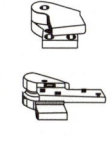

플로어힌지　래버터리힌지　피벗힌지

개폐조절기 및 폐쇄장치

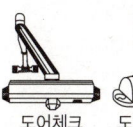  

도어체크　도어스톱　모노로크
(도어클로저)　　　　(실린더 자물쇠)

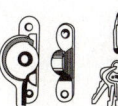  

크레센트　나이트래치　꽂이쇠

➕ 더 알아보기

문의 구조형식

플러시문   양판문   비늘살문

➕ 더 알아보기

새시(Sash)
- 압출성형을 통해 제작한 금속재의 창호틀을 말한다.
- 스틸새시, 알루미늄새시 등이 있다.

📋 기출 확인

알루미늄 창호의 장점으로 옳지 않은 것은?

① 비중이 철의 약 1/3 정도이다.
② 녹슬지 않고 사용 연한이 길다.
③ 공작이 자유롭고 빗물막이 기밀성이 유리하다.
❹ 산 및 알칼리에 내식성이 크다.

---

④ 문의 구조형식

구분	특징	비고
플러시문	울거미(Frame) 안에 중간살을 배치하고 양면에 합판 또는 강판을 교착한 문이다.	뒤틀림 변형 적음 가장 많이 사용
양판문	울거미에 유리 또는 양판(Panel)을 끼운 문이다.	–
비늘살문	비늘살(Louver)로 면을 구성한 문이다.	차양, 통풍에 유리
세살문	세살(띠살)을 격자 또는 빗방향으로 넣은 문이다.	전통 창호
앵글문	앵글로 울거미를 짜고 한 면에 나사 또는 리벳으로 강판을 부착한 문이다.	공작이 쉽고 비용이 저렴

창호의 재질별 특성

목재		가장 일반적인 재질로, 목재의 건조 등에 의한 변형에 주의해야 한다.
금속재		• 목재창호에 비해 가공성, 내화성, 내구성, 기밀성이 좋으나 부식의 우려가 있다. • 압출성형을 통해 새시(Sash)를 만들어 사용한다.
	강재	• 강도가 높고 내화성, 방범성이 좋다. • 부식의 우려가 있으며, 무겁고 시공이 어렵다. • 대문, 현관문, 방화문 등에 사용된다.
	알루미늄	• 비중이 철의 1/3 정도이며 가볍다. • 공작이 자유로우며 개폐가 경쾌하다. • 기밀성, 내식성이 좋아 녹슬지 않고 사용연한이 길다. • 산 및 콘크리트, 모르타르 등 알칼리 성분에 약하다. • 표면과 강도가 약하고 강제에 비해 내화성이 약하다.
	스테인리스 스틸	• 녹이 나지 않으므로 도장이 필요 없다. • 고급 건축물에 사용된다.
합성수지재		강도, 보온성, 내부식성, 방음성 등이 우수하다.

알루미늄창호의 시공상 주의사항
- 표면이 연하므로 운반, 설치작업 시 손상되지 않도록 주의한다.
- 알루미늄 표면에 부식을 일으키는 다른 금속과 직접 접촉을 피한다.
- 모르타르 등 알칼리성 재료와 접하는 곳에는 내알칼리성 도장을 한다.
- 녹막이에는 연(납)을 함유하지 않은 도료를 사용한다.
- 강재의 골조, 보강재, 앵커 등은 아연도금처리한 것을 사용한다.
- 물기와 접할 위험이 있는 경우 반드시 녹막이칠을 한다.

⑤ 시공

창문틀 세우기	먼저 세우기	• 구조체 시공 전에 가설치용 지지틀이나 지지대 등을 사용하여 가세우기를 하고 타설 또는 조적을 하여 창틀을 묻는 방식이다. • 누수의 우려가 거의 없으나 바른 위치에 설치하기가 어렵다. • 일반적으로 목재창호(조적조)에 적용한다.
	나중 세우기	• 구조체 시공 후 쐐기, 고임재 등을 사용하여 가세우기를 하고, 틀의 이동변형을 막기 위해 사방으로 가고정한 후 안팎에서 1 : 3 된비빔 시멘트모르타르로 사춤하는 방식이다. • 일반적으로 강재, 알루미늄창호와 목재창호(목조, 철근콘크리트조)에 적용한다.

유리 끼우기	퍼티고정	• 창호의 홈에 유리를 끼우고 퍼티로 고정시키는 방식이다. • 보통 목제에는 나무퍼티, 강제에는 반죽퍼티가 사용된다. • 나무퍼티는 퍼티못으로 양끝을 누르고 중간 15cm마다 박는다.
	실링고정	실리콘 등의 세팅블록과 실링재로 유리를 고정시키는 방식이다.
	개스킷고정	• 합성수지, 고무 등의 개스킷으로 유리를 고정시키는 방식이다. • 시공이 용이하고 비용이 저렴하나, 기밀성과 수밀성이 작다.
	서스펜션 (현수 글레이징)	• 대형의 판유리를 사용하여 유리만으로 벽면을 구성하는 방식이다. • 유리상단을 철물에 끼워서 슬래브에 달아매고 하단은 홈에 끼워서 고정시킨다.

더 알아보기

창호의 기능검사 항목
내풍압성, 기밀성, 수밀성, 방음성, 단열성 등

기출 확인

창호의 기능검사 항목이 아닌 것은?
❶ 내동해성　② 내풍압성
③ 기밀성　④ 수밀성

❸ 커튼월공사

① 개요
라멘구조 등에서 비내력 외벽을 유리, 금속 등의 공장생산 부재로 구성하는 프리패브(Prefab) 구조를 말한다.

② 특징
커튼월은 대부분 양중장비를 통한 기계화 시공이므로 비계공사가 불필요하다.

구조	생산	적용	고정
비내력벽 (경량화, 디자인 다양화)	공장생산 부재 (균일한 품질)	고층, 초고층 건물 (기계화 시공)	용접, 볼트조임 등 (공기단축)

③ 외관에 따른 분류

샛기둥(Mullion)방식	• 노출된 수직부재 사이에 창호·패널을 설치한 형태이다. • 수직성을 강조한 형식이다.
스팬드럴(Spandrel)방식	노출된 수평부재 사이에 창호·패널을 설치한 형태이다.
격자(Grid)방식	노출된 수직, 수평부재 사이에 창호·패널을 설치한 형태이다.
피복(Sheath)방식	구조체가 노출되지 않고 창호·패널 안에 은폐되도록 설치한 형태이다.

커튼월의 구조에 따른 분류

샛기둥방식	멀리온을 구조체에 설치하고, 그 사이에 새시·패널을 조립하는 방식이다.
패널방식	층높이의 대형패널부재를 구조체에 직접 부착하는 방식이다.
커버방식	기둥커버, 새시, 패널 등을 구조체에 각각 부착하는 방식이다.

커튼월의 구성부재

	주요 구성부재
패스너 구조체 멀리온 트랜섬 유리 또는 패널	• 패스너(Fastener) • 멀리언(Mullion, 샛기둥) • 트랜섬(Transom) • 스팬드럴 패널 또는 유리

기출 확인

건축물 외벽공사 중 커튼월공사의 특징으로 옳지 않은 것은?
① 외벽의 경량화
② 공업화 제품에 따른 품질 제고
❸ 가설비계의 증가
④ 공기단축

더 알아보기

커튼월의 외관

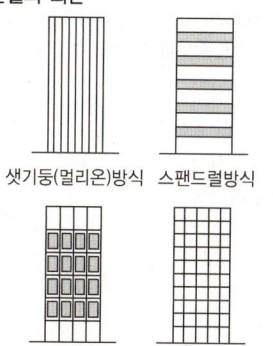

샛기둥(멀리온)방식　스팬드럴방식

격자방식　피복방식

기출 확인

창면적이 클 때에는 스틸바(Steel bar)만으로는 부족하며, 또한 여닫을 때의 진동으로 유리가 파손될 우려가 있으므로 이것을 보강하고 외관을 꾸미기 위하여 강판을 중공형으로 접어 가로 또는 세로로 대는 것을 무엇이라 하는가?
❶ Mullion　② Ventilator
③ Gallery　④ Pivot

기출 확인

커튼월(Curtain Wall)의 외관 형태별 분류에 해당하지 않는 방식은?

① Mullion 방식
❷ Stick 방식
③ Spandrel 방식
④ Sheath 방식

기출 확인

금속 커튼월 시공 시 구체 부착철물 설치위치의 연직 방향 및 수평 방향의 치수 허용차의 표준치로 옳은 것은?

① 연직 방향 : ±5mm, 수평 방향 : ±10mm
❷ 연직 방향 : ±10mm, 수평 방향 : ±25mm
③ 연직 방향 : ±15mm, 수평 방향 : ±25mm
④ 연직 방향 : ±25mm, 수평 방향 : ±25mm

기출 확인

프리캐스트 콘크리트 커튼월의 실물모형실험(Mock-up test)에서 성능 확인을 위한 시험종목에 해당되지 않는 것은?

① 기밀시험
② 정압수밀시험
③ 구조시험
❹ 인장시험

④ 조립 공법

유닛월 공법	• 커튼월의 가공조립은 공장, 설치는 현장에서 이루어진다. • 공기가 단축되고 품질이 우수하나 운반비용이 크다.
스틱월 공법	• 커튼월의 가공은 공장, 조립과 설치는 현장에서 이루어진다. • 공기가 길어지고 품질관리가 어려우나 운반이 용이하다.
조합 공법	• 유닛월공법과 스틱월공법을 조합한 방식이다. • 멀리온의 현장 시공 후에 유닛을 설치한다.

커튼월의 긴결(패널부착) 공법
패널과 패스너의 접합방식에 따른 분류로, 층간 변위와 관련이 있다.

고정방식	패스너의 4단을 모두 고정단으로 설치하는 방식이다.
슬라이딩방식	상부의 패스너 1단은 고정단, 1단은 자유단으로 하고 하부의 2단은 슬라이드단으로 설치하여 수평이동이 가능한 방식이다.
로킹방식 (고정방식)	상부의 패스너 2단은 핀지점, 하부의 2단은 자유단으로 설치하여 회전이 가능한 방식이다.

구체 부착철물의 설치위치의 치수 허용차

연직 방향	수평 방향
±10mm	±25mm

커튼월 줄눈폭의 허용차

금속 커튼월	프리캐스트 콘크리트 커튼월
±3mm	±5mm

⑤ 커튼월의 성능시험

실물모형시험 (Mock-up test)	• 외기의 영향으로 인한 성능을 사전에 검토하기 위해 실시하는 시험이다. • 예비시험, 기밀시험, 수밀(정압, 동압)시험, 구조시험(풍압) 등으로 구성된다.
기타 시험	층간변위시험, 열순환시험, 결로시험, 열전달 및 결로저항시험 등이 있다.

실물모형시험(Mock-up test)의 시험 종목

예비시험	설계풍압의 +50%를 최소 10초간 가압하여 시험의 실시 여부를 판단한다.
기밀시험	정압하에 시험체에서 발생하는 공기 누출량을 측정한다.
수밀시험	정압	누수상태를 관찰하여 누수가 발생하지 않거나 통제 불가능한 유입수가 없어야 한다.
	동압 (선택사항)	누수상태를 관찰하여 누수가 발생하지 않거나 통제 불가능한 유입수가 없어야 한다(가압방식이 정압수밀시험과 다르다).
구조시험	설계풍압의 100%까지 단계별로 증감하여 구조재의 변위와 측정 유리의 파손 여부를 확인한다.

커튼월의 누수
• 커튼월의 조인트, 줄눈부의 시공은 누수 방지를 위해 중요하다.
• 누수원인으로는 중력, 운동에너지, 표면장력, 모세관현상, 공기의 흐름, 기압차 등이 있다.
• 시공상으로는 접합부 처리 불량, 실런트 및 개스킷의 기밀성 부족 등에 의해 발생한다.

실링재
커튼월의 연결부 줄눈에서 수밀, 기밀, 차음성능을 확보하기 위해 사용하는 재료이다.

CORE 13 미장·타일공사

CHAPTER 2 건축시공 / SECTION 2 건축시공

❶ 미장공사

① 개요

건축물의 성능 향상 및 보호를 위한 건축물 내외벽, 바닥, 천장 등의 표면마감 공사이다.

② 구성재료

결합재 (고결재)	개요	물리적 또는 화학적으로 고체화하여 미장바름의 주체가 되는 재료이다.
	종류	시멘트, 석고, 돌로마이트 플라스터, 점토 등이 있다.
골재	개요	결합재료의 결점을 보완하거나 치장의 목적으로 사용되는 재료이다.
	종류	종석, 펄라이트, 질석 등이 있다.
혼화재료	개요	방수, 단열, 착색, 응결시간 조정 등의 성질을 부여하기 위해 보조적으로 사용하는 재료이다.
	종류	급결제(염화칼슘), 착색제(카본블랙, 이산화망간 등) 등이 있다.
보강재	개요	• 미장재료의 고체화에 관여하지 않고 부착성 향상 및 균열 방지를 위해 사용되는 재료이다. • 수축균열이 크고 접착성이 적은 결합재(소석회 등)에 사용된다.
	종류 여물	• 미장재료를 보강하고 균열을 분산, 경감하는 섬유질 재료이다. • 짚여물, 삼여물 등이 있다.
	풀	• 미장재료의 접착성을 개선하는 재료이다. • 해초를 물에 끓여 체로 거른 해초풀과 화학합성풀 등이 있다.
	수염	• 바름벽이 바탕에서 분리되는 것을 방지하는 섬유질 재료이다. • 건조된 삼, 종려털 등이 있다.

③ 응결경화방식

구분	경화방식	종류
수경성	물과 화학반응	시멘트, 석고(순·혼합석고), 경석고 플라스터(킨즈 시멘트) 등
기경성	공기 중의 탄산가스 (이산화탄소)와 화학반응	석회, 소석회, 석회크림, 회반죽, 회사벽, 진흙, 돌로마이트 플라스터 등
화학경화성	구성재료 간 화학반응	에폭시 수지 바닥재 등
고화성	액체에서 고체로 고화	유화 아스팔트 바닥재 등

📋 기출 확인

다음 미장재료 중 기경성 재료로만 짝지어진 것은?

① 회반죽, 석고 플라스터, 돌로마이트 플라스터
② 시멘트 모르타르, 석고 플라스터, 회반죽
③ 석고 플라스터, 돌로마이트 플라스터, 진흙
❹ 진흙, 회반죽, 돌로마이트 플라스터

📋 기출 확인

미장공사에 관한 설명으로 옳지 않은 것은?

① 미장재료는 미화, 보호, 방습 등을 위하여 내·외벽, 바닥, 천장 등에 흙손 또는 뿜칠에 의해 일정한 두께로 발라 마감하는 재료를 말한다.
❷ 일반적으로 미장재료는 한 번에 두껍게 발라서 흘러내림 등의 문제가 발생하지 않게 한다.
③ 미장재료의 배합은 원칙적으로 바탕에 가까운 바름층일수록 부배합, 정벌바름에 가까울수록 빈배합으로 한다.
④ 미장공사 시 바탕면은 거칠게 하고 바름면은 평활하게 한다.

📋 기출 확인

미장공사에서 시멘트모르타르 바름에 관한 기술 중 옳은 것은?

① 1회의 바름두께는 바닥의 경우를 제외하고 10mm를 표준으로 한다.
② 초벌바름 후 방치기간 없이 바로 고름질을 하는 것이 좋다.
❸ 쇠흙손 마무리는 쇠흙손으로 바르고, 나무흙손으로 눌러 고른 다음 쇠흙손으로 마무리한다.
④ 콘크리트 바닥면에 모르타르를 바를 때는 바닥에 물이 고인 상태에서 바르는 것이 좋다.

④ **미장바름의 일반사항**

순서	• 초벌 → 고름질 → 재벌 → 정벌 → 마무리 순으로 진행한다. • 보통 위에서 아래로 하는 것이 원칙이다(천장 → 벽 → 바닥).
바탕	• 바탕면은 필요에 따라 물축임을 한다. • 바름 후 바탕면은 부착이 잘 되도록 쇠갈퀴 등으로 면을 거칠게 해둔다. • 라스는 메탈라스 또는 와이어라스가 좋다.
배합	• 바탕에 가까운 바름층일수록 부배합, 정벌바름에 가까울수록 빈배합으로 한다. • 양질의 재료를 사용하여 배합을 정확하게 한다.
시공	나무흙손, 쇠흙손 등을 사용하는 흙손바름과 뿜칠 공법 등이 있다.
두께	1회의 바름두께는 가급적 얇게 하고 고르게 한다.
보양	• 시공 또는 경화 중에 진동 등 외부의 충격을 방지한다. • 바름면은 바람 또는 직사광선 등에 의한 급속한 건조를 피한다.

미장바름 관련 용어

바탕처리	• 요철 또는 변형이 심한 개소를 고르게 손질바름하여 마감 두께가 균등하게 되도록 조정하고 균열 등을 보수하는 것 • 바탕면이 지나치게 평활할 때에는 거칠게 처리하고, 바탕면의 이물질을 제거하여 미장바름의 부착이 양호하도록 표면을 처리하는 것
고름질	바름두께 또는 마감두께가 두꺼울 때 혹은 요철이 심할 때 적정한 바름두께 또는 마감두께가 될 수 있도록 초벌바름 위에 발라 붙여주는 것 또는 그 바름층
눈먹임	인조석 갈기 또는 테라초 현장갈기의 갈아내기 공정에 있어서 작업면의 종석이 빠져나간 구멍 부분 및 기포를 메우기 위해 그 배합에서 종석을 제외하고 반죽한 것을 작업면에 발라 밀어 넣어 채우는 것
덧먹임	바르기의 접합부 또는 균열의 틈새, 구멍 등에 반죽된 재료를 밀어 넣어 때워주는 것
라스먹임	메탈라스, 와이어라스 등의 바탕에 모르타르 등을 최초로 바르는 것

⑤ **시멘트모르타르 바름**

개요	시멘트와 모래를 물과 혼합하여 사용하는 수경성 미장 공법이다.
장점	미장재료 중 강도 및 내구성이 커서 가장 많이 사용된다.
단점	균열이 발생하기 쉽다.

시멘트모르타르 바름의 방치기간 및 두께
초벌바름 또는 라스먹임은 2주일 이상 방치하여 바름면 또는 라스의 겹침 부분에서 생길 수 있는 균열이나 처짐 등 흠을 충분히 발생시키고, 심한 틈새가 생기면 다음 층바름 전 덧먹임을 한다. 1회의 바름두께는 바탕, 부위 및 사용용도 등에 따라 다르다.

시멘트모르타르 바름의 마무리

쇠흙손 마무리	쇠흙손으로 바르고, 나무흙손으로 고른 다음 쇠흙손으로 마무리한다.
나무흙손 마무리	쇠흙손으로 바르고, 나무흙손으로 골라 마무리한다.
솔질 마무리	쇠흙손으로 바르고, 나무흙손으로 고른 다음 솔로 마무리한다.
기타 마무리	색모르타르 바름 마무리, 긁어 만든 거친면 마무리 등이 있다.

⑥ 회반죽 바름

개요	• 소석회에 모래, 해초풀, 여물 등을 혼합하여 시공하는 기경성 미장 공법이다. • 목조바탕, 콘크리트 블록 및 벽돌바탕 등에 사용된다.
장점	통기성이 좋으며 석고를 약간 혼합하면 경화속도, 강도 등이 증대된다.
단점	• 경화건조에 의한 수축률이 다른 미장재료보다 크다. • 균열을 분산, 경감시키기 위해 여물이 필요하다. • 건조에 시일이 오래 걸린다.

⑦ 석고 플라스터 바름

개요	• 소석고 또는 경석고가 주재료인 수경성 미장 공법이다. • 경화시간을 조절할 수 있는 소석회 등의 혼화재를 혼합하여 사용한다.
장점	• 미장재료 중 균열발생이 가장 적고 치수 안정성이 우수하다. • 해초 또는 풀을 사용하지 않으며, 결합수로 인하여 방화성이 크다. • 순석고는 중성, 경석고는 약산성으로 유성페인트 마감이 가능하다.
단점	물에 용해되므로 물을 사용하는 부위에 적합하지 않다.

석고 플라스터 바름의 종류별 특징

석고계 플라스터는 혼합석고 플라스터(정벌용, 초벌용), 보드용 석고 플라스터, 경석고 플라스터 또는 이와 동등 이상의 것을 말한다.

소석고 플라스터	혼합석고 플라스터	정벌용	소석고를 주원료로 하여 혼화재 및 응결지연제를 혼합한 미장재료이다.
			물만 혼합하여 즉시 사용하는 것
		초벌용	물 및 골재를 혼합하여 즉시 사용하는 것
	보드용 석고 플라스터		• 사용 시 모래를 혼합하여 반죽하는 미장재료이다. • 바탕이 보드를 대상으로 하기 때문에 부착력이 매우 크다.
경석고 플라스터 (킨즈 시멘트)			• 경석고(무수석고)가 주재료이며, 경화한 것은 강도와 표면경도가 큰 미장재료이다. • 미장 공법 중 균열이 가장 적다.

석고 플라스터 바름의 시공상 일반사항

재료	혼합석고 플라스터, 보드용 플라스터는 물을 가한 후 초벌바름, 재벌바름은 2시간 이상, 정벌바름은 1시간 30분 이상 경과한 것은 사용할 수 없다.
온도·통풍	• 실내온도가 5℃ 이하일 때는 공사를 중단하거나 난방하여 5℃ 이상으로 유지한다. • 바름작업 중에는 될 수 있는 한 통풍을 방지한다. • 바름작업이 끝난 후 실내를 밀폐하지 않고 가열과 동시에 환기하여 바름면이 서서히 건조되도록 한다.

⑧ 돌로마이트 플라스터 바름

개요	• 마그네시아를 다량 함유한 석회석인 백운석(돌로마이트)이 주재료인 기경성 미장공법이다. • 사용 시 석회크림에 해초 용액·수지 접착액 등을 혼합하여 사용한다.
장점	• 회반죽에 비해 조기강도 및 최종강도가 크다. • 점성이 높고 가소성이 커서 풀이 필요 없고 변색, 냄새, 곰팡이가 없다.
단점	• 수축성이 커서 건조수축으로 인한 균열이 생기기 쉽다. • 강알칼리성으로 건조 후 바로 유성페인트를 칠할 수 없다.

➕ 더 알아보기

회반죽 바름의 균열 방지법
- 한 공정의 바름두께는 가급적 얇게 한다.
- 초벌·재벌에는 거친 모래를 넣고, 초벌·재벌·정벌에는 적당량의 여물을 넣는다.
- 쫄대는 두꺼운 것이 좋고 수염은 충분히 넣는다.

📋 기출 확인

벽면의 미장재료가 다음과 같을 때 유성 페인트칠을 가장 빨리 할 수 있는 재료는?

① 콘크리트　② 시멘트모르타르
③ 회반죽　❹ 석고 플라스터

📋 기출 확인

미장 공법 중 균열이 가장 적게 생기는 것은?

① 소석고 플라스터 바름
❷ 경석고 플라스터 바름
③ 마그네시아 시멘트 바름
④ 백색포틀랜드 시멘트 바름

📋 기출 확인

석고 플라스터 바름에 대한 설명으로 옳지 않은 것은?

① 보드용 플라스터는 초벌바름, 재벌바름의 경우 물을 가한 후 2시간 이상 경과한 것은 사용할 수 없다.
❷ 실내온도가 10℃ 이하일 때는 공사를 중단한다.
③ 바름작업 중에는 될 수 있는 한 통풍을 방지한다.
④ 바름작업이 끝난 후 실내를 밀폐하지 않고 가열과 동시에 환기하여 바름면이 서서히 건조되도록 한다.

📋 기출 확인

돌로마이트 플라스터 바름에 대한 설명으로 옳지 않은 것은?

① 실내온도가 5℃ 이하일 때는 공사를 중단하거나 난방하여 5℃ 이상으로 유지한다.
❷ 정벌바름용 반죽은 물과 혼합한 후 2시간 정도 지난 다음 사용하는 것이 바람직하다.
③ 초벌바름에 균열이 없을 때에는 고름질하고 나서 7일 이상 경과한 후 재벌바름한다.
④ 재벌바름이 지나치게 건조한 때는 적당히 물을 뿌리고 정벌바름한다.

➕ 더 알아보기

종석
인조석 등을 만드는 데 사용되는 다양한 종류의 작은 돌을 말한다.

📋 기출 확인

테라초(Terrazzo) 현장 바름공사에 대한 내용으로 옳지 않은 것은?

① 줄눈나누기는 최대 줄눈 간격 2m 이하로 한다.
② 바닥 바름두께의 표준은 접착 공법(초벌바름)일 때 20mm 정도이다.
❸ 갈기는 테라초를 바른 후 손갈기일 때 2일, 기계갈기일 때 3일 이상 경과한 후 경화 정도를 보아 실시한다.
④ 마감은 산 수용액으로 중화 처리하여 때를 벗겨내고, 헝겊으로 문질러 손질한 후 왁스 등을 바른다.

📋 기출 확인

시멘트, 모래, 잔자갈, 안료 등을 섞어 이긴 것을 바탕바름이 마르기 전에 뿌려 붙이거나 또는 바르는 것으로 일종의 인조석 바름으로 볼 수 있는 것은?

① 회반죽
② 경석고 플라스터
③ 혼합석고 플라스터
❹ 라프 코트

돌로마이트 플라스터 바름의 시공상 일반사항

재료	• 초벌·재벌바름용 반죽은 돌로마이트 플라스터 + 여물 + 시멘트 + 모래 + 물을 혼합하여 반죽한다. • 정벌바름용 반죽은 돌로마이트 플라스터 + 여물 + 물을 혼합한다. • 정벌바름용 반죽은 물과 혼합한 후 12시간 정도 지난 다음 사용하는 것이 바람직하다. • 시멘트와 혼합하여 2시간 이상 경과한 것은 사용할 수 없다.
바름	• 바름두께가 균일하지 못하면 균열이 발생하기 쉽다. • 초벌바름에 균열이 없을 때에는 고름질한 후 7일 이상, 균열이 생겼을 때에는 고름질한 후 14일 이상 두어 고름질면의 건조를 기다려 균열이 발생하지 아니함을 확인한 다음 재벌바름한다. • 재벌바름이 지나치게 건조한 때는 적당히 물을 뿌리고 정벌바름한다.
온도·통풍	• 실내온도가 5℃ 이하일 때는 공사를 중단하거나 난방하여 5℃ 이상으로 유지하며, 바름작업 중에는 될 수 있는 한 통풍을 방지한다. • 바름작업이 끝난 후 실내를 밀폐하지 않고 가열과 동시에 환기하여 바름면이 서서히 건조되도록 한다.

⑨ 인조석·테라초 바름

개요	• 모르타르 바탕 위에 종석, 시멘트, 안료, 돌가루 등을 섞어 바르고, 갈기 또는 잔다듬 등으로 천연의 석재와 유사하게 마무리하는 것을 말한다. • 테라초 바르기는 인조석 바르기보다 종석이 크고 갈기의 횟수가 많다.

테라초 바름의 시공상 일반사항

줄눈대	• 일반적으로 황동줄눈대를 설치한다. • 바름의 구획, 보수의 용이성, 균열의 방지 등을 위해 설치한다. • 줄눈나누기는 1.2㎡ 이내, 최대 줄눈 간격은 2m 이하로 한다.
바름	• 바닥 바름두께의 표준은 접착 공법에서 초벌바름일 때 20mm 정도, 정벌바름일 때 15mm 정도이다. • 초벌바름에는 접착 공법과 절연 공법(바닥)이 있다. • 정벌바름은 갈아내기 마감 후 돌의 배열이 균등하게 되도록 평활하게 마감한다.
마감	• 인조석 갈아내기 마감과 현장바름 마감의 갈아내기 공정에서 눈먹임에는 정벌바름의 배합에서 종석을 제외한 시멘트 페이스트를 사용한다. • 테라초를 바른 후 5~7일 이상 경과한 후 경화 정도를 보아 갈아내기한다. • 벽면 이외의 갈아내기는 기계갈기로 하고, 돌의 배열이 균등하게 될 때까지 갈아 낮춘다. • 눈먹임, 갈아내기를 반복하되 숫돌은 점차로 눈이 고운 것을 사용한다. • 최종마감은 마감 숫돌로 광택이 날 때까지 갈아낸다. • 산 수용액으로 중화처리하여 때를 벗겨내고 헝겊으로 문질러 손질한 후 바탕이 오염되지 않도록 적정한 보양재(고무 매트 등)를 사용하여 보양한 후 최후 공정으로 왁스 등을 발라 마감한다.

특수 바름

리신 바름	돌로마이트에 화강석 부스러기, 색모래, 안료 등을 섞어 정벌바름하고 충분히 굳지 않은 때에 표면에 거친 솔, 얼레빗 같은 것으로 긁어 거친 면으로 마무리하는 것으로, 일종의 인조석 바름이다.
라프 코트	시멘트, 모래, 잔자갈, 안료 등을 섞어 이긴 것을 바탕바름이 마르기 전에 뿌려 붙이거나 바르는 것으로, 거친 바름 또는 거친 면 마무리라고도 하며, 일종의 인조석 바름이다.
모조석	백시멘트와 종석·안료를 혼합하여 천연석과 유사한 외관을 가진 인조석으로 만든 것으로, 의석 또는 캐스트 스톤(Cast stone)이라고도 한다.

⑩ 셀프 레벨링(Self leveling)

개요	자체 평탄성이 있는 유동성 재료를 타설면에 흘리고 경화시켜서 바닥에 수평면을 만드는 공법이다.

셀프 레벨링의 시공상 일반사항

재료	배합	재료는 대부분 기배합 상태로 이용된다.
	사용	석고계 재료는 물이 닿지 않는 실내에서만 사용한다.
	보관	• 밀봉상태로 건조시켜 보관해야 한다. • 직사광선이 닿지 않도록 해야 한다.
시공	타설	타설 시 필요에 따라 고름도구 등을 이용하여 마무리한다.
	실러	• 실러 바름은 수밀하지 못한 부분의 경우 2회 이상 도포한다. • 셀프 레벨링재를 바르기 2시간 전에 완료한다.
	마무리	경화 후 이어 치기 부분의 돌출 및 기포 흔적이 남아 있는 주변의 튀어나온 부위는 연마기로 갈아서 평탄하게 하고, 오목하게 들어간 부분 등은 된비빔 셀프 레벨링재를 이용하여 보수한다.
보양	환경	셀프 레벨링재의 표면에 물결무늬가 생기지 않도록 창문 등은 밀폐하여 통풍과 기류를 차단한다.
	온도	셀프 레벨링재 시공 중이나 시공 완료 후 기온이 5℃ 이하가 되지 않도록 한다.

📋 기출 확인

셀프 레벨링재 바름에 대한 설명으로 옳지 않은 것은?

① 재료는 대부분 기배합 상태로 이용되며, 석고계 재료는 물이 닿지 않는 실내에서만 사용한다.
② 모든 재료의 보관은 밀봉상태로 건조시켜 보관해야 하며, 직사광선이 닿지 않도록 한다.
③ 경화 후 이어 치기 부분의 돌출 및 기포 흔적이 남아 있는 주변의 튀어나온 부위는 연마기로 갈아서 평탄하게 하고, 오목하게 들어간 부분 등은 된비빔 셀프 레벨링재를 이용하여 보수한다.
❹ 셀프 레벨링재의 표면에 물결무늬가 생기지 않도록 창문 등을 밀폐하여 통풍과 기류를 차단하고, 시공 중이나 시공 완료 후 기온이 10℃ 이하가 되지 않도록 한다.

❷ 타일공사

① 개요

평판 형태의 점토제품인 타일을 내외벽, 바닥 등에 시공하여 마감하는 공사이다.

② 시공

타일마름질	• 줄눈나누기는 되도록 온장을 사용하도록 고려한다. • 도면에 명기된 치수에 상관없이 징두리벽은 온장타일이 되도록 나눈다. • 배수구, 급수전 주위 및 모서리는 미리 타일 모서리를 마름질하여 시공한다. • 벽타일 붙이기에서 타일 측면이 노출되는 모서리 부위는 코너타일을 사용하거나 모서리를 가공하여 측면이 직접 보이지 않도록 한다.
바탕만들기	• 바름두께가 10mm 이상일 경우 나무흙손으로 1회에 10mm 이하로 바른다. • 바탕모르타르를 바른 후 타일을 붙일 때까지 여름철(외기온도 25℃ 이상)은 3~4일 이상, 봄, 가을(외기온도 10℃ 이상, 20℃ 이하)은 1주일 이상의 기간을 둔다.
바탕처리	• 타일을 붙이기 전에 바탕의 들뜸, 균열 등을 검사하여 불량 부분은 보수한다. • 흡수성이 있는 타일에는 제조업자의 시방에 따라 물을 축여 사용한다. • 여름에 외장타일을 붙일 경우에는 하루 전에 바탕면에 물을 적셔둔다.
주의사항	• 타일을 붙이는 모르타르에 시멘트 가루를 뿌리면 시멘트의 수축이 크기 때문에 타일이 떨어지기 쉽고 백화가 생기므로 뿌리지 않는다. • 일정간격의 신축줄눈을 두어 탈락, 동결융해 등을 방지할 수 있도록 한다.
시공순서	• 벽면의 위에서 아래로 붙여 나간다. • 벽체타일을 먼저 붙인 후에 바닥타일을 시공한다.
치장줄눈	• 타일을 붙이고 3시간이 경과한 후 줄눈파기를 한다. • 치장줄눈은 24시간이 경과한 뒤 붙임모르타르의 경화 정도를 보아, 작업 직전에 줄눈 바탕에 물을 뿌려 습윤케 한다. • 치장줄눈의 폭이 5mm 이상일 때는 고무흙손으로 충분히 눌러 시공한다.

📋 기출 확인

타일 시공 시 유의사항으로 옳지 않은 것은?

① 여름에 외장타일을 붙일 경우에는 하루 전에 바탕면에 물을 충분히 적셔둔다.
② 타일을 붙이기 전에 바탕의 들뜸, 균열 등을 검사하여 불량부분은 보수한다.
③ 타일면은 일정간격의 신축줄눈을 두어 탈락, 동결융해 등을 방지할 수 있도록 한다.
❹ 타일을 붙이는 모르타르에 백화 방지를 위하여 시멘트 가루를 뿌리는 것이 좋다.

기출 확인

타일 시공에 관한 설명 중 옳지 않은 것은?

① 타일나누기는 먼저 기준선을 정확히 정하고 될 수 있는 한 온장을 사용하도록 한다.
② 타일을 붙이기 전에 바탕의 불순물을 제거하고 청소를 하여야 한다.
③ 타일붙임 바탕의 건조상태에 따라 뿜칠 또는 솔질로 물을 고루 축인다.
❹ 외부 대형 벽돌형 타일 시공 시 줄눈의 표준너비는 5mm 정도가 적당하다.

타일의 먼저붙이기 공법
타일의 접착이 확실하며 백화현상이 없고 공기단축이 가능하다.

거푸집 먼저붙이기	• 콘크리트 구조체 제작 시 거푸집 내면에 타일을 미리 붙이고 콘크리트를 타설하여 마감하는 방식이다. • 타일시트법, 줄눈대법, 줄눈틀법 등이 있다.
PC판 먼저붙이기	• 공장에서 PC부재를 제작할 경우 형틀에 미리 타일을 붙이고 콘크리트를 타설하여 마감하는 방식이다. • 타일시트법, 유닛타일붙이기법 등이 있다.

주요 타일붙임 공법

떠붙임	타일 뒤쪽에 붙임모르타르를 올려놓고 평평하게 고른 다음 바탕모르타르에 붙이는 공법
개량 떠붙임	바탕모르타르를 초벌과 재벌로 두 번 발라 바탕을 고르게 마감 후 타일 뒷면의 모르타르를 얇게 하여 붙임
압착 공법	바탕콘크리트 위에 바탕모르타르를 30~40mm 실시하여 그 위에 붙이는 붙임모르타르를 5~7mm 바르고, 다시 비벼 넣는 것처럼 나무망치로 고르는 공법
개량 압착붙임	먼저 시공된 모르타르 바탕면에 붙임모르타르를 도포하고, 모르타르가 부드러운 경우에 타일 속면에도 같은 모르타르를 도포하여 벽 또는 바닥 타일을 붙이는 공법
접착제 붙임	유기질 접착제를 바탕면에 도포하고, 이것에 타일을 세차게 밀어 넣어 바닥면에 누름하여 붙이는 공법
밀착붙임	붙임모르타르를 바탕면에 도포하여 모르타르가 부드러운 경우에 타일 붙임용 진동공구를 이용하여 타일에 진동을 주어 매입에 의해 벽타일을 붙이는 공법
모자이크 타일 붙임	붙임모르타르를 바탕면에 도포하여 직접 표면 붙임의 유닛화된 모자이크 타일을 시멘트 바닥면에 누름하여 벽 또는 바닥에 붙이는 공법
마스크 붙임	유닛화된 50mm 각 이상의 타일 표면에 모르타르 도포용 마스크를 덧대어 붙임모르타르를 바르고 마스크를 바깥에서부터 바탕면에 타일을 바닥면에 누름하여 붙이는 공법

③ 검사·시험

시공 중 검사	하루 작업이 끝난 후 비계발판의 높이로 보아 눈높이 이상이 되는 부분과 무릎 이하 부분의 타일을 임의로 떼어 뒷면에 붙임모르타르가 충분히 채워졌는지 확인하여야 한다.	
두들김 검사	• 붙임모르타르의 경화 후 검사봉으로 전 면적을 두들겨 검사한다. • 들뜸, 균열 등이 발견된 부위는 줄눈 부분을 잘라내어 다시 붙인다.	
접착력시험	시험시기	타일 시공 후 4주 이상일 때 실시한다.
	시험단위	• 일반건축물 : 타일면적 200m²당 한 장씩 시험한다. • 공동주택 : 10호당 1호에 한 장씩 시험한다.
	시험할 타일	• 줄눈 부분을 콘크리트면까지 절단하여 주위의 타일과 분리시킨다. • 시험기 부속장치의 크기로 하되, 그 이상은 180×60mm 크기로 타일이 시공된 바탕면까지 절단한다. 다만, 40mm 미만의 타일은 4매를 1개조로 하여 부속장치를 붙여 시험한다.
	시험결과	타일 인장 부착강도가 0.39N/mm² 이상이어야 한다.

기출 확인

타일공사에서 시공 후 타일 접착력시험에 관한 설명으로 옳지 않은 것은?

① 일반건축물의 타일의 접착력 시험은 타일면적 200m²당 한 장씩 시험한다.
② 시험할 타일은 먼저 줄눈 부분을 콘크리트면까지 절단하여 주위의 타일과 분리시킨다.
③ 시험은 타일 시공 후 4주 이상일 때 행한다.
❹ 시험결과의 판정은 타일 인장 부착강도가 10MPa 이상이어야 한다.

CORE 14 시멘트 · 골재

CHAPTER 2 건축시공 / SECTION 3 건축재료

❶ 시멘트

① 개요

석회, 실리카, 알루미나 및 산화철을 혼합한 원료를 소성하여 만든 시멘트 클링커에 석고를 가하여 분말로 만든 것으로, 일반적으로 포틀랜드 시멘트를 의미한다.

② 주성분

제조원료	석회암, 점토(실리카), 석고(응결지연제)
주성분	석회(산화칼슘), 이산화규소, 알루미나(산화알루미늄)
부성분	산화철, 산화마그네슘, 삼산화황

③ 화학적 구성물

구분	규산3석회	규산2석회	알루민산3석회	알루민산철4석회
별칭	아리트	베리트	알루미네이트	페라이트, 세리트
약자	C_3S	C_2S	C_3A	C_4AF
분자식	$3CaO-SiO_2$	$2CaO-SiO_2$	$3CaO-Al_2O_3$	$4CaO-Al_2O_3-Fe_2O_3$
강도발현	28일 이내 조기강도	28일 이후 장기강도	1일 이내 조기강도	기여하지 않음
수화속도	빠름	늦음	빠름	빠름
수화열	크다.	작다.	가장 크다.	보통
건조수축	보통	작다.	가장 크다.	작다.
화학저항성	보통	크다.	작다.	보통

> **시멘트 클링커(Cement clinker)**
> 시멘트를 제조할 때 최고온도까지 소성이 이루어진 후에 공기를 이용하여 급랭시켜 배출하게 되면 생성되는 화산암과 같은 검은 입자이다.
>
> **수경률(HM ; Hydraulic Modulus)**
> 시멘트의 조성광물 중 석회성분과 점토성분의 조성비를 말한다.

기출 확인

포틀랜드시멘트 화학성분 중 1일 이내 수화를 지배하며 응결이 가장 빠른 것은?

❶ 알루민산3석회
② 알루민산철4석회
③ 규산3석회
④ 규산2석회

기출 확인

다음 시멘트 중 시멘트 분말의 비표면적이 가장 큰 것은?

① 보통포틀랜드 시멘트
② 중용열포틀랜드 시멘트
❸ 조강포틀랜드 시멘트
④ 백색포틀랜드 시멘트

기출 확인

콘크리트용 재료 중 시멘트에 관한 설명으로 틀린 것은?

① 중용열포틀랜드 시멘트는 수화작용에 따르는 발열이 적기 때문에 매스 콘크리트에 적당하다.
② 조강포틀랜드 시멘트는 조기강도가 크기 때문에 한중콘크리트공사에 주로 쓰인다.
❸ 알칼리골재반응을 억제하기 위한 방법으로써 내황산염포틀랜드 시멘트를 사용한다.
④ 조강포틀랜드 시멘트를 사용한 콘크리트의 7일 강도는 보통포틀랜드 시멘트를 사용한 콘크리트의 28일 강도와 거의 비슷하다.

더 알아보기

포졸란 반응(Pozzolanic reaction)
- 단독으로는 물과 반응하여 경화하지 않는 물질이 시멘트의 석회 성분과 수중에서 경화하는 반응을 말한다.
- 포졸란에는 화산회, 규산백토 등의 천연재료와 고로슬래그, 플라이 애시, 실리카 퓸 등의 인공재료가 있다.

실리카 퓸(Silica fume)
페로실리콘합금이나 실리콘금속 등을 제조할 때 발생하는 폐가스를 집진한 실리카질 혼화재이다.

❷ 시멘트의 종류

① 포틀랜드 시멘트

1종 보통 포틀랜드 시멘트	개요	• 생산되는 시멘트의 대부분을 차지하는 보편화된 시멘트이다. • 전체 생산량의 90% 정도를 차지한다.
	용도	범용, 혼합 시멘트의 베이스시멘트 등에 사용된다.
	특징	응결시간 기준 : 초결 60분 이상, 종결 10시간 이하
2종 중용열 포틀랜드 시멘트	개요	알루민산3석회를 제한하여 수화속도를 지연시키고 수화열을 작게 한 대신 장기강도를 지배하는 규산2석회를 많이 함유시킨 시멘트이다.
	용도	댐, 터널 등의 매스 콘크리트, 방사선 차폐 구조물 등에 사용된다.
	특징	초기강도는 작으나 장기강도가 크다.
	장점	• 건조수축이 작고 내침식성, 내수성, 화학적 저항성이 우수하다. • 방사선 차폐 성능이 있다.
	단점	단기강도가 보통포틀랜드 시멘트보다 작다.
3종 조강 포틀랜드 시멘트	개요	보통포틀랜드 시멘트보다 규산3석회가 많고 분말도(비표면적)가 높아 조기에 강도 발휘가 높은 시멘트이다.
	용도	한중, 수중, 긴급공사 등에 사용된다.
	특징	초기강도가 높다(7일 강도가 1종의 28일 강도와 거의 비슷하다).
	장점	• 양생기간 및 공기를 단축할 수 있다. • 낮은 온도에서도 강도의 발생이 크고 수밀성이 높다.
	단점	경화에 따른 수화열이 크다.
4종 저열 포틀랜드 시멘트	개요	중용열포틀랜드 시멘트보다 수화열을 5~10% 정도 더욱 작게 한 시멘트이다.
	용도	댐, 터널 등의 매스 콘크리트, 방사선 차폐 구조물 등에 사용된다.
5종 내황산염 포틀랜드 시멘트	개요	알루민산3석회의 함유량을 제한하고 알루민산철4석회의 함유량을 증가시킨 시멘트이다.
	용도	해양구조물, 하수시설, 터널수로 등에 사용된다.
	특징	토양, 해수, 폐수 중의 황산염에 대한 화학적 저항성이 크다.

② 혼합 시멘트

보통포틀랜드 시멘트의 성능 개선을 위해 혼화재를 혼합한 시멘트를 말한다.

고로슬래그 시멘트	개요	철용광로에서 나온 슬래그(광재)를 급랭한 슬래그와 보통포틀랜드 시멘트, 응결시간 조정용 석고를 혼합하여 분쇄한 시멘트이다.
	용도	댐, 항만 등의 매스 콘크리트, 하수처리시설 등에 사용된다.
	특징	• 해수에 대한 저항성(내식성)이 크다. • 건조수축이 크고 장기간 습윤보양이 필요하다.
실리카 (포틀랜드포졸란) 시멘트	개요	천연의 화산회, 규산백토 또는 인공의 실리카 퓸 등 실리카질 혼화재(포졸란)와 보통포틀랜드 시멘트, 석고를 혼합한 시멘트이다.
	용도	도장 모르타르, 구조용 시멘트 등에 사용된다.
	특징	건조수축이 크다.
플라이 애시 시멘트	개요	화력발전소의 석탄 연소 후 잔재 미립분을 포틀랜드 시멘트 클링커에 혼합하여 분쇄한 시멘트이다.
	용도	댐, 항만공사 등에 사용된다.
	특징	건조수축이 작다.

혼화재료
시멘트, 콘크리트의 성능 개선을 위해 첨가하는 재료를 말한다.

구분	혼화제	혼화재
사용량	시멘트량의 1% 미만	시멘트량의 5% 이상
배합계산	미포함	포함
종류	AE제, 경화촉진제, 방청제, 기포제, 감수제, 유동화제 등	고로슬래그, 실리카(포졸란), 플라이 애시, 실리카 퓸 등

> **+ 더 알아보기**
>
> **AE제의 사용목적**
> AE제는 미세기포를 발생시켜 동결융해에 대한 저항성을 증진시킨다.

③ 특수 시멘트

제조공정 및 화학조성 등이 포틀랜드 시멘트와 매우 다른 특수목적 시멘트이다.

알루미나 시멘트	개요	산화알루미늄의 함유량이 많은 보크사이트와 같은 광석을 거의 같은 양의 석회석과 혼합하고 전기로에서 완전히 용융시켜 미분쇄한 시멘트이다.
	용도	한중, 수중, 긴급공사 시공에 사용된다.
	특징	• 초기강도의 발현이 가장 커서 물을 가한 후 24시간 내에 보통포틀랜드 시멘트의 4주 강도가 발현되나, 장기강도의 증진은 없다. • 내식성과 내화성이 우수하다.
백색 시멘트	개요	보통포틀랜드 시멘트보다 알루민산철3석회를 적게 한 시멘트이다.
	용도	건축물의 내외면 마감, 각종 인조석 제조에 사용된다.
	특징	백색을 띠며, 구조체의 축조에는 거의 사용되지 않는다.
마그네시아 시멘트	개요	산화마그네슘과 염화마그네슘을 가소하여 만든 시멘트이다.
	용도	주로 미장바름 재료로 사용된다.
	특징	물로 비비면 경화가 잘 되지 않아 간수를 넣어 경화시킨다.
팽창 시멘트	개요	보크사이트, 초크, 석고 등을 적당히 혼합하여 분쇄한 팽창재를 혼합한 시멘트이다.
	용도	보수공사, 철골 기초공사, 그라우팅 등에 사용된다.
	특징	경화 시에 팽창하여 건조수축에 의한 균열을 방지한다.

④ 주요 시멘트의 특성 비교

구분	급경성	수화열 저감	포졸란계 혼화재
시멘트	조강포틀랜드 시멘트 알루미나 시멘트	중용열포틀랜드 시멘트 저열포틀랜드 시멘트	혼합 시멘트 (고로슬래그, 실리카, 플라이 애시)
수화열	크다.	작다.	작다.
초기강도	크다.	작다.	작다.
장기강도	보통	크다.	크다.
특징	한중, 수중, 긴급공사	차폐 성능, 매스 콘크리트	고강도, 매스 콘크리트

> **혼합 시멘트(포졸란계)의 특징**
> • 초기강도는 작으나 장기강도가 크다.
> • 수화열이 적고 응결시간이 지연된다.
> • 워커빌리티가 좋고 재료분리 및 블리딩이 적다.
> • 내수성, 수밀성 및 화학 저항성이 크다.
> • 알칼리골재반응에 의한 팽창의 억제에 유리하다.
> • 건조수축은 고로슬래그·실리카 시멘트는 크고, 플라이 애시 시멘트는 작다.

📋 기출 확인

포졸란(Pozzolan)을 사용한 콘크리트의 효과 중 옳지 않은 기술은?
① 수밀성이 커진다.
❷ 경화작용이 늦어지므로 장기강도가 낮아진다.
③ 해수 등에 화학적 저항이 크다.
④ 워커빌리티가 좋아지고 블리딩 및 재료 분리가 감소된다.

📋 기출 확인

콘크리트에 사용되는 혼화재 중 플라이 애시의 사용에 따른 이점으로 볼 수 없는 것은?
① 유동성의 개선 ❷ 초기강도의 증진
③ 수화열의 감소 ④ 수밀성의 향상

📋 기출 확인

시멘트의 품질시험에 관한 설명 중 틀린 것은?

① 혼합시멘트에서 혼화재의 혼입량이 많아질수록 비중이 작아진다.
② 비표면적이 큰 시멘트일수록 분말이 미세하며 일반적으로 강도발현이 빨라지고 수화열의 발생량도 많아진다.
③ 수화열은 시멘트의 화학조성과 비표면적에 좌우된다.
❹ 풍화한 시멘트는 수화열이 커진다.

❸ 시멘트의 품질

① 시멘트의 성질

비중	• 소성온도나 성분에 따라 다르다. • 동일한 시멘트의 경우, 비중이 작아지면 품질이 나빠진다. • 혼합시멘트에서는 혼화재의 혼입량이 많아질수록 비중이 작아진다.
분말도 (Fineness)	• 시멘트 입자의 크기 정도를 나타내며, 입자가 미세할수록 분말도가 크다. • 단위중량에 대한 표면적, 즉 비표면적에 의하여 표시한다. • 분말도가 클수록 보통 강도발현이 빨라지고 수화열의 발생량도 많아진다.
수화반응	시멘트가 화학반응으로 경화하면서 강도가 발생되는 것을 말한다.
수화열	• 시멘트가 수화반응 과정에서 열을 발산하는 것을 말한다. • 수화열은 시멘트의 화학조성과 비표면적에 좌우된다. • 수화열이 축적되는 경우 균열의 원인이 된다.
안정성	• 시멘트가 경화될 때 용적이 팽창하는 정도를 말한다. • 시멘트의 팽창은 균열이나 뒤틀림의 원인이 된다. • 오토클레이브 팽창도시험방법으로 측정한다.
강도	• 물-시멘트비의 영향을 크게 받으며, 양생이 불량하면 저하된다. • 일반적으로 재령이 커질수록 강도가 상승한다. • 초기강도가 큰 경우 장기강도가 늘어나지 않는다. • 초기강도가 작은 경우 장기강도가 크게 되는 경향이 있다.
풍화	• 시멘트가 공기 중의 습기를 받아 천천히 수화 반응을 일으켜 작은 알갱이 모양으로 굳어졌다가, 이것이 계속 진행되면 주변의 시멘트와 달라붙어 큰 덩어리로 굳어지는 현상이다. • 고온다습한 환경에서 급속히 진행되므로, 방습 및 환기 방지조치가 필요하다. • 풍화된 시멘트는 수화반응이 지연되고 압축강도가 저하된다.

시멘트의 특성

비중이 작아지는 경우	분말도가 클수록	응결이 빠른 경우
• 클링커의 소성이 부족할 때 • 혼합물이 혼입되었을 때 • 저장기간이 길었을 때 • 시멘트가 풍화되었을 때	• 수화반응 촉진 • 응결, 초기강도 증진 • 블리딩, 투수성 감소 • 시공연도 증진 • 수화열, 초기균열, 풍화 증대	• 온도가 높을수록 • 분말도가 클수록 • 알루민산3석회가 많을수록 • 물-시멘트비가 낮을수록 • 풍화되지 않은 경우

② 시멘트의 주요 품질시험

구분	시험명	비고
비중	시멘트의 비중시험	르 샤틀리에 비중병
분말도	공기투과장치에 의한 포틀랜드 시멘트의 분말도시험	블레인 공기투과장치
	표준체 90μm에 의한 시멘트 분말도의 시험	표준체
응결시간	길모어침에 의한 시멘트의 응결시간시험	길모어침
	비카침에 의한 수경성 시멘트의 응결시간시험	비카침
수화열	수경성 시멘트의 수화열시험	칼로리미터, 베크만 온도계
안정성	시멘트의 오토클레이브 팽창도시험	오토클레이브
강도	시멘트의 강도시험	시멘트 모르타르 공시체

📋 기출 확인

시멘트의 각종 시험방법과 기구가 서로 옳게 묶어진 것은?

① 비중시험 - 길모어침 장치
② 강열감량시험 - 비카침 장치
③ 응결시험 - 로스앤젤레스 시험기
❹ 분말도 - 공기투과장치

❹ 골재

① 개요
모르타르 또는 콘크리트 등에 혼입되는 자갈, 모래, 쇄석, 슬래그 등을 말한다.

② 분류

입자크기	잔골재	10mm 체를 전부 통과하고 5mm 체를 거의 다 통과하며, 0.08mm 체에 거의 다 남은 입상 상태의 암석이 자연적으로 붕괴 마모되어 생성된 것 또는 파쇄되기 쉬운 사암을 인공 처리한 것을 말한다.
	굵은 골재	5mm 체에 거의 다 남은 입상 상태의 재료로서, 암석이 자연적으로 붕괴 마모되어 생성된 것, 또는 이것이 연약하게 얽혀져서 만들어진 역암을 인공 처리한 것을 말한다.
산출방법	천연골재	강, 산, 바다 등에서 채취한 자갈, 모래 등을 말한다.
	인공골재	쇄석(깬 자갈 등), 석분 등을 말한다.

+ 더 알아보기

깬 자갈(Crushed stone)
- 원석은 안산암, 화강암, 현무암 등이다.
- 강자갈과 달리 각진 모양 및 거친 표면 조직을 갖고 있다.
- 시멘트 페이스트와의 부착성능이 좋다.

③ 입도
- 골재의 대소(大小)의 크기를 입도라 하며, 입도분포는 입도가 고르게 섞여 있는 정도를 나타낸다.
- 콘크리트의 워커빌리티, 경제성, 경화 후의 강도나 내구성에 영향을 미친다.

체가름 시험	• 골재 입도의 분포상태를 측정하기 위한 시험이다. • 각 표준체의 통과율(%)을 구하고 입도곡선을 작성한다.

굵은 골재의 최대 치수
- 질량으로 90% 이상을 통과시키는 체 중에서 최소 치수의 체눈을 체의 호칭 치수로 나타낸 굵은 골재의 치수를 말한다.
- 치수가 클수록 일반적으로 시멘트량 및 단위수량이 감소하나, 재료분리가 생기기 쉽다.

골재의 조립률
- 75, 40, 20, 10, 5, 2.5, 1.2, 0.6, 0.3, 0.15mm 등 10개의 체를 1조로 하여 체가름 시험을 하였을 때, 각 체에 남는 누계량의 전체 시료에 대한 질량 백분율의 합을 100으로 나눈 값을 말한다.
- 골재의 입도를 수치로 나타내는 지표이며, 높은 조립률은 굵은 골재가 많다는 뜻이다.

단위용적질량 · 실적률 · 공극률
골재의 최대 치수, 입도분포, 입형 등에 의해 변화한다.

단위용적질량	• 일정 용적의 용기 안에 들어가는 골재의 질량이다. • 골재의 비중이 클수록 단위용적질량이 크다. • 단위용적질량 = 용기 안의 시료의 질량 ÷ 용기의 용적
실적률	• 용기에 채워진 골재 절대 용적의 그 용기 용적에 대한 백분율이다. • 실적률 = 단위용적질량 ÷ 골재의 절건밀도 × 100(%) • 입형 판정 실적률 : 굵은 골재 55% 이상, 잔골재 53% 이상
공극률	• 골재의 단위부피 중 골재 사이의 빈틈의 비율이다. • 일정한 용적에서는 입도가 작을수록 공극이 커진다. • 공극률 = 100 − 실적률

골재의 실적률이 큰 경우의 콘크리트

투수성	흡수성	수화발열량	건조수축	마모저항성
감소	감소	감소	감소	증가

📋 기출 확인

콘크리트용 굵은 골재의 최대 치수가 25mm인 골재는 다음 중 어느 것인가?
① 25mm 체를 99% 통과하고 20mm 체를 95% 통과한 골재
② 25mm 체를 95% 통과하고 20mm 체를 91% 통과한 골재
❸ 25mm 체를 91% 통과하고 20mm 체를 84% 통과한 골재
④ 25mm 체를 85% 통과하고 20mm 체를 75% 통과한 골재

📋 기출 확인

콘크리트용 부순 굵은 골재의 입형 판정 실적률의 최소치는?
① 37% ❷ 55%
③ 63% ④ 75%

📋 기출 확인

골재의 실적률이 클 경우 콘크리트에 주는 영향 중에서 옳지 않은 것은?
❶ 콘크리트의 투수성이 커진다.
② 콘크리트의 마모저항성이 커진다.
③ 콘크리트의 수화발열량을 감소시킨다.
④ 콘크리트의 건조수축을 감소시킨다.

+ 더 알아보기

골재의 함수상태

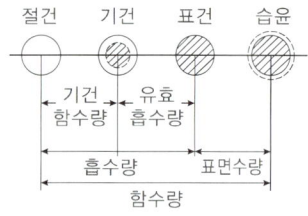

📋 기출 확인

다음 골재의 함수상태에 따른 설명 중에서 옳지 않은 것은?

① 표건상태 : 내부는 포화상태이나 표면은 수분이 없는 상태
❷ 기건상태 : 골재를 공기 중에 24시간 이상 건조하여 골재 속에 수분이 없는 상태
③ 절건상태 : 골재를 100~110℃의 온도상태에서 중량변화가 없어질 때까지 건조하여 골재 속의 모세관 등에 흡수된 수분이 거의 없는 상태
④ 습윤상태 : 골재의 내부는 이미 포화상태이고, 표면에도 수분이 있는 상태

📋 기출 확인

콘크리트 표준시방서에서 정의하는 일반콘크리트 잔골재의 유해물 함유량 한도에서 염화물(NaCl 환산량)의 허용한도 값은?

① 0.02% 이하 ❷ 0.04% 이하
③ 0.1% 이하   ④ 0.6% 이하

④ 함수상태
- 골재의 비중은 미세한 금, 공극 등을 포함한 겉보기 비중으로, 함수상태에 따라 변화한다.
- 잔골재는 흡수상태에 따라 부피가 팽창하는 현상이 있다.

구분	절건상태	기건상태	표건상태	습윤상태
상태	완전 건조	공기 중 건조	표면건조 내부포화	표면습윤 내부포화
표면수	건조	건조	건조	습윤
공극수	건조	약간 있음	포화상태	포화상태
특징	비중시험에 적용	공극에 수분 존재	배합설계의 기준	-

골재의 수분량

기건함수량	기건상태 - 절건상태
유효흡수량	표면건조 내부포화상태 - 기건상태
흡수량	표건상태 - 절건상태
표면수량	습윤상태 - 표건상태
함수량	습윤상태 - 절건상태

⑤ 콘크리트용 골재

강도	경화 시멘트 페이스트의 강도 이상이어야 한다.
표면	약간 거친 것이 시멘트와의 밀착에 좋다.
입도	크고 작은 알이 골고루 섞여 있는 것이 좋다.
입형	둥글거나 입방체에 가까운 것이 공극이 적으므로 좋다.
염화물	잔골재의 염화물 허용 한도는 0.04%(NaCl 환산량) 이하이다.
성능	내구성, 내화성, 내마멸성이 큰 것이어야 한다.

골재의 입도와 시멘트 사용량
골재의 입도가 작을수록 시멘트의 사용량은 증가한다(골재의 표면적이 증가하므로).

입도분포가 좋은 골재
- 크고 작은 골재가 고르게 섞인 상태이다.
- 골재 사이의 공극이 최소화된다.
- 시멘트와 물이 적게 들어간다.
- 워커빌리티가 증대된다.
- 재료분리가 줄어든다.

CORE 15 콘크리트

CHAPTER 2 건축시공 / SECTION 3 건축재료

❶ 콘크리트

① 개요

시멘트, 물, 잔골재 및 굵은 골재에 경우에 따라서는 혼화재료를 혼합, 반죽하여 만든 복합체를 말한다.

② 특성

강도	하중	성능	부착성
압축강도가 크고 인장강도가 작다.	자체 하중이 크다.	방청력이 크고 내화, 내구적이다.	철근, 철골 등 강재와의 부착성이 우수하다.

❷ 배합설계

① 개요

소요의 요구사항을 만족시키는 시멘트, 골재, 물 및 혼화재료의 가장 경제적인 혼합 비율을 결정하는 것을 말한다.

② 요구사항

강도	소요의 강도를 얻을 수 있어야 한다.
시공연도	시공에 적당한 워커빌리티와 소정의 슬럼프를 가져야 한다.
균일성	시공상 재료분리를 일으키지 않고 균질성을 유지해야 한다.
내구성	중성화, 알칼리골재반응, 동해, 염해, 마모 등에 대한 내구성이 있어야 한다.
특수성	수밀성, 화학적 저항성, 온도, 무게 등 목적에 맞는 요구성능을 구비해야 한다.
경제성	요구사항을 만족시키는 한 가장 경제적이어야 한다.

> **배합설계 일반**
> - 콘크리트의 배합설계는 요구되는 성능을 만족하는 한도 내에서 구조물의 전 과정에 걸친 환경영향을 고려한다.
> - 콘크리트 강도의 관리재령은 시공방법과 시공기간을 고려하여 91일 이내의 재령에서 결정하여 사용한다.
> - 구조체의 품질에 악영향을 미치지 않는 범위 내에서 물-결합재비는 가능한 한 작게 설계한다.
> - 단위수량은 소정의 워커빌리티를 얻을 수 있는 범위 내에서 작은 값을 사용하도록 설계한다.
> - 콘크리트의 배합에 사용되는 단위시멘트량은 소요 품질을 확보할 수 있는 범위 내에서 작은 값을 선택하도록 하며, 시멘트의 일부를 혼화재료로 치환할 수 있는 방법을 검토한다.

➕ 더 알아보기

콘크리트의 설계기준강도
- 구조설계에서 기준이 되는 콘크리트 압축강도이다.
- 표준 양생한 콘크리트의 재령 28일에서의 압축강도로 표시한다.

콘크리트의 배합강도
- 콘크리트의 배합을 정하는 경우에 목표로 하는 압축강도이다.
- 배합강도는 현장 콘크리트의 품질변동을 고려하여 구조계산에서 정해진 설계기준압축강도와 내구성 설계를 반영한 내구성 기준 압축강도 중에서 큰 값으로 결정된 품질기준강도보다 크게 정한다.

배합의 순서
- 요구 성능의 설정 → 배합조건의 설정 → 재료의 선정 → 계획 배합의 설정 및 결정 → 현장 배합의 결정
- 배합강도 → 시멘트강도 → 물-시멘트비 → 슬럼프 → 표준배합

📋 기출 확인

다음 중 콘크리트 강도에 있어 가장 큰 영향을 주는 요소는?

① 시멘트의 품질 ❷ 물-시멘트비
③ 골재의 품질 ④ 슬럼프값

➕ 더 알아보기

결합재(Binder)
물과 반응하여 콘크리트 강도 발현에 기여하는 시멘트, 고로슬래그, 플라이 애시 등의 총칭이다.

📋 기출 확인

콘크리트 공사에서 시멘트량에 관한 기술 중 옳지 않은 것은?

❶ 모래의 최대 크기가 작을수록 시멘트 사용량이 적다.
② 자갈이 클수록 시멘트 사용량이 적다.
③ 기온이 높을수록 시멘트 사용량이 적다.
④ 동일 슬럼프이면 물-시멘트비가 클수록 시멘트 사용량이 적다.

📋 기출 확인

시멘트 200포를 사용하여 배합비가 1:3:6인 콘크리트를 비벼냈을 때의 전체 콘크리트의 양은?(단, 물-시멘트비는 60%이고 시멘트 1포대는 40kg이다)

① 25.25m³ ❷ 36.36m³
③ 39.39m³ ④ 44.44m³

- 1m³ : 220kg = x : 40kg × 200포
- x = 8,000 ÷ 220 ≒ 36.36m³

📋 기출 확인

쇄석 콘크리트에 대한 설명 중 틀린 것은?

① 모래의 사용량은 보통 콘크리트에 비해서 많아진다.
② 쇄석은 각이 둔각인 것을 사용한다.
❸ 보통 콘크리트에 비해 시멘트 페이스트의 부착력이 떨어진다.
④ 깬 자갈 콘크리트라고도 한다.

---

④ 물-시멘트비(W/C)

개요		모르타르나 콘크리트에서 골재가 표면 건조 포화 상태에 있을 때에 반죽 직후 물과 시멘트의 질량비이다.
특징		• 수량이 적을수록 물-시멘트비가 작고 응결속도가 빠르다. • 적정한 워커빌리티 내에서 물-시멘트비는 가능한 한 작은 것이 좋다. • 골재 중의 수분도 물-시멘트비에 영향을 미친다.
결정의 3요소	강도	• 물-시멘트비의 최대 영향인자는 압축강도이다. • 물-시멘트비가 작을수록 압축강도가 강하다.
	수밀성	물-시멘트비가 작을수록 수밀성이 좋다.
	내구성	물-시멘트비가 작을수록 내구성이 좋다.

물-시멘트비(W/C)와 물-결합재비(W/B)

물-시멘트비(W/C)	물-결합재비(W/B)
시멘트에 대한 물의 질량 백분율	결합재에 대한 물의 질량 백분율
물의 중량 ÷ 시멘트의 중량	물의 중량 ÷ 결합재의 중량

⑤ 콘크리트의 배합

영향인자	시멘트 강도, 물-시멘트비, 골재의 입도, 혼화재·혼화제 사용량 등이 있다.
시멘트량	• 모래나 자갈이 클수록 → 시멘트 사용량이 적다. • 기온이 높을수록 → 시멘트 사용량이 적다. • 물-시멘트비가 클수록 → 시멘트 사용량이 적다(동일 슬럼프일 경우).
골재	• 굵은 골재의 최대 치수가 클수록 → 잔골재율을 작게 할 수 있다. • 실적률이 큰 굵은 골재를 사용할수록 → 단위수량이 작아진다(동일 강도·슬럼프일 경우). • 잔골재율은 단위수량이 가능한 한 작게 되도록, 시험비빔에 의해 결정한다(소요의 워커빌리티가 얻어지는 범위 내에서).
슬럼프	단위수량이 동일하면, 골재·시멘트량의 근소한 변화는 슬럼프에 영향이 없다.
염화물함유량	굳지 않은 콘크리트 중의 염소이온량(Cl⁻)은 0.30kg/m³ 이하여야 한다.

콘크리트 1m³당 재료량
콘크리트 1m³당 소요되는 개략적인 재료량은 아래와 같다.

구분	배합비 1:2:4	배합비 1:3:6
시멘트	8포(320kg)	5.5포(220kg)
물	물-시멘트비 × 시멘트량	물-시멘트비 × 시멘트량
모래	0.45m³	0.47m³
자갈	0.9m³	0.94m³

부순 골재를 사용하는 콘크리트의 배합
쇄석 콘크리트는 천연골재를 사용한 보통 콘크리트에 비해 시멘트 페이스트의 부착력이 좋다.

단위수량	동일한 워커빌리티의 보통 콘크리트보다 단위수량이 10% 정도 많이 요구된다.
골재	• 쇄석은 각이 둔각인 것을 사용한다. • 굵은 골재의 크기는 강자갈의 경우보다 조금 작은 편이 좋다. • 모래의 사용량은 보통 콘크리트에 비해서 많아진다. • 잔골재는 미립분(미세한 분말)이 부족하지 않도록 주의한다.
혼화제	AE제를 사용하는 것이 좋다.

❸ 콘크리트의 성질

① 굳지 않은 콘크리트의 성질

워커빌리티 (시공연도)	• 반죽질기에 의한 작업의 난이한 정도와 균일한 질의 콘크리트를 만들기 위하여 필요한 재료의 분리에 저항하는 정도를 나타내는 성질이다. • 수치로 표현하는 것이 곤란하며, 경험에 기초를 둔 판정을 토대로 한다.
컨시스턴시 (반죽질기)	주로 수량에 의하여 좌우되는 아직 굳지 않은 콘크리트의 변형 또는 유동에 대한 저항성을 말한다. 일반적으로 슬럼프값을 의미한다.
플라스티시티 (성형성)	거푸집에 쉽게 다져 넣을 수 있고, 거푸집을 제거하면 천천히 형상이 변하기는 하지만 허물어지거나 재료가 분리되지 않는 성질이다.
피니셔빌리티 (마감성)	굵은 골재의 최대 치수, 잔골재율, 잔골재의 입도, 반죽질기 등에 따르는 마무리하기 쉬운 정도를 나타내는 성질이다.
펌퍼빌리티 (압송성)	콘크리트 펌프에 의해 굳지 않은 콘크리트 또는 모르타르를 압송할 때의 운반성을 말한다.

워커빌리티, 컨시스턴시에 영향을 주는 인자
• 컨시스턴시(반죽질기)는 워커빌리티(시공성)를 좌우하는 요소이나, 비례하지는 않는다.
• 영향을 주는 인자에는 단위수량, 단위시멘트량, 시멘트의 종류, 분말도, 풍화 정도, 골재의 입도 및 입형, 공기량, 혼화재료, 비빔시간, 혼합방법, 온도 등이 있다.

구분	증가 요소	감소 요소
컨시스턴시 (슬럼프값)	• 단위수량의 증가 → 슬럼프 증가 • 분말도 낮을수록 → 점성 감소 • AE제, 감수제의 사용	• 분말도 높을수록 → 점성 증가 • 세립분이 많을수록 → 점성 증가 • 기온이 높을수록 → 슬럼프 감소
워커빌리티 (시공연도)	• 단위시멘트량의 증가(부배합) • 공기량의 증가 → 단위수량 감소 • AE제, 감수제, 포졸란, 플라이 애시의 사용	• 단위수량의 증가 → 재료분리 • 분말도 낮을수록 → 재료분리 • 쇄석·풍화된 시멘트의 사용, 비빔시간이 과도한 경우, 기온이 높을수록 → 슬럼프 감소

컨시스턴시(반죽질기)의 측정

슬럼프시험 (Slump test)	시험방법	• 콘크리트를 슬럼프콘에 3회에 나눠서 채운다. • 각 층을 다짐봉으로 25회 다진 후에 콘을 수직으로 올린다. • 콘크리트가 30cm 높이에서 내려앉은 정도를 슬럼프값(mm)으로 측정한다.
	특징	• 묽은 콘크리트일수록 슬럼프값이 크고 컨시스턴시가 좋다. • 콘크리트가 일정한 모양으로 변형했을 때 적용한다.
플로시험 (Flow test)		플로 테이블에 시재를 놓고 상하로 진동을 주어 옆으로 퍼진 양을 흐름값(mm)으로 나타내는 시험 방법이다.
기타		리몰딩시험, 구관입시험, 비비시험, 드롭테이블시험 등이 있다.

재료분리에 대한 대책

시멘트 페이스트와 물의 분리	• 물-시멘트비(W/C)를 작게 하여 점성을 크게 한다. • AE제, AE감수제, 플라이 애시 등을 사용하여 단위수량을 감소시킨다. • 너무 된비빔이 되지 않게 하고, 운반 시 진동을 적게 한다.
시멘트 페이스트와 골재의 분리	• 잔골재 중의 세립분을 증가시켜 점성을 증가시킨다. • 잔골재율을 작게 하면 콘크리트가 거칠어지고 재료분리가 발생하므로 최적의 잔골재율을 정해야 한다. • 입형이 둥글고 적당한 입도의 골재를 사용한다. • 골재의 비중 차이를 작게 한다.

📋 기출 확인

굳지 않은 콘크리트의 성질을 나타내는 용어의 정의로 옳지 않은 것은?

① 워커빌리티 : 반죽질기 여하에 따르는 작업의 난이도 및 재료의 분리에 저항하는 정도를 나타내는 성질
② 컨시스턴시 : 주로 수량의 다소에 따르는 반죽의 되고 진 정도를 나타내는 성질
③ 피니셔빌리티 : 굵은 골재의 최대 치수, 잔골재율, 잔골재의 입도, 반죽질기에 따르는 마무리하기 쉬운 정도를 나타내는 성질
❹ 플라스티시티 : 굳지 않은 시멘트 페이스트, 모르타르 또는 콘크리트의 유동성의 정도를 나타내는 성질

📋 기출 확인

다음 중 굳지 않은 콘크리트의 성질에 관한 내용으로 옳지 않은 것은?

❶ 시멘트는 분말도가 높아질수록 점성이 낮아지므로 컨시스턴시도 커진다.
② 사용되는 단위수량이 많을수록 콘크리트의 컨시스턴시는 커진다.
③ 입형이 둥글둥글한 강모래를 사용하는 것이 모가 진 부순모래의 경우보다 워커빌리티가 좋다.
④ 비빔시간이 너무 길면 수화작용을 촉진시켜 워커빌리티가 나빠진다.

📋 기출 확인

콘크리트의 반죽질기 시험방법이 아닌 것은?

❶ 블리딩시험 　② 슬럼프시험
③ 관입시험 　　④ 리몰딩시험

📋 기출 확인

콘크리트의 재료분리현상을 줄이기 위한 방법으로 옳지 않은 것은?

❶ 중량골재와 경량골재 등 비중차가 큰 골재를 사용한다.
② 플라이 애시를 적당량 사용한다.
③ 세장한 골재보다 둥근골재를 사용한다.
④ AE제나 AE감수제 등을 사용하여 사용수량을 감소시킨다.

기출 확인

콘크리트의 블리딩에 관한 설명으로 옳지 않은 것은?

① 콘크리트 타설 후 비교적 가벼운 물이나 미세한 물질 등이 상승하는 현상을 의미한다.
② 콘크리트의 물-시멘트비가 클수록 블리딩량은 증대한다.
③ 콘크리트의 컨시스턴시가 클수록 블리딩량은 증대한다.
❹ 단위시멘트량이 많을수록 블리딩량은 크다.

블리딩(Bleeding)·레이턴스(Laitance)

블리딩	굳지 않은 콘크리트에서 고체 재료의 침강 또는 분리에 의하여 콘크리트에서 물과 시멘트 혹은 혼화재의 일부가 콘크리트 윗면으로 상승하는 현상이다.	
	블리딩량	• 물-시멘트비가 크거나 컨시스턴시가 클수록 증대한다. • 단위시멘트량이 많거나 시멘트의 분말도가 높을수록 감소한다.
레이턴스	콘크리트 타설 후 블리딩에 의해 부유물과 함께 내부의 미세한 입자가 부상하여 콘크리트의 표면에 형성되는 경화되지 않은 층을 말한다.	

② 굳은 콘크리트의 성질

강도	• 압축강도가 다른 강도에 비해 현저하게 높다(인장강도는 압축강도의 1/13~1/10 정도). • 물-시멘트비가 작을수록 증대되며, 양생이 불량하면 저하된다.
크리프 (Creep)	• 응력을 작용시킨 상태에서 탄성변형 및 건조수축 변형을 제외시킨 변형으로 시간이 경과함에 따라 변형이 증가되는 현상을 말한다. • 시멘트의 종류, 배합, 골재 등 다양한 요소에 의해 영향을 받는다. • 하중이 제거되면 크리프 변형은 일부 회복된다.
건조수축	• 콘크리트가 수화작용을 하면서 수축하는 현상이다. • 균열을 유발하여 콘크리트의 강도에 악영향을 미친다.
수밀성	투수되지 않는 성질을 의미하며, 시공 및 배합이 중요하다.
내구성	• 외부환경에 의한 열화에 대처하는 저항성을 말한다. • 중성화, 알칼리골재반응, 동해, 염해 등의 영향을 받는다.

기출 확인

콘크리트의 크리프 변형량이 크게 되는 경우에 해당되지 않는 것은?

❶ 부재의 단면치수가 클수록
② 하중이 클수록
③ 단위수량이 많을수록
④ 재하 시 재령이 짧을수록

굳은 콘크리트의 특성

크리프가 커지는 경우	건조수축이 커지는 경우	수밀성이 커지는 경우
• 시멘트페이스트가 많을수록 • 물-시멘트비가 클수록 • 작용하는 응력이 클수록 • 재하재령이 빠를수록 • 부재의 치수가 작을수록 • 습도가 낮을수록	• 단위시멘트량이 클수록 • 단위수량이 클수록 • 시멘트 분말도가 높을수록 • 알루민산3석회가 많을수록 • 염분 함유량이 많을수록 • 골재에 미립분이 많을수록	• 물-시멘트비가 작을수록 • 단위수량이 작을수록 • 단위 굵은 골재량이 클수록 • 슬럼프가 작을수록 • 감수제, AE제의 사용

기출 확인

콘크리트의 중성화와 가장 관계가 깊은 것은?

① 산소   ❷ 이산화탄소
③ 염분   ④ 질소

기출 확인

알칼리골재반응의 대책으로 적절하지 않은 것은?

❶ 반응성 골재를 사용한다.
② 콘크리트 중의 알칼리양을 감소시킨다.
③ 포졸란 반응을 일으킬 수 있는 혼화재를 사용한다.
④ 단위시멘트량을 최소화한다.

콘크리트의 내구성 저하

구분	개요	대책
중성화	콘크리트가 공기 중의 탄산가스(이산화탄소)의 영향을 받아 수산화칼슘이 탄산칼슘으로 변하여 알칼리성을 상실하는 현상이다.	• 물-시멘트비는 작게 • 콘크리트 다짐, 습윤양생의 실시 • 철근의 피복두께 확보 • 투기성이 작은 마감재의 사용
알칼리 골재반응	콘크리트 중의 반응성 골재와 시멘트의 알칼리 성분, 물이 반응하여 콘크리트를 팽창시키는 현상을 말한다.	• 반응성 골재 사용 지양 • 저알칼리 시멘트, 실리카 퓸 사용 • 단위시멘트량 최소화 • 콘크리트 표면 방식 피복 등
동결융해 (Pop out 현상)	콘크리트 중의 잉여수가 동결될 경우 체적이 증가하면서 콘크리트 내부에 팽창압이 발생하여 균열·박리 등을 유발하는 현상이다.	• 물-시멘트비는 작게 • AE제 사용으로 공기 연행 • 흡수량이 적은 골재 사용 • 염화마그네슘, 염화칼슘 혼합
염해	콘크리트 중의 철근이 내부(염화물 및 해사 골재 등) 또는 외부로부터의 염화물이온에 의해 부식하는 현상을 말한다.	• 물-시멘트비는 작게 • 해사 사용 시 충분한 세척 • 적절한 피복두께의 확보 • 철근 방식(아연도금), 방청제 사용

일반 콘크리트의 내구성에 관한 지정

- 콘크리트는 구조물의 사용기간 중에 받는 여러 가지의 화학적, 물리적 작용에 대하여 충분한 내구성을 가져야 한다.
- 콘크리트에 사용하는 재료는 콘크리트의 소요 내구성을 손상시키지 않는 것이어야 한다.
- 콘크리트는 그 내부에 배치되는 강재가 사용기간 중 소정의 기능을 발휘할 수 있도록 강재를 보호하는 성능을 가져야 한다.
- 콘크리트의 물-결합재비는 원칙적으로 60% 이하로 하며, 단위수량은 185kg/m³을 초과하지 않도록 하여야 한다.
- 콘크리트는 원칙적으로 공기연행 콘크리트로 하여야 한다.
- 콘크리트는 침하균열, 소성수축균열, 건조수축균열, 자기수축균열 혹은 온도균열에 의한 균열폭이 KDS의 허용균열폭 이내여야 한다.
- 염소이온침투, 동결융해, 탄산화, 황산염 및 기타 유해한 환경에 노출되는 구조물에 대해서는 KCS 기준을 만족하는 콘크리트를 사용하여야 한다.
- 시공 단계에서는 설계 시 고려된 구조물의 강도와 내구성이 충분히 확보될 수 있도록 정해진 피복 두께를 확보하고 다지기, 양생 등에 주의를 기울여야 한다.
- 책임기술자는 설계 시 정해진 구조물의 노출범주 및 등급과 내구성 확보를 위한 요구조건에 따른 적용 및 이행 여부를 확인하여야 한다.

📖 기출 확인

일반 콘크리트의 내구성에 관한 설명으로 옳지 않은 것은?

① 콘크리트에 사용하는 재료는 콘크리트의 소요 내구성을 손상시키지 않는 것이어야 한다.
② 굳지 않은 콘크리트 중의 전 염소이온량은 원칙적으로 0.3kg/m³ 이하로 하여야 한다.
③ 콘크리트는 원칙적으로 공기연행 콘크리트로 하여야 한다.
❹ 콘크리트의 물-결합재비는 원칙적으로 50% 이하이어야 한다.

❹ 콘크리트의 시험

① 압축강도시험

개요		시험기의 가압판에 공시체를 길이 방향으로 세우고 직접 파괴하여 시험한다.
압축강도 시험용 공시체	지름	• 굵은 골재의 최대 치수의 3배 이상, 100mm 이상이어야 한다. • 지름의 표준은 100, 125, 150mm이다.
	높이	지름의 2배 이상인 원기둥이다.
항목		압축강도(재령 28일의 표준양생 공시체)
시험시기		• 1회/일 • 또는 구조물의 중요도와 공사의 규모에 따라 120m³마다 1회 • 배합이 변경될 때마다 콘크리트 강도별 받아들이기 시점에 1회/일 또는 구조물의 중요도와 공사의 규모에 따라 120m³마다 1회
시험방법		• 하중을 가하는 속도는 압축 응력도의 증가율이 매초 0.6±0.4MPa이 되도록 한다. • 공시체가 급격한 변형을 시작하면 속도의 조정을 중지하고 하중을 계속 가한다. • 공시체가 파괴될 때까지 최대 하중을 유효숫자 3자리까지 읽는다.
압축강도 (MPa)		• 최대 하중(N) ÷ {π × 공시체의 지름(mm)² ÷ 4} • 1MPa = 1N/mm², 유효숫자 3자리로 한다.

② 쪼갬 인장강도시험

개요	시험기의 가압판에 공시체를 길이 방향으로 눕히고 직접 파괴하여 시험한다.
시험방법	• 하중을 가하는 속도는 인장응력의 증가율이 매초 0.06±0.04MPa이 되도록 한다. • 최대 하중에 도달할 때까지 그 증가율을 유지한다. • 공시체가 파괴될 때까지 최대 하중을 유효숫자 3자리까지 읽는다.
인장강도 (MPa)	• 2 × 최대 하중(N) ÷ {π × 공시체의 지름(mm) × 공시체의 길이(mm)} • 1MPa = 1N/mm², 유효숫자 3자리로 한다.

③ 비파괴시험

개요	콘크리트를 파괴하지 않고 강도나 결함, 균열 등을 검사하는 시험이다.
종류	표면경도법(반발경도법), 초음파속도법(음속법), 복합법, 공진법, 인발법 등이 있다.

📖 기출 확인

지름 100mm, 높이 200mm인 원주 공시체로 콘크리트의 압축강도를 시험하였더니 200kN에서 파괴되었다면 이 콘크리트의 압축강도는?

① 12.89MPa ② 17.48MPa
❸ 25.46MPa ④ 50.9MPa

200,000N ÷ {π × (100mm)² ÷ 4}
≒ 25.464N/mm² = 25.46MPa

📖 기출 확인

지름 100mm, 높이 200mm의 콘크리트 공시체를 쪼갬 인장강도시험에 의해 강도를 측정하였더니 파괴하중이 63kN이었다. 이 공시체의 인장강도는?

① 0.8MPa ② 1.5MPa
❸ 2MPa   ④ 3MPa

2 × 63,000N ÷ (π × 100mm × 200mm)
≒ 2.005N/mm² = 2MPa

📋 기출 확인

서중 콘크리트에 대한 설명으로 옳은 것은?

❶ 동일 슬럼프를 얻기 위한 단위수량이 많아진다.
② 장기강도의 증진이 크다.
③ 콜드조인트가 쉽게 발생하지 않는다.
④ 워커빌리티가 일정하게 유지된다.

📋 기출 확인

한중 콘크리트를 칠 때 재료가열에 관한 기술 중 옳은 것은?

❶ 시멘트는 어떠한 방법으로든 가열해서는 안 된다.
② 시멘트 페이스트를 가열하는 것은 무방하다.
③ 골재는 불에 직접 닿게 하여 가열한다.
④ 물은 비열이 작아서 덥혀도 효과가 없다.

📋 기출 확인

한중 콘크리트에 관한 설명으로 옳은 것은?

❶ 한중 콘크리트는 공기연행 콘크리트를 사용하는 것을 원칙으로 한다.
② 타설할 때의 콘크리트 온도는 구조물의 단면 치수, 기상조건 등을 고려하여 최소 25℃ 이상으로 한다.
③ 물-결합재비는 50% 이하로 하고, 단위수량은 소요의 워커빌리티를 유지할 수 있는 범위 내에서 되도록 크게 정하여야 한다.
④ 콘크리트를 타설한 직후에 찬바람이 콘크리트 표면에 닿도록 하여 초기양생을 실시한다.

❺ 특수 콘크리트

① 외기온도

한중 콘크리트	개요	하루 평균기온이 4℃ 이하로 예상될 때 동결로 인한 품질 저하를 방지하고자 시공하는 콘크리트이다.
	문제점	• 낮은 외기온도로 시멘트 수화반응 및 응결경화가 지연된다. • 동해에 의한 강도 저하, 내구성 및 수밀성 저하가 우려된다.
서중 콘크리트	개요	하루 평균기온이 25℃를 초과하는 경우 슬럼프 저하나 수분의 증발 등을 방지하고자 시공하는 콘크리트이다.
	문제점	• 증발로 인한 소요수량의 증가 및 슬럼프 저하가 우려된다. • 수화열과 응결속도의 증가로 균열, 콜드조인트가 발생하기 쉽다. • 장기강도가 감소하고 마감 및 양생이 어렵다.

한중 콘크리트·서중 콘크리트의 특징

구분	한중 콘크리트	서중 콘크리트
배합	• 물-결합재비 60% 이하 • 단위수량 최소화	• 단위수량 최소화 • 단위시멘트량이 많지 않도록 조치
타설 시	• 콘크리트 온도 5~20℃ • 기상조건이 가혹한 경우 및 부재 두께가 얇은 경우 : 최저 10℃	콘크리트 온도 35℃ 이하
기타	• 재료 가열 시 시멘트는 가열 금지 • 원칙적으로 공기연행 콘크리트 사용	재료는 온도를 낮게 하여 사용

한중 콘크리트의 시공상 일반사항

재료	• 재료를 가열할 경우, 물 또는 골재를 가열하는 것으로 한다. • 시멘트는 어떠한 경우라도 직접 가열할 수 없다. • 골재의 가열은 온도가 균등하게 되고 또 건조되지 않는 방법을 적용한다.
타설	• 타설할 때의 콘크리트 온도는 구조물의 단면치수, 기상조건 등을 고려하여 5~20℃의 범위로 한다. • 기상조건이 가혹한 경우나 부재 단면이 얇을 경우 10℃ 정도를 확보한다.
양생	• 타설이 종료된 후 초기동해를 받지 않도록 초기양생을 실시하여야 한다. • 콘크리트 타설 직후에 찬바람이 콘크리트 표면에 닿는 것을 방지한다. • 콘크리트 타설 후 소요 압축강도(단면 및 노출정도에 따라 5~15MPa)가 얻어질 때까지 콘크리트의 온도를 5℃ 이상으로 유지하여야 한다. • 또한 소요 압축강도에 도달한 후 2일간은 구조물의 어느 부분이라도 0℃ 이상이 되도록 유지하여야 한다.

한중 콘크리트 양생 종료 때의 소요 압축강도(MPa)	얇은 경우	보통의 경우	두꺼운 경우
㉠ 계속해서 또는 자주 물로 포화되는 부분	15	12	10
㉡ 보통의 노출상태, ㉠에 속하지 않는 부분	5	5	5

단열 보온양생	• 시트, 매트 및 단열 거푸집 등에 의한 양생방법이다. • 양생온도를 유지하고, 국부적으로 냉각되지 않도록 한다.
급열 (가열보온) 양생	• 히터 등의 가열설비에 의하여 부어넣을 장소의 주변 또는 부어넣을 콘크리트를 가열하는 양생방법이다. • 가열 중에는 콘크리트가 갑자기 건조하지 않도록 살수, 피막처리 등의 방법에 의해 습윤상태를 유지하도록 한다.

콘크리트의 적산온도
- 양생기간 중에 콘크리트의 온도를 누적·기록한 값을 말한다.
- 한중 콘크리트에서 배합강도, 물-결합재비, 압축강도시험의 재령, 양생을 끝낼 시기, 거푸집 및 동바리를 해체할 시기 등을 적용하는 데 사용된다.

AE 콘크리트
동결융해작용을 받는 한중 콘크리트에 필수적으로 적용된다.

개요	• AE제를 첨가하여 발생시킨 0.03~0.3mm 정도의 무수한 미세기포가 볼베어링 역할을 하여 시공연도를 증진시키는 콘크리트이다. • AE제는 적정 농도(약 10% 정도)로 희석하여 콘크리트에 혼합한다.
장점	• 동결융해 및 화학작용에 대한 저항성이 증가된다. • 단위수량이 감소되고 시공연도가 좋다. • 내구성, 내마모성이 향상되고 수밀성이 크다. • 응집력이 있고 블리딩, 재료분리, 수화열, 수축균열이 적다.
단점	공기량 증가에 따라 압축강도, 철근과의 부착강도가 감소한다.
공기량	배합	• 콘크리트 중에 연행되는 공기량은 3~5% 정도이다. • 공기량 1%당 단위수량 3%에 상당하는 효과가 있다.
	비빔	기계비빔이 손비빔보다 공기량이 크다.
	강도	• 공기량이 6% 이상 초과되면 강도는 급격히 저하한다. • 공기량 1% 증가에 따른 압축강도 저하율은 약 4~6% 정도이다.

콘크리트의 공기량 변화

공기량 증가	공기량 감소
• AE제 혼입량이 많을수록 • 혼합온도가 낮을수록 • 슬럼프가 클수록 • 잔골재 중 0.15~0.6mm 입경분포가 증가할수록, 잔골재가 많을수록	• 단위시멘트량이 클수록 • 시멘트 분말도가 클수록 • 굵은 골재 최대 치수가 클수록 • 혼합시간이 길수록 • 진동을 가할수록

콘크리트의 공기

잠재공기(Entrapped air)	AE제를 사용하지 않아도 함유되는 1~2%의 크고 부정형인 기포로, 워커빌리티 개선에 도움이 되지 않는다.
연행공기(Entrained air)	AE제를 사용한 경우에 함유되는 입경이 작고 구형인 독립기포로, 워커빌리티 개선에 도움이 된다.

AE 콘크리트 공기량의 표준값

굵은 골재 최대 치수	심한노출(노출등급 EF2, EF3, EF4)	일반노출(노출등급 EF1)
10mm	7.5%	6.0%
15mm	7.0%	5.5%
20mm	6.0%	5.0%
25mm	6.0%	4.5%
40mm	5.5%	4.5%

※ 노출등급 EF1 : 간혹 수분과 접촉하나 염화물에 노출되지 않고 동결융해의 반복작용에 노출되는 콘크리트

📋 **기출 확인**

콘크리트 공사 중 적산온도와 가장 관계 깊은 것은?
① 매스(Mass) 콘크리트 공사
② 수밀(水密) 콘크리트 공사
❸ 한중(寒中) 콘크리트 공사
④ AE 콘크리트 공사

📋 **기출 확인**

다음 콘크리트 혼화제 중 AE제를 첨가함으로써 나타나는 결과가 아닌 것은?
❶ 철근과의 부착강도 증진
② 압축강도 감소
③ 동결융해 저항성 증대
④ 내구성 증진

📋 **기출 확인**

다음 중 콘크리트의 공기량에 대한 설명으로 틀린 것은?
① 공기량이 많을수록 슬럼프는 증대한다.
❷ 공기량은 온도가 높아질수록 증가한다.
③ AE공기량은 진동을 주면 감소한다.
④ 공기량이 많을수록 강도는 저하한다.

📋 **기출 확인**

AE제, AE감수제 및 고성능 AE감수제를 사용하는 콘크리트의 적정 공기량은 콘크리트 용적 대비 얼마가 적당한가?(단, 굵은 골재의 최대 치수가 20mm이며, 간혹 수분과 접촉하나 염화물에 노출되지 않고 동결융해의 반복작용에 노출되는 콘크리트의 경우)

① 2% ② 3%
❸ 5% ④ 8%

📋 기출 확인

수밀 콘크리트의 물-결합재비 기준으로 옳은 것은?(단, 건축공사표준시방서 기준)

① 40% 이하 ② 45% 이하
❸ 50% 이하 ④ 55% 이하

📋 기출 확인

수밀 콘크리트 시공에 대한 설명 중 옳지 않은 것은?

❶ 불가피하게 이어 치기할 경우 이어 치기 면의 레이턴스를 제거하고 빈배합 콘크리트를 사용한다.
② 콘크리트의 표면마감은 진공처리방법을 사용하는 것이 좋다.
③ 타설이 완료된 콘크리트면은 충분한 습윤양생을 한다.
④ 연속 타설시간 간격은 외기온도가 25℃를 넘었을 경우는 1.5시간, 25℃ 이하일 경우는 2시간을 넘어서는 안 된다.

📋 기출 확인

다음 중 병원 건축물 등에서 방사선 차폐용으로 사용되는 콘크리트는?

① 수밀 콘크리트
② 쇄석 콘크리트
③ 한중 콘크리트
❹ 중량 콘크리트

---

② 수밀성

수밀 콘크리트	개요	지하구조물, 저수조, 수영장, 상하수도시설 등 압력수가 작용하며 높은 수밀성이 요구되는 구조물에 사용하는 콘크리트이다.
	특징	• 수밀성을 위해 균열, 콜드조인트, 이음부 등에 주의한다. • 콘크리트 타설 시 가급적 이어 붓지 않는다.
해양 콘크리트	개요	해수 또는 해풍의 영향을 받는 구조물에 사용되는 콘크리트이다.
	특징	• 염해에 따른 콘크리트의 열화 및 강재의 부식에 주의한다. • 중용열포틀랜드, 혼합 시멘트 등을 사용한다.

수밀 콘크리트의 특징

배합	물-결합재비 50% 이하, 단위수량 및 물-결합재비 최소화
골재	단위굵은 골재량은 되도록 크게 한다.
기타	• 소요 슬럼프는 180mm 이하(타설이 용이할 때 120mm 이하) • 공기연행제 사용 시 공기량 4% 이하

수밀 콘크리트의 시공상 일반사항

재료	골재는 입도분포가 고르고 흡수성이 작으며 밀도가 큰 것을 사용한다.
타설	• 콘크리트의 다짐을 충분히 하며 가급적 이어 치기를 하지 않는다. • 불가피하게 이어 치기할 경우, 부배합 콘크리트를 사용한다. • 소요 품질을 얻기 위해서는 적당한 간격으로 시공이음을 두어야 한다. • 연속 타설시간 간격은 외기온도가 25℃를 넘었을 경우에는 1.5시간, 25℃ 이하일 경우에는 2시간을 넘어서는 안 된다. • 0.1mm 이상의 균열 발생이 예상되는 경우 방수를 검토하여야 한다.
양생	충분한 습윤양생을 하여야 한다.

③ 무게

경량골재 (경량) 콘크리트	개요	골재의 전부 또는 일부를 경량골재를 사용하여 제조한 콘크리트로 기건 단위질량이 2,100kg/m³ 미만인 것을 말한다.
	특징	• 흡수율이 커서 동해에 대한 저항성이 약하다. • 자중이 작아 건물 중량을 경감할 수 있다. • 콘크리트의 운반이나 부어 넣기의 노력을 절감할 수 있다.
방사선 차폐용 (중량) 콘크리트	개요	감마선과 중성자 등의 방사선 차폐를 목적으로 금속물질이 포함된 중정석 등의 골재를 넣은 콘크리트이다.
	특징	• 자중이 크고 콘크리트 차단벽에 사용된다. • 이어 치기 부분에서 기밀이 유지될 수 있도록 한다. • 건조수축이나 온도응력에 의한 균열이 없어야 한다.

경량골재 콘크리트 · 방사선 차폐용 콘크리트의 특징

구분	경량골재 콘크리트	방사선 차폐용 콘크리트
질량	기건 단위질량 1종 1,800~2,100kg/m³, 2종 1,400~1,800kg/m³	보통 2,500kg/m³ 이상
골재	경량골재(천연, 인공, 바텀애시)	중량골재(철광석, 중정석 등)
배합	• 물-결합재비 최댓값 60% • 슬럼프 80~210mm • 단위결합재량 최솟값 300kg/m³ • 원칙적으로 공기연행 콘크리트 사용	• 물-결합재비 50% 이하 • 슬럼프 150mm 이하

경량골재의 취급 및 저장 등

- 경량골재는 함수율이 일정하도록 저장하여야 하며, 저장 장소는 빗물이 들어가지 않고 물이 잘 빠지며 햇빛이 들지 않도록 한다.
- 잔골재와 굵은 골재는 섞이지 않도록 각각 운반하여 저장하여야 한다.
- 골재를 다룰 때에는 파쇄되지 않고, 크고 작은 알갱이가 분리되지 않도록 해야 하며, 일반 골재, 먼지, 잡물 등이 섞이지 않도록 하여야 한다.
- 경량골재는 일반 골재에 비하여 물을 흡수하기 쉬워 이를 건조한 상태로 사용하면 콘크리트의 비비기, 운반, 타설 중에 품질이 변동되기 쉽다. 따라서 양질의 경량골재 콘크리트 제조를 위해서는 시공 및 내구성 조건을 고려하여 경량골재의 적정한 함수율을 정하여 물을 충분히 흡수시키는 프리웨팅 처리를 하거나, 경량골재를 기건 또는 함수 상태로 사용 시에는 이러한 특성을 충분히 고려하여야 한다.

경량기포 콘크리트(ALC ; Autoclaved Lightweight Concrete)

개요	생석회와 규사를 혼합하여 고온고압에 양생하면 수열반응을 일으키는데, 여기에 기포제를 넣어 경량화한 콘크리트이다.
특징	• 절건비중은 0.45~0.55 정도, 기건비중은 보통 콘크리트의 약 1/4 정도이다. • 압축강도는 약 3~4MPa 정도이다.
장점	• 불연재인 동시에 내화재료이다. • 경량이어서 인력에 의한 취급이 용이하다. • 열전도율이 보통 콘크리트의 약 1/10 정도이며 단열성이 우수하다. • 변형이나 균열이 적어 내구성이 좋고 흡음, 차음성이 우수하다.
단점	흡수성이 높고 강도가 약하다.

ALC 패널의 설치 공법

수직철근 공법, 슬라이드 공법, 커버플레이트 공법, 볼트조임 공법, 타이플레이트 공법, 부설근 공법

현장타설용 경량기포 콘크리트

- 경량기포 콘크리트는 열을 기포에 저장하여 축열층을 형성할 수 있으므로 아파트 등의 온돌바닥 미장용으로 사용된다.
- 고층 적용 실적이 많으며 단열·차음 효과가 뛰어나다.
- 일반 콘크리트에 비해 중량이 매우 작고 압축강도가 매우 낮다.
- 배합을 조닝별로 다르게 하며, 타설 바탕면에 따라 배합비 조정이 필요하다.

④ 고강도·대형 구조물

고강도 콘크리트	개요	콘크리트의 설계기준강도가 보통 또는 중량골재 콘크리트에서 40MPa 이상, 경량골재 콘크리트에서 27MPa 이상인 경우에 적용된다.
	문제점	• 내외부 조직이 치밀하여 화재 시 폭렬현상이 우려된다. • 단위수량 최소화로 인한 유동성 및 펌퍼빌리티 저하가 우려된다.
매스 콘크리트	개요	구조물이나 부재의 치수가 큰 경우 수화열을 고려하여 설계 및 시공하는 콘크리트이다.
	문제점	수화열에 의한 온도상승으로 유해한 균열이 발생할 우려가 있다.

고강도 콘크리트·매스 콘크리트의 특징

구분	고강도 콘크리트	매스 콘크리트
적용	• 보통·중량골재 콘크리트 : 40MPa 이상 • 경량골재 콘크리트 : 27MPa 이상	• 평판구조 : 두께 0.8m 이상 • 하단이 구속된 벽체 : 두께 0.5m 이상
배합	• 단위시멘트량·단위수량 최소화 • 잔골재율·슬럼프 최소화 • 공기량 3.5% 이하	• 단위시멘트량 : 최소화 • 골재 : 온도에 따른 체적변화가 작은 것 • 굵은 골재 최대 치수 : 되도록 큰 값

📋 **기출 확인**

ALC 제품에 관한 설명으로 옳지 않은 것은?

❶ 절건상태에서의 비중이 0.75~1 정도이다.
② 압축강도는 3~4MPa 정도이다.
③ 내화성능을 보유하고 있다.
④ 사용 후 변형이나 균열이 적다.

📋 **기출 확인**

다음 중 ALC 패널의 설치 공법이 아닌 것은?

① 수직철근 공법
② 슬라이드 공법
③ 커버플레이트 공법
❹ 피치 공법

📋 **기출 확인**

건축공사표준시방서에 규정된 고강도 콘크리트의 설계기준강도로 옳은 것은?

① 보통 콘크리트 : 40MPa 이상,
  경량 콘크리트 : 24MPa 이상
❷ 보통 콘크리트 : 40MPa 이상,
  경량 콘크리트 : 27MPa 이상
③ 보통 콘크리트 : 33MPa 이상,
  경량 콘크리트 : 21MPa 이상
④ 보통 콘크리트 : 33MPa 이상,
  경량 콘크리트 : 24MPa 이상

기출 확인

고강도 콘크리트에 관한 내용으로 옳지 않은 것은?

① 설계기준강도가 보통 콘크리트의 경우 40MPa 이상인 것을 말한다.
② 물-시멘트비를 감소시키기 위해 고성능 감수제를 사용한다.
③ 단위수량, 단위시멘트량, 잔골재율은 소요워커빌리티 및 강도를 얻을 수 있는 범위 내에서 가능한 한 적게 한다.
❹ 슬럼프값은 유동화 콘크리트일 경우 250mm 이하로 한다.

기출 확인

매스 콘크리트의 타설 및 양생에 관한 설명으로 옳지 않은 것은?

① 내부 온도가 최고 온도에 달한 후에는 보온하여 중심부와 표면부의 온도차 및 중심부의 온도강하 속도가 크지 않도록 양생한다.
❷ 신구 콘크리트의 유효탄성계수 및 온도차이가 클수록 이어 붓기 시간 간격을 길게 하면 할수록 좋다.
③ 부어넣는 콘크리트의 온도는 온도균열을 제어하기 위해 가능한 한 저온(일반적으로 35℃ 이하)으로 해야 한다.
④ 거푸집널 및 보온을 위하여 사용한 재료는 콘크리트 표면부의 온도와 외기 온도와의 차이가 작아지면 해체한다.

기출 확인

유동화 콘크리트의 용어 중에서 베이스 콘크리트에 대한 설명으로 옳은 것은?

❶ 유동화 콘크리트 제조 시 유동화제를 첨가하기 전 기본 배합의 콘크리트
② 유동화 콘크리트를 제조하기 위하여 혼합된 유동화제를 첨가한 후의 콘크리트
③ 기초 콘크리트에 타설하기 위해 현장에 반입된 레디믹스트 콘크리트
④ 지하층에 콘크리트를 타설하기 위하여 현장에 반입된 레디믹스트 콘크리트

고강도 콘크리트의 슬럼프
- 슬럼프는 작업이 가능한 범위 내에서 되도록 작게 한다.
- 유동화 콘크리트로 할 경우 슬럼프 플로의 목표값은 설계기준압축강도 40MPa 이상 60MPa 이하의 경우 구조물의 작업 조건에 따라 500, 600, 700mm로 구분하여 정한다.

고강도 콘크리트의 시공상 일반사항

재료	골재	• 굵은 골재는 크고 작은 알갱이가 알맞게 혼합되어 있는 것으로 공극률을 줄임으로써 시멘트풀이 최소가 되도록 하는 것이 좋다. • 굵은 골재의 최대 치수는 25mm 이하로 하며, 철근 최소 수평 순간격의 3/4 이내의 것을 사용한다.
	혼화제	• 물-시멘트비가 낮아 슬럼프 감소가 크므로 고성능 감수제를 사용한다. • 공기연행제는 기상의 변화가 심하거나 동결융해에 대한 대책이 필요한 경우에만 사용한다.
타설		• 점성과 유동성이 크므로 측압에 의한 거푸집 붕괴를 주의해야 한다. • 결합재량의 증가로 점성이 크므로 충분한 타설시간이 필요하다. • 블리딩이 거의 없고 표면건조가 빠르므로 습윤양생을 실시한다.

매스 콘크리트의 시공상 일반사항

재료		선행냉각(프리쿨링), 관로식 냉각(파이프쿨링) 등으로 재료를 냉각한다.
	선행냉각	• 물, 골재 등의 재료를 미리 냉각시키는 방법이다. • 냉수나 얼음을 따로따로 혹은 조합해서 사용하는 방법, 냉각한 골재를 사용하는 방법, 액체질소를 사용하는 방법 등이 있다.
타설		• 콘크리트 온도는 가능한 한 저온(일반적으로 35℃ 이하)으로 한다. • 이어 붓기 시간 간격을 너무 짧게 하면 균열 발생 가능성이 커질 우려가 있다. • 온도 변화에 의한 응력은 신구 콘크리트의 유효탄성계수 및 온도차이가 크면 클수록 커지므로 신구 콘크리트의 타설시간 간격을 지나치게 길게 하는 일은 피하여야 한다.
양생		• 내부 온도가 상승하고 있는 기간에는 표면부의 온도가 급속히 냉각되지 않도록 한다. • 내부 온도가 최고 온도에 달한 후에는 보온하여 중심부와 표면부의 온도차 및 중심부의 온도강하 속도가 크지 않도록 한다.
해체		거푸집널 및 보온을 위하여 사용한 재료는 콘크리트 표면부의 온도와 외기온도와의 차이가 작아지면 해체한다.

⑤ 비빔·교반

레디믹스트 콘크리트	개요	콘크리트 제조공장에서 주문자가 요구하는 품질의 콘크리트를 소정의 시간에 원하는 수량을 현장까지 배달, 공급하는 굳지 않은 콘크리트이다.
	특징	콘크리트를 혼합할 장소가 협소한 시가지 내 현장에서 혼합이 충분하고 균질한 품질의 콘크리트를 얻을 수 있다.
유동화 콘크리트	개요	비비기를 완료한 베이스 콘크리트에 유동화제를 첨가하여 시공성과 펌퍼빌리티를 개선하는 콘크리트이다.
	특징	• 단위수량 및 단위시멘트량을 절감시킬 수 있다. • 슬럼프 증가량은 100mm 이하로, 50~80mm를 표준으로 한다. • 건조수축은 묽은비빔 콘크리트보다 작다.

유동화제
배합이나 굳은 후의 콘크리트 품질에 큰 영향을 미치지 않고 미리 혼합된 베이스 콘크리트에 첨가하여 콘크리트의 유동성을 증대시키기 위하여 사용하는 혼화제를 말한다.

유동화 콘크리트의 유동화 방법 3가지
- 배치플랜트에서 운반한 베이스 콘크리트에 공사현장에서 트럭교반기(에지테이터 트럭)에 유동화제를 첨가하여 균일하게 될 때까지 교반하여 유동화시킨다.
- 레디믹스트 콘크리트 공장에서 트럭교반기(에지테이터 트럭)의 베이스 콘크리트에 유동화제를 첨가하여 즉시 고속으로 교반하여 유동화시킨다.
- 레디믹스트 콘크리트 공장에서 트럭교반기(에지테이터 트럭)의 베이스 콘크리트에 유동화제를 첨가하여 저속으로 교반하면서 운반하고 공사현장 도착 후에 고속으로 교반하여 유동화시킨다.

레디믹스트 콘크리트의 비빔방식

센트럴믹스트 콘크리트	완전히 비빔이 완료된 콘크리트를 트럭믹서로 비비며 현장까지 운반하는 방식이다.
슈링크믹스트 콘크리트	어느 정도 비빈 것을 트럭믹서에 싣고 운반 도중 비비며 현장까지 운반하는 방식이다.
트랜싯믹스트 콘크리트	트럭믹서에 모든 재료가 공급되어 운반 도중 비비며 현장까지 운반하는 방식이다.

레디믹스트 콘크리트의 시공상 일반사항

종류	보통 콘크리트, 경량 콘크리트, 포장 콘크리트, 고강도 콘크리트			
호칭규격 표시	굵은 골재 최대 치수 – 호칭강도(콘크리트 강도) – 슬럼프값			
품질시험 항목	슬럼프, 공기량, 강도, 염화물함유량 등의 검사항목이 있다.			
슬럼프의 허용오차	슬럼프	25mm	50 및 65mm	80mm 이상
	허용오차	±10mm	±15mm	±25mm
공기량	보통 콘크리트의 경우 4.5%, 경량 콘크리트의 경우 5.5%, 포장 콘크리트 4.5%, 고강도 콘크리트 3.5% 이하로 한다(허용오차 ±1.5%).			
염소이온량	굳지 않은 콘크리트 중의 염화물 함유량은 염소이온량(Cl^-)으로서 원칙적으로 0.30kg/m^3 이하로 하여야 한다.			
운반 및 시공	비비기로부터 타설이 끝날 때까지의 시간은 원칙적으로 외기온도가 25℃ 이상일 때는 1.5시간, 25℃ 미만일 때에는 2시간을 넘어서는 안 된다.			

⑥ 재료·보강

섬유보강 콘크리트	개요	콘크리트에 보강용 섬유를 혼입하여 주로 인성, 균열 억제, 내충격성 및 내마모성 등을 높인 콘크리트이다.
	특징	• 무기계 섬유(유리섬유 등)와 유기계 섬유(나일론 등) 등이 사용된다. • 유리섬유는 석면을 대체하는 용도로 사용되고 있으며, 알칼리골재 반응을 일으킬 수 있으므로 주의해야 한다.
폴리머 복합 콘크리트	개요	결합재 또는 혼화제로 폴리머(라텍스, 합성수지 등)를 사용하거나, 시멘트 건조 후에 함침(침투)시킨 콘크리트 복합체를 말한다.
	특징	• 강도, 내구성 및 내약품성이 뛰어나다. • 시공에 기술적 어려움이 있으며, 내화성이 작다. • 지붕 슬래브 방수, 고속도로 포장, 댐의 보수공사 등에 사용된다.

폴리머 복합 콘크리트의 종류

폴리머 시멘트 콘크리트	결합재로 시멘트와 시멘트 혼화용 폴리머(또는 폴리머 혼화재)를 사용한 콘크리트이다.
레진 콘크리트	결합재로 시멘트 대신 폴리머를 사용한 콘크리트이다.
폴리머 함침 콘크리트	시멘트계의 재료를 건조시켜 미세한 공극에 수용성폴리머를 함침(침투), 중합시켜 일체화한 것이다.

📋 기출 확인

레디믹스트 콘크리트 발주 시 호칭규격인 25-24-150에서 알 수 없는 것은?

❶ 염화물함유량
② 슬럼프(Slump)
③ 호칭강도
④ 굵은 골재 최대 치수

📋 기출 확인

레디믹스트 콘크리트의 슬럼프값이 80mm 이상일 때 슬럼프 허용오차 기준으로 옳은 것은?

① ±10mm　② ±15mm
❸ ±25mm　④ ±30mm

📋 기출 확인

폴리머 함침 콘크리트에 대한 설명 중 틀린 것은?

① 시멘트계의 재료를 건조시켜 미세한 공극에 수용성폴리머를 함침, 중합시켜 일체화한 것이다.
❷ 내화성이 뛰어나며 현장시공이 용이하다.
③ 내구성 및 내약품성이 뛰어나다.
④ 고속도로 포장이나 댐의 보수공사 등에 사용된다.

CHAPTER 2 건축시공 / SECTION 3 건축재료

CORE 16 철강·비철금속·목재

❶ 철강

① 개요
- 철(Iron)과 강(Steel)을 의미한다.
- 강의 성질은 탄소함유량, 가공상태 및 열처리방법에 의해서 결정된다.

② 분류

주철(선철)	강철(탄소강, 특수강)	순철
탄소함유량 1.7% 이상	탄소함유량 0.05~1.7%	탄소를 거의 함유하지 않음
취성이 크며 주물을 만드는 데 사용	강도, 경도, 인장력이 우수 건축재료용으로 사용	연질이며 합금재료, 촉매 등으로 사용

③ 탄소량과 성질

구분	탄소량이 많을수록
증가	인장(항복)강도, 취성, 경도, 비열, 전기저항 등
감소	연신율(재료가 늘어나는 비율), 연성, 비중, 열팽창계수, 열전도도, 용접성 등

④ 가공·열처리

가공	압연	• 회전하는 2개의 롤러 사이에 강을 통과시켜 성형하는 방법이다. • 열간압연, 냉간압연이 있다.
	압출	강을 강한 압력으로 밀어내면서 강봉, 강관 등을 제조하는 방법이다.
	단조	가열된 강을 해머 또는 프레스로 힘을 가해 성형하여 볼트, 너트 등을 제조하는 방법이다.
열처리	불림	• 강재를 가열한 다음 공기 중에서 천천히 냉각하는 방법이다. • 내부응력 제거, 결정 조직 미세화 등의 효과가 있다.
	풀림	• 강재를 가열한 다음 용광로 내부에서 서서히 냉각하는 방법이다. • 내부응력 제거, 강의 연화 등의 효과가 있다.
	담금질	• 강재를 가열한 다음 물 또는 기름에 담가 냉각하는 방법이다. • 강도 및 경도의 증가, 마모 방지 등의 효과가 있다.
	뜨임	• 불림 또는 담금질한 강재를 200~600℃ 정도로 다시 가열한 다음 공기 중에서 천천히 식히는 방법이다. • 내부응력 제거, 경도의 감소, 연성 및 인성의 증가 등의 효과가 있다.

> **강재의 재료시험 항목**
> - 강재는 인장강도가 가장 중요하며, 압축강도는 크게 고려하지 않는다.
> - 주요 항목에는 인장강도시험, 굽힘시험, 연신율시험 등이 있다.

➕ 더 알아보기

철강의 온도와 성질
- 인장강도는 대략 250℃에서 최대가 되고, 그 이상에서는 저하된다.
- 온도가 상승하면 탄성계수, 탄성한계, 항복점이 감소한다.

와이어 스트레인게이지
- 저항선의 변형으로 변화하는 전기저항을 측정하는 기구이다.
- 탄성계수를 구할 때 변형 측정에 이용하며, 정밀도가 높다.

📋 기출 확인

건축용 강재(철근, 철골, 리벳 등)의 재료시험 항목에서 일반적으로 제외되는(중요시 되지 않는) 항목은?

❶ 압축강도시험 ② 인장강도시험
③ 굽힘시험 ④ 연신율시험

⑤ 주요 강재의 종류

스테인리스강	• 크로뮴, 니켈 등의 금속을 첨가하여 공기 및 수중에서 잘 부식되지 않는 강재이다. • 강도가 크며 가공성이 좋고 내식성이 우수하다. • 전기저항이 크고 열전도율이 낮다.
내후성강	대기 중에서의 내식성을 보통강보다 2~6배 증대시키면서 보통강과 동등 이상의 재질, 가공성, 용접성 등을 갖게 한 강재이다.
TMCP강	• 압연공정과 열처리공정을 동시에 제어 및 시행하여 제조하는 고강도 강재이다. • 구조물의 고층, 대형화의 추세에 따라 우수한 용접성과 내진성을 가진다. • 탄소량이 낮음에도 불구하고 용접성을 개선하여 용접성이 우수하다. • 강재의 두께가 증가하더라도 항복강도의 저하가 없다.
구조용 특수강	강의 탄소량을 0.5% 이하로 하고 니켈, 망간, 규소, 크로뮴, 몰리브덴 등의 금속원소 1~2종을 약 5% 이하로 첨가한 것을 말한다.

경량형 강재의 특징

장점	• 부재두께가 얇고 강재량이 적다. • 휨강도, 좌굴강도, 중량에 대한 단면계수, 단면2차반경이 크다. • 비용이 저렴하고, 가공·조립이 간편하다.
단점	• 일반형 강재에 비하여 단면형이 크다. • 판두께가 얇아서 국부 좌굴이나 국부 변형이 발생할 가능성이 크다. • 허용하중이 작으며, 방청에 주의해야 한다.

구조용 압연강재
강재를 압연하여 다양한 형상으로 만든 구조용 강재로 SS재(Steel Structure)라고도 한다.

강판	강철로 만든 판형의 구조용 강재로, 두께에 따라 후판, 중판, 강판이 있다.
봉강	원형, 사각형 등의 단면을 가진 구조용 강재로 원형철근, 이형철근 등이 있다.
강관	내부에 빈 공간이 있는 원형의 구조용 강재이다.
형강	H형강, C형강, I형강, T형강 등 일정한 단면 형상으로 성형된 구조용 강재이다.
경량형강	판의 두께를 얇게 한 형강으로, 하중이 적은 구조물에 주로 사용된다.

❷ 비철금속

① 개요

철강 이외의 금속재료를 말하며, 각 재료별로 특수한 성질을 갖고 있다.

② 종류

알루미늄 (Al)	특성	• 경금속으로 가벼운 정도에 비해 강도가 크다. • 열전도율, 전기전도율, 광선반사율이 크다. • 전성, 연성이 풍부하며 가공성이 좋고 용접이 가능하다. • 녹슬지 않고 사용연한이 길다. • 대기 중에서 산화알루미늄 피막이 형성되어 내부 부식을 방지한다.
	단점	• 용융점이 낮고 내화성이 약해 고온에서 강도가 저하된다. • 비중은 강재의 약 1/3, 탄성계수는 강재의 1/3~1/2 정도로 작다. • 해수, 산, 알칼리에 약하며 콘크리트 및 이질금속과 접촉 시 부식된다.
	가공	• 표면처리에는 양극 산화 피막법, 화학적 산화 피막법이 있다. • 봉재, 판, 선 및 새시, 창문, 문 등으로 사용된다. • 알루미늄박을 이용하여 단열재, 흡음판을 만들기도 한다.

📋 기출 확인

금속재료의 종류와 특성에 관한 설명으로 옳지 않은 것은?

① 구조용 특수강이란 강의 탄소량을 0.5% 이하로 하고 니켈, 망간, 규소, 크로뮴, 몰리브덴 등의 금속원소 1~2종을 약 5% 이하로 첨가한 것을 말한다.

❷ 스테인리스강은 공기 및 수중에서 잘 부식되지 않는 강을 말하며, 일반적으로 전기저항이 작고 열전도율이 높으며 경도에 비해 가공성이 우수하다.

③ 내후성강은 대기 중에서의 내식성을 보통강보다 2~6배 증대시키면서 보통강과 동등 이상의 재질, 가공성, 용접성 등을 갖게 한 강재이다.

④ TMCP강재는 탄소량이 낮음에도 불구하고 용접성을 개선하여 용접성이 우수하며, 강재의 두께가 증가하더라도 항복강도의 저하가 없도록 한 것이다.

➕ 더 알아보기

주요 구조용 압연강재

기출 확인

비철금속에 관한 설명 중 옳지 않은 것은?

① 동에 아연을 합금시킨 일반적인 황동은 아연함유량이 40% 이하이다.
❷ 구조용 알루미늄 합금은 4~5%의 동을 함유하므로 내식성이 좋다.
③ 주로 합금재료로 쓰이는 주석은 유기산에는 거의 침해되지 않는다.
④ 아연은 철강의 방식용 피복재로써 사용할 수 있다.

기출 확인

다음 중 비철금속에 해당되지 않는 것은?

① 알루미늄
❷ 탄소강
③ 동
④ 아연

➕ 더 알아보기

금속의 반응성
알루미늄 > 아연 > 철 > 니켈 > 주석 > 납 > 구리 순이다.

구리 (동, Cu)	특성	• 열전도율, 전기전도율이 크다. • 연성, 전성이 크고 가공성이 풍부하여 선재나 판재로 만들기 쉽다.
	단점	• 암모니아 등 알칼리 성분에 침식되므로 콘크리트와 접하는 곳, 외부 화장실 등에 사용하기 곤란하다. • 건조한 공기 중에서 산화하지 않으나 습기가 있거나 탄산가스가 있으면 녹이 발생한다.
	가공	건축용으로는 지붕잇기판, 냉난방용 설비자재, 홈통 등에 사용된다.
	합금 — 황동 (구리 + 아연)	• 아연함유량이 40% 이하이다. • 가공이 용이하고 내식성이 뛰어나다. • 계단 논슬립, 창문레일, 장식철물 및 나사, 볼트, 너트 등에 사용된다.
	합금 — 청동 (구리 + 주석)	• 황동보다 내식성과 주조성이 우수하다. • 표면이 아름다운 청록색으로 건축용 장식철물, 미술용 공예재료 등에 사용된다.
납 (Pb)	특성	비중, 전성, 연성이 크고 가공성이 좋으며, 방사선을 잘 흡수한다.
	가공	방사선 사용 개소의 천장, 바닥에 방호용으로 사용된다.
아연 (Zn)	특성	물, 탄산가스와 접촉 시 표면에 피막을 만들어 부식 진행을 막는다.
	가공	철강의 방식용 피복재로 사용된다(함석 : 아연을 도금한 철판).
주석 (Sn)	특성	인체에 무해하며 유기산에 침식되지 않고 주조성, 단조성이 좋다.
	가공	• 양철판 : 주석을 도금한 철판을 말한다. • 음료수용 금속재료의 방식 피복재료로 사용된다.
니켈 (Ni)	특성	전성, 연성, 내식성이 크다.
	가공	구조용 특수강, 스테인리스강 등의 합금 원소로 사용된다.
텅스텐 (W)	특성	금속원소 중에서 용융점이 가장 높다.
	가공	백열등 필라멘트, 부품 재료 등으로 사용된다.

금속의 방식법

제조	• 균질의 재료를 사용한다. • 큰 변형을 준 것은 가능한 한 풀림, 뜨임하여 사용한다.
시공	상이한 금속은 접촉시켜 사용하지 않는다.
유지	부분적인 녹은 빨리 제거하며, 청결하고 건조한 상태를 유지한다.
피막	• 아스팔트, 콜타르, 방청도료 등으로 방부피막을 도포한다. • 모르타르 및 콘크리트 피막을 만든다. • 도금 또는 법랑(유리질 피복) 마감을 한다.

❸ 철물

① 미장용

메탈라스	• 일정 간격으로 금을 내고 늘려서 그물모양으로 만든 얇은 연강판의 총칭이다. • 메탈라스, 리브라스, 익스펜디드라스 등이 있다. • 천장, 내벽 등의 회반죽, 모르타르 바탕에 균열 방지용 등으로 사용된다.
와이어라스	철선을 가공하여 그물처럼 만든 것으로, 미장 바탕용으로 사용된다.
코너비드	기둥이나 벽체의 모서리 부분을 보호하거나 모서리면에 미장을 쉽게 할 목적으로 사용된다.

② 기타

펀칭메탈	• 무늬 모양으로 구멍을 뚫은 두께 1.2mm 이하의 박강판이다. • 환기구, 라디에이터(방열기) 덮개 등으로 사용된다.
와이어메시	• 비교적 굵은 철선을 격자형으로 용접한 것이다. • 콘크리트 보강용으로 사용된다.
논슬립	계단의 미끄럼을 방지하기 위하여 홈파기, 고무 삽입 등의 처리를 한 철물로, 계단의 디딤판에 설치한다.
인서트	콘크리트 슬래브에 묻어 천장 달대를 고정시키는 용도로 사용된다.

📋 기출 확인

목조, 철골조 등의 벽, 천장에 모르타르 바탕이 되어 부착이 잘 되게 하며 미장재의 균열을 방지할 수 있는 금속재료로서 적당하지 않은 것은?

① 메탈라스
② 와이어라스
③ 익스펜디드메탈
❹ 펀칭메탈

❹ 목재

① 개요

건축에서 구조재, 외장재, 내장재 등으로 널리 사용되는 나무재료이다.

② 수목

분류	침엽수	• 바늘같이 뾰족한 잎을 갖고 있는 수목으로, 수고가 높고 통직하다. • 직선부재를 얻기 쉽고 주로 구조용재로 사용되며 가공이 쉽다. • 병충해에 약하며, 활엽수에 비해 비중과 경도가 작다. • 소나무, 잣나무, 전나무, 삼송나무 등이 있다.
	활엽수	• 크고 넓은 잎을 갖고 있는 수목이다. • 단풍나무, 참나무, 느티나무, 벚나무 등이 있다.
	외장수	나이테가 형성되며 성장하는 일반적인 나무이다.
	내장수	• 나이테가 형성되지 않고 길이만 성장하는 나무이다. • 대나무, 야자수 등이 있다.
조직	춘재	• 세포가 가장 왕성히 활동하는 봄, 여름에 형성된 조직이다. • 세포가 크며, 세포막이 얇고 연약하다.
	추재	• 가을과 겨울에 형성된 조직이다. • 세포가 작고, 세포막이 두꺼우며 조직은 치밀하다.
	나이테 (연륜)	• 춘재부와 추재부가 수간 횡단면상에 나타나는 동심원형의 조직이다. • 나이테 간격이 좁고 추재부의 면적이 클수록 비중과 강도가 크다.
	나뭇결	목재를 구성하는 섬유의 배열상태 및 목재의 외관적 상태이다.

③ 심재·변재

구분	심재	변재
개요	세포가 고화된 부분	다량의 수액을 함유하는 부분
위치	중심부 수심 부근	심재 바깥쪽
색	짙은 색	옅은 색
특징	강도, 비중, 내구성, 내후성이 크다.	함수율과 신축성이 크다.

④ 흠

옹이	목부에 있는 줄기나 가지의 밑부분으로, 목재의 압축강도를 감소시킨다.
껍질박이	수피가 상처를 받아 아물면서 속으로 말려들어간 부분이다.
기타	혹, 이상재, 미숙재 등이 있다.

📋 기출 확인

목조재료로 사용되는 침엽수의 특징에 해당하지 않는 것은?

① 직선부재의 대량생산이 가능하다.
❷ 비중이 커 무거우며 가공이 어렵다.
③ 병충해에 약하여 방부 및 방충처리를 하여야 한다.
④ 수고(樹高)가 높으며 통직하다.

➕ 더 알아보기

목재의 구성세포
셀룰로스, 헤미셀룰로스, 리그닌, 수지, 회분 등으로 구성된다.

목재의 벌목시기
겨울철이 가장 좋고, 가을철도 수액이 적고 건조가 빨라 적당하다.

➕ 더 알아보기

목재의 단면

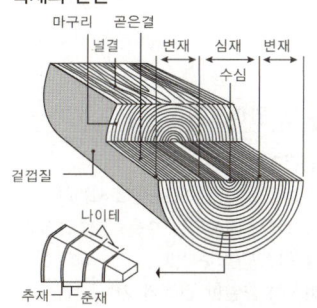

+ 더 알아보기

구조용 목재의 조건
- 강도가 크며, 곧고 긴 재를 얻을 수 있어야 한다.
- 부패 및 충해에 저항이 커야 한다.
- 질이 좋고 공작이 용이해야 한다.
- 건조수축으로 인한 수축, 변형이 작아야 한다.

목재의 수축팽창

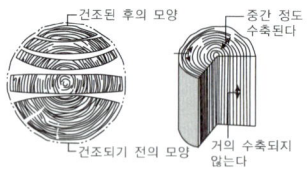

📋 기출 확인

건축용 목재의 일반적인 성질에 대한 설명 중 틀린 것은?

① 섬유포화점 이하에서는 목재의 함수율이 증가함에 따라 강도는 감소한다.
② 기건상태의 목재의 함수율은 15% 정도이다.
③ 목재의 심재는 변재보다 건조에 의한 수축이 적다.
❹ 섬유포화점 이상에서는 목재의 함수율이 증가함에 따라 강도는 증가한다.

❺ 목재의 성질

① 비중

진비중	• 공극이 전혀 없는 상태의 비중이다. • 목재의 종류에 상관없이 평균적인 진비중 값은 1.54이다.
절건비중	• 절대건조상태의 비중을 의미한다. • 절건비중이 큰 목재일수록 공극률이 작아진다.
공극률	• 목재의 단위용적당 공극의 비율이다. • 공극률 = {1 − 절건비중 ÷ 진비중(=1.54)} × 100(%)

목재의 함수상태	
함수율	• 목재는 함수율이 낮을수록 강도가 증가한다. • 함수율 = (건조 전 중량 − 절건중량) ÷ 절건중량 × 100(%)
절건상태	목재 중 함수율이 0.5% 이하인 상태이다.
기건상태	• 목재가 대기의 습도와 같은 수분을 함유한 상태이다. • 함수율은 12~18%, 대략 15% 정도이다.
섬유포화상태	• 목재의 세포막 내부가 수분으로 포화되어 있고 공극 등에는 수분이 존재하지 않는 상태이다. • 섬유포화점의 함수율은 25~35%, 평균 30% 정도이다.
생재상태	세포막 내부가 수분으로 포화되어 있고 공극 등에 수분이 일부 존재하는 상태로, 벌목 직후의 함수상태이다.
포수상태	목재 내부가 수분으로 완전히 포화된 최대 함수율 상태이다.

② 강도

결정요인	비중		비중이 증가할수록 강도가 증대된다.
	함수율		함수율이 낮고 건조할수록 강도가 증가한다.
		섬유포화점 이상	함수율이 증가해도 강도는 변화가 없다.
		섬유포화점 이하	함수율이 감소할수록 강도가 증대한다.
	방향		섬유 방향 인장강도 > 섬유 방향 휨강도 > 섬유 방향 압축강도 > 섬유 방향 전단강도 > 섬유직각 방향 압축강도 및 휨강도 > 섬유직각 방향 인장강도

③ 수축팽창

결정요인	비중		비중이 클수록 수축팽창이 크다.
	함수율	섬유포화점 이상	함수율이 증감해도 신축을 일으키지 않는다.
		섬유포화점 이하	함수율의 증감에 비례하여 신축을 일으킨다.
	방향		• 나이테 접선 방향 > 나이테 직각 방향 > 섬유 방향(줄기 방향) • 널결(무늬결) > 곧은결(길이 방향)

목재의 건조방법	
구조용 목재는 함수율 15% 이하로 건조시키는 것이 바람직하다.	
목적	중량의 경감, 강도 및 내구성의 증진, 부패균류의 발생 방지 등
종류	자연건조	공기건조(천연건조), 침수건조 등이 있다.
	촉진 천연건조	송풍건조, 태양열건조 등이 있다.
	인공건조	열기건조, 가압건조, 감압건조, 특수건조 등이 있다.
	특수건조	증기건조, 진공건조, 고주파건조 등이 있다.

+ 더 알아보기

자연건조의 특징
- 그늘에서 자연적으로 건조시킨다.
- 옥외에서 예상되는 수축, 팽창의 발생을 감소시킬 수 있다.
- 비교적 균일한 건조가 가능하다.
- 시설 및 작업비용이 적다.
- 시일이 오래 걸린다.

④ 부패

목재가 세균, 곰팡이, 목재부후균 등 미생물에 의해 썩어서 분해되는 현상이다.

부패의 조건	온도	• 균류의 생육 범위는 5~40℃이며, 25~35℃에서 가장 왕성하다. • 4℃ 이하, 70℃ 이상에서는 거의 사멸된다.
	수분	• 균류의 생육을 위한 최저 공기습도는 85% 정도이다. • 습도 20% 이하에서는 사멸한다.
	공기	• 대다수의 균은 CO_2량이 80% 이상이 되면 발육이 정지된다. • 수중에 잠긴 목재, 땅속 깊이 묻은 목재는 부패하지 않는다.

목재의 방부처리법

도포법	침지법	주입법	표면탄화법
방부제를 도포	방부제에 담금	방부제를 주입	표면을 태움

목재의 방부제

유성	크레오소트 오일	• 방부력이 우수하고 염가이다. • 도포부분이 갈색이고 냄새가 강하여 실내에서 사용할 수 없고 토대, 기둥, 도리 등에 사용된다.
	콜타르	• 석탄의 고온 건류 시 부산물로 얻어진다. • 도포부분이 흑갈색으로 착색되며, 페인트칠이 불가능하다. • 방부력이 약하고 상온에서 침투가 잘 되지 않지만, 가열 도포하면 방부성이 좋다. • 보이지 않는 곳의 방부처리에 주로 이용된다.
유용성	펜타클로로페놀 (PCP)	무색으로 방부력이 가장 우수하며 도포 후 위에 페인트칠도 가능한 방부제이다.
수용성	불화소다 2% 용액	방부력이 우수하나 고가이다.
	기타	황산동 1% 수용액, 염화아연 4% 수용액 등이 있다.

기출 확인

목재에 사용하는 방부제에 해당되지 않는 것은?

① 크레오소트유(Creosote oil)
② 콜타르(Coal tar)
❸ 카세인(Casein)
④ PCP(Penta Chloro Phenol)

기출 확인

방부력이 약하고 도포용으로만 쓰이며, 상온에서 침투가 잘 되지 않고 흑색이므로 사용장소가 제한되는 유성방부제는?

① 케로신
② PCP
③ 염화아연 4% 용액
❹ 콜타르

❻ 목재 제품

① 분류

1차 가공	2차 가공
제재목(판재, 각재 등)	집성목재, 합판, 파티클보드 등

② 종류

집성목재	개요	제재판재 또는 작은 각재를 섬유 방향으로 집성하여 접착시킨 판재 또는 각재이다.	
	특징	• 강도를 인공적으로 조절할 수 있다. • 균일한 조직의 길고 단면이 큰 부재를 필요에 따라 만들 수 있다.	
섬유판	개요	목재 또는 기타 식물을 섬유화하여 성형한 판상제품이다.	
	종류	연질섬유판 (소프트텍스)	• 단열, 방음을 목적으로 벽, 천장, 바닥 등에 사용한다. • 신축의 방향성이 크다.
		중질섬유판 (MDF)	• 천연목재보다 강도가 크고 습기에 약하다. • 내장재(상판, 칸막이벽), 가구, 창호 등에 사용한다.
		경질섬유판	강도가 우수하여 수장판으로 사용한다.

더 알아보기

집성목재의 분류

조작용	상판, 치장기둥, 난간 등
구조용	아치, 보, 기둥, 트러스 등

➕ 더 알아보기

합판의 단판 제조법

➕ 더 알아보기

블록

매설 철물과 모르타르를 사용하여 콘크리트 마루에 깔 수 있도록 가공, 제작된 마루판이다.

합판 (Plywood)	개요		목재를 얇은 단판(Veneer)으로 만들어 이들을 섬유 방향이 직교하도록 홀수로 적층하면서 접착시켜 만든 판재이다.
	특징		• 함수율 변화에 따른 팽창, 수축이 적고 방향성이 없다. • 뒤틀림이나 변형이 적고 균일한 강도의 큰 면적을 가진 판재이다.
	제조	로터리 베니어	• 넓은 기계대패로 나이테를 따라 두루마리를 펴듯이 연속적으로 벗기는 방법이다. • 넓은 베니어를 얻을 수 있고 원목의 낭비가 적다.
		슬라이스드 베니어	• 기계대패로 상하 또는 수평으로 얇게 깎는 방법이다. • 넓은 베니어를 얻을 수 없으나 무늬가 좋다.
		소드 베니어	• 톱을 이용하여 상하 또는 수평으로 켜는 방법이다. • 톱밥으로 인한 낭비가 많으나 무늬가 아름답다.
파티클보드	개요		목재 및 기타 식물의 섬유질의 소편(Particle)에 합성수지 접착제를 도포하여 가열, 압착, 성형한 판상제품이다.
	장점		• 변형, 강도의 방향성이 적고 차음, 방충, 방부성이 우수하다. • 균질한 큰 면적의 판을 만들 수 있고 가공성이 좋다.
	단점		합판에 비해 휨강도가 떨어지고 수분이나 높은 습도에 약하다.
마루판	종류	플로어링보드	경질의 목재를 가공하여 측면에 제혀쪽매 맞춤을 할 수 있게 되어 있는 마루판이다.
		플로어링블록	판재 또는 플로어링보드를 2개 이상 옆대어 접합시킨 정사각형 단층 조각 마루판이다.
		파키트리보드	목재를 파키트리(쪽모이, 조각나무세공) 가공하여 측면으로 제혀쪽매 맞춤을 할 수 있는 마루판이다.
		파키트리패널	파키트리보드를 접합하여 두께와 강성을 부여한 판재이다.
		파키트리블록	파키트리보드를 접합하여 만든 단층 조각 마루판이다.

기타 목재 제품	
코르크판	• 단열 및 흡음성능이 우수하다. • 방송실의 흡음재, 제빙공장의 단열재, 전산실의 바닥재 등에 적합하다.
코펜하겐리브	• S자형의 단면을 갖는 목재판이다. • 강당, 집회장 등의 음향 조절용, 건물의 벽 수장재로 사용된다.
OSB	• 직사각형 모양의 얇은 나무조각을 서로 직각으로 겹쳐지게 배열하고 압착, 가공한 판넬이다. • 목조주택의 건축용 외장재, 최종 마감재 등으로 사용된다.

CORE 17 석재 · 세라믹 · 유리

CHAPTER 2 건축시공 / SECTION 3 건축재료

❶ 석재

① 특징

장점	단점
• 외관이 장중하고 미려하다. • 치밀한 것은 갈면 아름다운 광택이 난다. • 압축강도가 크고 종류가 다양하다. • 내수성, 내구성, 내화학성, 내마모성이 좋다.	• 비중, 중량이 크고 비교적 고가이다. • 장대재를 얻기 어렵고 가공성이 좋지 않다. • 인장강도가 압축강도에 비해 매우 작다. • 화강암, 석회암 등은 내화성이 약하다.

② 성인(成因)에 의한 분류

화성암		• 마그마가 굳어서 형성된 암석이다. • 화강암, 반려암, 섬록암, 안산암, 현무암, 석영조면암, 부석 등이 있다.
	화강암	• 석영, 장석, 운모 등으로 구성된다. • 강도, 내구성이 크고 대재가 생산되나 내화성이 약하다. • 외장 및 내장재, 구조재, 도로포장재, 콘크리트 골재 등에 사용된다.
	안산암	• 강도가 크고 가공성, 내화성이 좋지만 대재를 얻기 어렵다. • 구조재, 비석, 외부마감재 등에 사용된다.
	현무암	• 내화성이 좋으나 가공성이 나쁘다. • 암면의 원료로 사용된다.
수성암		• 화성암의 풍화물, 유기물, 기타 광물질이 땅속에 퇴적되어 지열과 지압의 영향을 받아 응고된 암석이다. • 석회암, 사암, 응회암, 이판암, 점판암 등이 있다.
	석회암	• 강도가 크고 내화성이 작으며 산성분에 약하다. • 석회, 시멘트 원료 등에 사용된다.
	사암	• 함유광물에 따라 강도, 내구성에 큰 차이가 있다. • 강도에 따라 구조재, 실내장식재 등으로 사용된다.
	응회암	• 다공질로 중량이 가볍고 가공성, 내화성이 우수하나 동해에 약하다. • 경량골재 등에 사용되며 강도가 작아 건축용으로 적합하지 않다.
	점판암	• 석질이 치밀하고 흡수율이 작다. • 얇게 가공하여 지붕 및 외벽의 슬레이트, 비석 등에 사용된다.
변성암		화성암, 수성암 등이 온도와 압력 등에 의해 변성작용을 받아 형성된 암석이다.
	대리석	• 석회석이 변화된 변성암으로 주성분은 탄산석회이다. • 색과 무늬가 아름답고 연마(물갈기)하면 아름다운 광택이 있다. • 내화성이 약하고 산에 약해 풍화되기 쉽다. • 실내장식재, 조각재 등에 사용되며 외부 마감용으로 적합하지 않다.
	트래버틴	• 암갈색의 무늬가 있는 대리석의 일종이다. • 다공질이며 석질이 균일하지 못하다. • 물갈기를 하면 광택이 나는 부분과 구멍, 골이 진 부분이 있다. • 특수 실내장식재로 사용된다.
	사문암	암석의 질이 경질이나 풍화성이 있어서 실내장식재로 사용된다.
	석면	• 내구성(산, 알칼리) 및 내열성이 좋다. • 슬레이트, 내화재, 단열재 등으로 사용되었으나 인체에 유해하다.

📋 기출 확인

건축 석재에서 석영, 장석 및 운모로 이루어졌으며 통상적으로 강도가 크고, 내구성이 커서, 내·외부 벽체, 기둥 등에 다양하게 사용되는 석재는?

❶ 화강암 ② 석회암
③ 대리석 ④ 점판암

➕ 더 알아보기

석재의 조직

절리	석재 특유의 갈라진 금
층리	얇게 떼어낼 수 있는 조직
편리	변성암에 생기는 절리
석리	• 석재 표면을 구성하는 조직 • 석재의 외관, 성질을 결정
석목	쪼개지기 쉬운 면

📋 기출 확인

석재의 주용도를 표기한 것 중에서 옳지 않은 것은?

① 응회암 – 경량골재용
② 안산암 – 구조용
③ 화강암 – 구조용, 외부장식용
❹ 트래버틴 – 외부장식용

기출 확인

석재의 일반적 성질에 대한 설명으로 옳지 않은 것은?

① 석재의 비중은 조암광물의 성질·비율·공극의 정도 등에 따라 달라진다.
② 석재의 강도에서 인장강도는 압축강도에 비해 매우 작다.
❸ 석재의 공극률이 클수록 흡수율이 작아져 동결융해 저항성은 우수해진다.
④ 석재의 흡수율은 암석의 종류에 따라 다르다.

기출 확인

창문 위에 건너질러 상부에서 오는 하중을 좌우벽으로 전달시키기 위하여 설치하는 보는?

① 기초보 ❷ 인방보
③ 토대   ④ 테두리보

---

③ 석재의 일반적 성질

강도	• 인장·휨·전단강도는 압축강도에 비해 매우 작다. • 압축강도는 중량이 클수록, 공극률이 작을수록, 구성입자가 작을수록 크며, 함수율이 높을수록 작다.
비중	조암광물의 성질·비율·공극의 정도 등에 따라 달라진다.
공극률	• 공극률이 클수록 흡수율이 커지므로 동해, 풍화를 받기 쉽다. • 흡수율은 암석의 종류에 따라 다르다.

석재별 성능 비교

압축강도	화강암 > 대리석 > 안산암 > 사문암 > 점판암 > 사암 > 응회암
흡수율	응회암 > 사암 > 안산암 > 화강암 > 사문암 > 점판암 > 대리석
내화성	응회암 > 안산암, 점판암 > 사암 > 대리석, 석회석 > 화강암
내구성	화강암 > 사암(결정) > 대리석 > 사암(세립) > 석회암 > 사암(조립)

④ 종류

형상	잡석	지름 20cm 정도로 깨어낸 막생긴 돌이다.
	호박돌	개울에서 생긴 지름 20~30cm 정도의 둥글고 넓적한 돌이다.
	간사	네모난 돌로 간단한 석축쌓기에 사용된다.
	견치석	30×30cm 정방형에 가까운 네모뿔형의 돌로 석축쌓기에 사용된다.
	각석	단면이 각형으로 길게 된 돌로 장대석, 장석이라고도 한다.
	사괴석	지름 15~20cm 정도의 돌로 한식건물의 벽 또는 돌담에 사용된다.
	판석	두께가 15cm 미만으로 대략 너비가 두께의 3배 이상인 돌이다.
구조 (개구부)	인방돌	창문이나 출입문 등의 개구부 위에 걸쳐대어 상부에서 오는 하중을 받는 수평부재로 사용된다.
	창대돌	창의 하부에 건너댄 부재로 빗물을 처리하고 장식적으로 사용된다.
	쌤돌(창쌤)	창문의 틀 옆에 세워대거나 벽돌벽의 중간에 사용된다.
	문지방돌	문 아래에 대는 수평부재로 윗면은 문의 개폐방식에 따라 가공한다.
구조 (기타)	돌림띠	벽에서 가로 방향으로 길게 내민 장식재이다.
	두겁돌	• 난간벽, 부란, 박공벽 위에 덮은 돌이다. • 빗물막이와 난간동자받이의 목적 이외에 장식도 겸한다.
	난간벽	옥상난간을 벽으로 만들어 장식의 역할을 겸하는 부재이다.
	박공벽	박공지붕 아래에 대는 삼각형의 벽체이다.

석재 사용 시 유의사항
• 구조재로 사용 시 인장재가 아닌 직압력재로만 사용해야 한다.
• 산출량을 조사하여 동일 건축물에는 동일 석재로 시공한다.
• 내화구조물은 내화석재를 선택한다.
• 외벽, 특히 콘크리트 표면용 석재는 연석을 피한다.
• 중량이 큰 것은 높은 곳에 사용하지 않는다.
• 예각부가 생기면 결손되기 쉽고 풍화 방지에 나쁘다.

❷ 점토

① 개요
주성분은 실리카, 알루미나이며 각종 암석이 풍화되어 만들어진 가는 입자로 이루어져 있다.

② 성질
점토는 물을 가하면 가소성이 생기고, 고온으로 소성하면 경화한다.

비중	일반적으로 2.5~2.6 정도이다.
가소성	• 입자의 크기가 미세할수록 가소성이 좋다. • 양질의 점토일수록 습윤상태에서 가소성이 크며, 과대할 경우 샤모테를 섞는다.
강도	• 압축강도는 인장강도의 약 5배 정도이다. • 불순물이 많은 점토는 강도가 저하된다.

+ 더 알아보기

샤모테
점토를 한 번 소성하여 분쇄한 점성 조절재로, 가소성 조절에 사용된다.

③ 제법·분류
원토처리 → 원료배합 → 반죽 → 성형 → 건조 → 소성 순으로 진행된다.

구분	토기	도기	석기	자기
원료	저급의 점토	도토	양질의 점토	양질의 자토
소성온도	약 790~1,000℃	약 1,100~1,230℃	약 1,160~1,350℃	약 1,230~1,460℃
특징	흡수성이 크고 강도가 약하다.	동해에 취약하여 외장으로 사용불가	흡수성이 적고 강도가 크다.	견고, 치밀하며 흡수율 1% 이하이다.
용도	기와, 벽돌, 토관 등 건축재료	내장타일, 위생도기 등	내외장·마루·클링커 타일 등	위생도기, 내외장·모자이크타일 등

+ 더 알아보기

점토제품별 특성 비교

흡수성	토기 > 도기 > 석기 > 자기
소성 온도	자기 > 석기 > 도기 > 토기

❸ 점토제품

① 타일

분류	소지	도기질	내장타일로 사용되며, 외장용으로는 부적합하다.
		석기질	내장, 외장, 바닥, 클링커타일 등에 사용된다.
		자기질	내장, 외장, 바닥, 모자이크타일 등에 사용된다.
	유약	시유타일	재료를 섞고 몰드로 찍은 후 소성하여 비스킷(Biscuit)을 만든 후에 유리질 소재의 유약으로 피복하고 재차 소성하여 제작한 타일이다.
		무유타일	피복하지 않은 타일로 바닥타일 등에 해당된다.
종류	모자이크타일		• 장식적인 효과를 위한 소형타일이다. • 자기질 타일로, 흡수율은 3% 이하이며, 건식법으로 제조된다.
	클링커타일		• 비교적 두껍고 내구성이 좋은 바닥타일이다. • 석기질타일로 보통 외부바닥용으로 사용한다.
	보더타일		• 타일 치수에서 길이가 폭의 3배 이상으로 가늘고 긴 타일이다. • 징두리벽 등의 장식용으로 사용한다.
	스크래치타일		표면에 파인 홈 또는 굵힌 모양이 있는 타일이다.
	기타		논슬립타일, 아트타일 등이 있다.

+ 더 알아보기

타일의 품질시험
뒤틀림 측정, 꺾임강도, 흡수시험 등

타일의 흡수율에 대한 규정(KS)

도기질 타일	18% 이하
석기질 타일	5% 이하
자기질 타일	3% 이하
클링커 타일	8% 이하

📋 기출 확인

건축물에 이용하는 타일 중 흡수율이 적어 겨울철 동파의 우려가 가장 작은 것은?

① 도기질 타일   ② 석기질 타일
③ 토기질 타일   ❹ 자기질 타일

> **더 알아보기**
>
> **제게르 추(Seger cone)**
> - 점토제품의 소성온도를 측정하는 데 사용하는 점토질의 추이다.
> - 600~2,000℃ 사이의 각기 다른 소성온도를 갖는 SK 번호가 표시된 59종의 추이며, 시료와 함께 가열하여 시료의 소성온도를 파악한다.

② 벽돌

점토벽돌	기본치수	190×90×57mm, 205×90×75mm, 230×90×57mm
	표준	품질 결정에 가장 중요한 요소는 압축강도와 흡수율이다.

구분	압축강도	흡수율
1종	24.50MPa 이상	10% 이하
2종	14.70MPa 이상	15% 이하

내화벽돌	기본치수	230×114×65mm
	특징	• 소성온도(내화도)가 SK26 이상인 벽돌이다. • 보통벽돌보다 비중이 크고 내화성이 높다. • 시공 시에 물축임을 하지 않는다. • 샤모트벽돌, 규석벽돌, 고토벽돌 등이 있으며 굴뚝 등에 사용된다.
경량벽돌	다공질벽돌	• 점토에 분탄(탄가루), 톱밥, 겨 등의 유기질 가루를 혼합하여 소성한 경량벽돌이다. • 단열, 방음, 흡음성, 가공성이 좋으나 강도가 약하다.
	중공벽돌	벽돌 속에 구멍이 있어 속이 비어 있는 경량벽돌이다.
특수벽돌	이형벽돌	형상, 치수가 규격과 다른 벽돌로 아치벽돌, 원형벽돌 등이 있다.
	오지벽돌	점토벽돌에 오지물(유약)을 칠한 벽돌로 내장, 외장 등에 사용한다.
	포도벽돌	도로, 바닥에 포장하는 용도의 두껍고 흡수성이 적은 벽돌이다.
	과소품벽돌	• 매우 높은 온도로 소성한 점토벽돌이다. • 모양이 좋지 않으나 흡수율이 아주 적고 압축강도가 아주 크다.

③ 기타

기와	점토를 소성하여 만든 지붕재료로, 오지기와, 그을림기와, 유약기와 등이 있다.
토관	토기질의 저급점토로 만든 제품으로, 주로 환기통이나 연통 등에 사용된다.
위생도기	흡수성이 적은 도자기질의 세면기, 대소변기 등을 말한다.

> **테라코타(Terra cotta)**
>
> | | |
> |---|---|
> | 개요 | 석재 조각물 대신에 장식용으로 사용되는 공동(空胴)의 대형 점토제품이다. |
> | 특징 | • 압축강도는 800~900kgf/cm² 정도이다.
• 단순한 제품은 기계로 압축, 압출성형하며 복잡한 제품은 형틀로 만든다.
• 석재보다 경량이고 흡수성이 거의 없으며, 풍화에 강하여 외장에 적당하다.
• 난간벽, 돌림대, 창대, 패러핏, 주두 등의 장식용으로 사용된다. |

❹ 유리

① 개요
- 규사, 탄산나트륨, 탄산칼슘 등을 고온으로 녹인 후 냉각시켜 얻는 투명도가 높은 물질이다.
- 유리의 주성분은 무수규산(이산화규소 : SiO_2)이 포함된 규사이다.

> **기출 확인**
>
> 다음 중 유리의 주성분으로 옳은 것은?
> ① Na_2O ② CaO
> ❸ SiO_2 ④ K_2O

② 분류

크라운 유리	소다석회유리	• 건축 채광용 창유리로 가장 많이 사용된다. • 용융되기 쉽고 알칼리에 약하다.
	칼륨석회유리	• 공예품, 장식품 등으로 사용된다. • 용융하기 어렵고 약품에 침식되지 않는다.
플린트 유리	칼륨납유리	• 모조보석, 광학렌즈로 사용된다. • 내산, 내열성이 낮고 비중이 크다.
기타		고규산유리(석영유리), 보헤미아유리 등이 있다.

③ 성질

강도	창유리의 강도는 일반적으로 휨강도를 의미하며, 모스경도는 약 6 정도이다.
비중	보통 2.5 내외이며 납, 아연, 알루미나 등을 포함하면 비중이 커진다.
열전도율	• 열전도율 및 열팽창계수가 작고 비열이 커서 급히 가열, 냉각하면 파괴된다. • 보통 유리의 열전도율은 콘크리트의 0.5배 정도이다.
광흡수율	깨끗한 창유리의 흡수율은 2~6%이다.
투과율	• 투사각 0°일 때 투명하고 청결한 창유리는 약 90%의 광선을 투과한다. • 유리에 먼지가 부착되거나 오염되면 투과율이 현저하게 감소한다. • 광선의 파장에 따라 투과율은 다르다.
자외선 차단	• 보통 유리는 자외선의 투과율이 낮다. • 자외선을 차단하는 산화제2철(Fe_2O_3)의 함량에 따라 투과율을 조절할 수 있다.

➕ 더 알아보기

유리의 광선 흡수율이 커지는 경우
• 두께가 두꺼울수록
• 불순물이 많을수록
• 착색된 색이 짙을수록

📋 기출 확인

보통 창유리의 특성 중 투과에 관한 설명으로 옳지 않은 것은?

① 투사각 0°일 때 투명하고 청결한 창유리는 약 90%의 광선을 투과한다.
❷ 보통의 창유리는 많은 양의 자외선을 투과시키는 편이다.
③ 보통 창유리도 먼지가 부착되거나 오염되면 투과율이 현저하게 감소한다.
④ 광선의 파장이 길고 짧음에 따라 투과율이 다르게 된다.

❺ 유리제품

① 일반유리

보통 판유리	• 일반적인 판상의 유리로, 파괴 시 파편이 크고 이탈현상이 있다. • 적외선, 가시광선은 투과하고 자외선의 투과율은 낮다.
무늬(형판)유리	한 면 또는 양면에 무늬가 찍혀 있는 판유리이다.
기타	광낸유리, 곡판유리 등이 있다.

② 안전유리

접합유리	• 2매 이상의 판유리 사이에 비닐계 플라스틱의 특수필름 등을 삽입하여 고온, 고압으로 접착시킨 안전유리이다. • 파괴 시 파편이 발생하지 않는다.
강화유리	• 후판유리를 500~600°C의 연화점 근처로 가열한 다음 특수장치를 이용하여 양면을 냉각공기로 급랭시켜 만든 안전유리이다. • 내충격강도가 보통유리의 3~5배 정도이다. • 휨강도는 보통유리의 6배 정도이고, 내열성(200°C 정도)이 있다. • 파괴 시 작은 파편으로 분쇄되어 위험성이 적다. • 열처리 후에는 현장에서 가공, 절단이 불가능하여 시공 전에 가공된다. • 선박, 차량, 출입구, 창유리 등에 사용된다.
반강화유리 (배강도유리)	• 유리를 연화점 이하의 온도로 가열한 다음 강화유리의 절반 이하의 냉각공기로 냉각시켜 만든 안전유리이다. • 파괴 시 파편이 강화유리보다 크고 이탈현상이 없다.
망입유리	• 판유리 내부에 다양한 형상의 금속망을 넣고 압착성형한 안전유리이다. • 방화·방재, 도난 방지용 및 진동이 심한 장소에 사용된다.

📋 기출 확인

유리를 연화점(500~600°C) 가깝게 가열하고 양면에 냉기를 불어 넣고 급랭시켜 표면에 압축, 내부에 인장력을 도입한 유리는?

① 망입유리   ❷ 강화유리
③ 형판유리   ④ 물유리

📋 기출 확인

유리 내부 중심에 철, 황동, 알루미늄 등의 금속망을 삽입하고 압착성형한 판유리로 파손 방지, 내열효과가 있으며 도난 방지, 방화 목적으로 사용하는 유리는?

① 강화유리   ② 무늬유리
❸ 망입유리   ④ 복층유리

📋 기출 확인

Low-e 유리의 특징으로 틀린 것은?

❶ 가시광선 투과율은 맑은유리와 비교할 때 큰 차이가 난다.
② 근적외선 영역의 열선투과율은 현저히 낮다.
③ 색유리를 사용했을 때보다 실내는 훨씬 밝아진다.
④ 실외의 물체들이 자연색 그대로 실내로 전달된다.

📋 기출 확인

각종 유리에 관한 설명으로 옳지 않은 것은?

① 망입유리는 방화, 방재용으로 사용된다.
② 복층유리는 단열목적의 유리이다.
③ 열선흡수유리는 실내의 냉방효과를 좋게 하기 위해 사용된다.
❹ 자외선투과유리는 의류품의 진열장, 식품이나 약품의 창고 등에 사용된다.

③ 특수유리

종류	특징
복층유리 (페어글라스)	• 2장 또는 3장의 유리를 일정한 간격을 띄우고 둘레에는 틀을 끼워 내부는 기밀하게 하고 건조공기를 넣어서 제조한 유리이다. • 시공 전에 소요치수대로 가공, 절단된다. • 결로현상 방지에 가장 효과적인 유리이다. • 단열성과 차음성이 우수하여 단열, 방서, 방음용으로 사용된다.
로이유리 (Low-e, 저방사유리)	• 판유리의 한쪽 면에 얇은 은막을 코팅하여 제조한 유리이다. • 저방사 단열성이 뛰어나고 근적외선 영역의 열선투과율은 낮다. • 동절기에는 실내의 열을 실내로 재반사시키고 하절기에는 실외의 태양열이 실내로 들어오는 것을 차단한다. • 가시광선 투과율이 76% 이상으로, 맑은유리와 큰 차이가 없다. • 색유리보다 실내가 훨씬 밝고, 실외의 물체가 자연색 그대로 실내에 전달된다.
열선흡수유리 (단열유리)	• 철, 니켈, 크로뮴 등이 들어 있는 유리이다. • 담청색을 띠며 태양광선 중 장파부분인 적외선(열선)을 잘 흡수한다. • 실내의 냉방효과를 향상시키기 위해 서향 일광을 받는 창에 주로 사용된다.
열선반사유리	태양열의 차폐를 목적으로 유리 표면에 얇은 막을 형성시켜 적외선(열선)을 반사하는 유리이다.
자외선투과유리	• 산화제2철의 함량을 줄여 자외선의 투과율을 높인 유리이다. • 병원의 일광욕실, 온실 등에 사용된다.
자외선차단유리	• 자외선의 화학작용을 방지할 목적으로 세슘, 타이타늄, 크로뮴을 함유하거나 자외선 흡수막을 넣은 유리이다. • 의류품의 진열장, 식품이나 약품의 창고 등에 사용된다.
X선 방호용납유리	• 산화연(납)을 함유한 유리로 비중이 보통유리보다 크다. • X선 차단성이 커서 방사선을 사용하는 건물의 창에 사용된다.

④ 착색유리

종류	특징
색유리	• 유리 성분에 산화 금속류의 착색제를 넣은 유리이다. • 유리타일, 스테인드글라스의 제작에 사용된다.
스테인드글라스	각종 색유리의 작은 조각을 도안에 맞추어 절단해서 조합하여 모양을 낸 유리로, 성당의 창이나 상업건축의 장식용으로 사용된다.

⑤ 성형유리

종류	특징
프리즘유리 (프리즘타일)	• 입사광선의 방향을 바꾸거나 확산, 집중시킬 목적으로 사용한다. • 지하실이나 옥상의 채광용으로 사용된다.
유리블록 (글라스블록)	• 속이 빈 상자 모양의 유리 2개를 맞대어 저압공기를 넣고 녹여 붙인 것으로, 옆면은 모르타르가 잘 부착되도록 돌가루를 붙여 놓은 형태이다. • 방음, 보온효과가 크고 장식효과가 있다. • 대형건물의 지붕 및 지하층 천장 등 자연광이 필요한 곳에 사용된다.

📋 기출 확인

유리섬유(Glass fiber)에 관한 설명으로 옳지 않은 것은?

① 단위면적에 따른 인장강도는 다르고, 가는 섬유일수록 인장강도는 크다.
② 탄성이 적고 전기절연성이 크다.
③ 내화성, 단열성, 내수성이 좋다.
❹ 경량이면서 굴곡에 강하다.

⑥ 기타 유리제품

종류	특징
거품유리 (폼글라스)	• 유리에 발포제를 넣고 가열해 만든 불연성의 다공질 기포유리이다. • 단열, 차음성이 좋아 보온재 등으로 사용된다.
유리섬유 (글라스울)	• 유리를 용융시켜 섬유상태로 만든 경량 재료이다. • 내화성, 단열성, 내수성이 좋고 가는 섬유일수록 인장강도가 크다. • 사용온도는 최고 500℃ 이하이며, 탄성이 적어 굴곡에 약하다. • 흡음성, 전기절연성이 좋아 단열재, 흡음재, 전기절연재 등에 사용된다.
유리섬유판	• 유리섬유를 사용하여 판상형태로 만든 재료이다. • 독특한 결을 가지며 가공성이 좋다. • 단열, 흡음, 불연성이 있으나 표면경도가 작다.

CHAPTER 2 건축시공 / SECTION 3 건축재료

CORE 18 아스팔트 · 합성수지 · 도료

❶ 아스팔트

① 개요

천연 또는 석유 정제과정에서 얻어지는 흑갈색 또는 흑색의 결합성 유기재료이다.

② 품질판별요소

인화점	아스팔트를 가열하여 휘발 성분에 불이 붙을 때의 최저 온도이다.
연화점	아스팔트가 연해져서 점도가 일정한 값에 도달하였을 때의 온도이다.
침입도	• 견고성 정도를 침의 관입저항으로 평가하는 방법으로, 경도를 나타낸다. • 아스팔트의 품질시험 중 가장 간편한 시험방법이다.
감온비	온도에 따른 견고성 변화의 정도를 나타낸다.
신도	늘어나는 성질인 연성의 정도를 나타낸다.
기타	가열 안정성, 연소점, 취화점 등

③ 분류

천연 아스팔트	록 아스팔트	• 아스팔트가 암석에 스며들어 만들어진 천연 아스팔트이다. • 주로 도로포장용으로 사용된다.
	샌드 아스팔트	아스팔트가 모래층 속에 스며들어 만들어진 모래와 아스팔트의 혼합물이다.
	레이크 아스팔트	땅에서 뿜어져 나와 지표의 낮은 곳에 웅덩이 모양으로 괴어 있는 천연 아스팔트이다.
	아스팔타이트	• 지층 또는 암석의 갈라진 틈에 석유가 침투하여 변질된 천연 아스팔트이다. • 토사 등 불순물이 거의 없고, 성질 및 용도가 블론 아스팔트와 동일하게 취급된다.
석유 아스팔트	스트레이트 아스팔트	• 원유를 증류하고 피치가 되기 전에 유출량을 제한하여 잔류분을 반고체형으로 고형화시켜 만든 석유 아스팔트이다. • 방수성이 좋으나 감온비가 커서 옥외방수에는 적합하지 않다. • 아스팔트 펠트 삼투용, 지하실 방수공사 등에 사용된다.
	블론 아스팔트	• 가열한 스트레이트 아스팔트에 공기를 불어넣어 만든 석유 아스팔트이다. • 응집력이 크고 연화점이 높으며, 온도에 의한 변화가 적어서 열 및 동결에 대한 안정성이 크다. • 방수공사, 전기절연재, 방청도료 등에 사용된다.
	컷백 아스팔트	• 연한 스트레이트 아스팔트에 적당한 휘발성 용제를 가하여 유동성이 좋고 상온에서 액체 상태인 아스팔트이다. • 상온에서 시공이 가능하며, 경화속도에 따라 RC(급속경화), MC(중속경화), SC(완속경화)로 나누어진다.
	기타	개질 아스팔트, 고무화 아스팔트, 용제추출 아스팔트 등이 있다.

📋 **기출 확인**

방수공사에 사용하는 아스팔트의 견고성 정도를 침(針)의 관입저항으로 평가하는 방법은?

❶ 침입도
② 마모도
③ 연화점
④ 신도

📋 **기출 확인**

잔류유(찌꺼기)를 저온으로 장시간 증류한 것으로 응집력이 크고 온도에 의한 변화가 적으며 연화점이 높고 안전하여 방수공사에 많이 사용되는 것은?

① 아스팔트 펠트
❷ 블론 아스팔트
③ 아스팔타이트
④ 레이크 아스팔트

📋 기출 확인

지붕공사에 주로 사용하는 방수재료로 옳은 것은?

❶ 아스팔트 콤파운드
② 스트레이트 아스팔트
③ 아스팔트 피치
④ 블론 아스팔트

📋 기출 확인

아스팔트방수 공사에서 아스팔트 프라이머를 사용하는 가장 중요한 이유는?

① 콘크리트면의 습기 제거
② 방수층의 습기침입 방지
❸ 콘크리트면과 아스팔트방수층의 접착
④ 콘크리트 밑바닥의 균열 방지

아스팔트 제품	
아스팔트 콤파운드	• 블론 아스팔트의 성능 개량을 위해 동식물성 유지와 광물질 분말을 혼입한 것이다. • 일반 지붕 방수공사 등에 사용된다.
아스팔트 프라이머	• 블론 아스팔트를 휘발성 용제로 희석한 흑갈색의 액체이다. • 초벌용 도료로 아스팔트방수층 시공 시 콘크리트 바탕에 제일 먼저 사용되어 바탕과 방수층의 접착성을 향상시킨다. • 아스팔트방수층, 아스팔트 타일 붙이기 시공 등에 사용된다.
아스팔트 타일	• 아스팔트에 석면, 탄산칼슘, 안료를 가하고 가열하여 시트상에 압연한 것이다. • 내수성, 내습성이 우수한 바닥재료이다. • 내열성이 없어 열을 받는 곳에는 사용하지 않는다.
아스팔트 펠트	• 목면(무명), 마사(삼), 양모, 폐지 등을 혼합하여 만든 원지에 스트레이트 아스팔트를 침투시켜 만든 두루마리 제품이다. • 아스팔트방수의 중간층 재료로 사용된다.
아스팔트 루핑	• 아스팔트 펠트의 양면에 아스팔트 피복을 입히고 밀착 방지를 위해 활석, 운모, 석회석, 규조토 등의 미분말을 뿌린 제품이다. • 방수층의 주층, 지붕바탕 깔기 등에 사용된다.
아스팔트 싱글	• 아스팔트 루핑, 모래붙임 루핑을 사각형, 육각형으로 잘라 만든 지붕재료이다. • 기와나 슬레이트의 대용으로 경사지붕 등에 사용된다.

❷ 합성수지

① 천연수지·합성수지

천연수지	자연으로부터 얻어지는 수지이다.	
	동물성 수지	셸락(곤충의 분비물), 카세인(우유 단백질) 등이 있다.
	식물성 수지	셀룰로스, 다마르, 로진(송진 추출물), 코펄 등이 있다.
합성수지 (플라스틱)	• 석유, 석탄, 목재 등을 주원료로 화학 처리하여 만든 고분자 화합물이다. • 셀룰로스를 화학 처리한 니트로셀룰로스는 대표적인 합성수지이다.	

📋 기출 확인

합성수지의 일반적인 성질에 대한 설명으로 옳지 않은 것은?

① 전성, 연성이 크고 피막이 강하고 광택이 있다.
② 접착성이 크고 기밀성, 안정성이 큰 것이 많다.
③ 내열성, 내화성이 작고 비교적 저온에서 연화, 연질된다.
❹ 강재와 비교하여 강성은 작으나 탄성계수가 커 다방면에 활용도가 높다.

② 특징

장점	단점
• 경량이나 강도가 크며 흡수율이 적다. • 전성, 연성이 크고 피막이 강하다. • 가소성, 내마모성, 내약품성이 좋다. • 착색이 자유롭고 표면 광택이 좋다. • 접착성, 기밀성 및 전기적 특성이 좋다.	• 무기재료에 비해 내화, 내열성이 약하다. • 열에 의한 휨, 팽창, 수축 등이 심하다. • 비교적 저온에서 연화, 연질이 된다. • 강성이 작고 표면 경도가 낮다. • 탄성과 비탄성의 성질이 혼재되어 있다.

❸ 합성수지의 종류

① 열경화성수지

열을 가하여 성형한 후에는 다시 열을 가해도 형태가 변하지 않는 수지이다.

구분	특징	용도
실리콘수지	• 합성수지 중 내열성이 가장 우수 • 발수성, 전기절연성, 내후성 우수	접착제, 방수도료, 발포보온재 등
에폭시수지	• 접착제 중 가장 우수 • 불용불융, 내수성, 내약품성, 내알칼리성 우수	접착제(금속, 항공기 자재 등), 도료, 안정제 등
요소수지	• 무색으로 자유로운 착색 • 강도, 단열성, 내열성 우수 • 내수성 약함	마감재, 가구재, 접착제 등
페놀수지	강도, 단열성, 내열성, 접착성, 전기 절연성 우수	전기통신 자재, 합판용 접착제 등
멜라민수지	• 무색으로 자유로운 착색 • 강도, 전기적 성질, 내열성, 내수성 우수	마감재, 가구재, 접착제 등
폴리에스테르수지	강도, 단열성, 내열성 우수	섬유보강플라스틱(FRP) 등
폴리우레탄수지	바닥재로 시공 시 5℃ 이하에서 경화촉진제 사용	플라스틱 바름 바닥재, 단열재, 접착제, 도료, 합성섬유 등

플라스틱 바름 바닥재의 주요 종류

폴리우레탄	공기 중의 수분과 화학반응하는 경우 저온과 저습에서 경화가 늦으므로 5℃ 이하에서는 촉진제를 사용한다.
에폭시수지	수지 페이스트와 수지모르타르용 결합재에 경화제를 혼합하면 생기는 기포의 혼입을 막도록 소포제를 첨가한다.
불포화 폴리에스테르	• 표면경도(탄력성), 신축성 등이 폴리우레탄에 가까운 연질이다. • 페이스트, 모르타르, 골재 등을 섞어서 사용한다.
프란수지	내약품성, 내열성, 내마모성이 우수하여 공장에 많이 사용한다.

전도성타일
• 전도성 또는 대전방지의 균일한 전기저항을 갖는 비닐 바닥재이다.
• 정전기 방지 및 분진 관리가 필요한 병원, 전산실, 사무실, 공장 등에 사용된다.

② 열가소성수지

열을 가하여 성형한 후에 다시 열을 가할 경우 가소성이 생기는 수지이다.

구분	특징	용도
폴리스티렌수지	벤젠, 에틸렌으로부터 제조	타일, 천장재, 블라인드, 도료 등 발포제품은 저온 단열재로 사용
폴리에틸렌수지	내충격성, 전기절연성 우수	용기, 필름, 내화학성 파이프, 건축용 성형품 등
염화비닐수지	산, 알칼리에 강하고 성형성 우수	건축재료, 전선피복재, 파이프 등
초산비닐수지	무색, 무취, 무해하며 감온성이 큼	접착제, 도료, 합성섬유 등
메타크릴수지	경량, 강인하며 자유로운 착색	창호재 등
아크릴수지	광선, 자외선 투과성이 큼	창호재 등

📋 기출 확인

다음 합성수지에 관한 설명으로 틀린 것은?

① 페놀수지는 접착성, 전기 절연성이 크다.
② 요소수지는 무색으로 착색이 자유롭다.
❸ 에폭시수지는 산 및 알칼리에 약하나 내수성이 뛰어나다.
④ 실리콘수지는 내열성이 우수하고 발포보온재에 사용된다.

➕ 더 알아보기

목재의 주요 접착제
• 페놀수지(가장 우수)
• 요소수지
• 멜라민수지 등

페놀수지
• 페놀류와 폼알데하이드류를 축합시켜 만든 열경화성수지이다.
• 황산에 강하지만 알칼리에 약하고 착색이 자유롭지 못하다.

📋 기출 확인

다음 중 열가소성수지는?

① 페놀수지   ② 요소수지
③ 멜라민수지 ❹ 염화비닐수지

📋 기출 확인

합성수지 중 건축물의 천장재, 블라인드 등을 만드는 열가소성수지는?

① 알키드수지
② 요소수지
❸ 폴리스티렌수지
④ 실리콘수지

> **더 알아보기**
>
> 도료에 요구되는 성능
> - 방습, 방충 등의 보호 성능
> - 방청, 방식 성능
> - 색채와 미장의 기능

> **기출 확인**
>
> 유성페인트의 원료로서 정벌칠에서 광택과 내구력을 증가시키는 데 좋은 효과를 나타내는 재료는?
>
> ① 크레오소트유   ❷ 보일유
> ③ 드라이어   ④ 캐슈

> **기출 확인**
>
> 칠공사에 사용되는 희석제의 분류가 잘못 연결된 것은?
>
> ① 송진 건류품 - 테레빈유
> ② 석유 건류품 - 휘발유, 석유
> ❸ 콜타르 증류품 - 미네랄 스피릿
> ④ 송근 건류품 - 송근유

❹ 도료

① 개요

물체의 부식을 방지하고 색채와 미장을 부여하기 위해 물체 표면에 도포하여 피막을 형성하는 액체상의 재료이다.

② 도료의 구성요소

유지	• 도막의 주체가 되는 성분으로, 보일유, 스탠드유 등이 있다. • 보일유(건성유)는 정벌칠에서 광택과 내구력을 증가시키는 역할을 한다.
수지	도막의 주요소이며 천연수지, 합성수지가 있다.
안료	착색 분말이며, 도료를 착색하고 도막을 만들어 성질을 보강하는 소재이다.
용제(희석제)	유지, 수지 등을 용해시켜 점도를 조절하기 위해 사용된다.
전색제	• 고체성분인 안료를 도장면에 밀착시켜 도막을 형성시킨다. • 카세인, 석고, 석회 등이 있다.
가소제	건조된 도막에 탄성과 교착성을 부여해 내구력을 증가시킨다.
유화제	서로 혼합하지 않는 물질(물과 기름 등)을 혼합시키는 계면활성제이다.

> **희석제의 분류**
>
> | 송진 건류품 | 송근 건류품 | 석유 건류품 | 콜타르 증류품 | 알코올 | 에스테르 |
> |---|---|---|---|---|---|
> | 테레빈유 | 송근유 | 휘발유, 석유, 미네랄 스피릿 | 벤졸, 솔벤트 | 에틸·메틸 알코올 | 초산 아밀, 초산 부틸 |

❺ 도료의 종류

① 유성도료

유성페인트	개요	유지로 보일유를 사용하고 안료를 혼합한 페인트이다.
	특징	용제로는 신너, 테레빈유 등을 사용한다.
	장점	붓바름 작업성과 내후성이 우수하다.
	단점	• 수성페인트에 비해 건조시간이 오래 걸린다. • 알칼리 성분에 약해 모르타르, 콘크리트, 석회벽 등에 정벌바름하면 피막이 부서져 떨어지므로, 목부 및 철부 도장에 사용된다.
유성바니시 (니스)	개요	고분자수지와 건성유를 융합, 건조제를 넣어 용제로 녹인 것이다.
	특징	• 안료를 포함하지 않는 무색, 담갈색의 광택이 있는 투명도료이다. • 실내 목재 내장재의 투명마감에 사용된다.
	장점	내수성, 작업성(붓칠 마감)이 좋고 건조가 빠르다.
	단점	내후성이 작아 옥외에서는 별로 사용되지 않는다.
유성에나멜 페인트	개요	유지로 유성바니시(니스)를 사용하고 안료를 혼합한 페인트이다.
	특징	용제로는 에나멜 신너 등을 사용한다.
	장점	유성페인트보다 건조시간이 짧고 광택, 경도 등이 뛰어나다.
	단점	알칼리 성분에 약해 모르타르, 콘크리트 등에 부적합하다.

② 수성도료

수성페인트	개요	안료에 수용성 전색제(카세인)를 혼합한 페인트이다.
	특징	용제로 물을 사용하므로 공해 발생이 적고 안전하다.
	장점	• 건조가 빠르며 작업성이 좋다. • 내알칼리성이 우수해 콘크리트, 모르타르, 회반죽면에 적합하다.
	단점	유성페인트에 비해 내구성과 내수성이 약하다.

③ 합성수지도료

합성수지 에멀션 페인트	개요	합성수지, 유지 등을 유화제를 이용해 수중에서 분산시킨 유탁액(에멀션)에 안료를 혼합한 페인트이다.
	장점	• 건조가 빠르고 착색이 자유롭다. • 목재, 종이 등에 부착력이 좋다. • 접착성, 내알칼리성이 좋고 방화성이 크다.
합성수지 에나멜 페인트	개요	• 유성바니시에 염화비닐과 안료를 혼합한 페인트이다. • 대표적인 것으로 염화비닐수지페인트가 있다.
	장점	• 건조가 빠르고 내수성, 내유성이 좋다. • 내알칼리성이 높아 모르타르나 콘크리트벽 등에 사용된다.

+ 더 알아보기

유성페인트와 비교한 합성수지도료의 특성
• 건조시간이 빠르다.
• 도막이 단단하다.
• 내산, 내알칼리성이 크다.
• 방화성이 크다.

④ 셀룰로스도료(래커)

클리어래커	개요	• 니트로셀룰로스 등의 수지와 용제를 혼합한 도료이다. • 안료를 혼합하지 않은 투명도료로, 금속용과 목재용이 있다.
	장점	• 건조가 빠르고 내후성, 내알칼리성 등이 좋다. • 목재용은 목재면의 무늬와 광택을 살리는 투명도장에 사용된다.
에나멜래커	개요	클리어래커에 안료를 혼합한 불투명 도료이다.
우드실러	개요	목재용 클리어래커의 바탕에 사용하는 바탕도료이다.
	특징	목부 바탕에 바탕칠을 한 다음 재벌칠을 흡수를 방지하기 위해 사용한다.

📋 기출 확인

목재의 무늬나 바탕의 재질을 잘 보이게 하는 도장방법은?
① 유성페인트 도장
② 에나멜페인트 도장
③ 합성수지페인트 도장
❹ 클리어래커 도장

⑤ 기타 도료

방청도료 (녹막이칠)	개요	방청제 역할을 하는 안료를 사용하여 금속의 부식을 방지하고자 사용하는 도료이다.
	특징	• 방청제로는 광명단(연단), 크로뮴산아연, 산화철 등이 사용된다. • 연단도료, 징크로메이트, 산화철도료, 알루미늄도료, 아연분말도료, 역청질 도료 등이 있다.
방화도료	개요	도료에 방화제를 혼합하여 방화성능을 향상시킨 도료이다.
형광도료	개요	형광체 안료를 혼합한 도료로 자외선을 흡수해 가시광선으로 반사하는 형광특성을 갖고 있다.
	특징	밤에 빛을 비추면 잘 볼 수 있도록 광고, 표지판 등에 사용된다.
오일스테인	개요	유성바니시와 안료가 혼합된 목재용 착색제(스테인)이다.
	특징	• 목재의 투명마감에 사용하여 나뭇결을 드러나 보이게 한다. • 방부, 방충, 방습 성능을 부여한다.
퍼티	개요	유지 및 수지 등의 충전제를 혼합하여 경도가 높은 페이스트이다.
	특징	창유리를 끼우거나 도장 바탕을 고르기 위해 사용한다.

+ 더 알아보기

징크로메이트(Zincromate)
• 안료로 크로뮴산아연, 전색제로 알키드수지를 사용한 방청도료이다.
• 알루미늄 녹막이 초벌칠에 사용한다.

📋 기출 확인

녹막이 도료 중 알루미늄 녹막이 초벌칠에 가장 적합한 도료는?
① 광명단
❷ 징크로메이트 도료
③ 아연분말 도료
④ 역청질 도료

교육은 우리 자신의 무지를 점차 발견해 가는 과정이다.

– 윌 듀란트 –

CHAPTER 3

건축기사 필기
7개년 기출문제집

건축구조

SECTION 1 건축구조역학

CORE 01 재료의 성질
CORE 02 단면의 성질
CORE 03 구조물의 판별
CORE 04 정정보의 반력
CORE 05 정정보의 단면력·응력
CORE 06 정정라멘·아치·트러스
CORE 07 기둥·기초
CORE 08 부정정 구조물

SECTION 2 철근콘크리트구조

CORE 09 강도설계법
CORE 10 보
CORE 11 슬래브
CORE 12 기둥·벽체·기타
CORE 13 철근

SECTION 3 철골·일반구조

CORE 14 철골구조
CORE 15 지반·기초구조·내진설계
CORE 16 건축구조의 형식

CORE 01 재료의 성질

CHAPTER 3 건축구조 / SECTION 1 건축구조역학

📋 기출 확인

한 변의 길이가 a인 정사각형 단면을 가진 부재가 있다. 이 부재가 4kN의 인장력을 견딜 수 있는 a의 값으로 가장 적정한 것은?(단, 부재의 허용인장강도는 5MPa이다)

① 15mm　　② 20mm
③ 25mm　　❹ 30mm

$A = P \div \sigma$, $4,000 \div 5 = 800mm^2$
$a = \sqrt{800} ≒ 28.28 ≒ 30mm$

❶ 응력(Stress)

① 개요

재료에 하중을 가할 때 내부에 생기는 단위면적당 내력으로, 하중과 크기가 같고 방향이 반대이다.

수직응력 (축방향 응력)		• 응력도(σ) = 축방향력(P) ÷ 단면적(A) • $1MPa = 1N/mm^2$
	인장응력	부재를 잡아당겨 늘어나게 하는 하중에 대한 응력이다.
	압축응력	부재를 눌러서 압축하는 하중에 대한 응력이다.
전단응력		부재의 단면에 평행하게 서로 반대 방향으로 가해지는 하중에 대한 응력으로, 재료를 직각으로 자를 때 작용한다.
휨응력		• 부재를 구부려 휘어지게 하는 하중에 대한 응력이다. • 한 단면에 압축력과 인장력을 동시에 생기게 하는 응력이다.
비틀림응력		부재를 비틀어지게 하는 하중에 대한 응력이다.
온도응력		온도의 상승, 하강에 따른 부재의 팽창, 수축에 저항하는 응력이다.

❷ 변형도(변형률, Strain)

① 개요

외력에 의해 재료가 변형된 정도를 정량화한 것으로, 단위길이에 대한 변형량의 값이다.

📋 기출 확인

직경 2.2cm, 길이 50cm의 강봉에 축방향 인장력을 작용시켰더니 길이는 0.04cm 늘어났고 직경은 0.0006cm 줄었다. 이 재료의 푸아송수는?

① 0.34　　❷ 2.93
③ 0.015　　④ 66.67

$m = \varepsilon \div \beta$
$= (0.4 \div 500) \div (0.006 \div 22)$
$≒ 2.93$

길이변형도	축방향 변형도	• 축방향(길이) 변형도이다. • ε = 축방향 변형량(Δl) ÷ 원래 길이(l)
	횡방향 변형도	• 횡방향(지름, 폭) 변형도이다. • β = 횡방향 변형량(Δd) ÷ 원래 길이(d)
전단변형도		• 전단응력에 의한 전단 변형도이다. • γ = 전단 변형량(Δl) ÷ 원래 길이(l)

푸아송비(ν, Poisson's ratio)
• 축방향에 하중을 가하여 재료가 인장 또는 압축될 때 그 방향과 수직인 횡방향에도 변형이 생기는데, 이때의 횡방향 변형도와 축방향 변형도의 비를 말한다.
• 푸아송수는 푸아송비의 역수이다.

푸아송비(ν)	푸아송수(m)
횡방향 변형도(β) ÷ 축방향 변형도(ε)	축방향 변형도(ε) ÷ 횡방향 변형도(β)

❸ 응력-변형도의 관계

① 개요

재료의 압축 또는 인장시험을 통해 응력과 변형의 관계를 나타낸 곡선이다.

①	비례한계점	• 응력과 변형률이 비례하는 구간의 한계점이다. • 훅(Hooke)의 법칙이 적용되는 범위의 한계점이다.
②	탄성한계점	응력을 제거하였을 때 잔류변형 없이 원형으로 되돌아오는 경계점이다.
③	상위항복점	응력에 의해 소성변형이 시작되는 경계점이다.
④	하위항복점	• 상위항복점에서 하강한 응력이 최저인 시점이다. • 이때의 강도를 항복강도라 한다.
⑤	최대강도점	• 재료가 저항할 수 있는 최대 응력의 한계점이다. • 이때의 강도를 인장강도라 한다.
⑥	파괴강도점	응력에 의해 재료가 파괴되는 시점이다.

변형도 경화(Strain hardening)
- 변형이 늘어남에 따라 변형에 대한 저항이 증대하는 것을 말한다.
- 변형도 경화영역은 응력-변형도 곡선에서 소성영역 이후에 변형도의 증가에 따라 응력이 비선형적으로 증가되는 영역을 말한다.

바우싱거 효과(Baushinger's effect)
하중을 가해 소성상태에 들어선 재료에 반대 방향으로 하중을 가할 경우, 최초의 하중을 가하지 않았을 경우의 재료보다 현저히 낮은 항복점을 보이는 현상이다.

훅의 법칙(Hooke's law)
- 탄성한도 내에서의 응력은 변형도에 비례한다는 법칙이다.
- 탄성계수가 비례상수로 사용된다.
- 응력(σ) = 탄성계수(E) × 변형도(ε), $\sigma = \dfrac{축방향력(P)}{단면적(A)}$, $\varepsilon = \dfrac{변형량(\Delta l)}{길이(l)}$

온도응력(σ_T)
- 양단이 고정된 부재에 온도변화가 발생할 때 부재 내부에 발생하는 응력을 말한다.
- 온도응력(σ_T) = 탄성계수(E) × 열팽창계수(α) × 온도변화(ΔT)

❹ 안전율(Safety factor)

① 개요

재료가 받을 수 있는 최대 응력과 허용응력의 비를 말한다.

최대 응력과 허용응력	
최대 응력	허용응력
재료가 받을 수 있는 최대한의 응력 (극한강도, 항복강도)	탄성한도 이내에서 안전상 허용되는 최대한의 응력

➕ 더 알아보기

응력-변형도 곡선

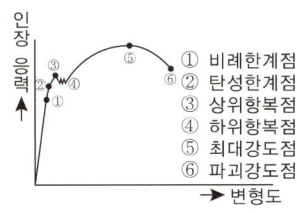

① 비례한계점
② 탄성한계점
③ 상위항복점
④ 하위항복점
⑤ 최대강도점
⑥ 파괴강도점

📋 기출 확인

강재의 응력-변형도 시험에서 인장력을 가해 소성상태에 들어선 강재를 다시 반대 방향으로 압축력을 작용하였을 때의 압축 항복점이 소성상태에 들어서지 않은 강재의 압축항복점에 비해 낮은 것을 볼 수 있는데 이러한 현상을 무엇이라 하는가?

① 루더선   ❷ 바우싱거 효과
③ 소성흐름   ④ 응력집중

📋 기출 확인

탄성계수가 10^5MPa이고 균일한 단면을 가진 부재에 인장력이 작용하여 10MPa의 인장응력이 발생하였다. 이때 부재의 길이가 0.5mm 늘어났다면 부재의 원래의 길이는?

① 2m   ❷ 5m
③ 8m   ④ 10m

$\sigma = E \times \dfrac{\Delta l}{l}$ 이므로, $l = \dfrac{E \times \Delta l}{\sigma}$

$l = \dfrac{100,000 \times 0.5}{10} = 5,000\text{mm} = 5\text{m}$

CORE 02 단면의 성질

CHAPTER 3 건축구조 / SECTION 1 건축구조역학

➕ 더 알아보기

단면1차모멘트의 용도
- 단면의 도심 산출
- 단면의 전단응력 산출

❶ 단면1차모멘트 · 도심

① 단면1차모멘트
- 미소면적 dA에 x축 또는 y축까지의 거리를 곱하고, 전체 면적에 걸쳐 적분한 값이다.
- 단면1차모멘트가 0인 점을 단면의 도심이라 한다.

x축에 대한 단면1차모멘트	y축에 대한 단면1차모멘트
G_x = 면적(A) × x축과 도심의 거리(y_0)	G_y = 면적(A) × y축과 도심의 거리(x_0)

② 도심
- 단면1차모멘트가 직교하는 두 축에 대하여 0이 되는 좌표의 원점을 말한다.
- 단면의 면적 중심이며 어떠한 단면이라도 1개가 존재한다.

y축과 도심의 거리(x_0)	x축과 도심의 거리(y_0)
$x_0 = G_y \div$ 면적(A)	$y_0 = G_x \div$ 면적(A)

기본 도형의 도심
- 복잡한 형상의 도형은 기본 도형으로 나누어 계산한다.
- 도형이 축으로부터 떨어져 있을 경우, 도형과 축의 거리를 합산한다.

사각형		삼각형		원	
도심	면적	도심	면적	도심	면적
$y_0 = \dfrac{h}{2}$	bh	$y_1 = \dfrac{2h}{3}$, $y_2 = \dfrac{h}{3}$	$\dfrac{bh}{2}$	$y_0 = \dfrac{D}{2}$	$\dfrac{\pi D^2}{4}$

📋 기출 확인

그림에서 x축에 대한 단면1차모멘트 값은?

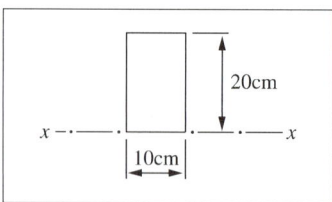

① 200cm³ ② 1,000cm³
③ 1,500cm³ ❹ 2,000cm³

$G_x = (10 \times 20) \times (20 \div 2)$
　　$= 2{,}000\text{cm}^3$

사다리꼴	사다리꼴의 도심	사다리꼴의 면적
(그림)	$y_0 = \dfrac{h}{3} \times \dfrac{2a+b}{a+b}$	$\dfrac{(a+b)h}{2}$

📋 기출 확인

다음과 같은 사다리꼴 단면의 도심 y_0 값은?

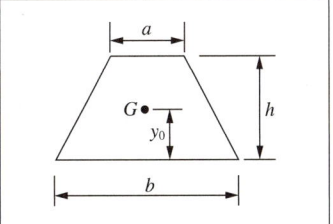

① $\dfrac{h(2a+b)}{3(a+b)}$ ② $\dfrac{h(a+b)}{3(2a+b)}$

③ $\dfrac{3h(2a+b)}{(a+b)}$ ④ $\dfrac{h(a+2b)}{3(a+b)}$

정답 ①

❷ 단면2차모멘트

① 개요

미소면적 dA에 x축 또는 y축까지의 거리의 제곱을 곱하고, 전체 면적에 걸쳐 적분한 값이다.

공식	$I_x = \sum dA \cdot y^2$, $I_y = \sum dA \cdot x^2$
단위	m^4
용도	단면계수, 단면2차반경, 강비, 처짐량, 좌굴하중, 휨응력도, 전단응력도, 단면극2차모멘트, 단면의 주축 계산

기본 도형의 축의 위치별 단면2차모멘트(I)

- 복잡한 형상의 도형은 기본 도형으로 나누어 계산한다.
- 속이 빈 단면의 경우에는 전체 단면에서 중공부를 공제하여 계산한다.

사각형		삼각형		원	
(그림)		(그림)		(그림)	
도심축	상단·하단축	도심축	하단축	도심축	상단·하단축
$\dfrac{bh^3}{12}$	$\dfrac{bh^3}{3}$	$\dfrac{bh^3}{36}$	$\dfrac{bh^3}{12}$	$\dfrac{\pi D^4}{64}$	$\dfrac{5\pi D^4}{64}$

단면2차모멘트(I)와 축의 이동

- 축이 도형의 상단 또는 하단이나 도심에 접하지 않을 경우에 축의 이동식을 적용한다.
- 이 경우 도심에 대한 단면2차모멘트에 도심과 축의 거리의 제곱에 면적을 곱한 값을 더한다.

축의 이동식	$I_{이동축} = I_{도심축} + 면적(A) \times 도심과\ 축의\ 거리(e)^2$

📋 기출 확인

그림과 같은 장방형 단면에서 x축에 대한 단면2차모멘트 값은?

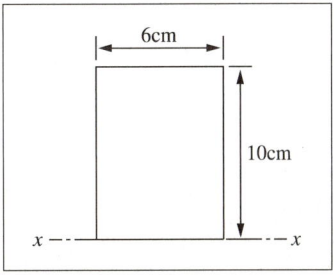

① $500 cm^4$ ② $1,000 cm^4$

③ $1,500 cm^4$ ❹ $2,000 cm^4$

$$I_x = \dfrac{bh^3}{3} = \dfrac{6 \times 10^3}{3} = 2,000 cm^4$$

+ 더 알아보기

휨강도비
- 휨강도비는 단면계수값에 비례한다.
- $Z = \dfrac{M}{\sigma}$

📋 기출 확인

구조역학에 관한 각종 계수 가운데 휨응력도에 가장 관계있는 것은?

① 좌굴계수 ❷ 단면계수
③ 탄성계수 ④ 팽창계수

📋 기출 확인

지름 32cm의 원형 단면에서 도심축에 대한 단면계수는?

① 50cm³ ② 804cm³
③ 1,608cm³ ❹ 3,217cm³

$Z = \dfrac{\pi D^3}{32} = \dfrac{\pi \times 32^3}{32} ≒ 3,217 \text{cm}^3$

❸ 단면계수

① 개요
- 도심축에 대한 단면2차모멘트를 도심과 상단 또는 하단까지의 거리로 나눈 값이다.
- 부호는 항상 (+)이고, 단면계수가 큰 단면은 휨에 대해 크게 저항한다.

공식	Z = 도심에 대한 단면2차모멘트(I) ÷ 도심축으로부터 연단까지의 거리(e)
단위	m³
용도	휨부재(보)의 휨응력 계산

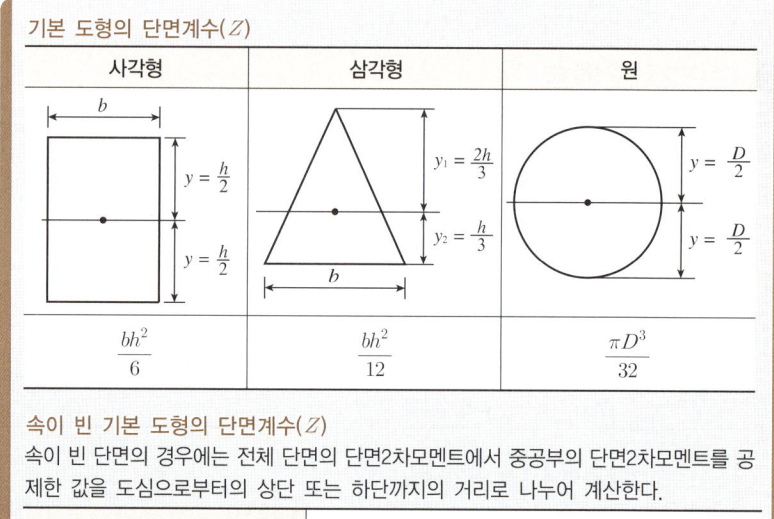

속이 빈 기본 도형의 단면계수(Z)
속이 빈 단면의 경우에는 전체 단면의 단면2차모멘트에서 중공부의 단면2차모멘트를 공제한 값을 도심으로부터의 상단 또는 하단까지의 거리로 나누어 계산한다.

속이 빈 단면의 단면계수(Z)	$\dfrac{I_{전체단면} - I_{중공부단면}}{도심과\ 상단\ 또는\ 하단의\ 거리(e)}$

❹ 단면의 핵점

① 개요

단면계수를 면적으로 나눈 값이다.

공식	K = 축에 대한 단면계수(Z) ÷ 면적(A)

+ 더 알아보기

사각형 단면의 핵면적
- 핵면적(마름모꼴)은 K_x를 아랫변으로, K_y를 높이로 하는 직각삼각형의 면적에 4배를 곱하여 구한다.
- $A_K = \dfrac{K_x \times K_y}{2} \times 4$

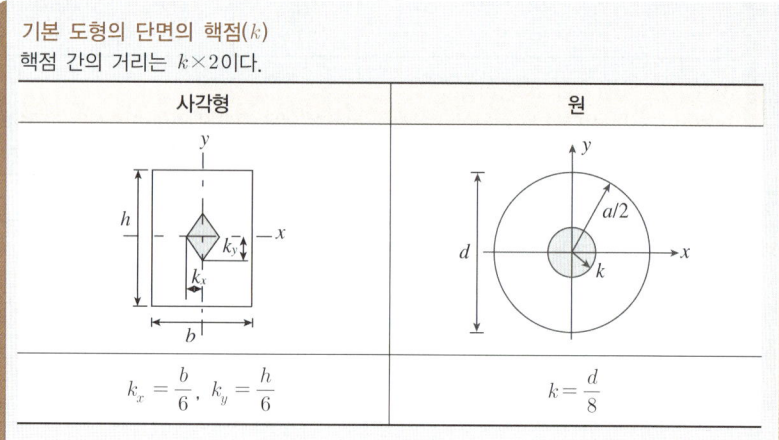

❺ 단면2차반경(회전반경)

① 개요

도심축에 대한 단면2차모멘트를 단면적으로 나눈 값의 제곱근이다.

공식	$i_x = \sqrt{\text{단면2차모멘트}(I_x) \div \text{면적}(A)}$, $i_y = \sqrt{\text{단면2차모멘트}(I_y) \div \text{면적}(A)}$
단위	m
용도	압축재의 설계(기둥 등의 장주, 단주 구별 및 좌굴 검토)

기출 확인

직사각형 단면의 중심을 지나는 X축에 대한 단면2차반경은?

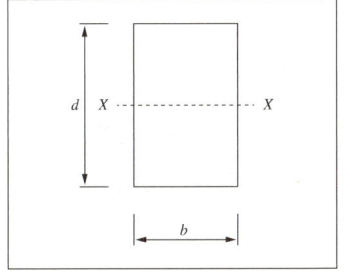

① $\dfrac{d}{\sqrt{20}}$ ② $\dfrac{b}{\sqrt{18}}$

③ $\dfrac{b}{\sqrt{15}}$ ❹ $\dfrac{d}{\sqrt{12}}$

$$i_x = \sqrt{\dfrac{I_x}{A}} = \sqrt{\dfrac{\frac{bd^3}{12}}{bd}} = \dfrac{d}{\sqrt{12}}$$

기본 도형의 단면2차반경(i)

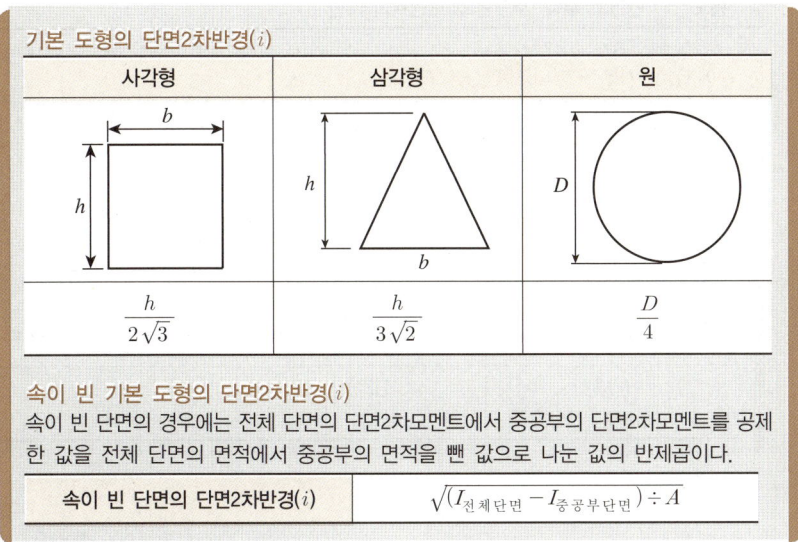

사각형	삼각형	원
$\dfrac{h}{2\sqrt{3}}$	$\dfrac{h}{3\sqrt{2}}$	$\dfrac{D}{4}$

속이 빈 기본 도형의 단면2차반경(i)

속이 빈 단면의 경우에는 전체 단면의 단면2차모멘트에서 중공부의 단면2차모멘트를 공제한 값을 전체 단면의 면적에서 중공부의 면적을 뺀 값으로 나눈 값의 반제곱이다.

속이 빈 단면의 단면2차반경(i)	$\sqrt{(I_{\text{전체단면}} - I_{\text{중공부단면}}) \div A}$

❻ 단면극2차모멘트

① 개요

미소면적 dA에 직교좌표 원점까지의 거리 r의 제곱을 곱한 것을 전체 면적에 걸쳐 적분한 값이다.

공식	$I_P = x$축에 대한 단면2차모멘트(I_x) + y축에 대한 단면2차모멘트(I_y)
단위	m⁴
용도	비틀림 전단응력도의 계산

기본 도형의 도심축에 대한 단면극2차모멘트(I_P)

사각형	삼각형	원
$\dfrac{bh}{12}(b^2 + h^2)$	$\dfrac{bh}{36}(b^2 + h^2)$	$\dfrac{\pi D^4}{32}$

기출 확인

그림과 같은 직사각형 단면에서 O점에 대한 단면극2차모멘트 I_P의 값은?

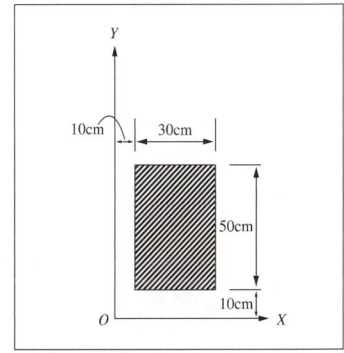

① $1,600,000\text{cm}^4$
② $2,400,000\text{cm}^4$
③ $3,000,000\text{cm}^4$
❹ $3,200,000\text{cm}^4$

축의 이동식 : $I_A = I_B + A \times e^2$

$$I_X = \dfrac{30 \times 50^3}{12} + (30 \times 50) \times 35^2$$

$$I_Y = \dfrac{50 \times 30^3}{12} + (50 \times 30) \times 25^2$$

$$I_P = I_X + I_Y = 3,200,000\text{cm}^4$$

📋 기출 확인

그림과 같은 단면의 x, y축에 대한 단면상승모멘트 I_{xy}는 얼마인가?

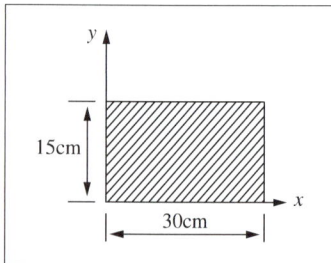

① $10,000\text{cm}^4$
② $22,500\text{cm}^4$
③ $33,750\text{cm}^4$
❹ $50,625\text{cm}^4$

$I_{xy} = (30 \times 15) \times 15 \times 7.5$
　　　$= 50,625\text{cm}^4$

❼ 단면상승모멘트

① 개요

미소면적 dA에 직교축까지의 거리 x, y를 곱한 값을 전체 면적에 걸쳐 적분한 값이다.

공식	I_{xy} = 면적(A) × y축과 도심까지의 거리(x_0) × x축과 도심까지의 거리(y_0)
단위	m^4
용도	단면의 주축, 주단면2차모멘트의 계산

축에 접한 기본 도형의 단면상승모멘트(I_{xy})

사각형	삼각형	원
$\dfrac{b^2h^2}{4}$	$\dfrac{b^2h^2}{24}$	$\dfrac{\pi D^4}{16}$

CHAPTER 3 건축구조 / SECTION 1 건축구조역학

CORE 03 구조물의 판별

❶ 힘(Force)

① 힘의 3요소

힘은 물체를 움직이거나 형상, 방향, 속도를 바꾸는 원인이 되는 것을 말한다.

크기	방향	작용점
선분의 길이로 표시	화살표와 선분의 기울기로 표시	선분 위의 점으로 표시

힘의 개념
- 힘은 변위, 속도와 같이 크기와 방향을 갖는 벡터이다.
- 힘은 물체에 작용해서 운동상태에 있는 물체에 변화를 일으킬 수 있다.
- 물체에 힘이 가해졌을 때 가속도의 크기는 힘의 크기에 비례하며 질량에 반비례한다. 힘(F) = 물체의 질량(m) × 가속도(a)
- 두 물체 간에 작용하는 힘은 늘 한 쌍으로 작용하며, 그 방향은 서로 반대이나 크기는 같다.
- 강체에 힘이 작용하면 작용점은 작용선상의 임의의 위치에 옮겨 놓아도 힘의 효과는 변함없다.

모멘트(Moment)
- 물체에 회전운동을 일으키는 힘의 작용을 말한다.
- 모멘트(M) = 힘(P) × 수직거리(l)

➕ 더 알아보기

힘과 모멘트의 부호

구분	힘	모멘트
+	상향, 우향	시계 진행 방향
−	하향, 좌향	시계 반대 방향

② 한 점에 작용하는 두 힘의 합성

물체에 작용하는 여러 개의 힘을 하나의 힘(합력)으로 나타내는 것을 말한다.

도해	합력의 크기	합력의 방향
	$R = \sqrt{P_1^2 + P_2^2 + 2P_1 P_2 \cos\alpha}$	$\theta = \tan^{-1} \dfrac{P_2 \sin\alpha}{P_1 + P_2 \cos\alpha}$

라미(Ramy)의 정리와 sin 법칙

라미의 정리	sin 법칙
$\dfrac{P_1}{\sin\theta_1} = \dfrac{P_2}{\sin\theta_2} = \dfrac{P_3}{\sin\theta_3}$	$\dfrac{A}{\sin\theta_1} = \dfrac{B}{\sin\theta_2} = \dfrac{C}{\sin\theta_3}$

📋 기출 확인

그림에서 AC부재가 받는 힘은?

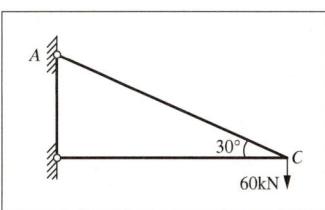

① 30kN   ② $30\sqrt{3}$ kN
③ $60\sqrt{3}$ kN   ❹ 120kN

$\dfrac{60\text{kN}}{\sin 30°} = \dfrac{F_{AC}}{\sin 90°}$ 이므로,

$F_{AC} = \dfrac{\sin 90° \times 60\text{kN}}{\sin 30°} = 120\text{kN}$

📋 **기출 확인**

그림에서 R은 평행한 두 힘 P_1, P_2의 합력이다. 합력 R이 작용하는 점을 P_1으로부터 x라 할 때 x의 값으로 맞는 것은?

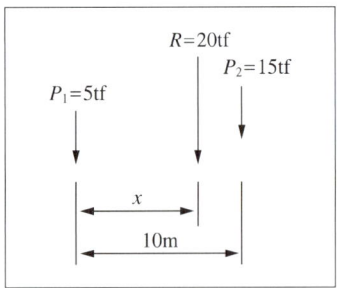

① 7.3m ❷ 7.5m
③ 7.8m ④ 8.1m

$$x = \frac{5 \times 0 + 15 \times 10}{5 + 15} = 7.5\text{m}$$

➕ **더 알아보기**

반력(Reaction)
- 구조물에 힘(하중)이 작용할 경우, 반작용으로 지점에 발생하는 힘이다.
- 반력의 방향은 힘(하중)의 방향과 반대이며, 반력의 합은 힘(하중)의 합과 같다.

➕ **더 알아보기**

단면력(Section force)
구조물에 힘(하중)이 작용할 경우 부재 내부에 생기는 내력이다.

③ 평행한 여러 힘의 합성

합력은 각각의 힘을 더하여 계산하며, 합력의 위치는 바리뇽의 정리로 구한다.

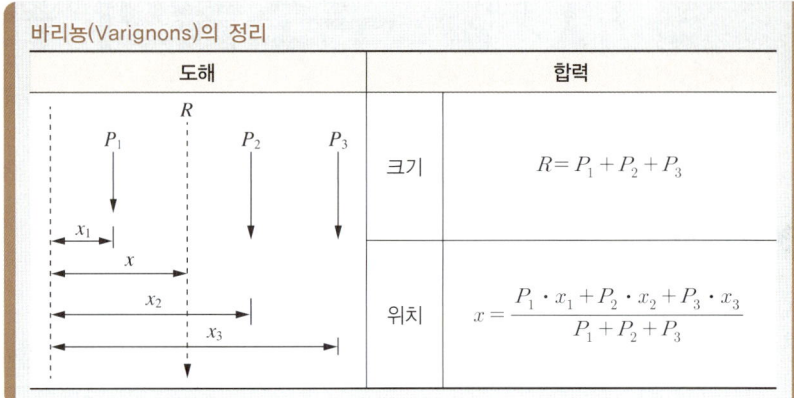

바리뇽(Varignons)의 정리	
도해	합력
(도해)	크기: $R = P_1 + P_2 + P_3$
	위치: $x = \dfrac{P_1 \cdot x_1 + P_2 \cdot x_2 + P_3 \cdot x_3}{P_1 + P_2 + P_3}$

❷ 구조물

① 지점(Supporting point)

지반과 연결되어 구조물을 지지하는 점을 말한다.

구분	기호	회전	수평이동	수직이동	반력수	반력
고정지점	(빗금)	×	×	×	3	모멘트, 수평·수직반력
회전지점	△	○	×	×	2	수평·수직반력
이동지점	△	○	○	×	1	수직반력

② 절점(Panel point)

구조물의 부재와 부재가 연결되는 점을 말한다.

구분	기호	회전	응력수	응력
활절점	(힌지)	○	2	축방향력, 전단력
강절점	(강절)	×	3	축방향력, 전단력, 휨모멘트

절점과 부재의 개수
절점수(k) 산정 시 지점과 자유단의 끝점도 개수에 포함한다.

구분					
절점수	1	1	1	1	1
부재수	2	2	3	3	4
강절점수	–	1	1	2	3

❸ 구조물의 판별

① 정정 · 부정정

정정	부정정
힘의 평형조건식만으로 반력, 부재력을 해석할 수 있는 구조물이다.	힘의 평형조건식만으로는 반력, 부재력의 해석이 불가능한 구조물이다.

② 구조물의 부정정 차수

부정정 차수	$m = (n+s+r) - 2k$ = 지점 반력수(n) + 부재수(s) + 강절점수(r) – 2 × 절점수(k)		
판별식	불안정	안정, 정정	안정, 부정정
	$m < 0$	$m = 0$	$m > 0$

보의 부정정 차수	
외적 부정정 차수	N_e = 지점 반력수(n) – 3
내적 부정정 차수	N_i = –힌지수(h)
전 부정정 차수	$m = N_e + N_i = n - 3 - h$

③ 안정 · 불안정

구분	안정	불안정
개요	외력에 의해 이동, 회전을 하지 않으며 변형이 생기지 않고 힘의 평형 유지	외력에 의해 이동, 회전을 하며 변형이 생기고 힘의 평형이 유지되지 않음
내적(형상)	외력에 의한 형상의 변형이 없음	외력에 의해 형상이 변형됨
외적(지지)	외력에 의해 위치가 변화하지 않음	외력에 의해 위치가 변화

내적 · 외적 부정정 차수	
\multicolumn{2}{l}{다수의 활절점으로 접합된 구조물이나 이동지점으로 지지되는 구조물은 전 부정정 차수가 계산상 안정이더라도, 불안정 구조물인 경우가 있다.}
외적 부정정 차수	• $N_e = n - 3$ • N_e = 지점 반력수(n) – 3
내적 부정정 차수	• $N_i = (3+s+r) - 2k$ • N_i = 3 + 부재수(s) + 강절점수(r) – 2 × 절점수(k)

기출 확인

그림과 같은 구조물의 판별로 옳은 것은?

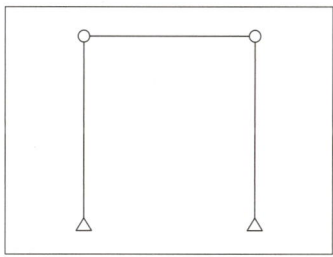

❶ 불안정　　② 정정
③ 1차 부정정　④ 2차 부정정

$m = (2+2) + (3) + (0) - (2 \times 4)$
$\quad = -1$
$m < 0 \rightarrow$ 불안정(–1차) 구조물

기출 확인

그림과 같은 구조물의 부정정 차수는?

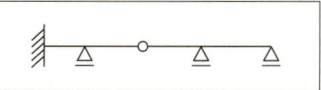

① 1차　　❷ 2차
③ 3차　　④ 4차

$N_e = (3+1+1+1) - 3 = 3$
$N_i = -1$
$N_e + N_i = 2 \rightarrow$ 2차 부정정 구조물

CORE 04 정정보의 반력

CHAPTER 3 건축구조 / SECTION 1 건축구조역학

❶ 정정보

① 개요

힘의 평형조건만으로 반력과 응력을 해석할 수 있는 보(Beam)이다.

② 종류

구분		반력
단순보		양단이 이동지점과 회전지점으로 구성된 보를 말한다.
캔틸레버보		한단은 고정단, 한단은 자유단으로 구성된 보를 말한다.
내민보		단순보의 양단 또는 한단이 지점에서 연장되어 자유단으로 구성된 보를 말한다.
겔버보		부정정보의 중간에 활절점(힌지)을 넣어 3개 이상의 지점반력을 가지는 정정보이다.

+ 더 알아보기

특수각의 삼각비표

	30°	45°	60°
sin	1/2	$\sqrt{2}/2$	$\sqrt{3}/2$
cos	$\sqrt{3}/2$	$\sqrt{2}/2$	1/2
tan	$1/\sqrt{3}$	1	$\sqrt{3}$

❷ 정정보의 반력

① 개요
- 구조물에 외력(하중)이 작용할 경우, 반작용으로 지점에 발생하는 힘이다.
- 반력의 방향은 외력(하중)의 방향과 반대이며, 반력의 합은 외력(하중)의 합과 같다.

구분	수평력(ΣH)	수직력(ΣV)	모멘트(ΣM)
개요	수평이동에 대한 반력	수직이동에 대한 반력	회전에 대한 반력
부호	정(+) = 우향(→) 부(−) = 좌향(←)	정(+) = 상향(↑) 부(−) = 하향(↓)	정(+) = 시계 진행 방향 부(−) = 시계 반대 방향

+ 더 알아보기

반력의 계산
- $P = R_A + R_B$
- 반력의 합과 외력(하중)의 합은 같으므로, 1개 지점의 반력을 구하면 나머지 지점의 반력을 쉽게 구할 수 있다.

> **반력의 계산을 위한 평형조건식의 설정**
> - 보의 종류와 하중의 분포에 맞는 평형조건식을 수립하여 반력을 구한다.
> - 평형조건식에는 구하고자 하는 지점의 반력(V_A, M_A 등)이 포함되도록 한다.

② 집중하중(수직)에 대한 반력

구분		평형조건식
단순보	(그림)	$\Sigma M_B = 0$ $R_A \times (a+b) - P \times b = 0 \rightarrow R_A = \dfrac{P \times b}{l}$ $\Sigma M_A = 0$ $R_B \times (a+b) - P \times a = 0 \rightarrow R_B = \dfrac{P \times a}{l}$
내민보	(그림)	$\Sigma M_B = 0$ $-P_1 \times (a+b+c) + V_A \times (b+c)$ $-P_2 \times c + P_3 \times d = 0$ $\rightarrow V_A = \dfrac{P_1 \times (a+l) + P_2 \times c - P_3 \times d}{l}$ $\Sigma M_A = 0$ $-P_3 \times (b+c+d) + V_B \times (b+c)$ $-P_2 \times b + P_1 \times a = 0$ $\rightarrow V_B = \dfrac{P_3 \times (d+l) + P_2 \times b - P_1 \times a}{l}$
캔틸레버보	(그림)	$\Sigma V = 0$ $-P_1 - P_2 + R_A = 0$ $\rightarrow R_A = P_1 + P_2$ $\Sigma M_A = 0$ $-P_1 \times a - P_2 \times (a+b) + M_A = 0$ $\rightarrow M_A = P_1 \times a + P_2 \times l (\circlearrowleft)$

기출 확인

다음 그림과 같은 내민보의 지점반력을 각각 구하면?(단, 반력의 + : 상방향, − : 하방향)

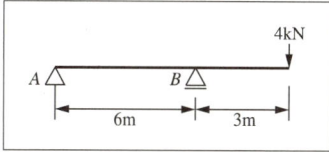

① $R_A = -2\text{kN}$, $R_B = 6\text{kN}$
② $R_A = 2\text{kN}$, $R_B = -6\text{kN}$
③ $R_A = 2\text{kN}$, $R_B = 2\text{kN}$
④ $R_A = -4\text{kN}$, $R_B = 8\text{kN}$

$\Sigma M_B = 0$, $V_A \times a + P \times b = 0$
$V_A \times 6 + 4 \times 3 = 0$, $V_A = -2\text{kN}$
$P = V_A + V_B$, $V_B = 6\text{kN}$

기출 확인

그림과 같은 단순보에서 지점 A의 수직 반력 값은?

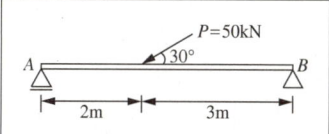

① 10kN   ❷ 15kN
③ 20kN   ④ 25kN

$\Sigma M_B = 0$
$V_A \times (a+b) - P\sin\theta \times b = 0$
$V_A \times (2+3) - 50 \times \dfrac{1}{2} \times 3 = 0$
$V_A = 15\text{kN}$

③ 집중하중(경사)에 대한 반력

경사하중은 수직하중과 수평하중으로 분해하여 해석한다.

구분		평형조건식
단순보	(그림)	$\Sigma M_B = 0$ $V_A \times (a+b) - P\sin\theta \times b = 0$ $\rightarrow V_A = \dfrac{P \times \sin\theta \times b}{l}$ $\Sigma M_A = 0$ $V_B \times (a+b) - P\sin\theta \times a = 0$ $\rightarrow V_B = \dfrac{P \times \sin\theta \times a}{l}$

④ 등분포하중에 대한 반력

등분포하중은 중심부에 작용하는 집중하중으로 해석한다.

구분		평형조건식
단순보	(그림)	$\Sigma M_B = 0$ $R_A \times l - wl \times \dfrac{l}{2} = 0 \rightarrow R_A = \dfrac{wl}{2}$ $\Sigma M_A = 0$ $R_B \times l - wl \times \dfrac{l}{2} = 0 \rightarrow R_B = \dfrac{wl}{2}$

더 알아보기

등분포하중 + 등변분포하중의 반력
등분포하중과 등변분포하중으로 구분하여 계산하고 합산한다.

기출 확인

그림과 같은 단순보에서 반력 R_A의 값은?

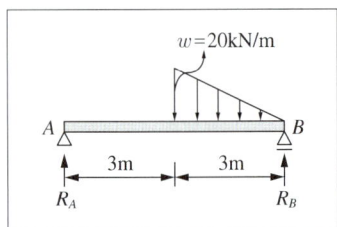

① 5kN ❷ 10kN
③ 20kN ④ 25kN

$\sum M_B = 0$

$V_A \times (a+b) - \dfrac{wb}{2} \times \dfrac{2b}{3} = 0$

$V_A \times (3+3) - \dfrac{20 \times 3}{2} \times 2 = 0$

$V_A = 10\text{kN}$

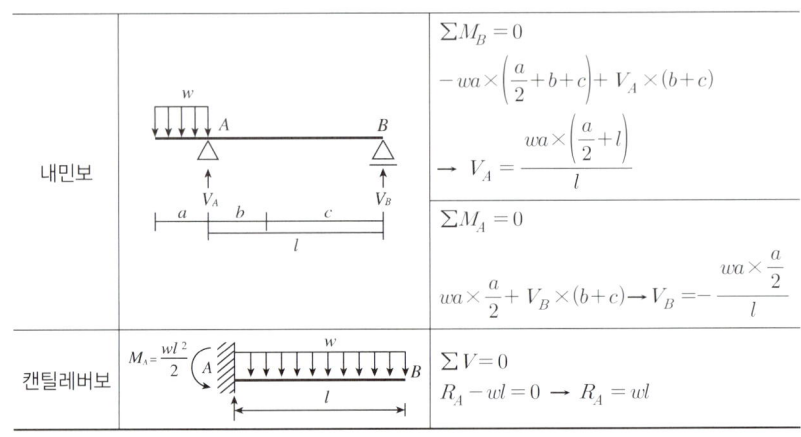

구분		평형조건식
내민보		$\sum M_B = 0$ $-wa \times \left(\dfrac{a}{2}+b+c\right) + V_A \times (b+c)$ $\to V_A = \dfrac{wa \times \left(\dfrac{a}{2}+l\right)}{l}$ $\sum M_A = 0$ $wa \times \dfrac{a}{2} + V_B \times (b+c) \to V_B = -\dfrac{wa \times \dfrac{a}{2}}{l}$
캔틸레버보		$\sum V = 0$ $R_A - wl = 0 \to R_A = wl$

⑤ **등변분포하중에 대한 반력**

삼각형의 무게중심(높이 방향 $l/3$지점)에 작용하는 집중하중으로 본다.

구분		평형조건식
단순보		$\sum M_B = 0$ $R_A \times l - \dfrac{wl}{2} \times \dfrac{l}{3} = 0 \to R_A = \dfrac{wl}{6}$ $\sum M_A = 0$ $R_B \times l - \dfrac{wl}{2} \times \dfrac{2l}{3} = 0 \to R_B = \dfrac{wl}{3}$
캔틸레버보		$\sum V = 0$ $-\dfrac{wl}{2} + R_B = 0 \to R_B = \dfrac{wl}{2}$

⑥ **모멘트하중에 대한 반력**

모멘트반력은 위치에 관계없이 동일하며, 모멘트의 방향에 따라 반력의 부호를 결정한다.

구분		평형조건식
단순보		$\sum M_B = 0$ $-R_A \times l + M = 0 \to R_A = \dfrac{M}{l}$ $\sum M_A = 0$ $-R_B \times l + M = 0 \to R_B = \dfrac{M}{l}$
내민보		$\sum M_B = 0$ $R_A \times l + M = 0 \to R_A = -\dfrac{M}{l}$ $\sum V = 0$ $R_A + R_B = 0 \to R_B = -R_A$
캔틸레버보		$\sum M = 0$ $M_B + M = 0 \to M_B = -M$

갤버보의 응력해석

활절점을 기준으로 보를 분할하고, 반력을 구하여 자유단의 하중으로 적용한다.

내민보 + 단순보	
캔틸레버보 + 단순보	
캔틸레버보 + 내민보	

CORE 05 정정보의 단면력·응력

CHAPTER 3 건축구조 / SECTION 1 건축구조역학

➕ 더 알아보기

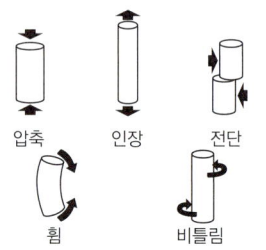

압축 / 인장 / 전단 / 휨 / 비틀림

📋 기출 확인

철근콘크리트 단순보에서 휨모멘트에 관한 설명 중 옳지 않은 것은?

① 등분포하중이 작용할 때 휨모멘트선은 포물선이다.
② 집중하중이 작용할 때 휨모멘트선은 경사 직선이다.
❸ 등변분포하중이 작용할 때 휨모멘트선은 2차 곡선이다.
④ 휨모멘트의 극대 및 극소는 전단력이 0인 단면에서 생긴다.

❶ 정정보의 단면력

① 개요

구조물에 외력(하중)이 작용할 경우 부재 내부에 생기는 내력이다.

구분	전단력 (Shearing force)	휨모멘트 (Bending moment)	축방향력 (Axial force)
개요	부재의 단면에 평행하게 서로 반대 방향으로 가해지는 힘	부재를 구부려 휘어지게 하는 힘	부재를 축방향으로 압축 또는 인장시키는 힘
부호	정(+) = 시계 진행 방향(↑↓) 부(−) = 시계 반대 방향(↓↑)	정(+) = 하향 구부러짐(∪) 부(−) = 상향 구부러짐(∩)	정(+) = 인장력 부(−) = 압축력

하중·전단력·휨모멘트의 관계

하중	적분(+1차수)→ ←미분(−1차수)	전단력	적분(+1차수)→ ←미분(−1차수)	휨모멘트

하중이 작용하는 구간별 전단력도·휨모멘트도
- 전단력도는 휨모멘트보다 1차수 낮다.
- 전단력이 0인 곳에서 휨모멘트는 최대·최소가 된다.

구간별 작용하는 하중	전단력도	휨모멘트도
하중 없음	평행 직선(값이 일정)	평행 직선(값이 일정), 1차 직선
집중하중	불연속 직선	경사 직선
등분포하중	1차 직선	2차 곡선
등변분포하중	2차 곡선	3차 곡선

② 집중하중(수직)에 대한 단면력

구분		단면력	해석
단순보	(SFD, BMD 그림)	S_{A-C}	$R_A = \dfrac{P \times b}{l}$
		S_{B-C}	$-R_B = -\dfrac{P \times a}{l}$
		M_x	$R_A \times x$
		M_{max}	$R_A \times a = \dfrac{Pab}{l} = M_C$

구분		단면력	해석
내민보		전단력	S_{C-A}	$-P_1$
			S_{A-D}	$-P_1 + V_A$
			S_{D-B}	$-P_1 + V_A - P_2$
			S_{B-E}	$-P_1 + V_A - P_2 + V_B$
		휨모멘트	M_A	$-P_1 \times a$
			M_D	$-P_1 \times (a+b) + V_A \times b$
			M_B	$-P_3 \times d$
캔틸레버보		전단력	S_{A-B}	$-P$
		휨모멘트	M_A	0
			M_x	$-P \times x$
			M_B	$-P \times l$

기출 확인

그림과 같은 하중을 받는 단순보에서 E점의 전단력값은?

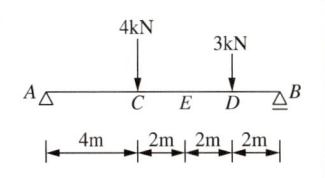

① -1kN ② -2kN
③ -3kN ④ -4kN

$\sum M_B = 0$
$V_A \times l - P_1 \times (b+c+d) - P_2 \times d = 0$
$V_A \times 10 - 4 \times 6 - 3 \times 2 = 0$
$V_A = 3$kN
$S_E = V_A - P_1 = 3\text{kN} - 4\text{kN} = -1\text{kN}$

③ 등분포하중에 대한 단면력

구분		단면력	해석
단순보		전단력	S_A	$S_A = R_A = \dfrac{wl}{2}$
			S_x	$R_A - w \times x$
			S_B	$S_B = -R_B = -\dfrac{wl}{2}$
		휨모멘트	M_x	$R_A \times x - \dfrac{w \times x^2}{2}$
			M_{max}	$\dfrac{wl^2}{8} = M_C$
캔틸레버보		전단력	S_A	$w \times l$
			S_x	$w \times x$
			S_B	0
		휨모멘트	M_A	$-\dfrac{w \times l^2}{2}$
			M_x	$-\left(wx \times \dfrac{x}{2}\right) = -\dfrac{w \times x^2}{2}$
			M_B	0

기출 확인

그림과 같은 단순보에서 중앙부 최대 휨모멘트가 80kN·m일 때 부재길이(l)는?

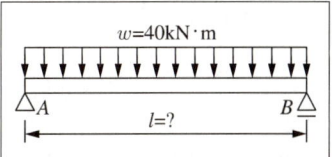

① 2m ② 3m
③ 4m ④ 5m

$M_{max} = \dfrac{wl^2}{8}$

$80\text{kN} \cdot \text{m} = \dfrac{40\text{kN/m} \times l^2}{8}$

$l = 4\text{m}$

📋 **기출 확인**

그림과 같은 직사각형 단면을 가지는 보에 최대 휨모멘트 $M=20\text{kN}\cdot\text{m}$가 작용할 때 최대 휨응력은?

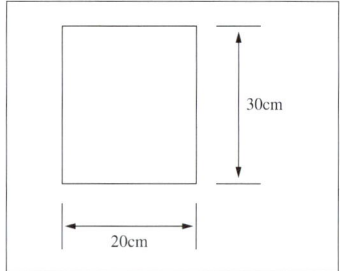

① 3.33MPa ② 4.44MPa
③ 5.56MPa ❹ 6.67MPa

$$\sigma_{\max} = \frac{6M}{bh^2} = \frac{6\times 20{,}000{,}000}{200\times(300)^2}$$
$$\fallingdotseq 6.67\text{N/mm}^2$$

📋 **기출 확인**

다음 그림과 같은 부재의 최대 휨응력은 약 얼마인가?(단, 부재의 자중은 무시한다)

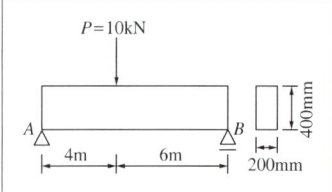

① 1.2MPa ② 2.2MPa
③ 3.6MPa ❹ 4.5MPa

$$M_{\max} = \frac{Pab}{l} = \frac{10\times 4\times 6}{10}$$
$$= 24\text{kN}\cdot\text{m}$$
$$\sigma_{\max} = \frac{6M}{bh^2} = \frac{6\times 24{,}000{,}000}{200\times 400^2}$$
$$= 4.5\text{N/mm}^2$$

④ 등변분포하중에 대한 단면력

구분		단면력	해석
캔틸레버보	개요		등변분포하중을 삼각형의 무게중심(높이 방향 2/3지점)에 작용하는 집중하중으로 가정하고, 집중하중에 대한 전단력과 휨모멘트 방정식을 사용하는 방법도 있다.
	전단력	S_B	$-\dfrac{wl}{2}$
	휨모멘트	M_B	$-\dfrac{wl^2}{6}$

❷ 휨응력

① 개요

- 휨모멘트에 의해 발생하는 응력이다.
- 중립축을 기준으로 상부에는 압축응력, 하부에는 인장응력이 발생한다.

공식	• $\sigma =$ 휨모멘트(M) $\div$ 중립축에 대한 단면2차모멘트(I) $\times$ 중립축에서 점까지의 거리(y) • $\sigma =$ 최대 휨모멘트(M) $\div$ 단면계수(Z)
특징	휨모멘트가 최대인 점에서 휨응력이 최대이다.

최대 휨응력($\sigma_{\max}$)

휨모멘트(M) $\div$ 단면계수(Z)로 계산된 식은 아래와 같다.

직사각형	원형
$\sigma_{\max} = \dfrac{6M}{bh^2}$	$\sigma_{\max} = \dfrac{32M}{\pi D^3}$

단순보의 휨모멘트(M)

정정보의 단면력 공식을 사용한다.

집중하중(수직)	등분포하중(수직)
$M_{\max} = \dfrac{P\times a\times b}{l}$	$M_{\max} = \dfrac{w\times l^2}{8}$

❸ 전단응력

① 개요

전단력에 의해 발생하는 응력이다.

공식	$\tau = \{$전단력$(S) \times$ 단면1차모멘트$(G_x)\} \div \{$단면2차모멘트$(I) \times$ 단면의 폭$(b)\}$
특징	양단과 중립축에서 최대이며, 중앙과 상하면에서 0이다.

최대 전단응력(τ_{max})
장방형 단면의 계수는 3/2, 원형 단면의 계수는 4/3이다.

직사각형	원형
$\tau_{max} = \dfrac{3}{2} \times \dfrac{S}{A} = \dfrac{3S}{2A}$	$\tau_{max} = \dfrac{4}{3} \times \dfrac{S}{A} = \dfrac{4S}{3A}$

단순보의 전단력(S)
정정보의 단면력 공식을 사용한다.

집중하중(수직)	등분포하중(수직)
$S = R_A = \dfrac{P \times b}{l}$	$S = \dfrac{w \times l}{2}$

📋 기출 확인

폭이 $b = 100$mm, 높이가 $h = 200$mm 인 단면에 전단력 4kN이 작용할 때 최대 전단응력을 구하면?

❶ 0.3MPa ② 0.4MPa
③ 0.5MPa ④ 0.6MPa

$\tau_{max} = \dfrac{3}{2} \times \dfrac{S}{A} = \dfrac{3}{2} \times \dfrac{4,000}{20,000}$
$= 0.3 \text{N/mm}^2 = 0.3 \text{MPa}$

❹ 보의 처짐

① 개요

보에 하중이 작용하여 직선이었던 부재상의 1점이 하중 작용 방향으로 이동한 거리를 말한다.

② 최대 처짐·처짐각

단순보				캔틸레버보			
집중하중		등분포하중		집중하중		등분포하중	
최대 처짐	처짐각	최대 처짐	처짐각	최대 처짐	처짐각	최대 처짐	처짐각
$\dfrac{Pl^3}{48EI}$	$\dfrac{Pl^2}{16EI}$	$\dfrac{5wl^4}{384EI}$	$\dfrac{wl^3}{24EI}$	$\dfrac{Pl^3}{3EI}$	$\dfrac{Pl^2}{2EI}$	$\dfrac{wl^4}{8EI}$	$\dfrac{wl^3}{6EI}$
중앙	지점	중앙	지점	끝단	끝단	끝단	끝단

공액보법
- 탄성하중법의 원리를 적용시킬 수 있도록 단부의 조건을 변화시켜 처짐을 구하는 방법이다.
- 단부의 조건을 변화시킨 공액보에 $\dfrac{M}{EI}$ 의 탄성하중을 재하시켜 처짐과 처짐각을 구한다.

구분	단부 조건의 변환과 동일 공식의 적용 예시
단순보–단순보	
캔틸레버보–캔틸레버보	
내민보–겔버보(일단고정)	
내민보–겔버보(양단고정)	

📋 기출 확인

H형강을 사용한 길이 6m인 단순보에 5kN/m의 등분포하중 재하 시 최대 처짐량은? (단, 좌굴의 영향은 없는 것으로 가정하며, $E_s = 206,000$MPa, $I_x = 4,720$cm^4)

① 1.70mm ② 5.69mm
❸ 8.68mm ④ 12.49mm

$\dfrac{5wl^4}{384EI} = \dfrac{5 \times 5 \times 6,000^4}{384 \times 206,000 \times 47,200,000}$
$\fallingdotseq 8.68 \text{mm}$

📋 기출 확인

길이가 l인 캔틸레버보의 자유단에 집중하중 P가 작용할 때 자유단의 처짐각(θ)과 처짐(δ)을 바르게 기술한 것은?(단, 탄성계수는 E, 단면2차모멘트는 I이다)

① $\theta = \dfrac{Pl^2}{3EI}$, $\delta = \dfrac{Pl^3}{2EI}$

❷ $\theta = \dfrac{Pl^2}{2EI}$, $\delta = \dfrac{Pl^3}{3EI}$

③ $\theta = \dfrac{Pl^2}{3EI}$, $\delta = \dfrac{Pl^3}{4EI}$

④ $\theta = \dfrac{Pl^2}{2EI}$, $\delta = \dfrac{Pl^3}{4EI}$

CORE 06 정정라멘 · 아치 · 트러스

CHAPTER 3 건축구조 / SECTION 1 건축구조역학

❶ 정정라멘 · 아치

① 정정라멘

단순보형 라멘은 수평하중에 대하여 높이를 고려한다.

구분		평형조건식	
집중하중 (수직)		반력	$\sum M_B = 0$ $R_A \times (a+b) - P \times b = 0$ $\rightarrow R_A = \dfrac{P \times b}{l}$ $\sum M_A = 0$ $R_B \times (a+b) - P \times a = 0$ $\rightarrow R_B = \dfrac{P \times a}{l}$
		휨모멘트	$M_C = R_A \times a$
집중하중 (수평)		반력	$\sum H = 0$ $-P + H_A = 0 \rightarrow H_A = P$ $\sum M_A = 0$ $Ph - V_D \times l = 0 \rightarrow V_D = \dfrac{Ph}{l}$
		휨모멘트	$M_B = Ph$
등분포하중 (수평)		반력	$\sum H = 0$ $wh - H_A = 0 \rightarrow H_A = wh$ $\sum M_A = 0$ $wh \times \dfrac{h}{2} - V_B \times l = 0$ $\rightarrow V_B = \dfrac{wh^2}{2l}$
		휨모멘트	$M_C = -V_B \times l$

📋 기출 확인

그림과 같은 구조물에서 A점의 휨모멘트는?

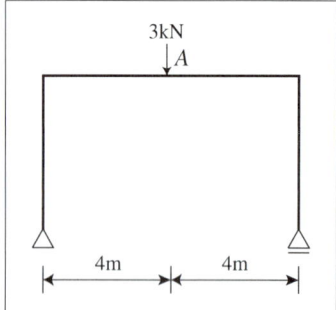

① 3kN·m   ② 4kN·m
③ 5kN·m   ❹ 6kN·m

$\sum M_C = 0, R_B \times (a+b) - P \times b = 0$
$R_B \times (4\text{m} + 4\text{m}) - 3\text{kN} \times 4\text{m} = 0$
$R_B = \dfrac{6\text{kN}}{4}$
$M_A = R_B \times a$ 이므로,
$M_A = \dfrac{6\text{kN}}{4} \times 4\text{m} = 6\text{kN} \cdot \text{m}$

② 정정아치

구분		평형조건식
단순보형 아치	(그림)	$\sum M_B = 0$ 반력: $V_A \times l - P \times \dfrac{l}{2} = 0$ $\rightarrow V_A = \dfrac{P}{2}$ 휨모멘트: $M_{\max} = M_C = V_A \times \dfrac{l}{2}$
3힌지 아치	(그림)	$\sum M_A = 0$ 반력: $P \times (a+b) - V_B \times (a+b+c) = 0$ $\rightarrow V_B = \dfrac{P \times (a+b)}{l}$ $\sum M_{A-C} = 0$ $V_A \times a - H_A \times a = 0$ $\rightarrow H_A = V_A$

❷ 정정트러스

① 트러스의 압축재·인장재
- 트러스의 부재에는 축방향의 인장력(+) 또는 압축력(−)만이 작용한다.
- 일반적인 트러스의 압축재와 인장재는 아래와 같다.

압축재(−)	인장재(+)
• 상현재 • 중앙으로 상향하는 경사재 • 지점 상부 양끝 경사재 또는 양끝 수직재	• 하현재 • 중앙으로 하향하는 경사재

트러스의 종류별 압축재와 인장재

프랫트러스	하우트러스	와렌트러스
(그림)	(그림)	(그림)
경사재가 인장재인 트러스	경사재가 압축재인 트러스	경사재가 인장, 압축재인 트러스

압축재 : ■ 인장재 : ■

📋 기출 확인

그림의 포물선 아치에서 중앙점(C)의 휨모멘트(M_C)의 값으로 옳은 것은?

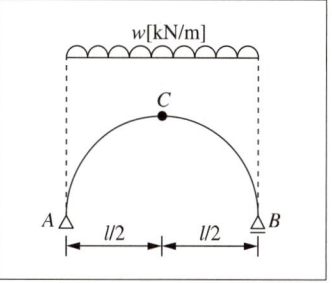

① $\dfrac{wl^2}{16}$ ❷ $\dfrac{wl^2}{8}$

③ $\dfrac{wl^2}{4}$ ④ 0

$V_A = wl \times \dfrac{1}{2} = \dfrac{wl}{2}$

$M_C = \dfrac{wl}{2} \times \dfrac{l}{2} - \dfrac{wl}{2} \times \dfrac{l}{4} = \dfrac{wl^2}{8}$

📋 기출 확인

그림의 트러스에 관한 설명 중 옳지 않은 것은?

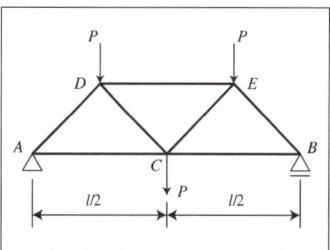

① AD재는 압축재이다.
② AC재는 인장재이다.
❸ DE재는 인장재이다.
④ CD재는 인장재이다.

📋 기출 확인

그림과 같은 트러스에 대한 설명 중 옳지 않은 것은?

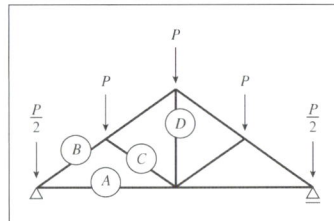

① A부재는 인장재이다.
② B부재는 압축재이다.
❸ C부재는 인장재이다.
④ D부재는 영부재이다.

📋 기출 확인

그림과 같은 트러스에서 U_1의 부재력은?(단, "-"는 압축응력이다)

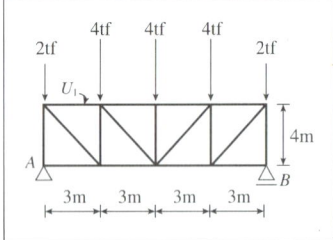

① 4.5tf ❷ -4.5tf
③ 6tf   ④ -6tf

$V_A = (2+4+4+4+2) \div 2 = 8\text{tf}$
$U = (V_A - P_1) \times a \div h$
$\quad = (8-2) \times 3 \div 4 = 4.5\text{tf}(-)$

📋 기출 확인

트러스 해법의 기본가정으로 틀린 것은?

① 절점을 연결하는 직선은 재축과 일치한다.
② 외력은 모두 절점에 작용하는 것으로 한다.
❸ 부재를 연결하는 절점은 강절점으로 간주한다.
④ 외력은 모두 트러스를 포함한 평면 안에 있는 것으로 한다.

② 트러스 부재력의 성질

트러스의 부재력은 절점과 부재의 배치에 따라 아래와 같은 성질이 있다.

절점이 하중 작용점이 아닌 경우		반력 작용
1절점에 모인 A, B	1절점에 모인 평행한 A, B와 방향이 다른 C	지점과 평행한 A와 방향이 다른 B
$A = B = 0$	$A = B$ $C = 0$	$B = 0$

계산상 응력이 생기지 않는 영부재 : ■

③ 트러스의 부재력

구분			해석	
	개요		하중과 경간이 좌우대칭인 경우이다.	
	반력	$V_A = V_B$	$P \div 2$	
	경사재	N_{1-2} 압축	$V_A \div \sin\theta (= h \div 빗변길이)$	
	개요		하중과 경간이 좌우대칭인 경우이다.	
	반력	$V_A = V_B$	$\sum P \div 2$	
	수평재	N_{2-4} 압축	$(V_A - P_1) \times a \div h$	
		N_{3-5} 인장	$(V_A - P_1) \times a \div h$	
		N_{4-6} 압축	$((V_A - P_1) \times (a+b) - P_2 \times b) \div h$	
	수직재	N_{3-4} 압축	$V_A - P_1$	
	경사재	N_{2-3} 인장	$(V_A - P_1) \div \sin\theta$ $(= h \div 빗변길이)$	
		N_{4-5} 인장	$(V_A - P_1 - P_2) \div \sin\theta$ $(= h \div 빗변길이)$	

트러스 해법의 기본가정
- 절점과 절점을 연결하는 직선은 부재축과 일치한다.
- 모든 하중은 절점에 집중하중으로 작용한다.
- 모든 절점은 힌지로 간주한다.
- 외력은 모두 트러스를 포함한 동일 평면상에 있다.
- 모든 부재는 직선재이며, 부재의 자중 및 변형은 무시한다.

CORE 07 기둥·기초

CHAPTER 3 건축구조 / SECTION 1 건축구조역학

❶ 기둥

① 개요

축방향의 압축력을 지지하는 수직부재이다.

② 종류

단주(Short column)	장주(Long column)
• 길이에 비해 단면이 크고 짧은 기둥이다. • 압축응력을 계산하며, 좌굴의 영향은 무시한다.	• 단면에 비해 길이가 긴 기둥이다. • 구조내력이 좌굴에 의해 지배된다.

+ 더 알아보기

좌굴
압축력을 받는 길고 가느다란 부재가 하중이 증가함에 따라 하중이 작용하는 직각 방향으로 변형하여 내력이 급격히 감소하는 현상이다.

❷ 단주(Short column)

① 중심축하중

중심축하중만 작용할 경우, 압축력이 단면의 도심에 작용하며, 휨모멘트는 발생하지 않는다.

구분		해석	
중심축하중 + 모멘트하중	(그림: P, M, b, h)	특징	중심축하중과 모멘트하중이 함께 작용하는 경우이다.
		공식	$\sigma_{max} = -\dfrac{P}{A} - \dfrac{M}{Z}$ $\sigma_{min} = -\dfrac{P}{A} + \dfrac{M}{Z}$
			P : 축방향 압축력
			A : 단면적 $= h \times b$
			M : 휨모멘트
			Z : 단면계수 $= \dfrac{bh^2}{6}$

📋 기출 확인

다음 기둥 단면에서 발생하는 최대 응력도의 크기는?

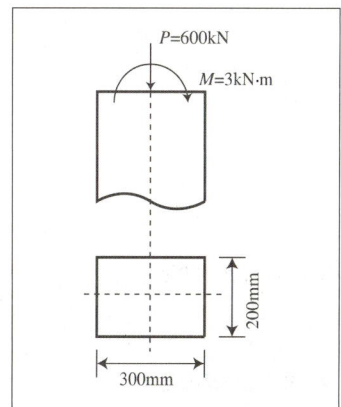

① 8MPa ❷ 11MPa
③ 14MPa ④ 17MPa

$A = 0.2 \times 0.3 = 0.06 \text{m}^2$
$Z = \dfrac{bh^2}{6} = \dfrac{0.2 \times 0.3^2}{6} = 0.003 \text{m}^3$
$\sigma_{max} = -\dfrac{P}{A} - \dfrac{M}{Z} = -\dfrac{600}{0.06} - \dfrac{3}{0.003}$
$= -11,000 \text{kN/m}^2 = 11 \text{MPa}$

기출 확인

그림과 같은 하중을 지지하는 단주의 단면에서 인장력을 발생시키지 않는 거리 x의 한계는?

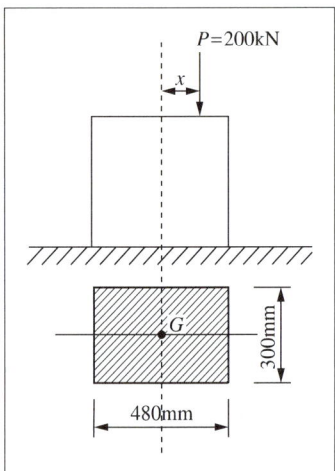

① 40mm ② 60mm
❸ 80mm ④ 100mm

$A = h \times b = 480 \times 300 = 144,000 \text{mm}^2$
$M_x = P \times x = 200,000\text{N} \times x$
$Z = \dfrac{bh^2}{6} = \dfrac{300 \times 480^2}{6}$
$\quad = 11,520,000 \text{mm}^3$
$\sigma_{\min} = -\dfrac{P}{A} + \dfrac{M}{Z}$
$\quad = -\dfrac{200,000}{144,000} + \dfrac{200,000 \times x}{11,520,000} = 0$
$x = 80\text{mm}$

더 알아보기

사각형의 단면2차반경

$i_{\min} = \dfrac{h}{2\sqrt{3}}$

사각형의 단면2차모멘트

$I = \dfrac{bh^3}{12}$

② 편심축하중

압축응력과 휨응력의 합성응력을 구한다.

구분		해석	
편심축하중	특징	• 압축력과 편심에 의한 휨모멘트가 작용한다. • 인장력이 발생하는 경우도 있다.	
	공식	$\sigma_{\max} = -\dfrac{P}{A} - \dfrac{M}{Z}$ $\sigma_{\min} = -\dfrac{P}{A} + \dfrac{M}{Z}$	
		P	축방향 압축력
		A	단면적 $= h \times b$
		M	휨모멘트 $= P \times e$
		Z	단면계수 $= \dfrac{bh^2}{6}$
	공식	$\sigma_A = -\dfrac{P}{A} + \dfrac{M_x}{Z_x} + \dfrac{M_y}{Z_y}$ $\sigma_B = -\dfrac{P}{A} + \dfrac{M_x}{Z_x} - \dfrac{M_y}{Z_y}$ $\sigma_C = -\dfrac{P}{A} - \dfrac{M_x}{Z_x} - \dfrac{M_y}{Z_y}$ $\sigma_D = -\dfrac{P}{A} - \dfrac{M_x}{Z_x} + \dfrac{M_y}{Z_y}$	
		P	축방향 압축력
		A	단면적 $= a \times b$
		M_x	휨모멘트 $= P \times e_y$
		M_y	휨모멘트 $= P \times e_x$
		Z_x	단면계수 $= \dfrac{ab^2}{6}$
		Z_y	단면계수 $= \dfrac{a^2 b}{6}$

❸ 장주(Long column)

① 세장비

- 기둥의 유효길이(단부 지점 조건에 따른 좌굴길이)와 최소 단면2차반경의 비를 말한다.
- 단주는 30~50 이하, 장주는 100~120 이상이며, 세장비가 클수록 부재의 좌굴하중은 작아진다.

세장비	• 세장비(λ) = 좌굴길이(l_k) ÷ 최소 단면2차반경(i_{min}) • $\lambda = l_k \div i_{min}$ • 단면2차반경(i_{min}) = $\sqrt{\dfrac{\text{단면2차모멘트}(I_{min})}{\text{면적}(A)}}$
좌굴길이	• 좌굴길이(l_k) = 유효좌굴계수(K) × 길이(l) • $l_k = K \times l$
좌굴하중	• 좌굴하중(P_b) = π^2 × 탄성계수(E) × 최소 단면2차모멘트(I) ÷ 좌굴길이^2(l_k^2) • $P_b = \dfrac{\pi^2 EI}{(l_k)^2}$

오일러의 좌굴계수
단부 지점의 지지조건에 따라 유효좌굴계수(K), 좌굴길이(l_k), 좌굴강도(n)를 적용한다.

구분	1단 고정 1단 자유	양단 힌지	1단 고정 1단 힌지	양단 고정
도해	l	l	l	l
유효좌굴계수(K)	2.0	1.0	0.7	0.5
좌굴길이(l_k)	2.0×l	1.0×l	0.7×l	0.5×l
좌굴강도(n)	1/4	1.0	2.0	4.0

📋 기출 확인

단일 압축재에서 세장비를 구할 때 필요 없는 것은?
① 좌굴길이
② 단면적
③ 단면2차모멘트
❹ 탄성계수

📋 기출 확인

철골기둥의 좌굴하중(Critical buckling load)을 계산하는 데 직접적인 영향을 주지 않는 것은?
❶ 재료의 항복강도
② 재료의 탄성계수
③ 단면2차모멘트
④ 유효좌굴길이

📋 기출 확인

일단(一端) 자유, 타단(他端) 고정의 압축재의 길이가 7m일 때 유효좌굴길이는?
① 3.5m   ② 4.9m
③ 7.0m   ❹ 14.0m

$l_k = K \times l = 2.0 \times 7 = 14\text{m}$

❹ 기초(Foundation)

① 개요
- 건물의 최하부에 놓여져 건축물의 자중 및 적재하중을 안전하게 지반에 전달하는 구조부이다.
- 기초판 저면(바닥)에 인장응력이 발생하지 않는 상태에서 최대 압축응력이 허용지지력 범위 이하가 되도록 한다.

② 독립기초 저면의 응력도

압축 측 최대 응력도	• σ_{max} = 축하중(P) ÷ 면적(A) + 휨모멘트(M) ÷ 단면계수(Z) • $\sigma_{max} = \dfrac{P}{A} + \dfrac{M}{Z}$
인장 측 최소 응력도	• σ_{min} = 축하중(P) ÷ 면적(A) − 휨모멘트(M) ÷ 단면계수(Z) • $\sigma_{min} = \dfrac{P}{A} - \dfrac{M}{Z}$

➕ 더 알아보기

사각형의 단면계수
$Z = \dfrac{bh^2}{6}$

기출 확인

독립기초에 $N=20$kN, $M=10$kN·m 가 작용할 때 접지압이 압축력만 발생하도록 하기 위한 기초 저면의 최소 길이는?

① 2m　　❷ 3m
③ 4m　　④ 5m

$e = M \div P = 10 \div 20 = 0.5$m
$k = h \div 6 = 0.5$m
$h = 3$m

핵반경(Core section)
- 인장응력이 발생하지 않고 압축응력만 발생하는 하중의 편심거리 한계점이다.
- 하중 작용점이 핵반경을 벗어날 경우 인장응력이 발생한다.

사각형 단면	원형 단면
$h \div 6$	$D \div 8$

편심거리
편심거리(e) = 모멘트(M) ÷ 하중(P)

기둥·기초에서 인장응력이 발생하지 않는 최소 폭(지름)
- 인장응력이 발생하지 않는 경우에 편심거리는 핵반경 이내이다.
- 계산된 편심거리를 핵반경 값으로 보고 핵반경의 식을 이용하여 최소 폭(지름)을 계산한다.

CHAPTER 3 건축구조 / SECTION 1 건축구조역학

CORE 08 부정정 구조물

❶ 부정정 구조물

① 개요

평형방정식을 이용한 해석이 불가능하여 구속조건식으로 반력과 부재력을 구하는 구조물이다.

② 특징

장점	단점
• 휨모멘트의 감소로 단면이 작아지므로 경제적이다. • 처짐 등의 변형이 적다.	• 해석과 설계가 어렵다. • 부동침하에 약하며 온도변화 등의 영향이 크다.

❷ 부정정 구조물의 해석

① 일단고정

구분		해석		
집중하중	(A고정, B단순, P중앙)	반력	V_B	$\dfrac{5}{16}P$
		휨모멘트	M_A	$\dfrac{3}{16}Pl$
	(A고정, B단순, P임의위치 a, b)	반력	V_B	$\dfrac{Pa^2}{2l^3} \times (3l-a)$
		휨모멘트	M_A	$\dfrac{Pab}{2l^2} \times (l+b)$
등분포하중	(A고정, B단순, w)	반력	V_B	$\dfrac{3}{8}wl$
		휨모멘트	M_A	$\dfrac{wl^2}{8}$

2경간 연속보의 반력

2경간 연속보	$V_A = V_B$	V_C
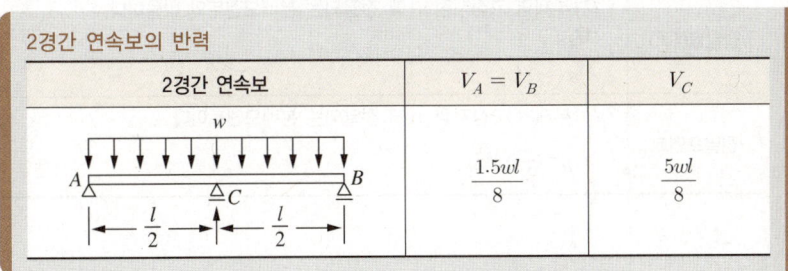	$\dfrac{3wl}{8}$	$\dfrac{5wl}{8}$

📋 **기출 확인**

다음 부정정 구조물의 A단의 휨모멘트 값은?

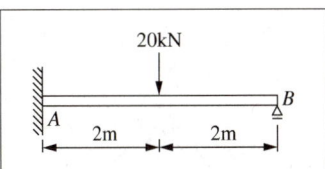

❶ $-15\text{kN}\cdot\text{m}$ ② $-20\text{kN}\cdot\text{m}$
③ $-30\text{kN}\cdot\text{m}$ ④ $-40\text{kN}\cdot\text{m}$

$$M_A = (-)\dfrac{3Pl}{16}$$
$$= (-)\dfrac{3 \times 20\text{kN} \times 4\text{m}}{16}$$
$$= (-)15\text{kN}\cdot\text{m}$$

➕ 더 알아보기

양단고정보의 휨모멘트도

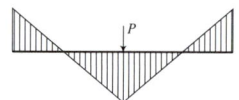

📋 기출 확인

그림과 같은 양단고정보에서 B단의 휨모멘트 값은?

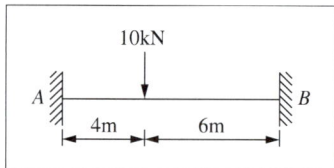

① 2.4kN·m ❷ 9.6kN·m
③ 14.4kN·m ④ 24.8kN·m

$$M_B = (-)\frac{Pa^2b}{l^2} = \frac{-10 \times 4^2 \times 6}{10^2}$$
$$= (-)9.6\text{kN} \cdot \text{m}$$

📋 기출 확인

그림에서 B점에 도달되는 모멘트는 얼마인가?

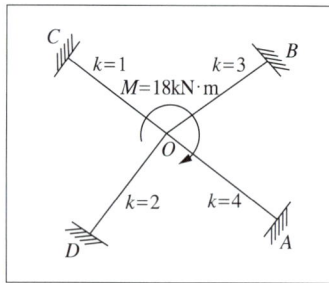

❶ 2.7kN·m ② 3.0kN·m
③ 5.4kN·m ④ 6.0kN·m

$$f_{OB} = \frac{K_{OB}}{\sum K} = \frac{3}{4+3+1+2} = \frac{3}{10}$$
$$M_{OB} = f_{OB} \times M_O = \frac{3}{10} \times 18 = 5.4$$
$$M_{BO} = \frac{1}{2} \times M_{OB} = \frac{1}{2} \times 5.4$$
$$= 2.7\text{kN} \cdot \text{m}$$

② 양단고정

구분		해석	
집중하중	반력	V_B	$\dfrac{P}{2}$
	휨모멘트	M_A	$\dfrac{Pl}{8}$
		M_C	$\dfrac{Pl}{8}$
	반력	V_B	$\dfrac{Pb^2}{l^3} \times (l+2a)$
	휨모멘트	M_A	$\dfrac{Pab^2}{l^2}$
		M_B	$\dfrac{Pa^2b}{l^2}$
등분포하중	반력	V_B	$\dfrac{wl}{2}$
	휨모멘트	M_A	$\dfrac{wl^2}{12}$
		M_C	$\dfrac{wl^2}{24}$

❸ 모멘트 분배법

① 개요

부정정 구조물의 한 절점에서 모멘트의 합은 0이라는 조건으로 부재를 해석한다.

② 용어 및 해법

고정지점 A, 타 부재와의 절점이 B일 때, BA부재에 대한 모멘트 분배법이다.

강도(K)	• 부재의 힘에 대한 저항성을 말한다. • 단면2차모멘트가 동일할 경우, 부재의 길이에 반비례한다. • 강도(K) = 단면2차모멘트(I) ÷ 부재의 길이(l)
강비(K)	타 부재의 강도에 대한 특정 부재의 강도의 비를 말한다.
분배율(DF)	• B점의 모멘트가 각 부재의 강비에 따라 BA부재에 분배되는 비율이다. • 분배율(f_{BA}) = $A-B$부재의 강비(K_{BA}) ÷ 총강비($\sum K$)
분배모멘트	• B점의 모멘트에 분배율을 곱한 값으로, 부재 BA에 분배되는 모멘트이다. • 분배모멘트(M_{BA}) = 분배율(f_{BA}) × 모멘트(M_B)
전달률(CF)	• BA부재의 고정지점 A에 전달되는 분배모멘트의 비율이다. • $\dfrac{M_{AB}}{M_{BA}} = \dfrac{1}{2}$
전달모멘트	• BA부재의 고정지점 A에 전달되는 분배모멘트이다. • $M_{AB} = \dfrac{1}{2} \times M_{BA}$

CHAPTER 3 건축구조 / SECTION 2 철근콘크리트구조

강도설계법

❶ 극한강도설계법(USD ; Ultimate Strength Design method)

① 개요
- 콘크리트와 철근이 받을 수 있는 최대 강도를 기준으로 한 안전성에 중점을 둔 설계법이다.
- 소성이론에 기반하며, 사용성(처짐, 균열, 피로거동 등)에 대한 검토가 반드시 필요하다.

장점	단점
• 안전성의 확보가 확실하다. • 하중의 특성을 하중계수에 의해 반영할 수 있다.	• 서로 다른 재료의 특성을 반영시키기 어렵다. • 사용성(처짐, 균열 등)에 대한 검토가 필요하다.

> **강도설계법**(Strength design method, KDS 41 10 05)
> 구조부재를 구성하는 재료의 비탄성거동을 고려하여 산정한 부재단면의 공칭강도에 강도감소계수를 곱한 설계용 강도의 값(설계강도)과 계수하중에 의한 부재력(소요강도) 이상이 되도록 구조부재를 설계하는 방법이다.

❷ 강도설계법의 용어

① 사용하중(작용하중)

하중계수를 곱하지 않은 하중으로, 처짐 검토에 적용된다.

수평하중	수직하중(연직하중)
• 수평 방향으로 작용하는 하중이다. • 지진하중, 풍하중, 수압, 토압 등	• 수직(중력) 방향으로 작용하는 하중이다. • 고정하중, 활하중(적재하중), 적설하중 등

건축물의 주요 용도별 등분포활하중 기준(KDS 41 10 15, 요약)

등분포활하중 (kN/m^2)	용도
2.0	주거용건축물의 거실, 병원의 병실, 숙박시설의 객실 등
2.5	일반사무실
3.0	학교의 교실 및 일반실험실, 도서관의 열람실, 병원의 수술실 등
5.0	상점 및 백화점의 1층, 공동주택 및 숙박시설의 공용실, 식당 등
7.5	도서관의 서고

📋 기출 확인

콘크리트구조물의 설계법 중 강도설계법의 특징으로 옳지 않은 것은?

① 구조물의 파괴에 대한 안전도의 확보가 확실하다.
② 서로 다른 하중의 특성을 설계에 반영할 수 있다.
③ 서로 다른 재료의 특성을 설계에 반영시키기 어렵다.
❹ 처짐 및 균열에 대한 사용성 확보 검토가 불필요하다.

➕ 더 알아보기

허용응력설계법(탄성설계)
- 사용하중하에서 재료가 탄성거동이 가능한 허용응력의 범위 내에 들도록 설계하는 설계법이다.
- 사용성에 중점을 둔 설계법으로, 부재의 강도를 알 수 없고 안전성 확보가 어렵다.

➕ 더 알아보기

연직하중(중력하중, Gravity load)
고정하중이나 활하중과 같이 구조물에 중력 방향으로 작용하는 하중을 말한다.

📋 기출 확인

건축구조기준에 의한 용도별 등분포활하중 값으로 적절한 것은?

① 도서관의 서고 : 6.0kN/m^2
❷ 일반사무실 : 2.5kN/m^2
③ 학교의 교실 : 3.5kN/m^2
④ 백화점 1층 : 4.0kN/m^2

기출 확인

활하중의 영향면적에 대해 옳게 설명한 것은?

① 기둥 및 기초에서는 부하면적의 6배
② 보에서는 부하면적의 5배
❸ 캔틸레버 부분은 영향면적에 단순 합산
④ 슬래브에서는 부하면적의 2배

활하중저감계수

- 지붕활하중을 제외한 등분포활하중은 부재의 영향면적이 36m² 이상인 경우 기본 등분포 활하중에 다음의 활하중저감계수를 곱하여 저감할 수 있다.
- $C = 0.3 + \dfrac{4.2}{\sqrt{A}}$, C : 활하중저감계수, A : 영향면적(단, $A \geq 36\text{m}^2$)

영향면적

- 연직하중전달 구조부재에 미치는 하중영향을 바닥면적으로 나타낸 것을 말한다.
- 활하중의 영향면적은 아래와 같이 적용한다.

기둥 및 기초	보 또는 벽체	슬래브	캔틸레버
부하면적의 4배	부하면적의 2배	부하면적	영향면적에 단순합산

② 계수하중(설계하중)

사용하중에 하중계수를 곱한 하중으로 소요강도를 나타내며, 부재설계에 적용된다.

하중계수(Load factor)
하중의 공칭값과 실제 하중 간의 불가피한 차이, 하중을 작용외력으로 변환시키는 해석상의 불확실성, 예기치 않은 초과하중, 환경작용 등의 변동을 고려하기 위하여 사용하중에 곱해주는 안전계수이다.

기출 확인

강도설계법에서 고정하중 40kN, 활하중 30kN이 작용할 때 계수하중은 얼마인가?

① 135kN ② 124kN
③ 116kN ❹ 96kN

$U = 1.2D + 1.6L$
$\quad = 1.2 \times 40\text{kN} + 1.6 \times 30\text{kN}$
$\quad = 96 kN$

③ 소요강도

하중조합에 따른 계수하중을 저항하는 데 필요한 부재나 단면의 강도를 말한다.

하중조합(Load combination)
구조물 또는 부재에 동시에 작용할 수 있는 각종 하중의 조합을 말한다.

소요강도에 대한 하중계수와 하중조합
하중계수와 하중조합을 모두 고려한 최대 소요강도를 만족하도록 설계하여야 한다.

하중조합	고정하중	지진하중	활하중	적설하중	지붕활하중	풍하중
U	$1.2D$	–	$1.6L$	–	–	–
	$1.2D$	$1.0E$	$1.0L$	$0.2S$	–	–
	$1.2D$	–	$1.0L$	–	$0.5L_r$	$1.3W$
	$0.9D$	–	–	–	–	$1.3W$
	$0.9D$	$1.0E$	–	–	–	–

※ 원문 KDS 41 10 15

기출 확인

강도설계법에서 철근콘크리트 구조물 설계 시 고려해야 하는 하중조합으로 옳지 않은 것은?(단, D는 고정하중, F는 유체압 및 유기내용물하중, L은 활하중, W는 풍하중, E는 지진하중, S는 적설하중)

① $U = 1.4(D+F)$
② $U = 1.2D + 1.3W + 1.0L + 0.5S$
③ $U = 1.2D + 1.0E + 1.0L + 0.2S$
❹ $U = 1.4D + 1.3L + 1.6S$

하중계수와 하중조합		주요 설계하중
U	$1.4(D+F)$	/ : 또는
	$1.2(D+F+T) + 1.6L + 0.5(L_r/S/R)$	D : 고정하중
	$1.2D + 1.6(L_r/S/R) + (1.0L/0.65W)$	L : 활하중
	$1.2D + 1.3W + 1.0L + 0.5(L_r/S/R)$	L_r : 지붕활하중
	$1.2D + 1.0E + 1.0L + 0.2S$	S : 적설하중
	$0.9D + 1.3W$	W : 풍하중
	$0.9D + 1.0E$	E : 지진하중
		T : 온도하중
		F : 유체압 및 유기내용물하중
		R : 강우하중

④ 공칭강도

하중에 대한 구조체나 구조부재 또는 단면의 저항능력을 말하며, 강도감소계수 또는 저항계수를 적용하지 않은 강도이다.

⑤ 설계강도

단면 또는 부재의 공칭강도에 강도감소계수 또는 저항계수를 곱한 강도이다.

강도감소계수(ϕ)
- 재료의 공칭강도와 실제 강도의 차이, 부재를 제작 또는 시공할 때 설계도와 완성된 부재의 차이, 그리고 내력의 추정과 해석에 관련된 불확실성을 고려하기 위한 안전계수이다.
- 구조물의 부재, 부재 간의 연결부 및 각 부재 단면의 휨모멘트, 축력, 전단력, 비틀림모멘트에 대한 설계강도는 공칭강도에 다음의 강도감소계수를 곱한 값으로 하여야 한다.

구분		강도감소계수
인장지배단면	–	0.85
압축지배단면	나선철근으로 보강된 철근콘크리트 부재	0.70
	그 외의 철근콘크리트 부재(띠철근 등)	0.65
	변화구간단면 (압축지배단면과 인장지배단면 사이)	0.65(0.70)~0.85
전단력과 비틀림모멘트		0.75
콘크리트 지압력	포스트텐션 정착부나 스트럿-타이 모델은 제외	0.65
포스트텐션 정착구역	–	0.85
스트럿-타이 모델	스트럿, 절점부 및 지압부	0.75
	타이	0.85
무근콘크리트	휨모멘트, 압축력, 전단력, 지압력	0.55

⑥ 탄성계수

재료의 비례한도 이하의 변형률에 대응하는 인장 또는 압축응력의 비이다.

탄성계수비 및 주요 탄성계수

탄성계수비	n = 철근의 탄성계수(E_s) ÷ 콘크리트의 탄성계수(E_c)		
강재의 탄성계수	철근	긴장재	형강
	$E_s = 200{,}000\text{MPa}$	$E_{ps} = 200{,}000\text{MPa}$	$E_{ss} = 205{,}000\text{MPa}$
콘크리트의 탄성계수	• 보통중량골재를 사용한 콘크리트($m_c = 2{,}300\text{kg/m}^3$)의 경우 • $E_c = 8{,}500 \times \sqrt[3]{\text{콘크리트의 평균압축강도}(f_{cm})}\,(\text{MPa})$		
콘크리트의 평균압축강도	• 콘크리트의 평균압축강도(f_{cm})에 대한 충분한 시험자료가 없는 경우 • f_{cm} = 콘크리트의 설계기준압축강도(f_{ck}) + Δf		
	Δf	• $f_{ck} \leq 40\text{MPa}$면 4MPa, $f_{ck} \geq 60\text{MPa}$면 6MPa • 그 사이는 직선보간으로 구한다.	

+ 더 알아보기

철근의 설계강도
긴장재를 제외한 철근의 설계기준항복강도(f_y)는 600MPa을 초과하지 않아야 한다.

기출 확인

건축구조기준에 따른 강도감소계수 값으로 옳지 않은 것은?

① 인장지배단면 : 0.85
❷ 압축지배단면 중 나선철근으로 보강된 철근콘크리트 부재 : 0.85
③ 전단력 및 비틀림모멘트 : 0.75
④ 포스트텐션 정착구역 : 0.85

기출 확인

보통골재를 사용한 철근콘크리트보에 콘크리트 압축강도(f_{ck} = 24MPa), 철근의 항복강도(f_y = 400MPa)의 재료를 사용할 경우 탄성계수비는 약 얼마인가?(단, E_s = 200,000MPa)

① 6.75   ❷ 7.75
③ 8.25   ④ 9.15

$$n = \frac{E_s}{8{,}500 \times \sqrt[3]{f_{ck} + \Delta f}}$$
$$= \frac{200{,}000}{8{,}500 \times \sqrt[3]{24+4}} \fallingdotseq 7.75$$

탄성계수(Modulus of elasticity)
- 콘크리트의 탄성계수는 크게 할선탄성계수(E_c)와 초기접선탄성계수(E_{ci})로 구분되며, 할선탄성계수(E_c)를 간단히 탄성계수라고도 한다.
- 강재의 경우, 철근의 탄성계수(E_s)와 프리스트레싱 강재(E_{ps}) 및 형강(E_{ss})으로 구분한다.

❸ 설계 일반(휨 및 압축)

① 주요 설계 가정

변형률	철근과 콘크리트의 변형률은 중립축부터 거리에 비례하는 것으로 가정할 수 있다.
극한 변형률	• 휨모멘트 또는 휨모멘트와 축력을 동시에 받는 부재의 콘크리트 압축연단의 극한변형률(ε_{cu})은 콘크리트의 설계기준압축강도(f_{ck})가 40MPa 이하인 경우에는 0.0033으로 가정하며, 40MPa을 초과할 경우에는 매 10MPa의 강도 증가에 대하여 0.0001씩 감소시킨다. • 콘크리트의 설계기준압축강도(f_{ck})가 90MPa을 초과하는 경우에는 성능실험을 통한 조사연구에 의하여 콘크리트 압축연단의 극한변형률을 선정하고 근거를 명시하여야 한다.
철근의 응력	• 철근의 응력이 설계기준항복강도(f_y) 이하일 때 : 철근의 응력 = 변형률 $\times E_s$ • 철근의 변형률이 f_y에 대응하는 변형률보다 큰 경우 : 철근의 응력 = f_y
인장강도	콘크리트의 인장강도는 부재 단면의 축강도와 휨강도 계산에서 무시할 수 있다.
등가응력 블록	• 콘크리트 압축응력의 분포와 콘크리트변형률 사이의 관계는 직사각형, 사다리꼴, 포물선형 또는 강도의 예측에서 광범위한 실험의 결과와 실질적으로 일치하는 어떤 형상으로도 가정할 수 있다. • 이는 포물선-직선 형상의 응력-변형률 관계로 나타낼 수 있으며, 포물선-직선 형상의 응력-변형률 관계 대신 등가 직사각형 압축응력블록으로 나타낼 수 있다.

등가응력블록(등가 직사각형 압축응력블록)
- 단면의 가장자리와 최대 압축변형률이 일어나는 연단부터 $a = \beta_1 c$ 거리에 있고 중립축과 평행한 직선에 의해 이루어지는 등가압축영역에 $\eta(0.85f_{ck})$인 콘크리트 응력이 등분포하는 것으로 가정한다.
- 최대 변형률이 발생하는 압축연단에서 중립축까지 거리 c는 중립축에 대해 직각 방향으로 측정한 것으로 한다.
- 계수 η와 β_1은 다음 표(등가직사각형 응력분포 변수 값)의 값을 적용한다.

f_{ck}	≤40MPa	50MPa	60MPa	70MPa	80MPa	90MPa
ε_{cu}	0.0033	0.0032	0.0031	0.003	0.0029	0.0028
η	1.00	0.97	0.95	0.91	0.87	0.84
β_1	0.80	0.80	0.76	0.74	0.72	0.70

※ 콘크리트의 극한변형률 : ε_{cu}
※ 콘크리트 등가 직사각형 압축응력블록의 크기를 나타내는 계수 : η
※ 2β와 같은 값으로 콘크리트 등가 직사각형 압축응력블록의 깊이를 나타내는 계수 : β_1

📋 기출 확인

강도설계법에서 휨 또는 휨과 축력을 동시에 받는 부재의 콘크리트 압축연단에서 극한변형률은 얼마로 가정하는가? (단, $f_{ck} \leq$ 40MPa)

① 0.03　　❷ 0.0033
③ 0.005　　④ 0.0001

📋 기출 확인

철근콘크리트보의 공칭휨강도를 산정할 때 기본 가정으로 틀린 것은?

❶ 계수 β_1은 콘크리트 압축강도에 비례하여 증가한다.
② 철근과 콘크리트의 변형률은 중립축으로부터의 거리에 비례한다.
③ 콘크리트 압축연단의 극한변형률은 콘크리트의 설계기준압축강도 f_{ck}가 40MPa 이하인 경우에는 0.0033이다.
④ 철근의 응력이 설계기준항복강도 f_y 이하일 때 철근의 응력은 그 변형률에 E_s를 곱한 값으로 한다.

② 일반 원칙

균형 변형률	인장철근이 설계기준항복강도 f_y에 대응하는 변형률에 도달하고 동시에 압축 콘크리트가 극한변형률에 도달할 때, 그 단면이 균형변형률 상태에 있다고 본다.
압축지배 단면	• 압축연단 콘크리트가 가정된 극한변형률에 도달할 때 최외단 인장철근의 순인장변형률 ε_t가 압축지배변형률 한계 이하인 단면을 압축지배단면이라고 한다. • 압축지배변형률 한계는 균형변형률 상태에서 인장철근의 순인장변형률과 같다. • 프리스트레스트 콘크리트의 경우에는 최외단 긴장재의 순인장변형률을 기준으로 하며 압축지배변형률 한계는 0.002로 한다.
인장지배 단면	압축연단 콘크리트가 가정된 극한변형률에 도달할 때 최외단 인장철근의 순인장변형률 ε_t가 0.005의 인장지배변형률 한계 이상인 단면을 인장지배단면이라고 한다. 다만, 철근의 항복강도가 400MPa을 초과하는 경우에는 인장지배변형률 한계를 철근 항복변형률의 2.5배로 한다.
변화구간 단면	순인장변형률 ε_t가 압축지배변형률 한계와 인장지배변형률 한계 사이인 단면은 변화구간 단면이라고 한다.
인장·압축 철근	휨부재의 강도를 증가시키기 위하여 추가 인장철근과 이에 대응하는 압축철근을 사용할 수 있다.

변화구간단면의 강도감소계수(ϕ)

f_y = 400MPa일 때, 순인장변형률(ε_t)이 압축지배변형률 한계(0.002)와 인장지배변형률 한계(0.005) 사이인 단면에는 아래의 식을 사용한다.

순인장 변형률		$\varepsilon_t = \dfrac{\text{최외단 인장철근까지의 거리}(d_t) - \text{중립축의 깊이}(c)}{\text{중립축의 깊이}(c)} \times 0.0033$
강도 감소 계수	나선철근 부재	$\phi = 0.70 + (\text{순인장변형률}(\varepsilon_t) - 0.002) \times 50$
	그 외의 부재 (띠철근 등)	$\phi = 0.65 + (\text{순인장변형률}(\varepsilon_t) - 0.002) \times \dfrac{200}{3}$

➕ 더 알아보기

압축지배변형률 한계

$\varepsilon_y = \dfrac{f_y}{E_s}$, $E_s = 200,000 \text{MPa}$

압축·인장지배변형률 한계

f_y	압축지배 변형률 한계	인장지배 변형률 한계
300MPa	0.0015	0.005
350MPa	0.00175	0.005
400MPa	0.002	0.005
500MPa	0.0025	0.00625

📋 기출 확인

스터럽으로 보강된 휨부재의 최외단 인장철근의 순인장변형률 ε_t가 0.004일 경우 강도감소계수 ϕ로 옳은 것은?(단, f_y = 400MPa)

① 0.65 ② 0.717
❸ 0.783 ④ 0.817

$\phi = 0.65 + (0.004 - 0.002) \times \dfrac{200}{3}$
$\fallingdotseq 0.783$

CORE 10 보

CHAPTER 3 건축구조 / SECTION 2 철근콘크리트구조

+ 더 알아보기

보의 배근
스터럽은 단부에 많이 배근한다.

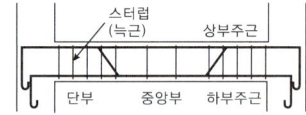

+ 더 알아보기

보의 치수

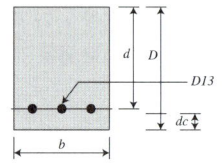

여기서, D : 보의 춤
        d : 보의 유효춤
        b : 보의 폭

📋 기출 확인

보의 파괴현상을 설명하는 것으로 인장철근이 상대적으로 작을 경우와 관계가 있는 파괴현상은?

① 전단파괴　② 휨 파괴
❸ 연성파괴　④ 취성파괴

❶ 보

① 개요
- 기둥, 벽 등 수직 구조재를 연결하여 일체화시키는 수평 구조재이다.
- 부재의 길이 방향의 축에 직각으로 작용하는 힘하중, 모멘트를 지지한다.

② 보의 배근
인장 측에만 철근을 넣은 보를 단근보, 압축 측에도 배근한 보를 복근보라 한다.

주근(인장철근)		인장력에 저항하는 재축 방향의 철근이 주근이다.
전단 보강근	스터럽 (늑근)	• 주근 주위에 직각 또는 직각에 가깝게 둘러 감은 철근이다. • 전단력에 저항하여 균열을 방지하고, 주철근을 고정시키며, 철근의 조립을 용이하게 한다.
	굽힘철근	주철근을 30° 이상의 경사로 구부려 내리거나 올린 철근이다.

보의 주근 배치
인장력이 작용하는 위치에 인장력에 저항하는 주근을 배치한다.

단순보	연속보	캔틸레버보

③ 보의 파괴
- 인장철근이 설계기준항복강도 f_y에 도달하는 동시에 압축콘크리트가 극한변형률에 도달하는 균형변형률 상태인 보를 평형보(균형보)라 한다.
- 콘크리트가 철근보다 먼저 항복하는 취성파괴는 급작스러운 부재의 파괴를 초래한다.

구분	과소철근보	평형보(균형보)	과다철근보
철근비	$\rho < \rho_b$	$\rho = \rho_b$	$\rho > \rho_b$
항복	철근이 먼저 항복	동시에 항복	콘크리트가 먼저 항복
중립축	압축 측으로 이동(상승)	–	인장 측으로 이동(하강)
파괴	연성파괴	평형파괴	취성파괴, 압축파괴

철근비 · 복근비

철근비	• 철근콘크리트 부재의 단면에서 철근과 콘크리트 단면적의 비율이다. • ρ = 철근량(철근의 단면적, A_s) ÷ {보의 유효폭(b) × 보의 유효춤(d)}
복근비	• 압축철근을 배근한 복근보에서 압축철근과 인장철근 단면적의 비율이다. • 복근비 = 압축철근면적 ÷ 인장철근면적

최소·균형·최대 철근비

구분	내용
최소 철근비 ($\rho_{\min}$)	• 해석에 의하여 인장철근 보강이 요구되는 휨부재의 모든 단면에 대하여 설계휨강도가 다음 조건을 만족하도록 인장철근을 배치하여야 한다. • $\phi M_n \geq 1.2 M_{cr}$, M_{cr}: 단면의 균열휨모멘트 • 부재의 모든 단면에서 해석에 의해 필요한 철근량보다 1/3 이상 인장철근이 더 배치되어 다음 조건을 만족하는 경우 상기 규정을 적용하지 않을 수 있다. • $\phi M_n \geq \dfrac{4}{3} M_u$, M_u: 단면의 계수휨모멘트
균형 철근비 (ρ_b)	• $\rho_b = \dfrac{\eta(0.85 f_{ck})}{f_y} \times \beta_1 \times \dfrac{\varepsilon_{cu}}{\varepsilon_{cu} + \varepsilon_y}$ • $f_{ck} \leq 40\text{MPa}$일 때, $\eta = 1.0$, $\beta_1 = 0.80$, $\varepsilon_{cu} = 0.0033$ • $\varepsilon_y = f_y \div E_s$, $E_s = 200{,}000\text{MPa}$
최대 철근비 ($\rho_{\max}$)	$\rho_{\max} = \dfrac{\varepsilon_{cu} + \varepsilon_y}{\varepsilon_{cu} + \varepsilon_a} \times \rho_b$

철근의 설계기준항복강도	최소 허용변형률(ε_a)	최대 철근비
$f_y = 300\text{MPa}$	0.004	$0.658 \rho_b$
$f_y = 350\text{MPa}$	0.004	$0.692 \rho_b$
$f_y = 400\text{MPa}$	0.004	$0.726 \rho_b$

📋 기출 확인

$f_{ck} = 27\text{MPa}$, $f_y = 400\text{MPa}$, $d = 550\text{mm}$인 철근콘크리트 단근직사각형보에서 균형철근비 ρ_b를 구하면?(단, $E_s = 2.0 \times 10^5 \text{MPa}$)

① 0.0260 ❷ 0.0286
③ 0.0325 ④ 0.0352

$f_{ck} \leq 40\text{MPa}$인 경우,
$\eta = 1.0$, $\beta_1 = 0.80$, $\varepsilon_{cu} = 0.0033$

$\rho_b = \dfrac{\eta(0.85 f_{ck})}{f_y} \times \beta_1 \times \dfrac{\varepsilon_{cu}}{\varepsilon_{cu} + \varepsilon_y}$

$= \dfrac{1.0 \times (0.85 \times 27)}{400} \times 0.80$

$\times \dfrac{0.0033}{0.0033 + \dfrac{400}{200{,}000}}$

$\fallingdotseq 0.0286$

❷ 보의 강도

① 압축력·인장력

안전성을 위해 압축력(M_c)과 인장력(M_s)이 동일하도록 설계한다.

구분	내용
압축력(C)	• 콘크리트가 저항할 수 있는 모멘트이다. • $M_c = \eta(0.85 f_{ck}) \times$ 등가응력블록의 깊이(a) $\times$ 보의 폭(b)
인장력(T)	• 철근이 저항할 수 있는 모멘트이다. • $M_s =$ 철근의 단면적(A_s) $\times$ 철근의 항복강도(f_y)

등가응력블록의 깊이
• 힘의 평형조건($C = T$)을 이용한다($C = \eta(0.85 f_{ck}) \times a \times b$, $T = A_s \times f_y$).
• $f_{ck} \leq 40\text{MPa}$일 때, $\eta = 1.0$

단철근 직사각형보	복철근 직사각형보
$a = \dfrac{A_s \times f_y}{\eta(0.85 f_{ck}) \times b}$	$a = \dfrac{(A_s - A_s') \times f_y}{\eta(0.85 f_{ck}) \times b}$

② 보의 휨(모멘트)강도

구분	단철근 직사각형보	복철근 직사각형보
공칭강도	$M_n = A_s f_y \left(d - \dfrac{a}{2}\right)$	$M_n = (A_s - A_s') f_y \left(d - \dfrac{a}{2}\right) + A_s' f_y (d - d')$
설계강도	$M_u = \phi M_n$	$M_u = \phi M_n$

📋 기출 확인

철근콘크리트 단근보를 강도설계법으로 설계 시 콘크리트의 전압축력으로 옳은 것은?(단, $f_{ck} = 24\text{MPa}$, 보의 폭 300mm, 응력블록의 깊이 110mm)

① 750.6kN ② 724.4kN
❸ 673.2kN ④ 650.8kN

$M_c = \eta(0.85 f_{ck}) \times a \times b$
$= 1.0 \times (0.85 \times 24) \times 110 \times 300$
$= 673{,}200\text{N}$

📋 기출 확인

인장철근량 $A_s = 1{,}500\text{mm}^2$인 단철근 장방형보에서 사각형 응력분포깊이 a는 얼마인가?(단, $f_{ck} = 24\text{MPa}$, $f_y = 300\text{MPa}$, $b = 300\text{mm}$, $d = 500\text{mm}$)

① 65.12mm ❷ 73.52mm
③ 82.57mm ④ 89.69mm

$a = \dfrac{A_s \times f_y}{\eta(0.85 f_{ck}) \times b}$

$= \dfrac{1{,}500 \times 300}{1.0 \times (0.85 \times 24) \times 300}$

$\fallingdotseq 73.529\text{mm}$

기출 확인

보 폭은 400mm, 한쪽으로 내민 플랜지 두께는 150mm, 보의 경간은 9m, 인접 보와의 내측거리 3m인 경우, 슬래브와 보가 일체로 타설된 반T형보의 유효폭은?

① 1,000mm ❷ 1,150mm
③ 1,300mm ④ 1,900mm

- $6 \times 150 + 400 = 1,300\text{mm}$
- $\frac{1}{2} \times 3,000 + 400 = 1,900\text{mm}$
- $\frac{1}{12} \times 9,000 + 400 = 1,150\text{mm}$

최솟값인 1,150mm이 유효폭이다.

T형보·반T형보의 유효폭

- T형보는 보의 상부가 슬래브와 일체인 경제적인 단면의 보이다.
- 유효폭은 압축력을 부담하는 슬래브 구간을 말하며, 다음 값 중에서 최소인 값으로 한다.

구분	T형보	반T형보
유효폭 산정	• $16t$(슬래브 두께) + b_w(보의 폭) • 양측 슬래브의 중심 간 거리 • $\frac{1}{4} \times$ 보의 경간(스팬)	• $6t$(슬래브 두께) + b_w(보의 폭) • $\frac{1}{2} \times$ 인접 보와의 내측거리 + b_w(보의 폭) • $\frac{1}{12} \times$ 보의 경간(스팬) + b_w(보의 폭)

합성보의 유효폭

규정	보 중심을 기준으로 '좌우 각 방향'에 대한 콘크리트 슬래브의 유효폭은 다음 중에서 최솟값을 택하여 결정한다. • 보 스팬(지지점의 중심간)의 1/8 • 보 중심선에서 인접 보 중심선까지 거리의 1/2 • 보 중심선에서 슬래브 가장자리까지의 거리(내부 합성보는 해당 없음)
계산 (좌우합산)	다음 중에서 최솟값을 택하여 결정한다. • 보 스팬(경간)의 1/4 • 양측 슬래브의 중심 간 거리

③ 보의 전단강도

구분	콘크리트 부담 (전단력 + 휨모멘트)	전단 보강근 부담	
공칭강도	$V_c = \frac{1}{6} \times \lambda \times \sqrt{f_{ck}} \times b_w \times d$	$V_s = \frac{A_v \times f_{yt} \times d}{S}$	• A_v : 전단철근량(단면적) • f_{yt} : 전단철근의 항복강도 • S : 전단철근의 간격
설계강도	$V_n = \phi V_c$	$V_n = \phi V_s$	

전단철근량(A_v)과 전단철근간격(S)

구분	전단철근량	전단철근간격
수직스터럽	$A_v = \frac{V_s \times S}{f_{yt} \times d}$	$S = \frac{A_v \times f_{yt} \times d}{V_s}$

기출 확인

단면 $b \times d = 300 \times 550\text{mm}$, 모래경량 콘크리트를 사용한 철근콘크리트보에서 콘크리트가 부담할 수 있는 공칭전단강도(V_c)는?(단, f_{ck} = 21MPa)

① 95kN ❷ 107kN
③ 126kN ④ 132kN

$V_c = \frac{1}{6} \times \lambda \times \sqrt{f_{ck}} \times b_w \times d$

$= \frac{1}{6} \times 0.85 \times \sqrt{21} \times 300 \times 550$

$\fallingdotseq 107,118\text{N} \fallingdotseq 107\text{kN}$

---

❸ 보의 균열·처짐

① 사인장균열

- 단순보의 단부에서 큰 전단력과 작은 모멘트가 발생하면서 일어나는 균열이다.
- 보의 축과 약 45°의 각도를 이루며, 스터럽(늑근)이 부족한 경우에 발생한다.

보 부재의 균열모멘트

균열모멘트	콘크리트의 파괴계수
$M_{cr} = f_r \times Z = f_r \times \frac{I_g}{y_t}$	$f_r = 0.63\lambda\sqrt{f_{ck}}$

기출 확인

폭 b = 250mm, 높이 h = 500mm인 직사각형 콘크리트보 부재의 균열모멘트 M_{cr}은?(단, 경량 콘크리트계수 $\lambda = 1$, f_{ck} = 24MPa)

① 8.3kN·m ② 16.4kN·m
③ 24.5kN·m ❹ 32.2kN·m

$M_{cr} = f_r \times Z = 0.63\lambda\sqrt{f_{ck}} \times \frac{bh^2}{6}$

$= 0.63 \times 1 \times \sqrt{24} \times \frac{250 \times 500^2}{6}$

$\fallingdotseq 32,149,552\text{N} \cdot \text{mm}$

$\fallingdotseq 32.2\text{kN} \cdot \text{m}$

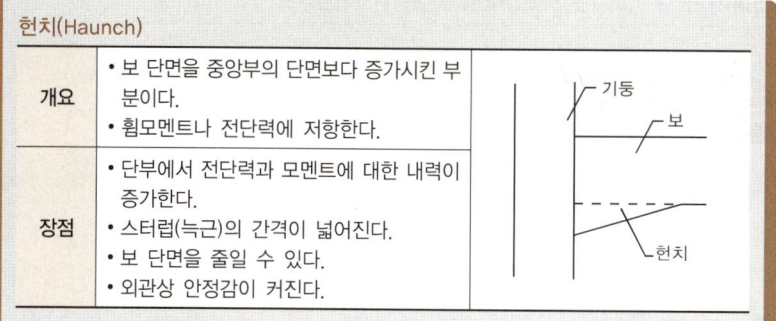

더 알아보기

사인장균열

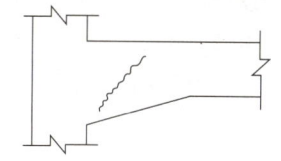

② 허용균열폭의 고려사항

철근콘크리트 구조물의 소요 내구성 확보와 누수 방지를 위한 규정이다.

구조물의 사용목적	철근콘크리트 구조물, 수처리 구조물
강재의 종류	철근, 긴장재
환경조건	건조환경, 습윤환경, 부식성 환경, 고부식성 환경

기출 확인

콘크리트구조에서 허용균열폭 결정 시 고려사항과 가장 거리가 먼 것은?
① 구조물의 사용목적
② 소요 내구성
❸ 콘크리트 강도
④ 환경조건

③ 처짐

- 탄성처짐과 장기처짐으로 구분되며, 영향인자는 지속하중, 크리프, 건조수축 등이다.
- 압축철근은 장기처짐의 감소에 효과적이다.

처짐을 계산하지 않는 보의 최소 두께
- 보통중량콘크리트($M_c = 2,300 kg/m^3$)와 철근($f_y = 400MPa$)을 사용한 부재의 값이다.
- 1단 연속, 양단 연속의 경우 스팬이 가장 긴 보의 l을 적용한다.
- 리브가 있는 1방향 슬래브의 경우는 아래 값을 적용한다.

구분	단순지지	1단 연속	양단 연속	캔틸레버
최소 두께 (최소 춤, h)	$l/16$	$l/18.5$	$l/21$	$l/8$

크리프와 건조수축에 의한 추가 장기처짐

지속하중에 의한 순간처짐에 계수 $\lambda = \dfrac{\xi}{1+50\rho'}$ (ξ=시간경과계수, ρ'=압축철근비)를 곱하여 구하며, 최대 허용처짐 이하여야 한다.

부재의 장기처짐
- 장기처짐은 즉시처짐과 시간경과에 따른 처짐의 합이다.
- 상대습도, 온도 등 제반 환경과 부재의 크기에 영향을 받는다.
- 압축철근비가 클수록 감소하며, 시간경과계수의 최댓값은 2이다.

극한강도설계법의 최대 허용처짐(KDS 14 20 30)

처짐 한계	부재의 형태
$\dfrac{l}{180}$	과도한 처짐에 의해 손상되기 쉬운 비구조 요소를 지지 또는 부착하지 않은 평지붕구조
$\dfrac{l}{360}$	과도한 처짐에 의해 손상되기 쉬운 비구조 요소를 지지 또는 부착하지 않은 바닥구조
$\dfrac{l}{480}$	과도한 처짐에 의해 손상되기 쉬운 비구조 요소를 지지 또는 부착한 지붕 또는 바닥구조
$\dfrac{l}{240}$	과도한 처짐에 의해 손상될 염려가 없는 비구조 요소를 지지 또는 부착한 지붕 또는 바닥구조

기출 확인

강도설계법에서 처짐을 계산하지 않는 경우, 철근콘크리트보의 최소 두께 규정으로 옳은 것은?(단, 보통콘크리트 M_c = 2,300kg/m³와 설계기준항복강도 400MPa 철근을 사용한 부재)
❶ 1단 연속 : $l/18.5$
② 단순지지 : $l/15$
③ 양단 연속 : $l/24$
④ 캔틸레버 : $l/10$

기출 확인

철근콘크리트 단순보에서 순간탄성처짐이 0.9mm이었다면 1년 뒤 이 부재의 총 처짐량을 구하면?(단, 시간경과계수 ξ = 1.4, 압축철근비 ρ' = 0.01071)
① 1.52mm ❷ 1.72mm
③ 1.92mm ④ 2.12mm

$\lambda = \dfrac{\xi}{1+50\rho'} = \dfrac{1.4}{1+50\times 0.01071}$
$\fallingdotseq 0.9118$
장기처짐 = $0.9 \times 0.9118 \fallingdotseq 0.82mm$
총처짐 = $0.9 + 0.82 \fallingdotseq 1.72mm$

더 알아보기

지속하중에 대한 시간경과계수

5년 이상	12개월	6개월	3개월
2.0	1.4	1.2	1.0

슬래브

CHAPTER 3 건축구조 / SECTION 2 철근콘크리트구조

❶ 슬래브

① 개요
수평으로 설치되어 면에 직각으로 힘을 받는 판형의 수평 구조재이다.

② 4변 고정 슬래브

구분		1방향 슬래브	2방향 슬래브
변장비(λ)		장변, 단변 > 2	장변, 단변 ≤ 2
배근	주근	1방향 주근 배치	2방향 주근 직각 배치
	단변 방향	주근	주근
	장변 방향	수축·온도철근	주근
하중분담		대부분 단변 방향으로 작용	단변 방향이 많고 장변 방향이 적다.

③ 1방향 슬래브의 배근
단변 방향 단부에서 하중을 가장 많이 받으므로 철근을 많이 배근한다.

철근	위험 단면	슬래브의 정모멘트 철근 및 부모멘트 철근의 중심 간격은 위험단면에서는 슬래브 두께의 2배 이하이어야 하고, 또한 300mm 이하로 하여야 한다.
	기타 단면	기타의 단면에서는 슬래브 두께의 3배 이하이어야 하고, 또한 450mm 이하로 하여야 한다.
	\multicolumn{2}{l}{• 슬래브 끝의 단순받침부에서도 내민슬래브에 의하여 부모멘트가 일어나는 경우에는 이에 상응하는 철근을 배치하여야 한다.}
	\multicolumn{2}{l}{• 슬래브의 단변 방향 보의 상부에 부모멘트로 인해 발생하는 균열을 방지하기 위하여 슬래브의 장변 방향으로 슬래브 상부에 철근을 배치하여야 한다.}
수축·온도 철근	개요	• 1방향 슬래브에서는 정모멘트 철근 및 부모멘트 철근에 직각 방향으로 수축·온도철근을 배치하여야 한다. • 설계기준항복강도(f_y)를 발휘할 수 있도록 정착되어야 한다.
	역할	• 콘크리트 건조수축, 온도변화에 의한 균열을 감소시킨다. • 슬래브에 작용하는 응력을 고르게 분포시킨다. • 주철근을 연결하여 간격을 유지한다.
	간격	수축·온도철근의 간격은 슬래브 두께의 5배 이하, 또한 450mm 이하로 하여야 한다.
	철근비	• 콘크리트 전체 단면적에 대한 수축·온도철근 단면적의 비이다. • 어떠한 경우에도 0.0014 이상이다. | 이형철근($f_y \leq 400\text{MPa}$)	0.0020
이형철근 또는 용접철망 ($f_y > 400\text{MPa}$)	$0.0020 \times \dfrac{400}{f_y}$	

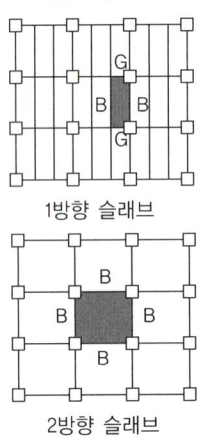

1방향 슬래브

2방향 슬래브

기출 확인
1방향 철근콘크리트 슬래브에서 철근의 설계기준항복강도가 500MPa인 경우 콘크리트 전체 단면적에 대한 수축·온도철근비는 최소 얼마 이상이어야 하는가? (단, 이형철근 사용)

① 0.0015　　❷ 0.0016
③ 0.0018　　④ 0.0020

$$\rho = 0.0020 \times \frac{400}{f_y}$$
$$= 0.0020 \times \frac{400}{500} = 0.0016$$

④ 2방향 슬래브의 배근

철근	위험단면	위험단면의 철근 간격은 슬래브 두께의 2배 이하, 또한 300mm 이하로 하여야 한다. 다만 와플구조나 리브구조로 된 부분은 예외로 한다.
		2방향 슬래브 시스템의 각 방향의 철근 단면적은 위험단면의 휨모멘트에 의해 결정하며 KDS에서 요구하는 수축·온도 철근량 이상이어야 한다.

슬래브의 전단력에 대한 위험단면
슬래브의 평면에 직각이어야 한다(d = 슬래브의 유효깊이).

구분	1방향 슬래브	2방향 슬래브
위험단면	받침부에서 d만큼 떨어진 지점	받침부에서 $d/2$만큼 떨어진 지점

주열대
- 주열대는 기둥 중심선 양쪽으로 $0.25l_2$와 $0.25l_1$ 중 작은 값을 한쪽의 폭으로 하는 슬래브의 영역을 가리킨다.
- 받침부 사이의 보는 주열대에 포함한다.
- 중간대는 두 주열대 사이의 슬래브 영역을 가리킨다.

기출 확인

플랫슬래브가 큰 하중을 받을 때 기둥 주변에서 뚫림전단(Punching shear) 파괴의 위험이 발생한다. 뚫림전단을 검토하는 위치는?(d : 슬래브의 유효두께)

① 기둥면 주변
❷ 기둥면에서 $d/2$만큼 떨어진 주변
③ 기둥면에서 $d/4$만큼 떨어진 주변
④ 기둥면에서 d만큼 떨어진 주변

⑤ 슬래브의 두께

1방향 슬래브의 두께는 최소 100mm 이상으로 하여야 한다.

처짐을 계산하지 않는 1방향 슬래브의 최소 두께
- 보통중량콘크리트($M_c = 2,300 kg/m^3$)와 철근($f_y = 400MPa$)을 사용한 부재의 값이다.
- 리브가 있는 1방향 슬래브의 경우는 보의 규정과 동일하다.

구분	단순지지	1단 연속	양단 연속	캔틸레버
최소 두께	$l/20$	$l/24$	$l/28$	$l/10$

기출 확인

경간 4m인 1방향 슬래브에서 양단 연속일 경우 처짐을 계산하지 않는 슬래브의 최소 두께는?

① 112mm
② 125mm
❸ 143mm
④ 156mm

$$h_{min} = \frac{l}{28} = \frac{4,000}{28} ≒ 142.86mm$$

⑥ 슬래브의 직접설계법

아래 규정을 만족하는 슬래브 시스템은 직접설계법을 사용하여 설계할 수 있다.

주요 제한 사항	• 각 방향으로 3경간 이상 연속되어야 한다. • 슬래브 판들은 단변 경간에 대한 장변 경간의 비가 2 이하인 직사각형이어야 한다. • 각 방향으로 연속한 받침부 중심 간 경간 차이는 긴 경간의 1/3 이하이어야 한다. • 연속된 기둥 중심선을 기준으로 기둥의 어긋남은 그 방향 경간의 10% 이하이어야 한다. • 모든 하중은 슬래브 판 전체에 걸쳐 등분포된 연직하중이어야 한다. • 활하중은 고정하중의 2배 이하이어야 한다.

정적계수휨모멘트(M_o)
내부 경간에서는 전체 정적 계수휨모멘트를 다음과 같은 비율로 분배하여야 한다.

부계수휨모멘트	정계수휨모멘트
0.65	0.35

기출 확인

보가 있는 2방향 슬래브를 강도설계법에서 직접설계법으로 계산할 때 M_o = 900kN·m로 산정되었다. 내부 스팬의 정계수모멘트(kN·m)와 부계수모멘트(kN·m)로 옳은 것은?

❶ 정계수모멘트 315, 부계수모멘트 585
② 정계수모멘트 270, 부계수모멘트 630
③ 정계수모멘트 585, 부계수모멘트 315
④ 정계수모멘트 630, 부계수모멘트 270

정계수모멘트 = 0.35 × 900 = 315
부계수모멘트 = 0.65 × 900 = 585

➕ 더 알아보기

플랫슬래브의 구조

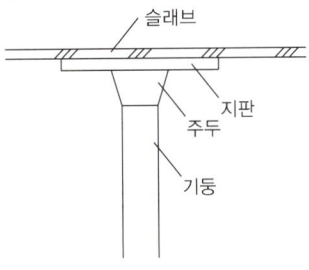

📋 기출 확인

보 또는 보의 역할을 하는 리브나 지판이 없이 기둥으로 하중을 전달하는 2방향으로 철근이 배치된 콘크리트 슬래브는?

① 와플슬래브(Waffle slab)
❷ 플랫플레이트(Flat plate)
③ 플랫슬래브(Flat slab)
④ 데크플레이트슬래브(Deck plate slab)

➕ 더 알아보기

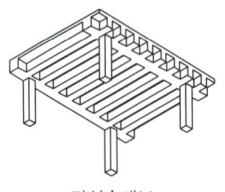

장선슬래브

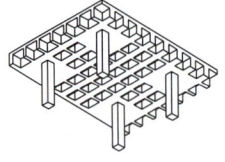

와플슬래브

❷ 특수 슬래브

① 플랫슬래브

보 없이 슬래브의 하중이 지판을 통해 기둥에 전달되는 슬래브이다.

특징	• 보가 없으므로 구조가 간단하고 실내 이용률이 높다. • 천장고를 낮추기 위한 방법으로도 사용된다.
구조	기둥 주위의 전단력과 모멘트를 감소시키기 위해 지판과 주두를 둔다.
	지판 (드롭패널)	• 기둥 상부의 부모멘트에 대한 철근을 줄이기 위해 사용한다. • 지판은 받침부 중심선에서 각 방향 받침부 중심 간 경간의 1/6 이상을 각 방향으로 연장시켜야 한다. • 지판의 슬래브 아래로 돌출한 두께는 돌출부를 제외한 슬래브 두께의 1/4 이상으로 하여야 한다. • 지판 부위의 슬래브 철근량을 계산할 때 슬래브 아래로 돌출한 지판의 두께는 지판의 외단부에서 기둥이나 기둥머리 면까지 거리의 1/4 이하이어야 한다.
	주두 (캐피털)	플랫슬래브를 지지하는 기둥의 상단에서 단면적이 증가된 부분이다.

플랫슬래브·플랫플레이트	
플랫슬래브	**플랫플레이트**
보 없이 지판에 의해 하중이 기둥으로 전달되며, 2방향으로 철근이 배치된 콘크리트 슬래브	보나 지판이 없이 기둥으로 하중을 전달하는 2방향으로 철근이 배치된 콘크리트 슬래브

② 장선슬래브
- 슬래브와 등간격의 장선이 일체화된 슬래브이다.
- 슬래브 두께를 작게 할 수 있으며, 양 단부를 보 또는 벽으로 지지하는 구조이다.
- 장선이 2방향으로 배치된 것을 2방향 장선구조 또는 와플슬래브라 한다.

③ 와플슬래브
- 슬래브와 등간격으로 서로 직교하는 장선(리브)이 일체화된 슬래브이다.
- 기둥의 스팬을 크게 할 수 있으며, 일종의 격자시스템 슬래브구조이다.

CHAPTER 3 건축구조 / SECTION 2 철근콘크리트구조

CORE 12 기둥·벽체·기타

❶ 기둥

① 개요
높이가 단면 최소 치수의 3배 이상인 압축부재를 말한다.

② 기둥의 배근

주근	개요	축방향(종방향)의 철근이 주근이다.
	단면적	주철근 단면적은 전체 단면적의 0.01배 이상, 0.08배 이하이다.
	최소 개수	• 사각형이나 원형 띠철근으로 둘러싸인 경우 4개 • 삼각형 띠철근으로 둘러싸인 경우 3개 • 나선철근으로 둘러싸인 철근의 경우 6개
띠철근 (대근)	개요	횡방향의 보강 철근으로, 주근 주위를 수평으로 둘러 감은 철근이다.
	역할	주근의 좌굴을 방지하고, 주근을 고정시키며, 수평력에 대한 전단보강의 작용을 한다.
	수직간격	축방향 철근지름의 16배 이하, 띠철근이나 철선지름의 48배 이하, 기둥 단면의 최소 치수 이하로 한다.
나선철근	개요	원형 및 다각형 기둥에서 주근을 나선형으로 둘러 감은 철근이다.
	순간격	25mm 이상, 75mm 이하이다.

③ 기둥의 최대 설계축강도(ϕP_n)
강도감소계수(ϕ)는 띠철근 기둥에서 0.65, 나선철근 기둥에서 0.70이다.

띠철근 기둥	$0.80\phi \times \{0.85f_{ck}(A_g - A_{st}) + f_y A_{st}\}$	• A_g = 기둥의 단면적
나선철근 기둥	$0.85\phi \times \{0.85f_{ck}(A_g - A_{st}) + f_y A_{st}\}$	• A_{st} = 축방향 주근의 단면적

❷ 벽체

① 개요
수직으로 세워져서 축력이 면을 따라 전달되는 판형의 수직 구조재이다.

② 벽체의 배근

배치간격	수직 및 수평철근의 간격은 벽두께의 3배 이하, 또한 450mm 이하이다.
띠철근(대근)	압축력을 받는 수직철근이 집중 배치된 벽체부분의 수직철근비가 0.01배 이상인 경우 횡방향 띠철근을 배치한다.
복배근	지하실을 제외한 두께 250mm 이상의 벽체는 수직 및 수평철근을 벽면에 평행하게 양면으로 배치해야 한다.

📋 기출 확인

강도설계법에서 원형 띠철근 기둥은 주근을 최소 몇 개 이상 배근해야 하는가?

❶ 4개　　② 6개
③ 8개　　④ 10개

📋 기출 확인

다음 조건과 같은 압축부재에서 사용되는 띠철근의 수직간격은 얼마 이하이어야 하는가?

• 기둥 단면 : 600 × 500mm
• 주철근 D25, 띠철근 D10

❶ 400mm　　② 450mm
③ 480mm　　④ 500mm

• 25mm × 16 = 400mm 이하(적용)
• 10mm × 48 = 480mm 이하
• 500mm 이하

📋 기출 확인

그림과 같은 띠철근 기둥의 설계축하중 ϕP_n 은?(단, f_{ck} = 24MPa, f_y = 400MPa, 주근 A_{st} = 3,000mm²)

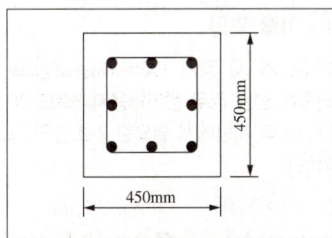

❶ 2,740kN　　② 2,952kN
③ 3,335kN　　④ 3,359kN

$A_g = 450 \times 450 = 202,500\text{mm}^2$
$\phi P_n = 0.80 \times 0.65 \times (0.85 \times 24 \times$
$\quad (202,500 - 3,000) + 400 \times$
$\quad 3,000) = 2,740,296 ≒ 2,740\text{kN}$

기출 확인

강도설계법에서 벽체 전체 단면적에 대한 최소 수직·수평철근비로 옳은 것은? (단, f_y = 400MPa, D13 철근 사용)

❶ 수직철근비 0.0012, 수평철근비 0.0020
② 수직철근비 0.0015, 수평철근비 0.0020
③ 수직철근비 0.0015, 수평철근비 0.0025
④ 수직철근비 0.0020, 수평철근비 0.0025

벽체의 철근비
벽체의 전체 단면적에 대한 철근비 규정이다.

구분	최소 수직철근비	최소 수평철근비
$f_y \geq$ 400MPa, D16 이하의 이형철근	0.0012	$0.0020 \times \dfrac{400}{f_y}$*
기타 이형철근	0.0015	0.0025
지름 16mm 이하의 용접철망	0.0012	0.0020

* 다만, 이 철근비의 계산에서 f_y는 500MPa을 초과할 수 없다.

❸ 옹벽

① 개요

지반의 붕괴를 방지하는 구조물이다.

② 설계원칙

하중	• 상재하중, 뒤채움 흙의 중량, 옹벽의 자중, 옹벽에 작용되는 토압, 수압에 견디도록 설계하여야 한다. • 내진설계 시 별도로 지진하중을 고려해야 한다.

옹벽의 안정조건

활동에 대한 저항력	전도에 대한 저항 휨모멘트
옹벽에 작용하는 수평력의 1.5배 이상	횡토압에 의한 전도모멘트의 2배 이상

기출 확인

옹벽 설계 시 고려해야 할 하중과 가장 거리가 먼 것은?

❶ 풍하중
② 지진하중
③ 토압
④ 수압

❹ 기초판

① 개요

건물의 최하부에서 건축물의 자중 및 적재하중을 지반에 전달하는 구조부이다.

② 기초판의 깊이

기초판 윗면부터 하부철근까지의 깊이는 아래와 같다.

직접기초	말뚝기초
150mm 이상	300mm 이상

③ 기초판의 크기

기초판의 크기
• σ_{max} = 기초자중을 포함한 직압력(P) ÷ 기초판의 면적(A) ≤ 허용지내력도(f_e)

• 기초판의 면적(A) ≥ $\dfrac{\text{기초자중을 포함한 직압력}(P)}{\text{허용지내력도}(f_e)}$

기출 확인

기초설계 시 장기 150kN(자중포함)의 하중을 받는 경우 장기허용지내력도 20kN/m²의 지반에서 필요한 기초판의 크기는?

① 1.6×1.6m ② 2.0×2.0m
③ 2.4×2.4m ❹ 2.8×2.8m

$A \geq \dfrac{P}{f_e} = \dfrac{150\text{kN}}{20\text{kN/m}^2} = 7.5\text{m}^2$

기초판의 면적이 7.5m² 이상이어야 하므로, 기초판 한변의 길이는 $\sqrt{7.5}$ m 이상이어야 한다.

CORE 13 철근

CHAPTER 3 건축구조 / SECTION 2 철근콘크리트구조

❶ 철근 상세

① 표준갈고리

표준갈고리 제작 시 구부린 끝에서 아래의 규정대로 더 연장하여야 한다.

주철근		스터럽(늑근) 및 띠철근(대근)		
180°	90°	135°	90°	
		D25 이하	D16 이하	D19, D22, D25
$4d_b$ 이상, 60mm 이상	$12d_b$ 이상	$6d_b$ 이상	$6d_b$ 이상	$12d_b$ 이상

구부림의 최소 내면 반지름
철근의 직경(d_b)에 따른 표준갈고리의 구부림 최소 내면 반지름 기준이다.

구부림의 최소 내면 반지름	주철근 표준갈고리	스터럽·띠철근 표준갈고리
$2d_b$	–	D16 이하
$3d_b$	D10~D25	D19~D25
$4d_b$	D29~D35	
$5d_b$	D38 이상	

② 철근의 간격 제한

평행 철근의 순간격	25mm 이상, 철근의 공칭지름 이상, 굵은 골재 최대 치수의 4/3 이상
상하 철근의 순간격	25mm 이상
기둥 주근의 순간격	40mm 이상, 철근 공칭지름의 1.5배 이상, 굵은 골재 최대 치수의 4/3 이상
벽체·슬래브 주근의 순간격	벽체나 슬래브 두께의 3배 이하, 450mm 이하

철근의 수평 순간격 계산
(단면 길이 − 피복두께×2 − 스터럽 지름×2 − 철근지름×개수) ÷ 간격 개수

주근의 간격 제한
- 동일 평면에서 평행한 철근 사이의 수평 순간격은 25mm 이상, 철근의 공칭지름 이상으로 하여야 하며, 또한 굵은 골재 최대 치수의 4/3 이상이다.
- 상단과 하단에 2단 이상으로 배치된 경우 상하 철근은 동일 연직면 내에 배치되어야 하고, 이때 상하 철근의 순간격은 25mm 이상으로 하여야 한다.
- 나선철근 또는 띠철근이 배근된 압축부재에서 축방향 철근의 순간격은 40mm 이상, 또한 철근 공칭지름의 1.5배 이상으로 하여야 하며, 굵은 골재 최대 치수의 4/3 이상이다.
- 벽체 또는 슬래브에서 휨 주철근의 간격은 벽체나 슬래브 두께의 3배 이하로 하여야 하고, 또한 450mm 이하로 하여야 한다.

📋 기출 확인

주철근으로 사용된 D22 철근 180° 표준갈고리의 구부림 최소 내면 반지름(r)으로 옳은 것은?

① $r = 1d_b$ ② $r = 2d_b$
③ $r = 2.5d_b$ ❹ $r = 3d_b$

📋 기출 확인

강도설계법으로 설계된 그림과 같은 보에서 이음이 없는 경우 요구되는 보의 최소 폭 b를 구하면?(단, 굵은 골재의 최대 치수는 25mm, 피복두께 40mm, 주철근의 직경은 22mm, 스터럽의 직경은 10mm로 계산)

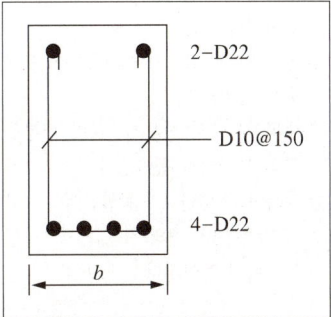

❶ 287.9mm   ② 305.9mm
③ 310.3mm   ④ 317.5mm

평행 철근의 순간격은 간격 제한 규정 중 가장 큰 값인 25mm × 4/3 ≒ 33.3 이상을 적용한다.
$b = (40×2) + (10×2) + (22×4) + (33.3×3) = 287.9$mm

➕ 더 알아보기

부재별 피복두께의 기준

기둥	띠철근 – 콘크리트 표면
보	스터럽 – 콘크리트 표면

📋 기출 확인

강도설계법에서 흙에 접하거나 옥외의 공기에 직접 노출되는 현장치기콘크리트인 경우 D16 이하 철근의 최소 피복두께는 얼마로 하는가?

① 20mm ② 30mm
❸ 40mm ④ 50mm

③ 최소 피복두께
- 콘크리트 표면과 그에 가장 가까이 배치된 철근 표면 사이의 콘크리트 두께이다.
- 프리스트레스하지 않는 부재의 현장치기콘크리트의 최소 피복두께는 아래와 같다.

수중에서 치는 콘크리트			100mm
흙에 접하여 콘크리트를 친 후 영구히 흙에 묻혀 있는 콘크리트			75mm
흙에 접하거나 옥외의 공기에 직접 노출되는 콘크리트		D19 이상의 철근	50mm
		D16 이하의 철근 지름 16mm 이하의 철선	40mm
옥외의 공기나 흙에 직접 접하지 않는 콘크리트	슬래브, 벽체, 장선	D35 초과하는 철근	40mm
		D35 이하의 철근	20mm
	보, 기둥 ($f_{ck} \geq$ 40MPa인 경우, 10mm 저감시킨다)		40mm
	쉘, 절판부재		20mm

❷ 철근의 정착

① 개요

기본정착길이는 콘크리트에 묻힌 철근이 인장항복에 이르기까지 뽑히거나 미끄러지지 않고 저항할 수 있는 부착력을 확보하기 위한 최소한의 묻힘길이를 말한다.

정착길이에 영향을 주는 인자		
구분	길어진다.	짧아진다.
콘크리트의 강도	작을수록	클수록
철근의 항복강도	클수록	작을수록
철근의 지름	클수록	작을수록

부착력에 영향을 주는 인자
- 철근량을 유지하면서 가는 철근을 여러 개 사용하면 단면의 변경 없이 부착력을 증가시킬 수 있다.
- 철근의 항복강도는 부착력에 영향을 주지 않는다.

구분	커진다.	작아진다.
콘크리트의 강도	클수록	작을수록
콘크리트의 피복두께	클수록	작을수록
철근의 주장	길수록	짧을수록
철근의 지름	많은 수의 가는 철근	적은 수의 굵은 철근
철근의 방향	수직철근	수평철근
철근의 위치	하부철근	상부철근
철근의 종류	이형철근	원형철근

➕ 더 알아보기

철근의 정착길이

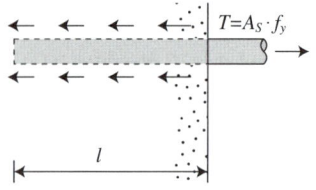

📋 기출 확인

철근과 콘크리트 사이의 부착력에 영향을 주는 요인에 관한 설명 중 옳지 않은 것은?

❶ 철근의 강도가 증가할수록 부착력은 높아진다.
② 콘크리트의 강도가 증가할수록 부착력은 높아진다.
③ 수평철근에서 상부철근보다 하부철근의 부착력이 높아진다.
④ 지름이 큰 철근보다 동일면적의 지름이 작은 여러 개의 철근을 사용하면 부착력이 높아진다.

② 인장 이형철근·철선

정착길이(l_d)는 기본정착길이(l_{db}) × 보정계수이며, 항상 300mm 이상이어야 한다.

기본정착길이	$l_{db} = \dfrac{0.6 \times d_b \times f_y}{\lambda \sqrt{f_{ck}}}$		
보정계수	D19 이하	D22 이상	조건
	$0.8\alpha\beta$	$\alpha\beta$	• 정착되거나 이어지는 철근의 순간격이 d_b 이상이고, 피복두께도 d_b 이상이면서 l_d 전 구간에 최소 철근량 이상의 스터럽 또는 띠철근을 배치한 경우 • 정착되거나 이어지는 철근의 순간격이 $2d_b$ 이상이고, 피복두께도 d_b 이상인 경우
	$1.2\alpha\beta$	$1.5\alpha\beta$	기타

인장 이형철근·철선의 주요 정착길이 보정계수

구분		계수	비고
α	철근배치 위치계수	1.3	상부철근(정착길이 또는 겹침이음부 아래 300mm를 초과되게 굳지 않은 콘크리트를 친 수평철근)
		1.0	기타 철근
β	도막계수	1.5	피복두께가 $3d_b$ 미만 또는 순간격이 $6d_b$ 미만인 에폭시 도막 혹은 아연-에폭시 이중 도막 철근 또는 철선
		1.2	기타 에폭시 도막 혹은 아연-에폭시 이중 도막 철근 또는 철선
		1.0	아연도금 혹은 도막되지 않은 철근 또는 철선
		에폭시 도막철근이 상부철근인 경우에 상부철근의 위치계수 α와 도막계수 β의 곱, $\alpha\beta$가 1.7보다 클 필요는 없다.	
λ	경량 콘크리트 계수	1.0	보통중량 콘크리트($m_c = 2,300 \text{kg/m}^3$)
		0.75	전경량 콘크리트
		0.85	모래경량 콘크리트
γ	철근·철선의 크기계수	0.8	D19 이하의 철근과 이형철선
		1.0	D22 이상의 철근

③ 압축 이형철근

정착길이(l_d)는 기본정착길이(l_{db}) × 적용 가능한 모든 보정계수이며, 항상 200mm 이상이어야 한다.

기본정착길이	$l_{db} = \dfrac{0.25 \times d_b \times f_y}{\lambda \sqrt{f_{ck}}}$, $0.043 \times d_b \times f_y$ 이상

압축 이형철근의 기본정착길이에 대한 보정계수

$\dfrac{\text{소요} A_s}{\text{배근} A_s}$	해석 결과 요구되는 철근량을 초과하여 배치한 경우
0.75	지름이 6mm 이상이고 나선 간격이 100mm 이하인 나선철근 또는 중심 간격 100m 이하로 (KDS 14 20 50)의 요구조건에 따라 배치된 D13 띠철근으로 둘러싸인 압축 이형철근

📋 **기출 확인**

인장 이형철근 및 이형철선의 정착길이 l_d의 최솟값은?

① 150mm   ② 200mm
③ 250mm   ❹ 300mm

📋 **기출 확인**

강도설계법에서 D19 인장철근의 기본정착길이로 가장 가까운 것은?(단, f_{ck} = 24MPa, f_y = 400MPa)

① 700mm   ❷ 950mm
③ 1,250mm   ④ 1,550mm

$l_{db} = \dfrac{0.6 \times d_b \times f_y}{\lambda \sqrt{f_{ck}}} = \dfrac{0.6 \times 19 \times 400}{1 \times \sqrt{24}}$
$\fallingdotseq 930.81 \text{mm}$

📋 **기출 확인**

인장을 받는 이형철근의 정착길이(l_d)는 기본정착길이(l_{db})에 보정계수를 곱하여 산정한다. 다음 중 이러한 보정계수에 영향을 미치는 사항이 아닌 것은?

❶ 콘크리트 강도계수
② 경량 콘크리트계수
③ 에폭시 도막계수
④ 철근배치 위치계수

📋 **기출 확인**

강도설계법에서 압축 이형철근 D22의 기본정착길이는?(단, f_{ck} = 24MPa, f_y = 400MPa, 경량 콘크리트계수 λ = 1)

① 400mm   ❷ 450mm
③ 500mm   ④ 550mm

$l_{db} = \dfrac{0.25 \times d_b \times f_y}{\lambda \sqrt{f_{ck}}}$
$= \dfrac{0.25 \times 22 \times 400}{1 \times \sqrt{24}} \fallingdotseq 449.1 \text{mm}$

기출 확인

표준갈고리를 갖는 인장 이형철근(D13)의 기본정착길이는?(단, D13의 공칭지름 : 12.7mm, f_{ck} = 27MPa, f_y = 400MPa, β = 1.0, m_c = 2,300kg/m³)

① 190mm ② 205mm
③ 220mm ❹ 235mm

m_c = 2,300kg/m³, $\lambda = 1$

$l_{hb} = \dfrac{0.24 \times 1 \times 12.7 \times 400}{1 \times \sqrt{27}}$

  $\fallingdotseq 234.64$mm

+ 더 알아보기

서로 다른 크기의 철근의 인장 겹침이음
이음길이는 크기가 큰 철근의 정착길이와 크기가 작은 철근의 겹침이음길이 중 큰 값 이상으로 한다.

기출 확인

철근의 이음에 관한 설명 중 옳지 않은 것은?

① 휨부재에서 서로 직접 접촉되지 않게 겹침이음된 철근은 횡방향으로 소요 겹침이음길이의 1/5 또는 150mm 중 작은 값 이상 떨어지지 않아야 한다.
❷ 인장력을 받는 이형철근 및 이형철선의 겹침이음길이는 최소 400mm 이상이어야 한다.
③ 일반적으로 D35를 초과하는 철근은 겹침이음을 하지 않아야 한다.
④ 압축 이형철근의 겹침이음길이는 최소 300mm 이상이어야 한다.

---

④ 표준갈고리를 갖는 인장 이형철근

정착길이(l_{dh})는 기본정착길이(l_{hb}) × 적용 가능한 모든 보정계수이며, 항상 $8d_b$ 이상 또한 150mm 이상이어야 한다.

| 기본정착길이 | $l_{hb} = \dfrac{0.24 \times \beta \times d_b \times f_y}{\lambda \sqrt{f_{ck}}}$ |

압축을 받는 갈고리
갈고리는 압축을 받는 경우 철근의 정착에 유효하지 않은 것으로 본다.

❸ 철근의 이음

① 개요

겹침이음, 용접이음, 가스압접이음, 기계적 이음(슬리브, 커플러 등) 등이 있다.

철근의 이음에 대한 규정	
겹침이음	• D35를 초과하는 철근은 겹침이음을 할 수 없다. • 다발철근의 겹침이음은 다발 내의 개개 철근에 대한 겹침이음길이를 기본으로 하여 결정하여야 한다. • 한 다발 내에서 각 철근의 이음은 한 군데에서 중복하지 않는다. • 두 다발철근을 개개 철근처럼 겹침이음할 수 없다. • 휨부재에서 서로 직접 접촉되지 않게 겹침이음된 철근은 횡방향으로 소요 겹침이음길이의 1/5 또는 150mm 중 작은 값 이상 떨어지지 않아야 한다.
용접이음	• 용접용 철근을 사용해야 한다. • f_y의 125% 이상을 발휘할 수 있는 용접이어야 한다.
기계적이음	f_y의 125% 이상을 발휘할 수 있는 기계적 이음이어야 한다.

② 인장 이형철근 · 철선

겹침이음길이는 A급과 B급으로 분류하며, 300mm 이상이어야 한다.

구분	겹침이음길이	조건
A급 이음	$1.0l_d$	배치된 철근량이 이음부 전체 구간 소요철근량의 2배 이상이고, 소요겹침이음길이 내 겹침이음된 철근량이 전체 철근량의 1/2 이하인 경우
B급 이음	$1.3l_d$	A급 이음에 해당되지 않는 경우

③ 압축 이형철근

겹침이음길이는 300mm 이상이어야 하며, f_{ck} < 21MPa인 경우에는 겹침이음길이를 1/3 증가시킨다.

| 겹침이음길이 | • $l_s = \left(\dfrac{1.4 \times f_y}{\lambda \sqrt{f_{ck}}} - 52\right) \times d_b$
• f_y > 400MPa인 경우 $(0.13f_y - 24)d_b$ 이하이다.
• $f_y \le 400$MPa인 경우 $0.072f_y d_b$ 이하이다. |

❹ 전단보강철근

① 개요
- 전단력에 저항하도록 배치한 철근이다.
- 전단철근의 설계기준항복강도(f_y)는 500MPa을 초과할 수 없다. 다만, 벽체의 전단철근 또는 용접 이형철망을 사용할 경우 전단철근의 설계기준항복강도는 600MPa을 초과할 수 없다.

전단철근의 형태	• 부재축에 직각인 스터럽(늑근) • 부재축에 직각으로 배치한 용접철망 • 나선철근, 원형 띠철근 또는 후프철근

> **철근콘크리트 부재의 전단철근**
> - 주인장철근에 45° 이상의 각도로 설치되는 스터럽(늑근)
> - 주인장철근에 30° 이상의 각도로 구부린 굽힘철근
> - 스터럽(늑근)과 굽힘철근의 조합

기출 확인

철근콘크리트보에서 전단보강철근으로 볼 수 없는 것은?
① 부재의 축에 직각인 스터럽
② 주인장철근에 30° 각도로 구부린 굽힘철근
③ 스터럽과 굽힘철근의 조합
❹ 주인장철근에 30° 각도로 설치되는 스터럽

CORE 14 철골구조

CHAPTER 3 건축구조 / SECTION 3 철골·일반구조

❶ 철골구조

① 개요

정밀하게 가공된 각종 형강 및 강판 등을 용접, 볼트 등으로 조립하여 골조를 구성하는 가구식 구조이다.

② 주요 강재의 재질규격

구분		기호	종류
일반구조용	압연강재	SS	SS275 등 6종류
	탄소강관	SGT	SGT275 등 5종류
용접구조용	압연강재	SM	SM275A 등 14종류
	내후성 열간압연강재	SMA	SMA275AW 등 14종류
건축구조용	압연강재	SN	SN275A 등 7종류
	열간압연 형강	SHN	SHN275 등 4종류
	각형 탄소강관	SNRT	SNRT275A 등 4종류
	고성능 압연강재	HSA	HSA650 1종류

강재 표기기호	
종래기호	강재 표기 중 3자리 숫자는 강재의 인장강도(F_u, MPa)를 뜻한다.
변경기호	KS 개정에 따른 변경기호 표기방법에 따르면, 강재 표기 중 3자리 숫자는 강재의 항복강도를 의미한다(SN400A → SN275A로 표기).

❷ 철골구조의 설계 및 일반사항

① 소성설계법

개요	강재의 단면이 항복하면서 발생한 소성힌지로 인해 붕괴기구에 이를 때의 하중을 산출하여 설계하는 경제적인 설계법이다.
주요 용어	소성모멘트, 형상계수, 하중계수, 소성힌지, 종국하중(붕괴하중), 붕괴기구 등

② 한계상태설계법

개요	한계상태설계법(LSD ; Limit State Design method)의 하중조합하에서 부재의 설계강도가 소요강도 이상이 되도록 구조요소를 설계하는 방법이다.
주요 용어	설계강도, 하중계수, 하중효과, 공칭강도, 저항계수 등

📋 기출 확인

건축구조용 압연강이라 하며, 건축물의 내진성능을 확보하기 위하여 항복점의 상한치 제한 등에 의한 품질의 편차를 줄이고, 용접성 및 냉간 가공성을 향상시킨 강재는?

① SM강재 ② TMCP강재
③ SS강재 ❹ SN강재

➕ 더 알아보기

TMCP(Thermo-Mechanical Control Process steel)강
- 압연 공정과 열처리 공정을 동시에 제어 및 시행하여 제조하는 고강도 강재이다.
- 구조물의 고층화, 대형화의 추세에 따라 개발된 강재로, 우수한 용접성과 내진성을 가지며, 판두께 증가에 따른 항복강도의 저하가 없다.

📋 기출 확인

다음 중 철골구조의 소성설계와 관계없는 것은?

① 형상계수(Form factor)
② 소성힌지(Plastic hinge)
③ 붕괴기구(Collapse mechanism)
❹ 잔류응력(Residual stress)

한계상태	
강도 한계상태	• 극한하중 지지능력에 도달한 상태이다. • 항복, 소성힌지의 형성, 골조 또는 부재의 안정성, 인장파괴, 피로파괴 등 안정성과 최대 하중 지지력에 대한 한계상태를 말한다.
사용 한계상태	• 구조체 또는 구조요소가 사용하기에 부적당하게 되고 의도된 기능을 더 이상 발휘하지 못하는 상태이다. • 구조물의 외형, 유지 및 관리, 내구성, 사용자의 안락감 또는 기계류의 정상적인 기능 등을 유지하기 위한 구조물의 능력에 영향을 미치는 한계상태를 말한다.

기출 확인

한계상태설계법에 따라 강구조물을 설계할 때 고려되는 강도한계상태가 아닌 것은?

① 기둥의 좌굴
② 접합부 파괴
③ 피로파괴
❹ 바닥재의 진동

③ 철골부재의 전단중심(Shear center)

부재가 비틀림 없이 휨을 받기 위해서 하중의 작용선이 지나야 하는 단면상의 특정 지점으로, 단면에서 비틀림을 발생시키지 않는 점을 말한다.

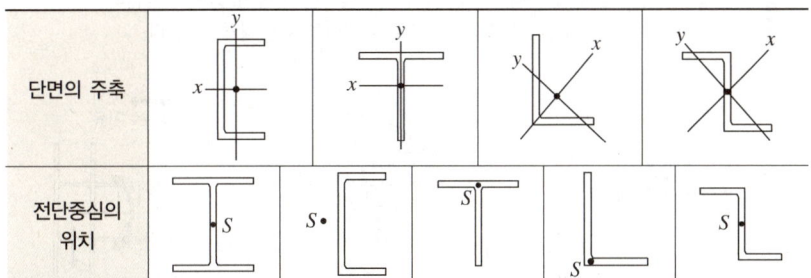

기출 확인

플랜지에 작용하는 전단력으로 인해 비틀림 모멘트가 생기게 되므로 부재가 비틀림이 없이 휨을 받으려면 하중의 작용선이 단면의 어느 특정 지점을 지나야 한다. 이 점을 무엇이라 하는가?

① 하중중심(Force center)
② 비틀림중심(Torsion center)
③ 무게중심(Gravity center)
❹ 전단중심(Shear center)

H형 단면의 판폭두께비

• $H-a \times b \times c \times d$라 할 때, 아래와 같이 구한다.

플랜지	$\lambda = \dfrac{b \div 2}{d}$	웨브	$\lambda = \dfrac{a-(d \times 2)}{c}$

• a: 형강의 높이(H), b: 플랜지의 폭(B), c: 웨브의 두께(t_1), d: 플랜지의 두께(t_2)

웨브의 전단응력도

$H-a \times b \times c \times d$라 할 때, 전단응력 $\tau = \dfrac{V}{t \times h} = \dfrac{V}{c \times (a-d \times 2)}$

각형강관의 강재비와 폭두께비

• $\square - a \times b \times c$라 할 때, 아래와 같이 구한다.

강재비	$\rho_s = \dfrac{A_s}{A_g} = \dfrac{A_s}{a \times b}$	폭두께비	$\dfrac{b-(c \times 2)}{c}$

• a: 바깥치수(A), b: 바깥치수(B), c: 두께(t)

강재의 항복비

• 항복비 = $\dfrac{항복강도}{극한강도}$이며, 인장강도에 대한 항복강도의 비이다.
• 고강도 강재일수록 항복비가 크며, 연성거동을 확보하기 어렵다.

기출 확인

용접 H형강 H-450×450×20×28의 플랜지 및 웨브에 대한 판폭두께비를 구하면?

① 플랜지: 16.07, 웨브: 14.07
② 플랜지: 16.07, 웨브: 19.7
③ 플랜지: 8.04, 웨브: 14.07
❹ 플랜지: 8.04, 웨브: 19.7

플랜지: $\lambda = \dfrac{450 \div 2}{28} ≒ 8.04$

웨브: $\lambda = \dfrac{450-(28 \times 2)}{20} = 19.7$

기출 확인

H-300×150×6.5×9인 형강보가 10kN의 전단력을 받을 때 웨브에 생기는 전단응력도의 크기는 약 얼마인가?(단, 웨브전단면적 산정 시 플랜지 두께는 제외함)

① 3.46MPa   ② 4.46MPa
❸ 5.46MPa   ④ 6.46MPa

$\tau = \dfrac{V}{t \times h} = \dfrac{10,000 N/mm^2}{6.5 \times (300-9 \times 2)}$
$= 5.46 MPa$

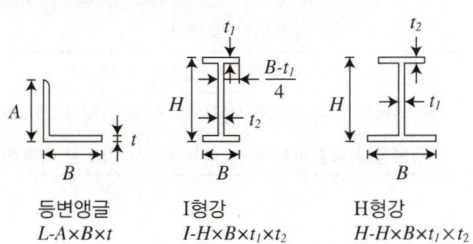

등변앵글
$L-A \times B \times t$

I형강
$I-H \times B \times t_1 \times t_2$

H형강
$H-H \times B \times t_1 \times t_2$

📋 기출 확인

다음 강구조 접합부 중 회전저항에 유연해서 모멘트를 전달하지 않는 형태로 기둥에 보의 플랜지를 연결하지 않고 웨브만 접합한 형태는?

① 강접 접합부
② 스플릿티 모멘트 접합부
❸ 전단 접합부
④ 반강접 접합부

📋 기출 확인

강구조물의 보 단부에서 회전을 허용하지 않고 100%에 가까운 단부 모멘트를 기둥 또는 이음부에 전달하는 개념의 접합부 형태는?

❶ 강접합   ② 반강접합
③ 전단접합   ④ 단순접합

📋 기출 확인

강재의 용접에 대한 설명으로 옳지 않은 것은?

① 탄소함유량은 용접성에 큰 영향을 미친다.
② 용접부에는 용접에 의한 잔류응력이 존재한다.
③ 강재를 예열하여 용접하면 용접성이 좋아진다.
❹ 동일 두께의 강재에서는 강도가 높을수록 용접성이 좋아진다.

➕ 더 알아보기

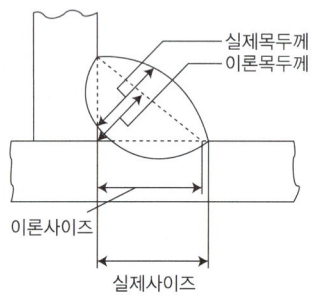

❸ 철골의 접합

① 접합방식

단순접합 (전단접합)	• 기둥에 플랜지는 접합하지 않고 웨브만 접합한 형태이다. • 수직·수평 방향의 힘만 지지하는 접합방식이다. • 전단력만을 저항하며 회전은 자유로운 방식이다. • 핀접합, 힌지접합 등이 있다.
모멘트접합 (강접합)	• 기둥에 플랜지와 웨브를 접합한 형태이다. • 수직·수평 방향의 힘을 지지하고 회전에 저항한다. • 축방향력, 전단력, 모멘트에 대해 저항할 수 있다.

> **철골구조 기둥과 보의 강접합(모멘트접합)**
> • 단부를 고정 지점으로 가정하여 접합하는 방법이다.
> • 접합부가 휨모멘트에 저항하므로 보의 휨모멘트를 기둥이 일부 부담한다.
> • 전단접합에 비해 시공이 복잡하나, 보를 경제적으로 설계할 수 있다.

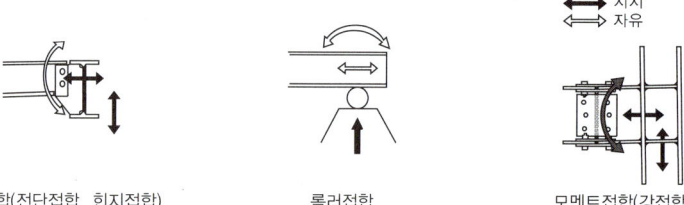

핀접합(전단접합, 힌지접합)   롤러접합   모멘트접합(강접합)

② 용접

동종 또는 이질의 두 금속재료를 국부적으로 가열, 용융하여 일체로 만드는 접합방식이다.

장점	• 강도, 기밀성, 수밀성이 우수하고 접합 효율이 좋으며, 보수가 용이하다. • 중량을 가볍게 할 수 있고 비용이 저렴하다.
단점	• 품질 검사가 곤란하며, 용접공의 기술에 따라 이음부의 강도가 달라진다. • 응력 집중에 취약하며, 저온취성 파괴가 발생된다. • 모재의 재질이 변질되기 쉽고 이종 금속 간의 접합이 곤란하다.
용접성	용접부는 용접열에 의해 수축력이 발생하고 응력이 잔류하여 모재에 변형이 발생하므로 잔류응력 경감에 유효한 순서로 용접한다.
	탄소	• 탄소강 내 탄소함유량은 용접성에 큰 영향을 미친다. • 탄소량이 많을수록 용접성이 나빠지며 균열이 유발된다.
	예열	강재를 예열하여 용접하면 급랭, 저온균열을 방지하고 용접성이 좋아진다.
	강도	강재의 강도가 높을수록 열영향부의 취성으로 용접균열이 발생할 수 있어 용접성이 나빠진다.

> **목두께**
> 용접이음에서 용착금속의 최소 유효폭을 말한다.
>
> | 이론목두께 | 용접이음의 설계에 사용되는 설계상의 치수이다. |
> |---|---|
> | 실제목두께 | 용접이음의 강도시험에 사용되는 실제 용착금속의 최소 두께이다. |
> | 유효목두께 | 보강용접을 포함하지 않는 목두께로서 강도상 유효한 부분을 말한다. |

③ 용접의 접합설계

그루브 용접 (맞댐용접)	유효면적	용접의 유효길이에 유효목두께를 곱한 것으로 한다.
	유효길이	접합되는 부분의 폭으로 한다.
	유효목두께	접합판 중 얇은 쪽 판두께로 한다.
필릿용접 (모살용접)	유효면적	유효길이에 유효목두께를 곱한 것으로 한다.
	유효길이	• 필릿용접의 총길이에서 2배의 필릿사이즈를 공제한 값으로 한다. • 구멍필릿과 슬롯필릿용접의 유효길이는 목두께의 중심을 잇는 용접중심선의 길이로 한다.
	유효목두께	용접루트로부터 용접표면까지의 최단거리로 한다. 단, 이음면이 직각인 경우에는 필릿사이즈의 0.7배로 한다.

필릿용접(모살용접)의 최소 치수(건축물 강구조 설계기준 KDS 14 31 25)

최대 사이즈	$t < 6mm$일 때	$t \geq 6mm$일 때
	$s = t$	$s = t - 2mm$
최소 사이즈 (mm)	연결부(접합부)의 얇은 쪽 소재 두께 t(mm)	필릿용접의 최소 치수(mm)
	$t < 6$	3
	$6 \leq t < 13$	5
	$13 \leq t < 20$	6
	$20 \leq t$	8

필릿용접(모살용접)의 용접기호

단속 용접		
화살쪽 용접	화살 반대쪽 용접	병렬·양면 용접
현장용접 A∨B-C	현장용접 A∧B-C	현장용접 A◁▷B-C

A : 용접치수(mm), B : 용접길이(mm), C : 용접간격(mm)

④ 볼트·고장력볼트

보통볼트	개요	보통 볼트에 너트를 체결하여 접합하는 방식이다.
	특징	• 접합부의 강성이 낮고 충격 및 반복하중에 의해 체결이 쉽게 풀린다. • 경미한 구조재나 가접합 및 가설건물 등에 사용된다.
고장력 볼트	개요	고강도강으로 제작한 볼트와 너트를 토크렌치, 임팩트렌치 등을 이용해 강한 힘으로 체결하여 접합하는 방식이다.
	특징	마찰접합, 지압접합 등이 있으며, 일반적으로 마찰접합이다.

고장력볼트 마찰접합
• 고장력볼트의 조임력에 의해 발생하는 부재 간의 마찰력으로 응력을 전달하는 방식이다.
• 정확한 계기공구로 죄어 일정하고 정확한 강도를 얻을 수 있다.
• 마찰력에 의한 접합부의 강성과 피로강도가 높다.
• 국부적인 응력집중이 발생하지 않으며, 전단응력 및 지압응력이 생기지 않는다.
• 유효 단면적당 응력이 작고 응력집중이 적으므로 반복응력에 강하다.
• 응력의 방향이 바뀌어도 힘의 흐름상 혼란이 일어나지 않는다.
• 강한 조임력으로 너트의 풀림이 생기지 않는다.
• 불량개소의 수정 및 품질관리가 용이하다.
• 현장시공이 간편하고, 소음이 대체로 적으며, 공기가 절약된다.
• 응력이 부재 간 마찰력을 초과하게 되면 미끄럼현상이 발생한다.

기출 확인

모살치수 8mm, 용접길이 400mm인 양면 모살용접의 유효단면적은 약 얼마인가?

① $2,100mm^2$ ② $3,200mm^2$
③ $3,800mm^2$ ❹ $4,300mm^2$

• 유효목두께 : $8 \times 0.7 = 5.6mm$
• 유효길이 : $400 - 8 \times 2 = 384mm$
• 유효면적 : $384 \times 5.6 = 2,150.4mm^2$
• $2,150.4mm^2 \times 2(면) = 4,300.8mm^2$

기출 확인

필릿용접에서 접합부의 얇은 쪽 모재두께가 13mm일 경우 필릿용접의 최소 사이즈는 얼마인가?

① 3mm ❷ 5mm
③ 6mm ④ 8mm

기출 확인

다음 용접기호에 대한 설명으로 옳은 설명은?

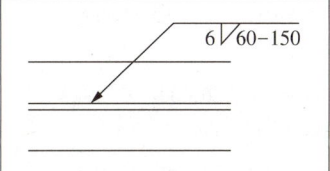

① 맞댐용접이다.
② 용접되는 부위는 화살의 반대쪽이다.
③ 유효목두께는 6mm이다.
❹ 용접길이는 60mm이다.

기출 확인

강구조 고장력볼트 마찰접합의 특징에 관한 설명으로 옳지 않은 것은?

① 시공이 용이하여 공기가 절약된다.
② 접합부의 강성과 강도가 크다.
③ 품질관리가 용이하다.
❹ 국부적인 응력집중이 발생한다.

+ 더 알아보기

지레작용(Prying action)
하중점과 볼트, 접합된 부재의 반력 사이에서 지렛대와 같은 거동에 의해 볼트에 작용하는 인장력이 증폭되는 현상을 말한다.

볼트의 배치 관련 용어

클리어런스	볼트와 수직재면과의 거리로, 작업의 여유폭이다.
게이지라인	재축 방향의 볼트 중심선으로, 볼트 배치선이다.
게이지	각 게이지라인 간의 거리 또는 게이지라인과 재면의 거리이다.
피치	게이지라인상 볼트 상호 간의 중심 간격이다.
그립	볼트로 연결하는 부재의 총두께이다.
연단거리	최외단에 설치한 볼트와 부재 끝의 거리이다.
기준선	부재의 응력 중심선에 해당하는 선이다.

📋 기출 확인

다음 그림과 같은 인장재의 순단면적을 구하면?(단, F10T-M20볼트 사용(표준구멍), 판의 두께는 6mm임)

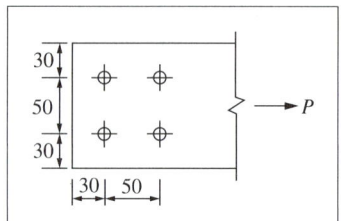

① 296mm²   ❷ 396mm²
③ 426mm²   ④ 536mm²

$A_g = (30+50+30) \times 6 = 660 \text{mm}^2$
$A_n = A_g - ndt$
$\quad = 660 - (2 \times 22 \times 6) = 396 \text{mm}^2$

⑤ 볼트의 접합설계

부재의 순단면적	인장과 전단을 받는 부재의 순단면적을 산정하는 경우 볼트구멍의 폭은 공칭구멍치수 값으로 한다. 순단면적은 최소 순단면적을 갖는 파단선으로부터 구한다.	
	정열배치인 경우	불규칙배치(엇모배치)인 경우
	$A_n = A_g - ndt$	$A_n = A_g - ndt + \sum \dfrac{s^2}{4g} t$

- A_g = 부재의 총단면적
- n = 인장력에 의한 파단선상에 있는 구멍의 수
- d = 파스너구멍의 직경(mm)
- t = 부재의 두께(mm)
- s = 인접한 2개 구멍의 응력 방향 중심간격(mm)
- g = 파스너 게이지선 사이의 응력 수직 방향 중심간격(mm)

📋 기출 확인

볼트의 기계적 등급을 나타내기 위해 표시하는 F8T, F10T, F11T에서 가운데 숫자는 무엇을 의미하는가?

① 휨강도   ❷ 인장강도
③ 압축강도   ④ 전단강도

볼트의 기계적 등급 표시

F10T-M24 : 인장강도 10tf/cm²(≒1,000N/mm²), 직경 24mm

고장력볼트의 공칭(표준)구멍 치수

M16	M20	M22	M24	M27
18mm	22mm	24mm	27mm	30mm
직경 + 2mm			직경 + 3mm	

볼트의 강도(KDS 14 31 25)

- 밀착조임 또는 전인장조임된 볼트의 설계인장강도 또는 전단강도(ϕR_n)는 인장파단과 전단파단의 한계상태에 대하여 다음과 같이 산정한다.
- $\phi = 0.75$, $R_n = F_n A_b$
- $\phi R_n = \phi \times F_n \times A_b = 0.75 \times F_n \times \dfrac{\pi \times D^2}{4}$

📋 기출 확인

고장력볼트 1개의 인장파단 한계상태에 대한 설계인장강도는?(단, 볼트의 등급 및 호칭은 F10T, M20)

❶ 177kN   ② 236kN
③ 315kN   ④ 385kN

$\phi R_n = 0.75 \times 750 \times \dfrac{\pi \times 20^2}{4}$
$\quad \fallingdotseq 176,714 \text{N} \fallingdotseq 177 \text{kN}$

구분	고장력볼트			일반볼트
	F8T	F10T	F13T	4.6
F_{nt}	600	750	975	300

- F_n : 공칭인장강도(F_{nt}) 또는 공칭전단강도(F_{nv}), A_b : 볼트의 공칭단면적(mm²)

고장력볼트의 조임 축력
볼트의 조임은 설계볼트장력에 10%를 증가시켜 표준볼트장력을 얻을 수 있도록 한다.

고장력볼트의 토크계수값

$$\text{토크계수값}(k) = \dfrac{\text{토크}(T)}{\text{볼트의 직경}(d) \times \text{볼트 축력}(N)}$$

⑥ 강구조의 접합부

계획 시 고려사항	• 부재의 이음개소는 가급적 최소화한다. • 응력의 집중이나 국부변형이 일어나지 않아야 한다. • 단면의 급격한 변화는 가급적 피해야 한다. • 현장용접보다 공장용접이 품질확보에 유리하므로, 현장용접은 최소화한다.

강구조 접합부의 최소 강도
접합부의 설계강도는 45kN 이상이어야 한다(연결재, 새그로드 또는 띠장은 제외한다).

이음부 설계세부규칙(건축물 강구조 설계기준 KDS 41 31 00, 요약)
• 응력을 전달하는 단속필릿용접 이음부의 길이는 필릿사이즈의 10배 이상 또한 30mm 이상을 원칙으로 한다.
• 응력을 전달하는 겹침이음은 2열 이상의 필릿용접을 원칙으로 하고, 겹침길이는 얇은 쪽 판두께의 5배 이상 또한 25mm 이상 겹치게 해야 한다.
• 고장력볼트의 구멍 중심 간의 거리는 공칭직경의 2.5배 이상으로 한다.
• 고장력볼트의 구멍 중심에서 볼트머리 또는 너트가 접하는 재의 연단까지의 최대 거리는 판두께의 12배 이하 또한 150mm 이하로 한다.

📋 **기출 확인**

강구조에서 규정된 별도의 설계하중이 없는 경우 접합부의 최소 설계강도기준은?(단, 연결재, 새그로드 또는 띠장은 제외)

① 30kN 이상　② 35kN 이상
③ 40kN 이상　❹ 45kN 이상

❸ 철골구조 각부

① 주각(Column base)

기둥과 기초의 접합부로, 상부의 하중을 기둥을 통해 기초에 전달한다.

구조	플레이트	베이스플레이트, 리브플레이트, 윙플레이트
	앵글	사이드앵글, 클립앵글
	높이조정	베이스 모르타르
	고정	앵커볼트

강구조 기둥 주각부의 형식

고정주각	• 기둥을 기초와 일체화한 형식이다. • 축방향력, 휨모멘트, 전단력을 기초에 전달한다.
핀주각	• 핀으로 기둥과 기초를 연결하여 회전이 가능한 형식으로, 기초의 크기를 작게 할 수 있다. • 휨모멘트는 기초에 전달하지 않는다.

➕ **더 알아보기**

철골조의 주각

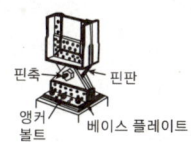

② 기둥(Column)

건물의 각 층 바닥하중을 하단부인 주각을 통해 기초에 전달한다.

형강기둥	형강기둥	• 각종 형강을 단독으로 사용하거나 2개 이상 조합한 기둥이다. • H형강기둥은 간 사이가 크고 옆면의 기둥 간격이 좁은 공장이나 체육관 같은 건축물에 유리하다.
	강관기둥	강관을 사용한 기둥으로 무게가 가볍고 시공이 쉽다.
조립기둥	플레이트기둥	강판, 앵글 등으로 단면을 H 또는 I형으로 접합한 기둥이다.
	래티스기둥	플랜지에 형강을 빗방향으로 대어 접합한 기둥이다.
	트러스기둥	형강을 트러스구조로 만들어 접합한 기둥이다.
	격자기둥	앵글, 채널 등으로 대판을 플랜지에 직각으로 접합한 기둥이다.

주요 조립기둥

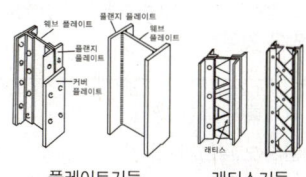

플레이트기둥　래티스기둥

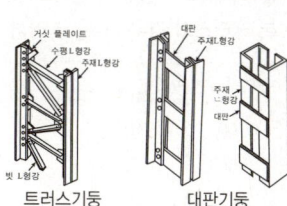

트러스기둥　대판기둥

+ 더 알아보기

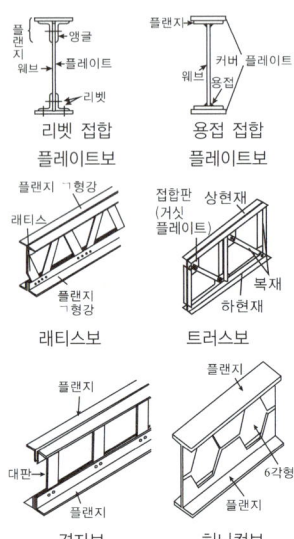

📋 기출 확인

강구조 래티스 형식 조립압축재에 대한 구조 제한에 대한 내용이다. ( ) 안에 알맞은 것은?

> 부재축에 대한 래티스 부재의 기울기는 다음과 같다.
> • 단일 래티스의 경우 : (㉠) 이상
> • 복 래티스의 경우 : (㉡) 이상

① ㉠ : 50°, ㉡ : 40°
② ㉠ : 60°, ㉡ : 40°
③ ㉠ : 50°, ㉡ : 45°
❹ ㉠ : 60°, ㉡ : 45°

철골구조 기둥 압축재의 저항성능
• 압축재는 단면적이 클수록 저항성능이 우수하다.
• 압축재는 단면2차모멘트가 클수록 저항성능이 우수하다.
• 압축재는 단면2차반지름이 클수록 저항성능이 우수하다.
• 압축재는 세장비가 작을수록 저항성능이 우수하다.

③ 보(Beam, Girder)

기둥, 벽 등 수직 구조재를 연결하여 일체화시키는 수평 구조재이다.

	형강보	• 형강의 단면을 그대로 이용하는 보이다. • 단일 형강보와 복합형강보가 있으며, 주로 I형강, H형강을 사용한다. • 다른 철골구조보다 가공 절차가 간단하고 재료가 절약되어 경제적이다.
조립보	플레이트보 (판보)	• 웨브에 철판을 쓰며, 상하부에 플랜지 철판을 용접하거나 ㄱ형강을 리벳 접합하고 커버플레이트나 스티프너로 보강한 보이다. • 보깊이(춤)가 커서 모멘트 및 전단력에 강하다. • 플랜지플레이트의 겹침 수는 최대 4장 이하이다. • 춤은 간 사이의 1/12~1/10 정도가 적당하다.
	래티스보	• 상하 플랜지에 ㄱ형강을 쓰고 웨브재로 대철을 일정한 경사 각도로 접합한 조립보이다. • 웨브판의 두께는 6~12mm이며, 하중이 큰 곳에는 적용이 어렵다.
	트러스보	• 트러스로 구성된 보로, 모든 하중이 압축력과 인장력으로 작용한다. • 접합판을 대서 접합한 조립보이다. • 간 사이가 15m를 넘거나, 보의 춤이 1m 이상 되는 보를 플레이트보(판보)로 하기에는 비경제적일 때 사용한다.
	격자보	• 앵글, 채널 등으로 대판을 플랜지에 직각으로 접합하여 격자 모양으로 배치한 보이다. • 전단력에 약하므로 콘크리트로 피복하면 유리하다.
	허니컴보	• I형강의 웨브를 톱니모양으로 절단한 후 구멍이 생기도록 맞추고 용접한 보이다. • 개구부를 덕트 배관 등에 이용할 수 있다. • 강재량에 비해 단면 성능이 우수하다.

커버플레이트(Cover plate)
보의 플랜지 부분의 단면계수를 크게 하여 휨내력을 보강하기 위해 사용하는 부재이다.

스티프너(Stiffener)
웨브의 두께가 춤에 비해서 얇을 때, 웨브의 국부 좌굴을 방지하기 위해 사용한다.

하중점 스티프너	집중하중에 대한 보강용으로 쓰인다.
중간 스티프너	웨브의 좌굴을 막기 위하여 쓰인다.
수평 스티프너	재축에 나란하게 설치한 것이다.

래티스 형식의 조립압축재
평강, ㄱ형강, ㄷ형강, 기타 형강을 래티스로 사용한다.

세장비	단일 래티스 부재의 세장비 L/r은 140 이하로 하고, 복 래티스의 경우에는 L/r를 200 이하로 하며, 그 교차점을 접합한다.
길이	압축력을 받는 래티스의 길이는 단일 래티스의 경우에는 주부재와 접합되는 비지지된 대각선의 길이이며, 복 래티스의 경우에는 이 길이의 70%로 한다.
기울기	부재축에 대한 래티스 부재의 기울기는 단일 래티스의 경우 60° 이상, 복 래티스의 경우 45° 이상이다.

④ 지붕 트러스(Truss)

삼각형 뼈대를 하나의 기본형으로 조립하여 각 부재에는 축방향력만 생기도록 한 구조이다.

구조	현재	트러스 상하부에 있는 부재를 말한다.
	복재	상, 하현재 내에서 연결부 역할을 한다.
	접합판 (거싯플레이트)	• 절점에 모인 부재를 접합하는 판이다. • 직사각형에 가까운 모양이 좋다.
	지점	트러스가 놓이는 점을 말한다.
종류	와렌 트러스	경사재의 상하향이 교대로 되어 있는 트러스이다.
	하우 트러스	경사재가 바깥쪽을 향하는 트러스이다.
	프랫 트러스	경사재가 안쪽을 향하는 트러스이다.
	비렌딜 트러스	상현재와 하현재 사이가 수직재로 구성되어 있는 트러스이다.

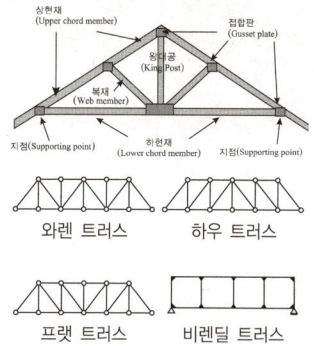

＋ 더 알아보기

⑤ 계단(Stairs)

높이가 다른 바닥의 상호 간에 단을 만들어 연결하는 구조체이다.

특징	• 건식구조로, 접합은 볼트조임, 용접 등으로 한다. • 형태 구성이 비교적 자유로운 편이다. • 철근콘크리트 계단에 비해 무게가 가볍다. • 내화성이 부족하나 비교적 내구, 내화적이다. • 공장, 창고 등에 널리 사용되며, 피난계단에 적합하다.

스틸하우스(Steel house)

스틸 스터드(작은 단면의 수직재)로 내력벽 골조를 구성한 철강재 주택을 말한다.

시공	벽체, 바닥재, 지붕재 등은 공장에서 패널 형태로 가공하여 현장에서 조립한다.
장점	• 내부 변경이 용이하고 공간 활용이 효율적이다. • 공사기간이 짧고 자재의 낭비가 적다.
단점	• 벽체가 얇고 결로의 우려가 있다. • 해안 지방에서는 염해로 인한 부식의 우려가 있다. • 얇은 천장을 통해 방 사이의 차음이 문제가 된다.

CHAPTER 3 건축구조 / SECTION 3 철골·일반구조

CORE 15 지반 · 기초구조 · 내진설계

❶ 지반

① 개요
건물 또는 공작물의 기초를 두어 하중을 전달시키는 지층의 범위를 말한다.

② 지반의 종류
모래, 진흙질의 분포에 따라 지반의 지지력, 토압이 다르다.

암반	결정질 암석의 집합체로서 자연 상태로 존재하는 암체이다.
자갈	강 또는 바다에서 풍화 또는 침식작용에 의해 생성된 잔돌을 말한다.
모래	풍화 또는 침식작용으로 생성된 자갈보다 작은 암석 또는 광물 파편을 말한다.
실트	• 모래와 점토의 중간 크기인 퇴적토이다. • 압축성이 크며 마찰저항이 작아 기초지반으로 부적합하다.
점토	• 실트보다 미세한 입자의 퇴적토이다. • 함수율의 감소에 의해서 전단강도가 현저히 증대되어 지내력이 증가한다.
롬	실트와 점토가 혼합된 흙을 말한다.

지반의 분류와 호칭(KDS 17 10 00)

S_1	S_2	S_3	S_4	S_5	S_6
암반 지반	얕고 단단한 지반	얕고 연약한 지반	깊고 단단한 지반	깊고 연약한 지반	부지 고유의 특성평가 및 지반응답해석이 필요한 지반

지반의 허용지내력
단기응력에 대한 허용지내력은 각각 장기응력(연속적으로 작용하는 힘에 의한 변형력)에 대한 허용지내력 값의 1.5배로 한다.

(단위 : kN/m²)

구분	경암반	연암반	자갈	자갈과 모래의 혼합물	모래 섞인 점토 또는 롬	모래 또는 점토
장기응력에 대한 허용지내력	4,000	1,000 ~2,000	300	200	150	100

③ 지반의 성질
흙은 토립자와 물과 공기, 가스 등의 간극으로 구성되어 있다.

간극비	함수비	포화도	예민비
$\dfrac{간극용적}{토립자용적} \times 100\%$	$\dfrac{물중량}{토립자중량} \times 100\%$	$\dfrac{물용적}{물, 공기용적} \times 100\%$	$\dfrac{자연시료의 강도}{이긴시료의 강도}$

📋 **기출 확인**

다음의 각 지반의 허용지내력의 크기가 큰 것부터 순서대로 올바르게 나열된 것은?

㉠ 자갈, ㉡ 모래, ㉢ 연암, ㉣ 경암

① ㉡ > ㉠ > ㉢ > ㉣
② ㉠ > ㉡ > ㉢ > ㉣
❸ ㉣ > ㉢ > ㉠ > ㉡
④ ㉣ > ㉢ > ㉡ > ㉠

➕ **더 알아보기**

예민비
흙을 이기면 강도가 약해지는 성질의 정도를 표시한 것을 말한다.

함수량의 변화에 따른 성질의 변화						
수축한계는 흙을 건조시켜도 더 이상 용적감소가 일어나지 않는 상태의 함수율을 말한다.						
고체상태 (전건상태)	수축한계 ↔	반고체 상태 (반죽불가)	소성한계 ↔	소성상태 (반죽가능)	액성한계 ↔	액체상태 (유동화)

액상화현상
물에 포화된 느슨한 모래가 진동, 충격 등에 의하여 간극수압이 급격히 상승하면서 전단저항을 잃어버리는 현상을 말한다.

④ 사질지반과 점토지반의 비교

사질층은 입도 및 밀도에 따라서 지진 시 유동화 현상을 일으킨다.

구분	사질지반	점토지반
압밀속도	빠르다.	느리다.
압밀침하량	작다.	크다.
투수계수	크다.	작다.
함수율	작다.	크다.
가소성	작다.	크다.
내부마찰각	크다.	작다.
불교란시료의 채집	불리	용이
파낸 후 부피변화	상대적으로 작다.	크다.
지중응력분포도		

📋 기출 확인

다음에서 설명하는 용어는?

> 포화사질토가 비배수상태에서 급속한 재하를 받게 되면 과잉간극수압의 발생과 동시에 유효응력이 감소하며, 이로 인해 전단저항이 크게 감소하는 현상

① 히빙　　❷ 액상화
③ 보일링　　④ 파이핑

📋 기출 확인

토질 및 지반에 관한 설명 중 옳지 않은 것은?

① 자갈층·모래층은 투수성이 큰 편이지만 젖은 점토층은 투수성이 작다.
② 점토와 모래의 중간 크기를 갖는 흙을 실트라 한다.
❸ 지진 시 액상화 현상은 모래질지반보다 점토질지반에서 일어나기 쉽다.
④ 점토질지반에서 흙의 내부마찰각이 같은 경우 점착력이 클수록 옹벽에 가해지는 토압은 작아진다.

❷ 기초

① 개요

건물의 최하부에 놓여져 상부구조의 하중을 안전하게 지반에 전달하는 구조부이다.

② 지정 형식의 분류

직접기초 (얕은기초)	• 상부구조의 하중을 기초 슬래브에서 지반으로 직접 전달하는 형식이다. • 구조물의 하중을 접지압으로 지지한다. • 푸팅기초, 전면기초 등이 있다.
간접기초 (깊은기초)	• 상부구조의 하중을 말뚝, 피어 등의 지정이 지반으로 전달하는 형식이다. • 구조물의 하중을 선단지지력과 주면마찰력으로 지지한다. • 말뚝(파일)기초, 피어기초, 케이슨기초 등이 있다.

📋 기출 확인

기초의 지정형식에 따른 분류에서 얕은 기초에 속하는 것은?

① 말뚝기초
❷ 직접기초
③ 피어기초
④ 잠함기초

기출 확인

말뚝머리지름이 400mm인 기성콘크리트말뚝을 시공할 때 그 중심간격으로 가장 적당한 것은?

① 800mm ② 900mm
❸ 1,000mm ④ 1,100mm

기출 확인

( ) 안에 알맞은 숫자가 순서대로 옳게 짝지어진 것은?

> 현장타설콘크리트말뚝을 배치할 때 그 중심간격은 ( )배 이상 또한 한 말뚝머리지름에 ( )mm를 더한 값 이상으로 한다.

① 2.5, 900 ② 2.5, 1,000
③ 2.0, 900 ❹ 2.0, 1,000

➕ 더 알아보기

푸팅(Footing)
기둥 또는 벽의 힘을 지중에 전달하기 위하여 기초가 펼쳐진 부분을 말한다.

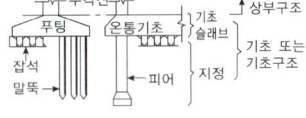

말뚝지정의 중심간격

구분	중심간격	비고
나무말뚝	말뚝머리지름의 2.5배 이상 또한 600mm 이상	육송 또는 낙엽송 등을 가공하여 만든 말뚝
강재말뚝	말뚝머리지름 또는 폭의 2.0배 이상 (폐단강관말뚝은 2.5배) 또한 750mm 이상	H형강말뚝, 강관말뚝, 나선말뚝 등
기성콘크리트말뚝 (PC말뚝)	말뚝머리지름의 2.5배 이상 또한 750mm 이상	공장에서 미리 제작된 콘크리트말뚝
현장타설콘크리트말뚝 (제자리콘크리트말뚝)	말뚝머리지름의 2.0배 이상 또한 말뚝머리지름에 1,000mm를 더한 값 이상	현장에서 제작하는 콘크리트말뚝

현장타설콘크리트말뚝의 구조세칙(KDS 41 20 00)

- 단면적은 전 길이에 걸쳐 각 부분의 설계단면적 이하이어서는 안 된다.
- 선단부는 지지층에 확실히 도달시켜야 한다.
- 특별한 경우를 제외하고 주근은 4개 이상 또한 설계단면적의 0.25% 이상으로 하고 띠철근 또는 나선철근으로 보강하여야 한다. 이 경우 철근의 피복두께는 60mm 이상으로 한다.
- 저부의 단면을 확대한 현장타설콘크리트말뚝의 측면경사가 수직면과 이루는 각은 30° 이하로 하고 전단력에 대해 검토하여야 한다.

③ 기초판 형식의 분류

푸팅기초	독립기초	기둥 1개의 하중을 1개의 기초판에 부담시킨 형식이다.
	복합기초	• 기둥 여러 개의 하중을 1개의 기초판에 부담시킨 형식이다. • 도심지에 건축물의 기초를 앉힐 경우, 인접 대지경계선 부근에 인접한 기초가 있을 때 적합한 형식이다.
	캔틸레버기초	독립기초 2개를 1개의 기초보로 연결한 형식이다.
	연속기초 (줄기초)	벽 또는 일련의 기둥으로부터의 응력을 띠모양으로 하여 지반 또는 지정에 전달하는 연속된 형태의 형식이다.
전면기초	매트기초 (온통기초)	• 건물의 하부 전체 또는 지하실 바닥 전체를 1개의 일체식 기초판으로 구성한 형식이다. • 지반이 연약하거나 기초판이 넓어야 할 때, 부동침하가 염려되는 건물에 적합하며, 지하수가 높은 지반에서도 유효한 형식이다. • 바닥 전체를 단일 기초판으로 구성하기 때문에 독립기초에 비해 구조해석 및 설계가 복잡하다.

❸ 기초 형식의 선정

① 고려사항

구조성능, 시공성, 경제성 등을 검토하여 합리적으로 기초 형식을 선정해야 한다.

➕ 더 알아보기

기초 형식의 선정 시 고려사항
- 상부 건축물의 구조와 규모
- 지반의 상황 및 시공성
- 공사비와 공사기간

구조	• 상부구조의 하중을 충분히 지반에 전달할 수 있는 구조여야 한다. • 기초는 접지압이 허용지내력도를 초과하지 않아야 한다. • 기초의 침하가 허용침하량 이내이고, 가능하면 균등해야 한다.
지반	• 지내력이 좋은 양호한 지반에 설치한다. • 대지의 상황, 지반의 조건에 적합하며, 유해한 장애가 생기지 않아야 한다.

깊이	• 기초 밑면을 동결선 밑에 놓는다. • 직접기초의 지면은 온도변화에 의하여 기초지반의 체적변화를 일으키지 않고 또한 우수 등으로 인하여 세굴되지 않는 깊이에 두어야 한다.
인접 기초	• 부지 주변에 미치는 영향을 충분히 고려하고, 또한 장래 인접 대지에 건설되는 구조물과 그 시공에 의한 영향까지 함께 고려하는 것이 바람직하다. • 인접 건물의 기초에 주의하고 손상을 주지 않도록 한다.
지정	한 건물에 다른 형태의 기초나 말뚝을 혼용하면 부동침하의 위험성이 크다.

부동침하(Uneven settlement)
기초 지반이 구조물을 지지하지 못하고 불균등하게 침하하는 현상이다.

구분	원인	대책
지반	연약층, 이질 지층, 경사지반 지하수위의 변경 지반의 동결작용	• 경질지반에 기초지지 • 지반 반력을 같게 함 • 건물의 경량화 • 지중보의 크기 및 강성 보강 • 강성체의 지하실 설치 • 지지말뚝, 피어기초 사용 • 건물의 평면상 길이를 짧게 설계 • 일부 지정, 이질 지정, 이질 기초의 지양 • 신축이음의 설치
지정	일부 지정, 이질 지정, 이질 기초	
건물	부주의한 일부 증축 복잡한 평면 구성	
인접 건물	인접 건물의 깊은 굴착	인접 건물과의 거리 이격

신축이음(Expansion joint)

개요	구조물의 침하, 하중의 재하, 온도변화 등에 따른 신축과 균열에 대응하기 위해 균열 발생이 예상되는 위치에 설치하는 이음이다.
설치위치	• 기존 건물과의 접합부 • 저층의 긴 건물과 고층 건축물의 접속부 • 평면이 복잡한 부분에서의 교차부 • 이질 지층, 이질 기초부 • 수평 단면이 급변하는 부분

기출 확인
부동침하의 원인과 거리가 먼 것은?
① 건물이 경사지반에 근접되어 있을 경우
② 건물이 이질 지반에 걸쳐 있을 경우
③ 이질의 기초구조를 적용했을 경우
❹ 건물의 강도가 불균등할 경우

기출 확인
연약지반에서 부동침하를 방지하는 대책으로 옳지 않은 것은?
① 건물을 경량화한다.
② 지하실을 강성체로 설치한다.
❸ 줄기초와 마찰말뚝 기초를 병용한다.
④ 건물의 구조강성을 높인다.

❹ 내진설계

① 개요
구조물의 내진성능을 확보하여 지진에 의한 구조물의 피해와 이로 인한 경제적 손실 등을 최소화하는 것을 목적으로 한다.

내진설계의 기본적인 개념
• 설계지진하중에 대한 구조물의 부분 파손을 가정한다.
• 기둥의 파괴보다는 보의 파괴를 유도한다.
• 특정 층에 파괴가 집중되지 않도록 유도한다.
• 접합부보다는 부재 중간의 파괴를 유도한다.

기출 확인
다음 중 내진설계의 기본적인 개념으로 옳지 않은 것은?
① 설계지진하중에 대한 구조물의 부분 파손을 가정한다.
❷ 보의 파괴보다는 기둥의 파괴를 유도한다.
③ 특정 층에 파괴가 집중되지 않도록 유도한다.
④ 접합부보다는 부재 중간의 파괴를 유도한다.

기출 확인

지진계에 기록된 진폭을 진원의 깊이와 진앙까지의 거리 등을 고려하여 지수로 나타낸 것으로 장소에 관계없는 절대적 개념의 지진크기를 말하는 것은?

❶ 규모 ② 진도
③ 진원시 ④ 지진동

기출 확인

다음 중 구조물의 내진보강 대책으로 적합하지 않은 것은?

① 구조물의 강도를 증가시킨다.
② 구조물의 연성을 증가시킨다.
❸ 구조물의 중량을 증가시킨다.
④ 구조물의 감쇠를 증가시킨다.

기출 확인

지진에 대응하는 기술 중 하나인 제진(制震)에 대한 설명으로 옳지 않은 것은?

① 기존 건물의 구조형식에 좌우되지 않는다.
② 지반 종류에 의한 제약을 받지 않는다.
❸ 소형 건물에 일반적으로 많이 적용된다.
④ 댐퍼 등을 사용하여 흔들림을 효과적으로 제어한다.

기출 확인

우리나라에서 지역계수 S를 결정하는 지진위험도 기준은?

① 100년 재현주기 지진
② 500년 재현주기 지진
③ 1,000년 재현주기 지진
❹ 2,400년 재현주기 지진

---

② 관련 용어

규모	• 장소에 관계없는 절대적 개념의 지진 크기를 말한다. • 지진계에 기록된 진폭을 진원의 깊이와 진앙까지의 거리 등을 고려하여 지수로 나타낸 것이다.
진도	• 상대적 개념의 지진 크기를 말한다. • 지진동의 세기를 사람이 느끼는 감각, 주변의 물체, 구조물의 흔들림 정도를 통해 나타낸 것이다.
진원	깊이의 개념을 포함하는 것으로, 암석의 파괴가 일어난 지점을 말한다.
진앙	진원의 직상부 지표면 지점을 말한다.
진원시	지진파가 처음으로 발생한 시각을 말한다.
지진동	지진에 의해 발생한 지면의 움직임을 말한다.

③ 내진보강 대책

구조물의 강도·연성·감쇠를 증가시키거나 중량을 감소시키는 것이 유효하다.

내진구조	강성이 우수한 내진벽·전단벽 등을 설치하여 수평력에 저항하는 구조이다.
제진구조	• 지진에 대한 흔들림을 억제하는 메커니즘을 설치한 구조이다. • 건축물에 계측기 및 댐퍼, 제진 추 등의 장치를 설치하여 지진파를 감소시키거나 상쇄시키는 구조이다.
면진구조	• 지진에 대한 흔들림을 회피하는 구조이다. • 지진 시 큰 횡변위가 발생되도록 수평적으로 유연하고 강한 면진장치(적층고무, 납받침, 베어링 등)를 건축물 하부에 설치한 구조이다.

> **제진구조의 특징**
> • 기존 건물의 구조형식이나 지반 종류에 제약을 받지 않는다.
> • 소규모 건축물에는 적용하기 어렵다.
>
> **주요 지진력저항시스템**
>
> | 모멘트
골조방식 | 수직하중과 횡력을 보와 기둥으로 구성된 라멘골조가 저항하는 구조방식이다. |
> |---|---|
> | 연성모멘트
골조방식 | 횡력에 대한 저항능력을 증가시키기 위하여 부재와 접합부의 연성을 증가시킨 모멘트골조방식이다. |
> | 이중
골조방식 | 지진력의 25% 이상을 부담하는 연성모멘트골조가 전단벽이나 가새골조와 조합되어 있는 구조방식이다. |
> | 건물
골조방식 | 수직하중은 입체골조가 저항하고, 지진하중은 전단벽이나 가새골조가 저항하는 구조방식이다. |

④ 지진구역 및 지진구역계수

설계스펙트럼가속도 산정을 위한 유효지반가속도(S)는 지진구역계수(Z)에 2,400년 재현주기에 해당하는 위험도계수 2.0을 곱한 값으로 하거나 국가지진위험지도로부터 구할 수 있다.

지진구역	행정구역		지진구역계수
Ⅰ	시	서울, 부산, 인천, 대구, 대전, 광주, 울산, 세종	0.22g
	도	경기, 강원남부*, 충북, 충남, 전북, 전남, 경북, 경남	
Ⅱ	도	강원북부**, 제주	0.14g

*강원남부 : 강릉, 동해, 삼척, 원주, 태백, 영월, 정선
**강원북부 : 속초, 춘천, 고성, 양구, 양양, 인제, 철원, 평창, 화천, 홍천, 횡성

⑤ 내진등급과 중요도계수

각 구조물은 건축물의 중요도에 따라 내진등급과 중요도계수를 결정한다.

건축물의 내진등급	건축물의 중요도	중요도계수(I_E)
특	중요도 특	1.5
I	중요도 1	1.2
II	중요도 2 및 3	1.0

중요도 및 중요도계수(건축물의 구조기준 등에 관한 규칙 별표 11)

중요도	중요도 계수	건축물의 용도 및 규모
특	1.5	• 연면적 1,000m² 이상인 위험물 저장 및 처리 시설·국가 또는 지방자치단체의 청사·외국공관·소방서·발전소·방송국·전신전화국·국가 또는 지방자치단체의 데이터센터 • 종합병원, 수술시설이나 응급시설이 있는 병원
1	1.2	• 연면적 1,000m² 미만인 위험물 저장 및 처리시설·국가 또는 지방자치단체의 청사·외국공관·소방서·발전소·방송국·전신전화국, 중요도 (특)에 해당하지 않는 데이터센터 • 연면적 5,000m² 이상인 공연장·집회장·관람장·전시장·운동시설·판매시설·운수시설(화물터미널과 집배송시설은 제외함) • 아동관련시설·노인복지시설·사회복지시설·근로복지시설 • 5층 이상인 숙박시설·오피스텔·기숙사·아파트·교정시설 • 학교 • 수술시설과 응급시설 모두 없는 병원, 기타 연면적 1,000m² 이상인 의료시설로서 중요도(특)에 해당하지 않는 건축물
2	1.0	중요도 (특), (1), (3)에 해당하지 않는 건축물
3	1.0	농업시설물, 소규모창고, 가설구조물

변형과 횡변위 제한
설계층간변위 Δ는 어느 층에서도 허용층간변위 Δ_a를 초과할 수 없다.

구분	내진등급		
	특	I	II
허용층간변위 Δ_a	$0.010h_{sx}$	$0.015h_{sx}$	$0.020h_{sx}$

⑥ 등가정적해석법

지진의 영향을 정적하중으로 환산하여 해석하는 해석방법이다.

밑면 전단력	$V = C_s W$ 여기서, C_s : 지진응답계수, W : 고정하중과 유효건물중량
지진 응답계수	$C_s = \dfrac{S_{DS}}{\left(\dfrac{R}{I_E}\right)}$ $C_s \geq 0.01$이어야 하며, 다음 값을 초과하지 않아도 된다. $T \leq T_L : C_s = \dfrac{S_{D1}}{\left(\dfrac{R}{I_E}\right)T}$ $T > T_L : C_s = \dfrac{S_{D1}T_L}{\left(\dfrac{R}{I_E}\right)T^2}$ 여기서, I_E : 건축물의 중요도계수 R : 반응수정계수 S_{DS} : 단주기 설계스펙트럼가속도 S_{D1} : 주기 1초에서의 설계스펙트럼가속도 T : 건축물의 고유주기(초) T_L : 5초

📋 기출 확인

다음 구조물 중 내진설계상 도시계획구역에서의 중요도계수가 가장 큰 구조물은?

① 10층 규모의 숙박시설
② 5층 규모의 오피스텔
③ 연면적이 5,000m²인 공연장
❹ 연면적이 1,500m²인 종합병원

📋 기출 확인

다음 중 내진 I 등급 구조물의 허용층간변위로 옳은 것은?(단, h_{sx}는 x층 층고)

① $0.005h_{sx}$ ② $0.010h_{sx}$
❸ $0.015h_{sx}$ ④ $0.020h_{sx}$

📋 기출 확인

밑면전단력 산정 시 활용되는 지진응답계수를 구성하는 4가지 항목과 가장 거리가 먼 것은?

① 반응수정계수
② 건물의 중요도계수
❸ 건물의 유효중량
④ 건물의 고유주기

CORE 16 건축구조의 형식

CHAPTER 3 건축구조 / SECTION 3 철골·일반구조

+ 더 알아보기

건축구조의 재료에 의한 분류
벽돌구조, 돌구조, 블록구조, 철골구조, 목구조, 철근콘크리트구조, 철골철근콘크리트구조 등이 있다.

❶ 건축구조

① 개요
각종 건축재료를 사용하여 건축물을 형성하는 방법 또는 구조물을 의미한다.

② 건축물이 구비해야 할 조건

안전성	하중에 대한 강성을 확보해야 한다.
거주성	자연현상 등을 차단, 제어하여 거주성을 높일 수 있는 성능을 갖추어야 한다.
내구성	바람, 지진, 화재, 해풍 등에 의한 열화현상을 방지할 수 있는 성능이 요구된다.
경제성	시공, 관리, 유지, 보수 등에 대한 경제성이 요구된다.

❷ 건축구조의 분류

① 역학적 구성 양식에 의한 분류

구분	특징	종류
조적식 구조	• 개개의 재료를 접착재료로 쌓아 만든 구조이다. • 조적단위재료의 접착강도가 클수록 좋다.	벽돌구조, 돌구조, 블록구조 등
가구식 구조	구조체인 기둥과 보를 부재의 접합에 의해서 축조하는 구조이다.	목구조, 철골구조 등
일체식 구조	각 부분이 일체화되어 비교적 균일한 강도를 가지는 구조이다.	철근콘크리트구조, 철골철근콘크리트구조 등

② 시공방법상의 분류

구분	특징	종류
습식 구조	물을 사용하는 공정을 가진 구조이다.	벽돌구조, 돌구조, 블록구조, 철근콘크리트구조 등
건식 구조	기성재를 짜맞추어 구성하는 구조로서 현장에서 물은 거의 쓰이지 않는다.	목구조, 철골구조, 프리캐스트콘크리트구조 등

건식 구조·조립식 구조의 특징
• 선 공장 제작하여 현장에서 짜맞춘 구조이다.
• 경제적이며, 기계화 시공으로 공기가 짧고, 동절기 시공이 가능하다.
• 공장에서 대량생산과 규격화가 가능하여 정밀도가 높다.
• 현장거푸집공사가 절약되며, 정밀도가 높고, 강도가 큰 콘크리트 부재를 사용할 수 있다.
• 각 부재와 접합부의 일체화가 어렵다.

📋 기출 확인

다음 중 역학적 구성 양식에 의한 건축구조의 분류에 속하지 않는 것은?
① 조적식 구조 ② 가구식 구조
③ 일체식 구조 ❹ 습식 구조

📋 기출 확인

다음 중 조립식 구조의 특성으로 옳지 않은 것은?
① 공장생산이 가능하며 대량생산이 가능하다.
❷ 각 부품과의 접합부가 일체가 되어 절점을 강접합으로 하기가 용이하다.
③ 기계화 시공으로 단기완성이 가능하다.
④ 현장 거푸집공사가 절약되어 정밀도가 높고 강도가 큰 콘크리트 부재를 사용할 수 있다.

③ 구조형식에 의한 분류

구분	특징	종류
평면구조	응력이 평면적인 요소로 분해되는 일반화된 구조형식이다.	라멘구조, 트러스구조, 아치구조, 벽식구조 등
입체구조	외력에 3차원적으로 저항하는 구조이다.	셸구조, 돔구조, 절판구조, 입체트러스구조, 현수구조 등

❸ 건축구조의 형식

① 개요

건축 구조물에서 하중은 슬래브 → 빔(작은 보) → 거더(큰 보) → 기둥 → 기초로 전달된다.

> **구조계획의 고려사항**
> - 구조형식이나 구조재료를 혼용할 때는 강성이나 내력의 연속성뿐만 아니라 사용성에 영향을 미치는 진동에도 대비한다.
> - 건축물의 용도, 사용재료 및 강도, 지반 특성, 하중 조건 등을 고려한다.
> - 기둥과 보의 배치 시 기둥간격 및 층고, 설비계획도 함께 고려한다.
> - 수평하중에 저항하는 구조요소는 입면 및 평면상 균형을 함께 고려한다.

② 평면구조

응력이 평면적인 요소로 분해되는 일반화된 구조형식이다.

라멘구조	개요	기둥과 보, 슬래브 등 뼈대의 절점을 강접합하여 하중에 대해 일체로 저항하도록 한 구조이다.
	특징	• 수직, 수평하중에 대하여 큰 저항력을 가진다. • 하중 작용 시 기둥 또는 보 부재의 변형으로 외부 에너지를 흡수한다.
트러스구조	개요	삼각형 뼈대를 하나의 기본형으로 조립하여 각 부재에는 축방향력만 생기도록 한 구조이다.
	특징	서로 한 점에서 만나는 직선부재를 핀으로 결합시킨 구조이다.
아치구조	개요	개구부 상부의 하중을 지지하기 위하여 돌이나 벽돌을 곡선형으로 쌓아올린 구조이다.
	특징	• 상부에서 오는 수직하중이 아치의 축선에 따라 포물선의 형태로 좌우로 나뉘어져 밑으로 압축력만을 전달한다. • 부재의 하부에 인장력이 생기지 않는다.
벽식구조	개요	보와 기둥 대신 슬래브와 내력벽이 일체가 되도록 구성한 평면적인 구조로, 공동주택 등에 많이 이용된다.
	특징	내진벽, 테두리보, 벽량의 증가, 부축벽 설치 등을 통해 횡력에 대한 저항성능을 보강할 수 있다.

+ 더 알아보기

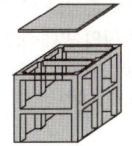
라멘구조

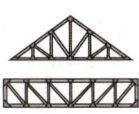
트러스구조

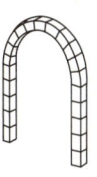
아치구조

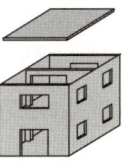
벽식구조

+ 더 알아보기

구조체의 자중 감소에 따른 이점
- 기둥 축력의 감소에 따른 기둥의 단면 감소
- 휨재 설계 시 장스팬이 가능
- 경제적인 기초설계
- 기초의 부동침하 방지

📋 기출 확인

구조방식과 외부의 힘에 대하여 저항하는 방법으로 옳지 않은 것은?

① 트러스구조 : 인장력과 압축력으로 외력에 저항
② 케이블구조 : 인장력으로 외력에 저항
❸ 아치구조 : 인장력과 압축력으로 외력에 저항
④ 셸구조 : 면내응력으로 외력에 저항

기출 확인

곡면판이 지니는 역학적 특성을 응용한 구조로서 외력은 주로 판의 면내력으로 전달되기 때문에 경량이고 내력이 큰 구조물을 구성할 수 있는 것은?

❶ 셸구조
② 튜브시스템
③ 스페이스프레임
④ 절판구조

➕ 더 알아보기

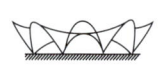
셸구조

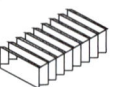
절판구조

막구조

기출 확인

다음 각 구조물에 대한 설명으로 옳지 않은 것은?

① 셸(Shell)은 주로 면내력으로 외력에 저항하는 구조이다.
② 라멘(Rahmen)은 주로 휨모멘트 및 전단력으로 외력에 저항하는 구조이다.
③ 아치(Arch)는 주로 축방향 압축력으로 외력에 저항하는 구조이다.
❹ 트러스(Truss)는 주로 휨모멘트로 외력에 저항하는 구조이다.

③ 입체구조

셸구조	개요	• 얇은 곡면 형태의 판이 지니는 역학적 특성을 응용한 구조이다. • 대표적인 구조물로 시드니 오페라 하우스가 있다.
	특징	• 면에 곡률을 주어 경간을 확장하는 구조이다. • 가볍고 강성이 우수한 구조 시스템이다. • 큰 간 사이의 지붕을 만들 수 있다.

HP 셸(Hyperbolic Paraboloid shell, 쌍곡포물선면 셸)
• 철근콘크리트구조로도 이용되는 쌍곡포물선면으로 된 셸이다.
• HP 곡면을 몇 개의 단위로 짜맞추면 여러 종류의 지붕형태를 구성할 수 있다.
• 면 내 전달력에 의하여 하중을 주변 지지체에 전달할 수 있다.
• 면 내에 각각 압축력과 인장력이 발생한다.

절판구조	개요	박판구조의 일종으로, 아코디언과 같이 주름을 잡아 지지하중을 증가시킨 지붕구조이다.
	특징	• 평면판을 접어서 구성한 절판이 하중에 대한 강한 지지력을 발생시킨다. • 평면 형상으로 시공이 쉽고 구조적 강성이 우수하다. • 슬래브의 두께를 얇게 할 수 있고 대공간의 지붕구조로 적합하다.

막구조	개요	• 얇은 합성수지 계통의 천을 지지하여 지붕을 구성하는 구조이다. • 대표적인 구조물로 상암동 월드컵 경기장, 인천 월드컵 경기장, 서귀포 월드컵 경기장 등이 있다.
	특징	• 내면에 균일한 인장력을 분포시켜 막을 지지하여 지붕을 구성한다. • 힘의 흐름이 불명확하여 구조해석이 난해하다. • 막재에는 항시 인장응력이 작용하도록 설계하여야 한다. • 구조체 자체의 무게가 거의 없어 효율성이 뛰어나다. • 구조 재질의 투명성이 좋아 채광에 유리하고 자연경관과도 잘 조화된다.

막구조의 하중전달과 지지방법에 따른 주요 종류

골조막구조	골조 위에 막재를 형성하는 구조이다.
현수막구조	막의 무게를 케이블로 지지하는 구조이다.
공기막구조	송풍에 의한 내압으로 내외부의 기압의 차를 이용하여 공간을 확보하는 구조이다.

돔구조	개요	• 반구형의 형태를 갖는 지붕이나 천장구조이다. • 대표적인 구조물로 판테온 신전, 장충체육관 등이 있다.
	특징	• 구조적 특성상 일체형으로 되어 있어 안정되고 튼튼한 구조이다. • 기둥이 없어 내부 공간 구성이 자유롭다. • 전시관, 체육시설, 집회시설 등에 적합하다.

입체트러스구조 (스페이스프레임)	개요	트러스를 종횡으로 배치하여 입체적으로 구성한 구조이다.
	특징	• 축방향만으로 힘을 받는 직선재를 핀으로 결합하여 효율적으로 힘을 전달하는 구조이다. • 구성부재를 규칙적인 삼각형으로 배열하면 구조적으로 안정이 된다. • 형강, 강관을 사용하여 적은 수의 기둥으로 넓은 공간을 구성한다.

케이블구조	개요	구조물의 주요 부분을 매달아서 케이블의 인장력으로 저항하는 구조이다.
	특징	압축력은 발생하지 않는 구조이다.

케이블구조의 종류	
현수구조	• 특수 지지 프레임을 세우고 프레임 상부 새들을 통해 걸친 케이블에서 로프를 내려 구조물을 매다는 구조이다. • 대표적인 구조물로 금문교, 영종대교 등이 있다. • 교량구조 시스템으로, 건축구조에서는 기둥을 두지 않고 지붕 및 바닥 등을 매달아 지지하는 형태로 사용된다.
사장구조	• 교량의 주탑에서 케이블을 내려 구조물을 매다는 구조이다. • 대표적인 구조물로 서해대교 등이 있다.

+ 더 알아보기

입체트러스구조

현수구조

사장구조

❹ 초고층 건축구조

전단코어구조	건물의 배관, 배선, 동선 등이 집중된 한 개 또는 서로 연결된 복수의 코어가 전단벽의 역할을 하여 횡력에 저항하도록 계획된 초고층 건물구조이다.
아웃리거구조	• 건물 내부의 중간층에 대형 수평부재를 설치하여 횡력을 외곽기둥이 분담할 수 있도록 한 초고층 건물 구조이다. • 코어와 외곽 기둥을 연결시키기 위해 아웃리거, 벨트 트러스, 벨트 월이 설치된다.
튜브구조	• 관과 같이 하중에 저항하는 수직 부재를 대부분 건물의 바깥쪽에 밀실하게 배치하여 횡력에 효율적으로 저항하도록 계획된 초고층 건물 구조이다. • 현장타설 철근콘크리트구조와 철골구조로 건축할 수 있다.
가새구조	건물 골조가 수직 방향의 캔틸레버 트러스 형태로 되어 있어 부재의 축강성으로 횡력에 저항하도록 계획된 초고층 건물구조이다.

기출 확인

고층 건축물의 구조형식 중에서 건물의 외곽기둥을 밀실하게 배치하고 일체화한 형식은?
① 트러스구조
❷ 튜브구조
③ 골조 아웃리거구조
④ 슈퍼프레임구조

강콘크리트합성구조(철골철근콘크리트구조)	
철근콘크리트와 강재 부재를 합성하여 일체로 외력에 저항하는 구조이다.	
철골철근 콘크리트구조	• 연직하중은 철골에 부담시키고 수평하중은 철골과 철근콘크리트의 양자가 같이 대항하는 구조이다. • 철골구조에 비해 내화성이 우수하고 철근콘크리트구조에 비해 자중이 가볍다.
콘크리트충전 강관기둥(CFT)	• 강관기둥 내부에 콘크리트를 충전한 기둥부재이다. • 내부 콘크리트가 강관의 급격한 국부좌굴을 방지한다.
합성보	콘크리트 슬래브와 철골보를 전단연결재로 연결하여 외력에 대한 구조체의 거동을 일체화시킨 구조이다.
데크플레이트	바닥 슬래브를 타설하기 전에 철골보 위에 설치하고 콘크리트를 타설하여 바닥판 등으로 사용하는 절곡된 얇은 판의 합성 슬래브이다.

기출 확인

구조시스템의 분류에 있어 복합구조로 보기 어려운 것은?
① 철골철근콘크리트기둥에 철골보를 이용한 구조
② 철골철근콘크리트기둥에 철근콘크리트보를 이용한 구조
❸ 철근콘크리트기둥에 철근콘크리트보를 이용한 구조
④ 철근콘크리트기둥에 철골보를 이용한 구조

교육이란 사람이 학교에서 배운 것을 잊어버린 후에 남은 것을 말한다.

– 알버트 아인슈타인 –

CHAPTER 4 건축설비

건축기사 필기 7개년 기출문제집

SECTION 1 위생설비
CORE 01 급수·급탕설비
CORE 02 급수·급탕배관
CORE 03 배수·통기설비·위생기구

SECTION 2 공기조화설비
CORE 04 난방설비
CORE 05 공기조화·냉방·환기설비
CORE 06 건축환경

SECTION 3 전기·가스·소방설비
CORE 07 전기설비
CORE 08 조명설비
CORE 09 정보·승강설비
CORE 10 가스·소방설비

CHAPTER 4 건축설비 / SECTION 1 위생설비

급수·급탕설비

➕ 더 알아보기

수도직결 급수방식

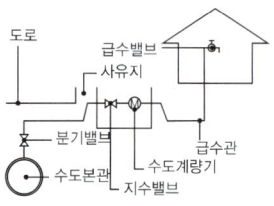

고가수조 급수방식

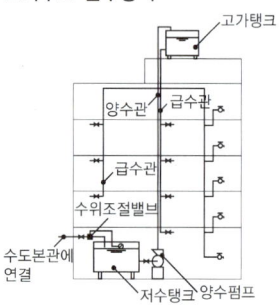

압력탱크 급수방식

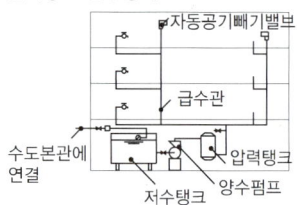

펌프직송 급수방식

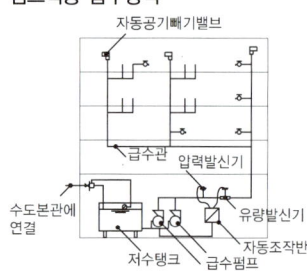

❶ 급수설비

① 개요

물이 필요한 장소에 적정 수압으로 소요 수량의 물을 공급하는 설비이다.

② 급수방식

건물의 용도, 규모 및 설치환경 등을 고려하여 적합한 방식을 선정한다.

수도직결 급수방식	개요	상수도 본관에서 바로 급수하는 방식이다.
	계통	상수도 → 수전
	특징	• 오염 가능성이 적어 가장 위생적인 방식이다. • 3층 이상으로의 급수가 불가능하고 수압변화가 심하다. • 급수가 정전 시 가능하고, 단수 시 불가능하다. • 2층 규모의 주택, 소규모 건물에 적합하다.
고가수조 (고가탱크) 급수방식	개요	펌프를 통해 건물 상부 고가수조에 양수한 물을 높이에 의한 수압 차이로 하향 급수하는 방식이다.
	계통	상수도 → 저수탱크 → 양수펌프 → 고가수조 → 수전
	특징	• 급수압력이 일정하고 고장이 적어 물 공급이 안정적이다. • 고가수조 중량에 대한 구조적 보강이 필요하다. • 저수조에서 물이 오염될 가능성이 있다. • 정전 및 단수 시 일정량의 급수가 가능하다. • 대규모의 급수설비에 적합하다.
압력탱크 (가압탱크) 급수방식	개요	지하수조에 저수한 물을 압력탱크(가압탱크)를 통해 공기압으로 급수하는 방식이다.
	계통	상수도 → 저수탱크 → 급수펌프 → 압력탱크 → 수전
	특징	• 탱크의 설치 위치에 제한이 없어 미관 및 구조상 유리하다. • 취급이 곤란하며 다른 방식에 비해 고장이 많다. • 저수조에서 물이 오염될 가능성이 있다. • 급수 공급 압력이 일정하지 않다. • 시설비 및 유지관리비가 고가이다. • 급수가 정전 시 불가능하고, 단수 시 일정량 가능하다. • 국부적으로 고압을 필요로 하는 경우에 적합하다.
펌프직송 (탱크가 없는 부스터) 급수방식	개요	배관 내 압력변동 등을 감지하여 저수탱크에 저장한 물을 급수펌프만으로 상향 급수하는 방식이다.
	계통	상수도 → 저수탱크 → 급수펌프 → 수전
	특징	• 적절한 대수분할, 압력제어 등에 의해 에너지절약을 꾀할 수 있다. • 정교한 제어가 필요하며 설비, 유지관리비가 가장 고가이다. • 저수조에서 물이 오염될 가능성이 있다. • 변속방식(토출압력을 감지하여 펌프 회전수를 제어)은 정속방식에 비해 압력변동이 적기 때문에 아파트에서 사용할 수 있다. • 급수가 정전 시 불가능하고, 단수 시 일정량 가능하다.

급수방식의 특징
• 저수탱크가 있을 경우 물이 오염될 가능성이 있으나, 단수 시 일정량의 급수가 가능하다.
• 급수펌프 및 압력탱크로 상향 급수할 경우 정전 시 급수가 불가능하고 비용이 고가이다.

구분	위생	단수 시	정전 시	설치 및 유지비
수도직결방식	가장 우수	급수 불가	급수 가능	가장 저렴
고가수조방식	오염 가능	일정량 급수 가능	일정량 급수 가능	저렴
압력탱크방식	오염 가능	일정량 급수 가능	급수 불가	고가
펌프직송방식	오염 가능	일정량 급수 가능	급수 불가	가장 고가

③ 조닝(Zoning)
• 고층 건축물의 급수시스템이 단일계통일 경우, 저층부에 수압이 과대하게 작용하여 소음, 진동, 워터해머 등이 발생할 수 있으므로, 급수계통을 2개 이상으로 구분하는 방법이다.
• 일반적으로 수직 높이 40~50m 정도마다 조닝한다.

중간수조방식	• 중간수조와 양수펌프를 사용하여 조닝하는 방식이다. • 세퍼레이트방식, 부스터방식 등이 있다.
감압밸브방식	• 저층부 수압을 감압밸브로 감압시키는 방식이다. • 주관감압, 각층감압, 그룹감압방식 등이 있다.
중간수조·감압밸브 병용방식	• 중간수조와 감압밸브를 병용하여 조닝하는 방식이다. • 정밀한 조닝이 가능하다.
펌프직송방식 (펌프분리방식)	• 조닝된 층별로 부스터펌프를 사용해 직송으로 급수하는 방식이다. • 고가수조가 없어 설치공간이 절약되나 설비비가 고가이다.

④ 예상급수량
• 급수방식의 결정을 위해 산정하는 예상 물 소요량을 말한다.
• 학교, 공장, 영화관 등 단시간에 사용이 집중되는 곳에서는 시간최대 예상급수량과 순간최대 예상급수량을 고려할 필요가 있다.

시간평균 예상급수량	• 시간평균 예상급수량 = $\frac{건물의\ 1일당\ 급수량}{1일\ 평균\ 사용시간}$ • 동시사용유량과 기기 및 장비에 소요되는 유량을 합한 급수량을 1일 평균 사용시간으로 나눈 급수량이다. • 고가수조용량 등의 산정에 이용된다.
순간최대 예상급수량	• 1일 중 물이 최대로 사용되는 시간대에 순간적으로 흐르는 최대 급수량이다. • 시간평균 예상급수량의 3~4배 정도이다. • 펌프의 양수량, 펌프직송방식의 송수량 산정, 배관의 관경 결정에 이용된다.
시간최대 예상급수량	• 1일 중 물이 최대로 사용되는 1시간 동안의 사용량이다. • 시간평균 예상급수량의 1.5~2.0배 정도이다.

건물의 1일당 급수량
물의 경우, 1L = 0.001m³이다.

건물사용인원에 의한 산정방법	Q = 연면적 × 유효면적비 × 유효면적당 인원 × 1인 1일당 급수량

기출 확인

다음 급수방식에 대한 설명 중 맞는 것은?
❶ 수도직결방식은 수질오염의 가능성이 적다.
② 고가수조방식은 단수 시에는 급수가 불가능하다.
③ 고가수조방식은 취급이 어려워 소규모 설비에 사용된다.
④ 압력수조방식은 압력을 항상 일정하게 유지할 수 있다.

더 알아보기

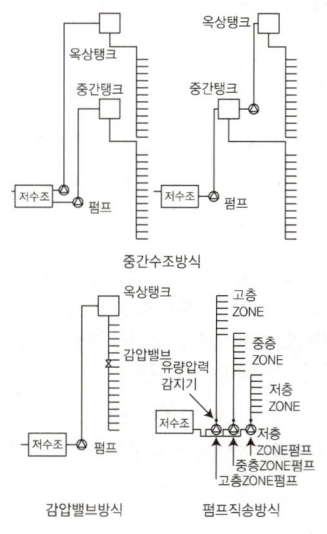

기출 확인

다음과 같은 조건에서 연면적이 2,000m²인 사무소 건물에 필요한 급수량은?

• 건물의 유효면적비율 : 60%
• 유효면적당 인원 : 0.3인/m²
• 1인 1일당 급수량 : 200L/d

❶ 72,000L/d   ② 72,000L/h
③ 120,000L/d ④ 120,000L/h

2,000 × 0.6 × 0.3 × 200
= 72,000L/d

❷ 급탕설비

① 개요

증기, 가스, 전기, 석탄 등을 열원으로 하는 물의 가열장치를 설치하여 온수를 만들어 공급하는 설비이다.

② 급탕방식

국소식 (개별식)	필요개소에 가열기를 설치하여 온수를 공급하는 방식이다.		
	순간식	개요	필요개소에 별도의 가열기를 설치하여 전기 또는 가스로 급탕하는 방식이다.
		특징	소량의 온수가 필요한 장소에 사용된다.
	저탕식	개요	가열된 온수를 저탕탱크 내에 저장하는 방식이다.
		특징	단시간에 급탕 수요가 많은 경우에 적합하다.
	기수혼합식	개요	저탕조 내 물에 증기를 불어넣거나 혼합하여 가열한다.
		특징	• 증기 분출구에 스팀 사일렌서를 사용하여 소음을 줄인다. • 증기를 쉽게 얻을 수 있는 공장, 병원 등에서 사용된다.
중앙식	• 보일러, 저탕조 등을 설치한 기계실에서 배관을 통해 온수를 공급하는 방식이다. • 동시사용률을 고려하기 때문에 가열장치의 전체 용량을 줄일 수 있다. • 일반적으로 열원장치는 공기조화설비와 겸용으로 설치된다. • 상향 또는 하향 순환식 배관에 의해 필요개소에 온수를 공급한다. • 기계실에 기기가 집중되어 있으므로 설비의 유지관리가 용이하다. • 주로 호텔이나 병원 등 급탕개소가 많고 사용량이 많은 건물에 적용한다.		
	직접가열식	개요	저탕조와 보일러를 연결하여 급탕하는 방식이다.
		특징	• 열효율이 간접가열식에 비해 높다. • 스케일이 부착하여 열효율이 저하될 수 있다. • 중·소규모 건물이나 주택에 적합한 방식이다.
	간접가열식	개요	저탕조 내에 설치한 코일 등을 가열하여 열교환을 통해 물을 급탕하는 방식이다.
		특징	• 열효율이 직접가열식에 비해 낮다. • 스케일이 부착하는 일이 적고 전열 효율이 높다. • 일반적으로 규모가 큰 건물의 급탕에 사용된다.
		보일러	• 가열 및 급탕용 보일러는 난방용 보일러와 겸용할 수 있다. • 고압용 보일러를 반드시 사용할 필요는 없다. • 증기보일러 또는 고온수보일러를 사용하는 경우 고온의 탕을 얻을 수 있다.
		저탕조	• 가열코일을 내장하는 등 구조가 약간 복잡하다. • 서모스탯(Thermostat)을 설치하여 온도를 조절할 수 있다.
	순간가열식	개요	저탕조 없이 필요한 용량만큼 급탕하는 방식이다.

개별식·중앙식 급탕방식의 특징

구분	국소식(개별식)	중앙식
장점	• 배관길이가 짧아 열손실이 적다. • 급탕개소의 증설이 비교적 쉽다. • 온수를 간단하게 얻을 수 있다. • 설비비가 저렴하고 유지관리가 쉽다.	• 연료비가 저렴하여 단가가 낮아진다. • 기계실의 집중관리가 용이하다. • 급탕의 대량 공급이 가능하다. • 필요 장소에 공급이 가능하다.
단점	• 가열기가 많으면 유지관리가 어렵다. • 가열기 설치 공간이 필요하다.	• 초기 시설비가 크고, 관리자가 필요하다. • 배관 및 기기로부터의 열손실이 많다.

📋 **기출 확인**

중앙식 급탕방식에 관한 설명으로 옳지 않은 것은?

① 주로 중규모 이상의 건물에 적용하는 방식이다.
❷ 온수를 사용하는 개소마다 가열장치가 설치된다.
③ 직접가열방식, 간접가열방식 및 순간가열방식이 있다.
④ 상향 또는 하향 순환식 배관에 의해 필요개소에 온수를 공급한다.

📋 **기출 확인**

중앙식 급탕방식 중 보일러에서 만들어진 증기 또는 고온수를 열원으로 하고, 저탕조 내에 설치된 코일을 통해 관내의 물을 가열하는 방식은?

① 직접가열식 ❷ 간접가열식
③ 기수혼합식 ④ 순간가열식

📋 **기출 확인**

국소식 급탕방식에 관한 설명으로 옳지 않은 것은?

① 배관의 열손실이 적다.
❷ 급탕개소와 급탕량이 많은 경우에 유리하다.
③ 급탕개소마다 가열기의 설치스페이스가 필요하다.
④ 건물 완공 후에도 급탕개소의 증설이 비교적 쉽다.

③ 급탕기기의 용량

건물 내 사람의 일일 사용량과 피크시간대에 대응할 수 있는 용량으로 산정한다.

가열능력	단위시간 내에 물을 가열할 수 있는 성능을 말한다.
저탕용량	피크사용시를 대비해 온수를 저장하는 용량을 말한다.

동시사용률과 급탕기기의 용량
가열기 능력과 저탕탱크 용량과의 사이에는 반비례 관계가 있다.

구분	가열기 능력	저탕탱크 용량
동시사용률이 높은 건물	크게	작게
동시사용률이 낮은 건물	작게	크게

❸ 펌프

① 개요

중력 등의 외력에 반하여 유체의 위치를 바꾸는 기계를 말한다.

② 종류

터보형	원심식	• 임펠러(회전차)의 회전을 통해 액체에 압력을 주는 방식이다. • 급수펌프, 양수펌프, 순환펌프 등으로 건축설비에 주로 사용된다. • 볼류트펌프, 터빈펌프(디퓨저펌프) 등이 있다.
	볼류트 펌프	• 다수의 임펠러가 케이싱 내에서 고속 회전하는 방식이다. • 임펠러 주위에 안내날개가 없고 낮은 양정에 사용된다. • 일반건물의 급수, 공기조화, 온수순환용으로 사용된다.
	터빈펌프	임펠러 주위에 안내날개가 있고 높은 양정에 사용된다.
	사류식	• 임펠러의 원심력 및 양력에 의해 액체에 압력을 주는 방식이다. • 농업 배수용, 우수용 등으로 사용된다.
	축류식	• 임펠러의 양력에 의해 액체에 압력을 주는 방식이다. • 축류펌프 등이 있으며, 사류펌프는 원심식과 축류식의 중간형이다.
용적형	왕복식	• 피스톤의 왕복운동을 통해 액체에 압력을 주는 방식이다. • 고양정(고압용)에 적합하며, 수량조절이 어렵다. • 피스톤펌프, 플런저펌프, 워싱턴펌프 등이 있다.
	회전식	• 회전자의 회전을 통해 액체에 압력을 주는 방식이다. • 기름과 같이 점도가 높은 액체를 송출하는 데 적합하다. • 기어펌프, 스크루펌프 등이 있다.
특수형		와류펌프, 제트펌프, 수격펌프 등이 있다.

공동현상(Cavitation)
• 펌프의 회전 부분에서 압력강하로 인해 기포가 발생하여 펌프의 성능이 저하되고 충격, 진동, 소음을 유발하는 현상이다.
• 흡입양정이 너무 높은 경우, 공기가 흡입된 경우, 와류가 발생한 경우에 발생한다.
• 방지대책으로는 흡입양정을 낮추거나 펌프 회전수를 낮추는 것이 유효하다.

서징현상
• 펌프의 양수량이 적은 경우 운전 중 이상 소음, 진동 및 압력 변동 등이 나타나는 현상이다.
• 방지대책으로는 유량 및 회전수를 조절하거나 공기저항을 제거하는 것이 유효하다.

기출 확인

다음 중 급탕설비에서 온수순환펌프로 주로 이용되는 것은?

① 사류펌프
❷ 원심식 펌프
③ 왕복식 펌프
④ 회전식 펌프

더 알아보기

보어홀펌프(Bore hole pump)
• 깊은 수직 우물에 사용하는 수직형의 입형다단 터빈펌프이다.
• 지상에 전동기를 두고, 하부의 수중에 있는 펌프를 회전시켜서 양수한다.
• 흡입양정이 높아 횡축펌프로는 양수할 수 없는 경우에 사용된다.

기출 확인

펌프에서 발생하는 공동현상(Cavitation)의 방지대책으로 가장 알맞은 것은?

① 펌프의 설치위치를 높인다.
❷ 펌프의 흡입양정을 낮춘다.
③ 펌프의 토출양정을 높인다.
④ 펌프의 토출구경을 확대한다.

📋 기출 확인

급수설비에서 펌프의 실양정이 의미하는 것은?(단, 물을 높은 곳으로 보내는 경우)

① 배관계의 마찰손실에 해당하는 높이
❷ 흡수면에서 토출수면까지의 수직거리
③ 흡수면에서 펌프축 중심까지의 수직거리
④ 펌프축 중심에서 토출수면까지의 수직거리

📋 기출 확인

양수량이 1m³/min, 전양정이 50m인 펌프에서 회전수를 1.2배 증가시켰을 때 양수량은?

❶ 1.2배 증가 ② 1.44배 증가
③ 1.73배 증가 ④ 2.4배 증가

📋 기출 확인

전양정 24m, 양수량 13.8m³/h, 효율 60%일 때 펌프의 축동력은?

① 0.5kW ② 1.0kW
❸ 1.5kW ④ 3.0kW

$$\frac{1{,}000 \times (13.8 \div 60) \times 24}{6{,}120 \times 0.6} \fallingdotseq 1.5\text{kW}$$

---

③ 펌프의 양정

- 펌프가 물을 양수하는 높이를 말한다.
- 동일 특성의 펌프 2대를 직렬로 연결하면, 양수량은 변하지 않고 양정은 2배로 높아진다.

흡입양정	흡입수면부터 펌프중심까지의 높이이다.
토출양정	펌프중심부터 토출수면까지의 높이이다.
실양정	• 펌프가 양수하는 수면 간의 높이 차이이다. • 실양정 = 흡입양정 + 토출양정
전양정	• 실양정에 배관의 마찰손실수두 등을 가산한 값이다. • 전양정 = 흡입양정 + 토출양정 + 마찰손실수두 + 기타 수두

④ 펌프의 회전수

양수량	양정	축동력
회전수에 비례	회전수²에 비례	회전수³에 비례

⑤ 펌프의 축동력

물의 경우, 1L = 0.001m³이다.

축동력(kW)	• $HP = \dfrac{1{,}000\text{kg/m}^3 \times 양수량(\text{m}^3/\text{min}) \times 양정(\text{m})}{6{,}120 \times 펌프의\ 효율}$ • 회전수의 세제곱에 비례한다. • 여유율이 주어질 경우, 축동력에 여유율을 곱한 값을 소요동력으로 한다.

> **펌프의 구경**
>
> 펌프의 구경$(D) = 1.13\sqrt{\dfrac{Q}{V}}$
>
> 여기서, Q = 펌프 토출량(m³/s), V = 펌프의 유속(m/s)

CHAPTER 4 건축설비 / SECTION 1 위생설비

CORE 02 급수·급탕배관

❶ 일반사항

① 용어

물의 경우, 압력 $1kg/cm^2 ≒$ 수두 $10m ≒$ 압력 $100kPa$이다.

수두(水頭)	• 단위질량의 물이 가지고 있는 에너지를 길이(m)의 단위로 나타낸 것이다. • 압력수두는 물의 높이(깊이)로 물의 압력을 나타낸 것이다. • 전수두는 압력수두(압력에너지), 속도수두(운동에너지), 위치수두(위치에너지)의 합이다.
마찰손실수두	• 배관 내 마찰저항에 의한 손실을 수두(m)로 나타낸 것이다. • 유체의 점성이 클수록 커진다. • 다르시-바이스바하 공식으로 구할 수 있다.

비중량과 비중	
비중량	• 액체의 단위체적당 중량을 말한다. • 1기압 4℃인 순수한 물의 비중량은 $1,000 kgf/m^3$이다. • 비체적과 비중량은 서로 역수의 관계이다.
비중	물질의 비중량과 1기압 4℃의 순수한 물의 비중량과의 비를 비중이라 한다.

② 공식

베르누이의 정리	• 유체의 운동에너지와 중력에 의한 위치에너지 및 압력에너지의 합은 흐름 내 어디에서나 항상 일정하다는 법칙이다. • 관로 내의 어느 단면에서나 전수두는 동일하다. • 입구측 속도 + 위치 + 압력 = 출구측 속도 + 위치 + 압력 • 에너지보존의 법칙을 유체의 흐름에 적용한 것이다.
유체의 연속방정식	• 유량(Q) = 단면적(A) × 유속(V) • 단면적(A_1) × 유속(V_1) = 단면적(A_2) × 유속(V_2) • 배관 내 어느 단면에서나 유량은 동일하다. • 유체의 흐름에서 단면적과 유속은 반비례한다.
다르시-바이스바하 공식	• 배관의 마찰손실수두를 구하는 공식이다. • $H(m) = 관마찰계수(\lambda) \times \dfrac{관의 길이(l)}{관의 내경(d)} \times \dfrac{평균유속(v)^2}{2 \times 중력가속도(g)}$ • $H(Pa) = 관마찰계수(\lambda) \times \dfrac{관의 길이(l)}{관의 내경(d)} \times \dfrac{평균유속(v)^2 \times 밀도(\rho)}{2}$

📋 **기출 확인**

수도직결방식의 급수에서 수압이 $2.4kg/cm^2$일 때 급수압에 의한 물의 상승 높이는?(단, 마찰저항은 무시한다)

① 2.4m ② 4.8m
③ 12m   ❹ 24m

$2.4kg/cm^2 ≒$ 수두 $24m ≒$ 압력 $240kPa$

📋 **기출 확인**

내경이 20cm인 관내를 유속 1.2m/s의 물이 흐르고 있을 때 유량은 얼마인가?

① $0.028m^3/s$ ❷ $0.038m^3/s$
③ $0.048m^3/s$ ④ $0.058m^3/s$

$Q = (\pi \times 0.1 \times 0.1) \times 1.2$
$≒ 0.038m^3/s$

📋 **기출 확인**

길이 1m, 구경 100mm의 관내를 유속 2.0m/s로 물이 흐르고 있을 때, 직관부의 마찰손실은?(단, 물의 밀도는 $1,000 kg/m^3$, 관마찰계수는 0.030이다)

① 6Pa   ② 60Pa
❸ 600Pa   ④ 6,000Pa

$0.03 \times \dfrac{1}{0.1} \times \dfrac{2^2 \times 1,000}{2} ≒ 600Pa$

❷ 급수배관

① 배관방식

급수 방향, 점검 및 수리를 위한 수평주관의 위치에 따라 구분된다.

	계통/특징	
상향급수	계통	저수조 → 수평주관(지하층) → 수직주관 → 수전
	특징	• 지하층 천장에 주관을 설치하여 상부의 수전에 물을 공급한다. • 수평주관을 지하층 천장에 노출배관하므로 점검, 수리 등이 편리하다.
하향급수	계통	고가수조 → 수평주관(최상층) → 수직주관 → 수전
	특징	최상층의 천장에 주관을 설치하여 하부의 수전에 물을 공급한다.
혼용급수	특징	저층부에는 상향급수, 상층부에는 하향급수를 적용하는 방식이다.

급수에 필요한 최저 필요압력
• 급수 분기점에서 건물 최상층 수전까지의 급수에 필요한 압력을 말한다.
• 수도직결, 압력수조, 펌프직송 급수방식 등에 사용된다.
• 수도본관의 압력(P) ≥ 수전의 높이 + 관의 마찰손실 + 수전의 필요압력

압력수조의 실양정
압력수조의 실양정(H) ≥ 수조 내 최고 압력 + 흡입양정

고가수조의 최저 설치높이
• 최상부 수전과 고가수조 최저 수면의 연직거리이다.
• 고가수조의 최저 설치높이(H) ≥ 관의 마찰손실 + 수전의 필요압력

📋 기출 확인

고가수조방식을 채택한 건물에서 최상층에 세정밸브식 대변기가 설치되어 있을 때, 세정밸브로부터 고가수조 저수위 면까지의 필요 최저 높이는?(단, 고가수조에서 세정밸브까지의 총마찰손실수두는 2mAq, 세정밸브의 최저 필요압력은 0.7kg/cm²이다)

① 5m ❷ 9m
③ 2.7m ④ 1.4m

0.7kg/cm² ≒ 수두 7m
≒ 압력 70kPa
$H ≥ 2m + 7m$

② 관경의 결정

기구연결관의 관경에 의한 방법	관경균등표에 의한 방법	배관마찰저항선도에 의한 방법
순간 최대 유량과 급수관의 관경을 나타낸 표를 사용한다.	관경균등표와 동시사용률을 적용하여 관경을 구한다.	급수관 내 유량과 허용마찰을 통해 관경을 구한다.

관경균등표
• 15A관을 기준으로 다른 관경의 관내를 흐르는 유량의 비율을 나타낸 표이다.
• 기구 수 × 동시사용률 값을 구한 후 접속배관경에 맞는 열에서 해당하는 값을 찾아 관경을 구한다.

기구급수부하단위(WSFU)
위생기구별 물 소비량을 기준으로 정해진 부하단위로, 급수관의 관지름 결정에 사용된다.

기구급수관의 최소 관지름(KDS 31 30 15)
• 기구급수관의 길이는 연결지점으로부터 기구까지 760mm 이하로 한다.
• 단위 DN20 = 20A = 20mm

최소 관지름(DN)	위생기구
25	대변기(세정밸브)
20	소변기(세정밸브), 세정싱크
15	대변기(원피스), 소변기(세정탱크), 욕조, 주방싱크, 식기세척기(가정용), 호스부착용 수도꼭지, 세탁기, 샤워기(단일헤드), 청소싱크
10	대변기(세정탱크), 세면기, 비데, 음수기

📋 기출 확인

관경균등표에 의해 급수 관경을 결정할 때 환산기준이 되는 관경은?

❶ 15A
② 20A
③ 25A
④ 32A

📋 기출 확인

세정밸브식 대변기의 최소 급수관경은?

① 15A
② 20A
❸ 25A
④ 32A

③ 수격작용(워터해머, Water hammer)

개요	배관 내 물의 운동상태가 갑자기 변화하면서 압력 변화로 인해 충격음과 진동이 발생하는 현상을 말한다.
발생원인	관경이 작은 경우, 관내 압력이 높고 유속이 빠른 경우, 관의 굴곡, 수전 또는 밸브 등의 급격한 폐쇄

수격작용(워터해머)의 방지대책
- 급격한 밸브 폐쇄는 피하고, 기구류 부근에 공기실(Air chamber)을 설치한다.
- 유속을 적절하게 조정하고 완폐쇄형 밸브 및 감압밸브를 설치한다.

기출 확인

다음 중 수격작용의 발생 원인과 가장 거리가 먼 것은?
① 밸브의 급폐쇄
❷ 감압밸브의 설치
③ 배관방법의 불량
④ 수도본관의 고수압(高水壓)

④ 급수의 오염

크로스 커넥션	급수배관과 급수 이외의 배관이 직접 접속된 상태에서 급수배관 내에 타 배관의 오수가 역류하여 상수를 오염시키는 현상이다.
역사이펀 작용	급수배관 내부가 부압(-)이 될 경우 수전 바깥쪽의 물이 급수배관 내로 역류하는 현상이다.
배관의 부식	배관 및 저수조의 부식에 따른 유해물질의 용출 등에 의해 상수가 오염되는 현상이다.
저수조의 정체수	저수조 용량이 과다하거나 사수구역(Dead water area)이 생기는 경우 물의 체류시간이 길어지면서 상수가 오염되는 현상이다.

급수의 오염에 대한 대책
- 크로스커넥션의 경우, 각 계통마다의 배관을 색깔별로 구분하여 오접합을 방지하는 것이 좋다.
- 토수구 공간, 진공브레이커(대기압식 · 가압식), 역류방지장치 등을 설치한다.
- 부식 및 유해물질의 용출을 방지할 수 있는 적합한 재료를 선정하며, 유지관리를 실시한다.
- 저수조의 용량을 적절하게 계획하고 유입구와 유출구를 서로 대각선이 되도록 설치하여 물의 체류시간을 감소시킨다.

기출 확인

크로스커넥션(Cross connection)에 관한 설명 중에서 옳은 것은?
① 관로 내의 유체가 급격히 변화하여 압력변화를 일으키는 것
❷ 상수로부터의 급수계통(배관)과 그 외의 계통이 직접 접속되어 있는 것
③ 급탕 · 반탕관의 순환거리를 각 계통에 있어서 거의 같게 하여 전 계통의 탕의 순환을 촉진하는 방식
④ 겨울철 난방을 하고 있는 실내에서, 창을 타고 차가운 공기가 하부로 내려오는 현상

❸ 급탕배관

① 배관방식

배관방식	단관식	• 가열장치 또는 저탕조로부터 수전까지 한 개의 공급배관이 설치된다. • 급탕이 배관 내에 정체되므로 사용상 불리하다.
	복관식	• 공급배관에 급탕순환을 위한 환탕관과 펌프가 추가로 설치된다. • 저탕조 중심의 회로배관을 형성하여 항상 고온의 급탕을 사용할 수 있다. • 설비비가 고가이며, 중앙식 급탕방식에 적합하다.
공급방식	상향식	수전까지 상향으로 급탕되는 방식으로, 대류에 의한 순환장애가 적다.
	하향식	수전까지 하향으로 급탕되는 방식으로, 공기배출이 필요하다.
순환방식	중력식	자연순환력을 이용하여 급탕을 순환시키는 방식이다.
	강제식	급탕순환펌프를 설치하여 강제적으로 급탕을 순환시키는 방식이다.

급탕배관의 구배

상향식	급탕수평주관은 선상향(앞올림), 반탕관은 선하향(앞내림) 구배로 한다.
하향식	급탕관 및 반탕관 모두 선하향(앞내림) 구배로 한다.
중력식	배관의 구배는 1/150 정도로 한다.
강제식	배관의 구배는 1/200 정도로 한다.

기출 확인

복관식 급탕배관방식에 관한 설명으로 옳지 않은 것은?
① 급탕관과 환탕관이 설치된다.
② 저탕조를 중심으로 회로배관을 형성한다.
❸ 배관이 복잡하여 중앙식 급탕방식에는 적용이 곤란하다.
④ 급탕전을 열면 짧은 시간 내에 뜨거운 물을 얻을 수 있다.

➕ 더 알아보기

자연순환력
밀도 차이에 의해 더운물은 상승하고 찬물은 하강하면서 배관 내부를 자연적으로 순환하는 힘을 말한다.

기출 확인

길이가 20m인 동관으로 된 급탕수평주관에 급탕이 공급되어 관의 온도가 10℃에서 60℃로 온도가 상승된 경우, 동관의 팽창량은?(단, 동관의 선팽창계수는 1.71×10^{-5})

① 0.86mm ② 8.6mm
❸ 17.1mm ④ 171mm

$20 \times 0.0000171 \times (60-10)$
$= 0.0171m$

② 신축·팽창

- 급탕설비 내의 수온에 따라 배관의 지름, 길이가 신축하므로 신축이음쇠를 설치한다.
- 배관의 팽창량 = 온도변화 전 배관 길이 × 관의 선팽창계수 × 온도차

급탕용 팽창탱크, 팽창관, 압력도피밸브 온수의 가열팽창에 의한 과압을 방지하고자 설치한다.	
팽창탱크	가열되어 팽창한 수량을 팽창관을 통해 받아 저장하는 수조이다.
팽창관 (도피관)	• 보일러, 저탕조 등 밀폐가열장치 내의 압력상승을 도피시키는 배관이다. • 보일러 내 공기나 증기를 배출한다. • 팽창관의 도중에는 밸브를 설치해서는 안 된다. • 팽창관의 내경은 보일러의 전열면적에 의해 결정된다.
압력도피밸브	상승한 압력을 내보내기 위한 밸브이다.

➕ 더 알아보기

강관과 연관(납관)의 접합

강관	나사, 용접, 플랜지
연관(납관)	납땜, 플라스턴

기출 확인

배관재료에 관한 설명으로 옳지 않은 것은?

① 주철관은 오배수관이나 지중 매설 배관에 사용된다.
② 경질염화비닐관은 내식성은 우수하나 충격에 약하다.
❸ 연관은 내식성이 작아 배수용보다는 난방배관에 주로 사용된다.
④ 동관은 전기 및 열전도율이 좋고 전성·연성이 풍부하며 가공도 용이하다.

❹ 배관재료

① 직관

강관	• 강도가 크며 시공이 용이하고 가격이 저렴하다. • 아연도금을 한 백관, 아연도금을 하지 않은 흑관이 있다.
동관	• 가공이 쉽고 전기, 열전도율이 좋으며 산에 강하나 알칼리에 약하다. • 급수, 급탕, 난방, 가스배관 등으로 사용된다. • 관의 두께에 따라 K, L, M의 3종류가 있다.
주철관	강도, 내식성, 내압성이 우수하여 급배수용, 지중 매설 배관으로 사용된다.
플라스틱관 (합성수지관)	• 일반적으로 경질염화비닐관(PVC관)을 말한다. • 가볍고 가소성이 커서 가공이 용이하며 내식성, 전기절연성이 좋다. • 충격에 약하며 열팽창계수가 커서 온도 변화가 심한 장소에는 불리하다.
연관(납관)	• 굴곡 가공이 쉽고 신축에 잘 견디며 산에 강하나 가격이 고가이다. • 알칼리에 약하므로 콘크리트에 직접 접촉하지 않아야 한다. • 배수관, 가스배관, 공업용 배관 등에 사용된다.

② 이음부속

플랜지와 유니온은 배관의 시공 후 수리, 교체를 편리하게 하기 위해 사용된다.

구분	동일 관경				다른 관경			
직선 연결	소켓	유니온	플랜지	니플	이경소켓 (리듀서)	이경유니온	부싱	이경니플
분기 연결	티	와이	크로스		이경티	이경크로스		
방향 전환	엘보	벤드			이경엘보			
말단 폐쇄	플러그	캡						

기출 확인

다음 중 관이음쇠와 그 사용 용도의 연결이 옳지 않은 것은?

① 부싱(Bushing) : 이경관을 연결할 때
② 엘보(Elbow) : 관의 방향을 바꿀 때
❸ 유니온(Union) : 관의 끝을 막을 때
④ 티(Tee) : 관을 도중에서 분기할 때

배관의 신축이음쇠
배관의 신축, 팽창을 처리하는 배관이음부속이다.

스위블형	• 2개 이상의 엘보를 사용하여 이음부의 나사회전을 이용해서 배관의 신축을 흡수한다. • 너무 큰 신축에는 파손되어 누수의 원인이 된다.
루프형 (신축곡관)	• 관을 곡선형으로 구부려 휨에 의해 배관의 신축을 흡수한다. • 설치장소가 필요하며, 고온고압의 옥외배관에 적합하다.
슬리브형	본체에 끼워진 슬리브관이 본체 내부에서 미끄러지며 움직여 배관의 신축을 흡수한다.
벨로스형	• 주름형태의 벨로스로 배관의 신축을 흡수한다. • 급수, 냉난방 배관에서 많이 사용된다.
볼 조인트형	평면, 입체적인 변위를 모두 흡수하는 신축이음이다.

+ 더 알아보기
배관의 신축이음쇠

스위블형　　루프형　　볼 조인트형

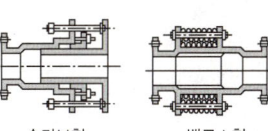

슬리브형　　벨로스형

③ 밸브

글로브밸브 (스톱밸브)	• 유량 조절에 적합하나 마찰손실과 감압현상이 크다. • 증기배관, 바이패스배관 등에 사용된다.
앵글밸브	• 글로브밸브의 일종으로, 글로브밸브보다 감압현상이 적다. • 유체의 흐름을 직각으로 바꿀 때 사용된다. • 유량 조절이 가능하며, 옥내소화전의 개폐밸브로 이용된다.
게이트밸브 (슬루스밸브)	• 관로를 전개할 목적으로 사용된다. • 밸브를 완전히 열면 배관경과 밸브의 구경이 동일하여 유체의 저항이 적다. • 유량 조절이 어려우며, 소방용 밸브에 사용된다.
체크밸브	• 유체를 한 방향으로만 흐르게 하며, 역류를 방지하는 데 사용한다. • 유량 조절이 불가능하며, 양수펌프 토출구 등에 사용된다. • 스윙밸브와 리프트밸브가 있다.
콕 (Cock)	• 원추형의 밸브가 축을 중심으로 회전하여 개폐되는 밸브이다. • 개폐가 간단하며, 수전 등에 사용된다.

기타 밸브 및 부속류

볼탭 (Ball tap)	• 유체의 부력에 의해 밸브가 개폐되는 자동밸브이다. • 급수관의 끝에 부착된 볼에 의해 수조 내의 수면고에 따라 작동한다.
스트레이너 (Strainer)	밸브 앞에 설치하여 배관 내 먼지, 이물질 등을 여과시키고 정기적으로 제거할 수 있는 밸브 보호용 부속이다.

밸브 및 부속류의 기호

글로브밸브 (스톱밸브)	앵글밸브	게이트밸브 (슬루스밸브)	체크밸브	콕	볼탭	스트레이너

+ 더 알아보기
밸브(Valve)

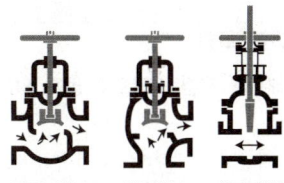

글로브밸브　앵글밸브　게이트밸브

스윙 체크밸브　리프트 체크밸브　콕

📋 기출 확인
유체의 흐름을 한 방향으로만 흐르게 하고 반대 방향으로는 흐르지 못하게 하는 밸브는?

① 콕　　　　　❷ 체크밸브
③ 게이트밸브　④ 글로브밸브

📋 기출 확인
관 속의 유체에 섞인 모래, 쇠부스러기 등의 이물질을 제거하여 기기의 성능을 보호하기 위해 배관에 설치하는 것은?

① 패킹　　② 볼탭
③ 체크밸브　❹ 스트레이너

❺ 배관시공

① 급수배관

관경	15mm(15A) 이상으로 한다.
기울기	급수관의 모든 기울기는 1/250을 표준으로 한다.
배관	• 주배관에는 적당한 위치에 플랜지이음을 하여 보수점검을 용이하게 한다. • 음료용 급수관과 다른 용도의 배관을 크로스커넥션해서는 안 된다.
수평배관	• 공기나 오물이 정체하지 않도록 한다. • 구간마다 체크밸브를 설치하고, 공기가 모일 수 있는 구간에는 공기빼기밸브, 물이 고일 수 있는 부분에는 퇴수밸브를 설치한다.
수직배관	• 급수주관으로부터 분기하는 경우는 T이음쇠를 설치한다. • 구간마다 체크밸브를 설치하고, 체크밸브 상류에 워터해머흡수기를 설치한다.

> **공기빼기밸브(Air vent valve)**
> 배관 내부의 공기를 빼는 밸브로, 배관의 흐름을 원활하게 하기 위해 설치한다.

② 급탕배관

유속	• 물의 온도가 높거나 유속이 빠르면 관내의 침식이 빨라진다. • 43℃를 넘는 수온의 물에 동관과 동합금관을 사용하는 경우, 최대 유속은 pH가 6.9를 초과할 경우 2.5m/s, pH가 6.9 이하인 경우 1.2m/s로 하는 것이 좋다. • 65℃를 넘는 수온의 온수공급 배관은 최대 유속을 1.2m/s로 하는 것이 좋다.
배관회로	• 역구배나 공기 정체가 일어나기 쉬운 배관 등 온수의 순환을 방해하는 것은 피한다. • 배관 길이가 30m를 초과하는 중앙식 급탕설비에서는 환탕관과 순환펌프를 설치하여 배관의 열손실을 보상하는 것이 좋다.
배관압력	• 배관은 적정한 압력손실 상태에서 피크 시를 충족시킬 수 있어야 한다. • 냉수, 온수를 혼합 사용해도 압력차에 의한 온도변화가 없도록 하여야 한다. • 고층 건축물에서 감압밸브를 설치하는 경우 지관에 설치한다. • 상향구배에서 하향구배로 변화하는 부분에는 공기빼기밸브를 설치한다.
배관신축	• 급탕배관의 신축에 의해 배관 또는 다른 기기에 손상을 줄 우려가 있는 경우에는 신축이음, 신축곡관 등을 사용하여 이를 방지한다. • 배관의 굽힘부분은 스위블 이음으로 접합한다. • 건물의 벽 관통부분의 배관에는 슬리브(Sleeve)를 사용한다.

> **슬리브(Sleeve)**
> • 배관 등을 콘크리트벽이나 슬래브에 설치할 때 사용하는 통모양의 강관 또는 비닐관이다.
> • 바닥이나 벽을 관통하는 배관의 설치 및 수리, 교체를 용이하게 하며, 관의 신축에 무리가 생기지 않도록 하기 위해서 설치한다.

📋 **기출 확인**

급수배관의 설계 및 시공상의 주의점에 대한 설명으로 옳지 않은 것은?

❶ 급수관의 모든 기울기는 1/100을 표준으로 한다.
② 수평배관에는 공기나 오물이 정체하지 않도록 한다.
③ 급수주관으로부터 분기하는 경우는 T이음쇠를 사용한다.
④ 음료용 급수관과 다른 용도의 배관을 크로스커넥션해서는 안 된다.

📋 **기출 확인**

급탕배관에 관한 설명으로 옳지 않은 것은?

① 관의 신축을 고려하여 굽힘 부분에는 스위블이음 등으로 접합한다.
② 관의 신축을 고려하여 건물의 벽 관통 부분의 배관에는 슬리브를 사용한다.
③ 역구배나 공기 정체가 일어나기 쉬운 배관 등 온수의 순환을 방해하는 것은 피한다.
❹ 배관재로 동관을 사용하는 경우 관내 유속을 느리게 하면 부식되기 쉬우므로 2.5m/s 이상으로 하는 것이 좋다.

📋 **기출 확인**

슬리브에 대한 설명으로 옳은 것은?

❶ 배관 시 차후의 교체, 수리를 편리하게 하고 관의 신축에 무리가 생기지 않도록 하기 위해 사용한다.
② 가열장치 내의 압력이 설정압력을 넘는 경우에 압력을 도피시키기 위해 사용한다.
③ 사이펀 작용에 의한 트랩의 봉수 파괴 방지를 위해 사용한다.
④ 스케일 부착 및 이물질 투입에 의한 관 폐쇄를 방지하기 위해 사용한다.

CORE 03 배수 · 통기설비 · 위생기구

CHAPTER 4 건축설비 / SECTION 1 위생설비

❶ 배수관

① 개요
건물에서 발생되는 오수 및 잡배수를 부지 밖으로 배수하기 위한 설비이다.

② 계통

직접배수	• 위생기구와 배수관을 직접 연결하여 배수한다. • 세면기, 대변기 등의 일반위생기구에 적용한다.
간접배수	• 기구와 배수관을 바로 연결하지 않고 트랩·포집기 등을 통해 배수한다. • 배수관이 막히더라도 하수가 기구로 역류하지 않는다. • 역류, 가스, 해충 등의 침입으로 인한 오염을 방지하기 위한 방식이다. • 세탁기, 제빙기, 식기세정기, 급수용 탱크, 응축기 등에 적용한다.
특수배수	• 유해, 유독한 배수를 적합한 장치에서 처리한 후 일반배수계통에 배수한다. • 병원, 연구소, 공장, 쓰레기처리장 등에 적용한다.

우수(雨水)배수
• 우수는 어떤 경우에도 분뇨정화조(단독처리)에 접속되는 오수관이나 오수처리시설(합병처리)에 접속되는 오수관 또는 잡배수관에 배수하지 않도록 한다.
• 우수수직관은 오수관이나 배수관 또는 통기관으로 사용하지 않아야 하고, 오수관이나 배수관 또는 통기관도 우수수직관으로 사용하지 않아야 한다.

중수도(재생 이용수) 배수
한 번 사용한 물을 재생하여 이용하는 경우, 일반배수와 구별하여 별도로 배수한다.

③ 배수배관

관경	• 최대 기구배수부하(DFU)단위에 의해 결정한다. • 기구 수 × 배수부하단위 값을 구한 후 배수부하단위 합계에 해당하는 관경을 구한다. • 관경이 클수록 배수능률이 감퇴할 수 있으며, 흐름 방향으로 관경을 축소하지 않는다.
구배	• 완만할 경우 세정력이 저하되며, 너무 급한 경우 흐름이 빨라 고형물이 남는다. • 배수수평관의 구배는 최소 1/200 이상으로 한다.

관지름(DN)	65 이하	80~150	200 이상
최소 기울기	1/50	1/100	1/200

기본 사항	• 배수계통은 원칙적으로 중력에 의해 옥외로 배출되도록 한다. • 배수 역류의 염려가 있을 시 배수역류방지밸브를 설치한다. • 일반 배수관의 경우, 고온의 배수는 45℃ 미만으로 냉각한 후 배수한다. • 엘리베이터 샤프트, 수변전실에는 배수배관을 설치하지 않는다. • 건물 내에서 지중배관은 피하고 피트 내 또는 가공배관을 한다.

기구배수부하단위(DFU ; Drainage Fixture Unit)
• 배수설비에서 각종 위생기구의 확률적인 배수 단위를 나타낸다.
• 오수와 배수 및 통기관의 관지름 선정을 위하여 기구배수부하단위를 사용한다.

📋 **기출 확인**

급배수설비에 관한 기술 중 부적당한 것은?

❶ 우수수직관은 오수 배수관 및 통기관과 겸용 또는 접속하는 것이 바람직하다.
② 배수수직관의 관경은 최하부부터 최상부까지 동일하게 한다.
③ 배수 재이용수의 배관은 외관상 다른 배관과 구별되도록 한다.
④ 고가탱크는 건축물 최고위치의 밸브와 소요기구의 필요수압을 확보할 수 있는 높이에 설치한다.

📋 **기출 확인**

배수배관에 관한 설명으로 옳지 않은 것은?

① 배수계통은 원칙적으로 중력에 의해 옥외로 배출하도록 한다.
② 고온의 배수는 원칙적으로 45℃ 미만으로 냉각한 후 배수한다.
❸ 건물 내에서 피트 내 또는 가공배관은 피하고 지중배관을 한다.
④ 엘리베이터 샤프트, 수변전실에는 배수배관을 설치하지 않는다.

④ 청소구(소제구, Clean out)

배수관의 청소 및 점검수리를 위해 필요한 곳에는 청소구를 설치해야 한다.

> **청소구의 설치위치(KCS 31 30 25)**
> - 배수수평지관 및 배수수평주관의 기점
> - 배수수평관이 긴 경우, 배수관의 관지름이 100mm 이하인 경우는 15m 이내, 100mm를 넘는 경우는 매 30m마다
> - 배수관이 45°를 넘는 각도로 방향을 변경한 개소
> - 배수수직관의 최상부 및 최하부 또는 그 부근
> - 배수수평주관과 부지 배수관의 접속개소에 가까운 곳
> - 상기 이외에 필요하다고 판단되는 개소

📌 기출 확인

배수관에 있어서 청소구(Clean out)를 원칙적으로 설치해야 하는 곳이 아닌 것은?

① 배수수직관의 최상부
② 배수수평주관과 부지 배수관의 접속장소와 가까운 곳
❸ 배수관이 30° 이상의 각도로 방향을 바꾸는 곳
④ 배수수평주관의 기점

❷ 트랩 · 포집기

① 트랩(Trap)

배수관 속의 악취, 유독가스 및 해충 등이 실내로 침투하는 것을 방지하기 위하여 배수계통의 일부에 봉수(Water seal)가 고이게 하는 기구이다.

		구조가 간단하고 자기사이펀작용을 일으키면 자정작용을 갖는 배수트랩이다.
관트랩 (사이펀 트랩)	P트랩	• P자 형태로 배수 방향이 수평인 형태이다. • 세면기에 많이 사용하는 트랩으로 봉수가 안정적이다.
	S트랩	• S자 형태로 배수 방향이 수직인 형태이다. • 세면기 등 위생기구에 사용한다. • 자기사이펀작용에 의해 봉수가 파괴되기 쉽다.
	U트랩	• 수평배관에 U자 형태로 설치되는 트랩이다. • 가옥 트랩으로서 옥내배수 수평주관의 말단 등 가옥 내 배수기구에 부착하여 공공하수관으로부터 해로운 가스가 집안으로 침입하는 것을 방지하는 데 사용된다.
벨트랩		• 상부에 종(Bell) 모양의 철물이 있는 형태이다. • 욕실 바닥의 물을 배수할 때 주로 사용되는 트랩이다.
드럼트랩		• 드럼형 원통에 봉수가 고여 있는 형태이다. • 주방용 개수기에 사용하는 트랩으로 봉수의 파괴가 적다.

➕ 더 알아보기

트랩의 종류

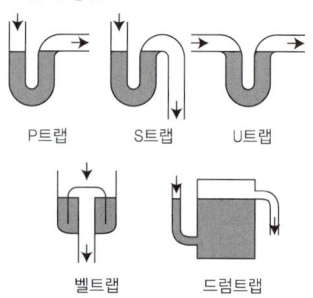

P트랩 S트랩 U트랩
벨트랩 드럼트랩

📌 기출 확인

구조가 간단하고 자기사이펀작용을 일으키면 자정작용을 갖는 배수트랩으로 사이펀작용을 일으키기 쉽기 때문에 사이펀트랩이라고도 불리우는 것은?

① 버킷트랩 ❷ 관트랩
③ 드럼트랩 ④ 벨트랩

> **배수트랩의 필요조건**
> - 봉수깊이는 50mm 이상 100mm 이하일 것
> - 청소가 용이하고 오수에 포함된 오물 등이 부착 또는 침전하기 어려운 구조일 것
> - 배수관 내의 취기, 해충 등의 이동을 방지할 수 있는 구조일 것
> - 기구내장 트랩의 내벽 및 배수로의 단면형상에 급격한 변화가 없을 것
> - 봉수부에 이음을 사용하는 경우에는 금속제 이음을 사용할 것
> - 봉수부의 소제구는 나사식 플러그 및 적절한 개스킷을 이용한 구조일 것
> - 자정 작용이 가능하며, 기구에 내장된 트랩이나 플라스틱 유리 등 내식성 재질을 사용한 경우 이외엔 트랩 내부에 격벽이 없을 것
>
> **사용이 금지되는 배수트랩(KDS 31 30 25)**
> - 이중트랩
> - 봉수 유지를 위해 가동 부분이 있는 트랩
> - 벨트랩
> - 정부 통기트랩
> - 내식성 재질이 아니고 기구 일체형이 아닌 내부 격판으로 봉수를 하는 트랩
> ※ 고체 포집기용 드럼트랩과 화학배수용 드럼트랩은 금지하지 않아야 한다.

📌 기출 확인

배수트랩의 구비조건으로 옳지 않은 것은?

❶ 가동 부분이 있을 것
② 자기세정기능을 가지고 있을 것
③ 봉수깊이는 50mm 이상 100mm 이하일 것
④ 오수에 포함된 오물 등이 부착 또는 침전하기 어려운 구조일 것

유효봉수깊이

유효봉수깊이는 50mm 이상 100mm 이하여야 한다.

너무 낮을 경우	너무 깊을 경우
• 봉수가 쉽게 파괴된다. • 하수가스, 해충의 침입 위험이 커진다.	• 유수의 저항에 의해 통수능력이 감소된다. • 침전물에 의해 트랩이 막히기 쉽다.

트랩의 봉수가 파괴되는 원인

자기사이펀작용	배관 내 만수된 물이 일시에 배수될 경우 사이펀작용에 의해 트랩 내부 봉수가 배출되는 현상을 말한다.
유도사이펀작용 (흡인작용)	상부 수직관에서 일시에 많은 물이 낙하할 경우 배관 내부에 진공이 생겨 트랩의 봉수가 배출되는 현상을 말한다.
역압작용 (분출작용)	• 상부 수직관에서 많은 물이 낙하하면서 발생한 공기압이 트랩의 봉수를 실내로 밀어내 배출되는 현상을 말한다. • 수직배수관의 하저곡부 가까이 설치된 대규모 설비의 트랩에서 발생한다.
모세관현상	봉수가 트랩에 걸린 머리카락, 헝겊 등을 따라 외부로 배출되는 현상을 말한다.
증발현상	• 장기간 사용하지 않은 트랩 내부의 봉수가 증발하여 파괴되는 현상이다. • 급수보급장치를 설치하여 방지할 수 있다.
물의 운동량에 의한 관성	배관 내부 압력변화로 인해 봉수가 상하의 동요를 일으키면서 배출되는 현상을 말한다.

② 포집기(저집기, Intercepter)

배수 중에 발생되는 유해물질을 배수관으로부터 분리하는 장치를 말한다.

그리스 포집기	호텔, 레스토랑의 주방 등에서 배출되는 세정 배수 중의 유지분을 포집한다.
헤어 포집기	미용실 등에 설치하여 배수 중의 머리카락을 포집한다.
오일 포집기	정비소, 공장, 주유소 등에서 배출되는 배수 중의 오일·가솔린을 포집한다.
샌드 포집기	주차장, 세차장 등에서 배출되는 배수 중의 모래를 포집한다.
플라스터 포집기	치과, 정형외과 등에서 배출되는 배수 중의 석고를 포집한다.

❸ 통기설비

① 통기관

배수관과 외기(外氣)를 연결시켜 통기에 사용하는 배관을 말한다.

통기관의 설치목적
• 사이펀작용에 의한 봉수의 파괴를 방지한다.
• 배수관 내의 흐름을 원활하게 한다.
• 배수관 내의 청결, 환기를 도모하고 기압변동을 억제한다.

➕ 더 알아보기

유효봉수깊이

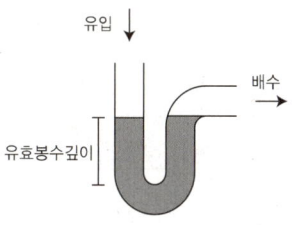

📋 기출 확인

트랩(Trap)의 유효봉수깊이로 가장 알맞은 것은?

① 30~50mm ❷ 50~100mm
③ 100~150mm ④ 150~200mm

📋 기출 확인

다음 중 트랩의 봉수 파괴 원인과 가장 거리가 먼 것은?

① 증발현상
② 모세관현상
❸ 자정(自淨)작용
④ 자기사이펀작용

📋 기출 확인

호텔의 주방이나 레스토랑의 주방 등에서 배출되는 세정 배수 중의 유지분을 포집하기 위해 사용하는 것은?

① 오일 포집기
② 샌드 포집기
❸ 그리스 포집기
④ 플라스터 포집기

📋 기출 확인

다음 중 배수 통기관의 설치목적과 가장 관계가 먼 것은?

① 트랩의 봉수 보호
② 배수의 원활한 흐름
❸ 배관의 소음 감소
④ 배수관 계통의 환기

+ 더 알아보기

통기방식의 종류

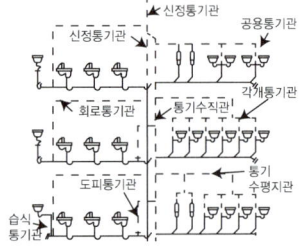

📋 기출 확인

다음 설명에 알맞은 통기관의 종류는?

> 1개의 트랩을 위해 트랩 하류에서 취출하여, 그 기구보다 윗부분에서 통기계통에 접속하거나 또는 대기 중에 개구하도록 설치한 통기관을 말한다.

① 루프통기관 ② 신정통기관
③ 결합통기관 ❹ 각개통기관

📋 기출 확인

다음 설명에 알맞은 통기방식은?

> • 회로통기방식이라고도 한다.
> • 2개 이상의 기구트랩에 공통으로 하나의 통기관을 설치하는 방식이다.

① 공용통기방식 ❷ 루프통기방식
③ 신정통기방식 ④ 결합통기방식

📋 기출 확인

배수수직관 내의 압력변화를 방지 또는 완화하기 위해 배수수직관으로부터 분기·입상하여 통기수직관에 접속하는 도피통기관은?

① 각개통기관 ② 신정통기관
❸ 결합통기관 ④ 루프통기관

② 통기방식

각개통기	• 위생기구마다 각개의 통기관을 설치하여 기구 상부의 통기관에 연결하거나 대기로 인출하여 설치하는 배관을 말한다. • 트랩 하류에서 취출하여 그 기구보다 윗부분에서 통기계통에 접속하거나 대기 중에 개구하며, 반드시 통기수직관을 설치한다. • 트랩마다 통기되기 때문에 가장 안정도가 높은 이상적인 방식이다. • 자기사이펀작용의 방지에도 효과가 있다.
루프(환상)통기	2개 이상 8개 이하까지의 트랩을 보호하기 위하여 기구배수관이 배수수평 지관에 접속하는 지점의 바로 하류에서 인출하여, 통기수직관에 연결하는 통기관을 말한다. 회로통기(Curcuit vent)로도 부른다.
도피통기	• 배수관과 통기관 사이의 공기 순환이 주기능인 통기관을 말한다. • 루프(환상)통기의 효과를 높이는 역할도 한다. • 관경은 접속하는 배수수평지관의 1/2 이상으로 한다.
공용통기	• 2개 기구에서 1개의 관으로 통기하는 방식이다. • 맞물림 또는 병렬로 설치한 위생기구의 기구배수관 교차점에 접속하여, 그 양쪽 기구의 트랩 봉수를 보호하는 1개의 통기관을 말한다.
습(습식)통기	2개 이상의 트랩을 보호하기 위해 기구배수관과 통기관을 겸용한 부분을 말한다.
결합통기	오배수 수직관 내의 압력변동을 방지하기 위하여 오배수 수직관 상향으로 통기수직관에 연결하는 통기관을 말한다.
신정통기	배수수직관에서 최상부의 배수수평관이 접속한 지점보다 더 상부 방향으로 그 배수수직관을 지붕 위까지 연장하여 이것을 통기관으로 사용하는 관을 말한다.

특수통기·배수관
신정통기관을 사용하여 배수와 통기를 동시에 하는 방식이다.

섹스티아시스템	• 이음부를 통해 원심력으로 배수가 수직관의 벽을 타고 흐르며 중심부에 공기심이 형성되는 방식이다. • 1개의 배수수직관으로 배수와 통기를 동시에 하는 방식이다.
소벤트시스템	• 배수수직관과 수평관의 기점에 이음쇠를 설치하는 방식이다. • 이음쇠에서 배수와 공기를 분리시키거나 혼합시켜 배수와 통기를 동시에 하는 방식이다.

③ 관지름

통기관의 관경은 접속되는 배수관의 관경이나 기구배수부하단위에 의해 구한다.

통기관의 관지름

KDS 31 30 25	• 신정통기관과 통기수직관의 최소 관지름은 어떠한 경우에도 관지름이 담당 배수관 관지름의 1/2보다 크고 DN32 이상이어야 한다. • 각개통기관과 통기지관, 루프통기관 그리고 도피통기관의 관지름은 담당 배수관 관지름의 1/2 이상으로 하며, 최소 관지름은 DN32 이상으로 한다. • 결합통기관의 관지름은 연결하는 통기수직관의 관지름과 같아야 한다.
권장사항 (이론)	• 신정통기관 : 배수수직관의 관지름보다 작게 해서는 안 된다. • 루프(회로) 통기관 : 최소 관지름 40mm 이상, 접속되는 배수수평지관과 통기수직관 중 작은 쪽 관지름의 1/2 이상이어야 한다. • 결합통기관 : 최소 관지름 50mm 이상, 통기수직관과 배수수직관 중 작은 쪽 관지름 이상이어야 한다.

❹ 대변기

① 분류

세출식	• 동양식 대변기로, 대변기 바닥의 수심이 낮아 오물이 노출된다. • 냄새가 심하고 비위생적인 방식이다.
세락식	일반 양식 대변기로, 오물을 봉수에 직접 낙하시켜 물의 낙차를 통해 배출하는 방식이다.
사이펀식	• 세정 시에 사이펀작용을 일으켜 오물을 배출하는 방식이다. • 위생적이고 소음이 적다.
취출식 (블로아웃식)	• 고압으로 세정수를 분출시켜 오물을 배출하는 방식이다. • 플러시밸브를 사용하며, 세정기능이 우수하나 소음이 크다.
절수식	세정수의 양을 조절하거나 절약할 수 있도록 한 방식이다.

위생기구의 필요급수압력(KDS 31 30 15)

압력(kPa)	위생기구
130	샤워기(압력식, 온도감지 혹은 압력식·온도감지 혼합밸브)
100	대변기(세정밸브), 소변기(밸브)
70	샤워기
55	대변기(세정탱크, 밀결형), 욕조, 연합기구, 식기세척기, 음수기, 세면기, 호스연결용 수도꼭지, 싱크, 세탁트레이, 세탁기

② 세정방식

플러시밸브식 (세정밸브식)	• 급수관에 직접 연결된 핸들을 누르면 급수관으로부터 일정량의 물이 방출되어 변기를 세정하는 방식이다. • 최저 필요급수압력이 가장 높은 세정방식이다. • 버큠 브레이커나 역류 방지기능의 부속을 설치할 필요가 있다. • 소음이 크고 단시간에 다량의 물이 필요하여 가정용으로는 적합하지 않다.
로우탱크식	• 도기 등으로 만든 로우탱크의 핸들을 누르면 볼탭에 의해 저장된 물이 방출되어 변기를 세정하는 방식이다. • 급수압력에 관계없이 대변기로의 공급수량이나 압력이 일정하다.
하이탱크식	• 손잡이를 당기거나 밸브를 조작하면 볼탭에 의해 1.6m 이상 높이의 탱크에 저장된 물이 방출되어 낙차에 의해 변기를 세정하는 방식이다. • 세정 시 소음이 다소 크고, 연속사용이 불가능하며 유지보수가 불편하다.

대변기의 세정방식별 특징

구분	세정소음	연속사용	점유면적	적용
플러시밸브식	가장 크다.	가능	가장 작다.	극장, 백화점 등
로우탱크식	작다.	불가능	보통	가정용, 호텔 등
하이탱크식	크다.	불가능	작다.	수량이 적은 곳

위생설비 유닛(Unit)화의 특징
- 시공의 정밀도가 향상된다.
- 현장에서의 작업량이 감소하기 때문에 공기를 단축할 수 있다.
- 현장에서의 작업의 안전성을 향상시킬 수 있다.
- 비용이 절감되고 보수가 용이하다.
- 개인의 기호에 따른 다양화가 불가능하다.

📋 **기출 확인**

대변기에 설치한 세정밸브(Flush valve)의 필요급수압력은?
① 10kPa
② 30kPa
③ 50kPa
❹ 100kPa

📋 **기출 확인**

대변기 세정(洗淨)급수방식이 아닌 것은?
❶ 감압밸브방식 ② 로우탱크방식
③ 세정밸브방식 ④ 하이탱크방식

📋 **기출 확인**

대변기 세정수의 급수방식 중 급수관에 직접 연결하여 핸들을 누르면 급수관으로부터 일정량의 물이 방출되어 변기를 세정하는 방식은?
① 하이탱크식 ❷ 플러시밸브식
③ 블로아웃식 ④ 사이펀식

📋 **기출 확인**

위생설비 유닛화에 대한 설명으로 옳지 않은 것은?
① 시공의 정밀도가 향상된다.
② 현장에서의 작업량이 감소하기 때문에 공기를 단축할 수 있다.
③ 현장에서의 작업의 안전성을 향상시킬 수 있다.
❹ 개인의 기호에 따라 다양화가 가능하다.

기출 확인

건물·시설 등에서 발생하는 오수를 다시 처리하여 생활용수·공업용수 등으로 재이용하는 시설로 정의되는 것은?

❶ 중수도
② 하수관거
③ 배수설비
④ 개인하수도

기출 확인

다음 오수 처리방법 중 물리 및 화학적 처리방법에 속하지 않는 것은?

① 산화제를 이용하는 산화법
② 오존을 이용하는 방법
❸ 미생물에 의한 호기성 분해 방법
④ 응집제를 이용하여 부유물질을 침전시키는 방법

기출 확인

오수정화조로 유입되는 오수의 BOD농도가 150ppm이고, 방류수의 BOD농도가 60ppm일 때 이 정화조의 BOD 제거율은?

① 40%   ❷ 60%
③ 75%   ④ 90%

$(150 - 60) \div 150 \times 100 = 60\%$

기출 확인

수질과 관련된 용어 중 부유물질로서 오수 중에 현탁되어 있는 물질을 의미하는 것은?

① BOD   ② COD
❸ SS   ④ 염소이온

❺ 오수처리시설·정화조

① 개요

오수만 처리하는 것을 분뇨정화조, 오수와 잡배수를 처리하는 것을 오수정화시설이라 한다.

중수도(中水道)	
개요	물의 유효이용을 위하여 한 번 사용한 수돗물을 생활용수, 공업용수 등으로 재활용할 수 있도록 다시 처리하는 시설을 말한다.
원수	일반 하수, 잡용수, 냉각배수, 하수처리수, 우수 등을 재활용한다.
용도	수세식 화장실 용수, 냉각용수, 살수용수, 조경용수, 공업용수, 세차용수, 공업용수 등의 용도로 재사용한다.
효과	상수도 사정을 완화하며, 하수처리장의 처리부하를 줄일 수 있다.

② 처리방법

물리적 방법	자연 침강에 의한 스크린, 침사, 침전, 여과 등
물리 및 화학적 방법	• 산·알칼리를 이용하여 중화하는 중화법 • 산화제를 이용하는 산화법 • 오존을 이용하는 방법 • 응집제를 이용하여 부유물질을 침전시키는 방법
생물화학적 방법	호기성 분해, 혐기성 분해, 활성슬러지(활성오니), 살수여과베드, 간헐여과 등

미생물의 분류	
호기성미생물	산소가 있는 곳에서 생육하는 미생물로, 수중의 용존산소를 이용한다.
혐기성미생물	산소가 없거나 적은 장소에서 생육하는 미생물로, 오수의 유기물을 분해하여 그중의 산소를 이용한다.

BOD의 계산	
BOD 부하량	유입수 BOD × 오수량
BOD 제거율(%)	(유입수 BOD − 유출수 BOD) ÷ 유입수 BOD × 100(%)

수질 관련 용어	
생물화학적 산소요구량 (BOD)	미생물에 의해 오수 중의 오염물질이 분해될 때 필요한 산소량을 ppm으로 나타낸 값이다.
화학적 산소요구량 (COD)	화학적으로 오수 중의 오염물질이 분해될 때 필요한 산소량을 ppm으로 나타낸 값이다.
용존산소량 (DO)	• 오수 중의 산소량을 ppm으로 나타낸 값이다. • 값이 클수록 정화능력이 큰 수질이다.
부유물질량 (SS)	• 오수 중의 부유물질량을 ppm으로 나타낸 값이다. • 값이 클수록 오염도가 큰 수질이다.
수소이온농도 (pH)	• 물의 산성, 알칼리성, 중성의 정도를 나타내는 지표이다. • pH7은 중성, 7 초과는 알칼리성, 7 미만은 산성이다.
경도 (Hardness of water)	• 물에 녹아 있는 칼슘, 마그네슘 등의 염류의 양을 탄산칼슘의 농도로 환산하여 나타낸 값이다. • 경도가 큰 물을 경수, 경도가 낮은 물을 연수라고 한다. • 경수를 보일러 용수로 사용하면 그 내면에 스케일이 생겨 전열효율이 감소된다.

③ 정화조의 구조
- 부패조 → 산화조 → 소독조의 순서로 조합한 구조이다.
- 생물화학적 방법인 미생물작용으로 오물을 분해한다.

부패조	혐기성균에 의하여 소화작용으로 분리침전이 이루어진다.
산화조	• 호기성균에 의하여 산화작용이 이루어진다. • 쇄석층을 흘러내리는 오수가 신선한 공기와 접촉하는 구조이다. • 쇄석층의 깊이는 90cm 이상, 용량은 부패조 용량의 1/2 이상이다.
여과조	오수 중의 부유물을 쇄석층에서 제거한다.
소독조	소독약에 의하여 각종 세균에 대한 멸균 소독이 이루어진다.

정화조의 설치
- 주변의 공지는 녹화하는 것이 좋다.
- 배수의 수위변동에 의한 오수의 역류가 없도록 한다.
- 건물로부터의 배수가 펌프 없이 유입될 수 있도록 낮은 곳에 설치한다.
- 환경 문제가 발생하지 않도록 건물로부터 멀리 설치한다.
- 수집운반차에 의한 오물 반출이 용이하도록 한다.

기출 확인

오물정화조에 대한 다음 기술 중 옳지 않은 것은?

❶ 부패조에는 공기의 공급을 충분히 한다.
② 산화조에서는 호기성균으로서 산화를 시킨다.
③ 소독조에서는 약액을 넣어 살균한다.
④ 여과조에서는 쇄석층을 통하여 여과시켜 고형물을 없앤다.

CORE 04 난방설비

CHAPTER 4 건축설비 / SECTION 2 공기조화설비

❶ 난방설비

① 개요

열원을 이용하여 열손실이 있는 실내의 온도를 높이는 데 사용되는 설비이다.

② 분류

국부난방	온돌, 난로 등의 열원을 실내에 놓고 국부적으로 가열하는 난방방식이다.
중앙공급식난방	보일러 등의 열원을 통해 난방하는 방식이다.
지역난방	발전소 등의 열생산시설에서 만들어진 증기·고온수를 많은 건물에 공급하여 열교환을 통해 만들어진 온수로 각 건물을 난방하는 방식이다.

지역난방의 특징

장점	단점
• 각 건물마다 보일러 시설을 할 필요가 없다. • 관리가 용이하고 열효율면에서 유리하다. • 설비면적이 감소하고 유효면적이 증가한다. • 도시의 매연을 경감시킬 수 있다. • 위험물 취급이 제한되어 화재위험이 적다. • 보일러의 용량을 줄일 수 있다.	• 초기투자비가 높다. • 배관의 길이가 길어서 열손실이 많다.

❷ 난방방식

① 분류

대류난방	증기난방	개요	증기를 열원으로 하여 방열기를 통해 난방하는 방식이다.
		장점	• 증발잠열을 이용하여 열의 운반능력이 크다. • 예열시간이 짧고 실내온도상승이 빨라 간헐운전에 적합하다. • 한랭지에서 동결의 우려가 적다. • 열매의 온도가 높아 방열면적을 작게 할 수 있다.
		단점	• 실내 상하온도차가 크고 방열기의 표면온도가 높다. • 난방의 쾌감도가 낮고 스팀해머가 발생할 수 있다. • 부하변동에 따른 실내방열량의 제어가 곤란하다. • 계통별 용량제어가 곤란하다. • 응축수 환수관 내에 부식이 발생하기 쉽다.
	온수난방	개요	온수를 열원으로 하여 방열기 및 배관을 통해 난방하는 방식이다.
		장점	• 현열을 이용하여 난방의 쾌감도가 높다. • 열용량이 크고, 난방을 정지하여도 난방효과가 잠시 지속된다. • 난방부하의 변동에 따른 온도조절 및 용량제어가 용이하다.
		단점	• 한랭지에서 난방을 정지하였을 경우 동결의 우려가 있다. • 예열부하가 크며, 예열시간이 길고 방열면적과 배관이 크다.

➕ 더 알아보기

난방의 분류

직접난방	증기, 온수, 복사난방
간접난방	온풍난방

고온수난방
- 높은 압력을 가한 100℃ 이상의 고온수로 난방하는 방식이다.
- 장치의 열용량이 크므로 예열시간이 길다.
- 열수송량이 크고 온도제어가 쉽다.
- 배관은 상하구배가 가능하다.
- 지역난방에서 많이 사용된다.

📋 기출 확인

증기난방에 관한 설명으로 옳지 않은 것은?

① 계통별 용량제어가 곤란하다.
② 한랭지에서 동결의 우려가 적다.
③ 예열시간이 온수난방에 비하여 짧다.
❹ 부하변동에 따른 실내방열량의 제어가 용이하다.

➕ 더 알아보기

온수배관의 동파방지 대책
- 옥외 노출배관을 하지 않는다.
- 부동액을 혼입하여 사용한다.
- 전열히터로 보온한다.

대류난방	온풍난방	개요	공기를 가열하여 만들어진 온풍을 이용해 난방하는 방식이다.
		장점	• 열용량이 작아 예열시간이 짧고 온도조절이 용이하다. • 설비비용이 낮고 보수관리가 용이하다. • 난방과 동시에 습의 제어도 가능하다.
		단점	먼지의 상승 및 소음이 발생하며, 실내의 온도분포가 고르지 않다.
복사난방		개요	복사패널의 복사열로 난방하는 방식이다.
		장점	• 실내의 온도분포가 균등하고 쾌감도가 높다. • 방열기가 필요하지 않으며 바닥면의 이용도가 높다. • 대류가 적으므로 바닥면의 먼지가 상승하지 않는다. • 방이 개방상태인 경우에도 난방효과가 있다. • 실내 상하온도차가 작아 천장고가 높은 공장에 적합하다.
		단점	• 열용량이 크기 때문에 발열량 조절에 시간이 걸린다. • 예열시간이 다소 길고 시공, 하자의 보수 및 발견이 어렵다. • 대류난방에 비하여 설비비가 고가이다.

📋 기출 확인

난방방식에 관한 설명으로 옳지 않은 것은?

① 증기난방은 잠열을 이용한 난방이다.
② 온수난방은 온수의 현열을 이용한 난방이다.
③ 온풍난방은 온습도 조절이 가능한 난방이다.
❹ 복사난방은 열용량이 작으므로 간헐난방에 적합하다.

② 설치방식

환수관은 배관 내 온수, 응축수 등의 재사용을 위해 보일러로 되돌리는 배관이다.

증기난방	응축수 환수방식	중력환수식	중력을 이용하여 배관 내 응축수를 환수한다.
		진공환수식	진공펌프를 이용하여 배관 내 응축수를 환수한다.
		기계환수식	중력환수식, 진공환수식에서 보일러에 응축수를 급수할 때 펌프 등 기계류를 사용하는 방식이다.
온수난방	사용온수 온도	저온수식	80~90°C 정도의 온수와 개방식 팽창탱크를 사용한다.
		고온수식	• 100°C 이상의 온수와 밀폐식 팽창탱크를 사용한다. • 보일러와 동일한 높이의 바닥에 방열기를 설치하여도 온수순환이 가능하다.
	온수 순환방식	중력순환식	• 온수의 밀도차와 계통의 높이차에 의해 순환시킨다. • 방열기는 보일러보다 높은 장소에 설치한다.
		강제순환식	• 펌프 등을 사용해 강제적으로 순환시킨다. • 중력순환식보다 관경이 작아도 된다.
	배관방식	단관식	• 온수의 공급과 환수를 하나의 관으로 사용한다. • 보일러에서 멀어질수록 온수의 온도가 떨어진다.
		복관식	• 온수의 공급과 환수를 각각의 관으로 사용한다. • 방열량의 조절이 용이하다.

➕ 더 알아보기

진공환수식의 특징
• 환수가 원활하고 신속하다.
• 관경과 배관구배를 작게 할 수 있다.
• 전동식 진공펌프가 사용된다.
• 리프트이음을 사용한다.

리프트이음(Lift fitting)
• 진공환수식 난방장치에서 환수관에 응축수를 끌어올리기 위해 사용한다.
• 방열기보다 높은 곳에 환수관이 배관된 경우, 환수주관보다 높은 위치에 진공 펌프를 설치한 경우에 사용된다.

역환수방식(Reverse return system)
• 각 방열기와 보일러의 배관 길이를 동일하게 하는 환수관 배관방식이다.
• 계통별로 마찰저항을 균등하게 하여 보일러와의 거리가 먼 말단부의 방열기까지 온수의 순환 및 유량분배를 균일하게 할 수 있다.

📋 기출 확인

다음 중 온수난방에서 복관식 배관에 역환수 방식(Reverse return)을 채택하는 가장 주된 이유는?

① 공사비를 절약할 목적으로
② 순환펌프를 설치하기 위하여
❸ 온수의 순환을 평균화시킬 목적으로
④ 중력식으로 온수를 순환하기 위하여

기출 확인

다음에서 난방용 트랩이 아닌 것은?

① 버킷트랩(Bucket trap)
❷ 드럼트랩(Drum trap)
③ 플로트트랩(Float trap)
④ 벨로스트랩(Bellows trap)

기출 확인

증기난방설비에서 낮은 곳에 있는 응축수를 높은 곳으로 올리거나 환수관에 응축수를 체류시키지 않고 중력으로 저압 보일러에 돌아가게 할 때 리턴트랩으로 사용되는 것은?

① 플로트트랩
② 버킷트랩
❸ 리프트트랩
④ 디스크트랩

기출 확인

온수난방에 사용되는 팽창탱크의 기능에 대한 설명 중 옳지 않은 것은?

❶ 밀폐식 팽창탱크에 있어서는 장치 내의 주된 공기배출구로 이용되고, 온수보일러의 통기관으로도 이용된다.
② 운전 중 장치 내의 온도상승으로 생기는 물의 체적팽창과 그의 압력을 흡수한다.
③ 운전 중 장치 내를 소정의 압력으로 유지하고, 온수온도를 유지한다.
④ 팽창된 물의 배출을 방지하여 장치의 열손실을 방지한다.

③ 부속·장치

증기난방	증기트랩		• 응축수, 공기, 불응축성 기체는 배출시키고 증기는 통과시키지 않는다. • 방열기에 설치하여 사용하는 것을 방열기(라디에이터)트랩이라 한다.
		온도조절식	벨로스트랩 (열동트랩)	증발성의 액체가 담긴 벨로스의 온도에 의한 신축으로 작동한다.
			바이메탈트랩	금속판이 온도에 따라 구부러지면서 작동한다.
		기계식	버킷트랩	응축수와 버킷의 부력에 의해 작동한다.
			플로트트랩	응축수가 구 형태의 플로트밸브를 움직이면서 작동한다.
	증기헤더		증기를 각 계통별로 고르게 분기, 합류시키는 다수의 배출구가 있는 원통형의 부속이다.
	증발탱크		고압증기계통과 저압증기계통의 접속부에 사용된다.
	감압밸브		증기난방배관에서 저압측의 압력을 항상 일정하게 유지시킨다.

리프트트랩(Lift trap, 분출트랩)
• 증기난방설비에서 고압증기를 이용하여 응축수를 높은 곳으로 올리는 장치이다.
• 환수관에 응축수를 체류시키지 않고 중력으로 저압보일러에 돌아가게 할 때 리턴트랩으로 사용한다.

하트포드 배관(Hartford connection)
• 환수배관이 파손될 경우 보일러수의 유실을 방지하고 안전수위를 유지시키기 위한 접속법이다.
• 저압보일러의 증기배관과 환수배관 사이에 밸런스배관을 설치한다.
• 체크밸브보다 신뢰도가 높은 방식이다.

증기난방설비 내에 공기가 고였을 경우
• 증기나 응축수의 흐름을 방해한다.
• 장치 내에 있는 공기가 열전달을 저하시켜 예열이 지연된다.
• 방열기나 증기코일의 내벽면에 공기막을 형성하여 전열을 저해한다.
• 공기의 분압만큼 증기의 실질압력이 낮아져 증기의 온도가 저하된다.

온수난방	팽창탱크		• 운전 중 물의 온도상승으로 발생하는 체적증감과 압력을 흡수하고, 온수온도를 유지시키며 공기의 침입을 방지하는 기기이다. • 팽창된 물의 배출을 방지하여 장치의 열손실을 방지한다.
		개방식	• 탱크의 상부가 대기압에 개방되어 있는 방식이다. • 설비의 최상부보다 1m 이상 높은 곳에 설치한다.
		밀폐식	탱크의 상부에 압축공기 또는 가스를 충진하여 온수의 팽창을 흡수하는 방식이다.
	공기배출밸브		배관 내 공기가 고이는 곳에 설치하여 계통 내부의 공기를 배출하는 밸브이다.

물의 체적 팽창량
• 가열된 물의 체적 팽창량을 구하는 방법이다.
• 체적 팽창량 $= \left(\dfrac{1}{\text{가열 후 밀도}} - \dfrac{1}{\text{가열 전 밀도}} \right) \times$ 가열 전 부피

❸ 보일러 · 방열기

① 보일러(Boiler)

물 또는 열매를 가열하여 증기 또는 온수를 발생시키는 장치를 말한다.

종류	주철제	• 주철제 조립식 보일러로, 내식성이 우수하고 수명이 길다. • 섹션으로 분할되므로 반입, 조립, 증설이 용이하다. • 재질이 약하여 고압으로 사용이 곤란하다. • 규모가 비교적 작은 빌딩 등의 난방, 온수공급 등에 사용된다.
	입형	• 수직 드럼 내에 연관 또는 수관이 있는 소규모의 패키지형 보일러이다. • 설치면적이 작고 취급이 용이하다. • 주택이나 소규모 건물에 사용된다.
	노통연관식	• 통 내부에 연소가스가 통과하는 연관이 있는 보일러이다. • 보유수면이 넓어서 급수용량 제어가 쉽다. • 부하변동에 잘 적응되며, 효율이 높고 취급이 용이하다. • 예열시간이 길고 분할 반입이 어렵다. • 중규모, 대규모 건물에 사용된다.
	수관식	• 보일러 상부의 기수드럼과 하부의 물드럼을 연결하는 수관을 연소실 주위에 배치한 보일러이다. • 전열면적이 크고 증기발생이 빠르며 고압증기를 만들기 쉽다. • 예열시간이 짧고 효율이 좋으며, 부하변동에 대한 추종성이 높다. • 노통연관식보다 사용압력과 설치면적이 크고 수처리가 어렵다. • 고압증기를 다량으로 사용하는 대형건물, 병원, 호텔, 지역난방에 주로 사용된다.
	관류식	• 수관이 있으나 드럼(수실)이 없는 보일러이다. • 수량이 적어 가열시간이 짧으며 설치면적이 작고 수처리가 어렵다. • 간단하게 고압의 증기를 얻으려는 경우에 사용된다.

스케일(Scale)
- 보일러수의 용해 고형물이 농축, 축적되어 보일러 내면에 부착된 것을 말한다.
- 열전도율이 저하되고 보일러의 효율을 저하시키며 전열면의 과열을 초래한다.
- 경수를 보일러수로 사용하는 경우에 많이 발생하며, 보일러에 연결하는 콕 등을 막는다.
- 수처리장치 등을 이용해 방지한다.

보일러의 급탕부하
- 물의 경우 1L = 0.001m³ = 1kg이며, 1kW = 3,600kJ/h이다.
- 급탕부하(kW) = $\dfrac{\text{급탕량(kg/h)} \times \text{비열(kJ/kg·K)} \times \text{온도차(℃)}}{3,600}$

보일러의 용량
부하란 소비하는 에너지의 크기를 말한다.

정미출력	• 정미출력 = 난방부하 + 급탕부하 • 보일러의 출력 중 가장 작은 값으로 나타난다.
상용출력	• 상용출력 = 난방부하 + 급탕부하 + 배관손실 • 정미출력에 5~10%를 가산하여 나타낼 수 있다.
정격출력	• 정격출력 = 난방부하 + 급탕부하 + 배관손실 + 예열부하 • 보일러 선정의 기준이 된다.
과부하출력	정격출력 이상의 과부하상태를 말한다.

📋 기출 확인

주철제 보일러에 대한 설명 중 틀린 것은?

① 재질이 약하여 고압으로는 사용이 곤란하다.
❷ 재질이 주철이므로 내식성이 약하여 수명이 짧다.
③ 규모가 비교적 작은 건물의 난방용으로 사용된다.
④ 섹션(Section)으로 분할되므로 반입, 조립, 증설이 용이하다.

📋 기출 확인

각종 보일러에 대한 설명으로 옳은 것은?

① 관류 보일러는 보유수량이 많아 예열시간이 길다.
② 주철제 보일러는 사용 내압이 높아 고압용으로 주로 사용되며 용량도 크다.
③ 수관 보일러는 소용량으로 소규모 건물에 적합하며 지역난방으로는 사용이 불가능하다.
❹ 노통연관 보일러는 부하변동에 잘 적응되며, 보유수면이 넓어서 급수용량 제어가 쉽다.

📋 기출 확인

한 시간당 급탕량이 5m³일 때 급탕부하는 얼마인가?(단, 물의 비열은 4.2kJ/kg·K, 급탕온도 70℃, 급수온도 10℃)

① 35kW ② 126kW
❸ 350kW ④ 1,260kW

5,000 × 4.2 × (70 − 10) ÷ 3,600
= 350kW

📋 기출 확인

다음의 설명에 알맞은 보일러의 출력은?

> 연속해서 운전할 수 있는 보일러의 능력으로서 난방부하, 급탕부하, 배관부하, 예열부하의 합이며, 보통 보일러 선정 시 기준이 된다.

① 과부하출력 ② 상용출력
❸ 정격출력 ④ 정미출력

+ 더 알아보기

방열기의 종류

주형방열기 　 길드방열기

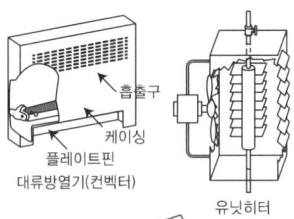
대류방열기(컨벡터) 　 유닛히터

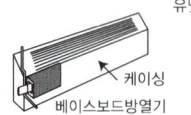
베이스보드방열기

📋 기출 확인

방열기의 표준방열량 산정에서 사용되는 표준상태의 열매의 온도는?(단, 열매는 증기)

① 80℃ ② 94℃
③ 100℃ ❹ 102℃

📋 기출 확인

다음 조건에서 난방부하가 3,500W인 실을 온수난방으로 할 때 방열기의 온수 순환수량은?

- 방열기 수온 : 입구 90℃, 출구 85℃
- 물의 비열 : 4.2kJ/kg·K

① 300kg/h ❷ 600kg/h
③ 900kg/h ④ 1,200kg/h

$$\frac{3{,}600 \times 3.5}{4.2 \times (90-85)} = 600\text{kg/h}$$

② 방열기(Radiator)

보일러 등으로부터 열원을 공급받아 복사, 대류 등으로 열을 발산하는 장치를 말한다.

종류		
	주형방열기	• 바닥에 설치하는 주철제 방열기로 2, 3, 5세주형이 있다. • 내식성이 우수하나 중량과 크기가 크다.
	벽걸이방열기	벽에 부착하는 주철제 방열기로 세로, 가로형이 있다.
	길드방열기	• 원주 주위에 핀이 부착된 긴 형상을 가지고 있는 방열기이다. • 온실 등 내식성을 요하고 설치높이에 제약이 있는 경우 적합하다.
	대류방열기 (컨벡터)	철판제 캐비닛 속의 플레이트핀(열교환기)에 접촉하는 공기의 대류작용에 의해 실내공기의 온도를 상승시키는 방열기이다.
	베이스보드	높이가 낮고 길이가 긴 컨벡터를 낮게 설치한 방열기이다.
	유닛히터	플레이트핀과 송풍기를 조합하여 대류작용을 촉진한 방열기이다.

방열기의 설치위치
- 벽면에서 60mm 정도 이격시켜 설치한다.
- 외벽측 창 아래 쪽에 설치한다.
- 부하 및 열손실이 큰 곳에 설치한다.

방열기의 표준방열량
방열기의 기준이 되는 방열면적의 크기를 상당방열면적(EDR)이라 한다.

구분	증기	온수
표준상태 열매온도	102℃	80℃
표준상태 실내온도	18.5℃	18.5℃
표준방열량	0.756kW/m²(= 650kcal/m²h)	0.523kW/m²(= 450kcal/m²h)
상당방열면적(EDR)	손실열량 ÷ 표준방열량	
방열기의 소요 쪽 수	상당방열면적 ÷ 1절당 방열면적	

온수의 순환수량
- 물의 경우, 1L = 0.001m³ = 1kg이다.
- 온수 순환량(kg/h) = 3,600 × 난방부하(kW) ÷ {비열(kJ/kg·K) × 온도차(℃)}
- 온수 순환량(kg/h) = $\dfrac{3{,}600 \times 난방부하(kW)}{비열(kJ/kg·K) \times 온도차(℃)}$

방열기의 선정 시 고려사항
- 사용목적 및 설치장소에 적합한 디자인과 견고성을 가져야 한다.
- 경량이고 운반, 반입이 용이해야 한다.
- 사용하는 열매의 종류에 적합하고 효율이 좋아야 한다.
- 실내온도분포가 균일하게 되어야 한다.

CHAPTER 4 건축설비 / SECTION 2 공기조화설비

CORE 05 공기조화·냉방·환기설비

❶ 공기조화설비

① 개요

실내환경을 쾌적하게 유지하기 위해 사용되는 냉방, 난방, 환기설비 및 자동제어설비 등을 말한다.

② 공기조화방식

전공기방식 (All air system)	개요	중앙에서 만들어진 조화공기를 각 실에 송풍하는 방식이다.
	특징	• 덕트 스페이스가 필요하다. • 송풍량이 많아서 실내공기의 오염이 적고 기류분포가 좋다. • 중간기에 외기냉방이 가능하고 겨울철 가습이 용이하다. • 실내에 배관으로 인한 누수의 우려가 없다. • 기구의 노출이 없어 실내유효면적을 넓힐 수 있다. • 팬의 소요동력이 냉·온수를 사용하는 방식보다 크다. • 극장과 같이 많은 풍량을 필요로 하는 곳에 주로 적용된다.

전공기방식의 종류

단일덕트		• 1개의 공급덕트와 1개의 환기덕트를 통해 조화공기를 공급하는 방식이다. • 냉풍과 온풍을 혼합하는 혼합상자가 필요 없다. • 혼합상자가 없으므로 혼합손실이 없고, 소음과 진동이 적다. • 이중덕트방식에 비해 덕트 스페이스가 적게 든다. • 각 실이나 존(Zone)의 부하변동에 즉시 대응할 수 없다.
	정풍량 단일덕트 (CAV)	• 송풍온도를 변경하고 송풍량은 일정하게 한다. • 설비비가 저렴하지만 에너지 소비가 크다. • 개별 제어가 곤란하며, 극장·공장 등에 유리하다.
	가변풍량 단일덕트 (VAV)	• 송풍온도를 일정하게 하고 송풍량을 변경한다. • 송풍량 조절의 기준은 실내 현열부하이다. • 송풍기에 인버터를 설치하여 회전수를 제어한다. • 각 실이나 존의 온도를 개별 제어할 수 있다. • 일사량 변화가 심한 페리미터존(외부존)에 적합하다. • 에너지 절감 측면에서 가장 유리하나 설비비가 증가한다.
이중덕트		• 2개의 공급덕트(냉풍, 온풍)와 1개의 환기덕트로 구성되어 있으며, 각 실의 혼합상자에서 공기를 혼합하는 방식이다. • 부하변동에 즉시 대응할 수 있고, 다수의 실이나 존에 적용이 가능하다. • 실의 냉난방부하가 감소되어도 취출공기의 부족현상이 없다. • 혼합상자에서 냉풍과 온풍의 혼합손실과 소음, 진동이 발생한다. • 에너지소비량이 가장 많으며 덕트 스페이스가 크고 설비비가 고가이다.
멀티존유닛		• 부하조건에 따라 건물 내 존(Zone)을 구분하여 중앙 공기조화기 내부에서 각 존에 적합한 조화공기를 혼합하여 송풍하는 방식이다. • 서로 상이한 실에 냉난방을 동시에 해야 하는 경우 가장 적합하다.
각층유닛		각 층마다 공기조화기를 설치하여 공기조화를 하는 방식이다.

📋 기출 확인

공기조화방식 중 전공기방식에 관한 설명으로 옳지 않은 것은?

① 중간기에 외기냉방이 가능하다.
② 실의 유효스페이스가 증대된다.
③ 실내공기의 질을 높일 수 있는 가능성이 크다.
❹ 수방식에 비해 열의 운송동력이 적게 소요된다.

📋 기출 확인

급기온도를 일정하게 하고 송풍량을 변화시켜서 실내온도를 조절하는 공기조화방식은?

① FCU방식
② 이중덕트방식
③ 정풍량 단일덕트방식
❹ 변풍량 단일덕트방식

📋 기출 확인

변풍량 단일덕트방식에서 송풍량 조절의 기준이 되는 것은?

① 실내 청정도 ② 실내 기류속도
❸ 실내 현열부하 ④ 실내 잠열부하

📋 기출 확인

이중덕트방식에 관한 설명으로 옳은 것은?

① 부하감소에 따라 송풍량이 감소된다.
② 부하변동에 따른 적응속도가 느리다.
❸ 혼합손실로 인한 에너지소비량이 크다.
④ 부하특성이 다른 여러 실에 적용하기 곤란하다.

수-공기방식 (Air & water system)	개요	중앙에서 만들어진 냉·온수 및 조화공기(1차 공기)를 각 실에 설치된 유닛으로 보내 실내공기(2차 공기)와 혼합하는 방식이다.
	특징	• 전공기방식보다 실내에 급기되는 공기량이 적다. • 각 실의 온도제어를 쉽게 할 수 있다.

수-공기방식의 종류		
유인 (인덕션) 유닛		중앙에서 만들어진 조화공기(1차 공기)가 각 실에 설치된 유닛의 노즐로 분사되고, 실내공기(2차 공기)는 유닛 내 냉·온수 코일을 통과하여 조화공기와 혼합 송풍되면서 공기조화를 하는 방식이다.
기타		팬코일유닛과 단일덕트를 겸용한 방식, 온수난방과 단일덕트를 겸용한 방식 등이 있다.

전수방식 (All water system)	개요	중앙에서 만들어진 냉·온수를 각 실에 송수하여 공기조화를 하는 방식이다.
	특징	• 각 실에 수배관으로 인한 누수의 우려가 있다. • 덕트샤프트나 스페이스가 필요 없거나 작아도 된다. • 냉·온수를 이송하므로 공기의 이송에 비해 소요동력이 적다. • 개별제어, 개별운전이 가능하다. • 외기량이 부족하여 실내공기가 오염되기 쉽다.

전수방식의 종류	
팬코일유닛 (FCU)	• 전동기 직결의 소형 송풍기, 냉·온수 코일 및 필터 등을 갖춘 실내형 소형 공조기를 각 실에 설치하여 중앙 기계실로부터 냉수 또는 온수를 공급받아 공기조화를 하는 방식이다. • 각 실 유닛은 수동으로도 제어할 수 있으며 개별제어가 쉽다. • 덕트방식에 비해 유닛의 위치 변경 및 증설이 용이하다. • 유닛을 창문 밑에 설치하면 콜드 드래프트(냉기류)를 줄일 수 있다. • 펌프로 냉·온수를 이송하므로 공기를 이송하는 것보다 동력이 적다. • 팬의 소요동력이 공기조화방식 중 가장 작다.
기타	온수난방, 온수복사난방 등이 있다.

냉매방식 (Direct expansion system)	개요	냉매를 사용하는 패키지 에어컨 등을 설치하여 공기조화를 하는 방식이다.

냉매방식의 종류	
룸에어컨	• 각 실에 개별적으로 에어컨을 설치하는 방식이다. • 개별운전 및 조작이 가능하며 소음에 유의해야 한다.
패키지 에어컨	• 덕트 연결형으로 설치되는 방식으로, 패키지형 공조방식이라고도 한다. • 유닛별로 개별운전 및 조작이 가능하다.

📋 **기출 확인**

공기조화방식 중 전수방식에 관한 설명으로 틀린 것은?

① 덕트 스페이스가 필요 없다.
② 실내의 배관에 의해 누수의 우려가 있다.
❸ 송풍공기가 없어 실내공기의 오염이 적다.
④ 열매체가 증기 또는 냉·온수로 열의 운송동력이 공기에 비해 적게 소요된다.

📋 **기출 확인**

공기조화방식 중 팬코일유닛방식에 관한 설명으로 옳지 않은 것은?

① 전수방식에 속한다.
❷ 덕트 샤프트와 스페이스가 반드시 필요하다.
③ 각 실에 수배관으로 인한 누수의 우려가 있다.
④ 각 실의 유닛은 수동으로도 제어할 수 있고, 개별제어가 쉽다.

❷ 공기조화설비의 구성

① 공기분배장치

송풍기		설치	원심송풍기 (날개차)	정압에 따라 다익형(500Pa 이하), 익형(500~3,000Pa), 터보형(3,000Pa 초과)으로 설치한다.
			축류송풍기 (프로펠러)	화장실, 욕실의 배기는 습기나 가스에 강한 내식성 재질의 축류송풍기로 한다.
			설치장소별	• 원심송풍기는 바닥설치를 원칙으로 한다. • 바닥이 협소할 경우 천장설치형(축류송풍기)을 고려한다. • 지붕형의 경우 후익형으로 한다.
	전체	• 공기 등의 유동을 일으키는 기계장치를 말한다. • 송풍기와 덕트의 접속부에는 캔버스이음을 설치하여 진동 전달을 방지한다.		

송풍기
- 공기 등의 유동을 일으키는 기계장치를 말한다.
- 송풍기와 덕트의 접속부에는 캔버스이음을 설치하여 진동 전달을 방지한다.

설치
- 원심송풍기(날개차): 정압에 따라 다익형(500Pa 이하), 익형(500~3,000Pa), 터보형(3,000Pa 초과)으로 설치한다.
- 축류송풍기(프로펠러): 화장실, 욕실의 배기는 습기나 가스에 강한 내식성 재질의 축류송풍기로 한다.
- 설치장소별:
  - 원심송풍기는 바닥설치를 원칙으로 한다.
  - 바닥이 협소할 경우 천장설치형(축류송풍기)을 고려한다.
  - 지붕형의 경우 후익형으로 한다.

덕트(Duct)
- 냉, 난방 및 환기용 공기가 흐르는 통풍로를 말한다.
- 아연도금강판, 스테인리스강판, 염화비닐강판 등으로 제작된다.

- 저속덕트
  - 덕트 내 풍속이 15m/s 이하인 덕트이다.
  - 주로 장방형 덕트를 사용한다.
- 고속덕트
  - 덕트 내 풍속이 15m/s를 초과하는 덕트이다.
  - 공기의 마찰저항을 줄이기 위해 주로 원형 덕트를 사용한다.
  - 고속·고압의 장방형 덕트는 앵글보강, 다이아몬드 브레이크, 홈형 보강을 통해 단면을 보강한다.
  - 동일한 풍량에서 풍속을 높게 하면 송풍기 동력이 많이 들지만 덕트의 단면치수와 설치공간을 작게 할 수 있다.
  - 소음이 발생하므로 공장, 창고 등에 사용되며, 필요시 소음상자를 취출구에 설치한다.

댐퍼(Damper)

개요	덕트 또는 개구부에 설치하여 공기의 유량을 조절하는 장치를 말한다.
구분	평행익형: 서로 이웃하는 날개가 같은 방향으로 회전한다. 대향익형: 서로 이웃하는 날개가 반대 방향으로 회전한다.
종류	풍량조절댐퍼 - 단익형: 버터플라이댐퍼라고도 하며, 소형덕트에 사용한다. 풍량조절댐퍼 - 다익형: 2개 이상의 날개가 있으며, 대형덕트에 사용한다. 풍량조절댐퍼 - 스플릿형: 덕트 분기구에 설치하여 풍량조절에 사용한다. 방화댐퍼: 화재 시 덕트를 통한 연기, 화염의 이동을 차단한다. 방연댐퍼: 화재 시에 폐쇄하여 연기의 확산을 방지한다.

취출구(디퓨저)
- 개요
  - 덕트를 통해 공급된 공기를 실내에 반출하는 개구부이다.
  - 덕트의 엘보 하류로부터 적정거리를 지난 후 취출구를 설치한다.
- 종류
  - 천장면: 아네모스탯형, 라인형, 슬롯형, 다공판형 등이 있다.
  - 벽면: 그릴형, 노즐형, 슬롯형, 다공판형, 유니버설형 등이 있다.
  - 창틀: 그릴형, 유니버설형 등이 있다.
  - 바닥면: 슬롯형, 그릴형 등이 있다.

덕트의 압력
동일한 풍량으로 송풍할 경우 원형덕트의 마찰손실이 가장 적다.

전압	• 전압 = 정압 + 동압 • 공기조화 공급 덕트에 작용하는 압력이다.
정압	덕트 내의 공기가 흐름의 수직 방향 표면에 미치는 압력을 말한다.
동압	공기의 흐름이 있을 경우 속도에 의해 발생하는 압력을 말한다.

📋 **기출 확인**

송풍기의 적용에 관한 설명으로 옳지 않은 것은?
① 지붕형의 경우 후익형으로 한다.
② 원심송풍기의 설치는 바닥설치를 원칙으로 한다.
❸ 정압이 3,000Pa을 초과하는 경우에는 다익형으로 한다.
④ 화장실, 욕실의 배기는 습기나 가스에 강한 내식성 재질의 축류송풍기로 한다.

📋 **기출 확인**

공기조화설비에서 사용되는 고속덕트에 관한 설명으로 옳은 것은?
① 소음 및 진동이 발생하지 않는다.
② 공기 혼합상자를 설치하여야 한다.
❸ 덕트 설치공간을 작게 할 수 있다.
④ 공장이나 창고에는 적용할 수 없다.

📋 **기출 확인**

덕트의 분기부에 설치하여 풍량조절용으로 사용되는 댐퍼는?
❶ 스플릿형 댐퍼 ② 평행익형 댐퍼
③ 대향익형 댐퍼 ④ 버터플라이댐퍼

➕ **더 알아보기**

댐퍼의 종류

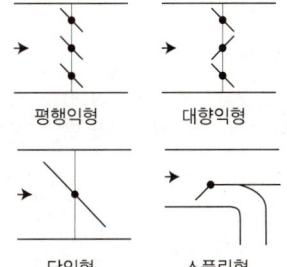

평행익형 / 대향익형 / 단익형 / 스플릿형

공조시스템의 소음 방지대책
- 덕트 내부에 흡음재를 부착한다.
- 송풍기 출구 부근에 플리넘 챔버를 설치한다.
- 흡음장치(셀형, 플레이트형)를 덕트의 적당한 장소에 설치한다.

기출 확인

덕트의 치수결정 방법에 속하지 않는 것은?

❶ 균등법
② 등속법
③ 등마찰법
④ 정압재취득법

기출 확인

길이 20m, 지름 400mm인 덕트에 평균 속도 12m/s로 공기가 흐를 때 발생하는 마찰저항은?(단, 덕트의 마찰저항계수는 0.02, 공기의 밀도는 1.2kg/m³이다)

① 7.3Pa
② 8.6Pa
③ 73.2Pa
❹ 86.4Pa

$$0.02 \times \frac{20}{0.4} \times \frac{12^2}{2} \times 1.2 = 86.4 Pa$$

+ 더 알아보기

냉동기의 사이클
- 증발기에서 냉매가 액체에서 기체로 기화되면서 실내의 열을 취득한다.
- 응축기에서 냉매가 기체에서 액체로 액화되면서 실외로 열을 방출한다.

기출 확인

압축식 냉동기의 주요 구성요소가 아닌 것은?

❶ 재생기
② 압축기
③ 증발기
④ 응축기

기출 확인

다음의 냉동기 중 기계적 에너지가 아닌 열에너지에 의해 냉동효과를 얻는 것은?

① 원심식 냉동기
❷ 흡수식 냉동기
③ 스크루식 냉동기
④ 왕복동식 냉동기

덕트의 치수결정법

등마찰법 (정압법)	덕트의 단위길이당 마찰저항(압력손실)이 일정한 것으로 가정하는 치수결정법이다.
정압재취득법	덕트 내 풍속 감소에 따른 정압을 압력손실에 반영하는 치수결정법이다.
등속법	덕트 내 풍속을 말단까지 일정하게 되도록 하는 치수결정법이다.

직관 덕트의 마찰저항(압력손실)

$$마찰저항(Pa) = 마찰계수 \times \frac{길이(m)}{직경(m)} \times \frac{풍속^2(m/s)}{2} \times 공기의\ 밀도(kg/m^3)$$

아네모스탯 취출구

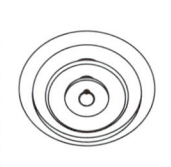

개요	콘으로 분출 방향을 바꿀 수 있는 원형, 각형의 하향·확산형 취출구이다.
특징	• 몇 개의 콘이 있어서 1차 공기에 의한 2차 공기의 유인성능이 좋다. • 확산반경이 크고 도달거리가 짧으며 소음이 비교적 크다. • 천장 취출구로 많이 사용된다.

펑커 루버형 취출구
취출구 방향을 상하좌우 자유롭게 조절할 수 있어 주방, 공장 등의 국부냉방에 적용되는 취출구이다.

② 냉열원설비

냉열원설비인 냉동기는 냉수를 생산하며, 온수, 증기의 생산에는 보일러가 사용된다.

냉동기	증기 압축식		• 기계적 에너지를 이용하여 냉수를 생산하는 냉동기이다. • 압축기에서 냉매가스를 압축하는 방식이다. • 압축기, 응축기, 팽창밸브, 증발기로 구성된다. • 사이클은 압축 → 응축 → 팽창 → 증발 순으로 이루어진다.
		터보식 (원심식)	• 임펠러의 원심력에 의한 압력으로 냉매를 압축한다. • 흡수식에 비해 소음·진동이 심하고, 왕복동식보다는 적다. • 대용량에서 압축효율이 좋고 비례제어가 가능하다. • 30% 이하 출력에서는 서징현상(진동 및 소음)이 발생한다. • 대·중형 규모의 중앙식 공조에서 냉방용으로 사용된다.
		왕복동식	• 피스톤의 왕복운동에 의해 냉매증기를 압축한다. • 소음과 진동이 크고 소용량의 냉동기로 사용된다.
		회전식	• 회전 압축기를 이용해 냉매를 압축한다. • 중용량, 대용량 냉동기로 사용된다.
		스크루식	• 스크루의 회전에 따른 압축공간의 감소로 냉매를 압축한다. • 소~대용량, 히트펌프, 빙축열용 냉동기로 사용된다.
	흡수식		• 냉매로 물을 사용하며, 증기로 냉수를 생산하는 냉동기이다. • 열에너지로 냉동효과를 얻는 방식이다. • 증발기, 흡수기, 재생기(발생기), 응축기로 구성된다. • 냉방용의 경우 물과 브롬화리튬(LiBr)의 혼합용액을 사용한다.
		단효용	재생기(발생기)가 1개로 구성된 냉동기로 효율이 좋지 않다.
		이중효용	• 재생기(발생기)를 고온, 저온의 2개로 나눈 냉동기이다. • 냉매로 물을 사용하며, 브롬화리튬(LiBr)의 농축에 재생기(발생기)를 사용한다. • 증기를 이중으로 이용하여 단효용에 비해 증기사용량이 절반 정도로 감소하므로 에너지 절약적이다.

히트펌프(열펌프)
- 냉동기의 냉동사이클을 역순환시켜 난방용 온열원으로 사용하는 것을 말한다.
- 냉동기의 압축기에서 토출된 고온, 고압의 냉매증기가 응축기에서 액화되면서 방열하는 응축열로 물이나 공기를 가열하여 난방에 이용한다.

냉각탑(Cooling tower)
- 냉동기의 응축기에 사용하는 냉각용수를 재사용하기 위하여 열을 외기와 접촉시켜 냉각하는 열교환장치이다.
- 물을 냉각수로 사용하는 수랭식냉동기에 사용된다.
- 설치장소는 소음이 적고, 먼지나 매연이 없으며, 시공관리가 용이하고 통풍이 잘 되는 곳이 좋다.

📋 기출 확인

응축기용의 냉각수를 재사용하기 위하여 대기와 접촉시켜서 물을 냉각하는 장치는?

① 냉동기   ② 냉각기
❸ 냉각탑   ④ 냉각코일

③ 공기조화기기

공기조화기 (Air handling unit)	개요	냉온열원을 공급받아 온습도를 조절한 조화공기를 덕트를 통해 실내로 송풍하는 기기이다.
	구성	송풍기, 가습기, 가열코일, 냉수코일, 에어필터, 혼합상자, 케이싱 등으로 구성된다.

전열교환기(Total heat exchanger)
- 배기하는 공기의 온도로 급기하는 공기의 온도를 조절하는 데 사용하는 열교환기이다.
- 중앙식 공기조화설비에서 에너지절약을 위해 사용된다.

이코노마이저시스템(외기냉방시스템)
중간기 또는 동계에 발생하는 냉방부하를 실내 엔탈피보다 낮은 실외공기를 도입하여 제거 또는 감소시키는 공기조화시스템이다.

바이패스 팩터(Bypass factor)
냉·온수코일의 통과 공기 중 냉·온수코일과 접촉하지 않고 통과하는 공기의 비율이다.

HEPA 필터(High Efficiency Particulate Air filter)
- 미세입자를 여과하기 위한 필터로, 클린룸이나 방사성 물질을 취급하는 시설에 사용된다.
- 0.3μm의 입자에 대하여 99.97% 이상의 여과율을 유지한다.
- 유닛 시공 시 공기 누설이 없어야 하며, 필터의 수명연장을 위해 프리필터를 설치한다.

➕ 더 알아보기

공기조화기(AHU)

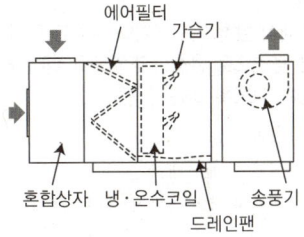

📋 기출 확인

공기조화설비의 에너지절약방법 중 배열을 회수하여 이용하는 방식은?

① 변유량방식
② 외기냉방방식
❸ 전열교환방식
④ 전력수요제어방식

④ 축열조(축열식 공기조화시스템)

냉난방부하가 적고 전기료가 저렴한 심야시간에 축열조에 저장된 축열매체에 열을 저장하고, 소요 시 축열매체로부터 방열하여 공기조화를 하는 방식이다.

현열축열식	물, 자갈, 벽돌 등의 재료에 열에너지를 저장하는 방식이다.
잠열축열식	• 고체에서 액체로, 액체에서 고체로 상태가 변화할 때의 잠열을 이용해 열에너지를 저장하는 방식이다. • 대표적으로 얼음과 물을 이용한 빙축열시스템이 있다.

빙축열시스템		
	개요	얼음을 축열매체로 사용하며, 얼음의 잠열로 냉열을 얻는 공기조화시스템이다.
	특징	• 응고 및 융해열을 이용하므로 저장열량이 크다. • 저온용 냉동기가 필요하나 냉동기 및 관련 기기의 설비용량이 감소한다. • 값싼 심야전력을 이용하므로 전력운전비와 피크부하가 감소한다. • 축열조로 인해 서비스페이스, 열손실, 시설비가 증가한다. • 백화점 등 냉방부하가 크고 냉방기간이 긴 건물에 적합하다.

📋 기출 확인

빙축열시스템에 대한 설명 중 옳지 않은 것은?

① 냉동기와 관련 기기의 용량을 작게 할 수 있다.
❷ 유지보수가 용이하고 빙열손실의 발생이 없다.
③ 하절기 피크 전력부하가 감소하여 전기요금이 절감된다.
④ 심야의 값싼 전력을 사용하므로 일반 냉동 시스템보다 운전비용이 줄어든다.

+ 더 알아보기

실내환기량
- 일반적으로 이산화탄소(CO_2)의 농도를 기준으로 산정한다.
- 이산화탄소 농도는 실내 공기오염과 비례한다고 본다.

📋 기출 확인

일반적으로 실내환기량의 기준이 되는 것은?

① 공기온도 ② NO_2 농도
❸ CO_2 농도 ④ SO_2 농도

📋 기출 확인

실내에서 발생하는 취기와 수증기 등이 다른 공간으로 유출되지 않도록 실내가 부압이 되도록 하는 환기방식은?

① 자연환기
② 급기팬과 배기팬의 조합
③ 급기팬과 자연배기의 조합
❹ 자연급기와 배기팬의 조합

📋 기출 확인

환기에 관한 설명으로 옳지 않은 것은?

① 외부풍속이 커지면 환기량은 많아진다.
❷ 실내외의 온도차가 크면 환기량은 작아진다.
③ 중성대란 중력환기에서 실내외의 압력이 같아지는 위치이다.
④ 자연환기량은 중성대로부터 공기유입구 또는 유출구까지의 높이가 클수록 많아진다.

❸ 환기설비

① 개요

실내공기의 정화, 열의 제거, 연소가스의 제거와 산소의 공급, 습기 및 유독가스 제거 등 양호한 실내환경 유지를 목적으로 한다.

② 환기방식

	개요	풍향, 풍속 및 실내외의 온도차와 공기의 밀도차에 의한 방법이다.
자연환기	특징	• 개구부를 통해 급기와 배기가 이루어진다. • 외기, 풍속, 풍향 및 온도의 영향을 받는다. • 환기량이 일정하지 않고 제어할 수 없다. • 급기구와 배기구의 기능이 바뀔 수 있다.
	개요	송풍기 등 기계장치에 의한 강제적인 환기를 말한다.
기계환기	제1종	• 제1종 환기 = 강제급기 + 강제배기 • 급기와 배기에 모두 기계장치를 사용한 방식이다. • 정확한 환기량과 급기량 변화에 의해 실내외의 압력차를 조절한다.
	제2종	• 제2종 환기 = 강제급기 + 자연배기 • 급기에만 기계장치를 사용하고 배기구 또는 틈새로 배기한다. • 인근 실에서의 공기의 침입을 방지할 수 있다.
	제3종	• 제3종 환기 = 자연급기 + 강제배기 • 배기에만 기계장치를 사용하고 급기구 또는 틈새로 급기한다. • 실내공기가 인근의 실로 유출되는 것을 방지할 수 있다. • 화장실, 욕실, 공장, 주차장 등에 적용된다.

자연환기
자연환기는 풍력환기와 중력환기로 나누며, 그 효과는 동시에 작용한다.

풍력 환기	• 외부 바람에 의한 압력차를 원동력으로 한다. • 상부에서 외기를 들여 하부에서 배출한다. • 외부 풍속에 의존하므로 환기량의 변동이 크다.
중력 환기	• 실내외의 온도차에 따른 밀도차를 원동력으로 한다. • 실내온도가 실외온도보다 높을 경우, 하부에서 찬공기가 유입되고 상부로 따뜻한 공기가 유출된다. • 2개의 개구부 높이에 차이가 없으면 환기가 효과적으로 발생하지 않으며, 큰 차이가 있으면 유입구·유출구로 분류되어 환기가 효과적으로 이루어진다. • 항상 일정한 환기량을 얻을 수 없고, 일정량 이상의 환기량을 기대할 수 없다.

환기량이 많아지는 경우
- 외부풍속이 커지거나 실내외의 온도차가 크면 환기량이 많아진다.
- 자연환기량은 중성대(중력환기에서 실내외의 압력이 같아지는 높이)로부터 공기유입구 또는 유출구까지의 높이가 클수록 많아진다.
- 풍력환기량은 풍속과 유량계수에 비례한다.
- 중력환기량은 개구부 면적, 실내외의 온도차가 클수록 증가한다.

전체환기·국소환기

전체환기	• 열이나 유해물질이 실내에 널리 산재되어 있거나 이동되는 경우에 적용한다. • 실내의 전체 공기를 희석하여 배출시킨다.
국소환기	• 주방의 조리용 기구 등과 같이 개방식으로 연소기구가 설치된 공간의 불완전연소 방지와 취기 및 연기 확산을 방지하기 위해 적용한다. • 전체 환기시스템과 별도의 전용 배기후드와 배기덕트를 설치하여 배출시킨다.

③ 실내공기질 유지기준

실내공기질 관리법령에 따른 기준이다(실내공기질 관리법 시행규칙 별표 1~2).

실내공간 오염물질		미세먼지(PM-10), 이산화탄소, 폼알데하이드, 총부유세균, 일산화탄소, 이산화질소, 라돈, 휘발성유기화합물, 석면, 오존, 초미세먼지(PM-2.5), 곰팡이, 벤젠, 톨루엔, 에틸벤젠, 자일렌, 스티렌
실내공기질 유지기준 (이산화탄소)	1,500ppm 이하	도서관, 영화상영관, 학원, 인터넷컴퓨터게임시설제공업 영업시설 중 자연환기가 불가능하여 자연환기설비 또는 기계환기설비를 이용하는 경우
	1,000ppm 이하	지하역사, 지하도상가, 대합실(철도역사, 여객자동차터미널, 항만시설), 공항시설 중 여객터미널, 장례식장, 영화상영관, 전시시설, 영업시설(인터넷컴퓨터게임시설제공업, 목욕장업), 도서관, 박물관, 미술관, 대규모 점포, 학원, 의료기관, 산후조리원, 노인요양시설, 어린이집, 실내 어린이놀이시설, 실내주차장
	기준 없음	실내 체육시설, 실내 공연장, 업무시설, 둘 이상의 용도에 사용되는 건축물

환기횟수
- 환기횟수 = 환기량(m^3/h) ÷ 실의 용적(m^3)
- 한 시간 동안의 환기량을 실의 용적으로 나눈 값이다.

CO_2 농도에 따른 필요환기량
- 1L = $0.001m^3$이며, 1ppm = 백만분의 일(1/1,000,000)이다.
- CO_2 발생량 = 수용인원 × 1인당 CO_2 배출량
- 필요환기량 = $\dfrac{CO_2 \ 발생량}{최대\ 허용\ CO_2\ 농도 - 외기\ 중의\ CO_2\ 농도}$

📋 기출 확인
실내공기질 관리법령에 따른 실내공간 오염물질에 속하지 않는 것은?
① 오존 ② 폼알데하이드
❸ 일산화질소 ④ 라돈

📋 기출 확인
이산화탄소의 실내공기질 유지기준으로 옳은 것은?(단, 실내주차장의 경우)
① 200ppm 이하 ② 500ppm 이하
❸ 1,000ppm 이하 ④ 2,000ppm 이하

📋 기출 확인
실내 CO_2 발생량이 17L/h, 실내 CO_2 허용농도가 0.1%, 외기의 CO_2 농도가 0.04%일 경우 필요환기량은?
① 약 $42.5m^3/h$ ② 약 $40.3m^3/h$
③ 약 $35.0m^3/h$ ❹ 약 $28.3m^3/h$

$$\dfrac{0.017m^3/h}{0.001-0.0004} = 28.33m^3/h$$

❹ 건축물의 에너지절약

① 기계부분의 주요 권장사항

열원설비	• 열원설비는 부분부하 및 전부하 운전효율이 좋은 것을 선정한다. • 난방기기, 냉방기기, 냉동기, 송풍기, 펌프 등은 부하조건에 따라 최고의 성능을 유지할 수 있도록 대수분할 또는 비례제어운전이 되도록 한다. • 냉방기기는 전력피크 부하를 줄일 수 있도록 하여야 한다.
반송설비	난방 순환수 펌프는 운전효율을 증대시키기 위해 가능한 한 대수제어 또는 가변속제어방식을 채택하여 부하상태에 따라 최적 운전상태가 유지될 수 있도록 한다.
공조설비	중간기 등에 외기도입에 의하여 냉방부하를 감소시키는 경우에는 이코노마이저시스템 등 외기냉방시스템을 적용한다.
열회수설비	• 보일러의 배출수·폐열·응축수 및 공조기의 폐열, 생활배수 등의 폐열을 회수하기 위한 열회수설비를 설치한다. • 폐열회수를 위한 열회수설비를 설치할 때에는 중간기에 대비한 바이패스(By-pass)설비를 설치한다.
환기·제어설비	청정실 등 특수 용도의 공간 외에는 실내공기의 오염도가 허용치를 초과하지 않는 범위 내에서 최소한의 외기도입이 가능하도록 계획한다.
위생설비	위생설비 급탕용 저탕조의 설계온도는 55℃ 이하로 하고 필요한 경우에는 부스터히터 등으로 승온하여 사용한다.

📋 기출 확인
건축물의 에너지절약을 위한 기계부분의 권장사항으로 옳지 않은 것은?
① 냉방기기는 전력피크 부하를 줄일 수 있도록 한다.
② 난방 순환수 펌프는 가능한 한 대수제어 또는 가변속제어방식을 채택한다.
③ 폐열회수를 위한 열회수설비를 설치할 때에는 중간기에 대비한 바이패스(By-pass)설비를 설치한다.
❹ 위생설비 급탕용 저탕조의 설계온도는 65℃ 이하로 하고 필요한 경우에는 부스터히터 등으로 승온하여 사용한다.

CORE 06 건축환경

CHAPTER 4 건축설비 / SECTION 2 공기조화설비

❶ 공기 · 습도

① 공기
건조공기는 실제로 존재하지 않으나, 공기의 성질을 나타내는 데 사용한다.

건조공기	습공기	포화공기
수증기를 함유하지 않는 공기	수증기를 함유하는 공기	최대의 수분을 포함하는 공기

② 온도

건구온도	온도계를 공기 중에 노출하여 측정한 온도이다.
습구온도	• 온도계 감지부에 젖은 천을 감고, 수분이 증발하면서 하강한 온도를 측정한 것으로, 건구온도와의 차이로 상대습도를 계산할 수 있다. • 건구온도보다 높을 수는 없다.
노점온도	습도가 높은 공기를 냉각하여 공기 중의 수분이 그 이상은 수증기로 존재할 수 없어 이슬로 맺히는 한계의 온도를 말한다.

③ 습도

절대습도	• 건조공기 1kg 중에 포함된 수증기의 질량(kg)의 질량비(kg/kg)이다. • 수분의 증감이 없을 경우 온도가 증감해도 일정하다.
상대습도	• 상대습도(%) = 공기 내 수증기량 ÷ 공기 내 포화수증기량 × 100(%) • 현재 포함한 수증기량과 공기가 최대로 포함할 수 있는 수증기량(포화수증기량)의 비(%)를 말한다. • 상대습도 100%인 상태에서는 건구온도, 습구온도, 노점온도가 동일하다. • 온도가 높을수록 포화수증기량이 높아 상대습도는 낮아진다.

엔탈피(Enthalpy)

개요	• 공기가 갖는 에너지를 열량의 단위(kJ/kg)로 나타낸 것이다. • 건조공기 1kg에 현열 및 잠열의 형태로 포함되는 열량을 나타낸다. • 절대습도의 변화 없이 건구온도만 상승시킬 때 엔탈피는 증가한다.
공식	$i = C_{pa} \cdot t + (r_0 + C_{pv} \cdot t)x$ 여기서, C_{pa} : 건공기의 정압비열 　　　　t : 건구온도 　　　　r_0 : 0℃에서 포화수의 증발잠열 　　　　C_{pv} : 수증기의 정압비열 　　　　x : 절대습도

📋 **기출 확인**

습공기가 냉각되어 포함되어 있던 수증기가 응축되기 시작하는 온도를 의미하는 것은?

❶ 노점온도　② 습구온도
③ 건구온도　④ 절대온도

📋 **기출 확인**

다음 중 상대습도(R.H) 100%에서 그 값이 같지 않은 온도는?

① 건구온도　❷ 효과온도
③ 습구온도　④ 노점온도

📋 **기출 확인**

어떤 상태의 습공기를 절대습도의 변화 없이 건구온도만 상승시킬 때, 습공기의 상태변화로 옳은 것은?

❶ 엔탈피는 증가한다.
② 비체적은 감소한다.
③ 노점온도는 낮아진다.
④ 상대습도는 증가한다.

④ 습공기선도

개요	표준대기압에서의 습공기의 성질을 나타내는 도표이다.
구할 수 있는 상태값	온도(건구온도, 습구온도, 노점온도), 습도(상대습도, 절대습도), 엔탈피, 수증기 분압, 비체적, 현열비, 열수분비 등이 있다.
습공기선도상 공기상태의 변화	• 냉각은 좌측(←)으로, 가열은 우측(→)으로, 가습은 상단(↑)으로, 감습(제습)은 하단(↓)으로 이동한다. • 수분의 증감 없이 온도만 증감할 경우 절대습도는 동일하다. • 온도의 증감 없이 수분만 증감할 경우 건구온도는 동일하다. • 상대습도는 온도가 높을수록 낮아지며, 온도가 낮을수록 높아진다. 습공기선도 / 공기상태의 변화

냉각감습에 의한 상태변화

냉각감습 공조방식의 습공기선도	구분	공기상태의 변화
	각 점의 상태	① 외기(고온다습), ② 실내공기, ③ 혼합공기, ④ 취출공기
	①-③	외기와 실내공기의 혼합과정으로, 외기의 건구온도와 절대습도가 저하된다.
	②-③	외기와 실내공기의 혼합과정으로, 실내공기의 건구온도와 절대습도가 상승한다.
	③-④	혼합공기가 냉각코일을 통과하면서 건구온도와 절대습도가 저하된다.
	④-②	취출공기가 실내부하를 처리하면서 실내공기가 된다.

❷ 열

① 열의 이동

대류	부분적으로 가열된 유체가 이동하면서 열에너지를 전달하는 것이다.
복사	물체의 열에너지가 전달 매개체 없이 직접 다른 물체에 도달하는 것이다.
전도	물체의 열에너지가 전달 매개체를 통해 다른 물체에 도달하는 것이다.
관류	물체 양측의 온도가 다를 때 물체를 통해 양쪽 유체 사이에 열이 이동하는 것이다.

현열과 잠열

현열	물체의 온도를 변화시키는 데 소비되는 열을 말한다.
잠열	물체의 온도는 변화하지 않고 상태를 변화시키는 데 소비되는 열을 말한다.

📋 **기출 확인**

습공기의 건구온도와 습구온도를 알 때 습공기선도를 사용하여 구할 수 있는 것이 아닌 것은?

❶ 기류　② 엔탈피
③ 상대습도　④ 절대습도

📋 **기출 확인**

어떤 습공기를 가열했을 때 습공기선도에서 변화하지 않는 것은?

① 엔탈피　② 습구온도
❸ 절대습도　④ 상대습도

📋 **기출 확인**

그림과 같은 습공기선도상에서 공기가 1의 상태에서 2의 상태로 변화하는 과정을 설명한 것은?

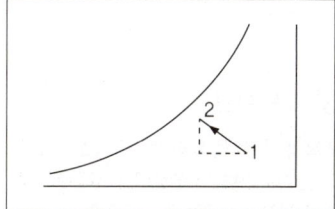

① 가열가습　② 냉각감습
③ 가열감습　❹ 냉각가습

➕ **더 알아보기**

전열량(엔탈피, Enthalpy)
전열량 = 현열 + 잠열

📋 **기출 확인**

기온, 습도, 기류의 3요소의 조합에 의한 실내 온열감각을 기온의 척도로 나타낸 것은?

❶ 유효온도   ② 등가온도
③ 작용온도   ④ 불쾌지수

📋 **기출 확인**

실내 열환경지표 중 공기의 습도가 고려되지 않은 것은?

❶ 작용온도   ② 유효온도
③ 등온지수   ④ 신유효온도

📋 **기출 확인**

기온, 습도, 기류, 주벽면 온도의 4요소를 조합하여 체감과의 관계를 나타낸 것은?

① 작용온도   ② 불쾌지수
❸ 등온지수   ④ 유효온도

📋 **기출 확인**

의복의 단열성을 나타내는 단위로서 그 값이 클수록 인체에서 발생되는 열이 주위 공기로 적게 발산되는 것을 의미하는 것은?

❶ clo   ② dB
③ NC   ④ MRT

📋 **기출 확인**

냉방부하 중 현열부하로만 작용하는 것은?

① 인체부하
② 외기부하
❸ 조명기구부하
④ 틈새바람에 의한 부하

📋 **기출 확인**

공조부하 계산 시 현열과 잠열이 동시에 발생하는 것은?

❶ 인체의 발생열량
② 벽체로부터의 취득열량
③ 유리로부터의 취득열량
④ 덕트로부터의 취득열량

② 온열지표

유효온도 (실감온도)	• 유효온도 = 기온(공기의 온도) + 습도 + 기류 • 기온, 습도, 기류의 3요소의 조합에 의한 실내 온열감각을 기온의 척도로 나타낸 것을 말한다.
작용온도	• 작용온도 = 기온(공기의 온도) + 기류 + 주벽면 온도(복사열) • 기온, 기류 및 주벽면 온도(복사열)의 3요소의 조합과 체감과의 관계를 나타내는 것으로, 공기의 습도가 고려되지 않은 것이다.
등온지수	• 등온지수 = 기온(공기의 온도) + 습도 + 기류 + 주벽면 온도(복사열) • 기온, 습도, 기류, 주벽면 온도(복사열)의 4요소를 조합하여 체감과의 관계를 나타낸 것이다.
불쾌지수	• 불쾌지수 = (건구온도 + 습구온도) × 0.72 + 40.6 • 건구온도와 상대습도에 의해 불쾌감을 느끼는 상태를 나타내는 지표이다.
수정유효온도	유효온도가 열을 고려하지 않는 점을 보완하기 위해 건구온도 대신에 흑구온도를 사용하여 복사열 효과까지 고려한 것이다.
평균복사온도	• 평균복사온도(MRT) = $\dfrac{\Sigma \text{주위 표면면적} \times \text{해당 면적의 표면온도}}{\Sigma \text{주위 표면면적}}$ • 인체가 주위 환경과 복사 열교환을 행하는 것과 똑같은 양의 복사 열교환을 행하는 균일한 주위 온도를 의미한다. • 인체가 실내의 어느 위치에 있느냐에 따라 달라진다. • 편의상 주벽 각부의 효과를 평균화한 값을 사용한다.

열환경의 4요소(온열요소)
공기의 온도, 공기 중의 습도, 주위 벽의 복사열, 바람(기류)

클로(clo)
• 사람이 입는 의복의 열저항, 즉 옷의 보온성·단열성을 나타내는 착의량의 단위이다.
• 클로 값이 클수록 인체의 열이 주위 공기로 적게 발산되는 것을 의미한다.

❸ 부하

① 부하

실내에서 목표로 하는 온도, 습도 및 청정도를 유지하기 위한 냉각, 가열, 감습, 가습 및 환기 등에 필요한 열량을 총칭하는 용어이다.

냉방부하	난방부하
실내 침입 열량 = 실내에서 제거해야 할 열량	실내 손실 열량 = 실내에 공급해야 할 열량

부하와 열의 종류
현열은 공기의 온도에 영향을 주며, 잠열은 습도에 영향을 미친다.

구분		냉·온열원	냉방부하	난방부하
현열		유리면	○	○
		외기에 면한 벽체, 지붕, 칸막이벽	○	○
		재열부하	○	○
		조명기구, 모터, 복사기, 덕트(취득열량)	○	−
현열 + 잠열		환기, 외기의 도입, 틈새바람(극간풍)	○	○
		인체, 순간급탕기	○	−

② 부하의 계산

1W = 3.6kJ/h, 물의 밀도는 1kg/L, 물의 비열은 4.2kJ/kg·K이다.

현열부하	물	• 현열부하(kJ) = 질량 × 비열 × 온도의 차이 • 질량 = 밀도 × 체적(부피) • 물의 가열열량 등에 적용한다.
	공기	• 현열부하(kJ) = 밀도 × 환기량 × 비열 × 온도의 차이 • 환기량 = 실의 체적 × 환기횟수 • 틈새바람 및 환기에 의한 현열부하량 등에 적용한다.
필요환기량 및 송풍량		• 필요환기량(m³/h) = $\dfrac{현열부하}{밀도 \times 비열 \times 온도의\ 차이}$ • 밀도(kg/m³) × 비열(kJ/kg·K) = 비열(kJ/m³·K)
혼합공기의 온도		혼합공기의 온도(℃) = $\dfrac{A공기(온도 \times 양) + B공기(온도 \times 양)}{A와\ B공기의\ 양}$

현열비(SHF)
• 현열량의 변화와 엔탈피의 변화의 비이다.
• 현열비 = 현열량 ÷ (현열량 + 잠열량)

③ 부하의 조닝(Zoning)

건물 내에서 각 구역의 특성에 따라 공조계통을 분할하는 것을 말한다.

내주부·외주부	• 외벽에서 3~6m 이내는 외주부, 이후는 내주부로 분류한다. • 외주부는 외부의 기상조건으로부터 영향을 많이 받는다. • 내주부는 조명기기, 사용기기, 인체의 발열 등의 영향을 많이 받는다.
방위	• 외주부는 방위별로 분류한다. • 방위에 따른 취득 및 손실열량의 차이를 계수에 의해 보정한다. • 계수의 값은 북 > 동·서 > 남 순이다. • 북측은 일사취득이 거의 없으므로 계수의 값이 크다.
용도·사용시간	주간, 주야간, 24시간, 간헐운전으로 분류한다.
열부하특성	내주부와 외주부 부하가 공존하는 실, 내주부 발열이 큰 실, 외주부 부하가 큰 실, 층고가 높은 대공간으로 분류한다.
실내공기환경	청정지역, 준청정지역, 일반지역으로 분류한다.

공기조화 조닝(Zoning)의 종류	
외부존	방위별, 층별 조닝
내부존	용도에 따른 시간별, 관리별, 부하 특성별, 온습도 설정별, 현열비별, 부하변동별, 외기의 비율별, 용량별, 소음별, 취기별, 배기별, 공기의 청정도별, 생산 제품의 종류별 조닝

부하를 줄이기 위한 방법
• 적절한 설계용 외기조건과 실내 온·습도 조건을 채용한다.
• 열부하특성, 사용목적, 사용시간 등에 적합한 조닝과 개별제어를 실시한다.
• 부하를 증가시키는 침입외기량과 냉·온열요소를 줄이거나 제어한다.
• 이중창, 단열재, 회전문 등을 설치한다.

도일(度日, Degree day)
• 냉난방 기간 중 실내기준온도와 일평균 외기온도의 차이를 적산한 적산온도를 말한다.
• 냉방도일(CD ; Cooling Degree day)과 난방도일(HD ; Heating Degree day)이 있다.
• 값이 클수록 연료의 소비량이 많아지며, 춥거나 더운 정도를 나타내는 지표가 될 수 있다.

📋 **기출 확인**

대기압하의 물 10kg을 10℃에서 60℃로 가열하는 데 필요한 열량은?(단, 물의 비열은 4.2kJ/kg·K이다)

① 500kJ ② 1,257kJ
③ 1,676kJ ❹ 2,100kJ

10 × 4.2 × (60 − 10) = 2,100kJ

📋 **기출 확인**

35℃의 공기 300m³와 27℃의 공기 700m³를 단열 혼합하였을 경우, 혼합공기의 온도는?

① 28.2℃ ❷ 29.4℃
③ 30.6℃ ④ 32.6℃

$\dfrac{35 \times 300 + 27 \times 700}{300 + 700} = 29.4℃$

➕ **더 알아보기**

방위별 조닝

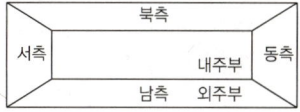

📋 **기출 확인**

공기조화계획에서 내부존의 조닝방법에 속하지 않는 것은?

❶ 방위별 조닝
② 부하 특성별 조닝
③ 온·습도 설정별 조닝
④ 용도에 따른 시간별 조닝

➕ **더 알아보기**

침입외기량 산정방법
• 환기횟수에 의한 방법(환기횟수법)
• 창 면적에 의한 방법(면적법)
• 창문의 틈새 길이에 의한 방법(틈새법)

+ 더 알아보기

열교(Heat bridge)
건축물의 벽, 바닥 등 단열이 연속되지 않은 열적 취약 부분에서 열의 이동이 발생하는 현상을 말한다.

📋 기출 확인

건축물의 단열계획에 관한 설명으로 옳지 않은 것은?

❶ 외벽 부위는 내단열로 시공한다.
② 열손실이 많은 북측 거실의 창 및 문의 면적을 최소화한다.
③ 외피의 모서리 부분은 열교가 발생하지 않도록 단열재를 연속적으로 설치한다.
④ 발코니 확장을 하는 공동주택에는 단열성이 우수한 로이(Low-e) 복층창이나 삼중창 이상의 단열성능을 갖는 창을 설치한다.

📋 기출 확인

겨울철 실내 유리창 표면에 발생하기 쉬운 결로의 방지방법과 가장 거리가 먼 것은?

❶ 실내공기의 움직임을 억제한다.
② 난방기기를 이용하여 유리창 표면온도를 높인다.
③ 이중유리로 하여 유리창의 단열성능을 높인다.
④ 실내에서 발생하는 수증기를 억제한다.

❹ 단열·결로

① 단열

개요	열의 이동을 차단하여 열손실의 방지 및 보온의 역할을 하는 것이다.

	구분	내단열	외단열
내단열과 외단열	온도변화	(콘크리트 단열재 마감재, 실외 -10℃ / 실내 20℃)	(마감재 단열재 콘크리트, 실외 -10℃ / 실내 20℃)
	단열재의 위치	구조체의 내부	구조체의 외부
	실내온도	난방 시 단시간에 상승	난방 시 장시간에 걸쳐 상승
	내부결로	발생할 수 있다.	위험성이 감소한다.
	특징	간헐난방에 적합	축열 효과 유지

에너지절약을 위한 건축부문의 주요 권장사항

배치계획	• 대지의 향, 일조, 주풍향 등을 고려하여 남향 또는 남동향으로 배치한다. • 공동주택은 인동간격을 넓게 하여 저층부의 일사수열량을 증대시킨다.
평면계획	• 거실의 층고 및 반자 높이는 가능한 한 낮게 한다. • 건축물의 체적에 대한 외피면적의 비 또는 연면적에 대한 외피면적의 비는 가능한 한 작게 한다. • 실의 용도 및 기능에 따라 수평, 수직으로 조닝계획을 한다.
단열계획	• 외벽 부위는 외단열로 시공하며, 외피의 모서리 부분은 열교가 발생하지 않도록 단열재를 연속적으로 설치하고 충분히 단열되도록 한다. • 건물의 창 및 문은 가능한 한 작게 설계하고, 특히 열손실이 많은 북측 거실의 창 및 문의 면적은 최소화한다. • 발코니 확장을 하는 공동주택에는 단열성이 우수한 로이 복층창이나 삼중창 이상의 단열성능을 갖는 창을 설치한다. • 태양열 유입에 의한 냉방부하 저감을 위해 태양열 차폐장치를 설치한다.

② 결로

개요	습도가 높은 공기가 노점온도 이하의 차가운 벽면 등에 닿으면 그 벽면에 물방울이 생기는 현상을 말한다.
발생원인	수증기량·상대습도의 증가, 실내외의 온도차, 환기의 부족, 구조재의 열적 특성, 습기제거 시설의 미비, 시공불량 등
방지대책	• 실내 기온을 노점온도 이상으로 유지시킨다. • 실내의 수증기 발생을 억제하고, 환기에 의해 실내 절대습도를 낮춘다. • 직접가열, 기류촉진, 단열강화에 의해 건물 내부의 표면온도를 상승시킨다. • 이중유리로 하여 유리창의 단열성능을 높인다. • 낮은 온도의 난방을 오래하는 것이 높은 온도의 난방을 짧게 하는 것보다 좋다.

단열과 결로
• 단열이 잘 된 벽체는 표면결로는 없으나 내부결로가 발생하기 쉽다.
• 실내 측에 방습막을 부착할 경우, 구조체의 내부결로 방지에 효과적이다.
• 실내 측 벽 표면온도가 실내공기의 노점온도보다 높은 경우 표면결로는 발생하지 않는다.
• 외벽의 모서리 부분은 다른 부분에 비해 손실열량이 크고, 그 실내 측은 결로되기 쉽다.
• 단열재가 결로 등에 의해 습기를 함유하면 열관류저항이 줄어든다.

③ 복합벽체의 열관류율

열관류율	• 열관류율(K) = 1 ÷ 열저항(ΣR) • 벽과 같은 고체를 통하여 고체 양쪽의 유체 간을 이동하는 관류 열량의 계수이다.
열저항	• $\Sigma R = \Sigma \dfrac{1}{\text{실내외 표면의 열전달률}} + \Sigma \dfrac{\text{재료의 두께}}{\text{재료의 열전도율}} + \Sigma \text{공기층의 열저항}$ • 벽체의 열전달저항은 근처의 풍속이 클수록 작게 된다. • 단열재가 결로 등에 의해 습기를 함유하면 그 열관류저항은 작게 된다.
관류에 의한 손실열량	• 손실열량(W) = 열관류율(W/m²·K) × 물체의 면적(m²) × 물체 양쪽의 온도차(℃) • 방위계수가 주어질 경우, 위 계산식에 방위계수를 곱한 값으로 한다.

상당외기온도차
• 상당외기온도차 = 열관류율 × 물체의 면적 × 상당온도차 • 태양복사열이 벽체에 미치는 영향을 고려한 가상의 온도차를 말한다. • 건물의 방위와 계산시각, 외벽 및 지붕의 구조체의 종류에 따라 달라진다. • 냉방부하 계산 시 사용되며, 난방부하의 계산에는 적용하지 않는다. • 상당온도차는 외기온도의 변화, 열전도율, 열용량, 비열에 따라 달라진다.

📋 **기출 확인**

벽체의 열관류율 계산에 고려되지 않는 것은?

❶ 실내복사열
② 재료의 두께
③ 공기층의 열저항
④ 재료의 열전도율

📋 **기출 확인**

열관류율 K = 2.5W/m²·K인 벽체의 양쪽 공기 온도가 각각 20℃와 0℃일 때, 이 벽체 1m²당 이동열량은?

① 25W ❷ 50W
③ 100W ④ 200W

$2.5 \times 1 \times (20 - 0) = 50W$

❺ 음

① 소리의 단위

데시벨 (dB, decibel)	• 음압, 소음, 진동의 상대적인 크기를 나타내는 비율의 단위이다. • 소리의 세기(dB) = $10\log\dfrac{\text{현재음의 세기(W/m²)}}{\text{기준음의 세기(W/m²)}}$
폰 (phon)	• 음의 크기의 단위로, 사람에게 들리는 감각적인 음의 크기를 나타낸다. • 1kHz에서 1dB인 소리와 같은 크기로 들리는 소리는 1phon이다.
손 (sone)	• 음의 크기의 단위로, 사람에게 들리는 감각적인 음의 크기를 나타낸다. • 1kHz에서 40dB인 소리와 같은 소리로 들리는 소리는 1sone이다.

② 흡음·차음

동일 재료의 차음성능과 흡음성능은 비례하지 않는다.

흡음	• 물체가 소리를 흡수하는 것을 말한다. • 흡음률이 높은 재료를 흡음재, 낮은 재료를 반사재라 한다. • 흡음재는 다공질, 섬유질이다. • 실내 벽면의 흡음률이 높아지면 잔향시간은 짧아진다.
차음	• 소리 및 진동을 차단하는 것을 말한다. • 차음재는 재질이 단단하고 무겁다. • 차음성능은 투과손실이 클수록 높고, 사용재료의 면밀도에 크게 영향을 받으며, 동일 재료에서도 두께와 시공법에 따라 다르다.

잔향시간		
개요		• 소리 발생이 중지된 후, 소리가 실내에 남는 시간을 말한다. • 음 에너지의 밀도가 최솟값보다 60dB 감소하는 데 걸리는 시간이다.
특징		• 실의 용적에 비례하고 흡음력에 반비례한다. • 잔향시간이 짧을수록 명료도는 높아진다.
계획		음성전달을 목적으로 하는 공간의 잔향시간은 짧게, 음향청취를 목적으로 하는 공간은 비교적 길게 계획하는 것이 좋다.

📋 **기출 확인**

음의 세기가 10^{-9} W/m²일 때 음의 세기 레벨은?(단, 기준음의 세기 $I_0 = 10^{-12}$ W/m²이다)

① 3dB ❷ 30dB
③ 0.3dB ④ 0.03dB

$10\log\dfrac{10^{-9}}{10^{-12}} = 30dB$

📋 **기출 확인**

실내음환경의 잔향시간에 대한 설명 중 옳은 것은?

① 잔향시간은 음향청취를 목적으로 하는 공간이 음성전달을 목적으로 하는 공간보다 짧아야 한다.
② 잔향시간을 길게 하기 위해서는 실내 공간의 용적이 작아야 한다.
③ 실의 흡음력이 높을수록 잔향시간은 길어진다.
❹ 영화관은 전기음향설비가 주가 되므로 잔향시간은 짧을수록 좋다.

CHAPTER 4 건축설비 / SECTION 3 전기·가스·소방설비

CORE 07 전기설비

❶ 전기

① 용어

전기	전하의 이동으로 발생하는 에너지를 말한다.
전하	• 전기력을 일으키는 정전기의 양을 말한다. • 양전하(원자핵)와 음전하(자유전자)가 있다.
전위	• 한 점에서 전하가 갖는 전기적인 위치에너지를 말한다. • 두 지점 간의 전위차가 있을 때 전류가 흐르게 된다.
전류	• 단위는 Ampere(A)이다. • 전하가 회로 내 전위가 높은 곳에서 낮은 곳으로 이동하는 현상이다. • 1A는 1초 동안 1C의 전하가 이동할 때의 값을 말한다.
전압	• 단위는 Volt(V)이다. • 두 지점 간의 전하가 갖는 에너지의 차를 말한다.
저항	• 단위는 Ohm(Ω)이다. • 전류의 흐름을 방해하는 작용을 말한다.
전기량	• 단위는 1 Coulomb(C)이다. • 전하의 양으로, 1C는 1A의 전류가 1초간 흘렀을 때 이동한 전하의 양이다.
전력	• 단위는 Watt(W), 직류의 전력(P) = 전압(V) × 전류(I) • 전압과 전류의 곱으로, 전력은 전압의 제곱에 비례한다. • 1W는 전압이 1V일 때, 1A의 전류가 1s 동안에 하는 일을 말한다.
전력량	단위는 kWh, 전력량 = 전력(W) × 사용시간(h)

전류의 3가지 작용	
발열작용	저항을 전류가 통과할 때의 열(전구, 다리미 등)
화학작용	전해액 속으로 전류가 통과할 때의 화학변화(전기분해, 전기도금 등)
자기작용	전선·코일 내에 전류를 통과시킬 때의 자기 발생(전동기, 발전기, 변압기 등)

회로와 합성저항	
직렬회로	• 직렬회로에서는 각 저항에 걸리는 전류가 같다. • $R_T = R_1 + R_2 + \cdots$, 동일 저항 n개의 직렬접속 시 $R_T = R \times n$
병렬회로	• 병렬회로에서는 각 저항에 걸리는 전압이 같다. • $\dfrac{1}{R_T} = \dfrac{1}{R_1} + \dfrac{1}{R_2} + \cdots$, 동일 저항 n개가 병렬접속된 경우는 $R_T = \dfrac{R}{n}$

📋 기출 확인

전기에 관한 용어와 단위의 연결이 옳지 않은 것은?

① 전력 – 와트(W)
② 전압 – 볼트(V)
③ 저항 – 옴(Ω)
❹ 전류 – 쿨롱(C)

📋 기출 확인

100V, 500W의 전열기를 90V에서 사용할 경우 소비전력은?

① 200W ② 310W
❸ 405W ④ 420W

전압이 0.9배 감소하였을 때, 전력은 0.9^2배로 감소한다.
$500 \times 0.9^2 = 405W$

📋 기출 확인

전류의 3가지 작용에 속하지 않는 것은?

① 발열작용 ② 화학작용
❸ 절연작용 ④ 자기작용

📋 기출 확인

전기에 관한 기초사항으로 옳지 않은 것은?

① 전류는 발열작용, 화학작용, 자기작용을 한다.
❷ 병렬회로에서는 각각의 저항에 흐르는 전류의 값이 같다.
③ 옴(Ohm)의 법칙은 전압, 전류, 저항 사이의 규칙적인 관계를 나타낸다.
④ 1W란 전압이 1V일 때, 1A의 전류가 1s 동안에 하는 일을 말한다.

② 법칙

옴의 법칙	• 전압(V) = 전류(I) × 저항(R) • 회로에 흐르는 전류의 크기는 인가된 전압의 크기와 비례하며 저항과는 반비례한다.
플레밍의 왼손법칙	• 전류가 흐르는 도선에 자기장이 미치는 힘의 작용 방향을 설명하는 법칙이다. • 전류의 방향(중지), 자기장의 방향(검지), 힘의 방향(엄지) • 전동기 회전의 원리이다.
암페어의 오른나사법칙	• 전류에 의해 만들어지는 자기장의 자기력선의 방향을 알기 위하여 사용된다. • 전류의 방향을 오른나사가 진행하는 방향으로 하면, 자기장의 방향은 오른나사의 회전 방향이 된다.
플레밍의 오른손법칙	• 유도기전력의 방향을 알기 위하여 사용된다. • 도체의 운동 방향(엄지), 자기장의 방향(검지), 유도기전력의 방향(중지) • 발전기 회전의 원리이다.
렌츠의 법칙	전자기 유도의 방향에 대한 법칙으로서, 유도기전력은 자기장의 변화를 상쇄하려는 방향으로 발생한다.
키르히호프의 법칙	제1법칙: 회로 내의 임의의 한 점에 들어오고 나가는 전류의 합은 같다. 제2법칙: 임의의 폐회로 내에서의 기전력과 전압강하의 대수의 합은 같다.

전압강하(Voltage drop)
• 전류가 저항을 통과하면서 저항에 의해 작아진 전압을 말한다.
• 전선에 전류가 흐를 때 전선의 임피던스로 인하여 전원 측 전압보다 부하 측 전압이 낮아지는 현상이다.
• 전선의 단면적에 반비례하고 길이에 비례하므로, 전선을 굵게 하거나 길이를 짧게 해야 한다.
• 전압강하가 크면 전등은 광속이 감소하고 전동기는 토크가 감소한다.

임피던스(Impedance)
인가전압 및 회로에 흐르는 전류의 비율로, 전류가 흐르기 어려운 정도를 말한다.

기출 확인

저항 5Ω, 7Ω, 8Ω이 직렬로 접속된 회로에 5A의 전류가 흐르려면 가해진 전압(V)은 얼마인가?

① 50V ❷ 100V
③ 200V ④ 250V

$5 \times (5 + 7 + 8) = 100V$

기출 확인

발전기에 적용되는 법칙으로 유도기전력의 방향을 알기 위하여 사용되는 법칙은?

① 옴의 법칙
② 키르히호프의 법칙
③ 플레밍의 왼손법칙
❹ 플레밍의 오른손법칙

❷ 전기설비

① 개요

건물 내 전력설비, 정보통신설비, 수송설비 등을 통칭한다.

구분	강전설비	약전설비
개요	교류, 110V 이상	직류, 24V 정도
종류	변전설비, 발전설비, 축전지설비, 동력설비, 조명설비, 전열설비 등	전화설비, 인터폰설비, 전기시계설비, 방송공동수신설비, 감시제어설비 등

직류와 교류

직류(DC)	• 흐르는 방향과 크기가 일정한 전류이다. • 대표적으로 전지에서 흐르는 전류가 있다.
교류(AC)	• 흐르는 방향과 크기가 시간에 따라 주기적으로 변하는 전류이다. • 대표적으로 발전소로부터 공급되는 전류가 있다.

기출 확인

다음 중 약전설비에 속하는 것은?

① 변전설비 ❷ 전화설비
③ 축전지설비 ④ 자가발전설비

📋 기출 확인

전기설비용 시설공간(실)의 계획에 관한 설명으로 옳지 않은 것은?

① 변전실은 부하의 중심에 설치한다.
② 변전실은 외부로부터 전력의 수전이 용이해야 한다.
③ 중앙감시실은 일반적으로 방재센터와 겸하도록 한다.
❹ 발전기실은 변전실에서 최소 10m 이상 떨어진 위치에 배치한다.

📋 기출 확인

변전실의 위치에 관한 설명으로 옳지 않은 것은?

① 습기와 먼지가 적은 곳일 것
② 전기기기의 반입·반출이 용이한 곳일 것
❸ 가능한 한 부하의 중심에서 먼 곳일 것
④ 외부로부터 전원의 인입이 쉬운 곳일 것

📋 기출 확인

변전실 면적에 영향을 주는 요소로 볼 수 없는 것은?

① 수전방식
② 변압기 용량
❸ 발전기실의 면적
④ 기기의 배치방법

📋 기출 확인

전기설비가 어느 정도 유효하게 사용되는가를 나타내는 것으로 다음과 같이 표현되는 것은?

$$\frac{부하의 \ 평균전력}{최대수용전력} \times 100(\%)$$

① 부등률   ② 역률
❸ 부하율   ④ 수용률

② 전기설비용 시설공간(실)의 계획

기능성	• 변전실은 에너지의 흐름이 원활토록 부하의 중심에 설치한다. • 변전실은 외부로부터 전력의 수전이 용이해야 한다. • 전기샤프트는 간선의 배선과 점검·유지보수가 용이한 장소로 한다. • 발전기실은 변전실과 인접하도록 배치하고, 냉각수 공급, 연료의 공급, 급기 및 배기 용이성, 연도와의 관계 등을 고려하여 위치를 선정하여야 한다.
관리성	• 운전, 유지관리, 보수, 교환에 대비하고 설비내용 변경과 증설에 대비한다. • 주요 기기에 대한 반입·반출 통로를 확보하여야 하며, 원칙적으로 외부로 직접 출입할 수 있는 반입·반출구를 설치한다. • 중앙감시실은 피난이 용이해야 하며 일반적으로 방재센터와 겸하도록 한다.
안전성	• 건축물, 전기설비, 사람에 대한 안전을 고려한다. • 하중을 고려한 구조설계와 소음 및 진동에 대해 고려한다. • 전기설비의 지하공간 침수 방지를 위한 개구부 높이 결정은 수방기준에 따른다. • 관리공간을 충분히 확보하고 피난 통로가 있어야 한다. • 내진설계 적용대상인 경우 관련 법령 및 기준에 따른다.

❸ 전력설비

① 수·변전실

- 고압의 전기를 수전하여 변압기, 배전반 등을 이용해 저압으로 배전하는 설비이다.
- 수전점에서 변압기 1차 측까지의 기기 구성을 수전설비라 한다.

주요 고려사항	건축	• 장비 반입 및 반출 통로를 확보한다. • 수변전과 관련된 설비실이 있는 경우 인접시킨다. • 불연재료를 사용하여 구획하고, 출입구는 방화문으로 한다.
	환경	• 환기가 잘 되어야 하고 고온다습한 장소는 피해야 한다. • 폭발 위험이 있는 장소에는 변전실을 설치하지 않아야 한다. • 건축물 외부로부터의 침수 또는 내부의 배관 누수사고 등으로부터 안전한 위치에 설치하여야 한다. • 수변전실의 위치 결정은 지하 공간침수 방지를 위한 수방기준에 따른다. • 자중, 적재하중, 지진 및 진동과 충격에 대해 안전해야 한다.
	전기	• 외부로부터 전원의 인입(전선로 등)이 편리한 위치로 한다. • 사용부하의 중심에 가깝고, 간선의 배선이 용이한 곳으로 한다. • 용량의 증설에 대비한 면적을 확보할 수 있는 장소로 한다. • 수전 및 배전거리를 짧게 하여 경제적으로 한다.
변전실의 면적		수전전압, 수전방식, 변압방식, 변압기의 용량·수량·형식, 설치기기와 큐비클의 종류·시방, 기기의 배치방법·필요면적, 건축물의 구조적 여건 등을 고려한다.
변전실의 높이		실내 설치기기의 최고 높이, 바닥 트렌치 및 무근콘크리트 설치 여부, 천장 배선 방법 및 여유율 등을 고려한 유효높이로 한다.

수전설비용량의 추정

수용률	• 최대수요전력을 구하기 위한 것이다. • 수용률 = 최대수요전력 ÷ 총부하설비용량 × 100(%)
부등률	• 합성최대수요전력을 구하는 계수이다. • 부등률 = 각 부하의 최대수요전력의 합계 ÷ 합성최대수요전력
부하율	• 전기설비가 어느 정도 유효하게 사용되는가를 나타내는 것이다. • 부하율 = 부하의 평균전력 ÷ 최대수요전력 × 100(%)

변압기(Transformer)		
개요		• 수변전설비의 모체가 되는 기기로 전압을 변화시키는 역할을 한다. • 가전제품에 수용되어 전압을 높이거나 낮추는 데에도 사용된다.
코일의 권수와 전압		• 변압기는 전원 측 1차 코일과 반대편의 2차 코일 간 전자기유도현상을 이용하여 전압을 변화시킨다. • $\dfrac{1차\ 코일의\ 권수}{2차\ 코일의\ 권수} = \dfrac{1차\ 전압}{2차\ 전압}$
용량		전력용 변압기의 용량 = $\dfrac{부하설비용량 \times 수용률}{부등률}$
변압기의 주요 절연 방식		
유입 변압기		• 철심 및 권선이 절연유에 잠겨 있는 변압기이다. • 가격이 저렴하고 소음이 적으며 충격 내 전압이 높다. • 절연유의 연소성으로 인해 발화할 위험이 있다. • 옥외용 변압기로 사용되며(전신주 등), 옥내용으로도 사용이 가능하다.
몰드 변압기		• 철심 및 권선이 에폭시 수지 등의 절연재로 피복된 변압기이다. • 난연성이며 내습성·내구성·내진성이 우수하다. • 소형·경량화가 가능하여 반출입이 용이하다. • 절연유를 사용하지 않으므로 유지보수가 용이하다. • 가격이 고가이며, 소음이 크다. • 외함이 없을 경우 옥외 설치가 불가하며 대용량 제작이 어렵다. • 서지(Surge)에 대한 대책이 필요하다. • 옥내용 변압기로 많이 사용된다.
변압기의 병렬운전		
목적		• 부하의 증가나 고장 시 공급능력 저하의 방지 • 부하변동 등에 대한 대응 및 경제성의 향상
조건		• 권선비(권수비), 1차·2차 정격전압 및 극성이 같아야 한다. • 내부저항과 누설리액턴스비, %임피던스가 같아야 한다. • 3상에서는 상회전 방향 및 위상 변위가 같아야 한다. • 부하의 합계가 변압기 정격용량보다 작아야 한다.

② 발전기실

주요 고려사항	건축	• 장비 반입 및 반출 통로가 있어야 한다. • 소음 및 진동을 고려하여 거실 및 코어부에서 떨어진 위치로 한다. • 벽, 기둥, 바닥은 내화구조로 하고 출입구는 방화문으로 한다.
	전기	• 수변전실과 인접하게 하여 전력공급이 원활하도록 한다. • 발전설비의 유지보수 및 안전관리를 고려한다.
발전기실의 면적		발전기실은 발전장치(원동기, 발전기 및 장치대) 이외에 보조장치(냉각계통, 기동장치, 연료계통)와 배전반(일정출력 이상에 설치) 면적을 고려하여야 한다.

예비전원설비
• 전원의 정전 등에 대비한 자가발전설비, 축전지설비, 무정전전원장치 등의 설비를 말한다.
• 수술실, 전산실, 승강기, 화재 시 비상용 전원 등은 반드시 예비전원을 갖추어야 한다.
• 자가발전설비의 용량은 수전설비용량의 20~30% 정도를 확보한다.

③ 축전지실

관련 규정	축전지실은 전기설비기술기준 등에 따라 설계되어야 한다.
축전지실의 면적	• 축전지를 시설하는 장소는 축전지의 용량, 종류, 보수점검 등을 고려하여 축전지실의 면적을 확보하여야 한다. • 축전지의 효율특성을 고려하여 축전지실의 별도 계획이 바람직하며, 공유실에 설치할 경우 축전지 효율을 감안하여 공유실의 적정 온습도를 유지한다.

기출 확인

변압기의 1차 측 코일의 권수가 6,000, 2차 측 코일의 권수가 200일 때 1차 측 코일에 교류전압 3,000V 인가 시 2차 측 코일에 발생하는 교류전압(V)은?

① 500　　② 200
❸ 100　　④ 50

$\dfrac{6,000}{200} = \dfrac{3,000}{2차\ 전압}$, 2차 전압 = 100V

기출 확인

몰드변압기에 관한 설명으로 옳지 않은 것은?

① 내진성이 우수하다.
② 내습성이 우수하다.
③ 반입, 반출이 용이하다.
❹ 옥외 설치 및 대용량 제작이 용이하다.

기출 확인

부하의 증가나 고장 시 공급능력 저하방지, 부하변동 등에 대응 및 경제적인 면을 고려하여 변압기를 병렬 운전할 필요성이 있다. 다음 중 변압기의 병렬운전 조건으로 옳지 않은 것은?

① 권선비가 같을 것
② 1차, 2차 정격전압 및 극성이 같을 것
❸ 부하의 합계가 변압기 정격용량보다 클 것
④ 3상에서는 상회전 방향 및 위상 변위가 같을 것

기출 확인

알칼리축전지에 관한 설명으로 옳지 않은 것은?

① 고율방전특성이 좋다.
❷ 공칭전압은 2V/셀이다.
③ 기대수명이 10년 이상이다.
④ 부식성의 가스가 발생하지 않는다.

기출 확인

다음 축전지의 충전방식 중 필요할 때마다 표준시간율로 소정의 충전을 하는 방식은?

❶ 보통충전   ② 세류충전
③ 급속충전   ④ 균등충전

축전지의 종류 및 특징

연축전지(납축전지)	알칼리축전지
• 전해액으로 묽은 황산을 사용한다. • 부식성 가스가 발생한다. • 공칭전압은 2V/셀이다. • 충방전전압의 차이가 적다. • 축전지의 필요 셀 수가 적어도 된다. • 전해액의 비중으로 충전상태의 추정이 가능하다. • 수명은 5~15년 정도이다.	• 전해액으로 수산화칼륨수용액을 사용한다. • 부식성가스가 발생하지 않는다. • 공칭전압은 1.2V/셀이다. • 과방전, 과전류에 대해 강하다. • 고율방전특성, 저온특성이 좋다. • 극판의 기계적 강도가 강하다. • 수명은 20~30년 정도이다.

축전지의 충전방식

보통충전	필요할 때마다 표준시간율로 소정의 충전을 하는 방식이다.
균등충전	전압불균등 해소를 위해 1~2개월마다 충전하는 방식이다.
부동충전	상용부하에 대한 전력은 충전기가 부담하고 일시적으로 급증한 전류 부하는 축전지가 부담하는 방식이다.
급속충전	단시간에 보통 전류의 2~3배로 충전하는 방식이다.
세류충전	일정한 전류로 자기방전량만 충전을 계속하는 방식이다.

④ 전기샤프트(ES)

기출 확인

전기샤프트(ES)에 관한 설명으로 옳지 않은 것은?

① 각 층마다 같은 위치에 설치한다.
❷ 전력용과 정보통신용은 공용으로 사용해서는 안 된다.
③ 전기샤프트의 면적은 보, 기둥 부분을 제외하고 산정한다.
④ 현재 장비 이외에 장래의 배선 등에 대한 여유성을 고려한 크기로 한다.

주요 고려사항	건축	• 전력용(EPS)과 정보통신용(TPS)으로 구분하여 설치한다(각 용도의 설치 장비 및 배선이 적은 경우에는 공용으로 사용할 수 있다). • 각 층마다 같은 위치에 설치한다. • 면적은 보, 기둥부분을 제외하고 산정하며, 기기의 배치와 유지보수에 충분한 공간으로 하고, 건축적인 마감을 시행한다. • 점검구는 유지보수 시 기기의 반입 및 반출이 가능하도록 하여야 한다.
	환경	각 층 바닥과 ES 점검문짝 하단과는 높이 차(턱)를 두어 만약의 층 침수 시 물이 넘치지 않도록 해야 한다.
	전기	• 공급대상 범위의 배선거리, 전압강하, 설치장비의 크기·수량 등을 고려하여 가능한 한 공급대상설비 시설 위치의 중심부에 위치해야 한다. • 공급대상 쪽으로의 범위에 가능한 한 넓게 면하도록 하여 배선의 소통이 원활하고 건축 구조의 부담이 적도록 한다. • 현재 장비 이외에 장래의 배선 등에 대한 확장성을 고려한 크기로 한다. • 정보화 건축물(스마트빌딩 등) 등의 경우는 정보통신용 ES(TPS)를 별도 설치하고, 위치 선정 시는 전자기적 장애(EMC)에 문제가 없도록 전력 배선과는 병행되지 않도록 위치를 선정한다.

❹ 간선 및 배선설비

① 개요

건축물 및 구내의 인입구에서 분기과전류차단기(배전반, 분전반 등) 및 부하에 이르는 옥내외 간선 및 배선설비를 말한다.

간선 및 배선

간선	• 인입구에서 분기과전류차단기에 이르는 전선을 말한다. • 부하의 용도에 따라 조명용 간선, 동력용 간선, 특수용 간선으로 분류한다.
배선	전기사용 장소에 시설하는 전선(전기기계기구 내의 전선 및 전선로의 전선을 제외한다)을 말한다.

➕ 더 알아보기

배전반(Distribution panel)

• 회로나 기기를 감시하기 위한 개폐기, 과전류차단장치 및 기타 보호장치, 모선 및 계측기 등이 부착되어 있는 하나의 대형패널 또는 여러 대의 패널, 프레임 또는 패널조립품이다.
• 전면과 후면에서 접근할 수 있으며, 배전반에서 분전반으로 배선한다.

② 간선 및 옥내배선의 설계 순서

부하의 결정 → 전기·배선방식의 결정 → 배선방법의 선정 → 전선 굵기의 결정

간선 및 옥내배선의 굵기 결정	
전선의 허용전류, 전압강하, 기계적 강도 등을 고려한다.	
허용전류	전선의 굵기에 따라 안전하게 흘릴 수 있는 최대 전류이다.
전압강하	전류가 흐를 때 전선의 저항에 의해 전압이 떨어지는 것을 말한다.
기계적 강도	전선이 기계적인 힘에 견딜 수 있는 능력을 말한다.

📋 기출 확인

옥내배선의 전선 굵기 결정요소에 속하지 않는 것은?
① 허용전류　❷ 배선방식
③ 전압강하　④ 기계적 강도

③ 간선의 전기방식

전압선이 1개인 경우를 단상, 전압선이 3개인 경우를 3상이라고 한다.

구분		도해	적용부하	적용장소
단상	2선식	100V	소용량, 단경간 부하	주택, 소규모 건물
	3선식	100V / 200V / 100V	부하 밀집지역	중·대규모 건물, 일반사무실, 학교 등
3상	3선식	200V / 200V / 200V	동력용 (전동기 등)	소규모 공장
	4선식	240V / 240V / 240V / 415V / 415V / 415V	동력 및 전등 공용	대규모 건물, 공장

📋 기출 확인

배전방식 중 일반 사무실이나 학교 등에서 사용되는 것은?
❶ 220V/110V 단상 3선식
② 220V 3상 3선식
③ 3상 4선식
④ 6kV(3kV) 3상 3선식

📋 기출 확인

3상 동력과 단상 전등부하를 동시에 사용할 수 있는 배전방식으로 대형빌딩이나 공장 등에서 사용되는 것은?
① 단상 2선식 220V
② 3상 3선식 220V
③ 단상 3선식 220/110V
❹ 3상 4선식 380/220V

전기방식별 소비전력	
단상	3상
소비전력 = 전압 × 전류 × 역률	소비전력 = $\sqrt{3}$ × 전압 × 전류 × 역률

3상 회로의 상(相)전압	
Y결선(스타결선)	Δ결선(델타결선)
상전압 = 선간전압 ÷ $\sqrt{3}$	상전압 = 선간전압

전압의 분류(전기설비기술기준 제3조 제2항)		
구분	직류	교류
저압	1.5kV 이하	1kV 이하
고압	1.5kV 초과 7kV 이하	1kV 초과 7kV 이하
특고압	7kV 초과	

📋 기출 확인

3상 대칭 성형(Y)결선에서 상전압이 220V일 때 선간전압은 얼마인가?
① 110V　② 220V
❸ 380V　④ 440V

220 = 선간전압 ÷ $\sqrt{3}$,
선간전압 ≒ 380V

📋 기출 확인

전압의 구분에서 저압의 전압 크기 기준은?(단, 교류인 경우)
① 600V 이하　❷ 1kV 이하
③ 1.5kV 이하　④ 7kV 이하

+ 더 알아보기

간선의 배선방식

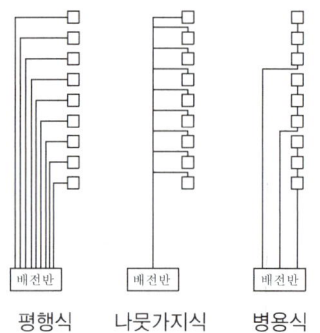

평행식   나뭇가지식   병용식

📋 기출 확인

간선의 배선방식 중 평행식에 대한 설명으로 옳은 것은?

① 설비비가 가장 저렴하다.
② 배선자재의 소요가 가장 적다.
❸ 사고의 영향을 최소화할 수 있다.
④ 전압이 안정되나 부하의 증가에 적응할 수 없다.

📋 기출 확인

저압 옥내배선공사 중 직접 콘크리트에 매설할 수 있는 공사는?

❶ 금속관 공사   ② 금속덕트 공사
③ 버스덕트 공사   ④ 금속몰드 공사

📋 기출 확인

다음과 같은 특징을 갖는 배선공사 방식은?

> • 열적영향이나 기계적 외상을 받기 쉬운 곳이 아니면 금속배관과 같이 광범위하게 사용 가능하다.
> • 관 자체가 절연체이므로 감전의 우려가 없으며 시공이 쉬운 것이 장점이다.

① 버스덕트 공사
② 애자사용 공사
❸ 합성수지관 공사
④ 플로어덕트 공사

④ 간선의 배선방식

평행식 (개별식)	개요	각 분전반마다 배전반으로부터 각각의 간선을 설치하는 방식이다.
	특징	• 공급 신뢰도가 높으며, 중요 부하, 큰 용량의 부하에 적용이 가능하다. • 전압강하가 평균화되며, 사고발생 시 파급되는 범위가 좁다. • 배선이 복잡하고 설비비가 많이 소요된다. • 대규모 건축물에 적당하다.
나뭇가지식	개요	전체 분전반을 한 개의 간선으로 공급하는 방식이다.
	특징	• 경제적이나 1개소의 사고가 전체에 영향을 미친다. • 각 분전반별로 동일전압을 유지할 수 없다. • 소규모 건축물에 사용된다.
나뭇가지 평행식 (병용식)	개요	평행식(개별식)과 나뭇가지식을 병용하는 방식이다.
	특징	• 복수의 분전반을 복수의 간선으로 공급하는 방식이다. • 전압강하가 크지 않고 설비비를 줄일 수 있다. • 가장 많이 사용되는 방식이다.
루프식	개요	각 방식에서 다른 간선을 통하여 전력을 공급할 수 있도록 한 방식이다.
	특징	• 공급신뢰도가 높아 중요부하에 적용된다. • 설비비가 고가이다.

⑤ 간선의 부설방식

• 간선의 배선공사에 사용되는 재료에 따른 분류이다.
• 전선관은 내부 전선을 보호하고 교체를 용이하게 하기 위하여 사용한다.

금속관	개요	금속관 내부에 절연전선을 넣어서 설치하는 공사이다.
	특징	• 은폐 및 노출장소, 옥내, 옥외 및 습기가 많은 장소에도 시공이 가능하다. • 전선의 인입이 우수하며 철근콘크리트건물의 매입배선으로 사용된다. • 과열에 의한 화재의 우려가 없고 기계적인 보호성이 우수하다. • 고압, 저압, 통신설비 등 옥내배선의 모든 공사에 널리 사용된다.
합성수지관 (경질비닐관)	개요	경질비닐제 합성수지관과 절연전선을 사용하는 공사이다.
	특징	• 관 자체가 절연체이므로 감전의 우려가 없고 시공이 쉽다. • 내식성이 좋으므로 부식성가스 및 용액을 발산하는 환경에 적합하다. • 열적영향, 기계적 외상을 받기 쉬운 곳에는 적용이 어렵다. • 옥내의 은폐장소, 화학공장, 연구실의 배선 등에 사용된다.
가요전선관	개요	구부릴 수 있는 가요전선관을 사용하는 공사이다.
플로어덕트	개요	바닥면에 플로어덕트를 미리 매입하여 절연전선을 배선하는 공사이다.
	특징	• 옥내의 은폐장소로서 건조한 콘크리트 바닥면에 매입 사용된다. • 커튼월, 선풍기, 전화기, 전열기 등의 설치·이용에 편리한 방식이다. • 강, 약전을 동시에 배선할 수 있는 2로, 3로 방식도 가능하다. • 면적이 넓은 사무용 건물 등에 채용된다.
금속덕트	개요	금속덕트 내부에 절연전선을 넣어서 설치하는 공사이다.
	특징	다수회선의 절연전선이 동일 경로에 부설되는 간선 부분에 사용된다.
버스덕트	개요	절연성 지지물로 고정한 배선용 덕트를 사용하는 배선공사이다.
	특징	• 대용량의 컴팩트한 배전이 가능하며, 부하증설이 즉시 가능하다. • 접속부품이 많으며 내진성이 작고, 사고 시 파급 범위가 크다. • 공장, 빌딩 등의 대용량 배선에 사용된다.
금속몰드	개요	금속제 몰드 내부에 절연전선을 넣어서 설치하는 공사이다.
	특징	• 주로 철근콘크리트 건물에서 증설 배선하는 경우에 사용된다. • 사용전압이 400V 이상이거나 습기가 많은 은폐장소에는 부적합하다.

> **절연저항**
> - 절연된 배선에 직류 전압을 가할 때, 표면과 내부에 소량의 누설전류가 흐르는데, 이때의 전압과 누설전류의 비를 말한다.
> - 절연저항이 저하하면 감전이나 과열에 의한 화재 및 쇼크 등의 사고가 뒤따른다.

📋 **기출 확인**

다음 중 그 값이 클수록 안전한 것은?
① 접지저항　② 도체저항
③ 접촉저항　❹ 절연저항

❺ 분전반 및 배선기구

① 분전반
- 주개폐기, 분기회로용 분기개폐기 및 자동차단기를 한 곳에 모아서 설치한 것이다.
- 간선과 분기회로를 연결하는 역할을 하며, 각 층마다 설치한다.

설치	• 간선의 인출이 용이하며 부하의 중심인 곳에 위치하는 것이 바람직하다. • 사용성을 고려하여 복도, 계단의 벽 또는 전기배선용 샤프트 내에 수납한다. • 설치높이는 상단을 기준으로 바닥 위 1.8m 정도로 한다.
분기회로	• 간선에서 분기하여 회로를 보호하는 최종 과전류차단기와 부하 사이의 회로이다. • 분전반 1개의 과전류장치는 예비회로를 포함하여 42개 이하로 한다. • 분전반 1개가 담당하는 면적은 1,000m² 내외로 한다(사무실인 경우). • 분기회로의 길이는 30m 이하가 되도록 설계한다.
외함(케이스)	• 크기 결정 시 주차단기의 용량, 분기차단기의 용량, 사용장소 등을 고려한다. • 전기설비기준에 따른 접지공사를 해야 한다.

➕ **더 알아보기**

분기회로의 구성 시 유의사항
- 복도, 계단 등은 될 수 있는 한 같은 회로로 한다.
- 습기가 있는 장소의 수구(受口)는 가능하면 별도의 회로로 한다.
- 같은 방, 같은 방향의 수구는 가능한 한 같은 회로로 한다.
- 전등회로와 콘센트회로는 별도의 회로로 한다.

② 배선기구

서킷브레이커 (차단기)		• 부하전류를 개폐함과 동시에 단락 및 지락(누전)사고 발생 시 각종 계전기와의 조합으로 신속히 전로를 차단하여 기기 및 전선을 보호하는 장치이다. • 과전류(정격전류의 120%)가 흐르면 자동으로 회로를 차단한다. • 회로의 부하상태에 의하여 자동적으로 작동한 후 원상태로 복귀 가능하다.
	배선용 차단기 (MCCB)	• 케이스에 개폐기구 및 트립장치 등이 내장된 장치이다. • 교류 600V 이하, 직류 250V 이하의 저압옥내전로의 보호에 사용된다. • 각 극을 동시에 차단하므로 결상의 우려가 없다. • 과부하 및 단락사고 차단 후 재투입이 가능하다.
	누전차단기 (ELB)	• 지락전류가 미리 정해 놓은 값을 초과할 경우, 설정된 시간 내에 회로나 회로 일부의 전원을 자동으로 차단하는 장치이다. • 지락전류를 영상변류기로 검출하는 전류동작형이다.
퓨즈		• 과전류가 통과하면 가열되어 끊어지는 용융 회로개방형의 가용성 부분이 있는 과전류보호장치이다. • 한 번 작동되면 재사용이 불가하며, 신품으로 대체해야 한다.
스위치 (개폐기)	단로스위치	회로의 접속을 절환하고, 전원으로부터 회로나 장치를 분리하는 스위치이다.
	3로스위치	2곳에서 점멸이 가능한 3개의 단자를 가진 절환스위치이다.
	범용스위치	일반 배전 및 분기회로에 사용되는 스위치이다.
	범용스냅스위치	배선시스템의 결합에 사용되는 범용스위치이다.
	나이프스위치	분전반의 주개폐기, 각 분기회로용 개폐기이다.
	마그넷스위치	전동기 제어용의 저전압 스위치이다.
	플로트스위치	액체 중의 부표를 이용해 회로를 개폐하는 스위치이다.
접속기		콘센트, 소켓, 코드 커넥터 등이 있다.

📋 **기출 확인**

전기설비에서 다음과 같이 정의되는 장치는?

> 지락전류를 영상변류기로 검출하는 전류동작형으로, 지락전류가 미리 정해놓은 값을 초과할 경우, 설정된 시간 내에 회로나 회로의 일부의 전원을 자동으로 차단하는 장치

① 퓨즈
❷ 누전차단기
③ 단로스위치
④ 과전류차단기

📋 **기출 확인**

다음 중 분전반에 적합한 개폐기는?
① 유입차단기　❷ 나이프스위치
③ 애자용개폐기　④ 유입개폐기

❻ 접지 및 피뢰설비

① 접지(接地, Ground)

대지에 이상전류를 방류 또는 계통구성을 위해 의도적이거나 우연하게 전기회로를 대지 또는 대지를 대신하는 전도체에 연결하는 전기적인 접속을 말한다.

접지시스템(한국전기설비규정(KEC))	
개요	기기나 계통을 개별적 또는 공통으로 접지하기 위하여 필요한 접속 및 장치로 구성된 설비를 말한다.
구성요소	접지극, 접지도체 및 보호도체, 기타 설비(접지단자 등)가 있다.
접지시스템의 구분	
계통접지 (중성점접지)	전력계통에서 돌발적으로 발생하는 이상 현상에 대비하여 대지와 계통을 연결하는 것으로, 변압기의 중성점을 대지에 접속하는 것을 말한다.
보호접지	고장 시 감전에 대한 보호를 목적으로 기기의 한 점 또는 여러 점을 접지하는 것이다.
피뢰시스템 접지	보호하고자 하는 대상물에 근접하는 뇌격을 확실하게 흡인해서 뇌격전류를 대지로 안전하게 방류함으로써 건축물 등을 보호하는 것이다.
접지시스템의 시설 종류	
단독접지	고압·특고압 계통의 접지극과 저압 계통의 접지극이 독립적으로 설치된 경우를 말한다.
공통접지	등전위가 형성되도록 고압·특고압 접지계통과 저압 접지계통을 공통으로 접지하는 방식이다.
통합접지	전기설비의 접지계통·건축물의 피뢰설비·전자통신설비 등의 접지극을 통합하여 접지하는 방식을 말한다.

② 피뢰(避雷)시스템

구조물 뇌격으로 인한 물리적 손상을 줄이기 위해 사용되는 전체시스템을 말한다.

등급	피뢰시스템은 보호성능 정도에 따라 4등급(I, II, III, IV)으로 구분된다.
수뢰부시스템	• 뇌격을 포착할 목적으로 설치하는 피뢰침, 차폐선, 망상도체 등으로 조합된 시스템이다. • 구성요소 : 돌침, 수평도체, 메시도체 등
인하도선시스템	수뢰부시스템과 접지극시스템을 연결하는 시스템으로 뇌전류가 통과하는 경로가 된다.
접지극시스템	뇌전류를 대지로 방류시키기 위한 것으로, A형 또는 B형 접지극이 있다.

수뢰부시스템의 보호범위 산정방식	
보호각법	• 수뢰부의 최상부와 보호대상의 기준 평면 사이의 각도를 이용하여 보호범위를 정한다. • 간단한 형상의 건물에 적용한다.
회전구체법	• 피뢰등급에 따라 정해지는 반지름을 갖는 가상의 구체를 건축물의 상부, 둘레 등에서 모든 방향으로 굴렸을 때, 보호대상 어느 곳에든 회전구체 표면이 닿는 곳에는 수뢰부를 설치하는 방법이다. • 모든 경우에 적용할 수 있다.
메시법	• 보호등급에 따른 메시 간격을 적용하여 수뢰부를 설치하는 것이다. • 구조물의 표면이 평평한 경우에 적용한다.

➕ 더 알아보기

종별접지
• 접지대상에 따라 1종~특3종 등으로 일괄 적용하는 방식이다.
• 한국전기설비규정(KEC) 개정에 따라 폐지되었다.

📋 기출 확인

다음 설명에 알맞은 접지의 종류는?

> 기능상 목적이 서로 다르거나 동일한 목적의 개별접지들을 전기적으로 서로 연결하여 구현한 접지시스템

① 단독접지   ② 공통접지
❸ 통합접지   ④ 종별접지

➕ 더 알아보기

외부 피뢰시스템
• 낙뢰로 인하여 발생하는 화재, 파괴 또는 사람 및 동물에의 손상을 방지할 목적으로 설치되는 설비이다.
• 수뢰부시스템, 인하도선시스템, 접지극시스템으로 구성된다.

📋 기출 확인

피뢰설비에서 수뢰부시스템의 보호범위 산정방식에 속하지 않는 것은?

① 보호각법
② 메시법
❸ 축점조도법
④ 회전구체법

피뢰설비 관련 용어	
피뢰기	전력설비의 기기를 이상전압(뇌서지, 개폐서지)으로부터 보호하는 장치이다.
피뢰침	낙뢰를 포착하여 뇌전류를 대지로 안전하게 흘려보내는 장치이다.
피뢰도선	• 수뢰부와 접지극을 연결하는 도선을 말한다. • 인하도선은 피뢰도선 중에서 연직인 부분을 말한다.
접지극	피뢰도선과 대지를 전기적으로 접속하기 위해 지중에 매설한 도체이다.

③ 피뢰방식

케이지방식 (완전보호)	• 피보호물을 연속된 망상도체나 금속판으로 싸는 방법이다. • 어떠한 뇌격에도 건물, 인명에 위해를 가하지 않는 방식이다. • 높은 산 위에 있는 관측소, 초고층 건물 등에 시설한다.
수평도체방식 (증강보호)	건물 각 부분 기타 위쪽에 수평도체를 건축물에 떨어져서 설치하는 방법으로, 돌침을 추가로 설치한다.
돌침방식 (보통보호)	• 금속체를 피보호물에서 돌출시켜 수뢰부로 하는 방법이다. • 투영면적이 비교적 적은 건축물에 적합하다.
가공지선방식 (간이보호)	• 피뢰를 목적으로 도선을 설치하는 방식이다. • 보통보호보다 간단한 방식이다.

피뢰설비 관련 주요 규정(건축물설비기준규칙 제20조)
• 낙뢰의 우려가 있는 건축물, 높이 20m 이상의 건축물 또는 높이 20m 이상의 공작물(건축물에 공작물을 설치하여 그 전체 높이가 20m 이상인 것을 포함한다)에는 피뢰설비를 설치해야 한다.
• 피뢰설비는 한국산업표준이 정하는 피뢰레벨 등급에 적합한 피뢰설비로 한다. 다만, 위험물저장 및 처리시설에 설치하는 피뢰설비는 한국산업표준이 정하는 피뢰시스템레벨 Ⅱ 이상이어야 한다.
• 돌침은 건축물의 맨 윗부분으로부터 25cm 이상 돌출시켜 설치한다.

기출 확인

전력설비의 기기를 이상전압(뇌서지, 개폐서지)으로부터 보호하는 장치는?
① 전력 퓨즈
② 계기용 변성기
❸ 피뢰기
④ 과전류 계전기

더 알아보기

피뢰방식

망상도체
완전보호

돌침
수평도체
증강보호

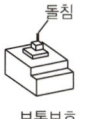
돌침
보통보호

가공지선
간이보호

CHAPTER 4 건축설비 / SECTION 3 전기·가스·소방설비

CORE 08 조명설비

❶ 조명설비

① 용어

광속	• 단위는 Lumen(lm)이다. • 광원에서 나오는 빛의 양으로, 광원의 밝기를 나타낸다. • 빛이 일정 시간 동안에 발광, 전달 또는 수광되는 복사에너지를 눈으로 보아 밝게 느낀 정도를 양으로 나타낸 것이다.
광도	• 단위는 Candela(cd = lm/sr)이다. • 한 방향으로 방출되는 광속으로, 특정 방향에 대한 밝기를 나타낸다. • 광원에서 단위 입체각(sr)으로 발산하는 광선속을 말한다.
휘도	• 단위는 $Candela/m^2 (cd/m^2 = nt,\ cd/cm^2 = sb)$이다. • 광원의 단위면적당 밝은 정도, 대상면에 반사되는 빛의 양을 나타낸다. • 표면상의 점에서 그 점을 포함하는 표면이 복사하는 특정 방향으로의 광도를 그 방향에서 본 광원의 겉보기 면적으로 나눈 양이다.
조도	• 단위는 $Lux(lx = lm/m^2)$이다. • 단위면적당 광속으로, 장소의 밝기를 나타낸다. • 표면상의 점에서 그 점을 포함하는 표면에 입사하는 광선속을 그 표면의 면적으로 나눈 양이다.

② 조명설계

소요조도의 결정 → 조명방식의 선정 → 광원의 선정 → 조명기구의 선정 → 기구 대수의 산출 → 광원의 배치 순으로 진행된다.

조도계산	• 보수율은 램프의 신설 시와 교체 시의 조도 차이의 비이다. • 감광보상률은 보수율의 역수이다.	
	평균조도	$\dfrac{\text{램프당 광속} \times \text{램프수량} \times \text{조명률} \times \text{보수율}}{\text{실의 면적}}$
	램프수량	$\dfrac{\text{평균조도} \times \text{실의 면적}}{\text{램프당 광속} \times \text{조명률} \times \text{보수율}}$

조도와 균제도

조도와 거리	• 조도는 광도, $\cos\theta$(입사각)에 비례하며, 거리의 제곱에 반비례한다. • 직각면 조도(lx) = $\dfrac{\text{광속 또는 광도(lm, cd)}}{\text{거리(m)의 제곱}}$
균제도	• 작업대상물의 수평면상에서의 조도의 균일정도를 표시하는 척도이다. • 균제도 = $\dfrac{\text{수평면상의 최소조도(lx)}}{\text{수평면상의 평균조도(lx)}}$

📋 **기출 확인**

광원에 의해 비춰진 면의 밝기 정도를 나타내는 것은?

① 휘도
② 광도
❸ 조도
④ 광속발산도

📋 **기출 확인**

옥내조명의 설계순서로 옳은 것은?

A : 소요조도계산
B : 조명방식, 광원의 선정
C : 조명기구의 선정
D : 조명기구의 배치 결정

❶ A-B-C-D
② A-D-C-B
③ B-C-A-D
④ A-C-D-B

📋 **기출 확인**

작업면의 필요조도가 400lx, 면적이 $10m^2$, 전등 1개의 광속이 2,000lm, 감광보상률이 1.5, 조명률이 0.6일 때 전등의 소요수량은?

① 3등   ❷ 5등
③ 8등   ④ 10등

램프수량 = $\dfrac{400 \times 10}{2{,}000 \times 0.6 \times 10/15}$
= 5개

③ 배광에 따른 분류

구분	상향광속	하향광속	특징
직접조명	0~10%	90~100%	• 광원을 작업면에 직접 비추어 투사시킨다. • 작업면에서 높은 조도를 얻을 수 있다. • 조명률이 좋고 먼지에 의한 감광이 적다. • 설비비가 일반적으로 저렴하다. • 실내 반사율의 영향이 적고 휘도의 차가 크다. • 그림자가 강하고 눈부심이 일어나기 쉽다. • 실내의 조도분포가 균일하지 않다.
반직접조명	10~40%	60~90%	그림자와 눈부심이 생긴다.
전반확산조명	40~60%	40~60%	• 광원을 유리 또는 합성수지로 제작한 반투명 글로브(Globe)에 넣어 조명하는 방식이다. • 눈부심이 거의 없고 그림자도 약하다.
반간접조명	60~90%	10~40%	• 빛이 부드러우며 눈의 피로가 적다. • 세밀한 일을 오랫동안 하는 작업실 등에 적당하다.
간접조명	90~100%	0~10%	• 광원을 넓은 면적의 천장 및 윗벽 부분에서 반사시켜 방의 아래각 부분으로 확산시키는 방식이다. • 실내 반사율의 영향이 크고 눈부심, 그림자가 거의 없다. • 천장, 벽면 등은 빛이 잘 확산되도록 밝은 색이 좋다. • 경제성보다 분위기를 중요시하는 장소에 적합하다.

조명률
• 광원에서 나온 전광속이 작업면에 비춰지는 비율을 말한다.
• 영향을 주는 요소는 조명기구의 광학적 특성(기구효율, 배광), 실의 형태 및 천장높이, 조명기구 설치높이, 건축재료(천장, 벽, 바닥)의 반사율 등이다.

명시적 조명
보이는 것을 목적으로 하며, 분위기를 목적으로 하는 장식적 조명과 대별된다.

조도	휘도분포	눈부심	그림자	분광분포
필요한 적당한 밝기가 좋다.	얼룩이 없을수록 좋다.	눈부심(직시, 반사)이 없어야 좋다.	방해되면 나쁘다.	표준주광이 좋다.

눈부심(Glare)
• 시야 안에 고휘도 광원이나 강한 휘도대비가 있으면 눈부심을 만든다.
• 배경이 어둡거나 눈이 암순응될수록, 광원의 휘도가 클수록, 광원이 시선에 가까울수록, 광원의 크기가 클수록 눈부심이 강하다.

④ 배치에 따른 분류

전반조명	• 조명대상 실내 전체를 일정하게 조명하는 방식이다. • 계획과 설치가 용이하고, 실내 배치가 바뀌어도 대응이 용이하다.
국부조명	• 각 구역별 필요 조도에 따라 부분적 또는 국소적으로 조명하는 방식이다. • 조명기구를 작업대에 직접 설치하거나 작업부의 천장에 매다는 형태이다. • 명암의 차이가 크고 그림자가 강하며 눈부심이 많다. • 원하는 곳에서 원하는 방향으로 조도를 줄 수 있다. • 불필요한 장소는 소등할 수 있어 필요한 조도를 경제적으로 얻을 수 있다. • 작업대의 위치가 변경되면 등기구의 배치를 변경해야 한다.
국부적전반조명	넓은 실내공간에서 세밀한 작업구역에는 고조도로 조명하고, 일반적인 장소에는 평균조도로 조명하는 방식이다.
TAL조명	작업구역에는 전용의 국부조명방식으로 조명하고, 기타 주변환경에는 간접조명과 같은 낮은 조도로 조명하는 방식이다.

기출 확인
직접조명방식에 관한 설명으로 옳은 것은?
❶ 조명률이 크다.
② 실내면 반사율의 영향이 크다.
③ 분위기를 중요시하는 조명에 적합하다.
④ 발산광속 중 상향광속이 90~100%, 하향광속이 0~10% 정도이다.

➕ 더 알아보기
간접조명의 등기구 사이 간격
• $S \leq 1.5H$
• S = 등기구 사이 간격
• H = 작업면에서 등기구까지의 높이

기출 확인
다음 중 조명률에 영향을 끼치는 요소로 볼 수 없는 것은?
① 실의 크기
② 마감재의 반사율
③ 조명기구의 배광
❹ 글레어(Glare)의 크기

기출 확인
조명설비에서 불쾌 글레어(Discomfort glare)의 원인과 가장 거리가 먼 것은?
❶ 휘도가 낮은 광원
② 시선 부근에 노출된 광원
③ 눈에 입사하는 광속의 과다
④ 물체와 그 주위 사이의 고휘도 대비

기출 확인
기구 배치에 의한 조명 방식 중 작업면상의 필요한 장소, 즉 어떤 특별한 면을 부분조명하는 방식은?
① 전반조명   ❷ 국부조명
③ 직접조명   ④ 간접조명

기출 확인

할로겐램프에 관한 설명으로 옳지 않은 것은?

① 백열전구에 비해 수명이 길다.
② 연색성이 좋고 설치가 용이하다.
③ 흑화가 거의 일어나지 않고 광속이나 색온도의 저하가 적다.
❹ 휘도가 낮아 시야에 광원이 직접 들어오도록 계획하여도 무방하다.

기출 확인

다음 광원 중 한 등당의 광속이 많고 수명이 긴 점과 연색성이 양호한 점으로 인해서 연색성을 중요하게 고려하는 높은 천장, 옥외조명 등에 적합한 것은?

❶ 메탈핼라이드램프
② 형광등
③ 고압수은등
④ 나트륨등

기출 확인

조명설비에서 연색성에 관한 설명으로 옳지 않은 것은?

❶ 평균 연색평가수(Ra)가 0에 가까울수록 연색성이 좋다.
② 일반적으로 할로겐전구가 고압수은램프보다 연색성이 좋다.
③ 연색성이란 물체가 광원에 의하여 조명될 때 그 물체의 색의 보임을 정하는 광원의 성질을 말한다.
④ 평균 연색평가수(Ra)란 많은 물체의 대표색으로서 8종류의 시험색을 사용하여 그 평균값으로부터 구한 것이다.

⑤ 설치광원의 종류

백열전구	• 동일전압에서 전력이 큰 전구일수록 효율이 높다. • 형광램프보다 공사비가 적게 들며 설치가 간단하다.
할로겐램프	• 유리구에 할로겐 물질을 주입한 램프이다. • 휘도가 높고 연색성이 우수하며 광속이나 색온도의 저하가 적다. • 설치가 용이하며, 흑화가 거의 일어나지 않는다. • 백열전구에 비해 더 밝고 효율이 우수하며 수명이 길다. • 소형화할 수 있으며, 점포용, 투광용, 영사, 스튜디오용 광원에 사용한다.
형광램프	• 유리관에 저압의 수은증기를 주입한 램프이다. • 광질이 좋고 고효율로 경제적이며 취급도 간편하다. • 백열전구보다 효율이 높고 열발산과 광속변동이 적으며 수명이 길다. • 형광물질을 바꾸면 원하는 광색을 얻을 수 있다. • 점등장치가 필요하고 점등까지 시간이 걸리며 빛의 어른거림이 있다. • 옥내의 전반조명, 국부조명 등에 널리 사용된다.
고압수은램프	• 유리관에 고압의 수은증기를 주입한 램프이다. • 한 등당 큰 광속을 얻을 수 있고 수명이 길다. • 2중구조이므로 광속이 주위 온도의 영향을 받는 경우가 적다. • 투광조명, 도로조명, 높은 천장에 적합하다.
메탈핼라이드 램프	• 고압수은램프에 할로겐 화합물을 주입한 방전램프이다. • 휘도가 높고 시동전압이 높으며 수명이 길다. • 한 등당 광속이 많고 배광제어가 용이하며 효율, 연색성이 우수하다. • 높은 천장 및 옥외조명 등에 적합하다.
나트륨램프	• 유리관에 나트륨증기를 주입한 램프이다. • 색온도가 낮아 연색성이 나쁘다. • 고압(일반형)과 저압나트륨램프는 도로조명 등에 사용된다.
LED램프	• 발광다이오드(LED)로 만든 절전형 형광램프이다. • 긴 수명, 낮은 소비전력, 높은 신뢰성 등 많은 장점이 있다.

조명용 광원의 평가요소
좋은 조명은 주광색에 가까워야 한다.

효율	광원의 양적, 경제적인 특성을 판단하는 가치이다.
광색, 색온도	• 색온도가 낮은 광색은 따뜻하게, 높은 광색은 서늘하게 느껴진다. • 조도가 낮을 경우 낮은 색온도, 높을 경우에는 높은 색온도가 좋다.
연색성	• 연색성이 나쁠 경우 물체의 색이 다르게 보인다. • 상점, 백화점 등의 조명과 관련이 깊다.
수명	점등 불능 또는 광속유지율이 규정값 이하로 떨어질 때까지의 시간 중 짧은 쪽의 시간을 말한다.
휘도	휘도가 높으면 눈부심을 일으키므로, 낮은 편이 좋다.
플리커	교류전원의 경우 점등 시 나타나는 깜빡거림을 말한다.
시동시간	안정된 점등이 될 때까지의 시간을 말한다.

연색성
• 물체가 광원에 의하여 조명될 때, 그 물체의 색의 보임을 같은 색온도의 표준광원과 비교하여 정하는 광원의 성질을 말하며, 수치로 나타낸 것을 연색지수라고 한다.
• 평균 연색평가수는 많은 물체의 대표색으로서 8종류의 시험색을 사용하여 그 평균값으로부터 구한 것으로, 100에 가까울수록 연색성이 좋다.
• 연색성은 할로겐전구 > 주광색 형광램프 > 메탈핼라이드램프 > 고압나트륨램프, 고압수은램프 순이다.

❷ 건축화 조명

① 분류

건축물의 천장이나 벽을 조명기구 겸용으로 마무리하는 전반조명방식이다.

천장면	광천장조명	• 천장면에 확산 투과재를 설치하고 내부에 광원을 배치한 방식이다. • 흐린 날에 가까운 상태를 재현하며 조명률이 높고 보수가 용이하다.
	루버천장조명	• 천장면에 루버판을 부착하고 내부에 광원을 배치한 방식이다. • 루버가 더러워지기 쉽고 보수가 어렵다.
	코브조명	• 천장, 벽의 구조체에 의해 광원의 빛이 천장 또는 벽면으로 가려지게 하여 반사광으로 간접조명하는 방식이다. • 눈부심이 없고 조도분포가 일정하며 그림자가 없다.
	코퍼조명	천장면을 여러 형태의 사각, 동그라미 등으로 오려내고 다양한 형태의 매입기구를 취부하여 단조로움을 피하는 방식이다.
	다운라이트	• 천장에 매입용 구멍을 뚫고 광원을 매입하는 조명방식이다. • 핀홀라이트는 개구부가 특히 작은 다운라이트방식을 말한다.
	라인라이트	천장에 선형으로 광원을 매입하는 조명방식이다.
	매입형광등	천장에 형광등기구를 매입하는 조명방식이다.
벽면	코니스조명	• 코너조명과 같이 천장과 벽면 경계에 건축적으로 둘레턱을 만들고 내부에 등기구를 배치하여 아래 방향의 벽면을 조명하는 방식이다. • 모든 빛이 아래로 직사하며 벽지, 벽화, 그림, 커튼 등 벽면 부착물이나 벽면 자체에 시각적인 흥미를 준다. • 형광등의 건축화 조명에 적당하다.
	밸런스조명	벽면에 형광등기구를 설치하고 투과율이 낮은 재료로 광원을 숨기며 직접광은 아래쪽을, 위쪽은 천장을 비추는 방식이다.
	광창조명	• 벽면 전체 또는 일부분을 광원화하는 방식이다. • 지하실, 자연광이 들어가지 않는 방에 채광되고 있는 느낌을 준다.
	코너조명	천장과 벽면의 경계 구석에 조명기구를 배치한 방식이다.

천장면 이용방식의 건축화 조명

| 광천장조명 | 루버천장조명 | 코브조명 |

벽면 이용방식의 건축화 조명

| 코니스조명 | 밸런스조명 | 광창조명 |

기출 확인

건축화 조명 중 천장 전면에 광원 또는 조명기구를 배치하고, 발광면을 확산투과성 플라스틱판이나 루버 등으로 전면을 가리는 조명 방법은?

① 밸런스조명　❷ 광천장조명
③ 코니스조명　④ 다운라이트조명

기출 확인

건축화 조명 중 천장면 이용방식에 속하지 않는 것은?

❶ 광창조명　② 광천장조명
③ 코퍼조명　④ 코브조명

CORE 09 정보 · 승강설비

CHAPTER 4 건축설비 / SECTION 3 전기 · 가스 · 소방설비

❶ 제어 및 정보통신설비

① 개요

유무선망을 통해 정보를 획득, 처리하거나 송수신하기 위한 설비를 말한다.

② KDS에 따른 분류(KDS 32 35 00)

감시제어설비	건물자동제어설비, 계장제어설비, 주차관제설비, 호텔객실관리설비 등
전기통신설비	구내통신설비, 근거리통신망(LAN)설비 등
정보설비	구내방송설비, 방송공동수신설비, 영상회의설비, 홈네트워크설비, 원격검침설비, 스마트도시설비 등
약전설비	표시설비, 전기시계설비, 인터폰설비 등

정보통신설비의 용어

PBX	LAN	VAN	ISDN
구내전화교환시스템	근거리통신망	부가가치통신망	종합정보서비스망

방송공동수신설비(TV공청설비)

개요	1조의 안테나로 TV공중파를 수신하여 TV수상기로 배분하는 설비이다.
구성기기	안테나, 혼합기(Mixer), 컨버터, 증폭기, 선로기기(분기기, 분배기, 정합기, 분파기 등), 전송선, 종합유선방송기기(방향성 결합기)

인터폰설비의 통화망 구성방식

인터폰설비란 공중통신망에 접속하지 않는 구내통신용 유선통화설비를 말한다.

모자식	구성	1대의 모(母)기와 2대 이상의 자(子)기로 이루어진다.
	통화	• 모기와 자기가 서로 호출하여 통화한다. • 자기 사이에는 모기를 통하여 통화하는 간이교환방식이다.
	분류	직통식: 1대의 모기와 1대의 자기로 구성된다. 다국식: 1대의 모기와 다수의 자기로 구성되는 일반적 형식이다.
상호식	구성	설치되는 인터폰 모두가 구조, 사용법이 같고 동급이다.
	통화	어떤 기기에서도 임의의 기기에 호출통화가 가능하다.
	특징	• 중앙감시실, 방재센터, 방송실, 관리실 등 동등한 위치에서 통화하여야 하는 장소의 연결에 사용한다. • 기기의 수량이 많은 경우에는 전자식 텐키 방식을 채택한다.
복합식	구성	공동주택의 각 동에서 세대 간은 모자식으로 구성하고, 각 동의 모기 사이를 상호식으로 구성한 경우이다.
	특징	모자식 인터폰 그룹 간의 연락이 필요한 경우, 각 모기 사이를 상호식 인터폰 개념으로 호출통화하는 것이다.

📋 기출 확인

다음 중에서 TV공청설비의 주요 구성기기에 해당하지 않는 것은?

① 혼합기 ❷ 월패드
③ 컨버터 ④ 증폭기

📋 기출 확인

인터폰설비의 통화망 구성방식에 속하지 않는 것은?

① 모자식 ② 상호식
③ 복합식 ❹ 프레스토크식

➕ 더 알아보기

집합주택 관리용 인터폰의 기능
• 주출입구의 개폐기능
• 비상푸시버튼에 의한 비상통보기능
• 방범스위치에 의한 불법침입통보기능
• 각 세대 및 방재센터, 경비실, 엘리베이터 등과의 비상연락기능

❷ 엘리베이터(승강기)

① 개요
동력을 이용하여 사람 및 화물을 상하로 수송하는 반송설비이다.

> **엘리베이터의 특징**
> - 운송 대상은 주로 사람과 물품이다.
> - 운행, 정지의 반복 빈도가 높은 변동부하를 가지고 있다.
> - 승객 자신이 직접 조작하는 경우가 많다.
> - 구조적인 강도와 제어의 안정성을 충분히 고려하여야 한다.

② 전원방식

직류	• 직류전동기로 구동하는 방식으로, 부하에 의한 속도 변동이 없다. • 속도를 임의로 선택할 수 있으며 속도 조정이 자유롭다. • 기동 토크를 쉽게 얻을 수 있고 착상오차가 적다. • 중속, 고속엘리베이터에 주로 사용되며 직류 기어드, 기어레스 등이 있다.
교류	• 교류전동기로 구동하는 방식으로, 부하에 의한 속도 변동이 있다. • 전효율은 40~60% 정도이고, 기동 토크가 적으며 착상오차가 크다. • 저속엘리베이터에 주로 사용되며 교류 1단, 교류 2단이 있다.

전동기(Electric motor)의 종류

직류전동기	직권전동기, 분권전동기, 복권전동기 등
교류전동기	유도전동기(단상유도전동기, 3상유도전동기), 동기전동기, 정류자전동기 등

유도전동기

개요	교류 전압을 고정자에 가하여 회전력을 발생시키는 교류전동기이다.
특징	• 구조와 취급이 간단하고 기계적으로 견고하다. • 가격이 저렴하고 운전이 쉬워서 건축설비에 가장 널리 사용된다. • 회전자계를 만드는 여자 전류가 전원 측으로부터 흐르는 관계로 역률이 나쁘다.

3상 유도전동기의 속도제어 방법

주파수	인버터를 사용하여 주파수를 변화시킨다.
저항	회전자에 접속되어 있는 저항을 변화시켜 제어한다.
극수	독립된 2조의 극수가 서로 다른 고정자 권선(코일)을 감아 놓고 필요에 따라 극수를 선택하여 변환시킨다.

③ 구동방식

기어드식	전동기의 회전을 기어를 통해 감속하는 방식이다.
기어레스식	• 권상기 자체가 전동기만으로 되어 있는 방식이다. • 고속, 초고속 엘리베이터에 이용된다.

엘리베이터의 구동방식별 운행속도

저속 (15~45m/min)	중속 (60~105m/min)	고속 (120~300m/min)
교류 1단, 교류 2단	교류 2단, 직류 기어드	직류 기어레스

＋ 더 알아보기

덤웨이터(Dumbwaiter, 리프트)
- 사람은 타지 않고 물품만을 승강시키는 장치이다.
- 식료품 또는 학교나 도서관의 서적, 창고·공장·상점의 화물 운반용 등으로 사용된다.

📋 기출 확인

다음 설명에 알맞은 전동기는?

> • 구조와 취급이 간단하고 기계적으로 견고하다.
> • 가격이 비교적 싸고 운전이 대체로 쉽다.
> • 건축설비에서 가장 널리 사용된다.

❶ 유도전동기 ② 동기전동기
③ 직류전동기 ④ 정류자전동기

📋 기출 확인

다음 중 운행속도가 가장 높은 엘리베이터 방식은?

① 교류 1단 ② 교류 2단
③ 직류 기어드 ❹ 직류 기어레스

기출 확인

로프식 엘리베이터와 유압식 엘리베이터를 비교할 경우, 유압식 엘리베이터의 장점으로 옳은 것은?

① 전동기의 출력이 작다.
② 속도의 범위가 자유롭다.
③ 기계실의 발열량이 작다.
❹ 기계실의 위치가 자유롭다.

④ 반송방식

로프식	로프와 도르래의 마찰력으로 운행하는 방식이다.
유압식	유압의 힘으로 운행하는 방식이다.

로프식과 유압식 엘리베이터의 비교

로프식	유압식
• 기계실을 승강로의 직상부에 설치한다. • 정격속도와 정지층수에 제약이 없다. • 전동기의 소요동력이 작다. • 기계실의 발열량이 작다. • 오버헤드(카 상부의 여유거리)가 크다.	• 기계실의 배치가 자유롭다. • 정격속도와 정지층수에 제약이 있다. • 전동기의 소요동력이 크다. • 기계실의 발열량이 크다. • 오버헤드(카 상부의 여유거리)가 작다.

기출 확인

다음 중 엘리베이터의 안전장치와 가장 관계가 먼 것은?

① 조속기   ② 전자브레이크
③ 종점스위치   ❹ 핸드레일

기출 확인

엘리베이터의 안전장치 중에서 카가 최상층이나 최하층에서 정상 운행위치를 벗어나 그 이상으로 운행하는 것을 방지하는 것은?

① 완충기   ② 조속기
❸ 리밋 스위치   ④ 카운터웨이트

⑤ 안전장치

전기적 안전장치	과부하계전기	과부하·과전류 발생 시 전원을 차단하는 장치이다.
	주접촉기	정전, 고장 시 주회로를 차단하는 장치이다.
	역결상릴레이	3상 전압이 변화할 때 모터를 정지시키는 장치이다.
	전자제동장치 (전자브레이크)	전동기가 회전을 정지하였을 경우 스프링의 힘으로 브레이크드럼을 눌러 엘리베이터를 정지시켜 주는 장치이다.
	종점스위치	엘리베이터를 최상층 또는 최하층에서 정지시키는 장치이다.
	리밋 스위치 (제한스위치)	• 종점스위치가 고장났을 때 엘리베이터가 최상층 또는 최하층을 벗어나 운행하는 것을 방지하는 장치이다. • 리밋 스위치가 작동할 경우 엘리베이터는 멈추게 된다.
	승강스위치	문이 닫히지 않았을 경우 운전을 정지시키는 장치이다.
	도어스위치	닫히고 있는 문에 물체가 접촉되면 다시 열리게 하는 장치이다.
	비상정지버튼	비상시에 엘리베이터를 급정지시킬 수 있는 장치이다.
	외부통화장치	비상시 외부에 신호를 보내거나 통화를 할 수 있는 장치이다.
기계적 안전장치	조속기 (Overspeed governor)	• 일정 이상의 속도가 되었을 때 브레이크나 안전장치를 작동시키는 장치이다. • 사전에 설정된 속도에 이르면 스위치가 작동하며, 다시 속도가 상승했을 경우, 로프를 제동해서 고정시킨다.
	비상정지장치	케이지에 부착된 장치로, 조속기의 지시에 따라 레일을 잡아 정지시키는 장치이다.
	완충기	케이지 추락 시 승강로 바닥과의 충돌을 방지하는 장치이다.

기출 확인

엘리베이터의 안전장치 중 일정 이상의 속도가 되었을 때 브레이크 등을 작동시키는 기능을 하는 것은?

❶ 조속기   ② 권상기
③ 완충기   ④ 가이드슈

➕ 더 알아보기

가이드슈
엘리베이터 카와 균형추가 레일로부터 이탈되지 않고 레일을 따라 움직이도록 지지하는 장치이다.

파이널 리밋 스위치의 작동

• 우발적인 작동의 위험 없이 가능한 한 최상층 및 최하층에 근접하여 작동하도록 설치한다.
• 파이널 리밋 스위치와 일반 종단정지장치는 독립적으로 작동되어야 한다.
• 카 또는 균형추가 완충기에 충돌하기 전에 작동되어야 한다.
• 작동은 완충기가 압축되어 있는 동안 유지되어야 한다.
• 작동 후 엘리베이터의 운행 복귀는 자동적으로 이루어지지 않아야 한다.

엘리베이터 주요 기기의 설치위치

기계실	권상기, 조속기, 전자제동장치(전자브레이크), 제어반, 자동착상장치 등
승강로	완충기, 가이드레일, 주로프, 균형추, 리밋 스위치 등
엘리베이터 카	운전조작반 등
승강장	승강장 출입문, 위치표시 및 호출버튼, 도어인터록 스위치 등

기출 확인

엘리베이터의 주요기기의 설치위치는 기계실, 승강로, 승강장 등으로 나눌 수 있다. 다음 중 기계실에 설치하는 것은?

① 가이드레일   ② 균형추
③ 완충기   ❹ 권상기

⑥ 조작방식

무운전원 방식		승객 스스로 운전하는 전자동 엘리베이터이다.
	단식 자동방식	• 카 버튼이나 승강장의 호출신호로 시동, 정지한다. • 운전이 정지할 때까지 다른 호출에 응하지 않는다.
	승합 전자동방식	• 카 버튼이나 승강장의 호출신호로 시동, 정지한다. • 누른 순서에 상관없이 각 호출에 의해 자동적으로 정지한다.
	하강승합 자동방식	• 상승 중에는 호출신호에 응하지 않고, 최고 호출에 응한 후 반전하여 호출신호에 응한다. • 아파트와 같이 중간층에서 상승하는 승객이 적은 경우에 적용한다.
운전원 방식		운전원의 버튼 조작으로 시동하는 방식이다.
	카 스위치방식	수동·자동착상방식으로 정지한다.
	레코드 컨트롤방식	운전원이 호출신호를 보고 목적층 단추를 누르면 목적층의 순서대로 자동 정지한다.
	시그널 컨트롤방식	목적층 단추를 누르는 것과 승강장의 호출신호로 층의 순서대로 자동 정지한다.

전자동 군관리방식
• 3~8대의 엘리베이터가 서로 연락하며 빌딩 내 교통수요 변동에 대응하는 방식이다.
• 교통상태에 맞게 효율적인 수송이 가능하여 광범위하게 사용된다.

⑦ 계획

엘리베이터 정원	• 1인당 하중을 75kg으로 하여 최대 정원을 구한다. • 엘리베이터 정원 = $\dfrac{정격하중(kg)}{75kg}$
5분간 수송능력	• 5분간 총수송능력은 5분간 최대 교통수요량과 같거나 이상이어야 한다. • 5분간 수송능력 = $\dfrac{5min \times 60sec \times 승객\ 수(보통\ 정원의\ 80\%)}{일주시간(sec)}$
엘리베이터 수량	엘리베이터 수량 = $\dfrac{최대\ 5분간\ 교통\ 수요량}{1대당\ 5분간\ 수송능력}$
평균운전간격	• 이용자가 대기하는 시간은 평균운전간격 이하이어야 한다. • 평균운전간격(sec) = $\dfrac{일주시간(sec)}{엘리베이터\ 수량}$

엘리베이터의 주행시간
주행시간 = 전속주행 + 가속주행 + 감속주행

엘리베이터의 일주시간
• 엘리베이터가 출발 기준층에서 승객을 싣고 출발하여 각 층에 서비스한 후 출발 기준층으로 되돌아와 다음 서비스를 위해 대기할 때까지의 총시간이다.
• 일주시간 = Σ(주행시간 + 도어개폐시간 + 승객출입시간 + 손실시간)

기출 확인

승객 스스로 운전하는 전자동 엘리베이터로 카 버튼이나 승강장의 호출신호로 시동, 정지를 이루는 엘리베이터 조작방식은?

❶ 승합 전자동식
② 카 스위치방식
③ 시그널 컨트롤방식
④ 레코드 컨트롤방식

기출 확인

다음 설명에 알맞은 운전원 엘리베이터 조작 방식은?

> 시동은 운전원의 버튼 조작으로 하며, 정지는 목적층 단추를 누르는 것과 승강장의 호출신호로 층의 순서대로 자동 정지한다.

① 카 스위치   ② 레코드 컨트롤
③ 전자동 군관리   ❹ 시그널 컨트롤

기출 확인

어떤 엘리베이터의 승객 정원이 10명, 평균일주시간이 10초일 때, 이 엘리베이터의 5분간 수송능력은?

① 80명   ② 120명
❸ 240명   ④ 360명

$\dfrac{5 \times 60 \times 10 \times 0.8}{10} = 240명$

기출 확인

엘리베이터의 일주시간 구성요소에 속하지 않는 것은?

① 주행시간   ② 도어개폐시간
③ 승객출입시간   ❹ 승객대기시간

❸ 에스컬레이터

① 개요
일정한 통로에 승객을 수송하기 위해 설치되는 전동식 경사형 이동계단이다.

> **에스컬레이터의 특징**
> - 대기시간이 없고 연속적인 수송설비로, 단거리 대량수송에 적합하다.
> - 수송능력이 크고(엘리베이터의 7~10배), 수송량에 비해 점유면적이 작다.
> - 승강 중 주위가 오픈되므로 불안감이 적고 주변 광고효과가 크다.
> - 연속 운전되므로 전원설비에 부담이 적다.
> - 엘리베이터에 비해 소비되는 전력량과 전동기의 기동 횟수가 적다.
> - 기계실이 필요하지 않으며 피트가 간단하다.
> - 건축적으로 점유면적이 적고, 건물에 걸리는 하중이 분산된다.

② 일반사항

경사도	• 에스컬레이터의 경사도는 30° 이하로 한다. • 층고 6m 이하, 공칭속도 0.5m/s 이하인 경우 35°까지 증가시킬 수 있다.	
정격속도	• 정격하중 조건하에 에스컬레이터가 움직이는 속도이다. • 하강 방향의 안전을 고려하여 통상 30m/min 이하로 한다.	
공칭속도	제조업체에 의해 설명된 무부하조건에서 장치를 운전할 때의 속도이다.	
	경사도 30° 이하	경사도 30° 초과 35° 이하
	0.75m/s 이하	0.5m/s 이하
공칭수송능력	800형 에스컬레이터	1,200형 에스컬레이터
	6,000인/h	9,000인/h
설계수송능력	공칭수송능력의 80% 정도를 설계수송능력으로 하여 수량을 계산한다.	

③ 구성 요소

스텝	직접 승객을 태우는 디딤판을 말한다.
스텝체인	좌우에 설치되어 가이드레일을 따라 스텝을 주행시키는 역할을 한다.
핸드레일	사람이 에스컬레이터를 이용하는 동안 잡고 타기 위한 움직이는 레일이다.
난간	움직이는 부품으로부터 보호하고 핸드레일을 지지하며 안전을 제공함으로써 이용자의 안전을 보장하는 부품이다.
난간데크	핸드레일 가이드 측면과 만나고 난간의 상부 커버를 형성하는 난간의 가로 요소이다.
스커트	스텝, 팔레트 또는 벨트와 연결되는 난간의 수직 부분이다.
스커트 디플렉터	스텝과 스커트 사이에 끼임의 위험을 최소화하기 위한 장치이다.
외부패널	에스컬레이터를 둘러싸고 있는 외부 측 부분이다.

> **에스컬레이터의 안전장치**
> 인렛가드안전스위치(핸드레일인입 안전장치), 구동체인 안전장치, 기계브레이크, 스텝안전장치, 스텝이상 검출장치, 스커트패널 안전장치, 비상정지 스위치 등이 있다.
>
> **삼각부 안내판(Wedge guard)**
> 안전사고의 위험이 있는 삼각부(에스컬레이터와 교차되는 천장 아래 협각 부분)의 위치를 승객에게 알리기 위하여 설치하는 안내판이다.

📋 **기출 확인**

에스컬레이터에 관한 설명으로 옳지 않은 것은?
① 수송량에 비해 점유면적이 작다.
❷ 수송능력이 엘리베이터보다 작다.
③ 대기시간이 없고 연속적인 수송설비이다.
④ 연속 운전되므로 전원설비에 부담이 적다.

📋 **기출 확인**

공칭속도가 0.5m/s를 초과하는 경우 에스컬레이터의 경사도는 최대 얼마를 초과하지 않도록 하여야 하는가?
① 25° ❷ 30°
③ 35° ④ 40°

📋 **기출 확인**

1,200형 에스컬레이터의 공칭수송능력은?
① 4,800인/h ② 6,000인/h
③ 7,200인/h ❹ 9,000인/h

📋 **기출 확인**

에스컬레이터의 좌우에 설치되어 있으며, 스텝을 주행시키는 역할을 하는 것은?
❶ 스텝체인 ② 핸드레일
③ 스커트가드 ④ 가이드레일

📋 **기출 확인**

에스컬레이터의 안전장치에 속하지 않는 것은?
❶ 리타이어링 캠
② 비상정지 스위치
③ 구동체인 안전장치
④ 핸드레일인입 안전장치

④ 수량계산

백화점 및 쇼핑센터에서의 수량계산에 적용한다.

일반사항	• 2층 이상 매장면적의 50~80%를 서비스 대상인원 계산면적으로 환산한다. • 서비스 대상인원의 80%는 에스컬레이터, 10%는 엘리베이터, 10%는 계단을 이용하는 것으로 한다.
서비스 대상인원	반송설비 서비스계수 × 에스컬레이터 서비스계수 × 2층 이상 매장면적 합계
에스컬레이터 수량	에스컬레이터 수량 = $\dfrac{\text{에스컬레이터 서비스 대상인원}}{\text{에스컬레이터 1대당 설계 수송능력}}$

밀도율
- 건물 내 수송설비에 의한 서비스 등급을 판정하는 것이다.
- 백화점 및 쇼핑센터와 같이 승객의 서비스를 주목적으로 하는 건축물에 사용된다.
- 비율이 낮을수록 서비스가 양호하며, 1.4~2.5 범위에 있도록 한다.
- 밀도율 = $\dfrac{\text{2층 이상 매장면적 합계}}{\text{1시간당 수송능력 합계(엘리베이터 + 에스컬레이터)}}$

📋 기출 확인

수송설비에 사용되는 밀도율에 관한 설명으로 옳지 않은 것은?
① 건물 내 수송설비에 의한 서비스 등급을 판정하는 데 사용된다.
❷ 밀도율이 높을수록 서비스 수준이 양호하다는 것을 나타낸다.
③ 백화점과 같이 승객의 서비스를 주목적으로 하는 건축물에 사용된다.
④ 1시간의 수송능력에 대한 2층 이상의 유효바닥면적의 비율로 산정한다.

❹ 무빙워크(수평보행기)

① 개요

움직이는 방향과 평행하고 연속적인 팔레트·벨트 등으로 승객을 수송하는 동력 구동식 시설이다.

② 일반사항

경사도	• 무빙워크의 경사도는 12° 이하로 한다. • 디딤면이 고무제품 등 미끄러지기 어려운 구조일 경우 15° 이하로 할 수 있다.
공칭속도	• 0.75m/s 이하로 한다. • 팔레트 또는 벨트의 폭이 1.1m 이하이고, 승강장에서 팔레트 또는 콤에 들어가기 전 1.6m 이상의 수평주행구간이 있는 경우 0.9m/s까지 허용된다.
수송능력	1시간당 최대 1,500명 정도이다.

CORE 10 가스·소방설비

CHAPTER 4 건축설비 / SECTION 3 전기·가스·소방설비

➕ 더 알아보기

웨버지수(Wobbe index)
- 가스의 연소성을 나타내는 지표이다.
- 가스의 비중에 대한 발열량이다.
- 웨버지수가 크면 단위중량당 발열량이 크다는 의미이다.
- 발열량은 LPG > LNG이다.

가스공급설비의 구성

가스홀더	저장
압송기	압축
정압기(거버너)	압력 조정
도관	수송
가스미터기	사용량 적산

📋 기출 확인

LPG에 관한 설명으로 옳지 않은 것은?

❶ 비중이 공기보다 작다.
② 액화석유가스를 말한다.
③ 액화하면 그 체적은 약 1/250로 된다.
④ 상압에서는 기체이지만 압력을 가하면 액화된다.

📋 기출 확인

압력에 따른 도시가스의 분류에서 고압의 기준으로 옳은 것은?

① 0.1MPa 이상　❷ 1MPa 이상
③ 10MPa 이상　④ 100MPa 이상

📋 기출 확인

가스배관 경로선정 시 주의하여야 할 사항으로 옳지 않은 것은?

① 장래의 증설 및 이설 등을 고려한다.
② 주요구조부를 관통하지 않도록 한다.
❸ 옥내배관은 매립하는 것을 원칙으로 한다.
④ 손상이나 부식 및 전식을 받지 않도록 한다.

❶ 가스설비

① 연료용 가스

구분	액화석유가스(LPG, 프로판가스)	액화천연가스(LNG)
개요	석유 정제 과정에서 채취된 가스를 압축냉각해서 액화시킨 것이다.	천연가스 정제 과정에서 채취된 메탄·에탄을 냉각해서 액화시킨 것이다.
특징	• 발열량이 크며 연소에 필요한 공기량이 많다. • 공기보다 비중이 크고 무겁다. • 공기 중에 확산되지 않고 폭발하기 쉽다. • 액화가 쉽고 운반이 용이하다. • 프로판, 부탄, 프로필렌이 주성분이다. • 불완전 연소 시 일산화탄소가 발생한다. • 가스 절단 등 공업용으로도 사용된다.	• 열량이 높고 무공해, 무독성이다. • 공기보다 비중이 낮고 가볍다. • 공기 중에 확산되며 폭발이 어렵다. • 액화가 어렵고 운반이 어렵다. • 대규모 저장시설이 필요하다. • 불완전 연소 시 일산화탄소가 발생한다. • 주로 배관을 통해 도시가스로 이용된다.

액화석유가스(LPG)의 보관
- 상압에서는 기체이지만 압축냉각하면 액화되며 용적은 1/250로 감소한다.
- 용기(Bomb)에 넣을 수 있으며, 보관 온도는 최대 40℃ 이하로 한다.

압력에 따른 도시가스의 분류(도시가스사업법 시행규칙 제2조 제1항 제6~8호)
고압공급은 다량의 가스를 원거리에 수송할 경우에 주로 사용된다.

고압	중압	저압
1MPa 이상	0.1MPa 이상 1MPa 미만	0.1MPa 미만

거버너(Governor)
가스공급회사로부터 공급받은 가스를 건물에서 사용하기에 적합한 압력으로 조정하는 장치로, 가스의 과잉 압력과 불완전 연소를 방지하기 위해 사용한다.

가스누출검지기의 위치

액화석유가스(LPG)	액화천연가스(LNG)
바닥에서 검지부 상단까지 30cm 이내	천장에서 검지부 하단까지 30cm 이내

② 가스배관

재료	강관이나 나사접합이 주로 사용되며, 초고층 건물에서는 주로 용접이음이 사용된다.
위치	• 장래의 증설 및 이설 등을 고려하며, 온도변화를 받지 않는 장소에 설치한다. • 외부로부터 부식과 손상, 전식이 될 우려가 있는 장소를 피한다. • 다른 건물의 부지 아래 또는 바닥 아래에 매설해서는 안 된다. • 전등선, 전화선, 라디오의 어스 및 기타 전기공작물과는 일정 거리 이상 이격시킨다.
시공	• 배관은 원칙적으로 직선, 직각으로 하며, 도중에 신축 흡수를 위한 이음을 한다. • 건물의 주요구조부를 관통하여 설치하지 않으며, 필요시 계통을 나누어 배관한다. • 건축물 내의 배관은 외부에 노출하여 시공한다.
도색	가스사용시설의 지상배관은 황색으로 도색하는 것이 원칙이다.

③ 가스계량기(가스미터)

개요	배관을 통과하는 가스의 용량을 측정하여 사용량을 계량하는 기기이다.
설치	• 화기와 2m 이상의 우회거리를 유지하고, 수시로 환기가 가능한 장소에 설치한다. • 직사광선, 빗물을 받을 우려가 있는 곳에서는 격납상자 안에 설치한다. • 설치높이는 바닥으로부터 1.6m 이상, 2m 이내에 수직·수평으로 설치한다.
종류	실측식 — 막식(다이어프램식), 회전식(루츠식) 등이 있다. 추측식 — 차압식(벤투리식, 오리피스식), 와류식 등이 있다.

가스계량기의 안전거리 (KCS 31 50 05 05)

전기계량기, 전기개폐기와의 거리	굴뚝(단열조치 없는 경우), 전기점멸기, 전기접속기와의 거리	전열조치를 하지 아니한 전선과의 거리
60cm 이상	30cm 이상	15cm 이상

가스계량기의 설치금지 장소 (도시가스사업법 시행규칙 별표 7)
공동주택의 대피공간, 방·거실 및 주방 등으로서 사람이 거처하는 곳 및 가스계량기에 나쁜 영향을 미칠 우려가 있는 장소

📋 기출 확인

가스사용시설의 가스계량기에 관한 설명으로 옳지 않은 것은?

❶ 공동주택의 경우 가스계량기는 일반적으로 대피공간이나 주방에 설치된다.
② 가스계량기와 전기계량기와의 거리는 60cm 이상 유지하여야 한다.
③ 가스계량기와 전기개폐기와의 거리는 60cm 이상 유지하여야 한다.
④ 가스계량기와 화기(그 시설 안에서 사용하는 자체 화기는 제외) 사이에 유지하여야 하는 거리는 2m 이상이어야 한다.

❷ 소방설비

① 개요

화재를 사전에 예방하고, 화재 발생 시 인명과 재산을 보호하기 위한 설비이다.

소방시설의 분류 (소방시설법 시행령 별표 1)

소화설비	경보설비	피난구조설비	소화용수설비	소화활동설비
소화기구 자동소화장치 옥내소화전설비 스프링클러설비 등 물분무등소화설비 옥외소화전설비	단독경보형감지기 비상경보설비 자동화재탐지설비 시각경보기 화재알림설비 비상방송설비 자동화재속보설비 통합감시시설 누전경보기 가스누설경보기	피난기구 인명구조기구 유도등 비상조명등 및 휴대용비상조명등	상수도소화 용수설비 소화수조 저수조	제연설비 연결송수관설비 연결살수설비 비상콘센트설비 무선통신보조설비 연소방지설비

② 소화설비

물 또는 그 밖의 소화약제를 사용하여 소화하는 기계·기구 또는 설비이다.

소화기구	소화기, 소화용구, 자동확산소화기 등 3동작 이내에 작동시킬 수 있는 소방용 소화기구를 말한다.
자동소화장치	화재 발생 시 자동으로 약재 등을 살포하여 소화하는 설비를 말한다.
옥내소화전설비	건물 각 층 벽면에 호스, 노즐, 소화전 밸브를 내장한 소화전함을 설치하고 화재 시에는 호스를 끌어낸 후 물을 뿌려 소화시키는 설비이다.
스프링클러설비	• 화재 발생 시 천장에 설치된 배관과 스프링클러 헤드를 통해 물이 자동으로 살수되어 소화하는 설비이다. • 고층 건축물, 지하층의 소화에 적합하며, 화재 시 초기 소화율이 높다.
물분무등소화설비	화재 발생 시 물, 이산화탄소, 분말 등을 살포하여 소화하는 설비이다.
옥외소화전설비	• 건물 옥외 화재를 소화하기 위하여 옥외에 설치하는 고정식 소화설비이다. • 대규모의 화재, 옆 건물로 연소할 우려가 있을 때 소화하기 위해 설치한다.

📋 기출 확인

소방시설은 소화설비, 경보설비, 피난설비, 소화용수설비, 소화활동설비로 구분할 수 있다. 다음 중 소화활동설비에 속하는 것은?

❶ 제연설비
② 비상방송설비
③ 스프링클러설비
④ 자동화재탐지설비

➕ 더 알아보기

화재의 분류

A급 화재 (일반)	나무, 섬유, 종이, 고무, 플라스틱류와 같은 일반 가연물이 타고 나서 재가 남는 화재
B급 화재 (유류)	인화성 액체, 가연성 액체, 석유 그리스, 타르, 오일, 유성도료, 솔벤트, 래커, 알코올 및 인화성 가스와 같은 유류가 타고 나서 재가 남지 않는 화재
C급 화재 (전기)	전류가 흐르고 있는 전기기기, 배선과 관련된 화재
K급 화재 (주방)	주방의 동식물유를 취급하는 조리기구에서 일어나는 화재

➕ 더 알아보기

스프링클러헤드

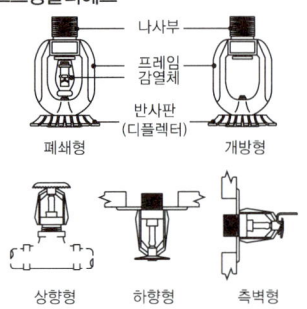

폐쇄형 / 개방형
상향형 / 하향형 / 측벽형

📋 기출 확인

정상상태에서 방수구를 막고 있는 감열체가 일정온도에서 자동적으로 파괴·용해 또는 이탈됨으로써 방수구가 개방되는 스프링클러헤드는 어느 것인가?

① 개방형 스프링클러헤드
② 건식 스프링클러헤드
❸ 폐쇄형 스프링클러헤드
④ 측벽형 스프링클러헤드

📋 기출 확인

물과 오리피스가 분리되어 동파를 방지할 수 있는 스프링클러헤드로 정의되는 것은?

① 조기반응형 헤드
❷ 건식 스프링클러헤드
③ 폐쇄형 스프링클러헤드
④ 개방형 스프링클러헤드

스프링클러헤드

구성		방수구(오리피스), 감열체(감열부), 반사판(디플렉터), 프레임, 나사부 등으로 구성된다.
감열체 유무	폐쇄형	정상상태에서 방수구를 막고 있는 감열체가 일정온도에서 자동적으로 파괴·용해 또는 이탈됨으로써 방수구가 개방되는 방식이다.
	개방형	• 감열체 없이 방수구가 항상 열려져 있는 방식이다. • 화재 시 일제개방밸브와 연결된 배관의 모든 헤드에서 방수된다.
분사 방향	상향형	반사판이 헤드의 부착 방향으로 구부러진 방식이다.
	하향형	반사판이 수평면을 이루고 있는 방식이다.
	측벽형	• 반사판이 헤드의 부착 방향에서 직각으로 구부러진 방식이다. • 가압된 물이 분사될 때 헤드의 축심을 중심으로 한 반원상에 균일하게 분산시키는 헤드를 말한다.
기타 분류	건식	물과 방수구(오리피스)가 분리되어 동파를 방지할 수 있는 방식이다.
	조기 반응형	표준형 스프링클러헤드보다 기류온도 및 기류속도에 조기에 반응하는 방식이다.

반사판(디플렉터)
스프링클러헤드의 방수구에서 유출되는 물을 세분시키는 작용을 하는 부분이다.

스프링클러배관(NFPC 103)

급수배관	수원 송수구 등으로부터 소화설비에 급수하는 배관을 말한다.
주배관	가압송수장치 또는 송수구 등과 직접 연결되어 소화수를 이송하는 주된 배관을 말한다.
가지배관	헤드가 설치되어 있는 배관을 말한다.
신축배관	가지배관과 스프링클러헤드를 연결하는 구부림이 용이하고 유연성을 가진 배관을 말한다.
교차배관	가지배관에 급수하는 배관을 말한다.

드렌처설비(Drencher)
• 건물의 외벽, 지붕 등에 설치하여 인접 건물에 화재가 발생하였을 때 수막을 형성함으로써 화재의 연소를 방지하는 설비이다.
• 스프링클러와 유사한 설비이며, 헤드의 형태가 수막을 형성하도록 되어 있다.

③ 경보설비

화재 발생 사실을 통보하는 기계·기구 또는 설비이다.

단독경보형감지기	화재 발생 시 자동으로 화재를 감지하고 경보음을 울리는 소형 장치이다.
비상경보설비	• 화재 발생 사실을 건물 내에 알리기 위한 설비이다. • 비상벨, 자동 사이렌 등이 있다.
시각경보기	화재 발생 사실을 시각적으로 알리기 위한 장치이다.
자동화재탐지설비	화재 발생 시 열 또는 연감지기를 통해 화재를 감지하고 수신기에 전달하여 음향장치로 경보하는 설비이다.
비상방송설비	화재 발생 시 음향 및 음성을 통해 통보하는 설비이다.
자동화재속보설비	화재 발생 시 유선으로 소방서 등에 신속히 알리는 설비이다.
통합감시시설	각 설비들을 통해 화재 발생을 통합적으로 감시하는 시설이다.
누전경보기	누설 전류를 감지하여 경보하는 설비이다.
가스누설경보기	가스누설 시 감지하여 경보하는 설비이다.

자동화재탐지설비의 구성

감지기	화재 시 발생하는 열, 연기, 불꽃 또는 연소생성물을 자동적으로 감지하여 수신기에 발신하는 장치를 말한다.
발신기	화재 발생신호를 수신기에 수동으로 발신하는 장치를 말한다.
중계기	감지기, 발신기 또는 전기적 접점 등의 작동에 따른 신호를 받아 이를 수신기의 제어반에 전송하는 장치를 말한다.
수신기	• 감지기나 발신기에서 발하는 화재 신호를 직접 수신하거나 중계기를 통해 수신하여 화재의 발생을 표시 및 경보하는 장치이다. • P형(1:1 접점방식), R형(다중전송방식), M형, GP형 등이 있다.
기타	음향장치, 청각장애인용 시각경보장치 등이 있다.

자동화재탐지설비의 감지기

- 감지기의 검출원리에는 열식, 연기식, 불꽃감지식이 있다.
- 감지방식에는 스포트형(국소 부분 감지), 분포형(전체 면적 감지) 등이 있다.

열감지기		화재에 의해 발생되는 열을 감지하여 화재신호를 발신하는 감지기이다.
	정온식	• 일정 온도에 도달하면 작동한다. • 다량의 열을 취급하는 보일러실, 주방 등에 적합하다.
	차동식	• 일정 온도 상승률에 따라 작동한다. • 화기를 취급하지 않는 사무실 등에 적합하다.
	보상식	• 일정 온도, 온도 상승률에 따라 작동한다. • 정온식과 차동식 감지기의 기능을 합친 것이다.
연기감지기		• 화재에 의해 발생되는 연기를 감지하여 화재신호를 발신하는 감지기이다. • 감지기 중 설치가 가능한 부착높이가 가장 높은 방식이다.
	이온화식	방사성 동위원소를 이용해 연기를 감지한다.
	광전식	적외선을 이용해 연기를 감지한다.
불꽃감지기		화재에 의해 발생되는 불꽃을 감지하여 화재신호를 발신하는 감지기이다.
	적외선식	불꽃에서 방사되는 적외선의 변화량에 따라 작동한다.
	자외선식	불꽃에서 방사되는 자외선의 변화량에 따라 작동한다.
	겸용식	불꽃에서 방사되는 적외선·자외선의 변화량에 따라 작동한다.

기출 확인

자동화재탐지설비의 열감지기 중 주위 온도가 일정 온도 이상일 때 작동하는 것은?
① 차동식
❷ 정온식
③ 광전식
④ 이온화식

기출 확인

설치된 감지기의 주변 온도가 일정한 온도상승률 이상으로 되었을 경우에 작동하는 화재 감지기는?
❶ 차동식
② 정온식
③ 광전식
④ 이온화식

④ 피난구조설비

화재가 발생할 경우 피난하기 위하여 사용하는 기구 또는 설비이다.

피난기구	피난 사다리, 완강기 등 피난에 사용되는 기구이다.
인명구조기구	방열복, 공기호흡기 등 인명구조에 사용되는 기구이다.
유도등	피난 방향을 유도하는 데 사용하는 설비이다.
비상조명등 및 휴대용비상조명등	화재로 인한 정전 시 비상전원으로 작동하는 조명등이다.

⑤ 소화용수설비

화재를 진압하는 데 필요한 물을 공급하거나 저장하는 설비이다.

상수도소화용수설비	소화용수 공급을 위해 상수도 배관에서 분기하여 소화전에 접속한 설비를 말한다.
소화수조·저수조	소화에 필요한 물을 항시 저장해두는 설비를 말한다.

> **📋 기출 확인**
>
> 공설의 소방대가 사용하는 소방대 전용의 설비로서, 각 층에 설치하는 방수구와 지상 또는 1층 벽면에 설치하는 송수구 및 배관으로 구성되어 있는 소화활동설비는?
>
> ① 옥내소화전설비
> ② 옥외소화전설비
> ❸ 연결송수관설비
> ④ 상수도소화용수설비

⑥ 소화활동설비

화재를 진압하거나 인명구조활동을 위하여 사용하는 설비이다.

제연설비	화재 시 유독가스의 확산을 방지하기 위한 설비이다.
연결송수관설비	• 화재 발생 시 소방 펌프차로부터 건물 외부 송수구를 통해 고층 건물에 압력수를 공급하는 설비이다. • 각 층 방수구와 1층 벽면에 설치하는 송수구 및 배관으로 구성된다.
연결살수설비	소방대 전용 소화전인 송수구를 통하여 실내 살수헤드로 물을 공급하여 소화활동을 하는 것으로, 지하층의 일반화재 진압을 위한 설비이다.
비상콘센트설비	화재 진압 시 소방대가 사용할 수 있도록 설치하는 전원설비이다.
무선통신보조설비	화재 진압 시 소방대가 방재센터 등과 교신을 원활히 할 수 있도록 설치하는 설비이다.
연소방지설비	지하 공동구의 연소 방지를 위해 스프링클러헤드 등을 설치한 설비이다.

> **📋 기출 확인**
>
> 소형 소화기는 소방대상물의 각 부분으로부터 1개의 소화기까지의 보행거리가 최대 몇 m 이내가 되도록 배치하여야 하는가?
>
> ① 10m   ❷ 20m
> ③ 30m   ④ 40m

> **📋 기출 확인**
>
> 화재안전기준에 따라 소화기구를 설치하여야 하는 특정소방대상물의 연면적 기준은?
>
> ① $10m^2$ 이상   ② $25m^2$ 이상
> ❸ $33m^2$ 이상   ④ $50m^2$ 이상

> **📋 기출 확인**
>
> 각 층마다 옥내소화전이 3개씩 설치되어 있는 건물에서 옥내소화전설비의 수원의 저수량은 최소 얼마 이상이 되도록 하여야 하는가?
>
> ① $10.4m^3$ ② $7.8m^3$
> ③ $5.6m^3$ ❹ $5.2m^3$
>
> $2 \times 2.6 = 5.2m^3$

❸ 소방설비별 주요 화재안전기준

① 소화기구(NFPC 101)

소화기	설치기준	• 각 층마다 설치 • 특정소방대상물의 각 부분으로부터 1개의 소화기까지의 보행거리가 소형 소화기의 경우에는 20m 이내, 대형 소화기의 경우에는 30m 이내가 되도록 배치

> **소화기구를 설치해야 하는 특정소방대상물(소방시설법 시행령 별표 4)**
> 화재안전기준에 따라 소화기구를 설치해야 하는 특정소방대상물은 다음의 어느 하나에 해당하는 것으로 한다.
> ㉠ 연면적 $33m^2$ 이상인 것(노유자시설의 경우 투척용 소화용구 등을 화재안전기준에 따라 산정된 소화기 수량의 1/2 이상으로 설치할 수 있다)
> ㉡ ㉠에 해당하지 않는 시설로서 가스시설, 발전시설 중 전기저장시설 및 국가유산
> ㉢ 터널, 지하구

② 옥내소화전설비(NFPC 102)

수원	저수량	옥내소화전의 설치개수가 가장 많은 층의 설치개수(2개 이상 설치된 경우에는 2개)에 $2.6m^3$를 곱한 양 이상
	위치	동결방지조치를 하거나 동결의 우려가 없는 장소
가압 송수장치	성능	해당 층의 옥내소화전(2개 이상 설치된 경우에는 2개의 옥내소화전)을 동시에 사용할 경우 각 소화전의 노즐선단에서의 방수압력은 0.17MPa 이상이고, 방수량은 130L/min 이상
	펌프	주펌프는 전동기에 따른 펌프로 하며 펌프는 전용
	토출량	옥내소화전이 가장 많이 설치된 층의 설치개수(옥내소화전이 2개 이상 설치된 경우에는 2개)에 130L/min를 곱한 양 이상
	기동장치	기동용수압개폐장치(압력챔버)의 용적은 100L 이상
	가압수조	가압수조의 압력은 방수량 및 방수압을 20분 이상 유지
송수구	위치	송수 및 그 밖의 소화작업에 지장을 주지 않는 곳
	설치높이	지면으로부터 높이가 0.5m 이상 1m 이하
	규격	구경 65mm의 쌍구형 또는 단구형

방수구	설치간격	• 특정소방대상물의 층마다 설치 • 해당 특정소방대상물의 각 부분으로부터 하나의 옥내소화전 방수구까지의 수평거리가 25m 이하
	설치높이	바닥으로부터의 높이가 1.5m 이하
	규격	호스는 구경 40mm 이상

③ 옥외소화전설비(NFPC 109)

수원	저수량	옥외소화전의 설치개수(옥외소화전이 2개 이상 설치된 경우에는 2개)에 $7m^3$를 곱한 양 이상
가압 송수장치	성능	해당 특정소방대상물에 설치된 옥외소화전(2개 이상 설치된 경우에는 2개의 옥외소화전)을 동시에 사용할 경우 각 옥외소화전의 노즐선단에서의 방수압력이 0.25MPa 이상이고, 방수량이 350L/min 이상

④ 스프링클러설비(NFPC 103)

수원	저수량	최대 방수구역에 설치된 개방형 스프링클러헤드의 개수가 30개 이하일 경우에는 설치헤드 수에 $1.6m^3$를 곱한 양 이상
	수조	수원을 수조로 설치하는 경우에는 소방소화설비 전용
가압 송수장치	송수량	0.1MPa의 방수압력 기준으로 80L/min 이상의 방수성능을 가진 기준개수의 모든 헤드로부터의 방수량을 충족시킬 수 있는 양 이상
헤드	기준개수	폐쇄형 스프링클러헤드를 사용하는 경우 아파트는 10개, 지하층을 제외한 층수가 11층 이상인 소방대상물(아파트 제외)·지하가·지하역사는 30개
	수평거리	• 특수가연물을 저장 또는 취급하는 장소에 있어서는 1.7m 이하 • 특정소방대상물에 있어서는 2.1m 이하(내화구조로 된 경우에는 2.3m 이하)
음향장치	경보	헤드가 개방되면 유수검지장치가 화재신호를 발신하고 음향장치가 경보
	수평거리	유수검지장치 및 일제개방밸브 등의 담당구역마다 설치하되 그 구역의 각 부분으로부터 하나의 음향장치까지의 수평거리는 25m 이하

⑤ 자동화재탐지설비(NFPC 203)

감지기	설치위치	• 감지기(차동식 분포형 제외)는 실내로의 공기유입구로부터 1.5m 이상 떨어진 위치에 설치할 것 • 감지기는 천장 또는 반자의 옥내에 면하는 부분에 설치할 것 • 보상식 스포트형 감지기는 정온점이 감지기 주위의 평상시 최고 온도보다 일정온도 이상 높은 것으로 설치할 것 • 정온식 감지기는 주방·보일러실 등으로서 다량의 화기를 취급하는 장소에 설치하되, 공칭작동온도가 최고 주위온도보다 일정온도 이상 높은 것으로 설치할 것
	설치각도	스포트형 감지기는 45° 이상 경사되지 않도록 부착
기타	설치위치	주음향장치는 수신기의 내부 또는 직근에 설치
	음향장치 요구성능	• 정격전압의 80%의 전압에서 음향을 발할 수 있는 것으로 할 것. 다만, 건전지를 주전원으로 사용하는 음향장치는 그러하지 아니하다. • 음량은 부착된 음향장치의 중심으로부터 1m 떨어진 위치에서 90dB 이상이 되는 것으로 할 것 • 감지기 및 발신기의 작동과 연동하여 작동할 수 있는 것으로 할 것

📋 **기출 확인**

다음의 옥내소화전설비에 관한 설명 중 ( ) 안에 알맞은 것은?

> 옥내소화전 방수구는 특정소방대상물의 층마다 설치하되, 해당 특정소방대상물의 각 부분으로부터 하나의 옥내소화전 방수구까지의 수평거리가 ( )m 이하가 되도록 할 것

❶ 25
② 30
③ 35
④ 40

📋 **기출 확인**

스프링클러설비를 설치하여야 하는 소방대상물의 최대 방수구역에 설치된 개방형 스프링클러헤드의 개수가 30개일 경우, 스프링클러설비의 수원의 저수량은 최소 얼마 이상으로 하여야 하는가?

① $16m^3$
② $32m^3$
❸ $48m^3$
④ $56m^3$

$30 \times 1.6 = 48m^3$

📋 **기출 확인**

자동화재탐지설비의 감지기에 관한 설명으로 옳지 않은 것은?

① 스포트형 감지기는 45° 이상 경사되지 않도록 부착한다.
② 감지기는 천장 또는 반자의 옥내에 면하는 부분에 설치한다.
③ 정온식 감지기는 주방·보일러실 등으로서 다량의 화기를 취급하는 장소에 설치한다.
❹ 보상식 스포트형 감지기는 정온점이 감지기 주위의 평상시 최고 온도보다 10°C 이상 높은 것으로 설치한다.

연기감지기의 설치기준(NFPC 203)
- 감지기의 부착높이에 따라 다음 표에 따른 바닥면적마다 1개 이상으로 할 것

부착높이	감지기의 종류	
	1종 및 2종	3종
4m 미만	150m²	50m²
4m 이상 20m 미만	75m²	–

- 감지기는 복도 및 통로에 있어서는 보행거리 30m(3종에 있어서는 20m)마다, 계단 및 경사로에 있어서는 수직거리 15m(3종에 있어서는 10m)마다 1개 이상으로 할 것
- 천장 또는 반자가 낮은 실내 또는 좁은 실내에 있어서는 출입구의 가까운 부분에 설치할 것
- 천장 또는 반자 부근에 배기구가 있는 경우에는 그 부근에 설치할 것
- 감지기는 벽 또는 보로부터 0.6m 이상 떨어진 곳에 설치할 것

⑥ 연결송수관설비(NFPC 502)

배관	주배관	구경은 100mm 이상
가압 송수장치	토출량	• 펌프의 토출량은 2,400L/min(계단식 아파트는 1,200L/min) 이상 • 해당 층에 설치된 방수구가 3개를 초과(방수구가 5개 이상인 경우에는 5개)하는 것에 있어서는 1개마다 800L/min(계단식 아파트의 경우에는 400L/min)를 가산한 양
방수구	개폐기능	개폐기능을 가진 것으로 설치하여야 하며, 평상시 닫힌 상태를 유지
	구경	연결송수관설비의 전용 방수구 또는 옥내소화전 방수구로서 구경 65mm의 것으로 설치
	설치높이	호스 접결구는 바닥으로부터 높이 0.5m 이상 1m 이하의 위치에 설치
	위치표시	표시등 또는 축광식표지

⑦ 비상콘센트설비(NFPC 504)

전원	비상전원	지하층을 제외한 층수가 7층 이상으로서 연면적이 2,000m² 이상이거나 지하층의 바닥면적의 합계가 3,000m² 이상인 특정소방대상물의 비상콘센트설비에는 자가발전설비 등을 비상전원으로 설치
전원회로	규격	단상교류 220V인 것으로서, 그 공급용량은 1.5kVA 이상
	설치	• 전원회로는 각 층에 2 이상이 되도록 설치 • 콘센트마다 배선용 차단기를 설치해야 하며, 충전부가 노출되지 않도록 설치 • 하나의 전용회로에 설치하는 비상콘센트는 10개 이하
비상콘센트	설치높이	바닥으로부터 높이 0.8m 이상 1.5m 이하

비상콘센트설비를 설치해야 하는 특정소방대상물(소방시설법 시행령 별표 4)
- 층수가 11층 이상인 특정소방대상물의 경우에는 11층 이상의 층
- 지하층의 층수가 3층 이상이고 지하층의 바닥면적의 합계가 1,000m² 이상인 것은 지하층의 모든 층
- 터널로서 길이가 500m 이상인 것

📋 기출 확인

연결송수관설비의 방수구에 관한 설명으로 옳지 않은 것은?

① 방수구에는 방수구의 위치를 표시하는 표시등 또는 축광식 표지를 설치한다.
② 호스 접결구는 바닥으로부터 0.5m 이상 1m 이하의 위치에 설치한다.
③ 개폐기능을 가진 것으로 설치하여야 하며, 평상시 닫힌 상태를 유지하도록 한다.
❹ 연결송수관설비의 전용 방수구 또는 옥내소화전 방수구로서 구경 50mm의 것으로 설치한다.

📋 기출 확인

비상콘센트설비에 관한 설명으로 옳지 않은 것은?

❶ 층수가 6층 이상인 특정소방대상물의 전 층에 설치하여야 한다.
② 전원회로는 각 층에 있어서 2 이상이 되도록 설치하는 것을 원칙으로 한다.
③ 비상콘센트는 바닥으로부터 높이 0.8m 이상 1.5m 이하의 위치에 설치한다.
④ 소방시설 중 화재를 진압하거나 인명 구조활동을 위하여 사용하는 소화활동설비에 속한다.

CHAPTER 5

건축기사 필기
7개년 기출문제집

건축관계법규

SECTION 1 총칙 · 대지 · 건축

CORE 01 총칙 · 용어
CORE 02 국토 · 도시의 계획
CORE 03 국토 · 건축물의 분류
CORE 04 대지 · 도로 · 건축선
CORE 05 면적 · 높이 · 층고
CORE 06 건축허가 · 용도변경

SECTION 2 구조 · 피난 · 설비

CORE 07 구조 · 구획
CORE 08 피난 · 방화구조
CORE 09 설비기준

SECTION 3 주차장

CORE 10 총칙 · 노상 · 노외주차장
CORE 11 부설 · 기계식 주차장

CORE 01 총칙 · 용어

CHAPTER 5 건축관계법규 / SECTION 1 총칙 · 대지 · 건축

❶ 총칙 · 용어

① 건축물 · 건축법의 적용

건축물	토지에 정착하는 공작물 중 지붕과 기둥 또는 벽이 있는 것과 시설물 등
건축법 적용 제외	• 지정문화유산, 임시지정문화유산, 천연기념물 등 • 철도나 궤도의 선로 부지 내 운전보안시설 등 • 고속도로 통행료 징수시설 • 컨테이너 간이창고 • 하천구역 내 수문조작실

> **건축물(건축법 제2조 제1항 제2호)**
> 토지에 정착하는 공작물 중 지붕과 기둥 또는 벽이 있는 것과 이에 딸린 시설물, 지하나 고가의 공작물에 설치하는 사무소·공연장·점포·차고·창고, 그 밖에 대통령령으로 정하는 것
>
> **건축법 적용 제외(건축법 제3조 제1항)**
> • 문화유산법에 따른 지정문화유산이나 임시지정문화유산 또는 자연유산법에 따라 지정된 천연기념물 등이나 임시지정천연기념물, 임시지정명승, 임시지정시·도자연유산, 임시자연유산자료
> • 철도나 궤도의 선로 부지에 있는 운전보안시설, 철도 선로의 위나 아래를 가로지르는 보행시설, 플랫폼, 해당 철도 또는 궤도사업용 급수, 급탄 및 급유시설
> • 고속도로 통행료 징수시설
> • 컨테이너를 이용한 간이창고(공장의 용도로만 사용되는 건축물의 대지에 설치하는 것으로서 이동이 쉬운 것만 해당된다)
> • 하천법에 따른 하천구역 내의 수문조작실

② 공사관계자

건축주	공사를 발주하거나 현장 관리인을 두어 스스로 공사를 하는 자
설계자	설계도서를 작성하고 해설·지도하며 자문에 응하는 자
공사시공자	건설공사를 하는 자
공사감리자	시공확인, 품질관리·공사관리·안전관리 등에 대해 지도·감독하는 자
관계전문기술자	전문기술자격을 보유하고 설계 및 공사감리에 참여하는 자
건축지도원	위반 건축물의 발생을 예방하고 적법하게 유지·관리토록 지도하는 자

> **건축주(건축법 제2조 제1항 제12호)**
> 건축물의 건축·대수선·용도변경, 건축설비의 설치 또는 공작물의 축조에 관한 공사를 발주하거나 현장 관리인을 두어 스스로 그 공사를 하는 자
>
> **설계자(건축법 제2조 제1항 제13호)**
> 자기의 책임(보조자의 도움을 받는 경우를 포함한다)으로 설계도서를 작성하고 그 설계도서에서 의도하는 바를 해설하며, 지도하고 자문에 응하는 자
>
> **공사시공자(건축법 제2조 제1항 제16호)**
> 건설산업기본법 제2조 제4호에 따른 건설공사를 하는 자

📋 **기출 확인**

건축법령상 다음과 같이 정의되는 용어는?

> 건축물의 건축·대수선·용도변경, 건축설비의 설치 또는 공작물의 축조에 관한 공사를 발주하거나 현장 관리인을 두어 스스로 그 공사를 하는 자

❶ 건축주 ② 건축사
③ 설계자 ④ 공사시공자

➕ **더 알아보기**

설계도서
건축물의 건축 등에 관한 공사용 도면, 구조 계산서, 시방서, 그 밖에 공사에 필요한 서류를 말한다.

공사감리자(건축법 제2조 제1항 제15호)
자기의 책임(보조자의 도움을 받는 경우를 포함한다)으로 이 법으로 정하는 바에 따라 건축물, 건축설비 또는 공작물이 설계도서의 내용대로 시공되는지를 확인하고 품질관리, 공사관리, 안전관리 등에 대하여 지도·감독하는 자

관계전문기술자(건축법 제2조 제1항 제17호)
건축물의 구조·설비 등 건축물과 관련된 전문기술자격을 보유하고 설계와 공사감리에 참여하여 설계자 및 공사감리자와 협력하는 자

건축지도원(건축법 제37조 제1항)
특별자치시장·특별자치도지사 또는 시장·군수·구청장은 건축법 또는 건축법에 따른 명령이나 처분에 위반되는 건축물의 발생을 예방하고 건축물을 적법하게 유지·관리하도록 지도하기 위하여 대통령령으로 정하는 바에 따라 건축지도원을 지정할 수 있다.

건축지도원의 업무(건축법 시행령 제24조 제2항)
- 건축신고를 하고 건축 중에 있는 건축물의 시공 지도와 위법 시공 여부의 확인·지도 및 단속
- 건축물의 대지, 높이 및 형태, 구조 안전 및 화재 안전, 건축설비 등이 법령 등에 적합하게 유지·관리되고 있는지의 확인·지도 및 단속
- 허가를 받지 아니하거나 신고를 하지 아니하고 건축하거나 용도변경한 건축물의 단속

③ 건축의 범위

신축	건축물이 없는 대지에 새로 축조하는 것
증축	기존 건축물이 있는 대지에서 건축면적, 연면적, 층수, 높이를 늘리는 것
개축	기존 건축물의 전부 또는 일부 해체 후 같은 규모의 범위에서 다시 축조하는 것
재축	재해로 멸실된 경우 지정된 요건을 모두 갖추어 다시 축조하는 것
이전	주요구조부를 해체하지 않고 대지 내 다른 위치로 옮기는 것

건축(건축법 제2조 제1항 제8호)
건축물을 신축·증축·개축·재축하거나 건축물을 이전하는 것

신축(건축법 시행령 제2조 제1호)
건축물이 없는 대지(기존 건축물이 해체되거나 멸실된 대지를 포함한다)에 새로 건축물을 축조하는 것(부속건축물만 있는 대지에 새로 주된 건축물을 축조하는 것을 포함하되, 개축 또는 재축하는 것은 제외한다)

증축(건축법 시행령 제2조 제2호)
기존 건축물이 있는 대지에서 건축물의 건축면적, 연면적, 층수 또는 높이를 늘리는 것

개축(건축법 시행령 제2조 제3호)
기존 건축물의 전부 또는 일부(내력벽·기둥·보·지붕틀 중 셋 이상이 포함되는 경우를 말한다)를 해체하고 그 대지에 종전과 같은 규모의 범위에서 건축물을 다시 축조하는 것

재축(건축법 시행령 제2조 제4호)
건축물이 천재지변이나 그 밖의 재해로 멸실된 경우 그 대지에 다음의 요건을 모두 갖추어 다시 축조하는 것
- 연면적 합계는 종전 규모 이하로 할 것
- 동수, 층수 및 높이가 모두 종전 규모 이하일 것(동수, 층수 또는 높이의 어느 하나가 종전 규모를 초과하는 경우에는 해당 동수, 층수 및 높이가 건축법령 등에 모두 적합할 것)

이전(건축법 시행령 제2조 제5호)
건축물의 주요구조부를 해체하지 아니하고 같은 대지의 다른 위치로 옮기는 것

📋 기출 확인

다음 중 건축에 속하지 않는 것은?
❶ 대수선   ② 이전
③ 증축   ④ 개축

📋 기출 확인

다음은 건축법령상 증축의 정의이다. ( ) 안에 포함되지 않는 것은?

> "증축"이란 기존 건축물이 있는 대지에서 건축물의 ( )을/를 늘리는 것을 말한다.

① 층수   ② 높이
③ 연면적   ❹ 대지면적

📋 기출 확인

기존 건축물의 내력벽, 기둥, 보를 해체하고 그 대지에 종전과 같은 규모의 범위에서 건축물을 다시 축조하는 건축행위는?

① 신축   ② 증축
③ 재축   ❹ 개축

기출 확인

대수선의 범위에 속하지 않는 것은?

① 피난계단을 증설 또는 해체하는 것
② 지붕틀을 3개 이상 수선 또는 변경하는 것
③ 건축물의 외벽에 사용하는 마감재료를 증설 또는 해체하는 것
❹ 아파트의 세대 간 경계벽을 수선 또는 변경하는 것

기출 확인

다음 중 주요구조부에 속하지 않는 것은?

① 기둥
② 지붕틀
③ 바닥
❹ 옥외 계단

④ 대수선 및 리모델링

대수선	지정된 요건에 해당하는 것으로서 증축, 개축 또는 재축에 해당하지 않는 것
리모델링	건물의 노후화 억제, 기능 향상을 위한 대수선, 일부 증축 또는 개축

대수선의 범위(건축법 시행령 제3조의2)
다음의 어느 하나에 해당하는 것으로서 증축, 개축 또는 재축에 해당하지 않는 것
- 내력벽을 증설 또는 해체하거나 그 벽면적을 30m² 이상 수선 또는 변경하는 것
- 기둥, 보, 지붕틀을 증설 또는 해체하거나 3개 이상 수선 또는 변경하는 것
- 방화벽 또는 방화구획을 위한 바닥 또는 벽을 증설 또는 해체하거나 수선 또는 변경하는 것
- 주계단·피난계단 또는 특별피난계단을 증설 또는 해체하거나 수선 또는 변경하는 것
- 다가구주택의 가구 간 경계벽 또는 다세대주택의 세대 간 경계벽을 증설 또는 해체하거나 수선 또는 변경하는 것
- 건축물의 외벽에 사용하는 마감재료를 증설 또는 해체하거나 벽면적 30m² 이상 수선 또는 변경하는 것

리모델링(건축법 제2조 제1항 제10호)
건축물의 노후화를 억제하거나 기능 향상 등을 위하여 대수선하거나 건축물의 일부를 증축 또는 개축하는 행위

⑤ 주요구조부 외

주요구조부	• 내력벽, 기둥, 바닥, 보, 지붕틀 및 주계단 • 사이 기둥, 최하층 바닥, 작은 보, 차양, 옥외 계단 등은 제외
부속구조물	안전·기능·환경 등을 향상시키기 위한 환기시설물 등의 구조물
실내건축	내부 공간을 칸막이로 구획하거나 재료·장식물을 설치하는 것
건축설비	건축물에 설치하는 전기, 급배수, 승강기, 소화, 배연, 굴뚝, 피뢰침, 국기 게양대, 우편함 등의 설비

주요구조부(건축법 제2조 제1항 제7호)
내력벽, 기둥, 바닥, 보, 지붕틀 및 주계단을 말한다. 다만, 사이 기둥, 최하층 바닥, 작은 보, 차양, 옥외 계단, 그 밖에 이와 유사한 것으로 건축물의 구조상 중요하지 아니한 부분은 제외

부속구조물(건축법 제2조 제1항 제21호)
건축물의 안전·기능·환경 등을 향상시키기 위하여 건축물에 추가적으로 설치하는 환기시설물 등 대통령령으로 정하는 구조물

실내건축(건축법 제2조 제1항 제20호, 동법 시행령 제3조의4)
건축물의 실내를 안전하고 쾌적하며 효율적으로 사용하기 위하여 내부 공간을 칸막이로 구획하거나 벽지, 천장재, 바닥재, 유리 등 대통령령으로 정하는 재료 또는 장식물을 설치하는 것
- 벽, 천장, 바닥 및 반자틀의 재료
- 실내에 설치하는 난간, 창호 및 출입문의 재료
- 실내에 설치하는 전기·가스·급수, 배수·환기시설의 재료
- 실내에 설치하는 충돌·끼임 등 사용자의 안전사고 방지를 위한 시설의 재료

건축설비(건축법 제2조 제1항 제4호)
건축물에 설치하는 전기·전화 설비, 초고속 정보통신 설비, 지능형 홈네트워크 설비, 가스·급수·배수·환기·난방·냉방·소화·배연 및 오물처리의 설비, 굴뚝, 승강기, 피뢰침, 국기 게양대, 공동시청 안테나, 유선방송 수신시설, 우편함, 저수조, 방범시설, 그 밖에 국토교통부령으로 정하는 설비

⑥ 거실 및 발코니

거실	거주, 집무, 작업, 집회, 오락 등에 사용되는 방
발코니	전망, 휴식 등을 위해 건축물 외벽에 접하여 부가적으로 설치되는 공간

거실(건축법 제2조 제1항 제6호)
건축물 안에서 거주, 집무, 작업, 집회, 오락, 그 밖에 이와 유사한 목적을 위하여 사용되는 방

발코니(건축법 시행령 제2조 제14호)
- 건축물의 내부와 외부를 연결하는 완충공간으로서 전망이나 휴식 등의 목적으로 건축물 외벽에 접하여 부가적으로 설치되는 공간
- 주택에 설치되는 발코니로서 국토교통부장관이 정하는 기준에 적합한 발코니는 필요에 따라 거실·침실·창고 등의 용도로 사용할 수 있다.

⑦ 고층 건축물의 분류

고층 건축물	준초고층 건축물	초고층 건축물
층수 30층 이상 높이 120m 이상	초고층 건축물이 아닌 고층 건축물	층수 50층 이상 높이 200m 이상

고층 건축물(건축법 제2조 제1항 제19호)
층수가 30층 이상이거나 높이가 120m 이상인 건축물

준초고층 건축물(건축법 시행령 제2조 제15의2호)
고층 건축물 중 초고층 건축물이 아닌 것

초고층 건축물(건축법 시행령 제2조 제15호)
층수가 50층 이상이거나 높이가 200m 이상인 건축물

기출 확인

건축법령상 고층 건축물의 정의로 옳은 것은?

① 층수가 30층 이상이거나 높이가 90m 이상인 건축물
❷ 층수가 30층 이상이거나 높이가 120m 이상인 건축물
③ 층수가 50층 이상이거나 높이가 150m 이상인 건축물
④ 층수가 50층 이상이거나 높이가 200m 이상인 건축물

CORE 02 국토 · 도시의 계획

CHAPTER 5 건축관계법규 / SECTION 1 총칙 · 대지 · 건축

📋 기출 확인

중앙도시계획위원회에 관한 설명으로 틀린 것은?

① 위원장 및 부위원장은 위원 중에서 국토교통부장관이 임명하거나 위촉한다.
② 공무원이 아닌 위원의 수는 10명 이상으로 하고, 그 임기는 2년으로 한다.
❸ 위원장·부위원장 각 1명을 포함한 15명 이상 50명 이내의 위원으로 구성한다.
④ 회의는 재적위원 과반수의 출석으로 개의하고, 출석위원 과반수의 찬성으로 의결한다.

📋 기출 확인

지구단위계획구역 및 지구단위계획을 결정하는 계획은?

① 국가계획
② 광역도시계획
③ 도시·군기본계획
❹ 도시·군관리계획

❶ 국토의 계획

① 도시계획위원회

도시계획 등의 심의와 조사·연구 업무를 수행하기 위한 조직이다.

구분	중앙도시계획위원회	지방(시·도)도시계획위원회
위원장	위원 중에서 국토교통부장관이 임명 또는 위촉한다.	위원 중에서 해당 시·도지사가 임명 또는 위촉한다.
부위원장	위원 중에서 국토교통부장관이 임명 또는 위촉한다.	위원 중에서 호선(투표하여 뽑음)한다.
위원	국토교통부장관이 임명 또는 위촉한다.	시·도지사가 임명 또는 위촉한다.
전문위원	국토교통부장관이 임명한다.	해당 지방자치단체의 장이 임명한다.
구성	위원장·부위원장 각 1명을 포함한 25명 이상 30명 이하의 위원	좌동
회의	• 재적위원 과반수의 출석으로 개의한다. • 출석위원 과반수의 찬성으로 의결한다.	좌동
임기	공무원이 아닌 위원의 수는 10명 이상, 임기는 2년으로 한다.	의원·공무원이 아닌 위원의 임기는 2년으로 하되, 연임할 수 있다.
분과위원회	용도지역 등의 변경계획에 관한 사항 등을 심의한다.	용도지역 등의 변경계획에 관한 사항 등을 심의한다.
기타	–	광역도시계획, 도시·군기본계획 등을 검토하는 도시·군계획상임기획단을 둔다.

② 도시계획의 분류

광역도시계획		광역계획권의 장기발전 방향을 제시하는 계획이다.
도시·군계획		관할 구역(특별시·광역시·특별자치시·특별자치도·시 또는 군)의 공간구조와 발전 방향에 대한 계획이다.
	도시·군 기본계획	• 기본적인 공간구조와 장기발전 방향을 제시하는 종합계획이다. • 도시·군관리계획 수립의 지침이 되는 계획이다.
	도시·군 관리계획	• 개발, 정비, 보전을 위하여 수립하는 토지이용, 교통, 환경, 경관, 안전, 산업, 정보통신, 보건, 복지, 안보, 문화 등에 관한 계획이다. • 지구단위계획구역의 지정 또는 변경에 관한 계획과 지구단위계획이 포함된다.

도시·군계획(국토계획법 제2조 제2호)
특별시·광역시·특별자치시·특별자치도·시 또는 군(광역시의 관할 구역에 있는 군은 제외)의 관할 구역에 대하여 수립하는 공간구조와 발전 방향에 대한 계획으로서 도시·군기본계획과 도시·군관리계획으로 구분한다.

❷ 도시계획

① 광역도시계획

개요		광역계획권의 장기발전 방향을 제시하는 계획이다.
주요 내용	공간·기능	광역계획권의 공간 구조와 기능 분담에 관한 사항
	녹지·환경	광역계획권의 녹지관리체계와 환경 보전에 관한 사항
	광역시설	광역시설의 배치·규모·설치에 관한 사항
	경관계획	경관계획에 관한 사항
	상호 간 기능연계	광역계획권에 속하는 특별시·광역시 등 상호 간의 기능 연계에 관한 사항

광역도시계획(국토계획법 제2조 제1호)
광역계획권의 장기발전 방향을 제시하는 계획을 말한다.

광역도시계획의 수립권자(국토계획법 제11조 제1항)
- 광역계획권이 같은 도의 관할 구역에 속하여 있는 경우
  → 관할 시장 또는 군수가 공동으로 수립
- 광역계획권이 둘 이상의 시·도의 관할 구역에 걸쳐 있는 경우
  → 관할 시·도지사가 공동으로 수립
- 광역계획권을 지정한 날부터 3년이 지날 때까지 관할 시장 또는 군수로부터 광역도시계획의 승인 신청이 없는 경우 → 관할 도지사가 수립
- 국가계획과 관련된 광역도시계획의 수립이 필요한 경우나 광역계획권을 지정한 날부터 3년이 지날 때까지 관할 시·도지사로부터 광역도시계획의 승인 신청이 없는 경우
  → 국토교통부장관이 수립

광역도시계획의 승인·조정 등(주요사항)(국토계획법 제10조, 제16~17조)
- 국토교통부장관 또는 도지사는 필요한 경우에는 인접한 둘 이상의 특별시·광역시·특별자치시·특별자치도·시 또는 군의 관할 구역 전부 또는 일부를 대통령령으로 정하는 바에 따라 광역계획권으로 지정할 수 있다.
- 시·도지사는 광역도시계획을 수립하거나 변경하려면 국토교통부장관의 승인을 받아야 한다(국토계획법 제11조 제3항의 경우는 제외).
- 시장 또는 군수는 광역도시계획을 수립하거나 변경하려면 도지사의 승인을 받아야 한다.
- 광역도시계획을 공동으로 수립하는 시·도지사는 그 내용에 관하여 서로 협의가 되지 아니하면 공동이나 단독으로 국토교통부장관에게 조정을 신청할 수 있다.

② 도시·군기본계획

개요		기본적인 공간구조와 장기발전 방향을 제시하는 종합계획이다.
승인		도지사의 승인을 받아야 한다.
정비		5년마다 타당성 여부를 재검토하여 정비해야 한다.
주요 내용	지역·생활권	• 지역적 특성 및 계획의 방향·목표에 관한 사항 • 공간구조 및 인구의 배분에 관한 사항 • 생활권의 설정과 생활권역별 개발·정비 및 보전 등에 관한 사항
	토지·개발	• 토지의 이용 및 개발에 관한 사항 • 토지의 용도별 수요 및 공급에 관한 사항
	환경·녹지 등	• 환경의 보전 및 관리에 관한 사항 • 공원·녹지에 관한 사항 • 경관에 관한 사항 • 기후변화 대응 및 에너지절약에 관한 사항 • 방재·방범 등 안전에 관한 사항
	기반시설	기반시설에 관한 사항

📋 기출 확인

광역도시계획에 관한 내용으로 틀린 것은?

① 인접한 둘 이상의 특별시·광역시·특별자치시·특별자치도·시 또는 군의 관할 구역 전부 또는 일부를 광역계획권으로 지정할 수 있다.
❷ 군수가 광역도시계획을 수립하는 경우 도지사의 승인을 생략한다.
③ 광역계획권의 공간구조와 기능 분담에 관한 정책 방향이 포함되어야 한다.
④ 광역도시계획을 공동으로 수립하는 시·도지사는 그 내용에 관하여 서로 협의가 되지 아니하면 공동이나 단독으로 국토교통부장관에게 조정을 신청할 수 있다.

📋 기출 확인

국토의 계획 및 이용에 관한 법률상 도시·군기본계획의 내용에 포함되어야 하는 사항에 해당하지 않는 것은?

① 토지의 용도별 수요 및 공급에 관한 사항
② 토지의 이용 및 개발에 관한 사항
③ 공원·녹지에 관한 사항
❹ 광역시설의 배치·규모·설치에 관한 사항

기출 확인

국토의 계획 및 이용에 관한 법률에 따른 도시·군관리계획의 내용에 속하지 않는 것은?

❶ 광역계획권의 장기발전 방향에 관한 계획
② 도시개발사업이나 정비사업에 관한 계획
③ 기반시설의 설치·정비 또는 개량에 관한 계획
④ 용도지역·용도지구의 지정 또는 변경에 관한 계획

> **도시·군기본계획(국토계획법 제2조 제3호)**
> 특별시·광역시·특별자치시·특별자치도·시 또는 군의 관할 구역 및 생활권에 대하여 기본적인 공간구조와 장기발전 방향을 제시하는 종합계획으로서 도시·군관리계획 수립의 지침이 되는 계획을 말한다.

③ 도시·군관리계획

개요	개발, 정비, 보전을 위하여 수립하는 토지이용, 교통, 환경, 경관 등에 관한 계획이다.
효력	지형도면을 고시한 날부터 발생한다.
계획도	• 축척 1천분의 1 또는 축척 5천분의 1의 지형도에 명시한 도면으로 작성한다. • 해당 지형도가 없는 경우 축척 2만5천분의 1의 지형도에 명시한 도면으로 작성한다.
주요 내용	도시개발·정비 : 도시개발사업이나 정비사업에 관한 계획 용도지역·지구 : 용도지역·용도지구의 지정 또는 변경에 관한 계획 지구단위계획 구역 등 : • 지구단위계획구역의 지정·변경에 관한 계획, 지구단위계획 • 개발제한구역, 도시자연공원구역, 시가화조정구역, 수산자원보호구역의 지정 또는 변경에 관한 계획 • 도시혁신구역의 지정 또는 변경에 관한 계획과 도시혁신계획 • 복합용도구역의 지정 또는 변경에 관한 계획과 복합용도계획 • 도시·군계획시설입체복합구역의 지정 또는 변경에 관한 계획 기반시설 : 기반시설의 설치·정비 또는 개량에 관한 계획

> **도시·군관리계획(국토계획법 제2조 제4호)**
> 특별시·광역시·특별자치시·특별자치도·시 또는 군의 개발·정비 및 보전을 위하여 수립하는 토지 이용, 교통, 환경, 경관, 안전, 산업, 정보통신, 보건, 복지, 안보, 문화 등에 관한 계획을 말한다.

기출 확인

지구단위계획의 내용에 포함되어야 하는 사항이 아닌 것은?

① 교통처리계획
② 건축물의 용도 제한
❸ 건축물의 사선 제한
④ 건축물의 건폐율 또는 용적률

기출 확인

도시·군계획 수립 대상지역의 일부에 대하여 토지 이용을 합리화하고 그 기능을 증진시키며, 미관을 개선하고 양호한 환경을 확보하여, 그 지역을 체계적·계획적으로 관리하기 위하여 수립하는 도시·군관리계획은?

① 택지개발계획 ❷ 지구단위계획
③ 지구경관계획 ④ 광역도시계획

④ 지구단위계획

개요	도시·군계획 수립 대상지역의 일부를 체계적·계획적으로 관리하기 위한 계획이다.
기준	수립기준 등은 국토교통부장관이 정한다.
내용	용도지역·지구 : • 용도지역이나 용도지구를 세분하거나 변경하는 사항 • 기존의 용도지구를 폐지하고 그 용도지구에서의 건축물이나 그 밖의 시설의 용도·종류 및 규모 등의 제한을 대체하는 사항 토지·개발 : • 도로로 둘러싸인 일단의 지역 또는 계획적인 개발·정비를 위하여 구획된 일단의 토지의 규모와 조성계획 • 토지 이용의 합리화, 도시나 농촌 등의 기능 증진 등에 필요한 사항 계획·제한 : • 건축물의 용도 제한, 건축물의 건폐율 또는 용적률, 건축물 높이의 최고 한도 또는 최저 한도 • 건축물의 배치·형태·색채 또는 건축선에 관한 계획 • 환경관리계획 또는 경관계획, 교통처리계획 기반시설 : 기반시설의 배치와 규모

> **지구단위계획(국토계획법 제2조 제5호)**
> 도시·군계획 수립 대상지역의 일부에 대하여 토지 이용을 합리화하고 그 기능을 증진시키며 미관을 개선하고 양호한 환경을 확보하며, 그 지역을 체계적·계획적으로 관리하기 위하여 수립하는 도시·군관리계획을 말한다.
>
> **지구단위계획구역에서의 완화적용(국토계획법 시행령 제46조 제1항)**
> 도시지역 내 지구단위계획구역에서 건축물을 건축하려는 자가 그 대지의 일부를 공공시설 등의 부지로 제공하거나 공공시설 등을 설치하여 제공하는 경우에는 그 건축물에 대하여 지구단위계획으로 건폐율, 용적률, 높이 제한을 완화하여 적용할 수 있다.

지구단위계획구역의 지정(국토계획법 제51조 제1항, 일부생략)

다음의 어느 하나에 해당하는 지역의 전부 또는 일부에 대하여 지구단위계획구역을 지정할 수 있다.
- 용도지구
- 도시개발법에 따라 지정된 도시개발구역
- 도시 및 주거환경정비법에 따라 지정된 정비구역
- 택지개발촉진법에 따라 지정된 택지개발지구
- 주택법에 따른 대지조성사업지구
- 산업입지 및 개발에 관한 법률의 산업단지와 같은 준산업단지
- 관광진흥법에 따라 지정된 관광단지·관광특구
- 개발제한구역·도시자연공원구역·시가화조정구역 또는 공원에서 해제되는 구역, 녹지지역에서 주거·상업·공업지역으로 변경되는 구역과 새로 도시지역으로 편입되는 구역 중 계획적인 개발 또는 관리가 필요한 지역
- 도시지역의 체계적·계획적인 관리 또는 개발이 필요한 지역

지구단위계획의 변경(주요사항)(국토계획법 시행령 제25조 제4항, 일부생략)

지구단위계획 중 다음(※ 총 14개)의 어느 하나에 해당하는 경우에는 관계 행정기관의 장과의 협의, 국토교통부장관과의 협의 및 중앙도시계획위원회·지방도시계획위원회 등의 심의를 거치지 아니하고 지구단위계획을 변경할 수 있다.

가구면적	획지면적	건축물 높이	건축선
10% 이내의 변경	30% 이내의 변경	20% 이내의 변경	1m 이내의 변경

기출 확인

지구단위계획구역의 지정대상에 속하지 않는 것은?
① 대지조성사업지구
❷ 도시재건축사업구역
③ 관광특구
④ 택지개발지구

기출 확인

지구단위계획 중 관계 행정기관의 장과의 협의, 국토교통부장관과의 협의 및 중앙도시계획위원회·지방도시계획위원회 또는 공동위원회의 심의를 거치지 않고 변경할 수 있는 사항에 관한 기준 내용으로 옳은 것은?
① 건축선의 2m 이내의 변경인 경우
❷ 획지면적의 30% 이내의 변경인 경우
③ 가구면적의 20% 이내의 변경인 경우
④ 건축물의 높이의 30% 이내의 변경인 경우

❸ 기반시설·광역시설 등

① 기반시설(국토계획법 시행령 제2조 제1항)

교통시설		도로·철도·항만·공항·주차장·자동차정류장·궤도·차량 검사 및 면허시설
	도로	일반도로, 고가도로, 지하도로, 자동차전용도로, 보행자전용도로, 자전거전용도로, 보행자우선도로
	자동차정류장	여객자동차터미널, 물류터미널, 공영차고지, 공동차고지, 화물자동차 휴게소, 복합환승센터, 환승센터
공간시설		광장·공원·녹지·유원지·공공공지
	광장	교통광장, 일반광장, 경관광장, 지하광장, 건축물부설광장
유통·공급시설		유통업무설비, 수도·전기·가스·열공급설비, 방송·통신시설, 공동구·시장, 유류저장 및 송유설비
공공·문화체육시설		학교·공공청사·문화시설·공공필요성이 인정되는 체육시설·연구시설·사회복지시설·공공직업훈련시설·청소년수련시설
방재시설		하천·유수지·저수지·방화설비·방풍설비·방수설비·사방설비·방조설비
보건위생시설		장사시설·도축장·종합의료시설
환경기초시설		하수도·폐기물처리 및 재활용시설·빗물저장 및 이용시설·수질오염방지시설·폐차장

기출 확인

기반시설 중 자동차정류장의 세분에 속하지 않는 것은?
❶ 고속터미널
② 물류터미널
③ 공영차고지
④ 여객자동차터미널

기출 확인

기반시설 중 광장의 종류에 속하지 않는 것은?
① 건축물부설광장
❷ 전시광장
③ 지하광장
④ 교통광장

기출 확인

기반시설 중 공간시설에 속하지 않는 것은?
① 녹지 ② 유원지
❸ 유수지 ④ 공공공지

+ 더 알아보기

개발밀도관리구역

개발로 인하여 기반시설이 부족할 것으로 예상되나 기반시설을 설치하기 곤란한 지역을 대상으로 건폐율이나 용적률을 강화하여 적용하기 위하여 지정하는 구역을 말한다.

> **도시·군계획시설(국토계획법 제2조 제7호)**
> 기반시설 중 도시·군관리계획으로 결정된 시설을 말한다.
>
> **도시·군계획시설 결정의 실효(국토계획법 제48조 제1항)**
> 도시·군계획시설 결정이 고시된 도시·군계획시설에 대하여 그 고시일부터 20년이 지날 때까지 그 시설의 설치에 관한 도시·군계획시설사업이 시행되지 아니하는 경우 그 도시·군계획시설 결정은 그 고시일부터 20년이 되는 날의 다음날에 그 효력을 잃는다.
>
> **지방의회의 의견청취가 필요한 기반시설(국토계획법 시행령 제22조 제7항 제3호, 일부생략)**
> 다음의 어느 하나에 해당하는 기반시설의 설치·정비 또는 개량에 관한 도시·군관리계획의 결정 또는 변경결정
> 주간선도로, 도시철도, 여객자동차터미널, 공원(소공원·어린이공원 제외), 유통업무설비, 대학, 지방자치단체의 청사, 하수도(하수종말처리시설에 한한다), 폐기물처리 및 재활용시설, 수질오염방지시설

📋 기출 확인

다음 중 국토의 계획 및 이용에 관한 법령에 따른 광역시설에 속하지 않는 것은? (단, 둘 이상의 특별시·광역시·특별자치시·특별자치도·시 또는 군이 공동으로 이용하는 시설)

① 유원지
② 장사시설
③ 수질오염방지시설
❹ 하수도(하수종말처리시설 제외)

---

② **광역시설(국토계획법 시행령 제3조)**

개요	기반시설 중 광역적인 정비체계가 필요한 시설을 말한다.	
	걸쳐 있는 시설	둘 이상의 특별시·광역시·특별자치시·특별자치도·시 또는 군의 관할 구역에 걸쳐 있는 시설
	공동이용시설	둘 이상의 특별시·광역시·특별자치시·특별자치도·시 또는 군이 공동으로 이용하는 시설
걸쳐 있는 시설	도로·철도·광장·녹지, 수도·전기·가스·열공급설비, 방송·통신시설, 공동구, 유류저장 및 송유설비, 하천·하수도(하수종말처리시설 제외)	
공동이용시설	항만·공항·자동차정류장·공원·유원지·유통업무설비·문화시설·공공필요성이 인정되는 체육시설·사회복지시설·공공직업훈련시설·청소년수련시설·유수지·장사시설·도축장·하수도(하수종말처리시설에 한함)·폐기물처리 및 재활용시설·수질오염방지시설·폐차장	

📋 기출 확인

다음 중 공공시설에 속하지 않는 것은?

① 행정청이 설치한 공동구
② 행정청이 설치한 봉안시설
③ 행정청이 설치하지 아니한 광장
❹ 행정청이 설치하지 아니한 저수지

---

③ **공공시설(국토계획법 시행령 제4조)**

공공시설	• 도로, 공원, 철도, 수도 • 항만·공항·광장·녹지·공공공지·공동구·하천·유수지·방화설비·방풍설비·방수설비·사방설비·방조설비·하수도·구거(도랑) • 행정청이 설치하는 시설로서 주차장, 저수지 및 그 밖에 국토교통부령으로 정하는 시설 • 스마트도시법률에 따른 스마트도시서비스의 제공 등을 위한 스마트도시 통합운영센터 등 스마트도시의 관리·운영에 관한 시설

📋 기출 확인

다음 중 공동구의 설치목적과 가장 거리가 먼 것은?

① 미관의 개선
② 도로구조의 보전
③ 교통의 원활한 소통
❹ 유수지의 충분한 확보

---

④ **공동구**

개요	전기·가스·수도 등의 공급설비, 통신시설, 하수도시설 등 지하매설물을 공동 수용하여 지하에 설치하는 시설물을 말한다.
목적	• 미관의 개선 • 도로구조의 보전 • 교통의 원활한 소통

> **공동구(국토계획법 제2조 제9호)**
> 전기·가스·수도 등의 공급설비, 통신시설, 하수도시설 등 지하매설물을 공동 수용함으로써 미관의 개선, 도로구조의 보전 및 교통의 원활한 소통을 위하여 지하에 설치하는 시설물을 말한다.

CORE 03 국토·건축물의 분류

CHAPTER 5 건축관계법규 / SECTION 1 총칙·대지·건축

❶ 국토의 용도구분

① 용도지역(국토계획법 시행령 제30조 제1항)

토지의 이용, 건축물의 용도, 건폐율, 용적률 등을 제한하기 위해 결정하는 지역이다.

도시지역	인구와 산업이 밀집되어 있거나 밀집이 예상되어 그 지역에 대하여 체계적인 개발·정비·관리·보전 등이 필요한 지역			
	주거지역	전용주거지역	제1종	단독주택 중심의 양호한 주거
			제2종	공동주택 중심의 양호한 주거
		일반주거지역	제1종	저층주택 중심의 편리한 주거
			제2종	중층주택 중심의 편리한 주거
			제3종	중고층주택 중심의 편리한 주거
		준주거지역	주거기능 위주로 일부 상업 및 업무기능 보완	
	상업지역	중심상업지역	도심·부도심의 상업 및 업무기능의 확충	
		일반상업지역	일반적인 상업 및 업무기능의 담당	
		근린상업지역	근린지역에서의 일용품 및 서비스의 공급	
		유통상업지역	도시 및 지역 간 유통기능의 증진	
	공업지역	전용공업지역	중화학공업, 공해성 공업 등의 수용	
		일반공업지역	환경을 저해하지 않는 공업의 배치	
		준공업지역	• 경공업 및 기타 공업의 수용 • 주거, 상업, 업무기능의 보완	
	녹지지역	보전녹지지역	자연환경·경관·산림 및 녹지공간의 보전	
		생산녹지지역	농업적 생산을 위해 개발을 유보	
		자연녹지지역	도시의 녹지공간의 확보, 도시 확산의 방지, 장래 도시용지의 공급 등을 위한 보전	
관리지역	도시지역의 인구와 산업을 수용하기 위하여 도시지역에 준하여 체계적으로 관리하거나 농림업의 진흥, 자연환경 또는 산림의 보전을 위하여 농림지역 또는 자연환경보전지역에 준하여 관리할 필요가 있는 지역			
	보전관리지역	자연환경 보호, 산림 보호, 수질오염 방지, 녹지공간 확보 및 생태계 보전 등을 위하여 보전이 필요한 지역		
	생산관리지역	농업·임업·어업 생산 등을 위하여 관리가 필요한 지역		
	계획관리지역	도시지역으로의 편입이 예상되는 지역이나 자연환경을 고려하여 제한적인 이용·개발을 하려는 지역		
농림지역	도시지역에 속하지 않는 농업진흥지역 또는 보전산지 등으로서 농림업을 진흥시키고 산림을 보전하기 위하여 필요한 지역			
자연환경 보전지역	자연환경·수자원·해안·생태계·상수원 및 국가유산의 보전과 수산자원의 보호·육성 등을 위하여 필요한 지역			

📋 기출 확인

주거지역 중 단독주택 중심의 양호한 주거 환경을 보호하기 위하여 지정하는 지역은?

❶ 제1종 전용주거지역
② 제2종 전용주거지역
③ 제1종 일반주거지역
④ 제2종 일반주거지역

📋 기출 확인

주거기능을 위주로 이를 지원하는 일부 상업기능 및 업무기능을 보완하기 위하여 지정하는 주거지역의 세분은?

❶ 준주거지역
② 제1종 전용주거지역
③ 제1종 일반주거지역
④ 제2종 일반주거지역

📋 기출 확인

상업지역의 세분에 속하지 않는 것은?

① 중심상업지역
② 근린상업지역
③ 유통상업지역
❹ 전용상업지역

📋 기출 확인

국토의 계획 및 이용에 관한 법률에 따른 국토의 용도지역 구분에 속하지 않는 것은?

① 도시지역
② 농림지역
③ 관리지역
❹ 보전지역

📋 **기출 확인**

국토의 계획 및 이용에 관한 법령에 따른 용도지구에 속하지 않는 것은?

① 보호지구
② 취락지구
❸ 시설용지지구
④ 특정용도제한지구

📋 **기출 확인**

항만 또는 공항의 보호, 문화적·생태적으로 보존가치가 큰 지역의 보호와 보존을 위하여 필요한 용도지구는?

① 고도지구
② 특정용도제한지구
③ 개발진흥지구
❹ 보호지구

📋 **기출 확인**

국가유산·전통사찰 등 역사·문화적으로 보존가치가 큰 시설 및 지역의 보호 및 보존을 위하여 필요한 지구는?

① 생태계보호지구
② 역사문화미관지구
③ 중요시설보호지구
❹ 역사문화환경보호지구

> **용도지역(국토계획법 제2조 제15호)**
> 토지의 이용 및 건축물의 용도·건폐율·용적률·높이 등을 제한함으로써 토지를 경제적·효율적으로 이용하고 공공복리의 증진을 도모하기 위하여 서로 중복되지 아니하게 도시·군관리계획으로 결정하는 지역을 말한다.

② 용도지구(국토계획법 제37조)

용도지역의 제한을 강화하거나 완화하여 적용하기 위해 결정하는 지역이다.

경관지구	경관의 보전·관리 및 형성을 위하여 필요한 지구
고도지구	쾌적한 환경 조성 및 토지의 효율적 이용을 위하여 건축물 높이의 최고 한도를 규제할 필요가 있는 지구
방화지구	화재의 위험을 예방하기 위하여 필요한 지구
방재지구	풍수해, 산사태, 지반의 붕괴, 그 밖의 재해를 예방하기 위하여 필요한 지구
보호지구	국가유산, 중요 시설물(항만, 공항 등) 및 문화적·생태적으로 보존가치가 큰 지역의 보호와 보존을 위하여 필요한 지구
취락지구	녹지지역·관리지역·농림지역·자연환경보전지역·개발제한구역 또는 도시자연공원구역의 취락을 정비하기 위한 지구
개발진흥지구	주거기능·상업기능·공업기능·유통물류기능·관광기능·휴양기능 등을 집중적으로 개발·정비할 필요가 있는 지구
특정용도 제한지구	주거 및 교육 환경 보호나 청소년 보호 등의 목적으로 오염물질 배출시설, 청소년 유해시설 등 특정시설의 입지를 제한할 필요가 있는 지구
복합용도지구	지역의 토지이용 상황, 개발 수요 및 주변 여건 등을 고려하여 효율적이고 복합적인 토지이용을 도모하기 위하여 특정시설의 입지를 완화할 필요가 있는 지구

> **용도지구(국토계획법 제2조 제16호)**
> 토지의 이용 및 건축물의 용도·건폐율·용적률·높이 등에 대한 용도지역의 제한을 강화하거나 완화하여 적용함으로써 용도지역의 기능을 증진시키고 경관·안전 등을 도모하기 위하여 도시·군관리계획으로 결정하는 지역을 말한다.
>
> **경관지구 안에서의 건축 제한(국토계획법 시행령 제72조 제2항)**
> 경관지구 안에서의 건축물의 건폐율, 용적률, 높이, 최대 너비, 색채 및 대지 안의 조경 등에 관하여는 그 지구의 경관의 보전·관리·형성에 필요한 범위 안에서 도시·군계획조례로 정한다.
>
> **경관지구의 세분(국토계획법 시행령 제31조 제2항 제1호)**
>
> | | |
> |---|---|
> | 자연경관지구 | 산지·구릉지 등 자연경관을 보호하거나 유지하기 위하여 필요한 지구 |
> | 시가지경관지구 | 지역 내 주거지, 중심지 등 시가지의 경관을 보호 또는 유지하거나 형성하기 위하여 필요한 지구 |
> | 특화경관지구 | 지역 내 주요 수계의 수변 또는 문화적 보존가치가 큰 건축물 주변의 경관 등 특별한 경관을 보호 또는 유지하거나 형성하기 위하여 필요한 지구 |
>
> **보호지구의 세분(국토계획법 시행령 제31조 제2항 제5호)**
>
> | | |
> |---|---|
> | 역사문화환경 보호지구 | 국가유산·전통사찰 등 역사·문화적으로 보존가치가 큰 시설 및 지역의 보호와 보존을 위하여 필요한 지구 |
> | 중요시설물 보호지구 | 중요시설물(항만, 공항, 공용시설 등)의 보호와 기능의 유지 및 증진 등을 위하여 필요한 지구 |
> | 생태계 보호지구 | 야생동식물서식처 등 생태적으로 보존가치가 큰 지역의 보호와 보존을 위하여 필요한 지구 |

③ 용도구역(국토계획법 제38조~제40조)

용도지역·지구의 제한을 강화하거나 완화하여 적용하기 위해 결정하는 지역이다.

개발제한구역	도시의 무질서한 확산을 방지하고 도시주변의 자연환경을 보전하여 도시민의 건전한 생활환경을 확보하기 위하여 도시의 개발을 제한할 필요가 있거나 국방부장관의 요청이 있어 보안상 도시의 개발을 제한할 필요가 있다고 인정되는 경우에 지정 또는 변경되는 구역
도시자연공원구역	도시의 자연환경 및 경관을 보호하고 도시민에게 건전한 여가·휴식공간을 제공하기 위하여 도시지역 안에서 식생이 양호한 산지의 개발을 제한할 필요가 있다고 인정되면 지정 또는 변경되는 구역
시가화조정구역	도시지역과 그 주변지역의 무질서한 시가화를 방지하고 계획적·단계적인 개발을 도모하기 위하여 대통령령으로 정하는 기간(5년 이상 20년 이내) 동안 시가화를 유보할 필요가 있다고 인정되면 지정 또는 변경되는 구역
수산자원보호구역	수산자원을 보호·육성하기 위하여 필요한 공유수면이나 그에 인접한 토지에 대해 지정 또는 변경되는 구역

용도구역(국토계획법 제2조 제17호)

토지의 이용 및 건축물의 용도·건폐율·용적률·높이 등에 대한 용도지역 및 용도지구의 제한을 강화하거나 완화하여 따로 정함으로써 시가지의 무질서한 확산 방지, 계획적이고 단계적인 토지이용의 도모, 혁신적이고 복합적인 토지활용에 촉진, 토지이용의 종합적 조정·관리 등을 위하여 도시·군관리계획으로 결정하는 지역을 말한다.

시가화조정구역의 지정(국토계획법 제39조, 동법 시행령 제32조 제1항)

지정 목적	무질서한 시가화의 방지 및 계획적·단계적인 개발 도모
시가화 유보기간	5년 이상 20년 이내
지정·변경권자	• 시·도지사는 직접 또는 요청을 받아 시가화조정구역의 지정 또는 변경을 도시·군관리계획으로 결정할 수 있다. • 국가계획과 연계하여 시가화조정구역의 지정 또는 변경이 필요한 경우에는 국토교통부장관이 직접 시가화조정구역의 지정 또는 변경을 도시·군관리계획으로 결정할 수 있다.
효력	시가화조정구역의 지정에 관한 도시·군관리계획의 결정은 시가화 유보기간이 끝난 날의 다음날부터 그 효력을 잃는다.

시가화조정구역 안에서의 행위허가의 기준 등(국토계획법 시행령 별표 25 제2호)

허가를 거부할 수 없는 행위	축사의 설치	• 1가구당 300m^2 이하(기존 축사의 면적 포함), 나환자촌 500m^2 이하 • 과수원·초지 등의 관리사 인근에는 100m^2 이하의 축사를 별도로 설치할 수 있다.
	퇴비사의 설치	1가구당 100m^2 이하(기존 퇴비사의 면적 포함)
	잠실의 설치	뽕나무밭 조성면적 2,000m^2당 또는 뽕나무 1,800주당 50m^2 이하
	창고의 설치	• 시가화조정구역 안의 토지 또는 그 토지와 일체가 되는 토지에서 생산되는 생산물의 저장에 필요한 것 • 토지면적의 0.5% 이하(기존 창고의 면적 포함) • 감귤 저장 창고의 경우에는 1% 이하
	관리용 건축물의 설치	과수원·초지, 유실수단지 또는 원예단지 안에 설치하되, 생산에 직접 공여되는 토지면적의 0.5% 이하로서 33m^2 이하(기존 관리용 건축물의 면적 포함)

📋 **기출 확인**

개발제한구역의 지정목적과 가장 거리가 먼 것은?

① 도시의 무질서한 확산 방지
② 도시주변의 자연환경 보전
③ 도시민의 건전한 생활환경 확보
❹ 도시주변지역의 계획적·단계적 개발을 위한 시가화 유보

📋 **기출 확인**

시가화조정구역의 지정 시 시가화 유보기간으로 정할 수 있는 기간은?

① 3년 이상 5년 이내
② 3년 이상 10년 이내
❸ 5년 이상 20년 이내
④ 5년 이상 30년 이내

📋 **기출 확인**

시가화조정구역 안에서 허가를 거부할 수 없는 행위에 속하지 않는 것은 다음 중 어느 것인가?

① 1가구당 기존 퇴비사의 면적을 포함하여 100m^2 이하의 퇴비사의 설치
② 1가구당 기존 축사를 포함하여 300m^2 이하의 축사의 설치
❸ 과수원에서 기존 관리용 건축물의 면적을 포함하여 66m^2 이하의 관리용 건축물의 설치
④ 시가화조정구역 안의 토지 또는 그 토지와 일체가 되는 토지에서 생산되는 생산물의 저장에 필요한 것으로서 기존 창고면적을 포함하여 그 토지면적의 0.5% 이하의 창고의 설치

📋 **기출 확인**

다음 중 특별건축구역으로 지정할 수 있는 사업구역에 속하지 않는 것은?

❶ 도로법에 따른 접도구역
② 도시개발법에 따른 도시개발구역
③ 택지개발촉진법에 따른 택지개발사업구역
④ 혁신도시 조성 및 발전에 관한 특별법에 따른 혁신도시의 사업구역

📋 **기출 확인**

건축법령상 공동주택에 속하지 않는 것은?

① 기숙사 ② 연립주택
❸ 다가구주택 ④ 다세대주택

📋 **기출 확인**

공동주택 중 아파트는 주택으로 쓰는 층수가 최소 몇 개층 이상인 주택을 의미하는가?(단, 층수 산정 시 1층 전부를 필로티 구조로 하여 주차장으로 사용하는 경우에는 필로티 부분은 층수에서 제외)

① 4 ❷ 5
③ 7 ④ 11

📋 **기출 확인**

다음은 건축법령상 다세대주택의 정의이다. ( ) 안에 알맞은 것은?

> 주택으로 쓰는 1개 동의 바닥면적 합계가 (㉠) 이하이고, (㉡) 이하인 주택(2개 이상의 동을 지하주차장으로 연결하는 경우에는 각각의 동으로 본다)

① ㉠ 330m², ㉡ 3개 층
② ㉠ 330m², ㉡ 4개 층
③ ㉠ 660m², ㉡ 3개 층
❹ ㉠ 660m², ㉡ 4개 층

특별건축구역으로 지정할 수 없는 사업구역(건축법 제69조 제2항)
- 개발제한구역의 지정 및 관리에 관한 특별조치법에 따른 개발제한구역
- 자연공원법에 따른 자연공원
- 도로법에 따른 접도구역
- 산지관리법에 따른 보전산지

❷ 건축물의 용도구분

① 주택

단독주택	단독주택, 다중주택, 다가구주택, 공관
공동주택	아파트, 연립주택, 다세대주택, 기숙사

단독주택(주택법 제2조 제2호)
1세대가 하나의 건축물 안에서 독립된 주거생활을 할 수 있는 구조로 된 주택을 말한다.

다중주택이 갖추어야 할 요건(건축법 시행령 제3조의5 별표 1)
- 학생 또는 직장인 등 여러 사람이 장기간 거주할 수 있는 구조로 되어 있는 것
- 독립된 주거의 형태를 갖추지 않은 것(각 실별로 욕실은 설치할 수 있으나, 취사시설은 설치하지 않은 것을 말한다)
- 1개 동의 주택으로 쓰이는 바닥면적(부설주차장 면적 제외)의 합계가 660m² 이하이고 주택으로 쓰는 층수(지하층 제외)가 3개 층 이하일 것(1층의 전부 또는 일부를 필로티 구조로 하여 주차장으로 사용하고 나머지 부분을 주택 외의 용도로 쓰는 경우에는 해당 층을 주택의 층수에서 제외한다)

다가구주택이 갖추어야 할 요건(건축법 시행령 제3조의5 별표 1)
- 주택으로 쓰는 층수(지하층 제외)가 3개 층 이하일 것(1층의 전부 또는 일부를 필로티 구조로 하여 주차장으로 사용하고 나머지 부분을 주택 외의 용도로 쓰는 경우에는 해당 층을 주택의 층수에서 제외한다)
- 1개 동의 주택으로 쓰이는 바닥면적의 합계가 660m² 이하일 것
- 19세대 이하가 거주할 수 있을 것(대지 내 동별 세대수를 합한 세대)

공동주택(주택법 제2조 제3호)
건축물의 벽·복도·계단이나 그 밖의 설비 등의 전부 또는 일부를 공동으로 사용하는 각 세대가 하나의 건축물 안에서 각각 독립된 주거생활을 할 수 있는 구조로 된 주택을 말한다.

아파트(건축법 시행령 제3조의5 별표 1)
주택으로 쓰는 층수가 5개 층 이상인 주택

연립주택(건축법 시행령 제3조의5 별표 1)
주택으로 쓰는 1개 동의 바닥면적(2개 이상의 동을 지하주차장으로 연결하는 경우에는 각각의 동으로 본다) 합계가 660m²를 초과하고, 층수가 4개 층 이하인 주택

다세대주택(건축법 시행령 제3조의5 별표 1)
주택으로 쓰는 1개 동의 바닥면적 합계가 660m² 이하이고, 층수가 4개 층 이하인 주택(2개 이상의 동을 지하주차장으로 연결하는 경우에는 각각의 동으로 본다)

기숙사(건축법 시행령 제3조의5 별표 1)
- 일반기숙사 : 학교 또는 공장 등의 학생 또는 종업원 등을 위하여 쓰는 것으로서 1개 동의 공동취사시설 이용 세대 수가 전체의 50% 이상인 것
- 임대형기숙사 : 공공주택 특별법에 따른 공공주택사업자 또는 민간임대주택법에 따른 임대사업자가 임대사업에 사용하는 것으로서 임대 목적으로 제공하는 실이 20실 이상이고 해당 기숙사의 공동취사시설 이용 세대수가 전체 세대수의 50% 이상인 것

② 근린생활시설

구분	바닥면적 합계	종류
제1종 근린생활시설	1,000m² 미만	• 일용품 판매 소매점(식품, 잡화, 의류, 완구, 서적, 의약품 등) • 공공업무시설(파출소, 소방서, 우체국, 보건소, 공공도서관 등) • 통신용 시설, 전기자동차 충전소
	500m² 미만	탁구장, 체육도장
	300m² 미만	• 조리 및 제조하여 판매하는 시설(휴게음식점, 제과점 등) • 동물위탁관리업을 위한 시설(동물병원, 동물미용실 등)
	30m² 미만	일반업무시설(금융업소, 사무소, 부동산중개사무소 등, 소개업소, 출판사 등)
	무관	• 위생관리 및 세탁(이용원, 미용원, 목욕장, 세탁소 등) • 진료 및 치료시설(의원, 치과의원, 한의원, 조산원 등) • 공동이용시설(마을회관, 공중화장실, 대피소 등) • 변전소, 도시가스배관시설, 정수장, 양수장
제2종 근린생활시설	1,000m² 미만	자동차영업소
	500m² 미만	• 공연장(극장, 영화관, 연예장, 음악당, 서커스장 등) • 종교집회장(교회, 성당, 사찰, 기도원, 수도원 등) • 게임 및 체험관련시설(청소년게임, 인터넷컴퓨터게임 등) • 학원, 교습소(자동차학원, 무도학원, 원격교습 제외) • 직업훈련소(운전, 정비 관련 직업훈련소 제외) • 테니스장, 체력단련장, 볼링장, 당구장, 골프연습장 등 • 일반업무시설(제1종 근린생활시설에 해당하는 것은 제외) • 다중생활시설(고시원) • 제조, 가공, 수리 등을 위한 시설(제조업소, 수리점 등) • 주문배송시설
	300m² 이상	조리 및 제조하여 판매하는 시설(휴게음식점, 제과점 등)
	150m² 미만	단란주점
	무관	일반음식점, 서점(제1종 근린생활시설에 해당하지 않는 것), 총포판매소, 사진관, 표구점, 장의사, 동물병원(제1종 근린생활시설에 해당하지 않는 것), 독서실, 기원, 안마시술소, 노래연습장 등

③ 주요 시설 분류

문화 및 집회시설	• 공연장(제2종 근린생활시설에 해당하지 않는 것) • 집회장(예식장, 공회당, 장외 발매소 등으로서 제2종 근린생활시설에 해당하지 않는 것) • 관람장(경마장, 경륜장, 경정장, 등으로서 관람석의 바닥면적의 합계가 1,000m² 이상인 것) • 전시장(박물관, 미술관, 과학관, 문화관, 체험관, 기념관, 산업전시장, 박람회장 등) • 동·식물원(동물원, 식물원, 수족관 등)
교육연구시설 (제2종 근린생활시설 제외)	• 학교(유치원, 초등학교, 중학교, 고등학교, 전문대학, 대학, 대학교 등) • 교육원(연수원 등) • 직업훈련소(운전, 정비 관련 직업훈련소 제외) • 학원(자동차학원, 무도학원, 원격교습 제외), 연구소, 도서관
종교시설	• 종교집회장(제2종 근린생활시설에 해당하지 않는 것) • 종교집회장(제2종 근린생활시설에 해당하지 않는 것)에 설치하는 봉안당
의료시설	• 병원(종합병원, 병원, 치과병원, 한방병원, 정신병원, 요양병원) • 격리병원(전염병원, 마약진료소 등)
수련시설	• 생활권 수련시설(청소년수련관, 청소년문화의집 등) • 자연권 수련시설(청소년수련원, 청소년야영장 등) • 유스호스텔 등

기출 확인

다음 중 용도별 건축물의 종류가 잘못 연결된 것은?

① 공관 – 단독주택
② 기숙사 – 공동주택
③ 바닥면적이 500m²인 보건소 – 제1종 근린생활시설
❹ 바닥면적이 500m²인 교회 – 제2종 근린생활시설

기출 확인

제2종 근린생활시설에 속하는 것은?

① 도서관 ② 미술관
③ 한의원 ❹ 일반음식점

기출 확인

다음 중 해당 용도로 사용되는 바닥면적의 합계에 의해 건축물의 용도 분류가 다르게 되지 않는 것은?

❶ 오피스텔 ② 종교집회장
③ 골프연습장 ④ 휴게음식점

기출 확인

건축물의 용도분류상 문화 및 집회시설에 해당되는 것은?

❶ 박람회장 ② 종교집회장
③ 도서관 ④ 당구장

기출 확인

다음 중 건축법상 의료시설에 해당하는 것은?

① 동물병원 ❷ 마약진료소
③ 조산원 ④ 치과의원

📋 기출 확인

다음 중 건축법상의 숙박시설에 해당하지 않는 것은?

① 휴양콘도미니엄
② 가족호텔
③ 여인숙
❹ 유스호스텔

📋 기출 확인

다음 중 건축법령상 용도에 따른 건축물의 종류가 옳지 않은 것은?

① 교육연구시설 – 유치원
❷ 묘지 관련 시설 – 장례식장
③ 관광휴게시설 – 어린이회관
④ 문화 및 집회시설 – 수족관

📋 기출 확인

다음 중 용도별 건축물의 종류가 옳지 않은 것은?

① 공동주택 – 기숙사
② 의료시설 – 한방병원
❸ 자동차 관련 시설 – 주유소
④ 관광휴게시설 – 야외음악당

📋 기출 확인

건축법령상 다중이용건축물에 해당되지 않는 것은?(단, 해당하는 용도로 쓰는 바닥면적의 합계가 5,000m²인 건축물인 경우)

① 종교시설
② 판매시설
❸ 업무시설
④ 의료시설 중 종합병원

운동시설	• 탁구장, 체육도장, 골프연습장, 당구장 등(근린생활시설에 해당하지 않는 것) • 체육관으로서 관람석이 없거나 관람석 바닥면적이 1,000m² 미만인 것
업무시설	• 공공업무시설(국가 또는 지방자치단체의 청사와 외국공관의 건축물로서 제1종 근린생활시설에 해당하지 아니하는 것) • 일반업무시설(오피스텔과 금융업소, 사무소 등 소개업소, 출판사, 신문사 등으로서 근린생활시설에 해당하지 않는 것)
숙박시설	• 일반숙박시설(여관, 여인숙 등), 생활숙박시설(레지던스 등) • 관광숙박시설(관광호텔, 가족호텔, 휴양콘도미니엄 등) • 다중생활시설(제2종 근린생활시설에 해당하지 않는 것)
창고시설	창고, 하역장, 물류터미널, 집배송시설
자동차 관련 시설	• 주차장, 세차장, 폐차장, 검사장, 매매장, 정비공장 • 운전학원 및 정비학원(운전 및 정비 관련 직업훈련시설 포함) • 차고 및 주기장, 전기자동차 충전소(제1종 근린생활시설에 해당하지 않는 것)
동물 및 식물 관련 시설	축사, 가축시설, 도축장, 도계장, 작물 재배사, 종묘배양시설, 화초 및 분재 등의 온실
교정시설(제1종 근린생활시설 제외)	• 교정시설(보호감호소, 구치소 및 교도소) • 갱생보호시설, 소년원 및 소년분류심사원
국방·군사시설	국방·군사시설(제1종 근린생활시설에 해당하지 않는 것)
운수시설	여객자동차터미널, 철도시설, 공항시설, 항만시설
묘지 관련 시설	• 화장시설, 동물화장시설, 동물건조장시설, 동물 전용의 납골시설 • 봉안당(종교시설에 해당하는 것은 제외)
관광 휴게시설	야외음악당, 야외극장, 어린이회관, 관망탑, 휴게소 등

④ 기타 시설 분류

판매시설	도매시장, 소매시장, 상점
노유자시설	아동 관련 시설(어린이집, 아동복지시설), 노인복지시설 등
위락시설	• 단란주점(제2종 근린생활시설에 해당하지 않는 것), 유흥주점, 무도장 등 • 카지노영업소
공장	물품의 제조, 가공 또는 수리에 이용되는 건축물
위험물저장 및 처리시설	주유소, 액화석유가스 충전소, 위험물 제조소, 화약류 저장소 등
자원순환 관련 시설	하수 등 처리시설, 고물상, 폐기물재활용시설 등
방송통신시설	방송국, 전신전화국, 촬영소, 통신용시설, 데이터센터 등
발전시설	발전소(제1종 근린생활시설에 해당하지 않는 것)
장례시설	장례식장(의료시설의 부수시설에 해당하는 것은 제외), 동물전용장례식장
야영장시설	야영장시설로서 해당 용도로 쓰는 바닥면적의 합계가 300m² 미만인 것

> **다중이용건축물(건축법 시행령 제2조 제17호)**
> • 16층 이상인 건축물
> • 다음의 어느 하나에 해당하는 용도로 쓰는 바닥면적의 합계가 5,000m² 이상인 건축물
> – 문화 및 집회시설(동물원 및 식물원은 제외한다), 종교시설, 판매시설, 운수시설 중 여객용 시설, 의료시설 중 종합병원, 숙박시설 중 관광숙박시설

❸ 용도지역별 건축물의 제한

① 전용주거지역 안에서 건축할 수 있는 건축물(국토계획법 시행령 별표 2~3)

구분	제1종	제2종
공동주택	연립주택, 다세대주택	아파트, 연립주택, 다세대주택, 기숙사
제1종 근린생활시설	• 바닥면적 합계 1,000m² 미만 • 일반업무시설, 전기자동차 충전소 제외	바닥면적 합계 1,000m² 미만
공통	• 단독주택 중 단독주택, 다중주택, 다가구주택, 공관 • 제2종 근린생활시설 중 종교집회장 • 문화 및 집회시설(바닥면적 합계 1,000m² 미만) 중 박물관, 미술관, 체험관, 기념관 • 종교시설(바닥면적 합계 1,000m² 미만) • 교육연구시설 중 유치원, 초등학교, 중학교, 고등학교 • 노유자시설, 자동차 관련 시설 중 주차장	

> **기출 확인**
> 국토의 계획 및 이용에 관한 법령상 제2종 전용주거지역 안에서 건축할 수 있는 건축물에 속하지 않는 것은?
> ① 공동주택
> ❷ 판매시설
> ③ 노유자시설
> ④ 교육연구시설 중 고등학교

② 일반주거지역 안에서 건축할 수 있는 건축물(국토계획법 시행령 별표 4~6)

구분	제1종(4층 이하의 건축물)	제2종	제3종
업무시설 (바닥면적 합계 3,000m² 미만)	오피스텔	오피스텔, 공공업무시설, 금융업소, 사무소	제외 없음(바닥면적 합계 3,000m² 이하)
공동주택	연립주택, 다세대주택, 기숙사	아파트, 연립주택, 다세대주택, 기숙사	
문화 및 집회시설	공연장 및 관람장 제외	관람장 제외	
운동시설	골프연습장(철탑 설치) 제외	제외 없음	
자동차 관련 시설	주차장, 세차장	주차장, 세차장, 차고 및 주기장	
동물 및 식물 관련 시설	화초 및 분재 등의 온실	화초 및 분재 등의 온실, 작물 재배사, 종묘배양시설	
공통	• 단독주택 중 단독주택, 다중주택, 다가구주택, 공관 • 제1종 근린생활시설, 제2종 근린생활시설(단란주점 및 안마시술소 제외) • 교육연구시설 중 유치원, 초등학교, 중학교, 고등학교 • 노유자시설, 종교시설, 수련시설, 창고시설, 의료시설(격리병원 제외) • 판매시설(바닥면적 합계 2,000m² 미만) 중 소매시장, 상점 • 위험물 저장 및 처리시설 중 주유소, 석유판매소, 액화가스 취급소·판매소, 도료류 판매소, 연료공급시설, 액화석유가스충전소 및 고압가스 충전·저장소 • 교정시설, 국방·군사시설, 방송통신시설, 발전시설, 야영장시설		

> **기출 확인**
> 제2종 일반주거지역 안에서 건축할 수 있는 건축물에 속하지 않는 것은?
> ① 아파트
> ② 노유자시설
> ③ 문화 및 집회시설 중 전시장
> ❹ 문화 및 집회시설 중 관람장

> **기출 확인**
> 제2종 일반주거지역에서 건축할 수 있는 건축물에 속하지 않는 것은?
> ① 종교시설
> ❷ 숙박시설
> ③ 노유자시설
> ④ 제1종 근린생활시설

③ 준주거지역 안에서 건축할 수 없는 건축물(국토계획법 시행령 별표 7)

건축할 수 없는 건축물	근린생활시설 중 단란주점, 판매시설 중 일반게임제공업의 시설, 의료시설 중 격리병원, 숙박시설(예외 있음), 위락시설, 공장(예외 있음), 위험물 저장 및 처리시설(예외 있음), 자동차 관련 시설 중 폐차장, 축사, 도축장, 도계장, 자원순환 관련 시설, 묘지 관련 시설

> **기출 확인**
> 준주거지역 안에서 건축할 수 없는 건축물에 속하지 않는 것은?
> ① 위락시설
> ② 자원순환 관련 시설
> ③ 의료시설 중 격리병원
> ❹ 문화 및 집회시설 중 공연장

일반상업지역 안에서 건축할 수 없는 건축물(국토계획법 시행령 별표 9)
건축할 수 없는 건축물 중 주요 사항은 아래와 같다.
• 시내버스차고지 외의 지역에 설치하는 액화석유가스 충전소 및 고압가스 충전소·저장소
• 자동차 관련 시설 중 폐차장
• 자원순환 관련 시설
• 묘지 관련 시설

> **기출 확인**
> 국토의 계획 및 이용에 관한 법령상 일반상업지역에서 건축할 수 있는 건축물은?
> ① 묘지 관련 시설
> ② 자원순환 관련 시설
> ❸ 의료시설 중 요양병원
> ④ 자동차 관련 시설 중 폐차장

📋 기출 확인

범죄예방 기준에 따라 건축하여야 하는 대상 건축물에 속하지 않는 것은?

① 수련시설
② 업무시설 중 오피스텔
❸ 숙박시설 중 일반숙박시설
④ 아파트

자연녹지지역 안에서 건축할 수 있는 건축물의 층수(국토계획법 시행령 별표 17)
- 건축할 수 있는 건축물은 4층 이하의 건축물에 한한다.
- 4층 이하의 범위 안에서 도시·군계획조례로 따로 층수를 정하는 경우에는 그 층수 이하의 건축물에 한한다.

건축물의 범죄예방(건축법 제53조의2, 동법 시행령 제63조의7)
다음 중 어느 하나에 해당하는 건축물은 범죄예방 기준에 따라 건축해야 한다.
- 다가구주택, 아파트, 연립주택 및 다세대주택
- 제1종 근린생활시설 중 일용품을 판매하는 소매점
- 제2종 근린생활시설 중 다중생활시설
- 문화 및 집회시설(동·식물원은 제외한다)
- 교육연구시설(연구소 및 도서관은 제외한다)
- 노유자시설
- 수련시설
- 업무시설 중 오피스텔
- 숙박시설 중 다중생활시설

CHAPTER 5 건축관계법규 / SECTION 1 총칙·대지·건축

CORE 04 대지·도로·건축선

❶ 대지

① 정의

대지	각 필지로 나눈 토지
대지면적	대지의 수평투영면적

대지(건축법 제2조 제1호)
공간정보의 구축 및 관리 등에 관한 법률에 따라 각 필지로 나눈 토지를 말한다.

대지면적에서 제외되는 항목(건축법 시행령 제119조 제1항 제1호)
대지면적은 대지의 수평투영면적으로 한다. 다만, 다음의 어느 하나에 해당하는 면적은 제외한다.
- 대지에 건축선이 정하여진 경우 : 그 건축선과 도로 사이의 대지면적
- 대지에 도시·군계획시설인 도로·공원 등이 있는 경우 : 그 도시·군계획시설에 포함되는 대지면적(국토계획법에 따라 건축물 또는 공작물을 설치하는 도시·군계획시설의 부지는 제외한다)

둘 이상의 필지를 하나의 대지로 할 수 있는 토지(건축법 시행령 제3조 제1항)
- 하나의 건축물을 두 필지 이상에 걸쳐 건축하는 경우
- 합병이 불가능한 경우 중 다음 어느 하나에 해당하는 경우
  ※ 토지의 소유자가 서로 다르거나 소유권 외의 권리관계가 서로 다른 경우는 제외
  – 각 필지의 지번부여지역이 서로 다른 경우
  – 각 필지의 도면의 축척이 다른 경우
  – 서로 인접하고 있는 필지로서 각 필지의 지반이 연속되지 아니한 경우
- 도시·군계획시설에 해당하는 건축물을 건축하는 경우
- 사업계획승인을 받아 주택과 그 부대시설 및 복리시설을 건축하는 경우
- 도로의 지표 아래에 건축하는 건축물의 경우
- 사용승인을 신청할 때 둘 이상의 필지를 하나의 필지로 합칠 것을 조건으로 건축허가를 하는 경우

하나 이상의 필지의 일부를 하나의 대지로 할 수 있는 토지(건축법 시행령 제3조 제2항)
- 하나 이상의 필지의 일부에 대하여 도시·군계획시설이 결정·고시된 경우
  → 그 결정·고시된 부분의 토지
- 하나 이상의 필지의 일부에 대하여 농지법에 따른 농지전용허가를 받은 경우
  → 그 허가받은 부분의 토지
- 하나 이상의 필지의 일부에 대하여 산지관리법에 따른 산지전용허가를 받은 경우
  → 그 허가받은 부분의 토지
- 하나 이상의 필지의 일부에 대하여 국토의 계획 및 이용에 관한 법률에 따른 개발행위허가를 받은 경우 → 그 허가받은 부분의 토지
- 사용승인을 신청할 때 필지를 나눌 것을 조건으로 건축허가를 하는 경우
  → 그 필지가 나누어지는 토지

📋 기출 확인

건축법상 둘 이상의 필지를 하나의 대지로 할 수 있는 토지가 아닌 것은?
① 각 필지의 지번지역이 서로 다른 경우
❷ 토지의 소유자가 다르고 소유권 외의 권리관계는 같은 경우
③ 각 필지의 도면의 축척이 다른 경우
④ 상호 인접하고 있는 필지로서 각 필지의 지반이 연속되지 아니한 경우

📋 기출 확인

하나 이상의 필지의 일부를 하나의 대지로 할 수 있는 토지 기준에 해당하지 않는 것은?
① 도시·군계획시설이 결정·고시된 경우 그 결정·고시된 부분의 토지
② 농지법에 따른 농지전용허가를 받은 경우 그 허가받은 부분의 토지
❸ 국토의 계획 및 이용에 관한 법률에 따른 지목변경허가를 받은 경우 그 허가받은 부분의 토지
④ 산지관리법에 따른 산지전용허가를 받은 경우 그 허가받은 부분의 토지

기출 확인

건축물이 있는 대지 분할 제한조건과 관련이 없는 규정은?

① 대지와 도로의 관계
❷ 건축물의 피난시설, 용도 제한규정
③ 대지 안의 공지
④ 일조 등의 확보를 위한 건축물의 높이 제한

기출 확인

손궤의 우려가 있는 토지에 대지를 조성하는 경우 설치하는 옹벽에 관한 기준 내용으로 옳지 않은 것은?

① 옹벽에는 3m²마다 하나 이상의 배수구멍을 설치하여야 한다.
② 옹벽의 높이가 2m 이상인 경우에는 콘크리트구조로 하는 것이 원칙이다.
❸ 옹벽의 외벽면에 설치하는 배수를 위한 시설은 밖으로 튀어나오지 않도록 하여야 한다.
④ 옹벽의 윗가장자리로부터 안쪽으로 2m 이내에 묻는 배수관은 주철관, 강관 또는 흄관으로 하고, 이음부분은 물이 새지 않도록 하여야 한다.

기출 확인

대지면적이 600m²인 건축물의 옥상에 조경면적을 60m² 설치한 경우, 대지에 설치하여야 하는 최소 조경면적은?(단, 조경설치기준은 대지면적의 10%)

① 10m²   ② 20m²
❸ 30m²   ④ 40m²

조경면적 : 600m² × 0.1 = 60m²
조경면적의 50% : 60m² × 0.5 = 30m²
옥상조경면적의 2/3 : 60m² × 2/3 = 40m²
대지의 조경면적 : 60m² − 30m² = 30m²

---

② **대지의 분할 제한**(건축법 제57조, 동법 시행령 제80조)

최소 면적	건축물이 있는 대지는 아래 범위에서 정하는 면적에 못 미치게 분할할 수 없다.		
	주거지역·기타 지역	상업지역·공업지역	녹지지역
	60m²	150m²	200m²
분할 제한조건	• 대지와 도로의 관계 • 건축물의 건폐율 • 건축물의 용적률 • 대지 안의 공지 • 건축물의 높이 제한 • 일조 등의 확보를 위한 건축물의 높이 제한		

③ **대지의 조성**

개요		손궤(무너져 내림)의 우려가 있는 토지에 대지를 조성하려면 옹벽을 설치하거나 그 밖에 필요한 조치를 해야 한다.
옹벽의 설치기준	설치	성토 또는 절토하는 부분의 경사도가 1 : 1.5 이상으로서 높이가 1m 이상인 부분에는 옹벽을 설치할 것
	구조	• 옹벽의 높이가 2m 이상인 경우에는 이를 콘크리트구조로 할 것 • 옹벽의 외벽면에는 지지 또는 배수를 위한 시설 외의 구조물이 밖으로 튀어나오지 아니하게 할 것 • 성토부분의 높이는 인접 대지의 지표면보다 0.5m 이상 높게 하지 아니할 것(지형조건상 부득이한 경우 제외)
	배수	• 3m²마다 하나 이상의 배수구멍을 설치할 것 • 옹벽의 윗가장자리로부터 안쪽으로 2m 이내에 묻는 배수관은 주철관, 강관 또는 흄관으로 하고, 이음 부분은 물이 새지 아니하도록 할 것 • 옹벽의 윗가장자리로부터 안쪽으로 2m 이내에서의 지표수는 지상으로 또는 배수관으로 배수하여 옹벽의 구조상 지장이 없도록 할 것

> **토지의 굴착부분에 대한 조치**(건축법 시행규칙 제26조 제2항)
> 성토부분·절토부분 또는 되메우기를 하지 아니하는 굴착부분의 비탈면으로서 옹벽을 설치하지 아니하는 부분에 대하여는 다음의 환경의 보전을 위한 조치를 하여야 한다.
> • 배수를 위한 수로는 돌 또는 콘크리트를 사용하여 토양의 유실을 막을 수 있도록 할 것
> • 높이가 3m를 넘는 경우에는 높이 3m 이내마다 그 비탈면적의 5분의 1 이상에 해당하는 면적의 단을 만들 것. 다만, 허가권자가 그 비탈면의 토질·경사도 등을 고려하여 붕괴의 우려가 없다고 인정하는 경우에는 그러하지 아니하다.
> • 비탈면에는 토양의 유실방지와 미관의 유지를 위하여 나무 또는 잔디를 심을 것. 다만, 나무 또는 잔디를 심는 것으로는 비탈면의 안전을 유지할 수 없는 경우에는 돌붙이기를 하거나 콘크리트블록격자 등의 구조물을 설치하여야 한다.

④ **대지의 조경**(건축법 시행령 제27조)

조경면적	대지면적의 5% 이상	공장 및 물류시설(연면적 합계 1,500m² 이상 2,000m² 미만)
	대지면적의 10% 이상	• 공장 및 물류시설(연면적 합계 2,000m² 이상) • 공항시설 • 철도 중 역시설 • 면적 200m² 이상 300m² 미만 대지에 건축하는 건축물
옥상조경		• 옥상조경면적의 2/3를 대지 내 조경면적으로 산정 • 조경면적으로 산정하는 옥상조경면적은 조경면적의 50%를 초과할 수 없음

대지의 조경(건축법 제42조 제1항)
면적이 200m² 이상인 대지에 건축을 하는 건축주는 용도지역 및 건축물의 규모에 따라 해당 지방자치단체의 조례로 정하는 기준에 따라 대지에 조경이나 그 밖에 필요한 조치를 해야 한다.

건축물의 옥상조경(건축법 시행령 제27조 제3항)
- 건축물의 옥상에 조경이나 그 밖에 필요한 조치를 하는 경우에는 옥상부분 조경면적의 3분의 2에 해당하는 면적을 대지의 조경면적으로 산정할 수 있다.
- 조경면적으로 산정하는 옥상부분 조경면적은 조경면적의 100분의 50을 초과할 수 없다.

조경 제외대상 건축물(건축법 시행령 제27조 제1항)
- 녹지지역에 건축하는 건축물
- 면적 5,000m² 미만인 대지에 건축하는 공장
- 연면적의 합계가 1,500m² 미만인 공장, 물류시설(주거지역 또는 상업지역에 건축하는 것은 제외한다)
- 산업단지의 공장
- 축사, 가설건축물
- 대지에 염분이 함유되어 있는 경우 또는 건축물 용도의 특성상 조경 등의 조치를 하기가 곤란하거나 조경 등의 조치를 하는 것이 불합리한 경우로서 건축조례로 정하는 건축물
- 자연환경보전지역·농림지역 또는 관리지역(지구단위계획구역으로 지정된 지역은 제외한다)의 건축물
- 다음 중 건축조례로 정하는 건축물 : 관광지 또는 관광단지에 설치하는 관광시설, 전문휴양업의 시설 또는 종합휴양업의 시설, 관광·휴양형 지구단위계획구역에 설치하는 관광시설, 골프장

❷ 도로·건축선

① 도로

정의	보행, 차량 통행이 가능한 너비 4m 이상의 도로
제한사항	• 건축물의 대지는 2m 이상이 도로에 접해야 한다. • 연면적의 합계가 2,000m²(공장인 경우에는 3,000m²) 이상인 건축물의 대지는 너비 6m 이상의 도로에 4m 이상 접해야 한다.

도로(건축법 제2조 제1항 제11호)
보행과 자동차 통행이 가능한 너비 4m 이상의 도로(지형적으로 자동차 통행이 불가능한 경우와 막다른 도로의 경우에는 대통령령으로 정하는 구조와 너비의 도로)

지형적 조건 등에 따른 도로의 구조와 너비(건축법 시행령 제3조의3)
- 특별자치시장·특별자치도지사 또는 시장·군수·구청장이 지형적 조건으로 인하여 차량 통행을 위한 도로의 설치가 곤란하다고 인정하여 그 위치를 지정·공고하는 구간의 너비 3m 이상(길이가 10m 미만인 막다른 도로인 경우에는 너비 2m 이상)인 도로
- 막다른 도로로서 그 도로의 너비가 그 길이에 따라 각각 다음 기준 이상인 도로

막다른 도로의 길이	10m 미만	10m 이상 35m 미만	35m 이상
도로의 너비	2m	3m	6m(읍·면지역은 4m)

대지와 도로의 관계(건축법 제44조 제1항, 동법 시행령 제28조 제2항)
- 건축물의 대지는 2m 이상이 도로(자동차만의 통행에 사용되는 도로는 제외)에 접해야 한다.
- 연면적의 합계가 2,000m²(공장인 경우에는 3,000m²) 이상인 건축물(축사, 작물 재배사, 그 밖에 이와 비슷한 건축물로서 건축조례로 정하는 규모의 건축물은 제외한다)의 대지는 너비 6m 이상의 도로에 4m 이상 접해야 한다.

📋 기출 확인
다음은 대지의 조경에 관한 기준 내용이다. ( ) 안에 알맞은 것은?

> 면적이 ( ) 이상인 대지에 건축을 하는 건축주는 용도지역 및 건축물의 규모에 따라 해당 지방자치단체의 조례로 정하는 기준에 따라 대지에 조경이나 그 밖에 필요한 조치를 하여야 한다.

① 100m²　　❷ 200m²
③ 300m²　　④ 500m²

📋 기출 확인
건축법령상 건축을 하는 경우 조경 등의 조치를 하지 아니할 수 있는 건축물 기준으로 옳지 않은 것은?

① 축사
② 녹지지역에 건축하는 건축물
❸ 연면적의 합계가 2,000m² 미만인 공장
④ 면적 5,000m² 미만인 대지에 건축하는 공장

📋 기출 확인
건축물의 대지는 원칙적으로 최소 얼마 이상이 도로에 접하여야 하는가?

① 1m　　❷ 2m
③ 3m　　④ 4m

📋 기출 확인
다음의 대지와 도로와의 관계에 관한 기준 내용 중 ( ) 안에 알맞은 것은?

> 연면적 합계가 2,000m² 이상인 건축물의 대지는 너비 (㉠) 이상의 도로에 (㉡) 이상 접하여야 한다.

① ㉠ 8m, ㉡ 6m
② ㉠ 8m, ㉡ 4m
❸ ㉠ 6m, ㉡ 4m
④ ㉠ 4m, ㉡ 2m

기출 확인

그림과 같은 직사각형 대지의 대지면적은?

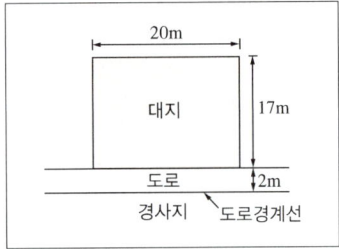

① 280m²　❷ 300m²
③ 320m²　④ 340m²

도로 반대쪽의 경사지에서 4m 후퇴
대지면적 = 20m × (17m − 2m)
　　　　 = 300m²

기출 확인

다음은 건축선에 따른 건축 제한에 관한 기준 내용이다. (　) 안에 알맞은 것은?

> 도로면으로부터 높이 (　)m 이하에 있는 출입구, 창문, 그 밖에 이와 유사한 구조물은 열고 닫을 때 건축선의 수직면을 넘지 아니하는 구조로 한다.

① 1.5　② 2.5
③ 3.5　❹ 4.5

기출 확인

시장·군수·구청장이 국토의 계획 및 이용에 관한 법률에 따른 도시지역에서 건축선을 따로 지정할 수 있는 최대 범위는?

① 2m　② 3m
❸ 4m　④ 6m

② 건축선(건축법 시행령 제31조)

정의	건축물을 건축할 수 있는 대지와 도로의 경계선

건축선의 설정	• 폭 4m 미만 도로에 접한 경우, 도로의 중심선에서 2m 물러난 선 • 폭 4m 미만 도로의 반대쪽에 경사지, 하천, 철도, 선로부지 등이 있는 경우, 그 경사지 등이 있는 쪽의 도로경계선에서 4m 물러난 선 • 너비 8m 미만인 도로의 모퉁이에 위치한 대지의 도로모퉁이 부분의 건축선은 그 대지에 접한 도로경계선의 교차점으로부터 도로경계선에 따라 다음의 표에 따른 거리를 각각 후퇴한 두 점을 연결한 선

도로의 교차각	해당 도로의 너비		교차되는 도로의 너비
	6m 이상 8m 미만	4m 이상 6m 미만	
90° 미만	4m	3m	6m 이상 8m 미만
	3m	2m	4m 이상 6m 미만
90° 이상 120° 미만	3m	2m	6m 이상 8m 미만
	2m	2m	4m 이상 6m 미만

건축선의 수직면을 넘지 않는 부분	• 건축물과 담장 • 도로면으로부터 높이 4.5m 이하의 출입구, 창문 등

건축선(건축법 제46조 제1항)
도로와 접한 부분에 건축물을 건축할 수 있는 선으로, 대지와 도로의 경계선으로 한다.

건축선의 지정(건축법 제46조 제1항)
• 소요 너비(4m)에 못 미치는 너비의 도로인 경우에는 그 중심선으로부터 그 소요 너비의 2분의 1의 수평거리만큼 물러난 선을 건축선으로 한다.
• 소요 너비(4m)에 못 미치는 너비의 도로의 반대쪽에 경사지, 하천, 철도, 선로부지, 그 밖에 이와 유사한 것이 있는 경우에는 그 경사지 등이 있는 쪽의 도로경계선에서 소요 너비에 해당하는 수평거리의 선을 건축선으로 한다.
• 도로의 모퉁이에서는 대통령령으로 정하는 선을 건축선으로 한다.

건축선에 따른 건축 제한(건축법 제47조)
• 건축물과 담장은 건축선의 수직면을 넘어서는 아니 된다. 다만, 지표 아래 부분은 그러하지 아니하다.
• 도로면으로부터 높이 4.5m 이하에 있는 출입구, 창문, 그 밖에 이와 유사한 구조물은 열고 닫을 때 건축선의 수직면을 넘지 아니하는 구조로 해야 한다.

건축선의 별도 지정(건축법 제46조 제2항, 동법 시행령 제31조 제2항)
• 특별자치시장·특별자치도지사 또는 시장·군수·구청장은 시가지 안에서 건축물의 위치나 환경을 정비하기 위하여 필요하다고 인정하면 건축선을 따로 지정할 수 있다.
• 특별자치시장·특별자치도지사 또는 시장·군수·구청장은 국토의 계획 및 이용에 관한 법률에 따른 도시지역에는 4m 이하의 범위에서 건축선을 따로 지정할 수 있다.

③ 공개공지 등

정의		지역의 환경을 쾌적하게 조성하기 위하여 건축물의 대지에 일반이 사용할 수 있도록 설치하는 소규모 휴식시설 등의 공지(공터) 또는 공간
적용대상	지역	• 일반주거지역, 준주거지역, 상업지역, 준공업지역 • 도시화의 가능성이 크거나 노후 산업단지의 정비가 필요하다고 인정하여 지정·공고하는 지역
	건축물	• 해당 용도의 바닥면적 합계 5,000m² 이상인 문화 및 집회시설, 종교시설, 판매시설(농수산물유통시설 제외), 운수시설(여객용 시설만 해당), 업무시설, 숙박시설 • 기타 다중이 이용하는 시설로서 건축조례로 정하는 건축물
면적		대지면적의 10% 이하의 범위에서 건축조례로 정한다.
공개공지 등의 설치 시 완화되는 기준		건축물에 공개공지 등을 설치하는 경우에는 용적률과 건축물의 높이 제한 기준을 완화하여 적용할 수 있다.
	용적률	해당 지역에 적용하는 용적률의 1.2배 이하
	높이 제한	해당 건축물에 적용하는 높이기준의 1.2배 이하
대지 안의 공지		건축물을 건축하는 경우에는 건축선 및 인접 대지경계선으로부터 6m 이내의 범위에서 해당 지방자치단체의 조례로 정하는 거리 이상을 띄워야 한다.

> **공개공지 등의 확보(건축법 제43조, 동법 시행령 제27조의2 제1항·제2항)**
> • 다음의 어느 하나에 해당하는 지역의 환경을 쾌적하게 조성하기 위하여 대통령령으로 정하는 용도와 규모의 건축물은 일반이 사용할 수 있도록 대통령령으로 정하는 기준에 따라 소규모 휴식시설 등의 공개공지 또는 공개공간을 설치해야 한다.
>   – 일반주거지역, 준주거지역
>   – 상업지역
>   – 준공업지역
>   – 특별자치시장·특별자치도지사 또는 시장·군수·구청장이 도시화의 가능성이 크거나 노후 산업단지의 정비가 필요하다고 인정하여 지정·공고하는 지역
> • 다음의 어느 하나에 해당하는 건축물의 대지에는 공개공지 또는 공개공간을 설치해야 한다. 이 경우 공개공지는 필로티의 구조로 설치할 수 있다.
>   – 문화 및 집회시설, 종교시설, 판매시설(농수산물유통시설은 제외한다), 운수시설(여객용 시설만 해당한다), 업무시설 및 숙박시설로서 해당 용도로 쓰는 바닥면적의 합계가 5,000m² 이상인 건축물
>   – 그 밖에 다중이 이용하는 시설로서 건축조례로 정하는 건축물
> • 공개공지 등의 면적은 대지면적의 100분의 10 이하의 범위에서 건축조례로 정한다. 이 경우 조경면적과 매장유산 보호 및 조사에 관한 법률에 따른 매장유산의 현지보존 조치 면적을 공개공지 등의 면적으로 할 수 있다.
>
> **대지 안의 공지(건축법 제58조)**
> 건축물을 건축하는 경우에는 국토의 계획 및 이용에 관한 법률에 따른 용도지역·용도지구, 건축물의 용도 및 규모 등에 따라 건축선 및 인접 대지경계선으로부터 6m 이내의 범위에서 대통령령으로 정하는 바에 따라 해당 지방자치단체의 조례로 정하는 거리 이상을 띄워야 한다.

📋 **기출 확인**

공개공지 등을 설치하는 경우, 해당 건축물에 완화하여 적용할 수 있는 기준 내용은?

① 건폐율
❷ 용적률
③ 대지면적의 최소 한도
④ 건축선에 따른 건축 제한

📋 **기출 확인**

건축법 규정에 의한 높이 제한이 30m일 때, 공개공지를 확보한 경우 당해 건축물에 적용될 수 있는 최대 높이기준은?

① 30m 이하   ② 33m 이하
❸ 36m 이하   ④ 39m 이하

30m × 1.2 = 36m

📋 **기출 확인**

공개공지 또는 공개공간의 확보 대상지역에 속하지 않는 것은?

① 상업지역   ② 준공업지역
③ 일반주거지역   ❹ 전용주거지역

📋 **기출 확인**

건축법령상 건축물의 대지에 공개공지 또는 공개공간을 확보하여야 하는 대상 건축물에 속하지 않는 것은?(단, 해당 용도로 쓰는 바닥면적의 합계가 5,000m²인 건축물의 경우)

① 종교시설
② 업무시설
③ 숙박시설
❹ 교육연구시설

CORE 05 면적 · 높이 · 층고

CHAPTER 5 건축관계법규 / SECTION 1 총칙 · 대지 · 건축

❶ 건축물의 면적

① 면적

건축면적	건축물의 외벽 중심선으로 둘러싸인 부분의 수평투영면적
바닥면적	벽, 기둥 등 구획의 중심선으로 둘러싸인 부분의 수평투영면적
연면적	하나의 건축물 각 층의 바닥면적의 합계

건축면적(건축법 시행령 제119조 제1항 제2호, 일부생략)
- 건축물의 외벽(외벽이 없는 경우에는 외곽 부분의 기둥으로 한다)의 중심선으로 둘러싸인 부분의 수평투영면적으로 한다.
- 처마, 차양, 부연, 그 밖에 이와 비슷한 것으로서 그 외벽의 중심선으로부터 수평거리 1m 이상 돌출된 부분이 있는 건축물의 건축면적은 그 돌출된 끝부분으로부터 수평거리를 후퇴한 선으로 둘러싸인 부분의 수평투영면적으로 한다(전통사찰, 축사, 한옥 등의 예외 규정 있음).
- 태양열을 주된 에너지원으로 이용하는 주택의 건축면적은 건축물의 외벽 중 내측 내력벽의 중심선을 기준으로 산정한다.

건축면적에서 제외되는 주요 항목(건축법 시행령 제119조 제1항 제2호)
- 지표면으로부터 1m 이하에 있는 부분(창고 중 물품을 입출고하기 위하여 차량을 접안시키는 부분의 경우에는 지표면으로부터 1.5m 이하에 있는 부분)
- 건축물 지상층에 일반인이나 차량이 통행할 수 있도록 설치한 보행통로나 차량통로
- 지하주차장의 경사로, 건축물 지하층의 출입구 상부
- 장애인용승강기, 장애인용에스컬레이터, 휠체어리프트, 경사로

바닥면적(건축법 시행령 제119조 제1항 제3호)
- 건축물의 각 층 또는 그 일부로서 벽, 기둥, 그 밖에 이와 비슷한 구획의 중심선으로 둘러싸인 부분의 수평투영면적
- 다음의 어느 하나에 해당하는 경우에는 각 항목에서 정하는 바에 따른다.
  - 벽·기둥의 구획이 없는 건축물은 그 지붕 끝부분으로부터 수평거리 1m를 후퇴한 선으로 둘러싸인 수평투영면적
  - 건축물의 노대 등의 바닥은 난간 등의 설치 여부에 관계없이 노대 등의 면적(외벽의 중심선으로부터 노대 등의 끝부분까지의 면적을 말한다)에서 노대 등이 접한 가장 긴 외벽에 접한 길이에 1.5m를 곱한 값을 뺀 면적을 바닥면적에 산입한다.

바닥면적에서 제외되는 주요 항목(건축법 시행령 제119조 제1항 제3호)
- 통행 또는 주차에 전용되는 필로티 또는 공동주택의 필로티
- 승강기탑(옥상 출입용 승강장을 포함), 계단탑, 장식탑, 다락(층고 1.5m 이하, 경사지붕의 경우 1.8m 이하인 것만 해당)
- 건축물의 외부 또는 내부의 굴뚝, 더스트슈트, 설비덕트
- 옥상·옥외 또는 지하에 설치하는 물탱크, 냉각탑, 정화조 등
- 공동주택 지상층의 기계실, 전기실, 어린이놀이터, 조경시설, 생활폐기물보관시설 등

연면적(건축법 시행령 제119조 제1항 제4호)
하나의 건축물 각 층의 바닥면적의 합계

📋 기출 확인

면적의 산정방법 중 건축물의 외벽(외벽이 없는 경우에는 외곽 부분의 기둥)의 중심선으로 둘러싸인 부분의 수평투영면적으로 하는 것은?

① 연면적 ② 대지면적
❸ 건축면적 ④ 거실면적

📋 기출 확인

태양열을 주된 에너지원으로 이용하는 주택의 건축면적 산정 시 기준이 되는 것은?

① 외벽의 외곽선
② 외벽의 내측 벽면선
❸ 외벽 중 내측 내력벽의 중심선
④ 외벽 중 외측 비내력벽의 중심선

📋 기출 확인

다음은 바닥면적의 산정과 관련된 기준 내용이다. ( ) 안에 알맞은 것은?

> 벽·기둥의 구획이 없는 건축물은 그 지붕 끝부분으로부터 수평거리 ( )를 후퇴한 선으로 둘러싸인 수평투영면적으로 한다.

① 0.5m ❷ 1m
③ 1.5m ④ 2m

📋 기출 확인

다음 중 바닥면적에 산입되는 것은?

① 층고가 1.5m인 다락방
❷ 다세대주택의 편복도
③ 공동주택의 필로티 부분
④ 공동주택의 지상층에 설치한 기계실

② 면적비율

건폐율	대지면적에 대한 건축면적의 비율 : 건축면적 ÷ 대지면적
용적률	대지면적에 대한 연면적의 비율 : 연면적 ÷ 대지면적

건폐율(건축법 제55조)
대지면적에 대한 건축면적(대지에 건축물이 둘 이상 있는 경우에는 이들 건축면적의 합계)의 비율

용적률(건축법 제56조)
대지면적에 대한 연면적(대지에 건축물이 둘 이상 있는 경우에는 연면적의 합계)의 비율

용적률 산정 시 연면적에서 제외되는 항목(건축법 시행령 제119조 제1항 제4호)
- 지하층의 면적, 지상층의 주차용(해당 건축물의 부속용도인 경우만 해당)으로 쓰는 면적
- 초고층 건축물과 준초고층 건축물에 설치하는 피난안전구역의 면적
- 건축물의 경사지붕 아래에 설치하는 대피공간의 면적

③ 용도지역에서의 건폐율·용적률(국토계획법 제77조, 동법 시행령 제84조~제85조)

구분			건폐율		용적률	
도시지역	주거지역	제1종 전용주거지역	50% 이하	70% 이하	50% 이상 100% 이하	500% 이하
		제2종 전용주거지역	50% 이하		50% 이상 150% 이하	
		제1종 일반주거지역	60% 이하		100% 이상 200% 이하	
		제2종 일반주거지역	60% 이하		100% 이상 250% 이하	
		제3종 일반주거지역	50% 이하		100% 이상 300% 이하	
		준주거지역	70% 이하		200% 이상 500% 이하	
	상업지역	중심상업지역	90% 이하	90% 이하	200% 이상 1,500% 이하	1,500% 이하
		일반상업지역	80% 이하		200% 이상 1,300% 이하	
		근린상업지역	70% 이하		200% 이상 900% 이하	
		유통상업지역	80% 이하		200% 이상 1,100% 이하	
	공업지역	전용공업지역	70% 이하		150% 이상 300% 이하	400% 이하
		일반공업지역			150% 이상 350% 이하	
		준공업지역			150% 이상 400% 이하	
	녹지지역	보전녹지지역	20% 이하		50% 이상 80% 이하	100% 이하
		생산녹지지역			50% 이상 100% 이하	
		자연녹지지역			50% 이상 100% 이하	
관리지역		보전관리지역	20% 이하		50% 이상 80% 이하	80% 이하
		생산관리지역	20% 이하		50% 이상 80% 이하	80% 이하
		계획관리지역	40% 이하		50% 이상 100% 이하	100% 이하
농림지역			20% 이하		50% 이상 80% 이하	80% 이하
자연환경보전지역			20% 이하		50% 이상 80% 이하	80% 이하

용적률의 완화와 리모델링(건축법 제8조, 동법 시행령 제6조의5 제1항)
- 공동주택을 리모델링이 쉬운 구조로 하여 건축허가를 신청하면 용적률, 건축물의 높이 제한, 일조 등의 확보를 위한 건축물의 높이 제한 기준을 100분의 120의 범위에서 대통령령으로 정하는 비율로 완화하여 적용할 수 있다.
- 리모델링이 쉬운 구조는 다음의 요건에 적합한 구조를 말한다.
  - 각 세대는 인접한 세대와 수직 또는 수평 방향으로 통합하거나 분할할 수 있을 것
  - 구조체에서 건축설비, 내부마감재료 및 외부마감재료를 분리할 수 있을 것
  - 개별 세대 안에서 구획된 실의 크기, 개수 또는 위치 등을 변경할 수 있을 것

기출 확인

용적률 산정에 사용되는 연면적에 포함되는 것은?
① 지하층의 면적
❷ 층고가 2.1m인 다락의 면적
③ 준초고층 건축물에 설치하는 피난안전구역의 면적
④ 건축물의 경사지붕 아래에 설치하는 대피공간의 면적

기출 확인

용도지역에 따른 최대 건폐율이 옳지 않은 것은?
① 농림지역 : 20%
② 중심상업지역 : 90%
③ 제1종 일반주거지역 : 60%
❹ 제2종 전용주거지역 : 70%

기출 확인

국토의 계획 및 이용에 관한 법률에 따른 용도지역에서의 용적률 최대 한도 기준이 옳지 않은 것은?(단, 도시지역의 경우)
① 주거지역 : 500% 이하
② 녹지지역 : 100% 이하
③ 공업지역 : 400% 이하
❹ 상업지역 : 1,000% 이하

기출 확인

건축법령에 따른 리모델링이 쉬운 구조에 속하지 않는 것은?
❶ 구조체가 철골구조로 구성되어 있을 것
② 구조체에서 건축설비, 내부마감재료 및 외부마감재료를 분리할 수 있을 것
③ 개별 세대 안에서 구획된 실의 크기, 개수 또는 위치 등을 변경할 수 있을 것
④ 각 세대는 인접한 세대와 수직 또는 수평 방향으로 통합하거나 분할할 수 있을 것

❷ 건축물의 높이

① 높이의 산정

건축물의 높이	지표면에서 건축물 상단까지의 높이

건축물의 높이(건축법 시행령 제119조 제1항 제5호)
지표면으로부터 그 건축물의 상단까지의 높이로 한다. 다만, 다음의 어느 하나에 해당하는 경우에는 각 항목에서 정하는 바에 따른다.
- 건축물의 높이는 전면도로의 중심선으로부터의 높이로 산정한다. 다만, 전면도로가 다음의 어느 하나에 해당하는 경우에는 그에 따라 산정한다.
  - 건축물의 대지에 접하는 전면도로의 노면에 고저차가 있는 경우에는 그 건축물이 접하는 범위의 전면도로부분의 수평거리에 따라 가중평균한 높이의 수평면을 전면도로면으로 본다[(A지점의 건축물 높이 + B지점의 건축물 높이) ÷ 2].
  - 건축물의 대지의 지표면이 전면도로보다 높은 경우에는 그 고저차의 2분의 1의 높이만큼 올라온 위치에 그 전면도로의 면이 있는 것으로 본다.
- 건축물 대지의 지표면과 인접 대지의 지표면 간에 고저차가 있는 경우에는 그 지표면의 평균 수평면을 지표면으로 본다. 다만, 해당 대지가 인접 대지의 높이보다 낮은 경우에는 해당 대지의 지표면을 지표면으로 보고, 공동주택을 다른 용도와 복합하여 건축하는 경우에는 공동주택의 가장 낮은 부분을 그 건축물의 지표면으로 본다.
- 건축물의 옥상에 설치되는 승강기탑·계단탑·망루·장식탑·옥탑 등으로서 그 수평투영면적의 합계가 해당 건축물 건축면적의 8분의 1 이하인 경우로서 그 부분의 높이가 12m를 넘는 경우에는 그 넘는 부분만 해당 건축물의 높이에 산입한다.
- 지붕마루장식·굴뚝·방화벽의 옥상돌출부나 그 밖에 이와 비슷한 옥상돌출물과 난간벽(그 벽면적의 2분의 1 이상이 공간으로 되어 있는 것만 해당한다)은 그 건축물의 높이에 산입하지 아니한다.

가로구역별 건축물의 최고 높이 지정 시 고려사항(건축법 시행령 제82조 제1항)
허가권자는 가로구역별(도로로 둘러싸인 일단의 지역)로 건축물의 높이를 지정·공고할 때에는 다음의 사항을 고려해야 한다.
- 도시·군관리계획 등의 토지이용계획
- 해당 가로구역이 접하는 도로의 너비
- 해당 가로구역의 상·하수도 등 간선시설의 수용능력
- 도시미관 및 경관계획
- 해당 도시의 장래 발전계획

② 일조 등의 확보를 위한 건축물의 높이 제한

제한사항	• 전용주거지역과 일반주거지역 안에서 건축하는 건축물에 적용한다. • 건축물의 각 부분을 정북 방향으로의 인접 대지경계선으로부터 다음 범위에서 건축조례로 정하는 거리 이상 띄워야 한다.		
	높이 10m 이하인 부분		높이 10m를 초과하는 부분
	1.5m 이상		해당 건축물 각 부분 높이의 1/2 이상

일조 등의 확보를 위한 건축물의 높이 제한(건축법 제61조, 동법 시행령 제86조)
- 전용주거지역과 일반주거지역 안에서 건축하는 건축물의 높이는 일조(日照) 등의 확보를 위하여 정북 방향의 인접 대지경계선으로부터의 거리에 따라 대통령령으로 정하는 높이 이하로 해야 한다.
- 건축물의 각 부분을 정북(正北) 방향으로의 인접 대지경계선으로부터 다음의 범위에서 정하는 거리 이상을 띄어 건축하여야 한다.
  - 높이 10m 이하인 부분은 인접 대지경계선으로부터 1.5m 이상
  - 높이 10m를 초과하는 부분은 인접 대지경계선으로부터 해당 건축물 각 부분 높이의 2분의 1 이상

📋 기출 확인

건축법령상 다음과 같은 건축물의 높이는?

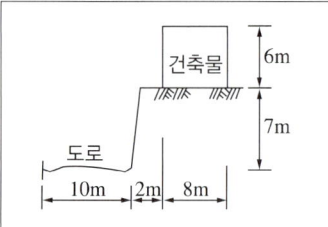

① 6m ② 9m
❸ 9.5m ④ 13m

- 대지보다 전면도로가 낮으므로, 고저차인 7m의 1/2인 3.5m 위치에 전면도로의 면이 있는 것으로 본다.
- (7m × 1/2) + 6m = 9.5m

📋 기출 확인

건축물의 높이 산정 시 조건과 상관없이 건축물의 높이에 산입하지 않는 것은?

① 망루
② 난간벽
③ 장식탑
❹ 굴뚝의 옥상돌출부

📋 기출 확인

허가권자가 가로구역별로 건축물의 최고 높이를 지정·공고할 때 고려하여야 할 사항이 아닌 것은?

① 도시미관 및 경관계획
② 당해 도시의 장래 발전계획
❸ 당해 가로구역이 접하는 도로의 길이
④ 도시·군관리계획 등의 토지이용계획

📋 기출 확인

전용주거지역이나 일반주거지역에서 건축물을 건축하는 경우, 건축물의 높이 10m 이하의 부분은 정북(正北) 방향으로의 인접 대지경계선으로부터 원칙적으로 최소 얼마 이상의 거리를 띄어야 하는가?

① 1m ❷ 1.5m
③ 2m ④ 3m

❸ 건축물의 층고

① 층고 및 층수

층고	방의 바닥구조체 윗면으로부터 위층 바닥구조체 윗면까지의 높이
층수	• 옥탑, 계단탑 등 건축물의 옥상부분은 수평투영면적의 합계가 건축면적의 1/8 이하인 것은 층수에 산입하지 않는다. • 층의 구분이 명확하지 않을 경우 높이 4m마다 층수 산정 • 부분에 따라 층수가 다른 경우 가장 많은 층수로 산정 • 지하층은 층수에 산입하지 않는다.
지하층	건축물의 바닥이 지표면 아래에 있는 층으로서 바닥에서 지표면까지 평균높이가 해당 층높이의 1/2 이상인 것

층고(건축법 시행령 제119조 제1항 제8호)
- 방의 바닥구조체 윗면으로부터 위층 바닥구조체의 윗면까지의 높이
- 한 방에서 층의 높이가 다른 부분이 있는 경우에는 그 각 부분 높이에 따른 면적에 따라 가중평균한 높이

층수(건축법 시행령 제119조 제1항 제9호)
- 승강기탑(옥상 출입용 승강장을 포함한다), 계단탑, 망루, 장식탑, 옥탑, 그 밖에 이와 비슷한 건축물의 옥상 부분으로서 그 수평투영면적의 합계가 해당 건축물 건축면적의 8분의 1 이하(공동주택 중 세대별 전용면적이 $85m^2$ 이하인 경우에는 6분의 1)인 것과 지하층은 건축물의 층수에 산입하지 아니한다.
- 층의 구분이 명확하지 아니한 건축물은 그 건축물의 높이 4m마다 하나의 층으로 보고 그 층수를 산정한다.
- 건축물이 부분에 따라 그 층수가 다른 경우에는 그중 가장 많은 층수를 그 건축물의 층수로 본다.

지하층(건축법 제2조 제1항 제5호)
건축물의 바닥이 지표면 아래에 있는 층으로서 바닥에서 지표면까지 평균높이가 해당 층높이의 2분의 1 이상인 것

📋 기출 확인

건축면적이 $800m^2$인 건축물의 층수에 산입하지 않는 계단탑의 최대 수평투영면적은?(단, 공동주택이 아닌 경우)

① $50m^2$ ② $80m^2$
❸ $100m^2$ ④ $120m^2$

$800m^2 \times 1/8 = 100m^2$

📋 기출 확인

다음은 건축법령상 지하층의 정의 내용이다. ( ) 안에 알맞은 것은?

> "지하층"이란 건축물의 바닥이 지표면 아래에 있는 층으로서 바닥에서 지표면까지 평균 높이가 해당 층 높이의 ( ) 이상인 것을 말한다.

❶ 2분의 1 ② 3분의 1
③ 3분의 2 ④ 4분의 1

CHAPTER 5 건축관계법규 / SECTION 1 총칙·대지·건축

건축허가·용도변경

기출 확인

다음 중 특별시나 광역시에 건축할 경우, 특별시장이나 광역시장의 허가를 받아야 하는 대상 건축물은?

① 층수가 20층인 호텔
❷ 층수가 25층인 사무소
③ 연면적이 150,000m²인 공장
④ 연면적이 50,000m²인 공동주택

기출 확인

지방건축위원회의 심의사항에 속하지 않는 것은?

① 건축선의 지정에 관한 사항
② 층수가 16층인 건축물의 구조안전에 관한 사항
❸ 종교시설의 용도로 쓰는 바닥면적의 합계가 3,000m²인 건축물의 구조안전에 관한 사항
④ 기둥과 기둥 사이의 거리가 20m 이상인 건축물의 구조안전에 관한 사항

기출 확인

지방건축위원회의 심의사항에 속하지 않는 것은?

① 건축선의 지정에 관한 사항
② 다중이용건축물의 구조안전에 관한 사항
③ 특수구조건축물의 구조안전에 관한 사항
❹ 경관지구 내의 건축물의 건축에 관한 사항

❶ 건축허가

① 개요

허가권자	건축물을 건축하거나 대수선하려는 자는 특별자치시장·특별자치도지사 또는 시장·군수·구청장의 허가를 받아야 한다.	
특별시·광역시에 건축할 경우	특별시장·광역시장 허가대상	• 층수가 21층 이상 • 연면적의 합계가 100,000m² 이상인 건축물의 건축
	제외대상	공장, 창고, 지방건축위원회의 심의를 거친 건축물(초고층 건축물 제외)

건축허가(건축법 제11조 제1항)
건축물을 건축하거나 대수선하려는 자는 특별자치시장·특별자치도지사 또는 시장·군수·구청장의 허가를 받아야 한다. 다만, 21층 이상의 건축물 등 대통령령으로 정하는 용도 및 규모의 건축물을 특별시나 광역시에 건축하려면 특별시장이나 광역시장의 허가를 받아야 한다.

특별시장·광역시장의 허가를 받아야 하는 건축물(건축법 시행령 제8조 제1항)
특별시장 또는 광역시장의 허가를 받아야 하는 건축물의 건축은 층수가 21층 이상이거나 연면적의 합계가 100,000m² 이상인 건축물의 건축(연면적의 10분의 3 이상을 증축하여 층수가 21층 이상으로 되거나 연면적의 합계가 100,000m² 이상으로 되는 경우를 포함한다)을 말한다. 다만, 공장, 창고, 지방건축위원회의 심의를 거친 건축물(초고층 건축물 제외) 중 어느 하나에 해당하는 건축물의 건축은 제외한다.

지방건축위원회의 심의사항(건축법 시행령 제2조, 제5조의5 제1항)
• 건축선의 지정에 관한 사항
• 건축법 또는 건축법 시행령에 따른 조례의 제정·개정 및 시행에 관한 중요 사항
• 다중이용건축물 및 특수구조건축물의 구조안전에 관한 사항

다중이용건축물	특수구조건축물
• 16층 이상인 건축물 • 다음 중 어느 하나의 용도로 쓰는 바닥면적의 합계가 5,000m² 이상인 건축물 　- 문화 및 집회시설(동·식물원 제외) 　- 종교시설 　- 판매시설 　- 운수시설 중 여객용 시설 　- 의료시설 중 종합병원 　- 숙박시설 중 관광숙박시설	• 한쪽 끝은 고정되고 다른 끝은 지지되지 아니한 구조로 된 보·차양 등이 외벽의 중심선으로부터 3m 이상 돌출된 건축물 • 기둥과 기둥 사이의 거리가 20m 이상인 건축물 • 무량판 구조를 가진 건축물로서 무량판 구조인 어느 하나의 층에 수직으로 배치된 주요구조부의 전체 단면적에서 보가 없이 배치된 기둥의 전체 단면적이 차지하는 비율이 1/4 이상인 건축물 • 특수한 설계·시공·공법 등이 필요한 건축물로서 국토교통부장관이 정하여 고시하는 구조로 된 건축물

• 다른 법령에서 지방건축위원회의 심의를 받도록 한 경우 해당 법령에서 규정한 심의사항
• 건축조례로 정하는 건축물의 건축 등에 관한 것으로서 시·도지사 및 시장·군수·구청장이 지방건축위원회의 심의가 필요하다고 인정한 사항

② 건축허가신청에 필요한 설계도서·표시사항(건축법 시행규칙 별표 2)

건축계획서	개요(위치·대지면적 등), 지역·지구 및 도시계획사항, 건축물의 규모(건축면적·연면적·높이·층수 등), 건축물의 용도별 면적, 주차장 규모, 에너지절약계획서(해당 건축물), 노인 및 장애인 등을 위한 편의시설 설치계획서
배치도	축척 및 방위, 대지에 접한 도로의 길이 및 너비, 대지의 종·횡단면도, 건축선 및 대지경계선으로부터 건축물까지의 거리, 주차동선 및 옥외주차계획, 공개공지 및 조경계획
평면도	1층 및 기준층 평면도, 기둥·벽·창문 등의 위치, 방화구획 및 방화문의 위치, 복도 및 계단의 위치, 승강기의 위치
입면도	2면 이상의 입면계획, 외부마감재료, 간판 및 건물번호판의 설치계획(크기·위치)
단면도	종·횡단면도, 건축물의 높이, 각 층의 높이 및 반자높이
구조도	• 구조안전확인 또는 내진설계 대상 건축물의 경우 제출한다. • 구조내력상 주요한 부분의 평면 및 단면, 주요부분의 상세도면, 구조안전확인서
구조계산서	• 구조안전확인 또는 내진설계 대상 건축물의 경우 제출한다. • 구조계산서 목록표(총괄표, 구조계획서, 설계하중, 주요구조도, 배근도 등), 구조내력상 주요한 부분의 응력 및 단면 산정 과정, 내진설계의 내용(지진에 대한 안전 여부 확인 대상 건축물)
소방설비도	건축물의 해당 소방 관련 설비

착공신고에 필요한 설계도서 중 흙막이 구조도(건축법 시행규칙 별표 4의2)
지하 2층 이상의 지하층을 설치하는 경우 또는 지하 1층을 설치하는 경우로서 굴착으로 인해 인접 대지 석축 등에 영향이 있어 조치가 필요하다고 인정된 경우에 첨부한다.

에너지절약계획서(녹색건축법 제14조 제1항, 동법 시행령 제10조)
건축물의 에너지절약설계기준에 따른 에너지절약계획으로, 건축계획서에 포함된다.

제출자	건축주
제출시기	• 건축허가(대수선 제외) • 용도변경 허가 또는 신고 • 건축물대장 기재내용 변경
제출대상	연면적의 합계가 500m² 이상인 건축물
제출제외	• 단독주택 • 문화 및 집회시설 중 동·식물원 • 냉방 및 난방 설비를 모두 설치하지 아니하는 건축물 중 공장, 창고시설, 위험물 저장 및 처리시설, 자동차 관련 시설, 동물 및 식물 관련 시설, 자원순환 관련 시설, 교정시설, 국방·군사시설, 방송통신시설, 발전시설, 묘지 관련 시설 • 그 밖에 국토교통부장관이 에너지절약계획서를 첨부할 필요가 없다고 정하여 고시하는 건축물

대형건축물의 건축허가 사전승인신청 시 제출도서(건축법 시행규칙 별표 3)

건축계획서	설계설명서	공사개요, 사전조사사항, 건축계획(동선계획 등), 시공방법, 개략공정계획, 주요설비계획, 주요 자재사용계획
	기타	구조계획서, 지질조사서, 시방서
기본설계도서	건축	투시도 또는 투시도 사진, 평면도(주요층, 기준층), 입면도, 단면도, 내외마감표, 주차장평면도
	설비	건축설비도, 소방설비도, 상하수도 계통도

건축물 안전영향평가(건축법 제13조의2 제1항, 동법 시행령 제10조의3 제1항)

개요	허가권자는 초고층 건축물 등 대상 건축물에 대하여 건축허가를 하기 전에 건축물의 구조, 지반 및 풍환경 등이 건축물의 구조안전과 인접 대지의 안전에 미치는 영향 등을 평가하는 건축물 안전영향평가를 안전영향평가기관에 의뢰하여 실시해야 한다.
대상 건축물	• 초고층 건축물 • 다음 요건을 모두 충족하는 건축물 – 연면적(하나의 대지에 둘 이상의 건축물을 건축하는 경우에는 각각의 건축물의 연면적을 말한다)이 100,000m² 이상일 것 – 16층 이상일 것

기출 확인

건축허가신청에 필요한 기본설계도서 중 건축계획서에 표시하여야 할 사항으로 옳지 않은 것은?

① 주차장 규모
❷ 공개공지 및 조경계획
③ 건축물의 용도별 면적
④ 지역·지구 및 도시계획사항

기출 확인

건축허가신청에 필요한 설계도서에 해당하지 않는 것은?

① 배치도 ❷ 투시도
③ 건축계획서 ④ 소방설비도

기출 확인

건축신고 대상건축물로서 착공신고를 할 때 토지굴착 및 옹벽도 중 흙막이 구조도면을 첨부하여야 하는 건축물은?

① 층수가 6층 이상인 건축물
❷ 지하 2층 이상의 지하층을 설치하는 건축물
③ 너비 12m 이상인 도로변에 지하층을 설치하는 건축물
④ 인접 대지경계선으로부터 2m 이내에 지하층을 설치하는 건축물

기출 확인

대형건축물의 건축허가 사전승인신청 시 제출도서 중 설계설명서에 표시하여야 할 사항에 속하지 않는 것은?

① 시공방법
② 동선계획
③ 개략공정계획
❹ 각부 구조계획

기출 확인

다음 중 건축물 관련 건축기준의 허용되는 오차의 범위(%)가 가장 큰 것은?

① 평면길이
② 출구너비
③ 반자높이
❹ 바닥판두께

기출 확인

국토교통부장관이 국토관리를 위하여 건축허가를 제한하는 경우, 제한기간은 최대 몇 년 이내인가?(단, 연장기간 제외)

① 1년
❷ 2년
③ 3년
④ 4년

+ 더 알아보기

착공신고를 해야 하는 대상
건축물의 건축허가를 받거나 신고를 한 건축물

기출 확인

허가대상 건축물이라 하더라도 미리 특별자치시장·특별자치도지사 또는 시장·군수·구청장에게 국토교통부령으로 정하는 바에 따라 신고를 하면 건축허가를 받은 것으로 보는 경우에 속하지 않는 것은?(단, 층수가 2층인 건축물의 경우)

❶ 바닥면적의 합계가 85m² 이내의 신축
② 바닥면적의 합계가 85m² 이내의 증축
③ 바닥면적의 합계가 85m² 이내의 개축
④ 연면적이 200m² 미만인 건축물의 대수선

③ 건축기준의 허용오차

대지 관련	3% 이내	건축선의 후퇴거리, 인접 대지경계선과의 거리, 인접 건축물과의 거리
	1% 이내	용적률(연면적 30m²를 초과할 수 없다)
	0.5% 이내	건폐율(건축면적 5m²를 초과할 수 없다)
건축물 관련	3% 이내	벽체두께, 바닥판두께
	2% 이내	건축물의 높이(1m를 초과할 수 없다), 평면길이(전체길이는 1m, 각 실은 10cm를 초과할 수 없다), 출구너비, 반자높이

④ 건축허가의 제한

제한기간	• 2년 이내 • 1회에 한하여 1년 이내의 범위에서 제한기간을 연장할 수 있다.

> **건축허가의 제한(건축법 제18조 제1항, 제2항, 제4항)**
> • 국토교통부장관은 국토관리를 위하여 특히 필요하다고 인정하거나 주무부장관이 국방, 국가유산기본법에 따른 국가유산의 보존, 환경보전 또는 국민경제를 위하여 특히 필요하다고 인정하여 요청하면 허가권자의 건축허가나 허가를 받은 건축물의 착공을 제한할 수 있다.
> • 특별시장·광역시장·도지사는 지역계획이나 도시·군계획에 특히 필요하다고 인정하면 시장·군수·구청장의 건축허가나 허가를 받은 건축물의 착공을 제한할 수 있다.
> • 건축허가나 건축물의 착공을 제한하는 경우 제한기간은 2년 이내로 한다. 다만, 1회에 한하여 1년 이내의 범위에서 제한기간을 연장할 수 있다.

❷ 건축신고

① 개요

건축신고	허가 대상 건축물이라 하더라도 규정에 해당하는 경우에는 미리 신고를 하면 건축허가를 받은 것으로 본다.
유효기간	건축신고를 한 자가 신고일부터 1년 이내에 공사에 착수하지 아니하면 그 신고의 효력은 없어진다.

> **건축신고 시 건축허가를 받은 것으로 보는 경우(건축법 제14조 제1항)**
> • 바닥면적의 합계가 85m² 이내의 증축·개축 또는 재축. 다만, 3층 이상 건축물인 경우에는 증축·개축 또는 재축하려는 부분의 바닥면적의 합계가 건축물 연면적의 10분의 1 이내인 경우로 한정한다.
> • 관리지역, 농림지역 또는 자연환경보전지역에서 연면적이 200m² 미만이고 3층 미만인 건축물의 건축(지구단위계획구역, 방재지구 등 재해취약지역 등에서의 건축은 제외)
> • 연면적이 200m² 미만이고 3층 미만인 건축물의 대수선
> • 주요구조부의 해체가 없는 등 대통령령으로 정하는 대수선
> • 그 밖에 소규모 건축물로서 대통령령으로 정하는 건축물의 건축
>   – 연면적의 합계가 100m² 이하인 건축물
>   – 건축물의 높이를 3m 이하의 범위에서 증축하는 건축물
>   – 표준설계도서에 따라 건축하는 건축물로서 그 용도 및 규모가 주위환경이나 미관에 지장이 없다고 인정하여 건축조례로 정하는 건축물
>   – 공업지역, 지구단위계획구역 및 산업단지에서 건축하는 2층 이하인 건축물로서 연면적 합계 500m² 이하인 공장
>   – 농업이나 수산업을 경영하기 위하여 읍·면지역에서 건축하는 연면적 200m² 이하의 창고 및 연면적 400m² 이하의 축사, 작물재배사, 종묘배양시설, 화초 및 분재 등의 온실

② 축조 시 신고하여야 하는 공작물(건축법 시행령 제118조)

주차장설비	높이 8m 이하의 기계식 주차장 및 철골 조립식 주차장(바닥면이 조립식이 아닌 것을 포함한다)으로서 외벽이 없는 것
고가수조	높이 8m를 넘는 고가수조
굴뚝·철탑	높이 6m를 넘는 굴뚝, 골프연습장 등의 운동시설을 위한 철탑, 주거지역·상업지역에 설치하는 통신용 철탑
태양열발전설비	높이 5m를 넘는 태양에너지를 이용하는 발전설비
기념탑·광고탑 등	높이 4m를 넘는 장식탑, 기념탑, 첨탑, 광고탑, 광고판
옹벽·담장	높이 2m를 넘는 옹벽 또는 담장
지하대피호	바닥면적 30m²를 넘는 지하대피호
중량물	건축물의 구조에 심대한 영향을 줄 수 있는 중량물
제조·저장·유희시설	제조시설, 저장시설(시멘트사일로를 포함한다), 유희시설

가설건축물(건축법 제20조, 동법 시행령 제15조 제1항, 일부생략)
도시·군계획시설 및 도시·군계획시설예정지에서 가설건축물을 건축하려는 자는 허가를 받아야 하며, 허가와 관련하여 대통령령으로 정하는 기준은 다음과 같다.
- 철근콘크리트조 또는 철골철근콘크리트조가 아닐 것
- 존치기간은 3년 이내일 것. 다만, 도시·군계획사업이 시행될 때까지 그 기간을 연장할 수 있다.
- 전기·수도·가스 등 새로운 간선 공급설비의 설치를 필요로 하지 아니할 것
- 공동주택·판매시설·운수시설 등으로 분양을 목적으로 건축하는 건축물이 아닐 것

가설건축물의 존치기간 연장(건축법 시행령 제15조의2 제2항)
존치기간을 연장하려는 가설건축물의 건축주는 허가를 신청하거나 신고해야 한다.

허가 대상 가설건축물	신고 대상 가설건축물
존치기간 만료일 14일 전까지 허가 신청	존치기간 만료일 7일 전까지 신고

착공 전 신고를 해야 하는 가설건축물(건축법 시행령 제15조 제5항)
재해 복구, 흥행, 전람회, 공사용 가설건축물 등 대통령령으로 정하는 용도의 가설건축물을 축조하려는 자는 대통령령으로 정하는 존치 기간, 설치 기준 및 절차에 따라 특별자치시장·특별자치도지사 또는 시장·군수·구청장에게 신고한 후 착공해야 한다.

연면적	100m² 이상	• 간이축사용, 가축분뇨처리용, 가축운동용, 가축의 비가림용 비닐하우스 또는 천막구조 건축물 • 도시지역 중 주거지역·상업지역 또는 공업지역에 설치하는 농업·어업용 비닐하우스
	50m² 이하	야외흡연실 용도로 쓰는 가설건축물
	10m² 이하	조립식 구조로 된 경비용으로 쓰는 가설건축물
기타		• 공사에 필요한 규모의 공사용 가설건축물 및 공작물 • 전시를 위한 견본주택 • 농업·어업용 고정식 온실 및 간이작업장, 가축양육실 • 컨테이너 또는 이와 비슷한 것으로 된 가설건축물로서 임시사무실·임시창고 또는 임시숙소로 사용되는 것 • 조립식 경량구조로 된 외벽이 없는 임시 자동차 차고 • 물품저장용, 간이포장용, 간이수선작업용 등으로 쓰기 위하여 공장 또는 창고 시설에 설치하거나 인접 대지에 설치하는 천막 • 재해가 발생한 구역 또는 그 인접 구역에서 일시사용을 위하여 건축하는 것 • 가설흥행장, 가설전람회장, 농·수·축산물 직거래용 가설점포 • 미관정비를 위하여 지정·공고하는 구역에서 축조하는 가설점포로서 안전·방화 및 위생에 지장이 없는 것 • 유원지, 종합휴양업 사업지역 등에서 한시적인 관광·문화행사 등을 목적으로 천막 또는 경량구조로 설치하는 것 • 야외전시시설 및 촬영시설

📖 기출 확인

공작물을 축조할 때 특별자치시장·특별자치도지사 또는 시장·군수·구청장에게 신고를 하여야 하는 대상 공작물 기준으로 옳지 않은 것은?

① 높이 4m를 넘는 광고판
② 높이 4m를 넘는 기념탑
③ 높이 8m를 넘는 고가수조
❹ 바닥면적 20m²를 넘는 지하대피호

📖 기출 확인

도시계획시설 또는 도시계획시설 예정지에 건축을 허가할 수 있는 가설건축물의 구조가 아닌 것은?

❶ 철골철근콘크리트구조
② 벽돌구조
③ 철골구조
④ 블록구조

📖 기출 확인

다음의 가설건축물과 관련된 기준 내용 중 밑줄 친 대통령령으로 정하는 용도의 가설건축물에 해당하지 않는 것은?

> 재해 복구, 흥행, 전람회, 공사용 가설건축물 등 <u>대통령령으로 정하는 용도의 가설건축물</u>을 축조하려는 자는 존치기간, 설치기준 및 절차에 따라 특별자치시장·특별자치도지사 또는 시장·군수·구청장에게 신고한 후 착공하여야 한다.

① 전시를 위한 견본주택
❷ 연면적 50m²인 간이축사용 비닐하우스
③ 공사에 필요한 규모의 공사용 가설건축물
④ 조립식 경량구조로 된 외벽이 없는 임시 자동차 차고

❸ 관계전문기술자 · 공사감리

① 관계전문기술자와의 협력

구분	건축구조기술사	건축전기설비기술사 또는 발송배전기술사	건축기계설비기술사 또는 공조냉동기계기술사
분야	구조안전	전기, 승강기 및 피뢰침	급수 · 배수 · 난방 · 환기설비 등
대상 건축물	• 6층 이상인 건축물 • 특수구조건축물 • 다중이용건축물 • 준다중이용건축물 • 3층 이상의 필로티형식 건축물 • 건축물의 용도 및 규모를 고려한 중요도가 높은 건축물(중요도 특 또는 중요도 1)	연면적 10,000m² 이상인 건축물(창고시설 제외) 또는 에너지를 대량으로 소비하는 건축물 중 해당 용도의 바닥면적의 합계가 아래와 같은 건축물	

10,000m² 이상	문화 및 집회시설(동 · 식물원 제외), 종교시설, 교육연구시설(연구소 제외), 장례식장	
3,000m² 이상	판매시설, 연구소, 업무시설	
2,000m² 이상	기숙사, 의료시설, 유스호스텔, 숙박시설	
500m² 이상	• 목욕장, 실내 물놀이형 시설, 실내 수영장 • 냉동냉장시설, 항온항습시설, 특수청정시설	
무관	아파트, 연립주택	

> **구조 안전의 확인(건축법 시행령 제32조)**
> • 건축물을 건축하거나 대수선하는 경우 해당 건축물의 설계자는 국토교통부령으로 정하는 구조기준 등에 따라 그 구조의 안전을 확인해야 한다.
> • 다음의 어느 하나에 해당하는 건축물의 건축주는 해당 건축물의 설계자로부터 구조 안전의 확인 서류를 받아 착공신고를 하는 때에 그 확인 서류를 허가권자에게 제출해야 한다.
>   − 층수가 2층 이상인 건축물
>   − 연면적이 200m²(목구조의 경우에는 500m²) 이상인 건축물
>   − 높이가 13m 이상인 건축물
>   − 처마높이가 9m 이상인 건축물
>   − 기둥과 기둥 사이의 거리가 10m 이상인 건축물
>   − 건축물의 용도 및 규모를 고려한 중요도가 높은 건축물(중요도 특 또는 중요도 1)
>   − 국가적 문화유산으로 보존할 가치가 있는 건축물(연면적 합계 5,000m² 이상인 박물관 등)
>   − 한쪽 끝은 고정되고 다른 끝은 지지되지 아니한 구조로 된 보 · 차양 등이 외벽의 중심선으로부터 3m 이상 돌출된 건축물 및 특수한 설계 · 시공 · 공법 등이 필요한 건축물
>   − 단독주택 및 공동주택
>
> **관계전문기술자와의 협력(건축법 시행령 제91조의3 제3항)**
> 깊이 10m 이상의 토지 굴착공사 또는 높이 5m 이상의 옹벽 등의 공사를 수반하는 건축물의 설계자 및 공사감리자는 토지 굴착 등에 관하여 국토교통부령으로 정하는 바에 따라 토목구조기술사, 토질 및 기초 기술사, 지질 및 지반 기술사 또는 토목시공기술사의 협력을 받아야 한다.
>
> **건축물의 설계(건축법 제23조 제1항)**
> 건축허가를 받아야 하거나 건축신고를 하여야 하는 건축물 또는 리모델링을 하는 건축물의 건축 등을 위한 설계는 건축사가 아니면 할 수 없다. 다만, 다음의 어느 하나에 해당하는 경우에는 그렇지 않다.
> • 바닥면적의 합계가 85m² 미만인 증축 · 개축 또는 재축
> • 연면적이 200m² 미만이고 층수가 3층 미만인 건축물의 대수선
> • 건축물의 특수성과 용도 등을 고려하여 대통령령으로 정하는 건축물의 건축 등

📋 기출 확인

건축물의 건축 시 건축물의 설계자가 국토교통부령으로 정하는 구조기준 등에 따라 그 구조의 안전을 확인하는 경우 건축구조기술사의 협력을 받아야 하는 대상 건축물 기준으로 옳지 않은 것은?

① 다중이용건축물
❷ 5층 이상인 건축물
③ 특수구조건축물
④ 지진구역 Ⅰ 안의 건축물

📋 기출 확인

급수, 배수, 환기, 난방설비를 건축물에 설치하는 경우, 건축기계설비기술사 또는 공조냉동기계기술사의 협력을 받아야 하는 대상 건축물에 속하지 않는 것은?

① 아파트
② 연립주택
③ 기숙사로서 해당 용도에 사용되는 바닥면적의 합계가 2,000m²인 건축물
❹ 업무시설로서 해당 용도에 사용되는 바닥면적의 합계가 2,000m²인 건축물

📋 기출 확인

건축물의 건축주가 착공신고를 할 때, 해당 건축물의 설계자로부터 받은 구조안전의 확인서류를 허가권자에게 제출하여야 하는 대상 건축물 기준으로 옳지 않은 것은?(단, 허가대상 건축물인 경우)

❶ 높이가 11m 이상인 건축물
② 처마높이가 9m 이상인 건축물
③ 층수가 2층 이상인 건축물
④ 기둥과 기둥 사이의 거리가 10m 이상인 건축물

② 공사감리자의 선정

공사감리자를 지정하여 공사감리를 하게 하는 경우에는 다음 구분에 따라 지정해야 한다.

건축사	건설엔지니어링사업자 또는 건축사
건축허가를 받아야 하는 건축물(건축신고 대상 제외) 건축물을 리모델링하는 경우	다중이용건축물

공사감리(건축법 시행령 제19조 제5항)
공사감리자는 수시로 또는 필요할 때 공사현장에서 감리업무를 수행해야 하며, 다음의 건축공사를 감리하는 경우에는 건축사보 중 건축 분야의 건축사보 한 명 이상을 전체 공사기간 동안, 토목·전기 또는 기계 분야의 건축사보 한 명 이상을 각 분야별 해당 공사기간 동안 각각 공사현장에서 감리업무를 수행하게 해야 한다.
- 바닥면적의 합계가 5,000m² 이상인 건축공사(축사 또는 작물 재배사의 건축공사 제외)
- 연속된 5개 층(지하층을 포함한다) 이상으로서 바닥면적의 합계가 3,000m² 이상인 건축공사
- 아파트 건축공사
- 준다중이용건축물 건축공사

공사감리업무(건축법 시행령 제19조 제9항, 동법 시행규칙 제19조의2 제1항)
- 공사시공자가 설계도서에 따라 적합하게 시공하는지 여부의 확인
- 건축자재가 관계 법령에 따른 기준에 적합한 건축자재인지 여부의 확인
- 건축물 및 대지가 관계법령에 적합하도록 공사시공자 및 건축주를 지도
- 시공계획 및 공사관리의 적정 여부의 확인
- 건축공사의 하도급과 관련된 다음의 확인
  - 수급인(하수급인을 포함한다)이 건설산업기본법에 따른 시공자격을 갖춘 건설사업자에게 건축공사를 하도급했는지에 대한 확인
  - 수급인이 건설산업기본법에 따라 공사현장에 건설기술인을 배치했는지에 대한 확인
- 공사현장에서의 안전관리의 지도
- 공정표의 검토
- 상세시공도면의 검토·확인
- 구조물의 위치와 규격의 적정 여부의 검토·확인
- 품질시험의 실시 여부 및 시험성과의 검토·확인
- 설계변경의 적정 여부의 검토·확인
- 기타 공사감리계약으로 정하는 사항

건축물의 공사감리(건축법 제25조 제5항, 동법 시행령 제19조 제4항)
연면적의 합계가 5,000m² 이상인 건축공사의 공사감리자는 필요하다고 인정하면 공사시공자에게 상세시공도면을 작성하도록 요청할 수 있다.

③ 감리보고서의 제출시기

건축주는 공사감리자로부터 제출받은 감리중간보고서는 제출받은 때, 감리완료보고서는 건축물의 사용승인을 신청할 때 허가권자에게 제출해야 한다.

감리중간보고서	철근콘크리트구조 철골철근콘크리트구조 조적조 보강콘크리트블록조	• 기초공사 시 철근배치를 완료한 경우 • 지붕슬래브 배근을 완료한 경우 • 지상 5개 층마다 상부 슬래브 배근을 완료한 경우
	철골조	• 기초공사 시 철근배치를 완료한 경우 • 지붕철골 조립을 완료한 경우 • 지상 3개 층마다 또는 높이 20m마다 주요구조부의 조립을 완료한 경우
	기타 구조	기초공사에서 거푸집 또는 주춧돌의 설치를 완료한 경우
감리완료보고서		공사를 완료한 경우

기출 확인

건축 분야의 건축사보 한 명 이상을 공사기간 동안 공사현장에서 감리업무를 수행하게 하여야 하는 건축공사의 바닥면적 기준은?(단, 축사 또는 작물재배사의 건축공사는 제외)

① 바닥면적의 합계가 1,000m² 이상
② 바닥면적의 합계가 2,000m² 이상
❸ 바닥면적의 합계가 5,000m² 이상
④ 바닥면적의 합계가 10,000m² 이상

기출 확인

건축법령상 공사감리자가 수행하여야 하는 감리업무에 속하지 않는 것은?

① 공정표의 검토
❷ 상세시공도면의 작성 및 확인
③ 공사현장에서의 안전관리의 지도
④ 설계변경의 적정 여부의 검토 및 확인

기출 확인

공사감리자가 필요하다고 인정하는 경우 공사시공자로 하여금 상세시공도면을 작성하도록 요청할 수 있는 건축공사의 규모 기준으로 옳은 것은?

① 연면적의 합계가 3,000m² 이상
❷ 연면적의 합계가 5,000m² 이상
③ 연면적의 합계가 10,000m² 이상
④ 연면적의 합계가 15,000m² 이상

기출 확인

공사의 공정이 다음에 정하는 진도에 다다른 때에는 감리중간보고서를 공사감리자가 작성하여야 한다. 시기가 옳지 않은 것은?

① 철골조 기초공사 시 철근배치를 완료한 때
❷ 철근콘크리트조 10층 이상 건축물인 경우 지상 3개 층마다 상부슬래브 배근을 완료한 때
③ 목조 기초공사 시 거푸집의 설치를 완료한 때
④ 조적조 지붕공사 시 지붕슬래브 배근을 완료한 때

❹ 사용승인

① 사용승인

신청시기	허가를 받았거나 신고를 한 건축물의 건축공사를 완료한 후
제출서류	감리완료보고서, 공사완료도서
현장검사 실시	신청서를 받은 날부터 7일 이내

> **사용승인(건축법 제22조 제1항, 동법 시행규칙 제16조 제3항)**
> - 건축주가 허가를 받았거나 신고를 한 건축물의 건축공사를 완료한 후 그 건축물을 사용하려면 공사감리자가 작성한 감리완료보고서와 국토교통부령으로 정하는 공사완료도서를 첨부하여 허가권자에게 사용승인을 신청해야 한다.
> - 허가권자는 사용승인신청을 받은 경우에는 그 신청서를 받은 날부터 7일 이내에 사용승인을 위한 현장검사를 실시하여야 하며, 현장검사에 합격된 건축물에 대하여는 사용승인서를 신청인에게 발급해야 한다.

② 임시사용승인

임시사용승인	사용승인서를 받기 전에 공사가 완료된 부분의 임시사용을 위한 승인
제출서류	임시사용승인신청서
임시사용승인서 교부	임시사용승인신청을 받은 날부터 7일 이내
임시사용승인의 기간	• 임시사용승인의 기간은 2년 이내로 한다. • 대형 건축물 또는 암반공사 등으로 인하여 공사기간이 긴 건축물에 대하여는 그 기간을 연장할 수 있다.

> **임시사용승인(건축법 시행령 제17조, 동법 시행규칙 제17조 제3항, 제4항)**
> - 건축주는 사용승인서를 받기 전에 공사가 완료된 부분에 대한 임시사용의 승인을 받으려는 경우에는 임시사용승인신청서를 허가권자에게 제출해야 한다.
> - 허가권자는 임시사용승인신청을 받은 경우에는 당해 신청서를 받은 날부터 7일 이내에 임시사용승인서를 신청인에게 교부해야 한다.
> - 임시사용승인의 기간은 2년 이내로 한다. 다만, 허가권자는 대형 건축물 또는 암반공사 등으로 인하여 공사기간이 긴 건축물에 대하여는 그 기간을 연장할 수 있다.

> **공용건축물에 대한 특례(건축법 제29조)**
> - 국가나 지방자치단체는 건축물을 건축·대수선·용도변경하거나 가설건축물을 건축하거나 공작물을 축조하려는 경우에는 대통령령으로 정하는 바에 따라 미리 건축물의 소재지를 관할하는 허가권자와 협의해야 한다.
> - 국가나 지방자치단체가 건축물의 소재지를 관할하는 허가권자와 협의한 경우에는 건축허가, 건축신고, 용도변경, 가설건축물 및 옹벽 등의 공작물에의 준용에 따른 허가를 받았거나 신고한 것으로 본다.
> - 허가권자와 협의한 건축물에는 사용승인의 규정을 적용하지 아니한다. 다만, 건축물의 공사가 끝난 경우에는 지체 없이 허가권자에게 통보해야 한다.

❺ 용도변경(건축법 제19조)

① 개요

절차	사용승인을 받은 건축물의 용도를 변경하려는 자는 특별자치시장·특별자치도지사 또는 시장·군수·구청장의 허가를 받거나 신고를 해야 한다.
건축기준	건축물의 용도변경은 변경하려는 용도의 건축기준에 맞게 해야 한다.

📋 기출 확인

다음은 건축물의 사용승인에 관한 기준 내용이다. ( ) 안에 알맞은 것은?

> 건축주가 허가를 받았거나 신고를 한 건축물의 건축공사를 완료한 후 그 건축물을 사용하려면 공사감리자가 작성한 (㉠)와 국토교통부령으로 정하는 (㉡)를 첨부하여 허가권자에게 사용승인을 신청하여야 한다.

① ㉠ 설계도서, ㉡ 시방서
② ㉠ 시방서, ㉡ 설계도서
❸ ㉠ 감리완료보고서, ㉡ 공사완료도서
④ ㉠ 공사완료도서, ㉡ 감리완료보고서

📋 기출 확인

공용건축물을 건축하고자 할 때 허가권자와 협의한 경우 건축법상 특례가 적용되는 것은?

❶ 건축허가 및 신고
② 설계도서 제출
③ 공사감리자 선정
④ 착공신고

② 용도변경 시설군(건축법 시행령 제14조)

1	자동차 관련 시설군	자동차 관련 시설
2	산업 등의 시설군	운수시설, 창고시설, 공장, 위험물 저장 및 처리시설, 자원 순환 관련 시설, 묘지 관련 시설, 장례시설
3	전기통신시설군	방송통신시설, 발전시설
4	문화 및 집회시설군	문화 및 집회시설, 종교시설, 위락시설, 관광휴게시설
5	영업시설군	판매시설, 운동시설, 숙박시설, 다중생활시설
6	교육 및 복지시설군	의료시설, 교육연구시설, 노유자시설, 수련시설, 야영장시설
7	근린생활시설군	제1종 근린생활시설, 제2종 근린생활시설(다중생활시설 제외)
8	주거업무시설군	단독주택, 공동주택, 업무시설, 교정시설, 국방·군사시설
9	그 밖의 시설군	동물 및 식물 관련 시설

기출 확인

용도변경과 관련된 시설군 중 산업 등 시설군에 속하지 않는 것은?

① 운수시설 ② 창고시설
❸ 발전시설 ④ 묘지 관련 시설

기출 확인

건축물의 용도변경 시 분류된 시설군에 속하지 않는 것은?

① 영업시설군
❷ 공업시설군
③ 주거업무시설군
④ 문화 및 집회시설군

③ 용도변경의 방법

용도변경 시설군의 번호가 작은 것이 상위 시설군, 큰 것이 하위 시설군이다.

허가대상	하위 시설군에서 상위 시설군의 용도로 변경하는 경우(↑)
신고대상	상위 시설군에서 하위 시설군의 용도로 변경하는 경우(↓)
기재내용 변경대상	같은 시설군 안에서 용도를 변경하는 경우

> **권한의 위임과 위탁(건축법 제82조 제3항, 동법 시행령 제117조 제3항)**
> 시장·군수·구청장이 구청장(자치구가 아닌 구의 구청장) 또는 동·읍·면장에게 위임할 수 있는 권한은 다음과 같다.
> • 6층 이하로서 연면적 2,000㎡ 이하인 건축물의 건축·대수선 및 용도변경
> • 기존 건축물 연면적의 3/10 미만의 범위에서 하는 증축

기출 확인

다음 중 허가대상에 속하는 용도변경은?

① 숙박시설에서 의료시설로의 용도변경
❷ 판매시설에서 문화 및 집회시설로의 용도변경
③ 제1종 근린생활시설에서 업무시설로의 용도변경
④ 제1종 근린생활시설에서 공동주택으로의 용도변경

❻ 건축종합민원실

① 개요

정의	건축허가, 건축신고, 사용승인 등 건축과 관련된 민원을 종합적으로 접수하여 처리할 수 있는 민원실이다.
업무	사용승인, 임시사용승인, 건축물대장의 작성 및 관리, 건축허가·건축신고 또는 용도변경에 관한 상담, 건축관계자 사이의 분쟁에 관한 상담 등의 업무를 수행한다.

> **건축종합민원실의 설치(건축법 제34조)**
> 특별자치시장·특별자치도지사 또는 시장·군수·구청장은 대통령령으로 정하는 바에 따라 건축허가, 건축신고, 사용승인 등 건축과 관련된 민원을 종합적으로 접수하여 처리할 수 있는 민원실을 설치·운영해야 한다.
>
> **건축에 관한 종합민원실의 업무(건축법 시행령 제22조의4 제1항)**
> • 사용승인에 관한 업무
> • 건축사가 현장조사·검사 및 확인업무를 대행하는 건축물의 건축허가와 사용승인 및 임시사용승인에 관한 업무
> • 건축물대장의 작성 및 관리에 관한 업무
> • 복합민원의 처리에 관한 업무
> • 건축허가·건축신고 또는 용도변경에 관한 상담 업무
> • 건축관계자 사이의 분쟁에 대한 상담
> • 그 밖에 특별자치시장·특별자치도지사 또는 시장·군수·구청장이 주민의 편익을 위하여 필요하다고 인정하는 업무

기출 확인

건축종합민원실의 처리 업무가 아닌 것은?

① 건축관계자 사이의 분쟁에 대한 상담
② 건축물대장의 작성 및 관리에 관한 업무
❸ 정기 및 수시점검의 항목별 점검 업무
④ 건축허가·건축신고 또는 용도변경에 관한 상담업무

CHAPTER 5 건축관계법규 / SECTION 2 구조·피난·설비

CORE 07 구조·구획

❶ 계단·복도

① 계단(건축물방화구조규칙 제15조)

연면적 200m²를 초과하는 건축물에 설치하는 계단은 다음 기준에 적합해야 한다.

높이 3m를 넘는 계단	높이 3m 이내마다 유효너비 120cm 이상의 계단참을 설치할 것
높이 1m를 넘는 계단	계단 및 계단참의 양옆에 난간을 설치할 것
너비 3m를 넘는 계단	• 계단의 중간에 너비 3m 이내마다 난간을 설치할 것 • 단, 단높이가 15cm 이하이고, 단너비가 30cm 이상인 경우는 제외
계단의 유효높이	2.1m 이상(계단의 바닥 마감면부터 상부 구조체의 하부 마감면까지)

계단 및 계단참의 규격과 적용 시설(건축물방화구조규칙 제15조 제2항)
돌음계단의 단너비는 그 좁은 너비의 끝부분으로부터 30cm 위치에서 측정한다.

계단 및 계단참의 유효너비	150cm 이상	• 초등학교(단높이 16cm 이하, 단너비 26cm 이상) • 중·고등학교(단높이 18cm 이하, 단너비 26cm 이상)
	120cm 이상	• 문화 및 집회시설(공연장·집회장·관람장)·판매시설 기타 이와 유사한 용도에 쓰이는 건축물 • 지상층인 경우 : 해당 층의 바로 위층부터 최상층까지의 거실 바닥면적의 합계가 200m² 이상인 경우 • 지하층인 경우 : 지하층 거실 바닥면적의 합계가 100m² 이상인 경우
	60cm 이상	기타의 계단

난간·벽 등의 손잡이(건축물방화구조규칙 제15조 제4항)
• 손잡이는 최대 지름이 3.2cm 이상 3.8cm 이하인 원형 또는 타원형의 단면으로 할 것
• 손잡이는 벽 등으로부터 5cm 이상 떨어지도록 하고, 계단으로부터의 높이는 85cm가 되도록 할 것
• 계단이 끝나는 수평부분에서의 손잡이는 바깥쪽으로 30cm 이상 나오도록 설치할 것

계단을 대체하여 설치하는 경사로의 기준(건축물방화구조규칙 제15조 제5항)
• 경사도는 1 : 8을 넘지 아니할 것
• 표면을 거친 면으로 하거나 미끄러지지 아니하는 재료로 마감할 것

② 복도

연면적 200m²를 초과하는 건축물에 설치하는 복도의 유효너비는 다음과 같다.

구분	양옆에 거실이 있는 복도	기타의 복도
유치원·초등학교·중학교·고등학교	2.4m 이상	1.8m 이상
공동주택·오피스텔	1.8m 이상	1.2m 이상
당해 층 거실의 바닥면적 합계가 200m² 이상인 경우	1.5m 이상 (의료시설의 복도는 1.8m 이상)	1.2m 이상

📋 **기출 확인**

연면적 200m²를 초과하는 건축물에 설치하는 계단의 설치기준으로 옳지 않은 것은?

① 높이가 3m를 넘는 계단에는 높이 3m 이내마다 너비 1.2m 이상의 계단참을 설치할 것
❷ 높이가 1.2m를 넘는 계단 및 계단참의 양옆에는 난간을 설치할 것
③ 난간·벽 등의 손잡이는 최대 지름이 3.2cm 이상 3.8cm 이하인 원형 또는 타원형의 단면으로 할 것
④ 계단을 대체하여 설치하는 경사로의 경사도는 1 : 8을 넘지 아니할 것

📋 **기출 확인**

연면적 200m²를 초과하는 건축물에 설치하는 계단의 설치기준으로 옳지 않은 것은?

① 높이가 3m를 넘는 계단에는 높이 3m 이내마다 너비 1.2m 이상의 계단참을 설치할 것
② 높이가 1m를 넘는 계단 및 계단참의 양옆에는 난간을 설치할 것
❸ 초등학교의 계단인 경우에는 계단 및 계단참의 너비는 120cm 이상으로 할 것
④ 고등학교의 계단인 경우에는 계단 및 계단참의 너비는 150cm 이상으로 할 것

📋 **기출 확인**

연면적 200m²를 초과하는 각종 건축물에 설치하는 복도의 최소 유효너비가 옳지 않은 것은?(단, 양옆에 거실이 있는 복도)

① 유치원 : 2.4m
② 중학교 : 2.4m
③ 고등학교 : 2.4m
❹ 오피스텔 : 2.4m

복도의 유효너비(건축물방화구조규칙 제15조의2 제2항)

문화 및 집회시설(공연장·집회장·관람장·전시장에 한한다), 종교시설 중 종교집회장, 노유자시설 중 아동 관련 시설·노인복지시설, 수련시설 중 생활권수련시설, 위락시설 중 유흥주점 및 장례식장의 관람실 또는 집회실과 접하는 복도에 적용한다.

복도의 유효너비	해당 층에서 해당 용도로 쓰는 바닥면적의 합계
1.5m 이상	500m² 미만인 경우
1.8m 이상	500m² 이상 1,000m² 미만인 경우
2.4m 이상	1,000m² 이상인 경우

+ 더 알아보기

공연장에 설치하는 복도의 설치기준
- 공연장의 개별 관람실(바닥면적이 300m² 이상인 경우에 한정한다)의 바깥쪽에는 그 양쪽 및 뒤쪽에 각각 복도를 설치할 것
- 하나의 층에 개별 관람실(바닥면적이 300m² 미만인 경우에 한정한다)을 2개소 이상 연속하여 설치하는 경우에는 그 관람실의 바깥쪽의 앞쪽과 뒤쪽에 각각 복도를 설치할 것

❷ 반자

① 정의

반자	지붕 밑 또는 위층 바닥 밑을 가려 장식적, 방온적으로 꾸민 구조부분이다.
반자높이	방의 바닥면으로부터 반자까지의 높이로 한다.

반자높이의 계산(건축법 시행령 제119조 제1항 제7호)
한 방에서 반자높이가 다른 부분이 있는 경우에는 그 각 부분의 반자면적에 따라 가중평균한 높이로 한다.

단면	계산식
(그림: 사다리꼴 단면 A, B, h₁, h₂)	가중평균한 반자높이 $= \dfrac{(h_1+h_2) \div 2 \times A + h_2 \times B}{A+B}$
(그림: 평면도 및 ① 단면도, ② 단면도)	가중평균한 반자높이 $= \dfrac{(A \times B \times h_1) + (a \times b \times h_2)}{A \times B}$

📋 기출 확인

그림과 같은 거실의 평균 반자높이는? (단, 단위는 m)

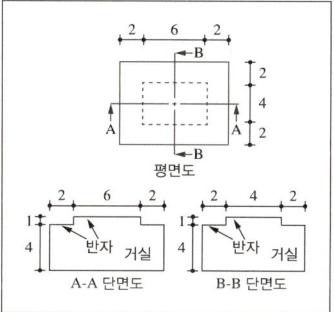

① 4.3m ② 4.6m
③ 4.9m ④ 5.2m

$$\dfrac{(8 \times 10 \times 4) + (4 \times 6 \times 1)}{8 \times 10} = 4.3\text{m}$$

② 거실반자의 설치기준

설치기준	거실의 반자(반자가 없는 경우에는 보 또는 바로 위층의 바닥판의 밑면)는 그 높이를 2.1m 이상으로 해야 한다.
적용제외	공장, 창고시설, 위험물저장 및 처리시설, 동물 및 식물 관련 시설, 자원 순환 관련 시설 또는 묘지 관련 시설

거실의 반자높이(건축물방화구조규칙 제16조 제2항)
- 문화 및 집회시설(전시장 및 동·식물원은 제외한다), 종교시설, 장례식장 또는 위락시설 중 유흥주점의 용도에 쓰이는 건축물의 관람실 또는 집회실로서 그 바닥면적이 200m² 이상인 것의 반자의 높이는 4m(노대의 아랫부분의 높이는 2.7m) 이상이어야 한다.
- 기계환기장치를 설치하는 경우에는 그렇지 않다.

📋 기출 확인

다음 중 건축물의 관람실 또는 집회실로서 그 바닥면적이 200m² 이상인 경우 반자높이를 4m 이상으로 하여야 하는 것은?(단, 기계환기장치를 설치하지 않은 경우)

① 전시장 ② 식물원
③ 동물원 ❹ 장례식장

❸ 내화・방화구조

① 정의

내화구조	화재에 견딜 수 있는 성능을 가진 구조
방화구조	화염의 확산을 막을 수 있는 성능을 가진 구조

② 내화구조의 적용대상(건축법 시행령 제56조)

다음에 해당하는 건축물의 주요구조부와 지붕은 내화구조로 해야 한다.

바닥면적의 합계	내화구조의 적용대상
2,000m² 이상	공장의 용도로 쓰는 건축물
500m² 이상	문화 및 집회시설 중 전시장 또는 동・식물원, 판매시설, 운수시설, 교육연구시설에 설치하는 체육관・강당, 수련시설, 운동시설 중 체육관・운동장, 위락시설(주점영업의 용도로 쓰는 것은 제외한다), 창고시설, 위험물저장 및 처리시설, 자동차 관련 시설, 방송통신시설 중 방송국・전신전화국・촬영소, 묘지 관련 시설 중 화장시설・동물화장시설 또는 관광휴게시설의 용도로 쓰는 건축물
400m² 이상	건축물의 2층이 단독주택 중 다중주택 및 다가구주택, 공동주택, 제1종 근린생활시설(의료의 용도로 쓰는 시설만 해당한다), 제2종 근린생활시설 중 다중생활시설, 의료시설, 노유자시설 중 아동 관련 시설 및 노인복지시설, 수련시설 중 유스호스텔, 업무시설 중 오피스텔, 숙박시설 또는 장례시설의 용도로 쓰는 건축물
관람실・집회실 바닥면적 합계 200m² 이상	제2종 근린생활시설 중 공연장・종교집회장(해당 용도로 쓰는 바닥면적의 합계가 각각 300m² 이상인 경우만 해당한다), 문화 및 집회시설(전시장 및 동・식물원은 제외한다), 종교시설, 위락시설 중 주점영업 및 장례시설의 용도로 쓰는 건축물
무관	3층 이상인 건축물 및 지하층이 있는 건축물(단독주택 등 제외)

내화구조의 기준(건축물방화구조규칙 제3조)

벽	• 철근콘크리트조 또는 철골철근콘크리트조로서 두께가 10cm 이상인 것 • 골구를 철골조로 하고 그 양면을 두께 4cm 이상의 철망모르타르 또는 두께 5cm 이상의 콘크리트블록・벽돌 또는 석재로 덮은 것 • 철재로 보강된 콘크리트블록조・벽돌조 또는 석조로서 철재에 덮은 콘크리트블록 등의 두께가 5cm 이상인 것 • 벽돌조로서 두께가 19cm 이상인 것 • 고온・고압의 증기로 양생된 경량기포 콘크리트패널 또는 경량기포 콘크리트블록조로서 두께가 10cm 이상인 것
외벽 중 비내력벽	• 철근콘크리트조 또는 철골철근콘크리트조로서 두께가 7cm 이상인 것 • 골구를 철골조로 하고 그 양면을 두께 3cm 이상의 철망모르타르 또는 두께 4cm 이상의 콘크리트블록・벽돌 또는 석재로 덮은 것 • 철재로 보강된 콘크리트블록조・벽돌조 또는 석조로서 철재에 덮은 콘크리트블록 등의 두께가 4cm 이상인 것 • 무근콘크리트조・콘크리트블록조・벽돌조 또는 석조로서 그 두께가 7cm 이상인 것
기둥 (작은 지름이 25cm 이상)	• 철근콘크리트조 또는 철골철근콘크리트조 • 철골을 두께 6cm(경량골재를 사용하는 경우에는 5cm) 이상의 철망모르타르 또는 두께 7cm 이상의 콘크리트블록・벽돌 또는 석재로 덮은 것 • 철골을 두께 5cm 이상의 콘크리트로 덮은 것

📋 **기출 확인**

주요구조부를 내화구조로 하여야 하는 대상 건축물에 대한 기준 내용으로 옳지 않은 것은?

① 장례식장의 용도로 쓰는 건축물로서 집회실의 바닥면적의 합계가 200m² 이상인 건축물
❷ 문화 및 집회시설 중 전시장의 용도로 쓰는 건축물로서 그 용도로 쓰는 바닥면적의 합계가 400m² 이상인 건축물
③ 공장의 용도로 쓰는 건축물로서 그 용도로 쓰는 바닥면적의 합계가 2,000m² 이상인 건축물
④ 건축물의 2층이 숙박시설의 용도로 쓰는 건축물로서 그 용도로 쓰는 바닥면적의 합계가 400m² 이상인 건축물

📋 **기출 확인**

외벽 중 비내력벽의 경우에 다음 중 내화구조가 아닌 것은?

① 철근콘크리트조로서 두께가 7cm인 것
② 무근콘크리트조로서 그 두께가 7cm인 것
③ 골구를 철골조로 하고 그 양면을 두께 4cm의 석재로 덮은 것
❹ 철재로 보강된 콘크리트블록조로서 철재에 덮은 콘크리트블록의 두께가 3cm인 것

바닥	• 철근콘크리트조 또는 철골철근콘크리트조로서 두께가 10cm 이상인 것 • 철재로 보강된 콘크리트블록조·벽돌조 또는 석조로서 철재에 덮은 콘크리트블록 등의 두께가 5cm 이상인 것 • 철재의 양면을 두께 5cm 이상의 철망모르타르 또는 콘크리트로 덮은 것
보 (지붕틀 포함)	• 철근콘크리트조 또는 철골철근콘크리트조 • 철골을 두께 6cm(경량골재를 사용하는 경우에는 5cm) 이상의 철망모르타르 또는 두께 5cm 이상의 콘크리트로 덮은 것 • 철골조의 지붕틀(바닥으로부터 그 아랫부분까지의 높이가 4m 이상인 것에 한한다)로서 바로 아래에 반자가 없거나 불연재료로 된 반자가 있는 것
지붕	• 철근콘크리트조 또는 철골철근콘크리트조 • 철재로 보강된 콘크리트블록조·벽돌조 또는 석조 • 철재로 보강된 유리블록 또는 망입유리(두꺼운 판유리에 철망을 넣은 것을 말한다)로 된 것
계단	• 철근콘크리트조 또는 철골철근콘크리트조 • 무근콘크리트조·콘크리트블록조·벽돌조 또는 석조 • 철재로 보강된 콘크리트블록조·벽돌조 또는 석조 • 철골조

📋 기출 확인

철근콘크리트조인 경우 두께에 관계없이 내화구조로 인정되는 것은?

① 바닥
❷ 지붕
③ 내력벽
④ 외벽 중 비내력벽

📋 기출 확인

다음 중 철골조로 하였을 경우, 피복과 관계없이 그 자체만으로 내화구조에 속하는 것은?

① 벽　　　② 기둥
③ 지붕　　❹ 계단

③ 방화구획

설치대상		주요구조부가 내화구조 또는 불연재료로 된 건축물로서 연면적이 1,000m²를 넘는 것은 내화구조로 된 바닥 및 벽, 60분+ 방화문·60분 방화문 또는 자동방화셔터로 구획해야 한다.
설치기준	11층 이상	• 바닥면적 200m² 이내마다 구획할 것(스프링클러 등 자동식 소화설비를 설치한 경우에는 600m² 이내) • 벽 및 반자의 실내에 접하는 부분의 마감을 불연재료로 한 경우에는 바닥면적 500m² 이내마다 구획할 것(스프링클러 등 자동식 소화설비를 설치한 경우에는 1,500m² 이내)
	10층 이하	바닥면적 1,000m² 이내마다 구획할 것(스프링클러 등 자동식 소화설비를 설치한 경우에는 3,000m² 이내)
		• 매층마다 구획할 것 • 지하 1층에서 지상으로 직접 연결하는 경사로 부위는 제외 • 필로티나 그 밖에 이와 비슷한 구조(벽면의 2분의 1 이상이 그 층의 바닥면에서 위층 바닥 아래면까지 공간으로 된 것만 해당한다)의 부분을 주차장으로 사용하는 경우 그 부분은 건축물의 다른 부분과 구획할 것
적용하지 않거나 적용이 완화되는 경우		• 문화 및 집회시설(동·식물원은 제외), 종교시설, 운동시설, 장례시설의 용도로 쓰는 거실로서 시선 및 활동공간의 확보를 위하여 불가피한 부분 • 물품의 제조·가공 및 운반 등(보관은 제외한다)에 필요한 고정식 대형 기기 설비의 설치를 위하여 불가피한 부분(단, 지하층인 경우에는 지하층의 외벽 한쪽 면 전체가 건물 밖으로 개방되어 보행과 자동차의 진입·출입이 가능한 경우로 한정) • 계단실·복도 또는 승강기의 승강장 및 승강로로서 그 건축물의 다른 부분과 방화구획으로 구획된 부분(단, 해당 부분에 위치하는 설비배관 등이 바닥을 관통하는 부분은 제외한다) • 건축물의 최상층 또는 피난층으로서 대규모 회의장·강당·스카이라운지·로비 또는 피난안전구역 등의 용도로 쓰는 부분으로서 그 용도로 사용하기 위하여 불가피한 부분 • 복층형 공동주택의 세대별 층간 바닥 부분 • 주요구조부가 내화구조 또는 불연재료로 된 주차장 • 단독주택, 동물 및 식물 관련 시설, 군사시설(집회, 체육, 창고 등의 용도로 사용되는 시설만 해당)로 쓰는 건축물 • 건축물의 1층과 2층의 일부를 동일한 용도로 사용하며 그 건축물의 다른 부분과 방화구획으로 구획된 부분(바닥면적의 합계가 500m² 이하인 경우로 한정)

📋 기출 확인

주요구조부가 내화구조 또는 불연재료로 된 건축물로서 국토교통부령으로 정하는 기준에 따라 내화구조로 된 바닥 및 벽, 방화문 또는 자동방화셔터로 구획하여야 하는 연면적 기준은?

① 400m² 초과　② 500m² 초과
❸ 1,000m² 초과　④ 1,500m² 초과

📋 기출 확인

방화구획의 설치기준 내용으로 틀린 것은?

① 매층마다 구획할 것
② 10층 이하의 층은 바닥면적 1,000m² 이내마다 구획할 것
③ 11층 이상의 층은 바닥면적 200m² 이내마다 구획할 것
❹ 지하층은 지하 1층에서 지상으로 직접 연결하는 경사로 부위를 포함하여 층마다 구획할 것

📋 **기출 확인**

다음 중 방화구조에 해당하지 않는 것은?

① 심벽에 흙으로 맞벽치기한 것
② 철망모르타르로서 그 바름두께가 2cm 이상인 것
③ 시멘트모르타르 위에 타일을 붙인 것으로서 그 두께의 합계가 2.5cm 이상인 것
❹ 석고판 위에 시멘트모르타르를 바른 것으로서 그 두께의 합계가 2cm 이상인 것

📋 **기출 확인**

방화벽의 구조에 관한 설명 중 틀린 것은?

① 내화구조로서 홀로 설 수 있는 구조일 것
❷ 방화벽에 설치하는 출입문의 너비 및 높이는 각각 2.7m 이하로 할 것
③ 방화벽의 양쪽 끝과 위쪽 끝을 건축물의 외벽면 및 지붕면으로부터 0.5m 이상 튀어나오게 할 것
④ 방화벽에 설치하는 출입문에는 60분+ 방화문 또는 60분 방화문을 설치할 것

📋 **기출 확인**

다음 중 국토교통부령이 정하는 기준에 따라 경계벽을 설치해야 하는 건축물이 아닌 것은?

① 기숙사의 침실
❷ 단독주택의 거실
③ 숙박시설의 객실
④ 학교의 교실

방화구조(건축물방화구조규칙 제4조)
- 철망모르타르로서 그 바름두께가 2cm 이상인 것
- 석고판 위에 시멘트모르타르 또는 회반죽을 바른 것으로서 그 두께의 합계가 2.5cm 이상인 것
- 시멘트모르타르 위에 타일을 붙인 것으로서 그 두께의 합계가 2.5cm 이상인 것
- 심벽에 흙으로 맞벽치기한 것
- 한국산업표준의 방화 2급 이상에 해당하는 것

❹ 벽체 및 각부

① 방화벽

설치대상		연면적 1,000m² 이상인 건축물은 방화벽으로 구획해야 한다.
구조기준	면적	각 구획된 바닥면적의 합계는 1,000m² 미만이어야 한다.
	구조	• 내화구조로서 홀로 설 수 있는 구조일 것 • 방화벽의 양쪽 끝과 위쪽 끝을 건축물의 외벽면 및 지붕면으로부터 0.5m 이상 튀어나오게 할 것
	출입문	• 방화벽에 설치하는 출입문의 너비 및 높이는 2.5m 이하로 할 것 • 해당 출입문에는 60분+ 방화문 또는 60분 방화문을 설치할 것

대규모 목조건축물의 외벽 등(건축물방화구조규칙 제22조 제1항)
연면적이 1,000m² 이상인 목조의 건축물은 그 외벽 및 처마 밑의 연소할 우려가 있는 부분을 방화구조로 하되, 그 지붕은 불연재료로 해야 한다.

방화문의 구분(건축법 시행령 제64조)

60분+ 방화문	연기 및 불꽃을 차단할 수 있는 시간이 60분 이상이고, 열을 차단할 수 있는 시간이 30분 이상인 방화문
60분 방화문	연기 및 불꽃을 차단할 수 있는 시간이 60분 이상인 방화문
30분 방화문	연기 및 불꽃을 차단할 수 있는 시간이 30분 이상 60분 미만인 방화문

② 경계벽

가구·세대 간 소음 방지를 위하여 경계벽을 설치해야 한다.

설치대상			• 다가구주택의 각 가구 간 또는 공동주택(기숙사 제외)의 각 세대 간 경계벽 • 기숙사의 침실, 의료시설의 병실, 학교의 교실, 숙박시설의 객실 간 경계벽 • 제1종 근린생활시설 중 산후조리원의 임산부실 간 경계벽, 신생아실 간 경계벽, 임산부실과 신생아실 간 경계벽 • 제2종 근린생활시설 중 다중생활시설의 호실 간 경계벽 • 노인복지주택의 각 세대 간 경계벽 • 노인요양시설의 호실 간 경계벽
구조기준	구조		• 내화구조로 한다. • 지붕밑 또는 바로 위층의 바닥판까지 닿게 해야 한다. • 소리를 차단하는 데 장애가 되는 부분이 없어야 한다.
	두께	10cm 이상	• 철근콘크리트조·철골철근콘크리트조 • 무근콘크리트조 또는 석조(시멘트모르타르·회반죽 또는 석고플라스터의 바름두께를 포함한다)
		19cm 이상	콘크리트블록조 또는 벽돌조

> **거실 등의 방습(건축물방화구조규칙 제18조)**
> - 건축물의 최하층에 있는 거실바닥의 높이는 지표면으로부터 45cm 이상으로 해야 한다.
> - 다음의 어느 하나에 해당하는 욕실 또는 조리장의 바닥과 그 바닥으로부터 높이 1m까지의 안쪽 벽의 마감은 이를 내수재료로 해야 한다.
>   - 제1종 근린생활시설 중 목욕장의 욕실과 휴게음식점의 조리장
>   - 제2종 근린생활시설 중 일반음식점 및 휴게음식점의 조리장과 숙박시설의 욕실

③ 굴뚝

높이	• 옥상 돌출부는 지붕면으로부터의 수직거리를 1m 이상으로 한다. • 용마루·계단탑·옥탑 등이 있는 건축물에 있어서 굴뚝의 주위에 연기의 배출을 방해하는 장애물이 있는 경우에는 그 굴뚝의 상단을 용마루·계단탑·옥탑 등보다 높게 해야 한다. • 굴뚝의 상단으로부터 수평거리 1m 이내에 다른 건축물이 있는 경우 그 건축물의 처마보다 1m 이상 높게 한다.
금속제 굴뚝	• 건축물의 지붕 속·반자 위 및 가장 아랫바닥 밑에 있는 굴뚝의 부분은 금속 외의 불연재료로 덮어야 한다. • 목재 기타 가연재료로부터 15cm 이상 떨어져서 설치한다. 다만, 두께 10cm 이상인 금속 외의 불연재료로 덮은 경우에는 그렇지 않다.

④ 맞벽·연결복도 및 통로

구조기준	맞벽	• 주요구조부가 내화구조일 것 • 마감재료가 불연재료일 것
	연결복도 및 통로	• 주요구조부가 내화구조일 것 • 마감재료가 불연재료일 것 • 밀폐된 구조인 경우 벽면적의 10분의 1 이상에 해당하는 면적의 창문을 설치할 것(지하층으로서 환기설비를 설치하는 경우 제외) • 너비 및 높이가 각각 5m 이하일 것 • 연결부분에 자동방화셔터 또는 방화문을 설치할 것

> **창문 등의 차면시설(건축법 시행령 제55조)**
> 인접 대지경계선으로부터 직선거리 2m 이내에 이웃 주택의 내부가 보이는 창문 등을 설치하는 경우에는 차면시설을 설치해야 한다.

⑤ 회전문(건축물방화구조규칙 제12조)

설치위치	계단이나 에스컬레이터로부터 2m 이상의 거리를 둘 것

개폐구조	• 회전문과 문틀사이 및 바닥 사이는 다음 간격을 확보하고 틈 사이를 고무와 고무펠트의 조합체 등을 사용하여 신체나 물건 등에 손상이 없도록 할 것
	  – 회전문과 문틀 사이는 5cm 이상
	  – 회전문과 바닥 사이는 3cm 이하
	• 출입에 지장이 없도록 일정한 방향으로 회전하는 구조로 할 것
	• 회전문의 중심축에서 회전문과 문틀 사이의 간격을 포함한 회전문날개 끝부분까지의 길이는 140cm 이상이 되도록 할 것
	• 회전문의 회전속도는 분당회전수가 8회를 넘지 아니하도록 할 것
	• 자동회전문은 충격이 가하여지거나 사용자가 위험한 위치에 있는 경우에는 전자감지장치 등을 사용하여 정지하는 구조로 할 것

기출 확인

바닥으로부터 높이 1m까지의 안쪽 벽의 마감을 내수재료로 하지 않아도 되는 것은?

❶ 아파트의 욕실
② 숙박시설의 욕실
③ 제1종 근린생활시설 중 휴게음식점의 조리장
④ 제2종 근린생활시설 중 휴게음식점의 조리장

기출 확인

건축물에 설치하는 굴뚝에 관한 기준 내용으로 옳지 않은 것은?

① 굴뚝의 옥상 돌출부는 지붕면으로부터의 수직거리를 1m 이상으로 하는 것이 원칙이다.
② 굴뚝의 상단으로부터 수평거리 1m 이내에 다른 건축물이 있는 경우에는 그 건축물의 처마보다 1m 이상 높게 하여야 한다.
❸ 금속제 굴뚝은 목재 기타 가연재료로부터 최소 1m 이상 떨어져서 설치하여야 한다.
④ 금속제 굴뚝으로서 건축물의 지붕 속·반자 위 및 가장 아랫바닥 밑에 있는 굴뚝의 부분은 금속 외의 불연재료로 덮어야 한다.

기출 확인

건축물의 출입구에 설치하는 회전문에 관한 기준 내용으로 옳지 않은 것은?

① 회전문과 문틀 사이의 간격은 5cm 이상으로 할 것
❷ 회전문과 바닥 사이의 간격은 5cm 이하로 할 것
③ 계단이나 에스컬레이터로부터 2m 이상의 거리를 둘 것
④ 회전문의 회전속도는 분당회전수가 8회를 넘지 않도록 할 것

CORE 08 피난 · 방화구조

CHAPTER 5 건축관계법규 / SECTION 2 구조 · 피난 · 설비

➕ 더 알아보기

피난안전구역의 면적 산정기준
(피난안전구역 위층의 재실자 수 × 0.5) × 0.28m²

📋 기출 확인

공동주택 중 아파트로서 대피공간을 설치하여야 하는 경우, 대피공간의 바닥면적은 최소 얼마 이상이어야 하는가?(단, 인접 세대와 공동으로 설치하는 경우)

① 1m²   ② 2m²
❸ 3m²   ④ 4m²

📋 기출 확인

공동주택 중 아파트로서 대피공간을 설치하여야 하는 경우 대피공간의 바닥면적은 최소 얼마 이상이어야 하는가?(단, 각 세대별로 설치하는 경우)

① 1m²   ❷ 2m²
③ 3m²   ④ 4m²

📋 기출 확인

피난안전구역의 구조 및 설비에 관한 기준 내용으로 옳지 않은 것은?

① 피난안전구역의 높이는 2.1m 이상일 것
② 피난안전구역의 내부마감재료는 불연재료로 설치할 것
③ 비상용승강기는 피난안전구역에서 승하차할 수 있는 구조로 설치할 것
❹ 건축물의 내부에서 피난안전구역으로 통하는 계단은 피난계단의 구조로 설치할 것

❶ 피난안전구역

① 피난안전구역

개요		건축물의 피난 · 안전을 위하여 건축물 중간층에 설치하는 대피공간을 말한다.
설치 대상		고층 건축물에는 대통령령으로 정하는 바에 따라 피난안전구역을 설치하거나 대피공간을 확보한 계단을 설치해야 한다.
	초고층 건축물	피난층 또는 지상으로 통하는 직통계단과 직접 연결되는 피난안전구역을 지상층으로부터 최대 30개 층마다 1개소 이상 설치해야 한다.
	준초고층 건축물	피난층 또는 지상으로 통하는 직통계단과 직접 연결되는 피난안전구역을 해당 건축물 전체 층수의 2분의 1에 해당하는 층으로부터 상하 5개 층 이내에 1개소 이상 설치해야 한다(직통계단 설치 시 제외).
설치 기준		• 해당 건축물의 1개 층을 대피공간으로 한다. • 대피에 장애가 되지 않는 범위에서 기계실, 보일러실, 전기실 등 건축설비를 설치하기 위한 공간과 같은 층에 설치할 수 있다. • 건축설비가 설치되는 공간과 내화구조로 구획한다.

아파트의 대피공간(건축법 시행령 제46조 제4항)

개요	공동주택 중 아파트로서 4층 이상인 층의 각 세대가 2개 이상의 직통계단을 사용할 수 없는 경우에는 발코니(발코니의 외부에 접하는 경우를 포함)에 인접세대와 공동으로 또는 각 세대별로 대피공간을 하나 이상 설치해야 한다.
설치기준	• 대피공간은 바깥의 공기와 접할 것 • 대피공간은 실내의 다른 부분과 방화구획으로 구획될 것 • 대피공간의 바닥면적은 인접 세대와 공동으로 설치하는 경우에는 3m² 이상, 각 세대별로 설치하는 경우에는 2m² 이상일 것 • 대피공간으로 통하는 출입문은 60분+ 방화문으로 설치할 것

② 피난안전구역의 설치기준(건축물방화구조규칙 제8조의2)

구조	높이	2.1m 이상일 것
	마감 등	• 내부마감재료는 불연재료로 설치할 것 • 피난안전구역의 바로 아래층 · 위층은 기준에 적합한 단열재를 설치할 것
	계단	• 건축물의 내부에서 피난안전구역으로 통하는 계단은 특별피난계단의 구조로 설치할 것 • 피난안전구역에 연결되는 특별피난계단은 피난안전구역을 거쳐서 상, 하층으로 갈 수 있는 구조로 설치할 것
설비	조명	예비전원에 의한 조명설비를 설치할 것
	소방	배연설비 및 소방 등 재난관리를 위한 설비를 갖출 것
	급수	식수공급을 위한 급수전을 1개소 이상 설치할 것
	통신	관리사무소 · 방재센터 등과 긴급연락이 가능한 경보 · 통신시설을 설치할 것
	승강기	비상용승강기는 피난안전구역에서 승하차할 수 있는 구조로 설치할 것

❷ 직통계단

① 정의

직통계단	피난층 또는 지상으로 통하는 계단
피난층	직접 지상으로 통하는 출입구가 있는 층 및 피난안전구역

② 직통계단까지의 보행거리

원칙	건축물의 피난층 외의 층에서는 피난층 또는 지상으로 통하는 직통계단(경사로를 포함한다)을 거실의 각 부분으로부터 계단(거실로부터 가장 가까운 거리에 있는 1개의 계단을 말한다)에 이르는 보행거리가 30m 이하가 되도록 설치해야 한다.
주요구조부가 내화구조·불연재료로 된 건축물	건축물의 주요구조부가 내화구조 또는 불연재료로 된 건축물은 그 보행거리가 50m(층수가 16층 이상인 공동주택의 경우 16층 이상인 층에 대해서는 40m) 이하가 되도록 설치할 수 있다(지하층에 설치하는 것으로서 바닥면적의 합계가 300m² 이상인 공연장·집회장·관람장 및 전시장은 제외한다).
공장	자동화 생산시설에 스프링클러 등 자동식 소화설비를 설치한 공장으로서 국토교통부령으로 정하는 공장인 경우에는 그 보행거리가 75m(무인화 공장인 경우에는 100m) 이하가 되도록 설치할 수 있다.

직통계단의 설치(건축법 시행령 제34조 제2항)
피난층 외의 층이 다음의 어느 하나에 해당하는 용도 및 규모의 건축물에는 피난층 또는 지상으로 통하는 직통계단을 2개소 이상 설치해야 한다.

1		그 층에서 해당 용도로 쓰는 바닥면적의 합계가 200m²(제2종 근린생활시설 중 공연장·종교집회장은 각각 300m²) 이상인 것
	용도	제2종 근린생활시설 중 공연장·종교집회장, 문화 및 집회시설(전시장 및 동·식물원은 제외한다), 종교시설, 위락시설 중 주점영업 또는 장례시설
2		3층 이상의 층으로서 그 층의 해당 용도로 쓰는 거실의 바닥면적의 합계가 200m² 이상인 것
	용도	단독주택 중 다중주택·다가구주택, 제1종 근린생활시설 중 정신과의원(입원실이 있는 경우로 한정한다), 제2종 근린생활시설 중 인터넷컴퓨터게임시설제공업소(해당 용도로 쓰는 바닥면적의 합계가 300m² 이상인 경우만 해당한다)·학원·독서실, 판매시설, 운수시설(여객용 시설만 해당한다), 의료시설(입원실이 없는 치과병원은 제외한다), 교육연구시설 중 학원, 노유자시설 중 아동 관련 시설·노인복지시설·장애인 거주시설 및 장애인 의료재활시설, 수련시설 중 유스호스텔 또는 숙박시설
3		그 층의 해당 용도로 쓰는 거실의 바닥면적의 합계가 300m² 이상인 것
	용도	공동주택(층당 4세대 이하인 것은 제외한다) 또는 업무시설 중 오피스텔
4		위 1~3의 용도로 쓰지 않는 3층 이상의 층으로서 그 층 거실의 바닥면적의 합계가 400m² 이상인 것
5		지하층으로서 그 층 거실의 바닥면적의 합계가 200m² 이상인 것

📋 기출 확인

주요구조부가 내화구조 또는 불연재료로 된 층수가 16층 이상인 공동주택의 경우, 피난층이 아닌 16층 이상의 층에서는 피난층 또는 지상으로 통하는 직통계단을 거실의 각 부분으로부터 계단에 이르는 보행거리가 최대 얼마 이하가 되도록 설치하여야 하는가?(단, 계단은 거실로부터 가장 가까운 거리에 있는 1개소의 계단을 말한다)

① 30m　　❷ 40m
③ 50m　　④ 75m

📋 기출 확인

피난층 외의 층으로서 피난층 또는 지상으로 통하는 직통계단을 2개소 이상 설치하여야 한다. 그 대상 기준으로 옳지 않은 것은?

① 지하층으로서 그 층 거실의 바닥면적의 합계가 200m² 이상인 것
② 판매시설의 용도로 쓰는 3층 이상의 층으로서 그 층의 해당 용도로 쓰는 거실의 바닥면적의 합계가 200m² 이상인 것
③ 위락시설 중 주점영업의 용도로 쓰는 층으로서 그 층에서 해당 용도로 쓰는 바닥면적의 합계가 200m² 이상인 것
❹ 업무시설 중 오피스텔의 용도로 쓰는 층으로서 그 층의 해당 용도로 쓰는 거실의 바닥면적의 합계가 200m² 이상인 것

📋 기출 확인

피난층 외의 층이 지하층으로서 그 층 거실의 바닥면적의 합계가 최소 얼마 이상인 경우, 피난층 또는 지상으로 통하는 직통계단을 2개소 이상 설치하여야 하는가?

① 150m²　　❷ 200m²
③ 300m²　　④ 400m²

📑 기출 확인

다음의 피난계단의 설치에 관한 기준 내용 중 (   ) 안에 알맞은 것은?

> 5층 이상 또는 지하 2층 이하인 층에 설치하는 직통계단은 피난계단 또는 특별피난계단으로 설치하여야 하는데, (   )의 용도로 쓰는 층으로부터의 직통계단은 그중 1개소 이상을 특별피난계단으로 설치하여야 한다.

① 의료시설   ② 숙박시설
❸ 판매시설   ④ 교육연구시설

📑 기출 확인

다음 중 옥외피난계단을 설치하여야 하는 대상 기준 내용과 가장 관계가 먼 것은?

① 건축물 용도
② 층수
③ 거실의 바닥면적
❹ 연면적

📑 기출 확인

건축물의 내부에 설치하는 피난계단의 구조에 관한 기준 내용으로 옳지 않은 것은?

① 계단은 내화구조로 하고 피난층 또는 지상까지 직접 연결되도록 할 것
❷ 계단실의 실내에 접하는 부분의 마감은 불연재료 또는 준불연재료로 할 것
③ 건축물의 내부에서 계단실로 통하는 출입구의 유효너비는 0.9m 이상으로 할 것
④ 계단실은 창문·출입구 기타 개구부를 제외한 당해 건축물의 다른 부분과 내화구조의 벽으로 구획할 것

❸ 피난계단·특별피난계단

① 설치대상(건축법 시행령 제35조~제36조)

피난계단 또는 특별피난계단	• 5층 이상 또는 지하 2층 이하인 층에 설치하는 직통계단 • 건축물의 5층 이상인 층으로서 문화 및 집회시설 중 전시장 또는 동·식물원, 판매시설, 운수시설(여객용 시설만 해당), 운동시설, 위락시설, 관광휴게시설 또는 수련시설 중 생활권 수련시설의 용도로 쓰는 층에는 직통계단 외에 그 층의 해당 용도로 쓰는 바닥면적의 합계가 2,000m²를 넘는 경우에는 그 넘는 2,000m² 이내마다 1개소(4층 이하의 층에는 쓰지 아니하는 피난계단 또는 특별피난계단만 해당한다)
특별피난계단	• 건축물(갓복도식 공동주택은 제외한다)의 11층(공동주택의 경우에는 16층) 이상인 층(바닥면적이 400m² 미만인 층은 제외한다) 또는 지하 3층 이하인 층(바닥면적이 400m² 미만인 층은 제외한다)으로부터 피난층 또는 지상으로 통하는 직통계단 • 5층 이상 또는 지하 2층 이하인 층에 설치하는 직통계단 중 판매시설의 용도로 쓰는 층으로부터의 직통계단 중 1개소 이상
옥외피난계단	건축물의 3층 이상인 층(피난층 제외)으로서 아래에 해당하는 층에는 직통계단 외에 지상으로 통하는 옥외피난계단을 따로 설치해야 한다. • 공연장(제2종 근린생활시설, 바닥면적의 합계 300m² 이상), 공연장(문화 및 집회시설)이나 위락시설 중 주점영업의 용도로 쓰는 층으로서 그 층 거실의 바닥면적의 합계가 300m² 이상인 것 • 집회장의 용도로 쓰는 층으로서 그 층 거실의 바닥면적의 합계가 1,000m² 이상인 것

> **피난계단의 설치(건축법 시행령 제35조 제1항)**
> • 5층 이상 또는 지하 2층 이하인 층에 설치하는 직통계단은 국토교통부령으로 정하는 기준에 따라 피난계단 또는 특별피난계단으로 설치하여야 한다.
> • 다만, 건축물의 주요구조부가 내화구조 또는 불연재료로 되어 있는 경우로서 다음의 어느 하나에 해당하는 경우에는 그러하지 아니하다.
> – 5층 이상인 층의 바닥면적의 합계가 200m² 이하인 경우
> – 5층 이상인 층의 바닥면적 200m² 이내마다 방화구획이 되어 있는 경우

② 건축물의 내부에 설치하는 피난계단의 구조

옥내 피난 계단	구조	• 계단은 내화구조로 하고 피난층 또는 지상까지 직접 연결되도록 할 것 • 창문·출입구 기타 개구부를 제외한 당해 건축물의 다른 부분과 내화구조의 벽으로 구획할 것
	마감	실내에 접하는 부분의 마감은 불연재료로 할 것
	조명	예비전원에 의한 조명설비를 할 것
	창문	• 계단실의 바깥쪽과 접하는 창문 등은 다른 부분에 설치하는 창문 등으로부터 2m 이상의 거리를 두고 설치할 것 • 건축물의 내부와 접하는 계단실의 창문 등(출입구를 제외한다)은 망이 들어 있는 유리의 붙박이창으로서 그 면적을 각각 1m² 이하로 할 것
	출입구	• 건축물의 내부와 통하는 출입구의 유효너비는 0.9m 이상으로 할 것 • 피난의 방향으로 열 수 있는 것으로서 언제나 닫힌 상태를 유지하거나 화재로 인한 연기 또는 불꽃을 감지하여 자동적으로 닫히는 구조로 된 60분+방화문 또는 60분 방화문을 설치할 것

③ 건축물의 바깥쪽에 설치하는 피난계단의 구조

옥외 피난 계단	구조	계단은 내화구조로 하고 지상까지 직접 연결되도록 할 것
	계단	• 계단의 유효너비는 0.9m 이상으로 할 것 • 출입구 외의 창문 등으로부터 2m 이상의 거리를 두고 설치할 것
	출입구	건축물 내부에서 계단으로 통하는 출입구에는 60분+ 방화문 또는 60분 방화문을 설치할 것

④ 특별피난계단의 구조

특별 피난 계단	구조	• 계단은 내화구조로 하되, 피난층 또는 지상까지 직접 연결되도록 할 것 • 창문 등을 제외하고는 내화구조의 벽으로 각각 구획할 것 • 건축물의 내부와 계단실은 노대를 통하여 연결하거나 외부를 향하여 열 수 있는 면적 1m² 이상인 창문 또는 배연설비가 있는 면적 3m² 이상인 부속실을 통하여 연결할 것
	마감	계단실 및 부속실의 실내에 접하는 부분의 마감은 불연재료로 할 것
	조명	계단실에는 예비전원에 의한 조명설비를 할 것
	창문	• 계단실·노대 또는 부속실에 설치하는 건축물의 바깥쪽에 접하는 창문 등은 다른 부분에 설치하는 창문 등으로부터 2m 이상의 거리를 두고 설치할 것 • 계단실에는 노대 또는 부속실에 접하는 부분 외에는 건축물의 내부와 접하는 창문 등을 설치하지 아니할 것 • 계단실의 노대 또는 부속실에 접하는 창문 등은 망이 들어 있는 유리의 붙박이창으로서 그 면적을 각각 1m² 이하로 할 것 • 노대 및 부속실에는 계단실 외의 건축물의 내부와 접하는 창문 등을 설치하지 아니할 것
	출입구	• 출입구의 유효너비는 0.9m 이상으로 하고 피난의 방향으로 열 수 있을 것 • 건축물의 내부에서 노대 또는 부속실로 통하는 출입구에는 60분+ 방화문 또는 60분 방화문을 설치할 것 • 노대 또는 부속실로부터 계단실로 통하는 출입구에는 60분+ 방화문, 60분 방화문 또는 30분 방화문을 설치할 것

피난계단 및 특별피난계단의 구조(건축물방화구조규칙 제9조)

구분	옥내피난계단	특별피난계단	옥외피난계단
계단	계단은 내화구조로 하고 피난층 또는 지상까지 직접 연결	계단은 내화구조로 하되, 피난층 또는 지상까지 직접 연결	계단은 내화구조로 하고 지상까지 직접 연결
마감	계단실의 실내에 접하는 부분의 마감은 불연재료로 할 것	계단실 및 부속실의 실내에 접하는 부분의 마감은 불연재료로 할 것	-
유효너비	건축물의 내부에서 계단실로 통하는 출입구의 유효너비는 0.9m 이상	출입구의 유효너비는 0.9m 이상	계단의 유효너비는 0.9m 이상
방화문	출입구에는 피난의 방향으로 열 수 있는 것으로서 언제나 닫힌 상태를 유지하거나 화재로 인한 연기 또는 불꽃을 감지하여 자동적으로 닫히는 구조로 된 60분+ 방화문 또는 60분 방화문 설치	• 건축물의 내부에서 노대 또는 부속실로 통하는 출입구에는 60분+ 방화문 또는 60분 방화문 설치 • 노대 또는 부속실로부터 계단실로 통하는 출입구에는 60분+ 방화문, 60분 방화문 또는 30분 방화문 설치	건축물의 내부에서 계단으로 통하는 출입구에는 60분+ 방화문 또는 60분 방화문 설치

기출 확인

건축물의 바깥쪽에 설치하는 피난계단의 구조에서 피난층으로 통하는 직통계단의 최소 유효너비 기준이 옳은 것은?

① 0.7m 이상　② 0.8m 이상
❸ 0.9m 이상　④ 1.0m 이상

기출 확인

특별피난계단의 구조에 관한 기준 내용으로 옳지 않은 것은?

① 계단은 내화구조로 하되, 피난층 또는 지상까지 직접 연결되도록 한다.
② 계단실 및 부속실의 실내에 접하는 부분의 마감은 불연재료로 한다.
③ 출입구의 유효너비는 0.9m 이상으로 하고 피난의 방향으로 열 수 있도록 한다.
❹ 건축물의 내부에서 노대 또는 부속실로 통하는 출입구에는 60분+ 방화문, 60분 방화문 또는 30분 방화문을 설치하고, 노대 또는 부속실로부터 계단실로 통하는 출입구에는 60분+ 방화문 또는 60분 방화문을 설치하도록 한다.

기출 확인

특별피난계단의 구조에 관한 기준 내용으로 옳지 않은 것은?

① 계단은 내화구조로 하되, 피난층 또는 지상까지 직접 연결되도록 할 것
② 계단실 및 부속실의 실내에 접하는 부분의 마감은 불연재료로 할 것
❸ 출입구의 유효너비는 0.85m 이상으로 하고 피난 반대 방향으로 열 수 있을 것
④ 계단실에는 노대 또는 부속실에 접하는 부분 외에는 건축물의 내부와 접하는 창문 등을 설치하지 아니할 것

④ 출구 · 통로 · 옥상광장

① 관람실 등으로부터의 출구

적용대상 건축물의 관람실 또는 집회실로부터 바깥쪽으로의 출구로 쓰이는 문은 안여닫이로 하여서는 안 된다.

적용대상	• 제2종 근린생활시설 중 공연장, 종교집회장(바닥면적의 합계가 각각 300m² 이상인 경우) • 문화 및 집회시설(전시장 및 동 · 식물원 제외) • 종교시설, 위락시설, 장례시설

관람실 등으로부터의 출구의 설치기준(건축물방화구조규칙 제10조 제2항)
문화 및 집회시설 중 공연장의 개별 관람실(바닥면적이 300m² 이상인 것만 해당한다)의 출구는 다음의 기준에 적합하게 설치해야 한다.

개소	관람실별로 2개소 이상
유효너비	각 출구의 유효너비는 1.5m 이상
유효너비 합계	개별 관람실의 바닥면적 100m²마다 0.6m 비율로 산정한 너비 이상

② 건축물 바깥쪽으로의 출구

적용대상 건축물에는 기준에 따라 바깥쪽으로 나가는 출구를 설치해야 한다.

적용대상	• 제2종 근린생활시설 중 공연장, 종교집회장, 인터넷컴퓨터게임시설제공업소(바닥면적의 합계가 각각 300m² 이상인 경우) • 문화 및 집회시설(전시장 및 동 · 식물원 제외) • 종교시설, 판매시설, 위락시설, 장례시설, 학교 • 업무시설 중 국가 또는 지방자치단체의 청사 • 승강기를 설치하여야 하는 건축물 • 창고시설(연면적 5,000m² 이상인 경우)

주요
설치기준
	• 건축물의 바깥쪽으로의 출구로 쓰이는 문을 안여닫이로 하면 안 되는 건축물
	  - 문화 및 집회시설(전시장 및 동 · 식물원 제외), 종교시설, 장례식장, 위락시설
	• 주된 출구 외에 보조출구 또는 비상구를 2개소 이상 설치해야 하는 건축물
	  - 관람실의 바닥면적의 합계가 300m² 이상인 집회장 또는 공연장
	• 판매시설의 피난층에 설치하는 건축물의 바깥쪽으로의 출구의 유효너비의 합계
	  - 해당 용도에 쓰이는 바닥면적이 최대인 층에 있어서의 해당 용도의 바닥면적 100m²마다 0.6m의 비율로 산정한 너비 이상

건축물의 바깥쪽으로의 출구의 설치기준(건축물방화구조규칙 제11조 제5항)
다음의 어느 하나에 해당하는 건축물의 피난층 또는 피난층의 승강장으로부터 건축물의 바깥쪽에 이르는 통로에는 경사로를 설치해야 한다.

제1종 근린생활시설	지역자치센터 · 파출소 · 지구대 · 소방서 · 우체국 · 방송국 · 보건소 · 공공도서관 · 지역건강보험조합 기타 이와 유사한 것으로서 동일한 건축물 안에서 당해 용도에 쓰이는 바닥면적의 합계가 1,000m² 미만인 것
	마을회관 · 마을공동작업소 · 마을공동구판장 · 변전소 · 양수장 · 정수장 · 대피소 · 공중화장실 기타 이와 유사한 것
판매시설 · 운수시설	연면적 5,000m² 이상만 해당
교육연구시설	학교만 해당
업무시설	국가 또는 지방자치단체의 청사와 외국공관의 건축물로서 제1종 근린생활시설에 해당하지 아니하는 것
기타	승강기를 설치하여야 하는 건축물

기출 확인

문화 및 집회시설 중 공연장의 개별 관람실 바닥면적이 1,500m²일 경우 개별 관람실 출구는 최소 몇 개소 이상 설치하여야 하는가?(단, 각 출구의 유효너비를 2m로 하는 경우)

① 3개소   ② 4개소
❸ 5개소   ④ 6개소

1,500m² ÷ 100m² × 0.6m = 9m 이상
9m ÷ 2m = 4.5 ≒ 5개소

기출 확인

건축물로부터 바깥쪽으로 나가는 출구를 국토교통부령으로 정하는 기준에 따라 설치하여야 하는 대상 건축물에 속하지 않는 것은?

① 종교시설
❷ 의료시설 중 종합병원
③ 교육연구시설 중 학교
④ 문화 및 집회시설 중 관람장

기출 확인

피난층 또는 피난층의 승강장으로부터 건축물의 바깥쪽에 이르는 통로에 경사로를 설치하여야 하는 대상 건축물에 속하지 않는 것은?

① 교육연구시설 중 학교
❷ 연면적이 5,000m²인 의료시설
③ 연면적이 5,000m²인 판매시설
④ 제1종 근린생활시설 중 공중화장실

③ 대지 안의 피난 및 소화에 필요한 통로

개요			건축물의 대지 안에는 그 건축물 바깥쪽으로 통하는 주된 출구와 지상으로 통하는 피난계단 및 특별피난계단으로부터 도로 또는 공지로 통하는 통로를 설치해야 한다.
설치기준	유효너비	0.9m 이상	단독주택
		3m 이상	바닥면적의 합계 500m² 이상인 문화 및 집회시설, 종교시설, 의료시설, 위락시설 또는 장례시설
		1.5m 이상	그 밖의 용도로 쓰는 건축물

④ 옥상광장

설치대상		5층 이상인 층이 아래의 용도로 사용되는 경우에는 피난용도로 쓸 수 있는 광장을 옥상에 설치해야 한다.	
	용도	제2종 근린생활시설 중 공연장·종교집회장·인터넷컴퓨터게임시설제공업소(해당 용도로 쓰는 바닥면적의 합계가 각각 300m² 이상인 경우), 문화 및 집회시설(전시장 및 동·식물원은 제외한다), 종교시설, 판매시설, 위락시설 중 주점영업 또는 장례시설	
설치기준	난간	• 옥상광장 또는 2층 이상인 층에 있는 노대나 그 밖에 이와 비슷한 것의 주위에는 높이 1.2m 이상의 난간을 설치해야 한다. • 노대 등에 출입할 수 없는 구조인 경우에는 그렇지 않다.	
	출입문	다음의 어느 하나에 해당하는 건축물은 옥상으로 통하는 출입문에 비상문자동개폐장치(화재 등 비상시에 소방시스템과 연동되어 잠김 상태가 자동으로 풀리는 장치를 말한다)를 설치해야 한다. • 피난용도로 쓸 수 있는 광장을 옥상에 설치해야 하는 건축물 • 피난용도로 쓸 수 있는 광장을 옥상에 설치하는 다중이용건축물, 연면적 1,000m² 이상인 공동주택	
	공간확보	층수가 11층 이상인 건축물로서 11층 이상인 층의 바닥면적의 합계가 10,000m² 이상인 건축물의 옥상에는 다음 공간을 확보해야 한다.	
		건축물의 지붕을 평지붕으로 하는 경우	헬리포트를 설치하거나 헬리콥터를 통하여 인명 등을 구조할 수 있는 공간
		건축물의 지붕을 경사지붕으로 하는 경우	경사지붕 아래에 설치하는 대피공간

경사지붕 하부 대피공간 설치기준(건축물방화구조규칙 제13조 제3항)
대피공간은 다음의 기준에 적합해야 한다.
• 대피공간의 면적은 지붕 수평투영면적의 10분의 1 이상일 것
• 특별피난계단 또는 피난계단과 연결되도록 할 것
• 출입구·창문을 제외한 부분은 해당 건축물의 다른 부분과 내화구조의 바닥 및 벽으로 구획할 것
• 출입구는 유효너비 0.9m 이상으로 하고, 그 출입구에는 60분+ 방화문 또는 60분 방화문을 설치할 것
• 방화문에 비상문자동개폐장치를 설치할 것
• 내부마감재료는 불연재료로 할 것
• 예비전원으로 작동하는 조명설비를 설치할 것
• 관리사무소 등과 긴급 연락이 가능한 통신시설을 설치할 것

📋 **기출 확인**

피난용도로 쓸 수 있는 광장을 옥상에 설치하여야 하는 대상에 속하지 않는 것은?
① 5층 이상인 층이 종교시설의 용도로 쓰는 경우
② 5층 이상인 층이 판매시설의 용도로 쓰는 경우
③ 5층 이상인 층이 장례식장의 용도로 쓰는 경우
❹ 5층 이상인 층이 문화 및 집회시설 중 전시장의 용도로 쓰는 경우

📋 **기출 확인**

다음의 옥상광장 등의 설치에 관한 기준 내용 중 ( ) 안에 알맞은 것은?

> 옥상광장 또는 2층 이상인 층에 있는 노대나 그 밖에 이와 비슷한 것의 주위에는 높이 ( ) 이상의 난간을 설치하여야 한다. 다만, 그 노대 등에 출입할 수 없는 구조인 경우에는 그러하지 아니하다.

① 1.0m   ❷ 1.2m
③ 1.5m   ④ 1.8m

📋 **기출 확인**

건축물의 경사지붕 아래에 설치하는 대피공간에 관한 기준 내용으로 옳지 않은 것은?
① 특별피난계단 또는 피난계단과 연결되도록 할 것
② 관리사무소 등과 긴급 연락이 가능한 통신시설을 설치할 것
❸ 대피공간의 면적은 지붕 수평투영면적의 20분의 1 이상일 것
④ 출입구는 유효너비 0.9m 이상으로 하고, 그 출입구에는 60분+ 방화문 또는 60분 방화문을 설치할 것

헬리포트의 설치기준(건축물방화구조규칙 제13조 제1항)

규격	헬리포트의 길이와 너비는 각각 22m 이상으로 할 것. 다만, 건축물의 옥상 바닥의 길이와 너비가 각각 22m 이하인 경우에는 헬리포트의 길이와 너비를 각각 15m까지 감축할 수 있다.
주의사항	헬리포트의 중심으로부터 반경 12m 이내에는 헬리콥터의 이·착륙에 장애가 되는 건축물, 공작물, 조경시설 또는 난간 등을 설치하지 아니할 것
표시사항	• 주위한계선은 백색으로 하되, 그 선의 너비는 38cm로 할 것 • 중앙부분에는 지름 8m의 "ⓗ"표지를 백색으로 하되, "H"표지의 선의 너비는 38cm로, "○"표지의 선의 너비는 60cm로 할 것
출입문	헬리포트로 통하는 출입문에 비상문자동개폐장치를 설치할 것

❺ 지하층

① 구조 및 설비(건축물방화구조규칙 제25조 제1항)

바닥면적이 1,000m² 이상인 층	피난층 또는 지상으로 통하는 직통계단을 방화구획으로 구획되는 각 부분마다 1개소 이상 설치하되, 이를 피난계단 또는 특별피난계단의 구조로 할 것
지하층의 바닥면적이 300m² 이상인 층	식수공급을 위한 급수전을 1개소 이상 설치할 것
거실의 바닥면적이 50m² 이상인 층	직통계단 외에 피난층 또는 지상으로 통하는 비상탈출구 및 환기통을 설치할 것(직통계단이 2개소 이상 설치되어 있는 경우 제외)
그 층의 거실의 바닥면적 합계가 50m² 이상	직통계단을 2개소 이상 설치할 것
	적용 용도: 제2종 근린생활시설 중 공연장·단란주점·당구장·노래연습장, 문화 및 집회시설 중 예식장·공연장, 수련시설 중 생활권수련시설·자연권수련시설, 숙박시설 중 여관·여인숙, 위락시설 중 단란주점·유흥주점, 다중이용업
거실의 바닥면적의 합계가 1,000m² 이상인 층	환기설비를 설치할 것

지하층과 피난층 사이의 개방공간 설치(건축법 시행령 제37조)
바닥면적의 합계가 3,000m² 이상인 공연장·집회장·관람장 또는 전시장을 지하층에 설치하는 경우에는 각 실에 있는 자가 지하층 각 층에서 건축물 밖으로 피난하여 옥외 계단 또는 경사로 등을 이용하여 피난층으로 대피할 수 있도록 천장이 개방된 외부 공간을 설치해야 한다.

② 비상탈출구(건축물방화구조규칙 제25조 제2항)

설치	출입구로부터 3m 이상 떨어진 곳에 설치하며, 피난층 또는 지상으로 통하는 복도나 직통계단에 직접 접하거나 통로 등으로 연결될 수 있도록 설치해야 한다.
규격	• 비상탈출구의 유효너비는 0.75m 이상으로 하고, 유효높이는 1.5m 이상으로 할 것 • 피난통로의 유효너비는 0.75m 이상으로 할 것
마감	피난통로의 실내에 접하는 부분의 마감과 그 바탕은 불연재료로 할 것
출구	피난 방향으로 열리도록 하고, 실내에서 항상 열 수 있는 구조로 하여야 하며, 내부 및 외부에는 비상탈출구의 표시를 할 것
사다리	지하층의 바닥으로부터 비상탈출구의 아랫부분까지의 높이가 1.2m 이상이 되는 경우에는 벽체에 발판의 너비가 20cm 이상인 사다리를 설치할 것

📋 기출 확인

건축물에 설치하는 지하층의 구조 및 설비에 관한 기준 내용으로 옳지 않은 것은?

① 거실의 바닥면적의 합계가 1,000m² 이상인 층에는 환기설비를 설치할 것
② 지하층의 바닥면적이 300m² 이상인 층에는 식수공급을 위한 급수전을 1개소 이상 설치할 것
❸ 거실의 바닥면적이 30m² 이상인 층에는 직통계단 외에 피난층 또는 지상으로 통하는 비상탈출구 및 환기통을 설치할 것
④ 바닥면적이 1,000m² 이상인 층에는 피난층 또는 지상으로 통하는 직통계단을 방화구획으로 구획되는 각 부분마다 1개소 이상 설치하되, 이를 피난계단 또는 특별피난계단의 구조로 할 것

📋 기출 확인

지하층의 비상탈출구에 관한 기준 중 비상탈출구의 유효너비와 유효높이가 기준으로 옳은 것은?(단, 주택의 경우 제외)

① 유효너비 0.5m 이상, 유효높이 1.75m 이상
❷ 유효너비 0.75m 이상, 유효높이 1.5m 이상
③ 유효너비 1.5m 이상, 유효높이 1.75m 이상
④ 유효너비 1.75m 이상, 유효높이 1.5m 이상

❻ 복합건축물

① 방화에 장애가 되는 용도의 제한

구분	방화와 관련하여 같은 건축물에 함께 설치할 수 없는 용도(㉠과 ㉡)
구분 1	㉠ 의료시설, 노유자시설(아동 관련 시설 및 노인복지시설만 해당한다), 공동주택, 장례시설 또는 제1종 근린생활시설(산후조리원만 해당한다)
	㉡ 위락시설, 위험물저장 및 처리시설, 공장 또는 자동차 관련 시설(정비공장만 해당한다)
구분 2	㉠ 아동 관련 시설, 노인복지시설
	㉡ 판매시설 중 도매시장, 소매시장
구분 3	㉠ 다중주택, 다가구주택, 공동주택, 제1종 근린생활시설 중 조산원 또는 산후조리원
	㉡ 제2종 근린생활시설 중 다중생활시설(고시원)

방화에 장애가 되는 용도의 제한(건축법 시행령 제47조)
- 의료시설, 노유자시설(아동 관련 시설 및 노인복지시설만 해당한다), 공동주택, 장례시설 또는 제1종 근린생활시설(산후조리원만 해당한다)과 위락시설, 위험물저장 및 처리시설, 공장 또는 자동차 관련 시설(정비공장만 해당한다)은 같은 건축물에 함께 설치할 수 없다.
- 다만, 다음의 어느 하나에 해당하는 경우로서 국토교통부령으로 정하는 경우에는 같은 건축물에 함께 설치할 수 있다.
  - 공동주택(기숙사만 해당한다)과 공장이 같은 건축물에 있는 경우
  - 중심상업지역·일반상업지역 또는 근린상업지역에서 재개발사업을 시행하는 경우
  - 공동주택과 위락시설이 같은 초고층 건축물에 있는 경우. 다만, 사생활을 보호하고 방범·방화 등 주거 안전을 보장하며 소음·악취 등으로부터 주거환경을 보호할 수 있도록 주택의 출입구·계단 및 승강기 등을 주택 외의 시설과 분리된 구조로 하여야 한다.
  - 지식산업센터와 직장어린이집이 같은 건축물에 있는 경우
- 다음의 어느 하나에 해당하는 용도의 시설은 같은 건축물에 함께 설치할 수 없다.
  - 노유자시설 중 아동 관련 시설 또는 노인복지시설과 판매시설 중 도매시장 또는 소매시장
  - 단독주택(다중주택, 다가구주택에 한정한다), 공동주택, 제1종 근린생활시설 중 조산원 또는 산후조리원과 제2종 근린생활시설 중 다중생활시설(고시원)

② 복합건축물의 피난시설 등(건축물방화구조규칙 제14조의2)

적용대상	같은 건축물 안에 공동주택 등(공동주택·의료시설·아동 관련 시설 또는 노인복지시설) 중 하나 이상과 위락시설 등(위락시설·위험물저장 및 처리시설·공장 또는 자동차정비공장) 중 하나 이상을 함께 설치하고자 하는 경우
설치기준	• 공동주택 등의 출입구와 위락시설 등의 출입구는 서로 그 보행거리가 30m 이상이 되도록 설치할 것 • 공동주택 등과 위락시설 등은 내화구조로 된 바닥 및 벽으로 구획하여 서로 차단할 것 • 공동주택 등과 위락시설 등은 서로 이웃하지 아니하도록 배치할 것 • 건축물의 주요구조부를 내화구조로 할 것 • 거실의 벽 및 반자가 실내에 면하는 부분의 마감은 불연재료·준불연재료 또는 난연재료로 하고, 그 거실로부터 지상으로 통하는 주된 복도·계단 그 밖에 통로의 벽 및 반자가 실내에 면하는 부분의 마감은 불연재료 또는 준불연재료로 할 것

📋 기출 확인

방화와 관련하여 같은 건축물에 함께 설치할 수 없는 것은?

① 의료시설과 업무시설 중 오피스텔
② 위험물저장 및 처리시설과 공장
③ 위락시설과 문화 및 집회시설 중 공연장
❹ 공동주택과 제2종 근린생활시설 중 고시원

📋 기출 확인

같은 건축물 안에 공동주택과 위락시설을 함께 설치하고자 하는 경우, 공동주택의 출입구와 위락시설의 출입구는 서로 그 보행거리가 최소 얼마 이상이 되도록 설치하여야 하는가?

① 10m   ② 20m
❸ 30m   ④ 50m

CORE 09 설비기준

CHAPTER 5 건축관계법규 / SECTION 2 구조 · 피난 · 설비

기출 확인

높이 31m를 넘는 각 층의 바닥면적 중 최대 바닥면적이 3,500m²인 종합병원에 설치하여야 할 비상용승강기의 최소 대수는?

① 1대   ❷ 2대
③ 3대   ④ 4대

1 + (3,500 − 1,500) ÷ 3,000
= 1.67 ≒ 2대

기출 확인

비상용승강기의 승강장 및 승강로의 구조에 관한 기준 내용으로 옳지 않은 것은?

① 승강장은 각 층의 내부와 연결될 수 있도록 할 것
② 각 층으로부터 피난층까지 이르는 승강로는 단일구조로 연결하여 설치할 것
③ 옥내 승강장의 바닥면적은 비상용승강기 1대에 대하여 6m² 이상으로 할 것
❹ 피난층이 있는 승강장의 출입구로부터 도로 또는 공지에 이르는 거리가 50m 이하일 것

기출 확인

다음은 비상용승강기를 설치하지 아니할 수 있는 건축물에 관한 기준 내용이다. (   ) 안에 알맞은 것은?

> 높이 (㉠)m를 넘는 층수가 (㉡)개 층 이하로서 당해 각 층의 바닥면적의 합계 200m² 이내마다 방화구획으로 구획한 건축물

❶ ㉠ 31, ㉡ 4   ② ㉠ 31, ㉡ 3
③ ㉠ 41, ㉡ 4   ④ ㉠ 41, ㉡ 3

❶ 승강설비

① 비상용승강기

설치대상	높이 31m를 초과하는 건축물	
설치대수	높이 31m를 넘는 각 층의 바닥면적 중 최대 바닥면적	
	1,500m² 이하	1,500m² 초과
	1대 이상	1대에 1,500m²를 넘는 3,000m² 이내마다 1대씩 더한 대수 이상

비상용승강기의 승강장의 구조(건축물설비기준규칙 제10조 제2호)

구조	• 승강장의 창문 · 출입구 기타 개구부를 제외한 부분은 당해 건축물의 다른 부분과 내화구조의 바닥 및 벽으로 구획할 것. 다만, 공동주택의 경우에는 승강장과 특별피난계단의 부속실과의 겸용 부분을 특별피난계단의 계단실과 별도로 구획하는 때에는 승강장을 특별피난계단의 부속실과 겸용할 수 있다. • 승강장은 각 층의 내부와 연결될 수 있도록 하되, 그 출입구(승강로 출입구 제외)에는 60분+ 방화문 또는 60분 방화문을 설치할 것. 다만, 피난층에는 60분+ 방화문 또는 60분 방화문을 설치하지 않을 수 있다.
바닥면적	비상용승강기 1대에 대하여 6m² 이상으로 할 것(옥외에 승강장을 설치하는 경우 제외)
위치	• 피난층이 있는 승강장의 출입구로부터 도로 또는 공지에 이르는 거리가 30m 이하일 것 • 승강장은 각 층의 내부와 연결될 수 있도록 할 것
마감	벽 및 반자가 실내에 접하는 부분의 마감재료는 불연재료로 할 것
설비 등	• 노대 또는 외부를 향하여 열 수 있는 창문이나 배연설비를 설치할 것 • 채광이 되는 창문이 있거나 예비전원에 의한 조명설비를 할 것 • 승강장 출입구 부근의 잘 보이는 곳에 당해 승강기가 비상용승강기임을 알 수 있는 표지를 할 것

비상용승강기의 승강로의 구조(건축물설비기준규칙 제10조 제3호)
• 승강로는 당해 건축물의 다른 부분과 내화구조로 구획할 것
• 각 층으로부터 피난층까지 이르는 승강로를 단일구조로 연결하여 설치할 것

비상용승강기를 설치하지 아니할 수 있는 건축물(건축물설비기준규칙 제9조)
• 높이 31m를 넘는 각 층을 거실 외의 용도로 쓰는 건축물
• 높이 31m를 넘는 각 층의 바닥면적의 합계가 500m² 이하인 건축물
• 높이 31m를 넘는 층수가 4개 층 이하로서 당해 각 층의 바닥면적의 합계 200m²(벽 및 반자가 실내에 접하는 부분의 마감을 불연재료로 한 경우에는 500m²) 이내마다 방화구획으로 구획된 건축물

② 승용승강기(건축물설비기준규칙 별표 1의2)

설치대상	6층 이상으로서 연면적이 2,000m² 이상인 건축물		
설치대수	건축물의 용도	6층 이상 거실면적의 합계	
		3,000m² 이하	3,000m² 초과
	공연장, 집회장, 관람장, 판매시설, 의료시설	2대	2대에 3,000m²를 초과하는 2,000m² 이내마다 1대를 더한 대수
	전시장, 동·식물원, 업무시설, 숙박시설, 위락시설	1대	1대에 3,000m²를 초과하는 2,000m² 이내마다 1대를 더한 대수
	공동주택, 교육연구시설, 노유자시설, 기타 시설	1대	1대에 3,000m²를 초과하는 3,000m² 이내마다 1대를 더한 대수
※ 8인승 이상 15인승 이하는 1대의 승강기로 보고, 16인승 이상의 승강기는 2대로 본다.			

승강기(건축법 제64조, 동법 시행령 제89조)
- 건축주는 6층 이상으로서 연면적이 2,000m² 이상인 건축물(대통령령으로 정하는 건축물은 제외한다)을 건축하려면 승강기를 설치해야 한다.
  - 대통령령으로 정하는 건축물이란 층수가 6층인 건축물로서 각 층 거실의 바닥면적 300m² 이내마다 1개소 이상의 직통계단을 설치한 건축물을 말한다.
- 높이 31m를 초과하는 건축물에는 승강기뿐만 아니라 비상용승강기를 추가로 설치해야 한다.
- 고층 건축물에는 건축물에 설치하는 승용승강기 중 1대 이상을 대통령령으로 정하는 바에 따라 피난용승강기로 설치해야 한다.

피난용승강기의 설치기준(건축법 시행령 제91조)
- 승강장의 바닥면적은 승강기 1대당 6m² 이상으로 할 것
- 각 층으로부터 피난층까지 이르는 승강로를 단일구조로 연결하여 설치할 것
- 예비전원으로 작동하는 조명설비를 설치할 것
- 승강장의 출입구 부근의 잘 보이는 곳에 해당 승강기가 피난용승강기임을 알리는 표지를 설치할 것
- 그 밖에 화재예방 및 피해경감을 위하여 국토교통부령으로 정하는 구조 및 설비 등의 기준에 맞을 것

기출 확인

다음 중 승용승강기를 가장 적게 설치할 수 있는 건축물의 용도는?(단, 6층 이상의 거실면적의 합계가 10,000m²이며, 8인승 승강기를 설치하는 경우)

① 병원 ② 위락시설
③ 숙박시설 ❹ 공동주택

기출 확인

업무시설로서 6층 이상의 거실면적의 합계가 10,000m²인 경우, 설치하여야 하는 승용승강기의 최소 대수는?(단, 8인승 승용승강기를 사용하는 경우)

① 3대 ② 4대
❸ 5대 ④ 6대

$1 + (10,000 - 3,000) \div 2,000$
$= 4.5 ≒ 5대$

❷ 배연설비

① 설치대상

다음 건축물의 거실(피난층의 거실 제외)에는 배연설비를 해야 한다.

용도	의료시설 중 요양병원 및 정신병원, 노유자시설 중 노인요양시설·장애인 거주시설 및 장애인 의료재활시설, 제1종 근린생활시설 중 산후조리원
6층 이상	• 문화 및 집회시설, 종교시설, 판매시설, 운수시설, 의료시설(요양병원 및 정신병원은 제외한다), 교육연구시설 중 연구소, 노유자시설 중 아동 관련 시설·노인복지시설(노인요양시설은 제외한다), 수련시설 중 유스호스텔, 운동시설, 업무시설, 숙박시설, 위락시설, 관광휴게시설, 장례시설, 제2종 근린생활시설 중 다중생활시설 • 해당 용도로 쓰는 바닥면적 합계 300m² 이상 : 제2종 근린생활시설 중 공연장, 종교집회장, 인터넷컴퓨터게임시설제공업소

② 설치기준

배연창	배치간격	• 방화구획마다 1개소 이상의 배연창을 설치할 것 • 배연창의 상변과 천장 또는 반자로부터 수직거리가 0.9m 이내일 것 • 반자높이가 바닥으로부터 3m 이상인 경우에는 배연창의 하변이 바닥으로부터 2.1m 이상의 위치에 놓이도록 설치할 것

기출 확인

국토교통부령으로 정하는 기준에 따라 거실에 배연설비를 설치하여야 하는 대상 건축물에 속하지 않는 것은?(단, 6층 이상의 건축물)

① 의료시설
② 위락시설
③ 수련시설 중 유스호스텔
❹ 교육연구시설 중 대학교

기출 확인

거실의 바닥면적이 2,000m²인 공회당으로 150m²의 환기창이 설치되어 있을 경우 배연창의 유효면적은 얼마로 하는가?

① 100m² ② 200m²
③ 3,000m² ❹ 필요 없다.

2,000m² × 1/20 = 100m²
환기창이 거실 바닥면적의 1/20 이상이므로, 배연창이 필요 없다.

기출 확인

특별피난계단 및 비상용승강기의 승강장에 설치하는 배연설비에 관한 기준 내용으로 옳지 않은 것은?

① 배연기에는 예비전원을 설치할 것
② 배연구가 외기에 접하지 아니하는 경우에는 배연기를 설치할 것
③ 배연기는 배연구의 열림에 따라 자동적으로 작동하고, 충분한 공기배출 또는 가압능력이 있을 것
❹ 배연구는 평상시에 열린 상태를 유지하고, 닫힌 경우에는 배연에 의한 기류로 인하여 열리지 아니하도록 할 것

기출 확인

국토교통부령으로 정하는 기준에 따라 채광 및 환기를 위한 창문 등이나 설비를 설치하여야 하는 대상에 속하지 않는 것은?

① 의료시설의 병실
② 숙박시설의 객실
❸ 사무소의 설계·제도실
④ 교육연구시설 중 학교의 교실

배연창	유효면적	• 산정된 면적이 1m² 이상으로서 그 면적의 합계가 당해 건축물의 바닥면적의 100분의 1 이상일 것 • 바닥면적의 산정에 있어서 거실 바닥면적의 20분의 1 이상으로 환기창을 설치한 거실의 면적은 이에 산입하지 아니한다.
배연구	구조	배연구는 연기감지기 또는 열감지기에 의하여 자동으로 열 수 있는 구조로 하되, 손으로도 열고 닫을 수 있도록 할 것
	전원	배연구는 예비전원에 의하여 열 수 있도록 할 것

특별피난계단 및 비상용승강기의 승강장의 배연설비(건축물설비기준규칙 제14조 제2항)

배연구	• 배연구 및 배연풍도는 불연재료로 하고, 화재가 발생한 경우 원활하게 배연시킬 수 있는 규모로서 외기 또는 평상시에 사용하지 아니하는 굴뚝에 연결할 것 • 배연구에 설치하는 수동개방장치 또는 자동개방장치(열감지기 또는 연기감지기에 의한 것을 말한다)는 손으로도 열고 닫을 수 있도록 할 것 • 배연구는 평상시에는 닫힌 상태를 유지하고, 연 경우에는 배연에 의한 기류로 인하여 닫히지 아니하도록 할 것
배연기	• 배연구가 외기에 접하지 아니하는 경우에는 배연기를 설치할 것 • 배연기는 배연구의 열림에 따라 자동적으로 작동하고, 충분한 공기배출 또는 가압능력이 있을 것 • 배연기에는 예비전원을 설치할 것

❸ 환기설비

① 환기설비기준(건축물설비기준규칙 제11조)

설치기준	신축 또는 리모델링하는 신축공동주택 등은 시간당 0.5회 이상의 환기가 이루어질 수 있도록 자연환기설비 또는 기계환기설비를 설치해야 한다.
적용대상	• 30세대 이상의 공동주택 • 주택을 주택 외의 시설과 동일건축물로 건축하는 경우로서 주택이 30세대 이상인 건축물

② 채광 및 환기를 위한 창문 등(건축법 시행령 제51조, 건축물방화구조규칙 제17조)

적용대상		• 단독주택 및 공동주택의 거실 • 교육연구시설 중 학교의 교실 • 의료시설의 병실 및 숙박시설의 객실
창문의 면적		수시로 개방할 수 있는 미닫이로 구획된 2개의 거실은 1개의 거실로 본다.
	환기	• 거실의 바닥면적의 20분의 1 이상 • 기계환기장치 및 중앙관리방식의 공기조화설비를 설치하는 경우에는 제외
	채광	• 거실의 바닥면적의 10분의 1 이상 • 기준 조도 이상의 조명장치를 설치하는 경우에는 제외

거실의 용도에 따른 조도의 기준(건축물방화구조규칙 별표 1의3)
바닥에서 85cm 높이(평균적인 작업면의 높이)에 있는 수평면의 조도이다.

거실의 용도구분	조도구분	바닥에서 85cm 높이에 있는 수평면의 조도(lx)
1. 거주	독서·식사·조리	150
	기타	70
2. 집무	설계·제도·계산	700
	일반사무	300
	기타	150
3. 작업	검사·시험·정밀검사·수술	700
	일반작업·제조·판매	300
	포장·세척	150
	기타	70
4. 집회	회의	300
	집회	150
	공연·관람	70
5. 오락	오락일반	150
	기타	30
6. 기타		1.~5. 중 가장 유사한 용도에 관한 기준을 적용한다.

> **기출 확인**
>
> 다음 중 거실의 용도에 따른 조도기준이 가장 낮은 것은?
> ❶ 독서 ② 회의
> ③ 판매 ④ 일반사무

❹ 냉·난방설비

① 냉방시설 및 환기시설의 배기구와 배기장치(건축물설비기준규칙 제23조)

적용대상		상업지역 및 주거지역에서 건축물에 설치하는 냉방시설 및 환기시설의 배기구와 배기장치
설치기준	위치	• 배기구는 도로면으로부터 2m 이상의 높이에 설치할 것 • 배기장치에서 나오는 열기가 인근 건축물의 거주자나 보행자에게 직접 닿지 아니하도록 할 것
	구조	건축물의 외벽에 배기구 또는 배기장치를 설치할 때에는 외벽 또는 기준에 적합한 지지대 등 보호장치와 분리되지 아니하도록 견고하게 연결하여 배기구 또는 배기장치가 떨어지는 것을 방지할 수 있도록 할 것

② 개별난방설비기준(건축물설비기준규칙 제13조)

적용대상		공동주택과 오피스텔의 난방설비를 개별난방방식으로 하는 경우
설치기준	보일러	• 보일러는 거실 외의 곳에 설치할 것 • 기름보일러의 기름저장소는 보일러실 외의 다른 곳에 설치할 것 • 보일러의 연도는 내화구조로서 공동연도로 설치할 것
	보일러실	• 보일러실의 윗부분에는 그 면적이 0.5m² 이상인 환기창을 설치할 것 • 보일러실의 윗부분과 아랫부분에는 각각 지름 10cm 이상의 공기흡입구 및 배기구를 항상 열려 있는 상태로 바깥공기에 접하도록 설치할 것 (전기보일러 제외)
	구획	• 오피스텔의 경우에는 난방구획을 방화구획으로 구획할 것 • 보일러를 설치하는 곳과 거실 사이의 경계벽은 출입구를 제외하고는 내화구조의 벽으로 구획할 것 • 보일러실과 거실 사이의 출입구는 그 출입구가 닫힌 경우에는 보일러가스가 거실에 들어갈 수 없는 구조로 할 것

> **기출 확인**
>
> 상업지역에서 건축물에 설치하는 냉방시설 및 환기시설의 배기구는 도로면으로부터 최소 얼마 이상의 높이에 설치하여야 하는가?
> ① 1m ② 1.5m
> ❸ 2m ④ 2.5m

> **기출 확인**
>
> 공동주택의 난방설비를 개별난방방식으로 하는 경우에 관한 기준 내용으로 옳지 않은 것은?
> ① 보일러의 연도는 내화구조로서 공동연도로 설치할 것
> ❷ 보일러실 윗부분에는 그 면적이 최소 1.0m² 이상인 환기창을 설치할 것
> ③ 기름보일러를 설치하는 경우에는 기름저장소를 보일러실 외의 다른 곳에 설치할 것
> ④ 보일러를 설치하는 곳과 거실 사이의 경계벽은 출입구를 제외하고는 내화구조의 벽으로 구획할 것

📋 기출 확인

주거에 쓰이는 바닥면적의 합계가 200m²인 주거용건축물에 설치하는 먹는물용 급수관의 최소 지름은?

❶ 25mm   ② 32mm
③ 40mm   ④ 50mm

📋 기출 확인

배수용으로 쓰이는 배관설비에 관한 기준 내용으로 옳지 않은 것은?

❶ 우수관과 오수관을 하나로 하여 배관할 것
② 배관설비의 오수에 접하는 부분은 내수재료를 사용할 것
③ 배관설비에는 배수트랩·통기관을 설치하는 등 위생에 지장이 없도록 한다.
④ 배출시키는 빗물 또는 오수의 양 및 수질에 따라 그 적당한 용량 및 경사를 지게 할 것

📋 기출 확인

건축물의 설비기준 등에 관한 규칙에 따라 피뢰설비를 설치하여야 하는 건축물의 높이 기준은?

① 10m   ❷ 20m
③ 21m   ④ 31m

📋 기출 확인

건축물에 설치하는 피뢰설비의 기준 내용으로 옳지 않은 것은?

❶ 피뢰설비는 높이 20m 이상의 건축물에만 설치한다.
② 돌침은 건축물의 맨 윗부분으로부터 25cm 이상 돌출시켜 설치한다.
③ 돌침은 건축물의 구조기준 등에 관한 규칙의 규정에 의한 설계하중에 견딜 수 있는 구조이어야 한다.
④ 피뢰설비의 인하도선을 대신하여 철골조의 철골구조물과 철근콘크리트조의 철근구조체를 사용하는 경우에는 전기적 연속성이 보장되어야 한다.

❺ 배관설비

① 주거용 급수관의 지름

가구 또는 세대수	1	2~3	4~5	6~8	9~16	17 이상
급수관 지름의 최소 기준	15mm	20mm	25mm	32mm	40mm	50mm

주거용건축물 급수관의 지름(건축물설비기준규칙 별표 3)
가구 또는 세대의 구분이 불분명한 건축물에 있어서는 주거에 쓰이는 바닥면적의 합계에 따라 가구수를 산정한다.

가구수	급수관의 지름	주거에 쓰이는 바닥면적의 합계
1가구	15mm	바닥면적의 합계 85m² 이하
3가구	20mm	바닥면적의 합계 85m² 초과 150m² 이하
5가구	25mm	바닥면적의 합계 150m² 초과 300m² 이하
16가구	40mm	바닥면적의 합계 300m² 초과 500m² 이하
17가구	50mm	바닥면적의 합계 500m² 초과

② 배수용 배관설비

설치기준	• 우수관과 오수관은 분리하여 배관할 것 • 배관설비의 오수에 접하는 부분은 내수재료를 사용할 것 • 배출시키는 빗물 또는 오수의 양 및 수질에 따라 그에 적당한 용량 및 경사를 지게 하거나 그에 적합한 재질을 사용할 것 • 배관설비에는 배수트랩·통기관을 설치하는 등 위생에 지장이 없도록 할 것 • 지하실 등 공공하수도로 자연배수를 할 수 없는 곳에는 배수용량에 맞는 강제배수시설을 설치할 것 • 콘크리트구조체에 배관을 매설하거나 배관이 콘크리트구조체를 관통할 경우에는 구조체에 덧관을 미리 매설하는 등 배관의 부식을 방지하고 그 수선 및 교체가 용이하도록 할 것

❻ 피뢰·방송수신설비

① 피뢰설비기준(건축물설비기준규칙 제20조)

적용대상	• 낙뢰의 우려가 있는 건축물 • 높이 20m 이상의 건축물 또는 공작물로서 높이 20m 이상의 공작물(건축물에 공작물을 설치하여 그 전체 높이가 20m 이상인 것을 포함한다)	
설치기준	등급	한국산업표준이 정하는 피뢰레벨 등급에 적합한 피뢰설비일 것. 다만, 위험물저장 및 처리시설에 설치하는 피뢰설비는 피뢰시스템레벨 Ⅱ 이상일 것
	재료	최소 단면적이 피복이 없는 동선을 기준으로 수뢰부, 인하도선 및 접지극은 50mm² 이상이거나 이와 동등 이상의 성능을 갖출 것
	수뢰부	• 측면 낙뢰를 방지하기 위하여 높이가 60m를 초과하는 건축물 등에는 지면에서 건축물 높이의 5분의 4가 되는 지점부터 최상단부분까지의 측면에 수뢰부를 설치할 것 • 지표레벨에서 최상단부의 높이가 150m를 초과하는 건축물은 120m 지점부터 최상단부분까지의 측면에 수뢰부를 설치할 것 • 건축물의 외벽이 금속부재로 마감되고, 금속부재 상호 간에 전기적 연속성이 보장되며 피뢰시스템레벨 등급에 적합하게 설치하여 인하도선에 연결한 경우에는 측면 수뢰부가 설치된 것으로 본다.

설치기준	돌침	건축물의 맨 윗부분으로부터 25cm 이상 돌출시켜 설치하되, 설계하중에 견딜 수 있는 구조일 것
	전기적 접속	• 급수·급탕·난방·가스 등을 공급하기 위하여 건축물에 설치하는 금속배관 및 금속재 설비는 전위가 균등하게 이루어지도록 전기적으로 접속할 것 • 피뢰설비의 인하도선을 대신하여 철골조의 철골구조물과 철근콘크리트조의 철근구조체 등을 사용하는 경우에는 전기적 연속성이 보장될 것 • 전기적 연속성이 있다고 판단되기 위하여는 건축물 금속 구조체의 최상단부와 지표레벨 사이의 전기저항이 0.2Ω 이하이어야 한다.
	접지	• 접지는 환경오염을 일으킬 수 있는 시공방법이나 화학 첨가물 등을 사용하지 아니할 것 • 전기설비의 접지계통과 건축물의 피뢰설비 및 통신설비 등의 접지극을 공용하는 통합접지공사를 하는 경우에는 낙뢰 등으로 인한 과전압으로부터 전기설비 등을 보호하기 위하여 한국산업표준에 적합한 서지보호장치를 설치할 것

② 방송 공동수신설비(건축법 시행령 제87조)

개요	건축물에는 방송수신에 지장이 없도록 공동시청 안테나, 유선방송 수신시설, 위성방송 수신설비, 에프엠(FM)라디오방송 수신설비 또는 방송 공동수신설비를 설치할 수 있다.
설치대상	다음의 건축물에는 방송 공동수신설비를 설치하여야 한다. • 공동주택(아파트, 연립주택, 다세대주택, 기숙사) • 바닥면적의 합계가 5,000m² 이상으로서 업무시설이나 숙박시설의 용도로 쓰는 건축물

📋 **기출 확인**

방송 공동수신설비를 설치하여야 하는 대상 건축물에 속하지 않는 것은?
❶ 다가구주택
② 다세대주택
③ 바닥면적의 합계가 5,000m²로서 업무시설의 용도로 쓰는 건축물
④ 바닥면적의 합계가 5,000m²로서 숙박시설의 용도로 쓰는 건축물

❼ 전기설비

① 설치공간 확보기준(건축법 시행령 제87조, 건축물설비기준규칙 별표 3의3)

개요	연면적이 500m² 이상인 건축물의 대지에는 전기사업자가 전기를 배전(配電)하는 데 필요한 전기설비를 설치할 수 있는 공간을 확보해야 한다.	
확보면적	수전전압	전력수전 용량	확보면적
	특고압 또는 고압	100kW 이상	가로 2.8m, 세로 2.8m
	저압	75kW 이상 150kW 미만	가로 2.5m, 세로 2.8m
		150kW 이상 200kW 미만	가로 2.8m, 세로 2.8m
		200kW 이상 300kW 미만	가로 2.8m, 세로 4.6m
		300kW 이상	가로 2.8m 이상, 세로 4.6m 이상

📋 **기출 확인**

다음과 같은 경우 연면적 1,000m²인 건축물의 대지에 확보하여야 하는 전기설비 설치공간의 면적기준은?

• 수전전압 : 저압
• 전력수전 용량 : 200kW

① 가로 2.5m, 세로 2.8m
② 가로 2.5m, 세로 4.6m
③ 가로 2.8m, 세로 2.8m
❹ 가로 2.8m, 세로 4.6m

❽ 물막이설비

① 설치기준(건축물설비기준규칙 제17조의2)

개요	해당하는 지역에서 건축물을 건축하려는 자는 빗물 등의 유입으로 건축물이 침수되지 않도록 해당 건축물의 지하층 및 1층의 출입구(주차장의 출입구 포함)에 물막이판 등 해당 건축물의 침수를 방지할 수 있는 설비를 설치해야 한다. 다만, 해당 건축물의 지하층 및 1층의 출입구를 국토교통부장관이 정하여 고시하는 예상 침수높이 이상으로 설치한 경우에는 물막이설비를 설치한 것으로 본다.
해당 지역	• 국토계획법에 따른 방재지구 • 자연재해대책법 시행령에 따른 행정안전부장관이 고시하는 지역

CORE 10 총칙 · 노상 · 노외주차장

CHAPTER 5 건축관계법규 / SECTION 3 주차장

📋 기출 확인

다음과 같이 정의되는 주차장의 종류는?

> 도로의 노면 또는 교통광장(교차점 광장만 해당)의 일정한 구역에 설치된 주차장으로서 일반(一般)의 이용에 제공되는 것

① 노외주차장 ❷ 노상주차장
③ 부설주차장 ④ 공영주차장

📋 기출 확인

기계식 주차장의 세분에 속하지 않는 것은?

① 지하식 ❷ 지평식
③ 건축물식 ④ 공작물식

📋 기출 확인

건축물의 연면적 중 주차장으로 사용되는 비율이 70%인 경우, 주차전용건축물로 볼 수 있는 주차장 외의 용도에 속하지 않는 것은?

❶ 의료시설
② 운동시설
③ 제1종 근린생활시설
④ 제2종 근린생활시설

📋 기출 확인

연면적이 12,000m²인 제1종 근린생활시설과 주차장이 복합된 건축물의 경우, 주차전용건축물이 되려면 주차장으로 사용되는 부분의 연면적이 최소 얼마 이상이어야 하는가?

❶ 8,400m² ② 9,600m²
③ 10,800m² ④ 11,400m²

12,000m² × 70% = 8,400m²

❶ 총칙 · 용어

① 주차장의 분류

노상주차장	도로의 노면 또는 교통광장의 일정한 구역에 설치된 주차장
노외주차장	도로의 노면 및 교통광장 외의 장소에 설치된 주차장
부설주차장	건축물, 골프연습장, 그 밖에 주차수요를 유발하는 시설에 부대하여 설치된 주차장

주차장법의 목적(주차장법 제1조)
주차장의 설치 · 정비 및 관리에 필요한 사항을 규정함으로써 자동차교통을 원활하게 하여 공중의 편의를 도모함을 목적으로 한다.

② 주차장의 형태

자주식 주차장	• 운전자가 자동차를 직접 운전하여 주차장으로 들어가는 주차장 • 지하식, 지평식, 건축물식(공작물식 포함)이 있다.
기계식 주차장	• 기계장치에 의하여 자동차를 주차할 장소로 이동시키는 기계식 주차장치를 설치한 노외주차장 및 부설주차장 • 지하식, 건축물식(공작물식 포함)이 있다.

주차전용건축물(주차장법 제12조의2, 동법 시행령 제1조의2)

정의	• 건축물의 연면적 중 주차장으로 사용되는 부분의 비율이 95% 이상인 것 • 주차장 외의 용도로 사용되는 부분이 아래 용도일 경우에는 주차장으로 사용되는 부분의 비율이 70% 이상(주차환경개선지구 내에 위치한 건축물의 경우에는 60%)인 것		
용도	단독주택, 공동주택, 제1종 근린생활시설, 제2종 근린생활시설, 문화 및 집회시설, 종교시설, 판매시설, 운수시설, 운동시설, 업무시설, 창고시설 또는 자동차 관련 시설		
연면적의 산정	기계식 주차장의 연면적은 기계식 주차장치에 의하여 자동차를 주차할 수 있는 면적과 기계실, 관리사무소 등의 면적을 합하여 계산한다.		
건축 제한	노외주차장인 주차전용건축물에 대하여는 다음의 기준에 따른다.		
	건폐율	100분의 90 이하	
	용적률	1,500% 이하	
	대지면적	45m² 이상	
	건축물 각 부분의 높이	대지가 너비 12m 미만의 도로에 접하는 경우	대지가 너비 12m 이상의 도로에 접하는 경우
		대지에 접한 도로의 반대쪽 경계선까지의 수평거리의 3배	대지에 접한 도로의 반대쪽 경계선까지의 수평거리의 36/도로의 너비(m)배 (1.8배 미만인 경우에는 1.8배)

③ 주차형식

평행주차		60° 대향주차	
직각주차		교차주차	
45° 대향주차			

> **더 알아보기**
>
> **주차단위구획의 표시**
> 주차단위구획은 흰색 실선(경형자동차전용 주차구획의 주차단위구획은 파란색 실선)으로 표시해야 한다.

④ 주차구획

주차단위구획	자동차 1대를 주차할 수 있는 구획
주차구획	하나 이상의 주차단위구획으로 이루어진 구획 전체
전용주차구획	경형자동차 등 일정한 자동차에 한정하여 주차가 허용되는 주차구획

주차단위구획(주차장법 시행규칙 제3조)

구분	평행주차형식		평행주차형식 외	
	너비	길이	너비	길이
경형	1.7m 이상	4.5m 이상	2.0m 이상	3.6m 이상
일반형	2.0m 이상	6.0m 이상	2.5m 이상	5.0m 이상
확장형	–	–	2.6m 이상	5.2m 이상
보도와 차도의 구분이 없는 주거지역의 도로	2.0m 이상	5.0m 이상	–	–
장애인전용	–	–	3.3m 이상	5.0m 이상
이륜자동차전용	1.0m 이상	2.3m 이상	1.0m 이상	2.3m 이상

> **기출 확인**
>
> 주차장의 주차단위구획 기준으로 옳은 것은?(단, 평행주차형식 일반형인 경우)
> ① 너비 1.0m 이상, 길이 2.3m 이상
> ② 너비 1.7m 이상, 길이 4.5m 이상
> ❸ 너비 2.0m 이상, 길이 6.0m 이상
> ④ 너비 2.3m 이상, 길이 5.0m 이상
>
> **기출 확인**
>
> 주차장의 장애인전용주차단위구획 기준으로 옳은 것은?
> ① 너비 2.3m 이상, 길이 5m 이상
> ② 너비 2.3m 이상, 길이 6m 이상
> ❸ 너비 3.3m 이상, 길이 5m 이상
> ④ 너비 3.3m 이상, 길이 6m 이상

⑤ 주차장 안전관리실태조사(주차장법 제3조, 동법 시행규칙 제1조의2)

개요	시장·군수 또는 구청장은 주차장의 안전사고 예방을 위하여 정기적으로 조사구역 내 설치된 주차장의 경사도 등 이용자의 안전에 위해가 되는 요소를 점검하고 그에 따른 안전관리실태를 조사해야 한다.
조사구역	출입도로를 포함하여 주차장 전체를 조사구역으로 한다.
조사주기	안전관리실태조사의 주기는 3년으로 한다(일부 기준은 매년 1회 이상).

📋 **기출 확인**

다음은 주차장 수급실태조사의 조사구역에 관한 설명이다. ( ) 안에 알맞은 것은?

> 사각형 또는 삼각형 형태로 조사구역을 설정하되 조사구역 바깥 경계선의 최대 거리가 (　　)를 넘지 않도록 한다.

① 100m　　② 200m
❸ 300m　　④ 400m

⑥ 주차장 수급실태조사

개요	시장·군수 또는 구청장은 주차장의 설치 및 관리를 위한 기초자료로 활용하기 위하여 정기적으로 조사구역별 주차장 수급실태를 조사해야 한다.
조사주기	수급실태조사의 주기는 3년으로 한다.
조사구역의 설정	• 사각형 또는 삼각형 형태로 조사구역을 설정하되 조사구역 바깥 경계선의 최대 거리가 300m를 넘지 않도록 한다. • 각 조사구역은 건축법에 따른 도로를 경계로 구분한다. • 아파트단지와 단독주택단지가 섞여 있는 지역 또는 주거기능과 상업·업무 기능이 섞여 있는 지역의 경우에는 주차시설 수급의 적정성, 지역적 특성 등을 고려하여 같은 특성을 가진 지역별로 조사구역을 설정한다.

❷ 노상주차장

① 정의

도로의 노면 또는 교통광장의 일정한 구역에 설치된 주차장을 말한다.

② 설치가 금지된 장소

도로	• 주간선도로, 고속도로, 자동차전용도로, 고가도로에 설치해서는 안 된다. • 정차 및 주차가 금지된 장소에 설치해서는 안 된다.
도로의 너비	너비 6m 미만의 도로에 설치해서는 안 된다.
도로의 경사도	종단경사도(자동차 진행 방향의 기울기)가 4%를 초과하는 도로에 설치해서는 안 된다.
	예외: • 종단경사도가 6% 이하인 도로로서 보도와 차도가 구별되어 있고, 그 차도의 너비가 13m 이상인 도로에 설치하는 경우 • 종단경사도가 6% 이하인 도로로서 해당 시장·군수 또는 구청장이 안전에 지장이 없다고 인정하는 도로에 인근 주민의 자동차를 위해 주거지역에 설치된 노상주차장의 경우

📋 **기출 확인**

노상주차장의 구조 및 설비에 관한 기준 내용으로 옳은 것은?

① 너비 6m 이상의 도로에 설치해서는 안 된다.
② 종단경사도가 3%를 초과하는 도로에 설치해서는 안 된다.
❸ 고속도로, 자동차전용도로 또는 고가도로에 설치해서는 안 된다.
④ 주차대수 규모가 20대인 경우, 장애인전용주차구획을 최소 2면 이상 설치해야 한다.

③ 전용주차구획(주차장법 시행규칙 제6조의2)

노상주차장의 일부에 대하여 전용주차구획을 설치할 수 있는 경우는 다음과 같다.

주거지역	주거지역에 설치된 노상주차장으로서 인근 주민의 자동차를 위한 경우
하역주차계획	화물의 하역주차구획으로서 인근 이용자의 화물자동차를 위한 경우
외교공관	대한민국에 주재하는 외교공관 및 외교관의 자동차를 위한 경우
공동이용지원	승용차 공동이용지원을 위하여 사용되는 자동차를 위한 경우
기타	해당 지방자치단체의 조례로 정하는 자동차를 위한 경우

장애인전용주차구획(주차장법 시행규칙 제4조 제1항 제8호)
노상주차장에는 다음 구분에 따라 장애인전용주차구획을 설치해야 한다.

주차대수 규모가 20대 이상 50대 미만인 경우	주차대수 규모가 50대 이상인 경우
한 면 이상	주차대수의 2~4% 범위에서 조례로 정하는 비율 이상

❸ 노외주차장

① 정의

　　도로의 노면 및 교통광장 외의 장소에 설치된 주차장을 말한다.

② 설치에 대한 주요 계획기준(주차장법 시행규칙 제5조)

유치권	노외주차장을 설치하려는 지역에서의 토지이용 현황, 노외주차장 이용자의 보행거리 및 보행자를 위한 도로 상황 등을 고려한다.
규모	유치권 안에서의 전반적인 주차수요와 이미 설치되었거나 장래에 설치할 계획인 자동차 주차에 사용하는 시설 또는 장소와의 연관성을 고려하여 적정한 규모로 해야 한다.
배치	단지조성사업 등에 따른 노외주차장은 주차수요가 많은 곳에 설치하여야 하며 될 수 있으면 공원 및 상가 인접 지역 등에 접하여 배치해야 한다.

노외주차장을 설치할 수 있는 자연녹지지역(주차장법 시행규칙 제5조 제3호)
노외주차장을 설치하는 지역은 녹지지역이 아닌 지역이어야 한다. 다만, 자연녹지지역으로서 다음의 어느 하나에 해당하는 지역의 경우에는 그렇지 않다.
- 하천구역 및 공유수면으로서 주차장이 설치되어도 해당 하천 및 공유수면의 관리에 지장을 주지 아니하는 지역
- 토지의 형질변경 없이 주차장 설치가 가능한 지역
- 주차장 설치를 목적으로 토지의 형질변경 허가를 받은 지역
- 특별시장·광역시장, 시장·군수 또는 구청장이 특히 주차장의 설치가 필요하다고 인정하는 지역

③ 출구 및 입구의 설치가 금지된 장소

도로	• 횡단보도(육교 및 지하횡단보도 포함)로부터 5m 이내에 있는 도로의 부분 • 유아원, 유치원, 초등학교, 특수학교, 노인복지시설, 장애인복지시설 및 아동전용시설 등의 출입구로부터 20m 이내에 있는 도로의 부분 • 정차 또는 주차가 금지된 장소 중 일부	
도로의 너비	주차대수 200대 미만	주차대수 200대 이상
	너비 4m 미만의 도로	너비 6m 미만의 도로
도로의 경사도	종단기울기가 10%를 초과하는 도로	

④ 출구 및 입구의 설비기준(주차장법 시행규칙 제6조)

출입구의 너비	3.5m 이상으로 하여야 하며, 주차대수 규모가 50대 이상인 경우에는 출구와 입구를 분리하거나 너비 5.5m 이상의 출입구를 설치해야 한다.
출입구의 구조	• 노외주차장의 출구와 입구에서 자동차의 회전을 쉽게 하기 위하여 필요한 경우에는 차로와 도로가 접하는 부분을 곡선형으로 해야 한다. • 노외주차장의 출구 부근의 구조는 해당 출구로부터 2m(이륜자동차전용출구의 경우에는 1.3m)를 후퇴한 노외주차장의 차로의 중심선상 1.4m의 높이에서 도로의 중심선에 직각으로 향한 왼쪽·오른쪽 각각 60°의 범위에서 해당 도로를 통행하는 자를 확인할 수 있도록 해야 한다.

노외주차장의 출구·입구를 따로 설치해야 하는 경우(주차장법 시행규칙 제5조 제7호)
주차대수 400대를 초과하는 규모의 노외주차장의 경우에는 노외주차장의 출구와 입구를 각각 따로 설치하여야 한다. 다만, 출입구의 너비의 합이 5.5m 이상으로서 출구와 입구가 차선 등으로 분리되는 경우에는 함께 설치할 수 있다.

장애인전용주차구획(주차장법 시행규칙 제5조 제8호)
노외주차장의 주차대수 규모가 50대 이상인 경우에는 주차대수의 2~4%까지의 범위에서 장애인의 주차수요를 고려하여 지방자치단체의 조례로 정하는 비율 이상의 장애인전용주차구획을 설치해야 한다.

📋 기출 확인

자연녹지지역으로서 노외주차장을 설치할 수 있는 지역에 해당하지 않는 것은?

① 토지의 형질변경 없이 주차장의 설치가 가능한 지역
② 주차장의 설치를 목적으로 토지의 형질변경 허가를 받은 지역
❸ 택지개발사업 등의 단지조성사업 등에 따라 주차수요가 많은 지역
④ 특별시장·광역시장, 시장·군수 또는 구청장이 특히 주차장의 설치가 필요하다고 인정하는 지역

📋 기출 확인

다음 중 노외주차장의 출구 및 입구를 설치할 수 있는 곳은?

① 종단기울기가 10%를 초과하는 도로
② 횡단보도에서 5m 이내의 도로의 부분
❸ 중학교의 출입구로부터 20m 이내의 도로의 부분
④ 장애인복지시설의 출입구로부터 20m 이내의 도로의 부분

📋 기출 확인

다음은 노외주차장의 구조 및 설비기준이다. ㉠, ㉡, ㉢에 맞는 것은?

> 노외주차장의 출구 부근의 구조는 해당 출구로부터 (㉠)m를 후퇴한 노외주차장의 차로의 (㉡)m의 높이에서 도로의 중심선에 직각으로 향한 좌, 우측 각 (㉢)°의 범위 안에서 당해 도로를 통행하는 자를 확인할 수 있어야 한다.

① ㉠ 1, ㉡ 1.2, ㉢ 70
❷ ㉠ 2, ㉡ 1.4, ㉢ 60
③ ㉠ 3, ㉡ 1.6, ㉢ 60
④ ㉠ 2, ㉡ 1.2, ㉢ 70

> **기출 확인**
>
> 출입구의 개수에 관계없이 노외주차장의 차로의 너비를 최소 6m 이상으로 하여야 하는 주차형식은?(단, 이륜자동차 전용 외의 노외주차장의 경우)
>
> ① 평행주차 ❷ 직각주차
> ③ 교차주차 ④ 45° 대향주차

> **기출 확인**
>
> 지하식 또는 건축물식 노외주차장의 차로에 관한 기준내용으로 옳지 않은 것은?
>
> ① 높이는 주차바닥면으로부터 2.3m 이상으로 하여야 한다.
> ② 경사로의 종단경사도는 직선 부분에서는 17%를 초과하여서는 아니 된다.
> ❸ 곡선 부분은 자동차가 4m 이상의 내변반경으로 회전할 수 있도록 하여야 한다.
> ④ 주차대수 규모가 50대 이상인 경우의 경사로는 너비 6m 이상인 2차로를 확보하거나 진입차로와 진출차로를 분리하여야 한다.

> **기출 확인**
>
> 지하식 또는 건축물식 노외주차장에서 경사로가 직선형인 경우, 경사로의 차로 너비는 최소 얼마 이상으로 하여야 하는가?(단, 2차로인 경우)
>
> ① 5m ❷ 6m
> ③ 7m ④ 8m

> **기출 확인**
>
> 노외주차장의 경우, 전기자동차 충전시설을 제외한 부대시설의 총면적은 주차장 총시설면적의 최대 얼마를 초과하여서는 아니 되는가?
>
> ① 10% ❷ 20%
> ③ 25% ④ 30%

⑤ 차로(주차장법 시행규칙 제6조 제3항)

주차구획선	주차구획선의 긴 변과 짧은 변 중 한 변 이상이 차로에 접해야 한다.				
	주차형식	이륜자동차전용		이륜자동차 외	
		출입구 2개 이상	출입구 1개	출입구 2개 이상	출입구 1개
차로의 너비	평행주차	2.25m	3.5m	3.3m	5.0m
	직각주차	4.0m	4.0m	6.0m	6.0m
	60° 대향주차	–	–	4.5m	5.5m
	45° 대향주차	2.3m	3.5m	3.5m	5.0m
	교차주차	–	–	3.5m	5.0m

지하식 또는 건축물식 노외주차장의 차로(주차장법 시행규칙 제6조 제1항 제5호)

구조	• 높이는 주차바닥면으로부터 2.3m 이상으로 해야 한다. • 경사로의 노면은 거친 면으로 해야 한다.
내변반경	• 곡선 부분은 자동차가 6m 이상의 내변반경으로 회전할 수 있도록 해야 한다. • 같은 경사로를 이용하는 주차장의 총주차대수가 50대 이하인 경우에는 5m, 이륜자동차전용 노외주차장의 경우에는 3m 이상의 내변반경으로 회전할 수 있도록 한다.
경사로의 차로의 너비	• 주차대수 규모가 50대 이상인 경우의 경사로 – 너비 6m 이상인 2차로를 확보하거나 진입차로와 진출차로를 분리할 것 – 완화구간(경사로를 지나는 자동차가 지면에 접촉하지 않도록 종단경사도가 경사로 최대 종단경사도의 1/2 이하로 설계된 구간을 말한다)을 설치할 것 • 경사로의 양쪽 벽면으로부터 30cm 이상의 지점에 높이 10cm 이상 15cm 미만의 연석(경계석)을 설치해야 한다(연석 부분은 차로너비에 포함).
	직선형 / 곡선형 3.3m 이상 (2차로의 경우 6m 이상) / 3.6m 이상 (2차로의 경우 6.5m 이상)
경사로의 종단경사도	• 종단경사도 : 직선 부분에서는 17%를 초과하여서는 아니 되며, 곡선 부분에서는 14%를 초과하여서는 아니 된다. • 오르막 경사로 : 도로와 접하는 부분으로부터 3m 이내인 경사로의 종단경사도는 직선 부분에서는 8.5%를, 곡선 부분에서는 7%를 초과하여서는 안 된다.

노외주차장의 높이(주차장법 시행규칙 제6조 제1항 제7호)
노외주차장에서 주차에 사용되는 부분의 높이는 주차바닥면으로부터 2.1m 이상으로 해야 한다.

⑥ 부대시설

총면적	전기자동차 충전시설을 제외한 부대시설의 총면적은 주차장 총시설면적(주차장으로 사용되는 면적과 주차장 외의 용도로 사용되는 면적을 합한 면적을 말한다)의 20%를 초과해서는 안 된다.
부대시설	노외주차장에 설치할 수 있는 부대시설은 다음과 같다. • 관리사무소, 휴게소 및 공중화장실 • 간이매점, 자동차 장식품 판매점 및 전기자동차 충전시설, 태양광발전시설, 집배송시설, 주유소(특별시장·광역시장, 시장·군수 또는 구청장이 설치한 노외주차장만 해당) • 노외주차장의 관리·운영상 필요한 편의시설 • 시·군 또는 구의 조례로 정하는 이용자 편의시설

⑦ 주요 설비

자동차용 승강기	자동차용 승강기로 운반된 자동차가 주차구획까지 자주식으로 들어가는 노외주차장의 경우에는 주차대수 30대마다 1대의 자동차용 승강기를 설치해야 한다.		
조명설비	자주식 주차장으로서 지하식 또는 건축물식 노외주차장에는 벽면에서부터 50cm 이내를 제외한 바닥면의 최소 조도와 최대 조도를 다음과 같이 한다.		
	구분	최소 조도	최대 조도
	주차구획 및 차로	10lx 이상	최소 조도의 10배 이내
	주차장 출구 및 입구	300lx 이상	–
	사람이 출입하는 통로	50lx 이상	–
경보장치	• 주차장의 출입구로부터 3m 이내의 장소로서 보행자가 경보장치의 작동을 식별할 수 있는 곳에 위치해야 한다. • 경보장치는 자동차의 출입 시 경광과 50dB 이상의 경보음이 발생하도록 해야 한다.		
방범설비	주차대수 30대를 초과하는 규모의 자주식 주차장으로서 지하식 또는 건축물식 노외주차장에는 관리사무소에서 주차장 내부 전체를 볼 수 있는 폐쇄회로 텔레비전(녹화장치를 포함한다) 또는 네트워크 카메라를 포함하는 방범설비를 설치·관리하여야 한다.		

노외주차장의 일산화탄소농도(주차장법 시행규칙 제6조 제1항 제8호)
노외주차장 내부 공간의 일산화탄소 농도는 주차장을 이용하는 차량이 가장 빈번한 시각의 앞뒤 8시간의 평균치가 50ppm 이하(실내주차장은 25ppm 이하)로 유지되어야 한다.

기출 확인

다음은 노외주차장의 구조·설비에 관한 기준 내용이다. ( ) 안에 알맞은 것은?

> 자동차용 승강기로 운반된 자동차가 주차구획까지 자주식으로 들어가는 노외주차장의 경우에는 주차대수 ( )대마다 1대의 자동차용 승강기를 설치하여야 한다.

① 10대 ② 15대
③ 20대 ❹ 30대

기출 확인

노외주차장의 내부 공간의 일산화탄소의 농도는 주차장을 이용하는 차량이 가장 빈번한 시각의 앞뒤 8시간의 평균치가 몇 ppm 이하로 유지되어야 하는가?

① 80ppm ② 70ppm
③ 60ppm ❹ 50ppm

CORE 11 부설·기계식 주차장

CHAPTER 5 건축관계법규 / SECTION 3 주차장

❶ 부설주차장

① 정의

건축물, 골프연습장, 그 밖에 주차수요를 유발하는 시설에 부대하여 설치된 주차장을 말한다.

② 시설면적당 설치기준(주차장법 시행령 별표 1)

시설면적 400m² 당 1대	• 창고시설 • 학생용 기숙사 • 방송통신시설 중 데이터센터
시설면적 350m² 당 1대	• 수련시설 • 공장(아파트형 제외) • 발전시설
시설면적 300m² 당 1대	기타 건축물
시설면적 200m² 당 1대	• 제1종 근린생활시설(공공업무·주민공동시설 중 일부 제외) • 제2종 근린생활시설 • 숙박시설
시설면적 150m² 당 1대	• 문화 및 집회시설(관람장 제외) • 의료시설(정신병원·요양병원·격리병원 제외) • 운동시설(골프장·골프연습장·옥외수영장 제외) • 업무시설(외국공관·오피스텔 제외) • 종교시설, 판매시설, 운수시설, 방송국, 장례식장
시설면적 100m² 당 1대	위락시설

단독주차의 부설주차장 설치기준(주차장법 시행령 별표 1)

단독주택 (다가구주택 제외)	시설면적 50m² 초과 150m² 이하	시설면적 150m² 초과
	1대	1대에 150m²를 초과하는 100m²당 1대를 더한 대수 [1 + {(시설면적 − 150m²)/100m²}]

면적을 적용하지 않는 부설주차장 설치기준(주차장법 시행령 별표 1)

골프장	골프연습장	옥외수영장	관람장
1홀당 10대 (홀의 수×10)	1타석당 1대 (타석의 수×1)	정원 15명당 1대 (정원/15명)	정원 100명당 1대 (정원/100명)

📋 **기출 확인**

부설주차장의 설치대상 시설물 종류와 설치기준의 연결이 옳은 것은?

① 판매시설 − 시설면적 100m²당 1대
② 위락시설 − 시설면적 150m²당 1대
③ 종교시설 − 시설면적 200m²당 1대
❹ 숙박시설 − 시설면적 200m²당 1대

📋 **기출 확인**

부설주차장 설치대상 시설물로서 시설면적이 1,400m²인 제2종 근린생활시설에 설치하여야 하는 부설주차장의 최소 대수는?

❶ 7대　　② 9대
③ 10대　　④ 14대

1,400m² ÷ 200m² × 1대 = 7대

📋 **기출 확인**

다음 시설물의 부설주차장 설치기준이 잘못된 것은?

① 관람장 − 정원 100인당 1대
② 골프장 − 1홀당 10대
③ 골프연습장 − 1타석당 1대
❹ 옥외수영장 − 정원 20인당 1대

③ 인근 설치(주차장법 시행령 제7조)

부설주차장은 시설물의 내부 또는 그 부지에 설치하여야 하나, 예외로 시설물의 부지 인근에 단독 또는 공동으로 설치할 수 있다.

적용대상	주차대수 300대 이하	
부지 인근의 범위	해당 부지의 경계선으로부터 부설주차장의 경계선까지의 거리	
	직선거리	도보거리
	300m 이내	600m 이내
	해당 시설물이 있는 동·리 및 그 시설물과의 통행 여건이 편리하다고 인정되는 인접 동·리	

부설주차장을 설치하지 않을 수 있는 시설물(주차장법 시행령 별표 1)

다음의 어느 하나에 해당하는 시설물을 건축하거나 설치하려는 경우에는 부설주차장을 설치하지 않을 수 있다.
- 변전소·양수장·정수장·대피소·공중화장실, 그 밖에 이와 유사한 시설
- 종교시설 중 수도원·수녀원·제실·사당
- 동물 및 식물 관련 시설(도축장·도계장 제외)
- 방송국·전신전화국·통신용 시설·촬영소 중 송신·수신·중계시설
- 노외주차장인 주차전용건축물에 주차장 외의 용도로 설치하는 시설물(백화점·쇼핑센터·대형점·영화관·전시장·예식장 제외)
- 역사, 전통한옥 밀집지역 안에 있는 전통한옥

부설주차장 설치의무의 면제(주차장법 제19조 제5항, 동법 시행령 제8조)

시설물의 위치·용도·규모 및 부설주차장의 규모 등이 아래 기준에 해당할 때에는 해당 주차장의 설치에 드는 비용을 시장·군수 또는 구청장에게 납부하는 것으로 부설주차장의 설치를 갈음할 수 있다.

시설물의 위치	• 차량통행의 금지 또는 주변의 토지이용 상황으로 인하여 부설주차장의 설치가 곤란하다고 인정되는 장소 • 부설주차장의 출입구가 도심지 등의 간선도로변에 위치하게 되어 자동차교통의 혼잡을 가중시킬 우려가 있다고 인정되는 장소
시설물의 용도·규모	• 연면적 10,000m² 이상의 판매시설 및 운수시설이 아닌 경우 • 연면적 15,000m² 이상의 문화 및 집회시설(공연장·집회장·관람장), 위락시설, 숙박시설, 업무시설이 아닌 경우
부설주차장의 규모	주차대수 300대 이하의 규모

④ 총주차대수가 8대 이하인 자주식 주차장

총주차대수 규모가 8대 이하인 자주식 주차장의 설치기준은 다음과 같다.

출입구의 너비	• 출입구의 너비는 3m 이상으로 한다. • 막다른 도로에 접한 부설주차장은 2.5m 이상으로 할 수 있다.	
차로의 너비	차로의 너비는 2.5m 이상으로 한다.	
주차단위구획과 접한 차로의 너비	주차형식	차로의 너비
	평행주차	3.0m 이상
	직각주차	6.0m 이상
	60° 대향주차	4.0m 이상
	45° 대향주차	3.5m 이상
	교차주차	3.5m 이상
주차단위구획	• 주차대수 5대 이하의 주차단위구획은 차로를 기준으로 하여 세로로 2대까지 접하여 배치할 수 있다. • 보행인의 통행로가 필요한 경우에는 시설물과 주차단위구획 사이에 0.5m 이상의 거리를 두어야 한다.	

기출 확인

시설물의 내부 또는 그 부지 안에 부설주차장을 설치하여야 하는 대상 시설물임에도 불구하고 시설물의 부지 인근에 단독 또는 공동으로 부설주차장을 설치할 수 있는 부설주차장의 규모 기준은?

① 주차대수 200대 이하
❷ 주차대수 300대 이하
③ 주차대수 400대 이하
④ 주차대수 500대 이하

기출 확인

시설물의 부지 인근에 부설주차장을 설치하는 경우, 해당 부지의 경계선으로부터 부설주차장의 경계선까지의 거리 기준으로 옳은 것은?

❶ 직선거리 300m 이내
② 도보거리 800m 이내
③ 직선거리 500m 이내
④ 도보거리 1,000m 이내

기출 확인

주차장법령상 건축물 설치 시 부설주차장을 설치하지 않을 수 있는 시설물은?

① 종교시설 중 교회
② 종교시설 중 성당
③ 종교시설 중 사찰
❹ 종교시설 중 수녀원

기출 확인

부설주차장의 총주차대수 규모가 8대 이하인 자주식 주차장의 구조 및 설비에 관한 기준 내용으로 옳지 않은 것은?

① 차로의 너비는 2.5m 이상으로 한다.
② 출입구의 너비는 3m 이상으로 하는 것이 원칙이다.
❸ 주차대수 6대 이하의 주차단위구획은 차로를 기준으로 하여 세로로 2대까지 접하여 배치할 수 있다.
④ 보행인의 통행로가 필요한 경우에는 시설물과 주차단위구획 사이에 0.5m 이상의 거리를 두어야 한다.

도로를 차로로 하여 주차단위구획을 배치할 수 있는 경우(주차장법 시행규칙 제11조 제5항 제2호, 제3호)
• 보도와 차도의 구분이 없는 너비 12m 미만의 도로에 접하여 있는 부설주차장
  → 이 경우 차로의 너비는 도로를 포함하여 6m 이상(평행주차형식인 경우 4m 이상)
• 보도와 차도의 구분이 있는 12m 이상의 도로에 접하여 있고 주차대수가 5대 이하인 부설주차장 → 직각주차형식만 허용

⑤ 용도변경

건축물의 용도를 변경하는 경우에는 용도변경 시점의 주차장 설치기준에 따라 변경 후 용도의 주차대수와 변경 전 용도의 주차대수를 산정하여 그 차이에 해당하는 부설주차장을 추가로 확보해야 한다.

부설주차장을 추가로 확보하지 아니하고 건축물의 용도를 변경할 수 있는 경우(주차장법 시행령 제6조 제4항)
• 사용승인 후 5년이 지난 연면적 1,000m² 미만의 건축물의 용도를 변경하는 경우
  – 공연장, 집회장, 관람장, 위락시설, 다세대주택, 다가구주택의 용도로 변경하는 경우는 제외
• 해당 건축물 안에서 용도 상호 간의 변경을 하는 경우(부설주차장 설치기준이 높은 용도의 면적이 증가하는 경우는 제외)

❷ 기계식 주차장

① 정의

기계장치에 의하여 자동차를 주차할 장소로 이동시키는 기계식 주차장치를 설치한 노외주차장 및 부설주차장을 말한다.

② 기계식 주차장치의 분류

구분	주차할 수 있는 자동차의 규격			
	길이	너비	높이	무게
중형 기계식 주차장	5.05m 이하	1.9m 이하	1.55m 이하	1,850kg 이하
대형 기계식 주차장	5.75m 이하	2.15m 이하	1.85m 이하	2,200kg 이하

③ 기계식 주차장치의 안전기준

구분	중형 기계식 주차장	대형 기계식 주차장
출입구	너비 2.3m, 높이 1.6m 이상	너비 2.4m, 높이 1.9m 이상
주차구획	너비 2.2m, 높이 1.6m, 길이 5.15m 이상	너비 2.3m, 높이 1.9m, 길이 5.3m 이상
운반기	바닥의 너비 1.9m 이상	바닥의 너비 1.95m 이상

기계식 주차장치의 출입구 등(주차장법 시행규칙 제16조의5 제1항 제2호, 제5호)
• 사람이 통행하는 기계식 주차장치 출입구의 높이는 1.8m 이상으로 한다.
• 기계식 주차장치 안에서 자동차를 입출고하는 사람이 출입하는 통로의 크기는 너비 50cm 이상, 높이 1.8m 이상으로 해야 한다.

기출 확인

사용승인 후 5년이 경과된 연면적 1,000m² 미만의 건축물의 용도를 변경하는 경우 부설주차장을 추가로 확보하지 아니하고 건축물을 용도변경할 수 있는 용도는?

① 무도학원 ② 공연장
③ 집회장 ❹ 병원

기출 확인

다음 중 중형 기계식 주차장에 주차할 수 있는 자동차의 길이, 너비, 무게 기준으로 옳지 않은 것은?

① 길이 : 5.05m 이하
② 너비 : 1.9m 이하
③ 높이 : 1.55m 이하
❹ 무게 : 2,200kg 이하

기출 확인

기계식 주차장치의 안전기준에서 대형 기계식 주차장의 출입구의 너비와 높이 기준은?

① 2.3m(너비) 이상×1.6m(높이) 이상
❷ 2.4m(너비) 이상×1.9m(높이) 이상
③ 2.5m(너비) 이상×1.6m(높이) 이상
④ 2.4m(너비) 이상×1.8m(높이) 이상

④ 출입구

기계식 주차장치 출입구의 앞면에는 자동차의 회전을 위한 전면공지 또는 자동차의 방향을 전환하기 위한 방향전환장치를 설치해야 한다.

구분	중형 기계식 주차장	대형 기계식 주차장
전면공지	너비 8.1m, 길이 9.5m 이상	너비 10m, 길이 11m 이상
방향전환장치	지름 4m 이상	지름 4.5m 이상
여유공지	너비 1m 이상	너비 1m 이상

⑤ 진입로 및 정류장

기계식 주차장에는 도로에서 기계식 주차장치 출입구까지의 진입로 또는 전면공지와 접하는 장소에 자동차가 대기할 수 있는 정류장을 설치해야 한다.

> **정류장의 규모(주차장법 시행규칙 제16조의2 제1항 제3호)**
> • 주차대수 20대를 초과하는 20대마다 1대분의 정류장을 확보해야 한다.
> • 주차장의 출구와 입구가 따로 설치되어 있거나 진입로의 너비가 6m 이상인 경우에는 종단 경사도가 6% 이하인 진입로의 길이 6m마다 1대분의 정류장을 확보한 것으로 본다.
>
> | 정류장의 규모
(길이×너비) | 중형 기계식 주차장 | 대형 기계식 주차장 |
> |---|---|---|
> | | 5.05×1.9m 이상 | 5.3×2.15m 이상 |

⑥ 조도

기계식 주차장치에는 벽면으로부터 50cm 이내를 제외한 바닥면의 최소 조도를 다음과 같이 한다.

최소 조도	주차구획	출입구
	50lx 이상	150lx 이상

⑦ 사용검사 등(주차장법 제19조의9)

기계식 주차장을 설치한 자 또는 해당 기계식 주차장의 관리자는 그 기계식 주차장에 대하여 다음 검사를 받아야 한다.

사용검사	기계식 주차장의 설치를 마치고 이를 사용하기 전에 실시하는 검사
정기검사	사용검사의 유효기간이 지난 후 계속하여 사용하려는 경우에 주기적으로 실시하는 검사

> **사용검사·정기검사의 유효기간 등(주차장법 시행령 제12조의3)**
> • 정기검사를 연기받은 경우 해당 사유가 없어졌을 때부터 2개월 이내에 정기검사를 받아야 한다.
> • 수시검사를 연기한 자는 해당 사유가 없어졌을 때에는 지체 없이 수시검사를 받아야 한다.
>
> | 구분 | 유효기간 | 검사기간 |
> |---|---|---|
> | 사용검사 | 3년 | – |
> | 정기검사 | 2년 | 사용검사 또는 정기검사의 유효기간 만료일 전후 각각 31일 이내 |

📋 **기출 확인**

기계식 주차장에는 자동차가 대기할 수 있는 장소(정류장)를 설치하여야 한다. 다음 중 정류장의 확보 기준으로 옳은 것은?

① 주차대수가 10대를 초과하는 매 10대마다 1대분의 정류장을 확보
② 주차대수가 10대를 초과하는 매 20대마다 1대분의 정류장을 확보
③ 주차대수가 20대를 초과하는 매 10대마다 1대분의 정류장을 확보
❹ 주차대수가 20대를 초과하는 매 20대마다 1대분의 정류장을 확보

📋 **기출 확인**

주차대수가 300대인 기계식 주차장의 진입로 또는 전면공지와 접하는 장소에 확보하여야 하는 정류장의 최소 규모는?

① 12대　② 13대
❸ 14대　④ 15대

(300대 − 20대) ÷ 20대 = 14대

📋 **기출 확인**

다음 중 기계식 주차장의 사용검사와 정기검사의 유효기간으로 옳은 것은?

① 사용검사 2년, 정기검사 3년
② 사용검사 3년, 정기검사 3년
❸ 사용검사 3년, 정기검사 2년
④ 사용검사 2년, 정기검사 2년

우리 인생의 가장 큰 영광은 결코 넘어지지 않는 데 있는 것이 아니라
넘어질 때마다 일어서는 데 있다.

– 넬슨 만델라 –

PART 02

기출(복원)문제

2019년~2022년 제2회 과년도 기출문제

2022년 제4회~2024년 과년도 기출복원문제

2025년 최근 기출복원문제

2019년 제1회 과년도 기출문제

제1과목 건축계획

01 사무소 건축의 실 단위계획 중 개방식 배치에 관한 설명으로 옳지 않은 것은?

① 공사비를 줄일 수 있다.
② 실의 깊이나 길이에 변화를 줄 수 없다.
③ 시각 차단이 없으므로 독립성이 적어진다.
④ 경영자의 입장에서는 전체를 통제하기가 쉽다.

해설
개방식 배치는 개방된 큰 실 내부에 분리된 공간을 두는 형식으로, 실의 깊이나 길이에 변화를 줄 수 있다.

개방식 배치

개요	개방된 큰 실 내부에 분리된 공간을 두는 형식이다.
장점	• 공간의 길이나 깊이에 변화를 줄 수 있다. • 공간을 절약할 수 있고, 전 면적을 이용할 수 있다. • 개실 시스템보다 공사비가 저렴하다. • 경영자의 입장에서는 전체를 통제하기가 쉽다.
단점	• 소음이 들리고 독립성이 떨어진다. • 자연채광에 보조채광으로서의 인공채광이 필요하다.

02 다음 설명에 알맞은 공장 건축의 레이아웃 형식은?

- 동종의 공정, 동일한 기계설비 또는 기능이 유사한 것을 하나의 그룹으로 집합시키는 방식
- 다종 소량생산의 경우, 예상 생산이 불가능한 경우, 표준화가 이루어지기 어려운 경우에 채용

① 고정식 레이아웃
② 혼성식 레이아웃
③ 공정 중심의 레이아웃
④ 제품 중심의 레이아웃

해설
① 고정식 레이아웃 : 재료나 조립부품을 고정된 장소에 두고, 사람이나 기계가 그 장소로 이동해 가서 작업을 행하는 방식이다(조선소, 건축 등에 적합).
② 혼성식 레이아웃 : 제품 중심, 공정 중심, 고정식을 혼합한 방식이다(가정용 전기 및 주문 생산품 공장 등에 적합).
④ 제품 중심의 레이아웃 : 제품의 흐름에 따라 모든 공정, 기계, 기구를 배치하는 방식이다(대량생산에 유리, 중화학공업 등에 적합).

03 다음 설명에 알맞은 백화점 진열장 배치방법은?

- Main 통로를 직각 배치하며, Sub 통로를 45° 정도 경사지게 배치하는 유형이다.
- 많은 고객이 매장공간의 코너까지 접근하기 용이하지만, 이형의 진열장이 많이 필요하다.

① 직각배치
② 방사배치
③ 사행배치
④ 자유유선배치

해설
① 직각배치 : 가구와 가구를 직각으로 배치하는 형식으로, 매장면적의 이용률을 최대로 확보할 수 있으며 경제적이다.
② 방사배치 : 판매장의 통로를 방사형으로 배치한 형식으로, 동선이 명확하고 종업원과의 거리감이 적지만 적용이 어렵다.
④ 자유유선배치 : 곡선형 등으로 자유롭게 배치한 형식이다. 통로 폭의 조절이 용이하고 매장의 특수성을 살릴 수 있으나 그 특성상 매장의 변경 및 이동이 어려우며 시설비가 고가이다.

백화점 매장의 사행배치

개요	주(Main)통로는 직각배치, 부(Sub)통로는 상하교통계를 향해 45°로 배치한 형식이다.
장점	• 고객의 동선이 길고 매장의 구석까지 접근하기 쉽다. • 주통로에서 부통로의 상품이 잘 보인다.
단점	다양한 크기 및 형태의 판매대가 필요하다.

01 ② 02 ③ 03 ③

04 로마시대의 것으로 그리스의 아고라(Agora)와 유사한 기능을 갖는 것은?

① 포럼(Forum)
② 인술라(Insula)
③ 도무스(Domus)
④ 판테온(Pantheon)

해설
① 포럼 : 로마의 신전 및 공공건축이 모여 있었던 옥외 집회소 및 시장으로, 그리스의 아고라와 유사하다.
② 인술라 : 로마의 평민용 다층 집합주거 건물이다.
③ 도무스 : 로마의 부유층을 위한 고급주택이다.
④ 판테온 : 거대한 돔을 얹은 로툰다와 대형 열주 현관으로 구성된 로마의 신전이다.

05 송바르 드 로브(Chombard de Lawve)가 제시하는 1인당 주거면적의 병리기준은?

① $6m^2$
② $8m^2$
③ $10m^2$
④ $12m^2$

해설
주거면적기준

국제주거회의		$15m^2$/인
세계가족단체협회(코로느 기준)		평균 $16m^2$/인
송바르 드 로브	병리기준	$8m^2$/인
	한계기준	$14m^2$/인
	표준기준	$16m^2$/인

06 극장의 평면형식 중 관객이 연기자를 사면에서 둘러싸고 관람하는 형식으로 가장 많은 관객을 수용할 수 있는 형식은?

① 아레나(Arena)형
② 가변형(Adaptable stage)
③ 프로시니엄(Proscenium)형
④ 오픈스테이지(Open stage)형

해설
② 가변형 무대 : 필요에 따라서 무대와 객석을 변화시킬 수 있는 형태이다.
③ 프로시니엄형 : 연기자와 관객의 접촉면이 한 면으로 한정된 형태로서 배경이 한 폭의 그림과 같은 느낌을 주며, 많은 관람석을 두려면 거리가 멀어져 객석 수용능력에 제한을 받는다.
④ 오픈스테이지형 : 관객이 부분적으로 연기자를 둘러싸고 있는 형태이며, 무대장치를 꾸미는 데 어려움이 있다.

아레나형(Arena) 극장
• 객석이 무대를 360° 둘러싼 형태로, Central stage라고도 한다.
• 가까운 거리에서 관람하면서 많은 관객을 수용할 수 있다.
• 무대의 배경을 만들지 않으므로 경제성이 있다.
• 무대의 장치나 소품은 주로 낮은 기구들로 구성한다.
• 객석과 무대가 하나의 공간에 있으므로 양자의 일체감을 높여 긴장감이 높은 연극공간을 형성한다.

07 POE(Post-Occupancy Evaluation)의 의미로 가장 알맞은 것은?

① 건축물 사용자를 찾는 것이다.
② 건축물을 사용해 본 후에 평가하는 것이다.
③ 건축물의 사용을 염두에 두고 계획하는 것이다.
④ 건축물 모형을 만들어 설계의 적정성을 평가하는 것이다.

해설
거주 후 평가(Post-Occupancy Evaluation)
• 건축물을 준공 후에 실제로 사용해보고 평가하는 것을 말한다.
• 의도한 본래의 계획 의도, 기능 등에 대해 조사하고 평가한다.
• 기술적, 기능적, 행태적 항목 등으로 분류하여 평가한다.
• 향후 유사 건축물의 계획에 활용되는 순환성이 있다.
• 인터뷰, 설문조사, 관찰 등의 기법이 이용된다.

정답 04 ① 05 ② 06 ① 07 ②

08 학교 운영방식에 관한 설명으로 옳지 않은 것은?

① 교과교실형은 교실의 순수율은 높으나 학생의 이동이 심하다.
② 종합교실형은 학생의 이동이 없고 초등학교 저학년에 적합하다.
③ 일반교실, 특별교실형은 각 학급마다 일반교실을 하나씩 배당하고 그 외에 특별교실을 갖는다.
④ 플래툰(Platoon)형은 학급과 학년을 없애고 학생들은 각자의 능력에 따라서 교과를 선택하는 방식이다.

해설
④는 달톤형에 대한 설명이다.
플래툰형(P형)

개요	• 각 학급을 2분단으로 나누어 운영한다. • 한 분단이 일반교실을 사용할 때 다른 편은 특별교실을 사용한다. • 교과 담임제와 학급 담임제가 병용된다.
장점	• 모든 시설의 효율적인 이용이 가능하다. • 교과교실형보다 이동이 적다.
단점	• 운영에 적당한 교사의 수와 시설이 필요하다. • 동선계획과 시간표 작성이 어렵다.

09 이슬람교의 영향을 받은 건축물에서 볼 수 있는 연속적인 기하학적 문양, 식물문양, 당초문양 등을 이르는 용어는?

① 스퀸치   ② 펜덴티브
③ 모자이크 ④ 아라베스크

해설
① 스퀸치 : 이슬람(사라센) 건축에서 사각형 평면 상부에 원형의 돔을 설치하기 위해 사용한 부재이다.
② 펜덴티브 : 비잔틴 건축에서 사각형 또는 다각형 평면 상부에 원형의 돔을 설치하기 위해 사용한 부재이다.
③ 모자이크 : 작은 형상의 돌·유리·도편 등을 연속적으로 붙여 무늬나 그림 등을 표현하는 기법이다.

10 공포형식 중 다포식에 관한 설명으로 옳지 않은 것은?

① 다포식 건축물로는 서울 숭례문(남대문) 등이 있다.
② 기둥 상부 이외에 기둥 사이에도 공포를 배열한 형식이다.
③ 규모가 커지면서 내부출목보다는 외부출목이 점차 많아졌다.
④ 주심포식에 비해서 지붕하중을 등분포로 전달할 수 있는 합리적인 구조법이다.

해설
출목(出目)은 규모가 큰 건물의 지붕에서 서까래를 걸기 위해 기둥열 밖으로 빠져나온 도리를 말하며, 일반적으로 내(부)출목의 수는 외(부)출목의 수와 같거나 더 많다.
출목(出目)

개요	규모가 큰 건물의 지붕에서 서까래를 걸기 위해 기둥열 밖으로 빠져나온 도리를 말한다.
구분	• 외(부)출목 : 기둥열을 중심으로 건물 바깥쪽으로 빠져나온 출목이다. • 내(부)출목 : 기둥열을 중심으로 건물 안쪽으로 빠져나온 출목이다.
구조	• 기둥열에서 가까운 것부터 내1출목·내2출목 또는 외1출목·외2출목 등으로 번호를 붙여 분류한다. • 일반적으로 내(부)출목의 수는 외(부)출목의 수와 같거나 더 많다.

11 공동주택을 건설하는 주택단지는 기간도로와 접하거나 기간도로로부터 당해 단지에 이르는 진입도로가 있어야 한다. 주택단지의 총세대수가 400세대인 경우 기간도로와 접하는 폭 또는 진입도로의 폭은 최소 얼마 이상이어야 하는가?(단, 진입도로가 1개이며, 원룸형 주택이 아닌 경우)

① 4m   ② 6m
③ 8m   ④ 12m

해설
진입도로가 하나인 경우 주택단지 진입도로의 폭(주택건설기준규정 제25조)
공동주택을 건설하는 주택단지는 기간도로와 접하거나 기간도로로부터 당해 단지에 이르는 진입도로가 있어야 한다. 이 경우 기간도로와 접하는 폭 및 진입도로의 폭은 다음과 같다.

주택단지의 총세대수	기간도로와 접하는 폭 또는 진입도로의 폭
300세대 미만	6m 이상
300세대 이상 500세대 미만	8m 이상
500세대 이상 1,000세대 미만	12m 이상
1,000세대 이상 2,000세대 미만	15m 이상
2,000세대 이상	20m 이상

12 한식주택과 양식주택에 관한 설명으로 옳지 않은 것은?

① 양식주택은 입식생활이며, 한식주택은 좌식생활이다.
② 양식주택의 실은 단일용도이며, 한식주택의 실은 혼용도이다.
③ 양식주택은 실의 위치별 분화이며, 한식주택은 실의 기능별 분화이다.
④ 양식주택의 가구는 주요한 내용물이며, 한식주택의 가구는 부차적 존재이다.

해설
양식주택은 실의 기능별(침실, 식사실), 한식주택은 위치별(안방, 건넛방) 분화이다.

한식주택과 양식주택

특징	한식주택	양식주택
구조	목조 가구식	벽돌조 조적식 등
담장/울타리	높다.	낮거나 거의 없다.
생활양식	좌식생활	입식생활
바닥의 높이	높다.	낮다.
공간의 기능	융통성이 높다.	독립성이 높다.
각 실의 관계	실의 조합식	실의 분화식
평면구성	폐쇄적·분산식	개방적·집중식
실의 구분, 호칭	위치별	용도·기능별
가구	부차적 존재	주요한 내용물
실의 용도	다용도, 복합용도	단일용도
난방방식	바닥난방	대류난방

13 사무소 건축의 코어 유형에 관한 설명으로 옳지 않은 것은?

① 중심코어형은 유효율이 높은 계획이 가능하다.
② 양단코어형은 2방향 피난에 이상적이며 방재상 유리하다.
③ 편심코어형은 각 층 바닥면적이 소규모인 경우에 적합하다.
④ 독립코어형은 구조적으로 가장 바람직한 유형으로, 고층, 초고층 사무소 건축에 주로 사용된다.

해설
④는 중앙(중심)코어형에 대한 설명이며, 외(독립)코어형은 내진구조상 불리하다.

외(독립)코어형 사무소
• 코어가 건물과 별도로 설치된 형태이다.
• 코어와 업무공간이 분리되어 업무공간의 융통성이 높다.
• 설비 덕트나 배관을 업무공간으로 연결하는 데 제약이 많다.
• 내진구조상 불리하며 방재상 대책이 요구된다.

14 도서관의 출납시스템 중 열람자는 직접 서가에 면하여 책의 체제나 표지 정도는 볼 수 있으나 내용을 보려면 관원에게 요구하여 대출 기록을 남긴 후 열람하는 형식은?

① 폐가식
② 반개가식
③ 안전개가식
④ 자유개가식

해설
① 폐가식 : 서가에 접근이 불가하고 기록 후 대출하는 방식으로, 도서의 대출 절차가 복잡하고 관원의 작업량이 많다.
③ 안전개가식 : 서가에 접근하여 열람 후 도서를 선택하고, 대출 수속 후 열람실로 이동하는 방식이다.
④ 자유개가식 : 직접 서가에서 열람 후 관원 없이 대출하는 방식으로, 대출 수속이 간단하지만 도서의 유지관리가 어렵다.

반개가식 출납시스템

절차	서가 접근 → 제목, 표지를 보고 선택 → 대출 수속 → 열람석
특징	• 도서가 유리·철망 등으로 된 서가에 보관되어 있다. • 서가 열람이 불가능하며 출납시설이 필요하다.
적용	새로 출간된 신간서적 안내에 주로 채용된다.

15 아파트에 의무적으로 설치하여야 하는 장애인·노인·임산부 등의 편의시설에 속하지 않는 것은?

① 점자블록
② 장애인전용주차구역
③ 높이 차이가 제거된 건축물 출입구
④ 장애인 등의 통행이 가능한 접근로

해설
①은 편의시설 중 안내시설로서, 의무사항이 아닌 권장사항이다.

장애인·노인·임산부 등을 위한 편의시설(장애인등편의법 시행령 별표 2)

구분	편의시설	아파트
매개시설	주출입구 접근로, 장애인전용주차구역, 주출입구 높이차이 제거	의무
내부시설	출입구(문), 복도, 계단 또는 승강기	의무
위생시설	화장실, 욕실, 샤워실·탈의실	권장
안내시설	경보 및 피난설비	의무
안내시설	점자블록	권장
안내시설	유도 및 안내설비	-
기타 시설	객실·침실	권장

정답 12 ③ 13 ④ 14 ② 15 ①

16 백화점의 에스컬레이터 배치에 관한 설명으로 옳지 않은 것은?

① 교차식 배치는 점유면적이 작다.
② 직렬식 배치는 점유면적이 크나 승객의 시야가 좋다.
③ 병렬식 배치는 백화점 매장 내부에 대한 시계가 양호하다.
④ 병렬 연속식 배치는 연속적으로 승강할 수 없다는 단점이 있다.

해설
연속적인 승강이 불가능한 방식은 단열 단속(중복)식 배치와 병렬 단속(중복)식 배치이다.

백화점 에스컬레이터의 배치방식

구분	점유면적	승객의 시야	연속적인 승강	승강장 식별
직렬식	가장 크다.	가장 좋다.	가능	쉬움
교차식	가장 작다.	나쁘다.	가능	어려움
단열 단속(중복)식	작다.	좋다.	불가능	쉬움
병렬 단속(중복)식	크다.	좋다.	불가능	쉬움
병렬 연속(복렬)식	크다.	좋다.	가능	쉬움

17 미술관의 전시기법 중 전시평면이 동일한 공간으로 연속되어 배치되는 전시기법으로 동일 종류의 전시물을 반복 전시할 경우에 유리한 방식은?

① 디오라마 전시
② 파노라마 전시
③ 하모니카 전시
④ 아일랜드 전시

해설
① 디오라마 전시 : 하나의 사실 또는 주제의 시간상황을 고정시켜 연출하는 것으로, 전시물과 각종 특수효과 등을 사용하여 가장 실감나게 표현하는 기법이다.
② 파노라마 전시 : 연속적인 주제를 전경으로 펼쳐지도록 연출하여 맥락을 강조하는 전시기법이다.
④ 아일랜드 전시 : 사방에서 감상해야 할 필요가 있는 전시물을 독립된 전시 케이스 등을 활용하여 벽면에 띄어놓아 전시하는 특수전시기법이다.

18 페리(C. A. Perry)의 근린주구(Neighborhood Unit) 이론의 내용으로 옳지 않은 것은?

① 초등학교 학구를 기본단위로 한다.
② 중학교와 의료시설을 반드시 갖추어야 한다.
③ 지구 내 가로망은 통과교통에 사용되지 않도록 한다.
④ 주민에게 적절한 서비스를 제공하는 1~2개소 이상의 상점가를 주요도로의 결절점에 배치한다.

해설
페리의 근린주구 이론에 중학교와 의료시설을 반드시 갖추어야 한다는 내용은 없다.

근린주구론의 6가지 계획원칙

규모	• 초등학교 운영에 필요한 인구 규모가 필요하다. • 공간적 크기는 약 400m 정도가 적절하다.
경계	주구 외곽을 4면의 간선도로로 구획한다.
공공시설	학교 및 공공시설 등은 단지의 중심위치에 적절히 배치된다.
상업시설	상업지구 1~2개소가 근린주구 주변, 교통의 결절점에 위치한다.
가로체계	내부 가로망은 단지 내 교통을 원활히 처리하고, 통과교통은 방지한다.
오픈스페이스	공원 및 위락공간을 위한 계획이 필요하다.

19 종합병원 건축계획에 관한 설명으로 옳지 않은 것은?

① 간호사 대기실은 각 간호단위 또는 층별, 동별로 설치한다.
② 수술실의 바닥마감은 전기도체성 마감을 사용하는 것이 좋다.
③ 병실의 창문은 환자가 병상에서 외부를 전망할 수 있게 하는 것이 좋다.
④ 우리나라의 일반적인 외래진료방식은 오픈 시스템이며 대규모의 각종 과를 필요로 한다.

해설
오픈 시스템은 미국·유럽식 운영방식이며, 클로즈드 시스템은 한국·일본식 운영방식이다.

외래진료부의 운영방식

오픈 시스템 (Open system)	종합병원에 등록된 일반 개업 의사가 종합병원의 진찰실과 시설을 사용하는 미국·유럽식 운영방식이다.
클로즈드 시스템 (Closed system)	종합병원 내에 대규모의 각종 과(외과, 내과 등)를 설치하고 진료하는 한국·일본식 운영방식이다.

20 극장의 무대에 관한 설명으로 옳지 않은 것은?

① 프로시니엄 아치는 일반적으로 장방형이며, 종횡의 비율은 황금비가 많다.
② 프로시니엄 아치의 바로 뒤에는 막이 쳐지는데, 이 막의 위치를 커튼 라인이라고 한다.
③ 무대의 폭은 적어도 프로시니엄 아치 폭의 2배, 깊이는 프로시니엄 아치 폭 이상으로 한다.
④ 플라이갤러리는 배경이나 조명기구, 연기자 또는 음향반사판 등을 매달 수 있도록 무대 천장 밑에 철골로 설치한 것이다.

해설
④는 그리드아이언(Grid iron)에 대한 설명이다.
플라이갤러리(Fly gallery)
• 무대 주위의 벽에 6~9m 높이로 설치되는 좁은 통로이다.
• 캣워크(Cat walk)라고도 한다.

제2과목 건축시공

21 다음 중 멤브레인 방수공사에 해당되지 않는 것은?

① 아스팔트방수공사   ② 실링방수공사
③ 시트방수공사   ④ 도막방수공사

해설
방수공사의 분류

멤브레인	• 연속적인 방수막을 형성하는 공법이다. • 아스팔트방수, 시트방수, 도막방수, 개량아스팔트시트방수, 합성고분자시트방수, 시트도막복합방수 등이 있다.
시멘트 모르타르계	• 방수성이 높은 모르타르를 이용해 방수층을 형성하는 공법이다. • 시멘트액체방수 등이 있다.
기타	콘크리트구체방수, 침투방수, 실링방수 등이 있다.

22 용접결함에 관한 설명으로 옳지 않은 것은?

① 슬래그 함입 - 용융금속이 급속하게 냉각되면 슬래그의 일부분이 달아나지 못하고 용착금속 내에 혼입되는 것
② 오버랩 - 용접금속과 모재가 융합되지 않고 겹쳐지는 것
③ 블로홀 - 용융금속이 응고할 때 방출되어야 할 가스가 잔류한 것
④ 크레이터 - 용접전류가 과소하여 발생

해설
크레이터는 아크를 급하게 끊을 경우 용접 비드 종단부에 발생하는 움푹 패인 부분을 말한다.
주요 용접결함

블로홀	금속이 녹아들 때 용접부분 안에 발생하는 기포이다.
언더컷	• 용착금속이 채워지지 않고 홈이 남아있는 것이다. • 용접전류가 과대할 때, 용접속도가 빠를 때 발생한다.
오버랩	• 용착금속이 모재와 융합하지 않고 겹쳐져 있는 상태이다. • 용접전류가 과소할 때, 용접속도가 느릴 때 발생한다.
피시아이	• 용착금속 단면에 수소의 영향으로 생긴 은색의 점이다. • 100℃로 가열하여 24시간 정도 방치하면 회복된다.
피트	• 블로홀이 용접부분 표면에 부상하여 생긴 작은 구멍이다. • 도료, 녹, 밀 스케일, 모재의 수분 등에 의해 발생한다.
크랙	용착금속과 모재 사이에 냉각 속도의 차이 또는 가스 등의 요인으로 인해 발생하는 균열이다.
슬래그 섞임	• 용접부분 안에 슬래그가 섞여 있는 것을 말한다. • 용융금속이 급속히 냉각된 경우에 발생한다.
크레이터	• 용접부분 비드 종단부가 움푹 패인 것을 말한다. • 아크를 끊을 때 발생한다.

정답 20 ④ 21 ② 22 ④

23
사질지반 굴착 시 벽체 배면의 토사가 흙막이 틈새 또는 구멍으로 누수가 되어 흙막이벽 배면에 공극이 발생하여 물의 흐름이 점차로 커져 결국에는 주변 지반을 함몰시키는 현상은?

① 보일링 현상
② 히빙 현상
③ 액상화 현상
④ 파이핑 현상

해설

흙막이벽 공사 시 주의해야 할 현상

히빙 현상	연질의 점토지반에서 굴착 시 흙막이 바깥에 있는 흙의 중량과 지표 위의 적재중량을 못 견디어 저면의 흙이 흙막이 안으로 밀려 불룩하게 올라오는 현상이다.
보일링 현상	지하수위가 얕은 모래질 지반에서 지수성 있는 흙막이벽을 사용해 굴착 시 지하수위와 흙막이벽 저면과의 수위 차에 의해 물과 함께 모래가 부풀어 올라오는 현상이다.
파이핑 현상	시공된 흙막이에 대한 수밀성이 불량하여 널말뚝의 틈새로 물과 토사가 흘러들어 배출되는 현상이다.

24
방수공사에 관한 설명으로 옳은 것은?

① 보통 수압이 적고 얕은 지하실에는 바깥방수법, 수압이 크고 깊은 지하실에는 안방수법이 유리하다.
② 지하실에 안방수법을 채택하는 경우, 지하실 내부에 설치하는 칸막이벽, 창문틀 등은 방수층 시공 전 먼저 시공하는 것이 유리하다.
③ 바깥방수법은 안방수법에 비하여 하자보수가 곤란하다.
④ 바깥방수법은 보호누름이 필요하지만, 안방수법은 없어도 무방하다.

해설

바깥방수법은 방수층이 외벽 바깥면에 위치하므로 안방수법에 비하여 하자보수가 곤란하다.

안방수와 바깥방수의 비교

구분	안방수(내방수)	바깥방수(외방수)
방수층 위치	바닥, 외벽 안쪽면	바닥 밑, 외벽 바깥면
적용	수압이 작고 얕은 지하실	수압이 크고 깊은 지하실
공사시기	자유롭게 조정	본공사에 선행
공사난이도	비교적 간단하다.	어렵다.
보수공사	가능	불가능
공사비	저렴하다.	비교적 고가이다.
보호누름	필수	권장
바탕만들기	따로 만들 필요 없다.	따로 만들어야 한다.
공법	시멘트액체방수 등	시트, 아스팔트, 벤토나이트방수 등

25
건축공사에서 공사원가를 구성하는 직접공사비에 포함되는 항목을 옳게 나열한 것은?

① 자재비, 노무비, 이윤, 일반관리비
② 자재비, 노무비, 이윤, 경비
③ 자재비, 노무비, 외주비, 경비
④ 자재비, 노무비, 외주비, 일반관리비

해설

직접공사비는 재료(자재)비, 노무비, 외주비, 경비로 구성된다.

건설원가의 구성

공사원가	직접공사비	간접공사비	–	–
총원가	공사원가		일반관리비	–
공사비	총원가			이윤

실행예산서의 비목별 구성
- 직접공사비 : 재료비, 노무비, 경비, 외주비
- 간접공사비 : 현장운영비, 안전관리비, 각종 보험료
- 일반관리비 : 본사관리비, 영업비
- 부가가치세

26
무지보공 거푸집에 관한 설명으로 옳지 않은 것은?

① 하부공간을 넓게 하여 작업공간으로 활용할 수 있다.
② 슬래브(Slab) 동바리의 감소 또는 생략이 가능하다.
③ 트러스 형태의 빔(Beam)을 보거푸집 또는 벽체 거푸집에 걸쳐 놓고 바닥판 거푸집을 시공한다.
④ 층고가 높을 경우 적용이 불리하다.

해설

무지보공 거푸집은 동바리의 감소 또는 생략이 가능한 바닥판 거푸집으로, 층고가 높은 건물에 주로 적용된다.

무지보공 거푸집
- 트러스 형태의 빔(Beam)을 보거푸집 또는 벽체 거푸집에 걸쳐 놓고 시공하는 바닥판 거푸집이다.
- 슬래브(Slab) 동바리의 감소 또는 생략이 가능하다.
- 하부공간을 넓게 하여 작업공간으로 활용할 수 있다.
- 층고가 높은 구조물에 적합하다.

27 그림과 같은 네트워크 공정표에서 주공정선(Critical path)은?

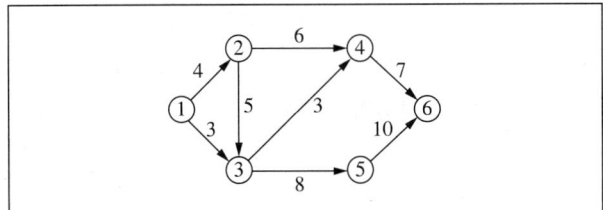

① ① → ③ → ⑤ → ⑥
② ① → ② → ④ → ⑥
③ ① → ② → ③ → ④ → ⑥
④ ① → ② → ③ → ⑤ → ⑥

해설
최종 작업에 이르는 경로 중 소요일수가 가장 길고 여유시간을 포함하지 않는 최장의 경로를 구한다.
• ① → ③ → ⑤ → ⑥ : 3 + 8 + 10 = 21
• ① → ② → ④ → ⑥ : 4 + 6 + 7 = 17
• ① → ② → ③ → ④ → ⑥ : 4 + 5 + 3 + 7 = 19
• ① → ② → ③ → ⑤ → ⑥ : 4 + 5 + 8 + 10 = 27(주공정선)

28 다음 중 공사감리업무와 가장 거리가 먼 항목은?

① 설계도서의 적정성 검토
② 시공상의 안전관리지도
③ 공사 실행예산의 편성
④ 사용자재와 설계도서와의 일치 여부 검토

해설
공사감리업무(건축법 시행령 제19조 제9항, 동법 시행규칙 제19조의2)
• 공사시공자가 설계도서에 따라 적합하게 시공하는지 여부의 확인
• 공사시공자가 사용하는 건축자재가 관계 법령에 따른 기준에 적합한 건축자재인지 여부의 확인
• 건축물 및 대지가 건축법 및 관계 법령에 적합하도록 공사시공자 및 건축주를 지도
• 시공계획 및 공사관리의 적정 여부의 확인
• 건축공사의 하도급과 관련된 다음의 확인
 – 수급인(하수급인을 포함한다)이 건설산업기본법에 따른 시공자격을 갖춘 건설사업자에게 건축공사를 하도급했는지에 대한 확인
 – 수급인이 건설산업기본법에 따라 공사현장에 건설기술인을 배치했는지에 대한 확인
• 공사현장에서의 안전관리의 지도
• 공정표의 검토
• 상세시공도면의 검토·확인
• 구조물의 위치와 규격의 적정 여부의 검토·확인
• 품질시험의 실시 여부 및 시험성과의 검토·확인
• 설계변경의 적정 여부의 검토·확인
• 기타 공사감리계약으로 정하는 사항

29 QC(Quality Control) 활동의 도구가 아닌 것은?

① 기능계통도   ② 산점도
③ 히스토그램   ④ 특성요인도

해설
통합품질관리(TQC)를 위한 7가지 도구
• 파레토도
• 특성요인도
• 산포도(산점도)
• 히스토그램
• 층별
• 체크시트
• 관리도

30 지반조사 시 실시하는 평판재하시험에 관한 설명으로 옳지 않은 것은?

① 시험은 예정 기초면보다 높은 위치에서 실시해야 하기 때문에 일부 성토작업이 필요하다.
② 시험재하판은 실제 구조물의 기초면적에 비해 매우 작으므로 재하판 크기의 영향, 즉 스케일 이펙트(Scale effect)를 고려한다.
③ 하중시험용 재하판은 정방형 또는 원형의 판을 사용한다.
④ 침하량을 측정하기 위해 다이얼게이지 지지대를 고정하고 좌우측에 2개의 다이얼게이지를 설치한다.

해설
평판재하시험은 원칙적으로 예정 기초면에서 실시한다.

31 철근콘크리트 슬래브와 철골보가 일체로 되는 합성구조에 관한 설명으로 옳지 않은 것은?

① 시어 커넥터가 필요하다.
② 바닥판의 강성을 증가시키는 효과가 크다.
③ 자재를 절감하므로 경제적이다.
④ 경간이 작은 경우에 주로 적용한다.

해설
콘크리트 슬래브와 철골보를 전단연결재(시어 커넥터)로 연결하여 외력에 대한 구조체의 거동을 일체화시킨 구조인 합성보는 경간이 큰 경우에 주로 적용한다.

정답 27 ④ 28 ③ 29 ① 30 ① 31 ④

32 돌로마이트 플라스터 바름에 관한 설명으로 옳지 않은 것은?

① 실내온도가 5℃ 이하일 때는 공사를 중단하거나 난방하여 5℃ 이상으로 유지한다.
② 정벌바름용 반죽은 물과 혼합한 후 4시간 정도 지난 다음 사용하는 것이 바람직하다.
③ 초벌바름에 균열이 없을 때에는 고름질한 후 7일 이상 두어 고름질면의 건조를 기다린 후 균열이 발생하지 아니함을 확인한 다음 재벌바름을 실시한다.
④ 재벌바름이 지나치게 건조한 때는 적당히 물을 뿌리고 정벌바름한다.

해설
돌로마이트 플라스터의 정벌바름용 반죽은 물과 혼합한 후 12시간 정도 지난 다음 사용하는 것이 바람직하다.

33 수밀 콘크리트에 관한 설명으로 옳지 않은 것은?

① 콘크리트의 소요 슬럼프는 되도록 작게 하여 180mm를 넘지 않도록 한다.
② 콘크리트의 워커빌리티를 개선시키기 위해 공기연행제, 공기연행감수제 또는 고성능 공기연행감수제를 사용하는 경우라도 공기량은 2% 이하가 되게 한다.
③ 물-결합재비는 50% 이하를 표준으로 한다.
④ 콘크리트 타설 시 다짐을 충분히 하여, 가급적 이어 붓기를 하지 않아야 한다.

해설
수밀 콘크리트의 공기량은 4% 이하로 한다.

34 건설공사의 일반적인 특징으로 옳은 것은?

① 공사비, 공사기일 등의 제약을 받지 않는다.
② 주로 도급식 또는 직영식으로 이루어진다.
③ 육체노동이 주가 되므로 대량생산이 가능하다.
④ 건설 생산물의 품질이 일정하다.

해설
건설공사는 공사비, 공사기일 등의 제약을 받으며, 일반적으로 대량생산이 불가능하고 품질이 일정하지 않다.

건설공사의 시공방식의 구분

직영공사	건축주가 도급계약 없이 직접 공사를 하는 방식이다.	
도급공사	개요	입찰을 통해 건축주와 도급계약을 체결한 업자가 공사를 하는 방식이다.
	공사실시방식	일식도급, 분할도급, 공동도급
	공사비 지불방식	단가도급, 정액도급, 실비청산보수가산도급
	업무범위에 따른 계약방식	턴키도급, 건설사업관리(CM), 프로젝트관리, 파트너링, 민간투자

35 건축공사에서 활용되는 견적방법 중 가장 상세한 공사비의 산출이 가능한 견적방법은?

① 명세견적
② 개산견적
③ 입찰견적
④ 실행견적

해설
명세견적
• 설계도서, 시방서, 현장설명 등을 토대로 명확한 수량을 집계하여 정밀하게 공사비를 산출하는 방법이다.
• 가장 정확한 공사비의 산출이 가능한 견적방법이다.

36 건설현장에서 굳지 않은 콘크리트에 대해 실시하는 시험으로 옳지 않은 것은?

① 슬럼프(Slump) 시험
② 코어(Core) 시험
③ 염화물 시험
④ 공기량 시험

해설
코어(Core) 시험은 충분히 경화한 콘크리트에서 코어 드릴을 사용하여 절취한 코어의 압축강도를 시험하는 방법이다.

37 도장공사 시 주의사항으로 옳지 않은 것은?

① 바탕의 건조가 불충분하거나 공기의 습도가 높을 때에는 시공하지 않는다.
② 불투명한 도장일 때에는 초벌부터 정벌까지 같은 색으로 시공해야 한다.
③ 야간에는 색을 잘못 도장할 염려가 있으므로 시공하지 않는다.
④ 직사광선은 가급적 피하고 도막이 손상될 우려가 있을 때에는 도장하지 않는다.

해설
도장공사 시 나중에 칠할수록 색을 진하게 하여 칠을 안 한 부분과 구별하도록 한다.
도장공사 시 일반사항
- 칠은 일반적으로 초벌, 재벌, 정벌칠의 3공정으로 한다.
- 나중에 칠할수록 색을 진하게 하여 칠을 안 한 부분을 구별한다.
- 도료는 사용 전 잘 교반하여 균일하게 하며, 부착성을 고려하여 과도한 희석은 피한다.
- 녹이나 기름기 제거, 표면의 거칠기 정도를 관리한다.
- 1회 바름두께는 얇게 여러 번 칠하고 급격한 건조는 피해야 한다.
- 도장 후 기름, 산 등의 유해물이 녹아 나올 때에는 재시공한다.

38 철근콘크리트공사 중 거푸집이 벌어지지 않게 하는 긴 장재는?

① 세퍼레이터(Separator)   ② 스페이서(Spacer)
③ 폼타이(Form tie)   ④ 인서트(Insert)

해설
거푸집의 부속재

박리제	거푸집의 탈형이 용이하도록 미리 거푸집면에 도포하는 약재이다.
긴장재 (폼타이)	거푸집의 정확한 위치, 치수를 유지하고 변형을 방지하기 위해 연결시켜 고정하는 철물이다.
격리재 (세퍼레이터)	거푸집 상호 간의 간격과 두께를 바르게 유지하고 변형을 방지하기 위한 철물이다.
간격재 (스페이서)	철근과 거푸집의 간격을 바르게 유지하여 피복두께를 형성하기 위한 철물이다.

39 목공사에 사용되는 철물에 관한 설명으로 옳지 않은 것은?

① 감잡이쇠는 큰 보에 걸쳐 작은 보를 받게 하고, 안장쇠는 평보를 대공에 달아매는 경우 또는 평보와 ㅅ자보의 밑에 쓰인다.
② 못의 길이는 박아 대는 재두께의 2.5배 이상이며, 마구리 등에 박는 것은 3.0배 이상으로 한다.
③ 볼트 구멍은 볼트지름보다 3mm 이상 커서는 안 된다.
④ 듀벨은 볼트와 같이 사용하여 듀벨에는 전단력, 볼트에는 인장력을 분담시킨다.

해설
감잡이쇠는 왕대공-평보, 평보-ㅅ자보의 밑에 사용되며, 안장쇠는 큰 보-작은 보의 연결에 사용된다.
목구조의 연결철물(띠쇠류)

띠쇠	특징	일자형으로 된 철판에 가시못 또는 볼트 구멍이 있는 철물이다.
	접합	토대-기둥, 왕대공-ㅅ자보, 평기둥-층도리
감잡이쇠	특징	ㄷ자형으로 구부려 만든 띠쇠이다.
	접합	토대-기둥, 왕대공-평보, 평보-ㅅ자보의 밑
ㄱ자쇠	특징	ㄱ자형으로 구부려 만든 띠쇠이다.
	접합	모서리 기둥-층도리
안장쇠	특징	안장모양으로 구부려 만든 띠쇠이다.
	접합	큰 보-작은 보

40 합성수지에 관한 설명으로 옳지 않은 것은?

① 에폭시수지는 접착제, 프린트 배선판 등에 사용된다.
② 염화비닐수지는 내후성이 있고, 수도관 등에 사용된다.
③ 아크릴수지는 내약품성이 있고, 조명기구 커버 등에 사용된다.
④ 페놀수지는 알칼리에 매우 강하고, 천장 채광판 등에 주로 사용된다.

해설
페놀수지는 알칼리에 약하며, 천장 채광판으로 사용되지는 않는다.
페놀수지
- 페놀류와 폼알데하이드류를 축합시켜 만든 열경화성수지이다.
- 강도, 단열성, 내열성, 접착성, 전기절연성 등이 우수하다.
- 황산에 강하지만 알칼리에 약하고 착색이 자유롭지 못하다.
- 전기통신 자재, 목재 접착재 등으로 사용된다.

정답 37 ② 38 ③ 39 ① 40 ④

제3과목 건축구조

41 철골구조에 관한 설명으로 옳지 않은 것은?

① 수평하중에 의한 접합부의 연성능력이 낮다.
② 철근콘크리트조에 비하여 넓은 전용면적을 얻을 수 있다.
③ 정밀한 시공을 요한다.
④ 장스팬 구조물에 적합하다.

해설
철골구조는 수평하중에 의한 접합부의 연성능력이 높다.
철골구조의 장점
- 장스팬의 구조물, 고층 건물에 적합하다.
- 내력이 크고 수평하중에 의한 접합부의 연성능력이 높다.
- 철근콘크리트구조보다 건물의 중량을 가볍게 할 수 있으며, 넓은 전용면적을 얻을 수 있다.
- 기상조건·현장상태 등과 무관하게 정밀한 구조물을 시공할 수 있다.

42 강도설계법에서 D22 압축 이형철근의 기본정착길이 l_{db}는?(단, 경량 콘크리트계수 λ = 1.0, f_{ck} = 27MPa, f_y = 400MPa)

① 200.5mm
② 378.4mm
③ 423.4mm
④ 604.6mm

해설
압축 이형철근의 정착길이
정착길이(l_d)는 기본정착길이(l_{db}) × 적용 가능한 모든 보정계수이며, 항상 200mm 이상이어야 한다.
- $l_{db} = \dfrac{0.25 \times d_b \times f_y}{\lambda \sqrt{f_{ck}}} = \dfrac{0.25 \times 22 \times 400}{1 \times \sqrt{27}} \fallingdotseq 423.4mm$
- $l_{db} = 0.043 \times d_b \times f_y = 0.043 \times 22 \times 400 \fallingdotseq 378.4mm$

∴ 압축 이형철근(D22)의 기본정착길이는 두 식으로 계산한 값 중 큰 값인 423.4mm이다.

43 등분포하중을 받는 그림과 같은 3회전단 아치에서 C점의 전단력을 구하면?

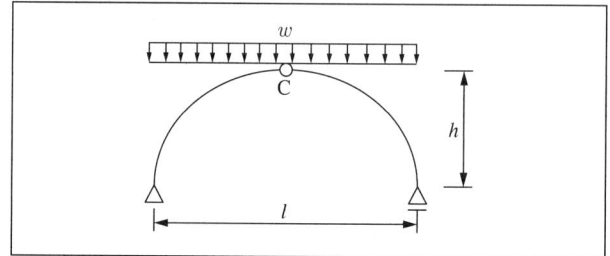

① 0
② $\dfrac{wl}{2}$
③ $\dfrac{wh}{4}$
④ $\dfrac{wl}{8}$

해설
등분포하중이 작용하는 3회전단 포물선 아치에는 축방향력만 존재한다(전단력과 휨모멘트가 존재하지 않음).

좌측 지점을 A라 할 때, $V_A = wl \times \dfrac{1}{2} = \dfrac{wl}{2}$ 이다.

∴ $S_C = V_A - w \times \dfrac{l}{2} = \dfrac{wl}{2} - \dfrac{wl}{2} = 0$

44 다음 그림과 같이 수평하중 30kN이 작용하는 라멘구조에서 E점에서의 휨모멘트 값(절댓값)은?

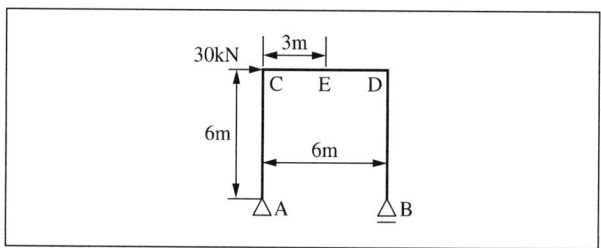

① 40kN·m
② 45kN·m
③ 60kN·m
④ 90kN·m

해설
$\Sigma M_A = 0,\ P \times h - V_B \times l = 0$
$30kN \times 6m - V_B \times 6m = 0,\ V_B = 30kN(\uparrow)$
∴ E점의 휨모멘트(M_E) $= -(-V_B \times b)$
$= -(-30kN \times 3m)$
$= 90kN \cdot m$

정답 41 ① 42 ③ 43 ① 44 ④

45 다음 그림과 같은 H형강(H-440×300×10×20) 단면의 전소성모멘트(M_p)는 얼마인가?(단, F_y = 400MPa)

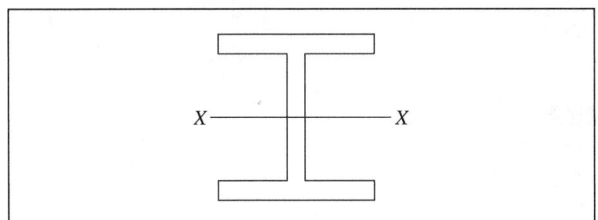

① 963kN·m
② 1,168kN·m
③ 1,363kN·m
④ 1,568kN·m

해설
- 소성단면계수(Z_p) = $(A_1 \times y_1 + A_2 \times y_2) \times 2$
  = (㉠×㉡+㉢×㉣)×2 = 2,920,000mm³
- ㉠ 중립축 상단 플랜지 1개의 단면 : 300mm×20mm
- ㉡ 중립축과 상단 플랜지 중심의 거리 : 210mm
- ㉢ 중립축 상단 웨브의 단면 : 10mm×200mm
- ㉣ 중립축과 상단 웨브 중심의 거리 : 100mm
- 전소성모멘트(M_p) = $F_y \times Z_p$
  = 400N/mm²×2,920,000mm³
  = 1,168,000,000N·mm
  = 1,168kN·m

46 다음 그림과 같은 중공형 단면에 대한 단면2차반경 r_x는?

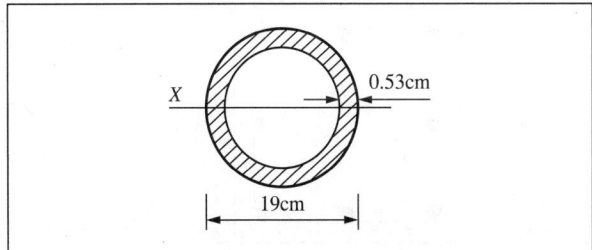

① 3.21cm
② 4.62cm
③ 6.53cm
④ 7.34cm

해설
- 원형의 도심축에 대한 단면2차모멘트(I_x) = $\dfrac{\pi D^4}{64}$
- 단면2차반경(r_x) = $\sqrt{\dfrac{I_x}{A}} = \sqrt{\dfrac{\dfrac{\pi D^4}{64}-\dfrac{\pi d^4}{64}}{\dfrac{\pi D^2}{4}-\dfrac{\pi d^2}{4}}} = \sqrt{\dfrac{D^4-d^4}{16(D^2-d^2)}}$
  = $\sqrt{\dfrac{(D^2-d^2)(D^2+d^2)}{16(D^2-d^2)}} = \sqrt{\dfrac{19^2+17.94^2}{16}}$
  ≒ 6.53cm

47 부하면적 36m²인 콘크리트 기둥의 영향면적에 따른 활하중저감계수(C)로 옳은 것은?(단, $C = 0.3 + \dfrac{4.2}{\sqrt{A}}$, A는 영향면적)

① 0.25
② 0.45
③ 0.65
④ 1

해설
활하중의 영향면적

기둥 및 기초	부하면적의 4배
보 또는 벽체	부하면적의 2배
슬래브	부하면적
캔틸레버	영향면적에 단순합산

기둥 및 기초의 영향면적은 부하면적의 4배이므로
∴ $C = 0.3 + \dfrac{4.2}{\sqrt{A}} = 0.3 + \dfrac{4.2}{\sqrt{36 \times 4}} = 0.65$

48 그림과 같은 구조물의 부정정 차수는?

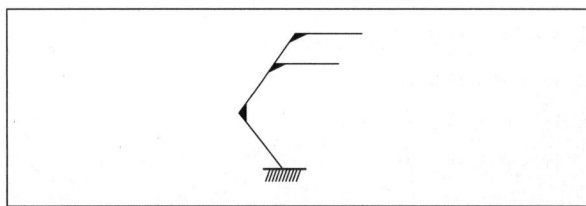

① 불안정
② 1차 부정정
③ 3차 부정정
④ 정정

해설
구조물의 부정정 차수

외적 부정정	$N_e = n-3 =$ 지점 반력수(n) - 3
내적 부정정	$N_i = (3+s+r)-2k$ = 3 + 부재수(s) + 강절점수(r) - 2×절점수(k)

- 외적 부정정 차수(N_e) = $n-3 = 3-3 = 0$
- 내적 부정정 차수(N_i) : 캔틸레버 라멘 구조물로, 판별 대상이 없다.
∴ 전 부정정 차수(m) = $N_e + N_i = 0$, 정정 구조물이다.

정답 45 ② 46 ③ 47 ③ 48 ④

49 양단 힌지인 길이 6m의 H − 300 × 300 × 10 × 15의 기둥이 약축 방향으로 부재 중앙이 가새로 지지되어 있을 때, 이 부재의 세장비는?(단, 단면2차반경 r_x = 13.1cm, r_y = 7.51cm)

① 40.0
② 45.8
③ 58.2
④ 66.3

해설
- 좌굴길이
  유효좌굴계수(K)는 양단 힌지일 때 1.0이다.
  좌굴길이(l_k) = 유효좌굴계수(K) × 길이(l)
  = 1 × 6,000mm = 6,000mm
- 세장비
  부재의 전체길이에 r_x를 적용하여 세장비를 구한다.
  세장비(λ) = 좌굴길이(l_k) ÷ 단면2차반경(r_x)
  = 600cm ÷ 13.1cm ≒ 45.8
※ 약축에 대해서는 300cm ÷ 7.51cm ≒ 39.95이다.

51 연약지반에서 부동침하를 줄이기 위한 가장 효과적인 기초의 종류는?

① 독립기초
② 복합기초
③ 연속기초
④ 온통기초

해설
매트기초(온통기초)
- 건물의 하부 전체 또는 지하실 바닥 전체를 1개의 일체식 기초판으로 구성한 형식이다.
- 지반이 연약하거나 기초판이 넓어야 할 때, 부동침하가 염려되는 건물에 적합하다.

50 각 지반의 허용지내력의 크기가 큰 것부터 순서대로 올바르게 나열된 것은?

| A. 자갈 | B. 모래 |
| C. 연암반 | D. 경암반 |

① B > A > C > D
② A > B > C > D
③ D > C > A > B
④ D > C > B > A

해설
지반의 허용지내력의 크기는 경암반 > 연암반 > 자갈 > 모래 순이다.
지반의 허용지내력

(단위 : kN/m²)

지반	장기응력에 대한 허용지내력	단기응력에 대한 허용지내력
경암반	4,000	각각 장기응력에 대한 허용지내력 값의 1.5배로 한다.
연암반	1,000~2,000	
자갈	300	
자갈과 모래와의 혼합물	200	
모래 섞인 점토 또는 롬토	150	
모래 또는 점토	100	

52 다음 그림과 같이 단면의 크기가 500mm × 500mm인 띠철근 기둥이 저항할 수 있는 최대 설계축하중 ϕP_n은?(단, f_y = 400MPa, f_{ck} = 27MPa)

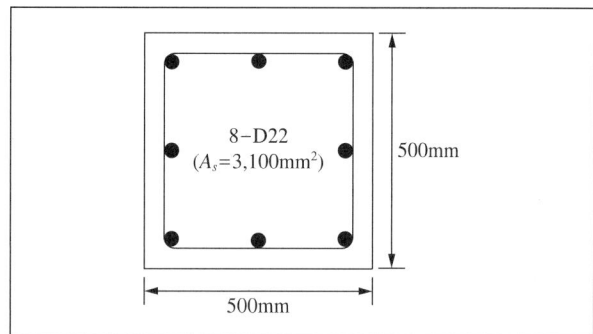

① 3,591kN
② 3,972kN
③ 4,170kN
④ 4,275kN

해설
띠철근 기둥의 최대 설계축강도
- 강도감소계수(ϕ)는 0.65이다.
- 기둥의 단면적(A_g) = 500mm × 500mm = 250,000mm²
- 축방향 주근의 단면적(A_{st}) = 3,100mm²
∴ $\phi P_n = 0.80\phi \times (0.85 f_{ck}(A_g - A_{st}) + f_y A_{st})$
= 0.80 × 0.65 × (0.85 × 27 × (250,000 − 3,100) + 400 × 3,100)
≒ 3,591,305N ≒ 3,591kN

53 아래 그림과 같은 단순보의 중앙점에서 보의 최대 처짐은?(단, 부재의 EI는 일정하다)

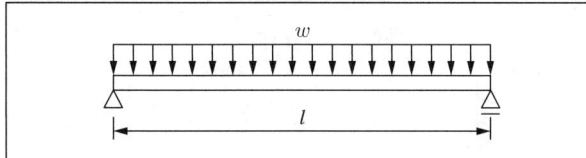

① $\dfrac{wl^3}{24EI}$ ② $\dfrac{wl^3}{48EI}$

③ $\dfrac{wl^4}{384EI}$ ④ $\dfrac{5wl^4}{384EI}$

해설

단순보에 등분포하중이 작용할 때, 중앙부 최대 처짐은 $\dfrac{5wl^4}{384EI}$이다.

단순보의 처짐

집중하중		등분포하중	
최대 처짐	처짐각	최대 처짐	처짐각
$\dfrac{Pl^3}{48EI}$	$\dfrac{Pl^2}{16EI}$	$\dfrac{5wl^4}{384EI}$	$\dfrac{wl^3}{24EI}$
중앙	지점	중앙	지점

54 그림과 같은 하중을 받는 단순보에서 단면에 생기는 최대 휨응력도는?(단, 목재는 결함이 없는 균질한 단면이다)

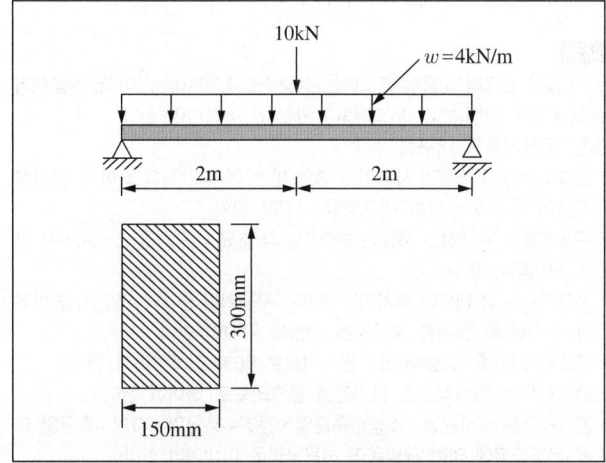

① 8MPa ② 10MPa
③ 12MPa ④ 15MPa

해설

• 집중하중에 대한 최대 휨모멘트
$$M_{\max} = \dfrac{Pab}{l} = \dfrac{10\text{kN} \times 2\text{m} \times 2\text{m}}{4\text{m}} = 10{,}000{,}000\text{N}\cdot\text{mm}$$

• 등분포하중에 대한 최대 휨모멘트
$$M_{\max} = \dfrac{wl^2}{8} = \dfrac{4\text{kN/m} \times (4\text{m})^2}{8} = 8{,}000{,}000\text{N}\cdot\text{mm}$$

∴ 최대 휨응력
$$\sigma_{\max} = \dfrac{6M}{bh^2} = \dfrac{6 \times 18{,}000{,}000\text{N}\cdot\text{mm}}{150\text{mm} \times (300\text{mm})^2} = 8\text{N/mm}^2$$

※ $1\text{N/mm}^2 = 1\text{MPa}$

55 독립기초(자중 포함)가 축방향력 650kN, 휨모멘트 130kN·m를 받을 때 기초 저면의 편심거리는?

① 0.2m ② 0.3m
③ 0.4m ④ 0.6m

해설

편심거리(e) = 모멘트(M) ÷ 하중(P)
= 130kN·m ÷ 650kN = 0.2m

56 보의 유효깊이 $d = 550$mm, 보의 폭 $b_w = 300$mm인 보에서 스터럽이 부담할 전단력 $V_s = 200$kN일 경우, 수직 스터럽의 간격으로 가장 타당한 것은?(단, $A_v = 142$mm², $f_{yt} = 400$MPa, $f_{ck} = 24$MPa)

① 120mm ② 150mm
③ 180mm ④ 200mm

해설

전단철근간격(S) = $\dfrac{A_v \times f_{yt} \times d}{V_s} = \dfrac{142\text{mm}^2 \times 400\text{N/mm}^2 \times 550\text{mm}}{200{,}000\text{N}}$
= 156.2mm

정답 53 ④ 54 ① 55 ① 56 ②

57 다음 그림의 모살용접부의 유효목두께는?

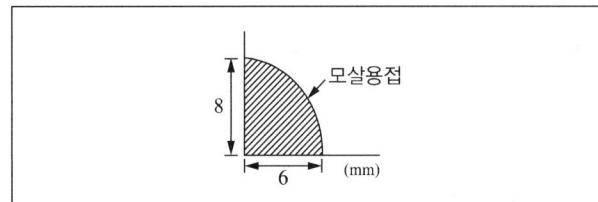

① 4.0mm   ② 4.2mm
③ 4.8mm   ④ 5.6mm

해설
필릿용접의 유효목두께는 용접루트로부터 용접표면까지의 최단거리로 한다. 단, 이음면이 직각인 경우에는 필릿사이즈의 0.7배로 한다.
∴ 유효목두께 = 6mm × 0.7 = 4.2mm

59 그림과 같은 연속보에 있어 절점 B의 회전을 저지시키기 위해 필요한 모멘트의 절댓값은?

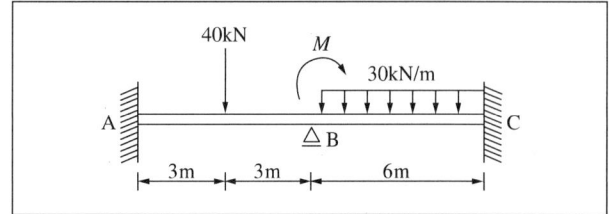

① 30kN·m   ② 60kN·m
③ 90kN·m   ④ 120kN·m

해설
AB부재와 BC부재의 휨모멘트의 차이와 같은 크기의 모멘트가 있어야 절점 B의 회전을 저지시킬 수 있다.

- $M_{AB} = \dfrac{Pl}{8} = \dfrac{40\text{kN} \times 6\text{m}}{8} = 30\text{kN} \cdot \text{m}$
- $M_{BC} = \dfrac{wl^2}{12} = \dfrac{30\text{kN/m} \times (6\text{m})^2}{12} = 90\text{kN} \cdot \text{m}$

∴ $M = 30 - 90 = 60\text{kN} \cdot \text{m}$

58 지진하중 설계 시 밑면전단력과 관계없는 것은?

① 유효건물중량   ② 중요도계수
③ 지반증폭계수   ④ 가스트계수

해설
가스트영향계수는 바람의 난류로 인해 발생되는 구조물의 동적 거동 성분을 나타내는 계수로, 밑면전단력과는 관계가 없다.

등가정적해석법의 밑면전단력과 지진응답계수

밑면 전단력	$V = C_s W$ 여기서, C_s : 지진응답계수 W : 고정하중과 유효건물중량
지진 응답계수	$C_s = \dfrac{S_{DS}}{\dfrac{R}{I_E}}$ $C_s \geq 0.01$이어야 하며, 다음 값을 초과하지 않아도 된다. • $T \leq T_L$: $C_s = \dfrac{S_{D1}}{\left(\dfrac{R}{I_E}\right)T}$ • $T > T_L$: $C_s = \dfrac{S_{D1} T_L}{\left(\dfrac{R}{I_E}\right)T^2}$ 여기서, I_E : 건축물의 중요도계수 R : 반응수정계수 S_{DS} : 단주기 설계스펙트럼가속도 S_{D1} : 주기 1초에서의 설계스펙트럼가속도 T : 건축물의 고유주기(초) T_L : 5초

60 일반 콘크리트의 내구성에 관한 설명으로 옳지 않은 것은?

① 콘크리트에 사용하는 재료는 콘크리트의 소요 내구성을 손상시키지 않는 것이어야 한다.
② 콘크리트의 물-결합재비는 원칙적으로 60% 이하이어야 한다.
③ 콘크리트는 원칙적으로 공기연행 콘크리트로 하여야 한다.
④ 굳지 않은 콘크리트 중의 전 염소이온량은 원칙적으로 0.9kg/m³ 이하로 하여야 한다.

해설
굳지 않은 콘크리트 중의 염소이온량(Cl⁻)은 0.30kg/m³ 이하, 잔골재의 염화물 허용 한도는 0.04%(NaCl 환산량) 이하여야 한다.

일반 콘크리트의 내구성
- 콘크리트는 구조물의 사용기간 중에 받는 여러 가지의 화학적, 물리적 작용에 대하여 충분한 내구성을 가져야 한다.
- 콘크리트에 사용하는 재료는 콘크리트의 소요 내구성을 손상시키지 않는 것이어야 한다.
- 콘크리트는 그 내부에 배치되는 강재가 사용기간 중 소정의 기능을 발휘할 수 있도록 강재를 보호하는 성능을 가져야 한다.
- 콘크리트의 물-결합재비는 원칙적으로 60% 이하이어야 한다.
- 콘크리트는 원칙적으로 공기연행 콘크리트로 하여야 한다.
- 콘크리트는 침하균열·소성수축균열·건조수축균열·자기수축균열 혹은 온도균열에 의한 균열폭이 허용균열폭 이내여야 한다.
- 굳지 않은 콘크리트 중의 염화물 함유량은 염소이온량(Cl⁻)으로서 원칙적으로 0.30kg/m³ 이하로 하여야 한다.

※ 개정된 KCS 기준으로 문제를 교체하였다.

제4과목 건축설비

61 간접조명기구에 관한 설명으로 옳지 않은 것은?

① 직사 눈부심이 없다.
② 매우 넓은 면적이 광원으로서의 역할을 한다.
③ 일반적으로 발산광속 중 상향광속이 90~100% 정도이다.
④ 천장, 벽면 등은 빛이 잘 흡수되는 색과 재료를 사용하여야 한다.

해설
천장, 벽면 등은 빛이 잘 확산되도록 밝은 색으로 하여야 한다.
간접조명방식

광속	상향광속 90~100%, 하향광속 0~10%이다.
특징	• 광원을 넓은 면적의 천장 및 윗벽 부분에서 반사시켜 방의 아래각 부분으로 확산시키는 방식이다. • 실내 반사율의 영향이 크고 눈부심, 그림자가 거의 없다. • 천장, 벽면 등은 빛이 잘 확산되도록 밝은 색이 좋다. • 경제성보다 분위기를 중요시하는 장소에 적합하다.

62 음의 대소를 나타내는 감각량을 음의 크기라고 하는데, 음의 크기의 단위는?

① dB ② cd
③ Hz ④ sone

해설
소리의 단위

데시벨 (decibel)	• 음압 등의 상대적인 크기를 나타내는 비율의 단위이다. • 소리의 세기(dB) = $10\log\dfrac{현재음의 세기(W/m^2)}{기준음의 세기(W/m^2)}$
폰 (phon)	• 음의 크기의 단위로, 감각적인 음의 크기를 나타낸다. • 1kHz에서 1dB인 소리와 같은 크기로 들리는 소리는 1phon이다.
손 (sone)	• 음의 크기의 단위로, 감각적인 음의 크기를 나타낸다. • 1kHz에서 40dB인 소리와 같은 소리로 들리는 소리는 1sone이다.

63 전기설비에서 다음과 같이 정의되는 것은?

전면이나 후면 또는 양면에 개폐기, 과전류 차단장치 및 기타 보호장치, 모선 및 계측기 등이 부착되어 있는 하나의 대형 패널 또는 여러 개의 패널, 프레임 또는 패널 조립품으로서, 전면과 후면에서 접근할 수 있는 것

① 캐비닛   ② 차단기
③ 배전반   ④ 분전반

해설
① 캐비닛 : 틀이나 받침대를 구비한 분전반 등을 넣는 문이 달린 금속제 또는 합성수지제의 함을 말한다.
② 차단기 : 수동으로 회로를 개폐하고, 미리 설정된 전류의 과부하에서 자동적으로 회로를 개방하는 장치로 정격의 범위 내에서 적절히 사용하는 경우 자체에 어떠한 손상을 일으키지 않도록 설계된 장치를 말한다.
④ 분전반 : 하나의 패널로 조립하도록 설계된 단위패널의 집합체로 모선이나 자동 과전류차단장치, 조명, 온도, 전력회로의 제어용 개폐기가 설치되어 있으며, 벽이나 칸막이판에 접하여 배치한 캐비닛이나 차단기를 설치할 수 있도록 설계되어 있고 전면에서만 접근할 수 있는 것을 말한다.

64 온수난방에 관한 설명으로 옳지 않은 것은?

① 증기난방에 비해 보일러의 취급이 비교적 쉽고 안전하다.
② 동일 방열량인 경우 증기난방보다 관지름을 작게 할 수 있다.
③ 증기난방에 비해 난방부하의 변동에 따른 온도 조절이 용이하다.
④ 보일러 정지 후에도 여열이 남아 있어 실내난방이 어느 정도 지속된다.

해설
동일 방열량인 경우, 온수난방은 증기난방보다 배관이 크다.

정답 61 ④ 62 ④ 63 ③ 64 ②

65 공조시스템의 전열교환기에 관한 설명으로 옳지 않은 것은?

① 공기 대 공기의 열교환기로서 현열만 교환이 가능하다.
② 공조기는 물론 보일러나 냉동기의 용량을 줄일 수 있다.
③ 공기방식의 중앙공조시스템이나 공장 등에서 환기에서의 에너지 회수방식으로 사용된다.
④ 전열교환기를 사용한 공조시스템에서 중간기(봄, 가을)를 제외한 냉방기와 난방기의 열회수량은 실내외의 온도차가 클수록 많다.

해설
전열교환기는 공기 대 공기의 열교환기로서 현열과 잠열을 동시에 교환한다.
전열교환기(Total heat exchanger)
- 배기하는 공기의 온도로 급기하는 공기의 온도를 조절하는 데 사용하는 열교환기이다.
- 공기 대 공기의 현열과 잠열을 동시에 교환한다.
- 외기가 들어와서 급기되는 윗부분과 환기가 배기되는 아랫부분으로 나누어지고, 각각 덕트에 접속된다.
- 동절기와 하절기의 열회수량은 실내외의 온도차가 클수록 많다(중간기 제외).
- 적용 시 공기조화설비·보일러·냉동기의 용량을 줄일 수 있다.
- 중앙식 공기조화설비·공장 등에서 에너지절약을 위해 사용된다.

66 다음 중 수격작용의 발생 원인과 가장 거리가 먼 것은?

① 밸브의 급폐쇄
② 감압밸브의 설치
③ 배관방법의 불량
④ 수도 본관의 고수압

해설
②는 수격작용의 방지대책에 해당한다.
수격작용(워터해머, Water hammer)

개요	배관 내 물의 운동 상태가 갑자기 변화하면서 압력 변화로 인해 충격음과 진동이 발생하는 현상을 말한다.
발생 원인	• 관경이 작은 경우 • 관내 압력이 높고 유속이 빠른 경우 • 관의 굴곡 • 수전 또는 밸브 등의 급격한 폐쇄

67 다음 중 그 값이 클수록 안전한 것은?

① 접지저항
② 도체저항
③ 접촉저항
④ 절연저항

해설
절연저항
- 절연재료에 직류 전압을 가할 때, 표면과 내부에 소량의 누설전류가 흐르는데, 이때의 전압과 전류의 비를 말한다.
- 절연저항은 전압이 가해진 절연체가 나타내는 전기저항을 말하며, 그 값이 클수록 안전하다.
- 절연저항이 저하하면 감전이나 과열에 의한 화재 및 쇼크 등의 사고가 발생할 수 있다.

68 전기설비가 어느 정도 유효하게 사용되는가를 나타내며, 다음과 같은 식으로 산정되는 것은?

$$\frac{부하의\ 평균전력}{최대수용전력} \times 100\%$$

① 역률
② 부등률
③ 부하율
④ 수용률

해설
수전설비용량의 추정

수용률	• 최대수요전력을 구하기 위한 것이다. • 최대수요전력 ÷ 총부하설비용량 × 100(%)
부등률	• 합성최대수요전력을 구하는 계수이다. • 각 부하의 최대수요전력의 합계 ÷ 합성최대수요전력
부하율	• 전기설비가 어느 정도 유효하게 사용되는가를 나타내는 것이다. • 부하의 평균전력 ÷ 최대수요전력 × 100(%)

65 ① 66 ② 67 ④ 68 ③

69 겨울철 주택의 단열 및 결로에 관한 설명으로 옳지 않은 것은?

① 단층유리보다 복층유리의 사용이 단열에 유리하다.
② 벽체 내부로 수증기 침입을 억제할 경우 내부결로 방지에 효과적이다.
③ 단열이 잘 된 벽체에서는 내부결로는 발생하지 않으나 표면결로는 발생하기 쉽다.
④ 실내측 벽 표면온도가 실내공기의 노점온도보다 높은 경우 표면결로는 발생하지 않는다.

해설
단열이 잘 된 벽체는 표면결로는 없으나 내부결로가 발생하기 쉽다.

70 통기관의 설치 목적으로 옳지 않은 것은?

① 트랩의 봉수를 보호한다.
② 오수와 잡배수가 서로 혼합되지 않게 한다.
③ 배수계통 내의 배수 및 공기의 흐름을 원활히 한다.
④ 배수관 내에 환기를 도모하여 관 내를 청결하게 유지한다.

해설
②는 통기관의 설치 목적과 거리가 멀다.
통기관
- 배수관과 외기(外氣)를 연결시켜 통기에 사용하는 배관을 말한다.
- 사이펀작용에 의한 봉수의 파괴를 방지한다.
- 배수관 내의 배수 및 공기의 흐름을 원활하게 한다.
- 배수관 내의 청결, 환기를 도모하고 기압변동을 억제한다.

71 전압이 1V일 때 1A의 전류가 1s 동안 하는 일을 나타내는 것은?

① 1Ω
② 1J
③ 1dB
④ 1W

해설
① Ω은 저항의 단위이다($R = V/I$).
② 1J은 1N의 힘을 가해 물체가 힘의 방향으로 1m 이동했을 때 한 일이나 이에 상당하는 열량을 말한다.
③ dB은 음압, 소음, 진동의 상대적인 크기를 나타내는 비율의 단위이다
$\left(\text{소리의 세기(dB)} = 10\log\dfrac{\text{현재음의 세기(W/m}^2)}{\text{기준음의 세기(W/m}^2)}\right)$.

72 승객 스스로 운전하는 전자동 엘리베이터로 카 버튼이나 승강장의 호출신호로 기동, 정지를 이루는 엘리베이터 조작방식은?

① 승합 전자동 방식
② 카 스위치 방식
③ 시그널 컨트롤 방식
④ 레코드 컨트롤 방식

해설
②·③·④는 승객이 아닌 운전원의 조작으로 운행하는 방식이다.
② 카 스위치 방식 : 수동·자동착상방식으로 정지한다.
③ 시그널 컨트롤 방식 : 목적층 단추를 누르는 것과 승강장의 호출신호로 층의 순서대로 자동 정지한다.
④ 레코드 컨트롤 방식 : 운전원이 호출신호를 보고 목적층 단추를 누르면 목적층의 순서대로 자동 정지한다.

73 가로, 세로, 높이가 각각 4.5 × 4.5 × 3m인 실의 각 벽면 표면온도가 18℃, 천장면 20℃, 바닥면 30℃일 때 평균복사온도(MRT)는?

① 15.2℃
② 18.0℃
③ 21.0℃
④ 27.2℃

해설
평균복사온도(MRT)
$= \dfrac{\Sigma \text{주위표면적} \times \text{해당 면적의 표면온도}}{\Sigma \text{주위표면적}}$

$= \dfrac{(4.5 \times 3 \times 18) \times 4 + (4.5 \times 4.5 \times 20) + (4.5 \times 4.5 \times 30)}{(4.5 \times 3) \times 4 + (4.5 \times 4.5) + (4.5 \times 4.5)}$

$= 21.0℃$

74 냉방부하 계산 결과 현열부하가 620W, 잠열부하가 155W일 경우, 현열비는?

① 0.2
② 0.25
③ 0.4
④ 0.8

해설
현열비 = 현열량 ÷ (현열량 + 잠열량)
= 620W ÷ (620W + 155W)
= 0.8

75 간접가열식 급탕설비에 관한 설명으로 옳지 않은 것은?

① 대규모 급탕설비에 적당하다.
② 비교적 안정된 급탕을 할 수 있다.
③ 보일러 내면에 스케일이 많이 생긴다.
④ 가열 보일러는 난방용 보일러와 겸용할 수 있다.

해설
간접가열식 급탕방식은 스케일 부착 가능성이 적다.
간접가열식 급탕방식

개요	저탕조 내에 설치한 코일 등을 가열하여 열교환을 통해 물을 급탕하는 방식이다.
특징	• 보일러에서 만들어진 증기 또는 고온수를 열원으로 한다. • 난방용 증기를 사용하면 별도의 보일러가 필요 없다. • 열효율이 직접가열식에 비해 낮다. • 스케일이 부착하는 일이 적고 전열 효율이 높다. • 급탕이 안정적이며 규모가 큰 건물의 급탕에 사용된다.

76 수관식 보일러에 관한 설명으로 옳지 않은 것은?

① 사용압력이 연관식보다 낮다.
② 설치면적이 연관식보다 넓다.
③ 부하변동에 대한 추종성이 높다.
④ 대형건물과 같이 고압증기를 다량 사용하는 곳이나 지역난방 등에 사용된다.

해설
수관식 보일러는 노통연관식보다 사용압력과 설치면적이 크다.
수관식 보일러
• 보일러 상부의 기수드럼과 하부의 물드럼을 연결하는 수관을 연소실 주위에 배치한 보일러이다.
• 전열면적이 크고 증기발생이 빠르며 고압증기를 만들기 쉽다.
• 예열시간이 짧고 효율이 좋으며, 부하변동에 대한 추종성이 높다.
• 노통연관식보다 사용압력과 설치면적이 크고 수처리가 어렵다.
• 고압증기를 다량으로 사용하는 대형건물, 병원, 호텔, 지역난방에 주로 사용된다.

77 고속덕트에 관한 설명으로 옳지 않은 것은?

① 원형덕트의 사용이 불가능하다.
② 동일한 풍량을 송풍할 경우 저속덕트에 비해 송풍기 동력이 많이 든다.
③ 공장이나 창고 등과 같이 소음이 별로 문제가 되지 않는 곳에 사용된다.
④ 동일한 풍량을 송풍할 경우 저속덕트에 비해 덕트의 단면치수가 작아도 된다.

해설
고속덕트는 마찰저항을 줄이기 위해 주로 원형덕트를 사용한다.
고속덕트
• 덕트 내 풍속이 15m/s를 초과하는 덕트이다.
• 공기의 마찰저항을 줄이기 위해 주로 원형 덕트를 사용한다.
• 고속·고압의 장방형 덕트는 앵글 보강, 다이아몬드 브레이크, 홈형 보강을 통해 단면을 보강한다.
• 동일한 풍량에서 풍속을 높게 하면 송풍기 동력이 많이 들지만 덕트의 단면치수와 설치공간을 작게 할 수 있다.
• 소음이 발생하므로 공장, 창고 등에 사용되며, 필요시 소음상자를 취출구에 설치한다.

78 수도직결방식의 급수방식에서 수도 본관으로부터 8m 높이에 위치한 기구의 소요압이 70kPa이고 배관의 마찰손실이 20kPa인 경우, 이 기구에 급수하기 위해 필요한 수도 본관의 최소 압력은?

① 약 90kPa
② 약 98kPa
③ 약 170kPa
④ 약 210kPa

해설
수도 본관의 압력(P) = 수전의 높이 + 관의 마찰손실 + 수전의 필요압력
= 80kPa + 20kPa + 70kPa
= 170kPa
※ 수두 8m ≒ 압력 80kPa

74 ④　75 ③　76 ①　77 ①　78 ③

79 도시가스에서 중압의 가스압력은?(단, 액화가스가 기화되고 다른 물질과 혼합되지 아니한 경우 제외)

① 0.05MPa 이상, 0.1MPa 미만
② 0.01MPa 이상, 0.1MPa 미만
③ 0.1MPa 이상, 1MPa 미만
④ 1MPa 이상, 10MPa 미만

해설
압력에 따른 도시가스의 분류

고압	중압	저압
1MPa 이상	0.1MPa 이상 1MPa 미만	0.1MPa 미만

80 스프링클러설비 설치장소가 아파트인 경우, 스프링클러헤드의 기준개수는?(단, 폐쇄형 스프링클러헤드를 사용하는 경우)

① 10개   ② 20개
③ 30개   ④ 40개

해설
스프링클러설비의 헤드의 기준개수(스프링클러설비의 화재안전기술기준 2.1.1.1)
폐쇄형 스프링클러헤드를 사용하는 경우 아파트는 10개, 지하층을 제외한 층수가 11층 이상인 소방대상물(아파트 제외)·지하가·지하역사는 30개이다.

제5과목 건축관계법규

81 다음과 같은 경우 연면적 1,000m²인 건축물의 대지에 확보하여야 하는 전기설비 설치공간의 면적기준은?

> ⊙ 수전전압 : 저압 / ⓒ 전력수전 용량 : 200kW

① 가로 2.5m, 세로 2.8m
② 가로 2.5m, 세로 4.6m
③ 가로 2.8m, 세로 2.8m
④ 가로 2.8m, 세로 4.6m

해설
전기설비 설치공간 확보기준(건축법 시행령 제87조, 건축물설비기준규칙 별표 3의3)
연면적이 500m² 이상인 건축물의 대지에는 전기사업자가 전기를 배전(配電)하는 데 필요한 전기설비를 설치할 수 있는 공간을 확보하여야 한다.

수전전압	전력수전 용량	확보면적
특고압 또는 고압	100kW 이상	가로 2.8m, 세로 2.8m
저압	75kW 이상 150kW 미만	가로 2.5m, 세로 2.8m
	150kW 이상 200kW 미만	가로 2.8m, 세로 2.8m
	200kW 이상 300kW 미만	가로 2.8m, 세로 4.6m
	300kW 이상	가로 2.8m 이상, 세로 4.6m 이상

정답 79 ③ 80 ① 81 ④

82 건축법 제61조 제2항에 따른 높이를 산정할 때, 공동주택을 다른 용도와 복합하여 건축하는 경우 건축물의 높이 산정을 위한 지표면 기준은?

> 건축법 제61조(일조 등의 확보를 위한 건축물의 높이 제한)
> ② 다음 각 호의 어느 하나에 해당하는 공동주택(일반상업지역과 중심상업지역에 건축하는 것은 제외한다)은 채광(採光) 등의 확보를 위하여 대통령령으로 정하는 높이 이하로 하여야 한다.
> 1. 인접 대지경계선 등의 방향으로 채광을 위한 창문 등을 두는 경우
> 2. 하나의 대지에 두 동(棟) 이상을 건축하는 경우

① 전면도로의 중심선
② 인접 대지의 지표면
③ 공동주택의 가장 낮은 부분
④ 다른 용도의 가장 낮은 부분

해설
건축물의 높이(건축법 시행령 제119조 제1항 제5호 나목)
- 건축법 제61조(일조 등의 확보를 위한 건축물의 높이 제한)에 따른 건축물 높이를 산정할 때 건축물 대지의 지표면과 인접 대지의 지표면 간에 고저차가 있는 경우에는 그 지표면의 평균 수평면을 지표면으로 본다.
- 다만, 건축법 제61조 제2항에 따른 높이를 산정할 때 해당 대지가 인접 대지의 높이보다 낮은 경우에는 해당 대지의 지표면을 지표면으로 보고, 공동주택을 다른 용도와 복합하여 건축하는 경우에는 공동주택의 가장 낮은 부분을 그 건축물의 지표면으로 본다.

83 국토의 계획 및 이용에 관한 법령에 따른 도시·군관리계획의 내용에 속하지 않는 것은?

① 광역계획권의 장기발전 방향에 관한 계획
② 도시개발사업이나 정비사업에 관한 계획
③ 기반시설의 설치·정비 또는 개량에 관한 계획
④ 용도지역·용도지구의 지정 또는 변경에 관한 계획

해설
①은 광역도시계획의 내용이다.
도시·군관리계획의 내용(국토계획법 제2조)
- 용도지역·용도지구의 지정 또는 변경에 관한 계획
- 개발제한구역, 도시자연공원구역, 시가화조정구역, 수산자원보호구역의 지정 또는 변경에 관한 계획
- 기반시설의 설치·정비 또는 개량에 관한 계획
- 도시개발사업이나 정비사업에 관한 계획
- 지구단위계획구역의 지정 또는 변경에 관한 계획과 지구단위계획
- 도시혁신구역의 지정 또는 변경에 관한 계획과 도시혁신계획
- 복합용도구역의 지정 또는 변경에 관한 계획과 복합용도계획
- 도시·군계획시설입체복합구역의 지정 또는 변경에 관한 계획

84 다음 중 노외주차장의 출구 및 입구를 설치할 수 있는 장소는?

① 육교로부터 4m 거리에 있는 도로의 부분
② 지하횡단보도에서 10m 거리에 있는 도로의 부분
③ 초등학교 출입구로부터 15m 거리에 있는 도로의 부분
④ 장애인복지시설 출입구로부터 15m 거리에 있는 도로의 부분

해설
지하횡단보도로부터 5m 이내에 있는 도로의 부분에는 노외주차장 출구 및 입구의 설치가 금지된다.
노외주차장의 출구 및 입구의 설치가 금지된 장소(주차장법 시행규칙 제5조 제5호)

도로	• 횡단보도(육교 및 지하횡단보도 포함)로부터 5m 이내에 있는 도로의 부분 • 유아원, 유치원, 초등학교, 특수학교, 노인복지시설, 장애인복지시설 및 아동전용시설 등의 출입구로부터 20m 이내에 있는 도로의 부분 • 정차 또는 주차가 금지된 장소 중 일부	
너비	주차대수 200대 미만	주차대수 200대 이상
	너비 4m 미만의 도로	너비 6m 미만의 도로
경사도	종단기울기(종단구배)가 10%를 초과하는 도로	

85 건축물에 설치하는 지하층의 구조 및 설비에 관한 기준 내용으로 옳지 않은 것은?

① 거실의 바닥면적의 합계가 1,000m² 이상인 층에는 환기설비를 설치할 것
② 거실의 바닥면적이 30m² 이상인 층에는 피난층으로 통하는 비상탈출구를 설치할 것
③ 지하층의 바닥면적이 300m² 이상인 층에는 식수 공급을 위한 급수전을 1개소 이상 설치할 것
④ 문화 및 집회시설 중 공연장의 용도에 쓰이는 층으로서 그 층의 거실의 바닥면적의 합계가 50m² 이상인 건축물에는 직통계단을 2개소 이상 설치할 것

해설
②는 거실의 바닥면적이 50m² 이상인 층에 대한 설명이다.
지하층의 구조 및 설비(건축물방화구조규칙 제25조)
- 거실의 바닥면적이 50m² 이상인 층에는 직통계단 외에 피난층 또는 지상으로 통하는 비상탈출구 및 환기통을 설치할 것. 다만, 직통계단의 설치기준에 적합한 직통계단이 2개소 이상 설치되어 있는 경우에는 그러하지 아니하다.
- 제2종 근린생활시설 중 공연장·단란주점·당구장·노래연습장, 문화 및 집회시설 중 예식장·공연장, 수련시설 중 생활권수련시설·자연권수련시설, 숙박시설 중 여관·여인숙, 위락시설 중 단란주점·유흥주점 또는 다중이용업의 용도에 쓰이는 층으로서 그 층의 거실의 바닥면적의 합계가 50m² 이상인 건축물에는 직통계단을 2개소 이상 설치할 것
- 바닥면적이 1,000m² 이상인 층에는 피난층 또는 지상으로 통하는 직통계단을 방화구획으로 구획되는 각 부분마다 1개소 이상 설치하되, 이를 피난계단 또는 특별피난계단의 구조로 할 것
- 거실의 바닥면적의 합계가 1,000m² 이상인 층에는 환기설비를 설치할 것
- 지하층의 바닥면적이 300m² 이상인 층에는 식수공급을 위한 급수전을 1개소 이상 설치할 것

86 주차장의 수급 실태조사에 관한 설명으로 옳지 않은 것은?

① 실태조사의 주기는 5년으로 한다.
② 조사구역은 사각형 또는 삼각형 형태로 설정한다.
③ 조사구역 바깥 경계선의 최대 거리가 300m를 넘지 않도록 한다.
④ 각 조사구역은 건축법에 따른 도로를 경계로 구분한다.

해설
주차장 수급 실태조사의 주기는 3년으로 한다.
주차장의 수급 실태조사 구역 및 주기(주차장법 시행규칙 제1조의2)
- 사각형 또는 삼각형 형태로 조사구역을 설정하되 조사구역 바깥 경계선의 최대 거리가 300m를 넘지 않도록 한다.
- 각 조사구역은 건축법에 따른 도로를 경계로 구분한다.
- 아파트단지와 단독주택단지가 섞여 있는 지역 또는 주거기능과 상업·업무기능이 섞여 있는 지역의 경우에는 주차시설 수급의 적정성, 지역적 특성 등을 고려하여 같은 특성을 가진 지역별로 조사구역을 설정한다.
- 주차장법에 따른 안전관리실태조사 : 출입도로를 포함하여 주차장 전체를 조사구역으로 한다.
- 수급실태조사 및 안전관리실태조사의 주기는 3년으로 한다.

87 다음 중 건축법이 적용되는 건축물은?

① 역사(驛舍)
② 고속도로 통행료 징수시설
③ 철도의 선로 부지에 있는 플랫폼
④ 문화유산법에 따른 임시지정문화유산

해설
건축법의 적용 제외(건축법 제3조)
- 문화유산법에 따른 지정문화유산이나 임시지정문화유산 또는 자연유산법에 따라 지정된 천연기념물 등이나 임시지정천연기념물, 임시지정명승, 임시지정시·도자연유산, 임시자연유산자료
- 철도나 궤도의 선로 부지(敷地)에 있는 시설
  - 운전보안시설
  - 철도 선로의 위나 아래를 가로지르는 보행시설
  - 플랫폼
  - 해당 철도 또는 궤도사업용 급수·급탄 및 급유 시설
- 고속도로 통행료 징수시설
- 컨테이너를 이용한 간이창고
- 하천법에 따른 하천구역 내의 수문조작실

※ 개정된 법령 기준으로 내용을 수정하였다.

정답 85 ② 86 ① 87 ①

88 다음 중 아파트를 건축할 수 없는 용도지역은?

① 준주거지역
② 제1종 일반주거지역
③ 제2종 전용주거지역
④ 제3종 일반주거지역

해설
제1종 전용주거지역과 제1종 일반주거지역에는 아파트를 건축할 수 없다.
주거지역 안에서 건축할 수 있는 공동주택(국토계획법 시행령 별표 2~7)

전용주거지역	제1종	연립주택, 다세대주택
	제2종	연립주택, 다세대주택, 기숙사, 아파트
일반주거지역	제1종	연립주택, 다세대주택, 기숙사
	제2종	연립주택, 다세대주택, 기숙사, 아파트
	제3종	연립주택, 다세대주택, 기숙사, 아파트
준주거지역		연립주택, 다세대주택, 기숙사, 아파트

89 다음은 공동주택의 환기설비에 관한 기준 내용이다. ( ) 안에 알맞은 것은?

> 신축 또는 리모델링하는 30세대 이상의 공동주택에는 시간당 ( ) 이상의 환기가 이루어질 수 있도록 자연환기설비 또는 기계환기설비를 설치하여야 한다.

① 0.5회
② 1회
③ 1.5회
④ 2회

해설
환기설비기준(건축물설비기준규칙 제11조)

| 설치기준 | 신축 또는 리모델링하는 신축공동주택 등은 시간당 0.5회 이상의 환기가 이루어질 수 있도록 자연환기설비 또는 기계환기설비를 설치해야 한다. |
| 신축공동주택 등 | • 30세대 이상의 공동주택
• 주택을 주택 외의 시설과 동일건축물로 건축하는 경우로서 주택이 30세대 이상인 건축물 |

90 다음 중 부설주차장 설치대상 시설물의 종류와 설치기준의 연결이 옳지 않은 것은?

① 골프장 – 1홀당 10대
② 숙박시설 – 시설면적 200m²당 1대
③ 위락시설 – 시설면적 150m²당 1대
④ 문화 및 집회시설 중 관람장 – 정원 100명당 1대

해설
위락시설의 부설주차장 설치기준은 시설면적 100m²당 1대이다.
시설면적당 부설주차장 설치기준(주차장법 시행령 별표 1)

400m²당 1대	창고시설, 학생용 기숙사, 방송통신시설 중 데이터센터
350m²당 1대	수련시설, 공장(아파트형 제외), 발전시설
300m²당 1대	기타 건축물
200m²당 1대	제1종 근린생활시설(공공업무·주민공동시설 중 일부 제외), 제2종 근린생활시설, 숙박시설
150m²당 1대	문화 및 집회시설(관람장 제외), 종교시설, 판매시설, 운수시설, 의료시설(정신병원·요양병원·격리병원 제외), 운동시설(골프장·골프연습장·옥외수영장 제외), 업무시설(외국공관·오피스텔 제외), 방송국, 장례식장
100m²당 1대	위락시설

91 국토의 계획 및 이용에 관한 법률상 다음과 같이 정의되는 것은?

> 도시·군계획 수립 대상지역의 일부에 대하여 토지 이용을 합리화하고 그 기능을 증진시키며 미관을 개선하고 양호한 환경을 확보하며, 그 지역을 체계적·계획적으로 관리하기 위하여 수립하는 도시·군관리계획

① 광역도시계획
② 지구단위계획
③ 도시·군기본계획
④ 복합용도계획

해설
① 광역도시계획 : 광역계획권의 장기발전 방향을 제시하는 계획
③ 도시·군기본계획 : 특별시·광역시·특별자치시·특별자치도·시 또는 군의 관할 구역에 대하여 기본적인 공간구조와 장기발전 방향을 제시하는 종합계획으로서 도시·군관리계획 수립의 지침이 되는 계획
④ 복합용도계획 : 주거·상업·산업·교육·문화·의료 등 다양한 도시기능이 융복합된 공간의 조성을 목적으로 복합용도구역에서의 건축물의 용도별 구성비율 및 건폐율·용적률·높이 등의 제한에 관한 사항을 따로 정하기 위하여 공간재구조화계획으로 결정하는 도시·군관리계획

※ 개정된 법령 기준으로 내용을 수정하였다.

92 다음 중 건축에 속하지 않는 것은?

① 이전　　② 증축
③ 개축　　④ 대수선

[해설]
건축의 정의(건축법 제2조)
건축이란 건축물을 신축·증축·개축·재축하거나 건축물을 이전하는 것을 말한다.

93 건축물의 내부에 설치하는 피난계단의 구조에 관한 기준 내용으로 옳지 않은 것은?

① 계단의 유효너비는 0.9m 이상으로 할 것
② 계단실의 실내에 접하는 부분의 마감은 불연재료로 할 것
③ 계단은 내화구조로 하고 피난층 또는 지상까지 직접 연결되도록 할 것
④ 건축물의 내부에서 계단실로 통하는 출입구의 유효너비는 0.9m 이상으로 할 것

[해설]
①은 옥외피난계단의 구조 기준이다. 옥내피난계단의 경우 건축물의 내부와 통하는 출입구의 유효너비를 0.9m 이상으로 하여야 한다.
내부 피난계단의 구조(건축물방화구조규칙 제9조)
• 계단실은 창문 등을 제외한 당해 건축물의 다른 부분과 내화구조의 벽으로 구획할 것
• 계단실의 실내에 접하는 부분의 마감은 불연재료로 할 것
• 계단실에는 예비전원에 의한 조명설비를 할 것
• 계단실의 바깥쪽과 접하는 창문 등은 당해 건축물의 다른 부분에 설치하는 창문 등으로부터 2m 이상의 거리를 두고 설치할 것
• 건축물의 내부와 접하는 계단실의 창문 등은 망이 들어 있는 유리의 붙박이창으로서 그 면적을 각각 1m² 이하로 할 것
• 건축물의 내부에서 계단실로 통하는 출입구의 유효너비는 0.9m 이상으로 하고, 그 출입구에는 피난의 방향으로 열 수 있는 것으로서 언제나 닫힌 상태를 유지하거나 화재로 인한 연기 또는 불꽃을 감지하여 자동적으로 닫히는 구조로 된 60분+ 방화문 또는 60분 방화문을 설치할 것. 다만, 연기 또는 불꽃을 감지하여 자동적으로 닫히는 구조로 할 수 없는 경우에는 온도를 감지하여 자동적으로 닫히는 구조로 할 수 있다.
• 계단은 내화구조로 하고 피난층 또는 지상까지 직접 연결되도록 할 것

94 그림과 같은 대지의 도로모퉁이 부분의 건축선으로서 도로 경계선의 교차점에서의 거리 "A"로 옳은 것은?

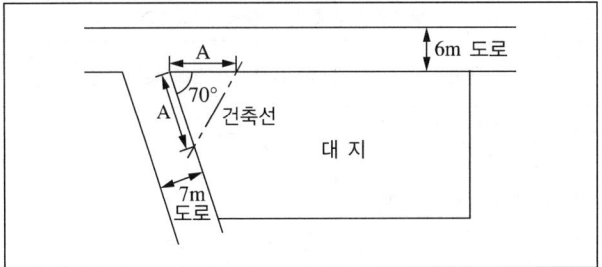

① 1m　　② 2m
③ 3m　　④ 4m

[해설]
너비 7m 도로가 너비 6m 도로와 90° 미만의 각으로 교차하므로, 교차점에서 각각 4m 후퇴한다.
건축선(건축법 시행령 제31조)
너비 8m 미만인 도로의 모퉁이에 위치한 대지의 도로모퉁이 부분의 건축선은 그 대지에 접한 도로경계선의 교차점으로부터 도로경계선에 따라 다음의 표에 따른 거리를 각각 후퇴한 두 점을 연결한 선으로 한다.

도로의 교차각	해당 도로의 너비		교차되는 도로의 너비
	6m 이상 8m 미만	4m 이상 6m 미만	
90° 미만	4m	3m	6m 이상 8m 미만
	3m	2m	4m 이상 6m 미만
90° 이상 120° 미만	3m	2m	6m 이상 8m 미만
	2m	2m	4m 이상 6m 미만

95 다음 중 허가대상에 속하는 용도변경은?

① 숙박시설에서 의료시설로의 용도변경
② 판매시설에서 문화 및 집회시설로의 용도변경
③ 제1종 근린생활시설에서 업무시설로의 용도변경
④ 제1종 근린생활시설에서 공동주택으로의 용도변경

[정답] 92 ④　93 ①　94 ④　95 ②

해설
판매시설·숙박시설은 영업시설군, 의료시설은 교육 및 복지시설군, 공동주택·업무시설은 주거업무시설군에 속한다.

용도변경 시설군과 용도변경(건축법 시행령 제14조)

	구분	허가대상	신고대상	기재내용 변경대상
1	자동차 관련 시설군	변경용도 ↑ 기존용도	기존용도 ↓ 변경용도	동일 시설군 용도변경
2	산업 등의 시설군			
3	전기통신시설군			
4	문화 및 집회시설군			
5	영업시설군			
6	교육 및 복지시설군			
7	근린생활시설군			
8	주거업무시설군			
9	그 밖의 시설군			

97
다음 중 건축물의 대지에 공개공지 또는 공개공간을 확보하여야 하는 대상 건축물에 속하는 것은?(단, 일반주거지역의 경우)

① 업무시설로서 해당 용도로 쓰는 바닥면적의 합계가 3,000m^{2}인 건축물
② 숙박시설로서 해당 용도로 쓰는 바닥면적의 합계가 4,000m^{2}인 건축물
③ 종교시설로서 해당 용도로 쓰는 바닥면적의 합계가 5,000m^{2}인 건축물
④ 문화 및 집회시설로서 해당 용도로 쓰는 바닥면적의 합계가 4,000m^{2}인 건축물

해설
공개공지 등의 확보(건축법 제43조, 동법 시행령 제27조의2)

대상 지역	• 일반주거지역, 준주거지역, 상업지역, 준공업지역 • 도시화의 가능성이 크거나 노후 산업단지의 정비가 필요하다고 인정하여 지정·공고하는 지역
대상 건축물	• 해당 용도의 바닥면적 합계 5,000m^2 이상인 문화 및 집회시설, 종교시설, 판매시설(농수산물유통시설 제외), 운수시설(여객용 시설만 해당), 업무시설, 숙박시설 • 다중이 이용하는 시설로서 건축조례로 정하는 건축물

96
전용주거지역 또는 일반주거지역 안에서 높이 8m의 2층 건축물을 건축하는 경우, 건축물의 각 부분은 일조 등의 확보를 위하여 정북 방향으로의 인접 대지경계선으로부터 최소 얼마 이상 띄어 건축하여야 하는가?

① 1m
② 1.5m
③ 2m
④ 3m

해설
일조 등의 확보를 위한 건축물의 높이 제한(건축법 제61조, 동법 시행령 제86조)
• 전용주거지역과 일반주거지역 안에서 건축하는 건축물의 높이는 일조 등의 확보를 위하여 정북 방향의 인접 대지경계선으로부터의 거리에 따라 대통령령으로 정하는 높이 이하로 하여야 한다.
• 건축물의 각 부분을 정북(正北) 방향으로의 인접 대지경계선으로부터 다음의 범위에서 정하는 거리 이상을 띄어 건축하여야 한다.
 - 높이 10m 이하인 부분은 인접 대지경계선으로부터 1.5m 이상
 - 높이 10m를 초과하는 부분은 인접 대지경계선으로부터 해당 건축물 각 부분 높이의 1/2 이상

98
다음 설명에 알맞은 용도지구의 세분은?

산지·구릉지 등 자연경관을 보호하거나 유지하기 위하여 필요한 지구

① 자연경관지구
② 자연방재지구
③ 특화경관지구
④ 생태계보호지구

해설
② 자연방재지구 : 자연방재지구: 토지의 이용도가 낮은 해안변, 하천변, 급경사지 주변 등의 지역으로서 건축 제한 등을 통하여 재해 예방이 필요한 지구
③ 특화경관지구 : 지역 내 주요 수계의 수변 또는 문화적 보존가치가 큰 건축물 주변의 경관 등 특별한 경관을 보호 또는 유지하거나 형성하기 위하여 필요한 지구
④ 생태계보호지구 : 야생동식물서식처 등 생태적으로 보존가치가 큰 지역의 보호와 보존을 위하여 필요한 지구

99 한 방에서 층의 높이가 다른 부분이 있는 경우 층고 산정방법으로 옳은 것은?

① 가장 낮은 높이로 한다.
② 가장 높은 높이로 한다.
③ 각 부분 높이에 따른 면적에 따라 가중평균한 높이로 한다.
④ 가장 낮은 높이와 가장 높은 높이의 산술평균한 높이로 한다.

해설
한 방에서 층의 높이가 다른 부분이 있는 경우에는 그 각 부분 높이에 따른 면적에 따라 가중평균한 높이로 층고를 산정한다.

건축물의 층고·층수(건축법 시행령 제119조 제1항)

층고	방의 바닥구조체 윗면으로부터 위층 바닥구조체의 윗면까지의 높이로 한다. 다만, 한 방에서 층의 높이가 다른 부분이 있는 경우에는 그 각 부분 높이에 따른 면적에 따라 가중평균한 높이로 한다.
층수	다음에 해당하는 것은 건축물의 층수에 산입하지 않고, 층의 구분이 명확하지 않은 건축물은 그 건축물의 높이가 4m마다 하나의 층으로 보고 그 층수를 산정하며, 건축물이 부분에 따라 그 층수가 다른 경우에는 그중 가장 많은 층수를 그 건축물의 층수로 본다. • 승강기탑, 계단탑, 망루, 장식탑, 옥탑, 그 밖에 이와 비슷한 건축물의 옥상 부분으로서 그 수평투영면적의 합계가 해당 건축물 건축면적의 1/8 이하인 것 • 지하층 • 장애인용승강기의 승강기탑

100 다음의 대규모 건축물의 방화벽에 관한 기준 내용 중 ( ) 안에 공통으로 들어갈 내용은?

> 연면적 ( ) 이상인 건축물은 방화벽으로 구획하되, 각 구획된 바닥면적의 합계는 ( ) 미만이어야 한다.

① $500m^2$
② $1,000m^2$
③ $1,500m^2$
④ $3,000m^2$

해설
방화벽의 설치대상(건축법 시행령 제57조)
• 연면적 $1,000m^2$ 이상인 건축물은 방화벽으로 구획하되, 각 구획된 바닥면적의 합계는 $1,000m^2$ 미만이어야 한다. 다만, 주요구조부가 내화구조이거나 불연재료인 건축물과 3층 이상인 건축물 및 지하층이 있는 건축물 또는 내부설비의 구조상 방화벽으로 구획할 수 없는 창고시설의 경우에는 그러하지 아니하다.
• 연면적 $1,000m^2$ 이상인 목조 건축물의 구조는 국토교통부령으로 정하는 바에 따라 방화구조로 하거나 불연재료로 하여야 한다.

2019년 제2회 과년도 기출문제

제1과목 건축계획

01 도서관의 출납시스템 중 폐가식에 관한 설명으로 옳지 않은 것은?

① 서고와 열람실이 분리되어 있다.
② 도서의 유지관리가 좋아 책의 망실이 적다.
③ 대출 절차가 간단하여 관원의 작업량이 적다.
④ 규모가 큰 도서관의 독립된 서고의 경우에 많이 채용된다.

해설
폐가식은 도서의 대출 절차가 복잡하고 관원의 작업량이 많다.
폐가식 출납시스템

절차	서가 접근 불가 → 목록카드로 선택 → 대출 수속 → 열람석
특징	• 서고와 열람실이 분리되어 있다. • 도서의 유지관리가 좋아 책의 망실이 적다. • 서가에 접근이 불가하고, 기록 후 대출하므로 관원의 감시가 불필요하다. • 대출 절차가 복잡하고 관원의 작업량이 많다. • 대출한 도서가 희망한 내용이 아닐 수가 있다.
적용	규모가 큰 도서관의 독립된 서고에 주로 채용된다.

02 다음 중 르 코르뷔지에가 제시한 근대 건축의 5원칙에 속하는 것은?

① 옥상정원
② 유기적 건축
③ 노출 콘크리트
④ 유니버설 스페이스

해설
② 유기적 건축 : 프랭크 로이드 라이트의 건축적 사조이다.
③ 노출 콘크리트 : 별도의 마감 없이 콘크리트를 노출시키는 공법이며, 근대 건축의 5원칙과는 거리가 멀다.
④ 유니버설 스페이스 : 미스 반데어로에가 제안한 평면상 다목적 공간을 말한다.
르 코르뷔지에 – 근대 건축의 5원칙
• 필로티
• 자유로운 평면(골조와 벽의 기능적 독립)
• 자유로운 파사드(입면)
• 수평으로 긴 창
• 옥상정원

03 다음 중 전시공간의 융통성을 주요 건축개념으로 한 것은?

① 퐁피두 센터
② 루브르 박물관
③ 구겐하임 미술관
④ 슈투트가르트 미술관

해설
파리 퐁피두 센터
• 프랑스의 국립미술문화센터이다.
• 배관 등의 설비를 건물 외부에 노출시켜 전시장 내부를 최대한 활용할 수 있도록 계획되었다.
• 전시공간의 융통성을 주요 건축개념으로 한 대표적인 사례이다.

01 ③ 02 ① 03 ①

04 미술관 전시공간의 순회형식 중 갤러리 및 코리더 형식에 관한 설명으로 옳은 것은?

① 복도의 일부를 전시장으로 사용할 수 있다.
② 전시실 중 하나의 실을 폐쇄하면 동선이 단절된다는 단점이 있다.
③ 중앙에 커다란 홀을 계획하고 그 홀에 접하여 전시실을 배치한 형식이다.
④ 이 형식을 채용한 대표적인 건축물로는 뉴욕 근대미술관과 프랭크 로이드 라이트의 구겐하임 미술관이 있다.

해설
② : 연속순로(연속순회) 형식에 대한 설명이다.
③·④ : 중앙홀 형식에 대한 설명이다.
갤러리 및 코리더 형식

개요	연속된 전시실의 한쪽 복도에 각 실을 배치한 형식이다.
특징	• 복도 자체 또는 일부를 전시장으로 사용할 수 있다. • 중앙에 중정을 두는 경우도 많다. • 각 실에 직접 들어갈 수 있으며, 필요시 자유롭게 독립적으로 폐쇄할 수 있다. • 대표적인 건축물로는 과천 국립현대미술관 등이 있다.

05 다음 중 구조코어로서 가장 바람직한 코어형식으로, 바닥면적이 큰 고층, 초고층 사무소에 적합한 것은?

① 중심코어형   ② 편심코어형
③ 독립코어형   ④ 양단코어형

해설
② 편단(편심)코어형 : 코어가 기준층의 한쪽에 치우친 형태로, 고층인 경우 구조상 불리하며 소규모 사무소 건물에 적합하다.
③ 외(독립)코어형 : 코어가 건물과 별도로 설치된 형태로, 내진구조상 불리하며 방재상 대책이 요구된다.
④ 양단(양측/분리)코어형 : 코어가 기준층의 양측에 위치하는 형태로, 단일 용도의 대규모 전용 사무소에 적합하다.

06 아파트의 평면형식에 관한 설명으로 옳지 않은 것은?

① 중복도형은 부지의 이용률이 적다.
② 홀형(계단실형)은 독립성(Privacy)이 우수하다.
③ 집중형은 복도부분의 자연환기, 채광이 극히 나쁘다.
④ 편복도형은 복도를 외기에 터놓으면 통풍, 채광이 중복도형보다 양호하다.

해설
중복도형은 복도 양측에 각 세대가 위치하는 평면형식으로, 부지의 이용률이 높다.
아파트 평면형식의 비교

구분	통행부 면적	엘리베이터 효율	프라이버시	통풍·채광
계단실형	작다.	가장 낮다.	가장 우수	가장 우수
집중형	작다.	가장 높다.	가장 불량	가장 불량
편복도형	크다.	높다.	보통	양호
중복도형	크다.	높다.	불량	불량

07 상점의 판매방식에 관한 설명으로 옳지 않은 것은?

① 측면 판매방식은 직원동선의 이동성이 많다.
② 대면 판매방식은 측면 판매방식에 비해 상품 진열면적이 넓어진다.
③ 측면 판매방식은 고객이 직접 진열된 상품을 접촉할 수 있는 관계로 선택이 용이하다.
④ 대면 판매방식은 쇼케이스를 중심으로 판매원이 고정된 자리나 위치를 확보하는 것이 용이하다.

해설
대면 판매형식은 판매원의 위치가 고정되고 진열면적이 적어진다.
상점의 판매방식

구분	진열면적	설명·포장·계산	충동구매	점원의 정위치
대면 판매	적다.	용이하다.	어렵다.	안정
측면 판매	넓다.	어렵다.	용이하다.	불안정

정답 04 ① 05 ① 06 ① 07 ②

08 사무소 건축의 실단위계획에 관한 설명으로 옳지 않은 것은?

① 개실 시스템은 독립성과 쾌적감의 이점이 있다.
② 개방식 배치는 전 면적을 유용하게 사용할 수 있다.
③ 개방식 배치는 개실 시스템보다 공사비가 저렴하다.
④ 오피스 랜드스케이프(Office landscape)는 개실 시스템을 위한 실단위계획이다.

해설
오피스 랜드스케이핑은 개방된 큰 실 내부에 분리된 공간을 두는 개방식 배치에 속한다.

오피스 랜드스케이핑(Office landscaping)

개요	• 직위서열보다 의사전달과 작업의 흐름에 따라 배치하는 형식이다. • 작업장의 집단을 자유롭게 그룹핑하여 불규칙한 평면을 유도한다. • 개방식 배치에 속하며, 실내에 고정된 칸막이가 없다.
장점	• 변화하는 작업의 패턴에 신속하고 경제적으로 대처할 수 있다. • 작업단위에 의한 그룹(Group) 배치가 가능하다. • 커뮤니케이션의 융통성이 있고 사무능률이 향상된다. • 공간이 절약되며, 시설비와 유지관리비가 절감된다.
단점	• 독립성이 떨어지며, 소음에 대한 대책이 필요하다. • 대형가구 등 소리를 반향시키는 기재의 사용이 어렵다.

09 주택단지 내 도로의 형태 중 쿨데삭(Cul-de-sac)형에 관한 설명으로 옳지 않은 것은?

① 통과교통이 방지된다.
② 우회도로가 없기 때문에 방재·방범상으로는 불리하다.
③ 주거환경의 쾌적성과 안전성 확보가 용이하다.
④ 대규모 주택단지에 주로 사용되며, 도로의 최대 길이는 1km 이하로 한다.

해설
쿨데삭은 통과교통을 배제한 적정길이 300m 이하의 막다른 도로 형식이며, 저밀도 주택단지에 주로 적용된다.

쿨데삭(Cul-de-sac)
• 막다른 도로를 구성하여 통과교통을 배제한 형식이다.
• 차량의 흐름을 주변으로 한정하여 서로 연결한다.
• 통과교통이 없어 주거환경의 쾌적성, 안전성이 확보된다.
• 사람과 차량의 분리가 가능하며, 보행로의 배치가 자유롭다.
• 주택 배면에 보행자전용도로가 설치되어야 효과적이다.
• 적정길이는 300m 이하이며, 우회도로가 없어 방재, 방범상 불리하다.

10 학교의 배치형식 중 분산병렬형에 관한 설명으로 옳지 않은 것은?

① 일종의 핑거플랜이다.
② 구조계획이 간단하고 시공이 용이하다.
③ 부지의 크기에 상관없이 적용이 용이하다.
④ 일조·통풍 등 교실의 환경조건을 균등하게 할 수 있다.

해설
분산병렬형(핑거플랜)은 교사를 부지 내에 분산시켜 병렬로 배치하는 형식으로, 넓은 부지가 필요하다.

분산병렬형(핑거플랜) 교사배치

개요	교사를 부지 내에 분산시켜 병렬로 배치하는 형식이다.
장점	• 일조, 통풍 등 환경 조건이 균등하다. • 구조계획이 간단하며, 시공·규격형의 이용이 용이하다. • 각 건물 사이에 놀이터와 정원이 생겨 생활환경이 좋다. • 화재 및 비상시 피난에 유리하다.
단점	• 넓은 부지가 필요하다. • 편복도의 경우 복도면적이 크고 단조로워 유기적인 구성이 어렵다.

11 상점의 매장 및 정면 구성에서 요구되는 AIDMA 법칙의 내용으로 옳지 않은 것은?

① Memory
② Interest
③ Attention
④ Attraction

해설
5가지 광고요소(AIDMA 법칙)

Attention	Interest	Desire	Memory	Action
주의	흥미	욕망	기억	행동

08 ④ 09 ④ 10 ③ 11 ④

12 테라스 하우스에 관한 설명으로 옳지 않은 것은?

① 경사가 심할수록 밀도가 높아진다.
② 각 세대의 깊이는 7.5m 이상으로 하여야 한다.
③ 평지보다 더 많은 인구를 수용할 수 있어 경제적이다.
④ 시각적인 인공테라스형은 위층으로 갈수록 건물의 내부면적이 작아지는 형태이다.

해설
테라스 하우스는 일반적으로 후면부에 창을 설치할 수 없으므로, 채광 등을 위하여 각 세대의 깊이는 7.5m 이내로 한다.

테라스 하우스의 분류

자연형	• 경사지를 이용하여 지형에 따라 테라스형으로 건립한 것이다. • 일반적으로 후면부에 창을 설치할 수 없으므로, 각 세대 깊이가 너무 깊지 않도록 한다(7.5m 이내). • 스플릿 레벨(반 층씩 어긋난 단면)이 가능하다. • 각 세대의 규모를 동일하게 계획할 수 있다.	
	상향식	도로의 위치가 하층이며, 침실이 상층이다.
	하향식	도로의 위치가 상층이며, 침실이 하층이다.
인공형	• 평지에 테라스형으로 건립한 것이다. • 지하실 설치가 어렵다.	
	시각적인 테라스 하우스	상층으로 갈수록 면적이 작아진다.
	구조적인 테라스 하우스	면적이 같고 상층으로 갈수록 후퇴한다.

13 극장 건축에서 무대의 제일 뒤에 설치되는 무대 배경용의 벽을 의미하는 것은?

① 사이클로라마
② 플라이로프트
③ 플라이갤러리
④ 그리드아이언

해설
② 플라이로프트 : 무대의 상부공간을 말한다.
③ 플라이갤러리(캣워크) : 무대 주위의 벽에 6~9m 높이로 설치되는 좁은 통로이다.
④ 그리드아이언 : 배경·조명·연기자·음향 반사판 등을 매달기 위해 무대 천장 밑에 설치하는 격자형태의 철골구조물이다.

14 다음의 호텔 중 연면적에 대한 숙박면적의 비가 일반적으로 가장 큰 것은?

① 커머셜 호텔
② 클럽 하우스
③ 리조트 호텔
④ 아파트먼트 호텔

해설
① 커머셜 호텔 : 도심지에 위치하고 부대시설이 최소화된 객실 위주의 호텔로, 호텔 중에서 연면적에 대한 숙박면적의 비가 가장 크다.
② 클럽 하우스 : 스포츠 시설을 위주로 이용되는 숙박시설을 갖추고 있는 리조트 호텔이다.
③ 리조트 호텔 : 조망 및 주변경관의 조건이 좋은 곳에 위치한 호텔로서 해변 호텔, 산장 호텔, 클럽 하우스 등이 있다.
④ 아파트먼트 호텔 : 여행자의 장기간 체재에 적합한 호텔로서 각 객실에 주방설비를 갖추고 있다.

15 다음 중 건축가와 작품의 연결이 옳지 않은 것은?

① 르 코르뷔지에 – 사보이 주택
② 오스카 니마이어 – 브라질 국회의사당
③ 미스 반데어로에 – 뉴욕 레버하우스
④ 프랭크 로이드 라이트 – 뉴욕 구겐하임 미술관

해설
레버하우스는 커튼월 사무소 건축의 모태가 된 건물로, 미국의 설계회사 SOM(건축가 : 고든 번샤프트)의 건축물이다.
미스 반데어로에(Mies van der Rohe)
• 근대 건축의 4대 거장으로 손꼽히는 건축가이다.
• 대표작으로 투겐하트 주택, 바르셀로나 세계박람회의 독일관, 시그램 빌딩 등이 있다.

[정답] 12 ② 13 ① 14 ① 15 ③

16 주택의 부엌계획에 관한 설명으로 옳지 않은 것은?

① 일사가 긴 서쪽은 음식물이 부패하기 쉬우므로 피하도록 한다.
② 작업삼각형은 냉장고와 개수대 그리고 배선대를 잇는 삼각형이다.
③ 부엌가구의 배치유형 중 ㄱ자형은 부엌과 식당을 겸할 경우 많이 활용되는 형식이다.
④ 부엌가구의 배치유형 중 일렬형은 면적이 좁은 경우 이용에 효과적이므로 소규모 부엌에 주로 활용된다.

[해설]
부엌(주방)의 작업삼각형(Work triangle)
• 냉장고, 개수대(싱크대), 가열대(레인지)의 중간 지점을 연결한 삼각형이다.
• 길이의 합은 3.6~6.6m(통상 4~5m) 정도가 적당하며, 짧을수록 효과적이다.
• 싱크대와 조리대 사이의 길이는 1.2~1.8m 정도가 적당하다.
• 한 변의 길이가 너무 길어지면 동선이 길어져 기능상 좋지 않다.

17 종합병원계획에 관한 설명으로 옳지 않은 것은?

① 수술부는 타 부분의 통과교통이 없는 장소에 배치한다.
② 수술실의 바닥은 전기도체성 마감을 사용하는 것이 좋다.
③ 간호사 대기실은 각 간호단위 또는 층별, 동별로 설치한다.
④ 평면계획 시 모듈을 적용하여 각 병실을 모두 동일한 크기로 하는 것이 좋다.

[해설]
병실의 크기는 환자에 따라 1인실, 6인실 등으로 분리하여 수용할 수 있도록 다양하게 계획한다.

18 공장 건축계획에 관한 설명으로 옳지 않은 것은?

① 기능식 레이아웃은 소종 다량생산이나 표준화가 쉬운 경우에 주로 적용된다.
② 공장의 지붕형식 중 톱날지붕은 균일한 조도를 얻을 수 있다는 장점이 있다.
③ 평면계획 시 관리부분과 생산공정부분을 구분하고 동선이 혼란되지 않게 한다.
④ 공장 건축의 형식에서 집중식(Block type)은 건축비가 저렴하고, 공간효율도 좋다.

[해설]
기능식 레이아웃에는 공정 중심의 레이아웃이 있으며, 이는 동일하거나 기능이 유사한 기계설비를 집합시켜 다종의 소량생산에 대응하는 형식이다.

19 척도 조정(MC)에 관한 설명으로 옳지 않은 것은?

① 설계작업이 단순해지고 간편해진다.
② 현장작업이 단순해지고 공기가 단축된다.
③ 건축물 형태의 다양성 및 창조성 확보가 용이하다.
④ 구성재의 상호조합에 의한 호환성을 확보할 수 있다.

[해설]
건축척도 조정(MC)의 단점으로는 표준화로 인한 개성·창조성의 결여와 동일한 패턴에 의한 획일적인 외관·형태 등이 있다.
모듈·건축척도 조정(MC)
• 설계작업이 단순하고 간편하며, 미적 질서를 가질 수 있다.
• 건축재료의 낭비가 적어지고 취급 및 수송이 용이해진다.
• 건축 구성재의 대량생산이 용이하고 생산비용이 절감된다.
• 현장작업이 단순하여 공사기간이 단축된다.
• 표준화로 인해 개성, 창조성이 결여된다.
• 동일한 패턴을 이루어 획일적인 외관, 형태를 이룰 수 있다.

20 봉정사 극락전에 관한 설명으로 옳지 않은 것은?

① 지붕은 팔작지붕의 형태를 띠고 있다.
② 공포를 주상에만 짜놓은 주심포 양식의 건축물이다.
③ 우리나라에 현존하는 목조 건축물 중 가장 오래된 것이다.
④ 정면 3칸에 측면 4칸의 규모이며 서남향으로 배치되어 있다.

[해설]
봉정사 극락전은 현존 최고의 목조 건축물로서, 비교적 규모가 작고 측면에 지붕면이 없는 맞배지붕 건물이다.

정답 16 ② 17 ④ 18 ① 19 ③ 20 ①

제2과목 건축시공

21 금속 커튼월의 Mock-up test에 있어 기본성능시험의 항목에 해당되지 않는 것은?

① 정압수밀시험 ② 방재시험
③ 구조시험   ④ 기밀시험

해설
커튼월의 성능시험

실물모형시험 (Mock-up test)	• 외기의 영향으로 인한 성능을 사전에 검토하기 위해 실시하는 시험이다. • 예비시험, 기밀시험, 수밀(정압, 동압)시험, 구조시험(풍압) 등으로 구성된다.
기타 시험	층간변위시험, 열순환시험, 결로시험, 열전달 및 결로저항시험 등이 있다.

22 표준시방서에 따른 시스템비계에 관한 기준으로 옳지 않은 것은?

① 수직재와 수직재의 연결은 전용의 연결조인트를 사용하여 견고하게 연결하고, 연결 부위가 탈락 또는 꺾어지지 않도록 하여야 한다.
② 수평재는 수직재에 연결핀 등의 결합방법에 의해 견고하게 결합되어 흔들리거나 이탈되지 않도록 하여야 한다.
③ 대각으로 설치하는 가새는 비계의 외면으로 수평면에 대해 40~60° 방향으로 설치하며 수평재 및 수직재에 결속한다.
④ 시스템비계 최하부에 설치하는 수직재는 받침 철물의 조절너트와 밀착되도록 설치하여야 하며, 수직과 수평을 유지하여야 한다. 이때 수직재와 받침 철물의 겹침길이는 받침 철물 전체길이의 5분의 1 이상이 되도록 하여야 한다.

해설
수직재와 받침 철물의 겹침길이는 받침 철물 전체길이의 1/3 이상이 되도록 하여야 한다.

시스템비계의 시공 – 수직재
• 수직재와 수평재는 직교되게 설치하여야 하며, 체결 후 흔들림이 없어야 한다.
• 수직재와 수직재의 연결은 전용의 연결조인트를 사용하여 견고하게 연결하고, 연결 부위가 탈락 또는 꺾어지지 않도록 하여야 한다.
• 시스템비계 최하부에 설치하는 수직재는 받침 철물의 조절너트와 밀착되도록 설치하여야 하며, 수직과 수평을 유지하여야 한다. 이때 수직재와 받침 철물의 겹침길이는 받침 철물 전체길이의 1/3 이상이 되도록 하여야 한다.
• 수직재를 연약 지반에 설치할 경우에는 수직하중에 견딜 수 있도록 지반을 다지고 두께 45mm 이상의 깔목을 소요폭 이상으로 설치하거나, 콘크리트, 강재표면 및 단단한 아스팔트 등의 침하 방지조치를 하여야 한다.

시스템비계의 시공 – 수평재
• 수평재는 수직재에 연결핀 등의 결합방법에 의해 견고하게 결합되어 흔들리거나 이탈되지 않도록 하여야 한다.
• 안전 난간의 용도로 사용되는 상부수평재의 설치높이는 작업 발판면으로부터 0.9m 이상이어야 하며, 중간수평재는 설치높이의 중앙부에 설치(설치높이가 1.2m를 넘는 경우에는 2단 이상의 중간수평재를 설치하여 각각의 사이 간격이 0.6m 이하가 되도록 설치)하여야 한다.

시스템비계의 시공 – 가새
대각으로 설치하는 가새는 비계의 외면으로 수평면에 대해 40~60° 방향으로 설치하며 수평재 및 수직재에 결속한다.

23 다음 중 열가소성수지에 해당하는 것은?

① 페놀수지   ② 염화비닐수지
③ 요소수지   ④ 멜라민수지

해설
①, ③, ④는 열경화성수지이다.
합성수지의 종류

열경화성수지	실리콘수지, 에폭시수지, 요소수지, 페놀수지, 멜라민수지, 폴리에스테르수지, 폴리우레탄수지
열가소성수지	폴리스티렌수지, 폴리에틸렌수지, 염화비닐수지, 초산비닐수지, 메타크릴수지, 아크릴수지

정답 21 ② 22 ④ 23 ②

24 콘크리트 균열의 발생 시기에 따라 구분할 때 콘크리트의 경화 전 균열의 원인이 아닌 것은?

① 크리프 수축
② 거푸집의 변형
③ 침하
④ 소성수축

해설
콘크리트 균열의 원인

경화 전 균열 (초기 균열)	소성수축, 침하(블리딩, 재료분리, 수막 등), 거푸집 변형, 거푸집·동바리 침하, 진동, 충격 등
경화 후 균열	건조수축, 온도응력(수화열, 외기), 화학반응 및 기후(중성화·탄산화, 알칼리골재반응, 염해, 동결융해 등), 시공불량(콜드조인트 등), 크리프에 의한 균열 등

25 프리스트레스트 콘크리트(Prestressed concrete)에 관한 설명으로 옳지 않은 것은?

① 포스트텐션(Post-tension) 공법은 콘크리트의 강도가 발현된 후에 프리스트레스를 도입하는 현장형 공법이다.
② 구조물의 자중을 경감할 수 있으며, 부재 단면을 줄일 수 있다.
③ 화재에 강하며, 내화피복이 불필요하다.
④ 고강도이면서 수축 또는 크리프 등의 변형이 적은 균일한 품질의 콘크리트가 요구된다.

해설
프리스트레스트 콘크리트는 화재 발생 시 위험도가 높다.
프리스트레스트 콘크리트

개요	부재 내에 고강도선인 피아노선을 매립하고 인장력을 가한 다음 제거시키는 방법으로 콘크리트에 프리스트레스를 도입하는 공법이다.
특징	• 인장응력이 발생하는 부분에 미리 압축력을 가하여 인장강도를 증진시키는 공법이다. • 고강도이면서 수축·크리프 등의 변형이 적은 고품질의 콘크리트가 요구된다.
장점	• 간 사이를 길게 하여 넓은 공간을 설계할 수 있다. • 자중을 경감할 수 있으며, 부재 단면을 줄일 수 있다. • 공기를 단축할 수 있고 기계화 시공이 가능하다. • 강도와 내구성이 큰 구조물을 만들 수 있다.
단점	• 진동이 많고 시공이 복잡하며, 화재 시 위험도가 높다. • 항복점 이상에서 진동, 충격에 약하다.

26 고강도 콘크리트의 배합에 대한 기준으로 옳지 않은 것은?

① 단위수량은 소요의 워커빌리티를 얻을 수 있는 범위 내에서 가능한 한 작게 하여야 한다.
② 잔골재율은 소요의 워커빌리티를 얻도록 시험에 의하여 결정하여야 하며, 가능한 한 작게 하도록 한다.
③ 고성능 감수제의 단위량은 소요 강도 및 작업에 적합한 워커빌리티를 얻도록 시험에 의해서 결정하여야 한다.
④ 기상의 변화 등에 관계없이 공기연행제를 사용하는 것을 원칙으로 한다.

해설
고강도 콘크리트에서 공기연행제는 기상의 변화가 심하거나 동결융해에 대한 대책이 필요한 경우에만 사용한다.
고강도 콘크리트의 배합
• 단위시멘트량은 소요의 워커빌리티 및 강도를 얻을 수 있는 범위 내에서 가능한 한 적게 되도록 시험에 의해 정하여야 한다.
• 단위수량은 소요의 워커빌리티를 얻을 수 있는 범위 내에서 가능한 한 작게 하여야 한다.
• 잔골재율은 소요의 워커빌리티를 얻도록 시험에 의하여 결정하여야 하며, 가능한 한 작게 하도록 한다.
• 고성능 감수제의 단위량은 소요 강도 및 작업에 적합한 워커빌리티를 얻도록 시험에 의해서 결정하여야 한다.
• 슬럼프는 작업이 가능한 범위 내에서 되도록 작게 하며, 유동화 콘크리트로 할 경우 슬럼프 플로의 목표값은 설계기준압축강도 40MPa 이상 60MPa 이하의 경우 구조물의 작업 조건에 따라 500, 600 및 700mm로 구분하여 정하며, 그 이상의 고강도 콘크리트의 경우 책임기술자의 지시에 따라야 한다.
• 기상의 변화가 심하거나 동결융해에 대한 대책이 필요한 경우를 제외하고는 공기연행제를 사용하지 않는 것을 원칙으로 한다.

27 철골공사의 접합에 관한 설명으로 옳지 않은 것은?

① 고력볼트접합의 종류에는 마찰접합, 지압접합이 있다.
② 녹막이도장은 작업장소 주위의 기온이 5℃ 미만이거나 상대습도가 85%를 초과할 때는 작업을 중지한다.
③ 철골이 콘크리트에 묻히는 부분은 특히 녹막이칠을 잘해야 한다.
④ 용접 접합에 대한 비파괴시험의 종류에는 자분탐상시험, 초음파탐상시험 등이 있다.

> **[해설]**
> 녹막이칠은 콘크리트에 매립되는 부분에는 하지 않는다.
> 녹막이칠을 하지 않는 부분

접합·마찰	• 현장 용접을 하는 부위 • 고장력볼트 마찰접합부의 마찰면 • 조립에 의하여 면 맞춤 및 밀착되는 부분
매립·밀폐	• 콘크리트에 매립되는 부분 • 밀폐되는 내면

28 건설현장에서 공사감리자로 근무하고 있는 A씨가 하는 업무로 옳지 않은 것은?

① 상세시공도면의 작성
② 공사시공자가 사용하는 건축자재가 관계 법령에 의한 기준에 적합한 건축자재인지 여부의 확인
③ 공사현장에서의 안전관리지도
④ 품질시험의 실시 여부 및 시험성과의 검토, 확인

> **[해설]**
> 상세시공도면의 검토·확인이 공사감리자의 업무이다.
> 공사감리업무(건축법 시행령 제19조 제9항, 동법 시행규칙 제19조의2)
> • 공사시공자가 설계도서에 따라 적합하게 시공하는지 여부의 확인
> • 공사시공자가 사용하는 건축자재가 관계 법령에 따른 기준에 적합한 건축자재인지 여부의 확인
> • 건축물 및 대지가 건축법 및 관계 법령에 적합하도록 공사시공자 및 건축주를 지도
> • 시공계획 및 공사관리의 적정 여부의 확인
> • 건축공사의 하도급과 관련된 다음의 확인
> - 수급인(하수급인을 포함한다)이 건설산업기본법에 따른 시공자격을 갖춘 건설사업자에게 건축공사를 하도급했는지에 대한 확인
> - 수급인이 건설산업기본법에 따라 공사현장에 건설기술인을 배치했는지에 대한 확인
> • 공사현장에서의 안전관리의 지도
> • 공정표의 검토
> • 상세시공도면의 검토·확인
> • 구조물의 위치와 규격의 적정 여부의 검토·확인
> • 품질시험의 실시 여부 및 시험성과의 검토·확인
> • 설계변경의 적정 여부의 검토·확인
> • 기타 공사감리계약으로 정하는 사항

29 다음 중 가설비용의 종류로 볼 수 없는 것은?

① 가설건물비
② 바탕처리비
③ 동력, 전등설비
④ 용수설비

> **[해설]**
> 바탕처리비는 미장·도장·방수·타일 등 각 공종별 공사비용에 포함된다.
> 가설공사의 구분

직접가설공사	비계, 동바리, 흙막이, 규준틀, 보양, 양중 및 하역설비 등
공통가설공사	가설도로, 가설울타리, 현장사무실, 현장시험실, 창고, 공사용수, 가설동력, 운반, 안전설비 등

30 다음과 같은 철근콘크리트조 건축물에서 외줄비계면적으로 옳은 것은?(단, 비계높이는 건축물의 높이로 함)

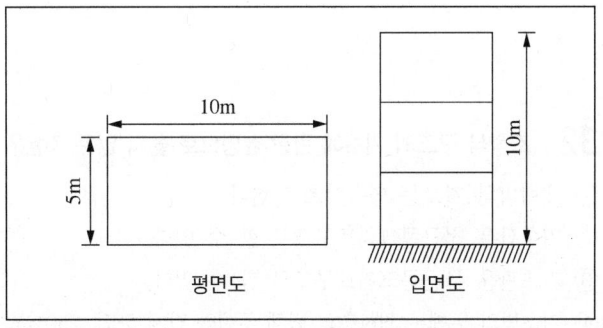

① 300m²
② 336m²
③ 372m²
④ 400m²

> **[해설]**
> 외줄비계는 벽체 마무리면에서 45cm 이격시켜 설치한다.
> 외줄비계면적 = {건물의 벽체 길이 합계(m) + 3.6(= 0.45 × 2 × 4)m}
> × 건물의 높이(m)
> = {(10m + 10m + 5m + 5m) + 3.6m} × 10m
> = 336m²

31 보통 콘크리트용 부순 골재의 원석으로서 가장 적합하지 않은 것은?

① 현무암 ② 응회암
③ 안산암 ④ 화강암

해설
쇄석(깬 자갈)의 원석으로는 안산암, 화강암, 현무암 등이 적합하다.
깬 자갈(Crushed stone)
- 원석은 안산암, 화강암, 현무암 등이다.
- 강자갈과 달리 각진 모양 및 거친 표면조직을 갖고 있다.
- 시멘트 페이스트와의 부착성능이 좋다.

32 조적식 구조의 기초에 관한 설명으로 옳지 않은 것은?

① 내력벽의 기초는 연속기초로 한다.
② 기초판은 철근콘크리트구조로 할 수 있다.
③ 기초판은 무근콘크리트구조로 할 수 있다.
④ 기초벽의 두께는 최하층의 벽체 두께와 같게 하되, 250mm 이하로 하여야 한다.

해설
기초벽의 두께는 250mm 이상으로 하여야 한다.
조적식 구조의 기초의 구조기준
- 조적식 구조인 내력벽의 기초(최하층의 바닥면 이하에 해당하는 부분을 말한다)는 연속기초로 하여야 한다.
- 조적식 구조인 내력벽의 기초 중 기초판은 철근콘크리트구조 또는 무근콘크리트구조로 하고, 기초벽의 두께는 250mm 이상으로 하여야 한다.

33 건축공사 스프레이 도장방법에 관한 설명으로 옳지 않은 것은?

① 도장거리는 스프레이 도장면에서 300mm를 표준으로 한다.
② 매회의 에어스프레이는 붓도장과 동등한 정도의 두께로 하고, 2회분의 도막 두께를 한 번에 도장하지 않는다.
③ 각 회의 스프레이 방향은 전회의 방향에 평행으로 진행한다.
④ 스프레이할 때는 항상 평행이동하면서 운행의 한 줄마다 스프레이 너비의 1/3 정도를 겹쳐 뿜는다.

해설
스프레이도장(뿜칠) 시 각 회의 스프레이 방향은 전회의 방향에 직각으로 한다.
스프레이도장(뿜칠)의 시공
- 스프레이건의 운행은 항상 평행하게 한다.
- 운행의 한 줄마다 뿜칠 폭의 1/3 정도를 겹쳐 뿜는다.
- 뿜칠의 각도는 칠바탕에 직각으로 한다.
- 각 회의 뿜도장 방향은 전회의 방향에 직각으로 한다.
- 매회 붓도장과 동등한 정도의 두께로 한다.
- 2회분의 도막 두께를 한 번에 도장하지 않는다.

34 시멘트 광물질의 조성 중에서 발열량이 높고 응결시간이 가장 빠른 것은?

① 알루민산삼석회 ② 규산삼석회
③ 규산이석회 ④ 알루민산철사석회

해설
알루민산3석회는 수화속도가 빠르고 수화열이 가장 크며, 1일 이내 조기강도를 지배하는 성분이다.
시멘트의 화학적 구성물

구분	규산 3석회	규산 2석회	알루민산 3석회	알루민산철 4석회
강도발현	28일 이내 조기강도	28일 이후 장기강도	1일 이내 조기강도	기여하지 않음
수화속도	빠름	늦음	빠름	빠름
수화열	크다.	작다.	가장 크다.	보통
건조수축	보통	작다.	가장 크다.	작다.
화학저항	보통	크다.	작다.	보통

31 ② 32 ④ 33 ③ 34 ①

35 공사장 부지 경계선으로부터 50m 이내에 주거·상가 건물이 있는 경우에 공사현장 주위에 가설울타리는 최소 얼마 이상의 높이로 설치하여야 하는가?

① 1.5m　　② 1.8m
③ 2m　　　④ 3m

해설
공사현장 경계의 가설울타리의 시공
- 높이 1.8m 이상(지반면이 공사현장 주위의 지반면보다 낮은 경우에는 공사현장 주위의 지반면에서의 높이 기준)으로 설치한다.
- 야간에도 잘 보이도록 발광 시설을 설치하여야 한다.
- 차량과 사람이 출입하는 가설울타리 진입구에는 시건장치가 있는 문을 설치하여야 한다.
- 공사장 부지 경계선으로부터 50m 이내에 주거·상가건물이 집단으로 밀집되어 있는 경우에는 높이 3m 이상으로 설치하여야 한다.

37 열적외선을 반사하는 은소재 도막으로 코팅하여 방사율과 열관류율을 낮추고 가시광선 투과율을 높인 유리는?

① 스팬드럴유리　　② 접합유리
③ 배강도유리　　　④ 로이유리

해설
① 스팬드럴유리 : 커튼월 등에서 보나 기둥 등의 구조재를 감추기 위해 설치하는 불투명한 유리판을 말한다.
② 접합유리 : 2매 이상의 판유리 사이에 비닐계 플라스틱의 특수필름 등을 삽입하여 고온, 고압으로 접착시킨 안전유리이다.
③ 배강도유리(반강화유리) : 유리를 연화점 이하의 온도로 가열한 다음 강화유리의 절반 이하의 냉각공기로 냉각시켜 만든 안전유리이다. 파괴 시 파편이 강화유리보다 크고 이탈현상이 없다.

로이유리(Low-e, 저방사유리)
- 열적외선을 반사하는 은소재 도막으로 코팅하여 방사율과 열관류율을 낮추고 가시광선 투과율을 높인 유리이다.
- 저방사 단열성이 뛰어나고 근적외선 영역의 열선 투과율은 낮다.
- 동절기에는 실내의 열을 실내로 재반사시키고 하절기에는 실외의 태양열이 실내로 들어오는 것을 차단한다.
- 가시광선 투과율이 76% 이상으로, 맑은유리와 큰 차이가 없다.
- 색유리를 사용했을 때보다 실내가 훨씬 밝다.
- 실외의 물체가 자연색 그대로 실내에 전달된다.

36 다음 중 조적벽 치장줄눈의 종류로 옳지 않은 것은?

① 오목줄눈　　② 빗줄눈
③ 통줄눈　　　④ 실줄눈

해설
조적조의 치장줄눈
- 벽면의 의장효과를 위해 쌓기가 끝난 후 바르는 줄눈을 말한다.
- 평줄눈이 일반적으로 가장 많이 사용된다.

민줄눈	평줄눈	둥근줄눈	빗줄눈
오목줄눈	볼록줄눈	내민줄눈	실줄눈

38 타격에 의한 말뚝박기 공법을 대체하는 저소음, 저진동의 말뚝 공법에 해당되지 않는 것은?

① 압입 공법
② 사수(Water jetting) 공법
③ 프리보링 공법
④ 바이브로 콤포저 공법

해설
④는 지반 중에 모래를 압입하고 진동다짐하여 모래말뚝을 형성하는 지반개량 공법이다.

말뚝의 매입 공법

압입 공법		말뚝의 두부에 유압 또는 수압으로 압력을 가하여 시공한다.
사수 공법		말뚝 선단부에 분출구를 설치하고 물을 분사하여 시공한다.
굴착 공법	프리보링	오거 등으로 지반을 천공하고 기성말뚝을 매입한다.
	내부굴착	개방형 중공 기성말뚝 내부에 오거를 넣고 지반을 천공하면서 매입한다.

정답　35 ④　36 ③　37 ④　38 ④

39 공정관리에서의 네트워크(Network)에 관한 용어와 관계없는 것은?

① 커넥터(Connector)
② 크리티컬패스(Critical path)
③ 더미(Dummy)
④ 플로트(Float)

해설
네트워크 공정표의 주요 용어

액티비티(Activity)	프로젝트를 구성하는 작업 단위이다.
이벤트/노드(Event/Node)	작업을 결합하는 연결점 및 개시점, 종료점이다.
듀레이션(Duration)	작업을 수행하는 데 필요한 시간이다.
플로트(Float)	각 작업에 허용되는 시간적인 여유이다.
크리티컬패스(Critical path)	공정표상 가장 긴 경로이며 여유시간이 없는 공정선이다.
더미(Dummy)	작업은 없으나 작업 간의 관계를 표시하는 화살선이다.

40 다음 각 유리에 관한 설명으로 옳지 않은 것은?

① 망입유리는 파손되더라도 파편이 튀지 않으므로 진동에 의해 파손되기 쉬운 곳에 사용된다.
② 복층유리는 단열 및 차음성이 좋지 않아 주로 선박의 창 등에 이용된다.
③ 강화유리는 압축강도를 한층 강화한 유리로 현장가공 및 절단이 되지 않는다.
④ 자외선투과유리는 병원이나 온실 등에 이용된다.

해설
복층유리는 단열성·차음성이 우수하며, 선박의 창에는 강화유리가 주로 사용된다.
복층유리(페어글라스)
• 2장 또는 3장의 유리를 일정한 간격을 띄우고 둘레에는 틀을 끼워 내부는 기밀하게 하고 건조공기를 넣어서 제조한 유리이다.
• 시공 전에 소요치수대로 가공, 절단된다.
• 결로현상 방지에 가장 효과적인 유리이다.
• 단열성과 차음성이 우수하여 단열, 방서, 방음용으로 사용된다.

제3과목 건축구조

41 H $-300\times150\times6.5\times9$인 형강보가 10kN의 전단력을 받을 때 웨브에 생기는 전단응력도의 크기는 약 얼마인가?(단, 웨브전단면적 산정 시 플랜지 두께는 제외함)

① 3.46MPa
② 4.46MPa
③ 5.46MPa
④ 6.46MPa

해설
웨브의 전단응력도
H$-a\times b\times c\times d$라 할 때, 아래와 같이 구한다.
전단응력(τ) $= \dfrac{V}{t\times h} = \dfrac{V}{c\times(a-d\times 2)} = \dfrac{10,000\text{N/mm}^2}{6.5\times(300-9\times 2)}$
$= 5.46\text{MPa}$

42 다음 강종 표시기호에 관한 설명으로 옳지 않은 것은? (단, KS 강종기호 개정사항 반영)

SMA	355	B	W
|	|	|	|
(가)	(나)	(다)	(라)

① (가) : 용도에 따른 강재의 명칭 구분
② (나) : 강재의 인장강도 구분
③ (다) : 충격흡수에너지 등급 구분
④ (라) : 내후성 등급 구분

해설
KS 개정에 따른 변경기호 표기방법에 따르면, 강재 표기 중 3자리 숫자는 강재의 항복강도를 의미한다(종전 : 강재의 인장강도).

43 각종 단면의 주축(主軸)을 표시한 것으로 옳지 않은 것은?

① 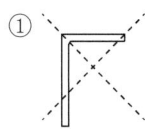 ②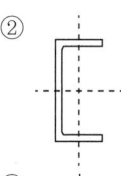

③ 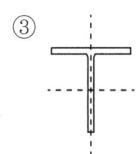 ④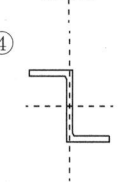

해설
Z형강 단면의 주축은 사선 방향이 된다.
단면의 주축

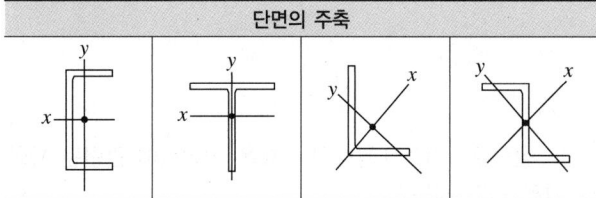

44 그림과 같은 라멘의 AB재에 휨모멘트가 발생하지 않게 하려면 P는 얼마가 되어야 하는가?

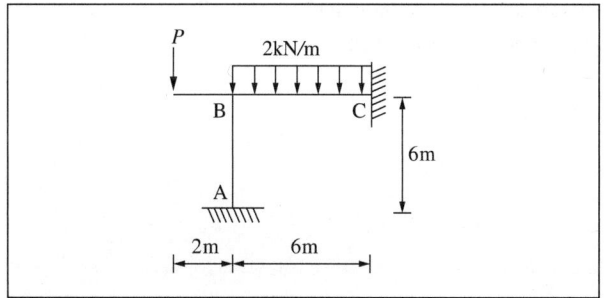

① 3kN ② 4kN
③ 5kN ④ 6kN

해설
- BD부재(캔틸레버)에 대한 휨모멘트
  $M_{BD} = -Pl = -P \times 2 = -2P(\text{kN} \cdot \text{m})$
- BC부재에 대한 휨모멘트
  $M_{BC} = \dfrac{wl^2}{12} = \dfrac{2\text{kN/m} \times (6\text{m})^2}{12} = 6\text{kN} \cdot \text{m}$
- 절점방정식
  $M_{AB} + M_{BD} + M_{BC} = 0, \ M_{AB} = 0$
  $-2P + 6\text{kN} \cdot \text{m} = 0$
  $\therefore P = 3\text{kN} \cdot \text{m}$

45 그림과 같은 단순보에서 A점과 B점에 발생하는 반력으로 옳은 것은?

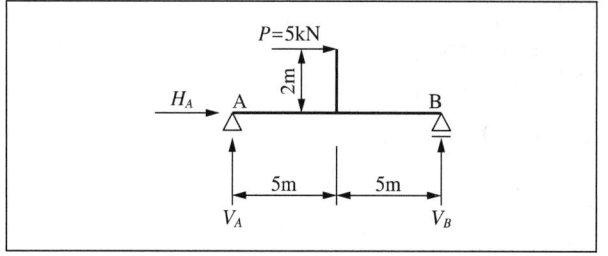

① $H_A = +5\text{kN}, \ V_A = +1\text{kN}, \ V_B = +1\text{kN}$
② $H_A = -5\text{kN}, \ V_A = -1\text{kN}, \ V_B = +1\text{kN}$
③ $H_A = +5\text{kN}, \ V_A = +1\text{kN}, \ V_B = -1\text{kN}$
④ $H_A = -5\text{kN}, \ V_A = +1\text{kN}, \ V_B = +1\text{kN}$

해설
- $\Sigma H_A = 0, \ H_A + 5\text{kN} = 0$ 이므로, $H_A = -5\text{kN}(\leftarrow)$
- $\Sigma M_B = 0, \ V_A \times l + P \times h = 0$
  $V_A \times 10\text{m} + 5\text{kN} \times 2\text{m} = 0$ 이므로, $V_A = -1\text{kN}(\downarrow)$
- $\Sigma V = 0, \ V_A + V_B = 0$ 이므로, $V_B = +1\text{kN}(\uparrow)$

46 다음과 같은 단순보의 최대 처짐량($\delta_{\max}$)이 30cm 이하가 되기 위하여 보의 단면2차모멘트는 최소 얼마 이상이 되어야 하는가?(단, 보의 탄성계수는 $E = 1.25 \times 10^4 \text{N/mm}^2$)

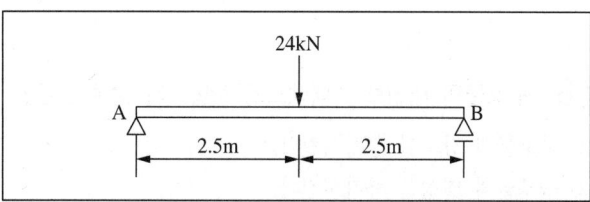

① 1,500cm⁴ ② 1,670cm⁴
③ 2,000cm⁴ ④ 2,500cm⁴

해설
단순보의 처짐

	집중하중		등분포하중	
	최대 처짐	처짐각	최대 처짐	처짐각
	$\dfrac{Pl^3}{48EI}$	$\dfrac{Pl^2}{16EI}$	$\dfrac{5wl^4}{384EI}$	$\dfrac{wl^3}{24EI}$
	중앙	지점	중앙	지점

$\delta_{\max} = \dfrac{Pl^3}{48EI}$ 이므로, $I = \dfrac{Pl^3}{\delta_{\max} \times 48E}$

$\therefore I = \dfrac{24,000\text{N} \times (5,000\text{mm})^3}{300\text{mm} \times 48 \times 12,500\text{N/mm}^2} \fallingdotseq 16,666,666\text{mm}^4 \fallingdotseq 1,666\text{cm}^4$

정답 43 ④ 44 ① 45 ② 46 ②

47 횡력의 25% 이상을 부담하는 연성모멘트골조가 전단벽이나 가새골조와 조합되어 있는 구조방식을 무엇이라 하는가?

① 제진시스템방식
② 면진시스템방식
③ 이중골조방식
④ 메가칼럼–전단벽 구조방식

해설
주요 지진력저항시스템

모멘트 골조방식	수직하중과 횡력을 보와 기둥으로 구성된 라멘골조가 저항하는 구조방식이다.
연성모멘트 골조방식	횡력에 대한 저항능력을 증가시키기 위하여 부재와 접합부의 연성을 증가시킨 모멘트골조방식이다.
이중 골조방식	지진력의 25% 이상을 부담하는 연성모멘트골조가 전단벽이나 가새골조와 조합되어 있는 구조방식이다.
건물 골조방식	수직하중은 입체골조가 저항하고, 지진하중은 전단벽이나 가새골조가 저항하는 구조방식이다.

48 구조물의 내진보강 대책으로 적합하지 않은 것은?

① 구조물의 강도를 증가시킨다.
② 구조물의 연성을 증가시킨다.
③ 구조물의 중량을 증가시킨다.
④ 구조물의 감쇠를 증가시킨다.

해설
구조물의 중량을 감소시키는 것이 내진보강 대책으로 적합하다.
내진보강 대책

내진구조	강성이 우수한 내진벽·전단벽 등을 설치하여 수평력에 저항하는 구조이다.
제진구조	• 지진에 대한 흔들림을 억제하는 메커니즘을 설치한 구조이다. • 건축물에 계측기 및 댐퍼, 제진 추 등의 장치를 설치하여 지진파를 감소시키거나 상쇄시키는 구조이다.
면진구조	• 지진에 대한 흔들림을 회피하는 구조이다. • 지진 시 큰 횡변위가 발생되도록 수평적으로 유연하고 강한 면진장치(적층고무, 납받침, 베어링 등)를 건축물 하부에 설치한 구조이다.

49 폭 b = 250mm, 높이 h = 500mm인 직사각형 콘크리트보 부재의 균열모멘트 M_{cr}은?(단, 경량 콘크리트계수 λ = 1, f_{ck} = 24MPa)

① 8.3kN·m
② 16.4kN·m
③ 24.5kN·m
④ 32.2kN·m

해설
$$균열모멘트(M_{cr}) = f_r \times Z = 0.63\lambda\sqrt{f_{ck}} \times \frac{bh^2}{6}$$
$$= 0.63 \times 1 \times \sqrt{24} \times \frac{250 \times 500^2}{6}$$
$$≒ 32,149,552 N \cdot mm$$
$$≒ 32.2 kN \cdot m$$

50 철근콘크리트 T형보의 유효폭 산정식에 관련된 사항과 거리가 먼 것은?

① 보의 폭
② 슬래브 중심 간 거리
③ 슬래브의 두께
④ 보의 춤

해설
T형보의 유효폭
다음 값 중에서 최소인 값으로 한다.
• $16t$(슬래브 두께) + b_w(보의 폭)
• 양측 슬래브의 중심 간 거리
• $\frac{1}{4} \times$ 보의 경간

51 하중저항계수설계법에 따른 강구조 연결 설계기준을 근거로 할 때 고장력볼트의 직경이 M24라면 표준구멍의 직경으로 옳은 것은?

① 26mm
② 27mm
③ 28mm
④ 30mm

해설
고장력볼트의 공칭(표준)구멍 치수

M16	M20	M22	M24	M27
18mm	22mm	24mm	27mm	30mm
직경 + 2mm			직경 + 3mm	

정답 47 ③ 48 ③ 49 ④ 50 ④ 51 ②

52 강도설계법에서 처짐을 계산하지 않는 경우 스팬이 8.0m인 단순지지된 보의 최소 두께로 옳은 것은?(단, 보통중량 콘크리트와 f_y = 400MPa 철근을 사용한 경우)

① 380mm ② 430mm
③ 500mm ④ 600mm

해설

처짐을 계산하지 않는 보의 최소 두께
- 보통중량 콘크리트(M_c = 2,300kg/m³)와 철근(f_y = 400MPa)을 사용한 부재의 값이다.
- 1단 연속, 양단 연속의 경우 스팬이 가장 긴 보의 l을 적용한다.
- 리브가 있는 1방향 슬래브의 경우는 아래 값을 적용한다.

구분	단순지지	1단 연속	양단 연속	캔틸레버
최소 두께 (최소 춤, h)	$l/16$	$l/18.5$	$l/21$	$l/8$

$$\therefore h = \frac{l}{16} = \frac{8,000mm}{16} = 500mm$$

53 그림과 같은 도형의 $X-X$축에 대한 단면2차모멘트는?

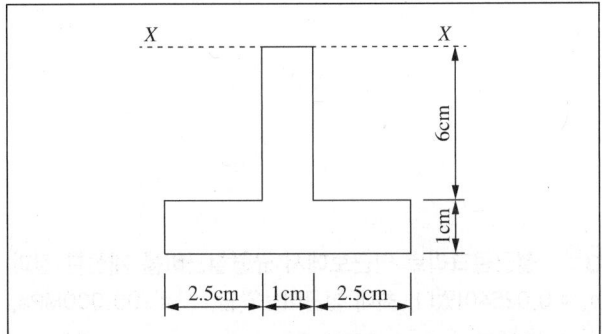

① 326cm⁴ ② 278cm⁴
③ 215cm⁴ ④ 188cm⁴

해설

상하부 사각형으로 나누어 계산한다.

축의 이동식 = $I_y + A \times x_0^2 = \frac{bh^3}{12} + bh \times x_0^2$ 이므로,

㉠ 상단 사각형의 단면2차모멘트
$$\frac{1cm \times (6cm)^3}{12} + (1cm \times 6cm) \times (3cm)^2 = 72cm^4$$

㉡ 하단 사각형의 단면2차모멘트
$$\frac{6cm \times (1cm)^3}{12} + (6cm \times 1cm) \times (6.5cm)^2 = 254cm^4$$

$\therefore$ ㉠ + ㉡ = $72cm^4 + 254cm^4 = 326cm^4$

54 그림과 같은 트러스(Truss)에서 T부재에 발생하는 부재력으로 옳은 것은?

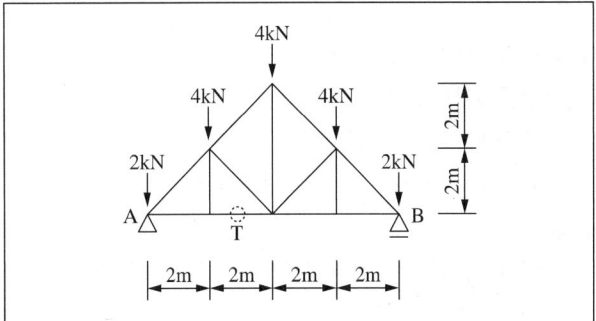

① 4kN ② 6kN
③ 8kN ④ 16kN

해설

트러스의 부재력
- 반력
  하중과 경간이 좌우대칭이므로, $V_A = V_B = \sum P \div 2$이다.
  $V_A = V_B = 16kN \div 2 = 8kN(\uparrow)$
- T부재의 부재력
  C절점(A지점에서 우측 2m · 2m 상단, 4kN이 작용하는 절점)에서 모멘트를 구한다.
  $\sum M_C = 0$
  $V_A \times a - P_1 \times a - F_T \times h = 0$
  $8kN \times 2m - 2kN \times 2m - F_T \times 2m = 0$
  $\therefore F_T = 6kN(인장)$

55 저층 강구조 장스팬 건물의 구조계획에서 고려해야 할 사항과 가장 관계가 적은 것은?

① 층고, 지붕형태 등 건물의 형상 선정
② 적절한 골조 간격의 선정
③ 강절점, 활절점에 대한 부재의 접합방법 선정
④ 풍하중에 의한 횡변위 제어방법

해설

저층 장스팬 건물의 구조계획에서는 고정하중, 활하중, 적설하중 등의 수직하중이 고려되어야 한다. ④는 건물의 높이에 따라 증가하는 수평하중이므로, 고층·초고층 건물의 구조계획에서 우선적으로 고려해야 할 사항이다.

정답 52 ③ 53 ① 54 ② 55 ④

56 보 또는 보의 역할을 하는 리브나 지판이 없이 기둥으로 하중을 전달하는 2방향으로 철근이 배치된 콘크리트 슬래브는?

① 와플슬래브(Waffle slab)
② 플랫플레이트(Flat plate)
③ 플랫슬래브(Flat slab)
④ 데크플레이트슬래브(Deck plate slab)

해설
① 와플슬래브 : 슬래브와 등간격으로 서로 직교하는 장선(리브)이 일체화된 2방향 슬래브이다.
③ 플랫슬래브 : 보 없이 지판에 의해 하중이 기둥으로 전달되며, 2방향으로 철근이 배치된 콘크리트 슬래브이다.
④ 데크플레이트슬래브 : 바닥 슬래브를 타설하기 전에 철골보 위에 설치하고 콘크리트를 타설하여 바닥판 등으로 사용하는 절곡된 얇은 판의 합성 슬래브이다.

58 인장 이형철근의 정착길이를 산정할 때 적용되는 보정계수에 해당되지 않는 것은?

① 철근배근위치계수
② 철근도막계수
③ 크리프계수
④ 경량 콘크리트계수

해설
크리프계수는 탄성변형에 대한 크리프 변형의 비를 말한다.
인장 이형철근의 정착길이(l_d) = 기본 정착길이 × 보정계수

$$= \frac{0.9 d_b f_y}{\lambda \sqrt{f_{ck}}} \times \frac{\alpha \times \beta \times \gamma}{\left(\frac{c + K_{tr}}{d_b}\right)}$$

여기서, λ : 경량 콘크리트계수
α : 철근배근위치계수
β : 철근도막계수
γ : 철근크기계수
c : 덮개(피복) 또는 철근 간격
K_{tr} : 횡방향 철근지수
d_b : 정착되는 철근지름

57 그림과 같은 ㄷ형강(Channel)에서 전단중심(剪斷中心)의 대략적인 위치는?

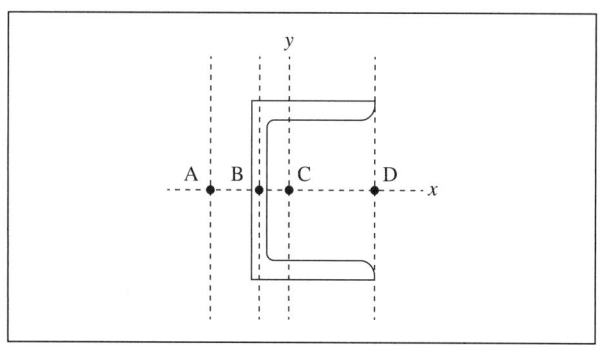

① A점
② B점
③ C점
④ D점

해설
제시된 ㄷ형강의 대략적인 전단중심은 A점이다.
전단중심(Shear center, S)
• 단면에서 비틀림을 발생시키지 않는 점을 말한다.
• 부재가 비틀림 없이 휨을 받기 위해서 하중의 작용선이 지나야 하는 단면상의 특정 지점이다.

| 전단중심의 위치 |
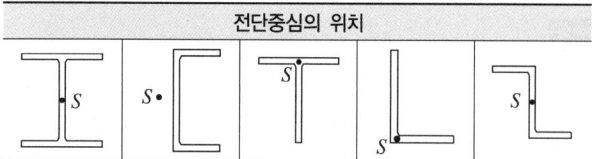

59 철근콘크리트 단근보에서 균형철근비를 계산한 결과 ρ_s = 0.0254이었다. 최대 철근비는?(단, E = 200,000MPa, f_y = 400MPa, f_{ck} = 24MPa)

① 0.01863
② 0.02256
③ 0.02607
④ 0.01844

해설
최대 철근비

철근의 설계기준항복강도	최소 허용변형률	최대 철근비
$f_y = 300$MPa	0.004	$0.658 \rho_b$
$f_y = 350$MPa	0.004	$0.692 \rho_b$
$f_y = 400$MPa	0.004	$0.726 \rho_b$

$f_y = 400$MPa이므로, $\rho_{\max} = 0.726 \rho_b$ 이다.
∴ $\rho_{\max} = 0.726 \rho_b = 0.726 \times 0.0254 ≒ 0.01844$

※ 개정된 KDS 기준으로 내용을 수정하였다.

60 다음 중 압축재의 좌굴하중 산정 시 직접적인 관계가 없는 것은?

① 부재의 푸아송비
② 부재의 단면2차모멘트
③ 부재의 탄성계수
④ 부재의 지지조건

해설
오일러의 좌굴하중
- 좌굴이 발생하기 직전의 하중으로, 임계하중이라고도 한다.
- 좌굴하중(P_b) = $\dfrac{\pi^2 \times 탄성계수(E) \times 단면2차모멘트(I)}{좌굴길이^2(l_k^2)}$

※ 좌굴길이(l_k) = 지지조건에 따른 유효좌굴계수(K) × 길이(l)

제4과목 건축설비

61 다음의 냉방부하 발생요인 중 현열부하만 발생시키는 것은?

① 인체의 발생열량
② 벽체로부터의 취득열량
③ 극간풍에 의한 취득열량
④ 외기의 도입으로 인한 취득열량

해설
부하와 열의 종류
현열은 공기의 온도에 영향을 주며, 잠열은 습도에 영향을 미친다.

구분	냉·온열원	냉방부하	난방부하
현열	유리면	O	O
	외기에 면한 벽체·지붕, 내벽, 바닥	O	O
	재열부하	O	O
	조명기구, 복사기, 덕트(취득열량)	O	-
현열 + 잠열	환기, 외기의 도입, 틈새바람(극간풍)	O	O
	인체	O	-
	순간급탕기	O	-

62 온열지표 중 기온, 습도, 기류, 주벽면 온도의 4요소를 조합하여 체감과의 관계를 나타낸 것은?

① 작용온도
② 불쾌지수
③ 등온지수
④ 유효온도

해설
① 작용온도 : 기온, 기류 및 주벽면 온도(복사열)의 3요소의 조합과 체감과의 관계를 나타내는 것으로, 공기의 습도가 고려되지 않은 것이다.
② 불쾌지수 : 건구온도와 상대습도에 의해 불쾌감을 느끼는 상태를 나타내는 지표이다.
④ 유효온도 : 기온, 습도, 기류의 3요소의 조합에 의한 실내 온열감각을 기온의 척도로 나타낸 것을 말한다.

정답 60 ① 61 ② 62 ③

63 직경 200mm의 배관을 통하여 물이 1.5m/s의 속도로 흐를 때 유량은?

① $2.83\text{m}^3/\text{min}$
② $3.2\text{m}^3/\text{min}$
③ $3.83\text{m}^3/\text{min}$
④ $6.0\text{m}^3/\text{min}$

해설
유량(Q) = 단면적(A) × 유속(V)
= ($\pi \times 0.1\text{m} \times 0.1\text{m}$) × 1.5m/s
≒ 0.047m³/s ≒ 2.83m³/min

64 건구온도 26℃인 실내공기 8,000m³/h와 건구온도 32℃인 외부공기 2,000m³/h를 단열 혼합하였을 때 혼합공기의 건구온도는?

① 27.2℃
② 27.6℃
③ 28.0℃
④ 29.0℃

해설
혼합공기의 온도(℃) = $\dfrac{\text{A공기(온도} \times \text{양)} + \text{B공기(온도} \times \text{양)}}{\text{A와 B공기의 양}}$
= $\dfrac{26℃ \times 8,000\text{m}^3/\text{h} + 32℃ \times 2,000\text{m}^3/\text{h}}{8,000\text{m}^3/\text{h} + 2,000\text{m}^3/\text{h}}$
= 27.2℃

65 바닥복사 난방방식에 관한 설명으로 옳지 않은 것은?

① 열용량이 커서 예열시간이 짧다.
② 방을 개방상태로 하여도 난방효과가 있다.
③ 다른 난방방식에 비교하여 쾌감감이 높다.
④ 실내에 방열기를 설치하지 않으므로 바닥이나 벽면을 유용하게 이용할 수 있다.

해설
복사난방은 열용량이 크고 예열시간이 길다.
복사난방방식
• 실내의 온도분포가 균등하고 쾌감도가 높다.
• 방열기가 필요하지 않으며 바닥면의 이용도가 높다.
• 대류가 적으므로 바닥면의 먼지가 상승하지 않는다.
• 방이 개방상태인 경우에도 난방효과가 있다.
• 실내 상하온도차가 작아 천장고가 높은 공장에 적합하다.
• 열용량이 크기 때문에 발열량 조절에 시간이 걸린다.
• 예열시간이 다소 길고 시공, 하자의 보수 및 발견이 어렵다.
• 대류난방에 비하여 설비비가 고가이다.

66 점광원으로부터의 거리가 n배가 되면 그 값은 $1/n^2$배가 된다는 '거리의 역제곱의 법칙'이 적용되는 빛환경 지표는?

① 조도
② 광도
③ 휘도
④ 복사속

해설
조도와 거리
• 조도는 광도, cosθ(입사각)에 비례하며, 거리의 제곱에 반비례한다.
• 조도(lx) = $\dfrac{\text{광속 또는 광도(lm, cd)}}{\text{거리(m)}^2}$

67 가스사용시설의 가스계량기에 관한 설명으로 옳지 않은 것은?

① 가스계량기와 전기점멸기와의 거리는 30cm 이상 유지하여야 한다.
② 가스계량기와 전기계량기와의 거리는 60cm 이상 유지하여야 한다.
③ 가스계량기와 전기개폐기와의 거리는 60cm 이상 유지하여야 한다.
④ 공동주택의 경우 가스계량기는 일반적으로 대피공간이나 주방에 설치된다.

해설
가스계량기는 공동주택의 대피공간이나 주방에 설치할 수 없다.
가스계량기의 설치금지 장소(도시가스법 시행규칙 별표 7)
• 공동주택의 대피공간
• 방·거실 및 주방 등으로서 사람이 거처하는 곳
• 가스계량기에 나쁜 영향을 미칠 우려가 있는 장소

63 ① 64 ① 65 ① 66 ① 67 ④ 　**정답**

68 트랩의 구비조건으로 옳지 않은 것은?

① 봉수깊이는 50mm 이상 100mm 이하일 것
② 오수에 포함된 오물 등이 부착 또는 침전하기 어려운 구조일 것
③ 봉수부에 이음을 사용하는 경우에는 금속제 이음을 사용하지 않을 것
④ 봉수부의 소제구는 나사식 플러그 및 적절한 개스킷을 이용한 구조일 것

해설
트랩 봉수부에 이음을 사용할 경우 금속제 이음을 사용해야 한다.
배수트랩의 필요조건
- 봉수깊이는 50mm 이상 100mm 이하일 것
- 청소가 용이하고 오수에 포함된 오물 등이 부착 또는 침전하기 어려운 구조일 것
- 배수관 내의 취기, 해충 등의 이동을 방지할 수 있는 구조일 것
- 기구내장 트랩의 내벽 및 배수로의 단면형상에 급격한 변화가 없을 것
- 봉수부에 이음을 사용하는 경우에는 금속제 이음을 사용할 것
- 봉수부의 소제구는 나사식 플러그 및 적절한 개스킷을 이용한 구조일 것
- 자정 작용이 가능하며, 기구에 내장된 트랩이나 플라스틱 유리 등 내식성 재질을 사용한 경우 이외엔 트랩 내부에 격벽이 없을 것

69 크로스 커넥션(Cross connection)에 관한 설명으로 가장 알맞은 것은?

① 관로 내의 유체의 유동이 급격히 변화하여 압력변화를 일으키는 것
② 상수의 급수·급탕계통과 그 외의 계통배관이 장치를 통하여 직접 접속되는 것
③ 겨울철 난방을 하고 있는 실내에서 창을 타고 차가운 공기가 하부로 내려오는 현상
④ 급탕·반탕관의 순환거리를 각 계통에 있어서 거의 같게 하여 전 계통의 탕의 순환을 촉진하는 방식

해설
①은 수격작용(워터해머), ③은 콜드래프트, ④는 역환수방식에 대한 설명이다.
크로스 커넥션(Cross connection)
급수배관과 급수 이외의 배관이 직접 접속된 상태에서 급수배관 내에 타 배관의 오수가 역류하여 상수를 오염시키는 현상이다.

70 습공기의 상태변화에 관한 설명으로 옳지 않은 것은?

① 가열하면 엔탈피는 증가한다.
② 냉각하면 비체적은 감소한다.
③ 가열하면 절대습도는 증가한다.
④ 냉각하면 습구온도는 감소한다.

해설
수분 변화 없이 온도만 증감하는 경우, 절대습도는 동일하다.
습공기선도상 공기상태의 변화
- 냉각은 좌측(←)으로, 가열은 우측(→)으로, 가습은 상단(↑)으로, 감습(제습)은 하단(↓)으로 이동한다.
- 수분의 증감 없이 온도만 증감할 경우 절대습도는 동일하다.
- 온도의 증감 없이 수분만 증감할 경우 건구온도는 동일하다.
- 상대습도는 온도가 높을수록 낮아지며, 온도가 낮을수록 높아진다.

71 TV공청설비의 주요 구성기기에 속하지 않는 것은?

① 증폭기　　② 월패드
③ 컨버터　　④ 혼합기

해설
방송공동수신설비(TV공청설비)

개요	1조의 안테나로 TV공중파를 수신하여 TV수상기로 배분하는 설비이다.
구성기기	안테나, 혼합기(Mixer), 컨버터, 증폭기, 선로기기(분기기, 분배기, 정합기, 분파기 등), 전송선, 종합유선방송기기(방향성 결합기)

72 다음의 저압 옥내배선방법 중 노출되고 습기가 많은 장소에 시설이 가능한 것은?(단, 400V 미만인 경우)

① 금속관 배선
② 금속몰드 배선
③ 금속덕트 배선
④ 플로어덕트 배선

해설
금속관 배선은 은폐 및 노출장소, 옥내·옥외, 다습한 장소에 시공이 가능하다.
금속관 배선공사
- 금속관 내부에 절연전선을 넣어서 설치하는 공사이다.
- 은폐 및 노출장소, 옥내·옥외, 다습한 장소 등에 시공이 가능하다.
- 과열에 의한 화재의 우려가 없고 기계적인 보호성이 우수하다.
- 고압, 저압, 통신설비 등 옥내배선의 모든 공사에 널리 사용된다.
- 전선의 인입이 우수하며 철근콘크리트건물의 매입배선으로 사용된다.

정답 68 ③　69 ②　70 ③　71 ②　72 ①

73 100V, 500W의 전열기를 90V에서 사용할 경우 소비전력은?

① 200W ② 310W
③ 405W ④ 420W

해설
전압이 0.9배 감소하였을 때, 전력은 0.9^2배로 감소한다.
∴ $500W \times 0.81 = 405W$

전력
- 단위는 Watt(W), 직류의 전력(P) = 전압(V) × 전류(I)
- 전압과 전류의 곱으로, 전력은 전압의 제곱에 비례한다.
- 1W는 전압이 1V일 때, 1A의 전류가 1s 동안에 하는 일을 말한다.

74 급탕설비에 관한 설명으로 옳지 않은 것은?

① 냉수, 온수를 혼합 사용해도 압력차에 의한 온도변화가 없도록 한다.
② 배관은 적정한 압력손실 상태에서 피크 시를 충족시킬 수 있어야 한다.
③ 도피관에는 압력을 도피시킬 수 있도록 밸브를 설치하고 배수는 직접배수로 한다.
④ 밀폐형 급탕시스템에는 온도상승에 의한 압력을 도피시킬 수 있는 팽창탱크 등의 장치를 설치한다.

해설
팽창관(도피관)의 도중에는 밸브를 설치해서는 안 된다.
팽창관(도피관)
- 보일러, 저탕조 등 밀폐가열장치 내의 압력상승을 도피시키는 배관이다.
- 보일러 내 공기나 증기를 배출한다.
- 팽창관의 도중에는 밸브를 설치해서는 안 된다.
- 역류 방지를 위해 팽창탱크의 수면보다 높게 하여 연결한다.
- 팽창관의 내경은 보일러의 전열면적에 의해 결정된다.

75 다음의 에스컬레이터의 경사도에 관한 설명 중 ( ) 안에 알맞은 것은?

에스컬레이터의 경사도는 (㉠)를 초과하지 않아야 한다. 다만, 높이가 6m 이하이고 공칭속도가 0.5m/s 이하인 경우에는 경사도를 (㉡)까지 증가시킬 수 있다.

① ㉠ 25°, ㉡ 30° ② ㉠ 25°, ㉡ 35°
③ ㉠ 30°, ㉡ 35° ④ ㉠ 30°, ㉡ 40°

해설
에스컬레이터의 일반사항

경사도	• 에스컬레이터의 경사도는 30° 이하로 한다. • 높이 6m 이하, 공칭속도 0.5m/s 이하인 경우 35°까지 증가시킬 수 있다.	
정격속도	하강 방향의 안전을 고려하여 30m/min 이하로 한다.	
공칭속도	경사도 30° 이하	경사도 30° 초과 35° 이하
	0.75m/s 이하	0.5m/s 이하
공칭수송 능력	800형	1,200형
	6,000인/h	9,000인/h

76 소방시설은 소화설비, 경보설비, 피난구조설비, 소화용수설비, 소화활동설비로 구분할 수 있다. 다음 중 소화활동설비에 속하는 것은?

① 제연설비 ② 비상방송설비
③ 스프링클러설비 ④ 자동화재탐지설비

해설
②·④는 경보설비, ③은 소화설비에 속한다.
소방시설(소방시설법 시행령 별표 1)

소화설비	소화기구, 자동소화장치, 옥내소화전설비, 스프링클러설비 등, 물분무등소화설비, 옥외소화전설비
경보설비	단독경보형감지기, 비상경보설비, 시각경보기, 자동화재탐지설비, 비상방송설비, 자동화재속보설비, 통합감시시설, 누전경보기, 가스누설경보기
피난구조설비	피난기구, 인명구조기구, 유도등, 비상조명등 및 휴대용비상조명등
소화용수설비	상수도소화용수설비, 소화수조·저수조
소화활동설비	제연설비, 연결송수관설비, 연결살수설비, 비상콘센트설비, 무선통신보조설비, 연소방지설비

77 작업구역에는 전용의 국부조명 방식으로 조명하고, 기타 주변 환경에 대하여는 간접조명과 같은 낮은 조도레벨로 조명하는 방식은?

① TAL조명 방식
② 반직접조명 방식
③ 반간접조명 방식
④ 전반확산조명 방식

해설
조명의 배치에 따른 분류

전반조명	조명대상 실내 전체를 일정하게 조명하는 방식이다.
국부조명	각 구역별 필요 조도에 따라 부분적 또는 국소적으로 조명하는 방식이다.
국부적 전반조명	넓은 실내공간에서 세밀한 작업구역에는 고조도로 조명하고, 일반적인 장소에는 평균조도로 조명하는 방식이다.
TAL조명	작업구역에는 전용의 국부조명 방식으로 조명하고, 기타 주변 환경에는 간접조명과 같은 낮은 조도로 조명하는 방식이다.

78 다음 중 습공기를 가열하였을 때 증가하지 않는 상태량은?

① 엔탈피
② 비체적
③ 상대습도
④ 습구온도

해설
습공기를 가열하면 상대습도는 감소한다.
상대습도
- 상대습도(%) = 공기 내 수증기량 ÷ 공기 내 포화수증기량 × 100(%)
- 현재 포함한 수증기량과 공기가 최대로 포함할 수 있는 수증기량(포화수증기량)의 비(%)를 말한다.
- 온도가 높을수록 포화수증기량이 높아서 상대습도는 낮아진다.
- 상대습도 100%인 상태에서는 건구온도, 습구온도, 노점온도가 동일하다.

79 냉방설비의 냉각탑에 관한 설명으로 옳은 것은?

① 열에너지에 의해 냉동효과를 얻는 장치
② 냉동기의 냉각수를 재활용하기 위한 장치
③ 임펠러의 원심력에 의해 냉매가스를 압축하는 장치
④ 물과 브롬화리튬 혼합용액으로부터 냉매인 수증기와 흡수제인 LiBr로 분리시키는 장치

해설
냉각탑(Cooling tower)
- 냉동기의 응축기에 사용하는 냉각용수를 재사용하기 위하여 열을 외기와 접촉시켜 냉각하는 열교환장치이다.
- 물을 냉각수로 사용하는 수랭식 냉동기에 사용된다.
- 설치장소는 소음이 적고, 먼지나 매연이 없으며, 시공관리가 용이하고 통풍이 잘 되는 곳이 좋다.

80 전력부하 산정에서 수용률 산정방법으로 옳은 것은?

① (부등률/설비용량)×100%
② (최대수용전력/부등률)×100%
③ (최대수용전력/설비용량)×100%
④ (부하 각개의 최대수용전력합계/각 부하를 합한 최대수용전력)×100%

해설
수전설비용량의 추정

수용률	• 최대수요전력을 구하기 위한 것이다. • 최대수요전력 ÷ 총부하설비용량×100(%)
부등률	• 합성최대수요전력을 구하는 계수이다. • 각 부하의 최대수요전력의 합계 ÷ 합성최대수요전력
부하율	• 전기설비가 어느 정도 유효하게 사용되는가를 나타내는 것이다. • 부하의 평균전력 ÷ 최대수요전력×100(%)

정답 77 ① 78 ③ 79 ② 80 ③

제5과목 건축관계법규

81 다음 설명에 알맞은 용도지구의 세분은?

> 건축물·인구가 밀집되어 있는 지역으로서 시설 개선 등을 통하여 재해 예방이 필요한 지구

① 시가지방재지구
② 특정개발진흥지구
③ 복합개발진흥지구
④ 중요시설물보호지구

해설
② 특정개발진흥지구 : 주거기능, 공업기능, 유통·물류기능 및 관광·휴양기능 외의 기능을 중심으로 특정한 목적을 위하여 개발·정비할 필요가 있는 지구
③ 복합개발진흥지구 : 주거기능, 공업기능, 유통·물류기능 및 관광·휴양기능 중 2 이상의 기능을 중심으로 개발·정비할 필요가 있는 지구
④ 중요시설물보호지구 : 중요시설물의 보호와 기능의 유지 및 증진 등을 위하여 필요한 지구

82 건축허가를 하기 전에 건축물의 구조안전과 인접 대지의 안전에 미치는 영향 등을 평가하는 건축물 안전영향평가를 실시하여야 하는 대상 건축물 기준으로 옳은 것은?

① 층수가 6층 이상으로 연면적 10,000m² 이상인 건축물
② 층수가 6층 이상으로 연면적 100,000m² 이상인 건축물
③ 층수가 16층 이상으로 연면적 10,000m² 이상인 건축물
④ 층수가 16층 이상으로 연면적 100,000m² 이상인 건축물

해설
건축물 안전영향평가(건축법 제13조의2, 동법 시행령 제10조의3)

개요	허가권자는 초고층 건축물 등 대상 건축물에 대하여 건축허가를 하기 전에 건축물의 구조안전과 인접 대지의 안전에 미치는 영향 등을 평가하는 건축물 안전영향평가를 안전영향평가기관에 의뢰하여 실시하여야 한다.

대상 건축물	• 초고층 건축물
	• 다음 요건을 모두 충족하는 건축물
	  - 연면적(하나의 대지에 둘 이상의 건축물을 건축하는 경우에는 각각의 건축물의 연면적을 말한다)이 100,000m² 이상일 것
	  - 16층 이상일 것

83 6층 이상의 거실면적의 합계가 12,000m²인 문화 및 집회시설 중 전시장에 설치하여야 하는 승용승강기의 최소 대수는?(단, 8인승 승강기 기준)

① 4대
② 5대
③ 6대
④ 7대

해설
승용승강기의 설치기준(건축물설비기준규칙 별표 1의2)

건축물의 용도	6층 이상 거실면적의 합계	
	3,000m² 이하	3,000m² 초과
공연장, 집회장, 관람장, 판매시설, 의료시설	2대	2대에 3,000m²를 초과하는 2,000m² 이내마다 1대를 더한 대수
전시장, 동·식물원, 업무시설, 숙박시설, 위락시설	1대	1대에 3,000m²를 초과하는 2,000m² 이내마다 1대를 더한 대수
공동주택, 교육연구시설, 노유자시설, 기타 시설	1대	1대에 3,000m²를 초과하는 3,000m² 이내마다 1대를 더한 대수

※ 8인승 이상 15인승 이하는 1대의 승강기로 보고, 16인승 이상의 승강기는 2대로 본다.
∴ 1대 + (12,000m² − 3,000m²) ÷ 2,000m² = 5.5 ≒ 6대

84 다음은 건축선에 따른 건축 제한에 관한 기준 내용이다. ( ) 안에 알맞은 것은?

> 도로면으로부터 높이 ( ) 이하에 있는 출입구, 창문, 그 밖에 이와 유사한 구조물은 열고 닫을 때 건축선의 수직면을 넘지 아니하는 구조로 하여야 한다.

① 3m
② 4.5m
③ 6m
④ 10m

해설
건축선의 제한사항(건축법 제47조)
• 건축물과 담장은 건축선의 수직면을 넘어서는 아니 된다. 다만, 지표 아래 부분은 그러하지 아니하다.
• 도로면으로부터 높이 4.5m 이하에 있는 출입구, 창문, 그 밖에 이와 유사한 구조물은 열고 닫을 때 건축선의 수직면을 넘지 아니하는 구조로 하여야 한다.

81 ① 82 ④ 83 ③ 84 ② **정답**

85 부설주차장의 설치대상 시설물 종류와 설치기준의 연결이 옳지 않은 것은?

① 위락시설 – 시설면적 150m²당 1대
② 종교시설 – 시설면적 150m²당 1대
③ 판매시설 – 시설면적 150m²당 1대
④ 수련시설 – 시설면적 350m²당 1대

해설

위락시설의 부설주차장 설치기준은 시설면적 100m²당 1대이다.
시설면적당 부설주차장 설치기준(주차장법 시행령 별표 1)

400m²당 1대	창고시설, 학생용 기숙사, 방송통신시설 중 데이터센터
350m²당 1대	수련시설, 공장(아파트형 제외), 발전시설
300m²당 1대	기타 건축물
200m²당 1대	제1종 근린생활시설(공공업무·주민공동시설 중 일부 제외), 제2종 근린생활시설, 숙박시설
150m²당 1대	문화 및 집회시설(관람장 제외), 종교시설, 판매시설, 운수시설, 의료시설(정신병원·요양병원·격리병원 제외), 운동시설(골프장·골프연습장·옥외수영장 제외), 업무시설(외국공관·오피스텔 제외), 방송국, 장례식장
100m²당 1대	위락시설

86 평행주차형식으로 일반형인 경우 주차장의 주차단위구획의 크기 기준으로 옳은 것은?

① 너비 1.7m 이상, 길이 5.0m 이상
② 너비 1.7m 이상, 길이 6.0m 이상
③ 너비 2.0m 이상, 길이 5.0m 이상
④ 너비 2.0m 이상, 길이 6.0m 이상

해설

평행주차형식의 주차단위구획(주차장법 시행규칙 제3조)

구분	너비	길이
경형	1.7m 이상	4.5m 이상
일반형	2.0m 이상	6.0m 이상
보도와 차도의 구분이 없는 주거지역의 도로	2.0m 이상	5.0m 이상
이륜자동차전용	1.0m 이상	2.3m 이상

87 용도지역의 건폐율 기준으로 옳지 않은 것은?

① 주거지역 : 70% 이하
② 상업지역 : 90% 이하
③ 공업지역 : 70% 이하
④ 녹지지역 : 30% 이하

해설

녹지지역의 건폐율은 20% 이하이다.
도시지역의 건폐율(국토계획법 제77조)

주거지역	상업지역	공업지역	녹지지역
70% 이하	90% 이하	70% 이하	20% 이하

88 국토의 계획 및 이용에 관한 법령상 아파트를 건축할 수 있는 지역은?

① 자연녹지지역
② 제1종 전용주거지역
③ 제2종 전용주거지역
④ 제1종 일반주거지역

해설

제1종 전용주거지역과 제1종 일반주거지역, 자연녹지지역에는 아파트를 건축할 수 없다.
주거지역 안에서 건축할 수 있는 공동주택(국토계획법 시행령 별표 2~7)

전용주거지역	제1종	연립주택, 다세대주택
	제2종	연립주택, 다세대주택, 기숙사, 아파트
일반주거지역	제1종	연립주택, 다세대주택, 기숙사
	제2종	연립주택, 다세대주택, 기숙사, 아파트
	제3종	연립주택, 다세대주택, 기숙사, 아파트
준주거지역		연립주택, 다세대주택, 기숙사, 아파트

정답 85 ① 86 ④ 87 ④ 88 ③

89 다음은 대피공간의 설치에 관한 기준 내용이다. 밑줄 친 요건 내용으로 옳지 않은 것은?

> 공동주택 중 아파트로서 4층 이상인 층의 각 세대가 2개 이상의 직통계단을 사용할 수 없는 경우에는 발코니에 인접 세대와 공동으로 또는 각 세대별로 다음 각 호의 요건을 모두 갖춘 대피공간을 하나 이상 설치하여야 한다.

① 대피공간은 바깥의 공기와 접하지 않을 것
② 대피공간은 실내의 다른 부분과 방화구획으로 구획될 것
③ 대피공간의 바닥면적은 각 세대별로 설치하는 경우에는 $2m^2$ 이상일 것
④ 대피공간의 바닥면적은 인접 세대와 공동으로 설치하는 경우에는 $3m^2$ 이상일 것

해설
대피공간은 바깥의 공기와 접해야 한다.

90 국토의 계획 및 이용에 관한 법령상 광장·공원·녹지·유원지·공공공지가 속하는 기반시설은?

① 교통시설
② 공간시설
③ 환경기초시설
④ 공공·문화체육시설

해설
광장, 공원, 녹지, 유원지, 공공공지가 속하는 기반시설은 공간시설이다.
기반시설(국토계획법 시행령 제2조 제1항)

교통시설	도로·철도·항만·공항·주차장·자동차정류장·궤도·차량 검사 및 면허시설
공간시설	광장·공원·녹지·유원지·공공공지
유통·공급시설	유통업무설비, 수도·전기·가스·열공급설비, 방송·통신시설, 공동구, 시장, 유류저장 및 송유설비
공공·문화체육시설	학교·공공청사·문화시설·공공필요성이 인정되는 체육시설·연구시설·사회복지시설·공공직업훈련시설·청소년수련시설
방재시설	하천·유수지·저수지·방화설비·방풍설비·방수설비·사방설비·방조설비
보건위생시설	장사시설·도축장·종합의료시설
환경기초시설	하수도·폐기물처리 및 재활용시설·빗물저장 및 이용시설·수질오염방지시설·폐차장

91 용적률 산정에 사용되는 연면적에 포함되는 것은?

① 지하층의 면적
② 층고가 2.1m인 다락의 면적
③ 준초고층 건축물에 설치하는 피난안전구역의 면적
④ 건축물의 경사지붕 아래에 설치하는 대피공간의 면적

해설
②는 연면적에 포함되며(층고 1.5m 이하인 경우에는 바닥면적에서 제외), ①, ③, ④는 제외된다.
용적률 산정 시 연면적에서 제외되는 항목(건축법 시행령 제119조)
• 지하층의 면적
• 지상층의 주차용(해당 건축물의 부속용도인 경우만 해당)으로 쓰는 면적
• 초고층 건축물과 준초고층 건축물에 설치하는 피난안전구역의 면적
• 건축물의 경사지붕 아래에 설치하는 대피공간의 면적

92 건축물과 해당 건축물의 용도의 연결이 옳지 않은 것은?

① 주유소 – 자동차 관련 시설
② 야외음악당 – 관광 휴게시설
③ 치과의원 – 제1종 근린생활시설
④ 일반음식점 – 제2종 근린생활시설

해설
주유소는 위험물 저장 및 처리시설에 해당한다.
자동차 관련 시설(건축법 시행령 별표 1)
• 주차장
• 세차장
• 폐차장
• 검사장
• 매매장
• 정비공장
• 운전학원 및 정비학원(운전 및 정비 관련 직업훈련시설 포함)
• 차고 및 주기장(駐機場)
• 전기자동차 충전소(제1종 근린생활시설에 해당하지 않는 것)

93 피난용승강기의 설치에 관한 기준 내용으로 옳지 않은 것은?

① 예비전원으로 작동하는 조명설비를 설치할 것
② 승강장의 바닥면적은 승강기 1대당 5m² 이상으로 할 것
③ 각 층으로부터 피난층까지 이르는 승강로를 단일구조로 연결하여 설치할 것
④ 승강장의 출입구 부근의 잘 보이는 곳에 해당 승강기가 피난용승강기임을 알리는 표지를 설치할 것

해설
피난용승강기 승강장의 바닥면적은 승강기 1대당 6m² 이상으로 하여야 한다(건축법 시행령 제91조).

94 노외주차장의 구조·설비에 관한 기준 내용으로 옳지 않은 것은?

① 출입구의 너비는 3.0m 이상으로 하여야 한다.
② 주차구획선의 긴 변과 짧은 변 중 한 변 이상이 차로에 접하여야 한다.
③ 지하식인 경우 차로의 높이는 주차바닥면으로부터 2.3m 이상으로 하여야 한다.
④ 주차에 사용되는 부분의 높이는 주차바닥면으로부터 2.1m 이상으로 하여야 한다.

해설
노외주차장의 출입구 너비(주차장법 시행규칙 제6조)
노외주차장의 출입구 너비는 3.5m 이상으로 하여야 하며, 주차대수 규모가 50대 이상인 경우에는 출구와 입구를 분리하거나 너비 5.5m 이상의 출입구를 설치하여 소통이 원활하도록 하여야 한다.

95 다음 중 특별건축구역으로 지정할 수 없는 구역은?

① 도로법에 따른 접도구역
② 택지개발촉진법에 따른 택지개발사업구역
③ 국가가 국제행사 등을 개최하는 도시 또는 지역의 사업구역
④ 지방자치단체가 국제행사 등을 개최하는 도시 또는 지역의 사업구역

해설
특별건축구역으로 지정할 수 없는 지역·구역(건축법 제69조 제2항)
• 개발제한구역의 지정 및 관리에 관한 특별조치법에 따른 개발제한구역
• 자연공원법에 따른 자연공원
• 도로법에 따른 접도구역
• 산지관리법에 따른 보전산지

96 지하층에 설치하는 비상탈출구의 유효너비 및 유효높이 기준으로 옳은 것은?(단, 주택이 아닌 경우)

① 유효너비 0.5m 이상, 유효높이 1.0m 이상
② 유효너비 0.5m 이상, 유효높이 1.5m 이상
③ 유효너비 0.75m 이상, 유효높이 1.0m 이상
④ 유효너비 0.75m 이상, 유효높이 1.5m 이상

해설
지하층 비상탈출구의 구조(건축물방화구조규칙 제25조 제2항)
• 비상탈출구의 유효너비는 0.75m 이상으로 하고, 유효높이는 1.5m 이상으로 할 것
• 비상탈출구의 문은 피난 방향으로 열리도록 하고, 실내에서 항상 열 수 있는 구조로 하여야 하며, 내부 및 외부에는 비상탈출구의 표시를 할 것
• 비상탈출구는 출입구로부터 3m 이상 떨어진 곳에 설치할 것
• 지하층의 바닥으로부터 비상탈출구의 아랫부분까지의 높이가 1.2m 이상 되는 경우에는 벽체에 발판의 너비가 20cm 이상인 사다리를 설치할 것
• 비상탈출구는 피난층 또는 지상으로 통하는 복도나 직통계단에 직접 접하거나 통로 등으로 연결될 수 있도록 설치하여야 하며, 피난층 또는 지상으로 통하는 복도나 직통계단까지 이르는 피난통로의 유효너비는 0.75m 이상으로 하고, 피난통로의 실내에 접하는 부분의 마감과 그 바탕은 불연재료로 할 것
• 비상탈출구의 진입부분 및 피난통로에는 통행에 지장이 있는 물건을 방치하거나 시설물을 설치하지 아니할 것
• 비상탈출구의 유도등과 피난통로의 비상조명등의 설치는 소방법령이 정하는 바에 의할 것

정답 93 ② 94 ① 95 ① 96 ④

97 다음은 대지의 조경에 관한 기준 내용이다. ( ) 안에 알맞은 것은?

> 면적이 ( ) 이상인 대지에 건축을 하는 건축주는 용도지역 및 건축물의 규모에 따라 해당 지방자치단체의 조례로 정하는 기준에 따라 대지에 조경이나 그 밖에 필요한 조치를 하여야 한다.

① $100m^2$
② $150m^2$
③ $200m^2$
④ $300m^2$

해설
대지의 조경(건축법 제42조)
- 면적이 $200m^2$ 이상인 대지에 건축을 하는 건축주는 용도지역 및 건축물의 규모에 따라 해당 지방자치단체의 조례로 정하는 기준에 따라 대지에 조경이나 그 밖에 필요한 조치를 하여야 한다.
- 국토교통부장관은 식재(植栽) 기준, 조경 시설물의 종류 및 설치방법, 옥상 조경의 방법 등 조경에 필요한 사항을 정하여 고시할 수 있다.

98 같은 건축물 안에 공동주택과 위락시설을 함께 설치하고자 하는 경우에 관한 기준 내용으로 옳지 않은 것은?

① 건축물의 주요구조부를 내화구조로 할 것
② 공동주택과 위락시설은 서로 이웃하도록 배치할 것
③ 공동주택과 위락시설은 내화구조로 된 바닥 및 벽으로 구획하여 서로 차단할 것
④ 공동주택의 출입구와 위락시설의 출입구는 서로 그 보행거리가 30m 이상이 되도록 설치할 것

해설
복합건축물의 피난시설 등(건축물방화구조규칙 제14조의2)
- 공동주택 등의 출입구와 위락시설 등의 출입구는 서로 그 보행거리가 30m 이상이 되도록 설치할 것
- 공동주택 등과 위락시설 등은 내화구조로 된 바닥 및 벽으로 구획하여 서로 차단할 것
- 공동주택 등과 위락시설 등은 서로 이웃하지 아니하도록 배치할 것
- 건축물의 주요구조부를 내화구조로 할 것
- 거실의 벽 및 반자가 실내에 면하는 부분의 마감은 불연재료·준불연재료 또는 난연재료로 하고, 그 거실로부터 지상으로 통하는 주된 복도·계단 그 밖에 통로의 벽 및 반자가 실내에 면하는 부분의 마감은 불연재료 또는 준불연재료로 할 것

99 건축법령상 다음과 같이 정의되는 용어는?

> 건축물의 건축·대수선·용도변경, 건축설비의 설치 또는 공작물의 축조에 관한 공사를 발주하거나 현장 관리인을 두어 스스로 그 공사를 하는 자

① 건축주
② 건축사
③ 설계자
④ 공사시공자

해설
② 건축사 : 국토교통부장관이 시행하는 자격시험에 합격한 사람으로서 건축물의 설계와 공사감리 등의 업무를 수행하는 사람을 말한다.
③ 설계자 : 자기의 책임(보조자의 도움을 받는 경우를 포함한다)으로 설계도서를 작성하고 그 설계도서에서 의도하는 바를 해설하며, 지도하고 자문에 응하는 자를 말한다.
④ 공사시공자 : 건설산업기본법에 따른 건설공사를 하는 자를 말한다.

100 건축물에 설치하는 피난안전구역의 구조 및 설비에 관한 기준 내용으로 옳지 않은 것은?

① 피난안전구역의 높이는 1.8m 이상일 것
② 피난안전구역의 내부마감재료는 불연재료로 설치할 것
③ 비상용승강기는 피난안전구역에서 승하차할 수 있는 구조로 설치할 것
④ 건축물의 내부에서 피난안전구역으로 통하는 계단은 특별피난계단의 구조로 설치할 것

해설
피난안전구역의 높이는 최소 2.1m 이상이어야 한다.
피난안전구역의 설치기준(건축물방화구조규칙 제8조의2)
- 피난안전구역의 바로 아래층 및 위층은 녹색건축법에 따라 국토교통부장관이 정하여 고시한 기준에 적합한 단열재를 설치할 것
- 피난안전구역의 내부마감재료는 불연재료로 설치할 것
- 건축물의 내부에서 피난안전구역으로 통하는 계단은 특별피난계단의 구조로 설치할 것
- 비상용승강기는 피난안전구역에서 승하차할 수 있는 구조로 설치할 것
- 피난안전구역에는 식수공급을 위한 급수전을 1개소 이상 설치하고 예비전원에 의한 조명설비를 설치할 것
- 관리사무소 또는 방재센터 등과 긴급연락이 가능한 경보 및 통신시설을 설치할 것
- 피난안전구역의 면적 산정기준에 따라 산정한 면적 이상일 것
- 피난안전구역의 높이는 2.1m 이상일 것
- 건축물설비기준규칙에 따른 배연설비를 설치할 것
- 그 밖에 소방청장이 정하는 소방 등 재난관리를 위한 설비를 갖출 것

정답 97 ③ 98 ② 99 ① 100 ①

2019년 제4회 과년도 기출문제

제1과목 건축계획

01 상점계획에 관한 설명으로 옳지 않은 것은?

① 고객의 동선은 일반적으로 짧을수록 좋다.
② 점원의 동선과 고객의 동선은 서로 교차되지 않는 것이 바람직하다.
③ 대면 판매형식은 일반적으로 시계, 귀금속, 의약품 상점 등에서 쓰여 진다.
④ 쇼케이스 배치유형 중 직렬형은 다른 유형에 비하여 상품의 전달 및 고객의 동선상 흐름이 빠르다.

해설
고객의 동선은 길게 처리하여 다수의 손님을 수용하도록 하며, 직원의 동선은 짧게 처리하여 서비스 거리를 줄여야 한다.
매장의 동선계획

고객동선	• 가능한 한 길고 원활하게 처리하여 다수의 손님을 수용하도록 한다. • 직원동선, 상품동선과 명확하게 구분, 분리한다.
직원동선	• 되도록 짧게 하여 직원의 수, 보행 및 서비스 거리를 최대한 줄인다. • 카운터 케이스는 고객의 동선과 직원의 동선이 만나는 곳에 둔다.
피난동선	쉽게 인지가 가능하도록 위치를 설정하고 접근성을 고려한다.
상품동선	• 고객동선과 분리시키고 직원동선과 일부 교차시킨다. • 고객 출입구와 상품 반·출입구를 분리한다.

02 상점 매장의 가구배치에 따른 평면유형에 관한 설명으로 옳지 않은 것은?

① 직렬형은 부분별로 상품진열이 용이하다.
② 굴절형은 대면 판매방식만 가능한 유형이다.
③ 환상형은 대면 판매와 측면 판매방식을 병행할 수 있다.
④ 복합형은 서점, 패션점, 액세서리점 등의 상점에 적용이 가능하다.

해설
굴절배열형은 대면 판매와 측면 판매가 조합된 형식이다.
가구·쇼케이스(진열장)의 배치

직렬 배열형	• 쇼케이스가 일직선 형태로 배치된 형식이다. • 상품의 전달, 고객의 동선상 흐름이 가장 빠르다. • 부분별 상품 진열이 용이하고 대량판매가 가능하다. • 서점, 가정 전기코너, 협소한 매장에 적합하다.
굴절 배열형	• 쇼케이스가 곡선 또는 굴절된 형태로 배치된 형식이다. • 대면 판매, 측면 판매가 조합된 형식이다. • 문방구, 안경점 등에 적합하다.
환상 배열형	• 쇼케이스가 매장 중앙에 환상(Loop)형태로 배치된 형식이다. • 대면 판매, 측면 판매를 병행할 수 있다. • 수예점, 민예품점 등에 적합하다.
복합형	• 직렬, 굴절, 환상배열형을 조합한 형식이다. • 서점, 패션점, 액세서리점 등에 적합하다.

03 다음의 공동주택 평면형식 중 각 주호의 프라이버시와 거주성이 가장 양호한 것은?

① 계단실형 ② 중복도형
③ 편복도형 ④ 집중형

해설
계단실(홀)형은 프라이버시(독립성)와 거주성이 가장 우수한 형식이다.
아파트 평면형식의 비교

구분	통행부 면적	엘리베이터 효율	프라이버시	통풍·채광
계단실형	작다.	가장 낮다.	가장 우수	가장 우수
집중형	작다.	가장 높다.	가장 불량	가장 불량
편복도형	크다.	높다.	보통	양호
중복도형	크다.	높다.	불량	불량

정답 01 ① 02 ② 03 ①

04 장애인·노인·임산부 등의 편의증진 보장에 관한 법령에 따른 편의시설 중 매개시설에 속하지 않는 것은?

① 주출입구 접근로
② 유도 및 안내설비
③ 장애인전용주차구역
④ 주출입구 높이차이 제거

해설
유도 및 안내설비는 안내시설에 속한다.
장애인·노인·임산부 등을 위한 편의시설(장애인등편의법 시행령 별표 2)

구분	편의시설	아파트
매개시설	주출입구 접근로, 장애인전용주차구역, 주출입구 높이차이 제거	의무
내부시설	출입구(문), 복도, 계단 또는 승강기	의무
위생시설	화장실, 욕실, 샤워실·탈의실	권장
안내시설	경보 및 피난설비	의무
	점자블록	권장
	유도 및 안내설비	–
기타 시설	객실·침실	권장

05 다음은 극장의 가시거리에 관한 설명이다. ( ) 안에 알맞은 것은?

> 연극 등을 감상하는 경우 연기자의 표정을 읽을 수 있는 가시한계는 (㉠)m 정도이다. 그러나 실제적으로 극장에서는 잘 보여야 되는 동시에 많은 관객을 수용해야 하므로 (㉡)m 까지를 1차 허용한도로 한다.

① ㉠ 15, ㉡ 22
② ㉠ 20, ㉡ 35
③ ㉠ 22, ㉡ 35
④ ㉠ 22, ㉡ 38

해설
극장의 가시한계

상세한 감상의 가시한계	• 15m • 연기자의 표정이나 동작을 상세히 감상할 수 있다. • 인형극, 아동극, 연극 등에 해당한다.
제1차 허용한도	• 22m • 잘 보이는 동시에 많은 관객을 수용할 수 있다. • 국악, 실내악 등에 해당한다.
제2차 허용한도	• 35m • 연기자의 일반적인 동작만 감상할 수 있다. • 뮤지컬, 발레, 오페라 등에 해당한다.

06 한국 고대 사찰배치 중 1탑 3금당 배치에 속하는 것은?

① 미륵사지
② 불국사지
③ 정림사지
④ 청암리사지

해설
① 미륵사지 : 3탑 3금당 배치(1탑 1금당의 확장 형태)
② 불국사지 : 쌍탑식 배치
③ 정림사지 : 1탑 1금당 배치
사찰의 가람배치

1탑 3금당	• 탑(중심), 금당(동, 서, 북쪽), 중문(남쪽) • 청암리사지(금강사지), 정릉사지 등이 있다.
1탑 1금당	• 축(남북 또는 동서)상에 중문, 탑, 금당을 나란히 배치한다. • 정림사지, 미륵사지(확장형태, 3탑 3금당) 등이 있다.
쌍탑식	• 축(남북)상에 배치한 중문, 금당 사이에 두 개의 탑을 축(동서)상에 나란히 배치한다. • 불국사, 감은사지, 보문사지 등이 있다.

07 사무소 건축의 코어계획에 관한 설명으로 옳지 않은 것은?

① 코어부분에는 계단실도 포함시킨다.
② 코어 내의 각 공간은 각 층마다 공통의 위치에 두도록 한다.
③ 코어 내의 화장실은 외부 방문객이 잘 알 수 없는 곳에 배치한다.
④ 엘리베이터 홀은 출입구 문에 근접시키지 않고 일정한 거리를 유지하도록 한다.

해설
화장실은 외부인에게도 잘 알려질 수 있는 곳에 배치한다.
사무소 화장실의 배치
• 계단실, 엘리베이터 홀에 근접시킨다.
• 외래자에게도 잘 알려질 수 있는 곳에 배치한다.
• 각 층마다 공통의 위치에 배치하며, 분산시키지 않는다.
• 각 사무실에서 동선이 간단해야 한다.
• 가능하면 중정 또는 외기에 접하는 위치에 배치한다.
• 사무실 출입문과 화장실 출입문은 서로 마주보지 않게 배치한다.

08 주택의 부엌가구 배치 유형에 관한 설명으로 옳지 않은 것은?

① L자형은 부엌과 식당을 겸할 경우 많이 활용된다.
② ㄷ자형은 작업공간이 좁기 때문에 작업효율이 나쁘다.
③ 일(一)자형은 좁은 면적 이용에 효과적이므로 소규모 부엌에 주로 사용된다.
④ 병렬형은 작업 동선은 줄일 수 있지만 작업 시 몸을 앞뒤로 바꿔야 하므로 불편하다.

해설
ㄷ자형(U자형)은 작업면이 가장 넓고 작업효율이 좋다.
ㄷ자형(U자형) 부엌
- 세 벽면에 작업대를 배치한 형식이다.
- 동선의 길이를 가장 짧게 할 수 있다.
- 작업면이 가장 넓고 작업효율이 좋다.
- 외부로 통하는 출입구의 설치가 어렵다.
- 비교적 규모가 큰 공간에 적합하다.

09 다음은 주택의 기준척도에 관한 설명이다. ( ) 안에 알맞은 것은?

거실 및 침실의 평면 각 변의 길이는 ( )를 단위로 한 것을 기준척도로 할 것

① 5cm
② 10cm
③ 15cm
④ 30cm

해설
주택 내 평면 각 변의 길이는 기준척도 5cm를 적용한다.
주택의 치수 및 기준척도

원칙	치수 및 기준척도는 안목치수를 원칙으로 한다.
기준척도 5cm	• 평면 각 변의 길이(거실 및 침실) • 평면 각 변의 길이 또는 너비(부엌·식당·욕실·화장실·복도·계단 및 계단참 등) • 반자높이 및 층높이(거실 및 침실)
기타	거실과 침실의 반자높이는 2.2m 이상, 층높이는 2.4m 이상이다.

10 그리스 아테네의 아크로폴리스에 관한 설명으로 옳지 않은 것은?

① 프로필리어는 아크로폴리스로 들어가는 입구 건물이다.
② 에렉테이온 신전은 이오닉 양식의 대표적인 신전으로 부정형 평면으로 구성되어 있다.
③ 니케 신전은 순수한 코린트식 양식으로서 페르시아와의 전쟁의 승리기념으로 세워졌다.
④ 파르테논 신전은 도릭 양식의 대표적인 신전으로서 그리스 고전 건축을 대표하는 건물이다.

해설
니케 신전은 최초의 이오닉 양식의 신전이다.
아테네의 아크로폴리스(Acropolis)

개요		그리스 아테네의 중심지에 위치한 신전 등이 세워져 있는 언덕을 말한다.
주요 건축물	프로필레아 (프로필리어)	외부는 도릭, 내부는 이오닉 기둥으로 구성된 아크로폴리스의 관문이다.
	아테나-니케	• 최초의 이오닉 양식의 신전이다. • 페르시아 전쟁에서의 승리를 기념하기 위해 세워졌다.
	에렉테이온	• 대표적인 이오닉 양식의 신전이다. • 부정형 평면으로 구성되어 있다.
	파르테논	• 대표적인 도릭 양식의 신전이다. • 그리스 고전건축을 대표하는 건물이다.

11 사무소 건축에서 엘리베이터 계획 시 고려되는 승객집중시간은?

① 출근 시 상승
② 출근 시 하강
③ 퇴근 시 상승
④ 퇴근 시 하강

해설
엘리베이터 계획 시 승객집중시간

사무용	출근 시 상승
공동주택	• 저녁(귀가 시) 피크 시 기준 • 상승인원 : 3~4, 하강인원 : 2
호텔	저녁시간(체크인, 외출, 시설이용) 피크 시 상승인원과 하강인원은 같은 인원으로 함
백화점	일요일 정오 전후
병원	면회시간 시작 직후

정답 08 ② 09 ① 10 ③ 11 ①

12 메조넷형 아파트에 관한 설명으로 옳지 않은 것은?

① 다양한 평면구성이 가능하다.
② 소규모 주택에서는 비경제적이다.
③ 편복도형일 경우 프라이버시가 양호하다.
④ 복도와 엘리베이터 홀은 각 층마다 계획된다.

해설
복층(메조넷)형은 복도가 없는 층이 있으므로 공용면적이 감소하고 엘리베이터의 정지층수가 줄어 효율적이다.

복층(메조넷)형과 스킵플로어형
- 엘리베이터의 정지층수가 줄어 효율적이다.
- 유효면적, 전용면적, 임대면적이 증가하고 복도면적, 공용면적이 감소한다.
- 주·야간별 생활공간을 층별로 나눌 수 있다.
- 복도가 없는 층은 남북으로 트여 통풍 및 채광, 프라이버시 확보가 용이하다.
- 각기 다른 세대의 평면계획으로 내부공간, 단면 및 입면상의 다양한 변화가 있다.
- 주호 내에 계단이 필요하므로 소규모의 주거에는 비경제적이다.
- 엑세스 동선이 복잡하고 구조 및 설비계획이 어렵다.
- 복도가 없는 층에서의 피난계획이 어렵다.

13 다음 중 건축가와 작품의 연결이 옳지 않은 것은?

① 르 코르뷔지에(Le Corbusier) - 롱샹 교회
② 월터 그로피우스(Walter Gropius) - 아테네 미국대사관
③ 프랭크 로이드 라이트(Frank Lloyd Wright) - 구겐하임 미술관
④ 미스 반데어로에(Mies Van der Rohe) - MIT 공대 기숙사

해설
MIT(메사추세스 공대) 기숙사 중 베이커 하우스는 알바 알토, 시몬스홀은 스티븐홀의 건축물이다.

미스 반데어로에(Mies van der Rohe)
- 근대 건축의 4대 거장으로 손꼽히는 건축가이다.
- 대표작으로 투겐하트 주택, 바르셀로나 세계박람회의 독일관, 시그램 빌딩 등이 있다.

14 주거단지의 각 도로에 관한 설명으로 옳지 않은 것은?

① 격자형 도로는 교통을 균등 분산시키고 넓은 지역을 서비스할 수 있다.
② 선형도로는 폭이 넓은 단지에 유리하고 한쪽 측면의 단지만을 서비스할 수 있다.
③ 루프(Loop)형은 우회도로가 없는 쿨데삭(Cul-de-sac)형의 결점을 개량하여 만든 유형이다.
④ 쿨데삭(Cul-de-sac)형은 통과교통을 방지함으로써 주거환경의 쾌적성과 안전성을 모두 확보할 수 있다.

해설
선형도로는 폭이 좁은 단지에 유리하며, 한쪽 또는 양쪽 단지에 서비스할 수 있다.

15 극장의 평면형식에 관한 설명으로 옳지 않은 것은?

① 오픈스테이지형은 무대장치를 꾸미는 데 어려움이 있다.
② 프로시니엄형은 객석 수용 능력에 있어서 제한을 받는다.
③ 가변형 무대는 필요에 따라서 무대와 객석을 변화시킬 수 있다.
④ 아레나형은 무대 배경설치 비용이 많이 소요된다는 단점이 있다.

해설
아레나형은 객석이 무대를 360° 둘러싼 형태로, 무대의 배경을 만들지 않으므로 경제성이 있다.

아레나형(Arena) 극장
- 객석이 무대를 360° 둘러싼 형태로, Central stage라고도 한다.
- 가까운 거리에서 관람하면서 많은 관객을 수용할 수 있다.
- 무대의 배경을 만들지 않으므로 경제성이 있다.
- 무대의 장치나 소품은 주로 낮은 기구들로 구성한다.
- 객석과 무대가 하나의 공간에 있으므로 양자의 일체감을 높여 긴장감이 높은 연극공간을 형성한다.

16 학교 건축에서 단층교사에 관한 설명으로 옳지 않은 것은?

① 내진·내풍구조가 용이하다.
② 학습 활동을 실외로 연장할 수 있다.
③ 계단이 필요 없으므로 재해 시 피난이 용이하다.
④ 설비 등을 집약할 수 있어서 치밀한 평면계획이 용이하다.

해설
④는 다층교사에 대한 설명이다.

단층교사

장점	• 학습활동을 실외에 연장시킬 수 있다. • 채광 및 환기가 유리하다. • 재해 발생 시 피난상 유리하며, 복도가 혼잡하지 않다. • 구조계획이 단순하며, 내진 및 내풍구조가 용이하다.
단점	부지 이용률이 낮다.

다층교사

장점	• 집약적인 평면계획으로 부지 이용률을 높일 수 있다. • 효율적인 공간의 이용이 가능하다. • 전기, 급배수, 난방 등의 배선, 배관 설비를 집약할 수 있다.
단점	학년별 배치, 동선 등 계획에 신중함이 요구된다.

17 1주간의 평균 수업시간이 30시간인 어느 학교에서 설계제도교실이 사용되는 시간은 24시간이다. 그중 6시간은 다른 과목을 위해 사용된다고 할 때, 설계제도교실의 이용률과 순수율은?

① 이용률 80%, 순수율 25%
② 이용률 80%, 순수율 75%
③ 이용률 60%, 순수율 25%
④ 이용률 60%, 순수율 75%

해설

• 이용률(%) = $\dfrac{\text{교실이 사용되는 시간}}{1\text{주간의 평균 수업시간}} \times 100 = \dfrac{24}{30} \times 100$
  = 80%

• 순수율(%) = $\dfrac{\text{특정 교과를 위해 사용되는 시간}}{\text{해당 교실이 사용되는 시간}} \times 100 = \dfrac{18}{24} \times 100$
  = 75%

18 미술관의 전시실 순회형식 중 많은 실을 순서별로 통해야 하고, 1실을 폐쇄할 경우 전체 동선이 막히게 되는 것은?

① 중앙홀 형식
② 연속순회 형식
③ 갤러리(Gallery) 형식
④ 코리더(Corridor) 형식

해설
① 중앙홀 형식 : 중심부에 큰 홀을 두고 홀에 접하여 전시실을 배치한 형식으로, 각 실에 직접 들어갈 수 있고 전시실의 선택적 사용이 가능하다.
③ 갤러리 형식, ④ 코리더 형식 : 연속된 전시실의 한쪽 복도에 각 실을 배치한 형식으로, 각 실에 직접 들어갈 수 있으며, 필요시 자유롭게 독립적으로 폐쇄할 수 있고, 자유롭게 선택하여 관람할 수 있다.

연속순로(연속순회) 형식

개요	각 전시실이 연속적으로 동선을 형성하고 있는 형식이다.
특징	• 단순함, 공간절약의 이점이 있으며, 작은 부지에서 효율적이다. • 많은 실을 순서별로 통하여야 하는 불편이 있다. • 1실을 폐문시켰을 때는 전체 동선이 막히게 된다. • 비교적 소규모 전시실에 적합하다.

19 도서관 출납시스템에 관한 설명으로 옳지 않은 것은?

① 폐가식은 서고와 열람실이 분리되어 있다.
② 반개가식은 새로 출간된 신간 서적 안내에 채용된다.
③ 안전개가식은 서가 열람이 가능하여 도서를 직접 뽑을 수 있다.
④ 자유개가식은 이용자가 자유롭게 도서를 꺼낼 수 있으나 열람석으로 가기 전에 관원에게 체크를 받는 형식이다.

해설
④는 안전개가식에 대한 설명이다.

자유개가식 출납시스템

절차	서가 접근 → 열람 후 선택 → 대출 수속 없음 → 열람석
특징	• 서고와 열람실이 통합되어 있다. • 대출 수속이 간편하고 책의 내용 파악 및 선택이 자유롭다. • 도서의 유지관리가 어렵고, 서가의 정리가 잘 안 되면 혼란스럽다.
적용	1실 10,000권 이하 및 소규모 아동 열람실에 적합하다.

20 공장의 레이아웃 형식 중 생산에 필요한 모든 공정과 기계류를 제품의 흐름에 따라 배치하는 형식은?

① 고정식 레이아웃
② 혼성식 레이아웃
③ 제품 중심의 레이아웃
④ 공정 중심의 레이아웃

해설
① 고정식 레이아웃 : 재료나 조립부품을 고정된 장소에 두고, 사람이나 기계가 그 장소로 이동해 가서 작업을 행하는 방식이다(조선소, 건축 등에 적합).
② 혼성식 레이아웃 : 제품 중심, 공정 중심, 고정식을 혼합한 방식이다(가정용 전기 및 주문 생산품 공장 등에 적합).
④ 공정 중심의 레이아웃 : 동일하거나 기능이 유사한 기계설비를 집합시키는 방식이다(다품종 소량생산, 주문 생산품 등에 적합).

제품 중심(연속 작업식)의 레이아웃
• 제품의 흐름에 따라 모든 공정, 기계, 기구를 배치하는 방식이다.
• 대량생산에 유리하며 생산성이 높다.
• 공정 간에 시간적 및 수량적 밸런스가 좋다.
• 중화학공업 등 장치공업, 가정용 전기제품 공장 등에 적합하다.

제2과목 건축시공

21 건설 프로세스의 효율적인 운영을 위해 형성된 개념으로 건설생산에 초점을 맞추고 이에 관련된 계획, 관리, 엔지니어링, 설계, 구매, 계약, 시공, 유지 및 보수 등의 요소들을 주요 대상으로 하는 것은?

① CIC(Computer Integrated Construction)
② MIS(Management Information System)
③ CIM(Computer Integrated Manufacturing)
④ CAM(Computer Aided Manufacturing)

해설
CIC는 건설생산의 효율적 운영을 위해 계획관리, 설계, 구매 등의 업무절차를 각 사의 특성에 맞게 최적화·전자화하는 개념이다.
CIC와 CALS의 비교

구분	CIC	CALS
명칭	Computer Integrated Construction	Continuous Acquisition & Life cycle Support
정의	개념	통합전산망체계
대상	건설공사의 전 단계	건설공사의 전 단계
내용	컴퓨터 등을 통한 건설 업무의 최적화	전산망을 통한 정보의 신속한 교환·공유

22 평판재하시험에 관한 설명으로 옳지 않은 것은?

① 시험재하판은 실제 구조물의 기초면적에 비해 매우 작으므로 재하판 크기의 영향, 즉 스케일 이펙트(Scale effect)를 고려한다.
② 침하량을 측정하기 위해 다이얼게이지 지지대를 고정하고 좌우측에 2개의 다이얼게이지를 설치한다.
③ 시험할 장소에서의 즉시침하를 방지하기 위하여 다짐을 실시한 후 시작한다.
④ 지반의 허용지지력을 구하는 것이 목적이다.

해설

평판재하시험 시 재하판을 설치하기 전에 기초바닥까지 굴착하고, 평평하게 고른 후 표준사를 깔고, 수준기로 수평을 조정한다. 재하판은 $35kN/m^2$의 초기 접지압을 가한 상태로 안정시키며, 다짐은 실시하지 않는다.

평판재하시험
- 재하판에 하중을 가하여 지반의 지내력과 반발력을 측정한다.
- 하중시험용 재하판은 정방형 또는 원형의 판을 사용한다.
- 시험재하판은 실제 구조물의 기초면적에 비해 매우 작으므로 재하판 크기의 영향(스케일 이펙트)을 고려한다.
- 침하량을 측정하기 위해 다이얼게이지 지지대를 고정하고 좌우측에 2개의 다이얼게이지를 설치한다.
- 시험은 원칙적으로 예정 기초면에서 실시한다.

※ 출제 오류로 내용을 수정하였다.

23 석재의 표면 마무리의 갈기 및 광내기에 사용하는 재료가 아닌 것은?

① 금강사
② 황산
③ 숫돌
④ 산화주석

해설

석재의 표면 마무리의 갈기 및 광내기에 사용하는 재료는 카보런덤, 금강사, 산화주석, 숫돌 등이다.

석재의 표면 가공(인력가공)

메다듬 (혹두기)	쇠메나 망치로 돌의 표면을 쳐서 대강 보기 좋게 다듬는 마무리이다.
정다듬	정으로 쪼아 평평하게 다듬는 마무리이다.
도드락다듬	돌출된 이로 구성된 도드락망치로 석재 표면을 평활하게 하는 마무리이다.
잔다듬	도드락 다듬면을 양날망치로 세밀한 평행선을 그리며 때려 매끈하게 다듬는 마무리이다.
물갈기	• 석재 물갈기 마감 공정의 종류에는 거친갈기, 물갈기, 본갈기, 정갈기(광내기)가 있다. • 물갈기는 카보런덤, 금강사 등을 뿌리고 연마기를 이용해 물과 함께 숫돌로 갈아내어 광택을 주는 마무리이다. • 거친갈기는 거친면으로 갈아낸 것, 본갈기는 무광택면으로 갈아내는 것이며, 정갈기는 산화주석 등을 이용하여 광을 내는 공정이다.

24 건축주가 시공회사의 신용, 자산, 공사경력, 보유기자재 등을 고려하여 그 공사에 적격한 하나의 업체를 지명하여 입찰시키는 방법은?

① 공개경쟁입찰
② 제한경쟁입찰
③ 지명경쟁입찰
④ 특명입찰

해설

① 공개경쟁입찰 : 최소한의 기본적인 자격을 갖춘 불특정 다수의 업체를 대상으로 입찰을 실시하는 방식이다.
② 제한경쟁입찰 : 해당 공사에 필요한 기술·시공경험을 가진 업체를 대상으로 입찰을 실시하는 방식이며, 고난도·일정 규모 이상의 공사에 이용된다.
③ 지명경쟁입찰 : 해당 공사에 적정하다고 판단되는 소수의 업체를 지명하여 입찰을 실시하는 방식이다.

25 다음과 같은 원인으로 인하여 발생하는 용접결함의 종류는?

원인 : 도료, 녹, 밀 스케일, 모재의 수분

① 피트
② 언더컷
③ 오버랩
④ 엔드탭

해설

주요 용접결함

블로홀	금속이 녹아들 때 용접부분 안에 발생하는 기포이다.
언더컷	• 용착금속이 채워지지 않고 홈이 남아있는 것이다. • 용접전류가 과대할 때, 용접속도가 빠를 때 발생한다.
오버랩	• 용착금속이 모재와 융합하지 않고 겹쳐져 있는 상태이다. • 용접전류가 과소할 때, 용접속도가 느릴 때 발생한다.
피시아이	• 용착금속 단면에 수소의 영향으로 생긴 은색의 점이다. • 100℃로 가열하여 24시간 정도 방치하면 회복된다.
피트	• 블로홀이 용접부분 표면에 부상하여 생긴 작은 구멍이다. • 도료, 녹, 밀 스케일, 모재의 수분 등에 의해 발생한다.
크랙	용착금속과 모재 사이에 냉각 속도의 차이 또는 가스 등의 요인으로 인해 발생하는 균열이다.
슬래그 섞임	• 용접부분 안에 슬래그가 섞여 있는 것을 말한다. • 용융금속이 급속히 냉각된 경우에 발생한다.
크레이터	• 용접부분 비드 종단부가 움푹 패인 것을 말한다. • 아크를 끊을 때 발생한다.

정답 23 ② 24 ④ 25 ①

26 실의 크기 조절이 필요한 경우 칸막이 기능을 하기 위해 만든 병풍 모양의 문은?

① 여닫이문
② 자재문
③ 미서기문
④ 홀딩 도어

해설
① 여닫이문 : 경첩 등을 축으로 개폐되는 창호이다.
② 자재문 : 자유경첩을 사용하여 안팎으로 개폐되는 창호이다.
③ 미서기문 : 문짝을 상하문틀에 홈을 파서 끼우고 옆문에 겹쳐 세워 여닫는 창호이다.

27 도막방수에 관한 설명으로 옳지 않은 것은?

① 복잡한 형상에 대한 시공성이 우수하다.
② 용제형 도막방수는 시공이 어려우나 충격에 매우 강하다.
③ 에폭시계 도막방수는 접착성, 내열성, 내마모성, 내약품성이 우수하다.
④ 셀프레벨링 공법은 방수 바닥에서 도료상태의 도막재를 바닥에 부어 도포한다.

해설
용제형 도막방수는 시공이 쉽지만 충격 및 화기에 약하므로 주의해야 한다.
도막방수의 분류

용제형 도막방수	• 휘발성 용제를 사용하는 방수재이다. • 네오프렌계 도막방수 등이 있다. • 시공이 쉽고 착색이 자유로우나 충격에 약하다. • 인화성이 강하므로 화기를 엄금하며, 강풍이 불 경우 접착이 불량하다.
유제형 도막방수	• 용제를 사용하지 않는 방수재이다. • 아크릴계 도막방수 등이 있다. • 핀홀(도막상의 구멍)의 발생에 주의해야 한다. • 우천 시 또는 동절기 시공은 피해야 한다.
에폭시계 도막방수	• 에폭시수지를 수회 도포하여 방수층을 형성한다. • 접착성, 내열성, 내마모성, 내약품성이 우수하다.

28 수장공사 적산 시 유의사항에 관한 설명으로 옳지 않은 것은?

① 수장공사는 각종 마감재를 사용하여 바닥-벽-천장을 치장하므로 도면을 잘 이해하여야 한다.
② 최종 마감재만 포함하므로 설계도서를 기준으로 각종 부속 공사는 제외하여야 한다.
③ 마무리 공사로서 자재의 종류가 다양하게 포함되므로 자재별로 잘 구분하여 시공 및 관리하여야 한다.
④ 공사범위에 따라서 주자재, 부자재, 운반 등을 포함하고 있는지 파악하여야 한다.

해설
수장공사 적산 시 설계도서와 시방서 등을 기준으로 각종 부속공사 등의 포함 여부를 확인하여야 한다.

29 경량기포 콘크리트(ALC)에 관한 설명으로 옳지 않은 것은?

① 기건비중은 보통 콘크리트의 약 1/4 정도로 경량이다.
② 열전도율은 보통 콘크리트의 약 1/10 정도로서 단열성이 우수하다.
③ 유기질 소재를 주원료로 사용하여 내화성능이 매우 낮다.
④ 흡음성과 차음성이 우수하다.

해설
ALC(경량기포 콘크리트)는 불연재인 동시에 내화재료이다.
경량기포 콘크리트(ALC)

개요	생석회와 규사를 혼합하여 고온고압하에 양생하면 수열반응을 일으키는데, 여기에 기포제를 넣어 경량화한 콘크리트이다.
특징	• 절건비중은 0.45~0.55 정도, 기건비중은 보통 콘크리트의 약 1/4 정도이다. • 압축강도는 약 3~4MPa 정도이다.
장점	• 불연재인 동시에 내화재료이다. • 경량이어서 인력에 의한 취급이 용이하다. • 열전도율이 보통 콘크리트의 약 1/10 정도이며 단열성이 우수하다. • 변형이나 균열이 적어 내구성이 좋고 흡음, 차음성이 우수하다.
단점	흡수성이 높고 강도가 약하다.

30 일반경쟁입찰의 업무순서에 따라 보기의 항목을 옳게 나열한 것은?

[보기]
A. 입찰공고   B. 입찰등록
C. 견적   D. 참가등록
E. 입찰   F. 현장설명
G. 개찰 및 낙찰 H. 계약

① A → B → F → D → C → E → G → H
② A → D → F → C → B → E → G → H
③ A → B → C → F → D → G → E → H
④ A → D → C → F → E → G → B → H

해설
건설공사의 입찰순서
입찰공고·통지 → 참가등록 → 설계도서 열람 및 교부 → 현장설명 → 견적기간 → 입찰등록 → 입찰 → 개찰 → 낙찰 → 계약체결

31 타일 108mm 각으로, 줄눈을 5mm로 벽면 $6m^2$를 붙일 때 필요한 타일의 장수는?(단, 정미량으로 계산)

① 350장   ② 400장
③ 470장   ④ 520장

해설
타일의 정미량(m^2당) = {1m ÷ (타일 가로변 + 줄눈 폭)} × {1m ÷ (타일 세로변 + 줄눈 폭)}
= {1m ÷ (0.108m + 0.005m)} × {1m ÷ (0.108m + 0.005m)} × $6m^2$
≒ 470장

32 서로 다른 종류의 금속재가 접촉하는 경우 부식이 일어나는 경우가 있는데 부식성이 큰 금속 순으로 옳게 나열된 것은?

① 알루미늄 > 철 > 주석 > 구리
② 주석 > 철 > 알루미늄 > 구리
③ 철 > 주석 > 구리 > 알루미늄
④ 구리 > 철 > 알루미늄 > 주석

해설
금속의 반응성
알루미늄 > 아연 > 철 > 니켈 > 주석 > 납 > 구리 순이다.

33 창호철물 중 여닫이문에 사용하지 않는 것은?

① 도어행거(Door hanger)
② 도어체크(Door check)
③ 실린더록(Cylinder lock)
④ 플로어힌지(Floor hinge)

해설
① 도어행거 : 레일에 설치하는 도르래가 달린 창호철물이며 미닫이, 미서기, 접이식문 등에 사용된다.
② 도어체크(도어클로저) : 열려진 여닫이문의 속도를 조절하면서 저절로 닫히게 하는 철물이다.
③ 모노로크(실린더록) : 문 손잡이 내부에 실린더 자물쇠가 들어 있는 철물이다.
④ 플로어힌지 : 저절로 닫히거나 열린 상태로 고정할 수 있는 기능이 있는 바닥에 매립하는 힌지이다.

정답 30 ② 31 ③ 32 ① 33 ①

34 스프레이 도장방법에 관한 설명으로 옳지 않은 것은?

① 도장거리는 스프레이 도장면에서 150mm를 표준으로 하고 압력에 따라 가감한다.
② 스프레이할 때에는 매끈한 평면을 얻을 수 있도록 하고, 항상 평행이동하면서 운행의 한 줄마다 스프레이 너비의 1/3 정도를 겹쳐 뿜는다.
③ 각 회의 스프레이 방향은 전회의 방향에 직각으로 한다.
④ 에어레스 스프레이 도장은 1회 도장에 두꺼운 도막을 얻을 수 있고 짧은 시간에 넓은 면적을 도장할 수 있다.

해설
스프레이 도장의 도장거리는 도장면에서 300mm를 표준으로 한다.
스프레이 도장(뿜칠)
- 도장거리는 스프레이 도장면에서 300mm를 표준으로 하며, 압력에 따라 가감한다(압력이 낮으면 거칠고, 높으면 유실이 많다).
- 스프레이건의 운행은 항상 평행하게 한다.
- 운행의 한 줄마다 뿜칠 폭의 1/3 정도를 겹쳐 뿜는다.
- 뿜칠의 각도는 칠바탕에 직각으로 한다.
- 각 회의 뿜도장 방향은 전회의 방향에 직각으로 한다.
- 매회 붓도장과 동등한 정도의 두께로 한다.
- 2회분의 도막 두께를 한 번에 도장하지 않는다.

35 터파기 공사 시 지하수위가 높으면 지하수에 의한 피해가 우려되므로 차수공사를 실시하며, 이 방법만으로 부족할 때에는 강제배수를 실시하게 되는데 이때 나타나는 현상으로 옳지 않은 것은?

① 점성토의 압밀
② 주변 침하
③ 흙막이벽의 토압 감소
④ 주변 우물의 고갈

해설
강제배수를 실시할 경우 흙막이벽 배면의 수압이 감소하고, 압밀침하로 인해 흙막이벽의 토압이 증가한다.
강제배수의 효과 및 문제점

효과	• 굴착사면의 안정 및 용수의 방지 • 흙막이 배면의 수압 경감 • 보일링·파이핑 현상 방지
문제점	• 인접 지반·인접 구조물·지하매설물 침하 • 지하수위 저하로 인한 우물 고갈 • 구조물 지지력 저하 • 점성토 등의 압밀침하

36 거푸집에 작용하는 콘크리트의 측압에 끼치는 영향 요인과 가장 거리가 먼 것은?

① 거푸집의 강성
② 콘크리트 타설 속도
③ 기온
④ 콘크리트의 강도

해설
콘크리트의 측압이 커지는 경우

거푸집	강성, 수밀, 평활	타설속도	빠를수록
슬럼프	클수록	타설높이	높을수록
콘크리트비중	클수록(부배합)	철근량	적을수록
물-시멘트비	클수록(묽을수록)	단면	클수록
콘크리트온도	낮을수록	진동다짐	충분할수록
외기온도	낮을수록	응결시간	느릴수록

37 TQC를 위한 7가지 도구 중 다음 설명에 해당하는 것은?

> 모집단에 대한 품질 특성을 알기 위하여 모집단의 분포 상태, 분포의 중심 위치, 분포의 산포 등을 쉽게 파악할 수 있도록 막대 그래프 형식으로 작성한 도수분포도를 말한다.

① 히스토그램
② 특성요인도
③ 파레토도
④ 체크시트

해설
② 특성요인도(생선뼈그림) : 결과에 대한 원인이 어떻게 관계하는지를 알기 쉽게 작성한 그림이다.
③ 파레토도(파레토그램) : 가로축에는 층별 요인이나 특성을, 세로축에는 불량건수나 불량손실금액 등을 표시하여 그 점유율을 나타낸 불량해석도이다.
④ 체크시트 : 불량이나 결점 등의 데이터가 항목별로 집중되어 있는 지점을 쉽게 알아보기 위해 나타내는 그림 또는 표이다.

38 경량형 강재의 특징에 관한 설명으로 옳지 않은 것은?

① 경량형 강재는 중량에 대한 단면계수, 단면2차반경이 큰 것이 특징이다.
② 경량형 강재는 일반구조용 열간 압연한 일반형 강재에 비하여 단면형이 크다.
③ 경량형 강재는 판두께가 얇지만 판의 국부좌굴이나 국부변형이 생기지 않아 유리하다.
④ 일반구조용 열간 압연한 일반형 강재에 비하여 판두께가 얇고 강재량이 적으면서 휨강도는 크고 좌굴 강도도 유리하다.

해설
경량형 강재는 판두께가 얇아서 국부 좌굴이나 국부 변형에 주의해야 한다.

39 아스팔트방수 공사에 관한 설명으로 옳지 않은 것은?

① 아스팔트 프라이머는 건조하고 깨끗한 바탕면에 솔, 롤러, 뿜칠기 등을 이용하여 규정량을 균일하게 도포한다.
② 용융 아스팔트는 운반용 기구로 시공 장소까지 운반하여 방수 바탕과 시트재 사이에 롤러, 주걱 등으로 뿌리면서 시트재를 깔아 나간다.
③ 옥상에서의 아스팔트방수 시공 시 평탄부에서의 방수 시트 깔기 작업 후 특수부위에 대한 보강붙이기를 시행한다.
④ 평탄부에서는 프라이머의 적절한 건조상태를 확인하여 시트를 깐다.

해설
옥상에서의 아스팔트방수 시공 시 특수부위에 대한 보강붙이기를 시행한 후 평탄부에서의 방수시트 깔기 작업을 한다.

옥상에서의 아스팔트방수 공사
- 특수부위에 대한 보강붙이기와 평탄부에서의 아스팔트방수 시트 깔기로 구분하여 시행한다.
- 특수부위에 대한 보강붙이기를 시행한 후 평탄부에서의 방수시트 깔기 작업을 한다.
- 일반 평탄부의 아스팔트방수 시트 깔기에 앞서 드레인 주변, 파이프 주변, 균열 및 이어 치기 부분, 조인트 부분 등에 대하여 보강붙이기를 한다.
- 보강붙이기 재료는 보강시트로서 아스팔트 루핑, 스트레치 아스팔트 루핑 등을 사용한다.

40 콘크리트의 균열을 발생시기에 따라 구분할 때 경화 후 균열의 원인에 해당되지 않는 것은?

① 알칼리골재반응
② 동결융해
③ 탄산화
④ 재료분리

해설
재료분리는 경화 전 균열(초기 균열)에 해당한다.

콘크리트 균열의 원인

경화 전 균열 (초기 균열)	소성수축, 침하(블리딩, 재료분리, 수막 등), 거푸집 변형, 거푸집·동바리 침하, 진동, 충격 등
경화 후 균열	건조수축, 온도응력(수화열, 외기), 화학반응 및 기후(중성화·탄산화, 알칼리골재반응, 염해, 동결융해 등), 시공불량(콜드조인트 등), 크리프에 의한 균열 등

정답 38 ③ 39 ③ 40 ④

제3과목 건축구조

41 다음 그림과 같은 보에서 중앙점(C점)의 휨모멘트(M_C)를 구하면?

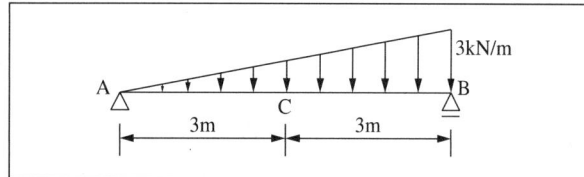

① 4.50kN·m ② 6.75kN·m
③ 8.00kN·m ④ 10.50kN·m

해설

- 지점의 반력 : 등변분포하중은 AB구간의 2/3 위치에 작용하는 집중하중으로 본다.
  $\sum M_B = 0$, $V_A \times (a+b) - P \times b = 0$
  $V_A \times 6m - \left(3kN/m \times 6m \times \dfrac{1}{2}\right) \times \left(6m \times \dfrac{1}{3}\right) = 0$
  $V_A = 3kN$

- C점에 작용하는 휨모멘트 : A지점과 C점 사이의 등변분포하중($w = 1.5kN/m$)을 AC구간의 2/3 위치에 작용하는 집중하중으로 본다.
  $M_C = V_A \times a' - \left(w \times a' \times \dfrac{1}{2}\right) \times \left(a' \times \dfrac{1}{3}\right)$
  $= 3kN \times 3m - \left(1.5kN \times 3m \times \dfrac{1}{2}\right) \times \left(3m \times \dfrac{1}{3}\right)$
  $= 6.75kN \cdot m$

42 1단은 고정, 1단은 자유인 길이 10m인 철골기둥에서 오일러의 좌굴하중은?(단, A = 6,000mm², I_x = 4,000cm⁴, I_y = 2,000cm⁴, E = 205,000MPa)

① 101.2kN ② 168.4kN
③ 195.7kN ④ 202.4kN

해설
오일러의 좌굴하중

구분	1단 고정 1단 자유	양단 힌지	1단 고정 1단 힌지	양단 고정
유효좌굴계수(K)	2.0	1.0	0.7	0.5
좌굴길이(l_k)	2.0×l	1.0×l	0.7×l	0.5×l
좌굴강도(n)	1/4	1.0	2.0	4.0

I_y를 적용하며, 유효좌굴계수는 1단 고정 1단 자유이므로 2.0이다.

좌굴하중(P_b) = $\dfrac{\pi^2 EI}{(Kl)^2} = \dfrac{\pi^2 \times 205,000MPa \times 20,000,000mm^4}{(2.0 \times 10,000mm)^2}$
$\fallingdotseq 101,163N = 101.2kN$

여기서, E : 탄성계수
I : 단면2차모멘트
K : 좌굴계수
L : 부재의 길이

43 철골트러스의 특성에 관한 설명으로 옳지 않은 것은?

① 직선 부재들이 삼각형의 형태로 구성되어 안정적인 거동을 한다.
② 트러스의 개방된 웨브공간으로 전기배선이나 덕트 등과 같은 설비배관의 통과가 가능하다.
③ 부정정 차수가 낮은 트러스의 경우에는 일부 부재나 접합부의 파괴가 트러스의 붕괴를 야기할 수 있다.
④ 직선 부재로만 구성되기 때문에 비정형 건축물의 구조체에는 적용되지 않는다.

해설
철골트러스는 비정형 건축물의 구조체를 구성하기에 적합하다.

44 철골구조 주각부의 구성요소가 아닌 것은?

① 커버플레이트
② 앵커볼트
③ 베이스모르타르
④ 베이스플레이트

41 ② 42 ① 43 ④ 44 ①

해설

커버플레이트는 보의 플랜지 부분의 단면계수를 크게 하여 휨내력을 보강하기 위해 사용하는 부재이다.

주각(Column base)

기둥과 기초의 접합부로, 상부의 하중을 기둥을 통해 기초에 전달하는 역할을 한다.

구조	플레이트	베이스플레이트, 리브플레이트, 윙플레이트
	앵글	사이드앵글, 클립앵글
	높이 조정	베이스모르타르
	고정	앵커볼트

46 철근의 정착길이에 관한 사항으로 옳지 않은 것은?

① 인장 이형철근 및 이형철선의 정착길이 l_d는 항상 300mm 이상이어야 한다.
② 압축 이형철근의 정착길이 l_d는 항상 150mm 이상이어야 한다.
③ 인장 또는 압축을 받는 하나의 다발철근 내에 있는 개개 철근의 정착길이 l_d는 다발철근이 아닌 경우의 각 철근의 정착길이보다 3개의 철근으로 구성된 다발철근에 대해서 20% 증가시켜야 한다.
④ 단부에 표준갈고리를 갖는 인장 이형철근의 정착길이 l_{dh}는 항상 $8d_b$ 이상 또한 150mm 이상이어야 한다.

해설

인장 이형철근·철선의 정착길이는 항상 300mm 이상, 압축 이형철근의 정착길이는 항상 200mm 이상, 표준갈고리를 갖는 인장 이형철근의 정착길이는 항상 $8d_b$ 이상 또한 150mm 이상이어야 한다.

45 그림과 같은 단면에서 $x-x$축에 대한 단면2차반경으로 옳은 것은?

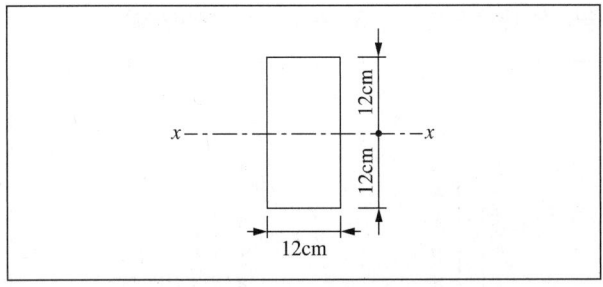

① 5.5cm
② 6.9cm
③ 7.7cm
④ 8.1cm

해설

단면2차반경과 기본 도형

사각형	삼각형	원
$\dfrac{h}{2\sqrt{3}}$	$\dfrac{h}{3\sqrt{2}}$	$\dfrac{D}{4}$

단면2차반경$(i) = \sqrt{\dfrac{\text{단면2차모멘트}(I)}{\text{면적}(A)}}$

$= \sqrt{\dfrac{\dfrac{bh^3}{12}}{bh}} = \dfrac{h}{2\sqrt{3}} = \dfrac{24}{2\sqrt{3}} ≒ 6.9\text{cm}$

47 강도설계법에 의한 철근콘크리트보 설계에서 양단 연속인 경우 처짐을 계산하지 않아도 되는 보의 최소 두께로 옳은 것은?(단, 보통 콘크리트 w_c = 2,300kg/m³와 설계기준항복강도 400MPa 철근을 사용)

① $l/16$
② $l/21$
③ $l/24$
④ $l/28$

해설

처짐을 계산하지 않는 보의 최소 두께

- 보통중량 콘크리트(M_c = 2,300kg/m³)와 철근(f_y = 400MPa)을 사용한 부재의 값이다.
- 1단 연속, 양단 연속의 경우 스팬이 가장 긴 보의 l을 적용한다.
- 리브가 있는 1방향 슬래브의 경우는 아래 값을 적용한다.

구분	단순지지	1단 연속	양단 연속	캔틸레버
최소 두께 (최소 춤, h)	$l/16$	$l/18.5$	$l/21$	$l/8$

48 바닥슬래브와 철골보 사이에 발생하는 전단력에 저항하기 위해 설치하는 것은?

① 커버플레이트(Cover plate)
② 스티프너(Stiffener)
③ 턴버클(Turn buckle)
④ 시어커넥터(Shear connector)

해설
① 커버플레이트 : 보의 플랜지 부분의 단면계수를 크게 하여 휨내력을 보강하기 위해 사용하는 부재이다.
② 스티프너 : 보의 웨브의 두께가 춤에 비해서 얇을 때, 웨브의 국부좌굴을 방지하기 위해 사용하는 부재이다.
③ 턴버클 : 와이어로프 등의 길이 조절에 사용되는 기구이다.
시어커넥터(Shear connector, 전단연결재)
• 합성부재의 2가지 다른 재료 사이의 전단력을 전달하도록 강재에 용접되고 콘크리트 속에 매입된 스터드, ㄷ형강, 플레이트 또는 다른 형태의 강재를 말한다.
• 바닥슬래브와 철골보 사이에 발생하는 전단력에 저항하기 위해 설치하는 전단연결재로서, 콘크리트 슬래브와 철골보 등을 연결하여 외력에 대한 구조체의 거동을 일체화시키는 데 사용된다.

49 다음 그림과 같은 부정정 보에서 고정단모멘트 M_{AB} (C_{AB})의 절댓값은?

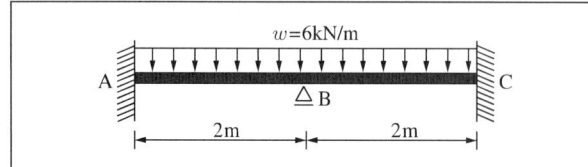

① 2kN·m
② 3kN·m
③ 4kN·m
④ 5kN·m

해설
부재력 M_{AB}는 AB부재에서 A고정단의 휨모멘트이다.
$\therefore M_A = -\dfrac{wl^2}{12} = -\dfrac{6\text{kN/m} \times (2\text{m})^2}{12} = 2\text{kN} \cdot \text{m}$

50 그림과 같은 구조에서 B단에 발생하는 모멘트는?

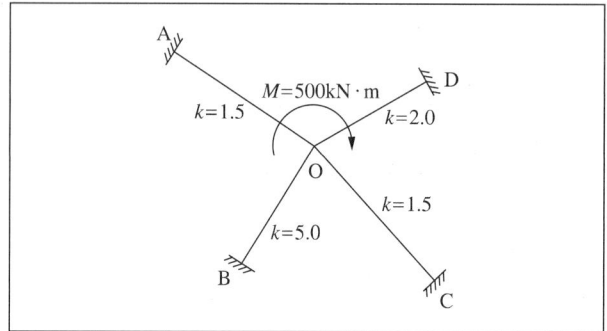

① 125kN·m
② 188kN·m
③ 250kN·m
④ 300kN·m

해설
• OB부재에 대한 분배율
$f_{OB} = \dfrac{K_{OB}}{\sum K} = \dfrac{5}{1.5+5+1.5+2} = \dfrac{5}{10}$
• OB부재에 대한 분배모멘트
$M_{OB} = f_{OB} \times M_O = \dfrac{5}{10} \times 500\text{kN} \cdot \text{m} = 250\text{kN} \cdot \text{m}$
∴ B지점에 대한 전달모멘트
$M_{BO} = \dfrac{1}{2} \times M_{OB} = \dfrac{1}{2} \times 250\text{kN} \cdot \text{m} = 125\text{kN} \cdot \text{m}$

51 아래 단면을 가진 철근콘크리트 기둥의 최대 설계축하중(ϕP_n)은?(단, f_{ck} = 30MPa, f_y = 400MPa)

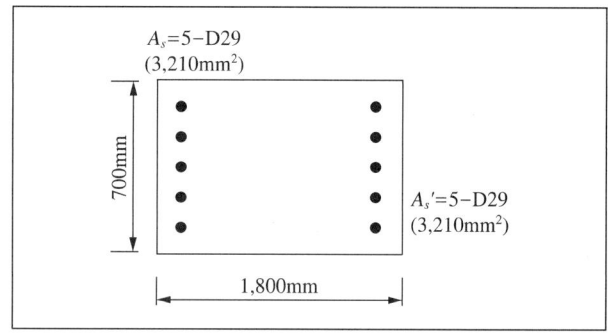

① 12,958kN
② 15,425kN
③ 17,958kN
④ 21,425kN

해설
• 기둥의 단면적 $A_g = 1,800\text{mm} \times 700\text{mm} = 1,260,000\text{mm}^2$
• 축방향 주근의 단면적 $A_{st} = 3,210\text{mm}^2 \times 2 = 6,420\text{mm}^2$
$\therefore \phi P_n = 0.80\phi \times (0.85 f_{ck}(A_g - A_{st}) + f_y A_{st})$
$= 0.80 \times 0.65 \times (0.85 \times 30 \times (1,260,000 - 6,420) + 400 \times 6,420)$
≒ 17,957,830N ≒ 17,958kN

52 스팬이 l이고 양단이 고정인 보의 전체에 등분포하중 w가 작용할 때 중앙부의 최대 처짐은?

① $\dfrac{wl^4}{48EI}$ ② $\dfrac{5wl^4}{48EI}$

③ $\dfrac{wl^4}{384EI}$ ④ $\dfrac{5wl^4}{384EI}$

해설
양단고정보의 최대 처짐

집중하중	등분포하중
$\dfrac{Pl^3}{192EI}$	$\dfrac{wl^4}{384EI}$
중앙	중앙

53 다음 그림과 같은 구멍 2열에 대하여 파단선 A-B-C를 지나는 순단면적과 동일한 순단면적을 갖는 파단선 D-E-F-G의 피치(s)는?(단, 구멍은 여유폭을 포함하여 23mm임)

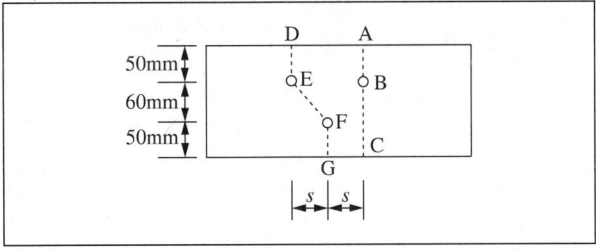

① 3.7cm   ② 7.4cm
③ 11.1cm   ④ 14.8cm

해설
• 파단선 A-B-C와 D-E-F-G를 각각 계산한다.
　㉠ 파단선 A-B-C
　　$A_n = A_g - n \times d \times t = (160 \times t) - (1 \times 23 \times t) = 137t$
　㉡ 파단선 D-E-F-G
　　$A_n = A_g - ndt + \sum \dfrac{s^2}{4g}t$
　　$= (160 \times t) - (2 \times 23 \times t) + \left(\dfrac{s^2}{4 \times 60} \times t\right) = 114t + \dfrac{s^2 t}{240}$
• 등식
　㉠ = ㉡ $\left(137t = 114t + \dfrac{s^2 t}{240}\right)$ 이므로,
　∴ $s = \sqrt{5,520} ≒ 74.3\text{mm} ≒ 7.4\text{cm}$

54 말뚝기초에 관한 설명으로 옳지 않은 것은?

① 말뚝기초는 지반이 연약하고 기초상부의 하중을 지지하지 못할 때 보강 공법으로 쓰인다.
② 지지말뚝은 굳은 지반까지 말뚝을 박아 하중을 직접 지반에 전달하며 주위 흙과의 마찰력은 고려하지 않는다.
③ 마찰말뚝은 주위 흙과의 마찰력으로 지지되며 n개를 박았을 때 그 지지력은 n배가 된다.
④ 동일 건물에서는 서로 다른 종류의 말뚝을 혼용하지 않는다.

해설
n개를 시공한 무리말뚝의 지지력은 n배보다 작다.
무리말뚝(군말뚝, Group pile)
• 여러 개의 말뚝을 무리지어 시공한 것을 말한다.
• 개별 말뚝의 지지력에는 한도가 있으므로 길이는 비교적 짧게 하고 수량을 많이 하는 것이 좋다.
• 무리말뚝은 지반에 전달되는 응력이 중복되는 경우가 많으며, 그 지지력은 개개의 말뚝 지지력의 합보다 작다.

55 철근콘크리트의 보강철근에 관한 설명으로 옳지 않은 것은?

① 보강철근으로 보강하지 않은 콘크리트는 연성거동을 한다.
② 보강철근은 콘크리트의 크리프를 감소시키고 균열의 폭을 최소화시킨다.
③ 이형철근은 원형강봉의 표면에 돌기를 만들어 철근과 콘크리트의 부착력을 최대가 되도록 한 것이다.
④ 보강철근을 콘크리트 속에 매립함으로써 콘크리트의 휨강도를 증대시킨다.

해설
철근콘크리트의 보강철근
• 보강철근을 콘크리트 속에 매립함으로써 콘크리트의 휨강도를 증대시키고 크리프를 감소시키며, 균열의 폭을 최소화할 수 있다.
• 보강철근으로 보강하지 않은 콘크리트는 인장강도가 낮아서 취성거동을 한다.

정답 52 ③ 53 ② 54 ③ 55 ①

56 내진설계에 있어서 밑면전단력 산정인자가 아닌 것은?

① 건물의 중요도계수
② 반응수정계수
③ 진도계수
④ 유효건물중량

해설

진도계수는 밑면전단력을 산정하는 데 사용되지 않는다.
등가정적해석법의 밑면전단력과 지진응답계수

밑면 전단력	$V = C_s W$ 여기서, C_s : 지진응답계수 W : 고정하중과 유효건물중량
지진 응답계수	$C_s = \dfrac{S_{DS}}{\left(\dfrac{R}{I_E}\right)}$ $C_s \geq 0.01$ 이어야 하며, 다음 값을 초과하지 않아도 된다. • $T \leq T_L$: $C_s = \dfrac{S_{D1}}{\left(\dfrac{R}{I_E}\right)T}$ • $T > T_L$: $C_s = \dfrac{S_{D1}T_L}{\left(\dfrac{R}{I_E}\right)T^2}$ 여기서, I_E : 건축물의 중요도계수 R : 반응수정계수 S_{DS} : 단주기 설계스펙트럼가속도 S_{D1} : 주기 1초에서의 설계스펙트럼가속도 T : 건축물의 고유주기(초) T_L : 5초

57 강도설계법 적용 시 그림과 같은 단철근 직사각형보 단면의 공칭휨강도 M_n 은?(단, f_{ck} = 21MPa, f_y = 400MPa, A_s = 1,200mm²)

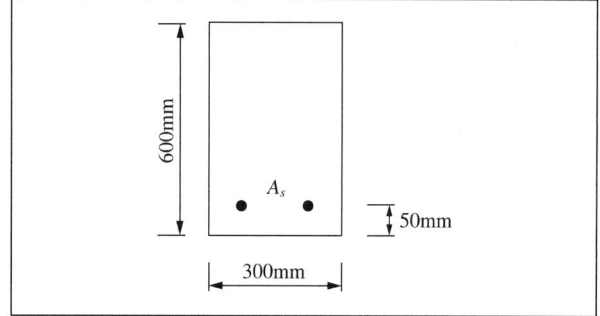

① 162kN·m
② 182kN·m
③ 202kN·m
④ 242kN·m

해설

• 등가응력블록의 깊이

$$a = \frac{A_s \times f_y}{\eta(0.85 f_{ck}) \times b} = \frac{1,200 \times 400}{1.0 \times (0.85 \times 21) \times 300} \fallingdotseq 89.64\text{mm}$$

• 공칭강도(M_n)

$$M_n = A_s f_y \left(d - \frac{a}{2}\right) = 1,200 \times 400 \times \left((600-50) - \frac{89.64}{2}\right)$$
$$= 242,486,400\text{N} \cdot \text{mm} \fallingdotseq 242\text{kN} \cdot \text{m}$$

58 원형단면에 전단력 S = 30kN이 작용할 때 단면의 최대 전단응력도는?(단, 단면의 반경은 180mm이다)

① 0.19MPa
② 0.24MPa
③ 0.39MPa
④ 0.44MPa

해설

최대 전단응력

직사각형	원형
$\tau_{\max} = \dfrac{3}{2} \times \dfrac{S}{A}$	$\tau_{\max} = \dfrac{4}{3} \times \dfrac{S}{A}$

$$\therefore \tau_{\max} = \frac{4}{3} \times \frac{S}{A} = \frac{4}{3} \times \frac{30,000\text{N}}{\pi \times (180\text{mm})^2} \fallingdotseq 0.39\text{N/mm}^2$$

59 그림과 같은 보의 C점에서의 최대 처짐은?

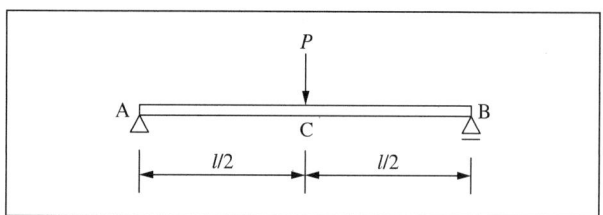

① $\dfrac{Pl^3}{2EI}$
② $\dfrac{Pl^3}{48EI}$
③ $\dfrac{Pl^3}{384EI}$
④ $\dfrac{5Pl^3}{384EI}$

해설
단순보 중앙에 집중하중이 작용할 때, 최대 처짐은 $\frac{Pl^3}{48EI}$이다.

단순보의 처짐

집중하중		등분포하중	
최대 처짐	처짐각	최대 처짐	처짐각
$\frac{Pl^3}{48EI}$	$\frac{Pl^2}{16EI}$	$\frac{5wl^4}{384EI}$	$\frac{wl^3}{24EI}$
중앙	지점	중앙	지점

60 다음 그림과 같은 라멘의 부정정 차수는?

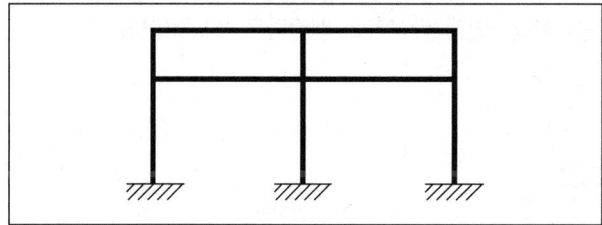

① 6차 부정정
② 8차 부정정
③ 10차 부정정
④ 12차 부정정

해설
$m = (n+s+r) - 2k$
$= (3+3+3) + (10) + (11) - (2 \times 9)$
$= 12$
여기서, n : 지점 반력수
s : 부재수
r : 강절점수
k : 절점수
∴ $m > 0$이므로, 12차 부정정 구조물이다.

절점과 부재의 개수

구분					
절점수	1	1	1	1	1
부재수	2	2	3	3	4
강절점수	-	1	1	2	3

제4과목 건축설비

61 전류가 흐르고 있는 전기기기, 배선과 관련된 화재를 의미하는 것은?

① A급 화재
② B급 화재
③ C급 화재
④ K급 화재

해설
화재의 분류

A급 화재	일반 화재	나무, 섬유, 종이, 고무, 플라스틱류와 같은 일반 가연물이 타고 나서 재가 남는 화재
B급 화재	유류 화재	인화성 액체, 가연성 액체, 석유 그리스, 타르, 오일, 유성도료, 솔벤트, 래커, 알코올 및 인화성 가스와 같은 유류가 타고 나서 재가 남지 않는 화재
C급 화재	전기 화재	전류가 흐르고 있는 전기기기, 배선과 관련된 화재
K급 화재	주방 화재	주방의 동식물유를 취급하는 조리기구에서 일어나는 화재

62 배수트랩에 관한 설명으로 옳지 않은 것은?
① 트랩은 이중으로 설치하면 효과적이다.
② 트랩의 봉수깊이가 너무 깊으면 통수능력이 감소된다.
③ 트랩은 하수가스의 실내 침입을 방지하는 역할을 한다.
④ 트랩은 위생기구에 가능한 한 접근시켜 설치하는 것이 좋다.

해설
이중트랩은 오·배수의 흐름에 영향을 미치므로 사용이 금지된다.

정답 60 ④ 61 ③ 62 ①

63 다음 그림과 같은 형태를 갖는 간선의 배선방식은?

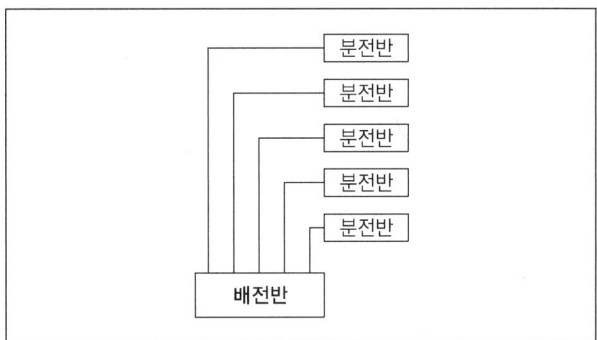

① 개별방식 ② 루프방식
③ 병용방식 ④ 나뭇가지방식

해설
간선의 배선방식

평행식(개별식)	각 분전반마다 배전반으로부터 각각의 간선을 설치하는 방식이다.
나뭇가지식	전체 분전반을 한 개의 간선으로 공급하는 방식이다.
나뭇가지 평행식	평행식(개별식)과 나뭇가지식을 병용하는 방식이다.
루프식	각 방식에서 다른 간선을 통하여 전력을 공급할 수 있도록 한 방식이다.

64 기온, 습도, 기류의 3요소의 조합에 의한 실내 온열감각을 기온의 척도로 나타낸 것은?

① 작용온도 ② 등가온도
③ 유효온도 ④ 등온지수

해설
① 작용온도 : 기온, 기류 및 주벽면 온도(복사열)의 3요소의 조합과 체감과의 관계를 나타내는 것으로, 공기의 습도가 고려되지 않은 것이다.
④ 등온지수 : 기온, 습도, 기류, 주벽면 온도(복사열)의 4요소를 조합하여 체감과의 관계를 나타낸 것이다.

65 수량 22.4m³/h를 양수하는 데 필요한 터빈 펌프의 구경으로 적당한 것은?(단, 터빈 펌프 내의 유속은 2m/s로 한다)

① 65mm ② 75mm
③ 100mm ④ 125mm

해설
펌프의 구경$(D) = 1.13\sqrt{\dfrac{Q}{V}} = 1.13\sqrt{\dfrac{\frac{22.4}{3,600}}{2}} ≒ 0.063m ≒ 65mm$

여기서, Q : 펌프 토출량(m³/s)
　　　　V : 펌프의 유속(m/s)

66 실내의 탄산가스 허용농도가 1,000ppm, 외기의 탄산가스 농도가 400ppm일 때, 실내 1인당 필요한 환기량은? (단, 실내 1인당 탄산가스 배출량은 15L/h이다)

① 15m³/h ② 20m³/h
③ 25m³/h ④ 30m³/h

해설
필요환기량 = $\dfrac{CO_2\ 발생량}{최대\ 허용\ CO_2\ 농도 - 외기\ 중의\ CO_2\ 농도}$
　　　　　 = $\dfrac{0.015m³/h}{0.001 - 0.0004} = 25m³/h$

67 공기조화방식 중 팬코일유닛 방식에 관한 설명으로 옳지 않은 것은?

① 각 실에 수배관으로 인한 누수의 우려가 있다.
② 덕트 샤프트나 스페이스가 필요 없거나 작아도 된다.
③ 각 실의 유닛은 수동으로도 제어할 수 있고, 개별제어가 쉽다.
④ 유닛을 창문 밑에 설치하면 콜드 드래프트(Cold draft)가 발생할 우려가 높다.

해설

팬코일유닛 방식의 유닛을 창문 밑에 설치하면 콜드 드래프트를 줄일 수 있다.

팬코일유닛(FCU) 방식
- 전동기 직결의 소형 송풍기, 냉온수 코일 및 필터 등을 갖춘 실내형 소형 공조기를 각 실에 설치하여 중앙 기계실로부터 냉수 또는 온수를 공급받아 공기조화를 하는 방식이다.
- 각 실 유닛은 수동으로도 제어할 수 있으며 개별제어가 쉽다.
- 덕트방식에 비해 유닛의 위치 변경 및 증설이 용이하다.
- 유닛을 창문 밑에 설치하면 콜드 드래프트(냉기류)를 줄일 수 있다.
- 펌프로 냉·온수를 이송하므로 공기를 이송하는 것보다 동력이 적다.
- 팬의 소요동력이 공기조화방식 중 가장 작다.

68 전기 샤프트(ES)에 관한 설명으로 옳지 않은 것은?

① 전기 샤프트(ES)는 각 층마다 같은 위치에 설치한다.
② 전기 샤프트(ES)의 면적은 보, 기둥부분을 제외하고 산정한다.
③ 전기 샤프트(ES)는 전력용(EPS)과 정보통신용(TPS)을 공용으로 설치하는 것이 원칙이다.
④ 전기 샤프트(ES)의 점검구는 유지보수 시 기기의 반입 및 반출이 가능하도록 하여야 한다.

해설

전력용과 정보통신용 각각의 설치 장비 및 배선이 적은 경우에만 공용 사용이 가능하다.

전기샤프트의 주요 고려사항
- 전력용(EPS)과 정보통신용(TPS)으로 구분하여 설치한다(각 용도의 설치 장비 및 배선이 적은 경우에는 공용으로 사용할 수 있다).
- 각 층마다 같은 위치에 설치한다.
- 면적은 보, 기둥부분을 제외하고 산정하며, 기기의 배치와 유지보수에 충분한 공간으로 하고, 건축적인 마감을 시행한다.
- 현재 장비 이외에 장래의 배선 등에 대한 여유성을 고려한 크기로 한다.
- 점검구는 유지보수 시 기기의 반입 및 반출이 가능하여야 한다.

69 최대수요전력을 구하기 위한 것으로 총부하설비용량에 대한 최대수요전력의 비율을 백분율로 나타낸 것은?

① 역률
② 수용률
③ 부등률
④ 부하율

해설

수전설비용량의 추정

수용률	• 최대수요전력을 구하기 위한 것이다. • 최대수요전력 ÷ 총부하설비용량 × 100(%)
부등률	• 합성최대수요전력을 구하는 계수이다. • 각 부하의 최대수요전력의 합계 ÷ 합성최대수요전력
부하율	• 전기설비가 어느 정도 유효하게 사용되는가를 나타내는 것이다. • 부하의 평균전력 ÷ 최대수요전력 × 100(%)

70 증기난방에 관한 설명으로 옳지 않은 것은?

① 온수난방에 비해 예열시간이 짧다.
② 온수난방에 비해 한랭지에서 동결의 우려가 적다.
③ 운전 시 증기해머로 인한 소음을 일으키기 쉽다.
④ 온수난방에 비해 부하변동에 따른 실내방열량의 제어가 용이하다.

해설

증기난방은 부하변동에 따른 실내방열량의 제어가 곤란하다.

증기난방
- 증발잠열을 이용하여 열의 운반능력이 크다.
- 예열시간이 짧고 실내온도상승이 빨라 간헐운전에 적합하다.
- 한랭지에서 동결의 우려가 적다.
- 열매의 온도가 높아 방열면적을 작게 할 수 있다.
- 실내 상하온도차가 크고 방열기의 표면온도가 높다.
- 난방의 쾌감도가 낮고 스팀해머가 발생할 수 있다.
- 부하변동에 따른 실내방열량의 제어가 곤란하다.
- 계통별 용량제어가 곤란하다.

71 다음 중 엘리베이터의 안전장치와 가장 관계가 먼 것은?

① 조속기
② 핸드레일
③ 종점스위치
④ 전자브레이크

해설
엘리베이터의 안전장치

전기적 안전장치	과부하계전기, 주접촉기, 역결상릴레이, 전자제동장치(전자브레이크), 종점스위치, 리밋 스위치(제한스위치), 승강스위치, 도어스위치, 비상정지버튼, 외부통화장치 등
기계적 안전장치	조속기, 비상정지장치, 완충기 등

72 펌프의 양수량이 10m³/min, 전양정이 10m, 효율이 80%일 때, 이 펌프의 축동력은?

① 20.4kW
② 22.5kW
③ 26.5kW
④ 30.6kW

해설

$$축동력(kW) = \frac{1,000kg/m^3 \times 양수량(m^3/min) \times 양정(m)}{6,120 \times 펌프의\ 효율}$$

$$= \frac{1,000kg/m^3 \times 10m^3/min \times 10m}{6,120 \times 0.8} ≒ 20.42kW$$

※ 물의 경우, 1L = 0.001m³이다.

73 실내 공기오염의 종합적 지표로서 사용되는 오염물질은?

① 부유분진
② 이산화탄소
③ 일산화탄소
④ 이산화질소

해설
실내환기량의 기준
- 실내환기량은 일반적으로 이산화탄소(CO_2)의 농도를 기준으로 산정한다.
- 이산화탄소 농도는 실내 공기오염과 비례한다고 본다.

74 조명설비에서 눈부심에 관한 설명으로 옳지 않은 것은?

① 광원의 크기가 클수록 눈부심이 강하다.
② 광원의 휘도가 작을수록 눈부심이 강하다.
③ 광원이 시선에 가까울수록 눈부심이 강하다.
④ 배경이 어둡고 눈이 암순응될수록 눈부심이 강하다.

해설
광원의 휘도가 높을수록 눈부심이 강하다.
눈부심(Glare)
- 시야 안에 고휘도 광원이나 강한 휘도대비가 있으면 눈부심을 만든다.
- 배경이 어둡거나 눈이 암순응될수록, 광원의 휘도가 클수록, 광원이 시선에 가까울수록, 광원의 크기가 클수록 눈부심이 강하다.

75 건축물의 에너지절약설계기준에 따른 건축물의 단열을 위한 권장사항으로 옳지 않은 것은?

① 외벽 부위는 내단열로 시공한다.
② 열손실이 많은 북측 거실의 창 및 문의 면적은 최소화한다.
③ 외피의 모서리 부분은 열교가 발생하지 않도록 단열재를 연속적으로 설치한다.
④ 발코니 확장을 하는 공동주택에는 단열성이 우수한 로이(Low-e) 복층창이나 삼중창 이상의 단열성능을 갖는 창을 설치한다.

해설
외벽 부위는 열교를 차단할 수 있고 실내 표면결로 방지에 유리한 외단열로 시공한다.
건축물의 단열계획
- 외벽 부위는 외단열로 시공하며, 외피의 모서리 부분은 열교가 발생하지 않도록 단열재를 연속적으로 설치하고 충분히 단열되도록 한다.
- 건물의 창 및 문은 가능한 한 작게 설계하고, 특히 열손실이 많은 북측 거실의 창 및 문의 면적은 최소화한다.
- 발코니 확장을 하는 공동주택에는 단열성이 우수한 로이 복층창이나 삼중창 이상의 단열성능을 갖는 창을 설치한다.
- 태양열 유입에 의한 냉방부하 저감을 위해 태양열 차폐장치를 설치한다.

76 액화천연가스(LNG)에 관한 설명으로 옳지 않은 것은?

① 공기보다 가볍다.
② 무공해, 무독성이다.
③ 프로필렌, 부탄, 에탄이 주성분이다.
④ 대규모의 저장시설을 필요로 하며, 공급은 배관을 통하여 이루어진다.

해설
액화천연가스(LNG)의 주성분은 메탄·에탄이며, 액화석유가스(LPG)의 주성분은 프로판·부탄·프로필렌이다.

액화천연가스(LNG)

개요	천연가스 정제 과정에서 채취된 메탄·에탄을 냉각해서 액화시킨 것이다.
특징	• 열량이 높고 무공해, 무독성이다. • 공기보다 비중이 낮고 가볍다. • 공기 중에 확산되며 폭발이 어렵다. • 액화가 어렵고 운반이 어렵다. • 대규모 저장시설이 필요하고, 공급은 배관을 통해 이루어지며, 주로 도시가스로 이용된다.

77 다음 설명에 알맞은 냉동기는?

• 기계적 에너지가 아닌 열에너지에 의해 냉동효과를 얻는다.
• 구조는 증발기, 흡수기, 재생기(발생기), 응축기 등으로 구성되어 있다.

① 터보식 냉동기
② 흡수식 냉동기
③ 스크루식 냉동기
④ 왕복동식 냉동기

해설
흡수식 냉동기는 열에너지로 냉동효과를 얻는 방식이며, ①·③·④는 기계적 에너지로 냉동효과를 얻는 압축식 냉동기이다.
흡수식 냉동기의 특징
• 냉매로 물을 사용하며, 증기로 냉수를 생산하는 냉동기이다.
• 열에너지로 냉동효과를 얻는 방식이다.
• 증발기, 흡수기, 재생기(발생기), 응축기로 구성된다.
• 냉방용의 경우 물과 브롬화리튬(LiBr)의 혼합용액을 사용한다.

78 주철제 보일러에 관한 설명으로 옳지 않은 것은?

① 재질이 약하여 고압으로는 사용이 곤란하다.
② 섹션(Section)으로 분할되므로 반입이 용이하다.
③ 재질이 주철이므로 내식성이 약하여 수명이 짧다.
④ 규모가 비교적 작은 건물의 난방용으로 사용된다.

해설
주철제 보일러는 내식성이 우수하고 수명이 길다.

79 배관재료에 관한 설명으로 옳지 않은 것은?

① 주철관은 오배수관이나 지중 매설 배관에 사용된다.
② 경질염화비닐관은 내식성은 우수하나 충격에 약하다.
③ 연관은 내식성이 작아 배수용보다는 난방배관에 주로 사용된다.
④ 동관은 전기 및 열전도율이 좋고 전성·연성이 풍부하며 가공도 용이하다.

해설
연관은 배수관에 주로 사용되며, 난방배관에는 동관 등이 사용된다.
연관(납관) 배관재
• 굴곡 가공이 쉽고 신축에 잘 견디며 산에 강하나 가격이 고가이다.
• 알칼리에 약하므로 콘크리트에 직접 접촉하지 않아야 한다.
• 배수관, 가스배관, 공업용배관 등에 사용된다.

80 다음 중 변전실 면적에 영향을 주는 요소와 가장 거리가 먼 것은?

① 발전기실의 면적
② 변전설비 변압방식
③ 수전전압 및 수전방식
④ 설치기기와 큐비클의 종류

해설
변전실 면적에 영향을 주는 요소
• 수전전압 및 수전방식
• 변전설비 변압방식, 변압기 용량, 수량 및 형식
• 설치기기와 큐비클의 종류 및 시방
• 기기의 배치방법 및 유지보수 필요면적
• 건축물의 구조적 여건

정답 76 ③ 77 ② 78 ③ 79 ③ 80 ①

제5과목 건축관계법규

81 막다른 도로의 길이가 20m인 경우, 이 도로가 건축법령상 '도로'이기 위한 최소 너비는?

① 2m ② 3m
③ 4m ④ 6m

해설
지형적 조건에 따른 도로의 구조와 너비(건축법 시행령 제3조의3)

막다른 도로의 길이	건축법상 도로이기 위한 최소 너비
10m 미만	2m
10m 이상 35m 미만	3m
35m 이상	6m(도시지역이 아닌 읍·면지역은 4m)

82 문화 및 집회시설 중 공연장의 개별 관람실을 다음과 같이 계획하였을 경우, 옳지 않은 것은?(단, 개별 관람실의 바닥면적은 1,000m²이다)

① 각 출구의 유효너비는 1.5m 이상으로 하였다.
② 관람실로부터 바깥쪽으로의 출구로 쓰이는 문을 밖여닫이로 하였다.
③ 개별 관람실의 바깥쪽에는 그 양쪽 및 뒤쪽에 각각 복도를 설치하였다.
④ 개별 관람실의 출구는 3개소 설치하였으며 출구의 유효너비의 합계는 4.5m로 하였다.

해설
관람실 등으로부터의 출구의 설치기준(건축물방화구조규칙 제10조)
• 건축물의 관람실 또는 집회실로부터 바깥쪽으로의 출구로 쓰이는 문은 안여닫이로 해서는 안 된다.
• 문화 및 집회시설 중 공연장의 개별 관람실(바닥면적이 300m² 이상인 것만 해당한다)의 출구는 다음의 기준에 적합하게 설치해야 한다.

설치 기준	개소	관람실별로 2개소 이상
	유효너비	각 출구의 유효너비는 1.5m 이상
	유효너비 합계	개별 관람실의 바닥면적 100m²마다 0.6m 비율로 산정한 너비 이상

∴ 유효너비 합계 : 1,000m² ÷ 100m² × 0.6m = 6m 이상

83 특별피난계단의 구조에 관한 기준 내용으로 옳지 않은 것은?

① 계단실에는 예비전원에 의한 조명설비를 할 것
② 계단은 내화구조로 하되, 피난층 또는 지상까지 직접 연결되도록 할 것
③ 출입구의 유효너비는 0.9m 이상으로 하고 피난의 방향으로 열 수 있을 것
④ 계단실의 노대 또는 부속실에 접하는 창문은 그 면적을 각각 3m² 이하로 할 것

해설
특별피난계단의 계단실의 노대 또는 부속실에 접하는 창문 등은 망이 들어 있는 유리의 붙박이창으로서 그 면적을 각각 1m² 이하로 하여야 한다.
특별피난계단의 창문(건축물방화구조규칙 제9조)
• 계단실·노대 또는 부속실에 설치하는 건축물의 바깥쪽에 접하는 창문 등은 다른 부분에 설치하는 창문 등으로부터 2m 이상의 거리를 두고 설치할 것
• 계단실에는 노대 또는 부속실에 접하는 부분 외에는 건축물의 내부와 접하는 창문 등을 설치하지 아니할 것
• 계단실의 노대 또는 부속실에 접하는 창문 등은 망이 들어 있는 유리의 붙박이창으로서 그 면적을 각각 1m² 이하로 할 것
• 노대 및 부속실에는 계단실 외의 건축물의 내부와 접하는 창문 등을 설치하지 아니할 것

84 국토의 계획 및 이용에 관한 법령상 기반시설 중 광장의 세분에 해당하지 않는 것은?

① 옥상광장 ② 일반광장
③ 지하광장 ④ 건축물부설광장

해설
기반시설(국토계획법 시행령 제2조 제1항)

교통시설	도로·철도·항만·공항·주차장·자동차정류장·궤도·차량 검사 및 면허시설	
공간시설	광장·공원·녹지·유원지·공공공지	
	광장	교통광장, 일반광장, 경관광장, 지하광장, 건축물부설광장
유통·공급시설	유통업무설비, 수도·전기·가스·열공급설비, 방송·통신시설, 공동구, 시장, 유류저장 및 송유설비	
공공·문화 체육시설	학교·공공청사·문화시설·공공필요성이 인정되는 체육시설·연구시설·사회복지시설·공공직업훈련시설·청소년수련시설	
방재시설	하천·유수지·저수지·방화설비·방풍설비·방수설비·사방설비·방조설비	
보건위생시설	장사시설·도축장·종합의료시설	
환경기초시설	하수도·폐기물처리 및 재활용시설·빗물저장 및 이용시설·수질오염방지시설·폐차장	

85 그림과 같은 일반 건축물의 건축면적은?(단, 평면도 건물 치수는 두께 300mm인 외벽의 중심치수이고, 지붕선 치수는 지붕외곽선 치수임)

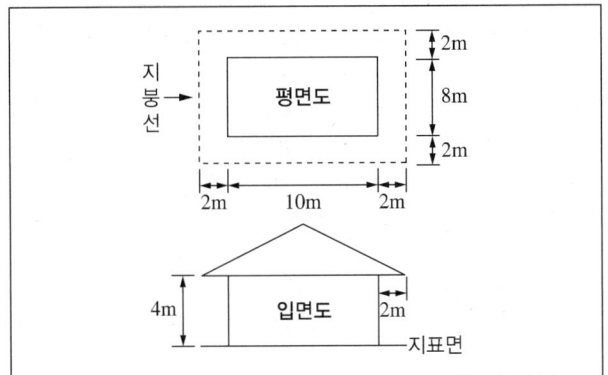

① 80m²
② 100m²
③ 120m²
④ 168m²

[해설]
건축면적의 산정방법(건축법 시행령 제119조 제1항 제2호)
- 건축물의 외벽(외벽이 없는 경우에는 외곽 부분의 기둥으로 한다)의 중심선으로 둘러싸인 부분의 수평투영면적으로 한다.
- 처마, 차양, 부연, 그 밖에 이와 비슷한 것으로서 그 외벽의 중심선으로부터 수평거리 1m 이상 돌출된 부분이 있는 건축물의 건축면적은 그 돌출된 끝부분으로부터 수평거리를 후퇴한 선으로 둘러싸인 부분의 수평투영면적으로 한다(전통사찰, 축사, 한옥 등의 예외 규정 있음).
∴ 돌출된 끝부분으로부터 수평거리 1m를 후퇴한 선으로 둘러싸인 부분의 수평투영면적을 구하면 12m × 10m = 120m²이다.

86 건축물의 거실에 건축물의 설비기준 등에 관한 규칙에 따라 배연설비를 설치하여야 하는 대상 건축물에 속하지 않는 것은?(단, 피난층의 거실은 제외)

① 6층 이상인 건축물로서 창고시설의 용도로 쓰는 건축물
② 6층 이상인 건축물로서 운수시설의 용도로 쓰는 건축물
③ 6층 이상인 건축물로서 위락시설의 용도로 쓰는 건축물
④ 6층 이상인 건축물로서 종교시설의 용도로 쓰는 건축물

[해설]
창고시설은 대상 건축물이 아니다.
배연설비의 설치대상(건축법 시행령 제51조)
다음 건축물의 거실에는 배연설비를 한다(피난층의 거실은 제외).

용도	
	요양병원, 정신병원, 노인요양시설, 장애인 거주시설 및 장애인 의료재활시설, 제1종 근린생활시설 중 산후조리원
6층 이상	문화 및 집회시설, 종교시설, 판매시설, 운수시설, 의료시설(요양병원 및 정신병원은 제외한다), 교육연구시설 중 연구소, 노유자시설 중 아동 관련 시설·노인복지시설(노인요양시설은 제외한다), 수련시설 중 유스호스텔, 운동시설, 업무시설, 숙박시설, 위락시설, 관광휴게시설, 장례시설, 제2종 근린생활시설 중 다중생활시설
바닥면적 합계 300m² 이상	제2종 근린생활시설 중 공연장, 종교집회장, 인터넷컴퓨터게임시설제공업소

87 다음 중 제1종 전용주거지역 안에서 건축할 수 있는 건축물에 속하지 않는 것은?(단, 도시·군계획조례가 정하는 바에 의하여 건축할 수 있는 건축물 포함)

① 노유자시설
② 공동주택 중 아파트
③ 교육연구시설 중 고등학교
④ 제2종 근린생활시설 중 종교집회장

[해설]
아파트 및 기숙사는 제1종 전용주거지역에 건축할 수 없다.
전용주거지역 안에서 건축할 수 있는 건축물(조례 포함)(국토계획법 시행령 별표 2~3)

구분	제1종	제2종
공동주택	연립주택, 다세대주택	아파트, 연립주택, 다세대주택, 기숙사
제1종 근린생활시설	바닥면적 합계 1,000m² 미만(일반업무시설, 전기자동차 충전소 제외)	바닥면적 합계 1,000m² 미만
공통	• 단독주택 중 단독주택, 다중주택, 다가구주택, 공관 • 제2종 근린생활시설 중 종교집회장 • 문화 및 집회시설(바닥면적 합계 1,000m² 미만) 중 박물관, 미술관, 체험관, 기념관 • 종교시설(바닥면적 합계 1,000m² 미만) • 교육연구시설 중 유치원, 초등학교, 중학교, 고등학교 • 노유자시설, 자동차 관련 시설 중 주차장	

[정답] 85 ③ 86 ① 87 ②

88 다음은 대지의 조경에 관한 기준 내용이다. ( ) 안에 알맞은 것은?

> 면적이 ( ) 이상인 대지에 건축을 하는 건축주는 용도지역 및 건축물의 규모에 따라 해당 지방자치단체의 조례로 정하는 기준에 따라 대지에 조경이나 그 밖에 필요한 조치를 하여야 한다.

① 100m²
② 200m²
③ 300m²
④ 500m²

해설

대지의 조경(건축법 제42조)
- 면적이 200m² 이상인 대지에 건축을 하는 건축주는 용도지역 및 건축물의 규모에 따라 해당 지방자치단체의 조례로 정하는 기준에 따라 대지에 조경이나 그 밖에 필요한 조치를 해야 한다.
- 국토교통부장관은 식재(植栽) 기준, 조경 시설물의 종류 및 설치방법, 옥상 조경의 방법 등 조경에 필요한 사항을 정하여 고시할 수 있다.

89 건축물의 주요구조부를 내화구조로 하여야 하는 대상 건축물에 속하지 않는 것은?

① 공장의 용도로 쓰는 건축물로서 그 용도로 쓰는 바닥면적의 합계가 500m²인 건축물
② 판매시설의 용도로 쓰는 건축물로서 그 용도로 쓰는 바닥면적의 합계가 500m²인 건축물
③ 창고시설의 용도로 쓰는 건축물로서 그 용도로 쓰는 바닥면적의 합계가 500m²인 건축물
④ 문화 및 집회시설 중 전시장의 용도로 쓰는 건축물로서 그 용도로 쓰는 바닥면적의 합계가 500m²인 건축물

해설

공장은 바닥면적 합계가 2,000m² 이상인 경우 주요구조부를 내화구조로 하여야 한다.
내화구조의 적용대상(바닥면적의 합계 500m² 이상)(건축법 시행령 제56조)
문화 및 집회시설 중 전시장 또는 동·식물원, 판매시설, 운수시설, 교육연구시설에 설치하는 체육관·강당, 수련시설, 운동시설 중 체육관·운동장, 위락시설(주점영업의 용도로 쓰는 것은 제외한다), 창고시설, 위험물저장 및 처리시설, 자동차 관련 시설, 방송통신시설 중 방송국·전신전화국·촬영소, 묘지 관련 시설 중 화장시설·동물화장시설 또는 관광휴게시설의 용도로 쓰는 건축물

90 다음은 물막이설비의 설치에 관한 기준 내용이다. 밑줄 친 지역에 해당하지 않는 곳은?

> <u>다음의 어느 하나에 해당하는 지역</u>에서 건축물을 건축하려는 자는 빗물 등의 유입으로 건축물이 침수되지 않도록 해당 건축물의 지하층 및 1층의 출입구(주차장의 출입구 포함)에 물막이판 등 해당 건축물의 침수를 방지할 수 있는 설비를 설치해야 한다. 다만, 해당 건축물의 지하층 및 1층의 출입구를 국토교통부장관이 정하여 고시하는 예상 침수 높이 이상으로 설치한 경우에는 물막이설비를 설치한 것으로 본다.

① 자연재해위험개선지구 중 침수위험지구 및 해일위험지구
② 과거 5년 이내 1회 이상 침수가 되었던 지역 중 동일한 피해가 예상되는 지구
③ 문화적·생태적으로 보존가치가 큰 지역의 보호와 보존을 위하여 필요한 지구
④ 국토계획법에 따른 방재지구

해설

③은 보호지구에 해당하므로 물막이설비 설치 지역에 해당하지 않는다.
물막이설비(건축물설비기준규칙 제17조의2)
다음에 해당하는 지역에서 건축물을 건축하려는 자는 빗물 등의 유입으로 건축물이 침수되지 않도록 해당 건축물의 지하층 및 1층의 출입구(주차장의 출입구 포함)에 물막이판 등 해당 건축물의 침수를 방지할 수 있는 설비를 설치해야 한다. 다만, 해당 건축물의 지하층 및 1층의 출입구를 국토교통부장관이 정하여 고시하는 예상 침수 높이 이상으로 설치한 경우에는 물막이설비를 설치한 것으로 본다.
- 국토계획법에 따른 방재지구(풍수해, 산사태, 지반의 붕괴, 그 밖의 재해를 예방하기 위하여 필요한 지구)
- 자연재해대책법 시행령에 따른 행정안전부장관이 고시하는 다음의 지역
  - 자연재해위험개선지구 중 침수위험지구 및 해일위험지구
  - 과거 5년 이내 1회 이상 침수가 되었던 지역 중 동일한 피해가 예상되는 지구
  - 자연재해대책법에 따라 수립하는 자연재해저감 종합계획에 하천재해, 내수재해, 해안재해 위험지구와 관리지구로 선정된 지역 중 침수피해가 우려되는 지구
  - 중앙행정기관의 장이 별도로 정하는 지구 또는 지방자치단체장의 요청에 따라 행정안전부장관이 정하는 지구

※ 개정된 법령 기준으로 내용을 수정하였다.

91 건축법령상 초고층 건축물의 정의로 옳은 것은?

① 층수가 30층 이상이거나 높이가 90m 이상인 건축물
② 층수가 30층 이상이거나 높이가 120m 이상인 건축물
③ 층수가 50층 이상이거나 높이가 150m 이상인 건축물
④ 층수가 50층 이상이거나 높이가 200m 이상인 건축물

해설
고층 건축물의 분류(건축법 제2조, 동법 시행령 제2조)

고층 건축물	층수가 30층 이상이거나 높이가 120m 이상인 건축물
준초고층 건축물	고층 건축물 중 초고층 건축물이 아닌 것
초고층 건축물	층수가 50층 이상이거나 높이가 200m 이상인 건축물

93 건축법령상 아파트의 정의로 가장 알맞은 것은?

① 주택으로 쓰는 층수가 3개 층 이상인 주택
② 주택으로 쓰는 층수가 5개 층 이상인 주택
③ 주택으로 쓰는 층수가 7개 층 이상인 주택
④ 주택으로 쓰는 층수가 10개 층 이상인 주택

해설
아파트의 정의(건축법 시행령 별표 1)
• 아파트는 주택으로 쓰는 층수가 5개 층 이상인 주택을 말한다.
• 단, 1층 전부를 필로티 구조로 하여 주차장으로 사용하는 경우 필로티 부분을 층수에서 제외하고, 지하층도 층수에서 제외한다.

92 층수가 15층이며, 6층 이상의 거실면적의 합계가 15,000㎡인 종합병원에 설치하여야 하는 승용승강기의 최소 대수는?(단, 8인승 승용승강기의 경우)

① 6대　　② 7대
③ 8대　　④ 9대

해설
승용승강기의 설치기준(건축물설비기준규칙 별표 1의2)

건축물의 용도	6층 이상 거실면적의 합계	
	3,000㎡ 이하	3,000㎡ 초과
공연장, 집회장, 관람장, 판매시설, 의료시설	2대	2대에 3,000㎡를 초과하는 2,000㎡ 이내마다 1대를 더한 대수
전시장, 동·식물원, 업무시설, 숙박시설, 위락시설	1대	1대에 3,000㎡를 초과하는 2,000㎡ 이내마다 1대를 더한 대수
공동주택, 교육연구시설, 노유자시설, 기타 시설	1대	1대에 3,000㎡를 초과하는 3,000㎡ 이내마다 1대를 더한 대수

※ 8인승 이상 15인승 이하는 1대의 승강기로 보고, 16인승 이상의 승강기는 2대로 본다.
∴ 2대 + (15,000㎡ − 3,000㎡) ÷ 2,000㎡ = 8대

94 부설주차장의 설치대상 시설물이 업무시설인 경우 설치기준으로 옳은 것은?(단, 외국공관 및 오피스텔은 제외)

① 시설면적 100㎡당 1대
② 시설면적 150㎡당 1대
③ 시설면적 200㎡당 1대
④ 시설면적 350㎡당 1대

해설
시설면적당 부설주차장 설치기준(주차장법 시행령 별표 1)

400㎡당 1대	창고시설, 학생용 기숙사, 방송통신시설 중 데이터센터
350㎡당 1대	수련시설, 공장(아파트형 제외), 발전시설
300㎡당 1대	기타 건축물
200㎡당 1대	제1종 근린생활시설(공공업무·주민공동시설 중 일부 제외), 제2종 근린생활시설, 숙박시설
150㎡당 1대	문화 및 집회시설(관람장 제외), 종교시설, 판매시설, 운수시설, 의료시설(정신병원·요양병원·격리병원 제외), 운동시설(골프장·골프연습장·옥외수영장 제외), 업무시설(외국공관·오피스텔 제외), 방송국, 장례식장
100㎡당 1대	위락시설

95 어느 건축물에서 주차장 외의 용도로 사용되는 부분이 판매시설인 경우, 이 건축물이 주차전용건축물이기 위해서는 주차장으로 사용되는 부분의 연면적 비율이 최소 얼마 이상이어야 하는가?

① 50%   ② 70%
③ 85%   ④ 95%

해설
주차전용건축물의 주차면적비율(주차장법 시행령 제1조의2)
- 건축물의 연면적 중 주차장 사용부분 비율이 95% 이상인 것
- 주차장 외 용도가 아래 용도일 경우에는 주차장으로 사용되는 부분의 비율이 70%(주차환경개선지구 내에 위치한 건축물의 경우에는 60%) 이상인 것
  – 단독주택, 공동주택, 제1종 근린생활시설, 제2종 근린생활시설, 문화 및 집회시설, 종교시설, 판매시설, 운수시설, 운동시설, 업무시설, 창고시설 또는 자동차 관련 시설

96 용도지역의 세분 중 도심·부도심의 상업기능 및 업무기능의 확충을 위하여 필요한 지역은?

① 유통상업지역
② 근린상업지역
③ 일반상업지역
④ 중심상업지역

해설
상업지역의 세분(국토계획법 시행령 제30조)
- 중심상업지역 : 도심·부도심의 상업기능 및 업무기능의 확충을 위하여 필요한 지역
- 일반상업지역 : 일반적인 상업기능 및 업무기능을 담당하게 하기 위하여 필요한 지역
- 근린상업지역 : 근린지역에서의 일용품 및 서비스의 공급을 위하여 필요한 지역
- 유통상업지역 : 도시 내 및 지역 간 유통기능의 증진을 위하여 필요한 지역

97 건축법령상 건축허가신청에 필요한 설계도서에 속하지 않는 것은?

① 조감도   ② 배치도
③ 건축계획서   ④ 소방설비도

해설
투시도·조감도는 건축허가신청에 필요한 설계도서가 아니다.
건축허가신청에 필요한 설계도서(건축법 시행규칙 별표 2)
건축계획서, 배치도, 평면도, 입면도, 단면도, 구조도, 구조계산서, 소방설비도

※ 개정된 법령 기준으로 내용을 수정하였다.

98 산업구조 또는 경제활동의 변화로 복합적 토지이용이 필요하거나 노후 건축물 등이 밀집하여 단계적 정비가 필요한 지역, 그 밖에 복합된 공간이용을 촉진하고 다양한 도시공간을 조성하기 위하여 계획적 관리가 필요하다고 인정되는 경우로서 대통령령으로 정하는 지역은?

① 개발제한구역
② 시가화조정구역
③ 복합용도구역
④ 도시자연공원구역

해설
① 개발제한구역 : 도시의 무질서한 확산을 방지하고 도시주변의 자연환경을 보전하여 도시민의 건전한 생활환경을 확보하기 위하여 도시의 개발을 제한할 필요가 있거나 국방부장관의 요청이 있어 보안상 도시의 개발을 제한할 필요가 있다고 인정되는 경우에 지정 또는 변경되는 구역
② 시가화조정구역 : 도시지역과 그 주변지역의 무질서한 시가화를 방지하고 계획적·단계적인 개발을 도모하기 위하여 대통령령으로 정하는 기간(5년 이상 20년 이내) 동안 시가화를 유보할 필요가 있다고 인정되면 지정 또는 변경되는 구역
④ 도시자연공원구역 : 도시의 자연환경 및 경관을 보호하고 도시민에게 건전한 여가·휴식공간을 제공하기 위하여 도시지역 안에서 식생이 양호한 산지의 개발을 제한할 필요가 있다고 인정되면 지정 또는 변경되는 구역

※ 개정된 법령 기준으로 내용을 수정하였다.

정답 95 ② 96 ④ 97 ① 98 ③

99 비상용승강기의 승강장의 구조에 관한 기준 내용으로 옳지 않은 것은?

① 채광이 되는 창문이 있거나 예비전원에 의한 조명설비를 할 것
② 벽 및 반자가 실내에 접하는 부분의 마감재료는 불연재료로 할 것
③ 피난층이 있는 승강장의 출입구로부터 도로 또는 공지에 이르는 거리가 50m 이하일 것
④ 옥내에 승강장을 설치하는 경우 승강장의 바닥면적은 비상용승강기 1대에 대하여 6m² 이상으로 할 것

해설
비상용승강기 승강장의 위치는 피난층이 있는 승강장의 출입구로부터 도로 또는 공지에 이르는 거리가 30m 이하여야 한다.
비상용승강기 승강장의 구조(건축물설비기준규칙 제10조 제2호)

구조	• 승강장의 창문·출입구 기타 개구부를 제외한 부분은 당해 건축물의 다른 부분과 내화구조의 바닥 및 벽으로 구획할 것 • 승강장은 각 층의 내부와 연결될 수 있도록 하되, 그 출입구(승강로 출입구 제외)에는 60분+ 방화문 또는 60분 방화문을 설치할 것(다만, 피난층에는 60분+ 방화문 또는 60분 방화문을 설치하지 않을 수 있다)
바닥면적	비상용승강기 1대에 대하여 6m² 이상으로 할 것(옥외에 승강장을 설치하는 경우 제외)
위치	• 피난층이 있는 승강장의 출입구로부터 도로 또는 공지에 이르는 거리가 30m 이하일 것 • 승강장은 각 층의 내부와 연결될 수 있도록 할 것
마감	벽 및 반자가 실내에 접하는 부분의 마감재료는 불연재료로 할 것
설비 등	• 노대 또는 외부를 향하여 열 수 있는 창문이나 배연설비를 설치할 것 • 채광이 되는 창문이 있거나 예비전원에 의한 조명설비를 할 것 • 승강장 출입구 부근의 잘 보이는 곳에 당해 승강기가 비상용승강기임을 알 수 있는 표지를 할 것

100 노외주차장의 출입구가 2개인 경우 주차형식에 따른 차로의 최소 너비가 옳지 않은 것은?(단, 이륜자동차전용 외의 노외주차장의 경우)

① 직각주차 : 6.0m
② 평행주차 : 3.3m
③ 45° 대향주차 : 3.5m
④ 60° 대향주차 : 5.0m

해설
노외주차장의 차로의 너비(이륜자동차 외)(주차장법 시행규칙 제6조)

주차형식	출입구 2개 이상	출입구 1개
평행주차	3.3m	5.0m
직각주차	6.0m	6.0m
60° 대향주차	4.5m	5.5m
45° 대향주차	3.5m	5.0m
교차주차	3.5m	5.0m

PART 02

2020년 제1·2회 통합 과년도 기출문제

제1과목 건축계획

01 건축물의 에너지절약을 위한 계획 내용으로 옳지 않은 것은?

① 공동주택은 인동간격을 넓게 하여 저층부의 일사수열량을 증대시킨다.
② 건축물의 체적에 대한 외피면적의 비 또는 연면적에 대한 외피면적의 비는 가능한 한 크게 한다.
③ 건축물은 대지의 향, 일조 및 주풍향 등을 고려하여 배치하며, 남향 또는 남동향 배치를 한다.
④ 거실의 층고 및 반자높이는 실의 용도와 기능에 지장을 주지 않는 범위 내에서 가능한 한 낮게 한다.

해설
건축물의 체적에 대한 외피면적의 비 또는 연면적에 대한 외피면적의 비는 가능한 한 작게 한다.
에너지절약을 위한 건축부문의 주요 권장사항

배치계획	• 대지의 향, 일조, 주풍향 등을 고려하여 남향 또는 남동향으로 배치한다. • 공동주택은 인동간격을 넓게 하여 저층부의 일사수열량을 증대시킨다.
평면계획	• 거실의 층고 및 반자 높이는 가능한 한 낮게 한다. • 건축물의 체적에 대한 외피면적의 비 또는 연면적에 대한 외피면적의 비는 가능한 한 작게 한다. • 실의 용도·기능에 따라 수평, 수직으로 조닝계획을 한다.
단열계획	• 외벽 부위는 외단열로 시공하며, 외피의 모서리 부분은 열교가 발생하지 않도록 단열재를 연속적으로 설치하고 충분히 단열되도록 한다. • 건물의 창 및 문은 가능한 한 작게 설계하고, 특히 열손실이 많은 북측 거실의 창 및 문의 면적은 최소화한다. • 발코니 확장을 하는 공동주택에는 단열성이 우수한 로이 복층창이나 삼중창 이상의 단열성능을 갖는 창을 설치한다. • 태양열 유입에 의한 냉방부하 저감을 위해 태양열 차폐장치를 설치한다.

02 다음 설명에 알맞은 국지도로의 유형은?

> 불필요한 차량 진입이 배제되는 이점을 살리면서 우회도로가 없는 Cul-de-sac형의 결점을 개량하여 만든 패턴으로서 보행자의 안전성 확보가 가능하다.

① Loop형　　② 격자형
③ T자형　　④ 간선분리형

해설
② 격자형 : 격자형 패턴으로 구성된 형식으로, 교통량을 분산시킬 수 있으나 통과교통이 발생한다.
③ T자형 : 도로의 교차방식을 T자 교차로 한 형식으로, 격자형에 비해 통과교통이 적고 주행속도가 낮다.
루프형(Loop, 단지 순환로)
• 우회도로를 설치해 쿨데삭의 결점을 개량한 형식이다.
• 통과교통이 없어 주거환경의 쾌적성, 안정성이 확보된다.
• 사람과 차량의 동선이 교차되고 도로율이 높아진다.
• 단지 주변에 위치할 경우 최소 4~5m 정도 완충지를 두고 식재한다.

03 주거단지 내의 공동시설에 관한 설명으로 옳지 않은 것은?

① 중심을 형성할 수 있는 곳에 설치한다.
② 이용 빈도가 높은 건물은 이용거리를 길게 한다.
③ 확장 또는 증설을 위한 용지를 확보하는 것이 좋다.
④ 이용성, 기능상의 인접성, 토지이용의 효율성에 따라 인접하여 배치한다.

해설
이용 빈도가 높은 건물은 이용거리를 짧게 하도록 한다.

정답　01 ②　02 ①　03 ②

04 다음 설명에 알맞은 도서관의 자료 출납시스템 유형은?

이용자가 직접 서고 내의 서가에서 도서자료의 제목 정도는 볼 수 있지만 내용을 열람하고자 할 경우 관원에게 대출을 요구해야 하는 형식

① 폐가식 ② 반개가식
③ 자유개가식 ④ 안전개가식

해설
① 폐가식 : 서가에 접근이 불가하고 기록 후 대출하는 방식으로, 도서의 대출 절차가 복잡하고 관원의 작업량이 많다.
③ 자유개가식 : 직접 서가에서 열람 후 관원 없이 대출하는 방식으로, 대출 수속이 간단하지만 도서의 유지관리가 어렵다.
④ 안전개가식 : 서가에 접근하여 열람 후 도서를 선택하고, 대출 수속 후 열람실로 이동하는 방식으로, 감시 등을 위한 관원이 필요하다.

05 다음 중 연면적에 대한 숙박부분의 비율이 가장 높은 호텔은?

① 커머셜 호텔 ② 리조트 호텔
③ 클럽 하우스 ④ 아파트먼트 호텔

해설
② 리조트 호텔 : 조망 및 주변경관의 조건이 좋은 곳에 위치한 호텔로서 해변 호텔, 산장 호텔, 클럽 하우스 등이 있다.
③ 클럽 하우스 : 스포츠 시설을 위주로 이용되는 숙박시설을 갖추고 있는 리조트 호텔이다.
④ 아파트먼트 호텔 : 여행자의 장기간 체재에 적합한 호텔로서 각 객실에 주방설비를 갖추고 있다.
커머셜 호텔(Commercial hotel)
• 비즈니스 관련 여행객을 대상으로 하는 호텔이다.
• 호텔 경영내용의 주체를 객실로 하며, 부대시설은 최소화된다.
• 연면적에 대한 숙박면적의 비가 가장 큰 호텔이다.

06 사무실 내의 책상 배치의 유형 중 좌우대향형에 관한 설명으로 옳은 것은?

① 대향형과 동향형의 양쪽 특성을 절충한 형태로 커뮤니케이션의 형성에 불리하다.
② 4개의 책상이 맞물려 십자를 이루도록 배치하는 형식으로 그룹작업을 요하는 업무에 적합하다.
③ 책상이 서로 마주보도록 하는 배치로 면적효율은 좋으나 대면 시선에 의해 프라이버시가 침해당하기 쉽다.
④ 낮은 칸막이로 한사람의 작업활동을 위한 공간이 주어지는 형태로 독립성을 요하는 전문직에 적합한 배치이다.

해설
①은 좌우대향형, ②는 십자형, ③은 대향형, ④는 자유형에 대한 설명이다.

07 교학건축인 성균관의 구성에 속하지 않는 것은?

① 동재 ② 존경각
③ 천추전 ④ 명륜당

해설
③은 경복궁의 전조공간인 편전에 속한다.
성균관의 공간 구성
교학시설과 유학자들의 사당인 문묘시설로 구성된다.

교학시설	명륜당, 동재, 서재, 존경각, 비천당, 일양재 등
문묘시설	대성전, 동무, 서무, 제기고 등

정답 04 ② 05 ① 06 ① 07 ③

08 극장의 평면형식 중 아레나(Arena)형에 관한 설명으로 옳지 않은 것은?

① 관객이 무대를 360°로 둘러싼 형식이다.
② 무대의 장치나 소품은 주로 낮은 기구들로 구성된다.
③ 픽쳐 프레임 스테이지(Picture frame stage)형이라고도 한다.
④ 가까운 거리에서 관람하면서 많은 관객을 수용할 수 있다.

해설
③은 프로시니엄형에 대한 설명이다.
아레나형(Arena) 극장
- 객석이 무대를 360° 둘러싼 형태로, Central stage라고도 한다.
- 가까운 거리에서 관람하면서 많은 관객을 수용할 수 있다.
- 무대의 배경을 만들지 않으므로 경제성이 있다.
- 무대의 장치나 소품은 주로 낮은 기구들로 구성한다.
- 객석과 무대가 하나의 공간에 있으므로 양자의 일체감을 높여 긴장감이 높은 연극공간을 형성한다.

09 각 사찰에 관한 설명으로 옳지 않은 것은?

① 부석사의 가람배치는 누하진입 형식을 취하고 있다.
② 화엄사는 경사된 지형을 수단(數段)으로 나누어서 정지(整地)하여 건물을 적절히 배치하였다.
③ 통도사는 산지에 위치하나 산지가람처럼 건물들을 불규칙하게 배치하지 않고 직교식으로 배치하였다.
④ 봉정사 가람배치는 대지가 3단으로 나누어져 있으며 상단부분에 대웅전과 극락전 등 중요한 건물들이 배치되어 있다.

해설
통도사는 구릉지(경사지)에 위치하며, 진입축과 보조축이 직교하는 형태로서 평지가람과 산지가람의 과도기적 형태를 보인다.
주요 사찰의 가람배치

평지가람	• 평지에 위치한 사찰로, 질서 있게 직교식으로 건물을 배치한다. • 정림사지, 황룡사지 등이 있다.	
산지가람	산지에 위치한 사찰로, 축대로 터를 다지거나 산세에 따라 건물을 배치한다.	
	화엄사	경사지형을 단으로 나누어서 정지하여 건물을 배치하였다.
	부석사	누하진입 형식을 취하고 있다.
	봉정사	대지가 3단으로 나누어져 있으며 상단부분에 대웅전과 극락전 등 중요한 건물들이 배치되어 있다.
구릉가람	산지도 평지도 아닌 경사지에 위치한 사찰로, 과도기적 형태를 보인다.	
	통도사	진입(동서)축과 3개의 보조(남북)축이 직교하는 형태이다.

10 극장 무대에서 그리드아이언(Grid iron)이란 무엇인가?

① 조명 조작 등을 위해 무대 주위 벽에 6~9m의 높이로 설치되는 좁은 통로
② 조명 기구, 연기자 또는 음향 반사판을 매달기 위해 무대 천장 밑에 설치되는 시설
③ 하늘이나 구름 등 자연 현상을 나타내기 위한 무대 배경용 벽
④ 무대와 객석의 경계를 이루는 곳으로 액자와 같은 시각적 효과를 갖게 하는 시설

해설
① 플라이갤러리(캣워크)에 대한 설명이다.
③ 사이클로라마(쿠펠 호리즌트)에 대한 설명이다.
④ 프로시니엄 아치에 대한 설명이다.

11 공장 건축의 레이아웃 계획에 관한 설명으로 옳지 않은 것은?

① 플랜트 레이아웃은 공장 건축의 기본설계와 병행하여 이루어진다.
② 고정식 레이아웃은 조선소와 같이 제품이 크고 수량이 적을 경우에 적용된다.
③ 다품종 소량생산이나 주문생산 위주의 공장에는 공정 중심의 레이아웃이 적합하다.
④ 레이아웃 계획은 작업장 내의 기계설비 배치에 관한 것으로 공장규모 변화에 따른 융통성은 고려대상이 아니다.

해설
공장의 레이아웃은 공장 건축의 평면요소 간의 위치관계를 결정하는 것으로, 공장규모의 변화에 대한 융통성을 부여하여야 한다.
공장의 레이아웃(Layout)
- 기계설비, 작업자의 작업구역, 자재나 제품 두는 곳 등에 대한 상호 위치관계를 말한다.
- 넓은 의미로는 생산 작업뿐만 아니라 사무작업, 복리후생, 보건위생, 문화관리 등 공장의 전반적인 시설을 다룬다.
- 레이아웃은 공장의 생산성에 큰 영향을 미친다.
- 공장의 레이아웃은 기본설계와 병행하여 이루어지며, 배치계획·평면계획은 레이아웃에 부합되어야 한다.
- 공장규모의 변화에 대응할 수 있도록 충분한 융통성을 부여하여야 한다.

12 한국 전통건축의 지붕양식에 관한 설명으로 옳은 것은?

① 팔작지붕은 원초적인 지붕형태로 원시 움집에서부터 사용되었다.
② 모임지붕은 용마루와 내림마루가 있고 추녀마루만 없는 형태이다.
③ 맞배지붕은 용마루와 추녀마루로만 구성된 지붕으로 주로 다포식 건물에 사용되었다.
④ 우진각지붕은 네 면에 모두 지붕면이 있으며 전후 지붕면은 사다리꼴이고 양측 지붕면은 삼각형이다.

해설
한국 전통건축의 지붕양식

모임지붕	• 꼭짓점에서 지붕의 골이 만나는 지붕이다. • 원초적인 지붕형태로 원시 움집에서부터 사용되었다. • 추녀마루로만 구성되며 용마루는 없다.
맞배지붕	• 지붕면이 앞뒤에는 있고 측면에는 없다. • 측면 벽이 삼각형인 형태이다. • 용마루와 내림마루가 있고 추녀마루는 없다.
우진각지붕	• 네 면에 모두 지붕면이 있다. • 전후 지붕면은 사다리꼴이고 양측 지붕면은 삼각형인 형태이다. • 용마루, 추녀마루로 구성되며, 내림마루는 없다.
팔작지붕 (합각지붕)	• 맞배지붕과 우진각지붕이 합쳐진 가장 화려하고 장식적인 지붕이다. • 우물천장을 가설하며, 다포식에서 많이 사용한다. • 용마루, 내림마루, 추녀마루로 구성된다.

13 사무소 건축의 중심코어 형식에 관한 설명으로 옳은 것은?

① 구조코어로서 바람직한 형식이다.
② 유효율이 낮아 임대 사무소 건축에는 부적합하다.
③ 일반적으로 기준층 바닥면적이 작은 경우에 주로 사용된다.
④ 2방향 피난에는 이상적인 관계로 방재·피난상 가장 유리한 형식이다.

해설
중앙(중심)코어형 사무소
• 코어가 기준층의 중심에 위치하는 형태이다.
• 내력벽 및 내진구조가 가능하여 구조적으로 바람직하다.
• 내부공간과 외관이 획일적으로 되기 쉽다.
• 유효율이 높아 임대 사무소로서 경제적이다.
• 바닥면적이 큰 대규모 고층 건물에 적합하다.

14 백화점의 에스컬레이터 배치형식에 관한 설명으로 옳은 것은?

① 직렬식 배치는 승객의 시야도 좋고 점유면적도 작다.
② 병렬 연속식 배치는 연속적으로 승강할 수 없다는 단점이 있다.
③ 교차식 배치는 점유면적이 작으며 연속승강이 가능하다는 장점이 있다.
④ 병렬 단속식 배치는 승객의 시야는 안 좋으나 점유면적이 작아 고층 백화점에 주로 사용된다.

해설
교차식 배치는 연속적인 승강이 가능하고 점유면적이 가장 작으나, 승객의 시야가 나쁘고 승강장을 찾기가 어렵다.
백화점 에스컬레이터의 배치방식

구분	점유면적	승객의 시야	연속적인 승강	승강장 식별
직렬식	가장 크다.	가장 좋다.	가능	쉬움
교차식	가장 작다.	나쁘다.	가능	어려움
단열 단속(중복)식	작다.	좋다.	불가능	쉬움
병렬 단속(중복)식	크다.	좋다.	불가능	쉬움
병렬 연속(복렬)식	크다.	좋다.	가능	쉬움

15 다음 중 상점계획에서 파사드 구성에 요구되는 소비자 구매심리 5단계(AIDMA 법칙)에 속하지 않는 것은?

① 흥미(Interest)
② 욕망(Desire)
③ 기억(Memory)
④ 유인(Attraction)

해설
5가지 광고요소(AIDMA 법칙)

Attention	Interest	Desire	Memory	Action
주의	흥미	욕망	기억	행동

정답 12 ④ 13 ① 14 ③ 15 ④

16 전시공간의 특수전시기법에 관한 설명으로 옳지 않은 것은?

① 파노라마 전시는 전체의 맥락이 중요하다고 생각될 때 사용된다.
② 하모니카 전시는 동일 종류의 전시물을 반복하여 전시할 경우에 유리하다.
③ 디오라마 전시는 하나의 사실 또는 주제의 시간 상황을 고정시켜 연출하는 기법이다.
④ 아일랜드 전시는 벽면 전시 기법으로 전체 벽면의 일부만을 사용하며 그림과 같은 미술품 전시에 주로 사용된다.

해설
아일랜드 전시는 사방에서 감상해야 할 필요가 있는 전시물을 독립된 전시 케이스 등을 활용하여 벽면에 띄어놓아 전시하는 특수전시기법이다.
전시공간의 특수전시기법
- 파노라마 전시 : 연속적인 주제를 전경으로 펼쳐지도록 연출하여 맥락을 강조하는 전시기법이다.
- 하모니카 전시 : 일정한 형태의 전시공간을 반복시켜 구획하는 기법으로, 동일 종류의 전시물을 반복 전시할 경우 유리하다.
- 디오라마 전시 : 하나의 사실 또는 주제의 시간상황을 고정시켜 연출하는 것으로, 전시물과 각종 특수효과 등을 사용하여 가장 실감나게 표현하는 기법이다.
- 아일랜드 전시 : 벽면이나 천장을 이용하지 않고 독립된 전시 케이스 등을 활용하여 전시물을 배치하는 기법이다.

17 바실리카식 교회당의 각부 명칭과 관계없는 것은?

① 아일(Aisle)
② 파일론(Pylon)
③ 나르텍스(Narthex)
④ 트랜셉트(Transept)

해설
②는 고대 이집트 신전의 탑문이다.
바실리카식 교회당의 공간 구성

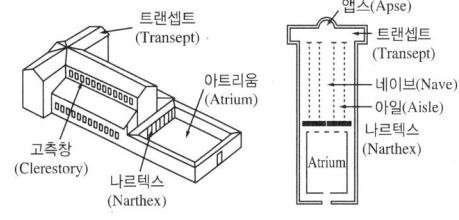

18 동일한 대지조건, 동일한 단위 주호면적을 가진 편복도형 아파트가 홀형 아파트에 비해 유리한 점은?

① 피난에 유리하다.
② 공용면적이 작다.
③ 엘리베이터 이용효율이 높다.
④ 채광, 통풍을 위한 개구부가 넓다.

해설
편복도형 아파트는 계단실(홀)형 아파트에 비해 피난·채광·통풍상 불리하고, 공용면적이 크지만 엘리베이터 이용효율이 높다.
아파트 평면형식의 비교

구분	통행부 면적	엘리베이터 효율	프라이버시	통풍·채광
계단실형	작다.	가장 낮다.	가장 우수	가장 우수
집중형	작다.	가장 높다.	가장 불량	가장 불량
편복도형	크다.	높다.	보통	양호
중복도형	크다.	높다.	불량	불량

19 학교 건축에서 단층교사에 관한 설명으로 옳지 않은 것은?

① 재해 시 피난이 유리하다.
② 학습활동을 실외에 연장할 수 있다.
③ 부지의 이용률이 높으며 설비의 배선, 배관을 집약할 수 있다.
④ 개개의 교실에서 밖으로 직접 출입할 수 있으므로 복도가 혼잡하지 않다.

해설
③은 다층교사에 대한 설명이다.

단층교사

장점	• 학습활동을 실외에 연장시킬 수 있다. • 채광 및 환기가 유리하다. • 재해 발생 시 피난상 유리하며, 복도가 혼잡하지 않다. • 구조계획이 단순하며, 내진 및 내풍구조가 용이하다.
단점	부지 이용률이 낮다.

다층교사

장점	• 집약적인 평면계획으로 부지 이용률을 높일 수 있다. • 효율적인 공간의 이용이 가능하다. • 전기, 급배수, 난방 등의 배선, 배관 설비를 집약할 수 있다.
단점	학년별 배치, 동선 등 계획에 신중함이 요구된다.

20 종합병원의 건축형식 중 분관식(Pavilion type)에 관한 설명으로 옳지 않은 것은?

① 평면 분산식이다.
② 채광 및 통풍 조건이 좋다.
③ 일반적으로 3층 이하의 저층 건물로 구성된다.
④ 재난 시 환자의 피난이 어려우며 공사비가 높다.

해설
④는 고층 집약형인 집중식에 대한 설명이다.
병원의 분관식(파빌리온식) 배치의 특징
• 저층 분산형이므로 관리가 어렵고 동선과 배관이 길어진다.
• 보통 3층 이하의 저층 건물로 구성되며 넓은 대지가 필요하다.
• 각 병실의 일조, 통풍을 균일하게 할 수 있다.
• 병원의 확장 등 성장변화에 대한 대응이 용이하다.
• 환자는 주로 경사로를 이용한 보행 또는 들것으로 운반된다.

제2과목 건축시공

21 콘크리트의 크리프에 관한 설명으로 옳지 않은 것은?

① 습도가 높을수록 크리프는 크다.
② 물-시멘트비가 클수록 크리프는 크다.
③ 콘크리트의 배합과 골재의 종류는 크리프에 영향을 끼친다.
④ 하중이 제거되면 크리프 변형은 일부 회복된다.

해설
크리프는 하중이 지속적으로 작용할 경우 하중의 증가가 없음에도 변형이 증대하는 현상으로, 습도가 낮을수록 크다.
크리프·건조수축이 커지는 경우

크리프가 커지는 경우	건조수축이 커지는 경우
• 시멘트페이스트가 많을수록 • 물-시멘트비가 클수록 • 작용하는 응력이 클수록 • 재하재령이 빠를수록 • 부재의 치수가 작을수록 • 습도가 낮을수록	• 단위시멘트량이 클수록 • 단위수량이 클수록 • 시멘트 분말도가 높을수록 • 알루민산3석회가 많을수록 • 염분 함유량이 많을수록 • 골재에 미립분이 많을수록

22 웰포인트 공법에 관한 설명으로 옳지 않은 것은?

① 흙파기 밑면의 토질 약화를 예방한다.
② 진공펌프를 사용하여 토중의 지하수를 강제적으로 집수한다.
③ 지하수 저하에 따른 인접 지반과 공동매설물 침하에 주의가 필요하다.
④ 사질지반보다 점토층지반에서 효과적이다.

해설
웰포인트 공법은 수분이 많은 모래지반에 적당한 공법이다.
웰포인트(Well point) 공법

개요	필터가 달린 흡수기를 설치하고 펌프로 지하수를 강제배수하는 공법이다.
적용	• 출수가 많은 깊은 터파기에 적합한 강제배수공법이다. • 비교적 지하수위가 얕은 모래지반의 배수에 유리하다.
장점	• 지하수위를 낮추며 지내력이 증가하는 등 흙의 안전성을 대폭 향상시킨다. • 투수성이 비교적 낮은 사질실트층까지도 강제배수가 가능하다. • 흙막이의 토압이 줄어들고 흙파기 밑면의 토질 약화를 예방한다.
단점	지하수위가 저하되므로 우물 고갈 및 인접 지반·공동매설물 침하가 우려된다.

23 목재의 무늬나 바탕의 재질을 잘 보이게 하는 도장 방법은?

① 유성페인트 도장
② 에나멜페인트 도장
③ 합성수지페인트 도장
④ 클리어래커 도장

해설
클리어래커
- 니트로셀룰로스 등의 수지와 용제를 혼합한 도료이다.
- 안료를 혼합하지 않은 투명도료로, 금속용과 목재용이 있다.
- 건조가 빠르고 내후성, 내알칼리성 등이 좋다.
- 목재용은 목재면의 무늬와 광택을 살리는 투명도장에 사용된다.

24 콘크리트블록(Block) 벽체의 크기가 3×5m일 때 쌓기모르타르의 소요량으로 옳은 것은?(단, 블록의 치수는 390×190×190mm, 재료량은 할증이 포함되었으며, 모르타르 배합비는 1:3)

① 0.10m³
② 0.12m³
③ 0.15m³
④ 0.18m³

해설
기본블록쌓기

구분	할증	단위	블록매수
기본블록	포함(4%)	m²당	13매

기본블록(390×190×190mm)의 쌓기모르타르 소요량은 m²당 0.01m³이다(할증 포함, 모르타르 배합 1:3, 줄눈 너비 10mm).
∴ 3m×5m×0.01m³/m² = 0.15m³

25 건설공사현장에서 보통 콘크리트를 KS규격품인 레미콘으로 주문할 때의 요구항목이 아닌 것은?

① 잔골재의 조립률
② 굵은 골재의 최대 치수
③ 호칭강도
④ 슬럼프

해설
레디믹스트 콘크리트의 호칭규격 표시
굵은 골재 최대 치수 – 호칭강도(콘크리트 강도) – 슬럼프값

26 공사 진행의 일반적인 순서로 가장 알맞은 것은?

① 가설공사 → 공사착공 준비 → 토공사 → 구조체공사 → 지정 및 기초공사
② 공사착공 준비 → 가설공사 → 토공사 → 지정 및 기초공사 → 구조체공사
③ 공사착공 준비 → 토공사 → 가설공사 → 구조체공사 → 지정 및 기초공사
④ 공사착공 준비 → 지정 및 기초공사 → 토공사 → 가설공사 → 구조체공사

해설
공사의 진행순서 : 공사착공 준비 → 가설공사 → 토공사 → 지정 및 기초공사 → 구조체공사 → 마감공사

27 공사관리방법 중 CM계약방식에 관한 설명으로 옳지 않은 것은?

① 대리인형 CM(CM for fee)인 경우 공사품질에 책임을 지며, 품질 문제 발생 시 책임소재가 명확하다.
② 프로젝트의 전 과정에 걸쳐 공사비, 공기 및 시공성에 대한 종합적인 평가 및 설계변경에 대한 효율적인 평가가 가능하여 발주자의 의사결정에 도움이 된다.
③ 설계과정에서 설계가 시공에 미치는 영향을 예측할 수 있어 설계도서의 현실성을 향상시킬 수 있다.
④ 단계적 발주 및 시공의 적용이 가능하다.

해설
①은 시공책임형 CM(CM at risk)에 대한 설명이다.
건설사업관리(CM)의 주요 계약방식

사업관리형 (대리인형, CM for fee)	• CM이 발주자를 대신해 공사를 관리하는 형태의 계약이다. • CM은 공사결과에 대한 책임을 부담하지 않는다.
시공책임형 (시공자형, CM at risk)	• CM이 발주자를 대신해 책임지고 공사를 수행하는 형태의 계약이다. • CM이 시공에 대한 책임을 부담한다.

28 건축재료별 수량 산출 시 적용하는 할증률로 옳지 않은 것은?

① 유리 : 1%
② 단열재 : 5%
③ 붉은벽돌 : 3%
④ 이형철근 : 3%

해설
단열재의 할증률은 10%이다.

건설공사표준품셈에서 강재의 할증률

3%	이형철근, 고장력 볼트
5%	원형철근, 일반볼트, 강관, 소형형강, 봉강, 평강대강, 각파이프
6~7%	이형철근(교량, 지하철 및 복잡한 구조물의 주철근)
7%	대형형강
10%	강판

건설공사표준품셈에서 재료(강재 제외)의 할증률

1%	레디믹스트 콘크리트구조물(철근, 철골), 유리
2%	레디믹스트 콘크리트구조물(무근), 현장혼합 콘크리트구조물(철근), 아스팔트 콘크리트 포설, 도료
3%	일반용 합판, 붉은벽돌, 내화벽돌, 타일(도기, 자기)
4%	블록, 콘크리트포장 혼합물의 포설
5%	각재(목재), 수장용 합판, 시멘트벽돌, 텍스, 기와, 아스팔트 등
10%	판재(목재), 단열재, 조경용 수목, 정형돌(석재판 붙임용재) 등
30%	부정형돌(석재판 붙임용재)

29 ALC패널의 설치 공법이 아닌 것은?

① 수직철근 공법
② 슬라이드 공법
③ 커버플레이트 공법
④ 피치 공법

해설
ALC(경량기포 콘크리트) 패널의 설치 공법
- 수직철근 공법
- 슬라이드 공법
- 커버플레이트 공법
- 볼트조임 공법
- 타이플레이트 공법
- 부설근 공법

30 다음에서 설명하고 있는 도장 결함은?

> 도료를 겹칠하였을 때 하도의 색이 상도막 표면에 떠올라 상도의 색이 변하는 현상

① 번짐
② 색분리
③ 주름
④ 핀홀

해설
도장 결함

주름	건조된 도막의 표면에 주름과 같은 무늬가 나타나는 현상이다.
리프팅	도막이 부풀어 올라 벗겨지는 등의 현상이다.
색분리	도료 내 안료가 비중차이로 인해 분리되면서 색이 달라지는 현상이다.
핀홀	건조된 도막의 표면에 바늘로 찌른듯한 구멍이 나타나는 현상이다.
번짐 (브리트)	• 초벌칠의 색상이 재벌칠의 표면에 떠올라 색이 번지는 현상이다. • 초벌바름에 염료가 들어 있을 때, 바탕재 표면에 기름이 묻어 있을 때, 역청질 도료를 초벌바름한 위에 도장할 때 발생한다.

31 유동화 콘크리트에 관한 설명으로 옳지 않은 것은?

① 높은 유동성을 가지면서도 단위수량은 보통 콘크리트보다 적다.
② 일반적으로 유동성을 높이기 위하여 화학혼화제를 사용한다.
③ 동일한 단위 시멘트량을 갖는 보통 콘크리트에 비하여 압축강도가 매우 높다.
④ 일반적으로 건조수축은 묽은비빔 콘크리트보다 적다.

해설
유동화 콘크리트는 베이스 콘크리트에 유동화제를 첨가하여 일시적으로 유동성을 향상시킨 것으로서, 유동화 콘크리트와 베이스 콘크리트의 단위시멘트량과 압축강도 및 기타 품질은 거의 동등하다.

정답 28 ② 29 ④ 30 ① 31 ③

32 계약방식 중 단가계약제도에 관한 설명으로 옳지 않은 것은?

① 실시수량의 확정에 따라서 차후 정산하는 방식이다.
② 긴급공사 시 또는 수량이 불명확할 때 간단히 계약할 수 있다.
③ 설계변경에 의한 수량의 증감이 용이하다.
④ 공사비를 절감할 수 있으며, 복잡한 공사에 적용하는 것이 좋다.

해설
단가계약은 주로 단순한 단일 공사에 적용되며, 실시수량에 따라 정산하므로 공사비를 절감하려는 노력이 저하된다.

단가계약방식

개요	• 단가만을 확정하고 공사 완료 후 실시수량에 따라 정산하는 방식이다. • 일반적으로 단순한 단일 공사에 적용된다.
장점	• 설계변경에 의한 수량증감의 반영이 용이하다. • 긴급공사 시 신속한 착공을 기대할 수 있다.
단점	• 자재, 장비, 노무비 등을 절감하려는 노력이 저하된다. • 공사 완공 시까지 총공사비를 예측하기 어렵다.

33 콘크리트용 골재의 품질에 관한 설명으로 옳지 않은 것은?

① 골재는 청정, 견경하고 유해량의 먼지, 유기불순물이 포함되지 않아야 한다.
② 골재의 입형은 콘크리트의 유동성을 갖도록 한다.
③ 골재는 예각으로 된 것을 사용하도록 한다.
④ 골재의 강도는 콘크리트 내 경화한 시멘트 페이스트의 강도보다 커야 한다.

해설
예각으로 된 골재는 배합 시 유동성이 떨어질 수 있다. 골재의 입형은 둥글거나 입방체에 가까운 것이 좋으며 납작하거나 길쭉한 것, 표면이 너무 매끄러운 것, 예각으로 된 것 등은 좋지 않다.

콘크리트용 골재

강도	경화 시멘트 페이스트의 강도 이상이어야 한다.
표면	약간 거친 것이 시멘트와의 밀착에 좋다.
입도	크고 작은 알이 골고루 섞여 있는 것이 좋다.
입형	둥글거나 입방체에 가까운 것이 공극이 적으므로 좋다.
염화물	잔골재의 염화물 허용 한도는 0.04%(NaCl 환산량) 이하이다.
성능	내구성, 내화성, 내마멸성이 큰 것이어야 한다.

34 창호철물과 창호의 연결로 옳지 않은 것은?

① 도어체크(Door check) – 미닫이문
② 플로어힌지(Floor hinge) – 자재 여닫이문
③ 크레센트(Crescent) – 오르내리창
④ 레일(Rail) – 미서기창

해설
도어체크는 열려진 여닫이문의 속도를 조절하면서 저절로 닫히게 하는 개폐조절기이다. 미닫이문에는 도어행거, 레일, 꽂이쇠 등의 철물이 사용된다.

35 목구조 재료로 사용되는 침엽수의 특징에 해당하지 않는 것은?

① 직선부재의 대량생산이 가능하다.
② 단단하고 가공이 어려우나 미관이 좋다.
③ 병충해에 약하여 방부 및 방충처리를 하여야 한다.
④ 수고(樹高)가 높으며 통직하다.

해설
침엽수는 가공이 쉬우며 구조용 재료로 많이 사용된다.
침엽수
• 바늘같이 뾰족한 잎을 가진 수목으로, 수고가 높고 통직하다.
• 직선부재를 얻기 쉽고 주로 구조용재로 사용되며 가공이 쉽다.
• 병충해에 약하며, 활엽수에 비해 비중과 경도가 작다.
• 소나무, 잣나무, 전나무, 삼송나무 등이 있다.

36 대안입찰제도의 특징에 관한 설명으로 옳지 않은 것은?

① 공사비를 절감할 수 있다.
② 설계상 문제점의 보완이 가능하다.
③ 신기술의 개발 및 축적을 기대할 수 있다.
④ 입찰기간이 단축된다.

해설
대안입찰제도는 입찰 시 발주자의 당초 안과 다른 별도의 대안을 제시하여 입찰하는 방식으로, 설계 및 심의 등에 시일이 소요되므로 입찰기간이 긴 편이다.

대안입찰제도
- 입찰 시 발주자의 당초 안과 다른 별도의 대안을 제시하여 입찰하는 방식이다.
- 통상 기본 방침의 변경 없이 공사비·공사기간·기능 측면에서 유리한 신공법·신기술을 제안하게 된다.
- 설계·심의로 인해 입찰기간이 긴 편이며, 설계비 등의 입찰비용이 과다하여 중소기업에게는 불리한 제도이다.

37 잔류유(찌꺼기)를 저온으로 장시간 증류한 것으로 응집력이 크고 온도에 의한 변화가 적으며 연화점이 높고 안전하여 방수공사에 많이 사용되는 것은?

① 아스팔트 펠트   ② 블론 아스팔트
③ 아스팔타이트   ④ 레이크 아스팔트

해설
① 아스팔트 펠트 : 목면(무명) 등을 혼합하여 만든 원지에 스트레이트 아스팔트를 침투시켜 만든 두루마리 제품이다.
③ 아스팔타이트 : 지층 또는 암석의 갈라진 틈에 석유가 침투하여 변질된 천연 아스팔트이다.
④ 레이크 아스팔트 : 땅에서 뿜어져 나와 지표의 낮은 곳에 웅덩이 모양으로 괴어 있는 천연 아스팔트이다.

38 지표 재하 하중으로 흙막이 저면 흙이 붕괴되고 바깥에 있는 흙이 안으로 밀려 볼록하게 되어 파괴되는 현상은?

① 히빙(Heaving) 파괴
② 보일링(Boiling) 파괴
③ 수동토압(Passive earth pressure) 파괴
④ 전단(Shearing) 파괴

해설
흙막이벽 공사 시 주의해야 할 현상

히빙 현상	연질의 점토지반에서 굴착 시 흙막이 바깥에 있는 흙의 중량과 지표 위의 적재중량을 못 견디어 저면의 흙이 흙막이 안으로 밀려 볼록하게 올라오는 현상이다.
보일링 현상	지하수위가 얕은 모래질 지반에서 지수성 있는 흙막이벽을 사용해 굴착 시 지하수위와 흙막이벽 저면과의 수위 차에 의해 물과 함께 모래가 부풀어 올라오는 현상이다.
파이핑 현상	시공된 흙막이에 대한 수밀성이 불량하여 널말뚝의 틈새로 물과 토사가 흘러들어 배출되는 현상이다.

39 블록조 벽체에 와이어메시를 가로줄눈에 묻어 쌓기도 하는데 이에 관한 설명으로 옳지 않은 것은?

① 전단작용에 대한 보강이다.
② 수직하중을 분산시키는 데 유리하다.
③ 블록과 모르타르의 부착성능의 증진을 위한 것이다.
④ 교차부의 균열을 방지하는 데 유리하다.

해설
③은 와이어메시의 시공 효과로 보기 어렵다.

와이어메시(Wire mesh)
- 비교적 굵은 철선을 격자형으로 용접한 것으로, 콘크리트 보강용으로 사용된다.
- 블록조에서는 가로줄눈에 묻어서 쌓아 보강하는 용도로 사용된다.
- 횡력에 효과가 있으며, 수직하중을 분산시키는 데 유리하다.
- 전단작용에 대한 보강이 가능하고, 교차부의 균열을 방지한다.

40 건축물 외부에 설치하는 커튼월에 관한 설명으로 옳지 않은 것은?

① 커튼월이란 외벽을 구성하는 비내력벽 구조이다.
② 커튼월의 조립은 대부분 외부에 대형발판이 필요하므로 비계공사가 필수적이다.
③ 공장에서 생산하여 반입하는 프리패브 제품이다.
④ 일반적으로 콘크리트나 벽돌 등의 외장재에 비하여 경량이어서 건물의 전체 무게를 줄이는 역할을 한다.

해설
커튼월은 건물 외부의 양중장비로 시공하므로, 비계공사가 불필요하다.

정답 37 ② 38 ① 39 ③ 40 ②

제3과목 건축구조

41 그림과 같은 정정 구조의 CD부재에서 C, D점의 휨모멘트 값 중 옳은 것은?

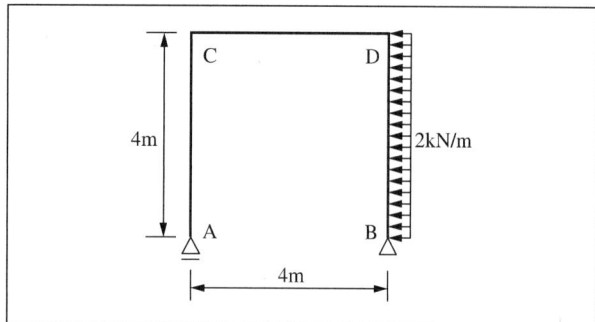

① C점 : 0, D점 : 16kN·m
② C점 : 16kN·m, D점 : 16kN·m
③ C점 : 0, D점 : 32kN·m
④ C점 : 32kN·m, D점 : 32kN·m

해설

- B지점의 수평반력
  $\sum H = 0, \ H_B - wh = 0$
  $H_B - 2\text{kN/m} \times 4\text{m} = 0, \ H_B = 8\text{kN}$
- A지점의 수직반력
  $\sum M_B = 0, \ V_A \times l - wh \times \dfrac{h}{2} = 0$
  $V_A \times 4\text{m} - 2\text{kN/m} \times 4\text{m} \times \dfrac{4\text{m}}{2} = 0, \ V_A = 4\text{kN}$

∴ C, D점의 휨모멘트
  $M_C = 0$
  $M_D = V_A \times l = 4\text{kN} \times 4\text{m} = 16\text{kN} \cdot \text{m}$

42 그림과 같은 단면에 전단력 50kN이 가해진 경우 중립축에서 상방향으로 100mm 떨어진 지점의 전단응력은?(단, 전체 단면의 크기는 200×300mm임)

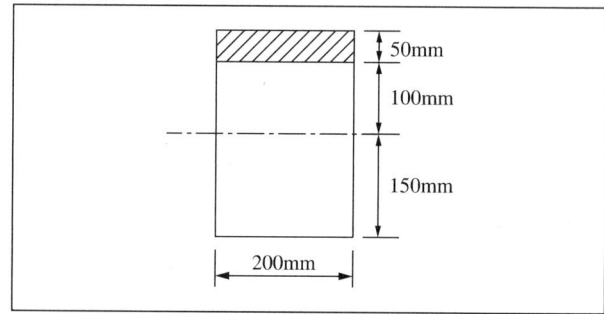

① 0.85MPa
② 0.79MPa
③ 0.73MPa
④ 0.69MPa

해설

빗금친 부분의 단면1차모멘트(G_x)와 전체 단면의 단면2차모멘트(I_x)를 적용한다.

$$\tau_{a-a} = \dfrac{\text{전단력}(S) \times \text{단면1차모멘트}(G_x)}{\text{단면2차모멘트}(I) \times \text{단면의 폭}(b)} = \dfrac{S \times A \times y_0}{\dfrac{bh^3}{12} \times b}$$

$$= \dfrac{50{,}000\text{N} \times (200\text{mm} \times 50\text{mm}) \times 125\text{mm}}{\dfrac{200\text{mm} \times (300\text{mm})^3}{12} \times 200\text{mm}}$$

$$\fallingdotseq 0.69\text{N/mm}^2 = 0.69\text{MPa}$$

43 등가정적해석법에 의한 건축물의 내진설계 시 고려해야 할 사항이 아닌 것은?

① 지역계수
② 노풍도계수
③ 지반종류
④ 반응수정계수

해설

지표면조도(노풍도)는 건축물이 바람에 노출된 정도를 구분한 것으로, 내진설계 시 고려 사항은 아니다.

44 다음 두 보의 최대 처짐량이 같기 위한 등분포하중의 비로 옳은 것은?(단, 부재의 재질과 단면은 동일하며 A부재의 길이는 B부재 길이의 2배임)

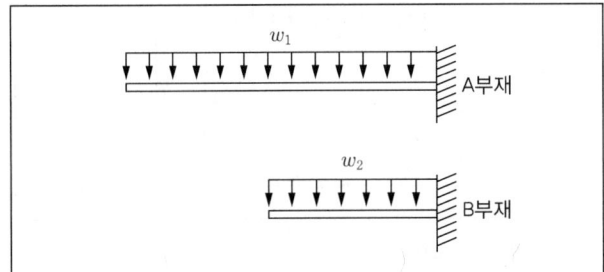

① $w_2 = 2w_1$
② $w_2 = 4w_1$
③ $w_2 = 8w_1$
④ $w_2 = 16w_1$

해설
캔틸레버보의 처짐

집중하중		등분포하중	
최대 처짐	처짐각	최대 처짐	처짐각
$\dfrac{Pl^3}{3EI}$	$\dfrac{Pl^2}{2EI}$	$\dfrac{wl^4}{8EI}$	$\dfrac{wl^3}{6EI}$
끝단	끝단	끝단	끝단

A부재의 길이는 $2l$, B부재의 길이는 l이다.
$\dfrac{w_1(2l)^4}{8EI} = \dfrac{w_2 l^4}{8EI}$ 이므로, $16w_1 = w_2$

45 그림과 같은 트러스에서 '가' 및 '나' 부재의 부재력을 옳게 구한 것은?(단, -는 압축력, +는 인장력을 의미한다)

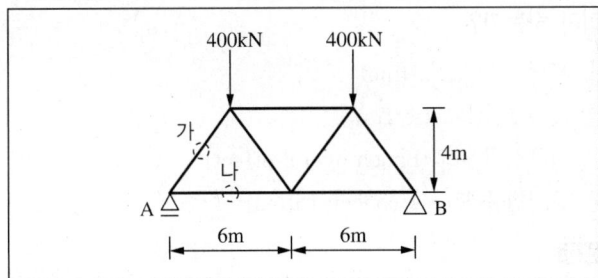

① 가 = -500kN, 나 = 300kN
② 가 = -500kN, 나 = 400kN
③ 가 = -400kN, 나 = 300kN
④ 가 = -400kN, 나 = 400kN

해설
• 반력
하중과 경간이 좌우대칭이므로, $V_A = V_B = \sum P \div 2$이다.
$V_A = V_B = 800kN \div 2 = 400kN(\uparrow)$
• (가)부재의 부재력($F_가$)
수평과 수직으로 분해하여 구한다.
$\sum V = 0, \ V_A + F_가 \times \sin\theta = 0$
$400kN + F_가 \times \dfrac{4}{5} = 0, \ F_가 = -500kN$
• (나)부재의 부재력($F_나$)
좌측 400kN 작용점을 중심으로 구한다.
$\sum M = 0, \ V_A \times 3m - F_나 \times 4m = 0$
$400kN \times 3m - F_나 \times 4m = 0, \ F_나 = 300kN$

46 철근콘크리트 구조설계 시 고려하는 강도설계법에 관한 설명으로 옳지 않은 것은?

① 보의 압축 측의 응력분포는 사다리꼴, 포물선 등의 형태로 본다.
② 규정된 허용하중이 초과될지도 모를 가능성을 예측하여 하중계수를 사용한다.
③ 재료의 변화, 시공오차 등의 기술적인 면을 고려하여 강도감소계수를 사용한다.
④ 이 설계방법은 탄성이론하에서 이루어진 설계법이다.

해설
탄성이론에 의한 설계법은 허용응력설계법이며, 강도설계법은 소성이론에 기반한다.
극한강도설계법(소성설계)
• 콘크리트와 철근이 받을 수 있는 최대 강도를 기준으로 한 안전성에 중점을 둔 설계법이다.
• 허용하중이 초과될 가능성을 예측하여 하중계수를 사용한다.
• 재료의 변화, 시공오차 등을 고려하여 강도감소계수를 사용한다.
• 소성이론에 기반하며, 사용성(처짐, 균열, 피로거동 등)에 대한 검토가 반드시 필요하다.

정답 44 ④ 45 ① 46 ④

47 일반 또는 경량 콘크리트 휨부재의 크리프와 건조수축에 의한 추가 장기처짐 산정과 관련하여 5년 이상일 때 지속하중에 대한 시간경과계수 ξ는 얼마인가?

① 2.4
② 2.2
③ 2.0
④ 1.4

해설
지속하중에 대한 시간경과계수(ξ)

5년 이상	12개월	6개월	3개월
2.0	1.4	1.2	1.0

48 그림과 같은 앵글(Angle)의 유효단면적으로 옳은 것은?(단, Ls−50×50×6 사용, A = 5.644cm², d = 1.7cm)

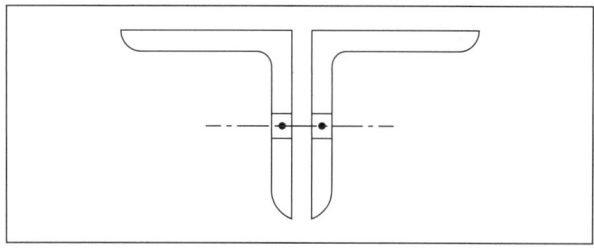

① 8.0cm²
② 8.5cm²
③ 9.0cm²
④ 9.25cm²

해설
$A_n = A_g - n \times d \times t$
$= (5.644\text{cm}^2 \times 2) - 2 \times 1.7\text{cm} \times 0.6\text{cm}$
$= 9.248\text{cm}^2$

여기서, n : 인장력에 의한 파단선상에 있는 구멍의 수
d : 파스너 구멍의 직경
t : 부재의 두께

49 3회전단 포물선 아치에 그림과 같이 등분포하중이 가해졌을 경우 단면상에 나타나는 부재력의 종류는?

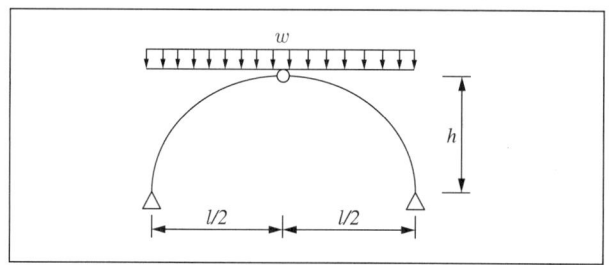

① 전단력, 휨모멘트
② 축방향력, 전단력, 휨모멘트
③ 축방향력, 전단력
④ 축방향력

해설
등분포하중이 작용하는 3회전단 포물선 아치에는 축방향력만 존재한다(전단력과 휨모멘트가 존재하지 않음).

50 강재의 응력−변형도 시험에서 인장력을 가해 소성상태에 들어선 강재를 다시 반대 방향으로 압축력을 작용하였을 때의 압축항복점이 소성상태에 들어서지 않은 강재의 압축항복점에 비해 낮은 것을 볼 수 있는데 이러한 현상을 무엇이라 하는가?

① 루더선(Luder's line)
② 소성흐름(Plastic flow)
③ 바우싱거 효과(Baushinger's effect)
④ 응력집중(Stress concentration)

해설
① 루더선 : 강재의 인장 파단면에 나타나는 축선과 45° 정도의 기울기를 갖는 선으로서, 소성변형의 발생과 진행을 나타낸다.
② 소성흐름 : 외력에 의해 소성영역에서 큰 변형이 일어나는 것을 말하며, 소성유동이라고도 한다.
④ 응력집중 : 단면형상의 급격한 변화 등에 따라 발생하는 응력의 국부적인 집중현상을 말한다.

51 그림과 같은 압축재에 $V-V$ 축의 세장비 값으로 옳은 것은?(단, $A = 10\text{cm}^2$, $I_V = 36\text{cm}^4$)

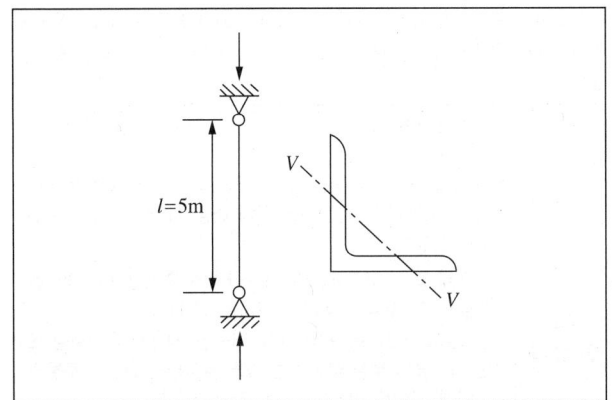

① 270.3 ② 263.1
③ 254.8 ④ 236.4

해설
- 좌굴길이(l_k) = 유효좌굴계수(K) × 길이(l)
  $= 1 \times 500\text{cm} = 500\text{cm}$
- 단면2차반경(i_{min}) = $\sqrt{\dfrac{\text{단면2차모멘트}(I_{min})}{\text{면적}(A)}}$
  $= \sqrt{\dfrac{36\text{cm}^4}{10\text{cm}^2}} = \dfrac{3\sqrt{10}}{5}\text{cm}$
- ∴ 세장비(λ) = 좌굴길이(l_k) ÷ 단면2차반경(i_{min})
  $= 500\text{cm} \div \dfrac{3\sqrt{10}}{5}\text{cm} ≒ 263.5$

52 강도설계법에 의한 철근콘크리트보에서 콘크리트만의 설계전단강도는 얼마인가?(f_{ck} = 24MPa, λ = 1)

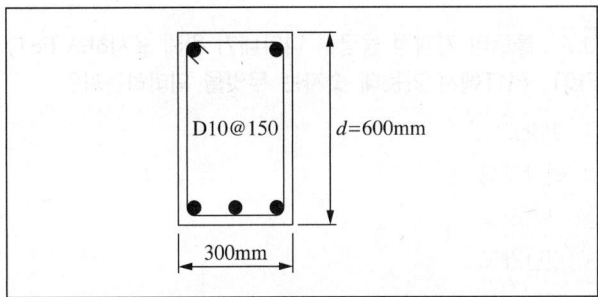

① 31.5kN ② 75.8kN
③ 110.2kN ④ 145.6kN

해설
- 공칭강도
  $V_c = \dfrac{1}{6} \times \lambda \times \sqrt{f_{ck}} \times b_w \times d$
  $= \dfrac{1}{6} \times 1 \times \sqrt{24} \times 300 \times 600 ≒ 146,969\text{N}$
- 설계강도
  전단력과 비틀림모멘트에 대한 강도감소계수(ϕ)는 0.75이다.
  $V_n = \phi V_c$
  $= 0.75 \times 146,969$
  $≒ 110,227\text{N} ≒ 110.2\text{kN}$

53 스터럽으로 보강된 휨부재의 최외단 인장철근의 순인장변형률 ε_t가 0.004일 경우 강도감소계수 ϕ로 옳은 것은? (단, f_y = 400MPa)

① 0.65 ② 0.717
③ 0.783 ④ 0.817

해설
변화구간 단면의 강도감소계수(ϕ) – 나선철근 외 기타 부재
f_y = 400MPa일 때, 순인장변형률(ε_t)이 압축지배변형률 한계(0.002)와 인장지배변형률 한계(0.005) 사이 단면에는 아래의 식을 사용한다.
$\phi = 0.65 + (\text{순인장변형률}(\varepsilon_t) - 0.002) \times \dfrac{200}{3}$
$= 0.65 + (0.004 - 0.002) \times \dfrac{200}{3} ≒ 0.783$

54 다음 용어 중 서로 관련이 가장 적은 것은?
① 기둥 – 메탈터치(Metal touch)
② 인장가새 – 턴버클(Turn buckle)
③ 주각부 – 거셋플레이트(Gusset plate)
④ 중도리 – 새그로드(Sag rod)

해설
거싯(거셋)플레이트는 트러스의 부재, 스트럿 또는 가새를 보 또는 기둥에 연결하는 판요소이다.

정답 51 ② 52 ③ 53 ③ 54 ③

55 건축물의 기초구조 설계 시 말뚝재료별 구조세칙으로 옳지 않은 것은?

① 나무말뚝을 타설할 때 그 중심간격은 말뚝머리지름의 2.5배 이상 또한 600mm 이상으로 한다.
② 기성콘크리트말뚝을 타설할 때 그 중심간격은 말뚝머리지름의 2.5배 이상 또한 1,100mm 이상으로 한다.
③ 강재말뚝을 타설할 때 그 중심간격은 말뚝머리의 지름 또는 폭의 2.0배 이상(다만, 폐단강관말뚝에 있어서 2.5배) 또한 750mm 이상으로 한다.
④ 현장타설콘크리트말뚝을 배치할 때 그 중심간격은 말뚝머리 지름의 2.0배 이상 또한 말뚝머리지름에 1,000mm를 더한 값 이상으로 한다.

해설
말뚝의 중심간격

나무말뚝	말뚝머리지름의 2.5배 이상 또한 600mm 이상
강재말뚝	말뚝머리지름 또는 폭의 2.0배 이상 (폐단강관말뚝은 2.5배) 또한 750mm 이상
기성콘크리트 말뚝	말뚝머리지름의 2.5배 이상 또한 750mm 이상
현장타설 콘크리트말뚝	말뚝머리지름의 2.0배 이상 또한 말뚝머리지름에 1,000mm를 더한 값 이상

해설
①은 사용한계상태에 해당한다.
한계상태설계법의 한계상태
구조물이나 구조재가 사용하기에 부적당하게 되고 사용 목적상 유용하지 않거나(사용한계상태) 안전하지 않다고(강도한계상태) 판단되는 조건을 말한다.

강도 한계상태	• 구조체 또는 구조요소가 극한하중 지지능력에 도달한 상태이다. • 항복, 소성힌지의 형성, 골조 또는 부재의 안정성, 인장파괴, 피로파괴 등 안정성과 최대 하중 지지력에 대한 한계상태를 말한다.
사용 한계상태	• 구조체 또는 구조요소가 사용하기에 부적당하고 의도된 기능을 더 이상 발휘하지 못하는 상태이다. • 구조물의 외형, 유지 및 관리, 내구성, 사용자의 안락감 또는 기계류의 정상적인 기능 등을 유지하기 위한 구조물의 능력에 영향을 미치는 한계상태를 말한다.

56 다음 중 한계상태설계법에서 강도한계상태를 구성하는 요소가 아닌 것은?

① 바닥재의 진동
② 기둥의 좌굴
③ 골조의 불안정성
④ 취성파괴

57 볼트의 기계적 등급을 나타내기 위해 표시하는 F8T, F10T, F11T에서 가운데 숫자는 무엇을 의미하는가?

① 휨강도
② 인장강도
③ 압축강도
④ 전단강도

해설
볼트의 기계적 등급 표시
F10T-M24 : 인장강도 10tf/cm^2(≒1,000N/mm^2), 직경 24mm

58 그림에서 절점 D는 이동을 하지 않으며, A, B, C는 고정단일 때 C단의 모멘트는?(단, k는 부재의 강비임)

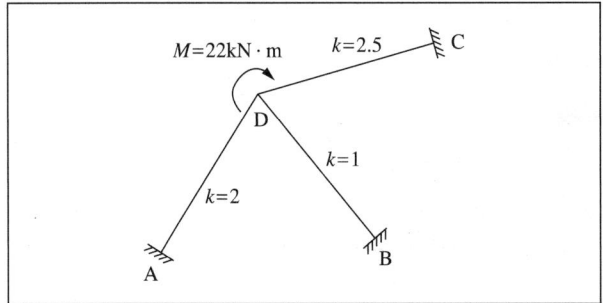

① 4.0kN·m ② 4.5kN·m
③ 5.0kN·m ④ 5.5kN·m

해설
• DC부재에 대한 분배율
$$f_{DC} = \frac{K_{DC}}{\Sigma K} = \frac{2.5}{2+1+2.5} = \frac{5}{11}$$
• DC부재에 대한 분배모멘트
$$M_{DC} = f_{DC} \times M_D = \frac{5}{11} \times 22\text{kN·m} = 10\text{kN·m}$$
∴ C지점에 대한 전달모멘트
$$M_{CD} = \frac{1}{2} \times M_{DC} = \frac{1}{2} \times 10\text{kN·m} = 5\text{kN·m}$$

59 콘크리트 구조 설계 시 철근간격 제한에 관한 내용으로 옳지 않은 것은?

① 벽체 또는 슬래브에서 휨 주철근의 간격은 벽체나 슬래브 두께의 3배 이하로 하여야 하고, 또한 450mm 이하로 하여야 한다.
② 상단과 하단에 2단 이상으로 배치된 경우 상하 철근은 동일 연직면 내에 배치되어야 하고, 이때 상하 철근의 순간격은 25mm 이상으로 하여야 한다.
③ 나선철근 또는 띠철근이 배근된 압축부재에서 축방향 철근의 순간격은 25mm 이상, 또한 철근 공칭지름의 2.5배 이상으로 하여야 한다.
④ 2개 이상의 철근을 묶어서 사용하는 다발철근은 이형철근으로, 그 개수는 4개 이하이어야 하며, 이들은 스터럽이나 띠철근으로 둘러싸여져야 한다.

해설
나선철근 또는 띠철근이 배근된 압축부재에서 축방향 철근의 순간격은 40mm 이상, 또한 철근 공칭지름의 1.5배 이상으로 하여야 한다(KDS 14 20 50).

60 단면의 지름이 150mm, 재축 방향 길이가 300mm인 원형 강봉의 윗면에 300kN의 힘이 작용하여 재축 방향 길이가 0.16mm 줄어들었고, 단면의 지름이 0.02mm 늘어났다면 이 강봉의 탄성계수 E와 푸아송비는?

① 31,830MPa, 0.25
② 31,830MPa, 0.125
③ 39,630MPa, 0.25
④ 39,630MPa, 0.125

해설
훅의 법칙(Hooke's law)
응력(σ) = 탄성계수(E) × 변형도(ε), $\sigma = \frac{\text{축방향력}(P)}{\text{단면적}(A)}$, $\varepsilon = \frac{\text{변형량}(\Delta l)}{\text{길이}(l)}$

변형도와 푸아송비

변형도	푸아송비(v)	푸아송수(m)
$\frac{\text{변형량}(\Delta l)}{\text{원래 길이}(l)}$	$\frac{\text{횡방향 변형도}(\beta)}{\text{축방향 변형도}(\varepsilon)}$	$\frac{\text{축방향 변형도}(\varepsilon)}{\text{횡방향 변형도}(\beta)}$

• 탄성계수(E)
$\sigma = E \times \varepsilon$ 이므로
$$\frac{P}{A} = E \times \frac{\Delta l}{l}$$
$$E = \frac{P \times l}{A \times \Delta l}$$
$$= \frac{300,000\text{N} \times 300\text{mm}}{\frac{\pi \times (150\text{mm})^2}{4} \times 0.16\text{mm}} \fallingdotseq 31,830\text{N/mm}^2$$

• 푸아송비(v)
$$\text{푸아송비} = \frac{\text{횡방향 변형도}(\beta)}{\text{축방향 변형도}(\varepsilon)} = \frac{0.02\text{mm} \div 150\text{mm}}{0.16\text{mm} \div 300\text{mm}} = 0.25$$

제4과목 건축설비

61 다음 중 변전실 면적 결정 시 영향을 주는 요소와 가장 거리가 먼 것은?

① 수전전압
② 수전방식
③ 발전기 용량
④ 큐비클의 종류

해설
변전실 면적에 영향을 주는 요소는 변압기의 용량이다.
변전실 면적에 영향을 주는 요소
- 수전전압 및 수전방식
- 변전설비 변압방식, 변압기 용량, 수량 및 형식
- 설치기기와 큐비클의 종류 및 시방
- 기기의 배치방법 및 유지보수 필요면적
- 건축물의 구조적 여건

62 가스사용시설에서 가스계량기의 설치에 관한 설명으로 옳지 않은 것은?

① 전기접속기와의 거리가 최소 30cm 이상이 되도록 한다.
② 전기점멸기와의 거리가 최소 60cm 이상이 되도록 한다.
③ 전기개폐기와의 거리가 최소 60cm 이상이 되도록 한다.
④ 전기계량기와의 거리가 최소 60cm 이상이 되도록 한다.

해설
가스계량기와의 안전거리(도시가스사업법 시행규칙 별표 7)

전기계량기, 전기개폐기	굴뚝(단열조치 없는 경우), 전기점멸기, 전기접속기	전열조치를 하지 아니한 전선
60cm 이상	30cm 이상	15cm 이상

63 엘리베이터의 안전장치 중 일정 이상의 속도가 되었을 때 브레이크 등을 작동시키는 기능을 하는 것은?

① 조속기
② 권상기
③ 완충기
④ 가이드 슈

해설
② 권상기 : 주로프가 달린 도르래를 회전시켜 카(Car)를 상승·하강시키는 주동력장치를 말한다.
③ 완충기 : 유체 또는 스프링 등을 사용하여 주행의 종점에서 충격의 흡수를 위해 사용되는 제동수단이다.
④ 가이드 슈 : 카와 균형추가 레일로부터 이탈되지 않고 레일을 따라 움직이도록 지지하는 장치이다.

64 흡음 및 차음에 관한 설명으로 옳지 않은 것은?

① 벽의 차음성능은 투과손실이 클수록 높다.
② 차음성능이 높은 재료는 흡음성능도 높다.
③ 벽의 차음성능은 사용재료의 면밀도에 크게 영향을 받는다.
④ 벽의 차음성능은 동일 재료에서도 두께와 시공법에 따라 다르다.

해설
동일 재료의 차음성능과 흡음성능은 비례하지 않는다.
흡음·차음

흡음	• 물체가 소리를 흡수하는 것을 말한다. • 흡음률이 높은 재료를 흡음재, 낮은 재료를 반사재라 한다. • 흡음재는 다공질, 섬유질이다. • 실내 벽면의 흡음률이 높아지면 잔향시간은 짧아진다.
차음	• 소리 및 진동을 차단하는 것을 말한다. • 차음재는 재질이 단단하고 무겁다. • 차음성능은 투과손실이 클수록 높고, 사용재료의 면밀도에 크게 영향을 받으며, 동일 재료에서도 두께와 시공법에 따라 다르다.

정답 61 ③ 62 ② 63 ① 64 ②

65 다음 설명에 알맞은 화재의 종류는?

> 나무, 섬유, 종이, 고무, 플라스틱류와 같은 일반 가연물이 타고 나서 재가 남는 화재

① A급 화재
② B급 화재
③ C급 화재
④ K급 화재

해설
화재의 분류

A급 화재	일반 화재	나무, 섬유, 종이, 고무, 플라스틱류와 같은 일반 가연물이 타고 나서 재가 남는 화재
B급 화재	유류 화재	인화성 액체, 가연성 액체, 석유 그리스, 타르, 오일, 유성도료, 솔벤트, 래커, 알코올 및 인화성 가스와 같은 유류가 타고 나서 재가 남지 않는 화재
C급 화재	전기 화재	전류가 흐르고 있는 전기기기, 배선과 관련된 화재
K급 화재	주방 화재	주방의 동식물유를 취급하는 조리기구에서 일어나는 화재

66 전기설비에서 다음과 같이 정의되는 장치는?

> 지락전류를 영상변류기로 검출하는 전류동작형으로 지락전류가 미리 정해놓은 값을 초과할 경우, 설정된 시간 내에 회로나 회로의 일부의 전원을 자동으로 차단하는 장치

① 퓨즈
② 누전차단기
③ 단로스위치
④ 절환스위치

해설
① 퓨즈 : 과전류가 통과하면 가열되어 끊어지는 용융 회로개방형의 가용성 부분이 있는 과전류보호장치이다.
③ 단로스위치 : 회로의 접속을 절환하고, 전원으로부터 회로나 장치를 분리하는 스위치이다.
④ 절환스위치 : 하나 또는 몇 개의 부하도체의 접속을 하나의 전원으로부터 다른 전원으로 절체하는 장치이다.

67 급수방식 중 고가수조방식에 관한 설명으로 옳은 것은?

① 급수압력이 일정하다.
② 2층 정도의 건물에만 적용이 가능하다.
③ 위생성 측면에서 가장 바람직한 방식이다.
④ 저수조가 없으므로 단수 시에 급수가 불가능하다.

해설
②·③·④는 수도직결 급수방식에 대한 설명이다.
고가수조(고가탱크) 급수방식

개요	펌프를 통해 건물 상부 고가수조에 양수한 물을 높이에 의한 수압 차이로 하향 급수하는 방식이다.
계통	상수도 → 저수탱크 → 양수펌프 → 고가수조 → 수전
특징	• 급수압력이 일정하고 고장이 적어 물 공급이 안정적이다. • 고가수조 중량에 의한 구조적 보강이 필요하다. • 저수조에서 물이 오염될 가능성이 있다. • 정전 및 단수 시 일정량의 급수가 가능하다. • 대규모의 급수설비에 적합하다.

68 실내 CO_2 발생량이 17L/h, 실내 CO_2 허용농도가 0.1%, 외기의 CO_2 농도가 0.04%일 경우 필요환기량은?

① 약 $28.3m^3/h$
② 약 $35.0m^3/h$
③ 약 $40.3m^3/h$
④ 약 $42.5m^3/h$

해설
$$\text{필요환기량} = \frac{CO_2 \text{ 발생량}}{\text{최대 허용 } CO_2 \text{ 농도} - \text{외기 중의 } CO_2 \text{ 농도}}$$
$$= \frac{0.017m^3/h}{0.001 - 0.0004} = 28.33m^3/h$$

정답 65 ① 66 ② 67 ① 68 ①

69 급수설비에서 펌프의 실양정이 의미하는 것은?(단, 물을 높은 곳으로 보내는 경우)

① 배관계의 마찰손실에 해당하는 높이
② 흡수면에서 토출수면까지의 수직거리
③ 흡수면에서 펌프축 중심까지의 수직거리
④ 펌프축 중심에서 토출수면까지의 수직거리

해설
펌프의 실양정
- 펌프가 양수하는 수면 간의 높이 차이(흡입수면에서 토출수면까지의 수직거리)이다.
- 실양정 = 흡입양정 + 토출양정

흡입양정	흡입수면부터 펌프중심까지의 높이
토출양정	펌프중심부터 토출수면까지의 높이

70 다음과 같은 조건에 있는 양수펌프의 축동력은?

- 양수량 : 490L/min
- 전양정 : 30m
- 펌프의 효율 : 60%

① 약 3kW ② 약 4kW
③ 약 5kW ④ 약 6kW

해설

축동력(kW) = $\dfrac{1{,}000\text{kg/m}^3 \times \text{양수량}(\text{m}^3/\text{min}) \times \text{양정}(\text{m})}{6{,}120 \times \text{펌프의 효율}}$

= $\dfrac{1{,}000\text{kg/m}^3 \times (490 \times 0.001)\text{m}^3/\text{min} \times 30\text{m}}{6{,}120 \times 0.6}$ ≒ 4kW

※ 물의 경우, 1L = 0.001m³이다.

71 다음 중 실내를 부압으로 유지하며 실내의 냄새나 유해물질을 다른 실로 흘려보내지 않으므로 욕실, 화장실 등에 사용되는 환기방식은?

①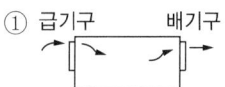

②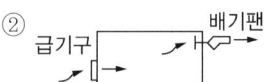

③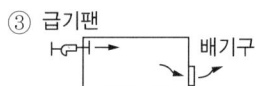

④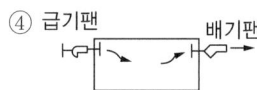

해설
제3종 환기
- 제3종 환기 = 자연급기 + 강제배기
- 배기에만 기계장치를 사용하고 급기구 또는 틈새로 급기한다.
- 실내공기가 인근의 실로 유출되는 것을 방지할 수 있다.
- 화장실, 욕실, 공장, 주차장 등에 적용된다.

72 자연환기에 관한 설명으로 옳지 않은 것은?

① 외부풍속이 커지면 환기량은 많아진다.
② 실내외의 온도차가 크면 환기량은 작아진다.
③ 중력환기는 실내외의 온도차에 의한 공기의 밀도차가 원동력이 된다.
④ 자연환기량은 중성대로부터 공기유입구 또는 유출구까지의 높이가 클수록 많아진다.

해설
실내외의 온도차가 크면 환기량이 많아진다.

73 고온수 난방방식에 관한 설명으로 옳지 않은 것은?

① 장치의 열용량이 크므로 예열시간이 길게 된다.
② 공급과 환수의 온도차를 크게 할 수 있으므로 열수송량이 크다.
③ 공업용과 같이 고압증기를 다량으로 필요로 할 경우에는 부적당하다.
④ 지역난방에는 이용할 수 없으며 높이가 높고 건축면적이 넓은 단일 건물에 주로 이용된다.

해설
고온수난방은 지역난방에 많이 사용된다.
고온수난방
- 높은 압력을 가한 100℃ 이상의 고온수로 난방하는 방식이다.
- 밀폐식 팽창탱크를 사용하며, 온도제어가 쉽다.
- 장치의 열용량이 크므로 예열시간이 길다.
- 공급과 환수의 온도차를 크게 할 수 있으므로 열수송량이 크다.
- 공업용과 같이 고압증기를 다량으로 필요로 할 경우에는 부적당하다.
- 배관은 상하구배가 가능하고 지형이나 건물의 상황에 의한 높이의 변화가 가능하다.
- 지역난방에서 많이 사용된다.

74 국소식 급탕방식에 관한 설명으로 옳지 않은 것은?

① 배관의 열손실이 적다.
② 급탕개소와 급탕량이 많은 경우에 유리하다.
③ 급탕개소마다 가열기의 설치스페이스가 필요하다.
④ 건물 완공 후에도 급탕개소의 증설이 비교적 쉽다.

해설
국소식 급탕방식은 급탕개소마다 가열기를 설치하여 온수를 공급하는 방식이다. ②는 중앙식 급탕방식에 대한 설명이다.
국소식(개별식) 급탕방식의 특징

개요	필요개소에 가열기를 설치하여 온수를 공급하는 방식이다.
장점	• 배관길이가 짧아 열손실이 적다. • 급탕개소의 증설이 비교적 쉽다. • 온수를 간단하게 얻을 수 있다. • 설비비가 저렴하고 유지관리가 쉽다.
단점	• 가열기가 많으면 유지관리가 어렵다. • 가열기 설치공간이 필요하다.

75 어떤 상태의 습공기를 절대습도의 변화 없이 건구온도만 상승시킬 때, 습공기의 상태변화로 옳은 것은?

① 엔탈피는 증가한다.
② 비체적은 감소한다.
③ 노점온도는 낮아진다.
④ 상대습도는 증가한다.

해설
습공기의 엔탈피는 건구온도가 높을수록 커진다. 절대습도의 변화 없이 건구온도만 상승시키면 비체적은 증가하고, 노점온도는 일정하며 상대습도는 낮아진다.

76 다음 중 옥내의 노출된 건조한 장소에 시설할 수 없는 배선방법은?(단, 사용전압이 400V 미만인 경우)

① 금속관 배선
② 버스덕트 배선
③ 가요전선관 배선
④ 플로어덕트 배선

해설
플로어덕트 공사는 옥내의 건조한 콘크리트 바닥면에 매입되는 방식이다.
플로어덕트 배선공사
- 바닥면에 플로어덕트를 미리 매입하여 절연전선을 배선하는 공사이다.
- 옥내의 은폐장소로서 건조한 콘크리트 바닥면에 매입 사용된다.
- 커튼월, 선풍기, 전화기, 전열기 등의 설치·이용에 편리한 방식이다.
- 강, 약전을 동시에 배선할 수 있는 2로, 3로 방식도 가능하다.
- 면적이 넓은 사무용 건물 등에 채용된다.

정답 73 ④ 74 ② 75 ① 76 ④

77 다음과 같은 조건에서 실내에 500W의 열을 발산하는 기기가 있을 때, 이 열을 제거하기 위한 필요환기량은?

- 실내온도 : 20℃
- 환기온도 : 10℃
- 공기의 정압비열 : 1.01kJ/kg·K
- 공기의 밀도 : 1.2kg/m³

① 41.3m³/h   ② 148.5m³/h
③ 413m³/h   ④ 1,485m³/h

해설

$$필요환기량(m^3/h) = \frac{현열부하}{밀도 \times 비열 \times 온도의 차이}$$

$$= \frac{1,800kJ/h}{1.2kg/m^3 \times 1.01kJ/kg \cdot K \times (20-10)℃}$$

$$≒ 148.5m^3/h$$

78 전기샤프트(ES)에 관한 설명으로 옳지 않은 것은?

① 각 층마다 같은 위치에 설치한다.
② 전력용과 정보통신용은 공용으로 사용해서는 안 된다.
③ 전기샤프트의 면적은 보, 기둥 부분을 제외하고 산정한다.
④ 현재 장비 이외에 장래의 배선 등에 대한 여유성을 고려한 크기로 한다.

해설
전력용과 정보통신용 각각의 설치 장비 및 배선이 적은 경우 공용 사용이 가능하다.
전기샤프트의 주요 고려사항
- 전력용(EPS)과 정보통신용(TPS)으로 구분하여 설치한다(각 용도의 설치 장비 및 배선이 적은 경우에는 공용으로 사용할 수 있다).
- 각 층마다 같은 위치에 설치한다.
- 면적은 보, 기둥 부분을 제외하고 산정하며, 기기의 배치와 유지보수에 충분한 공간으로 하고, 건축적인 마감을 시행한다.
- 현재 장비 이외에 장래의 배선 등에 대한 여유성을 고려한 크기로 한다.
- 점검구는 유지보수 시 기기의 반입 및 반출이 가능하여야 한다.

79 조명설비의 광원 중 할로겐램프에 관한 설명으로 옳지 않은 것은?

① 휘도가 낮다.
② 백열전구에 비해 수명이 길다.
③ 연색성이 좋고 설치가 용이하다.
④ 흑화가 거의 일어나지 않고 광속이나 색온도의 저하가 극히 적다.

해설
할로겐램프는 휘도가 높으므로 시야에 광원이 직접 들어오면 눈부심이 발생한다.
할로겐램프
- 유리구에 할로겐 물질을 주입한 램프이다.
- 휘도가 높고 연색성이 우수하며 광속이나 색온도의 저하가 적다.
- 흑화가 거의 일어나지 않는다.
- 백열전구에 비해 더 밝고 효율이 우수하며 수명이 길다.
- 설치가 용이하고 소형화할 수 있으며, 점포용, 투광용, 영사, 스튜디오용 광원에 사용한다.

80 다음 중 냉방부하 계산 시 현열만을 고려하는 것은?

① 인체의 발생열량
② 벽체로부터의 취득열량
③ 극간풍에 의한 취득열량
④ 외기의 도입으로 인한 취득열량

해설
외기에 면한 벽체로부터의 취득열량은 현열부하만 고려한다.
부하와 열의 종류
현열은 공기의 온도에 영향을 주며, 잠열은 습도에 영향을 미친다.

구분	냉·온열원	냉방부하	난방부하
현열	유리면	○	○
	외기에 면한 벽체·지붕, 내벽, 바닥	○	○
	재열부하	○	○
	조명기구, 복사기, 덕트(취득열량)	○	-
현열+잠열	환기, 외기의 도입, 틈새바람(극간풍)	○	○
	인체	○	-
	순간급탕기	○	-

정답 77 ② 78 ② 79 ① 80 ②

제5과목 건축관계법규

81 다음의 피난계단의 설치에 관한 기준 내용 중 ( ) 안에 들어갈 내용으로 옳은 것은?

> 5층 이상 또는 지하 2층 이하인 층에 설치하는 직통계단은 피난계단 또는 특별피난계단으로 설치하여야 하는데, ( )의 용도로 쓰는 층으로부터의 직통계단은 그중 1개소 이상을 특별피난계단으로 설치하여야 한다.

① 의료시설
② 숙박시설
③ 판매시설
④ 교육연구시설

해설
특별피난계단의 설치대상(건축법 시행령 제35조)
- 5층 이상 또는 지하 2층 이하인 층에 설치하는 직통계단은 피난계단 또는 특별피난계단으로 설치하여야 한다.
- 건축물(갓복도식 공동주택은 제외)의 11층(공동주택의 경우 16층) 이상인 층(바닥면적 $400m^2$ 미만인 층은 제외) 또는 지하 3층 이하인 층(바닥면적 $400m^2$ 미만인 층은 제외)으로부터 피난층 또는 지상으로 통하는 직통계단은 특별피난계단으로 설치하여야 한다.
- 판매시설의 용도로 쓰는 층으로부터의 직통계단은 그중 1개소 이상을 특별피난계단으로 설치하여야 한다.

82 $200m^2$인 대지에 $10m^2$의 조경을 설치하고 나머지는 건축물의 옥상에 설치하고자 할 때 옥상에 설치하여야 하는 최소 조경면적은?

① $10m^2$
② $15m^2$
③ $20m^2$
④ $30m^2$

해설
- 면적 $200m^2$ 이상 $300m^2$ 미만인 대지에 건축하는 건축물의 조경면적은 대지면적의 10% 이상이므로 $20m^2$이다. 대지에 $10m^2$의 조경을 설치하므로, 조경면적으로 산정되어야 하는 옥상부분 조경면적은 $20m^2 - 10m^2 = 10m^2$로 본다.
- 조경면적의 50% = $20m^2 \times 0.5 = 10m^2$이므로, 조경면적으로 산정하는 옥상부분 조경면적은 $10m^2$를 초과할 수 없다.
- 옥상부분 조경면적의 2/3에 해당하는 면적을 대지의 조경면적으로 산정할 수 있으므로, 옥상부분 조경면적 $\times \frac{2}{3} = 10m^2$, 따라서 최소 옥상조경면적은 $15m^2$이다.

건축물의 옥상조경(건축법 시행령 제27조 제3항)
건축물의 옥상에 건축법에 따라 조경이나 그 밖에 필요한 조치를 하는 경우에는 옥상부분 조경면적의 2/3에 해당하는 면적을 대지의 조경면적으로 산정할 수 있다. 이 경우 조경면적으로 산정하는 면적은 건축법에 따른 조경면적의 50/100을 초과할 수 없다.

조경 면적기준(건축법 시행령 제27조 제2항 제4호)
면적 $200m^2$ 이상 $300m^2$ 미만인 대지에 건축하는 건축물 : 대지면적의 10% 이상

83 공동주택을 리모델링이 쉬운 구조로 하여 건축허가를 신청할 경우 100분의 120의 범위에서 완화하여 적용받을 수 없는 것은?

① 대지의 분할 제한
② 건축물의 용적률
③ 건축물의 높이 제한
④ 일조 등의 확보를 위한 건축물의 높이 제한

해설
리모델링에 대비한 특례 등(건축법 제8조)
리모델링이 쉬운 구조의 공동주택의 건축을 촉진하기 위하여 공동주택을 대통령령으로 정하는 구조로 하여 건축허가를 신청하면 용적률, 건축물의 높이 제한 및 일조 등의 확보를 위한 건축물의 높이 제한에 따른 기준을 120/100의 범위에서 대통령령으로 정하는 비율로 완화하여 적용할 수 있다.

정답 81 ③ 82 ② 83 ①

84 방화와 관련하여 같은 건축물에 함께 설치할 수 없는 것은?

① 의료시설과 업무시설 중 오피스텔
② 위험물저장 및 처리시설과 공장
③ 위락시설과 문화 및 집회시설 중 공연장
④ 공동주택과 제2종 근린생활시설 중 다중생활시설

해설
공동주택과 제2종 근린생활시설 중 다중생활시설(고시원)은 같은 건축물에 함께 설치할 수 없다.
방화에 장애가 되는 용도의 제한(건축법 시행령 제47조)
- 의료시설, 노유자시설(아동 관련 시설 및 노인복지시설만 해당한다), 공동주택, 장례시설 또는 제1종 근린생활시설(산후조리원만 해당한다)과 위락시설, 위험물저장 및 처리시설, 공장 또는 자동차 관련 시설(정비공장만 해당한다)은 같은 건축물에 함께 설치할 수 없다.
- 다음에 해당하는 용도의 시설은 같은 건축물에 함께 설치할 수 없다.
  - 노유자시설 중 아동 관련 시설 또는 노인복지시설과 판매시설 중 도매시장 또는 소매시장
  - 단독주택(다중주택, 다가구주택에 한정한다), 공동주택, 제1종 근린생활시설 중 조산원 또는 산후조리원과 제2종 근린생활시설 중 다중생활시설(고시원)

85 노외주차장 내부공간의 일산화탄소 농도는 주차장을 이용하는 차량이 가장 빈번한 시각의 앞뒤 8시간의 평균치가 몇 ppm 이하로 유지되어야 하는가?

① 80ppm
② 70ppm
③ 60ppm
④ 50ppm

해설
노외주차장의 일산화탄소 농도(주차장법 시행규칙 제6조 제1항 제8호)
노외주차장 내부공간의 일산화탄소 농도는 주차장을 이용하는 차량이 가장 빈번한 시각의 앞뒤 8시간의 평균치가 50ppm 이하(실내주차장은 25ppm 이하)로 유지되어야 한다.

86 두 도로의 너비가 각각 6m이고 교차각이 90°인 도로의 모퉁이에 위치한 대지의 도로모퉁이 부분의 건축선은 그 대지에 접한 도로경계선의 교차점으로부터 도로경계선에 따라 각각 얼마를 후퇴한 두 점을 연결한 선으로 하는가?

① 후퇴하지 아니한다.
② 2m
③ 3m
④ 4m

해설
너비가 6m인 두 도로가 90° 이상의 각으로 교차하므로, 교차점에서 각각 3m 후퇴한다.
건축선(건축법 시행령 제31조)
너비 8m 미만인 도로의 모퉁이에 위치한 대지의 도로모퉁이 부분의 건축선은 그 대지에 접한 도로경계선의 교차점으로부터 도로경계선에 따라 다음의 표에 따른 거리를 각각 후퇴한 두 점을 연결한 선으로 한다.

도로의 교차각	해당 도로의 너비		교차되는 도로의 너비
	6m 이상 8m 미만	4m 이상 6m 미만	
90° 미만	4m	3m	6m 이상 8m 미만
	3m	2m	4m 이상 6m 미만
90° 이상 120° 미만	3m	2m	6m 이상 8m 미만
	2m	2m	4m 이상 6m 미만

87 국가유산·전통사찰 등 역사·문화적으로 보존가치가 큰 시설 및 지역의 보호와 보존을 위하여 필요한 지구는?

① 생태계보존지구
② 역사문화미관지구
③ 중요시설물보존지구
④ 역사문화환경보호지구

해설
보호지구의 세분(국토계획법 시행령 제31조)

역사문화환경 보호지구	국가유산·전통사찰 등 역사·문화적으로 보존가치가 큰 시설 및 지역의 보호와 보존을 위하여 필요한 지구
중요시설물 보호지구	중요시설물(항만, 공항, 공용시설 등)의 보호와 기능의 유지 및 증진 등을 위하여 필요한 지구
생태계 보호지구	야생동식물서식처 등 생태적으로 보존가치가 큰 지역의 보호와 보존을 위하여 필요한 지구

※ 관련 법령 개정으로 수정된 문제이다.

88 건축물의 바깥쪽에 설치하는 피난계단의 구조에서 피난층으로 통하는 직통계단의 최소 유효너비기준이 옳은 것은?

① 0.7m 이상
② 0.8m 이상
③ 0.9m 이상
④ 1.0m 이상

해설
건축물의 바깥쪽에 설치하는 피난계단의 구조(건축물방화구조규칙 제9조)
• 계단은 그 계단으로 통하는 출입구외의 창문 등(망이 들어 있는 유리의 붙박이창으로서 그 면적이 각각 1m² 이하인 것을 제외한다)으로부터 2m 이상의 거리를 두고 설치할 것
• 건축물의 내부에서 계단으로 통하는 출입구에는 60분+ 방화문 또는 60분 방화문을 설치할 것
• 계단의 유효너비는 0.9m 이상으로 할 것
• 계단은 내화구조로 하고 지상까지 직접 연결되도록 할 것

89 상업지역 및 주거지역에서 건축물에 설치하는 냉방시설 및 환기시설의 배기구를 설치하는 높이기준으로 옳은 것은?

① 도로면으로부터 1.5m 이상
② 도로면으로부터 2.0m 이상
③ 건축물 1층 바닥에서 1.5m 이상
④ 건축물 1층 바닥에서 2.0m 이상

해설
냉방시설 및 환기시설의 배기구와 배기장치의 설치기준(건축물설비기준규칙 제23조 제2항)
• 배기구는 도로면으로부터 2m 이상의 높이에 설치할 것
• 배기장치에서 나오는 열기가 인근 건축물의 거주자나 보행자에게 직접 닿지 아니하도록 할 것
• 건축물의 외벽에 배기구 또는 배기장치를 설치할 때에는 외벽 또는 다음의 기준에 적합한 지지대 등 보호장치와 분리되지 아니하도록 견고하게 연결하여 배기구 또는 배기장치가 떨어지는 것을 방지할 수 있도록 할 것
  - 배기구 또는 배기장치를 지탱할 수 있는 구조일 것
  - 부식을 방지할 수 있는 자재를 사용하거나 도장할 것

90 국토의 계획 및 이용에 관한 법령에 따른 기반시설 중 공간시설에 속하지 않는 것은?

① 녹지
② 유원지
③ 유수지
④ 공공공지

해설
유수지는 방재시설에 속한다.
기반시설(국토계획법 시행령 제2조 제1항)

교통시설	도로·철도·항만·공항·주차장·자동차정류장·궤도·차량 검사 및 면허시설
공간시설	광장·공원·녹지·유원지·공공공지
유통·공급시설	유통업무설비, 수도·전기·가스·열공급설비, 방송·통신시설, 공동구·시장, 유류저장 및 송유설비
공공·문화체육시설	학교·공공청사·문화시설·공공필요성이 인정되는 체육시설·연구시설·사회복지시설·공공직업훈련시설·청소년수련시설
방재시설	하천·유수지·저수지·방화설비·방풍설비·방수설비·사방설비·방조설비
보건위생시설	장사시설·도축장·종합의료시설
환경기초시설	하수도·폐기물처리 및 재활용시설·빗물저장 및 이용시설·수질오염방지시설·폐차장

91 태양열을 주된 에너지원으로 이용하는 주택의 건축면적 산정의 기준이 되는 것은?

① 외벽 중 내측 내력벽의 중심선
② 외벽 중 외측 비내력벽의 중심선
③ 외벽 중 내측 내력벽의 외측 외곽선
④ 외벽 중 외측 비내력벽의 외측 외곽선

해설
태양열을 이용하는 주택 등의 건축면적 산정방법 등(건축법 시행규칙 제43조)
태양열을 주된 에너지원으로 이용하는 주택의 건축면적과 단열재를 구조체의 외기측에 설치하는 단열 공법으로 건축된 건축물의 건축면적은 건축물의 외벽 중 내측 내력벽의 중심선을 기준으로 한다.

정답 88 ③ 89 ② 90 ③ 91 ①

92 건축법령상 건축물과 해당 건축물의 용도가 옳게 연결된 것은?

① 의원 – 의료시설
② 도매시장 – 판매시설
③ 유스호스텔 – 숙박시설
④ 장례식장 – 묘지 관련 시설

해설
① 의원 – 제1종 근린생활시설
③ 유스호스텔 – 수련시설
④ 장례식장 – 장례시설

93 건축물의 면적·높이 및 층수 등의 산정기준으로 틀린 것은?

① 대지면적은 대지의 수평투영면적으로 한다.
② 건축면적은 건축물의 외벽의 중심선으로 둘러싸인 부분의 수평투영면적으로 한다.
③ 바닥면적은 건축물의 각 층 또는 그 일부로서 벽, 기둥, 그 밖에 이와 비슷한 구획의 중심선으로 둘러싸인 부분의 수평투영면적으로 한다.
④ 연면적은 하나의 건축물 각 층의 거실면적의 합계로 한다.

해설
연면적은 하나의 건축물 각 층의 바닥면적의 합계로 한다.
면적 등의 산정방법(건축법 시행령 제119조)
- 대지면적 : 대지의 수평투영면적으로 한다.
- 건축면적 : 건축물의 외벽(외벽이 없는 경우에는 외곽 부분의 기둥으로 한다)의 중심선으로 둘러싸인 부분의 수평투영면적으로 한다.
- 바닥면적 : 건축물의 각 층 또는 그 일부로서 벽, 기둥, 그 밖에 이와 비슷한 구획의 중심선으로 둘러싸인 부분의 수평투영면적으로 한다.
- 연면적 : 하나의 건축물 각 층의 바닥면적의 합계로 하되, 용적률을 산정할 때에는 다음에 해당하는 면적은 제외한다.
  – 지하층의 면적
  – 지상층의 주차용으로 쓰는 면적

94 건축물의 출입구에 설치하는 회전문의 설치기준으로 틀린 것은?

① 계단이나 에스컬레이터로부터 2m 이상의 거리를 둘 것
② 회전문의 회전속도는 분당회전수가 15회를 넘지 아니하도록 할 것
③ 출입에 지장이 없도록 일정한 방향으로 회전하는 구조로 할 것
④ 회전문의 중심축에서 회전문과 문틀 사이의 간격을 포함한 회전문 날개 끝부분까지의 길이는 140cm 이상이 되도록 할 것

해설
회전문의 회전속도는 분당회전수가 8회를 넘지 않도록 해야 한다.
회전문의 설치기준(건축물방화구조규칙 제12조)
- 계단, 에스컬레이터로부터 2m 이상의 거리를 둘 것
- 회전문과 문틀사이 및 바닥 사이는 다음 간격을 확보하고 틈 사이를 고무와 고무펠트의 조합체 등을 사용하여 신체나 물건 등에 손상이 없도록 할 것
  – 회전문과 문틀 사이는 5cm 이상
  – 회전문과 바닥 사이는 3cm 이하
- 출입에 지장이 없도록 일정한 방향으로 회전하는 구조로 할 것
- 회전문의 중심축에서 회전문과 문틀 사이의 간격을 포함한 회전문날개 끝부분까지의 길이는 140cm 이상이 되도록 할 것
- 회전문의 회전속도는 분당회전수가 8회를 넘지 아니하도록 할 것
- 자동회전문은 충격이 가하여지거나 사용자가 위험한 위치에 있는 경우에는 전자감지장치 등을 사용하여 정지하는 구조로 할 것

95 국토의 계획 및 이용에 관한 법령상 개발행위 허가를 받지 아니하여도 되는 경미한 행위 기준으로 틀린 것은?

① 지구단위계획구역에서 무게 100t 이하, 부피 50m³ 이하, 수평투영면적 25m² 이하인 공작물의 설치
② 조성이 완료된 기존 대지에 건축물이나 그 밖의 공작물을 설치하기 위한 토지의 형질 변경(절토 및 성토 제외)
③ 지구단위계획구역에서 채취면적이 25m² 이하인 토지에서의 부피 50m³ 이하의 토석 채취
④ 녹지지역에서 물건을 쌓아놓는 면적이 25m² 이하인 토지에 전체무게 50t 이하, 전체부피 50m³ 이하로 물건을 쌓아놓는 행위

정답 92 ② 93 ④ 94 ② 95 ①

해설

공작물의 설치 중 허가를 받지 아니하여도 되는 경미한 행위(국토계획법 시행령 제53조)
- 도시지역 또는 지구단위계획구역에서 무게가 50t 이하, 부피가 50m³ 이하, 수평투영면적이 50m² 이하인 공작물의 설치(다만, 건축법 시행령에 따라 축조 시 신고하여야 하는 공작물의 설치는 제외)
- 도시지역·자연환경보전지역 및 지구단위계획구역 외의 지역에서 무게가 150t 이하, 부피가 150m³ 이하, 수평투영면적이 150m² 이하인 공작물의 설치(다만, 건축법 시행령에 따라 축조 시 신고하여야 하는 공작물의 설치는 제외)
- 녹지지역·관리지역 또는 농림지역 안에서의 농림어업용 비닐하우스(양식산업발전법에 따른 양식업을 하기 위하여 비닐하우스 안에 설치하는 양식장은 제외)의 설치
- 개발행위허가를 받아 설치한 공작물의 철거 후 재설치(보수를 포함하며, 다음의 요건을 모두 갖춘 경우로 한정)
  - 토지의 형질변경을 수반하지 않을 것
  - 기존의 개발행위허가 규모 이내로서 용도의 변경이 없을 것

96 특별건축구역의 지정과 관련한 아래의 내용에서 밑줄 친 부분에 해당하지 않는 것은?

> 국토교통부장관 또는 시·도지사는 다음 각 호의 구분에 따라 도시나 지역의 일부가 특별건축구역으로 특례 적용이 필요하다고 인정하는 경우에는 특별건축구역을 지정할 수 있다.
> 1. 국토교통부장관이 지정하는 경우
>   가. 국가가 국제행사 등을 개최하는 도시 또는 지역의 사업구역
>   나. <u>관계 법령에 따른 국가정책사업으로서 대통령령으로 정하는 사업구역</u>

① 도로법에 따른 접도구역
② 도시개발법에 따른 도시개발구역
③ 택지개발촉진법에 따른 택지개발사업구역
④ 혁신도시 조성 및 발전에 관한 특별법에 따른 혁신도시의 사업구역

해설

특별건축구역으로 지정할 수 없는 지역·구역(건축법 제69조 제2항)
- 개발제한구역의 지정 및 관리에 관한 특별조치법에 따른 개발제한구역
- 자연공원법에 따른 자연공원
- 도로법에 따른 접도구역
- 산지관리법에 따른 보전산지

97 주거용건축물 급수관의 지름 산정에 관한 기준 내용으로 틀린 것은?

① 가구 또는 세대수가 1일 때 급수관 지름의 최소 기준은 15mm이다.
② 가구 또는 세대수가 7일 때 급수관 지름의 최소 기준은 25mm이다.
③ 가구 또는 세대수가 18일 때 급수관 지름의 최소 기준은 50mm이다.
④ 가구 또는 세대의 구분이 불분명한 건축물에 있어서는 주거에 쓰이는 바닥면적의 합계가 85m² 초과 150m² 이하인 경우는 3가구로 산정한다.

해설

주거용건축물 급수관의 지름(건축물설비기준규칙 별표 3)

가구 또는 세대수	1	2~3	4~5	6~8	9~16	17 이상
최소 기준	15mm	20mm	25mm	32mm	40mm	50mm

98 국토의 계획 및 이용에 관한 법령상 일반상업지역 안에서 건축할 수 있는 건축물은?

① 묘지 관련 시설
② 자원순환 관련 시설
③ 의료시설 중 요양병원
④ 자동차 관련 시설 중 폐차장

해설

의료시설 중 요양병원은 일반상업지역에 건축할 수 있다.
일반상업지역 안에서 건축할 수 없는 건축물(국토계획법 시행령 별표 9)
- 시내버스차고지 외의 지역에 설치하는 액화석유가스 충전소 및 고압가스 충전소·저장소
- 자동차 관련 시설 중 폐차장
- 자원순환 관련 시설
- 묘지 관련 시설

정답 96 ① 97 ② 98 ③

99 비상용승강기 승강장의 구조기준에 관한 내용으로 틀린 것은?

① 승강장은 각 층의 내부와 연결될 수 있도록 한다.
② 벽 및 반자가 실내에 접하는 부분의 마감재료는 불연재료로 하여야 한다.
③ 피난층에 있는 승강장의 경우 내부와 연결되는 출입구에는 60분+ 방화문 또는 60분 방화문을 반드시 설치하여야 한다.
④ 옥내에 설치하는 승강장의 바닥면적은 비상용승강기 1대에 대하여 6m² 이상으로 하여야 한다.

해설
비상용승강기 승강장의 구조(건축물설비기준규칙 제10조 제2호)
- 승강장의 창문·출입구 기타 개구부를 제외한 부분은 당해 건축물의 다른 부분과 내화구조의 바닥 및 벽으로 구획할 것
- 승강장은 각 층의 내부와 연결될 수 있도록 하되, 그 출입구(승강로 출입구 제외)에는 60분+ 방화문 또는 60분 방화문을 설치할 것(다만, 피난층에는 60분+ 방화문 또는 60분 방화문을 설치하지 않을 수 있다)

※ 관련 법령 개정으로 수정된 문제이다.

100 부설주차장의 설치대상 시설물 종류에 따른 설치기준이 틀린 것은?

① 골프장 – 1홀당 10대
② 위락시설 – 시설면적 80m²당 1대
③ 판매시설 – 시설면적 150m²당 1대
④ 숙박시설 – 시설면적 200m²당 1대

해설
위락시설의 부설주차장 설치기준은 시설면적 100m²당 1대이다.
시설면적당 부설주차장 설치기준(주차장법 시행령 별표 1)

구분	시설물
400m²당 1대	창고시설, 학생용 기숙사, 방송통신시설 중 데이터센터
350m²당 1대	수련시설, 공장(아파트형 제외), 발전시설
300m²당 1대	기타 건축물
200m²당 1대	제1종 근린생활시설(공공업무·주민공동시설 중 일부 제외), 제2종 근린생활시설, 숙박시설
150m²당 1대	문화 및 집회시설(관람장 제외), 종교시설, 판매시설, 운수시설, 의료시설(정신병원·요양병원·격리병원 제외), 운동시설(골프장·골프연습장·옥외수영장 제외), 업무시설(외국공관·오피스텔 제외), 방송국, 장례식장
100m²당 1대	위락시설

2020년 제3회 과년도 기출문제

제1과목 건축계획

01 탑상형 공동주택에 관한 설명으로 옳지 않은 것은?

① 각 세대에 시각적인 개방감을 준다.
② 각 세대의 거주조건 및 환경이 균등하다.
③ 도심지 내의 랜드마크적인 역할이 가능하다.
④ 건축물 외면의 4개의 입면성을 강조한 유형이다.

해설
탑상형(타워형) 공동주택은 각 세대의 거주조건이 불균등하다.
아파트의 주동형식
판상형은 거주환경이 균등하며, 탑상형은 랜드마크적인 역할이 가능하다.

구분	형태	거주조건	조망	음영
판상형	일자형 배치	균등	차단	크다.
탑상형	입면성 강조	불균등	개방	적다.

02 공포형식 중 다포형식에 관한 설명으로 옳지 않은 것은?

① 출목은 2출목 이상으로 전개된다.
② 수덕사 대웅전이 대표적인 건물이다.
③ 내부 천장구조는 대부분 우물천장이다.
④ 기둥 상부 이외에 기둥 사이에도 공포를 배열한 형식이다.

해설
다포식은 주로 궁궐이나 사찰 등의 주요 정전에 사용되었으며, 다른 방식에 비해 외형이 정비되고 장중한 외관을 갖는다. 수덕사 대웅전은 맞배지붕의 주심포식 건축물이다.
건축물과 공포의 형식

주심포식	봉정사(극락전), 관음사(원통전), 부석사(무량수전, 조사당), 수덕사(대웅전), 무위사(극락전), 강릉 객사문 등
다포식	경복궁(근정전), 창경궁(명정전), 남대문, 동대문, 심원사(보광전), 불국사(극락전), 전등사(대웅전), 화암사(극락전), 위봉사(보광명전), 석왕사(응진전), 봉정사(대웅전), 내소사(대웅전) 등 ※ 가장 오래된 건축물은 심원사(보광전)이다.
익공식	강릉 오죽헌 등
절충식	경복궁(향원정) 등

03 숑바르 드 로브의 주거면적기준으로 옳은 것은?

① 병리기준 : $6m^2$, 한계기준 : $12m^2$
② 병리기준 : $6m^2$, 한계기준 : $14m^2$
③ 병리기준 : $8m^2$, 한계기준 : $12m^2$
④ 병리기준 : $8m^2$, 한계기준 : $14m^2$

해설
주거면적기준

국제주거회의		$15m^2$/인
세계가족단체협회(코로느기준)		평균 $16m^2$/인
숑바르 드 로브	병리기준	$8m^2$/인
	한계기준	$14m^2$/인
	표준기준	$16m^2$/인

정답 01 ② 02 ② 03 ④

04 다음 중 건축요소와 해당 건축요소가 사용된 건축양식의 연결이 옳지 않은 것은?

① 장미창(Rose window) – 고딕
② 러스티케이션(Rustication) – 르네상스
③ 첨두아치(Pointed arch) – 로마네스크
④ 펜덴티브 돔(Pendentive dome) – 비잔틴

해설
첨두아치는 고딕, 반원아치는 로마네스크 양식의 특징이다.
주요 건축양식과 대표적인 특징

그리스	오더(도릭, 이오닉, 코린트), 착시교정기법
로마	오더(터스칸, 컴포지트), 아치, 볼트(Vault)
비잔틴	부주두(Dosseret), 펜덴티브(Pendentive)
사라센	스퀸치(Squinch), 미나렛(첨탑)
로마네스크	반원아치, 교차볼트
고딕	첨두아치, 리브 볼트, 장미창, 플라잉 버트레스
르네상스	로마 건축 계승, 인간 중심, 수평성 강조, 러스티케이션(Rustication)
바로크	권력과 권위, 역동적, 곡선 평면

05 도서관 건축에 관한 설명으로 옳지 않은 것은?

① 캐럴(Carrel)은 서고 내에 설치된 소연구실이다.
② 서고의 내부는 자연채광을 하지 않고 인공조명을 사용한다.
③ 일반 열람실의 면적은 0.25~0.5m²/인 정도의 규모로 계획한다.
④ 서고면적 1m²당 150~250권 정도의 수장능력을 갖도록 계획한다.

해설
도서관의 열람실
- 면적은 성인 1인당 1.5~2m², 아동 1인당 1.2~1.5m² 정도의 규모로 계획한다.
- 열람실은 다른 방으로의 통로가 되지 않도록 한다.
- 어린이용 열람실은 가능한 한 1층에 배치하고, 출입구를 별도로 만든다.
- 서고에 가깝게 위치하는 것이 바람직하다.
- 바닥, 천장재는 흡음성이 높은 재료를 사용한다.

06 극장 건축과 관련된 용어 설명으로 옳지 않은 것은?

① 플라이갤러리(Fly gallery) : 무대 주위의 벽에 설치되는 좁은 통로이다.
② 사이클로라마(Cyclorama) : 무대의 제일 뒤에 설치되는 무대 배경용 벽이다.
③ 그린룸(Green room) : 연기자가 분장 또는 화장을 하고 의상을 갈아입는 곳이다.
④ 그리드아이언(Grid iron) : 무대 천장 밑에 설치한 것으로 배경이나 조명 기구 등이 매달린다.

해설
③은 의상실(Dressing room)에 대한 설명이며, 그린룸(Green room)은 출연자 대기실이다.

07 학교의 운영방식에 관한 설명으로 옳지 않은 것은?

① 플래툰형은 교과교실형보다 학생의 이동이 많다.
② 종합교실형은 초등학교 저학년에 가장 권장할만한 형식이다.
③ 달톤형은 규모 및 시설이 다른 다양한 형태의 교실이 요구된다.
④ 일반 및 특별교실형은 우리나라 중학교에서 일반적으로 사용되는 방식이다.

해설
플래툰형(P형)은 교과교실형(V형)보다 학생의 이동이 적다.
플래툰형(P형)

개요	• 각 학급을 2분단으로 나누어 운영한다. • 한 분단이 일반교실을 사용할 때 다른 편은 특별교실을 사용한다. • 교과 담임제와 학급 담임제가 병용된다.
장점	• 모든 시설의 효율적인 이용이 가능하다. • 교과교실형보다 이동이 적다.
단점	• 운영에 적당한 교사의 수와 시설이 필요하다. • 동선계획과 시간표 작성이 어렵다.

08 은행 건축계획에 관한 설명으로 옳지 않은 것은?

① 고객과 직원과의 동선이 중복되지 않도록 계획한다.
② 대규모 은행일 경우 고객의 출입구는 되도록 1개소로 계획한다.
③ 이중문을 설치할 경우 바깥문은 바깥 여닫이 또는 자재문으로 계획한다.
④ 어린이의 출입이 많은 경우에는 주출입구에 회전문을 설치하는 것이 좋다.

해설
어린이의 출입이 많은 경우에는 안전을 고려하여 회전문을 설치하지 않는 것이 좋다.
은행의 출입문
- 전면도로의 보행인 동선을 고려하여 주현관의 위치를 결정한다.
- 대규모 은행일 경우 고객의 출입구는 되도록 1개소로 계획한다.
- 일반적으로 도난 방지상 안여닫이로 한다.
- 주출입구는 보온을 위해 방풍실을 두는 것이 좋다.
- 전실을 둘 경우에 바깥문은 밖여닫이 또는 자재문으로 하기도 한다.
- 아이들이 많은 지역에서는 회전문을 설치하지 않는 것이 좋다.

09 엘리베이터의 설계 시 고려사항으로 옳지 않은 것은?

① 군관리운전의 경우 동일 군 내의 서비스 층은 같게 한다.
② 승객의 층별 대기시간은 평균운전간격 이하가 되게 한다.
③ 건축물의 출입층이 2개 층이 되는 경우는 각각의 교통수요량 이상이 되도록 한다.
④ 백화점과 같은 대규모 매장에는 일반적으로 승객 수송의 70~80%를 분담하도록 계획한다.

해설
대규모 매장에서는 에스컬레이터가 승객 수송의 70~80%, 엘리베이터와 계단이 각각 10% 정도를 분담하는 것으로 본다.

10 주택의 평면과 각 부위의 치수 및 기준척도에 관한 설명으로 옳지 않은 것은?

① 치수 및 기준척도는 안목치수를 원칙으로 한다.
② 거실 및 침실의 평면 각 변의 길이는 10cm를 단위로 한 것을 기준척도로 한다.
③ 거실 및 침실의 층높이는 2.4m 이상으로 하되, 5cm를 단위로 한 것을 기준척도로 한다.
④ 계단 및 계단참의 평면 각 변의 길이 또는 너비는 5cm를 단위로 한 것을 기준척도로 한다.

해설
주택 내 평면 각 변의 길이는 기준척도 5cm를 적용한다.
주택의 치수 및 기준척도

원칙	치수 및 기준척도는 안목치수를 원칙으로 한다.
기준척도 5cm	• 평면 각 변의 길이(거실 및 침실) • 평면 각 변의 길이 또는 너비(부엌·식당·욕실·화장실·복도·계단 및 계단참 등) • 반자높이 및 층높이(거실 및 침실)
기타	거실과 침실의 반자높이는 2.2m 이상, 층높이는 2.4m 이상이다.

11 사무소 건축에서 오피스 랜드스케이핑(Office landscaping)에 관한 설명으로 옳지 않은 것은?

① 프라이버시 확보가 용이하여 업무의 효율성이 증대된다.
② 커뮤니케이션의 융통성이 있고 장애요인이 거의 없다.
③ 실내에 고정된 칸막이를 설치하지 않으며 공간을 절약할 수 있다.
④ 변화하는 작업의 패턴에 따라 조절이 가능하며 신속하고 경제적으로 대처할 수 있다.

해설
오피스 랜드스케이핑은 실내에 고정된 칸막이가 없는 개방식 배치로서 독립성이 떨어지며 소음에 대한 대책이 필요하다.
오피스 랜드스케이핑(Office landscaping)

개요	• 직위서열보다 의사전달과 작업의 흐름에 따라 배치하는 형식이다. • 작업장의 집단을 자유롭게 그룹핑하여 불규칙한 평면을 유도한다. • 개방식 배치에 속하며, 실내에 고정된 칸막이가 없다.
장점	• 변화하는 작업의 패턴에 신속하고 경제적으로 대처할 수 있다. • 작업단위에 의한 그룹(Group) 배치가 가능하다. • 커뮤니케이션의 융통성이 있고 사무능률이 향상된다. • 공간이 절약되며, 시설비와 유지관리비가 절감된다.
단점	• 독립성이 떨어지며, 소음에 대한 대책이 필요하다. • 대형가구 등 소리를 반향시키는 기재의 사용이 어렵다.

정답 08 ④ 09 ④ 10 ② 11 ①

12 공장의 지붕형태에 관한 설명으로 옳은 것은?

① 솟음지붕은 채광 및 환기에 적합한 방법이다.
② 샤렌구조는 기둥이 많이 소요된다는 단점이 있다.
③ 뾰족지붕은 직사광선이 완전히 차단된다는 장점이 있다.
④ 톱날지붕은 남향으로 할 경우 하루 종일 변함없는 조도를 가진 약광선을 받아들일 수 있다.

해설
② 샤렌지붕은 기둥이 적게 소요되며, 채광·환기에 문제가 있다.
③ 뾰족지붕은 직사광선을 어느 정도 허용하는 결점이 있다.
④ 톱날지붕은 북향으로 하면 하루 종일 균일한 조도가 제공된다.

13 경복궁의 궁궐 배치는 전조공간과 후침공간으로 이루어져 있다. 다음 중 전조공간의 구성에 속하지 않는 것은?

① 근정전
② 만춘전
③ 천추전
④ 강녕전

해설
강녕전은 왕의 침전으로, 후침공간이다.
경복궁의 공간 구성
궁궐의 배치 원칙은 전조후침(앞쪽에 조정, 뒤쪽에 침전)이다.

전조공간	정전(근정전), 편전(사정전, 만춘전, 천추전)
후침공간	강녕전(왕의 침전), 교태전(왕비의 침전)

14 호텔 건축에 관한 설명으로 옳지 않은 것은?

① 커머셜 호텔은 가급적 저층으로 한다.
② 아파트먼트 호텔은 장기 체류용 호텔이다.
③ 리조트 호텔은 자연 경관이 좋은 곳을 선택한다.
④ 터미널 호텔은 교통기관의 발착지점에 위치한다.

해설
커머셜 호텔은 시티 호텔의 한 종류로서 교통 및 상업의 중심지에 위치하는 고밀도·고층형의 호텔이다.
시티 호텔과 리조트 호텔의 비교

구분	시티 호텔	리조트 호텔
위치	교통 및 상업의 중심지	조망·환경이 좋은 곳
건축형식	고밀도·고층형	주변 조건에 따라 형성
이용대상	관광객·비즈니스 여행객	관광객·휴양객
분류	커머셜 호텔, 터미널 호텔, 레지덴셜 호텔, 아파트먼트 호텔	해변 호텔, 산장 호텔, 클럽 하우스 등

15 종합병원의 외래진료부를 클로즈드 시스템(Closed system)으로 계획할 경우 고려할 사항으로 가장 부적절한 것은?

① 1층에 두는 것이 좋다.
② 부속 진료시설을 인접하게 한다.
③ 약국, 회계 등은 정면 출입구 근처에 설치한다.
④ 외과계통은 소진료실을 다수 설치하도록 한다.

해설
외과는 1실을 크게 하여 여러 환자를 볼 수 있게 하며, 내과는 진료와 검사에 시간이 소요되므로 소진료실을 다수 설치한다.
클로즈드 시스템의 외래진료부 계획 시 고려사항
• 환자의 이용이 편리하도록 2층 이하, 1층에 두는 것이 좋다.
• 약국, 회계, 중앙주사실 등은 정면 출입구 근처에 설치한다.
• 외과는 1실을 크게 하며, 내과는 소진료실을 다수 설치한다.
• 부속 진료시설을 인접하게 하여 이용이 편리하게 한다.
• 환자의 심리고통을 덜어줄 수 있는 환경심리적 요인을 반영시킨다.
• 전체병원에 대한 외래진료부의 면적비율은 10~15% 정도로 한다.

16 극장의 평면형식에 관한 설명으로 옳지 않은 것은?

① 아레나형에서 무대 배경은 주로 낮은 가구로 구성된다.
② 프로시니엄형은 픽처 프레임 스테이지형이라고도 불리운다.
③ 오픈스테이지형은 관객석이 무대의 대부분을 둘러싸고 있는 형식이다.
④ 프로시니엄형은 가까운 거리에서 관람하게 되며, 가장 많은 관객을 수용할 수 있다.

해설
④는 아레나형에 대한 설명이며, 프로시니엄형은 객석 수용 능력에 제한이 있다.
프로시니엄형(Proscenium) 극장

개요	연기자와 관객의 접촉면이 한 면으로 한정된 가장 일반적인 형태로, Picture frame stage라고도 한다.
특징	• 투시도법을 무대공간에 응용한 형식이다. • 연기는 한정된 액자 속에서 나타나는 구성화의 느낌을 준다. • 배경이 한 폭의 그림과 같은 느낌을 주므로 전체적인 통일의 효과를 얻는 데 가장 좋은 형태이다. • 객석 수용 능력에 제한이 있다. • 강연, 콘서트, 독주, 연극 공연 등에 적합하다.

17 미술관 전시실의 순회형식에 관한 설명으로 옳지 않은 것은?

① 연속순회 형식은 전시 벽면이 최대화되고 공간절약 효과가 있다.
② 연속순회 형식은 한 실을 폐쇄하면 다음 실로의 이동이 불가능하다.
③ 갤러리 및 복도 형식은 관람자가 전시실을 자유롭게 선택하여 관람할 수 있다.
④ 중앙홀 형식에서 중앙홀이 크면 장래의 확장에는 용이하나 동선의 혼잡이 심해진다.

해설
중앙홀 형식에서 중앙홀이 크면 동선에 혼란이 없으나 장래 확장이 어렵다.

중앙홀 형식

개요	중심부에 큰 홀을 두고 홀에 접하여 전시실을 배치한 형식이다.
특징	• 각 실에 직접 들어갈 수 있고 전시실의 선택적 사용이 가능하다. • 중앙홀이 크면 동선에 혼란이 없으나 장래 확장이 어렵다. • 부지의 이용률이 높은 지점에 건립할 수 있다. • 프랭크 로이드 라이트의 뉴욕 구겐하임 미술관이 있다.

18 다음 중 백화점 기둥간격의 결정요소와 가장 거리가 먼 것은?

① 지하주차장의 주차방법
② 진열대의 치수와 배열법
③ 엘리베이터의 배치방법
④ 각 층별 매장의 상품구성

해설
각 층별 매장의 상품구성이 백화점의 기둥간격을 결정한다고 볼 수는 없다.
백화점 스팬·모듈의 결정요인
매장 진열장의 배치방식과 치수, 통로의 크기, 지하주차장의 주차방식과 주차 폭, 엘리베이터와 에스컬레이터의 유무 및 배치 등을 고려한다.

19 래드번(Radburn) 주택단지계획에 관한 설명으로 옳지 않은 것은?

① 중앙에는 대공원 설치를 계획하였다.
② 주거구는 슈퍼블록 단위로 계획하였다.
③ 보행자의 보도와 차도를 분리하여 계획하였다.
④ 주거지 내의 통과교통으로 간선도로를 계획하였다.

해설
래드번 계획에서 주거지 내의 통과교통은 배제된다.
래드번 계획의 5가지 기본원리

주거구	자동차 통과교통의 배제를 위한 슈퍼블록의 구성
도로체계	기능에 따른 4가지 종류의 도로 구분
보차분리	보도와 차도의 입체적 분리(육교, 지하도 등)
가로망	쿨데삭(Cul-de-sac) 시스템
중앙공원	주택단지 어디로나 통할 수 있는 공동의 오픈스페이스 구성

20 공동주택 단위주거의 단면구성 형태에 관한 설명으로 옳지 않은 것은?

① 플랫형은 주거단위가 동일층에 한하여 구성되는 형식이다.
② 스킵플로어형은 통로 및 공용면적이 적은 반면에 전체적으로 유효면적이 높다.
③ 복층형(메조넷형)은 플랫형에 비해 엘리베이터의 정지 층수를 적게 할 수 있다.
④ 트리플렉스형은 듀플렉스형보다 프라이버시의 확보율이 낮고 통로면적이 많이 필요하다.

해설
트리플렉스형은 3개 층이 한 세대로 구성된 아파트로, 아파트 내에 공용통로가 적으므로 프라이버시 확보율이 높다.
복층(메조넷)형 공동주택
• 단위주거가 복층형식을 취하는 형식이다.
• 2개 층에 걸친 듀플렉스, 3개 층에 걸친 트리플렉스가 있다.
• 트리플렉스형은 프라이버시 확보율이 높고 공용 통로면적이 가장 작다.

정답 17 ④ 18 ④ 19 ④ 20 ④

제2과목 건축시공

21 한중 콘크리트에 관한 설명으로 옳은 것은?

① 한중 콘크리트는 공기연행 콘크리트를 사용하는 것을 원칙으로 한다.
② 타설할 때의 콘크리트 온도는 구조물의 단면치수, 기상조건 등을 고려하여 최소 25℃ 이상으로 한다.
③ 물-결합재비는 50% 이하로 하고, 단위수량은 소요의 워커빌리티를 유지할 수 있는 범위 내에서 되도록 크게 정하여야 한다.
④ 콘크리트를 타설한 직후에 찬바람이 콘크리트 표면에 닿도록 하여 초기양생을 실시한다.

해설
한중 콘크리트는 동결로 인한 품질 저하를 방지하고자 시공하는 콘크리트로서, 공기연행 콘크리트를 사용하는 것이 원칙이다.
한중 콘크리트
- 하루의 평균기온이 4℃ 이하가 예상되는 조건일 때는 콘크리트가 동결할 염려가 있으므로 한중 콘크리트로 시공하여야 한다.
- 공기연행 콘크리트를 사용하는 것을 원칙으로 한다.
- 물-결합재비는 원칙적으로 60% 이하로 하여야 한다.
- 단위수량은 초기동해 저감 및 방지를 위하여 소요의 워커빌리티를 유지할 수 있는 범위 내에서 되도록 적게 정하여야 한다.
- 타설할 때의 콘크리트 온도는 구조물의 단면치수, 기상조건 등을 고려하여 5~20℃의 범위에서 정하여야 한다. 기상조건이 가혹한 경우나 부재 두께가 얇을 경우에는 타설 시 콘크리트의 최저 온도는 10℃ 정도를 확보하여야 한다.
- 콘크리트를 타설한 직후에 찬바람이 콘크리트 표면에 닿는 것을 방지하여야 하며, 초기양생을 실시하여야 한다.

22 토공사에 쓰이는 굴착용 기계 중 기계가 서 있는 지반면보다 위에 있는 흙의 굴착에 적합한 장비는?

① 파워셔블(Power shovel)
② 드래그라인(Drag line)
③ 드래그셔블(Drag shovel)
④ 클램셸(Clamshell)

해설
파워셔블은 장비 전면부에 부착된 상향 셔블을 이용해 지면·기계보다 높은 곳을 굴착하는 장비이며, ③은 백호(Back hoe)의 다른 명칭이다.
굴착장비의 특징 및 작업

구분	특징	주된 작업
파워셔블	장비 전면부 상향 셔블	지면·기계보다 높은 굴착
백호	붐에 부착된 하향 셔블	지면·기계보다 낮은 굴착
드래그라인	와이어에 달린 버킷을 끌어당기며 긁어서 굴착	지면·기계보다 낮은 굴착, 수중 굴착
클램셸	와이어에 달린 버킷으로 굴착 후 수직 인양	수직, 수중, 연약지반, 깊은 굴착, 운반

23 네트워크(Network) 공정표의 장점으로 볼 수 없는 것은?

① 작업 상호 간의 관련성을 알기 쉽다.
② 공정계획의 초기 작성시간이 단축된다.
③ 공사의 진척 관리를 정확히 할 수 있다.
④ 공기단축 가능요소의 발견이 용이하다.

해설
네트워크 공정표는 타 공정표에 비해 작성시간이 길다.
네트워크 공정표
- 개개의 관련 작업이 도시되어 전체 흐름의 파악이 용이하다.
- 작업순서, 시간의 관계가 명확하여 담당자 간의 정보 전달이 원활하다.
- 공정이 원활하게 추진되며, 여유시간 관리가 편리하다.
- 최저의 비용으로 공기단축이 가능한 요소의 발견이 용이하다.
- 공사의 진척관리를 정확히 할 수 있고 쉽게 알려지게 된다.
- 공사 착수 전에 문제점을 예측하고 수정할 수 있다.
- 표시상의 제약으로 작업의 세분화 정도에 한계가 있다.
- 공정표의 작성 및 관리가 어렵고 특별한 기능이 요구된다.
- 타 공정표에 비해 작성시간이 길다.

24 일반 콘크리트의 내구성에 관한 설명으로 옳지 않은 것은?

① 콘크리트에 사용하는 재료는 콘크리트의 소요 내구성을 손상시키지 않는 것이어야 한다.
② 굳지 않은 콘크리트 중의 염화물 함유량은 염소이온량(Cl^-)으로서 원칙적으로 0.30kg/m³ 이하로 하여야 한다.
③ 콘크리트는 원칙적으로 공기연행 콘크리트로 하여야 한다.
④ 콘크리트의 물-결합재비는 원칙적으로 50% 이하이어야 한다.

[해설]
콘크리트의 물-결합재비는 원칙적으로 60% 이하이어야 한다.
일반 콘크리트의 내구성
- 콘크리트는 구조물의 사용기간 중에 받는 여러 가지의 화학적, 물리적 작용에 대하여 충분한 내구성을 가져야 한다.
- 콘크리트에 사용하는 재료는 콘크리트의 소요 내구성을 손상시키지 않는 것이어야 한다.
- 콘크리트는 그 내부에 배치되는 강재가 사용기간 중 소정의 기능을 발휘할 수 있도록 강재를 보호하는 성능을 가져야 한다.
- 콘크리트의 물-결합재비는 원칙적으로 60% 이하로 하며, 단위수량은 185kg/m³을 초과하지 않도록 하여야 한다.
- 콘크리트는 원칙적으로 공기연행 콘크리트로 하여야 한다.
- 콘크리트는 침하균열·소성수축균열·건조수축균열·자기수축균열 혹은 온도균열에 의한 균열폭이 허용균열폭 이내여야 한다.
- 굳지 않은 콘크리트 중의 염화물 함유량은 염소이온량(Cl^-)으로서 원칙적으로 0.30kg/m³ 이하로 하여야 한다.

25 다음 중 유리의 주성분으로 옳은 것은?

① Na_2O ② CaO
③ SiO_2 ④ K_2O

[해설]
유리
- 규사, 탄산나트륨, 탄산칼슘 등을 고온으로 녹인 후 냉각시켜 얻는 투명도가 높은 물질이다.
- 유리의 주성분은 무수규산(이산화규소 : SiO_2)이 포함된 규사이다.

26 도장공사에 필요한 가연성 도료를 보관하는 창고에 관한 설명으로 옳지 않은 것은?

① 독립한 단층 건물로서 주위 건물에서 1.5m 이상 떨어져 있게 한다.
② 건물 내의 일부를 도료의 저장장소로 이용할 때는 내화구조 또는 방화구조로 구획된 장소를 선택한다.
③ 바닥에는 침투성이 없는 재료를 깐다.
④ 지붕은 불연재로 하고, 적정한 높이의 천장을 설치한다.

[해설]
가연성 도료창고의 지붕은 불연재료로 하며, 천장을 설치하지 않는다.
가연성 도료 창고의 구비사항
- 도료창고는 특히 화재에 주의하고, 창고 내와 그 주변에서의 화기 사용을 엄금한다.
- 독립한 단층 건물로서 주위 건물에서 1.5m 이상 떨어져 있게 한다.
- 건물 내의 일부를 도료의 저장장소로 이용할 때에는 내화구조 또는 방화구조로 된 구획된 장소를 선택한다.
- 지붕은 불연재료로 하고, 천장을 설치하지 않는다.
- 바닥에는 침투성이 없는 재료를 깐다.
- 희석제를 보관할 때에는 위험물 취급에 관한 법규에 준하고, 소화기 및 소화용 모래 등을 비치한다.

27 건설사업자원 통합전산망으로 건설 생산활동 전 과정에서 건설 관련 주체가 전산망을 통해 신속히 교환·공유할 수 있도록 지원하는 통합정보시스템을 지칭하는 용어는?

① 건설 CIC(Computer Integrated Construction)
② 건설 CALS(Continuous Acquisition & Life cycle Support)
③ 건설 EC(Engineering Construction)
④ 건설 EVMS(Earned Value Management System)

[해설]
CIC와 CALS의 비교

구분	CIC	CALS
명칭	Computer Integrated Construction	Continuous Acquisition & Life cycle Support
정의	개념·체계	통합전산망체계
대상	건설공사의 전 단계	건설공사의 전 단계
내용	컴퓨터 등을 통한 건설 업무의 최적화	전산망을 통한 정보의 신속한 교환·공유

[정답] 24 ④ 25 ③ 26 ④ 27 ②

28 콘크리트에 사용되는 혼화재 중 플라이 애시의 사용에 따른 이점으로 볼 수 없는 것은?

① 유동성의 개선
② 수화열의 감소
③ 수밀성의 향상
④ 초기강도의 증진

해설

혼합 시멘트(포졸란계)는 초기강도가 작고 장기강도가 크다.
혼합 시멘트(포졸란계)의 특징
- 초기강도는 작으나 장기강도가 크다.
- 수화열이 적고 응결시간이 지연된다.
- 워커빌리티가 좋고 재료분리 및 블리딩이 적다.
- 내수성, 수밀성 및 화학 저항성이 크다.
- 알칼리골재반응에 의한 팽창의 억제에 유리하다.
- 건조수축은 고로 슬래그·실리카 시멘트는 크고, 플라이 애시 시멘트는 작다.

29 철근콘크리트 구조물에서 철근 조립순서로 옳은 것은?

① 기초철근 → 기둥철근 → 보철근 → 슬래브철근 → 계단철근 → 벽철근
② 기초철근 → 기둥철근 → 벽철근 → 보철근 → 슬래브철근 → 계단철근
③ 기초철근 → 벽철근 → 기둥철근 → 보철근 → 슬래브철근 → 계단철근
④ 기초철근 → 벽철근 → 보철근 → 기둥철근 → 슬래브철근 → 계단철근

해설

철근의 조립은 기초철근 → 기둥철근 → 벽철근 → 보철근 → 바닥(슬래브)철근 → 계단철근 순으로 진행한다.

30 MCX(Minimum Cost Expediting)기법에 의한 공기단축에서 아무리 비용을 투자해도 그 이상 공기를 단축할 수 없는 한계점을 무엇이라 하는가?

① 표준점
② 포화점
③ 경제속도점
④ 특급점

해설

MCX(Minimum Cost Expediting)
- CPM 방식의 핵심적인 공사기간 단축기법이다.
- 주공정상의 작업 중 비용구배(공기단축 시 추가되는 비용)가 가장 작은 요소 작업부터 단위시간씩 단축해가며, 이로 인해 주공정이 변경되면 변경된 경로의 작업을 단축해나가는 방식을 말한다.
- 아무리 비용을 투자해도 공기를 더 이상 단축할 수 없는 한계점을 특급점이라 한다.

31 철근콘크리트 공사에서 철근 조립에 관한 설명으로 옳지 않은 것은?

① 황갈색의 녹이 발생한 철근은 그 상태가 경미하다 하더라도 사용이 불가하다.
② 철근의 피복두께를 정확하게 확보하기 위해 적절한 간격으로 고임재 및 간격재를 배치하여야 한다.
③ 거푸집에 접하는 고임재 및 간격재는 콘크리트 제품 또는 모르타르 제품을 사용하여야 한다.
④ 철근을 조립한 다음 장기간 경과한 경우에는 콘크리트를 타설 전에 다시 조립검사를 하고 청소하여야 한다.

해설

경미한 황갈색의 녹이 발생한 철근은 일반적으로 콘크리트와의 부착을 해치지 않으므로 사용할 수 있다.
철근의 조립
- 철근의 표면에는 부착을 저해하는 흙, 기름 또는 이물질이 없어야 한다. 경미한 황갈색의 녹이 발생한 철근은 일반적으로 콘크리트와의 부착을 해치지 않으므로 사용할 수 있다.
- 철근의 피복두께를 정확하게 확보하기 위해 적절한 간격으로 고임재 및 간격재를 배치하여야 한다. 고임재와 간격재를 선정하고 배치할 때에는 사용개소의 조건, 이들의 고정방법 및 철근의 중량, 작업하중 등을 고려할 필요가 있다.
- 일반적으로 널리 사용되는 고임재 및 간격재에는 모르타르 제품, 콘크리트 제품, 강 제품, 플라스틱 제품, 세라믹 제품 등이 있으며 사용되는 장소, 환경에 따라 적절한 것을 선정할 수 있다.
- 거푸집에 접하는 고임재 및 간격재는 콘크리트 제품 또는 모르타르 제품을 사용하여야 한다.
- 철근은 조립한 다음 장기간 경과한 경우에는 콘크리트를 타설 전에 다시 조립검사를 하고 청소하여야 한다.

28 ④ 29 ② 30 ④ 31 ① **정답**

32 타일의 흡수율 크기의 대소관계로 옳은 것은?

① 석기질 > 도기질 > 자기질
② 도기질 > 석기질 > 자기질
③ 자기질 > 석기질 > 도기질
④ 석기질 > 자기질 > 도기질

해설
타일의 흡수율에 대한 규정

도기질 타일	석기질 타일	자기질 타일	클링커 타일
18% 이하	5% 이하	3% 이하	8% 이하

33 다음 중 통계적 품질관리 기법의 종류에 해당되지 않는 것은?

① 히스토그램
② 특성요인도
③ 브레인스토밍
④ 파레토도

해설
브레인스토밍은 가치공학(VE)에서 개선활동이나 계획을 세울 때 적용하는 기법이다.
통합품질관리(TQC)를 위한 7가지 도구
- 파레토도
- 특성요인도
- 산포도(산점도)
- 히스토그램
- 층별
- 체크시트
- 관리도

34 방수공사용 아스팔트의 종류 중 표준 용융온도가 가장 낮은 것은?

① 1종
② 2종
③ 3종
④ 4종

해설
방수공사용 아스팔트의 용융온도는 1종(220~230℃)이 가장 낮고 3·4종(260~270℃)이 가장 높다.
방수공사용 아스팔트의 종별 용융온도

종류	1종	2종	3종	4종
온도(℃)	220~230	240~250	260~270	

35 칠공사에 사용되는 희석제의 분류가 잘못 연결된 것은?

① 송진 건류품 - 테레빈유
② 석유 건류품 - 휘발유, 석유
③ 콜타르 증류품 - 미네랄 스피리트
④ 송근 건류품 - 송근유

해설
콜타르 증류품의 희석제는 벤졸, 솔벤트, 나프타 등이다.
희석제의 분류

송진 건류품	테레빈유
송근 건류품	송근유
석유 건류품	휘발유, 석유, 미네랄 스피리트
콜타르 증류품	벤졸(벤젠), 솔벤트, 나프타
알코올	에틸, 메틸 알코올
에스테르	초산 아밀, 초산 부틸

36 다음 중 공사시방서에 기재하지 않아도 되는 사항은?

① 건물 전체의 개요
② 공사비 지급방법
③ 시공방법
④ 사용재료

해설
공사비 지급방법은 시방서에 기재하지 않으며, 공사도급계약서 등에 기재한다.
공사시방서(건설기술 진흥법 시행규칙 제40조 제1항 제3호)
공사시방서(건설공사의 계약도서에 포함된 시공기준을 말한다)는 표준시방서 및 전문시방서를 기본으로 하여 작성하되, 공사의 특수성, 지역여건, 공사방법 등을 고려하여 기본설계 및 실시설계 도면에 구체적으로 표시할 수 없는 내용과 공사 수행을 위한 시공방법, 자재의 성능·규격 및 공법, 품질시험 및 검사 등 품질관리, 안전관리, 환경관리 등에 관한 사항을 기술할 것

정답 32 ② 33 ③ 34 ① 35 ③ 36 ②

37 바깥방수와 비교한 안방수의 특징에 관한 설명으로 옳지 않은 것은?

① 공사가 간단하다.
② 공사비가 비교적 싸다.
③ 보호누름이 없어도 무방하다.
④ 수압이 작은 곳에 이용된다.

해설
안방수는 바깥방수와 달리 보호누름 시공을 해야 한다.
안방수와 바깥방수의 비교

구분	안방수(내방수)	바깥방수(외방수)
방수층 위치	바닥, 외벽 안쪽면	바닥 밑, 외벽 바깥면
적용	수압이 작고 얕은 지하실	수압이 크고 깊은 지하실
공사시기	자유롭게 조정	본공사에 선행
공사난이도	비교적 간단하다.	어렵다.
보수공사	가능	불가능
공사비	저렴하다.	비교적 고가이다.
보호누름	필수	권장
바탕만들기	따로 만들 필요 없다.	따로 만들어야 한다.
공법	시멘트액체방수 등	시트, 아스팔트, 벤토나이트방수 등

39 8개월간 공사하는 현장에 필요한 시멘트량이 2,397포이다. 이 공사현장에 필요한 시멘트창고 필요면적으로 적당한 것은?(단, 쌓기단수는 13단)

① $24.6m^2$ ② $54.2m^2$
③ $73.8m^2$ ④ $98.5m^2$

해설
600포 이상, 공기는 8개월이므로 시멘트 포대수 × 1/3을 적용한다.
∴ $0.4(m^2) \times 2,397(포) \times 1/3 \div 13(포) ≒ 24.58m^2$

38 아래 그림의 형태를 가진 흙막이의 명칭은?

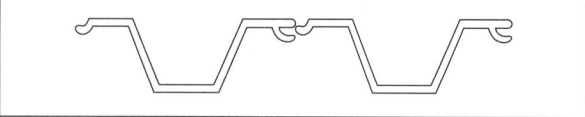

① H말뚝 토류판
② 슬러리월
③ 소일콘크리트 말뚝
④ 시트파일

해설
④ 시트파일 : 스틸시트파일(철재널말뚝)을 서로 물려서 박아 구성한 흙막이벽이다.
① H말뚝 토류판 : H형강 사이에 흙막이널(토류판)을 수평으로 끼워 넣어 흙막이벽을 구성하는 공법이다.
② 슬러리월(지하연속벽) : 굴착면에 철근망과 콘크리트로 연속적인 콘크리트 흙막이벽을 설치하는 공법이다.
③ 소일콘크리트 말뚝 : 지반 굴착 후 굴착된 흙에 시멘트용액을 혼합하여 말뚝을 형성하는 공법이다.

40 외부 조적벽의 방습, 방열, 방한, 방서 등을 위해서 설치하는 쌓기법은?

① 내쌓기 ② 기초쌓기
③ 공간쌓기 ④ 엇모쌓기

해설
① 내쌓기 : 벽돌을 벽체에서 내밀어 쌓는 방식이다. 내미는 길이의 한도는 한 켜씩 내쌓을 경우 1/8B, 두 켜씩 내쌓을 경우 1/4B이다.
④ 엇모쌓기 : 벽돌의 모서리가 45°로 경사지게 나오도록 쌓는 방식이다.
조적조의 공간쌓기
• 방음, 단열, 방습을 위해 벽돌벽을 이중으로 하고 중간을 띄어 쌓는 방식이다.
• 내부공간은 50~70mm 정도로 한다.
• 연결재의 배치 및 간격은 수평거리 900mm 이하 수직거리 400mm 이하로 한다.

제3과목 건축구조

41 압축이형철근의 정착길이에 관한 기준으로 옳지 않은 것은?

① 계산된 정착길이는 항상 200mm 이상이어야 한다.
② 기본정착길이는 최소 $0.043d_bf_y$ 이상이어야 한다.
③ 해석결과 요구되는 철근량을 초과하여 배치한 경우 $\left(\dfrac{\text{소요철근량}}{\text{배근철근량}}\right)$을 곱하여 보정한다.
④ 전경량 콘크리트를 사용한 경우 기본정착길이에 0.85배하여 정착길이를 산정한다.

해설
경량 콘크리트계수

보통중량 콘크리트	모래경량 콘크리트	전경량 콘크리트
1	0.85	0.75

42 다음과 같은 볼트군의 x_0부터의 도심위치 x를 구하면?(단, 그림의 단위는 mm)

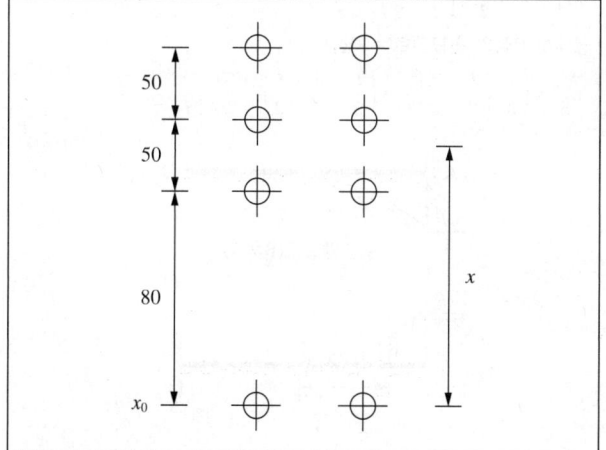

① 80mm
② 89.5mm
③ 90mm
④ 97.5mm

해설
단면1차모멘트·도심

x축에 대한 단면1차모멘트(G_x)	y축에 대한 단면1차모멘트(G_y)
면적(A)×x축과 도심의 거리(y_0)	면적(A)×y축과 도심의 거리(x_0)

볼트 1개의 단면적을 A로 본다.
$x = y_0 = G_x \div A$
$= \dfrac{(2A \times 0)+(2A \times 80)+(2A \times 130)+(2A \times 180)}{8A}$
$= 97.5\text{mm}$

43 그림과 같은 모살용접의 유효용접길이는?(단, 유효용접길이는 1면에 대해서만 산정)

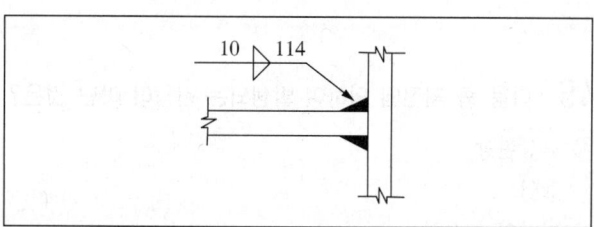

① 10mm
② 94mm
③ 107mm
④ 114mm

해설
용접기호가 나타내는 것은 모살치수 10mm, 용접길이 114mm이다.
필릿용접의 유효길이는 필릿용접의 총길이에서 2배의 필릿사이즈를 공제한 값으로 하여야 한다.
∴ 유효길이 = 114mm − 10mm × 2 = 94mm

44 그림과 같은 단면에서 x축에 대한 단면2차모멘트는?

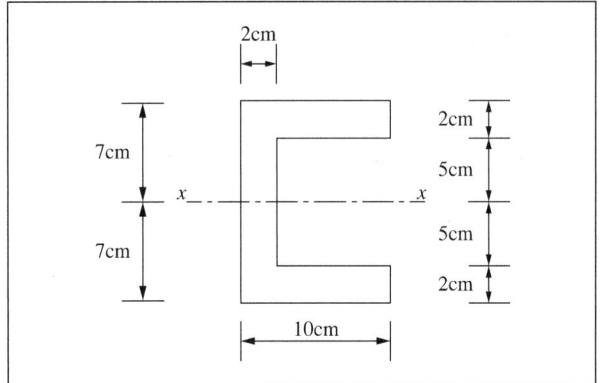

① $1,420\text{cm}^4$
② $1,520\text{cm}^4$
③ $1,620\text{cm}^4$
④ $1,720\text{cm}^4$

해설

기본 도형의 축의 위치별 단면2차모멘트

사각형		삼각형	
도심축	하단축	도심축	하단축
$\dfrac{bh^3}{12}$	$\dfrac{bh^3}{3}$	$\dfrac{bh^3}{36}$	$\dfrac{bh^3}{12}$

㉠ 큰 사각형의 $x-x$축에 대한 단면2차모멘트
$$I_x = \frac{bh^3}{12} = \frac{10 \times 14^3}{12} = \frac{6,860\text{cm}^4}{3}$$

㉡ 작은 사각형의 $x-x$축에 대한 단면2차모멘트
$$I_{x'} = \frac{bh^3}{12} = \frac{8 \times 10^3}{12} = \frac{2,000\text{cm}^4}{3}$$

∴ ㄷ자형 도형의 $x-x$축에 대한 단면2차모멘트
$$㉠ - ㉡ = \frac{6,860\text{cm}^4}{3} - \frac{2,000\text{cm}^4}{3} = 1,620\text{cm}^4$$

45 다음 중 지진에 의하여 발생되는 현상이 아닌 것은?

① 동상현상
② 해일
③ 지반의 액상화
④ 단층의 이동

해설

동상현상은 동절기에 지표면 내의 간극수가 동결하면서 지반이 융기되는 현상을 말한다.
지진에 의하여 직접적으로 발생되는 현상
지진의 충격으로 지반 흔들림, 지반 액상화, 지진해일, 산사태, 단층의 이동·분리·균열, 하천의 흐름 변화, 수면진동, 건물의 붕괴 등

46 그림과 같은 캔틸레버보에서 B점의 처짐을 구하면?

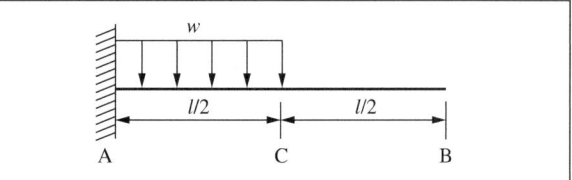

① $\dfrac{wl^4}{128EI}$
② $\dfrac{3wl^4}{128EI}$
③ $\dfrac{3wl^4}{384EI}$
④ $\dfrac{7wl^4}{384EI}$

해설

캔틸레버보의 처짐 계산

- 휨모멘트값에 $\dfrac{1}{EI}$을 곱하고, 캔틸레버보의 자유단(끝단)과 지점의 위치를 서로 바꾼 상태로 탄성하중을 하중처럼 취급한다.
- 자유단과 지점의 위치를 서로 바꾼 상태에서 구한 전단력은 처짐각, 휨모멘트는 처짐이다.
- 캔틸레버보의 처짐각, 처짐 계산에 적용한다.

탄성하중의 도심·면적

구분			
도심 거리	$x_1 = \dfrac{1}{2}b$, $x_2 = \dfrac{1}{2}b$	$x_1 = \dfrac{2}{3}b$, $x_2 = \dfrac{1}{3}b$	$x_1 = \dfrac{3}{4}b$, $x_2 = \dfrac{1}{4}b$
면적	bh	$\dfrac{1}{2}bh$	$\dfrac{1}{3}bh$

- A지점의 휨모멘트
$$M_A = w \times \frac{l}{2} \times \left(\frac{l}{2} \times \frac{1}{2}\right) = \frac{wl^2}{8}$$

- 공액보 B점의 휨모멘트(= 처짐)
$$M_B' = \left(\frac{1}{3} \times \frac{l}{2} \times \frac{wl^2}{8EI}\right) \times \left(\frac{l}{2} \times \frac{3}{4} + \frac{l}{2}\right) = \frac{7wl^4}{384EI}$$

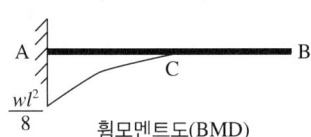

휨모멘트도(BMD)

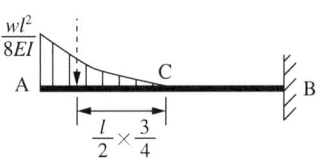

탄성하중도

47 다음 그림과 같은 구조물의 부정정 차수로 옳은 것은?

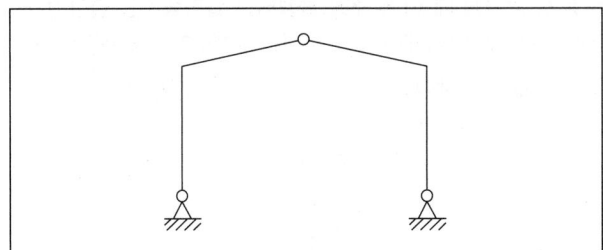

① 정정 ② 1차 부정정
③ 2차 부정정 ④ 3차 부정정

해설
$m = (n+s+r) - 2k$
$= (2+2) + (4) + (2) - (2 \times 5) = 0$
여기서, n : 지점 반력수
s : 부재수
r : 강절점수
k : 절점수
∴ $m = 0$, 안정·정정 구조물이다.

48 그림과 같은 구조물에서 기둥에 발생하는 휨모멘트가 0이 되려면 등분포하중 w는?

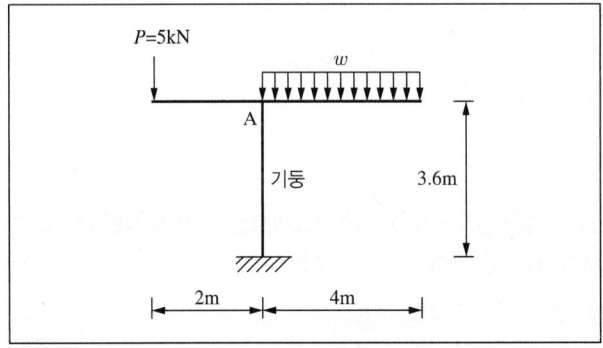

① 2.5kN/m ② 0.8kN/m
③ 1.25kN/m ④ 1.75kN/m

해설
- AB부재(집중하중 작용구간, 캔틸레버)에 대한 휨모멘트
  $M_{AB} = -Pl = -5 \times 2 = -10 \text{kN} \cdot \text{m}$
- AC부재(등분포하중 작용구간, 캔틸레버)에 대한 휨모멘트
  $M_{AC} = \dfrac{wl^2}{2} = \dfrac{x \times (4\text{m})^2}{2} = x \times 8\text{m}^2$
- 절점방정식
  $M_{AB} + M_{AC} + M_{기둥} = 0$, $M_{기둥} = 0$
  $-10\text{kN} \cdot \text{m} + x \times 8\text{m}^2 = 0$이므로
  ∴ $x = 1.25\text{kN/m}$

49 철근콘크리트보의 사인장균열에 관한 설명으로 옳지 않은 것은?

① 전단력 및 비틀림에 의하여 발생한다.
② 보의 축과 약 45°의 각도를 이룬다.
③ 주인장응력도의 방향과 사인장균열의 방향은 일치한다.
④ 보의 단부에 주로 발생한다.

해설
사인장균열은 전단력과 비틀림에 의해 인장응력의 직각 방향으로 발생하는 균열이다.

50 연약한 지반에 대한 대책 중 상부구조의 조치사항으로 옳지 않은 것은?

① 건물의 수평길이를 길게 한다.
② 건물을 경량화한다.
③ 건물의 강성을 높여준다.
④ 건물의 인동간격을 멀리한다.

해설
연약지반에서는 건물의 평면상 길이를 짧게 설계하는 것이 효과적이다.
부동침하 및 연약지반에 대한 대책
- 경질지반에 기초 지지, 지반반력을 같게, 지반개량 실시
- 건물의 경량화, 지중보의 크기 및 강성 보강
- 강성체의 지하실, 지지말뚝, 마찰말뚝, 피어기초 사용
- 건물의 평면상 길이를 짧게 설계, 부분 증축 지양
- 일부 지정, 이질 지정, 이질 기초의 지양
- 신축이음의 설치, 인접 건물과의 거리 이격

정답 47 ① 48 ③ 49 ③ 50 ①

51 강구조에서 하중점과 볼트, 접합된 부재의 반력 사이에서 지렛대와 같은 거동에 의해 볼트에 작용하는 인장력이 증폭되는 현상을 무엇이라 하는가?

① Slip-critical action
② Bearing action
③ Prying action
④ Buckling action

해설
① 마찰(Slip-critical) : 접합부의 밀착된 면에서 볼트의 조임력이 유발하는 힘을 말한다.
② 지압(Bearing) : 볼트접합부에서 볼트가 접합요소에 전달하는 전달력에 의한 한계상태를 말한다.
④ 좌굴(Buckling) : 임계하중상태에서 구조물이나 구조요소가 기하학적으로 갑자기 변화하는 한계상태를 말한다.

52 강도설계법에서 휨 또는 휨과 축력을 동시에 받는 부재의 콘크리트 압축연단에서 극한변형률은 얼마로 가정하는가?(단, $f_{ck} \leq$ 40MPa인 경우)

① 0.03   ② 0.0033
③ 0.005   ④ 0.0001

해설
콘크리트 압축연단의 극한변형률은 콘크리트의 설계기준압축강도(f_{ck})가 40MPa 이하인 경우에는 0.0033으로 가정한다.
강도설계법의 극한변형률(KDS 14 20 20)
• 휨모멘트 또는 휨모멘트와 축력을 동시에 받는 부재의 콘크리트 압축연단의 극한변형률(ε_{cu})은 콘크리트의 설계기준압축강도(f_{ck})가 40MPa 이하인 경우에는 0.0033으로 가정하며, 40MPa를 초과할 경우에는 매 10MPa의 강도 증가에 대하여 0.0001씩 감소시킨다.
• 콘크리트의 설계기준압축강도(f_{ck})가 90MPa을 초과하는 경우에는 성능실험을 통한 조사연구에 의하여 콘크리트 압축연단의 극한변형률을 선정하고 근거를 명시하여야 한다.

※ 개정된 KDS 기준으로 내용을 수정하였다.

53 그림과 같이 양단이 고정된 강재 부재에 온도가 ΔT = 30℃ 증가될 때 이 부재에 발생되는 압축응력은 얼마인가? (단, 강재의 탄성계수 E_s = 2.0×10⁵MPa, 부재단면적은 5,000mm², 선팽창계수 α = 1.2×10⁻⁵/℃이다)

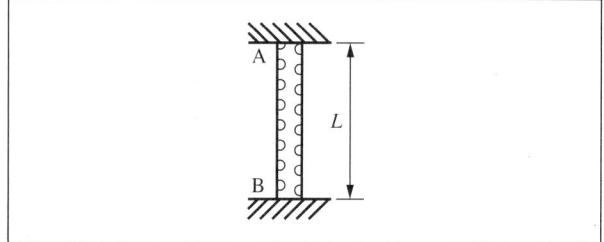

① 25MPa   ② 48MPa
③ 64MPa   ④ 72MPa

해설
온도응력(σ_T) = 탄성계수(E) × 열팽창계수(α) × 온도변화(ΔT)
= 200,000MPa × 0.000012/℃ × 30℃ = 72MPa

54 철근콘크리트보에서 콘크리트를 이어 붓기할 때 그 이음의 위치로 가장 적당한 곳은?

① 전단력이 최소인 부분
② 휨모멘트가 최소인 부분
③ 큰 보와 작은 보가 접합되는 단면이 변화되는 부분
④ 보의 단부

해설
보 및 슬래브의 이어 붓기는 전단력이 작은 스팬의 중앙부에서 수직으로 한다.
각 부재별 이어 붓기 위치

보·슬래브	• 전단력이 작은 스팬의 중앙부에서 수직으로 한다. • 스팬의 중앙부 : 스팬의 1/2~단부의 1/4
캔틸레버	이어 붓지 않는다.
기둥·벽	기초, 연결보 또는 바닥의 상단에서 수평으로 한다.
아치	아치 축에 직각으로 한다.

55 다음 그림과 같은 띠철근 기둥의 설계축하중(ϕP_n)값으로 옳은 것은?(단, f_{ck} = 24MPa, f_y = 400MPa, 주근 단면적(A_{st}) : 3,000mm²)

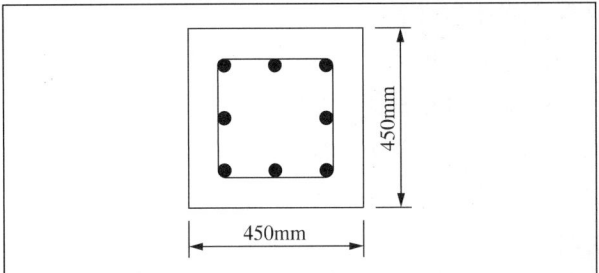

① 2,740kN ② 2,952kN
③ 3,335kN ④ 3,359kN

해설
- 강도감소계수(ϕ)는 0.65이다.
- 기둥의 단면적 A_g = 450mm × 450mm = 202,500mm²
- 축방향 주근의 단면적 A_{st} = 3,000mm²

∴ ϕP_n = 0.80ϕ × (0.85$f_{ck}(A_g - A_{st}) + f_y A_{st}$)
  = 0.80 × 0.65 × (0.85 × 24 × (202,500 − 3,000) + 400 × 3,000)
  = 2,740,296N ≒ 2,740kN

56 다음 그림과 같은 보에서 고정단에 생기는 휨모멘트는?

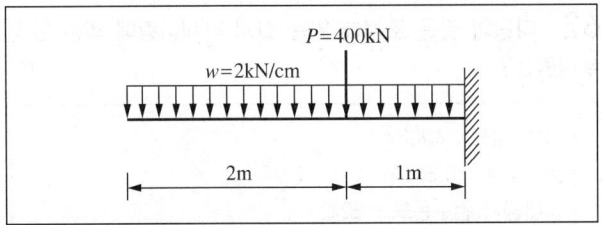

① 500kN · m
② 900kN · m
③ 1,300kN · m
④ 1,500kN · m

해설
- 집중하중에 대한 고정단 휨모멘트
  $M_A = P \times a$ = 400kN × 1m = 400kN · m
- 등분포하중에 대한 고정단 휨모멘트
  $M_{A'} = \dfrac{wl^2}{2} = \dfrac{200\text{kN/m} \times (3\text{m})^2}{2}$ = 900kN · m
- ∴ 고정단의 휨모멘트
  $M_A + M_{A'}$ = 400kN · m + 900kN · m = 1,300kN · m

57 다음 그림과 같은 압축재 H − 200 × 200 × 8 × 12가 부재의 중앙지점에서 약축에 대해 휨변형이 구속되어 있다. 이 부재의 탄성좌굴응력도를 구하면?(단, 단면적 A = 63.53 × 10² mm², I_x = 4.72 × 10⁷ mm⁴, I_y = 1.60 × 10⁷ mm⁴, E = 205,000MPa)

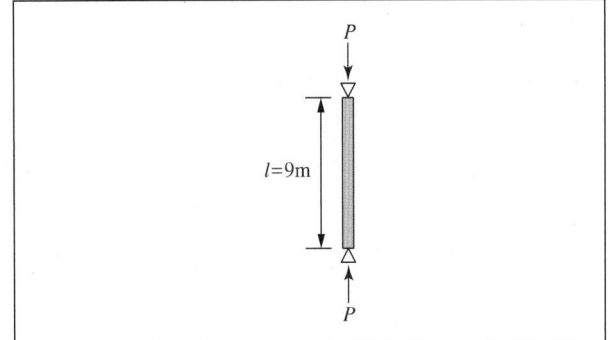

① 252N/mm² ② 186N/mm²
③ 132N/mm² ④ 108N/mm²

해설
약축(y)에 대해 휨변형이 구속되어 있으며, 유효좌굴계수는 양단 힌지이므로 1.0이다.

$P_b = \dfrac{\pi^2 EI}{(Kl)^2} = \dfrac{\pi^2 \times 205,000\text{N/mm}^2 \times 47,200,000\text{mm}^4}{(1 \times 9,000\text{mm})^2}$
  = 1,178,991N

∴ $\sigma_k = \dfrac{P_b}{A} = \dfrac{1,178,991\text{N}}{6,353\text{mm}^2}$ ≒ 185.58 ≒ 186N/mm²

58 절점 B에 외력 M = 200kN · m가 작용하고 각 부재의 강비가 그림과 같을 경우 M_{AB}는?

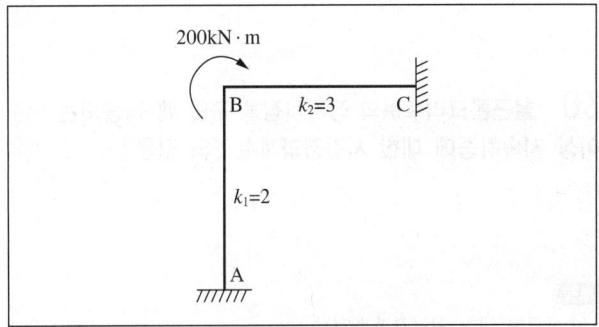

① 20kN · m ② 40kN · m
③ 60kN · m ④ 80kN · m

정답 55 ① 56 ③ 57 ② 58 ②

해설
- BA부재에 대한 분배율
$$f_{BA} = \frac{K_{BA}}{\sum K} = \frac{2}{2+3} = \frac{2}{5}$$
- BA부재에 대한 분배모멘트
$$M_{BA} = f_{BA} \times M_B = \frac{2}{5} \times 200\text{kN} \cdot \text{m} = 80\text{kN} \cdot \text{m}$$
∴ 전달모멘트
$$M_{AB} = \frac{1}{2} \times M_{BA} = \frac{1}{2} \times 80\text{kN} \cdot \text{m} = 40\text{kN} \cdot \text{m}$$

59 철골조의 가새에 관한 설명으로 옳지 않은 것은?

① 트러스의 절점 또는 기둥의 절점을 각각 대각선 방향으로 연결하여 구조체의 변형을 방지하는 부재이다.
② 풍하중, 지진력 등의 수평하중에 저항하는 것으로 부재에는 인장응력만 발생한다.
③ 보통 단일형강재 또는 조립재를 쓰지만 응력이 작은 지붕가새에는 봉강을 사용한다.
④ 수평가새는 지붕트러스의 지붕면(경사면)에 설치한다.

해설
풍하중, 지진력 등의 수평하중에 저항하는 것으로 압축력을 부담하는 압축가새와 인장력을 부담하는 인장가새가 있다.

60 철근콘크리트보의 장기처짐을 구할 때 적용되는 5년 이상 지속하중에 대한 시간경과계수 ξ의 값은?

① 2.4
② 2.0
③ 1.2
④ 1.0

해설
지속하중에 대한 시간경과계수(ξ)

5년 이상	12개월	6개월	3개월
2.0	1.4	1.2	1.0

제4과목 건축설비

61 다음 중 건물 실내에 표면결로 현상이 발생하는 원인과 가장 거리가 먼 것은?

① 실내외 온도차
② 구조재의 열적 특성
③ 실내 수증기 발생량 억제
④ 생활 습관에 의한 환기 부족

해설
③은 결로의 방지대책에 해당한다.
결로의 발생원인
- 수증기량·상대습도의 증가
- 실내외의 온도차
- 환기의 부족
- 구조재의 열적 특성
- 습기제거 시설의 미비
- 시공불량 등

62 다음과 같은 조건에 있는 실의 틈새바람에 의한 현열 부하량은?

- 실의 체적 : 400m³
- 환기횟수 : 0.5회/h
- 실내공기 건구온도 : 20℃
- 외기 건구온도 : 0℃
- 공기의 밀도 : 1.2kg/m³
- 공기의 비열 : 1.01kJ/kg·K

① 986W
② 1,124W
③ 1,347W
④ 1,542W

해설
- 환기량 = 실의 체적 × 환기횟수
  = 400m³ × 0.5회/h = 200m³/h
- 현열부하(kJ/h) = 밀도 × 환기량 × 비열 × 온도의 차이
  = 1.2kg/m³ × 200m³/h × 1.01kJ/kg·K × (20−0)℃
  = 4,848kJ/h
∴ 1W = 3.6kJ/h이므로, 4,848kJ/h ≒ 1,347W

63 난방방식에 관한 설명으로 옳지 않은 것은?

① 증기난방은 잠열을 이용한 난방이다.
② 온수난방은 온수의 현열을 이용한 난방이다.
③ 온풍난방은 온습도 조절이 가능한 난방이다.
④ 복사난방은 열용량이 작으므로 간헐난방에 적합하다.

해설
복사난방은 예열시간이 다소 길고 발열량 조절에 시간이 소요되므로 간헐난방에 부적합하다.
복사난방
- 실내의 온도분포가 균등하고 쾌감도가 높다.
- 방열기가 필요하지 않으며 바닥면의 이용도가 높다.
- 대류가 적으므로 바닥면의 먼지가 상승하지 않는다.
- 방이 개방상태인 경우에도 난방효과가 있다.
- 실내 상하온도차가 작아 천장고가 높은 공장에 적합하다.
- 열용량이 크기 때문에 발열량 조절에 시간이 걸린다.
- 예열시간이 다소 길고 시공, 하자의 보수 및 발견이 어렵다.
- 대류난방에 비하여 설비비가 고가이다.

64 자동화재탐지설비의 감지기 중 감지기 주위의 온도가 일정한 온도 이상이 되었을 때 작동하는 것은?

① 차동식 감지기
② 정온식 감지기
③ 광전식 감지기
④ 이온화식 감지기

해설
열감지기의 종류

정온식	• 일정 온도에 도달하면 작동한다. • 다량의 열을 취급하는 보일러실, 주방 등에 적합하다.
차동식	• 일정 온도 상승률에 따라 작동한다. • 화기를 취급하지 않는 사무실 등에 적합하다.
보상식	• 일정 온도, 온도 상승률에 따라 작동한다. • 정온식과 차동식 감지기의 기능을 합친 것이다.

65 높이 30m의 고가수조에 매분 1m³의 물을 보내려고 할 때 필요한 펌프의 축동력은?(단, 마찰손실수두 6m, 흡입양정 1.5m, 펌프효율 50%인 경우)

① 약 2.5kW
② 약 9.8kW
③ 약 12.3kW
④ 약 16.7kW

해설
$$축동력(kW) = \frac{1,000\text{kg/m}^3 \times 양수량(\text{m}^3/\text{min}) \times 양정(\text{m})}{6,120 \times 펌프의\ 효율}$$
$$= \frac{1,000\text{kg/m}^3 \times 1\text{m}^3/\text{min} \times (30+6+1.5)\text{m}}{6,120 \times 0.5}$$
$$\fallingdotseq 12.3\text{kW}$$

66 공기조화방식 중 전수방식에 관한 설명으로 옳지 않은 것은?

① 각 실의 제어가 용이하다.
② 실내 배관에 의한 누수의 우려가 있다.
③ 극장의 관객석과 같이 많은 풍량을 필요로 하는 곳에 주로 사용된다.
④ 열매체가 증기 또는 냉·온수이므로 열의 운송동력이 공기에 비해 적게 소요된다.

해설
극장과 같이 많은 풍량을 필요로 하는 곳에는 주로 전공기방식이 사용된다.
전수방식(All water system)의 특징
- 중앙에서 만들어진 냉·온수를 각 실에 송수하여 공기조화를 한다.
- 각 실에 수배관으로 인한 누수의 우려가 있다.
- 덕트샤프트나 스페이스가 필요 없거나 작아도 된다.
- 냉·온수를 이송하므로 공기의 이송에 비해 소요동력이 적다.
- 개별제어, 개별운전이 가능하다.
- 외기량이 부족하여 실내공기가 오염되기 쉽다.

정답 63 ④ 64 ② 65 ③ 66 ③

67 어느 점광원에서 1m 떨어진 곳의 직각면 조도가 200lx일 때, 이 광원에서 2m 떨어진 곳의 직각면 조도는?

① 25lx
② 50lx
③ 100lx
④ 200lx

해설
조도는 거리의 제곱에 반비례하므로, $E = \dfrac{200}{2^2} = 50\,lx$

68 터보 냉동기에 관한 설명으로 옳지 않은 것은?

① 왕복동식에 비하여 진동이 적다.
② 흡수식에 비해 소음 및 진동이 심하다.
③ 임펠러 회전에 의한 원심력으로 냉매가스를 압축한다.
④ 일반적으로 대용량에는 부적합하며 비례제어가 불가능하다.

해설
터보식 냉동기
- 임펠러의 원심력에 의한 압력으로 냉매를 압축한다.
- 흡수식에 비해 소음·진동이 심하고, 왕복동식보다는 적다.
- 대용량에서 압축효율이 좋고 비례제어가 가능하다.
- 30% 이하 출력에서는 서징현상(진동 및 소음)이 발생한다.
- 대·중형 규모의 중앙식 공조에서 냉방용으로 사용된다.

69 양수량이 1m³/min, 전양정이 50m인 펌프에서 회전수를 1.2배 증가시켰을 때 양수량은?

① 1.2배 증가
② 1.44배 증가
③ 1.73배 증가
④ 2.4배 증가

해설
펌프의 양수량은 회전수에 비례한다.
펌프의 양수량

양수량(토출량)	양정	축동력
회전수에 비례	회전수²에 비례	회전수³에 비례

70 전기설비가 어느 정도 유효하게 사용되는가를 나타내며, 최대수용전력에 대한 부하의 평균전력의 비로 표현되는 것은?

① 부하율
② 부등률
③ 수용률
④ 유효율

해설
수전설비용량의 추정

수용률	• 최대수요전력을 구하기 위한 것이다. • 최대수요전력 ÷ 총부하설비용량 × 100(%)
부등률	• 합성최대수요전력을 구하는 계수이다. • 각 부하의 최대수요전력의 합계 ÷ 합성최대수요전력
부하율	• 전기설비가 어느 정도 유효하게 사용되는가를 나타내는 것이다. • 부하의 평균전력 ÷ 최대수요전력 × 100(%)

71 통기방식에 관한 설명으로 옳지 않은 것은?

① 신정통기방식에서는 통기수직관을 설치하지 않는다.
② 루프통기방식은 각 기구의 트랩마다 통기관을 설치하고 각각을 통기수평지관에 연결하는 방식이다.
③ 신정통기방식은 배수수직관의 상부를 연장하여 신정통기관으로 사용하는 방식으로, 대기 중에 개구한다.
④ 각개통기방식은 트랩마다 통기되기 때문에 가장 안정도가 높은 방식으로, 자기사이펀작용의 방지에도 효과가 있다.

해설
루프통기방식은 2개 이상 8개 이하까지의 트랩을 보호하기 위하여 기구배수관이 배수수평지관에 접속하는 지점의 바로 하류에서 인출하여, 통기수직관에 연결하는 통기관을 말한다.

72
사무소 건물에서 다음과 같이 위생기구를 배치하였을 때 이들 위생기구 전체로부터 배수를 받아들이는 배수수평지관의 관경으로 가장 알맞은 것은?

기구종류	바닥배수	소변기	대변기
배수부하단위	2	4	8
기구 수	2	8	2

관경(mm)	배수수평지관의 배수부하단위
75	14
100	96
125	216
150	372

① 75mm
② 100mm
③ 125mm
④ 150mm

해설
기구 수 × 배수부하단위 값을 구한 후 배수부하단위 합계에 적당한 관경을 구한다.
(2×2) + (4×8) + (8×2) = 52이므로, 알맞은 관경은 100mm이다.

73
다음과 같은 특징을 갖는 배선방법은?

- 열적영향이나 기계적 외상을 받기 쉬운 곳이 아니면 금속관 배선과 같이 광범위하게 사용 가능하다.
- 관 자체가 절연체이므로 감전의 우려가 없으며 시공이 용이하다.

① 금속덕트 배선
② 버스덕트 배선
③ 플로어덕트 배선
④ 합성수지관 배선

해설
① 금속덕트 배선 : 금속덕트 내부에 절연전선을 넣어서 설치하는 공사이며, 다수 회선의 절연전선이 동일 경로에 부설되는 간선 부분에 사용된다.
② 버스덕트 배선 : 절연성 지지물로 고정한 배선용 덕트를 사용하는 배선 공사이며, 공장·빌딩 등의 대용량 배선에 사용된다.
③ 플로어덕트 배선 : 바닥면에 플로어덕트를 미리 매입하여 절연전선을 배선하는 공사이며, 면적이 넓은 사무용 건물 등에 채용된다.

합성수지관(경질비닐관) 배선공사
- 경질비닐제 합성수지관과 절연전선을 사용하는 공사이다.
- 관 자체가 절연체이므로 감전의 우려가 없고 시공이 쉽다.
- 내식성이 좋으므로 부식성가스 및 용액을 발산하는 환경에 적합하다.
- 열적영향, 기계적 외상을 받기 쉬운 곳에는 적용이 어렵다.
- 옥내의 은폐장소, 화학공장, 연구실의 배선 등에 사용된다.

74
급탕설비에 관한 설명으로 옳은 것은?

① 팽창탱크는 반드시 개방식으로 해야 한다.
② 리버스리턴(Reverse-return) 방식은 전 계통의 탕의 순환을 촉진하는 방식이다.
③ 직접가열식 중앙급탕법은 보일러 안에 스케일 부착이 없어 내부에 방식처리가 불필요하다.
④ 간접가열식 중앙급탕법은 저탕조와 보일러를 직결하여 순환가열하는 것으로 고압용 보일러가 주로 사용된다.

해설
① 팽창탱크는 개방식 또는 밀폐식으로 한다.
③ 직접가열식 중앙급탕법은 보일러 내에 스케일 부착이 발생한다.
④ 저탕조와 보일러를 연결한 것은 직접가열식, 저탕조 내에 코일 등을 설치한 것은 간접가열식이다.

역환수방식(Reverse return system)
- 각 방열기와 보일러의 배관 길이를 동일하게 하는 환수관 배관방식이다.
- 전 계통의 온수의 순환을 촉진하고 평균화할 수 있다.
- 계통별로 마찰저항을 균등하게 하여 보일러와의 거리가 먼 말단부의 방열기까지 온수의 유량분배를 균일하게 할 수 있다.

75
가스배관 경로 선정 시 주의하여야 할 사항으로 옳지 않은 것은?

① 장래의 증설 및 이설 등을 고려한다.
② 주요구조부를 관통하지 않도록 한다.
③ 옥내배관은 매립하는 것을 원칙으로 한다.
④ 손상이나 부식 및 전식을 받지 않도록 한다.

해설
옥내 가스배관은 외부에 노출하여 시공하는 것을 원칙으로 한다.
가스배관의 시공
- 배관은 원칙적으로 직선, 직각으로 한다.
- 배관 도중에 신축 흡수를 위한 이음을 한다.
- 건물의 주요구조부를 관통하여 설치하지 않는다.
- 건축물 내의 배관은 외부에 노출하여 시공한다.
- 보호조치를 한 배관을 이음매 없이 설치할 때에는 매설할 수 있다.
- 건물 규모가 크고 배관 연장이 긴 경우는 계통을 나누어 배관한다.
- 가스사용시설의 지상배관은 황색으로 도색하는 것이 원칙이다.

76 알칼리축전지에 관한 설명으로 옳지 않은 것은?

① 고율방전특성이 좋다.
② 공칭전압은 2V/셀이다.
③ 기대수명이 10년 이상이다.
④ 부식성의 가스가 발생하지 않는다.

해설
알칼리축전지의 특징
- 공칭전압은 1.2V/셀이며 고율방전특성, 저온특성이 좋다.
- 전해액은 수산화칼륨수용액이며, 부식성가스가 발생하지 않는다.
- 과방전, 과전류에 대해 강하고 극판의 기계적 강도가 좋다.
- 수명은 20~30년 정도이다.

77 엘리베이터의 일주시간 구성요소에 속하지 않는 것은?

① 주행시간
② 도어개폐시간
③ 승객출입시간
④ 승객대기시간

해설
엘리베이터의 일주시간
- 엘리베이터가 출발 기준층에서 승객을 싣고 출발하여 각 층에 서비스한 후 출발 기준층으로 되돌아와 다음 서비스를 위해 대기할 때까지의 총 시간이다.
- 일주시간 = Σ(주행시간 + 도어개폐시간 + 승객출입시간 + 손실시간)

78 습공기를 가열하였을 경우 상태량이 변하지 않는 것은?

① 엔탈피
② 비체적
③ 절대습도
④ 상대습도

해설
수분 변화 없이 온도만 증감하는 경우, 절대습도는 동일하다.
습공기선도상 공기상태의 변화
- 냉각은 좌측(←)으로, 가열은 우측(→)으로, 가습은 상단(↑)으로, 감습(제습)은 하단(↓)으로 이동한다.
- 수분의 증감 없이 온도만 증감할 경우 절대습도는 동일하다.
- 온도의 증감 없이 수분만 증감할 경우 건구온도는 동일하다.
- 상대습도는 온도가 높을수록 낮아지며, 온도가 낮을수록 높아진다.

79 각 층마다 옥내소화전이 3개씩 설치되어 있는 건물에서 옥내소화전설비의 수원의 저수량은 최소 얼마 이상이 되도록 하여야 하는가?

① $10.4m^3$
② $7.8m^3$
③ $5.6m^3$
④ $5.2m^3$

해설
옥내소화전의 설치개수가 가장 많은 층의 설치개수(2개 이상 설치된 경우에는 2개)에 $2.6m^3$를 곱한 양 이상이 되도록 한다.
2개소 × $2.6m^3$ = $5.2m^3$

※ 개정된 NFPC 기준으로 내용을 수정하였다.

80 덕트 설비에 관한 설명으로 옳은 것은?

① 고속덕트에는 소음상자를 사용하지 않는 것이 원칙이다.
② 고속덕트는 관마찰저항을 줄이기 위하여 일반적으로 장방형 덕트를 사용한다.
③ 등마찰손실법은 덕트 내의 풍속을 일정하게 유지할 수 있도록 덕트 치수를 결정하는 방법이다.
④ 같은 양의 공기가 덕트를 통해 송풍될 때 풍속을 높게 하면 덕트의 단면치수를 작게 할 수 있다.

해설
① 고속덕트에는 필요시 소음상자를 취출구에 설치한다.
② 고속덕트에는 주로 원형 덕트를 사용한다.
③ 등속법에 대한 설명이다. 등마찰법(정압법)은 덕트의 단위길이당 마찰저항이 일정한 것으로 가정하는 치수결정법이다.

76 ② 77 ④ 78 ③ 79 ④ 80 ④

제5과목 건축관계법규

81 부설주차장의 설치대상 시설물 종류와 설치기준의 연결이 옳은 것은?

① 판매시설 – 시설면적 100m²당 1대
② 위락시설 – 시설면적 150m²당 1대
③ 종교시설 – 시설면적 200m²당 1대
④ 숙박시설 – 시설면적 200m²당 1대

해설
판매시설, 종교시설은 시설면적 150m²당 1대, 위락시설은 시설면적 100m²당 1대를 설치하여야 한다.
시설면적당 부설주차장 설치기준(주차장법 시행령 별표 1)

400m²당 1대	창고시설, 학생용 기숙사, 방송통신시설 중 데이터센터
350m²당 1대	수련시설, 공장(아파트형 제외), 발전시설
300m²당 1대	기타 건축물
200m²당 1대	제1종 근린생활시설(공공업무·주민공동시설 중 일부 제외), 제2종 근린생활시설, 숙박시설
150m²당 1대	문화 및 집회시설(관람장 제외), 종교시설, 판매시설, 운수시설, 의료시설(정신병원·요양병원·격리병원 제외), 운동시설(골프장·골프연습장·옥외수영장 제외), 업무시설(외국공관·오피스텔 제외), 방송국, 장례식장
100m²당 1대	위락시설

82 주차전용건축물이란 건축물의 연면적 중 주차장으로 사용되는 부분의 비율이 최소 얼마 이상인 건축물을 말하는가?(단, 주차장 외의 용도로 사용되는 부분이 자동차 관련 시설인 건축물의 경우)

① 70% ② 80%
③ 90% ④ 95%

해설
주차전용건축물의 주차면적비율(주차장법 시행령 제1조의2)
• 건축물의 연면적 중 주차장 사용부분 비율이 95% 이상인 것
• 주차장 외 용도가 아래 용도일 경우에는 주차장으로 사용되는 부분의 비율이 70%(주차환경개선지구 내에 위치한 건축물의 경우에는 60%) 이상인 것
  – 단독주택, 공동주택, 제1종 근린생활시설, 제2종 근린생활시설, 문화 및 집회시설, 종교시설, 판매시설, 운수시설, 운동시설, 업무시설, 창고시설 또는 자동차 관련 시설

83 다음 중 국토의 계획 및 이용에 관한 법령상 공공(公共)시설에 속하지 않는 것은?

① 광장   ② 공동구
③ 유원지 ④ 사방설비

해설
유원지(기반시설)가 아닌 유수지가 공공시설에 속한다.
공공시설(국토계획법 제2조, 동법 시행령 제4조)
• 도로·공원·철도·수도
• 항만·공항·광장·녹지·공공공지·공동구·하천·유수지·방화설비·방풍설비·방수설비·사방설비·방조설비·하수도·구거(도랑)
• 행정청이 설치하는 시설로서 주차장, 저수지 및 그 밖에 국토교통부령으로 정하는 시설
• 스마트도시법률에 따른 스마트도시서비스의 제공 등을 위한 스마트도시 통합운영센터 등 스마트도시의 관리·운영에 관한 시설

84 다음 중 건축물의 용도 분류가 옳은 것은?

① 식물원 – 동물 및 식물 관련 시설
② 동물병원 – 의료시설
③ 유스호스텔 – 수련시설
④ 장례식장 – 묘지 관련 시설

해설
① 동물원·식물원 등은 문화 및 집회시설이며, 동물 및 식물 관련 시설에는 축사, 도축장, 온실 등이 있다.
② 동물병원, 동물미용실 등은 제2종 근린생활시설이다(바닥면적의 합계 300m² 미만인 것은 제1종 근린생활시설).
④ 장례식장(의료시설의 부수시설에 해당하는 것은 제외)은 장례시설이며, 묘지 관련 시설에는 화장시설, 봉안당 등이 있다.

정답 81 ④ 82 ① 83 ③ 84 ③

85 국토의 계획 및 이용에 관한 법령상 다음과 같이 정의되는 용어는?

> 개발로 인하여 기반시설이 부족할 것으로 예상되나 기반시설을 설치하기 곤란한 지역을 대상으로 건폐율이나 용적률을 강화하여 적용하기 위하여 지정하는 구역

① 시가화조정구역
② 개발밀도관리구역
③ 기반시설부담구역
④ 지구단위계획구역

해설
① 시가화조정구역 : 도시지역과 그 주변지역의 무질서한 시가화를 방지하고 계획적・단계적인 개발을 도모하기 위하여 대통령령으로 정하는 기간(5년 이상 20년 이내) 동안 시가화를 유보할 필요가 있다고 인정되면 지정 또는 변경되는 구역
③ 기반시설부담구역 : 개발밀도관리구역 외의 지역으로서 개발로 인하여 도로, 공원, 녹지 등 대통령령으로 정하는 기반시설의 설치가 필요한 지역을 대상으로 기반시설을 설치하거나 그에 필요한 용지를 확보하게 하기 위하여 지정・고시하는 구역
④ 지구단위계획 : 도시・군계획 수립 대상지역의 일부에 대하여 토지 이용을 합리화하고 그 기능을 증진시키며 미관을 개선하고 양호한 환경을 확보하며, 그 지역을 체계적・계획적으로 관리하기 위하여 수립하는 도시・군관리계획

86 광역도시계획에 관한 내용으로 틀린 것은?

① 인접한 둘 이상의 특별시・광역시・특별자치시・특별자치도・시 또는 군의 관할구역 전부 또는 일부를 광역계획권으로 지정할 수 있다.
② 군수가 광역도시계획을 수립하는 경우 도지사의 승인을 생략한다.
③ 광역계획권의 공간구조와 기능 분담에 관한 정책 방향이 포함되어야 한다.
④ 광역도시계획을 공동으로 수립하는 시・도지사는 그 내용에 관하여 서로 협의가 되지 아니하면 공동이나 단독으로 국토교통부장관에게 조정을 신청할 수 있다.

해설
시장 또는 군수는 광역도시계획을 수립하거나 변경하려면 도지사의 승인을 받아야 한다(국토의 계획 및 이용에 관한 법률 제16조 제5항).

87 주요구조부가 내화구조 또는 불연재료로 된 층수가 16층 이상인 공동주택의 경우, 피난층이 아닌 16층 이상의 층에서는 피난층 또는 지상으로 통하는 직통계단을 거실의 각 부분으로부터 계단에 이르는 보행거리가 최대 얼마 이하가 되도록 설치하여야 하는가?(단, 계단은 거실로부터 가장 가까운 거리에 있는 1개소의 계단을 말한다)

① 30m
② 40m
③ 50m
④ 75m

해설
주요구조부가 내화구조 또는 불연재료로 된 16층 이상인 공동주택의 16층 이상인 층에 대해서는 직통계단까지의 보행거리를 최대 40m 이하가 되도록 설치할 수 있다.
직통계단까지의 보행거리(건축법 시행령 제34조)
• 건축물의 피난층 외의 층에서는 피난층 또는 지상으로 통하는 직통계단을 거실의 각 부분으로부터 계단에 이르는 보행거리가 30m 이하가 되도록 설치해야 한다.
• 건축물의 주요구조부가 내화구조 또는 불연재료로 된 건축물은 그 보행거리가 50m(층수가 16층 이상인 공동주택의 경우 16층 이상인 층에 대해서는 40m) 이하가 되도록 설치할 수 있다(지하층에 설치하는 것으로서 바닥면적의 합계가 300m² 이상인 공연장・집회장・관람장 및 전시장은 제외한다).
• 자동화 생산시설에 스프링클러 등 자동식 소화설비를 설치한 공장으로서 국토교통부령으로 정하는 공장인 경우에는 그 보행거리가 75m(무인화 공장인 경우에는 100m) 이하가 되도록 설치할 수 있다.

※ 관련 법령 개정으로 수정된 문제이다.

88 다음 중 방화구조의 기준으로 틀린 것은?

① 시멘트모르타르 위에 타일을 붙인 것으로서 그 두께의 합계가 2.5cm 이상인 것
② 석고판 위에 회반죽을 바른 것으로서 그 두께의 합계가 2.5cm 이상인 것
③ 철망모르타르로서 그 바름두께가 1.5cm 이상인 것
④ 심벽에 흙으로 맞벽치기한 것

해설
철망모르타르로서 그 바름두께가 2cm 이상인 것이 방화구조에 해당한다(건축물방화구조규칙 제4조).

89 시장·군수·구청장이 국토의 계획 및 이용에 관한 법률에 따른 도시지역에서 건축선을 따로 지정할 수 있는 최대 범위는?

① 2m
② 3m
③ 4m
④ 6m

해설
건축선의 별도 지정(건축법 시행령 제31조 제2항)
특별자치시장·특별자치도지사 또는 시장·군수·구청장은 국토의 계획 및 이용에 관한 법률에 따른 도시지역에는 4m 이하의 범위에서 건축선을 따로 지정할 수 있다.

90 건축물의 면적, 높이 및 층수 등의 산정방법에 관한 설명으로 옳은 것은?

① 건축물의 높이 산정 시 건축물의 대지에 접하는 전면도로의 노면에 고저차가 있는 경우에는 그 건축물이 접하는 범위의 전면도로 부분의 수평거리에 따라 가중평균한 높이의 수평면을 전면도로면으로 본다.
② 용적률 산정 시 연면적에는 지하층의 면적과 지상층의 주차용으로 쓰는 면적을 포함시킨다.
③ 건축면적은 건축물의 내벽의 중심선으로 둘러싸인 부분의 수평투영면적으로 한다.
④ 건축물의 층수는 지하층을 포함하여 산정하는 것이 원칙이다.

해설
② 용적률 산정 시 연면적에는 지하층의 면적, 지상층의 주차용(부속용도인 경우만 해당)으로 쓰는 면적 등은 제외한다.
③ 건축면적은 건축물의 외벽 중심선으로 둘러싸인 부분의 수평투영면적으로 한다.
④ 지하층은 건축물의 층수에 산입하지 않는다.
전면도로에 고저차가 있는 경우 건축물의 높이 산정(건축법 시행령 제119조 제1항 제5호)
• 건축물이 접하는 범위의 전면도로 부분의 수평거리에 따라 가중평균한 높이의 수평면을 전면도로면으로 본다.
• 가중평균한 높이 = $\dfrac{\text{A지점의 건축물 높이} + \text{B지점의 건축물 높이}}{2}$

91 다음은 건축법령상 지하층의 정의 내용이다. ( ) 안에 알맞은 것은?

"지하층"이란 건축물의 바닥이 지표면 아래에 있는 층으로서 바닥에서 지표면까지 평균 높이가 해당 층 높이의 ( ) 이상인 것을 말한다.

① 2분의 1
② 3분의 1
③ 3분의 2
④ 4분의 3

해설
건축물의 지하층(건축법 제2조)
건축물의 바닥이 지표면 아래에 있는 층으로서 바닥에서 지표면까지 평균 높이가 해당 층높이의 1/2 이상인 것

92 오피스텔에 설치하는 복도의 유효너비는 최소 얼마 이상이어야 하는가?(단, 건축물의 연면적은 300m²이며, 양 옆에 거실이 있는 복도의 경우이다)

① 1.2m
② 1.8m
③ 2.4m
④ 2.7m

해설
복도의 너비 및 설치기준(건축물방화구조규칙 제15조의2)
연면적 200m²를 초과하는 건축물에 설치하는 복도의 유효너비는 다음과 같다.

구분	유효너비
유치원·초등학교·중학교·고등학교	2.4m 이상
공동주택·오피스텔	1.8m 이상
당해 층 거실의 바닥면적 합계가 200m² 이상인 경우	1.5m 이상 (의료시설은 1.8m 이상)

정답 89 ③ 90 ① 91 ① 92 ②

93 다음 방화구획의 설치에 관한 기준을 적용하지 아니하거나 그 사용에 지장이 없는 범위에서 완화하여 적용할 수 있는 건축물의 부분에 해당되지 않는 것은?

> 주요구조부가 내화구조 또는 불연재료로 된 건축물로서 연면적이 1,000m² 를 넘는 것은 내화구조로 된 바닥 및 벽, 방화문 또는 자동방화셔터로 구획하여야 한다.

① 복층형 공동주택의 세대별 층간 바닥 부분
② 주요구조부가 내화구조 또는 불연재료로 된 주차장
③ 계단실·복도 또는 승강기의 승강장 및 승강로로서 그 건축물의 다른 부분과 방화구획으로 구획된 부분
④ 문화 및 집회시설 중 동물원의 용도로 쓰는 거실로서 시선 및 활동공간의 확보를 위하여 불가피한 부분

[해설]
문화 및 집회시설 중 동·식물원은 제외된다.
방화구획을 적용하지 않거나 완화하여 적용할 수 있는 부분(건축법 시행령 제46조 제2항)
• 문화 및 집회시설(동·식물원은 제외), 종교시설, 운동시설 또는 장례시설의 용도로 쓰는 거실로서 시선 및 활동공간의 확보를 위하여 불가피한 부분
• 물품의 제조·가공 및 운반 등(보관은 제외)에 필요한 고정식 대형기기 설비의 설치를 위하여 불가피한 부분(단, 지하층인 경우에는 지하층의 외벽 한쪽 면 전체가 건물 밖으로 개방되어 보행과 자동차의 진입·출입이 가능한 경우에 한정)
• 계단실·복도 또는 승강기의 승강장 및 승강로로서 그 건축물의 다른 부분과 방화구획으로 구획된 부분(단, 해당 부분에 위치하는 설비배관 등이 바닥을 관통하는 부분은 제외한다)
• 건축물의 최상층 또는 피난층으로서 대규모 회의장·강당·스카이라운지·로비 또는 피난안전구역 등의 용도로 쓰는 부분으로서 그 용도로 사용하기 위하여 불가피한 부분
• 복층형 공동주택의 세대별 층간 바닥 부분
• 주요구조부가 내화구조 또는 불연재료로 된 주차장
• 단독주택, 동물 및 식물 관련 시설, 국방·군사시설(집회, 체육, 창고 등의 용도로 사용되는 시설만 해당)로 쓰는 건축물
• 건축물의 1층과 2층의 일부를 동일한 용도로 사용하며 그 건축물의 다른 부분과 방화구획으로 구획된 부분(바닥면적의 합계가 500m² 이하인 경우로 한정)

94 태양열을 주된 에너지원으로 이용하는 주택의 건축면적 산정 시 이용하는 중심선의 기준으로 옳은 것은?

① 건축물의 외벽 경계선
② 건축물 기둥 사이의 중심선
③ 건축물의 외벽 중 내측 내력벽의 중심선
④ 건축물의 외벽 중 외측 내력벽의 중심선

[해설]
태양열을 이용하는 주택 등의 건축면적 산정방법(건축법 시행규칙 제43조)
태양열을 주된 에너지원으로 이용하는 주택의 건축면적과 단열재를 구조체의 외기측에 설치하는 단열공법으로 건축된 건축물의 건축면적은 건축물의 외벽 중 내측 내력벽의 중심선을 기준으로 한다.

95 오피스텔의 난방설비를 개별난방방식으로 하는 경우에 관한 기준 내용으로 틀린 것은?

① 보일러의 연도는 내화구조로서 공동연도로 설치할 것
② 보일러는 거실 외의 곳에 설치할 것
③ 보일러실의 윗부분에는 그 면적이 0.5m² 이상인 환기창을 설치할 것
④ 기름보일러를 설치하는 경우에는 기름저장소를 보일러실에 설치할 것

[해설]
기름보일러를 설치하는 경우에는 기름저장소를 보일러실 외의 다른 곳에 설치해야 한다(건축물설비기준규칙 제13조).

96 대형건축물의 건축허가 사전승인신청 시 제출도서 중 설계설명서에 표시하여야 할 사항에 속하지 않는 것은?

① 시공방법
② 동선계획
③ 개략공정계획
④ 각부 구조계획

해설
④는 구조계획서에 표시하여야 할 사항이다.
대형건축물의 건축허가 사전승인신청 시 제출도서(건축법 시행규칙 별표 3)
- 건축계획서

설계설명서	공사개요	위치, 대지면적, 공사기간, 공사금액 등
	사전조사사항	지반고, 기후, 동결심도, 수용인원, 상하수와 주변지역을 포함한 지질 및 지형, 인구, 교통, 지역, 지구, 토지이용현황, 시설물현황 등
	건축계획	배치, 평면, 입면계획, 동선계획, 개략조경계획, 주차계획 및 교통처리계획 등
	기타	시공방법, 개략공정계획, 주요설비계획, 주요자재 사용계획, 기타 필요한 사항
기타		구조계획서, 지질조사서, 시방서

- 기본설계도서

건축	투시도 또는 투시도 사진, 평면도(주요층, 기준층), 입면도, 단면도, 내외마감표, 주차장평면도
설비	건축설비도, 소방설비도, 상하수도 계통도

해설
대지와 도로의 관계(건축법 제44조, 동법 시행령 제28조 제2항)
- 건축물의 대지는 2m 이상이 도로(자동차만의 통행에 사용되는 도로는 제외)에 접하여야 한다.
- 연면적의 합계가 2,000m² (공장인 경우에는 3,000m²) 이상인 건축물(축사, 작물 재배사, 그 밖에 이와 비슷한 건축물로서 건축조례로 정하는 규모의 건축물은 제외한다)의 대지는 너비 6m 이상의 도로에 4m 이상 접하여야 한다.

97 다음의 대지와 도로의 관계에 관한 기준 내용 중 ( ) 안에 알맞은 것은?

> 연면적의 합계가 2,000m² (공장인 경우에는 3,000m²) 이상인 건축물(축사, 작물 재배사, 그 밖에 이와 비슷한 건축물로서 건축조례로 정하는 규모의 건축물은 제외한다)의 대지는 너비 (㉠) 이상의 도로에 (㉡) 이상 접하여야 한다.

① ㉠ : 4m, ㉡ : 2m
② ㉠ : 6m, ㉡ : 4m
③ ㉠ : 8m, ㉡ : 6m
④ ㉠ : 8m, ㉡ : 4m

98 지구단위계획구역의 지정목적을 이루기 위하여 지구단위계획에 포함될 수 있는 내용이 아닌 것은?

① 용도지역이나 용도지구를 대통령령으로 정하는 범위에서 세분하거나 변경하는 사항
② 건축물 높이의 최고 한도 또는 최저 한도
③ 도시·군관리계획 중 정비사업에 관한 계획
④ 대통령령으로 정하는 기반시설의 배치와 규모

해설
지구단위계획의 내용(국토계획법 제52조)
- 용도지역이나 용도지구를 세분하거나 변경하는 사항
- 기존의 용도지구를 폐지하고 그 용도지구에서의 건축물이나 그 밖의 시설의 용도·종류 및 규모 등의 제한을 대체하는 사항
- 기반시설의 배치와 규모
- 도로로 둘러싸인 일단의 지역 또는 계획적인 개발·정비를 위하여 구획된 일단의 토지의 규모와 조성계획
- 건축물의 용도 제한, 건축물의 건폐율 또는 용적률, 건축물 높이의 최고 한도 또는 최저 한도
- 건축물의 배치·형태·색채 또는 건축선에 관한 계획
- 환경관리계획 또는 경관계획
- 보행안전 등을 고려한 교통처리계획
- 그 밖에 토지 이용의 합리화, 도시나 농·산·어촌의 기능 증진 등에 필요한 사항

정답 96 ④ 97 ② 98 ③

99 건축물을 건축하는 경우 해당 건축물의 설계자가 국토교통부령으로 정하는 구조기준 등에 따라 그 구조의 안전을 확인할 때, 건축구조기술사의 협력을 받아야 하는 대상 건축물 기준으로 틀린 것은?

① 다중이용건축물
② 5층 이상인 건축물
③ 3층 이상의 필로티형식 건축물
④ 기둥과 기둥 사이의 거리가 20m 이상인 건축물

해설
6층 이상인 건축물에 대한 구조 안전 확인을 위해서는 건축구조기술사의 협력을 받아야 한다.
건축구조기술사의 협력을 받아야 하는 건축물(건축법 시행령 제91조의3)
- 6층 이상인 건축물
- 특수구조건축물
- 다중이용건축물
- 준다중이용건축물
- 3층 이상의 필로티형식 건축물
- 지진구역 I 안의 건축물(중요도 특 또는 중요도 1)

특수구조건축물(건축법 시행령 제2조)
- 한쪽 끝은 고정되고 다른 끝은 지지되지 아니한 구조로 된 보·차양 등이 외벽(외벽이 없는 경우에는 외곽 기둥을 말한다)의 중심선으로부터 3m 이상 돌출된 건축물
- 기둥과 기둥 사이의 거리(기둥의 중심선 사이의 거리를 말하며, 기둥이 없는 경우에는 내력벽과 내력벽의 중심선 사이의 거리를 말한다)가 20m 이상인 건축물
- 무량판 구조를 가진 건축물로서 무량판 구조인 어느 하나의 층에 수직으로 배치된 주요구조부의 전체 단면적에서 보가 없이 배치된 기둥의 전체 단면적이 차지하는 비율이 1/4 이상인 건축물
- 특수한 설계·시공·공법 등이 필요한 건축물로서 국토교통부장관이 정하여 고시하는 구조로 된 건축물

※ 출제 오류로 문제를 수정하였다.

100 비상용승강기의 승강장 및 승강로 구조에 관한 기준 내용으로 틀린 것은?

① 옥내 승강장의 바닥면적은 비상용승강기 1대에 대하여 $6m^2$ 이상으로 한다.
② 각 층으로부터 피난층까지 이르는 승강로를 단일구조로 연결하여 설치하여야 한다.
③ 피난층이 있는 승강장의 출입구로부터 도로 또는 공지에 이르는 거리는 30m 이하로 한다.
④ 승강장에는 배연설비를 설치하여야 하며, 외부를 향하여 열 수 있는 창문 등을 설치하여서는 안 된다.

해설
비상용승강기 승강장에는 노대 또는 외부를 향하여 열 수 있는 창문이나 배연설비를 설치하여야 한다.
비상용승강기의 승강장 및 승강로의 구조(건축물설비기준규칙 제10조)
- 비상용승강기 승강장의 구조
  - 승강장의 창문·출입구 기타 개구부를 제외한 부분은 당해 건축물의 다른 부분과 내화구조의 바닥 및 벽으로 구획할 것. 다만, 공동주택의 경우에는 승강장과 특별피난계단의 부속실과의 겸용부분을 특별피난계단의 계단실과 별도로 구획하는 때에는 승강장을 특별피난계단의 부속실과 겸용할 수 있다.
  - 승강장은 각 층의 내부와 연결될 수 있도록 하되, 그 출입구(승강로의 출입구를 제외한다)에는 60분+ 방화문 또는 60분 방화문을 설치할 것. 다만, 피난층에는 60분+ 방화문 또는 60분 방화문을 설치하지 않을 수 있다.
  - 노대 또는 외부를 향하여 열 수 있는 창문이나 배연설비를 설치할 것
  - 벽 및 반자가 실내에 접하는 부분의 마감재료(마감을 위한 바탕을 포함한다)는 불연재료로 할 것
  - 채광이 되는 창문이 있거나 예비전원에 의한 조명설비를 할 것
  - 승강장의 바닥면적은 비상용승강기 1대에 대하여 $6m^2$ 이상으로 할 것. 다만, 옥외에 승강장을 설치하는 경우에는 그러하지 아니하다.
  - 피난층이 있는 승강장의 출입구(승강장이 없는 경우에는 승강로의 출입구)로부터 도로 또는 공지에 이르는 거리가 30m 이하일 것
  - 승강장 출입구 부근의 잘 보이는 곳에 당해 승강기가 비상용승강기임을 알 수 있는 표지를 할 것
- 비상용승강기의 승강로의 구조
  - 승강로는 당해 건축물의 다른 부분과 내화구조로 구획할 것
  - 각 층으로부터 피난층까지 이르는 승강로를 단일구조로 연결하여 설치할 것

2020년 제4회 과년도 기출문제

제1과목 건축계획

01 기업체가 자사제품의 홍보, 판매 촉진 등을 위해 제품 및 기업에 관한 자료를 소비자들에게 직접 호소하여 제품의 우위성을 인식시키는 전시공간은?

① 쇼룸
② 런드리
③ 프로시니엄
④ 인포메이션

해설
② 런드리(Laundry) : 세탁소 또는 세탁 공간을 의미한다.
③ 프로시니엄(Proscenium) : 무대에서 관객 쪽으로 돌출한 아치 형태의 구조, 주로 극장 무대에서 사용한다.
④ 인포메이션(Information) : 안내 데스크나 안내 공간을 의미한다.

02 사무소 건축의 실단위계획 중 개실 시스템에 관한 설명으로 옳지 않은 것은?

① 공사비가 저렴하다.
② 독립성과 쾌적감이 높다.
③ 방길이에 변화를 줄 수 있다.
④ 방깊이에 변화를 줄 수 없다.

해설
개실 시스템은 복도에서 각 공간으로 들어가는 형식으로서 최고경영자 및 전문직 개실 등에 적용되며, 공사비가 비교적 높다.

개실 시스템

개요	• 복도에서 각 공간으로 들어가는 형식이다. • 독립성 확보와 응접이 요구되는 최고경영자, 전문직 개실에 사용된다.
장점	• 독립성과 쾌적감의 이점이 있다. • 자연채광 및 개인적인 실내 환경조절이 용이하다.
단점	• 공사비가 비교적 높다. • 공간의 길이에는 변화를 줄 수 있으나, 깊이에는 변화를 줄 수 없다.

03 주택단지계획에서 보차분리의 형태 중 평면분리에 해당하지 않는 것은?

① T자형
② 루프(Loop)
③ 쿨데삭(Cul-de-sac)
④ 오버브리지(Overbridge)

해설
④는 입체적 분리에 해당한다.
보차분리의 형태

평면적 분리	입체적 분리
쿨데삭, 루프형, T자형 도로 등	육교(오버브리지), 하도(언더패스) 등

04 도서관의 출납시스템 유형 중 이용자가 자유롭게 도서를 꺼낼 수 있으나 열람석으로 가기 전에 관원의 검열을 받는 형식은?

① 폐가식
② 반개가식
③ 자유개가식
④ 안전개가식

해설
① 폐가식 : 서가에 접근이 불가하고 기록 후 대출하는 방식으로, 도서의 대출 절차가 복잡하고 관원의 작업량이 많다.
② 반개가식 : 유리·철망 등으로 된 서가에 접근하여 표지 등을 보고 관원에게 요청하여 대출받는 방식이다.
③ 자유개가식 : 직접 서가에서 열람 후 관원 없이 대출하는 방식으로, 대출 수속이 간단하지만 도서의 유지관리가 어렵다.

정답 01 ① 02 ① 03 ④ 04 ④

05 단독주택에서 다음과 같은 실들을 각각 직상층 및 직하층에 배치할 경우 가장 바람직하지 않은 것은?

① 상층 : 침실, 하층 : 침실
② 상층 : 부엌, 하층 : 욕실
③ 상층 : 욕실, 하층 : 침실
④ 상층 : 욕실, 하층 : 부엌

해설
③의 경우 사용성, 소음 및 배관·설비 관계상 바람직한 배치라고 볼 수 없다.
직상·하층 계획
각 실의 구성 본위, 시간, 요소에 따라 합리적으로 단면상에 접근, 격리시킨다.

구분	하층	상층
양호	거실	침실
	주방	욕실
불량	기계실	침실
	침실	욕실

06 다음 중 백화점 매장의 기둥간격 결정 요소와 가장 거리가 먼 것은?

① 엘리베이터의 배치방법
② 진열장의 치수와 배치방법
③ 지하주차장 주차방식과 주차 폭
④ 층별 매장 구성과 예상 이용 인원

해설
층별 매장 구성 및 예상 이용 인원이 백화점의 기둥간격을 결정한다고 볼 수는 없다.
백화점 스팬·모듈의 결정요인
• 매장 진열장의 배치방식과 치수
• 통로의 크기
• 지하주차장의 주차방식과 주차 폭
• 엘리베이터와 에스컬레이터의 유무 및 배치 등

07 학교 운영방식에 관한 설명으로 옳지 않은 것은?

① 종합교실형은 초등학교 저학년에 권장되는 방식이다.
② 교과교실형은 교실의 이용률은 높으나 순수율은 낮다.
③ 달톤형은 학급과 학년을 없애고 각자의 능력에 따라 교과를 선택하는 방식이다.
④ 플라툰형은 전 학급을 2분단으로 나누어 한쪽이 일반교실을 사용할 때 다른 쪽은 특별교실을 사용한다.

해설
②는 종합교실형에 대한 설명이며, 교과교실형은 모든 교실이 각 교과 전문의 교실로 구성되므로 시설의 질과 순수율이 높다.
교과교실형(V형)

개요	일반교실은 없으며, 모든 교실은 특별교실로 구성된다.
장점	각 교과 전문의 교실이 확보되어 시설의 질과 순수율이 높다.
단점	• 동선계획과 시간표 작성이 어렵다. • 학생의 물품보관 장소가 별도로 요구된다.

08 종합병원에서 클로즈드 시스템(Closed system)의 외래진료부에 관한 설명으로 옳지 않은 것은?

① 내과는 소규모 진료실을 다수 설치하도록 한다.
② 환자의 이용이 편리하도록 1층 또는 2층 이하에 둔다.
③ 중앙주사실, 회계, 약국 등은 정면 출입구 근처에 설치한다.
④ 전체병원에 대한 외래진료부의 면적비율은 40~45% 정도로 한다.

해설
면적비율은 전체병원에 대하여 병동부는 25~35%(대략 40%), 외래진료부는 10~15% 정도로 한다.
클로즈드 시스템의 외래진료부 계획 시 고려사항
• 환자의 이용이 편리하도록 2층 이하, 1층에 두는 것이 좋다.
• 약국, 회계, 중앙주사실 등은 정면 출입구 근처에 설치한다.
• 외과는 1실을 크게 하며, 내과는 소진료실을 다수 설치한다.
• 부속 진료시설을 인접하게 하여 이용이 편리하게 한다.
• 환자의 심리고통을 덜어줄 수 있는 환경심리적 요인을 반영시킨다.
• 전체병원에 대한 외래진료부의 면적비율은 10~15% 정도로 한다.

정답 05 ③ 06 ④ 07 ② 08 ④

09 공장 건축의 레이아웃(Layout)에 관한 설명으로 옳지 않은 것은?

① 제품 중심의 레이아웃은 대량생산에 유리하며 생산성이 높다.
② 레이아웃은 장래 공장규모의 변화에 대응한 융통성이 있어야 한다.
③ 공정 중심의 레이아웃은 다품종 소량생산이나 주문생산에 적합한 형식이다.
④ 고정식 레이아웃은 기능이 동일하거나 유사한 공정, 기계를 접합하여 배치하는 방식이다.

해설
④는 공정 중심의 레이아웃에 대한 설명이다.
고정식 레이아웃
- 재료나 조립부품을 고정된 장소에 두고, 사람이나 기계가 그 장소로 이동해 가서 작업을 행하는 방식이다.
- 제품이 크고 수량이 적은 조선소, 건축 등에 적합하다.

10 극장 건축의 관련 제실에 관한 설명으로 옳지 않은 것은?

① 앤티룸(Anti room)은 출연자들이 출연 바로 직전에 기다리는 공간이다.
② 그린룸(Green room)은 출연자 대기실을 말하며 주로 무대 가까운 곳에 배치한다.
③ 배경제작실의 위치는 무대에 가까울수록 편리하며, 제작 중의 소음을 고려하여 차음설비가 요구된다.
④ 의상실은 실의 크기가 1인당 최소 8m²이 필요하며, 그린룸이 있는 경우 무대와 동일한 층에 배치하여야 한다.

해설
의상실은 1인당 최소 4~5m² 정도의 크기가 필요하며, 그린룸이 있는 경우, 무대와 동일한 층에 배치할 필요는 없다.

11 상점의 동선계획에 관한 설명으로 옳지 않은 것은?

① 고객동선은 가능한 한 길게 한다.
② 직원동선은 가능한 한 짧게 한다.
③ 상품동선과 직원동선은 동일하게 처리한다.
④ 고객 출입구와 상품 반입·출 출입구는 분리하는 것이 좋다.

해설
상품동선은 고객동선과 분리시키고 직원동선과 일부 교차시킨다.
매장의 동선계획

고객동선	• 가능한 한 길고 원활하게 처리하여 다수의 손님을 수용하도록 한다. • 직원동선, 상품동선과 명확하게 구분, 분리한다.
직원동선	• 되도록 짧게 하여 직원의 수, 보행 및 서비스 거리를 최대한 줄인다. • 카운터 케이스는 고객의 동선과 직원의 동선이 만나는 곳에 둔다.
피난동선	쉽게 인지가 가능하도록 위치를 설정하고 접근성을 고려한다.
상품동선	• 고객동선과 분리시키고 직원동선과 일부 교차시킨다. • 고객 출입구와 상품 반입·출 출입구를 분리한다.

12 건축공간의 치수계획에서 "압박감을 느끼지 않을 만큼의 천장높이 결정"은 다음 중 어디에 해당하는가?

① 물리적 스케일
② 생리적 스케일
③ 심리적 스케일
④ 입면적 스케일

해설
건축공간의 치수

물리적 스케일	• 인간의 물리적 크기에 의해 결정되는 치수 • 예 출입문, 개구부, 계단 등의 크기
생리적 스케일	• 인간의 생리적 필요에 의해 결정되는 치수 • 예 필요환기량에 의한 소요 실내 창문의 크기
심리적 스케일	• 인간의 감정적 반응에 의해 결정되는 치수 • 예 압박감을 느끼지 않을 만큼의 천장높이 결정

정답 09 ④ 10 ④ 11 ③ 12 ③

13 고대 로마 건축물 중 판테온(Pantheon)에 관한 설명으로 옳지 않은 것은?

① 로툰다 내부는 드럼과 돔 두 부분으로 구성된다.
② 직사각형의 입구공간은 외부와 내부 사이의 전이공간으로 사용된다.
③ 드럼 하부는 깊은 니치와 독립된 도리아식 기둥들로 동적인 공간을 구현한다.
④ 거대한 돔을 얹은 로툰다와 대형 열주 현관이라는 2가지 주된 구성요소로 이루어진다.

해설
판테온 신전의 기둥은 코린트 양식이다.
판테온(Pantheon)

개요	거대한 돔을 얹은 로툰다와 대형 열주 현관으로 구성된 고대 로마시대의 신전이다.
특징	• 로툰다 내부는 드럼(Drum)과 돔(Dome)으로 구성된다. • 드럼 하부는 7개의 니치(조각상 등을 배치하는 움푹 들어간 공간, Niche)와 독립한 코린트식 기둥들로 정적인 공간을 구현한다. • 직사각형의 입구공간은 외부와 내부 사이의 전이공간으로 사용된다.

14 극장의 평면형식 중 오픈스테이지(Open stage)형에 관한 설명으로 옳은 것은?

① 연기자가 남측 방향으로만 관객을 대하게 된다.
② 강연, 음악회, 독주, 연극 공연에 가장 적합한 형식이다.
③ 가장 일반적인 극장의 형식으로 어떠한 배경이라도 창출이 가능하다.
④ 무대와 객석이 동일 공간에 있는 것으로 관객석이 무대의 대부분을 둘러싸고 있다.

해설
①·②·④는 프로시니엄형 극장에 대한 설명이다.
오픈스테이지(Open stage)형 극장

개요	관객이 부분적으로 연기자를 둘러싸고 있는 형태이다.
특징	• 관객이 연기자에게 좀 더 근접하여 관람할 수 있다. • 배우는 관객석 사이나 무대 아래로부터 출입한다. • 무대장치를 꾸미는 데 어려움이 있다.

15 다음 설명에 알맞은 사무소 건축의 코어 유형은?

• 코어와 일체로 한 내진구조가 가능한 유형이다.
• 유효율이 높으며, 임대 사무소로서 경제적인 계획이 가능하다.

① 편심형   ② 독립형
③ 분리형   ④ 중심형

해설
① 편심(편단)코어형 : 코어가 기준층의 한쪽에 치우친 형태로, 고층인 경우 구조상 불리하며 소규모 사무소 건물에 적합하다.
② 독립(외코어)형 : 코어가 건물과 별도로 설치된 형태로, 내진구조상 불리하며 방재상 대책이 요구된다.
③ 분리(양단·양측)코어형 : 코어가 기준층의 양측에 위치하는 형태로, 단일 용도의 대규모 전용 사무소에 적합하다.

16 조선시대에 田자형 주택으로 대별되는 서민주택의 지방 유형은?

① 서울 지방형   ② 남부 지방형
③ 중부 지방형   ④ 함경도 지방형

해설
함경도형은 추운 기후로 인해 田자형의 겹집구조를 가진다.
한국 전통주택의 평면
• 기후의 영향으로 지방마다 평면 구성이 다르다.
• 함경도 → 평안도 → 중부 → 서울 → 남부 순으로 기온이 높다.

구분	기본 평면형	툇마루	대청
함경도형	田자형	×	×
평안도형	一자형	△	×
중부(개성)형	ㄱ자형	○	○
서울형	ㄱ자형	○	○
남부형	一자형	○	○

17 메조넷형(Maisonette type) 아파트에 관한 설명으로 옳지 않은 것은?

① 설비, 구조적인 해결이 유리하며 경제적이다.
② 통로가 없는 층의 평면은 프라이버시 확보에 유리하다.
③ 통로가 없는 층의 평면은 화재 발생 시 대피상 문제점이 발생할 수 있다.
④ 엘리베이터 정지층 및 통로면적의 감소로 전용면적의 극대화를 도모할 수 있다.

해설
복층(메조넷)형은 구조 및 설비계획이 어려우며 소규모 주거에는 비경제적이다.

복층(메조넷)형과 스킵플로어형
- 엘리베이터의 정지층수가 줄어 효율적이다.
- 유효면적, 전용면적, 임대면적이 증가하고 복도면적, 공용면적이 감소한다.
- 주·야간별 생활공간을 층별로 나눌 수 있다.
- 복도가 없는 층은 남북으로 트여 통풍 및 채광, 프라이버시 확보가 용이하다.
- 각기 다른 세대의 평면계획으로 내부공간, 단면 및 입면상의 다양한 변화가 있다.
- 주호 내에 계단이 필요하므로 소규모의 주거에는 비경제적이다.
- 엑세스 동선이 복잡하고 구조 및 설비계획이 어렵다.
- 복도가 없는 층에서의 피난계획이 어렵다.

18 고딕 성당에 관한 설명으로 옳지 않은 것은?

① 중앙집중식 배치를 지배적으로 사용하였다.
② 건축 형태에서 수직성을 강하게 강조하였다.
③ 고딕 성당으로는 랭스 성당, 아미앵 성당 등이 있다.
④ 수평 방향으로 통일되고 연속적인 공간을 만들었다.

해설
비잔틴 양식에는 중앙집중형(그릭 크로스) 평면이 주로 사용되었고, 초기 기독교·로마네스크·고딕 양식에는 장축형(라틴 크로스) 평면이 주로 사용되었다.

고딕 건축의 특징

개요	• 중세 말 유럽에서 발전한 기독교 중심의 건축양식이다. • 노트르담 성당, 밀라노 성당, 퀼른 대성당, 랭스 성당, 샤르트르 성당, 아미앵 성당 등이 있다.
특징	• 건축 형태에서 수직성을 강하게 강조하였다. • 수평 방향으로 통일되고 연속적인 공간을 만들었다. • 수직적으로 높고 창이 많아 상승감과 개방감이 크다. • 다양한 건축요소들이 발전된 형태로 결합되었다.

19 단독주택의 평면계획에 관한 설명으로 옳지 않은 것은?

① 거실은 평면계획상 통로나 홀로 사용하지 않는 것이 좋다.
② 현관의 위치는 대지의 형태, 도로와의 관계 등에 의하여 결정된다.
③ 부엌은 주택의 서측이나 동측이 좋으며 남향은 피하는 것이 좋다.
④ 노인침실은 일조가 충분하고 전망이 좋은 조용한 곳에 면하게 하고 식당, 욕실 등에 근접시킨다.

해설
부엌(주방)의 위치
- 쾌적하며 일광에 의한 건조소독이 가능한 남측이나 동측이 좋다.
- 부패가 쉬운 서측은 피하며, 밝고 관리가 용이한 곳에 위치시킨다.
- 옥외 작업장, 다용도실 및 정원과 유기적으로 결합되게 한다.

20 다음 중 호텔의 성격상 연면적에 대한 숙박면적의 비가 가장 큰 것은?

① 리조트 호텔
② 커머셜 호텔
③ 클럽 하우스
④ 레지덴셜 호텔

해설
② 커머셜 호텔 : 도심지에 위치하고 부대시설이 최소화된 객실 위주의 호텔로, 호텔 중에서 연면적에 대한 숙박면적의 비가 가장 크다.
① 리조트 호텔 : 조망 및 주변경관의 조건이 좋은 곳에 위치한 호텔로서 해변 호텔, 산장 호텔, 클럽 하우스 등이 있다.
③ 클럽 하우스 : 스포츠 시설을 위주로 이용되는 숙박시설을 갖추고 있는 리조트 호텔이다.
④ 레지덴셜 호텔 : 일반관광객 외에 각종 비즈니스를 위한 여행자의 단기간 체재에 적합한 호텔로, 호텔 경영내용의 주체를 식사료에 비중을 둔다.

정답 17 ① 18 ① 19 ③ 20 ②

제2과목 건축시공

21 벽두께 1.0B, 벽면적 30m² 쌓기에 소요되는 벽돌의 정미량은?(단, 벽돌은 표준형을 사용한다)

① 3,900매
② 4,095매
③ 4,470매
④ 4,604매

해설
1.0B 정미량 = 30m² × 149매/m² = 4,470매
기본벽돌쌓기
• 기본벽돌은 정미량, 모르타르는 소요량이다.
• 할증률 : 붉은벽돌 3%, 내화벽돌 3%, 시멘트벽돌 5%

구분	단위	0.5B	1.0B	1.5B
기본벽돌	m²당	75매	149매	224매
모르타르	m²당	0.019m³	0.049m³	0.078m³

22 석재의 일반적 성질에 관한 설명으로 옳지 않은 것은?

① 석재의 비중은 조암광물의 성질·비율·공극의 정도 등에 따라 달라진다.
② 석재의 강도에서 인장강도는 압축강도에 비해 매우 작다.
③ 석재의 공극률이 클수록 흡수율이 크고 동결융해저항성은 떨어진다.
④ 석재의 강도는 조성결정형이 클수록 크다.

해설
석재의 압축강도는 중량이 클수록, 공극률이 작을수록, 구성입자가 작을수록 크며, 내화성은 조성결정형이 클수록 작고, 공극률이 클수록 크다.

23 Power shovel의 1시간당 추정 굴착작업량을 다음 조건에 따라 구하면?

$$Q = 1.2m^3, \; f = 1.28, \; E = 0.9, \; K = 0.9, \; C_m = 60초$$

① 67.2m³/h
② 74.7m³/h
③ 82.2m³/h
④ 89.6m³/h

해설
굴삭기(셔블계)의 시간당 작업량(Q)

$$Q = \frac{q \times K \times f \times E \times 3{,}600}{C_m}$$

$$= \frac{1.2m^3 \times 0.9 \times 1.28 \times 0.9 \times 3{,}600}{60}$$

$$\fallingdotseq 74.7m^3/h$$

여기서, q : 버킷의 용량(m³)
　　　　K : 버킷계수
　　　　f : 체적환산계수
　　　　E : 작업효율
　　　　C_m : 1회 사이클 타임(sec)

24 도장작업 시 주의사항으로 옳지 않은 것은?

① 도료의 적부를 검토하여 양질의 도료를 선택한다.
② 도료량을 표준량보다 두껍게 바르는 것이 좋다.
③ 저온다습 시에는 작업을 피한다.
④ 피막은 각 층마다 충분히 건조 경화한 후 다음 층을 바른다.

해설
도장은 전체부위에 규정된 도막이 균일하게 도포되도록 도장하고, 도장되지 않은 부위나 과도막으로 인하여 흐른 부위가 없도록 유의하여야 한다.
도장작업 시 주의사항
• 도료의 적부를 검토하여 양질의 도료를 선택한다.
• 바탕의 조정을 충분히 하고, 도료에 맞는 도장용구를 사용한다.
• 도료량은 표준량 이상으로 두껍게 바르지 않는다.
• 피막은 각 층마다 충분히 건조 경화한 후 다음 층을 바른다.
• 야간 또는 저온다습 시에는 작업을 피한다.
• 직사광선은 가능한 한 피하며 화재예방에 주의한다.
• 작업장 내는 청결하고 먼지가 없도록 한다.

25 콘크리트의 내화, 내열성에 관한 설명으로 옳지 않은 것은?

① 콘크리트의 내화, 내열성은 사용한 골재의 품질에 크게 영향을 받는다.
② 콘크리트는 내화성이 우수해서 600℃ 정도의 화열을 장시간 받아도 압축강도는 거의 저하하지 않는다.
③ 철근콘크리트 부재의 내화성을 높이기 위해서는 철근의 피복두께를 충분히 하면 좋다.
④ 화재를 입은 콘크리트의 탄산화 속도는 그렇지 않은 것에 비하여 크다.

해설
콘크리트는 화재 시 대략 500℃ 이상의 수열온도에서 약 50% 정도의 강도 저하를 보이며, 600℃ 이상에서는 파열·손상된다.
콘크리트의 수열온도와 내구성

300℃ 이상	400℃ 이상	500℃ 이상	600℃ 이상
시멘트수화물 변질	화학적 결합수 방출	강도 저하 (약 50%)	파열·손상

26 아스팔트방수 공사에서 아스팔트 프라이머를 사용하는 가장 중요한 이유는?

① 콘크리트면의 습기 제거
② 방수층의 습기 침입 방지
③ 콘크리트면과 아스팔트방수층의 접착
④ 콘크리트 밑바닥의 균열 방지

해설
아스팔트 프라이머
• 블론 아스팔트를 휘발성 용제로 희석한 흑갈색의 액체이다.
• 초벌용 도료로 아스팔트방수층 시공 시 콘크리트 바탕에 제일 먼저 사용되어 바탕과 방수층의 접착성을 향상시킨다.
• 아스팔트방수층, 아스팔트 타일붙이기 시공 등에 사용된다.

27 콘크리트 배합에 직접적으로 영향을 주는 요소가 아닌 것은?

① 단위수량
② 물-결합재비
③ 철근의 품질
④ 골재의 입도

해설
콘크리트 배합에 영향을 주는 인자
• 시멘트 강도
• 물-결합재비
• 단위수량
• 골재의 입도
• 혼화재·혼화제 사용량 등

28 철근, 볼트 등 건축용 강재의 재료시험 항목에서 일반적으로 제외되는 항목은?

① 압축강도시험
② 인장강도시험
③ 굽힘시험
④ 연신율시험

해설
강재는 인장강도가 가장 중요하며, 압축강도는 크게 고려하지 않는다.

29 발주자에 의한 현장관리로 볼 수 없는 것은?

① 착공신고
② 하도급계약
③ 현장회의 운영
④ 클레임 관리

해설
②는 원도급자(수급인)가 관리하는 사항이다.

[정답] 25 ② 26 ③ 27 ③ 28 ① 29 ②

30 어스앵커 공법에 관한 설명으로 옳지 않은 것은?

① 버팀대가 없어 굴착공간을 넓게 활용할 수 있다.
② 인접한 구조물의 기초나 매설물이 있는 경우 효과가 크다.
③ 대형기계의 반입이 용이하다.
④ 시공 후 검사가 어렵다.

해설
어스앵커 공법은 인접 구조물의 기초나 매설물이 있는 경우에는 적용이 어렵다.

어스앵커 공법의 특징

개요	흙막이벽의 배면부에 보링공을 굴착하고 고강도 강재를 모르타르재와 함께 시공하여 흙막이벽을 잡아맨 후 굴착하는 공법이다.
장점	• 버팀대가 없어 굴착공간을 넓게 활용할 수 있다. • 대형기계의 반입·조립이 용이하다.
단점	• 인접 구조물의 기초나 매설물이 있는 경우 적용이 어렵다. • 시공 후 검사가 어렵다.

31 단순조적 블록쌓기에 관한 설명으로 옳지 않은 것은?

① 살두께가 큰 편을 아래로 하여 쌓는다.
② 특별한 지정이 없으면 줄눈은 10mm가 되게 한다.
③ 하루의 쌓기 높이는 1.5m 이내를 표준으로 한다.
④ 줄눈 모르타르는 쌓은 후 줄눈누르기 및 줄눈파기를 한다.

해설
블록은 살두께가 큰 편을 위로 하여 쌓는다.

단순조적블록공사의 쌓기

쌓기	• 살두께가 큰 편을 위로 하여 쌓는다. • 벽의 모서리, 중간 요소, 기타 기준이 되는 부분을 먼저 정확하게 쌓는다. • 하루 쌓기 높이는 1.5m(블록 7켜 정도) 이내를 표준으로 한다.
줄눈	• 두께는 10mm를 표준으로 한다(지시사항 없을 경우). • 세로줄눈은 막힌줄눈으로 한다(지시사항 없을 경우). • 쌓은 후 줄눈누르기 및 줄눈파기를 한다.
물축임	• 모르타르 접착면은 적당히 물축이기를 한다. • 블록은 깨끗한 건조상태로 저장되어야 하고, 담당원의 승인 없이는 물축임을 해서는 안 된다.

32 다음 중 QC 활동의 도구가 아닌 것은?

① 특성요인도   ② 파레토그램
③ 층별   ④ 기능계통도

해설
기능계통도(Fast diagram)는 VE(가치공학)에 활용된다.
통합품질관리(TQC)를 위한 7가지 도구
• 파레토도
• 특성요인도
• 산포도(산점도)
• 히스토그램
• 층별
• 체크시트
• 관리도

33 철근의 가스압접에 관한 설명으로 옳지 않은 것은?

① 이음 공법 중 접합강도가 극히 크고 성분원소의 조직변화가 적다.
② 압접공은 작업 대상과 압접 장치에 관하여 충분한 경험과 지식을 가진 자로 책임기술자 승인을 받아야 한다.
③ 가스압접할 부분은 직각으로 자르고 절단면을 깨끗하게 한다.
④ 접합되는 철근의 항복점 또는 강도가 다른 경우에 주로 사용한다.

해설
가스압접이음은 철근의 재질, 항복점 또는 강도가 서로 다른 경우에는 사용하지 않는다.

34 용제형(Solvent) 고무계 도막방수 공법에 관한 설명으로 옳지 않은 것은?

① 용제는 인화성이 강하므로 부근의 화기는 엄금한다.
② 한 층의 시공이 완료되면 1.5~2시간 경과 후 다음 층의 작업을 시작하여야 한다.
③ 완성된 도막은 외상(外傷)에 매우 강하다.
④ 합성고무를 휘발성 용제에 녹인 일종의 고무도료를 칠하여 두께 0.5~0.8mm의 방수피막을 형성하는 것이다.

해설
용제형 도막방수는 시공이 쉽지만 충격 및 화기에 약하므로 주의해야 한다.

35 공사계약제도 중 공사관리방식(CM)의 단계별 업무내용 중 비용의 분석 및 VE 기법의 도입 시 가장 효과적인 단계는?

① Pre-Design 단계
② Design 단계
③ Pre-Construction 단계
④ Construction 단계

해설
80% 이상의 공사비가 결정되는 설계(Design)단계에서부터 비용의 분석 및 VE 기법이 도입되는 것이 가장 효과적이다.

36 커튼월(Curtain wall)의 외관 형태별 분류에 해당하지 않는 방식은?

① Unit방식
② Mullion방식
③ Spandrel방식
④ Sheath방식

해설
커튼월의 외관에 따른 분류

샛기둥(Mullion)방식	노출된 수직부재 사이에 창호·패널을 설치한 형태이다.
스팬드럴(Spandrel)방식	노출된 수평부재 사이에 창호·패널을 설치한 형태이다.
격자(Grid)방식	노출된 수직, 수평부재 사이에 창호·패널을 설치한 형태이다.
피복(Sheath)방식	구조체가 노출되지 않고 창호·패널 안에 은폐되도록 설치한 형태이다.

37 고층 건축물 공사의 반복작업에서 각 작업조의 생산성을 기울기로 하는 직선으로 각 반복작업의 진행을 표시하여 전체공사를 도식화하는 기법은?

① CPM
② PERT
③ PDM
④ LOB

해설
① CPM : 시간추정이 확정적(1점 시간 추정)인 네트워크 기법으로, 작업시간이 확립된 반복사업에 적합하다.
② PERT : 시간추정이 확률적(3점 시간 추정)인 네트워크 기법으로, 명확하지 않은 신규사업에 적합하다.
③ PDM : 각 작업을 노드(주로 박스형태)로 표시하고, 화살표는 작업의 선후관계만을 나타내는 네트워크 공정표이다.

38 수밀 콘크리트의 시공에 관한 설명으로 옳지 않은 것은?

① 수밀 콘크리트는 누수 원인이 되는 건조수축 균열의 발생이 없도록 시공하여야 하며, 0.1mm 이상의 균열 발생이 예상되는 경우 누수를 방지하기 위한 방수를 검토하여야 한다.
② 거푸집의 긴결재로 사용한 볼트, 강봉, 세퍼레이터 등의 아래쪽에는 블리딩 수가 고여서 콘크리트가 경화한 후 물의 통로를 만들어 누수를 일으킬 수 있으므로 누수에 대하여 나쁜 영향이 없는 재질의 것을 사용하여야 한다.
③ 소요 품질을 갖는 수밀 콘크리트를 얻기 위해서는 전체 구조부가 시공이음 없이 설계되어야 한다.
④ 수밀성의 향상을 위한 방수제를 사용하고자 할 때에는 방수제의 사용방법에 따라 배처플랜트에서 충분히 혼합하여 현장으로 반입시키는 것을 원칙으로 한다.

해설
소요 품질을 갖는 수밀 콘크리트를 얻기 위해서는 적당한 간격으로 시공이음을 두어야 하며, 가급적 이어 치기를 하지 않아야 한다. 반면 해양 콘크리트 구조물은 시공이음부를 둘 경우 성능 저하가 생기기 쉬우므로 될 수 있는 대로 피하여야 한다.

39 철골공사 접합 중 용접에 관한 주의사항으로 옳지 않은 것은?

① 현장용접을 하는 부재는 그 용접부위에 얇은 에나멜 페인트를 칠하되, 이 밖에 다른 칠을 해서는 안 된다.
② 용접봉의 교환 또는 다층용접일 때에는 먼저 슬래그를 제거하고 청소한 후 용접한다.
③ 용접할 소재는 용접에 의한 수축변형이 생기고, 또 마무리 작업도 고려해야 하므로 치수에 여분을 두어야 한다.
④ 용접이 완료되면 슬래그 및 스패터를 제거하고 청소한다.

해설
현장용접 부재의 용접부위에는 보일유 이외의 칠을 해서는 안 된다.

40 기성말뚝 세우기 공사 시 말뚝의 연직도나 경사도는 얼마 이내로 하여야 하는가?

① 1/50   ② 1/75
③ 1/80   ④ 1/100

해설
말뚝의 연직도(수직도)나 경사도는 1/50 이내로 한다.
기성말뚝 세우기
- 말뚝은 설계도서 및 시공계획서에 따라 정확하고 안전하게 세워야 한다.
- 시공기계는 말뚝이 소정의 위치에 정확하게 설치될 수 있도록 견고한 지반 위의 정확한 위치에 설치하여야 한다.
- 말뚝을 정확하고도 안전하게 세우기 위해서는 정확한 규준틀을 설치하고 중심선 표시를 용이하게 하여야 하며, 말뚝을 세운 후 검측은 직교하는 2방향으로부터 하여야 한다.
- 말뚝의 연직도나 경사도는 1/50 이내로 하고, 말뚝박기 후 평면상의 위치가 설계도면의 위치로부터 D/4(D는 말뚝의 바깥지름)와 100mm 중 큰 값 이상으로 벗어나지 않아야 한다.

※ 개정된 KCS 기준으로 내용을 수정하였다.

제3과목 건축구조

41 강도설계법에 따른 철근콘크리트 단근보에서 f_{ck} = 27MPa, f_y = 400MPa, 균형철근비(ρ_b) = 0.0286일 때 최대 철근비는?

① 0.0258   ② 0.0220
③ 0.0208   ④ 0.0188

해설
최대 철근비

철근의 설계기준항복강도	최소 허용변형률	최대 철근비
f_y = 300MPa	0.004	$0.658\rho_b$
f_y = 350MPa	0.004	$0.692\rho_b$
f_y = 400MPa	0.004	$0.726\rho_b$

f_y = 400MPa이므로, $\rho_{max} = 0.726\rho_b$이다.
∴ $\rho_{max} = 0.726\rho_b = 0.726 \times 0.0286 = 0.02076 ≒ 0.0208$

※ 개정된 KDS 기준으로 내용을 수정하였다.

42 그림과 같은 구조물에서 C점에 발생되는 모멘트는?

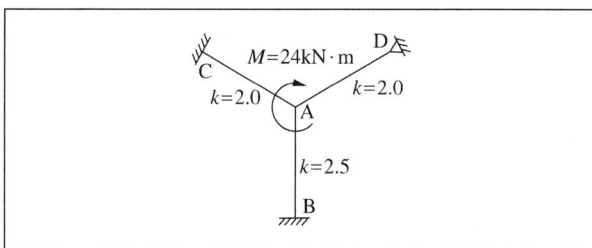

① 4.0kN·m   ② 3.5kN·m
③ 3.0kN·m   ④ 2.5kN·m

해설
- AC부재에 대한 분배율
  D지점은 회전단의 조건이므로, 유효강비 $0.75k$를 적용한다.
  $K_{AD} = 2 \times 0.75 = 1.5$
  $f_{AC} = \dfrac{K_{AC}}{\sum K} = \dfrac{2}{2.5+2+1.5} = \dfrac{1}{3}$
- AC부재에 대한 분배모멘트
  $M_{AC} = f_{AC} \times M_A = \dfrac{1}{3} \times 24\text{kN} \cdot \text{m} = 8\text{kN} \cdot \text{m}$
∴ C지점에 대한 전달모멘트
  $M_{CA} = \dfrac{1}{2} \times M_{AC} = \dfrac{1}{2} \times 8\text{kN} \cdot \text{m} = 4\text{kN} \cdot \text{m}$

43 온통기초에 관한 설명으로 옳지 않은 것은?

① 연약지반에 주로 사용된다.
② 독립기초에 비하여 구조해석 및 설계가 매우 단순하다.
③ 부동침하에 대하여 유리하다.
④ 지하수가 높은 지반에서도 유효한 기초방식이다.

해설
매트기초(온통기초)는 상부구조의 광범위한 면적 내의 응력을 단일 기초판으로 연결하여 지반 또는 지정에 전달하므로 독립기초에 비해 구조해석 및 설계가 복잡하다.

44 1방향 철근콘크리트 슬래브에서 철근의 설계기준항복강도가 500MPa인 경우 콘크리트 전체 단면적에 대한 수축·온도철근비는 최소 얼마 이상이어야 하는가?(단, KDS 기준, 이형철근 사용)

① 0.0015 ② 0.0016
③ 0.0018 ④ 0.0020

해설
1방향 철근콘크리트 슬래브의 철근비(수축·온도철근)

이형철근($f_y \leq 400$MPa)	이형철근 또는 용접철망($f_y > 400$MPa)
0.0020	$0.0020 \times \dfrac{400}{f_y}$

$\therefore \rho = 0.0020 \times \dfrac{400}{f_y} = 0.0020 \times \dfrac{400}{500} = 0.0016$

45 길이 8m의 단순보가 100kN/m의 등분포활하중을 받을 때 위험단면에서 전단철근이 부담해야 하는 공칭전단력(V_s)은 얼마인가?(단, 구조물 자중에 의한 w_D = 6.72kN/m, f_{ck} = 24MPa, f_y = 300MPa, λ = 1, b_w = 400mm, d = 600mm, h = 700mm)

① 424.43kN ② 530.53kN
③ 565.91kN ④ 571.40kN

해설
$V_{ud} = \phi(V_c + V_s)$이며, 이를 정리하면 $V_s = \dfrac{V_{ud}}{\phi} - V_c$이다.

㉠ 강도감소계수(ϕ) = 0.75

㉡ $V_c = \dfrac{1}{6} \times \lambda \times \sqrt{f_{ck}} \times b_w \times d$
$= \dfrac{1}{6} \times 1 \times \sqrt{24} \times 400 \times 600 \fallingdotseq 195,959\text{N} = 195.959\text{kN}$

㉢ $V_{ud} = V_u - w_u \times d$
- $w_u = 1.2w_D + 1.6w_L$
$= 1.2 \times 6.72\text{kN/m} + 1.6 \times 100\text{kN/m} = 168.064\text{kN/m}$
- $V_u = \dfrac{w_u \times l}{2}$
$= \dfrac{168.064\text{kN/m} \times 8\text{m}}{2} = 672.256\text{kN}$
- $V_{ud} = V_u - w_u \times d$
$= 672.256\text{kN} - 168.064\text{kN/m} \times 0.6\text{m} \fallingdotseq 571.418\text{kN}$

$\therefore V_s = \dfrac{V_{ud}}{\phi} - V_c$
$= \dfrac{571.418\text{kN}}{0.75} - 195.959\text{kN} \fallingdotseq 565.93\text{kN}$

46 다음 그림과 같은 보에서 A점의 수직반력을 구하면?

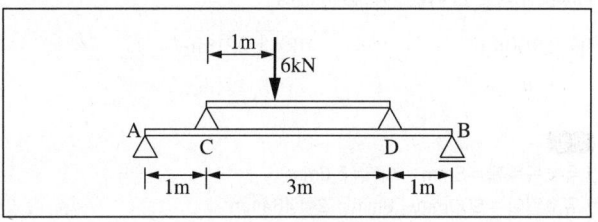

① 2.4kN ② 3.6kN
③ 4.8kN ④ 6.0kN

해설
- CD보의 반력
$\sum M_D = 0, \ V_C \times (a+b) - P \times b = 0$
$V_C \times (1m + 2m) - 6kN \times 2m = 0$이므로, $V_C = 4kN$
$P = V_C + V_D$이므로, $V_D = 6kN - 4kN = 2kN$
- AB보의 A점의 수직반력
V_C, V_D를 각 점에 작용하는 집중하중으로 본다.
$\sum M_B = 0, \ V_A \times (c+d+e) - V_C \times (d+e) - V_D \times e = 0$
$V_A \times (1m + 3m + 1m) - 4kN \times (3m + 1m) - 2kN \times 1m = 0$
$\therefore V_A = 3.6kN$

47 단일 압축재에서 세장비를 구할 때 필요하지 않은 것은?

① 유효좌굴길이
② 단면적
③ 탄성계수
④ 단면2차모멘트

해설
탄성계수는 좌굴하중을 구할 때 사용한다.
세장비와 좌굴길이 · 좌굴계수
세장비(λ) = 좌굴길이(l_k) ÷ 최소 단면2차반경($i_{\min}$)
※ 좌굴길이(l_k) = 유효좌굴계수(K) × 길이(l)
※ 단면2차반경($i_{\min}$) = $\sqrt{\dfrac{\text{단면2차모멘트}(I_{\min})}{\text{면적}(A)}}$

48 모살치수 8mm, 용접길이 500mm인 양면 모살용접 전체의 유효단면적은 약 얼마인가?

① 2,100mm²
② 3,221mm²
③ 4,300mm²
④ 5,421mm²

해설
- 유효목두께 = 8mm × 0.7 = 5.6mm
- 유효길이 = 500mm − 8mm × 2 = 484mm
- 유효면적 = 484mm × 5.6mm = 2,710.4mm²
양면 모살용접이므로
$\therefore$ 2,710.4mm² × 2(면) = 5,420.8mm² ≒ 5,421mm²

49 압축 이형철근(D19)의 기본정착길이를 구하면?(단, 보통 콘크리트 사용, D19의 단면적 : 287mm², f_{ck} = 21MPa, f_y = 400MPa)

① 674mm
② 570mm
③ 482mm
④ 415mm

해설
- $l_{db} = \dfrac{0.25 \times d_b \times f_y}{\lambda \sqrt{f_{ck}}} = \dfrac{0.25 \times 19 \times 400}{1 \times \sqrt{21}} ≒ 414.61mm$
여기서, λ : 경량 콘크리트계수(보통중량이므로 $\lambda = 1$)
- $l_{db} = 0.043 \times d_b \times f_y = 0.043 \times 19 \times 400 = 326.8mm$
$\therefore$ 압축 이형철근(D19)의 기본정착길이는 두 식으로 계산한 값 중 큰 값인 414.61(≒ 415)mm이다.

50 기초설계 시 인접 대지를 고려하여 편심기초를 만들고자 한다. 이때 편심기초의 지내력이 균등해지도록 하기 위한 가장 타당한 방법은?

① 지중보를 설치한다.
② 기초 면적을 넓힌다.
③ 기둥의 단면적을 크게 한다.
④ 기초 두께를 두껍게 한다.

해설
편심기초의 지내력을 균등하게 하기 위해서는 기초를 상호 간에 연결하는 지중보의 설치가 효과적이다.

51 바람의 난류로 인해 발생되는 구조물의 동적거동 성분을 나타내는 것으로 평균변위에 대한 최대 변위의 비를 통계적인 값으로 나타낸 계수는?

① 활하중저감계수
② 중요도계수
③ 가스트영향계수
④ 지역계수

해설
① 활하중저감계수 : 영향면적에 따른 저감효과를 고려하기 위해 활하중에 곱하는 계수를 말한다.
② 중요도계수 : 건축물의 중요도에 따라 지진응답계수를 증감하는 계수이다.
④ 지역계수 : 지역에 따라 크기를 증감하는 계수이다.

52 독립기초에 $N = 20kN$, $M = 10kN \cdot m$가 작용할 때 접지압이 압축력만 발생하도록 하기 위한 기초저면의 최소 길이는?

① 2m ② 3m
③ 4m ④ 5m

해설
- 편심거리(e) = 모멘트(M) ÷ 하중(P)
  = $10kN \cdot m \div 20kN = 0.5m$
- 인장응력이 발생하지 않는 경우, e는 사각형 단면의 핵반경 $h \div 6$ 이내 값이므로, e를 핵반경 값으로 보고 핵반경의 식을 이용해 최소 너비를 구한다.
- 사각형 단면의 핵반경(k) = $h \div 6 = 0.5m$
∴ $h = 3m$

53 다음 그림과 같은 내민보에서 휨모멘트가 0이 되는 두 개의 반곡점 위치를 구하면?(단, 반곡점 위치는 A점으로부터의 거리임)

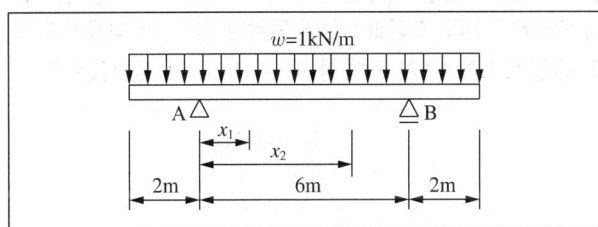

① $x_1 = 0.765m$, $x_2 = 5.235m$
② $x_1 = 0.785m$, $x_2 = 5.215m$
③ $x_1 = 0.805m$, $x_2 = 5.195m$
④ $x_1 = 0.825m$, $x_2 = 5.175m$

해설
- 지점의 반력
  $P = V_A + V_B$
  $V_A = V_B = w \times l \div 2 = 1kN/m \times 10m \div 2 = 5kN$
- 휨모멘트가 0이 되는 점
  A지점으로부터 우측 x위치의 휨모멘트를 구한다.
  $M_x = V_A \times x - w \times (a+x) \times \dfrac{(a+x)}{2}$
  $= 5 \times x - 1 \times (2+x) \times \dfrac{(2+x)}{2} = 5x - \dfrac{(2+x)^2}{2}$
  $= -0.5x^2 + 3x - 2$
  이차방정식이므로, 근의 공식으로 값을 구한다.
  $-0.5x^2 + 3x - 2 = 0$
  $x = \dfrac{-b \pm \sqrt{b^2 - 4ac}}{2a} = \dfrac{-3 \pm \sqrt{3^2 - 4 \times (-0.5) \times -2}}{2 \times (-0.5)}$
  ∴ $x_1 \fallingdotseq 0.764$, $x_2 \fallingdotseq 5.236$

54 그림과 같은 철근콘크리트보의 균열모멘트(M_{cr})값은? (단, 보통중량 콘크리트 사용, $f_{ck} = 24MPa$, $f_y = 400MPa$)

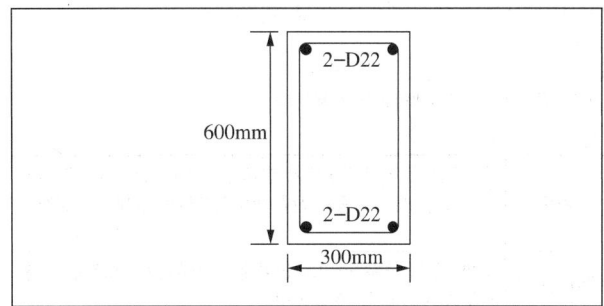

① 21.5kN·m ② 33.6kN·m
③ 42.8kN·m ④ 55.6kN·m

해설
보통중량 콘크리트의 $\lambda = 1.0$이다.
$M_{cr} = f_r \times Z = 0.63\lambda\sqrt{f_{ck}} \times \dfrac{bh^2}{6}$
$= 0.63 \times 1 \times \sqrt{24} \times \dfrac{300 \times 600^2}{6}$
$\fallingdotseq 55,554,427 N \cdot mm \fallingdotseq 55.6 kN \cdot m$

55 강구조에서 용접선 단부에 붙인 보조판으로 아크의 시작이나 종단부의 크레이터 등의 결함을 방지하기 위해 붙이는 판은?

① 엔드탭 ② 스티프너
③ 윙플레이트 ④ 커버플레이트

해설
② 스티프너 : 보에서 웨브의 두께가 춤에 비해서 얇을 때, 웨브의 국부 좌굴을 방지하기 위해 사용하는 부재이다.
③ 윙플레이트 : 기둥과 기초의 접합부인 주각부에 사용하는 보강재이다.
④ 커버플레이트 : 보의 플랜지 부분의 단면계수를 크게 하여 휨내력을 보강하기 위해 사용하는 부재이다.

56 강구조의 소성설계와 관계없는 항목은?

① 소성힌지 ② 안전율
③ 붕괴기구 ④ 하중계수

해설
안전율은 허용응력설계법에서 사용된다.
철골구조의 소성설계법

개요	강재의 단면이 항복하면서 발생한 소성힌지로 인해 붕괴기구에 이를 때의 하중을 산출하여 설계하는 경제적인 설계법이다.
주요 용어	소성모멘트, 항복모멘트, 형상계수, 하중계수, 소성힌지, 종국하중(붕괴하중), 붕괴기구 등

58 그림과 같은 구조물의 부정정 차수는?

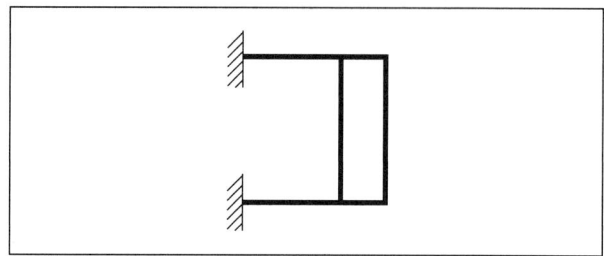

① 3차 부정정 ② 4차 부정정
③ 5차 부정정 ④ 6차 부정정

해설
$m = (n+s+r) - 2k$
  $=$ 지점 반력수(n) + 부재수(s) + 강절점수(r) $- 2 \times$ 절점수(k)
  $= (3+3)+(6)+(6)-(2\times 6) = 6$
∴ $m > 0$, 6차 부정정 구조물이다.

57 다음 캔틸레버보의 자유단의 처짐각은?(단, 탄성계수 E, 단면2차모멘트 I)

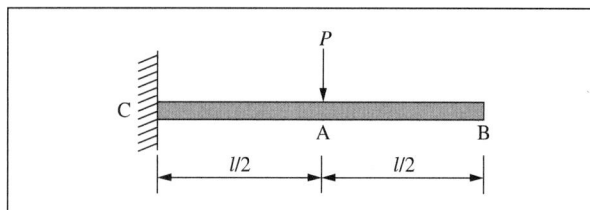

① $\dfrac{Pl^2}{2EI}$ ② $\dfrac{Pl^2}{3EI}$

③ $\dfrac{Pl^2}{6EI}$ ④ $\dfrac{Pl^2}{8EI}$

해설
• 고정단(C점)의 휨모멘트
$M_C = P \times \dfrac{l}{2} = \dfrac{Pl}{2}$
• 공액보 B점의 전단력(= 처짐각)
$S_B' = \dfrac{Pl}{2EI} \times \dfrac{l}{2} \times \dfrac{1}{2} = \dfrac{Pl^2}{8EI}$

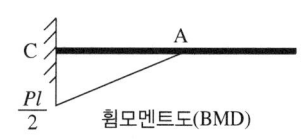
휨모멘트도(BMD)

탄성하중도

59 다음 그림은 각 구간에서 직선적으로 변화하는 단순보의 모멘트도이다. C점과 D점에 동일한 힘 P_1이 작용하고 보의 중앙점 E에 P_2가 작용할 때 P_1과 P_2의 절댓값은?

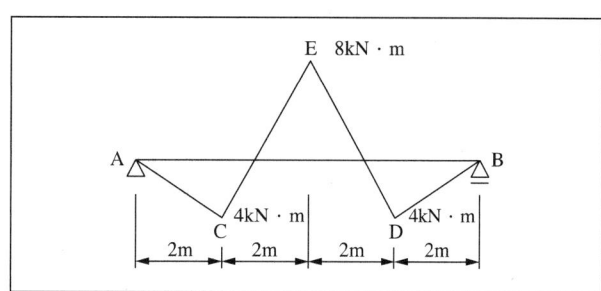

① $P_1 = 4\text{kN}$, $P_2 = 6\text{kN}$ ② $P_1 = 4\text{kN}$, $P_2 = 8\text{kN}$
③ $P_1 = 8\text{kN}$, $P_2 = 10\text{kN}$ ④ $P_1 = 8\text{kN}$, $P_2 = 12\text{kN}$

해설
• A지점의 반력
$M_C = V_A \times a$
$4\text{kN}\cdot\text{m} = V_A \times 2\text{m}$
∴ $V_A = 2\text{kN}$
• C점에 작용하는 P_1
$M_E = V_A \times (a+b) + P_1 \times b$
$-8\text{kN}\cdot\text{m} = 2\text{kN}\times 4\text{m} + P_1 \times 2\text{m}$
∴ $P_1 = -8\text{kN}$
• E점에 작용하는 P_2
$M_D = V_A \times (a+b+c) + P_1 \times (b+c) + P_2 \times c$
$4\text{kN}\cdot\text{m} = 2\text{kN}\times 6\text{m} - 8\text{kN}\times 4\text{m} + P_2 \times 2\text{m}$
∴ $P_2 = 12\text{kN}$

60 한계상태설계법에 따라 강구조물을 설계할 때 고려되는 강도한계상태가 아닌 것은?

① 기둥의 좌굴
② 접합부파괴
③ 바닥재의 진동
④ 피로파괴

해설
③은 사용한계상태에 해당한다.
한계상태설계법의 한계상태
구조물이나 구조재가 사용하기에 부적당하게 되고 사용 목적상 유용하지 않거나(사용한계상태) 안전하지 않다고(강도한계상태) 판단되는 조건을 말한다.

강도 한계상태	• 구조체 또는 구조요소가 극한하중 지지능력에 도달한 상태이다. • 항복, 소성힌지의 형성, 골조 또는 부재의 안정성, 인장파괴, 피로파괴 등 안정성과 최대 하중 지지력에 대한 한계상태를 말한다.
사용 한계상태	• 구조체 또는 구조요소가 사용하기에 부적당하고 의도된 기능을 더 이상 발휘하지 못하는 상태이다. • 구조물의 외형, 유지 및 관리, 내구성, 사용자의 안락감 또는 기계류의 정상적인 기능 등을 유지하기 위한 구조물의 능력에 영향을 미치는 한계상태를 말한다.

제4과목 건축설비

61 다음 중 겨울철 실내 유리창 표면에 발생하기 쉬운 결로의 방지방법과 가장 거리가 먼 것은?

① 실내공기의 움직임을 억제한다.
② 실내에서 발생하는 수증기를 억제한다.
③ 이중유리로 하여 유리창의 단열성능을 높인다.
④ 난방기기를 이용하여 유리창 표면온도를 높인다.

해설
결로 방지를 위해서는 환기를 통해 실내의 절대습도를 낮추는 것이 좋다.
결로의 방지대책
• 실내 기온을 노점온도 이상으로 유지시킨다.
• 실내의 수증기 발생을 억제하고, 환기로 실내 절대습도를 낮춘다.
• 직접가열, 단열강화에 의해 건물 내부의 표면온도를 상승시킨다.
• 이중유리로 하여 유리창의 단열성능을 높인다.
• 낮은 온도의 장시간 난방이 높은 온도의 단시간 난방보다 좋다.

62 엘리베이터의 안전장치 중에서 카가 최상층이나 최하층에서 정상 운행위치를 벗어나 그 이상으로 운행하는 것을 방지하는 것은?

① 완충기(Buffer)
② 조속기(Governor)
③ 리밋 스위치(Limit switch)
④ 카운터웨이트(Counter weight)

해설
① 완충기 : 스프링 또는 유체 등을 이용하여 카, 균형추 또는 평형추의 충격을 흡수하기 위한 제동수단을 말한다.
② 조속기 : 과속조절기라고도 하며, 엘리베이터가 미리 설정된 속도에 도달할 때 엘리베이터를 정지시키도록 하고, 필요한 경우에는 추락방지 안전장치를 작동시키는 장치이다.
④ 카운터웨이트 : 엘리베이터의 권상을 보장하기 위한 무게추(균형추)이다.

63 도시가스 설비에서 도시가스 압력을 사용처에 맞게 낮추는 감압 기능을 갖는 기기는?

① 기화기
② 정압기
③ 압송기
④ 가스홀더

해설
거버너(Governor, 정압기)
- 가스공급회사로부터 공급받은 가스를 건물에서 사용하기에 적합한 압력으로 조정하는 장치이다.
- 가스의 과잉 압력과 불완전 연소를 방지하기 위해 사용한다.

64 다음의 공기조화방식 중 전수방식에 속하는 것은?

① 단일덕트방식
② 2중덕트방식
③ 멀티존유닛방식
④ 팬코일유닛방식

해설
① 단일덕트방식 : 1개의 공급덕트와 1개의 환기덕트를 통해 조화공기를 공급하는 방식이다.
② 2중덕트방식 : 2개의 공급덕트(냉풍, 온풍)와 1개의 환기덕트로 구성되어 있으며, 각 실의 혼합상자에서 공기를 혼합하는 방식이다.
③ 멀티존유닛방식 : 부하조건에 따라 건물 내 존(Zone)을 구분하여 중앙공기조화기 내부에서 각 존에 적합한 조화공기를 혼합하여 송풍하는 방식이다.

65 몰드변압기에 관한 설명으로 옳지 않은 것은?

① 내진성이 우수하다.
② 내습성이 우수하다.
③ 반입, 반출이 용이하다.
④ 옥외 설치 및 대용량 제작이 용이하다.

해설
몰드변압기는 외함이 없을 경우 옥외 설치가 불가하며 대용량 제작이 어렵다.

66 간선의 배선 방식 중 평행식에 관한 설명으로 옳은 것은?

① 설비비가 가장 저렴하다.
② 배선자재의 소요가 가장 적다.
③ 사고의 영향을 최소화할 수 있다.
④ 전압이 안정되나 부하의 증가에 적응할 수 없다.

해설
평행식 배선방식은 사고발생 시 영향을 최소화할 수 있다.
평행식(개별식) 배선방식
- 각 분전반마다 배전반으로부터 각각의 간선을 설치하는 방식이다.
- 공급 신뢰도가 높고, 중요 부하, 큰 용량의 부하에 적용이 가능하다.
- 전압강하가 평균화되며, 사고발생 시 파급되는 범위가 좁다.
- 배선이 복잡하고 설비비가 많이 소요된다.
- 대규모 건축물에 적당하다.

67 다음 설명에 알맞은 유체역학의 기본 원리는?

> 에너지보존의 법칙을 유체의 흐름에 적용한 것으로서 유체가 갖고 있는 운동에너지, 중력에 의한 위치에너지 및 압력에너지의 총합은 흐름 내 어디에서나 일정하다.

① 사이펀작용
② 파스칼의 원리
③ 뉴턴의 점성법칙
④ 베르누이의 정리

해설
① 사이펀작용 : 사이펀 관 내의 유체가 기압차와 중력에 의해 높은 곳에서 낮은 곳으로 흘러나가는 현상을 말한다.
② 파스칼의 원리 : 밀폐된 유체의 일부에 가해진 압력은 유체 내의 모든 곳에 같은 크기로 전달된다는 원리이다.
③ 뉴턴의 점성법칙 : 유체의 점성으로 인한 변형응력은 속도의 기울기에 비례한다는 법칙이다.

68 전기설비용 시설공간(실)의 계획에 관한 설명으로 옳지 않은 것은?

① 변전실은 부하의 중심에 설치한다.
② 변전실은 외부로부터 전력의 수전이 용이해야 한다.
③ 중앙감시실은 일반적으로 방재센터와 겸하도록 한다.
④ 발전기실은 변전실에서 최소 10m 이상 떨어진 위치에 배치한다.

해설
발전기실은 변전실과 인접하도록 배치한다.
전기설비용 시설공간(실)의 기능성
- 변전실은 에너지의 흐름이 원활토록 부하의 중심에 설치한다.
- 변전실은 외부로부터 전력의 수전이 용이해야 한다.
- 전기샤프트는 간선의 배선과 점검·유지보수가 용이한 장소로 한다.
- 발전기실은 변전실과 인접하도록 배치하고, 냉각수 공급, 연료의 공급, 급기 및 배기 용이성, 연도와의 관계 등을 고려하여 위치를 선정하여야 한다.

69 급수 및 급탕설비에 사용되는 슬리브(Sleeve)에 관한 설명으로 옳은 것은?

① 사이펀 작용에 의한 트랩의 봉수 파괴 방지를 위해 사용한다.
② 스케일 부착 및 이물질 투입에 의한 관 폐쇄를 방지하기 위해 사용한다.
③ 가열장치 내의 압력이 설정압력을 넘는 경우에 압력을 도피시키기 위해 사용한다.
④ 배관 시 차후의 교체, 수리를 편리하게 하고 관의 신축에 무리가 생기지 않도록 하기 위해 사용한다.

해설
①은 통기관, ②는 플랜지 및 스트레이너 등의 배관부속, ③은 팽창관(도피관)에 대한 설명이다.
슬리브(Sleeve)
- 배관 등을 콘크리트벽이나 슬래브에 설치할 때 사용하는 통모양의 강관 또는 비닐관이다.
- 바닥이나 벽을 관통하는 배관의 경우 설치 및 수리, 교체를 용이하게 하기 위해서 설치한다.

70 아파트의 각 세대에 스프링클러헤드를 10개 설치한 경우, 스프링클러설비의 수원의 저수량은 최소 얼마 이상이 되도록 하여야 하는가?(단, 폐쇄형 스프링클러헤드를 사용한 경우)

① $16m^3$
② $24m^3$
③ $36m^3$
④ $48m^3$

해설
아파트의 스프링클러헤드의 기준개수는 10개이다.
∴ 10개 × $1.6m^3$ = $16m^3$
스프링클러설비의 수원의 저수량
- 최대 방수구역에 설치된 개방형 스프링클러헤드의 개수가 30개 이하일 경우에는 설치헤드 수에 $1.6m^3$를 곱한 양 이상으로 한다.
- 폐쇄형 스프링클러헤드를 사용하는 경우에는 스프링클러설비 설치장소별 스프링클러헤드의 기준개수[스프링클러헤드의 설치개수가 가장 많은 층(아파트의 경우에는 설치개수가 가장 많은 세대)에 설치된 스프링클러헤드의 개수가 기준개수보다 작은 경우에는 그 설치개수를 말한다]에 $1.6m^2$를 곱한 양 이상이 되도록 한다.
※ 출제 오류로 인해 내용을 수정하였다.

71 평균 BOD 150ppm인 가정오수 $1,000m^3/d$가 유입되는 오수정화조의 1일 유입 BOD량은?

① 150kg/d
② 300kg/d
③ 45,000kg/d
④ 150,000kg/d

해설
BOD의 계산

BOD 부하량	유입수 BOD × 오수량
BOD 제거율	(유입수 BOD − 유출수 BOD) ÷ 유입수 BOD × 100(%)

100ppm = 100mg/L = $100g/m^3$ = $0.1kg/m^3$이므로
∴ $0.15kg/m^3$ × $1,000m^3/d$ = 150kg/d

72 습공기를 가열할 경우 감소하는 상태값은?

① 엔탈피
② 비체적
③ 상대습도
④ 건구온도

해설
절대습도의 변화 없이 건구온도만 상승시키면 엔탈피와 비체적은 증가하고, 상대습도는 낮아진다.

73 냉각탑에 관한 설명으로 옳은 것은?

① 고압의 액체냉매를 증발시켜 냉동효과를 얻게 하는 설비이다.
② 증발기에서 나온 수증기를 냉각시켜 물이 되도록 하는 설비이다.
③ 대기 중에서 기체냉매를 냉각시켜 액체냉매로 응축하기 위한 설비이다.
④ 냉매를 응축시키는 데 사용된 냉각수를 재사용하기 위하여 냉각시키는 설비이다.

해설
냉각탑(Cooling tower)
• 냉동기의 응축기에 사용하는 냉각용수를 재사용하기 위하여 열을 외기와 접촉시켜 냉각하는 열교환장치이다.
• 물을 냉각수로 사용하는 수랭식 냉동기에 사용된다.
• 설치장소는 소음이 적고, 먼지나 매연이 없으며, 시공관리가 용이하고 통풍이 잘 되는 곳이 좋다.

74 온수난방의 일반적인 특징에 관한 설명으로 옳지 않은 것은?

① 한랭지에서는 운전정지 중에 동결의 위험이 있다.
② 난방을 정지하여도 난방효과가 어느 정도 지속된다.
③ 증기난방에 비하여 난방부하 변동에 따른 온도조절이 용이하다.
④ 증기난방에 비하여 소요방열면적과 배관경이 작게 되므로 설비비가 적게 든다.

해설
온수난방은 방열면적과 배관이 커서 설비비가 비싸다.

75 다음 중 냉방부하 계산 시 현열과 잠열 모두 고려하여야 하는 요소는?

① 덕트로부터의 취득열량
② 유리로부터의 취득열량
③ 벽체로부터의 취득열량
④ 극간풍에 의한 취득열량

해설
부하와 열의 종류
현열은 공기의 온도에 영향을 주며, 잠열은 습도에 영향을 미친다.

구분	냉·온열원	냉방부하	난방부하
현열	유리면	○	○
	외기에 면한 벽체·지붕, 내벽, 바닥	○	○
	재열부하	○	○
	조명기구, 복사기, 덕트(취득열량)	○	-
현열+잠열	환기, 외기의 도입, 틈새바람(극간풍)	○	○
	인체	○	-
	순간급탕기	○	-

76 면적이 100m²인 어느 강당의 야간 소요 평균조도가 300lx이다. 1개당 광속이 2,000lm인 형광등을 사용할 경우 소요 형광등 수는?(단, 조명률은 60%이고 감광보상률은 1.5이다)

① 25개
② 29개
③ 34개
④ 38개

해설
조도의 계산

평균조도	$\dfrac{\text{램프당 광속} \times \text{램프수량} \times \text{조명률} \times \text{보수율}}{\text{실의 면적}}$
램프수량	$\dfrac{\text{평균조도}(E) \times \text{실의 면적}(A)}{\text{램프당 광속}(F) \times \text{조명률}(U) \times \text{보수율}(M)}$

보수율은 감광보상률의 역수이므로, 10/15이다.

$$\therefore \text{램프수량} = \frac{300\text{lx} \times 100\text{m}^2}{2{,}000\text{lm} \times 0.6 \times 10/15} = 37.5 ≒ 38개$$

77 다음 중 방송공동수신설비의 구성기기에 속하지 않는 것은?

① 혼합기 ② 모시계
③ 컨버터 ④ 증폭기

해설
방송공동수신설비(TV공청설비)

개요	1조의 안테나로 TV공중파를 수신하여 TV수상기로 배분하는 설비이다.
구성기기	안테나, 혼합기(Mixer), 컨버터, 증폭기, 선로기기(분기기, 분배기, 정합기, 분파기 등), 전송선, 종합유선방송기기(방향성 결합기)

78 급수방식 중 고가수조방식에 관한 설명으로 옳은 것은?

① 대규모의 급수 수요에 쉽게 대응할 수 있다.
② 저수조가 없으므로 단수 시에 급수할 수 없다.
③ 수도 본관의 영향을 그대로 받아 수압 변화가 심하다.
④ 위생 및 유지·관리 측면에서 가장 바람직한 방식이다.

해설
②·③·④는 수도직결방식에 대한 설명이다.
고가수조(고가탱크) 급수방식

개요	펌프를 통해 건물 상부 고가수조에 양수한 물을 높이에 의한 수압 차이로 하향 급수하는 방식이다.
계통	상수도 → 저수탱크 → 양수펌프 → 고가수조 → 수전
특징	• 급수압력이 일정하고 고장이 적어 물 공급이 안정적이다. • 고가수조 중량에 의한 구조적 보강이 필요하다. • 저수조에서 물이 오염될 가능성이 있다. • 정전 및 단수 시 일정량의 급수가 가능하다. • 대규모의 급수설비에 적합하다.

79 습공기의 건구온도와 습구온도를 알 때 습공기선도에서 구할 수 있는 상태값이 아닌 것은?

① 엔탈피 ② 비체적
③ 기류속도 ④ 절대습도

해설
습공기선도
• 표준대기압에서의 습공기의 성질을 나타내는 도표이다.
• 온도(건구온도, 습구온도, 노점온도), 습도(상대습도, 절대습도), 엔탈피, 수증기분압, 비체적, 현열비, 열수분비 등이 표시된다.

80 변풍량 단일덕트방식에서 송풍량 조절의 기준이 되는 것은?

① 실내 청정도
② 실내 기류속도
③ 실내 현열부하
④ 실내 잠열부하

해설
가변풍량 단일덕트(VAV) 방식
• 송풍온도를 일정하게 하고 송풍량을 변경한다.
• 송풍량 조절의 기준은 실내 현열부하이다.
• 송풍기에 인버터를 설치하여 회전수를 제어한다.
• 각 실이나 존의 온도를 개별 제어할 수 있다.
• 일사량 변화가 심한 페리미터존(외부존)에 적합하다.
• 에너지 절감 측면에서 가장 유리하나 설비비가 증가한다.

제5과목 건축관계법규

81 건축물의 대지 및 도로에 관한 설명으로 틀린 것은?

① 손궤의 우려가 있는 토지에 대지를 조성하고자 할 때 옹벽의 높이가 2m 이상인 경우에는 이를 콘크리트구조로 하여야 한다.
② 면적이 100m² 이상인 대지에 건축을 하는 건축주는 대지에 조경이나 그 밖에 필요한 조치를 하여야 한다.
③ 연면적의 합계가 2,000m²(공장인 경우 3,000m²) 이상인 건축물(축사, 작물 재배사, 그 밖에 이와 비슷한 건축물로서 건축조례로 정하는 규모의 건축물은 제외)의 대지는 너비 6m 이상의 도로에 4m 이상 접하여야 한다.
④ 도로면으로부터 높이 4.5m 이하에 있는 창문은 열고 닫을 때 건축선의 수직면을 넘지 아니하는 구조로 하여야 한다.

해설
대지에 조경이나 그 밖의 조치를 해야 하는 면적 기준은 200m² 이상이다.
대지의 조경 기준(건축법 제42조)
- 면적이 200m² 이상인 대지에 건축을 하는 건축주는 용도지역 및 건축물의 규모에 따라 해당 지방자치단체의 조례로 정하는 기준에 따라 대지에 조경이나 그 밖에 필요한 조치를 해야 한다.
- 국토교통부장관은 식재(植栽) 기준, 조경 시설물의 종류 및 설치방법, 옥상 조경의 방법 등 조경에 필요한 사항을 정하여 고시할 수 있다.

82 건축허가신청에 필요한 설계도서에 해당하지 않는 것은?

① 배치도
② 투시도
③ 건축계획서
④ 소방설비도

해설
투시도·조감도는 건축허가신청에 필요한 설계도서가 아니다.
건축허가신청에 필요한 설계도서(건축법 시행규칙 별표 2)
건축계획서, 배치도, 평면도, 입면도, 단면도, 구조도, 구조계산서, 소방설비도
※ 개정된 법령 기준으로 내용을 수정하였다.

83 직통계단의 설치에 관한 기준 내용 중 밑줄 친 "다음 각 호의 어느 하나에 해당하는 용도 및 규모의 건축물"의 기준 내용으로 틀린 것은?

법 제49조 제1항에 따라 피난층 외의 층이 다음 각 호의 어느 하나에 해당하는 용도 및 규모의 건축물에는 국토교통부령으로 정하는 기준에 따라 피난층 또는 지상으로 통하는 직통계단을 2개소 이상 설치하여야 한다.

① 지하층으로서 그 층 거실의 바닥면적의 합계가 200m² 이상인 것
② 종교시설의 용도로 쓰는 층으로서 그 층에서 해당 용도로 쓰는 바닥면적의 합계가 200m² 이상인 것
③ 숙박시설의 용도로 쓰는 3층 이상의 층으로서 그 층의 해당 용도로 쓰는 거실의 바닥면적의 합계가 200m² 이상인 것
④ 업무시설 중 오피스텔의 용도로 쓰는 층으로서 그 층의 해당 용도로 쓰는 거실의 바닥면적의 합계가 200m² 이상인 것

해설
④의 경우, 300m² 이상이다.
직통계단을 2개소 이상 설치해야 하는 공동주택 또는 업무시설(건축법 시행령 제34조)
공동주택(층당 4세대 이하인 것은 제외한다) 또는 업무시설 중 오피스텔의 용도로 쓰는 층으로서 그 층의 해당 용도로 쓰는 거실의 바닥면적의 합계가 300m² 이상인 것

84 거실의 채광 및 환기에 관한 규정으로 옳은 것은?

① 교육연구시설 중 학교의 교실에는 채광 및 환기를 위한 창문 등이나 설비를 설치하여야 한다.
② 채광을 위하여 거실에 설치하는 창문 등의 면적은 그 거실의 바닥면적의 20분의 1 이상이어야 한다.
③ 환기를 위하여 거실에 설치하는 창문 등의 면적은 그 거실의 바닥면적의 10분의 1 이상이어야 한다.
④ 채광 및 환기를 위한 창문 등의 면적에 관한 규정을 적용함에 있어서 수시로 개방할 수 있는 미닫이로 구획된 2개의 거실은 이를 2개의 거실로 본다.

정답 81 ② 82 ② 83 ④ 84 ①

해설

① : 1/10 이상이어야 한다.
③ : 1/20 이상이어야 한다.
④ : 미닫이로 구획된 2개의 거실은 1개의 거실로 본다.

채광 및 환기를 위한 창문 등(건축법 시행령 제51조, 건축물방화구조규칙 제17조)

적용 대상	• 단독주택 및 공동주택의 거실 • 교육연구시설 중 학교의 교실 • 의료시설의 병실 및 숙박시설의 객실	
창문 면적	수시로 개방할 수 있는 미닫이로 구획된 2개의 거실은 이를 1개의 거실로 본다.	
	환기	• 거실의 바닥면적의 1/20 이상 • 기계환기장치 및 중앙관리방식의 공기조화설비를 설치하는 경우 제외
	채광	• 거실의 바닥면적의 1/10 이상 • 기준 조도 이상의 조명장치를 설치하는 경우 제외

85 다음 중 건축면적에 산입하지 않는 대상 기준으로 틀린 것은?

① 지하주차장의 경사로
② 지표면으로부터 1.8m 이하에 있는 부분
③ 건축물 지상층에 일반인이 통행할 수 있도록 설치한 보행통로
④ 건축물 지상층에 차량이 통행할 수 있도록 설치한 차량통로

해설

지표면으로부터 1m 이하의 부분은 건축면적에 산입하지 않는다.
건축면적에서 제외되는 주요 항목(건축법 시행령 제119조)
• 지표면으로부터 1m 이하에 있는 부분(창고 물품 입출고를 위해 차량을 접안시키는 부분의 경우 1.5m 이하)
• 건축물 지상층에 일반인이나 차량이 통행할 수 있도록 설치한 보행통로나 차량통로
• 지하주차장의 경사로
• 건축물 지하층의 출입구 상부
• 장애인용승강기, 장애인용에스컬레이터, 휠체어리프트 또는 경사로

86 시가화조정구역의 지정과 관련된 기준 내용 중 밑줄 친 "대통령령으로 정하는 기간"으로 옳은 것은?

시·도지사는 직접 또는 관계 행정기관의 장의 요청을 받아 도시지역과 그 주변 지역의 무질서한 시가화를 방지하고 계획적·단계적인 개발을 도모하기 위하여 <u>대통령령으로 정하는 기간</u> 동안 시가화를 유보할 필요가 있다고 인정되면 시가화조정구역의 지정 또는 변경을 도시·군 관리계획으로 결정할 수 있다.

① 5년 이상 10년 이내의 기간
② 5년 이상 20년 이내의 기간
③ 7년 이상 10년 이내의 기간
④ 7년 이상 20년 이내의 기간

해설

시가화조정구역의 지정(국토계획법 제39조, 동법 시행령 제32조 제1항)

목적	무질서한 시가화의 방지, 계획·단계적인 개발 도모
유보기간	5년 이상 20년 이내
지정·변경권자	• 시·도지사는 직접 또는 요청을 받아 시가화조정구역의 지정 또는 변경을 도시·군관리계획으로 결정할 수 있다. • 국가계획과 연계가 필요한 경우에는 국토교통부장관이 직접 시가화조정구역의 지정 또는 변경을 도시·군관리계획으로 결정할 수 있다.
효력	시가화조정구역의 지정에 관한 도시·군관리계획의 결정은 시가화 유보기간이 끝난 날의 다음날부터 그 효력을 잃는다.

87 지방건축위원회의가 심의 등을 하는 사항에 속하지 않는 것은?

① 건축선의 지정에 관한 사항
② 다중이용건축물의 구조안전에 관한 사항
③ 특수구조건축물의 구조안전에 관한 사항
④ 경관지구 내의 건축물의 건축에 관한 사항

정답 85 ② 86 ② 87 ④

해설

경관지구 안에서는 그 지구의 경관의 보전·관리·형성에 장애가 된다고 인정하여 도시·군계획조례가 정하는 건축물을 건축할 수 없다. 다만, 특별시장·광역시장·특별자치시장·특별자치도지사·시장 또는 군수가 지구의 지정목적에 위배되지 아니하는 범위 안에서 도시·군계획조례가 정하는 기준에 적합하다고 인정하여 해당 지방자치단체에 설치된 도시계획위원회의 심의를 거친 경우에는 그렇지 않다.

지방건축위원회의 주요 심의사항(건축법 시행령 제5조의5)
- 건축선의 지정에 관한 사항
- 건축법 또는 건축법 시행령에 따른 조례의 제정·개정 및 시행에 관한 중요 사항
- 다중이용건축물 및 특수구조건축물의 구조안전에 관한 사항
- 다른 법령에서 지방건축위원회의 심의를 받도록 한 경우 해당 법령에서 규정한 심의사항
- 건축조례로 정하는 건축물의 건축 등에 관한 것으로서 시·도지사 및 시장·군수·구청장이 지방건축위원회의 심의가 필요하다고 인정한 사항

88 위락시설의 시설면적이 1,000m²일 때 주차장법령에 따라 설치해야 하는 부설주차장의 설치기준은?

① 10대   ② 13대
③ 15대   ④ 20대

해설

시설면적당 부설주차장 설치기준(주차장법 시행령 별표 1)

400m²당 1대	창고시설, 학생용 기숙사, 방송통신시설 중 데이터센터
350m²당 1대	수련시설, 공장(아파트형 제외), 발전시설
300m²당 1대	기타 건축물
200m²당 1대	제1종 근린생활시설(공공업무·주민공동시설 중 일부 제외), 제2종 근린생활시설, 숙박시설
150m²당 1대	문화 및 집회시설(관람장 제외), 종교시설, 판매시설, 운수시설, 의료시설(정신병원·요양병원·격리병원 제외), 운동시설(골프장·골프연습장·옥외수영장 제외), 업무시설(외국공관·오피스텔 제외), 방송국, 장례식장
100m²당 1대	위락시설

∴ 1,000m² ÷ 100m² × 1대 = 10대

89 공동주택과 오피스텔의 난방설비를 개별난방방식으로 하는 경우에 관한 기준 내용으로 틀린 것은?

① 보일러는 거실 외의 곳에 설치할 것
② 보일러실의 윗부분에는 그 면적이 0.5m² 이상인 환기창을 설치할 것
③ 보일러실과 거실 사이의 출입구는 그 출입구가 닫힌 경우에는 보일러가스가 거실에 들어갈 수 없는 구조로 할 것
④ 보일러의 연도는 내화구조로서 개별연도로 설치할 것

해설

보일러의 연도는 공동연도로 설치해야 한다.

개별난방설비기준(건축물설비기준규칙 제13조)
- 보일러는 거실 외의 곳에 설치하되, 보일러를 설치하는 곳과 거실 사이의 경계벽은 출입구를 제외하고는 내화구조의 벽으로 구획할 것
- 보일러실의 윗부분에는 그 면적이 0.5m² 이상인 환기창을 설치하고, 보일러실의 윗부분과 아랫부분에는 각각 지름 10cm 이상의 공기흡입구 및 배기구를 항상 열려 있는 상태로 바깥공기에 접하도록 설치할 것
- 보일러실과 거실 사이의 출입구는 그 출입구가 닫힌 경우에는 보일러가스가 거실에 들어갈 수 없는 구조로 할 것
- 기름보일러를 설치하는 경우에는 기름저장소를 보일러실 외의 다른 곳에 설치할 것
- 오피스텔의 경우에는 난방구획을 방화구획으로 구획할 것
- 보일러의 연도는 내화구조로서 공동연도로 설치할 것

90 다음 중 국토의 계획 및 이용에 관한 법령상 공공시설에 속하지 않는 것은?

① 공동구
② 방풍설비
③ 사방설비
④ 쓰레기 처리장

해설

공공시설(국토계획법 제2조, 동법 시행령 제4조)
- 도로·공원·철도·수도
- 항만·공항·광장·녹지·공공공지·공동구·하천·유수지·방화설비·방풍설비·방수설비·사방설비·방조설비·하수도·구거(도랑)
- 행정청이 설치하는 시설로서 주차장, 저수지 및 그 밖에 국토교통부령으로 정하는 시설
- 스마트도시법률에 따른 스마트도시서비스의 제공 등을 위한 스마트도시 통합운영센터 등 스마트도시의 관리·운영에 관한 시설

91 6층 이상의 거실면적의 합계가 5,000m²인 경우, 다음 중 승용승강기를 가장 많이 설치해야 하는 것은?(단, 8인승 승용승강기를 설치하는 경우)

① 위락시설 ② 숙박시설
③ 판매시설 ④ 업무시설

[해설]
최소 설치대수는 판매시설 > 위락시설 = 숙박시설 = 업무시설 순이다.
승용승강기의 설치기준(건축물설비기준규칙 별표 1의2)

건축물의 용도	6층 이상 거실면적의 합계	
	3,000m² 이하	3,000m² 초과
공연장, 집회장, 관람장, 판매시설, 의료시설	2대	2대에 3,000m²를 초과하는 2,000m² 이내마다 1대를 더한 대수
전시장, 동·식물원, 업무시설, 숙박시설, 위락시설	1대	1대에 3,000m²를 초과하는 2,000m² 이내마다 1대를 더한 대수
공동주택, 교육연구시설, 노유자시설, 기타 시설	1대	1대에 3,000m²를 초과하는 3,000m² 이내마다 1대를 더한 대수

※ 8인승 이상 15인승 이하는 1대의 승강기로 보고, 16인승 이상의 승강기는 2대로 본다.

92 지하식 또는 건축물식 노외주차장의 차로에 관한 기준 내용으로 틀린 것은?

① 경사로의 노면은 거친 면으로 하여야 한다.
② 높이는 주차바닥면으로부터 2.3m 이상으로 하여야 한다.
③ 경사로의 종단경사도는 직선 부분에서는 14%를 초과하여서는 아니 된다.
④ 주차대수 규모가 50대 이상인 경우의 경사로는 너비 6m 이상인 2차로를 확보하거나 진입차로와 진출차로를 분리하여야 한다.

[해설]
경사로의 종단경사도는 직선 부분에서는 17%를, 곡선 부분에서는 14%를 초과하여서는 안 된다.
지하식 또는 건축물식 노외주차장의 경사로의 종단경사도(주차장법 시행규칙 제6조 제1항 제5호)

직선 부분	곡선 부분
17% 이하	14% 이하

93 다음은 건축물의 사용승인에 관한 기준 내용이다. ( ) 안에 알맞은 것은?

> 건축주가 허가를 받았거나 신고를 한 건축물의 건축공사를 완료한 후 그 건축물을 사용하려면 공사감리자가 작성한 (㉠)와 (㉡) 등 국토교통부령으로 정하는 서류를 첨부하여 허가권자에게 사용승인을 신청하여야 한다.

① ㉠ 설계도서, ㉡ 시방서
② ㉠ 시방서, ㉡ 설계도서
③ ㉠ 감리완료보고서, ㉡ 공사완료도서
④ ㉠ 공사완료도서, ㉡ 감리완료보고서

[해설]
사용승인(건축법 제22조 제1항, 동법 시행규칙 제16조 제3항)
• 건축주가 허가를 받았거나 신고를 한 건축물의 건축공사를 완료한 후 그 건축물을 사용하려면 공사감리자가 작성한 감리완료보고서와 공사완료도서 등 국토교통부령으로 정하는 서류를 첨부하여 허가권자에게 사용승인을 신청하여야 한다.
• 허가권자는 사용승인신청검사를 받은 경우에는 그 신청서를 받은 날부터 7일 이내에 사용승인을 위한 검사를 실시하고, 검사에 합격된 건축물에 대하여는 사용승인서를 내주어야 한다.

※ 관련 법령 개정으로 수정된 문제이다.

94 공사감리자의 업무에 속하지 않는 것은?

① 시공계획 및 공사관리의 적정 여부의 확인
② 상세시공도면의 검토·확인
③ 설계변경의 적정 여부의 검토·확인
④ 공정표 및 현장설계도면 작성

정답 91 ③ 92 ③ 93 ③ 94 ④

해설

공사감리자의 업무는 공정표 등의 작성이 아닌 검토·확인이다.

공사감리업무(건축법 시행령 제19조 제9항, 동법 시행규칙 제19조의2)
- 공사시공자가 설계도서에 따라 적합하게 시공하는지 여부의 확인
- 공사시공자가 사용하는 건축자재가 관계 법령에 따른 기준에 적합한 건축자재인지 여부의 확인
- 건축물 및 대지가 건축법 및 관계 법령에 적합하도록 공사시공자 및 건축주를 지도
- 시공계획 및 공사관리의 적정 여부의 확인
- 건축공사의 하도급과 관련된 다음의 확인
  - 수급인(하수급인을 포함한다)이 건설산업기본법에 따른 시공자격을 갖춘 건설사업자에게 건축공사를 하도급했는지에 대한 확인
  - 수급인이 건설산업기본법에 따라 공사현장에 건설기술인을 배치했는지에 대한 확인
- 공사현장에서의 안전관리의 지도
- 공정표의 검토
- 상세시공도면의 검토·확인
- 구조물의 위치와 규격의 적정 여부의 검토·확인
- 품질시험의 실시 여부 및 시험성과의 검토·확인
- 설계변경의 적정 여부의 검토·확인
- 기타 공사감리계약으로 정하는 사항

95 제2종 일반주거지역 안에서 건축할 수 있는 건축물에 속하지 않는 것은?

① 아파트
② 노유자시설
③ 종교시설
④ 문화 및 집회시설 중 관람장

해설

제2종 일반주거지역에는 조례에 따라 관람장을 제외한 문화 및 집회시설을 건축할 수 있다.

제2종 일반주거지역 안에서 건축할 수 있는 건축물(국토계획법 시행령 별표 5)
- 단독주택(단독주택, 다중주택, 다가구주택, 공관)
- 공동주택(아파트, 연립주택, 다세대주택, 기숙사)
- 제1종 근린생활시설
- 종교시설
- 교육연구시설 중 유치원·초등학교·중학교 및 고등학교
- 노유자시설

96 주거기능을 위주로 이를 지원하는 일부 상업기능 및 업무기능을 보완하기 위하여 지정하는 주거지역의 세분은?

① 준주거지역
② 제1종 전용주거지역
③ 제1종 일반주거지역
④ 제2종 일반주거지역

해설

주거지역의 세분(국토계획법 시행령 제30조 제1항)

전용주거지역	제1종	단독주택 중심의 양호한 주거환경
	제2종	공동주택 중심의 양호한 주거환경
일반주거지역	제1종	저층주택 중심의 편리한 주거환경
	제2종	중층주택 중심의 편리한 주거환경
	제3종	중고층주택 중심의 편리한 주거환경
준주거지역	주거기능 위주로 일부 상업 및 업무기능 보완	

97 다음 중 피난층이 아닌 거실에 배연설비를 설치하여야 하는 대상 건축물에 속하지 않는 것은?(단, 6층 이상인 건축물의 경우)

① 판매시설
② 종교시설
③ 교육연구시설 중 학교
④ 운수시설

해설

학교는 배연설비의 설치대상이 아니다.

배연설비의 설치대상(건축법 시행령 제51조)

다음 건축물의 거실에는 배연설비를 한다(피난층의 거실은 제외).

용도	요양병원, 정신병원, 노인요양시설, 장애인 거주시설, 장애인 의료재활시설, 제1종 근린생활시설 중 산후조리원
6층 이상	문화 및 집회시설, 종교시설, 판매시설, 운수시설, 의료시설(요양병원 및 정신병원은 제외한다), 교육연구시설 중 연구소, 노유자시설 중 아동 관련 시설·노인복지시설(노인요양시설은 제외한다), 수련시설 중 유스호스텔, 운동시설, 업무시설, 숙박시설, 위락시설, 관광휴게시설, 장례시설, 제2종 근린생활시설 중 다중생활시설
바닥면적 합계 300m² 이상	제2종 근린생활시설 중 공연장, 종교집회장, 인터넷컴퓨터게임시설제공업소

98 다음 거실의 반자높이와 관련된 기준 내용 중 ( ) 안에 해당되지 않는 건축물의 용도는?

( )의 용도에 쓰이는 건축물의 관람실 또는 집회실로서 그 바닥면적이 200m² 이상인 것의 반자의 높이는 4m(노대의 아랫부분의 높이는 2.7m) 이상이어야 한다. 다만, 기계환기장치를 설치하는 경우에는 그렇지 않다.

① 문화 및 집회시설 중 동·식물원
② 장례식장
③ 위락시설 중 유흥주점
④ 종교시설

해설
문화 및 집회시설 중 전시장 및 동·식물원은 적용 대상에서 제외된다.
거실의 반자높이(건축물방화구조규칙 제16조)
㉠ 거실의 반자는 그 높이를 2.1m 이상으로 하여야 한다.
㉡ 문화 및 집회시설(전시장 및 동·식물원은 제외한다), 종교시설, 장례식장 또는 위락시설 중 유흥주점의 용도에 쓰이는 건축물의 관람실 또는 집회실로서 그 바닥면적이 200m² 이상인 것의 반자의 높이는 ㉠에도 불구하고 4m(노대의 아랫부분의 높이는 2.7m) 이상이어야 한다. 다만, 기계환기장치를 설치하는 경우에는 그렇지 않다.

99 대통령령으로 정하는 용도와 규모의 건축물이 소규모 휴식시설 등의 공개공지 또는 공개공간을 설치하여야 하는 대상지역에 해당되지 않는 곳은?

① 준공업지역
② 일반공업지역
③ 일반주거지역
④ 준주거지역

해설
공개공지 등의 확보(건축법 제43조, 동법 시행령 제27조의2)

대상 지역	• 일반주거지역, 준주거지역, 상업지역, 준공업지역 • 도시화의 가능성이 크거나 노후산업단지의 정비가 필요하다고 인정하여 지정·공고하는 지역
대상 건축물	• 해당 용도의 바닥면적 합계 5,000m² 이상인 문화 및 집회시설, 종교시설, 판매시설(농수산물유통시설 제외), 운수시설(여객용 시설만 해당), 업무시설, 숙박시설 • 다중이 이용하는 시설로서 건축조례로 정하는 건축물

100 주요구조부가 내화구조 또는 불연재료로 된 건축물로서 국토교통부령으로 정하는 기준에 따라 내화구조로 된 바닥 및 벽, 방화문 또는 자동방화셔터로 구획하여야 하는 연면적 기준은?

① 400m² 초과
② 500m² 초과
③ 1,000m² 초과
④ 1,500m² 초과

해설
방화구획의 설치대상(건축법 시행령 제46조)
주요구조부가 내화구조 또는 불연재료로 된 건축물로서 연면적이 1,000m²를 넘는 것은 내화구조로 된 바닥 및 벽, 방화문 또는 자동방화셔터로 구획해야 한다.

정답 98 ① 99 ② 100 ③

2021년 제1회 과년도 기출문제

제1과목 건축계획

01 사무소 건축의 실단위계획에 관한 설명으로 옳지 않은 것은?

① 개실 시스템은 독립성과 쾌적감의 이점이 있다.
② 개방식 배치는 전 면적을 유용하게 이용할 수 있다.
③ 개방식 배치는 개실 시스템보다 공사비가 저렴하다.
④ 개실 시스템은 연속된 긴 복도로 인해 방 깊이에 변화를 주기가 용이하다.

해설
④는 개방식 배치에 대한 설명이다.
개실 시스템

개요	• 복도에서 각 공간으로 들어가는 형식이다. • 독립성 확보와 응접이 요구되는 최고경영자, 전문직 개실에 사용된다.
장점	• 독립성과 쾌적감의 이점이 있다. • 자연채광 및 개인적인 실내 환경조절이 용이하다.
단점	• 공사비가 비교적 높다. • 공간의 길이에는 변화를 줄 수 있으나, 깊이에는 변화를 줄 수 없다.

02 공장 건축의 레이아웃(Layout)에 관한 설명으로 옳지 않은 것은?

① 제품 중심의 레이아웃은 대량생산에 유리하며 생산성이 높다.
② 레이아웃이란 생산품의 특성에 따른 공장의 건축면적 결정 방식을 말한다.
③ 공정 중심의 레이아웃은 다종 소량생산으로 표준화가 행해지기 어려운 경우에 적합하다.
④ 고정식 레이아웃은 조선소와 같이 조립부품이 고정된 장소에 있고 사람과 기계를 이동시키며 작업을 행하는 방식이다.

해설
공장의 레이아웃은 공장 건축의 평면요소 간의 위치관계를 결정하는 것을 말한다.
공장의 레이아웃(Layout)
• 기계설비, 작업자의 작업구역, 자재나 제품 두는 곳 등에 대한 상호 위치관계를 말한다.
• 넓은 의미로는 생산작업뿐만 아니라 사무작업, 복리후생, 보건위생, 문화관리 등 공장의 전반적인 시설을 다룬다.
• 레이아웃은 공장의 생산성에 큰 영향을 미친다.
• 공장의 레이아웃은 기본설계와 병행하여 이루어지며, 배치계획·평면계획은 레이아웃에 부합되어야 한다.
• 공장규모의 변화에 대응할 수 있도록 충분한 융통성을 부여하여야 한다.

정답 01 ④ 02 ②

03 다음 설명에 알맞은 극장 건축의 평면형식은?

- 가까운 거리에서 관람하면서 가장 많은 관객을 수용할 수 있다.
- 객석과 무대가 하나의 공간에 있으므로 양자의 일체감이 높다.
- 무대의 배경을 만들지 않으므로 경제성이 있다.

① 아레나(Arena)형
② 가변(Adaptable stage)형
③ 프로시니엄(Proscenium)형
④ 오픈스테이지(Open stage)형

해설
② 가변형 : 필요에 따라서 무대와 객석을 변화시킬 수 있는 형태이다.
③ 프로시니엄형 : 연기자와 관객의 접촉면이 한 면으로 한정된 형태로서 배경이 한 폭의 그림과 같은 느낌을 주며, 많은 관람석을 두려면 거리가 멀어져 객석 수용능력에 제한을 받는다.
④ 오픈스테이지형 : 관객이 부분적으로 연기자를 둘러싸고 있는 형태이며, 무대장치를 꾸미는 데 어려움이 있다.

04 다음 중 건축계획에서 말하는 미의 특성 중 변화 또는 다양성을 얻는 방식과 가장 거리가 먼 것은?

① 억양(Accent)
② 대비(Contrast)
③ 균제(Proportion)
④ 대칭(Symmetry)

해설
미의 3요소

통일성	대칭, 반복, 균일
변화성	억양, 대비, 균제
균형성	정적 균형, 동적 균형

05 고대 그리스의 기둥 양식에 속하지 않는 것은?

① 도리아식
② 코린트식
③ 컴포지트식
④ 이오니아식

해설
로마 건축은 그리스의 3가지 오더(도리아, 이오니아, 코린트)를 계승하고 2가지의 오더(컴포지트, 토스카나)를 추가하였다.

그리스 건축의 오더 양식

도리아(도릭) 오더	· 그리스 본토에서 발생한 최초의 오더이다. · 다른 오더와 달리 주초(Base)가 없다. · 단순하고 장중한 느낌을 주는 양식이다.
이오니아(이오닉) 오더	· 에게해의 섬 및 소아시아에서 발달한 양식이다. · 주두(Capital)에 회오리 형태의 문양이 있다. · 섬세하고 우아한 느낌을 주는 양식이다.
코린티안(코린트) 오더	· 그리스의 오더 양식 중 가장 후기의 오더이다. · 주두(Capital)에 나뭇잎 형상의 장식이 있다. · 장식이 많고 화려한 느낌을 주는 양식이다.

06 쇼핑센터의 몰(Mall)의 계획에 관한 설명으로 옳지 않은 것은?

① 전문점들과 중심상점의 주출입구는 몰에 면하도록 한다.
② 몰에는 자연광을 끌어들여 외부공간과 같은 성격을 갖게 하는 것이 좋다.
③ 다층으로 계획할 경우, 시야의 개방감을 적극적으로 고려하는 것이 좋다.
④ 중심상점들 사이의 몰의 길이는 100m를 초과하지 않아야 하며, 길이 40~50m마다 변화를 주는 것이 바람직하다.

해설
몰(Mall)의 계획 시 고려사항
- 확실한 방향성과 식별성이 요구된다.
- 전문점과 핵점포(중심상점)의 주출입구는 몰에 면하도록 한다.
- 다층으로 계획할 경우, 시야의 개방감이 고려되어야 한다.
- 자연광을 끌어들여 외부공간과 같은 성격을 갖게 한다.
- 코트를 설치해 각종 연회, 이벤트 행사 등을 유치하기도 한다.
- 폭은 3~12m 정도, 핵점포 간의 거리는 240m 미만인 것이 좋다.

정답 03 ① 04 ④ 05 ③ 06 ④

07 주택단지 도로의 유형 중 쿨데삭(Cul-de-sac)형에 관한 설명으로 옳은 것은?

① 단지 내 통과교통의 배제가 불가능하다.
② 교차로가 +자형이므로 자동차의 교통처리에 유리하다.
③ 우회도로가 없기 때문에 방재상 불리하다는 단점이 있다.
④ 주행속도 감소를 위해 도로의 교차방식을 주로 T자 교차로 한 형태이다.

해설
쿨데삭(Cul-de-sac)
- 막다른 도로를 구성하여 통과교통을 배제한 형식이다.
- 차량의 흐름을 주변으로 한정하여 서로 연결한다.
- 통과교통이 없어 주거환경의 쾌적성, 안전성이 확보된다.
- 사람과 차량의 분리가 가능하며, 보행로의 배치가 자유롭다.
- 주택 배면에 보행자전용도로가 설치되어야 효과적이다.
- 적정길이는 300m 이하이며, 우회도로가 없어 방재·방범상 불리하다.

08 사무소 건축의 코어 유형에 관한 설명으로 옳지 않은 것은?

① 편심코어형은 기준층 바닥면적이 작은 경우에 적합하다.
② 독립코어형은 코어를 업무공간에서 별도로 분리시킨 형식이다.
③ 중심코어형은 코어가 중앙에 위치한 유형으로 유효율이 높은 계획이 가능하다.
④ 양단코어형은 수직동선이 양 측면에 위치한 관계로 피난에 불리하다는 단점이 있다.

해설
양단(양측·분리)코어형은 방재 및 피난상 유리하며 대규모 전용 사무소에 적합하다.

09 연속적인 주제를 선(線)적으로 관계성 깊게 표현하기 위하여 전경(全景)으로 펼쳐지도록 연출하는 것으로 맥락이 중요시될 때 사용되는 특수전시기법은?

① 아일랜드 전시
② 파노라마 전시
③ 하모니카 전시
④ 디오라마 전시

해설
① 아일랜드 전시 : 사방에서 감상해야 할 필요가 있는 전시물을 독립된 전시 케이스 등을 활용하여 벽면에 띄어놓아 전시하는 특수전시기법이다.
③ 하모니카 전시 : 일정한 형태의 전시공간을 반복시켜 구획하는 기법으로, 동일 종류의 전시물을 반복 전시할 경우 유리하다.
④ 디오라마 전시 : 하나의 사실 또는 주제의 시간상황을 고정시켜 연출하는 것으로, 전시물과 각종 특수효과 등을 사용하여 가장 실감나게 표현하는 기법이다.

10 미술관 전시실의 순회형식 중 연속순회 형식에 관한 설명으로 옳은 것은?

① 각 전시실에 바로 들어갈 수 있다는 장점이 있다.
② 연속된 전시실의 한쪽 복도에 의해서 각 실을 배치한 형식이다.
③ 중심부에 하나의 큰 홀을 두고 그 주위에 각 전시실을 배치한 형식이다.
④ 전시실을 순서별로 통해야 하고, 한 실을 폐쇄하면 전체 동선이 막히게 된다.

해설
①·② : 갤러리 및 코리더 형식에 대한 설명이다.
③ : 중앙홀 형식에 대한 설명이다.

연속순로(연속순회) 형식

개요	각 전시실이 연속적으로 동선을 형성하고 있는 형식이다.
특징	• 단순함, 공간절약의 이점이 있으며, 작은 부지에서 효율적이다. • 많은 실을 순서별로 통하여야 하는 불편이 있다. • 1실을 폐쇄시켰을 때는 전체 동선이 막히게 된다. • 비교적 소규모 전시실에 적합하다.

11 클로즈드 시스템(Closed system)의 종합병원에서 외래진료부 계획에 관한 설명으로 옳지 않은 것은?

① 환자의 이용이 편리하도록 2층 이하에 두도록 한다.
② 부속 진료시설을 인접하게 하여 이용이 편리하게 한다.
③ 중앙주사실, 약국은 정면 출입구에서 멀리 떨어진 곳에 둔다.
④ 외과 계통 각 과는 1실에서 여러 환자를 볼 수 있도록 대실로 한다.

[해설]
약국, 회계, 중앙주사실 등은 정면 출입구 근처에 설치한다.
클로즈드 시스템의 외래진료부 계획 시 고려사항
- 환자의 이용이 편리하도록 2층 이하, 1층에 두는 것이 좋다.
- 약국, 회계, 중앙주사실 등은 정면 출입구 근처에 설치한다.
- 외과는 1실을 크게 하며, 내과는 소진료실을 다수 설치한다.
- 부속 진료시설을 인접하게 하여 이용이 편리하게 한다.
- 환자의 심리고통을 덜어줄 수 있는 환경심리적 요인을 반영시킨다.
- 전체병원에 대한 외래진료부의 면적비율은 10~15% 정도로 한다.

12 학교 운영방식에 관한 설명으로 옳지 않은 것은?

① 종합교실형은 각 학급마다 가정적인 분위기를 만들 수 있다.
② 교과교실형은 초등학교 저학년에 대해 가장 권장되는 방식이다.
③ 플래툰형은 미국의 초등학교에서 과밀을 해소하기 위해 실시한 것이다.
④ 달톤형은 학급, 학년 구분을 없애고 학생들은 각자의 능력에 따라 교과를 선택하고 일정한 교과를 끝내면 졸업하는 방식이다.

[해설]
초등학교 저학년에 적합한 방식은 종합교실형(U형)이다.
교과교실형(V형)

개요	일반교실은 없으며, 모든 교실은 특별교실로 구성된다.
장점	각 교과 전문의 교실이 확보되어 시설의 질과 순수율이 높다.
단점	• 동선계획과 시간표 작성이 어렵다. • 학생의 물품보관 장소가 별도로 요구된다.

13 주택의 동선계획에 관한 설명으로 옳지 않은 것은?

① 동선은 가능한 한 굵고 짧게 계획하는 것이 바람직하다.
② 동선의 3요소 중 속도는 동선의 공간적 두께를 의미한다.
③ 개인, 사회, 가사노동권의 3개 동선은 상호 간 분리하는 것이 좋다.
④ 화장실, 현관 등과 같이 사용빈도가 높은 공간은 동선을 짧게 처리하는 것이 중요하다.

[해설]
동선의 3요소 중 속도는 동선의 길이와 밀접한 관련이 있다. 공간적 두께와 관련이 있는 것은 하중이다.

14 도서관의 열람실 및 서고계획에 관한 설명으로 옳지 않은 것은?

① 서고 안에 캐럴(Carrel)을 둘 수도 있다.
② 서고면적 1m²당 150~250권의 수장능력으로 계획한다.
③ 열람실은 성인 1인당 3.0~3.5m²의 면적으로 계획한다.
④ 서고실은 모듈러 플래닝(Modular planning)이 가능하다.

[해설]
열람실의 면적은 성인 1인당 1.5~2m², 아동 1인당 1.2~1.5m² 정도의 규모로 계획한다.

15 다음 중 다포식(多包式) 건축으로 가장 오래된 것은?

① 창경궁 명정전   ② 전등사 대웅전
③ 불국사 극락전   ④ 심원사 보광전

[해설]
심원사 보광전은 가장 오래된 다포식 건축물이며, 봉정사 극락전은 창건 당시 형태로 현존하는 가장 오래된 목조 건축물이다.
건축물과 공포의 형식

주심포식	봉정사(극락전), 관음사(원통전), 부석사(무량수전, 조사당), 수덕사(대웅전), 무위사(극락전), 강릉 객사문 등
다포식	경복궁(근정전), 창경궁(명정전), 남대문, 동대문, 심원사(보광전), 불국사(극락전), 전등사(대웅전), 화암사(극락전), 위봉사(보광명전), 석왕사(응진전), 봉정사(대웅전), 내소사(대웅전) 등 ※ 가장 오래된 건축물은 심원사(보광전)이다.
익공식	강릉 오죽헌 등
절충식	경복궁(향원정) 등

[정답] 11 ③ 12 ② 13 ② 14 ③ 15 ④

16 다음과 같은 특징을 갖는 에스컬레이터 배치 유형은?

- 점유면적이 다른 유형에 비해 작다.
- 연속적으로 승강이 가능하다.
- 승객의 시야가 좋지 않다.

① 교차식 배치 ② 직렬식 배치
③ 병렬 단속식 배치 ④ 병렬 연속식 배치

해설
백화점 에스컬레이터의 배치방식

구분	점유면적	승객의 시야	연속적인 승강	승강장 식별
직렬식	가장 크다.	가장 좋다.	가능	쉬움
교차식	가장 작다.	나쁘다.	가능	어려움
단열 단속(중복)식	작다.	좋다.	불가능	쉬움
병렬 단속(중복)식	크다.	좋다.	불가능	쉬움
병렬 연속(복렬)식	크다.	좋다.	가능	쉬움

17 비잔틴 건축에 관한 설명으로 옳지 않은 것은?

① 사라센 문화의 영향을 받았다.
② 도저렛(Dosseret)이 사용되었다.
③ 펜덴티브 돔(Pendentive dome)이 사용되었다.
④ 평면은 주로 장축형 평면(라틴 십자가)이 사용되었다.

해설
비잔틴 양식에는 중앙집중형(그릭 크로스) 평면이 주로 사용되었고, 초기 기독교·로마네스크·고딕 양식에는 장축형(라틴 크로스) 평면이 주로 사용되었다.

비잔틴 건축

개요	동로마제국에서 발생한 건축양식을 말한다.
특징	• 이슬람(사라센) 문화의 영향을 받아 동양적 요소가 가미되었다. • 모자이크 등을 사용해 내부를 화려하게 장식하였다. • 성 소피아 성당이 대표적인 건축물이다.
구성 요소	• 부주두(Dosseret)를 설치하여 아치를 지지하였다. • 펜덴티브(Pendentive)를 사용하여 사각형 또는 다각형 평면 상부에 원형의 돔을 설치하였다.

18 아파트 형식에 관한 설명으로 옳지 않은 것은?

① 계단실형은 거주의 프라이버시가 높다.
② 편복도형은 복도에서 각 세대로 진입하는 형식이다.
③ 메조넷형은 평면구성의 제약이 적어 소규모 주택에 주로 이용된다.
④ 플랫형은 각 세대의 주거단위가 동일한 층에 배치 구성된 형식이다.

해설
복층(메조넷)형은 평면구성상의 제약으로 인해 소규모 주거에는 비경제적이다.

19 다음 중 시티 호텔에 속하지 않는 것은?

① 비치 호텔 ② 터미널 호텔
③ 커머셜 호텔 ④ 아파트먼트 호텔

해설
시티 호텔과 리조트 호텔

구분	시티 호텔	리조트 호텔
위치	교통 및 상업의 중심지	조망·환경이 좋은 곳
건축형식	고밀도·고층형	주변 조건에 따라 형성
이용대상	관광객·비즈니스 여행객	관광객·휴양객
분류	커머셜 호텔, 터미널 호텔, 레지덴셜 호텔, 아파트먼트 호텔	해변(비치) 호텔, 산장 호텔, 클럽 하우스 등

20 다음 중 단독주택의 현관 위치 결정에 가장 주된 영향을 끼치는 것은?

① 방위 ② 주택의 층수
③ 거실의 위치 ④ 도로와의 관계

해설
현관의 위치는 대지의 형태, 방위, 도로와의 관계 등의 영향을 받으며, 가장 주된 영향을 끼치는 것은 도로와의 관계이다.

제2과목 건축시공

21 건축공사에서 VE(Value Engineering)의 사고방식으로 옳지 않은 것은?

① 기능 분석 ② 제품 위주의 사고
③ 비용 절감 ④ 조직적 노력

해설
가치공학(VE)의 사고방식
• 고정관념의 제거
• 발주자·사용자 중심의 사고
• 기능 중심의 사고
• 비용 절감의 사고
• 조직적 노력

22 다음 중 도장공사를 위한 목부 바탕만들기 공정으로 옳지 않은 것은?

① 오염, 부착물의 제거 ② 송진의 처리
③ 옹이땜 ④ 바니시칠

해설
바니시는 주로 목재 내장재의 투명마감에 사용되며, 바탕만들기에는 사용하지 않는다.

목재면 바탕만들기 공정

오염, 부착물의 제거	• 오염, 부착물의 제거 • 유류는 휘발유·시너 닦기
송진의 처리	송진의 긁어내기, 인두 지짐, 휘발유 닦기
연마지 닦기	대팻자국, 엇거스름, 찍힘 등을 P120~150 연마지로 닦기
옹이땜	옹이 및 그 주위는 2회 붓도장하기(각 회 1시간 이상)
구멍땜	갈림, 구멍, 틈서리, 우묵한 곳의 땜질하기(24시간 이상)

23 방부력이 약하고 도포용으로만 쓰이며, 상온에서 침투가 잘 되지 않고 흑색이므로 사용장소가 제한되는 유성방부제는?

① 케로신 ② PCP
③ 염화아연 4% 용액 ④ 콜타르

해설
② PCP(펜타클로로페놀) : 무색으로 방부력이 가장 우수하며 도포 후 위에 페인트칠도 가능한 유용성 방부제이다.
③ 염화아연 4% 용액 : 방부성이 좋지만 목질부를 약화시키는 수용성 방부제이다.

24 달성가치(Earned Value)를 기준으로 원가관리를 시행할 때, 실제투입원가와 계획된 일정에 근거한 진행성과의 차이를 의미하는 용어는?

① CV(Cost Variance)
② SV(Schedule Variance)
③ CPI(Cost Performance Index)
④ SPI(Schedule Performance Index)

해설
② SV(Schedule Variance) : 공정편차
③ CPI(Cost Performance Index) : 비용 효율성 측정 지수
④ SPI(Schedule Performance Index) : 공정 효율성 측정 지수

25 벽돌조 건물에서 벽량이란 해당 층의 바닥면적에 대한 무엇의 비를 말하는가?

① 벽면적의 총합계
② 내력벽 길이의 총합계
③ 높이
④ 벽두께

해설
벽량은 그 층 바닥면적(m^2)에 대한 내력벽의 총길이를 말한다.

정답 21 ② 22 ④ 23 ④ 24 ① 25 ②

26 시멘트 200포를 사용하여 배합비가 1:3:6의 콘크리트를 비벼 냈을 때의 전체 콘크리트량은?(단, 물-시멘트비는 60%이고 시멘트 1포대는 40kg이다)

① $25.25m^3$　　② $36.36m^3$
③ $39.39m^3$　　④ $44.44m^3$

해설
콘크리트 1m^3당 재료량

구분	배합비 1:2:4	배합비 1:3:6
시멘트	8포(320kg)	5.5포(220kg)
물	물-시멘트비 × 시멘트량	물-시멘트비 × 시멘트량
모래	$0.45m^3$	$0.47m^3$
자갈	$0.9m^3$	$0.94m^3$

$1m^3 : 220kg = x : 8,000kg(= 40kg \times 200포)$
$\therefore x = 8,000 \div 220 ≒ 36.36m^3$

27 시멘트, 모래, 잔자갈, 안료 등을 섞어 이긴 것을 바탕 바름이 마르기 전에 뿌려 붙이거나 또는 바르는 것으로 일종의 인조석 바름으로 볼 수 있는 것은?

① 회반죽
② 경석고 플라스터
③ 혼합석고 플라스터
④ 라프 코트

해설
① 회반죽: 소석회에 모래, 해초풀, 여물 등을 혼합하여 바르는 미장재료로서 연약하고 비내수성이다.
② 경석고 플라스터(킨즈 시멘트): 경석고(무수석고)가 주재료이며, 경화한 것은 강도와 표면경도가 큰 미장재료이다.
③ 혼합석고 플라스터: 소석고 플라스터의 일종으로 정벌용(물만 혼합하여 즉시 사용)과 초벌용(물 및 골재를 혼합하여 즉시 사용)이 있다.

28 철근의 가공 및 조립에 관한 설명으로 옳지 않은 것은?

① 철근의 가공은 철근상세도에 표시된 형상과 치수가 일치하고 재질을 해치지 않는 방법으로 이루어져야 한다.
② 철근상세도에 철근의 구부리는 내면 반지름이 표시되어 있지 않은 때에는 KDS에 규정된 구부림의 최소 내면 반지름 이상으로 철근을 구부려야 한다.
③ 경미한 녹이 발생한 철근이라 하더라도 일반적으로 콘크리트와의 부착성능을 매우 저하시키므로 사용이 불가하다.
④ 철근은 상온에서 가공하는 것을 원칙으로 한다.

해설
경미한 황갈색의 녹이 발생한 철근은 일반적으로 콘크리트와의 부착을 해치지 않으므로 사용할 수 있다.

29 PMIS(프로젝트 관리 정보시스템)의 특징에 관한 설명으로 옳지 않은 것은?

① 합리적인 의사결정을 위한 프로젝트용 정보관리시스템이다.
② 협업관리체계를 지원하며 정보의 공유와 축적을 지원한다.
③ 공정 진척도는 구체적으로 측정할 수 없으므로 별도 관리한다.
④ 조직 및 월간업무 현황 등을 등록하고 관리한다.

해설
PMIS를 통해 공정관리 소프트웨어상의 데이터 입·출력, 공정현황 및 진도율 조회, 공정현황 사진관리, 지연공정관리 및 만회대책관리 등의 업무를 종합적으로 수행하고 공유할 수 있다.

30 용접작업 시 용착금속 단면에 생기는 작은 은색의 점을 무엇이라 하는가?

① 피시아이(Fish eye)
② 블로홀(Blow hole)
③ 슬래그 함입(Slag inclusion)
④ 크레이터(Crater)

해설
주요 용접결함

블로홀	금속이 녹아들 때 용접부분 안에 발생하는 기포이다.
언더컷	• 용착금속이 채워지지 않고 홈이 남아있는 것이다. • 용접전류가 과대할 때, 용접속도가 빠를 때 발생한다.
오버랩	• 용착금속이 모재와 융합하지 않고 겹쳐져 있는 상태이다. • 용접전류가 과소할 때, 용접속도가 느릴 때 발생한다.
피시아이	• 용착금속 단면에 수소의 영향으로 생긴 은색의 점이다. • 100℃로 가열하여 24시간 정도 방치하면 회복된다.
피트	• 블로홀이 용접부분 표면에 부상하여 생긴 작은 구멍이다. • 도료, 녹, 밀 스케일, 모재의 수분 등에 의해 발생한다.
크랙	용착금속과 모재 사이에 냉각 속도의 차이 또는 가스 등의 요인으로 인해 발생하는 균열이다.
슬래그 섞임	• 용접부분 안에 슬래그가 섞여 있는 것을 말한다. • 용융금속이 급속히 냉각된 경우에 발생한다.
크레이터	• 용접부분 비드 종단부가 움푹 패인 것을 말한다. • 아크를 끊을 때 발생한다.

31 건축주 자신이 특정의 단일 상대를 선정하여 발주하는 방식으로서, 특수공사나 기밀보장이 필요한 경우, 또 긴급을 요하는 공사에서 주로 채택되는 것은?

① 공개경쟁입찰 ② 제한경쟁입찰
③ 지명경쟁입찰 ④ 특명입찰

해설
① 공개경쟁입찰 : 최소한의 기본적인 자격을 갖춘 불특정 다수의 업체를 대상으로 입찰을 실시하는 방식이다.
② 제한경쟁입찰 : 해당 공사에 필요한 기술·시공경험을 가진 업체를 대상으로 입찰을 실시하는 방식이며, 고난도·일정 규모 이상의 공사에 이용된다.
③ 지명경쟁입찰 : 해당 공사에 적정하다고 판단되는 소수의 업체를 지명하여 입찰을 실시하는 방식이다.

32 건축용 목재의 일반적인 성질에 관한 설명으로 옳지 않은 것은?

① 섬유포화점 이하에서는 목재의 함수율이 증가함에 따라 강도는 감소한다.
② 기건상태의 목재의 함수율은 15% 정도이다.
③ 목재의 심재는 변재보다 건조에 의한 수축이 적다.
④ 섬유포화점 이상에서는 목재의 함수율이 증가함에 따라 강도는 증가한다.

해설
목재는 섬유포화점(평균 30% 정도) 이상에서는 함수율이 증가해도 강도는 변화가 없다.

33 문 위틀과 문짝에 설치하여 문이 자동적으로 닫혀지게 하며, 개폐압력을 조절할 수 있는 장치는?

① 도어체크(Door check)
② 도어홀더(Door holder)
③ 피벗힌지(Pivot hinge)
④ 도어체인(Door chain)

해설
② 도어홀더(도어스톱) : 열린 문을 제자리에 머물게 하거나 벽에 부딪히지 않도록 고정하는 철물이다.
③ 피벗힌지 : 축이 있는 철물을 상하부에 설치하고 문을 끼워서 개폐하도록 하는 철물로서 여닫이문에 사용된다.
④ 도어체인 : 문이 일정 폭 이상 열리지 않도록 하기 위해 문의 안쪽에 걸 수 있도록 설치하는 사슬 형태의 철물을 말한다.

정답 30 ① 31 ④ 32 ④ 33 ①

34 건축 석공사에 관한 설명으로 옳지 않은 것은?

① 건식쌓기 공법의 경우 시공이 불량하면 백화현상 등의 원인이 된다.
② 석재 물갈기 마감 공정의 종류는 거친갈기, 물갈기, 본갈기, 정갈기가 있다.
③ 시공 전에 설계도에 따라 돌나누기 상세도, 원척도를 만들고 석재의 치수, 형상, 마감방법 및 철물 등에 의한 고정방법을 정한다.
④ 마감면에 오염의 우려가 있는 경우에는 폴리에틸렌 시트 등으로 보양한다.

해설
백화현상은 모르타르를 사용하는 습식 공법의 시공이 불량한 경우에 발생할 수 있으며, 건식 공법에서는 발생하지 않는다.

석공사 공법의 비교

구분	습식 공법	건식 공법
고정방법	모르타르	연결철물(앵커볼트 등), 접착제
시공속도	느리다.	빠르다.
판재의 두께	얇은 두께 시공 가능	얇은 두께 채택 불가
동결·백화	있다.	없다.
적용	저층, 소형건물	저층, 고층 건물
특이사항	우천, 동절기 시공 불가	노동비 절감, 가공비 증가

35 콘크리트 거푸집용 박리제 사용 시 주의사항으로 옳지 않은 것은?

① 거푸집 종류에 상응하는 박리제를 선택·사용한다.
② 박리제 도포 전에 거푸집면의 청소를 철저히 한다.
③ 거푸집뿐만 아니라 철근에도 도포하도록 한다.
④ 콘크리트 색조에 영향이 없는지를 시험한다.

해설
박리제는 콘크리트가 거푸집에 부착되는 것을 방지하고 거푸집을 제거하기 쉽게 하기 위해 거푸집널의 내면에 칠하는 것으로, 철근에 도포해서는 안 된다.

36 타일공사에서 시공 후 타일 접착력 시험에 관한 설명으로 옳지 않은 것은?

① 일반건축물의 타일의 접착력 시험은 타일면적 $200m^2$당 한 장씩 시험한다.
② 시험할 타일은 먼저 줄눈 부분을 콘크리트면까지 절단하여 주위의 타일과 분리시킨다.
③ 시험은 타일 시공 후 4주 이상일 때 행한다.
④ 시험결과의 판정은 타일 인장 부착강도가 10MPa 이상이어야 한다.

해설
타일의 접착력시험 시 타일의 인장 부착강도는 $0.39N/mm^2$ 이상이어야 한다.

타일의 접착력 시험

시험시기	타일 시공 후 4주 이상일 때 실시한다.
시험단위	• 일반건축물 : 타일면적 $200m^2$당 한 장씩 시험한다. • 공동주택 : 10호당 1호에 한 장씩 시험한다.
시험할 타일	• 줄눈 부분을 콘크리트면까지 절단하여 주위의 타일과 분리시킨다. • 시험기 부속 장치의 크기로 하되, 그 이상은 180×60mm 크기로 타일이 시공된 바탕면까지 절단한다. 다만, 40mm 미만의 타일은 4매를 1개조로 하여 부속 장치를 붙여 시험한다.
시험결과	타일 인장 부착강도가 $0.39N/mm^2$ 이상이어야 한다.

※ 개정된 KCS 기준으로 내용을 수정하였다.

37 시멘트 600포대를 저장할 수 있는 시멘트창고의 최소 필요면적으로 옳은 것은?(단, 시멘트 600포대 전량을 저장할 수 있는 면적으로 산정)

① $18.46m^2$
② $21.64m^2$
③ $23.25m^2$
④ $25.84m^2$

해설
시멘트 창고의 면적
• $0.4(m^2)$ × 시멘트 포대수(포) ÷ 쌓기단수(단수, 최대 13포대)
• 공기가 길고 시멘트량이 600포 이상인 경우, 시멘트 포대수×1/3 적용
∴ $0.4(m^2) × 600(포) ÷ 13(포) ≒ 18.46m^2$

38
창면적이 클 때에는 스틸바(Steel bar)만으로는 부족하고, 또한 여닫을 때의 진동으로 유리가 파손될 우려가 있으므로 이것을 보강하고 외관을 꾸미기 위하여 강판을 중공형으로 접어 가로 또는 세로로 대는 것을 무엇이라 하는가?

① Mullion
② Ventilator
③ Gallery
④ Pivot

해설
② Ventilator : 환기창, 즉 공기 유통을 위한 여닫을 수 있는 작은 창이다.
③ Gallery : 복도나 통로, 또는 건물 내외의 긴 공간을 의미하며 창과는 관계없다.
④ Pivot : 창문이나 문을 회전시키는 축 또는 회전 장치(피벗 힌지)이다.

39
벤치마크(Bench mark)에 관한 설명으로 옳지 않은 것은?

① 적어도 2개소 이상 설치하도록 한다.
② 이동 또는 소멸 우려가 없는 곳에 설치한다.
③ 건축물 기초의 너비 또는 길이 등을 표시하기 위한 것이다.
④ 공사완료 시까지 존치시켜야 한다.

해설
③은 수평규준틀에 대한 설명이다.
기준점(Bench mark)의 설치
• 건물의 위치 결정에 편리하고 잘 보이는 곳에 설치한다.
• 주로 인접도로 경계석, 인근 건물의 벽 또는 담장 등에 설치한다.
• 건물 부근에 적어도 2개소 이상 설치한다.
• 공사에 지장이 없는 곳에 설정한다.
• 이동 또는 소멸의 우려가 없는 곳에 설치한다.
• 공사 착수 전에 설정하고, 완료 시까지 존치시킨다.
• 공사가 완료된 후에도 건축물의 침하, 경사 등을 확인하기 위해 사용되는 경우가 있다.

40
수직굴삭, 수중굴삭 등에 사용되는 깊은 흙파기용 기계이며, 연약지반에 사용하기에 적당한 기계는?

① 드래그셔블
② 클램셸
③ 모터 그레이더
④ 파워셔블

해설
정지·굴착장비의 특징 및 작업

구분	특징	주된 작업
파워셔블	장비 전면부 상향 셔블	지면·기계보다 높은 굴착
백호	붐에 부착된 하향 셔블	지면·기계보다 낮은 굴착
그레이더	장비 중앙부 배토판	정지, 고르기
클램셸	와이어에 달린 버킷으로 굴착 후 수직 인양	수직, 수중, 연약지반, 깊은 굴착, 운반

정답 38 ① 39 ③ 40 ②

제3과목 건축구조

41 철근콘크리트 압축부재의 철근량 제한 조건에 따라 사각형이나 원형 띠철근으로 둘러싸인 경우 압축부재의 축방향 주철근의 최소 개수는 얼마인가?

① 2개
② 3개
③ 4개
④ 6개

해설
축방향 주철근의 최소 개수는 사각형이나 원형 띠철근으로 둘러싸인 경우 4개, 삼각형 띠철근으로 둘러싸인 경우 3개, 나선철근으로 둘러싸인 철근의 경우 6개로 하여야 한다.

42 다음 각 구조시스템에 관한 정의로 옳지 않은 것은?

① 모멘트골조방식 : 수직하중과 횡력을 보와 기둥으로 구성된 라멘골조가 저항하는 구조방식
② 연성모멘트골조방식 : 횡력에 대한 저항능력을 증가시키기 위하여 부재와 접합부의 연성을 증가시킨 모멘트골조방식
③ 이중골조방식 : 횡력의 25% 이상을 부담하는 전단벽이 연성모멘트골조와 조합되어 있는 구조방식
④ 건물골조방식 : 수직하중은 입체골조가 저항하고 지진하중은 전단벽이나 가새골조가 저항하는 구조방식

해설
주요 지진력저항시스템

모멘트골조방식	수직하중과 횡력을 보와 기둥으로 구성된 라멘골조가 저항하는 구조방식이다.
연성모멘트골조방식	횡력에 대한 저항능력을 증가시키기 위하여 부재와 접합부의 연성을 증가시킨 모멘트골조방식이다.
이중골조방식	지진력의 25% 이상을 부담하는 연성모멘트골조가 전단벽이나 가새골조와 조합되어 있는 구조방식이다.
건물골조방식	수직하중은 입체골조가 저항하고, 지진하중은 전단벽이나 가새골조가 저항하는 구조방식이다.

43 지진계에 기록된 진폭을 진원의 깊이와 진앙까지의 거리 등을 고려하여 지수로 나타낸 것으로 장소에 관계없는 절대적 개념의 지진크기를 말하는 것은?

① 규모
② 진도
③ 진원시
④ 지진동

해설
지진 관련 용어

규모	• 장소에 관계없는 절대적 개념의 지진 크기를 말한다. • 지진계에 기록된 진폭을 진원의 깊이와 진앙까지의 거리 등을 고려하여 지수로 나타낸 것이다.
진도	• 상대적 개념의 지진 크기를 말한다. • 지진동의 세기를 사람이 느끼는 감각, 주변의 물체, 구조물의 흔들림 정도를 통해 나타낸 것이다.
진원	깊이의 개념을 포함하는 것으로, 암석의 파괴가 일어난 지점을 말한다.
진앙	진원의 직상부 지표면 지점을 말한다.
진원시	지진파가 처음으로 발생한 시각을 말한다.
지진동	지진에 의해 발생한 지면의 움직임을 말한다.

44 그림과 같은 원통단면의 핵반경은?

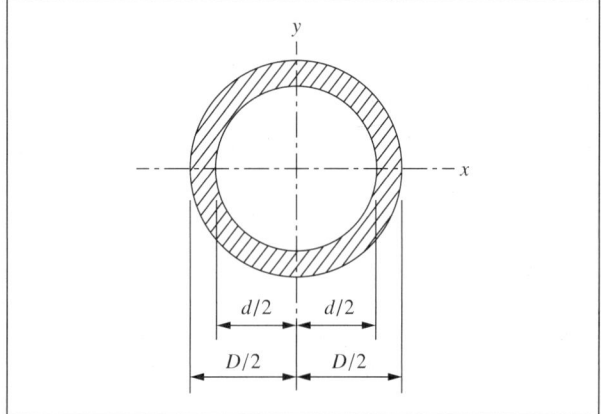

① $\dfrac{D+d}{6}$
② $\dfrac{D}{8}$
③ $\dfrac{D+d}{8}$
④ $\dfrac{D^2+d^2}{8D}$

정답 41 ③ 42 ③ 43 ① 44 ④

해설
단면의 핵점
- 단면계수를 면적으로 나눈 값이다.
- 핵점(K) = 축에 대한 단면계수(Z) ÷ 면적(A)
- 단면계수(Z) = $\dfrac{I}{y} = \dfrac{\dfrac{\pi(D^4-d^4)}{64}}{\dfrac{D}{2}} = \dfrac{\pi(D^4-d^4)}{32D}$

∴ 핵점(K) = $\dfrac{Z}{A} = \dfrac{\dfrac{\pi(D^4-d^4)}{32D}}{\dfrac{\pi(D^2-d^2)}{4}} = \dfrac{D^2+d^2}{8D}$

46 연약한 지반에서 기초의 부동침하를 감소시키기 위한 상부구조에 대한 대책으로 옳지 않은 것은?

① 건물을 경량화할 것
② 강성을 크게 할 것
③ 이웃 건물과의 거리를 멀게 할 것
④ 폭이 일정한 경우 건물의 길이를 길게 할 것

해설
건물의 평면상 길이를 짧게 설계하는 것이 부동침하의 감소에 효과적이다.

45 철근콘크리트 단순보에서 순간탄성처짐이 0.9mm이었다면 1년 뒤 이 부재의 총처짐량을 구하면?(단, 시간경과계수 ξ = 1.4, 압축철근비 ρ' = 0.01071)

① 1.52mm
② 1.72mm
③ 1.92mm
④ 2.12mm

해설
크리프와 건조수축에 의한 추가 장기처짐

지속하중에 의한 순간처짐에 계수 $\lambda = \dfrac{\xi}{1+50\rho'}$ (ξ=시간경과계수, ρ'=압축철근비)를 곱하여 구하며, 최대 허용처짐 이하여야 한다.

- 계수(λ) = $\dfrac{\xi}{1+50\rho'} = \dfrac{1.4}{1+50\times0.01071} ≒ 0.9118$
- 장기처짐량 = 0.9mm × 0.9118 ≒ 0.82mm
∴ 총처짐량 = 탄성처짐 + 장기처짐
 = 0.9mm + 0.82mm
 ≒ 1.72mm

47 그림과 같은 라멘 구조물의 판별은?

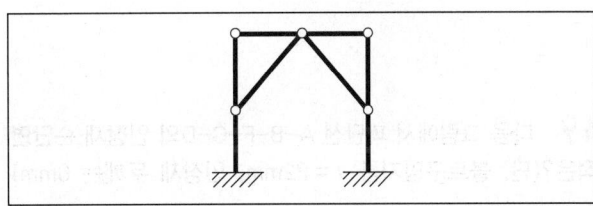

① 불안정 구조물
② 안정이며, 정정 구조물
③ 안정이며, 1차 부정정 구조물
④ 안정이며, 2차 부정정 구조물

해설
구조물의 부정정 차수
$m = (n+s+r) - 2k$
 = 지점 반력수(n) + 부재수(s) + 강절점수(r) - 2 × 절점수(k)
 = (3+3) + (8) + (0) - (2×7) = 0
∴ $m=0$, 안정·정정 구조물이다.

48 그림과 같은 트러스에서 a부재의 부재력은 얼마인가?

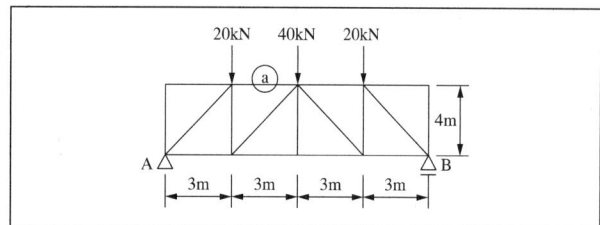

① 20kN(인장)
② 30kN(압축)
③ 40kN(인장)
④ 60kN(압축)

해설
- 반력
  하중과 경간이 좌우대칭이므로,
  $V_A = V_B = 80\text{kN} \div 2 = 40\text{kN}$
- a부재의 부재력
  A지점 우측 3m 절점에서 모멘트를 구한다.
  $\sum M_C = 0$, $V_A \times a + F_a \times h = 0$
  $40\text{kN} \times 3\text{m} + F_a \times 4\text{m} = 0$
  $\therefore F_a = -30\text{kN}(압축)$

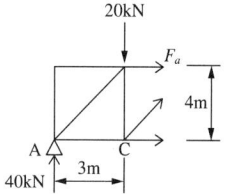

49 다음 그림에서 파단선 A-B-F-C-D의 인장재 순단면적은?(단, 볼트구멍지름 $d = 22$mm, 인장재 두께는 6mm)

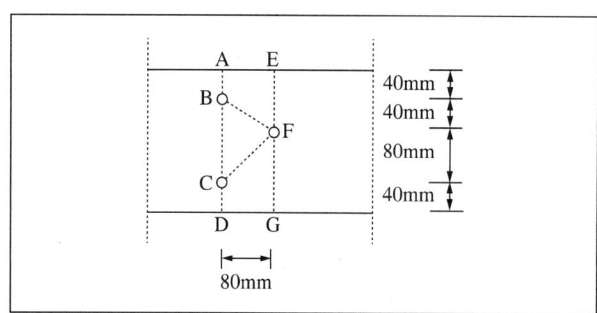

① 1,164mm²
② 1,364mm²
③ 1,564mm²
④ 1,764mm²

해설
- $A_g = (40+40+80+40) \times 6 = 1,200\text{mm}^2$
- $A_n = A_g - ndt + \sum \dfrac{s^2}{4g}t$

  $= 1,200 - (3 \times 22 \times 6) + \left(\dfrac{80^2}{4 \times 40} \times 6 + \dfrac{80^2}{4 \times 80} \times 6\right)$

  $= 1,164\text{mm}^2$

여기서, A_g : 부재의 총단면적
  n : 인장력에 의한 파단선상에 있는 구멍의 수
  d : 파스너구멍의 직경(mm)
  t : 부재의 두께(mm)
  s : 인접한 2개 구멍의 응력 방향 중심간격(mm)
  g : 파스너 게이지선 사이의 응력 수직 방향 중심간격(mm)
  t : 부재의 두께(mm)

50 그림과 같이 양단이 회전단인 부재의 좌굴축에 대한 세장비는?

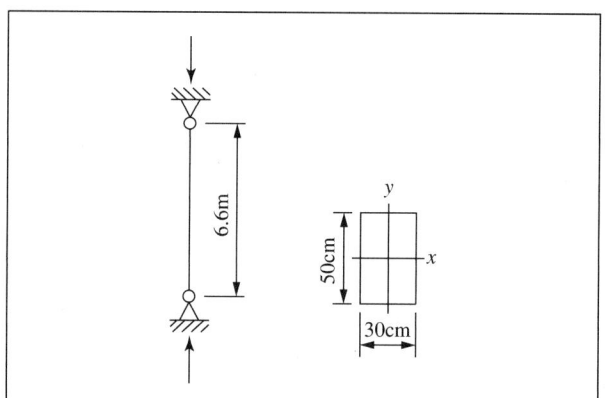

① 76.21
② 84.28
③ 94.64
④ 103.77

해설
- 좌굴길이
  유효좌굴계수(K)는 양단 힌지일 때 1.0이므로
  좌굴길이(l_k) = 유효좌굴계수(K) × 길이(l)
  $= 1 \times 660\text{cm} = 660\text{cm}$
- 단면2차반경($i_{\min}$) = $\sqrt{\dfrac{\text{단면2차모멘트}(I_{\min})}{\text{면적}(A)}}$

  $= \sqrt{\dfrac{\dfrac{bh^3}{12}}{bh}} = \sqrt{\dfrac{\dfrac{50\text{cm} \times (30\text{cm})^3}{12}}{50\text{cm} \times 30\text{cm}}} \approx 8.66\text{cm}$

$\therefore$ 세장비(λ) = 좌굴길이(l_k) $\div$ 단면2차반경($i_{\min}$)
  $= 660\text{cm} \div 8.66\text{cm} \approx 76.21$

51 다음 그림과 같은 필릿용접부의 유효면적은?

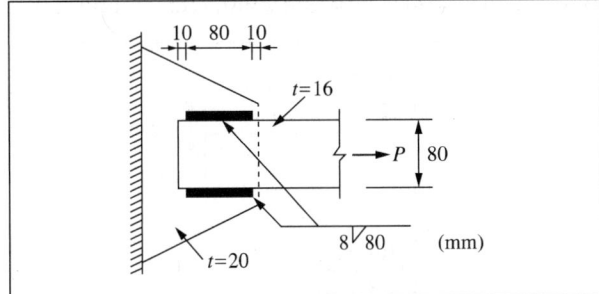

① 614.4mm²
② 691.2mm²
③ 716.8mm²
④ 806.4mm²

해설
모살치수 8mm, 용접길이 80mm, 2면에 용접한다.
- 유효목두께 = 8mm × 0.7 = 5.6mm
- 유효길이 = 80mm − 8mm × 2 = 64mm
∴ 유효면적 = 64mm × 5.6mm × 2(면) = 716.8mm²

52 그림과 같은 등변분포하중이 작용하는 단순보의 최대 휨모멘트(M_{max})는?

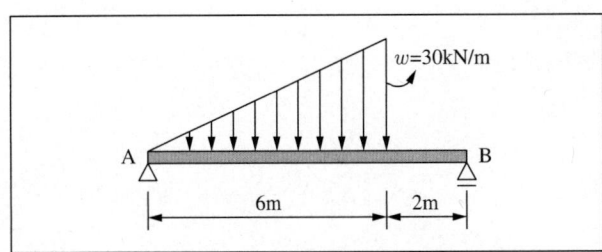

① $25\sqrt{3}$ kN·m
② $25\sqrt{2}$ kN·m
③ $90\sqrt{3}$ kN·m
④ $90\sqrt{2}$ kN·m

해설
- 지점의 반력
등변분포하중은 삼각형의 무게중심(높이 방향 2/3지점)에 작용하는 집중하중으로 본다.
$\sum M_B = 0$
$V_A \times (a+b) - P \times \left(a \times \frac{1}{3} + b\right) = 0$
$V_A \times 8m - \left(30kN/m \times 6m \times \frac{1}{2}\right) \times \left(6m \times \frac{1}{3} + 2m\right) = 0$
∴ $V_A = 45kN$

- A지점에서 전단력이 0인 점의 거리(x)
등변분포하중의 크기는 A지점 우측 6m 위치에서 30kN/m이므로, A지점 우측 x[m] 위치에서 $5x$[kN/m]이다.
$S_x = V_A - 5x \times x \times \frac{1}{2} = 0$이므로,
$45kN - 2.5x^2 = 0$, $x^2 = \frac{45kN}{2.5}$
∴ $x = 3\sqrt{2}$ m

- 최대 휨모멘트(M_{max}) = $V_A \times x - \left(5x \times x \times \frac{1}{2}\right) \times \left(x \times \frac{1}{3}\right)$
$= 45 \times 3\sqrt{2} - \frac{5(3\sqrt{2})^3}{6} ≒ 127.279$
$≒ 90\sqrt{2}$ kN·m

53 그림과 같은 독립기초에 N = 480kN, M = 96kN·m 가 작용할 때 기초저면에 발생하는 최대 지반반력은?

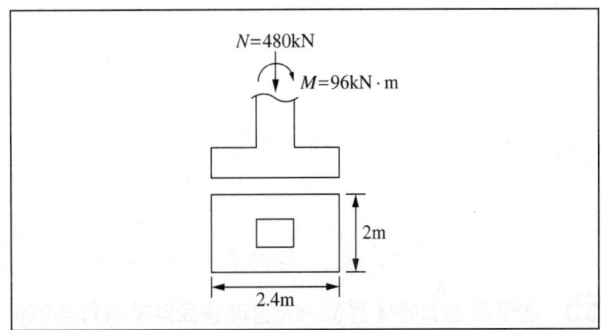

① 15kN/m²
② 150kN/m²
③ 20kN/m²
④ 200kN/m²

해설
$\sigma_{max} = \frac{P}{A} + \frac{M}{Z} = \frac{480}{2 \times 2.4} + \frac{96}{\frac{2 \times 2.4^2}{6}} = 150kN/m²$ (압축)

여기서, σ_{max} : 최대 응력도
P : 축하중
A : 면적
M : 휨모멘트
Z : 단면계수

54
강도설계법에서 철근콘크리트 부재 중 콘크리트의 공칭전단강도(V_c)가 40kN, 전단철근에 의한 공칭전단강도(V_s)가 20kN일 때, 이 부재의 설계전단강도(ϕV_n)는?(단, 강도감소계수는 0.75 적용)

① 60kN ② 58kN
③ 52kN ④ 45kN

해설
- 콘크리트의 설계전단강도(ϕV_c) = 0.75×40kN = 30kN
- 전단 보강근의 설계전단강도(ϕV_s) = 0.75×20kN = 15kN
∴ 부재의 설계전단강도(V_n) = 30kN + 15kN = 45kN

55
강구조 용접에서 용접 개시점과 종료점에 용착금속에 결함이 없도록 임시로 부착하는 것은?

① 엔드탭(End tap)   ② 오버랩(Overlap)
③ 뒷댐재(Backing strip)   ④ 언더컷(Under cut)

해설
② 오버랩 : 용착금속이 모재와 완전히 융합하지 않고 겹쳐져 있는 상태로, 용접결함의 한 종류이다.
③ 뒷댐재 : 맞댄용접을 한 면으로 실시할 경우 충분한 용입을 확보하고 용융금속이 새어나가는 것을 방지할 목적으로 엔드탭 하부에 설치하는 보강재이다.
④ 언더컷 : 용접 가장자리가 파여 용착금속이 채워지지 않고 홈이 남아 있는 것으로, 용접결함 중 하나이다.

56
다음 그림과 같이 D16 철근이 90° 표준갈고리로 정착되었다면 이 갈고리의 소요정착길이(l_{hb})는 약 얼마인가?

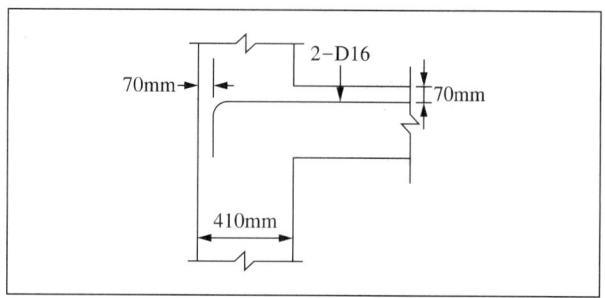

[조건]
- $l_{hb} = \dfrac{0.24\beta d_b f_y}{\lambda \sqrt{f_{ck}}}$
- 철근도막계수 : 1
- 경량 콘크리트계수 : 1
- D16의 공칭지름 : 15.9mm
- f_{ck} : 21MPa
- f_y : 400MPa

① 233mm ② 243mm
③ 253mm ④ 263mm

해설
정착길이(l_{dh})는 기본정착길이(l_{hb}) × 적용 가능한 모든 보정계수이며, 항상 $8d_b$ 이상 또한 150mm 이상이어야 한다.
D35 이하 철근에서 갈고리 평면에 수직 방향인 측면 피복두께가 70mm 이상이며, 90° 갈고리에 대해서는 갈고리를 넘어선 부분의 철근 피복두께가 50mm 이상인 경우 0.7을 적용한다.

$$정착길이(l_{hb}) = \dfrac{0.24 \times \beta \times d_b \times f_y}{\lambda \sqrt{f_{ck}}}$$
$$= \dfrac{0.24 \times 1 \times 15.9 \times 400}{1 \times \sqrt{21}} \times 0.7$$
$$\fallingdotseq 233.16\text{mm}$$

57 그림과 같이 O점에 모멘트가 작용할 때 OB부재와 OC부재에 분배되는 모멘트가 같게 하려면 OC부재의 길이를 얼마로 해야 하는가?

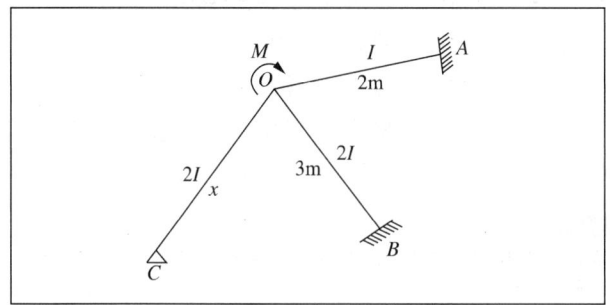

① 2/3m
② 3/2m
③ 9/4m
④ 3m

해설
- 각 부재의 강도

  강도(K) = 단면2차모멘트(I) ÷ 부재길이(l)

  C지점은 회전단의 조건이므로, 유효강비 $0.75k$를 적용한다.

  $K_{OA} = \dfrac{I}{2\text{m}}$, $K_{OB} = \dfrac{2I}{3\text{m}}$, $K_{OC} = \dfrac{2I}{x} \times \dfrac{3}{4} = \dfrac{6I}{4x}$

- OC부재의 길이

  $K_{OB} = K_{OC}$이므로, $\dfrac{2I}{3\text{m}} = \dfrac{6I}{4x}$

  $\therefore x = \dfrac{9}{4}\text{m}$

58 보의 재질과 단면의 크기가 같을 때 (A)보의 최대 처짐은 (B)보의 몇 배인가?

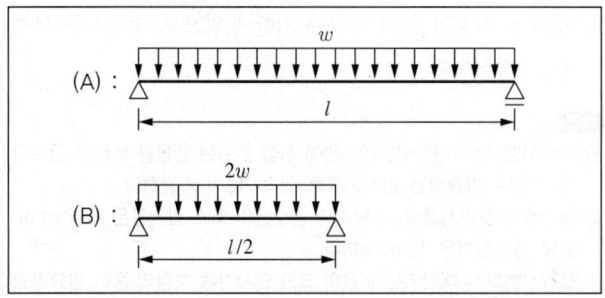

① 2배
② 4배
③ 8배
④ 16배

해설
- A보의 최대 처짐($w = w,\ l = l$)

  $\dfrac{5wl^4}{384EI}$

- B보의 최대 처짐($w = 2w,\ l = l/2$)

  $\dfrac{5 \times 2w \times \left(\dfrac{l}{2}\right)^4}{384EI} = \dfrac{\dfrac{10wl^4}{16}}{\dfrac{384EI}{1}} = \dfrac{2}{16} \times \dfrac{5wl^4}{384EI}$

∴ A보의 최대 처짐은 B보의 최대 처짐의 8배이다.

59 그림과 같은 단면에 전단력 40kN이 작용할 때 A점에서의 전단응력은?

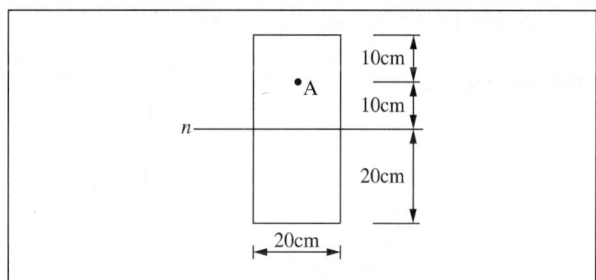

① 0.28MPa
② 0.56MPa
③ 0.84MPa
④ 1.12MPa

해설
전체 단면 중 중립축에서 상방향으로 10cm 떨어진 부분(20 × 10cm)의 단면1차모멘트(G_x)와 전체 단면의 단면2차모멘트(I_x)를 적용한다.

$\tau_{a-a} = \dfrac{S \times G_x}{I_x \times b} = \dfrac{S \times A \times y_0}{\dfrac{bh^3}{12} \times b}$

$= \dfrac{40,000\text{N} \times (200\text{mm} \times 100\text{mm}) \times 150\text{mm}}{\dfrac{200\text{mm} \times (400\text{mm})^3}{12} \times 200\text{mm}} \fallingdotseq 0.56\text{N/mm}^2$

여기서, S : 전단력
G_x : 단면1차모멘트
I_x : 단면2차모멘트
b : 단면의 폭
A : 면적

60 그림과 같은 콘크리트 슬래브에서 합성보 A의 슬래브 유효폭 b_e를 구하면?(단, 그림의 단위는 mm임)

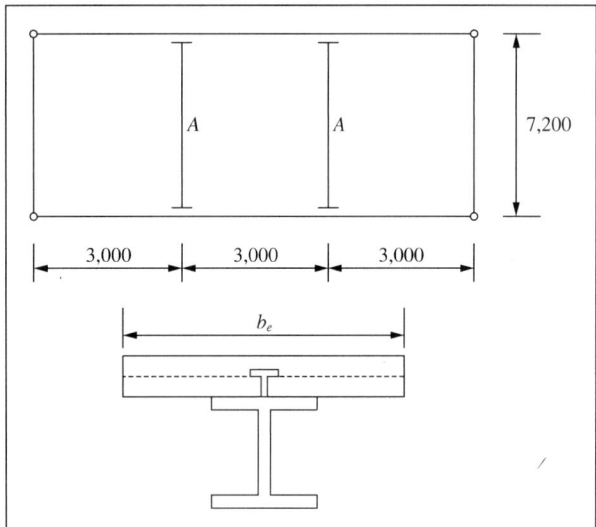

① 1,500mm ② 1,800mm
③ 2,000mm ④ 2,250mm

해설
합성보의 유효폭(좌우 합산)
다음 중에서 최솟값을 택하여 결정한다.
- 보 스팬(경간)의 1/4 = $7,200mm \times \dfrac{1}{4} = 1,800mm$
- 양측 슬래브의 중심 간 거리 = $\dfrac{3,000mm}{2} + \dfrac{3,000mm}{2} = 3,000mm$

제4과목 건축설비

61 압축식 냉동기의 냉동사이클로 옳은 것은?
① 압축 → 응축 → 팽창 → 증발
② 압축 → 팽창 → 응축 → 증발
③ 응축 → 증발 → 팽창 → 압축
④ 팽창 → 증발 → 응축 → 압축

해설
압축식 냉동기의 냉동사이클은 압축 → 응축 → 팽창 → 증발 순으로 이루어진다.

62 플러시밸브식 대변기에 관한 설명으로 옳은 것은?
① 대변기의 연속사용이 가능하다.
② 급수관경과 급수압력에 제한이 없다.
③ 우리나라에서는 일반 주택을 중심으로 널리 채용되고 있다.
④ 탱크에 저장된 물의 낙차에 의한 수압으로 대변기를 세척하는 방식이다.

해설
① 플러시밸브식 대변기는 급수관에 직접 연결된 핸들을 누르면 급수관에서 물이 방출되는 방식이므로 연속사용이 가능하다.
② 세정밸브(플러시밸브) 대변기의 급수관의 최소 관지름은 25DN이며, 필요 급수압력은 100kPa이다.
③ 플러시밸브식 대변기는 소음이 크고 단시간에 다량의 물이 필요하므로 가정용으로 적합하지 않고 극장, 백화점 등에 적용된다.
④ 탱크에 저장된 물로 대변기를 세척하는 방식에는 로우탱크식과 하이탱크식이 있다.

63 카(Car)가 최상층이나 최하층에서 정상 운행위치를 벗어나 그 이상으로 운행하는 것을 방지하는 엘리베이터 안전장치는?

① 완충기
② 가이드레일
③ 리밋 스위치
④ 카운터웨이트

해설
① 완충기 : 케이지 추락 시 승강로 바닥과의 충돌을 방지하는 장치로, 승강로 저면부에 설치한다.
② 가이드레일 : 카와 균형추가 상하로 이동할 수 있도록 안내하는 역할의 궤도이며, 승강로 내에 수직으로 설치된다.
④ 카운터웨이트(Counter weight, 균형추) : 엘리베이터의 권상을 보장하기 위한 무게추를 말한다. 권상기의 부하를 줄이고 무게의 균형을 맞추기 위해 도르래식으로 감긴 권상로프의 양쪽 말단에 카와 균형추를 각각 설치한다.

64 다음 중 지역난방에 적용하기에 가장 적합한 보일러는?

① 수관 보일러
② 관류 보일러
③ 입형 보일러
④ 주철제 보일러

해설
① 수관 보일러 : 보일러 상부의 기수드럼과 하부의 물드럼을 연결하는 수관을 연소실 주위에 배치한 보일러이다. 대형건물, 병원, 호텔, 지역난방에 주로 사용된다.
② 관류 보일러 : 수관이 있으나 드럼(수실)이 없는 보일러이다. 수량이 적어 가열시간이 짧으며 설치면적이 작고 수처리가 어렵다.
③ 입형 보일러 : 수직 드럼 내에 연관 또는 수관이 있는 소규모의 패키지형 보일러이다. 주택이나 소규모 건물에 사용된다.
④ 주철제 보일러 : 내식성이 우수하고 수명이 길다. 규모가 비교적 작은 빌딩 등의 난방, 온수공급 등에 사용된다.

65 바닥면적이 50m²인 사무실이 있다. 32W 형광등 20개를 균등하게 배치할 때 사무실의 평균조도는?(단, 형광등 1개의 광속은 3,300lm, 조명률은 0.5, 보수율은 0.76이다)

① 약 350lx
② 약 400lx
③ 약 450lx
④ 약 500lx

해설
조도의 계산

평균조도	$\dfrac{\text{램프당 광속} \times \text{램프수량} \times \text{조명률} \times \text{보수율}}{\text{실의 면적}}$
램프수량	$\dfrac{\text{평균조도}(E) \times \text{실의 면적}(A)}{\text{램프당 광속}(F) \times \text{조명률}(U) \times \text{보수율}(M)}$

∴ 평균조도 = $\dfrac{(3,300\text{lm} \times 20\text{개}) \times 0.5 \times 0.76}{50\text{m}^2}$ = 501.6 ≒ 500lx

66 화재안전기준에 따라 소화기구를 설치하여야 하는 특정소방대상물의 연면적 기준은?

① 10m² 이상
② 25m² 이상
③ 33m² 이상
④ 50m² 이상

해설
소화기구를 설치하여야 하는 특정소방대상물(소방시설법 시행령 별표 4)
화재안전기준에 따라 소화기구를 설치하여야 하는 특정소방대상물은 다음의 어느 하나와 같다.
㉠ 연면적 33m² 이상인 것(노유자시설의 경우 투척용 소화용구 등을 화재안전기준에 따라 산정된 소화기 수량의 1/2 이상으로 설치할 수 있다)
㉡ ㉠에 해당하지 않는 시설로서 가스시설, 발전시설 중 전기저장시설 및 국가유산
㉢ 터널
㉣ 지하구

67 음의 세기가 10^{-9}W/m²일 때 음의 세기 레벨은?(단, 기준음의 세기 $I_0 = 10^{-12}$W/m²이다)

① 3dB
② 30dB
③ 0.3dB
④ 0.03dB

해설
소리의 세기(dB) = $10\log\dfrac{\text{현재음의 세기(W/m}^2)}{\text{기준음의 세기(W/m}^2)} = 10\log\dfrac{10^{-9}\text{W/m}^2}{10^{-12}\text{W/m}^2}$
= 30dB

정답 63 ③ 64 ① 65 ④ 66 ③ 67 ②

68 액화천연가스(LNG)에 관한 설명으로 옳지 않은 것은?

① 메탄이 주성분이다.
② 무공해, 무독성이다.
③ 비중이 공기보다 크다.
④ 일반적으로 배관을 통해 공급한다.

해설
액화천연가스(LNG)는 공기보다 비중이 낮고 가볍다.

액화천연가스(LNG)

개요	천연가스 정제 과정에서 채취된 메탄·에탄을 냉각해서 액화시킨 것이다.
특징	• 열량이 높고 무공해, 무독성이다. • 공기보다 비중이 낮고 가볍다. • 공기 중에 확산되며 폭발이 어렵다. • 액화가 어렵고 운반이 어렵다. • 대규모 저장시설이 필요하다. • 불완전연소 시 일산화탄소가 발생한다. • 주로 배관을 통해 도시가스로 이용된다.

69 공기조화방식 중 2중덕트방식에 관한 설명으로 옳지 않은 것은?

① 전공기 방식에 속한다.
② 냉·온풍의 혼합으로 인한 혼합손실이 있어 에너지 소비량이 많다.
③ 단일덕트방식에 비해 덕트 샤프트 및 덕트 스페이스를 크게 차지한다.
④ 부하특성이 다른 여러 개의 실이나 존이 있는 건물에는 적용할 수 없다.

해설
이중덕트방식은 냉풍과 온풍을 공급받아 각 실 또는 각 존의 혼합유닛에서 혼합하여 공급하는 전공기 방식으로, 부하특성이 다른 다수의 실이나 존에도 적용할 수 있다.

70 변전실에 관한 설명으로 옳지 않은 것은?

① 부하의 중심에 설치한다.
② 외부로부터 전력의 수전이 용이해야 한다.
③ 발전기실과 가능한 한 거리를 두고 설치한다.
④ 간선의 배선과 점검·유지보수가 용이한 장소에 설치한다.

해설
발전기실은 변전실과 인접하도록 배치한다.

71 광원으로부터 일정거리 떨어진 수조면의 조도에 관한 설명으로 옳지 않은 것은?

① 광원의 광도에 비례한다.
② $\cos\theta$(입사각)에 비례한다.
③ 거리의 제곱에 반비례한다.
④ 측정점의 반사율에 반비례한다.

해설
조도와 거리
• 조도는 광도, $\cos\theta$(입사각)에 비례하며, 거리의 제곱에 반비례한다.
• 조도(lx) = $\dfrac{\text{광속 또는 광도(lm, cd)}}{\text{거리(m)}^2}$

72 다음과 같은 공식을 통해 산출되는 값으로 전기설비가 어느 정도 유효하게 사용되는가를 나타내는 것은?

$$\dfrac{\text{부하의 평균전력}}{\text{최대수용전력}} \times 100\%$$

① 부하율   ② 보상률
③ 부등률   ④ 수용률

해설
수전설비용량의 추정

수용률	• 최대수요전력을 구하기 위한 것이다. • 최대수요전력 ÷ 총부하설비용량 × 100(%)
부등률	• 합성최대수요전력을 구하는 계수이다. • 각 부하의 최대수요전력의 합계 ÷ 합성최대수요전력
부하율	• 전기설비가 어느 정도 유효하게 사용되는가를 나타내는 것이다. • 부하의 평균전력 ÷ 최대수요전력 × 100(%)

정답 68 ③ 69 ④ 70 ③ 71 ④ 72 ①

73 전기설비에서 경질비닐관 공사에 관한 설명으로 옳은 것은?

① 절연성과 내식성이 강하다.
② 자성체이며 금속관보다 시공이 어렵다.
③ 온도 변화에 따라 기계적 강도가 변하지 않는다.
④ 부식성가스가 발생하는 곳에는 사용할 수 없다.

해설
② 자성을 띠지 않으며 절연체이고 시공이 쉽다.
③ 열적영향을 받기 쉽다.
④ 부식성가스가 발생하는 환경에 적합하다.

74 급탕설비 중 개별식 급탕방식에 관한 설명으로 옳지 않은 것은?

① 배관길이가 길어 배관 중의 열손실이 크다.
② 건물 완공 후에도 급탕개소의 증설이 비교적 쉽다.
③ 급탕개소마다 가열기의 설치 스페이스가 필요하다.
④ 용도에 따라 필요한 개소에서 필요한 온도의 탕을 비교적 간단하게 얻을 수 있다.

해설
국소식(개별식) 급탕방식은 배관길이가 짧아 열손실이 적다.

국소식(개별식) 급탕방식의 특징

개요	필요개소에 가열기를 설치하여 온수를 공급하는 방식이다.
장점	• 배관길이가 짧아 열손실이 적다. • 급탕개소의 증설이 비교적 쉽다. • 온수를 간단하게 얻을 수 있다. • 설비비가 저렴하고 유지관리가 쉽다.
단점	• 가열기가 많으면 유지관리가 어렵다. • 가열기 설치 공간이 필요하다.

75 온수난방과 비교한 증기난방의 설명으로 옳은 것은?

① 예열시간이 길다.
② 한랭지에서 동결의 우려가 있다.
③ 부하변동에 따른 방열량 제어가 용이하다.
④ 열매온도가 높으므로 방열기의 방열면적이 작아진다.

해설
증기난방은 열매온도가 높아 방열기의 방열면적이 작아진다.

76 다음과 같은 조건에서 2,000명을 수용하는 극장의 실온을 20°C로 유지하기 위한 필요환기량은?

- 외기온도 : 10°C
- 1인당 발열량(현열) : 60W
- 공기의 정압비열 : 1.01kJ/kg·K
- 공기의 밀도 : 1.2kg/m³
- 전등 및 기타 부하는 무시한다.

① 11,110m³/h ② 21,222m³/h
③ 30,444m³/h ④ 35,644m³/h

해설
필요환기량
• 1W = 3.6kJ/h이므로, 60W = 216kJ/h
• 현열부하 = 216kJ/h·인 × 2,000인 = 432,000kJ/h

$$\therefore \text{필요환기량}(m^3/h) = \frac{\text{현열부하}}{\text{밀도} \times \text{비열} \times \text{온도의 차이}}$$

$$= \frac{432,000 kJ/h}{1.2 kg/m^3 \times 1.01 kJ/kg \cdot K \times (20-10)°C}$$

$$\fallingdotseq 35,644 m^3/h$$

정답 73 ① 74 ① 75 ④ 76 ④

77 배수트랩에서 봉수깊이에 관한 설명으로 옳지 않은 것은?

① 봉수깊이는 50~100mm로 하는 것이 보통이다.
② 봉수깊이가 너무 낮으면 봉수를 손실하기 쉽다.
③ 봉수깊이를 너무 깊게 하면 통수능력이 감소된다.
④ 봉수깊이를 너무 깊게 하면 유수의 저항이 감소된다.

해설
트랩의 봉수깊이가 깊을수록 유수의 저항이 증가하여 통수능력이 감소된다.

78 환기에 관한 설명으로 옳지 않은 것은?

① 화장실은 송풍기(급기팬)와 배풍기(배기팬)를 설치하는 것이 일반적이다.
② 기밀성이 높은 주택의 경우 잦은 기계환기를 통해 실내공기의 오염을 낮추는 것이 바람직하다.
③ 병원의 수술실은 오염공기가 실내로 들어오는 것을 방지하기 위해 실내압력을 주변공간보다 높게 설정한다.
④ 공기의 오염농도가 높은 도로에 면해 있는 건물의 경우, 공기조화설비 계통의 외기도입구를 가급적 높은 위치에 설치한다.

해설
화장실 등에는 배기에만 기계장치를 사용하여 실내공기가 인근의 실로 유출되는 것을 방지하는 제3종 환기방식이 적용된다.

79 다음과 같은 특징을 갖는 간선 배선방식은?

- 사고 발생 때 타 부하에 파급효과를 최소한으로 억제할 수 있어 다른 부하에 영향을 미치지 않는다.
- 경제적이지 못하다.

① 평행식
② 나뭇가지식
③ 네트워크식
④ 나뭇가지 평행 병용식

해설
② 나뭇가지식 : 전체 분전반을 한 개의 간선으로 공급하는 방식으로, 경제적이지만 1개소의 사고가 전체에 영향을 미친다.
③ 네트워크식(루프식) : 각 방식에서 다른 간선을 통하여 전력을 공급할 수 있도록 한 방식으로, 공급신뢰도가 높아 중요부하에 적용되지만 설비비가 고가이다.
④ 나뭇가지 평행 병용식 : 평행식(개별식)과 나뭇가지식을 병용하는 방식으로, 전압강하가 크지 않고 설비비를 줄일 수 있다.

80 다음 중 급탕설비에서 온수순환펌프로 주로 이용되는 것은?

① 사류 펌프
② 원심식 펌프
③ 왕복식 펌프
④ 회전식 펌프

해설
② 원심식 펌프 : 건축설비분야에서 급수, 급탕, 배수 등에 주로 사용되며, 특히 볼류트 펌프가 온수순환용으로 많이 사용된다.
① 사류 펌프 : 임펠러의 원심력 및 양력에 의해 액체에 압력을 주는 방식이다. 농업 배수용, 우수용 등으로 사용된다.
③ 왕복식 펌프 : 피스톤의 왕복운동을 통해 액체에 압력을 주는 방식이다. 고양정(고압용)에 적합하며, 수량조절이 어렵다.
④ 회전식 펌프 : 회전자의 회전을 통해 액체에 압력을 주는 방식이다. 기름과 같이 점도가 높은 액체를 송출하는 데 적합하다.

정답 77 ④ 78 ① 79 ① 80 ②

제5과목 건축관계법규

81 국토의 계획 및 이용에 관한 법령상 건폐율의 최대 한도가 가장 높은 용도지역은?

① 준주거지역 ② 생산관리지역
③ 중심상업지역 ④ 전용공업지역

해설
③ 중심상업지역 : 90% 이하
① 준주거지역 : 70% 이하
② 생산관리지역 : 20% 이하
④ 전용공업지역 : 70% 이하

82 건축물의 건축 시 허가 대상 건축물이라 하더라도 미리 특별자치시장·특별자치도지사 또는 시장·군수·구청장에게 국토교통부령으로 정하는 바에 따라 신고를 하면 건축허가를 받은 것으로 보는 소규모 건축물의 연면적 기준은?

① 연면적의 합계가 100m² 이하인 건축물
② 연면적의 합계가 150m² 이하인 건축물
③ 연면적의 합계가 200m² 이하인 건축물
④ 연면적의 합계가 300m² 이하인 건축물

해설
건축신고 시 건축허가를 받은 것으로 보는 주요 항목(건축법 제14조)
• 연면적의 합계가 100m² 이하인 건축물
• 바닥면적의 합계가 85m² 이내인 증축·개축 또는 재축
• 건축물의 높이를 3m 이하의 범위에서 증축하는 건축물
• 연면적이 200m² 미만이고 3층 미만인 건축물의 대수선
• 주요구조부의 해체가 없는 등 대통령령으로 정하는 대수선

83 다음 중 승용승강기를 가장 많이 설치해야 하는 건축물의 용도는?(단, 6층 이상의 거실면적의 합계가 10,000m²이며, 8인승 승강기를 설치하는 경우)

① 의료시설 ② 위락시설
③ 숙박시설 ④ 공동주택

해설
① : 2대 + (10,000m² − 3,000m²) ÷ 2,000m² = 5.5 ≒ 6대
②·③ : 1대 + (10,000m² − 3,000m²) ÷ 2,000m² = 4.5 ≒ 5대
④ : 1대 + (10,000m² − 3,000m²) ÷ 3,000m² = 3.3 ≒ 4대
승용승강기의 설치기준(건축물설비기준규칙 별표 1의2)

건축물의 용도	6층 이상 거실면적의 합계	
	3,000m² 이하	3,000m² 초과
공연장, 집회장, 관람장, 판매시설, 의료시설	2대	2대에 3,000m²를 초과하는 2,000m² 이내마다 1대를 더한 대수
전시장, 동·식물원, 업무시설, 숙박시설, 위락시설	1대	1대에 3,000m²를 초과하는 2,000m² 이내마다 1대를 더한 대수
공동주택, 교육연구시설, 노유자시설, 기타 시설	1대	1대에 3,000m²를 초과하는 3,000m² 이내마다 1대를 더한 대수

※ 8인승 이상 15인승 이하는 1대의 승강기로 보고, 16인승 이상의 승강기는 2대로 본다.

84 다음은 대지의 조경에 관한 기준 내용이다. ( ) 안에 알맞은 것은?

> 면적이 ( ) 이상인 대지에 건축을 하는 건축주는 용도지역 및 건축물의 규모에 따라 해당 지방자치단체의 조례로 정하는 기준에 따라 대지에 조경이나 그 밖에 필요한 조치를 하여야 한다.

① 100m² ② 200m²
③ 300m² ④ 500m²

해설
대지의 조경기준(건축법 제42조)
• 면적이 200m² 이상인 대지에 건축을 하는 건축주는 용도지역 및 건축물의 규모에 따라 해당 지방자치단체의 조례로 정하는 기준에 따라 대지에 조경이나 그 밖에 필요한 조치를 하여야 한다.
• 국토교통부장관은 식재(植栽) 기준, 조경 시설물의 종류 및 설치방법, 옥상 조경의 방법 등 조경에 필요한 사항을 정하여 고시할 수 있다.

정답 81 ③ 82 ① 83 ① 84 ②

85 노외주차장에 설치하여야 하는 차로의 최소 너비가 가장 작은 주차형식은?(단, 출입구가 2개 이상이며, 이륜자동차 전용 외의 노외주차장의 경우)

① 평행주차
② 교차주차
③ 직각주차
④ 45° 대향주차

해설
노외주차장의 출입구가 2개 이상인 경우, 차로의 최소 너비는 평행주차 < 교차주차 = 45° 대향주차 < 직각주차 순이다.
이륜자동차전용 외의 노외주차장의 차로 너비(주차장법 시행규칙 제6조)

구분	출입구 2개 이상	출입구 1개
평행주차	3.3m	5.0m
직각주차	6.0m	6.0m
60° 대향주차	4.5m	5.5m
45° 대향주차	3.5m	5.0m
교차주차	3.5m	5.0m

87 거실의 반자설치와 관련된 기준 내용 중 ( ) 안에 들어갈 수 있는 건축물의 용도는?

( )의 용도에 쓰이는 건축물의 관람실 또는 집회실로서 그 바닥면적이 200m² 이상인 것의 반자의 높이는 4m(노대의 아랫부분의 높이는 2.7m) 이상이어야 한다. 다만, 기계환기장치를 설치하는 경우에는 그렇지 않다.

① 장례식장
② 교육 및 연구시설
③ 문화 및 집회시설 중 동물원
④ 문화 및 집회시설 중 전시장

해설
문화 및 집회시설 중 전시장 및 동·식물원은 적용 대상에서 제외되며, ②는 해당사항이 없다.
거실의 반자높이(건축물방화구조규칙 제16조)
㉠ 거실의 반자는 그 높이를 2.1m 이상으로 하여야 한다.
㉡ 문화 및 집회시설(전시장 및 동·식물원은 제외한다), 종교시설, 장례식장 또는 위락시설 중 유흥주점의 용도에 쓰이는 건축물의 관람실 또는 집회실로서 그 바닥면적이 200m² 이상인 것의 반자의 높이는 ㉠에도 불구하고 4m(노대의 아랫부분의 높이는 2.7m) 이상이어야 한다. 다만, 기계환기장치를 설치하는 경우에는 그렇지 않다.

86 중고층주택을 중심으로 편리한 주거환경을 조성하기 위하여 지정하는 용도지역은?

① 제1종 일반주거지역
② 제2종 일반주거지역
③ 제3종 일반주거지역
④ 제4종 일반주거지역

해설
주거지역의 세분(국토계획법 시행령 제30조 제1항)

전용주거지역	제1종	단독주택 중심의 양호한 주거환경
	제2종	공동주택 중심의 양호한 주거환경
일반주거지역	제1종	저층주택 중심의 편리한 주거환경
	제2종	중층주택 중심의 편리한 주거환경
	제3종	중고층주택 중심의 편리한 주거환경
준주거지역		주거기능 위주로 일부 상업 및 업무기능 보완

88 주거에 쓰이는 바닥면적의 합계가 200m²인 주거용건축물에 설치하는 먹는물용 급수관의 최소 지름기준은?

① 25mm
② 32mm
③ 40mm
④ 50mm

해설
배관설비 세대 수 산정(건축물설비기준규칙 별표 3)
가구 또는 세대의 구분이 불분명한 건축물에 있어서는 주거에 쓰이는 바닥면적의 합계에 따라 가구수를 산정한다.

주거에 쓰이는 바닥면적의 합계	가구수	급수관의 지름
85m² 이하	1가구	15mm
85m² 초과 150m² 이하	3가구	20mm
150m² 초과 300m² 이하	5가구	25mm
300m² 초과 500m² 이하	16가구	40mm
500m² 초과	17가구	50mm

85 ① 86 ③ 87 ① 88 ①

89 공동주택과 오피스텔의 난방설비를 개별난방방식으로 하는 경우에 관한 기준 내용으로 틀린 것은?

① 보일러의 연도는 내화구조로서 공동연도로 설치할 것
② 보일러실의 윗부분에는 그 면적이 0.5m² 이상인 환기창을 설치할 것
③ 오피스텔의 경우에는 난방구획을 방화구획으로 구획할 것
④ 보일러는 거실 외의 곳에 설치하되, 보일러를 설치하는 곳과 거실 사이의 경계벽은 출입구를 제외하고는 방화구조의 벽으로 구획할 것

해설
보일러의 경계벽은 출입구를 제외하고는 내화구조의 벽으로 구획해야 한다.
개별난방설비기준(건축물설비기준규칙 제13조)
- 보일러는 거실 외의 곳에 설치하되, 보일러를 설치하는 곳과 거실 사이의 경계벽은 출입구를 제외하고는 내화구조의 벽으로 구획할 것
- 보일러실의 윗부분에는 그 면적이 0.5m² 이상인 환기창을 설치하고, 보일러실의 윗부분과 아랫부분에는 각각 지름 10cm 이상의 공기흡입구 및 배기구를 항상 열려 있는 상태로 바깥공기에 접하도록 설치할 것
- 보일러실과 거실 사이의 출입구는 그 출입구가 닫힌 경우에는 보일러가스가 거실에 들어갈 수 없는 구조로 할 것
- 기름보일러를 설치하는 경우에는 기름저장소를 보일러실 외의 다른 곳에 설치할 것
- 오피스텔의 경우에는 난방구획을 방화구획으로 구획할 것
- 보일러의 연도는 내화구조로서 공동연도로 설치할 것

90 지구단위계획 중 관계 행정기관의 장과의 협의, 국토교통부장관과의 협의 및 중앙도시계획위원회·지방도시계획위원회 또는 공동위원회의 심의를 거치지 않고 변경할 수 있는 사항에 관한 기준 내용으로 옳은 것은?

① 건축선의 2m 이내의 변경인 경우
② 획지면적의 30% 이내의 변경인 경우
③ 가구면적의 20% 이내의 변경인 경우
④ 건축물 높이의 30% 이내의 변경인 경우

해설
지구단위계획의 변경(주요사항)(국토계획법 시행령 제25조)
다음의 어느 하나에 해당하는 경우에는 협의 및 심의를 거치지 아니하고 지구단위계획을 변경할 수 있다.

가구면적	획지면적	건축물 높이	건축선
10% 이내의 변경인 경우	30% 이내의 변경인 경우	20% 이내의 변경인 경우	1m 이내의 변경인 경우

91 건축물 관련 건축기준의 허용오차 범위 기준이 2% 이내가 아닌 것은?

① 출구너비
② 반자높이
③ 평면길이
④ 벽체두께

해설
벽체두께의 허용오차 범위는 3% 이내이다.
건축기준의 허용오차(건축법 시행규칙 별표 5)

대지 관련	3% 이내	건축선의 후퇴거리, 인접 대지경계선과의 거리, 인접 건축물과의 거리
	1% 이내	용적률(연면적 30m²를 초과할 수 없다)
	0.5% 이내	건폐율(건축면적 5m²를 초과할 수 없다)
건축물 관련	3% 이내	벽체두께, 바닥판두께
	2% 이내	건축물의 높이(1m를 초과할 수 없다), 평면길이(전체길이는 1m, 각 실은 10cm를 초과할 수 없다), 출구너비, 반자높이

92 일조 등의 확보를 위한 건축물의 높이 제한 기준 중, ㉠과 ㉡에 해당하는 내용이 옳은 것은?

전용주거지역이나 일반주거지역에서 건축물을 건축하는 경우에는 건축물의 각 부분을 정북(正北) 방향으로의 인접 대지경계선으로부터 다음 각 호의 범위에서 건축조례로 정하는 거리 이상을 띄어 건축하여야 한다.
1. 높이 10m 이하인 부분 : 인접 대지경계선으로부터 (㉠) 이상
2. 높이 10m를 초과하는 부분 : 인접 대지경계선으로부터 해당 건축물 각 부분 높이의 (㉡) 이상

① ㉠ : 1m
② ㉠ : 1.5m
③ ㉡ : 3분의 1
④ ㉡ : 3분의 2

해설
일조 등의 확보를 위한 건축물의 높이 제한(건축법 제61조, 동법 시행령 제86조)
- 전용주거지역과 일반주거지역 안에서 건축하는 건축물의 높이는 일조 등의 확보를 위하여 정북 방향의 인접 대지경계선으로부터의 거리에 따라 대통령령으로 정하는 높이 이하로 하여야 한다.
- 건축물의 각 부분을 정북 방향으로의 인접 대지경계선으로부터 다음의 범위에서 정하는 거리 이상을 띄어 건축하여야 한다.
  - 높이 10m 이하인 부분은 인접 대지경계선으로부터 1.5m 이상
  - 높이 10m를 초과하는 부분은 인접 대지경계선으로부터 해당 건축물 각 부분 높이의 1/2 이상

※ 개정된 법령 기준으로 내용을 수정하였다.

정답 89 ④ 90 ② 91 ④ 92 ②

93 건축법령상 건축물의 대지에 공개공지 또는 공개공간을 확보하여야 하는 대상 건축물에 해당하지 않는 것은?(단, 해당 용도로 쓰는 바닥면적의 합계가 5,000m²인 건축물의 경우로, 건축조례로 정하는 다중이 이용하는 시설의 경우는 고려하지 않는다)

① 종교시설
② 업무시설
③ 숙박시설
④ 교육연구시설

해설
바닥면적의 합계가 5,000m² 이상인 종교시설, 업무시설, 숙박시설의 대지에는 공개공지 또는 공개공간을 확보하여야 한다.
공개공지 등의 확보(건축법 제43조, 동법 시행령 제27조의2)

대상 지역	• 일반주거지역, 준주거지역, 상업지역, 준공업지역 • 도시화의 가능성이 크거나 노후 산업단지의 정비가 필요하다고 인정하여 지정·공고하는 지역
대상 건축물	• 해당 용도의 바닥면적 합계 5,000m² 이상인 문화 및 집회시설, 종교시설, 판매시설(농수산물유통시설 제외), 운수시설(여객용 시설만 해당), 업무시설, 숙박시설 • 다중이 이용하는 시설로서 건축조례로 정하는 건축물

94 대형건축물의 건축허가 사전승인신청 시 제출도서의 종류 중 설계설명서에 표시하여야 할 사항이 아닌 것은?

① 공사금액
② 개략공정계획
③ 교통처리계획
④ 각부 구조계획

해설
④는 구조계획서에 표시하여야 할 사항이다.
대형건축물의 건축허가 사전승인신청 시 제출도서(건축법 시행규칙 별표 3)

• 건축계획서

	공사개요	위치, 대지면적, 공사기간, 공사금액 등
설계 설명서	사전 조사사항	지반고, 기후, 동결심도, 수용인원, 상하수와 주변지역을 포함한 지질 및 지형, 인구, 교통, 지역, 지구, 토지이용현황, 시설물현황 등
	건축계획	배치, 평면, 입면계획, 동선계획, 개략조경계획, 주차계획 및 교통처리계획 등
	기타	시공방법, 개략공정계획, 주요설비계획, 주요자재 사용계획, 기타 필요한 사항
기타		구조계획서, 지질조사서, 시방서

• 기본설계도서

건축	투시도 또는 투시도 사진, 평면도(주요층, 기준층), 입면도, 단면도, 내외마감표, 주차장평면도
설비	건축설비도, 소방설비도, 상하수도 계통도

95 노외주차장의 경우, 전기자동차 충전시설을 제외한 부대시설의 총면적은 주차장 총시설면적의 최대 얼마를 초과하여서는 아니 되는가?

① 5%
② 10%
③ 20%
④ 30%

해설
노외주차장의 부대시설(주차장법 시행규칙 제6조 제4항)

총면적	전기자동차 충전시설을 제외한 부대시설의 총면적은 주차장 총시설면적(주차장으로 사용되는 면적과 주차장 외의 용도로 사용되는 면적을 합한 면적을 말한다)의 20%를 초과해서는 안 된다.
부대시설	• 관리사무소, 휴게소 및 공중화장실 • 간이매점, 자동차 장식품 판매점 및 전기자동차 충전시설, 태양광발전시설, 집배송시설, 주유소(특별시장 등이 설치한 노외주차장만 해당) • 노외주차장의 관리·운영상 필요한 편의시설 • 시·군 또는 구의 조례로 정하는 이용자 편의시설

※ 개정된 법령 기준으로 내용을 수정하였다.

96 국토교통부령으로 정하는 바에 따라 방화구조로 하거나 불연재료로 하여야 하는 목조 건축물의 최소 연면적 기준은?

① 500m² 이상
② 1,000m² 이상
③ 1,500m² 이상
④ 2,000m² 이상

해설
대규모 목조 건축물의 외벽 등(건축물방화구조규칙 제22조)
연면적이 1,000m² 이상인 목조의 건축물은 그 외벽 및 처마 밑의 연소할 우려가 있는 부분을 방화구조로 하되, 그 지붕은 불연재료로 하여야 한다.

97 건축물의 관람실 또는 집회실로부터 바깥쪽으로의 출구로 쓰이는 문을 안여닫이로 해서는 안 되는 건축물은?

① 위락시설
② 수련시설
③ 문화 및 집회시설 중 전시장
④ 문화 및 집회시설 중 동·식물원

해설
관람실 등으로부터의 출구의 설치기준(건축물방화구조규칙 제10조, 건축법 시행령 제38조)
적용대상 건축물의 관람실 또는 집회실로부터 바깥쪽으로의 출구로 쓰이는 문은 안여닫이로 해서는 안 된다.

적용 대상	• 제2종 근린생활시설 중 공연장, 종교집회장(바닥면적의 합계가 각각 300m² 이상인 경우) • 문화 및 집회시설(전시장 및 동·식물원 제외) • 종교시설, 위락시설, 장례시설

98 비상용승강기 승강장의 바닥면적은 비상용승강기 1대에 대하여 최소 얼마 이상으로 하여야 하는가?(단, 옥내 승강장인 경우)

① 3m²   ② 4m²
③ 5m²   ④ 6m²

해설
비상용승강기 승강장의 바닥면적(건축물설비기준규칙 제10조)
승강장의 바닥면적은 비상용승강기 1대에 대하여 6m² 이상으로 할 것. 다만, 옥외에 승강장을 설치하는 경우에는 그러하지 아니하다.

99 대지의 분할 제한과 관련한 아래 내용에서, 밑줄 친 부분에 해당하는 규모 기준이 틀린 것은?

> 건축물이 있는 대지는 <u>대통령령으로 정하는 범위</u>에서 해당 지방자치단체의 조례로 정하는 면적에 못 미치게 분할할 수 없다.

① 주거지역 : 60m² 이상
② 상업지역 : 100m² 이상
③ 공업지역 : 150m² 이상
④ 녹지지역 : 200m² 이상

해설
대지의 분할 제한 최소 면적(건축법 시행령 제80조)

주거지역·기타 지역	상업지역·공업지역	녹지지역
60m²	150m²	200m²

100 광역도시계획의 수립권자 기준에 대한 내용으로 틀린 것은?

① 광역계획권이 같은 도의 관할 구역에 속하여 있는 경우, 관할 시장 또는 군수가 공동으로 수립한다.
② 국가계획과 관련된 광역도시계획의 수립이 필요한 경우 국토교통부장관이 수립한다.
③ 광역계획권을 지정한 날부터 2년이 지날 때까지 관할 시장 또는 군수로부터 광역도시계획의 승인 신청이 없는 경우 국토교통부장관이 수립한다.
④ 광역계획권이 둘 이상의 시·도의 관할 구역에 걸쳐 있는 경우, 관할 시·도지사가 공동으로 수립한다.

해설
광역도시계획의 수립권자(국토계획법 제11조)

관할 시장 또는 군수가 공동으로 수립	광역계획권이 같은 도의 관할 구역에 속하여 있는 경우
관할 시·도지사가 공동으로 수립	광역계획권이 둘 이상의 시·도의 관할 구역에 걸쳐 있는 경우
관할 도지사가 수립	광역계획권을 지정한 날부터 3년이 지날 때까지 관할 시장 또는 군수로부터 광역도시계획의 승인 신청이 없는 경우
국토교통부장관이 수립	국가계획과 관련된 광역도시계획의 수립이 필요한 경우나 광역계획권을 지정한 날부터 3년이 지날 때까지 관할 시·도지사로부터 광역도시계획의 승인 신청이 없는 경우

정답 97 ① 98 ④ 99 ② 100 ③

2021년 제2회 과년도 기출문제

제1과목 건축계획

01 다음 중 백화점의 기둥간격 결정요소와 가장 거리가 먼 것은?

① 매장의 연면적
② 진열장의 배치방법
③ 지하주차장의 주차방식
④ 에스컬레이터의 배치방법

해설
매장의 연면적에 따라 백화점의 기둥간격을 결정하지는 않는다.
백화점 스팬·모듈의 결정요인
- 매장 진열장의 배치방식과 치수
- 통로의 크기
- 지하주차장의 주차방식과 주차 폭
- 엘리베이터와 에스컬레이터의 유무 및 배치 등

02 주심포 형식에 관한 설명으로 옳지 않은 것은?

① 공포를 기둥 위에만 배열한 형식이다.
② 장혀는 긴 것을 사용하고 평방이 사용된다.
③ 봉정사 극락전, 수덕사 대웅전 등에서 볼 수 있다.
④ 맞배지붕이 대부분이며 천장을 특별히 가설하지 않아 서까래가 노출되어 보인다.

해설
평방은 다포식 건물에 사용된다.
주심포식 공포
- 공포를 기둥 상부에만 배열한 방식이다.
- 부재가 정연하게 가공되고 조각이 많아 인공성이 강하다.
- 맞배지붕이 대부분이며, 천장을 가설하지 않아 서까래가 노출된다.
- 우미량을 사용하여 단차가 있는 도리를 계단형식으로 연결한다.
- 평방은 설치하지 않으며, 소로는 비교적 자유롭게 배치한다.

03 페리(C. A. Perry)의 근린주구에 관한 설명으로 옳지 않은 것은?

① 경계 : 4면의 간선도로에 의해 구획
② 공공시설용지 : 지구 전체에 분산하여 배치
③ 오픈스페이스 : 주민의 일상생활 요구를 충족시키기 위한 소공원과 위락공간체계
④ 지구 내 가로체계 : 내부 가로망은 단지 내의 교통량을 원활히 처리하고 통과교통을 방지

해설
학교 및 공공시설 등은 단지의 중심위치에 적절히 배치된다.
근린주구론의 6가지 계획원칙

규모	• 초등학교 운영에 필요한 인구 규모가 필요하다. • 공간적 크기는 약 400m 정도가 적절하다.
경계	주구 외곽을 4면의 간선도로로 구획한다.
공공시설	학교 및 공공시설 등은 단지의 중심위치에 적절히 배치된다.
상업시설	상업지구 1~2개소가 근린주구 주변, 교통의 결절점에 위치한다.
가로체계	내부 가로망은 단지 내 교통을 원활히 처리하고, 통과교통은 방지한다.
오픈스페이스	공원 및 위락공간을 위한 계획이 필요하다.

정답 01 ① 02 ② 03 ②

04 사무소 건축의 실 단위계획에 있어서 개방식 배치에 관한 설명으로 옳지 않은 것은?

① 독립성과 쾌적감 확보에 유리하다.
② 공사비가 개실 시스템보다 저렴하다.
③ 방의 길이나 깊이에 변화를 줄 수 있다.
④ 전 면적을 유효하게 이용할 수 있어 공간 절약상 유리하다.

해설
①은 개실 시스템에 대한 설명이다.
개방식 배치

개요	개방된 큰 실 내부에 분리된 공간을 두는 형식이다.
장점	• 공간의 길이나 깊이에 변화를 줄 수 있다. • 공간을 절약할 수 있고, 전 면적을 이용할 수 있다. • 개실 배치보다 공사비가 저렴하다. • 경영자의 입장에서는 전체를 통제하기가 쉽다.
단점	• 소음이 들리고 독립성이 떨어진다. • 자연채광에 보조채광으로서의 인공채광이 필요하다.

05 도서관 건축계획에서 장래에 증축을 반드시 고려해야 할 부분은?

① 서고
② 대출실
③ 사무실
④ 휴게실

해설
도서관의 증축

계획 사항	• 도서관의 신축 시에는 대지선정과 배치단계에서부터 장래의 성장에 따른 증축 가능한 공간을 확보할 필요가 있다. • 증축 예정지는 기능적 긴밀성의 유지를 위해 도서관의 평면 및 단면구성을 고려하여 계획한다.
서고	• 서고는 특히 장래 증축을 반드시 고려해야 한다. • 서고를 평면의 중앙에 배치하는 형식은 장서 수의 증가에 대응하기 어렵다. • 서고식의 경우, 서고와 열람실은 제각기 독립된 방향의 확장을 고려한다.

06 건축계획 단계에서의 조사방법에 관한 설명으로 옳지 않은 것은?

① 설문조사를 통하여 생활과 공간 간의 대응관계를 규명하는 것은 생활행동 행위의 관찰에 해당된다.
② 이용 상황이 명확하게 기록되어 있는 시설의 자료 등을 활용하는 것은 기존자료를 통한 조사에 해당된다.
③ 건물의 이용자를 대상으로 설문을 작성하여 조사하는 방식은 생활과 공간의 대응관계 분석에 유효하다.
④ 주거단지에서 어린이들의 행동특성을 조사하기 위해서는 생활행동 행위의 관찰방식이 일반적으로 적절하다.

해설
직접 관찰을 통하여 생활과 공간 간의 대응관계를 규명하는 것이 생활행동 행위의 관찰에 해당된다.
건축계획 단계에서의 조사수법

설문조사	건물의 이용자 등을 대상으로 설문을 작성하여 생활과 공간의 대응관계를 분석한다.
기존 자료를 통한 조사	이용 상황이 명확하게 기록되어 있는 시설의 자료 등을 활용하여 조사한다.
생활행동 행위의 관찰	직접 관찰을 통하여 생활과 공간 간의 대응관계를 규명하고 행동 특성을 조사한다.

07 다음 설명에 알맞은 공장 건축의 레이아웃(Layout) 형식은?

• 생산에 필요한 모든 공정, 기계·기구를 제품의 흐름에 따라 배치한다.
• 대량생산에 유리하며 생산성이 높다.

① 혼성식 레이아웃
② 고정식 레이아웃
③ 제품 중심의 레이아웃
④ 공정 중심의 레이아웃

해설
① 혼성식 레이아웃 : 제품 중심, 공정 중심, 고정식을 혼합한 방식이다(가정용 전기 및 주문 생산품 공장 등에 적합).
② 고정식 레이아웃 : 재료나 조립부품을 고정된 장소에 두고, 사람이나 기계가 그 장소로 이동해 가서 작업을 행하는 방식이다(조선소, 건축 등에 적합).
④ 공정 중심의 레이아웃 : 동일하거나 기능이 유사한 기계설비를 집합시키는 방식이다(다품종 소량생산, 주문 생산품 등에 적합).

정답 04 ① 05 ① 06 ① 07 ③

08 주택의 부엌 작업대 배치유형 중 ㄷ자형에 관한 설명으로 옳은 것은?

① 두 벽면을 따라 작업이 전개되는 전통적인 형태이다.
② 평면계획상 외부로 통하는 출입구의 설치가 곤란하다.
③ 작업동선이 길고 조리면적은 좁지만 다수의 인원이 함께 작업할 수 있다.
④ 가장 간결하고 기본적인 설계형태로 길이가 4.5m 이상이 되면 동선이 비효율적이다.

해설
ㄷ자형(U자형) 부엌
- 세 벽면에 작업대를 배치한 형식이다.
- 동선의 길이를 가장 짧게 할 수 있다.
- 작업면이 가장 넓고 작업효율이 좋다.
- 외부로 통하는 출입구의 설치가 어렵다.
- 비교적 규모가 큰 공간에 적합하다.

09 고딕 양식의 건축물에 속하지 않는 것은?

① 아미앵 성당
② 노트르담 성당
③ 샤르트르 성당
④ 성 베드로 성당

해설
성 베드로 성당은 르네상스·바로크 양식의 건축물이다.
주요 건축양식과 대표적인 건축물

그리스	파르테논, 에렉테이온, 아고라
로마	판테온, 바실리카, 포럼, 인술라
비잔틴	성 소피아 성당
로마네스크	피사의 대성당
고딕	노트르담 성당, 샤르트르 성당, 밀라노 성당, 쾰른 성당, 랭스 성당, 아미앵 성당
르네상스	플로렌스 성당의 돔, 메디치궁전, 루첼라이궁전, 성 베드로 성당(착공)
바로크	성 베드로 성당(완공), 베르사유 궁전

10 아파트의 평면형식 중 계단실형에 관한 설명으로 옳은 것은?

① 대지에 대한 이용률이 가장 높은 유형이다.
② 통행을 위한 공용면적이 크므로 건물의 이용도가 낮다.
③ 각 세대가 양쪽으로 개구부를 계획할 수 있는 관계로 통풍이 양호하다.
④ 엘리베이터를 공용으로 사용하는 세대수가 많으므로 엘리베이터의 효율이 높다.

해설
① 대지에 대한 이용률이 가장 높은 유형은 많은 주호를 집중시킬 수 있는 집중형이다.
② 계단실형은 통행부의 면적이 작으므로 건물의 이용도가 높다.
④ 계단실형은 엘리베이터의 효율이 낮아 비경제적이다.
아파트 평면형식의 비교

구분	통행부 면적	엘리베이터 효율	프라이버시	통풍·채광
계단실형	작다.	가장 낮다.	가장 우수	가장 우수
집중형	작다.	가장 높다.	가장 불량	가장 불량
편복도형	크다.	높다.	보통	양호
중복도형	크다.	높다.	불량	불량

11 호텔에 관한 설명으로 옳지 않은 것은?

① 커머셜 호텔은 일반적으로 고밀도의 고층형이다.
② 터미널 호텔에는 공항 호텔, 부두 호텔, 철도역 호텔 등이 있다.
③ 리조트 호텔의 건축형식은 주변 조건에 따라 자유롭게 이루어진다.
④ 레지던셜 호텔은 여행자의 장기간 체재에 적합한 호텔로서, 각 객실에는 주방설비를 갖추고 있다.

해설
④는 아파트먼트 호텔에 대한 설명이다.
레지던셜 호텔(Residential hotel)
- 여행자의 단기간 체재에 적합한 호텔이다.
- 일반관광객 외에 각종 비즈니스를 위한 여행자를 대상으로 한다.
- 호텔 경영내용의 주체를 식사료에 비중을 둔다.

12 병원 건축형식 중 분관식(Pavilion type)에 관한 설명으로 옳은 것은?

① 대지가 협소할 경우 주로 적용된다.
② 보행 길이가 짧아져 관리가 용이하다.
③ 각 병실의 일조, 통풍 환경을 균일하게 할 수 있다.
④ 급수, 난방 등의 배관 길이가 짧아져 설비비가 적게 된다.

해설
병원의 분관식(파빌리온식) 배치의 특징
- 저층 분산형이므로 관리가 어렵고 동선과 배관이 길어져 설비비가 증대된다.
- 보통 3층 이하의 저층 건물로 구성되며 넓은 대지가 필요하다.
- 각 병실의 일조, 통풍을 균일하게 할 수 있다.
- 병원의 확장 등 성장변화에 대한 대응이 용이하다.
- 환자는 주로 경사로를 이용한 보행 또는 들것으로 운반된다.

13 학교 운영방식에 관한 설명으로 옳지 않은 것은?

① 종합교실형은 교실의 이용률이 높지만 순수율은 낮다.
② 일반교실 및 특별교실형은 우리나라 중학교에서 주로 사용되는 방식이다.
③ 교과교실형에서는 모든 교실이 특정교과를 위해 만들어지고, 일반교실이 없다.
④ 플라툰형은 학년과 학급을 없애고 학생들은 각자의 능력에 따라 교과를 선택하고 일정한 교과가 끝나면 졸업을 한다.

해설
④는 달톤형에 대한 설명이며, 플래툰형은 각 학급을 양분하여 한쪽이 일반교실을 사용할 때 다른 한쪽은 특별교실을 사용하는 방식이다.

14 미술관 전시실의 전시기법에 관한 설명으로 옳지 않은 것은?

① 하모니카 전시는 동일 종류의 전시물을 반복하여 전시할 경우에 유리하다.
② 아일랜드 전시는 실물을 직접 전시할 수 없는 경우 영상매체를 사용하여 전시하는 방법이다.
③ 파노라마 전시는 연속적인 주제를 연관성 있게 표현하기 위해 선형의 파노라마로 연출하는 전시기법이다.
④ 디오라마 전시는 하나의 사실 또는 주제의 시간 상황을 고정시켜 연출하는 것으로 현장에 임한 느낌을 주는 기법이다.

해설
②는 영상 전시에 대한 설명이다.
아일랜드 전시

개요	벽면이나 천장을 이용하지 않고 독립된 전시 케이스 등을 활용하여 전시물을 배치하는 기법이다.
특징	• 관람자의 시거리를 짧게 할 수 있다. • 관람자의 동선이 자유롭다.

15 쇼핑센터의 몰(Mall)에 관한 설명으로 옳은 것은?

① 전문점과 핵상점의 주출입구는 몰에 면하도록 한다.
② 쇼핑체류시간을 늘릴 수 있도록 방향성이 복잡하게 계획한다.
③ 몰은 고객의 통과동선으로서 부속시설과 서비스 기능의 출입이 이루어지는 곳이다.
④ 일반적으로 공기조화에 의해 쾌적한 실내기후를 유지할 수 있는 오픈몰(Open mall)이 선호된다.

해설
① 전문점과 핵점포(중심상점)의 주출입구가 몰에 면하도록 하여 몰이 활성화되도록 한다.
② 몰은 확실한 방향성과 식별성을 갖도록 계획되어야 한다.
③ 몰은 고객의 주보행동선으로서 중심상점과 각 전문점에서의 출입이 이루어지는 곳이다.
④ 일반적으로 공기조화에 의해 쾌적한 실내기후를 유지할 수 있는 엔클로즈드몰(Enclosed mall)이 선호된다.

정답 12 ③ 13 ④ 14 ② 15 ①

16 극장 건축에서 무대의 제일 뒤에 설치되는 무대 배경용의 벽을 나타내는 용어는?

① 프로시니엄
② 사이클로라마
③ 플라이로프트
④ 그리드아이언

해설
프로시니엄 극장의 무대

사이클로라마		무대의 제일 뒤에 설치되는 무대 배경용의 벽이다.
플라이 로프트		무대의 상부공간을 말한다.
	그리드 아이언	배경·조명·연기자·음향 반사판 등을 매달기 위해 무대 천장 밑에 설치하는 격자형태의 철골구조물이다.
	플라이 갤러리	캣워크라고도 하며, 무대 주위의 벽에 설치되는 좁은 통로이다.
	록 레일	무대장치의 와이어로프를 조정하는 장소이다.
프로시니엄 아치		무대와 객석의 경계를 이루는 개구부를 말한다.

17 미술관의 전시실 순회형식에 관한 설명으로 옳지 않은 것은?

① 갤러리 및 코리더 형식에서는 복도 자체도 전시공간으로 이용이 가능하다.
② 중앙홀 형식에서 중앙홀이 크면 동선의 혼란은 많으나 장래의 확장에는 유리하다.
③ 연속순회 형식은 전시 중에 하나의 실을 폐쇄하면 동선이 단절된다는 단점이 있다.
④ 갤러리 및 코리더 형식은 복도에서 각 전시실에 직접 출입할 수 있으며 필요시에 자유로이 독립적으로 폐쇄할 수가 있다.

해설
중앙홀 형식에서 중앙홀이 크면 동선에 혼란이 없으나 장래 확장이 어렵다.

18 다음 설명에 알맞은 사무소 건축의 코어 유형은?

- 코어를 업무공간에서 분리시킨 관계로 업무공간의 융통성이 높은 유형이다.
- 설비 덕트나 배관을 코어로부터 업무공간으로 연결하는 데 제약이 많다.

① 외코어형
② 편단코어형
③ 양단코어형
④ 중앙코어형

해설
② 편단(편심)코어형 : 코어가 기준층의 한쪽에 치우친 형태로, 고층인 경우 구조상 불리하며 소규모 사무소 건물에 적합하다.
③ 양단(양측/분리)코어형 : 코어가 기준층의 양측에 위치하는 형태로, 단일 용도의 대규모 전용 사무소에 적합하다.
④ 중앙(중심)코어형 : 구조상 바람직하고, 유효율이 높아 임대 사무소로 경제적이며, 바닥면적이 큰 대규모 고층 건물에 적합하다.

19 르네상스 건축에 관한 설명으로 옳은 것은?

① 건축 비례와 미적 대칭 등을 중시하였다.
② 첨탑과 플라잉 버트레스가 처음 도입되었다.
③ 펜덴티브 돔이 창안되어 실내공간의 자유도가 높아졌다.
④ 강렬한 극적효과를 추구하며 관찰자의 주관적 감흥을 중시하였다.

해설
② : 첨탑과 플라잉버트레스는 고딕 건축의 특징이다.
③ : 비잔틴 건축에 대한 설명이다.
④ : 바로크 건축에 대한 설명이다.
르네상스 건축의 특징
- 오더, 아치 등 로마 건축기법의 전통을 계승한 건축양식이다.
- 기독교 건축을 탈피하여 궁전, 주택 등으로 확대된 인간 중심의 건축이다.
- 건축 비례와 미적 대칭 등을 중시하였다.
- 수평성을 강조하며 정사각형, 원 등으로 공간을 구성하였다.
- 리브 볼트 등 복잡한 구조 대신 로마식 구조로 회귀하였다.
- 프레스코화, 모자이크, 금속장식 등이 사용되었다.
- 석재 외벽 표면을 거칠게 마감하는 러스티케이션(Rustication)이 활용되었다.

20 단독주택의 리빙 다이닝 키친에 관한 설명으로 옳지 않은 것은?

① 공간의 이용률이 높다.
② 소규모 주택에 주로 사용된다.
③ 주부의 동선이 짧아 노동력이 절감된다.
④ 거실과 식당이 분리되어 각 실의 분위기 조성이 용이하다.

[해설]
리빙 다이닝 키친은 거실 내에 부엌과 식사실을 설치한 형식으로, 공간의 이용률이 높아 소규모 주택에 적합하지만 이상적인 식사 분위기 조성이 어렵다.

제2과목 건축시공

21 공동도급방식(Joint venture)에 관한 설명으로 옳은 것은?

① 2명 이상의 수급자가 어느 특정 공사에 대하여 협동으로 공사계약을 체결하는 방식이다.
② 발주자, 설계자, 공사관리자의 세 전문 집단에 의하여 공사를 수행하는 방식이다.
③ 발주자와 수급자가 상호신뢰를 바탕으로 팀을 구성하여 공동으로 공사를 수행하는 방식이다.
④ 공사수행방식에 따라 설계/시공(D/B)방식과 설계/관리(D/M)방식으로 구분한다.

[해설]
②는 건설사업관리(CM), ③은 파트너링, ④는 턴키(Turn-key)방식에 대한 설명이다.

공동도급(Joint venture)

개요	공사를 복수의 도급자가 구성한 공동체에 도급시키는 것을 말한다.
특징	• 특정 공사를 목적으로 하며, 출자와 관리를 공동으로 한다. • 공사이윤은 각 회사의 출자 비율로 배당한다.
장점	• 시공의 신뢰성, 기술의 증대, 공사도급의 경쟁 완화 등이 기대된다. • 손익 부담을 공동으로 계산하며 자본력, 융자력이 증대된다. • 단일 목적의 공동체로서 공사에 대한 위험이 분산된다.
단점	• 한 회사가 일괄 도급하는 것보다 경비가 증가한다. • 내부 구성원 간 의견 차이, 이해충돌이 발생할 수 있다.

22 다음 설명에서 의미하는 공법은?

> 구조물 하중보다 더 큰 하중을 연약지반(점성토) 표면에 프리로딩하여 압밀침하를 촉진시킨 뒤 하중을 제거하여 지반의 전단강도를 증대하는 공법

① 고결안정 공법 ② 치환 공법
③ 재하 공법   ④ 탈수 공법

[해설]
① 고결안정 공법 : 고화재 또는 시멘트, 약액을 지반 속에 주입하여 흙입자 사이의 결합력을 증대시키고 지수성 및 강도를 증대시키는 공법이다.
② 치환 공법 : 연약지반의 일부 또는 전체를 제거하고 양질의 흙으로 치환하여 지반을 개량하는 공법이다.
④ 탈수 공법 : 연약지반의 간극수를 탈수하여 강도를 증가시키는 지반개량 공법이다.

[정답] 20 ④ 21 ① 22 ③

23 보강블록공사에 관한 설명으로 옳지 않은 것은?

① 벽의 세로근은 구부리지 않고 설치한다.
② 벽의 세로근은 밑창 콘크리트 윗면에 철근을 배근하기 위한 먹매김을 하여 기초판 철근 위의 정확한 위치에 고정시켜 배근한다.
③ 벽 가로근 배근 시 창 및 출입구 등의 모서리 부분에 가로근의 단부를 수평 방향으로 정착할 여유가 없을 때에는 갈고리로 하여 단부 세로근에 걸고 결속선으로 결속한다.
④ 보강블록조와 라멘구조가 접하는 부분은 라멘구조를 먼저 시공하고 보강블록조를 나중에 쌓는 것이 원칙이다.

해설
보강블록조와 라멘구조가 접하는 부분은 보강블록조를 먼저 쌓고 라멘구조를 나중에 시공한다.

24 기술제안입찰제도의 특징에 관한 설명으로 옳지 않은 것은?

① 공사비 절감방안의 제안은 불가하다.
② 기술제안서 작성에 추가비용이 발생된다.
③ 제안된 기술의 지적재산권 인정이 미흡하다.
④ 원안 설계에 대한 공법, 품질 확보 등이 핵심 제안 요소이다.

해설
기술제안입찰 시 기술제안서에는 공사비 절감방안 및 공기단축방안 등과 관련된 사항이 포함되어야 한다.
기술제안입찰제도
- 입찰자가 발주기관이 교부한 설계서를 검토한 후 기술제안서를 작성하여 입찰서와 함께 제출하는 입찰방식이다.
- 기본설계 기술제안입찰과 실시설계 기술제안입찰방식이 있다.
- 기술제안서에는 공사비 절감방안, 생애주기비용 개선방안, 공기단축방안, 공사관리방안, 산출내역 등과 관련된 사항이 포함되어야 하며, 원안 설계에 대한 공법, 품질 확보 등이 핵심 제안 요소이다.
- 기술제안서 작성에 추가비용이 발생되며 제안된 기술의 지적재산권 인정이 미흡하다는 문제가 있다.

25 계측관리 항목 및 기기에 관한 설명으로 옳지 않은 것은?

① 흙막이벽의 응력은 변형계(Strain gauge)를 이용한다.
② 주변 건물의 경사는 건물경사계(Tilt meter)를 이용한다.
③ 지하수의 간극수압은 지하수위계(Water level meter)를 이용한다.
④ 버팀보, 앵커 등의 축하중 변화 상태의 측정은 하중계(Load cell)를 이용한다.

해설
지하수위계는 지하수위의 변화를 측정하는 데 사용하며, 지하수의 간극수압은 피에조미터(Piezometer)로 측정한다.

26 철근의 정착위치에 관한 설명으로 옳지 않은 것은?

① 지중보의 주근은 기초 또는 기둥에 정착한다.
② 기둥 철근은 큰 보 혹은 작은 보에 정착한다.
③ 큰 보의 주근은 기둥에 정착한다.
④ 작은 보의 주근은 큰 보에 정착한다.

해설
기둥의 주근은 기초에 정착한다.
철근의 정착위치

구분	정착위치
기둥의 주근	기초
보의 주근	기둥
작은 보의 주근	큰 보
지중보의 주근	기초 또는 기둥
직교하는 단부 보 밑(기둥이 없을 때)	보 상호 간
바닥 철근	보 또는 벽체
벽 철근	기둥, 보, 기초 또는 바닥판

27 목재의 접착제로 활용되는 수지와 가장 거리가 먼 것은?

① 요소수지
② 멜라민수지
③ 폴리스티렌수지
④ 페놀수지

해설
폴리스티렌수지는 벤젠, 에틸렌으로부터 제조되는 열가소성수지이며 타일, 천장재, 블라인드, 도료 등으로 사용된다.

28 칠공사에 관한 설명으로 옳지 않은 것은?

① 한랭 시나 습기를 가진 면은 작업을 하지 않는다.
② 초벌부터 정벌까지 같은 색으로 도장해야 한다.
③ 강한 바람이 불 때는 먼지가 묻게 되므로 외부 공사를 하지 않는다.
④ 야간은 색을 잘못 칠할 염려가 있으므로 작업을 하지 않는 것이 좋다.

해설
도장공사 시 나중에 칠할수록 색을 진하게 하여 칠을 안 한 부분과 구별하도록 한다.
도장공사 시 일반사항
• 칠은 일반적으로 초벌, 재벌, 정벌칠의 3공정으로 한다.
• 나중에 칠할수록 색을 진하게 하여 칠을 안 한 부분을 구별한다.
• 도료는 사용 전 잘 교반하여 균일하게 하며, 부착성을 고려하여 과도한 희석은 피한다.
• 녹이나 기름기 제거, 표면의 거칠기 정도를 관리한다.
• 1회 바름두께는 얇게 여러 번 칠하고 급격한 건조는 피해야 한다.
• 도장 후 기름, 산 등의 유해물이 녹아 나올 때에는 재시공한다.

29 석재에 관한 설명으로 옳은 것은?

① 인장강도는 압축강도에 비하여 10배 정도 크다.
② 석재는 불연성이긴 하나 화열에 닿으면 화강암과 같이 균열이 생기거나 파괴되는 경우도 있다.
③ 장대재를 얻기에 용이하다.
④ 조직이 치밀하여 가공성이 매우 뛰어나다.

해설
①·③ : 석재는 인장, 휨 및 전단강도가 압축강도에 비해 매우 작으므로, 장대재(長大材)를 얻기 어렵다.
④ : 석재는 대체로 경도가 커서 가공성이 좋지 않은 대신 내마모성이 우수하여 바닥재나 외장재로 많이 사용된다.

30 아파트 온돌바닥 미장용 콘크리트로서 고층 적용 실적이 많고 배합을 조닝별로 다르게 하며 타설 바탕면에 따라 배합비 조정이 필요한 것은?

① 경량기포 콘크리트
② 중량 콘크리트
③ 수밀 콘크리트
④ 유동화 콘크리트

해설
② 중량 콘크리트 : 방사선 차폐를 목적으로 금속물질이 포함된 중정석 등의 중량골재를 넣은 콘크리트이다.
③ 수밀 콘크리트 : 지하구조물, 저수조, 수영장, 상하수도시설 등 압력수가 작용하며 높은 수밀성이 요구되는 구조물에 사용하는 콘크리트이다.
④ 유동화 콘크리트 : 비비기를 완료한 베이스 콘크리트에 유동화제를 첨가하여 시공성과 펌퍼빌리티를 개선한 콘크리트이다.

31 토공사에 적용되는 체적환산계수 L의 정의로 옳은 것은?

① $\dfrac{\text{흐트러진 상태의 체적}(m^3)}{\text{자연상태의 체적}(m^3)}$

② $\dfrac{\text{자연상태의 체적}(m^3)}{\text{흐트러진 상태의 체적}(m^3)}$

③ $\dfrac{\text{다져진 상태의 체적}(m^3)}{\text{자연상태의 체적}(m^3)}$

④ $\dfrac{\text{자연상태의 체적}(m^3)}{\text{다져진 상태의 체적}(m^3)}$

해설
체적환산계수(f)
흙은 상태에 따라 밀도와 부피가 3가지의 변화된 형태로 존재한다.

자연상태(N)	• 굴착하기 전의 상태이다.
흐트러진 상태(L)	• 굴착하여 운반할 대상이 되는 상태이다. • 흐트러진 상태의 체적(m^3) ÷ 자연상태의 체적(m^3)
다져진 상태(C)	• 성토 및 다짐 후 공사가 완료된 상태이다. • 다져진 상태의 체적(m^3) ÷ 자연상태의 체적(m^3)

정답 28 ② 29 ② 30 ① 31 ①

32 백화현상에 관한 설명으로 옳지 않은 것은?

① 시멘트는 수산화칼슘의 주성분인 생석회(CaO)의 다량 공급원으로서 백화의 주된 요인이다.
② 백화현상은 미장 표면뿐만 아니라 벽돌벽체, 타일 및 착색 시멘트 제품 등의 표면에도 발생한다.
③ 겨울철보다 여름철의 높은 온도에서 백화 발생 빈도가 높다.
④ 배합수 중에 용해되는 가용 성분이 시멘트 경화체의 표면 건조 후 나타나는 현상이다.

해설
백화는 저온에서 발생하기 쉬우므로, 여름철보다 겨울철에 발생 빈도가 높다.

33 돌로마이트 플라스터 바름에 관한 설명으로 옳지 않은 것은?

① 정벌바름용 반죽은 물과 혼합한 후 12시간 정도 지난 다음 사용하는 것이 바람직하다.
② 바름두께가 균일하지 못하면 균열이 발생하기 쉽다.
③ 돌로마이트 플라스터는 수경성이므로 해초풀을 적당한 비율로 배합해서 사용해야 한다.
④ 시멘트와 혼합하여 2시간 이상 경과한 것은 사용할 수 없다.

해설
돌로마이트 플라스터는 공기 중의 탄산가스와 반응하는 기경성 재료이며, 점성이 높고 가소성이 커서 해초풀이 필요 없다.

34 철골부재의 용접 시 이음 및 접합부위의 용접선의 교차로 재용접된 부위가 열영향을 받아 취약해짐을 방지하기 위하여 모재에 부채꼴 모양으로 모따기를 한 것은?

① Blow hole   ② Scallop
③ End tap   ④ Crater

해설
① 블로홀(Blow hole) : 용접부분 안에 생긴 기포로, 금속이 녹아들 때 발생하는 용접결함이다.
③ 엔드탭(End tap) : 용접의 시작과 끝에 발생하는 결함부를 처리하기 위한 임시 보조판으로, 용접 종료 후에 제거한다.
④ 크레이터(Crater) : 용접부분 비드 종단부가 움푹 패인 것으로, 아크를 끊을 때 발생하는 용접결함이다.

35 재료별 할증률을 표기한 것으로 옳은 것은?

① 시멘트벽돌 : 3%   ② 강관 : 7%
③ 단열재 : 7%   ④ 봉강 : 5%

해설
① 시멘트벽돌 : 5%, ② 강관 : 5%, ③ 단열재 : 10%, ④ 봉강 : 5%이므로, 옳은 것은 ④이다.

건설공사표준품셈에서 강재의 할증률

3%	이형철근, 고장력 볼트
5%	원형철근, 일반볼트, 강관, 소형형강, 봉강, 평강대강, 각파이프
6~7%	이형철근(교량, 지하철 및 복잡한 구조물의 주철근)
7%	대형형강
10%	강판

건설공사표준품셈에서 재료(강재 제외)의 할증률

1%	레디믹스트 콘크리트구조물(철근, 철골), 유리
2%	레디믹스트 콘크리트구조물(무근), 현장혼합 콘크리트구조물(철근), 아스팔트 콘크리트 포설, 도료
3%	일반용 합판, 붉은벽돌, 내화벽돌, 타일(도기, 자기)
4%	블록, 콘크리트포장 혼합물의 포설
5%	각재(목재), 수장용 합판, 시멘트벽돌, 텍스, 기와, 아스팔트 등
10%	판재(목재), 단열재, 조경용 수목, 정형돌(석재판 붙임용재) 등
30%	부정형돌(석재판 붙임용재)

36 사질토의 상대밀도를 측정하는 방법으로 가장 적합한 것은?

① 표준관입시험(Standard penetration test)
② 베인테스트(Vane test)
③ 깊은 우물(Deep well) 공법
④ 아일랜드 공법

해설
① 표준관입시험 : 질량 63.5±0.5kg의 드라이브 해머를 760±10mm 자유 낙하시키고, 보링로드 머리부에 부착한 노킹블록을 타격하여 보링로드 앞 끝에 부착한 표준관입시험용 샘플러를 지반에 300mm 박아 넣는 데 필요한 타격횟수(N)를 구하는 시험이다. 시험에서 얻은 N값으로 상대밀도를 측정할 수 있다.
② 베인테스트 : 보링 후 십자형의 날개를 회전시켜 회전력으로 연약점토의 점착력과 전단강도를 판별하는 시험방법이다.
③ 깊은 우물 공법 : 지반 내에 깊은 우물을 시공하고 우물에 고인 물을 수중펌프로 배수하는 중력배수 공법이다.
④ 아일랜드 공법 : 흙파기면을 따라 널말뚝을 항타한 뒤, 중앙부의 흙을 먼저 파내고 중앙부의 구조물을 구축한 후 주위 부분의 흙을 파내는 터파기 공법이다.

37 녹막이칠에 사용하는 도료와 가장 거리가 먼 것은?

① 광명단
② 크레오소트유
③ 아연분말도료
④ 역청질 도료

해설
②는 목재용 방부재이다.
방청도료
- 방청제 역할을 하는 안료를 사용하여 금속의 부식을 방지하고자 사용하는 도료이다.
- 방청제로는 광명단(연단), 크롬산아연, 산화철 등이 사용된다.
- 연단도료, 징크로메이트, 산화철도료, 알루미늄도료, 아연분말도료, 역청질 도료 등이 있다.

38 석고 플라스터 바름에 관한 설명으로 옳지 않은 것은?

① 보드용 플라스터는 초벌바름, 재벌바름의 경우 물을 가한 후 2시간 이상 경과한 것은 사용할 수 없다.
② 실내온도가 10℃ 이하일 때는 공사를 중단하거나 난방하여 10℃ 이상으로 유지한다.
③ 바름작업 중에는 될 수 있는 한 통풍을 방지한다.
④ 바름 작업이 끝난 후 실내를 밀폐하지 않고 가열과 동시에 환기하여 바름면이 서서히 건조되도록 한다.

해설
석고 플라스터 바름 시 실내온도가 5℃ 이하일 때는 공사를 중단하거나 난방하여 5℃ 이상으로 유지한다.

39 공급망관리(Supply Chain Management)의 필요성이 상대적으로 가장 적은 공종은?

① PC(Precast Concrete) 공사
② 콘크리트공사
③ 커튼월공사
④ 방수공사

해설
다수의 주체가 참여하고 공급망과 생산과정이 복잡한 공종일수록 공급망관리의 필요성이 크다고 할 수 있으며, 보기 중에서 그 필요성이 상대적으로 가장 적은 공종은 방수공사이다.

40 멤브레인 방수에 속하지 않는 방수 공법은?

① 시멘트액체방수
② 합성고분자시트방수
③ 도막방수
④ 아스팔트방수

해설
시멘트액체방수는 시멘트모르타르계 방수 공법에 속한다.
방수공사의 분류

구분	내용
멤브레인	• 연속적인 방수막을 형성하는 공법이다. • 아스팔트방수, 시트방수, 도막방수, 개량아스팔트시트방수, 합성고분자시트방수, 시트도막복합방수 등이 있다.
시멘트 모르타르계	• 방수성이 높은 모르타르를 이용해 방수층을 형성하는 공법이다. • 시멘트액체방수 등이 있다.
기타	콘크리트구체방수, 침투방수, 실링방수 등이 있다.

정답 37 ② 38 ② 39 ④ 40 ①

제3과목 건축구조

41 그림과 같은 부정정 라멘의 BMD에서 P값을 구하면?

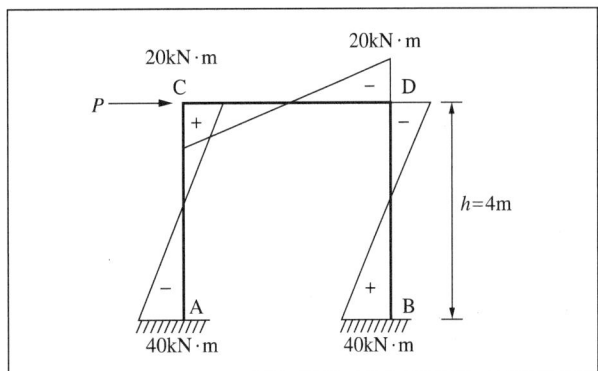

① 20kN ② 30kN
③ 50kN ④ 60kN

해설
$P \times h = M_{상부} + M_{하부}$ 이므로
$P = \dfrac{M_{상부} + M_{하부}}{h}$
$= \dfrac{(20\text{kN} \cdot \text{m} \times 2) + (40\text{kN} \cdot \text{m} \times 2)}{4\text{m}} = \dfrac{120\text{kN} \cdot \text{m}}{4\text{m}}$
$= 30\text{kN}$

42 그림과 같은 단순보에서 반력 R_A의 값은?

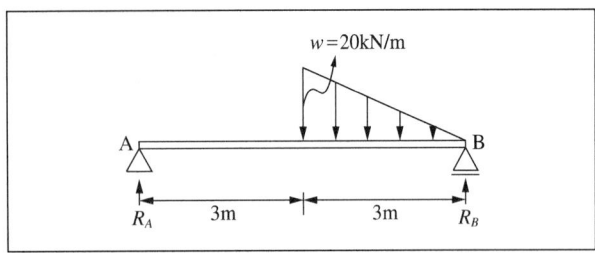

① 5kN ② 10kN
③ 20kN ④ 25kN

해설
등변분포하중은 삼각형의 무게중심(높이 방향 $l/3$지점)에 작용하는 집중하중으로 본다.
$\sum M_B = 0,\ V_A \times (a+b) - \dfrac{wl}{2} \times \dfrac{2b}{3} = 0$
$V_A \times (3\text{m} + 3\text{m}) - \dfrac{20\text{kN/m} \times 3\text{m}}{2} \times 2\text{m} = 0$
$R_A = V_A = 10\text{kN}$

43 다음과 같은 구조물의 판별로 옳은 것은?(단, 그림의 하부지점은 고정단임)

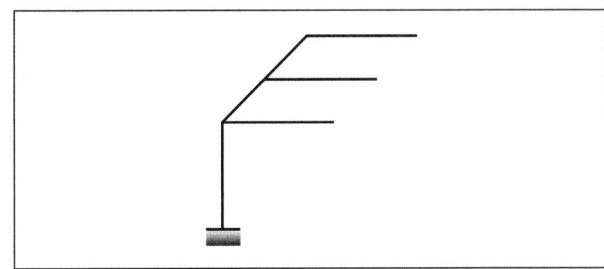

① 불안정
② 정정
③ 1차 부정정
④ 2차 부정정

해설
구조물의 내적·외적 부정정 차수

외적 부정정	$N_e = n - 3 =$ 지점 반력수$(n) - 3$
내적 부정정	$N_i = (3 + s + r) - 2k$ $= 3 +$ 부재수$(s) +$ 강절점수$(r) - 2 \times$ 절점수(k)

• 외적 부정정 차수$(N_e) = n - 3 = 3 - 3 = 0$
• 내적 부정정 차수(N_i) : 캔틸레버 라멘 구조물로, 판별 대상이 없다.
∴ 전 부정정 차수$(m) = N_e + N_i = 0$, 안정·정정 구조물이다.

44 인장 이형철근 및 압축 이형철근의 정착길이(l_d)에 관한 기준으로 옳지 않은 것은?(단, KDS 기준)

① 계산에 의하여 산정한 인장 이형철근의 정착길이는 항상 200mm 이상이어야 한다.
② 계산에 의하여 산정한 압축 이형철근의 정착길이는 항상 200mm 이상이어야 한다.
③ 인장 또는 압축을 받는 하나의 다발철근 내에 있는 개개 철근의 정착길이 l_d는 다발철근이 아닌 경우의 각 철근의 정착길이보다 3개의 철근으로 구성된 다발철근에 대해서는 20%를 증가시켜야 한다.
④ 단부에 표준갈고리가 있는 인장이형철근의 정착길이는 항상 $8d_b$ 이상, 또한 150mm 이상이어야 한다.

해설
계산에 의하여 산정한 인장 이형철근 및 이형철선의 정착길이는 항상 300mm 이상이어야 한다.

45 그림과 같이 스팬이 8,000mm이며, 보 중심간격이 3,000mm인 합성보 H-588×300×12×20의 강재에 콘크리트 두께 150mm로 합성보를 설계하고자 한다. 합성보 B의 슬래브 유효폭을 구하면?(단, 스터드 전단연결재가 설치됨)

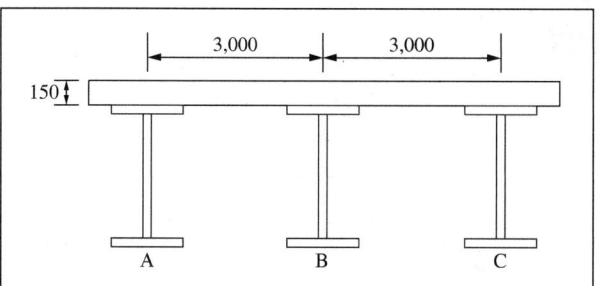

① 1,500mm
② 2,000mm
③ 3,000mm
④ 4,000mm

해설
합성보의 유효폭(좌우 합산)
다음 중에서 최솟값을 택하여 결정한다.
- 보 스팬(경간)의 1/4 = $8,000\text{mm} \times \frac{1}{4} = 2,000\text{mm}$
- 양측 슬래브의 중심 간 거리 = $\frac{3,000\text{mm}}{2} + \frac{3,000\text{mm}}{2} = 3,000\text{mm}$

46 다음 중 내진 I등급 구조물의 허용층간변위로 옳은 것은?(단, KDS 기준, h_{SX}는 X층 층고)

① $0.005h_{SX}$
② $0.010h_{SX}$
③ $0.015h_{SX}$
④ $0.020h_{SX}$

해설
변형과 횡변위 제한
설계층간변위(Δ)는 어느 층에서도 허용층간변위(Δ_a)를 초과할 수 없다.

구분	내진등급		
	특	I	II
허용층간변위(Δ_a)	$0.010h_{sx}$	$0.015h_{sx}$	$0.020h_{sx}$

47 다음 그림과 같은 단순 인장접합부의 강도한계상태에 따른 고력볼트의 설계전단강도를 구하면?(단, 강재의 재질은 SS275이며 고력볼트는 M22(F10T), 공칭전단강도 F_{nv} = 500MPa, ϕ = 0.75)

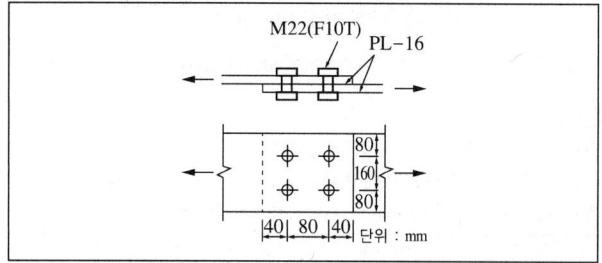

① 500kN
② 530kN
③ 550kN
④ 570kN

해설
볼트의 설계전단강도
$$\phi R_n = \phi \times F_n \times A_b = 0.75 \times F_n \times \frac{\pi \times D^2}{4}$$
$$= 0.75 \times 500 \times \frac{\pi \times 22^2}{4} \fallingdotseq 142,549\text{N} \times 4(\text{ea}) \fallingdotseq 570\text{kN}$$

여기서, F_n : 공칭인장강도(F_{nt}) 또는 공칭전단강도(F_{nv})
A_b : 볼트의 공칭단면적(mm²)

48 도심축에 대한 빗줄(사선)친 부분의 단면계수 값은?

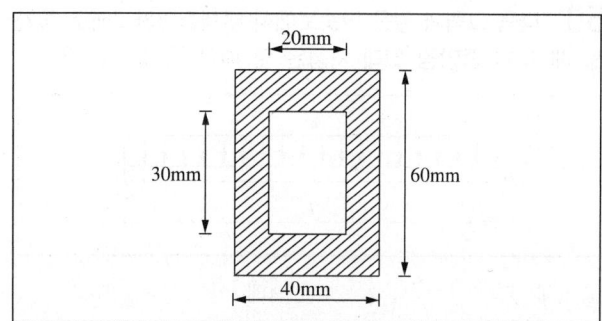

① 19,000mm³
② 20,500mm³
③ 21,000mm³
④ 22,500mm³

해설
속이 빈 도형의 단면계수(Z) = $\frac{I_{전체 단면} - I_{중공부 단면}}{도심과 상단 또는 하단의 거리(e)}$

$$= \frac{\frac{b_1 h_1^3}{12} - \frac{b_2 h_2^3}{12}}{e}$$

$$= \frac{\frac{40 \times 60^3}{12} - \frac{20 \times 30^3}{12}}{60 \div 2} = 22,500\text{mm}^3$$

정답 45 ② 46 ③ 47 ④ 48 ④

49 다음 구조용 강재의 명칭에 관한 내용으로 옳지 않은 것은?

① SM – 용접구조용 압연강재(KS D 3515)
② SS – 일반구조용 압연강재(KS D 3503)
③ SN – 건축구조용 각형 탄소강관(KS D 3864)
④ SGT – 일반구조용 탄소강관(KS D 3566)

해설
SN은 건축구조용 압연강재의 기호이다.
주요 구조용 강재(변경기호 기준)
강재 표기 중 3자리 숫자는 강재의 항복강도를 뜻한다.

일반구조용	압연강재	SS	SS275 등 6종류
	탄소강관	SGT	SGT275 등 5종류
용접구조용	압연강재	SM	SM275A 등 14종류
	내후성 열간압연강재	SMA	SMA275AW 등 14종류
건축구조용	압연강재	SN	SN275A 등 7종류
	열간압연 형강	SHN	SHN275 등 4종류
	각형 탄소강관	SNRT	SNRT275A 등 4종류
	고성능 압연강재	HSA	HSA650 1종류

50 다음 그림과 같은 단순보에서 부재길이가 2배로 증가할 때 보의 중앙점 최대 처짐은 몇 배로 증가되는가?

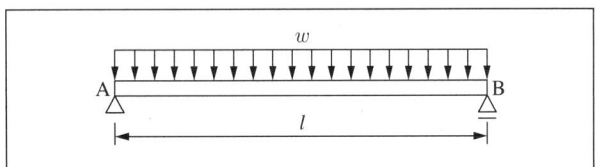

① 2배
② 4배
③ 8배
④ 16배

해설
단순보의 처짐

집중하중		등분포하중	
최대 처짐	처짐각	최대 처짐	처짐각
$\dfrac{Pl^3}{48EI}$	$\dfrac{Pl^2}{16EI}$	$\dfrac{5wl^4}{384EI}$	$\dfrac{wl^3}{24EI}$
중앙	지점	중앙	지점

최대 처짐은 부재길이가 l일 때 $\dfrac{5wl^4}{384EI}$ 이고, $2l$을 적용하면 $\dfrac{5w(2l)^4}{384EI}$ 이 므로, $2^4 = 16$배 증가된다.

51 인장력을 받는 원형단면 강봉의 지름을 4배로 하면 수직 응력도(Normal stress)는 기존 응력도의 얼마로 줄어드는가?

① 1/2
② 1/4
③ 1/8
④ 1/16

해설
응력도(σ) $= \dfrac{P}{A} = \dfrac{P}{\dfrac{\pi D^2}{4}} = \dfrac{4P}{\pi D^2}$

여기서, P : 축방향력
　　　　A : 단면적

∴ 응력도는 지름이 1일 때 $\dfrac{4P}{\pi}$, 4일 때 $\dfrac{4P}{16\pi}$, 즉 $\dfrac{1}{16}$배가 된다.

52 철근콘크리트보 설계 시 적용되는 경량 콘크리트계수 중 모래경량 콘크리트의 경우에 적용되는 계수값은 얼마인가?

① 0.65
② 0.75
③ 0.85
④ 1.0

해설
경량 콘크리트계수

보통중량 콘크리트	모래경량 콘크리트	전경량 콘크리트
1	0.85	0.75

53 KDS에서 철근콘크리트구조의 최소 피복두께를 규정하는 이유로 보기 어려운 것은?

① 철근이 부식되지 않도록 보호
② 철근의 화해(火害) 방지
③ 철근의 부착력 확보
④ 콘크리트의 동결융해 방지

해설
피복두께는 내화, 내구성 및 부착력 등을 고려하여 정하는 것이다. 콘크리트의 동결융해 저항성을 위해서는 콘크리트의 공기량, 물–결합재비 등을 규정하고 있다.

54
그림과 같은 구조물에 힘 P가 작용할 때 휨모멘트가 0이 되는 곳은 모두 몇 개인가?

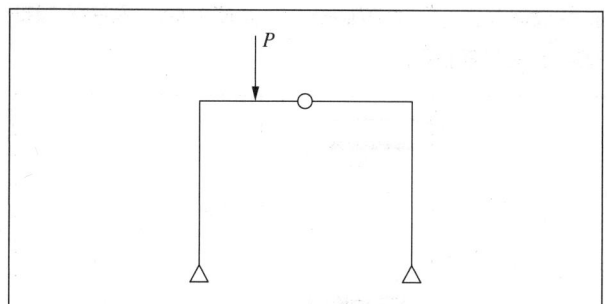

① 2개 ② 3개
③ 4개 ④ 5개

해설
휨모멘트가 0이 되는 곳은 힌지 절점 1개소, A지점, B지점, 힘이 작용하는 구간 내 1개소의 총 4개이다.

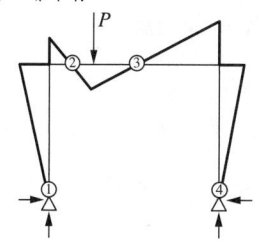

56
그림과 같은 부정정 라멘에서 A점의 M_{AB}는?

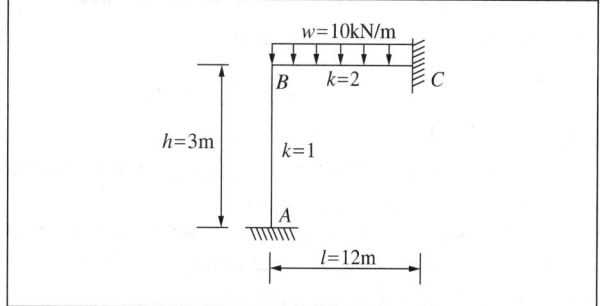

① 0 ② 20kN·m
③ 40kN·m ④ 60kN·m

해설
모멘트 분배법
- B절점의 고정단 모멘트
$$M_B = \frac{wl^2}{12} = \frac{10\text{kN/m} \times (12\text{m})^2}{12} = 120\text{kN·m}$$

- BA부재에 대한 분배율
$$f_{BA} = \frac{K_{BA}}{\Sigma K} = \frac{1}{2+1} = \frac{1}{3}$$

- BA부재에 대한 분배모멘트
$$M_{BA} = f_{BA} \times M_B = \frac{1}{3} \times 120\text{kN·m} = 40\text{kN·m}$$

- A지점에 대한 전달모멘트
$$M_{AB} = \frac{1}{2} \times M_{BA} = \frac{1}{2} \times 40\text{kN·m} = 20\text{kN·m}$$

55
강도설계법에서 양단 연속 1방향 슬래브의 스팬이 3,000mm일 때 처짐을 계산하지 않는 경우 슬래브의 최소 두께를 계산한 값으로 옳은 것은?(단, 단위중량 w_c = 2,300kg/m³의 보통 콘크리트 및 f_y = 400MPa 철근 사용)

① 107.1mm ② 124.3mm
③ 132.1mm ④ 145.5mm

해설
처짐을 계산하지 않는 1방향 슬래브의 최소 두께
- 보통중량 콘크리트(M_c = 2,300kg/m³)와 철근(f_y = 400MPa)을 사용한 부재의 값이다.
- 리브가 있는 1방향 슬래브의 경우는 보의 규정과 동일하다.

구분	단순지지	1단 연속	양단 연속	캔틸레버
최소 두께	$l/20$	$l/24$	$l/28$	$l/10$

$$\therefore h_{min} = \frac{l}{28} = \frac{3,000\text{mm}}{28} \fallingdotseq 107.1\text{mm}$$

57
등분포하중을 받는 4변 고정 2방향 슬래브에서 모멘트량이 일반적으로 가장 크게 나타나는 곳은?

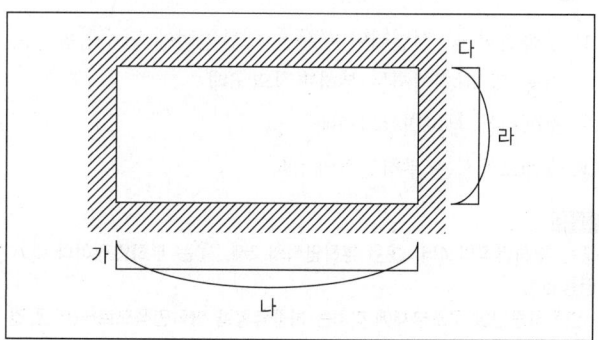

① 가 ② 나
③ 다 ④ 라

해설
슬래브에서 모멘트량이 일반적으로 가장 크게 나타나는 곳은 하중을 가장 많이 받는 단변 방향의 단부(다)이다.

58 합성보에서 강재보와 철근콘크리트 또는 합성슬래브 사이의 미끄러짐을 방지하기 위하여 설치하는 것은?

① 스터드볼트 ② 퍼린
③ 윈드칼럼 ④ 턴버클

해설
② 퍼린(Purlin, 중도리) : 지붕구조에서 처마도리와 평행으로 배치하여 서까래 또는 지붕널 등을 받는 가로재이다.
③ 윈드칼럼(Wind column) : 벽체에 횡패널을 설치할 때 패널 등을 지지하기 위해 메인칼럼 사이에 세우는 수직부재이다.
④ 턴버클 : 와이어로프 등 선재의 긴장용 조임구이다.

59 활하중의 영향면적 산정기준으로 옳은 것은?(단, KDS 기준)

① 부하면적 중 캔틸레버 부분은 영향면적에 단순합산
② 기둥 및 기초에서는 부하면적의 6배
③ 보에서는 부하면적의 5배
④ 슬래브에서는 부하면적의 2배

해설
②는 부하면적의 4배, ③은 부하면적의 2배, ④는 부하면적이다.
영향면적
- 연직하중전달 구조부재에 미치는 하중영향을 바닥면적으로 나타낸 것을 말한다.
- 활하중의 영향면적은 아래와 같이 적용한다.

기둥 및 기초	부하면적의 4배
보 또는 벽체	부하면적의 2배
슬래브	부하면적
캔틸레버	영향면적에 단순합산

60 보통중량 콘크리트를 사용한 그림과 같은 보의 단면에서 외력에 의해 휨균열을 일으키는 균열모멘트(M_{cr}) 값으로 옳은 것은?(단, f_{ck} = 27MPa, f_y = 400MPa, 철근은 개략적으로 도시되었음)

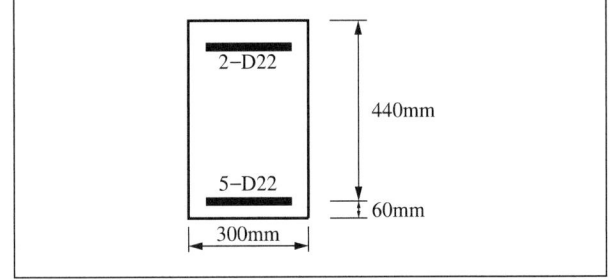

① 29.5kN·m ② 34.7kN·m
③ 40.9kN·m ④ 52.4kN·m

해설
보통중량콘크리트의 $\lambda = 1.0$이므로
$$M_{cr} = f_r \times Z = 0.63\lambda\sqrt{f_{ck}} \times \frac{bh^2}{6}$$
$$= 0.63 \times 1 \times \sqrt{27} \times \frac{300 \times 500^2}{6}$$
$$\fallingdotseq 40,919,700\text{N·mm} \fallingdotseq 40.9\text{kN·m}$$

제4과목 건축설비

61 온열감각에 영향을 미치는 물리적 온열 4요소에 속하지 않는 것은?

① 기온 ② 습도
③ 일사량 ④ 복사열

해설
열환경의 4요소(온열요소) : 공기의 온도, 공기 중의 습도, 주위 벽의 복사열, 기류

62 자연환기에 관한 설명으로 옳지 않은 것은?

① 풍력환기량은 풍속이 높을수록 증가한다.
② 중력환기량은 개구부 면적이 클수록 증가한다.
③ 중력환기량은 실내외 온도차가 클수록 감소한다.
④ 중력환기는 실내외의 온도차에 의한 공기의 밀도차가 원동력이 된다.

해설
중력환기량은 실내외 온도차가 클수록 증가한다.
환기량이 많아지는 경우
- 외부풍속이 커지거나 실내외의 온도차가 크면 환기량이 많아진다.
- 자연환기량은 중성대(중력환기에서 실내외의 압력이 같아지는 높이)로부터 공기유입구 또는 유출구까지의 높이가 클수록 많아진다.
- 풍력환기량은 풍속과 유량계수에 비례한다.
- 중력환기량은 개구부 면적, 실내외의 온도차가 클수록 증가한다.

63 가스설비에 사용되는 거버너(Governor)에 관한 설명으로 옳은 것은?

① 실내에서 발생되는 배기가스를 외부로 배출시키는 장치
② 연소가 원활히 이루어지도록 외부로부터 공기를 받아들이는 장치
③ 가스가 누설되거나 지진이 발생했을 때 가스공급을 긴급히 차단하는 장치
④ 가스공급회사로부터 공급받은 가스를 건물에서 사용하기에 적합한 압력으로 조정하는 장치

해설
거버너(Governor, 정압기)
- 가스공급회사로부터 공급받은 가스를 건물에서 사용하기에 적합한 압력으로 조정하는 장치이다.
- 가스의 과잉 압력과 불완전연소를 방지하기 위해 사용한다.

64 온수난방방식에 관한 설명으로 옳지 않은 것은?

① 예열시간이 짧아 간헐운전에 주로 이용된다.
② 한랭지에서 운전 정지 중에 동결의 위험이 있다.
③ 증기난방방식에 비해 난방부하 변동에 따른 온도조절이 용이하다.
④ 보일러 정지 후에도 여열이 남아 있어 실내 난방이 어느 정도 지속된다.

해설
예열시간이 짧아 간헐운전에 적합한 것은 증기난방과 온풍난방이다. 온수난방은 예열시간이 길어 간헐운전에 부적합하다.

65 다음 중 조명률에 영향을 끼치는 요소와 가장 거리가 먼 것은?

① 광원의 높이 ② 마감재의 반사율
③ 조명기구의 배광방식 ④ 글레어(Glare)의 크기

해설
조명률
- 광원에서 나온 전광속이 작업면에 비춰지는 비율을 말한다.
- 조명률의 영향요소는 조명기구의 광학적 특성(기구효율, 배광), 실의 형태 및 천장높이, 조명기구 설치높이, 건축재료(천장, 벽, 바닥)의 반사율이다.

[정답] 61 ③ 62 ③ 63 ④ 64 ① 65 ④

66 다음 중 건축물 실내공간의 잔향시간에 가장 큰 영향을 주는 것은?

① 실의 용적
② 음원의 위치
③ 벽체의 두께
④ 음원의 음압

해설
잔향시간
- 소리 발생이 중지된 후, 소리가 실내에 남는 시간을 말한다.
- 음에너지의 밀도가 최솟값보다 60dB 감소하는 데 걸리는 시간이다.
- 실의 용적에 비례하고 흡음력에 반비례한다.
- 잔향시간이 짧을수록 명료도는 높아진다.
- 음성전달을 목적으로 하는 공간의 잔향시간은 짧게, 음향청취를 목적으로 하는 공간은 비교적 길게 계획하는 것이 좋다.

67 옥내소화전설비에 관한 설명으로 옳지 않은 것은?

① 옥내소화전 방수구는 바닥으로부터의 높이가 1.5m 이하가 되도록 설치한다.
② 옥내소화전설비의 송수구는 구경 65mm의 쌍구형 또는 단구형으로 한다.
③ 전동기에 따른 펌프를 이용하는 가압송수장치를 설치하는 경우, 펌프는 전용으로 하는 것이 원칙이다.
④ 어느 한 층의 옥내소화전을 동시에 사용할 경우 각 소화전의 노즐선단에서의 방수압력은 최소 0.7MPa 이상이 되어야 한다.

해설
옥내소화전설비의 가압송수장치의 성능
해당 층의 옥내소화전(2개 이상 설치된 경우에는 2개의 옥내소화전)을 동시에 사용할 경우 각 소화전의 노즐선단에서의 방수압력은 0.17MPa 이상이고, 방수량은 130L/min 이상이 되도록 한다.

68 다음 설명에 알맞은 통기방식은?

- 회로통기방식이라고도 한다.
- 2개 이상의 기구트랩에 공통으로 하나의 통기관을 설치하는 방식이다.

① 공용통기방식
② 루프통기방식
③ 신정통기방식
④ 결합통기방식

해설
① 공용통기방식 : 맞물림 또는 병렬로 설치한 위생기구의 기구배수관 교차점에 접속하여, 그 양쪽 기구의 트랩 봉수를 보호하는 1개의 통기관을 말한다.
③ 신정통기방식 : 배수수직관에서 최상부의 배수수평관이 접속한 지점보다 더 상부 방향으로 그 배수수직관을 지붕 위까지 연장하여 이것을 통기관으로 사용하는 관을 말한다.
④ 결합통기방식 : 오배수 수직관 내의 압력변동을 방지하기 위하여 오배수 수직관 상향으로 통기수직관에 연결하는 통기관을 말한다.

69 어느 점광원에서 1m 떨어진 곳의 직각면 조도가 200lx일 때, 이 광원에서 2m 떨어진 곳의 직각면 조도는?

① 25lx
② 50lx
③ 100lx
④ 200lx

해설
조도는 광도, $\cos\theta$(입사각)에 비례하며, 거리의 제곱에 반비례한다.

$$\therefore 조도(lx) = \frac{광속 \text{ 또는 } 광도(lm, cd)}{거리(m)^2}$$

$$= \frac{200}{2^2} = 50lx$$

70 다음 설명에 알맞은 급수 방식은?

- 위생성 측면에서 가장 바람직한 방식이다.
- 정전으로 인한 단수의 염려가 없다.

① 수도직결방식　　② 고가수조방식
③ 압력수조방식　　④ 펌프직송방식

해설
②·③·④는 모두 저수조에서 물이 오염될 가능성이 있다.

급수방식
- 수도직결방식 : 상수도 본관에서 바로 급수하는 방식으로, 오염 가능성이 적어 가장 위생적이며 정전 시 급수가 가능하다.
- 고가수조방식 : 펌프를 통해 건물 상부 고가수조에 양수한 물을 높이에 의한 수압 차이로 하향 급수하는 방식이다.
- 압력탱크방식 : 지하수조에 저수한 물을 압력탱크(가압탱크)를 통해 공기압으로 급수하는 방식이다.
- 펌프직송방식 : 배관 내 압력변동 등을 감지하여 저수탱크에 저장한 물을 급수펌프만으로 상향 급수하는 방식이다.

71 급수설비에서 역류를 방지하여 오염으로부터 상수계통을 보호하기 위한 방법으로 옳지 않은 것은?

① 토수구 공간을 둔다.
② 각개통기관을 설치한다.
③ 역류방지밸브를 설치한다.
④ 가압식 진공브레이커를 설치한다.

해설
통기관은 배수관과 외기(外氣)를 연결시켜 배수관 내의 흐름을 원활하게 하고 청결, 환기를 도모하는 배관이며, 상수계통을 보호하기 위한 방법으로 볼 수는 없다.

72 전기설비의 배선공사에 관한 설명으로 옳지 않은 것은?

① 금속관 공사는 외부적 응력에 대해 전선보호의 신뢰성이 높다.
② 합성수지관 공사는 열적영향이나 기계적 외상을 받기 쉬운 곳에서는 사용이 곤란하다.
③ 금속덕트 공사는 다수회선의 절연전선이 동일 경로에 부설되는 간선부분에 사용된다.
④ 플로어덕트 공사는 옥내의 건조한 콘크리트 바닥면에 매입 사용되나 강·약전을 동시에 배선할 수 없다.

해설
플로어덕트 공사는 강·약전을 동시에 배선할 수 있다.

플로어덕트 배선공사
- 바닥면에 플로어덕트를 미리 매입하여 절연전선을 배선하는 공사이다.
- 옥내의 은폐장소로서 건조한 콘크리트 바닥면에 매입 사용된다.
- 커튼월, 선풍기, 전화기, 전열기 등의 설치·이용에 편리한 방식이다.
- 강·약전을 동시에 배선할 수 있는 2로, 3로 방식도 가능하다.
- 면적이 넓은 사무용 건물 등에 채용된다.

73 다음 설명에 알맞은 접지의 종류는?

기능상 목적이 서로 다르거나 동일한 목적의 개별접지들을 전기적으로 서로 연결하여 구현한 접지

① 단독접지　　② 공통접지
③ 통합접지　　④ 종별접지

해설
① 단독접지 : 고압·특고압 계통의 접지극과 저압 계통의 접지극이 독립적으로 설치된 경우를 말한다.
② 공통접지 : 등전위가 형성되도록 고압·특고압 접지계통과 저압 접지계통을 공통으로 접지하는 방식이다.
④ 종별접지 : 접지대상에 따라 1종~특3종 등으로 일괄 적용하는 방식이며, 한국전기설비규정(KEC) 개정에 따라 폐지되었다.

정답 70 ① 71 ② 72 ④ 73 ③

74 자동화재탐지설비의 열감지기 중 주위 온도가 일정 온도 이상일 때 작동하는 것은?

① 차동식 ② 정온식
③ 광전식 ④ 이온화식

해설
① 차동식 : 일정 온도 상승률에 따라 작동한다.
③ 광전식 : 적외선을 이용하는 연기감지기이다.
④ 이온화식 : 방사성 동위원소를 이용하는 연기감지기이다.

75 엘리베이터의 안전장치에 속하지 않는 것은?

① 균형추 ② 완충기
③ 조속기 ④ 전자브레이크

해설
균형추(Counter weight)는 권상기의 부하를 줄이기 위해 카(Car)의 반대편 로프에 장치하는 것으로, 안전장치는 아니다.
엘리베이터의 안전장치

전기적 안전장치	과부하계전기, 주접촉기, 역결상릴레이, 전자제동장치(전자브레이크), 종점스위치, 리밋 스위치(제한스위치), 승강스위치, 도어스위치, 비상정지버튼, 외부통화장치 등
기계적 안전장치	조속기, 비상정지장치, 완충기 등

76 간접가열식 급탕방식에 관한 설명으로 옳지 않은 것은?

① 저압보일러를 써도 되는 경우가 많다.
② 직접가열식에 비해 소규모 급탕설비에 적합하다.
③ 급탕용 보일러는 난방용 보일러와 겸용할 수 있다.
④ 직접가열식에 비해 보일러 내면에 스케일이 발생할 염려가 적다.

해설
직접가열식은 중·소규모 건물이나 주택, 간접가열식은 규모가 큰 건물의 급탕에 적합하다.

77 흡수식 냉동기의 주요 구성부분에 속하지 않는 것은?

① 응축기 ② 압축기
③ 증발기 ④ 재생기

해설
②는 압축식 냉동기의 구성부분이다.
흡수식 냉동기의 특징
• 냉매로 물을 사용하며, 증기로 냉수를 생산하는 냉동기이다.
• 열에너지로 냉동효과를 얻는 방식이다.
• 증발기, 흡수기, 재생기(발생기), 응축기로 구성된다.
• 냉방용의 경우 물과 브롬화리튬(LiBr)의 혼합용액을 사용한다.

78 단일덕트 변풍량 방식에 관한 설명으로 옳지 않은 것은?

① 전공기방식의 특성이 있다.
② 각 실이나 존의 온도를 개별 제어할 수 있다.
③ 일사량 변화가 심한 페리미터존에 적합하다.
④ 정풍량 방식에 비해 설비비는 낮아지나 운전비가 증가한다.

해설
가변풍량 단일덕트는 에너지 절감 측면에서 가장 유리하나 설비가 증가한다.
가변풍량 단일덕트(VAV) 방식
• 송풍온도를 일정하게 하고 송풍량을 변경한다.
• 송풍량 조절의 기준은 실내 현열부하이다.
• 송풍기에 인버터를 설치하여 회전수를 제어한다.
• 각 실이나 존의 온도를 개별 제어할 수 있다.
• 일사량 변화가 심한 페리미터존(외부존)에 적합하다.
• 에너지 절감 측면에서 가장 유리하나 설비비가 증가한다.

79 다음과 같은 조건에 있는 실의 틈새바람에 의한 현열부하는?

[조건]
- 실의 체적 : 400m³
- 환기횟수 : 0.5회/h
- 실내온도 : 20℃, 외기온도 : 0℃
- 공기의 밀도 : 1.2kg/m³
- 공기의 정압비열 : 1.01kJ/kg·K

① 약 654W ② 약 972W
③ 약 1,347W ④ 약 1,654W

해설
- 환기량 = 실의 체적 × 환기횟수
  = 400m³ × 0.5회/h = 200m³/h
- 현열부하(kJ/h) = 밀도 × 환기량 × 비열 × 온도의 차이
  = 1.2kg/m³ × 200m³/h × 1.01kJ/kg·K × (20 − 0)℃
  = 4,848kJ/h
∴ 1W = 3.6kJ/h이므로, 4,848kJ/h ≒ 1,347W

80 어떤 실의 취득열량이 현열 35,000W, 잠열 15,000W이었을 때, 현열비는?

① 0.3 ② 0.4
③ 0.7 ④ 2.3

해설
현열비 = 현열량 ÷ (현열량 + 잠열량)
= 35,000W ÷ (35,000W + 15,000W)
= 0.7

제5과목 건축관계법규

81 다음 중 국토의 계획 및 이용에 관한 법령에 따른 용도지역 안에서의 건폐율 최대 한도가 가장 높은 것은?

① 준주거지역
② 중심상업지역
③ 일반상업지역
④ 유통상업지역

해설
② 중심상업지역 : 90% 이하
① 준주거지역 : 70% 이하
③ 일반상업지역 : 80% 이하
④ 유통지역 : 80% 이하

82 국토의 계획 및 이용에 관한 법령상 지구단위계획의 내용에 포함되지 않는 것은?

① 건축물의 배치·형태·색채에 관한 계획
② 건축물의 안전 및 방재에 대한 계획
③ 기반시설의 배치와 규모
④ 교통처리계획

해설
지구단위계획의 내용(국토계획법 제52조)
- 용도지역이나 용도지구를 세분하거나 변경하는 사항
- 기존의 용도지구를 폐지하고 그 용도지구에서의 건축물이나 그 밖의 시설의 용도·종류 및 규모 등의 제한을 대체하는 사항
- 기반시설의 배치와 규모
- 도로로 둘러싸인 일단의 지역 또는 계획적인 개발·정비를 위하여 구획된 일단의 토지의 규모와 조성계획
- 건축물의 용도 제한, 건축물의 건폐율 또는 용적률, 건축물 높이의 최고 한도 또는 최저 한도
- 건축물의 배치·형태·색채 또는 건축선에 관한 계획
- 환경관리계획 또는 경관계획
- 보행안전 등을 고려한 교통처리계획
- 그 밖에 토지 이용의 합리화, 도시나 농·산·어촌의 기능 증진 등에 필요한 사항

정답 79 ③ 80 ③ 81 ② 82 ②

83 건축물의 대지는 원칙적으로 최소 얼마 이상이 도로에 접하여야 하는가?(단, 자동차만의 통행에 사용되는 도로는 제외)

① 1.5m
② 2m
③ 3m
④ 4m

해설
대지와 도로의 관계(건축법 제44조, 동법 시행령 제28조 제2항)
- 건축물의 대지는 2m 이상이 도로(자동차만의 통행에 사용되는 도로는 제외)에 접하여야 한다.
- 연면적의 합계가 2,000m² (공장인 경우에는 3,000m²) 이상인 건축물(축사, 작물 재배사, 그 밖에 이와 비슷한 건축물로서 건축조례로 정하는 규모의 건축물은 제외한다)의 대지는 너비 6m 이상의 도로에 4m 이상 접하여야 한다.

84 다음 중 건축법상 건축물의 용도구분에 속하지 않는 것은?(단, 대통령령으로 정하는 세부 용도는 제외)

① 공장
② 교육시설
③ 묘지 관련 시설
④ 자원순환 관련 시설

해설
건축법상 교육시설이 아닌 교육연구시설로 구분된다.
용도별 건축물의 종류(건축법 시행령 별표 1)
건축물의 용도는 다음과 같이 구분하되, 각 용도에 속하는 건축물의 세부 용도는 대통령령으로 정한다.

1	단독주택	16	위락시설
2	공동주택	17	공장
3	제1종 근린생활시설	18	창고시설
4	제2종 근린생활시설	19	위험물 저장 및 처리시설
5	문화 및 집회시설	20	자동차 관련 시설
6	종교시설	21	동물 및 식물 관련 시설
7	판매시설	22	자원순환 관련 시설
8	운수시설	23	교정시설
9	의료시설	24	국방·군사시설
10	교육연구시설	25	방송통신시설
11	노유자(노인 및 어린이)시설	26	발전시설
12	수련시설	27	묘지 관련 시설
13	운동시설	28	관광휴게시설
14	업무시설	29	장례시설*
15	숙박시설	30	야영장 시설*

* : 그 밖에 대통령령으로 정하는 시설

85 다음은 지하층과 피난층 사이의 개방공간 설치와 관련된 기준 내용이다. ( ) 안에 알맞은 것은?

> 바닥면적의 합계가 ( ) 이상인 공연장·집회장·관람장 또는 전시장을 지하층에 설치하는 경우에는 각 실에 있는 자가 지하층 각 층에서 건축물 밖으로 피난하여 옥외 계단 또는 경사로 등을 이용하여 피난층으로 대피할 수 있도록 천장이 개방된 외부 공간을 설치하여야 한다.

① 500m²
② 1,000m²
③ 2,000m²
④ 3,000m²

해설
지하층과 피난층 사이의 개방공간 설치(건축법 시행령 제37조)
바닥면적의 합계가 3,000m² 이상인 공연장·집회장·관람장 또는 전시장을 지하층에 설치하는 경우에는 각 실에 있는 자가 지하층 각 층에서 건축물 밖으로 피난하여 옥외 계단 또는 경사로 등을 이용하여 피난층으로 대피할 수 있도록 천장이 개방된 외부공간을 설치하여야 한다.

86 공동주택과 오피스텔의 난방설비를 개별난방방식으로 하는 경우 설치기준과 거리가 먼 것은?

① 보일러실의 윗부분에는 그 면적이 0.5m² 이상인 환기창을 설치할 것
② 보일러를 설치하는 곳과 거실 사이의 경계벽은 출입구를 포함하여 방화구조의 벽으로 구획할 것
③ 보일러의 연도는 내화구조로서 공동연도로 설치할 것
④ 기름보일러를 설치하는 경우에는 기름저장소를 보일러실 외의 다른 곳에 설치할 것

해설
보일러의 경계벽은 출입구를 제외하고는 내화구조의 벽으로 구획해야 한다.
개별난방설비기준(건축물설비기준규칙 제13조)
- 보일러는 거실 외의 곳에 설치하되, 보일러를 설치하는 곳과 거실 사이의 경계벽은 출입구를 제외하고는 내화구조의 벽으로 구획할 것
- 보일러실의 윗부분에는 그 면적이 0.5m² 이상인 환기창을 설치하고, 보일러실의 윗부분과 아랫부분에는 각각 지름 10cm 이상의 공기흡입구 및 배기구를 항상 열려 있는 상태로 바깥공기에 접하도록 설치할 것
- 보일러실과 거실 사이의 출입구는 그 출입구가 닫힌 경우에는 보일러가스가 거실에 들어갈 수 없는 구조로 할 것
- 기름보일러를 설치하는 경우에는 기름저장소를 보일러실 외의 다른 곳에 설치할 것
- 오피스텔의 경우에는 난방구획을 방화구획으로 구획할 것
- 보일러의 연도는 내화구조로서 공동연도로 설치할 것

87 피난용도로 쓸 수 있는 광장을 옥상에 설치하여야 하는 대상 기준으로 옳지 않은 것은?

① 5층 이상인 층이 종교시설의 용도로 쓰는 경우
② 5층 이상인 층이 업무시설의 용도로 쓰는 경우
③ 5층 이상인 층이 판매시설의 용도로 쓰는 경우
④ 5층 이상인 층이 장례식장의 용도로 쓰는 경우

해설
피난용 옥상광장을 설치해야 하는 건축물(건축법 시행령 제40조 제2항)
5층 이상인 층이 제2종 근린생활시설 중 공연장·종교집회장·인터넷컴퓨터게임시설제공업소(해당 용도로 쓰는 바닥면적의 합계가 각각 300m² 이상인 경우), 문화 및 집회시설(전시장 및 동·식물원은 제외한다), 종교시설, 판매시설, 위락시설 중 주점영업 또는 장례시설의 용도로 사용되는 경우에는 피난용도로 쓸 수 있는 광장을 옥상에 설치하여야 한다.

88 하나 이상의 필지의 일부를 하나의 대지로 할 수 있는 토지기준에 해당하지 않는 것은?

① 도시·군계획시설이 결정·고시된 경우 그 결정·고시된 부분의 토지
② 농지법에 따른 농지전용허가를 받은 경우 그 허가받은 부분의 토지
③ 국토의 계획 및 이용에 관한 법률에 따른 지목변경허가를 받은 경우 그 허가받은 부분의 토지
④ 산지관리법에 따른 산지전용허가를 받은 경우 그 허가받은 부분의 토지

해설
하나 이상의 필지의 일부를 하나의 대지로 할 수 있는 토지(건축법 시행령 제3조 제2항)
• 하나 이상의 필지의 일부에 대하여 도시·군계획시설이 결정·고시된 경우 → 그 결정·고시된 부분의 토지
• 하나 이상의 필지의 일부에 대하여 농지법에 따른 농지전용허가를 받은 경우, 산지관리법에 따른 산지전용허가를 받은 경우, 국토의 계획 및 이용에 관한 법률에 따른 개발행위허가를 받은 경우 → 그 허가받은 부분의 토지
• 사용승인을 신청할 때 필지를 나눌 것을 조건으로 건축허가를 하는 경우 → 그 필지가 나누어지는 토지

89 주차장법령상 노외주차장의 구조 및 설비기준에 관한 아래 설명에서 ⓐ~ⓒ에 들어갈 내용이 모두 옳은 것은?

> 노외주차장의 출구 부근의 구조는 해당 출구로부터 (ⓐ)m (이륜자동차전용 출구의 경우에는 1.3m)를 후퇴한 노외주차장의 차로의 중심선상 (ⓑ)m의 높이에서 도로의 중심선에 직각으로 향한 왼쪽·오른쪽 각각 (ⓒ)°의 범위에서 해당 도로를 통행하는 자를 확인할 수 있도록 하여야 한다.

① ⓐ 1, ⓑ 1.2, ⓒ 45
② ⓐ 2, ⓑ 1.4, ⓒ 60
③ ⓐ 3, ⓑ 1.6, ⓒ 60
④ ⓐ 2, ⓑ 1.2, ⓒ 45

해설
노외주차장의 출입구의 구조(주차장법 시행규칙 제6조 제1항)
• 노외주차장의 출구와 입구에서 자동차의 회전을 쉽게 하기 위하여 필요한 경우에는 차로와 도로가 접하는 부분을 곡선형으로 하여야 한다.
• 노외주차장의 출구 부근의 구조는 해당 출구로부터 2m(이륜자동차전용 출구의 경우에는 1.3m)를 후퇴한 노외주차장의 차로의 중심선상 1.4m의 높이에서 도로의 중심선에 직각으로 향한 왼쪽·오른쪽 각각 60°의 범위에서 해당 도로를 통행하는 자를 확인할 수 있도록 하여야 한다.

90 국토의 계획 및 이용에 관한 법령상 아래와 같이 정의되는 것은?

> 도시·군계획 수립 대상지역의 일부에 대하여 토지 이용을 합리화하고 그 기능을 증진시키며 미관을 개선하고 양호한 환경을 확보하며, 그 지역을 체계적·계획적으로 관리하기 위하여 수립하는 도시·군관리계획

① 광역도시계획
② 지구단위계획
③ 도시·군기본계획
④ 도시혁신계획

해설
① 광역도시계획 : 광역계획권의 장기발전 방향을 제시하는 계획을 말한다.
③ 도시·군기본계획 : 특별시·광역시·특별자치시·특별자치도·시 또는 군의 관할 구역에 대하여 기본적인 공간구조와 장기발전 방향을 제시하는 종합계획으로서 도시·군관리계획 수립의 지침이 되는 계획을 말한다.
④ 도시혁신계획 : 창의적이고 혁신적인 도시공간의 개발을 목적으로 도시혁신구역에서의 토지의 이용 및 건축물의 용도·건폐율·용적률·높이 등의 제한에 관한 사항을 따로 정하기 위하여 공간재구조화계획으로 결정하는 도시·군관리계획을 말한다.

※ 관련 법령 개정으로 수정된 문제이다.

정답 87 ② 88 ③ 89 ② 90 ②

91 계단 및 복도의 설치기준에 관한 설명으로 틀린 것은?

① 높이가 3m를 넘는 계단에는 높이 3m 이내마다 유효너비 120cm 이상의 계단참을 설치할 것
② 거실 바닥면적의 합계가 100m² 이상인 지하층에 설치하는 계단인 경우 계단 및 계단참의 유효너비는 120cm 이상으로 할 것
③ 계단을 대체하여 설치하는 경사로의 경사도는 1 : 6을 넘지 아니할 것
④ 문화 및 집회시설 중 공연장의 개별 관람실(바닥면적이 300m² 이상인 경우)의 바깥쪽에는 그 양쪽 및 뒤쪽에 각각 복도를 설치할 것

해설
계단을 대체하는 경사로의 경사도는 1 : 8을 넘지 않아야 한다(건축물방화구조규칙 제15조 제5항).

92 다음 중 내화구조에 해당하지 않는 것은?

① 벽의 경우 철재로 보강된 콘크리트블록조·벽돌조 또는 석조로서 철재에 덮은 콘크리트블록 등의 두께가 3cm 이상인 것
② 기둥의 경우 철근콘크리트조로서 그 작은 지름이 25cm 이상인 것
③ 바닥의 경우 철근콘크리트조로서 두께가 10cm 이상인 것
④ 철근콘크리트조로 된 보

해설
벽의 내화구조(건축물방화구조규칙 제3조)
- 철근콘크리트조 또는 철골철근콘크리트조로서 두께가 10cm 이상인 것
- 골구를 철골조로 하고 그 양면을 두께 4cm 이상의 철망모르타르 또는 두께 5cm 이상의 콘크리트블록·벽돌 또는 석재로 덮은 것
- 철재로 보강된 콘크리트블록조·벽돌조 또는 석조로서 철재에 덮은 콘크리트블록 등의 두께가 5cm 이상인 것
- 벽돌조로서 두께가 19cm 이상인 것
- 고온·고압의 증기로 양생된 경량기포 콘크리트패널 또는 경량기포 콘크리트블록조로서 두께가 10cm 이상인 것

93 세대의 구분이 불분명한 건축물로, 주거에 쓰이는 바닥면적의 합계가 300m²인 주거용건축물의 먹는물용 급수관 지름의 최소 기준은?

① 20mm
② 25mm
③ 32mm
④ 40mm

해설
배관설비 세대 수 산정(건축물설비기준규칙 별표 3)
가구 또는 세대의 구분이 불분명한 건축물에 있어서는 주거에 쓰이는 바닥면적의 합계에 따라 가구수를 산정한다.

주거에 쓰이는 바닥면적의 합계	가구수	급수관의 지름
85m² 이하	1가구	15mm
85m² 초과 150m² 이하	3가구	20mm
150m² 초과 300m² 이하	5가구	25mm
300m² 초과 500m² 이하	16가구	40mm
500m² 초과	17가구	50mm

94 면적 등의 산정방법과 관련한 용어의 설명 중 틀린 것은?

① 대지면적은 대지의 수평투영면적으로 한다.
② 건축면적은 건축물의 외벽의 중심선으로 둘러싸인 부분의 수평투영면적으로 한다.
③ 용적률을 산정할 때에는 지하층의 면적을 포함하여 연면적을 계산한다.
④ 건축물의 높이는 지표면으로부터 그 건축물의 상단까지의 높이로 한다.

해설
용적률의 산정 시 적용하는 연면적은 지하층의 면적을 제외한다.
용적률 산정 시 연면적에서 제외되는 항목(건축법 시행령 제119조)
- 지하층의 면적
- 지상층의 주차용(해당 건축물의 부속용도인 경우만 해당)으로 쓰는 면적
- 초고층 건축물과 준초고층 건축물에 설치하는 피난안전구역의 면적
- 건축물의 경사지붕 아래에 설치하는 대피공간의 면적

95 다음 설명에 알맞은 용도지구의 세분은?

건축물·인구가 밀집되어 있는 지역으로서 시설 개선 등을 통하여 재해 예방이 필요한 지구

① 일반방재지구
② 시가지방재지구
③ 중요시설물보호지구
④ 역사문화환경보호지구

해설
① 방재지구에는 시가지방재지구와 자연방재지구가 있다.
③ 중요시설물보호지구 : 중요시설물(항만, 공항, 공용시설, 교정시설, 군사시설)의 보호와 기능의 유지 및 증진 등을 위하여 필요한 지구
④ 역사문화환경보호지구 : 국가유산·전통사찰 등 역사·문화적으로 보존가치가 큰 시설 및 지역의 보호와 보존을 위하여 필요한 지구

96 다음 중 건축물의 용도변경 시 허가를 받아야 하는 경우에 해당하지 않는 것은?

① 주거업무시설군에 속하는 건축물의 용도를 근린생활시설군에 해당하는 용도로 변경하는 경우
② 문화 및 집회시설군에 속하는 건축물의 용도를 영업시설군에 해당하는 용도로 변경하는 경우
③ 전기통신시설군에 속하는 건축물의 용도를 산업 등의 시설군에 해당하는 용도로 변경하는 경우
④ 교육 및 복지시설군에 속하는 건축물의 용도를 문화 및 집회시설군에 해당하는 용도로 변경하는 경우

해설
②는 신고대상(상위 시설군에서 하위 시설군의 용도로 변경)이다.
용도변경 시설군과 용도변경(건축법 제19조, 동법 시행령 제14조)

구분		허가대상	신고대상	기재내용 변경대상
1	자동차 관련 시설군	변경용도 ↑ 기존용도	기존용도 ↓ 변경용도	동일 시설군 용도변경
2	산업 등의 시설군			
3	전기통신시설군			
4	문화 및 집회시설군			
5	영업시설군			
6	교육 및 복지시설군			
7	근린생활시설군			
8	주거업무시설군			
9	그 밖의 시설군			

97 건축물의 피난층 외의 층에서 피난층 또는 지상으로 통하는 직통계단을 거실의 각 부분으로부터 계단에 이르는 보행거리가 최대 얼마 이내가 되도록 설치하여야 하는가? (단, 건축물의 주요구조부는 내화구조이고 층수는 15층으로 공동주택이 아닌 경우)

① 30m
② 40m
③ 50m
④ 60m

해설
직통계단까지의 보행거리(건축법 시행령 제34조)
• 건축물의 피난층 외의 층에서는 피난층 또는 지상으로 통하는 직통계단을 거실의 각 부분으로부터 계단에 이르는 보행거리가 30m 이하가 되도록 설치해야 한다.
• 건축물의 주요구조부가 내화구조 또는 불연재료로 된 건축물은 그 보행거리가 50m(층수가 16층 이상인 공동주택의 경우 16층 이상인 층에 대해서는 40m) 이하가 되도록 설치할 수 있다(지하층에 설치하는 것으로서 바닥면적의 합계가 300m² 이상인 공연장·집회장·관람장 및 전시장은 제외한다).
• 자동화 생산시설에 스프링클러 등 자동식 소화설비를 설치한 공장으로서 국토교통부령으로 정하는 공장인 경우에는 그 보행거리가 75m(무인화 공장인 경우에는 100m) 이하가 되도록 설치할 수 있다.

98 건축물의 거실에 국토교통부령으로 정하는 기준에 따라 배연설비를 하여야 하는 대상 건축물에 속하지 않는 것은?(단, 피난층의 거실은 제외하며, 6층 이상인 건축물의 경우)

① 종교시설
② 판매시설
③ 위락시설
④ 방송통신시설

해설
방송통신시설은 설치대상이 아니다.
배연설비의 설치대상(건축법 시행령 제51조)
다음 건축물의 거실에는 배연설비를 한다(피난층의 거실은 제외).

용도	요양병원, 정신병원, 노인요양시설, 장애인 거주시설, 장애인 의료재활시설, 제1종 근린생활시설 중 산후조리원
6층 이상	문화 및 집회시설, 종교시설, 판매시설, 운수시설, 의료시설(요양병원 및 정신병원은 제외한다), 교육연구시설 중 연구소, 노유자시설 중 아동 관련 시설·노인복지시설(노인요양시설은 제외한다), 수련시설 중 유스호스텔, 운동시설, 업무시설, 숙박시설, 위락시설, 관광휴게시설, 장례시설, 제2종 근린생활시설 중 다중생활시설
바닥면적 합계 300m² 이상	제2종 근린생활시설 중 공연장, 종교집회장, 인터넷컴퓨터게임시설제공업소

정답 95 ② 96 ② 97 ③ 98 ④

99 건축지도원에 관한 설명으로 틀린 것은?

① 허가를 받지 아니하고 건축하거나 용도변경한 건축물의 단속업무를 수행한다.
② 건축지도원은 시장, 군수, 구청장이 지정할 수 있다.
③ 건축지도원의 자격과 업무범위는 국토교통부령으로 정한다.
④ 건축신고를 하고 건축 중에 있는 건축물의 시공 지도와 위법 시공 여부의 확인·지도 및 단속 업무를 수행한다.

해설

건축지도원(건축법 제37조)
- 특별자치시장·특별자치도지사 또는 시장·군수·구청장은 건축법 또는 건축법에 따른 명령이나 처분에 위반되는 건축물의 발생을 예방하고 건축물을 적법하게 유지·관리하도록 지도하기 위하여 대통령령으로 정하는 바에 따라 건축지도원을 지정할 수 있다.
- 건축지도원의 자격과 업무범위 등은 대통령령으로 정한다.

건축지도원의 업무(건축법 시행령 제24조 제2항)
- 건축신고를 하고 건축 중에 있는 건축물의 시공 지도와 위법 시공 여부의 확인·지도 및 단속
- 건축물의 대지, 높이 및 형태, 구조 안전 및 화재 안전, 건축설비 등이 법령 등에 적합하게 유지·관리되고 있는지의 확인·지도 및 단속
- 허가를 받지 아니하거나 신고를 하지 아니하고 건축하거나 용도변경한 건축물의 단속

100 주차장법령의 기계식 주차장치의 안전기준과 관련하여, 중형 기계식 주차장의 주차장치 출입구 크기 기준으로 옳은 것은?(단, 사람이 통행하지 않는 기계식 주차장치인 경우)

① 너비 2.3m 이상, 높이 1.6m 이상
② 너비 2.3m 이상, 높이 1.8m 이상
③ 너비 2.4m 이상, 높이 1.6m 이상
④ 너비 2.4m 이상, 높이 1.9m 이상

해설

기계식 주차장치의 안전기준(주차장법 시행규칙 제16조의5)

구분	중형 기계식 주차장	대형 기계식 주차장
출입구	너비 2.3m, 높이 1.6m 이상	너비 2.4m, 높이 1.9m 이상
주차구획	너비 2.2m, 높이 1.6m, 길이 5.15m 이상	너비 2.3m, 높이 1.9m, 길이 5.3m 이상
운반기	바닥의 너비 1.9m 이상	바닥의 너비 1.95m 이상

PART 02 — 2021년 제4회 과년도 기출문제

제1과목 건축계획

01 상점 건축의 진열장 배치에 관한 설명으로 옳은 것은?

① 손님 쪽에서 상품이 효과적으로 보이도록 계획한다.
② 들어오는 손님과 종업원의 시선이 정면으로 마주치도록 계획한다.
③ 도난을 방지하기 위하여 손님에게 감시한다는 인상을 주도록 계획한다.
④ 동선이 원활하여 다수의 손님을 수용하고 가능한 한 다수의 종업원으로 관리하게 한다.

[해설]
② 들어오는 손님과 종업원의 시선이 직접 마주치지 않아야 한다.
③ 감시한다는 인상을 주지 않아야 한다.
④ 소수의 종업원으로도 다수의 손님을 관리하기에 편리해야 한다.

02 다음 중 도서관에 있어 모듈계획(Module plan)을 고려한 서고계획 시 결정 및 선행되어야 할 요소와 가장 거리가 먼 것은?

① 엘리베이터의 위치
② 서가 선반의 배열 깊이
③ 서고 내의 주요 통로 및 교차통로의 폭
④ 기둥의 크기와 방향에 따른 서가의 규모 및 배열의 길이

[해설]
엘리베이터의 위치는 모듈계획에 있어 부차적인 사항이다.

03 호텔의 퍼블릭 스페이스(Public space) 계획에 관한 설명으로 옳지 않은 것은?

① 로비는 개방성과 다른 공간과의 연계성이 중요하다.
② 프런트 데스크 후방에 프런트 오피스를 연속시킨다.
③ 주식당은 외래객이 편리하게 이용할 수 있도록 출입구를 별도로 설치한다.
④ 프런트 오피스는 기계화된 설비보다는 많은 사람을 고용함으로서 고객의 편의와 능률을 높여야 한다.

[해설]
프런트 오피스는 호텔 운영·관리의 중심이므로, 기계화된 설비를 통해 편의와 능률을 높이는 것이 좋다.

호텔의 퍼블릭 스페이스

로비·라운지	• 휴식, 면회, 담화, 독서 등 다목적으로 사용된다. • 수평동선이 수직동선으로 전이되는 공간이다. • 개방성과 다른 공간과의 연계성이 중요하다. • 퍼블릭 스페이스의 중심이 되도록 계획한다.
주식당	• 숙박객 및 외래객을 대상으로 한다. • 외래객이 편리하게 이용할 수 있도록 출입구를 별도로 설치하는 것이 좋다.
프런트 오피스	• 프런트 오피스는 프런트 데스크 후방에 연속시킨다. • 기계화된 설비로 고객의 편의와 능률을 높여야 한다.

04 아파트에서 친교공간 형성을 위한 계획 방법으로 옳지 않은 것은?

① 아파트에서의 통행을 공동 출입구로 집중시킨다.
② 별도의 계단실과 입구 주위에 집합단위를 만든다.
③ 큰 건물로 설계하고, 작은 단지는 통합하여 큰 단지로 만든다.
④ 공동으로 이용되는 서비스 시설을 현관에 인접하여 통행의 주된 흐름에 약간 벗어난 곳에 위치시킨다.

[정답] 01 ① 02 ① 03 ④ 04 ③

해설
아파트에서 친교공간의 형성을 위해 큰 건물로 설계하거나 작은 단지를 통합하여 대규모의 단지로 계획할 필요는 없다.
아파트 공동체 실현을 위한 방안
• 거주자의 접점 공간 구성
• 접근이 용이한 커뮤니티 공간 구성
• 공동체 활동을 지원하는 시설공간 구성
• 주민참여를 유도하는 공간 구성

07 공동주택의 단면형식에 관한 설명으로 옳지 않은 것은?

① 트리플렉스형은 듀플렉스형보다 공용면적이 크게 된다.
② 메조넷형에서 통로가 없는 층은 채광 및 통풍 확보가 양호하다.
③ 플랫형은 평면구성의 제약이 적으며, 소규모의 평면계획도 가능하다.
④ 스킵플로어형은 동일한 주거동에서 각기 다른 모양의 세대 배치가 가능하다.

해설
트리플렉스형은 3개 층이 한 세대로 구성된 아파트로서, 2개 층이 한 세대로 구성된 듀플렉스형보다 공용면적이 적다.

05 다음과 같은 특징을 갖는 건축양식은?

• 사라센 문화의 영향을 받았다.
• 도서렛(Dosseret)과 펜덴티브 돔(Pendentive dome)이 사용되었다.

① 로마 건축
② 이집트 건축
③ 비잔틴 건축
④ 로마네스크 건축

해설
① 로마 건축 : 오더, 아치, 볼트(Vault)
② 이집트 건축 : 분묘 건축(마스타바, 피라미드, 암굴분묘)
④ 로마네스크 건축 : 반원아치, 교차볼트

08 공연장의 객석 계획에서 잘 보이는 동시에 실제적으로 관객을 수용해야 하는 공연장에서 큰 무리가 없는 거리인 제1차 허용거리의 한도는?

① 15m
② 22m
③ 38m
④ 52m

해설
극장의 가시한계

상세한 감상의 가시한계	• 15m • 연기자의 표정이나 동작을 상세히 감상할 수 있다. • 인형극, 아동극, 연극 등에 해당한다.
제1차 허용한도	• 22m • 잘 보이는 동시에 많은 관객을 수용할 수 있다. • 국악, 실내악 등에 해당한다.
제2차 허용한도	• 35m • 연기자의 일반적인 동작만 감상할 수 있다. • 뮤지컬, 발레, 오페라 등에 해당한다.

06 오토 바그너(Otto Wagner)가 주장한 근대 건축의 설계지침 내용으로 옳지 않은 것은?

① 경제적인 구조
② 그리스 건축양식의 복원
③ 시공재료의 적당한 선택
④ 목적을 정확히 파악하고 완전히 충족시킬 것

해설
오토 바그너는 과거 양식에서의 분리 · 해방을 주장한 세제션운동의 대표 건축가이다.

09 우리나라의 현존하는 목조 건축물 중 가장 오래된 것은?

① 부석사 무량수전
② 부석사 조사당
③ 봉정사 극락전
④ 수덕사 대웅전

해설
봉정사 극락전
• 창건 당시 형태로 현존하는 가장 오래된 목조 건축물이다.
• 공포를 주상에만 짜놓은 주심포 양식의 건축물로서 비교적 규모가 작은 불전이다.
• 정면 3칸 · 측면 4칸 · 단층이며, 서남향으로 배치된 맞배지붕 구조이다.

10 열람자가 서가에서 책을 자유롭게 선택하나 관원의 검열을 받고 열람하는 도서관 출납시스템은?

① 폐가식   ② 반개가식
③ 안전개가식   ④ 자유개가식

> **해설**
> ① 폐가식 : 서가에 접근이 불가하고 기록 후 대출하는 방식으로, 도서의 대출 절차가 복잡하고 관원의 작업량이 많다.
> ② 반개가식 : 유리·철망 등으로 된 서가에 접근하여 표지 등을 보고 관원에게 요청하여 대출받는 방식이다.
> ④ 자유개가식 : 직접 서가에서 열람 후 관원 없이 대출하는 방식으로, 대출 수속이 간단하지만 도서의 유지관리가 어렵다.

11 테라스 하우스에 관한 설명으로 옳지 않은 것은?

① 각 호마다 전용의 뜰(정원)을 갖는다.
② 각 세대의 깊이는 7.5m 이상으로 하여야 한다.
③ 진입방식에 따라 하향식과 상향식으로 나눌 수 있다.
④ 시각적인 인공테라스형은 위층으로 갈수록 건물의 내부면적이 작아지는 형태이다.

> **해설**
> 테라스 하우스의 분류
>
> | | | |
> |---|---|---|
> | 자연형 | • 경사지를 이용하여 지형에 따라 테라스형으로 건립한 것이다.
• 일반적으로 후면부에 창을 설치할 수 없으므로, 각 세대 깊이가 너무 깊지 않도록 한다(7.5m 이내).
• 스플릿 레벨(반 층씩 어긋난 단면)이 가능하다.
• 각 세대의 규모를 동일하게 계획할 수 있다. | |
> | | 상향식 | 도로의 위치가 하층이며, 침실이 상층이다. |
> | | 하향식 | 도로의 위치가 상층이며, 침실이 하층이다. |
> | 인공형 | • 평지에 테라스형으로 건립한 것이다.
• 지하실 설치가 어렵다. | |
> | | 시각적인
테라스 하우스 | 상층으로 갈수록 면적이 작아진다. |
> | | 구조적인
테라스 하우스 | 면적이 같고 상층으로 갈수록 후퇴한다. |

12 학교 교사의 배치형식에 관한 설명으로 옳지 않은 것은?

① 분산병렬형은 넓은 부지를 필요로 한다.
② 폐쇄형은 일조, 통풍 등 환경조건이 불균등하다.
③ 집합형은 이동 동선이 길어지고 물리적 환경이 나쁘다.
④ 분산병렬형은 구조계획이 간단하고 생활환경이 좋아진다.

> **해설**
> 집합형은 부지의 한쪽에서부터 교사를 배치하는 형식으로, 동선이 짧아 학생들의 이동에 유리하며 물리적 환경이 좋다.

13 사무소 건물의 엘리베이터 배치 시 고려사항으로 옳지 않은 것은?

① 교통동선의 중심에 설치하여 보행거리가 짧도록 배치한다.
② 대면배치에서 대면거리는 동일 군관리의 경우 3.5~4.5m로 한다.
③ 여러 대의 엘리베이터를 설치하는 경우, 그룹별 배치와 군관리운전방식으로 한다.
④ 일렬배치는 6대를 한도로 하고, 엘리베이터 중심 간 거리는 10m 이하가 되도록 한다.

> **해설**
> 직선(일렬)형은 4대 정도를 한도로 하고, 엘리베이터 중심 간 거리는 8m 이하로 한다.

14 사무소 건축의 코어 형식 중 편심형 코어에 관한 설명으로 옳지 않은 것은?

① 고층인 경우 구조상 불리할 수 있다.
② 각 층 바닥면적이 소규모인 경우에 사용된다.
③ 바닥면적이 커지면 코어 이외에 피난시설 등이 필요해진다.
④ 내진구조상 유리하며 구조코어로서 가장 바람직한 형식이다.

> **해설**
> ④는 중앙(중심)코어형에 대한 설명이다.
> 편단(편심)코어형 사무소
> • 코어가 기준층 평면의 한쪽에 치우친 형태이다.
> • 고층인 경우 구조상 불리하며, 바닥면적이 커지면 피난상 불리하다.
> • 바닥면적이 적은 소규모 사무소 건물에 적합하다.

정답 10 ③ 11 ② 12 ③ 13 ④ 14 ④

15 공장 건축의 레이아웃에 관한 설명으로 옳지 않은 것은?

① 장래 공장규모의 변화에 대응한 융통성이 있어야 한다.
② 제품 중심의 레이아웃은 생산에 필요한 모든 공정, 기계, 기구를 제품의 흐름에 따라 배치한다.
③ 이동식 레이아웃은 사람이나 기계가 이동하여 작업하는 방식으로 제품이 크고, 수량이 적을 때 사용된다.
④ 레이아웃은 공장 생산성에 미치는 영향이 크므로 공장의 배치계획, 평면계획은 이것에 부합되는 건축계획이 되어야 한다.

해설
③은 고정식 레이아웃에 관한 설명이다.
레이아웃의 형식
- 제품 중심 레이아웃 : 제품의 흐름에 따라 모든 공정, 기계, 기구를 배치하는 방식이다(대량생산에 유리, 중화학공업 등에 적합).
- 공정 중심 레이아웃 : 동일하거나 기능이 유사한 기계설비를 집합시키는 방식이다(다품종 소량생산, 주문 생산품 등에 적합).
- 고정식 레이아웃 : 재료나 조립부품을 고정된 장소에 두고, 사람이나 기계가 그 장소로 이동해 가서 작업을 행하는 방식이다(제품이 크고 수량이 적은 조선소, 건축 등에 적합).
- 혼성식 레이아웃 : 제품 중심, 공정 중심, 고정식을 혼합한 방식이다(가정용 전기 및 주문 생산품 공장 등에 적합).

16 병원 건축에 있어서 파빌리온 타입(Pavilion type)에 관한 설명으로 옳은 것은?

① 대지 이용의 효율성이 높다.
② 고층 집약식 배치형식을 갖는다.
③ 각 실의 채광을 균등히 할 수 있다.
④ 도심지에서 주로 적용되는 형식이다.

해설
①·②·④는 고층 집약형인 집중식에 대한 설명이다.
병원의 분관식(파빌리온식) 배치의 특징
- 저층 분산형이므로 관리가 어렵고 동선과 배관이 길어진다.
- 보통 3층 이하의 저층 건물로 구성되며 넓은 대지가 필요하다.
- 각 병실의 일조, 통풍을 균일하게 할 수 있다.
- 병원의 확장 등 성장변화에 대한 대응이 용이하다.
- 환자는 주로 경사로를 이용한 보행 또는 들것으로 운반된다.

17 전시공간의 특수전시기법 중 하나의 사실이나 주제의 시간상황을 고정시켜 연출함으로써 현장에 임한 듯한 느낌을 가지고 관찰할 수 있는 기법은?

① 알코브 전시
② 아일랜드 전시
③ 디오라마 전시
④ 하모니카 전시

해설
① 알코브 전시 : 벽면에 알코브(안쪽으로 오목하게 들어간 공간)를 조성하여 전시물을 배치하는 벽면 전시의 일종이다.
② 아일랜드 전시 : 사방에서 감상해야 할 필요가 있는 전시물을 독립된 전시 케이스 등을 활용하여 벽면에 띄어놓아 전시하는 특수전시기법이다.
④ 하모니카 전시 : 일정한 형태의 전시공간을 반복시켜 구획하는 기법으로, 동일 종류의 전시물을 반복 전시할 경우 유리하다.

18 백화점 매장의 배치 유형에 관한 설명으로 옳지 않은 것은?

① 직각배치는 매장면적의 이용률을 최대로 확보할 수 있다.
② 직각배치는 고객의 통행량에 따라 통로 폭을 조절하기 용이하다.
③ 사행배치는 많은 고객이 매장공간의 코너까지 접근하기 용이한 유형이다.
④ 사행배치는 Main 통로를 직각 배치하며, Sub 통로를 45° 정도 경사지게 배치하는 유형이다.

해설
②는 자유유선배치에 대한 설명이다. 직각배치는 통행량에 따른 통로 폭의 조절이 어렵다.
백화점 매장의 직각배치

개요	• 가구와 가구를 직각으로 배치한 형식이다. • 가장 많이 사용되는 유형이다.
장점	• 매장면적의 이용률을 최대로 확보할 수 있다. • 판매대의 규격화가 가능하다. • 설치가 간단하며 경제적이다.
단점	• 통행량에 따른 통로 폭의 조절이 어렵다. • 경제적이나 단조로운 느낌을 줄 수 있다.

19 지속 가능한(Sustainable) 공동주택의 설계 개념으로 적절하지 않은 것은?

① 환경친화적 설계
② 지형순응형 배치
③ 가변적 구조체의 확대 적용
④ 규격화, 동일화된 단위평면

해설
지속 가능성을 위해서는 사회적인 변화, 기술변화, 세대변화, 가족구성 변화 및 다양성 등에 대응하기 위한 다양한 평면구성과 단면의 변화형이 생길 수 있도록 고려해야 한다.

녹색건축물 설계 매뉴얼

토지이용 및 교통	생태적 가치를 고려한 계획, 기존지형 활용계획, 최적향 배치계획, 바람길 계획, 열섬현상 완화계획, 녹지네트워크 조성계획 등
에너지 및 환경오염	에너지절약, 지속 가능한 에너지원 사용(태양열, 태양광, 지열, 풍력 시스템 등) 등
재료 및 자원	자원절약계획, 기존건축물 재사용계획, 폐기물 최소화 및 관리계획 등
물순환 관리	빗물관리시스템(중수도 등), 수자원 절약 등
유지관리	가변형 시스템 구축(건축, 구조, 설비, 관리), 체계적인 현장관리 등
생태환경	인공지반 녹화 조성, 생물서식공간 조성 등
실내환경	공기환경, 온열환경, 실내환경 등

20 래드번(Radburn) 계획의 5가지 기본원리로 옳지 않은 것은?

① 기능에 따른 4가지 종류의 도로 구분
② 보도망 형성 및 보도와 차도의 평면적 분리
③ 자동차 통과도로 배제를 위한 슈퍼블록 구성
④ 주택단지 어디로나 통할 수 있는 공동 오픈스페이스 조성

해설
래드번 계획의 5가지 기본원리

주거구	자동차 통과교통의 배제를 위한 슈퍼블록의 구성
도로체계	기능에 따른 4가지 종류의 도로 구분
보차분리	보도와 차도의 입체적 분리(육교, 지하도 등)
가로망	쿨데삭(Cul-de-sac) 시스템
중앙공원	주택단지 어디로나 통할 수 있는 공동의 오픈스페이스 구성

제2과목 건축시공

21 표준시방서에 따른 시스템비계에 관한 기준으로 옳지 않은 것은?

① 수직재와 수직재의 연결은 전용의 연결조인트를 사용하여 견고하게 연결하고, 연결 부위가 탈락 또는 꺾어지지 않도록 하여야 한다.
② 수평재는 수직재에 연결핀 등의 결합방법에 의해 견고하게 결합되어 흔들리거나 이탈되지 않도록 하여야 한다.
③ 대각으로 설치하는 가새는 비계의 외면으로 수평면에 대해 40~60° 방향으로 설치하며 수평재 및 수직재에 결속한다.
④ 시스템비계 최하부에 설치하는 수직재는 받침 철물의 조절너트와 밀착되도록 설치하여야 하며, 수직과 수평을 유지하여야 한다. 이때, 수직재와 받침 철물의 겹침길이는 받침 철물 전체길이의 1/5 이상이 되도록 하여야 한다.

해설
시스템비계 최하부에 설치하는 수직재는 받침 철물의 조절너트와 밀착되도록 설치하여야 하며, 수직과 수평을 유지하여야 한다. 이때 수직재와 받침 철물의 겹침길이는 받침 철물 전체길이의 1/3 이상이 되도록 하여야 한다.

22 공정관리에서 공기단축을 시행할 경우에 관한 설명으로 옳지 않은 것은?

① 특별한 경우가 아니면 공기단축 시행 시 간접비는 상승한다.
② 비용구배가 최소인 작업을 우선 단축한다.
③ 주공정선상의 작업을 먼저 대상으로 단축한다.
④ MCX(Minimum Cost Expediting)법은 대표적인 공기단축기법이다.

해설
공사속도를 빠르게 할수록 직접비는 증가하고 간접비는 감소한다.

정답 19 ④ 20 ② 21 ④ 22 ①

23 콘크리트의 건조수축 영향인자에 관한 설명으로 옳지 않은 것은?

① 시멘트의 화학성분이나 분말도에 따라 건조수축량이 변화한다.
② 골재 중에 포함된 미립분이나 점토, 실트는 일반적으로 건조수축을 증대시킨다.
③ 바다모래에 포함된 염분은 그 양이 많으면 건조수축을 증대시킨다.
④ 단위수량이 증가할수록 건조수축량은 작아진다.

해설
콘크리트의 건조수축은 단위수량이 클수록 커진다.
크리프·건조수축이 커지는 경우

크리프가 커지는 경우	건조수축이 커지는 경우
• 시멘트페이스트가 많을수록	• 단위시멘트량이 클수록
• 물-시멘트비가 클수록	• 단위수량이 클수록
• 작용하는 응력이 클수록	• 시멘트 분말도가 높을수록
• 재하재령이 빠를수록	• 알루민산3석회가 많을수록
• 부재의 치수가 작을수록	• 염분 함유량이 많을수록
• 습도가 낮을수록	• 골재에 미립분이 많을수록

25 페인트칠의 경우 초벌과 재벌 등을 도장할 때마다 색을 약간씩 다르게 하는 주된 이유는?

① 희망하는 색을 얻기 위하여
② 색이 진하게 되는 것을 방지하기 위하여
③ 착색안료를 낭비하지 않고 경제적으로 사용하기 위하여
④ 초벌, 재벌 등 페인트칠 횟수를 구별하기 위하여

해설
도장 시공 시 나중에 칠할수록 색을 진하게 하여 칠을 안 한 부분과 구별하도록 한다.

24 지내력을 갖춘 지반으로 만들기 위한 배수 공법 또는 탈수 공법이 아닌 것은?

① 샌드드레인 공법
② 웰포인트 공법
③ 페이퍼드레인 공법
④ 베노토 공법

해설
④는 대구경 현장타설콘크리트말뚝의 한 종류이다.
지반개량 공법의 종류

다짐		컴팩션파일, 샌드컴팩션파일 등
배수·탈수	중력식	디프웰, 집수정 공법
	강제식	웰포인트, 전기삼투 공법 등
	연직배수	샌드드레인, 팩드레인, 페이퍼드레인 공법 등
고결		약액주입, 그라우팅주입, 소결·동결 공법 등
치환		굴착치환, 강제치환, 폭파치환 공법 등

26 개념설계에서 유지관리 단계에까지 건물의 전 수명주기 동안 다양한 분야에서 적용되는 모든 정보를 생산하고 관리하는 기술을 의미하는 용어는?

① ERP(Enterprise Resource Planning)
② SOA(Service Oriented Architecture)
③ BIM(Building Information Modeling)
④ CIC(Computer Integrated Construction)

해설
① ERP : 전사적 자원 관리의 약칭으로, 기업 전반의 업무 프로세스(생산, 물류, 구매 등)를 통합적으로 관리하고 정보를 공유할 수 있게 하는 시스템을 말한다.
② SOA : 서비스 지향 아키텍쳐의 약칭으로, 다양한 주체들의 독립된 업무별 시스템을 네트워크상에 조합·연동·통합하여 연속적인 네트워크 시스템을 구축하는 것을 말한다.
④ CIC : 건설생산의 효율적 운영을 위해 계획관리, 설계, 구매 등의 업무 절차를 각 사의 특성에 맞게 최적화·전자화하는 개념이다.

27 벽돌벽의 균열원인과 가장 거리가 먼 것은?

① 문꼴의 불균형배치 ② 벽돌벽의 공간쌓기
③ 기초의 부동침하 ④ 하중의 불균등분포

해설
②는 벽돌쌓기법의 한 종류이며 균열의 원인으로 볼 수는 없다.

조적조 벽체 균열의 원인

계획·설계	시공
• 기초의 부동침하 • 건물의 평면, 입면의 불균형 배치 • 집중하중, 횡력, 충격 • 벽체의 두께, 강도 부족 • 개구부 크기의 불합리 및 불균형 배치	• 조적재, 모르타르의 강도 부족 • 이질기초, 이질 지정 및 이질 재료와의 접합부 • 사춤모르타르의 부족 • 조적재 및 사춤재료의 신축성

28 쇄석 콘크리트에 관한 설명으로 옳지 않은 것은?

① 모래의 사용량은 보통 콘크리트에 비해서 많아진다.
② 쇄석은 각이 둔각인 것을 사용한다.
③ 보통 콘크리트에 비해 시멘트 페이스트의 부착력이 떨어진다.
④ 깬자갈 콘크리트라고도 한다.

해설
쇄석 콘크리트는 천연골재를 사용한 보통 콘크리트에 비해 시멘트 페이스트의 부착력이 좋다.

부순 골재를 사용하는 콘크리트의 배합
쇄석(부순 골재, 깬 자갈) 콘크리트는 천연골재를 사용한 보통 콘크리트에 비해 시멘트 페이스트의 부착력이 좋다.

단위수량	동일한 워커빌리티의 보통 콘크리트보다 단위수량이 10% 정도 많이 요구된다.
골재	• 쇄석은 각이 둔각인 것을 사용한다. • 굵은 골재의 크기는 강자갈보다 조금 작은 편이 좋다. • 모래의 사용량은 보통 콘크리트에 비해서 많아진다. • 잔골재는 미립분(미세한 분말)이 부족하지 않도록 주의한다.
혼화제	AE제를 사용하는 것이 좋다.

29 실비정산보수가산계약제도의 특징이 아닌 것은?

① 설계와 시공의 중첩이 가능한 단계별 시공이 가능하다.
② 복잡한 변경이 예상되거나 긴급을 요하는 공사에 적합하다.
③ 계약체결 시 공사비용의 최댓값을 정하는 최대 보증한도 실비정산보수가산계약이 일반적으로 사용된다.
④ 공사금액을 구성하는 물량 또는 단위공사 부분에 대한 단가만을 확정하고 공사 완료 시 실시수량의 확정에 따라 정산하는 방식이다.

해설
④는 단가도급에 대한 설명이다.

실비청산보수가산도급

개요	• 실제 공사의 실비를 확인하여 청산하고, 미리 정한 보수율에 따라 건축주가 보수를 지불하는 방식이다. • 최대 보증한도 실비청산보수가산계약이 주로 사용된다.
장점	• 설계와 시공의 중첩이 가능한 단계별 시공이 가능하다. • 가장 정확하고 양심적인 공사를 할 수 있다. • 복잡한 변경이 예상되거나 긴급을 요하는 공사에 적합하다.
단점	공사비 절감 노력이 저하되며 공기가 지연될 우려가 있다.

30 합성수지 중 건축물의 천장재, 블라인드 등을 만드는 열가소성수지는?

① 알키드수지 ② 요소수지
③ 폴리스티렌수지 ④ 실리콘수지

해설
① 알키드수지 : 내후성, 밀착성, 가소성이 좋은 열경화성수지이다. 도료, 접착제 등으로 사용된다.
② 요소수지 : 무색으로 착색이 자유로우며 강도, 단열성, 내열성이 우수하지만 내수성이 약한 열경화성수지이다. 마감재, 접착제 등으로 사용된다.
④ 실리콘수지 : 합성수지 중 내열성이 가장 우수하며 발수성, 전기절연성, 내후성이 우수한 열경화성수지이다. 접착제, 방수도료, 발포보온재 등으로 사용된다.

정답 27 ② 28 ③ 29 ④ 30 ③

31 프리패브 콘크리트(Prefab concrete)에 관한 설명으로 옳지 않은 것은?

① 제품의 품질을 균일화 및 고품질화할 수 있다.
② 작업의 기계화로 노무 절약을 기대할 수 있다.
③ 공장생산으로 부재의 규격을 다양하고 쉽게 변경할 수 있다.
④ 자재를 규격화하여 표준화 및 대량생산을 할 수 있다.

해설
프리캐스트·프리패브 콘크리트는 부재의 규격을 쉽게 변경할 수 없고, 제품의 다양성을 확보하기 어렵다.

32 철근콘크리트 공사에 사용되는 거푸집 중 갱폼(Gang form)의 특징으로 옳지 않은 것은?

① 기능공의 기능도에 따라 시공정밀도가 크게 좌우된다.
② 대형장비가 필요하다.
③ 초기투자비가 높은 편이다.
④ 거푸집의 대형화로 이음부위가 감소한다.

해설
갱폼은 한 번에 설치하고 해체하는 대형 벽체용 거푸집으로서, 기능공의 기능도에 의해 시공정밀도가 좌우되지는 않는다.

33 건축물 외벽공사 중 커튼월 공사의 특징으로 옳지 않은 것은?

① 외벽의 경량화
② 공업화 제품에 따른 품질 제고
③ 가설비계의 증가
④ 공기단축

해설
커튼월은 건물 외부의 양중장비로 시공하므로, 비계공사가 불필요하다.
커튼월의 특징
양중기를 통한 기계화 시공이므로 비계공사가 불필요하다.

구조	비내력벽(경량화, 디자인 다양화)
생산	공장생산 부재(균일한 품질)
고정	용접, 볼트조임 등(공기단축)
적용	고층, 초고층 건물(기계화 시공)

34 철근콘크리트 PC 기둥을 8t 트럭으로 운반하고자 한다. 차량 1대에 최대로 적재 가능한 PC 기둥의 수는?(단, PC 기둥의 단면크기는 30×60cm, 길이는 3m임)

① 1개   ② 2개
③ 4개   ④ 6개

해설
콘크리트공사의 단위중량

철근콘크리트	무근콘크리트
2,400kg/m³	2,300kg/m³

- PC 기둥 1개의 체적 : $0.3m \times 0.6m \times 3m = 0.54m^3$
- PC 기둥 1개의 중량 : $0.54m^3 \times 2,400kg/m^3 = 1,296kg$

적재 가능한 PC 기둥 수 : 8,000kg ÷ 1,296kg = 6.17이므로, 최대 6개까지 적재할 수 있다.

35 콘크리트를 타설하면서 거푸집을 수직 방향으로 이동시켜 연속작업을 할 수 있게 한 것으로 사일로 등의 건설공사에 적합한 것은?

① Euro form   ② Sliding form
③ Air tube form   ④ Traveling form

해설
① 유로폼 : 철제 프레임에 패널을 부착시킨 재래식 거푸집이다.
③ 에어튜브폼 : 에어튜브(고무풍선)를 거푸집으로 이용하는 공법이며, 주로 내부가 원형인 지하배수로, 터널, 돔 등의 구조물에 적용된다.
④ 트레블링폼 : 아치, 돔, 셸 등의 연속구조에 사용되는 수평 이동식 시스템 거푸집이다.

36 신축할 건축물의 높이의 기준이 되는 주요 가설물로 이동의 위험이 없는 인근 건물의 벽 또는 담장에 설치하는 것은?

① 줄띄우기   ② 벤치마크
③ 규준틀   ④ 수평보기

해설
① 줄띄우기(줄쳐보기) : 공사착공 전에 건축물의 형태에 맞춰 줄을 띄우거나 석회 등으로 선을 그어 건축물의 건설위치를 표시하는 것이다.
③ 규준틀 : 수평규준틀은 건물의 각부 위치, 기초의 너비, 길이 등의 기준으로 사용되며, 세로규준틀은 조적공사에서 수직면의 기준으로 사용되고, 귀규준틀은 건물의 모서리 등에 사용된다.
④ 수평보기 : 수준기를 사용하여 건축물 및 시설물의 수평 여부를 측정하는 것이다.

37 수경성 마무리재료로 가장 적합하지 않은 것은?

① 돌로마이트 플라스터
② 혼합석고 플라스터
③ 시멘트 모르타르
④ 경석고 플라스터

해설
돌로마이트 플라스터는 공기 중의 탄산가스와 반응하여 경화하는 기경성 미장재료이며, ②·③·④는 물과 화학반응하는 수경성 미장재료이다.
미장재료의 응결경화방식

수경성	시멘트, 석고(순·혼합석고), 경석고 플라스터(킨즈 시멘트) 등
기경성	석회, 소석회, 석회크림, 회반죽, 회사벽, 진흙, 돌로마이트 플라스터 등
화학경화성	에폭시 수지 바닥재 등
고화성	유화 아스팔트 바닥재 등

38 보통 창유리의 특성 중 투과에 관한 설명으로 옳지 않은 것은?

① 투사각 0°일 때 투명하고 청결한 창유리는 약 90%의 광선을 투과한다.
② 보통의 창유리는 많은 양의 자외선을 투과시키는 편이다.
③ 보통 창유리도 먼지가 부착되거나 오염되면 투과율이 현저하게 감소한다.
④ 광선의 파장이 길고 짧음에 따라 투과율이 다르게 된다.

해설
보통의 창유리는 적외선·가시광선은 투과하고 자외선의 투과율은 낮다.

39 가치공학(Value Engineering) 수행계획 4단계로 옳은 것은?

① 정보(Informative) – 제안(Proposal) – 고안(Speculative) – 분석(Analytical)
② 정보(Informative) – 고안(Speculative) – 분석(Analytical) – 제안(Proposal)
③ 분석(Analytical) – 정보(Informative) – 제안(Proposal) – 고안(Speculative)
④ 제안(Proposal) – 정보(Informative) – 고안(Speculative) – 분석(Analytical)

해설
가치공학(VE) 수행계획 4단계

정보단계	해결하고자 하는 문제를 정의하고 연구 실행의 타당성을 평가하는 단계이다. 연구에 필요한 정보를 수집하고 자원과 팀을 할당한다.
고안(탐색) 단계	대안을 탐색하고 개발하는 것을 목표로 하는 단계이다. 기능적 분석, 브레인스토밍을 통한 아이디어 제안 등이 이루어진다.
분석단계	비용 비교(생애주기비용 등) 등을 통해 이전 단계에서 창출된 아이디어 중 최적의 대안을 정의하는 단계이다.
제안단계	연구 결과를 제시하고 승인을 얻거나 구체적으로 실행해 나가는 단계이다.

40 시멘트 광물질의 조성 중에서 발열량이 높고 응결시간이 가장 빠른 것은?

① 알루민산삼석회
② 규산삼석회
③ 규산이석회
④ 알루민산철사석회

해설
알루민산삼석회는 수화속도가 빠르고 수화열이 가장 크며, 1일 이내 조기강도를 지배하는 성분이다.
시멘트의 화학적 구성물

구분	규산삼석회	규산이석회	알루민산삼석회	알루민산철사석회
강도발현	28일 이내 조기강도	28일 이후 장기강도	1일 이내 조기강도	기여하지 않음
수화속도	빠름	늦음	빠름	빠름
수화열	크다.	작다.	가장 크다.	보통
건조수축	보통	작다.	가장 크다.	작다.
화학저항	보통	크다.	작다.	보통

제3과목 건축구조

41 강도설계법에서 처짐을 계산하지 않는 경우 스팬이 8.0m인 단순지지된 보의 최소 두께로 옳은 것은?(단, 보통중량 콘크리트와 f_y = 400MPa 철근을 사용한 경우)

① 380mm ② 430mm
③ 500mm ④ 600mm

해설
처짐을 계산하지 않는 보의 최소 두께
- 보통중량 콘크리트(M_c = 2,300kg/m³)와 철근(f_y = 400MPa)을 사용한 부재의 값이다.
- 1단 연속, 양단 연속의 경우 스팬이 가장 긴 보의 l을 적용한다.
- 리브가 있는 1방향 슬래브의 경우는 아래 값을 적용한다.

구분	단순지지	1단 연속	양단 연속	캔틸레버
최소 두께 (최소 춤, h)	$l/16$	$l/18.5$	$l/21$	$l/8$

$\therefore h = \dfrac{l}{16} = \dfrac{8,000\text{mm}}{16} = 500\text{mm}$

42 그림과 같이 캔틸레버보가 상수 k를 가지는 스프링에 의해 지지되어 있으며 집중하중 P가 작용하고 있다. 스프링에 걸리는 힘은?

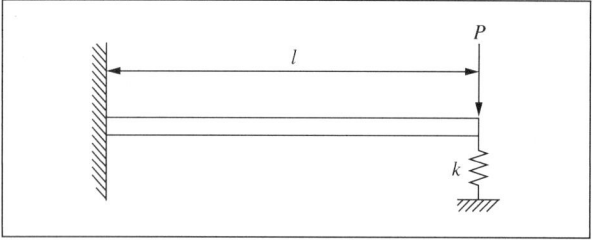

① $Pl^3k/(2EI+kl^3)$
② $Pl^3k/(3EI+kl^3)$
③ $Pl^3k/(6EI+kl^3)$
④ $Pl^3k/(8EI+kl^3)$

해설
스프링에 작용하는 힘(R_s) = 상수(k) × 처짐(δ_s)

처짐(δ_s) = $\dfrac{(P-R_s)l^3}{3EI}$ 이므로, $R_s = k \times \dfrac{(P-R_s)l^3}{3EI}$

$R_s = \dfrac{Pl^3k - R_s l^3 k}{3EI}$ 를 정리하면, $R_s(3EI+l^3k) = Pl^3k$

$\therefore R_s = Pl^3k/(3EI+l^3k)$

43 전단과 휨만을 받는 철근콘크리트보에서 콘크리트만으로 지지할 수 있는 전단강도 V_c는?(단, 보통중량 콘크리트 사용, f_{ck} = 28MPa, b_w = 100mm, d = 300mm)

① 26.5kN ② 53.0kN
③ 79.3kN ④ 158.7kN

해설
보의 전단강도

구분	콘크리트 부담(전단력 + 휨모멘트)
공칭강도	$V_c = \dfrac{1}{6} \times \lambda \times \sqrt{f_{ck}} \times b_w \times d$
설계강도	$V_n = \phi V_c$

보통중량 콘크리트의 경량 콘크리트계수 $\lambda = 1$

$V_c = \dfrac{1}{6} \times \lambda \times \sqrt{f_{ck}} \times b_w \times d$
$= \dfrac{1}{6} \times 1 \times \sqrt{28} \times 100 \times 300$
$\fallingdotseq 26,458\text{N} \fallingdotseq 26.5\text{kN}$

44 보의 유효깊이 d = 550mm, 보의 폭 b_w = 300mm인 보에서 스터럽이 부담할 전단력 V_s = 200kN일 경우, 적용 가능한 수직스터럽의 간격으로 옳은 것은?(단, A_v = 142mm², f_{yt} = 400MPa, f_{ck} = 24MPa)

① 150mm ② 180mm
③ 200mm ④ 250mm

해설
$S = \dfrac{A_v \times f_{yt} \times d}{V_s} = \dfrac{142\text{mm}^2 \times 400\text{N/mm}^2 \times 550\text{mm}}{200,000\text{N}}$
$= 156.2\text{mm}$

45 고력볼트 F10T-M24의 현장시공을 위한 본조임의 조임력(T)은 얼마인가?(단, 토크계수는 0.13, F10T-M24볼트의 설계볼트장력은 200kN이며 표준볼트장력은 설계볼트장력에 10%를 할증한다)

① 568,573N·mm
② 686,400N·mm
③ 799,656N·mm
④ 892,638N·mm

해설

토크 계수값$(k) = \dfrac{토크(T)}{볼트의\ 직경(d) \times 볼트\ 축력(N)}$ 이므로,

$T = k \times d \times N = 0.13 \times 24\text{mm} \times 200,000\text{N} = 624,000\text{N·mm}$
여기에 10% 할증을 하면
∴ $624,000 \times 1.1 = 686,400\text{N·mm}$

46 강구조 고장력볼트 마찰접합의 특징에 관한 설명으로 옳지 않은 것은?

① 시공이 용이하여 공기가 절약된다.
② 접합부의 강성과 강도가 크다.
③ 품질관리가 용이하다.
④ 국부적인 응력집중이 발생한다.

해설

고력볼트 마찰접합은 부재의 접합면에서 응력이 전달되므로 국부적인 응력집중이 발생하지 않는다. 볼트접합은 구멍 주위에 집중응력이 발생한다.

고장력볼트 마찰접합
• 고장력볼트의 조임력에 의해 발생하는 부재 간의 마찰력으로 응력을 전달하는 방식이다.
• 정확한 계기공구로 죄어 일정하고 정확한 강도를 얻을 수 있다.
• 마찰력에 의한 접합부의 강성과 피로강도가 높다.
• 국부적인 응력집중이 발생하지 않으며, 전단응력 및 지압응력이 생기지 않는다.
• 유효 단면적당 응력이 작고 응력집중이 적으므로 반복응력에 강하다.
• 응력의 방향이 바뀌어도 힘의 흐름상 혼란이 일어나지 않는다.
• 강한 조임력으로 너트의 풀림이 생기지 않는다.
• 불량개소의 수정 및 품질관리가 용이하다.
• 현장시공이 간편하고, 소음이 대체로 적으며, 공기가 절약된다.
• 응력이 부재 간 마찰력을 초과하게 되면 미끄럼현상이 발생한다.

47 그림과 같은 단면의 단순보에서 보의 중앙점 C단면에 생기는 휨응력 σ_b와 전단응력 v의 값은?

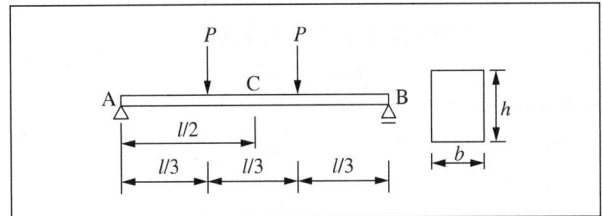

① $\sigma_b = \dfrac{Pl}{bh^2}$, $v = \dfrac{3Pl}{2bh}$

② $\sigma_b = \dfrac{2Pl}{bh^2}$, $v = 0$

③ $\sigma_b = \dfrac{2Pl}{bh^2}$, $v = \dfrac{3Pl}{2bh}$

④ $\sigma_b = \dfrac{Pl}{bh^2}$, $v = 0$

해설

장방형 단면의 최대 휨응력·최대 전단응력

최대 휨응력	최대 전단응력
$\sigma_{max} = \dfrac{6M}{bh^2}$	$\tau_{max} = \dfrac{3}{2} \times \dfrac{S}{A} = \dfrac{3S}{2A}$

구조물이 좌우대칭이므로, $V_A = V_B = P$이다.

• C점의 휨모멘트·휨응력

$M_C = V_A \times \dfrac{l}{2} - P \times \left(\dfrac{l}{2} - \dfrac{l}{3}\right) = \dfrac{Pl}{3}$

∴ $\sigma = \dfrac{6M}{bh^2} = \dfrac{6 \times \dfrac{Pl}{3}}{bh^2} = \dfrac{2Pl}{bh^2}$

• C점의 전단력·전단응력

$S_C = V_A - P = P - P = 0$

∴ $v = \dfrac{3}{2} \times \dfrac{S}{A} = \dfrac{3}{2} \times \dfrac{0}{bh} = 0$

정답 45 ② 46 ④ 47 ②

48
다음과 같은 조건에서의 필릿용접의 최소 치수(mm)는 얼마인가?(단, 하중저항계수설계법 기준)

> 접합부의 얇은 쪽 소재두께(t, mm)
> $6 \leq t < 13$

① 5mm ② 6mm
③ 7mm ④ 8mm

해설
하중저항계수설계법 기준으로, 접합부의 얇은 쪽 소재두께가 $6 \leq t < 13$일 때 필릿용접의 최소 치수는 5mm이다.
필릿용접(모살용접)의 최소 사이즈(mm)

- 강구조 연결 설계기준(허용응력설계법, KDS 14 30 25)

접합부의 얇은 쪽 소재두께 t	필릿용접의 최소 치수
$t < 6$	3
$6 \leq t < 12$	5
$12 \leq t < 20$	6
$20 \leq t$	8

- 강구조 연결 설계기준(하중저항계수설계법, KDS 14 31 25)

접합부의 얇은 쪽 소재두께 t	필릿용접의 최소 치수
$t < 6$	3
$6 \leq t < 13$	5
$13 \leq t < 20$	6
$20 \leq t$	8

※ 개정된 KDS 기준으로 내용을 수정하였다.

해설
휨모멘트값에 $\dfrac{1}{EI}$을 곱하고, 캔틸레버보의 자유단(끝단)과 지점의 위치를 서로 바꾼 상태로 탄성하중을 하중처럼 취급한다. 이 상태에서 구한 전단력은 처짐각, 휨모멘트는 처짐이 된다.

- A점의 휨모멘트
$$M_A = P \times \frac{l}{2} = \frac{Pl}{2}$$

- 공액보 C점의 휨모멘트(= 처짐)
캔틸레버보의 자유단과 지점의 위치를 서로 바꾼 상태로 구한다.
$$M_C' = \left(\frac{Pl}{2EI} \times \frac{l}{2} \times \frac{1}{2}\right) \times \left(\frac{l}{2} \times \frac{2}{3}\right) = \frac{Pl^3}{24EI}$$

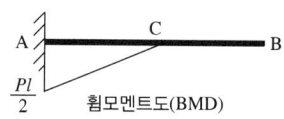
휨모멘트도(BMD)

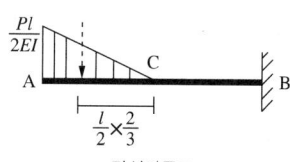
탄성하중도

49
그림과 같은 보에서 C점의 처짐은?(단, EI는 전 경간에 걸쳐 일정하다)

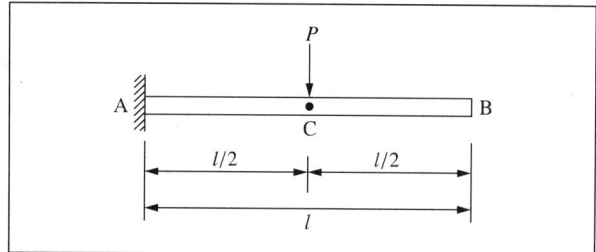

① $\dfrac{Pl^3}{12EI}$ ② $\dfrac{Pl^3}{24EI}$
③ $\dfrac{Pl^3}{48EI}$ ④ $\dfrac{Pl^3}{96EI}$

50
다음 그림과 같이 단면적이 같은 4개의 단면을 보부재로 각각 사용할 경우 x축에 대한 처짐에 가장 유리한 단면은?

① 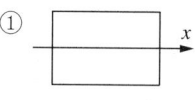   ②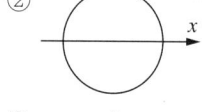

③ 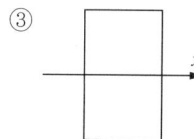   ④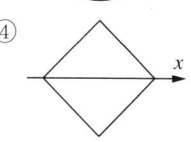

해설
단면2차모멘트가 커지면 처짐은 감소하며, 단면2차모멘트를 크게 하려면 b보다 h를 크게 해야 한다. 단면적이 같을 때, 보기 중에서 h가 가장 큰 것은 ③이다.

51 그림과 같은 단면을 가진 압축재에서 유효좌굴길이 Kl = 250mm일 때 Euler의 좌굴하중 값은?(단, E = 210,000 MPa이다)

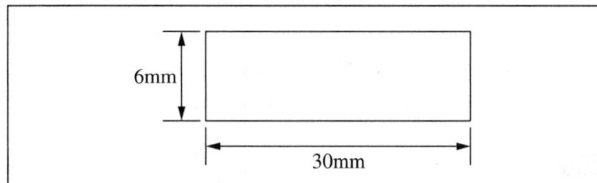

① 17.9kN   ② 43.0kN
③ 52.9kN   ④ 64.7kN

해설

$$\therefore P_b = \frac{\pi^2 EI}{(Kl)^2} = \frac{\pi^2 \times 210,000\text{N/mm}^2 \times \frac{30\text{mm} \times (6\text{mm})^3}{12}}{(250\text{mm})^2}$$
$$= 17,907.41\text{N} = 17.9\text{kN}$$

여기서, E : 탄성계수
I : 단면2차모멘트 $\left(I = \frac{bh^3}{12}\right)$
K : 유효좌굴계수
l : 길이

52 철골구조와 비교한 철근콘크리트구조의 특징으로 옳지 않은 것은?

① 진동이 적고 소음이 덜 난다.
② 시공 시 동절기 기후의 영향을 받을 수 있다.
③ 내화성이 크다.
④ 구조의 개조나 보강이 쉽다.

해설
철근콘크리트구조는 개조, 보강, 해체 등이 용이하지 않다.

53 주철근으로 사용된 D22 철근 180° 표준갈고리의 구부림 최소 내면 반지름으로 옳은 것은?

① d_b ② $2d_b$
③ $2.5d_b$ ④ $3d_b$

해설
구부림의 최소 내면 반지름

구부림의 최소 내면 반지름	주철근 표준갈고리	스터럽·띠철근 표준갈고리
$2d_b$	–	D16 이하
$3d_b$	D10~D25	D19~D25
$4d_b$	D29~D35	
$5d_b$	D38 이상	

54 그림과 같은 구조물의 부정정 차수는?

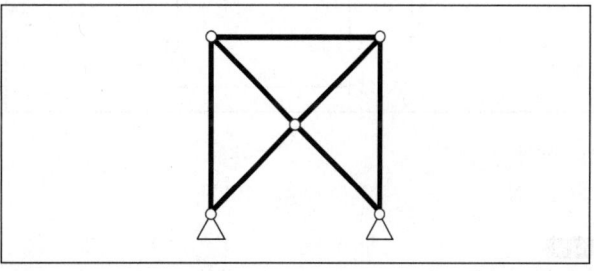

① 1차   ② 2차
③ 3차   ④ 4차

해설
구조물의 부정정 차수
m = 지점 반력수(n) + 부재수(s) + 강절점수(r) − 2 × 절점수(k)
  = (2+2) + (7) + (0) − (2×5)
  = 1
∴ $m > 0$, 1차 부정정 구조물이다.

55 각 지반의 허용지내력의 크기가 큰 것부터 순서대로 올바르게 나열된 것은?

A. 자갈, B. 모래, C. 연암반, D. 경암반

① B > A > C > D
② A > B > C > D
③ D > C > A > B
④ D > C > B > A

해설
지반의 허용지내력의 크기는 경암반(D) > 연암반(C) > 자갈(A) > 모래(B) 순이다.
지반의 허용지내력

(단위 : kN/m²)

지반	장기응력에 대한 허용지내력	단기응력에 대한 허용지내력
경암반	4,000	각각 장기응력에 대한 허용지내력 값의 1.5배로 한다.
연암반	1,000~2,000	
자갈	300	
자갈과 모래와의 혼합물	200	
모래 섞인 점토 또는 롬토	150	
모래 또는 점토	100	

56 그림과 같은 정정 라멘에서 BD부재의 축방향력으로 옳은 것은?(단, + : 인장력, − : 압축력)

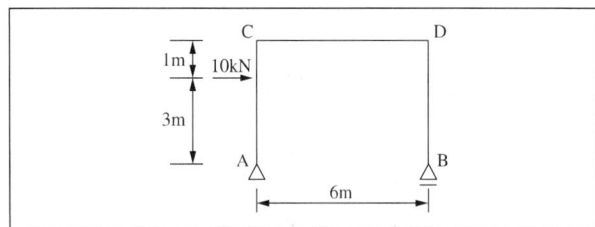

① 5kN
② −5kN
③ 10kN
④ −10kN

해설
- A지점의 수평반력
  $\sum H = 0$, $H_A + P = 0$이므로, $H_A = -10\text{kN}(\leftarrow)$
- A지점의 수직반력
  $\sum M_B = 0$, $V_A \times l + P \times b = 0$
  $V_A \times 6\text{m} + 10\text{kN} \times 3\text{m} = 0$, $V_A = -5\text{kN}(\downarrow)$
- B지점의 수직반력
  $\sum V = 0$, $V_A + V_B = 0$이므로, $-5\text{kN} + V_B = 0$
  $V_B = 5\text{kN}(\uparrow)$
∴ BD부재의 축방향력(F_{BD}) = −5kN(압축력)

57 강구조의 볼트접합 구성에 관한 일반적인 설명으로 옳지 않은 것은?

① 볼트의 중심 사이의 간격을 게이지라인이라고 한다.
② 볼트는 가공정밀도에 따라 상볼트, 중볼트, 흑볼트로 나뉜다.
③ 게이지라인과 게이지라인과의 거리를 게이지라고 한다.
④ 배치방식은 정렬배치와 엇모배치가 있다.

해설
게이지라인(Gauge line)은 재축 방향의 볼트 중심선을 말하며, 볼트 상호 간의 중심 간격은 피치(Pitch)이다.

58 압축철근 $A_s' = 2{,}400\text{mm}^2$로 배근된 복철근보의 탄성처짐이 15mm라 할 때 지속하중에 의해 발생되는 5년 후 장기처짐은?(단, $b = 300\text{mm}$, $d = 400\text{mm}$, 5년 후 지속하중 재하에 따른 계수 $\xi = 2.0$)

① 9mm
② 12mm
③ 15mm
④ 30mm

해설
- 압축철근비(ρ') = $\dfrac{A_s}{bd}$ = $\dfrac{2{,}400\text{mm}^2}{300\text{mm} \times 400\text{mm}}$ = 0.02
- 계수(λ) = $\dfrac{\xi}{1 + 50\rho'}$ = $\dfrac{2.0}{1 + 50 \times 0.02}$ = 1

∴ 장기처짐량 = 15mm × 1 = 15mm
여기서, ξ : 시간경과계수
ρ' : 압축철근비
A_s : 철근단면적
b : 보의 유효폭
d : 보의 유효춤

59 연약지반에 대한 안전확보 대책으로 옳지 않은 것은?

① 지반개량 공법을 실시한다.
② 말뚝기초를 적용한다.
③ 독립기초를 적용한다.
④ 건물을 경량화한다.

해설
지중보를 적용하여 기초 상호 간을 연결하는 것이 ③보다 효과적이다.
부동침하 및 연약지반에 대한 대책
- 경질지반에 기초 지지, 지반반력을 같게, 지반개량 실시
- 건물의 경량화, 지중보의 크기 및 강성 보강
- 강성체의 지하실, 지지말뚝, 마찰말뚝, 피어기초 사용
- 건물의 평면상 길이를 짧게 설계, 부분 증축 지양
- 일부 지정, 이질 지정, 이질 기초의 지양
- 신축이음의 설치, 인접 건물과의 거리 이격

60 다음 그림과 같이 수평하중 30kN이 작용하는 라멘구조에서 E점에서의 휨모멘트 값(절댓값)은?

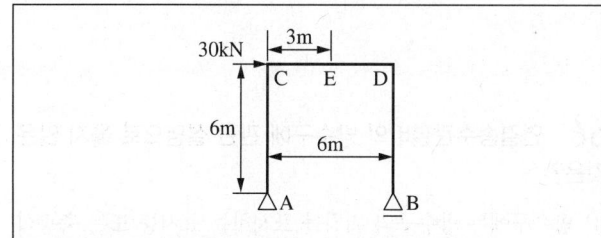

① 40kN·m ② 45kN·m
③ 60kN·m ④ 90kN·m

해설
$\sum M_A = 0$
$P \times h - V_B \times l = 0$
$30\text{kN} \times 6\text{m} - V_B \times 6\text{m} = 0$, $V_B = 30\text{kN}(\uparrow)$
∴ E점의 휨모멘트(M_E) = $-(-30\text{kN} \times 3\text{m}) = 90\text{kN}$

제4과목 건축설비

61 유압식 엘리베이터에 관한 설명으로 옳지 않은 것은?

① 오버헤드가 작다.
② 기계실의 위치가 자유롭다.
③ 큰 적재량으로 승강행정이 짧은 경우에는 적용할 수 없다.
④ 지하주차장 엘리베이터와 같이 지하층에만 운전하는 경우 적용할 수 있다.

해설
유압식 엘리베이터는 전동기의 소요동력이 크고 정지층수에 제약이 있으므로 ③의 경우에 적합하다.
유압식 엘리베이터의 특징
- 기계실의 배치가 자유롭다.
- 정격속도와 정지층수에 제약이 있다.
- 전동기의 소요동력과 기계실의 발열량이 크다.
- 오버헤드(카 상부의 여유거리)가 작다.

62 온수난방에 관한 설명으로 옳지 않은 것은?

① 증기난방에 비해 예열시간이 길다.
② 온수의 잠열을 이용하여 난방하는 방식이다.
③ 한랭지에서 운전정지 중에 동결의 우려가 있다.
④ 증기난방에 비해 난방부하 변동에 따른 온도조절이 비교적 용이하다.

해설
온수난방은 현열, 증기난방은 잠열을 이용한다.
온수난방
- 현열을 이용하여 난방의 쾌감도가 높다.
- 열용량이 크고, 난방을 정지하여도 난방효과가 잠시 지속된다.
- 난방부하의 변동에 따른 온도조절 및 용량제어가 용이하다.
- 한랭지에서 난방을 정지하였을 경우 동결의 우려가 있다.
- 예열부하가 크며, 예열시간이 길고 방열면적과 배관이 크다.

63 중앙식 급탕방식에 관한 설명으로 옳지 않은 것은?

① 온수를 사용하는 개소마다 가열장치가 설치된다.
② 상향 또는 하향 순환식 배관에 의해 필요개소에 온수를 공급한다.
③ 국소식에 비해 기기가 집중되어 있으므로 설비의 유지관리가 용이하다.
④ 호텔이나 병원 등과 같이 급탕개소가 많고 사용량이 많은 건물 등에 채용된다.

해설
필요개소에 가열기를 설치하여 온수를 공급하는 방식은 개별식(국소식) 방식이다.
중앙식 급탕방식
- 보일러, 저탕조 등을 설치한 기계실에서 배관을 통해 온수를 공급하는 방식이다.
- 동시사용률을 고려하므로 가열장치의 전체 용량을 줄일 수 있다.
- 일반적으로 열원장치는 공기조화설비와 겸용으로 설치된다.
- 상향 또는 하향 순환식 배관에 의해 필요개소에 온수를 공급한다.
- 기계실에 기기가 집중되어 있으므로 설비의 유지관리가 용이하다.
- 주로 호텔이나 병원 등 급탕개소가 많고 사용량이 많은 건물에 적용한다.

64 건구온도 30℃, 상대습도 60%인 공기를 냉수코일에 통과시켰을 때 공기의 상태변화로 옳은 것은?(단, 코일 입구수온 5℃, 코일 출구수온 10℃)

① 건구온도는 낮아지고 절대습도는 높아진다.
② 건구온도는 높아지고 절대습도는 낮아진다.
③ 건구온도는 높아지고 상대습도는 높아진다.
④ 건구온도는 낮아지고 상대습도는 높아진다.

해설
냉각과정에서 건구온도는 낮아지며, 포화수증기량의 감소에 따라 상대습도는 높아진다.

65 터보식 냉동기에 관한 설명으로 옳지 않은 것은?

① 임펠러의 원심력에 의해 냉매가스를 압축한다.
② 대용량에서는 압축효율이 좋고 비례제어가 가능하다.
③ 대·중형 규모의 중앙식 공조에서 냉방용으로 사용된다.
④ 기계적 에너지가 아닌 열에너지에 의해 냉동효과를 얻는다.

해설
터보식 냉동기는 기계적 에너지를 이용하여 냉동효과를 얻는 압축식 냉동기이다.
터보식 냉동기의 특징
- 임펠러의 원심력에 의한 압력으로 냉매를 압축한다.
- 흡수식에 비해 소음·진동이 심하고, 왕복동식보다는 적다.
- 대용량에서 압축효율이 좋고 비례제어가 가능하다.
- 30% 이하 출력에서는 서징현상(진동 및 소음)이 발생한다.
- 대·중형 규모의 중앙식 공조에서 냉방용으로 사용된다.

66 연결송수관설비의 방수구에 관한 설명으로 옳지 않은 것은?

① 방수구에는 방수구의 위치를 표시하는 표시등 또는 축광식 표지를 설치한다.
② 호스 접결구는 바닥으로부터 0.5m 이상 1m 이하의 위치에 설치한다.
③ 개폐기능을 가진 것으로 설치해야 하며, 평상시 닫힌 상태를 유지하도록 한다.
④ 연결송수관설비의 전용 방수구 또는 옥내소화전 방수구로서 구경 50mm의 것으로 설치한다.

해설

방수구는 연결송수관설비의 전용 방수구 또는 옥내소화전 방수구로서 구경 65mm의 것으로 설치할 것

연결송수관설비의 방수구 설치기준(NFPC 502 제6조)
- 연결송수관설비의 방수구는 그 특정소방대상물의 층마다 설치할 것
- 방수구는 계단(아파트 또는 바닥면적이 1,000m² 미만인 층에 있어서는 한 개의 계단을 말하며, 바닥면적이 1,000m² 이상인 층에 있어서는 두 개의 계단을 말한다)으로부터 5m 이내에 설치하되, 그 방수구로부터 그 층의 각 부분까지의 거리가 다음의 기준을 초과하는 경우에는 그 기준 이하가 되도록 방수구를 추가하여 설치할 것
  ㉠ 지하가(터널은 제외한다) 또는 지하층의 바닥면적의 합계가 3,000m² 이상인 것은 수평거리 25m
  ㉡ ㉠에 해당하지 않는 것은 수평거리 50m
- 11층 이상의 부분에 설치하는 방수구는 쌍구형으로 할 것
- 방수구의 호스접결구는 바닥으로부터 높이 0.5m 이상 1m 이하의 위치에 설치할 것
- 방수구는 연결송수관설비의 전용 방수구 또는 옥내소화전 방수구로서 구경 65mm의 것으로 설치할 것
- 방수구에는 방수구의 위치를 표시하는 표시등 또는 축광식 표지를 설치할 것
- 방수구는 개폐기능을 가진 것으로 설치해야 하며, 평상시 닫힌 상태를 유지할 것

※ 관련 법령 개정으로 수정된 문제이다.

67 엔탈피 변화량에 대한 현열 변화량의 비를 의미하는 것은?

① 현열비   ② 잠열비
③ 유인비   ④ 열수분비

해설

현열비(SHF)
- 현열량의 변화와 엔탈피(전열량)의 변화의 비이다.
- 현열비 = 현열량 ÷ (현열량 + 잠열량)

68 의복의 단열성을 나타내는 단위로서, 그 값이 클수록 인체에서 발생되는 열이 주위 공기로 적게 발산되는 것을 의미하는 것은?

① clo   ② dB
③ NC   ④ MRT

해설

②는 소리의 세기의 단위(decibel), ③은 소음 기준(Noise Criteria), ④는 평균복사온도를 의미한다.

69 양수펌프의 회전수를 원래보다 20% 증가시켰을 경우 양수량의 변화로 옳은 것은?

① 20% 증가   ② 44% 증가
③ 73% 증가   ④ 100% 증가

해설

펌프의 양수량은 회전수에 비례한다.

펌프의 양수량

양수량(토출량)	양정	축동력
회전수에 비례	회전수²에 비례	회전수³에 비례

70 다음과 같은 조건에서 사무실의 평균조도를 800lx로 설계하고자 할 경우, 광원의 필요수량은?

- 광원 1개의 광속 : 2,000lm
- 실의 면적 : 10m²
- 감광보상률 : 1.5
- 조명률 : 0.6%

① 3개   ② 5개
③ 8개   ④ 10개

해설

조도의 계산

평균조도	$\dfrac{\text{램프당 광속} \times \text{램프수량} \times \text{조명률} \times \text{보수율}}{\text{실의 면적}}$
램프수량	$\dfrac{\text{평균조도}(E) \times \text{실의 면적}(A)}{\text{램프당 광속}(F) \times \text{조명률}(U) \times \text{보수율}(M)}$

보수율은 감광보상률의 역수이므로, 10/15이다.

∴ 램프수량 $= \dfrac{800\text{lx} \times 10\text{m}^2}{2,000\text{lm} \times 0.6 \times 10/15} = 10$개

정답 67 ① 68 ① 69 ① 70 ④

71 공조부하 중 현열과 잠열이 동시에 발생하는 것은?

① 인체의 발생열량
② 벽체로부터의 취득열량
③ 유리로부터의 취득열량
④ 덕트로부터의 취득열량

해설
②·③·④는 현열만 고려한다.
부하와 열의 종류
현열은 공기의 온도에 영향을 주며, 잠열은 습도에 영향을 미친다.

구분	냉·온열원	냉방부하	난방부하
현열	유리면	○	○
	외기에 면한 벽체·지붕, 내벽, 바닥	○	○
	재열부하	○	○
	조명기구, 복사기, 덕트(취득열량)	○	-
현열+잠열	환기, 외기의 도입, 틈새바람(극간풍)	○	○
	인체	○	-
	순간급탕기	○	-

72 다음과 같이 정의되는 통기관의 종류는?

> 오배수 수직관 내의 압력변동을 방지하기 위하여 오배수 수직관 상향으로 통기수직관에 연결하는 통기관

① 결합통기관
② 공용통기관
③ 각개통기관
④ 반송통기관

해설
② 공용통기관 : 맞물림 또는 병렬로 설치한 위생기구의 기구배수관 교차점에 접속하여, 그 양쪽 기구의 트랩 봉수를 보호하는 1개의 통기관을 말한다.
③ 각개통기관 : 위생기구마다 각개의 통기관을 설치하여 기구 상부의 통기관에 연결하거나 대기로 인출하여 설치하는 배관을 말한다.
④ 반송통기관 : 기구의 통기관을 그 기구의 물 넘침선보다 높은 위치에 세운 후 다시 내려서, 그 기구배수관이 다른 배수관과 합류 직전의 수평부에 접속하거나, 또는 바닥 밑을 수평 연장하여 통기수직관에 접속하는 통기관을 말한다.

73 공조방식 중 팬코일유닛 방식에 관한 설명으로 옳지 않은 것은?

① 유닛의 개별제어가 용이하다.
② 수배관이 없어 누수의 우려가 없다.
③ 덕트샤프트나 스페이스가 필요 없다.
④ 덕트방식에 비해 유닛의 위치변경이 용이하다.

해설
팬코일유닛 방식은 전수방식으로, 누수의 우려가 있다.
전수방식(All water system)의 특징
- 중앙에서 만들어진 냉·온수를 각 실에 송수하여 공기조화를 한다.
- 각 실에 수배관으로 인한 누수의 우려가 있다.
- 덕트샤프트나 스페이스가 필요 없거나 작아도 된다.
- 냉·온수를 이송하므로 공기의 이송에 비해 소요동력이 적다.
- 개별제어, 개별운전이 가능하다.
- 외기량이 부족하여 실내공기가 오염되기 쉽다.

74 다음 설명에 알맞은 전기설비 관련 용어는?

> 최대수요전력을 구하기 위한 것으로 최대수요전력의 총부하설비용량에 대한 비율이다.

① 역률
② 부등률
③ 부하율
④ 수용률

해설
수전설비용량의 추정

수용률	• 최대수요전력을 구하기 위한 것이다. • 최대수요전력 ÷ 총부하설비용량 × 100(%)
부등률	• 합성최대수요전력을 구하는 계수이다. • 각 부하의 최대수요전력의 합계 ÷ 합성최대수요전력
부하율	• 전기설비가 어느 정도 유효하게 사용되는가를 나타내는 것이다. • 부하의 평균전력 ÷ 최대수요전력 × 100(%)

75. 다음 중 급수계통의 오염 원인과 가장 거리가 먼 것은?

① 급수로의 배수 역류
② 저수탱크에 유해물질 침입
③ 수격작용(Water hammering)
④ 크로스커넥션(Cross connection)

해설
수격작용(워터해머)은 배관 내 유수의 급정지로 인해 충격음과 진동이 발생하는 현상으로, 급수계통의 오염 원인은 아니다.

수격작용(워터해머, Water hammer)

개요	배관 내 물의 운동상태가 갑자기 변화하면서 압력 변화로 인해 충격음과 진동이 발생하는 현상을 말한다.
발생원인	• 관경이 작은 경우 • 관내 압력이 높고 유속이 빠른 경우 • 관의 굴곡 • 수전 또는 밸브 등의 급격한 폐쇄

76. 220V, 200W 전열기를 110V에서 사용하였을 경우 소비전력은?

① 50W
② 100W
③ 200W
④ 400W

해설
전압과 전류의 곱으로, 전력은 전압의 제곱에 비례한다. 따라서 전압이 1/2배로 감소하였으므로, 전력은 1/4배로 감소한다.
∴ 200W × 1/4 = 50W

77. 덕트의 분기부에 설치하여 풍량조절용으로 사용되는 댐퍼는?

① 스플릿댐퍼
② 평행익형 댐퍼
③ 대향익형 댐퍼
④ 버터플라이댐퍼

해설
②·③은 날개들의 회전 방향에 의한 분류이다.

풍량조절용 댐퍼

단익형	버터플라이댐퍼라고도 하며, 소형덕트에 사용한다.
다익형	2개 이상의 날개가 있으며, 대형덕트에 사용한다.
스플릿형	덕트 분기구에 설치하여 풍량조절에 사용한다.

78. 다음 중 변전실 면적에 영향을 주는 요소와 가장 거리가 먼 것은?

① 출입문의 높이
② 건축물의 구조적 여건
③ 수전전압 및 수전방식
④ 설치 기기와 큐비클의 종류 및 시방

해설
변전실 면적에 영향을 주는 요소
• 수전전압 및 수전방식
• 변전설비 변압방식, 변압기 용량, 수량 및 형식
• 설치 기기와 큐비클의 종류 및 시방
• 기기의 배치방법 및 유지보수 필요면적
• 건축물의 구조적 여건

79. 3상 동력과 단상 전등부하를 동시에 사용할 수 있는 방식으로 대형빌딩이나 공장 등에서 사용되는 것은?

① 단상 3선식 220/110V
② 3상 2선식 220V
③ 3상 3선식 220V
④ 3상 4선식 380/220V

해설
3상 4선식은 3상 동력과 단상 전등, 전열부하를 동시에 사용할 수 있는 방식으로, 대형빌딩이나 공장 등에서 많이 사용된다.

간선의 전기방식

구분		적용부하	적용장소
단상	2선식	소용량, 단경간 부하	주택, 소규모 건물
	3선식	부하 밀집지역	중·대규모 건물, 일반사무실, 학교 등
3상	3선식	동력용(전동기 등)	소규모 공장
	4선식	동력 및 전등 공용	대규모 건물, 공장

80. 개방형 헤드를 사용하는 연결살수설비에 있어서 하나의 송수구역에 설치하는 살수헤드의 수는 최대 얼마 이하가 되도록 하여야 하는가?

① 10개
② 20개
③ 30개
④ 40개

해설
송수구 등(연결살수설비의 화재안전성능기준 제1항, 제4항)
개방형 헤드를 사용하는 연결살수설비에 있어서 하나의 송수구역에 설치하는 살수헤드의 수는 10개 이하가 되도록 하여야 한다.

정답 75 ③ 76 ① 77 ① 78 ① 79 ④ 80 ①

제5과목 건축관계법규

81 건축법령에 따른 리모델링이 쉬운 구조에 속하지 않는 것은?

① 구조체가 철골구조로 구성되어 있을 것
② 구조체에서 건축설비, 내부 마감재료 및 외부 마감재료를 분리할 수 있을 것
③ 개별 세대 안에서 구획된 실의 크기, 개수 또는 위치 등을 변경할 수 있을 것
④ 각 세대는 인접한 세대와 수직 또는 수평 방향으로 통합하거나 분할할 수 있을 것

[해설]
철골구조는 리모델링이 쉬운 구조에 해당하지 않는다.
리모델링이 쉬운 구조(건축법 시행령 제6조의5)
- 각 세대는 인접한 세대와 수직 또는 수평 방향으로 통합하거나 분할할 수 있을 것
- 구조체에서 건축설비, 내부 마감재료 및 외부 마감재료를 분리할 수 있을 것
- 개별 세대 안에서 구획된 실의 크기, 개수 또는 위치 등을 변경할 수 있을 것

82 국토교통부장관이 정한 범죄예방 기준에 따라 건축하여야 하는 대상 건축물에 속하지 않는 것은?

① 수련시설
② 교육연구시설 중 도서관
③ 업무시설 중 오피스텔
④ 숙박시설 중 다중생활시설

[해설]
연구소 및 도서관을 제외한 교육연구시설이 적용 대상이다.
건축물의 범죄예방(건축법 시행령 제63조의7)
- 다가구주택, 아파트, 연립주택 및 다세대주택
- 제1종 근린생활시설 중 일용품을 판매하는 소매점
- 제2종 근린생활시설 중 다중생활시설
- 문화 및 집회시설(동·식물원 제외)
- 교육연구시설(연구소 및 도서관 제외)
- 노유자시설, 수련시설
- 업무시설 중 오피스텔, 숙박시설 중 다중생활시설

83 지하식 또는 건축물식 노외주차장의 차로에 관한 기준 내용으로 옳지 않은 것은?(단, 이륜자동차전용 노외주차장이 아닌 경우)

① 높이는 주차 바닥면으로부터 2.3m 이상으로 하여야 한다.
② 경사로의 종단경사도는 직선 부분에서는 17%를 초과하여서는 아니 된다.
③ 곡선 부분은 자동차가 4m 이상의 내변반경으로 회전할 수 있도록 하여야 한다.
④ 주차대수 규모가 50대 이상인 경우의 경사로는 너비 6m 이상인 2차로를 확보하거나 진입차로와 진출차로를 분리하여야 한다.

[해설]
경사로의 곡선 부분은 자동차가 6m(같은 경사로를 이용하는 주차장의 총주차대수가 50대 이하인 경우에는 5m, 이륜자동차전용 노외주차장의 경우에는 3m) 이상의 내변반경으로 회전할 수 있도록 하여야 한다(주차장법 시행규칙 제6조 제1항 제5호).

84 피난용승강기의 설치에 관한 기준 내용으로 옳지 않은 것은?

① 예비전원으로 작동하는 조명설비를 설치할 것
② 승강장의 바닥면적은 승강기 1대당 5m² 이상으로 할 것
③ 각 층으로부터 피난층까지 이르는 승강로를 단일구조로 연결하여 설치할 것
④ 승강장의 출입구 부근의 잘 보이는 곳에 해당 승강기가 피난용승강기임을 알리는 표지를 설치할 것

[해설]
승강장의 바닥면적은 승강기 1대당 6m² 이상으로 할 것(건축법 시행령 제91조)

85 대지의 조경에 있어 조경 등의 조치를 하지 아니할 수 있는 건축물 기준으로 옳지 않은 것은?

① 면적 5,000m² 미만인 대지에 건축하는 공장
② 연면적의 합계가 1,500m² 미만인 공장
③ 연면적의 합계가 2,000m² 미만인 물류시설
④ 녹지지역에 건축하는 건축물

해설
조경 제외대상 건축물(주요사항)(건축법 시행령 제27조 제1항)
- 녹지지역에 건축하는 건축물
- 면적 5,000m² 미만인 대지에 건축하는 공장
- 연면적의 합계가 1,500m² 미만인 공장
- 연면적의 합계가 1,500m² 미만인 물류시설(주거지역 또는 상업지역에 건축하는 것은 제외한다)로서 국토교통부령으로 정하는 것
- 축사, 가설건축물, 산업단지의 공장

86 건축허가신청에 필요한 설계도서 중 건축계획서에 표시하여야 할 사항으로 옳지 않은 것은?

① 주차장 규모
② 토지형질변경계획
③ 건축물의 용도별 면적
④ 지역·지구 및 도시계획사항

해설
건축계획서의 표시사항(건축법 시행규칙 별표 2)
- 개요(위치·대지면적 등)
- 지역·지구 및 도시계획사항
- 건축물의 규모(건축면적·연면적·높이·층수 등)
- 건축물의 용도별 면적
- 주차장 규모
- 에너지절약계획서(해당 건축물에 한한다)
- 노인 및 장애인 등을 위한 편의시설 설치계획서(관계 법령에 의하여 설치의무가 있는 경우에 한한다)

87 국토의 계획 및 이용에 관한 법률상 용도지역에서의 용적률 최대 한도 기준이 옳지 않은 것은?(단, 도시지역의 경우)

① 주거지역 : 500% 이하
② 녹지지역 : 100% 이하
③ 공업지역 : 400% 이하
④ 상업지역 : 1,000% 이하

해설
도시지역의 용적률(국토계획법 제78조)

주거지역	상업지역	공업지역	녹지지역
500% 이하	1,500% 이하	400% 이하	100% 이하

88 건축물이 있는 대지의 분할 제한 최소 기준이 옳은 것은?(단, 상업지역의 경우)

① 100m²
② 150m²
③ 200m²
④ 250m²

해설
대지의 분할 제한 최소 면적(건축법 시행령 제80조)

주거지역·기타 지역	상업지역·공업지역	녹지지역
60m²	150m²	200m²

89 허가권자가 가로구역별로 건축물의 높이를 지정·공고할 때 고려하지 않아도 되는 사항은?

① 도시·군관리계획의 토지이용계획
② 해당 가로구역에 접하는 대지의 너비
③ 도시미관 및 경관계획
④ 해당 가로구역의 상수도 수용능력

해설
해당 가로구역이 접하는 도로의 너비를 고려하여야 한다.
가로구역별 건축물의 최고 높이 지정 시 고려사항(건축법 시행령 제82조)
- 도시·군관리계획 등의 토지이용계획
- 해당 가로구역이 접하는 도로의 너비
- 해당 가로구역의 상·하수도 등 간선시설의 수용능력
- 도시미관 및 경관계획
- 해당 도시의 장래 발전계획

정답 85 ③ 86 ② 87 ④ 88 ② 89 ②

90 다음 중 거실의 용도에 따른 조도기준이 가장 낮은 것은?(단, 바닥에서 85cm의 높이에 있는 수평면의 조도기준)

① 독서
② 회의
③ 판매
④ 일반사무

해설

조도기준은 ① < ②·③·④ 순이다.
거실의 용도에 따른 조도의 기준(건축물방화구조규칙 별표 1의3)
바닥에서 85cm 높이(평균적인 작업면의 높이)에 있는 수평면의 조도이다.

거실의 용도구분	조도구분	바닥에서 85cm 높이에 있는 수평면의 조도(lx)
1. 거주	독서·식사·조리	150
	기타	70
2. 집무	설계·제도·계산	700
	일반사무	300
	기타	150
3. 작업	검사·시험·정밀검사·수술	700
	일반작업·제조·판매	300
	포장·세척	150
	기타	70
4. 집회	회의	300
	집회	150
	공연·관람	70
5. 오락	오락일반	150
	기타	30
6. 기타		1.~5. 중 가장 유사한 용도에 관한 기준을 적용한다.

91 다음의 옥상광장 등의 설치에 관한 기준 내용 중 ( ) 안에 알맞은 것은?

> 옥상광장 또는 2층 이상인 층에 있는 노대나 그 밖에 이와 비슷한 것의 주위에는 높이 ( ) 이상의 난간을 설치하여야 한다. 다만, 그 노대 등에 출입할 수 없는 구조인 경우에는 그러하지 아니하다.

① 1.0m
② 1.2m
③ 1.5m
④ 1.8m

해설

옥상광장 등의 설치(건축법 시행령 제40조 제1항)
옥상광장 또는 2층 이상인 층에 있는 노대나 그 밖에 이와 비슷한 것의 주위에는 높이 1.2m 이상의 난간을 설치하여야 한다. 다만, 그 노대 등에 출입할 수 없는 구조인 경우에는 그러하지 아니하다.

92 국토의 계획 및 이용에 관한 법령상 제1종 일반주거지역 안에서 건축할 수 있는 건축물에 속하지 않는 것은?

① 아파트
② 단독주택
③ 노유자시설
④ 교육연구시설 중 고등학교

해설

아파트는 제2종·제3종 일반주거지역 및 제2종 전용주거지역에 건축할 수 있는 건축물이다.
일반주거지역 안에서 건축할 수 있는 건축물(1·2·3종 공통사항)(국토계획법 시행령 별표 4~6)
- 단독주택 중 단독주택, 다중주택, 다가구주택, 공관
- 제1종 근린생활시설, 제2종 근린생활시설(단란주점 및 안마시술소 제외)
- 교육연구시설, 노유자시설, 종교시설, 수련시설, 창고시설, 의료시설(격리병원 제외)
- 판매시설(바닥면적 합계 2,000m² 미만) 중 소매시장, 상점
- 위험물 저장 및 처리시설 중 주유소, 석유판매소 등
- 교정시설, 국방·군사시설, 방송통신시설, 발전시설, 야영장 시설

전용·일반주거지역 안에서 건축할 수 있는 공동주택

구분	전용주거지역		일반주거지역		
	제1종	제2종	제1종	제2종	제3종
아파트	×	○	×	○	○
연립주택	○	○	○	○	○
다세대주택	○	○	○	○	○
기숙사	×	○	○	○	○

93 노외주차장의 설치에 관한 계획기준 내용 중 ( ) 안에 알맞은 것은?

> 주차대수 400대를 초과하는 규모의 노외주차장의 경우에는 노외주차장의 출구와 입구를 각각 따로 설치하여야 한다. 다만, 출입구의 너비의 합이 ( )m 이상으로서 출구와 입구가 차선 등으로 분리되는 경우에는 함께 설치할 수 있다.

① 4.5
② 5.0
③ 5.5
④ 6.0

해설

노외주차장의 출구·입구를 따로 설치해야 하는 경우(주차장법 시행규칙 제5조)
주차대수 400대를 초과하는 규모의 노외주차장의 경우에는 노외주차장의 출구와 입구를 각각 따로 설치하여야 한다. 다만, 출입구의 너비의 합이 5.5m 이상으로서 출구와 입구가 차선 등으로 분리되는 경우에는 함께 설치할 수 있다.

94 건축법령상 공동주택에 해당하지 않는 것은?

① 기숙사 ② 연립주택
③ 다가구주택 ④ 다세대주택

해설
다가구주택은 단독주택에 속한다.
단독주택과 공동주택(건축법 시행령 별표 1)

단독주택	단독주택, 다중주택, 다가구주택, 공관
공동주택	아파트, 연립주택, 다세대주택, 기숙사

95 다음은 건축선에 따른 건축 제한에 관한 기준 내용이다. ( ) 안에 알맞은 것은?

> 도로면으로부터 높이 ( ) 이하에 있는 출입구, 창문, 그 밖에 이와 유사한 구조물은 열고 닫을 때 건축선의 수직면을 넘지 아니하는 구조로 하여야 한다.

① 1.5m ② 2.5m
③ 3.5m ④ 4.5m

해설
건축선의 제한사항(건축법 제47조)
- 건축물과 담장은 건축선의 수직면을 넘어서는 아니 된다. 다만, 지표 아래 부분은 그러하지 아니하다.
- 도로면으로부터 높이 4.5m 이하에 있는 출입구, 창문, 그 밖에 이와 유사한 구조물은 열고 닫을 때 건축선의 수직면을 넘지 아니하는 구조로 하여야 한다.

96 다음 중 옥내계단의 너비의 최소 설치기준으로 적합하지 않은 것은?

① 관람장의 용도에 쓰이는 건축물의 계단의 너비 120cm 이상
② 중학교 용도에 쓰이는 건축물의 계단의 너비 150cm 이상
③ 거실의 바닥면적의 합계가 100m² 이상인 지하층의 계단의 너비 120cm 이상
④ 바로 위층의 거실의 바닥면적의 합계가 200m² 이상인 층의 계단의 너비 150cm 이상

해설
계단 및 계단참의 규격과 적용 시설(건축물방화구조규칙 제15조)

유효너비	적용 시설
150cm 이상	• 초등학교(단높이 16cm 이하, 단너비 26cm 이상) • 중·고등학교(단높이 18cm 이하, 단너비 26cm 이상)
120cm 이상	• 문화 및 집회시설(공연장·집회장·관람장)·판매시설 기타 이와 유사한 용도에 쓰이는 건축물 • 지상층인 경우 : 해당 층의 바로 위층부터 최상층까지의 거실 바닥면적의 합계가 200m² 이상인 경우 • 지하층인 경우 : 지하층 거실 바닥면적의 합계가 100m² 이상인 경우
60cm 이상	기타의 계단

※ 돌음계단의 단너비는 그 좁은 너비의 끝부분으로부터 30cm 위치에서 측정한다.

97 국토의 계획 및 이용에 관한 법률상 주거지역의 세분에서 단독주택 중심의 양호한 주거환경을 보호하기 위하여 필요한 지역에 대해 지정하는 용도지역은?

① 제1종 전용주거지역 ② 제1종 특별주거지역
③ 제1종 일반주거지역 ④ 제3종 일반주거지역

해설
주거지역의 세분(국토계획법 시행령 제30조)

전용주거지역	제1종	단독주택 중심의 양호한 주거환경
	제2종	공동주택 중심의 양호한 주거환경
일반주거지역	제1종	저층주택 중심의 편리한 주거환경
	제2종	중층주택 중심의 편리한 주거환경
	제3종	중고층주택 중심의 편리한 주거환경
준주거지역		주거기능 위주로 일부 상업 및 업무기능 보완

정답 94 ③ 95 ④ 96 ④ 97 ①

98 건축물의 출입구에 설치하는 회전문의 구조에 대한 설명으로 옳지 않은 것은?

① 계단이나 에스컬레이터로부터 2m 이상의 거리를 둘 것
② 틈 사이를 고무와 고무펠트의 조합체 등을 사용하여 신체나 물건 등에 손상이 없도록 할 것
③ 출입에 지장이 없도록 일정한 방향으로 회전하는 구조로 할 것
④ 회전문의 회전속도는 분당회전수가 10회를 넘지 아니하도록 할 것

해설
회전문의 회전속도는 분당회전수가 8회를 넘지 않도록 해야 한다.
회전문의 설치기준(건축물방화구조규칙 제12조)
- 계단, 에스컬레이터로부터 2m 이상의 거리를 둘 것
- 회전문과 문틀사이 및 바닥 사이는 다음 간격을 확보하고 틈 사이를 고무와 고무펠트의 조합체 등을 사용하여 신체나 물건 등에 손상이 없도록 할 것
  - 회전문과 문틀 사이는 5cm 이상
  - 회전문과 바닥 사이는 3cm 이하
- 출입에 지장이 없도록 일정한 방향으로 회전하는 구조로 할 것
- 회전문의 중심축에서 회전문과 문틀 사이의 간격을 포함한 회전문날개 끝부분까지의 길이는 140cm 이상이 되도록 할 것
- 회전문의 회전속도는 분당회전수가 8회를 넘지 아니하도록 할 것
- 자동회전문은 충격이 가하여지거나 사용자가 위험한 위치에 있는 경우에는 전자감지장치 등을 사용하여 정지하는 구조로 할 것

99 높이 31m를 넘는 각 층의 바닥면적 중 최대 바닥면적이 5,000m²인 건축물에 원칙적으로 설치하여야 하는 비상용승강기의 최소 대수는?

① 1대 ② 2대
③ 3대 ④ 4대

해설
비상용승강기 설치기준(건축법 시행령 제90조)
높이 31m를 넘는 건축물에는 다음의 기준에 따른 대수 이상의 비상용승강기를 설치하여야 한다.
- 각 층의 바닥면적 중 최대 바닥면적이 1,500m² 이하인 건축물 : 1대 이상
- 각 층의 바닥면적 중 최대 바닥면적이 1,500m²를 넘는 건축물 : 1대에 1,500m²를 넘는 3,000m² 이내마다 1대씩 더한 대수 이상

∴ 1대 + (5,000m² − 1,500m²) ÷ 3,000m² = 2.17대 ≒ 3대

100 국토의 계획 및 이용에 관한 법률상 용도지역의 구분이 모두 옳은 것은?

① 도시지역, 관리지역, 농림지역, 자연환경보전지역
② 도시지역, 개발관리지역, 농림지역, 보전지역
③ 도시지역, 관리지역, 생산지역, 녹지지역
④ 도시지역, 개발제한지역, 생산지역, 보전지역

해설
용도지역(국토계획법 제2조, 제36조)
- 토지의 이용 및 건축물의 용도, 건폐율, 용적률, 높이 등을 제한함으로써 토지를 경제적·효율적으로 이용하고 공공복리의 증진을 도모하기 위하여 서로 중복되지 아니하게 도시·군관리계획으로 결정하는 지역을 말한다.
- 도시지역, 관리지역, 농림지역, 자연환경보전지역이 있다.

PART 02
2022년 제1회 과년도 기출문제

제1과목 건축계획

01 특수전시기법에 관한 설명으로 옳지 않은 것은?

① 하모니카 전시는 동일 종류의 전시물을 반복 전시하는 경우에 사용된다.
② 파노라마 전시는 연속적인 주제를 연관성 있게 표현하기 위해 선형의 파노라마로 연출하는 기법이다.
③ 디오라마 전시는 하나의 사실 또는 주제의 시간 상황을 고정시켜 연출하는 것으로 현장에 임한 느낌을 준다.
④ 아일랜드 전시는 실물을 직접 전시할 수 없거나 오브제 전시만의 한계를 극복하기 위해 영상매체를 사용하여 전시하는 기법이다.

해설
④는 영상 전시에 대한 설명이다.
아일랜드 전시

개요	벽면이나 천장을 이용하지 않고 독립된 전시 케이스 등을 활용하여 전시물을 배치하는 기법이다.
특징	• 관람자의 시거리를 짧게 할 수 있다. • 관람자의 동선이 자유롭다.

02 병원 건축의 병동배치방법 중 분관식(Pavilion type)에 관한 설명으로 옳은 것은?

① 각종 설비 시설의 배관길이가 짧아진다.
② 대지의 크기와 관계없이 적용이 용이하다.
③ 각 병실을 남향으로 할 수 있어 일조와 통풍조건이 좋다.
④ 병동부는 5층 이상의 고층으로 하며 환자는 엘리베이터로 운송된다.

해설
병원의 분관식(파빌리온식) 배치의 특징
• 저층 분산형이므로 관리가 어렵고 동선과 배관이 길어진다.
• 보통 3층 이하의 저층 건물로 구성되며 넓은 대지가 필요하다.
• 각 병실의 일조, 통풍을 균일하게 할 수 있다.
• 병원의 확장 등 성장변화에 대한 대응이 용이하다.
• 환자는 주로 경사로를 이용한 보행 또는 들것으로 운반된다.

03 전시실의 순회형식에 관한 설명으로 옳지 않은 것은?

① 중앙홀 형식은 각 실에 직접 들어갈 수 없다는 단점이 있다.
② 연속순회 형식은 많은 실을 순서별로 통하여야 하는 불편이 있다.
③ 갤러리 및 코리도 형식에서는 복도 자체도 전시공간으로 이용할 수 있다.
④ 갤러리 및 코리도 형식은 각 실에 직접 들어갈 수 있으며, 필요시 독립적으로 폐쇄할 수 있다.

해설
중앙홀 형식은 중심부의 홀에서 각 실에 직접 들어갈 수 있으며, 선택적 사용이 가능하다.

정답 01 ④ 02 ③ 03 ①

04 공동주택의 단지계획에서 보차분리를 위한 방식 중 평면분리에 해당하는 방식은?

① 시간제 차량통행
② 쿨데삭(Cul-de-sac)
③ 오버브리지(Overbridge)
④ 보행자 안전참(Pedestrian safecross)

해설
보차분리의 방식

평면적 분리	쿨데삭, 루프형, T자형 도로 등
입체적 분리	육교(오버브리지), 지하도(언더패스) 등
면적 분리	보행자 안전참, 보행자 공간, 몰 플라자 등
시간 분리	시간제 차량통행, 차 없는 날 등

05 다음 중 터미널 호텔의 종류에 속하지 않는 것은?

① 해변 호텔
② 부두 호텔
③ 공항 호텔
④ 철도역 호텔

해설
비치 호텔(해변 호텔)은 리조트 호텔에 속한다.
터미널 호텔 : 교통기관의 발착지점에 위치한 호텔로서 공항 호텔, 부두 호텔, 철도역 호텔 등이 있다.

06 레이트모던(Late modern) 건축양식에 관한 설명으로 옳지 않은 것은?

① 기호학적 분절을 추구하였다.
② 퐁피두 센터는 이 양식에 부합되는 건축물이다.
③ 공업기술을 바탕으로 기술적 이미지를 강조하였다.
④ 대표적 건축가로는 시저 펠리, 노만 포스터 등이 있다.

해설
①은 포스트모던과 관계가 깊다.
레이트모던(Late modern)
• 공업기술을 바탕으로 기술적 이미지를 과장한 현대 건축사조이다.
• 공업기술・기계의 미학과 유리・금속 등의 표피를 강조하였다.
• 대표적인 건축가로 시저 펠리, 노먼 포스터, 리처드 로저스, 아이 엠 페이 등이 있다.
• 대표적인 건축물로 로이즈 빌딩, 루브르 피라미드, 상하이 뱅크, 퐁피두 센터 등이 있다.

07 다음 중 백화점 건물의 기둥간격 결정요소와 가장 거리가 먼 것은?

① 진열장의 치수
② 고객동선의 길이
③ 에스컬레이터의 배치
④ 지하주차장의 주차방식

해설
백화점 스팬・모듈의 결정요인
• 매장 진열장의 배치방식과 치수
• 통로의 크기
• 지하주차장의 주차방식과 주차 폭
• 엘리베이터와 에스컬레이터의 유무 및 배치 등

08 주택의 부엌에서 작업 순서에 따른 작업대 배열로 가장 알맞은 것은?

① 냉장고 – 싱크대 – 조리대 – 가열대 – 배선대
② 싱크대 – 조리대 – 가열대 – 냉장고 – 배선대
③ 냉장고 – 조리대 – 가열대 – 배선대 – 싱크대
④ 싱크대 – 냉장고 – 조리대 – 배선대 – 가열대

해설
부엌(주방)의 작업순서
냉장고 → 준비대 → 개수대(싱크대) → 작업대(조리대) → 가열대(레인지) → 배선대

09 도서관 출납 시스템에 관한 설명으로 옳지 않은 것은?

① 자유개가식은 책 내용의 파악 및 선택이 자유롭다.
② 자유개가식은 서가의 정리가 잘 안 되면 혼란스럽게 된다.
③ 안전개가식은 서가열람이 가능하여 책을 직접 뽑을 수 있다.
④ 폐가식은 서가와 열람실에서 감시가 필요하나 대출 절차가 간단하여 관원의 작업량이 적다.

해설
폐가식은 감시가 불필요하지만 도서의 대출 절차가 복잡하고 관원의 작업량이 많다.

10 르 코르뷔지에가 주장한 근대 건축 5원칙에 속하지 않는 것은?

① 필로티
② 옥상정원
③ 유기적 공간
④ 자유로운 평면

해설
③은 프랭크 로이드 라이트의 건축사조이다.
르 코르뷔지에 - 근대 건축의 5원칙
• 필로티
• 자유로운 평면(골조와 벽의 기능적 독립)
• 자유로운 파사드(입면)
• 수평으로 긴 창
• 옥상정원

11 다음 중 사무소 건축에서 기준층 평면형태의 결정요소와 가장 거리가 먼 것은?

① 동선상의 거리
② 구조상 스팬의 한도
③ 사무실 내의 책상 배치방법
④ 덕트, 배선, 배관 등 설비 시스템상의 한계

해설
③은 기둥간격(Span)을 결정하는 요소로서, 평면형태의 결정과는 거리가 멀다.

사무소 기준층 평면의 결정요소

구조	구조상 스팬의 한도
동선	동선상의 거리
설비	공기조화, 덕트, 배관, 배선 등 설비 시스템상의 한계
피난	방화구획상 면적, 대피상 최대 피난거리
채광	자연광에 의한 조명한계

12 다음 설명에 알맞은 학교운영방식은?

> 각 학급을 2분단으로 나누어 한쪽이 일반교실을 사용할 때, 다른 한쪽은 특별교실을 사용한다.

① 달톤형
② 플래툰형
③ 개방 학교
④ 교과교실형

해설
② 플래툰형은 미국의 초등학교에서 과밀을 해소하기 위해 실시한 것으로, 각 학급을 2분단으로 나누어 운영하는 방식이다.
① 달톤형(D형) : 학년과 학급의 구분을 없애고 학생들이 능력에 맞게 교과를 선택하며, 교과가 끝나면 졸업하는 형식이다.
④ 교과교실형(V형) : 일반교실이 없으며, 모든 교실이 특별교실로 구성되는 형식이다. 동선계획과 시간표 작성이 어려우며, 학생의 물품보관 장소가 별도로 요구된다.

정답 09 ④ 10 ③ 11 ③ 12 ②

13 주택 부엌의 가구배치 유형 중 병렬형에 관한 설명으로 옳은 것은?

① 연속된 두 벽면을 이용하여 작업대를 배치한 형식이다.
② 폭이 길이에 비해 넓은 부엌의 형태에 적당한 유형이다.
③ 작업면이 가장 넓은 배치 유형으로 작업효율이 좋다.
④ 좁은 면적 이용에 효과적이므로 소규모 부엌에 주로 이용된다.

해설
①은 ㄱ자형(ㄴ자형), ③은 ㄷ자형(U자형), ④는 일렬형에 대한 설명이다.
병렬형 부엌
- 양쪽 벽면에 작업대가 마주 보도록 배치한 형식이다.
- 일렬형에 비해 작업동선이 단축된다.
- 외부로 통하는 출입구의 설치가 가능하다.
- 작업 시 몸을 앞뒤로 바꾸어야 한다.
- 부엌의 폭이 길이에 비해 넓은 부엌에 적합하다.

14 극장 무대 주위의 벽에 6~9m 높이로 설치되는 좁은 통로로, 그리드아이언에 올라가는 계단과 연결되는 것은?

① 록 레일
② 사이클로라마
③ 플라이갤러리
④ 슬라이딩 스테이지

해설
①은 와이어로프의 조정장소, ②는 무대의 배경용 벽, ④는 이동식 무대 장치를 말한다.

15 다음 중 다포식(多包式) 건물에 속하지 않는 것은?

① 서울 동대문
② 창덕궁 돈화문
③ 전등사 대웅전
④ 봉정사 극락전

해설
봉정사 극락전은 창건 당시 형태로 현존하는 가장 오래된 목조 건축물로서, 공포를 주상에만 짜놓은 주심포 양식의 건축물이다.
건축물과 공포의 형식

주심포식	봉정사(극락전), 관음사(원통전), 부석사(무량수전, 조사당), 수덕사(대웅전), 무위사(극락전), 강릉 객사문 등
다포식	경복궁(근정전), 창경궁(명정전), 창덕궁(돈화문), 남대문, 동대문, 심원사(보광전), 불국사(극락전), 전등사(대웅전), 화암사(극락전), 위봉사(보광명전), 석왕사(응진전), 봉정사(대웅전), 내소사(대웅전) 등 ※ 가장 오래된 건축물은 심원사(보광전)이다.
익공식	강릉 오죽헌 등
절충식	경복궁(향원정) 등

16 이슬람(사라센) 건축양식에서 미나렛(Minaret)이 의미하는 것은?

① 이슬람교의 신학원 시설
② 모스크의 상징인 높은 탑
③ 메카 방향으로 설치된 실내 제단
④ 열주나 아케이드로 둘러싸인 중정

해설
이슬람(사라센) 건축의 구성요소

미나렛	모스크의 상징인 높은 탑(첨탑)
미하랍	메카 방향으로 설치된 실내 제단
민바르	모스크 예배당 내부의 설교단
안뜰	열주나 아케이드로 둘러싸인 중정
스퀸치	사각형 평면 상부에 원형의 돔을 설치하기 위한 부재

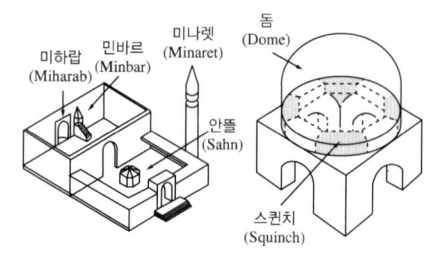

17 아파트의 단면형식 중 메조넷 형식(Maisonnette type)에 관한 설명으로 옳지 않은 것은?

① 하나의 주거단위가 복층 형식을 취한다.
② 양면 개구부에 의한 통풍 및 채광이 좋다.
③ 주택 내의 공간의 변화가 없으며 통로에 의해 유효면적이 감소한다.
④ 거주성, 특히 프라이버시는 높으나 소규모 주택에는 비경제적이다.

해설
복층(메조넷)형을 채택할 경우, 유효면적, 전용면적, 임대면적이 증가하고 복도면적, 공용면적이 감소한다.

18 기계공장에서 지붕의 형식을 톱날지붕으로 하는 가장 주된 이유는?

① 소음을 작게 하기 위하여
② 빗물의 배수를 충분히 하기 위하여
③ 실내 온도를 일정하게 유지하기 위하여
④ 실내의 주광조도를 일정하게 하기 위하여

해설
톱날지붕의 특징
- 공장 특유의 지붕형태이다.
- 채광창을 북향으로 하면 하루 종일 균일한 조도가 제공된다.
- 약한 광선의 유입으로 작업능률에 지장이 없다.
- 기둥이 많아 바닥면적 및 기계배치의 융통성이 감소한다.

19 상점 정면(Facade) 구성에 요구되는 5가지 광고요소(AIDMA 법칙)에 속하지 않는 것은?

① Attention(주의)
② Identity(개성)
③ Desire(욕구)
④ Memory(기억)

해설
5가지 광고요소(AIDMA 법칙)

Attention	Interest	Desire	Memory	Action
주의	흥미	욕망	기억	행동

20 사무소 건축의 오피스 랜드스케이핑(Office landscaping)에 관한 설명으로 옳지 않은 것은?

① 의사전달, 작업흐름의 연결이 용이하다.
② 일정한 기하학적 패턴에서 탈피한 형식이다.
③ 작업단위에 의한 그룹(Group)배치가 가능하다.
④ 개인적 공간으로의 분할로 독립성 확보가 용이하다.

해설
④는 개실 시스템에 대한 설명이다.
오피스 랜드스케이핑(Office landscaping)

개요	• 직위서열보다 의사전달과 작업의 흐름에 따라 배치하는 형식이다. • 작업장의 집단을 자유롭게 그룹핑하여 불규칙한 평면을 유도한다. • 개방식 배치에 속하며, 실내에 고정된 칸막이가 없다.
장점	• 변화하는 작업의 패턴에 신속하고 경제적으로 대처할 수 있다. • 작업단위에 의한 그룹(Group) 배치가 가능하다. • 커뮤니케이션의 융통성이 있고 사무능률이 향상된다. • 공간이 절약되며, 시설비와 유지관리비가 절감된다.
단점	• 독립성이 떨어지며, 소음에 대한 대책이 필요하다. • 대형가구 등 소리를 반향시키는 기재의 사용이 어렵다.

정답 17 ③ 18 ④ 19 ② 20 ④

제2과목 건축시공

21 건축물에 사용되는 금속자재와 그 용도가 바르게 연결되지 않은 것은?

① 경량철골 M-Bar : 경량벽체 시공을 위한 구조용 지지틀
② 코너비드 : 벽, 기둥 등의 모서리에 대는 보호용 철물
③ 논슬립 : 계단에 사용하는 미끄럼 방지 철물
④ 조이너 : 천장, 벽 등의 이음새 감추기용 철물

해설
경량철골 M-Bar는 경량천장 시공을 위한 천장용 지지틀이다.

22 네트워크 공정표에서 작업의 상호 관계만을 도시하기 위하여 사용하는 화살선을 무엇이라 하는가?

① Event
② Dummy
③ Activity
④ Critical path

해설
더미(Dummy)는 작업은 없으나 작업 상호 간의 관계를 표시하는 화살선을 말한다.

네트워크 공정표의 주요 용어

Activity	프로젝트를 구성하는 작업 단위이다.
Event/Node	작업을 결합하는 연결점 및 개시점, 종료점이다.
Duration	작업을 수행하는 데 필요한 시간이다.
Float	각 작업에 허용되는 시간적인 여유이다.
Critical path	공정표상 가장 긴 경로이며 여유시간이 없는 공정선이다.
Dummy	작업은 없으나 작업 간의 관계를 표시하는 화살선이다.

23 건축용 석재 사용 시 주의사항으로 옳지 않은 것은?

① 석재를 구조재로 사용 시 압축강도가 큰 것을 선택하여 사용할 것
② 석재를 다듬어 쓸 때는 석질이 균일한 것을 사용할 것
③ 동일 건축물에는 다양한 종류 및 다양한 산지의 석재를 사용할 것
④ 석재를 마감재로 사용 시 석리와 색채가 우아한 것을 선택하여 사용할 것

해설
산출량을 조사하여 동일 건축물에는 동일 석재로 시공한다.

24 린건설(Lean construction)에서의 관리방법으로 옳지 않은 것은?

① 변이관리
② 당김생산
③ 대량생산
④ 흐름생산

해설
린건설은 대량생산으로 대표되는 낭비를 최소화하고자 하는 건설생산시스템이다.
린건설(Lean construction)
• 낭비(비가치 창출작업)를 최소화하는 건설생산시스템이다.
• 최소 비용, 최소 기간, 무결점, 무재고 등을 목표로 한다.
• 대량생산으로 대표되는 기존의 밀어내기식 생산과 달리 변이관리를 통해 변이를 최소화하고 후속 공정을 고려하여 적시에 필요한 양을 생산하는 당김생산과 흐름생산을 지향한다.

25 건축공사 시 직접공사비 구성 항목으로 옳게 짝지어진 것은?

① 재료비, 노무비, 장비비, 간접공사비
② 재료비, 노무비, 외주비, 간접공사비
③ 재료비, 노무비, 일반관리비, 경비
④ 재료비, 노무비, 외주비, 경비

해설
직접공사비는 재료(자재)비, 노무비, 외주비, 경비로 구성된다.
건설원가의 구성

공사원가	직접공사비	간접공사비	–	–
총원가	공사원가		일반관리비	–
공사비	총원가			이윤

실행예산서의 비목별 구성
• 직접공사비 : 재료비, 노무비, 경비, 외주비
• 간접공사비 : 현장운영비, 안전관리비, 각종 보험료
• 일반관리비 : 본사관리비, 영업비
• 부가가치세

26 벽돌쌓기 시 벽면적 1m²당 소요되는 벽돌(190 × 90 × 57mm)의 정미량(매)과 모르타르량(m³)으로 옳은 것은? (단, 벽두께 1.0B, 모르타르의 재료량은 할증이 포함된 것이며, 배합비는 1:3이다)

① 벽돌매수 : 224매, 모르타르량 : 0.078m³
② 벽돌매수 : 224매, 모르타르량 : 0.049m³
③ 벽돌매수 : 149매, 모르타르량 : 0.078m³
④ 벽돌매수 : 149매, 모르타르량 : 0.049m³

해설
①은 1.5B 쌓기, ④는 1.0B 쌓기의 벽면적 1m²당 재료량이다.
기본벽돌쌓기
- 기본벽돌은 정미량, 모르타르는 소요량이다.
- 할증률 : 붉은벽돌 3%, 내화벽돌 3%, 시멘트벽돌 5%

구분	단위	0.5B	1.0B	1.5B
기본벽돌	m²당	75매	149매	224매
모르타르	m²당	0.019m³	0.049m³	0.078m³

27 금속커튼월의 성능시험 관련 항목과 가장 거리가 먼 것은?

① 내동해성 시험
② 구조시험
③ 기밀시험
④ 정압수밀시험

해설
커튼월의 성능시험

실물모형시험 (Mock-up test)	• 외기의 영향으로 인한 성능을 사전에 검토하기 위해 실시하는 시험이다. • 예비시험, 기밀시험, 수밀(정압, 동압)시험, 구조시험(풍압) 등으로 구성된다.
기타 시험	층간변위시험, 열순환시험, 결로시험, 열전달 및 결로저항시험 등이 있다.

28 석재 설치 공법 중 오픈조인트 공법의 특징으로 옳지 않은 것은?

① 등압이론 방식을 적용한 수밀방식이다.
② 압력차에 의해서 빗물을 차단할 수 있다.
③ 실링재가 많이 소요된다.
④ 층간변위에도 유동적으로 변위를 흡수할 수 있으므로 파손확률이 적어진다.

해설
오픈조인트 공법은 줄눈에 실링재 시공을 하지 않고 등압이론의 원리를 이용하여 외부의 침입수가 실내까지 들어오지 못하도록 차단하는 방법이다.

29 웰포인트 공법에 관한 설명으로 옳지 않은 것은?

① 중력배수가 유효하지 않은 경우에 주로 쓰인다.
② 지하수위를 저하시키는 공법이다.
③ 인접 지반과 공동매설물 침하에 주의가 필요한 공법이다.
④ 점토질의 투수성이 나쁜 지질에 적합하다.

해설
웰포인트 공법은 수분이 많은 모래지반에 적당한 공법이다.
웰포인트(Well point) 공법

개요	필터가 달린 흡수기를 설치하고 펌프로 지하수를 강제배수하는 공법이다.
적용	• 출수가 많은 깊은 터파기에 적합한 강제배수 공법이다. • 비교적 지하수위가 얕은 모래지반의 배수에 유리하다.
장점	• 지하수위를 낮추며 지내력이 증가하는 등 흙의 안전성을 대폭 향상시킨다. • 투수성이 비교적 낮은 사질실트층까지도 강제배수가 가능하다. • 흙막이의 토압이 줄어들고 흙파기 밑면의 토질 약화를 예방한다.
단점	지하수위가 저하되므로 우물 고갈 및 인접 지반·공동매설물 침하가 우려된다.

정답 26 ④ 27 ① 28 ③ 29 ④

30 타일크기가 10×10cm이고 가로세로 줄눈을 6mm로 할 때 면적 1m²에 필요한 타일의 정미수량은?

① 94매 ② 92매
③ 89매 ④ 85매

해설
타일의 정미량(m²당)
$= \dfrac{1m^2}{\text{타일 가로변}+\text{줄눈 폭}} \times \dfrac{1m^2}{\text{타일 세로변}+\text{줄눈 폭}}$
$= \dfrac{1m^2}{0.1m+0.006m} \times \dfrac{1m^2}{0.1m+0.006m}$
$\fallingdotseq 89$매

31 콘크리트의 압축강도를 시험하지 않을 경우 다음과 같은 조건에서의 거푸집널 해체시기로 옳은 것은?

- 기초, 보, 기둥 및 벽의 측면의 경우
- 평균기온 20℃ 이상
- 조강포틀랜드 시멘트 사용

① 1일 ② 2일
③ 3일 ④ 4일

해설
압축강도를 시험하지 않을 경우 거푸집널의 해체시기(KCS 14 20 12)

구분	조강포틀랜드	보통포틀랜드 고로슬래그(1종) 포틀랜드포졸란(1종) 플라이 애시(1종)	고로슬래그(2종) 포틀랜드포졸란(2종) 플라이 애시(2종)
20℃ 이상	2일	4일	5일
20℃ 미만 10℃ 이상	3일	6일	8일

32 건축공사의 도급계약서 내용에 기재하지 않아도 되는 항목은?

① 공사의 착수시기
② 재료의 시험에 관한 내용
③ 계약에 관한 분쟁 해결방법
④ 천재 및 그 외의 불가항력에 의한 손해 부담

해설
민간건설공사 표준도급계약서

도급 계약서	기재 사항	공사명, 공사장소, 착공·준공예정연월일, 계약금액, 계약보증금, 선금, 기성부분금, 지급자재의 품목 및 수량, 하자담보책임, 지체상금률, 대가지급 지연 이자율, 기타사항 등
	붙임 서류	민간건설공사 도급계약 일반조건, 공사계약특수조건, 설계서 및 산출내역서
도급계약 일반조건		계약보증금, 착공신고 및 공정보고, 공사기간, 불가항력에 의한 손해, 계약금액의 조정, 기성부분금, 손해의 부담, 손해배상책임, 분쟁의 해결 등 42개 사항

33 지질조사를 통한 주상도에서 나타나는 정보가 아닌 것은?

① N치
② 투수계수
③ 토층별 두께
④ 토층의 구성

해설
토질주상도(Soil boring log)
- 지반조사 결과를 토대로 지하의 단면 상태를 예측하여 작성하는 자료이다.
- N치, 토층의 두께·구성, 지하수위, 토질 및 색조, 보링 및 샘플링 방법 등이 표시된다.

34 레디믹스트 콘크리트 발주 시 호칭규격인 25 – 24 – 150에서 알 수 없는 것은?

① 염화물 함유량
② 슬럼프(Slump)
③ 호칭강도
④ 굵은 골재의 최대 치수

해설
레디믹스트 콘크리트의 호칭규격 표시
굵은 골재 최대 치수 – 호칭강도(콘크리트 강도) – 슬럼프값

35 Top down 공법(역타 공법)에 관한 설명으로 옳지 않은 것은?

① 지하와 지상작업을 동시에 한다.
② 주변 지반에 대한 영향이 적다.
③ 수직부재 이음부 처리에 유리한 공법이다.
④ 1층 슬래브의 형성으로 작업공간이 확보된다.

해설
역구축 공법은 이음부 등의 일체화 시공이 어렵다.

36 도장공사 시 유의사항으로 옳지 않은 것은?

① 도장마감은 도막이 너무 두껍지 않도록 얇게 몇 회로 나누어 실시한다.
② 도장을 수회 반복할 때에는 칠의 색을 동일하게 하여 혼동을 방지해야 한다.
③ 칠하는 장소에서 저온, 다습하고 환기가 충분하지 못할 때는 도장작업을 금지해야 한다.
④ 도장 후 기름, 산, 수지, 알칼리 등의 유해물이 배어 나오거나 녹아 나올 때에는 재시공한다.

해설
도장공사 시 나중에 칠할수록 색을 진하게 하여 칠 안 한 부분과 구별하도록 한다.

37 철골부재 용접 시 겹침이음, T자이음 등에 사용되는 용접으로 목두께의 방향이 모재의 면과 45° 또는 거의 45°의 각을 이루는 것은?

① 필릿용접
② 완전용입 맞댐용접
③ 부분용입 맞댐용접
④ 다층용접

해설
모살(필릿)용접
• 철판과 철판을 겹치거나 맞닿는 부분이 각을 이루도록 용접하는 방식이다.
• 목두께의 방향이 모재의 면과 45° 또는 거의 45° 각을 이룬다.
• 겹침이음, 모서리이음, T형이음, 덧판이음 등에 사용된다.

38 타일 붙임 공법에 쓰이는 용어 중 거푸집에 전용 시트를 붙이고, 콘크리트 표면에 요철을 부여하여 모르타르가 파고 들어가는 것에 의해 박리를 방지하는 공법은?

① 개량 압착붙임 공법
② MCR 공법
③ 마스크 붙임 공법
④ 밀착붙임 공법

해설
① 개량 압착붙임 공법 : 먼저 시공된 모르타르 바탕면에 붙임 모르타르를 도포하고, 모르타르가 부드러운 경우에 타일 속면에도 같은 모르타르를 도포하여 벽 또는 바닥 타일을 붙이는 공법이다.
③ 마스크 붙임 공법 : 유닛화된 50mm 각 이상의 타일 표면에 모르타르 도포용 마스크를 덧대어 붙임 모르타르를 바르고 마스크를 바깥에서부터 바탕면에 타일을 바닥면에 누름하여 붙이는 공법이다.
④ 밀착붙임 공법 : 붙임 모르타르를 바탕면에 도포하여 모르타르가 부드러운 경우에 타일 붙임용 진동공구를 이용하여 타일에 진동을 주어 매입에 의해 벽타일을 붙이는 공법이다.

정답 34 ① 35 ③ 36 ② 37 ① 38 ②

39 아래 설명은 어느 방식에 해당되는가?

도급자가 대상계획의 기업, 금융, 토지조달, 설계, 시공, 기계·기구설치, 시운전 및 조업지도까지 주문자가 필요로 하는 모든 것을 조달하여 주문자에게 인도하는 방식으로, 산업기술의 고도화, 전문화와 건축물의 고층화, 대형화에 따라 계속 증가 추세인 것

① 프로젝트관리방식(PM)
② 공사관리방식(CM)
③ 파트너링방식
④ 턴키방식

해설
① 프로젝트관리방식(PM) : 건설 프로젝트 관리자가 전체 프로젝트에 속하는 다수의 프로젝트를 관리하는 계약방식을 말한다.
② 공사관리방식(CM) : 기획, 설계, 시공까지의 전 과정에 대하여 건설산업을 보다 효율적이고 경제적으로 수행하기 위해서 각 부분의 전문가들로 구성된 집단의 통합된 관리기술을 건축주에게 서비스하는 계약방식이다.
③ 파트너링방식 : 발주자와 수급자가 상호신뢰를 바탕으로 팀을 구성하여 공동으로 공사를 수행하는 방식이다.

40 아스팔트방수 재료에 관한 설명으로 옳지 않은 것은?

① 아스팔트 콤파운드는 블론 아스팔트에 동식물성 섬유를 혼합한 것이다.
② 아스팔트 프라이머는 아스팔트 싱글을 용제로 녹인 것이다.
③ 아스팔트 펠트는 섬유원지에 스트레이트 아스팔트를 가열 용해하여 흡수시킨 것이다.
④ 아스팔트 루핑은 원지에 스트레이트 아스팔트를 침투시키고 양면에 콤파운드를 피복한 후 광물질 분말을 살포시킨 것이다.

해설
아스팔트 프라이머는 블론 아스팔트를 휘발성 용제로 희석한 흑갈색의 액체이다.

제3과목 건축구조

41 그림과 같은 단순보의 양단 수직반력을 구하면?

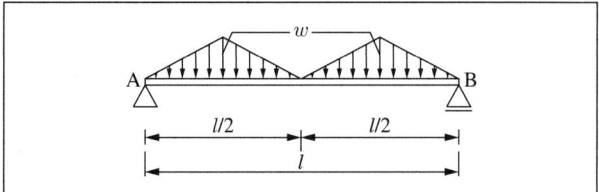

① $R_A = R_B = \dfrac{wl}{2}$
② $R_A = R_B = \dfrac{wl}{4}$
③ $R_A = R_B = \dfrac{wl}{6}$
④ $R_A = R_B = \dfrac{wl}{8}$

해설
- 삼각형의 면적이 하중의 크기이므로, $P = \dfrac{w \times \dfrac{l}{2}}{2} \times 2 = \dfrac{wl}{2}$
- $\dfrac{wl}{2}$ 의 하중을 양단이 분담하므로, $V_A = V_B = \dfrac{wl}{2} \times \dfrac{1}{2} = \dfrac{wl}{4}$

42 강도설계법으로 설계된 보에서 스터럽이 부담하는 전단력이 V_s = 265kN일 경우 수직 스터럽의 적절한 간격은? (단, A_v = 2 × 127mm²(U형 2-D13), f_{yt} = 350MPa, $b_w \times d$ = 300 × 450mm)

① 120mm
② 150mm
③ 180mm
④ 210mm

해설
$$S = \dfrac{A_v \times f_{yt} \times d}{V_s}$$
$$= \dfrac{2 \times 127\text{mm}^2 \times 350\text{N/mm}^2 \times 450\text{mm}}{265{,}000\text{N}} ≒ 150.96\text{mm}$$

여기서, A_v : 전단철근량(단면적)
f_{yt} : 전단철근의 항복강도
S : 전단철근의 간격

43 부동침하의 원인과 가장 거리가 먼 것은?

① 건물이 경사지반에 근접되어 있을 경우
② 건물이 이질 지반에 걸쳐 있을 경우
③ 이질의 기초구조를 적용했을 경우
④ 건물의 강도가 불균등할 경우

해설
④는 부동침하의 직접적인 원인으로 볼 수 없다.
부동침하의 원인
• 연약층, 이질 지층, 경사지반
• 지하수위의 변경, 지반의 동결작용
• 일부 지정, 이질 지정, 이질 기초
• 부주의한 일부 증축, 복잡한 평면 구성
• 인접 건물의 깊은 굴착

44 바람의 난류로 인해서 발생되는 구조물의 동적 거동성분을 나타내는 것으로 평균변위에 대한 최대 변위의 비를 통계적인 값으로 나타낸 계수는?

① 지형계수
② 가스트영향계수
③ 풍속고도분포계수
④ 풍력계수

해설
① 지형계수 : 언덕 및 산 경사지의 정점 부근에서 풍속이 증가하므로 이에 따른 정점 부근의 풍속을 증가시키는 계수
③ 풍속고도분포계수 : 지표면의 고도에 따라 기준경도풍 높이까지의 풍속의 증가분포를 지수법칙에 의해 표현했을 때의 수직 방향 분포계수
④ 풍력계수 : 구조체와 지붕골조 또는 기타 구조물 등의 설계풍압을 산정하기 위한 계수

45 다음 용접기호에 대한 옳은 설명은?

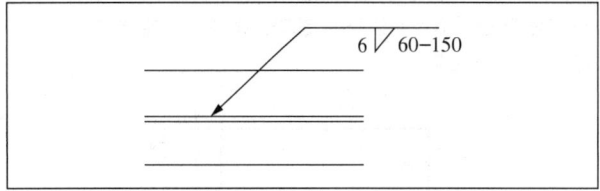

① 맞댐용접이다.
② 용접되는 부위는 화살의 반대쪽이다.
③ 유효목두께는 6mm이다.
④ 용접길이는 60mm이다.

해설
제시된 용접기호가 나타내는 것은 필릿용접·단속용접·화살쪽 용접, 용접치수 6mm, 용접길이 60mm, 용접간격 150mm이다.
필릿용접(모살용접)의 용접기호

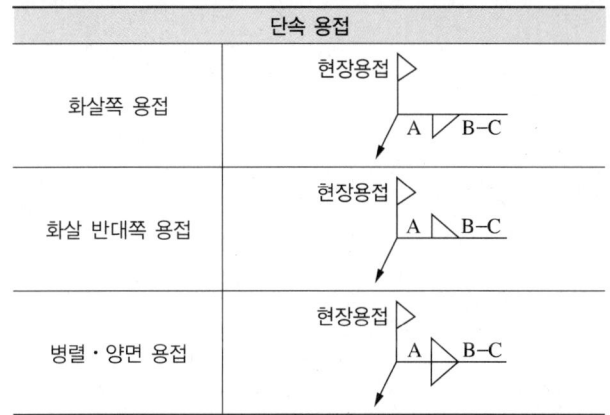

※ A : 용접치수(mm), B : 용접길이(mm), C : 용접간격(mm)

46 그림과 같은 강접골조에 수평력 $P = 10\text{kN}$이 작용하고 기둥의 강비 $K = \infty$인 경우, 기둥의 모멘트가 최대가 되는 위치 h_0는?(단, 괄호 안의 기호는 강비이다)

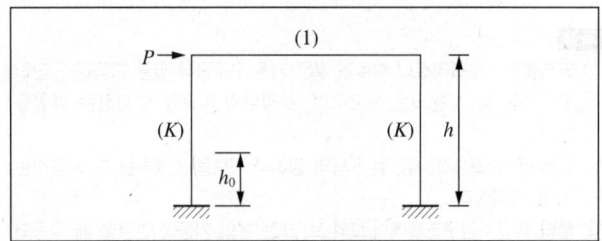

① 0
② $0.5h$
③ $(4/7)h$
④ h

해설

그림과 같이 고정지점에 지지된 구조물의 기둥에 수평력 $P=10\text{kN}$이 작용하고 기둥의 강비 $K=\infty$인 경우, 휨모멘트는 $h_0=h$일 때 0이고, $h_0=0$일 때 최대가 된다.

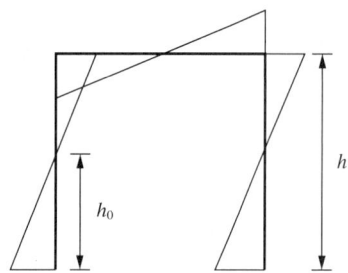

47 강구조에서 기초콘크리트에 매입되어 주각부의 이동을 방지하는 역할을 하는 것은?

① 앵커볼트
② 턴버클
③ 클립앵글
④ 사이드앵글

해설

① 앵커볼트 : 콘크리트나 벽돌과 같은 기초 구조물에 철골 기둥을 단단히 고정하는 데 사용되는 볼트이며, 주각부의 이동을 방지하는 역할을 한다.
② 턴버클 : 로프, 케이블, 철근 등의 길이나 장력을 조절하는 데 사용하는 기계 장치이다.
③ 클립 앵글 : 강구조물에서 보와 보, 또는 보와 기둥을 연결할 때 사용되는 L자 형태의 강재이다.
④ 사이드앵글 : 윙 플레이트와 베이스 플레이트를 연결하는 측면에 부착하는 앵글이다.

48 그림에서 파단선 a-1-2-3-d의 인장재의 순단면적은?(단, 판두께는 10mm, 볼트구멍 지름은 22mm)

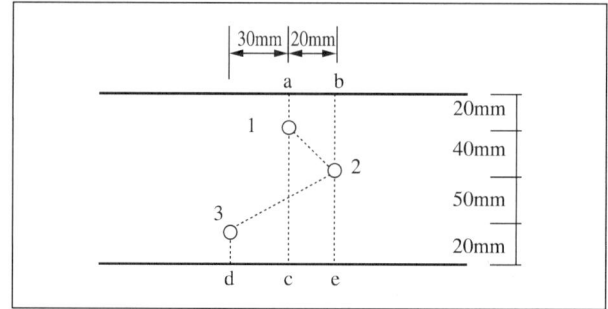

① 690mm^2
② 790mm^2
③ 890mm^2
④ 990mm^2

해설

- $A_g = (20+40+50+20)\times 10 = 1,300\text{mm}^2$
- $A_n = A_g - ndt + \sum \dfrac{s^2}{4g}t$

$= 1,300 - (3\times 22\times 10) + \left(\dfrac{20^2}{4\times 40}\times 10 + \dfrac{(20+30)^2}{4\times 50}\times 10\right)$

$= 790\text{mm}^2$

여기서, A_g : 부재의 총단면적
n : 인장력에 의한 파단선상에 있는 구멍의 수
d : 파스너구멍의 직경(mm)
t : 부재의 두께(mm)
s : 인접한 2개 구멍의 응력 방향 중심간격(mm)
g : 파스너 게이지선 사이의 응력 수직 방향 중심간격(mm)
t : 부재의 두께(mm)

49 다음과 같은 조건의 단면을 가진 부재의 균열모멘트 M_{cr}을 구하면?

- 단면의 중립축에서 인장연단까지의 거리 $y_t = 420\text{mm}$
- 총단면2차모멘트 $I_g = 1.0\times 10^{10}\text{mm}^4$
- 보통중량 콘크리트 설계기준압축강도 $f_{ck} = 21\text{MPa}$

① $50.6\text{kN}\cdot\text{m}$
② $53.3\text{kN}\cdot\text{m}$
③ $62.5\text{kN}\cdot\text{m}$
④ $68.8\text{kN}\cdot\text{m}$

해설
균열모멘트
$$M_{cr} = f_r \times \frac{I_g}{y_t} = 0.63\lambda\sqrt{f_{ck}} \times \frac{I_g}{y_t}$$
$$= 0.63 \times 1 \times \sqrt{21} \times \frac{1.0 \times 10^{10}}{420}$$
$$\fallingdotseq 68,738,635 \text{N} \cdot \text{mm} \fallingdotseq 68.74 \text{kN} \cdot \text{m}$$
여기서, σ_b : 휨응력($0.63 \times \lambda\sqrt{f_{ck}}$)
I_g : 단면2차모멘트 $\left(\dfrac{bh^3}{12}\right)$
y_t : 중립축에서 연단까지의 거리
λ : 1.0(보통중량 콘크리트의 경량 콘크리트계수)

50
강도설계법에서 직접설계법을 이용한 콘크리트 슬래브 설계 시 적용조건으로 옳지 않은 것은?

① 각 방향으로 3경간 이상 연속되어야 한다.
② 슬래브판들은 단변 경간에 대한 장변 경간의 비가 2 이하인 직사각형이어야 한다.
③ 각 방향으로 연속한 받침부 중심 간 경간 차이는 긴 경간의 1/3 이하이어야 한다.
④ 모든 하중은 슬래브판의 특정 지점에 작용하는 집중하중이어야 하며 활하중은 고정하중의 3배 이하이어야 한다.

해설
모든 하중은 슬래브판 전체에 걸쳐 등분포된 연직하중이어야 하며, 활하중은 고정하중의 2배 이하이어야 한다.
슬래브의 직접설계법 – 주요 제한사항
아래 규정을 만족하는 슬래브 시스템은 직접설계법을 사용하여 설계할 수 있다.
• 각 방향으로 3경간 이상 연속되어야 한다.
• 슬래브 판들은 단변 경간에 대한 장변 경간의 비가 2 이하인 직사각형이어야 한다.
• 각 방향으로 연속한 받침부 중심 간 경간 차이는 긴 경간의 1/3 이하이어야 한다.
• 연속된 기둥 중심선을 기준으로 기둥의 어긋남은 그 방향 경간의 10% 이하이어야 한다.
• 모든 하중은 슬래브판 전체에 걸쳐 등분포된 연직하중이어야 한다.
• 활하중은 고정하중의 2배 이하이어야 한다.

51
인장을 받는 이형철근의 정착길이(l_d)는 기본정착길이(l_{db})에 보정계수를 곱하여 산정한다. 다음 중 이러한 보정계수에 영향을 미치는 사항이 아닌 것은?

① 하중계수
② 경량 콘크리트계수
③ 에폭시도막계수
④ 철근배치위치계수

해설
크리프계수는 탄성변형에 대한 크리프 변형의 비를 말한다.
인장이형철근의 정착길이(l_d) = 기본 정착길이 × 보정계수
$$= \frac{0.9 d_b f_y}{\lambda\sqrt{f_{ck}}} \times \frac{\alpha \times \beta \times \gamma}{\left(\dfrac{c + K_{tr}}{d_b}\right)}$$
여기서, λ : 경량 콘크리트계수
α : 철근배근위치계수
β : 철근도막계수
γ : 철근크기계수
c : 덮개(피복) 또는 철근 간격
K_{tr} : 횡방향 철근지수
d_b : 정착되는 철근지름

52
직경(D) 30mm, 길이(l) 4m인 강봉에 90kN의 인장력이 작용할 때 인장응력(σ_t)과 늘어난 길이(Δl)는 약 얼마인가?(단, 강봉의 탄성계수 E = 200,000MPa)

① σ_t = 127.3MPa, Δl = 1.43mm
② σ_t = 127.3MPa, Δl = 2.55mm
③ σ_t = 132.5MPa, Δl = 1.43mm
④ σ_t = 132.5MPa, Δl = 2.55mm

해설
응력(σ) = $\dfrac{P}{A} = \dfrac{90,000\text{N}}{\dfrac{\pi \times (30\text{mm})^2}{4}} = 127.3\text{N/mm}^2$

훅의 법칙에서 $\dfrac{P}{A} = E \times \dfrac{\Delta l}{l}$ 이므로

$\therefore \Delta l = \dfrac{P \times l}{A \times E} = \dfrac{90,000\text{N} \times 4,000\text{mm}}{\dfrac{\pi \times (30\text{mm})^2}{4} \times 200,000\text{N/mm}^2} \fallingdotseq 2.55\text{mm}$

정답 50 ④ 51 ① 52 ②

53 동일재료를 사용한 캔틸레버보에서 작용하는 집중하중의 크기가 $P_1 = P_2$일 때, 보의 단면이 그림과 같다면 최대 처짐 $y_1 : y_2$의 비는?

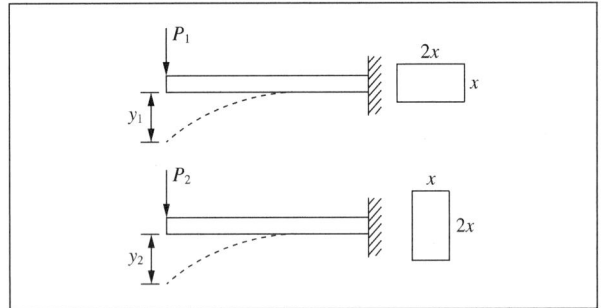

① 2 : 1
② 4 : 1
③ 8 : 1
④ 16 : 1

해설
캔틸레버보의 처짐

집중하중		등분포하중	
최대 처짐	처짐각	최대 처짐	처짐각
$\dfrac{Pl^3}{3EI}$	$\dfrac{Pl^2}{2EI}$	$\dfrac{wl^4}{8EI}$	$\dfrac{wl^3}{6EI}$
끝단	끝단	끝단	끝단

$\dfrac{Pl^3}{3EI}$ 에서 집중하중 및 경간의 크기가 같으므로, 단면2차모멘트 $\left(I = \dfrac{bh^3}{12}\right)$의 비율로 최대 처짐의 비를 구할 수 있다.

$\therefore y_1 : y_2 = \dfrac{1}{\dfrac{2x \times x^3}{12}} : \dfrac{1}{\dfrac{x \times (2x)^3}{12}} = \dfrac{1}{2} : \dfrac{1}{8} = 4 : 1$

54 인장시험을 통하여 얻어진 탄소강의 응력-변형도 곡선에서 변형도 경화영역의 최대 응력을 의미하는 것은?

① 인장강도
② 항복강도
③ 탄성한도
④ 비례한도

해설
변형도 경화영역의 최대 응력을 의미하는 것은 인장강도(최대 강도점)이다.
응력-변형도 곡선

①	비례 한계점	• 응력과 변형률이 비례하는 구간의 한계점이다. • 훅의 법칙이 적용되는 범위의 한계점이다.
②	탄성 한계점	응력을 제거하였을 때 잔류변형 없이 원형으로 되돌아오는 경계점이다.
③	상위 항복점	응력에 의해 소성 변형이 시작되는 경계점이다.
④	하위 항복점	• 상위항복점에서 하강한 응력이 최저인 시점이다. • 이때의 강도를 항복강도라 한다.
⑤	최대 강도점	• 재료가 저항할 수 있는 최대 응력의 한계점이다. • 이때의 강도를 인장강도라 한다.
⑥	파괴 강도점	응력에 의해 재료가 파괴되는 시점이다.

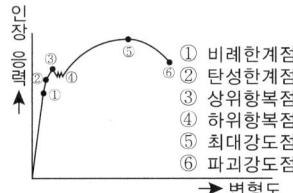

55 고층 건물의 구조형식 중에서 건물의 중간층에 대형 수평부재를 설치하여 횡력을 외곽기둥이 분담할 수 있도록 한 형식은?

① 트러스구조
② 골조 아웃리거구조
③ 튜브구조
④ 스페이스 프레임구조

해설
① 트러스구조 : 삼각형 뼈대를 하나의 기본형으로 조립하여 각 부재에는 축방향력만 생기도록 한 구조이다.
③ 튜브구조 : 관과 같이 하중에 저항하는 수직부재를 대부분 건물의 바깥쪽에 밀실하게 배치하여 횡력에 효율적으로 저항하도록 계획된 초고층 건물 구조이다.
④ 스페이스 프레임구조 : 트러스를 종횡으로 배치하여 입체적으로 구성한 구조이다.

56 그림과 같은 기둥 단면이 300×300mm인 사각형 단주에서 기둥에 발생하는 최대 압축응력은?(단, 부재의 재질은 균등한 것으로 본다)

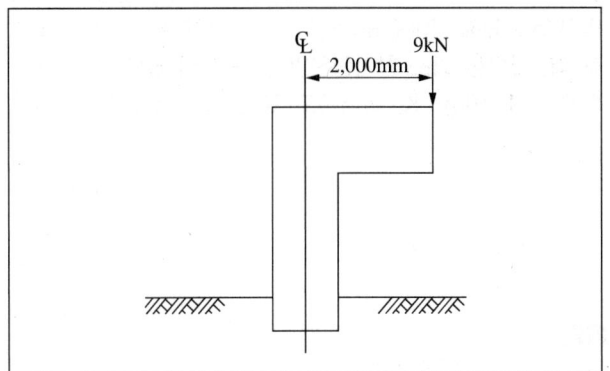

① -2.0MPa ② -2.6MPa
③ -3.1MPa ④ -4.1MPa

해설
- 단면적 $(A) = a \times b = 300mm \times 300mm = 90,000mm^2$
- 휨모멘트 $(M_x) = P \times x = 9,000N \times 2,000mm = 18,000,000N \cdot mm$
- 단면계수 $(Z) = \dfrac{ab^2}{6} = \dfrac{300mm \times (300mm)^2}{6} = 4,500,000mm^3$

∴ 단주의 최대 응력 $(\sigma_{max}) = -\dfrac{P}{A} - \dfrac{M}{Z}$
$= -\dfrac{9,000N}{90,000mm^2} - \dfrac{18,000,000N \cdot mm}{4,500,000mm^3}$
$= -4.1N/mm^2 = -4.1MPa$

57 다음 그림과 같은 트러스의 반력 R_A와 R_B는?

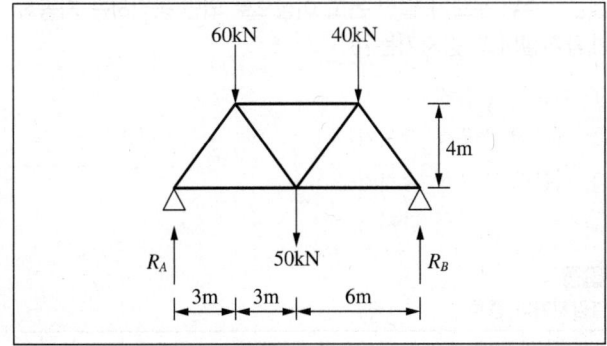

① $R_A = 60kN$, $R_B = 90kN$
② $R_A = 70kN$, $R_B = 80kN$
③ $R_A = 80kN$, $R_B = 70kN$
④ $R_A = 100kN$, $R_B = 50kN$

해설
- $\Sigma M_B = 0$
$R_A \times l - P_1 \times (b+c+d) - P_2 \times (c+d) - P_3 \times d = 0$
$R_A \times 12m - 60kN \times 9m - 50kN \times 6m - 40kN \times 3m = 0$
∴ $R_A = 80kN$
- $\Sigma V = 0$
$R_A + R_B - P_1 - P_2 - P_3 = 0$
$80kN + R_B - 60kN - 50kN - 40kN = 0$
∴ $R_B = 70kN$

58 점 A에 작용하는 두 개의 힘 P_1과 P_2의 합력을 구하면?

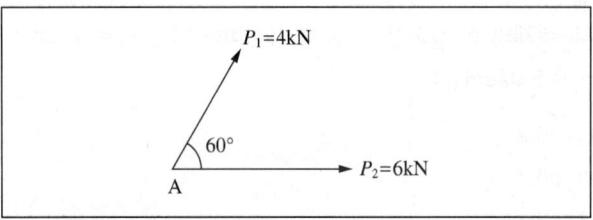

① $\sqrt{72}$ kN ② $\sqrt{74}$ kN
③ $\sqrt{76}$ kN ④ $\sqrt{78}$ kN

해설

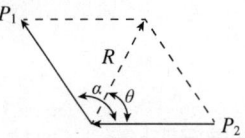

합력 $(R) = \sqrt{P_1^2 + P_2^2 + 2P_1P_2\cos\alpha}$
$= \sqrt{4^2 + 6^2 + 2 \times 4 \times 6 \times \cos 60°}$
$= \sqrt{76}$ kN

59 표준갈고리를 갖는 인장 이형철근(D13)의 기본정착길이는?(단, D13의 공칭지름 : 12.7mm, f_{ck} = 27MPa, f_y = 400MPa, β = 1.0, m_c = 2,300kg/m³)

① 190mm
② 205mm
③ 220mm
④ 235mm

해설
표준갈고리를 갖는 인장 이형철근의 정착길이
정착길이(l_{dh})는 기본정착길이(l_{hb}) × 적용 가능한 모든 보정계수이며, 항상 $8d_b$ 이상 또한 150mm 이상이어야 한다.

$$l_{hb} = \frac{0.24 \times \beta \times d_b \times f_y}{\lambda \sqrt{f_{ck}}}$$

$$= \frac{0.24 \times 1 \times 12.7 \times 400}{1 \times \sqrt{27}} \fallingdotseq 234.64mm$$

※ m_c = 2,300kg/m³이므로, 경량 콘크리트계수 $\lambda = 1$

---

60 H형강이 사용된 압축재의 양단이 핀으로 지지되고 부재 중간에서 x축 방향으로만 이동할 수 없도록 지지되어 있다. 부재의 전 길이가 4m일 때 세장비는?(단, r_x = 8.62cm, r_y = 5.02cm임)

① 26.4
② 36.4
③ 46.4
④ 56.4

해설
• 좌굴길이
유효좌굴계수(K)는 양단 힌지일 때 1.00이므로
좌굴길이(l_k) = 유효좌굴계수(K) × 길이(l)
= 1 × 400cm = 400cm
• 세장비
부재의 전체길이에 r_x를 적용하여 세장비를 구한다.
세장비(λ) = 좌굴길이(l_k) ÷ 단면2차반경(i_{min})
= 400cm ÷ 8.62cm $\fallingdotseq$ 46.4
※ 약축에 대해서는 200cm ÷ 5.02cm $\fallingdotseq$ 39.84이다.

제4과목 건축설비

61 실내에 4,500W를 발열하고 있는 기기가 있다. 이 기기의 발열로 인해 실내 온도상승이 생기지 않도록 환기를 하려고 할 때, 필요한 최소 환기량은?(단, 공기의 밀도 1.2kg/m³, 비열 1.01kJ/kg·K, 실내온도 20℃, 외기온도 0℃이다)

① 약 452m³/h
② 약 668m³/h
③ 약 856m³/h
④ 약 928m³/h

해설
필요환기량 및 송풍량의 계산
1W = 3.6kJ/h이므로, 4,500W = 16,200kJ/h이다.

∴ 필요환기량(m³/h) = $\dfrac{현열부하}{밀도 \times 비열 \times 온도의 차이}$

$= \dfrac{16,200kJ/h}{1.2kg/m^3 \times 1.01kJ/kg \cdot K \times (20-0)℃}$

$\fallingdotseq 668m^3/h$

---

62 주위 온도가 일정 온도 이상으로 되면 동작하는 자동화재탐지설비의 감지기는?

① 이온화식 감지기
② 차동식 스폿형 감지기
③ 정온식 스폿형 감지기
④ 광전식 스폿형 감지기

해설
열감지기의 종류

정온식	• 일정 온도에 도달하면 작동한다. • 다량의 열을 취급하는 보일러실, 주방 등에 적합하다.
차동식	• 일정 온도 상승률에 따라 작동한다. • 화기를 취급하지 않는 사무실 등에 적합하다.
보상식	• 일정 온도, 온도 상승률에 따라 작동한다. • 정온식과 차동식 감지기의 기능을 합친 것이다.

63 습공기의 엔탈피에 관한 설명으로 옳은 것은?

① 건구온도가 높을수록 커진다.
② 절대습도가 높을수록 작아진다.
③ 수증기의 엔탈피에서 건공기의 엔탈피를 뺀 값이다.
④ 습공기를 냉각·가습할 경우, 엔탈피는 항상 감소한다.

해설
엔탈피(Enthalpy)
- 공기가 갖는 에너지를 열량의 단위(kJ/kg)로 나타낸 것이다.
- 건조공기 1kg에 현열 및 잠열의 형태로 포함되는 열량을 나타낸다.
- 절대습도의 변화 없이 건구온도만 상승시킬 때 엔탈피는 증가한다.

64 조명기구의 배광에 따른 분류 중 직접조명형에 관한 설명으로 옳은 것은?

① 상향광속과 하향광속이 거의 동일하다.
② 천장을 주광원으로 이용하므로 천장의 색에 대한 고려가 필요하다.
③ 매우 넓은 면적이 광원으로서의 역할을 하기 때문에 직사 눈부심이 없다.
④ 작업면에 고조도를 얻을 수 있으나 심한 휘도차 및 짙은 그림자가 생긴다.

해설
직접조명방식

광속	상향광속 0~10%, 하향광속 90~100%이다.
특징	• 광원을 작업면에 직접 비추어 투사시킨다. • 작업면에서 높은 조도를 얻을 수 있다. • 조명률이 좋고 먼지에 의한 감광이 적다. • 설비비가 일반적으로 저렴하다. • 실내 반사율의 영향이 적고 휘도의 차가 크다. • 그림자가 강하고 눈부심이 일어나기 쉽다. • 실내의 조도분포가 균일하지 않다.

65 다음 중 건축물 실내공간의 잔향시간에 가장 큰 영향을 주는 것은?

① 실의 용적
② 음원의 위치
③ 벽체의 두께
④ 음원의 음압

해설
잔향시간은 실의 용적에 비례하고 흡음력에 반비례한다.
잔향시간
- 소리 발생이 중지된 후, 소리가 실내에 남는 시간을 말한다.
- 음에너지의 밀도가 최솟값보다 60dB 감소하는 데 걸리는 시간이다.
- 실의 용적에 비례하고 흡음력에 반비례한다.
- 잔향시간이 짧을수록 명료도는 높아진다.
- 음성전달을 목적으로 하는 공간의 잔향시간은 짧게, 음향청취를 목적으로 하는 공간은 비교적 길게 계획하는 것이 좋다.

66 다음 설명에 알맞은 통기관의 종류는?

기구가 반대 방향(좌우분기) 또는 병렬로 설치된 기구배수관의 교점에 접속하여 입상하며, 그 양 기구의 트랩 봉수를 보호하기 위한 1개의 통기관을 말한다.

① 공용통기관
② 결합통기관
③ 각개통기관
④ 신정통기관

해설
② 결합통기관 : 오배수 수직관 내의 압력변동을 방지하기 위하여 오배수 수직관 상향으로 통기수직관에 연결하는 통기관을 말한다.
③ 각개통기관 : 위생기구마다 각개의 통기관을 설치하여 기구 상부의 통기관에 연결하거나 대기로 인출하여 설치하는 배관을 말한다.
④ 신정통기관 : 배수수직관에서 최상부의 배수수평관이 접속한 지점보다 더 상부 방향으로 그 배수수직관을 지붕 위까지 연장하여 이것을 통기관으로 사용하는 관을 말한다.

67 습공기가 냉각되어 포함되어 있던 수증기가 응축되기 시작하는 온도를 의미하는 것은?

① 노점온도　　② 습구온도
③ 건구온도　　④ 절대온도

해설
② 습구온도 : 온도계 감지부에 젖은 천을 감고, 수분이 증발하면서 하강한 온도를 측정한 것으로, 건구온도와의 차이로 상대습도를 계산할 수 있다.
③ 건구온도 : 온도계를 공기 중에 노출하여 측정한 온도이다.
④ 절대온도 : 절대영도(-273.15℃)에 기초를 둔 온도의 측정단위로서 단위는 켈빈(Kelvin, K)이다.

68 변전실에 관한 설명으로 옳지 않은 것은?

① 건축물의 최하층에 설치하는 것이 원칙이다.
② 용량의 증설에 대비한 면적을 확보할 수 있는 장소로 한다.
③ 사용부하의 중심에 가깝고, 간선의 배선이 용이한 곳으로 한다.
④ 변전실의 높이는 바닥의 케이블트렌치 및 무근 콘크리트 설치 여부 등을 고려한 유효높이로 한다.

해설
수변전실의 위치는 가능한 한 최하층을 피하며, 침수 및 누수로 인한 사고에 대비해야 한다.

69 10Ω의 저항 10개를 직렬로 접속할 때의 합성저항은 병렬로 접속할 때의 합성저항의 몇 배가 되는가?

① 5배　　② 10배
③ 50배　　④ 100배

해설
회로와 합성저항

직렬회로	• 직렬회로에서는 각 저항에 걸리는 전류가 같다. • $R_T = R_1 + R_2 + \cdots$, 동일 저항 n개의 직렬접속 시 $R_T = R \times n$
병렬회로	• 병렬회로에서는 각 저항에 걸리는 전압이 같다. • $\dfrac{1}{R_T} = \dfrac{1}{R_1} + \dfrac{1}{R_2} + \cdots$, 동일 저항 n개가 병렬접속된 경우는 $R_T = \dfrac{R}{n}$

• 직렬접속 시 합성저항 : 10Ω × 10 = 100Ω
• 병렬접속 시 합성저항 : 10Ω ÷ 10 = 1Ω
∴ 100Ω ÷ 1Ω = 100배

70 증기난방에 관한 설명으로 옳지 않은 것은?

① 응축수 환수관 내에 부식이 발생하기 쉽다.
② 동일 방열량인 경우 온수난방에 비해 방열기의 방열면적이 작아도 된다.
③ 방열기를 바닥에 설치하므로 복사난방에 비해 실내바닥의 유효면적이 줄어든다.
④ 온수난방에 비해 예열시간이 길어서 충분한 난방감을 느끼는 데 시간이 걸린다.

해설
증기난방은 예열시간이 짧아 실내온도 상승이 빠르다.
증기난방
• 증발잠열을 이용하여 열의 운반능력이 크다.
• 예열시간이 짧고 실내온도 상승이 빨라 간헐운전에 적합하다.
• 한랭지에서 동결의 우려가 적다.
• 열매의 온도가 높아 방열면적을 작게 할 수 있다.
• 실내 상하온도차가 크고 방열기의 표면온도가 높다.
• 난방의 쾌감도가 낮고 스팀해머가 발생할 수 있다.
• 부하변동에 따른 실내방열량의 제어가 곤란하다.
• 계통별 용량제어가 곤란하다.

71 건구온도 26℃인 실내공기 8,000m³/h와 건구온도 32℃인 외부공기 2,000m³/h를 단열 혼합하였을 때 혼합공기의 건구온도는?

① 27.2℃
② 27.6℃
③ 28.0℃
④ 29.0℃

해설
혼합공기 온도의 계산

$$\text{혼합공기의 온도(℃)} = \frac{\text{A공기(온도} \times \text{양)} + \text{B공기(온도} \times \text{양)}}{\text{A와 B공기의 양}}$$

$$= \frac{26℃ \times 8,000 m^3/h + 32℃ \times 2,000 m^3/h}{8,000 m^3/h + 2,000 m^3/h}$$

$$= 27.2℃$$

72 다음의 스프링클러설비의 화재안전성능기준 내용 중 ( ) 안에 알맞은 것은?

전동기에 따른 펌프를 이용하는 가압송수장치의 송수량은 0.1MPa의 방수압력 기준으로 ( ) 이상의 방수성능을 가진 기준개수의 모든 헤드로부터의 방수량을 충족시킬 수 있는 양 이상으로 할 것

① 80L/min
② 90L/min
③ 110L/min
④ 130L/min

해설
가압수송장치(스프링클러설비의 화재안전성능기준(NFPC 103) 제5조)
가압송수장치의 송수량은 0.1MPa의 방수압력 기준으로 80L/min 이상의 방수성능을 가진 기준개수의 모든 헤드로부터의 방수량을 충족시킬 수 있는 양 이상의 것으로 할 것

73 다음 설명에 알맞은 요운전원 엘리베이터 조작방식은?

기동은 운전원의 버튼 조작으로 하며, 정지는 목적층 단추를 누르는 것과 승강장의 호출신호로 층의 순서대로 자동 정지한다.

① 카 스위치방식
② 전자동 군관리방식
③ 레코드 컨트롤방식
④ 시그널 컨트롤방식

해설
엘리베이터의 운전원 조작방식

카 스위치방식	수동·자동착상방식으로 정지한다.
레코드 컨트롤방식	운전원이 호출신호를 보고 목적층 단추를 누르면 목적층의 순서대로 자동 정지한다.
시그널 컨트롤방식	목적층 단추를 누르는 것과 승강장의 호출신호로 층의 순서대로 자동 정지한다.
전자동 군관리방식	3~8대의 엘리베이터가 서로 연락하며 빌딩 내 교통수요 변동에 대응하는 효율적인 수송을 하는 엘리베이터 조작방식이다.

74 가스설비에서 LPG에 관한 설명으로 옳지 않은 것은?

① 공기보다 무겁다.
② LNG에 비해 발열량이 작다.
③ 순수한 LPG는 무색, 무취이다.
④ 액화하면 체적이 1/250 정도가 된다.

해설
액화석유가스(LPG)는 액화천연가스(LNG)에 비해 발열량이 크다.
액화석유가스(프로판가스, LPG)
• 석유 정제 과정에서 채취된 가스를 압축냉각해서 액화시킨 것이다.
• 발열량이 크며 연소에 필요한 공기량이 많다.
• 공기보다 비중이 크고 무겁다.
• 공기 중에 확산되지 않고 폭발하기 쉽다.
• 순수한 LPG는 무색, 무취이다.
• 액화하면 체적이 1/250 정도가 된다.
• 액화가 쉽고 운반이 용이하다.
• 프로판, 부탄, 프로필렌이 주성분이다.

정답 71 ① 72 ① 73 ④ 74 ②

75 각종 급수방식에 관한 설명으로 옳지 않은 것은?

① 수도직결방식은 정전으로 인한 단수의 염려가 없다.
② 압력수조방식은 단수 시에 일정량의 급수가 가능하다.
③ 수도직결방식은 위생 및 유지·관리 측면에서 가장 바람직한 방식이다.
④ 고가수조방식은 수도 본관의 영향에 따라 급수압력의 변화가 심하다.

해설
고가수조방식은 급수압력이 일정하고 고장이 적어 물 공급이 안정적인 급수방식이다.

76 길이 20m, 지름 400mm의 덕트에 평균속도 12m/s로 공기가 흐를 때 발생하는 마찰저항은?(단, 덕트의 마찰저항 계수는 0.02, 공기의 밀도는 1.2kg/m³이다)

① 7.3Pa
② 8.6Pa
③ 73.2Pa
④ 86.4Pa

해설
직관 덕트의 마찰저항(Pa)

마찰계수 × $\frac{길이(m)}{직경(m)}$ × $\frac{풍속^2(m/s)}{2}$ × 공기의 밀도(kg/m³)

= $0.02 \times \frac{20}{0.4} \times \frac{12^2}{2} \times 1.2 = 86.4 Pa$

77 압축식 냉동기의 냉동사이클을 옳게 나타낸 것은?

① 압축 → 응축 → 팽창 → 증발
② 압축 → 팽창 → 응축 → 증발
③ 응축 → 증발 → 팽창 → 압축
④ 팽창 → 증발 → 응축 → 압축

해설
압축식 냉동기의 냉동사이클은 압축 → 응축 → 팽창 → 증발 순으로 이루어진다.

78 다음 중 급수배관계통에서 공기빼기밸브를 설치하는 가장 주된 이유는?

① 수격작용을 방지하기 위하여
② 배관 내면의 부식을 방지하기 위하여
③ 배관 내 유체의 흐름을 원활하게 하기 위하여
④ 배관 표면에 생기는 결로를 방지하기 위하여

해설
공기빼기밸브(Air vent valve)
• 배관 내부의 공기를 빼는 밸브로, 자동식과 수동식이 있다.
• 배관의 흐름을 원활하게 하기 위해 설치한다.

79 배수트랩의 봉수파괴 원인 중 통기관을 설치함으로써 봉수파괴를 방지할 수 있는 것이 아닌 것은?

① 분출작용
② 모세관작용
③ 자기사이펀작용
④ 유도사이펀작용

해설
① 분출작용(역압작용) : 상부 수직관에서 많은 물이 낙하하면서 발생한 공기압이 트랩의 봉수를 실내로 밀어내 배출되는 현상을 말한다.
③ 자기사이펀작용 : 배관 내 만수된 물이 일시에 배수될 경우 사이펀작용에 의해 트랩 내부 봉수가 배출되는 현상을 말한다.
④ 유도사이펀작용 : 상부 수직관에서 일시에 많은 물이 낙하할 경우 배관 내부에 진공이 생겨 트랩의 봉수가 배출되는 현상을 말한다.

80 저압 옥내배선공사 중 직접 콘크리트에 매설할 수 있는 공사는?

① 금속관 공사
② 금속덕트 공사
③ 버스덕트 공사
④ 금속몰드 공사

해설
금속관 배선공사
• 금속관 내부에 절연전선을 넣어서 설치하는 공사이다.
• 은폐 및 노출장소, 옥내, 옥외 및 습기가 많은 장소에도 시공이 가능하다.
• 전선의 인입이 우수하며 철근콘크리트건물의 매입배선으로 사용된다.
• 과열에 의한 화재의 우려가 없고 기계적인 보호성이 우수하다.
• 고압, 저압, 통신설비 등 옥내배선의 모든 공사에 널리 사용된다.

75 ④ 76 ④ 77 ① 78 ③ 79 ② 80 ①

제5과목 건축관계법규

81 판매시설 용도이며 지상 각 층의 거실면적이 2,000m² 인 15층의 건축물에 설치하여야 하는 승용승강기의 최소 대수는?(단, 16인승 승강기이다)

① 2대 ② 4대
③ 6대 ④ 8대

해설
승용승강기의 설치기준(건축물설비기준규칙 별표 1의2)

건축물의 용도	6층 이상 거실면적의 합계	
	3,000m² 이하	3,000m² 초과
공연장, 집회장, 관람장, 판매시설, 의료시설	2대	2대에 3,000m²를 초과하는 2,000m² 이내마다 1대를 더한 대수
전시장, 동·식물원, 업무시설, 숙박시설, 위락시설	1대	1대에 3,000m²를 초과하는 2,000m² 이내마다 1대를 더한 대수
공동주택, 교육연구시설, 노유자시설, 기타 시설	1대	1대에 3,000m²를 초과하는 3,000m² 이내마다 1대를 더한 대수

※ 8인승 이상 15인승 이하는 1대의 승강기로 보고, 16인승 이상의 승강기는 2대로 본다.
• 6층 이상 거실면적의 합계 : 2,000m² × (15 − 5) = 20,000m²
• 최소 대수 : 2대 + (20,000m² − 3,000m²) ÷ 2,000m² = 10.5대
• 16인승 이상이므로, 10.5대 ÷ 2 = 5.25 ≒ 6대

82 다음 중 건축물 관련 건축기준의 허용되는 오차 범위(%)가 가장 큰 것은?

① 평면길이 ② 출구너비
③ 반자높이 ④ 바닥판두께

해설
바닥판두께 3%, 평면길이·출구너비·반자높이 2% 이내이다.
건축기준의 허용오차(건축법 시행규칙 별표 5)

대지 관련	3% 이내	건축선의 후퇴거리, 인접 대지경계선과의 거리, 인접 건축물과의 거리
	1% 이내	용적률(연면적 30m²를 초과할 수 없다)
	0.5% 이내	건폐율(건축면적 5m²를 초과할 수 없다)
건축물 관련	3% 이내	벽체두께, 바닥판두께
	2% 이내	건축물의 높이(1m를 초과할 수 없다), 평면길이(전체길이는 1m, 각 실은 10cm를 초과할 수 없다), 출구너비, 반자높이

83 다음 중 내화구조에 해당하지 않는 것은?(단, 외벽 중 비내력벽인 경우)

① 철근콘크리트조로서 두께가 7cm인 것
② 무근콘크리트조로서 두께가 7cm인 것
③ 골구를 철골조로 하고 그 양면을 두께 3cm의 철망모르타르로 덮은 것
④ 철재로 보강된 콘크리트블록조로서 철재에 덮은 콘크리트블록의 두께가 3cm인 것

해설
외벽 중 비내력벽의 내화구조(건축물방화구조규칙 제3조)
• 철근콘크리트조 또는 철골철근콘크리트조로서 두께가 7cm 이상인 것
• 골구를 철골조로 하고 그 양면을 두께 3cm 이상의 철망모르타르 또는 두께 4cm 이상의 콘크리트블록·벽돌 또는 석재로 덮은 것
• 철재로 보강된 콘크리트블록조·벽돌조 또는 석조로서 철재에 덮은 콘크리트블록 등의 두께가 4cm 이상인 것
• 무근콘크리트조·콘크리트블록조·벽돌조 또는 석조로서 그 두께가 7cm 이상인 것

84 중앙도시계획위원회에 관한 설명으로 틀린 것은?

① 위원장·부위원장 각 1명을 포함한 25명 이상 30명 이하의 위원으로 구성한다.
② 위원장은 국토교통부장관이 되고, 부위원장은 위원 중 국토교통부장관이 임명한다.
③ 공무원이 아닌 위원의 수는 10명 이상으로 하고, 그 임기는 2년으로 한다.
④ 도시·군계획에 관한 조사·연구 업무를 수행한다.

해설
중앙도시계획위원회의 위원장과 부위원장은 위원 중에서 국토교통부장관이 임명하거나 위촉한다(국토계획법 제107조).

정답 81 ③ 82 ④ 83 ④ 84 ②

85 다음은 건축법령상 직통계단의 설치에 관한 기준 내용이다. ( ) 안에 알맞은 것은?

> 초고층 건축물에는 피난층 또는 지상으로 통하는 직통계단과 직접 연결되는 피난안전구역(건축물의 피난·안전을 위하여 건축물 중간층에 설치하는 대피공간)을 지상층으로부터 최대 ( ) 층마다 1개소 이상 설치하여야 한다.

① 10개
② 20개
③ 30개
④ 40개

해설
직통계단의 설치(건축법 시행령 제34조)
초고층 건축물에는 피난층 또는 지상으로 통하는 직통계단과 직접 연결되는 피난안전구역을 지상층으로부터 최대 30개 층마다 1개소 이상 설치해야 한다.

86 다음은 승용승강기의 설치에 관한 기준 내용이다. 밑줄 친 "대통령령으로 정하는 건축물"에 대한 기준 내용으로 옳은 것은?

> 건축주는 6층 이상으로서 연면적이 2,000m² 이상인 건축물(대통령령으로 정하는 건축물은 제외한다)을 건축하려면 승강기를 설치하여야 한다.

① 층수가 6층인 건축물로서 각 층 거실의 바닥면적 300m² 이내마다 1개소 이상의 직통계단을 설치한 건축물
② 층수가 6층인 건축물로서 각 층 거실의 바닥면적 500m² 이내마다 1개소 이상의 직통계단을 설치한 건축물
③ 층수가 10층인 건축물로서 각 층 거실의 바닥면적 300m² 이내마다 1개소 이상의 직통계단을 설치한 건축물
④ 층수가 10층인 건축물로서 각 층 거실의 바닥면적 500m² 이내마다 1개소 이상의 직통계단을 설치한 건축물

해설
승강기(건축법 제64조, 동법 시행령 제89조)
• 건축주는 6층 이상으로서 연면적이 2,000m² 이상인 건축물(대통령령으로 정하는 건축물은 제외한다)을 건축하려면 승강기를 설치해야 한다.
 – 대통령령으로 정하는 건축물이란 층수가 6층인 건축물로서 각 층 거실의 바닥면적 300m² 이내마다 1개소 이상의 직통계단을 설치한 건축물을 말한다.
• 높이 31m를 초과하는 건축물에는 승강기뿐만 아니라 비상용승강기를 추가로 설치해야 한다.
• 고층 건축물에는 건축물에 설치하는 승용승강기 중 1대 이상을 대통령령으로 정하는 바에 따라 피난용승강기로 설치해야 한다.

87 주차장의 용도와 판매시설이 복합된 연면적 20,000m²인 건축물이 주차전용건축물로 인정받기 위해서는 주차장으로 사용되는 부분의 면적이 최소 얼마 이상이어야 하는가?

① 6,000m²
② 10,000m²
③ 14,000m²
④ 19,500m²

해설
주차장 외 용도가 판매시설인 경우, 주차장 부분의 비율이 70% 이상이면 주차전용건축물로 본다.
∴ 주차장 최소 면적 = 20,000m² × 70% = 14,000m²
주차전용건축물의 주차면적비율(주차장법 시행령 제1조의2)
• 건축물의 연면적 중 주차장 사용부분 비율이 95% 이상인 것
• 주차장 외 용도가 아래 용도일 경우에는 주차장으로 사용되는 부분의 비율이 70%(주차환경개선지구 내에 위치한 건축물의 경우에는 60%) 이상인 것
 – 단독주택, 공동주택, 제1종 근린생활시설, 제2종 근린생활시설, 문화 및 집회시설, 종교시설, 판매시설, 운수시설, 운동시설, 업무시설, 창고시설 또는 자동차 관련 시설

88 건축법령상 건축을 하는 경우 조경 등의 조치를 하지 아니할 수 있는 건축물 기준으로 틀린 것은?(단, 옥상조경 등 대통령령으로 따로 기준을 정하는 경우는 고려하지 않는다)

① 축사
② 녹지지역에 건축하는 건축물
③ 연면적의 합계가 2,000m² 미만인 공장
④ 면적 5,000m² 미만인 대지에 건축하는 공장

해설
조경 제외대상 건축물(주요사항)(건축법 시행령 제27조 제1항)
• 녹지지역에 건축하는 건축물
• 면적 5,000m² 미만인 대지에 건축하는 공장
• 연면적의 합계가 1,500m² 미만인 공장
• 연면적의 합계가 1,500m² 미만인 물류시설(주거지역 또는 상업지역에 건축하는 것은 제외한다)로서 국토교통부령으로 정하는 것
• 축사, 가설건축물, 산업단지의 공장

89 시가화조정구역에서 시가화유보기간으로 정하는 기간 기준은?

① 1년 이상 5년 이내
② 3년 이상 10년 이내
③ 5년 이상 20년 이내
④ 10년 이상 30년 이내

해설
시가화조정구역의 지정(국토계획법 제39조, 동법 시행령 제32조 제1항)

목적	무질서한 시가화의 방지, 계획·단계적인 개발 도모
유보기간	5년 이상 20년 이내
지정·변경권자	• 시·도지사는 직접 또는 요청을 받아 시가화조정구역의 지정 또는 변경을 도시·군관리계획으로 결정할 수 있다. • 국가계획과 연계가 필요한 경우에는 국토교통부장관이 직접 시가화조정구역의 지정 또는 변경을 도시·군관리계획으로 결정할 수 있다.
효력	시가화조정구역의 지정에 관한 도시·군관리계획의 결정은 시가화 유보기간이 끝난 날의 다음날부터 그 효력을 잃는다.

90 공동주택과 오피스텔의 난방설비를 개별난방방식으로 하는 경우의 기준으로 틀린 것은?

① 보일러실의 윗부분에는 그 면적이 0.5m² 이상인 환기창을 설치할 것
② 보일러는 거실 외의 곳에 설치하되, 보일러를 설치하는 곳과 거실 사이의 경계벽은 출입구를 제외하고는 내화구조의 벽으로 구획할 것
③ 보일러의 연도는 방화구조로서 개별연도로 설치할 것
④ 기름보일러를 설치하는 경우 기름 저장소를 보일러실 외의 다른 곳에 설치할 것

해설
보일러의 연도는 공동연도로 설치해야 한다.
개별난방설비기준(건축물설비기준규칙 제13조)
• 보일러는 거실 외의 곳에 설치하되, 보일러를 설치하는 곳과 거실 사이의 경계벽은 출입구를 제외하고는 내화구조의 벽으로 구획할 것
• 보일러실의 윗부분에는 그 면적이 0.5m² 이상인 환기창을 설치하고, 보일러실의 윗부분과 아랫부분에는 각각 지름 10cm 이상의 공기흡입구 및 배기구를 항상 열려 있는 상태로 바깥공기에 접하도록 설치할 것
• 보일러실과 거실 사이의 출입구는 그 출입구가 닫힌 경우에는 보일러가스가 거실에 들어갈 수 없는 구조로 할 것
• 기름보일러를 설치하는 경우에는 기름저장소를 보일러실 외의 다른 곳에 설치할 것
• 오피스텔의 경우에는 난방구획을 방화구획으로 구획할 것
• 보일러의 연도는 내화구조로서 공동연도로 설치할 것

91 건축물의 층수 산정에 관한 기준이 틀린 것은?

① 지하층은 건축물의 층수에 산입하지 아니한다.
② 층의 구분이 명확하지 아니한 건축물은 그 건축물의 높이 4m마다 하나의 층으로 보고 그 층수를 산정한다.
③ 건축물이 부분에 따라 그 층수가 다른 경우에는 바닥면적에 따라 가중평균한 층수를 그 건축물의 층수로 본다.
④ 계단탑으로서 그 수평투영면적의 합계가 해당 건축물 건축면적의 8분의 1 이하인 것은 건축물의 층수에 산입하지 아니한다.

해설
건축물의 층수(건축법 시행령 제119조 제1항 제9호)
다음에 해당하는 것은 건축물의 층수에 산입하지 않고, 층의 구분이 명확하지 않은 건축물은 그 건축물의 높이 4m마다 하나의 층으로 보고 그 층수를 산정하며, 건축물이 부분에 따라 그 층수가 다른 경우에는 그중 가장 많은 층수를 그 건축물의 층수로 본다.
• 승강기탑, 계단탑, 망루, 장식탑, 옥탑, 그 밖에 이와 비슷한 건축물의 옥상 부분으로서 그 수평투영면적의 합계가 해당 건축물 건축면적의 1/8 이하인 것
• 지하층
• 장애인용승강기의 승강기탑

92 특별시장·광역시장·특별자치시장·특별자치도지사·시장 또는 군수가 관할 구역의 도시·군기본계획에 대하여 타당성을 전반적으로 재검토하여 정비하여야 하는 기간의 기준은?

① 5년
② 10년
③ 15년
④ 20년

해설
도시·군기본계획의 정비(국토계획법 제23조)
특별시장·광역시장·특별자치시장·특별자치도지사·시장 또는 군수는 5년마다 관할 구역의 도시·군기본계획에 대하여 타당성을 전반적으로 재검토하여 정비하여야 한다.

정답 89 ③ 90 ③ 91 ③ 92 ①

93 국토의 계획 및 이용에 관한 법령상 주거지역의 세분 중 중층주택을 중심으로 편리한 주거환경을 조성하기 위하여 지정하는 용도지역은?

① 제1종 일반주거지역
② 제2종 일반주거지역
③ 제1종 전용주거지역
④ 제2종 전용주거지역

해설
주거지역의 세분(국토계획법 제30조 제1항)

전용주거지역	제1종	단독주택 중심의 양호한 주거환경
	제2종	공동주택 중심의 양호한 주거환경
일반주거지역	제1종	저층주택 중심의 편리한 주거환경
	제2종	중층주택 중심의 편리한 주거환경
	제3종	중고층주택 중심의 편리한 주거환경
준주거지역		주거기능 위주로 일부 상업 및 업무기능 보완

94 사용승인을 받는 즉시 건축물의 내진능력을 공개하여야 하는 대상 건축물의 층수 기준은?(단, 목구조 건축물의 경우이며 기타의 경우는 고려하지 않는다)

① 2층 이상
② 3층 이상
③ 6층 이상
④ 16층 이상

해설
목구조 건축물의 경우에는 그 층수가 3층 이상인 경우 사용승인을 받는 즉시 건축물의 내진능력을 공개하여야 한다.
건축물의 내진능력 공개(건축법 제48조의3)
다음의 어느 하나에 해당하는 건축물을 건축하고자 하는 자는 사용승인을 받는 즉시 건축물이 지진 발생 시에 견딜 수 있는 능력을 공개하여야 한다. 다만, 구조안전 확인 대상 건축물이 아니거나 내진능력 산정이 곤란한 건축물로서 대통령령으로 정하는 건축물은 공개하지 아니한다.
• 층수가 2층(주요구조부인 기둥과 보를 설치하는 건축물로서 그 기둥과 보가 목재인 목구조 건축물의 경우에는 3층) 이상인 건축물
• 연면적이 200m²(목구조 건축물의 경우에는 500m²) 이상인 건축물
• 그 밖에 건축물의 규모와 중요도를 고려하여 대통령령으로 정하는 건축물

95 특별피난계단의 구조에 관한 기준 내용으로 틀린 것은?

① 계단은 내화구조로 하되, 피난층 또는 지상까지 직접 연결되도록 한다.
② 계단실 및 부속실의 실내에 접하는 부분의 마감은 불연재료로 한다.
③ 출입구의 유효너비는 0.9m 이상으로 하고 피난의 방향으로 열 수 있도록 한다.
④ 건축물의 내부에서 노대 또는 부속실로 통하는 출입구에는 30분 방화문을 설치하고, 노대 또는 부속실로부터 계단실로 통하는 출입구에는 60분 방화문을 설치하도록 한다.

해설
건축물의 내부에서 노대 또는 부속실로 통하는 출입구에는 60분+ 방화문 또는 60분 방화문을 설치하고, 노대 또는 부속실로부터 계단실로 통하는 출입구에는 60분+ 방화문, 60분 방화문 또는 30분 방화문을 설치할 것. 이 경우 방화문은 언제나 닫힌 상태를 유지하거나 화재로 인한 연기 또는 불꽃을 감지하여 자동적으로 닫히는 구조로 해야 하고, 연기 또는 불꽃으로 감지하여 자동적으로 닫히는 구조로 할 수 없는 경우에는 온도를 감지하여 자동적으로 닫히는 구조로 할 수 있다(건축물방화구조규칙 제9조).
※ 개정된 법령 기준으로 내용을 수정하였다.

96 건축허가 대상 건축물이라 하더라도 건축신고를 하면 건축허가를 받은 것으로 보는 경우에 속하지 않는 것은?(단, 층수가 2층인 건축물의 경우)

① 바닥면적의 합계가 75m²의 증축
② 바닥면적의 합계가 75m²의 재축
③ 바닥면적의 합계가 75m²의 개축
④ 연면적이 250m²인 건축물의 대수선

해설
신고 시 건축허가를 받은 것으로 보는 사항(건축법 제14조)
• 바닥면적의 합계가 85m² 이내의 증축·개축 또는 재축(단, 3층 이상 건축물인 경우에는 증축·개축 또는 재축하려는 부분의 바닥면적의 합계가 건축물 연면적의 1/10 이내인 경우로 한정한다)
• 국토계획법에 따른 관리지역, 농림지역 또는 자연환경보전지역에서 연면적이 200m² 미만이고 3층 미만인 건축물의 건축. 다만, 다음의 어느 하나에 해당하는 구역에서의 건축은 제외한다.
 - 지구단위계획구역
 - 방재지구 등 재해취약지역으로서 대통령령으로 정하는 구역
• 연면적이 200m² 미만이고 3층 미만인 건축물의 대수선
• 주요구조부의 해체가 없는 등 대통령령으로 정하는 대수선
• 그 밖에 소규모 건축물로서 대통령령으로 정하는 건축물의 건축

97 건축지도원에 관한 내용으로 틀린 것은?

① 건축지도원은 특별자치시·특별자치도 또는 시·군·구에 근무하는 건축 직렬의 공무원과 건축에 관한 학식이 풍부한 자 중에서 지정한다.
② 건축지도원의 자격과 업무범위는 건축조례로 정한다.
③ 건축설비가 법령 등에 적합하게 유지·관리되고 있는지 확인·지도 및 단속한다.
④ 허가를 받지 아니하거나 신고를 하지 아니하고 건축하거나 용도 변경한 건축물을 단속한다.

해설
건축지도원의 자격과 업무범위 등은 대통령령(건축법 시행령)으로 정한다.
건축지도원(건축법 제37조)
• 특별자치시장·특별자치도지사 또는 시장·군수·구청장은 건축법 또는 건축법에 따른 명령이나 처분에 위반되는 건축물의 발생을 예방하고 건축물을 적법하게 유지·관리하도록 지도하기 위하여 대통령령으로 정하는 바에 따라 건축지도원을 지정할 수 있다.
• 건축지도원의 자격과 업무범위 등은 대통령령으로 정한다.
건축지도원의 업무(건축법 시행령 제24조 제2항)
• 건축신고를 하고 건축 중에 있는 건축물의 시공 지도와 위법 시공 여부의 확인·지도 및 단속
• 건축물의 대지, 높이 및 형태, 구조 안전 및 화재 안전, 건축설비 등이 법령 등에 적합하게 유지·관리되고 있는지의 확인·지도 및 단속
• 허가를 받지 아니하거나 신고를 하지 아니하고 건축하거나 용도변경한 건축물의 단속

98 다음 노외주차장의 구조 및 설비기준에 관한 내용 중 ( ) 안에 알맞은 것은?

자동차용승강기로 운반된 자동차가 주차구획까지 자주식으로 들어가는 노외주차장의 경우에는 주차대수 ( )마다 1대의 자동차용승강기를 설치하여야 한다.

① 10대　　② 20대
③ 30대　　④ 40대

해설
노외주차장의 자동차용승강기(주차장법 시행규칙 제1항 제6조)
자동차용승강기로 운반된 자동차가 주차구획까지 자주식으로 들어가는 노외주차장의 경우에는 주차대수 30대마다 1대의 자동차용승강기를 설치해야 한다.

99 비상용승강기의 승강장에 설치하는 배연설비의 구조에 관한 기준 내용으로 틀린 것은?

① 배연구 및 배연풍도는 불연재료로 할 것
② 배연구는 평상시에는 열린 상태를 유지할 것
③ 배연구가 외기에 접하지 아니하는 경우에는 배연기를 설치할 것
④ 배연기는 배연구의 열림에 따라 자동적으로 작동하고, 충분한 공기배출 또는 가압능력이 있을 것

해설
배연구는 평상시에는 닫힌 상태를 유지하고, 연 경우에는 배연에 의한 기류로 인하여 닫히지 아니하도록 하여야 한다.
배연설비(건축물설비기준규칙 제14조 제2항)
특별피난계단 및 비상용승강기의 승강장에 설치하는 배연설비의 구조는 다음의 기준에 적합하여야 한다.
• 배연구 및 배연풍도는 불연재료로 하고, 화재가 발생한 경우 원활하게 배연시킬 수 있는 규모로서 외기 또는 평상시에 사용하지 아니하는 굴뚝에 연결할 것
• 배연구에 설치하는 수동개방장치 또는 자동개방장치(열감지기 또는 연기감지기에 의한 것을 말한다)는 손으로도 열고 닫을 수 있도록 할 것
• 배연구는 평상시에는 닫힌 상태를 유지하고, 연 경우에는 배연에 의한 기류로 인하여 닫히지 아니하도록 할 것
• 배연구가 외기에 접하지 아니하는 경우에는 배연기를 설치할 것
• 배연기는 배연구의 열림에 따라 자동적으로 작동하고, 충분한 공기배출 또는 가압능력이 있을 것
• 배연기에는 예비전원을 설치할 것
• 공기유입방식을 급기가압방식 또는 급·배기방식으로 하는 경우에는 소방관계법령의 규정에 적합하게 할 것

100 막다른 도로의 길이가 15m일 때, 이 도로가 건축법령상 도로이기 위한 최소 폭은?

① 2m
② 3m
③ 4m
④ 6m

해설
지형적 조건에 따른 도로의 구조와 너비(건축법 시행령 제3조의3)

막다른 도로의 길이	건축법상 도로이기 위한 최소 너비
10m 미만	2m
10m 이상 35m 미만	3m
35m 이상	6m(도시지역이 아닌 읍·면지역은 4m)

정답 97 ② 98 ③ 99 ② 100 ②

2022년 제2회 과년도 기출문제

제1과목 건축계획

01 장애인·노인·임산부 등의 편의증진 보장에 관한 법령에 따른 편의시설 중 매개시설에 속하지 않는 것은?

① 주출입구 접근로
② 유도 및 안내설비
③ 장애인전용주차구역
④ 주출입구 높이차이 제거

해설
유도 및 안내설비는 안내시설에 속한다.
장애인·노인·임산부 등을 위한 편의시설(장애인편의법 시행령 별표 2)

구분	편의시설	아파트
매개시설	주출입구 접근로, 장애인전용주차구역, 주출입구 높이차이 제거	의무
내부시설	출입구(문), 복도, 계단 또는 승강기	의무
위생시설	화장실, 욕실, 샤워실·탈의실	권장
안내시설	경보 및 피난설비	의무
	점자블록	권장
	유도 및 안내설비	-
기타 시설	객실·침실	권장

02 다음 중 사무소 건축의 기둥간격 결정요소와 가장 거리가 먼 것은?

① 책상배치의 단위
② 주차배치의 단위
③ 엘리베이터의 설치 대수
④ 채광상 층높이에 의한 깊이

해설
사무소 기준층의 기둥간격 결정요소
사용목적, 구조상 스팬의 한도, 공법, 책상 및 지하주차장의 배치단위, 채광상 층높이에 의한 깊이, 실의 폭 등

03 우리나라 전통 한식주택에서 문꼴부분(개구부)의 면적이 큰 이유로 가장 적합한 것은?

① 겨울의 방한을 위해서
② 하절기 고온다습을 견디기 위해서
③ 출입하는 데 편리하게 하기 위해서
④ 상부의 하중을 효과적으로 지지하기 위해서

해설
한식주택은 고온다습한 하절기에 통풍을 하기 위해 문꼴부분의 면적이 크고, 동절기의 방한을 위해 온돌을 설치한 구조이다.

04 공장 건축의 레이아웃(Layout)에 관한 설명으로 옳지 않은 것은?

① 제품 중심의 레이아웃은 대량생산에 유리하며 생산성이 높다.
② 레이아웃이란 공장 건축의 평면요소 간의 위치관계를 결정하는 것을 말한다.
③ 고정식 레이아웃은 조선소와 같이 제품이 크고 수량이 적은 경우에 행해진다.
④ 중화학공업, 시멘트공업 등 장치공업 등은 시설의 융통성이 크기 때문에 신설 시 장래성에 대한 고려가 필요 없다.

해설
장치공업
• 중화학공업, 시멘트공업 등의 대규모 시설을 갖춘 공업 분야를 말한다.
• 시설이 대규모이고 고정도가 높아 레이아웃의 유연성이 작고 변경이 어려우므로, 신설 시 장래성을 고려해야 한다.

01 ② 02 ③ 03 ② 04 ④ **정답**

05 메조넷형 아파트에 관한 설명으로 옳지 않은 것은?

① 다양한 평면구성이 가능하다.
② 소규모 주택에서는 비경제적이다.
③ 통로면적이 감소되며 유효면적이 증대된다.
④ 복도와 엘리베이터 홀은 각 층마다 계획된다.

해설
복층(메조넷)형은 복도가 없는 층이 있으므로 공용면적이 감소하고 엘리베이터의 정지층수가 줄어 효율적이다.

06 고층 밀집형 병원에 관한 설명으로 옳지 않은 것은?

① 병동에서 조망을 확보할 수 있다.
② 대지를 효과적으로 이용할 수 있다.
③ 각종 방재대책에 대한 비용이 높다.
④ 병원의 확장 등 성장변화에 대한 대응이 용이하다.

해설
④는 저층 분산형(분관식) 병원에 관한 설명이다.
병원의 집중식 배치의 특징
- 고층 집약형이므로 관리가 편리하고 동선이 짧아진다.
- 비교적 협소한 대지에도 건축할 수 있어 도심지 건축에 유리하다.
- 병동에서의 조망을 확보할 수 있으나 재난 시 피난이 어렵다.
- 일조, 통풍에 다소 불리하고, 공조설비가 필요하므로 설비비가 높다.
- 환자의 이동은 주로 엘리베이터를 이용한다.

07 주당 평균 40시간을 수업하는 어느 학교에서 음악실에서의 수업이 총 20시간이며 이 중 15시간은 음악 시간으로 나머지 5시간은 학급토론 시간으로 사용되었다면, 이 음악실의 이용률과 순수율은?

① 이용률 37.5%, 순수율 75%
② 이용률 50%, 순수율 75%
③ 이용률 75%, 순수율 37.5%
④ 이용률 75%, 순수율 50%

해설
- 이용률(%) = $\dfrac{\text{교실이 사용되는 시간}}{\text{1주간의 평균 수업시간}} \times 100 = \dfrac{20}{40} \times 100$
  = 50%
- 순수율(%) = $\dfrac{\text{특정 교과를 위해 사용되는 시간}}{\text{해당 교실이 사용되는 시간}} \times 100 = \dfrac{15}{20} \times 100$
  = 75%

08 극장 건축에서 무대의 제일 뒤에 설치되는 무대 배경용의 벽을 의미하는 것은?

① 사이클로라마
② 플라이로프트
③ 플라이갤러리
④ 그리드아이언

해설
② 플라이로프트 : 무대의 상부공간을 말한다.
③ 플라이갤러리(캣워크) : 무대 주위의 벽에 6~9m 높이로 설치되는 좁은 통로이다.
④ 그리드아이언 : 배경·조명·연기자·음향 반사판 등을 매달기 위해 무대 천장 밑에 설치하는 격자형태의 철골구조물이다.

정답 05 ④ 06 ④ 07 ② 08 ①

09 도서관의 출납시스템 중 자유개가식에 관한 설명으로 옳은 것은?

① 도서의 유지관리가 용이하다.
② 책의 내용 파악 및 선택이 자유롭다.
③ 대출 절차가 복잡하고 관원의 작업량이 많다.
④ 열람자는 직접 서가에 면하여 책의 표지 정도는 볼 수 있으나 내용은 볼 수 없다.

해설
자유개가식은 직접 서가에서 열람 후 관원 없이 대출하는 방식으로 대출 수속이 간단하지만 도서의 유지관리가 어렵다.

10 미술관 전시실의 순회형식 중 연속순로 형식에 관한 설명으로 옳은 것은?

① 각 실을 필요시에는 자유로이 독립적으로 폐쇄할 수 있다.
② 평면적인 형식으로 2, 3개 층의 입체적인 방법은 불가능하다.
③ 많은 실을 순서별로 통하여야 하는 불편이 있으나 공간절약의 이점이 있다.
④ 중심부에 하나의 큰 홀을 두고 그 주위에 각 전시실을 배치하여 자유로이 출입하는 형식이다.

해설
① 갤러리 및 코리더 형식에 대한 설명이다.
② 평면적인 형식으로 2, 3개 층의 입체적인 방법이 가능하다.
④ 중앙홀 형식에 대한 설명이다.

연속순로(연속순회) 형식

개요	각 전시실이 연속적으로 동선을 형성하고 있는 형식이다.
특징	• 단순함, 공간절약의 이점이 있으며, 작은 부지에서 효율적이다. • 많은 실을 순서별로 통하여야 하는 불편이 있다. • 1실을 폐문시켰을 때는 전체 동선이 막히게 된다. • 비교적 소규모 전시실에 적합하다.

11 서양 건축양식의 역사적인 순서가 옳게 배열된 것은?

① 로마 → 로마네스크 → 고딕 → 르네상스 → 바로크
② 로마 → 고딕 → 로마네스크 → 르네상스 → 바로크
③ 로마 → 로마네스크 → 고딕 → 바로크 → 르네상스
④ 로마 → 고딕 → 로마네스크 → 바로크 → 르네상스

해설
서양 건축양식의 발달 순서
이집트 → 서아시아 → 그리스 → 로마 → 초기 기독교 → 비잔틴 → 이슬람(사라센) → 로마네스크 → 고딕 → 르네상스 → 바로크 → 로코코

12 르네상스 교회 건축양식의 일반적 특징으로 옳은 것은?

① 타원형 등 곡선평면을 사용하여 동적이고 극적인 공간연출을 하였다.
② 수평을 강조하며 정사각형, 원 등을 사용하여 유심적 공간구성을 하였다.
③ 직사각형의 평면구성으로 볼트구조의 지붕을 구성하며 종탑을 설치하였다.
④ 로마네스크 건축의 반원아치를 발전시킨 첨두형 아치를 주로 사용하였다.

해설
①은 바로크 건축, ③은 로마네스크 및 고딕, ④는 고딕 건축의 특징이다.

주요 건축양식과 대표적 특징

그리스	오더(도릭, 이오닉, 코린트), 착시교정기법
로마	오더(터스칸, 컴포지트), 아치, 볼트(Vault)
비잔틴	부주두(Dosseret), 펜덴티브(Pendentive)
사라센	스퀸치(Squinch), 미나렛(첨탑)
로마네스크	반원아치, 교차볼트
고딕	첨두아치, 리브 볼트, 장미창, 플라잉 버트레스
르네상스	로마 건축 계승, 인간 중심, 수평성 강조, 러스티케이션(Rustication)
바로크	권력과 권위, 역동적, 곡선 평면

13 아파트의 평면형식에 관한 설명으로 옳지 않은 것은?

① 홀형은 통행부 면적이 작아서 건물의 이용도가 높다.
② 중복도형은 대지 이용률이 높으나, 프라이버시가 좋지 않다.
③ 집중형은 채광·통풍 조건이 좋아 기계적 환경조절이 필요하지 않다.
④ 홀형은 계단실 또는 엘리베이터 홀로부터 직접 주거단위로 들어가는 형식이다.

해설
집중형은 채광·통풍이 불량하여 기계적 환경 조절이 필요하다.

14 페리의 근린주구이론의 내용으로 옳지 않은 것은?

① 주민에게 적절한 서비스를 제공하는 1~2개소 이상의 상점가를 주요도로의 결절점에 배치하여야 한다.
② 내부 가로망은 단지 내의 교통량을 원활히 처리하고 통과교통에 사용되지 않도록 계획되어야 한다.
③ 근린주구의 단위는 통과교통이 내부를 관통하지 않고 용이하게 우회할 수 있는 충분한 넓이의 간선도로에 의해 구획되어야 한다.
④ 근린주구는 하나의 중학교가 필요하게 되는 인구에 대응하는 규모를 가져야 하고, 그 물리적 크기는 인구밀도에 의해 결정되어야 한다.

해설
근린주구는 하나의 초등학교가 필요한 인구 규모를 가진다.
근린주구론의 6가지 계획원칙

규모	• 초등학교 운영에 필요한 인구 규모가 필요하다. • 공간적 크기는 약 400m 정도가 적절하다.
경계	주구 외곽을 4면의 간선도로로 구획한다.
공공시설	학교 및 공공시설 등은 단지의 중심위치에 적절히 배치된다.
상업시설	상업지구 1~2개소가 근린주구 주변, 교통의 결절점에 위치한다.
가로체계	내부 가로망은 단지 내 교통을 원활히 처리하고, 통과교통은 방지한다.
오픈스페이스	공원 및 위락공간을 위한 계획이 필요하다.

15 다음 설명에 알맞은 백화점 진열장 배치방법은?

• Main 통로를 직각 배치하며, Sub 통로를 45° 정도 경사지게 배치하는 유형이다.
• 많은 고객이 매장공간의 코너까지 접근하기 용이하지만, 이형의 진열장이 많이 필요하다.

① 직각배치   ② 방사배치
③ 사행배치   ④ 자유유선배치

해설
① 직각배치 : 가구와 가구를 직각으로 배치하는 형식으로, 매장면적의 이용률을 최대로 확보할 수 있으며 경제적이다.
② 방사배치 : 판매장의 통로를 방사형으로 배치한 형식으로, 동선이 명확하고 종업원과의 거리감이 적지만 적용이 어렵다.
④ 자유유선배치 : 곡선형 등으로 자유롭게 배치한 형식이다. 통로 폭의 조절이 용이하고 매장의 특수성을 살릴 수 있으나 그 특성상 매장의 변경 및 이동이 어려우며 시설비가 고가이다.

16 다음 중 주심포식 건물이 아닌 것은?

① 강릉 객사문
② 서울 남대문
③ 수덕사 대웅전
④ 무위사 극락전

해설
서울 남대문은 다포식 건물이다.
건축물과 공포의 형식

주심포식	봉정사(극락전), 관음사(원통전), 부석사(무량수전, 조사당), 수덕사(대웅전), 무위사(극락전), 강릉 객사문 등
다포식	경복궁(근정전), 창경궁(명정전), 창덕궁(돈화문), 남대문, 동대문, 심원사(보광전), 불국사(극락전), 전등사(대웅전), 화암사(극락전), 위봉사(보광명전), 석왕사(응진전), 봉정사(대웅전), 내소사(대웅전) 등 ※ 가장 오래된 건축물은 심원사(보광전)이다.
익공식	강릉 오죽헌 등
절충식	경복궁(향원정) 등

정답 13 ③ 14 ④ 15 ③ 16 ②

17 극장 건축의 음향계획에 관한 설명으로 옳지 않은 것은?

① 음향계획에 있어서 발코니의 계획은 될 수 있는 한 피하는 것이 좋다.
② 음의 반복 반사 현상을 피하기 위해 가급적 원형에 가까운 평면형으로 계획한다.
③ 무대에 가까운 벽은 반사재로 하고 멀어짐에 따라서 흡음재의 벽을 배치하는 것이 원칙이다.
④ 오디토리움 양쪽의 벽은 무대의 음을 반사에 의해 객석 뒷부분까지 이르도록 보강해주는 역할을 한다.

해설
원형 평면은 음이 반복 반사되므로 음향상 좋지 않은 구조이며, 부채꼴형 평면 등이 가장 적합하다.

18 쇼핑센터의 특징적인 요소인 페데스트리언 지대(Pedestrian area)에 관한 설명으로 옳지 않은 것은?

① 고객에게 변화감과 다채로움, 자극과 흥미를 제공한다.
② 바닥면의 고저차를 많이 두어 지루함을 주지 않도록 한다.
③ 바닥면에 사용하는 재료는 주위 상황과 조화시켜 계획한다.
④ 사람들의 유동적 동선이 방해되지 않는 범위에서 나무나 관엽식물을 둔다.

해설
바닥면에 고저차를 두지 않아야 동선의 흐름이 원활하다.
페데스트리언 지대(Pedestrian area)

특징	• 분수, 연못, 조경 등의 요소를 활용하여 휴식장소를 제공하며 자극과 흥미를 부여하는 특징적인 요소이다. • 넓은 면적을 점유하나, 고객의 유입으로 인한 구매력 증대의 효과가 있다.
고려 사항	• 고객에게 변화감과 다채로움, 자극과 흥미를 제공한다. • 바닥면에 고저차를 두지 않는 것이 좋다. • 바닥면에 사용하는 재료는 주위 상황과 조화시켜 계획한다. • 고객의 동선이 방해되지 않는 범위에서 나무 및 관엽식물을 둔다.

19 그리스 건축의 오더 중 도릭 오더의 구성에 속하지 않는 것은?

① 볼류트(Volute)
② 프리즈(Frieze)
③ 아바쿠스(Abacus)
④ 에키누스(Echinus)

해설
볼류트(Volute)는 이오닉 오더의 주두를 구성하는 회오리 형태의 문양을 말한다.
도릭 오더(Doric order)

개요	• 그리스 최초의 오더이다. • 다른 오더와 달리 주초(Base)가 없다. • 단순하고 장중한 느낌을 주는 양식이다.	
구성	기단	스테레오베이트, 스타일로베이트
	주신(Shaft)	프리즈(수평띠)
	주두(Capital)	에키누스, 아바쿠스, 돌림띠

20 오피스 랜드스케이프(Office landscape)에 관한 설명으로 옳지 않은 것은?

① 외부 조경면적이 확대된다.
② 작업의 폐쇄성이 저하된다.
③ 사무능률의 향상을 도모한다.
④ 공간의 효율적 이용이 가능하다.

해설
오피스 랜드스케이핑은 개방된 큰 실 내부에 분리된 공간을 두는 개방식 배치의 일종으로서, 외부 조경면적과는 관련이 없다.
오피스 랜드스케이핑(Office landscaping)

개요	• 직위서열보다 의사전달과 작업의 흐름에 따라 배치하는 형식이다. • 작업장의 집단을 자유롭게 그룹핑하여 불규칙한 평면을 유도한다. • 개방식 배치에 속하며, 실내에 고정된 칸막이가 없다.
장점	• 변화하는 작업의 패턴에 신속하고 경제적으로 대처할 수 있다. • 작업단위에 의한 그룹(Group) 배치가 가능하다. • 커뮤니케이션의 융통성이 있고 사무능률이 향상된다. • 공간이 절약되며, 시설비와 유지관리비가 절감된다.
단점	• 독립성이 떨어지며, 소음에 대한 대책이 필요하다. • 대형가구 등 소리를 반향시키는 기재의 사용이 어렵다.

제2과목 건축시공

21 목공사에 사용되는 철물에 관한 설명으로 옳지 않은 것은?

① 감잡이쇠는 큰 보에 걸쳐 작은 보를 받게 하고, 안장쇠는 평보를 대공에 달아매는 경우 또는 평보와 ㅅ자보의 밑에 쓰인다.
② 못의 길이는 박아 대는 재두께의 2.5배 이상이며, 마구리 등에 박는 것은 3.0배 이상으로 한다.
③ 볼트구멍은 볼트지름보다 3mm 이상 커서는 안 된다.
④ 듀벨은 볼트와 같이 사용하여 듀벨에는 전단력, 볼트에는 인장력을 분담시킨다.

해설
감잡이쇠는 왕대공-평보, 평보-ㅅ자보의 밑에 사용되며, 안장쇠는 큰 보-작은 보의 연결에 사용된다.

22 지명경쟁입찰을 택하는 이유 중 가장 중요한 것은?

① 공사비의 절감
② 양질의 시공결과 기대
③ 준공기일의 단축
④ 공사감리의 편리

해설
지명경쟁입찰

개요	해당 공사에 적정하다고 판단되는 소수의 업체를 지명하여 입찰을 실시하는 방식이다.
기준	도급회사의 자본금, 과거실적, 보유 기자재 등이 있다.
장점	양질의 시공 결과가 기대된다.
단점	담합이 형성될 우려가 있다.

23 실의 크기 조절이 필요한 경우 칸막이 기능을 하기 위해 만든 병풍 모양의 문은?

① 여닫이문
② 자재문
③ 미서기문
④ 홀딩 도어

해설
① 여닫이문 : 경첩 등을 축으로 개폐되는 창호이다.
② 자재문 : 자유경첩을 사용하여 안팎으로 개폐되는 창호이다.
③ 미서기문 : 문짝을 상하문틀에 홈을 파서 끼우고 옆문에 겹쳐 세워 여닫는 창호이다.
홀딩 도어(Folding door, 접이식문)
• 여러 장의 문을 경첩으로 연결하고 접거나 펴서 개폐하는 병풍 모양의 문을 말한다.
• 실의 크기 조절이 필요한 경우 칸막이 기능을 하기 위해 적용된다.

24 강제배수 공법의 대표적인 공법으로 인접 건축물과 토류판 사이에 케이싱 파이프를 삽입하여 지하수를 펌프 배수하는 공법은?

① 집수정 공법
② 웰포인트 공법
③ 리버스서큘레이션 공법
④ 전기삼투 공법

해설
① 집수정 공법 : 지반 내에 집수정을 설치하고 집수정에 고인 물을 수중 펌프로 배수하는 공법이다.
③ 리버스서큘레이션 공법 : 굴착공 내에 지하수위보다 2m 이상 높게 물을 채워 정수압을 확보하여 공벽의 붕괴를 방지하면서 굴착하는 대구경 현장타설콘크리트말뚝 공법이다.
④ 전기삼투(침투) 공법 : 지반에 전기를 통과시키면 지하수가 양극에서 음극으로 흐르는 성질을 이용하여 배수하는 공법이다.

정답 21 ① 22 ② 23 ④ 24 ②

25 기계가 위치한 곳보다 높은 곳의 굴착에 가장 적당한 건설기계는?

① Dragline
② Back hoe
③ Power shovel
④ Scraper

해설

정지·굴착장비별 특징 및 주요 작업

구분	특징	주된 작업
그레이더	장비 중앙부 배토판	정지, 고르기
도저	장비 전면부 배토판	정지, 단거리 운반
파워셔블	장비 전면부 상향 셔블	지면·기계보다 높은 굴착
백호	붐에 부착된 하향 셔블	지면·기계보다 낮은 굴착
드래그라인	와이어에 달린 버킷을 끌어당기며 긁어서 굴착	지면·기계보다 낮은 굴착, 수중 굴착
클램셸	와이어에 달린 버킷으로 굴착 후 수직 인양	수직, 수중, 연약지반, 깊은 굴착, 운반
스크레이퍼	굴착기 + 운반기	굴착, 적재, 운반, 정지 연속 수행

26 건축공사 스프레이 도장방법에 관한 설명으로 옳지 않은 것은?

① 도장거리는 스프레이 도장면에서 300mm를 표준으로 한다.
② 매회의 에어스프레이는 붓도장과 동등한 정도의 두께로 하고, 2회분의 도막두께를 한 번에 도장하지 않는다.
③ 각 회의 스프레이 방향은 전회의 방향에 평행으로 진행한다.
④ 스프레이할 때는 항상 평행이동하면서 운행의 한 줄마다 스프레이 너비의 1/3 정도를 겹쳐 뿜는다.

해설

스프레이 도장(뿜칠) 시 각 회의 스프레이 방향은 전회의 방향에 직각으로 한다.

27 철근콘크리트공사 시 벽체 거푸집 또는 보 거푸집에서 거푸집판을 일정한 간격으로 유지시켜 주는 동시에 콘크리트의 측압을 최종적으로 지지하는 역할을 하는 부재는?

① 인서트
② 컬럼밴드
③ 폼타이
④ 턴버클

해설

① 인서트 : 콘크리트 슬래브에 묻어 천장 달대를 고정시키는 용도로 사용되는 철물이다.
② 컬럼밴드 : 기둥 시공 시 거푸집이 벌어지는 것을 방지하기 위해 사용하는 철물이다.
④ 턴버클 : 와이어로프 등의 길이 조절에 사용되는 기구이다.

28 커튼월(Curtain wall)에 관한 설명으로 옳지 않은 것은?

① 주로 내력벽에 사용된다.
② 공장생산이 가능하다.
③ 고층 건물에 많이 사용된다.
④ 용접이나 볼트조임으로 구조물에 고정시킨다.

해설

커튼월은 라멘구조 등에서 비내력 외벽을 유리, 금속 등의 공장생산 부재로 구성하는 프리패브(Prefab)구조이다.

29 TQC를 위한 7가지 도구 중 다음 설명에 해당하는 것은?

> 모집단에 대한 품질 특성을 알기 위하여 모집단의 분포상태, 분포의 중심위치, 분포의 산포 등을 쉽게 파악할 수 있도록 막대 그래프 형식으로 작성한 도수분포도를 말한다.

① 히스토그램
② 특성요인도
③ 파레토도
④ 체크시트

해설

② 특성요인도(생선뼈그림) : 결과에 대한 원인이 어떻게 관계하는지를 알기 쉽게 작성한 그림이다.
③ 파레토도(파레토그램) : 가로축에는 층별 요인이나 특성을, 세로축에는 불량건수나 불량손실금액 등을 표시하여 그 점유율을 나타낸 불량해석도이다.
④ 체크시트 : 불량이나 결점 등의 데이터가 항목별로 집중되어 있는 지점을 쉽게 알아보기 위해 나타내는 그림 또는 표이다.

30 건설현장에서 근무하는 공사감리자의 업무에 해당되지 않는 것은?

① 공사시공자가 사용하는 건축자재가 관계 법령에 의한 기준에 적합한 건축자재인지 여부의 확인
② 상세시공도면의 작성
③ 공사현장에서의 안전관리지도
④ 품질시험의 실시 여부 및 시험성과의 검토·확인

해설
상세시공도면의 검토·확인이 공사감리자의 업무이다.
공사감리업무(건축법 시행령 제19조 제9항, 동법 시행규칙 제19조의2)
- 공사시공자가 설계도서에 따라 적합하게 시공하는지 여부의 확인
- 공사시공자가 사용하는 건축자재가 관계 법령에 따른 기준에 적합한 건축자재인지 여부의 확인
- 건축물 및 대지가 관계 법령에 적합하도록 공사시공자 및 건축주를 지도
- 시공계획 및 공사관리의 적정 여부의 확인
- 건축공사의 하도급과 관련된 다음의 확인
  - 수급인(하수급인을 포함한다)이 건설산업기본법에 따른 시공자격을 갖춘 건설사업자에게 건축공사를 하도급했는지에 대한 확인
  - 수급인이 건설산업기본법에 따라 공사현장에 건설기술인을 배치했는지에 대한 확인
- 공사현장에서의 안전관리의 지도
- 공정표의 검토
- 상세시공도면의 검토·확인
- 구조물의 위치와 규격의 적정 여부의 검토·확인
- 품질시험의 실시 여부 및 시험성과의 검토·확인
- 설계변경의 적정 여부의 검토·확인
- 기타 공사감리계약으로 정하는 사항

31 석고 플라스터에 관한 설명으로 옳지 않은 것은?

① 석고 플라스터는 경화지연제를 넣어서 경화시간을 너무 빠르지 않게 한다.
② 경화·건조 시 치수 안정성과 내화성이 뛰어나다.
③ 석고 플라스터는 공기 중의 탄산가스를 흡수하여 표면부터 서서히 경화한다.
④ 시공 중에는 될 수 있는 한 통풍을 피하고 경화 후에는 적당한 통풍을 시켜야 한다.

해설
석고 플라스터는 물과 화학반응하여 경화하는 수경성 미장재료이다.

32 미장공사에서 균열을 방지하기 위하여 고려해야 할 사항 중 옳지 않은 것은?

① 바름면은 바람 또는 직사광선 등에 의한 급속한 건조를 피한다.
② 1회의 바름 두께는 가급적 얇게 한다.
③ 쇠흙손질을 충분히 한다.
④ 모르타르 바름의 정벌바름은 초벌바름보다 부배합으로 한다.

해설
미장공사에서 정벌바름은 빈배합, 바탕에 가까운 초벌바름은 부배합으로 한다.

33 고강도 콘크리트에 관한 내용으로 옳지 않은 것은?

① 설계기준압축강도는 보통 또는 중량골재 콘크리트에서 40 MPa 이상인 것으로 한다.
② 고성능 감수제의 단위량은 소요강도 및 작업에 적합한 워커빌리티를 얻도록 시험에 의해서 결정하여야 한다.
③ 단위수량은 소요의 워커빌리티를 얻을 수 있는 범위 내에서 가능한 한 작게 하여야 한다.
④ 기상의 변화나 동결융해 발생 여부에 관계없이 공기연행제를 사용하는 것을 원칙으로 한다.

해설
고강도 콘크리트에서 공기연행제는 기상의 변화가 심하거나 동결융해에 대한 대책이 필요한 경우에만 사용한다.

34 건축공사에서 활용되는 견적방법 중 가장 상세한 공사비의 산출이 가능한 견적방법은?

① 개산견적　　② 명세견적
③ 입찰견적　　④ 실행견적

해설
명세견적
- 설계도서, 시방서, 현장설명 등을 토대로 명확한 수량을 집계하여 정밀하게 공사비를 산출하는 방법이다.
- 가장 정확한 공사비의 산출이 가능한 견적방법이다.

정답 30 ② 31 ③ 32 ④ 33 ④ 34 ②

35 벽돌에 생기는 백화를 방지하기 위한 방법으로 옳지 않은 것은?

① 10% 이하의 흡수율을 가진 양질의 벽돌을 사용한다.
② 벽돌면 상부에 빗물막이를 설치한다.
③ 파라핀 도료를 발라 염류가 나오는 것을 방지한다.
④ 줄눈 모르타르에 석회를 넣어 바른다.

해설
생석회는 백화의 주원인이므로 ④는 적절한 방법이 아니다.
백화를 방지하기 위한 방법

재료선정	• 10% 이하의 흡수율을 가진 양질의 벽돌을 사용한다. • 잘 소성된 벽돌을 사용한다.
양생준수	재료는 충분한 양생 후에 사용하며, 보양을 한다.
방수처리	• 벽면에 실리콘방수를 하며, 줄눈에 방수제를 넣는다. • 파라핀 도료를 벽면에 뿜칠하여 염류 용출을 방지한다.
우수차단	• 차양 등의 비막이를 설치하여 벽에 직접 비가 맞지 않도록 한다. • 돌출부의 상부에 우수가 침투하지 않도록 한다.

36 주문받은 건설업자가 대상계획의 기업, 금융, 토지조달, 설계, 시공 기타 모든 요소를 포괄하여 발주하는 도급계약 방식은?

① 실비청산보수가산도급
② 정액도급
③ 공동도급
④ 턴키도급

해설
① 실비청산보수가산도급 : 실제 공사의 실비를 확인하여 청산하고, 미리 정한 보수에 따라 건축주가 보수를 지불하는 방식이다.
② 정액도급 : 공사비의 총액을 확정하고 계약하는 방식이다.
③ 공동도급(JV) : 공사를 복수의 도급자가 구성한 공동체에 도급시키는 것을 말한다.

37 서로 다른 종류의 금속재가 접촉하는 경우 부식이 일어나는 경우가 있는데 부식성이 큰 금속 순으로 옳게 나열된 것은?

① 알루미늄 → 철 → 주석 → 구리
② 주석 → 철 → 알루미늄 → 구리
③ 철 → 주석 → 구리 → 알루미늄
④ 구리 → 철 → 알루미늄 → 주석

해설
금속의 반응성 : 알루미늄 > 아연 > 철 > 니켈 > 주석 > 납 > 구리 순이다.

38 프리스트레스트 콘크리트에 관한 설명으로 옳은 것은?

① 진공매트 또는 진공펌프 등을 이용하여 콘크리트로부터 수화에 필요한 수분과 공기를 제거한 것이다.
② 고정시설을 갖춘 공장에서 부재를 철재거푸집에 의하여 제작한 기성제품 콘크리트(PC)이다.
③ 포스트텐션 공법은 미리 강선을 압축하여 콘크리트에 인장력으로 작용시키는 방법이다.
④ 장스팬 구조물에 적용할 수 있으며, 단위부재를 작게 할 수 있어 자중이 경감되는 특징이 있다.

해설
프리스트레스트 콘크리트는 부재 단면을 줄일 수 있어 자중이 경감되므로 간 사이를 길게 할 수 있다.
프리스트레스트 콘크리트

개요	부재 내에 고강도선인 피아노선을 매립하고 인장력을 가한 다음 제거시키는 방법으로 콘크리트에 프리스트레스를 도입하는 공법이다.
특징	• 인장응력이 발생하는 부분에 미리 압축력을 가하여 인장강도를 증진시키는 공법이다. • 고강도이면서 수축·크리프 등의 변형이 적은 고품질의 콘크리트가 요구된다.
장점	• 간 사이를 길게 하여 넓은 공간을 설계할 수 있다. • 자중을 경감할 수 있으며, 부재 단면을 줄일 수 있다. • 공기를 단축할 수 있고 기계화 시공이 가능하다. • 강도와 내구성이 큰 구조물을 만들 수 있다.
단점	• 진동이 많고 시공이 복잡하며, 화재 시 위험도가 높다. • 항복점 이상에서 진동, 충격에 약하다.

39 다음 그림과 같은 건물에서 G_1과 같은 보가 8개 있다고 할 때 보의 총 콘크리트량을 구하면?(단, 보의 단면상 슬래브와 겹치는 부분은 제외하며, 철근량은 고려하지 않는다)

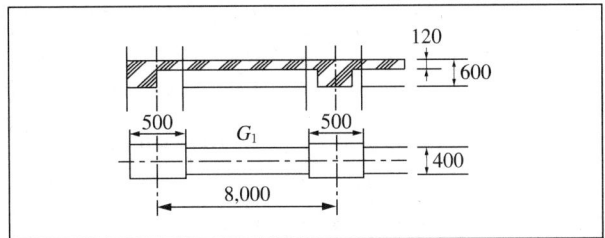

① $11.52m^3$
② $12.23m^3$
③ $13.44m^3$
④ $15.36m^3$

해설
콘크리트의 체적 – 보
단면적 계산 시 보의 춤에서 바닥판 두께는 제외한다.
보 1개의 체적 = 보폭 × 바닥판 두께를 뺀 보의 춤 × 내부유효길이
= 0.4m × (0.6m − 0.12m) × (8m − 0.5m)
= 1.44m³
∴ 보 8개의 체적 = 1.44m³ × 8 = 11.52m³

40 포틀랜드 시멘트 화학성분 중 1일 이내 수화를 지배하며 응결이 가장 빠른 것은?

① 알루민산3석회
② 알루민산철4석회
③ 규산3석회
④ 규산2석회

해설
알루민산3석회는 수화속도가 빠르고 수화열이 가장 크며, 1일 이내 조기강도를 지배하는 성분이다.

시멘트의 화학적 구성물

구분	규산 3석회	규산 2석회	알루민산 3석회	알루민산철 4석회
강도발현	28일 이내 조기강도	28일 이후 장기강도	1일 이내 조기강도	기여하지 않음
수화속도	빠름	늦음	빠름	빠름
수화열	크다.	작다.	가장 크다.	보통
건조수축	보통	작다.	가장 크다.	작다.
화학저항	보통	크다.	작다.	보통

제3과목 건축구조

41 고장력볼트 접합에 관한 설명으로 옳지 않은 것은?

① 유효단면적당 응력이 크며, 피로강도가 작다.
② 강한 조임력으로 너트의 풀림이 생기지 않는다.
③ 응력 방향이 바뀌더라도 혼란이 일어나지 않는다.
④ 접합방식에는 마찰접합, 지압접합, 인장접합이 있다.

해설
고장력볼트 접합은 유효단면적당 응력이 작고, 피로강도가 높다.
고장력볼트 마찰접합
• 고장력볼트의 조임력에 의해 발생하는 부재 간의 마찰력으로 응력을 전달하는 방식이다.
• 정확한 계기공구로 죄어 일정하고 정확한 강도를 얻을 수 있다.
• 마찰력에 의한 접합부의 강성과 피로강도가 높다.
• 국부적인 응력집중이 발생하지 않으며, 전단응력 및 지압응력이 생기지 않는다.
• 유효단면적당 응력이 작고 응력집중이 적으므로 반복응력에 강하다.
• 응력의 방향이 바뀌어도 힘의 흐름상 혼란이 일어나지 않는다.
• 강한 조임력으로 너트의 풀림이 생기지 않는다.
• 불량개소의 수정 및 품질관리가 용이하다.
• 현장시공이 간편하고, 소음이 대체로 적으며, 공기가 절약된다.
• 응력이 부재 간 마찰력을 초과하게 되면 미끄럼현상이 발생한다.

42 지진에 대응하는 기술 중 하나인 제진(制震)에 관한 설명으로 옳지 않은 것은?

① 기존 건물의 구조형식에 좌우되지 않는다.
② 지반 종류에 의한 제약을 받지 않는다.
③ 소형 건물에 일반적으로 많이 적용된다.
④ 댐퍼 등을 사용하여 흔들림을 효과적으로 제어한다.

해설
제진구조
• 지진에 대한 흔들림을 억제하는 메커니즘을 설치한 구조이다.
• 건축물에 계측기 및 댐퍼, 제진 추 등의 장치를 설치하여 지진파를 감소시키거나 상쇄시키는 구조이다.
• 기존 건물의 구조형식이나 지반 종류에 제약을 받지 않는다.
• 소규모 건축물에는 적용하기 어렵다.

43 콘크리트구조의 내구성 설계기준에 따른 보수·보강 설계에 관한 설명으로 옳지 않은 것은?

① 손상된 콘크리트 구조물에서 안전성, 사용성, 내구성, 미관 등의 기능을 회복시키기 위한 보수는 타당한 보수설계에 근거하여야 한다.
② 보수·보강설계를 할 때는 구조체를 조사하여 손상 원인, 손상 정도, 저항내력 정도를 파악한다.
③ 책임구조기술자는 보수·보강 공사에서 품질을 확보하기 위하여 공정별로 품질관리검사를 시행하여야 한다.
④ 보강설계를 할 때에는 사용성과 내구성 등의 성능은 고려하지 않고, 보강 후의 구조내하력 증가만을 반영한다.

[해설]
보강설계를 할 때에는 보강 후의 구조내하력 증가 외에 사용성과 내구성 등의 성능 향상을 고려하여야 한다(KDS 14 20 40).

44 그림과 같은 직사각형 단면을 가지는 보에 최대 휨모멘트 $M = 20\text{kN}\cdot\text{m}$가 작용할 때 최대 휨응력은?

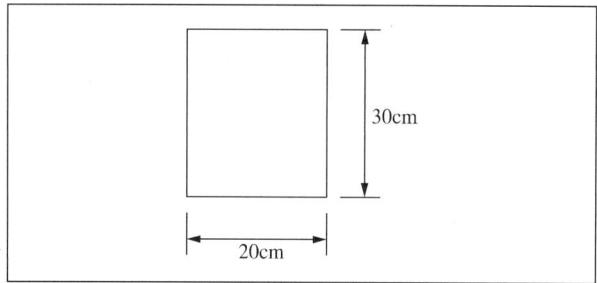

① 3.33MPa
② 4.44MPa
③ 5.56MPa
④ 6.67MPa

[해설]
최대 휨응력($\sigma_{\max}$) = $\dfrac{6M}{bh^2}$ = $\dfrac{6 \times 20,000,000\text{N}\cdot\text{mm}}{200\text{mm} \times (300\text{mm})^2}$ ≒ 6.67N/mm²

※ 1N/mm² = 1MPa

45 그림과 같은 복근보에서 전단보강철근이 부담하는 전단력 V_s를 구하면?(단, f_{ck} = 24MPa, f_y = 400MPa, f_{yt} = 300MPa, A_v = 71mm²)

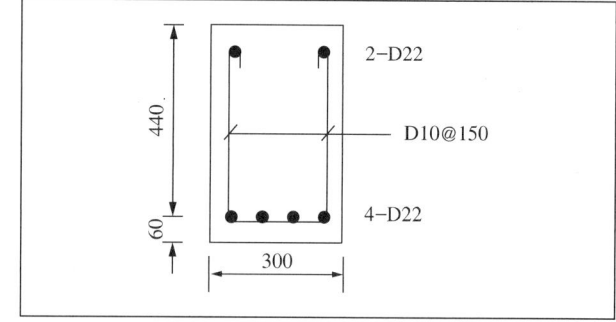

① 약 110kN
② 약 115kN
③ 약 120kN
④ 약 125kN

[해설]
$$V_s = \frac{A_v \times f_{yt} \times d}{S} = \frac{(2 \times 71\text{mm}^2) \times 300\text{N/mm}^2 \times 440\text{mm}}{150\text{mm}}$$
$$= 124,960\text{N} ≒ 125\text{kN}$$

여기서, A_v : 전단철근의 단면적
f_{yt} : 전단철근의 항복강도
d : 보의 유효깊이
S : 전단철근의 간격

※ D10철근 1본의 단면적 : 71mm²

46 강도설계법에서 단근직사각형보의 c(압축연단에서 중립축까지 거리)값으로 옳은 것은?(단, f_{ck} = 24MPa, f_y = 400MPa, b = 300mm, A_s = 1,161mm², 포물선-직선 형상의 응력-변형률 관계 이용)

① 92.65mm
② 94.85mm
③ 96.65mm
④ 98.85mm

해설
등가응력블록
단면의 가장자리와 최대 압축변형률이 일어나는 연단부터 $a = \beta_1 c$ 거리에 있고 중립축과 평행한 직선에 의해 이루어지는 등가압축영역에 $\eta(0.85 f_{ck})$ 인 콘크리트 응력이 등분포하는 것으로 가정한다.

등가직사각형 응력분포 변수 값

f_{ck}	≤40MPa	50MPa	60MPa	70MPa
ε_{cu}	0.0033	0.0032	0.0031	0.003
η	1.00	0.97	0.95	0.91
β_1	0.80	0.80	0.76	0.74

등가응력블록의 깊이$(a) = \dfrac{A_s \times f_y}{\eta(0.85 f_{ck}) \times b} = \dfrac{1{,}161 \times 400}{1.0 \times (0.85 \times 24) \times 300}$
$\qquad \qquad \qquad \quad \fallingdotseq 75.88\text{mm}$

∴ 압축연단에서 중립축까지 거리$(c) = \dfrac{a}{\beta_1} = \dfrac{75.88\text{mm}}{0.8} = 94.85\text{mm}$

47 그림의 용접기호와 관련된 내용으로 옳은 것은?

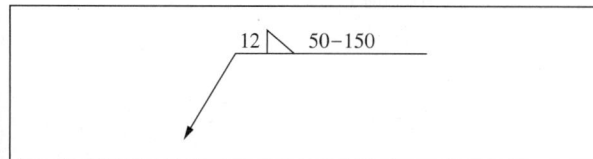

① 양면용접에 용접길이 50mm
② 용접간격 100mm
③ 용접치수 12mm
④ 맞댐(개선) 용접

해설
제시된 용접기호가 나타내는 것은 필릿용접 · 단속용접 · 화살 반대쪽 용접, 용접치수 12mm, 용접길이 50mm, 용접간격 150mm이다.

필릿용접(모살용접)의 용접기호

	단속 용접
화살쪽 용접	현장용접 A ▽ B–C
화살 반대쪽 용접	현장용접 A ▽ B–C
병렬 · 양면 용접	현장용접 A ▷ B–C

※ A : 용접치수(mm), B : 용접길이(mm), C : 용접간격(mm)

48 그림과 같은 3회전단 구조물의 반력은?

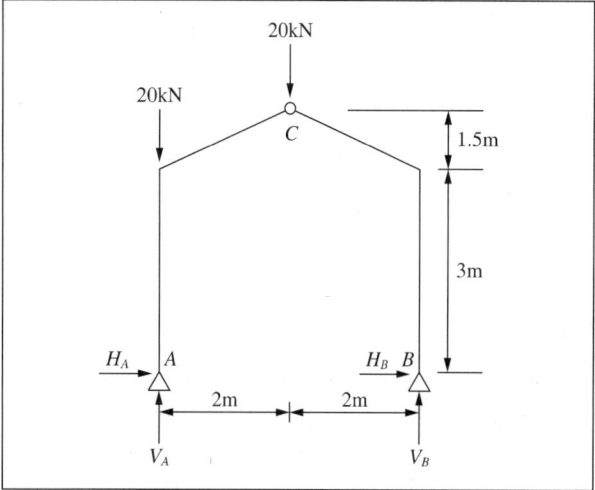

① $H_A = 4.44$kN, $V_A = 30$kN, $H_B = -4.44$kN, $V_B = 10$kN
② $H_A = 0$, $V_A = 30$kN, $H_B = 0$, $V_B = 10$kN
③ $H_A = -4.44$kN, $V_A = 30$kN, $H_B = 4.44$kN, $V_B = 10$kN
④ $H_A = 4.44$kN, $V_A = 50$kN, $H_B = -4.44$kN, $V_B = -10$kN

해설
- $\sum M_B = 0$
  $V_A \times (a+b) - P_1 \times (a+b) - P_2 \times b = 0$
  $V_A \times 4\text{m} - 20\text{kN} \times 4\text{m} - 20\text{kN} \times 2\text{m} = 0$
  ∴ $V_A = 30$kN
- $\sum V = 0$
  $V_A + V_B - P_1 - P_2 = 0$
  $30\text{kN} + V_B - 20\text{kN} - 20\text{kN} = 0$
  ∴ $V_B = 10$kN
- $\sum H = 0$
  $H_A + H_B = 0$
- $M_{C, 좌측} = 0$
  $V_A \times a - H_A \times (h_1 + h_2) - P_1 \times a = 0$
  $30\text{kN} \times 2\text{m} - H_A \times 4.5\text{m} - 20\text{kN} \times 2\text{m} = 0$
  ∴ $H_A = 4.44\text{kN}(\rightarrow)$, $H_B = -4.44\text{kN}(\leftarrow)$

49 그림과 같은 양단 고정보에서 B단의 휨모멘트값은?

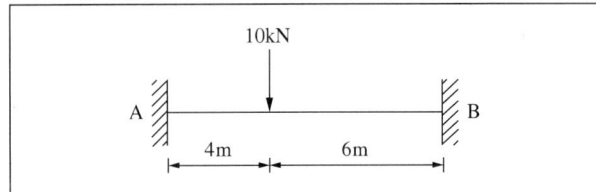

① 2.4kN·m ② 9.6kN·m
③ 14.4kN·m ④ 24.8kN·m

해설
양단 고정보의 휨모멘트

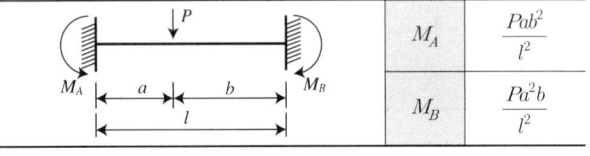

M_A	$\dfrac{Pab^2}{l^2}$
M_B	$\dfrac{Pa^2b}{l^2}$

$\therefore M_B = -\dfrac{Pa^2b}{l^2} = \dfrac{-10\text{kN} \times (4\text{m})^2 \times 6\text{m}}{(10\text{m})^2} = (-)9.6\text{kN}\cdot\text{m}$

50 1방향 철근콘크리트 슬래브에 배치하는 수축·온도철근에 관한 기준으로 옳지 않은 것은?

① 수축·온도철근으로 배치되는 이형철근 및 용접철망의 철근비는 어떤 경우에도 0.0014 이상이어야 한다.
② 수축·온도철근으로 배치되는 설계기준항복강도가 400MPa을 초과하는 이형철근 또는 용접철망을 사용한 슬래브의 철근비는 $0.0020 \times \dfrac{400}{f_y}$로 산정한다.
③ 수축·온도철근의 간격은 슬래브 두께의 6배 이하, 또한 600mm 이하로 하여야 한다.
④ 수축·온도철근은 설계기준항복강도 f_y를 발휘할 수 있도록 정착되어야 한다.

해설
수축·온도철근의 간격은 슬래브 두께의 5배 이하, 또한 450mm 이하로 하여야 한다.

51 다음 그림과 같은 인장재의 순단면적을 구하면?(단, F10T-M20볼트 사용(표준구멍), 판의 두께는 6mm임)

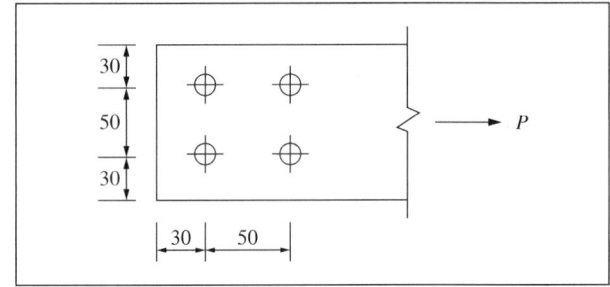

① 296mm² ② 396mm²
③ 426mm² ④ 536mm²

해설
M20볼트의 표준구멍치수는 22mm이다.
- $A_g = (30+50+30) \times 6 = 660\text{mm}^2$
- $A_n = A_g - ndt = 660 - (2 \times 22 \times 6) = 396\text{mm}^2$

여기서, A_g : 부재의 총단면적
  n : 인장력에 의한 파단선상에 있는 구멍의 수
  d : 파스너구멍의 직경(mm)
  t : 부재의 두께(mm)

52 그림과 같은 내민보에 집중하중이 작용할 때 A점의 처짐각 θ_A를 구하면?

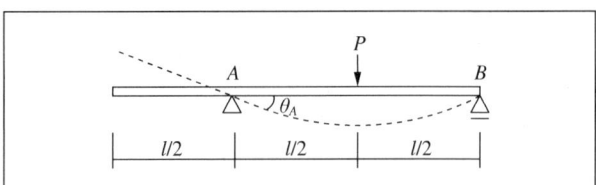

① $\dfrac{Pl^2}{4EI}$ ② $\dfrac{Pl^2}{16EI}$
③ $\dfrac{Pl^2}{128EI}$ ④ $\dfrac{Pl^2}{256EI}$

해설

단순보의 처짐

집중하중		등분포하중	
최대 처짐	처짐각	최대 처짐	처짐각
$\dfrac{Pl^3}{48EI}$	$\dfrac{Pl^2}{16EI}$	$\dfrac{5wl^4}{384EI}$	$\dfrac{wl^3}{24EI}$
중앙	지점	중앙	지점

내민보 구간에 하중이 작용하지 않으므로, 단순보(AB) 중앙에 집중하중이 작용하는 것으로 본다.

$$\therefore \theta_A = \frac{Pl^2}{16EI}$$

54 과도한 처짐에 의해 손상되기 쉬운 비구조요소를 지지 또는 부착하지 않은 바닥구조의 활하중 l에 의한 순간처짐의 한계는?

① $\dfrac{l}{180}$ ② $\dfrac{l}{240}$

③ $\dfrac{l}{360}$ ④ $\dfrac{l}{480}$

해설

극한강도설계법의 최대 허용처짐

처짐 한계	부재의 형태
$\dfrac{l}{180}$	과도한 처짐에 의해 손상되기 쉬운 비구조 요소를 지지 또는 부착하지 않은 평지붕구조
$\dfrac{l}{360}$	과도한 처짐에 의해 손상되기 쉬운 비구조 요소를 지지 또는 부착하지 않은 바닥구조
$\dfrac{l}{480}$	과도한 처짐에 의해 손상되기 쉬운 비구조 요소를 지지 또는 부착한 지붕 또는 바닥구조
$\dfrac{l}{240}$	과도한 처짐에 의해 손상될 염려가 없는 비구조 요소를 지지 또는 부착한 지붕 또는 바닥구조

53 양단 힌지인 길이 6m의 H-300×300×10×15의 기둥이 부재 중앙에서 약축 방향으로 가새를 통해 지지되어 있을 때 설계용 세장비는?(단, r_x = 131mm, r_y = 75.1mm)

① 39.9   ② 45.8
③ 58.2   ④ 66.3

해설

- 좌굴길이
  유효좌굴계수(K)는 양단 힌지일 때 1.0이므로
  좌굴길이(l_k) = 유효좌굴계수(K) × 길이(l)
  　　　　　 = 1 × 600cm = 600cm
- 세장비
  부재의 전체길이에 r_x를 적용하여 세장비를 구한다.
  세장비(λ) = 좌굴길이(l_k) ÷ 단면2차반경($i_{\min}$)
  　　　　　　= 600cm ÷ 13.1cm ≒ 45.8
  ※약축에 대해서는 300cm ÷ 7.51cm ≒ 39.95이다.

55 다음과 같은 사다리꼴 단면의 도심 y_0 값은?

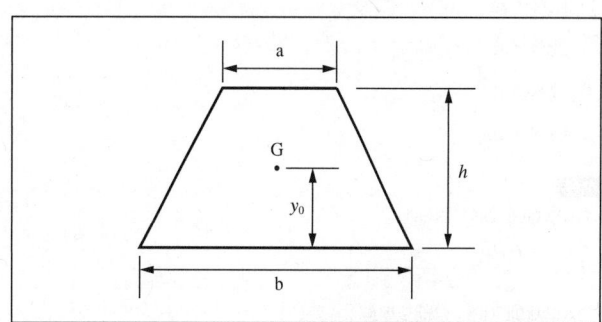

① $\dfrac{h(2a+b)}{3(a+b)}$ ② $\dfrac{h(a+b)}{3(2a+b)}$

③ $\dfrac{3h(2a+b)}{(a+b)}$ ④ $\dfrac{h(a+2b)}{3(a+b)}$

정답 53 ② 54 ③ 55 ①

> [해설]
> 사다리꼴 단면의 도심

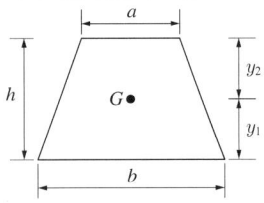

- $y_1 = \dfrac{h}{3} \times \dfrac{(2a+b)}{(a+b)}$
- $y_2 = \dfrac{h}{3} \times \dfrac{(a+2b)}{(a+b)}$

56 그림과 같은 라멘에 있어서 A점의 모멘트는 얼마인가?(단, k는 강비이다)

① 1kN·m
② 2kN·m
③ 3kN·m
④ 4kN·m

> [해설]
> • DA부재에 대한 분배율
> $f_{DA} = \dfrac{K_{DA}}{\Sigma K} = \dfrac{1}{2+1+2} = \dfrac{1}{5}$
> • DA부재에 대한 분배모멘트
> $M_{DA} = f_{DA} \times M_D = \dfrac{1}{5} \times 10\text{kN} \cdot \text{m} = 2\text{kN} \cdot \text{m}$
> ∴ A지점에 대한 전달모멘트
> $M_{AD} = \dfrac{1}{2} \times M_{DA} = \dfrac{1}{2} \times 2\text{kN} \cdot \text{m} = 1\text{kN} \cdot \text{m}$

57 연약한 지반에 대한 대책 중 하부구조의 조치사항으로 옳지 않은 것은?

① 동일 건물의 기초에 이질 지정을 둔다.
② 경질지반에 기초판을 지지한다.
③ 지하실을 설치한다.
④ 경질지반이 깊을 때는 마찰말뚝을 사용한다.

> [해설]
> 일부 지정, 이질 지정, 이질 기초는 부동침하의 원인이 된다.
> 부동침하 및 연약지반에 대한 대책
> • 경질지반에 기초 지지, 지반반력을 같게, 지반개량 실시
> • 건물의 경량화, 지중보의 크기 및 강성 보강
> • 강성체의 지하실, 지지말뚝, 마찰말뚝, 피어기초 사용
> • 건물의 평면상 길이를 짧게 설계, 부분 증축 지양
> • 일부 지정, 이질 지정, 이질 기초의 지양
> • 신축이음의 설치, 인접 건물과의 거리 이격

58 프리스트레스하지 않는 부재의 현장치기콘크리트 중 흙에 접하여 콘크리트를 친 후 영구히 흙에 묻혀 있는 콘크리트의 최소 피복두께 기준으로 옳은 것은?

① 100mm
② 75mm
③ 50mm
④ 40mm

> [해설]
> 프리스트레스하지 않는 부재의 현장치기콘크리트의 최소 피복두께(KDS 14 20 50)

수중에서 치는 콘크리트		100mm
흙에 접하여 콘크리트를 친 후 영구히 흙에 묻혀 있는 콘크리트		75mm
흙에 접하거나 옥외의 공기에 직접 노출되는 콘크리트	D19 이상	50mm
	D16 이하	40mm
옥외의 공기나 흙에 직접 접하지 않는 콘크리트	슬래브, 벽체, 장선	D35 초과	40mm
		D35 이하	20mm
	보, 기둥 ($f_{ck} \geq 40\text{MPa}$인 경우, 10mm 저감시킨다)		40mm
	셸, 절판부재		20mm

59 그림과 같은 구조물의 부정정 차수는?

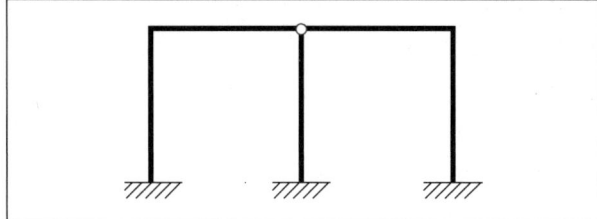

① 1차 부정정 ② 2차 부정정
③ 3차 부정정 ④ 4차 부정정

해설

$m = (n+s+r) - 2k$
$= (3+3+3) + (5) + (2) - (2 \times 6)$
$= 4$

여기서, n : 지점 반력수
s : 부재수
r : 강절점수
k : 절점수

∴ $m > 0$, 4차 부정정 구조물이다.

60 철골구조 주각부의 구성요소가 아닌 것은?

① 커버플레이트 ② 앵커볼트
③ 리브플레이트 ④ 베이스플레이트

해설

①은 보의 플랜지 보강재이다.

주각(Column base)

기둥과 기초의 접합부로, 상부의 하중을 기둥을 통해 기초에 전달하는 역할을 한다.

플레이트	베이스플레이트, 리브플레이트, 윙플레이트
앵글	사이드앵글, 클립앵글
높이조정	베이스 모르타르
고정	앵커볼트

제4과목 건축설비

61 배수관의 관경과 구배에 관한 설명으로 옳지 않은 것은?

① 배관구배를 완만하게 하면 세정력이 저하된다.
② 배수관경을 크게 하면 할수록 배수능력은 향상된다.
③ 배관구배를 너무 급하게 하면 흐름이 빨라 고형물이 남는다.
④ 배관구배를 너무 급하게 하면 관로의 수류에 의한 파손 우려가 높아진다.

해설

배수관경이 클수록 배수능력은 감퇴할 수 있다.

배수관의 관경과 구배

- 최대 기구배수부하(DFU)단위에 의해 결정한다.
- 기구 수 × 배수부하단위 값을 구한 후 배수부하단위 합계에 해당하는 관경을 구한다.
- 관경이 클수록 배수능률이 감퇴할 수 있으며, 흐름 방향으로 관경을 축소하지 않는다.
- 완만할 경우 세정력이 저하되며, 너무 급한 경우 흐름이 빨라 고형물이 남는다.
- 배수수평관의 구배는 최소 1/200 이상으로 한다.

62 한 시간당 급탕량이 5m³일 때 급탕부하는 얼마인가? (단, 물의 비열은 4.2kJ/kg·K, 급탕온도는 70℃, 급수온도는 10℃이다)

① 35kW ② 126kW
③ 350kW ④ 1,260kW

해설

보일러의 급탕부하(kW)

$= \dfrac{\text{급탕량(kg/h)} \times \text{비열(kJ/kg·K)} \times \text{온도차(℃)}}{3,600}$

$= \dfrac{5,000\text{kg/h} \times 4.2\text{kJ/kg·K} \times (70-10)\text{℃}}{3,600} = 350\text{kW}$

※ 5m³ = 5,000kg

63 엘리베이터의 조작방식 중 무운전원 방식으로 다음과 같은 특징을 갖는 것은?

> 승객 스스로 운전하는 전자동 엘리베이터로, 승강장으로부터의 호출신호로 기동, 정지를 이루는 조작 방식이며, 누른 순서에 상관없이 각 호출에 응하여 자동적으로 정지한다.

① 단식 자동방식
② 카 스위치방식
③ 승합 전자동방식
④ 시그널 컨트롤방식

해설
② 카 스위치방식 : 수동・자동착상방식으로 정지하는 운전원 조작방식이다.
④ 시그널 컨트롤방식 : 목적층 단추를 누르는 것과 승강장의 호출신호 층의 순서대로 자동 정지하는 운전원 조작방식이다.

엘리베이터의 무운전원 조작방식

개요	승객 스스로 운전하는 전자동 엘리베이터이다.
단식 자동방식	• 카 버튼이나 승강장의 호출신호로 시동, 정지한다. • 운전이 정지할 때까지 다른 호출에 응하지 않는다.
승합 전자동방식	• 카 버튼이나 승강장의 호출신호로 시동, 정지한다. • 누른 순서에 상관없이 각 호출에 의해 자동적으로 정지한다.
하강승합 자동방식	• 상승 중에는 호출신호에 응하지 않고, 최고 호출에 응한 후 반전하여 호출신호에 응한다. • 아파트와 같이 중간층에서 상승하는 승객이 적은 경우에 적용한다.

64 전기샤프트(ES)의 계획 시 고려사항으로 옳지 않은 것은?

① 각 층마다 같은 위치에 설치한다.
② 기기의 배치와 유지보수에 충분한 공간으로 하고, 건축적인 마감을 실시한다.
③ 점검구는 유지보수 시 기기의 반출입이 가능하도록 하여야 하며, 점검구 문의 폭은 최소 300mm 이상으로 한다.
④ 공급대상 범위의 배선거리, 전압강하 등을 고려하여 가능한 한 공급 대상설비 시설위치의 중심부에 위치하도록 한다.

해설
ES 점검구 문의 폭을 90cm 이상으로 한다는 KDS 기준이 있었지만, 설계자 판단에 따르는 것으로 개정되었다(KDS 31 10 21 : 2019). 이론적으로는 90cm 이상으로 하는 것이 바람직하다.

65 다음 중 변전실 면적에 영향을 주는 요소와 가장 거리가 먼 것은?

① 발전기실의 면적
② 변전설비 변압방식
③ 수전전압 및 수전방식
④ 설치 기기와 큐비클의 종류

해설
변전실 면적에 영향을 주는 요소
• 수전전압 및 수전방식
• 변전설비 변압방식, 변압기 용량, 수량 및 형식
• 설치 기기와 큐비클의 종류 및 시방
• 기기의 배치방법 및 유지보수 필요면적
• 건축물의 구조적 여건

66 배수트랩의 봉수가 파손되는 것을 방지하기 위한 방법으로 옳지 않은 것은?

① 자기사이펀 작용에 의한 봉수파괴를 방지하기 위하여 S트랩을 설치한다.
② 유도사이펀 작용에 의한 봉수파괴를 방지하기 위하여 도피통기관을 설치한다.
③ 증발현상에 의한 봉수파괴를 방지하기 위하여 트랩 봉수 보급수 장치를 설치한다.
④ 역압에 의한 분출작용을 방지하기 위하여 배수수직관의 하단부에 통기관을 설치한다.

해설
S트랩은 자기사이펀작용에 의해 봉수가 파괴되기 쉽다.
관트랩(사이펀트랩)
구조가 간단하고 자기사이펀작용을 일으키면 자정작용을 갖는 배수트랩이다.

P트랩	• P자 형태로 배수 방향이 수평인 형태이다. • 세면기에 많이 사용하는 트랩으로 봉수가 안정적이다.
S트랩	• S자 형태로 배수 방향이 수직인 형태이다. • 세면기 등 위생기구에 사용한다. • 자기사이펀작용에 의해 봉수가 파괴되기 쉽다.
U트랩	• 수평배관에 U자 형태로 설치되는 트랩이다. • 가옥 트랩으로서 옥내배수수평주관의 말단 등 가옥 내 배수기구에 부착하여 공공하수관으로부터 해로운 가스가 집안으로 침입하는 것을 방지하는 데 사용된다.

정답 63 ③ 64 ③ 65 ① 66 ①

67 다음의 간선 배전방식 중 분전반에서 사고가 발생했을 때 그 파급 범위가 가장 좁은 것은?

① 평행식
② 방사선식
③ 나뭇가지식
④ 나뭇가지 평행식

해설
① 평행식(개별식) : 각 분전반마다 배전반으로부터 각각의 간선을 설치하는 방식으로 전압강하가 평균화되며 사고발생 시 파급되는 범위가 좁다.
③ 나뭇가지식 : 전체 분전반을 한 개의 간선으로 공급하는 방식으로, 경제적이지만 1개소의 사고가 전체에 영향을 미친다.
④ 나뭇가지 평행식(병용식) : 평행식(개별식)과 나뭇가지식을 병용하는 방식으로, 전압강하가 크지 않고 설비비를 줄일 수 있다.

68 스프링클러설비를 설치하여야 하는 특정소방대상물의 최대 방수구역에 설치된 개방형 스프링클러헤드의 개수가 30개일 경우, 스프링클러설비의 수원의 저수량은 최소 얼마 이상으로 하여야 하는가?

① $16m^3$
② $32m^3$
③ $48m^3$
④ $56m^3$

해설
수원(스프링클러설비의 화재안전성능기준(NFPC 103) 제4조)
개방형 스프링클러헤드를 사용하는 스프링클러설비의 수원은 최대 방수구역에 설치된 스프링클러헤드의 개수가 30개 이하일 경우에는 설치 헤드수에 $1.6m^3$를 곱한 양 이상으로 하고, 30개를 초과하는 경우에는 수리계산에 따를 것
∴ 30개 × $1.6m^3$ = $48m^3$

69 열관류율 $K = 2.5W/m^2 \cdot K$인 벽체의 양쪽 공기온도가 각각 20℃와 0℃일 때, 이 벽체 $1m^2$당 이동열량은?

① 25W
② 50W
③ 100W
④ 200W

해설
관류에 의한 손실열량(통과열량)
손실열량(W) = 열관류율 × 물체의 면적 × 물체 양쪽의 온도차
= $2.5W/m^2 \cdot K × 1m^2 × (20-0)℃$
= 50W

70 어느 점광원과 1m 떨어진 곳의 직각면 조도가 800lx일 때, 이 광원과 4m 떨어진 곳의 직각면 조도는?

① 50lx
② 100lx
③ 150lx
④ 200lx

해설
조도와 거리
조도는 광도, $\cos\theta$(입사각)에 비례하며, 거리의 제곱에 반비례한다.
∴ 조도(lx) = $\dfrac{광속 \text{ 또는 } 광도(lm, cd)}{거리(m)^2}$
= $\dfrac{800}{4^2}$ = 50lx

71 습공기를 가열했을 때 상태값이 변화하지 않는 것은?

① 엔탈피
② 습구온도
③ 절대습도
④ 상대습도

해설
수분 변화 없이 온도만 증감하는 경우, 절대습도는 동일하다.
습공기선도상 공기상태의 변화
• 냉각은 좌측(←)으로, 가열은 우측(→)으로, 가습은 상단(↑)으로, 감습(제습)은 하단(↓)으로 이동한다.
• 수분의 증감 없이 온도만 증감할 경우 절대습도는 동일하다.
• 온도의 증감 없이 수분만 증감할 경우 건구온도는 동일하다.
• 상대습도는 온도가 높을수록 낮아지며, 온도가 낮을수록 높아진다.

정답 67 ① 68 ③ 69 ② 70 ① 71 ③

72 증기난방에 관한 설명으로 옳지 않은 것은?

① 온수난방에 비해 예열시간이 짧다.
② 온수난방에 비해 한랭지에서 동결의 우려가 작다.
③ 운전 시 증기해머로 인한 소음을 일으키기 쉽다.
④ 온수난방에 비해 부하변동에 따른 실내방열량의 제어가 용이하다.

해설

증기난방은 부하변동에 따른 실내방열량의 제어가 곤란하다.
증기난방
- 증발잠열을 이용하여 열의 운반능력이 크다.
- 예열시간이 짧고 실내온도상승이 빨라 간헐운전에 적합하다.
- 한랭지에서 동결의 우려가 적다.
- 열매의 온도가 높아 방열면적을 작게 할 수 있다.
- 실내 상하온도차가 크고 방열기의 표면온도가 높다.
- 난방의 쾌감도가 낮고 스팀해머가 발생할 수 있다.
- 부하변동에 따른 실내방열량의 제어가 곤란하다.
- 계통별 용량제어가 곤란하다.

73 공기조화방식 중 2중덕트방식에 관한 설명으로 옳지 않은 것은?

① 전공기방식에 속한다.
② 덕트가 2개의 계통이므로 설비비가 많이 든다.
③ 부하특성이 다른 다수의 실이나 존에도 적용할 수 있다.
④ 냉풍과 온풍을 혼합하는 혼합상자가 필요 없으므로 소음과 진동도 적다.

해설

④는 단일덕트방식에 대한 설명이며, 이중덕트방식은 각 실의 혼합상자에서 공기를 혼합하는 방식이다.

74 다음과 가장 관계가 깊은 것은?

> 에너지보존의 법칙을 유체의 흐름에 적용한 것으로서 유체가 갖고 있는 운동에너지, 중력에 의한 위치에너지 및 압력에너지의 총합은 흐름 내 어디에서나 일정하다.

① 뉴턴의 점성법칙
② 베르누이의 정리
③ 보일-샤를의 법칙
④ 오일러의 상태방정식

해설

베르누이의 정리
- 유체의 운동에너지와 중력에 의한 위치에너지 및 압력에너지의 합은 흐름 내 어디에서나 항상 일정하다는 법칙이다.
- 관로 내의 어느 단면에서나 전수두는 동일하다.
- 입구측 속도 + 위치 + 압력 = 출구측 속도 + 위치 + 압력
- 에너지보존의 법칙을 유체의 흐름에 적용한 것이다.

75 자연환기에 관한 설명으로 옳은 것은?

① 풍력환기에 의한 환기량은 풍속에 반비례한다.
② 풍력환기에 의한 환기량은 유량계수에 비례한다.
③ 중력환기에 의한 환기량은 공기의 입구와 출구가 되는 두 개구부의 수직거리에 반비례한다.
④ 중력환기에서 실내온도가 외기온도보다 높을 경우 공기는 건물 상부의 개구부에서 실내로 들어와서 하부의 개구부로 나간다.

해설

① 풍력환기량은 풍속에 비례한다.
③ 중력환기에서 2개의 개구부 높이에 차이가 없으면 환기가 효과적으로 발생하지 않으며, 큰 차이가 있으면 유입구·유출구로 분류되어 환기가 효과적으로 이루어진다.
④ 중력환기에서 실내온도가 실외온도보다 높을 경우, 하부에서 찬공기가 유입되고 상부로 따뜻한 공기가 유출된다.

76 실내 음환경의 잔향시간에 관한 설명으로 옳은 것은?

① 실의 흡음력이 높을수록 잔향시간은 길어진다.
② 잔향시간을 길게 하기 위해서는 실내공간의 용적을 작게 하여야 한다.
③ 잔향시간은 음향청취를 목적으로 하는 공간이 음성전달을 목적으로 하는 공간보다 짧아야 한다.
④ 잔향시간은 실내가 확장음장이라고 가정하여 구해진 개념으로 원리적으로는 음원이나 수음점의 위치에 상관없이 일정하다.

해설
잔향시간
- 소리 발생이 중지된 후, 소리가 실내에 남는 시간을 말한다.
- 음에너지의 밀도가 최솟값보다 60dB 감소하는 데 걸리는 시간이다.
- 실의 용적에 비례하고 흡음력에 반비례한다.
- 잔향시간이 짧을수록 명료도는 높아진다.
- 음성전달을 목적으로 하는 공간의 잔향시간은 짧게, 음향청취를 목적으로 하는 공간은 비교적 길게 계획하는 것이 좋다.

77 발전기에 적용되는 법칙으로 유도기전력의 방향을 알기 위하여 사용되는 법칙은?

① 옴의 법칙
② 키르히호프의 법칙
③ 플레밍의 왼손의 법칙
④ 플레밍의 오른손의 법칙

해설
① 옴의 법칙 : 회로에 흐르는 전류의 크기는 인가된 전압의 크기와 비례하며 저항과는 반비례한다는 내용이다.
② 키르히호프의 법칙
  - 제1법칙 : 회로 내의 임의의 한 점에 들어오고 나가는 전류의 합은 같다는 내용이다.
  - 제2법칙 : 임의의 폐회로 내에서의 기전력과 전압강하의 대수의 합은 같다는 내용이다.
③ 플레밍의 왼손법칙 : 전류가 흐르는 도선에 자기장이 미치는 힘의 작용 방향을 설명하는 법칙으로서, 전동기 회전의 원리이다.

78 압력에 따른 도시가스의 분류에서 고압의 기준으로 옳은 것은?(단, 게이지압력 기준)

① 0.1MPa 이상
② 1MPa 이상
③ 10MPa 이상
④ 100MPa 이상

해설
압력에 따른 도시가스의 분류

고압	중압	저압
1MPa 이상	0.1MPa 이상 1MPa 미만	0.1MPa 미만

79 냉방부하 계산 결과 현열부하가 620W, 잠열부하가 155W일 경우, 현열비는?

① 0.2
② 0.25
③ 0.4
④ 0.8

해설
현열비 = 현열량 ÷ (현열량 + 잠열량)
     = 620W ÷ (620W + 155W)
     = 0.8

80 다음의 냉동기 중 기계적 에너지가 아닌 열에너지에 의해 냉동효과를 얻는 것은?

① 원심식 냉동기
② 흡수식 냉동기
③ 스크루식 냉동기
④ 왕복동식 냉동기

해설
흡수식 냉동기는 열에너지로 냉동효과를 얻는 방식이며, ①·③·④는 기계적 에너지로 냉동효과를 얻는 압축식 냉동기이다.
증기압축식 냉동기 : 기계적 에너지를 이용하여 냉수를 생산하는 방식이다. 압축기, 응축기, 팽창밸브, 증발기로 구성되며 터보식(원심식), 왕복동식, 회전식, 스크루식 냉동기 등이 있다.

정답 76 ④ 77 ④ 78 ② 79 ④ 80 ②

제5과목 건축관계법규

81 막다른 도로의 길이가 30m인 경우, 이 도로가 건축법상 도로이기 위한 최소 너비는?

① 2m
② 3m
③ 4m
④ 6m

해설
지형적 조건에 따른 도로의 구조와 너비(건축법 시행령 제3조의3)

막다른 도로의 길이	건축법상 도로이기 위한 최소 너비
10m 미만	2m
10m 이상 35m 미만	3m
35m 이상	6m(도시지역이 아닌 읍·면지역은 4m)

82 신축공동주택 등의 기계환기설비의 설치기준이 옳지 않은 것은?

① 세대의 환기량 조절을 위하여 환기설비의 정격풍량을 3단계 또는 그 이상으로 조절할 수 있는 체계를 갖추어야 한다.
② 적정 단계의 필요환기량은 신축공동주택 등의 세대를 시간당 0.3회로 환기할 수 있는 풍량을 확보하여야 한다.
③ 기계환기설비에서 발생하는 소음의 측정은 한국산업규격(KS B 6361)에 따르는 것을 원칙으로 한다.
④ 기계환기설비는 주방 가스대 위의 공기배출장치, 화장실의 공기배출 송풍기 등 급속환기설비와 함께 설치할 수 있다.

해설
신축공동주택 등의 기계환기설비의 설치기준(건축물설비기준규칙 별표 1의5)
세대의 환기량 조절을 위하여 환기설비의 정격풍량을 최소·적정·최대의 3단계 또는 그 이상으로 조절할 수 있는 체계를 갖추어야 하고, 적정 단계의 필요환기량은 신축공동주택 등의 세대를 시간당 0.5회로 환기할 수 있는 풍량을 확보하여야 한다.

83 주차전용건축물의 주차면적비율과 관련한 아래 내용에서, ( )에 들어갈 수 없는 것은?

주차전용건축물이란 건축물의 연면적 중 주차장으로 사용되는 부분의 비율이 95% 이상인 것을 말한다. 다만, 주차장 외의 용도로 사용되는 부분이 건축법 시행령 별표 1에 따른 ( )인 경우에는 주차장으로 사용되는 부분의 비율이 70% 이상인 것을 말한다.

① 종교시설
② 운동시설
③ 업무시설
④ 숙박시설

해설
주차전용건축물의 주차면적비율(주차장법 시행령 제1조의2)
• 건축물의 연면적 중 주차장 사용부분 비율이 95% 이상인 것
• 주차장 외 용도가 아래 용도일 경우에는 주차장으로 사용되는 부분의 비율이 70%(주차환경개선지구 내에 위치한 건축물의 경우에는 60%) 이상인 것
 – 단독주택, 공동주택, 제1종 근린생활시설, 제2종 근린생활시설, 문화 및 집회시설, 종교시설, 판매시설, 운수시설, 운동시설, 업무시설, 창고시설 또는 자동차 관련 시설

84 건축물과 분리하여 공작물을 축조할 때 특별자치시장·특별자치도지사 또는 시장·군수·구청장에게 신고를 해야 하는 대상 공작물 기준이 옳지 않은 것은?

① 높이 2m를 넘는 옹벽
② 높이 4m를 넘는 굴뚝
③ 높이 6m를 넘는 골프연습장 등의 운동시설을 위한 철탑
④ 높이 8m를 넘는 고가수조

해설
축조 시 신고대상 주요 공작물(건축법 시행령 제118조)
• 높이 6m를 넘는 굴뚝
• 높이 4m를 넘는 장식탑, 기념탑, 첨탑, 광고탑, 광고판
• 높이 8m를 넘는 고가수조
• 높이 2m를 넘는 옹벽 또는 담장
• 바닥면적 30m²를 넘는 지하대피호
• 높이 6m를 넘는 골프연습장 등의 운동시설을 위한 철탑, 주거지역·상업지역에 설치하는 통신용 철탑
• 높이 8m(위험을 방지하기 위한 난간의 높이는 제외한다) 이하의 기계식 주차장 및 철골 조립식 주차장으로서 외벽이 없는 것
• 건축조례로 정하는 제조시설, 저장시설(시멘트사일로를 포함한다), 유희시설
• 건축물의 구조에 심대한 영향을 줄 수 있는 중량물
• 높이 5m를 넘는 태양에너지를 이용하는 발전설비

85 다음 중 제2종 일반주거지역 안에서 건축할 수 없는 건축물은?(단, 도시·군계획 조례가 정하는 바에 따라 건축할 수 있는 경우는 고려하지 않는다)

① 종교시설
② 운수시설
③ 노유자시설
④ 제1종 근린생활시설

해설
제2종 일반주거지역 안에서 건축할 수 있는 건축물(국토계획법 시행령 별표 5)
• 단독주택(단독주택, 다중주택, 다가구주택, 공관)
• 공동주택(아파트, 연립주택, 다세대주택, 기숙사)
• 제1종 근린생활시설
• 종교시설
• 교육연구시설 중 유치원·초등학교·중학교 및 고등학교
• 노유자시설

86 높이가 31m를 넘는 각 층의 바닥면적 중 최대 바닥면적이 4,500m²인 건축물에 원칙적으로 설치하여야 하는 비상용승강기의 최소 대수는?

① 1대   ② 2대
③ 3대   ④ 5대

해설
비상용승강기의 설치(건축법 시행령 제90조)
높이 31m를 넘는 건축물에는 다음의 기준에 따른 대수 이상의 비상용승강기를 설치하여야 한다.
• 각 층의 바닥면적 중 최대 바닥면적이 1,500m² 이하인 건축물 : 1대 이상
• 각 층의 바닥면적 중 최대 바닥면적이 1,500m²를 넘는 건축물 : 1대에 1,500m²를 넘는 3,000m² 이내마다 1대씩 더한 대수 이상
∴ 1대 + (4,500m² − 1,500m²) ÷ 3,000m² = 2대

87 다음 중 대지에 조경 등의 조치를 아니할 수 있는 대상 건축물에 속하지 않는 것은?

① 축사
② 녹지지역에 건축하는 건축물
③ 연면적의 합계가 1,000m²인 공장
④ 면적이 5,000m²인 대지에 건축하는 공장

해설
조경 제외대상 건축물(주요사항)(건축법 시행령 제27조 제1항)
• 녹지지역에 건축하는 건축물
• 면적 5,000m² 미만인 대지에 건축하는 공장
• 연면적의 합계가 1,500m² 미만인 공장
• 연면적의 합계가 1,500m² 미만인 물류시설(주거지역 또는 상업지역에 건축하는 것은 제외한다)로서 국토교통부령으로 정하는 것
• 축사, 가설건축물, 산업단지의 공장

88 건축물의 바닥면적 산정기준에 대한 설명으로 옳지 않은 것은?

① 공동주택으로서 지상층에 설치한 어린이놀이터의 면적은 바닥면적에 산입하지 않는다.
② 필로티는 그 부분이 공중의 통행이나 차량의 통행 또는 주차에 전용되는 경우에는 바닥면적에 산입하지 아니한다.
③ 벽·기둥의 구획이 없는 건축물은 그 지붕 끝부분으로부터 수평거리 1.5m를 후퇴한 선으로 둘러싸인 수평투영면적을 바닥면적으로 한다.
④ 단열재를 구조체의 외기측에 설치하는 단열 공법으로 건축된 건축물의 경우에는 단열재가 설치된 외벽 중 내측 내력벽의 중심선을 기준으로 산정한 면적을 바닥면적으로 한다.

해설
바닥면적(건축법 시행령 제119조 제1항 제3호)
• 건축물의 각 층 또는 그 일부로서 벽, 기둥, 그 밖에 이와 비슷한 구획의 중심선으로 둘러싸인 부분의 수평투영면적으로 한다.
• 다음의 어느 하나에 해당하는 경우에는 각 항목에서 정하는 바에 따른다.
  − 벽·기둥의 구획이 없는 건축물은 그 지붕 끝부분으로부터 수평거리 1m를 후퇴한 선으로 수평투영면적으로 한다.
  − 건축물의 노대 등의 바닥은 난간 등의 설치 여부에 관계없이 노대 등의 면적(외벽의 중심선으로부터 노대 등의 끝부분까지의 면적을 말한다)에서 노대 등이 접한 가장 긴 외벽에 접한 길이에 1.5m를 곱한 값을 뺀 면적을 바닥면적에 산입한다.

89 특별피난계단의 구조에 관한 기준 내용으로 옳지 않은 것은?

① 계단실에는 예비전원에 의한 조명설비를 할 것
② 계단은 내화구조로 하되, 피난층 또는 지상까지 직접 연결되도록 할 것
③ 출입구의 유효너비는 0.9m 이상으로 하고 피난의 방향으로 열 수 있을 것
④ 계단실의 노대 또는 부속실에 접하는 창문은 그 면적을 각각 3m² 이하로 할 것

해설

계단실의 노대 또는 부속실에 접하는 창문 등은 망이 들어 있는 유리의 붙박이창으로서 그 면적을 각각 1m² 이하로 해야 한다.

특별피난계단의 구조(건축물방화구조규칙 제9조)
- 계단실·노대 및 부속실은 창문 등을 제외하고는 내화구조의 벽으로 각각 구획할 것
- 계단실 및 부속실의 실내에 접하는 부분의 마감은 불연재료로 할 것
- 계단실에는 예비전원에 의한 조명설비를 할 것
- 계단실·노대 또는 부속실에 설치하는 건축물의 바깥쪽에 접하는 창문 등은 다른 부분에 설치하는 창문 등으로부터 2m 이상의 거리를 두고 설치할 것
- 계단실에는 노대 또는 부속실에 접하는 부분 외에는 건축물의 내부와 접하는 창문 등을 설치하지 아니할 것
- 계단실의 노대 또는 부속실에 접하는 창문 등은 망이 들어 있는 유리의 붙박이창으로서 그 면적을 각각 1m² 이하로 할 것
- 노대 및 부속실에는 계단실 외의 건축물의 내부와 접하는 창문 등을 설치하지 아니할 것
- 건축물의 내부에서 노대 또는 부속실로 통하는 출입구에는 60분+ 방화문 또는 60분 방화문을 설치하고, 노대 또는 부속실로부터 계단실로 통하는 출입구에는 60분+ 방화문, 60분 방화문 또는 30분 방화문을 설치할 것. 이 경우 방화문은 언제나 닫힌 상태를 유지하거나 화재로 인한 연기 또는 불꽃을 감지하여 자동적으로 닫히는 구조로 해야 하고, 연기 또는 불꽃으로 감지하여 자동적으로 닫히는 구조로 할 수 없는 경우에는 온도를 감지하여 자동적으로 닫히는 구조로 할 수 있다.
- 계단은 내화구조로 하되, 피난층 또는 지상까지 직접 연결되도록 할 것
- 출입구의 유효너비는 0.9m 이상으로 하고 피난의 방향으로 열 수 있을 것

90 국토의 계획 및 이용에 관한 법령상 용도지구에 속하지 않는 것은?

① 경관지구
② 미관지구
③ 방재지구
④ 취락지구

해설

용도지구(국토계획법 제37조)

경관지구	경관의 보전·관리 및 형성을 위하여 필요한 지구
고도지구	쾌적한 환경 조성 및 토지의 효율적 이용을 위하여 건축물 높이의 최고 한도를 규제할 필요가 있는 지구
방화지구	화재의 위험을 예방하기 위하여 필요한 지구
방재지구	풍수해, 산사태, 지반의 붕괴, 그 밖의 재해를 예방하기 위하여 필요한 지구
보호지구	국가유산, 중요 시설물(항만, 공항 등) 및 문화적·생태적으로 보존가치가 큰 지역의 보호와 보존을 위하여 필요한 지구
취락지구	녹지지역·관리지역·농림지역·자연환경보전지역·개발제한구역 또는 도시자연공원구역의 취락을 정비하기 위한 지구
개발진흥지구	주거기능·상업기능·공업기능·유통물류기능·관광기능·휴양기능 등을 집중적으로 개발·정비할 필요가 있는 지구
특정용도제한지구	주거 및 교육 환경 보호나 청소년 보호 등의 목적으로 오염물질 배출시설, 청소년 유해시설 등 특정시설의 입지를 제한할 필요가 있는 지구
복합용도지구	지역의 토지이용 상황, 개발 수요 및 주변 여건 등을 고려하여 효율적이고 복합적인 토지이용을 도모하기 위하여 특정시설의 입지를 완화할 필요가 있는 지구

91 도시·군계획 수립 대상지역의 일부에 대하여 토지 이용을 합리화하고 그 기능을 증진시키며 미관을 개선하고 양호한 환경을 확보하며, 그 지역을 체계적·계획적으로 관리하기 위하여 수립하는 도시·군관리계획은?

① 지구단위계획
② 도시·군성장계획
③ 광역도시계획
④ 개발밀도관리계획

해설

지구단위계획(국토계획법 제2조)
도시·군계획 수립 대상지역의 일부에 대하여 토지 이용을 합리화하고 그 기능을 증진시키며 미관을 개선하고 양호한 환경을 확보하며, 그 지역을 체계적·계획적으로 관리하기 위하여 수립하는 도시·군관리계획을 말한다.

92 지하층에 설치하는 비상탈출구의 유효너비 및 유효높이 기준으로 옳은 것은?(단, 주택이 아닌 경우)

① 유효너비 0.5m 이상, 유효높이 1.0m 이상
② 유효너비 0.5m 이상, 유효높이 1.5m 이상
③ 유효너비 0.75m 이상, 유효높이 1.0m 이상
④ 유효너비 0.75m 이상, 유효높이 1.5m 이상

해설
비상탈출구의 유효너비는 0.75m 이상, 유효높이는 1.5m 이상으로 한다.
지하층 비상탈출구의 기준(건축물방화구조규칙 제25조 제2항)
- 비상탈출구의 유효너비는 0.75m 이상으로 하고, 유효높이는 1.5m 이상으로 할 것
- 비상탈출구의 문은 피난 방향으로 열리도록 하고, 실내에서 항상 열 수 있는 구조로 하여야 하며, 내부 및 외부에는 비상탈출구의 표시를 할 것
- 비상탈출구는 출입구로부터 3m 이상 떨어진 곳에 설치할 것
- 지하층의 바닥으로부터 비상탈출구의 아랫부분까지의 높이가 1.2m 이상이 되는 경우에는 벽체에 발판의 너비가 20cm 이상인 사다리를 설치할 것
- 비상탈출구는 피난층 또는 지상으로 통하는 복도나 직통계단에 직접 접하거나 통로 등으로 연결될 수 있도록 설치하여야 하며, 피난층 또는 지상으로 통하는 복도나 직통계단까지 이르는 피난통로의 유효너비는 0.75m 이상으로 하고, 피난통로의 실내에 접하는 부분의 마감과 그 바탕은 불연재료로 할 것
- 비상탈출구의 진입부분 및 피난통로에는 통행에 지장이 있는 물건을 방치하거나 시설물을 설치하지 아니할 것
- 비상탈출구의 유도등과 피난통로의 비상조명등의 설치는 소방법령이 정하는 바에 의할 것

93 지역의 환경을 쾌적하게 조성하기 위하여 대통령령으로 정하는 용도와 규모의 건축물에 대해 일반이 사용할 수 있도록 대통령령으로 정하는 기준에 따라 공개공지 등을 설치하여야 하는 대상지역에 속하지 않는 것은?(단, 특별자치시장·특별자치도지사 또는 시장·군수·구청장이 따로 지정·공고하는 지역의 경우는 고려하지 않는다)

① 준공업지역   ② 준주거지역
③ 일반주거지역 ④ 전용주거지역

해설
공개공지 등의 확보(건축법 제43조, 동법 시행령 제27조의2)

대상 지역	• 일반주거지역, 준주거지역, 상업지역, 준공업지역 • 도시화의 가능성이 크거나 노후 산업단지의 정비가 필요하다고 인정하여 지정·공고하는 지역
대상 건축물	• 해당 용도의 바닥면적 합계 5,000m² 이상인 문화 및 집회시설, 종교시설, 판매시설(농수산물유통시설 제외), 운수시설(여객용 시설만 해당), 업무시설, 숙박시설 • 다중이 이용하는 시설로서 건축조례로 정하는 건축물

94 건축물의 거실(피난층의 거실 제외)에 국토교통부령으로 정하는 기준에 따라 배연설비를 설치하여야 하는 대상 건축물 용도에 속하지 않는 것은?(단, 6층 이상인 건축물의 경우)

① 종교시설
② 판매시설
③ 방송통신시설 중 방송국
④ 교육연구시설 중 연구소

해설
배연설비의 설치대상(건축법 시행령 제51조)
다음 건축물의 거실에는 배연설비를 한다(피난층의 거실은 제외).

용도	요양병원, 정신병원, 노인요양시설, 장애인 거주시설, 장애인 의료재활시설, 제1종 근린생활시설 중 산후조리원
6층 이상	문화 및 집회시설, 종교시설, 판매시설, 운수시설, 의료시설(요양병원 및 정신병원은 제외한다), 교육연구시설 중 연구소, 노유자시설 중 아동 관련 시설·노인복지시설(노인요양시설은 제외한다), 수련시설 중 유스호스텔, 운동시설, 업무시설, 숙박시설, 위락시설, 관광휴게시설, 장례시설, 제2종 근린생활시설 중 다중생활시설
바닥면적 합계 300m² 이상	제2종 근린생활시설 중 공연장, 종교집회장, 인터넷컴퓨터게임시설제공업소

95 건축물과 해당 건축물의 용도의 연결이 옳지 않은 것은?

① 주유소 : 자동차 관련 시설
② 야외음악당 : 관광휴게시설
③ 치과의원 : 제1종 근린생활시설
④ 일반음식점 : 제2종 근린생활시설

해설
주유소는 위험물 저장 및 처리시설에 해당한다.
자동차 관련 시설(건축법 시행령 별표 1)
- 주차장
- 세차장
- 폐차장
- 검사장
- 매매장
- 정비공장
- 운전학원 및 정비학원(운전 및 정비 관련 직업훈련시설 포함)
- 차고 및 주기장(駐機場)
- 전기자동차 충전소(제1종 근린생활시설에 해당하지 않는 것)

정답 92 ④ 93 ④ 94 ③ 95 ①

96 건축법령상 용어의 정의가 옳지 않은 것은?

① 초고층 건축물이란 층수가 50층 이상이거나 높이가 200m 이상인 건축물을 말한다.
② 증축이란 기존 건축물이 있는 대지에서 건축물의 건축면적, 연면적, 층수 또는 높이를 늘리는 것을 말한다.
③ 개축이란 건축물이 천재지변이나 그 밖의 재해로 멸실된 경우 그 대지에 종전과 같은 규모의 범위에서 다시 축조하는 것을 말한다.
④ 부속건축물이란 같은 대지에서 주된 건축물과 분리된 부속 용도의 건축물로서 주된 건축물을 이용 또는 관리하는 데에 필요한 건축물을 말한다.

해설
개축이란 기존 건축물의 전부 또는 일부(내력벽·기둥·보·지붕틀 중 셋 이상이 포함되는 경우를 말한다)를 해체하고 그 대지에 종전과 같은 규모의 범위에서 건축물을 다시 축조하는 것을 말한다(건축법 시행령 제2조).

97 건축물의 주요구조부를 내화구조로 하여야 하는 대상 건축물에 속하지 않는 것은?

① 공장의 용도로 쓰는 건축물로서 그 용도로 쓰는 바닥면적의 합계가 500m²인 건축물
② 판매시설의 용도로 쓰는 건축물로서 그 용도로 쓰는 바닥면적의 합계가 500m²인 건축물
③ 창고시설의 용도로 쓰는 건축물로서 그 용도로 쓰는 바닥면적의 합계가 500m²인 건축물
④ 문화 및 집회시설 중 전시장의 용도로 쓰는 건축물로서 그 용도로 쓰는 바닥면적의 합계가 500m²인 건축물

해설
공장은 바닥면적 합계가 2,000m² 이상인 경우 주요구조부를 내화구조로 하여야 한다.
내화구조의 적용대상(바닥면적의 합계 500m² 이상)(건축법 시행령 제56조)
문화 및 집회시설 중 전시장 또는 동·식물원, 판매시설, 운수시설, 교육연구시설에 설치하는 체육관·강당, 수련시설, 운동시설 중 체육관·운동장, 위락시설(주점영업의 용도로 쓰는 것은 제외한다), 창고시설, 위험물저장 및 처리시설, 자동차 관련 시설, 방송통신시설 중 방송국·전신전화국·촬영소, 묘지 관련 시설 중 화장시설·동물화장시설 또는 관광휴게시설의 용도로 쓰는 건축물

98 기반시설부담구역에서 기반시설설치비용의 부과대상인 건축행위의 기준으로 옳은 것은?

① 100m²(기존 건축물의 연면적 포함)를 초과하는 건축물의 신축·증축
② 100m²(기존 건축물의 연면적 제외)를 초과하는 건축물의 신축·증축
③ 200m²(기존 건축물의 연면적 포함)를 초과하는 건축물의 신축·증축
④ 200m²(기존 건축물의 연면적 제외)를 초과하는 건축물의 신축·증축

해설
기반시설설치비용의 부과대상인 건축행위(국토계획법 제68조)
기반시설부담구역에서 기반시설설치비용의 부과대상인 건축행위는 제2조 제20호에 따른 시설로서 200m²(기존 건축물의 연면적을 포함한다)를 초과하는 건축물의 신축·증축 행위로 한다. 다만, 기존 건축물을 철거하고 신축하는 경우에는 기존 건축물의 건축 연면적을 초과하는 건축행위만 부과대상으로 한다.

99 국토교통부령으로 정하는 기준에 따라 채광 및 환기를 위한 창문 등이나 설비를 설치하여야 하는 대상에 속하지 않는 것은?

① 의료시설의 병실
② 숙박시설의 객실
③ 업무시설 중 사무소의 사무실
④ 교육연구시설 중 학교의 교실

해설
채광 및 환기를 위한 창문 등(건축법 시행령 제51조, 건축물방화구조규칙 제17조)

적용 대상	• 단독주택 및 공동주택의 거실 • 교육연구시설 중 학교의 교실 • 의료시설의 병실 및 숙박시설의 객실	
창문 면적		수시로 개방할 수 있는 미닫이로 구획된 2개의 거실은 이를 1개의 거실로 본다.
	환기	• 거실의 바닥면적의 1/20 이상 • 기계환기장치 및 중앙관리방식의 공기조화설비를 설치하는 경우 제외
	채광	• 거실의 바닥면적의 1/10 이상 • 기준 조도 이상의 조명장치를 설치하는 경우 제외

100 부설주차장 설치대상 시설물이 문화 및 집회시설(관람장 제외)인 경우, 부설주차장 설치기준으로 옳은 것은?(단, 지방자치단체의 조례로 따로 정하는 사항은 고려하지 않는다)

① 시설면적 50m²당 1대
② 시설면적 100m²당 1대
③ 시설면적 150m²당 1대
④ 시설면적 200m²당 1대

해설

문화 및 집회시설(관람장 제외)의 부설주차장 설치기준은 시설면적 150m²당 1대이다.

시설면적당 부설주차장 설치기준(주차장법 시행령 별표 1)

기준	시설
400m²당 1대	창고시설, 학생용 기숙사, 방송통신시설 중 데이터센터
350m²당 1대	수련시설, 공장(아파트형 제외), 발전시설
300m²당 1대	기타 건축물
200m²당 1대	제1종 근린생활시설(공공업무・주민공동시설 중 일부 제외), 제2종 근린생활시설, 숙박시설
150m²당 1대	문화 및 집회시설(관람장 제외), 종교시설, 판매시설, 운수시설, 의료시설(정신병원・요양병원・격리병원 제외), 운동시설(골프장・골프연습장・옥외수영장 제외), 업무시설(외국공관・오피스텔 제외), 방송국, 장례식장
100m²당 1대	위락시설

정답 100 ③

PART 02
2022년 제4회 과년도 기출복원문제

제1과목 건축계획

01 POE(Post-Occupancy Evaluation)의 의미로 가장 알맞은 것은?

① 건축물 사용자를 찾는 것이다.
② 건축물을 사용해 본 후에 평가하는 것이다.
③ 건축물의 사용을 염두에 두고 계획하는 것이다.
④ 건축물 모형을 만들어 설계의 적정성을 평가하는 것이다.

해설
거주 후 평가(Post-Occupancy Evaluation)
- 건축물을 준공 후에 실제로 사용해보고 평가하는 것을 말한다.
- 의도한 본래의 계획 의도, 기능 등에 대해 조사하고 평가한다.
- 기술적, 기능적, 행태적 항목 등으로 분류하여 평가한다.
- 향후 유사 건축물의 계획에 활용되는 순환성이 있다.
- 인터뷰, 설문조사, 관찰 등의 기법이 이용된다.

02 공동주택을 건설하는 주택단지는 기간도로와 접하거나 기간도로로부터 당해 단지에 이르는 진입도로가 있어야 한다. 주택단지의 총세대수가 400세대인 경우 기간도로와 접하는 폭 또는 진입도로의 폭은 최소 얼마 이상이어야 하는가?(단, 진입도로가 1개이며, 원룸형 주택이 아닌 경우)

① 4m
② 6m
③ 8m
④ 12m

해설
진입도로가 하나인 경우 주택단지 진입도로의 폭(주택건설기준규정 제25조 제1항)
공동주택을 건설하는 주택단지는 기간도로와 접하거나 기간도로로부터 당해 단지에 이르는 진입도로가 있어야 한다. 이 경우 기간도로와 접하는 폭 및 진입도로의 폭은 다음과 같다.

주택단지의 총세대수	기간도로와 접하는 폭 또는 진입도로의 폭
300세대 미만	6m 이상
300세대 이상 500세대 미만	8m 이상
500세대 이상 1,000세대 미만	12m 이상
1,000세대 이상 2,000세대 미만	15m 이상
2,000세대 이상	20m 이상

03 학교 건축에서 단층교사에 관한 설명으로 옳지 않은 것은?

① 내진·내풍구조가 용이하다.
② 학습활동을 실외로 연장할 수 있다.
③ 계단이 필요 없으므로 재해 시 피난이 용이하다.
④ 설비 등을 집약할 수 있어서 치밀한 평면계획이 용이하다.

해설
④는 다층교사에 대한 설명이다.
다층교사

장점	· 집약적인 평면계획으로 부지 이용률을 높일 수 있다. · 효율적인 공간의 이용이 가능하다. · 전기, 급배수, 난방 등의 배선, 배관 설비를 집약할 수 있다.
단점	학년별 배치, 동선 등 계획에 신중함이 요구된다.

정답 01 ② 02 ③ 03 ④

04 다음은 극장의 가시거리에 관한 설명이다. ( ) 안에 알맞은 것은?

연극 등을 감상하는 경우 연기자의 표정을 읽을 수 있는 가시한계는 (㉠)m 정도이다. 그러나 실제적으로 극장에서는 잘 보여야 되는 동시에 많은 관객을 수용해야 하므로 (㉡)m 까지를 1차 허용한도로 한다.

① ㉠ 15, ㉡ 22
② ㉠ 20, ㉡ 35
③ ㉠ 22, ㉡ 35
④ ㉠ 22, ㉡ 38

해설
극장의 가시한계

상세한 감상의 가시한계	• 15m • 연기자의 표정이나 동작을 상세히 감상할 수 있다. • 인형극, 아동극, 연극 등에 해당한다.
제1차 허용한도	• 22m • 잘 보이는 동시에 많은 관객을 수용할 수 있다. • 국악, 실내악 등에 해당한다.
제2차 허용한도	• 35m • 연기자의 일반적인 동작만 감상할 수 있다. • 뮤지컬, 발레, 오페라 등에 해당한다.

05 이슬람교의 영향을 받은 건축물에서 볼 수 있는 연속적인 기하학적 문양, 식물문양, 당초문양 등을 이르는 용어는?

① 스퀸치
② 펜덴티브
③ 모자이크
④ 아라베스크

해설
① 스퀸치 : 이슬람(사라센) 건축에서 사각형 평면 상부에 원형의 돔을 설치하기 위해 사용한 부재이다.
② 펜덴티브 : 비잔틴 건축에서 사각형 또는 다각형 평면 상부에 원형의 돔을 설치하기 위해 사용한 부재이다.
③ 모자이크 : 작은 형상의 돌·유리·도편 등을 연속적으로 붙여 무늬나 그림 등을 표현하는 기법이다.

06 테라스 하우스에 관한 설명으로 옳지 않은 것은?

① 경사가 심할수록 밀도가 높아진다.
② 각 세대의 깊이는 7.5m 이상으로 하여야 한다.
③ 평지보다 더 많은 인구를 수용할 수 있어 경제적이다.
④ 시각적인 인공테라스형은 위층으로 갈수록 건물의 내부면적이 작아지는 형태이다.

해설
테라스 하우스는 일반적으로 후면부에 창을 설치할 수 없으므로, 채광 등을 위하여 각 세대의 깊이는 7.5m 이내로 한다.

테라스 하우스의 분류

자연형		• 경사지를 이용하여 지형에 따라 테라스형으로 건립한 것이다. • 일반적으로 후면부에 창을 설치할 수 없으므로, 각 세대 깊이가 너무 깊지 않도록 한다(7.5m 이내). • 스플릿 레벨(반 층씩 어긋난 단면)이 가능하다. • 각 세대의 규모를 동일하게 계획할 수 있다.
	상향식	도로의 위치가 하층이며, 침실이 상층이다.
	하향식	도로의 위치가 상층이며, 침실이 하층이다.
인공형		• 평지에 테라스형으로 건립한 것이다. • 지하실 설치가 어렵다.
	시각적인 테라스 하우스	상층으로 갈수록 면적이 작아진다.
	구조적인 테라스 하우스	면적이 같고 상층으로 갈수록 후퇴한다.

07 사무소 건축에서 엘리베이터 계획 시 고려되는 승객집중시간은?

① 출근 시 상승
② 출근 시 하강
③ 퇴근 시 상승
④ 퇴근 시 하강

해설
엘리베이터 계획 시 승객집중시간

사무용	출근 시 상승
공동주택	• 저녁(귀가 시) 피크 시 기준 • 상승인원 : 3~4, 하강인원 : 2
호텔	저녁시간(체크인, 외출, 시설이용) 피크 시 상승인원과 하강인원은 같은 인원으로 함
백화점	일요일 정오 전후
병원	면회시간 시작 직후

정답 04 ① 05 ④ 06 ② 07 ①

08 학교의 배치형식 중 분산병렬형에 관한 설명으로 옳지 않은 것은?

① 일종의 핑거플랜이다.
② 구조계획이 간단하고 시공이 용이하다.
③ 부지의 크기에 상관없이 적용이 용이하다.
④ 일조·통풍 등 교실의 환경조건을 균등하게 할 수 있다.

해설
분산병렬형(핑거플랜)은 교사를 부지 내에 분산시켜 병렬로 배치하는 형식으로, 넓은 부지가 필요하다.

09 미술관의 전시실 순회형식 중 많은 실을 순서별로 통해야 하고, 1실을 폐쇄할 경우 전체 동선이 막히게 되는 것은?

① 중앙홀 형식
② 연속순회 형식
③ 갤러리(Gallery) 형식
④ 코리더(Corridor) 형식

해설
① 중앙홀 형식 : 중심부에 큰 홀을 두고 홀에 접하여 전시실을 배치한 형식으로, 각 실에 직접 들어갈 수 있고 전시실의 선택적 사용이 가능하다.
③ 갤러리·④ 코리더 형식 : 연속된 전시실의 한쪽 복도에 각 실을 배치한 형식으로, 각 실에 직접 들어갈 수 있으며, 필요시 자유롭게 독립적으로 폐쇄할 수 있고, 자유롭게 선택하여 관람할 수 있다.

10 사무소 건축의 실 단위계획 중 개방식 배치에 관한 설명으로 옳지 않은 것은?

① 공사비를 줄일 수 있다.
② 실의 깊이나 길이에 변화를 줄 수 없다.
③ 시각 차단이 없으므로 독립성이 적어진다.
④ 경영자의 입장에서는 전체를 통제하기가 쉽다.

해설
개방식 배치는 개방된 큰 실 내부에 분리된 공간을 두는 형식으로, 실의 깊이나 길이에 변화를 줄 수 있다.

11 한식주택과 양식주택에 관한 설명으로 옳지 않은 것은?

① 양식주택은 입식생활이며, 한식주택은 좌식생활이다.
② 양식주택의 실은 단일용도이며, 한식주택의 실은 혼용도이다.
③ 양식주택은 실의 위치별 분화이며, 한식주택은 실의 기능별 분화이다.
④ 양식주택의 가구는 주요한 내용물이며, 한식주택의 가구는 부차적 존재이다.

해설
양식주택은 실의 기능별(침실, 식사실), 한식주택은 위치별(안방, 건넛방) 분화이다.

한식주택과 양식주택

특징	한식주택	양식주택
구조	목조 가구식	벽돌조 조적식 등
담장, 울타리	높다.	낮거나 거의 없다.
생활양식	좌식생활	입식생활
바닥의 높이	높다.	낮다.
공간의 기능	융통성이 높다.	독립성이 높다.
각 실의 관계	실의 조합식	실의 분화식
평면구성	폐쇄적·분산식	개방적·집중식
실의 구분, 호칭	위치별	용도·기능별
가구	부차적 존재	주요한 내용물
실의 용도	다용도, 복합용도	단일용도
난방방식	바닥난방	대류난방

12 상점계획에 관한 설명으로 옳지 않은 것은?

① 고객의 동선은 일반적으로 짧을수록 좋다.
② 점원의 동선과 고객의 동선은 서로 교차되지 않는 것이 바람직하다.
③ 대면 판매형식은 일반적으로 시계, 귀금속, 의약품 상점 등에서 쓰여 진다.
④ 쇼케이스 배치유형 중 직렬형은 다른 유형에 비하여 상품의 전달 및 고객의 동선상 흐름이 빠르다.

해설
고객의 동선은 길게 처리하여 다수의 손님을 수용하도록 하며, 직원의 동선은 짧게 처리하여 서비스 거리를 줄여야 한다.

13 공장의 레이아웃 형식 중 생산에 필요한 모든 공정과 기계류를 제품의 흐름에 따라 배치하는 형식은?

① 고정식 레이아웃
② 혼성식 레이아웃
③ 제품 중심의 레이아웃
④ 공정 중심의 레이아웃

해설
③ 제품 중심의 레이아웃 : 제품의 흐름에 따라 공정과 기계류를 배치하여 대량생산이 가능한 형식이다.
① 고정식 레이아웃 : 재료나 조립부품을 고정된 장소에 두고, 사람이나 기계가 그 장소로 이동해 가서 작업을 행하는 방식이다(조선소, 건축 등에 적합).
② 혼성식 레이아웃 : 제품 중심, 공정 중심, 고정식을 혼합한 방식이다 (가정용 전기 및 주문 생산품 공장 등에 적합).
④ 공정 중심의 레이아웃 : 동일하거나 기능이 유사한 기계설비를 집합시키는 방식이다(다품종 소량생산, 주문 생산품 등에 적합).

14 한국 고대 사찰배치 중 1탑 3금당 배치에 속하는 것은?

① 미륵사지   ② 불국사지
③ 정림사지   ④ 청암리사지

해설
① 미륵사지 : 3탑 3금당 배치(1탑 1금당의 확장형태)
② 불국사지 : 쌍탑식 배치
③ 정림사지 : 1탑 1금당 배치

15 주택단지 내 도로의 형태 중 쿨데삭(Cul-de-sac)형에 관한 설명으로 옳지 않은 것은?

① 통과교통이 방지된다.
② 우회도로가 없기 때문에 방재·방범상으로는 불리하다.
③ 주거환경의 쾌적성과 안전성 확보가 용이하다.
④ 대규모 주택단지에 주로 사용되며, 도로의 최대 길이는 1km 이하로 한다.

해설
쿨데삭(Cul-de-sac)
• 막다른 도로를 구성하여 통과교통을 배제한 형식이다.
• 차량의 흐름을 주변으로 한정하여 서로 연결한다.
• 통과교통이 없어 주거환경의 쾌적성, 안전성이 확보된다.
• 사람과 차량의 분리가 가능하며, 보행로의 배치가 자유롭다.
• 주택 배면에 보행자전용도로가 설치되어야 효과적이다.
• 적정길이는 300m 이하이며, 우회도로가 없어 방재, 방범상 불리하다.

16 다음의 호텔 중 연면적에 대한 숙박면적의 비가 일반적으로 가장 큰 것은?

① 커머셜 호텔
② 클럽 하우스
③ 리조트 호텔
④ 아파트먼트 호텔

해설
① 커머셜 호텔 : 도심지에 위치하고 부대시설이 최소화된 객실 위주의 호텔로, 호텔 중에서 연면적에 대한 숙박면적의 비가 가장 크다.
② 클럽 하우스 : 스포츠 시설을 위주로 이용되는 숙박시설을 갖추고 있는 리조트 호텔이다.
③ 리조트 호텔 : 조망 및 주변경관의 조건이 좋은 곳에 위치한 호텔로서 해변 호텔, 산장 호텔, 클럽 하우스 등이 있다.
④ 아파트먼트 호텔 : 여행자의 장기간 체재에 적합한 호텔로서 각 객실에 주방설비를 갖추고 있다.

정답 13 ③ 14 ④ 15 ④ 16 ①

17 상점의 판매방식에 관한 설명으로 옳지 않은 것은?

① 측면 판매방식은 직원동선의 이동성이 많다.
② 대면 판매방식은 측면 판매방식에 비해 상품 진열면적이 넓어진다.
③ 측면 판매방식은 고객이 직접 진열된 상품을 접촉할 수 있는 관계로 선택이 용이하다.
④ 대면 판매방식은 쇼케이스를 중심으로 판매원이 고정된 자리나 위치를 확보하는 것이 용이하다.

해설
대면 판매형식은 판매원의 위치가 고정되고 진열면적이 적어진다.
상점의 판매방식

구분	진열면적	설명·포장·계산	충동구매	점원의 정위치
대면 판매	적다.	용이하다.	어렵다.	안정
측면 판매	넓다.	어렵다.	용이하다.	불안정

18 로마시대의 것으로 그리스의 아고라(Agora)와 유사한 기능을 갖는 것은?

① 포럼(Forum)
② 인술라(Insula)
③ 도무스(Domus)
④ 판테온(Pantheon)

해설
① 포럼 : 로마의 신전 및 공공건축이 모여 있었던 옥외 집회소 및 시장으로, 그리스의 아고라와 유사하다.
② 인술라 : 로마의 평민용 다층 집합주거 건물이다.
③ 도무스 : 로마의 부유층을 위한 고급주택이다.
④ 판테온 : 거대한 돔을 얹은 로툰다와 대형 열주 현관으로 구성된 로마의 신전이다.

19 다음 중 전시공간의 융통성을 주요 건축개념으로 한 것은?

① 퐁피두 센터
② 루브르 박물관
③ 구겐하임 미술관
④ 슈투트가르트 미술관

해설
파리 퐁피두 센터
• 프랑스의 국립미술문화센터이다.
• 배관 등의 설비를 건물 외부에 노출시켜 전시장 내부를 최대한 활용할 수 있도록 계획되었다.
• 전시공간의 융통성을 주요 건축개념으로 한 대표적인 사례이다.

20 종합병원 건축계획에 관한 설명으로 옳지 않은 것은?

① 간호사 대기실은 각 간호단위 또는 층별, 동별로 설치한다.
② 수술실의 바닥마감은 전기도체성 마감을 사용하는 것이 좋다.
③ 병실의 창문은 환자가 병상에서 외부를 전망할 수 있게 하는 것이 좋다.
④ 우리나라의 일반적인 외래진료방식은 오픈 시스템이며 대규모의 각종 과를 필요로 한다.

해설
외래진료부의 운영방식

오픈 시스템 (Open system)	종합병원에 등록된 일반 개업 의사가 종합병원의 진찰실과 시설을 사용하는 미국·유럽식 운영방식이다.
클로즈드 시스템 (Closed system)	종합병원 내에 대규모의 각종 과(외과, 내과 등)를 설치하고 진료하는 한국·일본식 운영방식이다.

제2과목 건축시공

21 무지보공 거푸집에 관한 설명으로 옳지 않은 것은?

① 하부공간을 넓게 하여 작업공간으로 활용할 수 있다.
② 슬래브(Slab) 동바리의 감소 또는 생략이 가능하다.
③ 트러스 형태의 빔(Beam)을 보거푸집 또는 벽체 거푸집에 걸쳐 놓고 바닥판 거푸집을 시공한다.
④ 층고가 높을 경우 적용이 불리하다.

해설
무지보공 거푸집은 동바리의 감소 또는 생략이 가능한 바닥판 거푸집으로, 층고가 높은 건물에 주로 적용된다.
무지보공 거푸집
- 트러스 형태의 빔(Beam)을 보거푸집 또는 벽체 거푸집에 걸쳐 놓고 시공하는 바닥판 거푸집이다.
- 슬래브(Slab) 동바리의 감소 또는 생략이 가능하다.
- 하부공간을 넓게 하여 작업공간으로 활용할 수 있다.
- 층고가 높은 구조물에 적합하다.

22 거푸집에 작용하는 콘크리트의 측압에 끼치는 영향 요인과 가장 거리가 먼 것은?

① 거푸집의 강성
② 콘크리트 타설 속도
③ 기온
④ 콘크리트의 강도

해설
④는 콘크리트의 측압에 영향을 준다고 볼 수 없다.
콘크리트의 측압이 커지는 경우

거푸집	강성, 수밀, 평활	타설속도	빠를수록
슬럼프	클수록	타설높이	높을수록
콘크리트비중	클수록(부배합)	철근량	적을수록
물-시멘트비	클수록 (묽을수록)	단면	클수록
콘크리트온도	낮을수록	진동다짐	충분할수록
외기온도	낮을수록	응결시간	느릴수록

23 조적식 구조의 기초에 관한 설명으로 옳지 않은 것은?

① 내력벽의 기초는 연속기초로 한다.
② 기초판은 철근콘크리트구조로 할 수 있다.
③ 기초판은 무근콘크리트구조로 할 수 있다.
④ 기초벽의 두께는 최하층의 벽체 두께와 같게 하되, 250mm 이하로 하여야 한다.

해설
조적식 구조의 기초의 구조기준
- 조적식 구조인 내력벽의 기초(최하층의 바닥면 이하에 해당하는 부분을 말한다)는 연속기초로 하여야 한다.
- 조적식 구조인 내력벽의 기초 중 기초판은 철근콘크리트구조 또는 무근 콘크리트구조로 하고, 기초벽의 두께는 250mm 이상으로 하여야 한다.

24 스프레이 도장방법에 관한 설명으로 옳지 않은 것은?

① 도장거리는 스프레이 도장면에서 150mm를 표준으로 하고 압력에 따라 가감한다.
② 스프레이할 때에는 매끈한 평면을 얻을 수 있도록 하고, 항상 평행이동하면서 운행의 한 줄마다 스프레이 너비의 1/3 정도를 겹쳐 뿜는다.
③ 각 회의 스프레이 방향은 전회의 방향에 직각으로 한다.
④ 에어레스 스프레이 도장은 1회 도장에 두꺼운 도막을 얻을 수 있고 짧은 시간에 넓은 면적을 도장할 수 있다.

해설
스프레이 도장의 도장거리는 도장면에서 300mm를 표준으로 한다.

25 그림과 같은 네트워크 공정표에서 주공정선(Critical path)은?

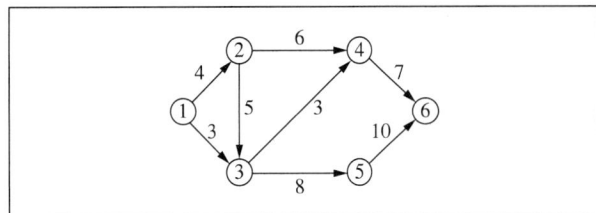

① ① → ③ → ⑤ → ⑥
② ① → ② → ④ → ⑥
③ ① → ② → ③ → ④ → ⑥
④ ① → ② → ③ → ⑤ → ⑥

해설
최종 작업에 이르는 경로 중 소요일수가 가장 길고 여유시간을 포함하지 않는 최장의 경로를 구한다.
• ① → ③ → ⑤ → ⑥ : 3 + 8 + 10 = 21
• ① → ② → ④ → ⑥ : 4 + 6 + 7 = 17
• ① → ② → ③ → ④ → ⑥ : 4 + 5 + 3 + 7 = 19
• ① → ② → ③ → ⑤ → ⑥ : 4 + 5 + 8 + 10 = 27(주공정선)

26 공사장 부지 경계선으로부터 50m 이내에 주거·상가 건물이 있는 경우에 공사현장 주위에 가설울타리는 최소 얼마 이상의 높이로 설치하여야 하는가?

① 1.5m ② 1.8m
③ 2m   ④ 3m

해설
가설울타리의 시공 시 공사장 부지 경계선으로부터 50m 이내에 주거·상가건물이 집단으로 밀집되어 있는 경우에는 높이 3m 이상으로 설치하여야 한다.

27 건설현장에서 굳지 않은 콘크리트에 대해 실시하는 시험으로 옳지 않은 것은?

① 슬럼프(Slump)시험   ② 코어(Core)시험
③ 염화물시험   ④ 공기량시험

해설
코어(Core)시험은 충분히 경화한 콘크리트에서 코어 드릴을 사용하여 절취한 코어의 압축강도를 시험하는 방법이다.

28 터파기 공사 시 지하수위가 높으면 지하수에 의한 피해가 우려되므로 차수공사를 실시하며, 이 방법만으로 부족할 때에는 강제배수를 실시하게 되는데 이때 나타나는 현상으로 옳지 않은 것은?

① 점성토의 압밀
② 주변 침하
③ 흙막이벽의 토압 감소
④ 주변 우물의 고갈

해설
강제배수를 실시할 경우 흙막이벽 배면의 수압이 감소하고, 압밀침하로 인해 흙막이벽의 토압이 증가한다.

29 철골공사의 접합에 관한 설명으로 옳지 않은 것은?

① 고력볼트접합의 종류에는 마찰접합, 지압접합이 있다.
② 녹막이도장은 작업장소 주위의 기온이 5℃ 미만이거나 상대습도가 85%를 초과할 때는 작업을 중지한다.
③ 철골이 콘크리트에 묻히는 부분은 특히 녹막이칠을 잘해야 한다.
④ 용접접합에 대한 비파괴시험의 종류에는 자분탐상시험, 초음파탐상시험 등이 있다.

해설
콘크리트에 매립되는 부분에는 녹막이칠을 하지 않는다.
녹막이칠을 하지 않는 부분

접합·마찰	• 현장 용접을 하는 부위 • 고장력볼트 마찰접합부의 마찰면 • 조립에 의하여 면 맞춤 및 밀착되는 부분
매립·밀폐	• 콘크리트에 매립되는 부분 • 밀폐되는 내면

30 건축공사에서 공사원가를 구성하는 직접공사비에 포함되는 항목을 옳게 나열한 것은?

① 자재비, 노무비, 이윤, 일반관리비
② 자재비, 노무비, 이윤, 경비
③ 자재비, 노무비, 외주비, 경비
④ 자재비, 노무비, 외주비, 일반관리비

해설
직접공사비는 재료(자재)비, 노무비, 외주비, 경비로 구성된다.
건설원가의 구성

공사원가	직접공사비	간접공사비	–	–
총원가	공사원가		일반관리비	–
공사비	총원가			이윤

실행예산서의 비목별 구성
- 직접공사비 : 재료비, 노무비, 경비, 외주비
- 간접공사비 : 현장운영비, 안전관리비, 각종 보험료
- 일반관리비 : 본사관리비, 영업비
- 부가가치세

31 아스팔트방수 공사에 관한 설명으로 옳지 않은 것은?

① 아스팔트 프라이머는 건조하고 깨끗한 바탕면에 솔, 롤러, 뿜칠기 등을 이용하여 규정량을 균일하게 도포한다.
② 용융 아스팔트는 운반용 기구로 시공 장소까지 운반하여 방수 바탕과 시트재 사이에 롤러, 주걱 등으로 뿌리면서 시트재를 깔아 나간다.
③ 옥상에서의 아스팔트방수 시공 시 평탄부에서의 방수 시트 깔기 작업 후 특수부위에 대한 보강붙이기를 시행한다.
④ 평탄부에서는 프라이머의 적절한 건조상태를 확인하여 시트를 깐다.

해설
옥상에서의 아스팔트방수 시공 시 특수부위에 대한 보강붙이기를 시행한 후 평탄부에서의 방수시트 깔기 작업을 한다.

32 열적외선을 반사하는 은소재 도막으로 코팅하여 방사율과 열관류율을 낮추고 가시광선 투과율을 높인 유리는?

① 스팬드럴유리
② 접합유리
③ 배강도유리
④ 로이유리

해설
① 스팬드럴유리 : 커튼월 등에서 보나 기둥 등의 구조재를 감추기 위해 설치하는 불투명한 유리판을 말한다.
② 접합유리 : 2매 이상의 판유리 사이에 비닐계 플라스틱의 특수필름 등을 삽입하여 고온, 고압으로 접착시킨 안전유리이다.
③ 배강도유리(반강화유리) : 유리를 연화점 이하의 온도로 가열한 다음 강화유리의 절반 이하의 냉각공기로 냉각시켜 만든 안전유리이다. 파괴 시 파편이 강화유리보다 크고 이탈현상이 없다.

33 철근콘크리트 슬래브와 철골보가 일체로 되는 합성구조에 관한 설명으로 옳지 않은 것은?

① 시어 커넥터가 필요하다.
② 바닥판의 강성을 증가시키는 효과가 크다.
③ 자재를 절감하므로 경제적이다.
④ 경간이 작은 경우에 주로 적용한다.

해설
합성보는 경간이 큰 경우에 주로 적용한다.

34 다음 중 조적벽 치장줄눈의 종류로 옳지 않은 것은?

① 오목줄눈 ② 빗줄눈
③ 통줄눈 ④ 실줄눈

해설
조적조의 치장줄눈
- 벽면의 의장효과를 위해 쌓기가 끝난 후 바르는 줄눈을 말한다.
- 평줄눈이 일반적으로 가장 많이 사용된다.

민줄눈	평줄눈	둥근줄눈	빗줄눈
오목줄눈	볼록줄눈	내민줄눈	실줄눈

35 일반경쟁입찰의 업무순서에 따라 보기의 항목을 옳게 나열한 것은?

[보기]
A. 입찰공고 B. 입찰등록
C. 견적 D. 참가등록
E. 입찰 F. 현장설명
G. 개찰 및 낙찰 H. 계약

① A → B → F → D → C → E → G → H
② A → D → F → C → B → E → G → H
③ A → B → C → F → D → G → E → H
④ A → D → C → F → E → G → B → H

해설
공개경쟁(일반경쟁)입찰
- 해당 공사에 필요한 최소한의 기본적인 자격을 갖춘 불특정 다수의 업체를 대상으로 입찰을 실시하는 방식이다. 입찰 참가의 기회가 균등하고 담합이 방지된다.
- 입찰순서 : 입찰공고·통지 → 참가등록 → 설계도서 열람 및 교부 → 현장설명 → 견적기간 → 입찰등록 → 입찰 → 개찰 → 낙찰 → 계약체결

36 금속 커튼월의 Mock-up test에 있어 기본성능시험의 항목에 해당되지 않는 것은?

① 정압수밀시험
② 방재시험
③ 구조시험
④ 기밀시험

해설
커튼월의 성능시험

실물모형시험 (Mock-up test)	• 외기의 영향으로 인한 성능을 사전에 검토하기 위해 실시하는 시험이다. • 예비시험, 기밀시험, 수밀(정압, 동압)시험, 구조시험(풍압) 등으로 구성된다.
기타 시험	층간변위시험, 열순환시험, 결로시험, 열전달 및 결로저항시험 등이 있다.

37 석재의 표면 마무리의 갈기 및 광내기에 사용하는 재료가 아닌 것은?

① 금강사
② 황산
③ 숫돌
④ 산화주석

해설
석재의 표면 마무리의 갈기 및 광내기에 사용하는 재료는 카보런덤, 금강사, 산화주석, 숫돌 등이다.

석재의 표면 가공(인력가공)

메다듬 (혹두기)	쇠메나 망치로 돌의 표면을 쳐서 대강 보기 좋게 다듬는 마무리이다.
정다듬	정으로 쪼아 평평하게 다듬는 마무리이다.
도드락다듬	돌출된 이로 구성된 도드락망치로 석재 표면을 평활하게 하는 마무리이다.
잔다듬	도드락 다듬면을 양날망치로 세밀한 평행선을 그리며 때려 매끈하게 다듬는 마무리이다.
물갈기	• 석재 물갈기 마감 공정의 종류에는 거친갈기, 물갈기, 본갈기, 정갈기(광내기)가 있다. • 물갈기는 카보런덤, 금강사 등을 뿌리고 연마기를 이용해 물과 함께 숫돌로 갈아내어 광택을 주는 마무리이다. • 거친갈기는 거친면으로 갈아낸 것, 본갈기는 무광택면으로 갈아내는 것이며, 정갈기는 산화주석 등을 이용하여 광을 내는 공정이다.

38 콘크리트 균열의 발생 시기에 따라 구분할 때 콘크리트의 경화 전 균열의 원인이 아닌 것은?

① 크리프 수축
② 거푸집의 변형
③ 침하
④ 소성수축

해설
콘크리트 균열의 원인

경화 전 균열 (초기균열)	소성수축, 침하(블리딩, 재료분리, 수막 등), 거푸집 변형, 거푸집·동바리 침하, 진동, 충격 등
경화 후 균열	건조수축, 온도응력(수화열, 외기), 화학반응 및 기후(중성화·탄산화, 알칼리골재반응, 염해, 동결융해 등), 시공불량(콜드조인트 등), 크리프에 의한 균열 등

40 공정관리에서의 네트워크(Network)에 관한 용어와 관계없는 것은?

① 커넥터(Connector)
② 크리티컬패스(Critical path)
③ 더미(Dummy)
④ 플로트(Float)

해설
네트워크 공정표의 주요 용어

액티비티(Activity)	프로젝트를 구성하는 작업 단위이다.
이벤트/노드(Event/Node)	작업을 결합하는 연결점 및 개시점, 종료점이다.
듀레이션(Duration)	작업을 수행하는 데 필요한 시간이다.
플로트(Float)	각 작업에 허용되는 시간적인 여유이다.
크리티컬패스(Critical path)	공정표상 가장 긴 경로이며 여유시간이 없는 공정선이다.
더미(Dummy)	작업은 없으나 작업 간의 관계를 표시하는 화살선이다.

39 건축공사에서 활용되는 견적방법 중 가장 상세한 공사비의 산출이 가능한 견적방법은?

① 명세견적
② 개산견적
③ 입찰견적
④ 실행견적

해설
명세견적
- 설계도서, 시방서, 현장설명 등을 토대로 명확한 수량을 집계하여 정밀하게 공사비를 산출하는 방법이다.
- 가장 정확한 공사비의 산출이 가능한 견적방법이다.

정답 38 ① 39 ① 40 ①

제3과목 건축구조

41 원형단면에 전단력 $S = 30\text{kN}$이 작용할 때 단면의 최대 전단응력도는?(단, 단면의 반경은 180mm이다)

① 0.19MPa ② 0.24MPa
③ 0.39MPa ④ 0.44MPa

해설
최대 전단응력$(\tau_{\max}) = \dfrac{4}{3} \times \dfrac{S}{A} = \dfrac{4}{3} \times \dfrac{30,000\text{N}}{\pi \times (180\text{mm})^2}$
$\fallingdotseq 0.39\text{N/mm}^2$

42 다음 그림과 같은 중공형 단면에 대한 단면2차반경 r_x는?

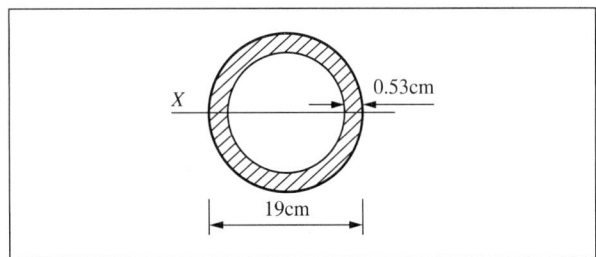

① 3.21cm ② 4.62cm
③ 6.53cm ④ 7.34cm

해설
원형의 도심축에 대한 단면2차모멘트$(I_x) = \dfrac{\pi D^4}{64}$, $A = \dfrac{\pi D^2}{4}$ 이므로

$\therefore r_x = \sqrt{\dfrac{I_x}{A}} = \sqrt{\dfrac{\dfrac{\pi D^4}{64} - \dfrac{\pi d^4}{64}}{\dfrac{\pi D^2}{4} - \dfrac{\pi d^2}{4}}} = \sqrt{\dfrac{D^4 - d^4}{16(D^2 - d^2)}}$

$= \sqrt{\dfrac{(D^2 - d^2)(D^2 + d^2)}{16(D^2 - d^2)}} = \sqrt{\dfrac{19^2 + 17.94^2}{16}} \fallingdotseq 6.53\text{cm}$

43 철근콘크리트 T형보의 유효폭 산정식에 관련된 사항과 거리가 먼 것은?

① 보의 폭
② 슬래브 중심 간 거리
③ 슬래브의 두께
④ 보의 춤

해설
T형보의 유효폭
다음 값 중에서 최소인 값으로 한다.
- $16t$(슬래브 두께) + b_w(보의 폭)
- 양측 슬래브의 중심 간 거리
- $\dfrac{1}{4} \times$ 보의 경간

44 말뚝기초에 관한 설명으로 옳지 않은 것은?

① 말뚝기초는 지반이 연약하고 기초상부의 하중을 지지하지 못할 때 보강 공법으로 쓰인다.
② 지지말뚝은 굳은 지반까지 말뚝을 박아 하중을 직접 지반에 전달하며 주위 흙과의 마찰력은 고려하지 않는다.
③ 마찰말뚝은 주위 흙과의 마찰력으로 지지되며 n개를 박았을 때 그 지지력은 n배가 된다.
④ 동일 건물에서는 서로 다른 종류의 말뚝을 혼용하지 않는다.

해설
n개를 시공한 무리말뚝의 지지력은 n배보다 작다.
말뚝의 지지방식

지지말뚝	말뚝이 경질층 또는 암반에 도달하여 지지되는 상태를 말한다.
마찰말뚝	말뚝이 경질층에 도달하지 못하고 말뚝표면과 주변 흙의 마찰저항력으로 지지되는 상태를 말한다.

무리말뚝(Group pile, 군말뚝)
- 여러 개의 말뚝을 무리지어 시공한 것을 말한다.
- 개별 말뚝의 지지력에는 한도가 있으므로 길이는 비교적 짧게 하고 수량을 많이 하는 것이 좋다.
- 무리말뚝은 지반에 전달되는 응력이 중복되는 경우가 많으며, 그 지지력은 개개의 말뚝 지지력의 합보다 작다.

45
그림과 같은 ㄷ형강(Channel)에서 전단중심(剪斷中心)의 대략적인 위치는?

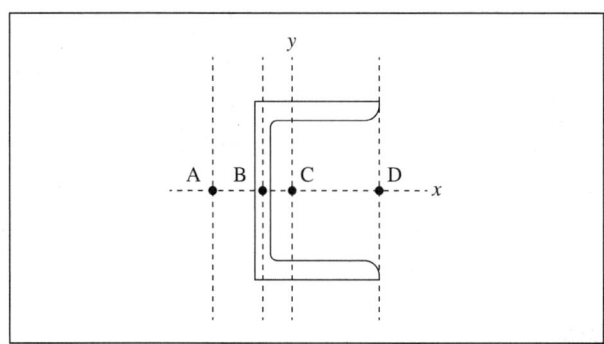

① A점
② B점
③ C점
④ D점

해설
제시된 ㄷ형강의 대략적인 전단중심은 A점이다.
전단중심(Shear center, S)
• 단면에서 비틀림을 발생시키지 않는 점을 말한다.
• 부재가 비틀림 없이 휨을 받기 위해서 하중의 작용선이 지나야 하는 단면상의 특정 지점이다.

46
강도설계법에서 D22 압축 이형철근의 기본정착길이 l_{db}는?(단, 경량 콘크리트계수 $\lambda = 1.0$, $f_{ck} = 27\text{MPa}$, $f_y = 400\text{MPa}$)

① 200.5mm
② 378.4mm
③ 423.4mm
④ 604.6mm

해설
압축 이형철근의 정착길이
정착길이(l_d)는 기본정착길이(l_{db}) × 적용 가능한 모든 보정계수이며, 항상 200mm 이상이어야 한다.

• $l_{db} = \dfrac{0.25 \times d_b \times f_y}{\lambda \sqrt{f_{ck}}} = \dfrac{0.25 \times 22 \times 400}{1 \times \sqrt{27}} \fallingdotseq 423.4\text{mm}$

• $l_{db} = 0.043 \times d_b \times f_y = 0.043 \times 22 \times 400 \fallingdotseq 378.4\text{mm}$

∴ 압축 이형철근(D22)의 기본정착길이는 두 식으로 계산한 값 중 큰 값인 423.4mm이다.

47
H-300×150×6.5×9인 형강보가 10kN의 전단력을 받을 때 웨브에 생기는 전단응력도의 크기는 약 얼마인가?(단, 웨브전단면적 산정 시 플랜지 두께는 제외함)

① 3.46MPa
② 4.46MPa
③ 5.46MPa
④ 6.46MPa

해설
$$\text{전단응력}(\tau) = \frac{V}{t \times h} = \frac{V}{c \times (a - d \times 2)}$$
$$= \frac{10{,}000\text{N/mm}^2}{6.5 \times (300 - 9 \times 2)} = 5.46\text{MPa}$$

48
다음 그림과 같은 부정정보에서 고정단모멘트 M_{AB} (C_{AB})의 절댓값은?

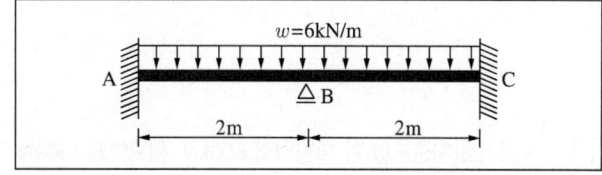

① 2kN·m
② 3kN·m
③ 4kN·m
④ 5kN·m

해설
부재력 M_{AB}는 AB부재에서 A고정단의 휨모멘트이다.
$$M_A = -\frac{wl^2}{12} = -\frac{6\text{kN/m} \times (2\text{m})^2}{12} = -2\text{kN·m}$$

49 부하면적 36m²인 콘크리트 기둥의 영향면적에 따른 활하중저감계수(C)로 옳은 것은?(단, $C = 0.3 + \dfrac{4.2}{\sqrt{A}}$, A는 영향면적)

① 0.25
② 0.45
③ 0.65
④ 1

해설
영향면적
- 연직하중전달 구조부재에 미치는 하중영향을 바닥면적으로 나타낸 것을 말한다.
- 활하중의 영향면적은 아래와 같이 적용한다.

기둥 및 기초	부하면적의 4배
보 또는 벽체	부하면적의 2배
슬래브	부하면적
캔틸레버	영향면적에 단순합산

∴ $C = 0.3 + \dfrac{4.2}{\sqrt{A}} = 0.3 + \dfrac{4.2}{\sqrt{36 \times 4}} = 0.65$

50 하중저항계수설계법에 따른 강구조 연결 설계기준을 근거로 할 때 고장력볼트의 직경이 M24라면 표준구멍의 직경으로 옳은 것은?

① 26mm
② 27mm
③ 28mm
④ 30mm

해설
고장력볼트의 공칭(표준)구멍 치수

M16	M20	M22	M24	M27
18mm	22mm	24mm	27mm	30mm
직경 + 2mm			직경 + 3mm	

51 독립기초(자중포함)가 축방향력 650kN, 휨모멘트 130kN·m를 받을 때 기초 저면의 편심거리는?

① 0.2m
② 0.3m
③ 0.4m
④ 0.6m

해설
편심거리(e) = 모멘트(M) ÷ 하중(P)
= 130kN·m ÷ 650kN = 0.2m

52 철근콘크리트의 보강철근에 관한 설명으로 옳지 않은 것은?

① 보강철근으로 보강하지 않은 콘크리트는 연성거동을 한다.
② 보강철근은 콘크리트의 크리프를 감소시키고 균열의 폭을 최소화시킨다.
③ 이형철근은 원형강봉의 표면에 돌기를 만들어 철근과 콘크리트의 부착력을 최대가 되도록 한 것이다.
④ 보강철근을 콘크리트 속에 매립함으로써 콘크리트의 휨강도를 증대시킨다.

해설
보강철근으로 보강하지 않은 콘크리트는 인장강도가 낮아서 취성거동을 한다.

53 다음 그림과 같이 단면의 크기가 500mm × 500mm인 띠철근 기둥이 저항할 수 있는 최대 설계축하중 ϕP_n은?(단, f_y = 400MPa, f_{ck} = 27MPa)

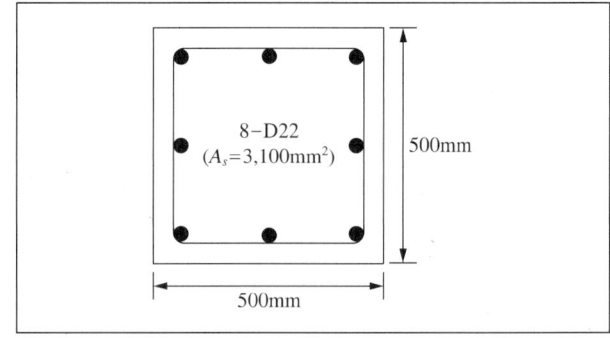

① 3,591kN
② 3,972kN
③ 4,170kN
④ 4,275kN

해설
- 강도감소계수(ϕ) = 0.65
- 기둥의 단면적(A_g) = 500mm × 500mm = 250,000mm²
- 축방향 주근의 단면적(A_{st}) = 3,100mm²

∴ $\phi P_n = 0.80\phi \times \{0.85 f_{ck}(A_g - A_{st}) + f_y A_{st}\}$
= 0.80 × 0.65 × {0.85 × 27 × (250,000 − 3,100) + 400 × 3,100}
≒ 3,591,305N ≒ 3,591kN

54 보 또는 보의 역할을 하는 리브나 지판이 없이 기둥으로 하중을 전달하는 2방향으로 철근이 배치된 콘크리트 슬래브는?

① 와플슬래브(Waffle slab)
② 플랫플레이트(Flat plate)
③ 플랫슬래브(Flat slab)
④ 데크플레이트슬래브(Deck plate slab)

해설
① 와플슬래브 : 슬래브와 등간격으로 서로 직교하는 장선(리브)이 일체화된 2방향 슬래브이다.
③ 플랫슬래브 : 보 없이 지판에 의해 하중이 기둥으로 전달되며, 2방향으로 철근이 배치된 콘크리트 슬래브이다.
④ 데크플레이트슬래브 : 바닥 슬래브를 타설하기 전에 철골보 위에 설치하고 콘크리트를 타설하여 바닥판 등으로 사용하는 절곡된 얇은 판의 합성 슬래브이다.

55 다음 그림의 모살용접부의 유효목두께는?

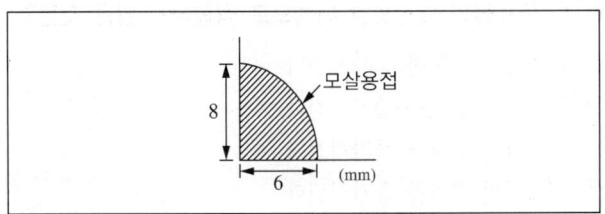

① 4.0mm ② 4.2mm
③ 4.8mm ④ 5.6mm

해설
∴ 유효목두께 = 6mm × 0.7 = 4.2mm

필릿용접(모살용접)의 유효면적
- 필릿용접의 유효면적은 유효길이에 유효목두께를 곱한 것으로 한다.
- 필릿용접의 유효길이는 필릿용접의 총길이에서 2배의 필릿사이즈를 공제한 값으로 하여야 한다.
- 필릿용접의 유효목두께는 용접루트로부터 용접표면까지의 최단거리로 한다. 단, 이음면이 직각인 경우에는 필릿사이즈의 0.7배로 한다.
- 구멍필릿과 슬롯필릿용접의 유효길이는 목두께의 중심을 잇는 용접중심선의 길이로 한다.

56 저층 강구조 장스팬 건물의 구조계획에서 고려해야 할 사항과 가장 관계가 적은 것은?

① 층고, 지붕형태 등 건물의 형상 선정
② 적절한 골조 간격의 선정
③ 강절점, 활절점에 대한 부재의 접합방법 선정
④ 풍하중에 의한 횡변위 제어방법

해설
저층 장스팬 건물의 구조계획에서는 고정하중, 활하중, 적설하중 등의 수직하중이 고려되어야 한다. ④는 건물의 높이에 따라 증가하는 수평하중이므로, 고층·초고층 건물의 구조계획에서 우선적으로 고려해야 할 사항이다.

57 다음 중 압축재의 좌굴하중 산정 시 직접적인 관계가 없는 것은?

① 부재의 푸아송비
② 부재의 단면2차모멘트
③ 부재의 탄성계수
④ 부재의 지지조건

해설
오일러의 좌굴하중
- 좌굴이 발생하기 직전의 하중으로, 임계하중이라고도 한다.
- 좌굴하중(P_b) = $\dfrac{\pi^2 \times 탄성계수(E) \times 단면2차모멘트(I)}{좌굴길이^2(l_k^2)}$

※ 좌굴길이(l_k) = 지지조건에 따른 유효좌굴계수(K) × 길이(l)

58 지진하중 설계 시 밑면전단력과 관계없는 것은?

① 유효건물중량
② 중요도계수
③ 지반증폭계수
④ 가스트계수

해설
가스트영향계수는 바람의 난류로 인해 발생되는 구조물의 동적 거동 성분을 나타내는 계수로, 밑면전단력과는 관계가 없다.
등가정적해석법의 밑면전단력과 지진응답계수

밑면 전단력	$V = C_s W$ 여기서, C_s : 지진응답계수 　　　　W : 고정하중과 유효건물중량
지진 응답계수	$C_s = \dfrac{S_{DS}}{\dfrac{R}{I_E}}$ $C_s \geq 0.01$이어야 하며, 다음 값을 초과하지 않아도 된다. • $T \leq T_L$: $C_s = \dfrac{S_{D1}}{\left(\dfrac{R}{I_E}\right)T}$ • $T > T_L$: $C_s = \dfrac{S_{D1} T_L}{\left(\dfrac{R}{I_E}\right)T^2}$ 여기서, I_E : 건축물의 중요도계수 　　　　R : 반응수정계수 　　　　S_{DS} : 단주기 설계스펙트럼가속도 　　　　S_{D1} : 주기 1초에서의 설계스펙트럼가속도 　　　　T : 건축물의 고유주기(초) 　　　　T_L : 5초

59 다음 그림과 같은 라멘의 부정정 차수는?

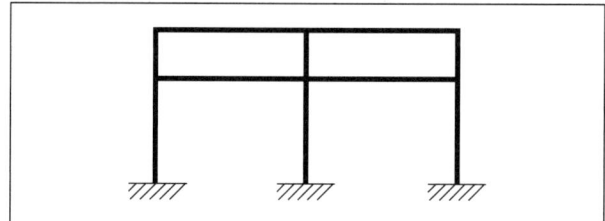

① 6차 부정정
② 8차 부정정
③ 10차 부정정
④ 12차 부정정

해설
$m = (n + s + r) - 2k$
　$= (3+3+3) + (10) + (11) - (2 \times 9)$
　$= 12$
여기서, n : 지점 반력수
　　　　s : 부재수
　　　　r : 강절점수
　　　　k : 절점수
∴ $m > 0$, 12차 부정정 구조물이다.

60 구조물의 내진보강 대책으로 적합하지 않은 것은?

① 구조물의 강도를 증가시킨다.
② 구조물의 연성을 증가시킨다.
③ 구조물의 중량을 증가시킨다.
④ 구조물의 감쇠를 증가시킨다.

해설
구조물의 중량을 감소시키는 것이 내진보강 대책으로 적합하다.
내진보강 대책

내진구조	강성이 우수한 내진벽·전단벽 등을 설치하여 수평력에 저항하는 구조이다.
제진구조	• 지진에 대한 흔들림을 억제하는 메커니즘을 설치한 구조이다. • 건축물에 계측기 및 댐퍼, 제진 추 등의 장치를 설치하여 지진파를 감소시키거나 상쇄시키는 구조이다.
면진구조	• 지진에 대한 흔들림을 회피하는 구조이다. • 지진 시 큰 횡변위가 발생되도록 수평적으로 유연하고 강한 면진장치(적층고무, 납받침, 베어링 등)를 건축물 하부에 설치한 구조이다.

제4과목 건축설비

61 도시가스에서 중압의 가스압력은?(단, 액화가스가 기화되고 다른 물질과 혼합되지 아니한 경우 제외)

① 0.05MPa 이상, 0.1MPa 미만
② 0.01MPa 이상, 0.1MPa 미만
③ 0.1MPa 이상, 1MPa 미만
④ 1MPa 이상, 10MPa 미만

해설
압력에 따른 도시가스의 분류

고압	중압	저압
1MPa 이상	0.1MPa 이상 1MPa 미만	0.1MPa 미만

62 수량 22.4m³/h를 양수하는 데 필요한 터빈펌프의 구경으로 적당한 것은?(단, 터빈펌프 내의 유속은 2m/s로 한다)

① 65mm
② 75mm
③ 100mm
④ 125mm

해설
펌프의 구경

펌프의 구경$(D) = 1.13\sqrt{\dfrac{Q}{V}}$

$= 1.13\sqrt{\dfrac{\frac{22.4}{3,600}}{2}} ≒ 0.063m ≒ 65mm$

여기서, Q : 펌프 토출량(m³/s)
V : 펌프의 유속(m/s)

63 수관식 보일러에 관한 설명으로 옳지 않은 것은?

① 사용압력이 연관식보다 낮다.
② 설치면적이 연관식보다 넓다.
③ 부하변동에 대한 추종성이 높다.
④ 대형건물과 같이 고압증기를 다량 사용하는 곳이나 지역난방 등에 사용된다.

해설
수관식 보일러는 노통연관식보다 사용압력과 설치면적이 크다.
수관식 보일러
- 보일러 상부의 기수드럼과 하부의 물드럼을 연결하는 수관을 연소실 주위에 배치한 보일러이다.
- 전열면적이 크고 증기발생이 빠르며 고압증기를 만들기 쉽다.
- 예열시간이 짧고 효율이 좋으며, 부하변동에 대한 추종성이 높다.
- 노통연관식보다 사용압력과 설치면적이 크고 수처리가 어렵다.
- 고압증기를 다량으로 사용하는 대형건물, 병원, 호텔, 지역난방에 주로 사용된다.

64 전기설비에서 다음과 같이 정의되는 것은?

> 전면이나 후면 또는 양면에 개폐기, 과전류 차단장치 및 기타 보호장치, 모선 및 계측기 등이 부착되어 있는 하나의 대형 패널 또는 여러 개의 패널, 프레임 또는 패널 조립품으로서, 전면과 후면에서 접근할 수 있는 것

① 캐비닛
② 차단기
③ 배전반
④ 분전반

해설
① 캐비닛 : 틀이나 받침대를 구비한 분전반 등을 넣는 문이 달린 금속제 또는 합성수지제의 함을 말한다.
② 차단기 : 수동으로 회로를 개폐하고, 미리 설정된 전류의 과부하에서 자동적으로 회로를 개방하는 장치로 정격의 범위 내에서 적절히 사용하는 경우 자체에 어떠한 손상을 일으키지 않도록 설계된 장치를 말한다.
④ 분전반 : 하나의 패널로 조립하도록 설계된 단위패널의 집합체로 모선이나 자동 과전류차단장치, 조명, 온도, 전력회로의 제어용 개폐기가 설치되어 있으며, 벽이나 칸막이판에 접하여 배치한 캐비닛이나 차단기를 설치할 수 있도록 설계되어 있고 전면에서만 접근할 수 있는 것을 말한다.

65 크로스커넥션(Cross connection)에 관한 설명으로 가장 알맞은 것은?

① 관로 내의 유체의 유동이 급격히 변화하여 압력변화를 일으키는 것
② 상수의 급수·급탕계통과 그 외의 계통배관이 장치를 통하여 직접 접속되는 것
③ 겨울철 난방을 하고 있는 실내에서 창을 타고 차가운 공기가 하부로 내려오는 현상
④ 급탕·반탕관의 순환거리를 각 계통에 있어서 거의 같게 하여 전 계통의 탕의 순환을 촉진하는 방식

해설
①은 수격작용(워터해머), ③은 콜드드래프트, ④는 역환수방식에 대한 설명이다.
크로스커넥션(Cross connection)
급수배관과 급수 이외의 배관이 직접 접속된 상태에서 급수배관 내에 타 배관의 오수가 역류하여 상수를 오염시키는 현상이다.

66 공조시스템의 전열교환기에 관한 설명으로 옳지 않은 것은?

① 공기 대 공기의 열교환기로서 현열만 교환이 가능하다.
② 공조기는 물론 보일러나 냉동기의 용량을 줄일 수 있다.
③ 공기방식의 중앙공조시스템이나 공장 등에서 환기에서의 에너지 회수방식으로 사용된다.
④ 전열교환기를 사용한 공조시스템에서 중간기(봄, 가을)를 제외한 냉방기와 난방기의 열회수량은 실내·외의 온도차가 클수록 많다.

해설
전열교환기는 공기 대 공기의 열교환기로서 현열과 잠열을 동시에 교환한다.
전열교환기(Total heat exchanger)
- 배기하는 공기의 온도로 급기하는 공기의 온도를 조절하는 데 사용하는 열교환기이다.
- 공기 대 공기의 현열과 잠열을 동시에 교환한다.
- 외기가 들어와서 급기되는 윗부분과 환기가 배기되는 아랫부분으로 나누어지고, 각각 덕트에 접속된다.
- 동절기와 하절기의 열회수량은 실내외의 온도차가 클수록 많다(중간기 제외).
- 적용 시 공기조화설비·보일러·냉동기의 용량을 줄일 수 있다.
- 중앙식 공기조화설비·공장 등에서 에너지절약을 위해 사용된다.

67 직경 200mm의 배관을 통하여 물이 1.5m/s의 속도로 흐를 때 유량은?

① 2.83m³/min
② 3.2m³/min
③ 3.83m³/min
④ 6.0m³/min

해설
유체의 연속방정식
- 유량(Q) = 단면적(A) × 유속(V)
- 단면적(A_1) × 유속(V_1) = 단면적(A_2) × 유속(V_2)
- 유체의 흐름에서 단면적과 유속은 반비례한다.
∴ $Q = A \times V = (\pi \times 0.1m \times 0.1m) \times 1.5m/s$
≒ 0.047m³/s ≒ 2.83m³/min

68 배수트랩에 관한 설명으로 옳지 않은 것은?

① 트랩은 이중으로 설치하면 효과적이다.
② 트랩의 봉수깊이가 너무 깊으면 통수능력이 감소된다.
③ 트랩은 하수가스의 실내 침입을 방지하는 역할을 한다.
④ 트랩은 위생기구에 가능한 한 접근시켜 설치하는 것이 좋다.

해설
이중트랩은 오·배수의 흐름에 영향을 미치므로 사용이 금지된다.

69 다음 중 그 값이 클수록 안전한 것은?

① 접지저항
② 도체저항
③ 접촉저항
④ 절연저항

해설
절연저항은 전압이 가해진 절연체가 나타내는 전기저항을 말하며, 그 값이 클수록 안전하다.

70 건구온도 26℃인 실내공기 8,000m³/h와 건구온도 32℃인 외부공기 2,000m³/h를 단열 혼합하였을 때 혼합공기의 건구온도는?

① 27.2℃   ② 27.6℃
③ 28.0℃   ④ 29.0℃

해설

혼합공기의 온도(℃) = $\frac{A공기(온도 × 양) + B공기(온도 × 양)}{A와 B공기의 양}$

$= \frac{26℃ × 8,000m³/h + 32℃ × 2,000m³/h}{8,000m³/h + 2,000m³/h}$

= 27.2℃

71 배관재료에 관한 설명으로 옳지 않은 것은?

① 주철관은 오배수관이나 지중 매설 배관에 사용된다.
② 경질염화비닐관은 내식성은 우수하나 충격에 약하다.
③ 연관은 내식성이 작아 배수용보다는 난방배관에 주로 사용된다.
④ 동관은 전기 및 열전도율이 좋고 전성·연성이 풍부하며 가공도 용이하다.

해설

연관은 배수관에 주로 사용되며, 난방배관에는 동관 등이 사용된다.

72 가로, 세로, 높이가 각각 4.5×4.5×3m인 실의 각 벽면 표면온도가 18℃, 천장면 20℃, 바닥면 30℃일 때 평균복사온도(MRT)는?

① 15.2℃   ② 18.0℃
③ 21.0℃   ④ 27.2℃

해설

평균복사온도(MRT)

$= \frac{\Sigma 주위 표면면적 × 해당 면적의 표면온도}{\Sigma 주위 표면면적}$

$= \frac{(4.5×3×18)×4 + (4.5×4.5×20) + (4.5×4.5×30)}{(4.5×3)×4 + (4.5×4.5) + (4.5×4.5)}$

= 21.0℃

73 가스사용시설의 가스계량기에 관한 설명으로 옳지 않은 것은?

① 가스계량기와 전기점멸기와의 거리는 30cm 이상 유지하여야 한다.
② 가스계량기와 전기계량기와의 거리는 60cm 이상 유지하여야 한다.
③ 가스계량기와 전기개폐기와의 거리는 60cm 이상 유지하여야 한다.
④ 공동주택의 경우 가스계량기는 일반적으로 대피공간이나 주방에 설치된다.

해설

가스계량기의 설치금지 장소(도시가스법 시행규칙 별표 7)
- 공동주택의 대피공간
- 방·거실 및 주방 등으로서 사람이 거처하는 곳
- 가스계량기에 나쁜 영향을 미칠 우려가 있는 장소

74 기온, 습도, 기류의 3요소의 조합에 의한 실내 온열감각을 기온의 척도로 나타낸 것은?

① 작용온도   ② 등가온도
③ 유효온도   ④ 등온지수

해설

① 작용온도 : 기온, 기류 및 주벽면 온도(복사열)의 3요소의 조합과 체감과의 관계를 나타내는 것으로, 공기의 습도가 고려되지 않은 것이다.
④ 등온지수 : 기온, 습도, 기류, 주벽면 온도(복사열)의 4요소를 조합하여 체감과의 관계를 나타낸 것이다.

75 수도직결방식의 급수방식에서 수도 본관으로부터 8m 높이에 위치한 기구의 소요압이 70kPa이고 배관의 마찰손실이 20kPa인 경우, 이 기구에 급수하기 위해 필요한 수도 본관의 최소 압력은?

① 약 90kPa
② 약 98kPa
③ 약 170kPa
④ 약 210kPa

해설
수도 본관의 압력(P) = 수전의 높이 + 관의 마찰손실 + 수전의 필요압력
= 80kPa + 20kPa + 70kPa
= 170kPa
※ 수두 8m ≒ 압력 80kPa

76 다음의 에스컬레이터의 경사도에 관한 설명 중 ( ) 안에 알맞은 것은?

> 에스컬레이터의 경사도는 (㉠)를 초과하지 않아야 한다. 다만, 높이가 6m 이하이고 공칭속도가 0.5m/s 이하인 경우에는 경사도를 (㉡)까지 증가시킬 수 있다.

① ㉠ 25°, ㉡ 30°
② ㉠ 25°, ㉡ 35°
③ ㉠ 30°, ㉡ 35°
④ ㉠ 30°, ㉡ 40°

해설
에스컬레이터의 일반사항

경사도	• 에스컬레이터의 경사도는 30° 이하로 한다. • 높이 6m 이하, 공칭속도 0.5m/s 이하인 경우 35°까지 증가시킬 수 있다.	
정격속도	하강 방향의 안전을 고려하여 30m/min 이하로 한다.	
공칭속도	경사도 30° 이하	경사도 30° 초과 35° 이하
	0.75m/s 이하	0.5m/s 이하
공칭수송능력	800형	1,200형
	6,000인/h	9,000인/h

77 실내 공기오염의 종합적 지표로서 사용되는 오염물질은?

① 부유분진
② 이산화탄소
③ 일산화탄소
④ 이산화질소

해설
실내환기량의 기준
• 실내환기량은 일반적으로 이산화탄소(CO_2)의 농도를 기준으로 산정한다.
• 이산화탄소 농도는 실내 공기오염과 비례한다고 본다.

78 작업구역에는 전용의 국부조명 방식으로 조명하고, 기타 주변 환경에 대하여는 간접조명과 같은 낮은 조도레벨로 조명하는 방식은?

① TAL조명 방식
② 반직접조명 방식
③ 반간접조명 방식
④ 전반확산조명 방식

해설
조명의 배치에 따른 분류

전반조명	조명대상 실내 전체를 일정하게 조명하는 방식이다.
국부조명	각 구역별 필요 조도에 따라 부분적 또는 국소적으로 조명하는 방식이다.
국부적 전반조명	넓은 실내공간에서 세밀한 작업구역에는 고조도로 조명하고, 일반적인 장소에는 평균조도로 조명하는 방식이다.
TAL조명	작업구역에는 전용의 국부조명 방식으로 조명하고, 기타 주변 환경에는 간접조명과 같은 낮은 조도로 조명하는 방식이다.

79 겨울철 주택의 단열 및 결로에 관한 설명으로 옳지 않은 것은?

① 단층유리보다 복층유리의 사용이 단열에 유리하다.
② 벽체 내부로 수증기 침입을 억제할 경우 내부결로 방지에 효과적이다.
③ 단열이 잘 된 벽체에서는 내부결로는 발생하지 않으나 표면결로는 발생하기 쉽다.
④ 실내측 벽 표면온도가 실내공기의 노점온도보다 높은 경우 표면결로는 발생하지 않는다.

해설
단열이 잘 된 벽체는 표면결로는 없으나 내부결로가 발생하기 쉽다.

80 소방시설은 소화설비, 경보설비, 피난구조설비, 소화용수설비, 소화활동설비로 구분할 수 있다. 다음 중 소화활동설비에 속하는 것은?

① 제연설비
② 비상방송설비
③ 스프링클러설비
④ 자동화재탐지설비

해설
②·④ : 경보설비에 해당한다.
③ : 소화설비에 해당한다.
소방시설(소방시설법 시행령 별표 1)

소화설비	소화기구, 자동소화장치, 옥내소화전설비, 스프링클러설비 등, 물분무등소화설비, 옥외소화전설비
경보설비	단독경보형감지기, 비상경보설비, 시각경보기, 자동화재탐지설비, 비상방송설비, 자동화재속보설비, 통합감시시설, 누전경보기, 가스누설경보기
피난구조설비	피난기구, 인명구조기구, 유도등, 비상조명등 및 휴대용비상조명등
소화용수설비	상수도소화용수설비, 소화수조·저수조
소화활동설비	제연설비, 연결송수관설비, 연결살수설비, 비상콘센트설비, 무선통신보조설비, 연소방지설비

제5과목 건축관계법규

81 국토의 계획 및 이용에 관한 법령상 기반시설 중 광장의 세분에 해당하지 않는 것은?

① 옥상광장
② 일반광장
③ 지하광장
④ 건축물부설광장

해설
기반시설(국토계획법 시행령 제2조 제1항)

교통시설	도로·철도·항만·공항·주차장·자동차정류장·궤도·차량 검사 및 면허시설	
공간시설	광장·공원·녹지·유원지·공공공지	
	광장	교통광장, 일반광장, 경관광장, 지하광장, 건축물부설광장
유통·공급시설	유통업무설비, 수도·전기·가스·열공급설비, 방송·통신시설, 공동구·시장, 유류저장 및 송유설비	
공공·문화체육시설	학교·공공청사·문화시설·공공필요성이 인정되는 체육시설·연구시설·사회복지시설·공공직업훈련시설·청소년수련시설	
방재시설	하천·유수지·저수지·방화설비·방풍설비·방수설비·사방설비·방조설비	
보건위생시설	장사시설·도축장·종합의료시설	
환경기초시설	하수도·폐기물처리 및 재활용시설·빗물저장 및 이용시설·수질오염방지시설·폐차장	

82 한 방에서 층의 높이가 다른 부분이 있는 경우 층고 산정방법으로 옳은 것은?

① 가장 낮은 높이로 한다.
② 가장 높은 높이로 한다.
③ 각 부분 높이에 따른 면적에 따라 가중평균한 높이로 한다.
④ 가장 낮은 높이와 가장 높은 높이의 산술평균한 높이로 한다.

해설

한 방에서 층의 높이가 다른 부분이 있는 경우에는 그 각 부분 높이에 따른 면적에 따라 가중평균한 높이로 층고를 산정한다.

건축물의 층고·층수(건축법 시행령 제119조 제1항)

층고	방의 바닥구조체 윗면으로부터 위층 바닥구조체의 윗면까지의 높이로 한다. 다만, 한 방에서 층의 높이가 다른 부분이 있는 경우에는 그 각 부분 높이에 따른 면적에 따라 가중평균한 높이로 한다.
층수	다음에 해당하는 것은 건축물의 층수에 산입하지 않고, 층의 구분이 명확하지 않은 건축물은 그 건축물의 높이가 4m마다 하나의 층으로 보고 그 층수를 산정하며, 건축물이 부분에 따라 그 층수가 다른 경우에는 그중 가장 많은 층수를 그 건축물의 층수로 본다. • 승강기탑, 계단탑, 망루, 장식탑, 옥탑, 그 밖에 이와 비슷한 건축물의 옥상 부분으로서 그 수평투영면적의 합계가 해당 건축물 건축면적의 1/8 이하인 것 • 지하층 • 장애인용승강기의 승강기탑

83 문화 및 집회시설 중 공연장의 개별 관람실을 다음과 같이 계획하였을 경우, 옳지 않은 것은?(단, 개별 관람실의 바닥면적은 1,000m²이다)

① 각 출구의 유효너비는 1.5m 이상으로 하였다.
② 관람실로부터 바깥쪽으로의 출구로 쓰이는 문을 밖여닫이로 하였다.
③ 개별 관람실의 바깥쪽에는 그 양쪽 및 뒤쪽에 각각 복도를 설치하였다.
④ 개별 관람실의 출구는 3개소 설치하였으며 출구의 유효너비의 합계는 4.5m로 하였다.

해설

관람실 등으로부터의 출구의 설치기준(건축물방화구조규칙 제10조)
• 건축물의 관람실 또는 집회실로부터 바깥쪽으로의 출구로 쓰이는 문은 안여닫이로 해서는 안 된다.
• 문화 및 집회시설 중 공연장의 개별 관람실(바닥면적이 300m² 이상인 것만 해당한다)의 출구는 다음의 기준에 적합하게 설치해야 한다.

설치 기준	개소	관람실별로 2개소 이상
	유효너비	각 출구의 유효너비는 1.5m 이상
	유효너비 합계	개별 관람실의 바닥면적 100m²마다 0.6m 비율로 산정한 너비 이상

∴ 유효너비 합계 : 1,000m² ÷ 100m² × 0.6m = 6m 이상

84 국토의 계획 및 이용에 관한 법령에 따른 도시·군관리계획의 내용에 속하지 않는 것은?

① 광역계획권의 장기발전 방향에 관한 계획
② 도시개발사업이나 정비사업에 관한 계획
③ 기반시설의 설치·정비 또는 개량에 관한 계획
④ 용도지역·용도지구의 지정 또는 변경에 관한 계획

해설

①은 광역도시계획의 내용이다.
도시·군관리계획의 내용(국토계획법 제2조)
• 용도지역·용도지구의 지정 또는 변경에 관한 계획
• 개발제한구역, 도시자연공원구역, 시가화조정구역(市街化調整區域), 수산자원보호구역의 지정 또는 변경에 관한 계획
• 기반시설의 설치·정비 또는 개량에 관한 계획
• 도시개발사업이나 정비사업에 관한 계획
• 지구단위계획구역의 지정 또는 변경에 관한 계획과 지구단위계획
• 도시혁신구역의 지정 또는 변경에 관한 계획과 도시혁신계획
• 복합용도구역의 지정 또는 변경에 관한 계획과 복합용도계획
• 도시·군계획시설입체복합구역의 지정 또는 변경에 관한 계획

85 용도지역의 건폐율 기준으로 옳지 않은 것은?

① 주거지역 : 70% 이하
② 상업지역 : 90% 이하
③ 공업지역 : 70% 이하
④ 녹지지역 : 30% 이하

해설

도시지역의 건폐율(국토계획법 제77조)

주거지역	상업지역	공업지역	녹지지역
70% 이하	90% 이하	70% 이하	20% 이하

86 그림과 같은 일반 건축물의 건축면적은?(단, 평면도 건물 치수는 두께 300mm인 외벽의 중심치수이고, 지붕선 치수는 지붕외곽선 치수임)

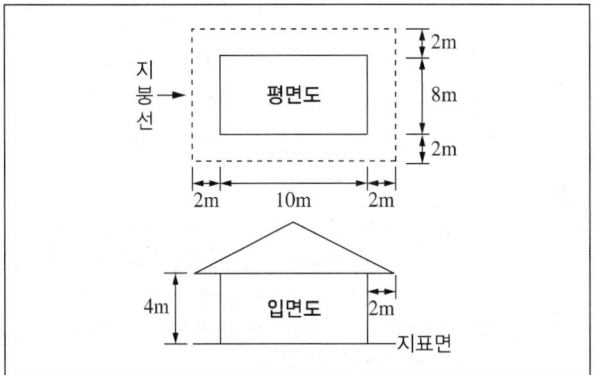

① 80m²
② 100m²
③ 120m²
④ 168m²

해설
돌출된 끝부분으로부터 수평거리 1m를 후퇴한 선으로 둘러싸인 부분의 수평투영면적을 구하면 12m × 10m = 120m²이다.
건축면적의 산정방법(건축법 시행령 제119조 제1항 제2호)
- 건축물의 외벽(외벽이 없는 경우에는 외곽 부분의 기둥으로 한다)의 중심선으로 둘러싸인 부분의 수평투영면적으로 한다.
- 처마, 차양, 부연, 그 밖에 이와 비슷한 것으로서 그 외벽의 중심선으로부터 수평거리 1m 이상 돌출된 부분이 있는 건축물의 건축면적은 그 돌출된 끝부분으로부터 수평거리를 후퇴한 선으로 둘러싸인 부분의 수평투영면적으로 한다(전통사찰, 축사, 한옥 등의 예외 규정 있음).

87 다음과 같은 경우 연면적 1,000m²인 건축물의 대지에 확보하여야 하는 전기설비 설치공간의 면적기준은?

> ㉠ 수전전압 : 저압 / ㉡ 전력수전 용량 : 200kW

① 가로 2.5m, 세로 2.8m
② 가로 2.5m, 세로 4.6m
③ 가로 2.8m, 세로 2.8m
④ 가로 2.8m, 세로 4.6m

해설
전기설비 설치공간 확보기준(건축법 시행령 제87조, 건축물설비기준규칙 별표 3의3)
연면적이 500m² 이상인 건축물의 대지에는 전기사업자가 전기를 배전(配電)하는 데 필요한 전기설비를 설치할 수 있는 공간을 확보하여야 한다.

수전전압	전력수전 용량	확보면적
특고압 또는 고압	100kW 이상	가로 2.8m, 세로 2.8m
저압	75kW 이상 150kW 미만	가로 2.5m, 세로 2.8m
	150kW 이상 200kW 미만	가로 2.8m, 세로 2.8m
	200kW 이상 300kW 미만	가로 2.8m, 세로 4.6m
	300kW 이상	가로 2.8m 이상, 세로 4.6m 이상

88 다음의 대규모 건축물의 방화벽에 관한 기준 내용 중 ( ) 안에 공통으로 들어갈 내용은?

> 연면적 ( ) 이상인 건축물은 방화벽으로 구획하되, 각 구획된 바닥면적의 합계는 ( ) 미만이어야 한다.

① 500m²
② 1,000m²
③ 1,500m²
④ 3,000m²

해설
방화벽의 설치대상(건축법 시행령 제57조)
- 연면적 1,000m² 이상인 건축물은 방화벽으로 구획하되, 각 구획된 바닥면적의 합계는 1,000m² 미만이어야 한다. 다만, 주요구조부가 내화구조이거나 불연재료인 건축물과 3층 이상인 건축물 및 지하층이 있는 건축물 또는 내부설비의 구조상 방화벽으로 구획할 수 없는 창고시설의 경우에는 그러하지 아니하다.
- 연면적 1,000m² 이상인 목조 건축물의 구조는 국토교통부령으로 정하는 바에 따라 방화구조로 하거나 불연재료로 하여야 한다.

89 건축법령상 다음과 같이 정의되는 용어는?

> 건축물의 건축·대수선·용도변경, 건축설비의 설치 또는 공작물의 축조에 관한 공사를 발주하거나 현장 관리인을 두어 스스로 그 공사를 하는 자

① 건축주
② 건축사
③ 설계자
④ 공사시공자

해설
② 건축사 : 국토교통부장관이 시행하는 자격시험에 합격한 사람으로서 건축물의 설계와 공사감리 등의 업무를 수행하는 사람을 말한다.
③ 설계자 : 자기의 책임(보조자의 도움을 받는 경우를 포함한다)으로 설계도서를 작성하고 그 설계도서에서 의도하는 바를 해설하며, 지도하고 자문에 응하는 자를 말한다.
④ 공사시공자 : 건설산업기본법에 따른 건설공사를 하는 자를 말한다.

90 다음 중 노외주차장의 출구 및 입구를 설치할 수 있는 장소는?

① 육교로부터 4m 거리에 있는 도로의 부분
② 지하횡단보도에서 10m 거리에 있는 도로의 부분
③ 초등학교 출입구로부터 15m 거리에 있는 도로의 부분
④ 장애인복지시설 출입구로부터 15m 거리에 있는 도로의 부분

해설
지하횡단보도로부터 5m 이내에 있는 도로의 부분에는 노외주차장 출구 및 입구의 설치가 금지된다.
노외주차장의 출구 및 입구의 설치가 금지된 장소(주차장법 시행규칙 제5조 제5호)

도로	• 횡단보도(육교 및 지하횡단보도 포함)로부터 5m 이내에 있는 도로의 부분 • 유아원, 유치원, 초등학교, 특수학교, 노인복지시설, 장애인복지시설 및 아동전용시설 등의 출입구로부터 20m 이내에 있는 도로의 부분 • 정차 또는 주차가 금지된 장소 중 일부	
너비	주차대수 200대 미만	주차대수 200대 이상
	너비 4m 미만의 도로	너비 6m 미만의 도로
경사도	종단기울기(종단구배)가 10%를 초과하는 도로	

91 건축허가를 하기 전에 건축물의 구조안전과 인접 대지의 안전에 미치는 영향 등을 평가하는 건축물 안전영향평가를 실시하여야 하는 대상 건축물 기준으로 옳은 것은?

① 층수가 6층 이상으로 연면적 10,000m² 이상인 건축물
② 층수가 6층 이상으로 연면적 100,000m² 이상인 건축물
③ 층수가 16층 이상으로 연면적 10,000m² 이상인 건축물
④ 층수가 16층 이상으로 연면적 100,000m² 이상인 건축물

해설
건축물 안전영향평가(건축법 제13조의2 제1항, 동법 시행령 제10조의3)

개요	허가권자는 초고층 건축물 등 대상 건축물에 대하여 건축허가를 하기 전에 건축물의 구조안전과 인접 대지의 안전에 미치는 영향 등을 평가하는 건축물 안전영향평가를 안전영향평가기관에 의뢰하여 실시하여야 한다.
대상 건축물	• 초고층 건축물 • 다음 요건을 모두 충족하는 건축물 – 연면적(하나의 대지에 둘 이상의 건축물을 건축하는 경우에는 각각의 건축물의 연면적을 말한다)이 100,000m² 이상일 것 – 16층 이상일 것

92 다음은 물막이설비의 설치에 관한 기준 내용이다. 밑줄 친 지역에 해당하지 않는 곳은?

> 다음의 어느 하나에 해당하는 지역에서 건축물을 건축하려는 자는 빗물 등의 유입으로 건축물이 침수되지 않도록 해당 건축물의 지하층 및 1층의 출입구(주차장의 출입구 포함)에 물막이판 등 해당 건축물의 침수를 방지할 수 있는 설비를 설치해야 한다. 다만, 해당 건축물의 지하층 및 1층의 출입구를 국토교통부장관이 정하여 고시하는 예상 침수 높이 이상으로 설치한 경우에는 물막이설비를 설치한 것으로 본다.

① 자연재해위험개선지구 중 침수위험지구 및 해일위험지구
② 과거 5년 이내 1회 이상 침수가 되었던 지역 중 동일한 피해가 예상되는 지구
③ 문화적·생태적으로 보존가치가 큰 지역의 보호와 보존을 위하여 필요한 지구
④ 국토계획법에 따른 방재지구

[해설]
③은 보호지구에 해당하므로 물막이설비 설치 지역이 아니다.
물막이설비(건축물설비기준규칙 제17조의2)
다음에 해당하는 지역에서 건축물을 건축하려는 자는 빗물 등의 유입으로 건축물이 침수되지 않도록 해당 건축물의 지하층 및 1층의 출입구(주차장의 출입구 포함)에 물막이판 등 해당 건축물의 침수를 방지할 수 있는 설비를 설치해야 한다. 다만, 해당 건축물의 지하층 및 1층의 출입구를 국토교통부장관이 정하여 고시하는 예상 침수 높이 이상으로 설치한 경우에는 물막이설비를 설치한 것으로 본다.
- 국토계획법에 따른 방재지구(풍수해, 산사태, 지반의 붕괴, 그 밖의 재해를 예방하기 위하여 필요한 지구)
- 자연재해대책법 시행령에 따른 행정안전부장관이 고시하는 다음의 지역
  - 자연재해위험개선지구 중 침수위험지구 및 해일위험지구
  - 과거 5년 이내 1회 이상 침수가 되었던 지역 중 동일한 피해가 예상되는 지구
  - 자연재해대책법에 따라 수립하는 자연재해저감 종합계획에 하천재해, 내수재해, 해안재해 위험지구와 관리지구로 선정된 지역 중 침수피해가 우려되는 지구
  - 중앙행정기관의 장이 별도로 정하는 지구 또는 지방자치단체장의 요청에 따라 행정안전부장관이 정하는 지구

93 주차장의 수급 실태조사에 관한 설명으로 옳지 않은 것은?

① 실태조사의 주기는 5년으로 한다.
② 조사구역은 사각형 또는 삼각형 형태로 설정한다.
③ 조사구역 바깥 경계선의 최대 거리가 300m를 넘지 않도록 한다.
④ 각 조사구역은 건축법에 따른 도로를 경계로 구분한다.

[해설]
주차장 수급 실태조사의 주기는 3년으로 한다.
실태조사 방법 및 주기 등(주차장법 시행규칙 제1조의2)
- 사각형 또는 삼각형 형태로 조사구역을 설정하되 조사구역 바깥 경계선의 최대 거리가 300m를 넘지 않도록 한다.
- 각 조사구역은 건축법에 따른 도로를 경계로 구분한다.
- 아파트단지와 단독주택단지가 섞여 있는 지역 또는 주거기능과 상업·업무기능이 섞여 있는 지역의 경우에는 주차시설 수급의 적정성, 지역적 특성 등을 고려하여 같은 특성을 가진 지역별로 조사구역을 설정한다.
- 주차장법에 따른 안전관리실태조사 : 출입도로를 포함하여 주차장 전체를 조사구역으로 한다.
- 수급실태조사 및 안전관리실태조사의 주기는 3년으로 한다.

94 다음은 대피공간의 설치에 관한 기준 내용이다. 밑줄 친 요건 내용으로 옳지 않은 것은?

> 공동주택 중 아파트로서 4층 이상인 층의 각 세대가 2개 이상의 직통계단을 사용할 수 없는 경우에는 발코니에 인접 세대와 공동으로 또는 각 세대별로 다음 각 호의 <u>요건</u>을 모두 갖춘 대피공간을 하나 이상 설치하여야 한다.

① 대피공간은 바깥의 공기와 접하지 않을 것
② 대피공간은 실내의 다른 부분과 방화구획으로 구획될 것
③ 대피공간의 바닥면적은 각 세대별로 설치하는 경우에는 $2m^2$ 이상일 것
④ 대피공간의 바닥면적은 인접 세대와 공동으로 설치하는 경우에는 $3m^2$ 이상일 것

[해설]
아파트의 대피공간 설치기준(건축법 시행령 제46조 제4항)
- 대피공간은 바깥의 공기와 접할 것
- 대피공간은 실내의 다른 부분과 방화구획으로 구획될 것
- 대피공간의 바닥면적은 인접 세대와 공동으로 설치하는 경우에는 $3m^2$ 이상, 각 세대별로 설치하는 경우에는 $2m^2$ 이상일 것
- 대피공간으로 통하는 출입문은 60분+ 방화문으로 설치할 것

95 건축법 제61조 제2항에 따른 높이를 산정할 때, 공동주택을 다른 용도와 복합하여 건축하는 경우 건축물의 높이 산정을 위한 지표면 기준은?

> 건축법 제61조(일조 등의 확보를 위한 건축물의 높이 제한)
> ② 다음 각 호의 어느 하나에 해당하는 공동주택(일반상업지역과 중심상업지역에 건축하는 것은 제외한다)은 채광(採光) 등의 확보를 위하여 대통령령으로 정하는 높이 이하로 하여야 한다.
> 1. 인접 대지경계선 등의 방향으로 채광을 위한 창문 등을 두는 경우
> 2. 하나의 대지에 두 동(棟) 이상을 건축하는 경우

① 전면도로의 중심선
② 인접 대지의 지표면
③ 공동주택의 가장 낮은 부분
④ 다른 용도의 가장 낮은 부분

정답 93 ① 94 ① 95 ③

[해설]
건축물의 높이(건축법 시행령 제119조 제1항 제5호 나목)
- 건축법 제61조(일조 등의 확보를 위한 건축물의 높이 제한)에 따른 건축물 높이를 산정할 때 건축물 대지의 지표면과 인접 대지의 지표면 간에 고저차가 있는 경우에는 그 지표면의 평균 수평면을 지표면으로 본다.
- 다만, 건축법 제61조 제2항에 따른 높이를 산정할 때 해당 대지가 인접 대지의 높이보다 낮은 경우에는 해당 대지의 지표면을 지표면으로 보고, 공동주택을 다른 용도와 복합하여 건축하는 경우에는 공동주택의 가장 낮은 부분을 그 건축물의 지표면으로 본다.

97. 건축물에 설치하는 피난안전구역의 구조 및 설비에 관한 기준 내용으로 옳지 않은 것은?

① 피난안전구역의 높이는 1.8m 이상일 것
② 피난안전구역의 내부마감재료는 불연재료로 설치할 것
③ 비상용승강기는 피난안전구역에서 승하차할 수 있는 구조로 설치할 것
④ 건축물의 내부에서 피난안전구역으로 통하는 계단은 특별피난계단의 구조로 설치할 것

[해설]
피난안전구역의 구조 및 설비(건축물방화구조규칙 제8조의2)
- 피난안전구역의 바로 아래층 및 위층은 녹색건축법에 따라 국토교통부장관이 정하여 고시한 기준에 적합한 단열재를 설치할 것
- 피난안전구역의 내부마감재료는 불연재료로 설치할 것
- 건축물의 내부에서 피난안전구역으로 통하는 계단은 특별피난계단의 구조로 설치할 것
- 비상용승강기는 피난안전구역에서 승하차할 수 있는 구조로 설치할 것
- 피난안전구역에는 식수공급을 위한 급수전을 1개소 이상 설치하고 예비전원에 의한 조명설비를 설치할 것
- 관리사무소 또는 방재센터 등과 긴급연락이 가능한 경보 및 통신시설을 설치할 것
- 피난안전구역의 면적 산정기준에 따라 산정한 면적 이상일 것
- 피난안전구역의 높이는 2.1m 이상일 것
- 건축물설비기준규칙에 따른 배연설비를 설치할 것
- 그 밖에 소방청장이 정하는 소방 등 재난관리를 위한 설비를 갖출 것

96. 다음은 공동주택의 환기설비에 관한 기준 내용이다. ( ) 안에 알맞은 것은?

> 신축 또는 리모델링하는 30세대 이상의 공동주택에는 시간당 ( ) 이상의 환기가 이루어질 수 있도록 자연환기설비 또는 기계환기설비를 설치하여야 한다.

① 0.5회 ② 1회
③ 1.5회 ④ 2회

[해설]
환기설비기준 등(건축물설비기준규칙 제11조)

설치기준	신축 또는 리모델링하는 신축공동주택 등은 시간당 0.5회 이상의 환기가 이루어질 수 있도록 자연환기설비 또는 기계환기설비를 설치해야 한다.
신축공동주택 등	• 30세대 이상의 공동주택 • 주택을 주택 외의 시설과 동일건축물로 건축하는 경우로서 주택이 30세대 이상인 건축물

98. 다음 중 건축법이 적용되는 건축물은?

① 역사(驛舍)
② 고속도로 통행료 징수시설
③ 철도의 선로 부지에 있는 플랫폼
④ 문화유산법에 따른 임시지정문화유산

[해설]
건축법의 적용 제외(건축법 제3조)
- 문화유산법에 따른 지정문화유산이나 임시지정문화유산 또는 자연유산법에 따라 지정된 천연기념물 등이나 임시지정천연기념물, 임시지정명승, 임시지정시·도자연유산, 임시자연유산자료
- 철도나 궤도의 선로 부지(敷地)에 있는 시설
  - 운전보안시설
  - 철도 선로의 위나 아래를 가로지르는 보행시설
  - 플랫폼
  - 해당 철도 또는 궤도사업용 급수·급탄 및 급유 시설
- 고속도로 통행료 징수시설
- 컨테이너를 이용한 간이창고
- 하천법에 따른 하천구역 내의 수문조작실

99 같은 건축물 안에 공동주택과 위락시설을 함께 설치하고자 하는 경우에 관한 기준 내용으로 옳지 않은 것은?

① 건축물의 주요구조부를 내화구조로 할 것
② 공동주택과 위락시설은 서로 이웃하도록 배치할 것
③ 공동주택과 위락시설은 내화구조로 된 바닥 및 벽으로 구획하여 서로 차단할 것
④ 공동주택의 출입구와 위락시설의 출입구는 서로 그 보행거리가 30m 이상이 되도록 설치할 것

해설
복합건축물의 피난시설 등(건축물방화구조규칙 제14조의2)
- 공동주택 등의 출입구와 위락시설 등의 출입구는 서로 그 보행거리가 30m 이상이 되도록 설치할 것
- 공동주택 등과 위락시설 등은 내화구조로 된 바닥 및 벽으로 구획하여 서로 차단할 것
- 공동주택 등과 위락시설 등은 서로 이웃하지 아니하도록 배치할 것
- 건축물의 주요구조부를 내화구조로 할 것
- 거실의 벽 및 반자가 실내에 면하는 부분의 마감은 불연재료·준불연재료 또는 난연재료로 하고, 그 거실로부터 지상으로 통하는 주된 복도·계단 그 밖에 통로의 벽 및 반자가 실내에 면하는 부분의 마감은 불연재료 또는 준불연재료로 할 것

100 다음 설명에 알맞은 용도지구의 세분은?

> 산지·구릉지 등 자연경관을 보호하거나 유지하기 위하여 필요한 지구

① 자연경관지구
② 자연방재지구
③ 특화경관지구
④ 생태계보호지구

해설
② 자연방재지구 : 토지의 이용도가 낮은 해안변, 하천변, 급경사지 주변 등의 지역으로서 건축 제한 등을 통하여 재해 예방이 필요한 지구
③ 특화경관지구 : 지역 내 주요 수계의 수변 또는 문화적 보존가치가 큰 건축물 주변의 경관 등 특별한 경관을 보호 또는 유지하거나 형성하기 위하여 필요한 지구
④ 생태계보호지구 : 야생동식물서식처 등 생태적으로 보존가치가 큰 지역의 보호와 보존을 위하여 필요한 지구

2023년 제1회 과년도 기출복원문제

제1과목 건축계획

01 공동주택을 건설하는 주택단지는 기간도로와 접하거나 기간도로로부터 당해 단지에 이르는 진입도로가 있어야 한다. 주택단지의 총세대수가 400세대인 경우 기간도로와 접하는 폭 또는 진입도로의 폭은 최소 얼마 이상이어야 하는가?(단, 진입도로가 1개이며, 원룸형 주택이 아닌 경우)

① 4m
② 6m
③ 8m
④ 12m

해설
300세대 이상 500세대 미만인 주택단지 진입도로의 폭은 8m 이상이다.
진입도로가 하나인 경우 주택단지 진입도로의 폭(주택건설기준규정 제25조 제1항)
공동주택을 건설하는 주택단지는 기간도로와 접하거나 기간도로로부터 당해 단지에 이르는 진입도로가 있어야 한다. 이 경우 기간도로와 접하는 폭 및 진입도로의 폭은 다음과 같다.

주택단지의 총세대수	기간도로와 접하는 폭 또는 진입도로의 폭
300세대 미만	6m 이상
300세대 이상~500세대 미만	8m 이상
500세대 이상~1,000세대 미만	12m 이상
1,000세대 이상~2,000세대 미만	15m 이상
2,000세대 이상	20m 이상

02 메조넷형(Maisonette type) 공동주택에 관한 설명으로 옳지 않은 것은?

① 주택 내의 공간의 변화가 있다.
② 거주성, 특히 프라이버시가 높다.
③ 소규모 단위평면에 적합한 유형이다.
④ 양면 개구에 의한 통풍 및 채광 확보가 양호하다.

해설
메조넷형은 복층형으로 소규모 단위평면에는 적합하지 않다.

03 은행계획에 대한 설명 중 옳지 않은 것은?

① 고객이 지나는 동선은 되도록 짧게 한다.
② 업무 내부의 일의 흐름은 되도록 고객이 알기 어렵게 한다.
③ 주출입구에 전실을 둘 경우에는 바깥문을 밖여닫이 또는 자재문으로 할 수 있다.
④ 고객과 직원의 출입구는 분리하여 설치한다.

해설
주출입구에 전실을 둘 경우에는 바깥문을 안여닫이문으로 할 수 있다.

04 주택의 거실계획에 관한 설명으로 옳지 않은 것은?

① 거실에서 문이 열린 침실의 내부가 보이지 않게 한다.
② 거실이 다른 공간들을 연결하는 단순한 통로의 역할이 되지 않도록 한다.
③ 거실의 출입구에서 의자나 소파에 앉을 경우 동선이 차단되지 않도록 한다.
④ 일반적으로 전체 연면적의 10~15% 정도의 규모로 계획하는 것이 바람직하다.

해설
거실의 크기는 일반적으로 전체 연면적의 20~30% 정도의 규모로 계획하는 것이 바람직하다.

정답 01 ③ 02 ③ 03 ③ 04 ④

05 사무소 건축의 실단위계획에 관한 설명으로 옳지 않은 것은?

① 개실 시스템은 독립성과 쾌적감의 이점이 있다.
② 개방식 배치는 전 면적을 유용하게 이용할 수 있다.
③ 개방식 배치는 개실 시스템보다 공사비가 저렴하다.
④ 개실 시스템은 연속된 긴 복도로 인해 방깊이에 변화를 주기가 용이하다.

해설
개실 시스템은 공간의 길이에는 변화를 줄 수 있으나 깊이에는 변화를 줄 수 없는 단점이 있다.

06 미술관의 전시실 계획에 관한 설명 중 옳은 것은?

① 조명의 광원은 감추고 눈부심이 생기지 않는 방법으로 투사한다.
② 인공조명을 주로 하고 자연채광은 고려하지 않는다.
③ 광원의 위치는 수직벽면에 대해 10~25°의 범위 내에서 상향조정이 좋다.
④ 회화를 감상하는 시점의 위치는 화면 대각선의 2배 거리가 가장 이상적이다.

해설
② 인공조명과 자연채광을 함께 고려한다.
③ 광원의 위치는 수직벽면에 대해 15~45°의 범위 이내가 바람직하다.
④ 회화를 감상하는 시점의 위치는 화면 대각선의 1~1.5배 거리가 이상적이다.

07 학교의 운영방식에 관한 설명으로 옳지 않은 것은?

① 달톤형은 다양한 크기의 교실이 요구된다.
② 교과교실형은 각 교과교실의 순수율이 낮다는 단점이 있다.
③ 플래툰형은 교사수 및 시설이 부족하면 운영이 곤란하다는 단점이 있다.
④ 종합교실형은 학생의 이동이 없으며, 초등학교 저학년에 적합한 형식이다.

해설
교과교실형은 모든 교실이 각 교과 전문의 교실로 구성되므로 시설의 질과 순수율이 높다.

학교의 운영방식

달톤형	학원 등에 주로 사용되는 것으로, 학년과 학급의 구분을 없애고 학생들이 능력에 맞게 교과를 선택하고 교과가 끝나면 졸업하는 방식이다.
플래툰형	각 학급을 2분단으로 나누어 운영하는 것으로, 한 분단이 일반교실을 사용할 때 다른 분단은 특별교실을 사용하는 방식이다.
종합교실형	하나의 교실에서 모든 수업을 하는 방식으로 저학년에 적합하다.
교과교실형	일반교실이 없고 모든 교실이 특별교실로 구성된 것으로, 시설의 질과 순수율이 높다.

08 쇼핑센터의 특징적인 요소인 페데스트리언 지대(Pedestrian area)에 관한 설명으로 옳지 않은 것은?

① 고객에게 변화감과 다채로움, 자극과 흥미를 제공한다.
② 바닥면의 고저차를 많이 두어 지루함을 주지 않도록 한다.
③ 바닥면에 사용하는 재료는 주위 상황과 조화시켜 계획한다.
④ 사람들의 유동적 동선이 방해되지 않는 범위에서 나무나 관엽식물을 둔다.

해설
페데스트리언 지대
• 쇼핑센터 내부의 보행자 지역으로 Mall을 포함한다.
• 분수, 연못, 조경 등을 이용하여 고객에게 자극과 흥미를 제공한다.
• 바닥면에 고저차를 두지 않는 것이 특징이다.

정답 05 ④ 06 ① 07 ② 08 ②

09 한국 전통건축물의 공포 양식이 옳게 연결된 것은?

① 남대문 – 다포 양식
② 동대문 – 주심포 양식
③ 강릉 오죽헌 – 주심포 양식
④ 부석사 무량수전 – 익공 양식

해설
② 동대문 : 다포 양식
③ 강릉 오죽헌 : 익공 양식
④ 부석사 무량수전 : 주심포 양식

한국 전통건축물의 공포양식

주심포식	• 공포를 기둥 상부에만 배열한 방식이다. • 봉정사 극락전, 부석사 무량수전, 수덕사 대웅전 등
다포식	• 공포를 기둥 상부와 기둥 사이에 배열한 방식이다. • 남대문, 동대문, 경복궁 근정전, 불국사 극락전 등
익공식	• 공포가 새의 날개모양을 한 방식이다. • 강릉 오죽헌 등
절충식	• 다포식을 주로하고 주심포식의 세부수법을 절충한 방식이다. • 경복궁 향원정 등

10 공장 건축의 레이아웃 계획에 관한 설명 중 옳지 않은 것은?

① 다품종 소량생산이나 주문생산 위주의 공장에는 공정 중심의 레이아웃이 적합하다.
② 레이아웃 계획은 작업장 내의 기계설비 배치에 관한 것으로 공장규모 변화에 따른 융통성은 고려대상이 아니다.
③ 고정식 레이아웃은 조선소와 같이 제품이 크고 수량이 적을 경우에 적용된다.
④ 플랜트 레이아웃은 공장 건축의 기본설계와 병행하여 이루어진다.

해설
공장의 레이아웃은 작업동선과 제품동선을 구분해야 하며, 향후 확장에 대한 부분을 고려해야 한다.

11 병원의 간호사 대기소에 관한 설명이다. ( ) 안에 가장 알맞은 내용은?

1개의 간호사 대기소에서 관리할 수 있는 병상수는 (㉠)개 이하로 하며, 간호사의 보행거리는 (㉡)m 이내가 되도록 한다.

① ㉠ 10~20, ㉡ 40
② ㉠ 20~30, ㉡ 40
③ ㉠ 30~40, ㉡ 24
④ ㉠ 40~50, ㉡ 24

해설
간호사 대기실
• 간호사의 보행거리는 24m 이내가 되도록 계획한다.
• 간호사 대기실 1개에서 관리하는 병상수는 30~40개 이하로 계획한다.
• 간호단위마다 간호사 대기실, 처치실, 작업실, 배선실, 화장실 등을 설치한다.

12 고대 이집트의 분묘 건축형태에 속하지 않는 것은?

① 인슐라   ② 피라미드
③ 암굴분묘   ④ 마스타바

해설
인슐라는 로마의 평민용 다층 집합주거 건축이다.

분묘의 유형

마스타바	평탄한 탁상이란 뜻을 가진 왕족, 귀족의 분묘이다.
피라미드	거대한 사각뿔 형태를 가진 왕의 분묘이다.
암굴분묘	협곡지대의 산허리나 절벽을 파서 건설한 분묘이다.

13 사무소 건축의 엘리베이터 계획에 관한 설명으로 옳지 않은 것은?

① 대면배치에서 대면거리는 동일 군관리의 경우는 3.5~4.5m로 한다.
② 여러 대의 엘리베이터를 설치하는 경우, 그룹별 배치와 군관리운전방식으로 한다.
③ 일렬배치는 8대를 한도로 하고, 엘리베이터 중심 간 거리는 8m 이하가 되도록 한다.
④ 엘리베이터 홀은 엘리베이터 정원 합계의 50% 정도를 수용할 수 있어야 하며, 1인당 점유면적은 $0.5~0.8m^2$로 계산한다.

해설
사무소 엘리베이터 일렬배치는 8대가 아닌 4대를 한도로 한다.
사무소 건축의 엘리베이터 계획
- 엘리베이터 홀의 1인당 점유면적은 $0.5~0.8m^2$로 계획한다.
- 엘리베이터 홀은 엘리베이터 정원 합계의 50% 정도를 수용하게 한다.
- 대면배치에서 대면거리는 동일 군관리의 경우는 3.5~4.5m 정도로 유지한다.
- 여러 대의 엘리베이터를 설치하는 경우, 그룹별 배치와 군관리운전방식으로 계획한다.
- 대면형 배치는 4대 이상 8대를 한도로 하고, 엘리베이터 중심 간 거리는 8m 이하가 되도록 계획한다

14 공포 형식 중 다포식에 관한 설명으로 옳지 않은 것은?

① 다포식 건축물로는 서울 숭례문(남대문) 등이 있다.
② 기둥 상부 이외에 기둥 사이에도 공포를 배열한 형식이다.
③ 규모가 커지면서 내부출목보다는 외부출목이 점차 많아졌다.
④ 주심포식에 비해서 지붕하중을 등분포로 전달할 수 있는 합리적인 구조법이다.

해설
다포식의 경우 규모가 커지면서 외부출목보다는 내부출목이 많아졌다.
다포식
- 공포를 기둥 상부와 기둥 사이에 배치한 형식이다.
- 지붕의 하중을 등분포로 전달할 수 있는 합리적인 구조이다.
- 다른 방식에 비해 외관이 정비되고 장중한 외관을 갖고 있다.
- 주로 궁궐이나 사찰 등에 사용되었다.
- 대표적으로 남대문, 동대문, 불국사 극락전 등이 있다.

15 아파트의 평면형식에 대한 설명 중 옳지 않은 것은?

① 홀형은 통행부의 면적이 많이 소요되나 동선이 길어 출입하는 데 불편하다.
② 집중형은 기후조건에 따라 기계적 환경조절이 필요한 형이다.
③ 중복도형은 프라이버시가 좋지 않다.
④ 편복도형은 복도가 개방형이므로 각 호의 통풍 및 채광상 양호하다.

해설
홀형의 경우 홀에서 세대로 출입하는 데 간편하도록 계획한 평면으로, 동선을 최소화하여 건물의 이용도가 높다.
아파트 평면형

계단실(홀)형	• 통행과 거주조건이 양호하며, 프라이버시가 좋다. • 건물의 이용도가 높고 집약형 주거가 가능하다.
집중형	• 대지이용률이 가장 높고 건물이용도가 높다. • 주호의 환경이 균등하지 않아 기계적 환경조절이 필요하다.
편복도형	개방형 복도로 환경이 균등하고 양호하다.
중복도형	복도 양측에 세대 위치, 주호의 환경이 균등하지 않고 불량하다.

16 어느 학교의 1주간의 평균수업시간이 40시간인데 제도교실이 사용되는 시간은 20시간이다. 그중 4시간은 다른 과목을 위해 사용된다. 제도교실의 이용률과 순수율은 각각 얼마인가?

① 이용률 20%, 순수율 50%
② 이용률 50%, 순수율 20%
③ 이용률 50%, 순수율 80%
④ 이용률 80%, 순수율 50%

해설
- 이용률(%) = $\frac{교실이\ 사용되는\ 시간}{1주간의\ 평균\ 수업시간} \times 100 = \frac{20}{40} \times 100$
  = 50%
- 순수율(%) = $\frac{특정\ 교과를\ 위해\ 사용되는\ 시간}{해당\ 교실이\ 사용되는\ 시간} \times 100 = \frac{16}{20} \times 100$
  = 80%

정답 13 ③ 14 ③ 15 ① 16 ③

17 상점계획에 대한 설명 중 옳지 않은 것은?

① 고객의 동선은 일반적으로 짧을수록 좋다.
② 점원의 동선과 고객의 동선은 서로 교차되지 않는 것이 바람직하다.
③ 대면 판매형식은 일반적으로 시계, 귀금속, 의약품, 상점 등에서 사용된다.
④ 진열케이스, 진열대, 진열장 등이 입구에서 안을 향하여 직선적으로 구성된 평면배치는 주로 침재 코너, 식기 코너, 서점 등에서 사용된다.

해설
고객의 동선은 가능한 한 길게 하여 상점의 여러 곳을 거칠 수 있도록 하는 것이 효과적이다.
상점계획
- 고객동선은 가능한 한 길고 원활하게 처리하여 다수의 손님을 수용하게 하며 직원동선, 상품동선과 명확하게 분리한다.
- 직원동선은 짧게 하고 직원의 수, 보행 및 서비스 거리를 최대한 축소한다.
- 피난동선은 쉽게 인지가 가능하도록 위치를 선정하고 접근성을 고려한다.
- 상품동선은 고객동선과 분리시키고 직원동선과 일부 교차되게 한다.

18 호텔계획에 관해 기술한 것 중 옳지 않은 것은?

① 호텔에서 가장 중요한 부분은 숙박 부분으로 이에 따라 호텔형이 결정된다.
② 시티 호텔(City hotel)의 공용 부분 또는 사교 부분은 전체 연면적의 30%를 넘지 않는 것이 좋다.
③ 아파트먼트 호텔(Apartment hotel)의 유닛에 주방이 부속되어 있어도 자체 식당과 주방은 둔다.
④ 호텔의 공용 부분의 면적비가 가장 큰 것은 커머셜 호텔(Commercial hotel)이다.

해설
커머셜 호텔(Commercial hotel)은 도심의 교통 중심지에 위치하며 출장이나 업무상의 여행을 목적으로 하는 사람을 위한 호텔로 숙박면적의 비가 가장 크다.

19 극장의 평면형식 중 아레나형에 관한 설명으로 옳지 않은 것은?

① 무대의 배경을 만들지 않으므로 경제성이 있다.
② 무대의 장치나 소품은 주로 낮은 가구들로 구성된다.
③ 연기는 한정된 액자 속에서 나타나는 구상화의 느낌을 준다.
④ 가까운 거리에서 관람하면서 가장 많은 관객을 수용할 수 있다.

해설
배우들의 연기가 한정된 액자 속에서 나타나는 구상화의 느낌을 주는 것은 프로시니엄형에 대한 설명이다.
아레나형(중심 무대형)
- 객석이 무대를 360° 둘러싼 형태로 센트럴 스테이지(Central stage)라고도 한다.
- 가까운 거리에서 관람하면서 많은 관객을 수용할 수 있다.
- 무대의 배경을 만들지 않으므로 경제성이 있다.
- 무대의 장치나 소품은 주로 낮은 기구를 사용한다.
- 객석과 무대가 하나의 공간에 있으므로 양자의 일체감을 높여 긴장감 있는 공간을 형성한다.

20 도서관의 출납시스템 중 자유개가식에 관한 설명으로 옳은 것은?

① 도서의 유지관리가 용이하다.
② 책의 내용 파악 및 선택이 자유롭다.
③ 대출절차가 복잡하고 관원의 작업량이 많다.
④ 열람자는 직접 서가에 면하여 책의 표지 정도는 볼 수 있으나 내용은 볼 수 없다.

해설
① 도서의 유지관리가 어렵다.
③ 대출절차가 간단하다.
④ 열람자는 직접 서가에 면하여 책의 표지 및 내용을 볼 수 있다.
자유개가식 출납시스템
- 서고와 열람실이 통합된 형태이다.
- 대출 수속이 간편하고 책의 내용 파악 및 선택이 자유롭다.
- 도서의 유지관리가 어렵고 서가의 정리가 잘 안되어 있으면 혼란스러움을 준다.

제2과목 건축시공

21 공사감리업무와 가장 거리가 먼 항목은?

① 설계도서의 적정성 검토
② 공사 실행예산의 편성
③ 시공상의 안전관리지도
④ 사용자재와 설계도서와의 일치 여부 검토

해설
공사감리업무
- 설계도서 검토 및 설계서 관리
- 착공신고서 검토, 측량 기준점 보호, 확인측량 실시
- 시공자 제출서류 검토, 발주처 보고
- 주요 기자재 및 지급 자재의 검수 및 관리
- 공정관리, 안전관리, 품질관리에 대한 지도

22 한중 콘크리트에 관한 설명으로 옳은 것은?

① 한중 콘크리트는 공기연행 콘크리트를 사용하는 것을 원칙으로 한다.
② 타설할 때의 콘크리트 온도는 구조물의 단면치수, 기상조건 등을 고려하여 최소 25℃ 이상으로 한다.
③ 물-결합재비는 50% 이하로 하고, 단위수량은 소요의 워커빌리티를 유지할 수 있는 범위 내에서 되도록 크게 정하여야 한다.
④ 콘크리트를 타설한 직후에 찬바람이 콘크리트 표면에 닿도록 하여 초기양생을 실시한다.

해설
② 타설할 때의 콘크리트 온도는 구조물의 단면 치수, 기상조건 등을 고려하여 최소 10℃ 이상으로 한다.
③ 물-결합재비는 60% 이하로 하고, 단위수량은 소요의 워커빌리티를 유지할 수 있는 범위 내에서 되도록 작게 정하여야 한다.
④ 콘크리트를 타설한 직후에 찬바람이 콘크리트 표면에 닿지 않도록 하여 초기양생을 실시한다.

23 발주자에 의한 현장관리로 볼 수 없는 것은?

① 착공신고   ② 하도급 계약
③ 현장회의 운영   ④ 클레임 관리

해설
②는 시공자의 업무에 해당한다.
발주자
- 건설공사를 건설사업자에게 도급하는 자를 말한다. 다만, 수급인으로서 도급받은 건설공사를 하도급하는 자는 제외한다.
- 공사가 완료될 때까지 계획, 설계, 시공, 감리 등을 관리한다.

24 콘크리트의 압축강도를 시험하지 않을 경우 다음과 같은 조건에서의 거푸집널 해체시기로 옳은 것은?

- 기초, 보, 기둥 및 벽의 측면의 경우
- 평균기온 20℃ 이상
- 조강포틀랜드 시멘트 사용

① 1일   ② 2일
③ 3일   ④ 4일

해설
압축강도를 시험하지 않을 경우 거푸집널 해체시기(KCS 14 20 12)

구분	조강포틀랜드	보통포틀랜드 고로슬래그(1종) 포틀랜드포졸란(1종) 플라이 애시(1종)	고로슬래그(2종) 포틀랜드포졸란(2종) 플라이 애시(2종)
20℃ 이상	2일	4일	5일
20℃ 미만 10℃ 이상	3일	6일	8일

정답 21 ② 22 ① 23 ② 24 ②

25 사질토의 상대밀도를 측정하는 방법으로 가장 적합한 것은?

① 표준관입시험(Standard penetration test)
② 베인테스트(Vane test)
③ 깊은 우물(Deep well) 공법
④ 아일랜드 공법

해설
② 베인테스트 : 보링 후 십자형의 베인을 회전시켜 회전력으로 연약 점토의 점착력과 전단강도를 판별하는 시험이다.
③ 깊은 우물 공법 : 굴착을 위해 우물을 깊게 파서 지하수위를 감소시키는 배수 공법의 일종이다.
④ 아일랜드 공법 : 중앙부를 먼저 굴착하고 건물의 기초를 축조하고, 기축조된 기초를 이용하여 흙막이에 버팀대를 대고 주변부를 굴착하는 공법이다.

26 용접작업 시 용착금속 단면에 생기는 작은 은색의 점을 무엇이라 하는가?

① 피시아이(Fish eye)
② 블로홀(Blow hole)
③ 슬래그 함입(Slag inclusion)
④ 크레이터(Crater)

해설
주요 용접결함

블로홀	용접 부분 안에 생기는 기포이며, 금속이 녹아들 때 발생한다.
오버랩	용착금속이 모재와 완전히 융합하지 않고 겹쳐져 있는 상태를 말한다.
피시아이	용착금속 단면에 수소의 영향으로 생긴 은색의 점이다.
크랙	용착금속과 모재 사이에 냉각속도의 차이에 의해 발생하는 균열이다.
슬래그 함입	용접 부분 안에 슬래그가 섞여 있는 것을 말한다.
크레이터	용접 부분 비드 종단부가 움푹 패인 것을 말한다.

27 타일공사에 관한 설명 중 옳은 것은?

① 모자이크 타일의 줄눈너비의 표준은 5mm이다.
② 벽체타일이 시공되는 경우 바닥타일은 벽체타일을 붙이기 전에 시공한다.
③ 타일을 붙이는 모르타르에 시멘트 가루를 뿌리면 백화가 방지된다.
④ 타일붙임 후 3시간 경과 시 줄눈파기를 하고, 24시간 경과 후 치장줄눈을 시공한다.

해설
① 모자이크 타일의 줄눈너비의 표준은 2mm이다.
② 벽체타일이 시공되는 경우 바닥타일보다 벽체타일을 먼저 시공한다.
③ 타일을 붙이는 모르타르에 시멘트 가루를 뿌리면 백화가 더 발생한다.

28 도장작업 시 주의사항으로 옳지 않은 것은?

① 도료의 적부를 검토하여 양질의 도료를 선택한다.
② 도료량을 표준량보다 두껍게 바르는 것이 좋다.
③ 저온다습 시에는 작업을 피한다.
④ 피막은 각 층마다 충분히 건조 경화한 후 다음 층을 바른다.

해설
도료량을 표준량보다 두껍게 바를 경우 탈락, 균열, 들뜸 등의 현상이 발생하므로 규정을 준수하는 것이 좋다.

29 벽두께 1.0B, 벽면적 30m² 쌓기에 소요되는 벽돌의 정미량은?(단, 벽돌은 표준형을 사용한다)

① 3,900매
② 4,095매
③ 4,470매
④ 4,604매

해설
벽돌쌓기 단위량(표준형 벽돌)
• 기본벽돌은 정미량, 모르타르는 소요량이다.
• 할증률 : 붉은벽돌 3%, 내화벽돌 3%, 시멘트벽돌 5%

구분	단위	0.5B	1.0B	1.5B
기본벽돌	m²당	75매	149매	224매

∴ 벽두께 1.0B이므로 위 표의 단위량 149매/m² × 30m² = 4,470매

30 건설원가의 구성체계에서 직접공사비를 구성하는 주요 요소와 가장 거리가 먼 것은?

① 일반관리비
② 노무비
③ 경비
④ 자재비

해설
직접공사비는 재료(자재)비, 노무비, 외주비, 경비로 구성된다.

건설원가의 구성

공사원가	직접공사비	간접공사비	–	–
총원가	공사원가		일반관리비	–
공사비	총원가			이윤

실행예산서의 비목별 구성
- 직접공사비 : 재료비, 노무비, 경비, 외주비
- 간접공사비 : 현장운영비, 안전관리비, 각종 보험료
- 일반관리비 : 본사관리비, 영업비
- 부가가치세

31 공동도급방식(Joint venture)에 관한 설명으로 옳은 것은?

① 2명 이상의 수급자가 어느 특정 공사에 대하여 협동으로 공사계약을 체결하는 방식이다.
② 발주자, 설계자, 공사관리자의 세 전문집단에 의하여 공사를 수행하는 방식이다.
③ 발주자와 수급자가 상호신뢰를 바탕으로 팀을 구성하여 공동으로 공사를 수행하는 방식이다.
④ 공사수행방식에 따라 설계/시공(D/B)방식과 설계/관리(D/M)방식으로 구분한다.

해설
②는 건설사업관리(CM), ③은 파트너링, ④는 턴키(Turn-key) 방식에 대한 설명이다.

공동도급방식
- 공사를 복수의 도급자가 구성한 공동체에 도급시키는 방식이다.
- 특정 공사를 목적으로 하며 출자와 관리를 공동으로 시행한다.
- 공사 이윤은 각 회사의 출자 비율로 배당한다.
- 공사에 대한 위험분산, 자본력, 융자력 등이 증대된다.
- 이해 충돌이 발생하고, 경비가 증가한다.

32 건축 석공사에 관한 설명으로 옳지 않은 것은?

① 건식쌓기 공법의 경우 시공이 불량하면 백화현상 등의 원인이 된다.
② 석재 물갈기 마감 공정의 종류는 거친갈기, 물갈기, 본갈기, 정갈기가 있다.
③ 시공 전에 설계도에 따라 돌나누기 상세도, 원척도를 만들고 석재의 치수, 형상, 마감방법 및 철물 등에 의한 고정방법을 정한다.
④ 마감면에 오염의 우려가 있는 경우에는 폴리에틸렌시트 등으로 보양한다.

해설
건식쌓기 공법의 경우 접착제를 이용하여 시공하므로 백화현상이 발생하지 않는다.

석공사
- 습식공사 시공 시 모르타르 배합은 1:3을 준수하여 백화현상이 발생되지 않도록 주의한다.
- 석재 두께가 30mm 이상인 경우에는 건식 공법으로 시공한다.
- 건식공사 진행 시 모든 구조재는 녹막이 처리를 한다.
- 시공 완료 후 청소 후 PE필름으로 보양한다.
- 석재 시공 전에 설계도에 따라 돌나누기 상세도, 원척도를 만들고 석재의 치수, 형상, 마감방법 및 철물 등에 의한 고정방법을 정한다.

33 지내력을 갖춘 지반으로 만들기 위한 배수 공법 또는 탈수 공법이 아닌 것은?

① 샌드드레인 공법
② 웰포인트 공법
③ 페이퍼드레인 공법
④ 베노토 공법

해설
④ 베노토 공법 : 현장콘크리트 말뚝시공 공법으로 배수 공법이나 탈수 공법과는 관계가 없다.
① 샌드드레인 공법 : 적당한 간격으로 모래 말뚝을 형성하고 하중을 가하여 지하수를 유출시키는 배수 공법이다.
② 웰포인트 공법 : 필터가 달린 흡수기를 설치하고 펌프로 지하수를 강제 배수하는 공법이다.
③ 페이퍼드레인 공법 : 적당한 간격으로 흡수지를 삽입하고 하중을 가하여 흡수지를 통해 지반의 물을 배수하는 공법이다.

정답 30 ① 31 ① 32 ① 33 ④

34 미장 결합재에 대한 내용 중 옳지 않은 것은?

① 돌로마이트 플라스터는 미분쇄한 돌로마이트 석회, 모래, 여물 등을 사용하며, 해초풀을 사용하지 않는다.
② 석고 플라스터는 소석고에 경화시간을 조정하기 위한 혼화제를 미리 혼합하거나 사용 시 혼합하여 사용한다.
③ 보드용 플라스터는 상도용(정벌용)과 같이 모래를 혼합하여 사용하는 것으로, 바탕바름을 대상으로 하며 부착력이 강하다.
④ 혼합석고 플라스터는 하도용(초벌용)은 물만 가하여 비빔하나, 상도용(정벌용)은 사용 시 모래를 가하고 물로 혼합하여 사용한다.

[해설]
혼합석고 플라스터는 하도용(초벌용)은 물과 모래를 가하여 비빔하나, 상도용(정벌용)은 사용 시 물로만 혼합하여 사용한다.

35 건축재료별 수량 산출 시 적용하는 할증률로 옳지 않은 것은?

① 유리 : 1%   ② 단열재 : 5%
③ 붉은벽돌 : 3%   ④ 이형철근 : 3%

[해설]
할증률

유리	도료	타일, 붉은벽돌	이형철근	블록	단열재
1%	2%	3%	3%	4%	10%

36 목구조 재료로 사용되는 침엽수의 특징에 해당하지 않는 것은?

① 직선부재의 대량생산이 가능하다.
② 단단하고 가공이 어려우나 미관이 좋다.
③ 병충해에 약하여 방부 및 방충처리를 하여야 한다.
④ 수고(樹高)가 높으며 통직하다.

[해설]
침엽수는 가공이 쉬우며 구조용 재료로 많이 사용된다.
침엽수
• 수고가 높고 통직하며 직선부재를 얻기 쉽다.
• 구조용 재료로 사용하며 가공이 쉽다.
• 병충해에 약하며 활엽수에 비해 비중과 경도가 작다.
• 소나무, 전나무, 삼송나무, 잣나무 등이 있다.

37 건축물 외부에 설치하는 커튼월에 관한 설명으로 옳지 않은 것은?

① 커튼월이란 외벽을 구성하는 비내력벽 구조이다.
② 커튼월의 조립은 대부분 외부에 대형 발판이 필요하므로 비계공사가 필수적이다.
③ 공장에서 생산하여 반입하는 프리패브 제품이다.
④ 일반적으로 콘크리트나 벽돌 등의 외장재에 비하여 경량이어서 건물의 전체 무게를 줄이는 역할을 한다.

[해설]
커튼월은 대부분 양중장비를 통한 기계화 시공을 하기 때문에 비계공사가 불필요하다.

38 서로 다른 종류의 금속재가 접촉하는 경우 부식이 일어나는 경우가 있는데 부식성이 큰 금속 순으로 옳게 나열된 것은?

① 알루미늄 > 철 > 주석 > 구리
② 주석 > 철 > 알루미늄 > 구리
③ 철 > 주석 > 구리 > 알루미늄
④ 구리 > 철 > 알루미늄 > 주석

해설
금속의 반응성 순서
칼륨 > 칼슘 > 나트륨 > 마그네슘 > 알루미늄 > 아연 > 철 > 니켈 > 주석 > 납 > 구리

39 창호철물과 창호의 연결로 옳지 않은 것은?

① 도어체크(Door check) - 미닫이문
② 플로어힌지(Floor hinge) - 자재 여닫이문
③ 크레센트(Crescent) - 오르내리창
④ 레일(Rail) - 미서기창

해설
도어체크는 문의 상부와 틀을 연결할 때 도어의 개폐를 부드럽고 안전하게 하는 장치로 주로 여닫이문에 설치한다.

40 철근의 가공 및 조립에 관한 설명으로 옳지 않은 것은?

① 철근의 가공은 철근상세도에 표시된 형상과 치수가 일치하고 재질을 해치지 않는 방법으로 이루어져야 한다.
② 철근상세도에 철근의 구부리는 내면 반지름이 표시되어 있지 않은 때에는 KDS에 규정된 구부림의 최소 내면 반지름 이상으로 철근을 구부려야 한다.
③ 경미한 녹이 발생한 철근이라 하더라도 일반적으로 콘크리트와의 부착성능을 매우 저하시키므로 사용이 불가하다.
④ 철근은 상온에서 가공하는 것을 원칙으로 한다.

해설
황갈색의 경미한 녹이 발생한 철근은 일반적으로 콘크리트와의 부착성능을 저하시키지 않으므로 사용할 수 있다.

제3과목 건축구조

41 두 개의 단순보에 크기가 같은 ($P = wl$) 하중이 작용할 때, A점에서 발생하는 처짐각의 비율(가 : 나)은?(단, 부재의 EI는 일정하다)

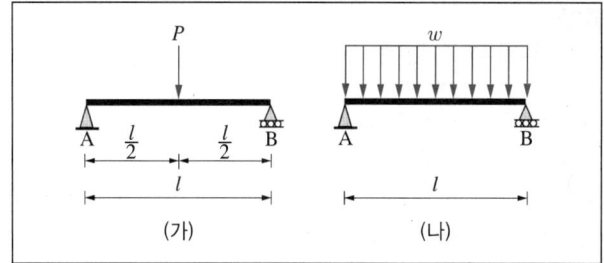

① 1.5 : 1
② 0.67 : 1
③ 1 : 1.5
④ 1 : 0.5

해설
단순보의 처짐각

집중하중	등분포하중
$\dfrac{Pl^2}{16EI}$	$\dfrac{wl^3}{24EI}$

$P = wl$이므로

$$\therefore 가 : 나 = \frac{wl^3}{16EI} : \frac{wl^3}{24EI} = \frac{1}{16} : \frac{1}{24} = 1.5 : 1$$

42 강구조에서 용접선 단부에 붙인 보조판으로 아크의 시작이나 종단부의 크레이터 등의 결함을 방지하기 위해 붙이는 판은?

① 스티프너
② 윙플레이트
③ 커버플레이트
④ 엔드탭

해설
① 스티프너 : 철골보의 웨브 부분에 전단보강과 좌굴을 방지하기 위해 설치하는 보강재이다.
② 윙플레이트 : 철골 주각부에 부착되는 강판으로, 사이드 앵글을 거쳐서 또는 직접 용접에 의해서 베이스플레이트에 기둥으로부터의 응력을 전달한다.
③ 커버플레이트 : 리벳접합플레이트 거더의 메인 거더나 리벳접합강 트러스교의 상현재 등에 사용되어 부재의 강성을 증가시키고 빗물의 침입을 방지하기 위한 강판이다.

정답 38 ① 39 ① 40 ③ 41 ① 42 ④

43 철근콘크리트 단철근 직사각형보를 강도설계법으로 설계 시 콘크리트의 전 압축력으로 옳은 것은?(단, f_{ck} = 24MPa, 보의 폭 300mm, 중립축 거리 110mm)

① 538.56kN ② 673.2kN
③ 724.4kN ④ 750.6kN

해설
- 철근콘크리트보의 압축력
  $C = 0.85 \times f_{ck} \times a \times b$
  여기서, f_{ck} : 콘크리트 강도
  　　　　a : 보의 춤
  　　　　b : 보의 폭
- 중립축 거리 $= \dfrac{a}{\beta_1}$, $a = 110 \times 0.8 = 88$
  여기서, $\beta_1 = 0.8$, $f_{ck} \le 40\text{MPa}$
- $\therefore\ C = 0.85 \times f_{ck} \times a \times b$
  $= 0.85 \times 24 \times 88 \times 300$
  $= 538{,}560\text{N} = 538.56\text{kN}$

44 직사각형 단면의 탄성단면계수에 대한 소성단면계수의 비(比)는?

① 0.67 ② 1.20
③ 1.50 ④ 3.00

해설
- 탄성단면계수 $Z = \dfrac{bh^2}{6}$
- 소성단면계수 $Z = \left(\dfrac{3}{2}\right)W = \dfrac{bh^2}{4}$
- $\therefore$ 탄성단면계수에 대한 소성단면계수의 비 $= \dfrac{\dfrac{bh^2}{4}}{\dfrac{bh^2}{6}} = 1.5$

45 다음과 같은 조건에서의 필릿용접의 최소 사이즈는 얼마인가?(단, 하중저항계수설계법 기준)

접합부의 얇은 쪽 소재두께 t(mm)
$6 \le t < 13$

① 3mm ② 5mm
③ 6mm ④ 8mm

해설
필릿용접의 최소 사이즈(KDS 14 31 25)

접합부의 얇은 쪽 소재두께 t(mm)	필릿용접의 최소 치수(mm)
$t < 6$	3
$6 \le t < 13$	5
$13 \le t < 20$	6
$20 \le t$	8

46 철근콘크리트구조물의 처짐에 관한 설명으로 옳지 않은 것은?

① 휨부재의 크리프와 건조수축에 의한 추가 장기처짐 산정 시 5년 이상의 지속하중에 대한 시간경과계수는 2.0이다.
② 과도한 처짐에 의해 손상될 우려가 없는 비구조요소를 지지한 지붕이나 바닥구조의 처짐한계는 $l_n/210$이다.
③ 내부에 보가 없는 2방향 슬래브 중 철근의 항복강도가 400MPa이고 지판이 없는 경우 내부 슬래브의 최소 두께는 $l_n/33$이다.
④ 처짐을 계산하지 않는 경우 양단 연속된 리브가 있는 1방향 슬래브의 최소 두께는 $l_n/21$이다.

해설
과도한 처짐에 의해 손상될 우려가 없는 비구조요소를 지지한 지붕이나 바닥구조의 처짐한계는 $l/240$이다.
극강한도설계법의 최대 허용처짐

처짐 한계	부재의 형태
$l/180$	과도한 처짐에 의해 손상되기 쉬운 비구조 요소를 지지 또는 부착하지 않은 평지붕구조
$l/360$	과도한 처짐에 의해 손상되기 쉬운 비구조 요소를 지지 또는 부착하지 않은 바닥구조
$l/480$	과도한 처짐에 의해 손상되기 쉬운 비구조 요소를 지지 또는 부착한 지붕 또는 바닥구조
$l/240$	과도한 처짐에 의해 손상될 염려가 없는 비구조 요소를 지지 또는 부착한 지붕 또는 바닥구조

정답　43 ①　44 ③　45 ②　46 ②

47 강도설계법에서 철근콘크리트구조물의 공칭강도 산정 시 사용되는 강도감소계수로 옳지 않은 것은?

① 인장지배단면 : 0.85
② 전단력과 비틀림모멘트 : 0.75
③ 포스트텐션 정착구역 : 0.85
④ 압축지배단면 중 나선철근으로 보강된 철근콘크리트 부재 : 0.65

해설
압축지배단면 중 나선철근으로 보강된 철근콘크리트 부재의 강도감소계수는 0.65가 아니고 0.7이다.
강도감소계수(KDS 14 20 10 콘크리트 구조 해석과 설계 원칙)
구조물의 부재, 부재 간의 연결부 및 각 부재 단면의 휨모멘트, 축력, 전단력, 비틀림모멘트에 대한 설계강도는 이 기준의 규정과 가정에 따라 정해지는 공칭강도에 강도감소계수를 곱한 값으로 하여야 한다.

부재 단면 또는 하중(단면력 종류)		강도감소계수(ϕ)
인장지배단면(휨부재)		0.85
압축지배단면	나선철근 부재	0.70
	그 외	0.65
전단력과 비틀림모멘트		0.75
콘크리트의 지압력(포스트텐션 정착부, 스트럿-타이 모델은 제외)		0.65
포스트텐션 정착구역		0.85
스트럿 타이 모델	스트럿, 절점부 및 지압부	0.75
	타이	0.85
긴장재 묻힘 길이가 정착 길이보다 작은 프리텐션 부재의 횡단면	부재 단부에서 절단길이 단부까지	0.75
	절단길이 단부에서 정착길이 단부 사이	0.75~0.85까지 선형 증가
무근 콘크리트의 휨모멘트, 압축력, 전단력, 지압력		0.55

48 그림에서 A점의 반력(V_A) 값은?

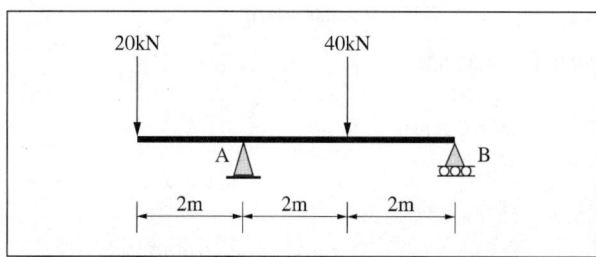

① 20kN
② 30kN
③ 40kN
④ 50kN

해설
$\sum V = 0$, $\sum M_A = 0$
- $\sum V = V_A + V_B - 20 - 40 = 0$, $V_A + V_B = 60$
- $\sum M_A = (-20 \times 2) + (40 \times 2) + (-V_B \times 4) = 0$, $V_B = 10\text{kN}$
∴ $V_A = 50\text{kN}$

49 피복두께 30mm, 직경 16mm 주근이 배근된 두께 150mm 철근콘크리트 1방향 슬래브에서 전단철근 없이 지지할 수 있는 단위길이 1m당 최대 계수전단력은?(단, f_{ck} = 25 MPa, ϕ = 0.75, λ = 1)

① 70.0kN
② 78.5kN
③ 80.0kN
④ 82.6kN

해설
- 계수전단강도(V_u) = $\phi V_n = \phi(V_c + V_s) = \phi(V_c)$
  전단철근이 없으므로 $V_s = 0$
- $V_u = \phi \frac{1}{6} \lambda \sqrt{f_{ck}} b_w d$
  $= 0.75 \times \frac{1}{6} \times 1 \times \sqrt{25} \times \left(150 - 30 - \frac{16}{2}\right)$
  $= 70\text{kN}$

50 강구조 고장력볼트의 접합 종류에 해당되지 않는 것은?

① 메탈터치접합
② 마찰접합
③ 인장접합
④ 지압접합

해설
메탈터치는 압축력을 받는 구조물의 기둥과 같은 강부재에서, 부재 사이의 치밀한 접촉 이음부를 통해 축력이 잘 전해지도록 하는 이음방식이다.
강구조 고장력볼트의 접합 종류

마찰접합	부재의 마찰력으로 볼트 축과 직각 방향의 응력을 전달하는 방식이다.
인장접합	볼트의 인장 내력으로 축방향 응력을 전달하는 방식이다.
지압접합	볼트 전단력과 볼트 구멍의 지압내력에 의해 응력을 전달하는 방식이다.

정답 47 ④ 48 ④ 49 ① 50 ①

51 그림과 같은 정정 라멘에서 BD부재의 축방향력은?(단, + : 인장력, − : 압축력)

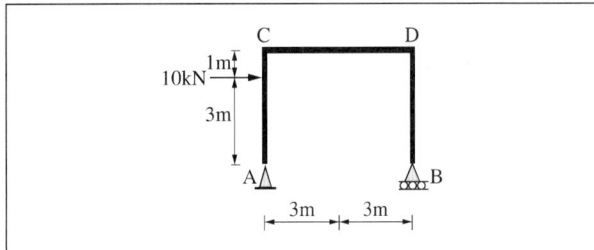

① 5kN
② −5kN
③ 10kN
④ −10kN

해설
$\sum V = 0$, $\sum M_A = 0$
$\sum M_A = 0$, $10\text{kN} \times 3\text{m} - V_B \times 6\text{m} = 0$ 이므로
∴ $V_B = 5\text{kN}(\uparrow)$

해설
나선철근 또는 띠철근이 배근된 압축부재에서 축방향 철근의 순간격은 40mm 이상, 또한 철근 공칭지름의 1.5배 이상으로 배치해야 한다.
철근의 간격 제한(KDS 14 20 50)
- 동일 평면에서 평행한 철근 사이의 수평 순간격은 25mm 이상, 철근의 공칭지름 이상으로 하여야 한다.
- 상단과 하단에 2단 이상으로 배치된 경우 상하 철근은 동일 연직면 내에 배치되어야 하고, 이때 상하 철근의 순간격은 25mm 이상으로 하여야 한다.
- 나선철근 또는 띠철근이 배근된 압축부재에서 축방향 철근의 순간격은 40mm 이상, 또한 철근 공칭 지름의 1.5배 이상으로 하여야 한다.
- 벽체 또는 슬래브에서 휨 주철근의 간격은 벽체나 슬래브 두께의 3배 이하로 하여야 하고, 또한 450mm 이하로 하여야 한다. 다만, 콘크리트 장선구조의 경우 이 규정이 적용되지 않는다.
- 2개 이상의 철근을 묶어서 사용하는 다발철근은 이형철근으로, 그 개수는 4개 이하이어야 하며, 이들은 스터럽이나 띠철근으로 둘러싸여져야 한다.

52 콘크리트구조 설계 시 철근간격 제한에 관한 내용으로 옳지 않은 것은?

① 상단과 하단에 2단 이상으로 배치된 경우 상하 철근은 동일 연직면 내에 배치되어야 하고, 이때 상하 철근의 순간격은 25mm 이상으로 하여야 한다.
② 나선철근 또는 띠철근이 배근된 압축부재에서 축방향 철근의 순간격은 25mm 이상, 또한 철근 공칭지름의 2.5배 이상으로 하여야 한다.
③ 2개 이상의 철근을 묶어서 사용하는 다발철근은 이형철근으로 그 개수는 4개 이하이어야 하며, 이들은 스터럽이나 띠철근으로 둘러싸여져야 한다.
④ 벽체 또는 슬래브에서 휨 주철근의 간격은 벽체나 슬래브 두께의 3배 이하로 하여야 하고, 또한 450mm 이하로 하여야 한다.

53 단면의 지름이 150mm, 재축 방향 길이가 300mm인 원형 강봉의 윗면에 300kN의 힘이 작용하여 재축 방향 길이가 0.16mm 줄어들었고, 지름이 0.01mm 늘어났다면 이 강봉의 탄성계수(E)와 푸아송비는?

① 31,830MPa, 0.25
② 31,830MPa, 0.125
③ 39,630MPa, 0.25
④ 39,630MPa, 0.125

해설
- 탄성계수(E) = $\dfrac{Pl}{A\Delta l} = \dfrac{300 \times 10^3 \times 300}{\dfrac{\pi}{4} \times 150^2 \times 0.16} ≒ 31,830\text{MPa}$

여기서, $P = 300\text{kN}$
$l = 300\text{mm}$
$\Delta l = 0.16\text{mm}$
$R = 150\text{mm}$
$A = \dfrac{\pi}{4} \times 150^2$

- 푸아송비(ν) = $\dfrac{\text{가로 변형}}{\text{세로 변형}} = \left[\dfrac{\left(\dfrac{\Delta d}{d}\right)}{\left(\dfrac{\Delta l}{l}\right)}\right] = \left[\dfrac{\left(\dfrac{0.01}{150}\right)}{\left(\dfrac{0.16}{300}\right)}\right] = 0.125$

54 등가정적해석법에 의한 건축물 내진설계 시 고려해야 할 사항이 아닌 것은?

① 지역계수
② 지반 종류
③ 반응수정계수
④ 지표면조도

해설
지표면조도(노풍도)는 지표면의 거칠기 상태로 일정 지역의 지표면 거칠기에 해당하는 장애물이 바람에 노출된 정도의 구분을 나타낸다.
등가정적해석법
- 내진설계 시 대부분 저층의 건축물의 지진하중을 정적인 횡력으로 보고 해석하는 방법이다.
- 지진하중(V) = 응답계수(C_s) × 건물 중량(W)

$$응답계수(C_s) = \frac{SI}{RT}$$

여기서, S : 지역, 지반과 연관된 가속도계수
I : 건물의 용도와 연관된 중요도계수
R : 건물의 시스템과 연관된 반응수정계수
T : 건물 자체의 고유주기

55 그림과 같은 1차 부정정보에서 지점 B의 고정단모멘트의 크기는?

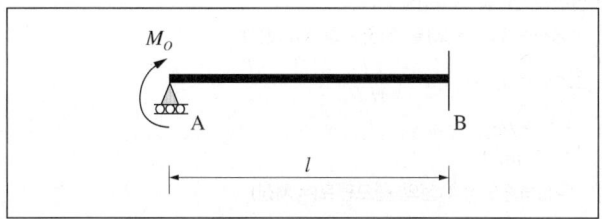

① M_O
② $\dfrac{M_O}{2}$
③ $\dfrac{M_O}{3}$
④ $\dfrac{M_O}{4}$

해설
$\Sigma M = 0, \ M_B + M_O + M_A = M_B + M_O - V_A \times l = 0$

$V_A = +\dfrac{3M_O}{2l}$

$M_B = +\dfrac{3M_O}{2l} - M_O = \dfrac{1}{2}M_O$

56 강도설계법에서 처짐을 계산하지 않는 경우 스팬 8.0m인 단순지지된 보의 최소 두께에 대한 규정을 적용 시 옳은 것은?(단, 일반 콘크리트와 f_y = 400MPa인 철근을 사용)

① 400mm
② 450mm
③ 500mm
④ 550mm

해설
처짐을 계산하지 않는 경우 보의 최소 두께
보통 콘크리트(M_c = 2,300kg/m³)와 설계기준항복강도 400MPa 철근을 사용한 부재에 대한 값이다.

부재	최소 두께(h)			
	단순지지	1단 연속	양단 연속	캔틸레버
1방향 슬래브	$l/20$	$l/24$	$l/28$	$l/10$
보 리브가 있는 1방향 슬래브	$l/16$	$l/18.5$	$l/21$	$l/8$

단순지지보이므로 위의 표에서 최소 두께 $\dfrac{l}{16}$을 적용하면

$\therefore h = \dfrac{8,000}{16} = 500mm$

57 강구조 접합부에 관한 설명으로 틀린 것은?

① 기둥-보 접합부는 접합부의 성능과 회전에 대한 구속정도에 따라 전단접합, 부분강접합, 완전강접합으로 구분된다.
② 접합부의 설계강도는 45kN 이상이어야 한다. 다만, 연결재, 새그로드 또는 띠장은 제외한다.
③ 강접합은 이론적으로 보 단부에서 회전을 허용하지 않고 100%에 가까운 단부모멘트를 기둥 또는 이음부에 전달시키는 접합부이다.
④ 단순접합은 부재 단부의 회전저항에 따른 단부 모멘트를 발생시킬 수 있는 접합부이다.

해설
부재 단부의 회전저항에 따른 단부 모멘트를 발생시킬 수 있는 접합부는 강접합이다.
강구조의 접합방식

전단접합 (단순접합, 핀접합)	• 기둥에 플랜지는 접합하지 않고 웨브만 접합한 형태이다. • 수직, 수평 방향의 힘만 지지하는 접합방식이다. • 전단력만 저항하며 회전은 자유로운 방식이다. • 핀접합, 힌지접합 등이 있다.
강접합 (모멘트접합)	• 기둥에 플랜지와 웨브를 접합한 형태이다. • 수직, 수평 방향의 힘을 지지하고 회전에 저항한다. • 축방향력, 전단력, 모멘트에 대해 저항할 수 있다.

58 그림과 같은 구조물의 부정정 차수는?

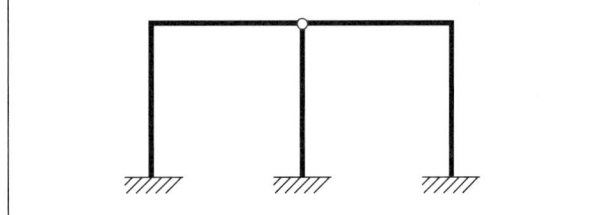

① 정정
② 1차 부정정
③ 3차 부정정
④ 4차 부정정

해설

$n = r + m + k - 2j$
$\quad = 9 + 5 + 2 - 2 \times 6$
$\quad = 4$

여기서, r : 반력수, m : 부재수, k : 강절점수, j : 절점수
∴ $n > 0$이므로, 4차 부정정 구조물이다.

60 단순보의 중앙점에 하중 P가 작용할 때 C점의 처짐은?

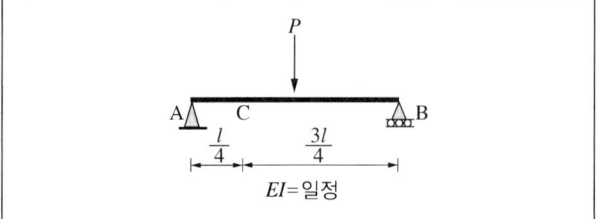

① $\dfrac{Pl^3}{384EI}$
② $\dfrac{15Pl^3}{192EI}$
③ $\dfrac{17Pl^3}{384EI}$
④ $\dfrac{11Pl^3}{768EI}$

해설

단순보의 처짐과 처짐각

보의 하중 상태	처짐각과 처짐
(중앙집중하중 P, $l/2$, $l/2$)	• 처짐각 : $\theta_A = \theta_B = \dfrac{Pl^2}{16EI}$ • 처짐 : $\delta_C = \dfrac{Pl^3}{48EI}$
(등분포하중 w[N/m], l)	• 처짐각 : $\theta_A = \theta_B = \dfrac{wl^3}{24EI}$ • 처짐 : $\delta_C = \dfrac{5wl^4}{384EI}$

• A지점의 반력
$\sum M_B = 0$, $V_A \times l - P \times \dfrac{l}{2} = 0$, $V_A = \dfrac{P}{2}$

• 집중하중 작용점(D)과 C점의 휨모멘트
$M_D = V_A \times \dfrac{l}{2} = \dfrac{P}{2} \times \dfrac{l}{2} = \dfrac{Pl}{4}$
$M_C = V_A \times \dfrac{l}{4} = \dfrac{P}{2} \times \dfrac{l}{4} = \dfrac{Pl}{8}$

• 탄성하중도상 A지점의 반력
탄성하중(등변분포)을 하중처럼 취급한다.
$\sum M_B = 0$, $V_A' \times l - \left(\dfrac{Pl}{4EI} \times l \times \dfrac{1}{2}\right) \times \dfrac{l}{2} = 0$
$V_A' = \dfrac{Pl^2}{16EI}$

∴ 탄성하중도상 C점의 휨모멘트(= 처짐)
$M_C' = \dfrac{Pl^2}{16EI} \times \dfrac{l}{4} - \left(\dfrac{Pl}{8EI} \times \dfrac{l}{4} \times \dfrac{1}{2}\right) \times \left(\dfrac{l}{4} \times \dfrac{1}{3}\right)$
$\quad = \dfrac{Pl^3}{64EI} - \dfrac{Pl^3}{768EI}$
$\quad = \dfrac{11Pl^3}{768EI}$

59 연약지반에서 부동침하를 방지하기 위한 대책과 가장 관계가 먼 것은?

① 구조물의 하중을 기초에 균등하게 분포시킨다.
② 인접 건물과의 거리를 짧게 한다.
③ 기초상호 간을 지중보로 연결한다.
④ 기초를 말뚝으로 보강한다.

해설

인접 건물과의 거리가 가까운 경우 부동침하가 발생하기 쉽다.
부동침하

원인	구조물의 기초지반이 침하함에 따라, 구조물의 여러 부분에서 불균등하게 침하를 일으키는 현상이다.
대책	• 구조물을 가볍게 설계한다. • 각 기초에 작용하는 하중을 균등하게 분포하게 한다. • 기초구조를 통일하고, 같은 지지층에 시공한다. • 구조물의 수평 방향 강성을 크게 하고 기초상호 간을 지중보로 연결한다. • 인접 건물과의 거리를 멀게 계획한다. • 적당한 곳에 신축이음매를 설치한다. • 지반을 개량하고 기초를 말뚝으로 보강한다.

제4과목 건축설비

61 대변기에 설치한 세정밸브(Flush valve)의 최저 필요 압력은?

① 10kPa 이상
② 30kPa 이상
③ 50kPa 이상
④ 70kPa 이상

해설
위생기구 최저 필요압력

세정밸브, 자동밸브, 샤워기	70kPa
일반수전	30kPa
흡출 시 대변기	100kPa

62 건물 내의 배수계통에 통기관을 설치하는 목적으로 옳지 않은 것은?

① 배수관 내의 환기를 위하여
② 배수관이 막혔을 때 예비로 사용하기 위하여
③ 트랩의 봉수를 보호하기 위하여
④ 배수관 내의 물의 흐름을 원활하게 하기 위하여

해설
통기관의 설치 목적
• 사이펀작용에 의한 봉수의 파괴를 방지한다.
• 배수관 내의 흐름을 원활하게 유지한다.
• 배수관 내의 청결, 환기 도모 및 기압 변동을 억제한다.

63 수도직결방식의 급수에서 수압이 0.24MPa일 때 급수압에 의한 물의 상승높이는?

① 2.4m
② 4.8m
③ 12m
④ 24m

해설
압력 $1kg/cm^2$ ≒ 수두 10m ≒ 압력 100kPa
∴ 수압 0.24MPa = 240kPa = 수두 24m

64 압축식 냉동기의 냉동사이클로 옳은 것은?

① 압축 → 응축 → 팽창 → 증발
② 압축 → 팽창 → 응축 → 증발
③ 응축 → 증발 → 팽창 → 압축
④ 팽창 → 증발 → 응축 → 압축

해설
압축식 냉동기의 냉동사이클은 압축과정 → 응축과정 → 팽창과정 → 증발과정 → 압축과정으로 순환한다.

65 증기난방에 대한 설명으로 옳지 않은 것은?

① 응축수 환수관 내에 부식이 발생하기 쉽다.
② 온수난방에 비해 방열기 크기나 배관의 크기가 작아도 된다.
③ 방열기를 바닥에 설치하므로 복사난방에 비해 실내바닥의 유효면적이 줄어든다.
④ 온수난방에 비해 예열시간이 길어서 충분히 난방감을 느끼는 데 시간이 걸린다.

해설
증기난방은 온수난방에 비해 예열시간이 짧아 간헐운전에 적합하다.
증기난방

장점	• 증발잠열을 이용하여 열의 운반능력이 크다. • 예열시간이 짧고 실내온도 상승이 빨라 간헐운전에 적합하다. • 한랭지에서 동결우려가 적다. • 열매의 온도가 높아 방열면적을 작게 할 수 있다.
단점	• 실내 상하온도차가 크고 방열기의 표면온도가 높다. • 난방의 쾌감도가 낮고 스팀해머가 발생한다. • 부하변동에 따른 실내방열량 제어가 곤란하다. • 계통별 용량 제어가 곤란하다. • 응축수 환수관 내에 부식이 쉽게 발생한다.

정답 61 ④ 62 ② 63 ④ 64 ① 65 ④

66 급수방식 중 고가수조방식에 대한 설명으로 옳지 않은 것은?

① 저수 시간이 길어지면 수질이 나빠지기 쉽다.
② 대규모의 급수 수요에 쉽게 대응할 수 있다.
③ 단수 시에도 일정량의 급수를 계속할 수 있다.
④ 급수 공급압력의 변화가 심하고 취급이 까다롭다.

해설
고가수조방식은 급수 공급압력의 변화가 안정적이다.
고가수조방식
- 펌프를 통해 건물 상부 고가수조에 양수한 물을 높이에 의한 수압 차이로 하향 급수하는 방식이다.
- 급수압력이 일정하고 고장이 적어 물공급이 안정적이다.
- 고가수조 중량에 의한 구조적 보강이 필요하다.
- 저수조에서 물이 오염될 가능성이 있다.
- 정전 및 단수 시 일정량의 급수가 가능하다.
- 대규모 급수설비에 적합하다.

67 다음 중 약전설비에 속하는 것은?

① 변전설비
② 전화설비
③ 축전지설비
④ 자가발전설비

해설
약전설비
건축전기설비 중 전화설비, 인터폰설비, 표시설비, 전기시계설비, 방송공동수신설비, 방범설비, 화재경보설비 등의 약전류 신호를 취급하는 설비이다.

68 급탕설비 중 개별식 급탕법의 설명으로 옳지 않은 것은?

① 용도에 따라 필요한 개소에서 필요한 온도의 탕을 비교적 간단하게 얻을 수 있다.
② 건물 완공 후에도 급탕개소의 증설이 비교적 쉽다.
③ 급탕개소마다 가열기의 설치 스페이스가 필요하다.
④ 배관길이가 짧으나 배관 중의 열손실이 크다.

해설
개별식 급탕설비는 배관길이가 짧아 열손실이 적은 것이 장점이다.
개별식 급탕설비
- 필요 개소에 가열기를 설치하여 온수를 공급하는 방식이다.
- 소량의 온수가 필요한 장소에 설치한다.
- 단시간에 급탕수요가 적은 경우에 적합하다.
- 배관길이가 짧아 열손실이 적다.
- 급탕개소의 증설이 쉽다.
- 설비비가 저렴하고 유지관리가 쉽다.
- 가열기 설치공간이 필요하다.

69 작업면의 필요 조도가 400lx, 면적이 10m², 전등 1개의 광속이 2,000lm, 감광보상률이 1.5, 조명률이 0.6%일 때 전등의 소요수량은?

① 3등
② 5등
③ 8등
④ 10등

해설
$$\text{램프수량} = \frac{\text{평균조도} \times \text{실의 면적}}{\text{램프당 광속} \times \text{조명률} \times \text{보수율}}$$
$$= \frac{400 \times 10}{2,000 \times 0.6 \times 1/1.5}$$
$$= 5 \text{등}$$

70 청소구(Clean out)의 설치 위치로 적당하지 않은 곳은?

① 배수 수평주관 및 배수 수평지관의 기점
② 배수 수평주관과 옥외배수관의 접속장소와 가까운 곳
③ 배수 수직관의 최하부
④ 배수관이 30° 이상의 각도로 방향을 바꾸는 곳

해설
청소구의 설치 위치는 배수관이 30°가 아닌 45° 이상의 각도로 방향을 바꾸는 곳이 적당하다.

71 변전실의 위치에 대한 설명 중 옳지 않은 것은?

① 가능한 한 부하의 중심에서 먼 장소일 것
② 외부로부터 전선의 인입이 쉬운 곳일 것
③ 습기와 먼지가 적은 곳일 것
④ 전기기기의 반출입이 용이할 것

해설
변전실의 위치는 가능한 한 부하의 중심에서 가까운 장소가 좋다.
변전실의 위치
- 환기가 잘 되고 고온다습한 장소는 피해야 한다.
- 외부로부터 전원의 인입이 편리한 곳이어야 한다.
- 사용부하의 중심에 가깝고 간선의 배선이 용이한 곳이어야 한다.
- 용량의 증설에 대비해 면적을 확보할 수 있는 장소여야 한다.
- 수전 및 배전거리를 짧게 하여 경제적인 곳이어야 한다.

72 덕트의 치수결정 방법에 속하지 않는 것은?

① 균등법
② 등속법
③ 등마찰법
④ 정압재취득법

해설
덕트의 치수결정 방법

등마찰법(정압법)	덕트의 단위길이당 마찰저항이 일정한 것으로 가정하는 치수결정법이다.
정압재취득법	덕트 내 풍속 감소에 따른 정압을 압력손실에 반영하는 치수결정법이다.
등속법	덕트 내 풍속을 말단까지 일정하게 되도록 하는 치수결정법이다.

73 보일러 하부의 물드럼과 상부의 기수드럼을 연결하는 다수의 관을 연소실 주위에 배치한 구조로 상부 기수드럼 내의 증기를 사용하는 보일러는?

① 주철제 보일러
② 관류 보일러
③ 수관 보일러
④ 노통연관 보일러

해설
수관 보일러는 원통 보일러와 같이 큰 지름의 동체를 필요로 하지 않기 때문에 고압에 견디고, 수관을 증가시키는 데 따라 대용량으로 할 수 있는 특징이 있다.
보일러 종류

주철제	• 내식성이 우수하고 수명이 길다. • 규모가 비교적 작은 빌딩 등의 난방, 온수공급 등에 사용된다.
입형	• 수직 드럼 내에 연관 또는 수관이 있는 소규모의 패키지형 보일러이다. • 주택이나 소규모 건물에 사용된다.
노통연관식	• 통 내부에 연소가스가 통과하는 연관이 있는 보일러이다. • 부하의 변동에 대해 안정성이 있으며 급수 조절이 쉽다.
수관	• 보일러 상부의 기수드럼과 하부의 물드럼을 연결하는 수관을 연소실 주위에 배치한 보일러이다. • 대형건물, 병원, 호텔, 지역난방에 주로 사용된다.
관류식	• 수관이 있으나 드럼(수실)이 없는 보일러이다. • 수량이 적어 가열시간이 짧으며 설치면적이 작고 수처리가 어렵다.

74 다음 중 온수난방에서 복관식 배관에 역환수방식(Reverse return)을 채택하는 가장 주된 이유는?

① 공사비를 절약할 목적으로
② 순환펌프를 설치하기 위하여
③ 온수의 순환을 평균화시킬 목적으로
④ 중력식으로 온수를 순환하기 위하여

해설
역환수방식을 사용하는 가장 큰 목적은 온수의 순환을 평균화 시켜서 온수 및 유량을 균일하게 하기 위해서이다.

정답 71 ① 72 ① 73 ③ 74 ③

75
양수량 10m³/min, 전양정 10m, 펌프의 효율은 80%일 때 펌프의 소요동력은 얼마인가?(단, 물의 밀도는 1,000 kg/m³, 여유율은 10%로 한다)

① 22.5kW
② 26.5kW
③ 30.6kW
④ 32.4kW

해설
펌프의 소요동력

- 축동력(BHP) = $\dfrac{유체의\ 비중 \times 정격유량 \times 전양정}{6,120 \times 펌프효율}$

  = $\dfrac{1,000 \times 10 \times 10}{6,120 \times 0.8}$ ≒ 20.42kW

- 펌프의 소요동력 = 축동력 × (1 + 여유율)
  = 20.42 × (1 + 0.1)
  ≒ 22.5kW

76
자동화재탐지설비의 열감지기 중 주위 온도가 일정한 온도 이상이 되면 작동하도록 된 열감지기는?

① 차동식
② 정온식
③ 광전식
④ 이온화식

해설
자동화재 탐지설비 열감지기의 종류

정온식	일정온도에 도달하면 작동하며 보일러실, 주방에 적합하다.
차동식	일정온도 상승률에 따라 작동하며 사무실에 적합하다.
보상식	일정온도, 온도상승률에 따라 작동하며 정온식과 차동식 기능을 합친 형식이다.

77
공기조화방식 중 단일덕트방식에 대한 설명으로 옳지 않은 것은?

① 냉·온풍의 혼합손실이 없다.
② 이중덕트방식에 비해 덕트 스페이스가 적게 든다.
③ 각 실이나 존의 부하변동에 즉시 대응할 수 있다.
④ 부하특성이 다른 여러 개의 실이나 존이 있는 건물에 적용하기가 곤란하다.

해설
단일덕트방식은 각 실이나 존(Zone)의 부하변동에 즉시 대응할 수 없다.
단일덕트방식
- 1개의 공급덕트와 1개의 환기덕트를 통해 조화공기를 공급하는 방식이다.
- 냉풍과 온풍을 혼합하는 혼합상자가 필요 없다.
- 혼합손실이 없고 소음과 진동이 적다.
- 이중덕트방식에 비해 스페이스가 적다.
- 각 실이나 존의 부하변동에 대한 신속한 온도조절이 곤란하다.

78
습공기가 냉각되어 포함되어 있던 수증기가 응축되기 시작하는 온도를 의미하는 것은?

① 노점온도
② 습구온도
③ 건구온도
④ 절대온도

해설
② 습구온도 : 물에 젖은 천으로 감싼 온도계인 습구온도계로 측정한 온도이다.
③ 건구온도 : 공기에 직접적으로 노출시킨 건구온도계로 잰 온도로, 습구온도와 대응되는 개념이다.
④ 절대온도 : 열에너지가 없어 분자운동이 일어나지 않는 안전한 상태의 온도이다.

79 LPG에 관한 설명으로 옳지 않은 것은?

① 비중이 공기보다 작다.
② 액화석유가스를 말한다.
③ 액화하면 그 체적은 약 1/250로 된다.
④ 상압에서는 기체이지만 압력을 가하면 액화된다.

해설
LPG가스는 비중이 공기보다 크고 무거워 공기 중에서 폭발하기 쉽다.
LPG(액화석유가스, 프로판가스)
- 석유 정제과정에서 채취된 가스를 압축냉각해서 액화시킨 가스이다.
- 발열량이 크며 연소에 필요한 공기량이 많다.
- 공기보다 비중이 크고 무겁다.
- 공기 중에 확산되지 않고 폭발하기 쉽다.
- 상압에서는 기체이지만 압축냉각하면 액화되며 용적은 1/250로 감소한다.

80 급기온도를 일정하게 하고 송풍량을 변화시켜서 실내온도를 조절하는 공기조화방식은?

① FCU방식
② 이중덕트방식
③ 정풍량 단일덕트방식
④ 변풍량 단일덕트방식

해설
공기조화방식

FCU방식	실내형 소형 공조기를 각 실에 설치하여 중앙 기계실로부터 냉·온수를 공급받아 공기조화를 하는 방식이다.
이중덕트방식	2개의 공급덕트와 1개의 환기덕트로 구성되어 혼합상자에서 공기를 혼합하는 방식이다.
정풍량 단일덕트방식	단일덕트의 한 방식으로 송풍온도를 변경하고 송풍량은 일정하게 유지한다.
변풍량 단일덕트방식	단일덕트의 한 방식으로 송풍온도를 일정하게 하고 송풍량을 변경할 수 있다.

제5과목 건축관계법규

81 건축법령에 따른 고층 건축물의 정의로 옳은 것은?

① 층수가 30층 이상이거나 높이가 90m 이상인 건축물
② 층수가 30층 이상이거나 높이가 120m 이상인 건축물
③ 층수가 50층 이상이거나 높이가 150m 이상인 건축물
④ 층수가 50층 이상이거나 높이가 200m 이상인 건축물

해설
건축물의 정의(건축법 제2조, 동법 시행령 제2조)

고층 건축물	층수 30층 이상이거나 높이 120m 이상인 건축물
초고층 건축물	층수 50층 이상이거나 높이 200m 이상인 건축물
준초고층 건축물	고층 건축물 중 초고층 건축물이 아닌 것

82 건축법령에 따라 건축물의 경사지붕 아래에 설치하는 대피공간에 관한 기준 내용으로 옳지 않은 것은?

① 특별피난계단 또는 피난계단과 연결되도록 할 것
② 관리사무소 등과 긴급 연락이 가능한 통신시설을 설치할 것
③ 대피공간의 면적은 지붕 수평투영면적의 1/20 이상일 것
④ 출입구는 유효너비 0.9m 이상으로 하고, 그 출입구에는 60분+ 방화문 또는 60분 방화문을 설치할 것

해설
경사지붕 하부 대피공간 설치기준(건축물방화구조규칙 제13조)
- 대피공간의 면적은 지붕 수평투영면적의 1/10 이상일 것
- 특별피난계단 또는 피난계단과 연결되도록 할 것
- 출입구, 창문을 제외한 부분은 해당 건축물의 다른 부분과 내화구조 바닥 및 벽으로 구획할 것
- 출입구는 유효너비 0.9m 이상으로 하고, 그 출입구에는 60분+ 방화문 또는 60분 방화문을 설치할 것(방화문에 비상문자동개폐장치를 설치할 것)
- 내부마감재료는 불연재료로 할 것
- 예비전원으로 작동하는 조명설비를 설치할 것
- 관리사무소 등과 긴급 연락이 가능한 통신시설을 설치할 것

[정답] 79 ① 80 ④ 81 ② 82 ③

83 다음 중 주요구조부에 속하지 않는 것은?

① 기둥
② 지붕틀
③ 바닥
④ 옥외 계단

해설
주요구조부(건축법 제2조)
내력벽, 기둥, 바닥, 보, 지붕틀 및 주계단을 말한다. 다만, 사이 기둥, 최하층 바닥, 작은 보, 차양, 옥외 계단, 그 밖에 이와 유사한 것으로 건축물의 구조상 중요하지 아니한 부분은 제외한다.

84 전용주거지역이나 일반주거지역에서 건축물을 건축하는 경우, 건축물의 높이 10m 이하의 부분은 정북(正北) 방향으로의 인접 대지경계선으로부터 원칙적으로 최소 얼마 이상의 거리를 띄어야 하는가?

① 1m
② 1.5m
③ 2m
④ 3m

해설
일조 등의 확보를 위한 건축물의 높이 제한(건축법 제61조, 동법 시행령 제86조)
- 전용주거지역과 일반주거지역 안에서 건축하는 건축물의 높이는 일조 등의 확보를 위하여 정북 방향의 인접 대지경계선으로부터의 거리에 따라 대통령령으로 정하는 높이 이하로 하여야 한다.
- 건축물의 각 부분을 정북(正北) 방향으로의 인접 대지경계선으로부터 다음의 범위에서 정하는 거리 이상을 띄어 건축하여야 한다.
  - 높이 10m 이하인 부분 : 인접 대지경계선으로부터 1.5m 이상
  - 높이 10m를 초과하는 부분 : 인접 대지경계선으로부터 해당 건축물 각 부분 높이의 1/2 이상

85 대지의 조경에 관한 기준 내용이다. ( ) 안에 알맞은 것은?

> 면적이 ( ) 이상인 대지에 건축을 하는 건축주는 용도지역 및 건축물의 규모에 따라 해당 지방자치단체의 조례로 정하는 기준에 따라 대지에 조경이나 그 밖에 필요한 조치를 하여야 한다.

① 100m^2
② 200m^2
③ 300m^2
④ 500m^2

해설
대지의 조경(건축법 제42조)
- 면적이 200m^2 이상인 대지에 건축을 하는 건축주는 용도지역 및 건축물의 규모에 따라 해당 지방자치단체의 조례로 정하는 기준에 따라 대지에 조경이나 그 밖에 필요한 조치를 하여야 한다. 다만, 조경이 필요하지 아니한 건축물로서 대통령령으로 정하는 건축물에 대하여는 조경 등의 조치를 하지 아니할 수 있으며, 옥상 조경 등 대통령령으로 따로 기준을 정하는 경우에는 그 기준에 따른다.
- 국토교통부장관은 식재(植栽) 기준, 조경 시설물의 종류 및 설치방법, 옥상 조경의 방법 등 조경에 필요한 사항을 정하여 고시할 수 있다.

86 증축에 속하는 것은?

① 부속건축물만 있는 대지에 새로 주된 건축물을 축조하는 것
② 기존 건축물이 있는 대지에서 높이를 증가시키는 것
③ 기존 건축물이 멸실된 대지 위에 건축물을 축조하는 것
④ 건축물의 주요구조부를 해체하지 아니하고 같은 대지의 다른 위치로 옮기는 것

해설
①은 신축, ③은 재축, ④는 이전에 해당한다.
건축의 정의(건축법 시행령 제2조)
- 신축 : 건축물이 없는 대지에 새로 건축물을 축조하는 것(부속건축물만 있는 대지에 새로 주된 건축물을 축조하는 것을 포함하되, 개축 또는 재축하는 것은 제외)을 말한다.
- 증축 : 기존 건축물이 있는 대지에서 건축물의 건축면적, 연면적, 층수 또는 높이를 늘리는 것을 말한다.
- 개축 : 기존 건축물의 전부 또는 일부를 해체하고 그 대지에 종전과 같은 규모의 범위에서 건축물을 다시 축조하는 것을 말한다.
- 재축 : 건축물이 천재지변이나 그 밖의 재해로 멸실된 경우 해당 요건을 모두 갖추어 다시 축조하는 것을 말한다.
- 이전 : 건축물의 주요구조부를 해체하지 아니하고 같은 대지의 다른 위치로 옮기는 것을 말한다.

정답 83 ④ 84 ② 85 ② 86 ②

87 주차장법령상 다음과 같이 정의되는 주차장의 종류는?

> 도로의 노면 또는 교통광장(교차점광장만 해당)의 일정한 구역에 설치된 주차장으로서 일반(一般)의 이용에 제공되는 것

① 노외주차장 ② 노상주차장
③ 부설주차장 ④ 공영주차장

해설
주차장(주차장법 제2조)
자동차의 주차를 위한 시설로서 다음의 어느 하나에 해당하는 종류의 것을 말한다.
- 노상주차장 : 도로의 노면 또는 교통광장(교차점광장만 해당)의 일정한 구역에 설치된 주차장으로서 일반의 이용에 제공되는 것
- 노외주차장 : 도로의 노면 및 교통광장 외의 장소에 설치된 주차장으로서 일반의 이용에 제공되는 것
- 부설주차장 : 건축물, 골프연습장, 그 밖에 주차수요를 유발하는 시설에 부대하여 설치된 주차장으로서 해당 건축물·시설의 이용자 또는 일반의 이용에 제공되는 것

88 방송 공동수신설비를 설치하여야 하는 대상 건축물에 속하지 않는 것은?

① 다가구주택
② 다세대주택
③ 바닥면적의 합계가 5,000㎡으로서 업무시설의 용도로 쓰는 건축물
④ 바닥면적의 합계가 5,000㎡으로서 숙박시설의 용도로 쓰는 건축물

해설
다가구주택은 단독주택에 속한다.
방송 공동수신설비 설치대상(건축법 시행령 제87조 제4항)
- 공동주택(아파트, 연립주택, 다세대주택, 기숙사)
- 바닥면적의 합계가 5,000㎡ 이상으로서 업무시설이나 숙박시설의 용도로 쓰는 건축물

89 토지이용을 합리화·구체화하고, 도시 또는 농·산·어촌의 기능의 증진, 미관의 개선 및 양호한 환경을 확보하기 위하여 수립하는 계획으로 정의되는 것은?

① 지구단위계획
② 도시·군관리계획
③ 광역도시계획
④ 도시·군기본계획

해설
② 도시·군관리계획 : 특별시·광역시·특별자치시·특별자치도·시 또는 군의 개발·정비 및 보전을 위하여 수립하는 토지 이용, 교통, 환경, 경관, 안전, 산업, 정보통신, 보건, 복지, 안보, 문화 등에 관한 계획을 말한다.
③ 광역도시계획 : 광역계획권의 장기발전 방향을 제시하는 계획을 말한다.
④ 도시·군기본계획 : 특별시·광역시·특별자치시·특별자치도·시 또는 군의 관할 구역에 대하여 기본적인 공간구조와 장기발전 방향을 제시하는 종합계획으로서 도시·군관리계획 수립의 지침이 되는 계획을 말한다.

90 용도지역에 따른 건폐율의 최대 한도로 옳지 않은 것은?(단, 도시지역의 경우)

① 녹지지역 : 30% 이하
② 주거지역 : 70% 이하
③ 공업지역 : 70% 이하
④ 상업지역 : 90% 이하

해설
도시지역의 건폐율 최대 한도(국토계획법 제77조)
- 주거지역 : 70% 이하
- 상업지역 : 90% 이하
- 공업지역 : 70% 이하
- 녹지지역 : 20% 이하

정답 87 ② 88 ① 89 ① 90 ①

91 막다른 도로의 길이가 15m일 때, 이 도로가 건축법령상 도로이기 위한 최소 너비는?

① 2m ② 3m
③ 4m ④ 6m

해설
지형적 조건에 따른 도로의 구조와 너비(건축법 시행령 제3조의3)

막다른 도로의 길이	도로의 너비
10m 미만	2m
10m 이상 35m 미만	3m
35m 이상	6m(도시지역이 아닌 읍·면지역은 4m)

92 상업지역의 세분에 속하지 않는 것은?

① 중심상업지역
② 근린상업지역
③ 유통상업지역
④ 전용산업지역

해설
전용산업지역은 법에서 제정한 용도지역에 속하지 않는다.
상업지역의 세분(국토계획법 시행령 제30조)
- 중심상업지역 : 도심·부도심의 상업기능 및 업무기능의 확충을 위하여 필요한 지역
- 일반상업지역 : 일반적인 상업기능 및 업무기능을 담당하게 하기 위하여 필요한 지역
- 근린상업지역 : 근린지역에서의 일용품 및 서비스의 공급을 위하여 필요한 지역
- 유통상업지역 : 도시 내 및 지역 간 유통기능의 증진을 위하여 필요한 지역

93 비상용승강기를 설치하지 아니할 수 있는 건축물에 관한 기준 내용이다. ( ) 안에 알맞은 것은?

> 높이 (㉠)m를 넘는 층수가 (㉡)개 층 이하로서 당해 각 층의 바닥면적의 합계 200m² 이내마다 방화구획으로 구획한 건축물

① ㉠ 31, ㉡ 4
② ㉠ 31, ㉡ 3
③ ㉠ 41, ㉡ 4
④ ㉠ 41, ㉡ 3

해설
비상용승강기를 설치하지 아니할 수 있는 건축물(건축물설비기준규칙 제9조)
- 높이 31m를 넘는 각 층을 거실 외의 용도로 쓰는 건축물
- 높이 31m를 넘는 각 층의 바닥면적의 합계가 500m² 이하인 건축물
- 높이 31m를 넘는 층수가 4개 층 이하로서 당해 각 층의 바닥면적의 합계 200m²(벽 및 반자가 실내에 접하는 부분의 마감을 불연재료로 한 경우에는 500m²) 이내마다 방화구획으로 구획된 건축물

94 부설주차장 설치대상 시설물로서 시설면적이 1,400m²인 제2종 근린생활시설에 설치하여야 하는 부설주차장의 최소 대수는?

① 7대 ② 9대
③ 10대 ④ 14대

해설
부설주차장의 설치대상 시설물 종류 및 설치기준(주차장법 시행령 별표 1)

시설면적 200m²당 1대	제1종 근린생활시설(공중화장실, 대피소, 지역아동센터는 제외), 제2종 근린생활시설, 숙박시설

∴ 시설면적 200m²당 1대이므로 1,400m²/200m² = 7대

95 노외주차장의 주차형식에 따른 차로의 최소 너비가 옳게 연결된 것은?(단, 출입구가 2개 이상인 경우)

① 평행주차 – 5.0m
② 60° 대향주차 – 5.0m
③ 교차주차 – 3.5m
④ 직각주차 – 5.5m

해설
노외주차장의 구조·설비기준(주차장법 시행규칙 제6조)

주차형식	차로의 너비	
	출입구가 2개 이상인 경우	출입구가 1개 이상인 경우
평행주차	3.3m	5.0m
직각주차	6.0m	6.0m
60° 대향주차	4.5m	5.5m
45° 대향주차	3.5m	5.0m
교차주차	3.5m	5.0m

96 공동주택의 개별난방설비 설치기준으로 옳지 않은 것은?

① 보일러의 연도는 내화구조로서 공동연도로 설치할 것
② 보일러실 윗부분에는 그 면적이 최소 1.0m² 이상인 환기창을 설치할 것
③ 보일러를 설치하는 곳과 거실 사이의 경계벽은 출입구를 제외하고는 내화구조의 벽으로 구획할 것
④ 기름보일러를 설치하는 경우에는 기름저장소를 보일러실 외의 다른 곳에 설치할 것

해설
보일러실 윗부분에는 그 면적이 최소 1.0m² 이상이 아닌 0.5m² 이상인 환기창을 설치해야 한다.
개별난방설비 등(건축물설비기준규칙 제13조)
- 보일러는 거실 외의 곳에 설치하되, 보일러를 설치하는 곳과 거실 사이의 경계벽은 출입구를 제외하고는 내화구조의 벽으로 구획할 것
- 보일러실의 윗부분에는 그 면적이 0.5m² 이상인 환기창을 설치하고, 보일러실의 윗부분과 아랫부분에는 각각 지름 10cm 이상의 공기흡입구 및 배기구를 항상 열려 있는 상태로 바깥공기에 접하도록 설치할 것. 다만, 전기보일러의 경우에는 그러하지 아니하다.
- 보일러실과 거실 사이의 출입구는 그 출입구가 닫힌 경우에는 보일러가스가 거실에 들어갈 수 없는 구조로 할 것
- 기름보일러를 설치하는 경우에는 기름저장소를 보일러실 외의 다른 곳에 설치할 것
- 오피스텔의 경우에는 난방구획을 방화구획으로 구획할 것
- 보일러의 연도는 내화구조로서 공동연도로 설치할 것

97 대지 및 건축물 관련 건축기준의 허용되는 오차범위에 대한 설명으로 옳지 않은 것은?

① 건축선의 후퇴거리는 3% 이내이다.
② 건축물의 벽체두께는 3% 이내이다.
③ 건축물의 높이는 1m를 초과할 수 없다.
④ 건축물의 평면길이는 0.5m를 초과할 수 없다.

해설
건축물 평면길이의 허용되는 오차범위는 2% 이내이며 건축물 전체길이는 1.0m를 초과할 수 없다.
건축기준의 허용오차(건축법 시행규칙 별표 5)

대지 관련	3% 이내	건축선의 후퇴거리, 인접 대지경계선과의 거리, 인접 건축물과의 거리
	1% 이내	용적률(연면적 30m²를 초과할 수 없다)
	0.5% 이내	건폐율(건축면적 5m²를 초과할 수 없다)
건축물 관련	3% 이내	벽체두께, 바닥판두께
	2% 이내	건축물의 높이(1m를 초과할 수 없다), 평면길이(전체길이는 1m, 각 실은 10cm를 초과할 수 없다), 출구너비, 반자높이

정답 95 ③ 96 ② 97 ④

98 건축물식 노외주차장의 차로에 관한 기준 내용으로 옳지 않은 것은?

① 경사로의 종단경사도는 직선 부분에서는 17%를, 곡선 부분에서는 14%를 초과하여서는 아니 된다.
② 높이는 주차바닥면으로부터 2.3m 이상으로 하여야 한다.
③ 경사로의 노면은 거친 면으로 하여야 한다.
④ 경사로의 차로 너비는 곡선형인 경우에 3.3m 이상으로 하여야 한다.

해설

경사로의 차로 너비는 곡선형인 경우에 3.6m 이상으로 해야 한다.
노외주차장의 구조·설비기준(주차장법 시행규칙 제6조)
- 높이는 주차바닥면으로부터 2.3m 이상으로 하여야 한다.
- 경사로의 곡선 부분은 자동차가 6m(같은 경사로를 이용하는 주차장의 총주차대수가 50대 이하인 경우에는 5m, 이륜자동차전용 노외주차장의 경우에는 3m) 이상의 내변반경으로 회전할 수 있도록 하여야 한다.
- 경사로의 차로 너비는 직선형인 경우에는 3.3m 이상(2차로의 경우에는 6m 이상)으로 하고, 곡선형인 경우에는 3.6m 이상(2차로의 경우에는 6.5m 이상)으로 하며, 경사로의 양쪽 벽면으로부터 30cm 이상의 지점에 높이 10cm 이상 15cm 미만의 연석(경계석)을 설치해야 한다. 이 경우 연석 부분은 차로의 너비에 포함되는 것으로 본다.
- 경사로의 종단경사도는 직선 부분에서는 17%를 초과하여서는 아니 되며, 곡선 부분에서는 14%를 초과하여서는 아니 된다.
- 경사로의 노면은 거친 면으로 하여야 한다.
- 오르막 경사로서 도로와 접하는 부분으로부터 3m 이내인 경사로의 종단경사도는 직선 부분에서는 8.5%를, 곡선 부분에서는 7%를 초과하여서는 안 된다.
- 주차대수 규모가 50대 이상인 경우의 경사로
  - 너비 6m 이상인 2차로를 확보하거나 진입차로와 진출차로를 분리할 것
  - 완화구간(경사로를 지나는 자동차가 지면에 접촉하지 않도록 종단경사도가 경사로 최대 종단경사도의 1/2 이하로 설계된 구간을 말한다)을 설치할 것

99 주요구조부를 내화구조로 하여야 하는 대상 건축물에 속하지 않는 것은?

① 문화 및 집회시설(전시장 및 동·식물원 제외)의 용도에 쓰이는 건축물로서 옥내 관람석 또는 집회실의 바닥면적의 합계가 300m² 인 건축물
② 관광휴게시설의 용도에 쓰이는 건축물로서 그 용도에 쓰이는 바닥면적의 합계가 600m² 인 건축물
③ 공장의 용도에 쓰이는 건축물로서 그 용도에 사용하는 바닥면적의 합계가 1,000m² 인 건축물
④ 건축물의 2층이 숙박시설의 용도에 쓰이는 건축물로서 그 용도에 쓰이는 바닥면적의 합계가 400m² 인 건축물

해설

공장의 용도에 쓰이는 건축물로서 그 용도에 사용하는 바닥면적의 합계가 2,000m² 인 건축물인 경우 주요구조부를 내화구조로 해야 한다.
건축물의 내화구조(건축법 시행령 제56조)
다음의 어느 하나에 해당하는 건축물의 주요구조부와 지붕은 내화구조로 해야 한다. 다만, 연면적이 50m² 이하인 단층의 부속건축물로서 외벽 및 처마 밑면을 방화구조로 한 것과 무대의 바닥은 그렇지 않다.
- 제2종 근린생활시설 중 공연장·종교집회장(해당 용도로 쓰는 바닥면적의 합계가 각각 300m² 이상인 경우만 해당), 문화 및 집회시설(전시장 및 동·식물원은 제외), 종교시설, 위락시설 중 주점영업 및 장례시설의 용도로 쓰는 건축물로서 관람실 또는 집회실의 바닥면적의 합계가 200m²(옥외관람석의 경우에는 1,000m²) 이상인 건축물
- 문화 및 집회시설 중 전시장 또는 동·식물원, 판매시설, 운수시설, 교육연구시설에 설치하는 체육관·강당, 수련시설, 운동시설 중 체육관·운동장, 위락시설(주점영업의 용도로 쓰는 것은 제외), 창고시설, 위험물 저장 및 처리시설, 자동차 관련 시설, 방송통신시설 중 방송국·전신전화국·촬영소, 묘지 관련 시설 중 화장시설·동물화장시설 또는 관광휴게시설의 용도로 쓰는 건축물로서 그 용도로 쓰는 바닥면적의 합계가 500m² 이상인 건축물
- 공장의 용도로 쓰는 건축물로서 그 용도로 쓰는 바닥면적의 합계가 2,000m² 이상인 건축물. 다만, 화재의 위험이 적은 공장으로서 국토교통부령으로 정하는 공장은 제외한다.
- 건축물의 2층이 단독주택 중 다중주택 및 다가구주택, 공동주택, 제1종 근린생활시설(의료의 용도로 쓰는 시설만 해당), 제2종 근린생활시설 중 다중생활시설, 의료시설, 노유자시설 중 아동 관련 시설 및 노인복지시설, 수련시설 중 유스호스텔, 업무시설 중 오피스텔, 숙박시설 또는 장례시설의 용도로 쓰는 건축물로서 그 용도로 쓰는 바닥면적의 합계가 400m² 이상인 건축물
- 3층 이상인 건축물 및 지하층이 있는 건축물. 다만, 단독주택(다중주택 및 다가구주택은 제외), 동물 및 식물 관련 시설, 발전시설(발전소의 부속용도로 쓰는 시설은 제외), 교도소·소년원 또는 묘지 관련 시설(화장시설 및 동물화장시설은 제외)의 용도로 쓰는 건축물과 철강 관련 업종의 공장 중 제어실로 사용하기 위하여 연면적 50m² 이하로 증축하는 부분은 제외한다.

100 면적 등의 산정방법에 대한 기본 원칙으로 옳지 않은 것은?

① 대지면적은 대지의 수평투영면적으로 한다.
② 건축면적은 건축물의 외벽의 중심선으로 둘러싸인 부분의 수평투영면적으로 한다.
③ 바닥면적은 건축물의 각 층 또는 그 일부로서 벽, 기둥, 그 밖에 이와 비슷한 구획의 중심선으로 둘러싸인 부분의 수평투영면적으로 한다.
④ 용적률 산정 시 적용하는 연면적은 지하층을 포함하여 하나의 건축물 각 층의 바닥면적의 합계로 한다.

해설

면적 등의 산정방법(건축법 시행령 제119조)
- 대지면적 : 대지의 수평투영면적으로 한다.
- 건축면적 : 건축물의 외벽(외벽이 없는 경우에는 외곽 부분의 기둥으로 한다)의 중심선으로 둘러싸인 부분의 수평투영면적으로 한다.
- 바닥면적 : 건축물의 각 층 또는 그 일부로서 벽, 기둥, 그 밖에 이와 비슷한 구획의 중심선으로 둘러싸인 부분의 수평투영면적으로 한다.
- 연면적 : 하나의 건축물 각 층의 바닥면적의 합계로 하되, 용적률을 산정할 때에는 다음에 해당하는 면적은 제외한다.
  - 지하층의 면적
  - 지상층의 주차용(해당 건축물의 부속용도인 경우만 해당)으로 쓰는 면적
  - 초고층 건축물과 준초고층 건축물에 설치하는 피난안전구역의 면적
  - 건축물의 경사지붕 아래에 설치하는 대피공간의 면적

PART 02

2023년 제2회 과년도 기출복원문제

제1과목 건축계획

01 공장 건축에 관한 설명으로 옳은 것은?

① 계획 시부터 장래증축을 고려하는 것이 필요하며 평면형은 가능한 한 요철이 많은 것이 유리하다.
② 재료반입과 제품반출 동선은 동일하게 하고 물품 동선과 사람 동선은 별도로 하는 것이 바람직하다.
③ 외부인 동선과 작업원 동선은 동일하게 하고, 견학자는 생산과 교차하지 않는 동선을 확보하도록 한다.
④ 자연환기방식의 경우 환기방법은 채광형식과 관련하여 건물형태를 결정하는 매우 중요한 요소가 된다.

해설
① 계획 시부터 장래증축을 고려하는 것이 필요하며 평면형은 가능한 한 요철이 없는 것이 유리하다.
② 재료반입과 제품반출 동선은 분리하고 물품 동선과 사람 동선은 별도로 하는 것이 바람직하다.
③ 외부인 동선과 작업원 동선은 분리하고, 견학자는 생산과 교차하지 않는 동선을 확보하도록 한다.

02 현존하는 우리나라 목조 건축물 중 가장 오래된 것은?

① 봉정사 극락전
② 법주사 팔상전
③ 부석사 무량수전
④ 수덕사 대웅전

해설
① 봉정사 극락전 : 고려시대, 12세기 말
② 법주사 팔상전 : 조선시대, 17세기 초
③ 부석사 무량수전 : 고려시대, 14세기 중
④ 수덕사 대웅전 : 고려시대, 14세기 초

03 학교운영방식 중 교과교실형에 관한 설명으로 옳지 않은 것은?

① 교실의 순수율이 높다.
② 학생들의 동선계획에 많은 고려가 필요하다.
③ 시간표 짜기와 담당교사 수 맞추기가 용이하다.
④ 학생의 소지품을 두는 곳을 별도로 만들 필요가 있다.

해설
교과교실형
• 일반교실은 없으며 모든 교실은 특별교실로 운영되는 방식이다.
• 각 교과 전문의 교실이 확보되어 시설의 질과 순수율이 높다.
• 학생의 물품 보관 장소가 별도로 요구된다.
• 교과교실형은 이동이 많으므로 시간표 짜기와 담당교사 수를 맞추기가 어렵다.

04 극장의 평면형식 중 아레나(Arena)형에 관한 설명으로 옳은 것은?

① Picture frame stage라고도 불린다.
② 무대의 배경을 만들지 않으므로 경제적이다.
③ 연기자가 한쪽 방향으로만 관객을 대하게 된다.
④ 투시도법을 무대공간에 응용함으로써 하나의 구상화와 같은 느낌이 들게 한다.

해설
①·③·④는 프로시니엄(Proscenium)형식에 대한 설명이다.
아레나형
• 객석이 무대를 360° 둘러싼 형태로 Central stage라고도 한다.
• 가까운 거리에서 관람하면서 많은 관객을 수용한다.
• 무대의 배경을 만들지 않으므로 경제적이다.
• 무대의 장치나 소품은 주로 낮은 기구를 사용한다.
• 객석과 무대가 하나의 공간에 있으므로 양자의 일체감을 높여 긴장감을 형성한다.

정답 01 ④ 02 ① 03 ③ 04 ②

05 래드번(Radburn) 계획의 5가지 기본원리로 옳지 않은 것은?

① 기능에 따른 4가지 종류의 도로 구분
② 자동차 통과도로 배제를 위한 슈퍼블록 구성
③ 보도망 형성 및 보도와 차도의 평면적 분리
④ 주택단지 어디로나 통할 수 있는 공동 오픈스페이스 조성

해설
래드번 계획에서 보도망 형성 및 보도와 차도는 평면적이 아닌 입체적으로 분리해야 한다.

06 백화점의 매장배치 유형에 관한 설명으로 옳지 않은 것은?

① 직각형 배치는 매장면적의 이용률을 최대로 확보할 수 있다.
② 직각형 배치는 고객의 통행량에 따라 통로 폭을 조절하기 용이하다.
③ 경사형 배치는 많은 고객이 매장공간의 코너까지 접근하기 용이한 유형이다.
④ 경사형 배치는 Main 통로를 직각배치하며, Sub 통로를 45° 정도 경사지게 배치하는 유형이다.

해설
직각형 배치는 가구를 직각으로 배치하므로 고객의 통행량에 따라 통로 폭을 조절하기가 어렵다는 단점이 있다.

07 바실리카식 교회당의 구성에 속하지 않는 것은?

① 아일 ② 파일론
③ 트란셉트 ④ 나르텍스

해설
파일론은 고대 이집트의 신전이나 대건축물의 탑모양의 문으로 바실리카식 교회당과 관계없다.

바실리카식 교회당

개요	• 초기 기독교 교회 건축형식이다. • 로마의 바실리카와 비슷한 평면으로 네이브, 아일, 앱스, 트란셉트, 합창석, 재단으로 구성된다.
구성 공간	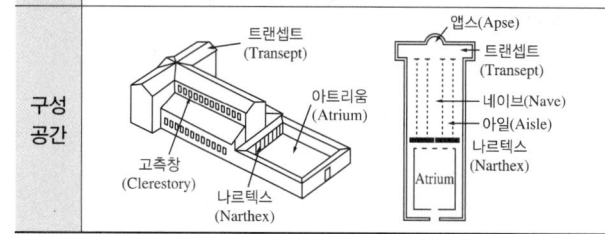

08 건축물과 양식의 연결이 옳지 않은 것은?

① 판테온 – 로마 양식
② 파르테논 신전 – 그리스 양식
③ 성 소피아 성당 – 비잔틴 양식
④ 노트르담 성당 – 로마네스크 양식

해설
노트르담 성당은 12세기 프랑스 초기 고딕 양식의 대표적인 작품이다.

건축물과 양식

양식	특징	주요 건축물
로마	오더, 아치, 볼트	판테온, 바실리카, 포럼
그리스	오더, 신전, 착시교정기법	파르테논, 아고라
비잔틴	부주두, 펜덴티브	성 소피아 성당
로마네스크	반원아치, 교차볼트	피사의 대성당
고딕	첨두아치, 리브볼트, 장미창	노트르담 성당, 밀라노 성당

09 일반주택의 동선계획에 관한 설명으로 옳지 않은 것은?

① 하중이 큰 가사노동의 동선은 길게 처리한다.
② 동선에는 공간이 필요하고 가구를 둘 수 없다.
③ 일반적으로 동선의 3요소라 함은 속도, 빈도, 하중을 의미한다.
④ 개인, 사회, 가사노동권의 3개 동선은 서로 분리하는 것이 바람직하다.

> [해설]
> 하중이 큰 가사노동의 동선은 짧게 처리하여 사용자가 피곤하지 않도록 해야 한다.

10 아파트의 평면형식 중 계단실형에 관한 설명으로 옳은 것은?

① 대지에 관한 이용률이 가장 높은 유형이다.
② 통행을 위한 공용면적이 크므로 건물의 이용도가 낮다.
③ 각 세대가 양쪽으로 개구부를 계획할 수 있는 관계로 통풍이 양호하다.
④ 엘리베이터를 공용으로 사용하는 세대가 많으므로 엘리베이터의 효율이 높다.

> [해설]
> ① 대지에 관한 이용률이 가장 높은 유형은 집중형이다.
> ② 통행을 위한 공용면적이 작으므로 건물의 이용도가 높다.
> ④ 엘리베이터를 공용으로 사용하는 세대가 적으므로 엘리베이터의 효율이 낮다.

11 주거단지의 도로형식에 관한 설명으로 옳지 않은 것은?

① 격자형은 가로망의 형태가 단순·명료하고, 가구 및 획지 구성상 택지의 이용효율이 높다.
② 쿨데삭(Cul-de-sac)형은 각 가구와 관계없는 자동차의 진입을 방지할 수 있다는 장점이 있다.
③ 루프(Loop)형은 우회도로가 없는 쿨데삭형의 결점을 개량하여 만든 패턴으로 도로율이 높아지는 단점이 있다.
④ T자형은 도로의 교차방식을 주로 T자 교차로 한 형태로 통행거리가 짧아 보행자전용도로와 병용이 불필요하다.

> [해설]
> T자형 도로의 교차방식은 통행거리가 길어 보행자전용도로와 병용하여 계획해야 한다.

12 사무소 건축에서 기준층 평면형태의 결정요소와 가장 거리가 먼 것은?

① 방화구획상 면적
② 구조상 스팬의 한도
③ 대피상 최소 피난거리
④ 덕트, 배선, 배관 등 설비 시스템상의 한계

> [해설]
> 대피상 최소 피난거리는 사무소 건축에서 평면형태의 결정요소가 아니라, 기둥 간격을 결정하는 요소이다.
> 사무소 평면의 결정요소
> • 구조상 스팬의 한도
> • 동선상의 거리
> • 공기조화, 덕트, 배관, 배선 등 설비 시스템의 한계
> • 방화구획상 면적, 대피상 최대 피난거리
> • 자연광에 의한 조명한계

13 다음 설명에 알맞은 도서관의 자료 출납시스템 유형은?

이용자가 직접 서고 내의 서가에서 도서자료의 제목 정도는 볼 수 있지만 내용을 열람하고자 할 경우 관원에서 대출을 요구해야 하는 형식

① 폐가식
② 반개가식
③ 자유개가식
④ 안전개가식

해설
도서관 출납시스템 유형

자유개가식	• 서고와 열람실이 통합된 형식이다. • 대출수속이 간편하고, 책의 내용을 보고 선택할 수 있다.
안전개가식	• 서고와 열람실이 분리된 형식이다. • 서가 열람이 가능하여 도서를 직접 고를 수 있다.
반개가식	• 유리·철망 등으로 된 서가에 접근하여 표지 등을 보고 관원에게 요청하여 대출받는 방식이다. • 책의 손상이나 분실될 염려가 적다.
폐가식	• 서고와 열람실이 분리된 형식이다. • 도서의 유지관리가 좋아 대규모인 도서관에 적용되고 있다.

14 극장에서 인형극이나 아동극 및 연극과 같이 배우의 표정과 동작을 자세히 감상할 필요가 있는 공연에 적합한 가시거리의 한계는?

① 10m
② 15m
③ 22m
④ 38m

해설
극장의 가시한계

상세한 감상의 가시한계	• 15m • 연기자의 표정이나 동작을 상세히 감상할 수 있다. • 인형극, 아동극, 연극 등에 해당한다.
제1차 허용한도	• 22m • 잘 보이는 동시에 많은 관객을 수용할 수 있다. • 국악, 실내악 등에 해당한다.
제2차 허용한도	• 35m • 연기자의 일반적인 동작만 감상할 수 있다. • 뮤지컬, 발레, 오페라 등에 해당한다.

15 주택의 거실계획에 관한 설명으로 옳지 않은 것은?

① 거실에서 문이 열린 침실의 내부가 보이지 않게 한다.
② 거실이 다른 공간들을 연결하는 단순한 통로의 역할이 되지 않도록 한다.
③ 거실의 출입구에서 의자나 소파에 앉을 경우 동선이 차단되지 않도록 한다.
④ 일반적으로 전체 연면적의 10~15% 정도의 규모로 계획하는 것이 바람직하다.

해설
일반적으로 거실면적은 전체 연면적의 30% 정도의 규모로 계획하는 것이 좋다.

16 사무소 건축의 엘리베이터 계획에 관한 설명으로 옳지 않은 것은?

① 대면배치에서 대면거리는 동일 군관리의 경우는 3.5~4.5m로 한다.
② 여러 대의 엘리베이터를 설치하는 경우, 그룹별 배치와 군관리운전방식으로 한다.
③ 일렬배치는 8대를 한도로 하고, 엘리베이터 중심 간 거리는 8m 이하가 되도록 한다.
④ 엘리베이터 홀은 엘리베이터 정원 합계의 50% 정도를 수용할 수 있어야 하며, 1인당 점유면적은 0.5~0.8m² 로 계산한다.

해설
일렬배치는 4대를 한도로 하고, 엘리베이터 중심 간 거리는 8m 이하가 되도록 해야 한다.

정답 13 ② 14 ② 15 ④ 16 ③

17 한국의 주요 현대 건축가와 건축물의 연결이 잘못된 것은?

① 김수근 - 경동교회
② 김중업 - 타워 호텔
③ 박동진 - 조선일보 사옥
④ 박길룡 - 화신백화점

해설
타워 호텔은 김수근 건축가의 작품이다.
한국의 현대 건축가

김수근	• 현대와 전통의 문화적 영감을 조합하였다. • 세운상가, 경동교회, 타워 호텔 등
김중업	• 서구의 근대 건축을 연구하였으며 한국에 도입했다. • 명보극장, 바다 호텔, 프랑스 대사관 등
박동진	• 석조의 고딕 양식을 연구하였다. • 영락교회, 보성학교, 조선일보 사옥 등
박길룡	• 최초로 서구식 건축술을 교육받았다. • 동일은행, 혜화전문학교, 화신백화점 등

18 다음 건축물 중 익공식(翼工式)에 속하는 것은?

① 강릉 오죽헌
② 서울 동대문
③ 봉정사 대웅전
④ 무위사 극락전

해설
② 서울 동대문 : 다포식
③ 봉정사 대웅전 : 다포식
④ 무위사 극락전 : 주심포식
공포(栱包)의 형식

익공식	• 공포가 새의 날개 모양을 한 방식이다. • 공포의 형식 중에서 가장 간결하다. • 궁궐의 정전이나 사찰의 대웅전 등에 사용되었다.
다포식	• 공포를 기둥 상부와 기둥 사이에 배열한 방식이다. • 지붕의 하중을 등분포로 전달할 수 있는 합리적인 구조법이다. • 다른 방식에 비해 외형이 정비되고 장중한 외관을 갖는다.
주심포식	• 공포를 기둥 상부에만 배열한 방식이다. • 부재가 정연하게 가공되고 조각이 많아 인공성이 강하다. • 맞배지붕이 대부분이며, 천장을 가설하지 않아 서까래가 노출된다.

19 기계 공장의 지붕을 톱날형으로 하는 이유로 가장 적당한 것은?

① 모양이 좋다.
② 소음이 줄어든다.
③ 빗물 처리가 용이하다.
④ 균일한 조도를 얻을 수 있다.

해설
톱날지붕 : 공장 특유의 지붕형태를 갖는다. 채광창을 북향으로 하면 하루 종일 균일한 조도를 유지할 수 있지만, 기둥이 많아 바닥면적 및 기계 배치의 융통성이 감소한다.

20 리조트 호텔에 속하지 않는 것은?

① 해변 호텔(Beach hotel)
② 터미널 호텔(Terminal hotel)
③ 산장 호텔(Mountain hotel)
④ 클럽 하우스(Club house)

해설
터미널 호텔은 시티 호텔의 한 종류이다.
리조트 호텔의 종류

해변 호텔	피서객을 주고객으로 하는 해변가의 호텔이다.
산장 호텔	산장 지대인 휴양지에 위치한 호텔이다.
스키 호텔	동절기 스키장 이용객을 대상으로 하는 호텔이다.
클럽 하우스	스포츠 시설을 위주로 하는 호텔이다.

제2과목 건축시공

21 다음의 공종 중 건설현장의 공사비 절감을 위해 집중분석해야 하는 공종이 아닌 것은?

A. 공사비 금액이 높은 공종
B. 단가가 높은 공종
C. 시행실적이 많은 공종
D. 지하공사 등의 어려움이 많은 공종

① A
② B
③ C
④ D

해설
시행실적이 많은 공종은 자료가 풍부하므로 집중분석을 하지 않아도 공사비 절감이 가능하다.
공사비 절감을 위해 집중분석해야 하는 공종
- 전문성이 요구되는 특수 공종
- 시행실적이 적은 공종
- 공사비 금액이 높고 단가가 높은 공종
- 지하공사 등 어려움이 많은 공종
- 자재 전용이 안 되는 공종

22 건설공사에 사용되는 시방서에 관한 설명으로 옳지 않은 것은?

① 시방서는 계약서류에 포함되지 않는다.
② 시방서는 설계도서에 포함된다.
③ 시방서에는 공법의 일반사항, 유의사항 등이 기재된다.
④ 시방서에 재료 메이커를 지정하지 않아도 좋다.

해설
공사 계약을 진행하는 경우 반드시 시방서를 포함하여야 한다.
공사 계약서류 : 표준계약서, 공정표, 설계도서(도면, 시방서, 구조계산서, 지반보고서, 토질 및 지질 관계 서류 등), 산출내역서 등

23 창면적이 클 때에는 스틸바(Steel bar)만으로는 부족하고, 또한 여닫을 때의 진동으로 유리가 파손될 우려가 있으므로 이것을 보강하는 외관을 꾸미기 위하여 강판을 중공형으로 접어 가로 또는 세로로 대는 것을 무엇이라 하는가?

① Mullion
② Ventilator
③ Gallery
④ Pivot

해설
② Ventilator : 건물 내외의 온도차나 바람을 이용하여 실내의 공기질을 유지하는 환기통 또는 환기장치이다.
③ Gallery : 사원, 교회 등의 실내 복판이 뚫려 있는 주위에 둘러진 복도 부분을 말한다.
④ Pivot : 장부가 구멍에 들어 끼어 돌게 된 철물로 회전문에 사용한다.

24 목재의 무늬나 바탕의 재질을 잘 보이게 하는 도장방법은?

① 유성페인트 도장
② 에나멜페인트 도장
③ 합성수지페인트 도장
④ 클리어래커 도장

해설
① 유성페인트 : 안료와 보일유를 배합시킨 착색염료이다.
② 에나멜페인트 : 바니시와 안료를 섞어 만든 도료이며, 차량, 선박 등에 사용한다.
③ 합성수지페인트 : 목재 및 철강 구축물의 페인트 도장 시 중도재 또는 마감재 도장공정에 사용하는 지연 건조도료이다.

25 철근콘크리트 건축물이 6×10m 평면에 높이가 4m일 때 동바리 소요량은 몇 공m^3가 되는가?

① 216
② 228
③ 240
④ 264

해설
동바리 소요량 = 상층 바닥면적 × 층 높이 × 90%
= 6m × 10m × 4m × 0.9 = 216공m^3

26 클라이밍 폼의 특징에 대한 설명으로 옳지 않은 것은?

① 고소작업 시 안전성이 높다.
② 거푸집 해체 시 콘크리트에 미치는 충격이 적다.
③ 초기투자비가 적은 편이다.
④ 비계설치가 불필요하다.

해설
클라이밍 폼은 대형 거푸집으로 고가이기 때문에 초기투자비가 많이 소요된다.
클라이밍 폼
- 갱폼에 마감공사를 위한 비계틀을 일체로 조립하여 한 번에 인양시켜 설치하는 벽체용 거푸집이다.
- 공기가 단축되고 품질이 우수하나 비용이 고가이다.

27 멤브레인방수에 속하지 않는 방수 공법은?

① 시멘트액체방수
② 합성고분자시트방수
③ 도막방수
④ 시트도막복합방수

해설
시멘트액체방수는 시멘트 모르타르계 방수의 한 종류이다.
멤브레인 방수
- 연속적인 방수막을 형성하는 방수 공법이다.
- 아스팔트방수, 시트방수, 도막방수, 합성고분자시트방수, 시트도막복합방수 등이 있다.

28 공사현장의 가설건축물에 관한 설명으로 옳지 않은 것은?

① 하도급자 사무실은 후속공정에 지장이 없는 현장사무실과 가까운 곳에 둔다.
② 시멘트 창고는 통풍이 되지 않도록 출입구 이외는 개구부 설치를 금하고 벽, 천장, 바닥에는 방수·방습처리한다.
③ 변전소는 안전상 현장사무실에서 가능한 한 멀리 위치한다.
④ 인화성 재료 저장소는 벽, 지붕, 천장의 재료를 방화구조 또는 불연구조로 하고 소화설비를 갖춘다.

해설
변전소는 안전상 현장사무실에서 가능한 한 가까운 곳에 위치해야 한다.

29 페인트칠의 경우 초벌과 재벌 등을 도장할 때마다 색을 약간씩 다르게 하는 주된 이유는?

① 희망하는 색을 얻기 위하여
② 색이 진하게 되는 것을 방지하기 위하여
③ 착색안료를 낭비하지 않고 경제적으로 사용하기 위하여
④ 초벌, 재벌 등 페인트칠 횟수를 구별하기 위해서

해설
초벌과 재벌을 다른 색상으로 하는 이유는 도장 공정별 실시 여부를 확인하여 누락되지 않도록 하기 위해서이다.

30 건설공사 기획부터 설계, 입찰 및 구매, 시공, 유지관리의 전 단계에 있어 업무절차의 전자화를 추구하는 종합건설정보망체계를 의미하는 것은?

① CALS
② BIM
③ SCM
④ B2B

해설
② BIM(Building Information Modeling) : 초기 개념설계에서 유지관리 단계에까지 건물의 전 수명주기 동안 다양한 분야에서 적용되는 모든 정보를 생산하고 관리하는 기술이다.
③ SCM(Supply Chain Management) : 원자재 공급에서부터 조달, 생산, 납품 및 최종 소비자가 사용하는 단계에 이르기까지의 전 과정을 통합적으로 운용·관리하여 공급망 전체의 이득을 극대화하는 관리 시스템을 말한다.
④ B2B(Business to Business) : 기업과 기업 사이에 이루어지는 전자 상거래를 말한다.

31 지질조사를 통한 주상도에서 나타나는 정보가 아닌 것은?

① N치
② 투수계수
③ 토층별 두께
④ 토층의 구성

해설
투수계수는 흙 속을 흐르는 물의 통과 용이성을 보여주는 수치로 지질주상도에는 포함되지 않는다.

지질주상도
- 어떤 지점에서 지층의 수직분포 상태 또는 어떤 지층의 대표적인 수직적 암상 변화를 나타내기 위하여 주상 형태로 지층의 수직적 변화 상황을 도시한 것이다.
- 지층의 성질, N값, 지하 상수위, 토질시험 대표값 등을 깊이 방향으로 표시한다.

32 목재에 사용하는 방부재에 해당하지 않는 것은?

① 크레오소트유(Creosote oil)
② 콜타르(Coal tar)
③ 카세인(Casein)
④ PCP(Penta Chloro Phenol)

해설
카세인은 단백질 구성 물질로 목재의 방부재에는 포함되지 않다.

목재의 방부재

크레오소트유	방부력이 우수하고 도포 부분이 갈색이며 냄새가 강해 실내 사용이 불가하다.
콜타르	석탄의 고온 건류 시 부산물로 얻어지며, 보이지 않는 곳의 방부처리에 용이하다.
PCP	무색으로 방부력이 가장 우수하며 도포 후 페인트 칠도 가능하다.
불화소다 2% 용액	방부력이 우수하지만 고가이다.

33 철골부재 용접 시 겹침이용, T자 이용 등에 사용되는 용접으로 목두께의 방향이 모재의 면과 45° 또는 거의 45°의 각을 이루는 것은?

① 완전용입 맞댐용접
② 모살용접
③ 부분용입 맞댐용접
④ 다층용접

해설
용접의 형식
- 맞댐용접 : 접합하는 두 부재 사이를 용착금속으로 채우는 용접이다.
- 모살용접 : 목두께의 방향이 모재의 면과 45° 또는 거의 45°의 각을 이루는 용접이다.

34 실비정산보수가산계약제도의 특징이 아닌 것은?

① 설계와 시공의 중첩이 가능한 단계별 시공이 가능하다.
② 복잡한 변경이 예상되거나 긴급을 요하는 공사에 적합하다.
③ 계약체결 시 공사비용의 최댓값을 정하는 최대 보증한도 실비정산보수가산계약이 일반적으로 사용된다.
④ 공사금액을 구성하는 물량 또는 단위공사 부분에 대한 단가만을 확정하고 공사완료 시 실시수량의 확정에 따라 정산하는 방식이다.

해설
공사금액을 구성하는 물량 또는 단위공사 부분에 대한 단가만을 확정하고 공사완료 시 실시수량의 확정에 따라 정산하는 방식은 단가도급에 대한 설명이다.

정답 31 ② 32 ③ 33 ② 34 ④

35 기술형 입찰제도 중 설계와 시공을 일괄로 입찰하는 방식은?

① 대안입찰
② 턴키방식입찰
③ 기술제안입찰
④ 내역입찰

해설
③ 턴키방식입찰 : 발주기관이 제시하는 기본계획 및 지침에 따라 입찰 시 그 공사의 설계서 및 기타 시공에 필요한 도면, 서류를 작성하여 입찰서와 함께 제출하는 설계, 시공 일괄입찰방식이다.
① 대안입찰 : 입찰자가 제시한 안이 원래 설계안보다 공사비용 혹은 공사 기간상 효율성이 인정될 때 허용되는 입찰제도이다.
② 기술제안입찰 : 입찰자가 설계서를 검토한 후 기술제안서를 작성하여 제출하는 입찰제도이다.
④ 내역입찰 : 입찰자가 직접 공사물량과 단가 등을 산출해 제출하도록 하는 입찰제도이다.

36 다음 중 콘크리트 비파괴시험이 아닌 것은?

① 표면경도법
② 음속법
③ 인발법
④ 압축강도법

해설
압축강도법은 콘크리트 타설 후 시험체를 이용하여 압축강도를 측정하는 방법으로 비파괴시험과는 관계가 없다.

37 매스 콘크리트(Mass concrete)의 타설 및 양생에 관한 설명으로 옳지 않은 것은?

① 내부 온도가 최고에 달한 후에는 보온하여 중심부와 표면부의 온도차 및 중심부의 온도강하 속도가 크지 않도록 양생한다.
② 신구 콘크리트의 유효탄성계수 및 온도차이가 클수록 이어붓기 시간 간격을 길게 하면 할수록 좋다.
③ 부어넣는 콘크리트의 온도는 온도균열을 제어하기 위해 가능한 한 저온(일반적으로 35℃ 이하)으로 해야 한다.
④ 거푸집널 및 보온을 위하여 사용한 재료는 콘크리트 표면부의 온도와 외기온도와의 차이가 작아지면 해체한다.

해설
새로 타설되는 콘크리트와 타설 완료된 콘크리트 사이의 이어 붓기 시간 간격은 짧게 하면 할수록 좋다.

38 굴착구멍 내 지하수위보다 2m 이상 높게 물을 채워 굴착함으로써 굴착 벽면에 2t/m² 이상의 정수압에 의해 벽면의 붕괴를 방지하면서 현장타설콘크리트말뚝을 형성하는 공법은?

① 베노토 파일
② 프랭키 파일
③ 리버스서큘레이션 파일
④ 어스드릴 파일

해설
피어기초 설치 공법

베노토 파일	중공형의 케이싱을 압입시키면서 내부를 해머 그래브로 굴착하고 콘크리트 타설 후 케이싱을 뽑아내는 공법이다.
리버스서큘레이션 파일	굴착공 내 지하수위보다 2m 이상 높게 물을 채워 2t/m² 이상의 정수압에 의해 벽면의 붕괴를 방지하면서 굴착하는 공법이다.
어스드릴 파일	안정액으로 공벽을 보호하면서 어스드릴로 굴착하는 공법이다.

35 ② 36 ④ 37 ② 38 ③

39 콘크리트 배합 시 시공연도와 가장 거리가 먼 것은?

① 시멘트 강도
② 골재의 입도
③ 혼화제
④ 혼합시간

해설
시공연도(워커빌리티)
- 반죽 질기에 의한 작업의 난이한 정도와 재료분리에 저항하는 정도를 나타내는 성질이다.
- 단위시멘트량, 단위수량, 시멘트의 종류, 분말도, 풍화 정도, 골재의 입도 및 입형, 공기량, 혼화제, 혼합방법, 혼합시간, 온도 등에 영향을 받는다.

40 가설건축물 중 시멘트 창고에 관한 설명으로 옳지 않은 것은?

① 바닥구조는 일반적으로 마루널깔기로 한다.
② 창고의 크기는 시멘트 100포당 2~3m²로 하는 것이 바람직하다.
③ 공기의 유통이 잘 되도록 개구부를 가능한 한 크게 한다.
④ 벽은 널판붙임으로 하고 장기간 사용하는 것은 함석붙이기로 한다.

해설
공기의 유통이 되지 않도록 출입구 외에 개구부를 설치하지 않는 것이 좋다.

제3과목 건축구조

41 점 A에 작용하는 두 개의 힘 P_1과 P_2의 합력을 구하면?

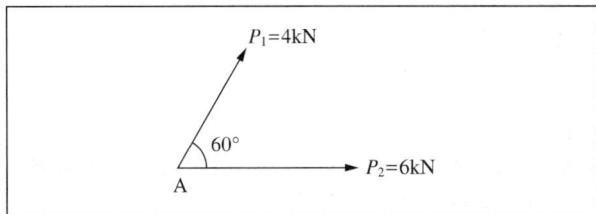

① $\sqrt{72}$ kN
② $\sqrt{74}$ kN
③ $\sqrt{76}$ kN
④ $\sqrt{78}$ kN

해설
두 힘의 합력을 구하는 공식
$$R = \sqrt{P_1^2 + P_2^2 + 2 \times P_1 \times P_2 \times \cos\theta}$$
$$= \sqrt{4^2 + 6^2 + 2 \times 4 \times 6 \times \cos 60°}$$
$$= \sqrt{76} \text{ kN}$$

42 표준갈고리를 갖는 인장이형철근(D13)의 기본정착길이는?(단, D13의 공칭지름 : 12.7mm, f_{ck} = 27MPa, f_y = 400MPa, β = 1.0, m_c = 2,300kg/m³)

① 190mm
② 205mm
③ 220mm
④ 235mm

해설
기본정착길이 구하는 공식

철근의 기본정착길이 $= \dfrac{0.24\beta(d_b \times f_y)}{\lambda\sqrt{f_{ck}}}$

$= \dfrac{0.24 \times 1 \times 12.7 \times 400}{1\sqrt{27}} ≒ 234.64\text{mm} ≒ 235\text{mm}$

여기서, d_b : 공칭지름
f_y : 항복강도
f_{ck} : 콘크리트 압축강도
β : 철근도막 계수(도막에 대한 내용이 없으므로 β = 1)
λ : 경량 콘크리트계수(보통경량이므로 λ = 1)

정답 39 ① 40 ③ 41 ③ 42 ④

43 고층 건물의 구조형식 중에서 건물의 중간층에 대형 수평부재를 설치하여 횡력을 외곽기둥이 분담할 수 있도록 한 형식은?

① 트러스구조
② 골조 아웃리거구조
③ 튜브구조
④ 스페이스 프레임구조

해설
① 트러스구조 : 삼각형 뼈대를 하나의 기본형으로 조립하여 각 부재에는 축방향력만 생기도록 한 구조이다.
③ 튜브구조 : 관과 같이 하중에 저항하는 수직부재를 대부분 건물의 바깥쪽에 밀실하게 배치하여 횡력에 효율적으로 저항하도록 계획된 초고층 건물구조이다.
④ 스페이스 프레임구조 : 트러스를 종횡으로 배치하여 입체적으로 구성한 구조이다.

44 그림과 같은 필릿용접부의 설계강도를 구할 때 요구되는 용접유효길이를 구하면?

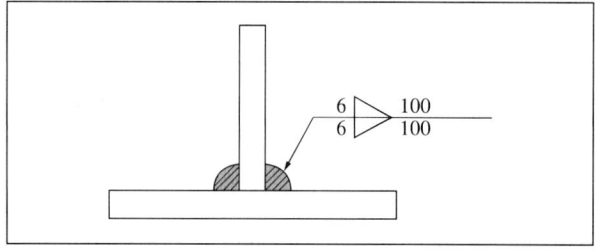

① 200mm ② 176mm
③ 152mm ④ 134mm

해설
용접유효길이
$le = l - 2s$
　　$= 100 - 2 \times 6 = 88mm$
여기서, le : 용접유효길이
　　　　l : 용접길이
　　　　$2s$: 용접치수
전체의 용접유효길이는 양면용접이므로
∴ $\sum le = 2 \times 88 = 176mm$

45 기둥설계에 관한 설명으로 옳지 않은 것은?

① 기둥을 설계할 때 축력은 모든 바닥판 또는 지붕에 작용하는 사용하중으로부터 기둥에 전달된 힘으로 취하여야 하고, 최대 모멘트는 그 기둥에 인접한 바닥판 또는 지붕의 양쪽 경간에 작용하는 사용하중에 의한 전단모멘트로 취하여야 한다.
② 바닥판으로부터 기둥으로 전달되는 모든 휨모멘트는 그 바닥판 상하측 각 기둥의 상대 강성과 구속조건에 따라 상하측 각 기둥에 분배시켜야 한다.
③ 골조 또는 연속구조물을 설계할 때 내·외부 기둥의 불균형 바닥판 하중과 기타 편심하중에 의한 영향을 고려하여야 한다.
④ 연직하중으로 인한 기둥의 휨모멘트를 계산할 때 구조물과 일체로 된 기둥의 먼 단부는 고정되어 있다고 가정할 수 있다.

해설
기둥설계 시 축력은 모든 바닥판 또는 지붕에 작용하는 계수하중으로부터 기둥에 전달된 힘으로 취하여야 하고, 최대 휨모멘트는 그 기둥에 인접한 바닥판 또는 지붕의 한쪽 경간에 작용하는 계수하중에 의한 휨모멘트로 취하여야 한다. 또한 축하중에 대한 휨모멘트의 비가 최대가 되는 재하조건도 고려해야 한다.

46 건축구조기준(KBC 2009)에 따른 강도감소계수값으로 옳지 않은 것은?

① 인장지배단면 : 0.85
② 압축지배단면 중 나선철근으로 보강된 철근콘크리트 부재 : 0.85
③ 전단력 및 비틀림모멘트 : 0.75
④ 포스트텐션 정착구역 : 0.85

해설

압축지배단면 중 나선철근으로 보강된 철근콘크리트 부재의 강도감소계수는 0.7이다.

강도감도계수(KDS 14 20 10 콘크리트 구조 해석과 설계 원칙)
구조물의 부재, 부재 간의 연결부 및 각 부재 단면의 휨모멘트, 축력, 전단력, 비틀림모멘트에 대한 설계강도는 이 기준의 규정과 가정에 따라 정해지는 공칭강도에 강도감소계수 ϕ를 곱한 값으로 하여야 한다.

부재 단면 또는 하중(단면력 종류)		강도감소계수(ϕ)
인장지배단면(휨부재)		0.85
압축지배단면	나선철근 부재	0.70
	그 외	0.65
전단력과 비틀림모멘트		0.75
콘크리트의 지압력 (포스트텐션 정착부, 스트럿-타이 모델은 제외)		0.65
포스트텐션 정착구역		0.85
스트럿 타이 모델	스트럿, 절점부 및 지압부	0.75
	타이	0.85
긴장재 묻힘 길이가 정착길이보다 작은 프리텐션 부재의 횡단면	부재 단부에서 절단길이 단부까지	0.75
	절단길이 단부에서 정착길이 단부 사이	0.75~0.85까지 선형 증가
무근 콘크리트의 휨모멘트, 압축력, 전단력, 지압력		0.55

47 등가정적해석법에 따른 밑면 전단력을 구하는 식으로 옳은 것은?

① $V = C_s W$
② $V = \dfrac{C_s}{W}$
③ $V = \dfrac{C_s}{2W}$
④ $V = \dfrac{C_s}{3W}$

해설

밑면 전단력 구하는 공식
$V = C_s W$
여기서, C_s : 지진응답계수
W : 유효건물중량(고정하중, 적설하중, 설비하중 등)

48 내진 특등급 구조물의 허용 층간변위는?(단, h_{sx}는 x의 층고이다)

① $0.005 h_{sx}$
② $0.010 h_{sx}$
③ $0.015 h_{sx}$
④ $0.020 h_{sx}$

해설

허용 층간변위(KDS 41 17 00)

구분	내진등급		
	특	I	II
허용 층간변위(h_{sx})	0.010	0.015	0.020

49 그림과 같은 구조물의 부정정 차수는?(단, A, B 지점과 E 절점은 힌지이고 나머지 절점은 고정(강결절점)이다)

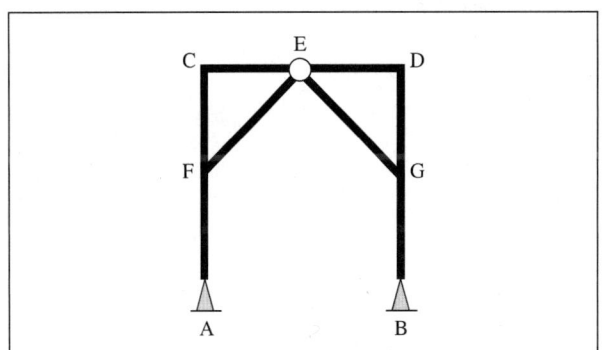

① 1차 부정정
② 2차 부정정
③ 3차 부정정
④ 4차 부정정

해설

구조물의 부정정 차수
$m = n + s + r - 2k$
$\quad = 4 + 8 + 6 - 2 \times 7$
$\quad = 18 - 14$
$\quad = 4$
여기서, m : 부정정 차수
$\quad n$: 반력수
$\quad s$: 부재수
$\quad r$: 강절점수
$\quad k$: 절점수(지점과 자유단을 포함)
∴ $m > 0$이므로, 4차 부정정 구조

50 그림에서 A의 수직반력은?

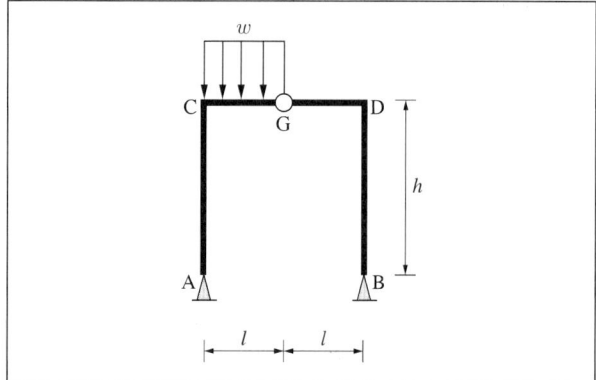

① $\dfrac{wl}{4}$ ② $\dfrac{wl}{2}$

③ $\dfrac{3wl}{4}$ ④ wl

해설
$\sum V=0, \sum M=0$
$\sum M_B = 0 \; ; \; +V_A \times (l+l) - w \times l \times \left(l + l \times \dfrac{1}{2}\right) = 0$
$\therefore V_A = +\dfrac{3wl}{4}(\uparrow)$

52 그림과 같은 보에서 A, B 지점의 반력이 같게 되는 하중의 위치 X를 구하면?

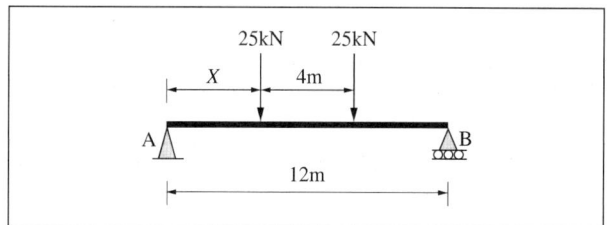

① 1m ② 2m
③ 3m ④ 4m

해설
$\sum V = 0, \; \sum M = 0$
- $\sum V = 0$
  $V_A + V_B = 50\text{kN}$
  A와 B 지점의 반력이 같으므로
  $V_A = V_B$
  $V_A + V_A = 50\text{kN}$
  $2V_A = 50\text{kN}$
  $V_A = +25\text{kN}(\uparrow)$
  $V_B = +25\text{kN}(\uparrow)$
- $\sum M_A = 0 \; ; \; +25 \times x + 25 \times (x+4) - 25 \times 12 = 0$
$\therefore x = 4\text{m}$

51 그림과 같은 내민보에서 지점 A의 수직반력은?

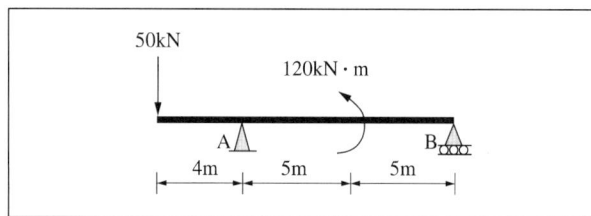

① 32kN ② 50kN
③ 58kN ④ 82kN

해설
힘의 평형식을 이용하여 구할 수 있다.
$\sum V = 0, \; \sum M = 0$
$\sum M_B = 0 \; ; \; \{-50 \times (4+5+5)\} + (V_A \times 10) - 120 = 0$
$\therefore V_A = +82\text{kN}(\uparrow)$

53 지진에 대응하는 기술 중 하나인 제진에 대한 설명으로 옳은 것은?

① 기존 건물의 구조형식에 좌우되지 않는다.
② 지반 종류에 의한 제약을 받지 않는다.
③ 소형 건물에 일반적으로 많이 적용한다.
④ 댐퍼 등을 사용하여 흔들림을 효과적으로 제어한다.

해설
제진구조
- 지진에 대한 흔들림을 억제하는 메커니즘을 설치한 구조이다.
- 건축물에 계측기 및 댐퍼, 제진 추 등의 장치를 설치하여 지진파를 감소시키거나 상쇄시키는 구조이다.
- 기존 건물의 구조형식이나 지반 종류에 제약을 받지 않는다.
- 소규모 건축물에는 적용하기 어렵다.

54 부동침하의 직접적인 원인과 거리가 먼 것은?

① 건물이 경사지반에 근접되어 있을 경우
② 건물이 이질지반에 걸쳐 있을 경우
③ 이질의 기초구조를 적용했을 경우
④ 건물의 강도가 불균등할 경우

해설
건물의 강도가 불균등한 경우는 부동침하가 발생하기보다 건물 파괴가 발생할 가능성이 높다.
부동침하
- 구조물의 기초지반 침하에 의해 구조물이 불균등하게 침하하는 현상이다.
- 연약지반, 경사지반, 이질지층, 증축, 지하홀, 이질기초 등에 의해 발생한다.

55 건물의 하부 전체 또는 지하실 전체를 하나의 기초판으로 구성한 기초로서 매트기초라고도 불리는 것은?

① 독립기초 ② 줄기초
③ 온통기초 ④ 복합기초

해설
① 독립기초 : 1개의 기둥만을 단독으로 받치기 위해 설치한 기초이다.
② 줄기초 : 길게 연속된 벽, 기둥 밑 등의 기초를 좁고 길게 이어진 줄모양으로 만든 기초이다.
④ 복합기초 : 1개의 기초가 2개 이상의 기둥을 지지하는 기초이다.

56 그림과 같이 평형을 이루는 세 힘에 관하여 다음 설명 중 옳은 것은?

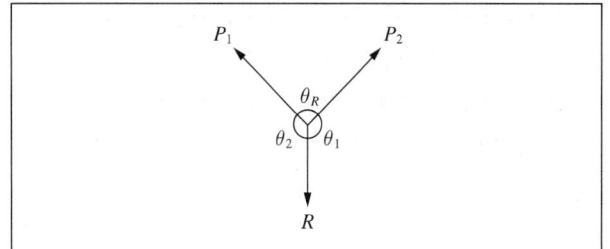

① $\dfrac{P_2}{\sin\theta_2} = \dfrac{R}{\sin\theta_R}$ ② $\dfrac{P_1}{\sin\theta_2} = \dfrac{P_2}{\sin\theta_1}$

③ $\dfrac{P_1}{\sin\theta_1} = \dfrac{R}{\sin\theta_2}$ ④ $\dfrac{P_1}{\sin\theta_R} = \dfrac{P_2}{\sin\theta_1}$

해설
라미의 정리에 의해 세 힘의 합이 평형을 이루기 위해서는 각각의 힘의 크기를 각각의 $\sin\theta$로 나눈 값이 같아야 한다.
라미의 정리
한 점에 미치는 두 힘의 크기가 같고 방향이 반대이면 세 힘은 항상 평형 상태가 된다.

$$\dfrac{P_1}{\sin\theta_1} = \dfrac{P_2}{\sin\theta_2} = \dfrac{R}{\sin\theta_R}$$

57 다음 중 푸아송비에 대한 설명으로 옳은 것은?

① 가로 변형 / 세로 변형
② 세로 변형 / 가로 변형
③ 가로 변형 × 세로 변형
④ 가로 변형 = 세로 변형

해설
푸아송비(ν)
- 재료 내부에 생기는 수직응력에 의한 가로 변형과 세로 변형과의 비이다.
- 탄성한도 내에서는 동일 재료에 대하여 일정하다.

$$\nu = \dfrac{e_2}{e_1} = \dfrac{1}{m}$$

여기서, e_1 : 세로 변형
e_2 : 가로 변형
m : 푸아송수 또는 푸아송 역비

정답 54 ④ 55 ③ 56 ① 57 ①

58 철골플레이트보에서 중간 스티프너를 사용하는 주된 목적은?

① 웨브플레이트에 생기는 휨모멘트에 저항하기 위해
② 플랜지 앵글의 단면을 작게 하기 위해
③ 플랜지 앵글의 리벳 간격을 넓게 하기 위해
④ 웨브플레이트의 좌굴을 방지하기 위해

해설
스티프너
웨브의 두께가 춤에 비해서 얇을 때 웨브의 국부 좌굴을 방지하기 위해 사용하는 부재이다.

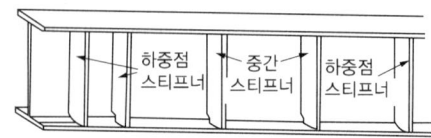

60 그림과 같은 장방형 단면에서 X축에 대한 단면2차모멘트 값은?

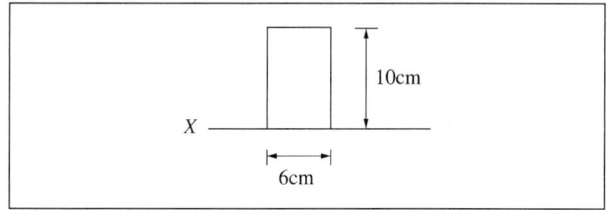

① 200cm^4
② $1,000\text{cm}^4$
③ $2,000\text{cm}^4$
④ $3,000\text{cm}^4$

해설
기본 도형의 축 위치별 단면2차모멘트(I)

사각형		삼각형	
도심축	상단, 하단축	도심축	하단축
$\dfrac{bh^3}{12}$	$\dfrac{bh^3}{3}$	$\dfrac{bh^3}{36}$	$\dfrac{bh^3}{12}$

사각형 하단축에 작용하는 단면2차모멘트이므로 위의 식에 대입하면
$$I_x = \frac{bh^3}{3} = \frac{6 \times 10^3}{3} = 2,000\text{cm}^4$$
여기서, b : 밑면
h : 높이

59 독립기초가 축방향력 50tf, 휨모멘트 5tf·m를 받을 때 기초 저면의 편심거리는?

① 0.1m
② 0.3m
③ 0.5m
④ 0.6m

해설
편심거리 구하는 공식
편심거리$(e) = \dfrac{\text{모멘트}(M)}{\text{하중}(P)}$
$= \dfrac{5}{50} = 0.1$

제4과목 건축설비

61 어느 점광원과 1m 떨어진 곳의 수평면 조도가 200lx일 때, 이 광원에서 2m 떨어진 곳의 수평면 조도는?

① 25lx
② 50lx
③ 100lx
④ 200lx

해설

- 조도 = $\dfrac{광속}{거리^2}$

- $200 = \dfrac{광속}{1^2}$

- 광속 = 조도 × 거리² = 200lm

∴ 2m 떨어진 곳의 조도 = $\dfrac{200}{2^2}$ = 50lx

62 전공기 방식 공기조화설비의 특징이 아닌 것은?

① 덕트 스페이스가 필요하다.
② 겨울철 가습이 용이하다.
③ 극장과 같이 많은 풍량을 필요로 하는 곳에 적용된다.
④ 기구의 노출이 많아 실내 유효면적을 높일 수 없다.

해설
전공기 방식
- 중앙에서 만들어진 조화공기를 각 실에 송풍하는 방식이다.
- 중간기에 외기냉방이 가능하며, 겨울철 가습에 용이하다.
- 덕트 스페이스가 필요하며, 풍량이 많은 곳에 적용한다.
- 기구의 노출이 없어 실내 유효면적을 넓힐 수 있다.
- 실내 배관으로 누수의 염려가 적다.

63 냉각탑에 대한 설명으로 옳은 것은?

① 고압의 액체냉매를 증발시켜 냉동효과를 얻게 하는 설비이다.
② 증발기에서 나온 수증기를 냉각시켜 물이 되도록 하는 설비이다.
③ 대기 중에서 기체냉매를 냉각시켜 액체냉매로 응축하기 위한 설비이다.
④ 냉매를 응축시키는 데 사용된 냉각수를 재사용하기 위하여 냉각시키는 설비이다.

해설
냉각탑
- 냉동기의 응축기에 사용하는 냉각용수를 재차 사용하기 위하여 실외공기와 직접 접속시켜 이 물을 냉각하는 일종의 열교환장치이다.
- 사용 후의 온도가 높아진 냉각수를 다시 냉각하여 재사용하기 위한 장치이다.

64 220/380V 전원을 공급하는 빌딩 및 공장의 전등 및 동력용 간선으로 가장 많이 사용되는 배선방식은?

① 단상 2선식
② 단상 3선식
③ 3상 3선식
④ 3상 4선식

해설
공장, 빌딩 등은 전등 및 동력을 많이 사용하므로 3상 4선식이 적합하다.
배선방식

구분		적용 부하	적용 장소
단상	2선식	소용량, 단거간 부하	주택, 소규모 건물
	3선식	부하밀집지역	중·대규모 건물, 일반사무실, 학교
3상	3선식	동력용(전동기 등)	소규모 공장
	4선식	동력 및 전등 공용	대규모 건물, 공장

정답 61 ② 62 ④ 63 ④ 64 ④

65 환기에 관한 설명으로 옳지 않은 것은?

① 외부 풍속이 커지면 환기량은 많아진다.
② 실내외의 온도차가 크면 환기량은 작아진다.
③ 중성대란 중력환기에서 실내외의 압력이 같아지는 위치이다.
④ 자연환기량은 중성대로부터 공기유입구 또는 유출구까지의 높이가 클수록 많아진다.

해설
실내외의 온도차가 큰 경우 환기량은 커진다.
환기량이 많아지는 경우
- 외부 풍속이 커지거나 실내외의 온도차가 크면 환기량이 많아진다.
- 자연환기량은 중성대(중력환기에서 실내외의 압력이 같아지는 높이)로부터 공기유입구 또는 유출구까지의 높이가 클수록 많아진다.
- 풍력환기량은 풍속과 유량계수에 비례한다.
- 중력환기량은 개구부 면적, 실내외의 온도차가 클수록 증가한다.

66 수량 20m³/h를 양수하는 데 필요한 펌프의 구경은? (단, 양수펌프 내 유속은 2m/s로 한다)

① 30mm
② 40mm
③ 50mm
④ 60mm

해설
펌프의 구경

$$펌프의\ 구경(D) = 1.13\sqrt{\frac{Q}{V}} = 1.13\sqrt{\frac{\frac{20m^3}{3,600}}{2}}$$

$$≒ 0.0595m ≒ 60mm$$

여기서, Q : 펌프 양수량(m³/s)
V : 펌프의 유속(m/s)

67 양수량이 1m³/min, 전양정이 50m인 펌프에서 회전수를 1.2배 증가시켰을 때 양수량은?

① 1.2배 증가
② 1.44배 증가
③ 1.73배 증가
④ 2.4배 증가

해설
양수량은 회전수에 비례하므로, 회전수가 1.2배 증가하면 양수량도 1.2배 증가한다.
펌프의 회전수
- 양수량(토출량)은 회전수에 비례한다.
- 전양정은 회전수의 제곱에 비례한다.
- 축동력은 회전수의 세제곱에 비례한다.

68 다음은 무엇에 대한 설명인가?

> 온도계 감지부에 젖은 천을 감고 수분이 증발하면서 하강한 온도를 측정한 것

① 건구온도
② 습구온도
③ 노점온도
④ 절대온도

해설
① 건구온도 : 온도계를 공기 중에 노출하여 측정한 온도이다.
③ 노점온도 : 습도가 높은 공기를 냉각하여 공기 중의 수분이 그 이상은 수증기로 존재할 수 없어 이슬로 맺히는 한계의 온도이다.
④ 절대온도 : 물질의 특이성에 의존하지 않는 절대적인 온도(-273.15℃)를 말한다.

69 간접가열식 급탕방식에 관한 설명으로 옳지 않은 것은?

① 저압보일러를 써도 되는 경우가 많다.
② 직접가열식에 비해 소규모 급탕설비에 적합하다.
③ 급탕용 보일러는 난방용 보일러와 겸용할 수 있다.
④ 직접가열식에 비해 보일러 내면에 스케일이 발생할 염려가 적다.

해설
간접가열식은 일반적으로 규모가 큰 건물에 사용하며, 대규모 급탕설비에 적합한 것은 직접가열식이다.

70 증기난방에 관한 설명으로 옳지 않은 것은?

① 계통별 용량제어가 곤란하다.
② 한랭지에서 동결의 우려가 적다.
③ 예열시간이 온수난방에 비하여 짧다.
④ 부하변동에 따른 실내 방열량의 제어가 용이하다.

해설
증기난방은 증기를 열원으로 사용하므로 부하변동에 따른 실내 방열량의 제어가 곤란하다.

71 실내 열환경지표 중 공기의 습도가 고려되지 않은 것은?

① 작용온도　　② 유효온도
③ 등온지수　　④ 신유효지수

해설
① 작용온도 : 습도에 대한 고려 없이 인체의 생리적인 면을 고려한 척도이다.
② 유효온도 : 기온, 습도, 풍속의 3요소를 고려해 사람이 체감하는 온도를 나타낸 척도이다.
③ 등온지수 : 기온, 습도, 기류에 복사열의 영향을 포함하여 나타내는 지수이다.
④ 신유효온도 : 앉은 자세, 착의량 0.6clo, 무풍의 경우를 기준으로 하여 쾌적선도상의 상대습도 50% 선상의 실내온도로 정해지는 온열환경지표이다.

72 주택의 1인 1일 오수량이 0.05L/인·일이고 오수의 BOD 농도가 260g/m³일 때 1인 1일당 BOD 부하량은?

① 5g/인·일
② 13g/인·일
③ 26g/인·일
④ 50g/인·일

해설
BOD 부하량 = 1인 1일 오수량 × BOD 농도
　　　　　 = 0.05L/인·일 × 260g/m³
　　　　　 = 50g/인·일 × 0.26
　　　　　 = 13g/인·일

73 조명기구를 배광에 따라 분류할 경우 다음과 같은 특징을 갖는 것은?

> 발산광속 중 상향광속이 60~90% 정도이고, 하향광속이 10~40% 정도이며, 천장을 주광원으로 이용한다.

① 직접조명기구　　② 반직접조명기구
③ 반간접조명기구　④ 전반확산조명기구

해설
배광에 따른 조명의 분류

구분	상향광속	하향광속	특징
직접조명	0~10%	90~100%	광원을 작업면에 직접 비추어 투사한다.
반직접조명	10~40%	60~90%	그림자와 눈부심이 생긴다.
전반확산조명	40~60%	40~60%	눈부심이 없고 그림자도 약하다.
반간접조명	60~90%	10~40%	눈의 피로가 적다.
간접조명	90~100%	0~10%	광원을 천장 등에 반사시켜 방의 아래로 확산시킨다.

74 유체의 흐름을 한 방향으로만 흐르게 하고 반대 방향으로는 흐르지 못하게 하는 밸브는?

① 콕　　　　　② 체크밸브
③ 게이트밸브　④ 글로브밸브

해설
① 콕 : 신속하게 개폐하는 기능이 필요한 곳에 사용한다.
③ 게이트밸브 : 유체의 흐름에 대해 직각으로 개폐하여 조절하는 밸브이다.
④ 글로브밸브 : 나사에 의해 밸브를 밸브시트에 꽉 눌러 유체의 개폐를 실행하는 밸브이다.

정답 70 ④　71 ①　72 ②　73 ③　74 ②

75 덕트의 치수결정 방법에 속하지 않는 것은?

① 균등법
② 등속법
③ 등마찰법
④ 정압재취득법

해설
덕트의 치수결정 방법

등속법	덕트 내의 풍속을 일정하게 유지할 수 있도록 덕트의 치수를 결정하는 방법이다.
등마찰저항법	덕트의 단위길이당 마찰저항이 일정한 상태가 되도록 덕트마찰손실선도에서 직경을 구하는 방법이다.
등마찰법	공조·환기용 덕트의 풍속을 한계풍속으로 억제하여 덕트 단위길이마다의 마찰손실을 적용해서 전 덕트계의 덕트치수를 결정하는 방법이다.
정압재취득법	덕트 내의 분기점이나 배출구에의 풍속 감소에 따른 정압 재취득에 의한 상승정압을 다음의 손실압력에 충당하여 전 계통의 정압이 똑같이 되도록 하여 일정한 공기 분배를 얻도록 설계하는 방법이다.

76 다음 중 약전설비에 속하는 것은?

① 변전설비
② 전화설비
③ 축전지설비
④ 자가발전설비

해설
약전설비
건축전기설비 중 전화설비, 인터폰설비, 표시설비, 전기시계설비, 방송공동수신설비, 방범설비, 화재경보설비 등의 약전류 신호를 취급하는 설비이다.

77 급수방식 중 고가수조방식에 관한 설명으로 옳은 것은?

① 상향급수 배관방식이 주로 사용된다.
② 3층 이상의 고층으로의 급수가 어렵다.
③ 압력수조방식에 비해 급수압 변동이 크다.
④ 펌프직송방식에 비해 수질오염 가능성이 크다.

해설
① 고가수조방식은 상향이 아닌 하향 급수배관방식이 주로 사용된다.
② 고가수조방식은 3층 이상의 고층으로의 급수가 용이하다.
③ 고가수조방식은 압력수조방식에 비해 급수압 변동이 작다.

78 광도 2,000cd인 백열전구로부터 2m 떨어진 책상에서 조도를 측정하였더니 200lx이었다. 이 책상을 백열전구로부터 4m 떨어진 곳에 놓고 측정하였을 때 조도는?

① 50lx
② 100lx
③ 150lx
④ 200lx

해설
- 광속 = 조도 × 거리^2 = $200 × 2^2$ = 800lm
- 조도 = $\frac{광속}{거리^2}$ = $\frac{800}{4^2}$ = 50lx

79 자연환기에 관한 설명으로 옳은 것은?

① 풍력환기에 의한 환기량은 풍속에 반비례한다.
② 풍력환기에 의한 환기량은 유량계수에 비례한다.
③ 중력환기에 의한 환기량은 공기의 입구와 출구가 되는 두 개구부의 수직거리에 반비례한다.
④ 중력환기에서는 실내온도가 외기온도보다 높을 경우, 공기는 건물 상부의 개구부에서 들어와서 하부의 개구부로 나간다.

해설
① 풍력환기에 의한 환기량은 풍속에 비례한다.
③ 중력환기에 의한 환기량은 공기의 입구와 출구가 되는 두 개구부의 수직거리에 비례한다.
④ 중력환기에서는 실내온도가 외기온도보다 높을 경우, 공기는 건물 하부의 개구부에서 들어와서 상부의 개구부로 나간다.

80 피뢰방식 중 금속체를 피보호물에서 돌출시켜 수뢰부로 하는 방식은?

① 케이지방식
② 수평도체방식
③ 돌침방식
④ 가공지선방식

해설
① 케이지방식 : 피보호물을 연속된 망상도체나 금속판으로 싸는 방식이다.
② 수평도체방식 : 건물 각 부분 기타 위쪽에 수평도체를 건축물에 떨어져서 설치하는 방식이다.
④ 가공지선방식 : 피뢰를 목적으로 도선을 설치하는 방식이다.

정답 75 ① 76 ② 77 ④ 78 ① 79 ② 80 ③

제5과목 건축관계법규

81 상업지역의 세분에 속하지 않는 것은?

① 중심상업지역
② 근린상업지역
③ 유통상업지역
④ 전용상업지역

해설
전용상업지역이라는 단어는 법령상 존재하지 않는 용어이다.
상업지역의 세분(국토계획법 시행령 제30조)
- 중심상업지역 : 도심·부도심의 상업기능 및 업무기능의 확충을 위하여 필요한 지역
- 일반상업지역 : 일반적인 상업기능 및 업무기능을 담당하게 하기 위하여 필요한 지역
- 근린상업지역 : 근린지역에서의 일용품 및 서비스의 공급을 위하여 필요한 지역
- 유통상업지역 : 도시 내 및 지역 간 유통기능의 증진을 위하여 필요한 지역

82 직통계단의 설치에 관한 기준 내용이다. 밑줄 친 "다음 각 호의 어느 하나에 해당하는 용도 및 규모의 건축물"의 기준 내용으로 옳지 않은 것은?

> 법 제49조 제1항에 따라 피난층 외의 층이 <u>다음 각 호의 어느 하나에 해당하는 용도 및 규모의 건축물</u>에는 국토교통부령으로 정하는 기준에 따라 피난층 또는 지상으로 통하는 직통계단을 2개소 이상 설치하여야 한다.

① 지하층으로서 그 층 거실의 바닥면적의 합계가 200m² 이상인 것
② 종교시설의 용도로 쓰는 층으로서 그 층에서 해당 용도로 쓰는 바닥면적의 합계가 200m² 이상인 것
③ 숙박시설의 용도로 쓰는 3층 이상의 층으로서 그 층의 해당 용도로 쓰는 거실의 바닥면적의 합계가 200m² 이상인 것
④ 업무시설 중 오피스텔의 용도로 쓰는 층으로서 그 층의 해당 용도로 쓰는 거실의 바닥면적의 합계가 200m² 이상인 것

해설
업무시설 중 오피스텔의 용도로 쓰는 층으로서 그 층의 해당 용도로 쓰는 거실의 바닥면적의 합계가 300m² 이상인 것이어야 한다.
직통계단의 설치(건축법 시행령 제34조)
피난층 외의 층이 다음의 어느 하나에 해당하는 용도 및 규모의 건축물에는 국토교통부령으로 정하는 기준에 따라 피난층 또는 지상으로 통하는 직통계단을 2개소 이상 설치하여야 한다.
㉠ 제2종 근린생활시설 중 공연장·종교집회장, 문화 및 집회시설(전시장 및 동·식물원은 제외한다), 종교시설, 위락시설 중 주점영업 또는 장례시설의 용도로 쓰는 층으로서 그 층에서 해당 용도로 쓰는 바닥면적의 합계가 200m²(제2종 근린생활시설 중 공연장·종교집회장은 각각 300m²) 이상인 것
㉡ 단독주택 중 다중주택·다가구주택, 제1종 근린생활시설 중 정신과의원(입원실이 있는 경우로 한정한다), 제2종 근린생활시설 중 인터넷컴퓨터게임시설제공업소(해당 용도로 쓰는 바닥면적의 합계가 300m² 이상인 경우만 해당한다)·학원·독서실, 판매시설, 운수시설(여객용 시설만 해당한다), 의료시설(입원실이 없는 치과병원은 제외한다), 교육연구시설 중 학원, 노유자시설 중 아동 관련 시설·노인복지시설·장애인 거주시설 및 장애인복지법에 따른 장애인 의료재활시설, 수련시설 중 유스호스텔 또는 숙박시설의 용도로 쓰는 3층 이상의 층으로서 그 층의 해당 용도로 쓰는 거실의 바닥면적의 합계가 200m² 이상인 것
㉢ 공동주택(층당 4세대 이하인 것은 제외한다) 또는 업무시설 중 오피스텔의 용도로 쓰는 층으로서 그 층의 해당 용도로 쓰는 거실의 바닥면적의 합계가 300m² 이상인 것
㉣ ㉠부터 ㉢까지의 용도로 쓰지 아니하는 3층 이상의 층으로서 그 층 거실의 바닥면적의 합계가 400m² 이상인 것
㉤ 지하층으로서 그 층 거실의 바닥면적의 합계가 200m² 이상인 것

83 건축법령에 따라 건축물의 경사지붕 아래에 설치하는 대피공간에 관한 기준 내용으로 옳지 않은 것은?

① 특별피난계단 또는 피난계단과 연결되도록 할 것
② 관리사무소 등과 긴급 연락이 가능한 통신시설을 설치할 것
③ 대피공간의 면적은 지붕 수평투영면적의 1/20 이상일 것
④ 출입구는 유효너비 0.9m 이상으로 하고, 그 출입구에는 60분+ 방화문 또는 60분 방화문을 설치할 것

정답 81 ④ 82 ④ 83 ③

해설

경사지붕 아래에 설치하는 대피공간의 기준(건축물방화구조규칙 제13조)
- 대피공간의 면적은 지붕 수평투영면적의 1/10 이상일 것
- 특별피난계단 또는 피난계단과 연결되도록 할 것
- 출입구·창문을 제외한 부분은 해당 건축물의 다른 부분과 내화구조의 바닥 및 벽으로 구획할 것
- 출입구는 유효너비 0.9m 이상으로 하고, 그 출입구에는 60분+ 방화문 또는 60분 방화문을 설치할 것(방화문에 비상문자동개폐장치를 설치할 것)
- 내부마감재료는 불연재료로 할 것
- 예비전원으로 작동하는 조명설비를 설치할 것
- 관리사무소 등과 긴급 연락이 가능한 통신시설을 설치할 것

85
승용승강기의 설치에 관한 기준 내용이다. 밑줄 친 "대통령령으로 정하는 건축물"에 대한 기준 내용으로 옳은 것은?

> 건축주는 6층 이상으로서 연면적이 2,000m² 이상인 건축물(대통령령으로 정하는 건축물은 제외한다)을 건축하려면 승강기를 설치하여야 한다.

① 층수가 6층인 건축물로서 각 층 거실의 바닥면적 300m² 이내마다 1개소 이상의 직통계단을 설치한 건축물
② 층수가 6층인 건축물로서 각 층 거실의 바닥면적 500m² 이내마다 1개소 이상의 직통계단을 설치한 건축물
③ 층수가 10층인 건축물로서 각 층 거실의 바닥면적 300m² 이내마다 1개소 이상의 직통계단을 설치한 건축물
④ 층수가 10층인 건축물로서 각 층 거실의 바닥면적 500m² 이내마다 1개소 이상의 직통계단을 설치한 건축물

해설

승용승강기의 설치(건축법 시행령 제89조)
건축법 제64조 제1항 전단에서 "대통령령으로 정하는 건축물"이란 층수가 6층인 건축물로서 각 층 거실의 바닥면적 300m² 이내마다 1개소 이상의 직통계단을 설치한 건축물을 말한다.

84
주차법령상 다음과 같이 정의되는 주차장의 종류는?

> 도로의 노면 또는 교통광장(교차점광장만 해당)의 일정한 구역에 설치된 주차장으로서 일반의 이용에 제공되는 것

① 노외주차장
② 노상주차장
③ 부설주차장
④ 공영주차장

해설

주차장의 정의(주차장법 제2조)
자동차의 주차를 위한 시설로서 다음의 어느 하나에 해당하는 종류의 것을 말한다.
- 노상주차장 : 도로의 노면 또는 교통광장(교차점광장만 해당)의 일정한 구역에 설치된 주차장으로서 일반의 이용에 제공되는 것
- 노외주차장 : 도로의 노면 및 교통광장 외의 장소에 설치된 주차장으로서 일반의 이용에 제공되는 것
- 부설주차장 : 건축물, 골프연습장, 그 밖에 주차수요를 유발하는 시설에 부대하여 설치된 주차장으로서 해당 건축물·시설의 이용자 또는 일반의 이용에 제공되는 것

86
대지의 조경에 관한 기준 내용이다. ( ) 안에 알맞은 것은?

> 면적이 ( ) 이상인 대지에 건축을 하는 건축주는 용도지역 및 건축물의 규모에 따라 해당 지방자치단체의 조례로 정하는 기준에 따라 대지에 조경이나 그 밖에 필요한 조치를 하여야 한다.

① 100m²
② 200m²
③ 300m²
④ 500m²

해설

대지의 조경(건축법 제42조)
- 면적이 200m² 이상인 대지에 건축을 하는 건축주는 용도지역 및 건축물의 규모에 따라 해당 지방자치단체의 조례로 정하는 기준에 따라 대지에 조경이나 그 밖에 필요한 조치를 하여야 한다. 다만, 조경이 필요하지 아니한 건축물로서 대통령령으로 정하는 건축물에 대하여는 조경 등의 조치를 하지 아니할 수 있으며, 옥상 조경 등 대통령령으로 따로 기준을 정하는 경우에는 그 기준에 따른다.
- 국토교통부장관은 식재(植栽) 기준, 조경 시설물의 종류 및 설치방법, 옥상 조경의 방법 등 조경에 필요한 사항을 정하여 고시할 수 있다.

87 다음 중 건축법령상 용도에 따른 건축물의 종류가 옳지 않은 것은?

① 교육연구시설 – 유치원
② 묘지 관련 시설 – 장례식장
③ 관광휴게시설 – 어린이회관
④ 문화 및 집회시설 – 수족관

해설
장례식장은 묘지 관련 시설이 아닌 장례시설에 속한다.
묘지 관련 시설(건축법 시행령 별표 1)
• 화장시설
• 봉안당(종교시설에 해당하는 것은 제외)
• 묘지와 자연장지에 부수되는 건축물
• 동물화장시설, 동물건조장시설 및 동물 전용의 납골시설

88 다음 중 국토의 계획 및 이용에 관한 법령에 따른 용도지역 안에서의 건폐율 최대 한도가 가장 높은 것은?

① 근린상업지역
② 중심상업지역
③ 일반상업지역
④ 유통상업지역

해설
용도지역 안에서의 건폐율(국토계획법 시행령 제84조)
• 중심상업지역 : 90% 이하
• 일반상업지역 : 80% 이하
• 근린상업지역 : 70% 이하
• 유통상업지역 : 80% 이하

89 국토의 계획 및 이용에 관한 법령에 따른 용도지구에 속하지 않는 것은?

① 경관지구
② 방재지구
③ 시설보호지구
④ 도시설계지구

해설
용도지구(국토계획법 제37조)

경관지구	경관의 보전·관리 및 형성을 위하여 필요한 지구
고도지구	쾌적한 환경 조성 및 토지의 효율적 이용을 위하여 건축물 높이의 최고 한도를 규제할 필요가 있는 지구
방화지구	화재의 위험을 예방하기 위하여 필요한 지구
방재지구	풍수해, 산사태, 지반의 붕괴, 그 밖의 재해를 예방하기 위하여 필요한 지구
보호지구	국가유산, 중요 시설물(항만, 공항 등) 및 문화적·생태적으로 보존가치가 큰 지역의 보호와 보존을 위하여 필요한 지구
취락지구	녹지지역·관리지역·농림지역·자연환경보전지역·개발제한구역 또는 도시자연공원구역의 취락을 정비하기 위한 지구
개발진흥지구	주거기능·상업기능·공업기능·유통물류기능·관광기능·휴양기능 등을 집중적으로 개발·정비할 필요가 있는 지구
특정용도제한지구	주거 및 교육 환경 보호나 청소년 보호 등의 목적으로 오염물질 배출시설, 청소년 유해시설 등 특정시설의 입지를 제한할 필요가 있는 지구
복합용도지구	지역의 토지이용 상황, 개발 수요 및 주변 여건 등을 고려하여 효율적이고 복합적인 토지이용을 도모하기 위하여 특정시설의 입지를 완화할 필요가 있는 지구

90 노상주차장의 구조 및 설비에 관한 기준 내용으로 옳은 것은?

① 너비 6m 이상의 도로에 설치하여서는 아니 된다.
② 종단경사도가 3%를 초과하는 도로는 설치하여서는 아니 된다.
③ 고속도로, 자동차전용도로 또는 고가도로에 설치하여서는 아니 된다.
④ 주차대수 규모가 20대인 경우, 장애인전용주차구획을 최소 2면 이상 설치하여야 한다.

해설
① 너비 6m 미만의 도로에 설치하여서는 아니 된다.
② 종단경사도가 4%를 초과하는 도로는 설치하여서는 아니 된다.
④ 주차대수 규모가 20대인 경우, 장애인전용주차구획을 최소 한 면 이상 설치하여야 한다.

정답 87 ② 88 ② 89 ④ 90 ③

91 건축물의 연면적 중 주차장으로 사용되는 비율이 70%인 경우, 주차전용건축물로 볼 수 있는 주차장 외의 용도에 속하지 않는 것은?

① 의료시설
② 운동시설
③ 제1종 근린생활시설
④ 제2종 근린생활시설

해설
주차전용건축물의 주차면적비율(주차장법 시행령 제1조의2)
• 건축물의 연면적 중 주차장 사용부분의 비율이 95% 이상인 것을 말한다.
• 주차장 외의 용도로 사용되는 부분이 아래 용도일 경우에는 주차장으로 사용되는 부분의 비율이 70%(주차환경개선지구 내에 위치한 건축물의 경우에는 60%) 이상인 것
 - 단독주택, 공동주택, 제1종 근린생활시설, 제2종 근린생활시설, 문화 및 집회시설, 종교시설, 판매시설, 운수시설, 운동시설, 업무시설, 창고시설 또는 자동차 관련 시설

92 일조 등의 확보를 위한 건축물의 높이 제한에 관한 기준 내용이다. ( ) 안에 알맞은 것은?

> ( ) 안에서 건축하는 건축물의 높이는 일조 등의 확보를 위하여 정북 방향의 인접 대지경계선으로부터의 거리에 따라 대통령령으로 정하는 높이 이하로 하여야 한다.

① 일반주거지역과 준주거지역
② 전용주거지역과 일반주거지역
③ 중심상업지역과 일반상업지역
④ 일반상업지역과 근린상업지역

해설
일조 등의 확보를 위한 건축물의 높이 제한(건축법 제61조)
전용주거지역과 일반주거지역 안에서 건축하는 건축물의 높이는 일조 등의 확보를 위하여 정북 방향의 인접 대지경계선으로부터의 거리에 따라 대통령령으로 정하는 높이 이하로 하여야 한다.

93 건축허가신청에 필요한 설계도서의 종류 중 건축계획서에 표시하여야 할 사항이 아닌 것은?

① 주차장 규모
② 대지의 종·횡단면도
③ 건축물의 용도별 면적
④ 지역·지구 및 도시계획사항

해설
대지의 종·횡단면도는 건축허가신청 시 건축계획서에 표시하지 않아도 된다.
건축허가신청에 필요한 설계도서 중 건축계획서(건축법 시행규칙 별표 2)
• 개요(위치·대지면적 등)
• 지역·지구 및 도시계획사항
• 건축물의 규모(건축면적·연면적·높이·층수 등)
• 건축물의 용도별 면적
• 주차장 규모
• 에너지절약계획서(해당 건축물에 한한다)
• 노인 및 장애인 등을 위한 편의시설 설치계획서(관계 법령에 의하여 설치의무가 있는 경우에 한한다)

94 부설주차장의 설치에 관한 기준 내용이다. 밑줄 친 "대통령령으로 정하는 규모"로 옳은 것은?

> 부설주차장이 대통령령으로 정하는 규모 이하이면 시설물의 부지 인근에 단독 또는 공동으로 부설주차장을 설치할 수 있다.

① 주차대수 100대의 규모
② 주차대수 200대의 규모
③ 주차대수 300대의 규모
④ 주차대수 400대의 규모

해설
부설주차장의 설치(주차장법 제19조, 동법 시행령 제7조)
부설주차장이 주차대수 300대의 규모 이하이면 시설물의 부지 인근에 단독 또는 공동으로 부설주차장을 설치할 수 있다.

정답 91 ① 92 ② 93 ② 94 ③

95 공동주택의 난방설비를 개별난방방식으로 하는 경우에 관한 기준 내용으로 옳지 않은 것은?

① 보일러의 연도는 내화구조로서 공동연도로 설치할 것
② 보일러실 윗부분에는 그 면적이 최소 1.0m² 이상인 환기창을 설치할 것
③ 기름보일러를 설치하는 경우에는 기름저장소를 보일러실 외의 다른 곳에 설치할 것
④ 보일러를 설치하는 곳과 거실 사이의 경계벽은 출입구를 제외하고는 내화구조의 벽으로 구획할 것

해설
보일러실 윗부분에는 그 면적이 최소 0.5m² 이상인 환기창을 설치해야 한다.
개별난방설비 등(건축물설비기준규칙 제13조)
공동주택과 오피스텔의 난방설비를 개별난방방식으로 하는 경우에는 다음의 기준에 적합하여야 한다.
- 보일러는 거실 외의 곳에 설치하되, 보일러를 설치하는 곳과 거실 사이의 경계벽은 출입구를 제외하고는 내화구조의 벽으로 구획할 것
- 보일러실의 윗부분에는 그 면적이 0.5m² 이상인 환기창을 설치하고, 보일러실의 윗부분과 아랫부분에는 각각 지름 10cm 이상의 공기흡입구 및 배기구를 항상 열려 있는 상태로 바깥공기에 접하도록 설치할 것. 다만, 전기보일러의 경우에는 그러하지 아니하다.
- 보일러실과 거실 사이의 출입구는 그 출입구가 닫힌 경우에는 보일러가스가 거실에 들어갈 수 없는 구조로 할 것
- 기름보일러를 설치하는 경우에는 기름저장소를 보일러실 외의 다른 곳에 설치할 것
- 오피스텔의 경우에는 난방구획을 방화구획으로 구획할 것
- 보일러의 연도는 내화구조로서 공동연도로 설치할 것

96 국토의 계획 및 이용에 관한 법령에 따른 기반시설 중 자동차 정류장의 세분에 속하지 않는 것은?

① 고속터미널
② 화물자동차 휴게소
③ 공영차고지
④ 여객자동차터미널

해설
기반시설 중 자동차정류장(국토계획법 시행령 제2조)
- 여객자동차터미널
- 물류터미널
- 공동차고지
- 공영차고지
- 화물자동차 휴게소
- 복합환승센터
- 환승센터

97 건축법령에 따른 리모델링이 쉬운 구조에 속하지 않는 것은?

① 구조체가 철골구조로 구성되어 있을 것
② 구조체에서 건축설비, 내부 마감재료 및 외부 마감재료를 분리할 수 있을 것
③ 개별 세대 안에서 구획된 실의 크기, 개수 또는 위치 등을 변경할 수 있을 것
④ 각 세대는 인접한 세대와 수직 또는 수평 방향으로 통합하거나 분할할 수 있을 것

해설
구조체가 철골구조인 경우 리모델링이 어렵다.

98 건축물의 필로티 부분을 건축법령상의 바닥면적에 산입하는 경우에 속하는 것은?

① 공중의 통행에 전용되는 경우
② 차량의 주차에 전용되는 경우
③ 업무시설의 휴식공간으로 전용되는 경우
④ 공동주택의 놀이공간으로 전용되는 경우

해설
①·② : 필로티나 그 밖에 이와 비슷한 구조(벽면적의 2분의 1 이상이 그 층의 바닥면에서 위층 바닥 아래면까지 공간으로 된 것만 해당한다)의 부분은 그 부분이 공중의 통행이나 차량의 통행 또는 주차에 전용되는 경우와 공동주택의 경우에는 바닥면적에 산입하지 아니한다.
④ 공동주택으로서 지상층에 설치한 기계실, 전기실, 어린이놀이터, 조경시설 및 생활폐기물 보관시설의 면적은 바닥면적에 산입하지 않는다.
바닥면적의 산정방법(건축법 시행령 제119조 제1항 제3호)
- 건축물의 각 층 또는 그 일부로서 벽, 기둥, 그 밖에 이와 비슷한 구획의 중심선으로 둘러싸인 부분의 수평투영면적으로 한다.
- 다만 필로티나 그 밖에 이와 비슷한 구조(벽면적의 1/2 이상이 그 층의 바닥면에서 위층 바닥 아래면까지 공간으로 된 것만 해당한다)의 부분은 그 부분이 공중의 통행이나 차량의 통행 또는 주차에 전용되는 경우와 공동주택의 경우에는 바닥면적에 산입하지 아니한다.

정답 95 ② 96 ① 97 ① 98 ③

99 지하식 또는 건축물식 노외주차장에서 경사로가 직선형인 경우, 경사로의 차로 너비는 최소 얼마 이상으로 하여야 하는가?(단, 2차로인 경우)

① 5m
② 6m
③ 7m
④ 8m

해설
노외주차장의 구조·설비기준(주차장법 시행규칙 제6조)
경사로의 차로 너비는 직선형인 경우에는 3.3m 이상(2차로의 경우에는 6m 이상)으로 하고, 곡선형인 경우에는 3.6m 이상(2차로의 경우에는 6.5m 이상)으로 하며, 경사로의 양쪽 벽면으로부터 30cm 이상의 지점에 높이 10cm 이상 15cm 미만의 연석(경계석)을 설치해야 한다. 이 경우 연석 부분은 차로의 너비에 포함되는 것으로 본다.

100 주차대수가 300대인 기계식 주차장의 진입로 또는 전면공지와 접하는 장소에 확보하여야 하는 정류장의 최소 규모는?

① 12대
② 13대
③ 14대
④ 15대

해설
300대에서 20대를 초과하는 주차대수는 280대이고, 20대를 초과하는 20대마다 한 대분의 정류장을 확보해야 하므로
∴ 280 ÷ 20 = 14대
기계식 주차장의 설치기준(주차장법 시행규칙 제16조의2)
- 기계식 주차장에는 도로에서 기계식 주차장치 출입구까지의 차로(진입로) 또는 전면공지와 접하는 장소에 자동차가 대기할 수 있는 장소(정류장)를 설치하여야 한다.
- 이 경우 주차대수 20대를 초과하는 20대마다 한 대분의 정류장을 확보하여야 한다.

2023년 제4회 과년도 기출복원문제

제1과목 건축계획

01 종합병원의 건축계획에 관한 설명으로 옳지 않은 것은?

① 간호사의 보행거리는 24m 이내가 되도록 한다.
② 외래진료부는 환자의 이용이 편리하도록 1층 또는 2층 이하에 둔다.
③ 일반적으로 병원 건축의 시설규모는 입원환자의 병상수에 의해 결정된다.
④ 병동 배치방식 중 분관식(Pavilion type)은 동선이 짧게 되는 이점이 있다.

해설
분관식(Pavilion type)은 병동 건물을 부지 내에 분산시켜 배치한 형식, 즉 저층 분산형이므로 관리가 어렵고 동선이 길어지는 단점이 있다.

02 호텔의 퍼블릭 스페이스(Public space) 계획에 관한 설명을 옳지 않은 것은?

① 로비는 개방성과 다른 공간과의 연계성이 중요하다.
② 프런트 데스크 후방에 프런트 오피스를 연속시킨다.
③ 주식당은 외래객이 편리하게 이용할 수 있도록 출입구를 별도로 설치한다.
④ 프런트 오피스는 기계화된 설비보다는 많은 사람을 고용함으로서 고객의 편의와 능률을 높여야 한다.

해설
프런트 오피스는 사람을 고용하기보다는 기계화된 설비로 고객의 편의와 능률을 높여야 한다.

03 건축계획 단계에서 조사방법에 관한 설명으로 옳지 않은 것은?

① 설문조사를 통하여 생활과 공간 간의 대응관계를 규명하는 것은 생활행동 행위의 관찰에 해당된다.
② 주거단지에서 어린이들의 행동특성을 조사하기 위해서는 생활행동 행위의 관찰 방식이 일반적으로 적절하다.
③ 이용 상황이 명확하게 기록되어 있는 시설의 자료 등을 활용하는 것은 기존자료를 통한 조사에 해당된다.
④ 건물의 이용자를 대상으로 설문을 작성하여 조사하는 방식은 생활과 공간의 대응관계 분석에 유효하다.

해설
설문조사를 통하여 생활과 공간 간의 대응관계를 규명하는 것은 관찰이 아닌 설문조사에 해당한다.
건축계획 단계에서의 조사방법

설문조사	건물의 이용자 등을 대상으로 설문을 작성하여 생활과 공간의 대응관계를 분석한다.
기존 자료를 통한 조사	이용 상황이 명확하게 기록되어 있는 시설의 자료 등을 활용하여 조사
생활행동 행위의 관찰	직접 관찰을 통하여 생활과 공간 간의 대응관계를 규명하고 행동 특성을 조사

04 전통적인 주택의 골목길을 적층(積層) 주택인 아파트에 구현하고자 했던 설계 용어는?

① 진입광장
② 공중가로
③ Eco-bridge
④ 데크식 주차장

해설
① 진입광장 : 주택단지의 입구에 계획되는 광장이다.
③ 에코 브리지(Eco-bridge) : 야생동물의 이동을 위해 설치하는 길이다.
④ 데크식 주차장 : 필로티 구조를 이용하여 만든 주차장이다.

정답 01 ④ 02 ④ 03 ① 04 ②

05 다음 중 공공도서관에서 능률적인 작업용량을 고려할 경우 200,000권의 책을 수장하는 서고의 바닥면적으로 가장 적당한 것은?

① 300m²
② 500m²
③ 600m²
④ 1,000m²

해설
서고면적 1m²당 200권 정도를 수용 권수로 산정한다.
∴ 서고 바닥면적 = $\frac{200,000권}{200m^2}$ = 1,000m²

06 주택 부엌의 작업 삼각형(Work triangle)에 관한 설명으로 옳지 않은 것은?

① 3변의 길이 합은 7~8m 정도가 기능적이다.
② 삼각형의 한 변의 길이는 1.8m 이하가 바람직하다.
③ 냉장고, 개수대, 레인지의 중간 지점을 연결한 삼각형이다.
④ 삼각형의 한 변의 길이가 너무 길어지면 동선이 길어지므로 기능상 좋지 않다.

해설
작업 삼각형의 1변의 길이가 1.2~1.8m가 적당하므로 3변의 길이 합은 3.6~6.6m 정도가 기능적이다.

07 미술관의 연속순로형식에 관한 설명으로 옳은 것은?

① 각 실을 필요시에는 자유로이 독립적으로 폐쇄할 수 있다.
② 평면적인 형식으로 2~3개 층의 입체적인 방법은 불가능하다.
③ 많은 실을 순서별로 통하여야 하는 불편이 있으나 공간절약의 이점이 있다.
④ 중심부에 하나의 큰 홀을 두고 그 주위에 각 전시실을 배치하여 자유로이 출입하는 형식이다.

해설
① 갤러리 및 코리더 형식에 대한 설명이다.
② 평면적인 형식에 따라 2~3개 층의 입체적인 방법이 가능하다.
④ 중앙홀 형식에 대한 설명이다.

08 백화점의 진열장 배치에 관한 설명으로 옳지 않은 것은?

① 직각배치는 매장면적의 이용률을 최대로 확보할 수 있다.
② 사행배치는 주통로 이외의 제2통로를 상하교통계를 향해서 45° 사선으로 배치한 것이다.
③ 사행배치는 많은 고객이 매장구석까지 가기 쉬운 이점이 있으나 이행의 진열장이 필요하다.
④ 자유유선배치는 획일성을 탈피할 수 있으며, 변화와 개성을 추구할 수 있고 시설비가 적게 든다.

해설
자유유선배치는 획일성을 탈피하고 변화와 개성을 추구할 수 있으나 시설비가 많이 소요된다.

09 다음의 주요 사례에서 전시공간의 융통성을 가장 많이 부여하고 있는 것은?

① 과천 현대 미술관
② 파리 퐁피두 센터
③ 파리 루브르 박물관
④ 뉴욕 구겐하임 미술관

해설
파리 퐁피두 센터
• 프랑스 파리 제4구에 위치한 복합문화센터, 국립근대미술관, 공공도서관 등의 융통성을 갖는 전시공간이다.
• 총 10개 층으로 이루어져 있으며, 각 층 바닥면적은 7,500m² 규모이다.
• 전시공간의 융통성을 주요 건축개념으로 한 대표적인 사례이다.

05 ④ 06 ① 07 ③ 08 ④ 09 ②

10 극장의 프로시니엄에 관한 설명으로 옳은 것은?

① 무대 배경용 벽을 말하며 쿠펠 호리존트라고도 한다.
② 조명기구나 사이클로라마를 설치한 연기 부분 무대의 후면 부분을 일컫는다.
③ 무대의 천장 밑에 설치되는 것으로 배경이나 조명기구 등을 매다는 데 사용된다.
④ 그림에 있어서 액자와 같이 관객의 시선을 무대에 쏠리게 하는 시각적 효과를 갖는다.

해설
프로시니엄(Proscenium)형
- 객석에서 볼 때 원형이나 반원형으로 보이는 무대이다.
- 한정된 액자 속에서 나타나는 구성화의 느낌을 준다.
- 배경이 한 폭의 그림과 같은 느낌을 주므로 전체적인 통일의 효과를 얻는 데 가장 좋은 형태이다.
- 많은 관람석을 두려면 거리가 멀어져 객석 수용능력에 제한이 있다.
- 액자처럼 보이기도 해서 픽쳐 프레임 스테이지(Picture frame stage)라고도 한다.
- 강연, 콘서트, 독주, 연극 공연 등에 적합하다.

11 백화점 계획에서 매장 부분의 외관을 무창으로 하는 이유로 옳지 않은 것은?

① 실내의 조도를 일정하게 하기 위해서
② 벽면에 상품 전시공간을 확보하기 위해서
③ 인접 건물의 화재 시 백화점으로의 인화를 방지하기 위해서
④ 창으로부터의 역광이 없도록 하여 디스플레이(Display)를 유리하게 하기 위해서

해설
인접 건물의 화재 시 백화점으로의 인화를 방지할 목적으로 무창으로 계획한 것은 아니다.
무창 백화점
- 실내의 조도를 일정하게 유지할 수 있다.
- 디스플레이 측면에서 유리하다.
- 벽면에 상품 전시공간을 확보할 수 있다.
- 내부공간의 배치 및 활용이 유리하다.
- 자연채광 및 통풍설비 시설이 필요하다.
- 화재나 정전 시를 대비한 피난계획이 요구된다.

12 2층 단독주택에서 1층에 부모가, 2층에 자녀들이 거주할 경우 가족의 단란에 가장 영향을 줄 수 있는 요소는?

① 계단의 배치
② 침실의 방위
③ 건물의 층고
④ 식당과 부엌의 연결방법

해설
계단은 1층과 2층의 연결 매개체로서 가족의 단란에 영향을 많이 준다.

13 병원 건축의 병동 배치형식 중 집중식(Block type)에 관한 설명으로 옳지 않은 것은?

① 재난 시 환자의 피난이 용이하다.
② 병동에서의 조망을 확보할 수 있다.
③ 대지를 효과적으로 이용할 수 있다.
④ 공조설비가 필요하게 되어 설비비가 높다.

해설
집중식 배치형식
- 외래부·부속진료부는 저층에, 병동은 고층부에 단일 건축물로 배치한 형식이다.
- 관리가 편리하고 동선이 짧다.
- 협소한 대지에 건축할 수 있어서 도심지 건축에 유리하다.
- 엘리베이터 및 공조설비가 별도로 필요하므로 설비비가 고가이다.
- 병실이 고층에 집중 배치되어 있기 때문에 재난 시 환자의 피난이 어렵다.

14 사무소 건축에서 엘리베이터 계획 시 고려사항으로 옳지 않은 것은?

① 수량 계산 시 대상 건축물의 교통수요량에 적합해야 한다.
② 승객의 층별 대기시간은 평균 운전간격 이상이 되게 한다.
③ 군관리운전의 경우 동일 군 내의 서비스 층은 같게 한다.
④ 초고층, 대규모 빌딩인 경우는 서비스 그룹을 분할(조닝)하는 것을 검토한다.

해설
승객의 층별 대기시간은 평균 운전간격 이하가 되게 계획하여 기다리는 시간을 줄여 주어야 한다.

정답 10 ④ 11 ③ 12 ① 13 ① 14 ②

15 쇼핑센터에서 고객의 주보행동선으로서 중심 상점과 각 전문점에서의 출입이 이루어지는 곳은?

① 몰(Mall)
② 코트(Court)
③ 터미널(Terminal)
④ 페데스트리언 지대(Pedestrian area)

해설
① 몰(Mall) : 고객의 주요동선(쇼핑거리)이면서 휴식처 역할을 한다.
② 코트(Court) : 몰의 일부에 설치한 고객의 휴식처이다.
④ 페데스트리언 지대(Pedestrian area) : 쇼핑센터 내부의 보행자 지역을 말한다.

16 극장의 평면형식 중 아레나 형식에 관한 설명으로 옳지 않은 것은?

① 무대의 배경을 만들지 않으므로 경제성이 있다.
② 무대의 장치나 소품은 낮은 가구들로 구성된다.
③ 연기는 한정된 액자 속에서 나타나는 구상화의 느낌을 준다.
④ 가까운 거리에서 관람하면서 가장 많은 관객을 수용할 수 있다.

해설
연기는 한정된 액자 속에서 나타나는 구상화의 느낌을 주는 것은 프로시니엄 형식에 관한 설명이다.
아레나(Arena) 형식
- 객석이 무대를 360° 둘러싼 형태로, Central stage라고도 한다.
- 가까운 거리에서 관람하면서 많은 관객을 수용할 수 있다.
- 무대의 배경을 만들지 않으므로 경제성이 있다.
- 무대의 장치나 소품은 주로 낮은 가구들로 구성한다.
- 객석과 무대가 하나의 공간에 있으므로 양자의 일체감을 높여 긴장감이 높은 연극공간을 형성한다.

17 메조넷형(Maisonette type) 공동주택에 관한 설명으로 옳지 않은 것은?

① 주택 내의 공간의 변화가 있다.
② 거주성, 특히 프라이버시가 높다.
③ 소규모 단위평면에 적합한 유형이다.
④ 양면 개구에 의한 통풍 및 채광 확보가 양호하다.

해설
메조넷형 복층형으로 이루어져 있기 때문에 대규모 단위평면에 적합한 유형이다.
매조넷(복층)형 공동주택
- 단위주거가 복층 형식을 취하는 형식이다.
- 2개 층에 걸쳐 있는 듀플렉스, 3개 층에 걸쳐 있는 트리플렉스가 있다.
- 프라이버시 확보율이 높고 공용 통로면적이 작다.

18 주택단지 안의 건축물에 설치하는 계단의 유효폭은 최소 얼마 이상이어야 하는가?(단, 공동으로 사용하는 계단의 경우)

① 90cm
② 120cm
③ 150cm
④ 180cm

해설
계단(주택건설기준규정 제16조)

계단의 종류	유효폭	단높이	단너비
공동으로 사용하는 계단	120cm 이상	18cm 이하	26cm 이상
건축물의 옥외계단	90cm 이상	20cm 이하	24cm 이상

19 페리(C. A. Perry)의 근린주구에 관한 설명으로 옳지 않은 것은?

① 경계 : 4면의 간선도로에 의해 구획
② 지구 내 상업시설 : 지구 중심에 집중하여 배치
③ 오픈스페이스 : 주민의 일상생활 요구를 충족시키기 위한 소공원과 위락공간체계
④ 지구 내 가로체계 : 내부 가로망을 단지 내의 교통량을 원활히 처리하고 통과교통을 방지

해설
상업시설은 지구 내에 위치하지 않고 근린주구 주변 또는 교통의 결절점에 위치한다.

근린주구론
- 미국의 페리가 제안한 주거단지 계획의 개념이다.
- 어린이들이 도로를 건너지 않고 통학할 수 있는 주거구에 대한 계획단위이다.
- 경계 : 주구 외곽을 4면의 간선도로로 구획한다.
- 상업시설 : 상업지구 1~2개소가 근린주구 주변, 교통의 결절점에 위치한다.
- 가로체계 : 통과교통을 방지한다.
- 오픈스페이스 : 공원 및 위락공간을 위한 계획이 필요하다.

20 사무소 건축의 실단위 계획에 관한 설명으로 옳지 않은 것은?

① 개실 시스템은 독립성과 쾌적감의 이점이 있다.
② 개방식 배치는 전 면적을 유용하게 이용할 수 있다.
③ 개방식 배치는 개실 시스템보다 공사비가 저렴하다.
④ 개실 시스템은 연속된 긴 복도로 인해 방깊이에 변화를 주기가 용이하다.

해설
개실 시스템은 복도에서 공간으로 들어가는 형식이므로 방깊이에 변화를 주기가 어렵다.

제2과목 건축시공

21 레디믹스트 콘크리트(Ready mixed concrete)를 사용하는 이유로 옳지 않은 것은?

① 시가지에서는 콘크리트를 혼합할 장소가 좁다.
② 현장에서는 균질한 품질의 콘크리트를 얻기 어렵다.
③ 콘크리트의 혼합이 충분하여 품질이 고르다.
④ 콘크리트의 운반거리 및 운반시간에 제한을 받지 않는다.

해설
레디믹스트콘크리트는 제조설비를 갖춘 공장에서 현장으로 운반해야 하는 관계로 운반거리 및 운반시간에 제한을 많이 받는다.

22 폴리머함침 콘크리트에 관한 설명으로 옳지 않은 것은?

① 시멘트계의 재료를 건조시켜 미세한 공극에 수용성 폴리머를 함침·중합시켜 일체화한 것이다.
② 내화성이 뛰어나며 현장시공이 용이하다.
③ 내구성 및 내약품성이 뛰어나다.
④ 고속도로 포장이나 댐의 보수공사 등에 사용된다.

해설
폴리머함침 콘크리트는 내화성이 약하며 빠른 시공을 요구하므로 현장시공이 어렵다.

정답 19 ② 20 ④ 21 ④ 22 ②

23 VE(Value Engineering)의 사고방식과 가장 거리가 먼 것은?

① 제도, 법규 위주의 사고
② 비용 절감
③ 발주자, 사용자 중심의 사고
④ 기능 중심의 사고

해설
제도, 법규 위주의 사고는 고정관념을 유발하기 때문에 가치공학에서는 배제된다.
가치공학(VE)의 사고방식
- 고정관념의 제거
- 사용자 중심의 사고
- 기능 중심의 접근 및 설계
- 조직적 노력(Team design)과 가치의 제고
- 원가 절감과 공기 단축

24 흙의 함수비에 관한 설명으로 옳지 않은 것은?

① 연약점토질 지반의 함수비를 감소시키기 위해서 샌드드레인 공법을 사용할 수 있다.
② 함수비가 크면 흙의 전단강도가 작아진다.
③ 모래지반에서 함수비가 크면 내부마찰력이 감소된다.
④ 점토지반에서 함수비가 크면 점착력이 증가한다.

해설
점토지반의 경우 함수비가 크면 물을 많이 흡수하고 있는 것으로 점착력이 감소한다.

25 건축 방수공사의 성능확인을 위한 가장 일반적인 시험방법은?

① 수압시험
② 기밀시험
③ 실물시험
④ 담수시험

해설
④ 담수시험 : 건축방수의 성능을 확인하기 위한 가장 일반적인 시험방법이며, 배수 구멍을 폐쇄하고 물을 채운 후 2일 정도 누수 여부를 확인한다.
① 수압시험 : 보일러, 탱크 등과 같이 압력을 받는 부품에 안전성 확인을 위하여 수압을 가해서 조사하는 시험이다.
② 기밀시험 : 용기 내부 기체가 밀폐되어 외부로 누설되는 일이 없도록 기밀이 완벽한가를 검사하는 시험이다.
③ 실물시험 : 커튼월 등의 주요 자재를 실물 크기 그대로 제작하여 성능을 검사하는 시험이다.

26 벽마감공사에서 규격 200×200mm인 타일을 줄눈너비 10mm로 벽면적 100m²에 붙일 때 필요한 정미수량은? (단, 할증률 및 파손은 없는 것으로 가정한다)

① 2,238매
② 2,248매
③ 2,258매
④ 2,268매

해설

$$\text{타일 정미량} = \frac{1m}{(\text{타일 세로변}+\text{줄눈폭})} \times \frac{1m}{(\text{타일 가로변}+\text{줄눈폭})}$$

$$= \frac{100m^2}{0.2m+0.01m} \times \frac{100m^2}{0.2m+0.01m}$$

$$= \frac{100m^2}{0.0441m^2}$$

$$≒ 2,267.57$$

$$≒ 2,268매$$

27 특수콘크리트 공사에 관한 설명으로 옳지 않은 것은?

① 하루의 평균기온이 4°C 이하가 예상되는 조건일 때 한중 콘크리트로 시공한다.
② 하루의 평균기온이 25°C를 초과하는 것이 예상되는 경우 서중 콘크리트로 시공한다.
③ 매스콘크리트로 다루어야 할 하단이 구속된 벽조의 경우 두께 0.8m 이상으로 한다.
④ 섬유보강콘크리트의 시공은 품질이 얻어지도록 재료, 배합, 비비기 설비 등에 대하여 충분히 고려한다.

해설
매스콘크리트
- 부재 또는 구조물의 치수가 커서 시멘트의 수화열로 인한 온도의 상승을 고려하여 시공해야 하는 콘크리트이다.
- 평판구조인 경우 0.8m 이상, 하단이 구속된 벽체인 경우 0.5m 이상에 적용한다.

28 건설 클레임과 분쟁에 관한 설명으로 옳지 않은 것은?

① 클레임의 예방대책으로는 프로젝트의 모든 단계에서 시공의 기술과 경험을 이용한 시공성 검토가 있다.
② 작업범위 관련 클레임은 주로 예상치 못했던 지하구조물의 출현이나 지반 형태로 인해 시공자가 작업 수행을 위해 입찰 시 책정된 예정 가격을 초과 부담해야 할 경우에 발생한다.
③ 분쟁은 발주자와 계약자의 상호 이견 발생 시 조정, 중재, 소송의 개념으로 진행되는 것이다.
④ 클레임의 접근절차는 사전평가단계, 근거자료확보단계, 자료분석단계, 문서작성단계, 청구금액산출단계, 문서제출단계 등으로 진행된다.

해설
주로 예상치 못했던 지하구조물의 출현이나 지반 형태로 인해 시공자가 작업 수행을 위해 입찰 시 책정된 예정 가격을 초과 부담해야 할 경우에 발생하는 것은 작업조건 클레임에 대한 설명이다.

29 블록조 벽체에 와이어메시를 가로줄눈에 묻어 쌓기도 하는데 이에 관한 설명 중 옳지 않은 것은?

① 전단작용에 대한 보강이다.
② 수직하중을 분산시키는 데 유리하다.
③ 블록과 모르타르의 부착 성능의 증진을 위한 것이다.
④ 교차부의 균열을 방지하는 데 유리하다.

해설
와이어메시를 설치하는 이유는 구조적인 문제를 보강하기 위한 것으로 부착 성능과는 무관하다.
와이어메시(Wire mesh)
- 비교적 굵은 철선을 격자형으로 용접한 것이다.
- 횡력에 효과가 있으며 수직하중을 분산하는 데 유리하다.
- 전단작용에 대한 보강이 가능하고 교차부의 균열을 방지한다.

30 콘크리트의 크리프에 관한 설명으로 옳지 않은 것은?

① 습도가 높을수록 크리프는 크다.
② 물-시멘트비가 클수록 크리프는 크다.
③ 콘크리트의 배합과 골재의 종류는 크리프에 영향을 끼친다.
④ 하중이 제거되면 크리프 변형은 일부 회복된다.

해설
습도가 높으면 양생이 서서히 이루어지므로 크리프는 감소하며, 습도가 낮을수록 크리프는 증가한다.

31 건축물에 사용되는 금속제품과 그 용도가 바르게 연결되지 않은 것은?

① 피벗 : 문의 하부 발이 닿는 부분에 대하여 문짝이 손상되는 것을 방지하는 철물
② 코너비드 : 벽, 기둥 등의 모서리에 대는 보호용 철물
③ 논슬립 : 계단에 사용하는 미끄럼 방지 철물
④ 조이너 : 천장, 벽 등의 이음새 감추기용 철물

해설
문의 하부 발이 닿는 부분에 대하여 문짝이 손상되는 것을 방지하는 철물은 도어 스톱이다.

정답 27 ③ 28 ② 29 ③ 30 ① 31 ①

32 건축물 외벽공사 중 커튼월 공사의 특징으로 옳지 않은 것은?

① 외벽의 경량화
② 공업화 제품에 따른 품질 제고
③ 가설비계의 증가
④ 공기단축

해설
커튼월 공사는 크레인, 곤돌라 등을 통한 기계화 시공을 하므로 가설비계가 감소한다.
커튼월
- 라멘구조 등에서 비내력 외벽을 유리, 금속 등의 공장생산 부재로 구성하는 프리패브 구조를 말한다.
- 일반적으로 콘크리트나 벽돌 등의 외장재에 비하여 경량이어서 건물의 전체 무게를 줄이는 역할을 한다.
- 용접이나 볼트조임으로 구조물에 고정시키므로 공기가 단축된다.
- 고층, 초고층 건물에 적용하므로 기계화 시공을 하기 때문에 가설비계가 감소한다.

33 콘크리트에 사용되는 혼화재 중 플라이 애시의 사용에 따른 이점으로 볼 수 없는 것은?

① 유동성의 개선
② 초기강도의 증진
③ 수화열의 감소
④ 수밀성의 향상

해설
플라이 애시는 혼화재로 초기강도보다는 장기강도가 커진다.
플라이 애시 시멘트
- 화력발전소의 석탄 연소 후 잔재 미립분을 포틀랜드시멘트 클링커에 혼합하여 분쇄한 시멘트이다.
- 건조수축이 작고 가공성이 개선된다.
- 수화열이 적고 응결시간이 지연된다.
- 장기강도의 증진, 수밀성이 향상된다.
- 댐, 항만 등에 사용된다.

34 수밀콘크리트의 물-결합재비 기준으로 옳은 것은? (단, 건축공사표준시방서 기준)

① 40% 이하
② 45% 이하
③ 50% 이하
④ 55% 이하

해설
수밀콘크리트
- 물-결합재비 기준은 50% 이하를 표준으로 한다.
- 단위수량 및 물-결합재비는 최소화한다.
- 단위 굵은 골재량은 되도록 크게 배합한다.
- 워커빌리티 개선을 위해 공기연행제 사용 시 공기량은 4% 이하로 배합한다.
- 콘크리트 다짐을 철저히 해야 하며, 가급적 이어 붓기를 하지 않는다.

35 금속재료의 종류와 특성에 관한 설명으로 옳지 않은 것은?

① 구조용 특수강이란 강의 탄소량을 0.5% 이하로 하고 니켈, 망간, 규소, 크롬, 몰리브덴 등의 금속원소 1~2종을 약 5% 이하로 첨가한 것을 말한다.
② 스테인리스강은 공기 및 수중에서 잘 부식되지 않는 강을 말하며, 일반적으로 전기저항이 작고 열전도율이 높으며 경도에 비해 가공성이 우수하다.
③ 내후성강은 대기 중에서의 내식성을 보통강보다 2~6배 증대시키면서 보통강과 동등 이상의 재질, 가공성, 용접성 등을 갖게 한 강재이다.
④ TMCP강재는 탄소당량이 낮음에도 불구하고 용접성을 개선하여 용접성이 우수하며, 강재의 두께가 증가하더라도 항복강도의 저하가 없도록 한 것이다.

해설
스테인리스강은 공기 및 수중에서 잘 부식되지 않는 강을 말하며, 일반적으로 전기저항이 크고 열전도율이 낮으며 경도에 비해 가공성이 우수하다.

32 ③ 33 ② 34 ③ 35 ②

36 콘크리트의 블리딩에 관한 설명으로 옳지 않은 것은?

① 콘크리트 타설 후 비교적 가벼운 물이나 미세한 물질 등이 상승하는 현상을 의미한다.
② 콘크리트의 물-시멘트비가 클수록 블리딩량은 증대한다.
③ 콘크리트의 컨시스턴시가 클수록 블리딩량은 증대한다.
④ 단위 시멘트량이 많을수록 블리딩량은 크다.

해설
단위 시멘트량이 많을수록 블리딩량은 감소한다.

37 다음 중 혼화제인 것은?

① 기포제
② 고로슬래그
③ 플라이 애시
④ 포졸란

해설
고로슬래그, 플라이 애시, 포졸란은 혼화재에 해당한다.
혼화제
- 콘크리트의 성능을 개선하기 위해 혼합하는 첨가재료이다.
- 시멘트량의 1% 미만으로 사용되며 배합설계에는 포함되지 않는다.
- AE제, 경화제, 기포제, 방청제, 감수제, 유동화제 등이 있다.

38 합성고무와 열가소성수지를 사용하여 1겹으로 방수효과를 내는 공법은?

① 도막방수
② 시트방수
③ 아스팔트방수
④ 표면도포방수

해설
① 도막방수 : 도료 상태의 방수재를 바탕면에 여러 번 칠하여 얇은 수지 피막을 만들어 방수효과를 얻는 방식이다.
③ 아스팔트방수 : 아스팔트 계열의 방수재를 이용하여 방수층을 형성하는 방식으로 옥상, 평지붕, 지하실 등에 많이 쓰인다.
④ 표면도포방수 : 콘크리트 또는 조적 표면에 스프레이, 붓, 롤러 등을 이용하여 방수액을 도포하는 공법으로 작업공정은 단순하나 방수효과가 미비하다.

39 공동도급방식(Joint venture)에 관한 설명으로 옳은 것은?

① 2명 이상의 수급자가 어느 특정공사에 대하여 협동으로 공사계약을 체결하는 방식이다.
② 발주자, 설계자, 공사관리자의 세 전문집단에 의하여 공사를 수행하는 방식이다.
③ 발주자와 수급자가 상호신뢰를 바탕으로 팀을 구성하여 공동으로 공사를 수행하는 방식이다.
④ 공사수행방식에 따라 설계/시공(D/B)방식과 설계/관리(D/M)방식으로 구분한다.

해설
②는 건설사업관리(CM), ③은 파트너링, ④는 턴키(Turn-key) 방식에 대한 설명이다.
공동도급방식
- 공사를 복수의 도급자가 구성한 공동체에 도급시키는 방식이다.
- 특정공사를 목적으로 하며 출자와 관리를 공동으로 시행한다.
- 공사 이윤은 각 회사의 출자 비율로 배당한다.
- 공사에 대한 위험분산, 자본력, 융자력 등이 증대된다.
- 이해 충돌이 발생하고, 경비가 증가한다.

40 시험말뚝박기에서 다음 항목 중 말뚝의 허용지지력 산출에 거의 영향을 주지 않는 것은?

① 추의 낙하높이
② 말뚝의 길이
③ 말뚝의 최종 관입량
④ 추의 무게

해설
시험말뚝박기는 추의 중량, 추의 낙하고, 말뚝의 관입량에 관계되며 말뚝의 길이는 영향을 주지 않는다.

정답 36 ④ 37 ① 38 ② 39 ① 40 ②

제3과목 건축구조

41 강도설계법에서 고정하중(D)과 풍하중(W)에 대한 하중조합으로 적합한 것은?

① $1.4(D+W)$
② $1.2D+1.6W$
③ $0.9D+1.3W$
④ $1.2D+1.3W$

해설
강도설계법에서 고정하중과 풍하중을 고려 시 하중조합은 $0.9D+1.3W$가 된다.
강도설계법의 하중조합
- $1.4(D+F)$
- $1.2(D+F+T)+1.6L+0.5(L_r \text{ or } S \text{ or } R)$
- $1.2D+1.6(L_r \text{ or } S \text{ or } R)+(1.0L \text{ or } 0.5W)$
- $1.2D+1.3W+1.0L+0.5(L_r \text{ or } S \text{ or } R)$
- $1.2D+1.0E+1.0L+0.2S$
- $0.9D+1.3W$
- $0.9D+1.0E$

여기서, D : 고정하중
 L : 활하중
 L_r : 지붕활하중
 W : 풍하중
 S : 적설하중
 E : 지진하중
 T : 온도하중
 F : 유체압 등
 R : 강우하중

42 강도설계법에서 처짐을 계산하지 않는 경우 스팬 4.0m인 단순지지된 보의 최소 춤에 대한 규정을 적용 시 옳은 것은? (단, 일반 콘크리트와 f_{ck} = 400MPa인 철근을 사용할 경우)

① 250mm ② 430mm
③ 500mm ④ 600mm

해설
처짐을 계산하지 않는 경우 보의 최소 두께
- 보통 콘크리트(M_c = 2,300kg/m³)와 설계기준항복강도 400MPa 철근을 사용한 부재에 대한 값이다.

부재	최소 두께(h)			
	단순지지	1단 연속	양단 연속	캔틸레버
1방향 슬래브	$l/20$	$l/24$	$l/28$	$l/10$
• 보 • 리브가 있는 1방향 슬래브	$l/16$	$l/18.5$	$l/21$	$l/8$

- 단순지지된 보의 춤이므로 위의 기준에서 $\frac{l}{16}$을 적용하면

$$\therefore h = \frac{4,000}{16} = 250\text{mm}$$

43 다음 중 피로를 고려하지 않아도 되는 이형철근의 인장범위가 맞는 것은?(단, 철근의 설계기준 항복강도는 500MPa이다)

① 130MPa ② 140MPa
③ 150MPa ④ 160MPa

해설
피로를 고려하지 않아도 되는 철근과 긴장재의 인장범위

강재의 종류	설계기준 항복강도 혹은 위치	철근 또는 긴장재의 인장범위
이형철근	300MPa	130MPa
	350MPa	140MPa
	400MPa 이상	150MPa
긴장재	연결부 또는 정착부	140MPa
	기타 부위	160MPa

44 평형철근량보다 작은 인장철근을 가진 보가 휨에 의해 파괴될 때의 설명 중 옳은 것은?

① 압축측 콘크리트가 먼저 파괴한다.
② 인장측 철근이 먼저 항복한다.
③ 압축측과 인장측이 동시에 파괴한다.
④ 중립축이 인장측으로 내려오면서 철근이 먼저 파괴된다.

해설

평형철근량보다 작은 인장철근을 조립한 경우 인장측 철근이 먼저 항복한 다음, 압축측 콘크리트가 극한 상태에 도달하여 연성파괴가 발생한다.

평형철근비

- 철근의 인장응력과 콘크리트의 압축응력이 동시에 항복 변형률과 극한 변형률에 도달하는 철근의 비율이다.
- 평형철근비 상태에서 파괴가 일어나면 콘크리트와 철근이 동시에 파괴되는 취성파괴가 일어난다.
- 평형철근량보다 배근된 철근량이 작은 경우 인장철근이 작으면 인장측 철근이 먼저 항복하게 된다.

45 용접이음 부위의 교차를 피하기 위해 설치하는 구멍을 무엇이라고 하는가?

① 엔드탭 ② 거셋 플레이트
③ 뒷댐재 ④ 스캘럽

해설

① 엔드탭 : 용접선의 단부에 붙인 보조판으로 아크의 시작부나 종단부의 크레이터 등의 결함 방지를 위해 사용하며 그 판은 제거한다.
② 거셋 플레이트 : 트러스의 부재, 스트럿 또는 가새재를 보 또는 기둥에 연결하는 판요소이다.
③ 뒷댐재 : 용접에서 부재의 밑에 대는 금속판으로 모재와 함께 용접된다.

46 단일압축재에서 세장비를 구할 때 필요하지 않은 것은?

① 유효좌굴길이 ② 단면적
③ 탄성계수 ④ 단면2차모멘트

해설

세장비

강구조에서 휨축과 동일한 축의 단면2차반경에 대한 유효길이의 비이다.

세장비(λ) = 좌굴길이(l_k) ÷ 최소 단면2차반경(i_{min})

※ 좌굴길이(l_k) = 유효좌굴계수(K) × 길이(l)

※ 단면2차반경(i_{min}) = $\sqrt{\dfrac{단면2차모멘트(I_{min})}{면적(A)}}$

47 강도설계법에서 깊은 보는 순경간 l_n이 부재 깊이의 몇 배 이하인 부재인가?

① 2배 ② 3배
③ 4배 ④ 5배

해설

깊은 보

- 보의 높이가 지간에 비해 높거나 보에 작용하는 하중이 부재면 내에 작용으로 단면 내에 평면응력상태가 되는 보이다.
- 순경간이 부재 깊이 4배 이하인 부재이다.
  l_n(순경간) ≤ $4h$(보의 깊이)
- 보 상부에 집중하중이 작용하는 경우, 집중하중의 위치와 받침부 내면 사이 거리가 부재 깊이 2배 이하인 경우에 해당한다.
  a(하중작용거리) ≤ $2h$(보의 깊이)

정답 44 ② 45 ④ 46 ③ 47 ③

48 압축이형철근(D19)의 기본정착길이를 구하면?(단, 보통 콘크리트 사용, D19의 단면적 287mm², f_{ck} = 21MPa, f_y = 400MPa)

① 674mm ② 570mm
③ 482mm ④ 415mm

해설
압축 이형철근의 정착길이
정착길이(l_d)는 기본정착길이(l_{db}) × 적용 가능한 모든 보정계수이며, 항상 200mm 이상이어야 한다.
- $l_{db} = \dfrac{0.25 \times d_b \times f_y}{\lambda \sqrt{f_{ck}}} = \dfrac{0.25 \times 19 \times 400}{1 \times \sqrt{21}} ≒ 414.61 mm$
- $l_{db} = 0.043 \times d_b \times f_y = 0.043 \times 19 \times 400 = 326.8 mm$

∴ 압축 이형철근(D19)의 기본정착길이는 두 식으로 계산한 값 중 큰 값인 414.61mm이다.

50 인장력을 받는 원형 단면 강봉의 지름을 4배로 하면 수직응력은 기존 응력도의 얼마로 줄어드는가?

① 1/2 ② 1/4
③ 1/8 ④ 1/16

해설
$$\sigma = \frac{P}{A} = \frac{P}{\frac{\pi D^2}{4}} = \frac{4P}{\pi D^2}$$

여기서, σ : 응력도
  P : 중심축 하중
  A : 단면적 $\left(\text{원형 단면이므로 } A = \dfrac{\pi D^2}{4}\right)$

∴ 응력은 지름의 제곱에 반비례하므로 지름이 4배이면 응력은 1/16배 감소한다.

49 그림과 같은 구조물의 판별로 옳은 것은?

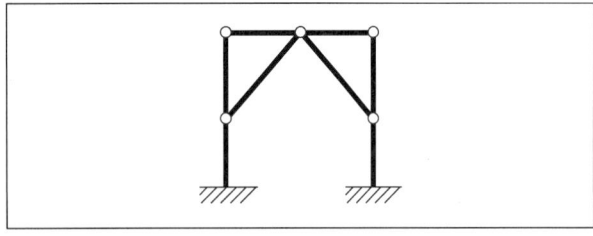

① 불안정 ② 정정
③ 2차 부정정 ④ 3차 부정정

해설
$m = n + s + r - 2k$
  $= 6 + 3 + 2 - 2 \times 4$
  $= 3$

여기서, m : 부정정 차수
  n : 반력수
  s : 부재수
  r : 강절점수
  k : 절점수(지점과 자유단을 포함)

∴ $m > 0$이므로 3차 부정정 구조물이다.

51 그림과 같은 하중을 지지하는 단주의 단면에서 인장력을 발생시키지 않는 거리 x의 한계는?

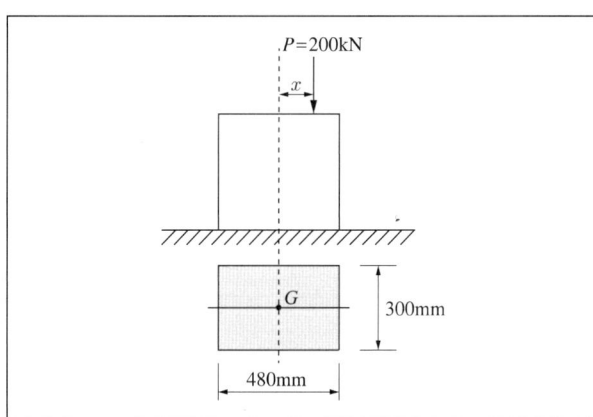

① 40mm ② 60mm
③ 80mm ④ 120mm

해설
최소 응력이 0이 되는 값이 인장응력이 생기지 않는 거리 x이므로 e의 값을 구하면
$$\sigma_{min} = -\frac{P}{A} + \frac{M}{Z} = -\frac{P}{bh} + \frac{P \times e}{\frac{bh^2}{6}} = 0$$

여기서, e : 인장력을 발생시키지 않는 거리(x)

∴ $e = \dfrac{P}{bh} \times \dfrac{bh^2}{6P} = \dfrac{h}{6} = \dfrac{480}{6} = 80mm$

52 그림과 같은 강재가 전단력을 받아 점선과 같이 변형되었을 때 이 강재의 전단변형률은?

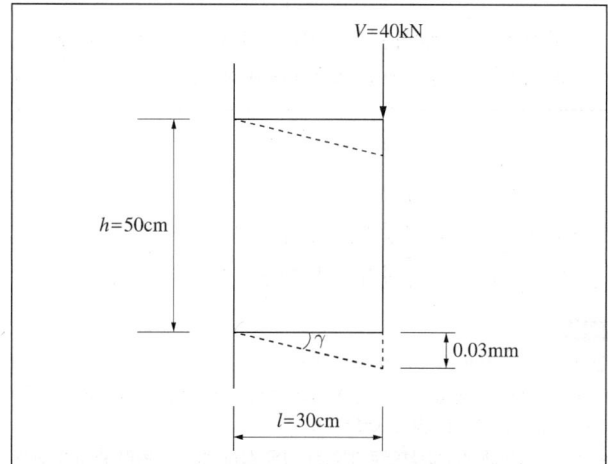

① 0.00006rad
② 0.0001rad
③ 0.00125rad
④ 0.00075rad

해설

전단변형률$(\tan\theta) = \dfrac{w}{l} = \dfrac{0.03mm}{300mm} = 0.0001 \text{rad}$

여기서, w : 변화된 길이, l : 원래 길이, θ : 변화된 각도

53 고력볼트 F10T(M20) 1면 전단일 때 볼트 한 개당 설계전단강도(ϕR_n)를 구하면?(단, 고력볼트의 $F_n = 1,000$MPa, $\phi = 0.75$, $F_{nv} = 0.5F_u$ 이다)

① 117.8kN
② 95.3kN
③ 49.6kN
④ 33.1kN

해설

설계전단강도$(\phi R_n) = \phi \times F_n \times A_b \times N_s$

$= 0.75 \times 0.5 \times 1,000 \times \dfrac{\pi \times 20^2}{4} \times 1$면

$\fallingdotseq 117,809N \fallingdotseq 117.8kN$

여기서, F_n : 공칭전단강도, $F_{nv} = 0.5F_u$ (N/mm²)
A_b : 고장력볼트의 공칭단면적(mm²)
N_s : 전단면의 수

54 그림과 같은 사다리꼴 단면형의 도심의 위치 y를 나타내는 식은?

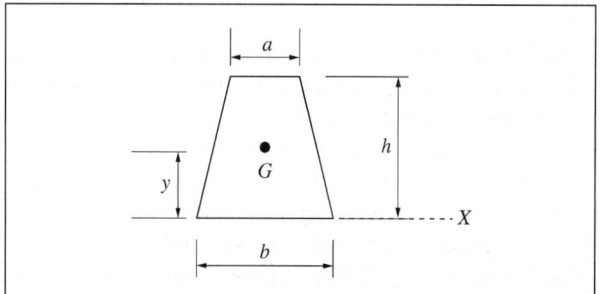

① $y = \dfrac{h}{3} \times \dfrac{2a+b}{a+b}$
② $y = \dfrac{h}{3} \times \dfrac{a+2b}{a+b}$
③ $y = \dfrac{h}{3} \times \dfrac{a+b}{2a+b}$
④ $y = \dfrac{h}{3} \times \dfrac{a+b}{a+2b}$

해설

- $\sum A = A_1 + A_2 = \dfrac{a \times h}{2} + \dfrac{b \times h}{2} = \dfrac{(a+b) \times h}{2}$

- $G_x = \sum A \times e = \left(\dfrac{a \times h}{2} \times \dfrac{2 \times h}{3}\right) + \left(\dfrac{b \times h}{2} \times \dfrac{h}{3}\right)$

$= \dfrac{a \times h^2}{3} + \dfrac{b \times h^2}{6} = \dfrac{(2a+b) \times h^2}{36}$

$\therefore y = \dfrac{G_x}{A} = \dfrac{(2a+b) \times h^2}{36} \times \dfrac{2}{(a+b) \times h} = \dfrac{h}{3} \times \dfrac{2a+b}{a+b}$

55 철근콘크리트 기초판 설계에 대한 설명으로 옳지 않은 것은?

① 기초판에서 휨모멘트, 전단력 및 철근정착에 대한 위험단면의 위치를 정할 경우, 원형 또는 정다각형인 콘크리트 기둥이나 받침대는 같은 면적의 정사각형 부재로 취급할 수 있다.

② 기초판 상면에서부터 하부 철근까지의 깊이는 흙에 놓이는 기초의 경우는 150mm 이상, 말뚝기초의 경우는 300mm 이상으로 하여야 한다.

③ 기초판 각 단면에서의 휨모멘트는 기초판을 자른 수직면에서 그 수직면의 1/4 면적에 작용하는 힘에 대해 계산한다.

④ 기초판 철근은 각 단면에서 계산된 철근의 인장력 또는 압축력을 기준으로 묻힘길이, 인장갈고리, 기계적 장치 또는 이들의 조합에 의하여 그 단면의 양방향으로 정착하여야 한다.

정답 52 ② 53 ① 54 ① 55 ③

해설

기초판 각 단면에서의 휨모멘트는 기초판을 자른 수직면에서 그 수직면의 한쪽 전체 면적에 작용하는 힘에 대해 계산한다.

기초판 설계
- 기초판에서 휨모멘트, 전단력 그리고 철근정착에 대한 위험단면의 위치를 정할 경우, 원형 또는 정다각형인 콘크리트 기둥이나 주각은 같은 면적의 정사각형 부재로 취급할 수 있다.
- 기초판 윗면부터 하부 철근까지 깊이는 직접기초의 경우는 150mm 이상, 말뚝기초의 경우는 300mm 이상으로 하여야 한다.
- 기초판 각 단면의 휨모멘트는 기초판을 자른 수직면에서 그 수직면의 한쪽 전체 면적에 작용하는 힘에 대해 계산하여야 한다.
- 1방향 기초판 또는 2방향 정사각형 기초판에서 철근은 기초판 전체 폭에 걸쳐 균등하게 배치하여야 한다.
- 각 단면에서 계산된 철근의 인장력 또는 압축력이 단면의 양측에서 발휘될 수 있도록 묻힘길이, 표준갈고리나 기계적 장치 또는 이들의 조합에 의하여 철근을 정착하여야 한다.
- 장변 방향의 철근은 폭 전체에 균등히 배치시킨다.

56 그림과 같은 단순보의 수직반력을 구하면?

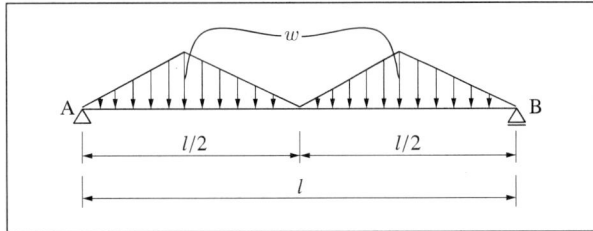

① $R_A = R_B = \dfrac{wl}{2}$ ② $R_A = R_B = \dfrac{wl}{4}$

③ $R_A = R_B = \dfrac{wl}{6}$ ④ $R_A = R_B = \dfrac{wl}{8}$

해설

$\sum V = 0$, $\sum M = 0$

- 삼각형의 면적이 하중의 크기이므로

$$P = \dfrac{w \times \dfrac{l}{2}}{2} \times 2 = \dfrac{wl}{2}$$

- $\dfrac{wl}{2}$ 의 하중을 양단이 분담하므로

$$R_A = R_B = \dfrac{wl}{4}$$

57 철근의 간격 제한에 대한 내용이다. ( ) 안에 들어갈 알맞은 내용은?

> 동일 평면에서 평행하는 철근 사이의 수평 순간격은 (㉠)mm 이상, 철근의 (㉡) 이상으로 하여야 한다.

① ㉠ 20mm, ㉡ 공칭지름
② ㉠ 25mm, ㉡ 공칭지름
③ ㉠ 20mm, ㉡ 공칭지름의 제곱
④ ㉠ 25mm, ㉡ 공칭지름의 제곱

해설

철근의 간격 제한(KDS 14 20 50)
- 동일 평면에서 평행하는 철근 사이의 수평 순간격은 25mm 이상, 철근의 공칭지름 이상으로 하여야 한다.
- 상단과 하단에 2단 이상으로 배치된 경우 상하 철근은 동일 연직면 내에 배치되어야 하고, 이때 상하 철근의 순간격은 25mm 이상으로 하여야 한다.
- 나선철근 또는 띠철근이 배근된 압축부재에서 축방향 철근의 순간격은 40mm 이상, 또한 철근 공칭지름의 1.5배 이상으로 하여야 한다.
- 철근의 순간격에 대한 규정은 서로 접촉된 겹침이음철근과 인접된 이음 철근 또는 연속철근 사이의 순간격에도 적용하여야 한다.
- 벽체 또는 슬래브에서 휨 주철근의 간격은 벽체나 슬래브 두께의 3배 이하로 하여야 하고, 또한 450mm 이하로 하여야 한다. 다만, 콘크리트 장선구조의 경우 이 규정이 적용되지 않는다.

58 접합부의 얇은 쪽 소재두께가 20mm일 때 필릿용접의 최소 사이즈는 몇 mm인가?(단, 하중저항계수설계법 기준)

① 3mm   ② 5mm
③ 6mm   ④ 8mm

해설

필릿용접의 최소 사이즈(KDS 14 31 25)

접합부의 얇은 쪽 소재두께 t(mm)	필릿용접의 최소 치수(mm)
$t < 6$	3
$6 \leq t < 13$	5
$13 \leq t < 20$	6
$20 \leq t$	8

59 고장력볼트 F10T의 공칭인장강도 F_{nt}는 얼마인가?

① 300MPa ② 600MPa
③ 750MPa ④ 975MPa

해설
볼트의 공칭강도(MPa)(KDS 14 31 25)

강도	강종	고장력볼트			일반볼트
		F8T	F10T	F13T	4.6
공칭인장강도(F_{nt})		600	750	975	300
지압접합의 공칭전단강도(F_{nv})	나사부가 전단면에 포함될 경우	320	400	520	160
	나사부가 전단면에 포함되지 않을 경우	400	500	650	200

60 그림과 같은 단순보의 단면에 생기는 최대 전단응력도는 얼마인가?(단, 보의 단면은 300×500mm이다)

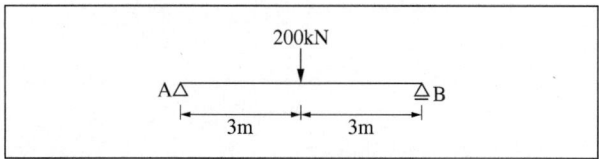

① 1MPa ② 2MPa
③ 3MPa ④ 4MPa

해설
- 최대 전단력(V_{max}) $= \dfrac{P}{2} = \dfrac{200}{2} = 100$
- 최대 전단력(γ_{max}) $= k\dfrac{V_{max}}{A} = \dfrac{3}{2} \times \dfrac{100 \times 10^3}{300 \times 500} = 1\text{MPa}$

여기서, k : 원형 단면일 때, $\dfrac{4}{3}$

사각형 단면일 때, $\dfrac{3}{2}$

제4과목 건축설비

61 급탕배관에 관한 설명으로 옳지 않은 것은?

① 관의 신축을 고려하여 굽힘 부분에는 스위블 이음 등으로 접합한다.
② 관의 신축을 고려하여 건물의 벽 관통 부분의 배관에는 슬리브를 사용한다.
③ 역구배나 공기 정체가 일어나기 쉬운 배관 등 온수의 순환을 방해하는 것을 피한다.
④ 배관재로 동관을 사용하는 경우 관내 유속을 느리게 하면 부식되기 쉬우므로 2.5m/s 이상으로 하는 것이 바람직하다.

해설
동관 배관의 경우 유속이 빠르면 부식되기 쉬우므로 0.4~1.5m/s의 범위를 유지해야 한다.
급탕배관
- 배관은 가능한 한 급구배로 해야 한다.
- 관의 신축을 고려하여 스위블 조인트, 루프형(신축곡관), 벨로스형, 슬리브형 등을 설치한다.
- 급탕배관의 부식은 과대한 유속에 기인하는 것으로, 관내 유속은 동관에서 0.4~1.5m/s, 스테인레스 강관이나 피복수지관 혹은 수지관은 0.4~2.0m/s의 범위를 유지한다.

62 작업면의 필요 조도가 400lx, 면적이 10m², 전등 1개의 광속이 2,000lm, 감광보상률이 1.5, 조명률이 0.6일 때 전등의 소요수량은?

① 3등 ② 5등
③ 8등 ④ 10등

해설
램프 수량 $= \dfrac{\text{평균조도} \times \text{실의 면적}}{\text{램프당 광속} \times \text{조명률} \times \text{보수율}}$

$= \dfrac{400 \times 10}{2,000 \times 0.6 \times 1/1.5} = 5$등

63 알칼리 축전지에 관한 설명으로 옳지 않은 것은?

① 고율방전특성이 좋다.
② 공칭전압은 2V/셀이다.
③ 기대수명이 10년 이상이다.
④ 부식성의 가스가 발생하지 않는다.

해설
알칼리 축전지
- 전해액으로 알칼리 용액을 사용하는 축전지이다.
- 공칭전압은 1.35V 정도이다.
- 납축전지와 비교 시 진동에 강하고 자기방전이 적으며 열악한 주위 환경에서도 오래 사용한다.
- 암페어 시효율이 낮고 가격이 고가이다.

64 급기온도를 일정하게 하고 송풍량을 변화시켜서 실내 온도를 조절하는 공기조화방식은?

① FCU방식
② 이중덕트방식
③ 정풍량 단일덕트방식
④ 변풍량 단일덕트방식

해설
① FCU(팬코일유닛)방식 : 중앙에서 공급된 차가운 물이 든 코일유닛을 통해 공기온도를 조절하는 방식이다.
② 이중덕트방식 : 공조 장치로 만든 냉풍과 온풍을 2개의 덕트로 따로따로 보내고, 각 실에 혼합 상자를 설치해서 부하에 대응하는 혼합 공기를 배출하는 방식이다.
③ 정풍량 단일덕트방식 : 모든 실에 공기를 일정하게 정해진 풍량으로 공급하는 방식이다.

65 온수난방과 비교한 증기난방의 설명으로 옳은 것은?

① 예열시간이 길다.
② 한랭지에서 동결의 우려가 있다.
③ 부하변동에 따른 방열량 제어가 용이하다.
④ 열매온도가 높으므로 방열기의 방열면적이 작아진다.

해설
① 증기난방은 예열시간이 짧다.
② 증기난방은 열원을 사용하므로 한랭지에서 동결의 우려가 적다.
③ 부하변동에 따른 방열량 제어가 어렵다.

66 옥내소화전설비의 설치기준으로 옳지 않은 것은?

① 방수구는 바닥으로부터의 높이가 1.5m 이하가 되도록 한다.
② 연결송수관설비의 배관과 겸용할 경우의 주배관은 구경 100mm 이상으로 한다.
③ 특정소방대상물의 각 부분으로부터 하나의 옥내소화전방수구까지의 수평거리가 30m 이하가 되도록 한다.
④ 수원은 그 저수량이 옥내소화전의 설치개수가 가장 많은 층의 설치개수(2개 이상 설치된 경우에는 2개)에 $2.6m^3$를 곱한 양 이상이 되도록 한다.

해설
특정소방대상물의 층마다 설치하되, 해당 특정소방대상물의 각 부분으로부터 하나의 옥내소화전 방수구까지의 수평거리가 25m 이하가 되도록 해야 한다(옥내소화전설비의 화재안전기술기준).

67 자동화재탐지설비의 열감지기 중 주위 온도가 일정온도 이상일 때 작동하는 것은?

① 차동식
② 정온식
③ 광전식
④ 이온화식

해설
자동화재탐지설비
- 정온식 감지기 : 일정 온도에 도달하면 작동한다.
- 차동식 감지기 : 일정 온도 상승률에 따라 작동한다.
- 광전식 감지기 : 적외선을 이용하는 연기감지기이다.
- 이온화식 감지기 : 방사성 동위원소를 이용하는 연기감지기이다.

정답 63 ② 64 ④ 65 ④ 66 ③ 67 ②

68 스프링클러설비의 화재안전성능기준 내용이다. ( ) 안에 알맞은 것은?

전동기에 따른 펌프를 이용하는 가압송수장치의 송수량은 0.1MPa의 방수압력 기준으로 ( ) 이상의 방수성능을 가진 기준 개수의 모든 헤드로부터 방수량을 충족시킬 수 있는 양 이상으로 할 것

① 80L/min
② 90L/min
③ 110L/min
④ 130L/min

해설
가압송수장치(스프링클러설비의 화재안전성능기준 제5조)
가압송수장치의 송수량은 0.1MPa의 방수압력 기준으로 80L/min 이상의 방수성능을 가진 기준 개수의 모든 헤드로부터의 방수량을 충족시킬 수 있는 양 이상의 것으로 해야 한다.

69 3상 대칭 성형(Y)결선에서 상전압이 220V일 때 선간전압은 얼마인가?

① 110V
② 220V
③ 380V
④ 440V

해설
- Y결선에서 상전압 $= \dfrac{선간전압}{\sqrt{3}} =$ 상전압 $\times \sqrt{3}$
- Δ결선에서 상전압 = 선간전압
- ∴ 선간전압 $= 220 \times \sqrt{3} ≒ 380$V

70 공기조화기 설계에서 사용되는 바이패스 팩터(Bypass factor)의 의미로 옳은 것은?

① 급기팬을 통과하는 공기 중 건공기의 비율
② 공기조화기의 도입외기와 환기(Return air)의 비율
③ 실내로부터의 환기(Return air) 중 공기조화기로 도입되는 공기의 비율
④ 냉온수코일의 통과 공기 중 냉온수코일과 접촉하지 않고 통과하는 공기의 비율

해설
바이패스 팩터
- 냉온수코일을 통과하는 풍량 가운데 핀이나 튜브 표면과 접촉하지 않고 통과하는 풍량의 비율이다.
- 코일 열수가 많아지면 비접촉 풍량비는 작아진다.

71 인터폰설비의 통화망 구성방식에 속하지 않는 것은?

① 모자식
② 상호식
③ 복합식
④ 프레스토크식

해설
프레스토크식은 엘리베이터용 인터폰으로 버튼을 누른 후 통화하는 방식이다.

인터폰설비의 통화망 구성방식

모자식	1대의 모기에 여러 대의 자기를 접속한 방식이다.
상호식	상호 간에 상대를 호출하여 통화하는 방식이다.
복합식	모자식과 상호식을 조합한 방식이다.

72 공기조화방식 중 전공기 방식에 속하는 것은?

① 패키지방식
② 이중덕트방식
③ 유인유닛방식
④ 팬코일유닛방식

해설
① : 냉매방식에 해당한다.
③ : 수-공기방식에 해당한다.
④ : 전수방식에 해당한다.

전공기 방식
- 중앙에서 만들어진 조화공기를 각 실에 송풍하는 방식이다.
- 단일덕트, 이중덕트, 멀티존유닛, 각층유닛방식이 있다.

정답 68 ① 69 ③ 70 ④ 71 ④ 72 ②

73 압력탱크 급수방식에 관한 설명으로 옳지 않은 것은?

① 정전 시 급수가 곤란하다.
② 급수 압력을 일정하게 유지할 수 있다.
③ 단수 시 저수조의 물을 사용할 수 있다.
④ 탱크를 높은 곳에 설치하지 않아도 된다.

해설
압력탱크 급수방식은 가압탱크를 사용하기 때문에 급수 압력을 일정하게 유지할 수 없다.
압력탱크 급수방식
- 지하수조에 저수한 물을 가압탱크를 이용하여 공기압으로 급수하는 방식이다.
- 정전 시 급수가 곤란하다.
- 단수 시에도 일정량 사용이 가능하다.
- 탱크의 설치 위치에 제한이 없다.

74 접지시스템의 시설 종류로 옳지 않은 것은?

① 단독접지 ② 공통접지
③ 통합접지 ④ 온통접지

해설
접지시스템의 시설 종류

단독접지	고압, 특고압 계통의 접지극과 저압 계통의 접지극을 독립적으로 설치하는 방식이다.
공통접지	등전위가 형성되도록 고압, 특고압, 저압 계통의 접지극을 공통으로 접지하는 방식이다.
통합접지	전기설비의 접지 계통, 피뢰설비, 전자통신설비 등의 접지극을 통합하여 접지하는 방식이다.

75 가스사용시설에서 가스계량기의 설치에 관한 설명으로 옳지 않은 것은?

① 전기접속기와의 거리가 최소 30cm 이상이 되도록 한다.
② 전기점멸기와의 거리가 최소 60cm 이상이 되도록 한다.
③ 전기개폐기와의 거리가 최소 60cm 이상이 되도록 한다.
④ 전기계량기와의 거리가 최소 60cm 이상이 되도록 한다.

해설
가스계량기는 전기점멸기와의 거리가 최소 30cm 이상이 되도록 설치해야 한다.
가스계량기의 안전거리(도시가스사업법 시행규칙 별표 7)

전기계량기, 전기계폐기	굴뚝(단열조치 없는 경우), 전기점멸기, 전기접속기	전열조치를 하지 아니한 전선
60cm 이상	30cm 이상	15cm 이상

76 이중덕트방식에 관한 설명으로 옳은 것은?

① 부하감소에 따라 송풍량이 감소된다.
② 부하변동에 따른 적응속도가 느리다.
③ 혼합손실로 인한 에너지 소비량이 크다.
④ 부하특성이 다른 여러 실에 적용하기 곤란하다.

해설
① 부하가 감소하여도 송풍량은 변함이 없다.
② 부하변동에 따른 적응속도가 빠르다.
④ 부하특성이 다른 여러 실에 적용 가능하다.

77 에스컬레이터의 좌우에 설치되어 있으며, 스텝을 주행시키는 역할을 하는 것은?

① 스텝체인 ② 핸드레일
③ 스커트가드 ④ 가이드레일

해설
에스컬레이터 구성요소
- 스텝체인 : 좌우에 설치되어 가이드레일을 따라 스텝(디딤판)을 주행시키는 역할을 한다.
- 스커트 : 스텝, 팔레트 또는 벨트와 연결되는 난간의 수직 부분이다.
- 핸드레일 : 사람이 이용하는 동안 잡고 타기 위한 움직이는 레일이다.

73 ② 74 ④ 75 ② 76 ③ 77 ①

78 엘리베이터 주행시간을 구하기 위해 필요 없는 것은?

① 전속주행
② 가속주행
③ 감속주행
④ 일주시간

해설
일주시간은 엘리베이터 수송능력 및 배차간격을 구하기 위해 필요한 요소이다.
엘리베이터의 주행시간 : 전속주행 + 가속주행 + 감속주행

79 변전실의 위치에 관한 설명으로 옳지 않은 것은?

① 습기와 먼지가 적은 곳일 것
② 전기기기의 반출입이 용이한 곳일 것
③ 가능한 한 부하의 중심에서 먼 곳일 것
④ 외부로부터 전원의 인입이 쉬운 곳일 것

해설
변전실이 부하의 중심에서 멀리 있는 경우 전선이 길어지므로 문제가 발생하기 쉬우므로 가능한 한 부하의 중심에서 가까운 곳에 위치해야 한다.

80 부하율 구하는 공식으로 옳은 것은?

① (부하의 평균전력 / 최대수용전력) × 100(%)
② (최대수용전력 / 총부하설비용량) × 100(%)
③ 각 부하의 최대수용전력의 합계 / 합성최대수용전력
④ 총부하설비용량 / 합성최대수용전력

해설
③은 수요율, ④는 부등률에 대한 설명이다.
부하율
• 전기설비가 어느 정도 유효하게 사용되는가를 나타내는 것이다.
• 부하율 = (부하의 평균전력 / 최대수용전력) × 100(%)

제5과목 건축관계법규

81 건축법령상 주요구조부에 속하지 않는 것은?

① 내력벽
② 기둥
③ 주계단
④ 옥외계단

해설
주요구조부(건축법 제2조)
주요구조부란 내력벽, 기둥, 바닥, 보, 지붕틀 및 주계단을 말한다. 다만, 사이 기둥, 최하층 바닥, 작은 보, 차양, 옥외 계단, 그 밖에 이와 유사한 것으로 건축물의 구조상 중요하지 아니한 부분은 제외한다.

82 용도별 건축물의 종류가 옳지 않은 것은?

① 판매시설 – 소매시장
② 의료시설 – 치과병원
③ 문화 및 집회시설 – 수족관
④ 교육연구시설 – 어린이집

해설
어린이집은 노유자시설에 해당한다.
용도별 건축물의 종류 중 교육연구시설(건축법 시행령 별표 1)
• 학교(유치원, 초등학교, 중학교, 고등학교, 대학교, 그 밖에 이에 준하는 각종 학교 포함)
• 교육원(연수원, 그 밖에 이와 비슷한 것 포함)
• 직업훈련소(운전 및 정비 관련 직업훈련소 제외)
• 학원, 교습소(원격으로 교습하는 것은 제외)
• 연구소(연구소에 준하는 시험소와 계측계량소 포함)
• 도서관

정답 78 ④ 79 ③ 80 ① 81 ④ 82 ④

83 대지와 도로의 관계에 관한 기준 내용이다. ( ) 안에 알맞은 것은?

> 면적의 합계가 2,000m²(공장인 경우에는 3,000m²) 이상인 건축물(축사, 작물지배사, 그 밖에 이와 비슷한 건축물로 정하는 규모의 건축물을 제외한다)의 대지는 너비 (㉠) 이상의 도로에 (㉡) 이상 접하여야 한다.

① ㉠ 4m, ㉡ 2m
② ㉠ 6m, ㉡ 4m
③ ㉠ 8m, ㉡ 6m
④ ㉠ 8m, ㉡ 4m

해설
대지와 도로의 관계(건축법 시행령 제28조)
연면적의 합계가 2,000m²(공장인 경우에는 3,000m²) 이상인 건축물(축사, 작물 재배사, 그 밖에 이와 비슷한 건축물로서 건축조례로 정하는 규모의 건축물은 제외한다)의 대지는 너비 6m 이상의 도로에 4m 이상 접하여야 한다.

84 건축법령상 다중이용건축물에 속하지 않는 것은?

① 층수가 16층인 판매시설
② 층수가 20층인 관광숙박시설
③ 종합병원으로 쓰는 바닥면적의 합계가 3,000m²인 건축물
④ 종교시설로 쓰는 바닥면적의 합계가 5,000m²인 건축물

해설
다중이용건축물(건축법 시행령 제2조)
• 다음의 어느 하나에 해당하는 용도로 쓰는 바닥면적의 합계가 5,000m² 이상인 건축물
  - 문화 및 집회시설(동물원 및 식물원은 제외한다)
  - 종교시설
  - 판매시설
  - 운수시설 중 여객용 시설
  - 의료시설 중 종합병원
  - 숙박시설 중 관광숙박시설
• 16층 이상인 건축물

85 건축법령상 초고층 건축물의 정의로 옳은 것은?

① 층수가 30층 이상이거나 높이가 150m 이상인 건축물
② 층수가 40층 이상이거나 높이가 175m 이상인 건축물
③ 층수가 50층 이상이거나 높이가 200m 이상인 건축물
④ 층수가 60층 이상이거나 높이가 250m 이상인 건축물

해설
건축물의 정의(건축법 제2조, 동법 시행령 제2조)

고층 건축물	층수 30층 이상이거나 높이 120m 이상인 건축물
초고층 건축물	층수 50층 이상이거나 높이 200m 이상인 건축물
준초고층 건축물	고층 건축물 중 초고층 건축물이 아닌 것

86 건축물의 관람실 또는 집회실로부터 바깥쪽으로의 출구로 쓰이는 문을 안여닫이로 하여서는 안 되는 건축물은?

① 위락시설
② 수련시설
③ 문화 및 집회시설 중 전시장
④ 문화 및 집회시설 중 동·식물원

해설
관람실 등으로부터의 출구의 설치기준(건물물방화구조규칙 제10조)
다음의 어느 하나에 해당하는 건축물의 관람실 또는 집회실로부터 바깥쪽으로의 출구로 쓰이는 문은 안여닫이로 해서는 안 된다.
• 제2종 근린생활시설 중 공연장·종교집회장(해당 용도로 쓰는 바닥면적의 합계가 각각 300m² 이상인 경우만 해당한다)
• 문화 및 집회시설(전시장 및 동·식물원은 제외한다)
• 종교시설
• 위락시설
• 장례시설

87 특별피난계단의 구조에 관한 기준 내용으로 옳지 않은 것은?

① 계단은 내화구조로 하되, 피난층 또는 지상까지 직접 연결되도록 한다.
② 계단실 및 부속실의 실내에 접하는 부분의 마감은 불연재료로 한다.
③ 출입구의 유효너비는 0.9m 이상으로 하고 피난의 방향으로 열 수 있도록 한다.
④ 건축물의 내부에서 노대 또는 부속실로 통하는 출입구에는 60분+ 방화문 또는 60분 방화문을 설치하고, 노대 또는 부속실로부터 계단실로 통하는 출입구에는 60분+ 방화문을 설치하도록 한다.

해설
특별피난계단의 구조(건축물방화구조규칙 제9조)
- 계단실·노대 및 부속실은 창문 등을 제외하고는 내화구조의 벽으로 각각 구획할 것
- 계단실 및 부속실의 실내에 접하는 부분의 마감은 불연재료로 할 것
- 계단실에는 예비전원에 의한 조명설비를 할 것
- 계단실·노대 또는 부속실에 설치하는 건축물의 바깥쪽에 접하는 창문 등은 다른 부분에 설치하는 창문 등으로부터 2m 이상의 거리를 두고 설치할 것
- 계단실에는 노대 또는 부속실에 접하는 부분 외에는 건축물의 내부와 접하는 창문 등을 설치하지 아니할 것
- 계단실의 노대 또는 부속실에 접하는 창문 등은 망이 들어 있는 유리의 붙박이창으로서 그 면적을 각각 $1m^2$ 이하로 할 것
- 노대 및 부속실에는 계단실 외의 건축물의 내부와 접하는 창문 등을 설치하지 아니할 것
- 건축물의 내부에서 노대 또는 부속실로 통하는 출입구에는 60분+ 방화문 또는 60분 방화문을 설치하고, 노대 또는 부속실로부터 계단실로 통하는 출입구에는 60분+ 방화문, 60분 방화문 또는 30분 방화문을 설치할 것. 이 경우 방화문은 언제나 닫힌 상태를 유지하거나 화재로 인한 연기 또는 불꽃을 감지하여 자동적으로 닫히는 구조로 해야 하고, 연기 또는 불꽃으로 감지하여 자동적으로 닫히는 구조로 할 수 없는 경우에는 온도를 감지하여 자동적으로 닫히는 구조로 할 수 있다.
- 계단은 내화구조로 하되, 피난층 또는 지상까지 직접 연결되도록 할 것
- 출입구의 유효너비는 0.9m 이상으로 하고 피난의 방향으로 열 수 있을 것

88 주차전용건축물이란 건축물의 연면적 중 주차장으로 사용되는 부분의 비율이 최소 얼마 이상인 건축물을 말하는가?(단, 주차장 외의 용도가 자동차 관련 시설인 경우)

① 70% ② 80%
③ 90% ④ 95%

해설
주차전용건축물의 주차면적비율(주차장법 시행령 제1조의2)
- 건축물의 연면적 중 주차장 사용부분 비율이 95% 이상인 것
- 주차장 외 용도가 아래 용도일 경우에는 주차장으로 사용되는 부분의 비율이 70%(주차환경개선지구 내에 위치한 건축물의 경우에는 60%) 이상인 것
  - 단독주택, 공동주택, 제1종 근린생활시설, 제2종 근린생활시설, 문화 및 집회시설, 종교시설, 판매시설, 운수시설, 운동시설, 업무시설, 창고시설 또는 자동차 관련 시설

89 국토의 계획 및 이용에 관한 법령상 제2종 전용주거지역 안에서 건축할 수 있는 건축물에 속하지 않는 것은?

① 공동주택
② 판매시설
③ 노유자시설
④ 교육연구시설 중 고등학교

해설
제2종 전용주거지역 안에서 건축할 수 있는 건축물(국토계획법 시행령 별표 3)
- 단독주택, 공동주택
- 제1종 근린생활시설(바닥면적의 합계가 $1,000m^2$ 미만인 것)
- 제2종 근린생활시설 중 종교집회장
- 문화 및 집회시설 중 박물관, 미술관, 체험관(한옥) 및 기념관에 해당하는 것으로서 그 용도에 쓰이는 바닥면적의 합계가 $1,000m^2$ 미만인 것
- 종교시설(바닥면적의 합계가 $1,000m^2$ 미만인 것)
- 교육연구시설 중 유치원·초등학교·중학교 및 고등학교
- 노유자시설
- 자동차 관련 시설 중 주차장

정답 87 ④ 88 ① 89 ②

90 같은 건축물 안에 공동주택과 위락시설을 함께 설치하고자 하는 경우, 공동주택의 출입구와 위락시설의 출입구는 서로 그 보행거리가 최소 얼마 이상이 되도록 설치하여야 하는가?

① 10m
② 20m
③ 30m
④ 50m

해설
공동주택의 출입구와 위락시설의 출입구는 서로 그 보행거리가 최소 30m 이상이 되도록 설치해야 한다(건축물방화구조규칙 제14조의2).

91 건축허가 대상 건축물이라 하더라도 건축신고를 하면 건축허가를 받은 것으로 보는 경우에 속하지 않는 것은?(단, 층수가 2층인 건축물의 경우)

① 바닥면적의 합계가 $75m^2$의 증축
② 바닥면적의 합계가 $75m^2$의 재축
③ 바닥면적의 합계가 $75m^2$의 개축
④ 연면적의 합계가 $250m^2$인 건축물의 대수선

해설
연면적의 합계가 $200m^2$ 미만이고 3층 미만인 건축물의 대수선이 해당된다.
신고 시 건축허가를 받은 것으로 보는 사항(건축법 제14조)
- 바닥면적의 합계가 $85m^2$ 이내의 증축·개축 또는 재축(단, 3층 이상 건축물인 경우에는 증축·개축 또는 재축하려는 부분의 바닥면적의 합계가 건축물 연면적의 1/10 이내인 경우로 한정한다)
- 국토계획법에 따른 관리지역, 농림지역 또는 자연환경보전지역에서 연면적이 $200m^2$ 미만이고 3층 미만인 건축물의 건축. 다만, 다음의 어느 하나에 해당하는 구역에서의 건축은 제외한다.
  - 지구단위계획구역
  - 방재지구 등 재해취약지역으로서 대통령령으로 정하는 구역
- 연면적이 $200m^2$ 미만이고 3층 미만인 건축물의 대수선
- 주요구조부의 해체가 없는 등 대통령령으로 정하는 대수선
- 그 밖에 소규모 건축물로서 대통령령으로 정하는 건축물의 건축

92 건축물에 설치하는 지하층의 구조 및 설비에 관한 기준 내용으로 옳지 않은 것은?

① 거실의 바닥면적의 합계가 $1,000m^2$ 이상인 층에는 환기설비를 설치할 것
② 지하층의 바닥면적이 $300m^2$ 이상인 층에는 식수공급을 위한 급수전을 1개소 이상 설치할 것
③ 거실의 바닥면적이 $30m^2$ 이상인 층에는 직통계단 외에 피난층 또는 지상으로 통하는 비상탈출구 및 환기통을 설치할 것
④ 바닥면적이 $1,000m^2$ 이상인 층에는 피난층 또는 지상으로 통하는 직통계단을 관련 규정에 의한 방화구획으로 구획되는 각 부분마다 1개소 이상 설치하되, 이를 피난계단 또는 특별피난계단의 구조로 할 것

해설
거실의 바닥면적이 $50m^2$ 이상인 층에는 직통계단 외에 피난층 또는 지상으로 통하는 비상탈출구 및 환기통을 설치해야 한다.
지하층의 구조(건축물방화구조규칙 제25조)
- 거실의 바닥면적이 $50m^2$ 이상인 층에는 직통계단 외에 피난층 또는 지상으로 통하는 비상탈출구 및 환기통을 설치할 것. 다만, 직통계단의 설치기준에 적합한 직통계단이 2개소 이상 설치되어 있는 경우에는 그러하지 아니하다.
- 제2종 근린생활시설 중 공연장·단란주점·당구장·노래연습장, 문화 및 집회시설 중 예식장·공연장, 수련시설 중 생활권수련시설·자연권수련시설, 숙박시설 중 여관·여인숙, 위락시설 중 단란주점·유흥주점 또는 다중이용업의 용도에 쓰이는 층으로서 그 층의 거실의 바닥면적의 합계가 $50m^2$ 이상인 건축물에는 직통계단을 2개소 이상 설치할 것
- 바닥면적이 $1,000m^2$ 이상인 층에는 피난층 또는 지상으로 통하는 직통계단을 방화구획으로 구획되는 각 부분마다 1개소 이상 설치하되, 이를 피난계단 또는 특별피난계단의 구조로 할 것
- 거실의 바닥면적의 합계가 $1,000m^2$ 이상인 층에는 환기설비를 설치할 것
- 지하층의 바닥면적이 $300m^2$ 이상인 층에는 식수공급을 위한 급수전을 1개소 이상 설치할 것

93 각 층의 바닥면적이 $5,000m^2$이고 각 층의 거실면적이 $3,000m^2$인 14층 숙박시설에 설치하여야 하는 승용승강기의 최소 대수는?(단, 24인승 승용승강기를 설치하는 경우)

① 6대
② 7대
③ 12대
④ 13대

[해설]
승용승강기의 설치기준(건축물설비기준규칙 별표 1의2)

건축물의 용도	6층 이상 거실면적의 합계	
	3,000m² 이하	3,000m² 초과
공연장, 집회장, 관람장, 판매시설, 의료시설	2대	2대에 3,000m²를 초과하는 2,000m² 이내마다 1대를 더한 대수
전시장, 동·식물원, 업무시설, 숙박시설, 위락시설	1대	1대에 3,000m²를 초과하는 2,000m² 이내마다 1대를 더한 대수
공동주택, 교육연구시설, 노유자시설, 기타 시설	1대	1대에 3,000m²를 초과하는 3,000m² 이내마다 1대를 더한 대수

※ 8인승 이상 15인승 이하는 1대의 승강기로 보고, 16인승 이상의 승강기는 2대로 본다.

6층 이상인 거실 부분은 9개 층(14층 − 5층)이므로
$9 \times 3,000m^2 = 27,000m^2$
$\frac{27,000m^2 - 3,000m^2}{2,000m^2} + 1대 = 13대$

∴ 16인승 이상의 승강기는 2대의 승강기로 보기 때문에 총 7대를 설치해야 한다.

---

94 다음에서 설명하는 용어로 옳은 것은?

> 특별시·광역시·특별자치시·특별자치도·시 또는 군의 관할 구역에 대하여 기본적인 공간구조와 장기발전 방향을 제시하는 종합계획

① 지구단위계획 ② 광역도시계획
③ 도시·군기본계획 ④ 성장관리계획

[해설]
지구단위계획(국토계획법 제2조)
- 광역도시계획 : 지정된 광역계획권의 장기발전 방향을 제시하는 계획을 말한다.
- 도시·군기본계획 : 특별시·광역시·특별자치시·특별자치도·시 또는 군의 관할 구역에 대하여 기본적인 공간구조와 장기발전 방향을 제시하는 종합계획으로서 도시·군관리계획 수립의 지침이 되는 계획을 말한다.
- 지구단위계획 : 도시·군계획 수립 대상지역의 일부에 대하여 토지 이용을 합리화하고 그 기능을 증진시키며 미관을 개선하고 양호한 환경을 확보하며, 그 지역을 체계적·계획적으로 관리하기 위하여 수립하는 도시·군관리계획을 말한다.
- 성장관리계획 : 성장관리계획구역에서의 난개발을 방지하고 계획적인 개발을 유도하기 위하여 수립하는 계획을 말한다.

---

95 다음 중 건축법령에 따른 용어의 정의로 옳지 않은 것은?

① 고층 건축물이란 층수가 30층 이상이거나 높이가 120m 이상인 건축물을 말한다.
② 리빌딩이란 건축물의 노후화를 억제하거나 기능향상 등을 위하여 대수선하거나 일부 증축하는 행위를 말한다.
③ 지하층이란 건축물의 바닥이 지표면 아래에 있는 층으로서 바닥에서 지표면까지 평균높이가 해당 층 높이의 1/2 이상인 것을 말한다.
④ 발코니란 건축물의 내부와 외부를 연결하는 완충공간으로서 전망이나 휴식 등의 목적으로 건축물 외벽에 접하여 부가적으로 설치되는 공간을 말한다.

[해설]
건축물의 노후화를 억제하거나 기능향상 등을 위하여 대수선하거나 일부 증축하는 행위는 리빌딩이 아닌 리모델링이다.
정의(건축법 제2조, 동법 시행령 제2조)
- 지하층 : 건축물의 바닥이 지표면 아래에 있는 층으로서 바닥에서 지표면까지 평균높이가 해당 층 높이의 1/2 이상인 것을 말한다.
- 리모델링 : 건축물의 노후화를 억제하거나 기능 향상 등을 위하여 대수선하거나 건축물의 일부를 증축 또는 개축하는 행위를 말한다.
- 고층 건축물 : 층수가 30층 이상이거나 높이가 120m 이상인 건축물을 말한다.
- 발코니 : 건축물의 내부와 외부를 연결하는 완충공간으로서 전망이나 휴식 등의 목적으로 건축물 외벽에 접하여 부가적으로 설치되는 공간을 말한다.

---

96 다음 중 재해 복구, 흥행, 전람회, 공사용 가설건축물 등 대통령령으로 정하는 용도의 가설건축물이 아닌 것은?

① 공사에 필요한 규모의 공사용 가설건축물 및 공작물
② 전시를 위한 견본주택이나 그 밖에 이와 비슷한 것
③ 조립식 경량구조로 된 외벽이 없는 임시 자동차 차고
④ 조립식 구조로 된 경비용으로 쓰는 가설건축물로서 연면적이 20m² 이하인 것

[해설]
가설건축물(건축법 시행령 제15조)
- 공사에 필요한 규모의 공사용 가설건축물 및 공작물
- 전시를 위한 견본주택이나 그 밖에 이와 비슷한 것
- 조립식 구조로 된 경비용으로 쓰는 가설건축물로서 연면적이 10m² 이하인 것
- 조립식 경량구조로 된 외벽이 없는 임시 자동차 차고

정답 94 ③ 95 ② 96 ④

97 용도변경과 관련된 시설군 중 산업 등 시설군에 속하지 않는 것은?

① 운수시설
② 창고시설
③ 발전시설
④ 묘지 관련 시설

해설
발전시설은 전기통신시설군에 속한다.
용도 변경과 관련된 산업 등 시설군(건축법 시행령 제14조)
- 운수시설
- 창고시설
- 공장
- 위험물저장 및 처리시설
- 자원순환 관련 시설
- 묘지 관련 시설
- 장례시설

98 부설주차장 설치대상 시설물로서 시설면적이 1,400 m^2인 제2종 근린생활시설에 설치하여야 하는 부설주차장의 최소 대수는?

① 7대
② 9대
③ 10대
④ 14대

해설
부설주차장의 설치대상 시설물 종류 및 설치기준(주차장법 시행령 별표 1)

| 200m^2당 1대 | 제1종 근린생활시설(공중화장실, 대피소, 지역아동센터는 제외), 제2종 근린생활시설, 숙박시설 |

∴ 시설면적 200m^2당 1대이므로 $\frac{1,400m^2}{200m^2} = 7$대

99 준주거지역 안에서 건축할 수 없는 건축물에 속하지 않는 것은?

① 위락시설
② 자원순환 관련 시설
③ 의료시설 중 격리병원
④ 문화 및 집회시설 중 공연장

해설
준주거지역 내에 설치할 수 없는 문화 및 집회시설 중 공연장과 전시장은 제외된다.
준주거지역 안에서 건축할 수 없는 건축물(국토계획법 시행령 별표 7)
격리병원, 숙박시설, 위락시설, 충전소, 저장소·폐차장, 자원순환시설, 묘지 관련 시설, 문화 및 집회시설(공연장, 전시장 제외)

100 막다른 도로의 길이가 15m일 때 이 도로가 건축법령상 도로이기 위한 최소 폭은?

① 2m
② 3m
③ 4m
④ 6m

해설
지형적 조건에 따른 도로의 구조와 너비(건축법 시행령 제3조의3)

막다른 도로의 길이	도로의 너비
10m 미만	2m
10m 이상 35m 미만	3m
35m 이상	6m(도시지역이 아닌 읍·면지역은 4m)

PART 02

2024년 제1회 과년도 기출복원문제

제1과목 건축계획

01 사무소 건축의 기준층 평면형태 결정요소에 대한 설명 중 적절하지 않은 것은?

① 구조상 스팬의 한도
② 방화구획상 면적
③ 덕트, 배선, 배관 등 설비 시스템상의 한계
④ 대피상 최소 피난거리

해설
사무소 건축의 기준층 평면형태 결정요소
- 구조상 스팬의 한도
- 동선상의 거리
- 공기조화, 덕트, 배관, 배선 등 설비 시스템의 한계
- 방화구획상 면적
- 대피상 최대 피난거리
- 자연광에 의한 조명한계

02 쇼핑센터의 공간 구성요소인 몰(Mall)계획에 관한 설명 중 틀린 것은?

① 몰은 쇼핑센터 내의 주요 보행동선으로 쇼핑거리인 동시에 고객의 휴식공간이다.
② 몰에는 층 외로 개방된 Open mall과 닫혀진 실내공간으로 된 Enclosed mall이 있다.
③ 몰에는 코트(Court)를 설치해 각종 연회, 이벤트 행사 등을 유치하기도 한다.
④ 몰의 활성화를 위해 전문점들과 중심상점의 주출입구는 몰과 면하지 않도록 거리를 두어야 한다.

해설
몰의 활성화를 위해 전문점들과 중심상점의 주출입구는 몰과 면해야 한다.

03 학교 건축에서 단층교사의 장점이 아닌 것은?

① 계단이 필요 없으므로 재해 시 피난상 유리하다.
② 학습활동을 실외에 연장할 수 있다.
③ 채광, 환기에 유리하고 내진·내풍구조가 용이하다.
④ 설비 등을 집약할 수 있어서 치밀한 평면계획이 가능하다.

해설
④는 다층교사에 대한 설명이다.
교사의 장단점

구분	장점	단점
단층교사	• 계단이 없으며 교실이 밖으로 직접 출입이 가능하여 복도 혼잡이 적다. • 피난상 유리하다. • 채광, 환기에 유리하다. • 내진·내풍 구조가 용이하다. • 학습활동을 실외로 연장할 수 있다.	부지 이용률이 낮다.
다층교사	• 전기, 급배수, 난방 등의 배선, 배관 설비를 집약할 수 있다. • 부지이용률이 높다.	• 층이 높은 경우 피난에 불리하다. • 내진·내풍에 대해 취약하다.

04 학교 운영방식 중 전 학급을 2분단으로 하고, 한 분단이 일반교실을 사용할 때 다른 분단은 특별교실을 사용하는 방식은?

① 종합교실형(U형)
② 일반교실 및 특별교실형(U + V형)
③ 플래툰형(P형)
④ 달톤형(D형)

정답 01 ④ 02 ④ 03 ④ 04 ③

해설
① 종합교실형(U형) : 교실의 수는 학급수와 일치하며, 하나의 교실에서 모든 교과수업을 행하기 때문에 교실의 이용률이 높다.
② 일반교실 및 특별교실형(U + V형) : 각 학급이 하나의 일반교실과 그 외 특별교실로 구성되며, 중·고등학교에서 가장 많이 채택하는 방식이다.
④ 달톤형(D형) : 학생들이 각자의 능력에 맞게 교과를 선택하고 일정한 교과가 끝나면 졸업하는 방식이다.

05 안드레아 팔라디오의 작품이 아닌 것은?

① 빌라 로톤다
② 일 제수 성당
③ 일 레덴토레 성당
④ 성 조르조 마조레 성당

해설
안드레아 팔라디오(1508~1580)
- 이탈리아의 건축가로 완전 대칭형의 평면과 입면, 3차원적인 실내비례, 주택에 페디멘트를 적용하였다.
- 작품으로는 비첸차의 빌라 키에리카티, 빌라 바르바로, 빌라 에모, 빌라 발마라나, 베네치아의 성 조르조 마조레 성당, 빌라 로톤다, 팔라초 델 카피타니아토, 일 레덴토레 성당, 비첸차의 테아트로 올림피코 등이 있다.

06 아파트의 입체 형식 중 복층형에 대한 설명 중 적절하지 않은 것은?

① 엘리베이터의 정지 층수를 적게 할 수 있다.
② 복도가 없는 층은 통풍 및 채광이 나쁘다.
③ 통로면적을 감소하고 임대면적을 증가시킬 수 있다.
④ 소규모 주택에는 면적면에서 불리하다.

해설
복층형에서 복도가 없는 층은 남북으로 트여 통풍과 채광, 프라이버시 확보가 용이하다.

07 주거단지의 교통계획 시 각 도로에 대한 설명 중 틀린 것은?

① 격자형 도로의 교차점은 40m 이상 떨어져 있어야 하며 업무 또는 주거지역으로 직접 연결되어서는 안 된다.
② 선형 도로는 폭이 넓은 단지에 유리하고 양 측면 또는 한 측면의 단지를 서비스할 수 있다.
③ 쿨데삭(Cul-de-sac)은 차량의 흐름을 주변으로 한정하여 서로 연결하며 차량과 보행자를 분리할 수 있다.
④ 단지 순환로가 단지 주변에 분포하는 경우 최소한 4~5m 정도 완충지를 두고 식재한다.

해설
선형 도로 : 폭이 좁은 단지에 유리하다. 아파트가 양쪽 혹은 한쪽에 위치한 경우 모두 관리할 수 있으며 상가 등과 인접할 경우 보행자를 위한 공간 확보가 가능하다.

08 '렌터블(Rentable)비가 높다'라는 표현의 의미로 가장 적절한 것은?

① 서비스를 더 좋게 할 수 있다.
② 임대료 수입이 더 증가할 수 있다.
③ 코어부분에 대한 면적을 더 많이 확보할 수 있다.
④ 주차장 공간을 더 많이 확보할 수 있다.

해설
렌터블(Rentable)비
- 연면적에 대한 임대면적의 비율을 말한다.
- 렌터블비(임대에 대한 유효율)가 높다는 것은 임대료 수입이 더 증가할 수 있다는 의미이다.

09 대규모 미술관의 채광 방식으로 가장 적당치 않은 것은?

① 정측광창 방식(Top side light)
② 고측광창 방식(Clerestory light)
③ 정광창 방식(Top light)
④ 측광창 방식(Side light)

해설

측광창 방식은 측벽에 설치된 채광창을 통해 전시품으로 바로 채광이 전달되어 감상에 불리하므로 소규모 전시실에서 사용하는 방식이다.

미술관 채광 방식
- 정측광창 방식 : 관람자가 서 있는 상부에 천창을 불투명하게 하고 측벽에 가깝게 설치된 창으로 채광하는 방식이다.
- 고측광창 방식 : 천장과 가까운 측면 상부에 채광창을 설치하는 방식이다.
- 정광창 방식 : 천장면 중앙에 채광창을 설치하는 방식으로 조도를 균일하게 유지할 수 있다.
- 측광창 방식 : 측벽에 수직으로 채광창을 설치하는 방식으로 눈부심이 심해 대규모 미술관에서는 사용하지 않는다.

10 병원 건축계획에 관한 설명 중 옳지 않은 것은?

① 수술실 앞에 통로, 홀 등을 설치하지 않는다.
② 입원환자와 외래환자의 출입구는 분리시킨다.
③ 병실 출입구는 외여닫이로 하되, 1.15m 이상으로 한다.
④ 종합병원의 간호 단위는 50병상 정도이다.

해설

병원 건축계획
- 1개의 간호사 대기소에서 관리할 수 있는 병상수는 30~40개 이하로 한다.
- 수술실의 바닥마감은 전기도체성 마감을 사용해야 한다.
- 외래부, 부속진료부는 저층부에, 병동은 고층부에 배치해야 한다.
- 수술실은 자연채광 대신 인공조명을 사용해야 한다.
- 수술실은 통과교통이 없는 곳에 배치한다.
- 간호단위의 구성 시 간호사의 보행거리는 24m 이내로 해야 한다.
- 병실 출입구는 외여닫이로 하고 폭은 1.15m 이상으로 한다.

11 전시실 순회 형식에 관한 설명 중 옳지 않은 것은?

① 연속순회형은 비교적 소규모 전시실에 적합하다.
② 갤러리 및 코리더형은 중앙에 중정을 두는 경우도 많다.
③ 갤러리 및 코리더형은 각 실에 직접 들어갈 수 있는 점이 유리하다.
④ 중앙홀 형식은 홀의 크기가 크면 중앙부 동선의 혼란이 있다.

해설

중앙홀 형식은 홀의 크기가 크면 중앙부 동선의 혼란이 없다.

전시실 순회 형식
- 연속순회 형식 : 다각형이나 원형의 전시실을 연속적으로 연결하는 형식으로 소규모에 적합하고 순서에 따라 여러 실을 통과하도록 하는 방식이다.
- 갤러리 및 코리더 형식 : 복도를 중심으로 전시실을 배치한 형식으로 각 실에 직접 출입이 가능하고 전시실별로 폐쇄가 가능한 것이 특징이다.
- 중앙홀 형식 : 중앙에 큰 홀을 두어 각 전시실을 배치하는 형식으로 홀을 크게 하여 동선의 혼란을 없애는 것이 특징이다.

12 공장 건축계획에 관한 기술로 옳지 않은 것은?

① 공장부지 선정은 노동력의 공급이 쉽고, 원료의 공급이 용이한 곳에 정한다.
② 공장 건축의 형식에서 집중식(Block type)은 건축비가 저렴하고, 공간효율도 좋다.
③ 공정 중심의 레이아웃은 소종 다량생산이나 표준화가 쉬운 경우에 적합하다.
④ 공장 작업장의 지붕형식으로 균일한 조도를 얻기 위해 톱날지붕을 도입하는 경우가 있다.

해설

소품종 다량생산이나 표준화가 쉬운 경우에 적합한 것은 제품 중심의 레이아웃이다.

공정 중심의 레이아웃 : 동일하거나 기능이 유사한 기계설비를 집합시켜 다품종 소량생산과 표준화가 어려운 주문 생산식에 대응하는 형식이다.

13 한국의 건축가인 김수근의 작품에 해당되지 않는 것은?

① 경동교회   ② 명보극장
③ 자유센터   ④ 타워호텔

해설
명보극장은 김중업 건축가의 대표 작품이다.
한국의 주요 현대 건축가와 건축물

김수근	경동교회, 자유센터, 타워호텔 등
김중업	명보극장, 삼일로빌딩 등
박동진	고려대학교 본관, 조선일보(구관) 등
박길룡	화신백화점, 문예진흥원 등

14 고딕 건축에 관한 기술 중 적합하지 않은 것은?

① 횡축력에 대한 플라잉 버트레스(Flying buttress)의 창안
② 신에 대한 희생, 봉사의 종교적 상징으로서 첨탑
③ 대형 석재의 일체식 구조법
④ 첨두아치의 발달

해설
고딕 건축은 기본적으로 조적식 구조이다.
고딕 건축의 특징
- 고딕 건축은 첨두아치, 리브볼트, 장미창, 첨탑, 플라잉 버트레스, 조적식 구조 등이 대표적이다.
- 건축 형태에서 수직성을 강조하였으며, 수평 방향으로 통일되고 연속적인 공간을 구성하였다.
- 노트르담 성당, 샤르트르 성당, 랭스 성당, 아미앵 성당 등이 대표적이다.

15 주심포계 건축양식의 일반적인 설명 중 틀린 것은?

① 공포를 기둥 위에만 설치한 형식이다.
② 출목은 2출목 이하이고 대부분 연등천장이다.
③ 창방 위에 평방을 받아 구조적 안정을 가진다.
④ 대표적인 건물로는 봉정사 극락전, 관음사 원통전이 있다.

해설
창방 위에 평방을 받아 구조적 안정을 갖는 양식은 다포식 건물이다.
주심포 형식

개요	공포를 기둥 상부에만 배열한 방식이다.
형식	• 부재가 정연하게 가공되고 조각이 많아 인공성이 강하다. • 맞배지붕이 대부분이며, 천장을 가설하지 않아 서까래가 노출된다. • 우미량을 사용하여 단차가 있는 도리를 계단형식으로 연결한다. • 평방은 설치하지 않으며, 소로는 비교적 자유롭게 배치한다.
종류	봉정사(극락전), 관음사(원통전), 부석사(무량수전, 조사당), 수덕사(대웅전), 무위사(극락전), 강릉 객사문 등이 있다.

16 고층 사무소 건축에서 코어 플랜(Core plan)으로 계획할 때의 이점에 대한 기술 중 옳지 않은 것은?

① 고층인 경우 구조적으로 불리하게 된다.
② 사무소의 유효면적률을 높일 수 있다.
③ 설비계통의 순환이 좋아져 각 층에서의 계통거리가 최단 거리가 된다.
④ 서비스부분이 각 층 균등하고, 정돈된 외관을 갖출 수 있다.

해설
고층인 경우 코어가 뼈대 역할을 하므로 구조적으로 안정될 수 있다.
코어 플랜(Core plan)
- 코어의 위치는 사무소 건축의 성격이나 평면형, 구조, 설비방식 등에 따라 결정된다.
- 공용부분을 한 곳에 집약시킴으로써 사무소의 유효면적이 증대된다.
- 설비 관련 부분, 유틸리티 부분 등을 집약하여 층마다 효율적인 배관이 가능하다.
- 건물의 중앙에 위치하여 중심역할을 하므로 구조적으로 안정하다.

17 클로즈드 시스템(Closed system)의 외래진료부 계획에 대한 설명으로 적절하지 않은 것은?

① 환자의 이용이 편리하도록 2층 이하에 두도록 한다.
② 내과 계통은 소진료실을 다수 설치한다.
③ 중앙주사실, 약국은 정면 출입구에서 멀리 떨어진 곳에 둔다.
④ 외과 계통의 각 과는 1실에서 여러 환자를 돌볼 수 있도록 크게 한다.

해설
중앙주사실이나 약국 등은 동선의 혼잡을 줄이기 위해 출입구 쪽에 배치하는 것이 좋다.
클로즈드 시스템(Closed system)
- 환자의 이용이 편리하도록 2층 이하에 두도록 한다.
- 외과는 1실에서 여러 환자를 볼 수 있도록 대실로 한다.
- 안과는 진료실 기공실, 검사실, 암실을 설치하고 검안을 위해 5m 정도 거리를 확보한다.
- 중앙주사실, 회계, 약국 등은 정면 출입구 근처에 설치한다.
- 외래진료부의 면적비율은 전체의 10~15%가 되도록 한다.
- 내과 계통은 작은 진료실을 여러 개 설치하는 것이 좋다.

18 아파트의 동 계획에서 지상층에 필로티를 두는 이유에 대한 다음의 설명 중 적절하지 않은 것은?

① 개방감의 확보
② 원활한 보행 동선의 연결
③ 휴식공간 등 주민 편의시설의 확보
④ 용적률의 감축 및 공사비 절감

해설
필로티 구조는 면적에 포함되지 않으므로 용적률과는 상관없으며 공사비는 오히려 증가한다.
필로티형
- 건물 1층을 건물로 점유하지 않고 로비, 통로의 역할을 하도록 하는 구조물이다.
- 장점 : 주차공간 확보, 개방감 확보, 휴식공간 확보, 프라이버시 보호, 습기 차단 등
- 단점 : 지진 시 위험, 배관의 동파 등

19 교통 및 상업의 중심지인 도시에 위치하여 일반관광객 외에 상업, 사무 등 각종 비즈니스를 위한 여행자를 대상으로 하며, 일반적으로 호텔경영 내용의 주체를 식사료에 비중을 두고 있는 것은?

① 커머셜 호텔(Commercial hotel)
② 레지덴셜 호텔(Residential hotel)
③ 아파트먼트 호텔(Apartment hotel)
④ 터미널 호텔(Terminal hotel)

해설
② 레지덴셜 호텔 : 각종 비즈니스 여행자의 단기간 체재에 적합하며 식사료가 호텔경영의 주체이다.
① 커머셜 호텔 : 도심지에 위치하고 있으며 부대시설을 최소화하고 숙박면적의 비율을 높인 호텔이다.
③ 아파트먼트 호텔 : 장기간 체재에 적합한 호텔로 각 객실에 주방설비를 설치한 호텔이다.
④ 터미널 호텔 : 도심지 터미널에 위치한 호텔로 교통편을 이용하려는 관광객이나 비즈니스 여행자 등이 이용한다.

20 호텔 건축의 기능적 분류는 세 부분으로 나누어지며, 이들은 공간적으로 분명한 조닝체계에 의하여 계획되어야 한다. 다음 중 호텔 건축의 기능적 분류의 세 부분에 속하지 않는 것은?

① 관리부분
② 공공부분
③ 숙박부분
④ 설비부분

해설
설비부분은 호텔에서 필요한 공간이나 기능적인 분류로 나눌 때는 포함되지 않는다.
호텔의 기능적 분류

관리부분	• 호텔 경영 및 서비스 관리 등을 수행한다. • 프런트 오피스, 클로크 룸, 지배인실, 사무실 등
공공부분	• 호텔 전체의 매개공간으로 공공이 이용할 수 있는 공간이다. • 로비, 홀, 라운지, 식당, 그릴, 연회장, 나이트클럽, 오락실, 상점 등
숙박부분	• 객실과 관련된 가장 중요한 부분이자 호텔 외관의 형태에 가장 큰 영향을 미치는 부분이다. • 객실, 공동욕실, 보이실, 린넨실, 트렁크실 등

정답 17 ③ 18 ④ 19 ② 20 ④

제2과목 건축시공

21 철골용접 작업 중 운봉을 용접 방향에 대하여 가로로 왔다갔다 움직여 용착금속을 녹여 붙이는 것의 용어로서 옳은 것은?

① 밀스케일(Mill scale)
② 그루브(Groove)
③ 위핑(Weeping)
④ 블로홀(Blow hole)

[해설]
① 밀스케일 : 철강재를 가열, 압연, 가공 등을 할 때 표면에 붙은 산화철로 된 찌꺼기이다.
② 그루브 : 맞댐용접으로 접하는 두 부재 사이 홈(Groove)을 만들고 그 사이에 용착금속을 채워 결합하는 용접방식이다.
③ 블로홀 : 용접부분 안에 생긴 기포로, 금속이 녹아들 때 발생하는 용접 결함이다.

22 지하연속벽(Slurry wall)에 관한 설명으로 옳지 않은 것은?

① 차수성이 우수하다.
② 비교적 지반조건에 좌우되지 않는다.
③ 소음·진동이 적고, 벽체의 강성이 높다.
④ 공사비가 타 공법에 비하여 저렴하고 공기가 단축된다.

[해설]
슬러리월 공법은 타 공법에 비해 장비 및 작업자의 숙련도가 필요하므로 공사비가 고가이다.
지하연속벽(Slurry wall) 공법
지반굴착 시 안정액을 사용하여 지반의 붕괴를 방지하면서 굴착하여 그 속에 철근망을 넣고 콘크리트를 타설하여 연속으로 콘크리트 흙막이벽을 설치해가는 공법이다.

23 철근콘크리트 건축물 6×10m 평면에 높이가 4m일 때 동바리 소요량은 몇 공m^3가 되는가?

① 21.6
② 216
③ 240
④ 264

[해설]
동바리 소요량 = 상층부 바닥면적 × 해당 층 안목높이 × 90%
= 바닥판 면적(6 × 10) × 층높이(4) × 0.9
= 216공m^3

24 다음 중 유리의 주성분으로 옳은 것은?

① Na_2O
② CaO
③ SiO_2
④ K_2O

[해설]
유리
• 규사, 탄산나트륨, 탄산칼슘 등을 고온으로 녹인 후 냉각시켜 얻는 투명도가 높은 물질이다.
• 유리의 주성분은 무수규산(이산화규소 : SiO_2)이 포함된 규사이다.

25 철골공사의 기초상부 및 고름질 방법에 해당되지 않는 것은?

① 전면바름 마무리법
② 나중채워넣기 중심바름법
③ 나중매입법
④ 나중채워넣기법

[해설]
나중매입법은 앵커볼트매입 공법에 해당한다.
기초상부 고름질 방법
• 전면바름 마무리법 : 기둥 저면보다 30mm 이상 넓게 하여 레벨을 검토한 후 모르타르를 충전하여 경화한 후 기둥을 세우는 방법으로 시공이 간단하며 경미한 구조물에 적합하다.
• 나중채워넣기 중심바름법 : 기둥 저면의 중심부만 지정 높이만큼 수평으로 바르고 기둥을 세운 후 모르타르를 다져 넣는 방법으로 수정작업 시 용이하며 레벨 조절이 쉬워 대규모 공사에 적합하다.
• 나중채워넣기 십자바름법 : 기둥 저면에서 대각선 방향으로 +자형의 모르타르를 바른 뒤 기둥을 세운 후 주위에 모르타르를 다져 넣는 방법으로 고층 철골공사 시 적합하다.
• 나중채워넣기법 : Base Plate 중앙에 구멍을 내고 수평조절을 한 뒤 모르타르를 다져 넣는 방법으로 경미한 공사에 적합하다.

정답 21 ③ 22 ④ 23 ② 24 ③ 25 ③

26 PQ제도에 관한 설명으로 옳지 않은 것은?

① 업체 간의 효과적 경쟁을 유발시킨다.
② 수주에서 관리까지 종합적 평가가 가능하다.
③ 평가의 공정성으로 신규업체 참여가 가능하다.
④ 매 프로젝트마다 공사규모, 특성에 맞는 심사기준을 정하여 입찰 전에 응찰자에게 통보하여 실적을 제출하도록 한다.

해설
PQ제도는 실적이 있는 업체에 점수를 부여하는 제도로, 실적이 없는 신규 업체의 참여가 불가능하다.

PQ제도
- 발주자가 입찰에 참여하는 건설업체의 재무 상태, 기술수준, 시공실적 등을 종합적으로 사전에 심사하는 제도로 입찰참가자 사전심사제도라고도 한다.
- 입찰에 참가한 업체가 해당 공사를 낙찰받을 경우 시공 능력이 있는지를 파악하기 위해 활용되고 있다.
- 장점 : 부실공사 방지, 수의계약 등의 부정행위 차단, 경쟁력 강화, 품질 향상 등
- 단점 : 신규업체의 참여 제한, 비평가요소의 경쟁력 배제, 만점 업체의 증가로 변별력 감소 등

27 유리섬유, 합성섬유 등의 망상포를 적층하여 도포하는 도막방수 공법은?

① 코팅 공법
② 라이닝 공법
③ 멤브레인 공법
④ 루핑 공법

해설
① 코팅 공법 : 에폭시 등의 재료를 롤러, 붓 등으로 얇게 도포하여 방수하는 공법이다.
③ 멤브레인 공법 : 시트 등을 이용하여 방수면 전체를 덮는 형식의 방수 공법이다.
④ 루핑 공법 : 합성고무, 합성수지를 주성분으로 하는 루핑을 접착제로 붙여 방수하는 공법이다.

28 길이 4.6m, 높이 3.4m의 벽을 두께 1.0B와 0.5B로 각각 쌓을 때의 벽돌(표준형) 구입량의 조합으로 알맞은 수량은?

① 1.0B − 2,447매, 0.5B − 1,232매
② 1.0B − 2,331매, 0.5B − 1,173매
③ 1.0B − 2,401매, 0.5B − 1,208매
④ 1.0B − 2,347매, 0.5B − 1,273매

해설
벽돌쌓기(190 × 90 × 57mm)의 소요량

구분	단위	0.5B	1.0B	1.5B
기본벽돌	m^2	75매	149매	224매

※ 할증률 : 시멘트벽돌 5%, 붉은벽돌 3%
- 벽면적 : 4.6m × 3.4m = 15.64m^2
- 구입량(할증 5% 적용) : 15.64m^2 × 1.05 ≒ 16.42m^2
- 1.0B 시공 시 구입량 : 16.42m^2 × 149매/m^2 ≒ 2,447매
- 0.5B 시공 시 구입량 : 16.42m^2 × 75매/m^2 ≒ 1,232매

29 콘크리트의 이어 붓기에 관한 기술 중 적절하지 않은 것은?

① 보는 단부에서 이어 치기한다.
② 보와 상판(바닥 슬래브)은 이어 치기를 하지 않고 동시에 칠 필요가 있다.
③ 상판은 될 수 있는 한 중앙부근에서 수직으로 이어 친다.
④ 기둥의 이어 치기는 하단에서 한다.

해설
보는 단부가 아닌 1/4 지점에서 이어 치기한다.

콘크리트 이어 붓기 위치
- 슬래브는 중앙에서 이어 붓기를 한다.
- 슬래브에 작은 보가 있는 경우 보의 너비만큼 중앙으로부터 떨어진 곳에서 이어 붓기를 한다.
- 보는 가급적 이어 붓기 하지 않는 것이 좋은데, 이어 붓기를 하게 될 경우 중앙과 전체지점 1/4지점에서 이어 붓기를 한다.
- 벽은 전단에 큰 영향을 받지 않기 때문에 개구부를 중심으로 끊어 이어 붓기를 한다.
- 아치 축에 직각인 부분을 끊어 이어 붓기한다.
- 캔틸레버, 내민보는 이어 붓기를 하지 않는다.
- 기둥은 이어 치기해서는 안 되나, 하게 될 경우 하단에서 한다.

정답 26 ③ 27 ② 28 ① 29 ①

30 콘크리트의 반죽질기 시험방법이 아닌 것은?

① 블리딩시험   ② 슬럼프시험
③ 관입시험   ④ 리몰딩시험

해설
컨시스턴시(반죽질기)
- 주로 수량에 의하여 좌우되는 아직 굳지 않은 콘크리트의 변형 또는 유동에 대한 저항성을 말한다. 일반적으로 슬럼프값을 의미한다.
- 콘크리트 반죽질기 시험방법으로는 슬럼프시험, 플로시험, 리몰딩시험, 관입시험, 비비시험, 드롭테이블시험 등이 있다.

31 커튼월에 대한 일반적인 검사항목이 아닌 것은?

① 내풍압강도   ② 층간변위에 대한 추종성
③ 기밀성   ④ 인장강도

해설
커튼월 성능시험 종류
- 설계단계 : 풍압시험, 고주파 응력시험, 구조하중 시험(층간변위추종성)
- 커튼월 설치 전 : Mock-up 시험 기밀시험, 정압·동압 수밀시험, 영구 변형 시험
- 커튼월 설치 후 : 수밀시험, 기밀시험

32 페인트칠의 경우 초벌과 재벌 등은 도장할 때마다 그 색을 약간씩 다르게 하는 가장 큰 이유는?

① 희망하는 색을 얻기 위하여
② 색이 진하게 되는 것을 방지하기 위해서
③ 착색안료를 낭비하지 않고 경제적으로 하기 위하여
④ 초벌, 재벌 등 페인트칠 횟수를 구별하기 위하여

해설
초벌과 재벌을 다른 색상으로 하는 이유는 도장 공정별 실시 여부를 확인하여 누락되지 않도록 하기 위해서이다.

33 조적벽에 발생하는 백화(Efflorescence)를 방지하기 위한 방법으로 효과가 없는 것은?

① 줄눈 모르타르에 방수제를 넣는다.
② 줄눈 모르타르에 석회를 사용한다.
③ 처마를 충분히 내고 벽에 직접 비가 맞지 않도록 한다.
④ 벽면에 실리콘방수를 한다.

해설
모르타르에 석회를 섞으면 백화현상을 악화시킨다.
조적벽 백화현상 방지대책
- 벽돌 제품의 선정 시 흡수율이 낮은 벽돌을 사용한다.
- 모르타르 혼합 시 깨끗한 물을 사용한다.
- 줄눈 모르타르는 흡수율이 낮은 제품으로 하고 방수제를 섞어서 사용한다.
- 조적 시기는 영하권에 들어가는 동절기와 장마철을 피한다.
- 조적 시공 후 빗물이 스며들지 않도록 표면을 코팅하거나 실리콘방수를 한다.

34 철근콘크리트의 골재로서 부득이 해사(海砂)를 사용할 때에 특히 처리할 점은?

① 구조내력상 중요한 부분에 보강근을 넣는다.
② 충분히 물로 씻어 낸다.
③ 조강포틀랜드 시멘트를 사용한다.
④ 제염제를 혼합하지 않는다.

해설
① 철근의 구조적인 보강은 근본적인 해결책이 아니다.
③ 중용열 시멘트나 알루미나 시멘트를 사용한다.
④ 제염제를 사용하여 염분을 제거해야 한다.

35 말뚝시공법 중 제자리 말뚝에서 기계굴착 공법이 아닌 것은?

① 어스드릴 공법
② 역순환 공법
③ 베노토 공법
④ 심초 공법

해설
심초 공법은 기초를 인력으로 굴착하는 공법이다.
제자리 콘크리트 말뚝 설치 공법

기계 굴착	베노토 공법	중공형의 케이싱을 압입시키면서 내부를 해머그래브로 굴착하고, 콘크리트 타설 후 케이싱을 뽑아내는 공법이다.
	어스드릴 공법	안정액으로 공벽을 보호하면서 어스드릴로 굴착하는 공법이다.
	역순환 공법	굴착공 내에 지하수위보다 2m 이상 높게 물을 채워 정수압을 확보하여 공벽의 붕괴를 방지하면서 굴착하는 공법이다.
인력 굴착	심초 공법	• 장비의 반입이 어려운 장소에서 인력으로 시공하는 공법이다. • 구조물 기초를 위한 특수굴착 공법의 하나로 지반에 둥근 구멍을 굴착하고 흙막이를 하면서 파내려 가는 공법이다.

36 지붕공사에 주로 사용하는 방수재료로 옳은 것은?

① 아스팔트 콤파운드
② 스트레이트 아스팔트
③ 아스팔트 피치
④ 블론 아스팔트

해설
② 스트레이트 아스팔트 : 석유계 아스팔트로서 원유를 건류 또는 증류한 잔유물을 정제한 아스팔트이며 지하실 방수공사 등에 사용된다.
③ 아스팔트 피치 : 점성이 높고 딱딱한 반고체수지로 주로 도로포장에 사용한다.
④ 블론 아스팔트 : 가열한 스트레이트 아스팔트에 공기를 불어넣어 만든 석유 아스팔트이며 방수공사, 전기절연재, 방청도료 등에 사용된다.

37 분할도급의 종류에 대한 설명 중 옳지 않은 것은?

① 전문공종별 분할도급은 기업주와 시공자와의 의사소통이 잘 되나 공사 전체관리가 곤란하다.
② 공정별 분할도급은 정지, 구체, 마무리 공사 등 과정별로 나누어 도급을 주는 방식이다.
③ 공구별 분할도급은 설계완료분만 발주하거나 예산배정상 구분될 때 편리하다.
④ 직종별, 공종별 분할도급은 직영제도에 가까운 것으로서 총괄도급의 하도급에 많이 적용된다.

해설
공구별 분할도급은 전체공사를 구간으로 나누어 발주하는 방식으로 지하철공사, 교량공사, 아파트공사 등 대형공사에 적용된다.
분할도급공사

구분	특징
공구별 분할도급	대규모 공사에서 지역별로 분리 발주하는 방식으로, 각 공구마다 일식도급 체제로 운영된다.
공정별 분할도급	공사의 각 과정별로 나누어서 도급을 주는 방식이다.
전문공종별 분할도급	공사 중 전문공종(설비, 전기 등)을 주체공사와 분리하여 발주하는 방식이다.
직종별, 공종별 분할도급	직영공사에 가까운 제도로 전문직종이나 각 공종별로 분할하여 도급을 주는 방식이다.

38 다음 설명이 의미하는 공법으로 옳은 것은?

> 미리 공장생산한 기둥이나 보, 바닥판, 외벽, 내벽 등을 한 층씩 쌓아 올라가는 조립식으로 구체를 구축하고 이어서 마감 및 설비공사까지 포함하여 차례로 한 층씩 완성해가는 공법

① 하프 PC합성바닥판 공법
② 역타 공법
③ 적층 공법
④ 지하연속벽 공법

해설
① 하프 PC합성바닥판 공법 : 콘크리트 구조물의 일부를 PC로 제작하여 거푸집 용도로 사용하고, 여기에 현장타설콘크리트를 부어넣어 구조물을 만드는 합성 방식이다.
② 역타 공법 : 흙막이벽을 구조체로 시공한 후 점차 지하로 진행하면서 동시에 지상구조물도 축조해가는 공법이다.
④ 지하연속벽 공법 : 안정액을 사용하여 굴착 벽면의 붕괴를 방지하면서 지하를 굴착하고, 철근콘크리트를 타설하여 흙막이를 형성하는 공법이다.

39 베노토(Benoto) 공법의 특징이 아닌 것은?

① All casing 공법이므로 주위 지반에 영향을 주지 않고 안전하게 시공할 수 있다.
② 긴 말뚝(50~60m)의 시공에는 적합하지 않다.
③ 굴삭 후 배출되는 토사로서 토질을 알 수 있어 지지층에 도달됨을 판명할 수 있다.
④ 기계는 대형 중량이고 케이싱튜브를 뽑아내는 반력도 커서 심히 연약한 지반 또는 수상시공에는 적절하지 않다.

해설
베노토 공법은 50~60m 정도의 긴 말뚝도 시공이 가능하다.
베노토 공법(올케이싱 공법)
- 중공형의 케이싱을 압입시키면서 내부를 해머그래브로 굴착하고, 콘크리트 타설 후 케이싱을 뽑아내는 공법이다. 올케이싱 공법으로 주변 지반에 영향을 주지 않는다.
- 굴착 후 배출되는 토사로 토질 및 지지층의 파악이 가능하다.
- 50~60m 정도의 긴 말뚝도 시공이 가능하다.
- 연약지반, 수상에서는 케이싱을 뽑아내는 반력이 크므로 적합하지 않다.

40 콘크리트의 Joint의 종류에 대해 나열한 것 중 계획된 Joint가 아닌 것은?

① Control joint
② Construction joint
③ Cold joint
④ Expansion joint

해설
콜드조인트는 시공상 발생한 불연속적인 접합면으로, 계획된 줄눈이 아니다.
콘크리트의 주요 이음(Joint)

시공줄눈 (Construction joint)	시공과정상 경화가 완료된 콘크리트에 이어 붓기를 하면서 발생하는 계획된 줄눈을 말한다.
신축줄눈 (Expansion joint)	건축구조물의 온도변화에 따른 팽창, 수축 또는 부동침하에 의한 균열 발생 등이 예상되는 위치에 설치하는 계획된 줄눈이다.
조절줄눈 (Control joint)	건조수축 등으로 인한 균열을 특정 부위에서만 발생하도록 유도, 제어 및 최소화하기 위해 설치하는 계획된 줄눈이다.
지연줄눈 (Delay joint)	콘크리트의 건조수축에 의한 균열을 극소화시키기 위해 건물의 일정 부위를 남겨 놓고 콘크리트 타설을 하고, 초기 수축 후 나머지 부분의 콘크리트를 타설할 때 발생하는 계획된 줄눈이다.
콜드조인트 (Cold joint)	콘크리트 타설 중 경화가 시작된 콘크리트에 이어 붓기를 하면서 콘크리트가 일체화되지 않아 발생하는 불연속적인 접합면이다.

제3과목 건축구조

41 그림과 같은 구조물에서 절점 B에 외력 $M = 20t \cdot m$가 작용하는 경우 M_{AB}는?

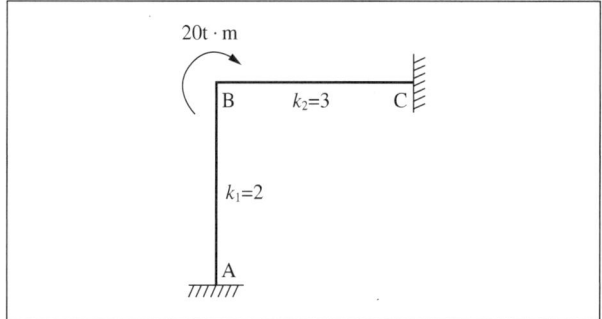

① $2t \cdot m$
② $4t \cdot m$
③ $6t \cdot m$
④ $8t \cdot m$

해설
AB거리는 전체길이 $k_1 + k_2$ 중 k_1의 값이므로
M_{AB} = 외력 × 거리
　　　= 20 × 2/5
　　　= 8t · m
그림의 구조물은 고정단이므로 1/2만 도달한다.
∴ 8 × 1/2 = 4t · m

42 왕대공 지붕틀의 평보에 관한 설명 중 옳지 않은 것은?

① ㅅ자보와 평보는 볼트로 죈다.
② 평보는 인장력과 휨을 받는 부재이다.
③ 이어 쓰는 것을 원칙으로 하며 스팬의 1/4이 되는 지점에서 잇는다.
④ ㅅ자보와 평보의 맞춤은 빗턱통을 넣고 장부맞춤 또는 안장맞춤으로 한다.

39 ② 40 ③ 41 ② 42 ③

해설

평보는 이어 쓰는 것보다 단일재로 사용하는 것이 구조적으로 안전하다.

평보
- 지붕에 실리는 무게를 받는, 옆으로 놓은 부재이다.
- 양식 지붕틀의 최하부에 있는 보. 한식 지붕보에 해당하며, ㅅ자보의 밑은 평보 위에 안장맞춤(가름장맞춤) 또는 반턱통을 넣고, 장부맞춤으로 하고 볼트로 조인다.
- 평보는 단일재로 하는 것을 원칙으로 하지만 이어 쓸 때에는 왕대공 부근에서 덧판, 산지이음, 볼트조임으로 해야 한다.
- 평보는 깔도리에 걸침으로 처마도리는 평보에 걸침턱으로 물리고 평보 옆 한편 또는 좌우편에서 깔도리와 처마도리를 볼트조임, 기둥까지 주걱 볼트조임으로 한다.

43 철골플레이트보에서 중간 스티프너(Stiffner)를 사용하는 주된 목적은?

① 웨브 플레이트(Web plate)에 생기는 휨모멘트에 저항하기 위해
② 플랜지 앵글(Flange angle)의 단면을 작게 하기 위해
③ 플랜지 앵글의 리벳 간격을 넓게 하기 위해
④ 웨브 플레이트의 좌굴을 방지하기 위해

해설

스티프너(Stiffener)
웨브의 두께가 춤에 비해서 얇을 때, 웨브의 국부 좌굴을 방지하기 위해 사용하는 부재이다.

하중점 스티프너	집중하중에 대한 보강용으로 쓰인다.
중간 스티프너	웨브의 좌굴을 막기 위하여 쓰인다.
수평 스티프너	재축에 나란하게 설치한 것이다.

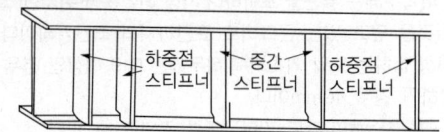

44 높이 12m, 벽의 길이 9m인 조적식 구조 내력벽의 1층 두께로 맞는 것은?

① 190mm ② 290mm
③ 150mm ④ 320mm

해설

조적식 구조의 내력벽 두께(건축물구조기준규칙 제32조)

건축물의 높이	벽의 길이	층별 두께	
		1층	2층
5m 미만	8m 미만	150mm	–
	8m 이상	190mm	–
5m 이상 11m 미만	8m 미만	190mm	190mm
	8m 이상	190mm	190mm
11m 이상	8m 미만	190mm	190mm
	8m 이상	290mm	190mm

45 단면이 0.3×0.6m이고 길이가 10m인 철근콘크리트 보의 중량은?

① 1.8t ② 3.6t
③ 4.14t ④ 4.32t

해설

콘크리트의 중량 = 보의 체적 × 단위중량
= (0.3 × 0.6 × 10) × 2.4
= 4.32t

46 다음 중 철골가새의 역할에 대한 설명으로 적절하지 않은 것은?

① 수직·수평재의 변형을 방지한다.
② 직압력에 의한 좌굴을 방지한다.
③ 철골구조체의 안전성을 확보한다.
④ 가새는 30° 이내로 설치하여야 압축력을 받을 수 있다.

해설

가새는 30~60° 범위 내에 있도록 설치해야 한다.

정답 43 ④ 44 ② 45 ④ 46 ④

47 창면적이 클 때에는 스틸바(Steel bar)만으로는 약하며, 또한 여닫을 때의 진동으로 유리가 파손될 우려가 있으므로 이것을 보강하고 외관을 꾸미기 위하여 강판을 중공형으로 접어 가로 또는 세로로 대는 것을 무엇이라 하는가?

① Mullion
② Ventilator
③ Gallery
④ Pivot

[해설]
② Ventilator : 건물 내외의 온도차나 바람을 이용하여 실내의 공기질을 유지하는 환기통 또는 환기장치이다.
③ Gallery : 사원, 교회 등의 실내 복판이 뚫려 있는 주위에 둘러친 복도 부분을 말한다.
④ Pivot : 장부가 구멍에 들어 끼어 돌게 된 철물로 회전문에 사용한다.

48 그림과 같은 단순보 (A)와 단순보 (B)의 최대 휨모멘트가 같을 때 집중하중 P는 얼마인가?

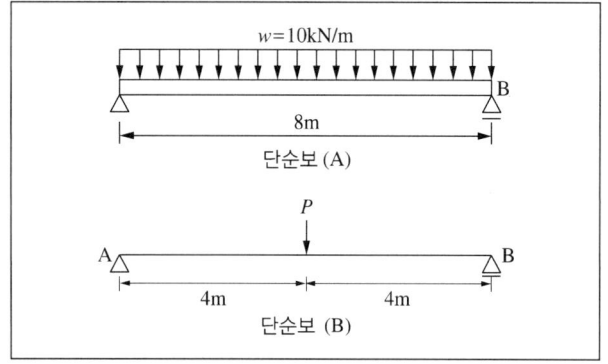

① 30kN
② 40kN
③ 50kN
④ 60kN

[해설]
단순보 (A)의 휨모멘트 = 단순보 (B)의 휨모멘트
$\dfrac{wl^2}{8} = \dfrac{Pl}{4}$

$\dfrac{wl}{2} = P$

$\therefore P = \dfrac{(10 \times 8)}{2} = 40\text{kN}$

49 길이가 l이고 변형이 구속되지 않은 트러스 부재가 온도변화 ΔT에 의해 일어나는 축방향 변형률(ε)은?(단, 트러스 부재의 재료는 열팽창계수(α)인 등방성 균질재료로 온도변화에 따라 선형 변형한다)

① $\varepsilon = \alpha(\Delta T)$
② $\varepsilon = \alpha(\Delta T)\sqrt{l}$
③ $\varepsilon = \alpha(\Delta T)l$
④ $\varepsilon = \alpha(\Delta T)l^2$

[해설]
온도변형률
$\varepsilon = \dfrac{\Delta l}{l} = \dfrac{\alpha \cdot l \cdot \Delta T}{l} = \alpha \cdot \Delta T$

50 철근콘크리트에 있어서 철근의 피복두께에 관한 기술 중 맞는 것은?

① 철근의 피복두께는 주근 표면과 이것을 덮고 있는 콘크리트 표면까지의 최단거리이다.
② 피복두께는 내화성·내구성을 고려하여 결정한 것이다.
③ 흙에 직접 접하는 보와 기초의 피복두께는 4cm 이상이다.
④ 이형철근을 사용하는 경우 피복두께는 1cm 감할 수 있다.

[해설]
① 철근의 피복두께는 부근을 포함하여 가장 바깥쪽에 위치한 철근의 표면과 이것을 덮고 있는 콘크리트 표면까지의 최단거리이다.
③ 흙에 직접 접하는 보와 기초의 피복두께는 D19 이상인 경우 50mm, D16 이하인 경우 40mm이다.
④ 이형철근을 사용하더라도 피복두께를 감면할 수 없다.

51 익스팬션 조인트(Expansion joint)의 설치 원인과 목적에 관한 기술 중에서 적당하지 않은 것은?

① 콘크리트를 이어 치기할 때 구조적인 일체성 확보를 위해 설치한다.
② 콘크리트의 팽창, 수축에 대한 유해한 균열 방지를 목적으로 한다.
③ 건축물을 평면적으로 증축하고자 할 때 설치한다.
④ 기초의 부동침하에 대비하여 이를 예방하고, 변위흡수를 목적으로 한다.

해설
신축이음은 콘크리트 부재를 분리함으로써 변형에 대비하기 위한 것이다.
신축이음(Expansion joint)
- 구조물의 침하, 하중의 재하, 온도변화 등에 따른 신축과 균열에 대응하기 위해 균열 발생이 예상되는 위치에 설치하는 이음이다.
- 하중에 의한 콘크리트의 치수변화를 허용한다.
- 치수변화에 의해 영향 받는 부재 및 부위를 분리하는 이음이다.
- 평면이 복잡한 부분에서의 교차부에 설치한다.

해설
AB 구간의 휨강성(EI)이 2배로 주어졌으므로 적용되는 P는 1/2배로 감하여 처짐을 구해준다.

$$y_c = \frac{Pa^2}{6EI}(3l-a)$$
$$= \frac{P/2 \times l^2}{6EI}(3 \times 2l - l)$$
$$= \frac{5Pl^3}{12EI}$$

여기서, l : 부재 전체길이
a : 고정단으로부터 집중하중점까지의 길이
P : 적용하중

52 그림과 같이 AB구간과 BC구간의 단면이 상이한 캔틸레버보에서 B점에 집중하중 P가 작용할 때, 자유단인 C점의 처짐은?(단, AB구간과 BC구간의 휨강성은 각각 $2EI$와 EI이며 자중을 포함한 기타 하중의 영향은 무시한다)

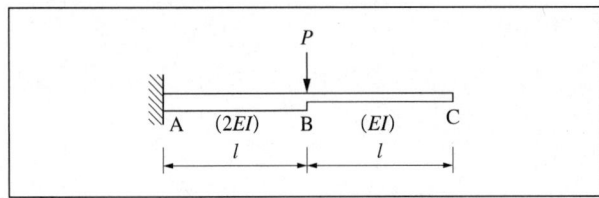

① $\frac{Pl^3}{3EI}$
② $\frac{2Pl^3}{3EI}$
③ $\frac{5Pl^3}{6EI}$
④ $\frac{5Pl^3}{12EI}$

53 신축건물의 기초파기 중 토질에 생기는 현상과 가장 관계가 적은 것은?

① 보일링(Boiling)
② 히빙(Heaving)
③ 파이핑(Piping)
④ 언더피닝(Under-pinning)

해설
언더피닝은 기초를 보강하는 공법으로 토질에 생기는 현상과는 관계가 없다.
흙막이의 붕괴현상
- 보일링 : 사질지반에서 흙막이 뒷면 지하수가 들어와서 모래와 같이 솟아오르는 현상이다.
- 히빙 : 지표 재하 하중으로 흙막이 저면 흙이 붕괴되고 바깥에 있는 흙이 안으로 밀려 볼록하게 되어 파괴되는 현상이다.
- 파이핑 : 시공한 흙막이에 대한 수밀성이 불량하여 널말뚝의 틈새로 물과 미립토사가 유실되면서 지반 내에 파이프 모양의 수로가 형성되어 지반이 점차 파괴되는 현상이다.

정답 51 ① 52 ④ 53 ④

54 철근콘크리트 기둥의 띠철근의 사용목적으로 옳지 않은 것은?

① 주근의 설계 위치를 유지한다.
② 크리프양을 줄이는 데 효과가 있다.
③ 주근의 좌굴을 방지하는 데 효력이 있다.
④ 수평력에 대한 전단보강의 작용을 한다.

해설
띠철근은 크리프와는 관련이 없다.
띠철근
- 축방향 철근을 소정의 간격마다 둘러싼 가로 방향의 보조철근이다.
- 콘크리트의 가로 방향 변형, 좌굴 등을 방지하여 압축응력을 증가시키고 수평력에 대한 전단력을 보강하는 역할을 한다.

55 다음에서 설명하는 내용에 해당하는 것은?

> 항복점 이상의 응력을 받는 금속재료가 소성변형을 일으켜 파괴되지 않고 변형을 계속하는 성질이다.

① 연성
② 취성
③ 탄성
④ 강성

해설
건축 재료의 일반적인 성질
- 강성 : 재료가 외력을 받으면서 발생하는 변형에 저항하는 정도이다.
- 소성 : 재료의 외력을 제거하여도 재료가 원상으로 돌아가지 않고 변형된 그대로의 상태로 남아 있는 성질이다.
- 인성 : 외력에 의해 파괴되기 어려운 질기고 강한 충격에 잘 견디는 재료의 성질이다.
- 전성 : 압축력에 의해 물체가 넓고 얇은 형태로 소성변형을 하는 성질이다.
- 연성 : 항복점 이상의 응력을 받는 금속재료가 소성변형을 일으켜 파괴되지 않고 변형을 계속하는 성질이다.
- 취성 : 재료에 외력을 가했을 때 작은 변형에도 곧 파괴되는 성질이다.
- 탄성 : 외력을 받아 변형되어도 다시 복원되는 성질이다.

56 그림과 같이 양단고정보에 등분포하중(w)과 집중하중(P)이 작용할 때, 고정단 휨모멘트(M_A, M_B)와 중앙부 휨모멘트(M_c)의 절댓값 비는?(단, 부재의 휨강성은 EI로 동일하며, 자중을 포함한 기타 하중의 영향은 무시한다)

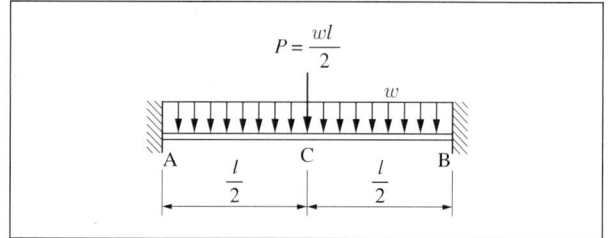

① $|M_A| : |M_C| : |M_B| = 1.2 : 1.0 : 1.2$
② $|M_A| : |M_C| : |M_B| = 1.4 : 1.0 : 1.4$
③ $|M_A| : |M_C| : |M_B| = 1.6 : 1.0 : 1.6$
④ $|M_A| : |M_C| : |M_B| = 2.0 : 1.0 : 2.0$

해설
- M = 등분포하중 M + 집중하중 M
- 단부

$$|M_B| = |M_A| = \left| -\frac{wl^2}{12} - \frac{\frac{wl}{2}l}{16} \right|$$
$$= \left| -\frac{wl^2}{12} - \frac{wl^2}{16} \right|$$
$$= \left| -\frac{7wl^2}{48} \right| = \frac{7wl^2}{48}$$

- 중앙부

$$|M_C| = \left| \frac{wl^2}{24} + \frac{\frac{wl}{2}l}{16} \right|$$
$$= \left| \frac{wl^2}{24} + \frac{wl^2}{16} \right|$$
$$= \left| \frac{5wl^2}{48} \right| = \frac{5wl^2}{48}$$

$\therefore |M_A| : |M_C| : |M_B| = 7 : 5 : 7$
$= 1.4 : 1.0 : 1.4$

57 철근콘크리트 설계에서 적용되는 강도감소계수가 가장 작은 것은?

① 인장지배단면
② 포스트텐션 정착구역
③ 스트럿-타이 모델에서 스트럿, 절점부 및 지압부
④ 무근콘크리트의 휨모멘트, 압축력, 전단력, 지압력

해설

무근콘크리트의 강도감소계수(ϕ)는 0.55로 가장 작다.
강도감소계수(KDS 14 20 10 콘크리트 구조 해석과 설계 원칙)
구조물의 부재, 부재 간의 연결부 및 각 부재 단면의 휨모멘트, 축력, 전단력, 비틀림모멘트에 대한 설계강도는 이 기준의 규정과 가정에 따라 정해지는 공칭강도에 강도감소계수를 곱한 값으로 하여야 한다.

부재 단면 또는 하중(단면력 종류)		강도감소계수(ϕ)
인장지배단면(휨부재)		0.85
압축지배단면	나선철근 부재	0.70
	그 외	0.65
전단력과 비틀림모멘트		0.75
콘크리트의 지압력 (포스트텐션 정착부, 스트럿-타이 모델은 제외)		0.65
포스트텐션 정착구역		0.85
스트럿 타이 모델	스트럿, 절점부 및 지압부	0.75
	타이	0.85
긴장재 묻힘 길이가 정착길이보다 작은 프리텐션 부재의 횡단면	부재 단부에서 절단길이 단부까지	0.75
	절단길이 단부에서 정착길이 단부 사이	0.75~0.85까지 선형 증가
무근 콘크리트의 휨모멘트, 압축력, 전단력, 지압력		0.55

58 건축구조 기준에서 강도설계법 또는 한계상태설계법으로 구조물을 설계하는 경우 하중조합으로 옳은 것은?(단, 고정하중(D), 활하중(L), 지진하중(E), 풍하중(W), 적설하중(S)만 고려하며, 활하중에 대한 하중계수 저감은 고려하지 않는다)

① $1.4D + 1.0W$
② $1.2D + 1.6L + 0.5S$
③ $1.2D + 1.0E + 1.0L + 0.5S$
④ $0.9 + 1.3W + 1.0L + 0.2S$

해설

올바른 하중조합은 $1.2D + 1.6L + 0.5S$이다.
하중조합
- $1.4(D + F)$
- $1.2(D + F + T) + 1.6L + 0.5(L_r \text{ 또는 } S \text{ 또는 } R)$
- $1.2D + 1.6(L_r \text{ 또는 } S \text{ 또는 } R) + (1.0L \text{ 또는 } 0.5W)$
- $1.2D + 1.3W + 1.0L + 0.5(L_r \text{ 또는 } S \text{ 또는 } R)$
- $1.2D + 1.0E + 1.0L + 0.2S$
- $0.9D + 1.3W$
- $0.9D + 1.0E$

59 그림과 같은 캔틸레버보에서 b점과 c점의 처짐을 각각 δ_b, δ_c라고 할 때 두 처짐의 비 δ_b/δ_c는 얼마인가?(단, 보의 자중은 무시하며 보의 전 길이에 걸쳐 재질 및 단면은 동일하고 부재는 선형 탄성으로 거동하는 것으로 가정한다)

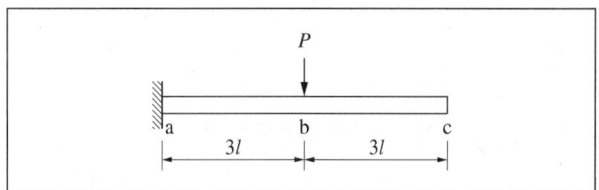

① 1/2
② 2/3
③ 2/5
④ 3/7

해설

- b지점의 처짐(δ_b) $= \dfrac{P(3l)^3}{3EI}$

- c지점의 처짐(δ_c) $= \delta_b + \dfrac{P(3l)^2}{2EI} \times 3l$

  $= \dfrac{P(3l)^3}{3EI} + \dfrac{P(3l)^3}{2EI}$

  $= \dfrac{5}{6} \times \dfrac{P(3l)^3}{EI}$

∴ b, c지점의 처짐비 $\left(\dfrac{\delta_c}{\delta_b}\right) = \dfrac{\dfrac{1}{3} \times \dfrac{P(3l)^3}{EI}}{\dfrac{5}{6} \times \dfrac{P(3l)^3}{EI}} = \dfrac{2}{5}$

정답 57 ④ 58 ② 59 ③

60 그림과 같은 기둥의 좌굴길이는 얼마인가?

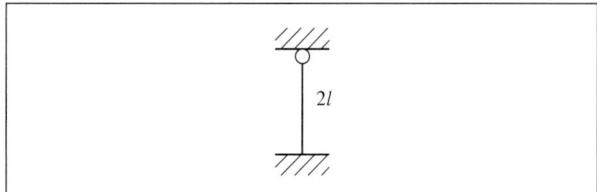

① 1.4*l* ② 2.0*l*
③ 0.5*l* ④ 4.0*l*

해설
좌굴길이

구분	1단 고정 1단 자유	양단 힌지	1단 고정 1단 힌지	양단 고정
유효좌굴계수(K)	2.0	1.0	0.7	0.5
좌굴길이(l_k)	$2.0 \times l$	$1.0 \times l$	$0.7 \times l$	$0.5 \times l$
좌굴강도(n)	0.25	1.0	2.0	4.0

유효좌굴계수(K)는 1단 고정, 타단힌지 타입의 기둥이므로
좌굴길이(l_k) = 유효좌굴계수(K) × 길이(l)
$= 0.7 \times 2l$
$= 1.4l$

제4과목 건축설비

61 다음 중 빛과 관련된 용어가 아닌 것은?
① dB ② 연색성
③ 휘도 ④ 조도

해설
데시벨은 전기공학이나 진동·음향공학 등에서 사용되는 단위이다. 소리의 강함 등의 비교나 감쇠량 등을 에너지 비로 나타낼 때에도 사용된다.
조명의 용어·단위

광속	• 단위는 Lumen(lm)이다. • 광원에서 나오는 빛의 양으로, 광원의 밝기를 나타낸다.
광도	• 단위는 Candela(cd = lm/sr)이다. • 한 방향으로 방출되는 광속으로, 특정 방향에 대한 밝기를 나타낸다.
휘도	• 단위는 Candela/m²(cd/m^2 = nt, cd/cm^2 = sb)이다. • 광원의 단위면적당 밝은 정도, 대상면에 반사되는 빛의 양을 나타낸다.
조도	• 단위는 lux(lx = lm/m^2) • 단위면적당 광속으로, 장소의 밝기를 나타낸다.

62 복사난방 방식의 특징이 아닌 것은?
① 열용량이 커서 예열시간이 짧다.
② 수직온도분포가 균일하고 실내가 쾌적하다.
③ 대류난방에 비하여 설비비가 비싸다.
④ 실온을 낮게 유지할 수 있어서 열손실이 적다.

해설
열용량이 커서 예열시간이 짧은 것은 증기난방의 특징이다.
복사난방
• 복사열에 의한 난방으로 천장·벽·바닥 내에 파이프 코일을 밀어 넣어 온수를 통하고 그 방열에 의하여 천장·벽·바닥을 따뜻하게 해서 실내를 난방하는 방식이다.
• 온수를 통하는 방법, 전열선을 묻는 방법, 온풍을 통하게 하는 방법 등이 있다.
• 실내에 방열기가 없어 공간 활용이 좋고 실내 상하의 온도 변화가 없어 쾌적도가 높다.
• 설비비가 고가이며 준공 후 수리 시 불편함이 있다.

63 습기가 많은 은폐 장소에는 적당치 않으며 주로 철근콘크리트 건물에서 기설의 금속관 배선으로부터 증설 배선하는 경우에 이용되는 전기공사법은?

① 금속 몰드 공사
② 애자 사용 공사
③ 경질비닐관 공사
④ 케이블 공사

해설
② 애자 사용 공사 : 건물의 천장, 벽 등에 놉애자, 핀애자, 애관, 클라이트를 사용하여 전선을 지지하는 공사방법이다.
③ 경질비닐관(합성수지관) 공사 : 관 자체가 우수한 절연성을 가지고 있으며, 중량이 가볍고 시공이 용이하며 내식성이 뛰어나 화학공장 등에 사용 가능하지만, 열에 약하고 기계적 강도가 낮은 것이 결점이다.
④ 케이블 공사 : 옥내배선에서 금속관 공사와 동일하게 모든 장소에 시설할 수 있는 공사방법이다. 전선으로 케이블을 사용하는 경우와 캡타이어 케이블을 사용하는 경우가 있다.

64 흡수식 냉동기의 주요 구성부분이 아닌 것은?

① 응축기
② 압축기
③ 증발기
④ 재생기

해설
흡수식 냉동기는 응축기, 증발기, 재생기로 구성되어 있으며 압축기는 필요 없다.

65 흡음재에 관한 설명 중 옳은 것은?

① 판진동 흡음재의 흡음판은 못 등으로 고정하는 것보다는 기밀하게 접착하는 것이 판진동하기 쉬우므로 흡음률이 커진다.
② 다공질 흡음재는 중·고주파수보다는 저주파수에서의 흡음률이 크다.
③ 유공판 흡음구조의 흡음 특성은 중음역 근처에서 최소치를 갖는 특성이 있다.
④ 다공질 흡음구조의 다공질 재료의 표면이 다른 재료에 의해 피복되어 통기성이 저해되면 중·고주파수에서의 흡음률이 저하된다.

해설
① 판진동 흡음재의 흡음판은 못 등으로 고정하는 것이 흡음률이 커진다.
② 다공질 흡음재는 고주파수에서의 흡음률이 크다.
③ 유공판 흡음구조의 흡음 특성은 저음역 근처에서 최소치를 갖는 특성이 있다.

66 엘리베이터와 비교한 에스컬레이터의 특징에 대한 설명으로 옳은 것은?

① 에스컬레이터의 수송 능력은 엘리베이터에 비하여 약 1/2 정도이다.
② 에스컬레이터는 기계실이 필요 없는 대신 피트가 복잡하고 하중이 특정 층에 집중된다.
③ 에스컬레이터에서 소비되는 전력량은 엘리베이터에 비하여 크고 전동기의 기동 횟수가 매우 많다.
④ 에스컬레이터는 전동기 기동 시에 흐르는 대전류에 의한 부하의 전류 변화가 엘리베이터에 비하여 적다.

해설
① 에스컬레이터의 수송 능력은 엘리베이터에 비하여 약 7~10배 정도이다.
② 에스컬레이터는 피트가 단순하고 하중이 분산된다.
③ 에스컬레이터에서 소비되는 전력량은 엘리베이터에 비하여 적고 전동기의 기동 횟수가 매우 적다.

정답 63 ① 64 ② 65 ④ 66 ④

67 공기의 성질에 관한 설명 중 옳지 않은 것은?

① 공기를 가열하면 상대습도는 낮아진다.
② 공기를 냉각하면 절대습도는 높아진다.
③ 건구온도와 습구온도가 동일하면 상대습도는 100%이다.
④ 습구온도는 건구온도보다 높을 수는 없다.

해설
공기의 성질
- 공기를 냉각하거나 가열하여도 절대습도는 변하지 않는다.
- 공기를 냉각하면 상대습도는 높아지고, 공기를 가열하면 상대습도는 낮아진다.
- 습구온도와 건구온도가 같다는 것은 상대습도가 100%인 포화공기임을 뜻한다.

68 조명기구 중 천장과 윗벽 부분이 광원의 역할을 하며 조도가 균일하고 음영이 유연하나 조명률이 낮은 특성을 갖는 것은?

① 직접조명기구
② 반직접조명기구
③ 간접조명기구
④ 전확산조명기구

해설
조명기구의 배광방식
- 직접조명 : 빛의 90~100%가 직접적으로 하향하는 방식으로 전력소모 대비 가장 경제적이고 효율성이 높은 방식이다. 눈부심이 일어나기 쉬우며 그림자가 생긴다. 작업실, 사무실 등에 많이 사용한다.
- 간접조명 : 빛이 천장에 반사되어 실제 광원의 0~20%가 하향하는 방식으로 천장과 벽의 색, 재질의 영향을 많이 받는다. 눈부심이 적고 조도가 균일해 침실, 병원 등에 많이 사용한다.
- 반간접조명 : 직접조명과 간접조명의 복합적 형식으로 빛의 일부는 직접 하향, 일부는 천장에 반사되어 하향하는 방식이다.
- 전반확산조명 : 광원을 유리 또는 합성수지로 제작한 반투명 글로브(Globe)에 넣어 조명하는 방식이며, 눈부심이 거의 없고 그림자도 약하다.

69 유체가 관경 50cm인 관속을 2m/s의 속도로 흐를 때의 유량은?

① $0.25\text{m}^3/\text{s}$
② $0.33\text{m}^3/\text{s}$
③ $0.39\text{m}^3/\text{s}$
④ $0.45\text{m}^3/\text{s}$

해설
$$Q = AV$$
$$= \frac{\pi \times 0.5^2}{4} \times 2$$
$$= 0.39\text{m}^3/\text{s}$$
여기서, A : 유체가 통과하는 단면적(m²)
V : 유체의 유속(m/s)

70 에스컬레이터에 관한 설명으로 틀린 것은?

① 경사는 30° 이하로 한다.
② 정격속도는 30m/분 이하로 한다.
③ 기계실이 필요하며 엘리베이터에 비해 점유면적이 크다.
④ 건축에 걸리는 하중이 최하층에 집중되지 않고 각 층에 분담되어 걸린다.

해설
에스컬레이터는 별도의 기계실이 필요하지 않아 건축물의 점유면적을 줄일 수 있는 것이 특징이다.
에스컬레이터(Escalator)
- 건물이나 지하도 등에서 층과 층 사이에 사람을 태우고 운반하는, 움직이는 계단 형태의 수직 이동수단을 말한다.
- 경사도 30° 이하의 장소에 설치되며, 경사도 12° 이하의 평면형 플랫 에스컬레이터는 무빙워크라고 한다.
- 정격 속도는 하향 방향의 안전을 고려하여 0.5m/초 또는 30m/분 이하로 한다.

정답 67 ② 68 ③ 69 ③ 70 ③

71 트랩의 봉수파괴 원인 중 자기사이펀작용에 대한 설명으로 옳지 않은 것은?

① 만류, 연속류를 비만류 또는 비연속류화하면 효과적으로 방지할 수 있다.
② 위층의 기구로부터 배수가 배수수직관 내를 급속히 흘러 하층 기구의 유출관 부분을 통과할 때 수평주관 내부의 공기를 감압시켜 봉수가 파괴되는 현상이다.
③ 각개통기관을 기구배수관에 접속하여 공기를 유입시키면 자기사이펀작용을 막을 수 있다.
④ 기구에 각 단면적비가 큰 트랩을 설치하면 자기사이펀작용의 방지에 효과적이다.

해설
②는 유인사이펀작용에 대한 설명이다.
자기사이펀작용
배수 시에 트랩 및 배수관은 사이펀 관을 형성하여 만수된 물이 일시에 흐르게 되면 트랩 내의 물이 자기사이펀작용에 의해 모두 배수관 쪽으로 흡인되어 봉수가 파괴되는 현상이다.

72 유로(流路)의 폐쇄나 유량의 계속적인 변화에 의한 유량조절에 적합한 것으로 스톱밸브라고도 불리는 것은?

① 플러시밸브(Flush valve)
② 게이트밸브(Gate valve)
③ 체크밸브(Check valve)
④ 글로브밸브(Globe valve)

해설
① 플러시밸브 : 한 번 누르면 일정량의 물이 나온 다음 자동으로 잠기는 밸브이며, 대변기, 소변기의 세정에 주로 사용한다.
② 게이트밸브 : 밸브 디스크가 유체의 통로를 수직으로 막아서 개폐하는 밸브로 슬루스밸브라고도 한다. 제작이 용이하고, 부착면 간 거리가 짧으며, 핸들조작이 가볍다.
③ 체크밸브 : 유체를 한쪽으로만 흐르게 하여 역류를 방지할 목적으로 사용하는 밸브이다. 리프트형과 스윙형이 있다.

73 급탕배관 계통에서 총손실열량이 30,000kcal/h이고 급탕 온도가 80℃, 반탕온도가 70℃라면 순환수량(L/min)은 얼마인가?

① 50L/min
② 100L/min
③ 1,000L/min
④ 3,000L/min

해설
급탕순환펌프 수량
• 총손실열량 = 30,000kcal/h
• 탕의 비열 4.19kJ/kg·℃ = 1kcal/kg·℃
• $\Delta T = 80 - 70 = 10$

$$\therefore W(\text{L/min}) = \frac{Q}{60 \times C \times \Delta T}$$
$$= \frac{30,000}{60 \times 1 \times 10} = 50\text{L/min}$$

여기서, Q : 배관과 펌프 및 기타 손실열량
C : 탕의 비열
ΔT : 급탕과 반탕의 온도차

74 대변기 세정(洗淨)급수방식이 아닌 것은?

① 감압밸브방식
② 로우탱크방식
③ 세정밸브방식
④ 하이탱크방식

해설
감압밸브는 대변기 세정급수에는 사용하지 않고 주로 수도에 많이 사용하는 밸브이다.
대변기 세정급수방식
• 하이탱크식 : 하이탱크에 물을 급수한 후 세정하는 방식으로 설치면적을 작게 할 수 있으나 수리가 어렵고, 세정 시 소음이 크다. 주로 공공 건축물 등에 사용한다.
• 로우탱크식 : 로우탱크에 물을 급수한 후 세정하는 방식으로 설치면적이 크나 수리가 용이하고, 소음이 적으며, 탱크에 물이 저장되는 시간이 필요하므로 연속사용이 적은 주택, 호텔, 사무실 등의 화장실에 주로 사용한다.
• 세정밸브식 : 밸브를 한 번 누르면 일정량의 물이 나온 후에 자동적으로 정지되는 방식으로 급수관의 관지름은 25mm 이상으로 하고, 급수압은 0.1MPa 이상의 수압을 필요로 한다. 연속사용이 가능한 학교, 사무소 등의 화장실에 많이 사용한다.
• 기압탱크식 : 철판제 원통형 기압탱크가 부착되어 있어 수격작용을 흡수하여 소음과 진동을 방지한다.

정답 71 ② 72 ④ 73 ① 74 ①

75 온열감각에 영향을 미치는 4가지 요소로서 맞는 것은?

① 기온, 습도, 기류, 복사열
② 기온, 습도, 조명, 기압
③ 기온, 소음, 열전도, 복사열
④ 열관류, 열전도, 복사열, 기온

해설
열환경의 4요소(온열요소)
공기의 온도, 공기 중의 습도, 주위 벽의 복사열, 기류

76 다음 중 실내를 부압으로 유지하며 실내의 냄새나 유해물질을 다른 실로 흘려보내지 않으므로 주방, 화장실, 유해가스 발생장소 등에 사용되는 환기방식은?

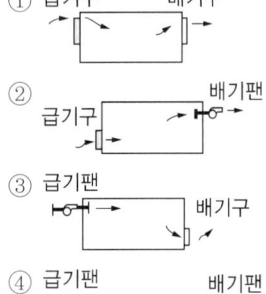

해설
제3종 환기방식은 배기에만 기계장치를 사용하고 급기구 또는 틈새로 급기하는 방식으로 화장실, 욕실, 공장, 주차장 등에 사용한다.

환기방식

자연환기		풍향, 풍속 및 실내외의 온도차와 공기의 밀도차에 의한 방법이다.
기계환기	1종	• 제1종 환기 = 강제급기 + 강제배기 • 급기와 배기에 모두 기계장치를 사용한 방식이다. • 정확한 환기량과 급기량 변화에 의해 실내외의 압력차를 조절한다.
	2종	• 제2종 환기 = 강제급기 + 자연배기 • 급기에만 기계장치를 사용하고 배기구 또는 틈새로 배기한다. • 인근 실에서의 공기의 침입을 방지할 수 있다.
	3종	• 제3종 환기 = 자연급기 + 강제배기 • 배기에만 기계장치를 사용하고 급기구 또는 틈새로 급기한다. • 실내공기가 인근의 실로 유출되는 것을 방지할 수 있다. • 화장실, 욕실, 공장, 주차장 등에 적용된다.

77 전기설비의 전압 구분에서 고압에 해당하는 것은?

① 교류 300V 이하, 직류 600V 이하
② 교류 600V 이하, 직류 300V 이하
③ 교류 1,000V 초과 7,000V 이하, 직류 1,500V 초과 7,000V 이하
④ 교류 750~7,000V, 직류 600~7,000V

해설
전기설비 전압구분

구분	교류AC	직류DC
저압	1kV 이하	1.5kV 이하
고압	1kV 초과 7kV 이하	1.5kV 초과 7kV 이하
특고압	7kV 초과	

78 엘리베이터의 안전장치로서 종점 스위치가 고장났을 때 작동되는 장치는?

① 조속기 ② 제한 스위치
③ 완충기 ④ 비상정지장치

해설
엘리베이터 안전장치의 종류
• 조속기 : 일정 이상의 속도가 되었을 때 브레이크나 안전장치를 작동시키는 장치이다.
• 완충기 : 케이지 추락 시 승강로 바닥과의 충돌을 방지하는 장치이다.
• 비상(강제)정지장치 : 케이지에 부착된 장치로, 조속기의 지시에 따라 레일을 잡아 정지시키는 장치이다.
• 제한 스위치(리밋 스위치) : 종점 스위치가 고장났을 때 엘리베이터가 최상층 또는 최하층을 벗어나 운행하는 것을 방지하는 장치이다.

79 다음 중 초고층 건물에서 중간층에 중간수조를 설치하는 가장 주된 이유는?

① 옥상층의 면적을 줄이기 위하여
② 저층부의 수압을 줄이기 위하여
③ 정전 등으로 인한 단수를 막기 위하여
④ 물탱크에서 물이 오염될 가능성을 낮추기 위하여

해설
초고층 건물에서는 저층부의 수압을 줄이기 위해 중간수조 등을 설치하여 급수계통을 2개 이상으로 구분한다.

80 전양정 24m, 양수량 13.8m/h, 효율 60%일 때 펌프의 축동력은?

① 약 0.5kW   ② 약 1.0kW
③ 약 1.5kW   ④ 약 3.0kW

해설
축동력$(HP) = \dfrac{W \cdot Q \cdot H}{6,120 \times E}$

$= \dfrac{1,000 \times \dfrac{13.8}{60} \times 24}{6,120 \times 0.6} ≒ 1.5\text{kW}$

여기서, W : 물의 비중량(kg/m³)
Q : 양수량(m³/min)
H : 전양정
E : 효율
물의 경우, 1L = 10^{-3}m³이다.

제5과목 건축관계법규

81 평행주차형식 중 경형의 너비와 길이가 맞는 것은?

① 너비 1.7m 이상, 길이 4.5m 이상
② 너비 2.0m 이상, 길이 5.0m 이상
③ 너비 2.2m 이상, 길이 5.5m 이상
④ 너비 1.8m 이상, 길이 4.0m 이상

해설
평행주차형식의 주차단위구획(주차장법 시행규칙 제3조)

구분	너비	길이
경형	1.7m 이상	4.5m 이상
일반형	2.0m 이상	6.0m 이상
보도와 차도의 구분이 없는 주거지역의 도로	2.0m 이상	5.0m 이상
이륜자동차 전용	1.0m 이상	2.3m 이상

82 건축법상 반자높이의 기준으로 맞는 것은?

① 방의 바닥면으로부터 반자까지의 높이
② 방의 바닥 10cm되는 면으로부터 반자까지의 높이
③ 바닥 20cm되는 면으로부터 반자 10cm 아래까지의 높이
④ 방의 바닥면으로부터 반자 20cm 아래되는 면까지의 높이

해설
반자높이(건축법 시행령 제119조 제1항 제7호)
방의 바닥면으로부터 반자까지의 높이로 한다. 다만, 한 방에서 반자높이가 다른 부분이 있는 경우에는 그 각 부분의 반자면적에 따라 가중평균한 높이로 한다.

정답 79 ② 80 ③ 81 ① 82 ①

83 다음 중 노외주차장의 출구와 입구를 설치할 수 있는 곳은?

① 횡단보도에서 5m 이내의 도로의 부분
② 장애인복지시설의 출입구로부터 20m 이내의 도로의 부분
③ 중학교의 출입구로부터 20m 이내의 도로의 부분
④ 종단기울기가 10%를 초과하는 도로

해설
노외주차장 출입구 설치기준에 중학교에 대한 기준은 없다.
출구 및 입구의 설치가 금지된 장소(주차장법 시행규칙 제5조 제5호)

도로	• 횡단보도(육교 및 지하횡단보도 포함)로부터 5m 이내에 있는 도로의 부분 • 유아원, 유치원, 초등학교, 특수학교, 노인복지시설, 장애인복지시설 및 아동전용시설 등의 출입구로부터 20m 이내에 있는 도로의 부분 • 정차 또는 주차가 금지된 장소 중 일부
도로의 너비	주차대수 200대 미만 / 주차대수 200대 이상 너비 4m 미만의 도로 / 너비 6m 미만의 도로
도로의 경사도	종단기울기가 10%를 초과하는 도로

84 건축법령상 지하층이란 바닥에서 지표면까지의 평균 높이가 해당 층 높이의 얼마 이상인 것을 말하는가?

① 1/2 이상
② 1/3 이상
③ 1/4 이상
④ 1/5 이상

해설
지하층(건축법 제2조)
건축물의 바닥이 지표면 아래에 있는 층으로서 바닥에서 지표면까지 평균 높이가 해당 층 높이의 1/2 이상인 것을 말한다.

85 건축물의 높이를 산정하는 경우 건축물의 대지의 지표면이 전면도로보다 높은 경우 고저차의 얼마만큼 올라온 위치에 전면도로의 면이 있는 것으로 보는가?

① 고저차의 1/2의 높이만큼
② 고저차의 1/3의 높이만큼
③ 고저차의 2/3의 높이만큼
④ 고저차의 1/4의 높이만큼

해설
건축물의 높이(건축법 시행령 제119조 제1항 제5호)
건축물의 높이는 전면도로의 중심선으로부터의 높이로 산정한다. 다만, 전면도로가 다음의 어느 하나에 해당하는 경우에는 그에 따라 산정한다.
• 건축물의 대지에 접하는 전면도로의 노면에 고저차가 있는 경우에는 그 건축물이 접하는 범위의 전면도로부분의 수평거리에 따라 가중평균한 높이의 수평면을 전면도로면으로 본다.
• 건축물의 대지의 지표면이 전면도로보다 높은 경우에는 그 고저차의 1/2의 높이만큼 올라온 위치에 그 전면도로의 면이 있는 것으로 본다.

86 공동주택의 개별난방방식에서 난방설비 설치기준으로 틀린 것은?

① 보일러는 거실 외의 곳에 설치할 것
② 보일러실의 윗부분에는 그 면적이 $0.5m^2$ 이상인 환기창을 설치할 것
③ 보일러실과 거실 사이의 출입구는 그 출입구가 닫힌 경우에는 보일러가스가 거실에 들어갈 수 없는 구조로 할 것
④ 보일러의 연도는 내화구조로서 공동연도로 설치하지 않을 것

해설

보일러의 연도는 내화구조로서 공동연도로 설치해야 한다.
개별난방설비 등(건축물설비기준규칙 제13조)
공동주택과 오피스텔의 난방설비를 개별난방방식으로 하는 경우에는 다음의 기준에 적합하여야 한다.
- 보일러는 거실 외의 곳에 설치하되, 보일러를 설치하는 곳과 거실 사이의 경계벽은 출입구를 제외하고는 내화구조의 벽으로 구획할 것
- 보일러실의 윗부분에는 그 면적이 $0.5m^2$ 이상인 환기창을 설치하고, 보일러실의 윗부분과 아랫부분에는 각각 지름 10cm 이상의 공기흡입구 및 배기구를 항상 열려 있는 상태로 바깥공기에 접하도록 설치할 것. 다만, 전기보일러의 경우에는 그러하지 아니하다.
- 보일러실과 거실 사이의 출입구는 그 출입구가 닫힌 경우에는 보일러가스가 거실에 들어갈 수 없는 구조로 할 것
- 기름보일러를 설치하는 경우에는 기름저장소를 보일러실 외의 다른 곳에 설치할 것
- 오피스텔의 경우에는 난방구획을 방화구획으로 구획할 것
- 보일러의 연도는 내화구조로서 공동연도로 설치할 것

87 주차장법령상 자주식 주차장의 분류에 속하지 않는 것은?

① 지하식
② 지평식
③ 지상식
④ 건축물식

해설

주차장의 형태(주차장법 시행규칙 제2조)
주차장의 형태는 운전자가 자동차를 직접 운전하여 주차장으로 들어가는 주차장(자주식 주차장)과 기계식 주차장으로 구분하되, 이를 다시 다음과 같이 세분한다.
- 자주식 주차장 : 지하식, 지평식 또는 건축물식(공작물식을 포함한다)
- 기계식 주차장 : 지하식 건축물식

88 건축법령상 기존 건축물이 있는 대지에서 건축물의 건축면적, 연면적, 층수 또는 높이를 늘리는 것을 무엇이라고 하는가?

① 신축
② 증축
③ 개축
④ 재축

해설

건축의 정의(건축법 시행령 제2조)
- 신축 : 건축물이 없는 대지에 새로 건축물을 축조하는 것을 말한다.
- 증축 : 기존 건축물이 있는 대지에서 건축물의 건축면적, 연면적, 층수 또는 높이를 늘리는 것을 말한다.
- 개축 : 기존 건축물의 전부 또는 일부를 해체하고 그 대지에 종전과 같은 규모의 범위에서 건축물을 다시 축조하는 것을 말한다.
- 재축 : 건축물이 천재지변이나 그 밖의 재해로 멸실된 경우 그 대지에 다음의 요건을 모두 갖추어 다시 축조하는 것을 말한다.
  – 연면적 합계는 종전 규모 이하로 할 것
  – 동수, 층수 및 높이는 다음의 어느 하나에 해당할 것
    ⓐ 동수, 층수 및 높이가 모두 종전 규모 이하일 것
    ⓑ 동수, 층수 또는 높이의 어느 하나가 종전 규모를 초과하는 경우에는 해당 동수, 층수 및 높이가 이 영 또는 건축조례)에 모두 적합할 것

89 다음은 건축물에 설치하는 계단의 기준으로 옳지 않은 것은?

① 높이가 3m를 넘는 계단에는 높이 3m 이내마다 너비 1.2m 이상의 계단참을 설치한다.
② 높이가 1m를 넘는 계단 및 계단참의 양 옆에는 난간을 설치한다.
③ 초등학교의 계단인 경우에는 계단 및 계단참의 너비는 150cm 이상, 단높이는 16cm 이하, 단너비는 25cm 이상으로 한다.
④ 돌음계단의 단너비는 그 좁은 너비의 끝부분으로부터 30cm의 위치에서 측정한다.

정답 87 ③ 88 ② 89 ③

해설

초등학교의 계단인 경우에는 계단 및 계단참의 유효너비는 150cm 이상, 단높이는 16cm 이하, 단너비는 26cm 이상으로 해야 한다.

계단의 설치기준(건축물방화구조규칙 제15조 제1항)
- 높이가 3m를 넘는 계단에는 높이 3m 이내마다 유효너비 120cm 이상의 계단참을 설치할 것
- 높이가 1m를 넘는 계단 및 계단참의 양 옆에는 난간(벽 또는 이에 대치되는 것을 포함한다)을 설치할 것
- 너비가 3m를 넘는 계단에는 계단의 중간에 너비 3m 이내마다 난간을 설치할 것. 다만, 계단의 단높이가 15cm 이하이고, 계단의 단너비가 30cm 이상인 경우에는 그러하지 아니하다.
- 계단의 유효 높이(계단의 바닥 마감면부터 상부 구조체의 하부 마감면까지의 연직 방향의 높이를 말한다)는 2.1m 이상으로 할 것

계단 및 계단참의 규격과 적용 시설(건축물방화구조규칙 제15조 제2항)
돌음계단의 단너비는 그 좁은 너비의 끝부분으로부터 30cm 위치에서 측정한다.

계단 및 계단참의 유효너비	150cm 이상	• 초등학교(단높이 16cm 이하, 단너비 26cm 이상) • 중·고등학교(단높이 18cm 이하, 단너비 26cm 이상)
	120cm 이상	• 문화 및 집회시설(공연장·집회장·관람장)·판매시설 기타 이와 유사한 용도에 쓰이는 건축물 • 지상층인 경우 : 해당 층의 바로 위층부터 최상층까지의 거실 바닥면적의 합계가 200m² 이상인 경우 • 지하층인 경우 : 지하층 거실 바닥면적의 합계가 100m² 이상인 경우
	60cm 이상	기타의 계단

90 건축물에 설치하는 방화벽의 기준으로 적합하지 않은 것은?

① 내화구조로서 홀로 설 수 있는 구조일 것
② 방화벽의 양쪽 끝과 위쪽 끝을 건축물의 외벽면 및 지붕면으로부터 1.0m 이상 튀어나오게 할 것
③ 방화벽에 설치하는 출입문의 너비 및 높이는 각각 2.5m 이하로 할 것
④ 방화벽에 설치하는 출입문에는 60분+ 방화문 또는 60분 방화문을 설치할 것

해설

방화벽의 구조(건축물방화구조규칙 제21조)
- 내화구조로서 홀로 설 수 있는 구조일 것
- 방화벽의 양쪽 끝과 위쪽 끝을 건축물의 외벽면 및 지붕면으로부터 0.5m 이상 튀어나오게 할 것
- 방화벽에 설치하는 출입문의 너비 및 높이는 각각 2.5m 이하로 하고, 해당 출입문에는 60분+ 방화문 또는 60분 방화문을 설치할 것

91 건축법상 건축물의 용도변경 시 분류된 시설군이 아닌 것은?

① 영업시설군
② 문화 및 집회시설군
③ 공업시설군
④ 주거업무시설군

해설

용도변경 시설군(건축법 제19조, 동법 시행령 제14조)

자동차 관련 시설군	자동차 관련 시설
산업 등의 시설군	운수시설, 창고시설, 공장, 위험물저장 및 처리시설, 자원순환 관련 시설, 묘지 관련 시설, 장례시설
전기통신시설군	방송통신시설, 발전시설
문화 및 집회시설군	문화 및 집회시설, 종교시설, 위락시설, 관광휴게시설
영업시설군	판매시설, 운동시설, 숙박시설, 제2종 근린생활시설 중 다중생활시설
교육 및 복지시설군	의료시설, 교육연구시설, 노유자시설, 수련시설, 야영장 시설
근린생활시설군	제1종 근린생활시설, 제2종 근린생활시설(다중생활시설 제외)
주거업무시설군	단독주택, 공동주택, 업무시설, 교정시설, 국방·군사시설
그 밖의 시설군	동물 및 식물 관련 시설

92 지구단위계획 내용 중에 포함되는 사항이 아닌 것은?

① 건축물의 용도 제한
② 건축물의 건폐율 및 용적률
③ 대지와 도로와의 관계
④ 건축물 높이의 최고 한도 및 최저 한도

해설

지구단위계획의 내용(국토계획법 제52조)
- 용도지역이나 용도지구를 세분하거나 변경하는 사항
- 기존의 용도지구를 폐지하고 그 용도지구에서의 건축물이나 그 밖의 시설의 용도·종류 및 규모 등의 제한을 대체하는 사항
- 기반시설의 배치와 규모
- 도로로 둘러싸인 일단의 지역 또는 계획적인 개발·정비를 위하여 구획된 일단의 토지의 규모와 조성계획
- 건축물의 용도 제한, 건축물의 건폐율 또는 용적률, 건축물 높이의 최고 한도 또는 최저 한도
- 건축물의 배치·형태·색채 또는 건축선에 관한 계획
- 환경관리계획 또는 경관계획
- 보행안전 등을 고려한 교통처리계획
- 그 밖에 토지 이용의 합리화, 도시나 농·산·어촌의 기능 증진 등에 필요한 사항

93 도심지 공개공지 등을 확보하여야 하는 지역과 건축물에 대한 내용 중 틀린 것은?

① 준공업지역
② 일반주거지역, 준주거지역
③ 시장·군수·구청장이 도시화의 가능성이 크다고 인정하여 지정·공고하는 지역
④ 연면적의 합계가 3,000m² 이상인 문화 및 집회시설

해설
연면적의 합계가 5,000m² 이상인 문화 및 집회시설이어야 한다.
공개공지 등의 확보(건축법 제43조)
다음의 어느 하나에 해당하는 지역의 환경을 쾌적하게 조성하기 위하여 대통령령으로 정하는 용도와 규모의 건축물은 일반이 사용할 수 있도록 대통령령으로 정하는 기준에 따라 소규모 휴식시설 등의 공개공지 또는 공개공간을 설치하여야 한다.
- 일반주거지역, 준주거지역
- 상업지역
- 준공업지역
- 특별자치시장·특별자치도지사 또는 시장·군수·구청장이 도시화의 가능성이 크거나 노후 산업단지의 정비가 필요하다고 인정하여 지정·공고하는 지역

공개공지 등의 확보(건축법 시행령 제27조의2)
- 다음의 어느 하나에 해당하는 건축물의 대지에는 공개공지 또는 공개공간을 설치해야 한다. 이 경우 공개공지는 필로티의 구조로 설치할 수 있다.
  – 문화 및 집회시설, 종교시설, 판매시설, 운수시설, 업무시설 및 숙박시설로서 해당 용도로 쓰는 바닥면적의 합계가 5,000m² 이상인 건축물
  – 그 밖에 다중이 이용하는 시설로서 건축조례로 정하는 건축물
- 공개공지 등의 면적은 대지면적의 10/100 이하의 범위에서 건축조례로 정한다.

94 광역도시계획을 승인하거나 직접 광역도시계획을 수립 또는 변경하려면 어느 기관의 심의를 거쳐야 하는가?

① 시·군·구도시계획위원회
② 시·도도시계획위원회
③ 중앙도시계획위원회
④ 국토교통부장관

해설
광역도시계획의 승인(국토계획법 제16조)
- 시·도지사는 광역도시계획을 수립하거나 변경하려면 국토교통부장관의 승인을 받아야 한다.
- 국토교통부장관은 광역도시계획을 승인하거나 직접 광역도시계획을 수립 또는 변경(시·도지사와 공동으로 수립하거나 변경하는 경우를 포함한다)하려면 관계 중앙행정기관과 협의한 후 중앙도시계획위원회의 심의를 거쳐야 한다.

95 6층 이상의 건축물의 연면적이 3,000m² 이하일 때 다음 건축물 중 승용승강기를 가장 적게 설치할 수 있는 건축물의 용도는?

① 병원
② 판매시설
③ 공연장
④ 공동주택

해설
병원, 판매시설, 공연장은 3,000m² 이하에서 2대를 설치해야 하나 공동주택의 경우 3,000m² 이하에서 1대를 설치해도 된다.

승용승강기의 설치기준(건축물설비기준규칙 별표 1의2)

건축물의 용도	6층 이상 거실면적의 합계	
	3,000m² 이하	3,000m² 초과
공연장, 집회장, 관람장, 판매시설, 의료시설	2대	2대에 3,000m²를 초과하는 2,000m² 이내마다 1대를 더한 대수
전시장, 동·식물원, 업무시설, 숙박시설, 위락시설	1대	1대에 3,000m²를 초과하는 2,000m² 이내마다 1대를 더한 대수
공동주택, 교육연구시설, 노유자시설, 기타 시설	1대	1대에 3,000m²를 초과하는 3,000m² 이내마다 1대를 더한 대수

※ 8인승 이상 15인승 이하는 1대의 승강기로 보고, 16인승 이상의 승강기는 2대로 본다.

96 허가 대상 가설건축물의 존치기간을 연장하려면 언제까지 허가를 신청하여야 하는가?

① 존치기간 만료일 14일 전까지
② 존치기간 만료일 10일 전까지
③ 존치기간 만료일 7일 전까지
④ 존치기간 만료일 20일 전까지

해설
가설건축물의 존치기간 연장(건축법 시행령 제15조의2)
존치기간을 연장하려는 가설건축물의 건축주는 다음의 구분에 따라 특별자치시장·특별자치도지사 또는 시장·군수·구청장에게 허가를 신청하거나 신고하여야 한다.
- 허가 대상 가설건축물 : 존치기간 만료일 14일 전까지 허가 신청
- 신고 대상 가설건축물 : 존치기간 만료일 7일 전까지 신고

정답 93 ④ 94 ③ 95 ④ 96 ①

97 시설면적 30,000m²이고 36홀 규모의 골프장에 부설 주차장을 만들 경우 주차 대수는?

① 100대　　　　② 200대
③ 300대　　　　④ 360대

해설
골프장의 경우 1홀당 10대(홀의 수×10)이므로
∴ 36홀 × 10 = 360대
부설주차장의 설치대상 시설물 종류 및 설치기준(주차장법 시행령 별표 1)

골프장	골프연습장	옥외수영장	관람장
1홀당 10대 (홀의 수×10)	1타석당 1대 (타석의 수×1)	정원 15명당 1대 (정원/15명)	정원 100명당 1대 (정원/100명)

98 층수산정에 관한 내용 중 옳지 않은 것은?

① 지하층은 건축물의 층수에 산입하지 아니한다.
② 층의 구분이 명확하지 아니한 건축물은 당해 건축물의 높이 4m마다 하나의 층으로 산정한다.
③ 건축물의 부분에 따라 그 층수를 달리하는 경우에는 각 부분에 따라 평균한 층의 수를 층수로 한다.
④ 계단탑, 장식탑으로서 그 수평투영면적의 합계가 당해 건축물의 건축면적의 1/8 이하인 것은 건축물의 층수에 산입하지 아니한다.

해설
층수의 산정방법(건축법 시행령 제119조 제1항 제9호)
다음에 해당하는 것은 건축물의 층수에 산입하지 않고, 층의 구분이 명확하지 않은 건축물은 그 건축물의 높이 4m마다 하나의 층으로 보고 그 층수를 산정하며, 건축물이 부분에 따라 그 층수가 다른 경우에는 그 중 가장 많은 층수를 그 건축물의 층수로 본다.
• 승강기탑, 계단탑, 망루, 장식탑, 옥탑, 그 밖에 이와 비슷한 건축물의 옥상 부분으로서 그 수평투영면적의 합계가 해당 건축물 건축면적의 1/8 이하인 것
• 지하층
• 장애인용승강기의 승강기탑

99 재활용 건축자재를 건축물의 신축공사를 위한 골조공사에 얼마 이상을 사용하여야 건축법의 일부를 완화하여 적용할 수 있는가?

① 10%　　　　② 15%
③ 20%　　　　④ 25%

해설
녹색건축물 조성의 활성화 대상 건축물 및 완화기준(녹색건축법 시행령 제11조)
허가권자는 녹색건축물의 조성을 활성화하기 위하여 다음의 건축물에 대하여 건축법의 요건을 완화하여 적용할 수 있다.
• 국토교통부장관이 정하여 고시하는 설계·시공·감리 및 유지·관리에 관한 기준에 맞게 설계된 건축물
• 녹색건축의 인증을 받은 건축물
• 제로에너지건축물 인증을 받은 건축물
• 녹색건축물 조성 시범사업 대상으로 지정된 건축물
• 건축물의 신축공사를 위한 골조공사에 국토교통부장관이 고시하는 재활용 건축자재를 15/100 이상 사용한 건축물

100 환경보전을 위한 필요 조치사항으로 굴착부분의 비탈면 높이가 3m를 넘는 높이의 비탈면에는 높이 3m 이내마다 단을 만들어 주어야 한다. 이때 단의 넓이 기준으로 옳은 것은?

① 비탈면적의 1/3 이상
② 비탈면적의 1/4 이상
③ 비탈면적의 1/5 이상
④ 비탈면적의 1/6 이상

해설
토지의 굴착부분에 대한 조치(건축법 시행규칙 제26조)
성토부분·절토부분 또는 되메우기를 하지 아니하는 굴착부분의 비탈면으로서 옹벽을 설치하지 아니하는 부분에 대하여는 다음에 따른 환경의 보전을 위한 조치를 하여야 한다.
• 배수를 위한 수로는 돌 또는 콘크리트를 사용하여 토양의 유실을 막을 수 있도록 할 것
• 높이가 3m를 넘는 경우에는 높이 3m 이내마다 그 비탈면적의 1/5 이상에 해당하는 면적의 단을 만들 것. 다만, 허가권자가 그 비탈면의 토질·경사도 등을 고려하여 붕괴의 우려가 없다고 인정하는 경우에는 그러하지 아니하다.
• 비탈면에는 토양의 유실 방지와 미관의 유지를 위하여 나무 또는 잔디를 심을 것. 다만, 나무 또는 잔디를 심는 것으로는 비탈면의 안전을 유지할 수 없는 경우에는 돌붙이기를 하거나 콘크리트블록 격자 등의 구조물을 설치하여야 한다.

PART 02 2024년 제2회 과년도 기출복원문제

제1과목 건축계획

01 리조트 호텔(Resort hotel)의 종류가 아닌 것은?

① 해변 호텔(Beach hotel)
② 산장 호텔(Mountain hotel)
③ 터미널 호텔(Terminal hotel)
④ 온천 호텔(Hot spring hotel)

해설
리조트 호텔은 레크리에이션을 위해 이용하는 고객을 대상으로 한 호텔로 목적에 따라 해안 호텔, 온천 호텔, 스포츠 호텔 등으로 나뉜다.

호텔의 분류

도시 호텔 (City hotel)	• 커머셜 호텔(Commercial hotel) • 레지덴셜 호텔(Residential hotel) • 아파트먼트 호텔(Appartment hotel) • 터미널 호텔(Terminal hotel)
리조트 호텔 (Resort hotel)	• 해변 호텔(Beach hotel) • 산장 호텔(Mountain hotel) • 온천 호텔(Hot spring hotel) • 스키 호텔(Ski hotel) • 스포츠 호텔(Sport hotel) • 골프 클럽하우스호텔(Golf club house hotel) • 휴양 콘도미니엄
기타 호텔	• 모텔(Motel ; Motorists hotel) • 유스 호스텔(Youth hostel)

02 은행 건축에 관한 설명 중 가장 적절하지 않은 것은?

① 일반적으로 주출입구는 도난 방지상 안여닫이로 한다.
② 영업장의 넓이는 은행 건축의 규모를 결정한다.
③ 영업대의 높이는 고객대기실에서 100~110cm가 적당하다.
④ 어린이의 출입이 많은 곳에는 회전문을 설치하는 것이 좋다.

해설
은행은 도난 방지상 회전문을 설치해서는 안 된다.

03 페리(C. A. Perry)의 근린주구 이론의 기초가 되는 시설이 아닌 것은?

① 초등학교   ② 병원
③ 도서관   ④ 파출소

해설
파출소는 근린분구의 중심시설에 속한다.
페리의 근린주구론
• 주민에게 적절한 서비스를 제공하는 1~2개소 이상의 상점가를 주요 도로의 중요위치에 배치되어야 한다.
• 근린주구단위는 통과교통이 내부를 관통하지 않고 용이하게 우회할 수 있는 충분한 넓이의 간선도로에 의해 구획되어야 한다.
• 근린주구는 하나의 초등학교가 필요하게 되는 인구에 대응하는 규모를 가져야 하고, 그 물리적 크기는 인구밀도에 의해 결정되어야 한다.
• 중심시설로는 초등학교, 병원, 소방서, 우체국, 도서관, 어린이공원 등이 있다.

04 주택의 주방계획에서 작업과정에 합리적인 작업대 배열로 가장 적당한 것은?

① 냉장고 → 레인지 → 싱크 → 조리대
② 싱크 → 레인지 → 냉장고 → 조리대
③ 레인지 → 냉장고 → 조리대 → 싱크
④ 냉장고 → 싱크 → 조리대 → 레인지

해설
주방 작업대 배열은 냉장고 → 준비대 → 개수대(싱크대) → 조리대 → 가열대(레인지) → 배선대(식탁)의 순서로 하는 것이 좋다.

정답 01 ③ 02 ④ 03 ④ 04 ④

05 호텔의 건축적 형식으로서 외관의 형태 결정요인으로 가장 크게 작용하는 부분은 어느 것인가?

① 관리부분 ② 공공부분
③ 숙박부분 ④ 설비부분

해설
호텔의 기능별 분류

관리부분	호텔 경영 및 서비스 관리 등을 수행하는 부분이다.
공공부분	• 호텔 전체의 매개공간 역할을 한다. • 수익성 부분은 1층과 지하층에 두는 경우가 많다.
숙박부분	• 객실과 관련된 호텔의 가장 중요한 부분이다. • 호텔 외관의 형태에 가장 큰 영향을 미친다.

06 초등학교 건축의 교실환경계획에 관한 설명 중 적절하지 않은 것은?

① 교실의 색채는 저학년의 경우 난색계통, 고학년은 대체로 사고력의 증진을 위해 중성색이나 한색계통의 배색이 좋다.
② 채광창 유리의 면적은 교실면적의 1/4 정도가 적당하다.
③ 교실 채광은 일조시간이 긴 방위를 택하고 1방향 채광일 때는 깊은 곳까지 고른 조도를 얻을 수 있도록 한다.
④ 책상면의 조도는 교실의 칠판면의 조도보다 더 밝아야 한다.

해설
칠판은 음영이 생기지 않도록 책상면의 조도보다 밝아야 한다.

07 그리스 건축의 착시 교정기법이 아닌 것은?

① 기둥의 배흘림(Entasis)
② 긴 수평선을 위쪽으로 볼록하게 처리
③ 모서리 쪽의 기둥간격을 좁게 처리
④ 모서리 기둥의 솟음

해설
모서리 기둥의 솟음 처리는 착시 교정기법과는 관계가 없다.
그리스 건축 착시 교정기법
• 배흘림(Entasis) : 수직의 평행선인 경우 중앙부가 오목해 보이는 착시현상이 발생하므로 기둥의 중앙부가 가늘어 보이는 것을 교정하기 위해 기둥 중앙부의 직경을 기둥 상하부의 직경보다 약간 크게 하는 기법이다.
• 라이즈(Rise) : 긴 수평선의 경우 중앙부가 처져 보이는 착시현상이 발생하므로 건물 외관의 수평적 요소인 기단과 기둥 위 수평부재의 중앙부를 약간씩 솟아오르게 하는 기법이다.
• 안쏠림 : 건물 모서리 기둥의 상단이 약간씩 외측으로 벌어져 보여 건물이 불안정해 보이는 착시현상이 발생하므로 건물에 안정감을 주기 위해 양측 모서리 기둥을 약간씩 안쪽으로 기울이는 기법이다.
• 기둥직경 : 건물을 정면에서 볼 때 건물 자체를 배경으로 하는 중앙부의 기둥들에 비해 허공을 배경으로 하는 양측 모서리의 기둥들이 가늘어 보이는 착시현상이 발생하는데 이러한 착시현상을 교정하기 위해 모서리 기둥의 직경을 3~5cm 정도 크게 하는 기법이다.
• 기둥간격 : 건물 정면에서 볼 때 기둥의 간격이 양측 모서리로 갈수록 넓어 보이는 착시현상이 발생하므로 모서리로 갈수록 기둥간격을 좁게 하는 기법이다.

08 병원의 건축계획에 관한 설명 중 옳지 않은 것은?

① 수술부의 위치는 타 부분의 통과교통이 없는 장소이어야 한다.
② 건축형식 중 분관식은 일조, 통풍조건이 좋지 않으며 각 병실의 환경이 균일하지 못한 단점이 있다.
③ 병실의 창문 높이는 90cm 이하로 하여 환자가 병상에 서 외부를 전망할 수 있게 하는 것이 좋다.
④ 병원의 규모는 병상수를 통해 산정한다.

해설
②는 집중식에 대한 설명이며, 분관식은 건물이 분산되어 있어 채광이나 통풍이 잘되는 것이 장점이다.

09 한국 전통 건축의 지붕양식 중 네 면 모두 지붕면을 갖춘 지붕양식은?

① 합각지붕
② 맞배지붕
③ 우진각지붕
④ 모임지붕

해설
한국 전통의 지붕양식
- 합각(팔작)지붕 : 맞배지붕과 우진각지붕이 합쳐진 가장 화려하고 장식적인 지붕이다.
- 맞배지붕 : 지붕면이 앞뒤에는 있고 측면에는 없으며, 측면 벽이 삼각형인 형태이다.
- 우진각지붕 : 네 면에 모두 지붕면이 있는데, 전후 지붕면은 사다리꼴이고 양측 지붕면은 삼각형인 형태이다.
- 모임지붕 : 꼭짓점에서 지붕의 골이 만나는 지붕이며, 추녀마루로만 구성되며 용마루는 없다.

모임지붕	맞배지붕	우진각지붕	팔작지붕

10 한국은행 본점 구관(舊館)은 어느 양식의 건물인가?

① 비잔틴 양식
② 르네상스 양식
③ 로마네스크 양식
④ 고딕 양식

해설
한국의 주요 근대 건축물의 양식

고딕	명동성당, 정동교회
로마네스크	서울 성공회 성당, 덕수궁 정관헌
르네상스	한국은행 본점(구관), 서울역(구관)

11 공장 건축의 레이아웃(Layout)에 대한 설명 중 옳지 않은 것은?

① 고정식 레이아웃은 기능이 동일하거나 유사한 공정, 기계를 접합하여 고정 배치하는 방식이다.
② 레이아웃은 장래 공장규모의 변화에 대응한 융통성이 있어야 한다.
③ 제품 중심의 레이아웃은 대량생산에 유리하며 생산성이 높다.
④ 표준화가 어려운 경우에 적합한 형식은 공정 중심의 레이아웃이다.

해설
①은 공정 중심 레이아웃에 대한 설명이며, 고정식 레이아웃은 조선소, 선박회사 등 대형 제품을 만드는 경우 제품은 고정된 장소에 두고, 사람과 기계를 이동시키는 방식이다.

12 다음 중 건축양식의 발달순서가 옳게 나열된 것은?

① 초기 그리스도교 → 비잔틴 → 로마네스크 → 로코코 → 르네상스
② 로마 → 비잔틴 → 고딕 → 로마네스크 → 르네상스 → 바로크
③ 그리스 → 로마네스크 → 르네상스 → 바로크 → 로코코
④ 이집트 → 비잔틴 → 로마네스크 → 르네상스 → 고딕

해설
서양 건축사 건축양식 발달순서
이집트 → 그리스 → 로마 → 초기 기독교 → 비잔틴 → 로마네스크 → 고딕 → 르네상스 → 바로크 → 로코코 → 고전주의 → 낭만주의 → 절충주의 → 수공예운동 → 시카고학파 → 아르누보 → 세제션 → 독일공작연맹 → 바우하우스 → 국제주의건축 → 포스트모더니즘

정답 09 ③ 10 ② 11 ① 12 ③

13 학교 건축의 분산병렬형 배치계획에 대한 설명으로 옳지 않은 것은?

① 일조·통풍 등 교실의 환경조건이 균등하다.
② 놀이터와 정원이 생긴다.
③ 부지를 최대한 효율적으로 사용할 수 있다.
④ 구조계획이 간단하고 시공이 용이하다.

해설
분산형은 낮은 건물을 여러 개 배치하는 형식으로 부지 이용률이 매우 낮다.

분산병렬형 교사배치

개요	교사를 부지 내에 분산시켜 병렬로 배치하는 형식이다.
장점	• 일조, 통풍 등 환경 조건이 균등하다. • 구조계획이 간단하며, 시공·규격형의 이용이 용이하다. • 각 건물 사이에 놀이터와 정원이 생겨 생활환경이 좋다. • 화재 및 비상시 피난에 유리하다.
단점	• 넓은 부지가 필요하다. • 편복도의 경우 복도면적이 크고 단조로워 유기적인 구성이 어렵다.

14 리조트 호텔의 입지조건 중 비교적 관계가 먼 것은?

① 수량이 풍부하고 수질이 좋을 것
② 조망 및 주변 경관조건 양호
③ 자동차 교통의 접근 양호
④ 수해 및 풍설해의 위험이 없을 것

해설
리조트 호텔은 관광객을 대상으로 하기 때문에 교통편 계획과는 관계가 없다.

15 다음 주택의 세부계획 중 거실에 대한 설명으로 옳지 않은 것은?

① 주택의 각 실은 거실에서부터 발전·분화되어야 한다.
② 거실은 정원과 유기적으로 시각적으로 연결되는 것이 좋다.
③ 거실의 넓이는 실내 거주인 수에 소요되는 면적만으로 정해진다.
④ 거실은 가족 공동생활의 중심이 되는 장소이다.

해설
거실의 넓이는 가족의 구성원, 경제조건, 생활방식 등에 따라 결정된다.

16 아파트의 형식 중 메조넷형에 대한 설명으로 옳지 않은 것은?

① 주택 내의 공간의 변화가 있으며 유효면적이 증가한다.
② 계획과 구조가 단순하고 시공이 간편하다.
③ 트리플렉스형은 하나의 주거단위가 3개의 층에 걸쳐 구성되는 형식이다.
④ 양면개구에 의한 일조, 통풍 및 전망이 좋다.

해설
메조넷(복층)형은 공사가 까다롭고 공사비가 단층형에 비해 많이 들어간다.

17 미술관계획에 대한 설명으로 부적당한 것은?

① 연속순회형식은 중심부에 하나의 큰 홀을 두고 그 주위에 각 전시실을 배치하여 자유로이 출입하는 형식으로 대규모의 전시실에 적합하다.
② 갤러리 형식은 복도에서 각 실에 직접 들어갈 수 있으며 필요시 독립적으로 폐쇄할 수 있다.
③ 이용자의 출입구는 직원출입구와 구분한다.
④ 동선에는 이용자, 직원 등의 사람동선과 전시자료 등의 물건동선이 있다.

13 ③ 14 ③ 15 ③ 16 ② 17 ① **정답**

해설
①은 중앙홀 형식에 대한 설명이다.
전시실 순회형식

연속순로 (연속순회) 형식	• 각 전시실이 연속적으로 동선을 형성하고 있는 형식이다. • 전시 벽면이 최대화되고 공간절약 효과가 있다. • 단순함과 편리함의 이점이 있으며, 작은 부지에서 효율적이다. • 많은 실을 순서별로 통하여야 하는 불편이 있다. • 1실을 폐쇄시키면 전체 동선이 막히게 된다.
갤러리 및 코리더 형식	• 연속된 전시실의 한쪽 복도에 각 실을 배치한 형식이다. • 복도 자체 또는 일부를 전시장으로 사용할 수 있다. • 중앙에 중정을 두는 경우도 많다. • 각 실에 직접 들어갈 수 있으며, 필요시 자유롭게 독립적으로 폐쇄할 수 있고, 자유롭게 선택하여 관람할 수 있다.
중앙홀 형식	• 중심부에 큰 홀을 두고 홀에 접하여 전시실을 배치한 형식이다. • 각 실에 직접 들어갈 수 있고 전시실의 선택적 사용이 가능하다. • 중앙홀이 크면 동선에 혼란이 없으나 장래 확장이 어렵다. • 부지의 이용률이 높은 지점에 건립할 수 있다.

18 상점의 쇼케이스 배치계획 중 동선의 흐름이 가장 빠른 배치형식은?

① 직렬배열형 ② 병렬배열형
③ 굴절배열형 ④ 환상배열형

해설
동선의 흐름이 가장 빠른 배치형식은 일직선 형태로 배치된 직렬배열형이다.
쇼케이스 배치형식

직렬 배열형	• 쇼케이스가 일직선 형태로 배치된 형식이다. • 상품의 전달, 고객의 동선상 흐름이 가장 빠르다. • 서점, 가정 전기코너, 협소한 매장에 적합하다.
굴절 배열형	• 쇼케이스가 곡선 또는 굴절된 형태로 배치된 형식이다. • 대면 판매, 측면 판매가 조합된 형식이다. • 문방구, 안경점 등에 적합하다.
환상 배열형	• 쇼케이스가 매장 중앙에 환상(Loop)형태로 배치된 형식이다. • 대면 판매, 측면 판매를 병행할 수 있다. • 수예점, 민예품점 등에 적합하다.

19 아파트의 형식에 대한 기술 중 옳지 않은 것은?

① 홀형은 계단 또는 엘리베이터 홀에서 각 세대로 직접 들어가는 형식으로 프라이버시가 양호하다.
② 트리플렉스형은 하나의 주거단위가 3층으로 구성된 것으로 통로가 없는 층의 평면은 채광 및 통풍에 문제가 있다.
③ 스킵플로어 형식은 주거단위의 단면을 단층형과 복층형에서 동일층으로 하지 않고 반층씩 엇나게 하는 형식을 말한다.
④ 집중형은 부지의 이용률은 높으나 통풍 및 채광에는 불리하다.

해설
트리플렉스형은 3개 층이 한 세대로 구성된 복층(메조넷)형 아파트로, 복도가 없는 층은 양면 개구가 가능하여 채광, 통풍이 좋다.

20 백화점의 에스컬레이터 배치계획에 대한 내용 중 틀린 것은?

① 출입구에서 먼 곳에 배치한다.
② 건축면적이 작게 배치한다.
③ 기준층에서 눈에 띄기 쉽도록 배치한다.
④ 주변이 막히지 않도록 배치한다.

해설
에스컬레이터는 출입구에서 바로 이동할 수 있도록 배치하는 것이 좋다.

제2과목 건축시공

21 철골공사에 관한 사항 중 옳지 않은 것은?

① 볼트 접합부는 부식하기 쉬우므로 방청도장을 하여야 한다.
② 볼트조임에는 임팩트렌치, 토크렌치 등을 사용한다.
③ 철골조는 화재에 의한 강성저하가 심하므로 반드시 내화피복을 하여야 한다.
④ 용접 후, 용접부의 안전성을 확인하기 위한 비파괴검사에는 침투탐상, 초음파탐상법 등이 있다.

해설
볼트접합은 마찰접합으로 접합면에 도장을 할 경우 마찰력이 떨어져 구조적으로 문제가 발생하므로 도장을 해서는 안 된다.

22 철골재의 수량산출에서 도면 정미수량에 가산할 할증률로서 적절하지 않은 것은?

① 소형형강 : 10%   ② 강판 : 10%
③ 봉강 : 5%   ④ 각파이프 : 5%

해설
철골재의 할증률

할증률	비고
3%	이형철근, 고장력볼트
5%	원형철근, 일반볼트, 강관, 소형형강, 봉강, 평강대강, 각파이프
6~7%	이형철근(교량, 지하철 및 복잡한 구조물의 주철근)
7%	대형형강
10%	강판

23 철판과 철판이 겹치거나 맞닿는 부분이 각을 이루도록 용접하는 것은?

① 맞댐용접   ② 모살용접
③ 용입용접   ④ 다층용접

해설
① 맞댐용접(Butt weld) : 접합재의 끝을 적당한 각도로 개선하여, 서로 접합부재를 맞대어 홈에 용착금속을 용융하여 접합하는 방식, 구조재들을 동일 평면에서 접합하는 데 사용한다.
③ 용입용접 : 용접이음의 강도를 모재와 동등하게 확보하기 위하여 모재의 전체 두께에 걸쳐 용착금속을 용접하는 것이다.
④ 다층용접 : 용접 부재가 두꺼운 경우 비드를 여러 층으로 쌓는 용접법이다.

24 다음 중 열가소성수지인 것은?

① 폴리에스테르수지   ② 폴리프로필렌수지
③ 에폭시수지   ④ 멜라민수지

해설
합성수지의 종류

열경화성 수지	• 열을 가하여 성형한 후에는 다시 열을 가해도 형태가 변하지 않는 수지이다. • 실리콘수지, 에폭시수지, 요소수지, 페놀수지, 멜라민수지, 폴리에스테르수지, 폴리우레탄수지 등
열가소성 수지	• 열을 가하여 성형한 후에 다시 열을 가할 경우 가소성이 생기는 수지이다. • 폴리스티렌수지, 폴리에틸렌수지, 폴리프로필렌수지, 염화비닐수지, 초산비닐수지, 메타크릴수지, 아크릴수지

25 폭 6m, 두께 15cm로 630m의 도로를 7m³ 레미콘을 이용하여 시공하고자 한다. 주문해야 할 레미콘 트럭 대수는?

① 40대   ② 59대
③ 74대   ④ 81대

해설
타설해야 하는 총물량을 구하여 레미콘의 양으로 나누면 트럭 대수가 나온다.
• 총물량 = 도로의 폭 × 두께 × 도로의 길이
       = 6m × 0.15m × 630m = 567m³
• 운반 대수 = 시공량 / 트럭의 대당 적재량
           = 567m³ / 7m³ = 81대

26 경량 콘크리트공사에서 경량골재의 취급 및 저장에 관한 내용 중 옳지 않은 것은?

① 모든 크기의 골재는 분산되지 않게 한 곳에 보관한다.
② 골재를 쌓아둘 곳은 될 수 있는 대로 물빠짐이 좋게 한다.
③ 골재를 쌓아둘 곳은 햇볕을 덜 받는 장소를 택한다.
④ 골재에 때때로 물을 뿌리고 표면에 포장 등을 하여 항상 같은 습윤 상태를 유지한다.

해설
골재는 잔골재와 굵은 골재를 분리하여 보관하여야 하며 섞여서는 안 된다.
경량골재의 취급 및 저장
- 잔골재, 굵은 골재는 분산 저장한다.
- 유해 불순물의 혼입을 방지한다.
- 골재 저장 장소는 배수처리가 잘 되고, 직사광선이 들지 않는 장소를 선정한다.
- 골재의 습윤 상태를 유지한다.

27 다음 중 수량산출 시 할증률이 가장 큰 것은?

① 원형 철근
② 대형 형강
③ 고장력볼트
④ 단열재

해설
건축 재료별 할증률

재료명	할증률(%)
단열재, 목재(판재), 정형 석재, 강판, 동판, 화강석	10
대형 형강	7
원형 철근, 일반볼트, 강관, 파이프, 봉강, 리벳제품, 목재(각재), 합판(수장용), 석고보드, 텍스, 아스팔트계 타일, 기와, 시멘트 벽돌	5
이형 철근, 고장력볼트, 일반용 합판, 점토계 타일, 슬레이트, 붉은벽돌, 내화벽돌	3
도료(칠), 무근레미콘	2
유리, 철근레미콘	1

28 웰포인트 공법에 관한 내용으로 옳지 않은 것은?

① 출수가 많은 깊은 터파기에 있어 지하수 배수 공법의 일종이다.
② 흙막이 공사가 간단히 된다.
③ 수분이 많은 점토질지반에 적당한 공법이다.
④ 지내력이 증가한다.

해설
웰포인트 공법은 점토질지반보다는 모래지반에서 많이 사용하는 공법이다.

29 공사원가 절감의 수단으로써 적합하지 않은 것은?

① 가동률의 향상
② 공정 개선
③ 구매방법의 개선
④ 실제 원가의 상승

해설
실제 원가의 상승은 공사원가의 상승으로 귀결된다.
공사원가 절감 방안
- 공정 개선으로 인한 공기를 단축한다.
- 자재 구매방법 변경 및 자재 재사용률을 증가시킨다.
- 장비나 기계의 가동시간을 증가시킨다.
- 숙련된 근로자를 채용한다.

30 석공사 중 건식 공법의 설명으로 옳지 않은 것은?

① 뒤사춤을 하지 않고 긴결철물을 사용하여 고정하는 공법이다.
② 앵커철물 혹은 합성수지 접착제를 이용하여 정착시킨다.
③ 구조체의 변형, 균열의 영향을 받지 않는 곳에 주로 사용한다.
④ 경화시간과는 관계없으나 시공 정밀도가 요구되므로 작업능률은 저하한다.

해설
석공사의 건식 공법은 작업능률이 향상되어 공정을 단축시킬 수가 있다.

정답 26 ① 27 ④ 28 ③ 29 ④ 30 ④

31 다음은 어떤 도장 결함의 원인을 설명한 것인가?

- 초벌바름에 염료가 들어 있을 때
- 바탕재 표면에 기름이 묻어 있을 때
- 역청질 도료를 초벌바름한 위에 도장할 때

① 번짐(브리트) ② 색 분리
③ 주름   ④ 리프팅

해설
① 번짐(브리트) : 두 가지 이상의 재료가 섞여서 번지는 현상
② 색 분리(Floating) : 도막의 표면층의 색상과 내부의 색상이 다르게 보이거나 부분적으로 달라 보이는 현상
③ 주름(Wrinkling) : 하도에 상도 도장 시 상도만 주름지는 현상
④ 리프팅(Lifting) : 상도 도료가 하도 도료를 들뜨게 하여 주름지는 현상

32 고장력볼트 접합에 관한 기술 중 옳은 것은?

① 일군의 볼트를 조일 때는 주변부에서 중앙부로 향해서 조인다.
② 볼트 두부를 조이는 경우는 너트를 조이는 경우보다도 토크(Torque)를 크게 해야 한다.
③ 마찰접합으로 마찰력이 생기는 접면은 미리 기름 등을 발라 녹이 발생하지 않도록 한다.
④ 예비조임은 표준볼트장력의 30%로 한다.

해설
① 볼트군의 중앙에서 주변부로 조여 나간다.
③ 고장력볼트는 마찰력으로 접합하는 방식으로, 기름이나 도료를 발라서는 안 되며, 녹·먼지·밀착 불량 등이 없어야 한다.
④ 1차 조임은 표준장력의 75% 체결, 2차 조임은 표준장력의 100%로 체결한다.

33 유리공사에 관한 설명으로 옳지 않은 것은?

① 망입유리는 방화, 방재용으로 사용된다.
② 복층유리는 단열목적의 유리이다.
③ 열선흡수유리는 실내의 냉방효과를 좋게 하기 위해 사용된다.
④ 보통유리는 지진에 대비하기 위해 만든 유리이다.

해설
보통유리는 일반적으로 사용되는 유리로 지진이나 진동에는 취약한 구조이다.

유리의 종류

구분	특징
복층유리	판유리 2장 사이에 공간을 두어 가스를 주입한 후 접합한 제품으로 냉난방에 유리한 에너지 절약형 제품이다.
망입유리	판유리에 철망을 넣어 만든 제품으로 방화성능을 위한 유리이다.
보통유리	가장 많이 사용하는 투명유리, 진열장, 창호 등에 사용한다.
강화유리	판유리를 고온에 가열후 급랭하여 강도, 내열성을 향상시킨 유리이다.
접합유리	최소 2겹의 유리 사이에 강한 필름을 삽입하여 제작한 유리이다.
열선흡수유리	색유리, 태양광의 적외선 성분 및 가시광선 일부 흡수되도록 만든 유리이다.

34 공사 계약방식에는 전통적인 계약방식과 업무범위에 따른 계약방식이 있는데 다음 중 업무범위에 따른 계약방식의 종류가 아닌 것은?

① 공동도급 계약방식(Joint venture contract)
② 턴키 계약방식(Turn-key contract)
③ 공사관리 계약방식(Construction management contract)
④ 프로젝트관리 계약방식(Program management or project management contract)

해설

공사도급 계약방식은 전통적 계약방식의 한 종류이다.

공사 계약방식

구분		종류	특징
전통적	공사 실시 방식	공동도급	공사를 복수의 도급자가 구성한 공동체에 도급시키는 것을 말한다.
		분할도급	공종별 전문업체에 맡기는 방식이다.
		일식도급	전체를 한 업체에 맡기는 방식이다.
	공사비 지불 방식	정액도급	금액을 정해 놓고 계약하는 방식이다.
		단가도급	단가별로 계약하는 방식이다.
		실비청산 보수가산도급	실비는 청산하고 보수를 더하는 방식이다.
업무 범위		턴키방식	일괄 수주 방식이다.
		공사관리방식	공사 전 과정에 관여하는 방식이다.
		프로젝트관리방식	건설 프로젝트 관리자가 전체 프로젝트에 속하는 다수의 프로젝트를 관리하는 계약방식이다.

35 다음 기술 중 QC 활동의 도구가 아닌 것은?

① 특성요인도 ② 파레토그램
③ 층별   ④ 기능계통도

해설

기능계통도는 시스템, 전기, 엔진 등의 기능에 대한 계통을 나타낸 그림으로 품질활동(QC)과는 관계가 없다.

통합품질관리(TQC)를 위한 7가지 도구

파레토도 (파레토그램)	가로축에는 층별 요인이나 특성을, 세로축에는 불량건수나 불량손실금액 등을 표시하여 그 점유율을 나타낸 불량해석도이다.
산포도 (산점도)	통계적 요인이나 특성에 대한 두 변량 간의 상관관계를 파악하기 위한 그림이다.
특성요인도 (생선뼈그림)	문제로 하고 있는 특성과 요인 간의 관계, 요인 간의 상호관계를 쉽게 이해할 수 있도록 화살표를 이용하여 나타낸 그림이다.
히스토그램	모집단의 분포 상태, 분포의 중심위치, 분포의 산포 등을 쉽게 파악할 수 있도록 막대 그래프 형식으로 작성한 도수분포도이다.
층별	품질의 분산이나 불량 원인에 대한 데이터를 몇 개의 그룹 또는 층으로 구분하여 해석 및 파악하는 기법이다.
체크시트	불량이나 결점 등 가산의 데이터가 항목별로 집중되어 있는 지점을 쉽게 알아보기 위해 나타내는 그림 또는 표이다.
관리도	• 품질특성값의 변화를 파악하고, 공정의 안정성을 판단하는 그래프이다. • 중심선과 관리한계선(상한선, 하한선)을 가로축으로 설정하여 작성한다.

36 높이 약 1.0~1.2m 정도가 될 때까지 폼을 해체하지 않고 콘크리트를 부어가면서 콘크리트의 경화상태에 따라 거푸집을 장비로 끌어 올리면서 콘크리트 치기를 중단 없이 연속적으로 시공하는 거푸집 시스템은?

① Euro form   ② Tunnel form
③ Sliding form   ④ Table form

해설

① 유로폼(Euro form) : 목재합판에 철제 앵글을 덧대어 콘크리트를 타설하도록 만든 거푸집이다.
② 터널폼(Tunnel form) : 벽체와 바닥을 일체화하여 콘크리트를 타설하도록 만든 거푸집이다.
④ 테이블폼(Table form) : 시스템 서포트를 거푸집과 일체화하여 만든 거푸집으로 구간별 이동이 가능하다.

37 다음 중 알칼리골재반응의 대책이라 할 수 없는 것은?

① 반응성 골재를 사용하지 않는다.
② 콘크리트 중의 알칼리량을 감소시킨다.
③ 포졸란 반응을 일으킬 수 있는 혼화재를 사용한다.
④ 반응 시 발생되는 균열을 방지하기 위해 균열 방지구조 철근을 사용한다.

해설

균열 방지구조 철근을 사용하는 것은 근본적인 대책이 아니다.

알칼리골재 반응

• 포틀랜드 시멘트 중 알칼리 성분이 골재 중의 실리카 성분과 반응하여 과도한 체적 팽창이 발생하여 균열 또는 침전물 등이 생기는 것이다.
• 방지대책
  – 알칼리골재반응에 무해한 골재를 사용한다.
  – 저알칼리 시멘트를 사용한다.
  – 콘크리트 중의 수분 이동을 방지한다.
  – 단위시멘트량을 낮추어 배합을 설계한다.
  – 포졸란 반응을 일으킬 수 있는 혼화재를 사용한다.

정답 35 ④ 36 ③ 37 ④

38 CM(Construction Management)의 주요업무가 아닌 것은?

① 부동산관리 업무 및 설계부터 공사관리까지 전반적인 지도, 조언, 관리 업무
② 입찰 및 계약관리 업무와 원가관리 업무
③ 현장 조직관리 업무와 공정관리 업무
④ 자재조달 업무와 시공도 작성 업무

해설
자재 조달 및 시공도 작성 업무는 CM의 업무가 아닌 시공사의 업무이다.
CM(Construction Management)
- 건설공사에 관한 기획, 타당성 조사, 분석, 설계, 조달, 계약, 시공관리, 감리, 평가, 사후관리 등에 관한 관리를 수행하는 것이다.
- CM 업무
  - 건설공사의 기본구상 및 타당성 조사관리
  - 건설공사의 계약관리, 설계관리, 사업비 관리, 공정관리, 품질관리, 안전관리, 환경관리, 사업정보 관리, 준공 후 사후관리
  - 그 밖에 건설공사의 원활한 관리를 위하여 필요한 사항

39 인텔리전트 빌딩 및 전자계산실에서 배선·배관 등이 복잡한 공간의 바닥구성 재료로 적합한 것은?

① 복합바닥(Composite floor)
② 와플바닥(Waffle floor)
③ 액세스 플로어(Access floor)
④ 장선바닥(Joist floor)

해설
① 복합바닥 : 여러 종류의 바닥재를 사용하여 마감한 바닥이다.
② 와플바닥 : 와플모양의 거푸집을 사용하여 만들어진 바닥이다.
④ 장선바닥 : 등간격 평행으로 배치된 바닥 장선을 이용하여 만들어진 바닥이다.
액세스 플로어(Access floor)
- 방재실, 전산실 등에서 각종 설비의 배선·배관 등을 포설하기 위한 이중 바닥구조를 말한다.
- 추후 확장공사 및 유지·보수 관리 용이, 배선보호, 사무환경 확보에 유리하다.

40 흙의 함수비에 관한 설명 중 옳지 않은 것은?

① 함수비를 감소시키기 위해서는 Sand Drain 공법이 사용된다.
② 함수비가 크면 전단강도가 작아진다.
③ 모래지반에서 함수비가 크면 내부마찰력이 감소된다.
④ 점토지반에서 함수비가 크면 점착력이 증가한다.

해설
함수비가 클수록 점착력이 작아진다.

제3과목 건축구조

41 기본등분포활하중 값이 가장 작은 것은?

① 숙박시설 객실
② 집회시설 주방
③ 판매장 2층 상점
④ 사무실 문서보관실

해설
기본등분포활하중의 용도별 최솟값(KDS 41 12 00)
- 숙박시설 객실 : 2.0kN/m²
- 집회 및 유흥장 주방 : 7.0kN/m²
- 판매장 상점 : 5.0kN/m²(1층), 4.0kN/m²(2층)
- 사무실 문서보관실 : 5.0kN/m²

42 단면의 성질로 옳지 않은 것은?

① 단면계수는 부재가 휠 때 저항계수를 나타낸다.
② 단면2차모멘트는 휨저항의 기본지표이다.
③ 임의의 단면에 대하여 단면2차모멘트가 최소가 되는 축은 단면의 하단축이다.
④ 구조적으로 안정적인 단면은 휨강성(EI)이 크므로 단면2차모멘트도 커야 한다.

해설
단면2차모멘트
- 단면의 휨강도(Flexural strength)를 평가하는 척도이다.
- 구조물의 처짐이나, 휨응력, 전단응력을 계산할 때 사용한다.
- 단면2차모멘트가 최소가 되는 축은 단면의 중심축이다.

43 강도설계법에서 고정하중 50kN, 활하중 30kN이 작용할 때 하중계수는?

① 78kN
② 88kN
③ 98kN
④ 108kN

해설
강도설계법 하중조합
$1.2D + 1.6L = (1.2 \times 50) + (1.6 \times 30)$
$= 108$
여기서, D : 고정하중
L : 활하중

44 고력볼트접합에 대한 설명 중 옳지 않은 것은?

① 접합부의 강성이 높아 수직 방향 접합부의 변형이 거의 없다.
② 접합판재 유효단면에서 하중이 적게 전달된다.
③ 볼트의 단위 강도가 높아 큰 응력을 받는 접합부에 적당하다.
④ 마찰접합이므로 볼트나 판재에 전단 또는 지압응력이 발생한다.

해설
고력볼트로 접합한 판재에는 지압력이 아닌 마찰력이 발생한다.
고장력볼트 마찰접합
- 고장력볼트의 조임에 의해 발생하는 부재 간의 마찰력으로 응력을 전달하는 방식이다.
- 정확한 계기공구로 죄어 일정하고 정확한 강도를 얻을 수 있으며 너트의 풀림이 생기지 않는다.
- 마찰력에 의한 접합부의 강성과 피로강도가 높다.
- 국부적인 응력집중이 발생하지 않으며, 전단응력 및 지압응력이 생기지 않는다.
- 응력의 방향이 바뀌어도 힘의 흐름상 혼란이 일어나지 않는다.

45 푸아송비가 0.2일 때 푸아송수는 얼마인가?

① 2
② 3
③ 4
④ 5

해설
푸아송수는 푸아송비의 역수이다.
푸아송비(ν) = $\dfrac{\text{가로 변형}}{\text{세로 변형}}$ = $\dfrac{1}{\text{푸아송수}(m)}$

∴ $\dfrac{1}{0.2} = 5$

46 길이 5m, 단면적 1,000mm², 압축력 200kN일 때 늘어난 길이 50mm의 탄성계수는?

① 20,000MPa
② 25,000MPa
③ 30,000MPa
④ 35,000MPa

해설
$\Delta l = \dfrac{Pl}{EA}$, $E = \dfrac{Pl}{\Delta l \cdot A}$

$50 = \dfrac{200 \times 10^3 \times 5,000}{E \times 1,000}$,

$E = \dfrac{200 \times 10^3 \times 5,000}{50 \times 1,000} = 20,000$MPa

47 그림과 같은 하중을 받는 보에서 A점의 수직 반력 V_A 값으로 옳은 것은?

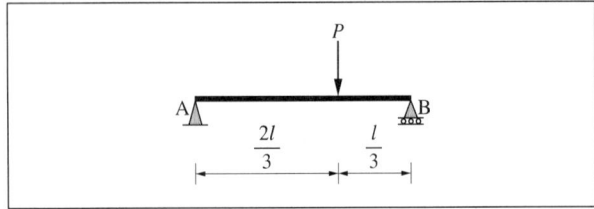

① $\dfrac{P}{4}$
② $\dfrac{P}{3}$
③ $\dfrac{P}{2}$
④ $\dfrac{2P}{3}$

해설
$\Sigma V = 0$, $\Sigma M_B = 0$
$+ V_A \times l - P \times \dfrac{l}{3} = 0$
$V_A = +\dfrac{P}{3}(\uparrow)$

48 다음 중 부동침하를 방지하기 위한 대책과 가장 관계가 먼 것은?

① 구조물의 하중을 기초에 균등하게 분포시킨다.
② 필요시 복합기초를 사용한다.
③ 기초상호 간을 지중보로 연결한다.
④ 건물의 길이를 길게 한다.

해설
건물을 길게 할 경우 부동침하가 발생하기 쉽다.
부동침하

원인	구조물의 기초지반이 침하함에 따라, 구조물의 여러 부분에서 불균등하게 침하를 일으키는 현상이다.
대책	• 구조물을 가볍게 설계한다. • 각 기초에 작용하는 하중을 균등하게 분포하게 한다. • 기초구조를 통일하고, 같은 지지층에 시공한다. • 구조물의 수평 방향 강성을 크게 하고 기초상호 간을 지중보로 연결한다. • 인접 건물과의 거리를 멀게 계획한다. • 적당한 곳에 신축이음매를 설치한다. • 지반을 개량하고 기초를 말뚝으로 보강한다.

49 철근콘크리트 원형 기둥에서 나선철근으로 둘러싸인 축방향 주철근의 최소 개수는?

① 2개
② 4개
③ 6개
④ 8개

해설
축방향 철근(주근)의 최소 개수
• 사각형이나 원형 띠철근으로 둘러싸인 경우 : 4개
• 삼각형 띠철근으로 둘러싸인 경우 : 3개
• 나선철근으로 둘러싸인 철근의 경우 : 6개

50 그림과 같은 단순보에서 지점 B가 60kN까지 견딜 수 있다면 하중의 작용점 위치 x의 한도는 얼마인가?

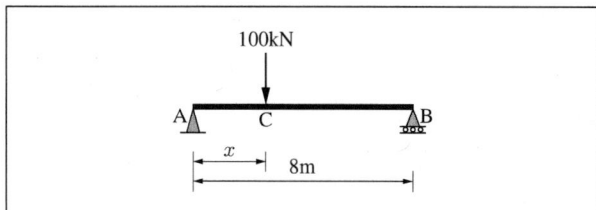

① 3.7m ② 4.5m
③ 4.8m ④ 5.2m

해설
$\sum M_A = 0$
$+100 \times x - 60 \times 8 = 0$
$\therefore x = 4.8\text{m}$

51 지름 20cm인 원형 단면의 2차 반경은 얼마인가?

① 5cm² ② 10cm²
③ 15cm² ④ 20cm²

해설
원형 단면의 2차 반경 $(r) = \sqrt{\dfrac{I}{A}} = \sqrt{\dfrac{\frac{\pi d^4}{64}}{\frac{\pi d^2}{4}}} = \sqrt{\dfrac{\frac{\pi \cdot 20^4}{64}}{\frac{\pi \cdot 20^2}{4}}} = 5\text{cm}^2$

52 강도설계법에서 철근콘크리트 직사각형 띠철근 기둥의 구조 제한에 관한 사항 중에 옳지 않은 것은?

① 단면의 최소 치수는 200mm
② 단면의 최소 단면적은 60,000mm²
③ 주근의 순간격은 25mm 이상
④ 주근의 최소 개수는 4개

해설
직사각형 철근의 순간격은 400mm 이상이어야 한다.
띠철근 기둥의 제한사항
- 부재단면 최소 치수 $h \geqq 200$mm, 최소 단면적(A)$\geqq 60,000$mm² 이상이어야 한다.
- 축방향 철근의 최소 개수는 직사각형과 원형은 4개 이상, 삼각형은 3개 이상이어야 한다.
- 철근의 순간격은 400mm 이상, 철근 공칭지름이 1.5배 이상, 굵은 골재 최대 치수의 4/3배 이상이어야 한다.
- 축방향 철근의 철근비는 $0.01 \leqq p \leqq 0.08$이어야 한다.

53 그림과 같은 단순보의 높이(h)는 얼마인가?(단, 등분포하중 3kN/m, 집중하중 15kN, 최대 전단응력 10MPa)

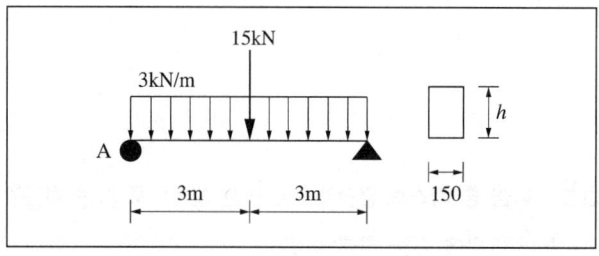

① 16.5mm ② 17.5mm
③ 18.5mm ④ 19.5mm

해설
먼저 전단력을 구한 후 최대 전단응력을 이용하여 구한다.
- 전단력$(V_A) = \dfrac{15}{2} + \dfrac{3 \times 6}{2} = 7.5 + 9 = 16.5$kN
- $\tau = \dfrac{V}{A} = \dfrac{16.5 \times 10^3}{150 \times h}$
- $\tau_{\max} = \dfrac{3}{2}\tau = \dfrac{3}{2} \times \dfrac{16.5 \times 10^3}{150 \times h} = 10$MPa
- $\therefore h = \dfrac{3}{2} \times \dfrac{16.5 \times 10^3}{150 \times 10}$
  $= 16.5$mm

54 다음과 같은 단순보의 A, B점 수직반력으로 옳은 것은?

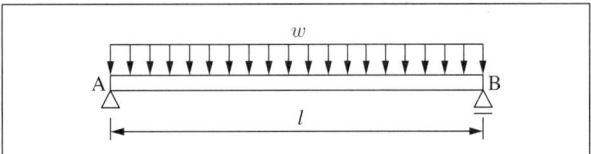

① $V_A = V_B = \dfrac{wl}{2}$

② $V_A = V_B = \dfrac{wl}{4}$

③ $V_A = V_B = \dfrac{wl}{6}$

④ $V_A = V_B = \dfrac{wl}{8}$

해설
힘의 평형조건을 이용하여 구할 수 있다.
$\Sigma V = 0$, $\Sigma M_A = 0$
$V_B + V_A - wl = 0$
$l \times V_B - \dfrac{l}{2} \times w \times l = 0$
$\therefore V_A = V_B = \dfrac{wl}{2}$

55 다음 중 가스트 영향계수에 대한 설명으로 옳은 것은?

① 평균 변위에 대한 최대 변위
② 최소 변위에 대한 최소 변위
③ 최대 변위에 대한 최소 변위
④ 최대 변위에 대한 평균 변위

해설
가스트 영향계수
바람의 난류로 인해 발생되는 구조물의 동적 거동 성분을 나타내는 것으로 평균 변위에 대한 최대 변위의 비를 통계적인 값으로 나타낸 계수이다.

내압가스트 영향계수	건축물 개구부의 크기에 따라 내부에서 발생하는 내압의 변동 정도를 나타내는 척도로서 평균실내압에 대한 최대 실내압의 비
외압가스트 영향계수	외압의 변동 정도를 나타내는 척도로서 평균외압에 대한 최대 외압의 비

56 단면적 40mm², 길이 4m인 선형 탄성부재 중심의 인장력이 20kN일 때 늘어난 길이는?(탄성계수는 20Gpa)

① 50mm
② 100mm
③ 150mm
④ 200mm

해설
$\Delta l = \dfrac{Pl}{EA} = \dfrac{20 \times 10^3 \times 4,000}{20 \times 10^3 \times 40} = 100\text{mm}$

57 단일 압축재에서 세장비를 구할 때 필요 없는 것은?

① 단면계수
② 단면적
③ 부재길이
④ 단면2차모멘트

해설
세장비$(\lambda) = \dfrac{Kl}{i_{\min}} = \dfrac{Kl}{\sqrt{\dfrac{I}{A}}}$

여기서, K : 유효좌굴길이계수
l : 부재길이
$i_{\min}$: 단면2차반경
I : 단면2차모멘트
A : 단면적

58 재료의 허용응력이 4MPa인 부재에 8kN·m의 휨모멘트가 가해졌을 때 부재의 단면계수는?

① 200cm³
② 1,000cm³
③ 1,500cm³
④ 2,000cm³

해설
$\sigma = \dfrac{M}{Z}$

$4\text{MPa} = \dfrac{8 \times 10^6}{Z}$

$\therefore Z = 2 \times 10^6 \text{mm}^3 = 2,000\text{cm}^3$

여기서, σ : 허용응력
M : 휨모멘트
Z : 단면계수

59 강도설계법에서 처짐을 계산하지 않는 경우 스팬 4.0m인 단순지지된 보의 최소 두께에 대한 규정을 적용 시 옳은 것은?(단, 일반콘크리트와 f_y = 400MPa인 철근을 사용할 때)

① 200mm
② 250mm
③ 300mm
④ 350mm

해설
처짐을 계산하지 않는 경우 보의 최소 두께

부재	최소 두께(h)			
	단순지지	1단 연속	양단 연속	캔틸레버
1방향 슬래브	$l/20$	$l/24$	$l/28$	$l/10$
• 보 • 리브가 있는 1방향 슬래브	$l/16$	$l/18.5$	$l/21$	$l/8$

$\therefore \dfrac{l}{16} = \dfrac{4,000}{16} = 250\text{mm}$

60 다음 중 크리프에 관한 설명으로 옳은 것은?

① 반복하중에 의해 파괴강도가 저하되는 현상
② 일정한 하중을 받을 때 시간이 경과하면서 생기는 변형
③ 비대칭 단면의 주축 중에서 큰 값을 갖는 주축의 힘
④ 균열이 발생하여 급하게 취성파괴되는 현상

해설
크리프(Creep)
• 일정한 지속하중에 있는 콘크리트가 하중은 변함이 없는데도 불구하고 시간이 지나면서 변형이 점차 증가하는 현상이다.
• 같은 콘크리트 내에서 응력에 대한 크리프 진행은 일정하다.
• 재하기간 3개월에 전 크리프의 50%, 1년에 80%가 완료된다.
• 20~80℃ 범위에서 온도상승에 비례한다.
• 재령이 짧을수록, 응력 클수록, 물-시멘트비가 클수록, 대기온도가 높을수록 크리프는 증가한다.

제4과목 건축설비

61 물 10kg을 10℃에서 60℃로 가열하는 데 필요한 열량은?

① 900kJ
② 1,500kJ
③ 1,900kJ
④ 2,100kJ

해설
• 비열 : 1,000cal = 1kcal = 4.2kJ/kg
• 필요한 열량 = 질량 × 온도변화량 × 비열
  = 10 × 50 × 4.2 = 2,100kJ

62 다음의 전기설비 중 약전설비에 속하는 설비는?

① 변전설비
② 간선설비
③ 피뢰침설비
④ 전화설비

해설
전기설비

구분	강전설비	약전설비
개요	교류, 110V 이상	직류, 24V 정도
종류	변전설비, 발전설비, 축전지설비, 동력설비, 조명설비, 전열설비 등	전화설비, 인터폰설비, 기시계설비, 방송공동수신설비, 감시제어설비 등

63 대변기 세정수의 급수방식 중 급수관에 직접 연결하여 핸들을 누르면 급수관으로부터 일정량의 물이 방출되어 변기를 세정하는 방식은?

① 하이탱크식 ② 플러시밸브식
③ 블로아웃식 ④ 사이펀식

해설
플러시 밸브 시스템은 사용이 간편하여 다중 이용시설에 많이 사용되는 방식이다.
대변기 급수방식
- 하이탱크식(High tank system) : 탱크를 높은 위치에 설치하여 낙차를 이용하여 세정하는 방식이다. 낙차에 의한 소음이 발생되고 설치나 보수 작업이 다소 곤란하다.
- 로우탱크식(Low tank system) : 소음발생이 적고 설치·보수가 유리하여 주택이나 여관·호텔의 객실 등 비교적 특정의 사람이 사용하는 변기에 주로 사용한다.
- 플러시밸브식(Flush valve system) : 핸들을 누르면 중간에 있는 밸브가 조절되어 급수관에 직접 연결된 급수관으로 물이 방출되어 세정되는 방식이다.
- 블로아웃식(Blow out system) : 작은 구멍을 통해 강력한 물을 분출하여 세정하는 방식, 소음이 커서 주택이나 호텔에는 적절하지 않다.
- 사이펀식(Siphon system) : 물의 사이펀작용과 회전운동에 의해 와류작용을 이용한 방식으로 소음이 작은 반면 고가이다.

64 가변풍량(VAV) 방식에 대한 설명으로 옳은 것은?

① 정풍량 방식에 비해 자동제어가 복잡하다.
② 각 실 또는 스페이스별 개별 제어가 불가능하다.
③ 초기 시설투자비가 작다.
④ 실내의 열부하 변동에 따라 송풍온도를 변화시키는 방식이다.

해설
가변풍량방식은 초기 시설투자비가 많이 소요되며 자동제어가 복잡하다.
가변풍량 단일덕트(VAV) 방식
- 송풍온도를 일정하게 하고 송풍량을 변경한다.
- 송풍량 조절의 기준은 실내 현열부하이다.
- 송풍기에 인버터를 설치하여 회전수를 제어한다.
- 각 실이나 존의 온도를 개별 제어할 수 있다.
- 일사량 변화가 심한 페리미터존(외부존)에 적합하다.
- 에너지 절감 측면에서 가장 유리하나 설비비가 증가한다.

65 광원에서의 발산 광속 중 60~90% 윗방향으로 향하여 천장이나 윗벽 부분에서 반사되고, 나머지 빛이 아래 방향으로 향하는 방식의 조명기구는?

① 직접조명기구 ② 반직접조명기구
③ 전반확산조명기구 ④ 반간접조명기구

해설
조명방식에 따른 분류

구분	방식
직접조명	상향광 10%, 하향광 90%
간접조명	상향광 90% 이상, 하향광 10% 이하
반직접조명	상향광 10~40%, 하향광 60~90%
반간접조명	상향광 60~90%, 하향광 10~40%
전반확산조명	상향광과 하향광 둘 다 40~60%

66 외벽의 열관류율 K값이 0.5kcal/m²·h·℃이고 실·내외 온도차가 30℃라고 할 때 단위면적당 이 외피를 통해 손실되는 열량은 몇 kcal/m²·h인가?

① 15 ② 20
③ 30 ④ 60

해설
벽체로부터의 손실열량(q_w)
$q_w = K \cdot A(t_i - t_0)k$
$= 0.5 \times 1 \times 30 = 15$
여기서, q_w : 구조체를 관류하는 열량(W)
K : 구조체를 통한 열관류율(W/m²·K)
A : 구조체 면적(m²)
t_i : 실내온도(℃)
t_0 : 실외온도(℃)
k : 방위계수(보정계수)

67 복사난방에 대한 설명으로 옳지 않은 것은?

① 바닥, 벽체, 천장 등을 방열면으로 할 수 있다.
② 예열시간이 길고 일시적인 난방에는 바람직하지 않다.
③ 방열기의 설치로 인해 실의 바닥면적의 이용도가 낮다.
④ 복사열에 의하므로 쾌감성이 좋다.

해설
복사난방의 경우 실내에 방열기가 없으므로 바닥면적을 그대로 사용할 수가 있다.

68 태양열 설비공사의 구성 중 다음에 해당하는 장치의 명칭은?

> 집열기에서 집열한 열을 필요한 때에 난방, 급탕 등에 이용할 수 있도록 저장하는 탱크

① 축열조
② 자동제어장치
③ 집열순환펌프
④ 팽창탱크

해설
② 자동제어장치 : 태양열을 이용하는 데 필요한 모든 설비계통이 가장 효율적으로 작동될 수 있도록 자동으로 제어하는 장치이다.
③ 집열순환펌프 : 일사량이 있을 때 축열조에 있는 물을 집열기에 순환시켜 태양열을 집열할 수 있도록 하는 열매체 순환펌프이다.
④ 팽창탱크 : 배관계통이나 장치 내의 온도 변화에 따른 유체의 체적 변화량을 흡수하는 장치이다.

69 겨울철 실내 유리창 표면에 발생하기 쉬운 결로를 방지할 수 있는 방법이 아닌 것은?

① 실내에서 발생하는 가습량을 억제한다.
② 실내외 온도차를 크게 한다.
③ 이중유리로 하여 유리창의 단열성능을 높인다.
④ 난방기기를 이용하여 유리창 표면온도를 높인다.

해설
실내외의 온도차로 인해 결로가 발생하므로 실내외의 온도 차이를 없애주도록 노력해야 한다.

70 축전지 설비의 주요장치가 아닌 것은?

① 충전장치
② 제어장치
③ 보안장치
④ 청정시스템

해설
청정시스템은 축전지가 아닌 공기조화 장치이다.
축전지설비
건축물 내부에서 사용하는 상용전원의 공급이 중단되는 경우 대체전원으로서 활용하기 위하여 전원이 필요한 기기에 축전지로부터 직류 전원을 공급하는 설비이다.

71 각 층마다 옥내소화전이 3개씩 설치되어 있는 건물에 필요한 옥내소화전용 물탱크의 최소 필요 용량은 어느 정도인가?

① $5.2m^3$
② $6.9m^3$
③ $7.5m^3$
④ $7.8m^3$

해설
옥내소화전설비의 저수량(옥내소화전설비의 화재안전기술기준)
옥내소화전의 설치개수가 가장 많은 층의 설치개수(2개 이상 설치된 경우에는 2개)에 $2.6m^3$(호스릴옥내소화전설비를 포함한다)를 곱한 양 이상이 되도록 해야 한다.
∴ 2개 × $2.6m^3$ = $5.2m^3$

72 바닥면적이 $50m^2$인 사무실이 있다. 32W 형광등 20개를 균등하게 배치할 때 사무실의 평균 조도는?(단, 형광등 1개의 광속은 3,300lm, 조명률은 0.5, 보수율은 0.76이다)

① 약 500lx
② 약 450lx
③ 약 400lx
④ 약 350lx

해설
$$평균조도(E) = \frac{램프당\ 광속 \times 램프수량 \times 조명률 \times 보수율}{실의\ 면적}$$
$$= \frac{(3,300lm \times 20개) \times 0.5 \times 0.76}{50m^3} = 501.6 ≒ 500lx$$

정답 67 ③ 68 ① 69 ② 70 ④ 71 ① 72 ①

73 고속 엘리베이터의 구동방식으로 가장 적당한 것은?

① 교류 1단
② 교류 2단
③ 직류 기어드
④ 직류 기어레스

해설
고속 엘리베이터는 주로 고층 빌딩, 대규모 백화점 등에서 사용되므로 직류 기어레스 방식으로 하는 것이 좋다.
- 엘리베이터 분류
  - 용도별 : 승객용, 화물용, 침대용, 자동차용
  - 전원별 : 교류 엘리베이터(속도 60km/min 이하), 직류가변전압 엘리베이터(속도 90km/min 이상)
  - 속도별 : 저속도(45km/min 이하), 중속도(45~90km/min), 고속도(90km/min 이상)
- 엘리베이터 구동방식
  - 교류 1단 : 소규모 빌딩, 소규모 아파트(30m/min)
  - 교류 2단 : 중소 호텔, 병원, 중규모 빌딩, 소규모 백화점(45m/min)
  - 직류 기어드 : 대규모 병원 승강기(90m/min, 105m/min)
  - 직류 기어레스 : 대규모 사무실, 고층 빌딩, 백화점(120m/min, 150m/min, 180~240m/min)

74 최대수용전력과 부하설비용량의 비를 %로 나타낸 것을 무엇이라고 하는가?

① 수용률
② 전류율
③ 부하율
④ 부등률

해설
수전설비용량의 추정

수용률	최대수용전력 ÷ 총부하설비용량 × 100(%)
부등률	각 부하의 최대수용전력의 합계 ÷ 합성최대수용전력
부하율	부하의 평균전력 ÷ 최대수용전력 × 100(%)

75 전선의 굵기를 결정하는 요소와 관계가 없는 것은?

① 기계적 강도
② 전선의 허용전류
③ 전압강하
④ 전선 외곽의 보호관 굵기

해설
간선 및 옥내배선의 굵기 결정요소

허용전류	전선의 굵기에 따라 안전하게 흘릴 수 있는 최대 전류이다.
전압강하	전류가 흐를 때 전선의 저항에 의해 전압이 떨어지는 것을 말한다.
기계적 강도	전선이 기계적인 힘에 견딜 수 있는 능력을 말한다.

76 수전설비에 대한 설명 중 틀린 것은?

① 특별고압수전설비는 7,000V를 넘는 전압으로 수전하는 방식이다.
② 수전용량 산출에 사용하는 부하율이란 평균수용전력을 부하밀도로 나눈 것이다.
③ 수전용량 산출에 사용하는 수용률은 최대수용전력을 부하설비용량으로 나눈 것이다.
④ 부등률이란 수용설비 각각의 최대수용전력의 합을 합성 최대수용전력으로 나눈 것이다.

해설
부하율이란 부하의 평균전력을 최대수요전력으로 나눈 것이다.

77 연면적 1,500m²인 사무소 건물에서 필요한 1일 급수량은 얼마인가?(단, 이 건물의 유효면적비율은 연면적의 50%, 유효면적당 인원 0.2인/m², 1인 1일당 급수량은 100L/d)

① 10,000L/d
② 15,000L/d
③ 150,000L/d
④ 250,000L/d

해설
건물의 1일당 급수량(Q) = 연면적 × 유효면적비 × 유효면적당 인원 × 1인 1일당 급수량
= 1,500 × 0.5 × 0.2 × 100
= 15,000L/d

정답 73 ④ 74 ① 75 ④ 76 ② 77 ②

78 오물정화조에 대한 내용 중 옳지 않은 것은?

① 부패조에는 공기의 공급을 충분히 한다.
② 산화조에서는 호기성균으로서 산화시킨다.
③ 소독조에서는 약액을 넣어 살균한다.
④ 여과조에서는 쇄석층을 통하여 여과시켜 고형물을 없앤다.

해설
부패조는 혐기성균을 사용하는 것으로 공기의 공급이 되지 않도록 뚜껑을 덮어 밀폐시켜야 한다.
오물정화조 정화순서
오물 유입 → 부패조 → 여과조 → 산화조 → 소독조 → 방류
• 부패조 : 혐기성균이 오물을 소화시키며 뚜껑을 덮어 밀폐시켜야 함
• 여과조 : 예비 여과조에 오수를 하부에서 위로 유입시켜 우수 중의 부유물을 쇄석층에서 제거
• 산화조 : 호기성균에 의해 분해(산화)
• 소독조 : 소독제를 이용하여 세균을 소독

79 다음 중 유효온도(실감온도, ET)와 가장 관계가 먼 것은?

① 기온
② 습도
③ 열반사
④ 기류

해설
유효온도 측정에 열반사는 관계가 없다.
유효온도(Effective Temperature)
사람이 실제로 느끼는 온도, 습도, 공기유동 등을 종합하여 나타내며 실감온도라고도 한다.

80 정화조의 유입수 BOD가 1,000mg/L, 방류수 BOD가 400mg/L일 때, BOD제거율은?

① 50%
② 60%
③ 70%
④ 80%

해설
BOD제거율 = (유입량 − 유출량) / 유입량
= (1,000 − 400) / 1,000 = 60%

제5과목 건축관계법규

81 건축선에 관한 내용으로 옳지 않은 것은?

① 건축물 및 담장은 건축선의 수직면을 넘어서는 아니 된다.
② 도로와 접한 부분에 있어서 건축물을 건축할 수 있는 선은 대지와 도로의 경계선으로 한다.
③ 소요 너비에 미달되는 너비의 도로의 경우에는 그 경계선으로부터 당해 소요 너비의 1/2에 상당하는 수평거리를 후퇴한 선을 건축선으로 한다.
④ 도로면으로부터 높이 4.5m 이하에 있는 출입구, 창문 기타 이와 유사한 구조물은 개폐 시에 건축선의 수직면을 넘는 구조로 하여서는 아니 된다.

해설
건축선의 지정(건축법 제46조)
• 도로와 접한 부분에 건축물을 건축할 수 있는 선(건축선)은 대지와 도로의 경계선으로 한다.
• 소요 너비에 못 미치는 너비의 도로인 경우에는 그 중심선으로부터 그 소요 너비의 1/2의 수평거리만큼 물러난 선을 건축선으로 하되, 그 도로의 반대쪽에 경사지, 하천, 철도, 선로부지, 그 밖에 이와 유사한 것이 있는 경우에는 그 경사지 등이 있는 쪽의 도로경계선에서 소요 너비에 해당하는 수평거리의 선을 건축선으로 한다.
• 도로의 모퉁이에서는 대통령령으로 정하는 선을 건축선으로 한다.
건축선에 따른 건축 제한(건축법 제47조)
건축물과 담장은 건축선의 수직면을 넘어서는 아니 된다. 다만, 지표(地表) 아래 부분은 그러하지 아니하다.

82 건축물의 연면적이 10,000m²로서 주차전용건축물에서 주차장 외의 부분을 판매 및 영업시설로 사용하고자 할 때 주차장으로 사용되는 부분의 비율이 최소한 얼마 이상이 되어야 하는가?

① 60%
② 70%
③ 80%
④ 90%

해설
주차전용건축물의 주차면적비율(주차장법 시행령 제1조의2)
• 건축물의 연면적 중 주차장으로 사용되는 부분의 비율이 95% 이상인 것
• 주차장 외의 용도로 사용되는 부분이 아래 용도일 경우에는 주차장으로 사용되는 부분의 비율이 70%(주차환경개선지구 내에 위치한 건축물의 경우에는 60%) 이상인 것
  − 단독주택, 공동주택, 제1종 근린생활시설, 제2종 근린생활시설, 문화 및 집회시설, 종교시설, 판매시설, 운수시설, 운동시설, 업무시설, 창고시설 또는 자동차 관련 시설

정답 78 ① 79 ③ 80 ② 81 ③ 82 ②

83 국토의 계획 및 이용에 관한 법률의 용도지구의 지정에서 세분되어 있지 않은 지구는?

① 경관지구 ② 고도지구
③ 위락지구 ④ 취락지구

해설
용도지구(국토계획법 제37조 제1항)

경관지구	경관의 보전·관리 및 형성을 위하여 필요한 지구
고도지구	쾌적한 환경 조성 및 토지의 효율적 이용을 위하여 건축물 높이의 최고 한도를 규제할 필요가 있는 지구
방화지구	화재의 위험을 예방하기 위하여 필요한 지구
방재지구	풍수해, 산사태, 지반의 붕괴, 그 밖의 재해를 예방하기 위하여 필요한 지구
보호지구	국가유산, 중요 시설물(항만, 공항 등) 및 문화적·생태적으로 보존가치가 큰 지역의 보호와 보존을 위하여 필요한 지구
취락지구	녹지지역·관리지역·농림지역·자연환경보전지역·개발제한구역 또는 도시자연공원구역의 취락을 정비하기 위한 지구
개발진흥지구	주거기능·상업기능·공업기능·유통물류기능·관광기능·휴양기능 등을 집중적으로 개발·정비할 필요가 있는 지구
특정용도 제한지구	주거 및 교육 환경 보호나 청소년 보호 등의 목적으로 오염물질 배출시설, 청소년 유해시설 등 특정시설의 입지를 제한할 필요가 있는 지구
복합용도지구	지역의 토지이용 상황, 개발 수요 및 주변 여건 등을 고려하여 효율적이고 복합적인 토지이용을 도모하기 위하여 특정시설의 입지를 완화할 필요가 있는 지구

84 방화벽의 구조 기준에 대한 기술 중 옳지 않은 것은?

① 내화구조로서 홀로 설 수 있는 구조일 것
② 방화벽에 설치하는 출입문의 너비 및 높이는 각각 2.3m 이하로 할 것
③ 방화벽의 양쪽 끝과 위쪽 끝을 외벽면 및 지붕면으로부터 0.5m 이상 튀어나오게 할 것
④ 방화벽에 설치하는 출입문에는 60분+ 방화문 또는 60분 방화문을 설치할 것

해설
방화벽의 구조(건축물방화구조규칙 제21조)
• 내화구조로서 홀로 설 수 있는 구조일 것
• 방화벽의 양쪽 끝과 위쪽 끝을 건축물의 외벽면 및 지붕면으로부터 0.5m 이상 튀어나오게 할 것
• 방화벽에 설치하는 출입문의 너비 및 높이는 각각 2.5m 이하로 하고, 해당 출입문에는 60분+ 방화문 또는 60분 방화문을 설치할 것

85 다음은 용도별 건축물의 종류를 나타낸 것이다. 적절하지 않은 것은?

① 철도역사, 공항시설은 판매 및 영업시설에 속한다.
② 장례식장은 의료시설에 해당한다.
③ 단란주점으로서 동일한 건축물 안에서 당해 용도에 쓰이는 바닥면적의 합계가 100m²인 것은 위락시설이다.
④ 어린이회관은 관광휴게시설이다.

해설
단란주점으로서 같은 건축물에 해당 용도로 쓰는 바닥면적의 합계가 150m² 미만인 것은 제2종 근린생활시설에 속한다.
위락시설(건축법 시행령 별표 1)
• 단란주점으로서 제2종 근린생활시설에 해당하지 아니하는 것
• 유흥주점이나 그 밖에 이와 비슷한 것
• 유원시설업의 시설, 그 밖에 이와 비슷한 시설(제2종 근린생활시설과 운동시설에 해당하는 것은 제외한다)
• 무도장, 무도학원
• 카지노 영업소

86 외벽 중 비내력벽의 경우에 다음 중 내화구조가 아닌 것은?

① 철근콘크리트조로서 두께가 7cm인 것
② 무근콘크리트조로서 그 두께가 7cm인 것
③ 골구를 철골조로 하고 그 양면을 두께 4cm의 석재로 덮은 것
④ 철재로 보강된 콘크리트블록조로서 철재에 덮은 콘크리트블록의 두께가 3cm인 것

해설
비내력벽의 내화구조(건축물방화구조규칙 제3조)
• 철근콘크리트조 또는 철골철근콘크리트조로서 두께가 7cm 이상인 것
• 골구를 철골조로 하고 그 양면을 두께 3cm 이상의 철망모르타르 또는 두께 4cm 이상의 콘크리트블록·벽돌 또는 석재로 덮은 것
• 철재로 보강된 콘크리트블록조·벽돌조 또는 석조로서 철재에 덮은 콘크리트블록 등의 두께가 4cm 이상인 것
• 무근콘크리트조·콘크리트블록조·벽돌조 또는 석조로서 그 두께가 7cm 이상인 것

87 공동주택 세대 간의 경계벽의 기준에 적절하지 않은 것은?

① 철근콘크리트조로서 두께가 15cm 이상인 것
② 철골철근콘크리트조로서 두께가 8cm 이상인 것
③ 무근콘크리트조로서 두께가 20cm 이상인 것
④ 콘크리트판으로서 두께가 12cm 이상인 것

해설

세대 간의 경계벽 등(주택건설기준규정 제14조)
공동주택 각 세대 간의 경계벽 및 공동주택과 주택 외의 시설 간의 경계벽은 내화구조로서 다음의 어느 하나에 해당하는 구조로 해야 한다.
- 철근콘크리트조 또는 철골·철근콘크리트조로서 그 두께가 15cm 이상인 것
- 무근콘크리트조, 콘크리트블록조 벽돌조 또는 석조로서 그 두께가 20cm 이상인 것
- 조립식 주택부재인 콘크리트판으로서 그 두께가 12cm 이상인 것

88 다중이용건축물에 해당되지 않는 것은?

① 운동시설 중 체육관 – 바닥면적의 합계 5,000m² 이상
② 문화 및 집회시설(전시장 및 동식물원 제외) – 바닥면적의 합계 5,000m² 이상
③ 의료시설 중 종합병원 – 바닥면적의 합계 5,000m² 이상
④ 숙박시설 중 관광숙박시설 – 바닥면적의 합계 5,000m² 이상

해설

다중이용건축물(건축법 시행령 제2조)
- 다음의 어느 하나에 해당하는 용도로 쓰는 바닥면적의 합계가 5,000m² 이상인 건축물
  - 문화 및 집회시설(동물원 및 식물원은 제외한다)
  - 종교시설
  - 판매시설
  - 운수시설 중 여객용 시설
  - 의료시설 중 종합병원
  - 숙박시설 중 관광숙박시설
- 16층 이상인 건축물

89 다음 중 공개공지를 설치하지 않아도 되는 지역은?

① 자연지역 ② 일반주거지역
③ 상업지역 ④ 준공업지역

해설

공개공지 등의 확보(건축법 제43조)
다음의 어느 하나에 해당하는 지역의 환경을 쾌적하게 조성하기 위하여 대통령령으로 정하는 용도와 규모의 건축물은 일반이 사용할 수 있도록 대통령령으로 정하는 기준에 따라 소규모 휴식시설 등의 공개공지 또는 공개공간을 설치하여야 한다.
- 일반주거지역, 준주거지역
- 상업지역
- 준공업지역
- 특별자치시장·특별자치도지사 또는 시장·군수·구청장이 도시화의 가능성이 크거나 노후 산업단지의 정비가 필요하다고 인정하여 지정·공고하는 지역

90 생산관리지역에서의 용적률로 옳은 것은?

① 80% 이하 ② 100% 이하
③ 120% 이하 ④ 150% 이하

해설

용도지역에서의 용적률(국토계획법 제78조)

도시지역	주거지역	500% 이하
	상업지역	1,500% 이하
	공업지역	400% 이하
	녹지지역	100% 이하
관리지역	보전관리지역	80% 이하
	생산관리지역	80% 이하
	계획관리지역	100% 이하
농림지역		80% 이하
자연환경보전지역		80% 이하

정답 87 ② 88 ① 89 ① 90 ①

91 자동차용승강기로 운반된 자동차가 주차구획까지 자주식으로 들어가는 노외주차장에 주차대수 200대를 설치한다면 자동차용승강기는 몇 대를 설치하여야 하는가?

① 10대　　② 9대
③ 8대　　④ 7대

해설
노외주차장의 구조·설비기준(주차장법 시행규칙 제6조)
자동차용승강기로 운반된 자동차가 주차구획까지 자주식으로 들어가는 노외주차장의 경우에는 주차대수 30대마다 1대의 자동차용승강기를 설치해야 한다.

∴ $\frac{200}{30}$ = 6.66 ≒ 7대

92 다음 중 건축법령상 주요구조부에 속하지 않는 것은?

① 내력벽　　② 기둥
③ 보　　④ 사이 기둥

해설
주요구조부(건축법 제2조)
내력벽, 기둥, 바닥, 보, 지붕틀 및 주계단을 말한다. 다만, 사이 기둥, 최하층 바닥, 작은 보, 차양, 옥외 계단, 그 밖에 이와 유사한 것으로 건축물의 구조상 중요하지 아니한 부분은 제외한다.

93 면적, 높이 등의 산정방법에 대한 설명 중 틀린 것은?

① 계단탑 및 옥상에 설치하는 물탱크는 바닥면적에 산입되지 아니한다.
② 용적률의 산정에 있어서는 지하층의 면적과 지상층의 주차용으로 사용되는 면적을 연면적에서 제외한다.
③ 지하 3층, 지상 6층 건축물의 층수는 9층이다.
④ 공동주택으로서 지상층에 설치한 기계실의 경우에는 당해 부분을 바닥면적에 산입하지 아니한다.

해설
지하층은 층수에 산입하지 않으므로 지하 3층, 지상 6층 건축물의 층수는 6층이다.
층수의 산정방법(건축법 시행령 제119조 제1항 제9호)
다음에 해당하는 것은 건축물의 층수에 산입하지 않고, 층의 구분이 명확하지 않은 건축물은 그 건축물의 높이 4m마다 하나의 층으로 보고 그 층수를 산정하며, 건축물이 부분에 따라 그 층수가 다른 경우에는 그중 가장 많은 층수를 그 건축물의 층수로 본다.
- 승강기탑, 계단탑, 망루, 장식탑, 옥탑, 그 밖에 이와 비슷한 건축물의 옥상 부분으로서 그 수평투영면적의 합계가 해당 건축물 건축면적의 1/8 이하인 것
- 지하층
- 장애인용승강기의 승강기탑

94 그림과 같은 주차전용건축물을 건축할 경우 A점의 최고 높이는?

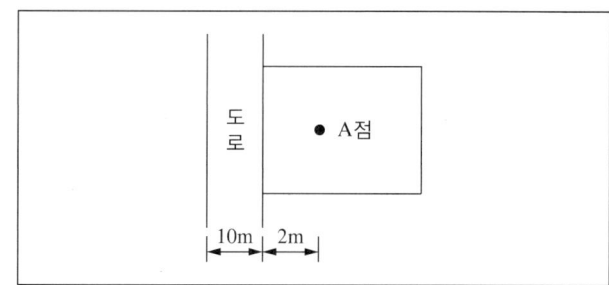

① 15m　　② 18m
③ 24m　　④ 36m

해설
도로 반대쪽 경계선까지 12m이므로
12m × 3배 = 36m
노외주차장인 주차전용건축물의 건축 제한(주차장법 제12조의2)
높이 제한은 다음의 배율 이하로 한다.
- 대지가 너비 12m 미만의 도로에 접하는 경우 : 건축물의 각 부분의 높이는 그 부분으로부터 대지에 접한 도로(대지가 둘 이상의 도로에 접하는 경우에는 가장 넓은 도로를 말한다)의 반대쪽 경계선까지의 수평거리의 3배로 한다.
- 대지가 너비 12m 이상의 도로에 접하는 경우 : 건축물의 각 부분의 높이는 그 부분으로부터 대지에 접한 도로의 반대쪽 경계선까지의 수평거리의 36/도로의 너비(m)배(배율이 1.8배 미만인 경우에는 1.8배)로 한다.

95 재해 복구, 흥행, 전람회, 공사용 가설건축물 등 대통령령으로 정하는 용도의 가설건축물에 해당되지 않는 것은?

① 전시를 위한 견본주택
② 농업용 고정식 온실
③ 공장 안에 설치하는 창고용 천막
④ 연면적이 15m²인 조립식구조로 된 경비용 가설건축물

해설

조립식 구조로 된 경비용으로 쓰는 가설건축물로서 연면적이 10m² 이하인 것이어야 한다.

가설건축물(건축법 시행령 제15조)

재해 복구, 흥행, 전람회, 공사용 가설건축물 등 대통령령으로 정하는 용도의 가설건축물을 축조하려는 자는 대통령령으로 정하는 존치기간, 설치기준 및 절차에 따라 특별자치시장·특별자치도지사 또는 시장·군수·구청장에게 신고한 후 착공해야 한다.

연면적		
	100m² 이상	• 도시지역 중 주거지역·상업지역 또는 공업지역에 설치하는 농업·어업용 비닐하우스 • 간이축사용, 가축분뇨처리용, 가축운동용, 가축의 비가림용 비닐하우스 또는 천막구조 건축물
	50m² 이상	야외흡연실 용도로 쓰는 가설건축물
	10m² 이상	조립식 구조로 된 경비용으로 쓰는 가설건축물
기타		• 재해가 발생한 구역 또는 그 인접 구역으로서 특별자치시장·특별자치도지사 또는 시장·군수·구청장이 지정하는 구역에서 일시 사용을 위하여 건축하는 것 • 특별자치시장·특별자치도지사 또는 시장·군수·구청장이 도시미관이나 교통소통에 지장이 없다고 인정하는 가설흥행장, 가설전람회장, 농·수·축산물 직거래용 가설점포, 그 밖에 이와 비슷한 것 • 공사에 필요한 규모의 공사용 가설건축물 및 공작물 • 전시를 위한 견본주택이나 그 밖에 이와 비슷한 것 • 특별자치시장·특별자치도지사 또는 시장·군수·구청장이 도로변 등의 미관정비를 위하여 지정·공고하는 구역에서 축조하는 가설점포(물건 등의 판매를 목적으로 하는 것을 말한다)로서 안전·방화 및 위생에 지장이 없는 것 • 조립식 경량구조로 된 외벽이 없는 임시 자동차 차고 • 컨테이너 또는 이와 비슷한 것으로 된 가설건축물로서 임시사무실·임시창고 또는 임시숙소로 사용되는 것 • 농업·어업용 고정식 온실 및 간이작업장, 가축양육실 • 물품저장용, 간이포장용, 간이수선작업용 등으로 쓰기 위하여 공장 또는 창고시설에 설치하거나 인접 대지에 설치하는 천막(벽 또는 지붕이 합성수지 재질로 된 것을 포함한다), 그 밖에 이와 비슷한 것 • 유원지, 종합휴양업 사업지역 등에서 한시적인 관광·문화행사 등을 목적으로 천막 또는 경량구조로 설치하는 것 • 야외전시시설 및 촬영시설

96 도로의 노면 또는 교통광장의 일정한 구역에 설치된 주차장으로서 일반의 이용에 제공되는 주차장은 무엇인가?

① 노상주차장
② 노외주차장
③ 부설주차장
④ 기계식 주차장

해설

주차장의 분류(주차장법 제2조)

• 노상주차장 : 도로의 노면 또는 교통광장의 일정한 구역에 설치된 주차장으로서 일반의 이용에 제공되는 것
• 노외주차장 : 도로의 노면 및 교통광장 외의 장소에 설치된 주차장으로서 일반의 이용에 제공되는 것
• 부설주차장 : 건축물, 골프연습장, 그 밖에 주차수요를 유발하는 시설에 부대하여 설치된 주차장으로서 해당 건축물·시설의 이용자 또는 일반의 이용에 제공되는 것

97 건축법령상 용적률 산정 시 제외되는 면적이 아닌 것은?

① 지하층의 면적
② 경사지붕 아래 설치되는 대피공간 면적
③ 지상층 주차용 면적
④ 창고로 사용되는 면적

해설

용적률 산정 시 연면적에서 제외되는 항목(건축법 시행령 제119조)

하나의 건축물 각 층의 바닥면적의 합계로 하되, 용적률을 산정할 때에는 다음에 해당하는 면적은 제외한다.

• 지하층의 면적
• 지상층의 주차용(해당 건축물의 부속용도인 경우만 해당한다)으로 쓰는 면적
• 초고층 건축물과 준초고층 건축물에 설치하는 피난안전구역의 면적
• 건축물의 경사지붕 아래에 설치하는 대피공간의 면적

정답 95 ④ 96 ① 97 ④

98 다음 중 기반시설에 속하지 않는 것은?

① 공원
② 연립주택
③ 환경기초시설
④ 항만

해설
기반시설(국토계획법 제2조 제1항)

교통시설	도로·철도·항만·공항·주차장·자동차정류장·궤도·차량 검사 및 면허시설
공간시설	광장·공원·녹지·유원지·공공공지
유통·공급시설	유통업무설비, 수도·전기·가스·열공급설비, 방송·통신시설, 공동구, 시장, 유류저장 및 송유설비
공공·문화 체육시설	학교·공공청사·문화시설·공공필요성이 인정되는 체육시설·연구시설·사회복지시설·공공직업훈련시설·청소년수련시설
방재시설	하천·유수지·저수지·방화설비·방풍설비·방수설비·사방설비·방조설비
보건위생시설	장사시설·도축장·종합의료시설
환경기초시설	하수도·폐기물처리 및 재활용시설·빗물저장 및 이용시설·수질오염방지시설·폐차장

99 건축법령상 방화구조에 해당되는 것은?

① 철망모르타르로서 그 바름두께가 1cm 이상인 것
② 석고판 위에 시멘트모르타르 또는 회반죽을 바른 것으로서 그 두께의 합계가 1.5cm 이상인 것
③ 시멘트모르타르 위에 타일을 붙인 것으로서 그 두께의 합계가 2cm 이상인 것
④ 심벽에 흙으로 맞벽치기한 것

해설
방화구조(건축물방화구조규칙 제4조)
• 철망모르타르로서 그 바름두께가 2cm 이상인 것
• 석고판 위에 시멘트모르타르 또는 회반죽을 바른 것으로서 그 두께의 합계가 2.5cm 이상인 것
• 시멘트모르타르 위에 타일을 붙인 것으로서 그 두께의 합계가 2.5cm 이상인 것
• 심벽에 흙으로 맞벽치기한 것

100 건축법령상 공동으로 사용하는 계단의 단높이로 적합한 것은?

① 18cm 이하
② 19cm 이하
③ 20cm 이하
④ 21cm 이하

해설
계단(주택건설기준규정 제16조)

계단의 종류	유효폭	단높이	단너비
공동으로 사용하는 계단	120cm 이상	18cm 이하	26cm 이상
건축물의 옥외계단	90cm 이상	20cm 이하	24cm 이상

2024년 제3회 과년도 기출복원문제

제1과목 건축계획

01 미술관의 주체는 전시실의 순회형식이다. 다음 중 부지의 이용률이 높은 지점에 건립할 수 있으나, 장래의 확장에 많은 무리를 가지고 있는 전시실 순회형식은?

① 갤러리 및 코리더(복도) 형식
② 연속순로 형식
③ 중앙홀 형식
④ 연속순회 형식

해설
전시실 순회 형식
- 연속순로(연속순회) 형식 : 다각형이나 원형의 각 전시실을 연속적으로 연결하는 형식으로 작은 규모의 전시에 적합하며 순서별로 많은 실을 통해야 하고 1실이 닫으면 전체 동선이 막히게 되는 형식이다.
- 갤러리 및 코리더 형식 : 연속되어 있는 전시실의 한쪽 복도에 의해 각 실을 배치한 형식이며 그 복도가 중정을 포위해 순로를 구성, 각 실에 직접 들어갈 수 있고 필요시 자유롭게 독립적으로 폐쇄할 수 있으며 전시공간을 복도 자체로 이용 가능하다.
- 중앙홀 형식 : 중심부에 하나의 큰 홀을 두어 그 주위로 각 전시실을 배치하여 자유롭게 출입하는 형식이다. 중앙홀에는 높은 천창을 설치하고 고창으로부터 채광하는 방식이 많았으며 중앙홀이 큰 경우에는 동선의 혼란이 없지만 장래의 확장에 불리하다.

02 생산업체의 기술자가 최신의 기술자료를 얻으려 한다면 다음 중 어느 부류의 도서관을 이용하는 것이 가장 효과적인가?

① 공공도서관   ② 대학도서관
③ 국회도서관   ④ 전문도서관

해설
전문도서관은 각 분야에 대한 전문성을 높인 도서관이다.
도서관의 분류
- 공공도서관 : 일반 대중의 교양, 조사 연구, 레크리에이션에 이용
- 학교도서관 : 학교의 부속시설로 초·중·고등학교 및 대학에 설치되는 도서관
- 전문도서관 : 기업체, 연구기관, 관공서에 전문적 자료를 수집·제공하여 업무상 편의도모
- 보존도서관 : 고(古)문서, 서적과 귀중 자료 등 도서의 보존
- 특수 도서관 : 특수한 환경의 사람(시각 장애인, 병원, 교도소, 선원 등)을 대상으로 운용되는 도서관
- 국회도서관 : 국회의원의 직무수행, 국제자료의 교환 및 수집, 보존 그리고 한정자료의 수집 및 보존의 업무

03 은행 건축계획에 관한 사항 중에서 가장 적당한 것은?

① 은행실을 구성하는 고객용 로비와 영업실의 면적비는 1(고객용 로비) : 0.8~1.5(영업실)이다.
② 주출입구는 보온을 위해 방풍실을 두는 것이 좋으며 출입문은 바깥 여닫이문으로 함이 타당하다.
③ 영업실은 인공조명의 균일화된 조도로 업무능률의 향상을 목표로 하고 있기 때문에 외벽에 큰 창을 만들지 않는다.
④ 임대금고는 일반적으로 일반금고실과 같이 고객의 출입을 제한할 수 있는 위치에 설치한다.

해설
② 고객 출입구는 보안상의 이유로 안여닫이로 하는 것이 좋다.
③ 영업실은 외벽에 창을 두어 내부를 밝게 한다.
④ 임대금고는 고객동선 내에 두어 고객이 편리하게 사용하도록 일반금고와 분리한다.

정답 01 ③ 02 ④ 03 ①

04 도서관에 관한 다음 기술 중 적절하지 않은 것은?

① 열람실은 다른 방으로의 통로가 되지 않도록 한다.
② 폐가식 출납시스템은 대출절차가 필요 없어 이용에 편리하다.
③ 아동열람실은 개가식이 좋다.
④ 서고 내에 설치하는 소규모의 개인연구실을 캐럴이라고 한다.

해설
②는 자유개가식 출납시스템에 대한 설명이며, 폐가식 출납시스템은 대출을 받은 후 책을 열람하는 시스템이다.

05 판테온(Pantheon)은 어느 시대 건축물인가?

① 그리스시대   ② 로마시대
③ 르네상스시대 ④ 고딕시대

해설
판테온
- 완벽한 형태로 남아 있는 고대 로마의 유적이다.
- 기원전 27~25년에 아우구스투스 황제의 양아들 마르쿠스 아그리파에 의해 세워졌으며 7개 행성의 신들을 경배하기 위한 건축물로 로마제국의 현존하는 건축물 중 가장 보존이 잘되었는데 특히 이 건물의 청동문과 돔은 손상되지 않아 원형 그대로 유지하고 있다.

06 극장 건축의 음향계획 수립상 옳지 않은 항목은?

① 무대에 가까운 벽은 반사체로 하고 멀어짐에 따라서 흡음재의 벽을 배치하는 것이 원칙이다.
② 음향계획에 있어서 발코니의 계획은 될 수 있는 한 피하는 것이 좋다.
③ 오디토리움 양쪽의 벽은 무대의 음을 반사에 의해 객석 뒷부분까지 이르도록 보강해 주는 역할을 한다.
④ 음의 반복·반사 현상을 피하기 위해 가급적 원형에 가까운 평면형으로 계획한다.

해설
원형 평면은 음이 반복 반사되므로 음향상 좋지 않은 구조이며, 부채꼴형 등이 가장 적합하다.

07 어느 학교의 1주간의 평균수업시간이 40시간인데 제도교실이 사용되는 시간은 20시간이다. 그중 4시간을 다른 과목을 위해 사용된다. 제도교실의 이용율과 순수율은 각각 얼마인가?

① 이용율 50%, 순수율 20%
② 이용율 50%, 순수율 80%
③ 이용율 20%, 순수율 50%
④ 이용율 80%, 순수율 50%

해설
교실의 이용률과 순수율

- 이용률(%) = $\dfrac{\text{교실이 사용되고 있는 시간}}{\text{1주간의 평균수업시간}} \times 100$

  $= \dfrac{20}{40} \times 100 = 50\%$

- 순수율(%) = $\dfrac{\text{특정 교과를 위해 사용되는 시간}}{\text{해당 교실이 사용되는 시간}} \times 100$

  $= \dfrac{16}{20} \times 100 = 80\%$

08 호텔 객실의 평면계획에서 침대 및 가구의 배치에 영향을 끼치는 요인과 가장 거리가 먼 것은?

① 객실의 층수   ② 실폭과 실길이의 비
③ 욕실의 위치   ④ 반침의 위치

해설
호텔 객실의 평면계획
기준층(객실층) 계획 시 기준층의 면적, 기둥 간격 등 구조적인 문제들이 기준층의 객실 수에 영향을 받으며 각 실 면적은 기둥 간격에 영향을 받는다.

09 유치원 건축계획 시 유의사항 중 틀린 것은?

① 유치원의 시설은 유아 본위로 생각해서 안치수 및 비탈 치수 등에 주의한다.
② 평면·입면계획 시 단조로움을 피하고 다양한 구성이 되도록 한다.
③ 유아의 생활 범위를 옥내로 한정하여 옥내 시설계획에 전념한다.
④ 생활습관 형성을 위한 시설·설비면을 특별히 고려해야 한다.

해설
유아의 적극적인 옥외 활동을 지원하여야 한다.
유치원 건축계획

옥내 공간	• 학습공간과 유희공간을 융통성 있게 계획하여야 하며, 학습공간과 유희공간을 연계시키는 다목적 홀을 배치한다. • 학부모가 유희실과 학습실을 직접 관찰할 수 있는 참관실을 제공하여야 한다.
옥외 공간	• 유아의 적극적인 옥외 활동(동적 공간)을 위한 옥외 소운동장 및 기구놀이 공간을 제공한다. • 정적인 학습을 위한 아늑하고 아름다운 정적놀이가 이루어질 수 있도록 한다.

10 쇼핑센터의 몰(Mall)의 계획에 대한 설명으로 옳지 않은 것은?

① 전문점들과 중심상점의 주출입구는 몰에 면하도록 한다.
② 중심상점들 사이의 몰의 길이는 150m를 초과하지 않아야 하며, 길이 40~50m마다 변화를 주는 것이 바람직하다.
③ 몰에는 자연광을 끌어들여 외부공간과 같은 성격을 갖게 한다.
④ 다층으로 계획할 경우, 다층 및 각 층 간의 시야의 개방감이 적극적으로 고려되어야 한다.

해설
몰의 길이는 240m 정도 되도록 하는 것이 좋다.

11 무대 주위의 벽에 6~9m 높이로 설치되는 좁은 통로를 무엇이라고 하는가?

① 그린룸　　② 호리존트
③ 플라이 갤러리　　④ 슬라이딩 스테이지

해설
① 그린룸 : 무대 뒤 공간의 휴게실로, 공연 중 연기자들이 대기하는 장소이다.
② 호리존트 : 바닥부터 천장까지 이음새 없이 만들어 놓은 세트 벽면이다.
④ 슬라이딩 스테이지 : 연극의 무대 전환기구. 무대와 똑같은 넓이의 공간을 좌우에 만들어 한쪽에 다음 장면의 무대장치를 미리 만들어 놓았다가 필요할 때 정면으로 밀어내고 정면에 있던 무대장치는 다른 한쪽으로 밀어넣는 장치이다.

12 다음의 한국 근대 건축 중 로마네스크 양식을 취하고 있는 것은?

① 명동성당　　② 한국은행
③ 서울 성공회 성당　　④ 정동교회

해설
한국의 주요 근대 건축물의 양식

고딕	명동성당, 정동교회
로마네스크	서울 성공회 성당, 덕수궁 정관헌
르네상스	한국은행 본점(구관), 서울역(구관)

13 극장의 객석계획에 관한 설명 중 옳지 않은 것은?

① 인형극 등을 관람하기에 적합한 가시거리는 15m이다.
② 객석의 세로 통로는 무대를 중심으로 하는 방사선상이 좋다.
③ 좌석을 엇갈리게 배열(Stagger seats)하는 방법은 객석의 바닥구배가 완만할 경우에는 사용할 수 없으며 통로 폭이 좁아지는 단점이 있다.
④ 객석은 무대의 중심 또는 스크린의 중심을 중심으로 하는 원호의 배열이 이상적이다.

해설
좌석을 엇갈리게 배열하기 위해서는 바닥이 고저차가 없는 것이 좋다.

정답 09 ③　10 ②　11 ③　12 ③　13 ③

14 종합병원의 병동 각부 계획에 대한 설명 중 가장 적절하지 않은 것은?

① 수술실은 밝기를 충분히 고려하여 남측에 채광창을 설치한다.
② 간호사 대기소에서 입원실 및 복도를 감시할 수 있도록 한다.
③ 병실의 창문 높이는 90cm 이하로 하여 환자가 병상에서 외부를 전망할 수 있게 하는 것이 좋다.
④ 클로즈드 시스템의 외래진료부는 환자의 이용이 편리하도록 1층 또는 2층 이하에 둔다.

해설
수술실은 조도를 일정하게 유지하기 위해 창이 없어야 한다.

15 다음 중 조선 후기의 대표적 건축물이 아닌 것은?

① 수원 팔달문
② 경복궁 근정전
③ 서울 동대문
④ 봉정사 극락전

해설
봉정사 극락전은 제일 오래된 목조 건축물로 고려시대의 건축물이다.
조선 후기 건축물
법주사 팔상전, 금산사 미륵전, 화엄사 각황전, 경복궁 근정전, 동대문, 수원 팔달문 등

16 일반 단독주택의 계획에 대한 설명으로 옳지 않은 것은?

① 현관의 위치는 대지의 형태, 방위, 도로와의 관계 등에 의하여 결정된다.
② 노인의 침실은 일조, 전망이 양호하며 식당, 욕실 및 화장실에 근접된 곳에 위치시킨다.
③ 거실은 홀(Hall)과 겸하여 사용되는 평면 배치를 하는 것이 좋다.
④ 식당의 면적은 가족의 수와 식탁의 크기 등에 의해서 정해진다.

해설
거실은 가족생활의 중심으로 남향이 좋으며 통로에 의해 실이 분리되지 않도록 하고 홀과는 겹치지 않게 배치한다.

17 극장의 각 평면형식에 대한 설명 중 잘못된 것은?

① 프로시니엄형은 객석 수용 능력에 있어서 제한을 받는다.
② 오픈스테이지형은 무대장치를 꾸미는 데 어려움이 있다.
③ 아레나형은 높은 무대 배경이 가능하다.
④ 가변형 무대는 필요에 따라서 무대와 객석을 변화시킬 수 있다.

해설
아레나형은 360°로 둘러싸여 관람하므로 높은 무대를 만들 수 없다.
극장의 평면 형식
- 프로시니엄(Proscenium)형 : 연기자가 일정한 방향으로 관객을 대하게 되는 형식으로 무대배경 제작이 용이하고 조명효과가 좋지만, 연기자와 관객의 접촉면이 한정되므로 많은 객석이 무대 가까이 접근하기가 곤란하다.
- 오픈스테이지(Open stage)형 : 연기자와 관객의 배치가 동일 공간에 놓여지고, 관객이 연기자에게 근접 관람이 가능하다.
- 아레나(Arena)형 : 가까운 거리에서 가장 많은 관객을 수용할 수 있는 형식이며 무대 배경을 만들지 않으므로 경제성이 있으며 객석과 무대가 하나의 공간에 있으므로 긴장감이 높은 연극 공간을 형성할 수 있다.
- 가변형 무대(Adaptable stage)형 : 무대와 객석의 크기, 모양, 배열 그리고 상호관계를 한정하지 않은 형식이므로 필요에 따라 변화가 가능하다.

18 공장의 레이아웃 계획에 관한 사항 중 틀린 것은?

① 제품 중심 레이아웃은 대량생산에 유리하다.
② 공정 중심 레이아웃은 기계설비를 중심으로 한 배치계획이다.
③ 고정식 레이아웃은 작업자가 고정된 위치에서 작업하는 방식이다.
④ 공장규모 변화에 따른 고려사항을 반영하여야 한다.

해설
고정식 레이아웃은 선박, 조선 등의 제품 이동이 불가한 경우에 적용하는 방식이다.

공장의 레이아웃 형식

제품 중심 레이아웃	• 제품의 흐름에 따라 모든 공정, 기계·기구를 배치하는 방식이다. • 대량생산에 유리하며 생산성이 높다. • 공정 간에 시간적·수량적 밸런스가 좋다. • 중화학공업 등 장치공업, 가정용 전기제품 공장 등에 적합하다.
공정 중심 레이아웃	• 동일하거나 기능이 유사한 기계설비를 집합시키는 방식이다. • 다품종 소량생산, 예상 생산이 불가능한 경우, 표준화가 이루어지기 어려운 주문 생산품 공장에 적합하며, 생산성이 낮다.
고정식 레이아웃	• 재료나 조립부품을 고정된 장소에 두고, 사람이나 기계가 그 장소로 이동해 가서 작업을 행하는 방식이다. • 제품이 크고 수량이 적은 조선소, 건축 등에 적합하다.

19 다음 중 AIDMA 법칙에 속하지 않는 것은?

① Interest
② Action
③ Memory
④ Design

해설
AIDMA 법칙(5가지 광고요소)
• A(Attention) : 주의
• I(Interest) : 흥미
• D(Desire) : 욕구
• M(Memory) : 기억
• A(Action) : 구매

20 극장 건축계획에서 연기자의 표정을 읽을 수 있는 가시한계를 초과하여, 잘 보여야 되는 동시에 많은 관객을 수용할 수 있는 1차 허용한도는?

① 10m
② 15m
③ 22m
④ 35m

해설
관객석 가시거리
가시거리는 인형극 아동극의 경우 15m, 실내악의 경우 22m(1차 허용한도), 오페라, 뮤지컬 등은 35m(2차 허용한도)가 좋다.

정답 18 ③ 19 ④ 20 ③

제2과목 건축시공

21 다음 중 기경성 미장재료인 것은?

① 석고 플라스터
② 시멘트 모르타르
③ 돌로마이트 플라스터
④ 무수석고 플라스터

해설
미장재료의 응결경화방식

수경성	시멘트, 석고(순/혼합 석고), 경석고 플라스터(킨즈 시멘트) 등
기경성	석회, 소석회, 석회크림, 회반죽, 회사벽, 진흙, 돌로마이트 플라스터 등
화학경화성	에폭시수지 바닥재 등
고화성	유화 아스팔트 바닥재 등

22 거푸집에 작용하는 콘크리트의 측압에 끼치는 영향 요인과 가장 거리가 먼 것은?

① 거푸집의 강성
② 콘크리트 타설 속도
③ 기온
④ 콘크리트의 강도

해설
④는 콘크리트의 측압에 영향을 준다고 볼 수 없다.
콘크리트의 측압이 커지는 경우

거푸집	강성, 수밀, 평활	타설속도	빠를수록
슬럼프	클수록	타설높이	높을수록
콘크리트비중	클수록(부배합)	철근량	적을수록
물-시멘트비	클수록(묽을수록)	단면	클수록
콘크리트온도	낮을수록	진동다짐	충분할수록
외기온도	낮을수록	응결시간	느릴수록

23 토질조사에 있어 중요한 것으로 지중 토질의 분포, 토층의 구성 등을 알 수 있고 주상도를 그릴 수 있는 정보를 제공할 수 있는 방법은 무엇인가?

① 터파보기
② 물리적 지하탐사법
③ 베인테스트
④ 보링

해설
① 터파보기 : 구멍을 파서 얕은 지층의 토질, 지하수위 등을 파악한다.
③ 베인테스트(Vane test) : 현장에서 점토의 비배수 전단강도를 측정하기 위해 실시하는 시험방법이다.

24 건축 공사비 구성요소의 하나인 재료비에 포함되는 항목이 아닌 것은?

① 직접 재료비
② 간접 재료비
③ 운임, 보관비 등의 부대비용
④ 일반관리비

해설
일반관리비는 제조활동과 관련이 없는 비용으로 임대료, 급여, 마케팅 비용 등이 해당된다.
재료비
• 제품을 제조하기 위해 소요되는 모든 원재료와 부재료의 비용
• 재료비의 분류
  - 직접 재료비 : 특정 제품의 제조에 직접 투입된 재료의 비용
  - 간접 재료비 : 제품 제조에 소요되지만, 특정 제품에 직접적으로 추적할 수 없는 재료의 비용
  - 부대비용 : 운임 및 보관비

25 흙막이 공사 시 지표재하 하중의 중량에 못견디어 흙막이 저면 흙이 붕괴되어 바깥에 있는 흙이 안으로 밀려 볼록하게 되어 파괴되는 현상을 무엇이라 하는가?

① 히빙(Heaving)현상
② 보일링(Boiling)현상
③ 수동토압(Passive earth pressure) 파괴
④ 전단(Shearing)파괴

해설
히빙현상
연약점토 지반층에서 뒤채움 흙의 하중을 견디지 못해 굴착한 곳의 흙이 부풀어 오르는 현상이다.

26 건축공사에서 언더피닝(Under pinning) 공법의 설명으로 옳은 것은?

① 용수량이 많은 깊은 기초구축에 쓰이는 공법이다.
② 기존 건물의 기초 혹은 지정을 보강하는 공법이다.
③ 터파기 공법의 일종이다.
④ 일명 역구축 공법이라고도 한다.

해설
언더피닝(Underpinning)
• 기존 건축물의 기초 또는 지정을 보강하는 공법이다.
• 새로운 기초를 삽입하거나 지지면을 더 깊은 지반에 옮기는 공사를 통칭한다.
• 갱·피어 공법, 그라우트 주입 공법, 잭파일 공법 등이 있다.

27 철골공사에서 크롬산 아연을 안료로 하고, 알키드 수지를 전색료로 한 것으로서 알루미늄 녹막이 초벌칠에 적당한 것은?

① 광명단
② 징크로메이트 도료
③ 그라파이트 도료
④ 알루미늄 도료

해설
주요 녹막이 도료

광명단	안료로 가열한 납 또는 산화연을 사용한 대표적인 방청 도료이다.
역청질 도료	역청질 원료에 건성유 등을 조합한 도료이다.
징크로메이트	• 납을 함유하지 않은 도료로서 크롬산 아연을 안료로 하고 알키드 수지를 전색제로 사용한 것이다. • 녹막이 효과가 좋아 알루미늄의 녹막이 초벌칠에 사용된다.
그라파이트	흑연 소재로 녹막이 효과가 있으며, 정벌칠에 사용된다.

28 베노토(Benoto) 공법의 특징이 아닌 것은?

① All casing 공법이므로 주위 지반에 영향을 주지 않고 안전하게 시공된다.
② 긴말뚝(50~60m)의 시공에는 적합하지 않다.
③ 굴착 후 배출되는 토사로서 토질을 알 수 있어 지지층에 도달됨을 판명할 수 있다.
④ 기계는 대형 중량이고 케이싱튜브를 뽑아내는 반력도 커서 심히 연약한 지반 또는 수상시공에는 적절하지 않다.

해설
베노토 공법(Benoto method)
• 중공형의 케이싱을 압입시키면서 내부를 해머그래브로 굴착하고, 콘크리트 타설 후 케이싱을 뽑아내는 공법이다.
• 올케이싱 공법으로 주변 지반에 영향을 주지 않는다.
• 굴착 후 배출되는 토사로 토질 및 지지층의 파악이 가능하다.
• 50~60m 정도의 긴 말뚝도 시공이 가능하다.
• 연약지반, 수상에서는 케이싱을 뽑아내는 반력이 크므로 적합하지 않다.

29 다음 철골공사에 관한 설명 중 틀린 것은 어느 것인가?

① 리벳치기에서 리벳은 900~1,000℃로 가열한 것을 사용하고, 600℃ 이하로 냉각된 것은 사용할 수 없다.
② 녹막이도장은 작업장소의 온도가 5℃ 이하, 또는 상대습도가 80% 이상일 때는 작업을 중지한다.
③ 철골이 콘크리트에 묻히는 부분은 특히 녹막이칠을 잘해야 한다.
④ 볼트 접합은 일반적으로 처마높이 9m 이하이고 스팬이 13m 이하의 건축물에서 사용한다.

해설
콘크리트에 묻히는 철골재는 콘크리트와의 부착력을 강화시키기 위해 녹막이칠을 해서는 안 된다.

30 웰포인트(Well point) 공법에 관한 설명 중에서 틀린 것은?

① 흙막이의 토압이 줄어든다.
② 웰포인트는 비교적 지하 수위가 얕은 모래지반의 배수에 유리하다.
③ 인접 지반에 침하를 야기시키기 쉽다.
④ 모래지반보다 점토질 지반에서 탈수효과가 크다.

해설
웰포인트 공법은 물빠짐이 좋은 모래질 지반에 적합하다.

31 프리스트레스트 콘크리트(Prestressed concrete)에 대한 설명 중 옳지 않은 것은?

① 프리텐션(Pre-tension)법은 강재에 인장력을 준 후에 콘크리트를 타설하는 방법이다.
② 구조물의 자중을 경감할 수 있으며, 부재단면을 줄일 수 있다.
③ 화재에 강하며, 내화피복이 필요하지 않다.
④ 항복점 이상에서 진동, 충격에 약하다.

해설
프리스트레스트 콘크리트는 구조적으로 보강한 콘크리트로 내화성과는 무관하며, 화재 발생 시 위험도가 높다.

32 철골공사에서 공장가공 제작순서로서 옳은 것은?

① 원척도 → 본뜨기 → 금매김 → 구멍뚫기 → 절단 → 리벳치기 → 가조립 → 녹막이칠
② 원척도 → 금매김 → 본뜨기 → 구멍뚫기 → 절단 → 리벳치기 → 가조립 → 녹막이칠
③ 원척도 → 본뜨기 → 구멍뚫기 → 리벳치기 → 금매김 → 절단 → 가조립 → 녹막이칠
④ 원척도 → 본뜨기 → 금매김 → 절단 → 구멍뚫기 → 가조립 → 리벳치기 → 녹막이칠

해설
철골공장 가공 제작 순서
원척도 → 본뜨기 → 변형바로잡기 → 금매김 → 절단 → 구멍뚫기 → 가조립 → 본조립(리벳) → 검사 → 녹막이칠 → 운반

33 ALC 블록에 관한 내용으로 옳지 않은 것은?

① 기건 비중은 보통 콘크리트의 약 1/4 정도로 경량이다.
② 열전도율은 보통 콘크리트의 약 1/10 정도로서 단열성이 우수하다.
③ 불연성으로 비중이 작아 내화재료로 부적당하다.
④ 흡음성과 차음성이 좋다.

해설
ALC(경량기포콘크리트) 블록
- 생석회와 규사를 혼합하여 고온고압하에 양생하면 수열반응을 일으키는데, 여기에 기포제를 넣어 경량화한 콘크리트이다.
- 절건비중은 0.45~0.55 정도, 기건비중은 보통 콘크리트의 약 1/4 정도이다.
- 압축강도는 약 3~4MPa 정도이다.
- 불연재인 동시에 내화재료이다.
- 경량이어서 인력에 의한 취급이 용이하다.
- 열전도율이 보통 콘크리트의 약 1/10 정도이며 단열성이 우수하다.
- 변형이나 균열이 적어 내구성이 좋고 흡음, 차음성이 우수하다.
- 흡수성이 높고 강도가 약하다.

34 고강도 콘크리트의 공기량 기준으로 옳은 것은?

① 3.5% ② 4.5%
③ 5.5% ④ 6.5%

해설
콘크리트의 공기량

구분	공기량
보통 콘크리트	4~5%
경량 콘크리트	5.5%
포장 콘크리트	4.5%
고강도 콘크리트	3.5%

35 지하연속벽(Slurry wall)에 관한 설명으로 옳지 않은 것은?

① 차수성이 우수하다.
② 비교적 지반조건에 좌우되지 않는다.
③ 소음·진동이 적고, 벽체의 강성이 높다.
④ 공사비가 타 공법에 비하여 저렴하고 공기가 단축된다.

해설
지하연속벽 공법은 장비가 고가이고 공사비가 높은 반면 공기를 단축할 수 있다.
지하연속벽(Slurry wall) 공법의 특징

장점	• 벽체의 강성이 크고 영구 구조물로 이용이 가능하다. • 차수성이 높고, 주변 지반에 대한 영향이 적다. • 인접 건물의 경계선까지 근접 시공이 가능하다. • 깊은 지층까지 조성할 수 있고 벽 길이에 제한이 없다. • 저진동, 저소음으로 공사가 가능하다.
단점	• 공사비가 비교적 고가이다. • 고도의 경험과 기술이 필요하다. • 굴착 중 안정액을 사용해도 공벽이 붕괴될 우려가 있다. • 벤토나이트 안정액의 처리가 어렵다.

36 공정표를 작성할 때의 주의사항 중 틀린 것은?

① 공정표에는 공사수량은 기입하지 않아도 된다.
② 공정표에는 재료의 발주시기를 명기한다.
③ 공사과정이 오버랩되도록 작성해야 한다.
④ 기초공사는 공정의 변동 가능성이 많으므로 충분한 여유를 둔다.

해설
공정표는 공사과정이 오버랩되도록 작성해야 하며, 공사수량을 반드시 기입해야 한다.

37 공동도급(Joint venture)방식에 대한 설명으로 옳은 것은?

① 2명 이상의 수급자가 어느 측정공사에 대하여 협동으로 공사를 체결하는 방식이다.
② 발주자, 설계자, 공사관리자의 세 전문집단에 의하여 공사를 수행하는 방식이다.
③ 발주자와 수급자가 상호신뢰를 바탕으로 팀을 구성하여 공동으로 공사를 수행하는 방식이다.
④ 공사수행방식에 따라 설계/시공(D/B)방식과 설계/관리(D/M)방식으로 구분한다.

해설
②는 건설사업관리(CM), ③은 파트너링, ④는 턴키(Turn-key)방식에 대한 설명이다.
공동도급방식
• 공사를 복수의 도급자가 구성한 공동체에 도급시키는 방식이다.
• 특정 공사를 목적으로 하며 출자와 관리를 공동으로 시행한다.
• 공사 이윤은 각 회사의 출자 비율로 배당한다.
• 공사에 대한 위험분산, 자본력, 융자력 등이 증대된다.
• 이해 충돌이 발생하고, 경비가 증가한다.

38 설계도에서 정미량으로 산출한 D10 철근량은 2,870kg이다. 할증을 고려한 소요량으로서 8m짜리 철근 몇 개를 운반하여야 하는가?

① 650개 ② 660개
③ 673개 ④ 681개

해설
D10 = 0.56kg/m에 할증률 3%를 적용할 경우
1본(8m)의 무게 = 0.56 × 8 = 4.48kg
∴ 2,870/4.48 × 1.03 = 659.84
　　　　　≒ 660개

39 건축 방수공사의 성능확인을 위한 가장 일반적인 시험방법은?

① 수밀시험 ② 기밀시험
③ 실물시험 ④ 담수시험

해설
① 수밀시험 : 누수상태를 관찰하여 누수가 발생하지 않거나 통제 불가능한 유입수가 없어야 한다.
② 기밀시험 : 정압하에 시험체에서 발생하는 공기 누출량을 측정한다.
③ 실물시험 : 외기의 영향으로 인한 성능을 사전에 검토하기 위해 실시하는 시험이다.

40 다음 중 건축공사의 직접공사비 원가로 바르게 구성된 것은?

① 자재비, 노무비, 장비비, 간접비
② 자재비, 노무비, 장비비, 경비
③ 자재비, 노무비, 외주비, 경비
④ 자재비, 노무비, 외주비, 간접비

해설
건설공사비
- 직접공사비 : 재료비, 노무비, 외주비, 경비로 세분화됨
- 간접공사비 : 직접비 외의 공사비 및 제경비, 공통가설비 등으로 세분화됨

제3과목 건축구조

41 그림과 같은 단면의 폭 b와 높이 h로 적합한 것은?(단, 단면2차모멘트 $I = 64,000\text{m}^4$, 단면2차반경 $r = 20/\sqrt{3}$ cm)

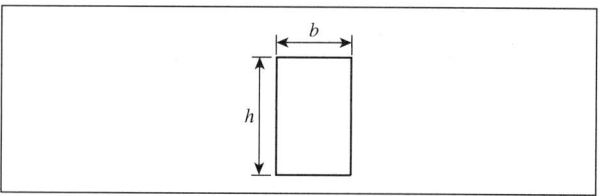

① $b = 12\text{cm}, \ h = 40\text{cm}$ ② $b = 13\text{cm}, \ h = 45\text{cm}$
③ $b = 14\text{cm}, \ h = 50\text{cm}$ ④ $b = 15\text{cm}, \ h = 42\text{cm}$

해설
$r = \sqrt{\dfrac{I}{A}} = \dfrac{20}{\sqrt{3}}$
$A = \dfrac{3 \times 64,000}{400} = 480\text{cm}^2$
$I = \dfrac{bh^2}{12} = \dfrac{Ah^2}{12} = 64,000$
$h = \sqrt{\dfrac{64,000 \times 12}{480}} = 40\text{cm}$
∴ $b = 12\text{cm}, \ h = 40\text{cm}$

42 그림과 같은 하중을 받는 기둥의 압축응력은?(단, 축하중 $P = 1,000\text{kN}$)

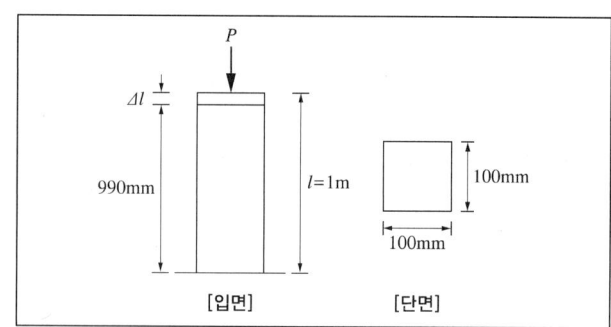

① 100MPa ② 200MPa
③ 300MPa ④ 400MPa

해설
압축응력 $= \dfrac{P}{A} = \dfrac{1,000 \times 10^3}{100 \times 100} = 100\text{MPa}$

43 철근콘크리트의 선팽창계수가 1.0×10^{-5}이고 길이가 10m인 제품이 10℃의 온도변화 시 부재의 길이 변화량은 몇 cm인가?

① 0.1cm ② 0.2cm
③ 0.3cm ④ 0.4cm

해설
- 길이 변형률 $(\varepsilon_l) = \dfrac{\Delta l}{l}$
- 온도 변형률 $(\varepsilon_T) = \alpha \cdot \Delta T\,(\alpha : 선팽창계수)$
- 온도 변형률 (ε_L) = 길이 변형률 (ε_T)이므로

∴ $\Delta l = \alpha \cdot \Delta T \cdot l$
$= 1.0 \times 10^{-5} \times 10 \times 1{,}000$
$= 0.1\text{cm}$

44 플랫 슬래브(Flat slab) 구조에 대한 기술 중 옳지 않은 것은?

① 2방향 배근방식일 경우 슬래브의 두께는 15cm 이상이어야 한다.
② 기둥 상부의 철근이 여러 겹으로 겹쳐지고 두꺼운 바닥판이 되므로 자중이 증대된다.
③ 기둥의 단면최소치수는 각 방향의 기둥중심거리의 1/30 이상이어야 한다.
④ 내부에 보가 없어 층높이를 낮게 할 수 있고 실내이용률이 높다.

해설
플랫 슬래브 구조
- 보 없이 기둥과 슬래브로 이루어진 슬래브로 상부 하중을 슬래브가 기둥으로 직접 전달하는 구조 방식이다. 기둥 접합부인 슬래브의 뚫림 전단 현상 방지를 위해 지판과 주두를 부착한다.
- 플랫 슬래브는 층고를 낮출 수 있고 공간 가변성이 좋으며 바닥을 얇게 하여 자중을 없앨 수 있지만 보가 없으므로 강성이 약하다.

45 벽돌 내쌓기에 대한 설명 중 옳지 못한 것은?

① 벽체에 마루를 놓거나 또는 방화벽으로 처마부분을 가리기 위해 벽돌을 벽면에서 부분적 또는 길게 내쌓는 것을 말한다.
② 보통 1/8B 1켜씩 또는 1/4B 2켜씩 내쌓는다.
③ 내미는 한도는 최대 1.5B로 한다.
④ 내쌓기는 마구리쌓기로 하는 것이 좋다.

해설
내쌓기의 내미는 한도는 2.0B로 하는 것이 좋다.

46 다음 그림과 같은 단순보의 C점의 처짐은 얼마인가?
(단, E = 206GPa, I = 1.6×10^8mm⁴)

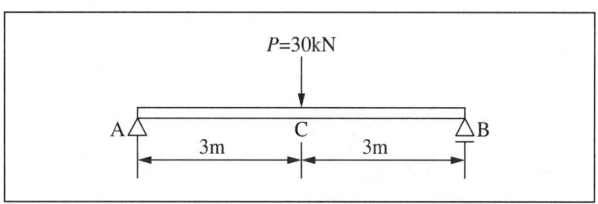

① 4.1mm ② 4.2mm
③ 4.3mm ④ 4.4mm

해설
단순보의 처짐과 처짐각

보의 하중 상태	처짐각과 처짐
(집중하중 P, A─l/2─l/2─B)	• 처짐각 : $\theta_A = \theta_B = \dfrac{Pl^2}{16EI}$ • 처짐 : $\delta_C = \dfrac{Pl^3}{48EI}$
(등분포하중 w[N/m], A─l─B)	• 처짐각 : $\theta_A = \theta_B = \dfrac{wl^3}{24EI}$ • 처짐 : $\delta_C = \dfrac{5wl^4}{384EI}$

∴ $\delta_C = \dfrac{Pl^3}{48EI} = \dfrac{30{,}000 \times 6{,}000^3}{48 \times 206{,}000 \times 1.6 \times 10^8} = 4.095\text{mm} \fallingdotseq 4.1\text{mm}$

47 벽체에 관한 기술 중 옳지 못한 것은?

① 목조 벽체를 수평력에 견디게 하고 안정한 구조로 하기 위해 가새를 설치한다.
② 벽돌구조에서 각 층의 대린벽으로 구획된 벽에서는 문꼴의 너비의 합계는 그 벽길이의 1/2 이하로 한다.
③ 목조 벽체에서 샛기둥은 본기둥 사이에 벽체를 이루는 것으로서 가새의 옆휨을 막는 데 유효하다.
④ 창문의 너비가 1.2m 이상인 벽돌조 문꼴의 상부에는 철근콘크리트 인방보를 설치한다.

[해설]
벽돌조 개구부 폭이 1.8m 이상인 경우 상부에 콘크리트 인방보를 설치해야 한다.
벽돌조 개구부 쌓기
- 한 벽면에 설치할 수 있는 개구부의 폭은 폭 합의 1/2 이하가 되어야 한다.
- 하부 개구부와 상부 개구부와는 60cm 이상 이격시킨다.
- 개구부와 좌우 개구부 사이의 거리는 벽두께의 2배 이상 이격한다.
- 개구부 폭이 1m 이하일 때는 평아치로 할 수 있다.
- 개구부 폭이 1.8m 이상일 때는 철골·철근콘크리트로 된 인방보를 설치한다.

48 비틀림모멘트(Torsional moment)에 대하여 주의해야 할 경우가 많은 부재는?

① 지중보
② 기둥
③ 작은 보가 걸치는 외벽 선상의 큰 보
④ 양교절 아치

[해설]
큰 보와 작은 보처럼 이질적인 재료가 만나는 부분에서 많이 발생한다.
비틀림모멘트(Torsional moment)
- 재료의 단면과 수직인 축을 회전축으로 하여 작용하는 어떤 점을 중심으로 회전시키려고 하는 힘, 즉 축에 회전운동을 만들어내는 동적 모멘트이다.
- 비틀림모멘트는 2개의 부재가 만나는 곳에서 많이 발생하며 특히 작은 보와 큰 보의 연결 부위를 주의해야 한다.

49 그림과 같은 2방향 직사각형 독립기초판의 단변 방향으로 배근할 전체 철근량이 15,000mm²이면, 유효폭 내에 배근해야 하는 단변 방향 철근량은?

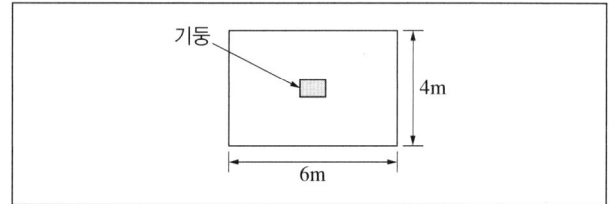

① 10,000mm²
② 12,000mm²
③ 13,000mm²
④ 15,000mm²

[해설]
$$\gamma_s = \frac{\text{유효폭 내에 배치되는 철근량}}{\text{단변 방향의 전체철근량}} = \frac{2}{\beta+1}$$
$$= \frac{\text{유효폭 내에 배치되는 철근량}}{15,000} = \frac{2}{\frac{6}{4}+1}$$

여기서, β : 기초판의 짧은 변에 대한 긴 변의 비 $\left(\beta = \frac{\text{장변}}{\text{단변}}\right)$

∴ 유효폭 내에 배치되는 철근량 $= 15,000 \times \frac{8}{10} = 12,000\text{mm}^2$

50 보의 주근(인장철근)의 양을 줄이기 위한 방법으로 적절하지 않은 것은?

① 보의 춤을 크게 한다.
② 고강도의 철근을 사용한다.
③ 부착이 문제가 되는 경우 고강도 콘크리트를 사용한다.
④ 늑근의 양을 증가시킨다.

[해설]
늑근은 전단력에 관여하기 때문에 인장철근을 줄이는 방법과는 관계가 없다.
주근의 양을 줄이기 위한 방법
- 보의 단면을 크게 하여 철근의 인장력을 축소한다.
- 고강도 콘크리트의 사용으로 철근과의 부착력을 증가시킨다.
- 이형철근을 사용하여 철근의 강도를 높인다.

51
다음 중 철근콘크리트보에 철근이 2단 이상 배치된 경우 상하 철근 사이의 순간격은 얼마 이상으로 해야 하는가?

① 15mm   ② 20mm
③ 25mm   ④ 30mm

해설
하부에 2단 이상 배치된 경우 철근 순간격은 25mm 이상으로 해야 한다.
철근의 간격 제한(KDS 14 20 50)
- 동일 평면에서 평행한 철근 사이의 수평 순간격은 25mm 이상, 철근의 공칭지름 이상으로 하여야 한다.
- 상단과 하단에 2단 이상으로 배치된 경우 상하 철근은 동일 연직면 내에 배치되어야 하고, 이때 상하 철근의 순간격은 25mm 이상으로 하여야 한다.
- 나선철근 또는 띠철근이 배근된 압축부재에서 축방향 철근의 순간격은 40mm 이상, 또한 철근 공칭 지름의 1.5배 이상으로 하여야 한다.
- 벽체 또는 슬래브에서 휨 주철근의 간격은 벽체나 슬래브 두께의 3배 이하로 하여야 하고, 또한 450mm 이하로 하여야 한다. 다만, 콘크리트 장선구조의 경우 이 규정이 적용되지 않는다.

53
철근콘크리트 단순보에 관한 다음 사항 중에서 옳지 않은 것은?

① 인장철근을 증가시키는 것은 전단력에 대한 유효한 보강법이다.
② 일반적으로 전단응력은 단면의 중립축에서 최대이나 항상 중립축에서 최대는 아니다.
③ 보의 주근은 중앙부에서는 하부에 많이 넣는다.
④ 중요한 보는 복근보로 한다.

해설
인장철근을 증가시키는 것과 전단력을 보강하는 것은 관계가 없다.
전단력 보강법
보통철근콘크리트 구조, 철골철근콘크리트 구조의 기둥, 보의 띠근, 스파이럴근, 늑근 등에 의한 보강 혹은 벽의 세로·가로·경사근에 의한 보강

52
그림과 같은 단순보에서 최대 처짐값은 어느 것인가? (여기서, 보의 단면($b \times h$)은 20 × 30cm이고, 탄성계수 $E = 2.1 \times 10^5$tf/m²이다)

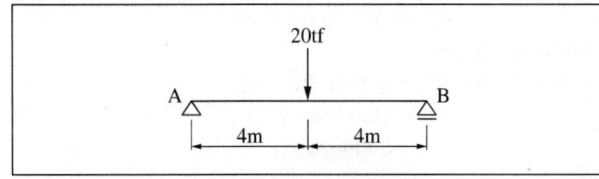

① 1.36m   ② 1.81m
③ 2.26m   ④ 2.71m

해설
단순보 최대 처짐값
$$y_{max} = \frac{Pl^3}{48EI}$$
$$= \frac{20 \times 8^3}{48 \times 2.1 \times 10^5 \times I} \fallingdotseq 2.26$$

여기서, $I = \frac{bh^3}{12} = \frac{0.2 \times 0.3^3}{12} = 4.5 \times 10^{-4}$

∴ 최대 처짐값은 2.26m

54
그림에서 x축에 대한 단면1차모멘트(G_x) 값은?

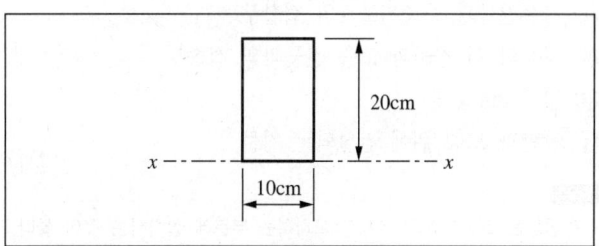

① 200cm³   ② 1,000cm³
③ 1,500cm³   ④ 2,000cm³

해설
x축에 대한 단면1차모멘트
G_x = 면적(A) × x축과 도심의 거리(y_0)
  = (10cm × 20cm) × (20cm ÷ 2)
  = 2,000cm³

정답 51 ③ 52 ③ 53 ① 54 ④

55 반원의 도심축에 대한 단면2차모멘트 I_x는 얼마인가? $\left(단, \ I_x = \dfrac{\pi R^4}{8}, \ y_0 = \dfrac{4R}{3\pi}\right)$

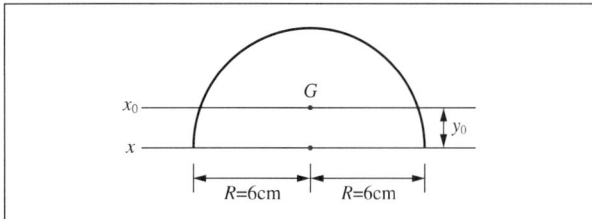

① 142.2cm ② 218.5cm
③ 360.6cm ④ 508.9cm

해설
단면2차모멘트와 축의 이동
축이 도형의 상단 또는 하단이나 도심에 접하지 않을 경우에 축의 이동식을 적용한다.
$I_{이동축} = I_{도심축} + 면적(A) \times 도심과\ 축의\ 거리(e)^2$
$\dfrac{\pi \times 6^4}{8} = I_{x0} + \dfrac{\pi \times 6^2}{2} \times \left(\dfrac{4 \times 6}{3\pi}\right)^2$
∴ $I_{x0} ≒ 142.2\text{cm}$

56 철근콘크리트 건물에 있어서 신축줄눈(Expansion joint)을 설치해야 하는 위치로 적절하지 않은 것은?
① 기존건물과 증축건물과의 접합부
② 저층의 긴 건물과 고층 건물과의 접속부
③ 길이 3m 건물
④ 암반과 모래 위에 건설되는 건물

해설
신축줄눈은 2개 이상의 부재가 교차하는 부분에 설치하는 것이 좋다.
신축줄눈(Expansion joint)

개요	구조물의 침하, 하중의 재하, 온도변화 등에 따른 신축과 균열에 대응하기 위해 균열 발생이 예상되는 위치에 설치하는 이음이다.
설치위치	• 기존 건물과의 접합부 • 저층의 긴 건물과 고층 건물의 접속부 • 평면이 복잡한 부분에서의 교차부 • 이질 지층, 이질 기초부 • 수평 단면이 급변하는 부분

57 그림과 같은 독립기초의 2방향 전단 위험단면 둘레길이(mm)는?

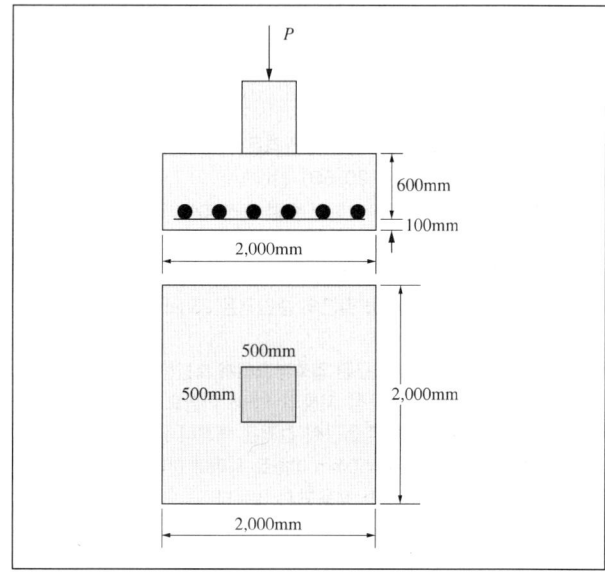

① 4,400mm ② 4,600mm
③ 4,800mm ④ 5,000mm

해설

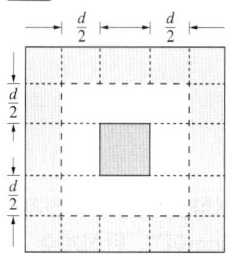

• 한 변의 길이 = $\dfrac{d}{2}$ + 기둥폭 + $\dfrac{d}{2}$
  = 300 + 500 + 300 = 1,100
 여기서, $d = 600\text{mm}$
• 위험단면의 둘레길이 = 한 변의 길이 × 4면
  = 1,100 × 4
  = 4,400mm

58 압축재의 길이가 3.5m이고 양단이 힌지인 경우의 좌굴길이는?

① 1.75m ② 2.45m
③ 2.8m   ④ 3.5m

해설
오일러의 좌굴계수

구분	1단 고정 1단 자유	양단 힌지	1단 고정 1단 힌지	양단 고정
유효좌굴계수(K)	2.0	1.0	0.7	0.5
좌굴길이(l_k)	$2.0 \times l$	$1.0 \times l$	$0.7 \times l$	$0.5 \times l$
좌굴강도(n)	0.25	1.0	2.0	4.0

유효좌굴계수는 양단 힌지일 때 1.0이다.
∴ 좌굴길이(l_k) = 유효좌굴계수(K) × 길이(l)
= 1.0 × 3.5m
= 3.5m

59 철근콘크리트 구조설계 중 강도설계법의 강도감소계수에 관한 기술 중 가장 적절한 것은?

① 포스트텐션 정착구역 : 0.75
② 전단 및 비틀림모멘트 : 0.70
③ 콘크리트의 지압력 : 0.65
④ 무근 콘크리트의 휨모멘트 : 0.80

해설
강도감도계수(KDS 14 20 10 콘크리트 구조 해석과 설계 원칙)
구조물의 부재, 부재 간의 연결부 및 각 부재 단면의 휨모멘트, 축력, 전단력, 비틀림모멘트에 대한 설계강도는 이 기준의 규정과 가정에 따라 정해지는 공칭강도에 강도감소계수를 곱한 값으로 하여야 한다.

부재 단면 또는 하중(단면력 종류)		강도감소계수(ϕ)
인장지배단면(휨부재)		0.85
압축지배단면	나선철근 부재	0.70
	그 외	0.65
전단력과 비틀림모멘트		0.75
콘크리트의 지압력 (포스트텐션 정착부, 스트럿-타이 모델은 제외)		0.65
포스트텐션 정착구역		0.85
스트럿 타이 모델	스트럿, 절점부 및 지압부	0.75
	타이	0.85
긴장재 묻힘 길이가 정착길이보다 작은 프리텐션 부재의 횡단면	부재 단부에서 절단길이 단부까지	0.75
	절단길이 단부에서 정착길이 단부 사이	0.75~0.85까지 선형 증가
무근 콘크리트의 휨모멘트, 압축력, 전단력, 지압력		0.55

60 그림과 같은 구조물의 고정단에 발생하는 최대 압축응력은?(단, 기둥 단면은 600×600mm, 압축응력은 (-)로 표현)

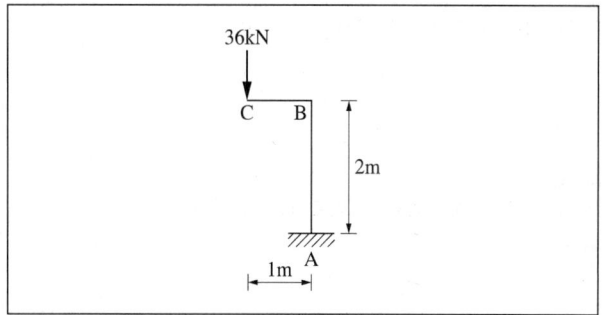

① -0.8MPa
② -1.1MPa
③ -1.4MPa
④ -1.7MPa

해설
$$\sigma_{max} = -\left(\frac{P}{A} + \frac{M}{Z}\right)$$
$$= -\left(\frac{36,000}{600 \times 600} + \frac{36,000 \times 1,000}{\frac{600 \times 600^2}{6}}\right)$$
$$= -1.1 \text{N/mm}^2$$
$$= -1.1 \text{MPa}$$

정답 58 ④ 59 ③ 60 ②

제4과목 건축설비

61 다음 중 실내를 냉난방하기 위해 필요한 기기 또는 기구와 가장 관계가 먼 것은?

① 덕트
② 송풍기
③ 댐퍼
④ 통기관

[해설]
통기관은 배수관에 고정시켜 대기로 개방하고 배수관 내의 배수와 공기가 잘 교환되게 하는 관을 말한다.

62 다음 중 급수배관의 관경 결정과 관계가 가장 먼 것은?

① 기구급수 부하단위
② 국부저항 상당길이
③ 허용마찰손실수두
④ 슬리브형 이음

[해설]
슬리브형 이음은 이음 본체에 슬리브 파이프를 넣고 이음한 것으로 관경 결정과 관계가 없다.
관경 결정 공식
$$i = \frac{H - H_f - H'}{l + l'} \times 1,000 \left(i = \frac{H - H'}{l + l'} \times 1,000 \right)$$
여기서, i : 허용마찰손실수두(mmAq/m)
　　　　H : 기구에서의 정수두(mAq)
　　　　H' : 말단 수도꼭지에서 필요로 하는 압력수두(mAq)
　　　　H_f : 결정하려고 하는 구간까지의 마찰손실수두(mAq)
　　　　l : 직관의 길이(m)
　　　　l' : 이음쇠·밸브 등의 상당관길이(m)

63 저수탱크의 오염을 방지하기 위한 설명 중 틀린 것은?

① 상수용 저수조는 전용으로 설치한다.
② 강판제 수조의 방청은 에폭시수지로 한다.
③ 음료수 탱크 내에는 다른 목적의 배관을 하지 않는다.
④ 저수탱크의 저수량은 적어도 2일분 이상을 기준으로 한다.

[해설]
저수탱크의 저수량은 다량의 물이 저장될 경우 부패하기 쉽다.

64 복사난방에 관한 설명 중 옳지 않은 것은?

① 실내의 온도분포가 균등하고 쾌감도가 높다.
② 방열기를 설치하지 않아 실내 바닥면의 이용도가 높다.
③ 천장이 높은 실의 난방에는 사용할 수 없다.
④ 구조체를 따뜻하게 하므로 예열시간이 길고 일시적인 난방에는 바람직하지 않다.

[해설]
바닥, 천장, 벽 등에 온수를 통과하기 때문에 천장의 높낮이는 문제가 안 된다.
복사난방
• 복사패널의 복사열로 난방하는 방식이다.
• 실내의 온도분포가 균등하고 쾌감도가 높다.
• 방열기가 필요하지 않으며 바닥면의 이용도가 높다.
• 대류가 적으므로 바닥면의 먼지가 상승하지 않는다.
• 방이 개방 상태인 경우에도 난방효과가 있다.
• 실내 상하온도차가 작아 천장고가 높은 공장에 적합하다.
• 열용량이 크기 때문에 발열량 조절에 시간이 걸린다.
• 예열시간이 다소 길고 시공, 하자의 보수 및 발견이 어렵다.
• 대류난방에 비하여 설비비가 고가이다.

65 용어와 단위를 짝지은 것 중에서 틀린 것은?

① 음의 세기의 레벨 – dB
② 음압 – $dyne/cm^2$
③ 광속 – lm/m^2
④ 열관류율 – $kcal/m^2 \cdot h \cdot ℃$

[해설]
광속의 단위는 루멘(lumen), 기호는 lm을 사용한다.

정답 61 ④ 62 ④ 63 ④ 64 ③ 65 ③

66 실의 크기가 6×10m, 천장고가 2.5m인 사무실의 실내온도를 20℃로 유지하고자 한다. 외기온도가 -5℃이고 시간당 1회의 외기가 침입한다고 할 경우 외기에 의한 손실 열량은 몇 kcal/h인가?(단, 공기의 정압비열은 0.24kcal/kg·℃, 비중량은 1.2kg/m³로 한다)

① 450
② 650
③ 1,080
④ 4,500

해설
환기손실열량 = 밀도 × (사무실 체적 × 환기횟수) × 정압비열 × (실내온도 − 실외온도)
= 1.2 × (6×10×2.5×1) × 0.24 × (20+5) = 1,080

67 공기조화방식 중 물방식(전수방식)에 속하는 것은?

① 단일덕트방식
② 2중덕트방식
③ 멀티존유닛방식
④ 팬코일유닛방식

해설
전수방식(All water system)
• 중앙에서 만들어진 냉·온수를 각 실에 송수하여 공기조화를 하는 방식이다.
• 각 실에 수배관으로 인한 누수의 우려가 있다.
• 덕트샤프트나 스페이스가 필요 없거나 작아도 된다.
• 냉·온수를 이송하므로 공기의 이송에 비해 소요동력이 적다.
• 개별제어, 개별운전이 가능하다.
• 외기량이 부족하여 실내공기가 오염되기 쉽다.
• 전수방식의 종류로는 전동기 직결의 소형 송풍기, 냉·온수 코일 및 필터 등을 갖춘 실내형 소형 공조기를 각 실에 설치하여 중앙 기계실로부터 냉수 또는 온수를 공급받아 공기조화를 하는 방식인 팬코일유닛방식이 있다.

68 20℃의 물을 80℃로 가열할 때 물의 팽창비율은?(단, 20℃ 물의 비중량은 998kg/m³, 80℃ 물의 비중량은 972kg/m³이다)

① 2.0%
② 2.3%
③ 2.7%
④ 3.0%

해설
$$팽창비율 = \frac{\Delta V}{V_1} = \frac{V_2 - V_1}{V_1} = \frac{\frac{1}{\gamma_2} - \frac{1}{\gamma_1}}{\frac{1}{\gamma_1}}$$

$$= \frac{\gamma_1}{\gamma_2} - 1 = \frac{998}{972} - 1 = 0.0267 = 2.7\%$$

여기서, V : 부피
γ : 비중량(γ_1 = 998kg/m³, γ_2 = 975kg/m³)

69 난방부하 = qh, 급탕부하 = qw, 배관손실 = qp, 예열부하 = qa이고 보일러의 상용 출력 = H라면 보일러의 정격출력은?

① H + qp
② qh + qw + qp
③ H + qa
④ qh + qp + qa

해설
정격출력은 상용출력에 예열부하를 더한 값이다.
보일러의 출력

정미출력	• 정미출력 = 난방부하 + 급탕부하 • 보일러의 출력 중 가장 작은 값으로 나타난다.
상용출력	• 상용출력 = 난방부하 + 급탕부하 + 배관손실 • 정미출력에 5~10%를 가산하여 나타낼 수 있다.
정격출력	• 정격출력 = 난방부하 + 급탕부하 + 배관손실 + 예열부하 • 보일러 선정의 기준이 된다.
과부하출력	정격출력 이상의 과부하상태를 말한다.

70 터보 냉동기의 특징에 대한 설명 중 옳지 않은 것은?

① 압축기의 임펠러 회전에 의한 원심력으로 냉매가스를 압축한다.
② 일반적으로 대용량에는 부적합하며, 100 냉동톤 이하의 소용량의 것에 적용한다.
③ 용량 조절에는 압축기의 흡입베인 제어 또는 회전수 제어가 이용된다.
④ 왕복동식에 비하여 진동이 적다.

해설
터보 냉동기는 초고층 대형건물에서 주로 사용한다.

정답 66 ③ 67 ④ 68 ③ 69 ③ 70 ②

71 트랩의 봉수파괴현상에 대한 설명으로 옳지 않은 것은?

① 배수가 만수 상태로 흐르면 사이펀작용으로 트랩의 봉수가 파괴된다.
② 감압에 의한 흡인작용으로 압력을 감소시켜 봉수를 파괴한다.
③ 역압에 의한 봉수파괴현상은 상층부 기구에서 자주 발생한다.
④ 모세관작용은 헝겊 등에 의한 흡인식 사이펀작용이다.

해설
봉수파괴는 역압에 의해 발생되지는 않는다.
봉수파괴 원인
- 자기사이펀작용 : 배수관 내 다량의 공기가 배수 중 혼입되어 사이펀관을 형성하여 만수 상태로 흐르면 사이펀작용으로 트랩 내의 봉수가 배수관 쪽으로 흡입·배출되는 현상이다.
- 흡입·흡출작용 : 수직관에 접근하여 있는 트랩일 경우, 수직관 상부에서 다량의 물을 배수할 때 감압에 의한 흡입작용으로 트랩의 봉수가 흡입·흡출되는 현상이다.
- 토출작용(분출작용) : 건물 상층부의 배수 수직관으로부터 일시에 많은 양의 물이 흐를 때, 이 물이 피스톤 작용을 일으켜 하류기구의 트랩 봉수를 공기의 압축에 의해 실내 측으로 역류시키는 작용이다.
- 모세관현상 : 트랩의 출구 쪽에 걸레조각이나 모발 등이 걸렸을 경우 모세관현상에 의해 봉수가 없어지는 현상이다.
- 증발 : 위생기구의 사용빈도가 적을 때 증발에 의하여 봉수가 파괴되는 현상이다.
- 운동량에 의한 관성작용 : 기구의 물을 갑자기 배수하거나 또는 강풍, 지진 등 큰 충격으로 봉수면이 상하 동요를 일으켜 사이펀작용이 일어나 봉수가 파괴되는 현상이다.

73 변전실의 설치 위치로 맞지 않는 것은?

① 건물 전체부하의 한쪽 부근
② 지반이 좋고 침수의 염려가 없는 곳
③ 습기, 먼지가 적은 곳
④ 기기의 반출입이 용이한 곳

해설
변전실은 전기를 다루는 곳이므로 부하의 중심에 가까운 곳에 설치해야 한다.
변전실 설치 위치
- 부하의 중심에 가까운 장소
- 기기의 반출입이 용이한 장소
- 습기나 먼지가 적은 장소
- 전원 인입선과 접지선 접속이 편리한 장소
- 채광, 통풍 등이 양호한 장소
- 화재의 위험이 적은 장소

72 다음과 같은 사무실에서 방열기의 설치 위치로 가장 적당한 곳은?

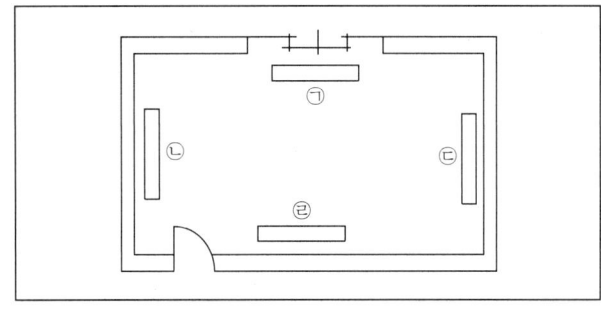

① ㉠
② ㉡
③ ㉢
④ ㉣

해설
방열기는 창문 아래 설치하여야 난방이 골고루 될 수 있다.

74 배전방식 중 일반 사무실이나 학교 등에서 사용되는 것은?

① 220V/110V 단상 3선식
② 220V 3상 3선식
③ 3상 4선식
④ 6kV(3kV) 3상 3선식

해설
배전 방식
- 단상 2선식 : 110V와 220V 등을 사용하며 일반주택과 같은 소규모 건축물에 적합하다.
- 단상 3선식 : 본선 간 전압은 220V, 중성선과 본선 간의 전압은 110V를 얻을 수 있으며 중성선은 회색이나 백색을 사용한다. 학교, 사무소, 아파트 등 중규모 건물에 적합하다.
- 3상 3선식 : 3상 220V, 380V 전압을 많이 이용한다. 각 선간 전압은 모두 동일하며 공장에 적합하다.
- 3상 4선식 : 동력과 전등 부하를 동시에 공급하며, 대규모 건물에서 시설비 절감을 위해 사용한다.

75 배수관에 있어서 청소구(Clean out)를 원칙적으로 설치해야 하는 곳이 아닌 것은?

① 배수 수평지관의 최하단부
② 배관이 45° 이상의 각도로 방향을 바꾸는 곳
③ 배수 수평주관과 옥외배수관의 접속장소와 가까운 곳
④ 배수 수직관의 최하부

해설
배수 수평관 최상단, 배수 수직관 최하단에 청소구를 설치해야 한다.
배수관 청소구 설치 위치
- 가옥배수관과 부지하수관이 접속하는 곳
- 배관이 45° 이상의 각도로 굴곡진 곳
- 가옥 배수 수평주관의 기점
- 배수 수직관의 최하단부
- 배수 수평지관의 최상단부
- 각종 트랩 및 기타 배관상 필요한 곳

76 간선 설계순서로서 옳은 것은?

```
A : 전선굵기를 결정한다.
B : 배선방법을 선정한다.
C : 부하용량을 구한다.
D : 전기방식과 배선방식을 결정한다.
```

① A→B→C→D
② C→D→B→A
③ B→A→D→C
④ D→B→A→C

해설
간선
- 간선이란 인입개폐기와 분기점에 설치된 분기개폐기를 연결하기 위한 것
- 간선 설계순서
  - 간선 부하의 용량을 구한다.
  - 전기방식(배전방식)과 배선방식을 결정한다.
  - 배선방법을 결정한다.
  - 전선의 굵기를 결정한다.

77 오수정화조로 유입되는 오수의 BOD농도가 150ppm이고, 방류수의 BOD농도가 60ppm일 때 이 정화조의 BOD 제거율은?

① 60%
② 75%
③ 80%
④ 90%

해설
BOD 제거율(%) = (유입수 BOD − 유출수 BOD) ÷ 유입수 BOD × 100
= (150 − 60) ÷ 150 × 100
= 60%

78 다음의 자동제어 방식 중 각종 연산제어 및 에너지 절약제어가 가능하며 정밀도 및 신뢰도가 가장 높은 것은?

① DDC 방식
② 전기식
③ 전자식
④ 공기식

해설
DDC(Direct Digital Control) 방식
- 검출부의 아날로그 신호를 조절부에서 디지털 신호 형태로 변환하여 연산·처리하는 방식이다.
- 빌딩 자동제어에 자주 쓰이며, 직접 디지털 신호에 의해 밸브나 댐퍼 등을 제어하는 방식이다.
- 주로 빌딩의 냉난방 공조나 설비에 많이 사용되고 있으며 빌딩 자동제어에 특화되어 있지만 공장에도 적용한다.

정답 75 ① 76 ② 77 ① 78 ①

79 방범설비에 사용되는 단말검출기 중에서 도플러(Doppler) 효과를 이용하여 침입자를 검출하는 것은?

① 초음파 검출기 ② 적외선식 검출기
③ 리미터   ④ 진동 검출기

해설
초음파 검출기
구멍을 통과하는 기체의 층상 유동에서 난류 유동까지 천이부에서 일어나는 분자 난류(Molecular turbulence)로 인하여 발생하는 초음파 에너지를 검출하여 이것을 유용한 신호로 전환하는 기계이다.

80 자동화재탐지설비의 감지기 중 열감지기가 아닌 것은?

① 광전식 감지기 ② 차동식 감지기
③ 정온식 감지기 ④ 보상식 감지기

해설
감지기의 종류

구분	종류
단독형 감지기	단독경보형
열감지기	차동식, 정온식, 보상식, 열복합형
연기감지기	광전식 스포트형, 광전식 분리형, 이온화식 연기
불꽃감지기	UV형, IR형, UV/IR형

제5과목 건축관계법규

81 건축법상 건축물의 공사를 착수하고자 하는 건축주가 착공신고를 해야 하는 대상은?

① 건축물의 건축신고를 한 건축물에 한하여
② 건축물의 건축허가를 받은 건축물에 한하여
③ 건축물의 건축허가를 받거나 신고를 한 건축물
④ 건축사의 설계를 받은 건축물

해설
착공신고 등(건축법 제21조)
허가를 받거나 신고를 한 건축물의 공사를 착수하려는 건축주는 국토교통부령으로 정하는 바에 따라 허가권자에게 공사계획을 신고하여야 한다.

82 도시지역 내 지구단위계획구역의 지정대상 지역에 속하지 않는 것은?

① 대중교통이 용이한 지역
② 도시재건축사업구역
③ 역세권개발구역
④ 3개 이상 노선이 교차하는 대중교통 결절지로부터 1km 이내에 위치한 지역

해설
도시지역 내 지구단위계획구역 지정대상지역(국토계획법 시행령 제43조)
• 주요 역세권, 고속버스 및 시외버스 터미널, 간선도로의 교차지 등 양호한 기반시설을 갖추고 있어 대중교통 이용이 용이한 지역
• 역세권의 체계적·계획적 개발이 필요한 지역
• 세 개 이상의 노선이 교차하는 대중교통 결절지(結節地)로부터 1km 이내에 위치한 지역
• 역세권의 개발 및 이용에 관한 법률에 따른 역세권개발구역, 도시재정비 촉진을 위한 특별법에 따른 고밀복합형 재정비촉진지구로 지정된 지역

83 용도지역 안에서 정할 수 있는 건폐율이 잘못된 것은?

① 주거지역 - 70% 이하
② 상업지역 - 90% 이하
③ 보전관리지역 - 20% 이하
④ 농림지역 - 40% 이하

해설
농림지역의 건폐율은 20% 이하이다.
용도지역의 건폐율(국토계획법 제77조)

도시지역	주거지역	70% 이하
	상업지역	90% 이하
	공업지역	70% 이하
	녹지지역	20% 이하
관리지역	보전관리지역	20% 이하
	생산관리지역	20% 이하
	계획관리지역	40% 이하
농림지역		20% 이하
자연환경보전지역		20% 이하

84 층고 3m, 각 층 바닥면적 1,000m²인 15층 오피스텔에서 최소한의 비상용승강기의 대수는?

① 1대
② 2대
③ 3대
④ 필요 없다.

해설
비상용승강기의 설치(건축법 시행령 제90조)
높이 31m를 넘는 건축물에는 다음의 기준에 따른 대수 이상의 비상용승강기를 설치하여야 한다.
- 각 층의 바닥면적 중 최대 바닥면적이 1,500m² 이하인 건축물 : 1대 이상
- 각 층의 바닥면적 중 최대 바닥면적이 1,500m²를 넘는 건축물 : 1대에 1,500m²를 넘는 3,000m² 이내마다 1대씩 더한 대수 이상
∴ 층고가 3m이고 15층이기 때문에 건물높이 45m, 바닥면적 1,500m² 이하이므로 비상용승강기 설치대수는 1대이다.

85 비상용승강기의 승강장의 구조기준으로 옳지 않은 것은?

① 승강장은 각 층의 내부와 연결될 수 있도록 할 것
② 승강장은 벽 및 반자가 실내에 접하는 부분의 마감재료는 내연재료로 할 것
③ 승강장의 바닥면적은 비상용승강기 1대에 대하여 6m² 이상으로 할 것
④ 피난층이 있는 승강장의 출입구로부터 도로 또는 공지에 이르는 거리가 30m 이하일 것

해설
승강장의 마감재료는 불연재료로 해야 한다.
비상용승강기 승강장의 구조(건축물설비기준규칙 제10조 제2호)
- 승강장의 창문·출입구 기타 개구부를 제외한 부분은 당해 건축물의 다른 부분과 내화구조의 바닥 및 벽으로 구획할 것
- 승강장은 각 층의 내부와 연결될 수 있도록 하되, 그 출입구에는 60분+ 방화문 또는 60분 방화문을 설치할 것
- 노대 또는 외부를 향하여 열 수 있는 창문이나 배연설비를 설치할 것
- 벽 및 반자가 실내에 접하는 부분의 마감재료는 불연재료로 할 것
- 채광이 되는 창문이 있거나 예비전원에 의한 조명설비를 할 것
- 승강장의 바닥면적은 비상용승강기 1대에 대하여 6m² 이상으로 할 것
- 피난층이 있는 승강장의 출입구로부터 도로 또는 공지에 이르는 거리가 30m 이하일 것
- 승강장 출입구 부근의 잘 보이는 곳에 당해 승강기가 비상용승강기임을 알 수 있는 표지를 할 것

86 내화구조에 관한 기준 중 적절하지 않은 것은?

① 기둥의 경우 그 작은 지름이 20cm 이상인 것으로서 철근콘크리트조
② 벽의 경우 벽돌조로서 두께가 19cm 이상인 것
③ 바닥의 경우 철재의 양면을 두께 5cm 이상의 철망모르타르 또는 콘크리트로 덮은 것
④ 계단의 경우 무근콘크리트조·콘크리트블록조·벽돌조 또는 석조

해설
내화구조(건축물방화구조규칙 제3조)
기둥의 경우에는 그 작은 지름이 25cm 이상인 것으로서 다음의 어느 하나에 해당하는 것이어야 한다.
- 철근콘크리트조 또는 철골철근콘크리트조
- 철골을 두께 6cm 이상의 철망모르타르 또는 두께 7cm 이상의 콘크리트 블록·벽돌 또는 석재로 덮은 것
- 철골을 두께 5cm 이상의 콘크리트로 덮은 것

정답 83 ④ 84 ① 85 ② 86 ①

87 배관설비로서 배수용으로 쓰이는 배관설비의 기준으로 옳지 않은 것은?

① 배출시키는 빗물 또는 오수의 양 및 수질에 따라 그에 적당한 용량 및 경사를 지게 하거나 그에 적합한 재질을 사용할 것
② 우수관과 오수관은 분리하여 배관할 것
③ 배관설비의 오수에 접하는 부분은 방수재료를 사용할 것
④ 지하실 등 공공하수도로 자연배수를 할 수 없는 곳에는 배수용량에 맞는 강제배수시설을 설치할 것

해설
배관설비의 오수에 접하는 부분은 방수재료가 아닌 내수재료를 사용해야 한다.
배관설비(건축물설비기준규칙 제17조)
- 배출시키는 빗물 또는 오수의 양 및 수질에 따라 그에 적당한 용량 및 경사를 지게 하거나 그에 적합한 재질을 사용할 것
- 배관설비에는 배수트랩·통기관을 설치하는 등 위생에 지장이 없도록 할 것
- 배관설비의 오수에 접하는 부분은 내수재료를 사용할 것
- 지하실 등 공공하수도로 자연배수를 할 수 없는 곳에는 배수용량에 맞는 강제배수시설을 설치할 것
- 우수관과 오수관은 분리하여 배관할 것
- 콘크리트구조체에 배관을 매설하거나 배관이 콘크리트구조체를 관통할 경우에는 구조체에 덧관을 미리 매설하는 등 배관의 부식을 방지하고 그 수선 및 교체가 용이하도록 할 것

88 다음 중 광역도시계획 내용에 포함되지 않는 것은?

① 광역계획권의 공간구조와 기능 분담에 관한 사항
② 광역계획권의 녹지관리체계와 환경보전에 관한 사항
③ 광역계획권의 경제, 사회, 문화적 특성과 복지시설 등 제반 환경에 관한 사항
④ 경관계획에 관한 사항

해설
광역도시계획의 내용(국토계획법 제12조)
- 광역계획권의 공간구조와 기능 분담에 관한 사항
- 광역계획권의 녹지관리체계와 환경보전에 관한 사항
- 광역시설의 배치·규모·설치에 관한 사항
- 경관계획에 관한 사항

89 기계식 주차장의 기준에 관한 설명으로 옳지 않은 것은?

① 중형 기계식 주차장의 전면공지는 너비 8.1m 이상, 길이 9.5m 이상으로 하여야 한다.
② 자동차를 입출고하는 사람이 출입하는 통로는 너비 0.5m 이상, 높이는 1.8m 이상으로 하여야 한다.
③ 주차대수가 20대를 초과하는 매 20대마다 1대분의 정류장을 확보하여야 한다.
④ 대형 기계식 주차장은 직경 4m 이상의 방향전환장치와 그 방향전환장치에 접한 너비 1m 이상의 여유공지가 있어야 한다.

해설
기계식 주차장의 설치기준(주차장법 시행규칙 제16조의2)
- 중형 기계식 주차장 : 너비 8.1m 이상, 길이 9.5m 이상의 전면공지 또는 지름 4m 이상의 방향전환장치와 그 방향전환장치에 접한 너비 1m 이상의 여유공지가 있어야 한다.
- 대형 기계식 주차장 : 너비 10m 이상, 길이 11m 이상의 전면공지 또는 지름 4.5m 이상의 방향전환장치와 그 방향전환장치에 접한 너비 1m 이상의 여유공지가 있어야 한다.

90 건축법상 다중이용건축물에 해당되는 것은?

① 15층인 판매 및 영업시설
② 바닥면적의 합계가 3,000m² 이상인 종합병원
③ 바닥면적의 합계가 3,000m²인 판매 및 영업시설
④ 16층인 관광숙박시설

해설
다중이용건축물(건축법 시행령 제2조)
- 다음의 어느 하나에 해당하는 용도로 쓰는 바닥면적의 합계가 5,000m² 이상인 건축물
  - 문화 및 집회시설(동물원 및 식물원은 제외한다)
  - 종교시설
  - 판매시설
  - 운수시설 중 여객용 시설
  - 의료시설 중 종합병원
  - 숙박시설 중 관광숙박시설
- 16층 이상인 건축물

91 건축면적의 산정방법에 관한 내용으로 옳지 않은 것은?

① 건축면적은 건축물의 외벽의 중심선으로 둘러싸인 부분의 수평투영면적으로 한다.
② 지표면으로부터 1m 이하에 해당되는 건축물의 부분은 건축면적 산정에서 제외된다.
③ 태양열을 주된 에너지원으로 이용하는 주택인 경우 그 건축면적의 산정방법은 건축물의 외벽 중 내측 내력벽의 중심선을 기준으로 한다.
④ 건축물의 차양과 부연은 건축물의 건축면적 산정에서 제외된다.

해설
건축물의 차양, 부연 등은 건축면적에 포함된다.
건축면적의 산정방법(건축법 시행령 제119조 제1항 제2호)
- 건축물의 외벽(외벽이 없는 경우에는 외곽 부분의 기둥으로 한다)의 중심선으로 둘러싸인 부분의 수평투영면적으로 한다.
- 처마, 차양, 부연, 그 밖에 이와 비슷한 것으로서 그 외벽의 중심선으로부터 수평거리 1m 이상 돌출된 부분이 있는 건축물의 건축면적은 그 돌출된 끝부분으로부터 수평거리를 후퇴한 선으로 둘러싸인 부분의 수평투영면적으로 한다(전통사찰, 축사, 한옥 등의 예외 규정 있음).

92 건축허가신청에 필요한 기본설계도서 중 건축계획서에 포함되어야 할 사항이 아닌 것은?

① 건축물의 용도별 면적
② 건축물의 규모
③ 공개공지 및 조경계획
④ 주차장 규모

해설
건축허가신청에 필요한 설계도서 중 건축계획서(건축법 시행규칙 별표 2)
- 개요(위치·대지면적 등)
- 지역·지구 및 도시계획사항
- 건축물의 규모(건축면적·연면적·높이·층수 등)
- 건축물의 용도별 면적
- 주차장 규모
- 에너지절약계획서(해당 건축물에 한한다)
- 노인 및 장애인 등을 위한 편의시설 설치계획서(관계법령에 의하여 설치 의무가 있는 경우에 한한다)

93 옥상조경에 대한 내용 중 적합한 것은?

① 인공지반조경 중 지표면에서 높이가 1m 이상인 곳에 설치한 조경을 말한다.
② 인공지반조경 중 지표면에서 높이가 2m 이상인 곳에 설치한 조경을 말한다.
③ 인공지반조경 중 지표면에서 높이가 3m 이상인 곳에 설치한 조경을 말한다.
④ 인공지반조경 중 지표면에서 높이가 4m 이상인 곳에 설치한 조경을 말한다.

해설
옥상조경(조경기준 제3조)
옥상조경이라 함은 인공지반조경 중 지표면에서 높이가 2m 이상인 곳에 설치한 조경을 말한다. 다만, 발코니에 설치하는 화훼시설은 제외한다.

94 국토의 계획 및 이용에 관한 법률상 기반시설로 볼 수 없는 것은?

① 운동장
② 보건위생시설
③ 주차장
④ 주거시설

해설
기반시설(국토계획법 제2조 제1항)

교통시설	도로·철도·항만·공항·주차장·자동차정류장·궤도·차량 검사 및 면허시설
공간시설	광장·공원·녹지·유원지·공공공지
유통·공급시설	유통업무설비, 수도·전기·가스·열공급설비, 방송·통신시설, 공동구·시장, 유류저장 및 송유설비
공공·문화체육시설	학교·공공청사·문화시설·공공필요성이 인정되는 체육시설·연구시설·사회복지시설·공공직업훈련시설·청소년수련시설
방재시설	하천·유수지·저수지·방화설비·방풍설비·방수설비·사방설비·방조설비
보건위생시설	장사시설·도축장·종합의료시설
환경기초시설	하수도·폐기물처리 및 재활용시설·빗물저장 및 이용시설·수질오염방지시설·폐차장

정답 91 ④ 92 ③ 93 ② 94 ④

95 자주식 주차장으로서 건축물식에 의한 노외주차장의 경사로의 설명으로 옳지 않은 것은?

① 경사로의 종단기울기는 직선 부분에서는 17%를 초과하여서는 아니 된다.
② 경사로의 차로 너비는 직선형 1차선인 경우에는 3.3m 이상으로 하여야 한다.
③ 높이는 주차바닥면으로부터 2.3m 이상으로 하여야 한다.
④ 경사로의 차로 너비는 곡선형 2차선인 경우에는 6.0m 이상으로 하여야 한다.

해설
경사로의 차로너비는 직선형 2차선인 경우에는 6.0m 이상으로 하여야 하며 곡선형 2차로의 경우는 6.5m 이상으로 하여야 한다.
노외주차장의 구조·설비기준(주차장법 시행규칙 제6조)
- 높이는 주차바닥면으로부터 2.3m 이상으로 하여야 한다.
- 경사로의 곡선 부분은 자동차가 6m 이상의 내변반경으로 회전할 수 있도록 하여야 한다.
- 경사로의 차로 너비는 직선형인 경우에는 3.3m 이상(2차로의 경우에는 6m 이상)으로 하고, 곡선형인 경우에는 3.6m 이상(2차로의 경우에는 6.5m 이상)으로 하며, 경사로의 양쪽 벽면으로부터 30cm 이상의 지점에 높이 10cm 이상 15cm 미만의 연석(경계석)을 설치해야 한다. 이 경우 연석 부분은 차로의 너비에 포함되는 것으로 본다.
- 경사로의 종단경사도는 직선 부분에서는 17%를 초과하여서는 아니 되며, 곡선 부분에서는 14%를 초과하여서는 아니 된다.
- 경사로의 노면은 거친 면으로 하여야 한다.
- 오르막 경사로서 도로와 접하는 부분으로부터 3m 이내인 경사로의 종단경사도는 직선 부분에서는 8.5%를, 곡선 부분에서는 7%를 초과하여서는 안 된다.
- 주차대수 규모가 50대 이상인 경우의 경사로는 너비 6m 이상인 2차로를 확보하거나 진입차로와 진출차로를 분리하여야 한다.

96 관람석 또는 집회실로서 그 바닥면적이 200m² 이상인 것의 거실의 반자높이를 4m 이상 설치하여야 하는 용도가 아닌 것은?

① 공연장
② 의료시설 중 장례식장
③ 공항시설
④ 위락시설 중 유흥주점

해설
거실의 반자높이(건축물방화구조규칙 제16조)
- 거실의 반자는 그 높이를 2.1m 이상으로 하여야 한다.
- 다음 용도에 쓰이는 건축물의 관람실 또는 집회실로서 그 바닥면적이 200m² 이상인 것의 반자의 높이는 4m(노대의 아랫부분의 높이는 2.7m) 이상이어야 한다(기계환기장치를 설치하는 경우에는 그렇지 않다).
  – 문화 및 집회시설(전시장 및 동·식물원 제외), 종교시설, 장례식장, 위락시설 중 유흥주점

97 출구와 입구를 구분하지 않고 주차대수의 규모가 60대인 노외주차장을 설치하는 경우에 당해 주차장 출입구의 최소 너비는?

① 3.5m
② 4.5m
③ 5.5m
④ 6.5m

해설
노외주차장의 구조·설비기준(주차장법 시행규칙 제6조)
노외주차장의 출입구 너비는 3.5m 이상으로 하여야 하며, 주차대수 규모가 50대 이상인 경우에는 출구와 입구를 분리하거나 너비 5.5m 이상의 출입구를 설치하여 소통이 원활하도록 하여야 한다.

98 다음 중 건축법령상 연면적에 포함되는 면적은?

① 지상 1층 화장실의 면적
② 지상층의 주차용으로 쓰는 면적
③ 초고층 건축물에 설치하는 피난안전구역의 면적
④ 경사지붕 아래 대피공간의 면적

해설
용적률 산정 시 연면적에서 제외되는 항목(건축법 시행령 제119조)
하나의 건축물 각 층의 바닥면적의 합계로 하되, 용적률을 산정할 때에는 다음에 해당하는 면적은 제외한다.
- 지하층의 면적
- 지상층의 주차용(해당 건축물의 부속용도인 경우만 해당한다)으로 쓰는 면적
- 초고층 건축물과 준초고층 건축물에 설치하는 피난안전구역의 면적
- 건축물의 경사지붕 아래에 설치하는 대피공간의 면적

99 총연면적(시설면적) 40,000m²인 호텔에 설치해야 할 부설주차장의 최소 주차대수는 몇 대인가?(단, 호텔 내에는 부대시설로서 18홀 골프장이 설치되어 있다)

① 150대
② 220대
③ 330대
④ 380대

해설
부설주차장의 설치대상 시설물 종류 및 설치기준(주차장법 시행령 별표 1)

골프장	1홀당 10대	홀의 수×10
골프연습장	1타석당 1대	타석의 수×1
옥외수영장	정원 15명당 1대	정원/15명
관람장	정원 100명당 1대	정원/100명

- 숙박시설(호텔) : 40,000m² ÷ 200m² × 1대 = 200대
- 골프장 홀당 10대이므로 18×10 = 180대
∴ 총 380대가 필요하다.

100 에너지절약계획서를 제출해야 하는 공동주택의 연면적 규모는 얼마인가?

① 500m² 이상
② 2,000m² 이상
③ 3,000m² 이상
④ 10,000m² 이상

해설
에너지 절약계획서 제출 대상 등(녹색건축법 시행령 제10조, 건축법 시행령 별표 1)

제출대상	연면적의 합계가 500m² 이상인 건축물
제출 제외	• 단독주택 • 문화 및 집회시설 중 동·식물원 • 냉방 및 난방 설비를 모두 설치하지 아니하는 건축물 중 공장, 창고시설, 위험물 저장 및 처리시설, 자동차 관련 시설, 동물 및 식물 관련 시설, 자원순환 관련 시설, 교정시설, 국방·군사시설, 방송통신시설, 발전시설, 묘지 관련 시설

정답 99 ④ 100 ①

PART 02

2025년 제1회 최근 기출복원문제

제1과목 건축계획

01 아파트의 평면형식에 관한 설명으로 옳지 않은 것은?

① 홀형은 통행부 면적이 작아서 건물의 이용도가 높다.
② 중복도형은 대지 이용률이 높으나, 프라이버시가 좋지 않다.
③ 집중형은 채광·통풍 조건이 좋아 기계적 환경조절이 필요하지 않다.
④ 홀형은 계단실 또는 엘리베이터 홀로부터 직접 주거 단위로 들어가는 형식이다.

해설
집중형은 채광·통풍이 좋지 않아 기계적 환경조절이 필요하다.
아파트의 평면형식 비교

구분	동선	통행부 면적	엘리베이터 효율	프라이버시 (독립성)	통풍· 채광
계단실(홀)형	짧다.	작다.	가장 낮다.	가장 우수	가장 우수
집중(코어)형	짧다.	작다.	가장 높다.	가장 불량	가장 불량
편복도형	길다.	크다.	높다.	보통	양호
중복도형	길다.	크다.	높다.	불량	불량

02 다음 중 사무소 건축에서 기준층 평면형태의 결정요소와 가장 거리가 먼 것은?

① 동선상의 거리
② 구조상 스팬의 한도
③ 사무실 내의 책상 배치방법
④ 덕트, 배선, 배관 등 설비시스템상의 한계

해설
책상의 배치는 사무소 기준층의 기둥간격 결정요소에 해당한다.
사무소 건축의 평면형태 결정요소
• 방화구획상 면적
• 구조상 스팬의 한도
• 자연광에 의한 조명한계
• 설비시스템의 한계
• 대피 시 최대 피난거리
• 사용자의 동선상의 거리

03 공장 건축의 레이아웃(Lay out)에 관한 설명으로 옳지 않은 것은?

① 제품 중심의 레이아웃은 대량생산에 유리하며 생산성이 높다.
② 레이아웃이란 공장 건축의 평면요소 간의 위치 관계를 결정하는 것을 말한다.
③ 고정식 레이아웃은 조선소와 같이 제품이 크고 수량이 적은 경우에 행해진다.
④ 중화학공업, 시멘트공업 등 장치공업 등은 시설의 융통성이 크기 때문에 신설 시 장래성에 대한 고려가 필요 없다.

해설

장치공업은 시설이 대규모이고 고정도가 높아 신설 시 장래성을 고려해야 한다.

공장 건축의 레이아웃
- 고정식 레이아웃 : 재료나 조립부품을 고정된 장소에 두고, 사람이나 기계가 그 장소로 이동해 가서 작업을 행하는 방식이다(조선소, 건축 등에 적합).
- 공정 중심 레이아웃 : 동일하거나 기능이 유사한 기계설비를 집합시키는 방식이다(다품종 소량생산, 주문생산품 등에 적합).
- 제품 중심 레이아웃 : 제품의 흐름에 따라 모든 공정, 기계, 기구를 배치하는 방식이다(대량생산에 유리, 중화학공업 등에 적합).
- 혼성식 레이아웃 : 제품 중심, 공정 중심, 고정식을 혼합한 방식이다(가정용 전기 및 주문생산품 공장 등에 적합).

04 쇼핑센터의 공간구성에서 페데스트리언 지대(Pedestrian area)의 일부로서 고객을 각 상점에 유도하는 주요 보행자 동선인 동시에 고객의 휴식처로서 기능을 갖고 있는 것은?

① 몰
② 코트
③ 핵점포
④ 허브

해설
② 코트 : 건물이나 쇼핑몰 등의 중앙에 비워둔 개방형 공간으로 고객의 휴식을 책임지거나 행사를 개최하기 위한 곳이다.
③ 핵점포 : 쇼핑몰이나 상점가에서 고객을 유인하는 중심적인 점포를 말한다. 대형 슈퍼마켓, 유명 브랜드 매장 등이 이 역할을 한다.
④ 허브 : 사람, 교통, 물류 등 다양한 요소들이 집중되고 연결되는 중심지이다.

05 은행 건축계획에 관한 설명으로 옳지 않은 것은?

① 고객과 직원과의 동선이 중복되지 않도록 계획한다.
② 대규모 은행일 경우 고객의 출입구는 되도록 1개소로 계획한다.
③ 이중문을 설치할 경우 바깥문은 바깥 여닫이 또는 자재문으로 계획한다.
④ 어린이의 출입이 많은 경우에는 주출입구에 회전문을 설치하는 것이 좋다.

해설
어린이의 출입이 많은 경우에는 안전을 고려하여 회전문을 설치하지 않는 것이 좋다.

은행의 출입문
- 주출입구는 고객의 접근이 용이하도록 계획하고, 도난 방지를 위해 출입구 수를 최소화하며 이중문(전실)을 설치하는 것이 좋다.
- 고객의 동선은 짧고 명확하게 하여 목적지를 쉽게 찾을 수 있도록 한다.
- 직원의 업무동선은 고객의 동선과 혼재되지 않도록 분리한다.
- 이중문의 바깥문은 밖여닫이나 자재문으로 한다.

06 공동주택을 건설하는 주택단지는 기간도로와 접하거나 기간도로로부터 당해 단지에 이르는 진입도로가 있어야 한다. 주택단지의 총세대수가 400세대인 경우 기간도로와 접하는 폭 또는 진입도로의 폭은 최소 얼마 이상이어야 하는가?(단, 진입도로가 1개이며, 원룸형 주택이 아닌 경우)

① 4m
② 6m
③ 8m
④ 12m

해설
진입도로가 하나인 경우 주택단지 진입도로의 폭(주택건설기준규정 제25조)
공동주택을 건설하는 주택단지는 기간도로와 접하거나 기간도로로부터 당해 단지에 이르는 진입도로가 있어야 한다. 이 경우 기간도로와 접하는 폭 및 진입도로의 폭은 다음과 같다.

주택단지의 총세대수	기간도로와 접하는 폭 또는 진입도로의 폭
300세대 미만	6m 이상
300세대 이상 500세대 미만	8m 이상
500세대 이상 1,000세대 미만	12m 이상
1,000세대 이상 2,000세대 미만	15m 이상
2,000세대 이상	20m 이상

정답 04 ① 05 ④ 06 ③

07 메조넷형(Maisonette type) 공동주택에 관한 설명으로 옳지 않은 것은?

① 주택 내 공간의 변화가 있다.
② 거주성, 특히 프라이버시가 높다.
③ 소규모 단위평면에 적합한 유형이다.
④ 양면 개구에 의한 통풍 및 채광 확보가 양호하다.

해설
메조넷형은 소규모보다는 대규모 평면에 적합하다.
공동주택의 단면형식에 따른 분류
- 플랫형 : 한 세대의 공간이 한 층에 모두 구성되는 가장 일반적인 형태이다.
- 메조넷(복층)형 : 한 세대의 공간이 2개 층 이상으로 구성된 형태로, 내부에 계단이 있는 형태이다.
- 스킵플로어형 : 2~3개 층마다 엘리베이터가 서고, 나머지 층은 계단을 통해 오르내리는 형태로, 복도면적을 줄여 효율성을 높일 수 있다.

08 장애인·노인·임산부 등의 편의증진 보장에 관한 법령에 따른 편의시설 중 매개시설에 속하지 않는 것은?

① 주출입구 접근로
② 유도 및 안내설비
③ 장애인전용주차구역
④ 주출입구 높이 차이 제거

해설
유도 및 안내설비는 안내시설에 속한다.
대상시설별 편의시설의 종류 및 설치기준(장애인·노인·임산부 등의 편의증진 보장에 관한 법률 시행령 별표 2)

구분	편의시설
매개시설	• 주출입구 접근로 • 장애인전용주차구역 • 주출입구 높이 차이 제거
내부시설	• 출입구(문) • 복도 • 계단 또는 승강기
위생시설	• 화장실(대변기, 소변기, 세면대) • 욕실 • 샤워실·탈의실
안내시설	• 점자블록 • 유도 및 안내설비 • 경보 및 피난설비
그 밖의 시설	• 객실·침실 • 관람석·열람석 • 접수대·작업대 • 매표소·판매기·음료대 • 임산부 등을 위한 휴게시설

09 주택의 거실계획에 관한 설명으로 옳지 않은 것은?

① 거실에서 문이 열린 침실의 내부가 보이지 않게 한다.
② 거실이 다른 공간들을 연결하는 단순한 통로의 역할이 되지 않도록 한다.
③ 거실의 출입구에서 의자나 소파에 앉을 경우 동선이 차단되지 않도록 한다.
④ 일반적으로 전체 연면적의 10~15% 정도의 규모로 계획하는 것이 바람직하다.

해설
거실은 주택 전체 연면적의 25~30% 정도의 규모로 계획하는 것이 좋다.
주택의 거실계획
- 거실은 다양한 기능을 수용하는 다목적 공간이다.
- 주택의 중앙에 배치하여 다른 방과의 동선이 원활하도록 한다.
- 사적인 공간이 직접 연결되지 않도록 프라이버시를 보호해야 한다.
- 거실의 크기는 주택면적의 25~30%로 하는 것이 좋다.
- 남향 또는 남동향에 배치하여 채광과 통풍을 좋게 한다.

10 페리의 근린주구이론의 내용으로 옳지 않은 것은?

① 주민에게 적절한 서비스를 제공하는 1~2개소 이상의 상점가를 주요 도로의 결절점에 배치하여야 한다.
② 내부 가로망은 단지 내의 교통량을 원활히 처리하고 통과교통에 사용되지 않도록 계획되어야 한다.
③ 근린주구의 단위는 통과교통이 내부를 관통하지 않고 용이하게 우회할 수 있는 충분한 넓이의 간선도로에 의해 구획되어야 한다.
④ 근린주구는 하나의 중학교가 필요하게 되는 인구에 대응하는 규모를 가져야 하고, 그 물리적 크기는 인구밀도에 의해 결정되어야 한다.

해설
근린주구는 중학교가 아닌 초등학교가 기준이 되어야 한다.
근린주구론의 6가지 계획원칙

규모	• 초등학교 운영에 필요한 인구 규모가 필요하다. • 공간적 크기는 약 400m 정도가 적절하다.
경계	주구 외곽을 4면의 간선도로로 구획한다.
공공시설	학교 및 공공시설 등은 단지의 중심위치에 적절히 배치된다.
상업시설	상업지구 1~2개소가 근린주구 주변, 교통의 결절점에 위치한다.
가로체계	내부 가로망은 단지 내 교통을 원활히 처리하고, 통과교통은 방지한다.
오픈스페이스	공원 및 위락공간을 위한 계획이 필요하다.

11 주택의 동선계획에 관한 설명으로 옳지 않은 것은?

① 동선은 가능한 한 굵고 짧게 계획하는 것이 바람직하다.
② 동선의 3요소 중 속도는 동선의 공간적 두께를 의미한다.
③ 개인, 사회, 가사노동권의 3개 동선은 상호 간 분리하는 것이 좋다.
④ 화장실, 현관 등과 같이 사용빈도가 높은 공간은 동선을 짧게 처리하는 것이 중요하다.

해설
동선의 3요소 중 속도는 동선의 길이와 밀접한 관련이 있다. 공간적 두께와 관련이 있는 것은 하중이다.

주택의 동선계획
- 가사동선 : 주방, 세탁실, 식당 등 주로 가사노동과 관련된 공간을 연결하는 경로로 짧고 단순할수록 효율적이다.
- 가족동선 : 사적인 공간과 공적인 공간을 분리해야 한다.
- 방문자 동선 : 방문자가 들어올 때 개인적 공간인 침실이나 욕실이 바로 노출되지 않도록 한다.

12 한국 건축에 관한 설명으로 옳지 않은 것은?

① 대부분의 한국 건축은 인간적 척도 개념을 나타내는 특징이 있다.
② 기둥의 안쏠림으로 건축의 외관에 시·지각적인 안정감을 느끼게 하였다.
③ 한국 건축은 서양 건축과 달리 박공면이 정면이 되고 지붕면이 측면이 된다.
④ 한국 건축은 공간의 위계성이 있어 각 공간의 관계가 주(主)와 종(從)의 관계를 갖는다.

해설
한국 건축은 지붕면(처마선)이 정면이 되고 박공면이 측면이 된다.

13 다음의 서양 건축에 대한 설명 중 옳지 않은 것은?

① 로마 건축의 기둥에는 그리스 건축의 오더 이외에 터스칸 오더, 컴포지트 오더가 사용되었다.
② 고딕 건축은 수직적인 요소가 특히 강조되었다.
③ 비잔틴 건축은 사라센 문화의 영향을 받았으며 동양적 요소가 가미되었다.
④ 로마네스크 건축은 내부보다는 외부의 장식에 치중하였으며, 바실리카에 비하면 단순하고 간소하다.

해설
로마네스크 건축은 내부를 중시하였다.

로마네스크 건축

개요	로마의 건축을 계승한 중세 유럽의 건축양식을 말한다.
특징	• 외부는 비교적 소박하나 내부는 화려하다. • 내부를 반원아치와 교차 볼트(Vault) 등으로 구성하였다. • 내부공간이 기둥 간격의 단위(Bay unit)로 구성되었다. • 대형 탑, 스테인드 글라스가 사용되기 시작하였다.
주요 건축물	피사의 대성당, 슈파이어 성당 등

14 다음 설명에 알맞은 백화점 진열장 배치방법은?

- Main 통로를 직각배치하며, Sub 통로를 45° 정도 경사지게 배치하는 유형이다.
- 많은 고객이 매장공간의 코너까지 접근하기 용이하지만, 이형의 진열장이 많이 필요하다.

① 직각배치
② 방사배치
③ 사행배치
④ 자유유선배치

해설
① 직각배치 : 가구와 가구를 직각으로 배치하는 형식으로, 매장면적의 이용률을 최대로 확보할 수 있으며 경제적이다.
② 방사배치 : 판매장의 통로를 방사형으로 배치한 형식으로, 동선이 명확하고 종업원과의 거리감이 적지만 적용이 어렵다.
④ 자유유선배치 : 곡선형 등으로 자유롭게 배치한 형식이다. 통로폭의 조절이 용이하고 매장의 특수성을 살릴 수 있으나 그 특성상 매장 변경 및 이동이 어려우며 시설비가 고가이다.

정답 11 ② 12 ③ 13 ④ 14 ③

15 도서관에서 장서가 60만권일 경우 능률적인 작업용량으로서 가장 적정한 서고의 면적은?

① 3,000m²
② 4,500m²
③ 5,000m²
④ 6,000m²

해설
서고면적 1m²당 200권 정도를 수용 권수로 산정한다.

$$\therefore \frac{600,000권}{200m^2} = 3,000m^2$$

16 주택의 식당계획에서 LDK형의 의미로 가장 알맞은 것은?

① 별도의 거실을 두고 부엌의 일부에 식당을 설치한 형태
② 별도의 부엌을 두고 거실과 식당을 겸용하는 형태
③ 거실, 식당, 부엌을 개방된 하나의 공간에 배치한 형태
④ 식당, 부엌, 다용도실을 개방된 하나의 공간에 배치한 형태

해설
실의 구성형식

리빙 다이닝 키친 (LDK형)	• 거실 내에 부엌과 식사실을 설치한 형식이다. • 소규모 주택에 적합하다.
리빙 다이닝 (LD형, 다이닝 알코브)	• 거실의 한 부분에 식탁을 설치한 형식이다. • 거실의 가구들을 공동으로 이용할 수 있다. • 식당의 분위기 조성에 유리하다. • 소규모 주택에 적합하다
다이닝 키친 (DK형)	• 주방에 식탁을 설치하거나, 식사실과 주방을 하나로 구성한 형식이다. • 이상적인 식사 분위기 조성이 어렵다. • 소규모 주택에 적합하다.
리빙 키친 (LK형, 오픈 키친)	• 거실 내에 부엌을 설치한 형식이다. • 중·소규모 주택에 적합하다.

17 극장의 프로시니엄에 관한 설명으로 옳은 것은?

① 무대배경용 벽을 말하며 쿠펠 호리존트라고도 한다.
② 조명기구나 사이클로라마를 설치한 연기부분 무대의 후면 부분을 일컫는다.
③ 무대의 천장 밑에 설치되는 것으로 배경이나 조명기구 등을 매다는 데 사용된다.
④ 그림에 있어서 액자와 같이 관객의 시선을 무대에 쏠리게 하는 시각적 효과를 갖는다.

해설
프로시니엄(Proscenium)형
• 객석에서 볼 때 원형이나 반원형으로 보이는 무대이다.
• 한정된 액자 속에서 나타나는 구성화의 느낌을 준다.
• 배경이 한 폭의 그림과 같은 느낌을 주므로 전체적인 통일의 효과를 얻는 데 가장 좋은 형태이다.
• 많은 관람석을 두려면 거리가 멀어져 객석 수용능력에 제한이 있다.
• 액자처럼 보이기도 해서 픽쳐 프레임 스테이지(Picture frame stage)라고도 한다.
• 강연, 콘서트, 독주, 연극 공연 등에 적합하다.

18 다음 중 건축양식과 해당 건축양식의 특징적 요소의 연결이 옳지 않은 것은?

① 로마네스크 건축 – 펜덴티브 돔(Pendentive dome)
② 고딕 건축 – 플라잉 버트레스(Flying buttress)
③ 고대 로마 건축 – 컴포지트 오더(Composite order)
④ 비잔틴 건축 – 부주두(Dosseret)

해설
펜덴티브 돔은 비잔틴 양식의 대표적 특징이다.
주요 건축양식과 대표적인 특징

그리스	오더(도릭, 이오닉, 코린트), 착시교정기법
로마	오더(터스칸, 컴포지트), 아치, 볼트(Vault)
비잔틴	부주두(Dosseret), 펜덴티브(Pendentive)
사라센	스퀸치(Squinch), 미나렛(첨탑)
로마네스크	반원아치, 교차볼트
고딕	첨두아치, 리브 볼트, 장미창, 플라잉 버트레스
르네상스	로마 건축 계승, 인간 중심, 수평성 강조, 러스티케이션(Rustication)
바로크	권력과 권위, 역동적, 곡선 평면

19 병원 건축의 형식 중 분관식에 관한 설명으로 옳지 않은 것은?

① 동선이 길어진다.
② 채광 및 통풍이 좋다.
③ 대지면적에 제약이 있는 경우에 주로 적용된다.
④ 환자는 주로 경사로를 이용한 보행 또는 들것으로 운반된다.

해설
③은 집중식에 대한 설명이며, 분관식은 대지면적에 제한이 없다.
병원 건축의 형식

분관식 (Pavilion type)	• 병동 건물을 부지 내에 분산시켜 배치한 형식이다. • 저층 분산형이므로 관리가 어렵고 동선이 길어진다. • 보통 3층 이하의 저층 건물로 구성되며 넓은 대지가 필요하다. • 급수, 급탕, 난방 등의 배관길이가 길어진다. • 각 병실의 일조, 통풍을 균일하게 할 수 있다. • 병원의 확장 등 성장변화에 대한 대응이 용이하다.
집중식 (Block type)	• 외래부·부속진료부는 저층부에, 병동은 고층부에 단일 건축물로 배치한 형식이다. • 고층 집약형이므로 관리가 편리하고 동선이 짧아진다. • 비교적 협소한 대지에도 건축할 수 있어 도심지 건축에 유리하다. • 병동에서의 조망을 확보할 수 있으나 재난 시 피난이 어렵다. • 일조, 통풍에 다소 불리하고, 공조설비가 필요하므로 설비비가 비싸다.

20 호텔계획에 관한 설명으로 옳지 않은 것은?

① 시티 호텔은 대부분 고밀도의 고층형이다.
② 호텔의 적정규모는 일반적으로 시장성을 따른다.
③ 리조트 호텔의 건축형식은 주변 조건에 따라 자유롭게 이루어진다.
④ 커머셜 호텔은 일반적으로 리조트 호텔에 비해 넓은 공공공간(Public space)을 갖는다.

해설
리조트 호텔은 일반적으로 커머셜 호텔에 비해 넓은 공공공간(Public space)을 갖는다.

제2과목 건축시공

21 사질토의 상대밀도를 측정하는 방법으로 가장 적합한 것은?

① 표준관입시험(Standard penetration test)
② 베인테스트(Vane test)
③ 깊은 우물(Deep well) 공법
④ 아일랜드 공법

해설
① 표준관입시험 : 질량 63.5±0.5kg의 드라이브 해머를 760±10mm 자유낙하시키고, 보링로드 머리부에 부착한 노킹블록을 타격하여 보링로드 앞 끝에 부착한 표준관입시험용 샘플러를 지반에 300mm 박아 넣는 데 필요한 타격횟수(N)를 구하는 시험이다.
② 베인테스트 : 보링 후 십자형의 날개를 회전시켜 회전력으로 연약점토의 점착력과 전단강도를 판별하는 시험방법이다.
③ 깊은 우물 공법 : 지반 내에 깊은 우물을 시공하고 우물에 고인 물을 수중펌프로 배수하는 중력배수 공법이다.
④ 아일랜드 공법 : 흙파기면을 따라 널말뚝을 항타한 뒤, 중앙부의 흙을 먼저 파내고 중앙부의 구조물을 구축한 후 주위 부분의 흙을 파내는 터파기 공법이다.

22 용접작업 시 용착금속 단면에 생기는 작은 은색의 점을 무엇이라 하는가?

① 피시아이(Fish eye)
② 블로홀(Blow hole)
③ 슬래그 함입(Slag inclusion)
④ 크레이터(Crater)

해설
주요 용접결함

블로홀	용접부분 안에 생기는 기포이며, 금속이 녹아들 때 발생한다.
오버랩	용착금속이 모재와 완전히 융합하지 않고 겹쳐져 있는 상태를 말한다.
피시아이	용착금속 단면에 수소의 영향으로 생긴 은색의 점이다.
크랙	용착금속과 모재 사이에 냉각속도의 차이에 의해 발생하는 균열이다.
슬래그 함입	용접부분 안에 슬래그가 섞여 있는 것을 말한다.
크레이터	용접부분 비드 종단부가 움푹 패인 것을 말한다.

23 타일공사에 관한 설명 중 옳은 것은?

① 모자이크 타일의 줄눈너비의 표준은 5mm이다.
② 벽체타일이 시공되는 경우 바닥타일은 벽체타일을 붙이기 전에 시공한다.
③ 타일을 붙이는 모르타르에 시멘트 가루를 뿌리면 백화가 방지된다.
④ 타일붙임 후 3시간 경과 시 줄눈파기를 하고, 24시간 경과 후 치장줄눈을 시공한다.

해설
① 모자이크 타일의 줄눈너비의 표준은 2mm이다.
② 벽체타일이 시공되는 경우 바닥타일보다 벽체타일을 먼저 시공한다.
③ 타일을 붙이는 모르타르에 시멘트 가루를 뿌리면 백화가 더 발생한다.

24 도장작업 시 주의사항으로 옳지 않은 것은?

① 도료의 적부를 검토하여 양질의 도료를 선택한다.
② 도료량을 표준량보다 두껍게 바르는 것이 좋다.
③ 저온다습 시에는 작업을 피한다.
④ 피막은 각 층마다 충분히 건조 경화한 후 다음 층을 바른다.

해설
도료량을 표준량보다 두껍게 바를 경우 탈락, 균열, 들뜸 등의 현상이 발생하므로 규정을 준수하는 것이 좋다.
도장작업 시 주의사항
• 도장의 적부를 검토하여 양질의 도료를 선택한다.
• 바탕의 조정을 충분히 하고 도료에 맞는 도장용구를 사용한다.
• 도료량은 표준 이상으로 두껍게 바르지 않는다.
• 피막은 각 층마다 충분히 건조 경화한 후 다음 층을 바른다.
• 야간, 저온다습한 경우에는 작업을 중지한다.
• 직사광선은 피하고 화재를 예방한다.
• 작업장 내 청결을 유지한다.

25 벽두께 1.0B, 벽면적 30m² 쌓기에 소요되는 벽돌의 정미량은?(단, 벽돌은 표준형을 사용한다)

① 3,900매
② 4,095매
③ 4,470매
④ 4,604매

해설
벽돌쌓기 단위량(표준형 벽돌)
• 기본벽돌은 정미량, 모르타르는 소요량이다.
• 할증률 : 붉은벽돌 3%, 내화벽돌 3%, 시멘트벽돌 5%

구분	단위	0.5B	1.0B	1.5B
기본벽돌	m²당	75매	149매	224매
모르타르	m²당	0.019m³	0.049m³	0.078m³

∴ 1.0B의 정미량 = 30m² × 149매/m² = 4,470매

26 콘크리트를 타설하면서 거푸집을 수직 방향으로 이동시켜 연속작업을 할 수 있게 한 것으로 사일로 등의 건설공사에 적합한 것은?

① Euro form
② Sliding form
③ Air tube form
④ Traveling form

해설
① Euro form : 합판에 40~50mm의 강재 틀을 부착하여 만든 규격화된 패널 거푸집이다.
③ Air tube form : 콘크리트 타설 후 공기를 주입하여 팽창시키는 공기 주입식 튜브형 거푸집으로 교량의 중공 구조물을 만들 때 사용된다.
④ Traveling form : 교량 상판처럼 동일한 단면을 가진 구조물을 연속적으로 시공하기 위해 거푸집을 이동시키는 공법이다.

27 커튼월 Mock-up test에 있어 기본성능시험의 항목에 해당되지 않는 것은?

① 정압수밀시험
② 구조시험
③ 기밀시험
④ 압축강도시험

해설

실물모형시험 (Mock-up test)	• 외기의 영향으로 인한 성능을 사전에 검토하기 위해 실시하는 시험이다. • 예비시험, 기밀시험, 수밀(정압, 동압)시험, 구조시험(풍압) 등으로 구성된다.
기타 시험	층간변위시험, 열순환시험, 결로시험, 열전달 및 결로저항시험 등이 있다.

28 재료의 할증률을 나타낸 것이다. 옳지 않은 것은?

① 일반용 합판 : 3%
② 붉은벽돌 : 3%
③ 시멘트벽돌 : 5%
④ 단열재 : 5%

해설

건설공사표준품셈에서 재료(강재 제외)의 할증률

1%	레디믹스트 콘크리트구조물(철근, 철골), 유리
2%	레디믹스트 콘크리트구조물(무근), 현장혼합 콘크리트구조물(철근), 아스팔트 콘크리트포설, 도료
3%	일반용 합판, 붉은벽돌, 내화벽돌, 타일(도기, 자기)
4%	블록, 콘크리트포장 혼합물의 포설
5%	각재(목재), 수장용 합판, 시멘트벽돌, 텍스, 기와, 아스팔트 등
10%	판재(목재), 단열재, 조경용 수목, 정형돌(석재판 붙임용재) 등
30%	부정형돌(석재판 붙임용재)

29 철근콘크리트공사에서 콘크리트 이어 치기에 대한 설명으로 옳지 않은 것은?

① 콘크리트의 이어 치기는 원칙적으로 응력이 집중되는 곳에서 한다.
② 보의 이어 붓기는 전단력이 가장 적은 스팬의 중앙부에서 수직으로 한다.
③ 기둥·기초는 슬래브의 상단에서 이어 친다.
④ 캔틸레버보는 이어 치기를 하지 않고 한 번에 타설한다.

해설

콘크리트 이어 치기는 응력이 집중되는 곳은 피해야 한다.
콘크리트 이어 붓기 위치
• 슬래브는 중앙에서 이어 붓기를 한다.
• 슬래브에 작은 보가 있는 경우 보의 너비만큼 중앙으로부터 떨어진 곳에서 이어 붓기를 한다.
• 보는 가급적 이어 붓기 하지 않는 것이 좋은데, 이어 붓기를 하게 될 경우 중앙과 전체지점 1/4지점에서 이어 붓기를 한다.
• 벽은 전단에 큰 영향을 받지 않기 때문에 개구부를 중심으로 끊어 이어 붓기를 한다.
• 아치 축에 직각인 부분을 끊어 이어 붓기한다.
• 캔틸레버, 내민보는 이어 붓기를 하지 않는다.
• 기둥은 이어 치기해서는 안 되나, 하게 될 경우 하단에서 한다.

30 사운딩(Sounding)이란 저항체를 땅속에 삽입하여서 관입, 회전, 인발 등의 저항으로 토층의 성상을 탐사하는 방법이다. 다음 중 사운딩 시험에 속하지 않는 시험법은?

① 표준관입시험
② 콘관입시험
③ 베인전단시험
④ 말뚝의 재하시험

해설

말뚝의 재하시험은 기초 말뚝이 설계된 하중을 안전하게 지지할 수 있는지 확인하는 시험이다.
사운딩 시험
• 표준관입시험 : 63.5kg의 해머를 76cm 높이에서 자유낙하시켜 샘플러를 30cm 관입시키는 데 필요한 타격 횟수(N값)를 측정하는 시험이다.
• 콘관입시험 : 유압장치를 이용하여 원뿔 모양의 콘을 지반에 연속적으로 관입시키면서 선단 저항력과 지면 마찰력을 측정하는 시험이다.
• 스웨덴식 관입시험 : 무게를 이용해 탐침을 지반에 관입시키는 시험으로, 연약지반의 특성을 파악하는 데 주로 사용된다.
• 베인테스트 : 점성토 지반에서 십자형 날개(베인)를 지반에 관입시킨 후 회전시켜 흙이 파괴될 때의 최대 토크를 측정하는 시험이다.

정답 27 ④ 28 ④ 29 ① 30 ④

31 철골공사에 관한 설명으로 옳지 않은 것은?

① 볼트접합부는 부식하기 쉬우므로 방청도장을 하여야 한다.
② 볼트조임에는 임팩트렌치, 토크렌치 등을 사용한다.
③ 철골조는 화재에 의한 강성저하가 심하므로 내화피복을 하여야 한다.
④ 용접부 비파괴검사에는 침투탐상법, 초음파탐상법 등이 있다.

해설
볼트접합은 마찰접합으로 접합면에 도장을 할 경우 마찰력이 떨어져 구조적으로 문제가 발생하므로 도장을 해서는 안 된다.

32 아스팔트방수, 개량아스팔트시트방수, 합성고분자시트방수 및 도막방수 등 불투수성 피막을 형성하여 방수하는 공사를 총칭하는 용어로 옳은 것은?

① 실링방수
② 멤브레인방수
③ 구체침투방수
④ 벤토나이트방수

해설
① 실링방수 : 접합부나 균열 부위를 실링재(실리콘, 폴리우레탄 등)로 충전하여 방수하는 공법이다.
③ 구체침투방수 : 콘크리트 타설 시 방수 혼화제를 첨가하여 콘크리트 자체의 방수 성능을 높이는 공법으로, 방수제 성분이 콘크리트 내부의 모세관 공극을 메워 물의 침투를 막는다.
④ 벤토나이트방수 : 벤토나이트라는 팽창성 점토의 자기팽창을 이용한 방수 공법으로, 물과 접촉하면 벤토나이트가 10~15배까지 팽창하여 수밀성이 높아진다.

33 미장공사에서 나타나는 결함의 유형과 가장 거리가 먼 것은?

① 균열
② 부식
③ 탈락
④ 백화

해설
부식은 철이 산소나 물과 반응하여 산화철로 변하는 과정이며, 주로 철골이나 금속공사에서 나타난다.
미장의 결함
- 균열 : 미장 표면에 선 모양의 틈이 생기는 현상이다.
- 들뜸 및 박리 : 미장층이 바탕면에서 떨어져 부풀어 오르거나 벗겨지는 현상이다.
- 곰보 : 미장면의 일부가 떨어져 나가거나 구멍이 뚫려 벌집 모양으로 보이는 현상이다.
- 백화 : 미장면 표면에 하얀 가루나 결정이 생기는 현상이다.
- 흐름 : 미장두께가 불균일하여 일부가 흘러내리거나, 덧칠이 너무 두꺼워 흘러내리는 현상이다.
- 모래알 빠짐 : 미장면을 손으로 문지를 때 모래알이 쉽게 떨어져 나가는 현상이다.

34 지반조사 중 보링에 관한 설명으로 옳지 않은 것은?

① 보링의 깊이는 일반적인 건물의 경우 대략 지지지층 이상으로 한다.
② 채취시료는 충분히 햇빛에 건조시키는 것이 좋다.
③ 부지 내에서 3개소 이상 행하는 것이 바람직하다.
④ 보링 구멍은 수직으로 파는 것이 중요하다.

해설
채취시료를 햇빛에 건조시킬 경우 정확한 데이터를 얻을 수 없다.
보링조사
- 지반에 구멍을 뚫어 시료를 채취하므로, 지반의 구성 물질, 층의 순서, 두께 등 지층구조를 직접적이고 정확하게 확인할 수 있다.
- 보링 구멍 내에서 다양한 현장시험을 수행할 수 있어 지반의 역학적 특성을 상세하게 파악할 수 있다.
- 굴착과정에서 지하수위를 직접 측정할 수 있다.
- 모든 종류의 지반에 적용할 수 있다.
- 한 부지에서 3개소 이상 실시하고 수직을 유지해야 한다.

35 콘크리트용 재료 중 시멘트에 관한 설명으로 옳지 않은 것은?

① 중용열포틀랜드 시멘트는 수화작용에 따르는 발열이 적기 때문에 매스콘크리트에 적당하다.
② 조강포틀랜드 시멘트는 조기강도가 크기 때문에 한중 콘크리트공사에 주로 쓰인다.
③ 알칼리골재반응을 억제하기 위한 방법으로써 내황산염포틀랜드 시멘트를 사용한다.
④ 조강포틀랜드 시멘트를 사용한 콘크리트의 7일 강도는 보통포틀랜드 시멘트를 사용한 콘크리트의 28일 강도와 거의 비슷하다.

해설
알칼리골재반응 시멘트는 고로슬래그, 플라이 애시가 혼합된 시멘트이다.
포틀랜드 시멘트의 종류
- 보통포틀랜드 시멘트 : 일반적인 건축물, 도로, 교량 등 대부분의 콘크리트 공사에 사용된다.
- 조강포틀랜드 시멘트 : 초기 강도가 빠르게 발현되는 시멘트로, 긴급공사나 한중공사에 사용된다.
- 중용열포틀랜드 시멘트 : 수화열이 보통포틀랜드 시멘트보다 낮아, 매스 콘크리트나 댐공사처럼 발열을 제어해야 하는 대규모 구조물에 사용된다.
- 저열포틀랜드 시멘트 : 중용열포틀랜드 시멘트보다도 수화열이 훨씬 낮아, 댐이나 초대형 구조물에 주로 사용된다.
- 내황산염포틀랜드 시멘트 : 황산염에 대한 저항성이 높아, 하수 시설이나 해안가 구조물에 사용된다.

36 다음 중 공사감리업무와 가장 거리가 먼 항목은?

① 설계도서의 적정성 검토
② 공사 실행예산의 편성
③ 시공상의 안전관리 지도
④ 사용자재와 설계도서와의 일치 여부 검토

해설
공사 실행예산의 편성은 시공자의 업무이다.
공사감리업무(건축법 시행령 제19조 제9항, 동법 시행규칙 제19조의2)
- 공사시공자가 설계도서에 따라 적합하게 시공하는지 여부의 확인
- 공사시공자가 사용하는 건축자재가 관계 법령에 따른 기준에 적합한 건축자재인지 여부의 확인
- 건축물 및 대지가 건축법 및 관계 법령에 적합하도록 공사시공자 및 건축주를 지도
- 시공계획 및 공사관리의 적정 여부의 확인
- 건축공사의 하도급과 관련된 다음의 확인
  - 수급인(하수급인을 포함한다)이 건설산업기본법에 따른 시공자격을 갖춘 건설사업자에게 건축공사를 하도급했는지에 대한 확인
  - 수급인이 건설산업기본법에 따라 공사현장에 건설기술인을 배치했는지에 대한 확인
- 공사현장에서의 안전관리의 지도
- 공정표의 검토
- 상세시공도면의 검토·확인
- 구조물의 위치와 규격의 적정 여부의 검토·확인
- 품질시험의 실시 여부 및 시험성과의 검토·확인
- 설계변경의 적정 여부의 검토·확인
- 기타 공사감리계약으로 정하는 사항

37 독립된 회사의 연합으로 법인을 설립하지 않으며 공사의 책임과 공사 클레임 등을 각각 독립된 회사의 계약 당사자가 책임을 지는 방식은?

① 공동도급(Joint venture)
② 파트너링(Partnering)
③ 컨소시엄(Consortium)
④ 분할도급(Partial contract)

해설
① 공동도급 : 두 개 이상의 건설회사가 특정 공사를 공동으로 수행하기 위해 결성한 한시적 기업 결합체로 컨소시엄과 다른 점은 공동책임을 진다는 것이다.
② 파트너링 : 프로젝트 참여자들이 서로 신뢰를 바탕으로 협력하여 프로젝트를 성공적으로 이끄는 계약 및 관리방식이다.
④ 분할도급 : 하나의 공사를 여러 개의 공종이나 공구로 나누어 각기 다른 업체에 맡기는 계약방식이다.

정답 35 ③ 36 ② 37 ③

38 문 윗틀과 문짝에 설치하여 문이 자동적으로 닫혀 지게 하며, 개폐압력을 조절할 수 있는 장치는?

① 도어체크(Door check)
② 도어홀더(Door holder)
③ 피봇힌지(Pivot hinge)
④ 도어체인(Door chain)

해설
② 도어홀더·도어스톱 : 열린 문을 제자리에 머물게 하거나 벽에 부딪히지 않도록 고정하는 철물이다.
③ 피봇힌지 : 축이 있는 철물을 상하부에 설치하고 문을 끼워서 개폐하도록 하는 철물로서 여닫이문에 사용된다.
④ 도어체인 : 문이 일정 폭 이상 열리지 않도록 하기 위해 문의 안쪽에 걸 수 있도록 설치하는 사슬 형태의 철물을 말한다.

39 서로 다른 종류의 금속재가 접촉하는 경우 부식이 일어나는 경우가 있는데 부식성이 큰 금속 순으로 옳게 나열된 것은?

① 알루미늄 > 철 > 주석 > 구리
② 주석 > 철 > 알루미늄 > 구리
③ 철 > 주석 > 구리 > 알루미늄
④ 구리 > 철 > 알루미늄 > 주석

해설
부식성이 큰 금속 순서 : 알루미늄(Al) > 철(Fe) > 주석(Sn) > 납(Pb) > 구리(Cu) > 수은(Hg) > 은(Ag) > 금(Au)

40 건설원가의 구성체계에서 직접공사비를 구성하는 주요소와 가장 거리가 먼 것은?

① 일반관리비
② 노무비
③ 경비
④ 자재비

해설
건설원가의 구성

공사원가	직접공사비	간접공사비	–	–
총원가	공사원가		일반관리비	–
공사비	총원가			이윤

실행예산서의 비목별 구성
- 직접공사비 : 재료비, 노무비, 경비, 외주비
- 간접공사비 : 현장운영비, 안전관리비, 각종 보험료
- 일반관리비 : 본사관리비, 영업비
- 부가가치세

제3과목 건축구조

41 강구조에서 용접선 단부에 붙인 보조판으로 아크의 시작이나 종단부의 크레이터 등의 결함을 방지하기 위해 붙이는 판은?

① 스티프너
② 윙플레이트
③ 커버플레이트
④ 엔드탭

해설
① 스티프너 : 보 또는 기둥과 같은 구조부재의 좌굴을 방지하고 강성을 보강하기 위해 부착하는 강판이다.
② 윙플레이트 : 교량 거더나 대형 보의 단면을 보강하기 위해 플랜지에 추가로 부착하는 강판이다.
③ 커버플레이트 : 보나 기둥의 플랜지 위에 덧대어 부착하는 강판으로 휨강도를 보강하는 역할을 한다.

42 철근콘크리트 단철근 직사각형보를 강도설계법으로 설계 시 콘크리트의 전 압축력으로 옳은 것은?(단, f_{ck} = 24MPa, 보의 폭 300mm, 중립축 거리 110mm)

① 538.56kN
② 673.2kN
③ 724.4kN
④ 750.6kN

해설
- 철근콘크리트보의 압축력
  $C = 0.85 \times f_{ck} \times a \times b$
  여기서, f_{ck} : 콘크리트 강도
  a : 보의 춤
  b : 보의 폭
- 중립축 거리 = $\frac{a}{\beta_1}$, $a = 110 \times 0.8 = 88$
  여기서, $\beta_1 = 0.8$, $f_{ck} \leq 40\text{MPa}$
  ∴ $C = 0.85 \times f_{ck} \times a \times b$
  $= 0.85 \times 24 \times 88 \times 300$
  $= 538,560\text{N} = 538.56\text{kN}$

43 직사각형 단면의 탄성단면계수에 대한 소성단면계수의 비(比)는?

① 0.67
② 1.20
③ 1.50
④ 3.00

해설

- 탄성단면계수 $(Z) = \dfrac{I}{y} = \dfrac{\frac{bh^3}{12}}{\frac{h}{2}} = \dfrac{bh^2}{6}$

- 소성단면계수 $(Z_p) = \left(\dfrac{bh}{2} \times \dfrac{h}{4}\right) + \left(\dfrac{bh}{2} \times \dfrac{h}{4}\right) = \dfrac{bh^2}{4}$

∴ 단면계수비 $= \dfrac{Z_p}{Z} = \dfrac{\frac{bh^2}{4}}{\frac{bh^2}{6}} = \dfrac{6}{4} = 1.5$

44 다음과 같은 조건에서의 필릿용접의 최소 사이즈는 얼마인가?(단, 하중저항계수설계법 기준)

접합부의 얇은 쪽 소재두께 t(mm)
$6 \leq t < 13$

① 3mm
② 5mm
③ 6mm
④ 8mm

해설

필릿용접의 최소 치수(KDS 14 31 25)

연결부(접합부)의 얇은 쪽 소재두께 t(mm)	필릿용접의 최소 치수(mm)
$t < 6$	3
$6 \leq t < 13$	5
$13 \leq t < 20$	6
$20 \leq t$	8

45 철근콘크리트 구조물의 처짐에 관한 설명으로 옳지 않은 것은?

① 휨부재의 크리프와 건조수축에 의한 추가 장기처짐 산정 시 5년 이상의 지속하중에 대한 시간경과계수는 2.0이다.
② 과도한 처짐에 의해 손상될 우려가 없는 비구조요소를 지지한 지붕이나 바닥구조의 처짐한계는 $l/210$이다.
③ 내부에 보가 없는 2방향 슬래브 중 철근의 항복강도가 400MPa이고 지판이 없는 경우 내부슬래브의 최소 두께는 $l_n/33$이다.
④ 처짐을 계산하지 않는 경우 양단 연속된 리브가 있는 1방향 슬래브의 최소 두께는 $l/21$이다.

해설

과도한 처짐에 의해 손상될 우려가 없는 비구조요소를 지지한 지붕이나 바닥구조의 처짐한계는 $l/240$이다.

극한강도설계법의 최대 허용처짐(KDS 14 20 30)

부재의 형태	처짐한계
과도한 처짐에 의해 손상되기 쉬운 비구조요소를 지지 또는 부착하지 않은 평지붕구조	$\dfrac{l}{180}$
과도한 처짐에 의해 손상되기 쉬운 비구조요소를 지지 또는 부착하지 않은 바닥구조	$\dfrac{l}{360}$
과도한 처짐에 의해 손상되기 쉬운 비구조요소를 지지 또는 부착한 지붕 또는 바닥구조	$\dfrac{l}{480}$
과도한 처짐에 의해 손상될 우려가 없는 비구조요소를 지지 또는 부착한 지붕 또는 바닥구조	$\dfrac{l}{240}$

46 그림과 같은 하중을 지지하는 단주의 단면에서 인장력을 발생시키지 않는 거리 x의 한계는?

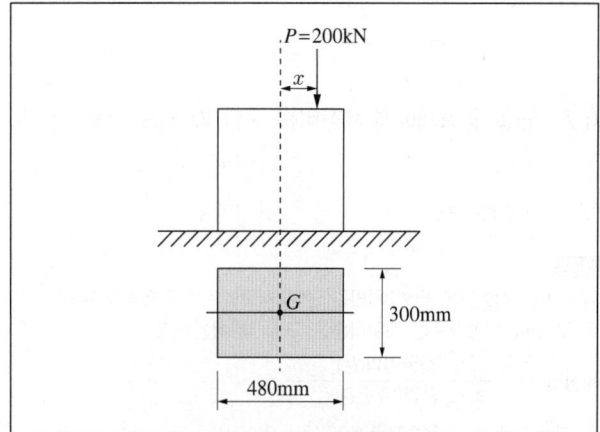

① 40mm
② 60mm
③ 80mm
④ 100mm

해설

인장력이 발생하지 않는 조건은 응력이 0인 점이므로 $\sigma=0$이다.

- 총 응력(σ) = 압축응력(σ_a) + 휨응력(σ_b)

$$= \frac{-P}{A} + \frac{P \times x}{Z_y} = 0$$

$$\frac{P}{A} = \frac{P \times x}{Z_y}, \quad x = \frac{Z_y}{A}$$

- 단면2차모멘트(I) = $\frac{h \cdot b^3}{12} = \frac{300 \times 480^3}{12} = 2,764,800,000$

- 단면계수(Z_y) = $\frac{I}{\frac{b}{2}} = \frac{2,764,800,000}{\frac{480}{2}} = 11,520,000$

$\therefore x = \frac{11,520,000}{144,000} = 80\text{mm}$

47 단일 압축재에서 세장비를 구할 때 필요 없는 것은?

① 좌굴길이　　② 단면적
③ 단면2차모멘트　　④ 탄성계수

해설

세장비는 좌굴길이, 단면2차반경(단면2차모멘트와 단면적으로 구함)으로 구하며, 탄성계수는 좌굴하중을 구할 때 사용한다.

$$\text{세장비}(\lambda) = \frac{\text{좌굴길이}(l_k)}{\text{최소 단면2차반경}(i_{\min})}$$

※ 좌굴길이(l_k) = 유효좌굴계수(K) × 길이(l)

※ 단면2차반경($i_{\min}$) = $\sqrt{\frac{\text{단면2차모멘트}(I)}{\text{면적}(A)}}$

48 강구조에서 기초콘크리트에 매입되어 주각부의 이동을 방지하는 역할을 하는 것은?

① 앵커볼트　　② 턴버클
③ 클립앵글　　④ 사이드앵글

해설

① 앵커볼트 : 콘크리트나 벽돌과 같은 기초 구조물에 철골 기둥을 단단히 고정하는 데 사용되는 볼트이며, 주각부의 이동을 방지하는 역할을 한다.
② 턴버클 : 로프, 케이블, 철근 등의 길이나 장력을 조절하는 데 사용하는 기계 장치이다.
③ 클립앵글 : 강구조물에서 보와 보, 또는 보와 기둥을 연결할 때 사용되는 L자 형태의 강재이다.
④ 사이드앵글 : 윙 플레이트와 베이스 플레이트를 연결하는 측면에 부착하는 앵글이다.

49 다음 그림에서 부정정보의 부재력 M_{AB}의 크기는?

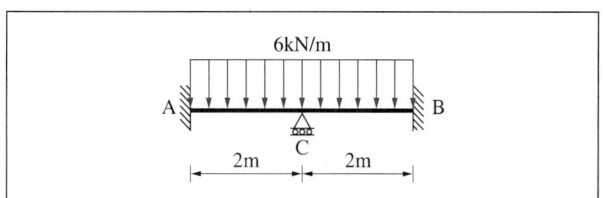

① 2kN · m　　② 3kN · m
③ 4kN · m　　④ 5kN · m

해설

양단 A, B는 고정(내부모멘트 발생), 중앙 C는 단순(롤러)지지이다.

- $M_A = M_B = \frac{-ql^2}{12} = \frac{-6 \times 4^2}{12} = -8\text{kN} \cdot \text{m}$

- C지점의 반력 $R = \frac{ql}{2} = \frac{6 \times 4}{2} = 12\text{kN}$

- A, B지점의 C의 반력을 $\frac{1}{2}$ 하므로 각 지점의 반력은 $\frac{12}{2} = 6\text{kN}$

M_{AB}는 지점에서 발생되는 힘을 모두 더하면 되므로

$\therefore$ 모멘트 + 반력 = $-8 + 6 = -2$(위로 볼록한(⌢) 방향으로 +2kN · m 이 작용한다)

50 다음 두 보의 최대 처짐량이 같기 위한 등분포하중의 비로 알맞은 것은?(단, 부재의 재질과 단면은 동일하며 A부재의 길이는 B부재의 길이의 2배이다)

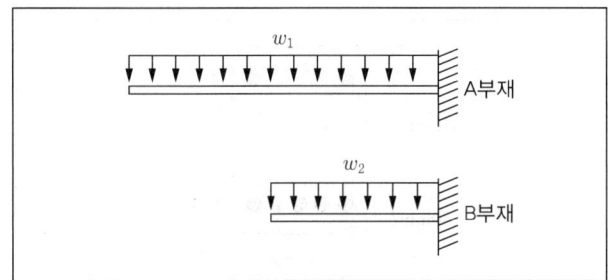

① $w_2 = 2w_1$
② $w_2 = 4w_1$
③ $w_2 = 8w_1$
④ $w_2 = 16w_1$

해설
두 보 모두 캔틸레버보이므로, 등분포하중을 받는 외팔보의 최대 처짐 공식을 이용하여 구할 수 있다.
$\sigma_{\max} = \dfrac{wl^4}{8EI}$
$l_A = 2l_B$, $\delta_A = \delta_B$이므로
$\dfrac{w_1(2l_B)^4}{8EI} = \dfrac{w_2(l_B)^4}{8EI}$
∴ $16w_1 = w_2$

51 지름이 D인 원목을 직사각형 단면으로 제재하고자 한다. 휨모멘트에 대한 저항을 크게 하기 위해 최대 단면계수를 갖는 직사각형 단면을 얻기 위한 $\dfrac{b}{h}$는?

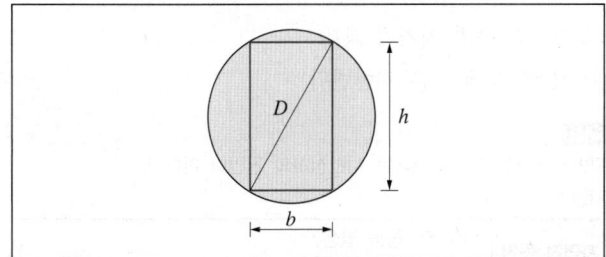

① 1
② $\dfrac{1}{2}$
③ $\dfrac{1}{\sqrt{2}}$
④ $\dfrac{1}{\sqrt{3}}$

해설
• 직사각형 단면은 지름 D인 원에 내접하므로
$b^2 + h^2 = D^2$, $h = \sqrt{D^2 - b^2}$
• $Z = \dfrac{bh^2}{6} = \dfrac{bD^2 - b^3}{6}$
• Z를 b에 대해 미분하여 0인 점을 찾으면
$\dfrac{dZ}{db} = \dfrac{bD^2 - b^3}{6} = 0$
$D^2 = 3b^2$, $b = \dfrac{D}{\sqrt{3}}$
• b값을 대입해 $h = \sqrt{D^2 - b^2}$ 를 이용하여 h를 구하면
$h = \sqrt{\dfrac{2}{3}} \cdot D$
∴ $\dfrac{b}{h} = \dfrac{\dfrac{D}{\sqrt{3}}}{\sqrt{\dfrac{2}{3}} \cdot D} = \dfrac{1}{\sqrt{2}}$

52 구조시스템의 분류에 있어 복합구조로 보기 어려운 것은?
① 철골철근콘크리트 기둥에 철골보를 이용한 구조
② 철골철근콘크리트 기둥에 철근콘크리트보를 이용한 구조
③ 철근콘크리트 기둥에 철근콘크리트보를 이용한 구조
④ 철근콘크리트 기둥에 철골보를 이용한 구조

해설
철근콘크리트 기둥에 철근콘크리트보를 이용한 구조는 단일구조이다.

정답 50 ④ 51 ③ 52 ③

53 다음 트러스 구조물에서 C부재의 부재력을 구하면?
(단, +는 인장, −는 압축)

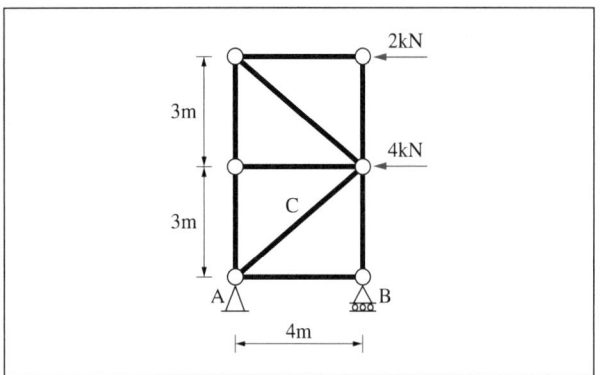

① +4.5kN ② −4.5kN
③ +7.5kN ④ −7.5kN

해설

- 힘의 평형($\Sigma F_x = 0$)을 이용하여 반력을 구한다.
  $H_A + 2\text{kN} + 4\text{kN} = 0$, $H_A = -6\text{kN}$
- $\Sigma M_A = 0$을 이용하여 V_B를 구하면
  $V_B \cdot 4\text{m} - (2\text{kN} \cdot 6\text{m}) - (4\text{kN} \cdot 3\text{m}) = 0$
  $4V_B - 12\text{kN} \cdot \text{m} - 12\text{kN} \cdot \text{m} = 0$, $V_B = 6\text{kN}$
- $V_A + V_B = 0$, $V_A = -6\text{kN}$
- C부재의 길이는 5m이고 C부재에 작용하는 모든 힘을 더한 값은 0이다.
  $-2 - 4 - C \times \left(\dfrac{4}{5}\right) = 0$
  $\therefore C = \dfrac{-6}{0.8} = -7.5\text{kN}$

55 보통중량 콘크리트를 사용한 그림과 같은 보의 단면에서 외력에 의해 휨균열을 일으키는 균열모멘트(M_{cr}) 값은?
(단, f_{ck} = 27MPa, f_y = 400MPa)

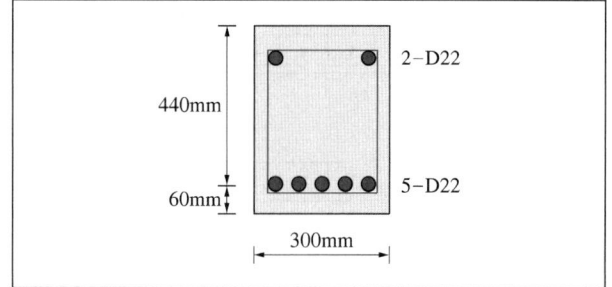

① 29.5kN · m ② 34.7kN · m
③ 40.9kN · m ④ 52.4kN · m

해설

- $f_r = 0.63\sqrt{27} = 3.27\text{MPa}$
- $I_g = \dfrac{bh^3}{12} = \dfrac{300 \times 500^3}{12} = 3{,}125{,}000{,}000\text{mm}^4$
- $Z_g = \dfrac{I_g}{y} = \dfrac{3{,}125{,}000{,}000}{250} = 12{,}500{,}000\text{mm}^3$

  $\therefore M_{cr} = f_r \times Z_g = 3.27 \times 12{,}500{,}000$
  $= 40{,}875{,}000\text{N} \cdot \text{mm} = 40.9\text{kN} \cdot \text{m}$

54 구조용 강재 SHN355에 대한 설명 중 옳은 것은?

① 건축구조용 열간압연 H형강, 항복강도 355MPa
② 건축구조용 압연 H형강, 압축강도 355MPa
③ 용접구조용 압연 H형강, 인장강도 355MPa
④ 용접구조용 내후성 열간압연강재, 압축강도 355MPa

해설

SHN355는 건축구조용 열간압연 H형강으로 항복강도 355MPa에 견딜 수 있는 강재로 해석할 수 있다.
SHN355의 의미
- S : Steel(강재)
- H : H형강
- N : 열간압연
- 355 : 재료의 최소 항복강도(MPa)

56 지반침하의 원인에 해당하지 않는 것은?

① 지하수의 지나친 양수
② 매립지반의 압축
③ 지반의 수평 지지력 과대
④ 지반굴착에 따른 지반변위

해설

지반의 수평 지지력 과대는 지반침하의 원인이 아니다.
지반침하의 원인

자연적 원인	· 지하에 공동 발생 · 지하수위의 변화
인위적 원인	· 지하 매설물의 파손 · 지하 굴착공사, 터널 등으로 인한 지하수위 저하 · 과도한 지하수 추출 · 매립지반 압축

57 그림과 같은 강접골조에 수평력 P = 10kN이 작용하고 기둥의 강비 $K = \infty$인 경우, 기둥의 모멘트가 최대가 되는 변곡점의 위치 h_0는?(단, 괄호 안의 기호는 강비이다)

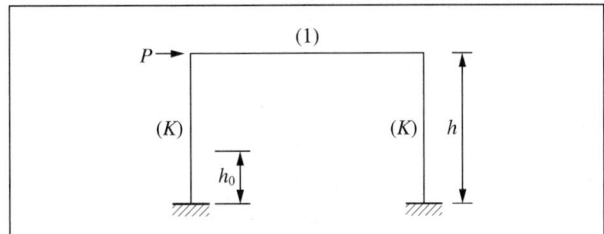

① 0
② $0.5h$
③ $\frac{4}{7}h$
④ h

해설
강접골조의 기둥 강비 $K = \infty$라는 것은 기둥의 휨강성 EI가 무한대임을 의미한다.
$EI \to \infty$이므로 기둥은 횡하중 P에 대해 기둥은 좌우로만 변위가 발생하고, 휨모멘트는 발생하지 않는다. 변곡점은 부재의 휨모멘트가 0이 되는 지점인데, 이 문제의 경우 기둥 전체의 모멘트가 0이므로 기둥의 모든 지점이 변곡점이다. 따라서 모멘트가 최대가 되는 변곡점은 존재하지 않는다.

58 강구조 필릿용접에 관한 설명으로 옳지 않은 것은?

① 필릿용접의 유효면적은 유효길이에 유효목두께를 곱한 것으로 한다.
② 필릿용접의 유효길이는 필릿용접의 총길이에서 2배의 필릿사이즈를 공제한 값으로 하여야 한다.
③ 필릿용접의 유효목두께는 용접루트로부터 용접표면까지의 최단거리로 한다. 단, 이음면이 직각인 경우에는 필릿사이즈의 $\sqrt{2}$ 배로 한다.
④ 구멍필릿과 슬롯필릿용접의 유효길이는 목두께의 중심을 잇는 용접중심선의 길이로 한다.

해설
필릿용접의 유효목두께는 모살치수의 0.7배로 한다(KDS 14 30 25).

59 강구조 고장력볼트 접합의 종류에 해당되지 않는 것은?

① 메탈터치 접합
② 마찰접합
③ 인장접합
④ 지압접합

해설
메탈터치 접합은 압축력을 받는 구조물의 기둥과 같은 강부재에서, 부재 사이의 치밀한 접촉 이음부를 통해 축력이 잘 전해지도록 하는 이음방식이다.
강구조 고장력볼트의 접합 종류
• 마찰접합 : 부재의 마찰력으로 볼트 축과 직각 방향의 응력을 전달하는 방식이다.
• 인장접합 : 볼트의 인장 내력으로 축방향 응력을 전달하는 방식이다.
• 지압접합 : 볼트 전단력과 볼트 구멍의 지압내력에 의해 응력을 전달하는 방식이다.

60 그림과 같은 단순보의 최대 전단응력은?

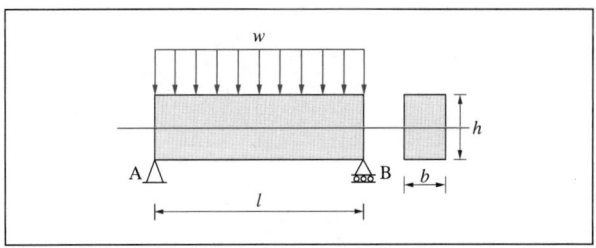

① $\frac{4}{3} \times \frac{wl}{bh}$
② $\frac{3}{4} \times \frac{wl}{bh}$
③ $\frac{2}{3} \times \frac{wl}{bh}$
④ $\frac{3}{2} \times \frac{wl}{bh}$

해설
단순보에 등분포 하중 w이 작용할 때, 전단력은 보의 지점에서 최대가 된다.
• 직사각형 단면을 가지는 보의 최대 전단응력
$$\tau_{max} = \frac{3V}{2A}$$
여기서, V : 단면에서의 전단력(최대 전단력은 지점에서 발생)
A : 보의 단면적(직사각형)
• 전단력(V) $= R_A = R_B = \frac{wl}{2}$

$$\therefore \tau_{max} = \frac{3\left(\frac{wl}{2}\right)}{2bh} = \frac{3}{4} \times \frac{wl}{bh}$$

정답 57 ① 58 ③ 59 ① 60 ②

제4과목 건축설비

61 급탕설비 중 개별식 급탕법의 설명으로 옳지 않은 것은?

① 용도에 따라 필요한 개소에서 필요한 온도의 탕을 비교적 간단하게 얻을 수 있다.
② 건물 완공 후에도 급탕개소의 증설이 비교적 쉽다.
③ 급탕개소마다 가열기의 설치 스페이스가 필요하다.
④ 배관길이가 짧으나 배관 중의 열손실이 크다.

[해설]
개별식 급탕법의 특징은 배관길이가 짧아 열손실이 적다는 것이다.
개별식 급탕법의 특징
- 사용자마다 온수 온도와 사용량을 조절할 수 있다.
- 설비구조가 간단하다.
- 중앙설비가 필요 없어 초기공사 비용이 낮다.
- 공용비용 부담이 없고, 세대별로 에너지 사용량 측정이 가능하다.
- 세대 내부에 온수장치를 설치해야 하므로 실내공간 활용도가 감소한다.

62 작업면의 필요 조도가 400lx, 면적이 10m², 전등 1개의 광속이 2,000lm, 감광보상률이 1.5, 조명률이 0.6일 때 전등의 소요수량은?

① 3개　　② 5개
③ 8개　　④ 10개

[해설]
소요수량(N) = $\dfrac{E \times A}{F \times U \times M}$ = $\dfrac{400 \times 10}{2{,}000 \times 0.6 \times 1/1.5}$ = 4.98 = 5개

여기서, E : 필요 조도(lx)
　　　　A : 면적(m²)
　　　　F : 램프 1개의 광속(lumen)
　　　　U : 조명률
　　　　M : 감광보상률

63 청소구(Clean out)의 설치 위치로 적당하지 않은 곳은?

① 배수수평주관 및 배수수평지관의 기점
② 배수수평주관과 옥외배수관의 접속장소와 가까운 곳
③ 배수수직관의 최하부
④ 배수관이 30° 이상의 각도로 방향을 바꾸는 곳

[해설]
청소구의 설치 위치(KCS 31 30 25)
- 배수수평지관 및 배수수평주관의 기점
- 배수수평관이 긴 경우, 배수관의 관지름이 100mm 이하인 경우는 15m 이내, 100mm를 넘는 경우는 매 30m마다
- 배수관이 45°를 넘는 각도로 방향을 변경한 개소
- 배수수직관의 최상부 및 최하부 또는 그 부근
- 배수수평주관과 부지 배수관의 접속개소에 가까운 곳
- 상기 이외에 필요하다고 판단되는 개소

64 변전실의 위치에 대한 설명 중 옳지 않은 것은?

① 가능한 한 부하의 중심에서 먼 장소일 것
② 외부로부터 전선의 인입이 쉬운 곳일 것
③ 습기와 먼지가 적은 곳일 것
④ 전기기기의 반출·반입이 용이할 것

[해설]
변전실이 부하의 중심에서 멀리 있는 경우 전선이 길어지므로 문제가 발생하기 쉬우므로 가능한 한 부하의 중심에서 가까운 곳에 위치해야 한다.
변전실의 위치
- 전기를 가장 많이 사용하는 곳(부하의 중심)과 가깝게 설치한다.
- 외부로부터 전선을 끌어오기 용이한 곳에 설치한다.
- 간선 처리 및 증설이 쉬운 곳에 설치한다.
- 전기기기의 반출·반입이 쉬운 곳에 설치한다.
- 습기와 먼지가 적은 곳에 설치한다.
- 환기가 잘되는 곳에 설치한다.

65 덕트의 치수결정 방법에 속하지 않는 것은?

① 균등법
② 등속법
③ 등마찰법
④ 정압재취득법

해설
덕트의 치수결정 방법
- 등마찰법(정압법) : 덕트의 단위길이당 마찰저항이 일정한 것으로 가정하는 치수결정법이다.
- 정압재취득법 : 덕트 내 풍속 감소에 따른 정압을 압력손실에 반영하는 치수결정법이다.
- 등속법 : 덕트 내 풍속을 말단까지 일정하게 되도록 하는 치수결정법이다.

66 어떤 상태의 습공기를 절대습도의 변화 없이 건구온도만 상승시킬 때, 습공기의 상태 변화로 옳은 것은?

① 엔탈피는 증가한다.
② 비체적은 감소한다.
③ 노점온도는 낮아진다.
④ 상대습도는 증가한다.

해설
건구온도만 상승할 경우 엔탈피·비체적·습구온도는 증가하고, 상대습도는 감소한다.

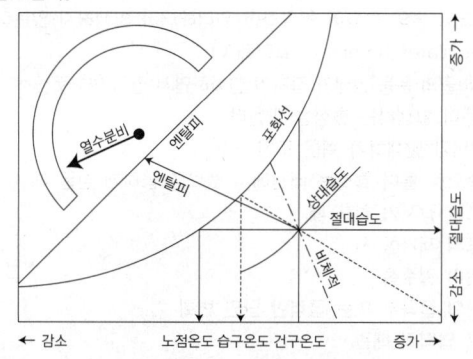

67 가변풍량 단일덕트방식에서 송풍량 조절의 기준이 되는 것은?

① 실내 청정도
② 실내 기류속도
③ 실내 현열부하
④ 실내 잠열부하

해설
가변풍량 단일덕트(VAV)방식
- 송풍온도를 일정하게 하고 송풍량을 변경한다.
- 송풍량 조절의 기준은 실내 현열부하이다.
- 송풍기에 인버터를 설치하여 회전수를 제어한다.
- 각 실이나 존의 온도를 개별 제어할 수 있다.
- 일사량 변화가 심한 페리미터존(외부존)에 적합하다.
- 에너지 절감 측면에서 가장 유리하나 설비비가 증가한다.

68 주위 온도가 일정온도 상승률 이상이 되었을 때 작동하는 것으로 국소적 열효과에 의하여 작동하는 감지기는?

① 차동식 감지기
② 정온식 감지기
③ 이온화식 감지기
④ 광전식 감지기

해설
정온식 감지기는 주위 온도가 일정온도 이상일 때, 차동식 감지기는 일정온도 상승률 이상일 때 작동한다.

열감지기의 종류

정온식	• 일정온도에 도달하면 작동한다. • 다량의 열을 취급하는 보일러실, 주방 등에 적합하다.
차동식	• 일정온도 상승률에 따라 작동한다. • 화기를 취급하지 않는 사무실 등에 적합하다.
보상식	• 일정온도, 온도 상승률에 따라 작동한다. • 정온식과 차동식 감지기의 기능을 합친 것이다.

정답 65 ④ 66 ① 67 ③ 68 ①

69 압력에 따른 도시가스의 분류에서 고압의 기준으로 옳은 것은?

① 0.1MPa 이상
② 1MPa 이상
③ 10MPa 이상
④ 100MPa 이상

해설
압력에 따른 도시가스의 분류(도시가스사업법 시행규칙 제2조 제1항)

고압	중압	저압
1MPa 이상	0.1MPa 이상 1MPa 미만	0.1MPa 미만

70 엘리베이터의 주요기기의 설치 위치는 기계실, 승강로, 승강장 등으로 나눌 수 있다. 다음 중 기계실에 설치하는 것은?

① 가이드 레일
② 균형추
③ 완충기
④ 권상기

해설
엘리베이터 주요기기의 설치 위치

기계실	권상기, 조속기, 전자제동장치(전자브레이크), 제어반, 자동착상장치 등
승강로	완충기, 가이드레일, 주로프, 균형추, 리밋 스위치 등
엘리베이터 카	운전조작반 등
승강장	승강장 출입문, 위치표시 및 호출버튼, 도어인터록 스위치 등

71 에스컬레이터에 관한 설명으로 옳지 않은 것은?

① 엘리베이터에 비해 수송능력이 크다.
② 대기시간이 없고 연속적인 수송설비이다.
③ 건축적으로 점유면적이 크고, 건물에 걸리는 하중이 집중된다는 단점이 있다.
④ 에스컬레이터의 수량은 공칭수송능력의 80% 정도를 설계수송능력으로 하여 계산한다.

해설
에스컬레이터는 건축적 점유면적이 작게 배치하며 수송량에 비해 점유면적이 작다. 또한 건물에 걸리는 하중이 분산된다는 장점이 있다.
에스컬레이터

장점	• 엘리베이터에 비해 수송량이 10배 정도 크다. • 수송량에 비해 점유면적이 작다. • 건물에 걸리는 하중이 분산된다. • 승강 중 주위가 오픈되어 불안감이 적고 주변 광고효과가 크다. • 대기시간이 없고, 연속운전되므로 전원설비에 부담이 적다.
단점	• 설치 시 층고 및 보의 간격에 영향을 받는다. • 비상계단으로 사용할 수 없어 방재계획에 불리하다. • 설치비가 고가이다. • 연속적으로 운전하므로 에너지 소비량이 많다.

72 급수설비에서 수격작용(워터해머)에 관한 설명으로 옳지 않은 것은?

① 관경이 클수록 발생하기 쉽다.
② 굴곡 개소로 인해 발생하기 쉽다.
③ 유속이 빠를수록 발생하기 쉽다.
④ 플래시 밸브나 수전류를 급격히 열고 닫을 때 발생하기 쉽다.

해설
관경이 크고 물의 흐름이 원활하면 워터해머가 발생하지 않는다.
수격작용(Water hammer, 워터해머)
• 배관 내 물의 운동 상태가 갑자기 변화하면서 압력 변화로 인해 충격음과 진동이 발생하는 현상을 말한다.
• 워터해머가 발생하기 쉬운 조건
 - 고속으로 물이 흐르는 배관에서 밸브를 급하게 잠글 때
 - 펌프가 갑자기 멈출 때
 - 펌프의 재가동 시
 - 배관이 길수록
 - 배관의 굴곡부 또는 급격한 단면 변화
 - 낮은 압력의 배관

73 최대수용전력이 500kW, 수용률이 80%일 때 부하설비용량은?

① 400kW
② 625kW
③ 800kW
④ 1,250kW

해설

부하설비용량 = $\dfrac{\text{최대수용전력}}{\text{수용률}}$ = $\dfrac{500}{0.8}$ = 625kW

74 옥내소화전설비에서 충압펌프의 주된 사용 목적은?

① 주펌프의 토출량 증대
② 전력공급 차단에 따른 주펌프 정지 시 비상운전
③ 주펌프 정지 시 지속적 운전으로 배관의 동결 방지
④ 배관 내 압력손실에 따른 주펌프의 빈번한 기동 방지

해설

충압펌프

소방설비의 펌프 압력을 일정하게 유지하고, 누수에 의한 압력 저하 시 자동으로 작동하여 주펌프의 잦은 가동을 방지하는 소형 펌프이다.

75 급기온도를 일정하게 하고 송풍량을 변화시켜서 실내온도를 조절하는 공기조화방식은?

① FCU방식
② 이중덕트방식
③ 정풍량 단일덕트방식
④ 변풍량 단일덕트방식

해설

공기조화방식

FCU방식	실내형 소형 공조기를 각 실에 설치하여 중앙기계실로부터 냉·온수를 공급받아 공기조화를 하는 방식이다.
이중덕트방식	2개의 공급덕트와 1개의 환기덕트로 구성되어 혼합상자에서 공기를 혼합하는 방식이다.
정풍량 단일덕트방식	단일덕트의 한 방식으로 송풍온도를 변경하고 송풍량은 일정하게 유지한다.
변풍량 단일덕트방식	단일덕트의 한 방식으로 송풍온도를 일정하게 하고 송풍량을 변경한다.

76 다음 중 증기압축식 냉동기에 속하지 않는 것은?

① 원심식 냉동기
② 왕복동식 냉동기
③ 스크루식 냉동기
④ 흡수식 냉동기

해설

냉열원설비

증기 압축식	• 기계적 에너지를 이용하여 냉수를 생산하는 냉동기이다. • 압축기에서 냉매가스를 압축하는 방식이다. • 압축기, 응축기, 팽창밸브, 증발기로 구성된다. • 종류: 터보식(원심식), 왕복동식, 회전식, 스크루식
흡수식	• 냉매로 물을 사용하며, 증기로 냉수를 생산하는 냉동기이다. • 열에너지로 냉동효과를 얻는 방식이다. • 증발기, 흡수기, 재생기(발생기), 응축기로 구성된다. • 종류: 단효용, 이중효용

정답 73 ② 74 ④ 75 ④ 76 ④

77 실내 냉방부하 중 현열부하가 620W, 잠열 부하가 155W일 때 현열비는?

① 0.2
② 0.25
③ 0.4
④ 0.8

해설
총냉방부하 = 현열부하 + 잠열부하
= 620W + 155W = 775W

현열비(SHR) = $\dfrac{\text{현열부}}{\text{총냉방부하}}$ = $\dfrac{620W}{775W}$ = 0.8

78 축전지의 특징에 대한 설명으로 틀린 것은?

① 알칼리축전지는 과충방전에 강하다.
② 연축전지 1셀의 공칭전압은 약 2V이다.
③ 알칼리축전지는 연축전지보다 기계적 강도가 크다.
④ 연축전지의 수명은 30년 이상이며 충전시간은 일반적으로 알칼리축전지보다 짧다.

해설
연축전지의 수명은 3~10년 정도이다.

축전지의 종류

납축전지	• 가격이 저렴하고, 충·방전 효율이 좋으며, 대용량에 적합하다. • 무게가 무겁고, 황산가스가 발생하며, 수명이 비교적 짧다.
알칼리축전지	• 충격과 진동에 강하고, 수명이 길며, 저온에서도 성능이 우수하다. • 가격이 비싸고, 납축전지보다 효율이 낮다. • 과충방전에 강하고 기계적 강도가 가장 크다.
연축전지	• 셀당 공칭전압은 약 2V이며, 6개 셀을 직렬로 연결하여 12V 배터리를 만든다. • 연축전지의 수명은 약 5년이며, 사용환경에 따라 3~10년까지 다양하다.

79 양수량 10m/min, 전양정 10m, 펌프의 효율 80%일 때 펌프의 소요동력은 얼마인가?(단, 물의 밀도는 1,000kg/m³, 여유율은 10%로 한다)

① 22.5kW
② 26.5kW
③ 30.6kW
④ 32.4kW

해설
축동력 BHP = $\dfrac{\text{유체의 비중} \times \text{정격유량} \times \text{전양정}}{6,120 \times \text{펌프효율}}$

= $\dfrac{1,000 \times 10 \times 10}{6,120 \times 0.8}$ ≒ 20.42kW

∴ 펌프의 소요동력 = 축동력 × (1 + 여유율)
= 20.42 × (1 + 0.1)
≒ 22.5kW

80 오수의 BOD 제거율이 95%인 정화조에서 정화조로 유입되는 오수의 BOD 농도가 300ppm일 경우, 방류수의 BOD 농도는?

① 15ppm
② 85ppm
③ 150ppm
④ 285ppm

해설
방류수의 BOD 농도 = 유입 BOD 농도 × (1 – 제거율)
= 300ppm × (1 – 0.95)
= 15ppm

77 ④ 78 ④ 79 ① 80 ①

제5과목 건축관계법규

81 방송 공동수신설비를 설치하여야 하는 대상 건축물에 속하지 않는 것은?

① 다가구주택
② 다세대주택
③ 바닥면적의 합계가 5,000m²으로서 업무시설의 용도로 쓰는 건축물
④ 바닥면적의 합계가 5,000m²으로서 숙박시설의 용도로 쓰는 건축물

해설
다가구주택은 단독주택에 속한다.
건축설비 설치의 원칙(건축법 시행령 제87조)
• 공동주택(아파트, 연립주택, 다세대주택, 기숙사)
• 바닥면적의 합계가 5,000m² 이상으로서 업무시설이나 숙박시설의 용도로 쓰는 건축물

82 도시·군계획 수립 대상지역의 일부에 대하여 토지 이용을 합리화하고 그 기능을 증진시키며 미관을 개선하고 양호한 환경을 확보하며, 그 지역을 체계적·계획적으로 관리하기 위하여 수립하는 계획으로 정의되는 것은?

① 지구단위계획   ② 도시·군관리계획
③ 광역도시계획   ④ 도시·군기본계획

해설
② 도시·군관리계획 : 특별시·광역시·특별자치시·특별자치도·시 또는 군의 개발·정비 및 보전을 위하여 수립하는 토지이용, 교통, 환경, 경관, 안전, 산업, 정보통신, 보건, 복지, 안보, 문화 등에 관한 계획을 말한다.
③ 광역도시계획 : 광역계획권의 장기발전 방향을 제시하는 계획을 말한다.
④ 도시·군기본계획 : 특별시·광역시·특별자치시·특별자치도·시 또는 군의 관할 구역 및 생활권에 대하여 기본적인 공간구조와 장기발전 방향을 제시하는 종합계획으로서 도시·군관리계획 수립의 지침이 되는 계획을 말한다.

83 용도지역에 따른 건폐율의 최대 한도로 옳지 않은 것은?(단, 도시지역의 경우)

① 녹지지역 : 30% 이하
② 주거지역 : 70% 이하
③ 공업지역 : 70% 이하
④ 상업지역 : 90% 이하

해설
도시지역의 건폐율 최대 한도(국토계획법 제77조)
• 주거지역 : 70% 이하
• 상업지역 : 90% 이하
• 공업지역 : 70% 이하
• 녹지지역 : 20% 이하

84 막다른 도로의 길이가 15m일 때, 이 도로가 건축법령상 도로이기 위한 최소 폭은?

① 2m   ② 3m
③ 4m   ④ 6m

해설
막다른 도로의 길이가 15m인 경우 도로의 너비는 3m이다.
지형적 조건 등에 따른 도로의 구조와 너비(건축법 시행령 제3조의3)

막다른 도로의 길이	도로의 너비
10m 미만	2m
10m 이상 35m 미만	3m
35m 이상	6m(도시지역이 아닌 읍·면지역은 4m)

정답 81 ① 82 ① 83 ① 84 ②

85 다음 중 상업지역의 세분에 속하지 않는 것은?

① 중심상업지역 ② 근린상업지역
③ 유통상업지역 ④ 전용상업지역

해설
상업지역(국토계획법 시행령 제30조)
- 중심상업지역 : 도심·부도심의 상업기능 및 업무기능의 확충을 위하여 필요한 지역
- 일반상업지역 : 일반적인 상업기능 및 업무기능을 담당하게 하기 위하여 필요한 지역
- 근린상업지역 : 근린지역에서의 일용품 및 서비스의 공급을 위하여 필요한 지역
- 유통상업지역 : 도시 내 및 지역 간 유통기능의 증진을 위하여 필요한 지역

86 건축물의 용도를 변경하는 경우 변경 후 용도의 주차대수와 변경 전 용도의 주차대수의 차이에 해당하는 부설주차장을 추가로 확보하지 아니하고 용도를 변경할 수 있는 경우에 속하지 않는 것은?(단, 사용승인 후 5년이 지난 연면적 1,000m² 미만의 건축물의 용도를 변경하는 경우)

① 종교시설의 용도로 변경하는 경우
② 판매시설의 용도로 변경하는 경우
③ 다세대주택의 용도로 변경하는 경우
④ 문화 및 집회시설 중 전시장의 용도로 변경하는 경우

해설
주택 중 다세대주택·다가구주택의 용도로 변경하는 경우는 적용 제외 대상이다.
부설주차장을 추가로 확보하지 아니하고 건축물의 용도를 변경할 수 있는 경우(주차장법 시행령 제6조 제4항)
- 사용승인 후 5년이 지난 연면적 1,000m² 미만의 건축물의 용도를 변경하는 경우. 다만, 문화 및 집회시설 중 공연장·집회장·관람장, 위락시설 및 주택 중 다세대주택·다가구주택의 용도로 변경하는 경우는 제외한다.
- 해당 건축물 안에서 용도 상호간의 변경을 하는 경우. 다만, 부설주차장 설치기준이 높은 용도의 면적이 증가하는 경우는 제외한다.

87 노외주차장인 주차전용건축물의 건폐율, 용적률, 대지면적의 최소 한도 및 높이 제한에 관한 기준 내용으로 옳지 않은 것은?

① 건폐율 : 100분의 90 이하
② 용적률 : 1,500% 이하
③ 대지면적의 최소 한도 : 45m² 이상
④ 높이 제한(대지가 너비 12m 미만의 도로에 접하는 경우) : 건축물의 각 부분의 높이는 그 부분으로부터 대지에 접한 도로의 반대쪽 경계선까지의 수평거리의 4배

해설
대지가 너비 12m 미만의 도로에 접하는 경우에 건축물의 각 부분의 높이는 그 부분으로부터 대지에 접한 도로의 반대쪽 경계선까지의 수평거리의 3배이다.
주차전용건축물(주차장법 제12조의2, 동법 시행령 제1조의2)

제한 규정	완화 적용기준	
건폐율	100분의 90 이하	
용적률	1,500% 이하	
대지면적	45m² 이상	
건축물 각 부분의 높이	대지가 너비 12m 미만의 도로에 접하는 경우	대지가 너비 12m 이상의 도로에 접하는 경우
	대지에 접한 도로의 반대쪽 경계선까지의 수평거리의 3배	대지에 접한 도로의 반대쪽 경계선까지의 수평거리의 36/도로의 너비(m)배 (1.8배 미만인 경우에는 1.8배)

88 다음 중 바닥면적에 산입되는 것은?

① 층고가 1.5m인 다락방
② 다세대주택의 편복도
③ 공동주택의 필로티 부분
④ 공동주택의 지상층에 설치한 기계실

해설
① 승강기탑(옥상 출입용 승강장을 포함한다), 계단탑, 장식탑, 다락(층고가 1.5m 이하인 것만 해당한다)은 바닥면적에 산입하지 아니한다.
③ 필로티나 그 밖에 이와 비슷한 구조(벽면적의 1/2 이상이 그 층의 바닥면에서 위층 바닥 아래면까지 공간으로 된 것만 해당한다)의 부분은 그 부분이 공중의 통행이나 차량의 통행 또는 주차에 전용되는 경우와 공동주택의 경우에는 바닥면적에 산입하지 아니한다.
④ 공동주택으로서 지상층에 설치한 기계실, 전기실, 어린이놀이터, 조경시설 및 생활폐기물 보관시설의 면적은 바닥면적에 산입하지 않는다.

89 건축물의 건축주가 착공신고를 할 때, 해당 건축물의 설계자로부터 받은 구조안전의 확인서류를 허가권자에게 제출하여야 하는 대상 건축물 기준으로 옳지 않은 것은?(단, 허가대상 건축물인 경우)

① 높이가 11m 이상인 건축물
② 처마높이가 9m 이상인 건축물
③ 국토교통부령으로 정하는 지진구역 안의 건축물
④ 기둥과 기둥 사이의 거리가 10m 이상인 건축물

해설
구조 안전의 확인(건축법 시행령 제32조)
- 층수가 2층 이상인 건축물
- 연면적이 200m²(목구조의 경우에는 500m²) 이상인 건축물
- 높이가 13m 이상인 건축물
- 처마높이가 9m 이상인 건축물
- 기둥과 기둥 사이의 거리가 10m 이상인 건축물
- 건축물의 용도 및 규모를 고려한 중요도가 높은 건축물(중요도 특 또는 중요도 1)
- 국가적 문화유산으로 보존할 가치가 있는 건축물(연면적 합계 5,000m² 이상인 박물관 등)
- 한쪽 끝은 고정되고 다른 끝은 지지되지 아니한 구조로 된 보·차양 등이 외벽의 중심선으로부터 3m 이상 돌출된 건축물 및 특수한 설계·시공·공법 등이 필요한 건축물
- 단독주택 및 공동주택

90 상업지역에서 건축물에 설치하는 냉방시설 및 환기시설의 배기구는 도로면으로부터 최소 얼마 이상의 높이에 설치하여야 하는가?

① 1m ② 1.5m
③ 2m ④ 2.5m

해설
건축물의 냉방설비 등(건축물설비기준규칙 제23조 제3호)
상업지역 및 주거지역에서 건축물에 설치하는 냉방시설 및 환기시설의 배기구와 배기장치의 설치는 다음의 기준에 모두 적합하여야 한다.
- 배기구는 도로면으로부터 2m 이상의 높이에 설치할 것
- 배기장치에서 나오는 열기가 인근 건축물의 거주자나 보행자에게 직접 닿지 아니하도록 할 것
- 건축물의 외벽에 배기구 또는 배기장치를 설치할 때에는 외벽 또는 다음의 기준에 적합한 지지대 등 보호장치와 분리되지 아니하도록 견고하게 연결하여 배기구 또는 배기장치가 떨어지는 것을 방지할 수 있도록 할 것
  - 배기구 또는 배기장치를 지탱할 수 있는 구조일 것
  - 부식을 방지할 수 있는 자재를 사용하거나 도장할 것

91 지하식 또는 건축물식 노외주차장의 차로에 관한 기준 내용으로 옳지 않은 것은?(단, 이륜자동차전용 노외주차장이 아닌 경우)

① 높이는 주차바닥면으로부터 2.3m 이상으로 하여야 한다.
② 경사로의 종단경사도는 직선부분에서는 17%를 초과하여서는 아니 된다.
③ 곡선부분은 자동차가 4m 이상의 내변반경으로 회전할 수 있도록 하여야 한다.
④ 주차대수 규모가 50대 이상인 경우의 경사로는 너비 6m 이상인 2차로를 확보하거나 진입차로와 진출차로를 분리하여야 한다.

해설
경사로의 곡선부분은 자동차가 6m(같은 경사로를 이용하는 주차장의 총 주차대수가 50대 이하인 경우에는 5m, 이륜자동차전용 노외주차장의 경우에는 3m) 이상의 내변반경으로 회전할 수 있도록 하여야 한다(주차장법 시행규칙 제6조 제1항 제5호).

92 공동주택 중심의 양호한 주거환경을 보호하기 위하여 주거지역을 세분하여 지정하는 지역은?

① 제1종 전용주거지역
② 제2종 전용주거지역
③ 제1종 일반주거지역
④ 제2종 일반주거지역

해설
공동주택 중심의 양호한 주거환경을 조성하기 위하여 지정하는 지역은 제2종 일반주거지역이다.
주거지역의 세분(국토계획법 제30조)

전용주거지역	제1종	단독주택 중심의 양호한 주거환경
	제2종	공동주택 중심의 양호한 주거환경
일반주거지역	제1종	저층주택 중심의 편리한 주거환경
	제2종	중층주택 중심의 편리한 주거환경
	제3종	중고층주택 중심의 편리한 주거환경
준주거지역		주거기능 위주로 일부 상업 및 업무기능 보완

정답 89 ① 90 ③ 91 ③ 92 ②

93 주차장의 수급 실태를 조사하려는 경우, 조사 구역의 설정기준으로 옳지 않은 것은?

① 원형 형태로 조사구역을 설정한다.
② 각 조사구역은 건축법에 따른 도로를 경계로 구분한다.
③ 조사구역 바깥 경계선의 최대 거리가 300m를 넘지 아니하도록 한다.
④ 주거기능과 상업·업무기능이 섞여 있는 지역의 경우에는 주차시설 수급의 적정성, 지역적 특성 등을 고려하여 같은 특성을 가진 지역별로 조사구역을 설정한다.

해설
조사구역은 원형이 아닌 사각형 또는 삼각형 형태로 해야 한다(주차장법 시행규칙 제1조의2).

94 높이가 31m를 넘는 각 층의 바닥면적 중 최대 바닥면적이 4,500m²인 건축물에 원칙적으로 설치하여야 하는 비상용승강기의 최소 대수는?

① 1대
② 2대
③ 3대
④ 5대

해설
비상용승강기의 설치(건축법 시행령 제90조)

설치대상	높이 31m를 초과하는 건축물	
설치대수	높이 31m를 넘는 각 층의 바닥면적 중 최대 바닥면적	
	1,500m² 이하	1,500m² 초과
	1대 이상	1대에 1,500m²를 넘는 3,000m² 이내마다 1대씩 더한 대수 이상

∴ 1대 + (4,500m² − 1,500m²) ÷ 3,000m² = 2대

95 건축물의 거실에 국토교통부령으로 정하는 기준에 따라 배연설비를 하여야 하는 대상 건축물에 속하지 않는 것은? (단, 피난층의 거실은 제외하며, 6층 이상인 건축물의 경우)

① 종교시설
② 판매시설
③ 위락시설
④ 방송통신시설

해설
배연설비의 설치대상(건축법 시행령 제51조 제2항)

용도	요양병원, 정신병원, 노인요양시설, 장애인 거주시설, 장애인 의료재활시설, 제1종 근린생활시설 중 산후조리원
6층 이상	문화 및 집회시설, 종교시설, 판매시설, 운수시설, 의료시설(요양병원 및 정신병원은 제외한다), 교육연구시설 중 연구소, 노유자시설 중 아동 관련 시설·노인복지시설(노인요양시설은 제외한다), 수련시설 중 유스호스텔, 운동시설, 업무시설, 숙박시설, 위락시설, 관광휴게시설, 장례시설, 제2종 근린생활시설 중 다중생활시설
바닥면적 합계 300m² 이상	제2종 근린생활시설 중 공연장, 종교집회장, 인터넷컴퓨터게임시설제공업소

96 다음 중 건축법이 적용되는 건축물은?

① 역사(驛舍)
② 고속도로 통행료 징수시설
③ 철도의 선로 부지에 있는 플랫폼
④ 문화유산의 보존 및 활용에 관한 법률에 따른 임시지정문화유산

해설
적용 제외(건축법 제3조)
다음의 어느 하나에 해당하는 건축물에는 건축법을 적용하지 아니한다.
- 지정문화유산이나 임시지정문화유산 또는 천연기념물 등이나 임시지정천연기념물, 임시지정명승, 임시지정시·도자연유산, 임시자연유산자료
- 철도나 궤도의 선로 부지에 있는 다음의 시설
  - 운전보안시설
  - 철도 선로의 위나 아래를 가로지르는 보행시설
  - 플랫폼
  - 해당 철도 또는 궤도사업용 급수)·급탄 및 급유 시설
- 고속도로 통행료 징수시설
- 컨테이너를 이용한 간이창고
- 하천구역 내의 수문조작실

97 건축법령상 다중이용건축물에 해당하지 않는 것은? (단, 해당하는 용도로 쓰이는 바닥면적의 합계가 5,000m² 건축물인 경우)

① 종교시설
② 판매시설
③ 업무시설
④ 의료시설 중 종합병원

해설
업무시설은 다중이용건축물에 속하지 않는다.
다중이용건축물(건축법 시행령 제2조)
- 다음의 어느 하나에 해당하는 용도로 쓰는 바닥면적의 합계가 5,000m² 이상인 건축물
  - 문화 및 집회시설(동물원 및 식물원은 제외한다)
  - 종교시설
  - 판매시설
  - 운수시설 중 여객용 시설
  - 의료시설 중 종합병원
  - 숙박시설 중 관광숙박시설
- 16층 이상인 건축물

98 급수·배수·환기·난방설비를 설치하는 경우 건축기계 설비기술사 또는 공조냉동기계기술사의 협력을 받아야 하는 대상 건축물에 속하지 않는 것은?

① 아파트
② 연립주택
③ 기숙사로서 해당 용도에 사용되는 바닥면적의 합계가 2,000m²인 건축물
④ 업무시설로서 해당 용도에 사용되는 바닥면적의 합계가 2,000m²인 건축물

해설
건축기계설비기술사 또는 공조냉동기계기술사의 협력을 받아야 하는 건축물(건축물설비기준규칙 제2조)
연면적 10,000m² 이상인 건축물(창고시설 제외) 또는 에너지를 대량으로 소비하는 건축물 중 해당 용도의 바닥면적의 합계가 다음과 같은 건축물

3,000m² 이상	판매시설, 연구소, 업무시설
2,000m² 이상	기숙사, 의료시설, 유스호스텔, 숙박시설
500m² 이상	• 목욕장, 실내 물놀이형 시설, 실내 수영장 • 냉동냉장시설, 항온항습시설, 특수청정시설
무관	아파트, 연립주택

99 가구수가 5가구인 주거용건축물의 급수관 최소 지름은 얼마인가?

① 15mm
② 20mm
③ 25mm
④ 32mm

해설
주거용건축물 급수관의 지름(건축물설비기준규칙 별표 3)

가구 또는 세대수	1	2~3	4~5	6~8	9~16	17 이상
급수관 지름의 최소 기준	15mm	20mm	25mm	32mm	40mm	50mm

100 부설주차장 설치대상 시설물이 문화 및 집회시설 중 예식장으로서 시설면적이 1,200m²인 경우, 설치하여야 하는 부설주차장의 최소 대수는?

① 8대
② 10대
③ 15대
④ 20대

해설
부설주차장의 설치대상 시설물 종류 및 설치기준(주차장법 시행령 별표 1)

시설물	설치기준
위락시설	시설면적 100m²당 1대
문화 및 집회시설(관람장은 제외), 종교시설, 판매시설, 운수시설, 의료시설(정신병원·요양병원 및 격리병원은 제외), 운동시설(골프장·골프연습장 및 옥외수영장은 제외), 업무시설(외국공관 및 오피스텔은 제외), 방송통신시설 중 방송국, 장례식장	시설면적 150m²당 1대

시설면적 150m²당 1대이므로
∴ 1,200m² ÷ 150m² = 8대

2025년 제2회 최근 기출복원문제

제1과목 건축계획

01 다음 중 산업시설 녹지계획의 효용성과 가장 거리가 먼 것은?

① 생산 및 노동 환경의 보전
② 공해 및 재해 파급의 완충
③ 상품 이미지의 향상과 선전
④ 원료 수급 및 저장의 원활

해설
원료 수급 및 저장의 원활은 녹지계획과 무관하다.
산업시설 녹지 계획의 효용성
- 대기정화 및 환경보전
- 소음 등 공해 저감
- 에너지 절감
- 기업 이미지 향상
- 경관 개선

02 공포형식 중 다포식에 관한 설명으로 옳지 않은 것은?

① 다포식 건축물로는 서울 숭례문(남대문) 등이 있다.
② 기둥 상부 이외에 기둥 사이에도 공포를 배열한 형식이다.
③ 규모가 커지면서 내부 출목보다는 외부 출목이 점차 많아졌다.
④ 주심포식에 비해서 지붕하중을 등분포로 전달할 수 있는 합리적인 구조법이다.

해설
다포식의 경우 규모가 커지면서 외부 출목보다는 내부 출목이 많아 졌다.
다포식
- 공포를 기둥 상부와 기둥 사이에 배열한 방식이다.
- 지붕의 하중을 등분포로 전달할 수 있는 합리적인 구조법이다.
- 다른 방식에 비해 외형이 정비되고 장중한 외관을 갖는다.
- 2출목 이상으로 전개되며, 내부 천장구조는 대부분 우물천장이다.
- 기둥 사이의 공포(간포)를 받치기 위해 창방 위에 평방을 둔다.
- 소로를 상하 동일선상에 배치하며, 주로 팔작지붕이 많다.
- 주로 궁궐이나 사찰 등의 주요 정전에 사용되었다.
- 창경궁(명정전), 남대문, 동대문, 심원사(보광전), 불국사(극락전), 전등사(대웅전), 화암사(극락전), 위봉사(보광명전), 석왕사(응진전), 봉정사(대웅전) 등이 있다.

03 상점계획에 관한 설명으로 옳지 않은 것은?

① 종업원 동선은 고객의 동선과 교차되지 않도록 한다.
② 고객의 동선은 가능한 한 짧게 하여 고객에게 편의를 준다.
③ 내부 계단 설계 시 올라간다는 부담을 덜 들게 계획하는 것이 중요하다.
④ 소규모의 건물에서 계단의 경사가 너무 낮은 것은 매장면적을 감소시킨다.

해설
고객의 동선은 가능한 한 길게 하여 상점의 여러 곳을 거칠 수 있도록 하는 것이 효과적이다.

정답 01 ④ 02 ③ 03 ②

04 비잔틴 건축의 구성요소에 해당하지 않는 것은?

① 아치(Arch)
② 부주두(Dosseret)
③ 펜덴티브(Pendentive)
④ 도릭 오더(Doric order)

해설
④ 도릭 오더(Doric order) : 그리스 본토에서 발생한 최초의 오더로, 단순하고 장중한 느낌을 주는 양식이다.
① 아치(Arch) : 비잔틴 건축에서 기본적으로 사용된 구조적 요소이다.
② 부주두(Dosseret) : 기둥 상부의 아치를 지지하기 위하여 주두(Capital) 위에 설치한 부재이다.
③ 펜덴티브(Pendentive) : 사각형 또는 다각형 평면 상부에 원형의 돔을 설치하기 위해 설치한 부재이다.

05 다음 중 연면적에 대한 숙박 부분의 비율이 가장 높은 호텔은?

① 커머셜 호텔
② 리조트 호텔
③ 레지덴셜 호텔
④ 아파트먼트 호텔

해설
② 리조트 호텔 : 조망 및 주변경관의 조건이 좋은 곳에 위치한 호텔로서 해변 호텔, 산장 호텔, 클럽 하우스 등이 있다.
③ 레지덴셜 호텔 : 각종 비즈니스 여행자의 단기간 체재에 적합한 호텔로서 식사료가 호텔경영의 주체이다.
④ 아파트먼트 호텔 : 여행자의 장기간 체재에 적합한 호텔로서 각 객실에 주방설비를 갖추고 있다.

커머셜 호텔(Commercial hotel)
- 비즈니스 관련 여행객을 대상으로 하는 호텔이다.
- 호텔 경영내용의 주체를 객실로 하며, 부대시설은 최소화된다.
- 연면적에 대한 숙박면적의 비가 가장 큰 호텔이다.

06 주거단지 내의 공동시설에 관한 설명으로 옳지 않은 것은?

① 중심을 형성할 수 있는 곳에 설치한다.
② 이용빈도가 높은 건물은 이용거리를 길게 한다.
③ 확장 또는 증설을 위한 용지를 확보하는 것이 좋다.
④ 이용성, 기능상의 인접성, 토지이용의 효율성에 따라 인접하여 배치한다.

해설
이용빈도가 높은 경우 이용거리를 짧게 해야 한다.
단지 내 공동시설의 특징
- 한 곳에 모아 통합 커뮤니티의 효율성을 높이는 것이 좋다.
- 다채로운 휴식 및 활동공간을 제공해야 한다.
- 미래 확장을 위해 공간을 계획해야 한다.
- 주거동과 연계된 동선을 통해 접근성을 강화한다.

07 주택단지 내 도로의 형태 중 쿨데삭(Cul-de-sac)형에 관한 설명으로 옳지 않은 것은?

① 보차분리가 이루어진다.
② 보행로의 배치가 자유롭다.
③ 주거환경의 쾌적성 및 안전성 확보가 용이하다.
④ 대규모 주택단지에 주로 사용되며, 최대 길이는 1km 이하로 한다.

해설
쿨데삭은 통과교통을 배제한 적정길이 300m 이하의 막다른 도로형식이며, 저밀도 주택단지에 주로 적용된다.
쿨데삭(Cul-de-sac)
- 막다른 도로를 구성하여 통과교통을 배제한 형식이다.
- 차량의 흐름을 주변으로 한정하여 서로 연결한다.
- 통과교통이 없어 주거환경의 쾌적성, 안전성이 확보된다.
- 사람과 차량의 분리가 가능하며, 보행로의 배치가 자유롭다.
- 주택 배면에 보행자전용도로가 설치되어야 효과적이다.
- 적정길이는 300m 이하이며, 우회도로가 없어 방재, 방범상 불리하다.

정답 04 ④ 05 ① 06 ② 07 ④

08 호텔 건축에 관한 설명으로 옳은 것은?

① 호텔의 동선에서 물품동선과 고객동선은 교차시키는 것이 좋다.
② 프런트 오피스는 수평동선이 수직동선으로 전이되는 공간이다.
③ 현관은 퍼블릭 스페이스의 중심으로 로비, 라운지와 분리하지 않고 통합시킨다.
④ 주식당은 숙박객 및 외래객을 대상으로 하며, 외래객이 편리하게 이용할 수 있도록 출입구를 별도로 설치하는 것이 좋다.

해설
① 고객동선과 서비스 동선이 교차되지 않도록 한다.
② 로비, 라운지는 수평동선이 수직동선으로 전이되는 공간이다.
③ 현관은 외부인 접객 장소로 로비, 라운지와 분리한다.

09 주택의 부엌에서 작업순서에 맞는 작업대 배열로 알맞은 것은?

① 냉장고 → 개수대 → 조리대 → 가열대
② 개수대 → 조리대 → 냉장고 → 가열대
③ 냉장고 → 조리대 → 개수대 → 가열대
④ 개수대 → 냉장고 → 조리대 → 가열대

해설
부엌(주방)의 작업순서
냉장고 → 준비대 → 개수대(싱크대) → 작업대(조리대) → 가열대(레인지) → 배선대

10 르 코르뷔지에가 주장한 근대 건축 5원칙에 속하지 않는 것은?

① 필로티
② 옥상정원
③ 유기적 공간
④ 자유로운 평면

해설
③은 프랭크 로이드 라이트의 건축사조이다.
르 코르뷔지에의 근대 건축 5원칙
• 필로티
• 자유로운 평면(골조와 벽의 기능적 독립)
• 자유로운 파사드(입면)
• 수평으로 긴 창
• 옥상정원

11 다음 설명에 알맞은 학교 운영방식은?

> 각 학급을 2분단으로 나누어 한쪽이 일반교실을 사용할 때, 다른 한쪽은 특별교실을 사용한다.

① 달톤형
② 플래툰형
③ 개방학교
④ 교과교실형

해설
① 달톤형(D형) : 학년과 학급의 구분을 없애고 학생들이 능력에 맞게 교과를 선택하며, 교과가 끝나면 졸업하는 형식이다.
③ 개방학교 : 벽이 없는 개방된 공간에서 여러 학년 또는 학급의 학생들이 함께 학습하고 활동하는 형태의 학교이다.
④ 교과교실형(V형) : 일반교실이 없으며, 모든 교실이 특별교실로 구성되는 형식이다. 동선계획과 시간표 작성이 어려우며, 학생의 물품보관 장소가 별도로 요구된다.

08 ④ 09 ① 10 ③ 11 ②

12 상점 건축에서 쇼윈도의 반사 방지를 위한 방법으로 옳지 않은 것은?

① 이중 유리를 사용한다.
② 쇼윈도를 경사지게 하거나 곡면유리로 처리한다.
③ 차양을 설치하여 쇼윈도 외부에 그늘을 조성한다.
④ 인공조명을 사용하여 쇼윈도 내부의 조도를 외부보다 높게 처리한다.

해설
쇼윈도 반사 방지대책
• 쇼윈도를 경사지게 하거나 곡면유리로 처리한다.
• 차양을 설치하여 쇼윈도 외부에 그늘을 조성한다.
• 인공조명을 사용하여 쇼윈도 내부의 조도를 외부보다 높게 처리한다.
• 간접조명방식을 채택한다.
• 젖빛 유리구를 사용하거나 광도가 낮은 배광기구를 이용한다.

13 백화점 건축계획에 대한 설명 중 옳지 않은 것은?

① 일반적으로 기둥 간격이 클수록 매장배치가 용이하고 매장이 개방되어 보인다.
② 매장의 고객동선은 너무 단순하거나 혼잡하지 않게 하여 고객을 분산시킨다.
③ 백화점의 색채계획은 중채도의 색을 위주로 한 배색으로 시각적인 혼란감을 억제하는 것이 좋다.
④ 엘리베이터, 에스컬레이터 등 수직동선 설비는 고객 출입구 부근에 집중시켜 동선의 원활한 연결이 가능하게 한다.

해설
에스컬레이터와 엘리베이터를 건물 중앙이나 양끝에 배치하여 고객이 각 층을 순환하도록 유도한다.

14 열람자가 서가에서 책을 자유롭게 선택할 수 있으나 관원의 검열을 받고 열람해야 하는 도서관 출납시스템은?

① 폐가식
② 반개가식
③ 안전개가식
④ 자유개가식

해설
① 폐가식 : 서가에 접근이 불가하고 기록 후 대출하는 방식으로, 도서의 대출 절차가 복잡하고 관원의 작업량이 많다.
② 반개가식 : 유리·철망 등으로 된 서가에 접근하여 표지 등을 보고 관원에게 요청하여 대출받는 방식이다.
④ 자유개가식 : 직접 서가에서 열람 후 대출하는 방식으로, 대출 수속이 간단하지만 도서의 유지관리가 어렵다.

15 미술관 및 박물관 전시기법에 관한 설명으로 옳지 않은 것은?

① 하모니카 전시는 동선계획이 용이한 전시기법이다.
② 아일랜드 전시는 일정한 형태의 평면을 반복시켜 전시공간을 구획하는 방식으로 전시효율이 높다.
③ 파노라마 전시는 연속적인 주제를 연관성 있게 표현하기 위해 선형의 파노라마로 연출하는 전시기법이다.
④ 디오라마 전시는 하나의 사실 또는 주제의 시간상황을 고정시켜 연출하는 것으로 현장에 임한 느낌을 주는 기법이다.

해설
②는 하모니카 전시에 대한 설명이며, 아일랜드 전시는 사방에서 감상해야 할 필요가 있는 전시물을 독립된 전시 케이스 등을 활용하여 벽면에 띄어놓아 전시하는 특수전시기법이다.
하모니카 전시
• 일정한 형태의 평면을 반복시켜 전시공간을 구획하는 기법이다.
• 전시내용을 통일된 형식 속에서 규칙적으로 반복시켜 표현한다.
• 동일 종류의 전시물을 반복 전시할 경우 유리하다.
• 동선계획이 용이하고 전시효율이 높다.

정답 12 ① 13 ④ 14 ③ 15 ②

16 극장의 평면형 중 아레나(Arena)형에 관한 설명으로 옳은 것은?

① Picture frame stage라고도 불린다.
② 무대의 배경을 만들지 않으므로 경제적이다.
③ 연기자가 한쪽 방향으로만 관객을 대하게 된다.
④ 투시도법을 무대공간에 응용함으로써 하나의 구상화와 같은 느낌이 들게 한다.

해설
①·③·④는 프로시니엄(Proscenium)형식에 대한 설명이다.
아레나형
- 객석이 무대를 360° 둘러싼 형태로 Central stage라고도 한다.
- 가까운 거리에서 관람하면서 많은 관객을 수용한다.
- 무대의 배경을 만들지 않으므로 경제적이다.
- 무대의 장치나 소품은 주로 낮은 기구를 사용한다.
- 객석과 무대가 하나의 공간에 있으므로 양자의 일체감을 높여 긴장감을 형성한다.

17 다음 중 건축가와 작품이 잘못 연결된 것은?

① 르 코르뷔지에 – 사보이 주택
② 미스 반데어로에 – 뉴욕 레버하우스
③ 오스카 니마이어 – 브라질 국회의사당
④ 프랭크 로이드 라이트 – 뉴욕 구겐하임 미술관

해설
레버하우스는 커튼월 사무소 건축의 모태가 된 건물로, 미국의 설계회사 SOM(건축가 : 고든 번샤프트)의 건축물이다.
미스 반데어로에(Mies van der Rohe)
- 근대 건축의 4대 거장으로 손꼽히는 건축가이다.
- 대표작으로 투겐하트 주택, 바르셀로나 세계박람회의 독일관, 시그램 빌딩 등이 있다.

18 도서관에서는 이용자가 일정기간 자료를 점유하여 이용하거나 연구하기 위한 독립적인 개실이 요구되는데, 이러한 독립적인 개실을 일반적으로 무엇이라 하는가?

① 캐럴(Carrel)
② 북 모빌(Book mibile)
③ 계원석(Information desk)
④ 래퍼런스 서비스(Reference service)

해설
② 북 모빌 : 책을 실어 다니는 차량 형태의 이동 도서관을 말한다.
③ 계원석 : 도서관 이용자가 궁금한 점을 문의하거나 안내를 받을 수 있도록 마련된 창구나 데스크를 말한다.
④ 래퍼런스 서비스 : 사서가 이용자에게 필요한 정보나 자료를 찾는 방법을 안내하고, 학술적인 질문에 대한 해답을 찾아주는 전문적인 정보 서비스를 뜻한다.

19 건축 모듈(Module)에 대한 설명으로 옳지 않은 것은?

① 양산의 목적과 공업화를 위해 사용된다.
② 모든 치수의 수직과 수평이 황금비를 이루도록 하는 것이다.
③ 복합모듈은 기본모듈의 배수로서 정한다.
④ 모듈 설정 시 설계작업이 단순화된다.

해설
건축 모듈(Module)의 특징
- 표준화 및 대량생산
- 공정의 단순화로 공기단축
- 우수한 품질
- 운반의 제약
- 디자인의 제약

20 이슬람(사라센) 건축양식에서 미나렛(Minaret)이 의미하는 것은?

① 이슬람교의 신학원 시설
② 모스크의 상징인 높은 탑
③ 메카 방향으로 설치된 실내 제단
④ 열주나 아케이트로 둘러싸인 중정

해설
미나렛
이슬람 사원인 모스크에 부속된 높은 탑을 말한다. 이 탑은 이슬람의 기도시간을 알리는 데 사용된다.
이슬람(사라센) 건축의 주요 구성요소
- 스퀸치(Squinch) : 사각형 평면 상부에 원형의 돔을 설치하기 위한 부재이다.
- 미나렛(Minaret) : 모스크의 상징인 높은 탑(첨탑)이다.
- 미하랍(Miharab) : 메카 방향으로 설치된 실내 제단이다.
- 민바르(Minbar) : 모스크 예배당 내부의 설교단이다.
- 안뜰(Sahn) : 열주나 아케이드로 둘러싸인 중정이다.

제2과목 건축시공

21 지내력을 갖춘 지반으로 만들기 위한 배수 공법 또는 탈수 공법이 아닌 것은?

① 샌드드레인 공법
② 웰포인트 공법
③ 페이퍼드레인 공법
④ 베노토 공법

해설
④ 베노토 공법 : 중공형의 케이싱을 압입시키면서 내부를 해머그래브로 굴착하고, 콘크리트 타설 후 케이싱을 뽑아내는 현장타설말뚝 공법이다.
① 샌드드레인 공법 : 적당한 간격으로 모래말뚝을 형성하고 그 지반 위에 하중을 가하여 모래말뚝을 통해 지반 중의 물을 유출시키는 공법이다.
② 웰포인트 공법 : 필터가 달린 흡수기를 설치하고 펌프로 지하수를 강제 배수하는 공법이다.
③ 페이퍼드레인 공법 : 적당한 간격으로 흡수지를 삽입하고 그 지반 위에 하중을 가하여 흡수지를 통해 지반의 물을 배수하는 공법이다.

22 미장 결합재에 대한 내용 중 틀린 것은?

① 돌로마이트 플라스터는 미분쇄한 돌로마이트 석회, 모래, 여물 등을 사용하며 해초풀을 사용하지 않는다.
② 석고플라스터는 소석고에 경화시간을 조정하기 위한 혼화제를 미리 혼합하거나 또는 사용 시 혼합하여 사용한다.
③ 보드용 플라스터는 상도용(정벌용)과 같이 모래를 혼합하여 사용하는 것으로, 바탕바름을 대상으로 하며 부착력이 강하다.
④ 혼합석고 플라스터는 하도용(초벌용)은 물만 가하여 비빔하나, 상도용(정벌용)은 사용 시 모래를 가하고 물로 혼합하여 사용한다.

해설
혼합석고 플라스터는 하도용(초벌용)은 물과 모래를 가하여 비빔하나, 상도용(정벌용)은 사용 시 물로만 혼합하여 사용한다.

정답 20 ② 21 ④ 22 ④

23 건축공사 시 가설건축물에 대한 설명으로 옳지 않은 것은?

① 시멘트 창고는 통풍이 되지 않도록 출입구 외에는 개구부 설치를 금한다.
② 화기위험물인 유류·도료 등의 인화성 재료저장소는 벽, 지붕, 천장의 재료를 방화구조 또는 불연구조로 하고 소화설비를 갖춘다.
③ 변전소의 위치는 안전을 고려하여 현장사무소에 최대한 멀리 떨어진 곳이 좋다.
④ 현장사무소의 경우 필요면적은 $3.3m^2$/인 정도로 계획한다.

해설
변전소의 위치는 안전을 고려하여 현장사무소에 최대한 가까운 곳이 좋다.

24 목구조 재료로 사용되는 침엽수의 특징에 해당하지 않는 것은?

① 직선부재의 대량생산이 가능하다.
② 단단하고 가공이 어려우나 미관이 좋다.
③ 병충해에 약하여 방부 및 방충처리를 하여야 한다.
④ 수고(樹高)가 높으며 통직하다.

해설
침엽수는 가공이 쉬우며 구조용 재료로 많이 사용된다.
침엽수
• 수고가 높고 통직하며 직선부재를 얻기 쉽다.
• 구조용 재료로 사용하며 가공이 쉽다.
• 병충해에 약하며 활엽수에 비해 비중과 경도가 작다.
• 소나무, 전나무, 삼송나무, 잣나무 등이 있다.

25 건축물 외부에 설치하는 커튼월에 관한 설명으로 옳지 않은 것은?

① 커튼월이란 외벽을 구성하는 비내력벽 구조이다.
② 커튼월의 조립은 대부분 외부에 대형발판이 필요하므로 비계공사가 필수적이다.
③ 공장에서 생산하여 반입하는 프리패브 제품이다.
④ 일반적으로 콘크리트나 벽돌 등의 외장재에 비하여 경량이어서 건물의 전체 무게를 줄이는 역할을 한다.

해설
커튼월은 대부분 양중장비를 통한 기계화 시공을 하므로 비계공사가 불필요하다.

26 다음에서 설명하는 미장재료는?

> 시멘트와 건조모래 및 특성 개선재를 배합한 공장 제품을 현장에서 물만 가하여 사용하는 모르타르로서, 현장배합 모르타르보다는 다소 고가이지만 현장관리가 용이하다.

① 바라이트 모르타르
② 셀프레벨링재
③ 초속경 모르타르
④ 드라이 모르타르

해설
① 바라이트 모르타르 : 방사선 차폐용으로 사용되는 특수 모르타르이다.
② 셀프레벨링재 : 시공 후 스스로 평평해지는 자동수평조절 기능을 가진 미장재료이다.
③ 초속경 모르타르 : 매우 빠른 시간 내에 굳는 특성을 가진 모르타르로 신속한 보수공사가 필요할 때, 긴급 도로 보수나 수중공사 등에 활용된다.

27 압연강재가 냉각될 때 표면에 생기는 산화철 표피를 무엇이라 하는가?

① 스패터   ② 밀스케일
③ 슬래그   ④ 비드

해설
① 스패터 : 용접 중 용접불꽃으로 비산하는 슬래그 및 금속재의 알갱이를 말한다.
③ 슬래그 : 용접과정에서 발생하는 불순물 찌꺼기를 말한다.
④ 비드 : 용접작업 시 용접봉이나 와이어가 녹아 용착되면서 생기는 띠 모양의 용접부를 말한다.

28 시멘트 2,300포대를 저장할 수 있는 시멘트 창고의 최소 필요면적으로 옳은 것은?

① 18.4m²   ② 21.6m²
③ 23.6m²   ④ 25.8m²

해설
시멘트 포대수가 600포 이상이므로 전량의 1/3만 적용한다.
시멘트 포대수 = $2,300 \times \frac{1}{3} = 767$포대
∴ 시멘트 창고면적 $= 0.4 \times \frac{N}{n} = 0.4 \times \frac{767}{13} ≒ 23.6$
여기서, N : 시멘트 포대수
- 600포 미만 : N = 쌓기 포대수 전량
- 600포 이상~1,800포 이하 : N = 600포
- 1,800포 초과 : N = 1/3만 적용
n : 쌓기 단수(최대 13단)

29 지반조사의 시험에 관계되는 것을 연결한 것 중 옳은 것은?

① 진흙의 점착력 – 베인테스트(Vene test)
② 지내력 – 정량분석시험
③ 연약점토 – 표준관입시험
④ 염분 – 신월샘플링(Thin wall sampling)

해설
② 정량분석시험 : 지반조사 과정에서 얻은 토양 시료나 현장 데이터를 바탕으로 흙의 물리적·역학적 특성을 수치로 측정하는 시험이다.
③ 표준관입시험 : 점토지반, 사질토지반의 상대밀도를 파악하는 가장 보편적인 시험이다.
④ 신월샘플링 : 실내 시험을 위해 지반의 교란을 최소화한 불교란시료를 채취하는 방법으로 채취된 시료는 흙의 강도, 압축성, 투수성 등을 측정하는 데 사용된다.

30 타일 크기가 10cm×10cm이고 가로세로 줄눈을 6mm로 할 때 면적 1m²에 필요한 타일의 정미수량은?

① 97매   ② 92매
③ 89매   ④ 85매

해설
타일의 정미량 $= \frac{1m}{\text{타일 가로변} + \text{줄눈 폭}} \times \frac{1m}{\text{타일 세로변} + \text{줄눈 폭}}$
$= \frac{1m}{0.1m + 0.006m} \times \frac{1m}{0.1m + 0.006m}$
≒ 89매

정답 27 ②   28 ③   29 ①   30 ③

31 CM(Construction Management)의 주요업무가 아닌 것은?

① 부동산관리업무 및 설계부터 공사관리까지 전반적인 지도·조언·관리업무
② 입찰 및 계약관리업무와 원가관리업무
③ 현장조직관리업무와 공정관리업무
④ 자재조달업무와 시공도 작성업무

해설
자재조달 및 시공도 작성은 시공사의 업무이다.
CM(Construction Management)
- 건설공사에 관한 기획, 타당성 조사, 분석, 설계, 조달, 계약, 시공관리, 감리, 평가, 사후관리 등에 관한 관리를 수행하는 것이다.
- 주요업무
  - 기획, 설계부터 공사관리까지 전반적인 지도·조언·관리업무
  - 입찰 및 계약관리, 원가관리업무, 현장조직관리, 공정관리업무

32 철골공사에서의 가스절단에 대한 설명 중 옳지 않은 것은?

① 가스절단은 설비가 복잡하여 작업공구를 가지고 다니기 불편하다.
② 톱절단에 비하여 작업이 빠르다.
③ 절단 모양을 자유롭게 할 수 있다.
④ 절단면이 거칠고 강재를 용융하여 절단하므로 절단선에서 3mm 정도의 부분은 변질된다.

해설
설비가 간단하여 작업공구를 가지고 다니기 편리하다.

33 다음 중 계측관리 항목 및 기기에 대한 설명으로 옳지 않은 것은?

① 흙막이벽의 응력은 변형계(Strain gauge)를 이용한다.
② 주변 건물의 경사는 건물경사계(Tiltmeter)를 이용한다.
③ 지하수의 간극수압은 지하수위계(Water level meter)를 이용한다.
④ 버팀보, 앵커 등의 축하중 변화 상태의 측정은 하중계(Load cell)를 이용한다.

해설
지하수위계(Water level meter)는 지하수위의 변화를 측정하는 데 사용하며, 지하수의 간극수압은 피에조미터(Piezometer)로 측정한다.

34 웰 포인트(Well point) 공법에 관한 설명으로 옳지 않은 것은?

① 인접 대지에서 지하수위 저하로 우물 고갈의 우려가 있다.
② 투수성이 비교적 낮은 사질실트층까지도 강제배수가 가능하다.
③ 압밀침하가 발생하지 않아 주변 대지, 도로 등의 균열발생 위험이 없다.
④ 지반의 안전성을 대폭 향상시킨다.

해설
웰포인트 공법은 지하수위가 저하되므로 우물 고갈 및 인접 지반·공동매설물 침하 등 압밀침하에 대한 우려가 있으므로 수시로 점검해야 한다.
웰포인트(Well point) 공법
- 필터가 달린 흡수기를 설치하고 펌프로 지하수를 강제배수하는 공법이다.
- 출수가 많은 깊은 터파기에 적합한 강제배수 공법이다.
- 비교적 지하수위가 얕은 모래지반의 배수에 유리하다.
- 지하수위를 낮추며 지내력이 증가하는 등 흙의 안전성을 대폭 향상시킨다.
- 투수성이 비교적 낮은 사질실트층까지도 강제배수가 가능하다.
- 흙막이의 토압이 줄어들고 흙파기 밑면의 토질 약화를 예방한다.

35 다음 중 조적벽 치장줄눈의 종류로 옳지 않은 것은?

① 오목줄눈
② 빗줄눈
③ 실줄눈
④ 통줄눈

해설
통줄눈, 막힌줄눈은 구조적 줄눈이다.
치장줄눈의 종류 : 평줄눈, 민줄눈, 볼록줄눈, 오목줄눈, 엇빗줄눈, 내민줄눈, 빗줄눈, 둥근줄눈, 실줄눈

36 콘크리트의 압축강도를 시험하지 않을 경우 다음과 같은 조건에서의 거푸집널 해체시기로 옳은 것은?

- 기초, 보, 기둥 및 벽의 측면의 경우
- 평균기온 20℃ 이상
- 조강포틀랜드 시멘트 사용

① 1일
② 2일
③ 3일
④ 4일

해설
조강포틀랜드 시멘트를 사용한 기초, 보, 기둥 및 벽의 측면의 경우 평균기온 20℃ 이상에서 2일 이상이면 거푸집널을 해체할 수 있다.
거푸집 존치기간(국토교통부 표준시방서 KCS 14 20 12)
- 기초, 보, 기둥, 벽 등의 측면 거푸집의 경우 24시간 이상 양생한 후에 콘크리트 압축강도가 5MPa 이상 도달한 경우 거푸집널을 해체할 수 있다.
- 거푸집널 존치기간 중의 평균기온이 10℃ 이상인 경우는 콘크리트 재령이 다음 표에 주어진 재령 이상 경과하면 압축강도시험을 하지 않고도 해체할 수 있다.

구분	조강 포틀 랜드	보통포틀랜드 고로슬래그(1종) 포틀랜드포졸란(1종) 플라이 애시(1종)	고로슬래그(2종) 포틀랜드포졸란(2종) 플라이 애시(2종)
20℃ 이상	2일	4일	5일
20℃ 미만 10℃ 이상	3일	6일	8일

37 다음 중 건축공사의 직접공사비 원가로 바르게 구성된 것은?

① 자재비, 노무비, 보험료
② 자재비, 노무비, 영업비
③ 자재비, 노무비, 외주비
④ 자재비, 노무비, 간접비

해설
직접공사비는 재료(자재)비, 노무비, 외주비, 경비로 구성된다.
건설원가의 구성

공사원가	직접공사비	간접공사비	–	–
총원가	공사원가		일반관리비	–
공사비	총원가			이윤

실행예산서의 비목별 구성
- 직접공사비 : 재료비, 노무비, 경비, 외주비
- 간접공사비 : 현장운영비, 안전관리비, 각종 보험료
- 일반관리비 : 본사관리비, 영업비
- 부가가치세

38 보통 콘크리트 공사에서 콘크리트에 포함된 염화물량의 기준은 염소이온량으로서 얼마 이하가 되어야 하는가? (단, 콘크리트 표준시방서 기준)

① $0.10 kg/m^3$
② $0.20 kg/m^3$
③ $0.30 kg/m^3$
④ $0.40 kg/m^3$

해설
염화물 함유량 : 굳지 않은 콘크리트 중의 염화물 함유량은 염소이온량(Cl^-)으로서 원칙적으로 $0.30 kg/m^3$ 이하로 하여야 한다.

정답 35 ④ 36 ② 37 ③ 38 ③

39 유성페인트의 원료로서 정벌칠에서 광택과 내구력을 증가시키는 데 좋은 효과를 나타내는 재료는?

① 크레오소트유
② 보일유
③ 드라이어
④ 캐슈

해설
① 크레오소트유 : 도포부분이 갈색이고 냄새가 강하여 실내에서 사용할 수 없고 토대, 기둥 등에 사용되는 유성 목재 방부제이다.
③ 드라이어 : 페인트·바니시·잉크의 건조 또는 경화과정을 촉진하기 위해 첨가하는 물질로, 코발트·망간·납 성분을 포함한 드라이어가 흔하게 사용된다.
④ 캐슈 : 캐슈 씨앗의 껍질기름을 사용한 것으로 코팅제나 접착제 등 산업용 용도로 활용된다.

40 수밀 콘크리트에 관한 설명으로 옳지 않은 것은?

① 콘크리트 소요 슬럼프는 되도록 작게 하여 180mm를 넘지 않도록 한다.
② 콘크리트의 워커빌리티를 개선시키기 위해 공기연행제, 공기연행감수제, 또는 고성능 공기연행감수제를 사용하는 경우라도 공기량은 2% 이하가 되게 한다.
③ 물-결합재비는 50% 이하를 표준으로 한다.
④ 콘크리트 타설 시 다짐을 충분히 하여, 가급적 이어 붓기를 하지 않아야 한다.

해설
콘크리트의 워커빌리티를 개선시키기 위해 공기연행제, 공기연행감수제 또는 고성능 공기연행감수제를 사용하는 경우라도 공기량은 4% 이하가 되게 한다(KCS 14 20 30).

제3과목 건축구조

41 강도설계법에서 처짐을 계산하지 않는 경우 스팬 8.0m인 단순 지지된 보의 최소 두께에 대한 규정을 적용 시 옳은 것은?(단, 일반 콘크리트와 f_y = 400MPa인 철근을 사용할 때임)

① 400mm
② 450mm
③ 500mm
④ 550mm

해설
강도설계법에서 처짐을 별도로 계산하지 않아도 되는 단순 지지된 보의 최소 두께(h)는 $\frac{l}{16}$이다.

$\therefore \frac{8,000}{16} = 500\text{mm}$

42 강구조 접합부에 관한 설명으로 틀린 것은?

① 기둥-보 접합부는 접합부의 성능과 회전에 대한 구속 정도에 따라 전단접합, 부분강접합, 완전강접합으로 구분된다.
② 접합부의 설계강도는 45kN 이상이어야 한다. 다만, 연결재, 새그로드 또는 띠장은 제외한다.
③ 강접합은 이론적으로 보 단부에서 회전을 허용하지 않고 100%에 가까운 단부모멘트를 기둥 또는 이음부에 전달시키는 접합부이다.
④ 단순접합은 부재 단부의 회전저항에 따른 단부 모멘트를 발생시킬 수 있는 접합부이다.

해설
부재 단부의 회전저항에 따른 단부 모멘트를 발생시킬 수 있는 접합부는 강접합이다.

강구조의 접합방식

전단접합 (단순접합, 핀접합)	• 기둥에 플랜지는 접합하지 않고 웨브만 접합한 형태이다. • 수직, 수평 방향의 힘만 지지하는 접합방식이다. • 전단력만을 저항하며 회전은 자유로운 방식이다. • 핀접합, 힌지접합 등이 있다.
강접합 (모멘트접합)	• 기둥에 플랜지와 웨브를 접합한 형태이다. • 수직, 수평 방향의 힘을 지지하고 회전에 저항한다. • 축방향력, 전단력, 모멘트에 대해 저항할 수 있다.

43 그림과 같은 구조물의 부정정 차수는?

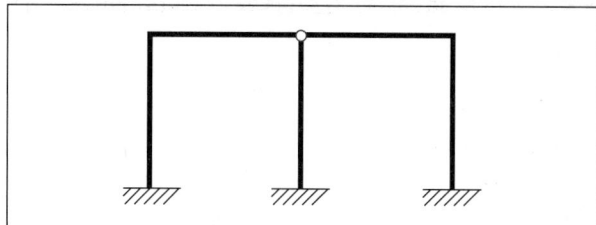

① 정정
② 1차 부정정
③ 3차 부정정
④ 4차 부정정

해설

$m = (n+s+r) - 2k$
$= 6+9+2-12$
$= 4$

여기서, n : 지점 반력수
　　　　s : 부재수
　　　　r : 강절점수
　　　　k : 절점수

∴ $m > 0$이므로, 4차 부정정 구조물이다.

44 그림과 같은 단순보의 양 지점에 모멘트 M이 작용할 때 A지점의 처짐각은?

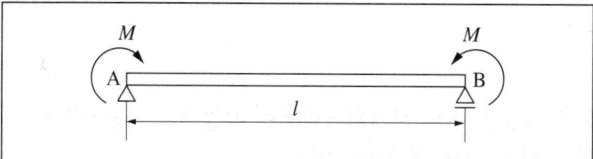

① $\dfrac{Ml}{2EI}$
② $\dfrac{Ml}{3EI}$
③ $\dfrac{Ml}{4EI}$
④ $\dfrac{Ml}{6EI}$

해설

- 면적(A) 구하기 : 모멘트-면적 정리에 따르면, 두 점(A와 B) 사이의 처짐각(θ_{BA})은 $\dfrac{M}{EI}$ 선도의 해당 구간 면적과 같다.

면적(A) = $\left(\dfrac{M}{EI}\right) \times l = \dfrac{Ml}{EI}$

- 처짐각 계산

$\theta_{BA} = \theta_B - \theta_A =$ 면적(A)

- $\theta_A - \theta_B =$ A-B구간의 $\dfrac{M}{EI}$ 면적

$\theta_A - (-\theta_A) = \dfrac{Ml}{EI}$

$2\theta_A = \dfrac{Ml}{EI}$, ∴ $\theta_A = \dfrac{Ml}{2EI}$

45 구조용강재에 대한 설명으로 옳지 않은 것은?

① SS400은 일반구조용 압연강재이다.
② 건축구조용 압연강재(SN) 뒤에 붙는 A, B, C는 샤르피 흡수에너지 등급으로 분류된 것이다.
③ 건축구조용 압연강재(SN)는 건축물의 내진설계에서 소성변형을 허용하는 설계를 할 수 있다.
④ TMCP강의 등장은 건축물의 대형화, 고층화와 관계가 깊다.

해설

건축구조용 압연강재(SN) 뒤에 붙는 A, B, C는 강재의 용접성능 등급을 나타낸다.

건축구조용 압연강재(SN)

뒤에 붙는 A, B, C는 강재의 용접성능 등급을 나타낸다. 이 등급은 용접 시 균열 발생을 억제하기 위한 기준으로, 특히 강구조물의 중요한 용접부에 사용되는 강재의 품질을 구분하는 데 사용된다.

- SN400A : 용접성이 가장 낮고 기본적인 등급이다. 용접부에 특별한 성능이 요구되지 않거나, 용접을 하지 않는 구조물에 사용된다.
- SN400B : 중간 등급으로, 용접에 대한 기본적인 품질 관리가 필요할 때 사용된다.
- SN400C : 용접성이 가장 우수한 등급으로 용접 시 균열 방지에 가장 효과적이며, 특히 두꺼운 부재나 큰 용접부, 또는 응력 집중이 예상되는 중요한 용접부에 주로 사용된다.

46 다음 그림과 같은 내민보의 지점반력을 각각 구하면? (단, 반력의 + : 상방향, − : 하방향)

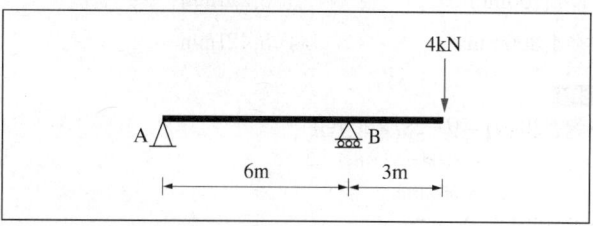

① $R_A = -2\text{kN}$, $R_B = +6\text{kN}$
② $R_A = +2\text{kN}$, $R_B = -6\text{kN}$
③ $R_A = +2\text{kN}$, $R_B = +2\text{kN}$
④ $R_A = -4\text{kN}$, $R_B = +8\text{kN}$

정답 43 ④　44 ①　45 ②　46 ①

해설

A지점은 힌지 지점이므로 수직반력 R_A와 수평반력 H_A를 가지며, B지점은 롤러 지점이므로 수직반력 R_B만 가진다. 외력은 수직 방향이므로, 수평반력 $H_A = 0$이다.

- A지점($\sum M_A = 0$)을 기준으로 모멘트 평형식 적용

$$\sum M_A = (R_B \times 6\text{m}) - (4\text{kN} \times (6+3)\text{m})$$
$$= 0$$
$$6R_B - 36 = 0$$
$$\therefore R_B = 6\text{kN}$$

- 수직력 평형식($\sum V = 0$)

$$R_A + R_B - 4\text{kN} = 0$$
$$R_A + 6\text{kN} - 4\text{kN} = 0$$
$$\therefore R_A = -2\text{kN}$$

47
필릿치수 8mm, 용접길이 500mm인 양면 필릿용접의 유효단면적은 약 얼마인가?

① $2,100\text{mm}^2$
② $3,221\text{mm}^2$
③ $4,300\text{mm}^2$
④ $5,421\text{mm}^2$

해설

- 용접길이(l) = $(l - 2S) \times 2$(양면)
  $= (500 - (2 \times 8)) \times 2$
  $= 968\text{mm}$
- 유효목두께(a) = $0.7S$
  $= 0.7 \times 8$
  $= 5.6\text{mm}$
- $\therefore$ 유효단면적 = 용접길이 × 유효목두께
  $= 968 \times 5.6$
  $\fallingdotseq 5,421\text{mm}^2$

48
인장력을 받는 원형단면 강봉의 지름을 4배로 하면 수직응력도(Normal stress)는 기존 응력도의 얼마로 줄어드는가?

① $\dfrac{1}{2}$
② $\dfrac{1}{4}$
③ $\dfrac{1}{8}$
④ $\dfrac{1}{16}$

해설

응력도(σ) = $\dfrac{P}{A} = \dfrac{P}{\dfrac{\pi D^2}{4}} = \dfrac{4P}{\pi D^2}$

여기서, P : 인장력
　　　　A : 단면적

응력도는 지름이 1일 때 $\dfrac{4P}{\pi}$, 4일 때 $\dfrac{1}{16}$배가 된다.

49
프리캐스트 콘크리트말뚝의 띠철근과 나선철근의 규격에 관한 내용 중 틀린 것은?

① 말뚝의 수평 최소 치수가 400mm 이하인 경우, 5.6mm 이상의 철선
② 말뚝의 수평 최소 치수가 400mm를 초과 500mm 미만인 경우, 6mm 이상의 철선
③ 말뚝의 수평 최소 치수가 500mm 이상인 경우, 6.4mm 이상 원형철근 또는 6.6mm 이상의 철선
④ 말뚝의 수평 최소 치수가 700mm 이상인 경우, 7.4mm 이상 원형철근 또는 7.6mm 이상의 철선

해설

프리캐스트 콘크리트말뚝의 띠철근과 나선철근의 규격(KDS 41 19 00)
- 말뚝의 수평 최소 치수가 400mm 이하인 경우, 5.6mm 이상의 철선
- 말뚝의 수평 최소 치수가 400mm를 초과 500mm 미만인 경우, 6mm 이상의 철선
- 말뚝의 수평 최소 치수가 500mm 이상인 경우, 6.4mm 이상 원형철근 또는 6.6mm 이상의 철선

50 다음 그림은 단순보의 전단력도이다. 각 구간에 대한 역학적 설명으로 틀린 것은?

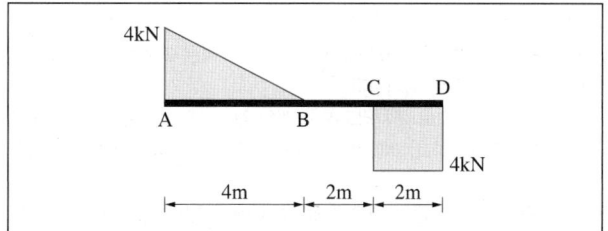

① A-B구간에는 등분포하중 1kN/m가 작용한다.
② B-C구간에는 하중이 작용하지 않는다.
③ C점에는 집중하중 2kN이 작용한다.
④ 양단부(지점)의 반력의 크기는 4kN이다.

해설
전단력 선도의 분석
전단력 선도의 수직 점프는 집중하중이 작용하고 있음을 의미한다. C점에서 전단력은 0kN에서 -4kN으로 수직으로 변화하고 있으므로 변화량은 |-4kN - 0kN| = 4kN이다.
∴ C점에는 2kN이 아닌 4kN의 집중하중이 작용하고 있다.

51 그림과 같은 보에서 A점에 200kN·m의 모멘트가 작용하였을 때 B점이 지지하는 모멘트 및 수직반력은?

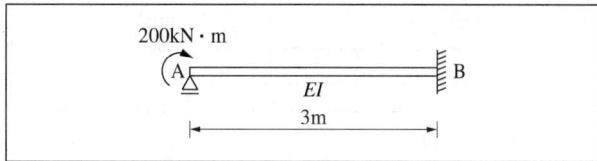

① $M_{BA} = 200$kN·m, $V_B = 100$kN
② $M_{BA} = 200$kN·m, $V_B = 50$kN
③ $M_{BA} = 100$kN·m, $V_B = 100$kN
④ $M_{BA} = 100$kN·m, $V_B = 50$kN

해설
모멘트 분배법
힌지지점에 작용하는 모멘트가 고정단에 전달되는 도달 모멘트는 작용모멘트의 1/2이다.
• B점의 모멘트
$M_{BA} = 200 \times \dfrac{1}{2} = 100$kN·m
• B점의 반력
$\sum M_A = 200 + M_B - V_B \times 3 = 0$
$200 + 100 - 3V_B = 0$
∴ $V_B = 100$kN

52 그림과 같은 직사각형 단면에서 O점에 대한 단면극2차모멘트 I_P의 값은?

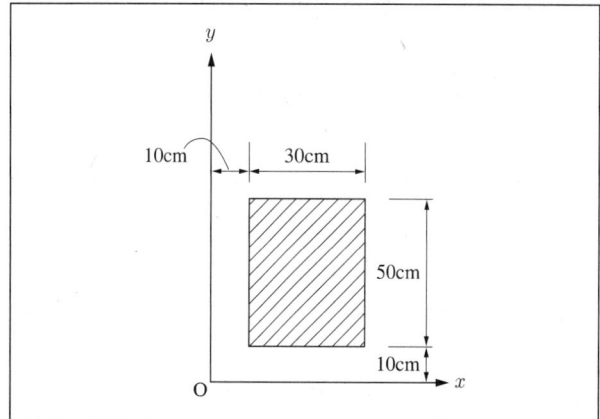

① $1,600,000\text{cm}^4$ ② $2,400,000\text{cm}^4$
③ $3,000,000\text{cm}^4$ ④ $3,200,000\text{cm}^4$

해설
단면극2차모멘트 공식
$I_P = I_x + I_y$
$I = I_c + Ad^2$
여기서, I_c : 단면의 도심 축에 대한 단면2차모멘트
 A : 단면의 면적
 d : 도심 축과 평행 이동할 축 사이의 거리
• 단면의 도심 축에 대한 단면2차모멘트(I_x, I_y)
 단면의 폭(b) = 30cm, 높이(h) = 50cm
 ㉠ 도심 축에 대한 $I_x(I_{xc}) = \dfrac{bh^3}{12} = \dfrac{30 \times 50^3}{12} = 312,500\text{cm}^4$
 ㉡ 도심 축에 대한 $I_y(I_{yc}) = \dfrac{hb^3}{12} = \dfrac{50 \times 30^3}{12} = 112,500\text{cm}^4$
• 단면의 면적(A) 및 도심(c_x, c_y)
 ㉠ 단면의 면적(A) = 30cm × 50cm = 1,500cm²
 ㉡ 도심의 x좌표(c_x) : 원점 O에서 30cm 폭의 절반만큼 떨어진 거리
  $c_x = 10\text{cm} + \dfrac{30}{2}\text{cm} = 25\text{cm}$
 ㉢ 도심의 y좌표(c_y) : 원점 O에서 50cm 높이의 절반만큼 떨어진 거리
  $c_y = 10\text{cm} + \dfrac{50}{2}\text{cm} = 35\text{cm}$
• 평행축 정리를 이용한 원점(O)에 대한 단면2차모멘트
 ㉠ O점에 대한 $I_x = I_{xc} + Ac_y^2 = 312,500 + 1,500 \times 35^2$
  $= 2,150,000\text{cm}^4$
 ㉡ O점에 대한 $I_y = I_{yc} + Ac_x^2 = 112,500 + 1,500 \times 25^2$
  $= 1,050,000\text{cm}^4$
∴ 단면극2차모멘트(I_P) = $I_x + I_y$
 $= 2,150,000 + 1,050,000$
 $= 3,200,000\text{cm}^4$

정답 50 ③ 51 ③ 52 ④

53 다음 중 철골트러스의 특성에 대한 설명으로 옳지 않은 것은?

① 직선 부재들이 삼각형의 형태로 구성되어 안정적인 거동을 한다.
② 트러스의 개방된 웨브공간으로 전기배선이나 덕트 등과 같은 설비배관의 통과가 가능하다.
③ 부정정 차수가 낮은 트러스의 경우에는 일부 부재나 접합부의 파괴가 트러스의 붕괴를 야기할 수 있다.
④ 직선 부재로만 구성되기 때문에 비정형 건축물의 구조체에는 도입이 어렵다.

해설
철골트러스는 비정형 건축물의 구조체를 구성하기에 적합하다.
철골트러스구조의 특징
- 직선 부재들이 삼각형의 형태로 구성되어 안정적인 거동을 한다.
- 트러스의 개방된 웨브공간으로 전기배선이나 덕트 등과 같은 설비배관의 통과가 가능하다.
- 부정정 차수가 낮은 트러스의 경우에는 일부 부재나 접합부의 파괴가 트러스의 붕괴를 야기할 수 있다.
- 비정형 곡면의 꼭짓점을 직선·곡선 부재로 연결하는 방식으로 3차원 비정형 건축물의 구조체에 적용된다.

54 콘크리트구조 설계 시 철근간격 제한에 관한 내용으로 옳지 않은 것은?

① 벽체 또는 슬래브에서 휨 주철근의 간격은 벽체나 슬래브 두께의 3배 이하로 하여야 하고, 또한 450mm 이하로 하여야 한다.
② 상단과 하단에 2단 이상으로 배치된 경우 상하철근은 동일 연직면 내에 배치되어야 하고, 이때 상하철근의 순간격은 25mm 이상으로 하여야 한다.
③ 나선철근 또는 띠철근이 배근된 압축부재에서 축방향 철근의 순간격은 25mm 이상, 또한 철근 공칭지름의 2.5배 이상으로 하여야 한다.
④ 2개 이상의 철근을 묶어서 사용하는 다발철근은 이형철근으로, 그 개수는 4개 이하이어야 하며, 이들은 스터럽이나 띠철근으로 둘러싸여져야 한다.

해설
나선철근 또는 띠철근이 배근된 압축부재에서 축방향 철근의 순간격은 40mm 이상, 또한 철근 공칭지름의 1.5배 이상으로 배치해야 한다.
철근의 간격 제한(KDS 14 20 50)
- 동일 평면에서 평행한 철근 사이의 수평 순간격은 25mm 이상, 철근의 공칭지름 이상으로 배치한다.
- 상하로 2단 이상으로 배치되도록 설계된 경우 상하철근은 동일 연직면 내에 배치되어야 하고, 이때 상하철근의 순간격은 25mm 이상으로 배치한다.
- 나선철근 또는 띠철근이 배근된 압축부재에서 축방향 철근의 순간격은 40mm 이상, 또한 철근 공칭지름의 1.5배 이상으로 배치한다.
- 벽체 또는 슬래브에서 휨 주철근의 간격은 벽체나 슬래브 두께의 3배 이하로 하여야 하고, 또한 450mm 이하로 배치한다.
- 2개 이상의 철근을 묶어서 사용하는 다발철근은 이형철근으로, 그 개수는 4개 이하이어야 하며, 이들은 스터럽이나 띠철근으로 둘러싸이도록 배치한다.

55 그림과 같은 단순보의 양단 수직반력을 구하면?

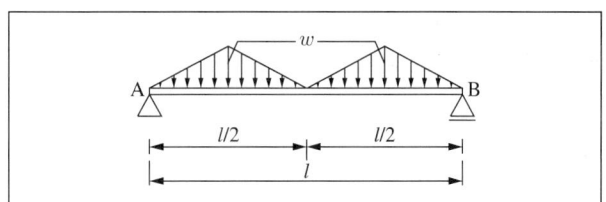

① $R_A = R_B = \dfrac{wl}{2}$
② $R_A = R_B = \dfrac{wl}{4}$
③ $R_A = R_B = \dfrac{wl}{6}$
④ $R_A = R_B = \dfrac{wl}{8}$

해설
$\Sigma V = 0$, $\Sigma M = 0$
- 삼각형의 면적이 하중의 크기이므로

$$P = \dfrac{w \times \dfrac{l}{2}}{2} \times 2 = \dfrac{wl}{2}$$

- $\dfrac{wl}{2}$의 하중을 양단이 분담하므로

$$R_A = R_B = \dfrac{wl}{4}$$

53 ④ 54 ③ 55 ②

56
고장력볼트 1개의 인장파단 한계상태에 대한 설계인장강도는?(단, 볼트의 등급 및 호칭은 F10T, M24, $\phi = 0.75$)

① 254kN ② 284kN
③ 304kN ④ 324kN

해설

F10T의 최소 인장강도(f_u) = 1,000MPa

- 볼트의 단면적(A) = $\frac{3.14 \times 24^2}{4}$ = 452mm²
- 공칭인장강도(F_{nt}) = $\phi \times f_u$
  = 0.75 × 1,000
  = 750N/mm²
- 설계인장강도(R_n) = $F_{nt} \times A \times \phi$
  = 750 × 452 × 0.75
  = 254,250N = 254kN

57
지진력저항시스템 중 다음 각 구조시스템에 관한 설명으로 옳지 않은 것은?

① 모멘트골조방식 : 수직하중과 횡력을 보와 기둥으로 구성된 라멘골조가 저항하는 구조방식
② 연성모멘트골조방식 : 횡력에 대한 저항능력을 증가시키기 위하여 부재와 접합부의 연성을 증가시킨 모멘트골조방식
③ 이중골조방식 : 횡력의 25% 이상을 부담하는 전단벽이 연성모멘트골조와 조화되어 있는 구조방식
④ 건물골조방식 : 수직하중은 입체골조가 저항하고, 지진하중은 전단벽이나 가새골조가 저항하는 구조방식

해설

이중골조방식은 지진력의 25% 이상 부담하는 연성모멘트골조가 전단벽이나 가새골조와 조합되어 있는 구조방식이다.

58
등가정적해석법에 따른 건축물의 내진설계 시 고려해야 할 사항이 아닌 것은?

① 지역계수 ② 지반종류
③ 지표면조도 ④ 반응수정계수

해설

지표면조도(노풍도)는 건축물이 바람에 노출된 정도를 구분한 것으로, 내진설계 시 고려할 사항은 아니다.

등가정적해석법

지진하중을 건물의 질량 분포에 따라 작용하는 정적인 수평하중으로 변환하여 건축물을 해석하는 방법으로 이 방법은 실제 지진 시 발생하는 건물의 동적 거동을 단순화하여 해석하는 기법이다. 지역계수, 지반종류, 반응수정계수 등을 고려해야 한다.

59
그림과 같이 스팬이 7.2m이며 간격이 3m인 합성보 A의 슬래브 유효폭 b_e 는?

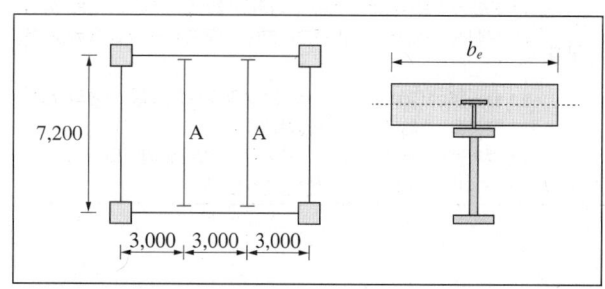

① 1,400mm ② 1,600mm
③ 1,800mm ④ 2,000mm

해설

- 보 경간(l)의 1/4
  $b_e = \frac{7.2}{4} = 1.8m$
- 보 중심선에서 인접 보 중심선까지 거리의 1/2
  - 좌측 유효폭 : 3m/2 = 1.5m
  - 우측 유효폭 : 3m/2 = 1.5m
  - 전체 유효폭 : 1.5m + 1.5m = 3.0m
- 보 중심선에서 슬래브 가장자리까지의 거리 : 보 A가 중앙에 위치한 경우이므로, 이 기준은 적용되지 않는다(보가 건물의 외곽에 위치할 경우에 적용).
- ∴ 세 가지 기준 중 가장 작은 값을 적용하므로 합성보의 슬래브 유효폭 (b_e)은 1.8m이다.

60 강구조 기둥의 주각부에 관한 설명으로 옳지 않은 것은?

① 기둥의 응력이 크면 윙플레이트, 접합앵글, 리브 등으로 보강하여 응력의 분산을 도모한다.
② 앵커볼트는 기초 콘크리트에 매입되어 주각부의 이동을 방지하는 역할을 한다.
③ 주각은 조건에 관계없이 고정으로만 가정하여 응력을 산정한다.
④ 축방향력이나 휨모멘트는 베이스플레이트 저면의 압축력이나 앵커볼트의 인장력에 의해 전달된다.

해설
주각은 핀 또는 고정으로 지지형식에 따라 주각의 성능에 영향을 주므로 조건에 따라 응력을 산정한다.
철골 주각부

주각부	• 기둥 하중과 모멘트를 기초를 통해 지지기반에 전달한다. • 기초에 기둥의 축방향력을 전달하기 위해서는 베이스플레이트와 기초면을 밀착시킨다.
주각부 응력	• 윙플레이트, 접합앵글, 리브로 보강하여 응력을 분산한다. • 주각은 고정 또는 핀으로 가정하여 응력을 산정한다. • 축방향력이나 휨모멘트는 베이스플레이트 저면의 압축력이나 앵커볼트의 인장력에 의해 전달된다.
주각의 구성	• 베이스플레이트(Base plate) : 기초 콘크리트에 지압응력이 분포하게 만든 패드로서 주각을 고정시킨다. • 사이드앵글(Side angle) : 윙플레이트와 베이스플레이트를 연결하는 측면에 부착하는 앵글이다. • 윙플레이트(Wing plate) : 사이드앵글을 거쳐서 또는 직접 용접에 의해서 베이스플레이트에 기둥으로부터의 응력을 전달한다. • 클립앵글(Clip angle) : 베이스플레이트와 철골기둥의 웨브 부분을 고정시키는 접합앵글이다. • 앵커볼트(Anchor bolt) : 기초 콘크리트에 매입되어 주각부의 이동을 방지하는 역할을 한다.

제4과목 건축설비

61 자동화재탐지설비의 열감지기 중 주위 온도가 일정한 온도 이상이 되면 작동하도록 된 열감지기는?

① 차동식 ② 정온식
③ 광전식 ④ 이온화식

해설
열감지기의 종류

정온식	• 일정 온도에 도달하면 작동한다. • 다량의 열을 취급하는 보일러실, 주방 등에 적합하다.
차동식	• 일정 온도 상승률에 따라 작동한다. • 화기를 취급하지 않는 사무실 등에 적합하다.
보상식	• 일정 온도, 온도 상승률에 따라 작동한다. • 정온식과 차동식 감지기의 기능을 합친 것이다.

62 공기조화방식 중 단일덕트방식에 대한 설명으로 옳지 않은 것은?

① 냉・온풍의 혼합손실이 없다.
② 이중덕트방식에 비해 덕트 스페이스가 적게 든다.
③ 각 실이나 존의 부하변동에 즉시 대응할 수 있다.
④ 부하특성이 다른 여러 개의 실이나 존이 있는 건물에 적용하기가 곤란하다.

해설
단일덕트방식은 각 실이나 존(Zone)의 부하변동에 즉시 대응할 수 없다.
단일덕트방식
• 1개의 공급덕트와 1개의 환기덕트를 통해 조화공기를 공급하는 방식이다.
• 냉풍과 온풍을 혼합하는 혼합상자가 필요 없다.
• 혼합손실이 없고 소음과 진동이 적다.
• 이중덕트방식에 비해 스페이스가 적다.
• 각 실이나 존의 부하변동에 대한 신속한 온도조절이 곤란하다.

63 습공기가 냉각되어 포함되어 있던 증기가 응축되기 시작하는 온도를 의미하는 것은?

① 노점온도 ② 습구온도
③ 건구온도 ④ 절대온도

해설
① 노점온도 : 공기 중의 수증기가 응결하여 이슬이 맺히기 시작하는 온도
② 습구온도 : 습도계의 한 종류인 습구온도계로 측정하는 온도
③ 건구온도 : 습도나 복사열의 영향을 고려하지 않은 순수한 공기 자체의 온도
④ 절대온도 : 열역학적 척도로, 절대 영도를 0K(켈빈)으로 삼는 온도

64 LPG에 관한 설명으로 옳지 않은 것은?

① 비중이 공기보다 작다.
② 액화석유가스를 말한다.
③ 액화하면 그 체적은 약 1/250로 된다.
④ 상압에서는 기체이지만 압력을 가하면 액화된다.

해설
LPG는 비중이 공기보다 무겁다.
LPG(액화석유가스, 프로판가스)
- 석유 정제과정에서 채취된 가스를 압축냉각해서 액화시킨 가스이다.
- 발열량이 크며 연소에 필요한 공기량이 많다.
- 공기보다 비중이 크고 무겁다.
- 공기 중에 확산되지 않고 폭발하기 쉽다.
- 상압에서는 기체이지만, 압축냉각하면 액화되며 용적이 1/250으로 감소한다.

65 500명을 수용하는 극장에서 실온을 20℃로 유지하기 위한 필요환기량은?(단, 외기온도는 10℃, 1인당 발열량은 60W, 공기의 정압비열은 1.01kJ/kg·K, 공기의 밀도는 1.2kg/m³이다)

① 약 8,910m³/h
② 약 12,820m³/h
③ 약 16,210m³/h
④ 약 18,450m³/h

해설
1W = 3.6kJ/h이므로, 60W = 216kJ/h이다.
현열부하 = 216kJ/h·인 × 500인 = 108,000kJ/h

$$\therefore \text{필요환기량}(V_h) = \frac{\text{현열부하}(Q)}{\text{밀도}(\rho) \times \text{비열}(C_p) \times \text{온도의 차이}(\Delta T)}$$

$$= \frac{108,000 \text{kJ/h}}{1.2 \text{kg/m}^3 \times 1.01 \text{kJ/kg·K} \times (20-10)℃}$$

$$\fallingdotseq 8,910 \text{m}^3/\text{h}$$

66 급탕배관에 관한 설명으로 옳은 것은?

① 배관은 하향 구배로 하는 것이 원칙이다.
② 탕비기 주위의 급탕배관은 가능한 한 짧게 하고 공기가 체류하지 않도록 한다.
③ 배관은 신축에 견디도록 가능하면 요철부가 많도록 배관하는 것이 원칙이다.
④ 물이 뜨거워지면 수중에 포함된 공기가 분리되기 쉽고, 이 공기는 배관의 상부에 모여서 급탕의 순환을 원활하게 한다.

해설
① 급탕배관은 상향 구배로 하는 것이 원칙이다.
③ 배관은 열팽창과 신축에 대비하여 신축이음을 설치해야 하며, 요철은 되도록 피하는 것이 좋다.
④ 물이 뜨거워질수록 수중에 포함된 공기가 분리되어 상부에 모여 순환을 방해한다.

67 다음 설명에 알맞은 접지의 종류는?

> 기능상 목적이 서로 다르거나 동일한 목적의 개별 접지들을 전기적으로 서로 연결하여 구현한 접지시스템

① 단독접지   ② 공통접지
③ 통합접지   ④ 종별접지

해설
접지시스템의 시설 종류

단독접지	고압, 특고압 계통의 접지극과 저압 계통의 접지극을 독립적으로 설치하는 방식이다.
공통접지	등전위가 형성되도록 고압, 특고압, 저압 계통의 접지극을 공통으로 접지하는 방식이다.
통합접지	전기설비의 접지 계통, 피뢰설비, 전자통신설비 등의 접지극을 통합하여 접지하는 방식이다.

68 스프링클러설비를 설치하여야 하는 소방대상물의 최대 방수구역에 설치된 개방형 스프링클러헤드의 개수가 30개일 경우, 스프링클러설비의 수원의 저수량은 최소 얼마 이상으로 하여야 하는가?

① $16m^3$ ② $32m^3$
③ $48m^3$ ④ $56m^3$

해설
스프링클러설비의 화재안전기술기준(NFTC 103) 2.1.1.2
개방형 스프링클러헤드를 사용하는 스프링클러설비의 수원은 최대 방수구역에 설치된 스프링클러헤드의 개수가 30개 이하일 경우에는 설치헤드 수에 $1.6m^3$를 곱한 양 이상으로 하고, 30개를 초과하는 경우에는 수리계산에 따를 것
∴ 30개 × 1.6 = $48m^3$

69 어떤 실의 취득열량이 현열 35,000W, 잠열 15,000W이었을 때 현열비는?

① 0.3   ② 0.4
③ 0.7   ④ 2.3

해설
현열비(SHR) = $\dfrac{현열}{현열 + 잠열} = \dfrac{35,000}{35,000 + 15,000} = 0.7$

70 통기방식에 관한 설명으로 옳지 않은 것은?

① 루프통기방식은 각 기구의 트랩마다 통기관을 설치하고 각각을 통기수평지관에 연결하는 방식이다.
② 신정통기방식에서는 통기수직관을 설치하지 않는다.
③ 신정통기방식은 배수수직관의 상부를 연장하여 신정통기관으로 사용하는 방식으로, 대기 중에 개구한다.
④ 각개통기방식은 트랩마다 통기되기 때문에 가장 안정도가 높은 방식으로, 자기사이펀작용의 방지에도 효과가 있다.

해설
루프통기방식은 2개 이상 8개 이하까지의 트랩을 보호하기 위하여 기구배수관이 배수수평지관에 접속하는 지점의 바로 하류에서 인출하여, 통기수직관에 연결하는 통기관을 말한다.

71 다음의 스프링클러에 대한 설명 중 틀린 것은?

① 가압송수장치의 정격토출압력은 하나의 헤드 선단에 0.1MPa 이상 1.2MPa 이하의 방수압력이 될 수 있는 크기일 것
② 스프링클러설비의 수원을 수조로 설치하는 경우에는 다른 설비와 겸용하여 설치할 것
③ 가압송수장치의 송수량은 0.1MPa의 방수압력 기준으로 80L/min 이상의 방수성능을 가진 기준 개수의 모든 헤드로부터의 방수량을 충족시킬 수 있는 양 이상의 것으로 할 것
④ 개방형 스프링클러헤드를 사용하는 스프링클러설비의 수원은 최대 방수구역에 설치된 스프링클러헤드의 개수가 30개 이하일 경우에는 설치헤드수에 1.6m³를 곱한 양 이상으로 할 것

해설
스프링클러설비의 수원을 수조로 설치하는 경우에는 소방설비 전용으로 해야 한다.

72 온수난방에서 일반적인 특징에 관한 설명으로 옳지 않은 것은?

① 한랭지에서는 운전정지 중에 동결의 위험이 있다.
② 난방을 정지하여도 난방효과가 어느 정도 지속된다.
③ 증기난방에 비하여 난방부하 변동에 따른 온도조절이 용이하다.
④ 증기난방에 비하여 소요방열면적과 배관경이 작게 되므로 설비비가 적게 든다.

해설
증기난방에 비하여 소요방열면적과 배관경이 커서 설비비가 많이 든다.
온수난방
- 현열을 이용하여 난방의 쾌감도가 높다.
- 열용량이 크고, 난방을 정지하여도 난방효과 잠시 지속된다.
- 난방부하의 변동에 따른 온도조절 및 용량제어가 용이하다.
- 한랭지에서 난방을 정지하였을 경우 동결의 우려가 있다.
- 예열부하가 크며, 예열시간이 길고 방열면적과 배관이 크다.

73 100V, 500W의 전열기를 90V에서 사용할 경우 소비전력은?

① 200W
② 310W
③ 405W
④ 420W

해설
전압이 0.9배 감소하였을 때, 전력은 0.9^2배로 감소한다.
∴ 500W × 0.81 = 405W

74 흡음 및 차음에 관한 설명으로 옳지 않은 것은?

① 벽의 차음성능은 투과손실이 클수록 높다.
② 차음성능이 높은 재료는 흡음성능도 높다.
③ 벽의 차음성능은 사용재료의 면밀도에 크게 영향을 받는다.
④ 벽의 차음성능은 동일 재료에서도 두께와 시공법에 따라 다르다.

해설
동일 재료의 차음성능과 흡음성능은 비례하지 않는다.

흡음	• 물체가 소리를 흡수하는 것을 말한다. • 흡음률이 높은 재료를 흡음재, 낮은 재료를 반사재라 한다. • 흡음재는 다공질, 섬유질이다. • 실내 벽면의 흡음률이 높아지면 잔향시간은 짧아진다.
차음	• 소리 및 진동을 차단하는 것을 말한다. • 차음재는 재질이 단단하고 무겁다. • 차음성능은 투과손실이 클수록 높고, 사용재료의 면밀도에 크게 영향을 받으며, 동일 재료에서도 두께와 시공법에 따라 다르다.

75 다음 중 그 값이 클수록 안전한 것은?

① 접지저항
② 도체저항
③ 접촉저항
④ 절연저항

해설
④ 절연저항 : 전압이 가해진 절연체가 나타내는 전기저항을 말하며, 그 값이 클수록 안전하다.
① 접지저항 : 접지저항이 낮아야 낙뢰나 누설전류가 빨리 대지로 흘러서 감전·화재를 방지할 수 있다.
② 도체저항 : 도체저항이 크면 전력손실이 발생하며, 지속적인 발열로 인해 내구성이 저하되고 화재 위험이 증가한다.
③ 접촉저항 : 접촉저항이 커지면 과열·스파크·화재 원인이 된다.

정답 71 ② 72 ④ 73 ③ 74 ② 75 ④

76 수평보행기(무빙워크)에 관한 설명으로 옳지 않은 것은?

① 경사각이 6° 이하인 수평보행기의 경우 광폭형을 설치할 수 없다.
② 수평보행기 디딤판(팰릿)의 디딤면의 주행 방향 길이는 제한하지 않는다.
③ 수평보행기 디딤판의 속도는 경사도가 8° 이하인 것은 50m/min 이하로 하여야 한다.
④ 수평보행기의 디딤면이 고무제품 등 미끄러지기 어려운 구조일 경우 경사도를 15° 이하로 할 수 있다.

해설
경사각이 6° 이하인 수평보행기의 경우 광폭형을 설치할 수 있다.
수평보행기(무빙워크) 설치기준
- 수평보행기의 경사도는 12° 이하여야 한다. 다만, 디딤면이 미끄러지기 어려운 재질(고무제품 등)인 경우 경사도를 15° 이하로 할 수 있다.
- 경사도가 8° 이하인 경우 분당 50m 이하, 경사도가 8°를 초과하는 경우 분당 40m 이하로 해야 한다.
- 디딤면의 폭은 560mm 이상 1,020mm 이하여야 한다. 단, 경사각이 6° 이하인 경우에는 더 넓은 광폭형을 설치할 수 있다.
- 디딤판 표면은 안전한 발판이 될 수 있도록 빗살과 맞물리는 홈이 있어야 한다.
- 핸드레일은 디딤면과 같은 방향, 같은 속도로 움직여야 한다.
- 핸드레일 높이는 바닥면으로부터 0.8m 이상 0.9m 이하, 지름은 3.2cm 이상 3.8cm 이하로 해야 한다.
- 기계실은 기기 배치 및 관리에 지장이 없는 구조로, 주요기기로부터 벽까지의 수평거리는 30cm 이상이어야 한다.

77 0°C의 물 400kg을 50°C로 올리는 데 필요한 가열열량은?(단, 물의 비열은 4.2kJ/kg·K이다)

① 42,000kJ/h
② 84,000kJ/h
③ 126,000kJ/h
④ 168,000kJ/h

해설
$Q = m \times c \times \Delta T$
$\quad = 400kg \times 4.2kJ/kg \cdot K \times 50K$
$\quad = 84,000kJ/h$
여기서, m : 물질의 질량(kg)
$\qquad c$: 물질의 비열(kJ/kg·K)
$\qquad \Delta T$: 온도 변화(°C 또는 K)

78 도시가스사용시설의 시설기준에 관한 설명으로 옳지 않은 것은?

① 건축물 안의 배관은 매설하여 시공하는 것을 원칙으로 한다.
② 가스계량기와 전기계량기의 거리는 60cm 이상 유지하여야 한다.
③ 지상배관은 부식 방지 도장 후 표면색상을 황색으로 도색하는 것이 원칙이다.
④ 가스계량기는 보호상자 안에 설치할 경우 직사광선이나 빗물을 받을 우려가 있는 곳에 설치할 수 있다.

해설
가스배관은 매립하지 않고 노출배관으로 설치해야 한다.
도시가스사용시설의 시설기준
- 도시가스배관은 누출 우려가 없고 부식에 강한 재료로 설치해야 한다.
- 매립하지 않고 노출배관으로 설치해야 한다.
- 배관이 흔들리지 않도록 일정 간격으로 고정해야 한다.
- 지상에 노출된 배관은 부식 방지 도장을 하고, 가스배관임을 알 수 있도록 황색으로 도색해야 한다.
- 가스계량기의 안전거리

전기계량기, 전기개폐기와의 거리	60cm 이상
굴뚝(단열조치 없는 경우), 전기점멸기, 전기접속기와의 거리	30cm 이상
전열조치를 하지 아니한 전선과의 거리	15cm 이상

- 가스계량기는 화재 위험이 없고 환기가 잘 되는 곳에 설치해야 한다.
- 가스계량기는 화기(난로, 보일러 등)와는 2m 이상 우회거리를 유지해야 한다.
- 가스계량기는 직사광선이나 빗물을 맞을 우려가 있는 곳에는 보호상자 안에 설치해야 한다.
- 연소기가 설치된 장소에는 조작이 용이한 위치에 중간밸브를 설치해야 한다.
- 월사용량이 100m³ 이상인 가스사용시설이나 지하에 설치된 시설(가정용 제외)에는 가스누출경보차단장치 또는 가스누출자동차가단기를 의무적으로 설치해야 한다.

79 트랩의 봉수파괴 원인 중 통기관을 설치함으로써 봉수 파괴를 방지할 수 있는 것이 아닌 것은?

① 분출작용
② 모세관현상
③ 자기사이펀작용
④ 유도사이펀작용

해설
① 분출작용(역압작용) : 상부 수직관에서 많은 물이 낙하하면서 발생한 공기압이 트랩의 봉수를 실내로 밀어내 배출되는 현상을 말한다.
③ 자기사이펀작용 : 배관 내 만수된 물이 일시에 배수될 경우 사이펀작용에 의해 트랩 내부 봉수가 배출되는 현상을 말한다.
④ 유도사이펀작용 : 상부 수직관에서 일시에 많은 물이 낙하할 경우 배관 내부에 진공이 생겨 트랩의 봉수가 배출되는 현상을 말한다.

80 의복의 단열성을 나타내는 단위로서, 그 값이 클수록 인체에서 발생되는 열이 주위 공기로 적게 발산되는 것을 의미하는 것은?

① clo
② dB
③ NC
④ MRT

해설
② dB : 소리의 세기(음압 수준) 또는 전기신호 강도를 나타내는 단위이다.
③ NC : 실내의 소음허용기준 등급이다.
④ MRT : 실내의 평균복사온도를 의미한다.

제5과목 건축관계법규

81 비상용승강기를 설치하지 아니할 수 있는 건축물에 관한 기준 내용이다. ( ) 안에 알맞은 것은?

높이 (㉠)m를 넘는 층수가 (㉡)개 층 이하로서 당해 각 층의 바닥면적의 합계 200m² 이내마다 방화구획으로 구획한 건축물

① ㉠ 31, ㉡ 4
② ㉠ 31, ㉡ 3
③ ㉠ 41, ㉡ 4
④ ㉠ 41, ㉡ 3

해설
높이 31m 이상, 층수 4개층 이하의 200m²마다 방화구획된 건축물이 해당된다.
비상용승강기를 설치하지 아니할 수 있는 건축물(건축물설비기준규칙 제9조)
• 높이 31m를 넘는 각 층을 거실외의 용도로 쓰는 건축물
• 높이 31m를 넘는 각 층의 바닥면적의 합계가 500m² 이하인 건축물
• 높이 31m를 넘는 층수가 4개 층 이하로서 당해 각 층의 바닥면적의 합계 200m² 이내마다 방화구획으로 구획된 건축물

82 부설주차장 설치대상 시설물로서 시설면적이 1,400m²인 제2종 근린생활시설에 설치하여야 하는 부설주차장의 최소 대수는?

① 7대
② 9대
③ 10대
④ 14대

해설
부설주차장의 설치대상 시설물 종류 및 설치기준(주차장법 시행령 별표 1)

설치기준	시설물
시설면적 200m²당 1대	제1종 근린생활시설(공중화장실, 대피소, 지역아동센터는 제외), 제2종 근린생활시설, 숙박시설

∴ 시설면적 200m²당 1대이므로 1,400/200 = 7대

정답 79 ② 80 ① 81 ① 82 ①

83 노외주차장의 주차형식에 따른 차로의 최소 너비가 옳게 연결된 것은?(단, 출입구가 2개 이상인 경우)

① 평행주차 − 5.0m
② 60° 대향주차 − 5.0m
③ 교차주차 − 3.5m
④ 직각주차 − 5.5m

해설

노외주차장의 구조·설비기준(주차장법 시행규칙 제6조)

주차형식	차로의 너비	
	출입구가 2개 이상인 경우	출입구가 1개 이상인 경우
평행주차	3.3m	5.0m
직각주차	6.0m	6.0m
60° 대향주차	4.5m	5.5m
45° 대향주차	3.5m	5.0m
교차주차	3.5m	5.0m

84 다음 중 공동주택의 개별난방설비 설치기준으로 옳지 않은 것은?

① 보일러의 연도는 내화구조로서 공동연도로 설치할 것
② 보일러실 윗부분에는 그 면적이 최소 1.0m² 이상인 환기창을 설치할 것
③ 보일러를 설치하는 곳과 거실 사이의 경계벽은 출입구를 제외하고는 내화구조의 벽으로 구획할 것
④ 기름보일러를 설치하는 경우에는 기름저장소를 보일러실 외의 다른 곳에 설치할 것

해설

보일러실 윗부분에는 그 면적이 최소 0.5m² 이상인 환기창을 설치해야 한다.

개별난방설비 등(건축물설비기준규칙 제13조)

- 보일러는 거실 외의 곳에 설치하되, 보일러를 설치하는 곳과 거실 사이의 경계벽은 출입구를 제외하고는 내화구조의 벽으로 구획할 것
- 보일러실의 윗부분에는 그 면적이 0.5m² 이상인 환기창을 설치하고, 보일러실의 윗부분과 아랫부분에는 각각 지름 10cm 이상의 공기흡입구 및 배기구를 항상 열려 있는 상태로 바깥공기에 접하도록 설치할 것. 다만, 전기보일러의 경우에는 그러하지 아니하다.
- 보일러실과 거실 사이의 출입구는 그 출입구가 닫힌 경우에는 보일러가스가 거실에 들어갈 수 없는 구조로 할 것
- 기름보일러를 설치하는 경우에는 기름저장소를 보일러실 외의 다른 곳에 설치할 것
- 오피스텔의 경우에는 난방구획을 방화구획으로 구획할 것
- 보일러의 연도는 내화구조로서 공동연도로 설치할 것

85 대지 및 건축물 관련 건축기준의 허용오차 범위에 대한 설명으로 옳지 않은 것은?

① 건축선의 후퇴거리는 3% 이내이다.
② 건축물의 벽체두께는 3% 이내이다.
③ 건축물의 높이는 1m를 초과할 수 없다.
④ 건축물의 평면길이는 0.5m를 초과할 수 없다.

해설

건축물 평면길이에 허용되는 오차범위는 2% 이내이며 건축물 전체길이는 1.0m를 초과할 수 없다.

건축기준의 허용오차(건축법 시행규칙 별표 5)

대지 관련	3% 이내	건축선의 후퇴거리, 인접 대지경계선과의 거리, 인접 건축물과의 거리
	1% 이내	용적률(연면적 30m²를 초과할 수 없다)
	0.5% 이내	건폐율(건축면적 5m²를 초과할 수 없다)
건축물 관련	3% 이내	벽체두께, 바닥판두께
	2% 이내	건축물의 높이(1m를 초과할 수 없다), 평면길이(전체길이는 1m, 각 실은 10cm를 초과할 수 없다), 출구너비, 반자높이

86 국토의 계획 및 이용에 관한 법령상 광장·공원·녹지·유원지·공공공지가 속하는 기반시설은?

① 교통시설
② 공간시설
③ 환경기초시설
④ 보건위생시설

해설

기반시설(국토계획법 시행령 제2조)

교통시설	도로·철도·항만·공항·주차장·자동차정류장·궤도·차량 검사 및 면허시설
공간시설	광장·공원·녹지·유원지·공공공지
유통·공급시설	유통업무설비, 수도·전기·가스·열공급설비, 방송통신시설, 공동구·시장, 유류저장 및 송유설비
공공·문화 체육시설	학교·공공청사·문화시설·공공필요성이 인정되는 체육시설·연구시설·사회복지시설·공공직업훈련시설·청소년수련시설
방재시설	하천·유수지·저수지·방화설비·방풍설비·방수설비·사방설비·방조설비
보건위생시설	장사시설·도축장·종합의료시설
환경기초시설	하수도·폐기물처리 및 재활용시설·빗물저장 및 이용시설·수질오염방지시설·폐차장

87 건축법령상 공동주택에 속하지 않는 것은?

① 기숙사　　② 연립주택
③ 다가구주택　　④ 다세대주택

해설
다가구주택은 단독주택에 속한다.
단독주택과 공동주택(건축법 시행령 별표 1)

단독주택	단독주택, 다중주택, 다가구주택, 공관
공동주택	아파트, 연립주택, 다세대주택, 기숙사

88 건설기술 진흥법령상 기계 직무분야 건설기술인의 전문분야에 속하지 않는 것은?

① 건축전기설비　　② 건설기계
③ 승강기　　④ 용접

해설
건설기술인의 직무분야 및 전문분야(건설기술 진흥법 시행령 별표 1)

직무분야	전문분야
기계	• 공조냉동 및 설비 • 건설기계 • 용접 • 승강기 • 일반기계
전기·전자	• 철도신호 • 건축전기설비 • 산업계측제어

89 다음은 건축법상 리모델링에 대비한 특례 등에 관한 내용이다. ( ) 안에 알맞은 것은?

> 리모델링이 쉬운 구조의 공동주택의 건축을 촉진하기 위하여 공동주택을 대통령령으로 정하는 구조로 하여 건축허가를 신청하면 제56조, 제60조 및 제61조에 따른 기준을 ( )의 범위에서 대통령령으로 정하는 비율로 완화하여 적용할 수 있다.

① 100분의 110
② 100분의 120
③ 100분의 140
④ 100분의 150

해설
리모델링에 대비한 특례 등(건축법 제8조)
리모델링이 쉬운 구조의 공동주택의 건축을 촉진하기 위하여 공동주택을 대통령령으로 정하는 구조로 하여 건축허가를 신청하면 제56조, 제60조 및 제61조에 따른 기준을 100분의 120의 범위에서 대통령령으로 정하는 비율로 완화하여 적용할 수 있다.

90 다음 중 신고대상에 속하는 용도변경은?

① 영업시설군에서 문화 및 집회시설군으로 용도변경
② 근린생활시설군에서 주거업무시설군으로 용도변경
③ 산업 등의 시설군에서 자동차 관련 시설군으로 용도변경
④ 교육 및 복지시설군에서 전기통신시설군으로 용도변경

해설
①·③·④는 허가대상이다.
용도변경 시설군과 용도변경(건축법 제19조)

	구분	허가대상	신고대상	기재내용 변경대상
1	자동차 관련 시설군	변경용도 ↑ 기존용도	기존용도 ↓ 변경용도	동일 시설군 용도변경
2	산업 등의 시설군			
3	전기통신시설군			
4	문화 및 집회시설군			
5	영업시설군			
6	교육 및 복지시설군			
7	근린생활시설군			
8	주거업무시설군			
9	그 밖의 시설군			

정답 87 ③　88 ①　89 ②　90 ②

91 면적의 산정방법 중 건축물의 외벽(외벽이 없는 경우에는 외곽 부분의 기둥)의 중심선으로 둘러싸인 부분의 수평투영면적으로 하는 것은?

① 연면적 ② 대지면적
③ 건축면적 ④ 거실면적

해설
면적 등의 산정방법(건축법 시행령 제119조)
- 대지면적 : 대지의 수평투영면적으로 한다.
- 건축면적 : 건축물의 외벽(외벽이 없는 경우에는 외곽 부분의 기둥으로 한다)의 중심선으로 둘러싸인 부분의 수평투영면적으로 한다.
- 바닥면적 : 건축물의 각 층 또는 그 일부로서 벽, 기둥, 그 밖에 이와 비슷한 구획의 중심선으로 둘러싸인 부분의 수평투영면적으로 한다.
- 연면적 : 하나의 건축물 각 층의 바닥면적의 합계로 한다.

92 건축물에 설치하는 급수·배수 등의 용도로 쓰는 배관설비의 설치 및 구조 내용 중 틀린 것은?

① 배관설비를 콘크리트에 묻는 경우 부식 방지조치를 하지 말 것
② 건축물의 주요부분을 관통하여 배관하는 경우에는 건축물의 구조내력에 지장이 없도록 할 것
③ 승강기의 승강로 안에는 승강기의 운행에 필요한 배관설비 외의 배관설비를 설치하지 아니할 것
④ 압력탱크 및 급탕설비에는 폭발 등의 위험을 막을 수 있는 시설을 설치할 것

해설
배관설비를 콘크리트에 묻는 경우 부식의 우려가 있는 재료는 부식 방지조치를 해야 한다(건축물설치기준규칙 제17조).

93 다음은 대지와 도로의 관계에 관한 기준 내용이다. ( ) 안에 알맞은 것은?(단, 축사, 작물 재배사, 그 밖에 이와 비슷한 건축물로서 건축조례로 정하는 규모의 건축물은 제외)

> 면적의 합계가 2,000m² (공장인 경우에는 3,000m²) 이상인 건축물(축사, 작물지배사, 그 밖에 이와 비슷한 건축물로 정하는 규모의 건축물을 제외한다)의 대지는 너비 (㉠) 이상의 도로에 (㉡) 이상 접하여야 한다.

① ㉠ 2m, ㉡ 4m
② ㉠ 4m, ㉡ 2m
③ ㉠ 4m, ㉡ 6m
④ ㉠ 6m, ㉡ 4m

해설
대지와 도로의 관계(건축법 시행령 제28조)
연면적의 합계가 2,000m² (공장인 경우에는 3,000m²) 이상인 건축물(축사, 작물 재배사, 그 밖에 이와 비슷한 건축물로서 건축조례로 정하는 규모의 건축물은 제외한다)의 대지는 너비 6m 이상의 도로에 4m 이상 접하여야 한다.

94 국토의 계획 및 이용에 관한 법령상 제1종 일반주거지역 안에서 건축할 수 있는 건축물에 속하지 않는 것은?

① 아파트
② 단독주택
③ 노유자시설
④ 교육연구시설 중 고등학교

해설
제1종 일반주거지역 안에서 건축할 수 있는 건축물(국토계획법 시행령 별표 4)
- 단독주택
- 공동주택(아파트를 제외한다)
- 근린생활시설
- 교육연구시설 중 유치원·초등학교·중학교 및 고등학교
- 노유자시설

95 직통계단의 설치에 관한 기준 내용이다. 밑줄 친 다음 각 호의 어느 하나에 해당하는 용도 및 규모의 건축물의 기준 내용으로 옳지 않은 것은?

> 법 제49조 제1항에 따라 피난층 외의 층이 <u>다음 각 호의 어느 하나에 해당하는 용도 및 규모</u>의 건축물에는 국토교통부령으로 정하는 기준에 따라 피난층 또는 지상으로 통하는 직통계단을 2개소 이상 설치하여야 한다.

① 지하층으로서 그 층 거실의 바닥면적의 합계가 200m² 이상인 것
② 종교시설의 용도로 쓰는 층으로서 그 층에서 해당 용도로 쓰는 바닥면적의 합계가 200m² 이상인 것
③ 숙박시설의 용도로 쓰는 3층 이상의 층으로서 그 층의 해당 용도로 쓰는 거실의 바닥면적의 합계가 200m² 이상인 것
④ 업무시설 중 오피스텔의 용도로 쓰는 층으로서 그 층의 해당 용도로 쓰는 거실의 바닥면적의 합계가 200m² 이상인 것

해설
업무시설 중 오피스텔의 용도로 쓰는 층으로서 그 층의 해당 용도로 쓰는 거실의 바닥면적의 합계가 300m² 이상인 것이어야 한다.
직통계단의 설치(건축법 시행령 제34조)
피난층 외의 층이 다음의 어느 하나에 해당하는 용도 및 규모의 건축물에는 국토교통부령으로 정하는 기준에 따라 피난층 또는 지상으로 통하는 직통계단을 2개소 이상 설치하여야 한다.
㉠ 제2종 근린생활시설 중 공연장·종교집회장, 문화 및 집회시설(전시장 및 동·식물원은 제외한다), 종교시설, 위락시설 중 주점영업 또는 장례시설의 용도로 쓰는 층으로서 그 층에서 해당 용도로 쓰는 바닥면적의 합계가 200m²(제2종 근린생활시설 중 공연장·종교집회장은 각각 300m²) 이상인 것
㉡ 단독주택 중 다중주택·다가구주택, 제1종 근린생활시설 중 정신과의원(입원실이 있는 경우로 한정한다), 제2종 근린생활시설 중 인터넷컴퓨터게임시설제공업소(해당 용도로 쓰는 바닥면적의 합계가 300m² 이상인 경우만 해당한다)·학원·독서실, 판매시설, 운수시설(여객용 시설만 해당한다), 의료시설(입원실이 없는 치과병원은 제외한다), 교육연구시설 중 학원, 노유자시설 중 아동 관련 시설·노인복지시설·장애인 거주시설 및 장애인복지법에 따른 장애인 의료재활시설, 수련시설 중 유스호스텔 또는 숙박시설의 용도로 쓰는 3층 이상의 층으로서 그 층의 해당 용도로 쓰는 거실의 바닥면적의 합계가 200m² 이상인 것
㉢ 공동주택(층당 4세대 이하인 것은 제외한다) 또는 업무시설 중 오피스텔의 용도로 쓰는 층으로서 그 층의 해당 용도로 쓰는 거실의 바닥면적의 합계가 300m² 이상인 것
㉣ ㉠부터 ㉢까지의 용도로 쓰지 아니하는 3층 이상의 층으로서 그 층 거실의 바닥면적의 합계가 400m² 이상인 것
㉤ 지하층으로서 그 층 거실의 바닥면적의 합계가 200m² 이상인 것

96 국토계획법상 용도지역에서의 용적률 기준이 옳지 않은 것은?

① 제1종 전용주거지역 : 50% 이상 100% 이하
② 중심상업지역 : 100% 이상 1,200% 이하
③ 준공업지역 : 150% 이상 400% 이하
④ 자연녹지지역 : 50% 이상 100% 이하

해설
중심상업지역의 경우 용적률은 200% 이상 1,500% 이하이다(국토계획법 시행령 제84조).

97 허가권자가 가로구역별로 건축물의 최고 높이를 지정·공고할 때 고려하여야 할 사항이 아닌 것은?

① 도시미관 및 경관계획
② 해당 도시의 장래발전계획
③ 해당 가로구역이 접하는 도로의 길이
④ 도시·군관리계획 등의 토지이용계획

해설
가로구역별 건축물의 최고 높이 지정 시 고려사항(건축법 시행령 제82조)
• 도시·군관리계획 등의 토지이용계획
• 해당 가로구역이 접하는 도로의 너비
• 해당 가로구역의 상·하수도 등 간선시설의 수용능력
• 도시미관 및 경관계획
• 해당 도시의 장래발전계획

정답 95 ④ 96 ② 97 ③

98 주차장에서 장애인전용 주차단위구획의 최소 크기는? (단, 평행주차형식 외의 경우)

① 2.3×5.0m ② 2.5×5.1m
③ 3.3×5.0m ④ 2.0×6.0m

해설
장애인용 주차단위구획의 크기는 평형주차가 아닌 경우 3.3×5.0m이다.
평행주차형식 외의 주차단위구획(주차장법 시행규칙 제3조)

구분	너비	길이
경형	2.0m 이상	3.6m 이상
일반형	2.5m 이상	5.0m 이상
확장형	2.6m 이상	5.2m 이상
보도와 차도의 구분이 없는 주거지역의 도로	–	–
장애인전용	3.3m 이상	5.0m 이상
이륜자동차전용	1.0m 이상	2.3m 이상

99 특별시나 광역시에 건축물을 건축하려는 경우, 특별시장 또는 광역시장의 허가를 받아야 하는 대상 건축물의 층수기준은?

① 6층 이상 ② 16층 이상
③ 21층 이상 ④ 30층 이상

해설
건축허가(건축법 제11조)
건축물을 건축하거나 대수선하려는 자는 특별자치시장·특별자치도지사 또는 시장·군수·구청장의 허가를 받아야 한다. 다만, 21층 이상의 건축물 등 대통령령으로 정하는 용도 및 규모의 건축물을 특별시나 광역시에 건축하려면 특별시장이나 광역시장의 허가를 받아야 한다.

100 특별피난계단의 구조에 관한 기준 내용으로 옳지 않은 것은?

① 계단은 내화구조로 하되, 피난층 또는 지상까지 직접 연결되도록 한다.
② 계단실 및 부속실의 실내에 접하는 부분의 마감은 불연재료로 한다.
③ 출입구의 유효너비는 0.9m 이상으로 하고 피난의 방향으로 열 수 있도록 한다.
④ 건축물의 내부에서 노대 또는 부속실로 통하는 출입구에는 60분+ 방화문, 60분 방화문 또는 30분 방화문을 설치하고, 노대 또는 부속실로부터 계단실로 통하는 출입구에는 60분+ 방화문, 60분 방화문을 설치하도록 한다.

해설
건축물의 내부에서 노대 또는 부속실로 통하는 출입구에 30분 방화문을 설치해서는 안 된다.
피난계단 및 특별피난계단의 구조(건축물방화구조규칙 제9조)
- 계단실·노대 및 부속실은 창문 등을 제외하고는 내화구조의 벽으로 각각 구획할 것
- 계단실 및 부속실의 실내에 접하는 부분의 마감은 불연재료로 할 것
- 계단실에는 예비전원에 의한 조명설비를 할 것
- 계단실·노대 또는 부속실에 설치하는 건축물의 바깥쪽에 접하는 창문 등은 다른 부분에 설치하는 창문 등으로부터 2m 이상의 거리를 두고 설치할 것
- 계단실에는 노대 또는 부속실에 접하는 부분 외에는 건축물의 내부와 접하는 창문 등을 설치하지 아니할 것
- 계단실의 노대 또는 부속실에 접하는 창문 등은 망이 들어 있는 유리의 붙박이창으로서 그 면적을 각각 $1m^2$ 이하로 할 것
- 노대 및 부속실에는 계단실 외의 건축물의 내부와 접하는 창문 등을 설치하지 아니할 것
- 건축물의 내부에서 노대 또는 부속실로 통하는 출입구에는 60분+ 방화문 또는 60분 방화문을 설치하고, 노대 또는 부속실로부터 계단실로 통하는 출입구에는 60분+ 방화문, 60분 방화문 또는 30분 방화문을 설치할 것. 이 경우 방화문은 언제나 닫힌 상태를 유지하거나 화재로 인한 연기 또는 불꽃을 감지하여 자동적으로 닫히는 구조로 해야 하고, 연기 또는 불꽃으로 감지하여 자동적으로 닫히는 구조로 할 수 없는 경우에는 온도를 감지하여 자동적으로 닫히는 구조로 할 수 있다.
- 계단은 내화구조로 하되, 피난층 또는 지상까지 직접 연결되도록 할 것
- 출입구의 유효너비는 0.9m 이상으로 하고 피난의 방향으로 열 수 있을 것

PART 02

2025년 제3회 최근 기출복원문제

제1과목 건축계획

01 어느 학교의 1주간의 평균수업시간이 40시간인데 제도교실이 사용되는 시간은 20시간이다. 그중 4시간을 다른 과목을 위해 사용된다. 제도교실의 이용률과 순수율은 각각 얼마인가?

① 이용률 50%, 순수율 20%
② 이용률 50%, 순수율 80%
③ 이용률 20%, 순수율 50%
④ 이용률 80%, 순수율 50%

해설

- 이용률(%) = $\dfrac{\text{교실이 사용되는 시간}}{\text{1주간의 평균 수업시간}} \times 100 = \dfrac{20}{40} \times 100 = 50\%$

- 순수율(%) = $\dfrac{\text{특정 교과를 위해 사용되는 시간}}{\text{해당 교실이 사용되는 시간}} \times 100 = \dfrac{16}{20} \times 100 = 85\%$

02 공장의 레이아웃 계획에 관한 사항 중 틀린 것은?

① 제품 중심 레이아웃은 대량생산에 유리하다.
② 공정 중심 레이아웃은 기계설비를 중심으로 한 배치계획이다.
③ 고정식 레이아웃은 작업자가 고정된 위치에서 작업하는 방식이다.
④ 공장규모 변화에 따른 고려사항을 반영하여야 한다.

해설
고정식 레이아웃은 선박, 조선 등의 제품 이동이 불가한 경우에 적용하는 방식이다.

공장의 레이아웃 형식

제품 중심 레이아웃	• 제품의 흐름에 따라 모든 공정, 기계·기구를 배치하는 방식이다. • 대량생산에 유리하며 생산성이 높다. • 공정 간에 시간적·수량적 밸런스가 좋다. • 중화학공업 등 장치공업, 가정용 전기제품 공장 등에 적합하다.
공정 중심 레이아웃	• 동일하거나 기능이 유사한 기계설비를 집합시키는 방식이다. • 다품종 소량생산, 예상생산이 불가능한 경우, 표준화가 이루어지기 어려운 주문생산품 공장에 적합하며, 생산성이 낮다.
고정식 레이아웃	• 재료나 조립부품을 고정된 장소에 두고, 사람이나 기계가 그 장소로 이동해 가서 작업을 행하는 방식이다. • 제품이 크고 수량이 적은 조선소, 건축 등에 적합하다.

03 다음 중 AIDMA 법칙에 속하지 않는 것은?

① Interest
② Action
③ Memory
④ Design

해설
상점 광고 5요소(AIDMA법칙)
• Attention(주의)
• Interest(흥미, 주목)
• Desire(욕망, 공감, 욕구)
• Memory(기억, 인상)
• Action(행동, 출입)

정답 01 ② 02 ③ 03 ④

04 극장 건축계획에서 연기자의 표정을 읽을 수 있는 가시한계를 초과하여, 잘 보이는 동시에 많은 관객을 수용할 수 있는 1차 허용한도는?

① 10m
② 15m
③ 22m
④ 35m

해설
극장의 가시한계

상세한 감상의 가시한계	• 15m • 연기자의 표정이나 동작을 상세히 감상할 수 있다. • 인형극, 아동극, 연극 등에 해당한다.
제1차 허용한도	• 22m • 잘 보이는 동시에 많은 관객을 수용할 수 있다. • 국악, 실내악 등에 해당한다.
제2차 허용한도	• 35m • 연기자의 일반적인 동작만 감상할 수 있다. • 뮤지컬, 발레, 오페라 등에 해당한다.

05 국지도로의 유형 중 쿨데삭(Cul-de-sac)형에 관한 설명으로 옳은 것은?

① 통과교통이 다수 발생한다.
② 우회도로가 있어 방재, 방범상 유리하다.
③ 도로의 최대 길이는 30m 이하이어야 한다.
④ 주택 배면에 보행자전용도로가 설치되어야 효과적이다.

해설
쿨데삭(Cul-de-sac, 막다른 도로 형식)
• 차량통행로 계획으로 통과교통을 없애고, 자동차 진입을 최소화함으로써 보행자 위주로 계획하는 방법이다.
• 우회도로가 없어서 방재, 방범상 불리하다.
• 주택 배면에 보행자전용도로가 설치되면 효과적이다.
• 쿨데삭의 길이는 120~300m로 계획하지만, 가능한 한 150m 이하로 계획하는 것이 좋다.
• 주거환경의 쾌적성 및 보행자의 안전성 확보가 용이하다.

06 클로즈드 시스템(Closed system)의 외래진료부 계획에 대한 설명으로 적절하지 않은 것은?

① 환자의 이용이 편리하도록 2층 이하에 두도록 한다.
② 내과 계통은 소진료실을 다수 설치한다.
③ 중앙주사실, 약국은 정면 출입구에서 멀리 떨어진 곳에 둔다.
④ 외과 계통의 각 과는 1실에서 여러 환자를 돌볼 수 있도록 크게 한다.

해설
중앙주사실, 약국은 정면 출입구에서 가까운 곳에 둔다.
클로즈드 시스템(Closed system)
• 환자의 이용이 편리하도록 2층 이하에 두도록 한다.
• 외과는 1실에서 여러 환자를 볼 수 있도록 대실로 한다.
• 안과는 진료실 기공실, 검사실, 암실을 설치하고 검안을 위해 5m 정도 거리를 확보한다.
• 중앙주사실, 회계, 약국 등은 정면 출입구 근처에 설치한다.
• 외래진료부의 면적비율은 전체의 10~15%가 되도록 한다.
• 내과 계통은 작은 진료실을 여러 개 설치하는 것이 좋다.

07 한국 전통건축물의 공포양식이 옳게 연결된 것은?

① 남대문 – 다포식
② 동대문 – 주심포식
③ 강릉 오죽헌 – 주심포식
④ 부석사 무량수전 – 익공식

해설
② 동대문 – 다포식
③ 강릉 오죽헌 – 익공식
④ 부석사 무량수전 – 주심포식
한국 전통건축물의 공포양식

주심포식	• 공포를 기둥 상부에만 배열한 방식이다. • 봉정사 극락전, 부석사 무량수전, 수덕사 대웅전 등
다포식	• 공포를 기둥 상부와 기둥 사이에 배열한 방식이다. • 남대문, 동대문, 경복궁 근정전, 불국사 극락전 등
익공식	• 공포가 새의 날개모양을 한 방식이다. • 강릉 오죽헌 등
절충식	• 다포식을 주로하고 주심포식의 세부수법을 절충한 방식이다. • 경복궁 향원정 등

08 아파트의 평면형식에 대한 설명 중 옳지 않은 것은?

① 홀형은 통행부의 면적이 많이 소요되나 동선이 길어 출입하는 데 불편하다.
② 집중형은 기후조건에 따라 기계적 환경조절이 필요한 형이다.
③ 중복도형은 프라이버시가 좋지 않다.
④ 편복도형은 복도가 개방형이므로 각 호의 통풍 및 채광상 양호하다.

해설
홀형은 홀에서 세대로 출입하는 데 간편하도록 계획한 평면으로, 동선을 최소화하여 건물의 이용도가 높다.

아파트 평면형식

계단식(홀)형	• 통행과 거주조건이 양호하며, 프라이버시가 좋다. • 건물의 이용도가 높고 집약형 주거가 가능하다.
집중(코어)형	• 대지이용률이 가장 높고 건물이용도가 높다. • 주호의 환경이 균등하지 않아 기계적 환경조절이 필요하다.
편복도형	• 복도의 한쪽에 각 세대가 위치한다. • 개방형 복도로 환경이 균등하고 양호하다.
중복도형	• 복도 양측에 각 세대가 위치한다. • 주호의 환경이 균등하지 않고 불량하다.

09 도서관 건축계획에서 장래에 증축을 반드시 고려해야 할 부분은?

① 서고
② 대출실
③ 사무실
④ 휴게실

해설
서고는 시간이 지날수록 도서 및 자료의 증가를 수용할 수 있도록 증축을 고려하며, 모듈에 의한 공간계획이 요구된다.

10 미술관의 전시실 순회형식에 관한 설명으로 옳지 않은 것은?

① 갤러리 및 코리더 형식에서는 복도 자체도 전시공간으로 이용이 가능하다.
② 중앙홀 형식에서 중앙홀이 크면 동선의 혼란은 많으나 장래의 확장에는 유리하다.
③ 연속순회 형식은 전시 중에 하나의 실을 폐쇄하면 동선이 단절된다는 단점이 있다.
④ 갤러리 및 코리더 형식은 복도에서 각 전시실에 직접 출입할 수 있으며 필요시에 자유로이 독립적으로 폐쇄할 수가 있다.

해설
중앙홀 형식에서 중앙홀이 크면 동선에 혼란이 없으나 장래 확장이 어렵다.

11 종합병원의 건축계획에 관한 설명으로 옳지 않은 것은?

① 간호사의 보행거리는 24m 이내가 되도록 한다.
② 외래진료부는 환자의 이용이 편리하도록 1층 또는 2층 이하에 둔다.
③ 일반적으로 병원 건축의 시설규모는 입원환자의 병상수에 의해 결정된다.
④ 병동 배치방식 중 분관식(Pavilion type)은 동선이 짧게 되는 이점이 있다.

해설
병동 배치방식 중 분관식(Pavilion type)은 저층 분산형으로 동선이 길게 되어 불편하다.

12 상점의 동선계획에 관한 설명으로 옳지 않은 것은?

① 고객동선은 가능한 한 길게 한다.
② 직원동선은 가능한 짧게 한다.
③ 상품동선과 직원동선은 동일하게 처리한다.
④ 고객 출입구와 상품 반입·출 출입구는 분리하는 것이 좋다.

해설
상품동선은 고객동선과 분리시키고, 직원동선과 일부 교차시킨다.
상점의 동선계획

고객동선	• 가능한 길고 원활하게 처리하여 다수의 손님을 수용하도록 한다. • 직원동선, 상품동선과 명확하게 구분·분리한다.
직원동선	• 되도록 짧게 하여 직원의 수, 보행 및 서비스 거리를 최대한 줄인다. • 카운터 케이스는 고객의 동선과 직원의 동선이 만나는 곳에 둔다.
피난동선	쉽게 인지가 가능하도록 위치를 설정하고 접근성을 고려한다.
상품동선	• 고객동선과 분리시키고 직원동선과 일부 교차시킨다. • 고객 출입구와 상품 반입·출 출입구를 분리한다.

13 로마시대의 것으로 그리스의 아고라(Agora)와 유사한 기능을 갖는 것은?

① 포럼(Forum)
② 인슐라(Insula)
③ 도무스(Domus)
④ 판테온(Pantheon)

해설
① 포럼 : 로마의 신전 및 공공건축이 모여 있었던 옥외 집회소 및 시장으로, 그리스의 아고라와 유사하다.
② 인슐라 : 로마의 평민용 다층 집합주거 건물이다.
③ 도무스 : 로마의 부유층을 위한 고급주택이다.
④ 판테온 : 거대한 돔을 얹은 로툰다와 대형 열주 현관으로 구성된 로마의 신전이다.

14 다음 중 도서관에서 장서가 90만권일 경우 능률적인 작업용량으로서 가장 적정한 서고의 면적은?

① 3,000m²
② 4,500m²
③ 5,000m²
④ 6,000m²

해설
도서관 서고의 면적은 일반적으로 1m²당 200권의 장서 보관능력을 기준으로 산정한다.

$$\therefore \frac{900,000}{200} = 4,500 m^2$$

15 사무소 건축의 오피스 랜드스케이핑의 특성이 아닌 것은?

① 사무의 흐름이나 작업의 성격을 중시한 배치방식이다.
② 독립성과 프라이버시가 양호하다.
③ 면적 활용이 용이하고 공사비 절약이 가능하다.
④ 오피스 랜드스케이핑은 개방식 배치의 일종이다.

해설
오피스 랜드스케이핑은 프라이버시나 독립성이 좋지 않다.
오피스 랜드스케이핑(Office landscaping)

개요	• 직위서열보다 의사전달과 작업의 흐름에 따라 배치하는 형식이다. • 작업장의 집단을 자유롭게 그룹핑하여 불규칙한 평면을 유도한다. • 개방식 배치에 속하며, 실내에 고정된 칸막이가 없다.
장점	• 변화하는 작업의 패턴에 신속하고 경제적으로 대처할 수 있다. • 작업단위에 의한 그룹(Group) 배치가 가능하다. • 커뮤니케이션의 융통성이 있고 사무능률이 향상된다. • 공간이 절약되며, 시설비와 유지관리비가 절감된다.
단점	• 독립성이 떨어지며, 소음에 대한 대책이 필요하다. • 대형가구 등 소리를 반향시키는 기재의 사용이 어렵다.

정답 12 ③ 13 ① 14 ② 15 ②

16 종합병원의 병실계획에 대한 설명으로 옳지 않은 것은?

① 병실의 출입문의 폭은 침대가 통과할 수 있는 폭이어야 한다.
② 환자가 직사광선을 피할 수 있도록 실 중앙에는 전등을 달지 않는 것이 좋다.
③ 병실의 창문높이는 1.5m 이하로 하여 환자가 병상에서 외부를 전망할 수 있게 하는 것이 좋다.
④ 환자마다 손이 닿는 위치에 간호사 호출용 벨을 설치한다.

해설
병실 창문높이는 바닥에서 90cm 정도로 계획하는 것이 좋다.
종합병원 병실계획
- 1인실은 10m² 이상, 2인실은 6.5m² 이상으로 한다.
- 병상 간 간격은 1.5m 이상을 확보하여 의료진의 활동과 환자 프라이버시를 보장한다.
- 병실의 출입구는 침대를 고려하여 결정한다.
- 바닥에서 창문 하단까지의 높이를 90cm 정도로 계획하는 것이 좋다.
- 호출용 벨은 환자의 손이 닿는 위치에 설치한다.
- 직사광선을 피하기 위해 천장 중앙등은 설치하지 않는 것이 좋다.

17 호텔 건축에 관한 설명으로 옳은 것은?

① 호텔의 동선에서 물품동선과 고객동선은 교차시키는 것이 좋다.
② 프런트 오피스는 수평동선이 수직동선으로 전이되는 공간이다.
③ 현관은 퍼블릭 스페이스의 중심으로 로비, 라운지와 분리하지 않고 통합시킨다.
④ 주식당은 숙박객 및 외래객을 대상으로 하며, 외래객이 편리하게 이용할 수 있도록 출입구를 별도로 설치하는 것이 좋다.

해설
① 고객동선과 서비스 동선이 교차되지 않도록 한다.
② 로비, 라운지는 수평동선이 수직동선으로 전이되는 공간이다.
③ 현관은 외부인 접객 장소로 로비, 라운지와 분리한다.

18 다음 중 건축요소와 해당 건축요소가 사용된 건축양식의 연결이 옳지 않은 것은?

① 장미창(Rose Window) - 고딕
② 러스티케이션(Rustication) - 르네상스
③ 첨두아치(Pointed Arch) - 로마네스크
④ 펜덴티브 돔(Pendentive Done) - 비잔틴

해설
첨두아치는 고딕 건축의 건축요소이다.
주요 건축양식과 대표적인 특징

그리스	오더(도릭, 이오닉, 코린트), 착시교정기법
로마	오더(터스칸, 컴포지트), 아치, 볼트(Vault)
비잔틴	부주두(Dosseret), 펜덴티브(Pendentive)
사라센	스퀸치(Squinch), 미나렛(첨탑)
로마네스크	반원아치, 교차볼트
고딕	첨두아치, 리브 볼트, 장미창, 플라잉 버트레스
르네상스	로마 건축 계승, 인간 중심, 수평성 강조, 러스티케이션(Rustication)
바로크	권력과 권위, 역동적, 곡선 평면

19 사무소 건축에서 엘리베이터 계획 시 고려사항으로 옳지 않은 것은?

① 수량계산 시 대상 건축물의 교통수요량에 적합해야 한다.
② 승객의 층별 대기시간은 평균운전간격 이상이 되게 한다.
③ 군관리운전의 경우 동일 군 내의 서비스 층은 같게 한다.
④ 초고층, 대규모 빌딩인 경우는 서비스 그룹을 분할(조닝)하는 것을 검토한다.

해설
승객의 층별 대기시간은 평균 운전간격 이하가 되게 계획하여 기다리는 시간을 줄여 주어야 한다.

20 잔향시간이란 음의 음압레벨이 얼마 감쇠하는 데 소요되는 시간인가?

① 50dB
② 60dB
③ 70dB
④ 80dB

해설
잔향시간
• 소리 발생이 중지된 후, 소리가 실내에 남는 시간을 말한다.
• 음 에너지의 밀도가 최솟값보다 60dB 감소하는 데 걸리는 시간이다.
• 실의 용적에 비례하고 흡음력에 반비례한다.
• 잔향시간이 짧을수록 명료도는 높아진다.
• 음성전달을 목적으로 하는 공간의 잔향시간은 짧게, 음향청취를 목적으로 하는 공간은 비교적 길게 계획하는 것이 좋다.

제2과목 건축시공

21 MCX(Minimum Cost Expediting)기법에 의한 공기단축에서 아무리 비용을 투자해도 그 이상 공기를 단축할 수 없는 한계점을 무엇이라 하는가?

① 표준점
② 포화점
③ 경제속도점
④ 특급점

해설
① 표준점 : 정상 작업시간으로 수행되는 시점
③ 경제속도점 : 비용 대비 시간단축 효과가 가장 큰 지점
④ 특급점 : 과도하게 자원을 투입하여 매우 빠르게 완료하려는 시점
MCX(Minimum Cost Expediting)
• CPM 방식의 핵심적인 공사기간 단축기법이다.
• 주공정상의 작업 중 비용구배(공기단축 시 추가되는 비용)가 가장 작은 요소 작업부터 단위시간씩 단축시키고, 주공정이 변경되면 변경된 경로의 작업을 단축해나간다.
• 아무리 비용을 투자해도 공기를 더 이상 단축할 수 없는 한계점을 포화점이라 한다.

22 QC(Quality Control) 활동의 도구가 아닌 것은?

① 기능계통도
② 산점도
③ 히스토그램
④ 특성요인도

해설
기능계통도는 VE의 수행 시 기능을 분석하는 대표적인 분석방법이다.
QC(Quality Control) 활동의 도구

히스토그램	데이터를 계급별로 나누어 도수 분포를 시각화한 막대 그래프이다.
파레토도	문제나 항목을 구분하여 빈도순으로 정렬한 막대 그래프이다.
특성요인도	문제의 원인과 결과의 관계를 알기 쉽게 작성한 그림이다.
체크시트	계수치의 데이터가 분류 항목의 어디에 집중되는지 나타낸 그림 또는 표이다.
관리도	품질특성값의 변화를 파악하고, 공정의 안정성을 판단하는 그래프이다.
산점도	두 변수 간의 상관성을 용지 위에 점으로 나타낸 그림이다.
층별	집단을 구성하는 데이터를 특징에 따라 몇 개의 부분 집단으로 나누는 것이다.

23 사질토의 상대밀도를 측정하는 방법으로 가장 적합한 것은?

① 표준관입시험(Standard penetration test)
② 베인테스트(Vane test)
③ 깊은 우물(Deep well) 공법
④ 아일랜드 공법

해설
② 베인테스트 : 보링 후 십자형의 날개를 회전시켜 회전력으로 연약점토의 점착력과 전단강도를 판별하는 시험방법이다.
③ 깊은 우물 공법 : 지반 내에 깊은 우물을 시공하고 우물에 고인물을 수중펌프로 배수하는 중력배수 공법이다.
④ 아일랜드 공법 : 흙파기면을 따라 널말뚝을 항타한 뒤, 중앙부의 흙을 먼저 파내고 중앙부의 구조물을 구축한 후 주위 부분의 흙을 파내는 터파기 공법이다.

24 다음 중 독립기초를 위한 조건의 터파기 물량은 얼마인가?

[조건]
• 윗변 : 5m 정사각형
• 아랫변 : 3m 정사각형
• 높이 : 2m

① 25m³
② 28m³
③ 33m³
④ 36m³

해설
사각뿔대의 부피

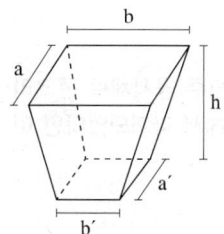

$V = \frac{1}{3} \times h \times (A_1 + A_2 + \sqrt{A_1 \times A_2})$
$= \frac{1}{3} \times 2 \times (25 + 9 + \sqrt{25 \times 9})$
$= \frac{2}{3} \times (34 + \sqrt{225})$
$≒ 32.67\text{m}^3 ≒ 33\text{m}^3$

여기서, h : 높이(2m)
A_1 : 윗면 넓이(5m × 5m = 25m)
A_2 : 아랫면 넓이(3m × 3m = 9m)

25 고강도 콘크리트 시공 시 배합에 관한 사항 중 옳지 않은 것은?

① 물-결합재비는 50% 이하로 한다.
② 단위수량은 210kg/m³ 이하로 하고 소요 워커빌리티를 얻을 수 있는 범위 내에서 가능한 한 작게 한다.
③ 슬럼프값은 150mm 이하로 한다.
④ 잔골재율은 소요 워커빌리티를 얻도록 시험에 의하여 결정해야 하며, 가능한 한 작게 하도록 한다.

해설
단위수량은 150kg/m³ 이하로 하고 소요 워커빌리티를 얻을 수 있는 범위 내에서 가능한 한 크게 하는 것이 좋다.

26 콘크리트용 재료 중 시멘트에 관한 설명으로 틀린 것은?

① 중용열포틀랜드 시멘트는 수화작용에 따르는 발열이 적기 때문에 매스 콘크리트에 적당하다.
② 조강포틀랜드 시멘트는 조기강도가 크기 때문에 한중 콘크리트공사에 주로 쓰인다.
③ 알칼리골재반응을 억제하기 위한 방법으로써 내황산염포틀랜드 시멘트를 사용한다.
④ 조강포틀랜드 시멘트를 사용한 콘크리트의 7일 강도는 보통포틀랜드 시멘트를 사용한 콘크리트의 28일 강도와 거의 비슷하다.

해설
내황산염포틀랜드 시멘트는 황산염의 화학적 침식에 저항성을 크게 하기 위해 사용되며, 알칼리골재반응과 관계없다.
내황산염포틀랜드 시멘트
• 황산염에 대한 저항성을 높이기 위해 만든 특수 시멘트이다.
• 시멘트 수화물 중 황산염과 반응하여 팽창을 일으키는 알루민산삼칼슘의 함량을 의도적으로 낮추어 제조한다.
• 초기강도 발현은 보통포틀랜드 시멘트보다 다소 느리지만, 장기강도 및 내구성이 우수하다.
• 해양구조물, 지하구조물, 화학공장, 하수처리시설 등에 사용된다.

27 시멘트 200포를 사용하여 배합비가 1 : 3 : 6의 콘크리트를 비벼냈을 때의 전체 콘크리트량은?(단, 물-시멘트비는 60%이고 시멘트 1포대는 40kg이다)

① $25.25m^3$
② $36.36m^3$
③ $39.39m^3$
④ $44.44m^3$

해설
시멘트 : 모래 : 자갈 = 220kg : $0.47m^3$: $0.94m^3$
($1m^3$당 1 : 3 : 6이면 220kg의 시멘트, 1 : 2 : 4이면 320kg의 시멘트가 소요된다)
$\dfrac{220kg/m^3}{40kg/포대} = 5.5포대/m^3$이며, 시멘트 200포대를 사용할 경우
$\dfrac{200포대}{5.5포대/m^3} ≒ 36.36m^3$이다.

28 공동도급방식(Joint venture)에 관한 설명으로 옳은 것은?

① 2명 이상의 수급자가 어느 특정 공사에 대하여 협동으로 공사계약을 체결하는 방식이다.
② 발주자, 설계자, 공사관리자의 세 전문집단에 의하여 공사를 수행하는 방식이다.
③ 발주자와 수급자가 상호신뢰를 바탕으로 팀을 구성하여 공동으로 공사를 수행하는 방식이다.
④ 공사 수행방식에 따라 설계/시공(D/B)방식과 설계/관리(D/M)방식으로 구분한다.

해설
②는 건설사업관리(CM), ③은 파트너링, ④는 턴키(Turn-key)방식에 대한 설명이다.
공동도급방식
• 공사를 복수의 도급자가 구성한 공동체에 도급시키는 방식이다.
• 특정 공사를 목적으로 하며, 출자와 관리를 공동으로 한다.
• 공사이윤은 각 회사의 출자 비율로 배당한다.
• 공사에 대한 위험은 분산되지만 자본력, 융자력 등이 증대된다.
• 이해충돌이 발생할 수 있으며, 일괄도급하는 것보다 경비가 증가한다.

29 시멘트 600포대를 저장할 수 있는 시멘트 창고의 최소 필요면적으로 옳은 것은?(단, 시멘트 600포대 전량을 저장할 수 있는 면적으로 산정)

① $18.46m^2$
② $21.64m^2$
③ $23.25m^2$
④ $25.84m^2$

해설
시멘트 창고면적 = $0.4 \times \dfrac{N}{n} = 0.4 \times \dfrac{600}{13} ≒ 18.46m^2$
여기서, N : 시멘트 포대수
  • 600포 미만 : N = 쌓기 포대수 전량
  • 600포 이상~1,800포 이하 : N = 600포
  • 1,800포 초과 : N = 1/3만 적용
  n : 쌓기 단수(최대 13단)

30 지름 100mm, 높이 200mm인 원주 공시체로 콘크리트의 압축강도를 시험하였더니 200kN에서 파괴되었다면 이 콘크리트의 압축강도는?

① 12.89MPa
② 17.48MPa
③ 25.47MPa
④ 50.9MPa

해설
압축강도(f_c) = $\dfrac{P}{A} = \dfrac{200,000}{\dfrac{\pi \times 100^2}{4}} ≒ 25.47N/mm^2 ≒ 25.47MPa$
여기서, P : 하중
  A : 면적

27 ② 28 ① 29 ① 30 ③

31 실의 크기 조절이 필요한 경우 칸막이 기능을 하기 위해 만든 병풍 모양의 문은?

① 여닫이문 ② 자재문
③ 미서기문 ④ 홀딩도어

해설
① 여닫이문 : 경첩 등을 축으로 개폐되는 창호이다.
② 자재문 : 자유경첩을 사용하여 안팎으로 개폐되는 창호이다.
③ 미서기문 : 문짝을 상하문틀에 홈을 파서 끼우고 옆문에 겹쳐 세워 여닫는 창호이다.

32 기계가 위치한 곳보다 높은 곳의 굴착에 가장 적당한 건설기계는?

① Dragline
② Back hoe
③ Power Shovel
④ Scraper

해설
정지·굴착장비별 특징 및 주요 작업

구분	특징	주된 작업
그레이더	장비 중앙부 배토판	정지, 고르기
도저	장비 전면부 배토판	정지, 단거리 운반
파워셔블	장비 전면부 상향 셔블	지면·기계보다 높은 굴착
백호	붐에 부착된 하향 셔블	지면·기계보다 낮은 굴착
드래그라인	와이어에 달린 버킷을 끌어당기며 긁어서 굴착	지면·기계보다 낮은 굴착, 수중 굴착
클램셸	와이어에 달린 버킷으로 굴착 후 수직 인양	수직, 수중, 연약지반, 깊은 굴착, 운반
스크레이퍼	굴착기 + 운반기	굴착, 적재, 운반, 정지 연속 수행

33 건설사업지원 통합전산망으로 건설 생산활동 전 과정에서 건설 관련 주체가 전산망을 통해 신속히 교환·공유할 수 있도록 지원하는 통합정보시스템을 지칭하는 용어는?

① 건설 CIC(Computer Integrated Construction)
② 건설 CALS(Continuous Acquisition & Life cycle Support)
③ 건설 EC(Engineering Construction)
④ 건설 EVMS(Earned Value Management System)

해설
① CIC(Computer Integrated Construction) : 건설 프로젝트의 모든 과정을 컴퓨터와 정보통신기술을 활용하여 통합하고 자동화하는 개념이다.
③ EC(Engineering & Construction) : 건설 프로젝트에서 단순히 시공만 담당하는 것이 아니라, 설계와 시공을 통합하여 수행하는 방식을 의미한다.
④ EVMS(Earned Value Management System) : 건설 프로젝트의 비용과 일정을 통합적으로 관리하고 분석하는 기법이다.

34 테라초(Terrazzo) 현장바름공사에서 부적합한 사항은?

① 산 수용액으로 중화처리하여 때를 벗겨내고 헝겊으로 문질러 손질한 후, 왁스 등을 발라 마감한다.
② 줄눈나누기는 최대 줄눈간격 2m 이하로 한다.
③ 갈기는 테라초를 바른 후 손갈기일 때 1일 이상, 기계갈기일 때 3일 이상 경과한 후 경화 정도를 보아 시작한다.
④ 바닥 바름두께의 표준은 접착 공법(초벌바름)일 때 20mm 정도이다.

해설
손갈기는 2일, 기계갈기는 5~7일 이상 경과시켜야 한다.
테라초 현장바름의 시공상 일반사항
• 줄눈나누기는 1.2m² 이내, 최대 줄눈간격은 2m 이하로 한다.
• 바닥 바름두께의 표준은 접착 공법에서 초벌바름일 때 20mm 정도, 정벌바름일 때 15mm 정도이다.
• 테라초를 바른 후 5~7일 이상 경과한 후 경화 정도를 보아 갈아내기한다.
• 손갈기는 2일, 기계갈기는 5~7일 이상 경과한 후 경화 정도를 보아 갈아내기 작업을 실시한다.
• 최종마감은 마감 숫돌로 광택이 날 때까지 갈아낸다.
• 산 수용액으로 중화처리하여 때를 벗겨내고 헝겊으로 문질러 손질한 후 바탕이 오염되지 않도록 적정한 보양재(고무 매트 등)를 사용하여 보양한 후 최후 공정으로 왁스 등을 발라 마감한다.

정답 31 ④ 32 ③ 33 ② 34 ③

35 철근콘크리트공사 시 벽체 거푸집 또는 보 거푸집에서 거푸집 판을 일정한 간격으로 유지시켜 주는 동시에 콘크리트의 측압을 최종적으로 지지하는 역할을 하는 부재는?

① 인서트
② 컬럼밴드
③ 폼타이
④ 턴버클

해설
① 인서트 : 콘크리트 슬래브에 묻어 천장 달대를 고정시키는 용도로 사용되는 철물이다.
② 컬럼밴드 : 기둥 시공 시 거푸집이 벌어지는 것을 방지하기 위해 사용하는 철물이다.
④ 턴버클 : 와이어로프 등의 길이 조절에 사용되는 기구이다.

36 사질지반 굴착 시 벽체 배면의 토사가 흙막이 틈새 또는 구멍으로 누수가 되어 흙막이벽 배면에 공극이 발생하여 물의 흐름이 점차로 커져 결국에는 주변 지반을 함몰시키는 현상은?

① 보일링 현상
② 히빙 현상
③ 액상화 현상
④ 파이핑 현상

해설
① 보일링 현상 : 사질지반에서 굴착바닥면으로 솟아오르는 지하수의 압력이 흙의 자중을 초과할 때, 마치 물이 끓는 것처럼 흙과 물이 함께 솟아오르는 현상이다.
② 히빙 현상 : 굴착 바깥쪽의 흙이 안쪽의 굴착면으로 밀려들어와 굴착바닥면이 부풀어 오르는 현상이다.
③ 액상화 현상 : 물에 포화된 모래지반이 지진과 같은 강한 진동을 받을 때, 흙 입자 사이의 간극수가 압력을 받아 흙이 액체와 같이 거동하는 현상이다.

37 지름 100mm, 높이 200mm인 원주 공시체로 콘크리트의 압축강도를 시험하였더니 200kN에서 파괴되었다면 이 콘크리트의 압축강도는?

① 12.7MPa
② 17MPa
③ 25.5MPa
④ 50.9MPa

해설
콘크리트의 압축강도는 파괴하중을 공시체의 단면적으로 나누어 구한다.
• 공시체 단면적(A) = $\pi \times 50^2 \approx 7,853.98$mm
• 압축강도(f_c) = $\dfrac{최대\ 하중}{단면적} = \dfrac{200,000}{7,853.98} \fallingdotseq 25.5$MPa

38 돌로마이트 플라스터 바름에 관한 설명으로 옳지 않은 것은?

① 실내온도가 5℃ 이하일 때는 공사를 중단하거나 난방하여 5℃ 이상으로 유지한다.
② 정벌바름용 반죽은 물과 혼합한 후 4시간 정도 지난 다음 사용하는 것이 바람직하다.
③ 초벌바름에 균열이 없을 때에는 고름질한 후 7일 이상 두어 고름질면의 건조를 기다린 후 균열이 발생하지 아니함을 확인한 다음 재벌바름을 실시한다.
④ 재벌바름이 지나치게 건조한 때는 적당히 물을 뿌리고 정벌바름한다.

해설
정벌바름용 반죽은 돌로마이트 플라스터·여물·물을 혼합하여 사용하며, 물과 혼합한 후 12시간 정도 지난 다음 사용하는 것이 바람직하다.

39 다음 그림과 같은 건물에서 G_1과 같은 보가 8개 있다고 할 때 보의 총콘크리트량을 구하면?(단, 보의 단면상 슬래브와 겹치는 부분은 제외하며, 철근량은 고려하지 않는다)

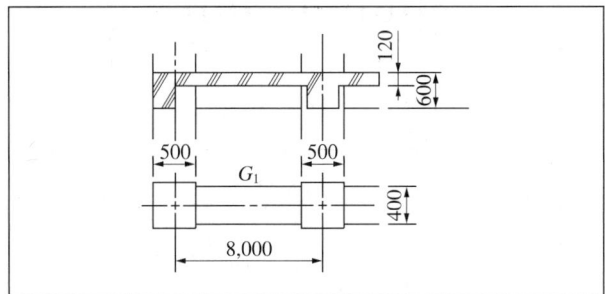

① 11.52m³   ② 12.23m³
③ 13.44m³   ④ 15.36m³

해설
보 1개의 체적 = 보의 폭 × 바닥판 두께를 뺀 보의 춤 × 내부유효길이
= 0.4m × (0.6m − 0.12m) × (8m − 0.5m)
= 1.44m³
∴ 보 8개의 체적 = 1.44m³ × 8 = 11.52m³

40 타일 108mm 각으로, 줄눈을 5mm로 벽면 6m²를 붙일 때 필요한 정미수량은?

① 350매   ② 400매
③ 470매   ④ 520매

해설
타일의 정미량(m²당)
$= \dfrac{1m}{타일\ 가로변 + 줄눈\ 폭} \times \dfrac{1m}{타일\ 세로변 + 줄눈\ 폭}$
$= \dfrac{1m}{0.108m + 0.005m} \times \dfrac{1m}{0.108m + 0.005m} \times 6m^2$
≒ 470매

제3과목 건축구조

41 그림과 같은 사다리꼴 단면형의 도심의 위치 y_0를 나타내는 식은?

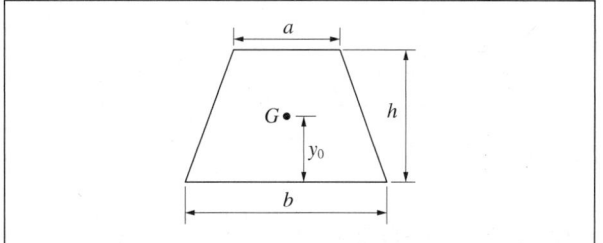

① $y = \dfrac{h}{3} \times \dfrac{2a+b}{a+b}$ ② $y = \dfrac{h}{3} \times \dfrac{a+2b}{a+b}$

③ $y = \dfrac{h}{3} \times \dfrac{a+b}{2a+b}$ ④ $y = \dfrac{h}{3} \times \dfrac{a+b}{a+2b}$

해설
사다리꼴 단면의 도심

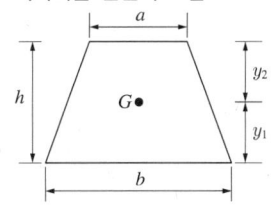

- $y_1 = \dfrac{h}{3} \times \dfrac{2a+b}{a+b}$
- $y_2 = \dfrac{h}{3} \times \dfrac{a+2b}{a+b}$

여기서, h : 사다리꼴의 높이
a : 윗변의 길이
b : 밑변의 길이

42 그림과 같은 교차보(Cross beam) A, B 부재의 최대 휨모멘트의 비로서 옳은 것은?(단, 각 부재의 EI는 일정함)

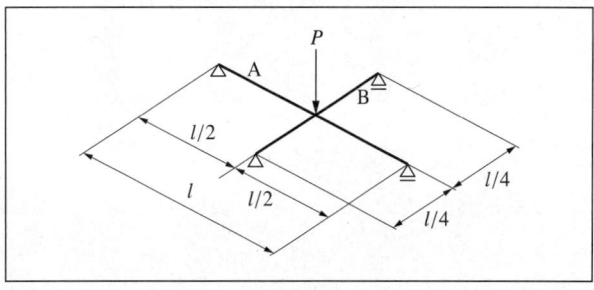

① 1 : 2   ② 1 : 3
③ 1 : 4   ④ 1 : 8

정답 39 ① 40 ③ 41 ① 42 ③

해설

부정정 구조물로서 다음 3가지 조건을 만족해야 한다.

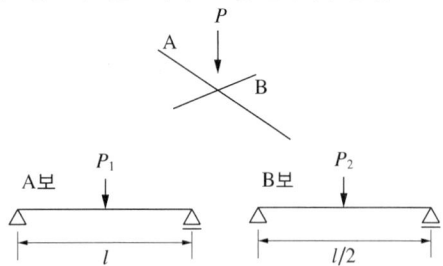

- 평형방정식 : $P = P_1 + P_2$

- 구성방정식(힘과 변위의 관계) : $\delta_A = \dfrac{P_1 l^3}{48EI}$, $\delta_B = \dfrac{P_2\left(\dfrac{l}{2}\right)^3}{48EI}$

- 적합방정식(변위일체) : $\delta_A = \delta_B$

위의 방정식에서 P_1과 P_2를 구할 수 있다.

$$\delta_A = \delta_B = \dfrac{P_1 l^3}{48EI} = \dfrac{P_2\left(\dfrac{l}{2}\right)^3}{48EI}$$

$\therefore P_1 = P_2 \times \dfrac{1}{8}$

$P = P_1 + P_2$에 대입하면

$\therefore P = \dfrac{P_2}{8} + P_2 = \dfrac{9}{8}P_2$

P_1과 P_2는 다음과 같다.

$P_1 = \dfrac{1}{9}P$, $P_2 = \dfrac{8}{9}P$

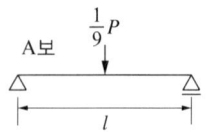 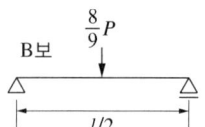

따라서

$M_A = \dfrac{\left(\dfrac{1}{9}P\right) \times l}{4} = \dfrac{Pl}{36}$

$M_B = \dfrac{\left(\dfrac{8}{9}P\right) \times \left(\dfrac{l}{2}\right)}{4} = \dfrac{4Pl}{36}$

$\therefore M_A : M_B = \dfrac{Pl}{36} : \dfrac{4Pl}{36} = 1 : 4$

43 다음 부정정 구조물에서 B점의 반력을 구하면?

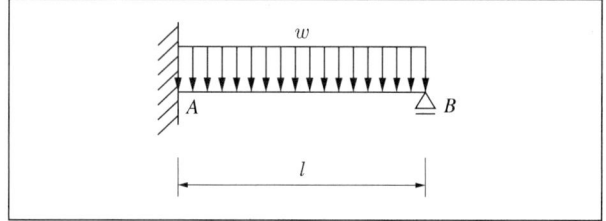

① $\dfrac{1}{8}wl$ ② $\dfrac{3}{8}wl$

③ $\dfrac{5}{8}wl$ ④ $\dfrac{7}{8}wl$

해설

- B점의 반력을 R_B라고 하면 B점의 처짐은 집중하중 R_B를 받는 캔틸레버보로 가정할 수 있으므로 B점의 처짐은 $\delta'_B = \dfrac{R_B l^3}{3EI}$

- B점의 최종 처짐은 0이 되어야 하므로 집중하중과 등분포하중을 받는 B점의 최종 처짐은 같아야 한다(경계조건).

$\dfrac{wl^4}{8EI} = \dfrac{R_B l^3}{3EI}$,

$\therefore R_B = \dfrac{3EI}{l^3} \times \dfrac{wl^4}{8EI} = \dfrac{3}{8}wl$

$M_A = -\dfrac{wl^2}{8}$

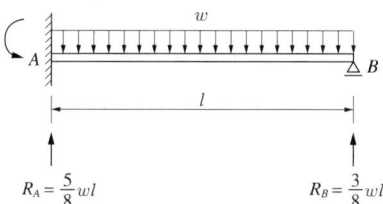

$R_A = \dfrac{5}{8}wl$ $R_B = \dfrac{3}{8}wl$

44 압축 이형철근(D19)의 기본정착길이를 구하면?(단, 보통 콘크리트 사용, D19의 단면적 : 287mm², f_{ck} = 21MPa, f_y = 400MPa)

① 674mm   ② 570mm
③ 482mm   ④ 415mm

해설

압축 이형철근의 기본정착길이

- $l_{ab} = \dfrac{0.25 d_b f_y}{\lambda \sqrt{f_{ck}}} = \dfrac{0.25 \times 19 \times 400}{\lambda \times \sqrt{21}} ≒ 415\text{mm}$

여기서, λ : 경량 콘크리트계수(보통중량이므로 $\lambda = 1$)

- $l_{ab} = 0.043 d_b f_y = 0.043 \times 19 \times 400 = 326.8\text{mm}$

∴ 압축 이형철근(D19)의 기본정착길이는 두 식으로 계산한 값 중 큰 값인 415mm이다.

45 그림과 같은 구조에서 B단에 발생하는 모멘트는?

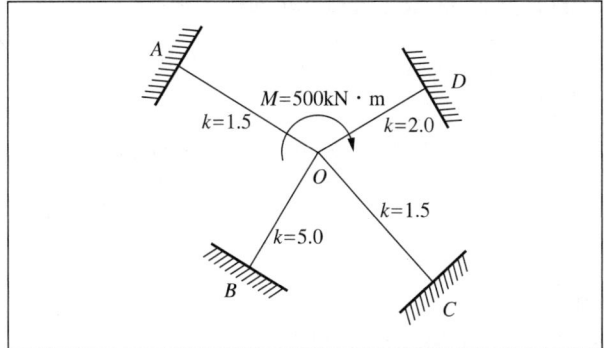

① 125kN·m ② 188kN·m
③ 250kN·m ④ 300kN·m

해설

• OB부재에 대한 분배율

$$DF_{OB} = \frac{k_{OB}}{\sum k} = \frac{5}{1.5+5+1.5+2} = \frac{1}{2}$$

• OB부재에 대한 분배모멘트

$$DM_{OB} = M_O \times DF_{OB} = 500 \times \frac{1}{2} = 250 \text{kN} \cdot \text{m}$$

도달모멘트는 분배모멘트의 $\frac{1}{2}$만 전달하므로

$$\therefore DM_{OB} \times \frac{1}{2} = 250 \times \frac{1}{2} = 125 \text{kN} \cdot \text{m}$$

46 지진계에 기록된 진폭을 진원의 깊이와 진앙까지의 거리 등을 고려하여 지수로 나타낸 것으로 장소에 관계없는 절대적 개념의 지진 크기를 말하는 것은?

① 규모
② 진도
③ 진원시
④ 지진동

해설

② 진도 : 수신된 에너지량으로서 상대적 개념의 지진 크기이며, 각 지역에서 땅이 얼마나 흔들렸는지를 나타내기 위한 지표이다.
③ 진원시 : 어느 장소에서 지진동을 감지할 경우 이러한 지진파가 최초로 발생한 시각을 말한다.
④ 지진동 : 지진파가 지표면에 도달하면서 관측되는 진동을 말하며, 지진동의 세기는 지진계로 측정한다.

47 다음 그림과 같은 압축재 H-200×200×8×12가 부재의 중앙지점에서 약축에 대해 휨변형이 구속되어 있다. 이 부재의 탄성좌굴응력도를 구하면?(단, 단면적 $A = 63.53 \times 10^2 \text{mm}^2$, $I_x = 4.72 \times 10^7 \text{mm}^4$, $I_y = 1.60 \times 10^7 \text{mm}^4$, $E = 205,000 \text{MPa}$)

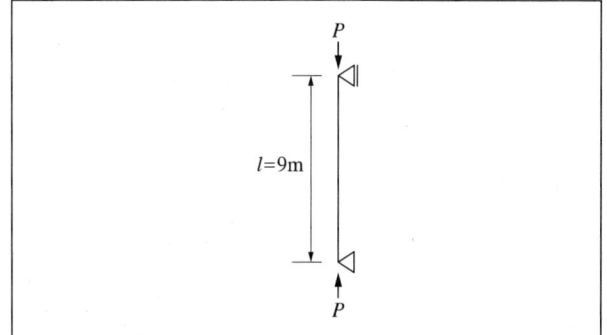

① 252N/mm² ② 186N/mm²
③ 132N/mm² ④ 108N/mm²

해설

좌굴하중 $(P_{cr}) = \dfrac{\pi^2 EI}{(Kl)^2}$

• $P_{crx} = \dfrac{\pi^2 EI_x}{(Kl_x)^2} = \dfrac{\pi^2 \times 205,000 \times (4.72 \times 10^7)}{(1.0 \times 9,000)^2}$
 $\fallingdotseq 1,178,991.3 \text{N}$

• $P_{cry} = \dfrac{\pi^2 EI_y}{(Kl_y)^2} = \dfrac{\pi^2 \times 205,000 \times (1.60 \times 10^7)}{(1.0 \times 4,500)^2}$
 $\fallingdotseq 1,598,632.2 \text{N}$

위 식에서 작은 값인 1,178,991.3N이 탄성좌굴하중이다.

좌굴응력 $(\sigma_{cr}) = \dfrac{P_{cr}}{A}$ 이므로,

$$\therefore \sigma_{cr} = \frac{1,178,991.3}{63.53 \times 10^2} \fallingdotseq 185.58 \text{N/mm}^2 \fallingdotseq 186 \text{N/mm}^2$$

48 그림과 같은 구조물의 부정정 차수는?

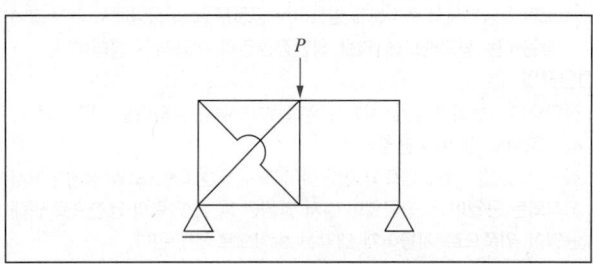

① 1차 부정정 ② 2차 부정정
③ 3차 부정정 ④ 4차 부정정

해설
- 전체 반력수(R) = 5개
  - 고정지점 : 3개(수평, 수직, 모멘트)
  - 힌지지점 : 2개(수평, 수직)
- 내부 힌지(I) = 1
∴ $D_s = R - 3 + I$
  $= 5 - 3 + 1$
  $= 3$(3차 부정정)

49 그림은 연직하중을 받는 철근콘크리트의 보의 균열 상태를 표시한 것이다. 전단력에 의해서 생기는 대표적인 균열의 형태로 옳은 것은?

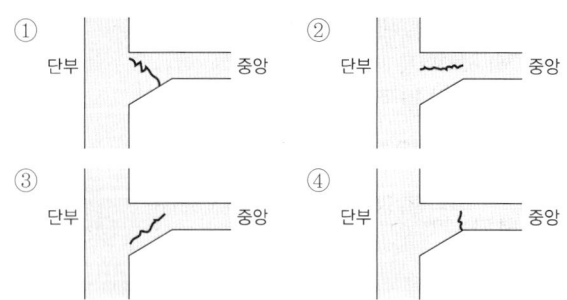

해설
①·④ : 보의 상부나 하부에서 기둥과의 접합부에 수직하게 또는 거의 수직하게 발생하는 균열은 주로 모멘트에 의한 휨인장균열 또는 편칭 전단균열 등 국부적인 응력집중에 의한 균열이다.
② : 보의 중앙부에서 수직하게 발생하는 균열은 보의 중앙에서 가장 크게 작용하는 휨모멘트에 의한 휨인장균열의 대표적인 형태이다.

전단균열
- 전단균열 : 보의 지점 근처에서 주로 발생하며, 중립축을 기준으로 약 45° 경사로 생기는 균열이다.
- 휨-전단균열 : 휨모멘트와 전단력이 모두 작용하는 보의 중앙부에서 시작되는 균열이다. 휨균열이 먼저 발생한 후, 전단력의 영향으로 인해 균열이 위쪽으로 기울어져 대각선 방향으로 진전한다.
- 웨브전단균열 : 일반적으로 휨모멘트가 작은 I형 보나 T형 보의 웨브에서 발생하는 균열이다. 전단력이 지배적으로 작용하여 중립축 부근에서 시작해 경사지게 발생한다.

50 다음과 같은 조건의 1방향 슬래브에서 처짐을 계산하지 않고 정할 수 있는 슬래브의 최소 두께는?

- 중심 스팬 : 4,200mm
- 양단 연속
- 보통 콘크리트와 설계기준 항복강도 400MPa 철근 사용

① 150mm ② 180mm
③ 200mm ④ 220mm

해설
처짐을 계산하지 않는 경우 슬래브의 최소 두께
- 보통 콘크리트(M_c = 2,300kg/m³)와 설계기준 항복강도 400MPa 철근을 사용한 부재에 대한 값이다.

부재	최소 두께(h)			
	단순 지지	1단 연속	양단 연속	캔틸레버
1방향 슬래브	$l/20$	$l/24$	$l/28$	$l/10$
• 보 • 리브가 있는 1방향 슬래브	$l/16$	$l/18.5$	$l/21$	$l/8$

- 1방향 슬래브, 양단 연속지지 이므로 $l/28$을 적용하면
∴ 4,200/28 = 150mm

51 다음 그림에서 경간이 같은 2개의 단순보의 하중 P에 의한 처짐 y_1과 y_2와의 비 값은 얼마인가?

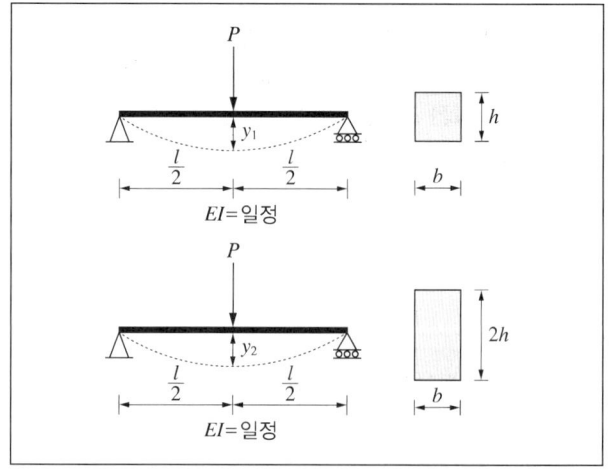

① 2 : 1 ② 4 : 1
③ 6 : 1 ④ 8 : 1

해설

- 단순보 중앙점 집중하중에 대한 처짐 공식

$$\delta = \frac{Pl^3}{48EI}$$

- 처짐은 단면2차모멘트에 반비례한다.

$$I_1 = \frac{bh^3}{12}, \ I_2 = \frac{b(2h)^3}{12} = \frac{8bh^3}{12} = 8I_1$$

㉠ 단면높이가 h인 보의 처짐 : $y_1 = \frac{Pl^3}{48EI_1}$

㉡ 단면높이가 $2h$인 보의 처짐 : $y_2 = \frac{Pl^3}{48E(8I_1)}$

$\therefore y_1 : y_2 = 1 : \frac{1}{8} = 8 : 1$

---

52 양단 힌지인 길이 6m의 H – 300×300×10×15의 기둥이 부재 중앙에서 약축 방향으로 가새를 통해 지지되어 있을 때 설계용 세장비는?(단, r_x = 131mm, r_y = 75.1mm)

① 39.9 ② 45.8
③ 58.2 ④ 66.3

해설

세장비$(\lambda) = \frac{Kl}{r} = \frac{Kl}{\sqrt{\frac{I}{A}}}$

여기서, K : 좌굴 유효길이계수
  l : 기둥의 지지길이
  I : 단면2차모멘트
  A : 단면적

- 강축 방향 세장비$(\lambda_x) = \frac{Kl}{r_x} = \frac{1 \times 6,000}{131} ≒ 45.8$

- 약축 방향 세장비$(\lambda_y) = \frac{Kl}{r_y} = \frac{1 \times 3,000}{75.1} ≒ 39.9$

(여기서, 양단 힌지이므로 K = 1이며, 약축 방향인 경우 중간에 횡지지가 되어 있어 $\frac{l}{2}$ 을 적용한다)

$\therefore$ 세장비는 큰 값으로 하여야 하므로 45.8을 적용한다.

---

53 폭이 b = 100mm, 높이가 h = 200mm인 단면에 전단력 4kN이 작용할 때 최대 전단응력을 구하면?

① 0.3MPa ② 0.4MPa
③ 0.5MPa ④ 0.6MPa

해설

최대 전단응력$(\tau) = 1.5 \times \frac{V}{A} = 1.5 \times \frac{4,000}{100 \times 200} = 0.3\text{N/mm}^2$
   $= 0.3\text{MPa}$

---

54 강도설계법에서 철근콘크리트구조물의 공칭강도 산정 시 사용되는 강도감소계수로 옳지 않은 것은?

① 인장지배단면 : 0.85
② 전단력과 비틀림모멘트 : 0.75
③ 포스트텐션 정착구역 : 0.85
④ 압축지배단면 중 나선철근으로 보강된 철근콘크리트 부재 : 0.65

해설

강도감소계수(KDS 14 20 10 콘크리트 구조 해석과 설계 원칙)
구조물의 부재, 부재 간의 연결부 및 각 부재 단면의 휨모멘트, 축력, 전단력, 비틀림모멘트에 대한 설계강도는 이 기준의 규정과 가정에 따라 정해지는 공칭강도에 강도감소계수를 곱한 값으로 하여야 한다.

부재 단면 또는 하중(단면력 종류)		강도감소계수(ϕ)
인장지배단면(휨부재)		0.85
압축지배단면	나선철근 부재	0.70
	그 외	0.65
전단력과 비틀림모멘트		0.75
콘크리트의 지압력 (포스트텐션 정착부, 스트럿-타이 모델은 제외)		0.65
포스트텐션 정착구역		0.85
스트럿 타이 모델	스트럿, 절점부 및 지압부	0.75
	타이	0.85
긴장재 묻힘 길이가 정착길이보다 작은 프리텐션 부재의 휨단면	부재 단부에서 절단길이 단부까지	0.75
	절단길이 단부에서 정착길이 단부 사이	0.75~0.85까지 선형 증가
무근 콘크리트의 휨모멘트, 압축력, 전단력, 지압력		0.55

정답 52 ② 53 ① 54 ④

55 보폭은 400mm, 한쪽으로 내민 플랜지 두께는 150mm, 보의 경간은 9m, 인접 보와의 내측 거리 3m인 경우, 슬래브와 보가 일체로 타설된 반T형 보의 유효폭은?

① 1,000mm
② 1,150mm
③ 1,300mm
④ 1,900mm

해설

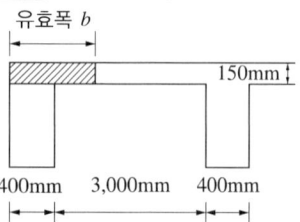

반T형 보의 유효폭은, 다음의 조건식 중에서 가장 작은 값으로 한다.
- $6t_f + b_w = 6 \times 150 + 400 = 1,300\text{mm}$

  여기서, t_f : 슬래브 두께
  b_w : 보의 폭

- $l_n \times \dfrac{1}{2} + b_w = 3,000 \times \dfrac{1}{2} + 400 = 1,900\text{mm}$

  여기서, l_n : 인접 보와의 내측 거리

- $L \times \dfrac{1}{12} + b_w = 9,000 \times \dfrac{1}{12} + 400 = 1,150\text{mm}$

  여기서, L : 보의 경간

∴ 유효폭은 1,150mm이다.

해설

강도설계법에서는 취성(급격하게 파괴되는 성질)파괴는 피하며, 연성(늘어나는 성질)파괴로 유도함을 목표로 한다.
콘크리트구조 휨 및 압축 설계기준(KDS 14 20 20)
- 철근과 콘크리트의 변형률은 중립축부터 거리에 비례하는 것으로 가정할 수 있다.
- 휨모멘트 또는 휨모멘트와 축력을 동시에 받는 부재의 콘크리트 압축연단의 극한변형률은 콘크리트의 설계기준압축강도가 40MPa 이하인 경우에는 0.0033으로 가정하며, 40MPa을 초과할 경우에는 매 10MPa의 강도 증가에 대하여 0.0001씩 감소시킨다.
- 콘크리트의 인장강도는 KDS 14 20 60(4.2.1)의 규정에 해당하는 경우를 제외하고는 철근콘크리트 부재 단면의 축강도와 휨강도 계산에서 무시할 수 있다.

56 강도설계법에 따른 철근콘크리트 부재의 휨에 관한 일반사항으로 옳지 않은 것은?(단, $f_{ck} \leq 40\text{MPa}$)

① 콘크리트의 인장강도는 철근콘크리트 부재 단면의 축강도와 휨강도 계산에서 무시할 수 있다.
② 휨모멘트 또는 휨모멘트와 축력을 동시에 받는 부재의 콘크리트 압축연단의 극한변형률은 0.0033으로 가정한다.
③ 철근의 변형률은 같은 위치에 있는 콘크리트의 변형률과 같다.
④ 강도설계법에서는 연성파괴보다는 취성파괴를 유도하도록 설계의 초점을 맞추고 있다.

57 구조설계기준(KDS 41 17 00)의 지반의 분류 중 지반종류와 호칭이 옳게 연결된 것은?

① S_1 : 깊고 단단한 지반
② S_2 : 얕고 단단한 지반
③ S_3 : 깊고 연약한 지반
④ S_4 : 얕고 연약한 지반

해설

지반의 분류와 호칭(KDS 17 10 00)

지반종류	지반종류의 호칭
S_1	암반 지반
S_2	얕고 단단한 지반
S_3	얕고 연약한 지반
S_4	깊고 단단한 지반
S_5	깊고 연약한 지반
S_6	부지 고유의 특성평가 및 지반응답해석이 필요한 지반

58 다음 라멘 구조물의 부정정 차수는?

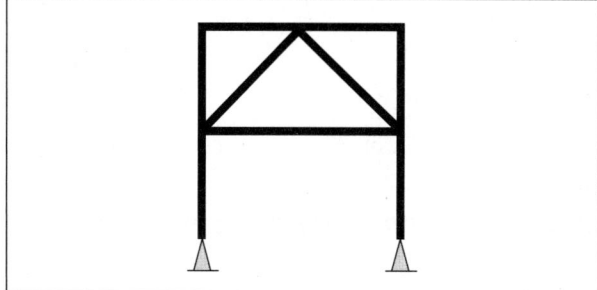

① 9차 부정정
② 10차 부정정
③ 11차 부정정
④ 12차 부정정

[해설]
$m = n + s + r - 2k$
$\quad = 4 + 9 + 11 - (2 \times 7)$
$\quad = 10$
여기서, m : 부정정 차수
$\qquad n$: 반력수
$\qquad s$: 부재수
$\qquad r$: 강절점수
$\qquad k$: 절점수(지점과 자유단을 포함)
∴ $m > 0$이므로, 10차 부정정 구조

59 부동침하의 원인과 거리가 먼 것은?

① 건물과 경사지반에 근접되어 있을 경우
② 건물이 이질지반에 걸쳐 있을 경우
③ 이질의 기초구조를 적용했을 경우
④ 건물의 강도가 불균등할 경우

[해설]
건물의 강도가 불균등한 경우는 부동침하가 발생하기보다 건물 파괴가 발생할 가능성이 높다.
부동침하
- 구조물의 기초지반 침하에 의해 구조물이 불균등하게 침하하는 현상이다.
- 부동침하의 원인
  - 이질적인 지반
  - 연약한 지반
  - 지하수위 변동
  - 매립지 또는 성토 지반
  - 하중의 불균형
  - 이질 기초 형식 및 깊이의 차이

60 한계상태설계법에 따라 강구조물을 설계할 때 고려되는 강도한계상태가 아닌 것은?

① 바닥재의 진동
② 기둥의 좌굴
③ 골조의 불안정성
④ 취성파괴

[해설]
강도한계상태
- 단면의 취성파괴
- 기둥의 좌굴
- 전단파괴
- 파단
- 골조의 불안전성
- 지반 및 기초의 극한 강도 초과
- 지진 또는 극한 하중 시 붕괴

정답 58 ② 59 ④ 60 ①

제4과목 건축설비

61 수량 20m³/h를 양수하는 데 필요한 펌프의 구경은? (단, 양수펌프 내 유속은 2m/s로 한다)

① 30mm ② 40mm
③ 50mm ④ 60mm

해설

펌프의 구경(D) = $1.13\sqrt{\dfrac{Q}{V}} = 1.13 \times \sqrt{\dfrac{\frac{20}{60 \times 60}}{2}}$

≒ 0.059m ≒ 60mm

여기서, Q : 펌프 토출량(m³/s)
V : 펌프의 유속(m/s)

62 다음 그림과 같은 형태를 갖는 간선의 배선방식은?

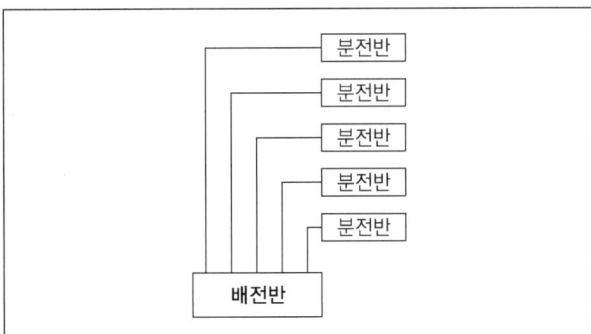

① 개별방식 ② 루프방식
③ 병용방식 ④ 나뭇가지방식

해설
개별방식은 평행식으로 각 분전반에 단독으로 배선하는 방식이다.
간선의 배선방식

평행식 (개별식)	• 각 분전반마다 배전반으로부터 각각의 간선을 설치하는 방식이다. • 전압강하가 평균화되며, 사고발생 시 파급되는 범위가 좁다. • 대규모 건물에 적합하다. • 배선이 복잡하고 설비비가 많이 소요된다.
나뭇가지식 (수지상식)	• 전체 분전반을 한 개의 간선으로 공급하는 방식이다. • 넓게 분산된 구역의 소규모 건물에 적합하다.
병용식	• 평행식과 수지상식을 병용하는 방식이다. • 일반적으로 가장 많이 사용된다.
루프식	• 각 방식에서 다른 간선을 통하여 전력을 공급할 수 있도록 한 방식이다. • 설비비가 고가이다.

63 건축설비 관련 용어의 단위가 옳지 않은 것은?

① 상대습도 : %
② 비열 : kJ/kg·K
③ 열전도율 : W/m²·K
④ 열관류저항 : m²·K/W

해설
③은 열전달률의 단위이며, 열전도율의 단위는 W/m·K이다.

64 고가수조 급수방식에서 물 공급순서로 옳은 것은?

① 상수도 → 저수조 → 펌프 → 고가수조 → 위생기구
② 상수도 → 고가수조 → 펌프 → 저수조 → 위생기구
③ 상수도 → 고가수조 → 저수조 → 펌프 → 위생기구
④ 상수도 → 저수조 → 고가수조 → 펌프 → 위생기구

해설
고가수조 급수방식에서 물 공급순서
㉠ 급수원으로부터 물을 공급
㉡ 저수조로 물 저장
㉢ 펌프를 이용하여 고가수조로 송수
㉣ 각 세대로 공급

65 전기설비에서 다음과 같이 정의되는 것은?

> 전면이나 후면 또는 양면에 개폐기, 과전류차단장치 및 기타 보호장치, 모선 및 계측기 등이 부착되어 있는 하나의 대형 패널 또는 여러 개의 패널, 프레임 또는 패널 조립품으로서, 전면과 후면에서 접근할 수 있는 것

① 캐비닛 ② 차단기
③ 배전반 ④ 분전반

해설
② 차단기 : 회로 이상 시 전로를 자동적으로 개폐하여 기기를 보호한다.
④ 분전반 : 주개폐기, 분기회로용 분기개폐기 및 자동차단기를 한 곳에 모아서 설치한 것으로 간선과 분기회로를 연결하는 역할을 한다.

정답 61 ④ 62 ① 63 ③ 64 ① 65 ③

66 습공기를 가열하였을 경우 상태량이 변하지 않는 것은?

① 엔탈피 ② 비체적
③ 절대습도 ④ 상대습도

해설

수분변화 없이 온도만 증감하는 경우, 절대습도는 동일하다.

습공기선도상 공기상태의 변화
- 냉각은 좌측(←)으로, 가열은 우측(→)으로, 가습은 상단(↑)으로, 감습(제습)은 하단(↓)으로 이동한다.
- 수분의 증감 없이 온도만 증감할 경우 절대습도는 동일하다.
- 온도의 증감 없이 수분만 증감할 경우 건구온도는 동일하다.
- 상대습도는 온도가 높을수록 낮아지며, 온도가 낮을수록 높아진다.

67 구조가 간단하고 자기사이펀 작용을 일으키면 자정 작용을 갖는 트랩으로, 사이펀 작용을 일으키기 쉽기 때문에 사이폰 트랩이라고도 불리는 것은?

① 드럼트랩 ② 관트랩
③ 기구트랩 ④ 바닥배수트랩

해설

① 드럼트랩 : 원통형 드럼 모양의 트랩으로 수직으로 된 넓은 공간에 물을 채워 봉수를 형성한다.
③ 기구트랩 : 세면대, 욕조, 샤워기 등 배관설비에 직접 연결되는 트랩으로 배수구를 통해 하수가스가 올라오는 것을 막는 역할을 한다.
④ 바닥배수트랩 : 바닥 배수구에 사용되는 트랩으로 지하실, 세탁실, 차고 등 바닥에 물이 고일 수 있는 곳에 설치한다.

68 각종 보일러에 대한 설명으로 옳은 것은?

① 관류 보일러는 보유수량이 많아 예열시간이 길다.
② 주철제 보일러는 사용 내압이 높아 고압용으로 주로 사용되며 용량도 크다.
③ 수관 보일러는 소용량으로 소규모 건물에 적합하며 지역난방으로는 사용이 불가능하다.
④ 노통연관 보일러는 부하변동에 잘 적응되며, 보유수면이 넓어서 급수용량 제어가 쉽다.

해설

① 관류식 보일러는 수량이 적어 가열시간이 짧다.
② 주철제 보일러는 재질이 약하여 고압으로는 사용이 곤란하다.
③ 수관식 보일러는 고압증기를 다량으로 사용하는 대형건물, 병원, 호텔, 지역난방에 주로 사용된다.

69 다음과 같은 조건에서 실의 현열부하가 7,000W인 경우 실내 취출풍량은?

[조건]
- 실내온도 : 22℃
- 취출공기온도 : 12℃
- 공기의 비열 : 1.01kJ/kg·K
- 공기의 밀도 : 1.2kg/m³

① 1,042m³/h
② 2,079m³/h
③ 3,472m³/h
④ 6,944m³/h

해설

$Q = m \cdot cp \cdot \Delta T$

여기서, Q : 현열부하(W)
m : 공급공기의 질량유량(kg/s)
cp : 공기의 비열(J/kg·K)
ΔT : 실내공기와 취출공기의 온도차

- 질량유량 계산

$m = \dfrac{Q}{cp \cdot \Delta T} = \dfrac{7,000}{1,010 \times (22-12)} ≒ 0.693 \text{kg/s}$

- 체적유량으로 변환

$V = \dfrac{m}{\rho} = \dfrac{0.693}{1.2} = 0.5775 \text{m}^3/\text{s}$

- 단위변환

$V_{\text{CMH}} = 0.5775 \times 3,600$
$= 2,079 \text{m}^3/\text{h}$

70 증기난방에 관한 설명으로 옳지 않은 것은?

① 응축수 환수관 내에 부식이 발생하기 쉽다.
② 동일 방열량인 경우 온수난방에 비해 방열기의 방열면적을 작게 할 수 있다.
③ 방열기를 바닥에 설치하므로 복사난방에 비해 실내바닥의 유효면적이 줄어든다.
④ 온수난방에 비해 예열시간이 길어서 충분한 난방감을 느끼는데 시간이 걸린다.

해설
증기난방은 온수난방에 비해 예열시간이 짧아 간헐운전에 적합하다.
증기난방과 온수난방 비교

구분	증기난방	온수난방
열운반능력	높음	낮음
배관 및 방열기	소형	대형
예열시간	짧음	긺
온도조절	어려움	쉬움
소음	큼	작음
비용	저렴	고가

71 펌프직송급수방식의 특징으로서 틀린 것은?

① 부하설계와 기기의 선정이 적절하지 못하면 에너지 낭비가 크다.
② 급수량에 따라 펌프의 대수제어 운전, 회전수제어 운전이 가능하며 최상층의 수압도 크게 할 수 있다.
③ 정전 시에도 옥상탱크에 있는 물을 공급할 수 있어 안정적이다.
④ 부스터펌프방식에 압력탱크를 병용하여 사용하면 펌프의 잦은 단락을 보완할 수 있다.

해설
정전 시 물 공급이 불가하므로 별도의 비상전기시설이 필요하다.
펌프직송급수방식
- 적절한 대수 분할, 압력제어 등에 의해 에너지절약을 꾀할 수 있다.
- 정교한 제어가 필요하며 설비, 유지관리비가 가장 고가이다.
- 저수조에서 물이 오염될 가능성이 있다.
- 변속방식(토출압력을 감지하여 펌프 회전수를 제어)은 정속방식에 비해 압력변동이 적기 때문에 아파트에서 사용할 수 있다.
- 급수가 정전 시 불가능하고, 단수 시 일정량 가능하다.

72 실내공기 중에 부유하는 직경 $10\mu m$ 이하의 미세먼지를 의미하는 것은?

① VOC_{10}
② PMV_{10}
③ PM_{10}
④ SS_{10}

해설
③ PM_{10} : 지름이 $10\mu m$보다 작은 입자상 물질로, 사람의 머리카락 지름($50~70\mu m$)의 약 1/7~1/5 정도 크기이다. 주로 석탄, 석유 등 화석 연료를 태울 때나 공장, 자동차 배기가스에서 배출되며 바람에 날리는 흙먼지, 꽃가루 등도 포함된다.
① VOC(Volatile Organic Compounds) : 페인트, 접착제, 세제 등에서 발생하는 휘발성 유기화합물을 뜻한다.
② PMV(Predicted Mean Vote) : 인간이 느끼는 온열환경의 평균적 쾌적도를 평가하는 열쾌적 평가 지표이다.
④ SS(Suspended Solid) : 부유물질을 뜻하며, 수질분석 시 사용되는 용어이다.

73 음의 세기가 $10^{-9} W/m^2$일 때 음의 세기 레벨은?(단, 기준음의 세기 $I_0 = 10^{-12} W/m^2$이다)

① 3dB
② 30dB
③ 0.3dB
④ 0.03dB

해설

$$음의 세기 레벨(dB) = 10\log\frac{I}{I_0}$$
$$= 10\log\left(\frac{10^{-9}}{10^{-12}}\right)$$
$$= 30dB$$

여기서, I : 음의 세기 레벨(dB)
I_0 : 주어진 음의 세기

74 조명을 요하는 면적을 A, 사용램프의 전 광속을 F, 조명률을 U, 보수율을 M, 평균조도를 E라고 할 때 평균조도의 산정식으로 옳은 것은?

① $E = \dfrac{F \times U \times A}{M}$
② $E = \dfrac{F \times U \times M}{A}$
③ $E = \dfrac{F \times U}{A \times M}$
④ $E = \dfrac{A \times M}{F \times U}$

해설
광속법
$E = \dfrac{F \times U \times M}{A}$
여기서, E : 평균조도(lx)
 F : 사용램프의 총광속(lm)
 U : 조명률
 M : 보수율(감광보상률의 역수, $M = 1/$감광보상률)
 A : 실의 면적(m²)

75 전기샤프트(ES)에 관한 설명으로 옳지 않은 것은?

① 각 층마다 같은 위치에 설치한다.
② 전기샤프트의 면적은 보, 기둥 부분을 제외하고 산정한다.
③ 전력용과 정보통신용은 공용으로 사용해서는 안 된다.
④ 현재 장비 이외에 장래의 배선 등에 대한 여유성을 고려한 크기로 한다.

해설
전력용과 정보통신용 각각의 설치장비 및 배선이 적은 경우 공용으로 사용할 수 있다.

76 다음 설명에 알맞은 화재의 종류는?

| 나무, 섬유, 종이, 고무, 플라스틱류와 같은 일반 가연물이 타고 나서 재가 남는 화재 |

① A급 화재
② B급 화재
③ C급 화재
④ K급 화재

해설
화재의 분류

A급 화재	일반화재	나무, 섬유, 종이, 고무, 플라스틱류와 같은 일반 가연물이 타고 나서 재가 남는 화재
B급 화재	유류화재	인화성 액체, 가연성 액체, 석유 그리스, 타르, 오일, 유성도료, 솔벤트, 래커, 알코올 및 인화성 가스와 같은 유가 타고 나서 재가 남지 않는 화재
C급 화재	전기화재	전류가 흐르고 있는 전기기기, 배선과 관련된 화재
K급 화재	주방화재	주방의 동·식물유를 취급하는 조리기구에서 일어나는 화재

77 최대수용전력이 500kW, 수용률이 80%일 때 부하설비용량은?

① 400kW
② 625kW
③ 800kW
④ 1,250kW

해설
부하설비용량 $= \dfrac{\text{최대수용전력}}{\text{수용률}} = \dfrac{500}{0.8} = 625\text{kW}$

정답 74 ② 75 ③ 76 ① 77 ②

78 사무실의 평균조도를 800lx로 설계하고자 한다. 다음과 같은 조건에서 소요 램프수로 가장 적당한 것은?

- 광원 1개의 광속 : 2,000lm
- 실의 면적 : 10m²
- 감광보상률 : 1.5
- 조명률 : 0.6

① 3개
② 5개
③ 8개
④ 10개

해설

평균조도$(E) = \dfrac{N \times F \times U \times M}{A}$

여기서, N : 소요 램프수(개)
F : 광원 1개의 광속(lm)
U : 조명률
M : 보수율(감광보상률의 역수, M = 1/감광보상률)
A : 실의 면적(m²)

∴ 소요 램프수$(N) = \dfrac{E \times A}{F \times U \times M}$

$= \dfrac{800 \times 10}{2,000 \times 0.6 \times \dfrac{1}{1.5}}$

$= 10$개

79 다음의 열펌프(Heat pump)에 대한 설명 중 ( ) 안에 알맞은 용어는?

냉동기의 압축기에서 토출된 고온고압의 냉매증기는 ( )에서 방열하고 액화된다. 이때 방열되는 응축열로 물이나 공기를 가열하여 난방에 이용하는 장치를 열펌프라 한다.

① 응축기
② 팽창밸브
③ 압축기
④ 증발기

해설
② 팽창밸브 : 고압의 액체냉매의 압력을 급격히 낮추어 저온저압의 상태로 만든다.
③ 압축기 : 증발기에서 나온 저온저압의 냉매증기를 고온고압의 증기로 압축한다.
④ 증발기 : 저온저압의 액체냉매가 주위 열을 흡수하여 기화한다(냉각효과).

80 다음과 같은 특징을 갖는 전동기는?

- 구조와 취급이 간단하고 기계적으로 견고하다.
- 가격이 비교적 싸고 운전이 대체로 쉽다.
- 건축설비에서 가장 널리 사용되고 있다.

① 정류자전동기
② 유도전동기
③ 동기전동기
④ 직류전동기

해설
① 정류자전동기 : 회전하는 부분인 회전자에 전류를 공급하기 위해 정류자를 사용하는 전동기이다.
③ 동기전동기 : 회전자가 고정자의 회전 자기장과 같은 속도(동기 속도)로 회전하는 전동기이다.
④ 직류전동기 : 직류전원을 사용하는 전동기이다.

제5과목 건축관계법규

81 비상용승강기 승강장의 구조에 관한 기준 내용으로 옳지 않은 것은?

① 승강장은 각 층의 내부와 연결될 수 있도록 할 것
② 벽 및 반자가 실내에 접하는 부분의 마감재료는 불연재료로 할 것
③ 피난층이 있는 승강장의 출입구로부터 도로 또는 공지에 이르는 거리가 20m 이하일 것
④ 옥내 승강장의 바닥면적은 비상용승강기 1대에 대하여 6m² 이상으로 할 것

해설
피난층이 있는 승강장의 출입구로부터 도로 또는 공지에 이르는 거리는 30m 이하로 해야 한다.
비상용승강기의 승강장 및 승강로의 구조(건축물설비기준규칙 제10조)
- 승강장의 창문·출입구 기타 개구부를 제외한 부분은 당해 건축물의 다른 부분과 내화구조의 바닥 및 벽으로 구획할 것
- 승강장은 각 층의 내부와 연결될 수 있도록 하되, 그 출입구에는 60분+방화문 또는 60분 방화문을 설치할 것
- 노대 또는 외부를 향하여 열 수 있는 창문이나 배연설비를 설치할 것
- 벽 및 반자가 실내에 접하는 부분의 마감재료는 불연재료로 할 것
- 채광이 되는 창문이 있거나 예비전원에 의한 조명설비를 할 것
- 승강장의 바닥면적은 비상용승강기 1대에 대하여 6m² 이상으로 할 것
- 피난층이 있는 승강장의 출입구로부터 도로 또는 공지에 이르는 거리가 30m 이하일 것
- 승강장 출입구 부근의 잘 보이는 곳에 당해 승강기가 비상용승강기임을 알 수 있는 표지를 할 것

82 건축물의 피난층 외의 층에서 피난층 또는 지상으로 통하는 직통계단을 거실의 각 부분으로부터 계단에 이르는 보행거리가 최대 얼마 이내가 되도록 설치하여야 하는가? (단, 건축물의 주요구조부는 내화구조이고 층수는 15층으로 공동주택이 아닌 경우)

① 30m ② 40m
③ 50m ④ 60m

해설
직통계단의 설치(건축법 시행령 제34조)

원칙	건축물의 피난층 외의 층에서는 피난층 또는 지상으로 통하는 직통계단(경사로를 포함한다)을 거실의 각 부분으로부터 계단(거실로부터 가장 가까운 거리에 있는 1개소의 계단을 말한다)에 이르는 보행거리가 30m 이하가 되도록 설치해야 한다.
주요구조부가 내화구조·불연재료로 된 건축물	건축물의 주요구조부가 내화구조 또는 불연재료로 된 건축물은 그 보행거리가 50m(층수가 16층 이상인 공동주택의 경우 16층 이상인 층에 대해서는 40m) 이하가 되도록 설치할 수 있다(지하층에 설치하는 것으로서 바닥면적의 합계가 300m² 이상인 공연장·집회장·관람장 및 전시장은 제외한다).

83 위락시설의 시설면적이 1,000m²일 때 주차장법령에 따라 설치해야 하는 부설주차장의 설치기준은?

① 10대 ② 13대
③ 15대 ④ 20대

해설
부설주차장의 설치대상 시설물 종류 및 설치기준(주차장법 시행령 별표 1)

400m²당 1대	창고시설, 학생용 기숙사, 방송통신시설 중 데이터센터
350m²당 1대	수련시설, 공장(아파트형 제외), 발전시설
300m²당 1대	기타 건축물
200m²당 1대	제1종 근린생활시설(공공업무·주민공동시설 중 일부 제외), 제2종 근린생활시설, 숙박시설
150m²당 1대	문화 및 집회시설(관람장 제외), 종교시설, 판매시설, 운수시설, 의료시설(정신병원·요양병원·격리병원 제외), 운동시설(골프장·골프연습장·옥외수영장 제외), 업무시설(외국공관·오피스텔 제외), 방송국, 장례식장
100m²당 1대	위락시설

위락시설은 시설면적 100m²당 1대를 설치한다.
∴ 1,000 ÷ 100 = 10대

정답 81 ③ 82 ③ 83 ①

84 공사감리자의 업무에 속하지 않는 것은?

① 시공계획 및 공사관리의 적정 여부의 확인
② 상세시공도면의 검토·확인
③ 설계변경의 적정 여부의 검토·확인
④ 공정표 및 현장설계도면 작성

해설

공정표 및 현장설계도면 작성은 시공자의 업무이다.
공사감리업무(건축법 시행령 제19조 제9항, 동법 시행규칙 제19조의2)
- 공사시공자가 설계도서에 따라 적합하게 시공하는지 여부의 확인
- 공사시공자가 사용하는 건축자재가 관계 법령에 따른 기준에 적합한 건축자재인지 여부의 확인
- 건축물 및 대지가 건축법 및 관계 법령에 적합하도록 공사시공자 및 건축주를 지도
- 시공계획 및 공사관리의 적정 여부의 확인
- 건축공사의 하도급과 관련된 다음의 확인
  - 수급인(하수급인을 포함한다)이 건설산업기본법에 따른 시공자격을 갖춘 건설사업자에게 건축공사를 하도급했는지에 대한 확인
  - 수급인이 건설산업기본법에 따라 공사현장에 건설기술인을 배치했는지에 대한 확인
- 공사현장에서의 안전관리의 지도
- 공정표의 검토
- 상세시공도면의 검토·확인
- 구조물의 위치와 규격의 적정 여부의 검토·확인
- 품질시험의 실시 여부 및 시험성과의 검토·확인
- 설계변경의 적정 여부의 검토·확인
- 기타 공사감리계약으로 정하는 사항

85 건축지도원에 관한 내용으로 틀린 것은?

① 건축지도원은 특별자치시·특별자치도 또는 시·군·구에 근무하는 건축 직렬의 공무원과 건축에 관한 학식이 풍부한 자 중에서 지정한다.
② 건축지도원의 자격과 업무 범위는 건축조례로 정한다.
③ 건축설비가 법령 등에 적합하게 유지·관리되고 있는지 확인·지도 및 단속한다.
④ 허가를 받지 아니하거나 신고를 하지 아니하고 건축하거나 용도변경한 건축물을 단속한다.

해설

건축지도원의 자격과 업무범위 등은 대통령령(건축법 시행령)으로 정한다.
건축지도원(건축법 제37조)
- 특별자치시장·특별자치도지사 또는 시장·군수·구청장은 건축법 또는 건축법에 따른 명령이나 처분에 위반되는 건축물의 발생을 예방하고 건축물을 적법하게 유지·관리하도록 지도하기 위하여 대통령령으로 정하는 바에 따라 건축지도원을 지정할 수 있다.
- 건축지도원의 자격과 업무범위 등은 대통령령으로 정한다.

건축지도원(건축법 시행령 제24조)
- 건축지도원은 특별자치시장·특별자치도지사 또는 시장·군수·구청장이 특별자치시·특별자치도 또는 시·군·구에 근무하는 건축 직렬의 공무원과 건축에 관한 학식이 풍부한 자로서 건축조례로 정하는 자격을 갖춘 자 중에서 지정한다.
- 건축지도원의 업무는 다음과 같다.
  - 건축신고를 하고 건축 중에 있는 건축물의 시공 지도와 위법 시공 여부의 확인·지도 및 단속
  - 건축물의 대지, 높이 및 형태, 구조 안전 및 화재 안전, 건축설비 등이 법령 등에 적합하게 유지·관리되고 있는지의 확인·지도 및 단속
  - 허가를 받지 아니하거나 신고를 하지 아니하고 건축하거나 용도변경한 건축물의 단속
- 건축지도원은 위의 업무를 수행할 때에는 권한을 나타내는 증표를 지니고 관계인에게 내보여야 한다.
- 건축지도원의 지정 절차, 보수기준 등에 관하여 필요한 사항은 건축조례로 정한다.

86 시장·군수·구청장이 국토계획법에 따른 도시지역에서 건축선을 따로 지정할 수 있는 최대 범위는?

① 2m
② 3m
③ 4m
④ 6m

해설

특별자치시장·특별자치도지사 또는 시장·군수·구청장은 국토계획법에 따른 도시지역에는 4m 이하의 범위에서 건축선을 따로 지정할 수 있다(건축법 시행령 제31조).

정답 84 ④ 85 ② 86 ③

87 건축물의 출입구에 설치하는 회전문의 구조에 대한 설명으로 옳지 않은 것은?

① 계단이나 에스컬레이터로부터 2m 이상의 거리를 둘 것
② 틈 사이를 고무와 고무펠트의 조합체 등을 사용하여 신체나 물건 등에 손상이 없도록 할 것
③ 출입에 지장이 없도록 일정한 방향으로 회전하는 구조로 할 것
④ 회전문의 회전속도는 분당회전수가 10회를 넘지 아니하도록 할 것

해설
회전문의 회전속도는 분당회전수가 8회를 넘지 않아야 한다.
회전문의 설치기준(건축물방화구조규칙 제12조)
- 계단이나 에스컬레이터로부터 2m 이상의 거리를 둘 것
- 회전문과 문틀사이 및 바닥사이는 다음에서 정하는 간격을 확보하고 틈 사이를 고무와 고무펠트의 조합체 등을 사용하여 신체나 물건 등에 손상이 없도록 할 것
  - 회전문과 문틀 사이는 5cm 이상
  - 회전문과 바닥 사이는 3cm 이하
- 출입에 지장이 없도록 일정한 방향으로 회전하는 구조로 할 것
- 회전문의 중심축에서 회전문과 문틀 사이의 간격을 포함한 회전문날개 끝부분까지의 길이는 140cm 이상이 되도록 할 것
- 회전문의 회전속도는 분당회전수가 8회를 넘지 아니하도록 할 것
- 자동회전문은 충격이 가하여지거나 사용자가 위험한 위치에 있는 경우에는 전자감지장치 등을 사용하여 정지하는 구조로 할 것

88 양 옆에 거실이 있는 유치원에 설치하는 복도의 유효너비는 최소 얼마 이상으로 해야 하는가?

① 1.8m　　② 2.4m
③ 3.6m　　④ 4.0m

해설
복도의 너비 및 설치기준(건축물방화구조규칙 제15조의2)

구분	양 옆에 거실이 있는 복도	기타의 복도
유치원·초등학교·중학교·고등학교	2.4m 이상	1.8m 이상
공동주택·오피스텔	1.8m 이상	1.2m 이상
당해 층 거실의 바닥면적 합계가 200m² 이상인 경우	1.5m 이상 (의료시설은 1.8m 이상)	1.2m 이상

89 건축물이 있는 대지의 분할 제한 최소 기준이 옳은 것은?(단, 상업지역의 경우)

① 100m²　　② 150m²
③ 200m²　　④ 250m²

해설
건축물이 있는 대지의 분할 제한(건축법 시행령 제80조)
㉠ 주거지역 : 60m²
㉡ 상업지역 : 150m²
㉢ 공업지역 : 150m²
㉣ 녹지지역 : 200m²
㉠~㉣까지의 규정에 해당하지 아니하는 지역 : 60m²

90 특별건축구역의 특례사항 적용 대상 건축물에 대한 용도와 규모가 맞게 연결된 것은?

① 운수시설 – 2,000m² 이상
② 운동시설 – 5,000m² 이상
③ 노유자시설 – 300m² 이상
④ 공동주택 – 200세대 이상

해설
② 운동시설 : 3,000m² 이상
③ 노유자시설 : 500m² 이상
④ 공동주택 : 100세대 이상
특별건축구역의 특례사항 적용 대상 건축물(건축법 시행령 별표 3)

용도	규모(연면적, 세대 또는 동)
문화 및 집회시설, 판매시설, 운수시설, 의료시설, 교육연구시설, 수련시설	2,000m² 이상
운동시설, 업무시설, 숙박시설, 관광 휴게시설, 방송통신시설	3,000m² 이상
종교시설	–
노유자시설	500m² 이상
공동주택(주거용 외의 용도와 복합된 건축물을 포함한다)	100세대 이상
단독주택 ㉠ 한옥등건축자산법에 따른 한옥 또는 한옥건축양식의 단독주택 ㉡ 그 밖의 단독주택	㉠ 10동 이상 ㉡ 30동 이상
그 밖의 용도	1,000m² 이상

정답　87 ④　88 ②　89 ②　90 ①

91 국토계획법상 도시·군관리계획의 내용에 속하지 않는 것은?

① 투기과열지구의 지정 또는 변경에 관한 계획
② 개발제한구역의 지정 또는 변경에 관한 계획
③ 기반시설의 설치·정비 또는 개량에 관한 계획
④ 용도지역·용도지구의 지정 또는 변경에 관한 계획

해설
투기과열지구의 지정 또는 변경에 관한 계획은 해당되지 않는다.
도시·군관리계획(국토계획법 제2조)
특별시·광역시·특별자치시·특별자치도·시 또는 군의 개발·정비 및 보전을 위하여 수립하는 토지이용, 교통, 환경, 경관, 안전, 산업, 정보통신, 보건, 복지, 안보, 문화 등에 관한 다음의 계획을 말한다.
- 용도지역·용도지구의 지정 또는 변경에 관한 계획
- 개발제한구역, 도시자연공원구역, 시가화조정구역, 수산자원보호구역의 지정 또는 변경에 관한 계획
- 기반시설의 설치·정비 또는 개량에 관한 계획
- 도시개발사업이나 정비사업에 관한 계획
- 지구단위계획구역의 지정 또는 변경에 관한 계획과 지구단위계획
- 도시혁신구역의 지정 또는 변경에 관한 계획과 도시혁신계획
- 복합용도구역의 지정 또는 변경에 관한 계획과 복합용도계획
- 도시·군계획시설입체복합구역의 지정 또는 변경에 관한 계획

92 대형건축물의 건축허가 사전승인신청서 제출도서 중 설계설명서에 표시하여야 할 사항에 속하지 않는 것은?

① 시공방법
② 동선계획
③ 개략공정계획
④ 각부 구조계획

해설
각부 구조계획은 구조계획서에 표시해야 할 사항이다.
대형건축물의 건축허가 사전승인신청 및 건축물 안전영향평가 의뢰 시 제출도서의 종류(건축법 시행규칙 별표 3)
- 건축계획서

설계 설명서	공사개요	위치, 대지면적, 공사기간, 공사금액 등
	사전조사사항	지반고, 기후, 동결심도, 수용인원, 상하수와 주변지역을 포함한 지질 및 지형, 인구, 교통, 지역, 지구, 토지이용현황, 시설물현황 등
	건축계획	배치, 평면, 입면계획, 동선계획, 개략조경계획, 주차계획 및 교통처리계획 등
	기타	시공방법, 개략공정계획, 주요설비계획, 주요자재 사용계획, 기타 필요한 사항
기타	구조계획서, 지질조사서, 시방서	

- 기본설계도서

건축	투시도 또는 투시도 사진, 평면도(주요층, 기준층), 입면도, 단면도, 내외마감표, 주차장평면도
설비	건축설비도, 소방설비도, 상하수도 계통도

93 100세대 이상의 아파트를 신축하는 경우 시간당 최소 몇 회 이상의 환기가 이루어질 수 있도록 자연환기설비 또는 기계환기설비를 설치하여야 하는가?

① 0.5회
② 0.7회
③ 1.2회
④ 1.5회

해설
공동주택 및 다중이용시설의 환기설비기준 등(건축물설비기준규칙 제11조)

설치기준	신축 또는 리모델링하는 신축공동주택 등은 시간당 0.5회 이상의 환기가 이루어질 수 있도록 자연환기설비 또는 기계환기설비를 설치하여야 한다.
신축공동주택 등	• 30세대 이상의 공동주택 • 주택을 주택 외의 시설과 동일 건축물로 건축하는 경우로서 주택이 30세대 이상인 건축물

94 건축물에 설치하는 지하층의 구조 및 설비에 관한 기준 내용으로 옳지 않은 것은?

① 거실의 바닥면적의 합계가 1,000m² 이상인 층에는 환기설비를 설치할 것
② 거실의 바닥면적이 30m² 이상인 층에는 피난층으로 통하는 비상탈출구를 설치할 것
③ 지하층의 바닥면적이 300m² 이상인 층에는 식수 공급을 위한 급수전을 1개소 이상 설치할 것
④ 문화 및 집회시설 중 공연장의 용도에 쓰이는 층으로서 그 층의 거실의 바닥면적의 합계가 50m² 이상인 건축물에는 직통계단을 2개소 이상 설치할 것

해설

거실의 바닥면적이 50m² 이상인 층에는 피난층으로 통하는 비상탈출구를 설치해야 한다.

지하층의 구조(건축물방화구조규칙 제25조)

- 거실의 바닥면적이 50m² 이상인 층에는 직통계단 외에 피난층 또는 지상으로 통하는 비상탈출구 및 환기통을 설치할 것. 다만, 직통계단의 설치기준에 적합한 직통계단이 2개소 이상 설치되어 있는 경우에는 그러하지 아니하다.
- 제2종 근린생활시설 중 공연장・단란주점・당구장・노래연습장, 문화 및 집회시설 중 예식장・공연장, 수련시설 중 생활권수련시설・자연권수련시설, 숙박시설 중 여관・여인숙, 위락시설 중 단란주점・유흥주점 또는 다중이용업소법 시행령에 따른 다중이용업의 용도에 쓰이는 층으로서 그 층의 거실의 바닥면적의 합계가 50m² 이상인 건축물에는 직통계단을 2개소 이상 설치할 것
- 바닥면적이 1,000m² 이상인 층에는 피난층 또는 지상으로 통하는 직통계단을 방화구획으로 구획되는 각 부분마다 1개소 이상 설치하되, 이를 피난계단 또는 특별피난계단의 구조로 할 것
- 거실의 바닥면적의 합계가 1,000m² 이상인 층에는 환기설비를 설치할 것
- 지하층의 바닥면적이 300m² 이상인 층에는 식수공급을 위한 급수전을 1개소 이상 설치할 것

95 주차장법령상 자주식 주차장에 속하지 않는 것은?

① 지하식 주차장 ② 지평식 주차장
③ 건축물식 주차장 ④ 기계식 주차장

해설

주차장의 형태(주차장법 시행규칙 제2조)

주차장의 형태는 운전자가 자동차를 직접 운전하여 주차장으로 들어가는 주차장(자주식 주차장)과 기계식 주차장으로 구분하되, 이를 다시 다음과 같이 세분한다.

- 자주식 주차장 : 지하식, 지평식 또는 건축물식(공작물식을 포함한다)
- 기계식 주차장 : 지하식 건축물식

96 건축법상 옥상광장 또는 2층 이상인 층에 있는 노대 등에 설치하는 난간의 높이는?

① 높이 0.8m 이상일 것
② 높이 0.9m 이상일 것
③ 높이 1.0m 이상일 것
④ 높이 1.2m 이상일 것

해설

옥상광장 등의 설치(건축법 시행령 제40조)

옥상광장 또는 2층 이상인 층에 있는 노대 등의 주위에는 높이 1.2m 이상의 난간을 설치하여야 한다. 다만, 그 노대 등에 출입할 수 없는 구조인 경우에는 그러하지 아니하다.

97 다음 중 중앙도시계획위원회의 업무가 아닌 것은?

① 광역도시계획・도시・군계획・토지거래계약허가구역 등 국토교통부장관의 권한에 속하는 사항의 심의
② 도시・군계획에 관한 조사・연구
③ 중앙도시계획위원회의 심의를 거치도록 한 사항의 심의
④ 개발행위의 허가

해설

중앙도시계획위원회(국토계획법 제106조)

다음의 업무를 수행하기 위하여 국토교통부에 중앙도시계획위원회를 둔다.

- 광역도시계획・도시・군계획・토지거래계약허가구역 등 국토교통부장관의 권한에 속하는 사항의 심의
- 이 법 또는 다른 법률에서 중앙도시계획위원회의 심의를 거치도록 한 사항의 심의
- 도시・군계획에 관한 조사・연구

정답 94 ② 95 ④ 96 ④ 97 ④

98 다음 중 주요구조부에 속하지 않는 것은?

① 기둥
② 지붕틀
③ 바닥
④ 옥외 계단

[해설]
주요구조부(건축법 제2조)
내력벽, 기둥, 바닥, 보, 지붕틀 및 주계단을 말한다. 다만, 사이 기둥, 최하층 바닥, 작은 보, 차양, 옥외 계단, 그 밖에 이와 유사한 것으로 건축물의 구조상 중요하지 아니한 부분은 제외한다.

99 바닥면적이 500m²인 공연장의 개별 관람실의 출구 기준에 관한 내용이다. 다음 ( ) 안에 적합한 것은?

> 개별 관람실 출구의 유효너비의 합계는 개별 관람실의 바닥면적 (㉠)m²마다 (㉡)m의 비율로 산정한 너비 이상으로 할 것

① ㉠ 100, ㉡ 0.6
② ㉠ 200, ㉡ 1.0
③ ㉠ 300, ㉡ 1.2
④ ㉠ 400, ㉡ 1.5

[해설]
관람실 등으로부터의 출구의 설치기준(건축물방화구조규칙 제10조)
문화 및 집회시설 중 공연장의 개별 관람실(바닥면적이 300m² 이상인 것만 해당한다)의 출구는 다음의 기준에 적합하게 설치해야 한다.
- 관람실별로 2개소 이상 설치할 것
- 각 출구의 유효너비는 1.5m 이상일 것
- 개별 관람실 출구의 유효너비의 합계는 개별 관람실의 바닥면적 100m²마다 0.6m의 비율로 산정한 너비 이상으로 할 것

100 전용주거지역 또는 일반주거지역 안에서 건축물을 건축하는 경우 건축물의 높이 10m 이하인 부분은 정북 방향으로의 인접 대지경계선으로부터 최소 얼마 이상 띄어 건축하여야 하는가?

① 1m
② 1.5m
③ 3m
④ 5m

[해설]
일조 등의 확보를 위한 건축물의 높이 제한(건축법 시행령 제86조)
전용주거지역이나 일반주거지역에서 건축물을 건축하는 경우에는 건축물의 각 부분을 정북 방향으로의 인접 대지경계선으로부터 다음의 범위에서 건축조례로 정하는 거리 이상을 띄어 건축하여야 한다.
- 높이 10m 이하인 부분 : 인접 대지경계선으로부터 1.5m 이상
- 높이 10m를 초과하는 부분 : 인접 대지경계선으로부터 해당 건축물 각 부분 높이의 1/2 이상

실패하는 게 두려운 게 아니라 노력하지 않는 게 두렵다.

- 마이클 조던 -

지식에 대한 투자가 가장 이윤이 많이 남는 법이다.

– 벤자민 프랭클린 –

2026 건축기사 필기 7개년 기출문제집

초 판 발 행	2026년 01월 05일(인쇄 2025년 10월 27일)
발 행 인	박영일
책 임 편 집	이해욱
저 자	이문호
편 집 진 행	윤진영 · 김달해 · 권기윤
표지디자인	권은경 · 길전홍선
편집디자인	정경일 · 이현진
발 행 처	(주)시대고시기획
출 판 등 록	제10-1521호
주 소	서울시 마포구 큰우물로 75 [도화동 538 성지 B/D] 9F
전 화	1600-3600
팩 스	02-701-8823
홈 페 이 지	www.sdedu.co.kr
I S B N	979-11-434-0030-7(13540)
정 가	37,000원

※ 저자와의 협의에 의해 인지를 생략합니다.
※ 이 책은 저작권법의 보호를 받는 저작물이므로 동영상 제작 및 무단전재와 배포를 금합니다.
※ 잘못된 책은 구입하신 서점에서 바꾸어 드립니다.

기능사 / 기사·산업기사 / 기능장 / 기술사

단기합격을 위한 완전 학습서

Win-Q
윙크시리즈
WIN QUALIFICATION

Win-Q
승강기기능사
필기+실기

Win-Q
전기기능사
필기

Win-Q
피복아크용접기능사
필기

Win-Q
컴퓨터응용선반·밀링기능사
필기

Win-Q
설비보전기능사
필기+실기

Win-Q
자동화설비기능사
필기

Win-Q
전산응용기계제도기능사
필기

Win-Q
화학분석기능사
필기+실기

자격증 취득에 승리할 수 있도록 **Win-Q시리즈**가 완벽하게 준비하였습니다.

Win-Q
위험물기능사
필기

Win-Q
환경기능사
필기+실기

Win-Q
화훼장식기능사
필기

Win-Q
원예기능사
필기+실기

Win-Q
공조냉동기계산업기사
필기

Win-Q
화학분석기사
필기

Win-Q
위험물산업기사
필기

Win-Q
소방설비기사[전기편]
필기

Win-Q
설비보전산업기사
필기+실기

Win-Q
가스산업기사
필기

Win-Q
에너지관리기사
필기

Win-Q
실내건축산업기사
필기

※ 도서의 이미지 및 구성은 변경될 수 있습니다.

기출분석에 집중하여
합격을 현실로!

무조건 단기에 뽀개기

이런 분들에게 추천해요!

| 이론도, 문제 풀이도 막막해서 **책 한 권으로 해결**하고 싶은 분들 | 노베이스에 혼자 공부하기 어려워 **동영상 강의 도움**이 필요하신 분들 | CBT 시험이 처음이라 시험 전 실전처럼 **온라인 모의고사**를 경험해 보고 싶은 분들 |

무단뽀 한권으로 한번에! 초단기 합격전략!
무단뽀가 곧 합격이다!